总 篇 目

焊 接 手 册

第 2 卷

材 料 的 焊 接

第 3 版（修订本）

中国机械工程学会焊接学会　编

机 械 工 业 出 版 社

《焊接手册》是由中国机械工程学会焊接学会在全国范围内组织专家编著的一部综合性专业工具书，是学会为生产服务的具体体现。对本手册内容的不断充实、完善是学会的长期工作任务。此次的修订本是在第3版的基础上，依然保持内容选材广泛、突出手册的实践性、准确性、可靠性等特点；采纳近几年国内外焊接生产技术飞速发展的成果，新颁布的国内外标准。全套手册共计3卷（焊接方法及设备、材料的焊接、焊接结构），本书为其中的第2卷。

　　本卷共5篇23章，主要内容包括：材料焊接性基础、铁与钢、有色金属、异种材料、新型材料的焊接。在内容上力求实用，在表达方式上力求精练、形象。按生产的需要提供母材性能及焊接特点、焊接材料、焊接工艺、缺欠及防治，特别强调给出并分析生产实例，使手册更为实用。

　　本手册的读者对象是以各个工业部门中从事焊接生产的工程技术人员为主；同时这部手册对于焊接科研、设计和教学人员也是一部解决实际问题时必备的工具书。

图书在版编目（CIP）数据

焊接手册. 第2卷，材料的焊接/ 中国机械工程学会焊接学会编 . —3版（修订本）. —北京：机械工业出版社，2013.12（2023.3 重印）
ISBN 978 - 7 - 111 - 46289 - 7

Ⅰ. ①焊⋯　Ⅱ. ①中⋯　Ⅲ. ①焊接 - 技术手册　Ⅳ.①TG4 - 62

中国版本图书馆 CIP 数据核字（2014）第 061616 号

机械工业出版社（北京市百万庄大街22号　　邮政编码100037 ）
策划编辑：何月秋　责任编辑：何月秋　吕德齐　版式设计：霍永明
责任校对：刘怡丹　刘志文　封面设计：马精明　责任印制：张 博
保定市中画美凯印刷有限公司印刷
2023 年 3 月第 3 版第 4 次印刷
184mm × 260mm　·70.5 印张·2 插页·2398 千字
标准书号：ISBN 978 - 7 - 111 -46289 - 7
定价：198.00 元

中国机械工程学会焊接学会
《焊接手册》第3版编委会

《焊接手册》第2卷第3版（修订本）编审者名单

主 编

邹增大　山东大学　教授

副主编

（按分管篇排序）

杜则裕	田志凌	冯吉才	吴爱萍
天津大学	北京钢铁研究总院	哈尔滨工业大学	清华大学
教授	教授级高级工程师	教授	教授

作 者 审 者

（按汉语拼音排序）

陈裕川	杜 兵	韩怀月
上海市焊接协会	哈尔滨焊接研究所	北京钢铁研究总院
高级工程师	教授级高级工程师	教授级高级工程师
何景山	何 鹏	贺定勇
哈尔滨工业大学	哈尔滨工业大学	北京工业大学
教授	副教授	教授
蒋建敏	康 慧	李卓然
北京工业大学	北京航空航天大学	哈尔滨工业大学
教授级高级工程师	教授	副教授
刘效方	毛 唯	蒙大桥
北京航空材料研究院	北京航空材料研究院	中国工程物理研究院
研究员	研究员	研究员
牛济泰	彭 云	屈朝霞
哈尔滨工业大学	北京钢铁研究总院	宝山钢铁股份有限公司
教授	教授级高级工程师	教授级高级工程师
任振安	史春元	孙大千
吉林大学	大连交通大学	吉林大学
教授	教授	教授

《焊接手册》第2卷第3版编审者名单

主　编

邹增大　　山东大学　教授

副主编

（按分管篇排序）

杜则裕	田志凌	成炳煌
天津大学	钢铁研究总院	哈尔滨焊接研究所
教授	教授级高级工程师	教授级高级工程师

冯吉才	吴爱萍
哈尔滨工业大学	清华大学
教授	教授

作　者　　审　者

（按汉语拼音排序）

陈裕川	杜　兵	韩怀月
上海市焊接协会	哈尔滨焊接研究所	北京钢铁研究总院
高级工程师	教授级高级工程师	教授级高级工程师

何景山	何　鹏	贺定勇
哈尔滨工业大学	哈尔滨工业大学	北京工业大学
副教授	副教授	副教授

蒋建敏	康　慧	李卓然
北京工业大学	北京航空航天大学	哈尔滨工业大学
教授级高级工程师	教授	副教授

刘效方	毛　唯	蒙大桥
北京航空材料研究院	北京航空材料研究院	中国工程物理研究院
研究员	研究员	研究员

牛济泰	潘永明	彭　云
哈尔滨工业大学	哈尔滨焊接研究所	北京钢铁研究总院
教授	教授级高级工程师	教授级高级工程师

《焊接手册》第2卷第2版编审者名单

主 编

陈剑虹　甘肃工业大学　教授

副主编

周昭伟	任家烈	张修智
哈尔滨焊接研究所	清华大学	哈尔滨工业大学
教授级高级工程师	教授	教授

作 者 审 者

（按汉语拼音排序）

包芳涵	陈晓凤	陈裕川
清华大学	中国科学院金属研究所	上海市焊接协会
教授	研究员	副秘书长、高级工程师
成炳煌	邓　键	杜　兵
哈尔滨焊接研究所	上海斯米克焊材有限公司	哈尔滨焊接研究所
教授级高级工程师	教授级高级工程师	教授级高级工程师
董祖珏	冯吉才	胡永明
哈尔滨焊接研究所	哈尔滨工业大学	浙江大学高聚物工程公司
教授级高级工程师	教授	高级工程师
康　慧	刘效方	牛济泰
北京航空航天大学	北京航空材料研究院	哈尔滨工业大学
教授	研究员	教授
钱百年	钱乙余	孙大千
中国科学院金属研究所	哈尔滨工业大学	吉林工业大学
研究员	教授	教授
施雨湘	谭长瑛	王昱成
武汉大学动力与机械学院材料工程系	哈尔滨焊接研究所	哈尔滨焊接研究所
教授	教授级高级工程师	高级工程师

《焊接手册》第2卷第1版编审者名单

主　编

斯重遥　中国科学院金属研究所　研究员

副主编

周振丰　吉林工业大学　教授

钱百年　中国科学院金属研究所　副研究员

作　者　　审　者

（按汉语拼音排序）

包芳涵	陈伯鑫	陈沛生
清华大学	清华大学	机电部第12研究所
教授	教授	高级工程师
陈晓风	陈裕川	陈忠孝
中国科学院金属研究所	机电部哈尔滨锅炉厂	大连铁道学院
研究员	高级工程师	教授
段世驯	郝世海	何康生
航空航天部621研究所	中国有色新金属公司	核工业部二院
研究员级高级工程师	高级工程师	高级工程师
黄文哲	金恒昀	刘云平
机电部哈尔滨焊接研究所	劳动人事部锅炉压力容器检测中心	机电部第12研究所
教授级高级工程师	高级工程师	高级工程师
刘世胄	彭高峨	彭日辉
广州有色金属研究院	重庆大学	装甲兵工程学院
教授级高级工程师	教授	教授
钱乙余	任家烈	谭长瑛
哈尔滨工业大学	清华大学	机电部哈尔滨焊接研究所
教授	教授	教授级高级工程师

修订本出版说明

《焊接手册》是由中国机械工程学会焊接学会组织国内两百余名焊接界专家学者编写的一部综合性大型专业工具书。全套手册共 3 卷 700 多万字。该手册自 1992 年出版以来，历经 3 次修订再版，凝聚了几代焊接人的集体智慧和丰硕成果，成为了焊接学会当之无愧的经典传承著作。长期以来，她承载着传承、指导和培育一代代中国焊接科技工作者的使命和责任，并成为了焊接行业的权威出版物和重要工具书。

《焊接手册》第 3 版于 2008 年 1 月出版，至今已有 5 年多了，这期间出现了一些新材料、新技术、新设备、新标准，广大读者也陆续提出了一些宝贵意见，给予了热情的鼓励和帮助。为了保持《焊接手册》的先进性和权威性，满足读者的需求，焊接学会和机械工业出版社商定出版《焊接手册》第 3 版修订本，以便及时反映焊接技术新成果，并更正手册中的不当之处。鉴于总体上焊接技术没有大的变化，本次修订基本保持了第 3 版的章节结构。在广大读者所提宝贵意见的基础上，焊接学会组织各章作者对手册内容，包括文字、技术、数据、符号、单位、图、表等进行了全面审读修订。在修订过程中，全面贯彻了现行的最新技术标准，将手册中相应的名词术语、引用内容、图表和数据按新标准进行了改写；对陈旧、淘汰的技术内容进行删改，增补了相关焊接新技术内容。

最后，向对手册修订提出宝贵意见的广大读者表示衷心的感谢！

《焊接手册》第3版序

继1992年初版、2001年2版之后，很高兴《焊接手册》第3版以崭新的面貌与广大读者见面了。

《焊接手册》是新中国成立以来中国机械工程学会焊接学会组织编写的第一部综合性大型骨干工具书。书中涵盖了焊接理论基础、焊接方法与设备、焊接自动化、各种材料的焊接、焊接结构的设计、生产、检验、安全评定、劳动安全与卫生等各个领域，为广大焊接生产工程技术人员以及从事焊接科研、设计和教学人员提供了必要的参考，为推动我国焊接事业的进步起到了不可忽视的作用。

随着时代的发展、知识的更新以及焊接技术的不断进步，对《焊接手册》（第2版）进行查缺补漏，完善焊接知识体系与内容，是时代赋予学会的重要任务，亦是广大焊接专家、学者刻不容缓的社会责任。在这样的社会背景下，在广大焊接同仁的大力支持下，《焊接手册》第3版问世了。

新版《焊接手册》沿袭前两版风格，仍分3卷编写，依次为：焊接方法及设备、材料的焊接、焊接结构；在内容上继承了前版布局科学、内容翔实、数据可靠、图文并茂、生动活泼等特点，又增加了国内外近年来焊接理论基础、焊接方法与设备、焊接材料、焊接结构等领域的最新发展情况。相信《焊接手册》第3版能够满足广大焊接工作者日常查询、参考的需要，成为广大焊接工作者的良师益友。

来自清华大学、哈尔滨工业大学、山东大学、兰州理工大学、上海交通大学、西安交通大学、天津大学、北京工业大学、装甲兵工程学院、南京航空航天大学、北京航空航天大学、吉林大学、航空制造工程研究所、铁道部科学研究院、北京钢铁研究总院、哈尔滨焊接研究所、哈尔滨焊接技术培训中心、中科院金属研究所、中国工程物理研究院、宝山钢铁股份有限公司、济南第二机床厂、哈尔滨锅炉厂、南车集团四方机车车辆股份有限公司、黑龙江省齐齐哈尔铁路车辆集团有限公司、上海江南造船厂、东方汽轮机厂、东方电机股份有限公司、大连船用柴油机厂、山推工程机械股份有限公司、上海大众汽车有限公司、上海航天设备制造总厂、北车集团大同电力机车有限责任公司等国内高等院校、科研院所及企、事业单位的两百余位专家、学者参与了《焊接手册》第3版的编写与审校工作。在此，本人代表焊接学会向各位作者的辛勤付出表示衷心的感谢！

本书的编纂得到了中国科学院潘际銮院士、中国工程院关桥院士、林尚扬院士、徐滨士院士、哈尔滨工业大学吴林教授、兰州理工大学陈剑虹教授、清华大学陈丙森教授、中国机械工程学会宋天虎研究员的关怀与指导；焊接学会第七届编辑出版委员会主任、本手册第1卷主编吴毅雄教授、第2卷主编邹增大教授、第3卷主编史耀武教授以及编委会的各位成员、各章的编、审者为本书的编纂耗费了大量心血，在此一并表示真诚的谢意！

机械工业出版社多年来一直支持学会焊接系列书籍的出版，在此表示深深的感谢！

本手册涉及的内容广泛、参与编撰的人员队伍庞大，编写过程中难免出现差错，希望广大读者批评指正。

中国机械工程学会
焊接学会理事长

《焊接手册》第2卷第3版前言

在中国机械工程学会焊接学会的组织领导和机械工业出版社的支持协助下，《焊接手册》第2卷材料的焊接第3版与广大读者见面了。

本次修订的指导思想是在第1版、第2版的基础上，尽量反映进入21世纪后，材料的焊接技术的新发展、新成果及材料焊接的新标准，为更好地指导生产实践提供材料、工艺、技术和相关资料。本卷以第2版为基础，在保留了原手册的框架和优秀内容的基础上进行了修订，总体结构仍为5篇23章，第4篇由原异种材料的焊接改为难熔材料及异种金属的焊接。本卷在修订内容上强调了实践性和先进性，特别是编入了新颁布的国内外标准和材料焊接领域相应的新技术。全卷修订约为第2版内容的1/3。

本卷的修订工作邀请了近40位作者和审者，他们都是国内材料焊接界具有很高的理论水平和丰富工程实践经验的教授、高级工程师和专家。多数编审者肩负繁忙的本职工作，利用业余时间做修订工作；部分已离退休的老先生仍发挥余热，克服种种困难、认真负责、无私奉献，为本卷《焊接手册》的修订付出了辛勤劳动。五位副主编：杜则裕教授、田志凌教授级高级工程师、成炳煌教授级高级工程师、冯吉才教授、吴爱萍教授除了参加具体章节的编写之外，还分别为本卷第1、2、3、4、5篇的组织协调工作付出了辛勤劳动，在此表示谢意。

《焊接手册》第2卷第3版的修订工作是在第1版和第2版作者的劳动成果的基础上进行的。由于年事已高等原因，第2卷第1版和第2版的作者已近2/3不再担任本卷修订工作，他们为本卷的编写和我国焊接事业做出过突出贡献，我们特向本卷第1版主编斯重遥研究员、副主编周振丰教授、钱百年研究员及第2版主编陈剑虹教授、副主编周昭伟教授级高级工程师、任家烈教授、张修智教授及各位编审者表示诚挚的敬意和感谢。

在此也对机械工业出版社相关人员认真负责的工作表示致谢。

由于我们的水平和种种主客观原因，本卷第3版一定存在许多不足之处，恳请广大读者提出批评建议，使下一版《焊接手册》的修订更加完善。

主编 郭增大

目　　录

第 2 篇　铁与钢的焊接

第3篇　有色金属的焊接

第4篇　难熔金属及异种金属的焊接

第1篇　材料的焊接性基础

第1章　焊接热过程

作者　武传松　审者　邹增大

1.1　焊接热过程的特点

在焊接过程中，被焊金属由于热的输入和传播，而经历加热、熔化（或达到热塑性状态）和随后的连续冷却过程，通常称之为焊接热过程。

焊接热过程贯穿于整个焊接过程的始终，通过以下几个主要方面的作用，影响和决定焊接质量和焊接生产率：

1）施加到被焊金属件上热量的大小与分布状态决定了熔池的形状与尺寸。

2）焊接熔池进行冶金反应的程度与热的作用及熔池存在时间的长短有密切的关系。

3）加热和冷却参数的变化，影响熔池金属的凝固、相变过程，并影响热影响区的金属显微组织的转变，因而焊缝和焊接热影响区的组织与性能也都与热的作用有关。

4）由于焊件各部位经受不均匀的加热和冷却，从而造成不均匀的应力状态，产生不同程度的应力和变形。

5）在焊接热作用下，受冶金、应力因素和被焊金属组织的共同影响，可能产生各种形态的裂纹及其他冶金缺陷。

6）焊接输入热量及其效率决定母材和焊条（焊丝）的熔化速度，因而影响焊接生产率。

焊接热过程比一般热处理条件下的热过程复杂得多，它具有如下四方面的主要特点：

1）焊接热过程的局部集中性。焊件在焊接时不是整体被加热，而热源只是加热直接作用点附近的区域，加热和冷却极不均匀。

2）焊接热源的运动性。焊接过程中热源相对于焊件是运动的，焊件受热的区域不断变化。当焊接热源接近焊件某一点时，该点温度迅速升高，而当热源逐渐远离时，该点又冷却降温。

3）焊接热过程的瞬时性。在高度集中热源的作用下，加热速度极快（在电弧焊情况下，可达1500℃/s以上），即在极短的时间内把大量的热能由热源传递给焊件，又由于加热的局部性和热源的移动而使冷却速度也很高。

4）焊接传热过程的复合性。焊接熔池中的液态金属处于强烈的运动状态，在熔池内部，传热过程以流体对流为主，而在熔池外部，以固体导热为主。在工件表面上还存在着对流换热以及辐射换热。因此焊接热过程涉及各种传热方式，是复合传热问题。

以上几方面的特点使得焊接传热问题十分复杂。然而，由于它对焊接质量的控制和生产率的提高有重要影响，焊接工作者必须掌握其基本规律及在各种工艺参数下的变化趋势。

1.2　焊接热源

到目前为止，实现金属焊接所需的能量，主要是热能和机械能。对于熔焊，主要是热能。

1.2.1　焊接热源的种类及其特点

作为焊接热源，应当热量高度集中，快速实现焊接过程，并保证得到高质量的焊缝和最小的焊接热影响区。目前，能满足这些条件的热源有以下几种：

电弧热——利用气体介质中的电弧放电过程所产生的热能作为焊接热源，是目前焊接中应用最广泛的一种热源。

化学热——利用可燃气体（液化气、乙炔）或铝、镁热剂与氧或氧化物发生强烈反应时所产生的热能作为焊接热源（气焊、热剂焊所用的热源）。

电阻热——利用电流通过导体时所产生的电阻热作为焊接热源（电阻焊和电渣焊）。

摩擦热——由机械高速摩擦所产生的热能作为焊接热源（摩擦焊）。

等离子弧——由电弧放电或高频放电产生高度电离的气流（远高于一般电弧的电离度）并携带大量的热能和动能，利用这种能量作为焊接热源（等离子弧焊接和切割）。

电子束——在真空中利用高压下高速运动的电子

猛烈轰击金属局部表面，使这种动能转为热能作为焊接热源。

激光束——利用激光，即由受激辐射而增强的光（laser），经聚焦产生能量高度集中的激光束作为焊接热源（激光焊接及切割）。

每种焊接热源都有它自身的特点，一些常用焊接热源的最小加热面积、最大功率密度和正常焊接参数条件下的温度见表 1-1。

表 1-1　各种热源的主要特性[1]

热源	最小加热面积 /cm^2	最大功率密度 /(W/cm^2)	正常焊接参数下的温度/K
乙炔火焰	10^{-2}	2 × 10^3	3473
金属极电弧	10^{-3}	10^4	6000
钨极氩弧（TIG）	10^{-3}	1.5 × 10^4	8000
埋弧焊电弧	10^{-3}	2 × 10^4	6400
电渣焊电弧	10^{-3}	10^4	2273
熔化极氩弧（MIG） CO$_2$ 气体保护电弧	10^{-4}	10^4 ~ 10^5	—
等离子弧	10^{-5}	1.5 × 10^5	18000 ~ 24000
电子束	10^{-7}	10^7 ~ 10^9	
激光	10^{-8}		

1.2.2　焊接热效率

在电弧焊接过程中，电弧功率 q_0，即电弧在单位时间内放出的能量

$$q_0 = UI \tag{1-1}$$

式中　U——电弧电压（V）；
　　　I——焊接电流（A）。

由热源所产生的热量并不是全部被利用，其中有一部分热量损失于周围介质中，使焊件吸收到的热量要少于热源所提供的热量，故真正有效用于加热焊件的功率为

$$q = \eta q_0 \tag{1-2}$$

式中　q——电弧有效热功率；
　　　η——焊接电弧热功率有效利用率，简称为焊接热效率。

根据定义，电弧加热焊件的热效率 η 是电弧在单位时间内输入到焊件内部的有效热功率 q 与电弧总功率 q_0 的比值，即

$$\eta = \frac{q}{q_0} \tag{1-3}$$

设　　　$q = q_1 + q_2 \tag{1-4}$

则　　　$\eta = \dfrac{q_1 + q_2}{q_0} \tag{1-5}$

式中　q_1——单位时间内使焊缝金属熔化（处于液态 $T = T_m$ 时，T_m 为熔点）所需的热量（包括熔化潜热）；

　　　q_2——单位时间内使焊缝金属处于过热（$T > T_m$）的热量和向焊缝四周传导热量的总和。

式（1-4）说明，进入焊件的有效热功率 q 也不是全部用来熔化形成焊缝的金属。因此，定义使焊缝金属熔化的热有效利用率 η_m 为单位时间内被熔化的母材金属在 T_m 时（处于液态）的热量与电弧有效热功率的比值：

$$\eta_m = \frac{q_1}{q_1 + q_2} \tag{1-6}$$

从焊接热过程的计算角度来看，焊接热效率 η 的准确选取是提高计算精度的先决条件。在一定的条件下 η 值是常数，主要取决于焊接方法、焊接参数、焊接材料和保护方式等。一般情况下 η 值的大小见表 1-2。

图 1-1 细致分析了电弧焊接时热量的利用情况及其损失的分配。

表 1-2　不同焊接方法的 η 值[1]

焊接方法	厚皮焊条电弧焊	埋弧焊	电渣焊	电子束及激光焊
η	0.77 ~ 0.87	0.77 ~ 0.90	0.83	> 0.9

焊接方法	TIG	MIG	
		钢	铝
η	0.68 ~ 0.85	0.66 ~ 0.69	0.70 ~ 0.85

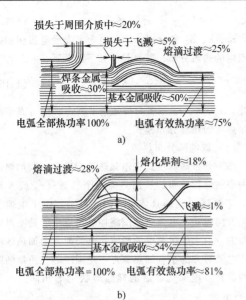

图 1-1 电弧焊时的热量分配

a) 厚皮焊条 ($I = 150 \sim 250\text{A}$, $U = 35\text{V}$)

b) 埋弧焊 ($I = 1000\text{A}$, $U = 36\text{V}$, $v = 36\text{m/h}$)

1.2.3 焊件上的热量分布模式

按照热源作用方式的不同，可以将焊接热源当做集中热源、平面分布热源、体积分布热源来处理。当关心的焊件部位离焊缝中心线比较远时，可以近似将焊接热源当做集中热源来处理。对于一般的电弧焊，焊接电弧的热量是分布作用在焊件上一定的面积内，可以将其作为平面分布热源。但对于高能束焊接，由于产生较大的焊缝深宽比，说明焊接热源的热流沿焊件厚度方向施加影响，必须按某种恰当的体积分布热源来处理。

1. 集中热源

所谓集中热源，就是把焊接电弧的热能看做是集中作用在某一点（点热源）、某条线（线热源）、某个面（面热源）。显然，这是对实际情况加以简化的描述。焊接热过程的经典理论——雷卡林公式就是采用的集中热源。对于厚大焊件表面上的焊接，可以把热源看成是集中在电弧加热斑点中心的点热源。对于薄板对接焊，可以把电弧热看做是施加在焊件厚度上的线热源。对于某些杆件对接焊，可以认为是把电弧热加在杆件断面上的面热源。

2. 平面分布热源

焊接电弧把热能传给焊件是通过焊件上一定的作用面积进行的。对于电弧焊来讲，这个面积称为加热斑点。根据加热斑点形状的不同，平面分布热源区分为高斯分布热源和双椭圆分布热源。

（1）高斯分布热源

如图 1-2 所示，设加热斑点的形状为圆，其半径为 r_H（$2r_H = d_H$）。r_H 的定义：电弧传给焊件的热能中，有 95% 落在以 r_H 为半径的加热斑点内。在加热斑点上热流的分布，一般近似地用高斯函数来描述，即

$$q(r) = q_m \exp(-Kr^2) \qquad (1-7)$$

式中 $q(r)$——距离热源中心 r 处的热流密度；

q_m——热源中心处的最大热流密度；

K——热能集中系数。

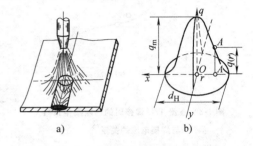

图 1-2 加热斑点上热流密度的分布[2]

a）热源在焊件上的分布 b）热流密度的分布模型

由于作用在焊件表面上的总热量等于焊接电弧的有效功率 q，所以有

$$q = \int_0^\infty q(r) 2\pi r \, dr = \frac{q_m \pi}{K} \qquad (1-8)$$

故

$$q_m = \frac{qK}{\pi} \qquad (1-9)$$

式中，$q = \eta UI$ 是式（1-2）定义的电弧有效热功率。

将式（1-9）代入式（1-7），有

$$q(r) = \frac{qK}{\pi} \exp(-Kr^2) \qquad (1-10)$$

K 值说明热流集中的程度。由实验可知，它主要取决于焊接方法、焊接参数。不同焊接方法的 K 值见表 1-3。

表 1-3 不同焊接方法 K 值

焊接方法	K/cm^{-2}	资料来源
焊条电弧焊	$1.2 \sim 1.4$	参考文献 [2]
埋弧焊	6.0	参考文献 [2]
TIG 焊	$3.0 \sim 7.0$	参考文献 [3]
气焊	$0.17 \sim 0.39$	参考文献 [2]

根据加热斑点的定义，

$$95\% q = \int_0^{r_H} q(r) 2\pi r \, dr \qquad (1-11)$$

将式（1-10）代入式（1-11），有

$$0.95q = \int_0^{r_H} \frac{qK}{\pi} \exp(-Kr^2) 2\pi r \, dr$$

$$= q[1 - \exp(-Kr_H^2)]$$

整理，得

$$Kr_H^2 = 3$$

由此可见，r_H 和 K 两者之间具有如下的关系：

$$K = \frac{3}{r_H^2} \qquad (1-12)$$

TIG 焊接时，实验测得的 K 值和焊接电流及张长的关系如图 1-3、图 1-4 所示。

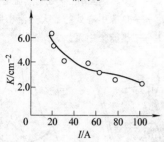

图 1-3　直流 TIG 焊接时的热能集中系数
与焊接电流的关系[3]

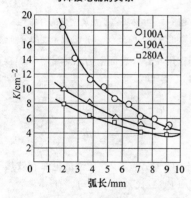

图 1-4　直流 TIG 焊弧长对热能集中
系数 K 值的影响[4]

将式（1-12）代入式（1-10），可以得到国外文献中一般用到的焊接热源高斯分布公式

$$q(r) = \frac{3q}{\pi r_H^2} \exp\left(-\frac{3r^2}{r_H^2}\right) \qquad (1-13)$$

在文献中，还有另外一个焊接热源高斯分布公式

$$q(r) = \frac{q}{2\pi\sigma_q^2} \exp\left(-\frac{r^2}{2\sigma_q^2}\right) \qquad (1-14)$$

式中　σ_q——焊接热源分布参数。

为了得出 K 和 σ_q 之间的关系，将式（1-14）代入式（1-11），有

$$0.95q = \int_0^{r_H} \frac{q}{2\pi\sigma_q^2} \exp\left(-\frac{r^2}{2\sigma_q^2}\right) 2\pi r \mathrm{d}r$$

$$= q\left[1 - \exp\left(-\frac{r_H^2}{2\sigma_q^2}\right)\right]$$

整理得

$$r_H^2 = 6\sigma_q^2 \qquad (1-15)$$

r_H、K、σ_q 各自以不同的概念来表示电弧在加热斑点内的热流分布，并且具有如下的关系：

$$\frac{1}{2\sigma_q^2} = K = \frac{3}{r_H^2} \qquad (1-16)$$

因此，σ_q、K、r_H 三者只要知道了其一，就可确定出焊接热源的热能分布模式。

（2）双椭圆分布热源

高斯分布热源模式将电弧热流看做是围绕加热斑点中心的对称分布，从而只需一个参数（r_H 或 K 或 σ_q）来描述热流的具体分布。实际上，由于电弧沿焊接方向运动，电弧热流围绕加热斑点中心是不对称分布的。由于焊接速度的影响，电弧前方的加热区域要比电弧后方的小；加热斑点不是圆形的，而是椭圆形的，并且电弧前、后的椭圆形状也不相同，如图 1-5 所示。

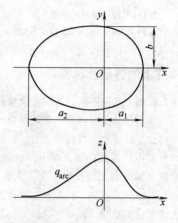

图 1-5　双椭圆分布热源示意图

电弧前部的热流分布可用式（1-17）表示：

$$q_f(x,y) = q_{mf} \exp(-Ax^2 - By^2) \qquad (1-17)$$

式中　q_{mf}——最大热流值；

A 和 B——椭圆分布参数。

电弧后部的热流分布可用式（1-18）表示：

$$q_r(x,y) = q_{mr} \exp(-A_1 x^2 - B_1 y^2) \qquad (1-18)$$

式中　q_{mr}——最大热流值；

A_1 和 B_1——椭圆分布参数。

电弧前部区域的总热量：

$$q_f = 2\int_0^\infty \int_0^\infty q_{mf} \exp(-Ax^2 - By^2) \mathrm{d}x \mathrm{d}y$$

$$= q_{mf} \frac{\pi}{2\sqrt{AB}}$$

于是，有

$$q_{mf} = q_f \frac{2\sqrt{AB}}{\pi} \qquad (1-19)$$

如图 1-5 所示，前后半椭圆的半轴分别是 a_1、b 和

a_2、b。假定电弧传给焊件的热能中，有95%落在以 a_1、b 和 a_2、b 为半轴的双椭圆内。则有

$$q_f(0,b) = q_{mf}\exp(-Bb^2) = 0.05q_{mf}$$

$$B = \frac{3}{b^2} \qquad (1-20)$$

同理，$q_f(a_1,0) = q_{mf}\exp(-Aa_1^2) = 0.05q_{mf}$

$$A = \frac{3}{a_1^2} \qquad (1-21)$$

将式（1-19）、式（1-20）和式（1-21）代入式（1-17），得到前部热流的分布公式：

$$q_f(x,y) = \frac{6q_f}{\pi a_1 b}\exp\left(-\frac{3x^2}{a_1^2} - \frac{3y^2}{b^2}\right) \qquad (1-22)$$

同理可得，后部热流的分布公式：

$$q_r(x,y) = \frac{6q_r}{\pi a_2 b}\exp\left(-\frac{3x^2}{a_2^2} - \frac{3y^2}{b^2}\right) \qquad (1-23)$$

其中，

$$q = \eta UI = q_f + q_r,$$

$$q_f = \frac{a_1}{a_1 + a_2}q,$$

$$q_r = \frac{a_2}{a_1 + a_2}q \qquad (1-24)$$

如果 $a_1 = a_2 = b = r_H$，则 $q_f = q_r = \dfrac{q}{2}$，式（1-22）和式（1-23）将转化为式（1-13），即高斯分布。

3. 体积分布热源

对于熔化极气体保护电弧焊或高能束流焊，焊接热源的热流密度不光作用在焊件表面上，也沿焊件厚度方向作用。此时，应该将焊接热源作为体积分布热源。为了考虑电弧热流沿焊件厚度方向的分布，可以用椭球体模式来描述[5]。

（1）半椭球体分布热源

如图 1-6 所示，设椭球体的半轴为 a、b、c。设热源中心作用点的坐标为 $(0, 0, 0)$，以此点为原点建立坐标系 (x, y, z)。在热源中心 $(0, 0, 0)$，热流密度最大值为 q_m。热流密度的体积分布可表示为

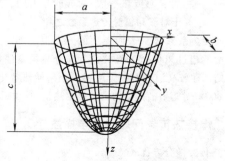

图 1-6 半椭球体分布热源示意图

$$q(x,y,z) = q_m\exp(-Ax^2 - By^2 - Cz^2) \qquad (1-25)$$

式中 A、B、C——热流的体积分布参数。

由于热流是分布在以焊件上表面为界面的半个椭球体内，有

$$q = \eta UI = 4\int_0^\infty \int_0^\infty \int_0^\infty q(x,y,z)\,dx\,dy\,dz$$

$$= 4q_m\int_0^\infty \exp(-Ax^2)\,dx \int_0^\infty \exp(-By^2)\,dy$$

$$\int_0^\infty \exp(-Cz^2)\,dz$$

$$= \frac{q_m\pi\sqrt{\pi}}{2\sqrt{ABC}}$$

因此，有

$$q_m = \frac{2q\sqrt{ABC}}{\pi\sqrt{\pi}} \qquad (1-26)$$

在椭球体半轴处，$x = a$，$y = b$，$z = c$。假设有95%的热能集中在半椭球体之内，所以

$$q(a,0,0) = q_m\exp(-Aa^2) = 0.05q_m$$

于是 $\exp(-Aa^2) = 0.05$

$$A = \frac{3}{a^2} \qquad (1-27)$$

同理可得

$$B = \frac{3}{b^2}, \quad C = \frac{3}{c^2} \qquad (1-28)$$

将式（1-26）、式（1-27）和式（1-28）代入式（1-25），得半椭球体内的热流分布公式：

$$q(x,y,z) = \frac{6\sqrt{3}q}{abc\pi\sqrt{\pi}}\exp\left(-\frac{3x^2}{a^2} - \frac{3y^2}{b^2} - \frac{3z^2}{c^2}\right) \qquad (1-29)$$

（2）双椭球体分布热源

实际上，由于电弧沿焊接方向运动，电弧热流是不对称分布的。由于焊接速度的影响，电弧前方的加热区域要比电弧后方的小；加热区域不是关于电弧中心线对称的单个的半椭球体，而是双半椭球体，并且电弧前、后的半椭球体形状也不相同，如图 1-7 所示。作用于焊件上的体积热源分成前、后两部分。设双半椭球体的半轴为 a_1、a_2、b、c，利用式（1-29），可以写出前、后半椭球体内的热流分布：

$$q_f(x,y,z) = \frac{6\sqrt{3}(f_f q)}{a_1 bc\pi\sqrt{\pi}}\exp\left(-\frac{3x^2}{a_1^2} - \frac{3y^2}{b^2} - \frac{3z^2}{c^2}\right),$$

$$x \geq 0 \qquad (1-30)$$

$$q_r(x,y,z) = \frac{6\sqrt{3}(f_f q)}{a_2 bc\pi\sqrt{\pi}}\exp\left(-\frac{3x^2}{a_2^2} - \frac{3y^2}{b^2} - \frac{3z^2}{c^2}\right),$$

$$x < 0 \qquad (1-31)$$

其中，　　　　　$f_f + f_r = 2, q = \eta UI$　　　(1-32)

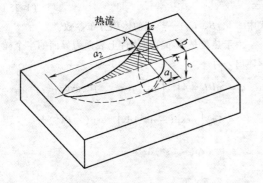

图 1-7　双椭球体分布热源示意图

（3）其他体积热源模型

除了上面介绍的双椭球体分布热源之外，还有一些用于高能束焊接的其他体积热源模型，如锥体、曲面衰减型体积热源等，可以参阅参考文献 [6]。

1.3　焊接温度场

1.3.1　焊接传热的基本定律

1. 热传导定律

描述热传导现象的基本定律是傅里叶定律，其基本形式为

$$q_c = -\lambda \frac{\partial T}{\partial n}　　　(1-33)$$

式中　λ——热导率 [W/(m·K)]；

$\partial T / \partial n$——温度梯度（单位长度上的温度变化）。

式（1-33）表明，在热传导现象中，通过物体某一点的热流密度 q_c（W/m²）与垂直于该点处等温面的温度梯度成正比。

2. 对流换热定律

对流是指流体各个部分之间发生相对位移，冷、热流体相互掺混所引起的热量传递方式。对流仅能发生在流体中，而且必然伴有热传导现象。工程中经常遇到的不是单纯的对流方式，而是流体流过另一物体表面时对流与热传导联合起作用的热量传递过程，这称之为对流换热。焊接过程中，空气流过试件表面，冷却水流过焊炬内部，都是对流换热的例子。对流换热的基本计算式是牛顿冷却公式：

$$q_k = \alpha_k \Delta T　　　(1-34)$$

式中　ΔT——流体温度与壁面温度的差值（K）；

α_k——表面传热系数 [W/(m²·K)]。

表面传热系数的大小与换热过程中的许多因素有关，它不仅取决于流体的物性以及换热表面的形状与布置，而且还与流速有密切的关系。

3. 辐射换热定律

物体因热的原因而发生辐射能量的现象称为热辐射。自然界中各个物体都不停地向空间发出热辐射，同时又不断地吸收其他物体发出的热辐射。辐射和吸收的综合结果就造成了以辐射方式进行的物体间的热量传递——辐射换热。当物体与周围环境处于热平衡时，辐射换热量等于零，这是一种动态平衡。

根据斯蒂芬—玻尔兹曼定律，受热物体辐射的热流密度 q_r 与其表面温度 T 的四次方成比例：

$$q_r = \varepsilon C_0 T^4　　　(1-35)$$

式中　ε——物体的黑度系数。

T 是热力学温度，单位为 K，绝对黑体的辐射系数 $C_0 = 5.67 W/(m^2 \cdot K^4)$，适用于"绝对黑体"（即能够吸收全部落在它上面的辐射能的物体，$\varepsilon = 1$）。对于"灰体"而言，$0 < \varepsilon < 1$。对抛光后的金属表面，$\varepsilon = 0.2 \sim 0.4$；对粗糙、被氧化的钢材表面，$\varepsilon = 0.6 \sim 0.9$。$\varepsilon$ 会随温度而增加，在熔化温度范围内，$\varepsilon = 0.90 \sim 0.95$。

焊接时相对比较小的焊件（温度 T），在相对较宽阔的环境中（温度 T_f）冷却，通过热辐射发生的热损失可按以下方式计算：

$$q_r = \varepsilon C_0 (T^4 - T_f^4)　　　(1-36)$$

为了计算中能用统一的形式，把辐射换热的热流 q_r 和焊件表面上的温度落差（$T - T_f$）联系起来，

$$q_r = \alpha_r (T - T_f)　　　(1-37)$$

式中　α_r——辐射传热系数。

可见，　　　$\alpha_r = \varepsilon C_0 \dfrac{T^4 - T_f^4}{T - T_f}$　　　(1-38)

4. 全部换热

固体表面和外界的热量交换往往同时存在对流换热和辐射换热两种形式。为了应用方便，常常引用一个总的表面传热系数 α 来考虑这两种换热方式的综合影响，

$$q_T = q_k + q_r = (\alpha_k + \alpha_r)(T - T_f) = \alpha(T - T_f)$$

即　　　　　　　$q_T = \alpha \Delta T$　　　(1-39)

式中　α——总的表面传热系数 [W/(m²·K)]，它等于对流和辐射传热系数之和。

表面传热系数 α 随表面温度的升高而增加。当表面温度不超过 $200 \sim 300 ℃$ 时，大部分热量是经对流放出的；在较高温度时，则主要由辐射换热放出，比如说 $800 ℃$ 时辐射的热量约占总放出热量的 80%。

1.3.2　焊接热传导问题的数学描述

1. 热传导微分方程式

在三维情况下，对从物体中分割出来的微元平行

六面体做分析，并应用傅里叶公式和能量守恒定律，建立起热传导微分方程式的普遍形式：

$$\rho c_p \frac{\partial T}{\partial t} = \frac{\partial}{\partial x}\left(\lambda \frac{\partial T}{\partial x}\right) + \frac{\partial}{\partial y}\left(\lambda \frac{\partial T}{\partial y}\right) + \frac{\partial}{\partial z}\left(\lambda \frac{\partial T}{\partial z}\right)$$

$$(1\text{-}40)$$

式中　ρ——密度（kg/m^3）；

　　　c_p——比定压热容[$J/(kg \cdot K)$]；

　　　T——温度（K）；

　　　t——时间（s）；

　　　λ——热导率[$W/(m \cdot K)$]；

x、y、z——坐标（m）。

一般情况下，体积热容 ρc_p[$J/(m^3 \cdot K)$]和热导率 λ 都是 x、y、z、T 的函数。对均匀、各向同性的材料，且其材料热物理性能参数值与温度无关，或在讨论的温度范围内取一平均值时，式（1-40）可简化为

$$\frac{\partial T}{\partial t} = \frac{\lambda}{\rho c_p}\left(\frac{\partial^2 T}{\partial x^2} + \frac{\partial^2 T}{\partial y^2} + \frac{\partial^2 T}{\partial z^2}\right) = a \nabla^2 T$$

$$(1\text{-}41)$$

式中　a——热扩散率（m^2/s），$a = \lambda/\rho c_p$，它表示物体在加热或冷却时，各部分温度趋于一致的能力。

对二维的板材和一维的棒材，热传导微分方程式可进一步简化。在稳态温度场中，所有各点的温度在不同时刻均为常数，即 $\partial T/\partial t = 0$，式（1-41）就可简化为与材料无关的拉普拉斯微分方程：

$$\nabla^2 T = 0 \qquad (1\text{-}42)$$

2. 运动热源情况下的热传导微分方程式

由于焊接热源是移动的，我们所处理的问题就是一个热流密度为 $q(r)$ 的热源以恒定速度 v 沿 x 轴移动，要求计算出热源周围的温度分布，即焊接温度场。如图 1-8 所示，设固定坐标系为 $(O'-\xi yz)$，动坐标系为 $(O-xyz)$，则 ξ 就是式（1-41）中的 x。根据两坐标系间的关系，用 ξ 代替式（1-41）中的 x，并将 $x = \xi - vt$ 代入式（1-41），那么热传导微分方程式就完成了从固定坐标系到以热源中心为坐标原点的移动坐标系的转换，其中 x 是所考察的点到热源中心（即动坐标系原点）的距离：

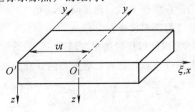

图 1-8　动坐标系

$$-v\frac{\partial T}{\partial x} = a\left(\frac{\partial^2 T}{\partial x^2} + \frac{\partial^2 T}{\partial y^2} + \frac{\partial^2 T}{\partial z^2}\right) \qquad (1\text{-}43)$$

式中　v——热源的运动速度（m/s）。

3. 初始条件和边界条件

在焊接工作中，经常遇到的问题就是在确定状态下，在有限维数结构内，计算焊接热源产生的焊接温度场的问题，即求解给定了初始条件和边界条件的热传导微分方程式。初始条件指的是初始时刻物体上的温度分布，例如预热温度场，或多道焊时前一焊道产生的温度场。边界条件指的是物体边界上的热损失条件。对于稳态热传导，没有初始条件，仅有边界条件。

热传导问题的常见边界条件可归纳为以下三类：

1）规定了边界上的温度值，称为第一类边界条件：

$$T_s = T_s(x,y,z,t) \qquad (1\text{-}44)$$

特殊情况是等温边界条件，即物体边界上的温度是常数，且不随时间而变化。

2）规定了边界上的热流密度值，称为第二类边界条件：

$$q_s = q_s(x,y,z,t) \qquad (1\text{-}45)$$

特殊情况是绝热边界条件，$q_s = \left.\frac{\partial T}{\partial n}\right|_s = 0$

3）规定了边界上的物体与周围介质间的传热系数及周围介质的温度 T_f，称为第三类边界条件：

$$-\lambda \left.\frac{\partial T}{\partial n}\right|_s = \alpha(T_s - T_f) \qquad (1\text{-}46)$$

当 $\alpha/\lambda \to \infty$ 时，$T_s = T_f$，即为等温边界条件，此时表面传热系数很大而热导率很小，以至于表面温度接近于周围介质的温度。当 $\alpha/\lambda \to 0$ 时，$\left.\frac{\partial T}{\partial n}\right|_s \to 0$，即为绝热边界条件，此时表面传热系数十分小而热导率非常大，通过边界表面的热流趋近于零。

4. 材料热物理性能参数

根据热传导基本公式计算温度场时，需要下列材料的热物理性能的数值：

1）热导率 λ（$W/m \cdot K$）；

2）比定压热容 c_p[$J/(kg \cdot K)$]；

3）密度 ρ（kg/m^3）；

4）热扩散率 a（m^2/s）；

5）表面传热系数 α[$W/(m^2 \cdot K)$]。

实际上，这些参数均随温度而变化。图 1-9 表示出了各种钢热导率与温度的关系。

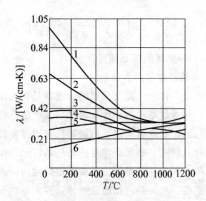

图 1-9　各种钢热导率与温度的关系[2]

1—纯铁　2—低碳钢$[w(C)=0.1\%]$　3—中
碳钢$[w(C)=0.45\%]$　4—低合金
钢$[w(Cr)=4.98\%]$　5—高铬钢(12Cr13)
6—不锈钢(18-8 型)

应将材料热物理性能参数随温度变化的瞬时值和

在一定温度范围内的平均值区分开来。前者更适合于
有限元分析，后者可供线性化的解析求解。

一些常用金属材料在焊接温度变化范围内的热物
理性能参数的平均值见表 1-4。

5. 焊件几何尺寸和相应的热输入的简化模型

上述热传导微分方程式和定解条件能够完整地描
述具体的热传导问题。为了计算焊接时金属焊件的加
热和冷却过程，需要求解满足具体定解条件的热传导
微分方程式。为得到合适的解，必须选择适当的计算
方法，以突出所考虑过程的主要特点，忽略一些次要
特点，从而不仅使计算简化，而且能够明显地揭示出
过程的主要参数的影响。

H. H. 雷卡林院士，在美国学者 D. 罗森塞尔研
究工作的基础上对焊接传热问题作了系统的研究，建
立了焊接热过程计算的经典理论——解析法。雷卡林
公式是在如下一些假设条件的基础上推导出来的：

表 1-4　某些金属热物理性能参数的平均值[1]

热物理常数	焊接条件下选取的平均值			
	低 碳 钢	不 锈 钢	铝	纯 铜
$\lambda /[\text{W}/(\text{m}\cdot\text{K})]$	37.8 ~ 50.4	16.8 ~ 33.6	265	378
$c_p/[\text{J}/(\text{kg}\cdot\text{K})]$	652 ~ 756	420 ~ 500	1 000	1 320
$\rho c_p/[\text{J}/(\text{m}^3\cdot\text{K})]$	$(4.83\sim5.46)\times10^6$	$(3.36\sim4.2)\times10^6$	2.63×10^6	3.99×10^6
$a=\lambda/(/\rho c_p)/(\text{m}^2/\text{s})$	$(0.07\sim0.10)\times10^{-4}$	$(0.05\sim0.07)\times10^{-4}$	1.0×10^{-4}	0.95×10^{-4}
$\alpha/[\text{J}/(\text{m}^2\cdot\text{s}\cdot\text{K})]$	6.3 ~378(0 ~1500℃ 时)	—	—	—

1）材料热物理性能参数不随温度而变化。

2）材料无论在什么温度下都是固体，不发生相
变，即忽略在焊接熔池中的复杂过程。

3）焊件的几何尺寸是无限的。根据焊件的几何
形状的大小，将其分为半无限体、无限大板和无限长
杆。在半无限体中，为三维传热。在无限大板中，为
二维传热，热流密度在板厚度方向上为零，温度沿板
厚均匀分布。在无限长杆中，为一维传热，在杆的横
截面上热流密度为零。

4）当在厚大焊件表面堆焊时，可以把热源看成
是集中在焊件表面电弧加热斑点的中心上——点热
源。当对接焊薄板时，可以把电弧热能看做是施加在
沿板厚方向的直线微元上——线热源。而模拟焊条
（焊丝）或杆件摩擦加热时，可以认为热源均匀地作
用于杆的横截面上——面热源。

因此雷卡林公式将焊接热过程计算归纳为三大类
问题：

1）厚大焊件焊接——点热源。

2）薄板焊接——线热源。

3）细棒焊接——面热源。

1.3.3　典型的焊接温度场

1. 焊接温度场的准稳定状态

正常焊接条件下，焊接热源都是以一定速度沿接
缝移动的。因此，相应的焊接温度场也是运动的。由
电弧或其他集中热源产生的运动温度场，在加热开始
时温度升高的范围会逐渐扩大，而达到一定的极限尺
寸后不再变化，只随热源移动。即热源周围的温度分
布变为恒定。将这种状态称为准稳定态。当功率不变
的焊接热源在焊件上做匀速运动时，所产生的焊接温
度场就是准稳态温度场。

2. 厚大焊件焊接时的温度场

厚大焊件连续焊接时，温度场的计算公式为

$$T-T_0=\frac{q}{2\pi\lambda R}\exp\left(-\frac{vx}{2a}-\frac{vR}{2a}\right) \quad (1\text{-}47)$$

式中　T_0——焊接的初始温度；

q——电弧有效热功率；

λ——热导率；

v——焊接速度；

a——热扩散率；

R——焊件上某点到热源中心的距离，$R^2 = x^2 + y^2 + z^2$；

x、y、z——该点在动坐标系的坐标值，热源沿 x 方向移动。

关于移动热源轴线上（x 轴）各点的温度分布，按以下两种情况讨论：

1）在热源后方各点，$R = -x$，$x < 0$，则由式(1-47)得出：

$$T - T_0 = \frac{q}{2\pi\lambda R} \qquad (1-48)$$

即在 x 轴上的热源后方各点的温度与焊接速度无关。

2）在热源前方各点，$R = +x$，$x > 0$，由式(1-47)得出：

$$T - T_0 = \frac{q}{2\pi\lambda R}\exp\left(-\frac{vx}{a}\right) \qquad (1-49)$$

可见，焊接速度 v 越大，热源前方温度的下降就越急剧。在极大焊速情况下，其热传播几乎全部在横向。

图 1-10 描述了 x 轴上的热源前后方各点的温度分布。厚大焊件焊接时温度场如图 1-11 所示。

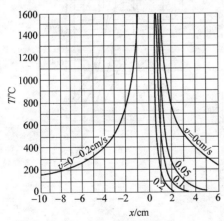

图 1-10 厚大焊件 x 轴上热源前后各点的温度分布[2]

$q = 4200\text{W}$ $\lambda = 0.42\text{W/(cm·℃)}$ $a = 0.1\text{cm}^2/\text{s}$

3. 薄板焊接时的温度场

薄板连续焊接时，温度场计算公式为

$$T - T_0 = \frac{q}{2\pi\lambda\delta}\exp\left(-\frac{vx}{2a}\right)K_0\left(r\sqrt{\frac{v^2}{4a^2} + \frac{b_0}{a}}\right)$$

$$(1-50)$$

式中 q——电弧有效热功率；

λ——热导率；

δ——板厚；

v——焊接速度；

a——热扩散率；

r——焊件上某点到热源中心的距离，$r^2 = x^2 + y^2$；

x，y——动坐标系的坐标值，热源沿 x 方向运动；

b_0——薄板的散温系数，$b_0 = 2\alpha/(\rho c_p \delta)(1/\text{s})$，$\alpha$ 是表面传热系数，ρc_p 为体积热容。

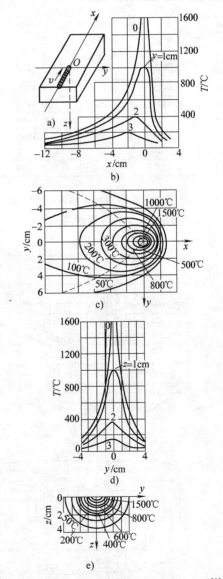

图 1-11 厚大焊件上点状移动热源的温度场[2]

a）坐标示意图 b）xOy 面上沿 x 轴的温度分布

c）xOy 面上的等温线

d）yOz 面上沿 y 轴的温度分布 e）yOz 面上的等温线

$q = 4200\text{W}$ $v = 0.1\text{cm/s}$ $\lambda = 0.42\text{W/(cm·℃)}$

$a = 0.1\text{cm}^2/\text{s}$

函数 $K_0(u)$ 是第二类虚自变量零阶贝塞尔函数：

$$K_0(u) = \frac{1}{2} \int_0^{\infty} \frac{1}{\omega} \exp\left(-\omega - \frac{u^2}{4\omega}\right) d\omega，\text{其中，} u =$$

$r \sqrt{\dfrac{v^2}{4a^2} + \dfrac{b_0}{a}}$，$\omega$ 是积分变量（定积分运算后 ω 消失）。

函数 $K_0(u)$ 的数值有详表可查。表 1-5 列出了一些常用范围内的 $K_0(u)$ 的数值。

表 1-5　第二类虚自变量零阶贝塞尔函数

u	$K_0(u)$	u	$K_0(u)$
0.00	∞	0.60	0.7775
0.02	4.0285	0.70	0.6605
0.04	3.3365	0.80	0.5654
0.06	2.9329	0.90	0.4867
0.08	2.6475	1.00	0.4210
0.10	2.4471	1.20	0.3185
0.20	1.7525	1.40	0.2437
0.30	1.3725	1.60	0.1880
0.40	1.1145	1.80	0.1459
0.50	0.9242	2.00	0.1139

x 轴上的温度分布并不对称于热源中心，而是在热源前方温度梯度大，后方温度梯度小，如图 1-12 所示。由图 1-12 可以看出，x 轴上热源后方的温度分布与焊速有关，这一点与厚大焊件焊接时不同。另外，薄板焊接还考虑了表面换热的影响。

图 1-13 表示出了薄板焊接时的温度场。

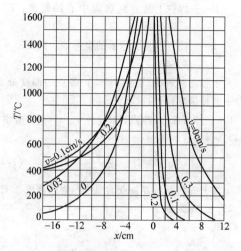

图 1-12　薄板焊接时 x 轴上各点的温度分布[2]

$q = 4200 \text{W}$　$\lambda = 0.42 \text{ W}/(\text{cm} \cdot ℃)$　$a = 0.1 \text{cm}^2/\text{s}$
$b_0 = 28 \times 10^{-4}/\text{s}$　$\delta = 1 \text{cm}$

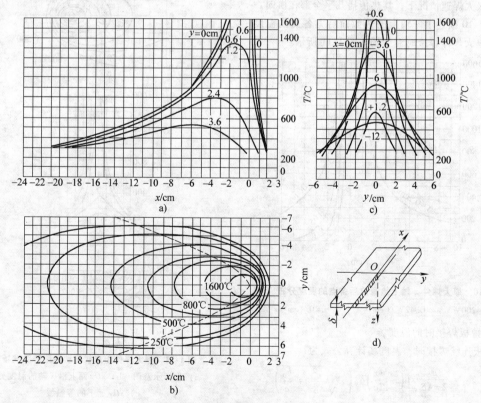

图 1-13　薄板焊接时的温度场[2]

a）不同 y 值时 x 方向上的温度分布　b）xOy 面上的等温线　c）不同 x 值时 y 方向上的温度分布

d）坐标示意图（$q = 4200 \text{W}$　$v = 0.1 \text{cm}/\text{s}$　$\lambda = 0.42 \text{ W}/(\text{cm} \cdot ℃)$　$a = 0.1 \text{cm}^2/\text{s}$　$b_0 = 28 \times 10^{-4}/\text{s}$　$\delta = 1 \text{cm}$）

4. 细棒焊接时的温度场

有效热功率为 q 的热源，均匀作用在细棒的断面上，并以恒速 v 移动，达到准稳态时的温度计算公式为：

$$T - T_0 = \frac{q/F}{2\lambda \sqrt{\frac{v^2}{4a^2} + \frac{b_1}{a}}}$$

$$\exp\left(-\frac{vx}{2a} - |x| \sqrt{\frac{v^2}{2a^2} + \frac{b_1}{a}}\right) \quad (1\text{-}51)$$

式中 F——为细棒的横断面面积；

  q——热源有效热功率；

  λ——热导率；

  v——焊接速度；

  a——热扩散率；

  b_1——细棒表面散温系数，$b_1 = \alpha L/(\rho c_p F)$ (1/s)，L 是细棒的周长；

x——动坐标系的坐标值，热源沿 x 轴运动。

5. 中厚板焊接时的温度场

前面所讨论的厚大焊件、薄板和细棒焊接时的温度场计算，都是根据半无限体、无限大板和无限长杆的假设条件而推导出来的。实际上在焊接工作中常遇到的不是这种情况，而是具有一定厚度的中厚焊件，既不能忽略板的下表面对传热过程的限制，又不能认为温度沿板厚均匀分布。中厚焊件的传热过程，既不同于厚大焊件，也不同于薄板，其传热过程有自己的特点。图 1-14 是中厚焊件焊接时的温度场，可以看出，中厚板焊件上表面传热情况与厚大焊件相似，而下表面的传热情况与薄板相似。

解决中厚焊件的温度场计算问题，可以根据镜面像热源排列叠加法[2]，也可以通过引入厚度修正系数后直接利用厚大焊件或薄板焊接时的计算公式[1]。

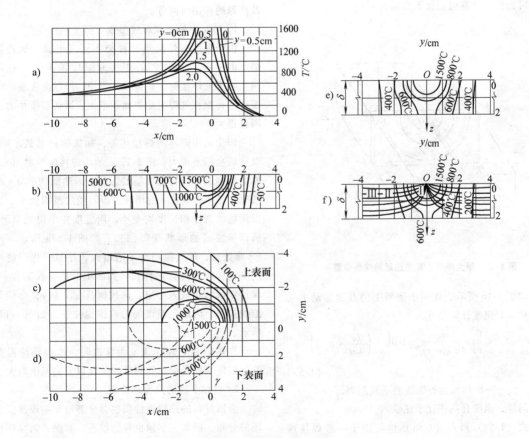

图 1-14 中厚焊件焊接时的温度场[1]

a）中厚件上表面不同 y 值时 x 方向上的温度分布曲线 b）xOz 平面上的等温线 c）中厚焊件的上表面温度场 d）中厚焊件的下表面温度场 e）yOz 平面，$x=0$ 时的温度分布 f）yOz 平面，$x=0$ 时的热流分布

（I 区相当于厚大焊件，III 区相当于薄板，II 区为无定型传热区）（$q=4200\text{W}$ $v=0.1\text{cm/s}$ $\lambda=0.42\text{W/(cm·℃)}$

$a=0.1\text{cm}^2/\text{s}$ $b_0=28\times10^{-4}/\text{s}$ $\delta=1\text{cm}$）

6. 大功率高速移动热源的温度场

大功率高速移动热源以高热功率 q 和高移动速度 v 为特征。定义单位长度焊缝上输入的热量 q/v 为热输入，单位是 J/cm，参数 q 和 v 成比例增加。当移动速度极高时，热传播主要在垂直于热源运动的方向上进行；在热源运动方向上的传热很小，可忽略不计。厚大焊件或薄板可以再划分为大量的垂直于热源运动方向的平面薄层，当热源通过这一薄层时，输入的热量仅仅在此薄层扩散，与相邻的薄层的状态无关，这将有助于大大简化计算公式。如图 1-15 所示，作用于厚大焊件高速运动大功率点热源温度计算公式为

$$T - T_0 = \frac{q}{2\pi\lambda vt} \exp\left(-\frac{r_0^2}{4at}\right) \qquad (1\text{-}52)$$

式中　r_0^2——某点 A 到热源的距离平方，$r_0^2 = x_0^2 + y_0^2$；

　　　　t——热源到达所求点 A 所在截面时起算的传热时间。

可见温度升高值正比于热输入 q/v。

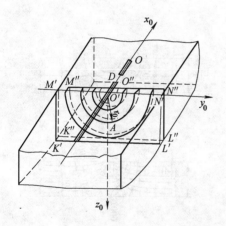

图 1-15　厚大焊件上高速热源的传热模型[2]

如图 1-16 所示，作用于薄板上的高速移动大功率线热源，温度计算公式为

$$T - T_0 = \frac{q}{v\delta(4\pi\lambda\rho c_p t)^{1/2}} \exp\left[-\left(\frac{y_0^2}{4at} + b_0 t\right)\right]$$

$$(1\text{-}53)$$

式中　y_0——距热源运行轴线的垂直距离。

同样，温度升高正比于热输入。

式（1-52）和式（1-53）也可用于一般焊接速度下的传热过程计算。焊接速度越大，计算结果就越准确。一般低碳钢焊接时，焊接速度大于 36m/h 就可应用。但应指出，式（1-52）和式（1-53）只能用于热源作用点的后方毗邻焊缝的区域，而距焊缝较远的点和热源作用的前方区域均不能利用。

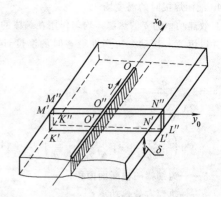

图 1-16　高速热源作用在薄板上的传热模型[2]

1.3.4　影响焊接温度场的主要因素

焊接温度场受许多因素影响，其中主要是热源的种类、焊接参数、材质的热物理性能、焊件的形态以及热源的作用时间等。

1. 热源的种类和焊接参数

由于采用的焊接热源种类不同（电弧、氧乙炔焰、电子束、激光等），焊接时温度场的分布也不同。电子束焊接时，热能极其集中，所以温度场的范围很小；而在气焊时加热面积很大，因而温度场的范围也很大。

即使采用同样的焊接热源，如果焊接参数不同，温度场也相差很大。图 1-17 表示出焊接参数对 10mm 厚低碳钢试件焊接温度场的影响。当热源功率 $q =$ 常数时，随焊接速度 v 的增加，等温线的范围变小，即温度场的宽度和长度均变小，而宽度变小得较显著，所以等温线的形状变得细长，如图 1-17a 所示。当 $v =$ 常数时，随热源功率 q 的增大，等温线在焊缝横向变宽，在焊缝方向伸长，如图 1-17b 所示。当 q/v 保持定值即热输入一定，同比例改变 q 和 v，会使等温线拉长，因而使温度场的范围也拉长，如图 1-17c 所示。

当热功率 q 和焊速 v 为常数时，增加预热温度 T_0，则使温度场中加热到某一温度以上的范围增大。

2. 被焊金属的热物理性质

金属材料的热物理性质也会显著地影响焊接温度场的分布。例如，不锈钢导热很慢，而铜、铝导热很快，在相同的焊接热源、相同的焊接尺寸情况下，温度场的分布情况就有很大差别。

热导率 $\lambda = ac_p\rho$ 对加热到某一温度以上的范围大小有决定性影响，如图 1-18 所示。当 λ 值小时，焊接时需要较小的功率；当 λ 值大时，则需要较大的

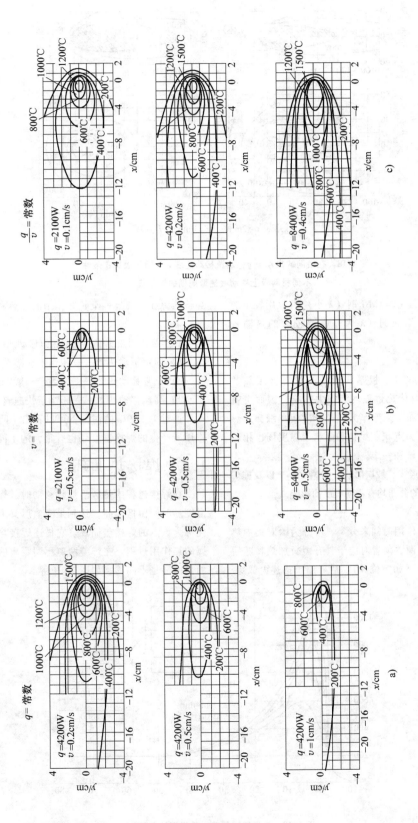

图 1-17　焊接参数对温度场分布的影响（10mm 厚的低碳钢板）[2]

a）q = 常数，v 的影响　b）v = 常数，q 的影响　c）q/v = 常数，q 及 v 等比例变化时对温度场的影响

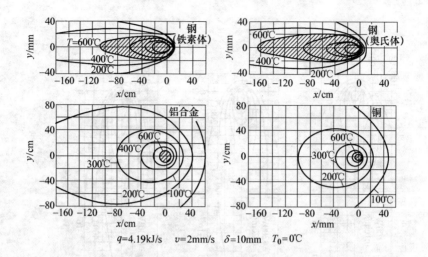

$$q=4.19kJ/s \quad v=2mm/s \quad \delta=10mm \quad T_0=0℃$$

图 1-18　在相同的热功率 q、热源移动速度 v 和相同板厚 δ 条件下，
不同材料板上移动线热源周围的温度场[7]

功率 q。因此，奥氏体 CrNi 钢（λ 小）可以用较小的热输入焊接；而铝和铜（λ 大）需要较大的热输入焊接。

3. 焊件的形态

焊件的几何尺寸、板厚和所处的状态（预热及环境温度等），对传热过程均有很大影响，因而也就影响温度场的分布。对于厚大焊件、薄板和细棒，热源相应地被简化为点状、线状和面状，温度场也相应地成为三维、二维和一维。

此外，接头形式、坡口形状、间隙大小，以及施焊工艺等对温度场的分布均有不同程度的影响。

4. 热源的分类

根据热源的作用时间来分类，可分为瞬时集中热源和连续作用热源，前者对应于具有短暂加热和随后冷却的焊接过程（如定位焊），后者用于描述电弧等焊接热源在金属焊件上长时作用的加热和随后的冷却过程。

在连续作用热源中，根据热源移动速度又可分为：
1）固定不动热源——相当于缺陷补焊的情况；
2）正常移动热源——相当于一般电弧焊；
3）高速移动热源——相当于快速自动焊。

通过 1.3.3 节的讨论，可以看出不同种类的热源作用所产生的焊接温度场也有很大的不同。

1.4　焊接热循环

在焊接过程中热源沿焊件移动时，焊件上某点的温度随时间由低而高，达到最大值后又由高而低的变化称为该点的焊接热循环。它描述焊接热源对被焊金属的热作用过程。在焊缝两侧不同距离的点，所经历的热循环是不同的，如图 1-19 所示。

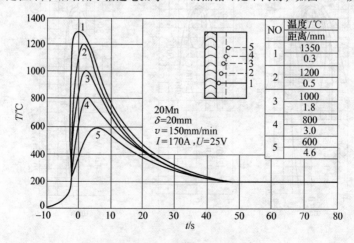

NO	温度/℃ 距离/mm
1	1350
	0.3
2	1200
	0.5
3	1000
	1.8
4	800
	3.0
5	600
	4.6

20Mn
$\delta=20mm$
$v=150mm/min$
$I=170A，U=25V$

图 1-19　距焊缝不同各点的焊接热循环[1]

1.4.1 焊接热循环的主要参数

1. 焊接热循环的主要参数

根据焊接热循环对焊接接头组织和性能的影响，研究焊接热循环主要考虑以下四个参数：

（1）加热速度 v_H

加热速度受许多因素影响，例如焊接方法、被焊金属、厚度及焊接热输入等。焊接低合金钢时，焊接方法、板厚及焊接热输入对加热速度的影响见表1-6。

表 1-6 单层电弧焊和电渣焊低合金钢时近缝区热循环参数[1]

板厚 /mm	焊接方法	焊接热输入 /（J/cm）	900℃时的加热速度/（℃/s）	900℃以上的停留时间/s 加热时 t'	900℃以上的停留时间/s 冷却时 t''	冷却速度/（℃/s） 900℃时	冷却速度/（℃/s） 500℃时	备 注
1	钨极氩弧焊	840	1700	0.4	1.2	240	60	对接不开坡口
2	钨极氩弧焊	1680	1260	0.6	1.8	120	30	对接不开坡口
3	埋弧焊	3780	700	2.0	5.5	54	12	对接不开坡口，有焊剂垫
5	埋弧焊	7140	400	2.5	7	40	9	对接不开坡口，有焊剂垫
10	埋弧焊	19320	200	4.0	13	22	5	对接不开坡口，有焊剂垫
15	埋弧焊	42000	100	9.0	22	9	2	对接不开坡口，有焊剂垫
25	埋弧焊	105000	60	25.0	75	5	1	对接不开坡口，有焊剂垫
50	电渣焊	504000	4	162.0	335	1.0	0.3	双丝
100	电渣焊	672000	7	36.0	168	2.3	0.7	三丝
100	电渣焊	1 176000	3.5	125.0	312	0.83	0.28	板极
220	电渣焊	966000	3.0	144	395	0.8	0.25	双丝

应当指出，长期以来对加热速度方面的研究还不够充分，特别是近代出现的新工艺，如真空电子束焊接、等离子弧焊接和激光焊接加热速度的数据很缺乏。

（2）加热的最高温度 T_M

距焊缝远近不同的各点，加热的最高温度不同，如图1-19所示。

（3）在相变温度以上的停留时间 t_H

为了便于分析研究，把相变温度以上的停留时间 t_H 又分为加热过程的停留时间 t' 和冷却过程的停留时间 t''，所以 $t_H = t' + t''$。

（4）冷却速度 v_c（或冷却时间 $t_{8/5}$）

冷却速度是决定热影响区组织性能最重要的参数之一，是研究焊接热过程的主要内容。应当指出，这里所指的冷却速度是指焊件上某点热循环的冷却过程中某一瞬时温度的冷却速度。对于低合金钢来讲，人们感兴趣的是熔合线附近的点（最高加热温度为1350℃）冷却过程中约在540℃左右的瞬时冷却速度。为便于测量和分析比较，采用 800~500℃ 的冷却时间 $t_{8/5}$ 来代替瞬时冷却速度，因为800~500℃是相变的主要温度范围。

以上焊接热循环的四个主要参数如图1-20所示。焊接热循环是焊接时所经历的特殊热处理，也是对焊件上热作用的清晰描述。与一般热处理相比较，焊接时加热速度要大得多，而在高温停留的时间又非常短（几秒到十几秒），冷却速度是自然冷却，由于加热的局部性，冷速较快，不像热处理那样可以控制保温，这就是焊接热循环所具有的主要特征。

2. 焊接热循环主要参数的计算

焊接研究和生产中经常需要知道焊接热循环的主要参数。通过实验测试，可以得到热循环的主要参数[8]。从理论上也能够推导出焊接热循环主要参数的计算公式。1.3节通过建立焊接热过程的数学模型，得出了各种情况下焊件上温度场的计算公式。以高速热源作用于厚大焊件上为例，温度场的计算公式为

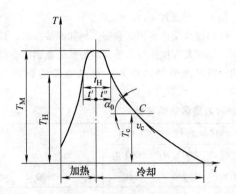

图 1-20　焊接热循环的参数

$$T - T_0 = \frac{q}{2\pi\lambda vt}\exp\left(-\frac{r_0^2}{4at}\right) \qquad (1\text{-}54)$$

当 $\frac{\partial T}{\partial t} = 0$ 时，即可求出 T_M，（厚板 $T_M - T_0 = \frac{0.234q}{v\rho c_p r_0^2}$，薄板 $T_M - T_0 = \frac{0.242q}{v\rho c_p y_0}$）。对式（1-54）进行其他处理，就可以获得 t_H、v_H、v_c 等。这方面的具体推导过程可参见参考文献 [1]。

应当指出，基于传热学理论公式求出的焊接热循环主要参数误差较大，这主要是因为雷卡林公式要附加一些假设条件，这些假设条件与焊接传热的实际情况并不完全符合 [9]，因此人们一般采用经大量试验而得出的焊接热循环参数计算的经验公式。

3. 计算冷却速度的经验公式 [1,10]

（1）碳钢和低合金钢

对于碳钢和低合金钢（板厚 6 ~ 30mm），单层对接和角接焊时，熔合线处的冷却速度可用式（1-55）计算：

$$v_c = 0.35P^{0.8} \qquad (1\text{-}55)$$

对接时：

$$P = 216.09 \times \left(\frac{T - T_0}{I/v}\right)^{1.7}\left[1 + \frac{2}{\pi}\arctan\left(\frac{\delta - h_0}{h_1}\right)\right]$$

角接时：

$$P = 216.09 \times \left(\frac{T - T_0}{0.8I/v}\right)^{1.7}\left[1 + \frac{2}{\pi}\arctan\left(\frac{\delta - h_0}{h_1}\right)\right]$$

式中　T——熔合线处冷却过程中所求冷却速度的温度（℃）；

　　　T_0——被焊金属的初始温度（℃）；

　　　v——焊接速度（cm/s）；

　　　I——焊接电流（A）；

　　　δ——板厚（mm）；

h_0、h_1——由温度 T 所确定的实验常数（表 1-7）。

表 1-7　不同温度下的 h_0 和 h_1

实验常数	700℃	540℃	300℃
h_0	12	14	20
h_1	1	4	10

应当指出，上述计算公式只适用于较长焊缝（60mm 以上）冷却速度的确定。

（2）奥氏体不锈钢

奥氏体不锈钢因导热性能比碳钢和低合金钢差，故在同样焊接条件下，冷却速度仅为碳钢的 2/3 左右。其经验公式为

$$v_c = 0.20P^{0.85} \qquad (1\text{-}56)$$

$$P = 157.51 \times \left(\frac{T - T_0}{I/v}\right)^{1.6}\left[1 + \frac{2}{\pi}\arctan\left(\frac{\delta - h_0}{h_1}\right)\right]$$

式中，h_0 和 h_1 的值见表 1-8。

（3）铝合金

铝合金导热性良好，在相同厚度和焊接参数的条件下，比碳钢的冷却速度大 3 ~ 7 倍，其经验公式为

$$v_c = 0.0075P^{0.8} \qquad (1\text{-}57)$$

$$P = 216.09 \times \left[\frac{(T - T_0)^{1.9}}{(I/v)^{1.7}}\right] \times \left[1 + \frac{2}{\pi}\arctan\left(\frac{\delta - h_0}{5}\right)\right]$$

式中，h_0 的值见表 1-8。

表 1-8　不锈钢和铝合金的 h_0 和 h_1

材　料	$T/℃$	h_0	h_1
不锈钢	1100	6.1	0.7
	900	6.3	0.8
	700	7.0	1.4
	500	10.1	2.9
铝合金	400	14	—
	200	18	—

4. 计算冷却时间的经验公式

在试验研究工作中，测定某一温度的瞬时冷却速度会带来较大的误差，因此，目前多采用一定温度范围内的冷却时间来代替冷却速度，并以此作为研究焊接热影响区组织、性能及抗裂性的重要参数。

对于一般碳钢和低合金钢，常采用相变温度范围的 800 ~ 500℃ 冷却时间 $t_{8/5}$。而对冷裂倾向较大的钢种，有时采用 800 ~ 300℃ 冷却时间 $t_{8/3}$ 或由峰值温度冷至 100℃ 的冷却时间 t_{100}。

1976 年，德国的钢铁学会将 D. 乌威等所提出的 $t_{8/5}$ 工程计算方法 [11] 正式列入了学会的钢铁材料技术指导文件。这一工程计算的假设条件：①在静止的空气中焊接；②忽略不计相变的反应热及电弧周围的热交换；③所输入的热量全部由母材吸收（即不考虑工件向周围的散热）。

在上述的假设条件下，采用两个修正系数，以反映实际的焊接条件。第一个修正系数是 η'，见表 1-9。这是相对热效率，不同的焊接方法，其 η' 值不

同，但以埋弧焊的热效率为基数（取 1）。第二个修正系数就是焊缝成形系数 F，它影响冷却时的热传导，见表 1-10。

表 1-9　焊接方法及相对热效率

焊接方法	相对热效率 η'	焊接方法	相对热效率 η'
埋弧焊	1.0	CO_2 气保护焊	0.85
钛型焊条电弧焊	0.9	熔化极氩弧焊	0.70
碱性焊条电弧焊	0.8	钨极氩弧焊	0.65

设 U 为电弧电压（V），I 为焊接电流（A），v 为焊接速度（cm/s），T_0 为施焊温度（℃），第一道焊时为预热温度，需要预热的不同强度级别的低合金高强度钢及相应的板厚见表 1-11，η' 为相对热效率（%），$t_{8/5}$ 为冷却时间（s），E 为热输入（J/cm），$E = UI/v$，δ 为板厚（mm）。

在三维热传导条件下，用式（1-58）计算 $t_{8/5}$，

$$t_{8/5} = (0.67 - 5 \times 10^{-4} T_0)\eta'E \times$$
$$\left(\frac{1}{500 - T_0} - \frac{1}{800 - T_0}\right)F_3 \quad (1-58)$$

在二维热传导条件下，用式（1-59）计算 $t_{8/5}$。

表 1-10　影响冷却时间的成形系数 F

焊接接头形式	系　数	
	F_3 三维热传导	F_2 二维热传导
堆焊	1.0	1.0
T 字或十字接头的第一及第二层焊缝	0.67	0.45 ~ 0.67
十字接头中的第三及第四层焊缝	0.67	0.30 ~ 0.67
角焊缝处的贴角焊缝	0.67	0.67 ~ 0.9
搭接接头的贴角焊缝	0.67	0.70
V 形坡口处的焊根焊道（60°坡口，间隙 3mm）	1.0 ~ 1.2	~ 1.0
X 形坡口处的焊根焊道（60°坡口，间隙 3mm）	0.7	~ 1.0
V 形及 X 形坡口处的中间焊道	0.80 ~ 1.0	~ 1.0
V 形及 X 形坡口处的盖面焊道	0.90 ~ 1.0	1.0
I 形对接单面焊双面成形	0.90 ~ 1.0	1.0

$$t_{8/5} = (0.043 - 4.3 \times 10^{-5} T_0)\frac{\eta'^2 E^2}{\delta^2} \times$$
$$\left[\left(\frac{1}{500 - T_0}\right)^2 - \left(\frac{1}{800 - T_0}\right)^2\right]F_2 \quad (1-59)$$

由式（1-58）可以看出，在三维热传导条件下，$t_{8/5}$ 与板厚无关而与焊接热输入成正比；而由式（1-59）可以看出，在二维热传导条件下，$t_{8/5}$ 与热输入平方成正比而与板厚的平方成反比。若由三维热传导转为二维热传导，则把式（1-58）与式（1-59）相等，即可求出临界板厚 δ_c，即

$$\delta_c = \sqrt{\frac{0.043 - 4.3 \times 10^{-5} T_0}{0.67 - 5 \times 10^{-4} T_0}\eta'E \times}$$
$$\left(\frac{1}{500 - T_0} + \frac{1}{800 - T_0}\right) \quad (1-60)$$

由式（1-60）可以看出，δ_c 与焊接接头形式无关。图 1-21 是埋弧焊工艺时，区分三维热传导与二维热传导的临界板厚与焊接热输入及施焊温度之间的关系。在各个不同施焊温度斜线以上，将按三维热传导计算，以下则按二维热传导计算。当将此图用于非埋弧焊工艺时，应乘以相对热效率系数 η'。

表 1-11　需要预热的不同强度级别钢种及相应板厚

钢材的 R_{eL}/MPa	开始需要预热的板厚/mm
≤347.9	≥30
>347.9 ~ 411.6	≥20
>411.6 ~ 578.2	≥12
>578.2	≥8

当已知板厚、热输入及施焊温度而求 $t_{8/5}$ 时，可先用图 1-21 来确定是属于哪一种热传导。若已知板厚、$t_{8/5}$ 及施焊温度，又尚不能确定属于哪一种热传导的情况下，则可以通过式（1-58）及式（1-59）来求热输入。分别用这两个公式求出 E 值之后选较小值。当然也可以通过图 1-22 及图 1-23 来求 E 值。

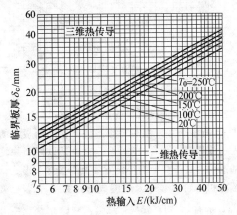

图 1-21　临界板厚 $\delta_c = f(E)$ [11]

图 1-22 是埋弧焊堆焊时的冷却时间 $t_{8/5}$ 与热输入

E 之间的关系。若采用其他工艺，就要考虑相对热效率 η' 及焊缝成形系数 F_3。若已知 E 及施焊温度 T_0，而去求 $t_{8/5}$，则热输入应首先乘以 η' 及 F_3。若已知 $t_{8/5}$ 及 T_0，求热输入 E，则求出 E 值之后，再被 η' 及 F_3 除。

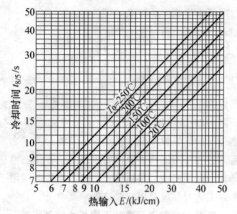

图 1-22 三维热传导计算图

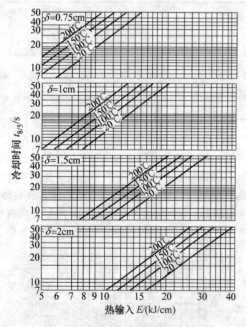

图 1-23 二维热传导计算图

当属二维热传导时，就还要考虑板厚这一因素。图 1-23 所示为在二维热传导条件下，不同板厚的热输入、施焊温度及 $t_{8/5}$ 的关系，它也是以埋弧焊堆焊为基准的。对于其他的焊接方法及焊接接头形式，就要考虑相对热效率 η' 及焊缝成形系数 F_2。若已知 E 及 T_0，求 $t_{8/5}$，则首先应把热输入乘以 η' 及 $\sqrt{F_2}$。反之，若已知 $t_{8/5}$ 及 T_0，求热输入 E，则应求出 E 值之后，再被 η' 及 $\sqrt{F_2}$ 除。

若用二维热传导的图 1-23 时，实际的板厚若与图中数值不相等，则取所接近的板厚的图，求出 $t_{8/5}$ 之后再用板厚的比值进行修正。即应把实际板厚平方与图中最接近的板厚平方值相比，这是一个分数值。若实际的板厚比图中之值小，则把小的板厚值作为分子，反之，则把大的板厚作为分子。用该分数值乘求出的 $t_{8/5}$。

近年来，在研究高强钢焊接冷裂纹时发现，从峰值温度冷至 100℃ 的冷却时间对冷裂有重要影响，为此常用 t_{100} 作为冷裂倾向的参数之一。由于影响因素比较复杂，主要通过实验求得 t_{100}。在一定热输入条件下（如 17kJ/cm），不同板厚及预热温度与 t_{100} 的关系可查表 1-12[12]。

5. 冷却时间的图解法[1]

可以采用线算图的方法方便地求出 $t_{8/5}$、$t_{8/3}$ 和 t_{100}。焊条电弧焊、气体保护焊和埋弧焊时，800 ~ 500℃ 和 800 ~ 300℃ 的冷却时间线算图分别如图 1-24，图 1-25 和图 1-26 所示。

表 1-12 低合金高强钢不同板厚及预热温度与 t_{100} 的关系[12]

预热温度 /℃	电弧过后到 100℃ 的实际冷却时间/s		
	$\delta = 25mm$	$\delta = 38mm$	$\delta = 50mm$
0	45	30	25
25	65	45	35
50	100	70	55
75	210	125	105
100	660	620	580
125	1040	1180	1290
150	1360	1650	1870
175	1650	2050	2380
200	1900	2420	2820

焊条电弧焊的线算图的使用方法如下：

例如板厚为 10mm 的低合金钢，选用的焊接热输入为 18000J/cm，求不预热和预热 200℃ 时的 800 ~ 500℃ 冷却时间。

如图 1-24a 所示，由板厚 10mm 与热输入 18000J/cm 直接连线（1），在（A）点即可直接得出 $t_{8/5}$ 之值。如果预热 200℃ 时，再由（A）点与预热温度（200℃）之间连直线（2），在（B）点即是在预热 200℃ 时的 $t_{8/5}$ 值。

CO_2 气体保护焊的线算图的使用方法如下：

例如板厚为 20mm 的低合金钢，选用的焊接热输入为 32000J/cm，板的初始温度为 20℃，求板上堆焊时的 800 ~ 300℃ 冷却时间。

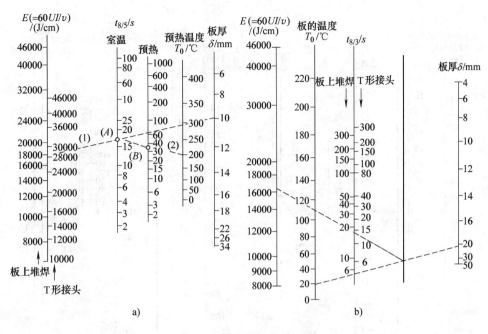

图 1-24　焊条电弧焊时 $t_{8/5}$ 和 $t_{8/3}$ 线算图

a) $t_{8/5}$ 　b) $t_{8/3}$

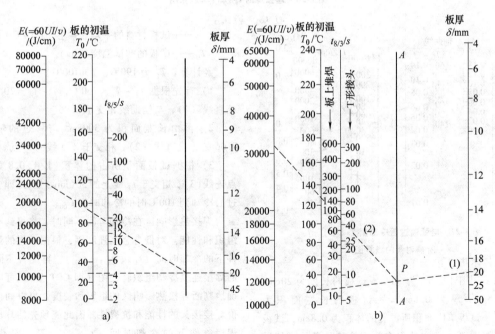

图 1-25　CO_2 气保护焊时 $t_{8/5}$ 和 $t_{8/3}$ 线算图

a) $t_{8/5}$ 　b) $t_{8/3}$

如图 1-25b 所示，初始温度 20℃ 与板厚 20mm 直接连线（1），交 A-A 线于 P 点，根据焊接热输入 32000J/cm 与 P 点连线（2），相交 $t_{8/3}$ 线（板上堆焊）上的 80s 处，此即为板上堆焊时的 800～300℃ 冷却时间。

埋弧焊的线算图的使用方法基本类似。如图 1-26a 所示，根据已知条件（如板厚、初始温度、热输入），按图上所标顺序连线，与 $t_{8/5}$ 线的交点即为 800～500℃ 冷却时间。

t_{100} 亦可以采用线算图确定出来，如图 1-27 所示。

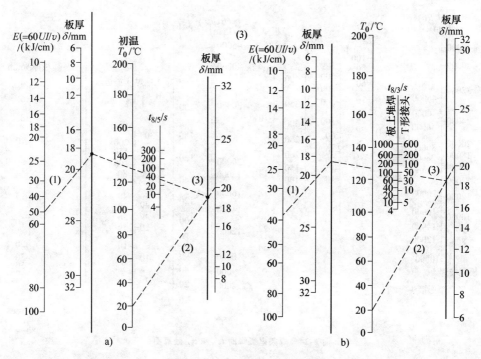

图 1-26　埋弧焊时 $t_{8/5}$ 和 $t_{8/3}$ 线算图

a) $t_{8/5}$　b) $t_{8/3}$

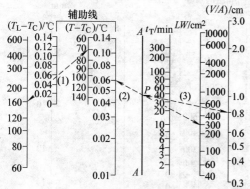

图 1-27　电弧通过后冷却到 T（℃）时
所需时间的线算图

具体求法如下：

如果周围环境 T_c 为 30℃，试板的长度为 20cm，宽为 15cm，厚为 0.8cm，故试板的长宽面积为 300cm²，试板单位面积所占有的体积为 0.8cm，试板的热容温度 T_L，即在给定有效焊接能量条件下使试件（钢板）质量所具有的温度，由式（1-61）确定：

$$T_L = \frac{\eta El}{mc} + T_0 \qquad (1-61)$$

式中　η——焊接电弧热效率（%）；

　　　E——焊接热输入（J/cm）；

　　　l——试板上的焊道长度（cm）；

　　　m——试板的重量（g）；

c——试板材料的平均比热容 [J/（g℃）]；

T_0——试板的初试温度（℃）。

经计算，T_L 为 190℃。$T = 100$℃。

1）首先根据 $T_L - T_c = 160$℃，$T - T_c = 70$℃，连接直线（1），与辅助线相交于 0.06。

2）再由长宽面积为 300cm² 与移过的辅助线 0.06 处连接直线（2），相交于 $A\text{-}A$ 线的 P 点。

3）根据试板面积所占的体积（V/A）0.8 处于 P 点连线（3），相交于 t_T 线上的 30（min）处，此即电弧通过后冷却到 100℃时的冷却时间 t_{100}。

焊接热影响区在冷却时间不同时，将得到不同的组织和性能。对低合金高强度钢，根据不同的焊接条件下的冷却时间（$t_{8/5}$、$t_{8/3}$、t_{100}），再配合不同钢种的焊接连续冷却组织转变图（即 CCT 图），可以较准确地判断焊接热影响区的组织和硬度，可以间接地评价焊接接头的性能和抗裂性。因此能预先估算出不同焊接条件下的冷却时间（$t_{8/5}$、t_{100} 等）是很有价值的。

1.4.2　多层焊接热循环的特点

在实际焊接生产中，多数采用多层多道焊接，在厚壁容器焊接时，多层焊接热循环的应用具有更为普遍的意义。

多层焊接时许多单层热循环相继作用，在相邻焊层之间彼此具有热处理的作用，因此从提高焊接质量来看，多层焊比单层焊更为优越。

在实际生产中，根据情况的不同，多层焊可分为"长段多层焊"和"短段多层焊"。

1. 长段多层焊接热循环

所谓长段多层焊，就是每道焊缝较长（1m 以上），这样在焊完第一层再焊第二层时，第一层已基本上冷却到较低的温度（一般在 200℃ 以下）。

长段多层焊接热循环的变化如图 1-28 所示。由图 1-28 可以看出，相邻各层之间有依次热处理的作用，为防止最后一层淬硬，可多加一层"退火焊道"，从而使焊接质量有所改善。

应当指出，对一些淬硬倾向较大的钢种，不适于长段多层焊接。因为这些钢焊第一层以后，焊接第二层之前，近缝区或焊缝由于淬硬倾向较大而有产生裂纹的可能。所以焊接这种钢时，应特别注意与其他工艺措施的配合，如焊前预热、层间温度的控制，以及后热缓冷等。

2. 短段多层焊接热循环

所谓短段多层焊，就是每道焊缝较短（约为 50 ~ 400mm），在这种情况下，未等前层焊缝冷却到较低温度（如 Ms 点）就开始焊接下一层焊缝。短段多层焊的热循环如图 1-29 所示。

由图 1-29 看出，近缝区 1 点和 4 点所经历的热循环是比较理想的。对于 1 点来讲，一方面使该点在 Ac_3 以上停留时间较短，避免了晶粒长大，另一方面减缓了 Ac_3 以下的冷却速度，从而防止淬硬组织产生。对于 4 点来讲，它是在预热的基础上进行焊接的，如果焊缝的长度控制合适，那么 Ac_3 以上停留的时间仍可很短，使晶粒不易长大。为了防止最后一层产生淬硬组织，可多一层退火焊道，以便增长奥氏体的分解时间（从 t_B 增至 t_B'）。

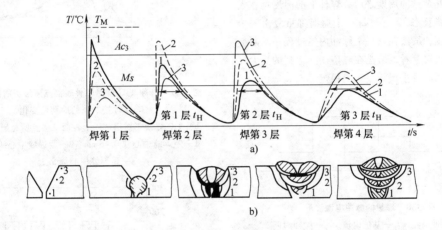

图 1-28　长段多层焊接热循环

a）焊接各层时，近缝区 1、2、3 点的热循环　b）各层焊缝断面示意图

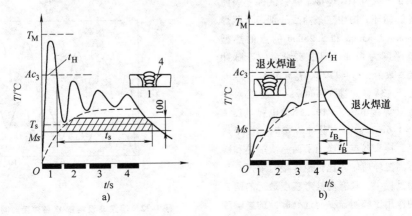

图 1-29　短段多层焊接热循环

a）1 点的热循环　b）4 点的热循环

由此可见，短段多层焊对焊缝和热影响区组织都具有一定的改善作用，适于焊接晶粒容易长大而又易于淬硬的钢种。但是，短段多层焊的操作工艺十分繁琐，生产率低，只有在特殊情况下才采用。

1.4.3　脉冲焊接热循环的特点

脉冲电弧焊是生产中常用的一种高质量的焊接方法，常用在封底焊和高强度钢、铝合金、钛合金、不锈钢等重要产品全位置的焊接上。脉冲电弧焊接时，焊接电流幅值作周期性变化，如图 1-30 所示，因而焊件上的热输入以及由其产生的热循环也是周期性变化的。在脉冲峰值期间，焊件吸收电弧热，温度升高并形成熔池。在脉冲峰值期间，焊件吸收的热量多于散失的热量，因此焊件温度升高，加热熔化，熔池长大。在脉冲基值期间，焊件散失的热量多于吸收的热量，因此温度降低，冷却凝固，熔池缩小，如此循环往复。经过几个脉冲周期之后，焊件上的温度场在宏观上达到"准稳态"，这时每一个周期都重复上一个周期的热过程，虽然在每一个脉冲内热过程是不断变化的，但从宏观上看，熔池在峰值期间达到的最大尺寸与基值期间的最小尺寸基本上稳定下来。

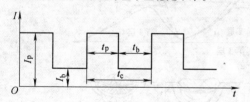

图 1-30　理想的脉冲电流波形

I_p—脉冲电流　I_b—基值电流　t_p—脉冲时间

t_b—持续时间　t_c—脉冲周期

在图 1-31 中，图 1-31a 所示为焊接电流的周期性变化，图 1-31b 所示为 TIG 焊接不锈钢试件上表面某些点所经历的热循环。图中三条曲线分别表示距焊缝中心线 0.45mm、3.35mm 和 5.25mm 的点的热循环。不锈钢试件厚度为 4mm。图中实线对应于脉冲 TIG 焊接（焊接参数为：$I_p = 170A$，$I_0 = 35A$，$t_p = t_b = 1.0s$，电弧电压 13V，焊速 1.6mm/s），虚线对应于恒流 TIG 焊接（焊接电流 $I = 102.5A$，电弧电压 $U = 13V$，焊速 $v = 1.6mm/s$）。在脉冲焊接时，由于热输入的脉冲作用，接头各点都经历了两三次加热和冷却的作用过程，高温停留时间比恒流焊接时缩短。另外，在电弧运动过程中，只有离被考察点最近的两三个脉冲对该点的作用比较明显，而远处脉冲的影响逐渐减弱，并且随着离焊缝中心线距离的增加，脉冲对其热循环影响也逐渐减弱。图 1-32 所示为脉冲 TIG

焊时熔深及熔宽随时间的变化过程。两者均随焊接电流做周期性变化。引弧四五个脉冲周期后，温度场达到宏观准稳态，熔深及熔宽在每一个周期内增加或减小的幅度基本不变。

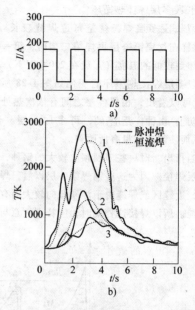

图 1-31　脉冲 TIG 焊时工件表面点所经历的热循环[13]

a）焊接电流的周期性变化

b）TIG 焊接不锈钢试件上表面某些点所经历的热循环

1—距焊缝中心线 0.45mm　2—距焊缝中心线 3.35mm

3—距焊缝中心线 5.25mm

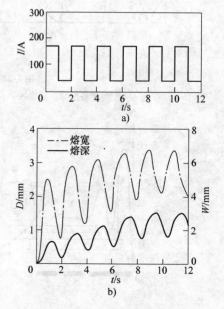

图 1-32　熔深 D 及熔宽 W 随焊接时间的变化[13]

a）焊接电流的周期性变化

b）脉冲 TIG 焊时熔深及熔宽随时间的变化进程

1.5　焊接热传导的数值模拟

正如 1.3.2 部分已经指出的那样，焊接热过程解析法（雷卡林公式）是以一些假设条件为基础的。这些假设条件与焊接传热的实际情况有较大差异，导致雷卡林公式在距离热源较近部位的温度计算发生较大的偏差。但这里恰恰是焊接工作者最关心的部位。因为从工艺上来说，确定熔化区域的尺寸和形状是十分有意义的；从冶金上来说，相变点以上的加热范围是研究的重点。

高速计算机的广泛应用使得焊接热过程的数值模拟得到发展。因此，很多过去难以用解析法求解的非线性问题可以在计算机上用数值方法求解。

1.5.1　数值模拟的基本概念

在焊接工程中经常遇到的一些问题，如焊接热过程、热应力变形以及氢扩散等问题，可以归结为解某一（或某些）特定的微分方程。然而只有在十分简单的情况下并且作许多简化的假定，才有可能求得这些微分方程的解析解。事实上，由于实际问题多种多样，边界条件十分复杂，用解析法来求解微分方程是十分困难的。为了满足生产和工程上的需要，必须应用数值模拟方法。数值模拟是用一个或一组控制方程来描述某一物理过程的基本参数的变化关系，首先将整个求解区域划分成很多小块（离散化），由于任何复杂问题在小块中都会显得很简单，对每一个小块作相应的分析和计算，然后总体合成，将微分方程转化为线性代数方程组，最后求解线性代数方程组以获得该过程定量的结果。有限单元法和有限差分法是被广泛应用的两种数值模拟方法。

1.5.2　焊接热传导的有限差分计算

有限差分法从微分方程出发，将区域经过离散处理后，近似地用差分代替微分，用差商代替微商，建立以节点温度为未知量的代数方程组，然后求解得到各节点温度的近似值。它是将原来求解物体内随空间、时间连续分布的温度问题，转化为求解在时间领域和空间领域内有限个离散节点的温度值问题，再用这些节点上的温度值去逼近连续的温度分布。

在用有限差分法求解焊接热传导问题时，首先把焊件划分成网格，可以是均匀网格（网格节点之间的距离相等），也可以是非均匀网格（网格节点之间的距离不相等）；对于每个节点，采用偏微分方程替代法或控制容积法建立差分方程，得到线性代数方程组；再求解该代数方程组，得到各个节点的温度值。

有限差分法的优点是：对于具有规则的几何形状和均匀的材料性能的问题，差分法的线性代数方程组的计算格式比较简单，方程的物理意义比较清楚，程序设计比较简便，收敛性也比有限单元法好，计算过程也比有限单元法简单得多。有限差分法的缺点是差分网格大多局限于正方形、矩形或正三角形等，显得死板僵硬，不容易处理具有复杂形状或边界的物体。

1.5.3　焊接热传导的有限单元法计算

1. 概述

有限单元法（简称有限元法）是根据变分原理来求解数学物理问题的一种数值计算方法。用有限元法求解热传导的过程如下：

1）把传热问题转化为等价的变分问题。

2）对物体进行有限单元分割，把变分问题近似地表达为线性方程组。

3）求解线性方程组，将所得的解作为热传导问题的近似值。

差分法注意到了节点的作用，对于把节点连接起来的单元是不予注意的，而正是这些单元构成整体，有限元法则以单元作为基础，在各节点温度（或其他物理量）的计算过程中，单元"会"起到自己应有的"贡献"。有限单元法恰恰是抓住了单元的贡献，使得这种方法具有很大的灵活性和适应性，特别适用于具有复杂形状和边界条件的物体。对于由几种材料组成的物体，可以利用分界面作为单元的界面，从而使问题得到很好的处理。同时根据实际需要，在一部分求解区域配置较密的单元（即单元剖分得比较细），而在另一部分求解区域配置较疏的单元，这样就可以在不过分增加节点总数的情况下，提高计算精度。此外，由于有限元法是用统一的观点对区域内节点和边界节点列出计算格式，能自然满足边界条件，使各个节点在精度上比较协调。有限元法要求解的线性代数方程组的系数矩阵是对称的，特别有利于计算机运算。但是，在有限元法中，由于热传导问题是转化为变分问题后计算出来的，因此，计算公式的物理意义不能像差分法那样一目了然。

在焊接热传导问题中，有限元法得到广泛应用的另一个重要原因是，焊接温度场的计算往往服务于焊接热应力场的计算。例如，计算焊接过程中的瞬时应力和焊接过程结束后的残余应力时，首先就要计算焊接温度场。由于焊接应力场的计算通常是采用有限元法的，温度场计算如果也能采用有限元法，将有利于将两者统一起来。

有限单元法可以解决那些解析法解决不了的问

题。例如：

1) 材料性能随温度变化。在有限单元法中，以单元节点温度为未知数的代数方程组，是用迭代方法解的。在每一个计算步长，都可以根据前一步长时各点的温度值重新确定材料性能数值。这就使得在整个计算过程中材料性能参数都在随温度而变化。

2) 各向异性材料。整个求解区域被划分成若干单元，每个单元上的材料性能数值都可以分别选取。

3) 几何形状复杂。可以将求解区域划分成一系列三角形、矩形或任意四边形的单元，当这些单元小到一定程度时，就能很好地逼近几何形状复杂的焊件边界。

4) 边界条件复杂。尽管在整个求解区域上边界条件复杂，涉及各种热的传播和扩散方式，但是在一个个具体的小单元块中，只有某一种边界条件。对各单元分别处理，不存在复杂的边界条件。

2. 计算步骤

利用有限单元法对焊接温度场进行分析和计算，概括起来可分为如下几个步骤：

(1) 单元的划分和温度场的离散

将要分析的物体分割成有限个单元体，并在单元体的指定点设置节点，使相邻单元的有关参数具有一定的连续性，构成一个单元的集合体，用它来代替原来的物体。对于平面物体，可以将其划分成一系列三角形或任意四边形的单元。而对于三维物体，可以将其划分成一系列六面体、四面体或者三棱体（五面体）单元。

以二维情况为例，我们设想把求解区域划分为若干个任意的三角形单元。每一个单元都有自己的编号 (1)、(2)、…；每一个节点也有对应的数字序号 1、2、3、…。单元通过其顶点与相邻单元相联系。对每个单元自身来说，三个顶点又都有 i、j、k 按逆时针方向进行编号。对于从求解区域中取出的任一个三角形单元，其三顶点的坐标都是已知的（单元划分时确定的），所以对应于顶点 i、j、m 的三条边以及三角形面积也都已知。三角形中任一点 (x, y) 的温度 T，被离散到单元的三个顶点上，即用三个温度值 T_i、T_j、T_m 来表示单元中任一点的温度，单元上的温度场用 T^e 来表示，即 $T^e = f(T_i, T_j, T_m)$。这种处理方法称为温度场的离散。有限单元法只对离散温度 T_i、T_j、T_m 进行计算，而不作连续温度场的计算。

(2) 选择温度插值函数

温度插值函数具体描述如何用节点温度值来表示单元中任一点的温度值。选择适当的温度插值函数是有限单元法的关键。因为多项式的数学运算（微分和积分）比较方便，并且可以逼近所有光滑函数的

局部，通常选择多项式作为温度插值函数。至于多项式的项数和阶数的选择，则要考虑到单元的自由度和解的收敛性要求。一般来说，多项式的项数应等于单元的自由度数，它的阶数应包含常数项和线性项等。

对于三角形单元，通常采用线性函数，即

$$T^e = a_1 + a_2 x + a_3 y \tag{1-62}$$

式中 a_1、a_2、a_3 是待定常数，它们由节点上的温度值来确定。

将节点的坐标及温度代入式 (1-62)，得到一个三元一次线性方程组，求解以后可以得到 a_1、a_2、a_3 的值，因而就能得到确定的插值函数。将插值函数写成一般形式：

$$T^e = N_i T_i + N_j T_j + N_m T_m \tag{1-63}$$

或

$$T^e = [N]^e \{T\}^e \tag{1-64}$$

其中 $[N]^e$ 称为形函数，它是由单元的形状和尺寸决定的。这就得到了用节点温度表示单元内任一点温度的关系式。

(3) 单元分析

在每个单元上，热传导微分方程的求解都可以转化为一个泛函的变分问题。如果对任一个单元作变分计算，则泛函的形式为

$$J^e = \iint_e F\left(x, y, T, \frac{\partial T}{\partial x}, \frac{\partial T}{\partial y}\right) \mathrm{d}x\mathrm{d}y$$

在这里，由于单元 e 内的温度场已离散成只与 T_i、T_j、T_m 三个节点温度有关的插值函数，泛函 $J^e[T(x, y)]$ 实际上成为一个三元函数 $J^e(T_i, T_j, T_m)$。这样就将 $J^e[T(x,y)]$ 的变分问题转化为三元函数求极值的问题，即

$$\frac{\partial J^e}{\partial T_i} = 0, \ \frac{\partial J^e}{\partial T_j} = 0, \ \frac{\partial J^e}{\partial T_k} = 0$$

将温度插值函数 $T^e = [N]^e \{T\}^e$ 带入，可以导出

$$\left\{ \begin{array}{l} \dfrac{\partial J^e}{\partial T_i} \\[2mm] \dfrac{\partial J^e}{\partial T_j} \\[2mm] \dfrac{\partial J^e}{\partial T_k} \end{array} \right\} = [k]^e \{T\}^e + [h]^e \left(\frac{\partial T}{\partial t}\right)^e - \{p\}^e$$

$$\tag{1-65}$$

式中　$[k]^e$——系数矩阵；

　　　　$\{T\}^e$——单元节点温度的列矢量；

　　　　$\{p\}^e$——列矢量；

　　　　$[h]^e$——变温系数矩阵，它是考虑温度随时间变化的一个系数矩阵，是不稳定温度场计算特有的一项。

（4）总体合成

有限单元法计算的最终结果是要求出物体上的温度分布。如果将整个求解区域划分为 E 个单元和 m 个节点，则温度场 $T(x,y)$ 被离散成 T_1、T_2、$\cdots$、T_m 等 m 个节点温度。如果 J 为定义在整个区域上的泛函，J^e 为定义在任一三角形单元上的泛函，则有

$$J = \sum_{e=1}^{E} J^e$$

将离散后的温度插值函数代入 J，则泛函 $J[T(x,y)]$ 实际上就成为一个多元函数 $J(T_1,T_2,\cdots,T_m)$。这样就将 $J[T(x,y)]$ 的变分问题转化为多元函数求极值的问题，从而得到

$$\frac{\partial J}{\partial T_k} = \sum_{e=1}^{E} \frac{\partial J^e}{\partial T_k} = 0, \quad k = 1,2,\cdots,m \quad (1\text{-}66)$$

式（1-66）为 m 个代数方程，从而能解出 T_1、T_2、$\cdots$、T_m 等 m 个未知量。

将各个单元分析计算时得到的式（1-65）带入式（1-66），就完成了有限元法的总体合成，建立起了 m 个线性代数方程组：

$$[K]\{T\} + [H]\left\{\frac{\partial T}{\partial t}\right\} = \{P\} \quad (1\text{-}67)$$

式中　$[K]$——温度刚度矩阵；

$[H]$——变温矩阵（它是考虑温度随时间变化的一个系数矩阵）；

$\{T\}$——未知节点温度值的列矢量；

$\{P\}$——等式右端项组成的列矢量。

一般用差分法将式（1-67）中的温度/时间偏导数项展开，对时间域也进行离散化，最终可将问题归结为求解形如

$$[A]\{T\} = \{B\} \quad (1\text{-}68)$$

的线性代数方程组。其中系数矩阵 $[A]$ 具有对称、正定、稀疏的性质。

（5）求解节点温度

通过上述处理，已经把热传导偏微分方程的求解问题转化为类似式（1-68）的线性代数方程组。它以节点温度为未知量。求解这种线性代数方程组可以采用各种算法，如高斯-赛德尔迭代法，超松弛迭代法等。

用有限元法分析长方形焊件表面温度场的实例[7]示于图 1-33 和图 1-34。图 1-33 所示为单元划分的情况，采用三角形和长方形单元。试件材料为软钢 St37，对接焊缝在双面 V 形坡口内从正、反两面同时施焊。移动热源的热流密度以在一椭圆形面积内的高斯分布为模型。图 1-34 所示为计算结果。

有关焊接热传导的数值分析方面的研究结果在参考文献 [9，14-21] 中也有报道。

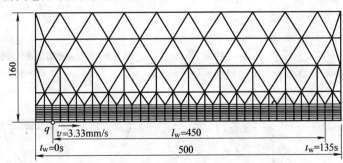

图 1-33　用有限元法分析长方形焊件表面温度场的实例

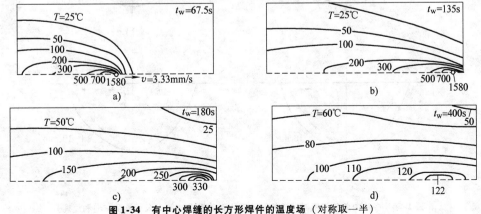

图 1-34　有中心焊缝的长方形焊件的温度场（对称取一半）

a）焊接时　b）焊接结束时　c）、d）冷却时

1.6　焊接熔池形态的数值模拟

按照传热理论,焊接热过程分为两个部分:其一是熔池内部高温过热液态金属以对流为主的传热,其二是熔池外部热影响区和母材区域中的固体热传导。这两部分的传热过程是相互联系和相互影响的。为了更准确地计算和分析焊接热过程,必须深入研究熔池中液态金属的流体动力学状态[22]。

1.6.1　焊接熔池中的流体流动

熔焊时,熔池中的液态金属不是静止的,而是高速流动着的。熔池中的流体流动主要受以下几种力的驱动:

(1) 表面张力梯度

表面张力是温度的函数。由于熔池表面的温度分布不均匀,也就带来了表面张力的不均匀分布,从而在熔池表面上存在着表面张力梯度。表面张力梯度是熔池中流体流动的主要驱动力之一,它使流体从表面张力低的部位流向表面张力高的部位。对于液态钢,一般情况下温度越高,表面张力越小,即表面张力温度系数 $(\partial\gamma/\partial T)$ 为负值。此时,熔池中心部位温度高,表面张力小;而熔池边缘处温度低,表面张力大。因此,熔池表面上作用的这个表面张力梯度,使液态金属沿径向从中心向边缘流动(图 1-35a,图 1-36b),在熔池中心处由下向上流动。

但是,如果向熔池中加入某些表面活性元素(如 S、O、Se),就会使液态钢的表面张力温度系数 $(\partial\gamma/\partial T)$ 从负值变为正值[23]。此时,熔池中心部位温度高,表面张力大;而熔池边缘处温度低,表面张力小。因此,表面张力梯度使液态金属沿径向从边缘向中心流动,在熔池中心处由上向下流动(图 1-35b)。这就是说,表面张力温度系数的大小和符号能够改变熔池内的液体流动方向,进而影响着熔池内的温度分布及熔合区形状,如图 1-35 所示。

(2) 电磁力

电弧焊时,焊接电流从斑点进入熔池后会产生电流线的发散,熔池内部电流同其自身的磁场相互作用就产生了电磁力(洛伦兹力)。电磁力对熔池中的流体流动有着重要的影响。它推动熔池液态金属在熔池中心处向下流动,然后沿熔合线返回熔池表面,在熔池表面沿径向由边缘向中心流动(图 1-36c)。

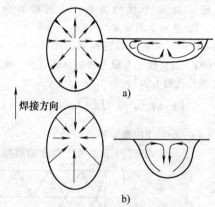

图 1-35　焊接熔池表面及内部的流体流动模式[23]

a) $\partial\gamma/\partial T<0$　b) $\partial\gamma/\partial T>0$

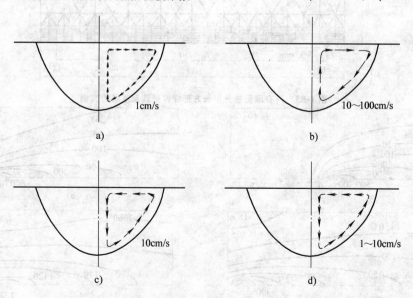

图 1-36　各种力单独作用时造成的熔池流体流动模式(箭头表示流动方向和流速)

a) 浮力　b) 表面张力　c) 电磁力　d) 冲击力

（3）浮力

浮力是由于熔池中存在着温度梯度或成分梯度使得液态金属的密度发生变化而产生的。温度高的地方液态金属密度小，温度低的地方液态金属密度大。在浮力作用下，熔池中过热的液态金属将上升至表面，较冷的液态金属被推至底部。与表面张力梯度和电磁力对流体流动的作用相比，浮力所起的作用很小（图 1-36a）。

（4）冲击力

高能束焊接时，高能束流对熔池的冲击力。它引起的流动类似于电磁力，如图 1-36d 所示。

1.6.2　焊接熔池形态的控制方程组

焊接熔池形态，指的是熔池的几何形状、熔池中的流体动力学状态、熔池中的传热过程。焊接熔池形态的数学描述涉及如下的热能方程、动量方程和连续性方程等。

$$\rho c_p \left(\frac{\partial T}{\partial t} + u \frac{\partial T}{\partial x} + v \frac{\partial T}{\partial y} + w \frac{\partial T}{\partial z} \right)$$

$$= \lambda \left(\frac{\partial^2 T}{\partial x^2} + \frac{\partial^2 T}{\partial y^2} + \frac{\partial^2 T}{\partial z^2} \right) \quad (1\text{-}69)$$

$$\rho \left(\frac{\partial u}{\partial t} + u \frac{\partial u}{\partial x} + v \frac{\partial u}{\partial y} + w \frac{\partial u}{\partial z} \right)$$

$$= F_x - \frac{\partial P}{\partial x} + \mu \left(\frac{\partial^2 u}{\partial x^2} + \frac{\partial^2 u}{\partial y^2} + \frac{\partial^2 u}{\partial z^2} \right) \quad (1\text{-}70)$$

$$\rho \left(\frac{\partial v}{\partial t} + u \frac{\partial v}{\partial x} + v \frac{\partial v}{\partial y} + w \frac{\partial v}{\partial z} \right) =$$

$$F_y - \frac{\partial P}{\partial y} + \mu \left(\frac{\partial^2 v}{\partial x^2} + \frac{\partial^2 v}{\partial y^2} + \frac{\partial^2 v}{\partial z^2} \right) \quad (1\text{-}71)$$

$$\rho \left(\frac{\partial w}{\partial t} + u \frac{\partial w}{\partial x} + v \frac{\partial w}{\partial y} + w \frac{\partial w}{\partial z} \right) =$$

$$F_z - \frac{\partial P}{\partial z} + \mu \left(\frac{\partial^2 w}{\partial x^2} + \frac{\partial^2 w}{\partial y^2} + \frac{\partial^2 w}{\partial z^2} \right) \quad (1\text{-}72)$$

$$\frac{\partial u}{\partial x} + \frac{\partial v}{\partial y} + \frac{\partial w}{\partial z} = 0 \quad (1\text{-}73)$$

式中　T——温度；

u、v、w——流体速度在 x、y、z 方向上的分量；

P——流体内的压力；

t——时间；

ρ——液态金属的密度；

c_p——比定压热容；

λ——热导率；

μ——液态金属的动力黏度系数；

F_x、F_y、F_z——体积力在 x、y、z 方向上的分量。

在上述控制方程中，连续性方程和动量方程的求解区域是液态熔池区。由于固体区域流体速度为零，能量方程在固体区域将退化成纯粹的热传导方程。因此能量

方程的求解区域将包含熔池与熔池以外的整个焊件。

另外，焊接过程中液态熔池的表面是自由表面。作用于熔池表面的力有电弧压力、表面张力、熔池重力等。在 GMAW 焊接时，还有熔滴的冲击力。在各种力的作用下，熔池表面产生三维变形，尤其是焊件熔透之后，焊接熔池的正面和背面都产生明显的变形。以 GTAW 焊接为例，设熔池的上、下表面形状方程分别为：$z = \varphi(x,y)$，$z = \psi(x,y)$，其表面变形的坐标原点分别位于焊件上、下表面。熔透后，熔池上表面形状方程满足以下方程：

$$P_{\text{arc}} - \rho g \varphi + C_2 =$$

$$- \gamma \frac{(1 + \varphi_y^2)\varphi_{xx} - 2\varphi_x \varphi_y \varphi_{xy} + (1 + \varphi_x^2)\varphi_{yy}}{(1 + \varphi_x^2 + \varphi_y^2)^{3/2}}$$

$$(1\text{-}74)$$

式中　P_{arc}——电弧压力；

ρ——液态金属的密度；

g——重力加速度；

γ——表面张力系数；

C_2——待定常数；

$$\varphi_{xx} = \frac{\partial^2 \varphi}{\partial x^2}, \; \varphi_{yy} = \frac{\partial^2 \varphi}{\partial y^2}, \; \varphi_{xy} = \frac{\partial^2 \varphi}{\partial x \partial y}.$$

熔池下表面形状满足以下方程：

$$\rho g (\psi + L - \varphi) + C_2 =$$

$$- \gamma \frac{(1 + \psi_y^2)\psi_{xx} - 2\psi_x \psi_y \psi_{xy} + (1 + \psi_x^2)\psi_{yy}}{(1 + \psi_x^2 + \psi_y^2)^{3/2}}$$

$$(1\text{-}75)$$

式中　L——焊件的厚度；

$$\psi_{xx} = \frac{\partial^2 \psi}{\partial x^2}, \; \psi_{yy} = \frac{\partial^2 \psi}{\partial y^2}, \; \psi_{xy} = \frac{\partial^2 \psi}{\partial x \partial y}.$$

其余同式（1-74）。

C_2 是待定常数，其物理意义是除了电弧压力、熔池重力和熔池表面张力以外的其他所有作用于熔池表面的力的总和。根据变形前后熔池内金属总体积不变的原则确定 C_2，式（1-74）和式（1-75）必须满足式（1-76）约束条件：

$$\iint_{\Omega_1} \varphi(x,y) \, \mathrm{d}x\mathrm{d}y = \iint_{\Omega_2} \psi(x,y) \, \mathrm{d}x\mathrm{d}y \quad (1\text{-}76)$$

其中，Ω_1、Ω_2 分别为熔池区的上、下表面。如果点 (x, y) 在熔池区以外，则有 $\varphi(x,y) = 0$，$\psi(x,y) = 0$。

式（1-69）~式（1-76）构成一个偏微分方程组，不再像焊接固体热传导时只涉及一个热传导微分方程。因此，问题的处理和求解过程更为复杂。但是，由于这种处理更接近实际，会大大提高计算精度。

由于焊接熔池流体动力学状态及传热过程的数值计算涉及一组偏微分方程的联立求解，又加上流体速

度场求解的特殊性和复杂性，需要使用特殊的计算流体动力学和传热学的算法。国际上广泛采用的有 SIMPLER 算法[24]。

国内外焊接科技工作者在这方面开展了大量研究工作[25-36]。图 1-37 表示出了低合金钢 MAG 焊接熔池内的流体流动情况。数值计算结果表明，熔池中的流体流动对焊接温度场有着重要的影响，对熔池形状和随后的熔池结晶过程也有着明显的作用。

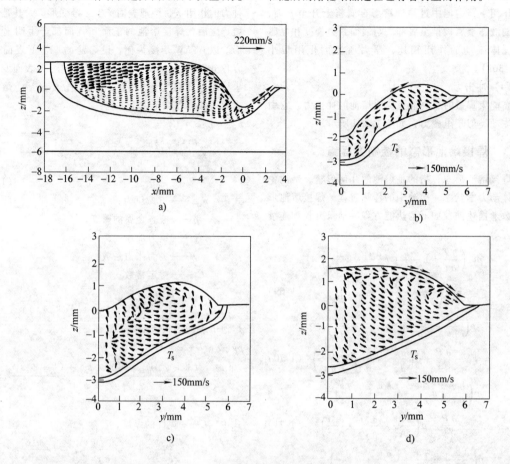

图 1-37　低合金钢 MAG 焊接熔池流场的计算结果[34]
a）纵截面（$y=0$）　b）横截面（$x=0$）　c）横截面（$x=-1.5mm$）　d）横截面（$x=-3mm$）
注：焊接电流 $=240A$，电压 $=25V$，焊接速度 $=480mm/min$，焊丝直径 $=1.2mm$，试件厚度 $=6mm$。

1.6.3　熔池流体流动对焊接质量的影响

焊接熔池中的流体流动，对熔池形状（尤其是熔深）、化学成分的均匀性以及气孔的产生与否，都有着重要的影响。

前面已经介绍过，熔池中的流体流动，强烈地影响到熔池的几何形状。当电磁力起主要作用时（正如电弧焊的情况），热源的热流施加在焊件表面，以"熔入型"方式形成熔池。在熔池中心部位，电磁力引起向下的流动，将过热的液态金属带到熔池底部，因此熔深较大。如果电磁力越大（即焊接电流越大），其分布越集中，则熔深就越大，如图 1-38a 所示。一般情况下，浮力和表面张力梯度引起的流动方向一致，是抵消电磁力的影响。当不存在电磁力，或电磁力的影响被大大抵消时，熔池的形状浅而宽，如图 1-38b 所示。

在高能束流焊接时，高能束流的冲击力起决定性作用，导致"小孔型"模式出现，熔池中心部位的熔深特别大，形成深而窄的焊缝，如图 1-38c 所示。

如果流体流动引起的搅拌和混合不够充分，就会发生宏观偏析，如图 1-39 所示。电磁力以及电子束焊接和等离子弧焊接时的冲击力，会促进流体的搅拌和混合，从而有利于减小宏观偏析。对于激光传导焊接，处于"熔入型"方式，由于既没有电磁力，也几乎没有冲击力，偏析程度就可能比较严重。

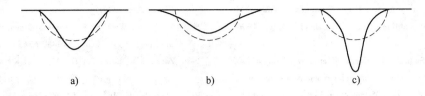

图 1-38　流动方式对熔池形状的影响

a) 电磁力主导时　b) 浮力和表面张力梯度主导时　c) 冲击力主导时

注：虚线表示根据解析法计算出的熔池横断面

图 1-39　异种金属焊接时的宏观偏析示意图

如图 1-40 所示，由于气体的溶解度随着温度下降而降低，气泡聚集在熔池的凝固前沿。依赖于流体流动的方式，这些气泡或者被带到熔池底部而残留在凝固的焊缝中，或者被带到熔池表面而逸出。当电磁力起主导作用时，在凝固前沿液态金属向上运动，将气泡带到熔池表面而逸出。逸出的气泡越多，则产生的气孔越少。一般情况下，表面张力梯度在凝固前沿使液态金属向下运动，这不利于气泡的逸出。但是，如果通过添加表面活性元素，使表面张力梯度的符号改变，则流体流动的方向也改变，就有利于气泡的逸出。

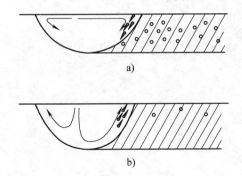

图 1-40　两种流动方式对气孔的影响

参 考 文 献

[1] 张文钺.焊接传热学[M].北京:机械工业出版社,1989.

[2] 雷卡林 H H.焊接热过程计算[M].徐碧宇,等译.北京:中国工业出版社,1958.

[3] 路登平.正态分布焊接热源集中系数的确定和研究[J].焊接学报,1986,7(1):47-54.

[4] Tsai N S, Eagar T W. Distribution of the heat and current fluxes in gas tungsten arcs [J]. Metall Trans B, 1985,16 (12):841-846.

[5] Goldak J, Chakravarti A, Bibby M. A new finite element model for welding heat sources [J]. Metall Trans A, 1984, 15:299-305.

[6] 王怀刚,武传松,张明贤.小孔等离子弧焊接热场的有限元分析[J].焊接学报,2005,26(7):47-53.

[7] 拉达伊 D.焊接热效应　温度场、残余应力、变形[M].熊第京,等译.北京:机械工业出版社,1997.

[8] 吴林,徐庆鸿.焊接过程的微计算机测试和控制[M].北京:新时代出版社,1986.

[9] 武传松.焊接热过程数值分析[M].哈尔滨:哈尔滨工业大学出版社,1990.

[10] 松田福久.溶接冶金学[M].東京:日刊工業新聞社,1972.

[11] 曾乐.焊接工程学[M].北京:新时代出版社,1986.

[12] 张文钺.金属熔焊原理及工艺:上册[M].北京:机械工业出版社,1980.

[13] 郑炜,武传松,吴林.脉冲 TIG 焊接熔池流场与热场动态过程的数值模拟[J].焊接学报,1997,18(4):227-231.

[14] 武传松,郑炜,吴林.脉冲电流作用下 TIG 焊接熔池行为的数值模拟[J].金属学报,1998,34(4):416-422.

[15] Kou S. Welding thin plates of aluminium alloys – a quantitative heat-flow analysis [J]. Weld J, 1982, 61(6):175s-181s.

[16] Goldak J. Computer modeling of heat flow in welds[J]. Metall Trans B,1986,17(9):578-600.

[17] Tekriwal P. Finite element analysis of three-dimensional transient heat transfer in GMA welding [J]. Weld J, 1988,67(7):150s-156s.

[18] Pardo E. Prediction of weld pool and reinforcement dimensions of MIG/MAG welds using a finite-element model [J]. Metall Trans B, 1989, 20(12):937-947.

[19] Kumar S, Bhaduri S C. Three-dimensional finite element modeling of gas metal arc welding [J]. Metall Trans B, 1994, 25(6):435-441.

[20] Dilthey U, Roosen S. Computer simulation of thin sheet

gas-metal-arc welding [C]. Theoretical Prediction in Joining and Welding, (Ed. M. Ushio), JWRI, 1996, 133-153.

[21] Radaj D, Sudnik W, Erofeew W, et al. Modeling of laser beam welding with complex joint geometry and inhomogeneous material [C]. Mathematical Modeling of Weld Phenomena 5, (Ed, H. Cerjak), The Institute of Materials, 2001, 645-669.

[22] Zacharia T, et al. Modeling of fundamental phenomena in welds [J]. Modeling Simul Mater Sci Eng, 1995, 3: 265-288.

[23] Oreper G M, Eagar T W, Szekely J. Convection in arc weld pool [J]. Weld J, 1983, 62(11): 307s-312s.

[24] 帕坦卡 S V. 传热和流体流动的数值计算[M]. 北京: 科学出版社, 1984.

[25] Zhang W, Kim C H, DebRoy T. Heat and fluid flow in complex joints during gas metal arc welding-Part I: Numerical model of fillet welding [J]. J Appl Phys, 2004, 95: 5210-5219.

[26] Kou S. Weld pool convection and its effect [J]. Weld J, 1986, 65(3): 63s-70s.

[27] Kou S, Wang Y H. Computer simulation of convection in moving arc weld pools [J]. Metall Trans A, 1986, 17

(12): 2271-2277.

[28] Tsao K C, Wu C S. Fluid flow and heat transfer in GMA weld pools [J]. Weld J, 1988, 67(3): 70s-75s.

[29] Zacharia T, Eraslan A H, Aidum D K. Modeling of autogenous welding [J]. Weld J, 1988, 67(3): 53s-62s.

[30] Choo R T C. Modeling of high-current arcs with emphasis on free surface phenomena in the weld pool [J]. Weld J, 1990, 69(9): 346s-341s.

[31] 武传松, 曹振宁, 吴林. 熔透情况下三维 TIG 焊接熔池流场与热场的数值分析[J]. 金属学报, 1992, 28 (10): B428-B432.

[32] Ohring S, Lugt H J. Numerical simulation of a time-dependent 3D GMA weld pool due to a moving arc [J]. Weld J, 1999, 78(12): 416s-424s.

[33] 武传松, Dorn L. 熔滴冲击力对 MIG 焊接熔池表面形状的影响[J]. 金属学报, 1998, 33(7), 774-780.

[34] 孙俊生, 武传松. 熔滴热含量分布模式对熔池流场的影响[J]. 金属学报, 1999, 35(9): 964-970.

[35] Wu C S, Zhao P C, Zhang Y M. Numerical simulation of transient 3-D surface deformation of full-penetrated GTA weld pool [J]. Weld J, 2004, 83(12): 330s-335s.

[36] 武传松. 焊接热过程与熔池形态[M]. 北京: 机械工业出版社, 2008.

第 2 章 焊 接 冶 金

作者 熊第京 蒋建敏 审者 邹增大

大多数焊接(熔焊)过程都包含焊接区液态金属在高温条件下与焊接气氛、焊接熔渣之间的化学冶金反应过程,以及液态金属冷却后的凝固过程与焊缝固态相变过程[1]。这些过程决定了焊缝金属的化学成分、组织与性能,并且对焊接工艺性能和是否产生焊接缺陷也有着重要影响,是制约焊缝和焊接接头质量的关键。本章根据热力学原理,阐述了焊接化学冶金、凝固及物理冶金的基本理论,研究焊缝金属的化学成分、组织与性能的变化规律及控制措施。这些是材料焊接性分析的理论基础,也可作为合理选择与研制焊接材料及制定焊接工艺的依据。

2.1 焊接化学冶金

2.1.1 焊接化学冶金的特殊性

焊接化学冶金过程是指焊接区内各种物质之间在高温下相互作用的过程,与普通冶金过程相比,具有以下特点。

1. 焊接区金属的保护

一般焊接过程的保护不如钢铁冶金过程,必然会有较多空气中的氧、氮侵入焊接区,使焊缝金属中$w(O)$、$w(N)$增加,有益合金元素被烧损,并严重影响其力学性能,特别是使其塑性和韧性急剧下降。表2-1所列为低碳钢焊条电弧焊熔敷金属成分分析及性能试验的结果[2]。从表2-1可见,用光焊丝在空气中进行无保护焊接时,熔敷金属化学成分、气体杂质的含量和力学性能受到的影响最为显著,以致满足不了使用要求。因此,有必要加强对焊接区金属的保护,防止空气的有害作用。事实上大多数熔焊方法就是基于提高生产率和保护焊缝金属而发展和完善起来的[3]。

由于常用的保护气体介质中基本不含有氮,焊缝金属中增氮的来源就是空气,所以可用焊缝金属中$w(N)$作为各种保护方式隔离空气的有效程度的指标。高真空度下的电子束焊接的保护效果最好,焊缝金属中$w(O)$、$w(N)$极低,故电子束焊多用于焊接活泼金属和高纯度金属。惰性气体(Ar、He 等)保护焊的保护效果是很好的,熔化极氩弧焊焊缝金属中$w(N)$约为0.0068%,适用于焊接合金钢和化学活性金属及其合金。埋弧焊是利用焊剂熔化后形成的熔渣隔离空气保护高温金属的,其焊缝金属中$w(N)$一般为0.002% ~ 0.007%,保护效果也比较好。实心焊丝和药芯焊丝 CO_2 焊时焊缝金属中 $w(N)$ 在 0.008% ~ 0.015%范围内变化。焊条药皮和自保护药芯焊丝的药芯中均有一定数量的造气剂和造渣剂,在焊接过程中形成气-渣联合保护。焊条焊接时焊条端部靠近焊芯的药皮先熔化,形成了药皮套筒,使析出的气体以定向气流吹向熔池,增加了保护效果,焊缝金属中$w(N)$限于 0.010% ~ 0.014%,达到了基本要求,使之获得广泛应用。自保护药芯焊丝焊接时析出的气体难以形成定向气流,使保护效果相对较差。经过近年来的研究,国内外自保护药芯焊丝焊缝金属中$w(N)$已可控制在 0.014% ~ 0.04%的范围内,再加入脱氮、固氮和改善韧性的合金元素,其焊缝金属力学性能有较大提高,并已在许多领域得到应用[4,5]。实心自保护焊丝无法避免空气的有害影响,焊缝金属中$w(N)$约为 0.12%,使其塑性和韧性偏低。由表 2-1及上文所列数据可知,常用熔焊方法焊缝金属中气体杂质$w(O)$、$w(N)$、$w(H)$仍比焊丝及母材中的要高。

2. 焊接冶金反应区及其反应条件

焊接化学冶金过程是在不同反应区连续进行的。不同的焊接方法有不同的反应区。其中最具代表性的是焊条电弧焊,它有药皮、熔滴和熔池等三个反应区。

表 2-1 低碳钢焊材熔敷金属成分及性能变化

分析对象		化学成分(质量分数,%)						常温力学性能			
		C	Si	Mn	N	O	H	R_{eL}/ MPa	R_m/ MPa	A (%)	KV (20℃)/J
	焊丝	0.13	0.07	0.66	0.005	0.021	0.0001	—	—	—	—
	钢板	0.20	0.18	0.44	0.004	0.003	0.0005	235	412	26	102
熔敷金属	无保护光焊丝	0.03	0.02	0.20	0.140	0.21	0.0002	302	410	7.5	12
	酸性焊条	0.06	0.07	0.36	0.013	0.099	0.0009	321	460	25	75
	碱性焊条	0.07	0.23	0.43	0.026	0.051	0.0005	345	459	29	121

注:两种焊条的焊芯与光焊丝为同一种材料。

（1）药皮反应区

处于焊条端部被加热到药皮开始反应的温度，100℃至药皮熔点约1200℃（对钢焊条而言）的区域为药皮反应区。这一反应区的温度较低，主要进行的是水分的蒸发、某些物质的分解和铁合金的氧化（即先期脱氧）等反应。

（2）熔滴反应区

从焊条端部熔滴形成、长大到过渡至熔池的整个区域都属于熔滴反应区。这个区域的反应条件如下：

1）熔滴温度。在电弧焊焊接钢材时，熔滴活性斑点处的温度接近焊芯材料的沸点，约为2800℃；随焊接参数不同，熔滴的平均温度在1800～2400℃范围内变化[6]，使熔滴金属的过热度很大，约为300～900℃。

2）熔滴金属与气体和熔渣的接触面积。由于熔滴细小，其比表面积可达$1000～10000\ cm^2/kg$，比炼钢时约大1000倍。此外，熔滴金属还与熔渣发生强烈混合，实际接触面积变大，因而反应速度非常高。

3）各相之间的反应时间（接触时间）。熔滴在焊条末端停留的时间约0.01～0.1s。熔滴向熔池过渡的速度达2.5～10m/s，经过弧柱区的时间只有0.0001～0.001s。在此反应区内各相接触的平均时间约为0.01～1.0s。

可见，在熔滴反应区的反应时间极短，但因温度很高，相接触面积很大，并有强烈混合作用，又处在反应序列前期，反应物含量离平衡浓度较远，冶金反应进行得很激烈，是焊条电弧焊冶金反应的重要反应区。

在熔滴反应区进行的主要反应有：气体的分解和溶解、金属的蒸发、金属及其合金成分的氧化与还原以及焊缝金属的合金化等。

（3）熔池反应区

熔滴和熔渣同熔化的母材混合形成熔池即熔池反应区，在熔池内各相间进一步发生物理化学反应，直至金属凝固，形成焊缝金属。熔池反应区的条件见表2-2、表2-3。

由表2-2、表2-3可知，熔池反应区的条件与熔滴

表2-2　焊接熔池与熔滴的平均温度[2]

母　材	焊接方法	熔池平均温度/℃	熔滴平均温度/℃
低碳钢 （$T_M=1525℃$）	SAW	1705～1860	—
	CO_2焊	1900	2590～2700
	SMAW	1600～2000	2100～2200
	MIG	1625～1800	2560～3190
Cr12V1钢 （$T_M=1310℃$）	药芯焊丝 Cr1WV	1500～1610	2000～2700
铝 （$T_M=660℃$）	TIG	1075～1215	—
	MIG	1000～1245	—

表2-3　焊接熔池的物理参数[2]

焊接方法	焊接参数			液态平均存在温度/s	熔池上表面积/cm^2	熔池重量/$10^{-3}kg$	熔池比表面积/(cm^2/kg)
	I/A	U/V	$v/(cm/s)$				
SMAW J424 φ5mm DCSP	140	26	0.25	2.1	1.05	1.28	820
	170	26	0.25	2.8	1.40	1.96	710
	200	26	0.25	3.5	2.40	3.38	710
	230	26	0.25	4.7	3.65	7.20	510
SAW 焊丝：18CrMo， φ3mm 焊剂：HJ431 DCRP	200	28	0.59	1.9	1.25	1.90	660
	260	27	0.59	3.2	1.80	4.10	440
	320	27	0.59	3.3	2.60	6.80	380
	370	27	0.59	3.5	3.65	11.50	320
	320	27.5	0.42	4.6	3.10	9.50	330

反应区比较，熔池的平均温度较低，约为 1600 ~ 1900℃；比表面积较小，约为 300 ~ 1300cm²/kg；反应时间（熔池存在时间）稍长，但也不超过几十秒，焊条电弧焊时通常为 3 ~ 8s，埋弧焊时为 6 ~ 25s。又由于熔池阶段系统中反应物的含量与平衡含量之差比熔滴阶段小，因此熔池阶段的反应速度比熔滴阶段小。

但由于在气流、等离子流以及由于熔池温度分布不均匀造成的液态金属密度差别和表面张力差别等因素的作用下，熔池液态金属发生有规律的对流和搅拌运动，这有助于加快反应速度，使熔池阶段的反应仍比一般冶金反应激烈。

此外，由于熔池内温度分布极不均匀，熔池的头部（电弧前方）较尾部（电弧后方）温度高，因此熔池反应区内不同部位同时进行的同一反应可能向相反方向进行。在熔池的头部发生气体的吸收和氧化反应；而在熔池的尾部却发生气体的逸出和脱氧反应，从而使焊缝成分更接近平衡成分。因此，熔池阶段反应进行的情况仍然具有重要的意义。

焊接区的气相温度可在很大范围内变化，焊接钢时，其高温反应区温度为 2000 ~ 5000℃。

一般情况下，焊接冶金过程是在 0.1MPa（约 1atm）的条件下进行的。

3. 焊接冶金反应的分析

焊接化学冶金反应的问题一般用热力学的原理来分析。焊接区的超高温和各相间存在着的特大反应界面并有强烈的搅拌运动均可使冶金反应进行得很激烈，但是其各部分反应条件变化急剧，多相界面增加了物质传递的困难，焊接连续冷却过程使温度变化范围很大，停留时间很短。因而多数研究者认为焊接区的上述条件排除了整个系统达到热力学平衡的可能性，而且在各种条件下焊接冶金反应离平衡的远近程度是不一样的[7]。因此不能直接应用热力学平衡的计算公式定量地分析焊接化学冶金问题，但可用于定性分析冶金反应的进行方向和影响因素等。

2.1.2 焊接区内的气体和焊接熔渣

焊接区内的气体和焊接熔渣是参与液态金属冶金反应的最重要的两相物质，因此必须了解这两类物质的来源、成分和性质。

1. 焊接区内气体的来源及气相成分

（1）气体的来源

由于大多数熔焊方法都采取了各种保护措施来防止空气的有害影响，焊接区的气体主要来源于焊接材料。气体保护焊时，气体则主要来自所用的保护气体

及其中的杂质，如氧、氮和水汽等。当然，也难免有少量的空气侵入焊接区。焊材表面和母材坡口附着的吸附水、油、锈和氧化铁皮等在焊接时也会析出气体（水汽、氧、氢）和 FeO 等。下面着重阐述焊接材料产生气体的反应。

1）物质的蒸发。焊接时，被加热的焊接材料中的吸附水最先开始蒸发，加热温度超过 100℃，吸附水全部蒸发，加热温度达 400 ~ 600℃，焊条药皮中某些组成物如白泥和白云母等中的结晶水将被排除，而化合水则需在更高温度下才能析出。

在电弧的高温作用下，金属元素和熔渣的各种成分也发生蒸发，形成蒸气。在相同温度下，沸点越低、饱和蒸气压越高的物质越容易蒸发。在钢的焊接中，以 Fe 的蒸发为主，Mn 以及药皮中的氟化物由于沸点低，也很易蒸发。在黄铜及铝合金焊接时，Zn 和 Mg 激烈蒸发。

焊接时的蒸发现象不仅使气相成分和冶金反应复杂化，而且造成合金元素的损失，甚至产生焊接缺陷，增加焊接烟尘、污染环境、影响焊工身体健康。

2）有机物的分解和燃烧。制造酸性焊条时常用淀粉、纤维素和藻酸盐等有机物作为造气剂和涂料增塑剂，这些物质受热以后将发生热氧化分解反应。反应开始于 220 ~ 250℃，并伴随着放热效应。在 220 ~ 320℃范围内它们的分解度最大，其质量损失约为 50%，大约在 800℃完全分解。反应的气态产物主要是 CO_2、CO、H_2、烃和水汽。当有机物与钾钠水玻璃混合后其分解温度下降，因此含有有机物的焊条烘干温度应控制在 150℃左右，不应超过 200℃。

纤维素的热氧化分解反应可表示为：

$$(C_6H_{10}O_5)_m + 7/2mO_2(气) = 6mCO_2(气) + 5mH_2(气) \qquad (2-1)$$

3）碳酸盐和高价氧化物的分解。焊接材料中常用 $CaCO_3$、$MgCO_3$、$CaMg(CO_3)_2$ 和 $BaCO_3$ 等碳酸盐，以利用其高温分解的 CO_2 气体保护熔池减少氮的侵入。

在空气中 $CaCO_3$ 和 $MgCO_3$ 开始分解的温度分别为 545℃和 325℃，$CaCO_3$ 剧烈分解的温度为 910℃，而 $MgCO_3$ 为 650℃。可见，在焊接过程中它们能够完全分解。复合碳酸盐如 $CaMg(CO_3)_2$（白云石）要分步分解，且分解温度升高。碳酸盐分解的产物主要是 CO_2 和各种碱性氧化物。

随加热速度加快，碳酸盐的分解温度升高。而 CaF_2、SiO_2、TiO_2 和 Na_2CO_3 等成分使 $CaCO_3$ 的分解温度区间移向低温。加入 Na_2CO_3 还可扩大 $CaCO_3$ 的分解温度区间，对改善熔化金属的保护效果起了特殊

的有利作用。碳酸盐的粒度越小，在同样温度下的分解压越大。电弧气氛中的水蒸气有催化作用，可加速碳酸盐的分解。可见，对含 $CaCO_3$ 的焊条烘干温度不应超过 450℃，对含 $MgCO_3$ 的焊条不应超过 300℃。

焊接材料中常用的高价氧化物主要有 Fe_2O_3 和 MnO_2。它们在焊接过程中将逐级分解，反应结果生成大量 O_2 和低价氧化物 FeO 及 MnO。

（2）气体的高温分解

前述各种反应产生的气体在电弧的超高温条件下（约 5000K）都将进一步分解或电离，并对其在金属中的溶解或与金属的作用有很大的影响。

1）简单气体的分解。简单气体是指 N_2、H_2、O_2 和 F_2 等双原子气体，它们受热获得足够高的能量后，分解为单个原子或离子和电子，这些反应都是吸热反应，它们在标准状态下的热效应 ΔH_{298}^0 列于表 2-4，由表 2-4 中的数据可以比较各种气体和同一气体按不同方式进行分解的难易程度。

以 $a = n/n_0$ 表示双原子分子的分解度，其中 n 是已分解的分子数，n_0 是原始分子数。则计算得到的 H_2、O_2 和 N_2 的分解度随温度的变化如图 2-1 所示。

2）复杂气体的分解。焊接过程中常见的复杂气体有 CO_2 和 H_2O。计算出的 CO_2 与 H_2O 在不同温度下分解形成的气体混合物的平衡成分（体积分数）分别如图 2-2 和图 2-3 所示。

表 2-4　几种气体分解反应的 ΔH_{298}^0

编号	反应式	$\Delta H_{298}^0/(kJ/mol)$	编号	反应式	$\Delta H_{298}^0/(kJ/mol)$
1	$F_2 = F + F$	−270	6	$CO_2 = CO + 1/2O_2$	−282.8
2	$H_2 = H + H$	−433.9	7	$H_2O = H_2 + 1/2O_2$	−483.2
3	$H_2 = H + H^+ + e$	−1745	8	$H_2O = OH + 1/2H_2$	−532.8
4	$O_2 = O + O$	−489.9	9	$H_2O = H_2 + O$	−977.3
5	$N_2 = N + N$	−711.4	10	$H_2O = 2H + O$	−1808.3

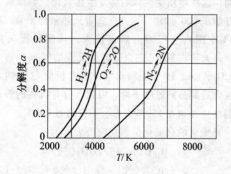

图 2-1　双原子气体的分解度

a 与温度的关系（$p_0 = 101kPa$）

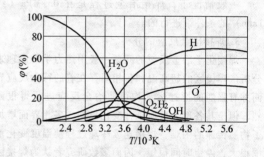

图 2-3　H_2O 分解形成的气相成分

与温度的关系（$p_0 = 101kPa$）

复杂气体分解的产物在高温下或在其他合金元素存在的条件下还可以进一步分解和电离。

（3）气相的成分

实际上，焊接区内经常同时存在多种气体，它们之间也将进行复杂的反应，典型的反应见式（2-2）。

$$CO_2 + H_2 = CO + H_2O \qquad (2-2)$$

$$k_p = p_{CO}p_{H_2O}/(p_{CO_2}p_{H_2}) = 1591/T + 1.469 \qquad (2-3)$$

焊接区实际气体成分冷却到室温的分析结果见表 2-5。虽然室温分析结果和实际焊接高温区的成分是有差别的，但仍可用它定性地分析冶金反应进行的条件和可能的结果。

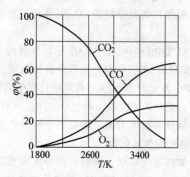

图 2-2　CO_2 分解时气相的平衡

成分与温度的关系

表 2-5 焊接区实际气体成分冷至室温后气相的成分

焊接方法	焊条和焊剂类型	气相成分（体积分数，%）					备注
		CO	CO$_2$	H$_2$	H$_2$O	N$_2$	
焊条电弧焊	钛钙型	50.7	5.9	37.7	5.7	—	焊条在110℃烘干2h
	钛铁矿型	48.1	4.8	36.6	10.5	—	
	纤维素型	42.3	2.9	41.2	12.6	—	
	钛型	46.7	5.3	35.5	13.5	—	
	低氢型	79.8	16.9	1.8	1.5	—	
	氧化铁型	55.6	7.3	24.0	13.1	—	
埋弧焊	330	86.2	—	9.3	—	4.5	焊剂为玻璃状
	431	89~93	—	7~9	—	<1.5	
气焊	$\varphi(O_2)/\varphi(C_2H_2)=$1.1~1.2（中性焰）	60~66	有	34~40	有		

从表 2-5 可以看出，用低氢型焊条焊接时，气相中含 H$_2$ 和 H$_2$O 很少，故称"低氢型"；埋弧焊和中性焰气焊时，气相中含 CO$_2$ 和 H$_2$O 很少，因而气相的氧化性很小；焊条电弧焊时气相的氧化性相对较大。

综上所述，电弧区内的气体主要是由 CO、CO$_2$、O$_2$、H$_2$O、H$_2$、N$_2$、金属和熔渣的蒸气以及它们分解或电离的产物组成的混合物。其中对焊接质量影响最大的是 N$_2$、H$_2$、O$_2$、CO$_2$ 和 H$_2$O。

2. 焊接熔渣的类型、构成及理化性质

焊接熔渣是药皮、药芯、焊剂受热反应并熔化后生成的多种化学成分（金属氧化物、氟化物和盐类等）组成的复杂体系，在焊接过程中有着极重要的作用。它覆盖在熔滴和熔池表面上，可防止液态金属和高温焊缝金属受空气中氮的有害作用。在熔渣中加入适当的物质可使电弧容易引燃、燃烧稳定、飞溅减少、焊缝成形美观并适于全位置焊接，改善焊接工艺性能；还可通过熔渣与液态金属间的物理化学反应对其进行冶金处理，去除有害杂质，如脱氮、去氢、脱硫和脱磷等。为此大多数熔渣中都要加入氧化物，使熔渣将与液态金属发生复杂的氧化-还原反应并对焊缝金属合金化产生重要影响，以调整焊缝金属的化学成分和性能。

（1）焊接熔渣的类型

常用焊接熔渣按其成分可分为三类：

第一类是盐型熔渣。它主要由金属氟酸盐、氯酸盐和不含氧的化合物组成。属于此类熔渣的典型渣系有 CaF$_2$-NaF、CaF$_2$-BaCl$_2$-NaF、KCl-NaCl-Na$_3$AlF$_6$ 和 BaF$_2$-MgF$_2$-CaF$_2$-LiF 等。盐型熔渣氧化性很小，主要用于焊接铝、钛和其他化学活性金属及其合金。

第二类是盐-氧化物型熔渣。这类熔渣主要由氟化物和强金属氧化物组成。常用的 CaF$_2$-CaO-SiO$_2$、CaF$_2$-CaO-Al$_2$O$_3$ 和 CaF$_2$-CaO-Al$_2$O$_3$-SiO$_2$ 等渣系熔渣都属于此类熔渣。它们的氧化性较小，主要用于焊接高合金钢及合金。

第三类是氧化物型熔渣。它们主要由各种金属氧化物组成。广泛应用的 CaO-TiO$_2$-SiO$_2$、MnO-SiO$_2$ 和 FeO-MnO-SiO$_2$ 等渣系熔渣都属于此类熔渣。这类熔渣一般含有较多的 MnO 和 SiO$_2$ 等氧化物，因此氧化性较强，主要用于焊接低碳钢和低合金钢。

渣系是构成焊接熔渣主要组元的物质系统。渣系图可用以研究熔渣成分和性能之间的关系。焊接熔渣最常用的渣系有钛钙型（CaO-TiO$_2$-SiO$_2$）和低氢型（CaF$_2$-CaO-SiO$_2$）渣系，其渣系图分别如图 2-4 和图 2-5 所示。典型焊接熔渣化学成分见表 2-6。

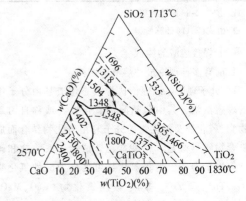

图 2-4 CaO-TiO$_2$-SiO$_2$ 渣系图

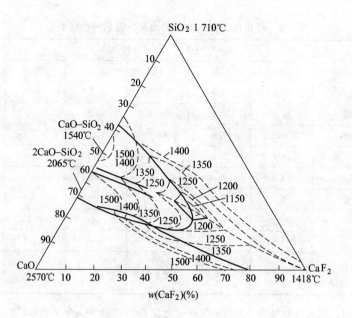

图 2-5　CaF_2-CaO-SiO_2 渣系图

表 2-6　典型焊接熔渣化学成分

焊条和焊剂类型	熔渣化学成分(质量分数,%)										熔渣碱度		熔渣类型
	SiO_2	TiO_2	Al_2O_3	FeO	MnO	CaO	MgO	Na_2O	K_2O	CaF_2	B_1[①]	B_2[②]	
钛型	23.4	37.7	10.0	6.9	11.7	3.7	0.5	2.2	2.9	—	0.43	− 2.0	氧化物
钛钙型	25.1	30.2	3.5	9.5	13.7	8.8	5.2	1.7	2.3	—	0.76	− 0.9	氧化物
纤维素型	34.7	17.5	5.5	11.9	14.4	2.1	5.8	3.8	4.3	—	0.60	− 1.3	氧化物
低氢型	24.1	7.0	1.5	4.0	3.5	35.8	—	0.8	0.8	20.3	1.86	+ 0.9	盐-氧化物
焊剂 430	38.5	—	1.3	4.7	43.0	1.7	0.45			6.0	0.62	− 0.33	氧化物
焊剂 251	18.2 ~ 22.0	—	18.0 ~ 23.0	≤ 1.0	7.0 ~ 10.0	3.0 ~ 6.0	14.0 ~ 17.0			23 ~ 30.0	1.15 ~ 1.44	+ 0.048 ~ + 0.49	盐-氧化物

① 由式(2-9)计算所得。

② 由式(2-11)计算所得。

（2）焊接熔渣的构成

目前有多种理论描述熔渣的结构。

1）分子理论。该理论认为液态熔渣是由分子组成的理想溶液，其中包括简单氧化物（或称自由氧化物）、硫化物及氟化物的分子和由氧化物结合而成的复合物（硅酸盐、铝酸盐、钛酸盐、铁酸盐和磷酸盐等）的分子。简单氧化物可区分为酸性氧化物（SiO_2、TiO_2 和 ZrO_2 等）、碱性氧化物（CaO、MgO、MnO、FeO 和 Na_2O 等）和两性氧化物（Al_2O_3、Fe_2O_3

等）三类。在焊接条件下，熔融状态的渣中将发生各类反应。

简单氧化物及其复合物之间处于化合与分解的动平衡状态，例如：

$$CaO + SiO_2 \Longrightarrow CaO \cdot SiO_2 \qquad (2-4)$$

升温时，有利于反应式（2-4）向左进行，渣中自由氧化物的含量增高。一般强碱和强酸性氧化物间亲和力最强，易于相互作用形成稳定的复合物。

只有自由氧化物才能参与和液态金属的冶金反

应，例如：

$$(FeO) + [C] = [Fe] + CO \qquad (2-5)$$

式中　（　）——表示熔渣中的物质；

　　　　[　]——表示液态金属中的物质，下同。

2）离子理论。完全离子理论认为熔渣在液态下为离子结构，是由简单离子与复杂离子组成的溶液（熔体）。简单正离子有 K^+、Ca^{2+}、Mn^{2+}、Mg^{2+} 和 Fe^{2+} 等，多由负电性小的碱、碱土金属失去电子形成。简单负离子有 F^-、O^{2-} 和 S^{2-} 等，由负电性大的元素得到电子形成。简单正负离子间的键合为离子

键。复杂离子有 SiO_4^{4-}、PO_4^{3-} 和 $Al_3O_7^{5-}$ 等，是由一些负电性比较大但其正离子往往不能独立存在的元素与氧离子形成的复合负离子，它们之间的键合为极性键，均较稳定。

正离子与氧负离子相互作用的能力及它们形成固态下所见的各种氧化物的酸、碱性质，取决于金属正离子与氧负离子的结合强度 I。以 Z 代表正离子的离子价，d 为正负离子间距离，则：

$$I = 2Z/d^2 \qquad (2-6)$$

各种氧化物的 I 值及其酸碱性质见表 2-7。

表 2-7　熔渣中氧化物的物化性能（括号中为推测值）

氧化物	K_2O	Na_2O	CaO	MnO	MgO	FeO	Ti_2O_3	Fe_2O_3	Al_2O_3	ZrO_2	TiO_2	B_2O_3	SiO_2
正离子	K^+	Na^+	Ca^{2+}	Mn^{2+}	Mg^{2+}	Fe^{2+}	Ti^{3+}	Fe^{3+}	Al^{3+}	Zr^{4+}	Ti^{4+}	B^{3+}	Si^{4+}
$d/10^{-4}$ μm	2.73	2.35	2.39	2.20	2.15	2.05	2.09	2.00	1.90	2.20	1.96 (2.03)	1.60	1.59
I	0.20	0.36	0.70	0.83	0.87	0.95	1.37	1.50	1.66	1.65	2.08 (1.85)	2.34	3.16
a_i	(+9.0)	(+8.5)	+6.05	+4.8	+3.4	+4.0	(+0.6)	0	-0.2	(-0.2)	-4.97	(-4.0)	-6.32
F_i	156	297	602	653	512	570	—	—	640	470	380	96	285
酸碱性	碱性						两性			酸性			

氧化物的 $I<1$ 时为碱性氧化物；$I>2$ 时，为酸性氧化物；$I=1\sim2$ 时，为两性氧化物。表 2-7 中列出的碱度系数 a_i 为电化学测定各氧化物碱性强弱程度所得的系数。a_i 与 I 值有较好的对应关系，$a_i>0$ 的氧化物呈碱性，$a_i<0$ 的氧化物呈酸性，a_i 的绝对值越大，呈现的碱性或酸性越强。可见，碱性氧化物如 CaO 和 FeO 等，其结合强度较小，在熔渣中电离提供氧负离子，使渣中的氧大多以 O^{2-} 的自由氧离子存在。而在渣中加入酸性氧化物如 SiO_2、P_2O_5 和 Al_2O_3 时，将发生吸收氧负离子的反应形成复合负离子[7]。

复合负离子结构很复杂且随熔渣中碱性氧化物可提供的 O^{2-} 数而变化。例如复合硅氧负离子的结构随 $w(O)/w(Si)$ 比而变化。熔渣中 O^{2-} 很充分时形成 $w(O)/w(Si)$ 最高而结构最简单的正硅酸离子 SiO_4^{4-}。随熔渣中 O^{2-} 减少，简单正硅酸离子聚合成 $w(O)/w(Si)$ 较低而结构复杂、尺寸较大的环状、链状或网状的复合硅氧负离子，如 $(SiO_3^{2-})_n$、$(Si_2O_5^{2-})_n$ 和 $(SiO_2)_n$ 等。反之，随熔渣中 O^{2-} 增加，复杂的复合硅氧负离子可解体为简单的硅氧负离子。

3）离子-分子共存理论。该理论认为复合负离子 SiO_4^{4-}、SiO_3^{2-} 和 PO_4^{3-} 等是不稳定的，要分解成

SiO_2、P_2O_5 及 O^{2-}，例如：

$$SiO_4^{4-} = SiO_2 + 2O^{2-} \qquad (2-7)$$

因而实际上熔渣是由金属离子 Me^{2+}，非金属离子 O^{2-}、S^{2-} 和 F^-，SiO_2 及硅酸盐和磷酸盐等具有共价键的化合物分子共同组成的。

（3）焊接熔渣的物理化学性质

1）焊接熔渣的化学性质如下：

① 熔渣的碱度。碱度是判断焊接熔渣碱性强弱的指标。它与熔渣在焊接冶金过程中的行为有密切关系，是熔渣的重要化学性质。碱度的倒数称为酸度。

根据分子理论，熔渣碱度 B 的定义为

$$B = \frac{\Sigma(x_{R_2O} + x_{RO})}{\Sigma x_{RO_2}} \qquad (2-8)$$

式中　x_{R_2O}、x_{RO}——熔渣中碱性氧化物的摩尔分数；

　　　　x_{RO_2}——熔渣中酸性氧化物的摩尔分数。

由于没有考虑各氧化物酸、碱性强弱程度及 CaF_2 的影响，式（2-8）的计算是不精确的，$B>1.3$ 的熔渣才是碱性渣。精确的计算公式见式（2-9）。

$$B_1 = \frac{0.018w(CaO) + 0.015w(MgO) + 0.006w(CaF_2)}{0.017w(SiO_2)}$$

$$\dfrac{+0.014[w(\mathrm{Na_2O})+w(\mathrm{K_2O})]+0.007[w(\mathrm{MnO})+w(\mathrm{FeO})]}{+0.005[w(\mathrm{Al_2O_3})+w(\mathrm{TiO_2})+w(\mathrm{ZrO_2})]}$$

$$(2-9)$$

当 $B_1 > 1$ 时为碱性渣；$B_1 < 1$ 时为酸性渣；$B_1 = 1$ 时为中性渣。表 2-6 中的 B_1 就是按式（2-9）计算的。

离子理论把熔渣中自由氧离子 O^{2-} 的活度定义为熔渣的碱度。渣中自由氧离子的活度越大，其碱度越大。据此定义，熔渣的碱度以 pO 值表示：

$$\mathrm{pO} = -\lg A_{O^{2-}} \qquad (2-10)$$

式中 $A_{O^{2-}}$——氧离子的活度。

基于这个原则，森—美提出的碱度公式：

$$B_2 = \sum_{i=1}^{n} a_i x_i \qquad (2-11)$$

式中 x_i——第 i 种氧化物的摩尔分数；

a_i——第 i 种氧化物的碱度系数（表 2-7）。

$B_2 > 0$ 时为碱性渣；$B_2 < 0$ 时为酸性渣；$B_2 = 0$ 为中性渣。表 2-6 中的 B_2 就是用式（2-11）计算的结果。

② 熔渣的氧化性。熔渣的氧化性取决于熔渣中的氧化物，FeO 是熔渣的重要氧化源。在焊接钢时，FeO 既溶于渣又溶于液态金属，其分配关系决定于熔渣中 FeO 的活度。因此通常用渣中 FeO 的活度来代表熔渣氧化能力的强弱，渣中 FeO 的活度越大，熔渣的氧化能力越强。FeO 的活度与渣中 FeO 的浓度、熔渣的碱度和温度直接相关。

常用的 FeO-CaO-SiO₂ 三元渣系中 FeO 等活度曲线如图 2-6 所示。

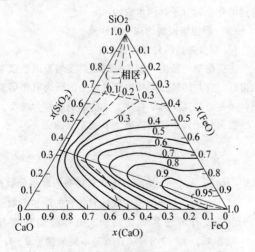

图 2-6 CaO-SiO₂-FeO 渣系中 FeO 等

活度曲线（1600℃）

可见，在 FeO 含量相同的条件下，FeO 顶点与 CaO-SiO₂ 边上成分（摩尔分数）x（CaO）/x

$(\mathrm{SiO_2})$ = 2 处相连的点画线上，各点熔渣碱度均为 2，FeO 的活度最大。根据熔渣离子理论，在碱度低的渣中，由于酸性氧化物 SiO₂ 与 O^{2-} 形成 SiO_4^{4-} 而降低 O^{2-} 的浓度，使 FeO 活度减小。提高熔渣碱度后，由于碱性氧化物产生 O^{2-}，使渣中 O^{2-} 浓度增加，因而 FeO 的活度增加。通常的碱性焊条熔渣碱度大多在 2 左右，FeO 活度也最大。此时再提高碱度，则生成铁酸根离子：

$$\underbrace{3Fe^{2+}+3O^{2-}}_{3FeO}+\underbrace{Ca^{2+}+O^{2-}}_{CaO}=\underbrace{Ca^{2+}+2FeO_2^{2-}}_{CaFe_2O_4}+Fe$$

$$(2-12)$$

结果使 Fe^{2+} 和 O^{2-} 的浓度都减少，FeO 的活度下降。因此高碱度焊剂一般碱度大于 3，FeO 活度很小。

熔渣中另一种氧化源是 SiO_2。由氧源 SiO_2 造成的氧化性随碱度变化的规律与 FeO 氧源相反。对于 $x(\mathrm{CaO})/x(\mathrm{SiO_2})$ 小于 2 的熔渣，由于熔渣中 O^{2-} 不足，复合负离子不完全是 SiO_4^{4-} 而有一部分聚合负离子如 $Si_2O_7^{6-}$，可通过下述反应使金属增氧。

$$(Si_2O_7^{6-}) = (SiO_4^{4-}) + (Si^{4+}) + 3(O^{2-})$$

$$(2-13)$$

另外，SiO_2 含量较高时，其剩余的自由 SiO_2 也具有较强的氧化性。因而，在 FeO-SiO₂ 系熔渣中，当 $\dfrac{x(\mathrm{FeO})}{x(\mathrm{SiO_2})} < 1$ 时，如在 SiO_2 饱和的渣中 $\dfrac{x(\mathrm{FeO})}{x(\mathrm{SiO_2})} = 0.8 \sim 0.9$，1600℃ 时，液态金属中的氧含量很高，达 $w(\mathrm{O}) = 0.15\%$。随着渣中的碱性氧化物的增加，离解产生的 O^{2-} 并不起氧化作用，而是和 SiO_2 及聚合负离子作用产生 SiO_4^{4-}，使它们失去了氧化性。在渣中加入足够量的强碱性氧化物，至 $\dfrac{x(\mathrm{FeO})}{x(\mathrm{SiO_2})} = 2$ 时，SiO_2 全部变成 SiO_4^{4-}，其氧化性很小，并不再随渣的碱度改变。

FeO 和 SiO_2 代表了碱性和酸性氧化物两种氧化源，它们在渣系中随碱度变化的行为是不同的。当渣系有多种氧源时，其氧化性应根据各种氧源的种类和强弱及它们的相互影响进行具体分析。

2）焊接熔渣的物理性质如下：

① 熔点。焊接熔渣的熔点过高将使其与液态金属间的反应不充分，易形成夹渣，产生压铁液现象，使焊缝成形变坏。熔点过低使熔渣的覆盖性能变差，焊缝表面粗糙不平，并导致全位置施焊困难。一般焊接熔渣的熔点应比焊缝金属的熔点低 200～450℃。熔渣的熔点主要取决于熔渣的化学成分。CaO-TiO₂-SiO₂ 和 CaF₂-CaO-SiO₂ 的渣系图（即渣系的等熔点曲线图）如图 2-4 和图 2-5 所示。

药皮或药芯开始熔化的温度称为造渣温度，大致比熔渣熔点高 100~200℃。造渣温度过高，使焊条药皮套筒过长，电弧不稳定，药皮成块脱落，导致冶金反应波动，焊缝成分不均匀。反之，则药皮过早熔化，保护作用变差，并对电弧集中性和熔滴过渡状态产生不良影响。一般要求药皮的造渣温度比焊芯的熔点低 100~250℃。药芯焊丝焊接时，造渣温度过高使药芯落后于钢带外皮熔化，裸露于焊丝端部外；反之，则药芯提早熔化，焊丝端部只是空心管状外皮，也都会产生类似不利影响。

② 黏度。黏度代表熔渣内部相对运动时各层之间的内摩擦力，它对熔渣的保护效果、焊接操作性、焊缝成形、熔池中气体的外逸、合金元素在渣中的残留损失和化学反应的活泼性等都有显著的影响。

支配熔渣黏度的最根本因素是正离子与氧负离子间的结合强度 I（表 2-7）。酸性氧化物 SiO^{2-} 可与 O^{2-} 结合形成种种粗大负离子的网状结构，黏度增大；若加入碱性氧化物 M_xO_y 时，其 I 值较小，提供的 O^{2-} 可切开 Si-O-Si 而逐渐从复杂的 $Si_9O_{21}^{6-}$、$Si_6O_{16}^{6-}$、$Si_3O_9^{6-}$ 和 $Si_2O_7^{6-}$ 变为较小的 SiO_4^{4-}，当 $x(M_xO_y)/x(SiO_2) \approx 2$ 时，氧对于 Si 即达饱和，可单独存在 O^{2-}，渣的黏度最小；碱性渣中再加入高熔点的碱性氧化物如 CaO 等，则有可能出现未熔化的固体颗粒，使渣的流动阻力、黏度升高。

CaF_2、MgF_2 和 AlF_3 等氟化物在渣中产生 F^-，能破坏 Si-O 键，使熔渣黏度下降。

熔渣黏度随温度变化，温度下降，黏度增大，但变化特性却因熔渣组成而异。黏度随温度下降急剧增长的熔渣称为短渣，反之，则称为长渣。碱性渣属于短渣。含 SiO_2 较多的酸性渣属于长渣。但含 TiO_2 多的酸性渣其黏度随温度变化急剧，变为短渣。熔渣黏度随温度的变化特性对焊接操作性能影响较大，一般立焊和仰焊时希望用短渣。

通常焊钢用熔渣黏度在 1500℃ 左右时为 0.1~0.2Pa·s 比较合适。

③ 表面张力。熔渣的表面张力和熔渣与金属之间的界面张力及浸润能力对熔滴的过渡形态、焊缝成形、脱渣性以及许多冶金反应都有重要影响。通常将熔渣与气相接触的比表面能称为表面张力，是熔渣本身的属性，而界面张力则随所接触的界面不同而变化。

熔渣表面张力主要决定于其间化学键的性质和温度。FeO、MnO、CaO、MgO 和 Al_2O_3 等具有的离子键键能较小，其表面张力较小。B_2O_3 和 P_2O_5 等具有的共价键键能最小，其表面张力最小。它们与铁的界面能除了 FeO、MnO 外，大致服从这个顺序。

液态硅酸盐熔渣在 1400℃ 左右的表面张力可近似地用式（2-14）计算：

$$\sigma = \sum F_i x_i \qquad (2-14)$$

式中 σ——熔渣表面张力（N/m）；

x_i——组元 i 的摩尔分数；

F_i——组元 i 的表面张力因子。

表面张力因子与正离子和氧离子的结合强度 I 有关（表 2-7）。随结合强度提高，F_i 增大；但结合强度过大时，如 Si^{4+}，由于同氧负离子结合形成的 SiO_2 网状结构，而使 F_i 下降，表面张力反而减小，Ti^{4+} 也属于这种情况。

熔渣中的表面活性物质将被排挤到相界面层内，降低了熔渣的表面张力。Fe_2O_3、SiO_2 和 TiO_2，特别是 Na_2O、P_2O_5 能与 FeO 及在 CaO-FeO-SiO_2 等渣系中形成复合负离子，它们都是表面活性物质，对降低表面张力有显著作用。

2.1.3 焊接区内金属、气体与熔渣三相间的相互作用

此类相互作用包括氧化与还原、控制氢与氮、脱硫与脱磷等对焊缝金属性能有极重要影响的反应，是焊接冶金过程中最基本的反应[8,9]。

1. 焊接冶金过程中的氧化与还原反应

（1）氧对焊接质量的影响

由于大多数情况下电弧气氛和焊接熔渣都具有一定的氧化性，所以焊接时必然会发生各种氧化反应。除合金元素和杂质的氧化烧损外，液态和高温下的固态金属也被氧化，使焊缝金属含氧量增加（表 2-8）。

表 2-8　用各种方法焊接时焊缝金属中氧的质量分数

材料及焊接方法	平均 $w(O)$（%）
低碳镇静钢	0.003~0.008
低碳沸腾钢	0.010~0.020
H08 焊丝	0.010~0.020
H08 光焊丝焊接	0.15~0.30
低氢型焊条	0.02~0.03
钛铁矿型焊条	0.101
钛钙型焊条	0.05~0.07
钛型焊条	0.065
纤维素型焊条	0.090
氧化铁型焊条	0.122
铁粉型焊条	0.093
埋弧焊	0.03~0.05
电渣焊	0.01~0.02
气焊	0.045~0.05
CO_2 保护焊	0.02~0.07
氩弧焊	0.0017

氧在液态铁中的溶解度与温度的关系式为：

$$\lg[O]_{max} = -\frac{6320}{T} + 2.734 \qquad (2\text{-}15)$$

而室温下氧在焊缝金属中的溶解度极低，因此多以化合物形态的氧化物夹杂存在，使焊缝金属的强度、塑性和韧性明显下降。$w(O)$ 增加还引起金属红脆、冷脆和时效硬化，降低焊缝的导电性、导磁性和耐蚀性等。在焊接有色金属、活性金属和难熔金属时，氧的有害作用会更加突出。为此，必须采取合适的防范和脱氧措施，以控制焊缝金属中氧的含量。

（2）氧化还原反应方向的判据

设金属氧化物的分解反应（即金属的氧化与还原反应）通式为

$$\frac{2}{n}Me_mO_n = \frac{2m}{n}Me + O_2 \qquad (2\text{-}16)$$

且在反应体系的分解产物中氧是唯一的气体，而金属氧化物和它分解出的金属都处于固态或液态，并互不形成溶液，则在一定温度下反应达到平衡时：

$$K_p - p_{O_2} = f(T) \qquad (2\text{-}17)$$

此时，体系中的 p_{O_2} 为氧化物分解反应达到平衡时氧的平衡分压，称为氧化物的分解压。分解压可以作为该反应进行方向的判据。分解压越高，氧化物越不稳定，即越不易氧化。

假定在上述系统中氧的分压为 $\{p_{O_2}\}$，则 $\{p_{O_2}\} > p_{O_2}$ 时，式(2-16)反应向左进行，金属被氧化；$\{p_{O_2}\} = p_{O_2}$ 时为平衡状态；$\{p_{O_2}\} < p_{O_2}$ 时，式（2-16）反应向右进行，金属被还原。

金属氧化物的分解压是温度的函数，它随温度的升高而增加。在同样温度下，CaO、MgO 和 Al_2O_3 的分解压较小，其稳定性越高，说明这些元素和氧的亲和力越大；除 Ni 和 Cu 外，FeO 的分解压最大，即最不稳定。在 FeO 为纯凝聚相时，其分解压为

$$\lg p_{O_2} = -\frac{26730}{T} + 6.43 \qquad (2\text{-}18)$$

在实际的焊接冶金过程中，FeO 不以纯凝聚相存在，而溶于液态铁中，其分解压（以 p'_{O_2} 表示）减小，使 Fe 较容易氧化。利用溶液中物质分解压的计算公式可计算出在焊接温度（1800℃）下，液态铁中 $w[FeO]$ 为 1%（$w[O]$ 为 0.220%）时，其分解压 p'_{O_2} 很小，为 $1.52 \times 10^{-5}kPa$。说明气相中只要有微量的氧，即可使 Fe 氧化。

若金属氧化物为不溶于液态铁的纯物质，而它分解出来的金属溶于液态铁，则其分解压 p'_{O_2} 总大于其金属为纯物质时的分解压 p_{O_2}，即铁中合金元素的氧化能力弱于其纯物质。

一般采用由稳定的单质元素 M 与 $1molO_2$ 化合生成氧化物的标准生成自由焓 $\Delta G° < 0$ 作为氧化还原反应的判据，$\Delta G°$ 和 p_{O_2} 满足下述关系：$\Delta G° = RT\ln p_{O_2}$。各种金属元素氧化物生成反应的 $\Delta G°$ 与温度的关系图称为 Ellinghan 或氧势图[2]，如图 2-7 所示，$\Delta G°$ 越低，氧化物越稳定，元素与氧亲和力越大。根据图 2-7 可确定不同温度下各种元素对氧亲和力大小的顺序。值得注意的是 C 和 O 的亲和力在高温时最强，因而在熔滴中用合金元素抑制 C 的氧化是很困难的。

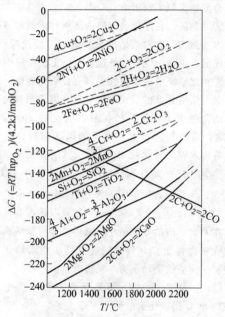

图 2-7　氧化物的 $\Delta G°$ 与温度的
关系图（折合为 $1mol\ O_2$）

（3）金属的氧化反应

焊接时在各个反应区氧化性气体（如 O_2、CO_2 和 H_2O 等）及熔渣对金属的氧化使金属烧损，焊缝增氧。

1）氧化性气体对金属的氧化

① 自由氧对金属的氧化。如前所述，各种焊接方法焊接区气相中均存在自由氧 O_2，当其分压超过 FeO 的分解压时，将使铁氧化：

$$[Fe] + \frac{1}{2}O_2 \Longrightarrow FeO + 26.97kJ/mol \quad (2\text{-}19)$$

② CO_2 对金属的氧化。由计算可得到纯 CO_2 高温分解后气相中氧的分压 $\{p_{O_2}\}$ 在温度高于铁的熔点（1800K）时为 0.223kPa，远大于此温度下液态铁中饱和 FeO 的分解压 $3.86 \times 10^{-7}kPa$；当温度为 3000K 时，$\{p_{O_2}\} \approx 20.3kPa$，约等于空气中氧的分压；当温度高于 3000K 时，CO_2 的氧化性超过了空气。所以高温下 CO_2 对液态铁和其他许多金属均为

活泼的氧化剂。CO_2 与液态铁的反应式和平衡常数如下：

$$CO_2 + [Fe] = CO + [FeO] \qquad (2\text{-}20)$$

$$\lg K = -\frac{11576}{T} + 6.855 \qquad (2\text{-}21)$$

温度升高时，平衡常数增大，有利于反应向右进行，使铁氧化，因此 CO_2 在熔滴阶段对金属的氧化程度最大。计算还表明，即使气相中只有少量的 CO_2，对铁也有很大的氧化性，故用 CO_2 气体或碳酸盐造气保护时只能防止空气中氮的侵入，而不能避免金属的氧化。

③ H_2O 对金属的氧化。H_2O 使 Fe 氧化的反应式和平衡常数为

$$H_2O\,(气) + [Fe] = [FeO] + H_2 \qquad (2\text{-}22)$$

$$\lg K = -\frac{10200}{T} + 5.5 \qquad (2\text{-}23)$$

温度越高，H_2O 的氧化性越强。比较式（2-21）和式（2-23）可见，在液态铁存在的温度，H_2O 的氧化性较 CO_2 小。但应特别注意，H_2O 除使金属氧化外，还会使气相中 H_2 的分压增大，并可能带来许多不利影响。

④ 混合气体对金属的氧化。利用焊接区混合气体间进行的反应式（2-2）及其平衡常数式（2-3），根据室温测得的气相成分（表2-5），可计算出高温下焊条电弧焊焊接区混合气体中氧的分压 $\{p_{O_2}\}$[3]。钛铁矿型焊条焊缝金属中 $w(O)$ 约为 0.1%，在 1800K 和 2500K 时其分解压 p'_{O_2} 分别为 1.41×10^{-7} kPa 和 2.18×10^{-5} kPa，而电弧气氛中的氧分压 $\{p_{O_2}\}$ 分别为 2.55×10^{-8} kPa 和 5.03×10^{-4} kPa，表明钛铁矿型焊条析出的气体，在接近熔池结晶温度下是还原性的，而在高于 2500K 后是氧化性的。低氢型焊条焊缝金属中 $w(O)$ 约为 0.02%，在 1800K 时 FeO 的分解压 p'_{O_2} 为 5.54×10^{-9} kPa 小于其电弧气氛中的氧分压 $\{p_{O_2}\}\ 2.14 \times 10^{-7}$ kPa，表明其析出的气体，在高于熔池结晶温度下，都是氧化性的。

气体保护焊时，为了改善电弧的电、热和工艺特性，常采用氧化性混合气体，如 $Ar + O_2$、$Ar + CO_2$、$Ar + CO_2 + O_2$ 或 $CO_2 + O_2$ 等。目前评价这些混合气体对金属的氧化能力的指标为与 100g 焊缝金属反应的总氧量 ΣO（g/100g 金属），ΣO 由各种合金元素的氧化损失量计算出来[10]。图2-8给出了 ΣO 和焊缝中 $w(O)$ 与保护气体成分的关系。试验用焊丝为 H08Mn2Si，直径为 1.6mm，母材为低碳钢，焊接参数固定不变。由图2-8可见，在 O_2 和 CO_2 体积分数相同的条件下，$Ar + O_2$ 混合气体的氧化能力比 $Ar +$

CO_2 混合气大；$Ar + \varphi(O_2)15\%$ 混合气体的氧化能力与纯 CO_2 气相当。

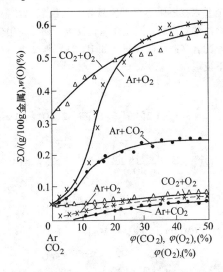

图 2-8 ΣO 与保护气体成分的关系
实线—ΣO　虚线—$w(O)$

2）熔渣对金属的氧化。熔渣对金属的氧化有两种基本形式。

① 扩散氧化。焊接钢时，FeO 既溶于熔渣又溶于液态钢。在一定温度下平衡时，它在两相中的含量应符合分配定律：

$$L = \frac{w(FeO)}{w[FeO]} \qquad (2\text{-}24)$$

温度不变时，增加熔渣中 FeO 的含量，FeO 将向熔池金属中扩散，使焊缝增氧。

L 为分配常数，它与温度和熔渣的性质有关。在 SiO_2 饱和的酸性渣中：

$$\lg L = \frac{4906}{T} - 1.877 \qquad (2\text{-}25)$$

在 CaO 饱和的碱性渣中：

$$\lg L = \frac{5014}{T} - 1.980 \qquad (2\text{-}26)$$

由式（2-25）和式（2-26）可见，温度升高，L 减小，FeO 更容易向液态钢中分配。因此扩散氧化主要在熔滴阶段和熔池高温区进行。在熔池温度下，$L > 1$，即 FeO 在渣中的分配量要大一些。

比较式（2-25）和式（2-26）可知，同样温度下，FeO 在碱性渣中比在酸性渣中更容易向金属中分配。因此碱性焊条药皮中一般不加入含 FeO 的物质，并要求焊前清除焊件表面上的氧化皮和铁锈，否则将使焊缝增氧并产生气孔等缺陷，即碱性焊条对铁锈和氧化皮的敏感性较大。这种现象已在熔渣的结构理论及其氧化性分析中阐明。

② 置换氧化。当熔渣中含有较多的易分解氧化物，则与液态铁发生置换反应，使铁氧化，氧化物中的合金元素被还原。对于埋弧焊，气氛氧化性很弱，所以熔渣的置换氧化是主要氧化反应。例如，用低碳钢焊丝配合高硅高锰焊剂（如 HJ431）埋弧焊时，发生如下反应：

$$(SiO_2) + 2[Fe] = [Si] + \begin{matrix} (FeO) \\ \uparrow \\ 2FeO \\ \downarrow \\ [FeO] \end{matrix} \qquad (2\text{-}27)$$

$$\lg K_{Si} = \frac{w^2(FeO)\,w[Si]}{w(SiO_2)} = -\frac{13460}{T} + 6.04 \qquad (2\text{-}28)$$

$$(MnO) + [Fe] = [Mn] + \begin{matrix} (FeO) \\ \uparrow \\ FeO \\ \downarrow \\ [FeO] \end{matrix} \qquad (2\text{-}29)$$

$$\lg K_{Mn} = \frac{w(FeO)\,w[Mn]}{w(MnO)} = -\frac{6600}{T} + 3.16 \qquad (2\text{-}30)$$

式（2-28）和式（2-30）中 $w(SiO_2)$、$w(MnO)$ 和 $w(FeO)$ 分别表示 SiO_2、MnO 和 FeO 在熔渣中的质量分数，$w[Si]$ 和 $w[Mn]$ 为金属中 Si 和 Mn 的质量分数。反应生成的 FeO 大部分进入熔渣，小部分溶于液态钢，使焊缝增氧，同时使焊缝增加 Si 和 Mn。

在钢液中的 $w(Fe)$ 可近似为 1，而未出现于式（2-28）和式（2-30）中。升高温度，平衡常数增大，反应向右进行，因此置换氧化反应主要发生在熔滴阶段和熔池头部的高温区。

渣中 SiO_2 和 MnO 的活度 $A_{f(SiO_2)}$、$A_{f(MnO)}$ 与 $w(SiO_2)$、$w(MnO)$ 及熔渣碱度有关，经验计算式如下：

$$A_{f(SiO_2)} = \frac{w(SiO_2)}{100B_2} \qquad (2\text{-}31)$$

$$A_{f(MnO)} = \frac{0.42B_2\,w(MnO)}{100} \qquad (2\text{-}32)$$

可见，碱度 B_2 增大时，$A_{f(SiO_2)}$ 降低，而 $A_{f(MnO)}$ 则增大，即不利于渗 Si 增氧，而有利于渗 Mn 增氧的反应。熔渣中的 (TiO_2) 和 (B_2O_3) 等氧化物也可与 Fe 进行较弱的置换氧化反应。综合反应的激烈程度与熔渣的冶金活性有关，对于熔炼焊剂可用"活性系数"A_f 来反映其熔渣的冶金活性，用以评价其对金属的氧化能力。A_f 与碱度 B_2 有关，即

$$A_f = \frac{w(SiO_2) + 0.5w(TiO_2) + 0.4[w(Al_2O_3)}{100B_2}$$
$$\frac{+\,w(ZrO_2)] + 0.42B_2^2\,w(MnO)}{} \qquad (2\text{-}33)$$

按 A_f 的大小可将熔炼焊剂区分为高活性（$A_f > 0.6$）、活性（$A_f = 0.3 \sim 0.6$）、低活性（$A_f = 0.1 \sim 0.3$）及惰性（$A_f < 0.1$）四种。

在焊接区存在对氧亲和力比 Fe 大的元素（如 Al、Ti 和 Cr 等）时，它们将与 SiO_2 和 MnO 发生更激烈的置换反应，生成 Al_2O_3 等，使焊缝中非金属夹杂物增多，$w(O)$ 升高，同时 $w[Si]$、$w[Mn]$ 也显著增加。

（4）脱氧反应

脱氧反应（金属的还原反应）是指不同途径加入焊接区的各种脱氧元素（脱氧剂）在焊接过程中被氧化，以降低焊接区的氧化性，使被焊金属及有益合金元素免受氧化，或使被氧化的金属从它们的氧化物中还原出来的反应。反应结果应使焊缝金属中总 $w(O)$ 减少。它是控制焊缝金属中 $w(O)$ 的重要措施之一。

脱氧剂应在焊接温度下比被焊金属对氧具有更强的亲和力，1800℃ 时，各种元素对氧亲和力次序排列为：

Ni—Cu—W—Mo—Fe—Cr—Nb—Mn—V—Si—B—Ti—Mg—C—Al—Ce

← 钝性增强

活性增强 →

元素对氧的亲和力越大，脱氧能力越强。其次，脱氧产物不应溶于液态金属而应溶于熔渣，且熔点低，密度小，在焊接温度下处于液态，易于聚合成大的质点，上浮至熔渣中，以减少夹杂物数量，提高脱氧效果。此外，还应考虑脱氧产物对熔渣性质、焊接工艺性能及焊缝成分、性能的影响等。目前最常用的脱氧元素为 Mn、Si、Ti 和 Al，实际生产中常用它们的铁合金、金属粉或合金，如锰铁、硅铁、钛铁、铝粉和铝镁合金等。

焊接冶金过程中常用的脱氧方式有以下三种：

1）先期脱氧。使电弧气氛的氧化性降低，称为先期脱氧。在药皮反应区存在的脱氧元素（以 Me 表示），与高价氧化物或碳酸盐分解出的 O_2 或 CO_2 进行如下反应：

$$2Me + O_2(气) = 2MeO \qquad (2\text{-}34)$$
$$Me + CO_2(气) = MeO + CO(气) \qquad (2\text{-}35)$$

先期脱氧必须充分，否则熔滴中氧含量较高和碳作用形成飞溅。

2）沉淀脱氧。是利用溶于熔池中的脱氧元素，将熔池金属中的 [FeO] 或 [O] 转化为不溶于金属的氧化物，并脱溶沉淀而转入熔渣中，使 Fe 还原的一种脱氧方式。Mn 和 Si 的脱氧，实际上就是式

(2-27) 和式 (2-29) 的逆反应。

温度降低有利于沉淀脱氧的进行，因此它们主要发生在熔池反应区尾部的低温区。

Mn 的脱氧反应常用于酸性渣系的焊条、药芯焊丝中，由于酸性渣中含有较多的 SiO_2 和 TiO_2，它们与脱氧产物 MnO 生成复合物 $MnO \cdot SiO_2$、$MnO \cdot TiO_2$，使其活度减少，因此脱氧效果较好。降低熔渣的碱度，增加金属中的 $w(Mn)$，减少渣中的 MnO，均可提高 Mn 的脱氧效果。

Si 的脱氧能力比 Mn 大。因为 Si 脱氧产物 SiO_2 为酸性氧化物，提高熔渣碱度，使其活度减少，可提高其脱氧效果。但生成的 SiO_2 熔点高，常处于固态，不易聚合为大的质点，难与钢液分离，容易形成夹杂，因此一般不单独用 Si 脱氧。

硅锰联合脱氧，是把 Mn 和 Si 按适当比例 ($w[Mn]/w[Si] = 3 \sim 7$) 加入金属中脱氧的方法，此时脱氧产物 MnO 和 SiO_2 复合生成硅酸盐 $MnO \cdot SiO_2$，有利于进行脱氧反应。此外，$MnO \cdot SiO_2$ 的密度小 ($3.60 \times 10^3 kg/m^3$)、熔点低 (1270℃)，在钢液中处于液态，易聚合为半径大的质点，浮到熔渣中，减少焊缝中的夹杂物，进一步降低其 $w(O)$。在碱性焊条药皮中常用钛铁进行先期脱氧，并加入锰铁和硅铁联合脱氧，效果较好。采用含适当比例 ($1.5 \sim 3$) Mn 和 Si 的焊丝 (如 H08Mn2SiA 等) 的 CO_2 焊以及采用 H08A 焊丝加高 Si 高 Mn 焊剂的低碳钢埋弧焊，都是应用硅锰联合脱氧的实例。采用含两种以上元素的脱氧剂 (如硅钙合金) 是发展方向。

3) 扩散脱氧。由式 (2-25) 和式 (2-26) 看出，当温度下降时，FeO 在熔渣和液态金属中的分配系数 L 增大，按式 (2-24)，将发生 $[FeO] \rightarrow (FeO)$ 的扩散过程，即在熔池后部的低温区将进行扩散脱氧反应。随熔渣的碱度增加，渣中 FeO 的活度增大，其扩散脱氧能力下降。

上述脱氧方式在多数焊接情况下都同时存在。总的说来，焊缝金属中 $w(O)$ 主要决定于参与焊接冶金反应的氧化剂和脱氧剂的绝对和相对含量 (氧势)。焊接熔渣的成分，应有利于脱氧产物的逸出。表 2-8 给出了各种方法焊接时的焊缝金属 $w(O)$，可见除氩弧焊和电渣焊外，低氢型焊条焊缝金属 $w(O)$ 比较低。

从表 2-8 也可看出，各种脱氧反应均有一定限度，使得由常用焊接方法和焊材得到的焊缝金属中 $w(O)$ 高于母材中 $w(O)$。应该指出，在通常的低碳钢与低合金钢焊缝金属中 $w(O)$ 低于 0.02% ~ 0.03% 的限度时，焊缝金属的冲击韧度反而下降，这是因为细小氧化物夹杂数量减少后，焊缝中韧性较高的针状铁素体的成核率下降，使针状铁素体组织数量减少。但在焊接要求较高的合金钢、合金和活性金属时，应尽量钝化焊接材料，用氟酸盐渣系等不含氧 (无氧) 或少含氧 (低氧) 的焊条、焊剂、乃至在惰性气体中或真空室中焊接，采用避免氧溶入熔池等严格控制氧的措施。

2. 氢在焊接冶金过程中的行为及其控制

(1) 氢对金属性能的影响

近年来的研究表明，氢对大多数金属及其合金的性能都有极为不良的影响，其中最为严重的是造成材料的氢脆。

第一类氢脆——脆化程度随加载变形速度增大而增大，钛和钛合金中氢化物的作用属于这一类。脆性断裂源是氢化物与基体的界面。

第二类氢脆——脆化程度随加载变形速度增大而减少，是最典型但也最为复杂的一种氢脆[11]，结构钢氢脆即属这一类氢脆。例如，用 $w(H)$ 高的铁素体焊缝做拉伸试验时其断后伸长率和断面收缩率显著下降，而强度几乎不受影响。

碳钢或低合金钢焊缝 $w(H)$ 高时，常在其拉伸或弯曲断面上出现银白色圆形局部脆断点，称之为白点，其直径约 0.5 ~ 3mm，周围为塑性断口，中心常有小夹杂物或气孔，此时焊缝金属塑性大大下降。以较多 Cr、Ni 和 Mo 元素合金化的焊缝对白点最敏感。

氢在焊缝中产生气孔。并可能在接头中引起延迟裂纹，这是一种非常危险的缺陷。有关问题将在专门章节中讨论。

(2) 氢在金属中的溶解

各种焊接方法气相中氢和水汽的体积分数见表 2-5。可见，氢与金属的作用是很难避免的。

氢与 Zr、Ti、V、Ta 和 Nb 等金属能形成稳定氢化物，故该类金属吸收氢的反应是放热反应，在较低温度下吸氢量大，在高温时吸氢量少。焊接该类金属及合金时，必须防止其在固态下吸收大量的氢，否则将严重影响接头质量。氢与 Al、Fe、Ni、Cu、Cr 和 Mo 等金属不形成稳定氢化物，但能溶解于这类金属及合金中，溶解反应是吸热反应，此处着重讨论氢在这类金属中的溶解问题。

气相中的氢必须分解为原子或离子才能在金属中溶解。如果氢在气相中以分子状态存在，则它在金属中的溶解度符合平方根定律：

$$S_H = K_{H_2} \sqrt{p_{H_2}} \tag{2-36}$$

式中　S_H——氢在金属中的溶解度；

　　　K_{H_2}——平衡常数，取决于温度；

p_{H_2}——气相中分子氢的分压。

图 2-9 所示为氢与氮在铁中的溶解度与温度的关系曲线。可见，氢在铁中的溶解度随温度升高而增加，约在 2400℃ 时达到最大值，因此熔滴阶段吸收的氢比熔池阶段多。继续升温后由于金属蒸气压剧增，氢的溶解度迅速下降，至金属沸点时溶解度为零。铁凝固时氢的溶解度突然变小。氢在固态钢中的溶解度还与其组织结构有关，在面心立方晶格的奥氏体钢中的溶解度比在体心立方晶格的铁素体-珠光体钢中溶解度大。

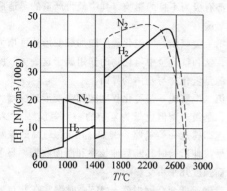

图 2-9　氢与氮在铁 [w(Mn) 为 1% 的 Fe-Mn 合金] 中的溶解度与温度的关系曲线
（$p_{H_2} = 101.3\text{kPa}$　$p_{N_2} = 101.3\text{kPa}$）

电弧焊时气相中的氢多以原子和质子状态存在，因此氢的溶解度比用式 (2-36) 计算出的标准溶解度高得多。氧是表面活性元素，可减少金属对氢的吸附，能有效降低氢在液态铁、低碳钢和低合金钢中的溶解度。

（3）焊缝金属中的氢

1）焊缝金属中氢的存在形式。焊接过程中液态金属所吸收的氢，有一部分在熔池凝固过程中逸出，但由于熔池冷却很快，相当多的氢来不及逸出而被留在焊缝金属中。

留在钢焊缝中的氢大部分以 H 或 H⁺ 形式存在，并与焊缝金属形成间隙固溶体。由于氢的原子和离子的半径很小，使这部分氢可在焊缝金属晶格中自由扩散，故称之为扩散氢。另一部分氢扩散聚集到金属的晶格缺陷、显微裂纹和非金属夹杂物边缘的空隙中，结合为氢分子，因其半径增大，不能自由扩散，故称之为残余氢。焊后随放置时间延长，由于一部分扩散氢从焊缝表面逸出，一部分变为残余氢，因此扩散氢显著减少、残余氢增加，总氢量下降。一般认为总氢量中扩散氢含量所占比例大（约占 80%～90%），且是造成各种氢损害的要素，因此对接头性能影响较大。但根据氢陷阱理论[12,13]，陷入不同类型陷阱中的氢，只要获得足够的激活能即可从陷阱中释放出来，重新转变为扩散氢。参考文献 [14] 用连续加热方法获得低合金钢焊缝及热影响区金属中残余氢的动态逸出曲线，证明焊缝及热影响区中一部分残余氢存在于位错、晶粒边界等弱陷阱中，其释放温度较低，对焊接接头性能的影响值得重视。

许多国家都制定了测定熔敷金属中扩散氢含量 $[H]_D$ 的标准方法，我国 GB/T 3965—2012 规定的是水银法和甘油法，国际焊接学会（IIW）规定的是水银法。ISO 3690：2008 还规定了用 IIW 水银法测氢时，$[H]_D$ 等级的划分标准：$[H]_D = 20～35\text{mL}/100\text{g}$ 为高氢；$[H]_D = 10～20\text{mL}/100\text{g}$ 为中氢；$5～10\text{mL}/100\text{g}$ 为低氢；$[H]_D < 5\text{mL}/100\text{g}$ 为超低氢。在真空室内将试样加热到 650℃ 析出的氢为残余氢。用各种焊接方法焊接碳钢时，熔敷金属的含氢量见表 2-9。可见，所有焊接方法都使熔敷金属增氢。焊条电弧焊时低氢型焊条扩散氢含量最小。应用实心焊丝或药芯焊丝的 CO_2 焊是一种超低氢的焊接方法。现在还研制成功了超低氢焊条。（$CO_2 + O_2$）混合气体保护电弧焊的焊缝金属中 $[H]_D$ 可减少至 $0.03\text{mL}/100\text{g}$[15]。

表 2-9　焊接碳钢时熔敷金属中的含氢量

焊接方法		扩散氢 /(mL/100g)	残余氢 /(mL/100g)	总氢量 /(mL/100g)	备　注
焊条电弧焊	纤维素型	35.8	6.3	42.1	测定方法见参考文献 [16]
	钛型	39.1	7.1	46.2	
	钛铁矿型	30.1	6.7	36.8	
	氧化铁型	32.3	6.5	38.8	
	低氢型	4.2	2.6	6.8	
埋弧焊		4.40	1～1.5	5.90	低碳钢板和焊丝的含氢量为 0.2～0.5mL/100g；在 40～50℃ 停留 48～72h 用水银法测定扩散氢；真空加热测定残余氢[16]
CO_2 保护焊		0.04	1～1.5	1.54	
氧乙炔气焊		5.00	1～1.5	6.50	

2）氢在焊接接头中的扩散和分布。氢可因浓度梯度引起浓度扩散；也可由温度分布不均匀，接头各部位的氢浓度与饱和浓度之差不同引起热扩散；氢在不同点阵结构中溶解度的差异可导致相变诱导扩散；氢原子易向晶格歪扭处及三向应力较高的区域聚集，因此有焊接应力场或缺陷形成的三向应力场引起的扩散。后面三种扩散可能是从低浓度区向高浓度区方向的扩散，即上坡扩散。

氢在不同类型的组织中的扩散速度主要决定于它的扩散系数 D。由表 2-10 可见，氢在铁素体等体心立方晶格组织中的扩散速度远大于其在奥氏体组织中的扩散速度。

表 2-10　氢在不同组织中的扩散系数 $[w(C) = 0.54\%]$ [17]

组织	铁素体、珠光体	索氏体	托氏体	马氏体	奥氏体
扩散系数 $D/(cm^2/s)$	4.0×10^{-7}	3.5×10^{-7}	3.2×10^{-7}	2.5×10^{-7}	2.1×10^{-12}

氢在奥氏体中扩散较慢，而溶解度很高。因而用奥氏体焊缝可以明显降低熔合线近缝区内氢的含量，如图 2-10 所示。

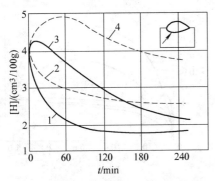

图 2-10　临近熔合线近缝区内氢随时间的变化
1—Q235＋奥氏体焊缝　2—45 钢＋奥氏体焊缝
3—Q235＋铁素体焊缝　4—45 钢＋铁素体焊缝

近年来，在建立氢扩散和利用计算机技术研究焊接接头中氢的分布的工作已取得了一些进展。图 2-11 所示为考虑了塑性变形梯度成为氢富集的推动力的应力诱导氢扩散方程计算得到的焊接接头上氢的分布情况，该图显示在应变最大的区域氢明显富集，可以达到原始浓度的 3～5 倍。

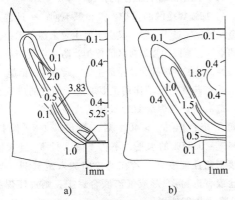

图 2-11　焊接接头氢分布的计算结果
a）预热及后热　b）无预热及后热
注：数字为氢的相对质量分数 $w(H)/w(H_0)$

目前利用录像技术记录焊接区氢的动态逸出过程已成功地证明了不同条件下焊接区氢的瞬态分布不均匀性的特征[11]。

（4）控制氢的措施

1）限制焊接材料及母材中的氢含量。制造焊条、焊剂和药芯焊丝的各种原材料，如有机物、天然云母、白泥、长石和水玻璃等都不同程度地含有吸附水、结晶水、化合水或溶解的氢。因此，制造低氢和超低氢焊接材料时应尽量选用不含或含氢少的原材料，或对含结晶水的物质进行适当温度的烘焙或化学处理，降低其中 $w(H_2O)$。应注意焊接材料在大气中长期放置会吸潮的问题，因此焊接材料在使用前应按规定再进行烘干。

焊前应仔细清理焊丝和焊件坡口表面。

2）冶金处理。可通过调整焊接材料的成分，使氢在焊接过程中生成比较稳定的、不溶于液态金属的氢化物，如 HF、OH 及其他稳定氢化物。具体措施如下：

① 在药皮、药芯和焊剂中加入氟化物[4,18]，例如在高 Si、高 Mn 焊剂中加入适当比例的 CaF_2 和 SiO_2 以及在焊条药皮中加入 CaF_2、Na_2SiF_6 等。氟化物的沸点低，蒸发后保护熔融金属，同时可与 H_2 形成 HF，减小其溶解度。

② 控制焊接材料的氧化势。因为氧化性气体和熔渣可夺取氢生成高温稳定的 OH，从而使气相中的氢分压减小。低氢型焊条药皮中含有很多的碳酸盐受热分解出 CO_2，CO_2 保护焊及熔炼焊剂的碳酸化处理等都可达到去氢目的。药皮中加入 Fe_2O_3 等活性氧化剂可明显降低熔敷金属扩散氢含量，而在药皮中加入脱氧剂，如钛铁则增加扩散氢含量。因此要得到含氧和氢都低的焊缝金属，在增加脱氧剂的同时，必须采取其他的有效去氢措施。

③ 在药皮或焊芯中加入微量的稀土元素。如在药皮中加入微量稀土元素 Y 能显著降低扩散氢含量[19]。微量元素 Te 和 Se 也有很强的去氢作用。

3）焊后脱氢处理。焊后加热焊件，促使氢扩散外逸，从而减少接头中氢含量的工艺叫脱氢处理。一般将焊件加热到 350℃，保温 1h，即可将绝大部分扩散氢去除。对于易产生冷裂纹的焊件常要求进行脱氢处理，但对于奥氏体钢焊接接头，脱氢处理的效果不大。

3. 焊缝金属中的氮及其控制

（1）氮对焊接质量的影响

尽管焊接时采取了各种保护措施，但周围空气中的氮总或多或少地侵入焊接区。根据氮与金属作用的特点，大致可分为两类：一类是不与氮发生作用的金属，如 Cu 和 Ni 等，它们既不溶解氮，又不形成氮化物，因此焊接这一类金属可用氮作为保护气体；另一类是与氮发生作用的金属，如 Fe、Ti 等，它们既能溶解氮，又能与氮形成稳定的氮化物。焊接这一类金属及其合金时，氮对焊缝金属性能的影响是一个重要问题。

在碳钢焊缝中氮是极有害的杂质。由于室温下 α-Fe 中氮的溶解度很小，仅为 0.001%。如熔池中含有较多的氮，焊接时冷却速度很大，一部分将以过饱和的形式存在于固溶体中，另一部分以针状氮化物（Fe_4N）形式析出，分布于晶界或晶内，使低碳钢焊缝金属的强度、硬度升高，而塑性和韧性，特别是低温韧性急剧下降。焊缝金属中过饱和的氮处于不稳定状态，随着时间的延长，也将逐渐析出针状 Fe_4N，使焊缝金属时效脆化。而对于低合金钢，氮促使岛状马氏体的形成，也降低焊缝韧性。

（2）氮在金属中的溶解

氮以其分子形式 N_2 或原子形式 N 溶入液态金属。氮分子 N_2 的溶入要经过两个步骤：N_2 首先被液态金属表面吸附，然后在其表面能作用下分解为 2N 再溶入液态金属，这个溶解反应可表示为

$$N_2 = 2[N] \quad (2\text{-}37)$$

氮在金属中的溶解度 S_N 也符合平方根定律：

$$S_N = K_{N_2}\sqrt{p_{N_2}} \quad (2\text{-}38)$$

式中　K_{N_2}——氮溶解反应的平衡常数，取决于温度和金属的种类；

　　　p_{N_2}——气相中分子氮的分压。

经计算得到的氮在铁中的溶解度与温度的关系如图 2-9 所示，它随温度升高而增大，在温度为 2200℃时达到最大值 47cm^3/100g（0.059%），继续升温后由于金属蒸气使气相中氮的分压减小而使溶解度急剧下降，至铁的沸点（2750℃）时降至零。从图 2-9 还可看出，当液态铁凝固时，氮的溶解度突然下降至

1/4 左右。

C-Mn 钢焊缝中 $w(N)$ 与气氛中氮分压的关系受气氛成分的影响，如图 2-12 所示。在纯氮气氛中，气氛压力在 10.13 ~ 20.26kPa 时出现氮吸收的异常峰值。Ar 和 H_2 等还原性气体使氮吸收困难。而在 N_2 与 CO_2 或 O_2 等氧化性气体混合气氛中，焊缝中 $w(N)$ 显著增加，且在某一混合比时出现最大值，这是由于在氧化性气氛中，氮与氧在 1000℃ 时形成 NO，3000℃ 时 NO 含量达到最大值，当 NO 与温度较低的液态金属相遇时，分解成原子氮和氧溶解入金属中。参考文献 [20] 还指出：在某一空气气压下溶入金属中的 $w(N)$ 也会出现一个奇异值 0.14%。不锈钢焊缝对氮的吸收将远大于 C-Mn 钢。

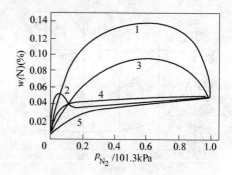

图 2-12　C-Mn 钢焊缝 $w(N)$ 与气氛中氮分压的关系

$1—p_{N_2} + p_{O_2} = 101.3kPa$　$2—p_{N_2} \leqslant 101.3kPa$

$3—p_{N_2} + p_{CO_2} = 101.3kPa$　$4—p_{N_2} + p_{Ar} = 101.3kPa$　$5—p_{N_2} + p_{H_2} = 101.3kPa$

试验表明，即使在还原气氛中电弧焊时熔化金属的氮含量也远高于计算的溶解度，主要原因在于电弧气氛中一部分氮分子分解为氮原子。

（3）控制焊缝含氮量的措施

1）加强焊接区的保护。氮和氧不同，一旦进入液态金属就比较难于去除，又由于氮主要来源于焊接区周围的空气，所以加强焊接区的保护，防止空气与液态金属接触，是控制焊缝含氮量最主要、最有效的措施。

焊条药皮的保护作用主要取决于药皮的成分和数量。造渣型焊条焊缝氮含量随药皮重量系数 K_b 的增加而下降；但 $K_b > 40\%$ 后，焊缝 $w(N)$ 保持在 0.04% ~ 0.05% 的水平，不再下降，且 K_b 过大使其焊接工艺性能变坏。若在药皮中加入造气剂（如碳酸盐或有机物），形成气渣联合保护，则可使焊缝 $w(N)$ 降至 0.02% 以下。

自保护药芯焊丝的保护效果主要取决于药芯中造气、造渣物质的成分、含量和焊丝横截面的形状系数

（单位长度焊丝腔体内部金属带的质量与外壳金属带质量之比）。采用低熔点 BaF_2 或 $LiCO_3$ 为主的造渣剂实现包括焊丝端部在内的焊接区的完善保护效果较好，可获得高韧性自保护药芯焊丝[21]。氟化物和碳酸盐同时也是造气剂，还经常用燃点和沸点很低的 Al-Mg 合金造气。随着自保护药芯焊丝横截面系数的增加，采用 T 形、E 形和双层结构截面等，保护效果得到改善。例如形状系数为 1.3 的双层结构比系数为零的管状结构（O 形）保护效果好，但前者无法做成细直径（<1.6mm）的产品。

2）优化焊接参数。焊接参数对焊缝 $w(N)$ 有明显的影响。增加电弧电压即增加电弧长度，导致焊接区保护变坏，氮与熔滴作用时间长，使焊缝金属 $w(N)$ 增加。在自保护药芯焊丝焊接情况下，这一影响尤其显著。因此，应尽量采用短弧焊。增加焊接电流，增加熔滴过渡频率，缩短氮与熔滴作用的时间，增加焊丝伸出长度，降低熔滴过热等都使焊缝 $w(N)$ 下降。值得注意的是，多层焊缝 $w(N)$ 比单层焊时高，这与氮的逐层积累有关。

3）利用合金元素脱氮。Ti、Al、Zr 和稀土元素对氮有较大的亲和力，能形成稳定的氮化物，且它们不溶于液态金属而进入熔渣；这些元素对氧的亲和力也很大，可减少气相中 NO 的含量，所以可减少焊缝中的 $w(N)$（图 2-13），起到了控氧和控氮的综合作用。增加焊丝或药皮中的含碳量也可降低焊缝中的 $w(N)$，这是因为碳能降低氮在铁中的溶解度；碳氧化生成 CO 和 CO_2 加强了保护，降低了气相中氮的分压；碳氧化引起的熔池沸腾有利于氮的逸出。自保护焊就是根据上述道理在焊丝中加入这一类元素脱氮和消除氮气孔的。

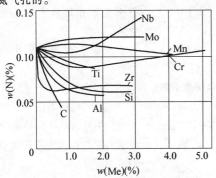

图 2-13　焊丝中合金元素 $w(Me)$
对焊缝 $w(N)$ 的影响

注：在 101kPa 空气中焊接，电压 25V，
　　电流 250A，焊速 20cm/min，直流
　　反极性。

4．焊缝金属中硫和磷的控制

（1）焊缝中硫的危害及控制

1）硫（S）的危害。S 是焊缝金属中有害杂质之一。当 S 以 FeS 的形式存在时危害性最大。因为它与液态铁几乎可以无限溶解，而在室温条件下固态铁中的溶解度仅为 0.015% ~ 0.020%。因此在熔池凝固时它容易发生偏析，以薄膜状低熔点共晶 Fe + FeS（熔点 985℃）或 FeS + FeO（熔点 940℃）的形态分布于晶界，增加了焊缝产生结晶裂纹的倾向。并降低其冲击韧度和耐蚀性。在焊接合金钢，尤其是高 Ni 合金钢时，S 与 Ni 形成的 NiS 又与 Ni 形成熔点更低的共晶（熔点 644℃），所以产生结晶裂纹的倾向更大。当钢的焊缝中碳量增加时，会促进 S 的偏析，增加它的危害性。

2）控制硫的措施：

① 限制原材料中 $w(S)$。严格限制母材和焊接材料中含硫量是控制焊缝中含硫量的关键措施。

② 用冶金方法脱硫。在焊接化学冶金中常用 Mn 作为脱硫剂，其脱硫反应为

$$[FeS] + [Mn] = (MnS) + [Fe] \qquad (2-39)$$

反应产物 MnS 不溶于钢液，大部分进入熔渣，少量残留在焊缝中形成硫化物或氧硫化物夹杂。因 MnS 熔点高（1610℃），不易形成薄膜，而以点状弥散分布，危害也较小。一般情况下，熔池中 $w(Mn)$ 应大于 1%，才能得到较好的脱硫效果。

熔渣中的碱性氧化物，如 MnO、CaO 和 MgO 等也能脱硫，例如：

$$[FeS] + (CaO) = (CaS) + (FeO) \qquad (2-40)$$

生成的 CaS 和 MgS 也不溶于钢液，而进入熔渣。因此增加熔渣的碱度和减少熔渣中 FeO 含量有利于脱硫。渣中加入 CaF_2 可降低其黏度，有利于脱硫。可见，碱性焊条和焊剂脱硫能力比酸性焊条和焊剂要强。$CaCO_3$-MgO-CaF_2 系高碱度黏结焊剂（用 Ti 作脱氧剂），焊缝 $w(S)$ 小于 0.010%。用强碱性无氧药皮或焊剂，可得到 $w(S)$ 更低的焊缝金属 $[w(S) < 0.006\%]$。

在焊接区氧活度极低时稀土元素有良好的脱硫效果，用于极为重要的焊缝脱硫。

（2）焊缝中磷的危害及控制

1）磷（P）的危害。P 在多数钢焊缝中是一种有害杂质。在液态铁中可溶解较多的 P，主要以 Fe_2P、Fe_3P 或 Ni_3P 的形式存在，还可与 Fe 和 Ni 形成低熔点共晶，如 $Fe_3P + Fe$（熔点 1050℃），$Ni_3P + Ni$（熔点 880℃）；在熔池快速凝固时，易发生偏析，在焊接含碳量高的奥氏体钢和低合金钢时，促使产生结晶裂纹。P 在固态铁中的溶解度极低，磷化铁常分布于晶

界，减弱了晶粒之间的结合力，同时它本身既硬又脆，因而增加了焊缝金属的冷脆性，使冲击韧度降低，脆性转变温度升高，在某些低合金钢中促使生成再热裂纹。

2）控制磷的措施。焊接冶金过程中的脱磷反应分为两步：第一步，FeO 将 P 氧化为 P_2O_5；第二步，使之与渣中的碱性氧化物生成稳定的磷酸盐，进入熔渣。两步合并的反应式为

$$2[Fe_3P] + 5(FeO) + 3(CaO)$$
$$= ((CaO)_3 \cdot P_2O_5) + 11[Fe] \quad (2-41)$$

可见，增加熔渣的碱度可减少焊缝磷含量。但由于焊接熔渣的碱度受焊接工艺性能制约，不可过分增大；而碱性渣又不允许含较多 FeO，否则会使焊缝增氧；这都不利于脱磷，所以碱性渣的脱磷效果是不明显的。酸性渣虽含较多的 FeO 有利于 P 的氧化，但因碱度低，所以比碱性渣的脱磷能力更差。

实际上，焊接时脱磷比脱硫更困难，因此控制焊缝磷含量的主要措施仍然是严格控制母材和焊接材料中的磷含量。应该特别注意的是，药皮和焊剂中的 Mn 矿是导致焊缝增 P 的主要来源。通常 Mn 矿中 $w(P)$ 为 0.22% 左右，并以 $(MnO)_3 \cdot P_2O_5$ 的形式存在，高 Mn 熔炼焊剂中 $w(P)$ 约为 0.15%，而不含 Mn 矿的熔炼或粘结焊剂的 $w(P)$ 一般不超过 0.05%。试验表明，当焊剂中 $w(P)$ 大于 0.03% 时，P 即可由熔渣向焊缝过渡。

2.1.4　焊缝金属的合金化及其成分控制

将所需合金元素由焊接材料通过焊接冶金过程过渡到焊缝金属的反应称为焊缝金属合金化，或称渗合金。渗合金的目的首先是补偿焊接过程中由于蒸发、氧化等原因造成的合金元素损失，达到所需的焊缝金属成分、组织和性能；其次是为消除焊接缺陷（详见 4.4.2 及 2.2.3 等节）；第三是为获得具有特殊成分和性能的堆焊金属（见 20.2.1 节）和获得良好的异种金属焊缝等。

1. 焊缝金属合金化的方式

常用的合金化方式有以下几类：

1）应用含所需合金元素的焊丝、带（板）、焊条芯或药芯焊丝的外皮等，配合低氧、无氧焊剂、碱性药皮或药芯进行焊接或堆焊，将合金元素过渡到焊缝或堆焊层中去。其优点是焊缝成分均匀、稳定、可靠，合金损失少；缺点是合金成分不易调整，制造工艺复杂，对于脆性材料，如硬质合金、高合金高强材料等不能轧制、拔丝，故应用受到限制。

2）将粉末状态的合金剂加入药皮、药芯、黏结

焊剂中通过焊接过程过渡到焊缝金属中去。少数情况下，也可将按比例配制好的合金粉直接放置或涂敷于焊件表面、坡口或把它输送到焊接区，在热源作用下与母材熔合后形成合金化的堆焊金属。这类方法的优点是合金成分的比例调配方便，制造容易，成本低；缺点是合金元素的氧化损失较大，并有一部分残留在渣中，使合金利用率降低。在应用粘结焊剂和合金粉末的情况下，焊接参数的波动会引起焊缝合金成分的显著变化。

3）通过药皮、药芯和焊剂中的合金元素氧化物与 Fe 的置换反应，还原出合金元素，使焊缝合金化。如焊接低碳钢时高 Si、高 Mn 焊剂的渗 Si 和 Mn 的反应，以及通过对应的氧化物向焊缝加入微量稀土、Ti 和 B 的反应等。其优点是极为简单方便、价格低廉；缺点是合金化程度有限，通过焊剂过渡时难以保证焊缝金属成分的稳定性和均匀性。

上述合金化方式应根据过渡元素的性质及具体焊接条件来选择，较活泼的元素多选用从药芯、钢带等过渡的方式。这几种方式也常常同时采用。

2. 合金元素的过渡系数及其影响因素

焊接材料中的合金元素向焊缝金属过渡过程在高温冶金反应中，经受氧化或蒸发损失，通过熔渣过渡到焊缝金属中时，又有一部分残留在渣中的损失。熔化的母材中的合金元素，由于未经历电弧区高温冶金过程，则可认为几乎全部过渡到焊缝金属中。因此合金元素过渡系数 η 忽略了母材中合金元素过渡过程，定义为某元素在熔敷金属中的实际含量与它在焊接材料中的原始含量之比，即

$$\eta = \frac{w(Md)}{w(Me)} \quad (2-42)$$

式中　$w(Md)$——合金元素在熔敷金属中的实际含量；
　　　$w(Me)$——合金元素在焊接材料中的原始含量。

以焊条为例：

$$w(Me) = w(M_{CW}) + K_b w(M_{CO}) \quad (2-43)$$

式中　$w(M_{CW})$——合金元素在焊芯中的质量分数；
　　　$w(M_{CO})$——合金元素在药皮中的质量分数；
　　　K_b——药皮重量系数。

合金元素的损失系数为 $1 - \eta$。

影响合金元素过渡系数的因素主要有：

1）合金元素的物理化学性质。其中最重要的是元素对氧的亲和力大小。对氧亲和力大的元素，其氧化损失大，过渡系数较小。焊接钢时，按元素对氧亲和力序列位于 Fe 以下的元素几乎无氧化损失，故过

渡系数大；位于 Fe 上靠近 Fe 的元素，氧化损失较小，过渡系数大；而位于 Fe 以上并远离 Fe 的元素，如 Ti、Zr 和 Al 等，因对氧亲和力很大，氧化损失严重，过渡系数小，一般很难过渡到焊缝中去。但合金剂的选择主要取决于焊缝金属性能的要求，在必须加 Ti、Zr 和 B 等对氧亲和力大的元素时，就应创造低氧或无氧的良好过渡条件，如用无氧焊剂、惰性气体保护等。也可利用对氧亲和力大的元素保护合金剂，提高它们的过渡系数。例如，在碱性药皮中，加入 Ti 保证 B 的过渡。合金元素的沸点越低，其蒸发损失越大，过渡系数越小。

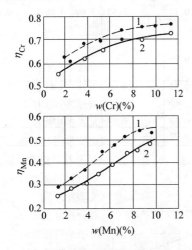

图 2-14 Mn 和 Cr 的过渡系数与
其在焊剂中 Mn、Cr 含量的关系
1—正极性 2—反极性

2）合金元素的含量。随焊接材料中合金元素含量的增加，其过渡系数逐渐增加，最后趋于一个定值如图 2-14 所示。这是因为合金元素的含量开始增加时，氧势逐渐减小，使其过渡系数增加；但再增加合金元素的含量时，氧势不再减小，并可能抑制该元素氧化物的置换渗合金反应、增加渣中残留损失，其过渡系数不再增加。药皮或焊剂的氧化性和元素对氧的亲和力越大，合金元素的含量对过渡系数的影响越大。

3）合金剂的粒度。增加合金剂的粒度，其比表面积和氧化损失减少，使过渡系数增加。因此，一般合金剂的粒度比脱氧剂的大。但如粒度过大，则不易完全熔化，渣中残留损失增加，过渡系数减小。

4）药皮、药芯或焊剂的氧化势（放氧量）越大，合金过渡系数就越小（表 2-11）。因此一般高合金钢焊接，须加入多种、多量合金元素时，宜采用低氧药皮、药芯或焊剂。由于 Si、Mn 的氧化物和液态铁反应而渗 Si 和 Mn，表 2-11 中 Si 和 Mn 在埋弧焊时的过渡系数会出现大于 1 的情况。

从 2.1.3 节的氧化还原反应理论分析及式（2-27）和式（2-29）可知，若其他条件相同，则合金元素的氧化物酸碱性与熔渣的酸碱性相同时，有利于提高该元素过渡系数；酸碱性相反，则降低其过渡系数。如图 2-15 所示，SiO_2 为酸性氧化物，所以随着熔渣碱度增加，Si 的过渡系数减小；MnO 为碱性氧化物，所以随熔渣碱度增加，Mn 的过渡系数增大；Cr_2O_3 为两性氧化物，熔渣碱度变化对其过渡系数影响不大。

表 2-11 合金元素的过渡系数[10,22,23]

焊接方法	焊芯（丝）	药皮或焊剂	过渡系数								
			C	Si	Mn	Cr	W	V	Nb	Mo	Ni
空气中无保护焊	H70W10Cr3Mn2V	—	0.54	0.75	0.67	0.99	0.94	0.85	—	—	—
	H18CrMnSiA	—	0.30	0.80	0.67	0.92	—	—	—	—	—
氩弧焊	H70W10Cr3Mn2V		0.80	0.79	0.88	0.99	0.99	0.98	—	—	—
埋弧焊	H70W10Cr3Mn2V	HJ251	0.53	2.03	0.59	0.83	0.83	0.78	—	—	—
	H70W10Cr3Mn2V	HJ431	0.33	2.25	1.13	0.70	0.89	0.77	—	—	—
CO_2 保护焊	H70W10Cr3Mn2V	—	0.29	0.72	0.60	0.94	0.96	0.68	—	—	—
	H18CrMnSiA	—	0.60	0.71	0.69	0.92	—	—	—	—	—
焊条电弧焊	H18CrMnSiA	赤铁矿（$K_b = 0.3$）	0.22	0.02	0.05	0.25	—	—	—	—	—
	H18CrMnSiA	大理石（$K_b = 0.3$）	0.28	0.10	0.14	0.43	—	—	—	—	—

（续）

焊接方法	焊芯（丝）	药皮或焊剂	过渡系数								
			C	Si	Mn	Cr	W	V	Nb	Mo	Ni
焊条电弧焊	H18CrMnSiA	萤石（$K_b = 0.3$）	0.67	0.88	0.38	0.89	—	—	—	—	—
	H18CrMnSiA	CaO‑BaO‑Al$_2$O$_3$ 80%①，萤石 20%①	0.57	0.88	0.70	0.95	—	—	—	—	—
	H18CrMnSiA	石英（$K_b = 0.3$）	0.20	0.75	0.18	0.80	—	—	—	—	—
	H08A	钛钙型（$K_b = 0.68$）	—	0.71	0.38	0.77	Ti = 0.125	0.52	0.80	0.60	0.96
	H08A	氧化铁型	0.14 ~ 0.27	0.08 ~ 0.12		0.64				0.71	
	H08A	低氢型	0.14 ~ 0.27		0.45 ~ 0.55	0.72 ~ 0.82		0.59 ~ 0.64		0.83 ~ 0.86	
Ar + O$_2$ 5%	H18CrMnSiA	—	0.60	0.71	0.69	0.92	—	—	—	—	—
	H10MnSi	—	0.59	0.32	0.41	—	—	—	—	—	—

① 百分数指的是质量分数。

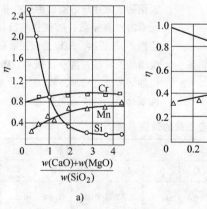
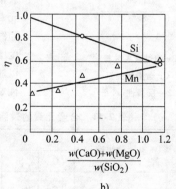

a)　　　　　　　b)

图 2-15　熔渣碱度与过渡系数的关系

a）药皮中 w（大理石）为 20%，焊芯 H06Cr19Ni9Ti　b）无氧药皮，焊芯 H08A

由式（2-27）和式（2-29）还可看出，当合金元素及其氧化物在药皮中共存时，可提高该元素的过渡系数。因此常在药皮、药芯中加入所要添加合金元素的氧化物。

5）药皮、药芯的重量系数。在药皮或药芯中合金剂含量相同的条件下，药皮、药芯的重量系数 K_b 和 K_c 增加将使合金元素的氧化和渣中残留损失增加，虽然合金元素过渡总量增加，但过渡系数减小。

3. 焊缝金属化学成分的计算与控制

（1）焊缝金属化学成分的计算

一般熔焊时，焊缝金属由局部熔化的母材和填充金属组成。在焊缝金属中熔化的母材所占的比例称为熔合比 θ，以式（2-44）和图 2-16 表示。

$$\theta = \frac{A_b}{A_t} = \frac{A_b}{A_b + A_d} \qquad (2\text{-}44)$$

式中　A_b——焊缝横断面上熔化母材所占有的面积；

A_d——焊缝横断面上填充金属所占有的面积；

A_t——焊缝横断面总面积。

表 2-12 给出了不同焊接方法、焊接参数、接头形式和尺寸、坡口形式和角度下焊缝的熔合比数值。

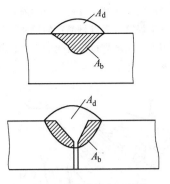

图 2-16 熔合比概念示意图

按式（2-45）计算焊缝金属中某合金元素的实际含量 $w(M_w)$ 为

$$w(M_w) = \theta w(M_b) + (1 - \theta) w(M_d) \quad (2\text{-}45)$$

式中 $w(M_b)$——该元素在母材中的质量分数（%）；

$w(M_d)$——焊接材料的熔敷金属中该元素的实际质量分数（%）；

θ——熔合比。

$w(M_b)$、$w(M_d)$、θ 可由技术资料或用试验方法得到，就可利用式（2-45）计算出焊缝金属的化学成分。计算的准确度取决于选取的 $w(M_b)$、$w(M_d)$、θ 的准确度。

表 2-12 焊接工艺条件对低碳钢焊缝熔合比的影响

焊接方法	接头形式	被焊金属厚度/mm	熔合比 θ
焊条电弧焊	I 形坡口对接	2~4	0.4~0.5
		10	0.5~0.6
	V 形坡口对接	4	0.25~0.5
		6	0.2~0.4
		10~20	0.2~0.3
	角接及搭接	2~4	0.3~0.4
		5~20	0.2~0.3
	堆焊	—	0.1~0.4
埋弧焊	对接	10~30	0.45~0.75

多层焊时，如果各层的熔合比恒定，可由式（2-45）推导出第 n 层焊缝金属中合金元素的实际含量为

$$w(M_n) = w(M_d) - [w(M_d) - w(M_b)] \theta^n$$
$$(2\text{-}46)$$

式中 $w(M_n)$——第 n 层焊缝金属中合金元素的实际质量分数（%）。

由于 θ 总小于 1，随 n 增大，母材对焊缝金属的稀释作用减小，n 大到一定程度后，$w(M_n)$ 将趋近于 $w(M_d)$。所以经常用多层堆焊的方法来测定焊接材料熔敷金属的化学成分。

（2）焊缝金属化学成分的控制

可根据式（2-45）或式（2-46）中各项来调节焊缝成分，由于母材成分已确定，所以调整焊接材料是控制焊缝金属成分的主要手段[24]。

调节焊接条件（包括焊接参数）也可作为控制焊缝金属成分的辅助手段，例如：

1）改变熔合比。在堆焊时，常调整焊接参数使熔合比尽可能小，以减少母材对堆焊层成分和性能的影响；在异种钢焊接时，熔合比对焊缝成分和性能影响很大，因此应根据确定的熔合比选择焊接材料；母材中 C、S 和 P 等元素偏高时，可用开坡口等方式减小熔合比，以避免它们的有害影响。

2）熔渣有效作用系数的影响。埋弧焊时焊接参数可在很宽的范围内变化，从而改变焊剂的熔化率 K_f（熔化的焊剂质量与熔化的焊丝质量之比）以及熔渣有效作用系数 β（定义为真正发生相互作用的熔渣质量与金属质量之比），以此可对焊缝的成分进行适当调整。参考文献[25]建立了粘结焊剂埋弧焊时焊接参数、β 值和熔敷金属化学成分之间的关系。

但由于焊接参数的调整常受其他因素的限制，其控制焊缝化学成分的作用也就很有限。此外，还必须注意，焊接参数一旦选定，应保持不变，以保证焊缝金属成分和性能的稳定性。

（3）焊缝金属成分的预测

按式（2-45）计算的焊缝金属成分是近似的，其中焊接材料的熔敷金属中合金元素的实际含量和熔合比 θ 均受焊接条件的影响而发生变化。

近年来，统计焊接冶金技术得到了迅速的发展[11]，它利用试验数据进行统计处理，建立数学模型，提出了定量预测焊条电弧焊、气体保护焊、埋弧焊等焊缝金属成分的计算式。这些计算式中包含了合金元素在焊缝中的原始含量、熔渣的碱度与成分、焊接参数等因素的影响，并能借助计算机快速地完成计算，使人们可以方便、准确地预测到在各种不同的实际焊接条件下焊缝金属的化学成分，这是十分有价值的。在此基础上还可建立焊缝金属力学性能的预测模型，因此可用于选择焊接材料和焊接参数，或反过来用于焊缝成分和焊接材料的优化设计。此外，它们还可提供各种合金元素、杂质和焊接参数等对焊缝金属性能影响的大量信息，具有理论意义。因此这是一种很有发展前途的冶金分析方法。

2.2 焊接熔池的凝固及焊缝相变组织

2.2.1 焊接熔池凝固过程的特点

焊接熔池凝固过程的条件与一般铸造凝固相比有极大的差别。

1）焊接熔池体积小，母材相对质量很大，且之间不存在气隙，所以焊接熔池界面的导热条件很好，冷却速度很快，其平均冷却速度高达100℃/s，约为铸造时的10^4倍。

2）焊接熔池中的液态金属处于过热状态，熔池边界的温度梯度比铸造时高$10^3 \sim 10^4$倍。

3）熔池在运动状态下结晶，结晶前沿随热源同步移动，熔池中的液态金属在各种力的作用下存在激烈的搅拌和对流运动。

因此焊接熔池的凝固属非平衡凝固，其凝固过程具有以下特点：

1）外延结晶。焊接熔池的凝固过程是从熔池边界开始的，是一种非均质形核，焊缝金属呈柱晶形式由半熔化的母材晶粒向熔池生长而成，且与母材晶粒有相同取向。这种同轴生长的结晶方式称为外延结晶或联生结晶。焊缝边界（以 WI 表示）则称为熔合线。图 2-17 所示为外延结晶的示意图。

由于焊缝的柱状晶是母材晶粒的外延生长，其初始尺寸就等于焊缝边界母材晶粒的尺寸，因而在焊接热循环作用下，晶粒易过热粗化的母材，其焊缝柱状晶也必然发生粗化。

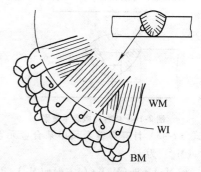

图 2-17　外延结晶示意图

2）择优成长。对于每一种晶体点阵都存在一个最优结晶取向，沿这个方向结晶速度最快，对于各种立方点阵的金属（Fe、Ni、Cu、Al），最优结晶取向为 <001>，垂直于原子排列最密的晶面。

另一方面，与焊接熔池边界垂直的方向温度梯度 G 最大，是导热最快的方向。当母材晶粒取向 <001> 与导热最快方向一致时，即垂直熔池边界时，晶粒生长最快而优先长大，取向不一致的晶粒被淘汰。这就是焊缝中柱状晶的择优成长，图 2-17 及图 2-18 已予以说明。

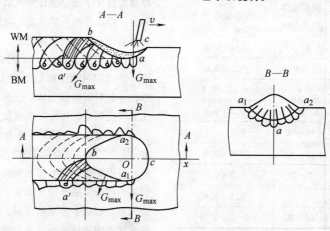

图 2-18　焊缝金属柱状晶的择优与变向成长

3）熔池金属结晶线速度。焊接熔池的外形就是液态金属结晶温度的等温面，由本卷 1.3 节可知，该等温面为椭球状曲面，由于晶粒的成长垂直于熔池界面，而随焊缝凝固过程的进行，生长点的熔池界面的方向是改变的，因而晶粒是以弯曲的形状向焊缝中心成长的，如图 2-18 所示。

从图 2-19 可推出熔池结晶界面各点柱状晶生长的平均速度[2]。

$$v_c = v\cos\theta \qquad (2\text{-}47)$$

式中　v_c——晶粒成长的平均线速度；

　　　v——焊接速度；

　　　θ——v_c 与 v 方向之间的夹角。

由式（2-47）可以看出：

① 由于晶粒成长方向和焊接速度方向夹角 θ 的

变化，晶粒成长的平均线速度（即结晶界面上不同位置各点的结晶速度）是变化的，随晶粒向熔池中心生长，即 y 值不断减小，其生长速度不断增加。设 K_y 为 y 轴上的截距与熔池椭圆短半轴的比值，则：

a. 图 2-19 上的 a_1 点，即开始结晶的点在 y 轴上且 y 等于椭圆短半轴，$K_y = 1$，此时 $\theta = 90°$、$\cos\theta =$ 0、$v_c = 0$。说明其成长的方向垂直于焊缝边界，晶粒成长的平均线速度最小，等于零。

b. 图 2-19 上的 b_1 点，即结晶终止点在焊缝中心线上时，$y = 0$、$K_y = 0$、$\theta = 0°$、$\cos\theta = 1$、$v_c = v$。说明其成长的方向与焊接方向一致，且晶粒成长的平均线速度达到其最大值，等于焊接速度。

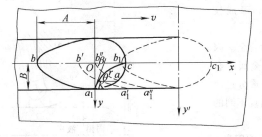
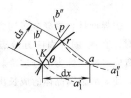

图 2-19 柱状晶成长平均速度 v_c 的求法

② 焊接参数对晶粒成长方向及平均线速度也有影响。焊接速度对晶粒成长平均线速度的影响如图 2-20 所示。此外，当焊速较小时，随晶粒成长 θ 角由 90° 逐渐变小，最终可以达到很小值，晶粒主轴的成长方向不断弯曲，称为"偏向晶"，如图 2-21a 所示。在高速焊接条件下，焊接熔池已变成细长状。从理论上分析，在热源运动方向已无温度梯度存在，只在焊缝轴线的垂直方向上有温度梯度存在，所以最大散热方向将始终垂直于焊缝轴线，因而焊缝柱状晶只能垂直焊缝轴线（也垂直于焊缝两侧的边界），向焊缝中心定向生长。即 θ 角始终保持在接近 90°，形成典型的对向生长结晶状态，称为"定向晶"，如图 2-21b 所示。出现"定向晶"时，低熔点杂质易偏析于焊缝中心部位而形成脆弱的结合面甚至出现纵向裂纹。

一般熔焊条件下，焊缝金属的凝固速度很快，对焊缝上的某一定点而言，由凝固开始到凝固结束在几秒钟到几十秒之间。焊缝金属这种独特的凝固过程使它的凝固组织相同，即化学成分相同，其强度、韧性均高于铸件。

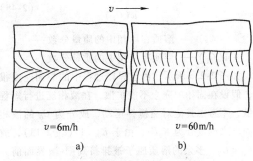

图 2-21 焊缝柱状晶成长与焊接速度的关系（示意）
a）偏向晶 b）定向晶

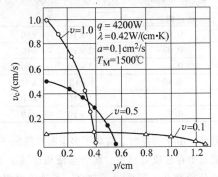

图 2-20 焊接速度对晶粒成长平均线速度的影响

上面分析了平均结晶速度。实际上，结晶速度随熔池中析出结晶潜热、热源作用的周期性而变化，因而晶粒成长的线速度是围绕着平均线速度作周期性变化的，如图 2-22 所示。

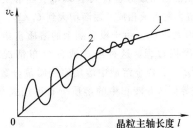

图 2-22 晶粒成长的线速度围绕平均线速度的变化
1—晶粒成长平均线速度
2—晶粒成长线速度

2.2.2 焊缝金属的结晶形态

1. 过冷对焊缝金属结晶形态的影响

金属的结晶形态主要决定于液-固界面前方液态金属过冷度分布情况。如果面前方液态金属中温度梯度为正，即离界面越远温度越高，过冷度越小，则任何凸入液态金属内部的晶粒，其生长速度变慢，直至恢复平滑的结晶界面，称为平面晶；如果面前方液态金属温度梯度为负，即离界面越远过冷度越大，则使凸入液态金属内部的晶粒成长变得更快，形成枝状晶。

焊接过程中，被焊母材和焊缝金属均为合金。因此焊缝金属凝固时，在液-固界面前方液态金属中会由于溶质浓聚而造成过冷，称为成分过冷。成分过冷和温度过冷一样会使焊缝金属晶体的成长出现不同的结晶形态。

2. 焊接熔池结晶区成分过冷的形成及影响因素

焊接凝固过程可视为固溶体合金单向定向结晶过程，在此过程中成分过冷现象的形成可用图 2-23 说明。图 2-23 中 R 为结晶速度（固-液界面推进速度），G 为液相中实际温度分布，T_L 为合金液相线温度分布。K_0 为溶质分布系数：

$$K_0 = \frac{w(C_S)}{w(C_L)} \quad (2\text{-}48)$$

式中　$w(C_S)$——溶质在固相中的质量分数；

　　　$w(C_L)$——溶质在液相中的质量分数。

如图 2-23a 所示，由于焊接过程中的凝固速度很快，假设在固相中完全不能扩散，在液相能进行短程扩散，不考虑其他对流搅拌运动，成分为 C_0 的液相凝固出来的成分为 $K_0 C_0$，由于 $K_0 < 1$（表 2-13），故 $K_0 C_0 < C_0$，多余的溶质原子被排挤到固-液界面前方的液相中，并来不及向液相深处扩散，则固-液界面附近必富集溶质，界面附近液相中溶质成分将大于 C_0，析出的固相成分也将大于 $K_0 C_0$。随溶质的不断浓聚，界面附近液相成分逐渐增大到 C_0/X_0，固相成分逐渐增大到 C_0。由于没有剩余的溶质富集而转入稳定的凝固过程。这种溶质成分分布情况，如图 2-23b 所示。若合金液中溶质原始质量分数为 C_0，则固-液界面前方液相中的溶质分布可用式（2-49）表达[26]：

$$C_L = C_0 \left[1 + \frac{1 - K_0}{K_0} \exp\left(-\frac{R}{D_0} x \right) \right] \quad (2\text{-}49)$$

式中　x——距固-液界面的距离；

　　　D_0——扩散系数（反映溶质在液相中的扩散速度）。

由于液态金属中溶质的浓聚，最后结晶的晶体成分将远高于平均成分。

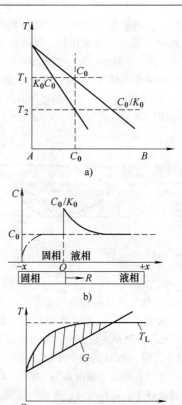

图 2-23　固溶体合金单向定向结晶中的溶质分布与成分过冷现象

a）合金相图一角　b）溶质分布
c）成分过冷现象

表 2-13　溶质元素的分布系数 K_0 及扩散系数 D_0

溶质元素	K_0（在 δ-Fe 中，熔点附近）	D_0（低碳钢中,1300 ~ 1500℃）/ (cm²/s)
S	0.05	$1 \times 10^{-9} \sim 1 \times 10^{-8}$
P	0.07	$2 \times 10^{-8} \sim 4 \times 10^{-7}$
C	0.13	$3 \times 10^{-6} \sim 1 \times 10^{-5}$
Ni	0.80	$1 \times 10^{-10} \sim 2 \times 10^{-9}$
Mn	0.84	$1 \times 10^{-8} \sim 2 \times 10^{-7}$
Cr	0.95	$4 \times 10^{-8} \sim 1 \times 10^{-7}$

另外，由于相界面上富集了多余的溶质原子，便导致液相中存在成分梯度。而合金液相线温度 T_L 随系统成分而变化，溶质原子越多，其液相线温度越低，因此在固-液界面附近的液相，其液相线温度低于离界面较远的部位。因为固-液界面是凝固的起始处，若此处的实际温度 T 正好等于该点处的 T_L，此时，即使液相中的温度梯度 G（实际温度 T 的分布），在邻近固-液界面的区域是正的，呈直线分布（图 2-23c），在固-液界面附近（阴影区）的液相中 T_L

仍可能大于 T，即存在过冷现象。这种在液相中即使温度梯度为正，由于局部溶质浓化而致液相线 T_L 超过实际温度所引起的过冷现象，称为成分过冷。

设在固-液界面附近实际液相线的温度梯度为 $G_L = \left(\dfrac{dT_L}{dx}\right)_{x\to 0}$，而实际温度分布的温度 $G = \dfrac{dT}{dx}$，则产生成分过冷的条件应为

$$G < G_L \qquad (2\text{-}50)$$

由此分析，影响成分过冷的主要因素如下：

1）合金中溶质浓度 C_0 越大，成分过冷区越大，反之则越小。

2）结晶速度 R 越快，溶质扩散距离越短，溶质成分分布曲线越陡，平衡凝固温度迅速上升，即提高 R，T_L 便随之提高，过冷区越大，反之则减小。

3）温度梯度 G 越大，成分过冷区越小，反之则增大。

3. 焊缝金属中常见的结晶形态

在焊接凝固过程中，成分过冷的大小决定凝固组织的形态，使其具有柱状晶及其内部生成的多种亚结构：平面晶、胞状晶、胞状树枝晶和树枝晶及等轴晶等多种形态。

（1）柱状晶

1）平面晶（又称平滑晶）。在固-液界面前方液相中温度梯度 G 很大，液相中实际温度曲线高于成分浓聚形成的液相线温度曲线 T_L，此时不形成成分过冷区（图 2-24a），向前生长凸出的晶芽均被"过热"的液态金属重新熔化，此时凝固界面为平滑界面（图 2-24b），且在柱状晶内不存在溶质的微观偏析，称为平面晶。这类凝固组织多见于高纯金属焊缝或溶质质量分数低的液态合金，在熔合线附近温度梯度很高而结晶速度很小的边界层中，如纯铌板氩弧焊时，焊缝就是以平面结晶形态形成的（图 2-24c）。

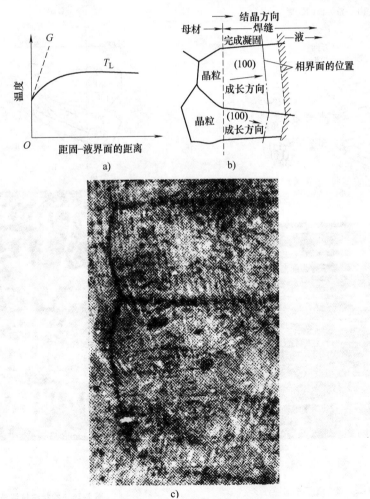

图 2-24　平面结晶形态

a）成分过冷条件　b）结晶形态　c）纯铌板氩弧焊时的平面晶

2）胞状晶。液相中温度梯度 G 变小，实际温度曲线与液相线温度曲线 T_L 在小距离 x 内相交，形成少量成分过冷区（图2-25a）。此时因平面结晶界面处于不稳定状态，凝固界面长出许多平行束状的芽胞，凸入前方过冷的液相，并继续向前成长，凸起的芽胞向侧面亚晶界排出溶质，使亚晶界的液相线温度下降，于是在晶粒内部形成一束相互平行的棱柱体元、横截面近似六角形的亚结构（图2-25b），其主轴方向同成长方向一致，每一棱柱体前沿中心都有稍微突前的现象，这种组织形态称为胞状晶（图2-25c）。

3）胞状树枝晶（胞状枝晶）。温度梯度 G 进一步减小，成分过冷区增大（图2-26a），晶体成长加快，胞状晶前沿更向液相中突出，并能够深入液相内部较长的距离，凸起部分也向周围排出溶质，而在横向也产生成分过冷，并从主干上横向长出短小二次枝，在晶粒内部形成较多十字棱柱体亚结构（图2-26b），但由于主干的间距较小，所以二次横枝也比较短，这样就形成了特殊的胞状树枝晶。这种组织形态多在钢铁焊缝金属中见到（图2-26c）。

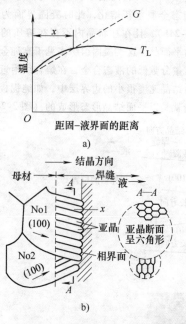

a)

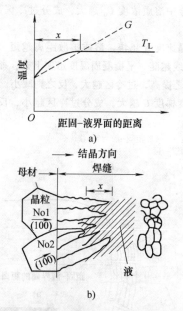

a)

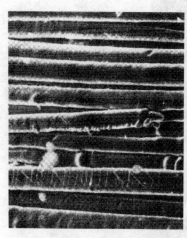

c)

图2-25　胞状结晶形态
a）成分过冷条件　b）结晶形态
c）Cr25Ni35AlTi 合金 TIG 焊时胞状晶

c)

图2-26　胞状树枝结晶形态
a）成分过冷条件　b）结晶形态
c）Cr25Ni35AlTi 合金 TIG 焊时胞状树枝晶

4）树枝状结晶（柱状枝晶）。温度梯度 G 再进一步减小，产生的成分过冷区进一步增大（图 2-27a），晶体成长速度更快，在一个晶粒内，只产生一个很长的主干，其周围界面会突入过冷的液相中而形成二次枝晶，成为典型的树枝状"枝晶"，称为树枝状晶（图 2-27b、c）。枝晶的枝干间的间隙是在随后的凝固中被填满的。二次枝晶与邻近枝晶接触时即停止生长。二次枝晶的接触面就是两个晶体的晶界。凝固速度越大，枝晶的间距越小。

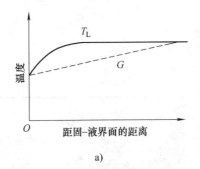

a)

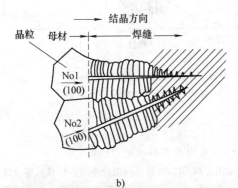

b)

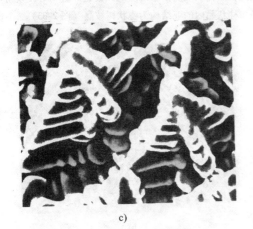

c)

图 2-27　树枝状结晶形态

a）成分过冷条件　b）结晶形态
c）Cr25Ni35AlTi 合金 TIG 焊时树枝晶

（2）等轴晶

当液相中温度梯度 G 很小时，在液相中形成很宽的成分过冷区（图 2-28a）。这时不仅在结晶前沿形成粗大的树枝状晶，同时也能在液相的内部生核，产生新的晶粒，这些晶粒的四周不受阻碍，可以自由成长，形成等轴晶（图 2-28b、c）。

焊接条件决定的熔池温度梯度 G、结晶速度 R 和熔池液态合金中的溶质的质量分数 C_0 对凝固组织形态的影响，如图 2-29 所示。

当结晶速度 R 和温度梯度 G 不变时，随合金中溶质的质量分数 C_0 的提高，成分过冷增加，使结晶形态由平面晶依次转变为胞状晶、胞状树枝晶、树枝晶、等轴晶。

当合金中溶质的质量分数 C_0 和温度梯度 G 一定时，结晶速度 R 越快，成分过冷的程度越大，结晶形态也可由平面晶过渡到胞状晶、胞状树枝晶、树枝晶，最后到等轴晶。

当合金中溶质的质量分数 C_0 和结晶速度 R 一定时，随液相中温度梯度 G 的提高，成分过冷的程度越小，因而结晶形态的演变方向恰好相反，由等轴晶、树枝晶逐步转变为平面晶。

实际焊缝金属凝固组织的结晶形态多为粗大的柱状晶，只有在溶质质量分数高的焊缝中心或弧坑才可能出现等轴晶。

4. 焊缝各部位结晶形态的变化

由于熔池中不同部位温度梯度和结晶速度不同，因此成分过冷的分布是不同的，焊缝各部位也将会出现不同的结晶形态（图 2-30）。

在焊缝的边界，即焊接熔池开始结晶处，由于熔合线上的温度梯度 G 大、结晶速度 R 小[按式（2-47）计算则趋近于零]，成分过冷很难形成，故多以平面晶形态成长。随着晶粒逐渐远离边界向焊缝中心生长，温度梯度 G 逐渐变小，结晶速度逐渐加快，溶质的质量分数增高，成分过冷区也逐渐增大，柱状晶内的亚结构依次向胞状晶、胞状树枝晶、树枝晶发展。晶体生长到焊缝中心时，温度梯度 G 最小、结晶速度最大、溶质的质量分数最高，成分过冷区大，最终可能生成等轴晶。

但实际焊缝中，由于化学成分、板厚、接头形式和采用的焊接方法及焊接参数不同，不一定具有上述全部结晶形态。下面是不同焊接条件下形成的焊缝金属凝固组织的举例[27]。

（1）焊条电弧焊接凝固组织

焊条电弧焊接 Q235 钢、14MnMoNbB 钢时，由于溶质的质量分数较高，冷却速度较快，焊缝金属凝固

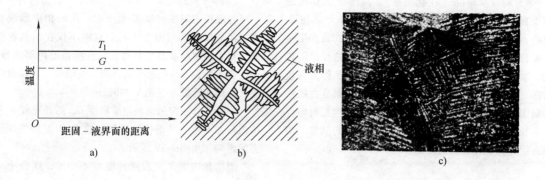

图 2-28　等轴状结晶形态

a）成分过冷形态　b）结晶形态　c）铝板 TIG 焊时的等轴晶

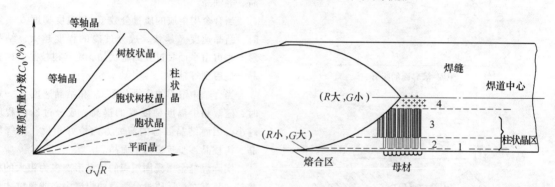

图 2-29　C_0、R 和 G 对结晶形态的影响

图 2-30　焊缝中结晶形态的变化

1—平面晶　2—胞状晶　3—树枝状晶　4—等轴晶

组织为柱状晶（图 2-31a），其亚结构是由熔合线向焊缝中心依次生长细长胞状树枝晶和粗胞状树枝晶（图 2-31b）。

（2）埋弧焊接凝固组织

埋弧焊接 Q235A 钢时，冷却速度快，晶体成长速度也快，焊缝金属凝固组织为细长柱状晶

（图 2-32a）。柱状晶内的亚结构为细长的胞状树枝晶（图 2-32b）。

（3）电阻点焊焊核凝固组织

电阻点焊 GH140 铁基高温合金时，焊核从熔合线外延生长成柱状晶。由于溶质的偏聚在焊缝中心出现等轴晶。柱状晶内的亚结构为胞状树枝晶（图 2-33）。

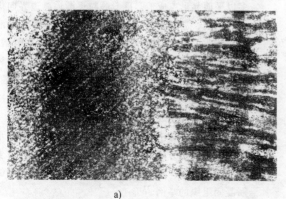
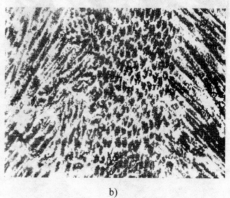

图 2-31　焊条电弧焊接时的凝固组织（100×）

a）柱状晶　b）胞状树枝晶

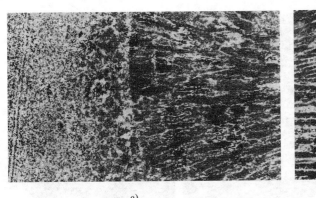
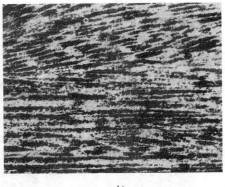

a)　　　　　　　　　　　　　　　　　　b)

图 2-32　埋弧焊焊接时的凝固组织（60×）

a）柱状晶　b）胞状树枝晶

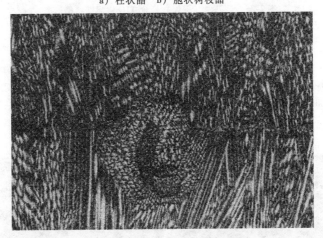

图 2-33　电阻点焊焊接 GH140 合金焊核凝固组织（100×）

（4）钨极氩弧焊焊接凝固组织

w（Al）为 99.99% 的纯铝焊缝中，在熔合线附近为平面晶，到焊缝中心为胞状晶（图 2-34a）；而 w(Al)为 99.6% 的纯铝焊缝就出现胞状树枝晶（图 2-34b），焊缝中心可出现等轴晶（图 2-34c）。

除了上述不同材料、不同焊接方法对结晶形态影响之外，焊接参数对结晶形态也有很大的影响。

当焊接速度增加时，熔池中心的温度梯度下降很多，而结晶速度提高，使成分过冷区加大，在焊缝中心常出现大量的等轴晶（图 2-35c）；而低速焊接时，在熔合线附近出现胞状树枝晶，在焊缝中心出现较细的胞状树枝晶（图 2-35a、b）。

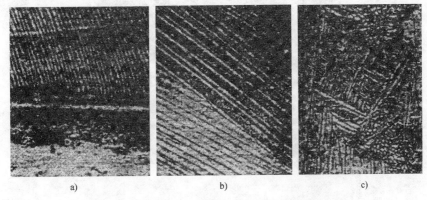

a)　　　　　　　　　　b)　　　　　　　　　　c)

图 2-34　纯铝薄板(1mm)TIG 焊焊缝凝固结晶组织形态

a）平面晶-胞状晶　b）胞状树枝晶　c）等轴晶

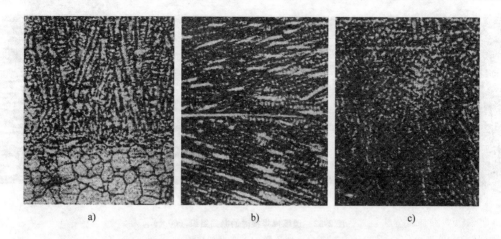

图 2-35　蒙乃尔（镍铜）合金 TIG 焊焊缝结晶形态
a）低焊速（16cm/min）熔合线的胞状树枝晶　b）低焊速（16cm/min）焊缝中心的
胞状树枝晶　c）高速焊缝（64cm/min）焊缝中心的等轴晶

当焊接速度一定时，焊接电流对焊缝组织结晶形态的影响如图 2-36 所示。焊接电流较小（150A）时，焊缝得到胞状组织；增加电流（300A）时，得到胞状树枝晶；电流继续增大（450A），出现更为粗大的胞状树枝晶。

5. 改善焊缝金属一次结晶形态的措施

（1）调节焊接参数

改善焊缝金属凝固组织，通常采用调节焊接参数（焊接电流、电弧电压、焊接速度、预热温度、送丝速度等）的方法。

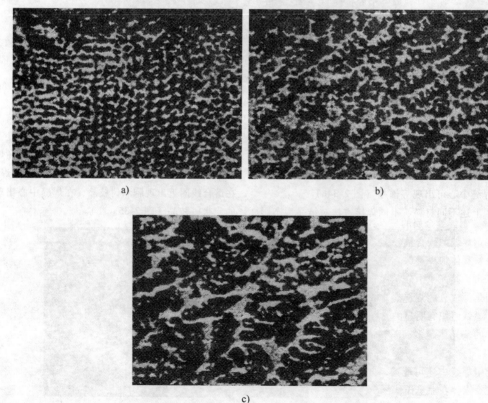

图 2-36　焊接电流对 HY80 钢焊缝金属结晶形态的影响
a）150A　b）300A　c）450A

调节焊接参数可以控制母材半熔化区晶粒大小、熔池的温度梯度、冷却速度和几何尺寸，最终控制晶粒尺寸和成长方向。在不预热情况下，一般提高焊接速度，降低焊接热输入，可达到细化18-8镍铬不锈钢和低合金钢焊缝金属凝固组织的目的，在消除镍基合金微裂纹中起重要作用。

（2）变质剂处理

通过焊条、焊丝或焊剂加入变质剂可在焊接凝固结晶过程中细化焊缝金属晶粒。变质剂主要是Ti、B、Ce、Zr等元素作为表面活性物质促使形核，阻止微小晶体的生长和聚集以达到细化的目的，加入的量在0.03%~0.5%（质量分数）之间。由于焊缝晶粒是在母材晶粒上外延生长的，变质剂处理的效果不很显著。

（3）熔池搅拌效应[20]

搅拌熔池的方法有机械振荡、超声波振荡和电磁搅拌等，它们均能破坏正在成长的晶粒从而获得细晶组织。目前，实际应用于铝合金焊接的是利用强磁场使得焊接熔池发生搅拌，改善凝固组织。

（4）高能束扫描

在电子束焊时，可利用电子束本身的扫描，使焊缝金属晶粒细化。细化原理是利用高能束周期性横向扫动，以一定距离熔切生长的晶体。用此方法成功地控制了4Al1R铝合金焊缝金属晶粒的细化程度。电子束扫描不仅可以控制焊缝金属晶粒的大小，还消除了结晶裂纹、根部气孔、钉尖缺陷和偏析。

2.2.3　焊缝金属的显微组织与性能

焊接熔池完全凝固以后，随着连续冷却过程的进行，大多数焊缝金属将发生固态相变。其相变产生的显微组织决定于焊缝金属的化学成分和冷却条件，此处以低碳钢和低合金钢的焊缝金属为例加以说明。

1. 低碳钢焊缝金属的显微组织与性能

低碳钢焊缝的碳含量较低，固态相变后的显微组织主要是铁素体加少量珠光体，铁素体首先沿原奥氏体边界析出，其晶粒十分粗大。

相同化学成分的焊缝金属，由于冷却速度不同，也会使其显微组织有明显的不同，冷却速度越大，焊缝金属中的珠光体越多，而且组织细化，硬度增高，见表2-14。

低碳钢焊缝中还可能出现魏氏组织（图2-37），其特征是铁素体在原奥氏体晶界呈网状析出，也可从原奥氏体晶粒内部沿一定方向析出，具有长短不一的针状或片条状，可直接插入珠光体晶粒之中。一般认为它是一种多相组织，是晶界铁素体、侧板条铁素体

和珠光体混合组织的总称[28]。这种组织的塑性和冲击韧度差，使脆性转变温度上升。魏氏组织是在一定的碳含量，一定冷却速度（以v_c表示）下形成的，在粗晶奥氏体中更容易形成，其条件如图2-38所示。

表 2-14　低碳钢焊缝冷却速度
对组织和硬度的影响

冷却速度 /（℃/s）	焊缝组织面积百分比（%）		焊缝硬度 HV
	铁素体	珠光体	
1	82	18	165
5	79	21	167
10	65	35	185
35	61	39	195
50	40	60	205
110	38	62	228

图 2-37　低碳钢焊缝中的魏氏组织

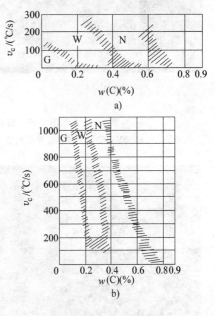

图 2-38　魏氏组织形成条件

a）粗晶 γ　b）细晶 γ

G—块状铁素体　N—网状铁素体

W—魏氏组织

2. 低合金钢焊缝的显微组织与性能

低合金钢焊缝中常见的显微组织如下。

（1）铁素体

低合金钢焊缝中的铁素体大致分为以下四类：

1）先共析铁素体。它是焊缝在高温区（转变温度约在 770 ~ 680℃）沿奥氏体晶界首先析出的铁素体，因此也称为晶界（或粒界）铁素体，在晶界析出的形态可以是长条形沿晶扩展（GBF），也可以是多边形块状（PF），互相连接沿晶分布，如图 2-39 所示。晶界铁素体析出的数量与焊缝成分及焊接热循环的冷却条件有关，合金含量较低、高温停留时间较长、冷却较慢时，其量就较多。其内部的位错密度较低，大致为 $5 \times 10^9 \mathrm{cm}^{-2}$，为低屈服点的脆弱相，使焊缝金属韧性下降。

2）侧板条铁素体。它以 FSP 表示，其形成温度比先共析铁素体稍低，转变温度范围较宽，约为 700 ~ 550℃。它一般从晶界铁素体的侧面以板条状向晶内生长，从形态上看如镐牙状，其长宽比在 20:1 以上，如图 2-40 所示。有人认为其实质属魏氏组织，也有人由于这种组织的转变温度偏低而将它称为无碳贝氏体。侧板条铁素体内的位错密度比先共析铁素体高一些，它使焊缝金属韧性显著下降。

3）针状铁素体。它以 AF 表示，其形成温度比侧板条铁素体更低些，在 500℃ 附近，在中等冷却速度才能得到，它在原奥氏体晶内以针状分布，其宽度约为 $2\mu\mathrm{m}$，长宽比在 3:1 ~ 5:1 范围内，常以某些弥散氧化物或氮化物夹杂物质点为核心放射性成长，使形成的 AF 相互限制而不能任意长大，如图 2-41 所示。针状铁素体内位错密度较高，约为 $1.2 \times 10^{10} \mathrm{cm}^{-2}$，为先共析铁素体的 2 倍。位错之间也相互缠结，分布也不均匀。一般认为在焊缝屈服强度不超过 550MPa，硬度在 175 ~ 225HV 范围内时，AF 是可显著改善焊缝韧性的理想组织，如图 2-42 所示。AF 的比例增加时，有利于提高焊缝金属的韧性，故希望尽可能获得最多的 AF 组织。

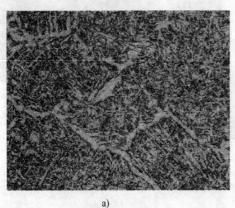
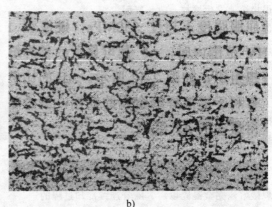

a)　　　　　　　　　　　　　　　　b)

图 2-39　低合金钢焊缝中先共析铁素体的形态

a）SM53C 钢焊缝的粒界条状铁素体（600×）　b）Q420 钢焊缝的块状铁素体（400×）

a)　　　　　　　　　　　　　　　　b)

图 2-40　焊缝中的侧板条铁素体

a）Q420 钢焊缝（E5015，即 J507 焊条）（160×）　b）Q420 钢焊缝（E5015，即 J507 焊条）（400×）

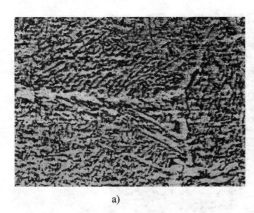 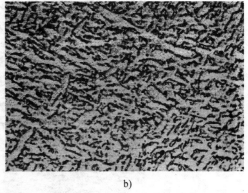

图 2-41　低合金钢焊缝中的针状铁素体

a) Q420 钢焊缝晶内 AF(500×)(晶界为 PF)　b) Q420 钢焊缝晶内 AF(800×)

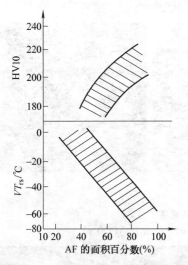

图 2-42　AF 组织对焊缝脆性转变温度
VT_{rs} **及硬度 HV10 的影响**

4）细晶铁素体。它以 FGF 表示，一般是在有细化晶粒的元素（如 Ti、B 等）存在的条件下，在奥氏体晶粒内形成的铁素体，在细晶之间有珠光体和碳化物析出，如图 2-43 所示。它实质上是介于铁素体与贝氏体之间的转变产物，故又称贝氏铁素体。其转变温度一般在 500℃ 以下，如果在更低的温度转变时（约 450℃），可转变为上贝氏体（B_U）。

以上四种是低合金钢焊缝中铁素体类型的基本形态，但并不是低合金钢焊缝所独有，即使低碳钢焊缝也会出现，只是所占比例不同而已。

（2）珠光体

珠光体是在接近平衡状态下，（如热处理时的连续冷却）低合金钢中常见的组织，珠光体转变大约发生在 $Ar_1 \sim 550℃$ 之间，据细密程度的不同，珠光体又分层状珠光体、粒状珠光体（又称托氏体）及细珠光体（又称索氏体）。

在焊接非平衡条件下，原子来不及充分扩散，使珠光体转变将受到抑制，扩大了铁素体和贝氏体转变的领域。当焊缝中含有 B、Ti 等细化晶粒的元素时，珠光体转变可完全被抑制，所以低合金钢焊缝的固态转变很少能得到珠光体转变，除非在很缓慢的冷却条件下（预热、缓冷和后热等），才有少量珠光体组织存在，如图 2-44 所示。珠光体增加焊缝金属的强度，但使其韧性下降。

（3）贝氏体

贝氏体转变属于中温转变，转变温度约在 550℃ ~ Ms。此时合金元素已不能扩散，只有碳还能扩散，故其转变机制为扩散-切变型。在焊接热循环条件下，很容易促使形成贝氏体，按贝氏体形成的温度区间及其特性来分，可分为上贝氏体（以 B_U 表示）和下贝氏体（以 B_L 表示）。

上贝氏体的特征为，在光学显微镜下呈羽毛状，一般沿奥氏体晶界析出。在电镜下可以看出，相邻条状晶的位向接近于平行，且在平条状铁素体间分布有渗碳体。由于这些碳化物断续平行地分布于铁素体条间，因而裂纹易沿铁素体条间扩展，在各类贝氏体中以上贝氏体的韧性最差[29]。

下贝氏体的特征为，在光学显微镜下观察时，有些与回火片状马氏体相似。在电镜下可以看到许多针状铁素体和针状渗碳体机械混合，针与针之间呈一定的角度。由于下贝氏体的转变温度区在贝氏体转变区的低温部分（450℃ ~ Ms 之间），碳的扩散更为困难，故在铁素体内分布有碳化物颗粒。由于下贝氏体中铁素体针呈一定交角，且碳化物弥散析出于铁素体内，裂纹不易穿过，因此具有强度和韧性均良好的综合性能。

低合金钢焊缝中的贝氏体形态如图 2-45 所示。

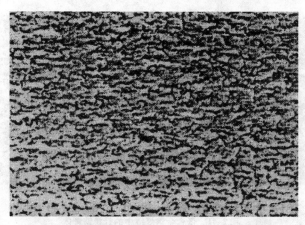

图 2-43　Q345 钢（焊条 E5015，即 J507）焊缝中的
细晶铁素体（400×）（还有少量珠光体）

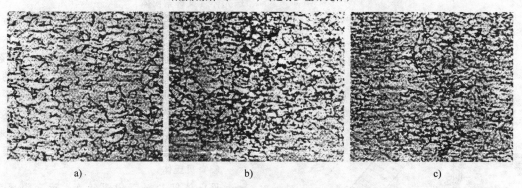

a)　　　　　　　　　　　b)　　　　　　　　　　　c)

图 2-44　低合金钢焊缝中的珠光体
a）铁素体 + 珠光体（400×）　b）托氏体（150×）　c）索氏体（150×）

a)　　　　　　　　　　　　　　　　　b)

图 2-45　低合金钢焊缝中的贝氏体
a）上贝氏体（500×）（10CrMo910 钢，E6015-B3，即 R407 焊条）
b）下贝氏体（300×）（12CrMoVSiTiB 钢，E5515-B3-VNb，即 R417 焊条）

　　此外，在奥氏体以中等速度连续冷却时，在稍高于上贝氏体形成温度下还可能出现粒状贝氏体，以 B_G 表示。它是在块状铁素体形成后，待转变的富碳奥氏体呈岛状分布其上，$w(C)$ 约 1% 左右，在一定的合金成分和冷却速度下可转变为富碳（孪晶）马氏体和残留奥氏体，有时也有碳化物，称为 M-A 组元，当块状铁素体上 M-A 组元以粒状分布时，即称粒状贝氏体。如以条状分布时，称为条状贝氏体。粒状贝氏体不仅在奥氏体晶界形成，也可在奥氏体晶内形成。焊缝中典型的粒状贝氏体的形态如图 2-46 所示。粒状贝氏体中 M-A 组元也称为岛状马氏体。由于硬度高，在载荷下可能开裂或在相邻铁素体薄层中

引发裂纹而使焊缝韧性下降[30]。

（4）马氏体

当焊缝金属的含碳量偏高或合金元素较多时，在快速冷却条件下，奥氏体过冷到 Ms 温度以下将发生马氏体转变，根据其碳含量不同，可形成不同形态的马氏体。

1）板条马氏体。是低碳低合金钢焊缝金属中最常出现的马氏体形态，它的特征是在奥氏体晶粒内部平行生长的成群的细条状马氏体板条（图 2-47）。马氏体板条内存在许多位错，其密度约为 $(3 \sim 9) \times 10^{11}$ cm^{-2}，因此又称为位错型马氏体。由于这种马氏体的碳含量低，故也称低碳马氏体。这种马氏体不仅具有较高的强度，同时也具有良好的韧性，抗裂能力强，在各种马氏体中它的综合性能最好。

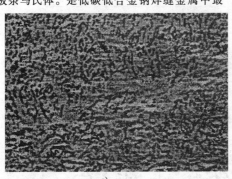 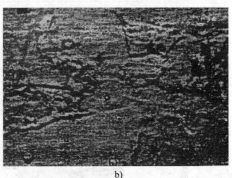

图 2-46　焊缝中的粒状贝氏体

a）Q235 钢焊缝中的粒状贝氏体（440×）　b）Q235 钢焊缝中的粒状贝氏体（4800×）

图 2-47　35SiMnCrMoV 钢钨极自动氩弧焊
对接接头焊缝中的板条马氏体（500×）

2）片状马氏体。当焊缝中含碳量较高 $[w(C) \geqslant 0.4\%]$ 时，将会出现片状马氏体，它与低碳板条马氏体在形态上的主要区别：马氏体片不相互平行，初始形成的马氏体较粗大，往往贯穿整个奥氏体晶粒，使以后形成的马氏体片受到阻碍；而片状马氏体内部的亚结构存在许多细小平行的带纹，为孪晶带，故又称其为孪晶马氏体，因其含碳量较高，所以也称高碳马氏体。这种马氏体硬度高而脆，容易产生焊缝冷裂纹，是焊缝中应予避免的组织。

综上所述，低合金钢焊缝金属可能出现的显微组织形态及其分类如图 2-48 所示。

3. 焊缝金属连续冷却组织转变图

由于焊缝是在连续冷却中进行相变的，其冷却速度又不同于热处理，因而有必要建立焊缝金属连续冷却组织转变图（简称 SW-CCT 图）。

图 2-49 所示为用热模拟方法建立的 C-Mn 钢焊缝金属的连续冷却组织转变图及焊缝金属中显微组织组成（百分比）与冷却条件的关系示例。图中显示了各种显微组织生成的温度区间及其与冷却速度的关系。可见，冷却速度过快时，易形成马氏体（M）；冷却速度过慢，易形成先共析铁素体（PF）；只有中等冷却速度才能得到理想的针状铁素体（AF）。

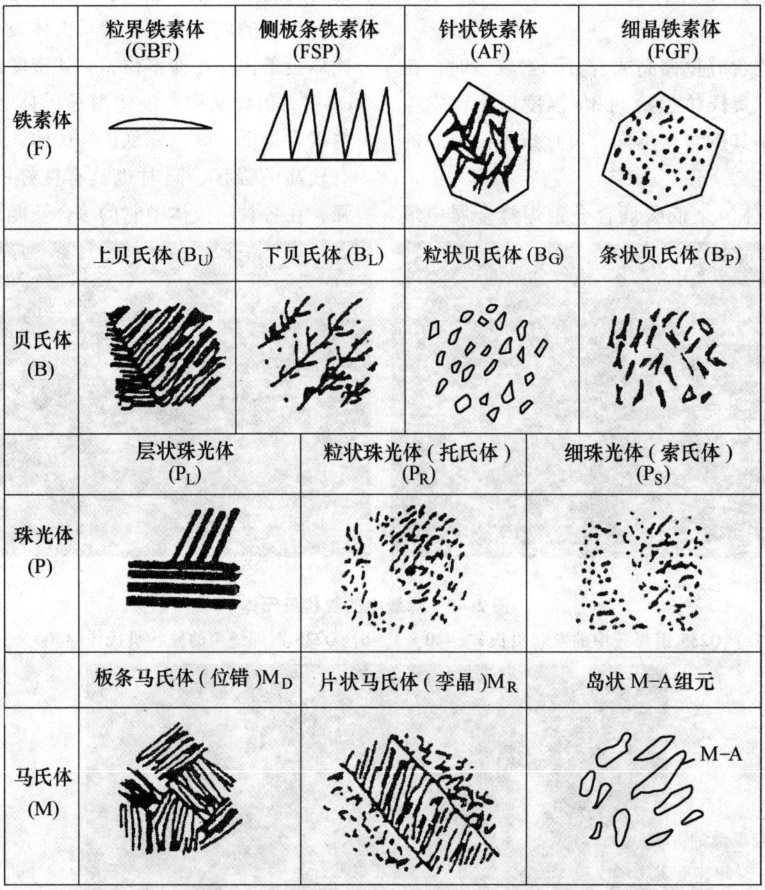

粒界铁素体 (GBF)
侧板条铁素体 (FSP)
针状铁素体 (AF)
细晶铁素体 (FGF)
铁素体 (F)
上贝氏体 (BU)
下贝氏体 (BL)
粒状贝氏体 (BG)
条状贝氏体 (BP)
贝氏体 (B)
层状珠光体 (PL)
粒状珠光体（托氏体）(PR)
细珠光体（索氏体）(PS)
珠光体 (P)
板条马氏体（位错）MD
片状马氏体（孪晶）MR
岛状 M–A组元
马氏体 (M)
M–A

图 2-48　低合金钢焊缝的组织形态分类（低合金钢焊缝中一般不存在 M_R 组织）

1400℃×10s 奥氏体化
T/℃
A
PF
FSP
AF
LF+AF
M
$t_{8/5}$/s
组成(%)
LF
P

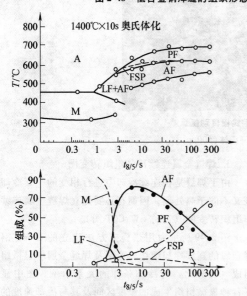

图 2-49　焊缝金属连续冷却组织转变图及焊缝金属中显微组织与冷却条件的关系[32]

注：$w(C)=0.07\%$，$w(Si)=0.33\%$，$w(Mn)=2.12\%$。

有的连续冷却组织转变图还给出了不同冷却条件下所获得的焊缝金属的力学性能（一般为硬度 HV）。

根据焊缝金属连续冷却组织转变图，即可按对焊缝金属显微组织和性能的实际要求，合理选择冷却速度，从而确定最佳的焊接参数。

焊缝金属连续冷却组织转变图主要决定于焊缝金属的化学成分（图 2-50、图 2-51），焊缝金属中合金元素含量增多，将使连续冷却组织转变图中的相变曲线向右移动。

$w(Mn)$ 为 1.6% 左右并含微量 Ti、B 的 C-Mn 钢焊缝中 $w(O)$ 在 $(200\sim300)\times10^{-6}$ 范围内，针状铁素体形成区向左移动成为主转变区，此时可以得到以针状铁素体为主的高韧性焊缝组织。

目前的焊缝金属连续冷却组织转变图多为采用热模拟方法建立的，和实际由液体连续冷却的焊缝组织有一定差别，但仍有重要参考价值。

4. 改善焊缝金属显微组织与性能的途径

当前生产中，改善焊缝显微组织是为了使焊缝金属在得到高强度的同时，保持较高的韧性。常用下述

方法实现:

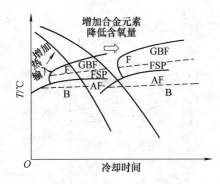

图 2-50 合金元素和含氧量对焊缝金属
连续冷却组织转变图的影响示意图

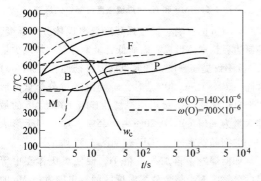

图 2-51 不同含氧量的 Si-Mn 系焊缝金属 CCT 图
注:冷却速度为 20.5℃/s。

(1) 优化合金成分

对低碳、低合金钢焊缝金属最有害的杂质元素是 S、P、N、O 和 H,必须加以限制,强度级别越高的焊缝,对这些杂质的限制应越严。

通过合金元素来提高焊缝韧性的主要原则如下:

1) 促使高熔点第二相质点的析出,通过钉扎作用阻止奥氏体晶粒长大。

2) 降低奥氏体分解温度,减少边界铁素体的形成。

3) 在奥氏体内形成铁素体成核核心,促使奥氏体在 500~550℃ 温度区间分解得到针状铁素体,防止在奥氏体边界形成侧板条铁素体,也要防止 M-A 组元的形成。

4) 防止或减少低温产物马氏体、上贝氏体形成。

合金元素都有固溶强化焊缝金属的功能,大多数合金元素都降低连续冷却时奥氏体分解温度,抑制边界铁素体的形成,而少量的合金元素能在强化的同时改善韧性。但合金元素含量过多,会使奥氏体分解温度过分降低,生成低温产物上贝氏体和马氏体而使韧性下降。合金元素大体可以分为铁素体化元素和奥氏体化元素两大类。

铁素体化元素 V、Ti、Nb 上述倾向强烈,因而在很小含量时,已明显降低韧性。

奥氏体化元素 Mn、Ni 可以在较大的含量范围内改善焊缝金属韧性,如图 2-52 所示,VT_{r15} 是以 20.34N·m 为判据的脆性转变温度。Cr 虽为铁素体化元素,但在一定含量范围内也可改善焊缝金属的韧性(图 2-52)。

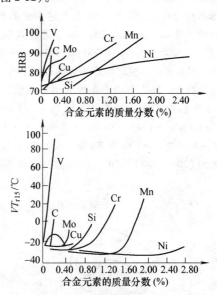

图 2-52 合金元素对 Mn-Si 系
焊缝硬度及韧性的影响 (SAW)

采用科学配置的多种微量合金元素则可能在大幅度地提高焊缝金属的强度的同时提高韧性和抗裂性等综合性能。下面仅介绍几种常用的合金元素和合金系对焊缝金属组织和性能的影响。

1) Mn 和 Si 的影响。Mn 和 Si 是最常用的强化焊缝的元素,符合上述规律。如低合金钢埋弧焊焊缝[$w(C) = 0.10\% ~ 0.13\%$],属强度较低的 Mn-Si 系焊缝金属,Mn 和 Si 数量少时,组织为粗大的先共析铁素体。而超过一定量后,组织为侧板条铁素体。这两种组织的韧性都较低。只有当 Mn、Si 量处于如下范围,$w(Mn) = 0.8\% ~ 1.0\%$,$w(Si) = 0.1\% ~ 0.25\%$,而 $w(Mn)/w(Si)$ 为 3~6 时,才可得到细晶铁素体和针状铁素体组织,具有较好的韧性($-20℃$,$KV > 100J$),如图 2-53 所示。

应当指出,单纯采用 Mn、Si 仍难以避产生粗大的 PF 和 FSP。因此必须向焊缝中加入其他细化晶粒的合金元素才能进一步改善组织,提高焊缝的韧性。

2) 在 Mn-Si 系基础上复合添加 Ti 及 B。复合加入 Ti 和 B 时,B 是表面活性元素,而且原子半径很小,仅为 $0.98 \times 10^{-10}m$,高温下极易向奥氏体晶界扩散，在 γ 晶界沉淀聚集而降低晶界能量，使晶界 γ 的稳定性增大，抑制了 PF 和 FSP 的形核与生长，从而使 γ→α 转变开始温度向低温方向移动。Ti 与氧的亲和力很大，焊缝中的 Ti 以微小颗粒氧化物的形式（TiO）弥散分布于焊缝中，可使焊缝金属晶粒细化，在冷却过程中，由 δ 铁素体向 γ 奥氏体转变时，这些微小的颗粒可以作为"钉子"位于晶粒边界，阻碍奥氏体晶粒的长大。Ti 与 N 也有上述类似的作用。而形成的化合物，尤其是 TiO，能促进针状铁素体 AF 的形核，即可使 γ→α 在 500～550℃ 范围内转变，在晶内大量形核，形成均匀的针状铁素体 AF，改善了焊缝的韧性。Ti 在焊缝中保护 B 不被氧化，并减少 B 与 N 的结合，一般在 Mn-Si 系含 $w(Mn) = 1.3\% \sim 1.6\%$、$w(Si) = 0.2\% \sim 0.3\%$、$w(Ti) = 0.02\% \sim 0.05\%$、$w(B) = 0.002\% \sim 0.005\%$，氧的质量分数为 $(200 \sim 300) \times 10^6$，可以得到最佳的焊缝韧性。

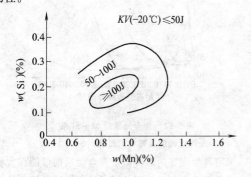

图 2-53　Mn 和 Si 对低强焊缝韧性的影响

3）对于强度较高的高强钢焊缝，合金化程度提高后在 AF 之间产生一定数量的 M-A 组元。应调整 Mn、Ni 数量以获得单一的微细 AF。Mn、Ni 数量较少时，岛状相部分分解为铁素体和渗碳体，还可有 FSP；Mn、Ni 含量过多时，除形成 LF（条状铁素体）、上贝氏体外，还可能产生 M。因此 Mn、Ni 存在最佳范围，如图 2-54 所示。为了限制高强焊缝中 M-A 组元的产生，尽可能减少 Si 含量比较有利，即所谓低 Si 化，如 NiCrTiB 系高强焊缝 $w(Si)$ 为 $0.28\% \sim 0.31\%$、$w(O)$ 为 $0.004\% \sim 0.015\%$，小热输入也不能使 VT_{rs} 降低。适当增加 O 含量，使 $w(O)$ 增至 0.043%，$w(Si)$ 为 0.22%，VT_{rs} 即有所下降。当 $w(O)$ 保持为 $0.026\% \sim 0.032\%$，$w(Si)$ 降至 $0.03\% \sim 0.05\%$ 时，即使大热输入也能获得很低的 VT_{rs}。低 Si 化的作用在于能促使奥氏体分解成铁素体和渗碳体，妨碍形成高碳 M-A 组元；Si 含量高会抑制从奥氏体中析出 F_3C，而促使形成岛状的高碳 M-A 组元。

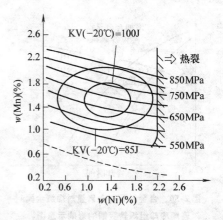

图 2-54　Mn 和 Ni 对焊缝强度与韧性的影响

4）Mo 的影响。钼能强烈降低奥氏体分解温度，抑制边界铁素体形成，因而低合金钢焊缝中加入少量的 Mo 不仅提高强度，同时也能改善韧性。但 $w(Mo)$ 太高 $[w(Mo) > 0.50\%]$ 时，转变温度过分降低，形成上贝氏体的板条状组织，韧性显著下降。Mo 的最佳含量为 $w(Mo) = 0.20\% \sim 0.35\%$，这有利于形成均一的细晶铁素体（FGF），如图 2-55 所示。

如向焊缝中再加入微量 Ti，促使奥氏体在中等温度分解，缩小整个分解温度区间，更能发挥 Mo 的有益作用，使焊缝金属的组织更加均一化，韧性显著提高。对于 Mo-Ti 系焊缝金属，当 $w(Mo) = 0.20\% \sim 0.35\%$、$w(Ti) = 0.03\% \sim 0.05\%$ 时，便可得到均一的细晶铁素体组织和良好的韧性，即使大热输入的埋弧焊缝，0℃ 时夏比冲击吸收能量也可达 100J 以上。

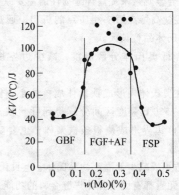

图 2-55　Mo 含量对焊缝金属韧性的影响

5）Nb 和 V 的影响。研究表明，适量的 Nb 和 V 可以提高焊缝的冲击韧度。因为 Nb 和 V 在低合金钢焊缝金属中可固溶，从而推迟了冷却过程中奥氏体向铁素体的转变，能抑制焊缝中先共析铁素体（包括

PF 和 FSP）的产生，而激发形成细小的 AF 组织。如 $w(Nb) = 0.03\% \sim 0.04\%$、$w(V) = 0.05\% \sim 0.1\%$ 可使焊缝具有良好的韧性。另外，Nb 和 V 还可与焊缝中的氮形成氮化物（NbN、VN），从而固定了焊缝中的可溶性氮，这也使焊缝金属韧性提高。但当 Nb、V 含量进一步提高后，由于弥散强化，同时促使 M-A 组元形成而剧烈降低韧性。加入 0.008%（质量分数）左右的 Ti 时，焊缝韧性可以有所改善，如图 2-56 所示。

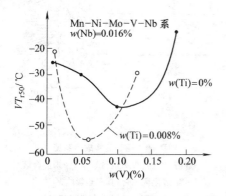

图 2-56　V-Nb-Ti 共存对焊缝韧性的影响

6）稀土元素的影响。焊缝中加入一定量的重稀土 Y，对焊缝金属的组织有改善作用，并能改善夹杂物的形态和分布，从而提高了韧性[31,32]。

轻稀土元素（Ce）加入焊缝后，会富集在硅酸盐夹杂物中，使夹杂物球化，并以弥散分布，从而有利于针状铁素体 AF 的形核，抑制了先共析铁素体 PF，使焊缝组织得到细化，提高了焊缝金属的韧性。

向焊缝中过渡微量元素碲（Te）和硒（Se），并配合加少量稀土（Y 或 Ce）会使焊缝组织细化，提高低温韧性[33]。

（2）焊接工艺的影响

1）焊接热输入。焊接热输入的影响除通过改变熔合比而影响焊缝的化学成分外，还可改变熔池过热程度和冷却速度使 γ 柱状晶尺寸及 γ→α 转变特性发生变化。

过大的热输入使结晶时产生粗大的柱状晶，同时，由于降低了冷却速度，可能得到较多的边界铁素体（图 2-57）。在合金含量较高的焊缝会形成 M-A 组元和上贝氏体，剧烈降低韧性。因而一般低合金高强度钢均要求使用小热输入。但过小的热输入则在较高合金成分的焊缝形成了马氏体，也会使焊缝韧性下降。

2）多层焊接。在接头或坡口形式一定的条件下，采用小截面焊道的多道、多层焊会显著改善焊缝

金属的韧性。因为这样可以减小每一焊道的热输入，同时后一层对前一层焊缝有附加热处理的作用，会产生细化晶粒的效果，而使整体焊缝韧性提高。在 C-Mn 系多层焊缝层间热影响区的过热区（1350℃）及不完全重结晶区（850℃）两者分别作用的区域是其最薄弱环节[34]。薄弱环节部分的数量及韧性是控制整个焊缝低温韧性的主要因素，应引起注意。

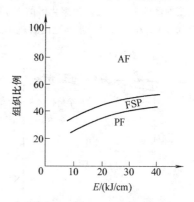

图 2-57　热输入 E 对焊缝
组织的影响

3）焊后热处理。焊后热处理可以消除残余应力、改善焊缝和整个焊接接头的组织，增加其韧性。因此一些重要的焊接结构，如珠光体耐热钢的电站设备、电渣焊的厚板结构，以及中碳调质钢的飞机起落架等，焊后都要进行不同的热处理（回火、正火或调质），以改善结构的性能。

2.2.4　焊接熔合区及其特性

焊缝边界或熔合线，如图 2-58 所示，实际上是一个熔化不均匀的区域，即熔合区。熔合区是整个焊接接头中的一个薄弱环节，某些缺陷如冷裂纹、再热裂纹和脆性相等常起源于这里，并常常引起焊接结构的失效。

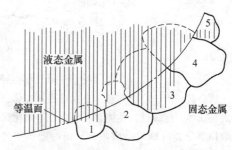

图 2-58　熔合区晶粒熔化的情况

1. 熔合区的构成

在焊接条件下，由于熔滴的过渡或电弧吹力作用

的不均匀使温度分布极不均匀，又由于母材晶粒相对最有利的导热方向取向有差异，从而造成不均匀的熔化现象。同时，由于母材各点的溶质分布（即化学成分）并不均匀，其实际熔化温度与理论上的熔化温度有一定的偏差，而形成局部熔化和局部不熔化的固、液两相共存的区域，即半熔化区（图 2-59）。半熔化区内实际熔化温度低于熔池温度的部分熔化，高于熔池温度的部分则不熔化。半熔化区的大小决定于实际温度梯度 G，G 越大时，半熔化区就越小。

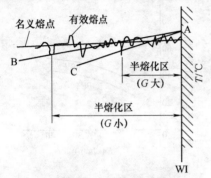

图 2-59　半熔化区的形成示意图
WI—真实焊缝边界
AB—温度梯度 G 较小时的瞬时温度
AC—温度梯度 G 较小时的瞬时温度

　　半熔化区的右方是处于完全熔化状态的焊缝区，左方是完全不熔化的母材真实热影响区。在完全熔化的焊缝区，紧靠半熔化区的薄层中，只有熔化的母材

而未与填充金属混合，称为未混合区[35]。

　　可见，由母材到焊缝存在着过渡区，即半熔化区和未混合区，可把两者统一构成的过渡区称为熔合区。图 2-60 示意地表示出了熔合区及附近各组织区的相对位置。

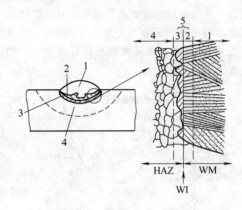

图 2-60　熔合区构成示意图
1—焊缝区（富焊条成分）　　2—未混合区
3—半熔化区　4—真实热影响区 HAZ
5—熔合区　WI—实际熔合线（焊缝边界）

2. 凝固过渡层的特性

　　熔合区最大的特征是具有明显的化学不均匀性，从而引起组织不均匀性。在异种金属焊接时，这种成分不均匀最为明显。例如，用 25-13 型焊条（E0-23-13-16）焊接 C-Mn 钢时，在焊缝边界存在明显的成分梯度，如图 2-61 所示。

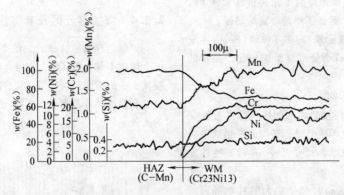

图 2-61　异种钢接头熔合区的成分梯度（凝固过渡层）

　　在熔合区，由于合金元素不足以形成奥氏体，而是形成马氏体，使该区的性能显著恶化，半熔化区内局部熔化部分会有低熔杂质浓聚，而可能产生热裂纹、气泡等缺陷。

3. 碳迁移过渡层的特性

　　碳迁移过渡层是体心立方的珠光体类钢与面心立方的奥氏体类钢焊接时出现的一种熔合区碳迁移现象，它发生在实际熔合线（焊缝边界）的两侧，在母材一侧出现脱碳层，在焊缝一侧出现增碳层，w（C）在实际熔合线处有突变（图 2-62）。

　　即使同类钢焊接，只要母材与焊缝的合金化度不同，也可能在熔合区发生碳迁移现象。例如，12CrMoV 钢用 H08MoV 焊条焊接时，焊态下就能见到焊缝边界两侧的脱碳层（母材侧）和增碳层（焊缝侧）。

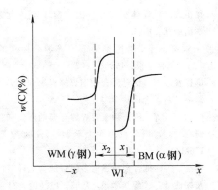

图 2-62　异种钢接头熔合区的增碳层及脱碳层
WI—实际熔合线　BM—母材金属
WM—焊缝金属　x_1—脱碳层宽度
x_2—增碳层宽度

4. 晶界液化现象

在近缝区，共存固液相的相互作用（分布系数 $K_0 < 1$），使溶质易于转入液相中，使晶界偏析增大（"上坡"扩散）。近缝区的晶界偏析常促使在真实固相线下产生所谓晶界局部液化现象，在塑性应变作用下，易于形成大小不同的空穴以及液化裂纹等缺陷。

5. 物理不均匀性

近缝区或半熔化区在不平衡加热时，还会出现空位和位错的聚集或重新分布，即所谓物理不均匀性。其中空位的形成、分布及高度可动性对金属断裂强度有重大影响，焊接时的高温加热可促使近缝区形成空位，因为原子的热振动加强，有利于激发原子离开静态平衡位置，而削弱原子的键合力。空位的平衡浓度与温度成比例。接头冷却过程中，空位的平衡浓度下降，在不平衡冷却空位将处于过饱和状态，超过平衡浓度的空位则要向高温部位发生运动，而半熔化区本身易于形成较多空位，因此熔合线附近将是空位密度最大的区域。这种空位的聚合可能是熔合区延迟裂纹形成的原因之一。

同时，塑性形变也促使形成空位。塑性形变量越大，越易于形成空位；而且空位往往趋于向应力集中部位扩散运动。

6. 残余应力的形成

熔合区存在的化学不均匀性，物理性质（热导率和膨胀系数）的不均匀性及力学性质（屈服强度和弹性模量）的不均匀性都会在熔合区引起较大的残余应力。尤其是对于 α 与 γ 异种钢接头，这种残余应力还很难消除，应引起重视。

参 考 文 献

[1]　　Connor L P. Welding Handbook：Vol 1 [M]. 8th ed.

Miami：American Welding Society，1987.

[2]　　陈伯蠡. 焊接冶金原理 [M]. 北京：清华大学出版社，1991.

[3]　　张文钺. 焊接冶金学 [M]. 北京：机械工业出版社，1997.

[4]　　唐伯钢，等. 低碳钢与低合金高强度钢焊接材料 [M]. 北京：机械工业出版社，1987.

[5]　　魏琪，等. 高氟化钙型渣系自保护药芯焊丝气孔敏感性研究 [C]. // 王守业，王麟书. 第八次全国焊接会议论文集：第 2 册. 北京：机械工业出版社，1997.

[6]　　周振丰，等. 焊接冶金与金属焊接性 [M]. 北京：机械工业出版社，1988.

[7]　　陈剑虹. 焊接材料及其冶金 [M]. 北京：机械工程师进修大学出版社，1989.

[8]　　Lancaster J F. Metallurgy of Welding [M]. 5th ed. London：Chapman&Hall，1993.

[9]　　Easterling K. Introduction to the Physical Metallurgy of Welding [M]. London：Butterworths，1981.

[10]　　Н М Новожжилов. Основы Металлургии Дуговои Свркивгазах [M]. Москва：Машиностроение，1979.

[11]　　张文钺. 焊接物理冶金 [M]. 天津：天津大学出版社，1991.

[12]　　哈宽富. 金属力学性质的微观理论 [M]. 北京：科学出版社，1983.

[13]　　Hirth T P. Effects of Hydrogen on the Properties of Iron and Steel [J]. Metallurgical Transactions，1980（11A）：861～890.

[14]　　熊第京，等. 低合金高强钢焊接金属中残余氢的研究 [J]. 北京工业大学学报，1990（2）：1～8.

[15]　　傅积和. 焊接数据资料手册 [M]. 北京：机械工业出版社，1997.

[16]　　松田福久. 溶接冶金学 [M]. 東京：日刊工業新聞社，1972.

[17]　　铃木春義. 钢材的焊接裂纹（低温裂纹）[M]. 清华大学焊接教研组，编译. 北京：机械工业出版社，1979.

[18]　　薛松柏. 低氢焊条 CaF_2 去氢的进一步研究 [C]. // 中国机械工程学会焊接学会. 第六届全国焊接学术会议论文集：第 3 册，西安：中国机械工程学会焊接学会，1990：3-52.

[19]　　唐伯钢，等. 采用重稀土降低熔敷金属扩散氢的研究 [J]. 冶金部建筑研究总院学报，1987（1）.

[20]　　陈伯蠡. 金属焊接性基础 [M]. 北京：机械工业出版社，1982.

[21]　　Boniszewski T. Self-Shielded Arc Welding [M]. Cambridge：Abington Publishing，1992.

[22]　　帕豪德涅 K K. 焊缝中的气体 [M]. 赵鄂官，译. 北京：机械工业出版社，1977.

[23]　天津大学焊接教研室. 金属材料焊接的理论基础
　　　　[M]. 天津：天津大学出版社，1975.

[24]　机械工业部. 焊接材料产品样本 [M]. 北京：机
　　　　械工业出版社，1997.

[25]　Ьагринскии К В. Электродуговая Сварка и Наплавка под
　　　　Кераминческии Флюсали [М]. Киев：Издателъство.
　　　　ТЕХНИКА，1976.

[26]　冯端等. 金属物理：下册 [M]. 北京：科学出版
　　　　社，1975.

[27]　斯重遥. 焊接金相图谱 [M]. 北京：机械工业出
　　　　版社，1987.

[28]　中国机械工程学会焊接分会. 焊接词典 [M]. 北
　　　　京：机械工业出版社，1997.

[29]　上海交通大学金相、焊接教研组，等. 焊接金属学
　　　　[M]. 上海：上海交通大学出版社，1978.

[30]　徐祖耀. 贝氏体相变与贝氏体钢 [M]. 北京：科
　　　　学出版社，1991.

[31]　王世亮，等. 采用重稀土改善焊缝韧性的研究
　　　　[J]. 焊接学报，1986，7（2）：55 ~ 62.

[32]　邵德春，等. 钇对低合金钢焊缝组织和低温韧性的
　　　　影响 [J]. 金属科学与工艺，1985，4（1）：1 ~ 6.

[33]　张志明，等. 碲、稀土对焊缝金属的降氢韧化作用
　　　　研究 [J]. 哈尔滨工业大学学报，1985（增刊）：
　　　　136-141.

[34]　阎澄，等. 低合金高强钢多层焊缝薄弱环节的组织
　　　　及韧性 [J]. 焊接学报. 1992，13（1）：21 ~ 24.

[35]　Savage W F, et al. A study of weld interface phenomena
　　　　in a low alloy steel. Welding Journal, 1976, 55
　　　　(9)：260.

第3章 焊接热影响区组织及性能

作者 杜则裕 审者 邹增大

3.1 概述

3.1.1 焊接热影响区的形成

焊接或切割过程中，材料因受热的影响（但未熔化）而发生金相组织和力学性能变化的区域称为焊接热影响区（Heat Affected Zone，HAZ）。

凡是通过局部加热，实现金属连接的焊接方法，不论是熔焊或固态焊接，由于其加热的瞬时性和局部性使焊缝附近的母材都经受了一种特殊热循环的作用。其特点为升温速度快，冷却速度快。例如在板厚为20mm的低碳钢上用16kJ/cm的热输入进行焊条电弧堆焊时，由室温加热到峰值温度为1100℃所需时间仅为4s左右，冷却到200℃仅需1min左右。因此，凡是与扩散有关的过程都很难充分进行。焊接加热的另一特点为温度场分布极不均匀，紧靠焊缝的高温区内接近于熔点，远离焊缝的低温区内接近于室温。而且，峰值温度越高的部位，加热速度越快，冷却速度越大。因此焊接过程中，在形成焊缝的同时不可避免地使其附近的母材经受了一次特殊的热处理，形成了一个组织和性能极不均匀的焊接热影响区，使一些部位的组织和性能变得很坏，例如过热区，这个区段就成为整个焊接接头中最薄弱环节，对于焊接质量起着重要的影响作用。许多焊接结构的破坏事故都与其焊接热影响区的性能恶化有关，因此应当深入研究焊接热影响区组织和性能变化的原因。

3.1.2 影响焊接热影响区的主要因素

由于焊接热影响区是焊缝附近母材受到焊接热循环作用后，形成的组织和性能不同于母材的特殊热处理区，因此影响 HAZ 组织和性能的主要冶金和工艺因素有以下一些：

1）被焊金属与合金系统的特点。这是决定各种材料焊接热影响区形成特点的根本因素。因为焊接热影响区的组织变化和性能变化首先取决于母材本身在不同加热和冷却条件下的物理冶金特点。例如，对加热和冷却时无相变的金属和合金来说，其焊接热影响区非常简单。反之，有相变的材料，其焊接热影响区就很复杂。

2）焊前母材的原始状态。材料焊前的原始状态也会影响到焊接热影响区的组织变化和性能变化。例如材料焊前处于冷作硬化状态或热处理强化状态，则焊后热影响区内会出现退火软化区。反之，当易淬火材料焊前处于退火状态时，则焊后热影响区内会出现淬火的硬化区。

3）焊接工艺方法及参数。焊接热影响区是由于焊接时的热作用引起的，因此它与焊接时所采用的热源特点和焊接参数密切相关。它们决定了焊接时的温度场以及热循环曲线的特点（图3-1），直接影响到焊接热影响区内特殊热处理的各项参数，如升温速度、高温停留时间和冷却速度等。这是在研究焊接热影响区组织和性能变化以及制定焊接工艺时必须予以考虑的内容。

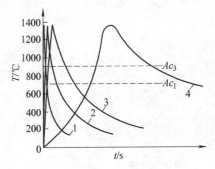

图 3-1 不同焊接工艺下钢材单道焊时热影响区的热循环曲线[1]

1—CO$_2$ 气体保护焊（板厚 =1.5mm）

2—埋弧焊（板厚 =8mm）

3—埋弧焊（板厚 =15mm）

4—电渣焊（板厚 =100mm）

由于焊接热影响区内组织变化和性能变化的特点主要取决于金属和合金在加热和冷却过程中的固态相变特点，因此可将焊接热影响区的组织变化按材料的固态相变特点，归纳为下面几种基本类型来进行分析讨论。

3.2 固态无相变材料的焊接热影响区组织和性能特点

这是一种最简单的焊接热影响区。凡是固态无相变的纯金属（如 Al、Cu、Ni、Mo 和 W 等）以及单相固溶体合金（如 w(Zn) <39% 的 α 黄铜，Ni-Cu 合金以及

超低碳铬镍纯奥氏体钢和超低碳高铬纯铁素体钢等）均属此类材料。这类材料在任何条件下加热和冷却都不会发生相变，因此它们的焊接热影响区非常简单，如图 3-2 所示。在紧靠焊缝的热影响区内有一个粗大晶粒的过热区（Ⅰ）。由于这类材料在冷却过程中没有任何相变，因此加热过程中长大了的晶粒在冷却过程中不会有相变引起的重结晶细化作用。所以这类材料的焊接过热区内晶粒粗大现象比固态有重结晶相变的材料更为严重。而且，这种情况下长大了的晶粒焊后也无法通过热处理（例如钢材的正火处理）进行细化。因此焊接这类材料时要特别注意防止热影响区的过热，并且要尽量防止在同一部位进行重复焊接。因为同一部位的重复加热会使过热区的晶粒越长越大。从图 3-3 上可以清楚地看到，在纯镍的 X 形坡口焊接接头中二次过热区的晶粒比一次过热区晶粒大很多。另外，为了防止过热区晶粒长得过大，在焊接这类材料时还应该尽量减少焊接时的热输入，如采用高能束焊接方法和小热输入等。

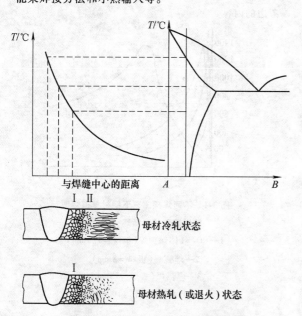

图 3-2　固态无相变金属和合金的焊接热影响区的特点
Ⅰ—过热区　Ⅱ—再结晶区
A、B—合金元素含量

从图 3-2 上可以看到，这类材料的焊接热影响区中还可能存在一个再结晶区（Ⅱ）。该区的存在与否，和母材焊前的原始状态有关。如果母材原先是处于热轧状态或冷轧后的退火状态，则焊前母材的原始组织已经是等轴晶，因此热影响区内不会出现再结晶区，而只有晶粒粗大的过热区（图 3-4）。与热轧或退火状态的母材相比，焊接过热区的强度不会有明显

的变化，而其塑性则要视金属的晶格类型而定。当材料为面心立方晶格的 Al、Cu 和 Ni 时，该区的塑性无

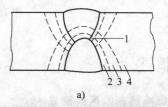

a)

b)

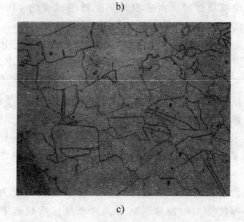

c)

图 3-3　X 形坡口纯镍焊接热
影响区过热区组织[2]
a）焊接接头示意图
b）二次过热区（图 a 中的 1 区）组织（100×）
c）一次过热区（图 a 中的 2 区）组织（100×）

明显的变化；当材料为体心立方晶格的 Mo、W 时，由于晶粒粗大而使 HAZ 过热区的脆性转变温度显著提高，该区变得很脆，成为整个焊接接头中的最薄弱环节。这是焊接这种材料时应当注意的主要焊接性之一。当母材为冷轧状态时，则焊接热影响区内还有一个晶粒较细的再结晶区，它存在于纤维状的母材与过热区之间，如图 3-5 所示。这种情况下，过热区和再结晶区的强度都低于冷作和强化状态的母材。再结晶区内，由于冷作变形的组织发生了再结晶，冷作强化效应完全消失，因而在降低强度的同时塑性得到了改

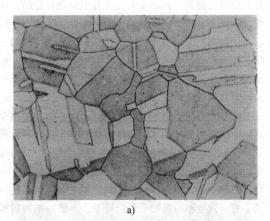

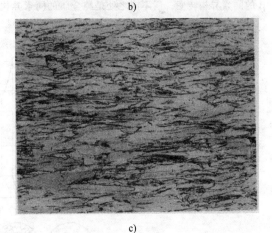

图 3-5　冷轧纯铜焊接热影响区组织[2]

　　a) 过热区组织(50×)

　　b) 再结晶区组织(50×)

　　c) 冷轧状态的母材组织(100×)

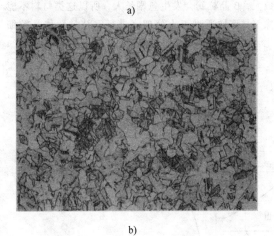

图 3-4　热轧纯铜焊接热影响区组织[2]

　　a) 过热区组织(50×)

　　b) 热轧状态的母材组织(50×)

善。但晶粒粗大的过热区则不同，在降低强度的同时还可能由于晶粒过大引起严重的脆化。如上所述，粗晶区的这种脆化主要取决于金属和合金的晶格类型。

3.3　固态有相变材料的焊接热影响区组织和性能特点

　　金属材料大多具有固态相变。金属材料热处理就是利用材料固态下的相变来改善其组织和性能的；在焊接条件下，由于焊接热循环的特殊性，往往会使热影响区内加热到相变点以上的材料发生不利的组织变化，并导致其性能的恶化。引起固态相变的原因很多，其中最简单的一种是发生在纯金属和单相合金中的同素异构转变。这时的相变只有晶体结构变化，而没有化学成分变化引起的第二相析出。在一些多相合金中，固态相变时除了有晶体结构的变化外，还有成分变化导致的第二相析出，如脱溶沉淀和共析转变等。在这种情况下，由于相变时伴随有化学成分变化和第二相析出，因此冷却速度的影响很大。不同过冷度下可以发生不同类型的组织转变，形成一系列的不平衡组织，例如低合金钢时的各类贝氏体和马氏体等，致使焊接热影响区的组织变得很复杂。

为便于讨论，现将有固态相变的焊接热影响区分成以下三种类型进行分析。

3.3.1 有同素异构转变的纯金属和单相合金的焊接热影响区组织和性能特点

Fe、Mn、Ti 及 Co 等都属于有同素异构转变的纯金属。以这些金属为基体形成一系列的具有同素异构转变的合金。其中单相合金的组织转变类似于纯金属，例如纯 Ti 和 α-Ti 合金，在固态下都只有一个 α-β 的同素异构转变；所不同之处是纯金属的同素异构转变是在某一固定温度下进行的，而合金的同素异构转变是在某一温度范围内进行的，在相变过程中，两种相的成分在不断变化。有同素异构转变的纯金属和单相合金的焊接热影响区的特点是除了过热区和再结晶区外，还有一个由同素异构转变引起的重结晶区。该区位于过热区和再结晶区之间。其组织特征为重结晶相变引起的晶粒细化，即相当于钢材正火处理后的细晶粒组织。因此这类金属的典型热影响区可分为过热区（Ⅰ）、重结晶区（Ⅱ）和再结晶区（Ⅲ）三部分（图 3-6）。

如果母材处于热轧状态或冷轧后的退火状态，则焊接热影响区只有前两个区，即过热区和重结晶区。

如果母材是单相合金，则由于同素异构转变是在一个温度范围内进行的，因此重结晶区还可进一步分为重结晶区（Ⅱ）和不完全重结晶区（Ⅱ′）两部分（图 3-6）。

另外，重结晶后的细晶区也不是在所有这类金属的热影响区内都能明显地看到，例如纯 Ti 及 α-Ti 合金中就没有明显的细晶。在 Ti 和 α-Ti 合金中，当加热温度略高于 β 转变温度时，由于 β-Ti 的自扩散系数大，β 晶粒就会发生急剧长大，所以这类材料不能像钢材那样通过正火处理（进行重结晶）使晶粒细化，只能通过塑性变形和再结晶退火来改善晶粒度。

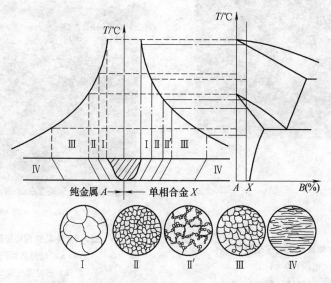

图 3-6　有同素异构转变的纯金属和单相合金的焊接热影响区组织特点
Ⅰ—过热区　　Ⅱ—重结晶区　　Ⅱ′—不完全重结晶区　　Ⅲ—再结晶区　　Ⅳ—母材

此外，必须指出的是，有些具有同素异构转变的纯金属，如 Ti 及 Co 等，在快速冷却条件下会发生无扩散型相变。一般也称为马氏体转变。因此在纯 Ti 及 α-Ti 合金的焊接热影响区内都能看到，快冷过程中同素异构转变时产生的 β→α′ 转变。α′ 称为钛马氏体。在纯钛和合金元素含量低的合金中，α′ 呈条束状，合金化程度较高时，α′呈针状。所以纯 Ti 及 α-Ti 合金的焊接热影响区中，凡是加热到发生 α→β 转变的区域（即过热区和重结晶区）快冷下来时都属于淬火区，都有可能得到 α′。α-Ti 合金中的不完全重结晶区（α + β）快冷下来后，相应地成为不完全

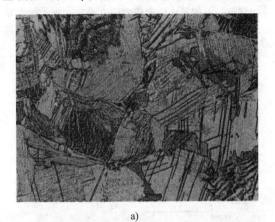

a)

b)

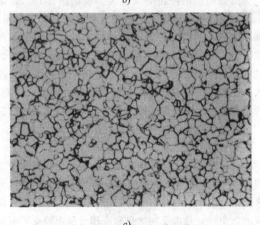

c)

图 3-7　工业纯钛 TA2 等离子弧焊时的热影响区组织特点[2]

a）过热区组织（100 ×）

b）重结晶区组织（100 ×）　c）母材组织（63 ×）

淬火区（α + α′）。在 Ti 及 α-Ti 合金中，只有加热温度低于 α→β 的再结晶区内才不会产生淬火的 α′组织。

另外，即使冷却速度不大时，在 Ti 及 α-Ti 合金的焊接热影响区内也得不到等轴晶。因为工业纯 Ti 只有在再结晶退火时才能得到等轴晶，一般情况下钛及钛合金都是在退火状态下供货，因此焊接热影响区内不会有再结晶区出现，而在重结晶相变（β→α）时生成的 α 相与原来的 β 相之间保持一定的位向关系。因此重结晶相变后生成的 α 相与再结晶时生成的等轴 α 相在形态上不同，它具有魏氏组织的特征。过冷度小时，α 相条束比较粗大；过冷度增大时，α 相条束变得细密；过冷度进一步加大时，具有马氏体 α′组织特征。钛及钛合金中的 α′马氏体并不像钢中马氏体那样硬脆，因为 α′是置换型固溶体。α′的晶格参数与 α 相的相差不大，因此它的强化作用较小，只是使金属在一定程度上变脆。然而热影响区的过热组织——在粗大 β 晶粒基础上按一定方向排列的片状 α 相，对塑性和韧性有显著的降低作用。所以焊接这种材料时，要求通过限制焊接热输入来减小热影响区中的脆性区宽度。图 3-7 所示为工业纯钛 TA2 等离子弧焊时的热影响区组织特点。其中母材为再结晶退火状态的等轴 α，过热区为锯齿形 α 和针状 α，重结晶区为锯齿形 α 和板条 α。

3.3.2　有同素异构转变的多相合金的焊接热影响区组织和性能特点

这类合金的焊接热影响区变化比较复杂。以钢铁材料（Fe-C 合金）为例，在固态合金中除了有同素异构转变外，还有成分变化和第二相析出，即共析转变 Fe_3C 的析出。

根据 Fe-C 相图和焊接时的热影响区温度分布曲线，可以看到含碳低的亚共析钢的焊接热影响区与前面讲过的有同素异构转变的单相合金相似，也可以划分为过热区、重结晶区、不完全重结晶区和再结晶区四个区域（图 3-8）。其不同之处是多相合金的热影响区组织比单相合金时要复杂得多。根据 Fe-C 相图，低碳钢在高温时为单相 γ，当由高温冷却到重结晶温度区间（$Ar_3 \sim Ar_1$）时，γ 相不仅进行同素异构转变 γ→α，而且它的成分也在不断发生变化。随着 α 相的析出，γ 相中的含碳量在不断提高，当温度降低到重结晶温度的下限 Ar_1 时，γ 相的含碳量已达到了共析成分，此时发生共析反应 γ→α + Fe_3C，即在 γ→α 的同素异构转变的同时，伴随着有含碳量高的第二相 Fe_3C 的析出，形成两相的机械混合物——珠光体

（P）。因此重结晶过程结束后的组织为块状的初生 α 加片状的 P。必须指出，这种情况是在非常缓慢的冷却条件下形成的平衡状态组织。然而，在实际的焊接条件下，由于冷却速度比较快，即使是在一些不易淬火的低碳钢焊接热影响区内，也得不到理想的平衡状态组织。至于一些淬火倾向较大的钢材，在焊接热影响区内所得到的是一些远离平衡状态的淬火组织。在这种情况下，就不能再根据相图来分析焊接热影响区的组织特征，而应该根据奥氏体的连续冷却转变曲线（CCT 图）来讨论焊接热影响区的组织变化。因此钢材的焊接热影响区组织变化与它的淬火倾向有很大关系。当加热和冷却条件相同时，钢材的淬火倾向主要取决于它的成分；随着钢中含碳量及各种合金元素含量的增加，钢的淬火倾向也就随之增大。为了便于分析焊接热影响区组织变化的规律，可将钢材分成不易淬火和易淬火两种基本类型来进行讨论。

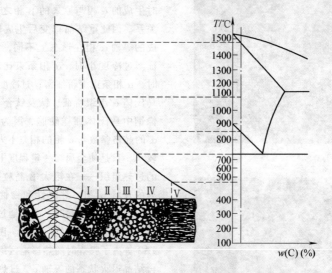

图 3-8 低碳钢的焊接热影响区特点

Ⅰ—过热区　Ⅱ—重结晶区（即正火区）
Ⅲ—不完全重结晶区　Ⅳ—再结晶区　Ⅴ—母材（冷轧状态）

1. 不易淬火钢的焊接热影响区组织和性能特点

根据图 3-8 所示，这类钢材的焊接热影响区可分为以下四个区段：

（1）过热区

该区紧邻焊缝，又称粗晶区。它的温度范围包括从晶粒急剧长大的温度开始至固相线温度。对于普通的低碳钢，约在 1100 ~ 1490℃ 之间。由于加热温度很高，特别是在固相线附近处，一些难溶质点，例如碳化物和氧化物等，也都溶入奥氏体，因此奥氏体晶粒长得非常粗大。这种粗大的奥氏体在较快的冷却速度下形成一种特殊的过热组织——魏氏组织。它的组织特征是魏氏组织中的铁素体是以切变机制形成的，它沿着奥氏体的 ｛111｝ γ 面切变长大，往往由晶界网状铁素体向奥氏体晶粒内部生长，在一个粗大的奥氏体晶粒内形成许多平行的铁素体片，在铁素体片之间的剩余奥氏体最后转变为珠光体（图 3-9a）。这种魏氏组织是由结晶位向相近的铁素体片形成的粗大组织单元，严重地降低了热影响区的韧性。它是不易淬火钢焊接接头变脆的一个主要原因。由于奥氏体晶粒越粗大，越容易生成魏氏组织，因此魏氏组织的形成与焊接热影响区过热区的过热程度有很大关系，即与金属在高温的停留时间有关。根据图 3-10，焊条电弧焊时的高温停留时间最短，晶粒长大并不严重；而电渣焊时的高温停留时间最长，晶粒长大最为严重。因此电渣焊时就比焊条电弧焊时容易出现粗大的魏氏组织；而且对同一种焊接方法来说，热输入越大，越容易得到魏氏组织，焊接接头的性能就越差。为了改善电渣焊的焊接接头性能，消除严重的过热组织，必须采用焊后正火处理的技术措施。

（2）重结晶区

该区又称正火区或细晶区，加热到的峰值温度范围在 Ac_3 到晶粒开始急剧长大以前的温度区间，对于普通的低碳钢大约在 900 ~ 1100℃ 之间（图 3-8）。该区的组织特征是由于在加热和冷却过程中经受了两次重结晶相变的作用，使晶粒得到显著的细化。对于不易淬火钢，该区冷却下来后的组织为均匀而细小的铁素体和珠光体（图 3-9b），相当于低碳钢正火处理后的细晶粒组织。因此该区具有较高的综合力学性能，

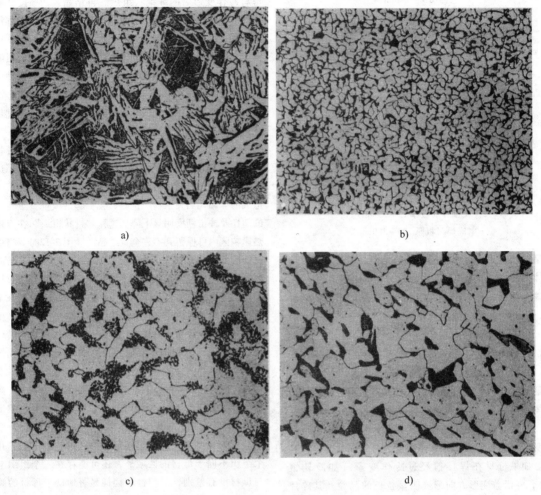

a)　　　　　　　　　　　　　　　b)

c)　　　　　　　　　　　　　　　d)

图 3-9　Q235A 钢焊接热影响区的组织特点（226 ×）[2]

a）过热区组织　　b）重结晶区（正火区）组织
c）不完全重结晶区（不完全正火区）组织　　d）母材组织

甚至优于母材的性能。

（3）不完全重结晶区

该区又称不完全正火区或部分相变区，加热到的峰值温度在 $Ac_1 \sim Ac_3$ 之间，普通低碳钢约为 750 ~ 900℃。该区特点是只有部分金属经受了重结晶相变，剩余部分为未经重结晶的原始铁素体晶粒。因此它是一个粗晶粒和细晶粒的混合区。不易淬火钢的该区组织为在未经重结晶的粗大铁素体之间分布着经过重结晶后的细小铁素体和粒状珠光体的群体，如图 3-9c 所示。形成这种组织的原因是由于焊接的升温速度太快，当加热到 $Ac_1 \sim Ac_3$ 之间时，实际上只有珠光体转变为奥氏体，铁素体基本上还没有能够来得及发生转变，而且此时珠光体的转变也很不完善。这是因为珠光体转变为奥氏体也是一个扩散过程。因此在连续

的快速加热情况下（图 3-11），珠光体的转变就不能像平衡状态时那样，在等温（Ac_1）条件下转变完了，而是需要在一个特定的温度区间（$T_1 \sim T_4$）内进行。加热速度越快，则珠光体开始转变为奥氏体温度 T_1 也越高，而且温度区间也越大。如图 3-11 所示，v_{H1}、v_{H2}、v_{H3} 为三种不同的加热速度，$v_{H1} > v_{H2} > v_{H3}$。v_{H1} 时的珠光体转变为奥氏体的开始温度大大高于 v_{H3} 时的转变开始温度；而且 v_{H1} 时的转变温度区间也大于 v_{H3} 时的转变温度区间。这一现象在有碳化物形成元素的合金钢中表现得更为严重。另外，在加热速度很快时，珠光体转变为奥氏体后，奥氏体中碳的分布是很不均匀的，甚至还可能存在大量未溶解的碳化物质点，或少量的珠光体。因此在随后的冷却过程中，当冷却到共析转变温度（Ar_1）时，碳化物极

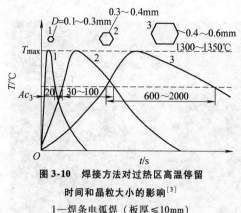

图 3-10　焊接方法对过热区高温停留
时间和晶粒大小的影响[3]

1—焊条电弧焊（板厚 ≤10mm）
2—埋弧焊（板厚 15 ~ 25mm）
3—电渣焊（板厚 100 ~ 200mm）

易呈粒状析出，形成细的粒状珠光体。这是该区内珠光体的特点（图 3-9c）。由于这一区域内除了细的粒状珠光体外，还存在有部分未经重结晶的粗大的铁素体，因此它的力学性能也并不很好。

（4）再结晶区

再结晶与重结晶不同，再结晶发生温度低于相变点。重结晶时金属的内部晶体结构要发生变化，即指的是同素异构转变时金属由一种晶体结构转变为另一晶体结构，如 α-γ；而在再结晶时只有晶粒外形的变化，并没有内部晶体结构的变化。从外形上看，由冷作变形后的拉长的纤维状晶粒变为再结晶后的等轴晶粒。如果母材在焊接前经过冷作变形（如冷轧钢板），并沿着变形方向形成明显拉长的晶粒及其碎片时，则在加热到相变点（Ac_1）以下，500℃ 以上的热影响区内会出现一个明显的再结晶区（图 3-8）。低碳钢再结晶区的组织为等轴铁素体晶粒，明显不同于

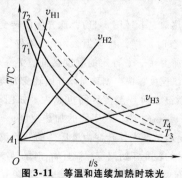

图 3-11　等温和连续加热时珠光
体转变为奥氏体的示意图[1]

T_1—珠光体转变为奥氏体的开始温度
T_2—珠光体转变为奥氏体的结束温度
T_3—碳化物溶解完了的温度
T_4—均匀化的结束温度
v_{H1}、v_{H2}、v_{H3}—不同的加热速度

母材冷作变形后的纤维状组织。再结晶区的强度和硬度都低于冷作变形状态的母材，但塑性和冲击韧度都得到改善。因此再结晶区在整个焊接接头中也是一个软化区。如果焊前母材是未经受冷作塑性变形的热轧钢板或退火状态的钢板，那么在热影响区内就不会出现这种再结晶现象，所以在焊接通常的热轧低碳钢板和低合金钢板时，有明显组织变化的热影响区只有三部分，即过热区、重结晶区和不完全重结晶区。但经常还能看到一种热轧钢时的典型组织，即珠光体和铁素体沿轧向呈带状或层状分布的"带状组织"（图 3-12d 和图 3-13d）。这种组织是由于枝晶偏析和夹杂物在轧制过程中被拉长所造成的。因此当夹杂物严重时，会引起钢板垂直于轧向的塑性及冲击韧度明显下降。这种"带状组织"在焊接热影响区内可保留到不完全重结晶区（图 3-12c）。当母材中的"带状组织"严重时，甚至在正火区（重结晶区）内还不能完全消除（图 3-13b）。这是因为焊接过程中热影响区的高温停留时间很短，奥氏体之间的碳来不及扩散均匀，因此在高温下仍然存在富碳奥氏体带（由原珠光体转变成）和贫碳奥氏体带（由原铁素体带转变成）的差别，于是冷却下来后又相应地转变成为珠光体带和铁素体带。这是热轧钢焊接热影响区组织中的一个特点。如果焊前母材处于正火状态或高温退火状态，则由于母材中已不存在"带状组织"，因此焊接热影响区内也就不会出现这种现象。

此外，在低碳钢的焊接热影响区内，除了上述几个组织不同于母材的区域外，还可能存在一个组织上与母材没有差别，但塑性和韧性显著地低于母材的脆化区，通常称之为蓝脆区。该区的温度范围可扩大到 200 ~ 750℃ 之间，如图 3-14 所示脆化区。关于引起这种脆化的机理目前认识得尚不够清楚。一般都把它看作是由动态应变时效引起的脆化，即所谓"热应变脆化"。它是在焊接过程中由于热和应变同时作用下引起的时效，与通常焊后进行的先变形后时效的静态应变时效有类似之处。这类时效脆化都与固溶于铁中的自由氮含量有密切关系。一般来说，低碳钢和强度级别不高的低合金钢中（$R_m \leqslant 490MPa$），自由 N 原子较多，因此它们的热应变脆化倾向也较大。当钢中含有足够量的固氮合金元素（如 Al、Ti、V 等）时就能降低这种脆化倾向。所以铝镇静的低碳钢和一些含有固氮元素的合金钢对这种热应变脆化的倾向较低；而在低碳沸腾钢的热影响区中这种脆化就比较严重。因此在焊接这类强度级别不高的低碳钢和低合金钢时，不仅要注意有组织变化的热影响区，而且还要重视这一"看不见的热影响区"，要充分估计到温度低于相变点 Ac_1 的亚临界热影响区的脆化现象。

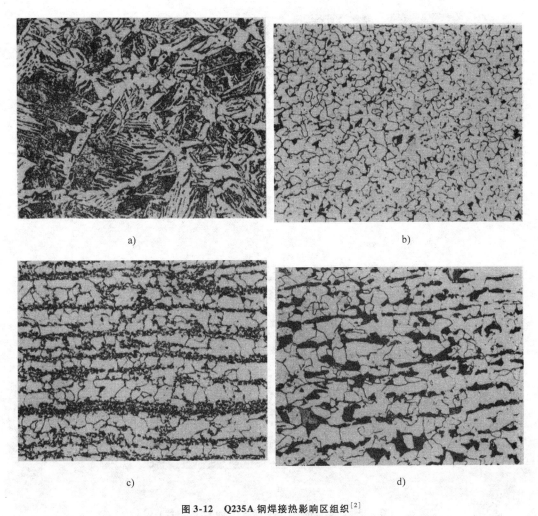

a)　　　　　　　　　　　　　　　b)

c)　　　　　　　　　　　　　　　d)

图 3-12　Q235A 钢焊接热影响区组织[2]

a）过热区组织　b）重结晶区组织　c）不完全重结晶区组织　d）母材组织

a)

图 3-13　20 钢焊接热影响区组织（300 ×）[2]

a）过热区组织

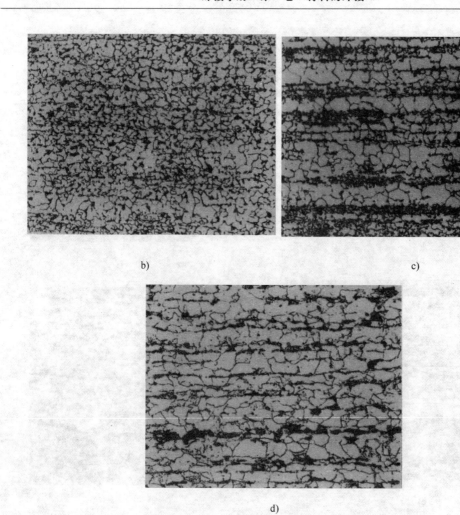

b)　　　　　　　　　　　　　　c)

d)

图 3-13　20 钢焊接热影响区组织（300 ×）[2]（续）

b）重结晶区组织　c）不完全重结晶区组织　d）母材组织

2. 易淬火钢的焊接热影响区组织和性能特点

由于焊接时的冷却速度很大，因此一些通常认为淬火倾向并不大的钢材，在焊接条件下也会形成淬火组织。所以这类钢材的范围实际上是很广的，从低合金高强度钢中的热轧钢、正火钢、低碳调质钢，一直到含碳、含合金元素较高的中碳调质钢和高碳钢等。但它们之间的化学成分、淬火倾向、马氏体的组织结构和形态等相差都很大。每种钢材的淬火倾向都可以通过它的奥氏体连续冷却转变曲线（CCT 图）表示出来。

对于易淬火钢材的焊接热影响区，凡是加热到相变点温度（Ac_1）以上的区域，由于都存在奥氏体，所以在随后的快冷条件下都有可能产生淬火现象；然而，焊接热影响区内每一区域的加热条件（加热速度、峰值温度和高温停留时间等）是不同的，因此

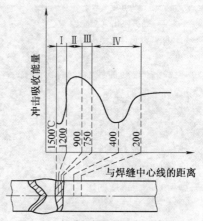

图 3-14　低碳钢焊接接头各区的 V 形

缺口夏比冲击吸收能量的分布示意图[4]

Ⅰ—过热区　Ⅱ—正火区（重结晶区）

Ⅲ—不完全重结晶区　Ⅳ—脆化区

所得奥氏体的稳定性也不一样，这就导致了热影响区内各区冷却以后的淬火倾向也不同。即使是同一种钢材，由于它的原始状态不同或加热条件不同都会影响到它的淬火倾向。例如图 3-15 所示加热温度对连续冷却转变图的影响，加热温度越高，则奥氏体的稳定

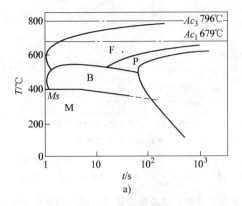

a)

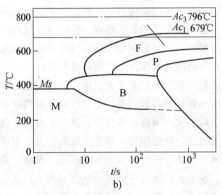

b)

图 3-15　不同奥氏体化温度时的连续
冷却转变图[5]（钢材 $w(C) = 0.17\%$ 和
$w(Mn) = 1.34\%$）
a) 900℃奥氏体化（炉中缓慢连续加热）
b) 1300℃奥氏体化（炉中缓慢连续加热）

性越大，连续冷却转变曲线右移，故淬火倾向加大。又如图 3-16 所示的加热速度对连续冷却转变曲线的影响，升温速度增加可以降低奥氏体的稳定性，使钢不易淬火。因此在研究焊接热影响区组织变化时，不仅要考虑到冷却过程中的冷却速度，而且还要考虑到加热过程中升温速度对奥氏体形成过程的影响以及奥氏体所加热到的最高温度的影响等。因为这些参数都直接影响到奥氏体的晶粒度以及碳化物向奥氏体的溶入和它的成分均匀化等。焊接时的升温速度与焊接方法和焊接热输入有关，由图 3-17 可以看到，随着加热速度的增加，钢材的相变点 Ac_{1k}、Ac_{1j} 和 Ac_3 逐渐升高，而且相变温度区间 $Ac_{1j} \sim Ac_3$ 也逐渐扩大。珠

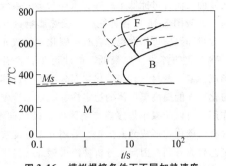

图 3-16　模拟焊接条件下不同加热速度
时的连续冷却转变图[5]
（45 钢，$T_{max} = 1350$℃）
实线—升温速度 9~10℃/s，由 Ac_3
加热到 1350℃的时间 40s
虚线—升温速度 9~10℃/s，由 Ac_3
加热到 1350℃的时间 4.5s

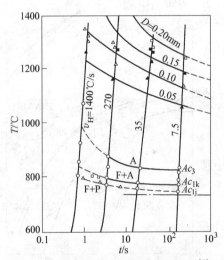

图 3-17　加热速度对 45 钢临界点的影响[5]
Ac_{1k}—珠光体转变为奥氏体的开始温度
Ac_{1j}—珠光体转变为奥氏体的结束温度
v_H—加热温度（℃/s）
D—奥氏体晶粒尺寸（mm）

光体转变为奥氏体的结束温度和铁素体转变为奥氏体结束温度越高，则奥氏体的初始晶粒越细，奥氏体晶粒开始剧烈长大的温度 T_k（晶粒直径 $D = 0.1mm$）越高。同时，升温速度对临界点的影响与钢材的化学成分还有关，钢中碳化物形成元素含量越高，则 Ac_1 和 Ac_3 提高越多，晶粒开始长大的温度 T_k 也越高（表 3-1）。因此含有一些强碳化物形成元素的钢材，由于形成了稳定的碳化物，在焊接的快速加热过程中，比不含强碳化物形成元素的钢材具有较小的奥氏体晶粒长大倾向和较大的奥氏体成分不均匀性，所以

淬火倾向反而有可能低于那些含碳和合金元素较低的钢材。比较图 3-18 中各种钢材焊接热影响区中马氏体的含量和硬度可以发现，含有强碳化物形成元素的 18Cr2WV 钢的淬火倾向最低。由此可见，含有碳化物形成元素的钢材只有在碳化物充分溶入奥氏体，并均匀化后才能提高奥氏体的稳定性，起增加淬硬倾向的作用。所以从减小焊接热影响区的淬硬倾向考虑，对含有强碳化物形成元素的钢，采用升温速度快的焊接工艺较为有利。因此在分析易淬火钢焊接热影响区各部分的组织状态时，必须结合它在具体工艺条件下，升温过程中的实际变化来考虑，所用的连续冷却转变图应该符合实际焊接工艺的加热条件。

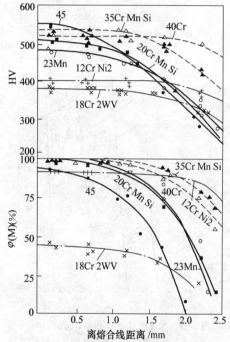

图 3-18　不同钢材焊接热影响区中

硬度和马氏体数量的分布[5]

（CTS 试样，热输入 1340J/cm，

过热区的冷却速度 28℃/s）

根据加热到的峰值温度和冷却下来后的组织特征，可将易淬火钢的焊接热影响区分为三大部分：淬火区、不完全淬火区和回火区等（图 3-19）。

（1）淬火区

焊接热影响区中凡是加热到 Ac_3 以上，达到了完全奥氏体化的区域都应属于淬火区。因此它包括了相当于低碳钢焊接热影响区中的过热区（1100～1490℃）和正火区（900～1100℃）两部分。过热区和正火区虽然在易淬火钢中都属于正火区，由于加热达到的峰值温度不同，由此引起的晶粒度、合金碳化物

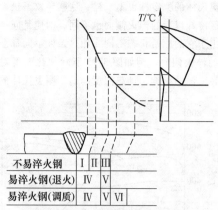

图 3-19　不同类型钢材的焊接

热影响区划分示意图

Ⅰ—过热区　　Ⅱ—正火区　　Ⅲ—不完全重结晶区

Ⅳ—淬火区　　Ⅴ—不完全淬火区　　Ⅵ—回火区

和氮化物的溶入以及奥氏体成分的均匀化程度等都不同，因而奥氏体的稳定性也不同。过热区所加热达到的峰值温度最高，接近于熔点，所以该区域内不仅晶粒长得很粗大，而且一些难熔的合金碳化物和氮化物质点也都能溶入奥氏体。这两点显然对提高过热区奥氏体的稳定性有利。至于奥氏体成分均匀化的程度也与焊接热循环的参数：高温停留时间及加热达到的峰值温度等有关。而焊接条件下，这两个参数对奥氏体均匀化所起的作用刚好是相互矛盾的。由于焊接时的加热速度很快，因此高温停留时间比一般热处理时短很多，这对奥氏体成分的均匀化很不利；但从加热峰值温度来看比一般热处理时高得多，尤其是在接近熔点的过热区中，这就大大地加速了原子的扩散过程，对奥氏体中合金成分的均匀化起着极为有利的作用。因此在通常的焊接条件下，过热区内奥氏体的均匀化程度并不因为高温停留时间短而低。与热影响区内的其他区域相比，过热区加热到的峰值温度最高，在 Ac_3 以上停留的时间也最长，因此无论从晶粒度大小，还是从合金碳化物和氮化物的溶入情况以及奥氏体成分的均匀化程度来考虑，热影响区中，以过热区奥氏体的稳定性最高。另外，焊接热影响区中各区的冷却速度，也是过热区的最大。因此过热区的淬火倾向大于正火区的淬火倾向。至于淬火区内到底形成什么样的过冷组织，与钢材本身的化学成分，其中主要是含碳量或碳当量有关，另外还与决定冷却速度的具体焊接工艺条件有关。连续冷却过程中，奥氏体的分解产物通常取决于由 A_3（或 800℃）到 500℃ 的冷却时间，即 $t_{8/5}$。因此 $t_{8/5}$ 是衡量易淬火钢焊接热影响区组织转变的一个重要热循环参数。可以根据模拟焊接

表 3-1　加热速度对一些钢材的 Ac_1、Ac_3 和 T_k 的影响[5]　　（单位：℃）

钢牌号	临界点	平衡状态	加热速度/(℃/s)			
			6～8	40～50	250～300	1400～1700
45	Ac_1	730	770	775	790	840
	Ac_3	770	820	835	860	950
	T_k	—	1060	1100	1150	—
40Cr	Ac_1	740	735	750	770	840
	Ac_3	780	775	800	850	940
	T_k	—	1010	1090	1180	—
25Mn	Ac_1	735	750	770	785	830
	Ac_3	830	810	850	890	940
	T_k	—	1000	1080	1150	—
12CrNi2	Ac_1	730	735	760	800	875
	Ac_3	795	800	830	875	975
	T_k	—	980	1010	1060	—
35CrMnSi	Ac_1	740	740	775	825	920
	Ac_3	820	790	835	890	980
	T_k	—	1080	1140	1200	—
20Cr2MoV	Ac_1		830	860	930	1030
	Ac_3		880	930	1000	1130
	T_k		1050	1080	1120	—
18Cr2WV	Ac_1		800	860	930	1000
	Ac_3		860	930	1020	1120
	T_k		1140	1190	1270	—

表 3-2　热输入和预热温度对焊接过热区热循环参数和热影响区宽度的影响

（焊条电弧焊，板厚 13mm）[7]

焊接热输入 /(J/cm)	预热温度 /℃	峰值温度 1365℃		Ac_1 以上热影响区宽度/mm
		1095℃以上停留时间/s	650℃冷却速度 /(℃/s)	
39400	27	16.5	4.4	6.1
39400	260	17	1.4	11.2
19700	27	5	14	2.0
19700	260	5	4.5	3.3

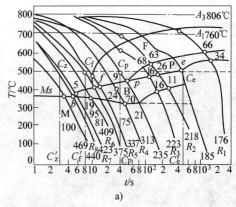

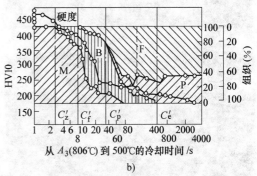

图 3-20　490MPa 级高强钢的模拟焊接热影响区连续冷却转变曲线和 $t_{8/5}$ 对组织与硬度的影响[6]

a) 连续冷却转变曲线　b) $t_{8/5}$ 对组织与硬度的影响

[钢材成分：$w(C)=0.18\%$，$w(Si)=0.47\%$，

$w(Mn)=1.40\%$，$w(Cu)=0.17\%$；

$T_{max}=1350℃$]

$R_1\sim R_8$ 表示不同的冷却速度

热影响区的连续冷却转变图来找到不同冷却条件（$t_{8/5}$）下，热影响区的组织状态。图 3-20b 所示为根据图 3-20a 上的连续冷却转变曲线得出来的抗拉强度为 490MPa 级低合金高强度钢热影响区过热区组织和硬度与 $t_{8/5}$ 之间的关系。利用图 3-20b 可以根据焊接时过热区内的 $t_{8/5}$ 预测它的组织和硬度；也可以利用该图，根据所要求的组织和硬度，选择合适的焊接工艺，例如焊接热输入和预热温度等。根据表 3-2，从调节奥氏体分解时的冷却速度来看，采用预热比加大热输入的效果好。因为预热基本上不影响焊接时热影响区的高温停留时间，只改变奥氏体分解时的冷却速度。例如将焊接热输入由 19700J/cm 提高到 39400J/cm 时，650℃的冷却速度由 14℃/s 降低到 4.4℃/s，同时高温停留时间相应地由 5s 增加到 16.5s。这会引起晶粒长大和奥氏体稳定性的增加，使淬硬倾向加大和性能变坏。而当焊接热输入保持在 19700J/cm 不变，采用 260℃预热同样可以将 650℃时的冷却速度降到 4.5℃/s，但高温停留时间仍保持 5s，这样显然对减少淬硬倾向和改善性能是最有利的。下面将通过一些例子来说明不同焊接工艺条件下热影响区过热区的组织状态。

如图 3-21 所示为 Q345 钢气电垂直立焊接头的热影响区组织，由于热输入较大，因此过热区内和正火区内均为铁素体和珠光体。所不同之处是过热区铁素

a)

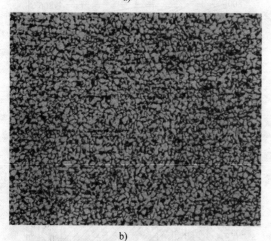

b)

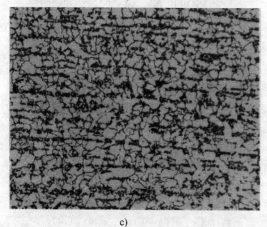

c)

图 3-21　Q345 钢气电立焊热影响区组织（100 ×）[2]

a）过热区组织　b）正火区组织

c）不完全重结晶区组织

体为细小的块状组织。焊条电弧焊时由于热输入较小，因此热影响区冷却下来后过热区组织中的铁素体为粗大的魏氏组织，而正火区组织为贝氏体和板条马氏体（图 3-22a）；而此时正火区内的冷却速度虽然

也较高，但由于没有发现马氏体，其组织为铁素体和珠光体（图 3-22b）。只有在淬火倾向更大的钢材中，才能在过热区和正火区内均获得马氏体组织，此时两个区域内马氏体的差别主要在晶粒的粗细上（图 3-23a、b）。所以在分析易淬火钢的焊接热影响区组织时，不能在任何情况下都把过热区和正火区笼统地等同起来作为一个淬火区来看待，应该根据钢种和焊接工艺条件等具体情况进行具体分析。

上述讨论说明，焊接热影响区中过热区的晶粒最为粗大，也最容易淬火，因此冷却下来后得到的粗大马氏体组织或粗大的其他混合组织都对性能有很大影响，使过热区成为易淬火钢中性能较差，较容易出现焊接缺陷的一个薄弱环节；其性能特点为硬度较高、塑性较低和韧性较差（图 3-24）。在分析讨论焊接热影响区的淬硬倾向和脆化倾向时，通常都以过热区为对象进行研究。钢材进行焊接热模拟试验时，通常多选择加热峰值温度约为 1350℃，即相当于焊接热影响区过热区中的组织和性能变化来进行比较和研究。例如为了研究不同焊接条件下 HQ70 钢焊接热影响区组织和性能变化的规律，采用了峰值温度为 1320℃的焊接热模拟试验，并通过改变 800 ~ 500℃的冷却时间 $t_{8/5}$ 来模拟不同的焊接热输入。图 3-25 所示为 HQ70 钢在不同的冷却速度时的模拟焊接热影响区过热区的组织变化。当 $t_{8/5}$ 为 8s，相当于焊接热输入为 18.1kJ/cm，所得组织为板条马氏体；当 $t_{8/5}$ 为 90s，焊接热输入为 60.7kJ/cm 时，组织为无碳贝氏体（又称 B_1），即在贝氏体铁素体之间夹有条状的 M-A 组元，如图 3-26a 中白色条状组织为 M-A 组元；当 $t_{8/5}$ 增加到 120s，热输入为 70kJ/cm 时，组织为粒状贝氏体，即在不规则的多边形铁素体上分布有块状的 M-A 组元，如图 3-26b 中白色的块状组织即 M-A 组元。此时，-40℃下的模拟焊接热影响区过热区的 V 形缺口冲击吸收能量（KV）相应为：$t_{8/5}$ 等于 8s 时为 31.36J，90s 时为 11.76J，120s 时为 9.8J。因此这种情况下引起脆化的主要原因是 M-A 组元，而且 M-A 组元越粗大，量越多，脆化越严重。

由于 M-A 组元是促使低合金高强度钢焊接热影响区脆化的一个主要原因，因此有必要对它的形成、形貌特征和内部组织结构等作进一步的了解。当进行贝氏体转变时，在贝氏体铁素体片之间没有碳化物析出的情况下，剩下了一部分高碳奥氏体小岛，这部分未转变的高碳奥氏体在随后的冷却过程中又转变为高碳马氏体(M)和残留奥氏体(A)的混合物。通常称这种岛状物为 M-A 组元。M-A 组元的形成与钢材的合金成分、合金化程度以及冷却速度有关。在合金成分

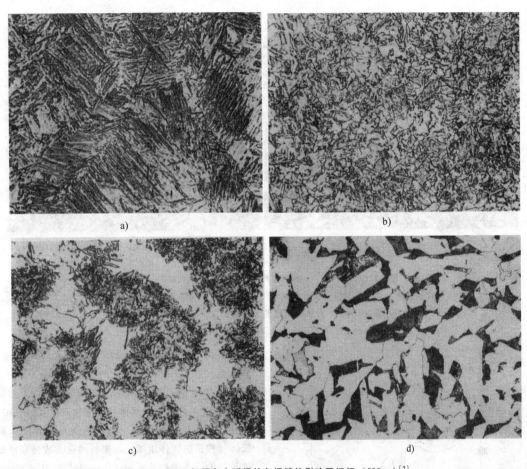

图 3-22　Q345 钢焊条电弧焊的角焊缝热影响区组织（500 ×）[2]
a）过热区组织　b）正火区组织　c）不完全重结晶区组织　d）母材组织

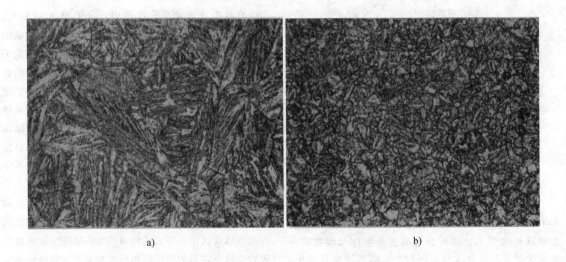

图 3-23　12Cr2MoWVTiB 钢氩弧焊的热影响区组织（400 ×）[2]
a）过热区组织（粗大的马氏体）　b）正火区组织（细小的马氏体 + 少量粒贝）

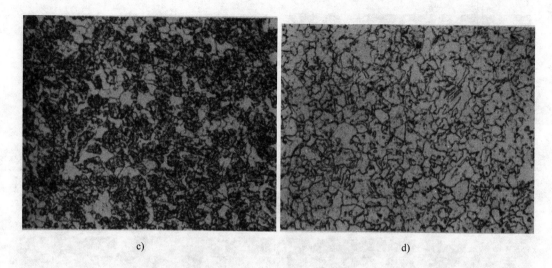

c)　　　　　　　　　　　　　　　　d)

图 3-23　12Cr2MoWVTiB 钢氩弧焊的热影响区组织（400 ×）[2]（续）

c）不完全重结晶区组织（铁素体 + 马氏体 + 粒贝 + 少量铁素体 – 碳化物型混合

组织）　　d）母材组织（铁素体 – 碳化物型混合组织）

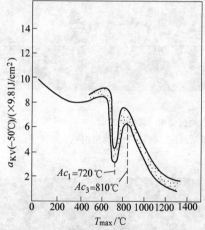

图 3-24　抗拉强度为 784MPa 级高强度

钢焊接热影响区各区的冲击韧度[8]

[钢材成分：$w(C) = 0.15\%$，$w(Si) = 0.32\%$，

$w(Mn) = 1.05\%$　$w(P) = 0.007\%$，

$w(S) = 0.018\%$　$w(Ni) = 0.93\%$，

$w(Cr) = 0.50\%$，$w(Mo) = 0.46\%$，

$w(V) = 0.01\%$，$w(B) = 0.0025\%$；

$t_{8/5} = 23 \sim 26s$]

简单和合金化程度较小的钢中奥氏体稳定性较小，不会形成 M-A 组元，而将分解成为铁素体和碳化物。而在含碳量和合金成分高的钢中，则形成孪晶马氏体。M-A 组元只形成于低碳低合金强钢中，在一定的冷却速度范围内，当冷却速度很大时，将主要形成马氏体和下贝氏体等；当冷却速度很小时，岛状组织不再是 M-A 组元，而是分解了的铁素体和碳化物。M-A 组元数量和冷却速度之间的关系如图 3-27 所示，开始时 M-A 组元的数量随 $t_{8/5}$ 的增加而增加，然后由于部分 M-A 分解为铁素体和碳化物而使其数量减少。另外，M-A 组元的内部组织由板条马氏体、孪晶马氏体和残留奥氏体组成，与钢材的化学成分和冷却条件等有关。当焊接热影响区中一旦出现 M-A 组元后，它的韧性就开始下降，随 M-A 组元的增加，脆性转变温度显著提高，如图 3-28 所示。

在这类低合金高强度钢中，除了 M-A 组元外，上贝氏体（B_U）也是引起焊接热影响区韧性降低的一个原因。上贝氏体的形成温度低于无碳贝氏体的形成温度。此时碳原子的扩散系数已较小，碳原子由铁素体脱溶，通过铁素体-奥氏体相界向奥氏体中扩散已不能充分进行，结果碳就以碳化物的形式在铁素体板条的边上析出，最后呈断续的杆状分布于铁素体板条之间。由于铁素体板条很细密，在普通的光学显微镜下分辨不清铁素体和渗碳体，只有在高倍电镜下才能观察到这种微细的结构。由于这种组织形态，上贝氏体的韧性显得较差，裂纹很容易沿着铁素体条之间的碳化物扩展。与此相反，在低碳低合金高强度钢的焊接热影响区中，下贝氏体 B_L 和低碳马氏体的韧性较好，这与它们的组织结构特点有关。下贝氏体转变时的温度比上贝氏体低，因此碳原子的扩散系数更小，碳在铁素体中的过饱和程度更大。此时碳原子在奥氏体中的扩散相当困难，而铁素体中的短程扩散尚

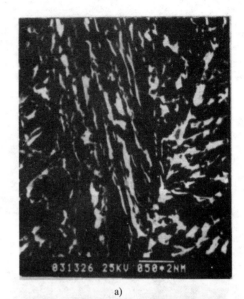

图 3-25　HQ70 钢模拟焊接热影响区
过热区的金相组织（500 × ）

a）$t_{8/5}=8s$　b）$t_{8/5}=90s$　c）$t_{8/5}=120s$

[钢材成分：$w(C)=0.12\%$，$w(Si)=0.23\%$，

$w(Mn)=0.91\%$，$w(P)=0.028\%$，

$w(S)=0.005\%$，$w(Ni)=0.69\%$，

$w(Cu)=0.30\%$，$w(Cr)=0.49\%$，

$w(Mo)=0.40\%$，$w(V)=0.061\%$，

$w(Nb)=0.043\%$，$w(B)=0.0018\%$；

$T_{max}=1320℃$]

图 3-26　HQ70 钢模拟焊接热影响区
过热区中 M-A 组元扫描电镜照片

a）$t_{8/5}=90s$　b）$t_{8/5}=120s$

可进行，使碳原子在铁素体的某些特定的晶面上偏聚，并沉淀析出碳化物，因而下贝氏体中的碳化物一般只能在铁素体内部以一定的角度析出。下贝氏体中

的铁素体形态与钢材成分有关，高碳钢中下贝氏体中铁素体呈片状，并相互之间成一定的角度，典型的下贝氏体形态如图 3-29 所示。但在低碳低合金钢中则不同，此时下贝氏体中的铁素体形态类似于上贝氏体，呈平行的板条束。由于下贝氏体中的碳化物分布于铁素体的内部，因此它的强度和韧性都优于上贝氏体。

同时还应指出，钢中的马氏体也并不一定很脆，与其含碳量和组织形态有关。马氏体的组织形态主要有两种类型；一种是板条状马氏体，另一种是片状马氏体。

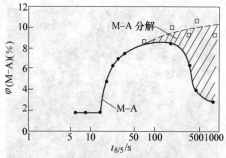

图 3-27　784MPa 级高强钢模拟焊接热影响区

过热区中 M-A 组元与 $t_{8/5}$ 之间的关系[9]

[钢材成分：$w(C) = 0.11\%$，$w(Si) = 0.32\%$，

$w(Mn) = 0.79\%$，$w(P) = 0.008\%$，

$w(S) = 0.006\%$，$w(Cu) = 0.23\%$，

$w(Ni) = 1.00\%$，$w(Cr) = 0.42\%$，

$w(Mo) = 0.39\%$，$w(V) = 0.04\%$；

$T_{max} = 1350℃$]

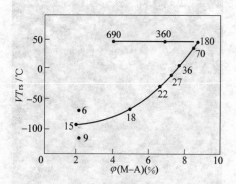

图 3-28　M-A 组元的数量与 VT_{rs} 之间的关系[9]

（图中的数字为 $t_{8/5}/s$）

图 3-29　片状下贝氏体的组织形态（10000×）[10]

　　板条状马氏体主要产生于含碳量低的钢材中，所以又称"低碳马氏体"。这类马氏体的立体形态为椭圆断面的柱状晶体，平行成束地分布，在光学显微镜下呈板条状，每个奥氏体晶粒内包含有数个不同取向

图 3-30　板条马氏体的组织形态（400×）[10]

的板条束（图 3-30）。每个板条束是由位向相差很小的，大致平行的板条组成，常见的板条宽度为 0.1 ~ 0.2μm，板条内部为高密度位错的亚结构，因此这类马氏体又称为"位错马氏体"。板条状马氏体的晶体结构通常为体心立方晶格。只有 $w(C) > 0.2\%$ 后，马氏体的晶格才具有正方度，即具有体心正方晶格。板条状马氏体还具有自回火的特点。这是因为板条状马氏体的形成温度较高，在它形成之后，过饱和固溶体中的碳尚能进行短距离扩散，发生偏聚或析出，即发生回火。越是在较高温度下先形成的马氏体板条，自回火程度越大，在金相组织上颜色越暗。这种自回火现象对提高马氏体的强韧性起着重要的作用。

　　片状马氏体主要生成于碳含量高的钢材中，所以又称为"高碳马氏体"。片状马氏体的立体形态是双凸透镜状，在光学显微镜下呈针状或竹叶状。回火前片状马氏体为白亮的针，回火后就变成黑色的针。片状马氏体相互成一定角度分布，在一个奥氏体晶粒中，最先形成的马氏体片横穿整个晶粒，后形成的马氏体片一般不能穿过先形成的马氏体片，如图 3-31 所示。马氏体的最大尺寸主要取决于奥氏体的晶粒度。但当奥氏体晶粒中存在第二相颗粒，或者浓度不均匀时也会阻止马氏体片的长大，使之细化。当马氏体片细小到光学显微镜无法分辨时，称为"隐晶马氏体"。由于片状马氏体内部存在大量横穿马氏体片的微细的孪晶亚结构，因此又称"孪晶马氏体"。片状马氏体的另一个重要特点是马氏体片内存在大量的微裂纹。奥氏体晶粒越粗大，淬火后的显微裂纹越多，马氏体内的含碳量越高[尤其是 $w(C)$ 超过 0.6% 时]，形成微裂纹的倾向也越大。

　　形成什么类型的马氏体主要取决于马氏体的转变温度。马氏体的转变温度又主要取决于奥氏体的化学成分，其中碳含量的影响最大。板条马氏体大都在 200℃ 以上形成，片状马氏体主要在 200℃ 以下形成；

图 3-31　片状马氏体的组织形态（750 ×）[10]

$w(C)$ 小于 0.2% 的奥氏体几乎全部形成板条马氏体；奥氏体中的 $w(C)$ 为 0.2% ~1.0% 时形成两种马氏体的混合组织，先形成板条马氏体，后形成片状马氏体；$w(C)$ 大于 1.0% 的奥氏体几乎全部形成片状马氏体。应该指出，奥氏体中的含碳量不等于钢材中的含碳量，这与奥氏体化的条件有很大关系。例如在一些情况下，高碳钢经低温短时奥氏体化后可以得到碳浓度低的奥氏体，淬火后形成大量板条马氏体；相反，低碳钢在一定条件下经低温短时奥氏体化后可以得到部分高碳的奥氏体，淬火后生成许多片状马氏体[11]。类似的情况在焊接条件下的热影响区内是有可能遇到的。例如在低碳低合金高强度钢焊接热影响区的不完全淬火区内经常会出现硬脆的高碳马氏体。

因此在低碳低合金高强度钢中，除了下贝氏体的韧性较好外，板条的低碳马氏体同样具有较高的韧性。所以焊接这类钢时，为了避免热影响区过热区的脆化，采用小热输入最为合适，不仅晶粒小，而且得到的是韧性较好的下贝氏体和板条马氏体组织。增大焊接热输入时，不仅由于冷却速度变慢促使过热区内形成 M-A 组元和上贝氏体等韧性较差的组织，而且晶粒也会长得非常粗大，无论是不易淬火钢还是易淬火钢，都不希望在过热区内出现过于粗大的晶粒，这会严重地影响到焊接接头的韧性，尤其是低温韧性。但限制焊接热输入后又会影响到焊接生产率的提高，因此近年来在国内外开发了一些能用于大热输入焊接的低合金钢。

此外，当采用热输入很大的电渣焊来焊接易淬火钢时，虽然可以避免淬硬组织的产生，但由于在过热区内形成了粗大的退火组织，同样会使该区的性能变坏，因此电渣焊这类钢时焊后需通过正火和调质处理来改善接头的组织和性能。

（2）不完全淬火区

相当于不易淬火钢材焊接热影响区内的不完全重结晶区（750~900℃）。因为在 Ac_1~Ac_3 的温度范围内加热时，铁素体基本没有变化，奥氏体主要是由珠光体转变而来的。因此在随后的快冷过程中也只有奥氏体能转变为马氏体，而原来的铁素体则保持不变，最终冷却后的组织为马氏体-铁素体混合组织，故称不完全淬火区。这一区与过热区和正火区相比，具有加热温度较低、冷却速度也较低的特点，因此奥氏体的均匀化程度和过冷度都较低，但由于这一区内的奥氏体是直接由珠光体转变而来的，所以碳含量很高，相当于共析成分，这就大大提高了奥氏体的稳定性。一般情况下，由于前两个因素的原因使该区不易淬火，冷却下来后的组织为珠光体 + 铁素体（图 3-22c）。但当冷却速度足够快时也能得到马氏体组织，而且由于此时奥氏体的含碳量高（接近于共析成分），因此所得马氏体与上述淬火区中的马氏体不同，为非常硬脆的高碳马氏体，形态一般为隐晶马氏体，如图 3-32 中灰亮区为马氏体组织，白色的大块为铁素体，黑色部分为快速升温过程中残留下来的，少量未经转变的珠光体。所以该区的组织是一种复杂的混合组织，其脆性也较大，仅次于过热区。

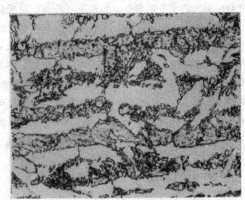

图 3-32　Q345（16Mn）钢水下半自动焊时的不完全淬火区组织[2]

（3）回火区

焊接热影响区内是否存在这一区域以及这一区域的范围与焊前母材所处的状态有着密切的关系。如果焊前母材的原始组织已经是铁素体 + 珠光体，则在低于 Ac_1 的区域内加热时根本不会再发生任何组织变化。因此对于热轧钢、正火钢以及退火状态的淬火钢来说，它们的焊接热影响区内都不存在回火区。如果焊前母材处于淬火 + 回火状态，则该区的范围与焊前的回火温度有关。凡是加热峰值温度超过母材回火温度，一直到 Ac_1 之间的区域，即为焊接热影响区中的回火区。假如母材是淬火后经 200℃ 低温回火时，则热影响区中的回火区范围为 200℃ ~Ac_1。假如母材处于调质状态，即经 600℃ 的高温回火时，则热影响区中的回火区缩小到 600℃ ~Ac_1。因此母材原来的回火温度越高，则焊接热影响区中的回火区越小。至于回火区中的组织状态，也取决于所加热到的峰值温度。因此回火区中不同部位的组织还不完全一样。随着回火区温度的提高，碳化物的析出越来越充分，其弥散度越来越小，碳化物粒子逐渐变粗，反映在性能上弱化的程度越来越增大（图 3-33）。因此焊接调质钢时，在 Ac_1 附近的热影响区回火区内有一强度最低的软化区。如果焊后不再进行重新调质处理这一软化区是无法消除的，而且随着钢材强度级别的提高，软化区变得越来越突出。因此在制定焊接工艺时必须注意。另外，当合金元素含量较少，而且自由 N 原子又较多时，在这类钢的回火区内也可能出现前面所述的蓝脆现象。此外，在有些易淬火的低碳低合金调质钢（如 9% Ni 钢和 HQ70 钢等）多层焊的热影响区内还可能出现一种特殊的组织遗传现象，使焊接热影响区中已经脆化的过热区在二次加热到正火温度后继续保持脆化的粗大组织区，甚至更为严重。组织遗传是与非平衡加热和冷却有关。焊接时在热影响区过热区内形成粗大的非平衡组织，如板条马氏体、贝氏体和残留奥氏体等。在某些钢内这些粗大的非平衡组织在再次快速加热到临界温度（Ac_3'）以上后，并不像通常所讲的规律那样，经 $\alpha - \gamma$ 的重结晶相变后，使原来粗大的晶粒得到细化，而是出现了一种反常现象，即所谓"组织遗传"。它保留了原有粗晶形貌和结晶学位向关系，只有将加热温度提高到比 Ac_3' 高出很多时，才能消除这种遗传现象，获得较细的晶粒组织。

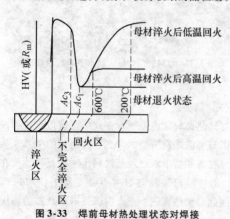

图 3-33　焊前母材热处理状态对焊接
热影响区中硬度或抗拉强度的影响

因此热影响区的组织遗传现象应当引起重视，它直接影响到一些钢材多层焊时热影响区的脆化。

3.3.3　无同素异构转变的多相合金的焊接热影响区组织和性能特点

在焊接热循环的作用下，这种合金的热影响区内会有第二相的溶入和析出。根据冷却过程中形成的过饱和固溶体的稳定性以及第二相在脱溶过程中的特点和它的强化作用，可将这种合金分为两类：一是不能时效强化的合金，二是时效强化合金。

1. **不能时效强化的多相合金焊接热影响区的组织和性能特点**

这类合金的特点是在缓冷条件下，由于固溶体的浓度在不断发生变化（图 3-34），因此在固溶体的晶界上或晶内会析出一些新相，例如 Al-Mn 合金中的 $MnAl_6$ 相，Al-Mg 合金中的 β（Mg_2Al_3）相和铬镍纯奥氏体钢中的碳化物相（主要为 $Cr_{23}C_6$）。这类合金的热影响区组织比较简单。

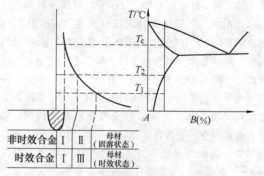

图 3-34　无同素异构转变的多相
合金焊接热影响区特点

Ⅰ—固溶区　Ⅱ—相析出区　Ⅲ—过时效区

当母材焊前处于退火状态，则第二相在母材中已经得到了充分的析出，因此焊接热影响区内就不会再有相析出区形成。此时的热影响区非常简单，只形成一个固溶区。因为当焊接时的冷却速度足够快时，在热影响区的高温区内相当于进行了一次固溶处理，最终组织应该是单一的固溶体。但在焊接升温速度很快时，固溶区中有时还可能有一部分第二相来不及达到完全固溶。于是在固溶体的晶界上仍然存在着一些化合物相。当温度到达和超过共晶温度后，在有化合物相的地方可能会导致晶粒边界的局部溶化，生成一些共晶液相，当焊接应力足够大时，就会沿着晶界液膜开裂，形成液化裂纹。图 3-35a 所示为 5A03 铝合金焊接热影响区过热区中的晶界局部熔化现象，部分低熔共晶聚集在三晶界处（见图上箭头）。故此时的固溶区已不是单相组织，这是焊接快速加热条件下造成的特殊情况。

当焊前母材处于固溶状态时，则焊接热影响区中存在两个区：一个是与前面相同的固溶区，另一个是相析出区。因为此时母材处于过饱和的固溶状态，所以在焊接热循环的作用下，当热影响区内加热到某一

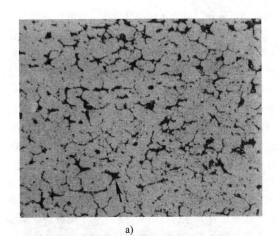

a)

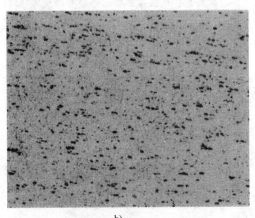

b)

图 3-35　5A03 铝合金钨极氩弧焊时

热影响区的组织变化（200×）[2]

a）带有局部晶界熔化的固溶区

b）退火状态下的母材在 α-Al 固溶

体上分布有 Mg₂Si 及杂质

温度 T_1 后（图 3-34），就开始有第二相从母材的过
饱和固溶体中析出。此时的组织由单相的固溶体变为
固溶体＋析出相质点。随着温度的升高，析出相的量
不断增加，颗粒不断长大，这一过程一直进行到析出
相的量达到该温度下的对应值为止。此后，进一步升
高温度时，随着固溶体中合金元素溶解度的提高，析
出相又重新溶入固溶体，当温度超过图 3-34 上的 T_2
时，理论上应该溶解完毕，又重新进入完全固溶区，
一直到熔化温度 T_c 前是处于单相固溶体。因此从图
3-34 可以看到，加热温度到达 $T_2 \sim T_c$ 的热影响区快
冷下来后是固溶区，组织为单一的过饱和固溶体；加
热到 $T_1 \sim T_2$ 的热影响区冷却下来后为相析出区，该
区的组织除了固溶体外，在晶界和晶内还有析出的第
二相存在。例如固溶处理后的铬镍纯奥氏体钢在加热
到 450℃后就有碳化物析出。由于晶间碳化物的析出

而使晶间腐蚀的敏感性大大提高。该区的范围从碳化
物开始析出的温度一直到碳化物重新溶入的温度。一
般认为 450～850℃是铬镍纯奥氏体钢焊接热影响区
内的相析出区。由于该区对晶间腐蚀敏感，因此又称
敏化区。于是，铬镍纯奥氏体钢的焊接热影响区有两
部分：固溶区和敏化区（即碳化物析出区）。

2. 时效强化合金焊接热影响区的组织和性能
特点

沉淀强化的镍基合金和热处理强化的铝合金等都
属于这一类合金。这类合金的典型状态图与前面讲过
的不能时效的多相合金基本一样（图 3-34）。它在缓
慢冷却条件下，固态时也有第二相析出，退火状态下
的组织也是固溶体＋析出相；快冷下来时得到的组织
也是均匀的过饱和固溶体；所不同之处是这类合金的
过饱和固溶体在室温下长期放置或在低温加热时会出
现一种强化现象，称为时效。以最简单的 Al-Cu 合金
为例，根据图 3-36 中的相图，当 Al 中的 $w(Cu)$ 小于
5.6%时，退火组织为 α 固溶体＋θ 析出相（图 3-36
中 A），通过高温淬火可以获得过饱和的 α 固溶体
（图 3-36 中 B）。这种过饱和固溶体在常温下长期放
置或在低温加热时，会出现时效现象。时效过程的初
期是在过饱和固溶体 α 中。通过 Cu 原子的扩散和聚
集，形成一些溶质原子的局部富集区，称 G.P 区。
由于 Cu 原子和 Al 原子的大小不同，因此 G.P 区的
形成使 α 固溶体中的局部区域内产生很大的点阵畸
变，使合金的强度显著提高。随着温度逐步升高或时
间进一步延长，Cu 原子进一步扩散和聚集使 G.P 区
中的含 Cu 量达到了 CuAl₂（θ 相）的成分，并导致了
点阵的改组，形成了一种与固溶体基体共格的过渡相
θ′。因此，从成分上看相 θ′与稳定的 θ 相一样，但点

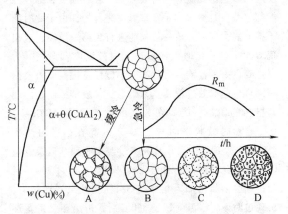

图 3-36　Al-Cu 合金的时效过程示意图

A—退火状态　B—固溶状态

C—时效状态　D—过时效状态

阵不同，而且尚未脱离 α 固溶体。此时固溶体中仍有点阵畸变，合金强度仍然很高，但比前一阶段有所降低。当温度继续升高或时间进一步延长时，θ′相最终脱离 α 固溶体转变成为稳定的平衡相 θ(CuAl₂)，即脱溶析出。当温度继续升高或时间继续延长时，θ相将聚集长大，合金的强度将不断下降。因此时效过程是一个扩散和沉淀析出的过程。出现 G.P 区时，合金开始时效强化。在 G.P 末期和 θ′ 初期时，合金的时效强化效果最佳，因此在时效状态下，金属的组织特点是有大量超显微粒子弥散分布于固溶体中（图 3-36 中 C）。由于这些粒子的尺寸非常细小，所以在一般的光学显微镜下是无法观察到的，只有当 θ′ 转变为 θ 相，脱溶析出，并聚集长大后才能在光学显微镜下观察到 α 固溶体中有第二相粒子的析出，但此时金属已处于过时效状态（图 3-36 中 D），强化效果已逐渐消失。

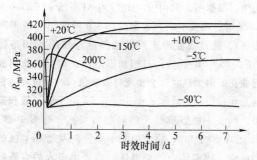

图 3-37　2A12 铝合金在不同温度下
时效时的强度变化曲线[11]

从图 3-37 的时效强化曲线可以看到强化过程与时效温度有关，提高温度可以缩短时效的时间；但温度过高后达不到应有的时效效果，合金强度和综合性能都较差。自然时效是在室温下进行的，由于此时原子扩散能力较弱，故一般只能进行到第一阶段，就出现 G.P 区。人工时效则取决于时效温度和时间，为了达到良好的性能，时效温度不能任意提高，需根据不同合金的时效过程特点来确定，一般都控制在出现共格相的阶段。例如在典型的硬铝合金 Al-Cu-Mg 中，自然时效状态时仅有 G.P 区存在；当加热到 150~200℃时，主要出现共格过渡相 θ′ 和 S′ 以及少量 G.P 区；此时对合金的强化效果最大；超过 200℃后就逐渐脱溶析出平衡相 θ 与 S，强化效果逐渐消失，出现过时效；当温度超过 350℃后，析出相又重新逐渐向固溶体中溶解直至完全固溶，强化效果完全消失。与此相对应，这类合金焊后热影响区的典型组织变化和性能变化特点如图 3-38 所示。焊态下热影响

区由固溶区和过时效区两部分组成，这两部分的强度都低于时效状态的母材，其中要算固溶区的强度最低（图 3-38 曲线 1）。固溶引起的软化可以通过自然时效或人工时效来恢复；由于过时效引起的强度下降是无法通过时效来恢复的。因此这类合金的焊接热影响区经时效后，固溶区的强度基本可以得到恢复，但过时效区的强度不会有变化，如图 3-38 曲线 2 所示。过时效区的强度只有通过焊后固溶处理和时效后才能恢复，但要将整个焊接件加热到高温进行固溶处理，在实际生产中往往很难做到。所以焊接时效强化合金时，热影响区过时效的软化是必须重视的技术关键。虽然无法避免，但应从焊接工艺上采取措施来加以限制，例如采用高能量密度的焊接方法及脉冲焊接技术等。

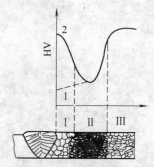

图 3-38　时效铝合金焊接热影响
区组织和硬度变化特点
Ⅰ—固溶区　Ⅱ—过时效区　Ⅲ—时效母材
1—焊态下的热影响区硬度变化特点
2—焊后又经过时效的热影响区硬度变化特点

图 3-39 所示为 2A12CZ 铝合金钨极氩弧焊热影响区的组织变化。母材处于淬火 + 自然时效状态，其组织为 α-Al 基体，少量淬火时未溶入的 S 相和 θ 相以及一些黑色夹杂物。在热影响区的过时效区内可以看到晶界和晶内都有 θ 相和 S 相析出。在靠近熔合线的固溶区内可以看到晶界上尚有部分析出相存在。随着透射电镜技术的发展和应用，现在已经可以直接观察到时效过程中发生的一系列超显微组织的变化。例如图 3-40 就是 Al-Zn-Mg 合金焊接热影响区各部分的透射电镜照片。母材焊前经 120℃人工时效，从透射电镜下可以观察到母材中有大量促使合金强化的超显微粒子（图 3-40a）。在焊接热影响区内随着温度上升，这些粒子就不断聚集长大，从 240℃开始过时效，到达 400℃时析出相已变得粗大，并有部分溶入固溶体（图 3-40b、c），此时已接近于固溶处理的温度，到 530℃时已基本全部固溶，剩下的一些粗大的颗粒是夹杂物（图 3-40d）。

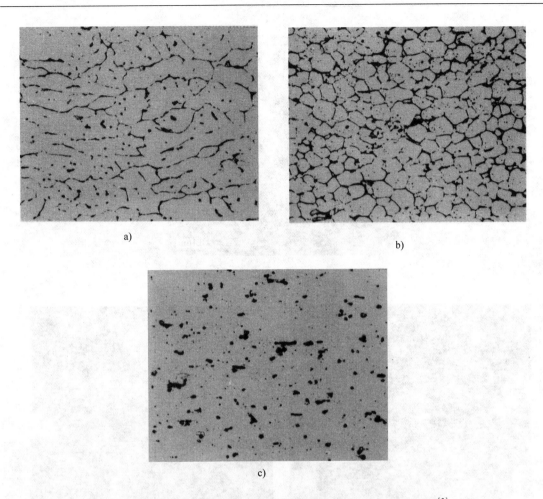

图 3-39　2A12CZ 铝合金手工钨极氩弧焊热影响区的组织变化（250 ×）[2]
a）靠近熔合线的固溶区　b）过时效区　c）母材（淬火 + 自然时效）

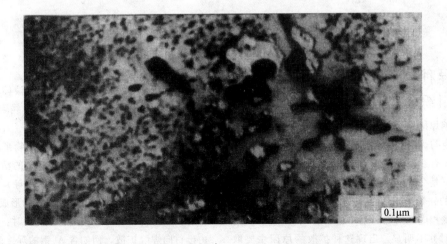

图 3-40　Al-Zn-Mg 合金焊接热影响区透射电镜照片[12]
a）母材

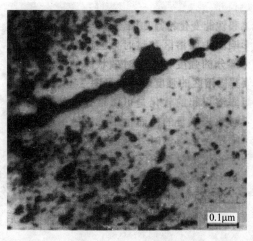

b)

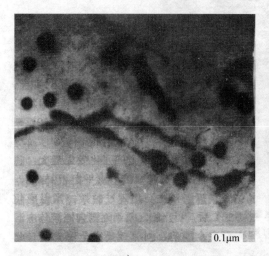

c)

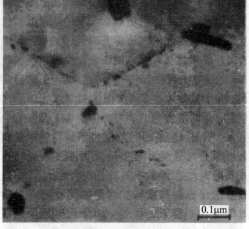

d)

图 3-40　**Al-Zn-Mg 合金焊接热影响区透射电镜照片**[12]　（续）

b）峰值温度 240℃　c）峰值温度 400℃　d）峰值温度 530℃

3.4　异种材料焊接时热影响区的组织和性能特点

　　异种钢焊接时，当母材成分与焊缝成分相差较大时，在母材与焊缝之间有可能发生碳的扩散迁移，并由此引起熔合线附近热影响区内的组织和性能变化。一般情况下是在熔合线附近的过热区内形成 1～2 个晶粒宽度的铁素体组织，即所谓"脱碳层"。同时，在焊缝一侧相应地出现一个"增碳层"，但这个"增碳层"有时并不明显。出现这种扩散的原因主要取决于碳在熔合线两侧的活度。凡是提高母材的碳活度因素以及降低焊缝的碳活度因素都能促使碳由熔合线的母材一侧向焊缝扩散迁移。焊接时促使碳由母材向焊缝扩散的因素如下：

　　1）当焊缝为液态时，由于碳在液体金属中的溶解度大于固体金属，故促使碳由熔合线附近的母材向焊接熔池扩散。

　　2）与化学成分有关，凡是碳化物形成元素（如 Cr、Mn、Mo、V、Nb 等）都降低碳的活度系数，而非碳化物形成元素（如 Si、Al 和 Ni 等）都增大碳的活度系数。因此当焊缝内的强碳化物形成元素多于母材时，或母材中含有较高的 Al 和 Si 时，都能促使碳由母材向焊缝扩散，例如含 Al 钢的焊接。

　　3）与晶体结构有关，碳在 α-Fe 中的活度大于 γ-Fe 中的活度。因此当焊缝处于奥氏体，而母材处于铁素体时，也有利于碳由母材向焊缝扩散。

4）与温度和时间有关，在单道焊时，一般不易形成明显的扩散层，往往经焊后热处理或高温长期工作后才变得明显。

当焊缝成分与母材成分匹配不合适时，从化学成分上以及晶体结构上，使焊缝与母材二者在碳的活度方面有较大差别时，焊接过程中就能在靠近熔合线的过热区内看到明显的粗大铁素体脱碳层。例如含 Al、Si 高的钢在焊接热影响区内很容易出现脱碳层。图3-41 所示为用 08MoV 焊条焊接 12AlMoV 钢时，焊接热影响区内的粗大铁素体脱碳层。用 08MoV 焊条焊接含 Al 低合金钢 12AlMoV 时，出现明显脱碳层的原因除了成分上由于母材内含有促使增加碳活度的 Al 元素外，还由于这种钢的 A_3 点很高，在 1200 ~ 1250℃之间；而 08MoV 焊缝金属的 A_3 点则低很多，在 900℃左右。因此当焊缝还是奥氏体时，母材已转变为铁素体，这也增加了碳的活度。所以用 08MoV 焊条焊接 12AlMoV 时，碳的扩散很严重，在熔合线附近过热区内形成的铁素体带可达 0.15mm 左右。通过调整 12AlMoV 钢的成分，将 $w(Mn)$ 由 0.45% 提高到 0.8%，$w(Si)$ 由 0.65% 降低到 0.3% 后，能使 A_3 点降低到 1050℃；此时再用 08MoV 焊条焊接时，由于焊接过程中焊缝与热影响区之间碳的扩散已减弱，因此基本上消除了焊接时热影响区中的脱碳层（图 3-42），并使熔合线附近热影响区的冲击韧度由 9.8J/cm² 提高到 117.7J/cm²。

图 3-41　用 08MoV 焊条焊接
12AlMoV 钢时熔合线附近热影
响区内的粗大铁素体脱碳层[13]

图 3-43 所示为在 Q235A 钢板上用埋弧焊进行 Cr28Ni11 不锈钢带极堆焊时，在熔合线附近热影响区内形成的粗大铁素体脱碳层组织，但在焊缝内并没有看到黑色的渗碳层，因为碳化物的析出不是在所有情况下都能进行，而是需要有一定的条件，例如在冷却速度很慢时碳化物才有充分时间进行析出。因此经常在多层焊时，特别是焊后热处理和高温下长期使用

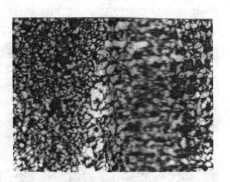

图 3-42　用 08MoV 焊条焊接改进后的
12AlMoV 钢时熔合线附近的组织[13]

时，可以看到在异种钢接头熔合线附近的奥氏体焊缝内有黑色的碳化物析出层。典型的组织如图 3-44 所示，图中的焊缝金属为 Cr25Ni13，母材为 Q235A 钢，经 600℃、300h 加热后，在紧靠熔合线附近的碳钢一侧可以看到一个白亮层，即纯铁素体组织，热影响区的其他部分为铁素体和珠光体组织。低碳钢中的这一层纯铁素体组织只有在加热温度低于 Ac_3 时才能出现。因为当加热温度超过 Ac_3 后，由于碳的扩散加速使 Q235A 钢过热区中的铁素体层消失。例如经 1000℃、2h 加热后，Q235A 钢和 Cr25Ni13 奥氏体焊缝的异种钢接头中就不存在纯铁素体的脱碳层了。另外，图 3-44 中在奥氏体焊缝一侧的黑色层为析出的碳化物。这些碳化物非常细小，在高倍下观察也无法分辨。当加热温度超过了碳化物的溶解温度时，这个黑色的碳化物层也会消失。例如，在 1200℃加热 24h 的 Q235A 钢和 Cr19Ni11Mo3 的异种钢接头中没有发现碳化物层[$w(C)$ 为 0.10% ~ 0.15% 的 Cr19Ni11Mo3 钢中碳化物的溶解温度为 1100℃]。

图 3-45 所示为异种钢焊接接头中，低碳钢一侧过热区脱碳层宽度与焊后加热温度和保温时间的关系。由该图可以看到，在 Q235A 钢和 Cr25Ni13 焊缝的异种钢接头中，当加热到 350℃时就已发现有脱碳层，在加热到高于 550℃时才显著，超过 600℃后更为严重，特别是在 800℃时。当加热温度超过 Ac_3 后脱碳层又不存在。此外，异种钢焊接接头中熔合线附近碳钢一侧的脱碳层厚度与奥氏体焊缝的化学成分有关。碳化物形成元素对热影响区脱碳层宽度的影响不仅与焊缝中碳化物形成元素的含量有关，而且与焊缝中的碳含量也有关。

异种材料的焊接包括异种钢焊接、钢与有色金属焊接、异种有色金属的焊接以及金属与非金属的焊接等。由于异种材料的热物理性能不同，而引起焊接时的热应力，导致焊接裂纹或严重的焊接变形。异种材

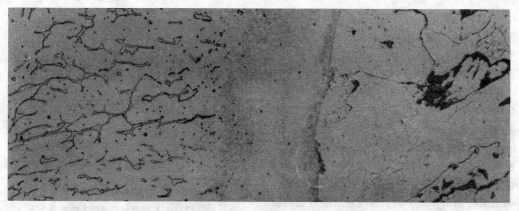

图 3-43　在 Q235A 钢板上用 Cr28Ni11 带极进行埋弧堆焊

时的热影响区脱碳层组织[2]

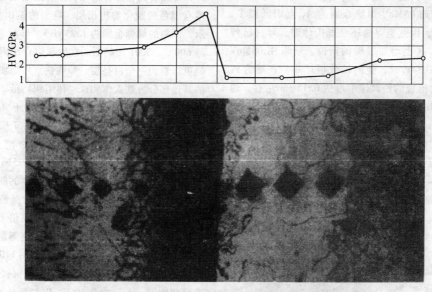

图 3-44　Q235A 钢与 Cr25Ni13 奥氏体焊缝的异种钢接头经

600℃、300h 后的组织特点及硬度分布情况[14]

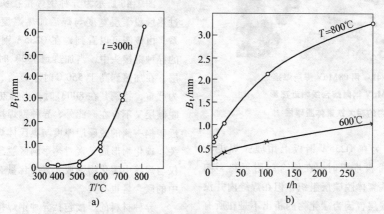

a)　　　　　　　　　　　　　　　b)

图 3-45　Q235A 钢与 Cr25Ni13 焊缝的异种钢接头中脱碳层宽度

（B_t）与加热温度和加热时间关系[14]

a) 脱碳层宽度与加热温度之间的关系　　b) 脱碳层宽度与加热时间之间的关系

料焊接时，由于它们各自的金属组织差异，以及新生成的化合物或相结构差异，这不仅使焊接难于实现，而且往往造成接头的性能恶化，使接头的塑性和韧性降低。因此异种材料焊接的难度大，接头的性能质量难于保证，必须要认真对待。

图 3-46 所示纯钛与纯铁的钨极氩弧焊接头。焊接工艺条件：板厚 4mm，对接接头，不加填充丝，焊接电流 110A，电弧电压 24V，焊速为 10m/h，钨极直径为 3.2mm。该图中左侧为焊缝，黑白交替处为 TiFe 相，较宽的深灰色区为 β-Ti 与 TiFe 的共晶，稍右的亮白窄条为 α-Ti 固溶体，最右侧为纯钛。

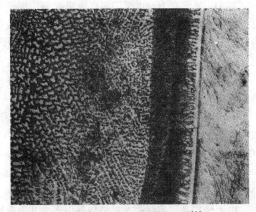

图 3-46　纯钛与钝铁的钨极氩弧焊接头[2]（200×）

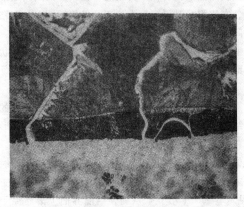

图 3-47　纯铜与 Q235 钢的自动氩弧
焊接头组织[2]（250×）

纯铜与 Q235 钢的自动氩弧焊接头组织如图 3-47 所示。焊接工艺条件：板厚 22mm，焊接电流 750~800A，氩气流量 60L/min。焊丝的直径为 4mm。焊丝成分：w(Cu)=99.0%，w(Si)=0.35%，w(P)=0.1%。焊接预热温度为 400℃。该图中的熔合区黑色的珠光体条带宽度约为 0.024~0.032mm，其硬度为 329~426HV。图片下部的 Cu 经过珠光体带沿着原奥氏体的白色晶界渗入碳钢的基体中。

所以异种金属焊接时，熔合线两侧热影响区和焊缝之间的扩散是一个非常复杂的过程，它会导致熔合线附近焊缝与热影响区内成分和组织的变化，从而影响到焊接接头的使用性能，尤其是在焊后热处理和高温长期工作时更需要很好地注意。解决的主要途径是从选材方面去考虑，有时为了防止焊缝与母材热影响区之间的强烈扩散，必要时采用中间隔离层，或增加其他材料过渡接头等技术措施[15]。

参 考 文 献

［1］　Грабцн В Ф，и др. Металловедение сварки низко и среднелегированных сталей［M］. Москва：Наукова Думка，1987.

［2］　斯重遥，等. 焊接金相图谱［M］. 北京：机械工业出版社，1987.

［3］　Акулов А И，и др. Сварка В Машиностроении：Том 2［M］. Москва：Машиностроение，1978.

［4］　铃木春羲，等. 焊接金属学［M］. 严鸢飞，等译. 北京：机械工业出版社，1982.

［5］　Щорщоров М Х，и др. Металловдение Сварки Стали и Сплавов Титана［M］. Москва：Наука，1965.

［6］　张文钺. 金属熔焊原理及工艺：上册［M］. 北京：机械工业出版社，1980.

［7］　美国焊接学会. 焊接手册：第一卷焊接基础［M］. 清华大学焊接教研组，译. 7 版. 北京：机械工业出版社，1985.

［8］　稻垣道夫，等. 溶接加工［M］. 东京：誠文堂新光社，1971.

［9］　Hiroshi IKAWA，et al. Effect of Martensite-Austenite Constituent on HAZ Toughness of a High strength steel［J］. Transactions of the JWS，1980（2）：3-11.

［10］　西安交通大学金属材料及强度研究室. 钢中马氏体的组织形态，钢中贝氏体的组织形态［R］. 西安：西安交通大学，1975.

［11］　王健安. 金属学与热处理［M］. 北京：机械工业出版社，1980.

［12］　溶接学会溶接冶金研究委员会. 溶接部组織写真集［M］. 東京：黑木出版社，1984.

［13］　张鼎勋. 含铝低合金钢熔合区"铁素体带"问题［C］//中国机械工程学会焊接分会. 第三届全国焊接年会论文. 1979.

［14］　Готальский Ю Н. Сварка разнородных сталей［M］. Москва：Техника，1981.

［15］　杜则裕. 材料连接原理［M］. 北京：机械工业出版社，2011.

第4章 焊接缺欠

作者 熊第京 贺定勇 **审者** 邹增大

4.1 概述

4.1.1 焊接缺欠与焊接缺陷的定义

焊接接头中的不连续性、不均匀性以及其他不健全性等的欠缺,统称为焊接缺欠[1]。焊接缺欠的存在使焊接接头的质量下降、性能变差。不同焊接产品对焊接缺欠有不同的容限标准,按国际焊接学会(IIW)第Ⅴ委员会提出的焊接缺欠的容限标准如图4-1所示[2]。图中用于质量管理的质量标准为 Q_A,适合于使用目的的质量标准为 Q_B。已使具体焊接产品不符合其使用性能要求的焊接缺欠,即不符合 Q_B 水平要求的缺欠,称为焊接缺陷。存在焊接缺陷的产品应被判废或必须返修。

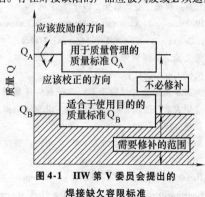

图4-1 IIW 第Ⅴ委员会提出的焊接缺欠容限标准

4.1.2 焊接缺欠的分类

按国家标准 GB/T 6417.1—2005《金属熔化焊接头缺欠分类及说明》,焊接缺欠可根据其性质、特征分为六大类:裂纹;孔穴;固体夹杂;未熔合及未焊透;形状和尺寸不良;其他缺欠。每种缺欠又可根据其位置和状态进行分类。

IIW-SST-1157—1990 对焊接接头的缺欠分类如下:

1)不连续性缺欠:包括裂纹、夹渣、气孔和未熔合等。

2)几何偏差缺欠:如错边和角变形等。

4.2 焊缝金属中的偏析和夹杂物

4.2.1 焊缝中的偏析

焊缝金属非平衡凝固导致焊缝金属的化学成分不均匀性,即出现所谓的偏析现象。焊缝中常见的偏析有以下三种。

1. 显微偏析

显微偏析又称微观偏析、晶间偏析,也称晶界偏析。这种偏析发生在柱状晶内以及柱状晶界。常见于液相线与固相线温度区间较宽的钢或合金焊缝金属中,图4-2显示在 HY80 钢 TIG 自熔焊缝中,即使不易产生偏析的 Ni 在胞状晶的晶界上也出现了显微偏析。这是由于钢在凝固过程中,先结晶的固相(相当于晶内中心部分)其溶质的含量较低,溶质在结晶界面浓聚,使后结晶的固相的溶质含量较高,并富集了较多的杂质。

S、P 和 C 是最容易偏析的元素,焊接过程中要严加控制。合金元素的交互作用往往促进偏析。当钢中 w(C)由 0.1% 增加到 0.47% 时,可使 S 偏析增加65% ~ 70%。但在 06Cr18Ni11Ti 奥氏体钢焊缝金属中,当 w(Mn)为 1.5% ~ 2.0% 时,使 S 偏析下降20% ~ 30%。

由于柱状晶内胞状晶的亚结构界面多,其偏析远比柱状晶晶间偏析低。树枝晶存在很多的晶间毛细间隙,它比胞状晶界有更大的亚晶界偏析倾向。亚结构晶间偏析程度较低,可通过热处理或大变形量热轧、热锻消除。焊接冷却速度很小时,偏析减小。柱状晶界面的偏析可能引起热裂纹。

2. 层状偏析

焊缝金属横剖面经侵蚀可看到颜色深浅不同的分层结构。这也是由于焊缝金属化学成分不均匀形成的,称为层状偏析或结晶层偏析,如图4-3所示。层状偏析是由于结晶过程放出结晶潜热和熔滴过渡时热能输入周期性变化,使树枝晶生长速度周期变化(见本卷 2.2.1 小节)从而使结晶界面上溶质原子浓聚程度周期变化的结果。

试验证明,层状偏析是不连续的有一定宽度的链状偏析带,带中常集中一些有害的元素(C、S 和 P等),并往往出现气孔等缺欠,如图4-4所示。层状偏析也会引起焊缝的力学性能不均匀,耐蚀性下降以及断裂韧度降低等。

3. 区域偏析

焊缝柱状晶从熔合线向焊缝中心外延生长过程中,结晶界面杂质含量增高,形成偏析,称为区域偏析,也称宏观偏析。

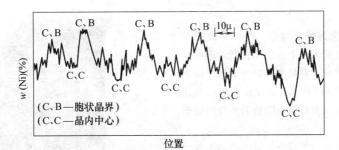

图 4-2　HY80 钢 TIG 自熔焊缝中 Ni 的偏析

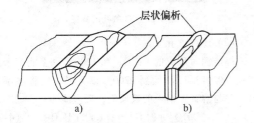

图 4-3　焊缝的层状偏析
a) 焊条电弧焊　b) 电子束焊

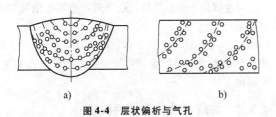

图 4-4　层状偏析与气孔

改善偏析的方法较多，其中，控制凝固结晶过程，细化凝固组织，能有效地减少或消除偏析。

4.2.2　焊缝中的夹杂物

焊条、焊丝、焊剂及母材夹层在冶金反应过程中生成的氧化物、硫化物与氮化物等在熔池快速凝固条件下残留在焊缝金属中形成夹杂物。夹杂物的存在不仅降低焊缝金属的塑性，增大低温脆性，降低韧性和疲劳强度，还会增加热裂纹倾向。因此在焊接生产中必须限制夹杂物的数量、大小和形状。常见夹杂物有以下三种：

1）氧化物夹杂。焊接金属材料时，氧化物夹杂的存在较为普遍。氧化物夹杂的主要成分是 SiO_2、MnO、TiO_2、CaO 和 Al_2O_3 等。一般多以复合硅酸盐形式存在，这种夹杂物主要是降低焊缝韧性。

2）氮化物夹杂。在良好保护条件下焊接时，生成氮化物夹杂的几率很小。在保护不良的情况下焊接碳钢和低合金钢时，与空气中的氮反应生成氮化物 Fe_4N 夹杂，残留在焊缝金属中。氮化物在时效过程中以针状分布在晶粒上或穿过晶界，使焊缝金属的塑

性、韧性急剧下降。

3）硫化物夹杂。硫从过饱和固溶体中析出，形成硫化物夹杂，以 MnS 和 FeS 形式存在于焊缝中，FeS 的危害程度远比 MnS 大，因 FeS 沿晶界析出与 Fe 或 FeO 形成低熔点共晶，增加热裂纹生成的敏感性。

有些细小、均匀分布的夹杂物如 Ti-O 等在钢铁焊缝中可以作为固态相变的形核剂，促进焊缝金属中针状铁素体的形成，细化组织，改善焊缝金属的韧性与塑性。

减少有害夹杂物的主要措施是正确选择焊条、药芯焊丝、焊剂的渣系，以便在焊接过程中脱氧、脱硫，其次是选用较大的焊接热输入，仔细清理层间焊渣，摆动焊条，以便焊渣浮出，降低电弧电压，以防止空气中氮的侵入。

4.3　焊缝中的气孔

气孔是焊接生产中经常遇到的一种缺欠，在碳钢、高合金钢和有色金属的焊缝中，都有出现气孔的可能。焊缝中的气孔不仅削弱焊缝的有效工作截面积，同时也会带来应力集中，从而降低焊缝金属的强度和韧性，对动载强度和疲劳强度更为不利。在个别情况下，气孔还会引起裂纹。

4.3.1　焊缝中气孔的分类

1. 析出型气孔

是因气体在液、固态金属中的溶解度差造成过饱和状态的气体析出所形成的气孔。例如高温时氢能大量溶解于液态金属中（本卷图 2-9），而冷却时，氢在金属中的溶解度急剧下降，特别是从液体转为固态的 δ 铁时，氢的溶解度可从 32mL/100g 降至 10mL/100g。使对于 δ 铁过饱和的氢，在结晶前沿富集，当超过液态金属溶解度时，过饱和析出。这些气体如果来不及逸出而残留在焊缝中，就成为气孔。由于产生气孔的气体不同，形成的气孔形态和特征也有所不同。

（1）氢气孔

对低碳钢和低合金钢焊接而言，在大多数情况下，氢气孔出现在焊缝的表面上，气孔的断面形状如同螺钉状，在焊缝的表面上看呈喇叭口形，气孔的四周有光滑的内壁，如图4-5所示。这是由于氢气是在液态金属和枝晶界面上浓聚析出，随枝晶生长而逐渐形成气孔的。

但有时，这类气孔也会出现在焊缝的内部。如焊条药皮中含有较多的结晶水，使焊缝中的含氢量过高，或在焊接铝、镁合金时，由于液态金属中氢溶解度随温度下降而急剧降低，析出气体，在凝固时来不及上浮而残存在焊缝内部。

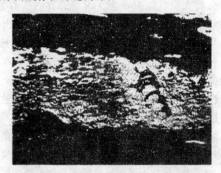

图4-5　氢气孔的特征

（2）氮气孔

其机理与氢气孔相似，氮气孔也多出现在焊缝表面，但多数情况下是成堆出现的，与蜂窝相似。氮的来源是空气，主要是由于保护不好，有较多的空气侵入焊接区所致。

2. 反应型气孔

熔池中由于冶金反应产生不溶于液态金属的 CO、H_2O 而生成的气孔叫反应型气孔。

（1）CO 气孔

其特征如图4-6所示。在焊接碳钢时，当液态金属中的碳含量较高而脱氧不足时会通过下述冶金反应生成 CO：

$$[C] + [O] = CO \qquad (4-1)$$
$$[FeO] + [C] = CO + [Fe] \qquad (4-2)$$

这些反应可以发生在熔滴过渡过程中，也可以发生在熔池中。由于 CO 不溶于液态金属，所以在高温时生成的 CO 就会以气泡的形式从液态金属中高速逸出，形成飞溅，而不会形成气孔。但是，当热源离开后熔池开始凝固时，由于碳和氧的偏析或在结晶前沿浓聚而进行式（4-2）反应，该反应为吸热反应，会促使凝固加快，在 CO 形成的气来不及逸出时便产生了气孔。由于 CO 形成的气泡是在结晶界面上产生的，因此形成了沿结晶方向条虫状的内气孔。

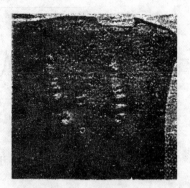

图4-6　CO 气孔的特征

（2）H_2O 气孔

焊接铜时形成的 Cu_2O，在 1200℃ 以上能溶于液态铜，但当温度降低到 1200℃ 以下时，它将逐渐析出，并与溶解于铜中的氢反应，反应式为

$$[Cu_2O] + 2[H] = 2[Cu] + H_2O_{气} \qquad (4-3)$$

形成的 H_2O 气不溶于液态铜，是焊接铜时产生气孔的主要原因。

焊接镍时，与铜类似，也会有产生水汽的反应，其反应式为

$$[Ni_2O] + 2[H] = 2[Ni] + H_2O_{气} \qquad (4-4)$$

H_2O 气也不溶于液态镍，是焊接镍时产生气孔的主要原因。

4.3.2　焊缝中气孔形成的机理

气孔产生决定于气泡核心的生成、气泡的长大和逸出三个过程。

1. 气泡的生核

气泡的生核应具备以下两个条件：

1）液态金属中有过饱和的气体。当液态金属中气体溶解度随温度下降剧烈下降时（如镁、铝）就可能在液态金属中过饱和而析出，在钢中是在结晶时相对于固态 δ 铁过饱和的气体在结晶界面上浓聚而使其含量高于液态金属中的溶解度而析出的。

2）满足气泡生核的能量消耗。当气泡在成长的结晶界面上形成时所需要的表面能较低，因而往往在树枝状晶界上成核。

2. 气泡的长大

气泡能稳定存在并继续长大的条件为

$$p_C > p_a + p_c = p_a + \frac{2\sigma}{r_c} \qquad (4-5)$$

式中　p_C——气泡中各种气体分压的总和；

　　　p_a——大气压力；

　　　p_c——由表面张力所构成的附加压力；

　　　σ——金属与气泡间的界面张力；

r_c——气泡临界半径。

p_a 的数值相对很小，故可忽略不计。由弯曲液面表面张力作用于气泡的附加压力 p_c 与液态金属和气泡间的界面张力成正比，与气泡的半径成反比。由于气泡开始形成时体积很小（即 r 很小），故附加压力很大，当 $r = 10^{-4}$ cm、$\sigma \approx 10^{-4}$ N/cm 时，$p_c \approx 2$ MPa（约 20 个大气压）[3]，在这样大的附加压力下，气泡不可能稳定存在，更不能长大，因此在一定条件下，有一个气泡能够稳定存在的临界半径。在焊接熔池内现成表面上形成的气泡多呈椭圆形，有较大的曲率半径 r，从而降低了附加压力 p_c，使气泡具备长大的条件。

3. 气泡的逸出

一旦形成气泡并稳定存在后，周围可扩散的气体就会不断向气泡中扩散，使气泡长大，由于焊接时大多数气泡形成于现成表面上，气泡的逸出要经历脱离现成表面和向上浮出两个过程。

当气泡与界面附着力较小时，气泡类似于内聚力很强的水银球状，则气泡尚未成长到很大尺寸，便可完全脱离现成表面。当气泡对现成表面有较大的附着力时，则气泡必须长到较大尺寸，并形成缩颈后才能脱离现成表面，不仅所需时间长，不利上浮，还会残留一个不大的透镜状的气泡核，它可成为新的气泡核心。

气泡的逸出如只是一个浮出过程，则气泡的半径越大、熔池中液体金属的密度越大、黏度越小时，气泡的上浮速度也就越大。气泡的实际逸出过程还有不均匀界面张力拖曳、结晶前沿的推动等作用。

除此之外，还有一个决定焊缝是否形成气孔的条件，就是熔池的结晶速度。对于已经成核长大的气泡，当熔池结晶速度较小时，气泡可以有较充分的时间脱离现成表面，浮出液态金属，逸出熔池，就可以得到无气孔的焊缝。如果结晶速度较大时，气泡就有可能来不及逸出而形成气孔。

但对于气体溶解量不高，而只有在结晶界面前浓聚后才能过饱和的液态金属（如碱性焊条熔池），则很高的结晶速度使浓聚区变窄，形成小气泡，半径小于临界半径，则反而不产生气孔。

4.3.3 影响焊缝形成气孔的因素

1. 冶金因素的影响

（1）熔渣氧化性的影响

熔渣氧化性的大小对焊缝的气孔敏感性具有很大的影响。不同类型焊条熔渣氧化性变化对生成焊缝气孔影响的试验结果见表 4-1。由表 4-1 可见，无论酸性焊条（J424 为氧化铁型焊条）还是碱性焊条（J507 为低氢型焊条）焊缝中，当熔渣的氧化性增大时，由 CO 引起气孔的倾向增加；相反随氧化性减小，即熔渣还原性增大时，CO 气孔减少，氢气孔的倾向增加。

一般常用 $w(C) \times w(O)$ 的乘积来表示 CO 气孔的倾向。从表 4-1 还可看出酸性焊条焊缝中出现 CO 气孔的 $w(C) \times w(O)$ 临界值（46.07×10^{-6}）比碱性焊条焊缝中出现 CO 气孔的 $w(C) \times w(O)$ 临界值（27.30×10^{-6}）要大，这也再次证明了在酸性渣中 FeO 的活度较小，而在碱性渣中 FeO 的活度较大，即使质量分数较小的情况下，也能促使产生 CO 气孔。

表 4-1 不同类型焊条的氧化性对气孔倾向的影响[3]

焊条牌号	焊缝中氧和碳的质量分数及氢含量			氧化性	气孔倾向
	$w(O)(\%)$	$w(C) \times w(O)/10^{-6}$	$[H]/(mL/100g)$		
J421-1	0.0046	4.37	8.80		较多气孔（氢）
J421-2	—	—	6.82		个别气孔（氢）
J421-3	0.0271	23.03	5.24		无气孔
J421-4	0.0448	31.36	4.53	增加	无气孔
J421-5	0.0743	46.07	3.47		较多气孔（CO）
J421-6	0.1113	57.88	2.70		更多气孔（CO）
J507-1	0.0035	3.32	3.90		个别气孔（氢）
J507-2	0.0024	2.16	3.17		无气孔
J507-3	0.0047	4.04	2.80		无气孔
J507-4	0.0160	12.16	2.61		无气孔
J507-5	0.0390	27.30	1.99	增加	更多气孔（CO）
J507-6	0.1680	94.08	0.80		密集大量气孔（CO）

（2）焊条药皮和焊剂成分的影响

CaF_2 和与 CaF_2 同时存在的 SiO_2，有明显的降氢作用，分析认为是 CaF_2 和 H_2、H_2O 作用产生 HF，SiO_2 和 CaF_2 作用产生 SiF_4，SiF_4 和 H_2、H_2O 作用也产生 HF。HF 是一种不溶于液态金属的稳定的气体化合物。由于大量的氢被 HF 占据，因而可以有效地降低氢气孔的倾向。

由图 4-7 可以看出，当熔渣中 SiO_2 和 CaF_2 同时存在时，对消除氢气孔最为有效。这是因为 SiO_2 和 CaF_2 的含量对于消除气孔具有相互补充的作用。当 SiO_2 少，而 CaF_2 较多时，可以消除气孔。相反，SiO_2 多，而 CaF_2 少时，也可以消除气孔。

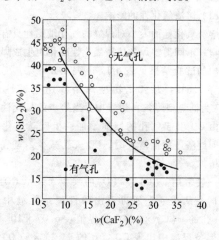

**图 4-7　SiO_2 和 CaF_2 对焊缝
产生气孔的影响**

（3）铁锈及水分的影响

在焊接生产中由于焊件或焊接材料不洁而使焊缝出现气孔的现象十分普遍。影响较大的是铁锈、油类和水分等杂质，尤其铁锈的影响特别严重。

铁锈是钢铁腐蚀以后的产物，它的成分为 $m\mathrm{Fe_2O_3} \cdot n\mathrm{H_2O}$ $[w(\mathrm{Fe_2O_3}) \approx 83.28\%，w(\mathrm{FeO}) \approx 5.7\%，w(\mathrm{H_2O}) \approx 10.70\%]$。即铁锈中含有较多铁的高级氧化物 $\mathrm{Fe_2O_3}$ 和结晶水，加热时放出 H_2 和 O_2。一方面对熔池增加了氧化作用，在结晶时促使生成 CO 气孔，另一方面增加了生成氢气孔的可能性。由此可见，铁锈是极其有害的杂质，增加焊缝对于两类气孔的敏感性。

钢板上的氧化铁皮（主要是 $\mathrm{Fe_3O_4}$，少量 $\mathrm{Fe_2O_3}$）虽无结晶水，但对产生 CO 气孔仍有较大的影响。所以生产中应尽可能清除钢板上的铁锈、氧化铁皮等杂质。焊条或焊剂受潮或烘干不足而残存的水分，以及潮湿的空气，同样起增加气孔倾向的作用。

所以对焊条和焊剂的烘干应给予重视，一般碱性焊条的烘干温度为 $350 \sim 450\,℃$，酸性焊条为 $200\,℃$ 左右，各类焊剂也规定了相应的烘干温度。

2. 工艺因素的影响

（1）焊接参数的影响

焊接参数主要包括焊接电流、电弧电压和焊接速度等参数。一般均希望在正常的焊接参数下施焊。

焊接电流增大虽能增长熔池存在的时间，有利于气体逸出，但会使熔滴变细，比表面积增大，熔滴吸收的气体较多，反而增加了气孔倾向。使用不锈钢焊条时，焊接电流增大，焊芯的电阻热增大，会使焊条末端药皮发红，药皮中的某些组成物（如碳酸盐）提前分解，影响了造气保护的效果，因而也增加了气孔倾向。

电弧电压太高，会使空气中的氮侵入熔池因而出现氮气孔。焊条电弧焊和自保护药芯焊丝电弧焊对这方面的影响最为敏感。

焊接速度太大，往往由于增加了结晶速度，使气泡残留在焊缝中而出现气孔。

（2）电流种类和极性的影响

生产经验证明，电流种类和极性不同将影响电弧稳定性，从而对焊缝产生气孔的敏感性也有影响。一般情况下，交流焊时较直流焊时气孔倾向较大；而直流反接较正接时气孔倾向小。

（3）工艺操作方面的影响

在生产中由于工艺操作不当而产生气孔的实例还是很多的，最常出现的问题主要如下：

1）焊前未按要求清除焊件、焊丝上的污锈或油质。

2）未按规定严格烘干焊条（碱性焊条烘干温度不足，酸性焊条烘干温度过高）、焊剂或烘干后放置时间过长。

3）焊接时规范不稳定，使用低氢型焊条时未采用短弧焊等。

4.3.4　防止焊缝形成气孔的措施

从根本上说，防止焊缝形成气孔的措施就在于限制熔池溶入或产生气体，以及排除熔池中存在的气体。

1. 消除气体来源

（1）表面处理

对钢焊件焊前应仔细清理焊件及焊丝表面的氧化膜或铁锈以及油污等。对于铁锈一般采用砂轮打磨、钢丝刷清理等机械方法清理。

有色金属铝、镁对表面污染引起的气孔非常敏感，因而对焊件的清理有严格要求。

（2）焊接材料的防潮和烘干

各种焊接材料均应防潮包装与存放。焊条和焊剂焊前应按规定温度和时间烘干，烘干后应放在专用烘箱或保温筒中保管，随用随取。

在各类焊条中，低氢焊条对吸潮最敏感（图4-8），吸潮率超过1.4%就会明显产生气孔[5]。各种

焊接材料的临界吸湿量及标准烘干参数见表4-2。

（3）加强保护

目的是防止空气侵入熔池引起氮气孔。应引起注意的有以下几方面情况。

引弧时常不能获得良好保护，低氢焊条引弧时易产生气孔，就是因为药皮中造气物质 $CaCO_3$ 未能及

表4-2　各种焊条临界吸湿量和标准烘干参数[4]

钢　　　　种	焊条药皮类型	临界吸湿量（%）	烘干温度/℃	烘干时间/min
低碳钢和500MPa级高强度钢	钛铁矿型	3	70～100	30～60
	钛钙型	2	70～100	30～60
	高氧化钛型	3	70～100	30～60
	铁粉氧化铁型	2	70～100	30～60
	低氢型	0.5	300～350	30～60
	超低氢型	0.5	350～400	60
600MPa级高强度钢	超低氢型	0.4	350～400	60
800MPa级高强度钢	超低氢型	0.3	350～400	60
低合金钢	钛铁矿型	3	70～100	30～60
	高氧化钛型	3	70～100	30～60
	低氢型	0.5	325～375	30～60
铁素体不锈钢	低氢型	0.5	300～350	30～60
奥氏体不锈钢	—	1	150～200	30～60
奥氏体不锈钢、镍基合金	各类	1	150～200	30～60

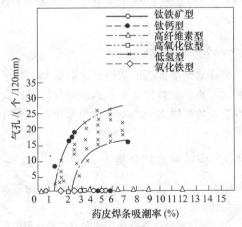

图4-8　不同类型焊条药皮吸潮率对气孔的影响

时分解生成足够的 CO_2 保护所致，焊接过程中如果药皮脱落、焊剂或保护气中断，都将破坏正常的保护。

气体保护焊时，必须防风。焊枪喷嘴前端保护气体流速一般为2m/s左右，风速如超过此值，保护气

流就不能稳定而成为紊流状态，失去保护作用。MAG焊接时风速对气孔形成的影响如图4-9所示。可见，药芯焊丝 CO_2 焊时受风速的影响较小。当然，保护气体的流量也影响保护效果，保护气体的纯度也须严格控制。

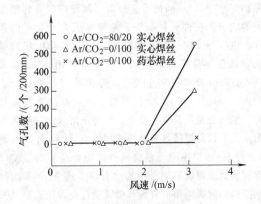

图4-9　风速对气孔的影响[6]

（MAG焊的焊丝 $\phi1.2mm$，$I=300A$，

保护气流量25L/min）

实践表明，除真空焊外，现有焊接方法保护效果均非绝对理想，如有的低碳钢产品 E4303、E4301、E4315 焊条焊接或用 H08A + HJ431 埋弧焊焊接，用 X 射线检测均未发现气孔，但采用抛光检查时，都发现有肉眼可见的单个针状微小气孔。深入研究发现，针状微气孔完全归因于空气中氮的作用。为防止这类气孔，除了有效的机械保护外，还应通过合金元素固氮，采用 H04Mn2SiTiA 或 H04MnSiAlTiA 的 CO_2 焊即可完全消除上述微气孔（小针孔）。

2. 正确选用焊接材料

焊接材料的选用必须考虑与母材的匹配要求，例如低氢焊条抗锈性能很差，不能用于带锈构件的焊接，而氧化铁型焊条却有很好的抗锈性。埋弧焊时，如果使用高碱度烧结焊剂，由于碱度允许提高到 3 以上，O^{2-} 活度已降低，不同于常用碱性焊条，对铁锈敏感性显著减小。

在气体保护焊时，从防止氢气孔产生的角度考虑，保护气氛的性质选用活性气体优于惰性气体。因为活性气体 O_2 或 CO_2 均可促使降低氢的分压而限制溶氢，同时还能降低液体金属的表面张力和增大其活动性能，有利于气体的排出。

因此焊接钢材时，富 Ar 焊接的抗锈能力不如纯 CO_2 焊接，为兼顾抗气孔性及焊缝韧性，富 Ar 焊接时多用 $\varphi(Ar) = 80\%$ 与 $\varphi(CO_2) = 20\%$ 的混合气体。

有色金属焊接时，为克制氢的有害作用，在 Ar 中添加氧化性气体 CO_2 或 O_2 有一定效果，但其数量必须严格控制，数量少时无克制氢的效果，数量多则会使焊缝明显氧化，焊波外观变差。

焊丝的成分除适应与母材的匹配要求外，还必须考虑与之组合的焊剂（埋弧焊）或保护气体（气体保护焊），根据不同的冶金反应，调整熔池或焊缝金属的成分。在许多情况下，希望形成充分脱氧的条件，以抑制反应型气孔的生成。低碳钢 CO_2 焊时采用含碳量尽量降低而增加脱氧元素的 H08Mn2Si 或 H08Mn2SiA 就可以防止气孔。经常采用的脱氧元素为 Mn、Si、Ti、Al、Zr 以及稀土等。有色金属焊接时，脱氧更是最基本的要求，以防止溶入的氢被氧化为水汽。因此焊接纯镍时应采用含有 Al 和 Ti 的焊丝（或焊条）。焊接蒙乃尔合金（铬镍合金）时，AWS 推荐的典型焊丝和焊条中均含有较多的 Al 和 Ti。纯铜氩弧焊时必须用硅青铜或磷青铜合金焊丝。铝及其合金氩弧焊时，焊丝与母材合金系统不同组配中，纯铝焊丝（1100 + 1100）对气氛中水分最敏感，采用合金焊丝 2319（Al-6% Cu-Mn）时，对气氛中水分敏感性较小。

3. 控制焊接工艺条件

控制焊接工艺条件的目的是创造熔池中气体逸出的有利条件，同时也应有利于限制电弧外围气体向熔融金属中的溶入。

对于反应型气体而言，首先应着眼于创造有利的排出条件，即适当增大熔池在液态的存在时间。由此可知，增大热输入和适当预热都是有利的。

对于氢和氮而言，也只有气体逸出条件比气体溶入条件改善更多，才有减少气孔的可能性，所以焊接参数应有最佳值，而不是简单地增大或减小。

铝合金 TIG 焊时，应尽量采用小热输入以减少熔池存在的时间，从而减少氢的溶入，同时又要充分保证根部熔化，以利根部氧化膜上的气泡浮出，因此用大电流配合较高的焊接速度比较有利。而铝合金 MIG 焊时，焊丝氧化膜影响更为主要，减少熔池存在时间难以有效地防止焊丝氧化膜分解出来的氢向熔池侵入，因此要增大熔池存在时间以利气泡逸出，即增大焊接电流和降低焊接速度或增大热输入有利于减少气孔。

横焊或仰焊条件下，因为气体排出条件不利，将比平焊时更易产生气孔。向上立焊的气孔较少，向下立焊的气孔则较多，因为此时熔融金属易向下坠落，不但不利于气体排除，且有卷入空气的可能。焊接过程中加脉冲可显著减少气孔的生成，调整脉冲特性更能改善抗气孔性能。

4.4　焊接裂纹

裂纹是焊接接头中最为严重的缺欠，其危害性极大，是多次焊接结构和容器突然破坏造成灾难性事故的原因之一[7]，因此也是生产中要防止的重点。

4.4.1　焊接裂纹的分类

图 4-10 表示出了焊接接头中经常出现的裂纹形态及其分布。

焊接裂纹有时出现在焊接过程中，如热裂纹和大部分冷裂纹；有时也出现在放置或运行过程中，如冷裂纹中某些延迟裂纹和应力腐蚀裂纹；还有的也出现在焊后热处理或再次受热过程中，如再热裂纹等。就目前的研究，按产生裂纹的本质来分，大体上可分为五大类，五大类裂纹的形成时期、分布部位及基本特征见表 4-3。

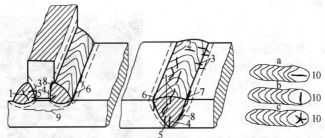

图 4-10 焊接裂纹的宏观形态及其分布

a—纵向裂纹 b—横向裂纹 c—星形裂纹

1—焊缝中纵向裂纹 2—焊缝中横向裂纹 3—熔合区裂纹 4—焊缝根部裂纹 5—HAZ 根部裂纹

6—焊趾纵向裂纹（延迟裂纹） 7—焊趾纵向裂纹（液化裂纹、再热裂纹）

8—焊道下裂纹（延迟裂纹、液化裂纹、多边化裂纹） 9—层状撕裂 10—弧坑裂纹（火口裂纹）

表 4-3 焊接裂纹的类型及特征

裂纹类型		形成时间	基本特征	被焊材料	分布部位及裂纹走向
热裂纹	结晶裂纹（凝固裂纹）	在固相线温度以上稍高的温度,凝固前固液状态下	沿晶间开裂,晶界有液膜,开口裂纹断口有氧化色彩	杂质较多的碳钢、低合金钢、奥氏体钢、镍基合金及铝	在焊缝中,沿纵向轴向分布,沿晶界方向呈人字形,在弧坑中沿各方向或呈星形,裂纹走向沿奥氏体晶界开裂
	液化裂纹	固相线以下稍低温度,也可为结晶裂纹的延续	沿晶间开裂,晶间有液化,断口有共晶凝固现象	含 S、P、C 较多的镍铬高强钢、奥氏体钢、镍基合金	热影响区粗大奥氏体晶粒的晶界,在熔合区中发展,多层焊的前一层焊缝中,沿晶界开裂
	失延裂纹及多边化裂纹	再结晶温度 T_R 附近	表面较平整,有塑性变形痕迹,沿奥氏体晶界形成和扩展,无液膜	纯金属及单相奥氏体合金	纯金属或单相合金焊缝中,少量在热影响区,多层焊前一层焊缝中,沿奥氏体晶界开裂
再热裂纹		600~700℃回火处理温度区间,不同钢种再热开裂敏感温度区间不大相同	沿晶间开裂	含有沉淀强化元素的高强钢、珠光体钢、奥氏体钢、镍基合金等	热影响区的粗晶区,大体沿熔合线发展至细晶区即可停止扩展
冷裂纹	延迟裂纹（氢致裂纹）	在 Ms 点以下,200℃至室温	有延迟特征,焊后几分钟至几天出现,往往沿晶启裂,穿晶扩展,断口呈氢致准解理形态	中、高碳钢,低、中合金钢,钛合金等	大多在热影响区的焊趾（缺口效应）、焊根（缺口效应）,焊道下（沿熔合区）,少量在焊缝（大厚度多层焊焊缝偏上部）,沿晶或穿晶开裂
	淬硬脆化裂纹	Ms 至室温	无延时特征（也可见到少许延迟情况）,沿晶启裂与扩展,断口非常光滑,极少塑性变形痕迹	含碳的 NiCrMo 钢、马氏体不锈钢、工具钢	热影响区,少量在焊缝,沿晶或穿晶开裂
	低塑性脆化裂纹（热应力低延开裂）	400℃以下,室温附近	母材延性很低,无法承受应变,边焊边开裂,可听到脆性响声,脆性断口	铸铁、堆焊硬质合金	熔合区及焊缝,沿晶及穿晶开裂
层状撕裂		400℃以下,室温附近	沿轧层,呈阶梯状开裂,断口有明显的木纹特征,断口平台分布有夹杂物	含有杂质（板厚方向聚性低）的低合金高强钢厚板结构	热影响区沿轧层,热影响区以外的母材轧层中,穿晶或沿晶开裂
应力腐蚀裂纹（SCC）		任何工作温度	有裂源,由表面引发向内部发展,二次裂纹多,撕裂棱少,呈根须状,多分支,裂纹细长而尖锐,断口有腐蚀产物及氧化现象且有腐蚀坑,断口周围有裂纹分枝,有解理状,河流花样等	碳素钢、低合金钢、不锈钢、铝合金等	焊缝和热影响区,沿晶或穿晶开裂

4.4.2　焊接热裂纹

热裂纹是焊接生产中比较常见的一种裂纹缺欠，它是在焊接过程中焊缝和热影响区金属冷却到固相线附近的高温区时所产生的，故称为热裂纹，从一般常用的低碳钢、低合金钢，到奥氏体不锈钢、铝合金和镍基合金等的焊接接头都有产生热裂纹的可能。

1. 焊接热裂纹的生成条件与特征

焊接热裂纹具有高温沿晶断裂性质。从金属断裂理论可知，发生高温沿晶断裂的条件是在高温阶段晶间延性或塑性变形能力 δ_{min}，不足以承受凝固过程或高温时冷却过程积累的应变量 ε，即

$$\varepsilon \geqslant \delta_{min} \tag{4-6}$$

在高温阶段金属中存在两个"脆性温度区间"如图 4-11 所示。与此对应，也可以见到两类焊接热裂纹：①与液膜有关的热裂纹，产生于图 4-11 中的Ⅰ区；②与液膜无关的热裂纹，产生于图 4-11 中的Ⅱ区，位于奥氏体再结晶温度 T_R 附近。两类裂纹各有某些特征。

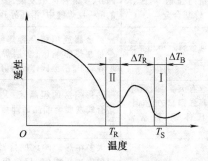

图 4-11　形成焊接热裂纹的"脆性温度区间"示意图

焊缝金属在凝固结晶末期，在固相线 T_S 附近，因晶间残存液膜使塑性下降所造成的热裂纹称为凝固裂纹，我国习惯称其为结晶裂纹，这种裂纹容易在焊缝中心形成，特别容易产生于弧坑称弧坑裂纹。在母材近缝区或多层焊的前一焊道因过热而液化的晶界上，也会导致由于晶间液膜分离的开裂现象，这种热裂纹则称为液化裂纹。从微观上看，两者均具有沿晶液膜分离断口特征[1]，分别如图 4-12 和图 4-13[8] 所示，是沿晶断口，但有明显的氧化，晶界面相当圆滑，表明是液膜分离的结果。图 4-13b 所示为熔合区附近的液化裂纹断口，有明显的树枝状突起，表明该处液化量较多。

与液膜无关的热裂纹，一种是与再结晶相联系而致晶间延性陡降，造成沿晶开裂，称为失延裂纹（高温失延开裂）；另一种则是由于位错运动而形成多边

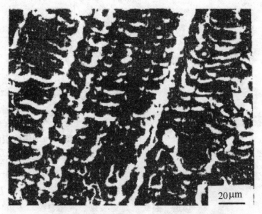

图 4-12　凝固裂纹端口特征（5.5% Ni 钢焊缝）

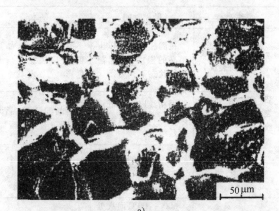

a)

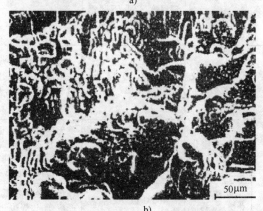

b)

图 4-13　液化裂纹断口特征（25-20 奥氏体钢）

化边界（亚晶界）而开裂的，称为多边化裂纹。与液膜无关的热裂纹并不多见。偶尔可在单相奥氏体钢焊缝或热影响区中看到。图 4-14 所示为高温失延开裂的微观断口特征，由于是焊缝，显示出柱状晶的明显方向性，但并无液膜分离特征，断口显得粗糙不光滑。

宏观可见的焊接热裂纹，其裂口均有较明显的氧化色彩，这可作为热裂纹是高温形成的一个佐证，也可作为初步判断是否属于热裂纹的判据。

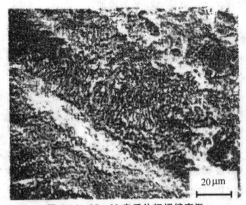

图 4-14 25—20 奥氏体钢焊缝高温
失延开裂的断口特征

2. 结晶裂纹的形成机理及影响因素

（1）结晶裂纹的形成机理

焊缝金属在凝固过程中，总要经历液-固态（液相占主要部分）和固-液态（固相占主要部分）两个阶段。在液-固态时，焊缝金属可以依赖液相的自由流动而发生形变，少量的固相晶体只是移动一些位置，本身形状不变。在固—液态时，最后凝固的存在于固相晶体间的低熔点液态金属已成薄膜状，称为液态薄膜。铁和碳素钢、低合金高强钢中的硫、磷、硅、镍和不锈钢、耐热钢中的硫、磷、硼、锆等都能形成低熔点共晶，在结晶过程中形成液态薄膜。它们的共晶温度见表 4-4。由于液态薄膜强度低而使应变集中，但同时其变形能力很差，因而在固-液态区间塑性很低，容易产生裂纹。

表 4-4 铁二元和镍二元共晶成分和共晶温度

合金系		共晶成分 （质量分数，%）	共晶温度 /℃
铁二元共晶	Fe-S	Fe，FeS（S31）	988
	Fe-P	Fe，Fe₃P（P10.5）	1050
		Fe₃P，FeP（P27）	1260
	Fe-Si	Fe₃Si，FeSi（Si20.5）	1200
	Fe-Sn	Fe，FeSn（Fe₂Sn₂，FeSn） （Sn48.9）	1120
	Fe-Ti	Fe，TiFe₂（Si20.5）	1340
镍二元共晶	Ni-P	Ni，Ni₃P（P11）	880
		Ni₃P Ni₂P（P20）	1106
	Ni-B	Ni，Ni₂B（B4）	1140
		Ni₂B Ni₂B（B12）	990
	Ni-Al	γNi， Ni₃Al（Ni89）	1385
	Ni-Zr	Zr，Zr₂Ni（Ni17）	961
	Ni-Mg	Ni，Ni₂Mg（Ni11）	1095
	Ni-S	Ni，Ni3S2（S21.5）	645

图 4-15 显示，能形成凝固裂纹的脆性温度区间的上限，是枝晶开始交织长合形成固-液态的温度，以 T_U 表示；其下限应是低熔点液膜完全消失的实际固相线 T'_S（图 4-15 中未表示），平衡相图中的固相线 T_S 高于实际固相线 T'_S。图 4-15 中的曲线表示在该温度区间内，材料的塑性随温度的变化。可见，其塑性有明显下降。

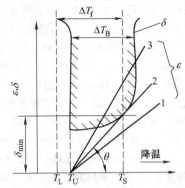

图 4-15 凝固裂纹的产生示意

T_S—固相线　T_L—液相线　ΔT_f—结晶区间

ΔT_B—BTR　T_U—BTR 上限　ε—应变　δ—塑性

随结晶过程温度下降，累积的应变也应起始于 T_U，随温度下降而增大，应变增长率 $\dfrac{\partial \varepsilon}{\partial T}$ 随材料的线胀系数、焊接参数及构件刚度而变化，在图 4-15 中以 1、2 和 3 曲线表示凝固过程中变形的积累。当变形的积累量超过脆性温度区间的塑性，即变形曲线与塑性曲线相交时，则产生凝固裂纹。

从图 4-15 可以看出，是否产生凝固裂纹取决于：①脆性温度区间 ΔT_B 的大小；②合金材料在 ΔT_B 区间所具有的延性大小 δ_{min}；③ΔT_B 区间内累积应变 ε 或应变增长率 $\dfrac{\partial \varepsilon}{\partial T}$。在图 4-15 中，应变增长率 $\dfrac{\partial \varepsilon}{\partial T}$ 较低为直线 1 时，$\varepsilon < \delta_{min}$，不会产生裂纹；$\dfrac{\partial \varepsilon}{\partial T}$ 为直线 3 时，在 T_S 附近区域内 $\varepsilon > \delta_{min}$，则会产生裂纹；$\dfrac{\partial \varepsilon}{\partial T}$ 为直线 2 时，在 T_S 时正好 $\varepsilon = \delta_{min}$，应为产生裂纹的临界状态，故此时的 $\dfrac{\partial \varepsilon}{\partial T}$ 被称为临界应变增长率，以 CST 表示，其数学表达式为

$$CST = \tan\theta \qquad (4\text{-}7)$$

CST 与材料成分有关，反映材料的热裂敏感性，可作为热裂敏感性的判据，CST 值越大，材料的热裂敏感性越小，通常希望结构钢的 CST $\geq 6.5 \times 10^{-4}$。

几种典型材料的 CST 实测结果见参考文献 [9]。

（2）影响结晶裂纹生成的因素

影响结晶裂纹的因素可归纳为冶金和工艺因素两方面。

1）冶金因素的影响如下：

① 合金相图的类型和结晶温度区间的影响。由图 4-16 可见，结晶裂纹倾向随合金相图结晶温度区间的增大而增加。随合金元素的增加，结晶温度区间增大，至 S 点后，合金元素进一步增加，结晶温度区间反而减小，同时脆性温度区的范围（有阴影部分）也相应地先增加，经 S 点达最大值后，逐渐减小。因此结晶裂纹倾向（图 4-16b）也随此规律变化，在 S 点处，裂纹倾向也最大。由于焊缝属于不平衡结晶，故实际固相线要比平衡条件下的固相线向左下方移动，如图 4-16a 中的虚线，它的最大固溶点由 S 点相应移至 S' 点，裂纹倾向的变化曲线也随之左移（图 4-16b 中的虚线），使原来结晶温度区较小的低浓度区裂纹倾向剧烈增加。

其他类型状态图的合金产生结晶裂纹倾向的规律也和上述研究结果一致，即裂纹倾向随实际结晶温度区间的增加而增加。

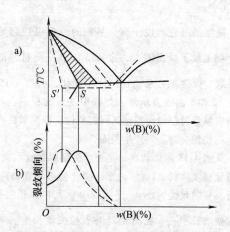

图 4-16　结晶温度区间与结晶裂纹倾向的关系

② 合金元素及杂质元素对产生结晶裂纹的影响。各种元素尤其是形成低熔点薄膜的杂质是影响裂纹产生的最重要的因素，碳钢和低合金钢中常见元素的影响如下。

硫和磷在各类钢中都会增加结晶裂纹倾向。这是因为硫和磷会使纯铁的结晶温度区间大为增加。结晶温度区间 ΔT_f 与溶质元素的质量分数 $w(x_0)$ 有下列关系：

$$\Delta T_f = \gamma_f w(x_0) \tag{4-8}$$

γ_f 称为相对效应因子。硫和磷的 γ_f 值很大（表 4-5），在含量很低时就使 ΔT_f 显著增加。

硫和磷还是钢中极易偏析的元素，钢中元素的偏析系数 $K_e = 1 - K_0$（K_0 见本卷第 2.2.2 小节），S 和 P 的 K_0 均很小，偏析系数 K_e 值将很大，更增加了它们的危害。

此外，硫和磷在钢中能形成多种低熔点共晶，使结晶过程中极易形成液态薄膜。因此硫和磷是最为有害的杂质。

碳在钢中是影响结晶裂纹的主要元素，并能加剧硫、磷及其他元素的有害作用，因此国际上采用碳当量作为评价钢种焊接性的尺度，表 4-5 显示碳的 γ_f 最大，说明碳将明显增加结晶温度区间 ΔT_f，碳的偏析系数 K_e 不小，且随含碳量增加，结晶初生相将由 δ 相变为 γ 相，使硫和磷的偏析系数 K_e 增大。δ 相和 γ 相对硫和磷的偏析的影响与硫和磷的溶解度有关，见表 4-6，说明 γ 相只能溶解吸收较少的硫和磷，而增加了偏析。当温度降低至 1200℃ 时，γ-Fe 只能溶解质量分数为 0.035% 的 S，超过溶解度的硫将析出而形成 γ-Fe 与 FeS 的共晶（共晶温度 988℃）。因而在基体已凝固时，冷却到 1000℃ 以上的晶界还可能残存液相。实际结晶温度区间 ΔT_f 势必增大，导致热裂倾向增大。而 δ 相溶解较多的 S 和 P，使其偏析减少。因而结晶引领相是 δ 时，裂纹倾向小于 γ 引领相时。低碳钢焊缝 $w(C)$ 超出 0.16% 后，热裂倾向骤然增大（图 4-17），与结晶温度区间增加有关，也与 γ 相的出现有关。

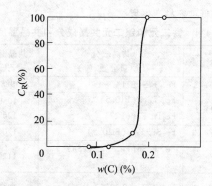

图 4-17　低碳钢焊缝中碳含量对热裂的影响
$[w(S) = 0.035\%, w(Mn) = 0.53\%, SMAW]$

表 4-5　几种溶质元素在 Fe-x 二元合金中的 γ_f 值

溶质	C	S	P	Mn	Cu	Ni	Si	Al
γ_f	322	295	121.1	26.2	3.61	2.93	1.75	1.52

表 4-6　Fe-C 合金中 S、P 的最大溶解度

（在 1350℃ 时）

元　素	在 δ 相中	在 γ 相中
S	0.18%	0.05%
P	2.80%	0.25%

锰具有脱硫作用，同时也能改善硫化物的分布状态，当 $w(Mn)^3/w(S) > 6.7$ 时仅仅形成球状硫化物 $(Mn,Fe)S$，从而提高了抗裂性。为了防止硫引起的结晶裂纹，应提高 $w(Mn)/w(S)$ 比值。$w(C)$ 超过 0.10% 时，$w(Mn)/w(S)$ 比值希望大于 22。焊缝金属 $w(C)$ 最好不超过 0.12%，同时控制 $w(Mn)/w(S) > 30$。$w(C) = 0.125\% \sim 0.155\%$ 时，$w(Mn)/w(S) > 59$。当碳含量超过包晶点时［即 $w(C) > 0.16\%$］，磷对产生结晶裂纹的作用将超过硫，这时再增加 $w(Mn)/w(S)$ 比值也没有作用，所以必须严格控制磷在焊缝中的含量，如 $w(C)$ 为 0.4% 的中碳钢，$w(S)$ 和 $w(P)$ 均应小于 0.017%，而 $w(S+P)$ 应小于 0.025%。

硅是 δ 相形成元素，应有利于消除结晶裂纹，但 $w(Si)$ 超过 0.4% 时，容易形成硅酸盐夹杂物，增加了裂纹倾向。

钛、锆和稀土镧或铈等元素能形成高熔点的硫化物，TiS 的熔点约 $2000 \sim 2100℃$，ZrS 熔点为 2100℃，La_2S 熔点在 2000℃ 以上，CeS 熔点 2450℃，比锰的去硫效果还好（MnS 熔点 1610℃），对消除结晶裂纹有良好作用。

焊缝中镍的加入是为改善低温韧性，但它易与硫形成低熔共晶，Ni 与 Ni_3S_2 熔点仅 645℃，且呈膜状分布于晶界，会引起结晶裂纹，因此需严格限制焊缝硫和磷含量，同时加入锰、钛等合金元素抑制硫的有害作用。

氧含量较多时，形成的 Fe-FeS-FeO 三元共晶为球状夹杂物，能降低硫的有害作用。

为综合各种元素的影响，现已建立了一些定量的判据。例如日本 JWS 为 HT100 低合金钢建立的临界应变增长率 CST 公式为：

$$CST = [-19.2w(C) - 97.2w(S) - 0.8w(Cu)$$
$$-1.0w(Ni) + 3.9w(Mn) + 65.7w(Nb)$$
$$-618.5w(B) + 7.0] \times 10^{-4} \qquad (4-9)$$

当 $CTS \geqslant 6.5 \times 10^{-4}$ 时，可以防止裂纹。

对于一般低合金高强钢（包括低温钢和珠光体耐热钢），建立了热裂敏感性系数 HCS 公式：

$$HCS =$$

$$\frac{w(C) \times [w(S) + w(P) + w(Si)/25 + w(Ni)/100]}{3w(Mn) + w(Cr) + w(Mo) + w(V)} \times 10^3$$

$$(4-10)$$

当 $HCS < 4$ 时，可以防止裂纹。

从有关资料上还可以查到一些这类判据及最大裂纹长度 L_T 判据等[9]，应该指出，这些判据都是结合具体钢种并在一定试验条件下得到的，都有一定的局限性。

③ 凝固结晶组织形态的影响。晶粒越粗大，柱状晶的方向越明显，产生结晶裂纹的倾向就越大。焊接 18-8 型不锈钢时，希望得到 $\gamma + \delta$ 双相焊缝组织，焊缝中少量初生 δ 相可以细化晶粒，打乱粗大奥氏体柱状晶的方向性，同时减少 S 和 P 的偏析，从而降低热裂纹倾向。

2）工艺因素的影响。工艺因素主要影响有害杂质偏析的情况及应变增长率的大小。熔合比增大，含杂质和碳较多的母材将向焊缝转移较多杂质和碳元素，增大裂纹倾向。

成形系数 φ 为焊缝宽度与焊缝实际厚度之比，即 $\varphi = B/H$，它对焊缝热裂纹倾向影响很大，如图 4-18 所示。φ 值提高，热裂倾向降低；但 $\varphi > 7$ 以后，由于焊缝截面过薄，抗裂性下降；φ 值较小时，最后凝固的枝晶会合面因晶粒对向生长而成为杂质严重析集的部位，最易形成结晶裂纹。

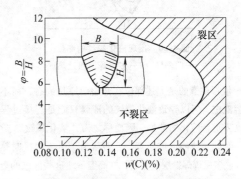

图 4-18　焊缝成形系数 φ 的影响

注：低碳钢焊缝，SAW，$w(S) = 0.020\% \sim 0.035\%$，$w(Mn)/w(S) \geqslant 18$。

焊接速度对凝固裂纹的产生也有显著的影响，如图 4-19 所示，在热输入或焊接电流一定时，增大焊接速度使 HT80 钢凝固裂纹倾向增加，因为这时不仅会增大冷却速度，提高应变增长率，而且还使熔池呈泪滴形，柱状晶近乎垂直地向焊缝轴线方向生长，如图 2-21 所示在会合面处形成偏析薄弱面。降低热输入或焊接电流，可防止晶粒粗大，降低总应变量。但也必须避免冷却速度过快，以致增大变形速度，反而不利于防止结晶裂纹。有时可采取适当的预热措施，降低焊缝冷却速度，特别有利于消除弧坑裂纹。

3. 液化裂纹的形成

液化裂纹是一种沿奥氏体晶界开裂的微裂纹，它的尺寸很小，一般都在0.5mm以下，多出现在焊缝熔合线的凹陷区（距表面约3～7mm）和多层焊的层间过热区，如图4-20所示，因此只有在金相显微观察时才能发现。

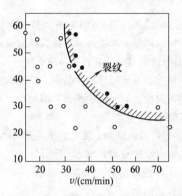

图4-19　焊接速度与热输入对
HT80钢凝固裂纹的影响

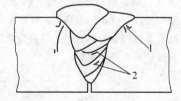

图4-20　出现液化裂纹的部位
1—凹陷区　2—多层焊层间过热区

值得注意的是上述部位在开裂前原是固态，而不是在熔池中，所以导致液化裂纹的液膜只能是焊接过程中沿晶界重新液化的产物，因而称之为"液化裂纹"。

液化裂纹的形成机理，一般认为是由于焊接时热影响区或多层焊焊缝层间金属，在高温下使这些区域的奥氏体晶界上的低熔共晶被重新熔化，金属的塑性和强度急剧下降，在拉伸应力作用下沿奥氏体晶界开裂而形成的。

液化裂纹可起源于熔合线或结晶裂纹，如图4-21所示。在未熔合区和部分熔化区，由于熔化和结晶过程导致杂质及合金元素的重新分布，原母材中的硫、磷和硅等低熔相生成元素将富集到部分熔化区的晶界上，而产生裂纹。裂纹产生后可沿热影响区晶间低熔相扩展，成为粗晶区的液化裂纹。

液化裂纹也可起源于粗晶区，如图4-22所示。当母材中含有较多低熔点杂质元素时，焊接热影响区粗晶区晶粒严重长大，使这个部位杂质富集到少量晶界上，成为晶间液体。根据受力状态，产生的液化裂

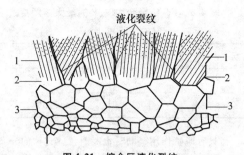

图4-21　熔合区液化裂纹
1—未熔合区　2—部分熔化区　3—粗晶区

纹可能是平行于熔合线较长的纵向裂纹，有时则垂直于熔合线，发展为较短的横向裂纹。

图4-22　热影响区粗晶区的液化裂纹（400×）
1—沿熔合线　2—垂直于熔合线
注：母材为14Cr2Ni4MoV，焊丝为10CrNi2MoV埋弧焊。

多层焊层间的液化裂纹，是由于后一层施焊时在前一层中形成的粗晶区内产生的。

影响产生液化裂纹的因素与影响结晶裂纹的因素大致相同，需要进一步阐述的有以下两个方面。

在化学成分的影响方面，还应该注意硼、镍和铬的影响。硼在铁和镍中的溶解度很小，但只要有微量的硼 $[w(B) = 0.003\% \sim 0.005\%]$ 就能产生明显的晶界偏析，形成硼化物和硼碳化物，与铁和镍形成低熔共晶，Fe-B的共晶温度为1149℃，Ni-B的共晶温度为1140℃或990℃，可能产生液化裂纹。镍也是液化裂纹敏感元素，一方面因为它是强烈奥氏体形成元素，可显著降低硫和磷的溶解度，另一方面，镍与许多元素形成低熔共晶（表4-4）。铬的含量较高时，由于不平衡的加热及冷却，晶界可能产生偏析产物，如Ni-Cr共晶，熔点1340℃，增加液化裂纹倾向。

在工艺因素方面，焊接热输入对液化裂纹有很大的影响，热输入越大，由于输入的热量多，晶界低熔相熔化越严重，晶界处于液态时间越长。另外，多层

焊时，热输入增大，焊层变厚，焊缝应力增加，液化裂纹倾向增大。液化裂纹与熔池的形状有关，如焊缝断面呈倒草帽形，则熔合线凹陷处母材金属过热严重，如图 4-20 位置 1 处产生液化裂纹。

4. 高温失延裂纹的形成

在热影响区（包括多层焊的前一焊道）金属组织的晶界上因受热作用致使延性陡降而产生的热裂纹。

对于某些金属和合金，在低于固相线下的某一高温区域，还存在另一个低塑性温度区间。在这一区间内，金属塑性发生降落，如图 4-23[10] 所示。在此温度区间，由于焊接接头冷却收缩变形，而在晶间产生高温失延裂纹。高温失延裂纹与液化裂纹形成部位的比较如图 4-24 所示。

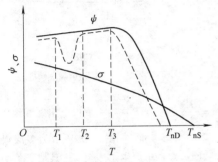

图 4-23　加热与冷却中金属的塑性与强度随温度变化的曲线
实线—加热中塑性的变化　虚线—冷却中塑性的变化
$T_2 \sim T_1$—高温塑性降落温度区　T_3—冷却中塑性恢复温度　T_{nD}—无塑性温度　T_{nS}—无强度温度

5. 多边化裂纹的形成

由于结晶前沿已凝固的固相晶粒中萌生出大量的晶格缺陷（空穴和位错等），在快速冷却条件下不易扩散，它们以过饱和的状态保留于焊缝金属中，在一定温度和应力条件下，晶格缺陷由高能部位向低能部位转化，即发生移动和聚集，从而形成了二次边界，即所谓"多边化边界"。另外，热影响区在焊接热循环的作用下，由于热应变，金属中的畸变能增加，同样也会形成多边化边界。这种多边化边界一般并不与凝固晶界重合，在焊后冷却过程中，其热塑性降低，导致沿多边化边界产生裂纹称为多边化裂纹。主要产生于某些纯金属或单相合金，如奥氏体不锈钢、铁－镍基合金或镍基合金的焊缝金属。

6. 焊接热裂纹的控制

参考文献[11]给出了结构钢焊缝热裂纹产生的原因与防止措施的系统图，如图 4-25 所示，可供参考。本节着重从控制焊缝金属成分和调整焊接工艺两方面加以阐述。

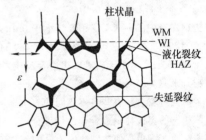

图 4-24　失延裂纹与液化裂纹的形成部分

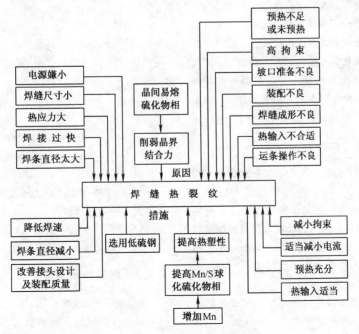

图 4-25　结构钢焊缝热裂原因与防止

（1）控制焊缝金属成分

其中最关键的是选择适用的焊接材料。针对某一成分母材，选择合适的焊接材料，防止裂纹产生。具体母材与焊接材料匹配的原则，将在本卷的有关材料焊接性章节中详细讨论。

成分控制中还有一个极为重要的问题是限制有害杂质的含量。对于各种材料，均需严格限制硫、磷含量。合金化程度越高，限制要越严格。近期国外的低合金钢要求 $w(S) \leqslant 0.020\%$，$w(P) \leqslant 0.017\%$。至于 CF 钢（无裂纹钢）和 Z 向钢（抗层状撕裂用钢）等重要钢材，$w(S)$ 只有 0.006%，$w(P)$ 只有 0.003%。近年来新出现的细晶粒钢和控轧钢中硫、磷和碳都很低，都具有较高的抗裂性。日本的 HT80 钢，焊缝硫与磷限量极严：$w(S) = 0.011\% \sim 0.005\%$，$w(P) = 0.015\% \sim 0.007\%$，HCS = 1.6 ~ 2.0（远小于4）。据相关国际标准规定，一般焊丝中 $w(Ni) = 0.8\% \sim 1.6\%$ 时，$w(S)$ 和 $w(P)$ 限制小于 0.02%；$w(Ni) > 1.6\%$ 时，$w(S)$ 和 $w(P)$ 限制小于 0.01%。

结构钢焊缝中的 $w(C)$ 最好限制小于 0.10%，不要超过 0.12%，同时适当提高 $w(Mn)/w(S)$ 或 $w(Mn)^3/w(S)$ 的比值。由于磷难以用冶金反应来控制，只能限制其来源。

对于不同材料，还有些各不相同的有害杂质。例如，对单相 γ 的奥氏体钢或合金的焊缝金属，硅是非常有害的杂质，铌也促使热裂，因为硅与铌均可形成低熔点共晶。但在 γ + δ 双相焊缝中，硅或铌作为铁素体化元素，反而有利于改善抗裂性。

还应注意共存成分的相互影响。例如，结构钢或单相奥氏体钢的焊缝中的锰可改善抗裂性，但有铜存在时，锰与铜相互促使偏析加强，大大增加结晶裂纹倾向，所以 Cr23Ni28Mo3Cu3Ti 不锈钢焊缝应限制锰量。此外，镍基合金焊缝中不能 Cu-Fe 共存，所以蒙乃尔合金（镍镍合金）与钢焊接时焊缝中的 Fe 便成了有害杂质。

（2）调整焊接工艺

焊接工艺的影响也是多方面的、复杂的，此处仅强调以下几点：

1）限制过热。熔池过热易促使热裂，应降低热输入，并采用小的焊接电流。这样可以通过减小晶粒度和降低应变量，减小结晶裂纹倾向，同时缩小固相近缝区的热裂敏感区 CSZ 的大小，如图 4-26 所示，从而减小整个焊接接头热裂倾向。

2）控制成形系数。焊接电流不同，对成形系数的要求也有所不同。图 4-27 所示为 HT60 钢 CO_2 焊和 MIG 焊热裂情况，此处以 F 表示成形系数的倒数，

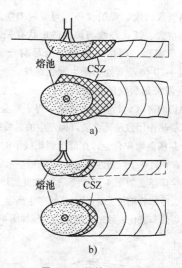

图 4-26　焊缝边界的
"热裂敏感区" CSZ[12]

a）小的冷却速度　b）大的冷却速度

$F = \dfrac{1}{\varphi} = \dfrac{H}{B}$。可见，F 在某一值以上出现裂纹。特别不要出现"梨形断面"，图 4-28 所示为多层焊中间"梨形"断面焊中产生了热裂纹，其他 F 值小的焊道无裂纹。

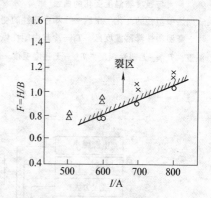

图 4-27　HT60 钢半自动焊（CO_2 或 MIG）
焊缝热裂与成形系数[13]

3）减小熔合比。减小熔合比即减小稀释率，同样也要求降低焊接电流。

4）降低拘束度。

5）其他。如控制装配间隙、改进装配质量等。

4.4.3　焊接冷裂纹

1. 焊接冷裂纹的特征

焊接冷裂纹包括延迟裂纹（氢致裂纹）与淬硬裂纹。主要发生在高、中碳钢，低、中合金高强钢的

图 4-28　低碳钢多道焊中"梨形"断面焊道中的热裂纹

焊接热影响区，但某些超高强钢、钛及钛合金等有时冷裂纹也出现在焊缝金属中。冷裂纹的特征有以下几方面。

（1）分布形态

冷裂纹多发生在具有缺口效应的焊接热影响区或有物理化学不均匀性的氢聚集的局部地带。大体有四种形式，如图 4-29 所示。

焊道下的裂纹一般为微小的裂纹，如图 4-29a 中的 1 裂纹，形成于距焊缝边界约 0.1 ~ 0.2mm 的热影响区中。这个部位没有应力集中，但常具有粗大的马氏体组织且发生在氢含量较高的情况下，裂纹走向大体与焊缝平行，且不显露于表面。

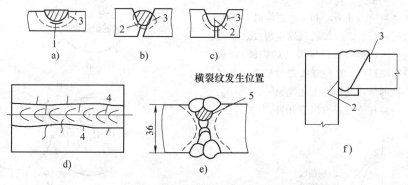

横裂纹发生位置

图 4-29　焊接冷裂纹的分布形态
1—焊道下裂纹　2—焊根裂纹　3—焊趾裂纹　4、5—表面或焊缝内横裂纹

焊根裂纹（图 4-29b、c、f 中的 2）和焊趾裂纹（图 4-29b、c、f 中的 3）起源于应力集中的缺口部位，粗大的马氏体组织区。焊根裂纹有的沿热影响区发展，有的则转入焊缝内部。

横向裂纹常起源于淬硬倾向较大的合金钢焊缝边界而延伸至焊缝和热影响区，裂纹走向均垂直于焊缝边界，尺寸不大，但常可显露于表面，如图 4-29d 中的 4。在厚板多层焊时，则发生于距焊缝上表面有一小段距离的焊缝内部，为不显露于表面的微裂纹，如图 4-29e 中的 5，其方向大致垂直于焊缝轴线，且往往与氢脆有较大联系。

凝固过渡层裂纹发生在异种钢焊接时，沿焊缝边界在焊缝一侧的凝固过渡层中常有马氏体带，往往在此部位形成冷裂纹。

（2）冷裂时期

有两种典型情况：延迟裂纹和淬硬裂纹。延迟裂纹生成温度约在 100 ~ -100℃ 之间。有潜伏期（孕育期），几小时、几天甚至更长，存在潜伏期、缓慢扩展期和突然断裂期三个接续的开裂过程。现公认有潜伏期的冷裂纹是由于氢作用而具有延迟开裂特性的，故称"氢致裂纹"。焊道下裂纹是最典型的氢致延迟裂纹，焊根裂纹及焊趾裂纹大多也是氢致延迟裂纹。

淬硬倾向大的钢种或铸铁焊接时在冷却到 Ms 至室温时产生的淬硬裂纹没有潜伏期，不具延迟开裂特性。横向裂纹大多是淬硬裂纹。

（3）断口特征

从宏观上看，断口具有发亮的金属光泽的脆性断裂特征，是一种未分叉的纯断裂，并可呈人字纹形态发展。从微观上看也不像热裂纹那样单纯只是晶间断裂特征，而常可见沿晶与穿晶断口共存，有氢影响时会有明显的氢致准解理断口，一般情况下启裂区多是沿晶断口。图 4-30 所示为缺口试样插销试验后的断口，缺口启裂区有明显沿晶断裂特征，随后发展则主要为氢致准解理断口。

2. 延迟裂纹的形成机理和影响因素

图 4-31 描述了典型的延迟开裂现象。充氢钢拉伸试验时，存在一个上临界应力 σ_{UC}，超过此应力时，试件很快断裂，不产生延迟现象（相当于该钢种的抗拉强度 R_m）。另外，还存在一个下临界应力 σ_{LC}，低于此应力时，氢是无害的，不论恒载多久，

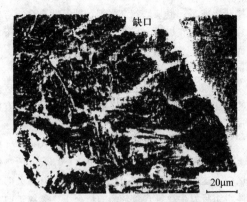

图 4-30　HT80 钢插销试验冷裂断口
（焊条 AWS E11016，烘干 350℃ ×1h）

试件将不会断裂。当应力在 σ_{UC} 和 σ_{LC} 之间时，就会出现由氢引起的延迟裂纹，由加载到发生裂纹之前要经历一段潜伏期，然后是裂纹的传播（即扩展），最后发生断裂。当有缺口时，这种现象更为显著。高强钢焊接时延迟裂纹的形成过程与上述现象一致。

延迟裂纹的经典理论主要有以下几种[14-16]：

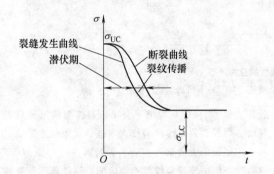

图 4-31　延迟断裂时间与应力的关系

1) 空洞内气体压力学说。C. Zapffe 等认为，由于金属内部可能有各种缺欠（包括微观缺欠），当氢在扩散过程中被陷入缺欠内部（所谓陷阱）时，在较低温度下将发生 $H + H \rightarrow H_2$ 反应。随着时间的增长，缺欠内部的压力不断增加，直至发生裂纹。

2) 位错陷阱捕氢学说。该学说认为金属受力后将产生应变，但应变不是均匀的，某些局部地区应变较大，所以该部位就会增殖较多的位错。而位错如同陷阱一样，具有捕捉氢的本领。当氢聚集到一定数量，就会形成所谓氢的 Cottrell 气团，进一步发展而成为裂纹。

3) 氢吸附理论。这种理论认为，氢被陷阱表面吸附之后，使表面能下降，因此形成裂纹表面所需的能量大为降低。当裂纹进一步扩展时，为使表面能进一步降低，就必须有氢向该区继续扩散，这种过程不

断交替进行，使裂纹继续扩展。

目前，能够比较完整地解释氢、应力交互作用的延迟裂纹理论是三轴应力晶格脆化学说。该学说认为，如果在三个晶粒相交的空间或裂纹的前端处于三向应力状态，新的裂纹尖端处就会聚集较多的氢，超过一定界限之后便发生晶格脆化，而产生裂纹。随时间增长，此处又重新聚集更多的氢，并使裂纹向前扩展，或产生新的裂纹。这种过程断续交替进行，裂纹也就断续扩展，如图 4-32 所示。

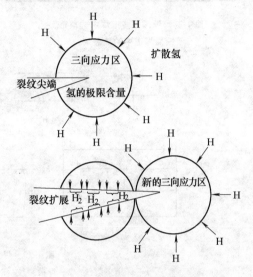

图 4-32　氢致裂纹的扩展过程

结合焊接的具体情况，Granjon 提出延迟裂纹的形成是焊缝中的氢、焊接接头金属中所承受的拉应力及钢材淬硬倾向造成的金属塑性储备下降三个因素交互作用的结果。近年来的研究更进一步证明延迟裂纹的产生与焊接接头的局部区域的应力、应变和氢的瞬态分布有关。下面从上述三个方面对延迟裂纹的形成机理及影响因素进行讨论。

(1) 钢的淬硬倾向

焊接时，钢的淬硬倾向越大，越易产生裂纹，这主要是因为，钢淬硬后形成的马氏体组织是碳在铁中的过饱和固溶体，晶格发生较大的畸变，使组织处于硬脆状态。特别是在焊接条件下，近缝区的加热温度很高（达 1350 ~ 1400℃），使奥氏体晶粒严重长大，快冷时，转变为粗大马氏体，性能更为脆硬，且对氢脆非常敏感。

组织硬化程度与马氏体相数量有关，如图 4-33 所示，在碳当量一定时，540℃ 的瞬时冷却速度 R_{540} 越大，马氏体数量越多、硬度越高，裂纹率 C_R 越大。

马氏体的形态也对裂纹敏感性有很大影响。低碳

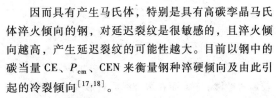

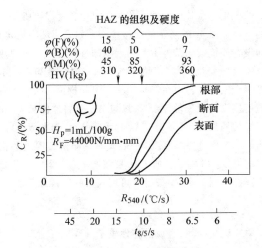

图 4-33　马氏体数量与冷却速度的关系
及对热影响区冷裂倾向的影响

$[HT60: w(C) = 0.15\%, w(Si) = 0.45\%,$
$\overline{w(Mn)} = 1.27\%]$

马氏体呈板条状,因它 Ms 点较高,转变后有自回火作用,因此具有较高的强度和韧性;当钢中碳含量和合金元素较高,或冷却较快时,就会出现孪晶马氏体,它的硬度很高,性能极脆,对氢脆和裂纹敏感性很强。组织对裂纹的敏感性大致按下列顺序增大:铁素体(F)或珠光体(P)—下贝氏体(B_L)—低碳马氏体(M_L)—上贝氏体(B_U)—粒状贝氏体(B_G)—高碳孪晶马氏体(M_R)。

因而具有产生马氏体,特别是具有高碳孪晶马氏体淬火倾向的钢,对延迟裂纹是很敏感的,且淬火倾向越高,产生延迟裂纹的可能性越大。目前以钢中的碳当量 CE、P_{cm}、CEN 来衡量钢种淬硬倾向及由此引起的冷裂倾向[17,18]。

(2)氢的作用

焊缝金属中的扩散氢是延迟裂纹形成的主要影响因素。

由于延迟裂纹是扩散氢在三向应力区聚集引起的,因而钢材焊接接头的氢含量越高,裂纹的敏感性越大,当氢含量达到某一临界值时,便开始出现裂纹,此值称为产生裂纹的临界氢含量 $[H]_{cr}$[19]。

各种钢材产生延迟裂纹的 $[H]_{cr}$ 值是不同的,它与钢的化学成分、焊接接头的刚度、预热温度及冷却条件等有关,图 4-34 所示为 HAZ 碳当量 P_{cm} 和 CE 与临界含氢量 $[H]_{cr}$ 的关系。

有缺口存在时,延迟裂纹倾向增大,这一方面是因为应力集中作用,另一方面,由于氢的应力诱导扩散还会引起扩散氢的集结,开裂部位的氢浓度 H_L 明显大于原始氢浓度[20]。

参考文献[3]认为,焊接高强度钢时,冷至 100℃ 附近时氢在某些部位发生聚集而起致裂作用的,因此冷至 100℃ 时的"剩余扩散氢"(H_{R100})才是致裂的有效氢含量,并提出了测定(H_{R100})的方法和根据 Fick 扩散定律建立方程求解(H_{R100})的方法。

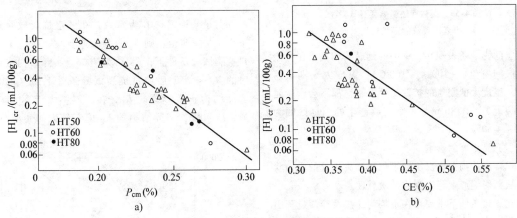

图 4-34　HAZ 内碳当量与临界含氢量的关系
a)P_{cm} 与 $[H]_{cr}$　b)CE 与 $[H]_{cr}$

Granjon 提出了在热影响区及在焊缝产生延迟裂纹的模型,如图 4-35 所示。由于含碳较高的钢对裂纹有较大的敏感性,因此常控制焊缝金属的碳含量低于母材。在焊接过程中,焊缝金属在高温时溶解了多量氢,冷却时原子氢从焊缝向热影响区扩散。因为

焊缝的碳含量低于母材,所以焊缝在较高的温度先于母材发生相变,即由奥氏体分解为铁素体、珠光体、贝氏体以及低碳马氏体等(根据焊缝的化学成分和冷却速度而定)。此时,母材热影响区金属因碳含量较高,发生滞后相变,仍为奥氏体。当焊缝由奥氏体

转变为铁素体类组织时，氢的溶解度突然下降，而扩散速度很快，因此氢迅速地从焊缝越过熔合线 ab 向尚未发生分解的热影响区奥氏体扩散。由于氢在奥氏体中的扩散速度较小，不能很快把氢扩散到距熔合线较远的母材中去，而在熔合线附近形成了富氢地带。在随后此处的奥氏体向马氏体转变时（因焊缝相变温度界面 T_{AF} 提前于热影响区相变界面 T_{AM}），氢便以过饱和状态残留在马氏体中，促使该区域在氢和马氏体复合作用下脆化。如果这个部位有缺口效应，并且氢的浓度足够高时，就可能产生根部裂纹或焊趾裂纹。若氢的浓度更高，使马氏体更加脆化，也可能在没有缺口效应的焊道下产生裂纹。

焊接某些超高强度钢时，焊缝的合金成分较高，淬硬性高于母材，而使热影响区的转变可能先于焊缝，此时氢就相反从热影响区向焊缝扩散，原来焊缝中较高的氢含量也滞留在焊缝中，延迟裂纹就可能在焊缝上产生。

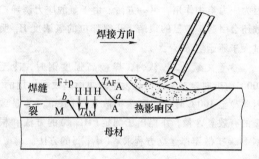

**图 4-35　高强钢热影响区（HAZ）
延迟裂纹的形成过程**

氢的影响还表现在，钢中的延迟破坏只是在一定温度区间发生（-100～+100℃），温度太高则氢易逸出，温度太低则氢的扩散受到抑制，都不会产生延迟开裂现象。HT80 钢焊道下裂纹产生的温度区间为 -70～+60℃。

（3）拘束度的影响

焊接时的拘束情况决定了焊接接头所处的应力状态，从而影响产生延迟裂纹的敏感性。

在焊接条件下主要存在不均匀加热及冷却过程引起的热应力、金属相变前后不同组织的热物理性质（质量体积、线胀系数、体胀系数）变化引起的相变应力以及结构自身拘束条件所造成的应力等。

焊接拘束应力的大小决定于受拘束的程度，可用拘束度来表示，它是一种衡量接头刚度的量，又区分为拉伸拘束度与弯曲拘束度，通常所谓的拘束度常指拉伸拘束度。

拉伸拘束度以 R_F 表示，它定义为焊接接头根部

间隙产生单位长度弹性位移时，单位长度焊缝所承受的力。如图 4-36 所示的对接接头，如果两端不固定，即没有外拘束的条件下，焊后冷却过程会产生 S 的热收缩（应变量）。当两端被刚性固定时，冷却后就不可能产生应变，而在焊接接头中引起拘束力 F，此力应使接头的伸长量等于 S。S 包括了母材的伸长 λ_b 和焊缝的伸长 λ_w 两部分，λ_b 远大于 λ_w，因此 $S \approx \lambda_b$。当板厚 δ 相对焊缝厚度 h_w 很大时，即便是焊缝的拘束应力 σ_w 超过了它的下屈服强度 R_{eL}，母材仍会处于弹性范围，则 R_F 按定义可用式（4-11）计算：

$$R_F = \frac{F}{l\lambda_b} = \frac{F}{l\delta} \times \frac{\delta L}{L\lambda_b} = \sigma \frac{1}{\varepsilon} \times \frac{\delta}{L} = \frac{E\delta}{L} \quad (4-11)$$

式中　E——母材金属的弹性模量（MPa）；

　　　L——拘束距离（mm）；

　　　δ——板厚（mm）；

　　　l——焊缝长度（mm）；

　　　R_F——拉伸拘束度（MPa）。

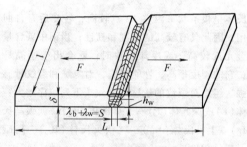

图 4-36　对接接头的拘束度模型

对于某种钢材 E 为常数，在一定抗裂试验条件下 L 也是一定值，则 R_F 只与板厚有关。在斜 Y 形坡口抗裂试验条件下，R_F 约为 700δ。实际结构定位焊时的 R_F 与斜 Y 形坡口抗裂试验条件下的 R_F 相当。实际结构正常焊缝的 R_F，在板厚不大于 50mm 时，通常取 400δ。实际结构的 R_F 值有较大的变动范围，

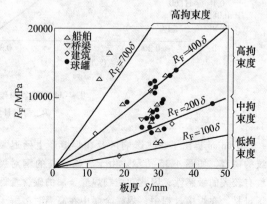

图 4-37　实际结构拘束度的统计

如图 4-37 所示，其中包括了定位焊及接头相交断面等情况，图中高拘束度标准有 200δ 和 400δ 两种，一般取后者。R_F 有时可高达 900δ。

R_F 增大，使焊缝不能自由收缩而产生较大的拘束应力 σ_w，所以 R_F 增大，冷裂倾向势必增大，R_F 值大到一定程度时就会产生裂纹，这时的 R_F 值称为临界拘束度 R_{cr}。某焊接结构接头的 R_{cr} 值越大，表示其抗裂性越强。

可用关系式（4-12）通过拘束度来预测拘束应力。

$$\sigma = mR \qquad (4-12)$$

式中 m——拘束应力转换系数，低合金高强钢焊条电弧焊时 m 为 $(3 \sim 5) \times 10^{-2}$。

同样钢种和同样板厚，由于接头的坡口形式不同也会产生不同的拘束应力，如图 4-38 所示。

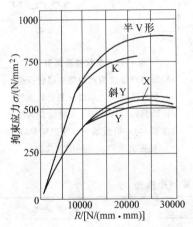

图 4-38　不同坡口形式 R 与 σ 的关系

综上所述，产生焊接延迟裂纹的机理在于钢种淬硬之后受氢的侵袭和诱发使之脆化，在拘束应力的作用下产生了裂纹。

热壁加氢反应器不锈钢堆焊层（母材多为 2.25Cr-1Mo 钢）可以产生氢致剥离的现象，这也是

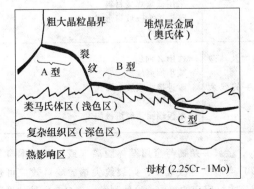

图 4-39　氢致剥离裂纹形成的位置[21]

一种在室温或略高于室温条件下发生的氢致延迟开裂行为，剥离裂纹多沿熔合线附近不锈钢侧粗大 γ 晶粒的晶界扩展，或者紧靠增碳层类马氏体齿形边界扩展，也可能出现在增碳层类马氏体组织中，如图4-39 所示。这种剥离是在氢的诱导下，堆焊层残留应力与碳化物沉淀相、微观缺陷相互作用的结果。

3. 焊接冷裂纹的控制

参考文献 [1] 提供了防止焊接冷裂纹产生的系统图，如图 4-40 所示。图中的 TSN 定义为热拘束指数。

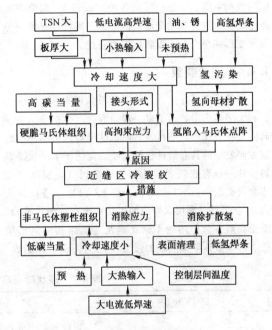

图 4-40　冷裂纹原因及其对策

以下为防止焊接冷裂纹的主要措施。

（1）控制组织硬化

一般焊接生产中，母材化学成分是根据结构的使用要求确定的，即 P_{cm} 或 CE 是一定的。为限制组织硬化程度，唯一的方法就是调整焊接条件以获得适宜的焊接热循环。常用 $t_{8/5}$ 或 t_{100} 等作为判据。在焊接方法一定时，焊接热输入不能随意变化，以防止过热脆化。此时，为获得需要的 $t_{8/5}$ 等，预热是可以采取的重要手段，各种钢材预热温度的确定将在后续各有关章节中阐述。

（2）限制扩散氢含量

采用低氢或超低氢焊接材料，并防止再吸潮，有利于防止冷裂。

预热或后热可减少扩散氢。

后热对减小残余应力和改善组织也有一些作用。最低后热温度 T_P 与钢材的成分有关。

在焊接高强钢时可采用奥氏体焊条，因奥氏体焊缝本身塑性较好，又可固溶较多的氢，限制氢扩散运动，有利于减小冷裂倾向[22]，一般可以不必预热。但增大焊缝热裂倾向，而且也必须尽量限制原始氢含量，否则仍会有微量氢扩散到熔合区马氏体组织中，使其产生冷裂。如果用奥氏体焊条焊接低合金高强钢，必须减小熔合比，否则在熔合区将形成较多马氏体带，冷裂倾向增大。

（3）控制拘束应力

从设计开始以及施焊工艺制定中，均需力求减小刚度或拘束度，并避免形成各种"缺口"。调整焊接顺序，使焊缝有收缩余地；但对于 T 形杆件必须避免回转变形或角变形，以防止焊根裂纹。

4.4.4　层状撕裂

层状撕裂存在于轧制的厚钢板角接接头、T 形接头和十字接头中，由于多层焊角焊缝产生的过大的 Z 向应力在焊接热影响区及其附近的母材内引起的沿轧制方向发展的具有阶梯状的裂纹。促使产生层状撕裂的条件一是存在脆弱的轧制层状组织（轧层间存在非金属夹杂物）；二是板厚方向（Z 向）承受拉伸应力 σ_Z。最易见到层状撕裂的焊接结构有：海洋平台、承受高周疲劳作用的车辆底盘及建筑结构的箱形梁柱、罐车或油船中隔板加强肋（T 形接头）、压力容

器沉淀釜（角接接头）等，主要产生于有贯通板或贯通管的接头中。对接接头中的层状撕裂比较少见。

层状撕裂按其启裂源可分为三类（图 4-41 及表 4-7）。由于夹杂物与基体脱离而形成的层状撕裂可称为"脱聚开裂"，当钢材轧层中存在多量非金属夹杂物时，就易于造成脱聚开裂，因此即使低碳钢接头也会有层状撕裂的危险。

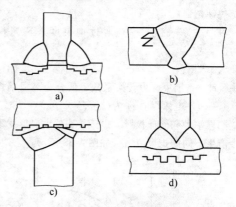

图 4-41　层状撕裂类型

a）焊根冷裂纹为启裂源的层状撕裂
b）焊趾冷裂纹为启裂源的层状撕裂
c）沿热影响区轧层夹杂物启裂的层状撕裂　　d）沿板厚中心（远离 HAZ）轧层夹杂物启裂的层状撕裂

表 4-7　层状撕裂启裂源分类及其防止措施

启裂分类	成　因	防止措施
第Ⅰ类　以焊根裂纹、焊趾裂纹为启裂源，沿 HAZ 发展（图 4-41a 及图 4-41b）	由冷裂而引起的（P_{cm}、H_D、R_F 偏高） 伸长的 MnS 夹杂物 角变形引起的弯曲拘束应力或缺口引起的应变集中	同防止冷裂措施 降低钢中 S 含量，选用 Z 向钢 改变接头或坡口形式，防止角变形及应变集中
第Ⅱ类　以轧层夹杂物为启裂源，沿 HAZ 发展（图 4-41c）	伸长的 MnS 夹杂物及硅酸盐夹杂物拘束度大，存在 Z 向拉伸拘束应力 氢脆	降低钢中夹杂物数量（如添加稀土），选用 Z 向钢 减小拘束度 采用低氢焊接材料 改进接头或坡口形式 堆焊隔离层
第Ⅲ类　完全由收缩应变而致，以轧层夹杂物为启裂源，沿远离 HAZ 的母材板厚中央发展（图 4-41d）	轧层中的长条 MnS 夹杂物及硅酸盐夹杂物 拘束度大，弯曲拘束产生的残余应力 应变时效	选用 Z 向钢 减小拘束度 改进接头或坡口形式 堆焊隔离层 钢板端面须经机械加工

1. 层状撕裂及其特征

层状撕裂属于冷裂范畴，由轧层非金属夹杂物与基体金属的脱聚开裂而形成。由于 Z 向承受拉应力

σ_Z，金属夹杂物与金属基体脱离（或夹杂物本身开裂）会形成显微裂纹，此裂纹尖端的缺口效应可造成应力、应变的集中，迫使裂纹沿着自身所处的平面

扩展，在同一平面相邻的一群夹杂物连成一片，形成所谓的"平台"。同时，不在同一轧层的邻近平台，在裂纹尖端处由于产生切应力的作用而发生剪切断裂，形成所谓"剪切壁"。这些大体与板面平行的"平台"和大体与板面垂直的"壁"构成了层状撕裂所特有的台阶状裂纹。

低倍扫描电镜观察层状撕裂断口呈典型的木纹状，是"平台"在不同高度分布的结果。高倍下观察时，在平台表面可见到大量片状、球状和长条状的非金属夹杂物。剪切壁断口特征呈撕裂棱形态。

层状撕裂在焊接过程中即可形成，也可在焊接结束后启裂和扩展，甚至还可延迟至使用期间才产生，即具有延迟破坏性质。

层状撕裂一般是产生于接头内部的微小裂纹，无损探伤比较难于检查发现，也难于排除或修补，易造成灾难性事故，造成巨大经济损失。

2. 影响层状撕裂的因素

（1）钢材性能的影响

钢中轧层上的夹杂物是主要影响因素，已经确定，钢中含硫量越多，Z 向拉伸时的延性（常以断面收缩率 ψ_Z 表示）就越低，层状撕裂倾向也越大。$\psi_Z \leqslant 10\%$ 时在低度拘束的 T 形接头（工字梁），就可能有一些层状撕裂倾向；$\psi_Z \leqslant 15\%$ 时在中等拘束的接头，如箱形梁柱，会有一定的层状撕裂倾向；$\psi_Z \leqslant 20\%$ 时只在高拘束度接头（如节点板）时有一定层状撕裂倾向；$\psi_Z \geqslant 25\%$ 时在任何接头中一般都不致产生层状撕裂。降低钢的硫含量，具有良好的抗层状撕裂性能的钢，称为"Z 向钢"。

但要注意，其他夹杂物与基体金属的结合力都低于基体金属的强度，都可导致层状撕裂，并取决于其形态、数量及分布特性。片状夹杂物、氧化铝夹杂物以片状大量密集于同一平面内，平均长度大和端面曲率半径小的薄片状夹杂物等的影响较大。

母材基体性能特别是钢材本身的延性和韧性都影响裂纹在水平方向扩展或垂直方向的剪切扩展。夹杂物数量不多时，基体性能影响就更为突出。一般用层状撕裂敏感指数 P_L 表示，可用式（4-13）和式（4-14）计算。

$$P_L = P_{cm} + \frac{H_D}{60} + \frac{L}{7000} \qquad (4-13)$$

$$P_L = P_{cm} + \frac{H_D}{60} + 6w\,(S) \qquad (4-14)$$

式中　w（S）——钢的硫含量；

　　　　L——单位面积上夹杂物的总长（$\mu m/mm^2$）；

　　　　H_D——焊缝初始扩散氢含量。

说明 P_L 与钢材的组织状态（用碳当量衡量）、时效应变和氢脆作用等有关。

（2）接头形成方式的影响

IIW810—1985 提出下列经验关系式：

$$LTR = INF(A) + INF(B) + INF(C)$$
$$+ INF(D)\,AINF(E) \qquad (4-15)$$

式中　LTR——层状撕裂危险性；

　INF（X）——某因素对层状撕裂的影响。

LTR 可有正值或负值。LTR 为正值时，表示具有大的层状撕裂危险；LTR 为负值时表示具有抵抗层状撕裂的性能。绝对值越大，表示影响越大。

X 有 A、B、C、D、E 五项。INF（A）为焊脚尺寸 K 的影响。INF（B）为接头形成方式的影响。INF（C）为承受横向拘束时板厚 δ 的影响。INF（D）为拘束度 AF 的影响。INF（E）为预热条件的影响。具体影响情况见表 4-8。

当 LTR 值较大时，必须采用 ψ_Z 值较大的钢材；LTR≤10 时，不致有层状撕裂危险，对钢材的 ψ_Z 无特殊要求。

3. 防止层状撕裂的措施

（1）改善接头设计

减小拘束度或拘束应变的措施如下：

1）将贯通板端部延伸一定长度，如图 4-42 所示，有防止启裂的效果。

2）改变焊缝布置以改变焊缝收缩应力方向，如图 4-43 所示，将垂直贯通板改为水平贯通板，变更焊缝位置，使接头总的受力方向与轧层平行，可大大改善抗层状撕裂性能。

3）改变坡口位置以改变应变方向。如图 4-44 所示，图中易产生层状撕裂的板件以 LT 表示。

4）减小焊角尺寸，以减少焊缝金属体积，可减小焊缝的收缩应变。

（2）正确选用 Z 向钢

结构件可整体或部分选用 Z 向钢。无论管接头或板接头，正处于角焊缝强烈作用的部分可采用一段优质 Z 向钢。也可适应拘束度 R_F 选用相应 ψ_Z 的 Z 向钢，见表 4-9。表 4-9 中 δ_V 为立板板厚；δ_H 为水平板板厚。

（3）改进焊接工艺

焊接方法选用方面，采用低氢的焊接方法有利，如气体保护焊、埋弧焊冷裂倾向小，有利于改善抗层状撕裂性能。

焊接材料选择方面，采用低强组配的焊接材料有利，焊缝金属具有低屈服强度、高塑性时，易使应变集中于焊缝而减轻母材热影响区的应变，可改善抗层状撕裂的性能。

表 4-8　LTR 与 INF（X）的关系

INF（X）	参变因数			LTR
INF（A）	INF（A）= 0.3K	焊脚尺寸 K/mm	10	3
			20	6
			30	9
			40	12
			50	15
INF（B）				−25
				−10
				−5
				0
				3
				5
				8
INF（C）	INF（C）= 0.2δ 接头横向拘束	δ = 20mm		4
		δ = 40mm		8
		δ = 60mm		12
INF（D）	拘束度 R_F	低—可自由收缩,如 T 形接头		0
		中—可部分自由收缩,如箱形梁隔板		3
		高—难以自由收缩,如环焊缝		5
INF（E）	预热条件	不预热		0
		预热温度 T_0 > 100℃		−8

注：表中"LT"表示易产生层状撕裂的板件。

表 4-9　要求 ψ_Z 与 R_F 的关系

接头形式	δ/mm	$R_F/(\mathrm{N/mm^2})$	$\psi_Z(\%)$
T 形接头（不熔透）	$\delta_V = 25, \delta_H = 20$	5000	10
T 形接头（完全熔透）	$\delta_V = 40, \delta_H = 30$	12000	20
十字接头（不熔透）	$\delta_V = \delta_H = 20$	10000	15
十字接头（完全熔透）	$\delta_V = \delta_H = 40$	20000	25

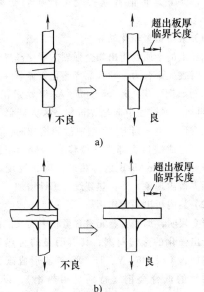

图 4-42　贯通板端延伸的有利作用
a）坡口焊缝　b）角焊缝

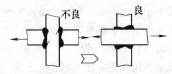

图 4-43　改变焊缝布置的作用

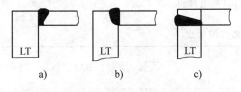

a）　　　　　　b）　　　　　　c）

图 4-44　坡口位置的作用
a）LTR 大　b）LTR 中等　c）LTR 无

焊接技术的运用方面。采用表面隔离层堆焊。对称施焊，使应变分布均衡，减少应变集中，减小 σ_Z 的作用。采用适当小的热输入，以减少热作用，从而减小收缩应变，但必须防止产生冷裂纹。控制焊缝尺寸，避免大的焊脚。采用小焊道多道焊。适当预热有利，但须防止因此增大收缩应变。还可采取中间退火消除内应力等。

不同类型的层状撕裂的防止措施见表 4-7。

4.4.5　再热裂纹

再热裂纹是指焊后焊接接头在一定温度范围再次加热而产生的裂纹。为防止发生脆断及应力腐蚀，焊后常要求进行消除应力热处理。调质高强钢或耐热钢以及时效强化镍基合金，焊后常须进行回火处理。在这些加热过程中可能产生再热裂纹。一些耐热钢和合金的焊接接头在高温服役时见到的开裂现象，也可称为再热裂纹。在消除内应力热处理过程中产生的裂纹又称为消除应力处理裂纹，简称 SR 裂纹。

1. 再热裂纹的主要特征

1）再热裂纹均发生于焊接热影响区的粗晶区，如图 4-45 所示，大体沿熔合线发展，裂纹不一定连续，至细晶区便可停止扩展。晶粒越粗大，越易于导致再热裂纹。再热裂纹呈典型的沿晶开裂特征。

图 4-45　再热开裂的典型部位（100 ×）
（14MnMoNbB 钢，斜 Y 形拘束试样，
焊后 600℃ ×2h 再次加热）

2）存在一个最易产生再热裂纹的敏感温度区间，具有 "C" 形曲线特征，即在此敏感温度区间表现出最大裂纹率 C_R 和最小的临界 COD 值（图 4-46）以及在应力松弛中出现最短断裂时间 t_f（图 4-47）。不同母材的敏感温度区间也不相同。奥氏体不锈钢和一些高温合金的敏感温度区间在 700～900℃ 之间，沉淀强化的低合金钢的敏感温度区间在 500～700℃ 之间。淬火加回火或淬火加析出强化的调质钢接头有明显的再热开裂倾向，而有碳化物析出强化的 Cr-Mo 或 Cr-Mo-V 耐热钢接头，则具有更显著的再热开裂倾向。

3）再热时引起裂纹的塑性应变 ε 主要由接头的

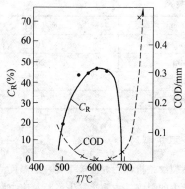

图 4-46　再热温度与裂纹率
C_R 和临界 COD 的关系

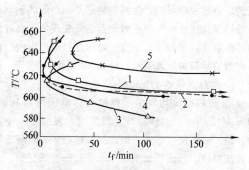

图 4-47　再热温度与 t_f 的关系[23]

1—22Cr2NiMo　2—25CrNi3MoV
3—25Ni3MoV　4—20CrNi3oVNbB
5—25Cr2NiMoV

残余应力在再次加热过程中发生应力松弛所致,即松弛应变。所以,再热裂纹的先决条件是再次加热过程前,焊接区存在较大的残余应力及应力集中的各种因素(如咬边、焊趾等缺欠因素)。应力集中系数 K 越大,产生再热裂纹所需的临界应力 σ_{cr} 越小。

2. 再热裂纹产生机理

现已确认再热裂纹是由晶界优先滑动导致微裂(形核)而发生和扩展的。理论上形成再热裂纹的条件是,在接头焊后再次加热过程中,粗晶区应力集中部位残余应力松弛使晶界微观局部滑动变形的实际塑性应变量 ε 超过了该材料晶界微观局部的塑性变形能力 δ_{min}。以下是目前普遍接受的产生再热裂纹的机理。

(1)杂质偏聚弱化晶界

晶界上的杂质及析出物会强烈的弱化晶界,使晶界滑动时丧失聚合力,导致晶界脆化,显著降低蠕变抗力。例如钢中 P、S、Sb、Sn、As 等元素在 500 ~ 600℃再热处理过程中向晶界析集,大大降低了晶界的塑性变形能力。当 HT80 钢中的磷增加时,磷向晶界析集可造成缺口底部张开位移 COD(δ_c)下降。我国在研究 Mn-Mo-Nb-B 钢再热裂纹时,发现硼化物有沿晶界析出现象,使再热裂纹敏感性增加[24]。

(2)晶内析出强化作用

研究表明,那些合金元素含量较多而又能使晶内发生析出强化的金属材料,具有明显的再热裂纹倾向。例如含 Cr、Mo、V、Ti、Nb 等能形成碳化物或氮化物相的低合金钢(特别是耐热钢),以及 Ni₃(Al、Ti)相(即 γ 相)时效强化的镍基合金,是易于产生再热裂纹的典型材料。在焊后再次加热过程中,由于晶内析出强化,残余应力松弛形成的松弛应变或塑性变形将集中于相对弱化的晶界,而易于导致沿晶开裂。强化相的析出与加热温度有关,而会导致不同的再热裂纹倾向,以 CrMoV 钢为例,表 4-10 表明了不同回火温度下析出碳化物的类型,析出 M_2C 相越多,再热裂纹倾向越大;增多 M_7C_3 或 $M_{23}C_6$,再热裂纹倾向可显著降低。

表 4-10　CrMoV 钢中碳化物的析出[3]

CrMoV 钢母材	模拟粗晶 HAZ 组织 $T = 1300℃, t_{8/5} = 12s$	回火处理后 HAZ 组织
铁素体 + MX M_2C $M_{23}C_6$ M_7C_3 $\Rightarrow$	马氏体 + 贝氏体 (全部 M_xC_y 已固溶) $\Rightarrow$	铁素体 + 725℃:MX,M_2C,M_7C_3,$M_{23}C_6$ 700℃:M_3C,MX,M_2C,$M_{23}C_6$ 650℃:M_3C,MX,M_2C 550℃:M_3C,MX

3. 再热裂纹的影响因素及防止措施

（1）化学成分的影响

化学成分对再热裂纹的影响随钢种和合金不同而异。对于珠光体耐热钢，钢中的 Cr、Mo 含量对再热裂纹的影响如图 4-48 所示，钢中的含 Mo 量越多，则 Cr 的影响越大，但达到一定含量 $[w(Mo)=1\%,w(Cr)=0.5\%]$ 后，随 Cr 的增多，SR 裂纹率反而下降。如在钢中含有 V 时，SR 裂纹率显著增加。碳在 1Cr-0.5Mo 钢中对再热裂纹的影响如图 4-49 所示，随钢中钒量增多，碳的影响增大。图 4-50 所示为 V、Nb、Ti 对再热裂纹的影响，其中钒的影响最大。

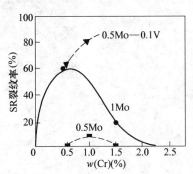

图 4-48　钢中 Cr、Mo 含量对 SR 裂纹的影响（620℃，2h）

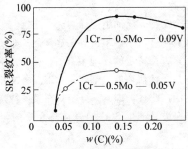

图 4-49　碳对 SR 裂纹的影响（600℃，2h 炉冷）

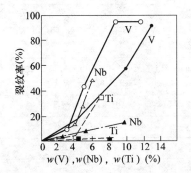

图 4-50　V、Nb、Ti 对 SR 裂纹的影响（600℃，2h 炉冷）
●▲■ 0.6Cr—0.5Mo—V、Nb、Ti
○△□ 1Cr—0.5Mo—V、Nb、Ti

钢或合金中的杂质（特别是 Sb）越多，偏聚于晶界并使之弱化，增大再热裂纹倾向，使再热裂纹的敏感温度区间显著向左方移动。在具体条件下，经系统实验可确定各种杂质的临界含量。

为防止再热裂纹，从根本上说，应正确选用材料，尽量不用再热裂纹敏感材料。参考文献［25，26］提供了多种再热裂纹参数公式，以定量计算化学成分对再热裂纹敏感性的影响，使用时应注意每一经验式的应用条件（各种元素的含量范围），这些经验式大多没有考虑元素间的相互作用，与实际再热裂纹敏感性有一定偏差，因此只能作为初步的评价。

（2）钢的晶粒度的影响

晶粒度越大，越容易产生再热裂纹。

（3）焊接接头不同部位缺口效应的影响

缺口位于粗晶区和有余高又有咬边的情况常导致产生再热裂纹。

（4）焊接材料的影响

选用低匹配的焊接材料，适当降低在 SR 温度区间焊缝金属的强度，提高其塑性变形能力，可减轻热影响区塑性应变集中程度，对降低再热裂纹的敏感性是有益的。实际生产中，只在焊缝表层用低强高塑性焊条盖面，就有一定的好处。堆焊隔离层的应用也有利于减小再热裂纹倾向。

（5）焊接方法和热输入的影响

焊接热输入的影响比较复杂，可影响晶粒粗化的程度、冷却速度以及残余应力的大小。当热输入增大而致晶粒粗化严重时，将使再热裂纹倾向增大。

不同焊接方法在正常情况下的焊接热输入不同。对于晶粒长大敏感的钢种，热输入大的电渣焊、埋弧焊时再热裂纹敏感性比焊条电弧焊大；但对一些淬硬倾向大的钢种，焊条电弧焊时反而比埋弧焊时的再热裂纹倾向大。

（6）预热及后热的影响

预热有利于防止再热裂纹，但必须采用比防止冷裂纹更高的预热温度或配合后热才能有效。

此外，采用回火焊道（焊趾覆层或 TIG 重熔）有助于细化热影响区晶粒，减小应力集中和接头的残余应力，有利于减小再热裂纹倾向。

（7）改进接头设计和调整施焊工艺

改进接头设计可减小拘束应力，防止产生应力集中。调整焊接顺序或采用分段退焊等，可减小焊接残留应力。

（8）改善焊后热处理工艺

由于合金存在一定再热裂纹敏感温度区间，焊后热处理或其他再热过程温度如能避开这一区间是有利于防止再热裂纹的。前提是应能保证改善组织和消除应力的基本要求。

　　研究表明，提高加热速度有利于防止再热裂纹。这是因为对于一定合金其析出强化速度一定，如果加热速度超过其析出强化速度（或时效硬化速度），就不致形成再热裂纹。还可采用低温焊后热处理、中间分段焊后热处理、完全正火处理等避开再热裂纹敏感温度区间的工艺。焊后热处理之前仔细修整焊缝（焊趾处的缺欠）会有良好的效果。锤击焊缝表层也有一定的作用。

4.4.6　应力腐蚀裂纹

　　金属材料在特定腐蚀环境下受拉应力作用时，所产生的延迟裂纹，称为应力腐蚀裂纹（SCC）。目前，应力腐蚀裂纹已成为工业（特别是石油化工业）中越来越突出的问题。据统计，化工设备中的焊接结构，破坏事故中主要是由腐蚀而引起的脆化，如应力腐蚀裂纹、腐蚀疲劳及氢损伤或氢脆等，其中约半数为应力腐蚀裂纹。

　　1. 应力腐蚀裂纹的特征及形成条件

　　（1）应力腐蚀裂纹的特征

　　从表面裂纹形貌上看外观常呈龟裂形式，断断续续，而且在焊缝上以近似横向发展的裂纹居多数。见不到明显的均匀腐蚀痕迹。SCC 多数出现在焊缝，也可出现在热影响区。

　　从横断面照片可见，SCC 犹如干枯的树枝根须，由表面向纵深方向发展，裂口的深宽比大到几十至 100 以上，细长而又尖锐，往往存在大量二次裂纹，即带有多量分支是其显著特征，如图 4-51 所示。

　　从断口微观形貌分析，均为脆性断口，常附有腐蚀产物或氧化现象，断口呈沿晶或穿晶，有时为混合型断口[27]。

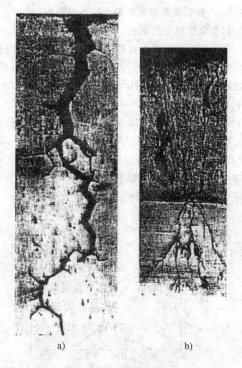

a)　　　　　　　　　b)

图 4-51　SCC 断面形貌

a）高温水中的 Inconel 合金（300℃，$1000 \times 10^{-6}Cl^-$）　b）海滨露天存放几年的奥氏体钢焊缝

　　（2）合金与介质的组配性

　　纯金属不会产生 SCC，但凡是合金，即使含微量的合金元素，在特定的环境中都有一定的 SCC 倾向。不过，不是在任何环境中都产生 SCC。腐蚀介质与材料有一定的匹配性，即某一合金只在某些特定介质中产生 SCC。最易产生 SCC 的合金与介质的组配见表 4-11 所示。

表 4-11　最易产生 SCC 的合金与介质的组配

合　　金	腐　蚀　介　质
碳素钢与低合金钢	苛性碱（NaOH）水溶液（沸腾）；硝酸盐水溶液（沸腾）；氨溶液；海水；湿的 $CO-CO_2$-空气；含 H_2S 水溶液；海洋大气和工业大气；H_2SO_4-HNO_3 混合水溶液；HCN 水溶液；碳酸盐和重碳酸盐溶液；NH_4Cl 水溶液；$NaOH + Na_2SiO_3$ 水溶液（沸腾）；$NaCl + H_2O_2$ 水溶液；CH_3COOH 水溶液等
奥氏体不锈钢	氯化物水溶液；海洋气氛；海水；NaOH 高温水溶液；H_2S 水溶液；水蒸气（260℃）；高温高压含氧高纯水；浓缩锅炉水；260℃ H_2SO_4；$H_2SO_4 + CuSO_4$ 水溶液；$Na_2CO_3 + 0.1\% NaCl$；$NaCl + H_2O_2$ 水溶液等
铁素体不锈钢	高温高压水；H_2S 水溶液；NH_3 水溶液；海水；海洋气氛；高温碱溶液；$NaOH + H_2S$ 水溶液等
铝合金	NaCl 水溶液；海洋气氛；海水等
黄铜	NH_3；$NH_3 + CO_2$；水蒸气；$FeCl_2$ 等
钛合金	HNO_3；HF；海水；氟利昂；甲醇、甲醇蒸气；HCl（10%，35℃）；CCl_4；N_2O_4 等
镍合金	HF；NaOH；氟硅酸等

注：表中凡有百分数的皆指质量分数。

（3）形成应力腐蚀裂纹的条件及开裂过程

是否产生 SCC 取决于三个条件：合金、介质及拉应力。三个条件同时具备时，经过裂纹开始形核、扩展和破裂三个阶段。

孕育阶段——形成局部性的最初腐蚀裂口，拉应力起了主要作用，它使材料表面造成塑性变形，形成活化的滑移系统，局部地点产生"滑移阶梯"，导致合金表面膜破坏，如图 4-52 所示。当位错沿某一滑移面通过时，在表面上出现断层，暴露在腐蚀介质中的金属"阶梯"因无保护而快速溶解，滑移的交点最容易腐蚀而成腐蚀坑。

扩展阶段——腐蚀裂口在拉应力与腐蚀介质的共同作用下，沿着垂直于拉应力的方向向纵深发展，且逐步出现分枝，由于结构材质、服役环境和承受的应力状态不同，扩展途径大体分为三类。

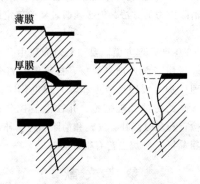

图 4-52 滑移阶梯的溶解启裂

A 类：由启裂点开始，一直向纵深发展，只有少量分枝。主要以穿晶形式开裂，多发生在强度较高的不锈钢和 R_{eL} 为 800 ~ 1000MPa 的高强钢。

B 类：由启裂点开始，沿横向扩展，形成树根状的密集分枝，也以穿晶形式开裂，主要发生在强度较低的不锈钢和对氢敏感的超高强度钢。

中间类：介于 A、B 类之间，由启裂点开始，既向深处发展，也横向扩展，其行径具有沿晶特征，主要发生在不锈钢构件中。

三种形态 SCC 发生的临界应力 σ_{th} 与材料下屈服强度 R_{eL} 之间的关系如图 4-53 所示。

破裂（溃裂）阶段——发展得最快的裂纹的最终崩溃性发展，是拉应力局部越来越大的累积的结果，最终破坏是应力因素起主导作用下进行的。

2. 影响应力腐蚀裂纹的因素[28]

（1）应力的作用

拉应力的存在是 SCC 的先决条件，压应力不会引起 SCC，在没有拉应力存在时，通常可产生 SCC 的环境，只能引起微不足道的一般腐蚀。据统计，造成

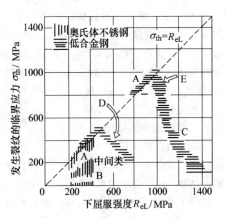

图 4-53 发生 SCC 的 σ_{th} 与材料的 R_{eL} 之间的关系

SCC 的应力主要是残余应力，约占 80%，其中由焊接引起的残余应力约占 30%，由成形加工（弯管、矫形、胀管）引起的残余应力约占 45%，外加应力（承载应力与热应力）约占 20%。

（2）介质的影响

介质的浓度与温度对具体合金的影响是不同的，例如对碳钢及低合金钢在 H_2S 介质中将引起应力阴极氢脆开裂，随着 H_2S 浓度的增大，临界应力 σ_{th} 显著降低。有水共存时，影响更严重。焊接接头的 SCC 临界应力远小于相应强度母材的抗拉强度，且抗拉强度越高，如 HT50、HT60、HT70、HT80 高强度钢，SCC 的临界应力依次降低。如以硬度做判据，也有相同的规律。对于某一强度的钢材，存在一个产生 SCC 的最低 H_2S 浓度，即临界应力 σ_{th} 等于钢的下屈服强度 R_{eL} 时的 H_2S 浓度。

H_2S 水溶液温度的影响呈极值型。在室温附近时，SCC 倾向最大，温度降低或升高均使 SCC 倾向下降。

H_2S 溶液 pH 值的影响为，pH < 3 时对 SCC 无甚影响，pH > 3 时，随 pH 增大（直到 5），SCC 临界应力明显增大，敏感性反而降低。

NaOH 对碳钢及低合金钢的 SCC 的影响：在质量分数超过 5% 的 NaOH 的几乎全部浓度范围内都可产生碱脆，而质量分数约为 30% NaOH 时最危险；对于某一浓度的 NaOH 溶液，碱脆的临界温度约为沸点，碱脆的最低温度约为 60℃。

奥氏体不锈钢对氯化物造成的 SCC 极为敏感，几乎只要有 Cl^- 即可发生 SCC，因为 Cl^- 可局部浓集，在含 $10^{-6} Cl^-$ 溶液的气相处就会见到 SCC。在氯离子浓度低的稀溶液中，存在一个 SCC 敏感温度范围，一般在 150 ~ 300℃。在氯离子浓度较低的高温

水中，pH 值增加，钢的 SCC 倾向将降低。高浓度氯离子溶液（$MgCl_2$ 溶液）中，温度升高，SCC 加速。在高浓度 Cl^- 介质中 pH = 6～7 时，即呈弱酸性时，18-8 奥氏体不锈钢对 SCC 最敏感；pH 值过低时（低于 4），将产生均匀腐蚀；pH 值超过 6～7 时，也会延缓 SCC 的危险性。

3. 应力腐蚀裂纹的控制

（1）设计的合理性

设计在腐蚀介质中工作的部件时，首先应选择耐蚀材料。例如，同一强度的 HT80 钢，由于合金系统不同，抗 SCC 性能相差很大，Ni-Cr-Mo-V-B 合金系统要优于 Cr-Mo-B 合金系统。对于奥氏体不锈钢，其中 Ni 的作用存在敏感成分区间，一般提高镍是有利的，铬的作用与镍完全相似，所以 25-20 型钢优于 18-8 型钢，且 $w(Mo) > 3.5\%$ 是有利的。因此实用上选用高 Cr、高 Ni 且含高 Mo 的奥氏体不锈钢是合理的。硅有助于形成 $\gamma + \delta$ 双相组织，δ 相能提高屈服强度和电化学防护作用，并有抑制裂纹扩展的"楔止效应"，在沸腾质量分数为 42% 的 $MgCl_2$ 介质中，δ 相为 40%～50% 的典型双相不锈钢具有最好的抗 SCC 性能，但是在有阴极氢化反应或存在氢脆时，δ 相的存在是不利的。

其次，结构和接头的设计应最大限度地减少应力集中和高应力区。

（2）施工制造质量

1）应合理选择焊接材料。一般要求焊缝的化学成分和组织应尽可能与母材一致，例如母材为 022Cr18Ni5Mo3Si2 超低碳双相不锈钢，与母材成分相当的 3RS61 和 P5 焊条（含 Mo）具有较好的抗 SCC 性能，而不含 Mo 的 E1-23-13-16（即 A302）焊条抗 SCC 较差。

2）应合理制定组装工艺。应注意减小部件成形加工到组装过程中引起的残余应力，如冷作成形加工（弯管及胀管等）能增大残余应力，同时还可使 18-8 奥氏体不锈钢发生 $\gamma \to M$ 转变形成马氏体而提高硬度。因此应尽可能减小冷作变形度，避免一切不正常组装，注意防止造成各种形式的伤痕，如组装拉肋、支柱、夹具等遗留下来的痕迹以及随意引弧形成的电弧灼痕，都会成为 SCC 的裂源。

3）制定焊接工艺的基本出发点：①保证焊缝成形良好，不产生任何可造成应力集中或点蚀的缺欠等；②保证接头组织均匀，焊缝与母材有良好的匹配，不产生任何不良组织，如晶粒粗化及硬脆马氏体等。低合金钢热影响区组织按球形珠光体→层状珠光体→回火马氏体→马氏体的次序增大 SCC 倾向，所

以焊接低合金钢时，预热或适当提高热输入，可使接头硬度较低，一般要求其硬度小于 22HRC。但提高热输入必须以不过分增大晶粒尺寸为宜，粗晶淬火区的粗大淬硬组织 K_{ISCC} 值最低，最为有害。对于奥氏体不锈钢，因无硬化问题，没有必要增大热输入，否则将由于晶粒粗化而严重增加 SCC 倾向，例如 12Cr18Ni9 奥氏体不锈钢焊接接头，在质量分数为 42% 的 $MgCl_2$ 水溶液中，接头各区域 SCC 扩展的敏感性大体按焊缝→敏化区→母材→过热粗晶区顺序增大，其中敏化区和母材差不多，裂纹敏感性稍小，而粗晶区 SCC 敏感性大，主要是粗大晶粒中的裂纹尖端可有大量位错，并可形成大的滑移阶梯，有利于 SCC 的形成和扩展。

4）消除应力处理可消除焊接产品的残余应力，是改善其抗 SCC 性能的重要措施之一，可采用整体或局部消除应力的方法，但必须通过实验确定最佳回火参数。

5）在生产管理方面。要注意对介质中杂质的严格控制；采用表面处理（涂层、衬里等隔离介质）、介质处理（加入缓蚀剂或中和等）或电化防蚀（阴极保护等）的防蚀处理措施；并注意监控分析，通过定期检查和及时修补，发现和消除隐患。补焊时采取"无粗晶区"补焊工艺有很好的效果。

参 考 文 献

[1]　陈伯蠡. 焊接工程缺欠分析与对策 [M]. 北京：机械工业出版社，1998.

[2]　中国机械工程学会焊接分会. 焊接词典 [M]. 2 版. 北京：机械工业出版社，1998.

[3]　张文钺. 焊接冶金学：基本原理 [M]. 北京：机械工业出版社，1997.

[4]　傅积和，孙玉林. 焊接数据资料手册 [M]. 北京：机械工业出版社，1994.

[5]　周敏惠，於美甫. 焊接缺陷与对策 [M]. 上海：上海科学技术文献出版社，1989.

[6]　小山凡司. マゲ接气孔欠陥発生原因 防止策 [J]. 溶接技术，1993，41（2）：72－80.

[7]　吴甦，鹿安理. 材料焊接性研究的现状与发展趋势 [C] // 中国机械工程学会焊接学会. 第八次全国焊接会议论文集：第一卷. 北京：机械工业出版社，1997，199—204.

[8]　中川博二，等. 溶接部のアラタトケラァィ [M]. 大阪大学溶接工学研究所，1978.

[9]　陈伯蠡. 金属焊接性基础 [M]. 北京：机械工业出版社，1982.

[10]　第一机械工业部哈尔滨焊接研究所. 焊接裂缝金相

分析图谱［M］. 哈尔滨：黑龙江科学技术出版
社，1981.

［11］ 美国金属学会. 金属手册：第 6 卷焊接、硬钎焊、
软钎焊［M］. 9 版. 包芳涵，等译. 北京：机械工
业出版社，1994.

［12］ Wilken K，Kleistner H. Classification and evaluation of
hot cracking tests for weldments［J］. Welding in the
World，1990，28（7 - 8）：127 - 143.

［13］ 中西保正，等. 溶接割れとの对策：第 3 回［J］.
溶接技术，1990，38（3）：145 - 150.

［14］ 张文钺. 焊接物理冶金［M］. 天津：天津大学出
版社，1991.

［15］ Evans G E. Influence of non-metallic inclusion on the
apparent diffusion of hydrogen in ferrous materials［J］.
JISI，1969，（11）：1484-1490.

［16］ Beachem C D. A new model for hydrogen assisted crack-
ing［J］. Metallurgical Transaction，1972，（2）：437
- 451.

［17］ Yorioka N，et al. Prediction of HAZ hardness of trans-
formable steels［J］. Metal Construction，1987，19
（4）：217.

［18］ Boothby P. Predicting hardness in steel HAZs［J］.
Metal Construction，1985，17（6）：363.

［19］ 松田福久. 溶接冶金学［M］. 東京：日刊工業新聞
社，1972.

［20］ 佐藤邦彦，等. 焊接接头的强度与设計［M］. 张伟
昌，严鸢飞，徐晓，译. 北京：机械工业出版
社，1983.

［21］ 孙永健. 热壁加氢反应器氢剥离的研究［D］. 上
海：上海交通大学，1992.

［22］ 冯启庭，彭传六，张志明，等. 异种钢接头的焊条
及氢致裂纹［J］. 焊接学报，1992，13（1）：
7 - 12.

［23］ 郭寿汾，等. Cr-Ni-Mo-V 系钢再热裂纹研究［J］.
焊接，1979（3）：12 - 18.

［24］ 艾宝瑞，等. 组织结构对 SR 裂纹敏感性的影响
［C］// 压力容器用钢再热裂纹试验研究论
文集. 1985.

［25］ Dhooge A，et al. Reheatcracking——a review of recent
studies（1984 ~ 1990）（Doc. IIW-1127-91）［J］.
Welding in the World，1992，30（3/4）：44-71.

［26］ Dhooge A，et al. Reheat cracking——a review of recent
studies（Doc. IIW-837-85）［J］. Welding in the
World，1986，24（5/6）：104.

［27］ 俞健. 影响应力腐蚀断口形貌变化的因素［C］//
中国机械工程学会. 全国第三次机械装备失效分析
会议论文集. 上海：上海材料研究所. 1988：
79 - 82.

［28］ 薛锦. 应力腐蚀与环境氢脆［M］. 西安：西安交
通大学出版社，1991.

第 5 章　金属焊接性及其试验方法

作者　杜则裕　　审者　邹增大

金属材料经过焊接加工，形成焊接接头而实现材料的连接。在具体的焊接条件下，有的金属容易焊接，有的就难于焊接。而且，经过焊接加工所获得的焊接接头质量，有的优良，有的低劣。所制造出来的焊接结构产品，是否满足使用性能的要求？例如，在气密性、耐蚀性、耐磨性等方面，能否达到有关的技术指标要求？以上这些情况，都反映了金属材料焊接性的优劣。应当指出的是，金属材料焊接性与具体的焊接工艺有关。随着新型焊接方法的开发与应用，曾经难于焊接的金属材料，现在也可以获得质量优良的焊接接头及焊接结构产品。

所以，焊接性是金属材料的重要性能指标之一。在新材料的研制开发、新工艺的科学研究以及新型焊接结构产品的投产准备等工作中，都应当进行相关的焊接性试验。也就是应当对具体焊接工艺条件下金属材料焊接性进行试验及评定，以确保获得优质的焊接质量以及满足使用条件技术要求的焊接结构产品。

5.1　金属焊接性

5.1.1　金属焊接性定义

根据 GB/T 3375—1994《焊接术语》关于焊接性的定义是："材料在限定的施工条件下焊接成按规定设计要求的构件，并满足预定服役要求的能力。焊接性受材料、焊接方法、构件类型及使用要求四个因素的影响[1]"。

从材料焊接性定义可以看出，焊接性是材料对于焊接加工的适应性，以及使用条件下的可靠性。所以材料的焊接性可以分为工艺焊接性和使用焊接性两个方面。

1. 工艺焊接性

材料的工艺焊接性是在一定的焊接工艺条件下，材料能否获得无缺欠的、优质的焊接接头的能力。对于一般的熔焊工艺，其焊接过程都要经历加热、熔化、冶金反应以及随后的凝固、冷却过程。因此工艺焊接性又可以细分为："热焊接性"和"冶金焊接性"两项内容。

热焊接性是指焊接热过程对于金属材料加热、熔化的影响情况以及对于材料的焊接热影响区组织性能变化、产生缺欠的影响程度等。例如，有的材料对于焊接热输入量敏感，容易造成烧穿，有的材料容易造成晶粒粗大以及发生组织性能变化等。

金属材料本身的物理性能决定了热焊接性的优劣。此外，正确地选择焊接方法，合理地确定焊接热输入量，也是改善和调整材料热焊接性的重要措施。例如，通过采用高能量密度的焊接方法、缩短加热时间，采用热输入小的焊接参数等措施，达到改善及调整热焊接性的目的。在通常的焊接实践中，采用的焊前预热、焊后缓冷，或者采用风冷、水冷垫板等工艺措施，就是为了改善和调整材料的热焊接性。

冶金焊接性是指焊接高温条件下，熔滴及熔池等液态金属与焊接区内的气相、熔渣相之间发生冶金反应以及对于焊缝性能和产生缺欠的影响程度。焊接冶金过程中的合金元素氧化、还原、蒸发，影响焊缝金属的化学成分及组织性能。焊接区内的氧、氮、氢等气相的溶解和析出，对于生成气孔、夹杂等缺欠及焊缝性能有着严重的影响。在焊缝的冷却结晶过程中，焊接化学冶金及物理冶金过程对于焊缝的化学成分及组织性能、接头应力状态、气孔及裂纹等缺欠的敏感性等方面，都有着重要的影响。

金属材料本身的化学成分和组织性能对于材料的冶金焊接性有着重要的影响。同时，焊接方法、焊接材料及保护气体对于冶金焊接性也具有重要的影响。例如，研制开发新型材料可以改善材料的冶金焊接性。开发新型的焊接材料、新型的焊接方法也是改善冶金焊接性的重要工作。在焊接实践中，采用优选焊接方法，调整熔合比，采用合理的焊接参数及焊缝成形系数，优选焊接材料的类型及规格等技术措施是调整及改善材料冶金焊接性的重要方法。

2. 使用焊接性

材料的使用焊接性是指焊接接头或焊接结构产品满足使用性能的程度。其中包括常规的力学性能、断裂韧性、低温韧性、高温蠕变、持久强度、疲劳性能以及耐蚀性、耐磨性、气密性等。总之，焊接结构的使用性能要求非常复杂，而且也很苛刻。对于不同的接头或结构，所要求的使用性能也各不相同。因此焊接技术必须满足不同条件下各种使用性能的要求，以确保焊接接头及结构的使用可靠性。

综上所述，金属材料焊接性包括两个方面的内容，一是工艺焊接性，就是特定的金属材料在具体的焊接工艺条件下，形成焊接接头及焊接结构的结合性能，以及焊接过程中形成焊接缺欠的敏感性；二是使用焊接性，就是特定的金属材料在具体的焊接工艺条件下，形成焊接接头及焊接结构适应使用要求的能力，这关系到焊接接头及结构的使用可靠性。评定某个金属材料的焊接性优劣，正是从这两个方面去考核，去分析。评定焊接性的方法是通过试验进行的。

5.1.2　金属焊接性的影响因素

在焊接性定义中，已经明确地指出了："焊接性受材料、焊接方法、构件类型及使用要求四个因素的影响。"

1. 材料因素

影响焊接性的材料因素包括母材及焊接材料两个方面。对于钢铁材料，其化学成分、冶炼及轧制状态、热处理条件、显微组织、力学性能及热物理性能等，都对焊接性有重要影响。其中以化学成分的影响最为重要。因为通常为了提高钢的某种性能，而加入一些合金元素，其结果也不同程度地增大了钢的淬硬倾向及焊接裂纹的敏感性。随着冶金工业的技术进步，近年来开发的 CF 钢、Z 向钢、采用控轧控冷技术的"洁净钢"、超细晶粒钢等新型材料，对于钢材的焊接性都有很大改善。

焊条、焊丝、焊剂、保护气体等焊接材料直接参与焊接冶金过程，对于材料焊接性及焊接质量有着重要的影响。因此正确选择焊接材料至关重要。开发研制新型的焊接材料时，必须和材料的焊接性评定工作紧密配合。只有能够改善和提高材料焊接性的焊接材料，才能在实际的焊接工程中得到广泛作用。

2. 工艺因素

工艺因素包括采用的焊接方法、焊接参数、焊接顺序，以及预热、后热、焊后热处理等方面。对于某一种材料，采用不同的焊接方法及工艺措施，会表现出不同的材料焊接性。因此开发新型的焊接方法及工艺措施，对于改善和提高材料的焊接性具有重要的关键作用。

3. 结构因素

影响材料焊接性的结构因素包括焊接接头形式、焊接构件的类型以及焊缝布置等方面。在焊接结构的设计方面，应当减少焊接量，防止应力集中及焊接裂纹的产生。因此在焊接结构及接头的设计方面，采用防止应力集中、减小结构的应力状态等技术措施对于防止焊接裂纹、改善材料的焊接性是有益的。

4. 使用要求因素

影响材料焊接性的使用要求因素包括焊接结构的工作温度、承受的压力、承受载荷的类别、工作环境，以及是否有耐蚀性、耐磨性、气密性等特殊性能的要求等。焊接结构的服役环境复杂、服役条件比较苛刻。因此焊接构件应当满足的使用条件是多种多样的。例如，工作温度高，就应当考虑材料是否会发生蠕变；工作温度比较低时，又要注意防止脆性断裂的发生；对于承受动载、冲击、高速运动的焊接构件，应当采取必要的技术措施，确保其工作的可靠性及安全性。显然，使用条件越严酷，材料的焊接性越不容易保证。因此焊接工作者就应采取特殊的技术措施，认真加以解决。

5.2　金属焊接性试验

焊接工作者对于新材料、新工艺及新结构产品的正式施工制造、焊接之前，都要经过焊接性试验及评定工作，以确定其工艺焊接性及使用焊接性是否达到技术条件的要求。

5.2.1　金属焊接性试验方法与分类

由于金属材料焊接性包括工艺焊接性与使用焊接性两个方面，在这两个方面的试验工作中，都分别包括间接试验与直接试验两种类型。

金属焊接性的间接试验主要是以焊接热模拟组织及性能、焊接热影响区连续冷却组织转变图、焊接 HAZ 的最高硬度、断口形貌分析等评定焊接性。此外，根据金属材料化学成分的碳当量公式、裂纹判据的经验公式等都属于焊接性的间接试验范围。

金属焊接性的直接试验主要是各种焊接裂纹的试验方法，以及实际的焊接产品服役试验及容器的爆破试验等。

近年来随着计算机技术的发展，开发了各种类型的焊接专家系统、仿真系统等。这些新的技术手段对于金属材料焊接性评定及焊接工艺的优化起着重要的作用。

金属材料焊接性试验方法分类，如图 5-1 所示。

5.2.2　工艺焊接性试验

工艺焊接性试验的目的是评定焊接接头产生工艺缺欠的倾向，为制定出合理的焊接工艺提供可靠的依据。根据产品结构及金属材料的具体要求评定工艺缺欠的内容主要是进行抗裂性试验。其中包括焊接热裂纹试验、焊接冷裂纹试验、再热裂纹试验及层状撕裂试验等。此外，还包括焊接气孔敏感性试验等。

基于金属材料化学成分、金属显微组织、断口形貌分析以及通过焊接热、力模拟试验等方法，对于焊接接头产生工艺缺欠的评定，也属于工艺焊接性试验的工作范围之中。

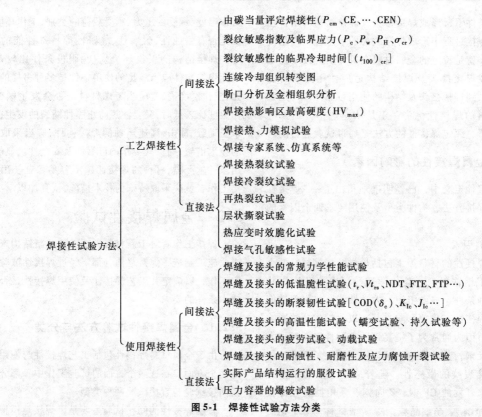

图 5-1　焊接性试验方法分类

5.2.3　使用焊接性试验

　　使用焊接性试验是根据焊接结构产品的工作条件与产品设计中提出的技术条件等有关规定来确定试验项目及内容。通常需要进行焊接接头常规的力学性能试验（包括拉伸试验、冲击试验、弯曲试验等）。对于高温、低温、腐蚀、磨损、动载及疲劳等恶劣环境中工作的焊接结构件，都应当根据不同的技术要求，分别进行相应的高温性能试验（持久试验、蠕变试验等）、低温性能试验、脆性断裂试验、耐蚀性试验、耐磨性试验等。对于有时效脆化敏感性材料，还应当进行焊接接头的热应变时效脆化敏感性试验。

　　焊接结构产品的使用焊接性试验还包括对于实际结构的运行服役试验、产品和容器的水压试验以及爆破试验等。

5.3　工艺焊接性试验方法

5.3.1　工艺焊接性的间接评定法

　　1. 碳当量公式

　　碳当量是把钢中合金元素（包括碳）的含量按其作用换算成碳的相当含量。可以作为评定钢材淬硬、冷裂及脆化等性能的参考指标。

　　许多国家根据各自的钢材冶金系统等具体情况，相继建立了不同的碳当量公式。其中以国际焊接学会（IIW）推荐的 CE_{IIW} 及日本 JIS 标准所规定的 CE_{JIS} 应用比较广泛[2]。

$$CE_{IIW} = w(C) + \frac{1}{6}w(Mn) + \frac{1}{5}w(Cr) + \frac{1}{5}w(Mo) + \frac{1}{5}w(V) + \frac{1}{15}w(Cu) + \frac{1}{15}w(Ni) \tag{5-1}$$

$$CE_{JIS} = w(C) + \frac{1}{6}w(Mn) + \frac{1}{24}w(Si) + \frac{1}{40}w(Ni) + \frac{1}{5}w(Cr) + \frac{1}{4}w(Mo) + \frac{1}{14}w(V) \tag{5-2}$$

　　式中　$w(X)$——表示该元素在钢中的质量分数（%），计算碳当量时，应取其成分的上限。

　　式（5-1）主要适用于中高等级的非调质低合金高强度钢（R_m = 500 ~ 900MPa）。式（5-2）主要适用于含碳调质低合金高强度钢（R_m = 500 ~ 1000MPa）。这两个公式所适用的材料都属于含碳量偏高的钢种[$w(C) \geqslant 0.18\%$]。这类钢的化学成分范围见表 5-1。

表 5-1　适用于式（5-1）、式（5-2）的钢材化学成分

合金元素	C	Si	Mn	Cu	Ni	Cr	Mo	V	B
含量（质量分数,%）	≤0.20	≤0.55	≤1.5	≤0.5	≤2.5	≤1.25	≤0.7	≤0.1	≤0.006

可以使用式（5-1）及式（5-2）作为判据估算被焊钢材的焊接冷裂纹倾向。计算结果得到的碳当量数值越大，则被焊钢材的淬硬倾向越大，热影响区越容易产生冷裂纹。

为了防止冷裂纹，可用碳当量公式（5-1）及式（5-2）确定是否预热和采取其他工艺措施。例如板厚小于 20mm，$CE_{IIW} < 0.4\%$ 时，钢材的淬硬倾向不大，焊接性良好，不需要预热。当 $CE_{IIW} = 0.4\% \sim 0.6\%$ 时，特别是 $CE_{IIW} > 0.5\%$ 时，钢材易于淬硬，焊接时必须预热才能防止裂纹。随着板厚及 CE_{IIW} 的增加，预热温度也相应增高，一般可在 $70 \sim 200℃$ 之间。同理，也可根据 CE_{JIS} 来确定合适的预热温度[2]，板厚小于 25mm，焊条电弧焊热输入为 17kJ/cm 时，根据 CE_{JIS} 的数据确定预热温度大致如下：

钢材 $R_m = 500MPa$，$CE_{JIS} \approx 0.46\%$，不预热；

$R_m = 600MPa$，$CE_{JIS} \approx 0.52\%$，预热 75℃；$R_m = 700MPa$，$CE_{JIS} \approx 0.52\%$，预热 100℃；$R_m = 800MPa$，$CE_{JIS} \approx 0.62\%$，预热 150℃。

近年来，许多国家为改进钢种的性能及焊接性，开发了低碳微量多合金元素的低合金高强度钢。对于这种类型的钢，式（5-1）及式（5-2）已不适用。因此日本学者伊藤等在大量试验的基础上，提出了 P_{cm} 公式[3]。该式适用于 $R_m = 400 \sim 1000MPa$ 的低合金高强度钢。

$$P_{cm} = w(C) + \frac{1}{30}w(Si) + \frac{1}{20}w(Mn + Cu + Cr) +$$
$$\frac{1}{60}w(Ni) + \frac{1}{15}w(Mo) + \frac{1}{10}w(V) +$$
$$5w(B) \tag{5-3}$$

式中　P_{cm}——低碳微量合金元素钢的碳当量。

P_{cm} 的适用范围见表 5-2。

表 5-2　P_{cm} 适用钢种的化学成分

合金元素	C	Si	Mn	Cu	Ni	Mo	V	Nb	Ti	B
含量（质量分数,%）	0.07 ～ 0.22	0 ～ 0.60	0.40 ～ 1.4	0 ～ 0.50	0 ～ 1.20	0 ～ 0.70	0 ～ 0.12	0 ～ 0.04	0 ～ 0.05	0 ～ 0.005

根据 P_{cm}、被焊材料的板厚(δ)及熔敷金属中的含氢量(用[H]表示)，可以确定为了防止焊接冷裂纹所需要的焊前预热温度。

由于 P_{cm} 原则上适用于含碳量较低的钢[$w(C) = 0.07\% \sim 0.22\%$]，而 CE_{IIW} 和 CE_{JIS} 主要适用于含碳量较高的钢($w(C) \geqslant 0.18\%$)，在工程上应用有些不便。为适应工程上的需要，自 1980 年以来又进行了许多研究，通过大量试验，把钢中 $w(C)$ 的范围扩大到 $0.034\% \sim 0.254\%$，建立了一个新的碳当量公式 CEN[4]。

$$CEN = w(C) + A(C)\left[\frac{1}{24}w(Si) + \frac{1}{16}w(Mn) + \right.$$
$$\frac{1}{15}w(Cu) + \frac{1}{20}w(Ni) +$$
$$\left.\frac{1}{5}w(Cr + Mo + V + Nb) + 5w(B)\right] \tag{5-4}$$

式中　$A(C)$——碳的适用系数。

$$A(C) = 0.75 + 0.25\tanh[20(w(C) - 0.12)]$$

式中　$\tanh$——双曲线正切函数。

为方便起见，经计算给出 $A(C)$ 与 $w(C)$ 的关系见表 5-3。

表 5-3　$A(C)$ 与 $w(C)$ 的关系

$w(C)(\%)$	0	0.08	0.12	0.16	0.20	0.26
$A(C)$	0.500	0.584	0.754	0.916	0.98	0.99

公式 CEN 是目前含碳量范围较宽的碳当量公式，对于确定防止冷裂纹的预热温度比其他碳当量公式更为可靠。

我国常用的低合金高强度钢的碳当量及允许的最高硬度(HV_{max})见表 5-4。

2. 焊接冷裂纹敏感指数

根据碳当量(CE_{IIW}、CE_{JIS}、P_{cm} 和 CEN 等)，可以预测低合金钢的焊接冷裂纹敏感性。所采用的判据公式有许多种。应当指出的是，每个判据公式都是在一定试验条件下建立的。所以应用这些公式评定冷裂纹敏感性时，应当注意这些公式的适用范围。

利用碳当量所建立的各种冷裂纹判据公式，主要是确定为了防止冷裂纹所需要的预热温度、产生冷裂纹的临界应力及临界冷却时间(t_{100})$_{cr}$ 等。

表 5-4　常用焊接用钢的碳当量与允许的最大硬度[5]

钢牌号	R_{eL}/MPa	R_m/MPa	P_{cm}		CE_{IIW}		HV_{max}	
			非调质	调质	非调质	调质	非调质	调质
Q345(16Mn)	353	520 ~ 637	0.2485	—	0.4150	—	390	—
Q390(15MnV)	392	559 ~ 676	0.2413	—	0.3993	—	400	—
Q420(15MnVN)	441	588 ~ 706	0.3091	—	0.4943	—	410	380 (正火)
14MnMoV	490	608 ~ 725	0.285	—	0.5117	—	420	390 (正火)
18MnMoNb	549	668 ~ 804	0.3356	—	0.5782	—		420 (正火)
12Ni3CrMoV	617	706 ~ 843	—	0.2787	—	0.6693		435
14MnMoNbB	686	784 ~ 931	—	0.2658	—	0.4593		450
14Ni2CrMn、MoVCuB	784	862 ~ 1030		0.3346		0.6794		470
14Ni2CrMn、MoVCuN	882	961 ~ 1127		0.3246		0.6794		480

由 P_{cm}、熔敷金属含氢量 [H] 及板厚(δ)或拘束度(R)所建立的冷裂纹敏感性判据公式见式(5-5)~式(5-7)。

$$P_c = P_{cm} + \frac{[H]}{60} + \frac{\delta}{600} \qquad (5-5)$$

$$P_w = P_{cm} + \frac{[H]}{60} + \frac{R}{4 \times 10^5} \qquad (5-6)$$

$$P_H = P_{cm} + 0.075 \lg[H] + \frac{R}{4 \times 10^5} \qquad (5-7)$$

式中　[H]——熔敷金属中扩散氢含量(mL/100g)
　　　　　　(日本 JIS Z 3113 甘油测氢法与我国 GB/T 3965—2012 附录 B 中甘油法等效);
　　　　δ——被焊金属的板厚(mm);
　　　　R——拘束度[N/(mm·mm)]。

根据 P_c、P_w 和 P_H 建立的预热温度计算式(5-8)、式(5-9)和应用条件见表 5-5。

表 5-5　预热温度计算公式[6]

公式号	预热温度计算公式	冷裂敏感判据公式及判据	公式的应用条件
(5-8)	$t_0 = 1440 P_c - 392$	式(5-5),P_c;式(5-6),P_w	切槽式斜 Y 形坡口试件适用于 $w(C) \leq 0.17\%$ 的低合金钢,[H] = 1 ~ 5mL/100g,δ = 19 ~ 50mm
(5-9)	$t_0 = 1600 P_H - 408$	式(5-7),P_H	斜 Y 形坡口试件适用范围同上,但 [H] > 5mL/100g,R = 5000 ~ 33000[N/(mm·mm)]

根据国产低合金钢的 P_{cm}、抗拉强度 R_m、板厚 δ 和采用相匹配焊条的扩散氢含量 [H] 所建立的预热温度计算公式[7]:

$$t_0 = -214 + 324 P_{cm} + 17.7 [H] + 0.014 R_m + 4.73 \delta \qquad (5-10)$$

式中　[H]——熔敷金属中的扩散氢含量(GB/T 3965—2012 附录 B 的甘油法)(mL/100g);
　　　　R_m——被焊金属的抗拉强度(MPa);
　　　　δ——被焊金属的板厚(mm)。

3. 焊接冷裂纹的临界应力经验公式

利用插销试验法可以测定出产生冷裂纹的临界应力。在大量试验的基础上建立了焊接冷裂纹临界应力经验公式。

(1)国产低合金钢 σ_{cr} 经验公式[8]

$$\sigma_{cr} = 1323 - 275 \lg([H] + 1) - 2.16 HV_{max} + 0.102 t_{100} \qquad (5-11)$$

式中　σ_{cr}——产生冷裂纹的临界应力(MPa);
　　　　[H]——熔敷金属的扩散氢含量(mL/100g)(按 GB/T 3965—2012 附录 B 中甘油法测定);
　　　　t_{100}——由峰值温度冷至 100℃ 时的冷却时间(s);
　　　　HV_{max}——焊接热影响区平均最大硬度(维氏)。

(2)日本 IL 委员会 σ_{cr} 经验公式[8]

$$\sigma_{cr} = 863 - 2110 P_{cm} - 282 \lg([H] + 1) +$$

$$27.3t_{8/5} + 9.7 \times 10^{-2}t_{100} \tag{5-12}$$

式中 σ_{cr}、$[H]$、t_{100} 与式(5-11)相同;

$t_{8/5}$ ——800 ~ 500℃冷却时间(s)。

式(5-11)及式(5-12)的应用范围见表5-6。

利用式(5-11)、式(5-12)可以作为焊接冷裂倾向的大致估计。当计算出的 σ_{cr} 大于实际结构的拘束应力 σ 时,即认为安全。否则应当设法降低 $[H]$、采用预热及后热措施,以提高 $t_{8/5}$ 及 t_{100}。

表5-6 公式的应用范围

参 数	式(5-11)	式(5-12)
$[H]/(mL/100g)$	0.55 ~ 11.0	1 ~ 5
$P_{cm}(\%)$	0.238 ~ 0.336	0.16 ~ 0.28
HV_{max}	300 ~ 475	—
t_{100}/s	40 ~ 1420	—
相关系数 R	0.97	0.91

4. 焊接冷裂纹临界冷却时间经验公式[9]

利用临界冷却时间(t_{100})$_{cr}$作为判据进行预测焊接冷裂纹的敏感性,是近年来的新发展。它的基本出发点就是将一定焊接条件下,第一道焊缝从峰值温度冷至100℃而不出现裂纹的最小时间,称为临界冷却时间(t_{100})$_{cr}$,对于某具体钢种的焊接结构,(t_{100})$_{cr}$是个常数。

如果某一实际焊接结构在上述焊接条件下由峰值温度冷至100℃的时间为 t_{100},那么产生冷裂纹的条件为

$$t_{100} < (t_{100})_{cr} \tag{5-13}$$

(t_{100})$_{cr}$受被焊金属化学成分、熔敷金属中的含氢量、焊接热输入和结构的拘束条件等因素的影响。经大量试验,建立了如下的经验公式:

$$(t_{100})_{cr} = 307.84P_{cm} + 73.22\lg([H]+1) + 1.46E + 0.0121(R + \Delta R) - 43.59 \tag{5-14}$$

式中 (t_{100})$_{cr}$——产生冷裂纹的临界冷却时间(s);

P_{cm}——低碳微合金元素钢的碳当量,见式(5-3);

$[H]$——熔敷金属中扩散氢含量(mL/100g)(按GB/T 3965—2012附录B中甘油法测定);

E——焊接热输入(kJ/cm);

R——拉伸拘束度(MPa),一般作为粗略估计,对接长焊缝 $R \approx 400\delta$(板厚),对接短焊缝(包括定位焊 $l \leqslant 100mm$)$R \approx 700\delta$;

ΔR——局部预热的附加拘束度[N/(mm·mm)],是由于局部预热引起的,如果焊接时采用整体预热或不预热时 $\Delta R = 0$。

经研究,低合金钢焊接时局部预热产生的附加拘束度为

$$\Delta R = \frac{RaB(t_p - t_0)}{h_w m} \tag{5-15}$$

式中 R——拉伸拘束度[N/(mm·mm)]。

a——被焊钢的线胀系数(℃$^{-1}$),一般低合金钢 $a = 1.45 \times 10^{-5}/℃$;

B——局部预热的宽度(mm);

t_p——局部预热温度(℃);

t_0——初始环境温度(℃);

h_w——初层焊缝的平均厚度(mm),与焊接热输入有关,当 $E = 15 \sim 17kJ/cm$ 时,$h_w \approx 5mm$;$E = 18 \sim 20kJ/cm$ 时,$h_w \approx 7mm$;

m——拘束系数,拘束应力与拘束度之间的关系 $\sigma = mR$,一般低合金钢 $m = (3 \sim 5) \times 10^{-2}$。

上述各参数已知之后,即可由式(5-14)计算出临界冷却时间(t_{100})$_{cr}$。

对于实际焊接结构在上述焊接条件下,由峰值温度冷却至100℃的时间,可由图5-2或表5-7查得。

表5-7 不同板厚及预热温度与 t_{100} 的关系

($E = 17kJ/cm$)

预热温度/℃	电弧过后到100℃的实际冷却时间/s		
	$\delta = 25mm$	$\delta = 38mm$	$\delta = 50mm$
0	45	30	25
25	65	45	35
50	100	70	55
75	210	125	105
100	660	620	580
125	1040	1180	1290
150	1360	1650	1870
175	1650	2050	2380
200	1900	2420	2820

最后,比较 t_{100} 与(t_{100})$_{cr}$数据,按式(5-13)判断在这种焊接条件下是否产生冷裂纹。

5. 焊接热影响区最高硬度法

焊接热影响区最高硬度比碳当量能更好地判断钢种的淬硬倾向和冷裂纹的敏感性,因为它不仅反映了钢种化学成分的影响,而且也反映了金属组织的作用。适用于焊条电弧焊。由于该试验方法简单,已被国际焊接学会(IIW)纳为标准。

最高硬度试板用气割下料,形状和尺寸如图5-3和表5-8所示,标准厚度为20mm。当板厚超过20mm时,则必须机械加工成20mm,只保留一个轧制表面;当厚度小于20mm时,则不需加工。

试件焊前应仔细除锈,清除油污、水分及氧化皮

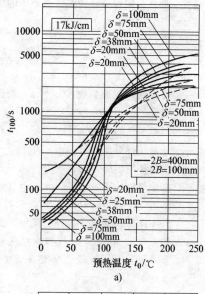

a)

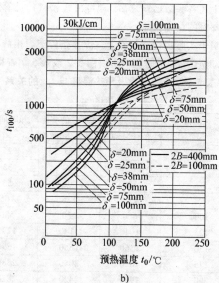

b)

图 5-2　冷却时间 t_{100} 与 E、δ、t_0 的关系

a) $E=17\text{kJ/cm}$　b) $E=30\text{kJ/cm}$

B—预热宽度

等，焊前要把试件两端支承架空，下面应有足够的空间。

表 5-8　HAZ 最高硬度试件尺寸

（单位：mm）

焊接状态	L	B	l
室温下焊接	200	75	125 ± 10
预热下焊接	200	150	125 ± 10

试验的焊接参数：焊接电流为 170A；焊速为 (150 ± 10) mm/min；焊条直径为 4mm。沿轧制方向

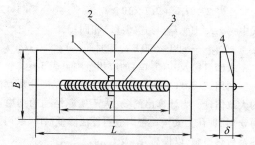

图 5-3　最高硬度试件形状及尺寸

1—硬度测定试样　2—检测断面

3—焊缝　4—轧制表面

在试件表面中心线水平位置焊接长（125 ± 10）mm 焊道，如图 5-3 所示。焊后自然冷却 12h 后，用机加工方法垂直切割焊道中部，然后在断面上切取测量硬度的试样。切取时，必须在切口处冷却，以免焊接热影响区的硬度因断面升温而下降。

试样表面经抛光后，进行侵蚀。按图 5-4 所示的位置，在硬度测定线与熔合线相切的 O 点两侧，各取 7 个以上的硬度测定点。每点之间的距离为 0.5mm。采用载荷为 100N，在室温下测定维氏硬度。试验规程按 GB/T 4340.1—2009《金属材料　维氏硬度试验　第 1 部分：试验方法》的有关规定进行。

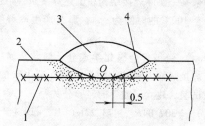

图 5-4　测量硬度的位置

1—硬度测定线　2—轧制表面

3—焊缝金属　4—熔合线

对于一般用于焊接结构的钢材，钢厂都应提供焊接热影响区的最高硬度数据，低合金高强度钢 HAZ 允许的最高硬度见表 5-4。

由于采用焊接 HAZ 最高硬度来评价钢种的焊接性（包括焊接冷裂纹的敏感性）比较方便，因此不少国家结合本国的钢种，在大量试验的基础上建立了焊接 HAZ 最高硬度计算公式。

6. 焊接热影响区连续冷却组织转变图[10]

焊接热影响区连续冷却组织转变图是利用快速热膨胀仪或热模拟试验机在模拟不同的焊接热循环条件下绘制出来的。近年来随着计算机的发展，已把低合金高强度钢的焊接热影响区连续冷却组织转变图编制

出软件，随时调用，并可利用计算机绘制出新钢种的焊接热影响区连续冷却组织转变图。

利用焊接热影响区连续冷却组织转变图可以方便地预测焊接热影响区的组织、性能和硬度，从而可以预测某钢种在一定焊接条件下的淬硬倾向和产生冷裂纹的可能性，同时也可以作为调整焊接热输入和改进焊接工艺（预热、后热、降氢及焊后热处理等）的依据。对于某些重要焊接结构，可以根据钢种的焊接热影响区连续冷却组织转变图获得最佳组织、性能要求的 $t_{8/5}$，设定出最佳的焊接工艺。

常用的低合金钢焊接热影响区连续冷却组织转变图可参见参考文献［10，11］。这里仅以 15MnMoVN 钢的焊接热影响区连续冷却组织转变图为例，如图 5-5 所示。

以上简要介绍了工艺焊接性的几个主要间接评定法。间接评定法的缺点是不能对被焊金属作出准确的焊接性评价。因此需要建立准确的、直接的工艺焊接性评定方法。

5.3.2　工艺焊接性的直接试验法

从图 5-1 中可知，工艺焊接性的直接试验法中的主要内容是焊接裂纹试验方法。

在焊接接头中产生的裂纹，可分为热裂纹、冷裂纹、再热裂纹、层状撕裂及应力腐蚀裂纹等。

由于各类裂纹的形成机理和扩展规律的不同，所确定的裂纹敏感性试验方法也各有不同。以下分别介绍各类焊接裂纹的试验方法。

1. 焊接热裂纹敏感性试验方法

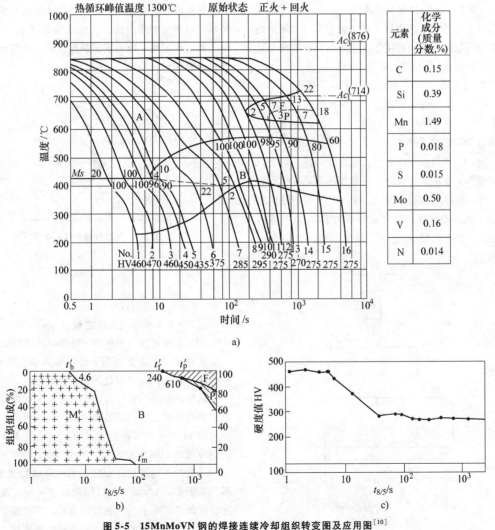

图 5-5　15MnMoVN 钢的焊接连续冷却组织转变图及应用图[10]

a）焊接连续冷却组织转变图　b）不同冷却时间的组织　c）不同冷却时间的硬度

图 5-5a 的焊接热影响区连续冷却组织转变图数据表

No	$t_{8/5}/s$	硬度 HV	组织组成（%）	临界冷却时间/s	No	$t_{8/5}/s$	硬度 HV	组织组成（%）	临界冷却时间/s
1	1.2	460	M100		9	98	290	B100	
2	2.2	470	M100	$t'_b 4.6$	10	146	275	B100	$t'_f 246$
3	3.6	460	M100		11	186	275	B100	
4	5.2	450	M96　B4		12	278	275	B98　F2	
5	6.2	435	M90　B10		13	416	270	B95　F5	
6	13.4	375	M22　B78	$t'_m 84$	14	689	275	B90　P3　F7	$t'_p 510$
7	39	285	M5　B95		15	1251	275	B80　P7　F13	
8	75	295	M2　B98		16	2466	275	B60　P18　F22	

图 5-5　15MnMoVN 钢的焊接连续冷却组织转变图及应用图[10]（续）

（1）T 形接头焊接裂纹试验法

该试验方法主要用于评定碳素钢和低合金钢角焊缝的热裂纹敏感性，也可用于测定焊条以及焊接参数对于热裂纹敏感性的影响。

试件的形状和尺寸如图 5-6 所示。焊条直径为 4mm，焊接电流为规定值的上限。立板的底端应进行机械加工。

试验步骤如图 5-7 所示。S_1 为拘束焊缝，S_2 为试验焊缝，二者均应采用船形位置进行焊接。焊前试件的底板与立板应紧密接触，两端要用定位焊缝固定（图 5-6）。在焊完拘束焊缝 S_1 后，立即焊一道试验焊缝 S_2，这两道焊缝的间隔时间不大于 20s，其焊接方向相反。试验焊缝 S_2 的平均厚度应比拘束焊缝 S_1 小 20%。

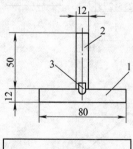

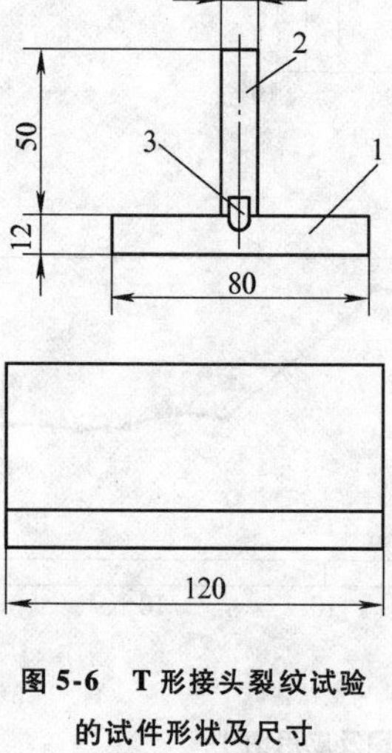

图 5-6　T 形接头裂纹试验的试件形状及尺寸
1—底板　2—立板
3—定位焊缝

试件冷却后，采用目测或手持放大镜观察、磁粉检测、渗透检测等方法，检查试验焊缝 S_2 中有无裂纹。如发现裂纹，应当测量裂纹长度，并按照式（5-16）计算裂纹率：

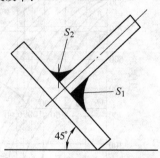

图 5-7　试验焊缝的焊接位置

$$C = \frac{\sum L}{120} \times 100\% \qquad (5-16)$$

式中　C——表面裂纹率（%）；

$\sum L$——表面裂纹长度之和（mm）。

（2）压板对接（FISCO）焊接裂纹试验法

这种试验方法主要用于评定碳素钢、低合金钢、奥氏体不锈钢焊条及焊缝的热裂纹敏感性。

试件的形状与尺寸如图 5-8 所示。试件坡口为 I 形，采用机械加工。试验装置如图 5-9 所示。垂直方向采用 14 个紧固螺栓压紧试板，横向用 4 个螺栓定位，各以 3×10^5N 和 6×10^4N 的力把试件牢牢固定。

试验时，先把试件安装在 FISCO 试验装置内（C 形拘束框架），为保证坡口间隙在 0 ~ 6mm 范围内变化，按试验的要求装入相应的塞片。调整坡口间隙大小对产生裂纹的影响很大，随着间隙的增加，裂纹的敏感性越大。

把水平方向的螺栓固紧（各以 $6 \times 10^4 N$ 的力），垂直方向的螺栓各以 $3 \times 10^5 N$ 的力紧固好。

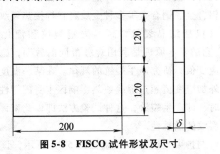

图 5-8 FISCO 试件形状及尺寸

按图 5-10 所示，依次焊接 4 条长度约 40mm 的试验焊缝，其间距约 10mm，原则上不必填满弧坑，试验所用的焊接参数按生产上的要求确定。

焊接后约 10min 将试件从装置上取出，待试件冷却到室温后，将试件沿焊缝方向弯断，观察 4 条焊缝的断面上有无裂纹，并测量裂纹长度。对 4 条焊缝的裂纹率采用式（5-17）计算：

$$C = \frac{\sum l}{\sum L} \times 100\% \qquad (5-17)$$

式中 C——表面裂纹率（%）；

$\sum l$——4 条试验焊缝的裂纹长度之和（mm）；

$\sum L$——4 条试验焊缝长度之和（mm）。

（3）十字搭接裂纹试验法

这种试验方法主要用于评定厚度 1～3mm 的结构钢、不锈钢、高温合金、铝合金、镁合金及钛合金等 TIG 焊及焊条电弧焊薄板的热裂纹敏感性。也可用于评定焊条和焊丝等焊接材料的热裂纹倾向。

试件的形状、尺寸和装配如图 5-11 所示。两块试板的尺寸示于表 5-9。

表 5-9 十字搭接试板尺寸

被焊金属	试板长度 a/mm	试板宽度 b/mm	搭边长 c/mm
结构钢、不锈钢、高温合金	100	60	20
铝合金、镁合金、钛合金	200	100	50

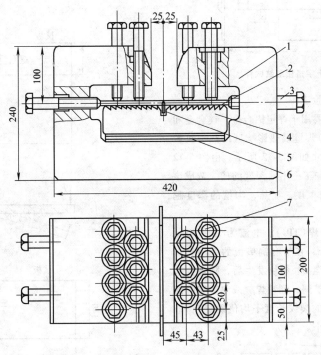

图 5-9 FISCO 试验装置

1—C 形拘束框架 2—试件 3—水平紧固螺栓
4—齿形底座 5—定位塞 6—调节板 7—垂直紧固螺栓

试验前先把两块试板按图 5-11 所示的位置定位焊装配在一起，然后按图上的顺序和方向连续焊完 1、2、3、4 焊缝。焊后 2h 内检查焊缝及热影响区有无裂纹，根据裂纹长度的百分率评定裂纹敏感性的大小。这种试验，裂纹多出现在焊缝 3、4 上。

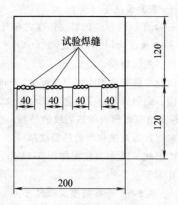

图 5-10　试验焊缝位置

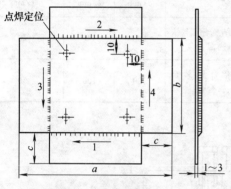

图 5-11　十字搭接裂纹试件

（4）鱼骨状裂纹试验法

鱼骨状裂纹试验主要用于评定铝合金、镁合金和钛合金的薄板(1~3mm)焊缝及热影响区的热裂纹敏感性。试件的形状和尺寸如图 5-12 所示。由图 5-12 可见，试件上每 10mm 加工一不同深度的槽，造成该试件长度方向的不同拘束度。显然，沟槽的深度越大，拘束度就越小。

试验采用钨极氩弧焊(TIG)。电流为 70~80A，焊速为 150~180mm/min，在带有铜垫板的专用夹具上施焊，焊接方向由 A 至 B。裂纹发生后，随着拘束度的降低而停止裂纹的扩展，测量焊缝或热影响区的裂纹长度（以 5 个试件的裂纹长度平均值确定），即可评定裂纹敏感性的大小。

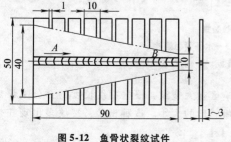

图 5-12　鱼骨状裂纹试件

（5）可调拘束裂纹试验法（Varestraint Test）

这种试验方法可用于评定碳钢、低合金钢、不锈钢、铝合金、铜合金等多种金属材料焊接热裂纹的敏感性（包括结晶裂纹、高温失塑裂纹和液化裂纹等）。它的基本原理是利用焊缝凝固的后期，施加不同的应变值，研究产生裂纹的规律。在某一温度区间内当外加应变值超过焊缝或热影响区本身的塑性变形能力时，即产生裂纹，这种试验方法即以此来评定产生热裂纹的敏感性。

可调拘束裂纹试验装置如图 5-13 所示，该试验装置既可进行纵向焊缝试验，也可以进行横向焊缝试验。

试件是尺寸为（5~16）mm ×（50~80）mm ×（300~350）mm 的钢板。把试件安装在试验装置上，根据试验的要求选择不同曲率的模块。

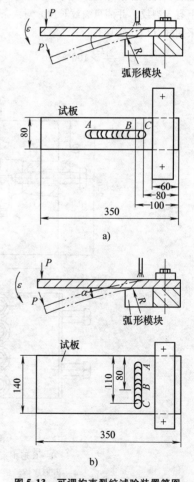

图 5-13　可调拘束裂纹试验装置简图

a）纵向试验法　b）横向试验法

使用选定的焊条，经烘干后按规定的焊接参数（焊接电流 170A，焊条 φ4mm，电弧电压 24~26V，焊速 150mm/min）进行施焊。如只研究母材的热裂纹倾向，可采用 TIG 重熔。

如图 5-13 所示，从 A 点至 C 点进行焊接，当电弧到达 B 点时，由行程开关控制，开动加载压头在试件的一端突然加力 P，使试件按模块的曲率发生强制变形，此时电弧继续前进至 C 点后熄弧。加载时，从试件单侧加载，为保证试件变形速度均匀和试件承受应变量的准确性，采用了旋转式加载机构，从而使加载压头始终垂直于试件表面。

当试板的厚度较薄，小于 5mm 时，须加辅助弯曲板，其尺寸与试板一样。

通过变换不同曲率半径的模块，可使焊缝金属产生不同的应变量（ε），其拉伸应变量的大小可用式（5-18）计算：

$$\varepsilon = \frac{\delta}{2R} \times 100\% \qquad (5-18)$$

式中　δ——试件的板厚（mm）；

　　　R——模块的曲率半径（mm）。

当 ε 值达到某一临界值时，在焊缝或热影响区就会出现裂纹，此时的应变量称为"临界应变量"ε_{cr}。此后，随着 ε 值的增大，出现裂纹的数量和长度均会增加，从而可以得到以下一系列的定量数据作为评定热裂纹敏感性的指标：

1）产生热裂纹的临界应变量 ε_{cr}。

2）某应变量下的裂纹最大长度 L_{max}。

3）某应变量下的裂纹总长度 L_t。

4）某应变量下的裂纹总条数 N_t。

5）产生热裂纹的脆性温度区间 BTR。

6）在 BTR 内产生裂纹的临界应变增长速率（Critical strain rate for Temperature drop，简称 CST）。

根据具体要求不同，可提供不同的热裂纹敏感性指标。其中 ε_{cr}、L_{max}、BTR 等都是反映热裂纹敏感性的特征指标。而 CST 能综合反映材料的冶金因素和工艺因素对热裂纹倾向的影响，因此 CST 是个合理、准确的评定指标[12]。

BTR 和 CST 的测定方法如下：

通过更换曲率模块，不断增加外加应变量 ε，L_{max} 也随之增长，但 ε 大到某一数值后，L_{max} 就基本上趋于一个定值，此时 L_{max} 所对应的温度区间即为材料产生热裂纹的脆性温度区间 BTR。试验时采用热电偶测定焊缝中央的热循环曲线 T-t，按图 5-14 即可求出 BTR，进而求得产生裂纹的临界应变增长速率 CST。由图 5-14 右上角处可以看出，当试件某点冷却到 BTR 下限 T_b 时，应变累积到 ε_1 则产生裂纹；当冷却到 T_b 时，累积应变小于 ε_1 则不产生裂纹。由 ε_1

和 BTR 可以确定应变对温度变化曲线的临界斜率 $\tan\theta$，该应变速率即代表了 CST 之值。CST 越小，材料热裂纹敏感性越大。

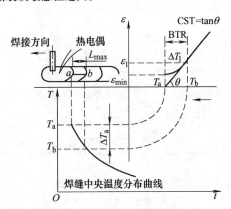

图 5-14　材料 BTR 和 CST 的确定

CST 与材料的化学成分有关，对于结构钢，通常希望 $CST \geqslant 6.5 \times 10^{-4}$ 时可以防止热裂纹。

根据试验的目的不同，可选用横向或纵向可调拘束裂纹试验方法，两者的试验过程基本相同，可用同一试验机进行横向试验测定纵向裂纹敏感性，纵向试验测定横向裂纹敏感性。

对于横向可调拘束试验，试件的尺寸与纵向的不同，其宽为 140mm、长为 350mm、板厚小于 25mm，并用两块压板（尺寸为 50mm × 350mm × 6mm）压住试件（图 5-13b）。

纵向或横向可调拘束裂纹试验评定热裂纹敏感性指标相同。

检测裂纹时，可用 50 倍工具显微镜检测裂纹的最大长度 L_{max}、总长度 L_t 和裂纹的数量 N_t。此外，该试验装置还配有各种自动记录仪（温度、时间、应变量等）。

2. 焊接冷裂纹敏感性试验方法

焊接冷裂纹是焊接生产中较为普遍的一种裂纹。这种裂纹主要发生在低合金钢、中合金钢、碳素结构钢的焊接热影响区，个别情况下焊接超高强钢或某些钛合金时，冷裂纹也出现在焊缝上。

评定冷裂纹的试验方法很多，这里仅介绍几种常用的冷裂纹试验方法。

（1）斜 Y 形坡口焊接裂纹试验法

该试验主要用于评价碳钢和低合金高强钢焊接热影响区内的冷裂纹敏感性，在工程上得到广泛的应用。

试件的尺寸和形状如图 5-15 所示，试件坡口采用机械加工，试验用焊条原则上与试验钢板相匹配，焊前应严格烘干，推荐采用下列焊接参数：焊条直径 4mm，焊接电流（170 ± 10）A，电弧电压（24 ± 2）V，焊接速度（150 ± 10）mm/min。

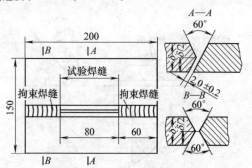

图 5-15　斜 Y 形坡口试验的
试件形状和尺寸

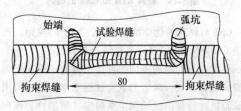

图 5-16　焊条电弧焊的试验焊缝

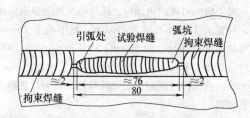

图 5-17　自动送进焊条的试验焊缝

试验前先焊拘束焊缝，采用双面焊接，防止产生角变形及未焊透。

在焊接试验焊缝时，如果采用焊条电弧焊，按图 5-16 进行焊接。如果采用焊条自动送进装置进行焊接，如图 5-17 所示，均只焊一道焊缝。焊后试件经 48h 后，对试件进行检查和解剖。检测裂纹用肉眼或手持放大镜仔细检查焊接接头表面和断面是否有裂纹，裂纹的长度或深度按图 5-18 进行计量。裂纹长度如为曲线形状，则按直线长度计量。

按下列方法分别计算表面、根部和断面裂纹率。

1）表面裂纹率

$$C_f = \frac{\sum l_f}{L} \times 100\% \qquad (5\text{-}19)$$

式中　C_f——表面裂纹率（%）；

　　　$\sum l_f$——表面裂纹长度之和（mm）；

L——试验焊缝长度（mm）。

2）根部裂纹率

$$C_r = \frac{\sum l_r}{L} \times 100\% \qquad (5\text{-}20)$$

式中　C_r——根部裂纹率（%）；

　　　$\sum l_r$——根部裂纹长度之和（mm）；

　　　L——试验焊缝的长度（mm）。

检测根部裂纹时，应先将试件着色后拉断或弯断，然后进行测量。

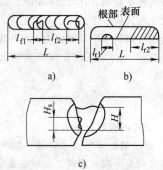

图 5-18　试件裂纹长度及高度
a）表面裂纹　b）根部裂纹　c）断面裂纹

3）断面裂纹率

在试验焊缝上，焊缝宽度开始均匀处与弧坑中心之间按四等分切取试件，检查五个断面的裂纹深度（图 5-18c），用下式分别计算五个断面的裂纹率，然后取其平均值。

$$C_s = \frac{H_s}{H} \times 100\% \qquad (5\text{-}21)$$

式中　C_s——断面裂纹率（%）；

　　　H_s——断面上裂纹的深度（mm）；

　　　H——试验焊缝的最小厚度（mm）。

（2）搭接接头（CTS）焊接裂纹试验方法

CTS 是 Controlled Thermal Severity 的缩写，即可控热拘束。它是通过热拘束指数的变化来反映冷却速度对焊接接头裂纹敏感性的影响。主要用于碳素钢和低合金高强度钢焊接热影响区的冷裂纹敏感性评定。

试件形状、尺寸和组装如图 5-19 所示，上板试验焊缝的两个端面必须进行机械加工（气割下料时，应留 10mm 以上的机加工余量）。上、下板的接触面，以及下板的试验焊缝附近，应清除铁锈、油污和氧化皮等。其他端面可以气割下料。常用的试板厚度为 6 ~ 50mm，根据结构的情况不同，上、下板的厚度可以不同。

试验时先按图 5-19 进行组装，用 M12 螺栓把上、下板固定，然后采用试验焊条焊接两侧的拘束焊缝，每侧焊两道。

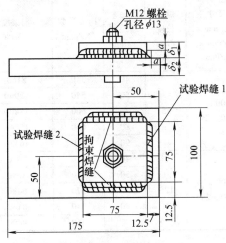

图5-19　搭接接头焊接裂纹

试验试件的形状及尺寸

$a > 1.5mm$　δ_1—上板厚度　δ_2—下板厚度

待试件完全冷至室温后，将试件放在隔热的平台上焊接试验焊缝。

推荐采用下面的焊接参数焊接试验焊缝：焊条直径为 4mm，焊接电流为（170±10）A，电弧电压为（24±2）V，焊接速度为（150±10）mm/min。

试验时先焊试验焊缝 1，待试件冷至室温后，再用相同的焊接参数焊试验焊缝 2。

焊接通常在室温下进行，但也可以在预热后和热处理的条件下进行，这要根据要求而定，焊后试件在室温放置 48h 以后，进行解剖。

试件解剖时，按图 5-20 的点画线所示的尺寸进行机加工切割，每条试验焊缝取 3 块试片，共取6 块。

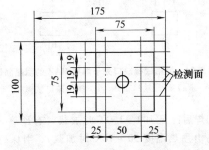

图5-20　试件解剖尺寸

试样的检测面要进行全面抛光和侵蚀处理，然后要用放大 10～100 倍的显微镜检测有无裂纹，并如图5-21 所示测量裂纹长度。

对所测得的裂纹长度，应采用下面的公式分别计算出上板和下板的裂纹率。

$$C_1 = \frac{\sum l_1}{S_1} \times 100\% \qquad (5-22)$$

$$C_2 = \frac{\sum l_2}{S_2} \times 100\% \qquad (5-23)$$

式中　C_1、C_2——上、下板的裂纹率（％）；

$\sum l_1$——上板的裂纹长度之和（mm）；

$\sum l_2$——下板的裂纹长度之和（mm）；

S_1——上板试验焊缝焊脚高度（mm）；

S_2——下板试验焊缝的焊脚长度（mm）。

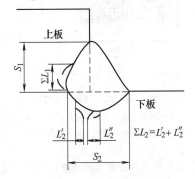

图5-21　测量裂纹长度

（3）刚性对接裂纹试验法

这种试验方法主要用于测定焊缝的热裂纹和冷裂纹，也可以测定焊接热影响区的冷裂纹。试件的尺寸和形状如图 5-22 所示。试验程序按船舶行业标准CB/T 1119—1996 进行。

试件的四周先固定焊缝焊牢在刚度很大的底板上（厚度大于 50mm）；当试验钢板厚度 $\delta \leqslant 12mm$ 时，焊脚 $K = \delta$；当 $\delta > 12mm$ 时，$K = 12mm$。

试验时按实际施工的焊接参数施焊试验焊缝，可以单层也可以多层焊缝，主要用于焊条电弧焊。

试件焊后在室温下放置 24h，先检查焊缝表面，然后从试验焊缝横切三块磨片（图 5-22），检查有无裂纹。一般以裂与不裂为评定标准，每种条件焊两块试件。

（4）里海（Lehigh）拘束裂纹试验法

该试验方法是由美国里海大学提出的，在美国和欧洲得到广泛的应用。主要适用于评定碳钢、低合金高强钢和奥氏体不锈钢焊缝金属的热裂纹和冷裂纹的敏感性。

试件的形状和尺寸如图 5-23 所示，在试件中央开 20°U 形坡口的试验焊缝，在试件的两侧和两端开有沟槽，沟槽的长短会使试板的拘束度发生变化。坡口至沟槽末端的距离为 x，当 x 等于某值而恰好引起

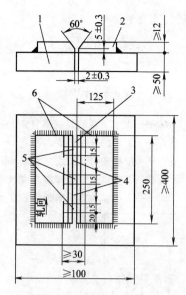

图 5-22　试件形状及尺寸

1—底板　2—试板　3—试验焊缝
4—底切　5—横切　6—拘束焊缝

表 5-10　里海试验不同 x 值的拘束度[2,12]

试板尺寸（长/mm×宽/mm×厚/mm）	焊缝长度/mm	沟槽末端距离 x/mm	拘束系数/(N/mm³)	拘束度/MPa
300×200×24	75	40	340	8160
		50	540	12960
		70	600	14400
		80	660	15840
		90	680	16320
300×200×24	125	40	110	2640
		50	210	5040
		70	270	6480
		80	340	8160
		90	350	8400

裂纹时，此值就可代表临界拘束。不同 x 值所具有的拘束度见表 5-10。

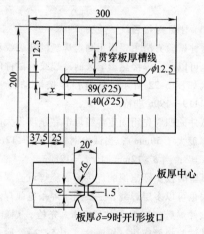

图 5-23　里海试验的试件形状及尺寸

裂纹的检测，先用肉眼观察焊缝表面，再从焊缝中间截取试片，用研磨、抛光焊缝横断面进行检测有无裂纹。也可用磁粉撒在横断面上显示裂纹。

（5）插销试验（Implant Test）

插销试验是主要用于测定碳素钢和低合金高强钢焊接热影响区对冷裂纹敏感性的一种定量试验方法，目前在国内外得到广泛的应用。国际焊接学会（IIW）、法国和日本等国家均有各自的标准。

这种试验设备附加其他装置后，也可进行再热裂纹和层状撕裂的试验评定工作。

插销试验的基本原理是根据产生冷裂纹的三大因素（即钢的淬硬倾向、氢的行为和局部区域的应力状态），以定量的方法测出被焊钢材焊接冷裂纹的"临界应力"，作为冷裂纹敏感性指标。具体方法是把被焊钢材做成圆柱形试棒，其上端有环形或螺形缺口，把试棒插入底板相应的孔中。然后用与钢材相匹配的并有一定含氢量的焊接材料在底板上按规定的焊接热输入进行焊接，使焊道中心线通过插销端面中心。该焊道的熔深应保证插销缺口正处于热影响区的粗晶部位，如图 5-24 及图 5-25 所示。

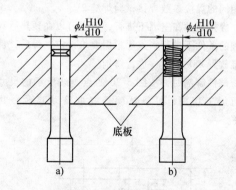

图 5-24　插销试棒缺口处于焊接 HAZ 的粗晶部位

a）环形缺口试棒　b）螺形缺口试棒

当焊后冷至 100 ～ 150℃ 时加载（有预热时，应冷至高出预热温度 50 ～ 70℃ 时加载），当保持载荷 16h 或 24h（有预热）期间试棒不发生断裂的情况下，拉伸应力的最大值即是该试验条件下的"临界应力"。如果在保持载荷期间未发生断裂，应经过几次调整载荷后直至发生断裂为止。改变含氢量、焊接热输入和预热温度，会得到不同的临界应力。

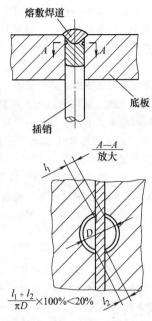

图 5-25 熔透比的计算

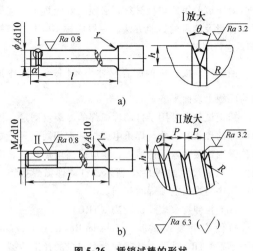

a)

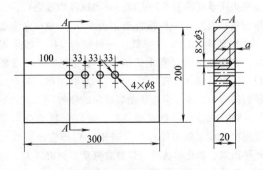

b)

图 5-26 插销试棒的形状

a) 环形缺口插销 b) 螺形缺口插销

插销试棒应从被焊钢材中制取，沿轧向取样，并注明插销在厚度方向的位置。插销试棒的形状和尺寸如图 5-26 所示。

插销试棒各部位的尺寸见表 5-11。试棒的长度根据试验机的结构不同，可在 30 ~ 150mm 之间。

对于环形缺口的插销试棒，缺口与端面的距离 a（图 5-26a），应使焊道熔深与缺口根部所截的平面相切或相交，但缺口根部圆周被熔透的部分不得超过 20%，如图 5-25 所示。

表 5-11 插销试棒的尺寸

缺口类型	A/mm	h/mm	θ/（°）	R/mm	P/mm	l/mm
环形	8	0.5 ± 0.05	40 ± 2	0.1 ± 0.02	—	大于底板厚度，一般为 30 ~ 150
螺形					1	
环形	6	0.5 ± 0.05	40° ± 2	0.1 ± 0.02	—	大于底板厚度，一般为 30 ~ 150
螺形					1	

对于低合金钢，a 值在正常焊接热输入时（$E = 15kJ/cm$）约为 2mm，如改变焊接热输入，a 值的变化见表 5-12。

表 5-12 缺口位置 a 与热输入 E 的关系

$E/(kJ/cm)$	a/mm	$E/(kJ/cm)$	a/mm
9	1.35	15	2.0
10	1.45	16	2.1
13	1.65	20	2.4

底板材料应与被试材料相同或两者热物理性质基本一致。底板的尺寸及插销孔的位置如图 5-27 所示。一般试验条件下底板的厚度为 20mm，但用于测定实际焊接结构钢材冷裂纹敏感性或用于制定实际焊接的工艺时，可采用实际的板厚。

图 5-27 底板的形状及尺寸

如果在特殊情况下，试验用的焊接热输入大于 20kJ/cm 时，经协商同意可以增加底板的宽度、长度和厚度。焊后底板的平均温度不得比初始温度高 50℃，并需在报告中记录。

对于试验用的焊接材料，必须了解经烘干后扩散氢的含量及测氢的试验方法。一般应按 GB/T 3965—2012 进行测氢。

插销在底板孔中的配合尺寸为 $\phi A\dfrac{\mathrm{H10}}{\mathrm{d10}}$，试棒顶端与底板上表面平齐。

插销试验也可用于自动埋弧焊的冷裂纹测定，插销试棒的形状和尺寸与焊条电弧焊基本相同。只是缺口位置因焊接热输入的增大，也应适当增加 a 值。底板的形状和尺寸如图 5-28 所示，自动埋弧焊插销试验的程序与焊条电弧焊时相同。

（6）拉伸拘束裂纹试验法（TRC）

拉伸拘束裂纹试验（Tensile Restraint Cracking Test）简称 TRC 试验，是一种大型定量的评定冷裂纹的试验方法。

试验机的整套装置包括拉力机、自动送进焊条机、应变仪、传感器和自动记录仪等。

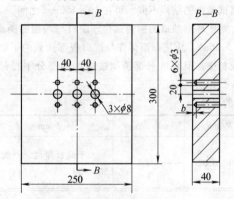

图 5-28　埋弧焊插销试验底板形状

TRC 试验的基本原理是采用恒定载荷来模拟焊接接头所承受的平均拘束应力。当试件焊接之后，冷却到某一温度（一般低合金钢为 150 ~ 100℃）施加一拉伸载荷，并保持恒载，一般保持 24h，如果不裂，则增加试验过程中的恒载，直至产生裂纹或断裂，记录启裂或断裂时间。对应一定时间产生裂纹或断裂的应力，即为对应该断裂时间的临界应力。

TRC 试验与插销试验一样，可以定量地分析被焊钢种（碳素钢和低合金高强钢等）产生冷裂纹的各种因素，如化学成分、焊缝含氢量、拘束应力、预热、后热及焊接参数等。可以测定出相应条件下产生焊接冷裂纹的临界应力。大吨位的 TRC 试验机可对厚板多层焊的冷裂纹敏感性进行测试。

（7）刚性拘束裂纹试验（RRC）

刚性拘束裂纹试验（Rigid Restraint Cracking Test）简称 RRC 试验。它是一种大型定量评定焊接冷裂纹敏感性的试验方法。它的基本原理是：在焊接接头冷却过程中，以自收缩所产生的应力为基础，设计一种能模拟焊接接头承受外部拘束条件的试验装置，使试验过程中自始至终保持固定的拘束长度不变，这就需要试验机能施加相应变化的载荷。拘束距离越短，则所产生的拘束应力越大，调整拘束距离，即可找出一定试验条件下产生氢致断裂的临界拘束应力或临界拘束度，这就是 RRC 试验评定焊接冷裂纹敏感性的定量判据。

按拘束度定义，在 RRC 试验中，当拘束长度为 l（mm）、板厚为 δ（mm）、钢材的弹性模量为 E（MPa）时，则拘束度 R 可按式（5-24）计算：

$$R = \frac{E\delta}{l} \qquad (5\text{-}24)$$

由式（5-24）可见，调节拘束长度，就可以得到不同的拘束度。在弹性范围内焊缝处的拘束应力 σ_{W} 与拘束度 R 的关系为

$$\sigma_{\mathrm{W}} = mR \qquad (5\text{-}25)$$

式中　m——拘束系数，与钢材的线胀系数、弹性熔点（约 600℃）、比热容和接头坡口形式有关，低合金钢焊条电弧焊时，$m \approx$（$3 \sim 5$）$\times 10^{-3}$。

RRC 试验是目前测试焊接冷裂纹敏感性最为完善的试验，但是由于 RRC 的试验装置（包括 TRC）比较复杂，消耗的试验钢材也比较多，操作的劳动强度比较大，因此这种试验一直未得到广泛的应用。

（8）平板刚性拘束裂纹试验（PRRC）

平板刚性拘束裂纹试验（Plate Rigid Restraint Cracking Test）简称 PRRC 试验。这种试验方法是利用调节拘束距离而产生的不同拘束度（拘束应力）来评定焊接冷裂纹敏感性的。它的基本原理与 RRC 试验是相同的，但所用的设备要比 RRC 试验设备简单得多。

PRRC 试验与 RRC 试验一样，也是利用焊接接头冷却时自身的收缩应力，这个应力的大小决定于拘束长度。拘束长度越短、板厚越厚，则拘束应力越大。调节拘束长度，可以调节拘束度和拘束应力，即可求出在该试验条件下产生冷裂纹的临界应力。

实践证明，这种试验方法既保留了 RRC 试验的优点（能反映焊接接头的应力状态），又具有试验设备比较简单的长处。但这种试验方法调节拘束长度（即调节拘束应力）是分段的，而不是连续的，这是 PRRC 试验的主要缺点。

3. 焊接再热裂纹敏感性试验方法

关于再热裂纹的试验方法目前还没有统一的标

准，各国各部门所建立的试验方法很多，但大多都是根据不同钢种、结构的具体情况而制定的，所以都有一定的局限性[2,13,14]。

这里仅介绍几种常用的试验方法：

（1）斜 Y 形坡口再热裂纹试验法

这种试验法所用的试件形状和尺寸与冷裂纹试验完全相同（图 5-15）。试验的程序和要求也基本上与冷裂纹试验一样，只是为防止冷裂纹，应在焊前预热，焊后经检查无裂纹后再进行消除应力处理，参数一般为 500～700℃、2h。然后进行裂纹检测，以裂与不裂为标准。由于这种试验方法比较简单，且有较好的再现性，在国内外得到广泛的应用。

（2）改进里海（Lehigh）拘束裂纹试验法

这种试验方法的拘束条件与斜 Y 形坡口试验基本相同，但坡口处的应力集中程度增强，试件的形状及尺寸如图 5-29 所示。为防止冷裂纹，焊前试件应进行预热。试验用焊条应与产品结构相匹配。焊条直径为 4mm，400℃烘干 2h。试验时，焊接电流为 160～170A；焊接速度为（150±10）mm/min。焊后放置 24h 检查无裂纹后，进行去应力处理。最后将试验焊缝解剖 5 片，在显微镜下观察裂纹的形态及组织情况，必要时进行裂纹的断口分析。这种试验虽然简单，但试件坡口的机加工要求较高。

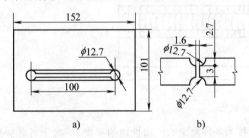

图 5-29　改进里海试件形状及尺寸
a）试件形状　b）坡口尺寸

（3）插销式再热裂纹试验法

插销再热裂纹试验是用外加载荷的方法，使焊接热影响区粗晶部位在再热处理过程中由于应力松弛产生蠕变变形，该蠕变变形超过焊接热影响区粗晶部位所具有的塑性时，便产生再热裂纹。

插销式再热裂纹试验的试件形状、尺寸，以及试验装置都与冷裂纹插销试验相同，只是底板由长方形改为圆形，以便放在圆形电炉内再次加热。

插销再热裂纹试验，实质上是一种应力松弛过程，试验时所加的载荷可按式（5-26）计算：

$$\sigma_0 = 0.8 R_{eL} \frac{E_t}{E} \tag{5-26}$$

式中　σ_0——t 温度下所加的初始应力（MPa）；

$\quad\quad R_{eL}$——室温下插销棒的下屈服强度（MPa）；

$\quad\quad E_t$——温度 t 时的弹性模量（MPa）；

$\quad\quad E$——室温时的弹性模量（MPa）。

试验时先将插销装在底板上，底板的材质原则上与插销试棒相同，焊条与被试钢材相匹配，400℃烘干 2h，焊条直径为 4mm 时，电流为 160～180A，电压为 22～24V，焊速为 150mm/min。为保证插销缺口部位不产生冷裂纹，焊前进行适当预热，焊后在室温下放置 24h，经检验无裂纹之后，再进行再热裂纹试验。

试验时，先将焊在底板上的插销安装在试验机的水冷夹头上，处于无载状态，然后接通电炉，加热至再热处理温度（500～700℃），保温一段时间使温度均匀，然后按式（5-26）加载，当达到 σ_0 后立即停止增加载荷。在保温恒载的过程中，由于蠕变的发展，施加插销上的初始应力 σ_0 将逐渐下降，直至最后断裂。根据大量实验，在再热处理温度下，保持载荷 120min 以上而不发生断裂者就认为该钢种没有再热裂纹倾向。

不同温度下，施加的初始应力与断裂所需的时间可以画出该钢种再热温度与断裂时间的关系曲线。

4. 焊接层状撕裂敏感性试验方法

层状撕裂是在厚板焊接时焊缝产生垂直于钢板表面的拉应力时产生的，其试验方法常用的有以下几种。

（1）Z 向拉伸试验法

Z 向拉伸试验是利用钢板厚度方向的断面收缩率来评定钢材的层状撕裂敏感性。[15]

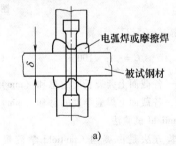

a）

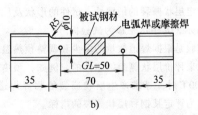

b）

图 5-30　Z 向拉伸试件
a）试件的制取部位　b）试件的形状和尺寸

试件的制取部位和形状尺寸如图 5-30 所示。一般情况下，由于钢板的厚度不足，难以制取拉伸试件，因此要在钢板的两面接长（图 5-30a），被试钢板厚度 25mm 以上者可采用焊条电弧焊，15mm 以上者可采用摩擦焊接长。

（2）Z 向窗口试验法

Z 向窗口试验是一种模拟实际层状撕裂受力的试验方法，试件如图 5-31 所示。

拘束板的中心开一窗口，将试验板（170mm×150mm×20mm）插入此窗口，其位置如图 5-31b 所示，然后按图 5-31c 的顺序焊 4 条焊缝，其中 1、2 为拘束焊缝，3、4 为试验焊缝。装配时，应将试验板未加工表面放在试验焊缝一侧。

焊后在室温下放置 24h 后再切取试片观察层状撕

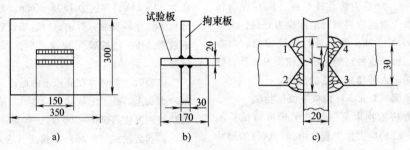

图 5-31　Z 向窗口试验[16]

a）拘束板　b）试验板位置　c）焊接顺序

1、2—拘束焊缝　3、4—试验焊缝

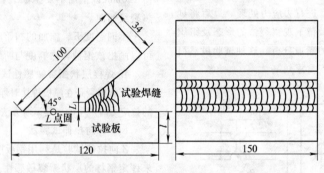

图 5-32　Granfied 试板

裂，裂纹率按式（5-27）计算：

$$C = \frac{\sum l}{\sum L} \times 100\% \qquad (5-27)$$

式中　$\sum l$——各截面上撕裂长度的总和（mm）；

　　　$\sum L$——各截面上焊缝厚度的总和（mm）。

（3）Granfield 试验法

这种试验方法是由英国 Granfield 学院提出的，用于评定层状撕裂的敏感性。试件的形状及尺寸如图 5-32 所示，其中水平板为试验板。

试验是根据焊道数量的多少和调整预热温度及层间温度来评价层状撕裂敏感性的。例如，预热及层间温度 100℃ 时，寻求产生层状撕裂的临界焊道数目，以此作为评定某钢种层状撕裂的指标。

5.4　使用焊接性试验方法

使用焊接性就是"整个焊接接头或整体结构满足技术条件规定的使用性能的程度"。对于各种焊接结构的接头都应具有足够的常规力学性能和抗脆性断裂性能，对于在高温下工作的接头、在腐蚀条件下工作的接头，以及承受交变载荷的接头，分别都要进行高温性能、耐蚀性和疲劳性能等方面的试验。即根据焊接结构的不同使用条件，进行不同的使用焊接性试验。

5.4.1　焊接接头力学性能试验

1. 焊接接头力学性能试验取样方法

焊接接头包括母材、焊缝和热影响区三个部分，其特点是存在金相组织和化学成分的不均匀性，从而导致力学性能的不均匀。另外，焊接接头力学性能的测定值与试件在接头中的位置及方向有密切关系。

试件所用的母材、焊接材料、焊接工艺条件、焊前预热以及焊后热处理等均应与相应产品或构件的制造条件相同或符合有关技术规定。

2. 焊接接头及焊缝金属的拉伸试验

按 GB/T 2651—2008《焊接接头拉伸试验方法》的规定，试样分为管及管板状试样、整管试样和实心截面试样三种，根据要求予以选用。对于焊接接头，多选用板形拉伸试样。管接头的板形拉伸试样，其形状和尺寸与板接头板形拉伸试样相同。

焊缝及熔敷金属拉伸试验，按 GB/T 2652—2008《焊缝及熔敷金属拉伸试验方法》的规定进行取样。

上述拉伸试验的方法和程序均按标准 GB/T 228.1—2010《金属材料　拉伸试验　第 1 部分：室温试验方法》的规定进行。

3. 焊接接头冲击试验

按 GB/T 2650—2008《焊接接头冲击试验方法》的规定，焊接接头冲击试验试样有夏比 V 形缺口和夏比 U 形缺口两种。在冲击试验时，试样受冲击弯曲载荷冲断所吸收的能量，称为冲击吸收能量，V 形试样时用 KV 表示，U 形缺口试样时用 KU 表示，单位为 J。缺口处单位横断面积所吸收的能量称为冲击韧度，V 形缺口试样时用 a_{KV} 表示，U 形缺口试样时用 a_{KU} 表示，单位为 J/cm^2。

V 形缺口试样缺口较尖锐，对材料脆性转变反应灵敏，断口组成比较清晰，目前已经被广泛地应用。U 形缺口冲击试样对材料脆性转变反应不灵敏，除某些工程技术条件规定外，一般不再采用。

试样缺口按试验要求可开在焊缝、熔合线或热影响区。

冲击试验的程序可按 GB/T 229—2007《金属材料　夏比摆锤冲击试验方法》的规定进行。

4. 焊接接头弯曲试验

根据 GB/T 2653—2008《焊接接头弯曲试验方法》的规定，焊接接头弯曲试验分为正弯、背弯和侧弯三种试验。

一般试板多开 V 形坡口。焊缝表面即试板的受拉面以及双面焊时焊缝较宽或焊接开始的一面，称为焊缝的正面。若焊缝正面处于弯曲之后试样的凸面（拉伸面），称为正弯；若焊缝根部处于弯曲后试样的凸面，称为背弯；若焊缝横面为受拉面，则称为侧弯。

焊接接头弯曲试验程序按标准 GB/T 232—2010《金属材料　弯曲试验方法》的规定进行。关于管接头的压扁试验参见 GB/T 246—2007《金属管　压扁试验方法》。

5. 焊接接头应变时效敏感性试验

焊接构件在加工制造及运行过程中，不可避免地会使接头承受不同程度的塑性变形，如焊后矫正、冷作成形等。随着时间的增长，焊接接头的冲击韧度有不同程度下降的趋势，这种现象称为应变时效脆化。

通常采用的试验方法是，将焊好的对接拉伸样坯在拉力机上进行拉伸。一般低碳钢的残余变形量为 10%，低合金钢为 5%（也可按照有关产品标准或规定进行）。经过应变的样坯，按有关的技术规定进行人工时效。然后切取冲击试样，采用夏比 V 形缺口试样进行试验。

将未经应变时效处理试样的冲击吸收能量减去经过应变时效处理试样的冲击吸收能量，其差值与未经应变时效处理试样的冲击吸收能量之比，这个比值以百分比的形式来表示，即表明应变时效的敏感程度，通常称为金属材料焊接接头应变时效敏感系数。

5.4.2　焊接接头抗脆断性能试验

评定焊接接头抗脆断性能有以下试验方法。

1. V 形缺口冲击试验法

金属材料随着温度降低，由韧性转变到脆性状态的温度称为脆性转变温度 t_r。将试样冷却到不同温度进行系列冲击试验，利用以下三种准则来确定脆性转变温度。

（1）能量准则

能量准则一般采用冲击吸收能量 KV 降低到 20J（20.34N·m）或 41J（40.67N·m）时的温度为脆性转变温度 VT_{r15} 或 VT_{r30}。有的标准取对应最大冲击吸收能量一半时的温度作为脆性转变温度 Vt_{rE}。

（2）断口准则

金属脆性越大，则冲击试样的断口上晶粒状断面所占百分率越多，取其达到 50% 时的温度作为脆性转变温度 VT_{rs}。

（3）变形特征准则

V 形缺口试样断裂后其缺口根部横向相对收缩量达到 3.8% 时的温度取为脆性转变温度。

不同脆性转变温度准则彼此相差很大，因此评定焊接接头脆性转变温度时，应注意所采用的评定方法。

2. 落锤试验法

落锤试验采用动载简支弯曲的方法来测定材料无塑性转变温度（Nil Ductility Transition，简称 NDT）。这种方法主要用于母材，也可用于宽焊缝的 NDT 测定。我国已制定 GB/T 6803—2008《铁素体钢的无塑性转变温度落锤试验方法》。

3. 宽板拉伸试验法

宽板拉伸试验是为了预测焊接结构出现低应力脆

性断裂而设计的，转变温度型宽板拉伸试验常用的主要是威尔斯（Wells）宽板拉伸试验[17]。

4. 焊接接头断裂韧度试验方法

断裂韧度是反映材料在内部存在裂纹缺欠时阻止断裂的能力。在材料内部存在裂纹缺欠时的断裂行为要用断裂力学分析，其韧性要用断裂韧度度量。常用的断裂韧度参量有 K_{Ic}、COD（δ_c）和 J_{1c}。

应指出，由于断裂力学是建立在均质材料的基础上，而焊接接头是非均质材料，因此应用断裂力学评定焊接接头的脆性断裂方法还在不断完善。

5.4.3　焊接接头疲劳与动载性能试验

1. 焊接接头及焊缝的疲劳试验

焊接构件在服役过程中，如果承受载荷的数值和方向变化频繁时，即使载荷比静载的抗拉强度 R_m 小，甚至比材料的下屈服强度 R_{eL} 还低得多，仍然可能发生破坏，称为疲劳破坏。

焊接接头及焊缝的疲劳试验方法分为旋转弯曲试验法及轴向循环疲劳试验法两类。并区分为高周疲劳（循环次数大于 10^5）和低周疲劳（循环次数 10^5 以下）两类。疲劳试验是在专门的试验机上选用一定的应力（或应变）循环特性的载荷，进行多次反复加载试验，测得使试样破坏所需要的加载循环次数 N，将破坏应力 σ 与 N 绘成疲劳曲线，从而获得不同循环下的疲劳强度及疲劳极限。

（1）旋转弯曲试验法

焊接接头和焊缝的旋转弯曲疲劳试验可以测定出在对称交变载荷条件下的疲劳强度 σ_{-1} 和应力-循环次数曲线。

焊接接头疲劳试验的取样应根据相应的技术条件规定进行，焊缝应位于试样的中间，试样数量不少于6个。试样的度量、对试验机的要求、试验结果的计算，按照 GB/T 4337—2008《金属材料　疲劳试验旋转弯曲方法》的规定进行。

（2）轴向循环疲劳试验法

焊接接头轴向循环疲劳试验方法适用于钢材电弧焊对接接头及角接接头的脉动拉伸疲劳性能的测定。

应当指出，环境及介质对疲劳强度有重大影响，如石油化工介质、海水、活性气体的共同作用将促使早期发生疲劳破坏，称为腐蚀疲劳。有关腐蚀疲劳的试验方法要按特殊的规定进行。

2. 焊接接头疲劳裂纹扩展速率试验

焊接结构在制造施工过程中，由于材质和工艺等某种原因使内部或表面存在各种类型的裂纹，在动载、交变载荷作用下，裂纹将会逐渐扩展而导致结构

破坏。应用断裂力学理论，把疲劳设计建立在构件本身存在裂纹这一客观事实的基础上，按照裂纹在循环载荷下的扩展规律，估算结构的寿命，是保证结构安全运行的重要途径，也是对传统疲劳试验的补充和发展。

焊接接头疲劳裂纹扩展速率测定采用的试样有标准 CCT（中心裂纹拉伸）试样和标准 CT（紧凑拉伸）试样。

5.4.4　焊接接头耐蚀性试验

1. 焊接接头晶间腐蚀试验

奥氏体不锈钢焊缝或热影响区在经受 450～850℃加热时，会使得 Cr 的碳化物在晶界析出，因此奥氏体不锈钢焊接接头在某些介质中，会发生焊缝或热影响区的晶间腐蚀现象。GB/T 4334—2008《金属和合金的腐蚀　不锈钢晶间腐蚀试验方法》规定了不锈钢晶间腐蚀试验方法的试样、试验溶液、试验设备、试验条件和步骤、试验结果的评定及试验报告。

（1）试样及制备　GB/T 4334—2008 规定了不锈钢晶间腐蚀试验的试样及制备。

1）压力加工钢材的试样从同一炉号、同一批热处理和同一规格的钢材中取样。

2）铸件试样按 GB/T 2100 规定，从同一炉号钢液浇铸的试块中取样。含稳定化元素钛的钢种，在该炉号最末浇注的试块中取样。

3）焊管试样从同一炉号、同一批热处理和同一规格的焊管中取样。

4）焊接试样从与产品钢材相同而且焊接工艺也相同的试块上取样。

5）所检验的面为使用表面。对于焊接接头的试样应包括母材、热影响区以及焊接金属的表面。采用不锈钢 10% 草酸侵蚀试验方法判定凹坑组织时，应检验断面。

6）焊管舟形试样取样如图 5-33 所示。焊管弧形试样取样如图 5-34 所示。焊接接头的单焊缝取样如图 5-35 所示，交叉焊缝取样如图 5-36 所示。对于不锈钢晶间腐蚀试验各种方法的试样尺寸及制备的技术要求，应按照 GB/T 4334—2008 中的图、表、规定执行。

7）试样的取样方法，原则上用锯切，如用剪切方法时应通过切削或研磨的方法除去剪切的影响部分。

8）试样上有氧化皮时，要通过切削或研磨除掉。需要敏化处理的试样，应在敏化处理后去除氧化皮。试样研磨及敏化处理的具体要求应按照 GB/T

4334—2008 规定执行：试验前应将试样用适当的溶剂或洗涤剂（非氯化物）除油并干燥。

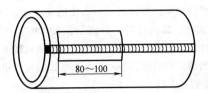

图 5-33　焊管舟形试样取样

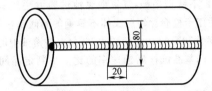

图 5-34　焊管弧形试样取样

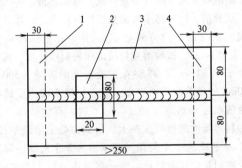

图 5-35　单焊缝取样

1—弃去　2—焊接试样　3—焊板　4—弃去

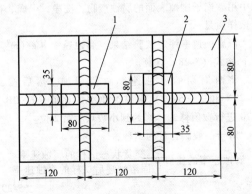

图 5-36　交叉焊缝取样

1、2—焊接试样　3—焊板

（2）不锈钢晶间腐蚀试验方法　GB/T 4334—2008 规定了不锈钢晶间腐蚀试验的 5 种方法。

1）不锈钢 10% 草酸侵蚀试验方法。本试验适用于奥氏体不锈钢晶间腐蚀的筛选试验，在显微镜下观察被侵蚀表面的金相组织，以判定是否需要进行其他方法的长时间热酸试验。在不允许破坏被测结构件和设备的情况下，也可以作为独立的晶间腐蚀检验方法。

试验溶液是将 100g 符合 GB/T 9854 的优级纯草酸溶解于 900mL 蒸馏水或去离子水中，配制成 10% 草酸溶液。对于含钼钢种在难以出现阶梯组织时，可以用 100g 符合 GB/T 655 分析纯的过硫酸铵溶解于 900mL 蒸馏水或去离子水中，配制成 10% 过硫酸铵溶液代替 10% 草酸溶液。

把侵蚀试样作阳极，以不锈钢杯或不锈钢片作为阴极，倒入 10% 草酸溶液，接通电流。侵蚀电路如图 5-37 所示。阳极电流密度为 $1A/cm^2$，侵蚀时间 90s，侵蚀溶液温度 20～50℃。用 10% 过硫酸铵溶液

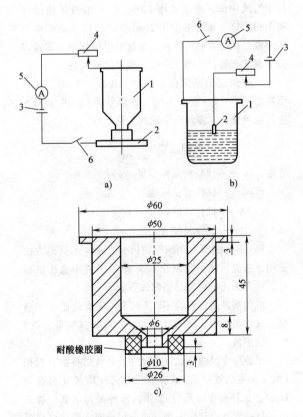

图 5-37　电解侵蚀装置图

a）大试样用　b）小试样用　c）不锈钢耐酸容器

1—不锈钢容器　2—试样　3—直流电源

4—变阻器　5—电流表　6—开关

浸泡时，电流密度为 $1A/cm^2$，侵蚀时间为 5～10min。试样侵蚀后，用流水洗净，干燥。在金相显微镜

下观察试样的全部侵蚀表面，放大倍数为 200 ~ 500 倍，根据 GB/T 4334—2008 中的图、表规定，判定晶界形态、凹坑形态侵蚀组织的类别以及筛选试验与其他长时间热酸试验的关系。

2）不锈钢硫酸－硫酸铁腐蚀试验方法。本试验方法适用于将奥氏体不锈钢在硫酸-硫酸铁溶液中煮沸试验后，以腐蚀速率评定晶间腐蚀倾向。

试验溶液是将符合 GB/T 625 的优级纯硫酸用蒸馏水或去离子水配制成（50.0 ± 0.3）%（质量分数）的硫酸溶液，然后取该溶液 600mL 加入 25g 硫酸铁（硫酸铁含量为 21.0% ~ 23.0%）加热溶解配制而成。

用游标卡尺测量试样的尺寸，计算试样的表面积（取三位有效数字）。试验前称量试样质量（精确到 1mg）。试样放在容量为 1L 带回流冷凝器的磨口烧瓶中，每一容器中只放一个试样，用玻璃支架将试样保持于溶液中部，连续煮沸 120h。试验溶液量按试样表面积计算，其量不少于 20mL/cm²。每次试验用新的溶液。试验后取出试样，在流水中用软刷子刷掉表面的腐蚀产物，洗净、干燥、称量试样质量。

以腐蚀速率评定试验结果。按式（5-28）计算出腐蚀速率 [g/(m²·h)]，计算结果按 GB/T 8170 进行数值修约，修约到小数点后第 2 位。

$$腐蚀速率 = \frac{m_1 - m_2}{St} \qquad (5\text{-}28)$$

式中　m_1——试验前试样质量（g）；

　　　m_2——试验后试样质量（g）；

　　　S——试样总面积（m²）；

　　　t——试验时间（h）。

3）不锈钢 65% 硝酸腐蚀试验方法。本试验方法适用于将奥氏体不锈钢在 65% 硝酸溶液中煮沸试验后，以腐蚀速率评定晶间腐蚀倾向。

试验溶液是将符合 GB/T 626 的优级纯硝酸用蒸馏水或去离子水配制成（65.0 ± 0.2）%（质量分数）的硝酸溶液。

用游标卡尺测量试样的尺寸，计算试样的表面积（取三位有效数字）。试验前称量试样质量（精确到 1mg）。试样放在容量为 1L 带回流冷凝器的磨口烧瓶中，每一容器中只放一个试样，用玻璃支架将试样保持于溶液中部，每周期连续煮沸 48h。试验为 5 个周期。但根据双方协议也可缩短为 3 个周期。试验溶液量按试样表面积计算，其量不少于 20mL/cm²。每次应用新的试验溶液。试验后取出试样，在流水中用软刷子刷掉表面的腐蚀产物，洗净、干燥、称量试样质量。

对于常规检验，在同一容器中可试验两个试样，但这两个试样应是同一规格，同一炉号和同一热处理制度。如果两个试样中有一个未能通过试验，应按该标准重新试验。

以腐蚀速率评定试验结果。腐蚀速率 [g/(m²·h)] 按式（5-28）计算。计算结果按 GB/T 8170 进行数值修约，修约到小数点后第 2 位。然后取 5 个周期的平均值。根据协议进行 3 个周期试验时，也可取 3 个周期的最大值。

焊接试样发现刀状腐蚀即为具有晶间腐蚀倾向，性质可疑时，可用金相法判定。

4）不锈钢硝酸-氢氟酸腐蚀试验方法。本试验方法适用于检验含钼奥氏体不锈钢的晶间腐蚀倾向。用温度为 70℃ 的 10% 硝酸和 3% 氢氟酸溶液中的腐蚀速率，同基准试样腐蚀速率的比值来判定晶间腐蚀倾向。

将符合 GB/T 626 的优级纯硝酸和符合 GB/T 620 的优级纯氢氟酸试剂，用蒸馏水或去离子水配制成 10% 硝酸-3% 氢氟酸（质量分数）试验溶液。

试验前，用游标卡尺测量试样的尺寸，计算试样的表面积（取 3 位有效数字）。并且称量试样质量（精确到 1mg）。试验溶液量按试样表面积计算，其量不少于 10mL/cm²。将装有试验溶液的容量为 500 ~ 1000mL 的带盖的塑料容器，放入恒温水槽内。试验溶液的温度加热到（70 ± 0.5）℃ 时，再将试样放入该塑料容器内的塑料支架上，使试样处于溶液中部，连续保持 2h 为 1 个周期，该试验为 2 个周期。每周期应使用新的试验溶液。每一容器内只放 1 个试样。装有交货状态试样和热处理后试样的试验容器，应在同一恒温槽中同时进行试验。试验后取出试样，在流水中用软刷子刷掉表面的腐蚀产物，洗净、干燥、称量试样质量。

以腐蚀速率评定试验结果。腐蚀速率 [g/(m²·h)] 按式（5-28）计算。

将两周期的腐蚀速率数值相加，然后按式（5-29）和式（5-30）求腐蚀速率的比值，按 GB/T 8170 进行数值修约，修约到小数点后第 2 位。

对于一般碳含量的钢种：

$$腐蚀速率的比值 = \frac{交货状态试样的腐蚀速率}{固溶处理后试样的腐蚀速率}$$
$$(5\text{-}29)$$

对于超低碳钢种（也用于焊接的非超低碳钢种）：

$$腐蚀速率的比值 = \frac{敏化处理后试样的腐蚀速率}{交货状态试样的腐蚀速率}$$
$$(5\text{-}30)$$

5）不锈钢硫酸-硫酸铜腐蚀试验方法。本试验方法适用于奥氏体、奥氏体-铁素体不锈钢在加有铜屑的硫酸-硫酸铜溶液中煮沸试验后，由弯曲或金相判定晶间腐蚀倾向。

将100g符合GB/T 665的分析纯硫酸铜（$CuSO_4 \cdot 5H_2O$）溶解于700mL蒸馏水或去离子水中，再加入100mL符合GB/T 625的优级纯硫酸，用蒸馏水或去离子水稀释至1000mL，配制成硫酸-硫酸铜溶液。

在容量为1L带回流冷凝器的磨口锥形烧瓶的底部，铺一层纯度不小于99.5%的铜屑或铜粒，然后放置试样。保证每个试样与铜屑接触的情况下，同一烧瓶中允许放几层同一钢种的试样，但试样之间应互不接触。试验溶液应高出最上层试样20mm以上，每次试验都应使用新的试验溶液。仲裁试验时，试验溶液量按试样表面积计算，其量不少于$8mL/cm^2$。将烧瓶放在加热装置上，通以冷却水，加热试验溶液。使之保持微沸状态，试验连续16h。试验后取出试样，洗净、干燥、弯曲。

试验结果的判定：对于压力加工、焊管和焊接件试样弯曲角度为180°，焊管舟形试样沿垂直焊缝方向进行弯曲，焊接接头沿熔合线进行弯曲。铸钢件弯曲角度为90°。弯曲后的试样在10倍放大镜下观察弯曲试样外表面，检查有无因晶间腐蚀而产生的裂纹。

从试样的弯曲部位棱角产生的裂纹，以及不伴有裂纹的滑移线、皱纹和表面粗糙等，都不能认为是晶间腐蚀而产生的裂纹。

试样不能进行弯曲判定或弯曲的裂纹难以判定时，应按照GB/T 4334—2008的具体规定，采用金相法判定。

2. 应力腐蚀裂纹试验方法[17、18、19]

金属在应力（拉应力或内应力）和腐蚀介质联合作用下引起的断裂失效，称为应力腐蚀开裂（Stress Corrosion Cracking 简称SCC）。评定应力腐蚀的试验方法很多，一般多用光滑试样。

光滑试样应力腐蚀试验法是用光滑试样在应力和腐蚀介质共同作用下，根据发生断裂的持续时间作为判据，定量地评定材料耐应力腐蚀的性能。试验程序和要求按冶金行业标准YB/T 5362—2006《不锈钢在沸腾氯化镁溶液中应力腐蚀试验方法》。加载的方式有两种。

（1）恒定荷拉伸试验

把光滑拉伸试样装在专用的试验装置中，将配制好的溶液加热，待到沸腾时开始加载，并记录加载到破断时间作为断裂时间。

（2）U形弯曲试验

如图5-38所示，把厚1～3mm，宽10mm或15mm，长75mm的试样，用半径为8mm的压头压成U形，用适当的夹具加将两臂间的宽度压缩5mm。放入沸腾的试验溶液中，每隔一定时间取出试样，检查开裂情况，记录出现宏观裂纹的时间及裂纹贯穿时间。

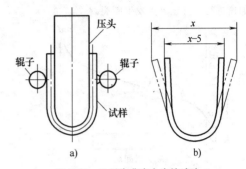

图5-38　U形弯曲应力腐蚀试验
a）试样弯曲方法　b）试样夹紧方法

传统光滑试样的应力腐蚀试验难以反映实际构件耐应力腐蚀的性能，因为工程上任何构件总是有缺陷的。采用断裂力学评价材料耐应力腐蚀的性能更具有实际意义。

5.4.5　焊接接头高温性能试验

焊接构件在高温下工作时，焊接接头的力学性能与常温下有很大的不同。因此要进行不同的高温性能试验。

1. 焊接接头短时高温拉伸试验

根据焊接接头的高温工作条件，进行高温短时拉伸试验时，按标准GB/T 4338—2006《金属材料高温拉伸试验方法》的规定进行，以求得不同温度的抗拉强度、屈服强度、断后伸长率及断面收缩率等。

2. 焊接接头高温持久强度试验

在高温工作的构件，如高压蒸气锅炉管道及焊接接头，虽然所承受的应力小于工作温度的屈服点，但在长期的服役过程中可导致管道破裂。因此对于高温下工作的材料及焊接接头，必须测定高温长期载荷作用下的持久强度，即在给定温度，材料经过规定时间发生断裂的应力值。

材料的高温持久强度试验可以测定试样在给定温度和规定应力作用下的断裂时间，然后用外推法求出数万小时甚至数十万小时的持久强度。同时还可测出高温时的持久塑性——断后伸长率及断面收缩率。

3. 焊接接头的蠕变断裂试验

金属在高温（恒温）和恒应力作用下，发生缓慢的塑性变形的现象称为蠕变。蠕变可以在单一应力（拉力、压力或扭力），也可以在混合应力下产生，典型的蠕变曲线如图 5-39 所示。$a'a$ 为开始加载后所引起的瞬时变形（ε_0）；ab 为蠕变第 Ⅰ 阶段，在此阶段中材料的蠕变速度随时间的增加而逐渐减慢；bc 为蠕变的第 Ⅱ 阶段，在此阶段材料以恒定的蠕变速度产生变形；cd 为蠕变的第 Ⅲ 阶段，此阶段材料的蠕变加速进行，直至 d 点发生断裂。

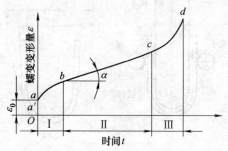

图 5-39　典型的蠕变曲线

蠕变极限是试样在一定温度下和规定的持续时间内，使蠕变变形量即蠕变速度达到某规定值时所需的最大应力。例如异种钢焊接接头（如 CrMoV 钢与奥氏体 25-20 耐热钢焊接）在设计时就必须考虑焊接接头的蠕变极限。焊接接头的蠕变断裂试验可参照标准 GB/T 2039—2012《金属材料　单轴拉伸蠕变试验方法》的规定进行。

5.5　焊接热、应力、应变模拟试验方法

在焊接热源的作用下，一些低合金高强度钢、超高强度钢、铝合金及钛合金等焊接接头热影响区出现韧性下降，产生延迟裂纹、高温裂纹、再热裂纹以及热应变时效脆化等缺欠。实践证明，这些缺欠与焊接过程中连续冷却组织转变及应力、应变有密切关系。由于热影响区尺寸很小，不能做成试件试验，因而如何把焊接接头热影响区某一部位的组织、应力和应变过程再现，并几何尺寸放大，对研究焊接热影响区的上述各项课题具有十分重要的意义。焊接热、应力、应变模拟试验技术就是在这种情况下出现的。

5.5.1　焊接热、应力、应变模拟试验原理[20]

关于焊接热、应力、应变模拟试验技术，目前在国内外已建立了多种控制方法和不同的试验装置，但这些模拟试验技术的原理基本相同，都是根据焊接热循环的基本参数而建立的。

如第 1 章所述，热循环基本参数如下：

1）加热速度 ω_H。

2）峰值温度 t_M。

3）高温停留时间 t_H。

4）冷却速度 ω_C 和冷却时间 $t_{8/3}$、$t_{8/5}$、t_{100} 等。

热模拟试验就是通过控制加热和冷却，准确地模拟焊缝及焊接热影响区（过热区）的热循环过程，必要时同时模拟应力应变过程，得到组织和状态与模拟对象相仿的试件进行金相分析和力学、断裂试验。

5.5.2　焊接热、应力、应变模拟试验装置[21、22]

几种国内外常用的热/力模拟试验机简介如下。

1. Gleeble-1500 热/力模拟试验机[23]

Gleeble-1500 热/力模拟试验机是采用电阻式加热试样模拟试验机的典型代表，也是世界上功能较全、技术先进的模拟试验装置之一。它的控制系统框图如图 5-40 所示。它是由加热系统、加力系统和计算机控制系统三大部分组成的。Gleeble-1500 还配有真空室，真空度可达 1.33322×10^{-3} Pa，也可充入所需的气体（如氩气）。

10 多年来，根据热加工技术的发展，特别是为适应热轧技术的需求，又研制和开发出 Gleeble-2000、Gleeble-3500、Gleeble-3800 热/力模拟试验装置。Gleeble-3500 设备如图 5-41 所示。它们基本上是在 Gleeble-1500 基础上，增加了一些新的功能，操作和控制系统更为先进，进一步提高了试验装置的适应能力。

2. Thermorestor-W 热拘束模拟试验机[24]

Thermorestor-W 采用高频感应加热法对试样加热，试样冷却是按焊接热循环曲线通过程序控制模拟的。它可以再现焊接热过程与焊后热处理过程，并可进行应力、应变循环的模拟。

该装置从工作原理上与 Gleeble 一样，也分为加热系统、力学系统及程序控制系统。具体试验机由本体（包括驱动夹持机构、加热感应线圈、真空室、温度、应力、应变检测装置）、液压伺服系统、排气系统、高频电源、程序设定发送器、自动函数记录仪等组成。

为适应热加工的各种需要（热控轧、连铸、热处理、焊接等），随着电子技术和计算机的发展，日本富士电波工机株式会社在 20 世纪 90 年代研制并开发出 Thermorestor-Z 热/力模拟试验机[25]。该模拟装置具有高频感应加热和电阻加热两套系统，并采用非接触式激光膨胀测量系统，可准确测量相变点及变形过程中体积的变化。还采用全自动排气系统及气氛介质调节系统，以及更先进的计算机程序控制系统。

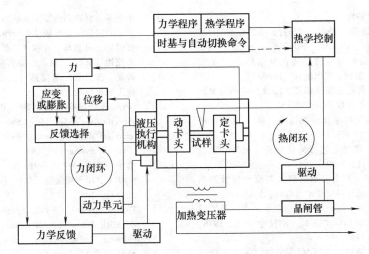

图 5-40　Gleeble-1500 热/力模拟试验机控制系统方块图

图 5-41　Gleeble-3500 设备

3. 国产热模拟试验机[26,27]

我国自 20 世纪 70 年代末以来，曾先后研制开发出多种类型热模拟试验机，如 HRJ-2 型（钢铁研究总院），HRM-1 型及 CKR-Ⅱ 型（哈尔滨焊接研究所），DM-100 型及 DM-100A 型（洛阳船舶材料研究所）等热模拟试验机。

总之，常规焊接接头力学性能的试验结果反映的是接头整体的平均水平，不能反映焊接热影响区中某个区段（如过热区、相变重结晶区等）的实际性能。焊接热模拟技术的发展为研究热影响区的组织性能创造了良好条件[28]。

参 考 文 献

[1] 中国标准出版社、全国焊接标准化技术委员会. 中国机械工业标准汇编：焊接与切割卷 [M]. 2 版. 北京：中国标准出版社，2001.

[2] 吴世初. 金属的可焊性试验 [M]. 上海：上海科学技术文献出版社，1983.

[3] 伊藤庆典，别所清. 高张力钢の溶接割れ感受性指数 P_C について [J]. 溶接学会志，1968，37（9）：63-64.

[4] Yurioka N, Ohshita s, Saito S. Determination of Necessary Preheating Temperature in Steel Welding [J]. Welding Journal, 1983, 62（6）：147-153.

[5] 张文钺，等. 焊接冶金与金属焊接性 [M]. 北京：机械工业出版社，1988.

[6] 佐藤邦彦. 溶接工学 [M]. 東京：東京都理工学社，1978.

[7] 张文钺，等. 国产低合金高强钢冷裂判据的建立 [J]. 天津大学学报，1983，16（3）：61-67.

[8] 张文钺. 焊接冶金学：基本原理 [M]. 北京：机械

工业出版社, 1995.

[9] 张文钺. 焊接冷裂纹临界冷却时间 t_{cr} 的建立 [J]. 焊接学报, 1993, 15 (3): 203-208

[10] 哈尔滨焊接研究所. 国产低合金钢焊接 CCT 图 [M]. 北京: 机械工业出版社, 1990.

[11] 顾钰熹, 等. 焊接连续冷却转变图及其应用 [M]. 北京: 机械工业出版社, 1990.

[12] 王宗杰. 焊接工程综合试验技术 [M]. 北京: 机械工业出版社, 1997.

[13] 张文钺, 等. 焊接工艺与失效分析 [M]. 北京: 机械工业出版社, 1989.

[14] 张金昌. 锅炉、压力容器的焊接裂纹与质量控制 [M]. 天津: 天津科学技术出版社, 1985.

[15] 金沢正午, 山戸一成, 井上尚志. ラメラーテア感受性評価方法について [J]. 溶接学会誌, 1976, 45 (3): 238-244.

[16] 张文钺. 焊接物理冶金 [M]. 天津: 天津大学出版社, 1991.

[17] 孟广喆, 贾安东. 焊接结构强度和断裂 [M]. 北京: 机械工业出版社, 1985.

[18] 叶康民. 金属腐蚀与防护概论 [M]. 北京: 人民教育出版社, 1980.

[19] 陆世英, 等. 不锈钢应力腐蚀破裂 [M]. 北京: 科学出版社, 1977.

[20] 牛济泰. 材料和热加工领域的物理模拟技术 [M]. 北京: 国防工业出版社, 1999.

[21] 杭世骢, 孙嘉华, 许祖泽. 焊接热模拟试验装置及其应用 [M]: 北京: 机械工业出版社, 1980.

[22] 陈楚, 张月嫦. 焊接热模拟技术 [M]. 北京: 机械工业出版社, 1985.

[23] Dynamic System Inc. USA. Product Description and Specification of Gleeble—1500—The Thermal and Mechanical Materials Testing Machine [R]. New York: Dynamic System Inc, 1987.

[24] 富士電波工機株式会社. Thermorestor-W 拘束溶接熱サイクル再現装置 [R]. 東京: 富士電波工機株式会社, 1987.

[25] Fuji Dempa Koki Co Ltd. Specification of Thermorestor-Z, High Temperature Deformation Simulation and Mechanical Testing Machine [R]. Tokyo: Fuji Dempa Koki. CO. L. td. 1996.

[26] 欧长春, 等. DM—100A 焊接热模拟机研制报告 [R]. 洛阳: 洛阳七二五研究所, 1996.

[27] 中国机械工程学会, 等. 国际动态热/力模拟技术学术会议论文集 [C]. 中文版. 哈尔滨: 哈尔滨工业大学, 1990. 1-9

[28] 杜则裕. 材料焊接科学基础 [M]. 北京: 机械工业出版社, 2012.

第2篇 铁与钢的焊接

第6章 碳钢的焊接

作者 屈朝霞 张汉谦 审者 田志凌

6.1 碳钢的种类、标准与性能

6.1.1 概述

碳钢是以铁为主要元素，碳含量一般为0.02%~2%的铁碳合金。除碳作为合金元素外，还含有限量的Mn、Si、S、P及其他微量残余元素。碳钢一般称为非合金钢（见GB/T 13304.1—2008《钢分类 第1部分：按化学成分分类》），但碳钢的内涵没有非合金钢广泛，不包括具有特殊性能的非合金钢。碳钢的锰含量$w(Mn)$通常小于1.00%，$w(Si)$均小于0.5%。但按照ISO 4948-1标准中非合金钢与合金钢中元素含量界限，锰含量界限值$w(Mn)=1.65\%$，如果锰含量仅规定最大值时，该界限值$w(Mn)=1.80\%$。碳钢广泛地应用于船舶、车辆、桥梁、电站、锅炉、压力容器、工业和民用建筑、家电、机械等行业，是钢材中用量大、应用范围广的一类钢材，也是目前焊接加工量大、覆盖面最广的钢种。

碳钢因分类角度不同而有多种名称：

1. 按碳含量分

根据GB/T 20566—2006《钢及合金术语》，分为以下三种：

1) 低碳钢 $w(C)<0.25\%$。

2) 中碳钢 $w(C)\geqslant0.25\%\sim\leqslant0.60\%$。

3) 高碳钢 $w(C)>0.60\%$。

这与以前低碳钢与中碳钢的碳含量分界线$w(C)=0.30\%$（见文献［1］和本手册以前版本）有差别。

2. 按冶炼方法分

1) 转炉钢，又分为氧气转炉钢和碱性空气转炉钢。

2) 电炉钢。

3. 按钢材的脱氧程度不同分

1) 沸腾钢。

2) 半镇静钢。

3) 镇静钢。

4) 特殊镇静钢。

4. 按用途分

1) 结构钢，用来制造各种金属构件和机器零件。

2) 工具钢，用来制造各种工具（量具、刃具、模具）。

3) 人们习惯按使用行业或领域来分，如焊接气瓶钢、锅炉用钢、压力容器用钢等。

5. 按牌号分

按照GB/T 221—2008《钢铁产品牌号表示方法》，碳钢分为碳素结构钢和优质碳素结构钢。碳素结构钢又分为通用结构钢和专用结构钢。

6.1.2 碳素结构钢

我国现行的《碳素结构钢》国家标准为GB/T 700—2006。据此，碳素结构钢的牌号由代表屈服强度的字母、屈服强度数值、质量等级符号、脱氧方法符号等4个部分按顺序组成。例如：Q235AF。其中，"Q"为钢材屈服强度"屈"字汉语拼音首位字母；数字代表名义屈服强度，单位为MPa；A、B、C、D分别为质量等级；F为沸腾钢"沸"字汉语拼音首位字母；Z为镇静钢"镇"字汉语拼音首位字母；TZ为特殊镇静钢"特镇"两字汉语拼音首位字母。在牌号组成表示法中，"Z"与"TZ"符号可以省略。

碳素结构钢由氧气转炉或电炉冶炼。除非需方有特殊要求并在合同中注明，冶炼方法一般由供方自行选择。一般以热轧、控轧或正火状态交货。碳素结构钢的牌号、化学成分、质量等级见表6-1。力学性能见表6-2和表6-3。

6.1.3 优质碳素结构钢

我国现行优质碳素结构钢的国家标准为GB/T 699—1999《优质碳素结构钢》。其规定钢材等级可根据冶金质量等级和使用加工方法分类。

按冶金质量等级分类分为三类：

1) 优质钢。

2）高级优质钢（A）。

3）特级优质钢（E）。

括号中字母为其代号，其对应的磷、硫含量和低倍组织要求见表6-4。

表 6-1　通用碳素结构钢的牌号、化学成分、质量等级（GB/T 700—2006）

牌号	统一数字代号[①]	等级	厚度（或直径）/mm	脱氧方法	化学成分（质量分数，%），不大于				
					C	Si	Mn	P	S
Q195	U11952	—	—	F、Z	0.12	0.30	0.50	0.035	0.040
Q215	U12152	A	—	F、Z	0.15	0.35	1.20	0.045	0.050
	U12155	B							0.045
Q235	U12352	A		F、Z	0.22	0.35	1.40	0.045	0.050
	U12355	B			0.20[②]			0.045	0.045
	U12358	C		Z	0.17			0.040	0.040
	U12359	D[③]		TZ				0.035	0.035
Q275	U12752	A		F、Z	0.24	0.35	1.50	0.045	0.050
	U12755	B	≤40	Z	0.21			0.045	0.045
			>40		0.22				
	U12758	C		Z	0.20			0.040	0.040
	U12759	D		TZ				0.035	0.035

注：1. 钢中的残余元素 Cr、Ni、Mn、Cu 的质量分数应分别不大于 0.30%。氮的质量分数应不大于 0.008%。

　　2. 当氮的质量分数大于 0.008% 时，氮含量每增加 0.001%，磷的最大质量分数应减少 0.005%，熔炼分析氮的最大质量分数应不大于 0.012%；如果钢中的酸溶铝的质量分数不小于 0.015% 或总铝的质量分数不小于 0.020%，氮含量的上限值可不受限制。固定氮的元素应在质量证明书中注明。

　　3. 经需方同意，A 级钢中铜的质量分数可不大于 0.35%。此时，供方应做铜含量分析，并在质量证明书中注明其含量。

　　4. 钢中砷的质量分数应不大于 0.080%。用含砷矿冶炼生铁所冶炼的钢，砷含量由供需双方协议规定。如原料中不含砷，可不做砷的分析。

①　表中为镇静钢、特殊镇静钢牌号的统一数字，沸腾钢牌号的统一数字代号为：Q195F-U11950；Q215AF-U12150，Q215BF-U12135，Q235AF-U12350，Q235BF-U12353；Q275AF-U12750。

②　经需方同意，Q235B 的碳的质量分数可不大于 0.22%。

③　D 级钢应有足够细化晶粒的元素，并在质量证明书中注明细化晶粒元素的含量。当采用铝脱氧时，钢中酸溶铝的质量分数应不小于 0.015%，或总铝的质量分数应不小于 0.020%。

表 6-2　通用碳素结构钢的拉伸和冲击性能（GB/T 700—2006）

牌号	等级	屈服强度/MPa，不小于						抗拉强度/MPa	断后伸长率（%），不小于					冲击试验（V 形缺口）	
		厚度（或直径）/mm							厚度（或直径）/mm					温度/℃	冲击吸收能量（纵向）/J 不小于
		≤16	>16~40	>40~60	>60~100	>100~150	>150~200		≤40	>40~60	>60~100	>100~150	>150~200		
Q195	—	195	185					315~430	33					—	—
Q215	A	215	205	195	185	175	165	335~450	31	30	29	27	26	—	—
	B													+20	27

（续）

牌号	等级	屈服强度/MPa,不小于						抗拉强度/MPa	断后伸长率(%),不小于					冲击试验(V 形缺口)	
		厚度(或直径)/mm							厚度(或直径)/mm					温度/℃	冲击吸收能量(纵向)/J 不小于
		≤16	>16 ~ 40	>40 ~ 60	>60 ~ 100	>100 ~ 150	>150 ~ 200		≤40	>40 ~ 60	>60 ~ 100	>100 ~ 150	>150 ~ 200		
Q235	A	235	225	215	215	195	185	370 ~ 500	26	25	24	22	21	—	—
	B													+20	27
	C													0	
	D													-20	
Q275	A	275	265	255	245	225	215	410 ~ 540	22	21	20	18	17	—	—
	B													+20	27
	C													0	
	D													-20	

注：1. Q195 的屈服强度仅供参考，不作交货条件。
2. 厚度大于 100mm 的钢材，抗拉强度下限允许降低 20MPa。宽带钢（包括剪切钢板）抗拉强度上限不做交货条件。
3. 厚度小于 25mm 的 Q235B 级钢材，如供方能保证冲击吸收能量值合格，经需方同意，可不做检验。
4. 夏比冲击吸收能量按一组 3 个试样单值的算术平均值计算，允许其中 1 个试样的单个值低于规定值，但不得低于规定值的 70%。如未满足该条件，可以从同一批抽样产品上再取 3 个试样进行试验，先后 6 个试样的平均值不得低于规定值，允许有 2 个试样低于规定值，但其中低于规定值 70% 的试样只允许 1 个。

表 6-3 通用碳素结构钢的弯曲性能要求（GB/T 700—2006）

牌 号	试样方向	弯曲试验 $B = 2a$,180°	
		钢材厚度(直径)/mm	
		≤60	>60 ~ 100
		弯心直径 d	
Q195	纵	0	—
	横	0.5a	
Q215	纵	0.5a	1.5a
	横	a	2a
Q235	纵	a	2a
	横	1.5a	2.5a
Q275	纵	1.5a	2.5a
	横	2a	3a

注：1. 弯曲试验中，B 为试样宽度，a 为试样厚度（或直径）。
2. 钢材厚度（或直径）大于 100mm 时，弯曲试验由双方协商确定。
3. 如供方能保证冷弯试验符合本表规定，可不做检验。A 级钢冷弯试验合格时，抗拉强度上限可不作为交货条件。

表 6-4 优质碳素结构钢的质量等级、磷硫含量和酸浸低倍组织要求（GB/T 699—1999）

质量等级	杂质(%)		疏松和偏析		
	$w(P)$	$w(S)$	一般疏松	中心疏松	锭型偏析
	不大于		级别,不大于		
优质钢	0.035	0.035	3.0	3.0	3.0
高级优质钢	0.030	0.030	2.5	2.5	2.5
特级优质钢	0.025	0.020	2.0	2.0	2.0

钢材按使用加工方法分为两类，括号中字母为其代号。

1) 压力加工用钢（UP）。

① 热压力加工用钢（UHP）。

② 顶锻用钢（UF）。

③ 冷拔坯料用钢（UCD）。

2) 切削加工用钢。

优质碳素结构钢的牌号、统一数字代号及化学成分（熔炼成分）见表6-5，力学性能见表6-6。

表6-5　优质碳素结构钢牌号、统一数字代号及化学成分（GB/T 699—1999）

统一数字代号	牌号	化学成分(质量分数,%)					
		C	Si	Mn	Cr	Ni	Cu
					不大于		
U20080	08F	0.05 ~ 0.11	≤0.03	0.25 ~ 0.50	0.10	0.30	0.25
U20100	10F	0.07 ~ 0.13	≤0.07	0.25 ~ 0.50	0.15	0.30	0.25
U20150	15F	0.12 ~ 0.18	≤0.07	0.25 ~ 0.50	0.25	0.30	0.25
U20082	08	0.05 ~ 0.11	0.17 ~ 0.37	0.35 ~ 0.65	0.10	0.30	0.25
U20102	10	0.07 ~ 0.13	0.17 ~ 0.37	0.35 ~ 0.65	0.15	0.30	0.25
U20152	15	0.12 ~ 0.18	0.17 ~ 0.37	0.35 ~ 0.65	0.25	0.30	0.25
U20202	20	0.17 ~ 0.23	0.17 ~ 0.37	0.35 ~ 0.65	0.25	0.30	0.25
U20252	25	0.22 ~ 0.29	0.17 ~ 0.37	0.50 ~ 0.80	0.25	0.30	0.25
U20302	30	0.27 ~ 0.34	0.17 ~ 0.37	0.50 ~ 0.80	0.25	0.30	0.25
U20352	35	0.32 ~ 0.39	0.17 ~ 0.37	0.50 ~ 0.80	0.25	0.30	0.25
U20402	40	0.37 ~ 0.44	0.17 ~ 0.37	0.50 ~ 0.80	0.25	0.30	0.25
U20452	45	0.42 ~ 0.50	0.17 ~ 0.37	0.50 ~ 0.80	0.25	0.30	0.25
U20502	50	0.47 ~ 0.55	0.17 ~ 0.37	0.50 ~ 0.80	0.25	0.30	0.25
U20552	55	0.52 ~ 0.60	0.17 ~ 0.37	0.50 ~ 0.80	0.25	0.30	0.25
U20602	60	0.57 ~ 0.65	0.17 ~ 0.37	0.50 ~ 0.80	0.25	0.30	0.25
U20652	65	0.62 ~ 0.70	0.17 ~ 0.37	0.50 ~ 0.80	0.25	0.30	0.25
U20702	70	0.67 ~ 0.75	0.17 ~ 0.37	0.50 ~ 0.80	0.25	0.30	0.25
U20752	75	0.72 ~ 0.80	0.17 ~ 0.37	0.50 ~ 0.80	0.25	0.30	0.25
U20802	80	0.77 ~ 0.85	0.17 ~ 0.37	0.50 ~ 0.80	0.25	0.30	0.25
U20852	85	0.82 ~ 0.90	0.17 ~ 0.37	0.50 ~ 0.80	0.25	0.30	0.25
U21152	15Mn	0.12 ~ 0.18	0.17 ~ 0.37	0.70 ~ 1.00	0.25	0.30	0.25
U21202	20Mn	0.17 ~ 0.23	0.17 ~ 0.37	0.70 ~ 1.00	0.25	0.30	0.25
U21252	25Mn	0.22 ~ 0.29	0.17 ~ 0.37	0.70 ~ 1.00	0.25	0.30	0.25
U21302	30Mn	0.27 ~ 0.34	0.17 ~ 0.37	0.70 ~ 1.00	0.25	0.30	0.25
U21352	35Mn	0.32 ~ 0.39	0.17 ~ 0.37	0.70 ~ 1.00	0.25	0.30	0.25
U21402	40Mn	0.37 ~ 0.44	0.17 ~ 0.37	0.70 ~ 1.00	0.25	0.30	0.25
U21452	45Mn	0.42 ~ 0.50	0.17 ~ 0.37	0.70 ~ 1.00	0.25	0.30	0.25
U21502	50Mn	0.48 ~ 0.56	0.17 ~ 0.37	0.70 ~ 1.00	0.25	0.30	0.25
U21602	60Mn	0.57 ~ 0.65	0.17 ~ 0.37	0.70 ~ 1.00	0.25	0.30	0.25
U21652	65Mn	0.62 ~ 0.70	0.17 ~ 0.37	0.90 ~ 1.20	0.25	0.30	0.25
U21702	70Mn	0.67 ~ 0.75	0.17 ~ 0.37	0.90 ~ 1.20	0.25	0.30	0.25

注：1. 该表中的牌号为优质钢。如果是高级优质钢，在牌号后面加"A"（统一数字代号最后一位数字改为"3"）；如果是特级优质钢，在牌号后面加"E"（统一数字代号最后一位数字改为"6"）；对于沸腾钢，牌号后面为"F"（统一数字代号最后一位数字为"0"）；对于半镇静钢，牌号后面为"b"（统一数字代号最后一位数字为"1"）。

2. 钢的硫、磷含量应符合表6-4的规定。

3. 使用废钢冶炼的钢允许 $w(Cu)$ 不大于0.30%。热压力加工用钢的 $w(Cu)$ 应不大于0.20%。

4. 08钢用铝脱氧冶炼镇静钢，$w(Mn)$ 下限为0.25%，$w(Si)$ 不大于0.30%，$w(Al)$ 为0.02% ~ 0.07%。此时钢的牌号为08Al。

5. 氧气转炉冶炼的钢其 $w(N)$ 应不大于0.008%。供方能保证合格时，可不做分析。

6. 除非合同中另有规定，冶炼方法由生产厂自行选择。

表 6-6　优质碳素结构钢的力学性能（GB/T 699—1999）

牌号	试样毛坯尺寸/mm	推荐热处理/℃			力学性能					钢材交货状态硬度 HBW 10/3000 不大于	
		正火	淬火	回火	R_m /MPa	$R_{eL}(R_{p0.2})$ /MPa	A (%)	Z (%)	KU_2 /J	未热处理钢	退火钢
					不小于						
08F	25	930	—	—	295	175	35	60	—	131	
10F	25	930	—	—	315	185	33	55	—	137	
15F	25	920	—	—	355	205	29	55	—	143	
08	25	930	—	—	325	195	33	60	—	131	
10	25	930	—	—	335	205	31	55	—	137	
15	25	920	—	—	375	225	27	55	—	143	
20	25	910	—	—	410	245	25	55	—	156	
25	25	900	870	600	450	275	23	50	71	170	
30	25	880	860	600	490	295	21	50	63	179	
35	25	870	850	600	530	315	20	45	55	197	
40	25	860	840	600	570	335	19	45	47	217	187
45	25	850	840	600	600	355	16	40	39	229	197
50	25	830	830	600	630	375	14	40	31	241	207
55	25	820	820	600	645	380	13	35	—	255	217
60	25	810	—	—	675	400	12	35	—	255	229
65	25	810	—	—	695	410	10	30	—	255	229
70	25	790	—	—	715	420	9	30	—	269	229
75	试样	—	820	480	1080	880	7	30	—	285	241
80	试样	—	820	480	1080	930	6	30	—	285	241
85	试样	—	820	480	1130	980	6	30	—	302	255
15Mn	25	920	—	—	410	245	26	55	—	163	
20Mn	25	910	—	—	450	275	24	50	—	197	
25Mn	25	900	870	600	490	295	22	50	71	207	
30Mn	25	880	860	600	540	315	20	45	63	217	187
35Mn	25	870	850	600	560	335	18	45	55	229	197
40Mn	25	860	840	600	590	355	17	45	47	229	207
45Mn	25	850	840	600	620	375	15	40	39	241	217
50Mn	25	830	830	600	645	390	13	40	31	255	217
60Mn	25	810	—	—	695	410	11	35	—	269	229
65Mn	25	830	—	—	735	430	9	30	—	285	229
70Mn	25	790	—	—	785	450	8	30	—	285	229

注: 1. 用热处理（正火）毛坯制成的试样测定钢材的纵向力学性能（不包括冲击吸收能量）应符合本表的规定。以热轧或热锻状态交货的钢材，如供方能保证力学性能合格时，可不进行试验。

　　 2. 根据需方要求，用热处理（淬火＋回火）毛坯制成试样测定 25～50、25Mn～50Mn 钢的冲击吸收能量应符合本表的规定。直径小于 16mm 的圆钢和厚度不大于 12mm 的方钢、扁钢，不做冲击试验。

　　 3. 表中所列的力学性能仅适用于截面尺寸不大于 80mm 的钢材。对于大于 80mm 的钢材，允许其断后伸长率、断面收缩率比表中的规定分别降低 2%（绝对值）及 5%（绝对值）。用尺寸大于 80mm 至 120mm 的钢材改锻（轧）成 70～80mm 的试料取样检验时，其试验结果应符合本表的规定。用尺寸大于 120mm 至 250mm 的钢材改锻（轧）成 90～100mm 的试料取样检验时，其试验结果应符合本表的规定。

　　 4. 通常以热轧或热锻状态交货。如需方有要求，并在合同中注明，也可以以热处理（退火、正火或高温回火）状态或特殊表面状态交货。表中所列正火推荐保温时间不少于 30min，空冷；淬火推荐保温时间不少于 30min，70 钢、80 钢和 85 钢油冷，其余钢水冷；回火推荐保温时间不少于 1h。

　　 5. 切削加工用钢材或冷拔坯料用钢材的交货状态硬度应符合本表的规定。

6.1.4　专用碳素结构钢

专用优质碳素结构钢，采用阿拉伯数字（平均碳含量）和代表产品用途的符号表示。钢材按用途（产品名称）分类常用的表示符号见表6-7。例如，最小屈服强度345MPa的焊接气瓶钢的牌号为HP345。

表 6-7　部分碳素结构钢和优质碳素结构钢的牌号前缀符号与后缀符号（GB/T 221—2008）

产品名称	采用的汉字及汉语拼音或英文单词			采用字母	符号位置
	汉字	汉语拼音	英文单词		
焊接气瓶用钢	焊瓶	HAN PING	—	HP	牌号头
管线用钢	管线	—	Line	L	牌号头
船用锚链钢	船锚	CHUAN MAO	—	CM	牌号头
煤机用钢	煤	MEI	—	M	牌号头
锅炉和压力容器用钢	容	RONG	—	R	牌号尾
锅炉用钢（管）	锅	GUO	—	G	牌号尾
低温压力容器用钢	低容	DI RONG	—	DR	牌号尾
桥梁用钢	桥	QIAO	—	Q	牌号尾
耐候钢	耐候	NAI HOU	—	NH	牌号尾
高耐候钢	高耐候	GAO NAI HOU	—	GNH	牌号尾
汽车大梁用钢	梁	LIANG	—	L	牌号尾
高性能建筑结构用钢	高建	GAO JIAN	—	GJ	牌号尾
低焊接裂纹敏感性钢	低焊接裂纹敏感性	—	Crack Free	CF	牌号尾
保证淬透性钢	淬透性	—	Hardenability	H	牌号尾
矿用钢	矿	KUANG	—	K	牌号尾
船用钢	采用国际符号				

与焊接密切相关的专用碳素结构钢主要有：船舶及海洋工程、碳素结构钢、焊接气瓶用碳素结构钢板、锅炉和压力容器用碳素钢、桥梁用碳素结构钢、建筑结构用碳素钢、石油天然气工业输送钢管用碳素钢、钢轨用碳素钢、汽车制造用优质碳素结构钢和汽车大梁用碳素钢等。这些专用碳素结构钢大都形成了新的国家或行业标准，下面分别介绍。

1. 船舶及海洋工程用碳素结构钢

根据中国船级社《材料与焊接规范》2012版规定[2]，一般强度船体结构用碳素结构钢脱氧方法和化学成分见表6-8，产品形式和交货状态见表6-9，力学性能见表6-10。

船舶及海洋工程用碳素结构钢见 GB 712—2011。船舶用碳钢和碳锰钢无缝钢管见 GB/T 5312—2009。

表 6-8　一般强度船体结构用碳素结构钢脱氧方法和化学成分

钢材等级		A	B	D	E
脱氧方法 厚度 t/mm		$t \leqslant 50$,除沸腾钢外任何方法① $t > 50$,镇静处理	$t \leqslant 50$,除沸腾钢外任何方法 $t > 50$,镇静处理	$t \leqslant 25$,镇静处理 $t > 25$,镇静和细晶处理	镇静和细晶处理
化学成分 (%)⑦、⑧、⑨	C②	≤0.21③	≤0.21	≤0.21	≤0.18
	Mn②	≥2.5C	≥0.80④	≥0.60	≥0.70
	Si	≤0.50	≤0.35	≤0.35	≤0.35
	S	≤0.035	≤0.035	≤0.035	≤0.035

（续）

钢材等级		A	B	D	E
化学成分 （%）⑦、⑧、⑨	P	≤0.035	≤0.035	≤0.035	≤0.035
	Al（酸溶）	—	—	≥0.015⑤、⑥	≥0.015⑥

① 凡经中国船级社（CCS）和订货方同意，$t≤12.5\text{mm}$ 的 A 级型钢可采用沸腾钢，但应在材料证明书上注明。
② 所有等级的钢均应符合：$w(C)+w(Mn)/6≤0.40\%$。
③ 对于型钢，最大 $w(C)$ 可为 0.23%。
④ 当 B 级钢作冲击试验时，其最低 $w(Mn)$ 可降低至 0.6%。
⑤ 对 $t>25\text{mm}$ 的 D 级钢适用。
⑥ 对 $t>25\text{mm}$ 的 D 级钢和 E 级钢，可采用总铝含量来代替酸溶铝含量的要求；此时，总 $w(Al)$ 应不小于 0.02%。经 CCS 同意后，也可使用其他细化晶粒元素。
⑦ 若采用温度—形变控制轧制（TMCP）状态交货，经 CCS 同意后，化学成分可以不同于表中规定。
⑧ 钢中残余 $w(Cu)$ 应不大于 0.35%，$w(Cr)$、$w(Ni)$ 各应不大于 0.30%。
⑨ 在材料的冶炼过程中添加的任何其他元素，应在材料证明书中注明。

表 6-9　一般强度船体结构用碳素结构钢产品形式和交货状态

钢材 等级	脱氧方法	产品形式	交货状态①、②				
			厚度 t/mm				
			$t≤$ 12.5	$12.5<t$ $≤25$	$25<t$ $≤35$	$35<t≤50$	$50<t≤100$
A	沸腾钢	型材	A（—）	不适用			
	$t≤50$，除沸腾钢外任何方法 $t>50$，镇静处理	板材	A（—）				N（—），TM（—）， CR（50），AR*（50）
		型材	A（—）			不适用	
B	$t≤50$，除沸腾钢外任何方法 $t>50$，镇静处理	板材	A（—）		A（50）		N（50），TM（50）， CR（25），AR*（25）
		型材	A（—）		A（50）	不适用	
D	镇静处理	板材、型材	A（50）	不适用			
	镇静和细化晶粒处理	板材	A（50）		N（50），CR（50）， TM（50）		N（50），TM（50）， CR（25）
		型材	A（50）		N（50），CR（50）， TM（50），AR*（25）	不适用	
E	镇静和细晶处理	板材	N（每件），TM（每件）				
		型材	N（25），TM（25），AR*（15），CR*（15）			不适用	

① 交货状态：A：任意；N：正火；CR：控制轧制；TM（TMCP）：温度—形变控制轧制；AR*：经 CCS 特别认可后，可采用热轧态交货；CR*：经 CCS 特别认可后，可采用控制轧制状态交货。
② 括号中的数值表示冲击试样的取样批量（单位为 t），（—）表示不做冲击试验。每一批量应取 1 组 3 个夏比 V 形缺口冲击试样进行试验。

2. 焊接气瓶碳素结构钢（GB 6653—2008）

GB 6653—2008《焊接气瓶用钢板和钢带》中规定了厚度 2.0～14.0mm 热轧钢板和钢带，及 1.5～4.0mm 冷轧钢板和钢带。其中焊接气瓶用碳素结构钢板的化学成分见表 6-11，力学性能见表 6-12。

表 6-10　一般强度船体结构用碳素结构钢力学性能

钢材等级	上屈服强度 R_{eH} /MPa	抗拉强度 R_m /MPa	伸长率 A(%) 不小于	试验温度 /℃	夏比 V 形缺口冲击试验钢材[4]、[5]					
					平均冲击吸收能量/J,不小于					
					厚度 t/mm					
					$t \leq 50$		$50 < t \leq 70$		$70 < t \leq 100$	
					纵向[2]	横向[2]	纵向	横向	纵向	横向
A	≥235	400~520[1]	22	20	—	—	34	24	41	27
B				0	27[3]	20[3]				
D				−20						
E				−40						

① 经 CCS 同意后，A 级型钢的抗拉强度的上限可以超出表中所规定的值。

② 除订货方或 CCS 要求外，$t \leq 50$mm 时冲击试验一般仅做纵向试验，但钢厂应采取措施保证钢材的横向冲击性能。

③ 对厚度不大于 25mm 的 B 级钢，经 CCS 同意可不做冲击试验。

④ 厚度大于 50mm 的 A 级钢，如经过细化晶粒处理并以正火状态交货，可以不做冲击试验；经 CCS 同意，以温度—形变控制轧制状态交货的 A 级钢也可不做冲击试验。

⑤ 型钢一般不进行横向冲击试验。

表 6-11　焊接气瓶用碳素钢板化学成分（GB 6653—2008）

牌号	化学成分(质量分数,%)					
	C	Mn	Si	S	P	Als
HP235	≤0.16	≤0.80	≤0.10	≤0.015	≤0.025	≥0.015
HP265	≤0.18	≤0.80				
HP295	≤0.18	≤1.00				
HP325	≤0.20	≤1.50	≤0.35			
HP345	≤0.20	≤1.50	≤0.35			

注：1. 对于 HP265、HP295，碳含量比规定最大碳含量降低 0.01%（质量分数,后同），锰含量比规定最大锰含量提高 0.05%，但对于 HP265，最大锰含量不允许超过 1.00%；对于 HP295，最大锰含量不允许超过 1.20%。

2. 酸溶铝 Als 含量可以用铝总含量代替，此时铝含量应不小于 0.020%。

3. 对于厚度 ≥6mm 的钢板或钢带，允许 $w(Si) \leq 0.35\%$。

4. 冷轧退火钢板在保证性能的情况下，HP245、HP265 碳含量的上限允许到 0.20%。锰含量上限允许到 1.00%。

5. 为改善钢的性能，各牌号钢中可以加入 V、Nb、Ti 等微量元素的一种或几种，但 $w(V) \leq 0.12\%$，$w(Nb) \leq 0.060\%$，$w(Ti) \leq 0.20\%$。

各牌号中的 Cr、Ni、Mo 残余含量各不大于 0.30%。Cu 不大于 0.20%。

表 6-12　焊接气瓶用碳素钢板力学性能（GB 6653—2008）

牌号	下屈服强度 R_{eL}/MPa	抗拉强度 R_m/MPa	断后伸长率/%		180°冷弯试验	冲击试验			
			A_{50} ($L_0 = 80$mm, $b = 20$mm)	A		温度	方向	尺寸/mm	冲击吸收能量 KV_2/J
			<3mm	≥3mm					
HP235	≥235	380~500	≥23	≥29	$D = 1.5a$	常温	横向	$10 \times 5 \times 55$; $10 \times 7.5 \times 55$; $10 \times 10 \times 55$	≥18; ≥23; ≥27
HP265	≥265	410~520	≥21	≥27					
HP295	≥295	440~560	≥20	≥26					
HP325	≥325	490~600	≥18	≥28	$D = 2a$				
HP345	≥345	510~620	≥17	≥21					

注：厚度小于 6mm 钢板可不做冲击试验。拉伸和冷弯均为横向试样。

GB 5100—2011《钢质焊接气瓶》规定了在环境温度为 -40~60℃ 下使用，水压试验压力不大于 12MPa（表压）、公称容积为 1~1000L 的可重复充装低压液化气体及其与压缩空气的混合物的钢瓶，瓶体材料的化学成分见表 6-13，当瓶体材料的名义壁厚 S_n ≥6mm 时，其主体材料的力学性能性能要求见表 6-14。

表 6-13　钢瓶主体材料化学成分（GB 5100—2011）　　　　　　（%）

材料名称	$w(C)$	$w(Mn)$	$w(Si)$	$w(S)$	$w(P)$	$w(P+S)$	$w(Als)$
瓶体材料	≤0.20	≤1.60	0.45 (0.60)	≤0.02	≤0.025	≤0.04	—

注：1. 瓶体材料为电炉或转炉冶炼的镇静钢，并具有良好的成形和焊接性。
　　2. 当 $w(Si)$≤0.60% 时，适应于制造水容积 >150L 的钢瓶材料。
　　3. 气瓶瓶体材料允许加入的微量合金元素：$w(V)$≤0.20%，$w(Nb)$≤0.08%，$w(Ti)$≤0.20%，$w(Nb+V)$≤0.20%。

表 6-14　钢质焊接气瓶瓶体材料的力学性能要求[1]（GB 5100—2011）

瓶体名义壁厚 /mm	试样规格 /mm	试验温度 /℃	冲击吸收能量 KV/J 不小于
6~10	5×10×55	常温	15
		-40[2]	14
>10	10×10×55	常温	27
		-40[2]	20

[1] 钢瓶瓶体材料的屈强比应不大于 0.80。
[2] 当钢瓶瓶体名义壁厚 S_n≥6mm，且在 -20℃ 以下的环境温度使用时，若在使用温度下，按钢瓶内压力计算的一次拉伸薄膜应力大于常温下材料标准屈服强度的 1/6，则瓶体材料应做 -40℃ 夏比 V 形缺口冲击试验，其冲击吸收能量符合本表规定。

3. 锅炉、压力容器和核电设备用碳素钢

2008 年，我国将锅炉用钢板（GB 713）和压力容器用钢板（GB 6654）两个标准合并，采用统一的牌号。锅炉和压力容器用碳素钢板见 GB 713—2008《锅炉和压力容器用钢板》，压力容器用碳钢钢板、钢管和锻件等见 GB 150.2—2010《固定式压力容器》。低中压锅炉用碳钢无缝钢管见 GB 3087—2008《低中压锅炉用无缝钢》，钢管由 10、20 牌号的钢制造，其化学成分（熔炼分析）应符合 GB/T 699—

1999 的规定。高压锅炉用碳钢无缝钢管见 GB 5310—2008《高压锅炉用无缝钢管》。石油裂化用无缝碳钢钢管见 GB 9948—2006 用于压力容器的 Q235AF、Q235A、Q235B、Q235C 的成分和性能要求见表 6-1 和表 6-2。部分锅炉、压力容器和核电设备用碳素钢的化学成分见表 6-15，力学性能见表 6-16。

近年来，随着我国核电站建设快速发展，核电用钢需求量也在不断增加，国内陆续制定了核电用钢国家和行业标准。如 GB 24512.1—2009《核电站用无缝钢管　第 1 部分：碳素钢无缝钢管》，NB/T 20005.1—2010《压水堆核电厂用碳钢和低合金钢　第 1 部分：1、2、3 级锻件》、NB/T 20005.7—2010《压水堆核电厂用碳钢和低合金钢　第 7 部分：1、2、3 级钢板》、NB/T 20005.9—2010《压力堆核电厂用碳钢和低合金钢　第 9 部分：2、3 级无缝钢管》、NB/T 20005.12—2010《压水堆核电厂用碳钢和低合金钢　第 12 部分：主蒸汽系统、主给水流量控制系统、辅助给水系统和汽轮机旁路系统用无缝钢管》等，但核电用碳钢的牌号仍不统一。石油裂化用碳素无缝钢管室温下的力学性能见表 6-17。

4. 桥梁用碳素结构钢

桥梁用碳素结构钢的化学成分表 6-18，力学性能见表 6-19。

表 6-15　部分锅炉和压力容器及核电设备用碳素钢的化学成分

牌号	化学成分（质量分数,%）							标准
	C	Mn	Si	Cr	Alt	S	P	
Q245R	≤0.20	0.50~1.00	≤0.35	—	—	≤0.010	≤0.025	GB 713—2008 （第 1 号修改通知单）
20G	0.17~0.23	0.35~0.65	0.17~0.37	—	—	≤0.015	≤0.025	GB 5310—2008
20MnG	0.17~0.23	0.70~1.00	0.17~0.37	—	—	≤0.015	≤0.025	
25MnG	0.22~0.30	0.70~1.00	0.17~0.37	—	—	≤0.015	≤0.025	

（续）

牌号	化学成分（质量分数,%）							标准
	C	Mn	Si	Cr	Alt	S	P	
10	0.07 ~ 0.13	0.35 ~ 0.65	0.17 ~ 0.37	—	—	≤0.020	≤0.030	GB 9948—2006
20	0.17 ~ 0.23	0.35 ~ 0.65	0.17 ~ 0.37	—	—	≤0.020	≤0.030	
HD245 熔炼成分	≤0.20	≤1.00	0.17 ~ 0.37	—	—	≤0.015	≤0.020	
HD245 成品成分	≤0.22	≤1.04	0.15 ~ 0.39	≤0.25	—	≤0.020	≤0.025	
HD245Cr 熔炼成分	≤0.20	≤1.00	0.17 ~ 0.37	0.20 ~ 0.30	—	≤0.015	≤0.020	
HD245Cr 成品成分	≤0.22	≤1.04	0.15 ~ 0.39	0.18 ~ 0.33	—	≤0.020	≤0.025	
HD265 熔炼成分	≤0.20	≤1.40	≤0.40	≤0.30	0.020 ~ 0.050	≤0.015	≤0.020	
HD265 成品成分	≤0.22	≤1.44	≤0.44	≤0.30	0.020 ~ 0.050	≤0.020	≤0.025	GB 24512.1—2009
HD265Cr 熔炼成分	≤0.20	≤1.40	≤0.40	0.15 ~ 0.30	0.020 ~ 0.050	≤0.015	≤0.020	
HD265Cr 成品成分	≤0.22	≤1.44	≤0.44	0.15 ~ 0.33	0.020 ~ 0.050	≤0.020	≤0.025	
HD280 熔炼成分	≤0.20	0.80 ~ 1.60	0.10 ~ 0.35	≤0.25	0.020 ~ 0.050	≤0.015	≤0.020	
HD280 成品成分	≤0.22	0.80 ~ 1.60	0.10 ~ 0.40	≤0.25	0.020 ~ 0.050	≤0.020	≤0.025	
HD280Cr 熔炼成分	≤0.20	0.80 ~ 1.60	0.10 ~ 0.35	0.15 ~ 0.30	0.020 ~ 0.050	≤0.015	≤0.020	
HD280Cr 成品成分	≤0.22	0.80 ~ 1.60	0.10 ~ 0.40	0.15 ~ 0.33	0.020 ~ 0.050	≤0.020	≤0.025	

注：1. 对于 Q245R 钢板，如果钢中加入 Nb、Ti、V 等微量元素，Alt 含量的下限不要求，否则应 Alt≥0.020%（质量分数，后同）；厚度大于 60mm 的钢板，Mn 含量上限可至 1.20%。

2. 锅炉用碳素钢管，Cr、Ni、Cu、Mo、V 等残余元素含量应分别不大于 0.25%、0.25%、0.20%、0.15% 和 0.08%。

3. 对于石油裂化用 10 钢管，Cr、Ni、Cu 等残余元素含量应分别不大于 0.25%、0.15% 和 0.20%；对于石油裂化用 20 钢管，Cr、Ni、Cu、Mo、V 等残余元素含量应分别不大于 0.25%、0.25%、0.20%、0.15% 和 0.08%；用氧气转炉冶炼时钢中的氮含量应不大于 0.008%。

4. 对于核电用 HD245 和 HD245Cr 钢管，Mo、Ni、Cu、Sn、V 等元素熔炼和成品分析的残余含量应分别不大于 0.15%、0.25%、0.20%、0.030% 和 0.008%。

5. 对于核电用 HD265 和 HD265Cr 钢管，Mo、Ni、Cu、Sn 等元素熔炼和成品分析的残余含量应分别不大于 0.15%、0.25%、0.20% 和 0.030%，对于 V、Ti、Nb，其熔炼成分应分别不大于 0.02%、0.040% 和 0.010%，而成品成分应分别不大于 0.03%、0.0450% 和 0.015%。

6. 对于核电用 HD280 和 HD280Cr 钢管，Mo、Ni、Cu、Sn 等元素熔炼和成品分析的残余含量应分别不大于 0.10%、0.50%、0.20% 和 0.030%。

表 6-16　锅炉、压力容器和核电设备用碳素钢的力学性能

牌号	钢板厚度/mm	拉伸试验				冲击试验			标准
		抗拉强度 R_m/MPa	下屈服强度 R_{eL} 或规定塑性延伸强度 $R_{p0.2}$/MPa 不小于	断后伸长率 A（%），不小于		温度/℃	冲击吸收能量 KV_2/J 不小于		
				纵向	横向		纵向	横向	
Q245R（交货状态热轧、控轧或正火）	3 ~ ≤16	400 ~ 520	245	—	25	0	—	34	GB 713—2008（第 1 号修改通知单）
	>16 ~ 36		235						
	>36 ~ 60		225						
	>60 ~ 100	390 ~ 510	205	—	24				
	>60 ~ 100	380 ~ 500	185						
20G		410 ~ 550	245	24	22	室温	40	27	高压锅炉用无缝钢管（GB 5310—2008）
20MnG		415 ~ 560	240	22	20	室温	40	27	
25MnG		485 ~ 640	275	20	18	室温	40	27	
HD245		410 ~ 550	245	24	22	0	40	28	核电站用碳素钢无缝钢管（GB 24512.1—2009）
HD245Cr		410 ~ 550	245	24	22	0	40	28	
HD265		410 ~ 570	265	23	21	0	40	28	
HD265Cr		410 ~ 570	265	23	21	0	40	28	
HD280		470 ~ 590	275	21	21	0	60	28	
HD280Cr		470 ~ 590	275	21	21	0	60	28	

注：1. 如屈服不明显，则屈服强度取 $R_{p0.2}$。
　　2. 对于 HD280 和 HD280Cr，当需方在合同中注明钢管用于主给水控流系统时，冲击试验温度为 -20℃，且纵向和横向的冲击吸收能量均应大于等于 60J。

表 6-17　石油裂化用碳素无缝钢管室温下的力学性能 （GB 9948—2006）

牌号	抗拉强度	下屈服强度 R_{eL}/MPa			断后伸长率 A(%)	冲击吸收能量（纵向）KV_2/J
		钢管壁厚/mm				
		≤16	>16 ~ 30	>30		
10	335 ~ 475	≥205	≥195	≥185	≥25	35
20	410 ~ 550	≥245	≥235	≥225	≥24	35

表 6-18　桥梁钢用碳素结构钢化学成分 （GB/T 714—2008）

牌号	质量等级	化学成分（质量分数，%）					
		C	Mn	Si	S	P	Als
Q235Q	C	≤0.17	≤1.40	≤0.35	≤0.030	≤0.030	—
	D				≤0.025	≤0.025	≥0.015
	E	≤0.20			≤0.010	≤0.020	—

注：1. 酸溶铝 Als 含量可以用铝的总含量代替，此时铝含量应不小于 0.020%（质量分数，后同）。
　　2. 钢中残余元素 Cr、Ni、Cu 应分别 ≤0.30%，N ≤0.012%。

桥梁缆索用热镀锌钢丝（见 GB/T 17101—2008）主要是 $w(C)$ 为 0.80% 左右的高碳钢钢丝，钢丝直径一般为 5mm 或 7mm，制造钢丝的盘条要求 $w(S)$、$w(P)$ 均不应超过 0.025%。$w(Cu)$ 不应超过 0.20%。其他元素的含量由钢丝制造厂确定。钢丝用盘条必须经索氏体化处理。钢丝单位面积的镀锌层重量应不小于 300g/m²。钢丝的力学性能见表 6-20。

表 6-19　桥梁钢用碳素结构钢力学性能 （GB/T 714—2008）

牌号	质量等级	拉伸试验（横向）				冲击试验		180°弯曲试验 d=弯心直径 a=试样厚度	
		下屈服强度 R_{eL}/MPa		抗拉强度 R_m/MPa	断后伸长率 A（%）	温度/℃	KV_2（纵向）/J	钢板厚度 ≤16mm	钢板厚度 >16mm
		钢板厚度/mm							
		≤50	>50~100						
Q235QC	C	≥235	≥225	≥400	≥26	0	≥34	d=1.5a	d=2.5a
	D					−20			
	E					−40			

Z向钢断面收缩率 Z(%)			
项目	Z15	Z25	Z35
3个式样平均值	≥15	≥25	≥35
单个试样值	≥10	≥15	≥25

注：如屈服不明显，屈服强度取 $R_{p0.2}$。

表 6-20　桥梁缆索用热镀锌钢丝力学性能要求 （GB/T 17101—2008）

公称直径/mm	抗拉强度/MPa 不小于	规定塑性延伸强度/MPa		断后伸长率（%）L_0=250mm 不小于	弯曲次数		应力松弛性能		
		无松弛或Ⅰ级松弛要求 不小于	Ⅱ级松弛要求 不小于		次数/180°	弯曲半径/mm	初始载荷（%）	1000h后应力松弛率 r（%），不大于	
								Ⅰ级松弛	Ⅱ级松弛
5.00	1670	1340	1490	4.0	≥4	15	70	7.5	2.5
	1770	1420	1580						
	1870	1490	1660						
7.00	1670	—	1490	4.0	≥5	20			
	1770	—	15810						

注：1. 钢丝按公称面积确定其载荷值，公称面积应包括镀锌层厚度在内。
　　2. 根据需方要求，可供应有扭转性能要求的钢丝，扭转次数由供需双方协商。

5. 建筑结构用碳钢

我国建筑钢结构用钢板的国家标准为 GB/T 19879—2005《建筑结构用钢板》。建筑结构用钢板牌号由代表屈服强度的汉语拼音字母（Q）、屈服强度数值、代表高性能建筑用钢的汉语拼音字母（GJ）、质量等级符号（B、C、D、E）组成，如 Q235GJB。对于厚度方向性能有要求的钢板，在质量等级后面加上厚度方向性能级别（Z15、Z25 或 Z35），如 Q235GJDZ25。

建筑结构用碳钢的牌号和化学成分要求见表

6-21。有厚度方向性能要求时，P、S 含量要求见表 6-22。Q235GJ 各质量等级要求的碳当量 CE 和焊接裂纹敏感指数 P_{cm} 见表 6-23。力学性能见表 6-24。与一般碳素钢不同，建筑结构用碳钢从化学成分上，降低了其硫、磷含量的最大允许值，规定了碳当量 CE 和焊接裂纹敏感指数 P_{cm}；在力学性能上，规定了不同厚度钢板的屈服强度的波动范围，提高了冲击吸收能量要求（从通常要求的 27J 提高到 34J），增加了钢板的冷弯性能和屈强比的要求。该标准与日本同类标准相比，碳当量数值进一步降低。

表 6-21　建筑结构用碳钢的牌号和化学成分

牌号	质量等级	厚度/mm	化学成分（质量分数，%）								
			C	Si	Mn	P	S	Als	Cr	Cu	Ni
Q235GJ	B	6~100	≤0.20	≤0.35	0.60~1.20	≤0.025	≤0.015	≥0.015	≤0.30	≤0.30	≤0.30
	C										
	D		≤0.18			≤0.020					
	E										

注：1. 允许用全铝含量来代替酸溶铝含量的要求，此时全 w(Al) 应不小于 0.020%。
　　2. Cr、Ni、Cu 作为残余元素时，其质量分数应各不大于 0.30%。
　　3. 建筑结构用碳钢板不规定添加微量合金元素 V、Nb、Ti 的数量。

表 6-22　建筑结构用碳钢规定厚度方向性能时的 P、S 含量的要求

厚度方向上性能级别	$w(P)$（%）	$w(S)$（%）
Z15		≤0.010
Z25	≤0.020	≤0.007
Z35		≤0.005

表 6-23　建筑结构用碳钢各质量等级要求的碳当量 CE 和焊接裂纹敏感指数 P_{cm}

牌号	交货状态	规定厚度下的碳当量 CE（%）		规定厚度下的焊接裂纹敏感指数 P_{cm}（%）	
		≤50mm	>50~100mm	≤50mm	>50~100mm
Q235GJ	热轧（AR） 正火（N） 正火轧制（NR）	≤0.36	≤0.36	≤0.26	≤0.26

注：1. 碳当量计算公式：$CE = w(C) + w(Mn)/6 + w(Cr + Mo + V)/5 + w(Ni + Cu)/15$。

2. 焊接裂纹敏感指数 P_{cm} 计算公式：$P_{cm} = w(C) + w(Si)/30 + w(Mn)/20 + w(Cu)/20 + w(Ni)/60 + w(Cr)/20 + w(Mo)/15 + w(V)/10 + 5w(B)$。

3. 应采用熔炼分析值计算。一般以碳当量交货。经供需双方协议并在合同中注明，钢板的碳当量可用焊接裂纹敏感性指数替代。

表 6-24　建筑结构用碳钢的力学性能要求

牌号	质量等级	屈服强度/MPa				抗拉强度/MPa	断后伸长率（%）	冲击吸收能量（纵向）KV/J		180°弯曲试验 d=弯心直径 a=试样厚度		屈强比≤
		钢板厚度/mm								钢板厚度/mm		
		6~16	>16~35	>35~50	>50~100			温度/℃	≥	≤16	>16	
Q235GJ	B	≥235	235~355	225~345	215~335	400~510	≥23	20	34	$d=2a$	$d=3a$	0.80
	C							0				
	D							-20				
	E							-40				

6. 石油天然气工业输送钢管等用碳素钢

我国石油天然气工业管线输送系统用钢管的现行国家标准为 GB/T 9711—2011。在 GB/T 9711—2011 中，钢管分为 PSL1 和 PSL2 两个产品规范水平。按照产品规范水平，不同钢管等级的交货状态不尽相同。对于 PSL1 类钢管，钢级 L175/A25、L175P/A25P 和 L210/A 的交货状态有轧制、正火轧制、正火或正火成形；钢级 L245/B 的交货状态有轧制、正火轧制、热机械轧制、热机械成形、正火成形、正火、正火加回火等，仅 SMLS（直缝埋弧焊管）有淬火加回火；钢级 L290/X42、L320/X46、L360/X52、L390/X56、L415/X60、L450/X65、L485/X70 的交货状态有轧制、正火轧制、热机械轧制、热机械成形、正火成形、正火、正火加回火或淬火加回火。对于 PSL2 类钢管，轧制交货状态的钢级有 L245/BR、L290R/X42R；正火轧制、正火成形、正火或正火加回火交货状态的钢级有 L245N/BN、L290N/X42N、L320N/X46N、L360N/X52N、L390N/X56N、L415N/X60N；淬火加回火交货状态的钢级有 L245Q/BQ、L290Q/X42Q、L320Q/X46Q、L360Q/X52Q、L390Q/X560、L415Q/X60Q、L450Q/X65Q、L485Q/X70Q；热机械轧制或热机械成形交货态的钢级有 L245M/BM、L290M/X42M、L320M/X46M、L360M/X52M、L390M/X56M、L415M/X60M、L450M/X65M、L485M/X70M。

规定壁厚 $t \leq 25.0$mm（0.984in）的 PSL1 钢管，标准钢级的化学成分见表 6-25，其拉伸性能要求见表 6-26。对于规定壁厚 $t \leq 25.0$mm（0.984in）的 PSL2 钢管，标准钢级的化学成分见表 6-27，其拉伸性能要求见表 6-28。对于规定壁厚 $t > 25.0$mm 的钢管，其化学成分符合对应钢级的成分要求，否则，应协商确定化学成分。除了拉伸性能外，钢管还应进行静水压试验、弯曲试验、压扁试验和导向弯曲试验等。对于 PSL2 钢管还应进行管体、钢管焊缝和 HAZ 的 CVN 冲击试验，以及焊管落锤撕裂 DWT 试验等。石油天然气输送管用宽厚板见 GB/T 21237—2007。除石油天然气工业输送用钢管外，其他用途的碳钢钢管也广泛应用。如 GB/T 3091—2008《低压流体输送用焊接钢管》，其钢管牌号和化学成分（熔炼分析）应符合 GB/T 700—2006 中牌号 Q195、Q215A、Q215B、Q235A、Q235B 的规定。GB/T 8162—2008《结构用无缝钢管》，所用优质碳素结构钢的牌号和化学成分（熔炼分析）应符合 GB/T 699—1999 中

10、15、20、25、35、45、20Mn、25Mn 的规定；牌号为 Q235、Q275 钢（质量等级 A、B、C、D）的化学成分应符合 GB/T 8162—2008 的规定。GB/T 8163—2008《输送流体用无缝钢管》标准中的碳钢牌号有 10、20、Q295 等，其中 Q295 质量等级为 A、B 的钢中磷、硫含量均应不大于 0.030%（质量分数）。GB/T 14291—2006《矿山流体输送用电焊钢管》涉及的碳钢钢管牌号和化学成分（熔炼分析）应符合 GB/T 700—2006 中牌号 Q235A、Q235B 的规定。

表 6-25 规定壁厚 $t \leqslant 25mm$ 的 PSL1 钢管化学成分要求

钢级（钢名）	质量分数，熔炼分析和产品分析①（质量分数，%）							
	C 最大②	Mn 最大	P		S 最大	V 最大	Nb 最大	Ti 最大
			最小	最大				
无缝钢管								
L175/A25	0.21	0.60	—	0.030	0.030	—	—	—
L175P/A25P	0.21	0.60	0.045	0.080	0.030	—	—	—
L210/A	0.22	0.90	—	0.030	0.030	—	—	—
L245/B	0.28	1.20	—	0.030	0.030	③,④	③,④	③,④
L290/X42	0.28	1.30	—	0.030	0.030	④	④	④
L320/X46	0.28	1.40	—	0.030	0.030	④	④	④
L360/X52	0.28	1.20	—	0.030	0.030	④	④	④
L390/X56	0.28	1.40	—	0.030	0.030	④	④	④
L415/X60	0.28	1.40	—	0.030	0.030	⑤	⑤	⑤
L450/X65	0.28	1.40	—	0.030	0.030	⑤	⑤	⑤
L485/X60	0.28	1.40	—	0.030	0.030	⑤	⑤	⑤
焊管								
L175/A25	0.21	0.60	—	0.030	0.030	—	—	—
L175P/A25P	0.21	0.60	0.045	0.080	0.030	—	—	—
L210/A	0.22	0.90	—	0.030	0.030	—	—	—
L245/B	0.26	1.20	—	0.030	0.030	③,④	③,④	③,④
L290/X42	0.26	1.30	—	0.030	0.030	④	④	④
L320/X46	0.26	1.40	—	0.030	0.030	④	④	④
L360/X52	0.26	1.20	—	0.030	0.030	④	④	④
L390/X56	0.26	1.40	—	0.030	0.030	④	④	④
L415/X60	0.26	1.40	—	0.030	0.030	⑤	⑤	⑤
L450/X65	0.26	1.45	—	0.030	0.030	⑤	⑤	⑤
L485/X70	0.26	1.65	—	0.030	0.030	⑤	⑤	⑤

① 最大铜（Cu）含量为 0.30%（质量分数，余同）；最大镍（Ni）含量为 0.50%；最大铬（Cr）含量为 0.50%，最大钼（Mo）含量为 0.15%；对于 L360/X52 及其以下钢级，不应有意加入 Cu、Cr 和 Ni。

② 碳含量比规定最大碳含量每减少 0.01%，则允许锰含量比规定最大锰含量高 0.05%；对于钢级 ≥L245/B 但 <L360/X52 不得超过 1.65%；对于钢级 >L360/X52 但 <L485/X70 时，不得超过 1.75%，钢级 L485/X70 不得超过 2.00%。

③ 除另有协议外，铌含量和钒含量之和应 ≤0.06%。

④ 铌含量、钒含量和钛含量之和应 ≤0.15%。

⑤ 除另有协议外。

表 6-26　PSL1 钢管拉伸性能试验要求

钢管等级	无缝和焊接钢管管体			EW、SAW 和 COW 钢管焊缝
	规定总延伸强度[①]$R_{t0.5}$ /MPa,最小	抗拉强度[①] R_m /MPa,最小	断裂总伸长率[③] A_t (%)最小	抗拉强度[②]R_m /MPa,最小
L175/A25	175	310	—	310
L175P/A25P	175	310	—	310
L210/A	210	335	—	335
L245/B	245	415	—	415
L290/X42	290	415	—	415
L320/X46	320	435	—	435
L360/X52	360	460	—	460
L390/X56	390	490	—	490
L415/X60	415	520	—	520
L450/X65	450	535	—	535
L485/X70	485	570	—	570

① 对于中间钢级,管体规定最小抗拉强度和规定最小规定总延伸强度之差应为表中所列的下一个较高钢级之差。

② 对于中间钢级,其焊缝规定的最小抗拉强度应与按呼应注①确定的管体抗拉强度相同。

③ 规定的最小断裂总伸长率 A_t 应采用下列公式计算,用百分数表示,且圆整到最邻近的百分位:

$$A_t = C(A_{NC}^{0.2}/U^{0.9})$$

式中　C——当采用 SI 单位制时,C 为 1940,当采用 USC 单位制时,C 为 625000;

　　　A_{NC}——适用的拉伸试样横断面积 (mm²),具体为:

　　　　　Ⅰ.—对于圆棒试样,直径 12.7mm 和 8.9mm 的圆棒试样为 130mm²,直径 6.4mm 的圆棒试样为 65mm²;

　　　　　Ⅱ.—对于全断面试样,取 485mm² 和钢管试样横断面积两者中的较小者,其试样横断面积由规定外径和规定壁厚计算,且圆整到最近邻的 10mm²;

　　　　　Ⅲ.—对板状试样,取 485mm² 和试样横截面积两者中的较小者,其试样横断面积由试样规定宽度和钢管规定壁厚计算,且圆整到最近邻的 10mm²;

　　　U——规定最小抗拉强度 (MPa)。

表 6-27　规定壁厚 $t \le 25mm$ 的 PSL2 钢管化学成分

钢级 (钢名)	化学成分(熔炼分析和产品分析,质量分数,%)最大									碳当量[①] (%),最大	
	C[②]	Si	Mn[②]	P	S	V	Nb	Ti	其他	CE_{IIW}	CE_{Pcm}
无缝和焊接钢管											
L245R/BR	0.24	0.40	1.20	0.025	0.015	③	③	0.04	⑤	0.43	0.25
L290R/X42R	0.24	0.40	1.20	0.025	0.015	0.06	0.05	0.04	⑤	0.43	0.25
L245N/BN	0.24	0.40	1.20	0.025	0.015	③	③	0.04	⑤	0.43	0.25
L290N/X42N	0.24	0.40	1.20	0.025	0.015	0.06	0.05	0.04	⑤	0.43	0.25
L320N/X46N	0.24	0.40	1.40	0.025	0.015	0.07	0.05	0.04	④,⑤	0.43	0.25
L360N/X52N	0.24	0.45	1.40	0.025	0.015	0.10	0.05	0.04	④,⑤	0.43	0.25
L390N/X56N	0.24	0.45	1.40	0.025	0.015	0.10[⑥]	0.05	0.04	④,⑤	0.43	0.25
L415N/X60N	0.24[⑥]	0.45[⑥]	1.40[⑥]	0.025	0.015	0.10[⑥]	0.05[⑥]	0.04[⑥]	⑦,⑧	依照协议	
L245Q/BQ	0.18	0.45	1.40	0.025	0.015	0.05	0.05	0.04	⑤	0.43	0.25

（续）

钢级 （钢名）	化学成分（熔炼分析和产品分析,质量分数,%）最大									碳当量[1] （%）,最大	
	C[2]	Si	Mn[2]	P	S	V	Nb	Ti	其他	CE$_{IIW}$	CE$_{Pcm}$
无缝和焊接钢管											
L290Q/X42Q	0.18	0.45	1.40	0.025	0.015	0.05	0.05	0.04	[5]	0.43	0.25
L320/X46Q	0.18	0.45	1.40	0.025	0.015	0.05	0.05	0.04	[5]	0.43	0.25
L360Q/X52Q	0.18	0.45	1.50	0.025	0.015	0.05	0.05	0.04	[5]	0.43	0.25
L390Q/X56Q	0.18	0.45	1.50	0.025	0.015	0.07	0.05	0.04	[4],[5]	0.43	0.25
L415Q/X60Q	0.18[6]	0.45[6]	1.70[6]	0.025	0.015	[7]	[7]	[7]	[8]	0.43	0.25
焊接钢管											
L245M/BM	0.22	0.45	1.20	0.025	0.015	0.05	0.05	0.04	[5]	0.43	0.25
L290M/X42M	0.22	0.45	1.30	0.025	0.015	0.05	0.05	0.04	[5]	0.43	0.25
L320M/X46M	0.22	0.45	1.30	0.025	0.015	0.05	0.05	0.04	[5]	0.43	0.25
L360M/X52M	0.22	0.45	1.40	0.025	0.015	[4]	[4]	[4]	[5]	0.43	0.25
L390M/X56M	0.22	0.45	1.40	0.025	0.015	[4]	[4]	[4]	[5]	0.43	0.25
L415M/X60M	0.12[6]	0.45[6]	1.60[6]	0.025	0.015	[7]	[7]	[7]	[8]	0.43	0.25

[1] 依据产品分析结果，规定壁厚大于 20mm 的无缝钢管，碳当量的极限值应协商确定。$w(C) > 0.12\%$ 时使用 CE$_{IIW}$，$w(C) \leqslant 0.12\%$ 时使用 CE$_{Pcm}$。计算公式分别为：

$$CE_{IIW} = w(C) + w(Si)/30 + w(Mn)/20 + w(Cu)/20 + w(Ni)/60 + w(Cr)/20 + w(Mo)/15 + w(V)/10 + 5w(B),$$

如果 B 的熔炼分析结果小于 0.0005%（质量分数，下同），在产品分析中不需包括 B 元素分析，在碳当量计算中可将 B 视为零。

$$CE_{Pcm} = w(C) + w(Mn)/6 + w(Cr + Mo + V)/5 + w(Ni + Cu)/15。$$

[2] 碳含量比规定最大碳含量每减少 0.01%，则允许锰含量比规定最大锰含量高 0.05%；对于钢级 ≥L245/B 但 ≤L360/X52 不得超过 1.65%；对于钢级 >L360/X52 但 <L485/X70 不得超过 1.75%。

[3] 除另有协议外，铌含量和钒含量之和应 ≤0.06%。

[4] 铌含量、钒含量和钛含量之和应 ≤0.15%。

[5] 除另有协议外，最大铜含量为 0.50%；最大镍含量为 0.30%；最大铬含量为 0.30%；最大钼含量为 0.15%。

[6] 除另有协议外。

[7] 除另有协议外，铌含量、钒含量和钛含量之和应 ≤0.15%。

[8] 除另有协议外，最大铜含量为 0.50%；最大镍含量为 0.50%；最大铬含量为 0.50%；最大钼含量为 0.50%。

表 6-28　PSL2 钢管拉伸性能试验要求

钢管等级	无缝和焊接钢管管体						EW、SAW 和 COW 钢管焊缝
	规定总延伸强度[1],$R_{t0.5}$ /MPa		抗拉强度[1]R_m /MPa		屈强比[1],[2] $R_{t0.5}/R_m$	断裂总伸 长率[4]A_t （%）	抗拉强度[3] R_m /MPa
	最小	最大	最小	最大	最大	最小	最小
L245R/BR L245N/BN L245Q/BQ L245M/BM	245	450	415	760	0.93	—	415
L290R/X42R L290N/X42N L290Q/X42Q L290M/X42M	290	495	415	760	0.93	—	415

（续）

钢管等级	无缝和焊接钢管管体						EW、SAW 和 COW 钢管焊缝
	规定总延伸强度[①]，$R_{t0.5}$ /MPa		抗拉强度[①] R_m /MPa		屈强比[①,②] $R_{t0.5}/R_m$	断裂总伸长率[④] A_t （%）	抗拉强度[③] R_m /MPa
	最小	最大	最小	最大	最大	最小	最小
L320N/X46N L320Q/X46Q L320M/X46M	320	525	435	760	0.93	—	435
L360N/X52N L360Q/X52Q L360M/X52M	360	530	460	760	0.93	—	460
L390N/X56N L390Q/X56Q L390M/X56M	390	545	490	760	0.93	—	490
L415N/X60N L415Q/X60Q L415M/X60M	415	565	520	760	0.93	—	520
L450N/X65N L450Q/X65Q L450M/X65M	450	600	535	760	0.93	—	535

① 对于中间钢级，其规定最大规定总延伸强度和规定最小规定总延伸强度之差与表中所列的下一个较高钢级之差相同。规定最小抗拉强度和规定最小规定总延伸强度之差应为表中所列的下一个较高钢级之差。

② 仅适应于 $D > 323.9mm$ 的钢管。

③ 对于中间钢级，其焊缝规定最小抗拉强度应与呼应注①确定的抗拉强度相同。

④ 规定最小断裂总伸长率 A_t 应采用下列公式计算：

$$A_t = C(A_{NC}^{0.2}/U^{0.9})。$$

式中　C——当采用 SI 单位制时，C 为 1940，当采用 USC 单位制时，C 为 625000；

　　　A_{NC}——适用的拉伸试样横断面积（mm^2），具体为：

　　　　　Ⅰ.—对于圆棒试样，直径 12.7mm 和 8.9mm 的圆棒试样为 $130mm^2$，直径 6.4mm 的圆棒试样为 $65mm^2$；

　　　　　Ⅱ.—对于全断面试样，取 $485mm^2$ 和试样横断面积两者中的较小者，其试样横断面积由规定外径和规定壁厚计算，且圆整到最近邻的 $10mm^2$；

　　　　　Ⅲ.—对板状试样，取 $485mm^2$ 和试样横断面积两者中的较小者，其试样横断面积由试样规定宽度和钢管规定壁厚计算，且圆整到最近邻的 $10mm^2$；

　　　U——规定最小抗拉强度（MPa）。

7. 铁道钢轨用碳素钢

铁路用热轧钢轨最新国家标准为 GB 2585—2007。钢轨用碳素钢的化学成分见表 6-29，其中 U74、U71Mn 的抗拉强度 ≥780MPa，断后伸长率 ≥10%；U70Mn 的抗拉强度 ≥880MPa，断后伸长率 ≥9%。钢轨钢应进行低倍、显微组织、脱碳层、非金属夹杂物、落锤试验等检验。进行落锤试验时，试样经打击一次后不得有断裂现象。

8. 汽车制造用优质碳素结构钢

汽车制造优质碳素钢可选用 GB/T 710—2008 中的 08、08Al、10、15、20、25、30、35、40、45、50 牌号及其性能要求，或 GB/T 711—2008 标准中的 08F、08、10F、10、15F、15、20、25、30、35、40、45、50、60、65、70、20Mn、25Mn、30Mn、40Mn、50Mn、60Mn、65Mn 牌号及其性能要求，或 GB/T 8749—2008 中的牌号和性能要求。

汽车大梁用热轧钢板和钢带见 GB/T 3273—2005。其牌号由抗拉强度下限值和汉语拼音"梁"的首位字母两部分组成。其化学成分和力学性能见表 6-30 和表 6-31。其厚度规格范围为 1.6 ~ 14.0mm。

表 6-29　钢轨用碳素钢的化学成分 （GB 2585—2007）

牌号	化学成分(质量分数,%)					
	C	Mn	Si	S	P	残留元素
U74	0.68 ~ 0.79	0.70 ~ 1.00	0.13 ~ 0.28	≤0.030	≤0.030	V≤0.030,Nb≤0.010,Cr≤0.15,
U71Mn	0.65 ~ 0.76	1.10 ~ 1.40	0.15 ~ 0.35	≤0.030	≤0.030	Mo≤0.02,Ni≤0.10,Cu≤0.15,Sn≤0.040, Sb≤0.020,Ti≤0.025,Cu+10Sn≤0.35,
U70Mn	0.61 ~ 0.79	0.85 ~ 1.25	0.10 ~ 0.50	≤0.030	≤0.030	Cr+Mo+Ni+Cu≤0.35

表 6-30　汽车大梁用碳素钢化学成分 （GB/T 3273—2005）

牌号	化学成分(质量分数,%)				
	C	Mn	Si	S	P
370L	≤0.12	≤0.60	≤0.50	≤0.030	≤0.030
420L	≤0.12	≤1.20	≤0.50	≤0.030	≤0.030
440L	≤0.18	≤1.40	≤0.50	≤0.030	≤0.030

注：在保证性能前提下，可加入 Ti、V、Nb 和稀土元素 （RE），可选择一种或同时加入几种，但 $w(Ti+V+Nb)$ 应小于或等于 0.25%，$w(RE)$ 应小于或等于 0.20%。

表 6-31　汽车大梁用碳素钢的力学性能 （GB/T 3273—2005）

牌号	规格/mm	下屈服强度 R_{eL}/MPa ≥	抗拉强度 R_m/MPa ≥	断后伸长率 $A(\%)$ ≥	宽冷弯180° $b=35mm$	
					厚度≤12.0mm	厚度>12.0mm
370L	1.6 ~ 14.0	245	370 ~ 480	28	$d=0.5a$	$d=a$
420L	1.6 ~ 14.0	245	370 ~ 480	28	$d=0.5a$	$d=a$
440L	1.6 ~ 14.0	245	370 ~ 480	28	$d=0.5a$	$d=a$

6.1.5　铸造碳钢

焊接结构用铸造碳钢有：

1）焊接结构用铸造碳钢件见 GB/T 7659—2010。这类铸钢件有 5 个牌号，焊接性良好，可用于铸焊复合结构件。

2）一般工程用铸造碳钢件 （GB/T 11352—2009）。这类铸件有 5 个牌号，焊接性较差，在焊接及其修补时应小心。

这两类铸造碳钢件的化学成分见表 6-32，力学性能见表 6-33。

表 6-32　铸造碳钢件的化学成分

类别	牌号	化学成分(质量分数,%)											标准
		C	Mn	Si	S	P	残余元素						
							Ni	Cr	Cu	Mo	V	总和	
焊接结构用铸造碳钢件	ZG200-400H	≤0.20	≤0.80	≤0.60	≤0.025		≤0.40	≤0.35	≤0.40	≤0.15	≤0.05	≤1.0	GB/T 7659—2010
	ZG230-450H	≤0.20	≤1.20	≤0.60									
	ZG270-480H	0.17 ~ 0.25	0.80 ~ 1.20	≤0.60									
	ZG300-500H	0.17 ~ 0.25	0.80 ~ 1.60	≤0.60									
	ZG340-500H	0.17 ~ 0.25	0.80 ~ 1.60	≤0.60									

（续）

类别	牌号	化学成分（质量分数，%）											标准
		C	Mn	Si	S	P	残余元素						
							Ni	Cr	Cu	Mo	V	总和	
一般工程用铸造碳钢件	ZG200-400	≤0.20	≤0.80	≤0.60	≤0.035	≤0.40	≤0.40	≤0.35	≤0.40	≤0.20	≤0.05	≤1.00	GB/T 11352—2009
	ZG230-450	≤0.30											
	ZG270-500	≤0.40	≤0.90										
	ZG310-570	≤0.50											
	ZG340-640	≤0.60											

注：1. 铸钢牌号中的"ZG"是"铸钢"两字汉语拼音的首位字母。
　　2. 牌号末尾的"H"为"焊"字汉语拼音的首位字母，表示焊接用钢。
　　3. 牌号中二组数字分别代表铸件金属的屈服强度和抗拉强度值，单位为MPa。

表 6-33　铸造碳钢件的力学性能

类别	牌号	抗拉强度 R_m/MPa	上屈服强度 R_{eH}（或 $R_{p0.2}$）/MPa	断后伸长率 A_5（%）	根据合同选择			标准
					断面收缩率 Z（%）	冲击吸收能量 KV_2/J	冲击吸收能量 KU_2/J	
		不大于						
焊接结构用铸造碳钢件	ZG200-400H	400	200	25	40	30		GB/T 7659—2010
	ZG230-450H	450	230	22	35	25		
	ZG275-485H	485	275	20	35	22		
一般工程用铸造碳钢件	ZG200-400	400	200	25	40	30	47	GB/T 11352—2009
	ZG230-450	450	230	22	32	25	35	
	ZG270-500	500	270	18	25	22	27	
	ZG310-570	570	310	15	21	15	24	
	ZG340-640	640	340	10	18	10	16	

6.2　碳钢用焊接材料

焊接材料包括：电弧焊焊条、埋弧焊焊丝和焊剂、气体保护焊焊丝、电渣焊焊丝和焊剂。

6.2.1　焊条

焊条是涂有药皮的供焊条电弧焊用的熔化电极，由焊芯和药皮组成。

1. 焊芯

焊芯主要起导电和填充焊缝金属作用。焊芯主要用焊接用钢盘条经拉拔和切断而成。碳钢焊条用焊芯（即盘条）的化学成分见表6-34。

2. 药皮

焊条药皮由矿石、岩石、铁合金、化工物料等的粉末混合后粘接在焊芯上制成。常用的有大理石、白云石、菱苦土、钛白粉、金红石、钛铁矿、还原钛铁矿、磁铁矿、赤铁矿、石英、云母、长石、白泥、萤石、纯碱、木粉、纤维素、锰铁、硅铁、钛铁、钾水玻璃、钠水玻璃等。

药皮中的组成物的作用主要有：

1) 稳弧剂。使电弧引弧容易、燃烧稳定。充当稳弧剂的主要是易电离的碱金属和碱土金属，如碳酸钾、碳酸钠、碳酸钙、长石等，但碱金属和碱土金属的卤化物，如萤石、NaCl、KCl 等，则降低电弧燃烧的稳定性。

2) 造气剂。焊接时，在电弧的高温下，分解后产生气体，可将焊接区的空气排走，并防止空气再进入。造气剂可以是有机物或无机物。有机物常用的有木粉、纤维素等，电弧高温下可分解出 CO 和 H_2。无机物主要是碳酸盐，如大理石、菱苦土、白云石等。

表 6-34　焊接用钢焊芯（盘条）牌号及其化学成分（GB/T 3429—2002）

牌号	化学成分（质量分数，%）							
	C	Mn	Si	Cr	Ni	Cu	S	P
H04E	≤0.04	0.30～0.60	≤0.10	—	—	—	≤0.010	≤0.015
H08A	≤0.10	0.30～0.60	≤0.03	≤0.20	≤0.30	≤0.20	≤0.030	≤0.030
H08E	≤0.10	0.35～0.60	≤0.03	≤0.20	≤0.30	≤0.20	≤0.020	≤0.020
H08C	≤0.10	0.35～0.60	≤0.03	≤0.10	≤0.10	≤0.10	≤0.015	≤0.015
H08MnA	≤0.10	0.80～1.10	≤0.07	≤0.20	≤0.30	≤0.20	≤0.030	≤0.030
H10MnSiA	0.06～0.15	0.90～1.40	0.45～0.75	—	—	≤0.20	≤0.030	≤0.025
H15A	0.11～0.18	0.35～0.65	≤0.03	≤0.20	≤0.30	≤0.20	≤0.030	≤0.030
H15MnA	0.11～0.18	0.80～1.10	≤0.03	≤0.20	≤0.30	≤0.20	≤0.035	≤0.035

电弧高温下先分解出 CO_2，高温进一步分解为 CO 和 O_2。造气剂分解出的气体主要是排除空气，并防止空气中氮、氧的再次进入。造气剂分解后气体产生的氧，使电弧气氛具有氧化性。因氮入侵焊接区而溶入熔池中后很难脱除，而氧则可以通过加入一定量比铁更易与氧结合的合金，通过在熔池中结合成渣而脱除。

3）造渣剂。电弧高温作用下熔化并生成熔渣，保护熔化的熔池金属和高温下的焊缝金属。熔渣还可保证焊缝成形，并具有一定的冶金作用。常用的造渣剂为金属氧化物或非金属氧化物的天然矿石、岩石、或化工产品、氟化物等，如大理石、白云石、菱苦土、钛白钛铁矿、还原钛铁矿、磁铁矿、赤铁矿、石英、云母、长石、白泥、萤石等。

4）脱氧剂。使熔渣的氧化性降低以及使被氧化的熔化金属脱氧。常用的脱氧剂为铁合金，如锰铁、钛铁，有时也采用复合合金，如硅钙等。

5）合金剂。使焊缝金属获得必要的成分，以保证焊缝的力学性能、物理性能和化学性能。常用的合金剂是铁合金，如锰铁、硅铁、钼铁、稀土硅铁等，有时也用中间合金或纯金属粉。

6）粘结剂。用于把药皮牢固地粘在焊芯上。常

用的是水玻璃。即硅酸钠水溶液、硅酸钾水溶液，或两者的混合物。

7）稀释剂。用于调节熔渣的黏度，增加熔渣的活性。常用的有萤石、长石、含有氧化铁的矿物也有稀释熔渣作用。

8）增塑、增弹、增滑剂。为使焊条生产过程容易进行而在药皮中加入的某些组成物，使药皮具有良好的塑性、弹性或滑性，使焊条易通过压涂机的模孔。如钛白粉和白泥增加含水药皮的塑性，云母增加弹性，滑石和纯碱增加滑性。

从上可见，药皮中的同一组成物往往兼有数种作用。有些组成物的作用是药皮压涂过程中就起作用，有些药皮组成物是焊条烘干后显示出来，有些是在电弧高温下分解后才显现出来。因药皮类型不同，药皮组成物的作用也会不同或发生改变。不同药皮组成物中，主要成分相同，但因比例不同，在药皮中的作用也显示出一定的差异。同一组成物，因产地不同而主要组分和其中伴生的组分不同，其作用也有差异。为了提高焊条的熔敷效率，可在药皮中加入一定比例的铁粉。

常用药皮组成物的主要作用见表 6-35。

表 6-35　常用药皮组成物的主要作用

药皮组成物	主要成分	稳弧	造气	造渣	增氧	脱氧	渗合金	粘结	增氢	稀渣	脱渣	增塑	增弹	增滑
钛铁矿	TiO_2、FeO、Fe_2O_3	✓		✓	✓					✓				
金红石	TiO_2	✓		✓						✓				
钛白粉	TiO_2	✓		✓						✓	✓			
赤铁矿	Fe_2O_3		✓	✓						✓				
铁矿	Fe_3O_4		✓	✓						✓				

（续）

药皮组成物	主要成分	稳弧	造气	造渣	增氧	脱氧	渗合金	粘结	增氢	稀渣	脱渣	增塑	增弹	增滑
锰矿	MnO_2			✓	✓					✓				
石英	SiO_2			✓	✓									
长石	SiO_2、Al_2O_3、Na_2O+K_2O	✓		✓	✓					✓				
白泥	SiO_2、Al_2O_3			✓	✓				✓			✓		
黏土	SiO_2、Al_2O_3			✓	✓									
膨润土	SiO_2、Al_2O_3			✓	✓									
高岭土	SiO_2、Al_2O_3			✓	✓									
云母	SiO_2、Al_2O_3、K_2O	✓		✓	✓									✓
大理石	$CaCO_3$	✓	✓	✓	✓									
菱苦土	$MgCO_3$	✓	✓	✓	✓									
白云石	$CaCO_3$、$MgCO_3$	✓	✓	✓	✓							✓		
白土	$CaCO_3$、$MgCO_3$、SiO_2、K_2O	✓	✓	✓	✓									
石棉	SiO_2、MgO、CaO			✓	✓								✓	
滑石	SiO_2、Al_2O_3、MgO			✓	✓						✓			✓
萤石	CaF_2			✓										
铝矾土	Al_2O_3			✓										
纯碱	Na_2CO_3	✓												✓
木粉	CO、H_2	✓	✓						✓			✓		
竹粉	CO、H_2	✓	✓						✓			✓		
纤维素	CO、H_2	✓	✓						✓			✓		
锰铁	Mn、Fe					✓	✓							
硅铁	Si、Fe					✓								
钛铁	Ti、Fe					✓								
铝铁	Al、Fe					✓								
铬铁	Cr、Fe						✓							
钼铁	Mo、Fe						✓							
水玻璃	$K_2O \cdot mSiO_2 \cdot nH_2O$ $Na_2O \cdot mSiO_2 \cdot nH_2O$	✓		✓				✓						

3. 碳钢焊条

我国标准 GB/T 5117—2012《非合金钢及细晶粒钢焊条》适用于抗拉强度低于 570MPa 的非合金钢及细晶粒钢焊条。

GB/T 5117—2012 中焊条型号按照熔敷金属力学性能、药皮类型、焊接位置、电流类型、熔敷金属化学成分和焊后状态等进行划分。焊条型号由五部分组成。第一部分用字母 "E" 表示焊条；第二部分为字母 "E" 后面紧邻的两位数字，表示熔敷金属的最小抗拉强度，见表 6-36；第三部分为 "E" 后面的第三和第四两位数字，表示药皮类型、焊接位置和电流种类，其代号见表 6-37。第四部分为熔敷金属化学成分分类代号，可为无标记或短划"-"后面的字母、数字或字母和数字的组合，见表 6-38。第五部分为熔敷金属化学成分代号之后的焊后状态代号，无标记表示焊态，"P"表示热处理状态，"AP"表示焊态和焊后热处理两种状态均可。

如型号为"E5015"非合金钢焊条中，E 表示焊条，"50"表示熔敷金属抗拉强度最小值为 490MPa，"15"表示药皮类型为碱性、适用于全位置焊接、采用直流反接。该型号后面，也可按顺序附加熔敷金属化学成分的分类代号、焊后状态代号、冲击试验代号、扩散氢代号等。如附加代号"U"，表示在规定温度下，冲击吸收能量为 47J 以上。非合金钢焊条熔敷金属的扩散氢代号有 H15、H10 和 H5，分别表示扩散氢含量（mL/100g）≤15、≤10 和 ≤5，扩散氢含量按 GB/T 3965—2012 测量。

GB/T 5117—2012 中适合碳钢焊接的主要为非合金钢焊条，也可根据结构的服役条件等，选择细晶粒钢焊条施焊。主要用于碳钢焊接的非合金钢焊条熔敷金属化学成分见表 6-39，力学性能见表 6-40。

表 6-36　非合金钢细晶粒钢焊条的熔敷金属抗拉强度代号（GB/T 5117—2012）

抗拉强度代号	最小抗拉强度/MPa
43	430
50	490
55	550
57	570

表 6-37　非合金钢及细晶粒钢焊条药皮类型代号（GB/T 5117—2012）

代号	药皮类型	焊接位置[①]	电流类型
03	钛型	全位置[②]	交流和直流正、反接
10	纤维素	全位置	直流反接
11	纤维素	全位置	交流和直流反接
12	金红石	全位置[②]	交流和直流正接
13	金红石	全位置[②]	交流和直流正、反接
14	金红石 + 铁粉	全位置[②]	交流和直流正、反接
15	碱性	全位置[②]	直流反接
16	碱性	全位置[②]	交流和直流反接
18	碱性 + 铁粉	全位置[②]	交流和直流反接
19	钛铁矿	全位置[②]	交流和直流正、反接
20	氧化铁	PA、PB	交流和直流正接
24	金红石 + 铁粉	PA、PB	交流和直流正、反接
27	氧化铁 + 铁粉	PA、PB	交流和直流正、反接
28	碱性 + 铁粉	PA、PB、PC	交流和直流反接
40	不做规定	由焊条制造商确定	
45	碱性	全位置	直流反接
48	碱性	全位置	交流和直流反接

① 焊接位置见 GB/T 16672—1996，其中 PA = 平焊、PB = 平角焊、PC = 横焊、PG = 向下立焊。
② 此处"全位置"并不一定包含向下立焊，由焊条制造商确定。

表 6-38　非合金钢及细晶粒钢焊条熔敷金属化学成分分类代号（GB/T 5117—2012）

分类代号	主要化学成分的名义含量(质量分数,%)					分类代号	主要化学成分的名义含量(质量分数,%)				
	Mn	Ni	Cr	Mo	Cu		Mn	Ni	Cr	Mo	Cu
无标记,-1、-P1、-P2	1.0	—	—	—	—	-N7	—	3.5	—	—	—
						-N13	—	6.5	—	—	—
-1M3	—	—	—	0.5	—	-N2M3	—	1.0	—	0.5	—
-3M2	1.5	—	—	0.4	—	-NC	—	0.5	—	—	0.4
-3M3	1.5	—	—	0.5	—	-CC	—	—	0.5	—	0.4
-N1	—	0.5	—	—	—	-NCC	—	0.2	0.6	—	0.5
-N2	—	1.0	—	—	—	-NCC1	—	0.6	—	—	0.5
-N3	—	1.5	—	—	—	-NCC2	—	0.3	0.2	—	0.5
-3N3	1.5	1.5	—	—	—	-G	其他成分				
-N5	—	2.5	—	—	—						

表 6-39　主要用于碳钢焊接的非合金钢焊条熔敷金属化学成分 （GB/T 5117—2012）

焊条类型	化学成分（质量分数,%）								
	C	Mn	Si	P	S	Ni	Cr	Mo	V
E4303	0.20	1.20	1.00	0.040	0.035	0.30	0.20	0.30	0.08
E4310	0.20	1.20	1.00	0.040	0.035	0.30	0.20	0.30	0.08
E4311	0.20	1.20	1.00	0.040	0.035	0.30	0.20	0.30	0.08
E4312	0.20	1.20	1.00	0.040	0.035	0.30	0.20	0.30	0.08
E4313	0.20	1.20	1.00	0.040	0.035	0.30	0.20	0.30	0.08
E4315	0.20	1.20	1.00	0.040	0.035	0.30	0.20	0.30	0.08
E4306	0.20	1.20	1.00	0.040	0.035	0.30	0.20	0.30	0.08
E4318	0.03	0.60	0.40	0.025	0.035	0.30	0.20	0.30	0.08
E4319	0.20	1.20	1.00	0.040	0.035	0.30	0.20	0.30	0.08
E4320	0.20	1.20	1.00	0.040	0.035	0.30	0.20	0.30	0.08
E4324	0.20	1.20	1.00	0.040	0.035	0.30	0.20	0.30	0.08
E4327	0.20	1.20	1.00	0.040	0.035	0.30	0.20	0.30	0.08
E4328	0.20	1.20	1.00	0.040	0.035	0.30	0.20	0.30	0.08
E4340	—	—	—	0.040	0.035	0.30	0.20	0.30	0.08
E5003	0.15	1.25	0.90	0.040	0.035	0.30	0.20	0.30	0.08
E5010	0.20	1.25	0.90	0.035	0.035	0.30	0.20	0.30	0.08
E5011	0.20	1.25	0.90	0.035	0.035	0.30	0.20	0.30	0.08
E5012	0.20	1.20	1.00	0.035	0.035	0.30	0.20	0.30	0.08
E5013	0.20	1.20	1.00	0.035	0.035	0.30	0.20	0.30	0.08
E5014	0.15	1.25	0.90	0.035	0.035	0.30	0.20	0.30	0.08
E5015	0.15	1.60	0.90	0.035	0.035	0.30	0.20	0.30	0.08
E5016	0.15	1.60	0.75	0.035	0.035	0.30	0.20	0.30	0.08
E5016-1	0.15	1.60	0.75	0.035	0.035	0.30	0.20	0.30	0.08
E5018	0.15	1.60	0.90	0.035	0.035	0.30	0.20	0.30	0.08
E5018-1	0.15	1.60	0.90	0.035	0.035	0.30	0.20	0.30	0.08
E5019	0.15	1.25	0.90	0.035	0.035	0.30	0.20	0.30	0.08
E5024	0.15	1.25	0.90	0.035	0.035	0.30	0.20	0.30	0.08
E5024-1	0.15	1.25	0.90	0.035	0.035	0.30	0.20	0.30	0.08
E5027	0.15	1.60	0.75	0.035	0.035	0.30	0.20	0.30	0.08
E5028	0.15	1.60	0.90	0.035	0.035	0.30	0.20	0.30	0.08
E5048	0.15	1.60	0.90	0.035	0.035	0.30	0.20	0.30	0.08
E5716	0.12	1.60	0.90	0.03	0.03	1.00	0.30	0.35	—
E5728	0.12	1.60	0.90	0.03	0.03	1.00	0.30	0.35	—
E5010-P1	0.20	1.20	0.60	0.03	0.03	1.00	0.30	0.50	0.10
E5510-P1	0.20	1.20	0.60	0.03	0.03	1.00	0.30	0.50	0.10
E5518-P2	0.12	0.90 ~ 1.70	0.80	0.03	0.03	1.00	0.20	0.50	0.05
E5545-P2	0.12	0.90 ~ 1.70	0.80	0.03	0.03	1.00	0.20	0.50	0.05
E50××-G	—	—	—	—	—	—	—	—	—
E55××-G	—	—	—	—	—	—	—	—	—
E57××-G	—	—	—	—	—	—	—	—	—

注：1. 表中单值均为最大值。
　　2. 焊条型号中"××"代表焊条的药皮类型，见表 6-37。

表 6-40　用于碳钢焊接的非合金钢焊条熔敷金属力学性能 （GB/T 5117—2012）

焊条类型	抗拉强度 R_m/MPa	下屈服强度[1]R_{eL}/MPa	断后伸长率 A(%)	冲击试验温度/℃
E4303	≥430	≥330	≥20	0
E4310	≥430	≥330	≥20	−30
E4311	≥430	≥330	≥20	−30
E4312	≥430	≥330	≥16	—
E4313	≥430	≥330	≥16	—
E4315	≥430	≥330	≥20	−30
E4316	≥430	≥330	≥20	−30
E4318	≥430	≥330	≥20	−30
E4319	≥430	≥330	≥20	−20
E4320	≥430	≥330	≥20	—
E4324	≥430	≥330	≥16	—
E4327	≥430	≥330	≥20	−30
E4328	≥430	≥330	≥20	−20
E4340	≥430	≥330	≥20	0
E5003	≥490	≥400	≥20	0
E5010	490 ~ 650	≥400	≥20	−30
E5011	490 ~ 650	≥400	≥20	−30
E5012	≥490	≥400	≥16	—
E5013	≥490	≥400	≥16	—
E5014	≥490	≥400	≥16	—
E5015	≥490	≥400	≥20	−30
E5016	≥490	≥400	≥20	−30
E5016-1	≥490	≥400	≥20	−45
E5018	≥490	≥400	≥20	−30
E5018-1	≥490	≥400	≥20	−45
E5019	≥490	≥400	≥20	−20
E5024	≥490	≥400	≥16	—
E5024-1	≥490	≥400	≥20	−20
E5027	≥490	≥400	≥20	−30
E5028	≥490	≥400	≥20	−20
E5048	≥490	≥400	≥20	−30
E5716	≥570	≥490	≥16	−30
E5728	≥570	≥490	≥16	−30
E5010-P1	≥490	≥420	≥20	−30
E5510-P1	≥550	≥460	≥17	−30
E5518-P2	≥550	≥460	≥17	−30
E5545-P2	≥550	≥460	≥17	−30
E50××-G[2]	≥490	≥400	≥20	—
E55××-G[2]	≥550	≥460	≥17	—
E57××-G[2]	≥570	≥490	≥16	—

① 当屈服不明显时，应测定规定塑性延伸强度 $R_{p0.2}$。

② 焊条型号中 "××" 代表焊条的药皮类型，见表 6-37。

4. 不同药皮类型焊条的焊接工艺特点

非合金钢焊条的药皮类型列于表6-37中,不同药皮类型,影响着焊接工艺性能和焊缝金属的性能,适应的焊接位置、采用的电流类型也不尽相同。不同药皮类型的主要焊接工艺特点见表6-41。

5. 不同标准焊条型号对照

近年来随着标准不断更新,不同标准涉及的焊条型号不尽相同,不同标准焊条型号的对应关系见表6-42。

表 6-41　非合金钢焊条药皮类型对应的焊接工艺特点

药皮类型代号	药皮类型名称	焊接工艺特点
03	钛型	含有30%(质量分数,后同)以上的氧化钛和20%以下的钙或镁的碳酸盐矿,包括二氧化钛和碳酸钙的混合物,同时具有金红石焊条和碱性焊条的某些工艺特性。熔渣流动性良好,脱渣容易,电弧稳定,熔深适中,飞溅少,焊波整齐。适合于全位置焊接,焊接电流可以交流或直流正、反接,可用于焊接较重要的碳钢结构
10	纤维素	含有大量的可燃有机物,尤其是纤维素。焊接时有机物在电弧区分解产生的大量气体,保护熔敷金属,电弧稳定。电弧吹力大,熔深较深。熔化速度快,熔渣较少,覆盖性差,但脱渣容易。焊接时选用较小的焊接电流。适合于全位置焊接,尤其是适合于立焊、仰焊的多道焊。其电弧吹力大,特别是适用于向下立焊。含有的钠粘结剂,影响电弧稳定性,故该类焊条主要适用于直流焊接,并通常使用直流反接。主要焊接一般的碳钢结构,如管道。也可用于打底焊
11	纤维素	含有大量的可燃有机物,尤其是纤维素。其电弧吹力大,特别适用于向下立焊。含有的钾粘结剂,增强了电弧稳定性,故该类焊条可采用交直流两用焊接,直流焊接时通常使用直流反接。采用直流反接时熔深较浅。主要焊接一般的碳钢结构,如管道。也可用于打底焊
12	金红石	药皮中含有35%以上的二氧化钛(金红石),以及少量的纤维素、锰铁、硅酸盐和钠水玻璃等,电弧稳定,再引弧容易,通常用于向上立焊或向下立焊。焊接电流为交流或直流正接。这类焊条主要焊接一般的碳钢结构、薄板结构,也可用于盖面焊。也适合于在简单装配条件下的对大的根部间隙进行焊接
13	金红石	含有大量二氧化钛(金红石)以及增强电弧稳定性的钾,与药皮类型12相比,焊接电弧更稳定,焊缝成形更好,适用于全位置焊接,焊接电流为交流或直流正、反接,主要焊接一般的碳钢结构、薄板结构,也可用于盖面焊。可在更小焊接电流下保持焊接电弧稳定燃烧,因此特别适合于薄板的焊接
14	金红石+铁粉	在药皮类型12和13的基础上加入了一定量铁粉。药皮中加入铁粉,可以提高焊接电流的承载力和焊接熔敷效率,适合于全位置焊接。焊接过程飞溅小,焊缝表面光滑,焊接电流为交流或直流正、反接,主要焊接一般的碳钢结构
15	碱性	药皮中含有大量的氧化钙和萤石,此类药皮的碱度高,熔渣流动性好,焊接工艺性能一般,焊波较粗,角焊缝略凸,熔深适中。焊接时要求焊条干燥,采用短弧焊接。这类焊条可全位置焊接。采用钠粘结剂,影响电弧稳定性,只适用于直流反接。但此药皮类型焊条严格烘干后焊接,可以得到低氢含量和更纯净的焊缝金属,焊缝金属具有良好的抗裂性能、更好的塑性和韧性。主要用于焊接重要的碳钢结构,也可焊接与焊条强度相适应的低合金结构钢
16	碱性	药皮中含有大量的氧化钙和萤石,此类药皮的碱度高,采用钾粘结剂可提高电弧稳定性,故该类焊条可采用交直流两用焊接,焊接工艺性能较好。焊接时要求焊条干燥,采用短弧焊接。该类药皮焊条可全位置焊接。此药皮类型焊条严格烘干后焊接,也可得到低氢含量和更纯净的焊缝金属,焊缝金属具有良好的抗裂性能、良好的塑性和韧性。主要用于焊接重要的碳钢结构,也可焊接与焊条强度相适应的低合金结构钢
18	碱性+铁粉	在药皮类型16的基础上加入一定量的铁粉,药皮更厚,其他与药皮类型16类似。但与药皮类型16相比,此药皮类型焊条可以提高焊接电流的承载力和焊接熔敷效率

（续）

药皮类型代号	药皮类型名称	焊接工艺特点
19	钛铁矿	药皮中含有一定量的钛铁矿，通常钛铁矿含量不低于 30%，由于含有钛和铁的氧化物。熔渣流动性良好，电弧吹力较大，熔深也较大。熔渣覆盖性良好，脱渣容易，飞溅较小，焊波整齐。虽不属于碱性药皮类型焊条，但可以获得较高韧性的焊缝金属。适合于全位置焊接，焊接电流可以交流或直流正、反接，可用于焊接较重要的碳钢结构
20	氧化铁	药皮中含有大量的氧化铁。熔渣流动性好，通常只在平焊和横焊位置使用。多用于角焊缝和搭接焊缝的焊接
24	金红石 + 铁粉	在药皮类型 14 的基础上加入大量铁粉，药皮略厚，其他与药皮类型 14 相似。熔敷效率较高，适用于全位置焊接，焊缝表面光滑，焊波整齐，脱渣性好，角焊缝略凸，焊接电流为交流或直流正、反接，主要焊接一般的碳钢结构。通常只在平焊和横焊位置使用。多用于角焊缝和搭接焊缝的焊接
27	氧化铁 + 铁粉	在药皮类型 20 的基础上加入大量铁粉，药皮略厚，其他与药皮类型 20 相似。单道焊焊缝较凸，焊接电流为交流或直流正接。主要焊接碳钢薄板结构。特别是角焊缝和搭接焊缝的高速焊接
28	碱性 + 铁粉	在药皮类型 18 的基础上加入大量铁粉(25% 左右)，药皮略厚，其他与药皮类型 18 相似。通常只在平焊和横焊位置使用，可以获得低氢含量、更少杂质、更高韧性的焊缝金属。焊缝成形好，但角焊缝较凸，飞溅较少，熔深适中，熔敷效率较高。主要用于焊接重要的碳钢结构，也可焊接于焊条强度相适应的低合金结构钢
40	不做规定	此药皮类型不属于上述任何一种药皮类型。目的是使焊条制造商能够达到购买商的特定使用要求。焊接位置由焊条制造商和购买商之间协议确定，如要求圆孔内部焊接("塞焊")或者在槽内进行的特殊焊接。此类型药皮可按具体要求而变化
45	碱性	除了主要用于向下立焊外，此药皮类型与药皮类型 15 类似
48	碱性	除了主要用于向下立焊外，此药皮类型与药皮类型 18 类似

表 6-42　不同标准焊条型号对照表（GB/T 5117—2012）

GB/T 5117—2012	AWS A5.1M:2004	AWS A5.5M:2006	ISO 2560:2009	GB/T 5117—1995
E4303	—		E4303	E4303
E4310	E4310		E4310	E4310
E4311	E4311		E4311	E4311
E4312	E4312		E4312	E4312
E4313	E4313		E4313	E4313
E4315	—			E4315
E4316	—		E4316	E4316
E4318	E4318		E4318	E4318
E4319	E4319		E4319	E4319
E4320	E4320		E4320	E4320
E4324	—		E4324	E4324
E4327	E4327		E4327	E4327

（续）

GB/T 5117—2012	AWS A5.1M：2004	AWS A5.5M：2006	ISO 2560：2009	GB/T 5117—1995
E4328	—	—	—	E4328
E4340	—	—	E4340	E4340
E5003	—	—	E4903	E5003
E5010	—	—	E4910	E5010
E5011	—	—	E4911	E5011
E5012	—	—	E4912	—
E5013	—	—	E4913	—
E5014	E4914	—	E4914	E5014
E5015	E4915	—	E4915	E5015
E5016	E4916	—	E4916	E5016
E5016-1	—	—	E4916-1	E5016-1
E5018	E4918	—	E4918	E5018
E5018-1	—	—	E4918-1	E5018-1
E5019	—	—	E4919	E5019
E5024	E4924	—	E4924	E5024
E5024-1	—	—	E4924-1	E5024-1
E5027	—	—	E4927	E5027
E5028	—	—	E4928	E5028
E5048	—	—	E4948	E5048
E5716	—	—	E5716	—
E5728	—	—	E5728	—
E5010-P1	—	—	E4910-P1	—
E5510-P1	—	—	E5510-P1	—
E5518-P2	—	—	E5518-P2	—
E5545-P2	—	—	E5545-P2	—
E50××-G	—	—	E50××-G	—
E55××-G	—	—	E55××-G	—
E57××-G	—	—	E57××-G	—

承压设备包括锅炉、压力容器、气瓶和压力管道等。焊接是制造承压设备的重要工艺，焊接材料的质量直接影响着承压设备的质量。

NB/T 47018.1～NB/T 47018.7—2012《承压设备用焊接材料订货技术条件》共包括 7 个分标准。与碳钢密切相关包括 NB/T 47018.1—2011《承压设备用焊接材料订货技术条件　第 1 部分：采购通则》、NB/T 47018.2—2011《承压设备用焊接材料订货技术条件　第 2 部分：钢焊条》、NB/T 47018.3—2011《承压设备用焊接材料订货技术条件　第 3 部分：气体保护电弧焊钢焊丝和填充丝》、NB/T 47018.4—2011《承压设备用焊接材料订货技术条件　第 4 部分：埋弧焊钢焊丝和焊剂》。

承压设备用碳钢焊条的技术要求，见表 6-43。

表 6-43　承压设备用碳钢焊条的技术要求（NB/T 47018.2—2011）

项目	技 术 要 求
焊条偏心度	1. 直径不大于 2.5mm 的焊条，偏心度应不大于 5%。允许 5% 的受检焊条的偏心度大于 4%，但不大于 7% 2. 直径为 3.2mm 和 4.0mm 的焊条，偏心度应不大于 4%。允许 5% 的受检焊条的偏心度大于 5%，但不大于 5% 3. 直径不小于 5.0mm 的焊条，偏心度应不大于 3%。允许 5% 受检焊条的偏心度大于 3%，但不大于 4%

项目	技 术 要 求			
熔敷金属的化学成分	承压设备常用碳钢焊条熔敷金属的磷、硫含量应符合下面的规定。未列出的碳钢焊条熔敷金属的磷、硫含量应不高于相应母材标准的规定值下限			
	焊条型号	牌号	$w(S)(\%) \leqslant$	$w(P)(\%) \leqslant$
	E4303	J422		
	E4316	J426		
	E4315	J427		
	E5016	J506		
	E5015	J507	0.015	0.025
	E5016-E	J506RH		
	E5015-E	W607		
	E5015-E	J507RH		
	E5018	J556Fe		

项目	技 术 要 求			
熔敷金属的力学性能要求	1. 熔敷金属抗拉强度值与 GB/T 5117 规定下限值之差不应超过 120MPa 2. 熔敷金属拉伸试样的断后伸长率应符合 GB/T 5117 规定外，且不低于 20% 3. 冲击试样取 3 个，其冲击试验结果平均值应不低于下述规定值。允许其中 1 个试样的冲击试验结果低于规定值，但不得低于规定值的 70%			
夏比 V 形缺口冲击试验规定值	焊条型号	牌号	试验温度/℃	冲击吸收能量 KV_2/J
	E4303	J422	0	≥54
	E4316 E4315	J426 J427	-30	≥54
	E5016 E5015	J506 J507	-30	≥54
	E5015-E	W607	-60	≥54
	E5016-E E5015-E	J506RH J507RH	-40	≥54

项目	技 术 要 求		
熔敷金属弯曲试验	熔敷金属纵向弯曲试样（厚度 10mm），弯曲（弯心直径 40mm，支座间距 63mm 弯曲试验）到 180° 后，其拉伸面上的熔敷金属内，沿任何方向不应有单条长度大于 3mm 的开口缺陷。试样熔敷金属的棱角开口缺陷可不计，但由未熔合、夹渣或其他内部缺欠引起的棱角开口缺陷长度应计入		
焊条药皮含水量或熔敷金属扩散氢含量	低氢型药皮含水量或熔敷金属扩散氢含量应符合下表规定。焊条生产厂在质保书中应提供焊条药皮含水量。如订货单位要求也应提供熔敷金属扩散氢含量		
	焊条型号	熔敷金属扩散氢含量 （甘油法）/(mL/100g)	药皮含水量（正常状态） （%）
	E43×× E50××	≤4.0	≤0.25
	E50××-×	≤4.0	≤0.25

6.2.2　气体保护电弧焊用碳钢实心焊丝

气体保护电弧焊用碳钢焊丝见 GB/T 8110—2008。其中碳钢焊丝共有 6 种。型号的表示方法如下：

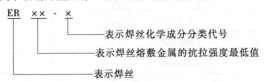

ER　××　- ×
表示焊丝化学成分分类代号
表示焊丝熔敷金属的抗拉强度最低值
表示焊丝

气体保护电弧焊用碳钢焊丝的化学成分见表

6-44。熔敷金属的抗拉强度见表 6-45。夏比 V 形缺口冲击能量要求见表 6-46。GB/T 8110—2008 与 GB/T 8110—1995、GB 8110—1987 及 AWS A5.18/A5.18M：2005 的型号对照表见表 6-47。

用于承压设备的气体保护电弧焊碳钢焊丝，除满足 GB/T 8110—2008 要求外，还应满足 NB/T 47018.3—2011《承压设备用焊接材料订货技术条件　第 3 部分：气体保护电弧焊钢焊丝和填充丝》的要求，具体要求见表 6-48。

表 6-44　气体保护电弧焊用碳钢焊丝的化学成分

焊丝型号	化学成分(质量分数,%)												
	C	Mn	Si	P	S	Ni	Cr	Mo	V	Ti	Zr	Al	Cu
ER49-1	≤0.11	1.80 ~ 2.10	0.65 ~ 0.95	≤0.030	≤0.030	≤0.30	≤0.20	—		—		—	≤0.50
ER50-2	≤0.07	0.90 ~ 1.40	0.40 ~ 0.70	≤0.025	≤0.025	≤0.15	≤0.15	≤0.15	≤0.03	0.05 ~ 0.15	0.02 ~ 0.12	0.05 ~ 0.15	
ER50-3	0.06 ~ 0.15		0.45 ~ 0.75							—		—	
ER50-4	0.07 ~ 0.15	1.00 ~ 1.50	0.65 ~ 0.85										
ER50-6	0.06 ~ 0.15	1.40 ~ 1.85	0.80 ~ 1.15										
ER50-7	0.07 ~ 0.15	1.50 ~ 2.00	0.50 ~ 0.80										

注：焊丝中的铜含量包括镀铜层。

表 6-45　气体保护电弧焊碳钢焊丝熔敷金属的力学性能要求

焊丝型号	保护气体[①]	抗拉强度[②] R_m/MPa	屈服强度[②] $R_{p0.2}$/MPa	断后伸长率 A_5,(%)	试样状态
ER49-1	CO_2	≥490	≥372	≥20	焊态
ER50-2 ER50-3 ER50-4 ER50-6 ER50-7		≥500	≥420	≥22	

① 分类时限定的保护气体类型，在实际应用中并不限制采用其他保护气体类型，但力学性能可能会产生变化。
② 对于 ER50-2、ER50-3、ER50-4、ER50-6、ER50-7 型焊丝，当断后伸长率超过最低值时，每增加 1%，抗拉强度和屈服强度可减少 10MPa，但抗拉强度最低值不得小于 480MPa，屈服强度最低值不得小于 400MPa。

表 6-46　气体保护电弧焊碳钢焊丝熔敷金属的冲击性能要求

焊丝型号	试验温度/℃	V 形缺口冲击吸收能量/J	焊丝型号	试验温度/℃	V 形缺口冲击吸收能量/J
ER49-1	室温	≥47	ER50-4		不要求
ER50-2	-30	≥27	ER50-6	-30	≥27
ER50-3	-20		ER50-7		

表 6-47　气体保护电弧焊碳钢焊丝型号对照表

GB/T 8110—2008	GB/T 8110—1995	GB 8110—1987	AWS A5. 18/A5. 18M:2005 AWS A5. 28/A5. 28M:2005	ISO 14341-B:2002
ER49-1	ER49-1	H08Mn2SiA	—	—
ER50-2	ER50-2	—	ER48S-2	G2
ER50-3	ER50-3	—	ER48S-3	G3
ER50-4	ER50-4	—	ER48S-4	G4
—	ER50-5			
ER50-6	ER50-6	—	ER48S-6	G6
ER50-7	ER50-7	—	ER48S-7	G7

表 6-48　承压设备用气体保护电弧焊碳钢焊丝的技术要求 （NB/T 47018.3—2011）

项　　目	技　术　要　求
焊丝的不圆度	焊丝的圆度误差应不大于直径公差的 40%，允许 5% 受检焊丝的圆度误差大于直径公差的 40%，但不得大于直径公差的 50%
S、P 含量规定	ER49-1 和 ER50-6 钢焊丝 $w(S) \leqslant 0.015\%$、$w(P) \leqslant 0.025\%$
熔敷金属 冲击性能	<table><tr><th>焊丝型号</th><th>试验温度/℃</th><th>V 形缺口冲击吸收能量/J</th></tr><tr><td>ER49-1</td><td>0</td><td>≥47</td></tr><tr><td>ER50-6</td><td>-30</td><td>≥47</td></tr></table>
熔敷金属的纵向 弯曲性能	熔敷金属纵向弯曲试样（厚度 10mm），弯曲（弯心直径 40mm，支座间距 63mm 弯曲试验）到 180° 后，其拉伸面上的熔敷金属内，沿任何方向不应有单条长度大于 3mm 的开口缺陷。试样熔敷金属的棱角开口缺陷可不计，但由未熔合、夹渣或其他内部缺欠引起的棱角开口缺陷长度应计入
熔敷金属扩散 氢含量	ER49-1、ER50- × 焊丝的熔敷金属用甘油法测定的扩散氢含量 ≤4.0mL/100g
熔敷金属射 线检测	熔敷金属射线检测按 JB/T 4730.2—2005 进行，射线检测技术应不低于 AB 级，质量等级应为 I 级

6.2.3　碳钢用药芯焊丝

我国目前执行的碳钢药芯焊丝的国家标准（GB/T 10045—2001）在技术上等效美国 ANSI/AWS A5.20：1995《电弧焊用碳钢药芯焊丝规程》。包括气体保护和自保护电弧焊用碳钢药芯焊丝。

1. 碳钢药芯焊丝基本要求

碳钢药芯焊丝型号由熔敷金属的力学性能、焊接位置和焊丝的特点等组成。焊丝特点包括保护类型、电流类型、渣系特点等。

药芯焊丝的型号表示为：E×××T—×ML，字母 "E" 表示焊丝、字母 "T" 表示药芯焊丝。型号中的符号按顺序的涵义如下：

1）熔敷金属的力学性能。字母 "E" 后面的前

2 个数字 "××" 表示熔敷金属的力学性能。

2）焊接位置。字母 "E" 后面的第 3 个数字 "×" 表示推荐的焊接位置，其中，"0" 表示平焊和横焊位置，"1" 表示全位置。

3）药芯焊丝类别特点。短划后面的数字 "×" 表示药芯焊丝的类别特点。

4）字母 "M" 表示保护气体为 75% ~ 80% Ar + CO_2。当无字母 "M" 时，表示保护气体为 CO_2 或为自保护类型。

5）字母 "L" 表示药芯焊丝熔敷金属在 -40℃ 时，V 形缺口冲击吸收能量不小于 27J。当无 "L" 时，表示药芯焊丝熔敷金属的冲击性能符合一般要求。

焊丝型号举例如下：

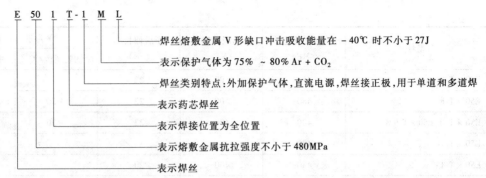

E 50 1 T-1 M L

- 焊丝熔敷金属 V 形缺口冲击吸收能量在 -40℃ 时不小于 27J
- 表示保护气体为 75% ~ 80% Ar + CO$_2$
- 焊丝类别特点:外加保护气体,直流电源,焊丝接正极,用于单道和多道焊
- 表示药芯焊丝
- 表示焊接位置为全位置
- 表示熔敷金属抗拉强度不小于 480MPa
- 表示焊丝

碳钢药芯焊丝熔敷金属化学成分的要求见表 6-49,拉伸试验和 V 形缺口冲击试验要求见表 6-50。　焊接位置、保护类型、极性和适应要求见表 6-51。

表 6-49　碳钢药芯焊丝熔敷金属化学成分要求

型　　号	化学成分(质量分数,%)										
	C	Mn	Si	S	P	Cr	Ni	Mo	V	Al	Cu
E50×T-1,E50×T-1M, E50×T-5,E50×T-5M, E50×T-9,E50×T-9M	0.18	1.75	0.90	0.03	0.03	0.20	0.50	0.30	0.08	—	0.35
E50×T-4,E50×T-6, E50×T-7,E50×T-8, E50×T-11	—	1.75	0.60	0.03	0.03	0.20	0.50	0.30	0.08	1.8	0.35
E×××T-G	—	1.75	0.90	0.03	0.03	0.20	0.50	0.30	0.08	1.8	0.35
E50×T-12,E50×T-12M	0.15	1.60	0.90	0.03	0.03	0.20	0.50	0.30	0.08	—	0.35
E50×T-2,E50×T-2M, E50×T-3,E50×T-10, E43×T-13,E50×T-13, E50×T-14,E×××T-TG	无要求										

注:1. 表中的单值为最大值,应分析表中列出值的特定元素。

　　2. 如果 Cr、Ni、Mo、V、Al、Cu 这些元素是有意添加的,应进行分析并报出数值。

　　3. Al 只适用于自保护药芯焊丝。

　　4. E×××-TG 该类药芯焊丝添加的所有元素总和不应超过 5%。

　　5. 对于 E50×T-4、E50×T-6、E50×T-7、E50×T-8、E50×T-11 和 E×××T-G 这些型号的药芯焊丝,C 不做规定,但应分析其数值并出示报告。

表 6-50　碳钢药芯焊丝熔敷金属力学性能要求

型号	抗拉强度 /MPa	屈服强度 /MPa	断后伸长率 (%)	V 形缺口冲击试验	
				试验温度/℃	冲击吸收能量/J
E50×T-1,E50×T-1M	480	400	22	-20	27
E50×T-2,E50×T-2M	480	—	—	—	—
E50×T-3	480	—	—	—	—
E50×T-4	480	400	22	—	—
E50×T-5,E50×T-5M	480	400	22	-30	27
E50×T-6	480	400	22	-30	27

（续）

型号	抗拉强度/MPa	屈服强度/MPa	断后伸长率（%）	V形缺口冲击试验	
				试验温度/℃	冲击吸收能量/J
E50×T-7	480	400	22	—	—
E50×T-8	480	400	22	−30	27
E50×T-9，E50×T-9M	480	400	22	−30	27
E50×T-10	480	—			
E50×T-11	480	400	20	—	—
E50×T-12，E50×T-12M	480～620	400	22	−30	27
E43×T-13	415	—			
E50×T-13	480				
E50×T-14	480				
E43×T-G	415	330	22	—	—
E50×T-G	480	400	22	—	—
E43×T-GS	415				
E50×T-GS	480				

注：1. 表中所列单值均为最小值。
　　2. E50×T-1L、E50×T-1ML、E50×T-5L、E50×T-5ML、E50×T-6L、E50×T-8L、E50×T-9L、E50×T-9ML、E50×T-12L 和 E50×T-12M 这些型号带有字母"L"的药芯焊丝，其熔敷金属冲击性能应满足 −40℃，≥27J。
　　3. E50×T-3、E50×T-10、E43×T-13、E50×T-13、E50×T-14、E43×-T-GS、E50×T-GS 这些型号的药芯焊丝主要用于单道焊接而不用于多道焊接，因为只规定了抗拉强度，所以只要求做横向拉伸和纵向辊筒弯曲（缠绕式导向弯曲）试验。

表 6-51　碳钢药芯焊丝焊接位置、保护类型、极性和适用性要求

型号	焊接位置	外加保护气体	极性	适用性
E500T-1	H，F	CO_2	DCEP	M
E500T-1M	H，F	75%～80%Ar + CO_2	DCEP	M
E501T-1	H，F，VU，OH	CO_2	DCEP	M
E501T-1M	H，F，VU，OH	75%～80%Ar + CO_2	DCEP	M
E500T-2	H，F	CO_2	DCEP	S
E500T-2M	H，F	75%～80%Ar + CO_2	DCEP	S
E501T-2	H，F，VU，OH	CO_2	DCEP	S
E501T-2M	H，F，VU，OH	75%～80%Ar + CO_2	DCEP	S
E500T-3	H，F	无	DCEP	S
E500T-4	H，F	无	DCEP	M
E500T-5	H，F	CO_2	DCEP	M
E500T-5M	H，F	75%～80%Ar + CO_2	DCEP	M
E501T-5	H，F，VU，OH	CO_2	DCEP 或 DCEN	M
E501T-5M	H，F，VU，OH	75%～80%Ar + CO_2	DCEP 或 DCEN	M
E500T-6	H，F	无	DCEP	M
E500T-7	H，F	无	DCEN	M

（续）

型号	焊接位置	外加保护气体	极性	适用性
E501T-7	H,F,VU,OH	无	DCEN	M
E500T-8	H,F	无	DCEN	M
E501T-8	H,F,VU,OH	无	DCEN	M
E500T-9	H,F	CO_2	DCEP	M
E500T-9M	H,F	75% ~ 80% Ar + CO_2	DCEP	M
E501T-9	H,F,VU,OH	CO_2	DCEP	M
E501T-9M	H,F,VU,OH	75% ~ 80% Ar + CO_2	DCEP	M
E500T-10	H,F	无	DCEN	S
E500T-11	H,F	无	DCEN	M
E501T-11	H,F,VU,OH	无	DCEN	M
E500T-12	H,F	CO_2	DCEP	M
E500T-12M	H,F	75% ~ 80% Ar + CO_2	DCEP	M
E501T-12	H,F,VU,OH	CO_2	DCEP	M
E501T-12M	H,F,VU,OH	75% ~ 80% Ar + CO_2	DCEP	M
E431T-13	H,F,VD,OH	无	DCEN	S
E501T-13	H,F,VD,OH	无	DCEN	S
E501T-14	H,F,VD,OH	无	DCEN	S
E××0T-G	H,F	—	—	M
E××1T-G	H,F,VD 或 VU,OH	—	—	M
E××0T-GS	H,F	—	—	M
E××1T-G	H,F,VD 或 VU,OH	—	—	S

注：1. 焊接位置一栏中，H 为横焊，F 为平焊，OH 为仰焊，VD 为立向下焊，VU 为立向上焊。
　　2. 对于适用外加气体保护药芯焊丝（E×××T-1，E×××T-1M，E×××T-2，E×××T-2M，E×××T-5，E××
　　　×T-5M，E×××T-9，E×××T-9M 和 E×××T-12，E×××T-12M），其金属的性能随保护气体类型不同
　　　而变化。用户在未向药芯焊丝制造商咨询前，不应适用其他保护气体。
　　3. 极性一栏中，DCEP 为直流电源，焊丝接正极；DCEN 为直流电源，焊丝接负极。
　　4. 适用性一栏中，M 为单道和多道焊，S 为单道焊。
　　5. E501T-5 和 E501T-5M 型焊丝可在 DCEN 极性下使用以改善不适当位置的焊接性，推荐的极性请咨询制造商。

药芯焊丝熔敷金属扩散氢含量平均值的要求见表 6-52。药芯焊丝的型号后面可加 H5、H10、H15 分别表示该焊丝熔敷金属扩散氢含量平均值不超过 5mL/ 100g、10mL/100g 或 15mL/100g。

表 6-52　药芯焊丝熔敷金属扩散
氢含量平均值的要求

型号	扩散氢等级标记	扩散氢含量/（mL/100g）	
		色谱法或水银法	甘油法
所有	H15	≤15.0	≤10.0
	H10	≤10.0	≤6.0
	H5	≤5.0	—

2. 不同药芯焊丝的工艺性能

药芯焊丝按照 GB/T 10045—2001 规定的方法进行接头的性能测试时，性能的变化范围很大。用户应根据制造商推荐或提供的参数进行全面的焊接工艺试验。不同类型的药芯焊丝的主要特点为：

（1）E×××T-1 和 E×××T-1M 类

E×××T-1 类药芯焊丝使用 CO_2 作为保护气。为了提高和改进工艺性能，也可采用其他混合气体（如 Ar + CO_2）。随着 Ar + CO_2 混合气体中 Ar 气的增加，焊缝金属中的锰和硅含量将增加，从而将提高焊缝金属的屈服强度和抗拉强度，并影响冲击性能。E×××T-1M 类药芯焊丝使用 75% ~ 80% Ar + CO_2 作

为保护气。E×××T-1 和 E×××T-1M 类药芯焊丝用于单道和多道焊，采用直流反接（DCEP）操作。通常，对于不小于 2mm 的较大直径药芯焊丝用于平焊和横向角焊缝焊接（E××0T-1 和 E××0T-1M），对于不大于 1.6mm 较小直径通常用于全位置焊接（E××1T-1 和 E××1T-1M）。E×××T-1 和 E×××T-1M 类药芯焊丝的渣系多是以氧化钛为主，熔敷效率较高。其熔滴过渡特点是以喷射过渡为主，飞溅量少。焊道形状为平滑至微凸。熔渣量适中，并可完全覆盖焊道。

（2）E×××T-2 和 E×××T-2M 类

这类焊丝中的锰、硅分别较高，或锰、硅均较高，可以脱去焊缝中的氧，因此可用于焊接氧化较严重的钢或沸腾钢。也可以用于焊接 E×××T-1 和 E×××T-1M 类焊丝不允许的表面有较厚氧化皮、锈蚀及其他杂质的钢。这类焊丝主要用于平焊位置单道焊接和横焊位置角焊缝单道焊。由于单道焊缝的化学成分不能说明熔敷金属的化学成分，因此，标准中对单道焊用焊丝的熔敷金属化学成分不做要求。这类焊丝在单道焊时，接头的力学性能良好。

（3）E×××T-3 类

为自保护型，采用直流反接（DCEP），熔滴过渡形式以喷射过渡为主，可使用的焊接速度非常高，可用于平焊、横焊和立焊（钢板的倾角小于 20°）位置的单道焊。该类焊丝的焊缝金属硬化倾向较大，对因钢板散热产生的冷却速度敏感。因此对母材厚度超过 4.8mm 的 T 形或搭接接头以及母材厚度超过 6.4mm 的对接、端接或角接接头，一般不推荐采用此类焊丝焊接。

（4）E×××T-4 类

为自保护型，采用直流反接（DCEP）。此药芯焊丝熔滴过渡形式以颗粒过渡为主，熔敷效率高，焊缝硫含量低，抗热裂性能好。可单道或多道焊接，一般用于非底层的浅熔深焊接，适用于装配不良的接头。

（5）E×××T-5 和 E×××T-5M 类

E×××T-5 类药芯焊丝使用 CO_2 作为保护气，也可使用 Ar + CO_2 混合气体减少焊接过程飞溅。E×××T-5M 类药芯焊丝使用 75% ~ 80% Ar + CO_2 作为保护气。适应的焊接位置有平焊时单道和多道焊接，横焊位置的角焊缝焊接。此类药芯焊丝的渣系主要是氧化钙—氟化物，因此熔滴过渡形式以颗粒过渡为主。与氧化钛型渣系的药芯焊丝相比，E×××T-5 和 E×××T-5M 类药芯焊丝的熔敷金属具有更好的冲击性能、抗热裂和抗冷裂性能，但焊接工艺性能不

如氧化钛型渣系的焊丝。焊道形状微凸，焊接熔渣为不能完全覆盖焊道的薄渣。

（6）E×××T-6 类

为自保护型，采用直流反接（DCEP）。E×××T-6 药芯焊丝熔滴过渡形式以喷射过渡为主。渣系特点使其熔敷金属具有良好的低温冲击韧度，良好的焊缝根部熔透度，脱渣性优异。可用于平焊和横焊位置的单道或多道焊。

（7）E×××T-7 类

为自保护型，采用直流正接（DCEN）。E×××T-7 药芯焊丝熔滴过渡形式为细熔滴或喷射过渡。该类大直径的药芯焊丝可用于平焊或横焊位置的焊接，熔敷效率高。该类小直径的药芯焊丝可用于全位置焊接。可进行单道或多道焊接。渣系特点使其焊缝金属的硫含量低，抗热裂性好。

（8）E×××T-8 类。为自保护型，采用直流正接（DCEN）。E×××T-7 药芯焊丝熔滴过渡形式为细熔滴或喷射过渡。可用于全位置焊接。可进行单道或多道焊接。该药芯焊丝渣系特点使其焊缝金属的硫含量低，焊缝金属具有非常好的低温冲击韧度和抗裂性。

（9）E×××T-9 和 E×××T-9M 类

E×××T-9 类药芯焊丝使用 CO_2 作为保护气。有时为改善工艺性能，尤其是用于不适当位置焊接时，也可使用 Ar + CO_2 混合气体，减少焊接过程飞溅。保护气体中的 Ar 含量将影响焊缝金属的化学成分和力学性能。E×××T-9M 类药芯焊丝使用 75% ~ 80% Ar + CO_2 作为保护气。减少保护气体中的 Ar 含量或直接使用 CO_2 保护气体，将导致电弧不稳定，焊接工艺性能变坏，焊缝中锰和硅含量将减少，从而也影响焊缝金属的力学性能。E×××T-9 和 E×××T-9M 类药芯焊丝适于单道和多道焊接，对于不小于 2mm 的较大直径此类药芯焊丝用于平焊和横向角焊缝焊接（E××0T-9 和 E××0T-9M），对于不大于 1.6mm 较小直径通常用于全位置焊接（E××1T-9 和 E××1T-9M）。E×××T-9 和 E×××T-9M 类药芯焊丝的熔滴过渡、焊接特性和熔敷效率与 E×××T-1 和 E×××T-1M 类药芯焊丝相似。E×××T-9 和 E×××T-9M 类药芯焊丝的熔敷金属的冲击性能在 E×××T-1 和 E×××T-1M 基础上有所提高。

（10）E×××T-10 类

为自保护型，采用直流正接（DCEN）。E×××T-10 药芯焊丝熔滴过渡形式为细熔滴过渡为主。可用于任何厚度钢材的平焊、横焊和立焊（倾角小于

20°）位置的高速单道焊接。

（11）E×××T-11 类

为自保护型，采用直流正接（DCEN）。E×××T-11 药芯焊丝熔滴过渡形式为平稳的喷射过渡为主。一般用于全位置单道和多道焊接。除非保证预热和道间温度控制，一般不推荐焊接厚度超过 19mm 钢板。对特定的推荐，应向制造商咨询。

（12）E×××T-12 和 E×××T-12M 类

此类焊丝是在 E×××T-1 和 E×××T-1M 类药芯焊丝的基础上，为改善熔敷金属和焊缝金属的冲击韧度，降低了熔敷金属中的锰含量，使焊缝金属的抗拉强度和硬度降低。可满足 ASME《锅炉和压力容器规程》第Ⅸ章中 A-1 组化学成分的要求。焊接工艺会影响 E×××T-12 和 E×××T-12M 类药芯焊丝的熔敷金属的力学性能。在使用该类药芯焊丝时，使用者以要求的熔敷金属的硬度作为检验硬度的条件。E×××T-12 和 E×××T-12M 类药芯焊丝的熔滴过渡、焊接特性和熔敷效率与 E×××T-1 和 E×××T-1M 类药芯焊丝相似。

（13）E×××T-13 类

为自保护型，采用直流正接（DCEN）。通常以短弧焊接。该药芯焊丝的渣系可保证用于管道环焊缝根部焊道的全位置焊接。可用于不同壁厚的管道的第一道焊接，不推荐用于多道焊。

（14）E×××T-14 类

为自保护型，采用直流正接（DCEN）。具有平稳的喷射过渡。可进行全位置的高速焊接。常用于镀锌、镀铝钢板或其他涂层钢板。该类焊丝的焊缝金属

硬化倾向较大。因此对母材厚度超过 4.8mm 的 T 形或搭接接头以及母材厚度超过 6.4mm 的对接、端接或角接接头，一般不推荐采用此类焊丝焊接。特殊推荐可向制造商咨询。

（15）E×××T-G 类

该类焊丝用于多道焊。为现有分类中没有涉及的，除规定熔敷金属化学成分和拉伸性能外，对这类焊丝的要求未做规定，由供需双方协商。

（16）E×××T-GS 类

该类焊丝用于单道焊。为现有分类中没有涉及的，除规定熔敷金属化学成分和拉伸性能外，对这类焊丝的要求未做规定，由供需双方协商。

6.2.4　埋弧焊用碳钢焊丝和焊剂

1. 埋弧焊用碳钢焊丝和焊剂的型号分类

目前，我国的国家标准 GB/T 5293—1999《埋弧焊用碳钢焊丝和焊剂》是按照 ANSI/AWS A5.17—1989《碳钢埋弧焊丝及焊剂规程》修订的，在技术内容上与该规程等效。

埋弧焊用碳钢焊丝和焊剂的型号分类根据焊剂—焊丝组合的熔敷金属力学性能、热处理状态进行划分的。

焊丝焊剂组合的型号编制方法为：字母“F”表示焊剂；第一位数字表示焊剂—焊丝组合的熔敷金属抗拉强度的最小值；第二位字母表示试件的热处理状态，“A”表示焊态，“P”表示焊后热处理状态；第三位数字表示熔敷金属冲击吸收能量不小于 27J 时的最低试验温度；“-”后面表示焊丝的牌号。完整的焊剂—焊丝型号举例如下：

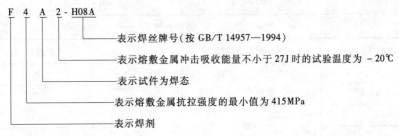

F　4　A　2 - H08A

表示焊丝牌号（按 GB/T 14957—1994）

表示熔敷金属冲击吸收能量不小于 27J 时的试验温度为 – 20℃

表示试件为焊态

表示熔敷金属抗拉强度的最小值为 415MPa

表示焊剂

GB/T 5293—1999 中的分类规定的焊丝牌号按 GB/T 14957—1994。第一字母“H”表示焊丝，字母后面的两位数字表示焊丝的平均碳含量，如含有其他化学成分，在数字后面用元素符号表示。牌号最后的 A、E、C 分别表示硫、磷杂质含量的等级。

由于 GB/T 5293—1999 中所规定的焊剂型号是与熔敷金属的力学性能相关联的。与以前 GB/T 5293—1985 中的焊剂牌号表示完全不同。按 GB/T 5293—1999 规定，任何型号的焊剂，由于使用的焊丝、热

处理状态不同，其分类型号可能有许多类别。因此焊剂应至少标出一种或所有的试验类别型号。

按 GB/T 5293—1999 中规定，在焊剂与焊丝配合的表示方法中，不规定焊剂的具体制造方法。而每一型号的焊剂只根据力学性能确定。既不规定焊剂的化学组分，也不规定焊缝金属的化学成分，只对焊剂的 S、P 杂质进行限制。

埋弧焊碳钢焊丝的化学成分要求见表 6-53，力学性能和冲击性能要求见表 6-54。焊丝尺寸、焊丝

伸出长度、接头形式、预热温度、道间温度和焊后热　　处理温度和时间等对接头的力学性能影响很大。

表 6-53　埋弧焊碳钢焊丝的化学成分要求

焊丝牌号	化学成分（质量分数，%）							
	C	Mn	Si	Cr	Ni	Cu	S	P
低锰焊丝								
H08A	≤0.10	0.30~0.60	≤0.03	≤0.20	≤0.30	≤0.20	≤0.030	≤0.030
H08E							≤0.020	≤0.020
H08C				≤0.10	≤0.10		≤0.015	≤0.015
H15A	0.11~0.18	0.30~0.65		≤0.20	≤0.30		≤0.030	≤0.030
中锰焊丝								
H08MnA	≤0.10	0.80~1.10	≤0.07	≤0.20	≤0.30	≤0.20	≤0.030	≤0.030
H15Mn	0.11~0.18		≤0.03				≤0.035	≤0.035
高锰焊丝								
H10Mn2	≤0.12	1.50~1.90	≤0.07	≤0.20	≤0.30	≤0.20	≤0.035	≤0.035
H08Mn2Si	≤0.11	1.70~2.10	0.65~0.95					
H08Mn2SiA		1.80~2.10					≤0.030	≤0.030

注：1. 如果含有其他元素，这些元素的总质量分数不得超过 0.5%。
　　2. 当焊丝表面镀铜时，$w(Cu)$ 不应大于 0.35%。
　　3. 根据供需双方协议，也可生产其他牌号的焊丝。
　　4. 根据供需双方协议，H08A、H08E、H08C 非沸腾钢允许 $w(Si)$ 不大于 0.10%。

表 6-54　埋弧焊碳钢焊丝熔敷金属的拉伸和冲击性能要求

拉伸性能			
焊剂型号	抗拉强度/MPa	屈服强度/MPa	断后伸长率（%）
F4××-H×××	415~550	≥330	≥22
F5××-H×××	480~650	≥400	≥22
冲击性能			
焊剂型号	冲击吸收能量/J		试验温度/℃
F××0-H×××	≥27		0
F××2-H×××			−20
F××3-H×××			−30
F××4-H×××			−40
F××5-H×××			−50
F××6-H×××			−60

注：1. 本表所列熔敷金属力学性能是在焊态或焊后热处理（620℃±15℃）状态下测定，或两个状态下都测定。大多数熔敷金属适用于任何一种状态。非这些状态时，实际中可按遇到具体条件制作和试验。
　　2. 测试熔敷金属的力学性能时，应按 GB/T 5293—1999 规定制备试样，并按规定进行焊态或焊后模拟热处理。

用于承压设备用埋弧焊碳钢焊丝和焊剂，除满足 GB/T 5293—1999 外，还应满足 NB/T 47018.4—2011《承压设备用焊接材料订货技术条件　第 4 部分：埋弧焊钢焊丝和焊剂》的要求。承压设备埋弧焊常用碳钢焊丝和填充丝的牌号有：H08A、H08MnA、H10Mn2 等。具体要求见表 6-55。

表 6-55　承压设备用埋弧焊碳钢焊丝和焊剂的技术要求（NB/T 47018.4—2011）

项　目	技术要求				
焊丝的圆度	焊丝直径允许偏差规定为：直径不大于 3.0mm 的焊丝允许偏差为 0～0.06mm，直径大于 3.0mm 的焊丝允许偏差为 0～0.08mm 焊丝的圆度应不大于直径公差的 40%，允许受检焊丝数量的 5%，其圆度大于直径公差的 40%，但不大于直径公差的 50%				
焊剂 S、P 含量	焊剂的 $w(S) \leq 0.035\%$、$w(P) \leq 0.040\%$				
熔敷金属硫磷含量	GB/T 5293—1999 中碳钢焊丝与焊剂组合（F4××-H×××、F5××-H×××）施焊后，熔敷金属的 $w(S) \leq 0.015\%$、$w(P) \leq 0.025\%$				
熔敷金属力学性能	按 GB/T 5293—1999 规定的焊剂型号标准要求				
	焊剂型号	拉伸试验		冲击试验*	
		抗拉强度 R_m/MPa	断后伸长率 A/%	试验温度/℃	冲击吸收能量 KV/J
	F4××-H×××	415～535	≥22	0、-20、-30、-40、-50、-60	≥34
	F5××-H×××	480～600	≥22		
	熔敷金属冲击试样取 3 个，其冲击试验结果平均值应不低于表中的规定值，允许 1 个试样的冲击试验结果低于表中规定值，但不得低于规定值的 70%				
熔敷金属的纵向弯曲性能	熔敷金属纵向弯曲试样（厚度 10mm），弯曲（弯心直径 40mm，支座间距 63mm 弯曲试验）到 180°后，其拉伸面上的熔敷金属内，沿任何方向不应有单条长度大于 3mm 的开口缺陷。试样熔敷金属的棱角开口缺陷可不计，但由未熔合、夹渣或其他内部缺欠引起的棱角开口缺陷长度应计入				
焊剂水含量	碳钢焊剂的 $w(H_2O) \leq 0.10\%$				
熔敷金属射线检测	熔敷金属射线检测按 JB/T 4730.2—2005 进行，射线检测技术应不低于 AB 级，质量等级应为 I 级				

2. 埋弧焊焊剂的分类

埋弧焊焊剂可根据生产工艺、颗粒结构、脱氧剂和合金剂种类、碱度等分类。

根据生产工艺的不同分为熔炼焊剂、粘结焊剂和烧结焊剂。

按照焊剂中添加脱氧剂、合金剂分类，又可分为中性焊剂、活性焊剂和合金焊剂。中性焊剂是指在焊接后，熔敷金属化学成分与焊丝化学成分不产生明显变化的焊剂。活性焊剂指加入少量锰、硅脱氧剂的焊剂。合金焊剂是指使用碳钢焊丝，其熔敷金属为合金钢的焊剂。不同类型焊剂可以通过相应的牌号及制造厂的产品说明书予以识别。

中性焊剂不含或含有少量脱氧剂，所以在焊接过程中主要依赖于焊丝提供脱氧剂。焊接过程中，电弧电压（弧长）变化时，中性焊剂能维持熔敷金属的化学成分稳定。有些中性焊剂在电弧区还原，释放出的氧气与焊丝中的碳结合，可降低熔敷金属的碳含量。某些中性焊剂含有硅酸盐，在电弧区还原成锰、硅，即使电弧电压变化很大时，熔敷金属的化学成分也相当稳定。熔深、焊接热输入和焊道数量等变化时，焊缝金属的抗拉强度和冲击吸收能量等性能会发生变化。如果用于单道或焊接氧化严重的母材时，焊缝中易产生气孔和裂纹。中性焊剂主要用于多道焊，特别适合于厚度大于 25mm 母材的焊接。

活性焊剂中加入的少量锰、硅脱氧剂，可提高焊缝的抗气孔能力和抗裂性。用活性焊剂焊接时，焊缝金属中的锰、硅随电弧电压变化而变化。

焊剂中添加较多的合金成分，用于向焊缝中过渡合金。多数合金焊剂为粘结焊剂和烧结焊剂。合金焊剂主要用于低合金钢焊接和耐磨层的堆焊。

焊剂也可以按碱度进行分类。按国际焊接学会推荐的焊剂碱度计算公式，

$$B = [CaO + MgO + BaO + SrO + Na_2O + K_2O + CaF_2 + 0.5(MnO + FeO)]/[SiO_2 + 0.5(Al_2O_3 + TiO_2 + ZrO_2)]$$

式中各氧化物及氟化物的含量均按质量分数计算。

根据计算结果，$B < 1.0$ 为酸性焊剂；$B \approx 1$ 为中性焊剂；$B > 1.0$ 为碱性焊剂。

焊剂也可以按照其主要组分进行分类。国际焊接学会推荐按焊剂中主要组分分类方法见表 6-56。

3. 埋弧焊焊剂的一般要求

焊剂的含水量不大于 0.10%（质量分数，下同）。焊剂中机械夹杂物（炭粒、铁屑、原材料颗粒、铁合金凝珠及其他杂物）的质量分数不大于

0.30%。焊剂的硫含量应不大于0.060%，磷含量不大于0.080%。根据供需双方协议，也可制造硫、磷含量更低的焊剂。焊剂焊接时，焊道应整齐，成形美观，脱渣容易。焊道与焊道之间、焊道与母材之间过渡平滑，不应产生较严重的咬边现象。埋弧焊焊剂的颗粒度应符合表6-57要求。

表6-56　国际焊接学会推荐按焊剂中主要组分分类方法

焊剂代号	焊剂类型	主要组分（质量分数）	主 要 特 征
MS	锰硅型	$MnO + SiO_2 > 50\%$	主要由 MnO、SiO_2 组成，与含锰量低的焊丝配合，可以向焊缝中过渡适量的锰与硅
CS	钙硅型	$CaO + MgO + SiO_2 > 60\%$	含有较多的 SiO_2，即使采用低硅焊丝，焊缝中仍可得到较高硅。该焊剂适合于大电流焊接
AR	铝钛型	$Al_2O_3 + TiO_2 > 45\%$	适合于多丝和高速焊接，但焊缝冲击韧度较低
AB	铝碱型	$Al_2O_3 + CaO + MgO > 45\%$，（$Al_2O_3 \approx$ 20%）	特征介于铝钛型和氟碱型之间
FB	氟碱型	$CaO + MgO + MnO + CaF_2 > 50\%$，$SiO_2 \leqslant 20\%$，$CaF_2 \geqslant 15\%$	含 SiO_2 低，减少向焊缝中过渡硅，焊缝金属冲击韧度较高
ST	特殊型	不规定	—

表6-57　埋弧焊焊剂颗粒度要求

普通颗粒度		细颗粒度	
<0.450mm（40目）	≤5%	<0.280mm（60目）	≤5%
>2.5mm（8目）	≤2%	>2.00mm（10目）	≤2%

4. 焊剂与焊丝的匹配

选用碳钢埋弧焊丝时，主要是考虑焊丝中的锰、硅含量与焊剂中的可过渡到焊缝中的硅锰含量的匹配。应考虑焊丝或焊剂向焊缝金属中过渡的锰、硅含量对缺欠（气孔和裂纹）、力学性能的影响。熔敷金属中必须保证最低的锰含量，防止产生焊道中心裂纹。当焊丝中锰含量较低时，应匹配锰含量高的活性焊剂。当焊丝中锰含量高时，可匹配中性焊剂。由焊剂和焊丝提供的充分脱氧，可防止焊缝中气孔产生。一般来讲，Si 比 Mn 具有更强的脱氧能力，在焊接沸腾钢等含氧较多母材或氧化皮多的钢板时，可选用 Si 脱氧焊丝和活性焊剂。

有时，某些中性焊剂，采用硅代替碳和锰，并将其降到规定值。使用这种焊剂时，不必采用硅脱氧焊丝。对于不添加硅的焊剂，要求采用硅脱氧焊丝，以获得合适的润湿性和防止气孔。因此埋弧焊丝、焊剂制造厂相互配合，对最终焊接性能至关重要。

由于在我国焊剂由专门的焊接材料厂生产，而焊丝由独立的冶金企业冶炼并轧成焊丝盘条。焊丝成分在制作焊丝前已由钢厂完全确定。因此焊剂与焊丝匹配后的熔敷（焊缝）金属的力学性能，与焊丝盘条的冶炼企业和批号等密切相关。同一种焊剂匹配不同企业的焊丝，得到熔敷金属成分有差异，而使性能上出现差异。同一焊丝，匹配不同企业同牌号焊剂，得到熔敷金属成分和性能也会有变化。这样，按照焊丝与焊剂的不同组合，有时会限制得到所希望的力学性能。

应当指出，埋弧焊熔敷金属的力学性能与试样制备有关。按照 GB/T 5293—1999 要求的程序制备试样测试的熔敷金属的力学性能受母材的影响小。由于焊丝和焊剂熔化部分的化学反应、母材的稀释率对焊缝金属的成分有一定的影响，因此在确定焊丝和焊剂对焊缝金属的力学性能影响时，必须采用标准的试验方法。

另外，多道焊和单道焊对埋弧焊接头的力学性能也有明显的影响。这是由于单道和多道焊接接头的力学性能受其化学成分、冷却速度和焊道间的热处理效应之影响。大电流的单道焊时，熔深大，比小电流的多道焊时的母材稀释率高；大电流单道焊的焊缝比小电流的多道焊焊缝的冷却慢。多道焊时，先焊焊道受后焊焊道的热循环影响，使焊道不同部位的组织发生变化，由于单道和多道焊熔池凝固时一次凝固组织晶粒度也不同。因此使用相同的焊丝和焊剂焊接时，单道和多道焊的力学性能有差异。

母材厚度在一定范围内，可采用单道焊填充完成焊接。此时，得到的焊缝金属韧性较差。因此，当对埋弧焊焊缝金属的韧性要求高时，一般建议采用多道焊。

另外，焊丝的尺寸，焊丝的伸出长度、接头形式，预热温度、道间温度和焊后热处理温度和保温时间等，对埋弧焊接头的性能影响很大，实际选择焊丝与焊剂的匹配时，也应予以考虑。

5. 我国埋弧焊焊剂商品牌号

我国目前仍沿用埋弧焊焊剂的商品牌号，并有一套编制方法。现介绍如下：

我国熔炼焊剂按照焊剂中 MnO、SiO_2 和 CaF_2 的含量组合进行分类。熔炼焊剂牌号为：$HJ \times \times \times \times$。其中"HJ"表示"焊剂"两个汉语拼音的第一个字母。焊剂包括埋弧焊用焊剂和电渣焊用焊剂。从左至右第一位数字表示焊剂中的 MnO 平均含量，为从 1 到 4 共四个数字。第二位数字表示熔炼焊剂中的 SiO_2 和 CaF_2 平均含量，为从 1 到 9 共九个数字。第三位数字表示同一类型焊剂的不同牌号顺序，按 0、1、2、…、9 次序排列。最后一个字母"×"表示为细

颗粒焊剂，为"细"字的汉语拼音第一个字母。焊剂为粗颗粒时，第四个字母不加。

熔炼焊剂牌号中第一位和第二位数字的具体意义见表 6-58 和表 6-59。我国常用熔炼焊剂的牌号和主要组成见表 6-60。

表 6-58　熔炼焊剂牌号中第一位数字代表的含义

熔炼焊剂牌号	焊剂类型	焊剂中 MnO 平均含量（质量分数，%）
$HJ1 \times \times$	无锰	<2
$HJ2 \times \times$	低锰	2 ~ 15
$HJ3 \times \times$	中锰	15 ~ 30
$HJ4 \times \times$	高锰	>30

表 6-59　熔炼焊剂牌号中第二位数字代表的含义

熔炼焊剂牌号	焊剂类型	焊剂中 SiO_2 和 CaF_2 平均含量（质量百分数，%）		熔炼焊剂牌号	焊剂类型	焊剂中 SiO_2 和 CaF_2 平均含量（质量百分数，%）	
		SiO_2	CaF_2			SiO_2	CaF_2
$HJ \times 1 \times$	低硅低氟	<10	<10	$HJ \times 6 \times$	高硅中氟	>30	10 ~ 30
$HJ \times 2 \times$	中硅低氟	10 ~ 30	<10	$HJ \times 7 \times$	低硅高氟	<10	>30
$HJ \times 3 \times$	高硅低氟	>30	<10	$HJ \times 8 \times$	中硅高氟	10 ~ 30	>30
$HJ \times 4 \times$	低硅中氟	<10	10 ~ 30	$HJ \times 9 \times$	其他	—	—
$HJ \times 5 \times$	中硅中氟	10 ~ 30	10 ~ 30				

表 6-60　碳钢埋弧焊常用熔炼焊剂

牌号	GB/T 5293—1999	AWS A5.17 /A5.17M:1997	焊剂类型	用途	成分（质量分数，%）
HJ130	F4A2-H10Mn2	F6A2-EH14	无锰高硅低氟	埋弧焊	$SiO_2 = 35 ~ 40$、$CaF_2 = 4 ~ 7$、$MgO = 14 ~ 19$、$CaO = 10 ~ 18$、$Al_2O_3 = 12 ~ 16$、$TiO_2 = 7 ~ 11$、$FeO \approx 2$、$S < 0.05$、$P < 0.05$
HJ230	F4A2-H08MnA	F6A2-EM12	低锰高硅低氟	埋弧焊	$MnO = 5 ~ 10$、$SiO_2 = 40 ~ 46$、$CaF_2 = 7 ~ 11$、$MgO = 10 ~ 14$、$CaO = 8 ~ 14$、$Al_2O_3 = 10 ~ 17$、$FeO < 1.5$、$S < 0.05$、$P < 0.05$
HJ250	—		低锰中硅中氟	埋弧焊	$MnO = 5 ~ 8$、$SiO_2 = 18 ~ 22$、$CaF_2 = 23 ~ 30$、$MgO = 12 ~ 16$、$CaO = 4 ~ 8$、$Al_2O_3 = 18 ~ 23$、$TiO_2 = 7 ~ 11$、$R_2O < 3$、$FeO < 1.5$、$S < 0.05$、$P < 0.05$
HJ251	—		低锰中硅中氟	埋弧焊	$MnO = 7 ~ 10$、$SiO_2 = 18 ~ 22$、$CaF_2 = 23 ~ 30$、$MgO = 14 ~ 17$、$CaO = 3 ~ 6$、$Al_2O_3 = 18 ~ 23$、$FeO < 1.0$、$S < 0.05$、$P < 0.05$

（续）

牌号	GB/T 5293—1999	AWS A5.17/A5.17M:1997	焊剂类型	用途	成分（质量分数,%）
HJ252	—		低锰中硅中氟	埋弧焊	$MnO = 2 \sim 5$、$SiO_2 = 18 \sim 22$、$CaF_2 = 18 \sim 24$、$MgO = 17 \sim 23$、$CaO = 2 \sim 7$、$Al_2O_3 = 22 \sim 28$、$FeO < 1.0$、$S < 0.07$、$P < 0.08$
HJ330	F6A2-H10Mn2	—	中锰高硅低氟	埋弧焊	$MnO = 22 \sim 26$、$SiO_2 = 44 \sim 48$、$CaF_2 = 3 \sim 6$、$CaO \leqslant 3$、$Al_2O_3 \leqslant 4$、$MgO = 16 \sim 20$、$FeO \leqslant 1.0$、$S < 0.10$、$P < 0.10$
HJ360	—	—	中锰高硅低氟	电渣焊	$MnO = 20 \sim 26$、$SiO_2 = 33 \sim 37$、$CaF_2 = 10 \sim 19$、$CaO = 4 \sim 7$、$Al_2O_3 = 11 \sim 15$、$MgO = 5 \sim 9$、$FeO \leqslant 1.0$、$S < 0.10$、$P < 0.10$
HJ430	F4A2-H08A	F6A2-EL12	高锰高硅低氟	埋弧焊	$MnO = 38 \sim 47$、$SiO_2 = 38 \sim 45$、$CaF_2 = 5 \sim 9$、$CaO \leqslant 6$、$Al_2O_3 \leqslant 5$、$FeO \leqslant 1.8$、$S < 0.06$、$P < 0.08$
HJ431	F4A2-H08A	F6A2-EL12	高锰高硅低氟	埋弧焊	$MnO = 34 \sim 38$、$SiO_2 = 40 \sim 44$、$CaF_2 = 3 \sim 7$、$MgO = 5 \sim 8$、$CaO \leqslant 6$、$Al_2O_3 \leqslant 4$、$FeO \leqslant 1.8$、$S < 0.06$、$P < 0.08$
HJ433	F4A2-H08A	F6A2-EL12	高锰高硅低氟	埋弧焊	$MnO = 44 \sim 47$、$SiO_2 = 42 \sim 45$、$CaF_2 = 2 \sim 4$、$CaO \leqslant 4$、$Al_2O_3 \leqslant 3$、$FeO \leqslant 1.8$、$R_2O \leqslant 0.5$、$S < 0.05$、$P < 0.05$
HJ434	F4A2-H08A（H08MnA、H08MnSiA）	F6A2-EL12	高锰高硅低氟	埋弧焊	$MnO = 35 \sim 40$、$SiO_2 = 40 \sim 50$、$CaF_2 = 4 \sim 8$、$MgO \leqslant 5$、$CaO3 \sim 9$、$Al_2O_3 \leqslant 6$、$TiO_21 \sim 8$、$FeO \leqslant 1.5$、$S < 0.05$、$P < 0.05$

　　烧结焊剂牌号表示为：SJ×××。其中"SJ"为"烧结"二个汉字拼音的第一个字母表示埋弧焊用烧结焊剂。从左至右第一位数字表示焊接熔渣的渣系。用1到6六个数字表示，见表6-61。第二、三位数字表示同一渣系类型中焊剂的可有的几种牌号，按01、02、…、09次序编排。

　　碳钢焊接时，主要选用硅钙型、硅锰型和铝钛型烧结焊剂。

表6-61　烧结焊剂牌号中第1位数字的含义

烧结焊剂牌号	熔渣类型	主要组分范围（质量百分数,%）
SJ1××	氟碱型	$CaF_2 \geqslant 15$、$CaO + MgO + MnO + CaF_2 > 50$、$SiO_2 \leqslant 20$
SJ2××	高铝型	$Al_2O_3 \geqslant 15$、$Al_2O_3 + CaO + MgO > 45$
SJ3××	硅钙型	$CaO + MgO + SiO_2 > 60$
SJ4××	硅锰型	$MnO + SiO_2 > 50$
SJ5××	铝钛型	$Al_2O_3 + TiO_2 > 45$
SJ6××	其他型	—

6.3　碳钢焊接性的影响因素

　　碳钢的焊接性优良与否，主要取决于冷裂纹敏感性、热裂纹敏感性和接头塑韧性等。碳钢的冷裂纹敏感性主要与其成分、熔敷金属成分、焊缝中溶解的氢以及焊接区的拘束度等因素有关。热裂纹敏感性与钢中成分，尤其是S、P等杂质的含量和分布有关。接头塑韧性与钢的成分、焊接热过程、焊前母材的交货状态等有关。下面从不同角度说明影响碳钢焊接性的因素。

6.3.1　碳当量

　　对碳钢冷裂影响最大的是钢材和熔敷金属的碳含量。随着碳含量的增加，焊接性逐渐变差。碳钢中的硅、锰对焊接性也有影响。随着其含量的增加，焊接性变差。将Si、Mn的影响可以折合成相当于多少碳的作用，这样，可以把C、Mn、Si对焊接性的影响折合成适用于碳钢的碳当量CE的经验公式：

$$CE = w(C) + w(Mn)/6 + w(Si)/24$$

对于碳钢来说，Si 含量较少，$w(Si)$ 最大不超过 0.5%。其按 1/24 折算，数值更小。所以，碳钢碳当量公式中有时可以忽略 Si 的影响。

CE 值增加，产生冷裂纹的倾向增大，焊接性变差。通常，当 CE 值大于 0.40%，冷裂纹敏感性增加。

6.3.2　显微组织

焊缝区和热影响区的冷裂倾向，除与其成分有关外，组织对性能影响更为明显。在成分一定的前提下，组织决定于冷却速度。不同碳钢的焊缝和热影响区在不同冷却速度下的组织种类和比例，可以用其奥氏体连续冷却转变图获得。某些焊接热循环（加热或冷却）下，可在焊缝或热影响区中形成贝氏体，甚至出现马氏体等淬硬组织。淬硬组织越多，其硬度越高。这样，焊缝和热影响区硬度越高，焊接性变差。

焊接时，母材已由设计者选定。若要改善焊接性，必须改变组织种类及其百分比。通过控制冷却速度，改变焊接区的组织种类及其硬度，降低冷裂纹产生的可能性。这时，控制焊接区的冷却速度成为关键而重要的途径和手段。冷却速度主要取决于以下 3 个因素：

1）钢材的厚度和接头的几何形状。
2）焊接时母材的实际起始温度。
3）焊接热输入大小。

焊件的厚度增加，散热加快，焊接区的散热速度加快，冷裂倾向增加。T 形接头和搭接接头比对接接头散热方向增加，焊接区的冷却速度加快，同等热输入条件下，容易产生淬硬组织。

采用预热，即提高母材开始焊接时的温度，可降低焊接区的冷却速度。同样，提高焊道间或焊层间的温度，或采取延缓冷却的后热措施，也可降低焊接区的冷却速度。采取提高焊接热输入，也能明显降低接头冷却速度。但焊接热输入增大，会明显增大焊接热影响区粗晶区晶粒尺寸和整个热影响区的宽度，反而会延缓奥氏体相变，增加淬硬倾向。同时，焊接热影响区晶粒粗化，也会降低其塑性和韧性，增加其冷裂敏感性。

6.3.3　拘束度和氢

影响冷裂纹的因素，不仅是碳当量、冷却速度或淬硬组织，氢和接头的拘束度会增加冷裂敏感性。是否产生裂纹，还与接头的应力有关。淬硬组织、氢和

拘束应力是包括碳钢在内的冷裂纹敏感性的三大诱因。

焊接区的氢主要来源于焊接材料和焊接区的水分。采用低氢焊接材料、或提高焊接材料（焊条、焊剂）的烘干温度、减少保护气含水量、降低焊接区湿度等，均可降低焊缝金属中溶解的氢。焊缝金属中的氢，在焊接过程和焊接后，会不断地向热影响区扩散和聚集。

钢板厚度增加，拘束度增大。焊接时，焊接区被刚性固定或结构的刚性过大，都可造成拘束度增加，提高氢致裂纹的敏感性。

钢材的成分一定时，淬硬组织比例越高，造成冷裂所需的临界氢含量越低，所需的拘束应力也就越低。当接头区的组织和氢含量一定时，拘束度越大，冷裂纹敏感性越大。因此碳钢冷裂倾向中，淬硬组织、氢和拘束应力三个因素是相互促进，互为前提的。

为了降低焊缝金属的热裂和冷裂倾向，焊接材料熔敷金属的碳含量通常低于母材的碳含量。当焊接比焊接材料熔敷金属碳含量高的母材时，应考虑母材熔化部分对焊缝金属碳含量的影响。此时，应尽可能减少母材的稀释率。

6.3.4　碳钢中杂质元素的影响

除 C、Mn、Si 外，碳钢中的 S、P、O、N 等杂质对其力学性能、焊接接头的冷裂纹、热裂纹和时效脆化敏感性有一定影响。下面分别说明其影响。

从标准角度来看，不同类别和用途的碳钢标准规定中的 S、P 含量限制相对较宽，尽管近年来新修订标准中的 S、P 含量均进一步加严，通常其质量分数为 0.010% ~ 0.035%（见表 6-1、表 6-5、表 6-8、表 6-11、表 6-15、表 6-18、表 6-25 等）。优质碳素结构钢的 S、P 含量要明显低于普通碳素结构钢的，专门用途的碳素结构钢的 S、P 含量要低于优质碳素结构钢的。在满足标准要求的前提下，实际碳钢中的 S、P 含量，因生产企业、炉次不同而差异较大，钢中的 S、P 实际含量，一般远低于标准中的要求的数值，尤其是重要用途的碳钢。先进工业国家一般碳钢都控制 $w(S)$ 在 0.010% 以下，对于重要的碳钢，如海洋石油平台和核容器用碳钢，控制 $w(S)$ 在 0.007% 以下，对于要求耐硫化氢腐蚀的钢，$w(S)$ 甚至在 0.0015% 以下或 0.002% 以下。

碳钢中 S、P 危害，与 C 含量关系较大。钢中的碳含量越高，S、P 在其中越易形成危害。如果碳钢中的 S、P 过多，在钢材的生产过程中，就容易在钢

材内部产生偏析，降低钢材心部的塑性，尤其是 Z 向塑性等；在焊接 S、P 过高的碳钢时，一方面，在焊接热影响区的晶界上聚集的低熔点的 S、P 化物，引起热影响区熔合线附近的液化裂纹；钢板厚度较大，沿不同偏析带分布的硫化物等，在 T 形等接头中会引起层状撕裂裂纹。当母材稀释率较高时，进入焊缝中的 S、P 也偏多，容易引起焊缝中的热裂纹。

碳钢中氧（O）的危害主要表现在力学性能各项指标（强度、塑性和韧性），并提高时效敏感性。氧在钢中的存在状态主要是各种氧化物。钢中氧的含量，与冶炼的脱氧方式有关。沸腾钢中的氧比半镇静钢和镇静钢的氧含量高，其焊接性相对较差。

碳钢中的氮（N）虽然能提高钢的强度，但却降低钢的塑性和韧性，提高钢的时效敏感性。碳钢中，通常规定 $w(N)$ 不大于 0.0080%。碳钢母材中的氮，主要决定于浇注过程和凝固前钢液中的氮含量。加强浇注过程的保护，可有效降低钢液中的氮含量。

碳钢中其他元素，如 $w(Cr)$、$w(Ni)$、$w(Cu)$ 等均有最高上限规定。见表 6-1、表 6-5、表 6-8、表 6-11、表 6-15、表 6-18、表 6-21 等。Cr、Ni、Cu 等这些元素可明显能提高钢材强度等。当使用废钢为主原料冶炼时，这些元素含量会较高，并不易控制，尤其是 Cu。用高炉铁液为主冶炼时，这些元素容易控制。通常情况下，在碳钢技术条件中，不规定 As、Sn 等元素含量要求，由钢厂内部控制。核电等特殊用途的碳钢，其残余元素含量和种类限制较多。

6.3.5　碳钢交货状态的影响

碳钢的交货状态，与其焊接性的关联也较大。通常情况下，一般碳素结构钢主要是以热轧状态交货，但对于某些优质碳素结构钢和专门用途的碳素结构钢，交货状态既有热轧、也有控轧、控轧和控冷、正火、正火 + 回火，甚至调质（淬火 + 回火）。碳素铸钢交货状态除铸态外，也有铸造后经退火或正火。这样，由于碳钢焊前的热处理状态不同，导致同样的钢种，其母材原始金相组织和力学性能并不相同，并在标准允许的范围内变化很大，焊接后，焊接接头的力学性能也会产生明显的差异。

以控轧、正火或调质状态供货，可明显提高低碳钢的强度和韧性，如原先以热轧状态交货的低碳钢 $[w(C)\leqslant 0.25\%]$，抗拉强度可以从 300MPa 提高到 450MPa 以上。近 10 余年来，随着控轧和控冷等轧制和冷却工艺技术的采用，对于碳素钢，在轧制阶段的冷却过程中，在奥氏体分解前的较低温度下，施以大变形，增加铁素体相形核率，形成的晶粒明显细化的

超细晶粒钢，从而大幅度提高其强度和塑韧性。对于超细晶粒钢，焊接后，如何实现与母材等强，并使接头韧性和塑性不过度降低，则成为这些钢焊接性研究必须面临的问题，也是制订焊接工艺必须考虑的问题。

6.3.6　匹配焊接材料的影响

对于碳钢焊接常用的电弧焊来说，焊接时，焊缝通常是由部分熔化了的母材和熔化后的焊接材料，经过十分短暂而又复杂的冶金反应，经过凝固，以及在凝固后不断变化的焊接应力（应变）作用下的相变过程，形成以铸态组织为特征的焊缝组织。因此焊缝金属的力学性能和冷热裂纹敏感性，不仅与母材有关，而且与匹配的焊接材料有关。

母材对焊缝的影响，主要通过稀释率大小的变化，在一定范围内改变焊缝金属的成分，通过母材的散热效果，影响焊缝凝固后焊缝铸态组织、宏观和微观偏析，并通过改变相变时的冷却速度而使焊缝相变后组织种类和相比例发生改变。并通过母材，使焊接区的应力、应变分布状态产生不同，从而使焊缝及其附近的裂纹敏感性发生变化。

焊接材料对焊缝性能和裂纹敏感性的影响，主要和焊接材料的成分、焊接材料的种类、焊接材料的本身的工艺性等密切相关。

作为碳钢来讲，选用焊接材料时，基本原则是保证焊缝和母材等强。在相同强度下，焊接材料熔敷金属的碳含量，通常低于母材金属。锰、硅等合金元素含量，是为优先保证脱氧而改变其原始的含量，为保证焊缝金属的强度和塑韧性而确定其脱氧后剩余的用于强化和韧化的含量。因焊接材料的种类不同，锰、硅含量和种类选用也不尽相同。

如对于焊条，在碱性焊条中，用硅铁为主要脱氧剂，而酸性焊条中，以锰铁作为主脱氧剂。在埋弧焊中，考虑焊丝与焊剂的匹配，在焊剂确定下，选用不同的锰硅含量焊丝；而焊丝一定条件下，选用不同碱度和不同 MnO、SiO_2 含量的焊剂，保证焊缝强度和韧性。CO_2 气体保护焊，则主要通过焊丝中硅锰含量，而实现脱氧，并保证焊缝金属成分，从而保证焊接接头的力学性能；也可采用 CO_2 + Ar 的混合气体实现调整焊丝的工艺性能，通过调整 Ar 气比例，改变气氛的氧化性，调整焊接工艺的同时，实现焊缝成分的调整和优化。对于富氩气体保护焊，可通过改变 CO_2 气体比例，实现焊丝工艺性和焊缝成分的调整。

同样，通过焊接材料，也可以改变焊缝的杂质元

素的含量。由于焊缝在熔池阶段，短暂而复杂的冶金，对 S、P、O、N 等杂质去除，远比炼钢要复杂得多，并且通过焊接材料，在焊接过程中或多或少都会使焊缝区增氢。对于 S、P、O、N、H 这些杂质元素，不同类型的焊接材料设计总原则是不同的。对 S 采取的是限制原材料中 S 和通过焊接冶金过程有限度地去除，对 P 主要通过限制原材料的 P 含量，而对于氧则主要是通过合金、渣冶金等还原，尽可能地降低或减少，N 则是通过加强保护，隔绝空气而实现，H 主要是通过限制焊接前焊接材料中的含水量，而尽可能地降低溶入焊缝中的氢，或通过焊后缓冷或焊后去氢热处理而使氢扩散离开焊接区。

目前，随着冶炼水平的提高，洁净化钢材的比例不断增加。通过有效冶金手段，母材中的 S、P 含量不断降低，$w(S)$ 可达到 0.002%，甚至 0.001% 以下。但对焊接材料中，尤其是涉及使用矿物和铁合金材料较多的焊条、埋弧焊剂和药芯焊丝药粉等，由于矿物原材料和铁合金中的 S、P 含量难以再进一步降低，导致焊缝中的硫磷含量远高于母材，影响着或导致焊缝与母材的性能差别进一步加大，尤其是对硫化氢腐蚀或低温冲击韧度有要求的结构。为此，对于压力容器等安全性要求较高的焊接结构，在国家标准基础上，重点提高了焊接材料中 S、P 等杂质含量控制要求。因此对于重要结构和重要行业使用的超低硫磷碳钢母材的焊接，限制焊接材料的原材料中 S、P 含量尤为必要和重要。

6.4　碳钢常用焊接方法和焊接工艺

适用于碳钢的焊接方法很多，如氧乙炔气焊，各种电弧焊方法，如焊条电弧焊、实心和药芯焊丝埋弧焊、实心和药芯焊丝 CO_2 焊、富氩混合气体（Ar + 少量 CO_2 气体）保护焊、自保护药芯焊丝电弧焊、等离子弧焊，非熔化极氩弧焊（TIG 焊）和熔化极氩弧焊（MAG 焊）、电渣焊、气电立焊、电阻焊、摩擦焊、钎焊、热剂焊，搅拌摩擦焊，高能束焊（如电子束焊和激光焊）等。几乎所有焊接方法，都可以焊接碳钢。

在工厂焊接实践中，焊接低碳钢产品时，常用的焊接方法不仅大量使用，而且进一步发展和组合，形成新的焊接工艺。如锅炉压力容器制造厂和重型机器制造厂使用的窄间隙埋弧焊，焊管厂使用的多丝（双丝、3 丝、5 丝）埋弧焊，造船厂拼接甲板常用的焊丝-烧结焊剂-铁粉-背面衬垫联合使用的高效单面焊双面成形法，大型油罐底板焊接采用的坡口填充碎丝 + 埋弧焊工艺，降低焊接变形，压力容器、管道制造和安装中常用的氩弧焊封底-焊条电弧焊盖面、填充或氩弧焊封底-埋弧焊焊接盖面、填充，大型锅炉水冷壁制造中使用的多丝（头）埋弧焊或气体保护焊平焊和仰焊双面同时焊接一次成形。

选用焊接碳钢的焊接方法，应综合考虑碳钢的种类和构件的使用行业、制造焊接结构（焊件）种类、制造厂焊接设备或施工安装现场工况条件、制造成本、焊接结构（焊件）的质量要求等综合因素。对于一般低碳钢来说，焊接方法不受限制。对于通过细晶强化和韧化的碳钢，一般应选择焊接热输入尽可能低的焊接方法，如小电流氩弧焊、激光焊等。对于中高碳钢来说，还应考虑其冷裂纹等焊接性。

焊接方法确定后，焊接材料的种类随之也基本确定。根据焊接结构质量要求，选择相应的焊接材料。根据焊接工艺试验或评价结果，制订焊接工艺，并编制焊接工艺规程，并在实际焊接中自觉遵守焊接工艺规程。

6.5　低碳钢的焊接

6.5.1　低碳钢焊接性分析

低碳钢因 C、Mn、Si 含量少，正常情况下焊接时，整个焊接过程不需要采取特殊的工艺措施，如不需要预热、控制层（道）间温度和后热，焊后也不必采取热处理改善接头热影响区和焊缝组织，其焊接热影响区不会因焊接而引起严重的硬化组织或淬火组织。此时，钢材的塑性和冲击韧度优良，焊接接头的塑性和冲击韧度也很好，接头产生裂纹的可能性小，其焊接性优良。但在少数情况下，低碳钢焊接性也会变差，焊接时出现困难，例如：低碳钢接头 HAZ 产生性能不合格几种情况：低碳钢接头的性能不合格主要表现为接头的弯曲性能不合格，焊接热影响区或焊缝金属的冲击性能不合格，焊接接头的强度不足，疲劳或腐蚀等性能不合格。

市场上低碳钢由不同企业采用不同的方法冶炼，如电炉、转炉。这些不同冶炼方法，尽管主要成分符合国家或行业标准，导致实际钢材中的 S、P、N、O 等含量出现明显差异，而引起钢的焊接性变化或差异性明显。一旦低碳钢中的氮含量过高，钢材的冷脆性增加，时效敏感性增大，导致焊接接头的韧性脆化。钢中硫、磷含量尽管达到国家标准的规定，但有时会出现硫、磷等元素在钢中的局部偏聚，形成钢中局部硫、磷含量大幅超过平均含量，此时，钢材的这一局部的冷脆和时效敏感性大，焊接时，这一局部偏聚区位于热影响区熔合线附近时，容易形成液化裂纹。当这一局部偏聚的硫磷熔化进入熔池后，也会使该熔池凝固后的焊缝中的 S、P 含量增高，使这段焊缝的热裂倾向增大。

实际中，用不合格或质量等级低的钢材替代使用于重要结构的钢材，也容易显示出焊接性问题。如锅炉压力容器等重要结构，要求采用镇静钢制造，方可达到满足锅炉压力容器有关规程要求，一旦采用半镇静钢或沸腾钢替代，因母材氧含量高，晶粒粗大，焊接后容易造成焊接热影响区脆化，冲击性能或冷弯性能不能满足要求。

尽管母材成分合格，但如果 C 等元素含量接近上限时，在其他焊接条件相同条件下，一旦焊接冷却速度，如焊接环境温度变化，就有可能导致焊接热影响区出现脆硬组织，导致韧性降低或冷弯不合格，甚至有时产生裂纹。

焊缝金属的冲击性能不合格，与焊接材料的选择密切相关。一般情况下，酸性焊条所焊焊缝的冲击性能比同强度级别的碱性焊条所焊焊缝金属冲击性能低。若选用酸性焊条焊接的焊缝金属冲击性能达不到要求，可改用同强度级别的碱性焊条。碱性焊条所焊焊缝金属冲击性能仍达不到要求，可改用其他焊接方法，如氩弧焊。

焊接接头的强度过低，与焊缝金属强度过低或焊接热影响区的软化有关。焊缝金属强度过低，或因选择的熔敷金属的关系，或熔敷金属强度能达到要求，但熔敷金属中的合金元素因参与熔滴、熔池的脱氧冶金过程，参与脱氧的合金元素越多，将减少最后焊缝金属中的合金元素的含量，有可能造成焊缝金属的强度降低。对于热轧或正火状态的低碳钢，一般不会因焊接造成热影响区强度下降。但对于控轧、控轧控冷或调质处理的低碳钢板，应注意因焊接造成的热影响区的软化区。

反过来，若选用的焊接材料的熔敷金属强度过高，尽管强度过高，但会带来接头其他性能问题，如塑性低、疲劳寿命降低等。

对于低碳钢，钢板的厚度增加时，焊接性也会发生变化。一方面，在钢厂生产厚板时，因连铸或模铸坯厚度规格有限，导致生产不同厚度钢板的压缩比差异大。在压缩比变化过大时，会造成钢板表面至心部性能差异过大，尤其是冲击性能和塑性。由于钢板的性能检验时，通常在钢板厚度 1/4 处取样，而通常不检验钢板 1/2 处性能。这样，对钢板性能合格的厚钢板，因焊接时，心部与其他部位的性能差别太大，而导致弯曲性能不合格。严重时，因心部组织的致密

度不够，在厚度方向上施加应力过大或产生的焊接应力作用下，甚至会形成因组织致密度不足，冲击吸收能量低而产生撕裂现象。这种撕裂现象与通常的因沿不同偏析带存在硫化物或氧化物造成的层状撕裂不同。因此对于低碳钢厚板，尤其是特厚板，应关注其钢材心部性能及其与其他部位的性能差异。

焊缝中产生热裂纹的原因和情况。从成分上看，低碳钢焊缝产生热裂纹原因主要是所用焊接材料的熔敷金属的 S、P 含量偏高，或熔敷金属 S、P 含量达到要求，但低碳钢母材的 S、P 含量平均偏高，或存在局部偏聚。对于前者，应选用熔敷金属的 S、P 含量低的焊接材料，对于后者，应停止使用。

低碳钢焊接热影响区产生冷裂纹，应从焊接热影响区淬硬组织、接头拘束度和焊缝中的含氢量等角度分析，并采取相应的措施防止和解决。低碳钢焊接热影响区出现热裂纹情况主要是与母材中局部存在 S、P 偏聚及其与氧化物形成低熔点的复合相有关。

6.5.2　低碳钢焊接工艺要点

低碳钢作为焊接性优良钢种，许多焊接方法均适用于焊接低碳钢。如药皮焊条电弧焊、埋弧焊、电渣焊、CO_2 气体保护焊、氩弧焊、气焊、电阻焊、等离子弧焊、钎焊等。

焊接方法确定后，此种焊接方法对应的焊接材料种类即确定。对低碳钢焊接材料，一般根据其强度和结构的重要性，选用相配套的焊接材料。

所选用或实际使用的焊接材料，应首先保证焊接接头最小强度不低于母材抗拉强度要求下限。此处应先根据熔敷金属的最低强度级别与母材最小抗拉强度要求相匹配。但焊后焊缝金属的实际强度与母材强度的关系，与熔敷金属和母材金属 C、Mn、Si 含量差异有关。熔敷金属的合金元素最终进入焊缝中的数量，与参与脱氧的合金元素数量有关，参与脱氧的合金元素越多，将减少最后焊缝金属中的合金元素的量，有可能造成焊缝金属的强度低于母材。

对于重要的低碳钢结构，选择焊接材料时，还应考虑熔敷金属的塑性和冲击韧度要求。选用原则是应使焊接材料熔敷金属的塑性或冲击性能指标尽量达到或接近母材的塑性或冲击性能最低要求。

常用的低碳钢的焊条和施焊条件见表 6-62。几种碳钢埋弧焊常用焊接材料选择见表 6-63。

按照力学性能选择和确定好焊接材料后，应按焊接材料制造厂推荐要求，在焊接材料使用前严格保管焊接材料，并在使用前按要求，进行必要的烘干，尤其是碱性焊条和烧结焊剂，在焊接过程及停焊期间，

还应注意防潮。

焊接参数选择原则，在保证焊接过程稳定的条件下，在焊接热输入和焊接效率之间寻求平衡。降低接头热输入，在满足接头等强度条件下，可提高焊接热影响区的冲击性能和塑性。

焊接时，一般不需要预热、控制层（道）间温度和后热，焊后也不必采取热处理改善接头热影响区和焊缝组织。

对于超过一定厚度的低碳钢板，在焊接环境温度过低时，应考虑适当预热。此时，预热温度的选用原则应符合有关焊接规程。

当焊态接头性能试验不合格时，如接头的弯曲性能不合格，焊缝或焊接热影响区的硬度超过技术要求指标，也可以考虑用焊后热处理（退火或正火等）的办法恢复接头性能。

表 6-62　常用低碳钢匹配的焊条和施焊条件

钢号	焊条选用				施焊条件
	一般结构		承受动载荷、复杂和厚板结构,压力容器和低温下焊接		
	国标型号	牌号	国标型号	牌号	
Q235	E4303、E4313、E4301、E4320、E4311	J421、J422、J423、J424、J425	E4316、E4315（E5016、E5015）	J426、J427（J506、J507）	一般不预热
Q255					
Q275	E5016、E5015	J506、J507	E5016、E5015	J506、J507	厚板结构预热150℃以上
08、10、15、20	E4303、E4301、E4320、E4311	J422、J423、J424、J425	E4316、E4315（E5016、E5015）	J426、J427（J506、J507）	一般不预热
25、30	E4316、E4315	J426、J427	E5016、E5015	J506、J507	厚板结构预热150℃以上
20G	E4303、E4301	J422、J423	E4316、E4315（E5016、E5015）	J426、J427（J506、J507）	一般不预热
Q245R	E4303、E4301	J422、J423	E4316、E4315（E5016、E5015）	J426、J427（J506、J507）	一般不预热

注：表中括号内表示可以代用。

表 6-63　碳钢埋弧焊常用焊接材料

钢号	埋弧焊焊接材料的选用		
	焊丝	焊剂	
		牌号	国标型号
Q235	H08A	HJ431、HJ430	F4A×—H08A
Q255	H08A		
Q275	H08MnA		
15、20	H08A、H08MnA		—
25、30	H08MnA、H10Mn2		—
20G	H08MnA、H08MnSi、H10Mn2	HJ431、HJ430	F4A2—H08MnA
Q245R	H08MnA	HJ431、HJ430	F4A2—H08MnA

注：确定焊剂国标型号中表示的使用温度，对应于国标中该钢种推荐的使用温度。

6.6　中碳钢的焊接

6.6.1　中碳钢的焊接性分析

中碳钢 $w(C)$ 范围为 0.25% ~ 0.60%。当其碳含量处于该范围的下限时，焊接性良好，随着碳含量提高，焊接性逐渐变差。主要带来的问题就是焊接热影响区，因出现淬硬组织，带来的强度提高，脆化和硬化，冷裂纹敏感性的增大。焊接时，因熔化母材中的碳进入熔池中，导致焊缝金属碳含量增加，且因稀释率的不同而使焊道间的性能变化。尤其是多层多道焊，因焊道稀释率不同，而焊缝的强度、硬度等性能的不均匀性增大。进入熔池中的碳含量增加，也增加了焊缝中出现气孔的敏感性。另外，随着碳含量的增加，增加了焊缝中的 S、P 偏析，焊缝的热裂纹倾向增大。特别是母材 S、P 含量控制接近标准要求的合格值的上限附近时，易出现热裂纹，尤其是弧坑处。焊接沸腾钢时，应保证所选用的焊接材料中有足够脱氧剂，防止焊缝中的气孔。

中碳钢焊接后热影响区更易形成脆硬的马氏体组织，这种组织对氢更敏感，产生冷裂纹所需的临界应力更低。因此在焊接热影响区脆硬组织不能避免前提下，应设法采用低氢型焊条，并设法降低位于焊接热影响区的焊后残余焊接应力水平，如适当提高预热温度等，并降低焊接区的拘束度。

中碳钢既可作为强度较高的结构件采用，也可作为机械结构部件和工具使用。作为机械结构部件时，要求其强韧性匹配。甚至同时具备耐磨性。这种情况下，可利用热处理达到所需的性能。

若中碳钢焊接前为退火状态，焊后调质处理达到焊接构件设计性能要求。因此焊接时，尤其是选择焊接材料，应保证焊缝在调质处理后同样能达到母材所希望的强韧性或耐磨性要求。因此选择焊接材料十分重要和关键。若焊前为调质处理状态，一方面应保证焊后焊态下焊缝的性能达到焊接构件的设计性能要求，另一方面，应保证焊接热影响区不过度软化，同时也应保证焊接热影响区不出现明显的硬化区和性能脆化区。减少热影响区软化的办法是限制焊接热输入，而防止焊接热影响区硬化的办法就是要减缓热影响区的冷却速度，如预热、后热，适当提高焊接热输入。若这些工艺措施仍不能保证焊态下焊缝和热影响区性能达到设计指标要求，可采取整体热处理办法解决。

有时为了提高中碳钢耐磨或耐蚀性，在表面堆焊一层高合金层。此时应防止堆焊层与基体成分差异过大在熔合区产生过多的合金马氏体组织，易造成该区冷裂纹或产生剥离。

对于中碳钢铸钢件，焊接修复时，应防止焊接冷裂纹或修复部位焊接残余应力过大而导致开裂。

6.6.2　中碳钢的焊接工艺要点

焊接方法应选用焊接热输入易控制，且较小的焊接方法，如焊条电弧焊，CO_2 气体保护焊、氩弧焊等。

焊接材料根据工况条件决定，首先强度上应尽可能与母材等强度。对于受动载荷或冲击载荷工况条件下使用的构件，焊接材料选用应保证有一定的塑性和韧性。若构件焊后需要整体热处理，所选焊接材料，应保证焊后热处理焊缝金属的性能满足构件性能要求。为了尽可能降低氢的危害，应尽量选用低氢型焊接材料，也可选择奥氏体型不锈钢焊条进行焊接。

焊接参数选择原则是尽可能减低焊接热输入。如选用小规格的焊接材料，单道不摆动焊接。对于厚度较大焊件，因焊接速度过快而易产生淬硬组织，可通过适当的预热降低焊缝和热影响区冷却速度。

大多数情况下，中碳钢焊接需要预热和层间温度，以降低焊缝和热影响区冷却速度，从而防止和减少马氏体的产生。预热温度取决于碳当量、母材厚度、结构刚性、焊条类型和焊接方法。通常情况下，35 钢和 45 钢预热温度可在 150 ~ 250℃，碳含量再高，或厚度增加，或刚性大，预热温度可提高到 250 ~ 400℃。

对于厚度大或刚性大的构件，或苛刻工况条件（动载荷或冲击载荷）下使用的构件，焊后应立即进行焊后消除应力热处理，消除应力处理的温度一般在 600 ~ 650℃。如果焊后不能立即进行消除应力处理，可先进行去氢处理，去氢处理温度在 250 ~ 300℃。若去氢处理也无法进行，应进行后热，以增加氢从焊接区逸出，并通过减缓焊缝和热影响区的冷却速度，降低组织的硬度。

需要进行焊后调质处理的中碳钢焊件，应控制淬火时的冷却速度，防止在回火前形成淬火裂纹。

对于在中碳钢表面堆焊合金层时，应选用低氢焊接方法，如 CO_2 气体保护焊，或低氢焊接材料，如埋弧焊碱度较高的焊剂。为了防止堆焊层剥离，可采用碳含量低、合金元素少的焊材先堆焊过渡层，然后再堆焊合金层。

修复厚大的中碳钢铸钢件时，应保证焊前预热温度，并比钢板预热温度高。焊后应立即进行消除应力处理。

6.6.3 典型中碳钢的焊接

实际工程中经常焊接中碳钢。中碳钢除大量用做机器零件外，目前有些船舶、建筑钢结构也采用中碳钢。焊接中碳钢时，一般多采用焊条电弧焊或 CO_2 气体保护焊等。在中碳钢上增加耐磨或耐蚀面的面积较大时，或修复中碳钢上面积较大的磨损面时，也可采用埋弧焊。用上述电弧焊焊接中碳钢时，应限制焊接热输入，焊接材料在使用前应严格烘干，并按工艺试验确定的温度进行预热，并在焊接过程中保持层间温度与预热温度相当。焊后，根据中碳钢厚度，进行焊后消除应力热处理。当工件厚度较大时，也可增加中间消除应力热处理。保温时间主要按工件的厚度确定。

6.7 高碳钢的焊接

6.7.1 高碳钢焊接性分析

高碳钢的 $w(C)$ 大于 0.60%。包括高碳结构钢，还有高碳碳素钢铸件和碳素工具钢。与中碳钢相比，高碳钢焊接热影响区更易形成硬脆的高碳马氏体，所以高碳钢淬硬倾向和冷裂纹敏感性更大。因此这类钢一般不适合制造焊接结构，主要用于高硬度或耐磨部件、零件和工具，即铸件或工具。但可以利用焊接，对铸件或零件进行局部修复。

为了获得高硬度或耐磨性，高碳钢零件一般都经过热处理，主要为淬火 + 回火。因此焊前应为退火状态，以减少冷裂倾向。焊后再进行热处理，以达到高硬度和耐磨性。

焊接高碳钢焊接材料熔敷金属的碳含量较低。用于焊接高碳钢时，熔化的母材使焊缝金属碳含量明显增高。此时，焊缝金属的淬硬倾向增大，强度升高，塑性降低，冷裂纹敏感性增大。同样，焊缝中碳增加，增加了 S、P 偏聚，热裂纹敏感性也增加。

6.7.2 高碳钢焊接工艺要点

焊接方法应选择方便易行的小热输入的焊接方法。故焊条电弧焊使用较多。

根据钢的碳含量、工件设计和使用条件，选择相应的焊接材料。焊接材料选用首先是尽可能保证焊缝或热影响区不产生冷裂纹，所选用焊接材料首先应当是低氢型的。高碳钢强度较高，焊缝金属要达到与高强钢母材等强度较困难。对于接头强度要求较高时，可选用 E7015—D2（J707、J707Ni），强度要求不高时，也可选用 E5016（J506）或 E5015（J507）等焊条。也可考虑选用强度级别相近的低合金钢焊条或其他填充金属。

为了降低焊接时的预热温度，甚至不预热，必要时，焊接高碳钢也可使用铬镍型奥氏体不锈钢焊条，如牌号为 A102、A107、A302、A307，碳含量很高时，可选用 A402 和 A507。此时，不锈钢焊条不必一定是碱性焊条。

焊接时，应尽可能选用小规格焊条，使用较小的焊接参数，降低焊接热输入。焊接前，严格按焊接材料推荐的烘干温度进行烘焙。

高碳钢一般焊前应为退火状态。采用结构钢焊条时，焊前必须预热，一般预热温度为 250～350℃ 以上。焊接过程中，层间温度不低于预热温度。焊接过程和焊后应注意焊件保温，焊后立即送入炉中，在 650℃ 下保温，进行消除应力热处理。

工件厚度、刚度较大时，应采取减少焊接内应力的措施，如合理安排焊道次序，采用分段倒退焊法、锤击焊缝等措施。

6.7.3 典型高碳钢的焊接

1. 钢轨的焊接

钢轨皆为高碳钢。铁道钢轨通常要尽可能建成无缝线路。钢轨的焊接是实现无缝线路的关键。我国目前主要采用 3 种焊接方法进行钢轨的铺设。

（1）气压焊

又称加压气焊。利用氧乙炔焰，将钢轨端部待焊处加热到塑性状态，再沿着钢轨纵向施加压力，使两根钢轨的端部焊接成一体。钢轨的气压焊通常采用特殊的专用焊炬，形状与钢轨的截面相适应，用多个喷嘴，将钢轨端部快速、均匀地加热，然后加压连接在一起。气压焊由于不需用电力，因此更适应于缺乏电力的野外现场施工。

（2）热剂焊

20 世纪 60 年代，我国研制出了铁道钢轨热剂焊，焊接 50kg/m 钢轨。热剂焊设备简单，操作方便，易于搬动、不需要电力，所以适用于野外施工或焊接联合接头，或用于抢修。但焊接接头的质量低于气压焊和电阻焊。

（3）电阻焊

近年来，铁道无缝线路主要采用电阻焊。电阻焊效率高，机械化、自动化程度高、接头质量优良。我国已将电阻焊用于 U74 的 60kg/m 钢轨的电阻焊，效果良好。

2. 桥梁斜拉钢索的焊接

目前，我国建设的斜拉索桥较多。斜拉钢索为高碳钢材料。目前，大量采用 $w(C)$ 0.80% 左右的直径 5mm 或 7mm 左右的优质高碳钢丝拧绞而成。为了将钢索拉紧，需要在钢索端部焊上钢索端头。焊接时，需在较高温度下预热，采用强度级别比钢索低的焊条进行焊接。焊接时，保持与预热温度相同的层间温度，焊后缓冷。

参 考 文 献

[1]　American Welding Society Welding Handbook：Vol. 4 [M]. 7ed. AWS, 1993.

[2]　中国船级社. 材料与焊接规范（2012）. 北京：人民交通出版社, 2012.

第7章 低合金钢的焊接

作者 张显辉 彭云 审者 田志凌

7.1 低合金钢的种类、标准与性能

7.1.1 概述

低合金钢是在碳素钢的基础上添加一定量的合金化元素而成，合金元素的质量分数一般为 1.5% ~ 5%，用以提高钢的强度并保证其具有一定的塑性和韧性，或使钢具有某些特殊性能，如耐低温、耐高温或耐腐蚀等。低合金钢中常用的合金元素是锰、硅、铬、镍、钼，或一些微合金化元素，如钒、铌、钛、锆等。按 GB/T 13304.1—2008《钢分类 第1部分：按化学成分分类》中规定合金元素含量的界限值，低合金钢中 $w(Si) = 0.5\% ~ 0.9\%$，$w(Mn) = 1.0\% ~ 1.4\%$，$w(Ni) = 0.3\% ~ 0.5\%$，$w(Mo) = 0.05\% ~ 0.10\%$，$w(Cr) = 0.3\% ~ 0.5\%$，$w(Cu) = 0.10\% ~ 0.50\%$，$w(Nb) = 0.02\% ~ 0.06\%$，$w(Ti) = 0.05\% ~ 0.13\%$，$w(RE)(La 系) = 0.02\% ~ 0.05\%$；$w(V) = 0.04\% ~ 0.12\%$，$w(Zr) = 0.05\% ~ 0.12\%$。实际上，由于低合金钢在很大程度上是以使用性能作为主要交货验收指标，在保证所需使用性能且不损害其他可能需要的性能基础上，允许钢厂在生产低合金钢时其化学成分中某种或某几种元素的含量适当超过界限值。低合金钢可以热轧、控轧控冷、正火、调质状态供货。目前世界钢产量中约有 70% 属于工程结构用钢，而工程结构用钢中 60% 以上均属于低合金钢，可见低合金钢在国民经济各行业中的应用十分广泛。

7.1.2 分类

低合金钢有多种分类方法。按钢材的使用性能可分为：高强度钢、低温钢、耐热钢、耐蚀钢、耐磨钢、抗层状撕裂钢等；按用途可分为：锅炉和压力容器用钢、石油天然气输送管线用钢、船体用结构钢、桥梁用结构钢等；按照钢材的屈服强度的最低值可以分为 345MPa、390MPa、420MPa、460MPa、500MPa、550MPa、620MPa、690MPa、980MPa 等不同等级；按钢材的交货状态可分为：热轧、控轧、正火、正火轧制、正火加回火、热机械轧制（TMCP）、TMCP 加回火及调质等；按照钢的显微组织可分为：铁素体-珠光体钢、针状铁素体钢、低碳贝氏体钢、回火马氏体钢等。在所有低合金钢中，低合金高强度钢应用最为广泛，我国钢分类标准 GB/T 13304.2—2008 中按照钢材的质量等级将焊接高强度钢分为：普通质量级、优质级及特殊质量级。其中普通质量级主要用于一般用途结构钢；优质级主要用于锅炉、压力容器、造船、汽车、桥梁、工程机械及矿山机械等；特殊质量级主要用于核电、石油天然气管线、海洋工程、军用舰船等。本章将重点介绍低合金高强度钢、低合金调质钢、低合金低温用钢、低合金耐候及耐海水腐蚀用钢及低合金镀层钢的焊接，上述钢材的标准和性能将在以后各节中分别介绍。

7.2 低合金钢用焊接材料

低合金钢用焊接材料包括焊条电弧焊用的焊条，埋弧焊及电渣焊用焊丝和焊剂组合，气体保护焊实心焊丝及药芯焊丝等。本节对低合金钢用焊条、焊丝、焊剂的型号和性能要求以及焊接用保护气体作一概括介绍。关于各类低合金钢焊接时的焊接材料选择，将在本章 7.3 至 7.8 节中分别推荐和介绍。

7.2.1 焊条

按熔敷金属强度级别，低合金钢焊条分成 E50、E55、E60、E70、E75、E80、E85、E90、E100 等 9 个系列共 44 类，熔敷金属抗拉强度分别不小于 490MPa、540MPa、590MPa、690MPa、740MPa、780MPa、830MPa、880MPa 及 980MPa 共 9 个级别。药皮类型有钛钙型、高纤维素型、低氢型、铁粉低氢型及高氧化铁型，可以满足平、立、仰、横及平角焊等各种不同位置焊接的需要。低合金钢焊条型号编制方法与碳钢焊条基本相同，已在第 6 章介绍过，此处不再重复。各种不同类型低合金钢焊条的划分见表 7-1。按照熔敷金属的化学成分，低合金钢焊条又可分为碳钼钢焊条、铬钼钢焊条、镍钢焊条、镍钼钢焊条、锰钼钢焊条及其他低合金钢焊条，其中铬钼钢焊条将在第 8 章耐热钢的焊接中加以介绍。各种低合金钢焊条熔敷金属的化学成分要求见表 7-2。实际上碳钢焊条标准 E43、E50 系列中有不少焊条也可用于低合金钢焊接，有关 E43、E50 系列碳钢焊条的情况在第 6 章碳钢的焊接中已有详细介绍，此处不再重复。

各种低合金钢焊条熔敷金属的拉伸性能和冲击性能要求见表7-3和表7-4，焊条熔敷金属的扩散氢含量及药皮含水量要求分别见表7-5和表7-6。我国低合金结构钢焊条的牌号以"结"字汉语拼音的第一个字母"J"开头，牌号的前两位数字表示该焊条熔敷金属的抗拉强度等级，牌号的第三位数字表示药皮类型和焊接电流的种类，见表7-7。第三位数字后加Fe表示焊条药皮中加入了铁粉，Fe后面的数字13、14、15、16和18分别表示该焊条的名义熔敷效率可达到

130%、140%、150%、160%和180%。第三位数字后如果加注元素符号或代号表示该焊条具有特殊的性能和用途，见表7-8。低合金低温钢焊条的牌号以"温"字汉语拼音的第一个字母"W"开头，紧接着的前两位数字表示低温钢焊条的工作温度等级，见表7-9。第三位数字表示药皮类型和焊接电流的种类，表示方法同结构钢焊条。目前我国生产的一些低合金钢焊条牌号及其对应的标准型号见表7-10[1]。不同药皮类型结构钢焊条的再烘干温度见表7-11[2]。

表 7-1　低合金钢焊条

焊条型号	药皮类型	焊接位置	电流种类
E50 系列—熔敷金属抗拉强度≥490MPa			
E5003-×	钛钙型	平、立、仰、横	交流或直流正、反接
E5010-×	高纤维素钠型		直流反接
E5011-×	高纤维素钾型		交流或直流反接
E5015-×	低氢钠型		直流反接
E5016-×	低氢钾型		交流或直流反接
E5018-×	铁粉低氢型		
E5020-×	高氧化铁型	平角焊	交流或直流正接
		平	交流或直流正、反接
E5027-×	铁粉氧化铁型	平角焊	交流或直流正接
		平	交流或直流正、反接
E55 系列—熔敷金属抗拉强度≥540MPa			
E5500-×	特殊型	平、立、仰、横	交流或直流正、反接
E5503-×	钛钙型		
E5510-×	高纤维素钠型		直流反接
E5511-×	高纤维素钾型		交流或直流反接
E5513-× ×	高钛钾型		交流或直流正、反接
E5515-×	低氢钠型		直流反接
E5516-×	低氢钾型		交流或直流反接
E5518-×	铁粉低氢型		
E60 系列—熔敷金属抗拉强度≥590MPa			
E6000-×	特殊型	平、立、仰、横	交流或直流正、反接
E6010-×	高纤维素钠型		直流反接
E6011-×	高纤维素钾型		交流或直流反接
E6013-×	高钛钾型		交流或直流正、反接
E6015-×	低氢钠型		直流反接
E6016-×	低氢钾型		交流或直流反接
E6018-×	铁粉低氢型		

（续）

焊条型号	药皮类型	焊接位置	电流种类
E70 系列熔敷金属抗拉强度≥690MPa			
E7010-×	高纤维素钠型	平、立、仰、横	直流反接
E7011-×	高纤维素钾型		交流或直流反接
E7013-×	高钛钾型		交流或直流正、反接
E7015-×	低氢钠型		直流反接
E7016-×	低氢钾型		交流或直流反接
E7018-×	铁粉低氢型		
E75 系列—熔敷金属抗拉强度≥740MPa			
E7515-×	低氢钠型	平、立、仰、横	直流反接
E7516-×	低氢钾型		交流或直流反接
E7518-×	铁粉低氢型		
E80 系列—熔敷金属抗拉强度≥780MPa			
E8015-×	低氢钠型	平、立、仰、横	直流反接
E8016-×	低氢钾型		交流或直流反接
E8018-×	铁粉低氢型		
E85 系列—熔敷金属抗拉强度≥830MPa			
E8515-×	低氢钠型	平、立、仰、横	直流反接
E8516-×	低氢钾型		交流或直流反接
E8518-×	铁粉低氢型		
E90 系列—熔敷金属抗拉强度≥880MPa			
E9015-×	低氢钠型	平、立、仰、横	直流反接
E9016-×	低氢钾型		交流或直流反接
E9018-×	铁粉低氢型		
E100 系列—熔敷金属抗拉强度≥980MPa			
E10015-×	低氢钠型	平、立、仰、横	直流反接
E10016-×	低氢钾型		交流或直流反接
E10018-×	铁粉低氢型		

注：1. 后缀字母×代表熔敷金属化学成分分类代号，如 A1、B1、B2 等。

　　2. 焊接位置栏中文字涵义：平—平焊；立—立焊；仰—仰焊；横—横焊；平角焊—水平角焊。

　　3. 表中"立"和"仰"是指适用于立焊和仰焊的直径不大于 4.0mm 的 E××15-×、E××16-×、E××18-× 型及直径不大于 5.0mm 的其他型号焊条。

表 7-2　低合金钢焊条熔敷金属化学成分

焊条型号	化学成分(质量分数,%)												
	C	Mn	P	S	Si	Ni	Cr	Mo	V	Nb	W	B	Cu
碳 钼 钢 焊 条													
E5003-A1													
E5010-A1		0.60			0.40								
E5011-A1													
E5015-A1	0.12	0.90	0.035	0.035	0.60	—	—	0.40 ~ 0.65					—
E5016-A1													
E5018-A1					0.80								
E5020-A1		0.60			0.40								
E5027-A1		1.00											
镍 钢 焊 条													
E5515-C1					0.60								
E5516-C1	0.12					2.00 ~ 2.75	—	—					—
E5518-C1					0.80								
E5015-C1L													
E5016-C1L	0.05				0.50								
E5018-C1L		1.25	0.035	0.035									
E5516-C2	0.12				0.60								
E5518-C2					0.80	—		—	—				
E5015-C2L						3.00 ~ 3.75							
E5016-C2L	0.05				0.50					—	—	—	—
E5018-C2L													
E5515-C3													
E5516-C3	0.12				0.80	0.80 ~ 1.10	0.15	0.35	0.05				
E5518-C3													
镍 钼 钢 焊 条													
E5518-NM	0.10	0.80 ~ 1.25	0.020	0.030	0.60	0.80 ~ 1.10	0.05	0.40 ~ 0.65	0.02	—	—	—	0.10
锰 钼 钢 焊 条													
E6015-D1					0.60								
E6016-D1		1.25 ~ 1.75											
E6018-D1					0.80								
E5515-D3	0.12												
E5516-D3		1.00 ~ 1.75	0.035	0.035	0.60	—	—	0.25 ~ 0.45	—	—	—	—	—
E5518-D3					0.80								
E7015-D2													
E7016-D2	0.15	1.65 ~ 2.00			0.60								
E7018-D2					0.80								

（续）

焊条型号	化学成分（质量分数，%）												
	C	Mn	P	S	Si	Ni	Cr	Mo	V	Nb	W	B	Cu
其他低合金钢焊条													
E××03-G	—	≥1.00	—	—	≥0.80	≥0.50	≥0.30	≥0.20	≥0.10				—
E××10-G													
E××11-G													
E××13-G													
E××15-G													
E××16-G													
E××18-G													
E5020-G													
E6018-M	0.10	0.60~1.25	0.03	0.03	0.80	1.40~1.80	0.15	0.35	0.05	—	—	—	
E7018-M		0.75~1.70				1.40~2.10	0.35	0.25~0.50					
E7518-M	0.10	1.30~1.80			0.60	1.25~2.50	0.40	0.25~0.50					
E8518-M		1.30~2.25				1.75~2.50	0.30~1.50	0.30~0.55					
E8518-M1		0.80~1.60	0.015	0.012	0.65	3.00~3.80	0.65	0.20~0.30					
E5018-W	0.12	0.40~0.70	0.025	0.025	0.40~0.70	0.20~0.40	0.15~0.30	—	0.08				0.30~0.60
E5518-W	0.12	0.50~1.30	0.035	0.035	0.35~0.80	0.40~0.80	0.45~0.70		—				0.30~0.75

注：1. 焊条型号中的"××"代表焊条的不同抗拉强度等级。

2. 表中单值除特殊规定以外，均为最大值。

3. E5518-NM 型焊条中 w（Al）≤0.05%。

4. E××××-G 型焊条只要一个元素符合表中规定即可，当有 −40℃冲击性能要求 ≥54J 时，该焊条型号标志为 E ××××-E。

表 7-3　低合金钢焊条熔敷金属拉伸性能要求

焊条型号	R_m/MPa	R_{eL}/MPa	A（%）
E5003-×	490	390	20
E5010-×，E5011-×，E5016-×，E5018-×，E5020 ×，E5027-×			22
E5500-×，E5503-×	540	440	16
E5510-×，E5511-×			17
E5513-×			16
E5515-×			17
E5516-×，E5518-×	540	440	17
E5516-C3，E5518-C3		440~540	22

（续）

焊 条 型 号	R_m/MPa	R_{eL}/MPa	$A(\%)$
E6000- ×			14
E6010- × , E6011- ×			15
E6013- ×	590	490	14
E6015- × , E6016- × , E6018- ×			15
E6018-M			22
E7010- × , E7011- ×			15
E7013- ×			13
E7015- × , E7016- × , E7018- ×	690	590	15
E7018-M			18
E7515- × , E7516- × , E7518- ×			13
E7518-M	740	640	18
E8015- × , E8016- × , E8018- ×	780	690	13
E8515- × , E8516- × , E8518- ×			12
E8518-M, E8518-M1	830	740	15
E9015- × , E9016- × , E9018 ×	880	780	
E10015- × , E10016- × , E10018- ×	980	880	12

注：表中的单值均为最小值。

表 7-4 低合金钢焊条熔敷金属冲击性能要求

焊 条 型 号	KV_2/J	试验温度/℃
E5015-A1 , E5016-A1 , E5018-A1		常温
E5518-NM , E5515-C3 , E5516-C3 , E5518-C3		-40
E5516-D3 , E5518-D3 , E6015-D1 , E6016-D1 , E6018-D1	≥27	-30
E7015-D2 , E7016-D2 , E7018-D2		-30
E6018-M , E7018-M , E7518-M , E8518-M		-50
E8518-M1	≥68	-20
E5018-W , E5518-W		-20
E5515-C1 , E5516-C1 , E5518-C1		-60
E5015-C1L , E5016-C1L , E5018-C1L , E5516-C2 , E5518-C2	≥27	-70
E5015-C2L , E5016-C2L , E5018-C2L		-100
E × × × × -E	≥54	-40
所有其他型号	协议要求	

注：E × × × × -C1、E × × × × -C1L、E × × × × -C2 及 E × × × × -C2L 为消除应力热处理后的冲击性能。

表 7-5 低合金钢焊条熔敷金属扩散氢含量要求

焊 条 型 号	扩散氢含量/(mL/100g) ≤	
	甘油法	色谱法或水银法
E5015- × ,E5016- × ,E5018- × ,E5515- × ,E5516- × ,E5518- ×	6.0	10.0
E6015- × ,E6016- × ,E6018- × ,E7015- × ,E7016- × ,E7018- × ,E7515- × ,E7516- × ,E7518- × ,E8015- × ,E8016- × ,E8018- ×	4.0	7.0
E8515- × ,E8516- × ,E8518- × ,E9015- × ,E9016- × ,E9018- × ,E10015- × ,E10016- × ,E10018- ×	2.0	5.0
E8518-M1,E × × × × -E	—	4.0

表 7-6 低合金钢焊条药皮含水量要求

焊 条 型 号	药皮含水量(质量分数,%) ≤	
	正常状态	吸潮状态
E5015- × ,E5016- × ,E5018- × ,E5515- × ,E5516- × ,E5518- ×	0.30	—
E5015- × R,E5016- × R,E5018- × R,E5515- × R,E5516- × R,E5518- × R	0.30	0.40
E6015- × ,E6016- × ,E6018- ×	0.15	—
E6015- × R,E6016- × R,E6018- × R	0.15	0.25
E7015- × ,E7016- × ,E7018- × ,E7515- × ,E7516- × ,E7518- × ,E8015- × ,E8016- × ,E8018- × ,E8515- × ,E8516- × ,E8518- × ,E9015- × ,E9016- × ,E9018- × ,E10015- × ,E10016- × ,E10018- ×	0.15	—
E8515-M1 E × × × × -E	0.10	—

表 7-7 我国结构钢焊条药皮类型和焊接电流种类的表示方法

牌 号	药皮类型	焊接电流种类	牌 号	药皮类型	焊接电流种类
J × × 0	不规定类型	不规定	J × × 5	高纤维素型	交、直流
J × × 1	氧化钛型	交、直流	J × × 6	低氢钾型	交、直流
J × × 2	钛钙型	交、直流	J × × 7	低氢钠型	直流
J × × 3	钛铁矿型	交、直流	J × × 8	石墨型	交、直流
J × × 4	氧化铁型	交、直流	J × × 9	盐基型	直流

表 7-8 我国结构钢焊条特殊性能和用途符号说明

元素或符号	说 明
Cr,Mo,MoV	焊缝金属具有较高的强度
Ni	焊缝金属具有优良的低温冲击韧度
CrCu,CrNi,CrNiCu,NiCu,NiCuP,CuP	焊缝金属具有良好的耐大气和海水腐蚀性能
Mo,MoNb	焊缝金属具有良好的耐氢、硫化氢腐蚀性能
MoW,MoWNbB	焊缝金属具有良好的耐氢、氮、氨腐蚀性能
H,RH	超低氢焊条、高韧性焊条
R	用于焊接压力容器的焊条
X ,XG	向下立焊焊条、管子向下立焊焊条

（续）

元素或符号	说　明
D	打底焊条
DF	低尘焊条
Z	重力焊条
G	管线焊条
GM	盖面焊条
LMA	耐吸潮焊条
SL	渗铝钢焊条

表 7-9　低温钢焊条的工作温度等级

牌　号	允许工作温度等级/℃	牌　号	允许工作温度等级/℃
W60×	−60	W10×	−100
W70×	−70	W19×	−196
W80×	−80	W25×	−253
W90×	−90		

表 7-10　我国目前生产的一些低合金钢焊条牌号及其所对应的标准型号[1]

牌　号	国家标准（GB）	美国焊接学会标准（AWS）
J501Fe	E5014	E7014
J501Fe15，J501Z	E5024	E7024
J502，J502Fe	E5003	—
J502Fe16，J502Fe18	E5023	—
J503	E5001	E7019
J504Fe，J504Fe14	E5027	E7027
J505，J505MoD	E5011	—
J506，J506X，J506H，J506D，J506DF，J506GM	E5016	E7016
J506LMA，J506Fe	E5018	E7018
J506Fe16，J506Fe18	E5028	E7028
J507，J507X，J507H，J507D，J507DF，J507XG	E5015	E7015
J507Fe，J507Fe16	E5028	E7028
J502CuP	—	—
J502NiCu，J502WCu，J502CuCrNi	E5003-G	—
J506WCu	E5016-G	—
J506R，J506RH，J506NiCu，J506CuCrNi	E5016-G	E7016-G
J506FeNE	E5018-G	E7018-G
J507TiB−LMA，J507NiCu，J507NiCuP，J507WCu J507R，J507NiTiB，J507RH，J507Mo，J507MoNb，J507MoW，J507CrNi，J507CuP， J507FeNi，J507MoWNbB	E5015-G	E7015-G
J553	E5501-G	—
J555	E5511	E8011
J556，J556RH，J556CuCrMo，J556XG	E5516-G	E8016-G
J557，J557MoV，J557SLA，J557SLB	E5515-G	E8015-G

（续）

牌　　号	国家标准（GB）	美国焊接学会标准（AWS）
J557Mo	E5515-D3	E8015-D3
J606	E6016-D1	E9016-D1
J607	E6015-D1	E9015-D1
J607Ni，J607RH	E6015-G	E9015-G
J707	E7015-D2	E10015-D2
J707Ni，J707RH	E7015-G	E10015-G
J707NiW	E7015-G	—
J757，J757Ni	E7515-G	E11015-G
J807，J807RH	E8015-G	E11015-G
J857，J857Cr，J857CrNi	E8515-G	E12015-G
J907，J907Cr	E9015-G	—
J107，J107Cr	E10015-G	—
W607	E5015-G	—
W707	—	—
W707Ni	E5515-C1	E8015-C1
W907Ni	E5515-C2	E8015-C2
W107	E5015-C2L	—
W107Ni	—	—

表 7-11　不同药皮类型结构钢焊条的再烘干温度[2]

焊条牌号	药皮类型	烘干温度/℃	保温时间/h
J501Fe，J501Fe13~25	铁粉氧化钛型	70~120	1~2
J502	氧化钛钙型	70~120	1
J502Fe	铁粉钛钙型	70~120	1~2
J504Fe13~25	铁粉氧化铁型	70~120	1~2
J505，J505MoD	纤维素型	70~100	1
J506，J507	低氢型	300~350	1
J506Fe，J507Fe，J501Fe13~25	铁粉低氢型	300~350	1~2
J506H，J507H，J506RH	超低氢型	350~400	1~2
540~740MPa 级焊条	低氢型	350~400	1~2
790~980MPa 级焊条	低氢型	400~430	1~2

7.2.2　气体保护电弧焊用实心焊丝

GB/T 8110—2008 中规定了低合金钢气体保护焊实心焊丝型号的编制方法，其表示方法为 ER×× -×。ER 表示焊丝；ER 后面的两位数字表示熔敷金属抗拉强度的最小值；短划"-"后面的字母或数字表示焊丝化学成分的分类代号，如还附加其他化学成分时，直接用元素符号表示，并以短划"-"与前面数字分开，根据供需双方协商，可在型号后附加扩散氢代号 HX，其中 X 代表15，10 或5。适用于各种低合金钢气体保护焊的实心焊丝牌号及成分如表7-12所示。熔敷金属抗拉强度不超过 550MPa 的低合金钢焊丝一般采用的是 Mn-Si 系焊丝，如目前市场上大量使用的 ER50-6。随着焊丝熔敷金属抗拉强度的提高或为满足焊丝的其他使用性能，焊丝需要采用 Mn-Mo、Mn-Ni、Mn-Ni-Mo、Mn-Ni-Cr-Mo、Cr-Mo、Cu-Cr、Cu-Cr-Ni、Cu-Ni 系等。在低合金钢气保焊焊丝中，添加微量 Ti、B、Al、Zr 及 RE 等微合金化元素可以提高焊缝金属的韧性及改善焊丝的使用工艺性。不同的焊丝需要配合不同的保护气体进行焊接，Mn、Si 含量较高的焊丝宜使用氧化性较强的 CO_2

焊，如 ER50-6；而 Mn、Si 含量较低的焊丝宜使用氧化性较弱的富氩混合气体保护焊，如低温钢系列及绝大部分高强钢焊丝。不同低合金钢气体保护焊实心焊丝熔敷金属的拉伸和冲击性能要求分别见表 7-13 和表 7-14。

近年来，我国气体保护焊用实心焊丝的发展较快，产量逐年增加，产品逐渐多样化。GB/T 8110—2008 与 GB/T 8110—1995、美国标准及 ISO 标准中焊丝型号对照见表 7-15。

表 7-12　低合金钢气体保护焊实心焊丝牌号及成分（GB/T 8110—2008）

型号	化学成分(质量分数，%)											
	C	Mn	Si	P	S	Ni	Cr	Mo	V	Ti	Zr	Al	Cu
ER50-2	0.07	0.90 ~ 1.40	0.40 ~ 0.70	0.025	0.035	—	—	—	—	0.05 ~ 0.15	0.02 ~ 0.12	0.05 ~ 0.15	0.50
ER50-3	0.06 ~ 0.15	0.90 ~ 1.40	0.45 ~ 0.75	0.025	0.035	—	—	—	—	—	—	—	0.50
ER50-4	0.07 ~ 0.15	1.00 ~ 1.50	0.65 ~ 0.85	0.025	0.035	—	—	—	—	—	—	—	0.50
ER50-6	0.06 ~ 0.15	1.40 ~ 1.85	0.80 ~ 1.15	0.025	0.035	—	—	—	—	—	—	—	0.50
ER50-7	0.07 ~ 0.15	1.50 ~ 2.00	0.50 ~ 0.80	0.025	0.035	—	—	—	—	—	—	—	0.50
ER49-1	0.11	1.80 ~ 2.10	0.65 ~ 0.95	0.030	0.030	0.30	0.20	—	—	—	—	—	0.50
ER49-A1	0.11	1.30	0.30 ~ 0.70		0.20			0.40 ~ 0.65	—	—	—	—	0.35
ER55-Ni1	0.12	1.25	0.40 ~ 0.80	0.025	0.025	0.80 ~ 1.10	0.15	0.35	0.05	—	—	—	0.35
ER55-Ni2	0.12	1.25	0.40 ~ 0.80	0.025	0.025	2.00 ~ 2.75				—	—	—	0.35
ER55-Ni3	0.12	1.25	0.40 ~ 0.80	0.025	0.025	3.00 ~ 3.75				—	—	—	0.35
ER55-D2	0.07 ~ 0.12	1.60 ~ 2.10	0.50 ~ 0.80	0.025	0.025	0.15		0.40 ~ 0.60		—	—	—	0.50
ER62-D2	0.07 ~ 0.12	1.60 ~ 2.10	0.50 ~ 0.80	0.025	0.025	0.15		0.40 ~ 0.60		—	—	—	0.50
ER55-D2-Ti	0.12	1.20 ~ 1.90	0.40 ~ 0.80	0.025	0.025			0.20 ~ 0.50		0.20		—	0.50
ER55-1	0.10	1.20 ~ 1.60	0.60	0.025	0.020	0.20 ~ 0.60	0.30 ~ 0.90	—				0.20 ~ 0.50	
ER69-1	0.08	1.25 ~ 1.80	0.20 ~ 0.55	0.010	0.010	1.40 ~ 2.10	0.30	0.25 ~ 0.55	0.05	0.10	0.10	0.10	0.25
ER76-1	0.09	1.40 ~ 1.80	0.20 ~ 0.55	0.010	0.010	1.90 ~ 2.60	0.50	0.25 ~ 0.55	0.04	0.10	0.10	0.10	0.25
ER83-1	0.10	1.40 ~ 1.80	0.20 ~ 0.60	0.010	0.010	2.00 ~ 2.80	0.60	0.30 ~ 0.65	0.03	0.10	0.10	0.10	0.25
ER××-G	供需双方协商确定												

注：1. 表中的单个值为最大值。

2. 焊丝中的铜含量包括镀铜层中 Cu。

3. 其他元素总量不超过 0.5%（质量分数）。

4. 铬钼钢焊丝将在第 8 章耐热钢的焊接中介绍，此处从略。

表 7-13　低合金钢气保护实心焊丝熔敷金属的拉伸性能要求（GB/T 8110—2008）

焊丝型号	保护气体 （体积分数）	抗拉强度 /MPa	屈服强度 /MPa	断后伸长率 （%）	试样状态
ER50-2，ER50-3， ER50-4，ER50-6， ER50-7	CO_2	≥500	≥420	≥22	焊态
ER55-D2， ER55-D2-Ti		≥550	≥470	≥17	
ER49-A1		≥515	≥400	≥19	焊后热 处理
ER55-Ni1， ER55-Ni2， ER55-Ni3	$Ar + 1\% \sim 5\% O_2$	≥550	≥470	≥24	
ER62-D2		≥620	≥540	≥17	
ER55-1	$Ar + 20\% CO_2$	≥550	≥450	≥22	焊态
ER69-1	$Ar + 2\% O_2$	≥690	≥610	≥16	
ER76-1		≥760	≥660	≥15	
ER83-1		≥830	≥730	≥14	
ER××-G	供需双方协商				

表 7-14　低合金钢气保护实心焊丝熔敷金属冲击性能要求（GB/T 8110—2008）

焊丝型号	试验温度/℃	KV/J	试样状态
ER50-4	不要求		
ER49-1	室温	≥47	焊态
ER50-3	−20	≥27	
ER50-2			
ER50-6			
ER50-7	−30	≥27	
ER55-D2			
ER55-D2-Ti			
ER62-D2			
ER55-1	−40	≥60	
ER55-Ni1	−45		焊后热处理
ER55-Ni2	−60	≥27	
ER55-Ni3	−75		
ER69-1			
ER76-1	−50	≥68	
ER83-1			
ER××-G	供需双方协商		

表 7-15　GB/T 8110—2008 与 GB/T 8110—1995、美国标准及 ISO 标准中焊丝型号对照表

序号	类别	焊丝型号	AWS A5.18/A5.18M:2005 AWS A5.28/A5.28M:2005	GB/T 8110—1995	ISO 14341-B:2002
1	碳钢	ER50-2	ER48S-2	ER50-2	G2
2		ER50-3	ER48S-3	ER50-3	G3
3		ER50-4	ER48S-4	ER50-4	G4
4		ER50-6	ER48S-6	ER50-6	G6
5		ER50-7	ER48S-7	ER50-7	G7
6		ER49-1	—	ER49-1	—
7				ER50-5	
8	碳钼钢	ER49-A1	ER49S-A1	—	G1M3
9	铬钼钢	ER55-B2	ER55S-B2	ER55-B2	—
10		ER49-B2L	ER49S-B2L	ER55-B2L	—
11		ER55-B2-MnV	—	ER55-B2-MnV	—
12		ER55-B2-Mn	—	ER55-B2-Mn	—
13		ER62-B3	ER62S-B3	ER62-B3	—
14		ER55-B3L	ER55S-B3L	ER62-B3L	—
15		ER55-B6	ER55S-B6		
16		ER55-B8	ER55S-B8		
17		ER62-B9	ER62S-B9		
18	镍钢	ER55-Ni1	ER55S-Ni1	ER55-C1	GN2
19		ER55-Ni2	ER55S-Ni2	ER55-C2	GN5
20		ER55-Ni3	ER55S-Ni3	ER55-C3	GN71
21	锰钼钢	ER55-D2	ER55S-D2	ER55-D2	—
22		ER62-D2	ER62S-D2	—	—
23		ER55-D2-Ti	—	ER55-D2-Ti	—
24	其他低合金钢	ER55-1			
25		ER69-1	ER69S-1	ER69-1	—
26		ER76-1	ER76S-1	ER76-1	
27		ER83-1	ER83S-1	ER83-1	
28		ER××-G	ER48S-G	ER××-G	
29		—	—	ER69-2	
30		—	—	ER69-3	

7.2.3　低合金钢用药芯焊丝

GB/T 17493—2008 中对气体保护和自保护电弧焊用低合金钢药芯焊丝的型号、分类和技术要求等作了规定。

焊丝按药芯类型分为非金属粉型药芯焊丝和金属粉型药芯焊丝。非金属粉型药芯焊丝按化学成分分为钼钢、铬钼钢、镍钢、锰钼钢和其他低合金钢五类;金属粉型药芯焊丝按化学成分分为铬钼钢、镍钢、锰钼钢和其他低合金钢四类。非金属粉型药芯焊丝型号按熔敷金属的抗拉强度、化学成分、焊接位置、药芯类型和保护气体进行划分;金属粉型药芯焊丝型号按熔敷金属的抗拉强度和化学成分进行划分。

非金属粉型药芯焊丝型号为 E×××T×-××

（-JHX），其中字母"E"表示焊丝，字母"T"表示非金属粉型药芯焊丝。E 后面的两位数字表示熔敷金属的最低抗拉强度；E 后面的第三个符号表示推荐的焊接位置；T 后面的数字或符号表示药芯类型及电流种类；第一个短划"-"后面的符号表示熔敷金属的化学成分，化学成分后面的符号表示保护气体类型，"C"表示 CO_2 气体，"M"表示 Ar + （20% ~ 25%）CO_2 混合气体，当该位置没有符号出现时，表示不采用保护气体，为自保护类型；如果出现第二个短划"-"及字母"J"时，表示焊丝具有更低温度的冲击性能；第二个短划"-"后面的字母"H×"表示熔敷金属扩散氢含量。

金属粉芯型药芯焊丝型号为 E×× C-×（-H×），其中字母"E"表示焊丝、字母"C"表示金属粉型药芯焊丝。字母 E 后面的两位数字表示熔敷金属的最低抗拉强度；第一个短划"-"后面的符号表示熔敷金属的化学成分；如果出现第二个短划"-"及字母"H×"表示熔敷金属的扩散氢含量。

各种类型药芯焊丝的特点、型号表示、适用焊接位置、保护气体及电流种类见表 7-16。各种低合金钢药芯焊丝熔敷金属化学成分和力学性能要求分别见表 7-17 和表 7-18。

熔渣型药芯焊丝根据渣系成分又分为酸性药芯焊丝和碱性药芯焊丝。酸性药芯焊丝也称钛型或金红石型药芯焊丝，其渣系成分主要采用 TiO_2-SiO_2，焊丝的使用工艺性优良，可以进行全位置焊接，但该类焊丝的抗裂性和熔敷金属力学性能不很理想；碱性药芯焊丝又称钙型药芯焊丝，渣系主要采用 CaF_2-$CaCO_3$，焊丝的抗裂性和熔敷金属力学性能较好，但焊丝的焊接工艺性一般；金属粉芯型焊丝芯料主要由铁粉及合金粉组成，含有少量的脱氧剂和稳弧剂，该类型药芯焊丝不仅具有较高的熔敷速度，而且兼有实心焊丝熔渣生成量少、扩散氢含量低和熔渣型药芯焊丝焊接工艺性能好的优点，即使在 CO_2 气体保护焊条件下，金属粉芯型药芯焊丝也能够在较宽的电流范围内实现细颗粒过渡或射流过渡，焊接电弧稳定、飞溅少、焊缝成形美观。表 7-19 中列出了我国新、旧标准和美国标准、ISO 标准的药芯焊丝型号对照。

表 7-16 药芯类型、焊接位置、保护气体及电流种类

焊丝	药芯类型	药芯特点	型号	焊接位置	保护气体[①]	电流种类
非金属粉型	1	金红石型，熔滴呈喷射过渡	E×× 0T1-× C	平、横	CO_2	直流反接
			E×× 0T1-× M		Ar + （20% ~ 25%）CO_2	
			E×× 1T1-× C	平、横、仰、立向上	CO_2	
			E×× 1T1-× M		Ar + （20% ~ 25%）CO_2	
	4	强脱硫、自保护型，熔滴呈粗滴过渡	E×× 0T4-×	平、横	—	
	5	氧化钙-氟化物型，熔滴呈粗滴过渡	E×× 0T5-× C	平、横	CO_2	
			E×× 0T5-× M		Ar + （20% ~ 25%）CO_2	
			E×× 1T5-× C	平、横、仰、立向上	CO_2	直流反接或正接[②]
			E×× 1T5-× M		Ar + （20% ~ 25%）CO_2	
	6	自保护型，熔滴呈喷射过渡	E×× 0T6-×	平、横	—	直流反接
	7	强脱硫、自保护型，熔滴呈喷射过渡	E×× 0T7-×	平、横		
			E×× 1T7-×	平、横、仰、立向上		
	8	自保护型，熔滴呈喷射过渡	E×× 0T8-×	平、横		直流正接
			E×× 1T8-×	平、横、仰、立向上		
	11	自保护型，熔滴呈喷射过渡	E×× 0T11-×	平、横		
			E×× 1T11-×	平、横、仰、立向下		

（续）

焊丝	药芯类型	药芯特点	型号	焊接位置	保护气体①	电流种类
非金属粉型	×③	③	E××0T×-G	平、横	—	③
			E××1T×-G	平、横、仰、立向上或向下		
			E××0T×-GC	平、横	CO_2	
			E××1T×-GC	平、横、仰、立向上或向下		
			E××0T×-GM	平、横	Ar+（20% ~25%）CO_2	
			E××1T×-GM	平、横、仰、立向上或向下		
	G	不规定	E××0TG-×	平、横	不规定	不规定
			E××1TG-×	平、横、仰、立向上或向下		
			E××0TG-G	平、横		
			E××1TG-G	平、横、仰、立向上或向下		
金属粉型		主要为纯金属和合金，熔渣极少，熔滴呈喷射过渡	E××C-B2，-B2L E××C-B3，-B3L E××C-B6，-B8 E××C-Ni1，-Ni2，-Ni3 E××C-D2	不规定	Ar+（1% ~5%）O_2	不规定
			E××C-B9 E××C-K3，-K4 E××C-W2		Ar+（5% ~25%）CO_2	
	不规定		E××C-G	不规定		

① 为保证焊缝金属性能，应采用表中规定的保护气体。如供需双方协商也可采用其他保护气体。

② 某些 E××1T5-×C，-×M 焊丝，为改善立焊和仰焊的焊接性能，焊丝制造厂也可能推荐采用直流正接。

③ 可以是上述任一种药芯类型，其药芯特点及电流种类应符合该类药芯焊丝相对应的规定。

表 7-17　低合金钢药芯焊丝熔敷金属化学成分（GB/T 17493—2008）

型　号	化学成分（质量分数，%）											
	C	Mn	Si	S	P	Ni	Cr	Mo	V	Al	Cu	其他元素总量
非金属粉型　钼钢焊丝												
E49×T5-A1C，-A1M E55×T1-A1C，-A1M	0.12	1.25	0.80	0.030	0.030			0.40 ~ 0.65				—
非金属粉型　镍钢焊丝												
E43×T1-Ni1C，-Ni1M E49×T1-Ni1C，Ni1M E49×T6-Ni1 E49×T8-Ni1 E55×T1-Ni1C，-Ni1M E55×T5-Ni1C，-Ni1M	0.12	1.50	0.80	0.030	0.030	0.80 ~ 1.10	0.15	0.35	0.05	1.8①	—	—
E49×T8-Ni2 E55×T8-Ni2 E55×T1-Ni2C，-Ni2M E55×T5-Ni2C，-Ni2M E62×T1-Ni2C，-Ni2M						1.75 ~ 2.75		—	—			
E55×T5-Ni3C，-Ni3M E62×T5-Ni3C，-Ni3M E55×T11-Ni3						2.75 ~ 3.75						

（续）

型号	化学成分(质量分数,%)											其他元素总量
	C	Mn	Si	S	P	Ni	Cr	Mo	V	Al	Cu	
非金属粉型 锰钼钢焊丝												
E62×T1-D1C,-D1M	0.12	1.25~2.00	0.80	0.030	0.030	—		0.25~0.55		—		
E62×T5-D2C,-D2M E69×T5-D2C,-D2M	0.15	1.65~2.25				—		0.25~0.55				
E62×T1-D3C,-D3M	0.12	1.00~1.75						0.40~0.65				
非金属粉型 其他低合金钢焊丝												
E55×T5-K1C,-K1M		0.80~1.40				0.80~1.10		0.20~0.65	0.05	—		
E49×T4-K2 E49×T7-K2 E49×T8-K2 E49×T11-K2 E55×T8-K2 E55×T1-K2C,-K2M E55×T5-K2C,-K2M E62×T1-K2C,-K2M E62×T5-K2C,-K2M	0.15	0.50~1.75	0.80	0.030	0.030	1.00~2.00	0.15	0.35	0.05	1.8[1]		
E69×T1-K3C,-K3M E69×T5-K3C,-K3M E76×T1-K3C,-K3M E76×T5-K3C,-K3M		0.75~2.25				1.25~2.60		0.25~0.65				—
E76×T1-K4C,-K4M E76×T5-K4C,-K4M E83×T5-K4C,-K4M		1.20~2.25				1.75~2.60	0.20~0.60	0.20~0.65	0.03	—		
E83×T1-K5C,-K5M	0.10~0.25	0.60~1.60				0.75~2.00	0.20~0.70	0.15~0.55				
E49×T5-K6C,K6M E43×T8-K6 E49×T8-K6	0.15	0.50~1.50				0.40~1.00	0.20	0.15	0.05	1.8[1]		
E69×T1-K7C,-K7M		1.00~1.75				2.00~2.75	—	—	—	—		
E62×T8-K8		1.00~2.00	0.40			0.50~1.50	0.20	0.20	0.05	1.8[1]		
E69×T1-K9C,-K9M	0.07	0.50~1.50	0.60	0.015	0.015	1.30~3.75		0.50			0.06	
E55×T1-W2C,-W2M	0.12	0.50~1.30	0.35~0.80			0.40~0.80	0.45~0.70	—			0.30~0.75	
E×××T×-G[2], -GC[2],-GM[2] E×××TG-G[2]	—	≥0.50	1.00	0.030	0.030	≥0.50	≥0.30	≥0.20	≥0.10	1.8[1]		—

（续）

型　号	化学成分（质量分数,%）											
	C	Mn	Si	S	P	Ni	Cr	Mo	V	Al	Cu	其他元素总量
金属粉型　镍钢焊丝												
E55C-Ni1	0.12	1.50				0.80 ~ 1.10		0.30				
E49C-Ni2	0.08	1.25	0.90	0.030	0.025	1.75 ~ 2.75	—		0.03	—	0.35	0.50
E55C-Ni2	0.12	1.50										
E55C-Ni3						2.75 ~ 3.75						
金属粉型　锰钼钢焊丝												
E62C-D2	0.12	1.00 ~ 1.90	0.90	0.030	0.025			0.40 ~ 0.60	0.03		0.35	0.50
金属粉型　其他低合金钢焊丝												
E62C-K3							0.15					
E69C-K3												
E76C-K3	0.15	0.75 ~ 2.25	0.80	0.025	0.025	0.50 ~ 2.50	0.25 ~ 0.65		0.03	—	0.35	0.50
E76C-K4							0.15 ~ 0.65					
E83C-K4												
E55C-W2	0.12	0.50 ~ 1.30	0.35 ~ 0.80	0.030		0.40 ~ 0.80	0.45 ~ 0.70				0.30 ~ 0.75	
E××C-G[3]	—	—	—	—	—	≥0.50	≥0.30	≥0.20	—	—	—	—

注：除另有注明外，所列单值均为最大值。

① 仅适用于自保护焊丝。

② 对于 E×××T×-G 和 E×××TG-G 型号，元素 Mn、Ni、Cr、Mo 或 V 至少有一种应符合要求。

③ 对于 E××C-G 型号，元素 Ni、Cr 或 Mo 至少有一种应符合要求。

表 7-18　低合金钢药芯焊丝熔敷金属的力学性能 （GB/T 17493—2008）

型　号[1]	试样状态	抗拉强度 R_m/MPa	规定非比例延伸强度 $R_{p0.2}$/MPa	断后伸长率 A(%)	冲击性能[2]	
					吸收能量 KV_2/J	试验温度/℃
非金属粉型						
E49×T5-A1C,-A1M	焊后热处理	490 ~ 620	≥400	≥20	≥27	-30
E55×T1-A1C,-A1M		550 ~ 690	≥470	≥19		—
E43×T1,Ni1C,-Ni1M	焊态	430 ~ 550	≥340	≥22	≥27	-30
E49×T1,Ni1C,Ni1M		490 ~ 620	≥400	≥20		
E49×T6-Ni1						
E49×T8-Ni1						
E55×T1-Ni1C,-Ni1M		550 ~ 690	≥470	≥19		
E55×T5-Ni1C,-Ni1M	焊后热处理					-50

（续）

型　号①	试样状态	抗拉强度 R_m/MPa	规定非比例延伸强度 $R_{p0.2}$/MPa	断后伸长率 $A(\%)$	冲击性能②	
					吸收能量 KV_2/J	试验温度/℃
非金属粉型						
E49×T8-Ni2	焊态	490~620	≥400	≥20		-30
E55×T8-Ni2		550~690	≥470	≥19		
E55×T1-Ni2C,-Ni2M						-40
E55×T5-Ni2C,-Ni2M	焊后热处理					-60
E62×T1-Ni2C,-Ni2M	焊态	620~760	≥540	≥17		-40
E55×T5-Ni3C,-Ni3M	焊后热处理	550~690	≥470	≥19		-70
E62×T5-Ni3C,-Ni3M		620~760	≥540	≥17		
E55×T11-Ni3	焊态	550~690	≥470	≥19		-20
E62×T1-D1C,-D1M		620~760	≥540	≥17		-40
E62×T5-D2C,-D2M	焊后热处理					-50
E69×T5-D2C,-D2M		690~830	≥610	≥16		-40
E62×T1-D3C,-D3M	焊态	620~760	≥540	≥17		-30
E55×T5-K1C,-K1M		550~690	≥470	≥19		-40
E49×T4-K2					≥27	-20
E49×T7-K2		490~620	≥400	≥20		-30
E49×T8-K2						
E49×T11-K2						0
E55×T8-K2 E55×T1-K2C,-K2M E55×T5-K2C,-K2M		550~690	≥470	≥19		-30
E62×T1-K2C,-K2M		620~760	≥540	≥17		-20
E62×T5-K2C,-K2M						-50
E69×T1-K3C,-K3M		690~830	≥610	≥16		-20
E69×T5-K3C,-K3M						-50
E76×T1-K3C,-K3M		760~900	≥680	≥15		-20
E76×T5-K3C,-K3M						-50
E76×T1-K4C,-K4M						-20
E76×T5-K4C,-K4M						-50
E83×T5-K4C,-K4M		830~970	≥745	≥14		
E83×T1-K5C,-K5M						—
E49×T5-K6C,K6M		490~620	≥400	≥20		-60
E43×T8-K6		430~550	≥340	≥22	≥27	-30
E49×T8-K6		490~620	≥400	≥20		-30
E69×T1-K7C,-K7M		690~830	≥610	≥16		-50
E62×T8-K8		620~760	≥540	≥17		-30
E69×T1-K9C,-K9M		690~830③	560~670	≥18	≥47	-50
E55×T1-W2C,-W2M		550~690	≥470	≥19	≥27	-30

（续）

型　　　号[①]	试样状态	抗拉强度 R_m /MPa	规定非比例延伸强度 $R_{p0.2}$/MPa	断后伸长率 $A(\%)$	冲击性能[②]	
					冲击吸收能量 KV/J	试验温度/℃
金属粉型						
E49C-Ni2	焊后热处理	≥490	≥400			-60
E55C-Ni1	焊态	≥550	≥470	≥24		-45
E55C-Ni2	焊后热处理	≥550	≥470			-60
E55C-Ni3						-75
E62C-D2	焊态	≥620	≥540	≥17	≥27	-30
E62C-K3				≥18		
E69C-K3		≥690	≥610	≥16		
E76C-K3		≥760	≥680	≥15		-50
E76C-K4						
E83C-K4		≥830	≥750	≥15		
E55C-W2		≥550	≥470	≥22		-30

注:1. 对于 E×××T×-G、-GC,-GM、E×××TG-× 和 E×××TG-G 型焊丝,熔敷金属冲击性能由供需双方商定。

2. 对于 E××C-G 型焊丝,除熔敷金属抗拉强度外,其他力学性能由供需双方商定。

① 在实际型号中"×"用相应的符号替代。

② 非金属粉型焊丝型号中带有附加代号"J"时,对于规定的冲击吸收能量,试验温度应降低10℃。

③ 对于 E69×T1-K9C,-K9M 所示的抗拉强度范围不是要求值,而是近似值。

表 7-19　新、旧标准、美国标准和 ISO 标准的药芯焊丝型号对照表

GB/T 17493—2008	GB/T 17493—1998	AWS A5.29M:2005	ISO 17632A:2004	ISO 17632B:2004
E49×T5-A1×	E500T5-A1	E49×T5-A1×	—	T493T5-×P-2M3
E55×T1-A1×	E550T1-A1,E551T1-A1	E55×T1-A1×	T46 Z Mo××	T55ZT1-××A-2M3
E43×T8-K6	E431T8-K6	E43×T8-K6	—	T433T8-×NA-N1
E49×T8-K6	E501T8-K6	E49×T8-K6	—	T493T8-×NA-N1
E49×T5-K6×	—	E49×T5-K6×	—	T496T5-××A-N1
E43×T1-Ni1×	—	E43×T1-Ni1×	T35 3 1Ni××	T433T1-××A-N2
E49×T1-Ni1×	—	E49×T1-Ni1×	—	—
E49×T6-Ni1	—	E49×T6-Ni1	T38 3 1Ni××	T493T6-×NA-N2
E49×T8-Ni1	E501T8-Ni1	E49×T8-Ni1	—	T493T8-×NA-N2
E55×T1-Ni1×	E550T1-Ni1,E551T1-Ni1	E55×T1-Ni1×	—	T553T1-××A-N2
E55×T5-Ni1×	E550T5-Ni1	E55×T5-Ni1×	T46 3 1Ni××	T556T5-××P-N2
E49×T8-Ni2	E501T8-Ni2	E49×T8-Ni2	—	T493T8-×NA-N5
E55×T8-Ni2	—	E55×T8-Ni2	—	T553T8-×NA-N5
E55×T1-Ni2×	E550T1-Ni2,E551T1-Ni2	E55×T1-Ni2×	T46 4 2Ni××	T554T1-××A-N5
E55×T5-Ni2×	E550T5-Ni2	E55×T5-Ni2×	—	—
E55×T5-Ni3×	E550T5-Ni3	E55×T5-Ni3×	T46 6 3Ni××	T557T5-××P-N7

（续）

GB/T 17493—2008	GB/T 17493—1998	AWS A5.29M:2005	ISO 17632A:2004	ISO 17632B:2004
E55 × T11-Ni3	—	E55 × T11-Ni3	—	—
E55 × T5-K1 ×	E550T5-K1	E55 × T5-K1 ×	T50 3 1NiMo × ×	T554T5- × × A-N2M2
E490T4-K2	E500T4-K2	E490T4-K2	—	T492T4- × NA-N3M2
E49 × T7-K2	—	E49 × T7-K2	—	T493T7- × NA-N3M2
E49 × T8-K2	E501T8-K2	E49 × T8-K2	—	T493T8- × NA-N3M2
E49 × T11-K2	—	E49 × T11-K2	—	—
E55 × T1-K2 ×	E550T1-K2	E55 × T1-K2 ×	—	T553T1- × × A-N3M2
E55 × T5-K2 ×	E550T5-K2	E55 × T5-K2 ×	—	T553T5- × × A-N3M2
E55 × T8-K2	—	—	—	T553T8- × NA-N3M2
E55 × T1-W2 ×	E550T1-W	E55 × T1-W2 ×	—	T553T1- × × A-NCC1
E62 × T1-Ni2 ×	E600T1-Ni2，E601T1-Ni2	E62 × T1-Ni2 ×	—	—
E62 × T5-Ni3 ×	E600T5-Ni3	E62 × T5-Ni3 ×	—	—
E62 × T1-D1 ×	E601T1-D1	E62 × T1-D1 ×	—	T624T1- × × A-3M2
E62 × T5-D2 ×	E600T5-D2	E62 × T5-D2 ×	T55 4 MnMo × ×	T625T5- × × P-4M2
E69 × T5-D2 ×	E700T5-D2	E69 × T5-D2 ×	T52 3 MnMo × ×	T694T5- × × P-4M2
E62 × T1-D3 ×	E600T1-D3	E62 × T1-D3 ×	T55 1 MnMo × ×	T622T1- × × A-3M3
E62 × T1-K2 ×	E600T1-K2，E601T1-K2	E62 × T1-K2 ×	—	—
E62 × T5-K2 ×	E600T5-K2	E62 × T5-K2 ×	—	T625T5- × × A-N3M1
E69 × T1-K3 ×	E700T1-K3	E69 × T1-K3 ×	T55 2 MnNiMo × ×	T692T1- × × A-N3M2
E69 × T5-K3 ×	E700T5-K3	E69 × T5-K3 ×	T55 4 MnNiMo × ×	T695T5- × × A-N3M2
E76 × T1-K3 ×	E750T1-K3	E76 × T1-K3 ×	T62 1 Mn2NiMo × ×	T762T1- × × A-N3M2
E76 × T5-K3 ×	E750T5-K3	E76 × T5-K3 ×	—	—
E83 × T1-K5 ×	E850T1-K5	E83 × T1-K5 ×	—	T83ZT1- × × A-N3C1M2
E76 × T1-K4 ×	E751T1-K4	E76 × T1-K4 ×	T62 1 Mn2NiCrMo × ×	T762T1- × × A-N4C1M2

7.2.4　焊接用保护气体

　　气体保护焊的保护气体种类见表 7-20。其中低合金钢的焊接，不论是使用实心焊丝还是药芯焊丝，主要采用 CO_2 或 Ar + （5% ~ 25%）CO_2、Ar + （1% ~ 5%）O_2（均为体积分数）混合气体作为保护气体。自保护药芯焊丝不需要外加保护气体。焊接用 CO_2 气体应符合 HG/T 2537—1993 规定，见表 7-21，也可以采用符合 GB/T 6052—2011 规定的纯度在 99.5% 以上产品，低合金高强度钢焊接用 CO_2 的纯度应达到 99.8% 以上，露点应低于 - 40℃。对于纯度偏低的 CO_2 气体应采取必要的提纯措施，减少气体中的水分及乙醇等其他杂质的含量。焊接用 Ar 气的纯度及其质量要求，按 GB/T 4842—2006《氩》标准的规定，见表 7-22，低合金钢气体保护焊用 Ar 气的纯度应达到 99.99% ~ 99.999%；焊接用氧气应达到 GB/T 3863—2008 中规定的氧（O_2）含量 ≥ 99.5%（体积分数），无游离水要求。

表 7-20　保护气体种类

焊丝种类	焊接工艺方法	采用的保护气体
实心焊丝	二氧化碳气体保护焊	CO_2，$CO_2 + O_2$
	惰性气体保护焊	Ar，He，$He + Ar$
	活性气体保护焊	$Ar + CO_2$，$Ar + O_2$，$Ar + CO_2 + O_2$
药芯焊丝	药芯焊丝气体保护焊	CO_2，$Ar + CO_2$
	药芯焊丝自保护焊	无

表 7-21　HG/T 2537—1993 规定的焊接用 CO_2 气体

项　　目	组 分 含 量		
	优 等 品	一 等 品	合 格 品
二氧化碳含量(体积分数,%)	≥99.9	≥99.7	≥99.5
液态水	不得检出	不得检出	不得检出
油			
水蒸气 + 乙醇含量(质量分数,%)	≤0.005	≤0.02	≤0.05
气味	无异味	无异味	无异味

注：对以非发酵法所得的二氧化碳，乙醇含量不作规定。

表 7-22　焊接用氩气的质量要求 （GB/T 4842—2006）

组　　分	氩 气	组　　分	高 纯 氩
$Ar(\times 10^{-2})$	≥99.99	$Ar(\times 10^{-2})$	≥99.999
$H_2(\times 10^{-6})$	≤5	$H_2(\times 10^{-6})$	≤0.5
$O_2(\times 10^{-6})$	≤10	$O_2(\times 10^{-6})$	≤1.5
$N_2(\times 10^{-6})$	≤50	$N_2(\times 10^{-6})$	≤4
$CH_4(\times 10^{-6})$	≤5		
$CO(\times 10^{-6})$	≤5	$CH_4 + CO + CO_2(\times 10^{-6})$	≤1
$CO_2(\times 10^{-6})$	≤10		
$H_2O(\times 10^{-6})$	≤15	$H_2O(\times 10^{-6})$	≤3

7.2.5　埋弧焊和电渣焊用焊丝和焊剂的配合

GB/T 14957—1994《熔化焊用钢丝》和 GB/T 3429—2002《焊接用钢盘条》对各种碳钢及低合金钢焊丝的化学成分做了规定。焊丝牌号的第一个字母"H"表示焊丝，字母后面的两位数字表示焊丝中的平均碳含量，如含有其他化学成分，在数字后面用元素符号表示，元素符号后面的数字表示该元素的近似质量分数，当元素的质量分数低于 1% 时，可省略数字；焊丝牌号最后的字母"A、E"等表示 S、P 杂质含量的等级。GB/T 12470—2003《埋弧焊用低合金钢焊丝和焊剂》中列出了适合于低合金钢埋弧焊用焊丝的化学成分，见表 7-23。电渣焊用焊丝与埋弧焊焊丝基本相同，但是由于电渣焊过程熔池温度低、焊剂更新少，焊剂中的 Si、Mn 还原作用偏弱，因此与埋弧焊相比，电渣焊焊丝的 Si、Mn 含量偏高一些。GB/T 12470—2003 标准中对焊丝尺寸偏差的规定见表 7-24，并要求焊丝的圆度误差应不大于直径公差的 1/2，同时对焊丝的表面质量也作出了相应的规定。

埋弧焊及电渣焊焊丝必须与焊剂配合才能使用，与焊条药皮相似，焊剂直接参与焊接过程中的冶金反应，因此焊剂应具有良好的冶金和工艺性能。匹配合适的焊丝，通过适当的焊接工艺来保证焊缝金属的化学成分、力学性能及抗裂性能，同时还应保证焊接过程工艺稳定，焊缝成形及脱渣性能良好。按照制造方法，焊剂可分为熔炼焊剂和非熔炼焊剂两大类，而非

表 7-23　低合金钢埋弧焊及电渣焊用焊丝化学成分（GB/T 12470—2003）

化学成分（质量分数,%）

焊丝牌号	C	Mn	Si	Cr	Ni	Cu	Mo	V、Ti、Zr、Al	S	P
H08MnA	≤0.10	0.80~1.10	≤0.07	≤0.20	≤0.30	≤0.20	—	—	0.030	0.030
H15Mn	0.11~0.18	0.80~1.10	≤0.03	≤0.20	≤0.30	≤0.20	—	—	0.035	0.035
H05SiCrMoA①	≤0.05	0.40~0.70	0.40~0.70	1.20~1.50	≤0.02	≤0.20	0.40~0.65	—	0.025	0.025
H05SiCr2MoA①	≤0.05	0.40~0.70	0.40~0.70	2.30~2.70	≤0.02	≤0.20	0.90~1.20	—	0.025	0.025
H05Mn2Ni2MoA①	≤0.08	1.25~1.80	0.20~0.50	≤0.30	1.40~2.10	≤0.20	0.25~0.55	V≤0.05 Ti≤0.10 Zr≤0.10 Al≤0.10	0.010	0.010
H08Mn2Ni2MoA①	≤0.09	1.40~1.80	0.20~0.55	≤0.50	1.90~2.60	≤0.20	0.25~0.55	V≤0.04 Ti≤0.10 Zr≤0.10 Al≤0.10	0.010	0.010
H08CrMoA	≤0.10	0.40~0.70	0.15~0.35	0.80~1.10	≤0.30	≤0.20	0.40~0.60	—	0.030	0.030
H08MnMoA	≤0.10	1.20~1.60	≤0.25	≤0.20	≤0.30	≤0.20	0.30~0.50	Ti=0.15	0.030	0.030
H08CrMoVA	≤0.10	0.40~0.70	0.15~0.35	1.00~1.30	≤0.30	≤0.20	0.50~0.70	V=0.15~0.35	0.030	0.030
H08Mn2Ni3MoA	≤0.10	1.40~1.80	0.25~0.60	≤0.60	2.00~2.80	≤0.20	0.30~0.65	V≤0.03 Ti≤0.10 Zr≤0.10 Al≤0.10	0.010	0.010
H08CrNi2MoA	0.05~0.10	0.50~0.85	0.10~0.30	0.70~1.00	1.40~1.80	≤0.20	0.20~0.40	—	0.025	0.030
H08Mn2MoA	0.06~0.11	1.60~1.90	≤0.25	≤0.20	≤0.30	≤0.20	0.50~0.70	Ti=0.15（加入量）	0.030	0.030
H08Mn2MoVA	0.06~0.11	1.60~1.90	≤0.25	≤0.20	≤0.30	≤0.20	0.50~0.70	V=0.06~0.12 Ti=0.15（加入量）	0.030	0.030
H10MoCrA	≤0.12	0.40~0.70	0.15~0.35	0.45~0.65	≤0.30	≤0.20	0.40~0.60	—	0.030	0.030
H10Mn2	≤0.12	1.50~1.90	≤0.07	≤0.20	≤0.30	≤0.20	—	—	0.035	0.035
H10Mn2NiMoCuA①	≤0.12	1.25~1.80	0.20~0.60	≤0.30	0.80~1.25	0.35~0.65	0.25~0.55	V≤0.05 Ti≤0.10 Zr≤0.10 Al≤0.10	0.010	0.010
H10Mn2MoA	0.08~0.13	1.70~2.00	≤0.40	≤0.20	≤0.30	≤0.20	0.60~0.80	Ti=0.15（加入量）	0.030	0.030
H10Mn2MoVA	0.08~0.13	1.70~2.00	≤0.40	≤0.20	≤0.30	≤0.20	0.60~0.80	V=0.06~0.12 Ti=0.15（加入量）	0.030	0.030
H10Mn2A	≤0.17	1.80~2.20	≤0.05	≤0.20	≤0.30	—	—	—	0.030	0.030
H13CrMoA	0.11~0.16	0.40~0.70	0.15~0.35	0.80~1.10	≤0.30	≤0.20	0.40~0.60	—	0.030	0.030
H18CrMoA	0.15~0.22	0.40~0.70	0.15~0.35	0.80~1.10	≤0.30	≤0.20	0.15~0.25	—	0.025	0.030

① 焊丝中残余元素 Cr、Ni、Mo、V 总质量分数应不大于 0.5%。

表 7-24　焊丝尺寸偏差规定

公称直径/mm	极限偏差/mm	
	普通精度	较高精度
1.6,2.0,2.5,3.0	-0.10	-0.06
3.2,4.0,5.0,6.0,6.4	-0.12	-0.08

注：根据供需双方协议，也可生产使用其他尺寸的焊丝。

熔炼焊剂又可分为烧结焊剂和粘结焊剂。熔炼焊剂的制造方法是把各种原料按配方比例配成炉料，在电炉或火焰中熔炼形成熔体，然后倒入水中粒化成玻璃状或浮石状颗粒，而非熔炼焊剂制造时没有熔炼过程，是把各种原料按配方比例机械混合在一起，加水玻璃等粘结剂制成湿料后，再制成一定尺寸的颗粒。制造粘结焊剂时，经 400～500℃烘干；制造烧结焊剂时，一般在 700～900℃高温下烧结。熔炼焊剂和烧结焊

剂牌号和型号的表示方法在第 6 章中已有详细叙述，此处不再说明。按照焊剂中添加的脱氧剂、合金剂的不同，低合金钢焊剂可分为中性焊剂、活性焊剂及合金焊剂。中性焊剂是指在焊接后熔敷金属化学成分与焊丝化学成分不产生明显变化的焊剂，适用于厚板多道多层焊；活性焊剂中加入了少量锰、硅脱氧剂，以提高抗气孔能力和抗裂性能，主要用于单道焊。由于焊剂中含有脱氧剂，熔敷金属中锰、硅含量将随着电弧电压的变化而变化，从而影响熔敷金属的力学性能。因此在使用活性焊剂进行多道焊接时应该严格控制电弧电压。合金焊剂添加了较多的合金成分，用于过渡合金，此类焊剂多为粘结焊剂和烧结焊剂。

按碱度大小，焊剂又可分为酸性焊剂及碱性焊剂。焊剂碱度的计算公式有多种，目前尚未统一，国际焊接学会推荐的焊剂碱度计算公式为

$$B = \frac{CaO + MgO + BaO + Na_2O + K_2O + CaF_2 + 1/2(MnO + FeO)}{SiO_2 + 1/2(Al_2O_3 + TiO_2 + ZrO_2)}$$

式中，CaO、MgO、SiO₂ 及 CaF₂ 等焊剂中的氧化物和氟化物，以质量分数计。根据计算结果作如下分类：$B<1$ 为酸性焊剂；$B=1$ 为中性焊剂；$B>1$ 为碱性焊剂。焊剂碱度对焊接性能有重要影响，一般说来，酸性焊剂的焊接工艺性能较好，但焊缝金属的韧性较差；当用碱性或高碱度焊剂焊接时，可获得高韧性焊缝，但焊接工艺性能常比酸性焊剂差。

按照 GB/T 12470—2003《埋弧焊用低合金钢焊丝和焊剂》标准，焊剂—焊丝组合型号是根据焊剂—焊丝组合熔敷金属力学性能及焊剂的渣系划分的，其表示方法为 F××××-H×××，其中字母"F"表示焊剂；"F"后面的两位数字表示焊丝-焊剂组合熔敷金属抗拉强度的最小值；第三位是字母表示试件的状态，"A"表示焊态，"P"表示焊后热处理状态；第四位数字表示熔敷金属冲击吸收能量不小于27J时的最低试验温度；"-"后面表示焊丝的牌号；如果需要标注熔敷金属中的扩散氢含量时，可用后缀"H×"表示。完整的低合金钢焊剂—焊丝型号表示如下：F55A4-H08MnMoA-H8，表示该焊剂匹配H08MnMoA 焊丝按标准所规定的焊接参数焊接熔敷金属试板，焊态下，熔敷金属的抗拉强度为 550～700MPa，-40℃ V 形缺口冲击吸收能量不低于27J，熔敷金属中的扩散氢含量不大于 8mL/100g。低合金钢埋弧焊用焊剂和焊丝组合熔敷金属拉伸及冲击试验结果应分别符合表 7-25 及表 7-26 规定，熔敷金属扩散氢含量应符合表 7-27 规定。

表 7-25　低合金钢埋弧焊用焊丝和焊剂组合熔敷金属拉伸性能要求

焊剂型号	抗拉强度 R_m/MPa	屈服强度 R_{eL} 或 $R_{p0.2}$/MPa	断后伸长率 A(%)
F48××-H×××	480～660	400	22
F55××-H×××	550～700	470	20
F62××-H×××	620～760	540	17
F69××-H×××	690～830	610	16
F76××-H×××	760～900	680	15
F83××-H×××	830～970	740	14

注：表中单值均为最小值。

表 7-26　低合金钢埋弧焊用焊丝和焊剂组合熔敷金属冲击性能要求

焊剂型号	冲击吸收能量 KV_2/J	试验温度/℃
F×××0-H×××	≥27	0
F×××2-H×××		-20
F×××3-H×××		-30
F×××4-H×××		-40
F×××5-H×××		-50
F×××6-H×××		-60
F×××7-H×××		-70
F×××10-H×××		-100
F×××Z-H×××	不要求	

表 7-27　低合金钢埋弧焊用焊丝和焊剂组合熔敷金属扩散氢要求

焊剂型号	扩散氢含量/（mL/100g）
F×××× -H××× -H16	16.0
F×××× -H××× -H8	8.0
F×××× -H××× -H4	4.0
F×××× -H××× -H2	2.0

注：1. 表中单值均为最大值。
　　2. 此分类代号为可选择的附加性代号。
　　3. 如标注熔敷金属扩散氢含量代号时，应注明采用的测定方法。

为了确保焊剂能自由地通过标准焊接设备的焊剂管道、阀门和喷嘴，GB/T 12470—2003 对焊剂的颗粒度提出了要求，见表 7-28。同时为了保证焊接质量，要求焊剂中的 $w(S)$ 不得大于 0.060%，$w(P)$ 不得大于 0.08%；焊剂中机械夹杂物（炭粒、铁屑、原材料颗粒及其他杂物）的质量分数不得大于 0.30%；焊剂的 $w(H_2O)$ 不得大于 0.10%。此外，还规定了焊剂应有良好的焊接工艺性能，按规定的参数进行焊接时，焊道与焊道之间及焊道与母材之间过渡平滑，不应产生较严重的咬边现象。

表 7-28　焊剂颗粒度要求

普通颗粒度		细颗粒度	
<0.45mm（40 目）	≤5.0%	<0.28mm（60 目）	≤5.0%
>2.5mm（8 目）	≤2.0%	>2.00mm（10 目）	≤2.0%

我国目前生产供应的焊剂，仍以熔炼焊剂为主，常用的低合金钢埋弧焊及电渣焊熔炼焊剂的化学成分见表 7-29。与熔炼焊剂相比，烧结焊剂具有下列优点：

1）烧结焊剂的碱度调节范围较大，当焊剂碱度大于 3 时仍具有较好的焊接工艺性能。

2）用高碱度焊剂有利于获得高韧性焊缝。

3）烧结焊剂的堆积密度较小，适于制造高速焊剂或大热输入焊接用焊剂。

4）烧结焊剂颗粒圆滑，在管道中输送或回收焊剂时阻力较小。

5）可以大批量连续生产，环境污染少，电能消耗少。

由于烧结焊剂的上述优点，其开发应用在世界各国普遍受到重视，工业发达国家已用烧结焊剂取代了大部分熔炼焊剂。目前，国内也研制开发了一系列可用于低合金钢焊接的烧结焊剂，其中部分烧结焊剂的型号、类型及化学成分见表 7-30。但烧结焊剂也存在一些缺点：如焊接参数的变化会影响到焊剂的熔化量，致使熔敷金属的成分波动；另外，烧结焊剂吸潮性较大，在存放条件及焊前烘干方面的要求比熔炼焊剂严格，需要在使用和存放时加以注意。

焊剂与焊丝的不同组合，可以获得不同力学性能的熔敷金属。所以应该根据所焊产品的具体技术要求和生产条件，选择合适的焊剂和焊丝组合。目前国内用于低合金钢焊接的常用焊丝焊剂组合见表 7-31。

表 7-29　常用的低合金钢埋弧焊及电渣焊熔炼焊剂的化学成分[1-3]

焊剂型号	类型	化学成分（质量分数，%）									
		SiO$_2$	Al$_2$O$_3$	MnO	CaO	MgO	TiO$_2$	CaF$_2$	FeO	S≤	P≤
HJ130	1	35~40	12~16	—	10~18	14~19	7~11	4~7	≤2.0	0.05	0.05
HJ230	2	40~46	10~17	5~10	8~14	10~14	—	7~11	≤1.5	0.05	0.05
HJ250	2	18~22	18~23	5~8	4~8	12~16	—	23~30	≤1.5	0.05	0.05
HJ252	2	18~22	22~28	2~5	2~7	17~23	—	18~24	≤1.0	0.07	0.08
HJ253	2	20~24	12~16	6~10	—	13~19	2~4	24~30	≤1.0	0.06	0.05
HJ330	4	44~48	≤4	22~26	≤3	16~20		3~6	≤1.5	0.06	0.08
HJ350	3	30~35	13~18	14~19	10~18			14~20	≤1.0	0.06	0.07
HJ351	3	30~35	13~18	14~19	10~18		2~4	14~20	≤1.0	0.04	0.05
HJ360	4	33~37	11~15	20~26	4~7	≤9		10~19	≤1.0	0.10	0.10
HJ430	5	38~45	≤5	38~47	≤6			5~9	≤1.8	0.06	0.08
HJ431	5	40~44	≤4	34~38	≤6	5~8		3~7	≤1.8	0.06	0.08

（续）

焊剂型号	类型	化学成分（质量分数,%）									
		SiO_2	Al_2O_3	MnO	CaO	MgO	TiO_2	CaF_2	FeO	S≤	P≤
HJ433	5	42 ~ 45	≤3	44 ~ 47	≤4	—	—	2 ~ 4	≤1.8	0.06	0.08
HJ434	5	40 ~ 45	≤6	35 ~ 40	3 ~ 9	≤5	1 ~ 8	4 ~ 8	≤1.5	0.05	0.05

注：焊剂类型：1—无锰高硅低氟；2—低锰中硅中氟；3—中锰中硅中氟；4—中锰高硅中氟；5—高锰高硅低氟。

表 7-30　烧结焊剂的型号、类型及化学成分[1-3]

型号	类型	组成成分（质量分数,%）
SJ101	氟碱型	$(SiO_2 + TiO_2)25$,$(CaO + MgO)30$,$(Al_2O_3 + MnO)25$,CaF_2 20
SJ107	氟碱型	$(SiO_2 + TiO_2)15$,$(CaO + MgO)40$,$(Al_2O_3 + MnO)20$,CaF_2 25
SJ201	铝碱型	$(SiO_2 + TiO_2)16$,$(CaO + MgO)4$,$(Al_2O_3 + MnO)40$,CaF_2 20
SJ301	硅钙型	$(SiO_2 + TiO_2)40$,$(CaO + MgO)25$,$(Al_2O_3 + MnO)25$,$CaF_2$10
SJ302	硅钙型	$(SiO_2 + TiO_2)23$,$(CaO + MgO)22$,$(Al_2O_3 + MnO)35$,$CaF_2$10
SJ401	硅锰型	$(SiO_2 + TiO_2)45$,$(CaO + MgO)10$,$(Al_2O_3 + MnO)40$
SJ501	铝钛型	$(SiO_2 + TiO_2)30$,$(Al_2O_3 + MnO)55$,CaF_2 3 ~ 10
SJ502	铝钛型	$(SiO_2 + TiO_2)45$,$(CaO + MgO)10$,$(Al_2O_3 + MnO)30$,$CaF_2$5
SJ503	铝钛型	$(SiO_2 + TiO_2)20 ~ 25$,$(Al_2O_3 + MnO)50 ~ 55$,CaF_2 5 ~ 15

表 7-31　低合金钢焊接的常用焊丝焊剂组合[1-3]

焊剂型号	配用焊丝	电流种类	焊剂烘干条件 /℃ × h
HJ130	H10Mn2	交、直流	250 × 2
HJ230	H08MnA,H08Mn2,H10Mn2	交、直流	250 × 2
HJ250	H10Mn2,H08MnMoA,H08Mn2MoA,H08Mn2MoVA,H08Mn2NiMo	直流	350 × 2
HJ252	H10Mn2,H08Mn2MoA,H06Mn2NiMoA	直流	350 × 2
HJ330	H08MnA,H08Mn2SiA,H10MnSi,H10Mn2	交、直流	250 × 2
HJ350	H10Mn2,H08MnMoA,H08Mn2MoA,H08Mn2MoVA,H08Mn2NiMo	交、直流	350 × 2
HJ351	H10Mn2,H08MnMoA,H08Mn2MoA,H08Mn2MoVA,H08Mn2NiMo	交、直流	350 × 2
HJ360	H10MnSi,H08MnMoA,H08Mn2MoVA	交、直流	250 × 2
HJ430 HJ431	H08A,H08MnA,H10MnSi	交、直流	250 × 2
HJ433	H08A	交、直流	250 × 2
HJ434	H08A,H08MnA,H10MnSi	直流	300 × 2
SJ101	H10Mn2,H08MnMoA,H08Mn2MoA,H08Mn2NiMo	交、直流	(300 ~ 350) × 2
SJ107	H10Mn2,H08MnMoA,H08Mn2MoA,H08MnA	交、直流	(300 ~ 350) × 2
SJ201	H10Mn2,H08MnA,H08MnMoA,H08Mn2MoA	直流	(300 ~ 350) × 2
SJ301	H08MnA,H10Mn2,H08MnMoA	交、直流	(300 ~ 350) × 2
SJ302	H08MnA,H08MnMoA	交、直流	(300 ~ 350) × 2
SJ401	H08A,H08MnA	交、直流	250 × 2
SJ501	H08A,H08MnA	交、直流	(300 ~ 350) × 2
SJ502	H08A	交、直流	300 × 1
SJ503	H08MnA,H08A	交、直流	300 × 1

7.2.6　低合金钢用焊接材料的选用原则

低合金钢焊接材料的选择应根据所焊钢材的化学成分、接头的力学性能要求、结构的拘束程度（板厚、接头形式）、焊后是否需要热处理、焊接结构的服役工况（耐腐蚀、耐高温、耐低温等）、焊接位置和施焊条件、焊接产品的批量大小及焊接设备条件等方面进行综合考虑。对于重要的焊接产品，焊接材料初步选定后，应根据相应产品的工艺规程进行工艺评定，检测焊缝金属的力学性能、抗裂性、耐蚀性以及焊条、焊丝和焊剂的焊接工艺性能，经考核所选的焊接材料满足所焊产品的技术要求后，方可用于产品的焊接。所选择的焊接材料以焊缝金属的力学性能及其他特殊性能满足焊接结构的使用要求为前提，其次，焊接材料应具有良好的焊接工艺性能及较高的焊接生产效率。选择低合金钢焊接材料应注意以下几个方面：

1）对于低合金高强度钢，在保证焊接接头强度的前提下，重点考虑焊接材料的抗裂性及焊缝金属的塑韧性。为此应优先选择低氢及超低氢的焊接材料及塑韧性优良的焊接材料。

2）对于两种强度级别不同的结构钢之间的焊接，应按强度级别低的母材选择焊接材料。

3）选择焊接材料时，应考虑工艺条件的影响。采用同一焊接材料焊同一钢种时，如果坡口形式不同，则焊缝性能各异。如用 HJ431 焊剂进行 Q345（16Mn）钢埋弧焊不开坡口直边对接焊时，由于母材熔入焊缝金属较多，此时采用合金成分较低的 H08A 焊丝配合 HJ431，即可满足焊缝力学性能要求；但如焊接 Q345（16Mn）钢厚板开坡口对接接头时，如仍用 H08A-HJ431 组合，则因母材熔合比小，而使焊缝强度偏低，此时应采用合金成分较高的 H08MnA、H10Mn2 等焊丝与 HJ431 组合；角接接头焊接时的冷却速度要大于对接接头，因此 Q345（16Mn）钢角接时，应采用合金成分较低的 H08A 焊丝与 HJ431 焊剂组合，以获得综合力学性能较好的焊缝金属；如采用合金成分偏高的 H08MnA 或 H10Mn2 焊丝，则该角焊缝的塑性偏低；对于焊后经受冷卷或热处理的焊件，必须考虑焊缝金属经受高温热处理后对其性能的影响，应保证焊缝热处理后仍具有所要求的强度、塑性和韧性，如厚壁压力容器筒节需用热卷方法成形，热卷温度一般要求达到或高于正火温度，这时筒节纵缝将随着经受正火处理，一般正火处理后的焊缝强度要比焊态时低，因此对于在焊后要经受正火处理的焊缝，应选用合金成分较高的焊接材料。如焊件焊后要进行消除应力热处理，一般焊缝金属的强度将降低，这时也

应选用合金成分较高的焊接材料；对于焊后经受冷卷或冷冲压的焊件，则要求焊缝具有较高的塑性。

4）对于厚板、拘束度大及冷裂倾向大的焊接结构，应选用超低氢焊接材料，以提高抗裂性能，降低预热温度。厚板、大拘束度焊件，第一层打底焊缝最容易产生裂纹，此时可选用强度稍低、塑韧性良好的低氢或超低氢焊接材料。

5）对于重要的焊接产品，如海上采油平台、压力容器及船舶等，为确保产品使用的安全性，焊缝应具有优良的低温冲击韧度和断裂韧度，应选用高韧性焊接材料，如高碱度焊剂、高韧性焊丝、焊条、高纯度的保护气体并采用 Ar + CO_2 混合气体保护焊等。

6）为提高生产率，可选用高效铁粉焊条、重力焊条、高熔敷率的药芯焊丝及高速焊剂等，立角焊时可用向下立焊焊条，大口径管接头可用高速焊剂，小口径管接头可用底层焊条。

7）在通风不良的产品中焊接时（如船舱、压力容器等），为改善卫生条件，宜采用低尘低毒焊接材料。

7.3　低合金高强度钢的焊接

7.3.1　低合金高强度钢的种类、用途、标准和性能

低合金高强度钢中 $w(C)$ 一般控制在 0.20% 以下，为了确保钢的强度和韧性，通过添加适量的 Mn、Ni、Cr、Mo 等合金元素及 V、Nb、Ti、Al 等微合金化元素，配合适当的轧制工艺或热处理工艺来保证钢材具有优良的综合力学性能。低合金高强度钢包括一般结构用钢、桥梁钢、压力容器用钢、锅炉用钢、造船和采油平台用钢、工程机械用钢、建筑用钢、油气输送管线用钢、车辆用钢等。由于低合金高强度钢具有良好的焊接性、优良的可成形性及较低的制造成本，因此被广泛用于压力容器、车辆、桥梁、建筑、工程机械、矿山机械、农业机械、纺织机械、海洋结构、船舶、电力、石油化工、军工产品及航空航天等领域，已成为大型焊接结构中最主要的结构材料之一。本节所述低合金高强度钢是在热轧、控轧、正火、正火轧制、正火加回火、TMCP、TMCP 加回火状态下焊接和使用的、屈服强度为 345 ~ 690MPa 的低合金高强度结构钢，调质状态使用的低合金高强度钢将在 7.4 节中专门介绍。

GB/T 1591—2008 对低合金高强度结构钢的化学成分和力学性能要求作了规定，见表 7-32 ~ 表 7-34。标准中钢的分类是按照钢的力学性能划分的。钢的牌号由代表屈服强度的汉语拼音字母 Q、屈服强度数值、

表 7-32　低合金高强度结构钢的化学成分（GB/T 1591—2008）

化学成分①②（质量分数，%）

牌号	质量等级	C	Si	Mn	P	S	Nb	V	Ti	Cr	Ni	Cu	N	Mo	B	Als
					不大于											不小于
Q345	A	≤0.20	≤0.50	≤1.70	0.035	0.035	0.07	0.15	0.20	0.30	0.50	0.30	0.012	0.10	—	—
	B				0.035	0.035										
	C	≤0.18			0.030	0.030										
	D				0.030	0.025										0.015
	E				0.025	0.020										
Q390	A	≤0.20	≤0.50	≤1.70	0.035	0.035	0.07	0.20	0.20	0.30	0.50	0.30	0.015	0.10	—	—
	B				0.035	0.035										
	C				0.030	0.030										
	D				0.030	0.025										0.015
	E				0.025	0.020										
Q420	A	≤0.20	≤0.50	≤1.70	0.035	0.035	0.07	0.20	0.20	0.30	0.80	0.30	0.015	0.20	—	—
	B				0.035	0.035										
	C				0.030	0.030										
	D				0.030	0.025										0.015
	E				0.025	0.020										
Q460	C	≤0.20	≤0.60	≤1.80	0.030	0.030	0.11	0.20	0.20	0.30	0.80	0.55	0.015	0.20	0.004	0.015
	D				0.030	0.025										
	E				0.025	0.020										

（续）

牌号	质量等级	化学成分①② (质量分数,%)														
		C	Si	Mn	P	S	Nb	V	Ti	Cr	Ni	Cu	N	Mo	B	Als
					不大于					不大于						不小于
Q500	C	≤0.18	≤0.60	≤1.80	0.030	0.030	0.11	0.12	0.20	0.60	0.80	0.55	0.015	0.20	0.004	0.015
	D				0.030	0.025										
	E				0.025	0.020										
Q550	C	≤0.18	≤0.60	≤2.00	0.030	0.030	0.11	0.12	0.20	0.80	0.80	0.80	0.015	0.30	0.004	0.015
	D				0.030	0.025										
	E				0.025	0.020										
Q620	C	≤0.18	≤0.60	≤2.00	0.030	0.030	0.11	0.12	0.20	1.00	0.80	0.80	0.015	0.30	0.004	0.015
	D				0.030	0.025										
	E				0.025	0.020										
Q690	C	≤0.18	≤0.60	≤2.00	0.030	0.030	0.11	0.12	0.20	1.00	0.80	0.80	0.015	0.30	0.004	0.015
	D				0.030	0.025										
	E				0.025	0.020										

① 型材及棒材 $w(P)$、$w(S)$ 可提高 0.005%，其中 A 级钢上限可为 0.045%。

② 当细化晶粒元素组合加入时，$20w(Nb+V+Ti)$ ≤0.22%，$20w(Mo+Cr)$ ≤0.30%。

表7-33　低合金高强度结构钢的拉伸性能（GB/T 1591—2008）

牌号	质量等级	拉　伸　试　验																					
		下屈服强度 R_{eL}/MPa 公称厚度(直径,边长)/mm									抗拉强度 R_m/MPa 公称厚度(直径,边长)/mm							断后伸长率 A(%) 公称厚度(直径,边长)/mm					
		≤16	>16~40	>40~63	>63~80	>80~100	>100~150	>150~200	>200~250	>250~400	≤40	>40~63	>63~80	>80~100	>100~150	>150~250	>250~400	≤40	>40~63	>63~100	>100~150	>150~250	>250~400
Q345	A	≥345	≥335	≥325	≥315	≥305	≥285	≥275	≥265	—	470~630	470~630	470~630	470~630	450~600	450~600	—	≥20	≥19	≥19	≥18	≥17	—
	B																	≥21	≥20	≥20	≥19	≥18	
	C																						
	D									≥265							450~600						≥17
	E																						
Q390	A	≥390	≥370	≥350	≥330	≥330	≥310	—	—	—	490~650	490~650	490~650	490~650	470~620	—	—	≥20	≥19	≥19	≥18	—	—
	B																						
	C																						
	D																						
	E																						
Q420	A	≥420	≥400	≥380	≥360	≥360	≥340	—	—	—	520~680	520~680	520~680	520~680	500~650	—	—	≥19	≥18	≥18	≥18	—	—
	B																						
	C																						
	D																						
	E																						
Q460	C	≥460	≥440	≥420	≥400	≥400	≥380	—	—	—	550~720	550~720	550~720	550~720	530~700	—	—	≥17	≥16	≥16	≥16	—	—
	D																						
	E																						

（续）

牌号	质量等级	下屈服强度 R_{eL}/MPa 公称厚度（直径,边长）/mm									抗拉强度 R_m/MPa 公称厚度（直径,边长）/mm							断后伸长率 A(%) 公称厚度（直径,边长）/mm					
		≤16	>16~40	>40~63	>63~80	>80~100	>100~150	>150~200	>200~250	>250~400	≤40	>40~63	>63~80	>80~100	>100~150	>150~250	>250~400	≤40	>40~63	>63~100	>100~150	>150~250	>250~400
Q500	C	≥500	≥480	≥470	≥450	≥440	—	—	—	—	610~770	600~760	590~750	540~730	—	—	—	—	—	—	—	—	—
	D																	≥17	≥17	≥17	—	—	—
	E																						
Q550	C	≥550	≥530	≥520	≥500	≥490	—	—	—	—	670~830	620~810	600~790	590~780	—	—	—	—	—	—	—	—	—
	D																	≥16	≥16	≥16	—	—	—
	E																						
Q620	C	≥620	≥600	≥590	≥570	—	—	—	—	—	710~880	690~880	670~860	—	—	—	—	—	—	—	—	—	—
	D																	≥15	≥15	≥15	—	—	—
	E																						
Q690	C	≥690	≥670	≥660	≥640	—	—	—	—	—	770~940	750~920	730~900	—	—	—	—	—	—	—	—	—	—
	D																	≥14	≥14	≥14	—	—	—
	E																						

注：1. 当屈服不明显时，可测量 $R_{p0.2}$ 代替下屈服强度。
2. 宽度不小于 600mm 的扁平材，拉伸试验取横向试样；宽度小于 600mm 的扁平材、型材及棒材取纵向试样，断后伸长率最小值相应提高 1%（绝对值）。
3. 厚度 >250~400mm 的数值适用于扁平材。

表7-34　夏比（V形）冲击试验的试验温度和冲击吸收能量（GB/T 1591—2008）

牌号	质量等级	试验温度/℃	冲击吸收能量(KV_2)[①]/J		
			公称厚度（直径、边长）/mm		
			12～150	>150～250	>250～400
Q345	B	20	≥34	≥27	—
	C	0			
	D	-20			27
	E	-40			
Q390	B	20	≥34	—	—
	C	0			
	D	-20			
	E	-40			
Q420	B	20	≥34	—	—
	C	0			
	D	-20			
	E	-40			
Q460	C	0	≥34		
	D	-20			
	E	-40			
Q500、Q550、Q620、Q690	C	0	≥55		
	D	-20	≥47		
	E	-40	≥31		

① 冲击试验取纵向试样。

质量等级符号三个部分按顺序排列。本标准中，按照钢的屈服强度，低合金高强度钢分为8个强度等级，分别是345MPa、390MPa、420MPa、460MPa、500MPa、550MPa、620MPa及690MPa。每个强度等级又根据钢中的P、S含量及冲击吸收能量不同要求分成A、B、C、D、E几个不同质量等级。表7-35和表7-36列出了一些我国生产的专门用途低合金高强度钢的化学成分及力学性能。

7.3.2　低合金高强度钢的焊接性

以热轧和正火状态使用的低合金高强度钢，由于其碳含量及合金元素含量均较低，因此其焊接性总体较好，其中热轧钢的焊接性更优，但由于这类钢中含有一定量的合金元素及微合金化元素，焊接过程中如果工艺不当，也存在着焊接热影响区脆化、热应变脆化及产生焊接裂纹（氢致裂纹、热裂纹、再热裂纹、层状撕裂）的危险。只有在掌握其焊接性特点和规律的基础上，才能制订正确焊接工艺，保证焊接质量。

1. 焊接热影响区脆化

低合金高强度钢焊接时，热影响区中被加热到1100℃以上的粗晶区及加热温度为700～800℃的不完全相变区是焊接接头的两个薄弱区。热轧钢焊接时，如焊接热输入过大，粗晶区将因晶粒严重长大或出现魏氏组织等而降低韧性；如焊接热输入过小，由于粗晶区组织中马氏体比例增大而降低韧性。正火钢焊接时粗晶区组织性能受焊接热输入的影响更为显著，Nb、V微合金化的正火钢焊接时，如果热输入较大，粗晶区的Nb（C，N）、V（C，N）析出相将固溶于奥氏体中，从而失去了抑制奥氏体晶粒长大及细化组织的作用，粗晶区将产生粗大的粒状贝氏体、上贝氏体组织而导致粗晶区韧性的显著降低。某些低合金高强度钢焊接热影响区的不完全相变区，在焊接加热时该区域内只有部分富碳组元发生奥氏体转变，在随后的焊接冷却过程中，这部分富碳奥氏体将转变成高碳孪晶马氏体，而且这种高碳马氏体的转变终了

表 7-35　专门用途低合金高强度结构钢的化学成分

用途	牌号	化学成分（质量分数，%）													
		C	Mn	Si	Ni	Mo	Cr	Cu	Nb	V	Ti	B	Als	S	P
锅炉和压力容器用钢板（GB 713—2008）	Q345R	≤0.20	1.20~1.60	≤0.55					—				≥0.02	≤0.015	≤0.025
	Q370R	≤0.18	1.20~1.60	≤0.55					0.015~0.05					≤0.010	≤0.020
	18MnMoNbR	≤0.22	1.20~1.60	0.15~0.50		0.45~0.65			0.025~0.05					≤0.010	≤0.020
	13MnNiMoR	≤0.15	1.20~1.60	0.15~0.50	0.60~1.0	0.20~0.40	0.20~0.4		0.005~0.02	≤0.05	≤0.04			≤0.010	≤0.020
石油天然气工业管线输送系统用钢管（GB/T 9711—2011）	L320M/X46M	≤0.22	≤1.30	≤0.45	≤0.30	≤0.15	≤0.30	≤0.50	Nb+V+Ti≤0.15					≤0.015	≤0.025
	L360M/X52M	≤0.22	≤1.40	≤0.45										≤0.015	≤0.025
	L390M/X56M	≤0.22	≤1.60	≤0.45										≤0.015	≤0.025
	L415M/X60M	≤0.12	≤1.60	≤0.45										≤0.015	≤0.025
	L450M/X65M	≤0.12	≤1.70	≤0.45	≤0.50	≤0.50	≤0.50							≤0.015	≤0.025
	L485M/X70M	≤0.10	≤1.85	≤0.55	≤0.50	≤0.50	≤0.50							≤0.010	≤0.020
	L555M/X80M	≤0.10	≤2.10	≤0.55	≤1.00	≤0.50	≤0.50		≤0.05			≤0.004	≥0.015	≤0.010	≤0.020
	L625M/X90M	≤0.10	≤2.10	≤0.55	≤1.00	≤0.50	≤0.50		≤0.05			≤0.004	≥0.015	≤0.010	≤0.020
	L690M/X100M	≤0.10	≤2.10	≤0.55	≤1.00	≤0.50	≤0.50		≤0.05			≤0.004	≥0.015	≤0.010	≤0.020
	L830M/X120M	≤0.10	≤2.10	≤0.55	≤1.00	≤0.50	≤0.50		≤0.05			N≤0.009	≥0.015	≤0.010	≤0.020
船舶及海洋工程用结构钢（GB 712—2011）	AH32，AH36，AH40	≤0.18	0.90~1.60	≤0.50	≤0.40	≤0.08	≤0.20	≤0.35	0.02~0.05	0.05~0.10	≤0.02	N≤0.009	≥0.015	≤0.030	≤0.030
	DH32，DH36，DH40，EH32，EH36，EH40	≤0.18	0.90~1.60	≤0.50	≤0.40	≤0.08	≤0.20	≤0.35	0.02~0.05	0.05~0.10	≤0.02	N≤0.009	≥0.015	≤0.025	≤0.025
	FH32，FH36，FH40	≤0.16	0.90~1.60	≤0.50	≤0.40	≤0.08	≤0.20	≤0.35	0.02~0.05	0.05~0.10	≤0.02	N≤0.009	≥0.015	≤0.020	≤0.020
	AH420，AH460，AH500，AH550，AH620，AH690	≤0.21	≤1.70	≤0.55	≤0.80	添加的合金元素及细化晶粒元素应符合船级社认可或公认的有关标准规定（N≤0.020）								≤0.030	≤0.030
	DH420，DH460，DH500，DH550，DH620，DH690	≤0.20	≤1.70	≤0.55	≤0.80									≤0.025	≤0.025
	EH420，EH460，EH500，EH550，EH620，EH690	≤0.20	≤1.70	≤0.55	≤0.80									≤0.020	≤0.020
	FH420，FH460，FH500，FH550，FH620，FH690	≤0.18	≤1.60	≤0.55	≤0.80									≤0.020	≤0.020

（续）

用途	牌号	化学成分（质量分数，%）													
		C	Mn	Si	Ni	Mo	Cr	Cu	Nb	V	Ti	B	Als	S	P
桥梁用结构钢（GB/T 714—2008）	Q345qC	≤0.20	0.90~1.70	≤0.55	≤0.50	≤0.20	≤0.80	≤0.55	≤0.06	≤0.08	≤0.03	≤0.004	≥0.015	≤0.025	≤0.030
	Q345qD													≤0.020	≤0.025
	Q345qE													≤0.010	≤0.020
	Q370qC	≤0.18	1.00~1.70											≤0.025	≤0.030
	Q370qD													≤0.020	≤0.025
	Q370qE													≤0.010	≤0.020
	Q420qC		1.00~1.70		≤0.70	≤0.35								≤0.025	≤0.030
	Q420qD													≤0.020	≤0.025
	Q420qE													≤0.010	≤0.020
	Q460qC		1.00~1.80											≤0.025	≤0.030
	Q460qD													≤0.020	≤0.025
	Q460qE													≤0.010	≤0.020
	Q500qD		1.00~1.70		≤1.00	≤0.40								≤0.020	≤0.025
	Q500qE													≤0.010	≤0.020
	Q550qD													≤0.020	≤0.025
	Q550qE													≤0.010	≤0.020
	Q620qD				≤1.10	≤0.60								≤0.020	≤0.025
	Q620qE													≤0.010	≤0.020
	Q690qD													≤0.020	≤0.025
	Q690qE													≤0.010	≤0.020

表 7-36 专门用途低合金高强度钢的力学性能

用 途	钢 号	钢板厚度/mm	R_m/MPa	R_{eL}/MPa	$A(\%)$	KV_2/J	弯曲 180°
锅炉和压力容器用钢板（GB 713—2008）	Q345R（热轧、控轧或正火）	3~16	510~640	≥345	≥21	≥34(0℃)	d=2a
		>16~36	500~630	≥325	≥21		
		>36~60	490~620	≥315	≥20		d=3a
		>60~100	490~620	≥305	≥20		
		>100~150	480~610	≥285			
		>150~200	470~600	≥265			
	Q370R（正火）	10~16	530~630	≥370	≥20	≥34(-20℃)	d=2a
		>16~36	520~620	≥360			d=3a
		>36~60	520~620	≥340			
	18MnMoNbR（正火+回火）	30~60	570~720	≥400	≥17	≥41(0℃)	d=3a
		>60~100		≥390			
	13MnNiMoR（正火+回火）	30~100		≥390	≥18	≥41(0℃)	d=3a
		>100~150		≥380			
石油天然气工业管线输送系统用钢管（PSL2）（GB/T 9711—2011）	L320M/X46M	—	435~760	320~525	按照 GB/T 9711—2011 规定的公式计算确定	≥27~40(0℃)	—
	L360M/X52M	—	460~760	360~530		≥27~40(0℃)	—
	L390M/X56M	—	490~760	390~545		≥27~40(0℃)	—
	L415M/X60M	—	520~760	415~565		≥27~40(0℃)	—
	L450M/X65M	—	535~760	450~600		≥27~54(0℃)	—
	L485M/X70M	—	570~760	485~635		≥27~68(0℃)	—
	L555M/X80M	—	625~825	555~705		≥40~68(0℃)	—
	L625M/X90M	—	695~915	625~775		≥40~81(0℃)	—
	L690M/X100M	—	760~990	690~840		≥40~95(0℃)	—
	L830M/X120M	—	915~1145	830~1050		≥40~108(0℃)	—

（续）

用　途	钢　号	钢板厚度/mm	R_m/MPa	R_{eL}/MPa	A(%)	KV_2/J	弯曲180°
船舶及海洋工程用结构钢（GB 712—2011）	AH32,DH32,EH32,FH32	≤50	450~570	≥315	≥22	31（纵），22（横）	—
		>50~70				38（纵），26（横）	—
		>70~150				46（纵），31（横）	—
	AH36,DH36,EH36,FH36	≤50	490~630	≥355	≥21	34（纵），24（横）	—
		>50~70				41（纵），27（横）	—
		>70~150				50（纵），34（横）	—
	AH40,DH40,EH40,FH40	≤50	510~660	≥390	≥20	41（纵），27（横）	—
		>50~70				46（纵），31（横）	—
		>70~150				55（纵），37（横）	—
	AH420,DH420,EH420,FH420	—	530~680	≥420	≥18	42（纵）28（横）	—
	AH460,DH460,EH460,FH460	—	570~720	≥460	≥17	46（纵）31（横）	—
	AH500,DH500,EH500,FH500	—	610~770	≥500	≥16	50（纵）33（横）	—
	AH550,DH550,EH550,FH550	—	670~830	≥550	≥16	55（纵）37（横）	—
	AH620,DH620,EH620,FH620	—	720~890	≥620	≥15	62（纵）41（横）	—
	AH690,DH690,EH690,FH690	—	770~940	≥690	≥14	69（纵）46（横）	—

（续）

用　途	钢　　号	钢板厚度/mm	R_m/MPa	R_{eL}/MPa	A（%）	KV_2/J	弯曲 180°
桥梁用结构钢（GB/T 714—2008）	Q345qC, Q345qD	≤50	≥490	≥345	≥20	≥47	$d=2a$（≤16） $d=3a$（>16）
	Q345qE	>50～100		≥335	≥20	≥47	
	Q370qC, Q370qD	≤50	≥510	≥370	≥20	≥47	
	Q370qE	>50～100		≥360			
	Q420qC, Q420qD	≤50	≥540	≥420	≥19	≥47	
	Q420qE	>50～100		≥410			
	Q460qC, Q460qD	≤50	≥570	≥460	≥17	≥47	
	Q460qE	>50～100		≥450			
	Q500qD	≤50	≥600	≥500	≥16	≥47	
	Q500qE	>50～100		≥480			
	Q550qD	≤50	≥660	≥550	≥16	≥47	
	Q550qE	>50～100		≥530			
	Q620qD	≤50	≥720	≥620	≥15	≥47	
	Q620qE	>50～100		≥580			
	Q690qD	≤50	≥770	≥690	≥14	≥47	
	Q690qE	>50～100		≥650			

注：表中桥梁用结构钢的 A、C、D、E 级钢要求的冲击试验温度分别为常温、0℃、-20℃、-40℃。

温度（Mf）低于室温，相当一部分奥氏体残留在马氏体岛的周围，形成所谓的 M-A 组元，M-A 组元的形成是该区域的组织脆化的主要原因。防止不完全相变区组织脆化的措施是控制焊接冷却速度，避免脆硬的马氏体产生。模拟焊接热影响区过热区连续冷却组织转变图（简称 CCT 图）比较全面地反映了热影响区粗晶区的组织变化规律，提供了在不同的焊接冷却速度（$t_{8/5}$ 或 $t_{8/3}$）下热影响区粗晶区的组织组成及硬度变化规律。图 7-1 是 14MnNbq 钢的焊接连续冷却组织转变图，可以看出，当 $t_{8/5} \leq 3.5\text{s}$ 时，14MnNbq 钢热影响区粗晶区为 100% 马氏体，硬度为 410HV；当 $3.5\text{s} < t_{8/5} \leq 12.5\text{s}$ 时，热影响区粗晶区组织为马氏体加贝氏体混合组织；当 $t_{8/5} > 12.5\text{s}$ 以后，热影响区粗晶区组织为 100% 贝氏体或贝氏体加铁素体加珠光体混合组织，硬度明显降低。焊接连续冷却组织转变图为选择合理的焊接热输入提供了依据。对于一些重要的低合金高强度钢焊接结构，应根据钢种及其结构的特点，结合焊接连续冷却组织转变图来选择合适的预热温度和热输入，以确保热影响区韧性和防止焊接氢致裂纹的产生。

2. 热应变脆化

在自由氮含量较高的 C-Mn 系低合金钢中，焊接接头熔合区及最高加热温度低于 Ac_1 的亚临界热影响区，常常有热应变脆化现象，它是热和应变同时作用下产生的一种动态应变时效。一般认为，这种脆化是由于氮、碳原子聚集在位错周围，对位错造成钉扎作用所造成的。热应变脆化容易在最高加热温度范围 $200 \sim 400℃$ 的亚临界热影响区产生。如有缺口效应，则热应变脆化更为严重，熔合区常常存在缺口性质的缺陷，当缺陷周围受到连续的焊接热应变作用后，由于存在应变集中和不利组织，热应变脆化倾向就更大，所以热应变脆化也容易发生在熔合区。参考文献 [4] 分析研究了 Q345 和 Q420 钢的热应变脆化，发现 Q345 钢具有较大热应变脆化倾向。分析认为 Q420 钢中的 V 与 N 形成氮化物，从而降低热应变脆化倾向，而 Q345 钢中不含氮化物形成元素。试验还发现，有热应变脆化的 Q345 钢经 $600℃ \times 1\text{h}$ 退火处理后，韧性得到很大恢复。

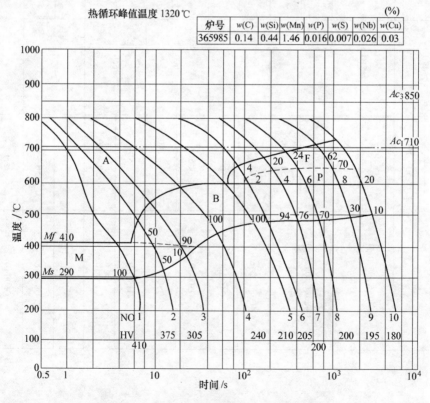

图 7-1　14MnNbq 钢的焊接连续冷却组织转变图

3. 氢致裂纹敏感性

焊接氢致裂纹（也称冷裂纹或延迟裂纹）是低合金高强度钢焊接时最容易产生，而且是危害最为严重的工艺缺陷，它常常是焊接结构失效破坏的主要原因。低合金高强度钢焊接时产生的氢致裂纹主要发生在焊接热影响区，有时也出现在焊缝金属。根据钢种的类型、焊接区氢含量及应力水平的不同，氢致裂纹可能在焊后 200℃ 以下立即产生，或在焊后一段时间内产生。大量研究表明，当低合金高强度钢焊接热影响区中产生淬硬的 M 或 M + B 混合组织时，对氢致裂纹敏感；而产生 B 或 B + F 组织时，对氢致裂纹不敏感。热影响区最高硬度可被用来粗略地评定焊接氢致裂纹敏感性。对一般低合金高强度钢，为防止氢致裂纹的产生，焊接热影响区硬度应控制在 350HV 以下。热影响区淬硬倾向可以采用碳当量公式加以评定。对于 C-Mn 系低合金高强度钢，可采用国际焊接学会（IIW）推荐的式（7-1）碳当量公式；对于微合金化的低碳低合金高强度钢适合于采用式（7-2）P_{cm} 公式，应用这些公式时应注意其适用范围[5]。

$$CE_{IIW} = w(C) + w(Mn)/6 + w(Cr)/5 + w(Mo)/5 +$$
$$w(V)/5 + w(Ni)/15 + w(Cu)/15 \qquad (7-1)$$

$$P_{cm} = w(C) + w(Si)/30 + w(Mn)/20 +$$
$$w(Cu)/20 + w(Ni)/60 + w(Cr)/20 +$$
$$w(Mo)/15 + w(V)/10 + 5w(B) \qquad (7-2)$$

强度级别较低的热轧钢，由于其合金元素含量少，钢的淬硬倾向比低碳钢稍大。如 Q345 钢、Q420 钢焊接时，快速冷却可能出现淬硬的马氏体组织，冷裂倾向增大。但由于热轧钢的碳当量比较低，通常冷裂倾向不大。在环境温度很低或钢板厚度大时应采取措施防止冷裂纹的产生。

控轧控冷钢碳含量和碳当量都很低，其冷裂纹敏感性较低。除超厚焊接结构外，490MPa 级的控轧控冷钢焊接，一般不需要预热。

正火钢合金元素含量较高，焊接热影响区的淬硬倾向有所增加。对强度级别及碳当量较低的正火钢，冷裂倾向不大。但随着强度级别及板厚的增加，其淬硬性及冷裂倾向都随之增大，需要采取控制焊接热输入、降低含氢量、预热及及时后热等措施，以防止冷裂纹的产生。

4. 热裂纹敏感性

与碳素钢相比，低合金高强度钢的 $w(C)$、$w(S)$ 较低，且 $w(Mn)$ 较高，其热裂纹倾向较小。但有时也会在焊缝中出现热裂纹，如厚壁压力容器焊接生产中，在多层多道埋弧焊焊缝的根部焊道或靠近坡口边缘的高稀释率焊道中易出现焊缝金属热裂纹；电渣焊时，如母材含碳量偏高并含铌时，电渣焊焊缝可能出现八字形分布的热裂纹[6]。另外，焊接热裂纹也常常在低碳的控轧控冷管线钢根部焊缝中出现，这种热裂纹产生的原因与根部焊缝基材的稀释率大及焊接速度较快有关[7]。采用 Mn、Si 含量较高的焊接材料，减小焊接热输入，减少母材在焊缝中的熔合比，增大

焊缝成形系数（即焊缝宽度与高度之比），有利于防止焊缝金属的热裂纹。

5. 再热裂纹敏感性

低合金钢焊接接头中的再热裂纹亦称消除应力裂纹，出现在焊后消除应力热处理过程中。再热裂纹属于沿晶断裂，一般都出现在热影响区的粗晶区，有时也在焊缝金属中出现。其产生与杂质元素 P、Sn、Sb、As 在初生奥氏体晶界的偏聚导致的晶界脆化有关，也与 V、Nb 等元素的化合物强化晶内有关。Mn-Mo-Nb 和 Mn-Mo-V 系低合金高强度钢对再热裂纹的产生有一定的敏感性，这些钢在焊后热处理时应注意防止再热裂纹的产生。

6. 层状撕裂倾向

大型厚板焊接结构（如海洋工程、核反应堆及船舶等）焊接时，如在钢材厚度方向承受较大的拉应力，可能沿钢材轧制方向发生阶梯状的层状撕裂。这种裂纹常出现于要求熔透的角接接头或丁字接头中。选用抗层状撕裂钢；改善接头形式以减缓钢板 Z 向的应力应变；在满足产品使用要求的前提下，选用强度级别较低的焊接材料或采用低强度焊材预堆边；采用预热及降氢等措施都有利于防止层状撕裂。

7.3.3 低合金高强度钢的焊接工艺

1. 焊接方法的选择

低合金高强度钢可采用焊条电弧焊、熔化极气体保护焊、埋弧焊、钨极氩弧焊、气电立焊、电渣焊等所有常用的熔焊及压焊方法焊接。具体选用何种焊接方法取决于所焊产品的结构、板厚、对性能的要求及生产条件等。其中焊条电弧焊、埋弧焊、实心焊丝及药芯焊丝气体保护电弧焊是常用的焊接方法。对于氢致裂纹敏感性较强的低合金高强度钢的焊接，无论采用哪种焊接工艺，都应采取低氢的工艺措施。厚度大于 100mm 低合金高强度钢结构的环形和长直线焊缝，常常采用单丝或双丝窄间隙埋弧焊。当采用高热输入的焊接工艺方法，如电渣焊、气电立焊及多丝埋弧焊焊接低合金高强度钢时，在使用前应对焊缝金属和热影响区的韧性作认真的评定，以保证焊接接头韧性能够满足使用要求。

2. 焊接材料的选择

焊接材料的选择首先应保证焊缝金属的强度、塑性、韧性达到产品的技术要求，同时还应该考虑抗裂性及焊接生产效率等。由于低合金高强度钢氢致裂纹敏感性较强，因此选择焊接材料时应优先采用低氢焊条和碱度适中的埋弧焊焊剂。焊条、焊剂使用前应按制造厂或工艺规程规定进行烘干。焊条烘干后应存放

在保温筒中随用随取，低氢焊条的存放时间按规定 E50 × × 级不超过 4h，E55 × × 级不超过 2h，E60 × × 级不超过 1h，E70 × × 级不超过 0.5h。气体保护焊用的 CO_2 气体应符合 HG/T 2537—1993 规定。另外，为了保证焊接接头具有与母材相当的冲击韧度，正火

钢与控轧控冷钢，优先选用高韧性焊接材料，配以正确的焊接工艺以保证焊缝金属和热影响区具有优良的冲击性能。各种低合金高强度钢焊接时，可以参照表 7-37 ~ 表 7-39 来选用焊条电弧焊、气体保护焊、埋弧焊及电渣焊用焊接材料。

表 7-37　低合金高强度钢焊接用焊条[1,2]

钢材牌号 （GB/T 1591—2008）	强度级别 /MPa	焊条牌号
Q345	≥345	J503，J502，J502Fe， J504Fe，J504Fe14 J505，J505MoD J507，J507H，J507X，J507DF，J507D J507RH，J507NiMA，J507TiBMA，J507R J507GR，J507NiTiB，J507FeNi J506，J506X，J506DF，J506GM J506R，J506RH，J506RK，J506NiMA， J506Fe，J507Fe，J506LMA J506FeNE，J507FeNi
Q390	≥390	J503，J502，J502Fe J504Fe，J504Fe14 J505，J505MoD J507，J507H，J507X，J507DF，J507D J507RH，J507NiMA，J507TiBMA，J507R J507GR，J507NiTiB，J507FeNi J506，J506X，J506DF，J506GM J506R，J506RH，J506RK，J506NiMA J506Fe，J507Fe，J506LMA J506FeNE，J507FeNi J555G，J555， J557Mo，J557，J557MoV J556，J556RH，J556XG
Q420	≥420	J555G，J555 J557，J557Mo，J557MoV J556，J556RH，J556XG J607，J607Ni，J607RH J606，J606RH
Q460	≥460	J557，J557Mo，J557MoV J556，J556RH，J556XG J607，J607Ni，J607RH J606，J606RH
Q500	≥500	J607，J607Ni，J607RH J606，J606RH J707，J707Ni，J707RH
Q550	≥550	J607Ni，J607RH J707，J707Ni，J707RH
Q620	≥620	J707，J707Ni，J707RH J757，J757Ni
Q690	≥690	J757，J757Ni J807，J807RH

表 7-38　低合金高强度钢气体保护焊用焊接材料[1,3,8]

钢材牌号	强度级别/MPa	焊丝	保护气体	钢材牌号	强度级别/MPa	焊丝	保护气体
Q345	≥345	MG49-1, MG49-Ni, MG49-G, MG50-3, MG50-6 YJ501-1, YJ501Ni-1, YJ502-1, YJ502R-1, YJ507-1, YJ507Ni-1 YJ507TiB-1	CO_2	Q420	≥420	MG50-3 YJ507-1, YJ507Ni-1, YJ507TiB-1	CO_2
		HS-50T, MG50-4, BH-503, MG50-6, MG50-G	CO_2 Ar + CO_2			MG50-4, MG50-6	CO_2 Ar + CO_2
		YJ502R-2, YJ507-2 YJ507G-2, YJ507D-2	自保护			HS-50T, MG50-G	Ar + CO_2
Q390	≥390	MG50-3, MG50-6 YJ501-1, YJ501Ni-1, YJ502-1, YJ502R-1, YJ507-1, YJ507Ni-1 YJ507TiB-1	CO_2	Q460	≥460	HS-60, MG59-G, BHG-2, GFM-60, YJ607-1	CO_2 Ar + CO_2
				Q500	≥500	HS-60NiMo, GHS60N GFM-60Ni, YJ607-1	CO_2 Ar + CO_2
		MG50-4, MG50-6 MG50-G, HS-50T	CO_2 Ar + CO_2	Q550	≥550	HS-70, GHS70, BHG-3 GFM-70, YJ607-1, YJ707-1	CO_2 Ar + CO_2
				Q620	≥620	HS-70A, GHS70 GFM-70, YJ707-1	Ar + CO_2
		YJ502R-2, YJ507-2 YJ507G-2, YJ507D-2	自保护	Q690	≥690	HS-80, BHG-4 GHS80	Ar + CO_2

表 7-39　低合金高强度钢焊接用埋弧焊及电渣焊用焊丝焊剂[1,3]

屈服强度/MPa	埋弧焊		电渣焊	
	焊丝	焊剂	焊丝	焊剂
345	不开坡口对接 H08A, H08E 中板开坡口对接 H08MnA, H10Mn2 H10MnSi	HJ430 HJ431 SJ301 SJ501 SJ502	H08MnMoA H10Mn2 H10MnSi	HJ360 HJ431
390	不开坡口对接 H08MnA 中板开坡口对接 H10Mn2 H10MnSi H08Mn2Si 厚板深坡口 H08MnMoA	HJ430 HJ431 SJ301 SJ501 SJ502 HJ250 HJ350 SJ101	H08Mn2MoVA H10MnMoVA	HJ360 HJ431 HJ170
			H08Mn2MoVA H10MnMoVA	HJ360 HJ431 HJ170
440	H10Mn2	HJ431	H08Mn2MoVA H10Mn2NiMo H10Mn2Mo	HJ360 HJ431
	H08MnMoA H08Mn2MoA	HJ350 HJ250 HJ252 SJ101		

（续）

屈服强度 /MPa	埋 弧 焊		电 渣 焊	
	焊 丝	焊 剂	焊 丝	焊 剂
490	H10Mn2MoA H08Mn2MoVA H08Mn2NiMo	HJ250 HJ252 HJ350 SJ101	H10Mn2MoA H10Mn2MoVA H10Mn2NiMoA	HJ360 HJ431

3. 焊接热输入的控制

焊接热输入的变化将改变焊接冷却速度，从而影响焊缝金属及热影响区的组织组成，并最终影响焊接接头的力学性能及抗裂性。屈服强度不超过 500MPa 的低合金高强度钢焊缝金属，如能获得细小均匀针状铁素体组织，其焊缝金属则具有优良的强韧性，而针状铁素体组织的形成需要控制焊接冷却速度。因此为了确保焊缝金属的韧性，不宜采用过大的焊接热输入。焊接操作上尽量不用横向摆动和挑弧焊接，推荐采用多层窄焊道焊接。

热输入对焊接热影响区的抗裂性及韧性也有显著的影响。低合金高强度钢热影响区组织的脆化或软化都与焊接冷却速度有关。由于低合金高强度钢的强度及板厚范围都较宽，合金体系及合金含量差别较大，焊接时钢材的状态各不相同，很难对焊接热输入作出统一的规定。各种低合金高强度钢焊接时应根据其自身的焊接性特点，结合具体的结构形式及板厚，选择合适的焊接热输入。

与正火或正火加回火钢及控轧控冷钢相比，热轧钢可以适应较大的焊接热输入。含碳量偏下限的 Q345（16Mn）钢焊接时，焊接热输入没有严格的限制。因为这些钢焊接热影响区的脆化及冷裂倾向较小。但是当焊接含碳量偏上限的 Q345（16Mn）钢时，为降低淬硬倾向，防止冷裂纹的产生，焊接热输入应偏大一些。

含 V、Nb、Ti 微合金化元素的钢种，为降低热影响区粗晶区的脆化，确保焊接热影响区具有优良的低温韧性，应选择较小的焊接热输入。如 14MnNbq 钢焊接热输入应控制在 37kJ/cm 以下，Q420（15MnVN）钢的焊接热输入宜在 45kJ/cm 以下。

碳及碳当量较高、屈服强度为 460MPa 以上高强度钢焊接时，选择热输入时既要考虑钢种的淬硬倾向，同时也要兼顾热影响区粗晶区的过热倾向。一般为了确保热影响区的韧性，应选择较小的热输入，同时采用低氢焊接方法配合适当的预热或及时的焊后消氢处理来防止焊接冷裂纹的产生。

控冷控轧钢的碳含量和碳当量均较低，对氢致裂纹不敏感，为了防止焊接热影响区的软化，提高热影响区韧性，应采用较小的热输入焊接，使焊接冷却时间 $t_{8/5}$ 控制在 10s 以内为佳[9]。

4. 预热及焊道间温度

预热可以控制焊接冷却速度，减少或避免热影响区中淬硬马氏体的产生，降低热影响区硬度，同时预热还可以降低焊接应力，并有助于氢从焊接接头的逸出。预热是防止低合金高强度钢焊接氢致裂纹产生的有效措施，但预热常常恶化劳动条件，使生产工艺复杂化，不合理的、过高的预热和道间温度还会损害焊接接头的性能。因此，焊前是否需要预热及合理的预热温度，都需要认真考虑选择或通过试验确定。

预热温度的确定取决于钢材的成分（碳当量）、板厚、焊件结构形状和拘束度、环境温度以及所采用的焊接材料的含氢量等。随着钢材碳当量、板厚、结构拘束度、焊接材料的含氢量的增加和环境温度的降低，焊前预热温度要相应提高。表 7-40 中推荐了不同强度级别的热轧和正火低合金高强钢的焊接预热温度，供参考。

5. 焊接后热及焊后热处理

（1）焊接后热及消氢处理

焊接后热是指焊接结束或焊完一条焊缝后，将焊件或焊接区立即加热到 150～250℃ 范围内，并保温一段时间；而去氢处理则是加热到 300～400℃ 温度范围内保温一段时间。两种处理的目的都是加速焊接接头中氢的扩散逸出，消氢处理效果比低温后热更好。焊后及时后热及消氢处理是防止焊接冷裂纹的有效措施之一，特别是对于氢致裂纹敏感性较强的低合金高强度钢厚板焊接接头，采用这一工艺不仅可以降低预热温度，减轻焊工劳动强度，而且还可以采用较低的焊接热输入使焊接接头获得良好的综合力学性能。对于厚度超过 100mm 的厚壁压力容器及其他重要的产品构件，焊接过程中应至少进行 2～3 次中间消氢处理，以防止因厚板多道多层焊氢的积聚而导致的氢致裂纹。

表 7-40　推荐用于轧制和正火状态低合金高强钢的预热温度[10]　　（单位：℃）

厚度 /mm	焊条类型	最低屈服强度/MPa				
		310	345	380	413	448
<10	普通	不预热	不预热	不预热	38	66
	低氢	不预热	不预热	21	21	21
10～19	普通	不预热	38	66	93	121
	低氢	不预热	不预热	21	21	21
19～38	普通	66	66	93	121	—
	低氢	不预热	不预热	66	66	—
38～51	普通	93	121	149	—	—
	低氢	66	66	107	—	—
51～76	普通	149	149	177	—	—
	低氢	107	107	149	—	—

注：表中的不预热是指母材温度必须高于10℃，如果低于10℃，必须预热到21～38℃。

（2）焊后正火处理

热轧、控轧控冷及正火钢一般焊后不进行热处理。电渣焊的焊缝及晶粒粗化的热影响区，焊后必须进行正火处理以细化晶粒。某些焊成的部件（如筒节等）在热校和热整形后也需要正火处理。正火温度应控制在钢材 Ac_3 点以上30～50℃，过高的正火温度会导致晶粒长大，保温时间按 1～2min/mm 计算。厚壁受压部件经正火处理后产生较高的内应力，正火后应作回火处理。

（3）消除应力处理

厚壁高压容器、要求耐应力腐蚀的容器以及要求尺寸稳定性的焊接结构，焊后需要进行消除应力处理。此外，对于冷裂纹倾向大的高强度钢，也要求焊后及时进行消除应力处理。

消除应力热处理是最常用的松弛焊接残余应力的方法，该方法是将焊件均匀加热到 Ac_1 点以下某一温度，保温一段时间后随炉冷到 300～400℃，最后焊件在炉外空冷。合理的消除应力热处理工艺可以起到消除内应力并改善接头的组织与性能的目的。对于某些含钒、铌的低合金高强度钢热影响区和焊缝金属，如焊后热处理的加热温度和保温时间选择不当，会因碳、氮化合物的析出产生消除应力脆化，降低接头韧性。因此应恰当地选择加热制度和加热温度，避免焊件在敏感的温度区长时间加热。另外，消除应力热处理的加热温度不应超过母材原来的回火温度，以免损伤母材性能。

对那些受结构几何形状和尺寸的限制不易入炉的大件、有再热裂纹倾向的低合金高强度钢结构，以及为了节省能源、降低制造成本，可以采用振动或爆炸法降低焊接结构的残余应力。

振动消除应力是通过设计一个包括焊接结构件在内的振动系统，用振源激发，使构件共振，并在共振的条件下处理一段时间，在此过程中，金属组织内部产生微观塑性变形，使应力得到松弛，从而达到降低应力稳定尺寸的目的。参考文献［11］介绍了Q345R钢焊接的蒸压釜，经振动消除应力处理，残余应力下降50%以上。低合金高强度钢焊接结构振动消除应力处理可按照 JB/T 5926—2005《振动时效效果　评定方法》来选择振动时效工艺参数。

爆炸消除残余应力的机制与静压过载使材料发生流变的机制相似。据报道采用爆炸消除残余应力的水平与整体退火消除应力的结果相近，此外爆炸消除残余应力处理对改善焊接构件的抗疲劳、耐应力腐蚀及抗脆断的能力也有显著的效果[12]。国内在起重机吊臂、大型球罐、水电站压力钢管及石油化工反应塔等一些低合金钢焊接结构上采用爆炸法消除残余应力，效果良好。

几种低合金高强度钢不同焊后热处理的推荐参数见表7-41。

表 7-41　几种低合金高强度钢的焊后热处理的推荐参数[13]

强度等级 /MPa	钢号	回火温度	正火温度 /℃	消除应力处理温度 /℃
345	14MnNb 16Mn	580～620	900～940	550～600
390	15MnV 15MnTi 16MnNb	620～640	910～950	600～650
420	15MnVN 14MnVTiRE	620～640	910～950	600～660
460	14MnMoV 18MnMoNb	640～660 620～640	920～950	600～660

7.3.4　典型钢种的焊接及实例

1. 14MnNbq 正火钢箱形梁的焊接

14MnNbq 是我国武汉钢铁公司研制生产的屈服强度 345MPa 级 Nb 微合金化低合金桥梁用钢，钢板厚度 16~50mm。正火状态下该钢材具有优良的低温冲击韧度，横向 -40℃夏比冲击吸收能量在 100J 以上。δ = 50mm 厚板抗层状撕裂性能良好，Z 达 66%。焊接性研究表明，该钢材采用小热输入焊接时，焊接热影响区会产生淬硬组织，具有一定的冷裂敏感性；而采用较大热输入焊接时，热影响区粗晶区有过热脆化倾向。为了保证 14MnNbq 的焊接质量，有关单位在系统研究了该钢种焊接性的基础上，对焊接材料选择和焊接工艺优化提出建议，并在某厂进行的长江大桥钢梁焊接生产中得到成功应用[14]。弦杆箱形梁是该桥上的一个重要受力部件，箱形梁由对接、角接及棱角接焊成，如图 7-2 所示。根据箱形梁的具体结构形式，为了全面满足各种焊接接头力学性能要求，分别采用不同的焊接材料与焊接工艺进行焊接。具体工艺如下：

图 7-2　箱形梁结构示意图

（1）焊条电弧焊定位焊工艺

1）焊接材料：E5015 ϕ4.0mm。

2）烘干及保存条件：350~400℃保温 1h，烘干后放于保温筒中，2h 内使用。

3）施焊环境：温度 >5℃，湿度 <80%。

4）预热温度：16~24mm，不预热；32~40mm，预热温度 ≥60℃；44~50mm，预热温度≥80℃。

5）规范参数：焊接电流 160~200A；电弧电压 23~26V。

（2）对接接头埋弧焊焊接工艺

1）坡口形式：δ≤24mm 采用 X 形坡口，76°；δ≥32mm 采用双 U 形坡口，根部半径 R8。

2）焊接材料：焊丝 H08Mn2E；焊剂 SJ101，使用前进行 350℃保温 2h 烘干。

3）预热及道间温度：不预热，焊道间温度不超过 200℃。

4）规范参数：ϕ1.6mm 焊丝，320~360A，32~36V，21.5~25m/h。

ϕ5.0mm 焊丝，660~700A，32V，21.5m/h。

5）其他：①焊丝伸出长度：ϕ1.6mm 焊丝 20~25mm，ϕ5.0mm 焊丝 35~40mm。

②　第一道焊接时，背面用焊剂衬垫；

③　翻身焊时，背面清根，翻身焊焊接方向与第一道焊接方向相反。

（3）开坡口角接头埋弧焊焊接工艺

1）坡口形式：竖板开 45°V 形坡口，见图 7-2。

2）施焊位置：船形位置焊接（水平板与水平面夹角 67.5°）。

3）焊接材料：焊丝 H08MnE；焊剂 SJ101，使用前进行 350℃保温 2h 烘干。

4）预热及道间温度：打底焊预热温度 ≥50℃，焊道间温度不超过 200℃。

5）规范参数；打底焊道采用 ϕ1.6mm 焊丝，240~260A，22~24V，21.5m/h。

其他焊道采用 ϕ5.0mm 焊丝，680~700A，30~32V，18m/h。

6）焊丝伸出长度：ϕ1.6mm 焊丝，20~25mm，ϕ5.0mm 焊丝，35~40mm。

（4）棱角接头埋弧焊焊接工艺

1）坡口形式：水平板开半 U 形坡口，根部半径 R10，如图 7-2 所示。

2）施焊位置：平焊（焊丝与竖板之间的夹角保持在 25°左右）。

3）焊接材料：焊丝 H08Mn2E；焊剂 SJ101，使用前进行 350℃保温 2h 烘干。

4）预热及道间温度：打底焊预热温度 ≥50℃，焊道间温度不超过 200℃。

5）规范参数：打底焊道采用 ϕ1.6mm 焊丝，240~260A，22~24V，21.5m/h；

其他焊道采用 ϕ5.0mm 焊丝，680~700A，30~32V，18m/h。

6）焊丝伸出长度：ϕ1.6mm 焊丝 20~25mm，ϕ5.0mm 焊丝 35~40mm。

2. L415（X60）天然气管线钢的焊接[15]

L415（X60）是采用 TMCP 工艺生产的一种控轧控冷管线钢，屈服强度大于 415MPa。由于采用微合金化和控冷控轧技术，钢材获得细小铁素体晶粒，该钢具有优良的塑、韧性；另外，由于钢材的碳含量及碳当量较低 $[w(C) \leqslant 0.12\%, CE < 0.3\%]$，钢材的焊接性良好，焊接热影响区冷裂纹敏感性及脆化倾向不大。焊接时可以采用氢含量较高的纤维素型焊条。

国内某天然气管线采用国外进口的 X60 管线钢，壁厚≤20mm，管外径>300mm。采用焊条向下立焊技术，成功地焊接了总长 1000 余 km 的管线，焊接质量达到国际标准要求。焊接材料和焊接工艺如下：

1）焊接材料：采用奥地利伯乐公司生产的 FOX CEL 85（E8010—G）纤维素型向下立焊焊条及 FOX BVD 85（E8010—G）碱性低氢型向下立焊焊条焊接。

2）坡口：坡口角度为 60°~70°，钝边为 1.0~1.5mm，间隙 1.0~1.5mm。最大错边量不应超过管外径的 3/1000，且最大不超过 2mm。

3）焊接参数：见表 7-42 和表 7-43。

4）向下立焊的操作技术：向下立焊的焊条要求不摆动或作很小摆动，因为摆动较宽时，不易控制熔化金属的成形，容易在焊缝中间造成缺陷。此外，宜采用短弧焊接，电弧长度不能太长，否则会造成焊缝成形不好或产生气孔。

表 7-42　纤维素型焊条焊接参数

焊层名称	层内焊道数	焊条直径/mm	焊接电流/A	焊层厚度/mm	焊接速度/(cm/min)
根部	1	3.2	70~120	2.0~2.5	6~20
填充	1~2 或 >2	3.2,4.0	110~165	2.0~2.5	20~25
盖面	1~2 或 >2	3.2,4.0	100~150	2.0~2.5	15~25

表 7-43　低氢型焊条焊接参数

焊层名称	层内焊道数	焊条直径/mm	焊接电流/A	焊层厚度/mm	焊接速度/(cm/min)
根部	1	3.2	70~120	2.0~2.5	6~20
填充	1~2 或 >2	3.2,4.0	115~155	2.0~2.5	20~25
盖面	1~2 或 >2	3.2,4.0	115~165	2.0~2.5	15~25

3. 13MnNiMoNb（BHW35）钢厚板压力容器的焊接[16]

（1）焊前准备

用火焰切割厚 80mm 的钢板时，在切割前起割点周围 100mm 处，应预热到 100℃以上。不作机械加工的切割边缘，焊前应作表面磁粉检测。采用碳弧气刨清根或制备焊接坡口，气刨前应将焊件预热至 150~200℃。气刨后表面应采用砂轮打磨清理。

（2）焊条电弧焊工艺

1）可采用 V 形或 U 形坡口。

2）焊条：E6015（J607），E6016（J606）。

3）焊条烘干温度：350~400℃，保温 2h。

4）规范参数：

① 使用 φ4mm 焊条时，底层焊道 140A，23~24V，填充焊道 160~170A，23~24V；

② 使用 φ5mm 焊条时，填充焊道 160~170A，23~24V。

5）焊前预热温度：板厚大于 10mm 时，应预热至 150~200℃，并保持道间温度不低于 150℃。

6）焊后消氢处理：板厚大于 90mm 时，焊后应立即进行 350~400℃，保温 2h 消氢处理。

7）焊后消除应力处理：对于厚度大于 30mm 的承载部件，焊后需作消除应力处理。任何厚度的受压部件不预热焊时和厚度大于 20mm 的受压部件预热焊时，焊后必须作消除应力处理。最佳的焊后消除应力处理温度范围 600~620℃。

（3）埋弧焊工艺

1）可采用 I 形、V 形或 U 形坡口。

2）焊丝：H08Mn2MoA。

3）焊剂：HJ350，SJ101。

4）焊剂烘干温度：HJ350—350~400℃/2h，SJ101—300~350℃/2h。

5）焊接参数：焊丝直径 φ4mm，600~650A，36~38V，25~30m/h。

6）焊前预热温度：板厚大于 20mm 时，预热至 150~200℃，并保持焊道间温度不低于 150℃。

7）消氢处理和焊后消除应力处理同焊条电弧焊。

8）焊后 100% 超声波检测并作 25% 的射线检测，所有焊缝及热影响区表面作磁粉检测。消除应力热处理后作超声波复检，表面磁粉检测抽查。

（4）电渣焊工艺

1）焊缝间隙 30^{+2}mm。

2）焊丝：80mm 以上厚板用 H08Mn2NiMo；80mm 以下钢板用 H08Mn2Mo，焊丝直径 φ3mm。

3）焊剂：HJ360，HJ431。

4）板厚 30~60mm 时使用单丝；板厚 65~100mm 时使用双丝；板厚 100mm 以上使用三丝。

5）焊接参数：450～550A，40～42V，1～1.25m/h。

6）焊后热处理：910～930℃，保温时间1min/mm，空冷。

7）正火处理后进行超声波检测，合格后在610～630℃作回火处理。

7.4　调质钢的焊接

7.4.1　调质钢的种类、用途、标准和性能

低合金调质钢属于热处理强化钢，在调质状态下使用。按含碳量、合金体系及合金含量的不同，低合金调质钢可分为低碳调质钢和中碳调质钢。低碳调质钢中含碳量 $w(C) < 0.25\%$（一般不超过 0.22%，实际大多控制在 0.18% 以下），合金系统一般采用 Si-Mn-Cr-Ni-Mo-Cu，同时添加 V、Nb、Ti 等微合金化元素，一些钢种中还加入了一定量的 B 以提高钢的淬透性。根据用途的不同，低碳调质钢可采用不同合金成分及不同热处理制度，获得不同的综合性能；中碳调质钢中含碳量 $w(C)$ 0.25% ～ 0.50%（一般为 0.25% ～ 0.45%），常用的合金体系为 Cr-Mn-Si、Cr-Mn-Si-Ni、Cr-Mn-Si-Mo-V、Cr-Mo、Cr-Mo-V、Cr-Ni-Mo 等。GB/T 16270—2009 对高强度结构用调质钢板的化学成分和力学性能做了规定，分别见表7-44 和表7-45，标准中的牌号与国际标准牌号对照见表7-46。国内外常用的一些低碳和中碳低合金调质钢的化学成分及力学性能分别见表7-47～表7-50及表7-51～表7-52。

表 7-44　高强度结构用调质钢板的化学成分（GB/T 16270—2009）

牌号	化学成分(质量分数,%)不大于													CEV[①]		
														产品厚度/mm		
	C	Si	Mn	P	S	Cu	Cr	Ni	Mo	B	V	Nb	Ti	≤50	>50～100	>100～150
Q460C Q460D	0.20	0.80	1.70	0.025	0.015	0.50	1.50	2.00	0.70	0.0050	0.12	0.06	0.05	0.47	0.48	0.50
Q460E Q460F				0.020	0.010											
Q500C Q500D	0.20	0.80	1.70	0.025	0.015	0.50	1.50	2.00	0.70	0.0050	0.12	0.06	0.05	0.47	0.70	0.70
Q500E Q500F				0.020	0.010											
Q550C Q550D	0.20	0.80	1.70	0.025	0.015	0.50	1.50	2.00	0.70	0.0050	0.12	0.06	0.05	0.65	0.77	0.83
Q550E Q550F				0.020	0.010											
Q620C Q620D	0.20	0.80	1.70	0.025	0.015	0.50	1.50	2.00	0.70	0.0050	0.12	0.06	0.05	0.65	0.77	0.83
Q620E Q620F				0.020	0.010											
Q690C Q690D	0.20	0.80	1.80	0.025	0.015	0.50	1.50	2.00	0.70	0.0050	0.12	0.06	0.05	0.65	0.77	0.83
Q690E Q690F				0.020	0.010											
Q800C Q800D	0.20	0.80	2.00	0.025	0.015	0.50	1.50	2.00	0.70	0.0050	0.12	0.06	0.05	0.72	0.82	—
Q800E Q800F				0.020	0.010											

（续）

牌号	化学成分（质量分数,%）不大于													CEV[①]		
	C	Si	Mn	P	S	Cu	Cr	Ni	Mo	B	V	Nb	Ti	产品厚度/mm		
														≤50	>50~100	>100~150
Q890C Q890D	0.20	0.80	2.00	0.025	0.015	0.50	1.50	2.00	0.70	0.0050	0.12	0.06	0.05	0.72	0.82	—
Q890E Q890F				0.020	0.010											
Q960C Q960D	0.20	0.80	2.00	0.025	0.015	0.50	1.50	2.00	0.70	0.0050	0.12	0.06	0.05	0.82	—	—
Q960E Q960F				0.020	0.010											

注：1. 根据需要生产厂可添加其中一种或几种合金元素，最大值应符合表中规定，其含量应在质量证明书中报告。

　　2. 钢中至少应添加 Nb、Ti、V、Al 中的一种细化晶粒元素，其中至少一种元素的最小质量分数为 0.015%（对于 Al 为 Als）。也可用 Alt 替代 Als，此时最小质量分数为 0.018%。

① $CEV = w(C) + w(Mn)/6 + w(Cr + Mo + V)/5 + w(Ni + Cu)/15$。

表 7-45　高强度结构用调质钢板的力学性能（GB/T 16270—2009）

牌号	拉伸试验[①]						断后伸长率 A（%）	冲击试验[①]			
	屈服强度[②] R_{eH}/MPa，不小于			抗拉强度 R_m/MPa				冲击吸收能量（纵向）KV_2/J			
	厚度/mm			厚度/mm				试验温度/℃			
	≤50	>50~100	>100~150	≤50	>50~100	>100~150		0	−20	−40	−60
Q460C Q460D Q460E Q460F	460	440	400	550~720	500~670		17	47	47	34	34
Q500C Q500D Q500E Q500F	500	480	440	590~770	540~720		17	47	47	34	34
Q550C Q550D Q550E Q550F	550	530	490	640~820	590~770		16	47	47	34	34
Q620C Q620D Q620E Q620F	620	580	560	700~890	650~830		15	47	47	34	34
Q690C Q690D Q690E Q690F	690	650	630	770~940	760~930	710~900	14	47	47	34	34

（续）

牌号	拉伸试验[1]						断后伸长率 A(%)	冲击试验[1]			
	屈服强度[2] R_{eH}/MPa,不小于			抗拉强度 R_m/MPa				冲击吸收能量(纵向)KV_2/J			
	厚度/mm			厚度/mm				试验温度/℃			
	≤50	>50~100	>100~150	≤50	>50~100	>100~150		0	-20	-40	-60
Q800C								34			
Q800D	800	740	—	840~1000	800~1000	—	13		34		
Q800E										27	
Q800F											27
Q890C								34			
Q890D	890	830	—	940~1100	880~1100	—	11		34		
Q890E										27	
Q890F											27
Q960C								34			
Q960D	960	—	—	980~1150		—	10		34		
Q960E										27	
Q960F											27

① 拉伸试验适用于横向试样,冲击试验适用于纵向试样。

② 当屈服现象不明显时,采用 $R_{p0.2}$。

表 7-46　国内外标准钢材牌号对照

GB/T 16270—2009	GB/T 16270—1996	EN 10025-6:2004(E)	ISO 4950.3—2003
Q460QC	Q460C	—	—
Q460QD	Q460D	S460Q	E460DD
Q460QE	Q460E	S460QL	E460E
Q460QF	—	S460QL1	
Q500QC	—	—	
Q500QD	Q500D	S500Q	
Q500QE	Q500E	S500QL	—
Q500QF	—	S500QL1	
Q550QC	—	—	
Q550QD	Q550D	S550Q	E550DD
Q550QE	Q550E	S550QL	E550E
Q550QF	—	S550QL1	
Q620QC	—	—	
Q620QD	Q620D	S620Q	
Q620QE	Q620E	S620QL	—
Q620QF	—	S620QL1	
Q690QC	—	—	
Q690QD	Q690D	S690Q	
Q690QE	Q690E	S690QL	E690DD
Q690F	—	S690QL1	E690E
Q800QC		—	
Q800QD	—	—	—
Q800QE		—	
Q800QF		—	
Q890QC		—	
Q890QD	—	S890Q	—
Q890QE		S890QL	
Q890QF		S890QL1	
Q960QC		—	
Q960QD	—	S960Q	—
Q960QE		S960QL	
Q960QF		—	

表 7-47　一些国产低碳低合金调质钢的化学成分

钢号	化学成分(质量分数,%)									
	C	Si	Mn	P	S	Cr	Ni	Mo	V	其他
07MnCrMoVR	≤0.09	0.15 ~0.40	1.20 ~1.60	≤0.030	≤0.020	0.10 ~0.30	≤0.30	0.10 ~0.30	0.02 ~0.06	B≤0.003
07MnCrMoVDR	≤0.09	0.15 ~0.40	1.20 ~1.60	≤0.030	≤0.020	0.10 ~0.30	0.20 ~0.50	0.10 ~0.30	0.02 ~0.06	B≤0.003
07MnCrMoV-D	≤0.11	0.15 ~0.40	1.20 ~1.60	≤0.030	≤0.020	≤0.30	≤0.30	0.30	0.02 ~0.06	B≤0.003
07MnCrMoV-E	≤0.11	0.15 ~0.40	1.20 ~1.60	≤0.030	≤0.020	≤0.30	≤0.30	0.30	0.02 ~0.06	B≤0.003
WCF-62	≤0.09	0.15 ~0.40	1.20 ~1.60	≤0.030	≤0.020	≤0.30	≤0.50	0.30	0.02 ~0.06	B≤0.003
WCF-80	0.06 ~0.11	0.15 ~0.35	0.80 ~1.00	≤0.030	≤0.020	0.30 ~0.60	0.60 ~1.20	0.30 ~0.55	0.02 ~0.06	B≤0.003
HQ60	0.09 ~0.16	0.20 ~0.60	0.90 ~1.50	≤0.030	≤0.025	≤0.30	0.30 ~0.60	0.08 ~0.20	0.03 ~0.08	—
HQ70	0.09 ~0.16	0.15 ~0.40	0.60 ~1.20	≤0.030	≤0.030	0.30 ~0.60	0.30 ~1.00	0.20 ~0.40	V+Nb ≤0.10	Cu0.15~0.50 B0.0005~0.003
HQ80C	0.10 ~0.16	0.15 ~0.35	0.60 ~1.20	≤0.025	≤0.015	0.60 ~1.20	Cu0.15 ~0.50	0.30 ~0.60	0.30 ~0.08	B0.0005 ~0.005
HQ100	0.10 ~0.18	0.15 ~0.35	0.80 ~1.40	≤0.030	≤0.030	0.40 ~0.80	0.70 ~1.50	0.30 ~0.60	0.03 ~0.08	Cu0.15 ~0.50
14MnMo	≤0.16	0.20 ~0.50	1.20 ~1.60	≤0.040	≤0.040			0.40 ~0.60	—	加 RE
14MnMoNbB	0.12 ~0.18	0.15 ~0.35	1.30 ~1.80	≤0.030	≤0.030	Nb0.02 ~0.07	Cu≤0.40	0.45 ~0.70		B0.0005 ~0.005
15MnMoVNRE	≤0.18	≤0.60	≤1.70	≤0.035	≤0.030	—	—	0.35 ~0.60	0.03 ~0.08	N0.02~0.03 RE0.10~0.20
12Ni3CrMoV	0.07 ~0.14	0.17 ~0.37	0.30 ~0.60	≤0.020	≤0.015	0.90 ~1.20	2.60 ~3.00	0.20 ~0.27	0.04 ~0.10	—

表 7-48　一些国外低碳低合金调质钢的化学成分

钢号	化学成分(质量分数,%)									
	C	Si	Mn	P	S	Cr	Ni	Mo	V	其他
ASTM A514-B	0.12 ~0.21	0.20 ~0.35	0.70 ~1.00	≤0.035	≤0.035	0.40 ~0.65	Ti=0.01 ~0.04	0.15 ~0.25	0.03 ~0.08	B=0.0005 ~0.005
ASTM A514-Q	0.14 ~0.21	0.15 ~0.35	0.95 ~1.30	≤0.035	≤0.035	1.00 ~1.50	1.20 ~1.50	0.40 ~0.60	0.03 ~0.08	—
StE690	≤0.20	0.40 ~0.80	0.70 ~1.20	≤0.025	≤0.025	0.50 ~1.00		0.20 ~0.60	—	Zr=0.04 ~0.12
WEL-TEN60	≤0.16	0.15 ~0.55	0.90 ~1.50	≤0.030	≤0.030	≤0.30	≤0.60	≤0.30	≤0.10	B≤0.006
WEL-TEN62CF	≤0.09	0.15 ~0.30	1.00 ~1.60	≤0.030	≤0.030	≤0.30	≤0.60	≤0.30	≤0.10	—
WEL-TEN70	≤0.16	0.15 ~0.35	0.60 ~1.20	≤0.030	≤0.030	≤0.60	0.30 ~1.00	≤0.40	V+Nb ≤0.15	B≤0.006 Cu≤0.50
WEL-TEN70C	≤0.16	0.15 ~0.35	0.60 ~1.30	≤0.030	≤0.030	≤0.80		≤0.40	V+Nb ≤0.15	B≤0.006 Cu≤0.50
WEL-TEN80	≤0.16	0.15 ~0.35	0.60 ~1.20	≤0.030	≤0.030	0.40 ~0.80	0.40 ~1.50	0.30 ~0.60	≤0.10	B≤0.006 Cu0.15~0.50

（续）

钢号	化学成分（质量分数，%）									
	C	Si	Mn	P	S	Cr	Ni	Mo	V	其他
WEL-TEN 80C	≤0.16	0.15 ~0.35	0.60 ~1.20	≤0.030	≤0.030	0.60 ~1.20	—	0.30 ~0.60	—	B≤0.006 Cu=0.15~0.50
WEL-TEN100N	≤0.18	0.15 ~0.35	0.60 ~1.20	≤0.030	≤0.030	0.40 ~0.80	0.70 ~1.50	0.30 ~0.60	—	Cu=0.15 ~0.50
ASTM A533-C	≤0.25	0.15 ~0.40	1.15 ~1.50	≤0.035	≤0.035		0.70 ~1.00	0.45 ~0.60		
HY-80	0.13 ~0.18	0.15 ~0.18	0.10 ~0.40	≤0.015	≤0.008	1.40 ~1.80	2.5 ~3.5	0.35 ~0.60	≤0.03	Cu≤0.25
HY-100	0.14 ~0.20	0.15 ~0.38	0.10 ~0.40	≤0.015	≤0.008	1.40 ~1.80	2.75 ~3.5	0.35 ~0.60	≤0.03	Cu≤0.25
HY-130	≤0.12	0.15 ~0.35	0.60 ~0.90	≤0.10	≤0.008	0.40 ~0.70	4.75 ~5.25	0.30 ~0.65	0.05 ~0.10	Nb≤0.02 Cu≤0.25 Al=0.01~0.05

表 7-49　一些国产低碳低合金调质钢的力学性能

钢号或名称	板厚/mm	R_m/MPa	R_{eL}/MPa	$A(\%)$	180°冷弯完好 d=弯心直径 a=试样厚度	KV_2/J	热处理状态
07MnCrMoVR	16 ~50	610 ~740	≥490	≥17	$d=3a$	-40℃ ≥47	调质
07MnCrMoVDR							
07MnCrMoV-D	12 ~60	570 ~710	≥450	≥17	$d=3a$	-40℃ ≥47	调质
07MnCrMoV-E							
WCF-62	—	610 ~740	≥495	≥17	—	-20℃ ≥47	调质
WCF-80	—	785 ~930	≥685	≥15	—	-40℃ ≥29	调质
HQ60	≤50	≥590	≥450	≥16	$d=3a$	-10℃ ≥47 -40℃ ≥29	调质
HQ70	≤50	≥680	≥590	≥17	$d=3a$	-20℃ ≥39 -40℃ ≥29	调质
HQ80C	20 ~50	≥785	≥685	≥16	$d=3a$	-20℃ ≥47 -40℃ ≥29	调质
HQ100	8 ~50	≥950	≥880	≥10	$d=3a$	-25℃ ≥27	调质
14MnMo	12 ~50	590 ~735	≥490	—	—	-40℃ ≥27	调质
14MnMoNbB	20 ~50	755 ~960	≥685	≥14	(120°)$d=3a$	$A_{KU}/(J/cm^2)$ ≥39	调质
15MnMoVNRE	8 ~42	≥785	≥685	—	—	-40℃ ≥21	调质
12Ni3CrMoV	≥16	—	588 ~745	≥16	—	-20℃ ≥64	调质

表 7-50　一些国外低碳低合金调质钢的力学性能

钢号或名称	板厚/mm	R_m/MPa	R_{eL}/MPa	$A(\%)$	KV_2/J	热处理状态
ASTM A514	≤20	760 ~895	≥690	≥18	协议	调质
	20 ~65	760 ~895	≥690	≥18	协议	调质
	>65 ~150	690 ~895	≥620	≥16	协议	调质
StE690	≤50	670 ~820	≥550		-40℃ ≥40	调质
WEL-TEN60	6 ~50	590 ~705	≥450		-10℃ ≥47	调质

（续）

钢号或名称	板厚/mm	R_m/MPa	R_{eL}/MPa	$A(\%)$	KV_2/J	热处理状态
WELTEN62CF	—	≥590	≥450	≥16	−20℃≥47	调质
WEL-TEN70	6~50	690~835	≥615		−20℃≥39	调质
	>50~75	665~815	≥600			
WEL-TEN70C	6~50	685~835	≥615		−20℃≥39	调质
WEL-TEN80	6~50	785~930	≥685		−20℃≥35	调质
	>50~100	765~910	≥665			
WEL-TEN 80C	6~40	785~930	≥685	≥20	−20℃≥35	调质
WEL-TEN100N	6~32	950~1125	≥880		−25℃≥27	调质
ASTM A533-C	Ⅰ级	550~690	≥345	≥18	协议	调质
	Ⅱ级	620~795	≥485	≥16		
	Ⅲ级	690~860	≥570	≥16		
HY-80	>19	—	550~685		−84℃≥47	调质
HY-100	>19	—	690~825		−84℃≥41	调质
HY-130	5~19	—	896~1034		−54℃≥54	调质
	>19		896~1000			

表 7-51　一些常用中碳调质钢的化学成分

钢号	化学成分（质量分数，%）									
	C	Si	Mn	Cr	Ni	Mo	V	S	P	标准
27SiMn	0.24~0.32	1.10~1.40	1.10~1.40	—	—	—	—	≤0.035	≤0.035	GB/T 3077—1999
40Cr	0.37~0.44	0.17~0.37	0.50~0.80	0.80~1.10	—	—	—	≤0.035	≤0.035	GB/T 3077—1999 ASTM5140
30CrMo	0.26~0.34	0.17~0.37	0.40~0.70	0.80~1.10	—	0.15~0.25	—	≤0.035	≤0.035	GB/T 3077—1999 ASTM4130
35CrMo	0.32~0.40	0.17~0.37	0.40~0.70	0.80~1.10	—	0.15~0.25	—	≤0.035	≤0.035	GB/T 3077—1999 ASTM-A649-70P
30CrMnSi	0.27~0.34	0.90~1.20	0.80~1.10	0.80~1.10	—	—	—	≤0.035	≤0.035	GB/T 3077—1999
30CrMnSiA	0.28~0.35	0.90~1.20	0.80~1.10	0.80~1.10	≤0.04	—	—	≤0.02	≤0.02	HB 5269
30CrMnSiNi2A	0.27~0.37	0.90~1.20	1.00~1.30	0.90~1.20	1.40~1.80	—	—	≤0.02	≤0.02	HB 5269
34CrNi3MoA	0.30~0.40	0.27~0.37	0.50~0.80	0.70~1.10	2.75~3.25	0.25~0.40	—	≤0.03	≤0.03	—
40CrMnMo	0.37~0.45	0.17~0.37	0.90~1.20	0.90~1.20	—	0.20~0.30	—	≤0.035	≤0.035	GB/T 3077—1999 BS970-708A42
40CrNiMoA	0.37~0.44	0.17~0.37	0.50~0.80	0.60~0.90	1.25~1.65	0.15~0.25	—	≤0.025	≤0.025	GB/T 3077—1999 JISG4103SNCM240
40CrMnSiMoVA	0.36~0.40	1.20~1.60	0.80~1.20	1.20~1.50	—	0.45~0.60	0.07~0.12	≤0.02	≤0.02	HB 5024
40CrNi2Mo	0.38~0.43	0.15~0.35	0.65~0.85	0.70~0.90	1.65~2.00	0.20~0.30	—	≤0.025	≤0.025	AISI 4340
H11	0.30~0.40	0.80~1.20	0.20~0.40	4.75~5.50	—	1.25~1.75	0.30~0.50	≤0.01	≤0.01	AMS 4637D
D6AC	0.42~0.48	0.15~0.35	0.60~0.90	0.90~1.20	0.40~0.70	0.90~1.10	0.05~0.10	≤0.015	≤0.015	ASM 6439B

表 7-52　一些常用中碳调质钢的力学性能

钢号	热处理工艺参数	R_m/MPa $\geqslant$	R_{eL}或 $R_{p0.2}$ /MPa $\geqslant$	$A(\%)$ $\geqslant$	$Z(\%)$ $\geqslant$	KV_2/J $\geqslant$	HBW_{max}（退火或高温回火）
27SiMn	920℃淬火（水）450℃回火（水或油）	980	835	12	40	39	217
40Cr	850℃淬火（水）520℃回火（水或油）	980	785	9	45	47	207
30CrMo（A）	880℃淬火（水）540℃回火（水或油）	930	785	12	50	63	229
35CrMo（A）	850℃淬火（水）550℃回火（水或油）	980	835	12	45	63	229
30CrMnSi	880℃淬火（水）520℃回火（水或油）	1080	885	10	45	39	229
30CrMnSiA	锻件880℃淬火（油）540℃回火（油）	1080	835	10	45	a_{KV}/（kJ/m^2）490	383
30CrMnSiNi2A	890℃淬火（油）200～300℃回火（空）	1570	—	9	45	a_{KV}/（kJ/m^2）590	444
34CrNi3MoA	860℃淬火（油）580～670℃回火	931	833	12	35	31	341
40CrMnMo	850℃淬火（油）600℃回火（水或油）	980	785	10	45	63	217
40CrNiMoA	850℃淬火（油）600℃回火（水或油）	980	835	12	55	78	269
40CrMnSiMoVA（棒材）	870℃淬火（油）300℃回火两次,AC	1860	1515	8	—	a_{KV}/（kJ/m^2）780	—
40CrNi2Mo	800～850℃淬火（油）635℃回火	965～1102	—	—	—	—	—
H11	980～1040℃空淬540℃回火480℃回火	1725 2070	—	—	—	—	—
D6AC	880℃淬火（油）550℃回火	1570	1470	14	50	25	—

　　低碳调质钢的屈服强度一般在 450～980MPa，由于该类钢在具有较高强度的同时还具有良好的塑性、韧性及耐磨性，而且与中碳调质钢相比，低碳调质钢还具有较好的焊接性，因此被广泛应用于一些重要的焊接结构上。在低碳调质钢中，国产的 HQ 系列、日本 WEL-TEN 系列、德国 StE 系列、美国 ASTM A514-B、A517 等钢种主要应用于工程机械、矿山机械的制造中，如牙轮钻机、推土机、挖掘机、煤矿液压支架、重型汽车及工程起重机等；低裂纹敏感性（CF）钢、WDL 系列的 07MnCrMoVR、 07MnCrMoVDR、 07MnCrMoV-D 及 07MnCrMoV-E 钢[17]具有较好的低温韧性及优良的焊接

性，可用于在低温下服役的焊接结构，如高压管线、桥梁、电视塔等钢结构，在大型球罐及海上采油平台的制造中，也有广阔的应用前景；ASTM A533-C、HY-80、HY-100、HY130 和 12Ni3CrMoV（与 HY-80 相当）主要用于核压力容器、核动力装置、舰船及航天装备等。低碳调质钢综合性能的获得除了取决于其化学成分外，还要执行正确的热处理制度才能保证有良好的组织与性能。这类钢的热处理制度一般为奥氏体化—淬火—回火。回火温度越低，强度越高，而塑韧性相对较低。常用的几种低碳低合金调质钢的热处理制度及组织见表 7-53。

表 7-53　一些常用低碳调质钢的热处理制度及组织

钢号或名称	热处理制度	组织
07MnCrMoVR 07MnCrMoVDR 07MnCrMoV-D 07MnCrMoV-E	调质处理	回火贝氏体＋回火马氏体＋贝氏体
HQ60	980℃水淬＋680℃回火	回火索氏体
HQ70	920℃水淬＋680℃回火	回火索氏体
HQ80	920℃水淬＋660℃回火	回火索氏体＋弥散碳化物

（续）

钢号或名称	热处理制度	组　织
HQ100	920 水淬 +620℃ 回火 （12mm 以下板轧后空冷 +620℃ 回火）	回火索氏体
14MnMoNbB	920℃ 水淬 +625℃ 回火	—
A533-B	843℃ 水淬 +593℃ 回火	贝氏体 + 马氏体（薄板） 铁素体 + 贝氏体（厚板）
12NiCrMoV	880℃ 水淬 +680℃ 回火	回火贝氏体 + 回火马氏体
HY-130	820℃ 水淬 +590℃ 回火	回火贝氏体 + 回火马氏体

中碳调质钢的碳含量较高，同时含有较多的合金元素以保证钢的淬透性，因此这类钢在调质状态下具有较高的强度和硬度，屈服强度高达 880～1176MPa。本节所述中碳调质钢大部分归属 GB/T 3077—1999《合金结构钢》，在该标准中按合金质量分为优质钢、高级优质钢（钢号后加 "A"）、特级优质钢（钢号后加 "E"）。中碳调质钢的焊接性较差，其使用范围较窄。以 40Cr 为代表的含 Cr 中碳调质钢具有较高的淬透性、良好综合力学性能和较高的疲劳强度，主要用于交变载荷下工作的机器零件，如齿轮、轴类等；Cr-Mo 系统的中碳调质钢，如 35CrMoA、35CrMoVA、40CrMo 等，主要用于汽轮机叶片、主轴和发电机转子等；Cr-Mn-Si 系中碳调质钢 30CrMnSiA、30CrMnSiNi2A、40CrMnSiMoVA 在我国使用比较普遍，主要用于高负荷、高速运转的重要零件；以 40CrNiMoA、34CrNi3MoA 为代表的 Cr-Ni-Mo 系中碳调质钢强度高、韧性好，主要用高负荷、大截面的轴类及承受冲击载荷的构件，如汽轮机轴、飞机起落架及火箭发动机壳体等。

7.4.2　调质钢的焊接性

1. 低碳调质钢的焊接性

低碳调质钢的 $w(C)$ 一般不超过 0.20%，与中碳调质钢相比有较好的焊接性，但要成功地焊接这类钢，必须掌握这类钢的焊接性特点，拟定正确的焊接工艺，并且严格实施。这类钢焊接性的主要特点是，在焊接热影响区，特别是焊接热影响区的粗晶区有产生冷裂纹和韧性下降的倾向；在焊接热影响区受热时未完全奥氏体化的区域，以及受热时其最高温度低于 Ac_1，而高于钢调质处理时的回火温度的那个区域有软化或脆化的倾向。低碳调质钢的淬硬倾向较大，但在焊接热影响区的粗晶形成的是低碳马氏体，而这类钢的 Ms 点较高，在焊接冷却过程中，所形成的马氏体可发生自回火，因而这种钢的冷裂倾向比中碳调质钢小得多。为了可靠地防

止冷裂纹的产生，还必须严格控制焊接时的氢源及选择合适的焊接方法及焊接参数。一般低碳调质钢的热裂倾向较小，因钢中的 C、S 含量都比较低，而 Mn 含量及 Mn/S 又较高。如果钢中的 C、S 含量较高或 Mn/S 低时，则热裂倾向增大。如 12Ni3CrMoV 钢中的 Mn/S 较低，又含有较多的 Ni，在近缝区易出现液化裂纹[18]。这种裂纹常出现于大热输入焊接时，采用小热输入的焊接参数，控制熔池形状，可以防止这种裂纹的产生。

模拟焊接热影响区粗晶区的连续冷却转变图（CCT 图）可比较全面地反映钢在焊接热循环作用下热影响区的组织转变规律，预测焊接热影响区脆化及冷裂倾向，为钢材制订正确的焊接工艺提供科学依据。图 7-3a[19] 为 HQ70 钢的焊接连续冷却转变图，图 7-3b 及图 7-3c 分别为不同 $t_{8/5}$ 的组织组成图和硬度值变化图。表 7-54 为几种常用低碳调质钢模拟焊接热影响区的粗晶区连续冷却组织转变的特征参数。表 7-55 为几种低碳调质钢在不同 $t_{8/5}$（或 $t_{8/3}$）下其模拟热影响区的粗晶区的硬度和组织组成。从图 7-3a 和表 7-54 可以看出，低碳调质钢的马氏体开始转变温度 Ms 点较高，一般在 400℃ 以上。这一特点使这类钢在焊接冷却过程中，在热影响区产生的马氏体发生自回火。这种自回火的低碳马氏体具有较高的韧性。这是这类钢比起中碳调质钢焊接性好的重要原因。

以 HQ70 钢为例，说明低碳调质钢焊接热影响区的组织组成随 $t_{8/5}$（或 $t_{8/3}$）的变化规律。由图 7-3b 可以看出，当 $t_{8/5}$ 小于 11s（即 t'_b）时，其热影响区的粗晶区为 100% 马氏体；当 11s ＜ $t_{8/5}$ ＜65s 时，其热影响区的粗晶区为马氏体加贝氏体的组织；当 65s ＜ $t_{8/5}$ ＜300s（即 t'_f）时，热影响区的粗晶区为贝氏体组织；当 $t_{8/5}$ ＞ 300s 时将出现先共析铁素体。对照表 7-54 及表 7-55 中的数据，可以掌握不同低碳调质钢 $t_{8/5}$（$t_{8/3}$）与热影响区粗晶区的组织组成的关系及其之间的差异。

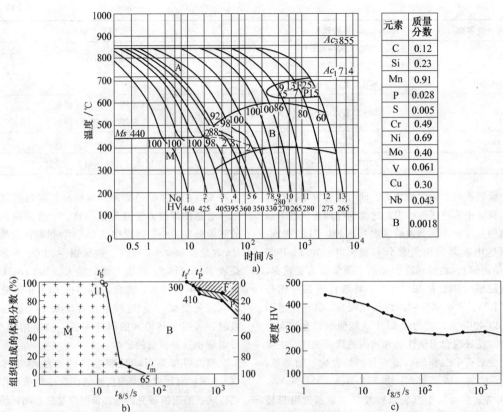

元素	质量分数
C	0.12
Si	0.23
Mn	0.91
P	0.028
S	0.005
Cr	0.49
Ni	0.69
Mo	0.40
V	0.061
Cu	0.30
Nb	0.043
B	0.0018

图 7-3　HQ70 钢模拟焊接热影响区的粗晶区的连续冷却转变图及不同 $t_{8/5}$ 的组织图和硬度变化图

a）为 HQ70 钢模拟焊接热影响区粗晶区的连续冷却转变图

b）不同 $t_{8/5}$ 的组织组成图　c）硬度值变化图

表 7-54　常用低碳调质钢焊接连续冷却转变的特征参数[19]

钢号或名称	t'_b/s	t'_M/s	t'_f/s	t'_p/s	Ms/℃	Mf/℃
07MnCrMoVR	—	—	—	—	500	—
07MnCrMoVDR	—	—	200	—	480	—
HQ60	4	9	14	70	460	~280
HQ70	11	65	300	410	440	—
HQ80C	17	50	130	400	440	—
HQ100	—	—	—	—	420	—
14MnMoNbB	55①	260①			420	—
12Ni3CrMoV	40	200	7000		390	250

① 由 800℃冷却至 300℃的时间，其余为 800℃冷却至 500℃的时间。

为了研究评定不同热输入、不同预热温度对低碳调质钢冷裂纹敏感性及热影响区韧性的影响，用搭接接头（CTS）焊接裂纹试验方法、斜 Y 形坡口焊接裂纹试验法及插销冷裂纹试验法对这类钢的冷裂纹敏感性进行评定，用示波夏比冲击试验及 CTOD 试验评定其热影响区的韧性。试验研究结果表明，采用较低热输入和较低预热温度焊接低碳调质钢，使其焊接热影响区的冷却速度 $t_{8/5}$ 控制在 t'_b 与 t'_m 之间，使其热影响区的粗晶区获得马氏体加少量 B_{III} 类下贝氏体组织时，则热影响区具有良好的抗冷裂性能及韧性。这类钢有

各自的最佳 $t_{8/5}$ 或 $t_{8/3}$。在这一冷却速度下，其热影响区的粗晶区可以获得上述组织，具有最好的抗裂性及韧性。如 HQ80C 钢的最佳 $t_{8/5}$ 为 11s 左右。图 7-4 为在焊条电弧焊条件下，保证热影响区冷却速度 $t_{8/5}$ 为 11s 所推荐的预热温度及热输入。图 7-5 为在 CO_2 气体保护焊条件下所推荐的预热温度及热输入[20]。

焊接这类钢时，当板较薄，接头拘束度较小时，可以采用不预热焊接。如 HQ70 钢，当采用低氢型焊条电弧焊、CO_2 气体保护焊或 Ar + 20% CO_2（体积分数）混合气体保护焊时，焊接板厚≤10mm 低拘束度

接头，可以采用不预热焊接。又如当采用低氢型焊条电弧焊、CO_2 气体或 $Ar + 20\% CO_2$ 混合气体保护焊及埋弧焊焊接 Welten-80C 钢时，板厚小于 13mm 的低拘束度接头可以不预热焊接。这类钢焊接时不宜采用过大的热输入和过高的预热温度，应控制焊接冷却速度不能过慢，即 $t_{8/5}$ 或 $t_{8/3}$ 不能过长。因为在过低的冷却速度下，热影响区的粗晶区将出现上贝氏体、M-A 组元等组织而脆化。为保证该类钢焊接时，其焊接热影响区的韧性能满足技术要求，应研究确定各个钢种允许采用的最大焊接热输入、预热及道间温度，保证焊接接头的冷却速度不低于允许的最低冷却速度，如 A517-H 钢允许的最低冷却速度为：在 517℃ 时，3.6℃/s。15MnMoVNRE 钢为双相区调质钢，其焊接热影响区受热时未完全奥氏体化的区域及受热时最高温度低于 Ac_1，而高于回火温度的那个区域，其组织软化的问题较为严重。软化区的硬度值较母材约低 40HV，提高焊接热输入和预热温度将使软化程度加重。但接头拉伸试验结果证明，尽管断裂发生在软化区，其抗拉强度仍符合对母材的技术要求。因此这种钢热影响区软化的问题，还不致影响其使用。

表 7-55　几种低碳调质钢不同 $t_{8/5}$（$t_{8/3}$）时模拟 HAZ 粗晶区的硬度及组织组成[19]

钢号或名称	$t_{8/5}$	HV_5	组织组成（体积分数，%）
HQ60	4	350	M75 + B25
	13	250	M5 + B93 + F2
	36	230	B93 + F7
HQ70	5	425	M100
	13	395	M98 + B2
	32	350	M8 + B92
HQ80C	5.3	420	M100
	11	400	M100
	30	340	M10 + B90
14MnMoNbB	5.8[1]	475	M100
	17[1]	455	M100
	33[1]	440	M100
12Ni3CrMoV	5.6	437	M98 + B2
	9	425	M96 + B4
	30	412	M56 + B44

① 为由 800℃ 冷却至 300℃ 的时间。

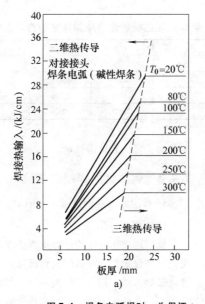

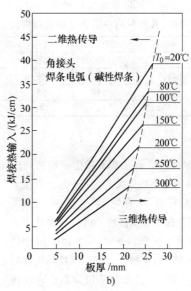

图 7-4　焊条电弧焊时，为保证 $t_{8/5}$ 为 11s 所推荐的预热温度及热输入

a）对接接头　b）角接头

2. 中碳调质钢的焊接性

（1）焊接热影响区的脆化和软化

中碳调质钢由于含碳量高、合金元素含量多，在快速冷却时，从奥氏体转变为马氏体的起始温度 Ms 点较低，焊后热影响区产生的马氏体难以产生自回火效应，硬度很高，造成脆化。图 7-6a 为 40CrNi2Mo 钢模拟焊接热影响区粗晶区的连续冷却转变图。图 7-6b 和图 7-6c 分别为不同 $t_{8/3}$ 的组织组成图及硬度变化图。表 7-56 是几种常用中碳调质钢模拟焊接热影响区粗晶区的连续冷却转变的特征参数。从这些图表可以看出，马氏体的起始转变温度 Ms 点一般低于 400℃，马氏体的硬度 ≥500HV，40CrNi2Mo 热影响区粗晶区马氏体的硬度高达 800HV。由于马氏体中的碳含量较高，在马氏体中

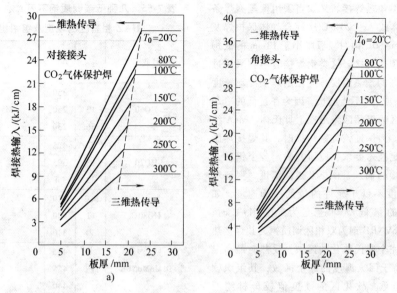

图 7-5　CO_2 气体保护焊时，为保证 $t_{8/5}$ 为 11s 所推荐的预热温度及热输入

a) 对接接头　b) 角接头

有很大的过饱和度，造成晶格畸变严重，导致热影响区脆化。如果钢材在调质状态下施焊，而且焊接以后不再进行调质处理，其热影响区被加热到超过调质处理回火温度的区域，将出现强度、硬度低于母材的软化区，该软化区可能成为降低接头强度的薄弱区。

表 7-56　几种常用中碳调质钢模拟焊接热影响区粗晶区的连续冷却转变的特征参数

钢号	$Ms/℃$	$Mf/℃$	t'_b/s	t'_M/s	t'_f/s	t'_p/s	HV_{max}
27SiMn	380	≈200	11.5[①]	45[①]		32[①]	550
30CrMo	370	≈220	8[①]	45[①]	240[①]	460[①]	600
40CrMnMo	320	≈140	95	300	1800	2300	675
40CrNi2Mo	300	≈120	140	320	2000	2800	800

① 为 $t_{8/5}$，其他为 $t_{8/3}$。

（2）裂纹

中碳调质钢焊接热影响区极易产生硬脆的马氏体，对氢致冷裂纹的敏感性很大，在一般用于焊接的低合金钢中，具有最大的冷裂纹敏感性。从 40CrNi2Mo 钢模拟焊接热影响区粗晶区的连续冷却转变图可以看出，当 $t_{8/3}$ 小于 140s 时，40CrNi2Mo 钢焊接热影响区粗晶区是 100% 的马氏体，而且马氏体的硬度高达 800HV。这意味着即使采用高热输入埋弧焊，其焊接热影响区粗晶区组织也是 100% 的高硬度马氏体。因此焊接中碳调质钢时，为了防止氢致冷裂纹的产生，除了尽量采用低氢或超低氢焊接材料和焊接工艺外，通常应采用焊前预热和焊后及时热处理。由于中碳调质钢的碳及合金元素含量高，焊接熔池凝固时，固液相温度区间大，结晶偏析倾向大，因而焊接时也具有较大的热裂纹倾向。为了防止产生热裂纹，要求采用低碳，低硫、磷的焊接材料。重要产品用钢材及焊材，应采用真空冶炼及电渣精炼。在焊接工艺上，要注意填满弧坑。

7.4.3　调质钢的焊接工艺

1. 低碳低合金调质钢焊接工艺

（1）焊接方法

低碳调质钢最常用的焊接方法有焊条电弧焊、熔化极气体保护焊、埋弧焊及钨极氩弧焊。采用上述各种电弧焊方法，用一般焊接参数，焊接接头的冷却速度较高，使低碳调质钢的焊接热影响区的力学性能接近钢在调质状态下的力学性能，因而不需要进行焊后热处理。如果采用电渣焊工艺，由于焊接热输入大、母材加热时间长、冷却缓慢，必须进行淬火加回火处理。为了避免焊接热影响区韧性的恶化，不推荐大电流、粗丝、多丝埋弧焊工艺。但是窄间隙双丝埋弧焊工艺，由于焊丝细、焊接热输入不高，已成功地应用于低碳调质钢压力容器的焊接。

（2）焊接材料

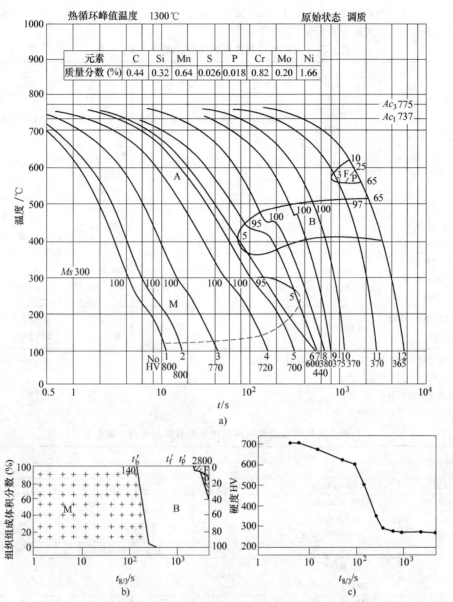

图 7-6　40CrNi2Mo 钢模拟焊接热影响区的粗晶区的连续冷却转变图及不同 $t_{8/3}$ 的组织组成图和硬度变化图

a）40CrNi2Mo 钢模拟焊接热影响区粗晶区的连续冷却转变图

b）不同 $t_{8/3}$ 的组织组成图　c）不同 $t_{8/3}$ 的硬度变化图

表 7-57 为几种低碳调质钢的焊条，熔化极气体保护焊用焊丝及保护气体，表 7-58 为几种低碳调质钢埋弧焊及电渣焊用焊丝、焊剂组合。一般来说熔敷金属的性能应满足结构设计要求，并应按照对接接头力学性能的要求，对所选用的焊接材料进行评定试验，合格后方可用于结构焊接中。低碳调质钢焊接材料可以选择获得强度系数为 100% 的焊接接头，有时也可采用熔敷金属强度低于母材强度的焊接材料，如焊接纵向受剪切应力的角焊缝。为了防止高拘束条件下焊缝开裂，在焊接棱角焊缝及 T 形角接头时，也常采用强度低于母材的焊接材料。由于低碳调质钢产生冷裂纹的倾向较大，因此严格控制焊接材料中的氢是十分重要的，用于低碳调质钢的焊条应是低氢型或超低氢型焊条，焊前必须按照生产厂规定的，或工艺规程中规定的烘干条件进行再烘干，烘干后的焊条应立即存放在低温干燥的焊条保温筒内，随焊随取。对于再烘干的焊条在保温筒内存放不得超过 4h。对于 E60×× 型再烘干的焊条在大气中允许存放的时间不应超过 1h，而对于 E70×× 以上级别的焊条在大气中允许存放的时间不应超过 0.5h。气体保护焊或埋弧

焊焊丝表面污物，保护气体或焊剂中的水分，及焊接部位表面的水分都应严加控制。用于气体保护焊的二氧化碳气体应符合 HG/T 2537—1993 优等品要求。

表 7-57　几种低碳调质钢的焊条、焊丝及保护气体

钢号或名称	焊条电弧焊		熔化极气体保护焊		
	焊条型号	焊条牌号	焊丝型号	焊丝牌号	保护气体④
07MnCrMoVR(DR) 07MnCrMoV-D、E WELTEN62CF、WCF-62	GB E6015-G AWS E9016-G	PP J607RH①	AWS A5.28 ER80s-G	HS-60Ni②	Ar + 20% CO₂
HQ60、14MnMo	GB E6016-G GB E6015H	J606RH J607H	GB/T 8110 ER60-G AWS A5.28 ER80-G	YJ602G-1 YJ607-1 HS-60②	Ar + 20% CO₂ 或 CO₂
HQ70、15MnMoVN、 WEL-TEN70(C)、 HY-80	GB E7015-G AWS E10015-G	J707Ni J707RH J707NiW	GB/T 8110 ER69-1， -2，-3 AWS A5.28 ER100-G	HS-70② GHS-70 YJ707-1	Ar + 20% CO₂ 或 CO₂
HQ80C、WEL-TEN80(C)、 STE690、A514B(Q) HY-100	GB E8015-G AWS E11015-G	J807RH	GB/T 8110 ER76-1 AWS A5.28 ER110-G	HS-80② GHS-80	Ar + 20% CO₂ 或 Ar + 2% ~ 5% O₂
HQ100、WEL-TEN100N、 HY-130	GB E10015-G	J107	—	HS-110② GHS100③	Ar + 2% ~ 5% O₂ 或 Ar + 5% ~ 20% CO₂

① 上海电力修造厂生产，其余焊条见焊接材料样本。
② 哈尔滨焊接研究所研制生产。
③ 北京钢铁研究总院研制生产。
④ 应符合 HG/T 2537—1993 优等品要求。

表 7-58　几种低碳调质钢埋弧焊及电渣焊用焊丝、焊剂组合

钢号或名称	埋弧焊		电渣焊	
	焊丝	焊剂	焊丝	焊剂
HQ60、14MnMo	H08MnMoTiA	SJ104	—	—
HQ70	H08Mn2NiMoA	HJ350	—	—
14MnMoVN	H08Mn2MoA H08Mn2NiMoA	HJ350	H10Mn2NiMoA	HJ360
	H08Mn2NiMoA	HJ250	H10Mn2NiMoVA	HJ431
12MnNiCrMoVA	H08Mn2NiMoA H08MnNi2CrMoA	HJ350		
12Ni3CrMoV	H08Mn2NiMoA H10MnSiMoTiA H08Mn2NiCrMoA	HJ350		
HQ80、HQ80C	H08Mn2MoA	HJ350	—	—
14MnMoNbB	H08Mn2MoA H08Mn2Ni2CrMoA	HJ350	H10Mn2MoA H08Mn2Ni2CrMoA H10Mn2NiMoVA	HJ360 HJ431

（3）焊接热输入和焊接技术

焊接热输入影响焊接冷却速度，如前所述，每一种低碳调质钢有一最佳 $t_{8/5}$ 或 $t_{8/3}$。如能结合焊接结构接头形式、板厚和为防止产生冷裂纹必须采用的预热温度，选择适当的热输入，使焊接接头的冷却速度达到最佳值是较理想的。如果种种条件限制不能保证焊接接头的冷却速度达到最佳值，也一定要避免采用过大的热输入，以避免过度地损伤焊接热影响区的韧性。表 7-59、表 7-60、表 7-61 为几种钢允许的最大热输入推荐值。焊接热输入不仅影响焊接热影响区的性能，也影响焊缝金属的性能。对许多焊缝金属来说，为获得综合的强韧性，需要获得针状铁素体组织，这种组织必须在较快的冷却条件下才能获得。为了避免采用过大的热输入，不推荐采用大直径的焊条或焊丝，尽可能采用多层小焊道焊缝，最好采用窄焊道，而不采用横向摆动的运条技术。这样不仅可以使焊接热影响区和焊缝金属有较好的韧性，而且还可以减少焊接变形。立焊时不可避免地要做局部摆动和向上挑动，但应控制在最低程度。可以采用碳弧气刨清理焊根，但必须严格控制热输入。在碳弧气刨以后，应打磨清理气刨表面后再施焊。

表 7-59 不同板厚的 Welten80C 钢最大热输入推荐值 （单位：kJ/mm）

焊接方法	板 厚 h/mm			
	$6 \leqslant h < 13$	$13 \leqslant h < 19$	$19 \leqslant h < 25$	$26 \leqslant h$
焊条电弧焊与熔化极气体保护焊	2.5	3.5	4.5	4.8
埋弧焊	2.0	2.5	3.5	4.0

表 7-60 A514/A517 钢对接焊最大热输入[1][21] （单位：kJ/mm）

预热及道间温度/℃	板厚/mm				
	6	19	25	32	51
20	1.42	4.76	不限制[2]	不限制	不限制
95	1.14	3.90	6.80	不限制	不限制
150	0.95	3.23	4.96	6.00	不限制
200	0.75	2.56	3.66	5.00	不限制

① 角焊缝可提高 25%。

② 对一般电弧焊不限制但不采用高热输入的焊接方法。

表 7-61 HY-130 钢最大焊接热输入

（单位：kJ/mm）

板厚/mm	10 ~ 16	16 ~ 22	22 ~ 35	35 ~ 102
焊条电弧焊	1.58	1.78	1.77	1.97
气体保护焊[1]	1.38	1.58	1.77	1.97

① 包括 TIG 焊及熔化极气体保护焊。

(4) 预热

为了防止冷裂纹的产生，焊接低碳调质钢时，常常需要采用预热，但必须注意防止由于预热而使焊接热影响区的冷却速度过于缓慢，因为在过于缓慢的冷却速度下，焊接热影响区内产生 M - A 组元和粗大贝氏体。这些组织使焊接热影响区强度下降、韧性变坏。图 7-7[21] 为预热温度对板厚为 13mm 的 AST-

MA514 或 A517 钢模拟热影响区的粗晶区韧性的影响。从图 7-7 可以看出，与较低预热温度相比，预热温度高时，热影响区的韧性下降得更多。过于缓慢的冷却速度，也可以使热影响区某些区域发生软化，导致接头强度下降。为了避免预热对接头造成有害的影响，必须严格准确地选用预热温度。表 7-62 是对 Welten80C 钢推荐的预热温度及道间温度。表 7-63[21] 是几种低碳调质钢的最低预热温度，允许的最高预热温度与表中最低值相比不得大于 65℃。表 7-64[22] 为 HY-130 钢最高预热温度的推荐表。如有可能，采用低温预热加后热，或不预热只采用后热的方法来防止低碳调质钢产生冷裂纹，以减轻或消除过高的预热温度对其热影响区韧性的损害。

表 7-62 焊接 Welten80C 钢预热及道间温度推荐值[1][2]

	板厚 h/mm	$h < 13$	$13 \leqslant h < 19$	$19 \leqslant h < 29$	$29 \leqslant h < 50$	$h \geqslant 50$
最低预热温度/℃	焊条电弧焊和埋弧焊	50(10)	75(10)	100(25)	125(50)	150(75)
	熔化极气体保护焊	50(10)	50(10)	75(25)	100(50)	125(75)
最高的道间温度/℃		150(150)	180(180)	200(200)	220(200)	220(200)

① 预热面积应包括焊缝两侧 100mm，定位焊和清根时，应采用正常焊接的预热温度预热。如果采用气焊火焰预热，火焰芯应距焊件表面 50mm，当焊件拘束很低时，可采用圆括弧内的预热温度。

② 如果预热温度高、焊件小，应按括号内温度控制道间温度。

表 7-63 几种低碳调质钢的最低预热温度和道间温度 （单位：℃）

板厚/mm	< 13	13 ~ 16	16 ~ 19	19 ~ 22	22 ~ 25	25 ~ 35	35 ~ 38	38 ~ 51	> 51
A514, A517	10	10	10	10	10	66	66	66	93
HY-80	24	52	52	52	52	93	93	93	93
HY-130	24	24	52	52	52	93	93	93	93

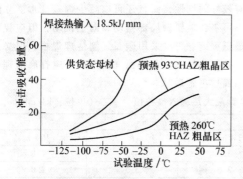

图 7-7　预热温度对板厚 13mm 的 ASTMA514
或 A517 钢热影响区韧性的影响[21]

表 7-64　HY-130 钢最高预热温度

板厚/mm	16	16 ~ 22	22 ~ 35	> 35
最高预热温度/℃	65	93	135	149

（5）焊后热处理

大多数低碳调质钢焊接构件是在焊态下使用，除非在下述条件下才进行焊后热处理：①焊后或冷加工后钢的韧性过低；②焊后需进行高精度加工，要求保证结构尺寸的稳定性；③焊接结构承受应力腐蚀。某些对钢和焊缝金属强韧化有益的元素，在焊后消除应力热处理时会产生有害的作用。许多沉淀硬化型低碳调质钢在焊后热处理中焊接热影响区会出现再热裂纹。为了使焊后热处理不致使焊接接头受到严重损害，应仔细地研究焊后热处理的温度、时间和冷却速度对接头性能的影响，以及产生再热裂纹的倾向和避免措施，并认真地制订焊后热处理参数。焊后热处理的温度必须低于母材调质处理的回火温度，以防母材的性能受到损害。

（6）接头设计与焊后表面处理

合理的接头设计、良好的坡口加工、装配，和适当的焊接检验，才能保证低碳调质钢的良好性能得以发挥。接头设计时，应考虑焊接操作和焊后检验的方便。不正确的焊缝位置能导致截面突变、未焊透、未熔合、咬边和焊瘤并造成缺口，引起应力集中。这些缺陷对于屈服强度大于 550MPa 的高强钢是不允许的。因为这些缺陷将大大损害接头的疲劳强度。对接接头比角接接头易于检验，V 形和 U 形坡口比半 V 形或 J 形坡口易于保证焊透。对接接头焊后，应将余高打磨平才能使接头有足够的疲劳强度。角接接头容易产生应力集中，降低疲劳强度。角焊缝焊趾处的机械打磨、TIG 重熔或锤击强化都可以提高角接接头的疲劳强度。但必须选择适宜的打磨、重熔或锤击工艺。

2. 中碳调质钢焊接工艺

中碳调质钢的滚圆、矫圆、冲压等成形工艺应在退火状态下完成。

（1）焊接方法及热输入的选择

常用的焊接方法有钨极氩或氦弧焊、熔化极气体保护焊、埋弧焊、焊条电弧焊及电阻点焊等。钨极氩或氦弧焊焊缝的氢含量极低，适合于焊接薄小且拘束应力较大的构件。熔化极气体保护焊焊缝的含氢量很低，有利于减小中碳调质钢焊接时产生冷裂纹的可能性。埋弧焊常用于那些焊后进行调质处理的构件，这时应选好焊丝、焊剂的组合，以保证经调质处理的焊缝金属具有满意的强度、塑性及韧性。焊条电弧焊应选用低氢或超低氢焊条。中碳调质钢点焊工艺与中碳钢相同，应采用回火加热脉冲，以软化淬火硬化的焊核。采用脉冲氩弧焊、等离子弧焊及真空电子束焊等热量集中的焊接方法有利于缩小中碳调质钢热影响区的宽度，减小焊接应力，获得较细的热影响区组织，从而提高其抗裂性及焊接接头的力学性能。如果采用真空电子束焊，可以不预热或低温预热。

中碳调质钢宜采用较低的热输入焊接。大热输入将产生宽的、组织粗大的热影响区，增大脆化的倾向[23]；大热输入也增大焊缝及热影响区产生热裂纹的可能性；对在调质状态下的焊接，且焊后不再进行调质的构件，大热输入增大热影响区软化的程度。应尽可能采用机械化、自动化焊接，从而减少起弧及停弧次数，减少焊接缺陷和改善焊缝成形。

中碳调质钢的焊接坡口应采用机械加工方法加工，以保证装配精度，并避免由热切割引起坡口处产生淬火组织。

（2）焊接材料的选择

为提高抗裂性，焊条电弧焊时应选用低氢或超低氢焊条；埋弧焊时，选用中性或中等碱度的焊剂，以保证焊缝有足够的韧性和优良的抗裂性。焊条、焊剂使用前应严格烘干，使用过程中应采取措施防止焊接材料再吸潮。为保证焊缝金属有足够的强度、良好的塑韧性及抗裂性，应选用低碳和含适量合金的焊条、焊丝，应尽量降低焊接材料中 S、P 等杂质的含量。对于焊后进行调质处理的构件，应选用合金成分与母材相近的焊接材料。对于焊后只进行消除应力热处理的构件，应考虑焊缝金属消除应力热处理后的强韧性与母材相匹配。对于焊后不进行热处理，并要求在动载及冲击载荷下具有良好性能，而不要求焊缝金属与母材等强度的构件时，可选用镍基合金或镍铬奥氏体钢焊接材料。中碳调质钢用的焊接材料尚未标准化，表 7-65、表 7-66 及表 7-67 列出几种中碳调质钢可选用的焊条及气体保护焊丝的熔敷金属化学成分及力学性能。

表 7-65　中碳调质钢用焊条、焊丝熔敷金属化学成分

焊材牌号	化学成分（质量分数,%）									标准
	C	Si	Mn	Cr	Mo	Ni	V	Si	P	
J857Cr	≤0.15	≤0.60	≥1.00	0.70 ~ 1.10	0.50 ~ 1.00	—	0.05 ~ 0.15	≤0.035	≤0.035	GB E8515—G
J857CrNi	≤0.10	≤0.60	1.30 ~ 2.25	0.30 ~ 1.50	0.30 ~ 0.50	1.75 ~ 2.50	≤0.05	≤0.035	≤0.035	GB E8515—G
J907Cr	≤0.15	≤0.80	≥1.00	0.70 ~ 1.10	0.50 ~ 1.00	—	0.05 ~ 0.15	≤0.035	≤0.035	GB E9015—G
J107Cr	≤0.15	0.30 ~ 0.70	≥1.00	1.50 ~ 2.20	0.40 ~ 0.80	—	0.08 ~ 0.16	≤0.035	≤0.035	GB E10015—G
HTJ-3	—	—	—	—	—	—	—	—	—	低氢型
HS-70[1]	≤0.12	≤0.60	≥1.00	—	0.25 ~ 0.55	≥0.50	—	≤0.020	≤0.020	GB ER69—G
HS-80[2]	≤0.12	≤0.60	≥1.10	—	0.25 ~ 0.55	2.0 ~ 2.80	—	≤0.020	≤0.020	GB ER76—G

① CO_2 气保护焊。

② $Ar + CO_2$ 或 $Ar + O_2$ 气体保护焊。

表 7-66　中碳调质钢用焊丝化学成分

焊丝牌号	焊丝化学成分（质量分数,%）							
	C	Si	Mn	Cr	Mo	Ni	S	P
H08MnCrNiMoA	0.08	0.35	0.44	1.08	1.05	0.65	0.003	0.006
H10Cr2MoVA	0.08 ~ 0.14	0.30 ~ 0.55	0.40 ~ 0.70	2.25 ~ 2.75	0.85 ~ 1.10	0.65	≤0.008	≤0.008
H18CrMoA	0.15 ~ 0.22	0.15 ~ 0.35	0.40 ~ 0.70	0.80 ~ 1.10	0.15 ~ 0.25	≤0.30	≤0.025	≤0.030
H08Mn2SiA	≤0.11	0.65 ~ 0.95	1.80 ~ 2.10	≤0.20	—	≤0.30	0.030	0.030

表 7-67　中碳调质钢用焊条、焊丝熔敷金属力学性能及用途

焊材牌号	热处理状态	R_m/MPa	R_{eL}/MPa	$A(\%)$	KV_2/J	适用钢种
HTJ-3	焊后淬火、回火	980			40	30CrMnSiA
J857Cr	600 ~ 650℃ 回火	≥830	≥740	≥12	≥27（常温）	35CrMo 30CrMo
J857CrNi	焊态	≥830	≥740	≥12	≥27 （-50℃）	
J907Cr	600 ~ 650℃ 回火	≥880	≥780	≥12		35CrMo(A),30CrMo(A) 40Cr,40CrMnMo,40CrNiMo
J107Cr	880℃ 油淬 520℃ 回火空冷	≥980	≥880	≥12	≥27（常温）	35CrMo(A),30CrMnSi(A) 40Cr,40CrMnMo,40CrNiMo
HS-70[1]	焊态	749	664	20.8	65（-40℃）	35CrMo(A),30CrMo(A),40Cr
HS-80[2]	焊态	798	764	21.2	113（-40℃）	35CrMo(A),30CrMo(A),40Cr
HS-80[2]	580℃ 消除应力 热处理	850	794	18	102（-40℃）	35CrMo(A),30CrMo(A),40Cr
H08MnCrNiMoA	—	—	—	—	—	D6AC
H10Cr2MoVA	—	—	—	—	—	D6AC 板厚 5mm
H18CrMoA	—	—	—	—	—	35CrMo(A)
H08Mn2SiA	焊态	500	420	22	≥47（常温）	35CrMo(A),30CrMo(A),40Cr

① CO_2 气保护焊。

② $Ar + CO_2$ 或 $Ar + O_2$ 气体保护焊。

（3）预热

为防止氢致冷裂纹的产生，除了拘束度小、结构简单的薄壁壳体等焊件不用预热外，中碳调质钢焊接时一般均需要预热。焊接时，需采用的最低预热及道间温度取决于被焊钢材的碳及合金元素的含量、焊后的热处理条件、构件截面厚度及拘束度和焊接时可能有的氢含量。如钨极氩弧焊或熔化极气体保护焊可采用比焊条电弧焊较低的预热和道间温度。理想的预热及道间温度应比冷却时马氏体开始转变的温度（Ms）高 20℃，焊后在此温度下保持一段时间，以保证焊缝及热影响区全部转变为贝氏体，而且也使接头的氢能较充分地扩散逸出，可有效地防止氢致冷裂纹。但是，中碳调质钢冷却时，马氏体开始转变的温度（Ms）一般在 300℃ 以上。如此高的预热温度不但使焊接工人操作困难，也会在金属表面产生氧化膜，导致焊接缺陷。如果预热及道间温度比冷却时马氏体开始转变的温度（Ms）低，焊接时焊缝及热影响区部分奥氏体立即转变为硬脆的马氏体，还有部分奥氏体没有转变。若焊后焊件立即冷却至室温，尚未转变的奥氏体也转变为硬脆的马氏体，这种情况下极易产生冷裂纹。因此预热及道间温度比冷却时马氏体开始转变的温度（Ms）低时，焊接以后焊件冷至室温以前必须及时采用适当的热处理措施。

（4）焊后热处理

预热及道间温度比冷却时马氏体转变的开始温度（Ms）低时，如果焊接以后焊件不能立即进行消除应力热处理，为防止氢致冷裂纹的产生，应采用后热措施。即将焊件立即加热至高于 Ms 点 10～40℃ 并在此温度下保温约 1h，使尚未转变的那部分奥氏体转变为韧性较好的贝氏体，然后再冷至室温。如果焊接以后焊件可以立即进行消除应力热处理时，应将焊件立即冷却至马氏体转变终了的温度 Mf 点以下，并停留一段时间，使尚未转变的那部分奥氏体也完成马氏体转变，然后焊件应立即进行消除应力热处理，这样焊件在随后的消除应力热处理过程中，接头中的马氏体被回火和软化。经过消除应力热处理的焊件，再冷至室温不会有产生氢致冷裂纹的危险。对于焊以后进行调质处理的焊件，进行处理前应仔细检查接头是否有缺陷，若需补焊，则补焊工艺要求与焊接工艺一样。采用的淬火工艺应保证接头各部分都能得到马氏体，然后进行回火处理。

（5）防止氢致冷裂纹的其他措施

由于中碳调质钢焊接热影响区的高碳马氏体的氢脆敏感性大，少量的氢足以导致焊接接头产生氢致冷裂纹。为了降低焊接接头中的氢含量，除了采用预热及焊后及时热处理，采用低氢或超低氢焊接材料和焊接方法外，还应注意焊接前仔细清理焊件坡口周围及焊丝表面的油锈等，严格执行焊条、焊剂的烘干及保存制度，避免在穿堂风、低温环境下施焊，否则应采取挡风和进一步提高预热温度等措施。不允许焊接接头有未焊透、咬边等缺陷，焊缝与母材的过渡应圆滑。上述缺陷都可能成为裂纹源。为了改善焊缝成形，除了尽量采用机械化自动化焊接方法和注意操作外，可以采用钨极氩弧焊对焊趾处进行重熔处理。

7.4.4　典型钢种的焊接及实例

1. 40t 汽车起重机 HQ80C 钢活动支腿的焊接

汽车起重机的活动支腿是汽车起重机的重要受力部件，承受汽车起重机的自重和起重量，受力复杂。某厂采用 HQ80C 钢和 HS-80 焊丝、富氩混合气体保护焊，成功地焊接制造了 40t 汽车起重机的活动支腿。图 7-8 为 40t 汽车起重机的活动支腿结构断面，具体焊接工艺见表 7-68。

2. 20MnMoNb 调质钢高压蓄势器的焊接

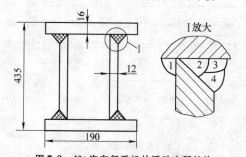

图 7-8　40t 汽车起重机的活动支腿结构

注：1、2、3、4 为焊道顺序。

表 7-68　40t 汽车起重机的 HQ80C 钢活动支腿焊接工艺

焊前处理	组装前经抛丸处理,去除钢板面的氧化皮、油污及其他杂物
接头形式	棱角接头
焊缝形式	熔透焊缝
焊接位置	平焊
焊道数	四道
焊接顺序	先焊 4 条内角缝,从外部清根至露出内角缝焊肉,再焊外角各焊缝
焊丝摆动	施焊时焊丝不做横向摆动,焊道宽 8～12mm,焊缝高 4～6mm
预热及道间温度/℃	100～125,预热火焰头距板面不小于 50mm

（续）

焊丝	HS-80(H08MnNi2MoA)ϕ1.2mm			
保护气体	Ar + 20% CO_2（体积分数），严格控制 CO_2 气体中的水分			
气体流量/（L/min）	打底内角焊缝	10～15	填充和盖面焊缝	18～20
焊接电流/A		120～150		270～300
电弧电压/V		18～22		22～29
热输入/（kJ/mm）		约1.0		约1.5
焊后修磨	每一道焊缝清理干净后，方可施焊下一焊道。焊后必须用砂轮修磨焊缝，去除焊接飞溅及不允许存在的外观缺陷			
其他	严禁在非焊接区引弧			

某重型机械厂采用窄间隙双丝埋弧焊工艺[19]，成功地焊接了壁厚为 85mm 的 20MnMoNb 调质钢高压蓄势器。焊接时，双丝纵向排列，焊丝直径为 3mm。前丝弯曲向坡口侧壁，采用直流反接，焊接电流为 350～420A，电弧电压为 32～34V，焊接速度为 8.89mm/s，焊接热输入为 1.26～1.6kJ/mm；后丝为直丝，采用方波交流电源，改善焊道成形，加大熔敷速度。这种工艺既可以提高熔敷效率，又避免了母材过分受热。焊后消除应力处理后，焊接热影响区的韧性与母材基本相当，见表 7-69。

表 7-69　20MnMoNb 钢双丝窄间隙埋弧焊焊接接头冲击吸收能量

位置	KV/J			
焊接热影响区	77	64	62	77
母材	79	76	70	72

3. 30CrMoA 及 35CrMoA 钢的焊接

30CrMo 及 35CrMo 钢是最常用的中碳调质钢，这种钢在热处理状态下既具有高强度，又具有较好的焊接性。从几种常用中碳调质钢模拟焊接热影响区粗晶区的连续组织转变特征参数表中可以看出，30CrMo 钢的 Ms 点较高，焊接热影响区的马氏体在随后的冷却过程中可受到一定程度的回火作用。当 $t_{8/3}$ 大于 8s 时，焊接热影响区粗晶区的组织是马氏体与贝氏体的混合组织；当 $t_{8/5}$ 大于 15s 时，其硬度则显著降低。因此当构件的刚度不太大，采用熔化极气体保护焊时，无须采用预热及消除应力热处理，即可得到满意的焊接接头。表 7-70 为 35CrMo 钢组合齿轮的精加工焊接实例[24]。图 7-9 为 35CrMo 钢组合齿轮结构。

4. 30CrMnSiA 钢的点焊[25]

点焊加热速度快、高温停留时间短，焊核及热影响区奥氏体的成分很不均匀。焊后冷却速度快，奥氏体转变产生的马氏体比正常淬火处理后所得到的马氏体硬度要高得多。对于受力构件应采取工艺措施确保焊

接质量，30CrMnSiA 钢的点焊依据焊件厚度和钢材焊前的热处理状态可采用以下三种工艺规范：

表 7-70　35CrMo 钢组合齿轮的精加工焊接

焊接方法	实心焊丝熔化极气体保护焊
接头形式	对接
焊接位置	平焊
预热	无
焊后热处理	无
夹具	特制的，实现自动焊
保护气体	CO_2
焊丝	H08Mn2SiA ϕ0.8mm
焊接电流/A	95～100
电弧电压/V	21～22
焊接速度/（mm/s）	7～8

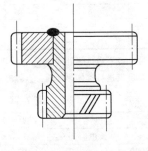

图 7-9　35CrMo 钢组合齿轮结构

1）单脉冲点焊。焊件焊前为退火状态，钢板厚度小于 3mm，可采用单脉冲软规范点焊，电极压力和焊接电流比焊低碳钢时要小，而焊接时间长，约为焊相同厚度的低碳钢板的 3～4 倍。具体参数可参考表 7-71。

2）缓冷双脉冲点焊。焊件焊前为退火状态，采用缓冷双脉冲参数进行点焊，其质量好于单脉冲点焊。缓冷双脉冲点焊的工艺原理及参数特点，如图 7-10 所示。具体参数参考表 7-72。

3）回火热处理双脉冲点焊。焊件焊前为调质状态的钢板，可采用焊后随机回火热处理双脉冲工艺点焊。

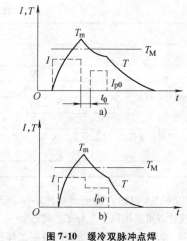

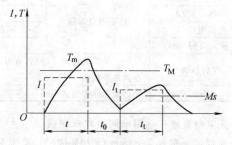

以提高接头的塑韧性。焊接时,两个脉冲的时间间隔 t_0 应足够长,以保证施加回火热处理脉冲前,焊接区温度降至 Ms 以下,使焊点转变为马氏体,以便随后的脉冲对焊核起回火作用。具体参数参考表 7-73。

图 7-10　缓冷双脉冲点焊

a)有间隔时间　b)无间隔时间

I—焊接脉冲电流　T_m—最高加热温度

I_{p0}—缓冷脉冲电流,$I_{p0} \approx 0.71A$

T_M—母材熔点　$T_m > T_M$, $0 \leqslant t_0 \leqslant 0.06s$

图 7-11　回火热处理双脉冲脉点焊

I—焊接脉冲电流　I_t—热处理脉冲

电流,$I_t \approx (0.5 \sim 0.7)I$

t—焊接脉冲通电时间

t_0—间隔时间,$t_0 = (1.1 \sim 1.5)t$

t_t—热处理脉冲通电时间,$t_t = (1.5 \sim 3)t$

T_m—最高加热温度　T_M—母材熔点,$T_m > T_M$

$Ms <$ 热处理温度 $< Ac_1$

其工艺原理及参数特点,如图 7-11 所示。焊接脉冲的作用是形成所要求的焊核,而回火热处理脉冲的作用,则是对熔核及其周围的淬火马氏体进行回火热处理,

表 7-71　30CrMnSiA 钢单脉冲点焊参数

板厚/mm	电极头端面直径/mm	焊接电流/A	焊接时间/s	电极压力/N
0.3	3.0	2000 ~ 3000	0.2 ~ 0.5	250 ~ 300
0.5	2.5 ~ 4.0	2500 ~ 4000	0.3 ~ 0.7	200 ~ 460
0.8	4.0 ~ 4.5	3000 ~ 5000	0.5 ~ 0.8	450 ~ 550
1.0	5 ~ 6	4000 ~ 6000	0.8 ~ 1.2	700 ~ 800
1.5	6 ~ 7	5000 ~ 7000	1.0 ~ 1.5	1200 ~ 1400
2.0	7 ~ 9	6000 ~ 8000	1.4 ~ 2.0	1900 ~ 2200
3.0	9 ~ 10	9000 ~ 12000	1.5 ~ 2.5	3800 ~ 4200

注: 1. 焊后一般不进行热处理。

　　2. 若焊后需进行整体热处理,点焊时应采取防变形措施。

表 7-72　30CrMnSiA 钢缓冷双脉冲点焊参数

板厚 /mm	焊接脉冲		间隔时间	缓冷脉冲		电极压力	电极头端面直径
	电流/A	通电时间/s	t_0/s	电流/A	通电时间/s	/MPa	/mm
2.0	8000	0.3	0.02 ~ 0.04	6000	0.3	3000	7
2.5	9000	0.4	0.02 ~ 0.04	6000	0.4	4000	8
3.0	10000	0.4	0.04 ~ 0.06	7000	0.4	5000	10
4.0	12000	0.5	0.04 ~ 0.06	9000	0.5	8000	12

注:焊后可进行整体热处理。

表 7-73　30CrMnSiA 钢回火热处理双脉冲点焊参数

板厚 /mm	焊接脉冲		间隔时间	缓冷脉冲		电极压力	电极头端面直径
	电流/A	通电时间/s	t_0/s	电流/A	通电时间/s	/MPa	/mm
1.0	5000 ~ 6500	0.44 ~ 0.64	0.02 ~ 0.04	2500 ~ 4500	1.2 ~ 1.4	1000 ~ 1800	5.0 ~ 5.5
1.5	6000 ~ 7200	0.48 ~ 0.70	0.02 ~ 0.04	3000 ~ 5000	1.2 ~ 1.6	1800 ~ 2500	6.0 ~ 6.5
2.0	6500 ~ 8999	0.50 ~ 0.74	0.04 ~ 0.06	3500 ~ 6000	1.2 ~ 1.7	2000 ~ 2800	6.5 ~ 7.0
2.5	7000 ~ 9000	0.60 ~ 0.80	0.04 ~ 0.06	4000 ~ 7000	1.3 ~ 1.8	2200 ~ 3200	7.0 ~ 7.5

7.5　TMCP 钢的焊接

7.5.1　TMCP 钢简介[26,27]

提高钢材的强度和韧性，一直是人们努力追求的目标。添加合金元素和控制冶金组织，是实现这一目标的基本途径。其中依靠工艺措施获得强韧性好的组织，可使钢材在不增加合金含量的情况下，强度、韧性获得提高，从而提高性能/价格比。1935 年再热淬火工艺在工业生产中开始应用，随后再热淬火及回火工艺被采用，获得了高强韧性的钢。1962 年，英国在连续热轧钢带生产线上成功地采用了激冷技术。20 世纪 70 年代开始，控轧技术被用于生产管线钢，该技术在钢中添加微合金元素，如 Mo、Nb、V、Ti，以扩大奥氏体无再结晶温度范围（Ar_3 之上），在这一温度范围内进行集中轧制。1980 年开始应用的 TMCP（thermo-mechanically controlled processing）技术，实际上是控轧和激冷技术的结合，该技术依靠控轧和控制始冷温度、终冷温度、冷却速度，将组织组成比，如铁素体、珠光体、贝氏体、马氏体的比例，控制在一定的量，从而获得所需要的强度和韧性。TMCP 钢通常纯度较高，晶粒细小，与正火钢相比，在力学性能和焊接性方面都更优越。由于 TMCP 工艺能提高钢的强度，因此钢中合金元素含量可以降低。相同的强度级别，TMCP 钢比正火钢碳当量可减少 0.04% ~ 0.08%，如图 7-12 所示。

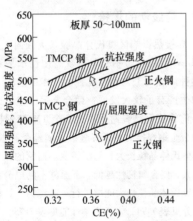

图 7-12　TMCP 钢与正火钢碳当量对比

注：$CE = w(C) + w(Mn)/6 + w(Cr + Mo + V)/5 + w(Ni + Cu)/15$

7.5.2　TMCP 钢的焊接性[26-31]

1. 热影响区硬度和接头强度

对于在常温下不预热、不后热焊接的焊接结构，为避免冷裂纹，热影响区的硬度要求在 350HV 以下，

重要焊件要求在 300HV 以下。对于在含 H_2S 环境下工作的管线，热影响区的硬度要求在 248HV 以下。对于海洋结构和管线，正火钢一般较难满足要求，而 TMCP 钢碳含量较低，在这方面获得广泛应用。

由于 TMCP 钢靠快速冷却提高强度，在用高热输入方法焊接时，如埋弧焊、电渣焊、闪光对焊等，热影响区有软化现象，如图 7-13 所示。当软化区宽度较窄时，拘束强化效应可降低或避免软化区对接头力学性能的影响。如 TS490MPa 级的船用 TMCP 钢采用 14kJ/cm 的三丝埋弧焊和 61kJ/cm 的电渣焊后，小试样拉伸试验表明，接头的抗拉强度为母材强度的 90%，但软化区宽度比板厚窄。进一步采用宽板拉伸进行试验，结果表明，接头的强度与母材相当。宽板拉伸试验更能代表实际钢结构的断裂强度，因此可以说 TMCP 钢的热影响区软化现象不是致命的弱点。另一方面，采用高能量密度热源快速焊接，可减小软化区宽度，更有利于防止软化对接头强度的影响。

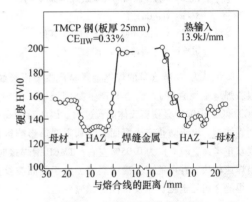

图 7-13　热影响区的软化现象

热影响区软化对接头的疲劳强度几乎没有影响，这是因为疲劳强度主要受应力集中系数的影响，如焊缝加强高的形状。热影响区软化对抗弯强度和翘曲强度的影响也不大。

为了减小热影响区软化，加入 Nb 有较明显的效果，因为在高热输入焊接后的冷却过程中，Nb 能够沉淀强化。在 23kJ/cm 热输入焊接条件下，每增加 0.017%（质量分数）Nb，热影响区软化区的硬度可增加 15HV。

2. 焊接裂纹

图 7-14 所示为临界预热温度与碳当量的关系。可以看到，TMCP 钢所需预热温度比正火钢低 100℃ 左右。这是因为 TMCP 钢的低碳当量使其热影响区淬硬倾向较低，因此热影响区产生冷裂纹的倾向较小。

由于焊缝金属为凝固态组织，未受到母材同等的工艺处理，为了使焊缝具有与母材同等的强度，需在焊缝金属中添加合金元素。因此焊接时热影响区金属可能先于焊缝金属发生奥氏体向铁素体的转变，导致扩散氢从热影响区向焊缝扩散，这种情形与普通低碳钢的焊接相反。因此 TMCP 钢焊接时，更可能在焊缝金属中产生冷裂纹。考虑高强 TMCP 钢焊接时的预热温度时，应按照焊缝金属的成分进行计算。

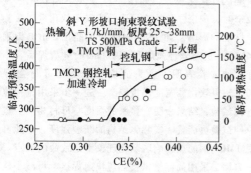

图 7-14　临界预热温度与碳当量的关系

注：1. $CE = w(C) + w(Mn)/6 + w(Cr + Mo + V)/5 + w(Ni + Cu)/15$。

　　2. △、□、○表示用除 TMCP 钢外的其他钢种试验所得的数据。

一般认为，高碳含量的焊缝金属易产生凝固裂纹。但若焊缝金属含碳过低，也易产生凝固裂纹。钢中 $w(C)$ 低于 0.02% 会使奥氏体晶粒过大。因此对于高级别管线钢，出于防止产生凝固裂纹和限制热影响区硬度双重考虑，$w(C)$ 为 0.05% 左右。TMCP 钢焊接时，当焊速较快，有可能产生凝固裂纹。由于凝固裂纹是当焊缝金属处于脆性温度区间时，应变速度大于临界应变速度时产生的，因此尽可能降低焊接应力、应变，并采用适当的焊接速度，可防止凝固裂纹的产生。

3. 热影响区的组织和韧性

热影响区的组织取决于钢的化学成分和焊接热输入，而热影响区的韧性又与组织相对应。TMCP 钢焊接时，热影响区高温区转变为奥氏体，在随后的冷却过程中随 $t_{8/5}$ 冷却时间不同，转变为不同的组织。图 7-15 为热影响区粗晶区夏比冲击试样断裂表面形貌转变温度与焊缝 800℃ 至 500℃ 冷却速度的关系。

当采用小热输入进行焊接，冷却时间短，组织

为下贝氏体，韧性好。当 $t_{8/5}$ 较长，组织为上贝氏体和侧板条铁素体时，韧性恶化。对于 TS490 钢，$t_{8/5}$ 冷却时间为 10 ~ 30s 时，韧性最低。

TMCP 钢较低的碳含量可减少热影响区 M-A 组元的含量，对改进韧性有利。但多层焊时，前一焊道热影响区经受后一焊道峰温在 Ac_1 和 Ac_3 之间热循环时，前一焊道热影响区粗晶区碳化物溶解产生的可扩散碳在奥氏体中聚集，部分高碳奥氏体可转变为韧性很差的 M-A 组元。针状铁素体组织细小，可使碳富集区分散，从而减少 M-A 组元的产生。

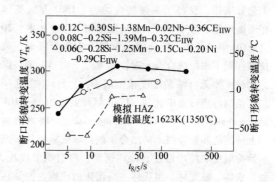

图 7-15　热影响区粗晶区夏比冲击试样
断裂表面形貌转变温度与焊缝 800℃
至 500℃ 冷却速度的关系

为了避免影响组织和性能，TMCP 钢焊后不能进行包括正火、正火加回火以及淬火加回火的热处理，但可进行消除应力热处理。

7.5.3　管线钢的焊接[32-36]

1. 焊接热影响区奥氏体晶粒长大倾向

Nb-V-Ti 微合金钢是具有较高韧性水平和强度级别的钢种。炼钢工艺和控轧控冷技术的进步，使微合金钢的生产有了较大发展，微合金钢的应用也日益广泛。目前管线钢已普遍采用微合金 TMCP 钢板。

微合金钢焊接时，近焊缝区金属经受高温热循环，将发生奥氏体晶粒长大和组织转变。而钢的原奥氏体晶粒越粗大，则金属韧性越低。下面就不同成分系列微合金钢抗奥氏体晶粒长大能力进行一些探讨。试验钢板的化学成分见表 7-74，钢板力学性能见表 7-75。

表 7-74　钢板化学成分　　　　　　　　　　　　　　　（%）

No.	$w(C)$	$w(Si)$	$w(Mn)$	$w(P)$	$w(S)$	$w(Nb)$	$w(V)$	$w(Ti)$	$w(Al)$	$w(N)$
1	0.11	0.43	1.47	0.011	0.007	0.040	0.028		0.037	0.0046
2	0.12	0.31	1.46	0.016	0.006	0.040		0.026	0.043	0.0028
3	0.11	0.23	1.42	0.018	0.0068	0.050	0.050	0.019	0.023	0.0021
4	0.09	0.30	1.42	0.015	0.0017	0.045	0.053	0.020	0.035	0.0049
5	0.10	0.30	1.60	0.014	0.0015	0.054	0.049	0.018	0.032	0.0059

表 7-75　钢板力学性能

No	R_{eL} /MPa	R_m /MPa	A (%)	KV[①] /J(0℃)
1	540	642	28	31.7
2	541	622	32	28.7
3	540	640	36	56.0
4	525	605	38	65.5
5	545	630	36	62.4

① 冲击试样尺寸为 5mm×10mm×55mm。

Nb-V、Nb-Ti、Nb-V-Ti 三种微合金钢经 1350℃、20s 奥氏体化后，奥氏体晶粒度见图 7-16；图 7-17 是此三种钢奥氏体晶粒长大情况。从图 7-17 可以看到，Nb-Ti 钢抗奥氏体晶粒长大能力比 Nb-V 钢强得多，而 Nb-V-Ti 钢抗奥氏体晶粒长大能力略强于 Nb-Ti 钢。这是因为 Nb-Ti 钢中细小的 TiN 颗粒在高温下仍很稳定，不易分解，具有很强的抗奥氏体晶粒长大能力。而 Nb-V 钢中 VN 高温下易分解，抗奥氏体晶粒长大能力较弱。

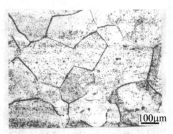

Nb-V 钢　　　　　　Nb-Ti 钢　　　　　　Nb-V-Ti 钢

图 7-16　三种成分系列微合金钢经 1350℃、20s 奥氏体化后奥氏体晶粒度

图 7-18 是 $w(N)$ 为 0.0021%，0.0049%，0.0059% 的三种 Nb-V-Ti 微合金钢经 1400℃、20s 奥氏体化后奥氏体晶粒度照片，此三种钢奥氏体晶粒长大图见图 7-19。从图 7-19 可见，随氮含量增多，钢抗奥氏体晶粒长大能力增强。这是因为随氮含量增多，可阻止奥氏体晶粒长大的细小 TiN，NbN 颗粒增多。随氮含量的增加，奥氏体急剧长大的温度由 1250℃ 推移到 1300℃，在温度高于 1300℃ 时，氮含量较低的钢的奥氏体晶粒较氮含量高的钢的奥氏体晶粒大得多。

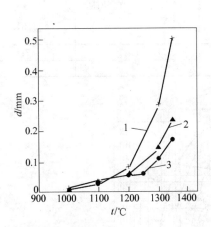

图 7-17　Nb-V、Nb-Ti、Nb-V-Ti
三种微合金钢奥氏体晶粒长大图
1—Nb-V 钢　2—Nb-Ti 钢　3—Nb-V-Ti 钢

但应注意，并不是氮含量越高越好。随氮含量增高，一方面钢抗奥氏体晶粒长大能力增强，对韧性有利，另一方面热影响区中固溶氮量增多，而固溶氮对韧性极为有害。若氮含量过高，固溶氮量增多对韧性的有害作用大于钢奥氏体晶粒细化对韧性的有利作用，则钢热影响区韧性降低。

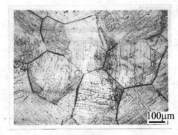
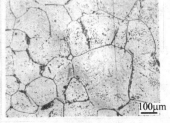
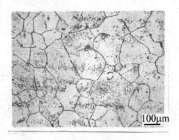

$w(N)=0.0021\%$　　　$w(N)=0.0049\%$　　　$w(N)=0.0059\%$

图 7-18　三种氮含量的 Nb-V-Ti 微合金钢经 1400℃、20s 奥氏体化后奥氏体晶粒度

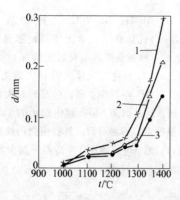

图 7-19　三种 Nb-V-Ti 微合金钢

奥氏体晶粒长大图

1—$w(N) = 0.0021\%$

2—$w(N) = 0.0049\%$

3—$w(N) = 0.0059\%$

2. Nb-V-Ti 微合金钢热影响区的组织和韧性

管线钢焊接时,母材近缝区受到焊接热循环作用,

会引起组织和力学性能变化,图 7-20 所示为表 7-74 中序号 5 Nb-V-Ti 微合金钢的焊接连续冷却转变曲线。由图可见,当冷速小于 0.20℃/s 时,组织为 F + P;冷速大于 0.20℃/s 小于 10℃/s 时,组织为 B + F + P;冷速大于 10℃/s 时,组织为 B。

图 7-21 为 Nb-V-Ti 微合金钢母材和不同热循环影响区冲击韧度比较图。焊接热影响区热循环试验参数见表 7-76。从图 7-21 可以看到,经三种焊接热循环后的热影响区冲击韧度同母材相比均有较大程度的下降,经 1320℃ +780℃ 二次热循环后冲击韧度最低。这是因为经 1320℃、1320℃ +1320℃ 焊接热循环后一方面奥氏体晶粒长大,另一方面组织由韧性较高的细小 P + F 转变为韧性较低的 B + 少量(P + F)。1320℃ +1320℃ 二次热循环同 1302 ℃ 一次热循环相比,由于原奥氏体晶粒更粗大,因此韧性更低。1320℃ +780℃ 二次热循环后由于原奥氏体晶粒较粗大,同时组织中含有对韧性十分有害的 M—A 组元,因此韧性下降很多。

表 7-76　模拟试验热循环规范

序号	一次热循环				二次热循环			
	升温速度 /(℃/s)	峰温 /℃	保温时间 /s	$t_{8/5}$ /s	升温速度 /(℃/s)	峰温 /℃	保温时间 /s	$t_{8/5}$ /s
1	248	1320	3	10				
2	248	1320	3	10	248	1320	3	7.5
3	248	1320	3	10	100	780	3	7

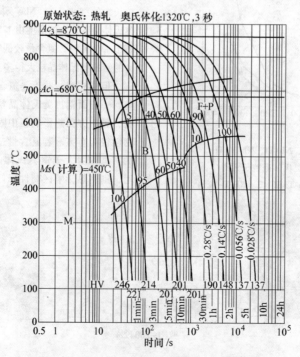

图 7-20　Nb-V-Ti 微合金钢焊接连续冷却转变曲线

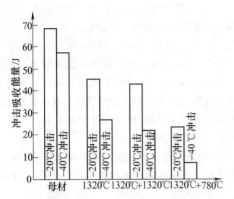

图 7-21 Nb-V-Ti 微合金钢母材和不同热循环影响区冲击韧度比较图

（冲击试样尺寸为 5mm×10mm×55mm）

3. Nb-V-Ti 微合金钢焊接接头的性能

用 φ4mm 试验焊丝匹配 SJ101 烧结焊剂进行埋弧焊接，焊剂成分见表 7-77。焊丝化学成分见表 7-78。板卷采用 X70 级 Nb-V-Ti 微合金钢，钢板厚 7mm，化学成分见表 7-79。焊接参数见表 7-80。表 7-81 为焊缝金属的化学成分。

表 7-77 烧结焊剂 SJ 101 的成分（%）

$w(SiO_2 + TiO_2)$	$w(CaO + MgO)$	$w(Al_2O_3 + MnO)$	$w(CaF_2)$	$w(S)$	$w(P)$
21.24	27.29	33.86	17.55	0.002	0.027

表 7-78 焊丝的化学成分 （%）

$w(C)$	$w(Si)$	$w(Mn)$	$w(S)$	$w(P)$	$w(Ti)$	$w(B)$	$w(Mo)$
0.09	0.16	1.45	0.011	0.013	0.03	0.005	0.33

表 7-79 钢板化学成分 （%）

$w(C)$	$w(Mn)$	$w(Si)$	$w(S)$	$w(P)$	$w(Mo)$
0.092	1.43	0.33	0.003	0.012	0.0028
$w(Nb)$	$w(V)$	$w(Ti)$	$w(Al)$	$w(Cr)$	$w(Ni)$
0.039	0.02	0.016	0.01	0.01	0.02

表 7-80 焊接参数

参数	焊接电流/A	电弧电压/V	焊速/(m/min)
第一道（内焊道）	600	32	1.6
第二道（外焊道）	800	34	1.6

表 7-81 焊缝的化学成分 （%）

$w(C)$	$w(Mn)$	$w(Si)$	$w(S)$	$w(P)$	$w(Mo)$
0.069	1.55	0.26	0.0087	0.012	0.089
$w(B)$	$w(Ti)$	$w(Al)$	$w(N)$	$w(Nb)$	$w(V)$
0.00065	0.012	0.004	0.0044	0.029	0.026

焊缝组织有以下特点：

1）内焊缝（第一道）由于热输入较低，柱晶之间的片状先共析铁素体很少。

2）内外焊缝之间组织的奥氏体晶粒平均晶粒为 100~200μm，长大倾向小于一般 C-Mn 钢焊缝，沿晶界有片状和少量块状先共析铁素体析出。

3）外焊缝（第二道）由于热输入较大，所以几乎所有试验的焊缝都在柱晶边界发现有少量的片状先共析铁素体析出，个别地方发现有块状铁素体。

4）整个焊缝的组织为少量的沿柱晶析出的片状或块状先共析铁素体、大量的细小针状铁素体、少量的晶内多边形铁素体和极少量的珠光体所组成。图 7-22 为焊缝金属的典型透射电镜图像。

图 7-22 焊缝金属的典型透射电镜图像

表 7-82 为焊接接头的冲击吸收能量。可以看到，焊接接头三部分（母材、热影响区、焊缝）均有较好的韧性，冲击试样断裂前有较大的塑性变形，为韧性断裂。图 7-23 为焊接接头硬度分布图。接头最高硬度为 221HV（热影响区粗晶区），接头没有淬硬倾向。焊接接头的横向拉伸性能见表 7-83，接头断裂位置在母材，接头的强度合格。

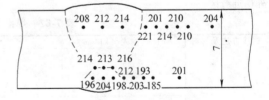

图 7-23 焊接接头硬度分布

注：硬度为 HV。

表 7-82 焊接接头的冲击吸收能量

缺口位置	母材	热影响区	焊缝
冲击吸收能量/J	70,68,65	55,57.5,60.5	65.5,66.5,69

注：冲击试样尺寸为 5mm×10mm×55mm。

表 7-83 焊接接头横向拉伸试验结果

R_m/MPa	$R_{p0.5}$/MPa	A/(%)	$R_{p0.5}/R_m$	断裂位置
667.7	504.7	25	0.753	母材

管道现场环缝焊接通常采用焊条电弧焊或熔化极

气体保护焊。焊条电弧焊选用电弧吹力强、熔深大的纤维素焊条；熔化极气体保护焊应选用焊接工艺性好的实心焊丝或药芯焊丝。若焊接热输入较小，应注意热影响区的硬化现象，特别是耐应力腐蚀性能不容易得到保证，也应注意钢管纵缝与环缝相交的 T 形交叉点处的热影响区的硬化现象。

7.5.4　细晶粒碳素钢的焊接[37-44]

原强度级别在 200 MPa 级的 Q235 钢，经细化晶粒至约 7μm，强度达到 400MPa，该细晶粒钢也有很高的低温韧性。试验用钢板为 6mm 厚的 400MPa 级细晶粒钢，其化学成分见表 7-84。采用 CO_2 焊和焊条电弧焊方法进行试板焊接。焊接材料采用市场销售的材料，其熔敷金属化学成分列于表 7-85，熔敷金属力学性能列于表 7-86。焊接试板加工成单面 V 形，60°坡口，钝边 1.5 mm。焊接过程不预热。

1）气体保护焊。考虑到在实际产品焊接时，许多部位只能采取单面焊，本试验按单面单道焊设计。采用 CO_2 气体保护，组对试板间隙 1.2mm。焊接热输入为 5 ~ 20kJ/cm，选用五种参数进行焊接。当热输入为 5kJ/cm 时，单道焊不能填满坡口，两道焊容易出现咬边，因此采用单面三道焊。其他各参数均为单面单道焊。采用铂-铑铂热电偶和电子电位差计记录热循环曲线，测出 $t_{8/5}$。

2）焊条电弧焊。试图采用单面单道焊，但经过工艺调整，无法实现反面的成形和熔合质量，因此采用双面单道焊。

表 7-84　钢板化学成分　　　　（%）

$w(C)$	$w(Si)$	$w(Mn)$	$w(P)$	$w(S)$
0.09	0.18	1.14	0.020	0.006

表 7-85　焊接材料熔敷金属的化学成分　　　　（%）

化学成分	$w(C)$	$w(Mn)$	$w(Si)$	$w(S)$	$w(P)$	$w(Cr)$	$w(Ni)$	$w(Cu)$	$w(Mo)$
焊丝（φ1.2mm）	0.086	1.54	0.92	0.015	0.019	0.020	0.022	0.120	—
焊条（φ3.2mm）	0.07	1.27	0.51	0.014	0.017	0.013	0.01	—	0.004

表 7-86　焊接材料熔敷金属力学性能

力学参数	R_m/MPa	R_{eL}/MPa	$A(\%)$	$KV(-30℃)/J$
焊丝	545	420	30	100
焊条	550	445	28	173

焊接热输入、$t_{8/5}$ 及焊接接头的实物截面形貌见表 7-87。焊接接头拉伸结果表明，接头的抗拉强度为 515 ~ 530MPa，断裂位置基本都在远离焊缝的母材，只有大热输入及焊条电弧焊的拉伸断于热影响区外侧近缝区。

冷弯试验使用直径 15mm 的压头进行试验。试验结果表明，只要焊缝熔合无缺陷，就能保证弯曲试样完好。当接头根部有微小未熔合缺陷时，弯至 180°，只将未熔合部分张开，而没有裂开。因此焊接接头具有良好的弯曲塑性。

表 7-87　焊接参数及接头截面形貌

焊接方法及材料		焊接热输入/(kJ/cm)	实测 $t_{8/5}/s$	焊接接头截面形貌
气体保护焊焊丝		4.99	4.4	
		8.64	7.5	
		11.78	9.6	
		14.92	11.8	
		20.23	16.1	
焊条	正面	18.5	—	
	反面	13.3	—	

冲击试样采用 5mm × 10mm × 55mm 的非标准试样。缺口位置如图 7-24 所示，分别位于焊缝中心（Ⅰ）、熔合线（Ⅱ）、热影响区焊脚熔合线（Ⅲ）。母材也加工成同样尺寸试样进行冲击试验。

图 7-25a 为焊缝的冲击试验结果随 $t_{8/5}$ 的变化，在单道焊条件下（$t_{8/5}$ 为 7.5 ~ 16.1s）焊缝冲击韧度较低，都处于同一水平，基本不随 $t_{8/5}$ 变化。$t_{8/5}$ 为 4.4s 条件下焊接了三道，其 0℃ 的韧性明显高，但在 －40℃ 时明显降低；用焊条电弧焊焊接了两道，其韧性也明显高。冲击断口的纤维断面率随 $t_{8/5}$ 的变化与

冲击性能的变化规律相同，从数值上看，除了 $t_{8/5}$ 为 4.4s 和用焊条电弧焊的焊缝在 0℃ 时的纤维断面率高于 50% 外，多数焊缝断口的纤维断面率低于 50%，属于脆性断口。

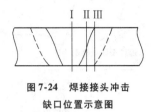

图 7-24　焊接接头冲击缺口位置示意图

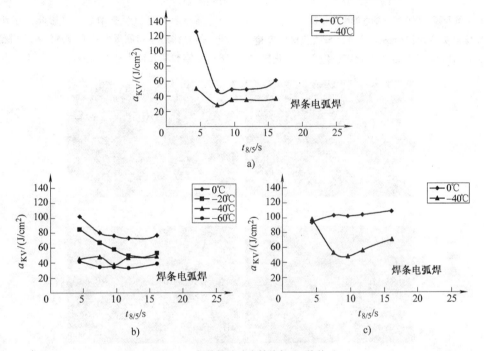

图 7-25　焊接接头冲击性能与 $t_{8/5}$ 的关系

a）焊缝　b）熔合线　c）热影响区

图 7-25b 为熔合线冲击试验结果随 $t_{8/5}$ 的变化，在 0℃ 和 －20℃ 时，熔合线的冲击韧度随着 $t_{8/5}$ 的增加呈下降趋势；在 －40℃ 和 －60℃ 时，熔合线的冲击韧度基本不随 $t_{8/5}$ 变化。熔合线的冲击韧度受焊缝金属韧性的影响，焊缝金属韧性较高时，熔合线的韧性也较高。冲击断口的纤维断面率也表现出同样的规律，0℃ 时纤维断面率都高于 50%，－20℃ 时，大多数断口的纤维断面率低于 50%，表现出脆性倾向。在所试验的条件下，熔合线的韧性一般不低于焊缝的韧性，说明 400MPa 级细晶粒碳素钢具有良好的焊接工艺适应性。

图 7-25c 为热影响区冲击试验结果与 $t_{8/5}$ 的关系，在 0℃，HAZ 的韧性受 $t_{8/5}$ 的影响很小；在 －40℃ 时，$t_{8/5}$ 在 7.5 ~ 12s 范围内韧性较低。0℃ 时，冲击断口

的纤维断面率基本在 90% 以上；－40℃ 时，都大于 50%。比熔合线的冲击韧度有明显的改善。

各种参数的焊接接头从焊缝到母材的硬度分布曲线见图 7-26。在试验的焊接工艺条件下，焊接接头的硬度处在一个散带范围内，硬度分布的趋势相同。焊缝硬度处于较高水平，从熔合线到母材硬度逐渐降低。

在热影响区中，靠近熔合线区域硬度最高，靠近母材的再结晶区，硬度略低于母材，有一定程度的软化。CO_2 焊热影响区的最高硬度和最低硬度变化幅度不大，焊条电弧焊时的硬度较低。最低硬度与母材平均硬度的比值为 0.93 ~ 0.97，不随 $t_{8/5}$ 变化，但 HAZ 及其软化区的宽度随着 $t_{8/5}$ 的增加而增加。焊条电弧焊时软化区的宽度最宽。

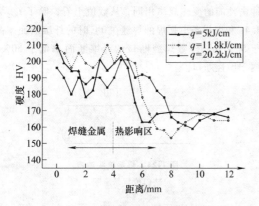

图 7-26　焊接热影响区的硬度分布

与焊接接头拉伸试验结果对照，当软化区的宽度大于 1.5mm 时，接头拉断于软化区，但由于软化区的硬度比母材的硬度降低幅度 <10% ，在拘束强化作用下，其断裂强度不低于断在母材试样的强度。

图 7-27 给出焊接接头各部位的金相组织。焊缝柱晶区的组织由各种形态的铁素体组成，随着 $t_{8/5}$ 的增加，块状铁素体和侧板条铁素体数量增加，组织粗化。焊条电弧焊的焊缝中侧板条铁素体很少，针状铁素体较多。

熔合线外粗晶区组织由少量晶界铁素体 + 侧板条铁素体 + 针状铁素体组成。随着 $t_{8/5}$ 的增加，奥氏体晶粒长大，组织粗化，HAZ 宽度增加，但基本组织形貌不变。

随与熔合线的距离增大，热影响区组织由粗到细，晶界铁素体和侧板条铁素体逐渐减少并消失，块状铁素体和珠光体出现并增多。

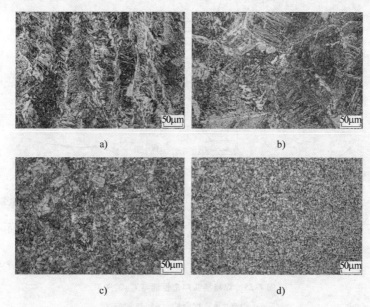

图 7-27　焊接接头金相组织（焊接热输入 8.64kJ/cm）
a）焊缝　b）熔合线　c）HAZ（粗→细）　d）HAZ 细晶区

7.5.5　细晶粒耐候钢的焊接[45]

采用控轧控冷技术生产的细晶粒耐候钢，以 09CuPTiRE 钢的化学成分为基础，用 Nb 取代 RE，经过再结晶轧制获得细组织。钢的化学成分及力学性能列于表 7-88 和表 7-89。钢板的金相组织如图 7-28 所示，为铁素体和少量珠光体，铁素体平均晶粒尺寸为 7μm。

表 7-88　细晶粒耐候钢的化学成分

（%）

$w(C)$	$w(Si)$	$w(Mn)$	$w(P)$	$w(S)$	$w(Cu)$	$w(Ti)$	$w(Nb)$
0.07	0.28	0.33	0.078	0.011	0.27	0.01	0.03

表 7-89　细晶粒耐候钢的力学性能

R_m /MPa	R_{eL} /MPa	A （%）	$a_{KV}(-20℃)$ /(J/cm²)	$a_{KV}(-40℃)$ /(J/cm²)
560	485	27	142	135

选用耐大气腐蚀药芯焊丝作为焊接填充材料，焊丝直径为 φ1.2mm，采用 CO_2 气体保护焊。焊丝熔敷金属的化学成分和力学性能见表 7-90、表 7-91。

表 7-90　试验用焊接材料熔敷金属的化学成分

（%）

$w(C)$	$w(Si)$	$w(Mn)$	$w(P)$	$w(S)$	$w(Cu)$	$w(Ni)$
0.039	0.17	0.87	0.017	0.010	0.34	0.73

图 7-28　细晶粒耐候钢的金相组织

表 7-91　试验用焊接材料熔敷金属的力学性能

力学参数	R_m /MPa	R_{eL} /MPa	A (%)	KV/J
保证值	≥490	≥390	≥18	-30℃ ≥34
实测值	490	430	30	-30℃,134; -50℃,42

　　焊接试板采用平焊对接的形式，单面 V 形，60° 坡口，不预热，CO_2 气体保护焊。采用四种热输入进行焊接，焊接热输入分别为 8.72kJ/cm、11.85kJ/cm、15.91kJ/cm、20.09kJ/cm。其中在 8.72kJ/cm 和 11.85kJ/cm 小热输入条件下，单道焊填不满坡口，因此焊两道。15.91kJ/cm、20.09kJ/cm 时一道焊满。

　　在焊接试板上截取全板厚度的拉伸和弯曲试样，去除焊缝余高，试验结果见表 7-92。

表 7-92　耐候钢焊接接头拉伸和弯曲性能

热输入	R_m/MPa	断口距熔合线 /mm	R_{eL}[1]/MPa	A[1](%)	冷弯($d=3a$)180°	
8.72kJ/cm	545	18	475	17.0	正弯	完好
（焊两层）	540	22	465	23.5	反弯	完好
11.85kJ/cm	530	17	460	24.0	正弯	完好
（焊两层）	530	26	455	24.5	反弯	完好
15.91kJ/cm	540	5	470	23.0	正弯	完好
（焊一层）	535	9	475	24.5	反弯	完好
20.09kJ/cm	535	4	460	21.5	正弯	完好
（焊一层）	535	3.5	465	21.5	反弯	完好

　　[1] 试验记录值，仅供参考。

　　在四种不同的热输入条件下，拉伸试样断裂位置都发生在母材，抗拉强度在 530~545MPa 范围。正、反弯曲完好。由于焊接接头是非均质材料，拉伸结果中只有抗拉强度为有效数据，屈服强度和断后伸长率不准确，仅供参考。可以看到屈服强度大于 450MPa，有较大的断后伸长率。表明试验钢在较大范围的焊接热循环作用下，热影响区的强度不发生弱化，并保持良好的塑性。因此细晶粒耐候钢具有良好的焊接工艺适应性。

　　冲击试样为 5mm × 10mm × 55mm 的非标试样。缺口分别位于焊缝中心及熔合线。冲击试验结果随焊接热输入的变化规律如图 7-29。小热输入焊接时，接头韧性值较高。

　　焊缝柱晶区的金相组织见图 7-30。组织由针状铁素体和先共析铁素体组成。随着焊接热输入的增加，柱状晶界先共析铁素体明显增多并加宽。

　　熔合线外粗晶区的组织如图 7-31。组织由贝氏体和先共析铁素体组成。可见大热输入焊接时粗晶区的组织粗大，随着焊接热输入的增加，不仅原奥氏体晶界析出先共析铁素体，晶内也出现了大量块状铁素体。

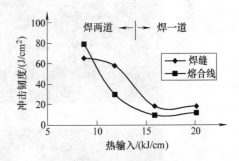

图 7-29　耐候钢 -40℃冲击试验结果
与焊接热输入的关系

　　以上试验结果表明，焊接热输入应控制在 11kJ/ cm 以下。

　　分别沿距焊接接头上表面下 1mm 和板厚中心处，从焊缝到母材进行了硬度分布的测试，测试结果见图 7-32。在接近钢板表面及板厚中心，两个部位的硬度分布情况大致相同，热影响区中最高硬度与最低硬度的差距不大，因此耐候钢的淬硬性倾向很小。在热影响区的外侧有小范围的软化区，但未引起焊接接头强度的下降。

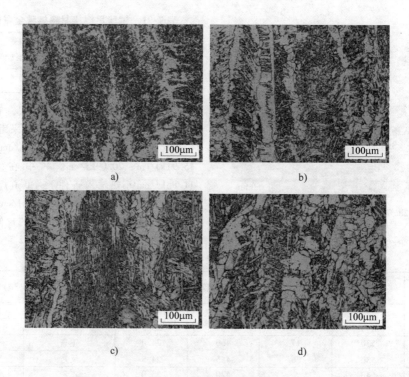

图 7-30　耐候钢焊缝柱晶区组织

a) 8.72kJ/cm　b) 11.85kJ/cm　c) 15.91kJ/cm　d) 20.09kJ/cm

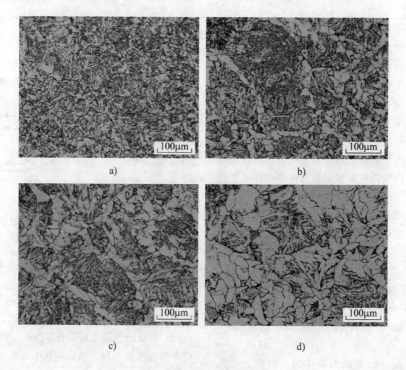

图 7-31　耐候钢粗晶 HAZ 金相组织

a) 8.72kJ/cm　b) 11.85kJ/cm　c) 15.91kJ/cm　d) 20.09kJ/cm

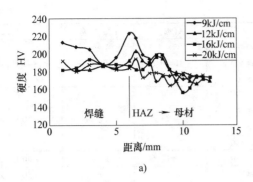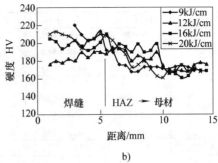

图 7-32　硬度分布测试结果

a）接头上表面下 1mm　b）板厚中心

7.6　低合金低温用钢的焊接

7.6.1　低合金低温用钢的种类、用途、标准和性能

普通低合金钢随温度降低强度有所增加，塑韧性则急剧降低，这类钢材不能用于低温下工作的结构上，而低温用钢在相应的低温条件下仍具有良好的韧性和抗脆断能力，能够确保结构的使用安全。低温钢主要用于低温下工作的容器、管道和结构，如石油化工设备（化肥、乙烯、煤液化、液化石油气等）、冷冻设备、食品工业及液态气体储存设备等。低合金低温用钢一般用于 -20～-110℃ 工况条件。按适用温度范围：低合金低温用钢可分为 -40℃、-70℃、-90℃、-110℃ 钢；按照钢材的合金体系：低合金低温用钢可分为不含 Ni 及含 Ni 的两大类。不含 Ni 的低温钢一般工作温度在 -40℃ 以上，而含 Ni 的

低温钢根据 Ni 含量的高低，可以工作在较低的温度下，如 2.5% Ni 钢可以用于 -60℃ 以下，3.5% Ni 钢可以用于 -90～-110℃。表 7-93、表 7-94 列出了我国常用低合金低温压力容器用钢的化学成分及力学性能。低合金低温用钢一般是通过合金元素的固溶强化、晶粒细化，并通过正火或正火加回火处理细化组织晶粒，从而获得良好的低温韧性。在低温用钢中常用合金元素是 Mn、Ni、V、Nb 等，如我国的低温压力容器用钢 NB/T 47009—2010（JB/T 4727—2010）15MnNiDR 及 09MnNiDR 等，为保证低温韧性，在低温用钢中尽量降低含碳量，并严格限制 S、P 含量。低合金低温用钢还有相应的铸件、锻件及管材，NB/T 47009—2010 中对 5 种常用的低合金低温钢锻件的化学成分、力学性能作了规定，见表 7-95 及表 7-96 所示。一些国外常用低合金低温钢的化学成分、力学性能要求见表 7-97。

表 7-93　低温压力容器用低合金钢板的牌号和化学成分（GB 3531—2008、GB 19189—2011、GB 150—2011）

钢材牌号	化学成分（质量分数，%）									
	C	Mn	Si	Ni	Mo	V	Nb	Alt	P	S
16MnDR	≤0.20	1.20～1.60	0.15～0.50	—				≥0.020	≤0.025	≤0.012
15MnNiDR	≤0.18	1.20～1.60	0.15～0.50	0.20～0.60		≤0.06		≥0.020	≤0.025	≤0.012
09MnNiDR	≤0.12	1.20～1.60	0.15～0.50	0.30～0.80			≤0.04	≥0.020	≤0.020	≤0.012
07MnNiVDR	≤0.09	1.20～1.60	0.15～0.40	0.20～0.50	≤0.30	0.02～0.06		—	≤0.018	≤0.008
07MnNiMoDR	≤0.09	1.20～1.60	0.15～0.40	0.30～0.60	0.10～0.30	≤0.06		—	≤0.015	≤0.005
15MnNiNbDR	≤0.18	1.20～1.60	0.15～0.50	0.30～0.70			0.015～0.04	—	≤0.020	≤0.010
08Ni3DR	≤0.10	0.30～0.80	0.15～0.35	3.25～3.70	≤0.12	≤0.05		—	≤0.015	≤0.010

注：07MnNiVDR 及 07MnNiMoDR 中规定 $w(Cu) \leq 0.25\%$、$w(Cr) \leq 0.30\%$、$w(B) \leq 0.002\%$。

表 7-94　低温压力容器用低合金钢板的力学性能（GB 3531—2008、GB 19189—2011、GB 150—2011）

钢材牌号	板厚/mm	R_m/MPa	R_{eL}/MPa	A（%）	180°冷弯	KV_2/J
16MnDR	6～16	490～620	≥315	≥21	d=2a	-40℃，≥34
	>16～36	470～600	≥295		d=3a	-40℃，≥34
	>36～60	460～590	≥285		d=3a	-40℃，≥34
	>60～100	450～580	≥275		d=3a	-30℃，≥34
	>100～120	440～570	≥265		d=3a	-30℃，≥34

（续）

钢材牌号	板厚/mm	R_m/MPa	R_{eL}/MPa	$A(\%)$	180°冷弯	KV_2/J
15MnNiDR	6 ~ 16	490 ~ 620	≥325	≥20	$d = 3a$	−45℃，≥34
	>16 ~ 36	480 ~ 610	≥315			
	>36 ~ 60	470 ~ 600	≥305			
09MnNiDR	6 ~ 16	440 ~ 570	≥300	≥23	$d = 2a$	−70℃，≥34
	>16 ~ 36	430 ~ 560	≥280			
	>36 ~ 60	430 ~ 560	≥270			
	>60 ~ 120	420 ~ 550	≥260			
07MnNiVDR	10 ~ 60	610 ~ 730	≥490	≥17	$d = 3a$	−40℃，≥80
07MnNiMoDR	10 ~ 50	610 ~ 730	≥490	≥17	$d = 3a$	−50℃，≥80
15MnNiNbDR	10 ~ 16	530 ~ 630	≥370	≥20	$d = 3a$	−50℃，≥60
	>16 ~ 36	530 ~ 630	≥360			
	>36 ~ 60	520 ~ 620	≥350			
08Ni3DR	6 ~ 60	490 ~ 620	≥320	≥21	$d = 3a$	−100℃，≥47
	>60 ~ 100	480 ~ 610	≥300			

注：钢板以正火、正火加回火或离线淬火加回火状态交货，其中 08Ni3DR 的回火温度不低于 600℃。

表 7-95　低温承压设备用低合金钢锻件的化学成分（NB/T 47009—2010）

钢号	化学成分(质量分数,%)										
	C	Si	Mn	Ni	Mo	Cr	Cu	V	Nb	P	S
16MnD	0.13 ~ 0.20	0.20 ~ 0.60	1.20 ~ 1.60	≤0.40	—	≤0.30	≤0.25	—	≤0.030	≤0.025	≤0.012
20MnMoD	0.16 ~ 0.22	0.15 ~ 0.40	1.10 ~ 1.40	≤0.50	0.20 ~ 0.35	≤0.30	≤0.25	—		≤0.025	≤0.012
08MnNiMoVD	0.06 ~ 0.10	0.20 ~ 0.40	1.10 ~ 1.40	1.20 ~ 1.70	0.20 ~ 0.40	≤0.30	≤0.25	0.02 ~ 0.06		≤0.020	≤0.010
10Ni3MoVD	0.08 ~ 0.12	0.15 ~ 0.35	0.70 ~ 0.90	2.50 ~ 3.00	0.20 ~ 0.30	≤0.30	≤0.25	0.02 ~ 0.06		≤0.015	≤0.010
09MnNiD	0.06 ~ 0.12	0.15 ~ 0.35	1.20 ~ 1.60	0.45 ~ 0.85	—	≤0.30	≤0.25		≤0.050	≤0.020	≤0.010
08Ni3D	≤0.10	0.15 ~ 0.35	0.40 ~ 0.90	3.30 ~ 3.70	≤0.12	≤0.30	≤0.25	≤0.03	≤0.020	≤0.015	≤0.010

注：08MnNiMoVD 钢的焊接冷裂纹敏感性指数 $P_{cm} \leqslant 0.25\%$。

$P_{cm} = w(C) + w(Si)/30 + w(Mn)/20 + w(Cr)/20 + w(Cu)/20 + w(Ni)/60 + w(Mo)/15 + w(V)/10 + 5w(B)(\%)$。

表 7-96　低温承压设备用低合金钢锻件的力学性能（NB/T 47009—2010）

钢号	公称厚度/mm	热处理状态	回火温度/℃ 不低于	拉伸试验			冲击试验	
				R_m/MPa	R_{eL}/MPa	$A(\%)$	试验温度/℃	KV_2/J
					不小于			不小于
16MnD	≤100	Q + T	620	480 ~ 630	305	20	−45	47
	>100 ~ 200			470 ~ 620	295	20	−40	
	>200 ~ 300			450 ~ 600	275	20		
20MnMoD	≤300	Q + T	620	530 ~ 700	370	18	−40	47
	>300 ~ 500			510 ~ 680	350	18	−30	
	>500 ~ 700			490 ~ 660	330	18		
08MnNiMoVD	≤300	Q + T	620	600 ~ 770	480	17	−40	60
10Ni3MoVD	≤300	Q + T	620	600 ~ 770	480	17	−50	80
09MnNiD	≤200	Q + T	620	440 ~ 590	280	23	−70	60
	>200 ~ 300			430 ~ 580	270	23		
08Ni3D	≤300	Q + T	620	460 ~ 610	260	22	−100	47

注：如屈服现象不明显，屈服强度取 $R_{p0.2}$。

7.6.2　低合金低温用钢的焊接性

低合金低温钢中 $w(C) \leqslant 0.2\%$，同时合金元素的总质量分数不超过 5%，碳当量较低，淬硬倾向较小，因此冷裂敏感性不大。薄板焊接时一般可不采用预热，但应避免在低温下施焊。当板厚超过 25mm 或焊接接头的拘束度较大时，应采用适当的预热措施，以防止产生焊接冷裂纹，但预热温度不能过高，一般控制在 100~150℃，预热温度过高会导致焊接接头组织粗化，导致焊接接头韧性降低。低合金低温钢中 Ni 可能增大热裂倾向，焊接过程中应注意防止热裂纹的产生，但由于这类钢及焊接材料中的 C、S 及 P 的含量控制较低，采用合理的焊接参数，增大焊缝成形系数，可以避免热裂纹产生。某些低温钢中，由于含有 V、Nb、Cu 等元素，在焊后消除应力热处理时，如果加热温度处于回火脆性敏感温度区间（450~550℃）会析出脆性相，而使低温韧性降低，选择合理的焊后热处理工艺，减少在敏感温度区间的停留时间，可以避免回火脆性的产生。对低温钢焊接接头的评定中最重要的是必须保证焊接接头在使用温度下具有足够的冲击韧度和抗脆断能力，确保结构的使用安全。因此正确选择焊接材料、制订优化的焊接工艺，确保焊接接头焊缝金属和热影响区的低温韧性是低温用钢焊接时的技术关键。

7.6.3　低合金低温用钢的焊接工艺要点

1. 焊接方法及热输入的选择

常用的焊接方法有焊条电弧焊、埋弧焊、钨极氩弧焊及熔化极气体保护焊等。低合金低温用钢焊接时，为避免焊缝金属及近缝区形成粗大组织而使焊缝及热影响区的韧性恶化，焊条尽量不摆动，采用窄焊道、多道多层焊，焊接电流不宜过大，宜用快速多道焊以减轻焊道过热，并通过多层焊的重热作用细化晶粒。多道焊时，要控制道间温度，应采用小热输入施焊，焊条电弧焊热输入应控制在 2.0kJ/mm 以下，熔化极气体保护焊热输入应控制在 2.5kJ/mm 以下，埋弧焊时，焊接热输入应控制在 4.5kJ/mm 以下。如果需要预热，应严格控制预热温度及多层多道焊的道间温度。

2. 焊接材料的选择

低合金低温用钢焊接材料的选择可参照表 7-98。焊接 -40℃级 Q345DR 钢可采用 E5015-G 或 E5016-G 高韧性焊条。埋弧焊时，可用中性熔炼焊剂配合 Mn-

Mo 焊丝或碱性熔炼焊剂配合含 Ni 焊丝；也可采用 C-Mn 钢焊丝配合碱性烧结焊剂，由焊剂向焊缝渗入微量 Ti、B 合金元素，以保证焊缝金属获得良好的低温韧性。焊接含 Ni 的低合金低温钢所用焊接材料中的含 Ni 量应与基材相当或稍高。但要注意，在焊态下的焊缝，其 $w(Ni) > 2.5\%$ 时，焊缝组织中容易出现粗大的板条贝氏体或马氏体，韧性较低。只有焊后经调质处理，焊缝的韧性才能随其含 Ni 量的增加而提高。添加少量的 Ti 可以细化 2.5Ni 钢焊缝金属的组织，提高其韧性，添加少量的 Mo 可以克服其回火脆性。

3. 焊后检查与处理

焊接低温用钢产品，应注意避免弧坑、未熔透及焊缝成形不良等缺陷。焊后应认真检查内在及表面缺陷，并及时修复。低温下由缺陷引起的应力集中将增大结构低温脆性破坏倾向。焊后消除应力处理可以降低低合金低温用钢焊接产品的脆断危险性。

7.6.4　典型钢种的焊接及实例

1. 3.5% Ni 钢的焊接[46]

3.5% Ni 钢通过降低 C、P、S 含量，加入 Ni 等合金成分，并通过热处理细化晶粒，使其具有优良的低温韧性，被广泛用于乙烯、化肥、液化石油气及煤气工程中低温设备的制造。3.5% Ni 钢一般为正火或正火加回火状态使用，其低温韧性较稳定，显微组织为铁素体和珠光体，使用温度达 -101℃。经调质处理，其组织和低温韧性得到进一步改善，最低使用温度为 -110℃。为避免由于过热而使焊缝及热影响区的韧性恶化，焊接时焊条尽量不摆动，采用窄焊道、多道多层焊，并严格控制焊接预热及焊道间温度，一般控制在 50~100℃ 范围内，同时应采用小热输入施焊，焊条电弧焊应控制在 2.0kJ/mm 以下，熔化极气保焊应控制在 2.5kJ/mm 以下。由于 3.5% Ni 钢中的含 C 量较低，所以其淬硬倾向不大，一般可以不预热，但板厚在 25mm 以上，或刚性较大时，焊前要预热到 150℃ 左右，道间温度与预热温度相同。3.5% Ni 钢有应变时效倾向，当冷加工变形量在 5% 以上时，要进行消除应力热处理以改善韧性。用 NB—3N 焊条焊接时，建议采用表 7-99 规定的焊接电流，焊后进行 600~625℃ 热处理，有利于改善焊接接头的低温韧性。

表 7-97　国外一些含镍低温钢的化学成分和力学性能

国别	标准号	牌号	板厚 h/mm	化学成分（质量分数,%）						热处理	板厚 h/mm	R_{eL}/MPa	R_m/MPa	冲击吸收能量	
				C	Si	Mn	Ni	P	S					试验温度/℃	KV/J
美	ASTM A203/A233M—1997（2003）	A级	h≤50 50<h≤100 h>100	≤0.17 ≤0.21 ≤0.23	0.13~0.45	0.70~0.88	2.03~2.57	≤0.035	≤0.035	正火	h≤50 50<h≤100 h>100	255	450~580	协议	27
		B级	h≤50 50<h≤100 h>100	≤0.21 ≤0.24 ≤0.25	0.13~0.45	0.70~0.88	2.03~2.57	≤0.035	≤0.035	正火	h≤50 50<h≤100 h>100	275	485~620	协议	27
欧洲	EN 10028—4: 2009	15NiMn6	—	≤0.18	≤0.35	0.80~1.50	1.30~1.70	≤0.025	≤0.010	正火、正火+回火或调质	h≤30 30<h≤50 50<h≤80	355 345 335	490~640	-80	40（纵） 27（横）
日	JIS G3205—1988	SFL3	—	≤0.20	≤0.35	≤0.90	3.25~3.75	≤0.030	≤0.030	正火	—	255	490~637	-101	27
美	ASTM A203/A233M—1997（2003）	D级	h≤50 50<h≤100	≤0.17 ≤0.20	0.13~0.45	0.70~0.88	3.18~3.82	≤0.035	≤0.035	正火	h≤50 50<h≤100	255	450~580	协议	27
		E级	h≤50 50<h≤100	≤0.20 ≤0.23	0.13~0.45	0.70~0.88	3.18~3.82	≤0.035	≤0.035	正火	h≤50 50<h≤100	275	485~620	协议	协议
		F级	h≤50 50<h≤100	≤0.20 ≤0.23	0.13~0.45	0.70~0.88	3.18~3.82	≤0.035	≤0.035	调质	h≤50 50<h≤100	380 345	550~690 515~695	协议	协议
欧洲	EN 10028—4: 2009	12Ni14	—	≤0.15	≤0.35	0.30~0.80	3.25~3.75	≤0.020	≤0.005	正火、正火+回火或调质	h≤30 30<h≤50 50<h≤80	355 345 335	490~640	-100	40（纵） 27（横）

表 7-98　低合金低温用钢焊接材料的选择

工作温度 /℃	钢 种	焊条	气体保护焊丝	埋弧焊焊丝焊剂
-40 ~ 60	15MnNiDR,Q345DR. Q345D 20MnMoD,08MnNiCrMoVD, 10Ni3MoVD	J507NiTiB, J507RH J507Ni W607, W607H	ER55-C1 YJ502Ni1 YJ507Ni1 DW-55E DWA-55E DWA-55L MGT-1NS	BHM-6/XuN-70H US-49A/MF-38 US-49A/PFH-55s US-36M/PFH-55LT US36LT/PFH-55N US-2N/PFH-55S
-70	09MnNiD,09MnNiDR 2.25%Ni(法国) SL-2N25(日本) ASTM A203A、B(美国) 24Ni8(德国)	W707, W707H W707Ni NB-2N	ER55-C2 MGS-2N	H09MnNiDR/SJ208DR H08Mn2Ni2A/SJ603 US-2N/PFH-55S
-90 ~ 110	06MnNbDR 3.5%Ni(法国) SL-3N26,SL-3N45(日本) ASTM A203D、E(美国) 10Ni14(德国)	W907Ni W107,W107Ni NB-3N	ER55-C3 MGS-3N TGS-3N	AWS ENi3/F7P15 US-203E/PHH-203

表 7-99　NB-3N 焊条的焊接电流

焊条直径 /mm		2.6	3.2	4.0	5.0
焊接电流/A	平焊	55 ~ 85	90 ~ 130	130 ~ 180	180 ~ 200
	立或仰焊	50 ~ 80	80 ~ 115	100 ~ 170	—

2. 09MnNiDR 钢的焊接[47]

09MnNiDR 为铁素体 + 珠光体型低温用钢,可用于 -70℃ 工况。某厂生产的压缩机工作介质为氨水和氨冰,压缩机在低温下工作,压缩机的机壳采用 09MnNiDR 钢制造。压缩机的焊接机壳由上、下机壳组成,上壳体结构如图 7-33 所示。壳体最薄板为 40mm,上法兰厚度达到 220mm。根据机壳的结构特点,拟采用焊条电弧焊及富氩混合气体保护焊进行焊接。焊条电弧焊采用 W707DR ϕ4.0mm 焊条,主要用于定位焊,气体保护焊采用 H09MnNiDR ϕ1.2mm 焊丝,用于焊接机壳的其他焊缝。焊条焊前 350℃ 保温 1 ~ 2h 烘干,使用时放入 100 ~ 150℃ 焊条保温筒中,随用随取。定位焊参数为:焊接电流 120 ~ 150A,电弧电压 20 ~ 22V,焊接速度约 240mm/min,气体保护焊保护气体采用 80% Ar + 20% CO_2,焊接参数见表 7-100。

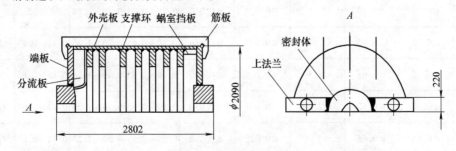

图 7-33　机壳的上壳体结构

表 7-100　09MnNiDR 机壳气体保护焊的焊接参数

焊接电流 /A	电弧电压 /V	焊接速度 /(mm/min)	焊丝伸出长度 /mm	气体流量 /(L/min)	焊道间温度 /℃
150 ~ 200	24 ~ 28	250	10 ~ 15	25	110 ~ 150

7.7　耐候钢及耐海水腐蚀用钢的焊接

7.7.1　耐候钢及耐海水腐蚀用钢的种类、用途、标准和性能

耐候钢,即耐大气腐蚀钢,是指含有少量合金元素在大气中具有良好耐蚀性的低合金高强度钢,主要合金元素有 Cu、P、Cr、Ni、Mn、V、RE 等。耐候钢在使用过程中表面会逐渐形成一层致密的保护膜,阻止大气中的氧、水及其他腐蚀性介质对基体进一步腐蚀,使腐蚀速率相对普通低合金钢大大降低。

GB/T 4171—2008 对耐候结构钢进行了分类,按照钢中 P 含量的高低,耐候结构钢分为高耐候钢(牌号中以 GNH 标示)和焊接耐候钢(牌号中以 NH 标示)。高耐候钢中 P 含量为 0.07% ~ 0.15%,与焊接耐候钢相比,具有较好的耐大气腐蚀性能;而焊接耐候钢中 P ≤ 0.03%,与高耐候钢相比,具有较好的焊接性。上述两种耐候钢均采用 Cu-Cr-Ni 合金体系,同时,为了改善

钢的性能,钢中万能添加一种或数种微合金化元素,如 Nb、V、Ti 等。美国 ASTM A242 系列和日本 JIS SPA 系列均属于含 P 的高耐候钢,而 ASTM A588 系列及 JIS SMA 系列属焊接耐候钢。

GB/T 4171—2008 对耐候钢的化学成分和力学性能作出了规定,分别见表 7-101、表 7-102。由于低合金耐候钢具有较高的强度,而且成本远远低于不锈钢,因此在桥梁、钢结构建筑物、输变电塔架、铁路(公路)车辆、挖掘机、起重机、矿用设备、集装箱、输送管线等得到广泛应用。

耐海水腐蚀用钢与耐候钢相似,同属低合金耐蚀钢体系,国外耐海水腐蚀用钢有美国的"Mariner"钢,日本的"Mariloy"钢等,国产的耐海水腐蚀用钢包括:10MnPNbRE、10Cr2MoAlRE、08PVRE 等。表 7-103 中列出了几种典型的耐海水腐蚀用钢成分。耐海水腐蚀钢主要用于海洋结构,如海上采油平台、海底石油采掘设备、石油储藏设备、海底油气管线、海洋观察塔等。

表 7-101　低合金耐候钢的化学成分 (GB/T 4171—2008)

牌号	化学成分(质量分数,%)								
	C	Si	Mn	P	S	Cu	Cr	Ni	其他元素
Q265GNH	≤0.12	0.10 ~ 0.40	0.20 ~ 0.50	0.07 ~ 0.12	≤0.020	0.20 ~ 0.45	0.30 ~ 0.65	0.25 ~ 0.50	①、②
Q295GNH	≤0.12	0.10 ~ 0.40	0.20 ~ 0.50	0.07 ~ 0.12	≤0.020	0.25 ~ 0.45	0.30 ~ 0.65	0.25 ~ 0.50	①、②
Q310GNH	≤0.12	0.25 ~ 0.75	0.20 ~ 0.50	0.07 ~ 0.12	≤0.020	0.20 ~ 0.50	0.30 ~ 1.25	≤0.65	①、②
Q355GNH	≤0.12	0.20 ~ 0.75	≤1.00	0.07 ~ 0.15	≤0.020	0.25 ~ 0.55	0.30 ~ 1.25	≤0.65	①、②
Q235NH	≤0.13	0.10 ~ 0.40	0.20 ~ 0.60	≤0.030	≤0.030	0.25 ~ 0.55	0.40 ~ 0.80	≤0.65	①、②
Q295NH	≤0.15	0.10 ~ 0.50	0.30 ~ 1.00	≤0.030	≤0.030	0.25 ~ 0.55	0.40 ~ 0.80	≤0.65	①、②
Q355NH	≤0.16	≤0.50	0.50 ~ 1.50	≤0.030	≤0.030	0.25 ~ 0.55	0.40 ~ 0.80	≤0.65	①、②
Q415NH	≤0.12	≤0.65	≤1.10	≤0.025	≤0.030	0.20 ~ 0.55	0.30 ~ 1.25	0.12 ~ 0.65	①、②、③
Q460NH	≤0.12	≤0.65	≤1.50	≤0.025	≤0.030	0.20 ~ 0.55	0.30 ~ 1.25	0.12 ~ 0.65	①、②、③
Q500NH	≤0.12	≤0.65	≤2.00	≤0.025	≤0.030	0.20 ~ 0.55	0.30 ~ 1.25	0.12 ~ 0.65	①、②、③
Q550NH	≤0.16	≤0.65	≤2.00	≤0.025	≤0.030	0.20 ~ 0.55	0.30 ~ 1.25	0.12 ~ 0.65	①、②、③

①　为了改善钢的性能,可添加下列一种或数种微合金元素: $w(Nb) = 0.015\% ~ 0.060\%$、$w(V) = 0.02\% ~ 0.12\%$、$w(Ti) = 0.02\% ~ 0.10\%$、$w(Al) \geq 0.020\%$。若上述元素组合使用时,应至少保证其中一种元素含量达到上述化学成分的下限规定。

②　可以添加下列元素: $w(Mo) \leq 0.30\%$、$w(Zr) \leq 0.15\%$。

③　Nb、V、Ti 等三种合金元素的添加总是不应超过 0.22%。

表 7-102　低合金耐候钢的力学性能 （GB/T 4171—2008）

牌号	拉伸试验									180°弯曲试验弯心直径		
	下屈服强度 R_{eL}/MPa 不小于				抗拉强度	断后伸长率 A(%) 不小于						
	≤16	>16~40	>40~60	>60	R_m/MPa	≤16	>16~40	>40~60	>60	≤6	>6~16	>16
Q235NH	235	225	215	215	365~510	25	25	24	23	a	a	2a
Q295NH	295	285	275	255	430~560	24	24	23	22	a	2a	3a
Q295GNH	295	285	—	—	430~560	24	24	—	—	a	2a	3a
Q355NH	355	345	335	325	490~630	22	22	21	20	a	2a	3a
Q355GNH	355	345	—	—	490~630	22	22	—	—	a	2a	3a
Q415NH	415	405	395	—	520~680	22	22	20	—	a	2a	3a
Q460NH	460	450	440	—	570~730	20	20	19	—	a	2a	3a
Q500NH	500	490	480	—	600~760	18	16	15	—	a	2a	3a
Q550NH	550	540	530	—	620~780	16	16	15	—	a	2a	3a
Q265GNH	265	—	—	—	≥410	27	—	—	—	a	a	a
Q310GNH	310	—	—	—	≥450	26	—	—	—	a	a	a

注：1. 表中单值为最大值；a 为钢材厚度；当屈服现象不明显时，可采用 $R_{p0.2}$。
　　2. 冲击韧性要求（纵向）：B 级 KV_2(20℃)≥47J；C 级 KV_2(0℃)≥34J；D 级 KV_2(−20℃)≥34J；E 级 KV_2(−40℃)≥27J。

表 7-103　几种典型耐海水腐蚀钢的化学成分

牌号	化学成分(质量分数,%)							
	C	Si	Mn	P	Cu	Cr	Ni	RE
10MnPNbRE	≤0.16	—	0.8~1.2	0.06~0.12	—	—	Nb:0.015~0.05	0.1~0.2
Mariner(美)	≤0.12	0.25~0.75	0.20~0.50	V0.02~0.10	0.25~0.40	0.40~0.70	≤0.65	
MariloyG50(日)	0.10~0.19	0.15~0.30	0.90~1.35	V0.04~0.10	0.25~0.40	0.40~0.70	≤0.65	

7.7.2　耐候钢及耐海水腐蚀用钢的焊接性

　　耐候结构钢合金体系普遍采用 Cu-Cr-Ni，由于 Cr、Ni 均为增加淬透性的元素，其碳当量比同级别其他低合金钢要高一些，屈服强度大于 460MPa 的焊接耐候钢及厚度较大的耐候钢结构对冷裂纹产生有一定的敏感性，实际焊接生产中应采取必要的防止焊接冷裂纹产生的工艺措施；耐候钢中的 Cu 能增大热裂纹产生倾向，但由于其含量较低，（质量分数一般为 0.2%~0.4%），加之 C 含量较低，因此焊缝中产生热裂纹倾向不大；对于 P 含量较高的高耐候钢，由于 P 是增加钢材冷脆倾向的元素，一方面 P 在焊缝金属晶界上易产生偏析而促进结晶裂纹的产生，另一方面 P 还能使近缝区的硬度增加，降低焊接接头的塑性和

韧性，增大了冷裂纹的敏感性。因此从防止焊接裂纹产生及改善焊接接头韧性出发，应避免在大拘束条件下焊接，焊接过程中尽量采用小的焊接热输入，以减少母材的稀释，同时通过焊接材料向焊缝金属中添加细化晶粒的合金元素。耐海水腐蚀用钢的合金体系与耐候钢相似，其焊接性与耐候钢相近。

7.7.3　耐候钢及耐海水腐蚀用钢的焊接材料

　　耐候钢及耐海水腐蚀用钢焊接材料选择时，除了满足力学性能要求以外，应重点考虑保证焊接接头的耐蚀性与母材相一致。焊接材料选择时应综合考虑工艺性能、熔敷金属力学性能及其耐蚀性，通过工艺评定后确定。低合金耐候钢及耐海水腐蚀用钢焊条、气体保护焊及埋弧焊焊接材料的选择可参照表 7-104。

表 7-104　焊接耐候钢及耐海水腐蚀用钢的焊条、气体保护焊丝及埋弧焊焊丝焊剂

屈服强度/MPa	钢种	焊条	气体保护焊丝	埋弧焊焊丝焊剂
235~310	Q235NH、Q295NH、Q265GNH、Q295GNH、Q310GNH	J422CrCu,J423CuP,J422CuCrNi,TB-W52B[3],LB-W52B[3]	H10MnSiCuCrNiII GFA-50W[1]、GFM-50W[1] AT-YJ502D[2]、YJ502CuCr DW-50W[3]、MX50W[3]、MG-W50B[3]	US-W52B+MF-38[3]

（续）

屈服强度 /MPa	钢种	焊条	气体保护焊丝	埋弧焊焊丝焊剂
355 ~ 415	Q355NH Q355GNH Q415NH	GB/T 5118 E5018-W J502CuP,J502NiCu, J502CuCrNi,J506NiCu, J507NiCu,J507CuP J507NiCuP,J507CrNi TB-W52B[③],LB-W52B[③]	AWS A5.28 E80C-W2 AWS A5.29 E81T1-W2C H10MnSiCuCrNiII GFA-50W[①]、GFM-50W[①] AT-YJ502D[②]、YJ502CuCr DW-50W[③],MX50W[③], MG-W50B[③]	H10MnSiCuCrNiII + SJ101 US-W52B + MF-38[③]
460 ~ 500	Q460NH Q500NH	GB/T 5118 E5518-W LB-W588[③],LB-W62G[③]	GFM-55W[①]　AT-YJ602D[②] MG-W588[③]	H10MnSiCuCrNiIII + SJ101 US-W62B + MF-38[③]
550	Q550NH	LB-W62G[③]	MG-W588[③]	

① 哈尔滨焊接研究所所开发的熔渣型和金属芯型药芯焊丝。
② 钢铁研究总院开发的熔渣型药芯焊丝。
③ 日本神钢焊接材料。

7.7.4 耐候钢及耐海水腐蚀用钢的焊接工艺

大部分耐候及耐海水腐蚀用钢的焊接性与屈服强度为 235 ~ 345MPa 的热轧或正火钢相当，所以其焊接工艺可参考这一强度级别热轧或正火钢的焊接工艺，但对于调质状态交货的 Q460NH 钢，建议参考低合金低碳调质钢的焊接工艺；对于 P 含量较高的耐候及耐海水腐蚀用钢，宜采用母材稀释率较小的焊接工艺方法进行焊接，可有效防止焊接裂纹的产生；薄板焊接时应注意控制焊接热输入及焊道间温度，以确保焊缝金属的抗拉强度及焊接接头的冲击韧度。耐候及耐海水腐蚀用钢常用的焊接工艺方法是焊条电弧焊及气体保护焊，焊接材料的选择可参考表 7-104，焊接接头形式、坡口尺寸及焊接参数的制订与一般低合金结构钢相同。大厚度低合金耐候及耐海水腐蚀钢的焊接可以采用埋弧焊工艺。埋弧焊时，首先也是要根据产品性能要求选择合适的焊丝焊剂，焊接时应采用偏小的焊接热输入，以防止接头过热，保证焊接接头有足够的力学性能。

7.7.5 典型钢种的焊接及实例

1. Q450NQR1 及 B450NbRE 高强度耐候钢的焊接[48]

Q450NQR1 及 B450NbRE 分别是宝山钢铁集团公司和包头钢铁稀土集团公司研制开发的屈服强度为 450MPa 级低合金高强度耐候钢，主要用于铁路机车车辆。某车辆厂生产的 25t 轴重新型运煤敞车车体主要承载结构采用 Q450NQR1 钢板制造，梁及牵引梁采用 B450NbRE 钢制造。采用下面三种焊接工艺方法进行焊接，即：SF-80W 药芯焊丝气体保护焊、H10MnSiCuCrNiII 实心焊丝气体保护焊及 H10MnSiCuCrNiIII + SJ101 埋弧焊。三种焊接材料熔敷金属的耐腐蚀性能试验结果见表 7-105 所示。根据小铁研试验结果，采用 SF-80W 药芯焊丝及 H10MnSiCuCrNiII 实心焊丝气体保护焊在 -5℃ 不预热条件下焊接，焊接接头不产生焊接冷裂纹，表明两种钢的焊接性良好。采用上述三种焊接材料按表 7-106 所示的焊接参数焊接 Q450NQR1 及 B450NbRE 高强度耐候钢，焊接接头综合力学性能通过焊接工艺评定，按此工艺批量生产的 25t 轴重新型运煤敞车经过实际运行考验，焊接质量达到了设计要求。

表 7-105　熔敷金属的耐腐蚀性能试验结果

焊材牌号	腐蚀失重量/(g/m²)	腐蚀失重率/[g/(m²·h)]	相对腐蚀率(%)
SF-80F(韩国现代)	72.5	1.02	3
H10MnSiCuCrNiII	72	1.01	2
H10MnSiCuCrNiIII + SJ101	72	1.01	2
Q450NQR1 钢板	71.4	0.99	—
熔敷金属相对腐蚀率标准	—	—	< 10

表 7-106　Q450NQR1 及 B450NbRE 高强度耐候钢焊接参数

工艺方法	焊丝直径 /mm	焊接电流 /A	电弧电压 /V	焊接速度 /(cm/min)	保护气体流量 /(L/min)
药芯焊丝	1.2	210 ~ 280	27 ~ 31	20 ~ 50	18 ~ 20
实心焊丝	1.2	220 ~ 260	24 ~ 28	20 ~ 50	18 ~ 20
埋弧焊	4.0	550 ~ 650	32 ~ 38	35 ~ 60	—

2. Q345NHY3 钢的焊接

Q345NHY3 钢是宝山钢铁集团公司研制开发的屈服强度为 345MPa 级耐海水腐蚀用钢，采用 Cu-Cr-Mo 合金体系，焊接性能优良，$\delta = 25mm$ 以下板可以不预热焊接。上海国际航运中心洋山深水港工程钢管桩采用 20 ~ 25mm 厚 Q345NHY3 焊制。螺旋管采用埋弧焊，焊接材料为宝山钢铁集团公司自行研制的 BH500NHY3 焊丝，配 SJ101 焊剂，埋弧焊焊接时热输入量控制在 35 ~ 45kJ/cm；钢管对接采用焊条电弧焊工艺，焊条为 J507CrNi。钢管焊后不进行焊后热处理。

7.8　低合金镀层钢的焊接

7.8.1　低合金镀层钢的种类、用途、标准和性能

低合金镀层钢的镀层方法分为热镀和电镀。常用的镀层钢有镀锌钢、渗铝钢、镀铅钢及镀锡钢等。镀锌钢板（GB/T 2518—2008）俗称白铁皮，厚度 0.25 ~ 2.5mm，表面美观、有块状或树叶状锌结晶花纹，镀层牢固，有优良的耐大气腐蚀性能及良好的焊接性和冷加工成形性能。广泛用于建筑、包装、铁路车辆、农机制造及日常生活用品。与电镀锌板相比，热镀锌板的镀层较厚，用于要求耐蚀性较强的部件。电镀锡薄板（GB/T 2520—2008）厚度 0.1 ~ 0.5mm，对空气、水、食品、果酸有很好的耐蚀性，锡的焊接性好，广泛用于罐头食品及医药等的包装容器。镀铅钢板（GB/T 5065—2004）是表面镀有 Pb-Sn-Sb 合金的制品，在有 H_2S、SO_2 等石油产品中，具有优越的耐蚀性，并有良好的深冲性和焊接性。广泛用于汽车油箱、储油容器等零部件。镀铝或渗铝钢板分为两类，第一类以耐热性为主，可以耐 640℃ 左右的高温，它是在低碳钢板两面各镀以 20 ~ 25μm 厚的 Al-Si 合金镀层 [$w(Si) = 6\%$ ~ 8.5%]；第二类以耐蚀性为主，其镀层厚度为第一类的 2 ~ 3 倍。渗铝钢一般用热浸或固体粉末等方法渗铝，而在低碳钢基材与镀层之间形成薄合金层。第一类形成 Al-Fe-Si 合金层，第二类形成 Al-Fe 合金层，如图 7-34a、b 所示。第二类钢的镀层熔点低、镀层厚，所以其焊接性较第一类钢差。由于渗铝钢具有较好的耐高温氧化和耐蚀性，价格便宜，已在我国石油、化工、电力、汽车及轻工等部门得到广泛的应用。用于焊接结构的镀层钢以镀锌钢及渗铝钢为主，本节重点介绍这两种钢的焊接。

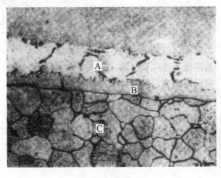
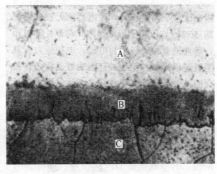

a)　　　　　　　　　　　　　　　b)

图 7-34　渗铝钢镀层结构

a）第一类渗铝钢

A—Al-Si 镀层　　B—Al-Fe-Si 镀层　　C—基材

b）第二类渗铝钢

A—Al 镀层　　B—Al-Fe 镀层料　　C—基材

7.8.2　镀锌钢及其焊接

镀锌钢可分为电镀锌钢板和热浸镀锌钢板，镀层厚度一般在 20μm 以下。一般情况下，电镀锌钢板的镀层比热浸镀锌钢板的镀层要薄，焊接性较好。镀锌钢板表面有闪灿花纹，闪灿花纹对焊接性没有影响。

1. 镀锌钢焊接性分析

镀锌钢常用电阻点焊进行焊接，其焊接性劣于非镀锌低碳钢板。本节从点焊角度分析镀锌钢的焊接性。Zn 和 Fe 在物理性能和力学性能方面都有较大差异，Zn 的熔点（419℃）、沸点（906℃）和硬度都比 Fe 低得多。因此在相同的电极压力和焊接电流下，电极工作端面与镀锌钢板的接触面积比低碳钢板大，从而使电流密度下降，产生的电阻热降低，熔核尺寸随之减小。为了获得

合格的熔核尺寸，点焊镀锌钢板时，在相同的电极压力下，需采用比点焊非镀锌低碳钢更大的焊接电流或更长的通电时间。但增加焊接电流或延长通电时间，必然使电极工作端面温度升高，这就加剧了镀锌层的熔化和电极工作端面的粘连。粘连在电极工作端面上的 Zn 与 Cu 形成 Cu – Zn 合金即黄铜。随着 Cu 中 Zn 的增加，黄铜的强度和韧性下降，导电性、导热性降低，致使电极工作端部过热变形。为了减小钢板表面镀锌层的烧损，就要采用较大的电极压力，以减小电极与镀锌钢板之间的接触电阻，而这样又进一步加速了电极的压溃变形，使电流密度进一步减小，直至不能形成熔核。因此与普通低碳钢点焊相比，镀锌钢板合适的点焊参数范围窄，接头强度波动大，焊接性差。

2. 镀锌钢板的电阻点焊[49]

1) 在保证镀锌钢板点焊质量的前提下，电极设计、成分及其冷却条件设计的关键是提高电极寿命。推荐采用锥头电极点焊镀锌钢，电极锥角为 120° ~ 140°，电极直径为两焊件中薄件厚度的 4 ~ 5 倍。电极头直径过大，所需要的焊接电流就大，这将降低电极寿命。不推荐采用平头电极，若用平头电极，将有较多的熔化锌从焊接区挤出，在电极端面形成一圈熔融锌，焊接质量将随熔融锌厚度的增加而降低。采用 Cu-Cr 或 Cu-Zr 电极，可提高电极使用寿命。Cu-Cr 或 Cu-Zr 合金电极在其端面或周围也存在熔融锌堆积问题，应在规定时间内清理或更换电极。如果对焊点外貌要求很高而必须避免电极磨损时，可采用 Cu-Cd 电极材料，这种材料具有较高的强度、硬度、热导率及电导率，从而降低电极与焊件接触面的受热程度。参考文献［22］提出了嵌钨电极头的复合电极，如图 7-35 所示。钨的高温硬度高，热导率和电导率也较高。为了促使钨极内部的热量散发，将钨极嵌入铬铜电极中使用。为降低电极的过热程度，还可对电极进行水冷。冷却水的流量决定于电极的材料和尺寸、焊件板厚、锌层厚度及焊接条件。应控制水温，如果水温超过 30℃，就要增加电极冷却水的流量。

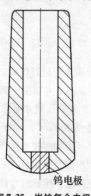

图 7-35　嵌钨复合电极

2) 电阻点焊参数。和无镀层碳钢相比，要求采用较长的焊接时间（增加 25% ~ 50%）和较大的电流，镀锌钢焊接合适的时间范围也比较窄。镀锌钢焊接电流比无镀层钢可提高 50%，这取决于母材厚度。与厚件母材相比，薄件需要相对较高的电流。电极压力也要比无镀层钢高 10% ~ 25%，因为镀层将焊件接触面的接触电阻降得非常低，必须尽快把钢板之间软化的锌层压挤出来。要尽量避免电极与焊件表面之间的锌层熔化，以减少与电极合金化作用和粘连电极，保持焊件表面锌层的均匀性，因此要求有足够长的电极冷却时间。表 7-107 为国际焊接学会推荐的镀锌钢板点焊参数，可供参考。

3) 镀锌钢板的凸焊。凸焊是在一块焊件的贴合面上预先加工出一个或多个突起点（也可利用零件原有的型面或倒角），使其与另一焊件表面相接触并通电加热，然后压塌，使这些接触点形成焊点的电阻焊方法。由于在焊接部位有凸点，能使电流局部地集中通过，这就减少了分流，使加热集中，故可采用较小的焊接电流，同时也减轻了电极的过热和镀锌层的烧损。用于凸焊的电极工作端面比点焊时大得多，与焊件高温部分接触时间短，散热也快，电极自身变形小，因而使用寿命长，焊接质量高。所以凸焊是镀锌钢板焊接方法中困难小而质量又较好的一种方法。表 7-108 为凸焊参数，供参考。

表 7-107　镀锌钢板的电阻点焊参数

板厚 /mm	电极端头直径 /mm	电极压力 /N	时间 /周	电流 /A
0.5	4.8	1370	6	9000
0.7	4.8	1960	10	10250
0.9	4.8	2550	12	11000
1.00	5.2	2840	14	12500
1.25	5.7	3630	18	14000
1.50	6.4	4410	20	15500

参考文献［50］介绍了 08F 低碳热浸镀锌钢板凸焊研究结果：板厚 1mm，每一面的镀锌层厚度为 15 ~ 20μm。凸点形状如图 7-36 所示。试验的最佳凸点尺寸为 $d = 5mm$、$h = 1.2mm$。凸焊参数为：焊接电流 8800A，焊接时间 10 周，电极压力 100N。检查焊点外观，凸焊焊点表面镀锌层的烧损较轻，尤其是未压制凸点侧，基本看不出烧损痕迹。凸焊形成熔核时，两块钢板间绝大部分镀锌层熔化蒸发掉，也有极少量锌残存在熔核的微隙中，并凝成球状。

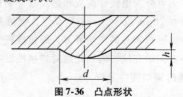

图 7-36　凸点形状

与点焊相比，凸焊的外观质量好，焊点形核数高，但镀锌钢板用工频点焊机进行凸焊将产生内部飞溅。这主要由于凸焊时凸点与钢板接触面积小，接触电阻大，在瞬间工频大电流作用下，镀锌层很快熔化，再加上点焊机的随动性不如凸焊机好，电极移动跟不上凸点的压溃变形，凸点因压力降低而产生内部飞溅。这样既污染环境，又危及操作者安全。建议采用调幅波形焊接电流，这种波形的电流幅值可由小逐渐增大到等幅值，焊接时利用几个周波的小电流，使焊件之间凸点处镀锌层熔化、挤出，从而避免产生内部飞溅。

表 7-108　镀锌钢的凸焊参数

凸点侧板厚 /mm	板厚 /mm	凸点尺寸/mm		时间 /周	电流 /A	电极压力 /N	抗剪强度 /N	焊核直径 /mm
		d	h					
0.7	0.4	4.0	1.2	7	3200	490	—	—
	1.6	4.0	1.2	7	4200	690	—	—
1.2	0.8	4.0	1.2	10	2000	340	—	—
	1.2	4.0	1.2	6	7200	590	—	—
1.0	1.0	4.2	1.2	15	10000	1130	4120	3.8
1.6	1.6	5.0	1.2	20	11500	1760	9110	6.2
1.8	1.8	6.0	1.4	25	16000	2450	13720	6.2
2.3	2.3	6.0	1.4	30	16000	3430	18620	7.5
2.7	2.7	6.0	1.4	33	22000	4210	21560	7.5

注：表中 d 为凸点直径，h 为凸点高度。

4）镀锌钢的等离子弧点焊。参考文献［51］研究开发了镀锌钢板的等离子弧点焊方法。与电阻点焊相比，等离子弧点焊方法设备简单、操作灵活、可单面点焊，并可实现对大型结构进行现场点焊。该方法用水冷铜喷嘴和等离子气保护钨极，确保钨极寿命；用加压喷嘴孔径控制锌层蒸发区的大小，飞溅大大减少；用阶梯变化焊接电流，消除焊点表面气孔。推荐的等离子弧点焊参数见表 7-109。其他参数为：离子气流量 150～250L/h；内喷嘴孔径为 3mm；加压喷嘴孔径为 9～10mm。

表 7-109　推荐的镀锌钢板等离子弧点焊参数

板厚/mm （镀锌板 + 钢板）	预热时间 /s	预热电流 /A	焊接时间 /s	焊接电流 /A	后热时间 /s	后热电流 /A	焊点强度 /MPa
0.5 + 4	2	130	2.5	200	1.5	130	400～500
0.75 + 2	2	130	2.0	200	1.0	130	500～600
0.75 + 2	2	200	2.0	230	1.0	200	500～600
0.75 + 3	3	130	4.0	200	1.0	130	500～600
0.75 + 3	2	200	2.0	230	2.0	200	500～600
0.75 + 4	4	200	2.0	230	1.0	200	500～600
0.75 + 0.1 + 3[①]	4	130	5.0	200	1.0	130	500～600

① 为镀锌板 + 铜皮 + 钢板。

5）镀锌钢的电弧焊焊接特点。参考文献［52～54］介绍，可以采用气体保护焊（CO_2 焊或 80% Ar + 20% CO_2 混合气体保护焊）、焊条电弧焊及埋弧焊焊接镀锌钢，其焊缝的力学性能与无镀层钢相当。CO_2 焊及焊条电弧焊时，其焊接速度要比无镀层钢焊接时降低 10%～20%，以便使熔池前面的 Zn 蒸发，有利于降低焊缝中 Zn 的溶入量，避免因 Zn 的蒸发而产生气孔等缺陷。CO_2 保护焊可采用低 Si-Mn 焊丝，低 Si 的焊缝金属，有利于消除 Zn 渗入晶间所造成的 Zn 渗透裂纹，而焊缝中 Zn 渗透裂纹的存在将使疲劳强度降低。焊条电弧焊可采用钛型或低氢型焊条，我国的高钛钾型 E4313（J421X）焊条可用于镀锌钢焊接。镀锌钢焊接时，将产生白色的 ZnO 烟尘，焊工吸入量过多，将患金属烟热病而引起体温急剧升高。因此焊接时应加强通风，也可采用移动式抽气罩，或在 CO_2 焊焊枪的环绕气体喷嘴上另装一个抽气嘴。

7.8.3　渗铝钢的焊接

1. 渗铝钢的焊接工艺特点

下面介绍的焊接工艺措施，对两类渗铝钢都适用。当焊接涂层较薄的第一类渗铝钢时，所采用的特殊工艺措施可以简化。为了获得优质焊缝，渗铝钢的焊前清理工作很重要，钢板表面不应有脏物、油污等。避免采用强碱清洗剂，以免腐蚀铝镀层。由于金属工具易于损伤较软的铝表面，装卸、搬运渗铝钢时，最好用木制工具。

2. 渗铝钢的电阻焊工艺特点

点焊、凸焊或缝焊是渗铝钢较好的焊接方法，因为这些方法对镀铝层耐蚀性的损害最小，应用比较广泛。点焊、凸焊或缝焊时上下电极端部都应采用硬铜合金。由于铝镀层合金和电极的粘连，会使电极顶端或表面变坏，所以每焊接 500 个点最好用细金刚砂修整电极，水或其他方法冷却电极有助于延长其寿命。因为 Al 的热导率和电导率高，渗铝钢的焊接电流要比焊相同尺寸的非镀层钢高些，渗铝层表面的油污和其他杂物可用溶剂清洗，或用电动钢丝刷轻刷一遍，在电极顶端形成的镀铝层会影响焊接参数，因此焊接一些焊件后要调节焊机参数。

3. 渗铝钢的熔焊

渗铝钢可用焊条电弧焊、熔化极气体保护电弧焊、钨极惰性气体保护电弧焊及气焊等方法焊接。

(1) 焊条电弧焊时焊条的选择

采用酸性焊条或纤维素型焊条焊接时，焊缝易出现气孔、凹坑等缺陷。采用低氢型焊条可以降低焊缝气孔倾向，但是焊前如不将焊接处渗铝层去掉，焊缝中的 Si、Mn 含量因 Al 加强脱氧而增高，从而使焊缝金属的力学性能变坏，而且由于焊缝中缺少保证金属耐热、耐蚀性的合金元素，该渗铝钢构件常沿焊缝早期破坏。为了保证焊缝金属的耐热和耐蚀性，使焊接区具有和渗铝钢母材相同的性能，参考文献 [54] 提出，焊后焊缝必须清理并喷上一层；如果不要求焊缝金属与渗铝钢母材性能相同，焊后焊缝表面刷一层铝即可。也可采用不锈钢焊条（如 Cr25-Ni12 型不锈钢），由于不锈钢含有足够的合金元素，尽管焊缝被母材稀释，但焊缝金属仍可形成强韧的奥氏体显微组织，不锈钢焊缝的耐蚀性比渗铝层要强得多。焊条药皮中含有的氟化物，易与铝的氧化物相作用而成渣，有助于减弱 Al_2O_3 的不利影响。我国焊接材料产品样本列出了渗铝钢专用的低氢钠型焊条。我国已有能力生产渗铝钢专用焊条系列，该焊条为低氢型，采用直流反接，短弧操作，可进行全位置焊接。各种牌号焊条的焊缝化学成分、力学性能及其应用范围见表 7-110 及表 7-111。

(2) 其他焊接方法的工艺特点

参考文献 [55] 介绍了熔化极气体保护电弧焊、钨极惰性气体保护电弧焊、气焊及钎焊焊接渗铝钢的工艺特点。

采用熔化极气体保护电弧焊焊接渗铝钢可以获得满意的结果，氩、二氧化碳或其混合气体都可以作为保护气体。氩弧焊时，因 Al 不易氧化，焊缝成形良好。二氧化碳气体保护焊焊接渗铝钢时，焊缝成分和致密性均可，但焊缝表面粗糙不平。$Ar\text{-}CO_2$ 混合气体保护焊常用于小尺寸焊件的焊接。钨极惰性气体保护电弧焊时，氩气或氦气的保护可以有效地防止焊接区氧化。要尽量减少镀层中 Al 溶入焊缝，降低焊缝的塑性和韧性。由于是惰性气体保护焊，熔化的涂层不至于被氧化，这时为了减少焊缝金属的铝含量，可以采取下列措施：采用对接接头而不用卷边接头；焊前将坡口两侧的铝涂层去除掉；添加焊丝以降低焊缝含铝量（可用低碳钢焊丝或无镀层钢板剪条作填充焊丝），为使熔池金属保持良好的流动性，钢焊丝中 $w(Mn) = 1\%$ 及 $w(Si) = 0.25\%$ 为宜。一般情况下，宜采用电弧焊或电阻焊焊接渗铝钢。但有关文献指出，采用氧乙炔焊也可获得致密焊缝。采用焊接不锈钢的熔剂进行渗铝钢氧乙炔焊，用无镀层钢剪条或钢焊丝 $[w(Mn) = 1\%$ 及 $w(Si) = 0.25\%]$ 作填充材料。氧乙炔焊时，近缝区因长时间受到高温加热，该处涂层易渗入焊缝，为降低其不利影响，应尽可能采用最小的焊距喷嘴，或者采用加速焊件冷却。此外，可以应用钎焊焊接渗铝钢，为了实现熔融钎料与涂层钢之间的良好润湿，应去除铝涂层表面的氧化膜。氧化膜的去除有多种方法，但最好还是采用熔剂，这种铝钎焊熔剂可以成功地钎焊渗铝钢或渗铝钢与铝的接头。

表 7-110　渗铝钢焊条的焊缝化学成分

焊条牌号	化学成分（质量分数%）									
	C	Mn	Si	Mo	Cr	Al	V	S	P	标准
J507SLA J507SLB	≤0.12	≤0.12	≤0.50	≤0.30	—	≤0.055	≤0.30	≤0.035	≤0.035	GB E5015-G AWS E7015-G
J557SLA J557SLB	≤0.12	0.50~0.90	≤0.50	≥0.20	~0.80	≤0.055		≤0.035	≤0.035	GB E5515-G AWS E8015-G

表 7-111　渗铝钢焊条焊缝的力学性能及其用途

焊条牌号	R_m/MPa	R_{eL}/MPa	$A(\%)$	KV/J	用　途
J507SLA J507SLB	≥490	≥345	≥20	≥27	低氢钠型药皮。直流,全位置焊,焊条接正极。J507SLA 焊前可不除去渗铝层。J507SLB 焊前必须除去渗铝层。该两种焊条用于焊接厚度为 8mm 以下的渗铝低碳或低合金钢,和渗铝低碳或低合金钢与普通低碳或低合金钢的焊接
J557SLA J557SLB	≥540	≥440	≥17	≥49	低氢钠型药皮。直流,全位置焊,焊条接正极。J557SLA 焊前可不除去渗铝层。J557SLB 焊前必须除去渗铝层。这两种焊条用于焊接工作温度在 540℃ 以下,硫化氢、硫、氨、碳铵及氢、氮腐蚀介质下使用的渗铝钢结构,如锅炉管道、石油粗炼设备、化肥设备和蒸汽管道等

参 考 文 献

[1]　机械工业部. 焊接材料产品样本 [M]. 北京:机械工业出版社,1997.

[2]　尹士科. 焊接材料手册 [M]. 北京:中国标准出版社,2000.

[3]　杜国华. 实用工程材料焊接手册 [M]. 北京:机械工业出版社,2004.

[4]　严鸢飞. 国产低合金结构钢 Q345 和 Q420 焊接区热应变脆化研究 [R]. 1985.

[5]　Nubutaka Yurioka, Suzuki. Hydrogen assisited cracking in C-Mn and low alloy steel weldments [J]. International Materials Reviews, 1990, 35 (4):217.

[6]　中国焊接学会 XI 委. 钢制压力容器的焊接工艺 [M]. 北京:机械工业出版社,1986.

[7]　Ohshita S, et al. Revention Of solidification cracking in very low carbon steel welds [J]. Welding Journal, 1983, 62 (5):129.

[8]　吴树雄,尹士科. 焊丝选用指南 [M]. 北京:化学工业出版社,2002.

[9]　Nobutaka Yurioka. TMCP steels and their welding [R]. IIW DOC. IX-1739-94, 1994.

[10]　美国金属学会. 金属手册:第六卷 [M]. 李润民,等译. 8 版. 北京:机械工业出版社,1984.

[11]　李庆本,孟工戈,吴佳林,等. 振动法消除残余应力的应用实例 [J]. 压力容器,1991 (3).

[12]　陈亮山. 爆炸消除焊接残余应力研究国外发展现状 [R].锅炉压力容器安全/爆炸消除焊接残余应力新技术,1989.

[13]　中国机械工程学会焊接学会,等. 焊工手册:埋弧焊、气体保护焊、电渣焊、等离子弧焊 [M]. 北京:机械工业出版社,1998.

[14]　哈尔滨焊接研究所. 14MnNbq 钢焊接材料、焊接工艺试验研究 [R]. 1998.

[15]　任永宁. 向下焊技术的应用 [J]. 焊接,1999 (1):21.

[16]　陈裕川. 低合金结构钢的焊接 [M]. 北京:机械工业出版社,1992.

[17]　王永达,谢世柜. 低合金钢焊接基本数据手册 [M]. 北京:冶金工业出版社,1998.

[18]　张有为,张瑞斌. 低合金高强度钢焊接热影响区微裂纹研究 [J]. 金属学报,1978 (4).

[19]　机械电子工业部哈尔滨焊接研究所. 国产低合金钢 CCT 图册 [M]. 北京:机械工业出版社,1990.

[20]　Degenkdbe J, et al. Characterisation of weld thermal cycles with rrgard to their effet on the properties of welding joint by the cooling time $t_{8/5}$ and its determination [R]. IIW Doc IX-1336-84.

[21]　American Welding Society. Welding Handbook: Vol4 Metals and their weldability 8 ed [M]. AWS, 1998, 15.

[22]　周振丰,张文钺. 焊接冶金与金属焊接性 [M]. 北京:机械工业出版社,1989.

[23]　张志明,钟国柱,徐再成,等. 超高强钢延迟裂纹研究 [J]. 焊接学报,1981, 4 (2):143-151.

[24]　康纪华,杨文利. 35CrMo 组合齿轮的精加工焊接 [J]. 焊接,1994 (2):19-20.

[25]　赵喜华. 压力焊 [M]. 北京:机械工业出版社,1989.

[26]　Yurioka N. TMCP steels and their welding [J]. Welding in the World, 1997, 43 (2):2-17.

[27]　彭云,王成,陈武柱等. 两种规格超细晶粒钢的激光焊接 [J]. 焊接学报,2001, 22 (1):31-35.

[28]　Lee S, Kim B C, Kwon D. Correlation of microstructure and fracture properties in weld heat-Affected zones of thermomechanically controlled processed steels [J]. Metallurgical Transactions A, 1992, 23A (10):2803-2816.

[29]　Inoue T, Hagiwara Y. Fracture behavior of welded joints with HAZ undermatching [C] // Proceedings of the Ninth International conference on Offshore Mechanics and Arctic Engineering 1990:Volume Ⅲ Materials En-

gineering-Part A. 1990 (2) 18-23, 253-260.

[30] Irving B. Weld cracking takes on some new twists [J]. Welding Journal, 1998, 77 (8): 37-40.

[31] Tian D W, Karjalainen L P, Qian B, Chen X. Nonuniform distribution of carbonitride particles and its effect on prior austenite grain size in the simulated coarse-grained heat-affected zone of thermomechanical control-processed steels [J]. Metallurgical and Materials Transactions A, 1996, 27A (10): 4031-4038.

[32] 彭云, 许祖泽, 陈钰珊. 钒钛对含铌微合金钢焊接热影响区韧性的影响 [J]. 钢铁, 1996, 31 (4): 53-55, 52.

[33] 彭云, 许祖泽, 陈钰珊. 不同成分系列微合金钢抗奥氏体晶粒长大能力研究 [J]. 钢铁钒钛, 1995, 16 (1): 22-25.

[34] 彭云, 许祖泽, 陈钰珊. Nb-V-Ti 微合金钢双面埋弧焊热影响区组织和韧性 [J]. 焊管, 1995, 18 (5): 3-7.

[35] 彭云, 许祖泽. 焊后冷却速度对 Nb-V-Ti 微合金钢热影响区组织和韧度的影响 [J]. 焊接, 1995 (5): 3-6.

[36] 彭云. 石油、天然气输送管用高韧性板卷钢焊接性的研究报告 [R]. "八五" 国家重点企业技术开发项目 "石油天然气输送管用钢" 验收鉴定材料. 1995, 10.

[37] 彭云, 田志凌, 何长红, 等. 400MPa 级超细晶粒钢板焊接热影响区的组织和力学性能 [J]. 焊接学报, 2003, 24 (5): 21-24.

[38] Peng Yun, Tian Zhiling, He Changhong, et al. Effect of welding thermal cycle on the microstructure and mechanical properties of ultra-fine grained carbon steel [J]. Materials Science Forum, 2003, 426-422 (2): 1457-1462.

[39] Peng Yun, He Changhong, Tian Zhiling, et al. Study of arc welding of fine grained low carbon steel [J], Iron & Steel, 2005, 40 Supplement (10): 295-299.

[40] Tian Zhiling, Peng Yun, He Changhong, et al. Weldability of 400 MPa grade ultra-fine grained carbon steel [C] // Second International Conference on Advanced Structural Steels (ICASS 2004), Shanghai: 2004: 898-906.

[41] Peng Yun, Tian Zhiling, Wang Cheng, et al. Study of welding ultra-fine grained ferrite steel by CO_2 laser [J]. Steel Research, 2002, 73 (11): 508-512.

[42] Peng Yun, Tian Zhi-ling, Chen Wu-zhu, et al. Laser welding of Ultra-fine Grained Steel SS400 [J]. Journal of Iron and Steel Research International, 2003, 10 (3): 32-36.

[43] 彭云, 王成, 赵琳, 等. 新一代钢铁材料激光焊接接头的组织和强韧性研究 [J]. 应用激光, 2002, 22 (3): 313-316.

[44] 彭云, 王成, 陈武柱, 等. 两种规格超细晶粒钢的激光焊接 [J]. 焊接学报, 2001, 22 (1): 31-35.

[45] Peng Yun, Xiao Hongjun, He Changhong, et al. Weldability of ultra-fine grained atmospheric corrosion resistant steel [J]. Materials Science Forum, 2007, 539-543 4675-4680.

[46] 张勇, 刘林, 王家辉等. 3.5% Ni 低温钢的应用研究 [J]. 石油化工设备, 1988 (4).

[47] 刘冬菊, 刘德胜, 徐错, 等. 09MnNiDR 低温钢机壳的焊接 [J]. 焊接, 2005 (10).

[48] 王秀琴, 等. 高强度耐候钢焊接性分析与研究 [J]. 焊接, 2004 (10): 12-15.

[49] 浜崎正信. 搭接电阻焊 [M]. 尹克玺, 等译. 北京: 国防工业出版社, 1977.

[50] 姜以宏. 镀锌钢板的凸焊 [J]. 焊接, 1985 (11).

[51] 周大中. 镀锌钢板的等离子弧点焊方法的研究 [R]. H-IVb-001-86.

[52] Gregory E N. Arc welding of galvanized steel [J]. Welding Journal, 1968, 47 (8): 644-649.

[53] Gregory E N. The mechanical properties of welds in Zinc coated steel [J]. Welding Journal, 1971, 50 (10): 445-450.

[54] 段立人. 合金化热镀锌板短路过渡 CO_2 焊冶金现象研究 [J]. 焊接, 1990 (6): 6-9.

[55] Linnert G E. Techniques for welding Aluminum-coated steel [J]. Welding Design & Fabrication, 1964, 37 (9): 50-54.

第8章 耐热钢的焊接

作者 陈裕川 **审者** 杨德新

8.1 概述

8.1.1 耐热钢的种类

碳素结构钢的强度性能随着工作温度的提高而急剧下降，其极限的工作温度为350℃。在更高的温度下必须采用含有一定量合金元素的合金钢，这些合金钢统称为耐热钢。它们按照合金的成分及其质量分数，具有比普通碳素钢高得多的高温短时强度和持久强度。

耐热钢按其合金成分的质量分数可分低合金，中合金和高合金耐热钢。合金元素总质量分数在5%以下的合金钢通称为低合金耐热钢，其合金系列有：C-Mo、C-Cr-Mo、C-Cr-Mo-V-Nb、C-Mo-V、C-Cr-Mo-V、C-Mn-Mo-V、C-Mn-Ni-Mo 和 C-Cr-Mo-W-V-Ti-B 等。对焊接结构用低合金耐热钢，为改善其焊接性，碳的质量分数均控制在0.20%以下，某些合金成分较高的低合金耐热钢，标准规定的碳质量分数不高于0.15%。

这些低合金耐热钢通常以退火状态，或正火＋回火状态供货。合金总质量分数在2.5%以下的低合金耐热钢在供货状态下具有珠光体＋铁素体组织，故也称珠光体耐热钢。合金总质量分数为3%～5%的低合金耐热钢，在供货状态下具有贝氏体＋铁素体组织，亦称其为贝氏体耐热钢。合金总质量分数为6%～12%的合金钢系列通称为中合金耐热钢。目前，用于焊接结构的中合金耐热钢的合金系列有：C-Cr-Mo、C-Cr-Mo-V、C-Cr-Mo-Nb、C-Cr-Mo-V-Nb、C-Cr-Mo-W-V-Nb 等。这些中合金钢必须以退火状态或正火＋回火状态供货，某些钢也可以调质状态供货。合金总质量分数在10%以下的耐热钢，在退火状态下具有铁素体＋合金碳化物的组织。在正火＋回火状态下，这些合金钢的组织为铁素体＋贝氏体。当钢的合金总质量分数超过10%时，其供货状态下的组织为马氏体，属于马氏体级耐热钢。

合金总质量分数高于13%的合金钢称为高合金耐热钢，按其供货状态下的组织可分为马氏体、铁素体和奥氏体三种。应用最广泛的高合金耐热钢为铬镍奥氏体耐热钢，其合金系列有：Cr-Ni、Cr-Ni-Ti、Cr-Ni-Mo、Cr-Ni-Nb、Cr-Ni-Nb-N、Cr-Ni-Mo-Nb、Cr-Ni-Mo-V-Nb 及 Cr-Ni-Si、Cr-Ni-Ce-Nb、Cr-Ni-Cu-Nb-N、Cr-Ni-Mo-Nb-Ti 和 Cr-Ni-Cu-W-Nb-N 等。

8.1.2 耐热钢的应用范围

在常规热电站，核动力装置、石油精炼设备、加氢裂化装置、合成化工容器、煤化工装置、宇航器械以及其他高温加工设备中，保证高温高压设备长期工作的可靠性和经济性具有头等重要的意义，为此应综合考虑下列因素：

1）常温和高温短时强度。

2）高温持久强度和蠕变强度。

3）耐蚀性，抗氢能力和抗氧化性。

4）抗脆断能力。

5）可加工性，包括冷、热成形性能，热切割性和焊接性。

6）经济性。

在要求抗氧化和高温强度的运行条件下，各种典型耐热钢的极限工作温度示于图8-1。

在不同的工况条件下，各种耐热钢容许的最高工作温度示于表8-1。

在临氢条件下，各种 Cr-Mo 钢的极限工作温度示于图8-2。

8.1.3 对耐热钢焊接接头性能的基本要求

对耐热钢焊接接头性能的基本要求取决于焊接结构复杂性及其运行条件和制造工艺过程。为保证耐热钢焊接结构在高温、高压和各种复杂介质下长期安全的运行，焊接接头的性能必须相应满足以下几点要求：

1）接头的等强度和等塑性。耐热钢焊接接头不仅应具有与母材基本相等的室温和高温短时强度，而且更重要的应具有与母材相当的高温持久强度。耐热钢制焊接部件大多需经冷作，热冲压成形以及弯曲等加工，焊接接头也将经受较大的塑性变形，因而应具有与母材相近的塑性变形能力。

2）接头的抗氢性和抗氧化性。耐热钢焊接接头应具有与母材基本相同的抗氢性和抗高温氧化性。为此，焊缝金属的合金成分质量分数应与母材基本相等。

3）接头的组织稳定性。耐热钢焊接接头在制造

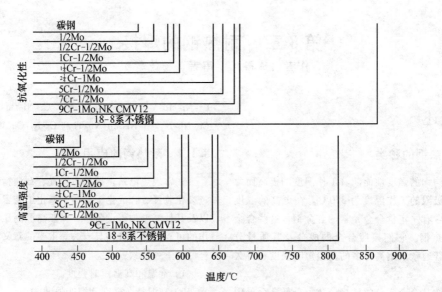

图 8-1　各种耐热钢的极限工作温度

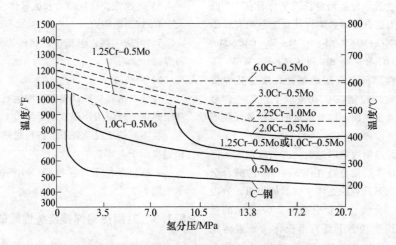

图 8-2　在高压氢介质中，各种 Cr-Mo 钢的适用温度范围

表 8-1　不同的工况条件下各种耐热钢容许的最高工作温度　（单位：℃）

运行条件	钢　种						
	0.5Mo	1.25Cr-0.5Mo 1Cr-0.5Mo	2.25Cr-1Mo 1CrMoV	2CrMoWVTi 5Cr-0.5Mo	9Cr-1Mo 9CrMoV 9CrMoWVNb	12Cr-MoV	18-8CrNi(Nb)
高温高压蒸气	500	550	570	600	620	680	760
常规炼油工艺	450	530	560	600	650	—	750
合成化工工艺	410	520	560	600	650	—	800
高压加氢裂化	300	340	400	550	—	—	750

过程中，特别是厚壁接头将经受长时间多次热处理，在运行过程中则处于长期的高温，高压作用下，为确保接头性能稳定，接头各区的组织不应产生明显的变化及由此引起的脆变或软化。

4）接头的抗脆断性。虽然耐热钢制焊接结构均在高温下工作，但对于压力容器和管道，其最终的检验通常是在常温下以工作压力 1.5 倍的压力做液压试验或气压试验。高温受压设备准备投运或检修后，都要经历冷起动过程。因此耐热钢焊接接头应具有一定的抗脆断性。

5）低合金耐热钢接头的物理均一性。低合金耐热钢焊接接头应具有与母材基本相同的物理性能，接头材料的热膨胀系数和导热率直接决定了接头在高温运行过程中的热应力，过高的热应力将对接头的提前失效将产生不利影响。

8.2 低合金耐热钢的焊接

8.2.1 低合金耐热钢的化学成分、力学性能和热处理状态

目前，在动力工程、石油化工和其他工业部门应用的低合金耐热钢已有 20 余种。其中最常用的是 Cr-Mo 型、Mn-Mo 型耐热钢和 Cr-Mo 基多元合金耐热钢，如俄罗斯钢种 12X2МФСР 和我国自行研制的 12Cr2MoWVTiB 等。

在普通碳钢中加入各种合金元素，可提高钢的高温强度，其中以 Mo、V、Ti 等元素的作用最强烈。如图 8-3 所示。但当单一的合金元素加入钢中时，这种低合金钢在高温长时作用下仍会发生组织不稳定现象，而降低高温蠕变强度。例如 0.5Mo 钢在 450℃ 以上温度长期运行时就会发生石墨化过程，即钢中的碳化物以石墨形式分解而析出游离碳，从而使钢的高温强度和韧性降低。

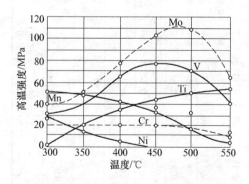

图 8-3 各种合金元素对钢的高温强度的影响

在钢中再加入其他合金元素，可明显提高钢的组织稳定性，如在钼钢中加入 1.0%（质量分数）以上的铬和微量铌、钨和硼等碳化物形成元素，可进一步提高钢的蠕变强度和钢的组织稳定性。

国产低合金耐热钢钢板和钢管已分别列入国家标准 GB 713—2008《锅炉和压力容器用钢板》和 GB 5310—2008《高压锅炉用无缝钢管》，其标准化学成分列于表 8-2，力学性能规定的指标列于表 8-3 和表 8-4。

这里应强调指出，合金总质量分数接近或超过 3% 的低合金耐热钢具有空淬倾向，钢的力学性能在很大程度上取决于钢的热处理状态。对于压力容器和管道来说，设计规定的许用应力值均以钢在完全热处理状态下的强度指标为基础的。在焊件的制造过程中，上临界点以上温度的热加工工艺，如热卷、热冲压、锻造以及加工后的热处理必将使材料产生组织变化，从而改变钢在原始状态下的强度和韧性。因此在结构设计时必须注意在焊接结构的最终热处理状态下，钢材和接头的性能与原始热处理状态下相应性能的差别。

国产低合金耐热钢钢板原则上应以正火加回火热处理状态交货，18MnMoNbR、13MnNiMoR、15CrMoR、14Cr1MoR 钢的回火温度应不低于 620℃，12Cr2Mo1R、12Cr1MoVR 钢的回火温度不低于 680℃。经需方同意，厚度大于 60mm 的 18MnMoNbR、13MnNiMoR、15CrMoR、14Cr1MoR、12Cr2Mo1R 和 12Cr1MoVR 钢板可以退火或回火状态交货。但性能检验用样坯仍应以正火 + 回火进行热处理。

各种低合金耐热钢钢管交货状态的热处理方法及加热温度范围列于表 8-5。

8.2.2 低合金耐热钢的焊接特点

低合金耐热钢的焊接性具有以下特点：首先这些钢按其合金含量具有不同程度的淬硬倾向。在各种熔焊热循环决定的冷却速度下，焊缝金属和热影响区内可能形成对冷裂敏感的显微组织；其次，耐热钢中大多数含有 Cr、Mo、V、Nb 和 Ti 等强碳化物形成元素，从而使接头的过热区具有不同程度的再热裂纹（亦称消除应力裂纹）敏感性。最后，某些耐热钢焊接接头，当有害的残余元素总含量超过容许极限时还会出现回火脆性或高温时脆变。

1. 淬硬性

钢的淬硬性取决于它的碳含量，合金成分及其含量。低合金耐热钢中的主要合金元素铬和钼等都能显著地提高钢的淬硬性。其作用机理是延迟了钢在冷却过程中的转变，提高了过冷奥氏体的稳定性。对于成分一定的合金钢，最高淬硬度则取决于从奥氏体相的冷却速度。图 8-4 示出 12Cr2Mo1R 钢连续冷却组织转变图。由图示冷却曲线可见，当自 Ac_3 点以上温度以 300℃/s 的速度冷却时，则形成全马氏体组织，最高硬度超过 400HV。

表 8-2　国产低合金热耐热钢的标准化学成分（按 GB 5310—2008, GB 713—2008）

钢号	GB标准号	化学成分（质量分数，%）															
		C	Si	Mn	Cr	Mo	V	Ti	B	Ni	Alt	Cu	Nb	N	W	P	S
15MoG	5310	0.12~0.20	0.17~0.37	0.40~0.80	—	0.25~0.35	—	—	—		—	—	—	—	—	≤0.025	≤0.015
20MoG	5310	0.15~0.25	0.17~0.37	0.40~0.80	—	0.44~0.65	—	—	—		—	—	—	—	—	≤0.025	≤0.015
12CrMoG	5310	0.08~0.15	0.17~0.37	0.40~0.70	0.40~0.70	0.40~0.55	—	—	—		—	—	—	—	—	≤0.025	≤0.015
15CrMoG	5310	0.12~0.18	0.17~0.37	0.40~0.70	0.80~1.10	0.40~0.55	—	—	—		—	—	—	—	—	≤0.025	≤0.015
15CrMoR	713	0.12~0.18	0.15~0.40	0.40~0.70	0.80~1.20	0.45~0.60	—	—	—		—	—	—	—	—	≤0.025	≤0.010
14Cr1MoR	713	0.05~0.17	0.50~0.80	0.40~0.65	1.15~1.50	0.45~0.65	—	—	—		—	—	—	—	—	≤0.020	≤0.010
12Cr2MoG	5310	0.08~0.15	≤0.50	0.40~0.60	2.00~2.50	0.90~1.13	—	—	—		—	—	—	—	—	≤0.025	≤0.015
12Cr2Mo1R	713	0.08~0.15	≤0.50	0.30~0.60	2.00~2.60	0.90~1.10	—	—	—		—	—	—	—	—	≤0.020	≤0.010
12Cr1MoVG	5310	0.08~0.15	0.17~0.37	0.40~0.70	0.90~1.20	0.25~0.35	0.15~0.30	—	—		—	—	—	—	—	≤0.025	≤0.010
12Cr1MoVR	713	0.08~0.15	0.15~0.40	0.40~0.70	0.90~1.20	0.25~0.35	0.15~0.30	—	—		—	—	—	—	—	≤0.025	≤0.010
12Cr2MoWVTiB	5310	0.08~0.15	0.45~0.75	0.45~0.65	1.60~2.10	0.50~0.65	0.28~0.42	0.08~0.18	0.0020~0.0080		—	—	—	—	0.30~0.55	≤0.025	0.015
07Cr2MoW2VNbB	5310	0.04~0.10	≤0.50	0.10~0.60	1.90~2.60	0.05~0.30	0.20~0.30	—	0.0005~0.0060		≤0.030	—	0.02~0.08	≤0.030	1.45~1.75	≤0.025	≤0.010
12Cr3MoVSiTiB	5310	0.09~0.15	0.60~0.90	0.50~0.80	2.50~3.00	1.00~1.20	0.25~0.35	0.22~0.38	0.0050~0.0110		—	—	—	—	—	≤0.025	≤0.015
15Ni1MnMoNbCu	5310	0.10~0.17	0.25~0.50	0.80~1.20	—	0.25~0.50	—	—	—	1.00~1.30	≤0.050	0.50~0.80	0.015~0.045	≤0.020	—	≤0.025	≤0.015
18MnMoNbR	713	≤0.22	0.15~0.50	1.20~1.60	—	0.45~0.65	—	—	—		—	—	0.025~0.050	—	—	≤0.020	≤0.010
13MnNiMoR	713	≤0.15	0.15~0.50	1.20~1.60	0.20~0.40	0.20~0.40	—	—	—	0.60~1.00	—	—	0.005~0.020	—	—	≤0.020	≤0.010

表 8-3 国产低合金耐热钢管力学性能 (按 GB 5310—2008)

钢 号	抗拉强度 R_m/MPa	下屈服强度 R_{eL}/MPa	断后伸长率 $A(\%)$		冲击吸收能量 KV_2/J		硬度值		
			纵向	横向	纵向	横向	HBW	HV	HRC/HRB
15MoG	450 ~ 600	≥270	≥22	≥20	≥40	≥27	—	—	—
20MoG	415 ~ 665	≥220	≥22	≥20	≥40	≥27	—	—	—
12CrMoG	410 ~ 560	≥205	≥21	≥19	≥40	≥27	—	—	—
15CrMoG	440 ~ 640	≥295	≥21	≥19	≥40	≥27	—	—	—
12Cr2MoG	450 ~ 600	≥280	≥22	≥20	≥40	≥27	—	—	—
12Cr1MoVG	470 ~ 640	≥255	≥21	≥19	≥40	≥27	—	—	—
12Cr2MoWVTiB	540 ~ 735	≥345	≥18	—	≥40	—	—	—	—
07Cr2MoW2VNbB	≥510	≥400	≥22	≥18	≥40	≥27	≤220	≤230	≤97HRB
12Cr3MoVSiTiB	610 ~ 805	≥440	≥16	—	≥40	—	—	—	—
15Ni1MnMoNbCu	620 ~ 780	≥440	≥19	≥17	≥40	≥27	—	—	—

表 8-4 国产低合金耐热钢板力学性能 (按 GB 713—2008)

钢号	交货状态	钢板厚度/mm	抗拉强度 R_m/MPa	下屈服强度 R_{eL}/MPa	伸长率 $A(\%)$	V 形缺口冲击试验		弯曲试验180° $b = 2a$
						温度/℃	冲击吸收能量/J	
15CrMoR		6 ~ 60	450 ~ 590	≥295	≥19	20	≥31	$d = 3a$
		> 60 ~ 100		≥275				
		> 100 ~ 150	440 ~ 580	≥255				
14Cr1MoR		6 ~ 100	520 ~ 680	≥310	≥19	20	≥34	$d = 3a$
		> 100 ~ 150	510 ~ 670	≥300				
12Cr2Mo1R	正火加回火	6 ~ 150	520 ~ 680	≥310	≥19	20	≥34	$d = 3a$
12Cr1MoVR		6 ~ 60	440 ~ 590	≥245	≥19	20	≥34	$d = 3a$
		> 60 ~ 100	430 ~ 580	≥235				
18MnMoNbR		30 ~ 60	570 ~ 720	≥400	≥17	0	≥41	$d = 3a$
		> 60 ~ 100		≥390				
13MnNiMoR		30 ~ 100	570 ~ 720	≥390	≥18	0	≥41	$d = 3a$
		> 100 ~ 150		≥380				

表 8-5 低合金耐热钢管交货状态的热处理方法及加热温度范围

钢号	热处理方法及加热温度范围
15MoG	正火:正火温度 890 ~ 950℃
20MoG	正火:正火温度 890 ~ 950℃
12CrMoG	正火 + 回火:正火温度 900 ~ 960℃,回火温度 670 ~ 730℃
15CrMoG	正火 + 回火:正火温度 900 ~ 960℃,回火温度 680 ~ 730℃
12Cr2MoG	$S \leqslant 30$mm 的钢管正火 + 回火:正火温度 900 ~ 960℃,回火温度 700 ~ 750℃ $S > 30$mm 的钢管淬火 + 回火或正火 + 回火:淬火温度不低于 900℃,回火温度 700 ~ 750℃;正火温度 900 ~ 960℃,回火温度 700 ~ 750℃。正火后应快速冷却

（续）

钢号	热处理方法及加热温度范围
12Cr1MoVG	$S \leqslant 30$mm 的钢管正火加回火：正火温度 980 ~ 1020℃，回火温度 720 ~ 760℃ $S > 30$mm 的钢管淬火 + 回火或正火加回火：淬火温度 950 ~ 990℃，回火温度 720 ~ 760℃；正火温度 980 ~ 1020℃，回火温度 720 ~ 760℃，正火后应快速冷却
12Cr2MoWVTiB	正火加回火：正火温度 1020 ~ 1060℃，回火温度 760 ~ 790℃
07Cr2MoW2VNbB	正火加回火：正火温度 1040 ~ 1080℃，回火温度 750 ~ 780℃
12Cr3MoVSiTiB	正火 + 回火：正火温度 1040 ~ 1090℃，回火温度 720 ~ 770℃
15Ni1MnMoNbCu	$S \leqslant 30$mm 的钢管正火 + 回火：正火温度 880 ~ 980℃，回火温度 610 ~ 680℃ $S > 30$mm 的钢管淬火 + 回火或正火加回火：淬火温度不低于 900℃，回火温度 610 ~ 680℃；正火温度 880 ~ 980℃，回火温度 610 ~ 680℃，正火后应快速冷却

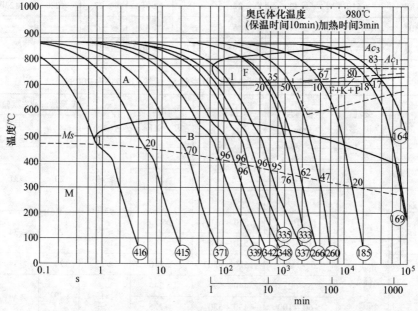

钢的化学成分（质量分数，%）

C	Si	Mn	P	S	Cr	Cu	Mo	Ni	V
0.11	0.21	0.47	0.010	0.010	2.29	0.18	1.02	0.14	< 0.01

图 8-4　12Cr2Mo1R 钢连续冷却组织转变图[21]
A—奥氏体　M—马氏体　B—贝氏体　F—铁素体　K—碳化物　P—珠光体

图 8-5 示出另一种碳含量低于 0.10%，铬钼含量相当的 Cr-Mo-V 型耐热钢的连续冷却组织转变图。当以最高速度冷却时，其最高硬度为 361HV。可见，低的碳含量大大降低了马氏体组织的硬度。

2. 再热裂纹倾向

低合金耐热钢焊接接头的再热裂纹（亦称消除应力裂纹）倾向主要取决于钢中碳化物形成元素的特性及其含量（图 8-6）以及焊后热处理温度参数（图 8-7）。通常可以 Psr 裂纹指数粗略地表征一种钢

的再热裂纹敏感性。

P_{sr} 可取钢的实际合金成分含量按下式计算：

$$P_{sr} = w(Cr) + w(Cu) + 2w(Mo)$$
$$+ 10w(V) + 7w(Nb)$$
$$+ 5w(Ti) - 2 \qquad (8-1)$$

如 $P_{sr} \geqslant 0$，则就有可能产生再热裂纹。但在实际的结构中，再热裂纹的形成还与焊接热参数，接头的拘束应力以及热处理的工艺参数有关。对于某些再热裂纹倾向较高的耐热钢，当采用高热输入焊接方法焊

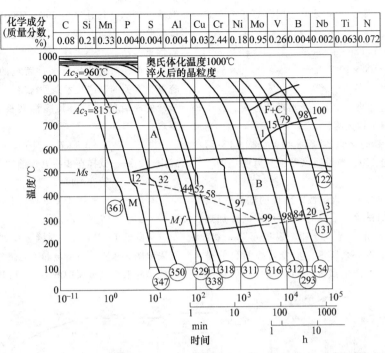

化学成分 (质量分数, %)	C	Si	Mn	P	S	Al	Cu	Cr	Ni	Mo	V	B	Nb	Ti	N
	0.08	0.21	0.33	0.004	0.004	0.004	0.03	2.44	0.18	0.95	0.26	0.004	0.002	0.063	0.072

图 8-5　7CrMoVTi1010 钢（德国）（ASTM-T/P24）的连续冷却组织转变图[18]

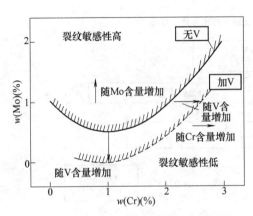

图 8-6　Cr、Mo、V 合金元素对钢材再热裂
敏感性的影响

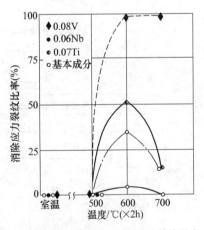

图 8-7　热处理温度对再热裂敏感性的影响

钢的基本成分：$w(C) = 0.16\%$，$w(Cr) = 0.99\%$，

$w(Mo) = 0.46\%$，$w(Mn) = 0.60\%$。

接时，如多丝埋弧焊或带极埋弧堆焊，即使焊后未作消除应力热处理，在接头高拘束应力作用下也会形成焊缝层间或堆焊层下过热区再热裂纹。

为防止再热裂纹的形成，可采取下列冶金和工艺措施：

1）严格控制母材和焊材中导致再热裂纹的合金成分，应在保证钢材热强性的前提下，将 V、Ti、Nb 等合金元素的含量控制在最低的容许范围内。

2）选用高温塑性优于母材的焊接填充材料。

3）适当提高预热温度和层间温度。

4）采用低热输入焊接方法和工艺，以缩小焊接接头过热区的宽度，限制晶粒长大。

5）选择合理的热处理工艺参数，尽量缩短在敏感温度区间的保温时间。

6）合理设计接头的形式，降低接头的拘束度。

3. 回火脆性（高温长时脆变）

铬钼钢及其焊接接头在 370～565℃ 温度区间长期运行过程中会发生渐进的脆变现象，称为回火脆性或高温长时脆变。这种脆变归因于钢中的微量元素，如磷、砷、锑和锡沿晶界的扩散偏析。其综合影响可

以脆性指数 $\overline{X}$ 来表征。对于焊缝金属，$\overline{X}$ 可按下式计算：

$$\overline{X} = 10w(P) + 5w(Sb) + 4w(Sn)$$
$$+ w(As)/100 \times 10^{-6} \tag{8-2}$$

$\overline{X}$ 指数不应超过 20。

对于母材还应考虑 Si、Mn 等元素的影响，并引用 J 指数评定钢材的回火脆性。

$$J = w(Mn + Si) \times w(P + Sn) \times 10^4 (\%) \tag{8-3}$$

如 J 指数超过 150，则说明该种钢具有明显的回火脆性。

为加快测定钢材对回火脆性敏感性的试验程序，通常采用分步冷却试验法。这种试验是将试件加热到规定的温度后，分段逐步冷却。温度每降一级，保温更长时间，如图 8-8 所示。步冷处理的目的是使钢在 200～300h 内产生最大的回火脆性，而在等

温热处理时，往往需要 200～5000h 才能产生同等程度的脆变。也就是说，步冷试验法是一种加速回火脆性试验法。

目前，对一些运行条件苛刻的 Cr-Mo 钢制厚壁容器，有关的制造技术条件规定，母材和焊缝金属经步冷处理后的试样，其脆性转变温度应满足下列要求：

$$T_1 + 3 \times (T_2 - T_1) < +10℃ \tag{8-4}$$

式中　T_1——试样在步冷处理前的 54J 冲击吸收能量转变温度；

　　　T_2——试样在步冷处理后的 54J 冲击吸收能量转变温度。

为降低 Cr-Mo 钢的焊缝金属回火脆性倾向，可以采取图 8-9 所示的冶金和工艺措施，其中最有效的措施是降低焊缝金属中的 O、S 和 P 的含量。

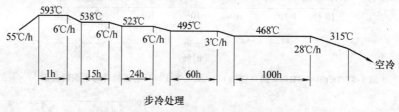

步冷处理

图 8-8　测定钢材回火脆性的敏感性的步冷处理程序

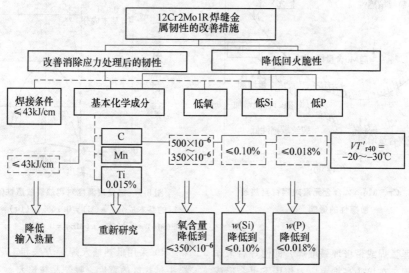

图 8-9　降低低合金 Cr-Mo 钢焊缝金属回火脆性的综合措施

图 8-10 示出某种 12Cr2Mo1R 钢焊条电弧焊焊缝金属步冷处理前后系列冲击试验结果的对比，由于严格控制了 P、Sb、Sn、As 杂质元素的含量，步冷处理后 54J 冲击吸收能量转变温度达 -53℃。

8.2.3　低合金耐热钢的焊接工艺

低合金耐热钢的焊接工艺包括焊接方法的选择、

焊前准备、焊接材料的选配和管理、焊前预热和焊后热处理及焊接参数的确定等。

1. 焊接方法

原则上，凡是经过焊接工艺评定试验证实，所焊接头的性能符合相应产品技术条件要求的任何焊接方法都可用于低合金耐热钢的焊接。迄今，已在耐热钢焊接结构生产中实际应用的焊接方法有：焊条电弧焊、

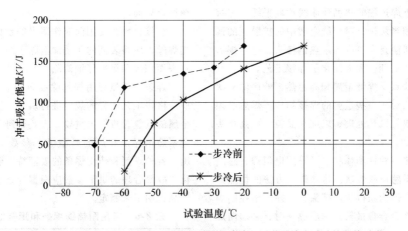

图 8-10　12Cr2Mo1R 钢焊条电弧焊焊缝金属步冷处理前后冲击试验结果的对比

焊缝金属化学成分：$w(C) = 0.08, w(Si) = 0.3, w(Mn) = 0.8,$

$w(Cr) = 2.3, w(Mo) = 1.0, w(S) \ 、w(P) \leqslant 0.010$

$w(Sn) \leqslant 0.005, w(Sb) \leqslant 0.005, w(As) \leqslant 0.005$

埋弧焊、熔化极气体保护焊、电渣焊、钨极氩弧焊、电阻焊和感应加热压力焊等。

　　埋弧焊由于熔敷率高，焊缝质量好，在锅炉受压部件、压力容器、管道、重型机械、钢结构、大型铸件以及汽轮机转子的焊接中都得到了广泛应用。目前，已能提供与各种耐热钢匹配的焊丝和焊剂。其中包括用于特种厚壁容器，要求抗回火脆性的高纯度焊丝及烧结焊剂。进一步扩大了埋弧焊的应用范围。

　　焊条电弧焊由于具有机动、灵活、能作全位置焊的特点，在低合金耐热钢结构的焊接中应用也较为广泛。各种低合金耐热钢焊条已纳入国家标准。焊条的品种、规格和质量，除个别耐热钢种外，均已能满足我国工业生产的需要。为确保焊缝金属的韧性，降低裂纹倾向，低合金耐热钢的焊条电弧焊大都采用低氢型碱性焊条，但对于合金含量较低的耐热钢薄板，为改善工艺适应性，亦可采用高纤维素或高氧化钛酸性焊条。对低合金耐热钢而言，焊条电弧焊的缺点是建立低氢的焊接条件较困难，焊接工艺较复杂，且效率低，焊条利用率不高，势必逐渐被低氢、高效的焊接方法，如熔化极气体保护焊所取代。

　　钨极氩弧焊具有低氢，工艺适应性强，易于实现单面焊双面成形的特点，多半用于低合金耐热钢管道的封底层焊道或小直径薄壁管的焊接。这种方法的另一个优点是可采用抗回火脆性能力较强的低硅焊丝，提高焊缝金属的纯度，这对于要求高韧性的耐热钢焊接结构具有重要的意义。钨极氩弧焊的固有缺点是效率低，曾一度限制其应用范围。近期已开发成功热丝钨极氩弧焊并经受多年生产实践考验，其熔敷率接近相同

直径焊丝的熔化极气体保护焊。应用范围逐渐扩大。

　　熔化极气体保护焊是一种高效、优质、低成本焊接方法。目前已能提供品种、规格齐全，质量符合标准要求的低合金耐热钢实心焊丝。采用富 Ar 混合气体的熔化极气体保护焊，还具有较好的工艺适应性，可采用直径 0.8mm、1.0mm 的细焊丝实现低电流短路过渡焊接，以完成薄板接头和根部焊道。也可采用 1.2mm 以上的粗丝实现高熔敷率的喷射过渡或脉冲喷射过渡焊接，以完成厚壁接头焊接。其应用前景看好。

　　药芯焊丝气体保护焊与普通的实心焊丝气体保护焊相比具有更高的熔敷率，且操作性能优良，飞溅少，焊缝成形美观。某些类型的药芯焊丝还适用于管道环缝的全位置焊。由于药芯焊丝比实心焊丝更易调整焊缝金属的合金成分，接头的性能和质量能得到可靠的保证。另外，药芯焊丝比药皮焊条具有较好的抗潮性，可焊制低氢的焊缝金属。这对于低合金耐热钢厚壁焊件尤为重要。虽然药芯焊丝的市售价格高于实心焊丝，但由于焊接效率的提高使总的焊接成本反而有所降低。目前，世界各主要焊丝生产厂商已能提供品种齐全的耐热钢药芯焊丝。因此药芯焊丝气体保护焊在低合金耐热钢焊接结构生产中的应用必将迅速扩大。

　　电渣焊是一种焊接效率相当高的焊接方法。可采用单丝、多丝、熔嘴和板极，一次行程可完成厚达 40mm 以上厚壁部件的接头。最大焊接厚度可达 1000mm 左右，已在低合金耐热钢厚壁容器的生产中得到稳定的应用。这种方法的另一优点是电渣过程中产生的大量热能对焊接熔池上面的母材起到了良好的预热作用，因此特别适用于空淬性较高的低合金耐热

钢。另外，电渣焊过程的热循环曲线比较平缓，焊接区的冷却速度相当缓慢，对焊缝金属中的扩散氢的逸出十分有利。即使是大厚度的耐热钢接头，电渣焊后无需立即作后热处理，大大简化了焊接工艺。

电渣焊的缺点是焊缝金属和高温热影响区的初次晶粒十分粗大。对于一些重要的焊接结构，焊后必须作正火处理或双相区热处理，以细化晶粒，提高接头的缺口冲击韧度。

低合金耐热钢管件和棒材也可采用电阻焊、感应压力焊以及电阻感应联焊法。这些焊接方法的优点是无需填充金属。但为获得优质接头，必须严格控制焊接参数。在焊接合金含量较高的耐热钢时，必须向焊接区吹送 Ar 或 H_2 等保护气体，以保证接头的致密性。此外，局部加热往往导致铬钼钢焊缝形成低塑性的组织。因此焊后应立即将接头作相应的热处理。这种焊后热处理通常是在焊机上加设特殊的加热系统来完成。

2. 焊前准备

焊前准备的内容主要是接缝边缘的切割下料、坡口加工、热切割边缘和坡口面的清理以及焊接材料的预处理。

对于一般的低合金耐热钢焊件，可以采用各种热切割法下料。热切割或电弧气刨快速加热和冷却引起的热切割母材边缘组织的变化与焊接热影响区相似，但热收缩应力要低得多。虽然如此，厚度超过 50mm 的铬钼钢热切割边缘硬度仍可达到 440HV 以上，如在后续加工之前，对这种高硬度热切割边缘不加处理，很可能成为焊件冷态卷制和冲压过程中的开裂源。

为防止厚板热切割边缘的开裂，应采取下列工艺措施：

1）对于所有厚度的 12Cr2Mo1R 和 15mm 以上的 14Cr1MoR 钢板热切割前应将割口边缘预热至 150℃ 以上。热切割边缘应作机械加工并用磁粉检测是否存在表面裂纹。

2）对于 15mm 以下的 14Cr1MoR 钢板和 15mm 以上的 15CrMoR 钢板热切割前应预热 100℃ 以上。热切割边缘应作机械加工并用磁粉检测是否存在表面裂纹。

3）对于 15mm 以下的 15CrMoR 钢板热切割前不必预热。热切割边缘最好作机械加工，去除热影响区。热切割边缘如直接进行焊接，焊前必须清理干净热切割熔渣和氧化皮。切割面缺口应用砂轮修磨圆滑过渡，机械加工的边缘或坡口面焊前应清除油迹等污物。对焊缝质量要求较高的焊件，焊前最好用丙酮擦

净坡口表面。

焊接材料在使用前应作适当的预处理。埋弧焊用光焊丝，应将表面的防锈油清除干净。镀铜焊丝亦应将表面积尘和污垢仔细清除。

焊条和埋弧焊用焊剂除妥善保管外，在使用前，应严格按工艺规程的规定进行烘干。这对于保持焊缝金属的低氢含量至关重要。表 8-6 列出几种常用低合金耐热钢焊条和焊剂典型烘干参数。这里应强调指出，各种焊剂和药皮焊条的吸潮特性随制造工艺而变化，故最合理的烘干参数应根据焊条和焊剂生产厂的产品说明书来制定。

表 8-6　常用耐热钢焊条和焊剂的烘干参数

焊条型号和焊剂牌号	烘干温度/℃	烘干时间/h	保持温度/℃
E5003-A1，E5503-B1，E5503-B2	150～200	1～2	50～80
E5015-A1，E5515-B1，E5515-B2，E6015-B3，E5515-B2-V，E5515-B2-VWB，E5515-B3-VNb	350～400	1～2	127～150
HJ350，HJ250，HJ380（熔炼焊剂）	400～450	2～3	120～150
SJ101，SJ301，SJ605（烧结焊剂）	300～350	2～3	120～150

3. 焊接材料的选配

低合金耐热钢焊接材料的选配原则是焊缝金属的合金成分与强度性能应基本符合母材标准规定的下限值或应达到产品技术条件规定的最低性能指标。如焊件焊后需经退火、正火或热成形，则应选择合金成分和强度级别较高的焊接材料。为提高焊缝金属的抗裂性，通常焊接材料中的碳含量应低于母材的碳含量。对于一些特殊用途的焊丝和焊条，例如为了免除焊后热处理所采用的焊条，其焊缝金属的 $w(C)$ 应控制在 0.05% 以下。AWS⊖ A5.5 标准中的 E8018-B2L 和 E9018-B3L 就属于这类焊条。

然而，最近的研究表明，对于 14Cr1MoR 钢和 12Cr2Mo1R 钢来说，焊缝金属的最佳 $w(C)$ 为 0.10% 左右。在这种碳含量下焊缝金属具有最高的冲击韧度和与母材相当的高温蠕变强度。而碳含量过低的铬钼钢焊缝金属，经长时间的焊后热处理会促使铁素体的形成，导致韧性下降。故应谨慎使用碳含量过低的焊丝和焊条。

对于在我国常用的低合金耐热钢可按表 8-7 选配

⊖　AWS——美国焊接学会的英文缩写。

表 8-7 低合金耐热钢焊接材料选用表

钢号		焊条电弧焊		埋弧焊		气体保护焊			
						实心焊丝			药芯焊丝
国标	ASTM	牌号	国标型号	牌号	型号	牌号	型号		型号
15MoG 20MoG	A204-A、B、C A209-T1 A335-P1 (15Mo3)	R102 R107	E5003-A1 E5015-A1	H08MnMoA + HJ350	F5114-H08MnMoA	H08MnSiMo TGR50M(GTAW)	ER55-D2		E500T5-A1 E500T1-A1
12CrMoG	A387-2 A213-T2 A335-P2	R202 R207	E5503-BI E5515-BI	H10MoCrA + HJ350	F5114-H10MoCrA	H08CrMnSiMo	ER55-B2		E550T1-B2 E550T5-B2L
15CrMoG 15CrMoR	A213-T12 A199-T11 A335-P11,12 A387-11,12	R302 R307 R306Fe R307H	E5503-B2 E5515-B2 E5518-B2 E8015-B2	H08CrMoA + HJ350 H12CrMo + HJ350	F5114-H08CrMoA	H08CrMnSiMo TGR55CM (GTAW)	ER55-B2		E550T5-B2 E550T1-B2 E550T5-B2L
12Cr1MoVG 12Cr1MoVR		R312 R316Fe R317	E5503-B2V E5518-B2V E5515-B2V	H08CrMoV + HJ350	F6114-H08CrMoV	H08CrMnSiMoV TGR55V(GTAW)	ER55-B2-MnV		—
12Cr2MoG 12Cr2Mo1R	A387-22 A199-T22 A213-T22 A335-P22	R406Fe R407	E6018-B3 E6015-B3	H08Cr3MoMnA + HJ350 (SJ101)	F6124- H08Cr3MnMoA	H08Cr3MoMnSi TGR59C2M	ER62-B3		E600T5-B3 E600T1-B3
12C2Cr2MoWVTiB	—	R347 R340	E5515-B3V WB	H08Cr2MoWVNbB + HJ250	F6111- H08Cr2MoWVNbB	H08Cr2MoWVNbB TGR55WB	ER62-G		—
18MnMoNb	A302-B、A	J707 J707Ni J607 J606	E7015-D2 E7015-G E6015-D1 E6016-D1	H08Mn2MoA + HJ350 (SJ101) H08Mn2NiMo + HJ350 (SJ101)	F7124-H08Mn2Mo F7124-H08Mn2NiMo	H08Mn2SiMoA MG59-G	ER55-D2		E600T1-D3
13MnNiMoNb	A302-C、D A533-A、B、C、D1 A508.2.3	J607Ni J707Ni	E6015-G E7015-G	H08Mn2NiMo + HJ350 (SJ101)	E7124-H08Mn2NiMo	H08Mn2NiMoSi	ER55Ni1		E700T1-K3 E700T5-K3

注: GTAW—钨极氩弧焊。

相应的焊接材料。其中包括我国现行焊材国家标准和世界公认的 AWS 焊材标准所列的各种低合金耐热钢焊条、埋弧焊焊丝和焊剂、气体保护焊焊丝及药芯焊丝。

4. 预热和焊后热处理

预热是防止低合金耐热钢焊接接头冷裂纹和再热裂纹的有效措施之一。预热温度主要依据钢的碳当量，接头的拘束度和焊缝金属的氢含量来决定。对于低合金耐热钢，预热温度并非愈高愈好，例如对于 w (Cr) 大于 2% 的铬钼钢，为防止氢致裂纹的产生，规定较高的预热温度是必要的，但不应高于马氏体转变结束点 Mf 的温度，否则当焊件作最终焊后热处理时，会使奥氏体不发生转变，除非焊件的冷却过程加以严格控制，不然，这部分残留奥氏体就可能转变成马氏体组织，而失去了焊后热处理对马氏体组织的回火作用。这种转变过程如图 8-11a 所示，它的危险性在于焊件冷却过程中残留的奥氏体塑性较好，即使吸收较

多的氢也不致产生裂纹，但当奥氏体转变成马氏体组织时，少量氢的逸出就足以促使裂纹的产生。图 8-11b 示出另一种焊接工艺的温度参数，其预热温度和层间温度均在 Mf 点以下。焊接结束后，奥氏体立即在层间温度下转变成马氏体，并在马氏体转变完全结束后再进行焊后热处理，从而使马氏体组织得到回火处理而形成韧性较高的回火马氏体。这种焊接工艺的关键是应将焊接结束到焊后热处理的间隔时间作为重要参数列入焊接工艺规程之中。在焊接中小型焊件时，如采用电加热器预热和焊后热处理，则按图 8-11b 所示的焊接温度参数，焊接工艺的实施不会发生任何困难。但在大型焊件焊接中，如使用火焰预热焊件且焊后需进炉热处理，则从焊接结束到装炉这段时间内，接头产生裂纹的危险性较大。为防止焊件在焊后热处理之前产生裂纹，最简单而可靠的措施是将接头作 2~3h 的低温后热处理。后热处理的温度按钢种和壁厚而定。一般在 250~300℃ 之间。

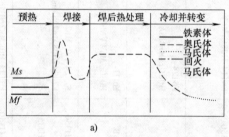

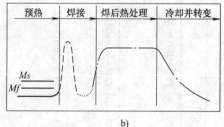

a)　　　　　　　　　　　　　　　　b)

图 8-11　焊接温度参数及相应的组织转变

a) 预热温度高于 Mf 点　b) 预热温度低于 Mf 点

大型焊件的局部预热应注意保证预热区的宽度大于所焊壁厚的 4 倍，至少不小于 150mm，且预热区内外表面均应达到规定的预热温度。在厚壁焊件的焊接过程中，应使内外表面预热温度基本保持一致，这往往成为焊接成败的关键。对于重要的焊接结构预热温度应采用测量精度符合技术要求的表面温度计测量并做好记录。

世界各国压力容器和管道制造法规对低合金耐热钢规定的最低预热温度列于表 8-8。由表载数据可见，迄今只有英国标准考虑焊缝金属的氢含量高低来修正焊件的预热温度。对于厚壁容器壳体上插入式大直径接管的环向接头，钢结构件的十字接头等高拘束度焊件，其预热温度应比表 8-8 所推荐的预热温度高 50℃。

表 8-8　各国压力容器法规规定的最低预热温度

钢种	推荐值		ASME BPVC Ⅷ[①]		BS[②] 5500 (PD5500)		ASME[③] B31. 1		BS 3351 (低氢焊条)		BS 2633—1994 (酸性焊条)	
	厚度 /mm	温度 /℃	厚度 /mm	温度 /℃	厚度 /mm	温度 /℃	厚度 /mm	温度 /℃	厚度 /mm	温度 /℃	厚度 /mm	温度 /℃
15CrMoR	≥20	80	>16	80	≥12	100	≥12	80	≥12	100	≥38	150
1Cr-0.5Mo	≥20	120	≥12	120	≤12	100	所有 厚度	150	≤12	100	≤12	150
12Cr1MoR					>12	150			>12	150	>12	200
12Cr2Mo1R	≥10	150	≥12	200	≤12	150	所有 厚度	150	≤12	150	≥12	200
1CrMoV					>12	200			>12	200	—	—
2CrMoWVTiB	所有 厚度	150	—	—	—	—	—	—	—	—	—	—

（续）

钢种	推荐值		ASME BPVC Ⅷ[①]		PD5500[②]（BS5500）		ASME[③] B31.1		BS 3351（低氢焊条）		BS 2633—1994（酸性焊条）	
	厚度/mm	温度/℃	厚度/mm	温度/℃	厚度/mm	温度/℃	厚度/mm	温度/℃	厚度/mm	温度/℃	厚度/mm	温度/℃
2Mn-Mo 2Mn-Ni-Mo	≥30	150	—	—	—	—	—	—	—	—	—	—

① 美国机械工程学会标准中的锅炉压力容器法规。

② PD5500 为英国标准，代替原 BS5500。

③ 美国机械工程学会标准中的压力管道标准。

低合金耐热钢焊件可按对钢和接头性能的要求，作下列焊后热处理：

1）不作焊后热处理。

2）580～760℃温度范围内的回火或消除应力热处理。

3）正火处理。

对于某些合金成分较低，壁厚较薄的低合金耐热钢接头，如焊前采取预热，使用低氢低碳级焊接材料，且经焊接工艺试验证实接头具有足够的塑性和韧性，则焊件容许在焊后不作热处理。在遵守必要的附加条件下，各国压力容器和管道制造法规对一些常用低合金耐热钢规定了省略焊后热处理的厚度界限，见表 8-9。

对于低合金耐热钢来说，焊后热处理的目的不仅是消除焊接残余应力，而且更重要的是改善金属组织，提高接头的综合力学性能，包括降低焊缝及热影响区的硬度，提高接头的高温蠕变强度和组织稳定性等。因此在拟定耐热钢接头的焊后热处理工艺参数时，应综合考虑下列冶金和工艺特点：

表 8-9　各国制造法规对省略低合金耐热钢焊后热处理最大容许壁厚的规定（单位：mm）

钢种	HPIS[①] WES[②]	ASME BPVC Ⅷ	ASME BPVC Ⅲ	ASME B31.1	PD5500（BS 5500）	BS 2633
15CrMoR	16 20	19	任何厚度	19	20	12.5
1Cr-0.5Mo 14Cr1MoR	13 16	19	任何厚度	13	任何厚度	12.5
12Cr2Mo1R	8 0	19	任何厚度	13	任何厚度	任何厚度

① 日本高压（技术）协会标准。

② 日本焊接工程标准。

1）焊后热处理应保证焊缝热影响区，主要是过热区组织的改善。

2）加热温度应保证接头的Ⅰ类应力降低到尽可能低的水平。

3）焊后热处理，包括多次的热处理不应使母材和焊接接头各项力学性能降低到产品技术条件规定的最低值以下。

4）焊后热处理应尽量避免在所处理钢材回火脆性敏感的或对再热裂纹敏感的温度范围内进行，并应规定在危险的温度范围内的加热和冷却的速度。

表 8-10 列出各国制造法规对低合金耐热钢焊件规定的最低焊后热处理温度。从表载数据可见，各国法规所要求的最低热处理温度有较大差别。这与各法规所遵循的设计准则、材料标准、工艺评定准则不同有关。其次法规所列的最低热处理温度不一定是最佳热处理温度，它应根据焊件的运行条件、材料的供货状态、对接头的性能要求以及焊接残余应力的水平等并通过焊接工艺评定试验来确定。例如英国 BS 标准已考虑按材料应达到的性能，如对最大程度的软化、最高的常温抗拉强度和最高蠕变强度等规定了不同的热处理工艺参数。

5. 焊接工艺规程

表 8-10　各国制造法规要求的最低焊后热处理温度　　　　（单位：℃）

钢种 ＼ 制造法规	ASME B31.1	ASME BPVC Ⅷ	BS 3351	PD 5500 (BS 5500)	推荐温度
15CrMoR	600 ~ 650	≥595	650 ~ 680	650 ~ 680	600 ~ 620
0.5Cr-0.5Mo	600 ~ 650	≥595			620 ~ 640
1Cr-0.5Mo	700 ~ 750	≥595	630 ~ 670	630 ~ 670③ 650 ~ 700②	640 ~ 680
14CrMoR	—	≥595	630 ~ 670	630 ~ 670③ 650 ~ 700②	640 ~ 680
12Cr2Mo1R	700 ~ 750	≥680	680 ~ 720① 700 ~ 750②	630 ~ 670④ 680 ~ 720① 700 ~ 750②	680 ~ 700
1Cr-Mo-V	—	—	—	—	720 ~ 740
2Cr-MoWVTiB	—	—	—	—	760 ~ 780

① 以提高蠕变强度为主。
② 以软化焊缝金属为主。
③ 以提高高温性能为主。
④ 以提高常温强度为主。

低合金耐热钢焊接工艺规程的基本内容为坡口形式及尺寸，焊前准备要求，焊前预热温度和层间温度，焊接材料牌号或型号和规格，焊接电参数，焊后热处理参数，焊接顺序及操作技术，接头焊后检查及合格标准等。

对于重要的钢结构、锅炉、压力容器和管道等高温高压焊接部件，应按每种焊接接头编制焊接工艺规程并按相应的焊接工艺评定标准，通过试验评定其合理性和正确性。只有焊接工艺评定合格的焊接工艺规程才能用于指导实际焊接生产。焊接工艺规程的具体内容参见 8.2.5 节焊接实例。

8.2.4　低合金耐热钢接头性能的控制

与普通碳钢和低合金钢相比，对耐热钢接头的性能提出了较高的要求，不仅是常温力学性能，而且更重要的是高温性能，包括高温蠕变强度（高温持久强度），高温冲击韧度和抗回火脆性等都必须满足产品技术条件的要求。对于某些特殊的石化装置，对焊缝和热影响区的硬度还有严格的规定。

1. 对耐热钢接头性能的影响因素

概括地说，影响低合金耐热钢接头力学性能的主要因素有下列三个：①焊缝金属的合金成分；②焊接

热参数；③焊后热处理工艺参数。

（1）合金成分的影响

焊缝中的碳显著地提高了钢的强度，但急剧地降低了韧性，使脆性转变温度上移。在某些低合金钢中，碳含量的提高与韧性的下降并不成比例关系。例如在 12Cr2Mo1R 钢焊缝中，0.10%（质量分数，下同）的碳含量是保证高韧性的最佳含量。而在 Cr-Mo 含量较低的焊缝中，最合适的碳含量是 0.07% ~ 0.08%。焊缝金属中的硅也具有双重的作用。硅作为一种还原元素对焊缝金属的性能起着有利作用，是保证焊缝致密性的必要元素之一。但硅在 Cr-Mo 钢焊缝中，对消除应力处理后的韧性产生不良影响。尤其是通过焊剂向焊缝金属渗硅，将急剧加重回火脆性倾向。对于某些有回火脆性倾向的 Cr-Mo 钢焊缝金属，w(Si)应控制在 0.1% 以下。对于 Cr-Mo 含量较低的耐热钢焊缝金属，w(Si)的合适范围是 0.15% ~ 0.35%。

在 Cr-Mo 钢焊缝金属中，锰的作用与硅相似，它促使偏析加剧，产生一定的有害影响。然而锰又促使显微组织中形成针状铁素体，从而提高了焊缝金属的韧性。例如 14Cr1MoR 钢焊缝金属中，w(Mn)从 0.5% 提高到 0.85%，低温缺口韧度有明显的提高。因此气体保护焊的 Cr-Mo 钢焊丝中，w(Mn)的合适

范围是 0.80% ~ 1.10%。

磷对焊缝金属的回火脆性有很不利的作用，图 8-12 示出磷含量与 12Cr2Mo1R 钢焊缝金属 40J 转变温度的关系。从曲线可见磷含量控制在 0.012% 以下，可将磷的有害作用限制到最小的程度。

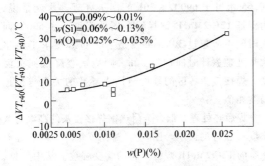

**图 8-12　12Cr2Mo1R 钢焊缝金属磷含量与
40J 脆性转变温度位移量的关系**

氧对 Cr-Mo 焊缝金属的韧性亦有不利的影响。图 8-13 示出 12Cr2Mo1R 钢焊缝金属中氧含量与韧性的关系。由曲线可见，为确保焊缝金属的韧性，w(O) 应控制在 0.04% 以下。使用高碱度焊剂和碱性药皮焊条可获得 w(O) 低于 0.035% 的焊缝金属。

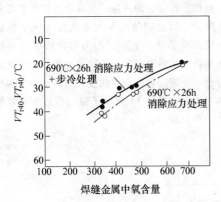

**图 8-13　12Cr2Mo1R 钢焊缝金属氧含量
与 40J 转变温度的关系**

$[w(C) = 0.07\% \sim 0.09\%]$

各种合金元素和杂质对焊缝金属韧性的综合影响可以由下式表达。

$$
\begin{aligned}
Tr_{20} = {} & 436w(C) - 54w(Mn) + 14w(Si) \\
& + 268w(P) + 819w(S) - 61w(Cu) \\
& - 29w(Ni) + 13w(Cr) + 23w(Mo) \\
& + 355w(V) - 112w(Al) + 1138w(N) + \\
& 380w(O) - 235/1.8
\end{aligned} \tag{8-5}
$$

式中合金成分含量的适用范围如下：$w(C) = 0.03\% \sim 0.11\%$，$w(Mn) = 0.2\% \sim 1.16\%$，$w(Si) = $ 0.05% ~ 1.2%，$w(S) = 0.006\% \sim 0.11\%$，$w(Cu) = $ 0.05% ~ 0.3%，$w(Ni) = 0.05\% \sim 0.14\%$，$w(Cr) = $ 0.05% ~ 2.6%，$w(Mo) \leqslant 1.2\%$，$w(V) \leqslant 0.36\%$，w(N) = 0.004% ~ 0.02%，$w(O) = 0.007\% \sim 0.19\%$。

（2）焊接热参数的影响

焊接热参数通常是指焊接热输入、预热温度和层间温度。焊接热参数直接影响接头的冷却条件。热参数越高，冷却速度越低，接头各区的晶粒越粗大，强度和韧性则越低。采用低的热参数，则提高接头的冷却速度，有利于细化接头各区的晶粒，改善显微组织而提高冲击韧度。但在低合金耐热钢焊接中，预热和保持层间温度是防止接头冷裂纹和再热裂纹的必要条件之一，故调整焊接热参数主要通过控制焊接热输入。大多数低合金耐热钢对焊接热输入在一定范围内的改变并不敏感。当焊接热输入超过 30kJ/cm，预热和层间温度高于 250℃，则 Cr-Mo 钢焊缝金属的强度和冲击韧度会明显下降。图 8-14 和图 8-15 分别示出焊接热输入和预热及层间温度对 12Cr2Mo1R 钢埋弧焊焊缝金属冲击韧度的影响。

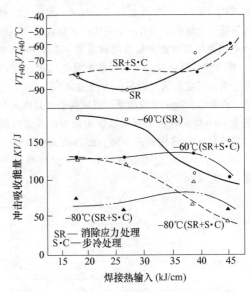

**图 8-14　焊接热输入对 12Cr2Mo1R 钢埋弧焊
焊缝金属冲击韧度的影响**

（3）焊后热处理的影响

焊后热处理的工艺参数对低合金耐热钢焊接接头的力学性能产生复杂的影响。通常利用回火参数 [P] 来评定其影响程度。[P] 值由热处理温度和保温时间按下式计算：

$$[P] = T(20 + \lg t) \times 10^{-3} \tag{8-6}$$

式中　T——热处理温度，K；

　　　t——保温时间，h。

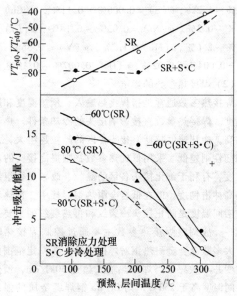

**图 8-15　预热及层间温度对 12Cr2Mo1R 钢
埋弧焊焊缝金属冲击韧度的影响**

在低合金耐热钢焊件的各种热处理参数中，回火参数 [P] 的变化范围约为 18.2～21.4。实际上，对于每种低合金耐热钢均有一个最佳回火参数范围，即最合适的热处理温度和保温时间范围。图 8-16 示出 14Cr1MoR 钢焊缝金属的冲击吸收能量与回火参数的关系。曲线清楚表明，当回火参数在 20.0～20.6 之间时，焊缝金属冲击吸收能量达到最高值，如回火参数低于 20.0 即在较低的回火温度和较短的保温时间下，焊缝金属的韧性明显下降，而当回火参数高于 20.6 时，则由于碳化物的沉淀和集聚使韧性再度下降。

回火参数对焊缝金属强度性能亦有一定的影响，如图 8-17 所示。随着回火参数的提高焊缝金属的抗拉强度和屈服强度不断下降。对于 12Cr2Mo1R 钢焊缝金属，当回火参数超过 20.65 时，435℃的高温短时抗拉强度已降低到标准规定的下限值。回火参数 20.65 相当于 690℃×30h 的回火处理。这就是说，为保证 12Cr2Mo1R 钢焊缝金属的强度，在 690℃回火时间不应超过 30h，如制造工艺过程要求工件多次热处理累计时间超过 30h，则应适当降低回火温度。焊接接头各区的硬度与回火参数的关系与抗拉强度相似。

焊后热处理对低合金耐热钢焊接接头的高温持久强度有独特的影响。图 8-18 对比了三种不同热处理状态的 12Cr2Mo1R 焊缝金属的蠕变强度。从中可见，较高的回火温度由于提高了组织稳定性而延长了蠕变断裂时间。延长回火处理保温时间同样有利于提高接头的高温持久强度。

2. 低合金耐热钢焊接接头力学性能典型数据

低合金耐热钢主要用于高温受压或承载的焊接部件。接头力学性能包括高温持久强度性能，直接决定了焊件的运行可靠性和使用寿命，尤其是对于某些低合金耐热钢，其接头的高温持久强度往往低于母材标准的下限值。因此必须积累大量的接头力学性能数据，特别是高温性能数据，作为结构强度计算的依据。在低合金耐热钢焊接工艺试验和新型焊接材料的研制过程中，测定焊缝金属和接头的高温持久强度也是必不可少的。表 8-11 列出了铬钼低合金钢焊缝金属性能的典型数据。

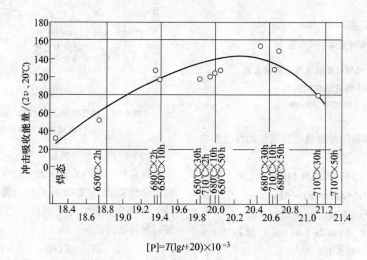

$$[P]=T(\lg t+20)\times 10^{-3}$$

图 8-16　回火参数对 14Cr1MoR 焊缝金属冲击韧性的影响

表8-11　铬钼低合金耐热钢焊缝金属性能的典型数据

钢号	焊接方法	焊材型号(AWS)	焊缝金属化学成分(质量分数,%)							强度性能			冲击吸收能量/J	焊后热处理参数	蠕变断裂强度(500℃10000h)/MPa
			C	Mn	Si	P	S	Cr	Mo	$\sigma_{0.2}$/MPa	R_{eL}/MPa	A(%)			
15CrMoR (A213-T12, A335-P11, 12 A387-11, 12)	焊条电弧焊	E8016-B2	0.06	0.74	0.51	0.007	0.005	1.30	0.48	490 (450℃, 352)	587 450	29 24	(-20℃) 147	690℃/1h	176 (720℃/1h)
	埋弧焊	F9P2-EG-B2	0.09	0.63	0.10	0.005	0.005	1.43	0.54	519 (450℃, 411)	627 490	28 18	(-30℃) 157	650℃/1h	147 (720℃/6h)
	钨极氩弧焊	ER80S-G	0.02	1.10	0.48	0.009	0.010	1.03	0.50	480	578	31	(0℃) 303	620℃/1h	—
12Cr2Mo1R (A387-22 A335-P22 10CrMo910)	焊条电弧焊	E9016-B3	0.12	0.74	0.35	0.006	0.003	2.40	0.98	460 (450℃, 362)	617 470	26 20	(-30℃) 127 步冷处理: (-30℃) 117	690℃/27h	127 (690℃/27h)
	埋弧焊	F9P2-EG-B3	0.11	0.85	0.10	0.006	0.005	2.34	1.04	470 (450℃, 352)	607 440	27 19	(-30℃) 147 步冷处理: (-30℃) 117	690℃/8h	166 (690℃/8h)
	钨极氩弧焊	ER90S-G	0.03	1.09	0.49	0.009	0.010	2.22	1.01	519	627	28	(0℃) 254	690℃/1h	137

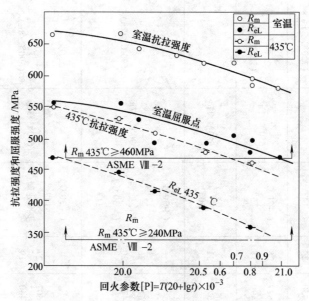

图 8-17　回火参数对 12Cr2Mo1R 焊缝金属抗拉强度的影响

$(\delta = 50 \sim 150 \mathrm{mm})\ [\ w(\mathrm{C}) = 0.12\%\ 、w(\mathrm{Cr}) = 2.24\%\ 、w(\mathrm{Mo}) = 0.94\%\ ]$

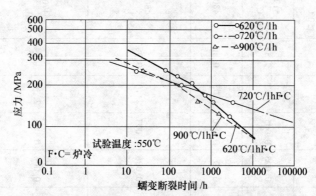

图 8-18　焊后热处理参数对 12Cr2Mo1R 焊缝金属蠕变强度的影响

8.2.5　低合金耐热钢焊接实例

低合金耐热钢在动力锅炉、汽轮机、高压蒸气管道和各种炼油、石化设备中应用十分广泛。焊接实例甚多。本节仅列举三种具有代表性的低合金耐热钢焊件实例，其焊接工艺规程分别列于表 8-12，表 8-13 和表 8-14。

表 8-12　15CrMoR 钢压力容器筒身纵缝电渣焊焊接工艺规程（实例）

焊接方法	电渣焊	母材	钢号：15CrMoR
			规格：80mm
坡口形式	32^{+2}_{0}　80	焊前准备	1. 清除坡口表面氧化皮 2. 磁粉探伤坡口表面检查裂纹 3. 装配 Π 形铁和引弧板 点固焊，拉紧焊缝采用 J507 焊条 焊前预热 150 ~ 200℃
焊接材料	焊条牌号：R307（E5515-B2）ϕ4mm，ϕ5mm，用于补焊 焊丝牌号：H13CrMo，ϕ3mm 焊剂牌号：HJ-431		

（续）

焊接方法	电渣焊		母材	钢号：15CrMoR	
				规格：80mm	
预热及层间温度	预热温度：— 层间温度：— 后热温度：—		焊后热处理参数	正火温度　　　930 ~950℃/1.5h 回火温度　　　650℃ ±10℃/4h 消除应力热处理　630℃ ±10℃/3h	
焊接参数	焊接电流　500 ~550A（每根焊丝） 焊接电压　41 ~43V 焊丝伸出长度　60 ~70mm		熔池深度　50 ~60mm 焊丝根数　2 焊接速度　1.4m/h		
操作技术	焊接位置　立焊 焊道层数　单层		焊接方向　自下而上 焊丝摆动参数　不摆动		
焊后检查	正火处理后 100% 超声波检测				

表 8-13　12Cr2Mo1R 钢厚壁压力容器环缝埋弧焊工艺规程

焊接方法	焊条电弧焊封底 + 埋弧焊		母材	钢号：A387-22（ASTM）	
				规格：90mm	
坡口形式及尺寸			焊前准备	1. 检查坡口尺寸和接缝错边是否符号图样要求 2. 清理坡口两侧及焊丝表面的油污氧化皮 3. 焊条和焊剂焊前 350/2h 烘干	
			焊接顺序	1. 先用焊条电弧焊打底焊内环缝连续焊满坡口 2. 外环缝用埋弧焊，焊前无需清根，连续焊满	
焊接材料	焊条牌号：E6015-B2（R407） 焊丝牌号：H08Cr3MoMnA 焊剂牌号：SJ101		规格：φ4mm，φ5mm 规格：φ4mm		
预热温度	预热温度：150 ~200℃ 层间温度：≥150℃ 后热温度：250℃/1h		焊后热处理参数	焊后消除应力处理 730℃ ±10℃/4h	
焊接参数	焊接电流：焊条电弧焊：180 ~240A 　　　　　埋弧焊：600 ~650A 电弧电压：焊条电弧焊：23 ~25V 　　　　　埋弧焊：35 ~36V		焊接速度：埋弧焊 25 ~28m/h 焊丝伸出长度：40 ~50mm 直流反接极		
操作技术	焊接位置：平焊 焊道层数：多层多道 焊丝摆动参数：不摆动				
焊后检查	1. 焊接结束 48h 后 100% 超声波检测 +25% 射线检查 2. 热处理前后，焊缝表面分别作 100% 磁粉检测				

表 8-14　13MnNiMoR 电站锅炉锅筒纵环缝窄间隙埋弧焊（实例）

焊接方法	焊条电弧焊封底 + 窄间隙埋弧焊	母材	钢号：13MnNiMoR	
坡口形式尺寸		焊前准备	1. 检查坡口尺寸和焊缝错边是否符合图样要求 2. 清理坡口两侧及焊丝表面的油污氧化皮 3. 焊条和焊剂焊前 350/2h 烘干	
		焊接顺序	1. 先从筒体内面焊条电弧焊封底焊，连续焊满坡口 2. 从筒体外侧窄间隙埋弧焊。焊前不清根，连续焊满	
焊接材料	焊条牌号：E6015（J607）ϕ4mm，ϕ5mm 焊丝牌号：S4Mo（H08Mn2MoA）ϕ3mm 焊剂牌号：SJ101			
预热及后热温度	预热温度：150 ~ 200℃ 层间温度：≤250℃ 后热温度：150 ~ 200℃/1h	焊后热处理参数	590/7h 消除应力处理	
焊接参数	焊接电流：焊条电弧焊　180 ~ 240A 　　　　　埋弧焊：　　首层 550 ~ 600A 　　　　　　　　　　其他层 500 ~ 510A 电弧电压：焊条电弧焊 23 ~ 25V 　　　　　埋弧焊 29 ~ 32V			
操作技术	1. 焊接位置：平焊 2. 焊道层数：多层双道焊 3. 焊丝离侧壁距离：3mm			
焊后检查	1. 焊接结束 48h 后，100% 超声检测 +100% 射线照相检查 2. 热处理前后，焊缝表面分别作 100% 磁粉检测			

8.3　中合金耐热钢的焊接

8.3.1　中合金耐热钢的化学成分和力学性能

在动力、化工和石油等工业部门经常使用的中合金耐热钢钢种有：5Cr-0.5Mo，7Cr-0.5Mo，9Cr-1MoV，9Cr-1Mo-V-Nb、9Cr-2Mo、9Cr-2Mo-V-Nb 和 9Cr-Mo-W-V-Nb 等。这类耐热钢的主要合金元素是 Cr，其使用性能主要取决于 Cr 含量，Cr 含量越高，耐高温性能和抗高温氧化性能越好。在常规的碳含量下，所有中合金铬钢的组织均为马氏体组织。为提高铬钢的蠕变强度并降低回火脆性，通常加入 w(Mo) =0.5% ~1%。为改善铬钢的焊接性，控制过冷奥氏体的转变速度，在降低碳含量的同时，加入了 W、V、Ti 和 Nb 等合金元素。近年来已研制出多种焊接性尚可的低碳多元中合金耐热钢，例如 w(C) 为 0.19% 的 10Cr9Mo1VNbN、10Cr9MoW2VNbBN 和 11Cr9Mo1W1VNbBN 等钢，其性能填补了低合金珠光

体耐热钢和高合金奥氏体耐热钢之间的空白。这些抗氧化性和耐热性良好的中合金耐热钢在高温高压锅炉和炼油高温设备中部分取代了高合金奥氏体耐热钢取得了较好的经济效果。图 8-19 示出这类高铬合金钢合金系列的演变过程。这主要是高温高压设备的工作参数不断提升的结果。图 8-20 示出采用新开发的 T/P92（9Cr0.5Mo1.8WVNb）钢，高压管在相同的压力和温度下，壁厚明显减薄。

一些常用的中合金耐热钢的标准化学成分和力学性能分别列于表 8-15 和表 8-16。

某些钢的高温 100000h 持久强度性能数据，列于表 8-17。1Cr5Mo、10Cr7Mo、10Cr9Mo1V 三种钢焊接接头的高温蠕变强度曲线分别列于图 8-21、图 8-22 和图 8-23。

中合金耐热钢由于其合金含量较高，具有相当高的空淬特性。为保证其优良的综合力学性能，钢材轧制成材后，必须作相应的热处理。这些热处理包括：等温退火、完全退火和正火回火。

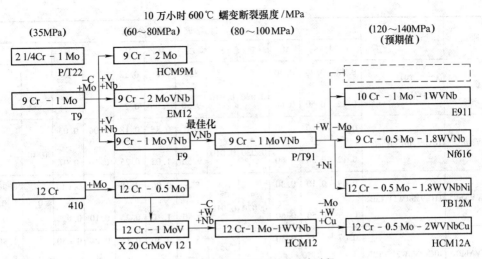

10 万小时 600℃ 蠕变断裂强度 /MPa

图 8-19　9Cr 和 12Cr 耐热钢的演变过程

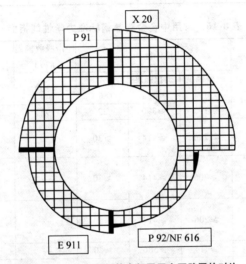

图 8-20　各种 9Cr 钢管在相同压力下壁厚的对比

表 8-15　常用中合金耐热钢的标准化学成分（GB 5310—2008、GB 9948—2006、ASTM）

钢种	钢号	化学成分（质量分数,%）											
		C	Si	Mn	P	S	Cr	Mo	V	Nb	N	Ni	W
5Cr-0.5Mo	1Cr5Mo	≤0.15	≤0.50	≤0.60	≤0.035	≤0.030	4.0~6.0	0.45~0.60	—	—	—	—	—
	A213-T5 A335-P5 （ASTM）	≤0.15	≤0.50	0.30~0.60	≤0.030	≤0.030	4.0~6.0	0.45~0.65	—	—	—	—	—
7Cr-0.5Mo	A213-T7 A335-P7 （ASTM）	≤0.15	0.50~1.00	0.30~0.60	≤0.030	≤0.030	6.0~8.0	0.45~0.65	—	—	—	—	—
9Cr-1Mo	A213-T9 A335-P9 （ASTM）	≤0.15	0.25~1.00	0.30~0.60	≤0.030	≤0.030	8.0~10.0	0.90~1.10	—	—	—	—	—

（续）

钢种	钢号	化学成分（质量分数,%）											
		C	Si	Mn	P	S	Cr	Mo	V	Nb	N	Ni	W
9Cr-1MoV	A213-T91（ASTM）	0.08~0.12	0.20~0.50	0.30~0.60	≤0.020	≤0.010	8.0~9.50	0.85~1.05	0.18~0.25	—	—	—	—
9Cr-1MoVNbN	10Cr9Mo1VNbN	0.08~0.12	0.20~0.50	0.30~0.60	≤0.020	≤0.010	8.0~9.50	0.85~1.05	0.18~0.25	0.06~0.10	0.03~0.07	≤0.40	—
9Cr1Mo1WVNbBN	11Cr9Mo1W1VNbBN	0.09~0.13	0.10~0.50	0.30~0.60	≤0.020	≤0.010	8.5~9.50	0.90~1.10	0.18~0.25	0.06~0.10	0.040~0.090	≤0.40	0.90~1.10 B:0.0003~0.0060
9CrMo2WVNbBN	10Cr9MoW2VNbBN	0.07~0.13	≤0.50	0.30~0.60	≤0.020	≤0.010	8.5~9.5	0.30~0.60	0.15~0.25	0.04~0.09	0.030~0.070	≤0.40	1.50~2.00 B:0.0010~0.0060

表 8-16　常用中合金耐热钢标准力学性能指标

钢种	钢号	拉伸性能			冲击吸收能量 KV/J	备注
		屈服强度 /MPa	抗拉强度 /MPa	A （%）	+20℃	
5Cr-0.5Mo	1Cr5Mo	≥195	≥390	22	92	HB 187 退火状态
	A213-T5 A335-P5	≥206	≥414	≥30	—	
7Cr-0.5Mo	A213-T7 A335-P7	≥206	≥414	≥30	—	
9Cr1Mo	A213-T9 A335-P9	≥206	≥414	≥30	—	
9Cr1MoV	A213-T91	≥414	≥586	≥20	—	
9Cr1MoVNb	10Cr9Mo1VNbN	≥415	≥585	≥20	≥40 （横向27）	—
9Cr1Mo1WVNbBN	11Cr9Mo1W1VNbBN	≥440	≥620	≥20	≥40 （横向27）	HBW 238　HV250
9CrMo2WVNbBN	10Cr9MoW2VNbBN	≥440	≥620	≥20	≥40 （横向27）	HBW 250　HV265

表 8-17　常用中合金耐热钢 100000h 持久强度数据

钢号	100000h 持久强度/MPa （不小于）											
	温度/℃											
	540	550	560	570	580	590	600	610	620	630	640	650
10Cr9Mo1VNbN	166	153	140	128	116	103	93	83	73	63	53	44
10Cr9MoW2VNbBN			171	160	146	132	119	106	93	82	71	61
11Cr9Mo1W1VNbBN	181	170	160	148	135	122	106	89	71	—	—	—

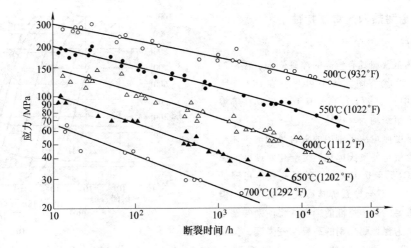

图 8-21　1Cr5Mo 钢的蠕变强度曲线（热处理状态：等温退火）

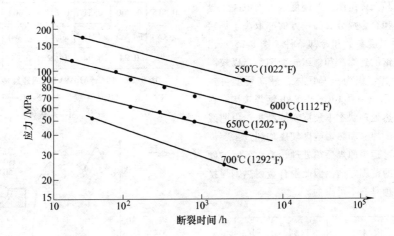

图 8-22　10Cr7Mo 钢的蠕变强度曲线（热处理状态：等温退火）

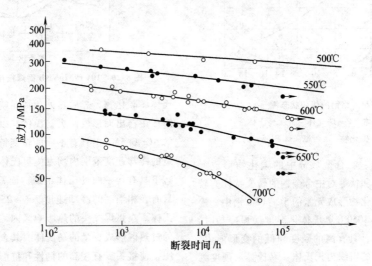

图 8-23　10Cr9Mo1V 钢的蠕变强度曲线

8.3.2　中合金耐热钢的焊接特性

1. 淬硬倾向

中合金耐热钢普遍具有较高的淬硬倾向，图 8-24 示出铬钢的组织状态图。从中可见，在 $w(Cr)$ 为 5% ~ 10% 的钢中，如 $w(C)$ 高于 0.10%，其在等温热处理状态下的组织均为马氏体。

马氏体的硬度则取决于钢中的碳含量和奥氏体化温度。降低碳含量可使奥氏体化温度变化对硬度的影响减小。当 $w(C)$ 低于 0.05% 时，其最高硬度可降低到 350HV 以下，即不会导致焊接冷裂纹的形成。但对耐热钢十分重要的是，过低的碳含量将使钢的蠕变强度急剧下降。为保证耐热钢的高温蠕变强度，又兼顾焊接性，中合金耐热钢的 $w(C)$ 一般控制在 0.10% ~ 0.20% 的范围内。在这种情况下，接头热影响区的组织均为马氏体组织。其硬度一方面取决于母材的实际碳含量和合金成分，另一方面亦取决于焊接和焊后热处理的温度参数和冷却条件。图 8-25 示出 10Cr9Mo1WVNb 钢的连续冷却组织转变图。当以较高的速度冷却时，其组织为全马氏体，最高硬度可达 464HV。图 8-26 示出一种 10Cr9MoVNb 钢焊接接头在焊后状态和焊后热处理状态下硬度实测结果。由曲线可见，焊后状态，焊缝和热影响区硬度均超过了容许的最高硬度。经过适当的焊后热处理，接头各区的硬度降低到了容许的范围之内。因此中合金耐热钢焊接接头的焊后热处理是必不可少的。

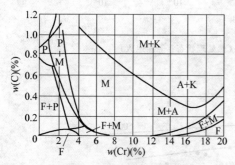

图 8-24　铬钢的组织状态图
（F—铁素体　P—珠光体　M—马氏体
K—碳化物　A—奥氏体）

这里应当指出，在合金成分中的碳化物形成元素，如钒、钨、铌和钛等对中合金钢的转变特性有较大的影响。不加碳化物形成元素的 5Cr-1Mo 钢中，淬透性较大，即使自 1050℃ 奥氏体化温度缓慢冷却时，也会形成脆性组织，具有高的硬度和低的变形能力。在正火状态下，钢的组织为托氏体 + 马氏体。硬度为 370HB，在电弧焊热循环作用下，热影响区组织为马

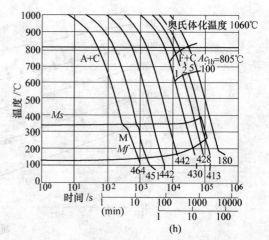

钢的化学成分（%）

$w(C)$	$w(Si)$	$w(Mn)$	$w(P)$	$w(S)$	$w(Al)$
0.115	0.200	0.51	0.017	0.002	0.007

$w(Cr)$	$w(Ni)$	$w(Mo)$	$w(V)$	$w(W)$	$w(N)$	$w(Nb)$
8.85	0.24	0.94	0.22	0.95	0.084	0.069

图 8-25　10Cr9MoWVNb 钢连续冷却组织转变图
（A + C—奥氏体 + 碳化物，F + C—铁素体 + 碳化物，
M—马氏体）

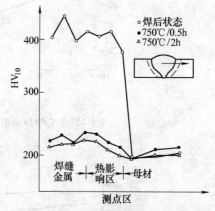

图 8-26　10Cr9MoVNb 钢焊接接头的硬度曲线

氏体 + 碳化物，焊后热处理则促使碳化物从马氏体固溶体中析出而形成回火马氏体。以钨、钒和钛等稳定的 5Cr-0.5Mo 钢具有不同的转变特性。这种钢在相当宽的冷却速度范围内均发生贝氏体转变，钢在正火状态下具有均一的贝氏体组织。而马氏体转变区很窄，只有在相当高的冷却速度下（≥250℃/s）才能形成马氏体。在弧焊接头的热影响区内，只是在毗邻熔合线的过热区形成少量的马氏体。其余部均为贝氏体组织，使接头具有较高的韧性和抗裂性。

在 9Cr-1Mo 钢中碳化物稳定元素亦会产生类似

的作用。例如 10Cr9Mo1VWNbB 钢在 1120～1180℃ 正火 + 750～810℃ 回火处理后具有贝氏体 + 铁素体组织。采用 170A 焊接电流钨极氩弧焊焊接时，焊接热影响区的最高硬度，无论焊前预热或不预热，均不超过 350HV。按标准规定的试验条件，Y 形坡口对接抗裂试验表明，这种钢只要预热 125℃ 即可防止裂纹的形成。可见，稳定型 9Cr-1Mo 钢具有较好的焊接性。

改善中铬耐热钢焊接性的另一条途径是降低碳含量并适当提高 Mo、V 等合金元素，以保持其高温持久强度。图 8-27 示出一种低碳 9Cr-2Mo 钢的连续冷却组织转变图。从中可见，即使在较快的冷却速度下，仍可产生一定量的铁素体转变，而最终形成铁素体和马氏体的混合组织，降低了对焊接裂纹的敏感性并有利于稳定高温强度。表 8-18 对比了低碳 9Cr-2Mo 钢和常规碳含量的 9Cr-1Mo 钢 Y 形坡口对接拘束冷裂试验结果，低碳 9Cr-2Mo 钢的抗裂性明显高于标准的 9Cr-1Mo 钢。试样横截面的硬度测定结果（图8-28）也说明，在焊后状态，低碳 9Cr-2Mo 钢的

热影响区的硬度大大低于标准的 Cr9-Mo1 钢，焊前预热 100℃，足以防止冷裂纹的形成。

2. 焊接温度参数

焊接温度参数对中合金耐热钢焊接的成败起着关键的作用。对于壁厚在 10mm 以上的焊件，为防止冷裂和高硬度区的形成，200～300℃ 的预热是必要的。当中合金耐热钢的 $w(C)$ 在 0.1%～0.2% 范围内时，可采用图 8-29a 所示的焊接温度参数，即将预热温度控制在 Ms 点以下，使一部分奥氏体在焊接过程中转变为马氏体。由于焊接层间温度始终保持在 230℃ 以上，因此不会形成裂纹。焊接结束后将工件冷却到 100～125℃，使部分未转变的残留奥氏体转变为马氏体。接着立即将焊件作 720～780℃ 温度范围内的回火处理。如合金耐热钢的 $w(C)$ 低于 0.1%，则可按图 8-29b 所示焊接温度参数焊接。其主要区别在于焊件焊接结束后，将焊件缓慢冷却至室温，使接头各区完全转变成马氏体。接着立即进行 750℃ 的回火处理。

焊后回火的温度和保温时间对中合金耐热钢接头的力学性能，特别是对韧性有较大的影响。一般的规律是，回火的温度越高，保温时间越长，低温缺口冲击韧度就越高。但过高的回火温度对接头的抗拉强度不利。当回火温度从 700℃ 提高到 775℃，屈服强度和抗拉强度约降低 200～250MPa。回火参数的选择，应兼顾强度和韧性。

表 8-18　低碳 9Cr-2Mo 钢和标准 9Cr-1Mo 钢 Y 形坡口对接拘束冷裂试验结果对比

钢种	检查剖面数	裂纹率（%）			
		预热温度/℃			
		250	200	100	20
低碳 9Cr-2Mo	5	0	0	0	33
标准 9Cr-1Mo	5	7	7	10	100

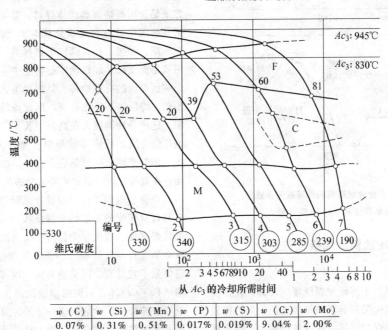

w（C）	w（Si）	w（Mn）	w（P）	w（S）	w（Cr）	w（Mo）
0.07%	0.31%	0.51%	0.017%	0.019%	9.04%	2.00%

加热温度 1000℃/10min

图 8-27　低碳 Cr9-Mo2 钢连续冷却组织转变图[12]

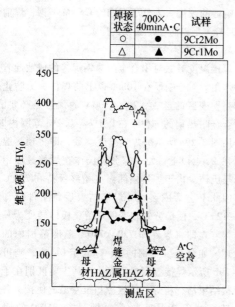

焊接 状态	700× 40minA·C	试样
○	●	9Cr2Mo
△	▲	9Cr1Mo

**图 8-28　低碳 9Cr-2Mo 钢和 9Cr-1Mo 钢接头试样
横截面的硬度测定结果对比**

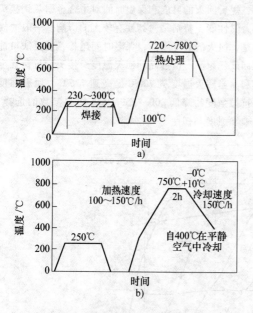

图 8-29　中合金耐热钢的焊接温度参数

a）标准碳含量　b）低碳含量

8.3.3　中合金耐热钢的焊接工艺

1. 焊接方法

中合金耐热钢由于淬硬和裂纹倾向较高，在选择焊接方法时，应优先采用低氢的焊接方法，如钨极氩弧焊和熔化极气体保护焊等。在厚壁焊件中，可选择焊条电弧焊和埋弧焊，但必须采用低氢碱性药皮焊条和焊剂。

电渣焊的热循环对中合金钢的焊接十分有利。通常焊前无需预热。但在焊接空淬倾向特别高的钢材时，利用电渣焊过程本身的热量很难保持规定的层间温度。特别是对于长焊缝，在整条焊缝焊完之前，焊缝端部已冷却至室温，加上电渣焊焊缝金属和过热区组织晶粒粗大，很容易在焊后热处理之前已形成裂纹。因此中合金耐热钢的电渣焊的温度参数也必须保持在焊接工艺规程的范围之内。

2. 焊前准备

中合金耐热钢热切割之前，必须将切割边缘 200mm 宽度内预热到 150℃ 以上。切割面应采用磁粉检测查明是否存在裂纹。焊接坡口应机械加工，坡口面上的热切割硬化层应清除干净，必要时应作表面硬度测定加以鉴别。

接头坡口形式和尺寸的设计原则是尽量减少焊缝的横截面。在保证焊缝根部全焊透的前提下应尽量减小坡口张开角或减小 U 形坡口底部圆角半径，缩小坡口宽度，这样可使焊接过程在尽可能短的时间内完成，容易实现等温焊接工艺。对于中合金耐热钢来说，最理想的坡口形式为窄间隙或窄坡口，不管焊件壁厚多大，窄间隙或窄坡口的宽度，对于埋弧焊通常为 18～22mm，对于熔化极气体保护焊为 14～16mm，对于钨极氩弧焊或热丝钨极氩弧焊 8～12mm。

3. 焊接材料的选择

中合金耐热钢焊接材料的选择有两种方案。一种方案是选用高铬镍奥氏体焊材，即异种焊材。另一方案是选用与母材合金成分基本相同的中合金钢焊材。在早期，焊接工程界倾向于选择第一种方案，因为采用高铬镍奥氏体焊材确实是防止中合金钢焊接接头热影响区裂纹的有效措施，且焊接工艺简单，焊前无需预热，焊后可不作热处理。但设备的长期运行经验表明，这种异种钢接头在高温下长期工作时，由于铬镍钢焊缝金属的线胀系数与中合金铬钢有较大的差别，接头始终受到较高的热应力作用，加上异种钢接头界面存在高硬度区，最终将导致接头的提前失效。

中合金钢同质焊材的设计原则是，在保证接头具有与母材相当的高温蠕变强度和抗氧化性的前提下改善其焊接性。首先，为保持接头的高温强度，焊缝金属必须含有与母材相当的铬和钼含量，但在焊材中，铬含量不宜过高，因铬能与碳、铁等形成复杂的碳化物 $(Fe \cdot Cr)_3C$，对钢的焊接性产生不利影响，提高钢的空淬倾向。为解决这一矛盾，可采用铌、钒和钛等元素对铬钼钢渗合金。因为这些元素能形成高度稳定的碳化物，在电弧焊短时的热周期作用下，这些碳化物来不及溶解于固溶体中，从而使奥氏体内碳含量降低。随之过冷能力减弱，促使其在较高的温度下分解成珠光体型组织，因而提高了焊缝金属的韧性和抗裂性。在这些碳化物形成元素中，铌含量应严格控制，铌在中铬钢中会急剧提高焊缝金属的热裂倾向并降低焊缝金属的缺口冲击韧度，如图 8-30 所示。因此中铬钢焊材中的 $w(\mathrm{Nb})$ 一般控制在 0.05% 以下。

钛是一种强烈的碳化物形成元素，但对氧的亲和能力也相当高，在氧化性的电弧气氛中，过渡系数相当小。因此只有在惰性气体保护焊时，才能有效利用焊丝中的钛。通常，在中合金耐热钢焊接材料中，大都采用钒作为附加的合金元素。钒是对碳亲和能力最大的活性元素，它能与碳结合成 V_4C_3 稳定型碳化

钒。钒也能作为脱氧剂和细化晶粒的元素起有利的作用，改善了中铬钢的焊接性，降低了钢的空淬倾向。但过量的钒对焊缝金属的回火脆变产生不利的影响。中合金耐热钢焊材中钒含量应控制在碳含量的 2～3 倍为宜。

在中铬钢焊缝金属中，碳含量的影响比较复杂，且随铬含量的不同而异。当 $w(\mathrm{Cr})$ 在 9% 以下时，增加碳含量加剧了焊缝金属的裂纹倾向，降低了韧性。图 8-31 示出碳含量对 9Cr-1Mo 钢焊缝金属热裂纹倾向的影响。但过低的碳含量明显地降低焊缝金属的常温和高温抗拉强度。对 9Cr-1Mo 钢而言，最合适的 $w(\mathrm{C})$ 为 0.06%～0.1%。

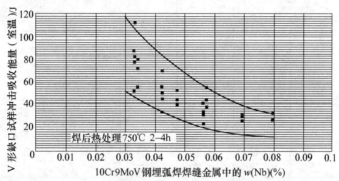

图 8-30　10Cr9MoV 钢埋弧焊焊缝金属中 Nb 含量对冲击韧度的影响

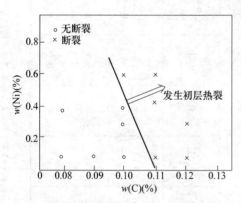

图 8-31　碳含量对 9Cr-1Mo 钢焊缝金属热裂纹倾向的影响

各种常见的合金元素对中铬钢焊缝金属性能的影响可以用 Cr 当量来表征，每种中铬钢焊缝均可通过试验得出最佳的 Cr 当量。对于 9Cr-2Mo 钢可按下列公式计算 Cr 当量：

$$\mathrm{Cr_{eq}} = w(\mathrm{Cr}) + 4w(\mathrm{Si}) + 1.5w(\mathrm{Mn}) -$$
$$[22w(\mathrm{C}) + 0.5w(\mathrm{Mn}) + 1.2w(\mathrm{Ni})] \quad (8\text{-}7)$$

图 8-32 示出 9Cr-2Mo 钢焊缝金属的 Cr 当量与韧性的关系曲线。由图示曲线可知，对于焊条电弧焊和埋弧焊，焊缝金属的 $\mathrm{Cr_{eq}}$ 控制在 9.2% 以下可获得高

韧性的单相马氏体组织。对于钨极氩弧焊焊缝金属，即使焊缝金属处于马氏体和铁素体组织，仍能达到较高的冲击韧度。

中合金耐热钢焊接材料包括药皮焊条、气体保护焊和埋弧焊用实心焊丝以及药芯焊丝等。其中药皮焊条和埋弧焊实心焊丝在我国尚未标准化。在 GB/T 5118—2012《热强钢焊条》和 GB/T 12470—2003《埋弧焊用低合金钢焊丝和焊剂》现行国家标准中均未纳入中合金耐热钢药皮焊条和埋弧焊实心焊丝。而美国 AWS A5.5/A5.5M：2006《焊条电弧焊用低合金钢焊条标准》和 AWS A5.23/A5.23M：2007《埋弧焊用低合金钢焊丝和焊剂标准》中则相应列出了 4 个系列的中合金耐热钢焊条和焊丝，即 Cr5Mo、Cr7Mo、Cr9Mo 和 Cr9MoVNb 合金系焊条和焊丝。

气体保护焊用中合金耐热钢实心焊丝和药芯焊丝已列入我国相应的国家标准，即 GB/T 8110—2008《气体保护电弧焊用碳钢、低合金钢焊丝》和 GB/T 17493—2008《低合金钢药芯焊丝》。

上述各种中合金耐热钢焊接材料的标准化学成分和焊缝金属力学性能指标的规定分别见表 8-19～表 8-27。

所有中合金钢焊条和焊剂均为低氢或超低氢的。焊材保管，再烘干工艺参数基本与低合金耐热钢焊材相同。

焊接手册 第2卷 材料的焊接

表8-19 中合金铬钼耐热钢焊条焊缝金属标准化学成分（按 AWS A5.5/A5.5M：2006）

AWS 焊条型号	化学成分（质量分数，%）													
	C	Mn	Si	P	S	Ni	Cr	Mo	V	Cu	Al	Nb	N	其他
E5515-B6 E5516-B6 E5518-B6	0.05 ~ 0.10	1.0	0.90	0.03	0.03	0.40	4.0 ~ 6.0	0.45 ~ 0.65	—	—	—	—	—	—
E5515-B6L E5516-B6L E5518-B6L	0.05	1.0	0.90	0.03	0.03	0.40	4.0 ~ 6.0	0.45 ~ 0.65	—	—	—	—	—	—
E5515-B7 E5516-B7 E5518-B7	0.05 ~ 0.10	1.0	0.90	0.03	0.03	0.40	6.0 ~ 8.0	0.45 ~ 0.65	—	—	—	—	—	—
E5515-B7L E5516-B7L E5518-B7L	0.05	1.0	0.90	0.03	0.03	0.40	6.0 ~ 8.0	0.45 ~ 0.65	—	—	—	—	—	—
E5515-B8 E5516-B8 E5518-B8	0.05 ~ 0.10	1.0	0.90	0.03	0.03	0.40	8.0 ~ 10.5	0.85 ~ 1.20	—	—	—	—	—	—
E5515-B8L E5516-B8L E5518-B8L	0.05	1.0	0.90	0.03	0.03	0.40	8.0 ~ 10.5	0.85 ~ 1.20	—	—	—	—	—	—
E6215-B9 E6216-B9 E6218-B9	0.08 ~ 0.13	1.20	0.30	0.01	0.01	0.80	8.0 ~ 10.5	0.85 ~ 1.20	0.15 ~ 0.30	0.25	0.04	0.02 ~ 0.10	0.02 ~ 0.07	Mn + Ni < 1.5%
E6215-B9① （改进Ⅰ型）	0.1	0.70	0.25	—	—	0.7	8.5	1.0	0.20	—	—	0.05	0.05	W:1.0
E6215-B9① （改进Ⅱ型）	0.1	0.70	0.30	—	—	0.7	9.1	0.55	0.20	—	—	0.05	0.045	W:1.7

注：除另有说明外，表中单值为最大值。
① 所列成分为奥地利 Bohler 公司商品牌号 FoxC9MVW、Fox92 焊条焊缝金属的典型化学成分。

表 8-20　中合金铬钼耐热钢焊条焊缝金属力学性能（按 AWS A5.5/M）

AWS 焊条型号	焊后热处理参数	拉伸性能			冲击性能	
		抗拉强度/MPa	屈服强度/MPa	伸长率（%）	试验温度/℃	冲击吸收能量 KV/J
E55×× -B6	740℃×1h	≥550	≥460	≥19	不规定	
E55×× -B7	740℃×1h	≥550	≥460	≥19	不规定	
E55×× -B8	740℃×1h	≥550	≥460	≥19	不规定	
E62×× -B9	760℃×2h	≥620	≥530	≥17	不规定	
E62×× -B9①（改进 I 型）	760℃×2h	≥720	≥560	≥15	+20℃	≥41
E62×× -B9①（改进 II 型）	760℃×2h	≥700	≥530	≥15	+20℃	≥27

① 所列力学性能指标规定值引自奥地利 Böhler 公司企业标准。

表 8-21　中合金铬钼耐热钢气体保护焊实心焊丝标准化学成分（按 GB/T 8110—2008）

焊丝型号	化学成分（质量分数，%）													
	C	Mn	Si	P	S	Ni	Cr	Mo	V	Ti	Al	Cu	Nb	其他
ER55-B6	0.10	0.40~0.70	0.50	0.025	0.025	0.60	4.50~6.00	0.45~0.65	—	—	—	0.35	—	0.50
ER55-B8	0.10	0.40~0.70	0.50	0.025	0.025	0.50	8.00~10.50	0.80~1.20	—	—	—	0.35	—	0.50
ER62-B9	0.07~0.13	1.20	0.15~0.50	0.010	0.010	0.80	8.00~10.50	0.85~1.20	0.15~0.30	—	0.04	0.20	0.02~0.10	N:0.03~0.07 Mn+Ni≤1.5%
ER62-B9①（改进 I 型）	0.11	0.45	0.35	—	—	0.75	9.0	0.98	0.20	—	—	—	0.06	W:1.05
ER62-B9①（改进 II 型）	0.10	0.40	0.40	—	—	0.60	8.6	0.4	0.20	—	—	—	0.05	W:1.5 N:0.05

注：除非另有说明，表中单值均为最大值。
① 为焊丝典型化学成分，引自奥地利 Böhler 公司产品样本。

表 8-22　中合金铬钼耐热钢气体保护焊焊丝焊缝金属力学性能（按 GB/T 8110—2008）

焊丝型号	保护气组分	试样状态	拉伸性能			冲击性能	
			抗拉强度/MPa	屈服强度/MPa	伸长率（%）	试验温度℃	冲击吸收能量 KV/J
ER55-B6 ER55-B8	Ar+1%~5% O₂	焊后热处理	≥550	≥470	≥17	不要求	不要求
ER62-B9	Ar+5% O₂	焊后热处理	≥620	≥530	≥16	不要求	不要求

（续）

焊丝型号	保护气组分	试样状态	拉伸性能			冲击性能	
			抗拉强度/MPa	屈服强度/MPa	伸长率（%）	试验温度/℃	冲击吸收能量 KV/J
ER62~B9① （改进 I 型）	100% Ar	760℃×2h	≥720	≥560	≥15	20	≥41
ER62~B9① （改进 II 型）	100% Ar	760℃×2h	≥720	≥560	≥15	20	≥41
ER62~B9①	Ar+2.5%CO_2	760℃×2h	≥620	≥520	≥16	20	≥50

① 所列力学性能指标规定值引自奥地利 Böhler 公司企业标准。

表 8-23 中合金铬钼耐热钢药芯焊丝（含金属粉型焊丝）标准化学成分（按 GB/T 17493—2008）

焊丝型号	化学成分（质量分数，%）												
	C	Mn	Si	S	P	Ni	Cr	Mo	V	Al	Cu	Nb	其他
E55×T1-B6C,-B6M E55×T5-B6C,-B6M	0.05~0.12	1.25	1.0	0.030	0.040	0.40	4.0~6.0	0.45~0.65	—	—	0.5	—	—
E55×T1-B6LC,-B6LM E55×T5-B6LC,-B6LM	0.05	1.25	1.0	0.030	0.040	0.40	4.0~6.0	0.45~0.65	—	—	0.5	—	—
E55×T1-B8C,-B8M E55×T5-B8C,-B8M	0.05~0.12	1.25	1.0	0.030	0.040	0.40	8.0~10.5	0.85~1.20	—	—	0.5	—	—
E55×T1-B8LC,-B8LM E55×T5-B8LC,-B8LM	0.05	1.25	1.0	0.030	0.030	0.40	8.0~10.5	0.85~1.20	—	—	0.5	—	—
E62×T1-B9C,-B9M	0.08~0.13	1.20	0.50	0.015	0.020	0.8	8.0~10.5	0.85~1.20	0.15~0.30	0.04	0.25	0.02~0.10	N:0.02~0.07 （Mn+Ni）≤1.50
E55C-B6（金属粉型）	0.10	0.40~1.00	0.25~0.60	0.025	0.025	0.60	4.50~6.00	0.45~0.65	0.03	—	0.35	—	0.5
E55C-B8（金属粉型）	0.10	0.40~1.00	0.25~0.60	0.025	0.025	0.20	8.00~10.50	0.80~1.20	0.03	—	0.35	—	0.5
E62C-B9（金属粉型）	0.08~0.13	1.20	0.50	0.015	0.020	0.80	8.00~10.50	0.85~1.20	0.15~0.30	0.04	0.20	0.02~0.10	N:0.03~0.07 （Mn+Ni）≤1.50

注：除非另有说明，表中单值为最大值。

表 8-24 中合金耐热钢药芯焊丝熔敷金属力学性能

焊丝型号	试样状态	力学性能			冲击性能	
		R_m/MPa	$R_{p0.2}$/MPa	A（%）	试验温度/℃	冲击吸收能量/J
E55×T1-B6C,B6M E55×T1-B6LC,B6LM E55×T5-B6C,B6M E55×T5-B6LC,B6LM	焊后热处理	550~690	≥470	≥19	不要求	

（续）

焊丝型号	试样状态	R_m/MPa	$R_{p0.2}$/MPa	A(%)	冲击性能	
					试验温度/℃	冲击吸收能量/J
E55×T1-B8C, B8M E55×T1-B8LC, B8LM E55×T5-B8C, B8M E55×T5-B8LC, B8LM	焊后热处理	550~690	≥470	≥19	不要求	
E62×T1-B9C, B9M	焊后热处理	620~830	≥540	≥16	不要求	
E55C-B6	焊后热处理	≥550	≥470	≥17	不要求	
E55C-B8	焊后热处理					
E62C-B9	焊后热处理	≥620	≥410	≥16	不要求	

注: 焊后热处理参数参见表 8-20。

表 8-25　中合金耐热钢埋弧焊焊丝标准化学成分（按 AWS A5.23/A5.23M: 2007）

焊丝型号	化学成分(质量分数,%)													
	C	Mn	Si	S	P	Cr	Ni	Mo	Cu	V	Nb	Al	N	其他
EB6	0.10	0.35~0.70	0.05~0.50	0.025	0.025	4.50~6.50	—	0.45~0.70	0.35	—	—	—	—	—
EB6H	0.25~0.40	0.75~1.00	0.25~0.50	0.025	0.025	4.80~6.00	—	0.45~0.65	0.35	—	—	—	—	—
EB8	0.10	0.30~0.65	0.05~0.50	0.025	0.025	8.00~10.50	—	0.80~1.20	0.35	—	—	—	—	—
EB9	0.07~0.13	1.25	0.50	0.010	0.010	8.50~10.50	1.00	0.85~1.15	0.10	0.15~0.25	0.02~0.10	0.04	0.03~0.07	(Mn+Ni)≤1.5
EB9(改进型)	0.10	0.40	0.40	—	0.010	8.6	0.40	0.60		0.20	0.05			W:1.5

注:
1. 表中单值为最大值,除另有注明。
2. EB9（改进型）焊丝为典型成分。

表 8-26　中合金耐热钢埋弧焊焊缝金属力学性能指标的规定（按 AWS A5.23M: 2007）

焊剂/焊丝组合型号	焊剂商品牌号	焊缝形式	抗拉强度/MPa	屈服强度/MPa	伸长率(%)	冲击性能	
						试验温度/℃	冲击吸收能量/J
F55PZ-EB6-B6	BB24	多道焊	550~700	≥470	≥20	不要求	
F55TPZ-EB6-B6		双面单道焊	≥550	≥490	≥20		
F55PZ-EB8-B8	BB910	多道焊	550~700	≥470	≥20		
F55TPZ-EB8-B8		双面单道焊	≥550	≥490	≥20		
F62PZ-EB9-B9	BB910	多道焊	620~760	≥540	≥17		
F62TPZ-EB9-B9		双面单道焊	≥620	≥555	≥17		

表 8-27　中合金耐热钢埋弧焊焊剂特性指标及主要组分

焊剂商品牌号	特性指标	主要组分				
BB24	碱度 2.6 堆密度 1.0kg/dm³ 粒度 0.3~2.0mm	$\dfrac{SiO_2 + TiO_2}{15}$	$\dfrac{CaO + MgO}{37}$	$\dfrac{Al_2O_3 + MnO}{19}$	$\dfrac{CaF_2}{25}$	$\dfrac{K_2O + Na_2O}{3}$
BB910	碱度 2.9 堆密度 1.0kg/dm³ 粒度 0.3~2.0mm	$\dfrac{SiO_2 + TiO_2}{14}$	$\dfrac{CaO + MgO}{32}$	$\dfrac{Al_2O_3 + MnO}{18}$	$\dfrac{CaF_2}{31}$	

注：表列数据引自奥地利 Böhler Welding 公司产品样本。

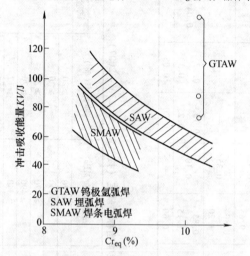

图 8-32　9Cr-2Mo 钢焊缝金属的 Cr 当量与韧性的关系
$$Cr_{eq} = w(Cr) + 4w(Si) + 1.5w(Mo) - [22w(C) + 0.5w(Mn) + 1.2w(Ni)]$$

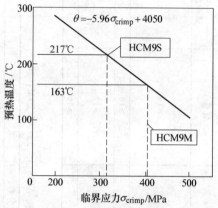

图 8-33　9Cr-1Mo 钢临界断裂应力 σ_{cr} 与
最低预热温度的关系

4. 预热和焊后热处理

在中合金耐热钢焊接时，预热是不可缺少的重要工序，是防止裂纹，降低接头各区硬度和焊接应力峰值以及提高韧性的有效措施。焊前的预热温度对于成熟钢种可按制造法规的要求选定。对于新型钢种，可根据抗裂性试验来确定。目前，测定钢材最低预热温度较可靠的定量试验法是插销冷裂试验。某种 9Cr-1Mo 钢的临界断裂应力与最低预热温度的关系示于图 8-33。

利用图 8-33 的关系曲线，可按实测的临界断裂应力简易地推算出最低预热温度。不过，焊件的实际预热温度应根据接头的拘束度、焊接方法、焊接热输入和焊缝金属实测的扩散氢含量等加以适当的调整。如采用低氢的焊接方法和大热输入焊接，则实际使用的预热温度可略低于插销冷裂试验测定的预热温度。而在焊接高拘束度接头或焊缝金属扩散氢含量较高时，则应适当提高预热温度。

表 8-28 列出推荐的中合金耐热钢的最低预热温度，同时也示出各国压力容器和管道制造法规对中合金耐热钢规定的最低预热温度。

中合金耐热钢焊件的焊后热处理在各国制造法规中作了强制性的规定，其目的在于改善焊缝金属及其热影响区的组织，使淬火马氏体转变成回火马氏体，降低接头各区的硬度，提高其韧度、变形能力和高温持久强度并消除内应力。中合金耐热钢焊件常用的焊后热处理有：完全退火、高温回火或回火加等温退火等。

表 8-28　各国制造法规要求的中合金耐热钢的最低预热温度和推荐的预热温度

钢种	ASME BPVC Ⅷ		BS5000		ASME B31.1		BS3351（低氢焊条）		推荐温度	
	厚度/mm	温度/℃	厚度/mm	温度/℃	厚度/mm	温度/℃	厚度/mm	温度/℃	厚度/mm	温度/℃
5Cr-0.5Mo	≤13 >13	150 204	所有厚度	200	所有厚度	175	所有厚度	200	≥6	200
7Cr-0.5Mo	所有厚度	204	所有厚度	200	所有厚度	175	所有厚度	200	≥6	250
9Cr-1Mo 9Cr-1MoV 9Cr-2Mo	所有厚度	204	所有厚度	200	所有厚度	175	所有厚度	200	≥6	250

各种中合金耐热钢焊件焊后热处理的最佳工艺参数可通过系列回火试验来确定。图 8-34 示出 10Cr9Mo1V 钢焊接接头的力学性能和冲击韧度与回火参数的关系。回火参数对接头的强度性能和冲击韧度都有明显的影

响。在实际生产中，从经济观点出发，应根据对接头提出的主要性能指标要求，为每种焊件选定最合理的焊后热处理参数。推荐的和各国压力容器和管道制造法规对中合金耐热钢焊后热处理的温度范围列于表 8-29。

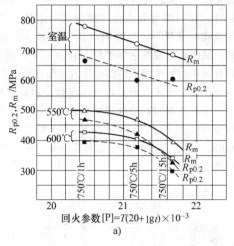
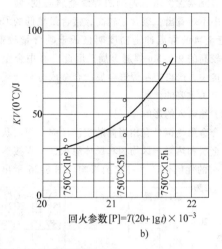

图 8-34　焊后热处理回火参数与 10Cr9Mo1V 钢接头性能的关系

a）回火参数与抗拉强度的关系　　b）回火参数与韧性的关系

表 8-29　推荐的和各国压力容器和管道制造法规规定的中合金耐热钢焊后热处理的温度范围

法规名称 钢种	推荐温度 /℃	ASME B31.1 温度/℃	BS3351 温度/℃	ASME BPVC Ⅷ 温度/℃
5Cr-0.5Mo	720～740	705～760	710～760	≥677
5CrMoWVTiB	760～780	—	—	—
9Cr-1Mo	720～740	705～760	710～760	>677
9Cr-1MoV	710～730	—	—	—
9Cr-1MoVNb	750～770	—	—	—
9Cr-MoWVNb	740～750	—	—	—
9Cr-2Mo2	710～730	—	—	—

5. 焊接工艺规程

中合金耐热钢的焊接工艺规程所列的项目和焊接参数基本上与低合金耐热钢相同。所不同的是必须明确规定焊接结束后焊件在冷却过程中容许的最低温度以及焊后到热处理的时间间隔。这两个参数对于保证中合金耐热钢接头无裂纹和高韧性是十分重要的。对于厚壁焊件还应规定接头容许的冷却速度和焊后立即消氢处理工艺。对于中合金耐热钢焊件，应按接头的形式编制焊接工艺规程，且必须按相应的标准通过焊接工艺评定。在焊接工艺评定中，应将焊件在焊接结束后冷却过程中容许的最低温度，焊件的冷却速度以及焊后到热处理的时间间隔作为重要的参数。同时应注意焊接工艺评定的试验条件尽可能与产品焊接施工条件接近。试板的厚度应等于或接近产品接头的厚度。试板焊后热处理的保温时间，应按产品制造过程

中接头实际可能经受的总热处理时间考虑。评定试板焊接过程中的预热温度、层间温度以及焊后热处理温度应采用精度符合要求的测温仪正确测定。中合金耐热钢焊接工艺规程的具体内容参见 8.3.5 节焊接实例。

8.3.4　中合金耐热钢焊接接头的力学性能

1. 中合金耐热钢焊接接头性能的影响因素

中合金耐热钢大部分用于动力锅炉、石油化工和炼油装置的高温高压部件。其焊接接头不仅应具有与母材大致相同的常温和高温短时强度，而且还应具有符合设备长期安全运行要求的高温蠕变强度和抗长时高温时效以及低温和高温韧性。

（1）合金成分的影响

中合金耐热钢焊缝金属的合金成分原则上按相同

于母材的合金成分来设计，其实际成分控制在标准成分范围的中限，以保证接头的高温持久性能。但合金成分的微量变化可能对焊缝的性能产生重大影响，例如图8-35所示出的两种合金系列基本相同，而碳、钼、锰等元素含量略有差别的焊缝金属温度-韧性曲线。从中不难看出，碳含量较高，锰含量较低的Cr9-Mo焊缝金属的常温冲击韧度明显低于碳含量较低、锰含量较高的9Cr-Mo焊缝金属。因此，在中合金耐热钢焊接中，严格控制焊缝金属的合金成分和杂质的含量是至关重要的。

（2）热输入的影响

中合金耐热钢具有相当高的空淬倾向，焊后状态的焊缝金属和热影响区均为马氏体组织，但焊接热输入对接头的性能仍产生一定的影响。图8-36示出一

种10Cr9MoWVNb钢焊条电弧焊接头硬度曲线，其焊接热输入仅14.4kJ/cm，在接头的热影响区出现明显的"硬度低谷"，软化区宽度达2mm，即使经740℃/2h回火处理仍未消除软化区。值得注意的是，这种软化区对接头的高温持久性能产生不利的影响。图8-37示出一组等应力持久断裂试验结果，在24个焊接接头试样中，只有两个试样断裂于焊缝金属，其余试样均断裂在热影响区，且断裂时间明显短于母材试样。如采用更高的热输入焊接这类中合金钢，则将严重降低接头的高温持久强度。因此焊接这类中合金耐热钢时，应选择低的焊接热输入，控制焊道厚度，焊前的预热温度和层间温度不宜高于250℃。尽量缩短焊接接头热影响区830～860℃区间停留时间。

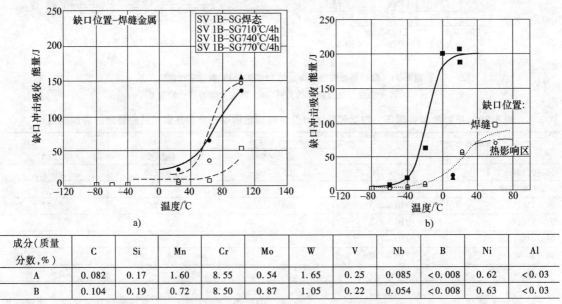

a)　　　　　　　　　　　　b)

成分（质量分数，%）	C	Si	Mn	Cr	Mo	W	V	Nb	B	Ni	Al
A	0.082	0.17	1.60	8.55	0.54	1.65	0.25	0.085	<0.008	0.62	<0.03
B	0.104	0.19	0.72	8.50	0.87	1.05	0.22	0.054	<0.008	0.63	<0.03

图 8-35　两种不同合金成分的9Cr-Mo焊缝金属的缺口韧度-温度转变曲线

a）成分A合金　b）成分B合金

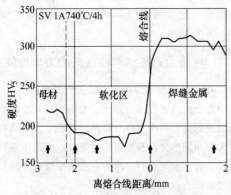

图 8-36　10Cr9MoWVNb钢焊条电弧焊接头

横剖面硬度曲线[19]

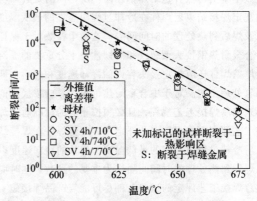

图 8-37　10Cr9MoWVNb钢焊接接头的等

应力持久断裂试验结果[19]

图 8-38 示出三种 10Cr9MoVNb 钢焊接接头 600℃ 持久强度的试验结果，说明热影响区窄的（2mm）焊接接头与热影响区宽的（4～5mm）焊接接头相比，在相同的负载下，断裂时间延长 2～3 倍。因此

对于这类马氏体耐热钢的焊接，必须从焊接工艺上控制焊接热输入，尽量减少热影响区的宽度。这样，虽然降低了焊接效率，但接头的持久强度大幅度提高，延长了接头的使用寿命。

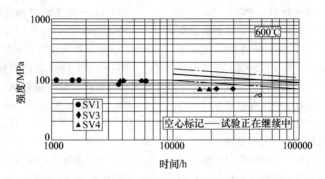

图 8-38　三种热影响区宽度不同的 10Cr9MoVNb 钢焊接接头 600℃ 持久断裂试验结果

● SV1（φ241mm×9mm）手工钨极氩弧焊，热影响区宽度 4～5mm，软化区硬度 175HV$_{10}$
预热温度大于 180℃，层间温度小于 270℃，焊后热处理 760℃/2h。
◆ SV3（φ260mm×60mm）焊条电弧焊，热影响区宽度 2mm，软化区硬度 171HV$_{10}$；
预热温度大于 100℃，层间温度小于 190℃，焊后热处理 760℃/4h。
▲ SV4（φ260mm×32mm）焊条电弧焊，上坡焊，焊道厚度 4.0mm，热影响区宽度 4mm，软化区硬度 195HV$_{10}$；
预热温度大于 100℃，层间温度小于 200℃，焊后热处理 760℃/4h。

（3）焊后热处理的影响

焊后热处理的温度和保温时间对接头的冲击韧度和高温持久强度有不可忽视的影响。图 8-39a、b 示出

焊后热处理温度和保温时间与 10Cr9MoWVNb 钢埋弧焊焊缝金属冲击韧度的关系曲线。总的趋势是，回火温度越高，冲击韧度越高。回火温度必须高于 725℃，

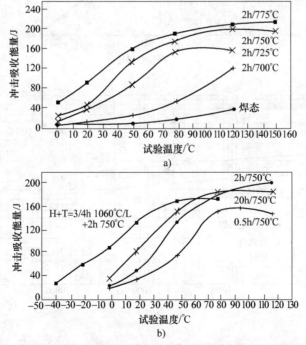

图 8-39　焊后热处理温度和保温时间对 10Cr9MoWVNb 钢埋弧焊焊缝金属冲击韧度的影响[18]

a）焊后热处理温度的影响　b）热处理保温时间和热处理方法的影响

H—淬火　T—回火

才能使焊缝金属的冲击韧度达到标准规定的室温 27J 以上。从图 8-39b 曲线可看出，保温时间太短不利于保证焊缝金属的冲击韧度，而淬火＋回火能明显提高其韧性。

图 8-40a 示出两种不同成分 10Cr9MoWVNb 钢在不同热处理状态下的高温持久强度曲线。由图载数据可见，740℃/4h 的回火处理，由于显微组织出现某种程度的回复现象而降低了高温持久强度，但所有接头试样的持久强度绝对值均在母材持久强度离差带下限以上或紧靠下限值。因此对于必须保证高温持久强度的焊接部件，如电站锅炉受热面管件，应严格控制回火温度，避免在组织回复区内长时热处理。

图 8-40b 示出一种新型的 10Cr9MoWVNb 钢焊条电弧焊和埋弧焊焊缝金属的蠕变断裂试验结果。从中可见，无论是焊缝金属和热影响区的蠕变强度均与母材相当。

2. 中合金耐热钢焊接接头性能典型数据

下面以 10Cr5MoWVTiB 和 A213-91（10Cr9Mo1VNb）中铬耐热钢为例，列举所选用的焊接材料，焊接工艺及接头力学性能典型数据。

（1）10Cr5MoWVTiB 钢管氩弧焊接头的性能

10Cr5MoWVTiB 多元合金耐热钢管供货状态为正火＋回火。原始金相组织为贝氏体。

φ42mm×3.5mm 钢管对接接头采用低频脉冲钨极填丝氩弧焊。焊接参数见表 8-30。因管壁厚度小于 6mm，焊前未作预热，焊后直接空冷。接头经 770℃×30min 高温回火。其常温和高温短时力学性能以及经 650℃、5000h 时效后的抗拉强度综列于表 8-30。采用高温管爆试验测定接头持久强度，并用最小二乘法推算出 650℃、10 万小时持久强度为 29.4MPa。起爆点均在焊缝外的母材上。这说明焊接接头的持久强度不低于母材。

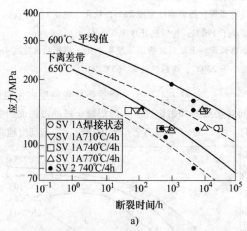

a)

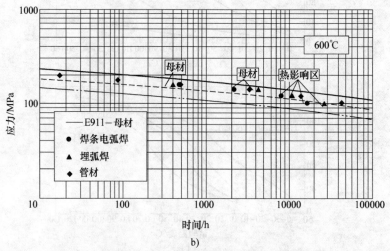

b)

图 8-40　焊后热处理对高温持久强度和蠕变断裂强度的影响

a）两种不同成分 10Cr9MoWVNb 钢在不同热处理状态下高温持久强度曲线[19]

b）一种新型 10Cr9MoWVNb 钢焊接接头蠕变断裂试验结果

（2）A213-91（10Cr9Mo1VNb）钢焊接接头的性能

ASTMA213-91 钢是 10Cr9Mo1VNb 型钢的典型钢种之一，厚 50mm 钢板用 CM-9S 焊条焊接，埋弧焊采用 W-CM9S 焊丝，配用 B-9CM 焊剂。预热和层间温度为 200～250℃。焊条电弧焊后热处理参数为 750℃/5h，埋弧焊接头的热处理参数为 750℃/10h。

焊条电弧焊和埋弧焊接头其常温和高温短时力学性能数据列于表 8-31。焊缝金属及热影响区冲击韧度与 600℃ 长时时效时间的关系曲线示于图 8-41。焊缝金属在 500～600℃ 温度区间的接头的高温蠕变强度曲线示于图 8-42。

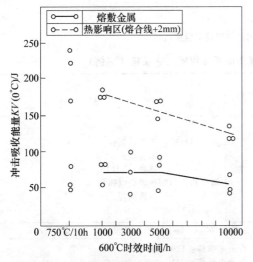

图 8-41　A213-T91 钢接头的缺口冲击吸收能量与600℃长时时效时间的关系

由上列数据可见，A213-91 钢的焊条电弧焊和埋弧焊焊缝金属具有高于母材的常温和高温抗拉强度，足够高的常温缺口冲击韧度。600℃ 长时间时效后，接头冲击韧度变化不大。焊缝金属的高温蠕变强度均在母材高温蠕变强度离差带范围之内。

表 8-30　10Cr5MoWVTiB 钢焊接接头的力学性能

试验温度/℃	屈服强度/MPa	抗拉强度/MPa	A（%）	Z（%）	断裂部位
常温	—	665	—	—	焊缝外
630	304	343	25	—	焊缝外
650	255	294	17	—	焊缝外
670	235	254	24	—	焊缝外
600℃ 时效常温	—	595	—	—	—
母材标准常温强度	≥392	540～735	≥18	≥50	—
焊接参数	$I_基 = 40～50A$，$I_峰 = 180A$，焊速 $v = 90～140mm/min$　焊后热处理参数：770℃/30min				

8.3.5　中合金耐热钢焊接实例

中合金耐热钢，特别是新近开发的 9CrMo 系列钢及其焊接接头由于具有相当高的蠕变强度，已在许多大型动力工程中逐步取代低合金耐热钢厚壁部件，取得可观的经济效益。以下列举 9Cr-MoWVNb 钢和 P91（10Cr9MoVNb）厚壁钢管对接接头焊条电弧焊和埋弧焊典型产品的焊接工艺规程。详见表 8-32 和表 8-33。

表 8-31　A213-T91 钢的焊条电弧焊和埋弧焊接头性能

焊接方法及热处理状态	试验温度/℃	屈服强度/MPa	抗拉强度/MPa	断后伸长率（%）	收缩率（%）	缺口冲击吸收能量/J		
						+20℃	0℃	-20℃
焊条电弧焊 750℃、5h	20	586	706	25	67	74	46	—
	550	409	461	20	79	62	57	—
	600	364	398	22	86	86	36	—
埋弧焊 750℃、10h	20	571	682	24	72	—	57	84
	550	357	424	19.3	77.5	—	116	52
	600	319	363	25.3	83.7	—	96	18
	650	226	296	38.7	91			
埋弧焊 750℃、10h 600℃、5000h	20	543	660	21.5	70.2	—	75	—
	550	333	408	19.6	77.8			
	600	253	344	25.2	83.0			
	650	163	270	39.0	90.4			
母材常温标准强度	20	≥414	≥586	≥20	≥50			

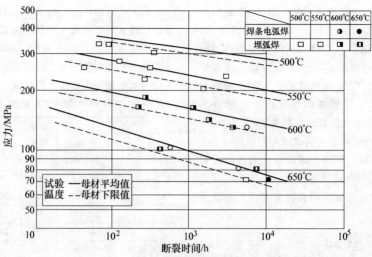

图 8-42　A213-T91 钢管焊缝金属的高温蠕变强度曲线

表 8-32　10Cr9MoWVNb 钢管对接环缝焊条电弧焊焊接工艺规程（实例）

母材	牌号	NF616 （10Cr9MoWVNb）	焊接材料	牌号	N616 ϕ3.25mm
	规格	40mm		规格	
坡口形式及尺寸		（坡口示意图）	焊接方法		封底层焊道：手工氩弧焊 填充丝：ϕ2.0 牌号：YT616 填充和盖面层：焊条电弧焊 连续焊
焊接温度参数	预热温度/℃	230 ~ 250	焊后热处理	740℃/4h	消氢处理　　250℃/2h
焊接参数		焊接电流：手工氩弧焊 135A 电弧电压：手工氩弧焊：12V 焊接速度：120mm/min			焊条电弧焊：120 ~ 140A 焊条电弧焊：24V 焊接热输入 E = 144kJ/cm
焊后冷却制度		消氢处理后缓冷至室温，1h 后立即焊后热处理			
焊缝金属化学成分 （质量分数，%）		C　 Si　 Mn　 P　 S　 Cr　 Mo　 W　 V　 Nb　 Ni　 B 0.085　0.33　1.60　0.006　0.001　8.5　0.54　1.6　0.24　0.086　0.63　<0.008			

表 8-33　P91（10Cr9MoVNb）厚壁钢管对接接头焊接工艺规程

母材钢号	10Cr9MoVNb P91（ASTM）	管子规格	直径≥100mm 厚壁 10 ~ 80mm
坡口形状及尺寸	（坡口示意图）	焊接位置，背面衬垫，焊缝形式	横焊，平焊 单面焊 铜衬垫
焊接材料牌号 及规格	GTAW 焊焊丝：牌号 C9MV-1G，标准号：ER62-B9 ϕ2.0/2.5mm 药芯焊丝：牌号 FOX C9MV　标准号：E6215-B9 ϕ3.2/4.0mm 埋弧焊焊丝：牌号 C9MV-UP　标准号 EB9 ϕ3.0mm 焊剂：牌号 BB910		
焊接参数			

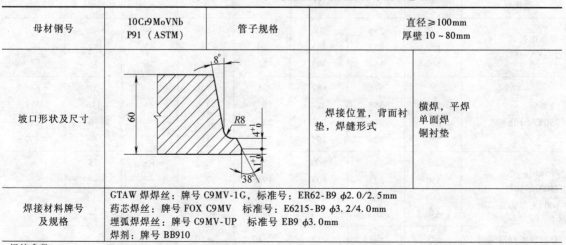

（续）

焊道层次	焊接方法	焊接电流/A	电弧电压/V	电流极性	焊接速度/(mm/min)	保护气流量/(h/min)	热输入/(kJ/mm)	摆动宽度
封底焊道	GTAW	70 ~ 130	10 ~ 14	直流正极性	—	8 ~ 15	~ 1.3	—
加厚焊道	焊条电弧焊	90 ~ 120	24 ~ 26	直流反极性	—	—	~ 1.1	3 × 焊条直径
加厚焊道	焊条电弧焊	110 ~ 140	24 ~ 26	直流反极性	—	—	~ 1.2	3 × 焊条直径
填充层盖面层	埋弧焊	380 ~ 450	26 ~ 30	直流反极性	450 ~ 600	—	~ 1.4	—

焊接温度参数
预热温度:220℃,层间温度 max≤300℃
焊后热处理温度 760℃ ±10℃,保温 2h,加热速度 <150℃/h
冷却速度 <150℃/h

8.4　高合金耐热钢的焊接

8.4.1　高合金耐热钢的化学成分和力学性能

根据现行高合金耐热钢国家标准，按其组织特征可分为奥氏体型、铁素体型、马氏体型和弥散硬化型四类。按其基本合金系统，可分为两类，即铬镍型和高铬型。为提高这些耐热钢的抗氧化性，热强性并改善其加工工艺性，在这两种基本合金系统中，还分别加入 Ti、Nb、Al、W、V、Mo、B、Si、Mn 和 Cu 等合金元素。

1. 合金元素对高合金耐热钢力学性能的影响

在铬镍型奥氏体耐热钢中，铬提高了钢在氧化环境中的热强性，其作用是通过 γ 固溶体强化，但强化程度低于钼和钒。铬也是碳化物形成元素，因碳化铬的耐热性较低，其强化效果不明显。

碳是一种强烈的奥氏体形成元素，碳含量只增加万分之几就可抵消 18-8 型奥氏体中铁素体形成元素的作用。碳和氮共同提高奥氏体钢的热强性。氮的强化作用在于时效过程中形成氮化物和碳氮化合物相。

硅和铝能提高奥氏体钢的抗氧化性。在 18-8 型 Cr-Ni 钢中，$w(Si)$ 从 0.4% 提高到 2.4%，钢在 980℃ 下的抗氧化性可提高近 20 倍，但硅严重恶化稳定型奥氏体钢的焊接性。铝对 Cr-Ni 型奥氏体热强性的强化作用不大。在弥散硬化高合金钢中，增加铝含量可提高室温和高温强度。

钛和铌的行为有较大差别。在镍含量较低的奥氏体钢中，钛与碳结合成稳定的碳化物。加入少量的钛可提高钢的持久强度。铌与碳形成最难熔的碳化物之一（NbC），当 $w(Nb)$ 增加到 0.5% ~ 2.0% 时可提高奥氏体耐热钢的热强性，同时也改善钢的持久塑性。但铌可能促使碳含量较低的奥氏体钢形成近缝区液化裂纹和焊缝金属的热裂纹。

钼提高了奥氏体耐热钢的热强性，其强化作用在于稳定了 γ 固溶体和晶界的强化。钼也改善了奥氏体钢的短时塑性和长时塑性。对焊接性产生一定的有利影响。在弥散硬化钢中，钼作为弥散强化元素，其作用最强烈。钼的不利作用是降低了奥氏体钢的冲击韧度。

钨在很多方面相似于钼。钨单独加入时，只是强化了 γ 固溶体，不会使钢的热强性明显提高。不过它与其他元素共同加入奥氏体钢时，可能引起固溶体的弥散硬化。在这种情况下，钨提高了钢的热强性，但降低奥氏体钢的韧性。

在 Cr-Ni 型奥氏体钢中，钒提高热强性的作用不大。在氧化性介质中，钒可能降低钢的抗高温氧化性。但在 13% Cr 钢中，V 和 Mo、W、Nb 等元素一样，可提高钢的热强性。

硼以微量成分加入奥氏体钢时，提高了钢的热强性。例如在 12Cr14Ni18W2Nb 型奥氏体钢中，$w(B)$ 从 0.005% 增加到 0.015% 时，钢的 650℃高温持久强度从 118MPa 提高到 176MPa。

在高合金铬镍钢中，加入 Cu、Al、Ti、B、Nb、N、P 等元素可促使钢产生弥散硬化，从而提高钢的热强性。

2. 合金元素对高合金耐热钢组织的影响

在高合金钢中，合金元素按其对钢组织结构和组织转变特性的影响可分成下列两组：一组是缩小奥氏体区的元素，其中包括 Si、Cr、W、Mo、Ti、V 和 Al 等。另一组是扩大奥氏体区的元素，有 Mn、Ni、Co、Cu 和 N 等。第一组元素使铁的 α/γ 转变点移向较高温度，并使 γ/δ 转变点移向较低温度（参见图 8-43），结果使奥氏体区缩小。在合金元素的极限浓度下 $w(Cr) = 15\%$、$w(W) = 8\%$ 或 $w(Mo) = 3\%$、$w(Si) = 1.5\%$，A_3 点与 A_4 点重合，即 γ 区收缩，而 α 区连续地变为 δ 区。当这些合金元素浓度较高时，即处于阴影区的右边，从低温到熔点均为纯铁素体。合金元素的临界浓度取决于碳含量。在 $w(C) \approx 0\%$ 的 Fe-Cr 二元合金中，$w(Cr)$ 超过 15% 即形成铁素体钢，而当 $w(C)$ 为 0.25% 和 0.4% 时，临界 $w(Cr)$ 相应提高到 24% 和 29%。

在图 8-43 的阴影线区内则形成半铁素体钢。这种钢内一部分组织由不可转变的铁素体组成，而在较高温度下存在的奥氏体按不同的冷却速度，可转变为珠光体、贝氏体或马氏体。因此在 $w(C) = 0.10\%$ 的 Cr13 钢中，在高温下的组织由奥氏体 + δ 铁素体组成。如钢从 1100℃ 缓慢冷却，则奥氏体转变为珠光体，而 δ 铁素体不发生转变。从相同的高温油冷后，组织则由镶嵌 δ 铁素体的马氏体组成。在另一些半铁素体钢中，奥氏体在缓慢冷却时不转变为珠光体。这些钢的组织在所有温度下均由 δ 铁素体和奥氏体组成，即形成了铁素体-奥氏体双相钢。

在图 8-43 的阴影区右边，则形成马氏体钢，如 $w(C)$ 大于 0.15%，$w(Cr)$ 为 13% ~ 18% 的铬钢。

第二组元素使铁的 γ/α 转变点移向较低温度，并使 γ/δ 转变点移向较高温度，由此扩大了奥氏体区，缩小了 α 和 δ 区。当 $w(Ni)$ 超过 30% 或 $w(Mn)$ 达到 14% 的极限浓度时，A_3 点一直下降到室温。这种钢从室温到接近熔点均为奥氏体组织。

当钢中存在多种元素时，其作用不是简单的叠加。这些元素可能互相强化，也可能引起新的作用。如在 Cr-Ni 钢中，铁素体形成元素 Cr 和奥氏体形成元素 Ni 共存，其作用不是互相抵消，而是 Cr 加强了 Ni 的作用。例如，在 $w(Cr) = 18\% \sim 19\%$，$w(Ni) = 8\% \sim 12\%$ 的合金成分下，钢已具有纯奥氏体组织。

在铸态的焊缝金属中，例如 $w(Cr) = 18\%$ 和 $w(Ni) = 8\%$ 的铬镍钢焊缝金属则含有一定量的铁素体。

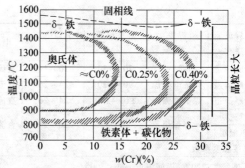

图 8-43　Fe-Cr 系合金在不同碳含量下的状态图

这些铁素体晶体在缓慢冷却时可能富集铁素体形成元素。由于扩散速度随温度下降而减慢，在相继的 γ 结晶中不再达到完全的浓度平衡，也就不再符合平衡关系。当冷却到室温时富集大量铁素体形成元素的区域仍为铁素体组织，而形成所谓亚稳奥氏体钢。

在高合金耐热钢中，各种合金元素对钢组织结构和各种性能影响的程度综列于表 8-34。

3. 高合金耐热钢标准化学成分和力学性能

我国常用的奥氏体型、铁素体型和马氏体型高合金耐热钢的标准化学成分列于表 8-35。弥散硬化高合金耐热钢的标准化学成分列于表 8-36。这些钢在供货状态下的力学性能分别列于表 8-37、表 8-38 和表 8-39。

GB 5310—2008《高压锅炉用无缝钢管》和 GB 9948—2006《石油裂化用无缝钢管》列出了该制造行业专用的高合金耐热钢，其钢号及标准化学成分见表 8-40，力学性能指标的规定列于表 8-41，部分钢种 10 万 h 高温持久强度数据见表 8-42。

表 8-34　合金元素对高合金耐热钢性能和组织的影响

合金元素	对组织结构的影响			对性能的影响				
	形成铁素体	形成奥氏体	形成碳化物	提高耐蚀性	提高抗氧化性	提高高温强度	增强时效硬化	细化晶粒
Al	■	—	—	■	■	—	■	□
C	—	■	□	—	—	□	■	—
Cr	□	—	□	■	■	□	—	—
Co	—	□	—	—	—	■	□	—
Nb	□	—	■	□	—	■	■	□
Cu	—	□	—	□	—	—	□	—
Mn	—	△	—	—	—	—	—	—
Mo	□	—	△	□	—	■	□	—
Ni	—	□	—	■	■	□	—	—
N	—	■	—	—	—	□	□	■
Si	□	—	□	—	■	—	□	—

（续）

合金元素	对组织结构的影响			对性能的影响				
	形成铁素体	形成奥氏体	形成碳化物	提高耐蚀性	提高抗氧化性	提高高温强度	增强时效硬化	细化晶粒
Ta	□	—	□	—	—	□	□	□
Ti	■	—	■	—	□	□	□	■
W	△	—	□	—	—	□	—	■
V	△	—	□	—	—	□	—	□

注：■—强烈　□—中等　△—微弱

表 8-35　高合金耐热钢的标准化学成分（按 GB/T 4238—2007）

钢 号	奥氏体型									
	化学成分（质量分数，%）									
	C	Si	Mn	P	S	Ni	Cr	Mo	N	其他
12Cr18Ni9	0.15	0.75	2.00	0.045	0.030	8.00 ~ 11.00	17.00 ~ 19.00	—	0.10	—
12Cr18Ni9Si3	0.15	2.00 ~ 3.00	2.00	0.045	0.030	8.00 ~ 10.00	17.00 ~ 19.00	—	0.10	—
06Cr19Ni9	0.08	0.75	2.00	0.045	0.030	8.00 ~ 10.50	18.00 ~ 20.00	—	0.10	—
07Cr19Ni10	0.04 ~ 0.10	0.75	2.00	0.045	0.030	8.00 ~ 10.50	18.00 ~ 20.00	—	—	—
06Cr20Ni11	0.08	0.75	2.00	0.045	0.030	10.00 ~ 12.00	19.00 ~ 21.00	—	—	—
16Cr23Ni13	0.20	0.75	2.00	0.045	0.030	12.00 ~ 15.00	22.00 ~ 24.00	—	—	—
06Cr23Ni13	0.08	0.75	2.00	0.045	0.030	12.0 ~ 15.00	22.00 ~ 24.00	—	—	—
20Cr25Ni20	0.25	1.50	2.00	0.045	0.030	19.00 ~ 22.00	24.00 ~ 26.00	—	—	—
06Cr25Ni20	0.08	1.50	2.00	0.045	0.030	19.00 ~ 22.00	24.00 ~ 26.00	—	—	—
06Cr17Ni12Mo2	0.08	0.75	2.00	0.045	0.030	10.00 ~ 14.00	16.00 ~ 18.00	2.00 ~ 3.00	0.10	—
06Cr19Ni13Mo3	0.08	0.75	2.00	0.045	0.030	11.00 ~ 15.00	18.00 ~ 20.00	3.00 ~ 4.00	0.10	—
06Cr18Ni11Ti	0.08	0.75	2.00	0.045	0.030	9.00 ~ 12.00	17.00 ~ 19.00	—	—	Ti：≥5C
12Cr16Ni35	0.15	1.50	2.00	0.045	0.030	33.0 ~ 37.00	14.00 ~ 17.00	—	—	—
06Cr18Ni11Nb	0.08	0.75	2.00	0.045	0.030	9.00 ~ 13.00	17.00 ~ 19.00	—	—	Nb：10XC ~ 0.10

钢 号	铁素体型								
	化学成分（质量分数，%）								
	C	Si	Mn	P	S	Cr	Ni	N	其他
06Cr13Al	0.08	1.00	1.00	0.040	0.030	11.50 ~ 14.50	0.60	—	Al：0.10 ~ 0.30
022Cr11Ti	0.030	1.00	1.00	0.040	0.030	10.50 ~ 11.70	0.60	0.030	Ti：6C ~ 0.75
022Cr11NbTi	0.030	1.00	1.00	0.040	0.030	10.50 ~ 11.70	0.60	0.030	Ti + Nb：8（C + N）+ 0.08 ~ 0.75

（续）

钢　号	铁素体型								
	化学成分（质量分数,%）								
	C	Si	Mn	P	S	Cr	Ni	N	其他
10Cr17	0.12	1.00	1.00	0.040	0.030	16.00 ~ 18.00	0.75	—	—
16Cr25N	0.20	1.00	1.50	0.040	0.030	23.00 ~ 27.00	0.75	0.25	—
12Cr12	0.15	0.50	1.00	0.040	0.030	11.50 ~ 13.00	0.60	—	—
12Cr13	0.15	1.00	1.00	0.040	0.030	11.50 ~ 13.50	0.75	0.50	—
22Cr12NiMoWV	0.20 ~ 0.25	0.50	0.50 ~ 1.00	0.025	0.025	11.00 ~ 12.50	0.50 ~ 1.00	0.90 ~ 1.25	V:0.20 ~ 0.30, W:0.90 ~ 1.25

注：表中单值为最大值。

表 8-36　弥散硬化高合金耐热钢标准化学成分（按 GB/T 4238—2007）

钢　　号	化学成分（质量分数,%）										
	C	Si	Mn	P	S	Cr	Ni	Cu	Al	Mo	其他
022Cr12Ni9Cu2NbTi	0.05	0.50	0.50	0.040	0.030	11.00 ~ 12.50	7.50 ~ 9.50	1.50 ~ 2.50	—	0.50	Ti:0.80 ~ 1.40 (Nb + Ta):0.10 ~ 0.50
05Cr17Ni4Cu4Nb	0.07	1.00	1.00	0.040	0.030	15.00 ~ 17.50	3.00 ~ 5.00	3.00 ~ 5.00	—	—	Nb:0.15 ~ 0.45
07Cr17Ni7Al	0.09	1.00	1.00	0.040	0.030	16.00 ~ 18.00	6.50 ~ 7.75	—	0.75 ~ 1.50	—	—
07Cr15Ni7Mo2Al	0.09	1.00	1.00	0.040	0.030	14.00 ~ 16.00	6.50 ~ 7.75	—	0.75 ~ 1.50	2.00 ~ 3.00	—
06Cr17Ni7AlTi	0.08	1.00	1.00	0.040	0.030	16.00 ~ 17.50	6.00 ~ 7.50	—	0.40	—	Ti:0.40 ~ 1.20
06Cr15Ni25Ti2MoAlVB	0.08	1.00	2.00	0.040	0.030	13.50 ~ 16.00	24.00 ~ 27.00	—	0.35	1.00 ~ 1.50	Ti:1.90 ~ 2.35 V:0.10 ~ 0.50 B:0.001 ~ 0.010

注：表中单值为最大值。

表 8-37　奥氏体型高合金耐热钢力学性能（按 GB/T 4238—2007）

钢号	热处理状态	$R_{p0.2}$/MPa	R_{m}/MPa	$A(\%)$	硬度值		
					HBW	HRB	HV
12Cr18Ni9	固溶处理	≥205	≥515	≥40	≤201	≤92	≤210
12Cr18Ni9Si3	固溶处理	≥205	≥515	≥40	≤217	≤95	≤220
06Cr19Ni9	固溶处理	≥205	≥515	≥40	≤201	≤92	≤210
07Cr19Ni10	固溶处理	≥205	≥515	≥40	≤201	≤92	≤210
06Cr20Ni11	固溶处理	≥205	≥515	≥40	≤183	≤88	—
16Cr23Ni13	固溶处理	≥205	≥515	≥40	≤217	≤95	≤220
06Cr23Ni13	固溶处理	≥205	≥515	≥40	≤217	≤95	≤220
20Cr25Ni20	固溶处理	≥205	≥515	≥40	≤217	≤95	≤220
06Cr25Ni20	固溶处理	≥205	≥515	≥40	≤217	≤95	≤220
06Cr17Ni12Mo2	固溶处理	≥205	≥515	≥40	≤217	≤95	≤220
06Cr19Ni13Mo3	固溶处理	≥205	≥515	≥35	≤217	≤95	≤220
06Cr18Ni11Ti	固溶处理	≥205	≥515	≥40	≤217	≤95	≤220
12Cr16Ni35	固溶处理	≥205	≥560	—	≤201	≤95	≤210
06Cr18Ni11Nb	固溶处理	≥205	≥515	≥40	≤201	≤92	≤210
16Cr25Ni20Si2	固溶处理	—	≥540	≥35			

表 8-38　铁素体型和马氏体型耐热钢力学性能（按 GB/T 4238—2007）

钢　　号	热处理状态	$R_{p0.2}$/MPa	R_m/MPa	A(%)	硬度值			弯曲角/(°)	d=弯芯直径 a=钢板厚度
					HBW	HRB	HV		
铁 素 体 型									
06Cr13Al	退火	≥170	≥415	≥20	≤179	≤88	≤200	180	$d=2a$
022Cr11Ti	退火	≥275	≥415	≥20	≤197	≤92	≤200	180	$d=2a$
022Cr11NbTi	退火	≥275	≥415	≥20	≤197	≤92	≤200	180	$d=2a$
10Cr17	退火	≥205	≥450	≥22	≤183	≤89	≤200	180	$d=2a$
16Cr25N	退火	≥275	≥510	≥20	≤201	≤95	≤210	135	—
马 氏 体 型									
12Cr12	退火	≥205	≥485	≥25	≤217	≤88	≤210	180	$d=2a$
12Cr13	退火	—	≥690	≥15	≤217	≤96	≤210	—	—
22Cr12NiMoWV	退火	≥275	≥510	≥20	≤200	≤95	≤210	—	$a≤3mm$ $d=a$

表 8-39　弥散硬化耐热钢力学性能（GB/T 4238—2007）

钢　　号	钢材厚度/mm	时效处理温度/℃	$R_{p0.2}$/MPa	R_m/MPa	A(%)	硬度值	
						HRC	HBW
022Cr12Ni9Cu2NbTi	≥0.10 ~ <0.75	510±10 或 480±6	1410	1525	—	≥44	—
	≥0.75 ~ <1.50		1410	1525	3	≥44	—
	≥1.50 ~ ≤16		1410	1525	4	≥44	—
05Cr17Ni4Cu4Nb	≥0.1 ~ <5.0	496±10	1070	1170	5	38 ~ 46	—
	≥5.0 ~ <16		1070	1170	8	38 ~ 47	375 ~ 477
	≥16 ~ ≤100		1070	1170	10	38 ~ 47	375 ~ 477
	≥0.1 ~ <5.0	579±10	860	1000	5	31 ~ 40	—
	≥5.0 ~ <16		860	1000	9	29 ~ 38	293 ~ 375
	≥16 ~ ≤100		860	1000	13	29 ~ 38	293 ~ 375
	≥0.1 ~ <5.0	621±10	725	930	8	28 ~ 38	—
	≥5.0 ~ <16		725	930	10	26 ~ 36	269 ~ 352
	≥16 ~ ≤100		725	930	16	26 ~ 36	269 ~ 352
	≥0.1 ~ <5.0	760±10 621±10	515	790	9	26 ~ 36	255 ~ 331
	≥5.0 ~ <16		515	790	11	24 ~ 34	248 ~ 321
	≥16 ~ ≤100		515	790	18	24 ~ 34	248 ~ 321
07Cr17Ni7Al	≥0.05 ~ <0.30	760±15	1035	1240	3	≥38	—
	≥0.30 ~ <5.0	15±3	1035	1240	5	≥38	—
	≥5.0 ~ ≤16	566±6	965	1170	7	≥38	≥352
	≥0.05 ~ <0.30	954±8	1310	1450	1	≥44	—
	≥0.30 ~ <5.0	−73±6	1310	1450	3	≥44	—
	≥5.0 ~ ≤16	510±6	1240	1380	6	≥43	≥401
07Cr15Ni7Mo2Al	≥0.05 ~ <0.30	760±15	1170	1310	3	≥40	—
	≥0.30 ~ <5.0	15±3	1170	1310	5	≥40	—
	≥5.0 ~ ≤16	566±10	1170	1310	4	≥40	≥375
	≥0.05 ~ <0.30	954±8	1380	1550	2	≥46	—
	>0.30 ~ <5.0	−73±6	1380	1550	4	≥46	—
	≥5.0 ~ ≤16	510±6	1380	1550	4	≥46	≥429
06Cr17Ni7AlTi	≥0.10 ~ <0.80	510±8	1170	1310	3	≥39	—
	≥0.80 ~ <1.50		1170	1310	4	≥39	—
	≥1.50 ~ ≤16		1170	1310	5	≥39	—
	≥0.10 ~ <0.75	566±8	1035	1170	3	≥35	—
	≥0.75 ~ <1.50		1035	1170	4	≥35	—
	≥1.50 ~ ≤16		1035	1170	5	≥35	—
06Cr15Ni25Ti2MoAlVB	≥2.0 ~ <8.0	700 ~ 760	590	900	15	≥101	≥248

表8-40　高压锅炉和石油裂化装置用高合金耐热钢标准化学成分（按 GB 5310—2008，GB 9948—2013）

钢号	标准号	化学成分（质量分数，%）														
		C	Si	Mn	Cr	Mo	V	Ni	Alt	Cu	Nb	N	W	P	S	其他
10Cr11MoW2VNbCu1BN	5310	0.07~0.14	≤0.50	≤0.70	10.00~11.50	0.25~0.60	0.15~0.30	≤0.50	≤0.020	0.30~1.70	0.04~0.10	0.04~0.10	1.50~2.50	≤0.020	≤0.010	B:0.0005~0.0050
07Cr19Ni10	5310	0.04~0.10	≤0.75	≤2.00	18.00~20.00	—	—	8.00~11.00	—	—	—	—	—	≤0.030	≤0.015	—
10Cr18Ni9NbCu3BN	5310	0.07~0.13	≤0.30	≤1.00	17.00~19.00	—	—	7.50~10.50	0.003~0.030	2.50~3.50	0.30~0.60	0.050~0.120	—	≤0.030	≤0.010	B:0.0010~0.010
07Cr25Ni21NbN	5310	0.04~0.10	≤0.75	≤2.00	24.00~26.00	—	—	19.00~22.00	—	—	0.20~0.60	0.150~0.350	—	≤0.030	≤0.015	—
07Cr19Ni11Ti	5310	0.04~0.10	≤0.75	≤2.00	17.00~20.00	—	—	9.00~13.00	—	—	—	—	—	≤0.030	≤0.015	Ti:4XC~0.60
07Cr18Ni11Nb	5310	0.04~0.10	≤0.75	≤2.00	17.00~19.00	—	—	9.00~13.00	—	—	8C~1.10	—	—	≤0.030	≤0.015	—
08Cr18Ni11NbFG	5310	0.06~0.10	≤0.75	≤2.00	17.00~19.00	—	—	9.00~12.00	—	—	8C~1.10	—	—	≤0.030	≤0.015	—
07Cr19Ni10	9948	0.04~0.10	≤1.00	≤2.00	18.00~20.00	—	—	8.00~11.00	—	—	—	—	—	≤0.030	≤0.015	—
07Cr18Ni11Nb	9948	0.04~0.10	≤1.00	≤2.00	17.00~20.00	—	—	9.00~12.00	—	—	8C~1.10	—	—	≤0.030	≤0.015	—
07Cr19Ni11Ti	9948	0.04~0.10	≤0.75	≤2.00	17.00~20.00	—	—	9.00~13.00	—	—	—	—	—	≤0.030	≤0.015	Ti:4C~0.60
022Cr17Ni12Mo2	9948	≤0.030	≤1.00	≤2.00	16.00~18.00	2.00~3.00	—	10.00~14.00	—	—	—	—	—	≤0.030	≤0.015	—

注：1. Alt—铝总含量。
2. 钢号 08Cr18Ni11NbFG 中的"FG"表示细晶粒。

表 8-41　高压锅炉和石油裂化装置用高合金耐热钢力学性能（按 GB 5310—2008、GB 9948—2013）

钢　号	R_{m}/MPa	R_{eL} 或 $R_{\mathrm{p0.2}}$/MPa	$A(\%)$	KV_2/J（室温）		硬度值		
				纵向	横向	HBW	HV	HRC 或 HRB
10Cr11MoW2VNbCu1BN	≥620	≥400	≥20	≥40	≥27	250	265	25HRC
07Cr19Ni10	≥515	≥205	≥35			192	200	90HRB
10Cr18Ni9NbCu3BN	≥590	≥235	≥35			219	230	95HRB
07Cr2SNi21NbN	≥655	≥295	≥30			256	—	10HRB
07Cr19Ni11Ti	≥515	≥205	≥35			192	200	90HRB
07Cr18Ni11Nb	≥520	≥205	≥35			192	200	90HRB
08Cr18Ni11NbFG	≥550	≥205	≥35			192	200	90HRB
07Cr19Ni10	≥520	≥205	≥35			187		
07Cr18Ni11	≥520	≥205	≥35					
07Cr19Ni11Ti	≥520	≥205	≥35			187		
022Cr17Ni12Mo2	≥485	≥170	≥35			187		

表 8-42　高压锅炉用高合金耐热钢 10 万 h 高温持久强度数据（按 GB 5310—2008）

钢　号	100000h 持久强度/MPa（不小于）																			
	温度/℃																			
	560	570	580	590	600	610	620	630	640	650	660	670	680	690	700	710	720	730	740	750
10Cr11MoW2VNbCu1BN	157	143	128	114	101	89	76	66	55	47	—	—	—	—	—	—	—	—	—	—
07Cr19Ni10	—	—	—	96	88	81	74	68	63	57	52	47	44	40	37	34	31	28	26	
10Cr18Ni9NbCu3BN	—	—	—	—	137	131	124	117	107	97	87	79	71	64	57	50	45	39		
07Cr25Ni21NbN					160	151	142	129	116	103	94	85	76	69	62	56	51	46		
07Cr19Ni11Ti	123	118	108	98	89	80	72	66	61	55	50	46	41	38	35	32	29	26	24	22
07Cr18Ni11Nb				132	121	110	100	91	82	74	66	60	54	48	43	38	34	31	28	
08Cr18Ni11NbFG					132	122	111	99	90	81	73	66	59	53	48	43				

　　为适应现代电站锅炉向超临界和特超临界参数发展，近期已研制出一系列新型马氏体型和奥氏体型高合金耐热钢，其发展趋势如图 8-19 和图 8-44 所示，这些钢种的化学成分列于表 8-43。

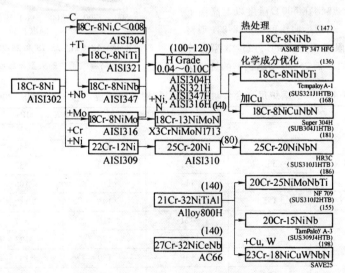

图 8-44　电站锅炉过热器和再热器用奥氏体钢的最新发展趋势

注：（　）内的数值表示 600℃，10^5 h 的蠕变断裂强度。

表 8-43　电站锅炉过热器和再热器用新型奥氏体钢主要化学成分

钢号及商品牌号	化学成分（质量分数,%）								
	C	Cr	Ni	Mo	Nb	Ti	Co	Cu	其他
X3CrNiMoN1713（14910）（德国钢号）	≤0.04	16.0 ~ 18.0	12.0 ~ 14.0	2.00 ~ 2.80	—	—	—	—	N = 0.10 ~ 0.18,　B = 0.015 ~ 0.0050
X7NiCrCeNb32-27（AC66）（德国钢号）	0.04 ~ 0.08	26.0 ~ 28.0	31.0 ~ 33.0	—	0.60 ~ 1.00	—	—	—	Ce = 0.05 ~ 1.10,　Al = 0.025（max）
18Cr-8NiCuNbN（Super 304H）	0.07 ~ 0.13	17.0 ~ 19.0	7.5 ~ 10.5	—	0.30 ~ 0.60	—	—	2.50 ~ 3.50	N = 0.05 ~ 0.12
18Cr-8NiCuNbTi	0.04 ~ 0.10	17.5 ~ 19.5	9.0 ~ 12.0	—	0.30 ~ 0.60	≤0.20	—	—	—
18Cr-NiCuNb（Tem Paloy A-1）	0.04 ~ 0.10	17.0 ~ 20.0	9.0 ~ 13.0	—	≤1.0	—	—	—	—
20Cr-25NiMoNbTi（TP347HFG，NF 709）	0.04 ~ 0.10	19.0 ~ 22.0	23.0 ~ 27.0	1.00 ~ 2.00	0.10 ~ 0.40	0.02 ~ 0.20	—	—	N = 0.010 ~ 0.20,　B = 0.003 ~ 0.009
22Cr-15NiMoNbN（TemPaloy A-3）	0.04 ~ 0.10	21.0 ~ 23.0	14.5 ~ 16.5	—	0.50 ~ 0.80	—	—	—	N = 0.010 ~ 0.20,　B = 0.003 ~ 0.009
23Cr-18NiCuWNbN（SAVE25）	0.04 ~ 0.10	21.0 ~ 24.0	15.0 ~ 22.0	—	0.30 ~ 0.60	—	—	—	W, Cu, N
25Cr-20NiNbN（HR3C）	0.04 ~ 0.10	24.0 ~ 26.0	17.0 ~ 23.0	—	0.20 ~ 0.60	—	—	—	N = 0.15 ~ 0.35
NiCr23Co12Mo（Inconel 617）	0.04 ~ 0.10	20.0 ~ 23.0	余量	8.0 ~ 10.0	—	0.20 ~ 0.60	Co = 10.0 ~ 13.0,　A = 10.60 ~ 1.50		

注：除已注明外，其余为美国钢号和商品牌号。

高合金耐热钢最主要的特征是 400℃ 温度以上具有较高的力学性能和抗氧化性能。表 8-44 列出某些典型的高合金耐热钢 400℃ 温度以上高温短时屈服强度数据。

高合金耐热钢的抗氧化性是以失重率来表征的。如在一确定的温度下失重不超过 $1g/(m^2 \cdot h)$，则这种钢可认为是抗氧化的。图 8-45 示出 18-8Ti、25-13 和 25-20 铬镍奥氏体耐热钢在 600℃ 温度以上高温下的抗氧化性实测数据。由图示曲线可见，18-8Ti 型铬镍奥氏体钢抗氧化极限温度是 850℃，25-13 型铬镍钢抗氧化温度为 1000℃，而 25-20 型铬镍钢的抗氧化温度可达 1200℃。

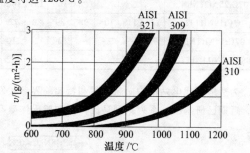

图 8-45　18-8Ti、25-13 和 25-20 型铬镍奥氏体钢在高温气氛中的失重与温度的关系曲线

表 8-44　高压锅炉用高合金耐热钢高温短时屈服强度（按 GB 5310—2008）

钢　号	高温短时规定塑性延伸强度 $R_{p0.2}$/MPa				
	温度/℃				
	400	450	500	550	600
10Cr11MoW2VNbCu1BN[①]	533	511	478	433	371
07Cr19Ni10	119	114	110	105	101
10Cr18Ni9NbCu3BN	155	150	146	142	138
07Cr25Ni21NbN[①]	429	421	410	397	374
07Cr19Ni11Ti	132	128	126	123	122
07Cr18Ni11Nb	141	139	139	133	130
08Cr18Ni11NbFG	144	141	138	135	132

① 钢号 10Cr11MoW2VNbCu1BN 和 07Cr25Ni21NbN 所列数据为在该温度下的抗拉强度。

4. 高合金耐热钢的热处理状态

各种高合金耐热钢以不同的热处理状态供货。奥氏体耐热钢极大部分以固溶处理状态供货，而铁素体型和马氏体型耐热钢的供货状态为退火处理。弥散硬化型耐热钢则以固溶处理＋时

效处理状态供货。各种类型高合金耐热钢的热处理参数分别列于表 8-45，表 8-46 和表 8-47。应当指出，为使各种高合金耐热钢具有合乎要求的常温和高温性能，选用正确的热处理参数是十分重要的。

表 8-45　奥氏体耐热钢供货状态下的热处理参数

钢号	热处理方法	热处理温度/℃	冷却方式	钢号	热处理方法	热处理温度/℃	冷却方式
12Cr18Ni9 12Cr18Ni9Si3 06Cr19Ni10 07Cr19Ni10	固溶处理	≥1040	水冷或其他方式快冷	06Cr25Ni20 06Cr17Ni12Mo2 06Cr19Ni13Mo3	固溶处理	≥1040	水冷或其他方式快冷
				06Cr18Ni11Ti	固溶处理	≥1095	水冷或其他方式快冷
06Cr20Ni11 16Cr23Ni13	固溶处理	≥1400	水冷或其他方式快冷	12Cr16Ni35	固溶处理	1030~1180	水冷或其他方式快冷
				06Cr18Ni11Nb	固溶处理	≥1040	水冷或其他方式快冷
06Cr23Ni13	固溶处理	≥1040	水冷或其他方式快冷	16Cr25Ni20Si2	固溶处理	1080~1130	水冷或其他方式快冷
20Cr25Ni20	固溶处理	≥1400	水冷或其他方式快冷				

表 8-46　铁素体和马氏体耐热钢供货状态下的热处理参数

钢号	热处理方法	热处理温度/℃	冷却方式	钢号	热处理方法	热处理温度/℃	冷却方式
06Cr13Al	退火	780~830	快冷或缓冷	16Cr25N	退火	780~880	快冷
022Cr11Ti	退火	800~900	快冷或缓冷	12Cr12	退火	750,800~900	快冷，或缓冷
022Cr11NbTi	退火	800~900	快冷或缓冷	12Cr13	退火	750,800~900	快冷，或缓冷
10Cr17	退火	780~850	快冷或缓冷	22Cr12NiMoWV	正火＋回火	1050+705	空冷＋缓冷

表 8-47　弥散硬化高合金耐热钢的热处理参数

钢号	固 溶 处 理		时 效 处 理			
	温度/℃	冷却方式	温度/℃	时间/h	冷却方式
022Cr12Ni9Cu2NbTi	829±15	水冷	480±6 510±6	4 4	空冷
05Cr17Ni4Cu4Nb	1050±25	水冷	482±10 496±10 552±10 579±10 593±10 621±10 760±10 621±10	1 4 4 4 4 4 2 4	空冷 空冷 空冷 空冷 空冷 空冷 空冷 空冷
07Cr17Ni7Al	1065±15	水冷	954±8 -73±6 510±6	10min 8 1	快冷至室温 空气中加热至室温 空冷
			760±15 566±6	90min 90min	1h内冷却至15±3,保温≥30min 空冷
07Cr15Ni7Mo2Al	1040±15	水冷	954±8 -73±6 510±6	10min 8 1	快冷至室温 空气中加热至室温 空冷
			760±15 566±6	90min 90min	1h内冷却至15±3,保温≥30min 空冷
06Cr17Ni7AlTi	1038±15	空冷	510±8 538±8 566±8	30min 30min 30min	空冷 空冷 空冷
06Cr15Ni25Ti2MoAlVB	885~915 或 965~995	快冷 快冷	700~760	16	空冷或缓冷

5. 高合金耐热钢的应用范围

由上列数据可见，高合金耐热钢具有相当好的综合性能，目前已在各个不同工程领域内得到广泛的应用。按照高合金耐热钢焊接结构服役期的长短，可将其分为短期，中期和长期三类。

涡轮泵和火箭发动机部件的工作时间仅为几分钟，属于短期服役焊接结构。航空发动机和涡轮火箭发动机转子的工作时间达几百或几千小时，属于第二类高温焊接结构。第三类是电站锅炉高温高压部件、汽轮机转子和壳体等，其工作期限长达10万小时，甚至20万小时。各种高合金耐热钢适用的温度范围及其主要应用领域综列于表8-48。

几种典型的高合金耐热钢的蠕变断裂强度曲线示于图8-46。

表 8-48　高合金耐热钢的适用温度范围及其主要用途

钢种	钢号	适用温度范围及其主要用途
马氏体型	12Cr12	抗氧化温度600~700℃，用于汽轮机叶片、喷嘴、锅炉、燃烧器、阀门
	12Cr13	抗氧化温度700~800℃，用途同上
	22Cr12NiMoWV	抗氧化温度600~650℃，用于高压锅炉受热面管、集箱、蒸汽管道
铁素体型	022Cr11Ti	抗氧化温度700~800℃，用于锅炉、燃烧器壳体、喷嘴
	06Cr13Al	适用温度范围700~800℃燃汽轮机、压缩机叶片
	10Cr17	在900℃温度以下抗氧化，用于炉用高温部件、喷嘴
	06Cr25N	抗氧化温度1080℃，用于燃烧器、高温部件、炉用高温部件
奥氏体型	06Cr19Ni9 12Cr18Ni9Ti	抗氧化温度870℃以下，用于锅炉受热面管子、加热炉零件、热交换器、马弗炉、转炉、喷管
	06Cr18Ni11Ti 06Cr18Ni11Nb	耐高温腐蚀，氧化温度范围400~900℃，用于工作温度850℃以下的管件
	06Cr18Ni13Si4 16Cr20Ni14Si2	抗高温氧化温度范围1035℃以下，用于工作温度1000~1050℃的电介和高温分解装置管件、渗碳马弗炉、锅炉吊挂支撑、工作温度650~700℃的超高压蒸汽管道
	06Cr23Ni13	抗氧化温度直到980℃，用于燃烧器火管、汽轮机叶片、加热炉体、甲烷变换装置、高温分解装置
	06Cr25Ni20	抗氧化温度直到1035℃，用于加热炉部件、工作温度950℃以下的燃气系统管件
	06Cr17Ni12Mo2 06Cr19Ni13Mo3	抗氧化温度不低于870℃，用于工作温度600~750℃的化工炼油热交换器管件、炉用管件
弥散硬化型	07Cr17Ni7Al	工作温度550℃以下的高温承载部件
	06Cr15Ni25Ti2MoAlVB 06Cr12Ni20Ti3AlB	抗氧化温度700℃，用于工作温度700℃以下的汽轮机、转子叶轮、叶片、轮环
	12Cr22Ni20Co20Mo3W3NbN 12Cr12Ni22Ti3MoBAl	用于工作温度750℃以下的汽轮机转子、压缩机零件、叶片、叶轮

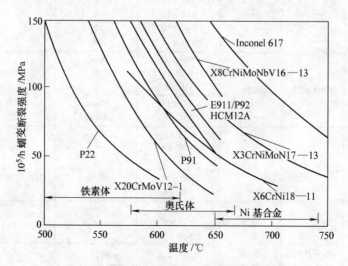

图 8-46　典型高合金耐热钢的蠕变断裂强度曲线

8.4.2　高合金耐热钢的焊接特性

高合金耐热钢与中低合金耐热钢相比,具有独特的物理性能。表 8-49 列出马氏体、铁素体、奥氏体和弥散硬化型高合金耐热钢的典型物理化学性能数据。为便于对照,也列出了普通低碳钢的相应数据。对焊接性产生较大影响的物理性能有热膨胀系数、热导率和电阻率。由表中数据可见,与碳钢相比,奥氏体耐热钢的热膨胀系数较高,将引起较大的变形,而各种高合金耐热钢的导热率均较低,要求采用较低的焊接热输入。

奥氏体耐热钢的另一重要特性是非磁性（磁导率 1.02）。但冷作加工可提高强度和磁导率。铁素体和马氏体型耐热钢的磁导率为 600～1100,弥散硬化型耐热钢的磁导率在 100 以下。这四类高合金耐热钢的焊接性因其金相组织的不同而异,马氏体型耐热钢的焊接性主要因高的淬硬性而恶化。铁素体型耐热钢焊接时,由于不发生同素异构转变,导致重结晶区晶粒长大,结果使接头的韧性降低。奥氏体型耐热钢焊接的主要问题是热裂倾向较高,而弥散硬化型耐热钢的焊接特性与弥散过程中的强化机制有关。

1. 马氏体耐热钢的焊接特性

表 8-49　高合金耐热钢退火状态下的典型物理性能数据

物理性能		钢　种				
名称	单位	奥氏体钢	铁素体钢	马氏体组织	弥散硬化钢	碳素结构钢
密度	Mg/m³	7.8～8.0	7.8	7.8	7.8	7.8
弹性模数	GPa	193～200	200	200	200	200
平均热膨胀系数(0～538℃)	10^{-6}/℃	17.0～19.2	11.2～12.1	11.6～12.1	11.9	11.7
导热率(100℃)	W/(m·K)	18.7～22.8	24.4～26.3	28.7	21.8～23.0	60
比热容(0～100℃)	J/(kg·K)	460～500	460～500	420～460	420～460	480
电阻率	10^{-8} Ωm	69～102	59～67	55～72	77～102	12
熔点	℃	1400～1450	1480～1530	1480～1530	1400～1440	1538

马氏体耐热钢基本上是 Fe-Cr-C 系合金。通常 w(Cr)在 11%～18% 范围内。为提高其热强性还加入 Mo、V 等合金元素。这些钢几乎在所有的实际冷却条件下均转变成马氏体组织。

马氏体耐热钢由于含有足够数量的铬,使其自 820℃ 以上温度冷却时具有空淬倾向,而从 960℃ 以上温度淬火可达到最高的硬度。图 8-47 示出 X20CrMoV12-1（德国钢号）高铬钢的连续冷却组织

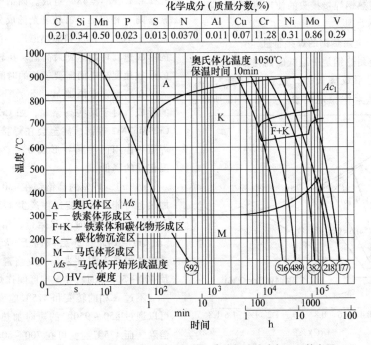

化学成分（质量分数,%）

C	Si	Mn	P	S	N	Al	Cu	Cr	Ni	Mo	V
0.21	0.34	0.50	0.023	0.013	0.0370	0.011	0.07	11.28	0.31	0.86	0.29

A—奥氏体区
F—铁素体形成区
F+K—铁素体和碳化物形成区
K—碳化物沉淀区
M—马氏体形成区
Ms—马氏体开始形成温度
○HV—硬度

图 8-47　X20CrMoV12-1（德国钢号）高铬钢连续冷却组织转变图

转变图。从图中可见，即使在很低的冷却速度下也会产生淬火而形成马氏体组织。这种钢约在 1050℃ 完全奥氏体化，从该温度快速冷却时形成全马氏体组织。而快速加热到 820～960℃ 温度区间，奥氏体的转变是不完全的。从该温度区间连续冷却，则最终形成铁素体和马氏体显微组织。

对于高铬耐热钢，铬含量对钢的焊接行为有明显的影响。当 $w(Cr)$ 从 11% 增加到 17% 时，钢的淬硬特性会发生重大变化。当钢的 $w(C)$ 约为 0.08% 时，则 12% 铬钢的焊接热影响区为全马氏体组织。而在 15% 铬钢中，由于铬具有稳定铁素体的作用，可能阻止其完全转变为奥氏体而残留部分未转变的铁素体。这样在快速冷却的热影响区内只有一部分转变为马氏体，其余为铁素体。在马氏体组织中存在软的铁素体，降低了钢的硬度和裂纹倾向。

马氏体高铬钢可在退火、淬火、消除应力处理或回火状态下焊接。热影响区的硬度主要取决于钢的碳含量。当 $w(C)$ 超过 0.15% 时，热影响区硬度急剧提高，冷裂纹敏感性加大，韧性下降。由于这种钢的导热性较低，导致热影响区的温度梯度更为陡降，加上组织转变时的体积变化，可能引起较高的内应力，从而进一步提高了冷裂倾向。

马氏体耐热钢焊接接头在焊后状态的工作能力取决于热影响区的综合力学性能，包括硬度和韧性之间的合适匹配。但为实现这一点，往往是相当困难的。因此为保证马氏体耐热钢焊接接头的使用可靠性，通常总是规定作焊后热处理。

2. 铁素体高合金耐热钢的焊接特性

铁素体高合金耐热钢是一组低碳高铬 Fe-Cr-C 合金。为阻止加热时形成奥氏体，在钢中可加入 Al、Nb、Mo 和 Ti 等铁素体稳定元素。如图 8-48 所示，

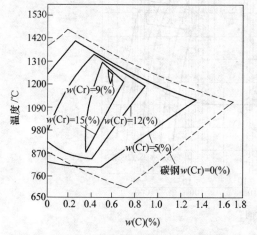

图 8-48　铬和碳含量对高铬奥氏体区范围的影响

随着铬含量的增加，碳含量的降低，奥氏体区范围缩小，当 $w(Cr)$ 大于 17% 或 $w(C)$ 小于 0.03% 时，Cr12 钢内不可能再形成奥氏体而形成纯铁素体组织。因此这些钢不可能被淬硬，冷裂倾向亦随之降低。但是普通铁素体耐热钢焊接过热区有晶粒长大倾向，使接头的韧性和塑性急剧下降。为改善其焊接性，在降低碳含量的同时增加少量 Al [$w(Al) \approx 0.2\%$]，以阻止在高温区内奥氏体的形成和晶粒过分长大。但为获得塑性较高的接头，焊后仍需退火处理。

在某些铁素体高铬钢中，于 820℃ 以上温度可能形成少量的奥氏体。从高温冷却时，奥氏体转变为马氏体，造成轻微的淬硬。因为钢中只有一部分马氏体，其余还是软的铁素体，故能经受住马氏体相变应力。马氏体主要在铁素体的晶界形成，对接头的塑性可能起不利的作用。对于这些铁素体铬钢，焊后最好在 760～820℃ 范围内作退火处理。

改善铁素体耐热钢焊接性的最新方法是，降低钢中间隙元素（C、N、O）的含量，提高钢的纯度，并加入适量的铁素体稳定剂。这样可完全避免马氏体的形成。在一般的情况下，焊前无需预热，焊后亦不需热处理。在焊后状态，接头具有较好的塑性和韧性。

$w(Cr)$ 高于 21% 的铁素体耐热钢在 600～800℃ 温度范围内长时加热过程中会形成金属间化合物 σ 相，其性质硬而脆，硬度高达 800～1000HV，由 $w(Cr)$ = 52% 和 $w(Fe)$ = 48% 组成。如钢中含有 Mo 或其他元素，则 σ 相可能具有较复杂的成分。σ 相的形成速度取决于钢中铬含量和加热温度。在 800℃ 高温下 σ 相的形成速度可能达到最高值。在较低的温度下，σ 相的形成速度减慢而需要较长的时间。

在高铬钢中添加 Mo、Si、Nb 等元素会加速 σ 相的形成。对于某些高铬钢，如 Cr21Mo1、Cr29Mo4 和 Cr29Mo7Ni2 等钢，甚至会在焊接过程中，由于多层焊道热作用而沿晶界形成 σ 相，导致接头室温和高温韧性的降低。

$w(Cr)$ > 17% 的高铬钢在 450～525℃ 之间温度下加热也可能由于沉淀过程产生 475℃ 脆性。如焊件在上述温度区间长时高温运行，铬含量较低的耐热钢 [$w(Cr)$ = 14%] 亦会倾向于 475℃ 脆变。因此对于铁素体耐热钢焊件来说，应当避免在 600～800℃ 以及 400～500℃ 的临界温度区间作焊后热处理。

不过 σ 相的转变和 475℃ 脆变都是可逆的。σ 相可以通过 850～950℃ 的短时加热，随即快速冷却来消除。而 475℃ 脆变可在 700～800℃ 短时加热，紧接水冷加以消除。

所有铁素体耐热钢在 900℃ 以上温度加热时具有晶粒长大的倾向，铬含量越高，晶粒长大的倾向越严重，自 1050℃ 温度以上，粗晶会加速形成，粗晶的形成导致钢材变形能力降低。恢复变形能力的方法是冷加工后退火以细化晶粒，也可在钢中添加钛、氮和铝等元素，通过成核作用而遏制粗晶的形成。

铁素体耐热钢焊接接头的热影响区内，由于焊接高温的作用不可避免会形成粗晶。晶粒长大的程度取决于所达到的最高温度及其保持时间。粗晶必然导致焊接接头过热区韧性的下降。因此在铁素体耐热钢焊接时，为避免在高温下长时停留而导致粗晶和 σ 相的形成，应采用尽可能低的热输入进行焊接，即采用小直径焊条、低焊接电流、窄焊道技术、高焊速和多层焊等。对于某些特别敏感于焊接热输入的铁素体钢，应在焊接工艺规程上明确规定最高容许的焊接热输入。

3. 奥氏体耐热钢的焊接特性

奥氏体耐热钢与奥氏体系列不锈钢具有基本相同的焊接特点。总的来说，这类钢由于塑性和韧性较高，且不可淬硬，与低合金、中合金及高合金马氏体和铁素体耐热钢相比，具有较好的焊接性。奥氏体耐热钢焊接的主要问题有：铁素体含量的控制、焊接热裂纹、接头各种形式的腐蚀和 σ 相的脆变等。其中焊接热裂纹和接头的腐蚀请参见本手册第 9 章"不锈钢的焊接"，本节主要讨论与奥氏体耐热钢焊接密切相关的铁素体含量控制和 σ 相脆变的问题。

（1）铁素体含量的控制

奥氏体耐热钢焊缝金属中铁素体含量关系到抗热裂性、σ 相脆变和热强性能。从提高抗热裂性出发，要求焊缝金属中含有一定量的铁素体，但从防止 σ 相脆变和热强性考虑，铁素体含量越低越好。从焊接冶金和焊接工艺上妥善和合理地解决这一矛盾是奥氏体耐热钢焊接的核心技术。

奥氏体铬镍钢焊缝金属可最先以 δ 铁素体晶粒，也可以奥氏体晶粒初次结晶，这取决于焊缝金属中铁素体形成元素和奥氏体形成元素的含量比。例如，在 $w(Cr) = 18\%$、$w(Ni) = 8\% \sim 10\%$ 的焊缝金属中可能最先析出铁素体。这些铁素体晶体在缓慢冷却时可能富集铁素体形成元素。由于扩散速度随温度下降而减慢，因此在相继的 γ 结晶中不再达到平衡浓度，而使大量富集形成铁素体元素的区域仍为铁素体组织。这种金属实际上是亚稳奥氏体钢。Cr17% + Ni13% 的焊缝金属则是稳定奥氏体钢，它与前一种焊缝金属不同，在凝固时直接以奥氏体结晶，冷却后为全奥氏体组织。

各种不同成分的铬镍钢焊缝金属在焊后状态的铁素体含量可按图 8-49 所示的德龙（Delong）组织图来确定。该组织图考虑到焊接过程中吸收的氮对组织的影响。在计算焊缝金属铬镍当量时，应按所采用的焊接方法和焊接参数以及母材对焊缝金属的稀释率。此外，还应考虑焊接溶池的冷却速度，随着冷却速度的提高，铁素体含量减少。

奥氏体焊缝金属的力学性能与其铁素体含量存在一定的关系，如图 8-50 所示，随着铁素体含量的增加，奥氏体铬镍钢焊缝金属的常温抗拉强度提高，塑性下降。然而，高温短时抗拉强度、高温持久强度及低温韧性随之明显降低。因此对于奥氏体耐热钢焊接接头，应当考虑控制铁素体含量。在某些特殊的应用场合，可能要求采用全奥氏体的焊缝金属。

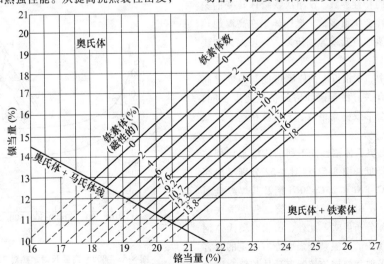

图 8-49　铬镍高合金钢焊缝金属的德龙（Delong）组织图

镍当量 $= w(Ni) + 30w(C) + 30w(N) + 0.5w(Mn)$

铬当量 $= w(Cr) + w(Mo) + 1.5w(Si) + 0.5w(Nb)$

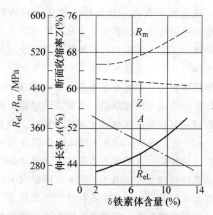

图 8-50　铁素体含量对奥氏体铬镍钢焊缝
金属力学性能的影响

（2）σ 相的脆变

铬镍奥氏体钢和焊缝金属在高温持续加热过程中
亦会发生 σ 相的脆变。σ 相的析出温度范围为 650 ~
850℃。18Cr-8Ni 钢在 700 ~ 800℃ 温度下，25Cr-20Ni
钢在 800 ~ 850℃ 温度下 σ 相析出的敏感性最大。
25Cr-20Ni 钢在 800℃ 以下加热时，σ 相的析出的速度
要缓慢得多，在 900℃ 以上高温下，σ 相不再析出。
在 18Cr-8Ni 钢中，当温度超过 850℃ 时，σ 相不再
形成。

焊缝金属与轧制材料不同，在奥氏体组织内总含
有一定量铁素体。在高温加热过程中，铁素体逐渐转
变为 σ 相。随着转变温度的提高，σ 相倾向于球化。
σ 相亦能直接从奥氏体中析出，或者在奥氏体晶体内
以魏氏组织形式析出。

σ 相的析出速度在很大程度上取决于金属的原始
组织和加热过程的特性参数。σ 相从铁素体转变的速
度要比从奥氏体转变快很多倍。奥氏体钢在高温加热
过程中，如产生塑性流变或施加压力，则可大大加快
σ 相的析出。

在奥氏体钢中，σ 相析出的原因可能与温度升高
时碳化物的溶解有关。由于碳和铬的扩散速度不同，
在碳化物溶解时会形成一高铬区，σ 相就在这一区域
析出。

σ 相的形成对奥氏体钢性能不利的影响是促使缺
口冲击韧度明显降低。图 8-51 和图 8-52 分别示出高
温持续加热对 18Cr-8Ni 和 25Cr-20Ni 钢及其焊缝金属
冲击韧度的影响。σ 相对钢材性能危害的程度取决于
它的形状、尺寸和分布形式。此外，σ 相对奥氏体钢
抗高温氧化性和接头的高温蠕变强度亦有一定的有害
影响。因此必须采取相应措施控制奥氏体焊缝金属的
σ 相转变。

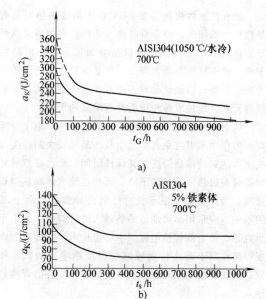

图 8-51　700℃长时加热对 18Cr-8Ni 钢及其焊缝
金属冲击韧度的影响[13]
a) 母材　b) 焊缝金属

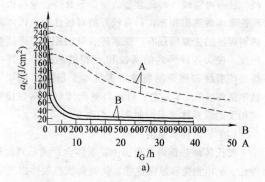

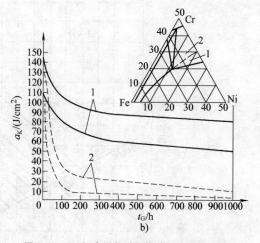

图 8-52　800℃高温长时加热对 25Cr-Ni20 钢及
其焊缝金属冲击韧度的影响[13]
a) 母材　b) 焊缝金属

防止奥氏体钢焊缝金属 σ 相形成的最有效措施是调整焊缝金属合金成分，严格限制 Mo、Si、Nb 等加速 σ 相形成的元素，适当降低 Cr 含量并应提高 Ni 含量。例如 23Cr-22Ni 钢对 σ 相的敏感性比 25Cr-20Ni 钢低得多。在焊接工艺方面应采用热输入量低的焊接方法。焊后焊件应避免在 600～850℃ 温度区间作热处理。

4. 弥散硬化耐热钢的焊接特性

弥散硬化耐热钢是一种通过复杂的热处理获得高强度的高合金钢。这些钢不仅具有高的耐热性和抗氧化性，而且具有较高的塑性和断裂韧性。弥散硬化是加入到钢中的铜、钛、铌和铝等元素促成的。这些附加成分在固溶退火或奥氏体化过程中溶解，而在时效热处理时产生亚显微析出相，由此提高了基体的硬度和强度。弥散硬化耐热钢按其从奥氏体化温度冷却时形成的组织可分为三类：即马氏体、半奥氏体和奥氏体弥散硬化耐热钢。

大多数马氏体弥散硬化钢在约 1040℃ 下固溶处理，此时其组织主要为奥氏体。淬火时，奥氏体在 150～95℃ 温度区间转变为马氏体。在某些钢中，马氏体基体中可能含有少量铁素体。这类钢淬火成马氏体后，在时效处理过程中通过弥散机制而进一步强化。时效处理的温度范围为 480～620℃。

半奥氏体弥散硬化钢在固溶处理或退火状态的组织为奥氏体＋δ 铁素体，δ 铁素体所占比例最大可达 20%。这类钢通过三道热处理强化：①固溶处理；②马氏体转变冰冷处理；③时效硬化处理。固溶处理的温度在 732～954℃ 范围内，冰冷处理温度在 -70℃ 以下，可使 30% 的奥氏体转变成马氏体。时效硬化实际是一种回火处理，即在 454～538℃ 温度范围内加热 3h 后空冷。其作用是消除应力并使马氏体回火，进一步提高钢的强度和韧性。对于某些半奥氏体弥散硬化钢，例如美国钢种 AM350 和 AM355 钢，在时效处理之前，加一道调整处理，即在 774℃ 加热 2～4h，空冷。其目的是在已形成的马氏体上，或者在 δ 铁素体边界上沉淀碳化物，并使部分残留奥氏体转变为马氏体。

奥氏体弥散硬化钢的合金含量较高，足以使固溶处理后或任何时效处理或硬化处理后保持奥氏体组织。奥氏体弥散硬化钢的热处理比较简单，先作固溶处理，即加热到 1100～1120℃，然后快速冷却，接着在 650～760℃ 温度范围内作时效处理。在时效过程中，铝、钛和磷等元素会形成金属间化合物而使钢明显强化。但所达到的强度值总是低于马氏体钢或半奥氏体弥散硬化钢。

虽然奥氏体弥散硬化钢在成形、焊接、热处理之后总是保持奥氏体组织，但为产生弥散硬化而加入钢中的某些元素对钢的焊接行为产生不利影响。例如，铜、铌、铝和磷等合金元素可能在晶界上形成低熔点化合物而使钢具有红脆性。奥氏体弥散硬化钢的焊接性比普通奥氏体耐热钢较差。某些钢种还可能对焊接热影响区再热裂纹相当敏感。在这种情况下，必须选用低热输入的焊接方法和特种焊接材料，确定适当的焊后热处理参数。

上述三类弥散硬化钢焊接的共同问题是，为保证接头的力学性能和断裂韧性，焊件在焊后应作完整的热处理。对于大型和形状复杂的焊件，应在焊前先作固溶处理，焊后再作时效硬化处理。

8.4.3　高合金耐热钢的焊接工艺

根据上述四类高合金耐热钢的焊接特点，马氏体高合金耐热钢的焊接性最差，其次是铁素体耐热钢和奥氏体弥散硬化钢，它们的焊接工艺有较大差别，现分述如下：

1. 马氏体高合金耐热钢的焊接工艺

马氏体高合金耐热钢可采用所有的熔焊方法进行焊接。由于这种钢具有相当高的冷裂倾向，因此必须严格保持低氢和超低氢的焊接条件和低的冷却速度。对于拘束度较大的接头，除了必须采用低氢焊接材料外，还应严格规定焊接温度参数、热参数和焊后热处理参数。

马氏体耐热钢焊接通常要求采用铬含量和母材基本相同的同质填充焊丝和焊条。高铬马氏体钢焊条尚未列入我国国家标准。在实际生产中，常选用符合相应国际标准的国外公司生产的焊条。高铬马氏体耐热钢，如 X20CrMoV12（德国）和 X20CrMoWV12-1（德国）等钢用的焊条、氩弧焊填充焊丝和埋弧焊焊丝—焊剂组合，推荐采用符合欧盟标准的 ECrMoWV12B42H5、WCrMoWV12Si 和 SCrMoWV12—SAFB265DCH5 焊条、焊丝和焊剂。这些焊条和焊丝的化学成分和焊缝金属的力学性能分别列于表 8-50 和表 8-51。

高铬马氏体耐热钢焊条电弧焊时，足够高的预热温度并保持不低于预热温度的层间温度是防止焊接裂纹的关键。常用的预热温度范围为 150～400℃，其主要按钢的碳含量、接头壁厚、填充金属的合金成分和氢含量、焊接方法和接头的拘束度选定。表 8-52 列出按钢的碳含量分级推荐的预热温度、层间温度、焊接热输入和焊后热处理的要求。

表 8-50　12%Cr 高合金耐热钢焊条和焊丝的典型化学成分

焊条或焊丝型号	化学成分(质量分数,%)							
	C	Si	Mn	Cr	Ni	Mo	V	W
ECrMoWV12B42H5 (熔敷金属成分)	0.18	0.3	0.7	11.0	0.55	0.9	0.25	0.5
WCrMoWV12Si (TIG 焊丝成分)	0.21	0.4	0.6	11.3		1.0	0.3	0.45
SCrMoWV12 埋弧焊焊丝成分	0.25	0.25	0.8	11.5	0.6	0.9	0.3	0.5
SAFB265DCH5 (熔敷金属成分)	0.18	0.3	0.75	11.4	0.45	0.85	0.3	0.5

表 8-51　12%Cr 高合金耐热钢焊缝金属力学性能要求

焊条或焊丝标准型号 及热处理状态	焊缝金属力学性能			
	屈服强度/MPa	抗拉强度/MPa	伸长率 A(%)	V 形缺口冲击能量/J(20℃)
ECrMoWV12B42H5 760℃/4h 退火,标准要求	≥580	≥700	≥15	≥35
典型实测值	610	800	18	45
1050℃淬火 + 760℃回火 标准要求	≥550	≥740	≥15	≥35
典型实测值	590	790	18	45
WCrMoWV12Si 760℃/4h 退火,标准要求	≥590	≥700	≥15	≥35
典型实测值	610	780	18	60
SCrMoWV12—SAFB265DCH5 760℃/4h 退火,标准要求	≥550	≥650	≥15	≥47

表 8-52　马氏体高铬钢焊条电弧焊焊前预热温度、层间温度、热输入和焊后热处理要求

钢中碳含量 (质量分数%)	预热温度范围 /℃	层间温度 /℃	热输入	焊后热处理要求
0.10 以下	150 ~ 200	≥150	中等	按壁厚定
0.10 ~ 0.20	200 ~ 300	≥250	中等	任何厚度均需热处理
0.20 ~ 0.30	300 ~ 400	≥300	高	任何厚度均需热处理

图 8-53 示出 X20CrMoV12-1 高铬马氏体钢完整的焊接工艺和焊后热处理示意图。其中按壁厚规定了预热温度,当壁厚 S < 6mm 时,最低预热温度为 200℃,当接头壁厚 > 10mm 时,预热温度范围为 350 ~ 400℃,手工氩弧焊封底层焊道的预热温度可适当降低到 250℃。焊接结束后,厚度在 10mm 以下的接头容许缓冷到室温,保持 30min 后立即作焊后热处理。厚度在 10mm 以上的接头,焊后应冷却到 100 ~ 120℃保温 60min 再作焊后热处理。焊后热处理温度 720 ~ 780℃,保温时间按接头壁厚和焊接方法确定。

高铬马氏体钢焊后热处理种类有:亚临界退火和完全退火。完全退火可使接头的多相组织转变成全铁素体组织,完全退火的温度范围为 830 ~ 885℃,保温结束后冷至 600℃,然后空冷。这种退火工艺要求严

格控制整个加热和冷却过程。因此除非要求达到最大限度的软化,一般不推荐采用这种热处理。亚临界退火的温度范围为 650 ~ 780℃,保温结束后空冷或以 200 ~ 250℃/h 的速度冷却。保温时间可按壁厚 2.5 ~ 3min/mm 计算。如填充金属的化学成分,包括碳含量与母材基本匹配,焊后亦可作淬火 + 回火处理。

$w(C) ≥ 0.2\%$ 的马氏体耐热钢焊件在焊接结束后立即作亚临界退火处理。

2. 铁素体高合金耐热钢的焊接工艺

由于高铬铁素体耐热钢对过热较为敏感,只能采用低热输入进行焊接。通常多采用焊条电弧焊和钨极氩弧焊。高铬铁素体耐热钢的焊接填充金属基本有三类:①合金成分基本与母材匹配的高铬钢填充材料;②奥氏体铬镍高合金钢;③镍基合金。对于在高温下

长时运行的焊件，不推荐采用奥氏体钢填充金属。而镍基合金由于价格昂贵，只有在特殊的场合下才被采用。列入我国国家标准（GB/T 983—2012）的铁素体耐热钢焊条只有两种即 E430-××（G302）及 E430-××1（G307），适用于 $w(Cr) = 17\%$ 以下的各种高铬铁素体耐热钢。

由于在铁素体耐热钢中常见的铁素体形成元素铝和钛难以通过电弧过渡到焊缝金属，故迄今为止尚未研制出与这些铁素体耐热钢成分完全匹配的电弧焊焊条。为克服这一难题，可采用钨极氩弧焊或等离子弧焊。在惰性气体 Ar 的保护下，焊丝中的 Al、Ti 和 Nb 等元素不发生烧损而大部分过渡到焊缝金属中。高铬铁素体耐热钢焊丝推荐采用美国 AWS A5.9/A5.9M：2006 焊丝标准中规定的三种高铬合金钢焊丝。这些焊丝的型号和标准化学成分综列于表 8-53。

高铬铁素体耐热钢焊接时，预热的作用与马氏体耐热钢焊接时不同。高铬铁素体耐热钢接头热影响区的晶粒会因焊接热循环的高温而急剧长大，并在缓慢冷却时使韧性下降，而预热将延长接头在高温区的停留时间并降低接头的冷却速度而产生不利的影响。因此必须谨慎选择铁素体耐热钢的预热温度和层间温度。某些铁素体钢倾向于在晶界形成马氏体。在这种

焊接场地	壁厚/mm	预热温度/℃	焊后热处理温度/℃
安装现场	<6 6~10 >10	200 250 >250~350	720~780
车间	<6 6~10 >10	200 250 >250~350	720~780 控温 750

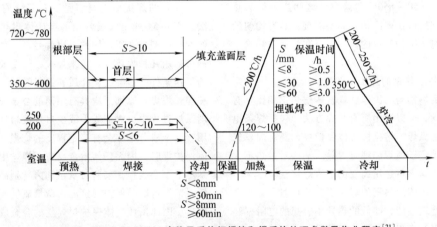

图 8-53　X20CrMoV12-1 高铬马氏体钢焊接和焊后热处理参数及作业程序[21]

表 8-53　美国 AWS A5.9/A5.9M：2006 焊丝标准规定的高铬合金钢焊丝标准化学成分

焊丝型号	化学成分（质量分数,%）										
	C	Cr	Ni	Mo	Nb 或 Ta	Mn	Si	P	S	N	Cu
ER430	≤0.10	15.5~17.0	≤0.60	≤0.75		≤0.60	≤0.50	≤0.03	≤0.03	—	≤0.75
ER630	≤0.05	16.0~16.75	4.5~5.0	0.75	0.15~0.30	0.25~0.75	≤0.75	≤0.04	≤0.03		3.25~4.00
ER446LMo	0.015	25.0~27.5	≤0.50	0.75~1.50		≤0.40	≤0.40	≤0.02	≤0.02	≤0.015	①

　　① $w(Cu + Ni) \leqslant 0.5\%$。

情况下，预热有助于防止焊接热影响区裂纹的形成并可降低焊接应力。

高铬铁素体耐热钢的预热温度主要根据钢的成分，所要求的接头力学性能，接头的壁厚和拘束度而定。适用的预热温度范围为 150~230℃，对于高拘束度接头层间温度应略高于所选定的预热温度。高纯度低碳的铁素体耐热钢焊前可不必预热，这些钢在焊接热循环的冷却条件下不会形成马氏体，冷裂倾向很

小，热影响区亦不会因缓冷而脆变。

高铬铁素体耐热钢焊条电弧焊时，在焊接操作技术上要求尽可能压低电弧，以避免铬元素的氧化损失和氮的吸收。短弧亦可防止焊缝中气孔的产生。同理，不推荐采用电弧摆动焊接法。高纯度的铁素体耐热钢不宜采用焊条电弧焊，因为焊缝金属不可避免会被碳、氮、氧等所污染。最好采用钨极氩弧焊或等离子弧焊。

铁素体耐热钢接头通常在亚临界温度范围内作焊后热处理，以防止晶粒进一步长大。适用的焊后热处理温度范围为 700~840℃。在热处理过程中应注意最大限度地减少氧化。为防止脆变，在冷却过程中应快速通过 540~370℃ 的温度区间，这也有利于控制焊件的变形和残余应力。对于接头壁厚在 10mm 以下的高纯度铁素体钢焊件，焊后可不作热处理，并能保证接头各项性能达到规定的指标。其先决条件是焊缝金属内碳和氮总质量分数应限制在 0.03%~0.05% 的范围内。对于 σ 相倾向较大的高铬铁素体钢，应尽可能避免在 650~850℃ 危险温度区间进行焊后热处理。热处理后应快速冷却。如要求接头具有均匀的力学性能，对于结构简单的焊件，可在焊后作淬火 + 回火处理。

3. 奥氏体耐热钢的焊接工艺

奥氏体耐热钢与马氏体、铁素体耐热钢相比具有较好的焊接性，可以采用所有熔焊方法，包括焊条电弧焊、钨极氩弧焊、熔化极气体保护焊、药芯焊丝气体保护焊、等离子弧焊和埋弧焊等。某些对过热不太敏感的奥氏体钢亦可选用高效的电渣焊接法。

在拟定奥氏体耐热钢的焊接工艺规程时，必须考虑其特殊的物理性能，即低的热导率、高的电阻率和热膨胀系数以及高强度的表面保护膜。这些特性决定

了焊件将产生较大的焊接挠曲变形，近缝区过热，并存在热裂纹和液化裂纹的危险。此外，奥氏体耐热钢含有大量对氧亲和力较高的元素，因此不论采用何种弧焊方法，都必须采取相应的有效措施，利用焊条药皮、焊剂或惰性气体对焊接熔池和高温区作良好的保护，以使决定热强性能的主要合金元素保持在所要求的范围之内。由于奥氏体钢，特别是纯奥氏体钢对焊接热裂纹的敏感性较高，故必须严格控制焊接材料中 C、S、P 等杂质含量，焊前对焊丝和坡口表面做仔细的清理。

奥氏体耐热钢焊接填充材料的选择原则首先要保证焊缝的致密性、无裂纹和气孔等缺陷。同时应使焊缝金属的热强性基本与母材等强。这就要求其合金成分大致与母材成分匹配。其次应考虑焊缝金属内铁素体含量的控制，对于长期在高温下运行的奥氏体钢焊件，焊缝金属内铁素体的体积分数不应超过 5%。为提高全奥氏体焊缝金属的抗裂性，选用 $w(Mn)$ 达 6%~8% 的焊接填充材料是一种行之有效的解决办法。表 8-54 列出我国常用的奥氏体耐热钢焊条和焊丝的标准型号及所适用的母材牌号。一种奥氏体耐热钢可采用几种焊条或焊丝来焊接，这主要取决于焊件的工作条件，即温度、介质和运行时间。气体保护焊和埋弧焊焊丝原则上应具有不同的合金成分，因为在埋弧焊过程中，焊剂或多或少对焊接熔池产生渗硅作用，合金成分铬亦会有一定程度的烧损。而在惰性气体保护焊时，因无任何冶金反应，焊丝中的合金成分基本上不会烧损。某些对氧亲和力特别高的元素，如钛、铝等可能因保护气氛混入微量氧气而产生微量的烧损。因此惰性气体保护焊焊丝的合金成分基本上与母材成分相同。

表 8-54　常用奥氏体耐热钢焊接材料选用表

钢　号	焊接材料标准型号			钢　号	焊接材料标准型号		
	药皮焊条	实心焊丝	药芯焊丝		药皮焊条	实心焊丝	药芯焊丝
12Cr18Ni9 12Cr18Ni9Si3 06Cr19Ni10 07Cr19Ni10	E308	ER308，ER308Si	E308T×-×	06Cr23Ni13 16Cr23Ni13	E309	ER309，ER309Si	E309T×-×
				06Cr25Ni20 20Cr25Ni20	E310	ER310，ER310Mo	E310T×-×
06Cr18Ni11Ti 06Cr18Ni11Nb	E347	ER347，ER347Si	E347T×-×	16Cr25Ni20Si2	E310Mo	ER310Si，ER310MoSi	E310MoT×-×
				06Cr19Ni13Mo3	E317	ER317，ER317Si	E317T×-×
06Cr17Ni12Mo2	E316	ER316，ER316Si	E316T×-×	12Cr16Ni35	E330	ER330	E330T×-×

奥氏体耐热钢焊接时，为减少焊接收缩变形，应注意尽量缩小焊缝横截面，V 形坡口的张开角不宜大于 60°。当焊件壁厚大于 20mm 时，最好采用 U 形坡口。如焊件不能从内部施焊并要求全焊透，则可采用各种形状的可熔衬垫，或在坡口外侧使用钨极氩弧焊

法焊接底层焊道并在坡口背面通成形气体。

(1) 焊条电弧焊工艺

焊条电弧焊是奥氏体钢焊接中应用最普遍的焊接方法，奥氏体钢焊条绝大多数采用高铬镍钢焊条芯，因其电阻率较高，焊条夹持端易于受电阻热的作用而提前

发红，故应选用合适的焊接电流。焊条的耐发红性在一定程度上还应取决于焊条药皮的类型。目前已研制出多种耐发红的奥氏体钢焊条，提高了焊条的利用率。普通奥氏体耐热钢焊条适用的电流范围比相同直径的碳钢焊条低 10%~15%，焊条头的损失率约为 10%。

在操作技术上不推荐焊条摆动焊接法，而应采用窄焊道技术，以加快焊缝的冷却速度。为保证焊缝质量，焊道宽度不应超过焊条直径的 4 倍，多层焊缝的每层焊道厚度不大于 3mm。另外，由于铬镍奥氏体钢的熔点较低，焊缝熔深较浅，为保证坡口侧壁和焊缝层间熔合良好，应特别仔细清理焊道熔渣。推荐采用薄片砂轮或钢丝刷清理焊缝表面。为使脱渣和清渣容易，焊道表面要求平整光滑，焊道边缘与坡口侧壁之间应圆滑过渡。为此，最好选用工艺性能良好的钛钙型药皮焊条。虽然奥氏体焊缝金属对氢和氮等气体的溶解度较高，但焊条药皮中的水分仍能促使焊缝中气孔的形成。所以奥氏体钢焊条在使用前应按药皮类型加以适当的烘干并妥善保管，以免再度从大气中吸收水分。

（2）熔化极惰性气体保护焊

熔化极惰性气体保护焊与焊条电弧焊相比具有一系列的优点。首先其焊接过程是以连续送丝方式完成的，不存在焊条电弧焊时焊条头发红而造成的损失；其次是焊丝伸出长度较短，可采用较高的焊接电流而形成深熔的焊缝；第三使用惰性气体和 Ar + 少量 CO_2 或 O_2 的混合气体，熔化金属和气体基本上不发生化学反应，合金成分烧损极少，熔池表面几乎无熔渣或只有少量熔渣，简化了层间的清理工序，多层焊缝不易形成夹渣等缺陷。其缺点是保护气流的屏蔽性易受外界气流的干扰而降低保护效果，严重时会导致焊缝出现气孔，加剧合金成分的烧损，降低焊缝的质量。

奥氏体耐热钢的熔化极惰性气体保护焊可使用普通 CO_2 半自动焊机或自动焊机来完成。由于熔化极 Ar 弧焊采用的电流比 CO_2 电弧焊高，故应采取相应措施，加强焊枪喷嘴的冷却。半自动焊适用的焊丝直径为 $\phi 0.6 \sim \phi 1.2mm$，自动焊适用的焊丝直径为 $\phi 1.6 \sim \phi 3.0mm$。焊接电源可使用各种形式的直流电源或直流脉冲电源。通常将焊丝接正极，即直流反极性接法。保护气体可采用纯氩、Ar + CO_2 或 Ar + O_2 混合气体、纯氦和 He + Ar + CO_2 等混合气体。在 Ar 气中加入 1% O_2 或 2%~3% CO_2 焊接时，虽然这使保护气体具有一定的氧化性，但在很大程度上减小了熔滴的表面张力，易于实现喷射过渡，减少飞溅，提高了电弧的稳定性，改善了熔池金属对坡口边缘的润湿性能和焊缝的成形。在纯氩保护气体下容易形成深而窄的熔透，往往会造成坡口侧壁的未熔合。在 Ar 中加入少量 CO_2，特别是加入 50% He，可以获得较理想的熔透形状。

奥氏体耐热钢的熔化极惰性气体保护焊的电参数可选择比碳钢焊时较低的电流和电压。由于高铬镍钢的电阻率较大，在给定的伸出长度下，焊丝的熔化速度较高，在相同的焊丝直径下，以碳钢所要求的 80% 电流焊接奥氏体耐热钢，可获得相同的熔敷速度。在 Ar + CO_2 气体保护下，采用直径 $\phi 1.2 \sim \phi 2.4mm$ 的焊丝，熔滴喷射过渡的电流范围为 180~380A，电弧电压 25~33V。以喷射过渡电弧可焊接的最小厚度为 3mm，适用的焊件厚度为 6~25mm。短路过渡焊接则采用较细直径的焊丝及较低的电流和电压。最常用的焊丝，直径为 $\phi 0.8 \sim \phi 1.2mm$，相应的电流范围为 50~225A，电弧电压为 17~24V。由于焊接热输入低，宜于焊接厚 3mm 以下的薄板，并能在任何位置下焊接各种接头。表 8-55 列出奥氏体耐热钢各种接头喷射过渡和短路过渡熔化极气体保护焊的典型焊接参数。

表 8-55 奥氏体耐热钢的熔化极惰性气体保护焊典型焊接参数

板厚 /mm	熔滴过渡形式	接头和坡口形式	焊丝直径 /mm	焊接电流 /A	电弧电压 /V	焊接速度 /(mm/min)	焊道数
3.2	喷射	I 形坡口	1.6	200~250	25~28	500	1
6.4	喷射	60°V 形坡口对接	1.6	250~300	27~29	380	2
9.5	喷射	60°V 形坡口，1.6mm 钝边	1.6	275~325	28~32	500	2
12.7	喷射	60°V 形坡口，1.6mm 钝边	2.4	300~350	31~32	150	3~4
19	喷射	90°V 形坡口，1.6mm 钝边	2.4	350~375	31~33	140	5~6
25	喷射	90°V 形坡口，1.6mm 钝边	2.4	350~375	31~33	120	7~8
1.6	短路	角接或搭接	0.8	85	21	450	1
1.6	短路	I 形坡口对接	0.8	85	22	500	1
2.0	短路	角接或搭接	0.8	90	22	350	1
2.0	短路	I 形坡口对接	0.8	90	22	300	1
2.5	短路	角接或搭接	0.8	105	23	380	1
3.2	短路	角接或搭接	0.8	125	23	400	1

（3）药芯焊丝气体保护焊

药芯焊丝气体保护焊与实心焊丝气体保护焊相比具有效率更高，焊缝质量和外表更好，飞溅更少和生产成本更低的优点。目前国内外已能批量生产一系列高铬镍奥氏体钢药芯焊丝。按照最新的发展，高合金钢药芯焊丝基本上分成以下四大类：金属粉芯型、自保护型、平焊位置气体保护型和全位置气体保护型。在工业生产中，最常用的是后两类药芯焊丝。其药芯的类型大部分是钛钙型。平焊位置气体保护型药芯焊丝的药芯主要成分为 TiO_2、CaO、MgO 和 ZrO，并加少量的 Na 和 Li 等稳定剂。这类药芯形成的熔渣具有缓慢凝固的特性，故只适用于平焊和横焊位置。当采用 $\phi 1.2mm$ 的药芯焊丝，焊接电流从 160A 起到 250A 较宽的范围内均可实现无飞溅的喷射熔滴过渡。焊缝表面波纹细密、光亮，渣壳自动脱离。熔敷率高达 85% ~ 90%。保护气体可采用 $Ar + CO_2$ 或纯 CO_2 气

体，可以获得质量优良的焊缝金属。

全位置气体保护型药芯焊丝的药芯主要成分与平焊位置的药芯焊丝成分类同，但添加适量促使熔渣快速凝固的成分。在焊接过程中，熔渣对熔池金属起一定的支撑作用。在向上立焊位置，采用窄焊道技术可以达到较高的焊接速度，其工艺特性与平焊位置钛钙型药芯焊丝相似，在较宽的焊接电流范围内均可产生无飞溅的喷射熔滴过渡，并形成表面美观的焊缝。当采用 $\phi 1.2mm$ 的药芯焊丝时，最大焊接电流不应超过 250A。保护气体最好采用 82% $Ar + 18\%$ CO_2 的富氩混合气体。

高合金钛钙型药芯焊丝与药皮焊条相比，熔敷率可提高 2 ~ 3 倍，金属回收率增加 25%。虽然药芯焊丝的市售价高于药皮焊条，但总的焊接生产成本低于药皮焊条。

表 8-56 列出适用于奥氏体耐热钢焊接的标准型高合金钢药芯焊丝熔敷金属的化学成分和力学性能。

表 8-56　标准型高合金铬镍钢药芯焊丝熔敷金属化学成分和力学性能（按 GB/T 17853—1999）

药芯焊丝型号	熔敷金属化学成分（质量分数,%）									
	C	Cr	Ni	Mo	Mn	Si	P	S	Cu	Nb + Ta
E307T × - ×	0.13	18.0 ~ 20.5	9.0 ~ 10.5	0.5 ~ 1.5	3.30 ~ 4.75	1.0	0.04	0.03	0.5	—
E308T × - ×	0.08	18.0 ~ 21.0	9.0 ~ 11.0	0.5	0.5 ~ 2.5	1.0	0.04	0.03	0.5	—
E308MoT × - ×	0.08	18.0 ~ 21.0	9.0 ~ 11.0	0.5	0.5 ~ 2.5	1.0	0.04	0.03	0.5	—
E309T × - ×	0.10	22.0 ~ 25.0	12.0 ~ 14.0	0.5	0.5 ~ 2.5	1.0	0.04	0.03	0.5	—
E309MoT × - ×	0.12	21.0 ~ 25.0	12.0 ~ 16.0	2.0 ~ 3.0	0.5 ~ 2.5	1.0	0.04	0.03	0.5	—
E310T × - ×	0.20	25.0 ~ 28.0	20.0 ~ 22.5	0.5	1.0 ~ 2.5	1.0	0.03	0.03	0.5	—
E312T × - ×	0.15	28.0 ~ 32.0	8.0 ~ 10.5	0.5	0.5 ~ 2.5	1.0	0.04	0.03	0.5	—
E409T × - ×	0.10	10.5 ~ 13.5	0.60	0.5	0.80	1.0	0.04	0.03	0.5	10C ~ 1.5Ti
E347T × - ×	0.08	18.0 ~ 21.0	9.0 ~ 11.0	0.5	0.5 ~ 2.5	1.0	0.04	0.03	0.5	8C ~ 1.0
E410NiMoT × - ×	0.06	11.0 ~ 12.5	4.0 ~ 5.0	0.40 ~ 0.70	1.0	1.0	0.04	0.03	0.5	—
E430T × - ×	0.10	15.0 ~ 18.0	0.60	0.5	1.0	1.0	0.04	0.03	0.5	—
E505T × - ×	0.10	8.0 ~ 10.5	0.40	0.85 ~ 1.20	1.0	1.0	0.04	0.03	0.5	—

（续）

药芯焊丝型号	熔敷金属力学性能		
	抗拉强度 R_m/MPa	断后伸长率 A(%)	热处理状态
E307T×-×	590	30	—
E308T×-×	550	35	—
E308MoT×-×	550	35	—
E309T×-×	550	25	—
E309MoT×-×	550	25	—
E310T×-×	550	25	—
E312T×-×	660	22	—
E409T×-×	450	15	—
E347T×-×	520	25	—
E410NiMoT×-×	760	15	595~620℃/1h
E430T×-×	450	20	760~790℃/4h
E505T×-×	415	20	840~870℃/2h

（4）钨极惰性气体保护焊

钨极惰性气体保护焊是奥氏体耐热钢最适用的焊接方法之一。因为在焊接过程中，填充金属直接向熔池添加，焊丝中的合金元素几乎不烧损，气体与熔化金属之间不发生任何反应。焊缝金属表面清净无渣，焊缝质量优异。此外，在惰性气体 Ar 的保护下，电弧十分平稳，熔池金属表面张力较大，易于在各种难焊位置下焊接各种形式的接头，并能获得表面成形良好的单面焊双面成形焊缝，具有很强的工艺适应性。通常，钨极氩弧焊的热输入量较低，故特别适用于对过热敏感的各种奥氏体耐热钢。这种熔焊方法的主要缺点是熔敷率低，生产成本高，大多用于 10mm 以下薄板和薄壁管的焊接。

近年来，在厚壁焊件的生产中已成功地应用热丝钨极氩弧焊，尤其是结合窄间隙焊技术，其焊接效率与大电流熔化极气体保护焊相当。最大焊件壁厚可达 150mm。明显扩大了钨极惰性气体保护焊的应用范围。

奥氏体耐热钢的钨极惰性气体保护焊，按对焊件的技术要求，可采用氩、氦或其混合气体。单层焊或根部封底焊道焊接时，焊缝背面应通相同的气体保护。如对焊接质量无特殊要求，通常优先选用氩气，因为氩气在低流量下，亦能提供良好的保护。焊接厚度小于 1.5mm 的薄板时，采用氩气保护不易烧穿。此外，在氩气氛下引弧比氦气容易得多，便于控制焊熔池。氦气通常用于要求深熔的厚壁焊件。在自动焊中采用氦气保护可成倍提高焊接速度并可获得无咬边的、外形美观的焊缝。在氩气中混合 $\varphi(He)=50\%$ 氦气可取得相似的效果。在某些工程领域内，亦可采用 Ar + 5%~7% H_2 混合气体，以增加熔深，提高焊接速度，并可降低气体的成本。

奥氏体耐热钢的钨极惰性气体保护焊通常使用恒流直流电源，正接极。也可采用频率范围为 0.5~20Hz 的低频脉冲直流电源。引弧最好选用高频或高压放电引弧技术，不推荐可能引起焊缝金属夹钨的接触引弧。填充焊丝的合金成分基本上与熔化极气体保护焊焊丝成分相同。手工氩弧焊时，适用的焊丝直径为 $\phi1.6~\phi2.5$mm，自动焊常用的填充焊丝直径为 $\phi0.8~\phi1.2$mm。

在拟定奥氏体耐热钢的钨极氩弧焊工艺规程时，应考虑这种钢材线胀系数大的特点，从焊接热输入的控制和焊接顺序的设计方面采取相应的措施，以防止不容许的焊接变形。在厚度小于 5mm 的薄板焊接时，为消除焊接接头的挠曲变形，可采用琴键式夹紧装置。各种厚度和不同形式坡口的接头在平焊、立焊和仰焊位置的手工钨极氩弧焊推荐焊接参数综列于表 8-57。

（5）等离子弧焊

等离子弧焊实质上是一种压缩电弧钨极氩弧焊，由于等离子能量集中，弧柱温度高达 30000℃，加上等离子气流高的流速，它可一次穿透 10mm 以下的对接缝，并通过锁孔效应实现单面焊双面成形，因此与传统的钨极氩弧焊相比，可大大提高焊接效率。另一方面，等离子弧与普通氩弧相比稳定性更高，且外界干扰因素对等离子弧特性的影响较少，可以获得质量更可靠稳定的焊接接头，故特别适用于对接头质量要求较高的奥氏体耐热钢的焊接。手工和自动等离子弧焊的应用范围正在扩大。在某些现代工业装备制造中，为确保接头的质量，在设计图样或在产品制造技术条件中都明确规定必须采用等离子弧焊。

表8-57　奥氏体耐热钢手工钨极氩弧焊推荐参数

板厚 /mm	接头及坡口形式	钨极直径 /mm	焊接电流/A（直流正接）			焊接速度 /（mm/min）	焊丝直径 /mm	氩气流量 /（m³/h）
			平焊	立焊	仰焊			
1.6	I形直边对接	1.6	80~100	70~90	70~90	300	1.6	0.3
	搭接		100~120	80~100	80~100	250		
	角接		80~100	70~90	70~90	300		
	T形角接		90~100	80~100	80~100	250		
2.4	I形直边对接	1.6	100~120	90~110	90~110	300	1.6 或 2.4	0.3
	搭接		110~130	100~120	100~120	250		
	角接		100~120	90~110	90~110	300		
	T形角接		110~130	100~120	100~120	250		
3.2	I形直边对接	2.4	120~140	110~130	105~125	300	2.4	0.3
	搭接		130~150	120~140	120~140	250		
	角接		120~140	110~130	115~135	300		
	T形角接		130~150	115~135	120~140	250		
5.0	I形直边对接（留间隙）	2.4	200~250	150~200	150~200	250	2.4	0.5
	搭接	3.0	225~275	175~225	175~225	200		
	角接	3.0	200~250	150~200	150~200	250		
	T形角接	3.0	225~275	175~225	175~225	200		
6.5	60°V形坡口对接	3.0	275~300	200~250	200~250	125	3.0	0.5
	搭接		300~375	225~275	225~275	125		
	角接		275~350	200~250	200~250	125		
	T形角接		300~375	225~275	225~275	125		

奥氏体耐热钢焊件等离子弧焊对接接头可按壁厚采用图8-54所示的坡口形式。壁厚在8mm以下时，可采用不开坡口的直边对接，接缝的间隙不应超过壁厚的10%。10mm以上的对接接头，可加工成60°V形坡口，钝边尺寸可达6mm。开坡口的对接接头必须采用加填充丝的等离子弧焊。

目前，在工业生产中常用的等离子弧焊工艺有三种：即微束等离子弧焊、熔透型等离子弧焊和锁孔型等离子弧焊。微束等离子弧焊适用的厚度范围为0.01~1.5mm，熔透型等离子弧焊的厚度范围为1.5~3mm。锁孔型等离子弧焊适用的厚度范围为3~20mm的对接接头。按接头的质量要求，等离子弧焊可采用填丝和不填丝的方法来完成。

等离子弧焊的离子气和保护气体通常采用电离度较低的氩气。为进一步提高焊接速度，也可采用体积比为92.5/7.5的Ar+H₂混合气体。在焊接厚度大于10mm的对接接头时，可以采用双焊枪提高焊接效率，即前置焊炬穿透钝边，完成封底焊道，紧跟的后置焊炬及送丝系统完成盖面层焊道。如要求焊缝余高均匀，可将焊炬作适当的横向摆动。

表8-58列出厚0.15~3.0mm奥氏体耐热钢管纵缝微束等离子弧焊和熔透型等离子弧焊的典型焊接参数。壁厚3~20mm高铬镍奥氏体钢焊件的锁孔型等离子弧焊的典型焊接参数列于表8-59。

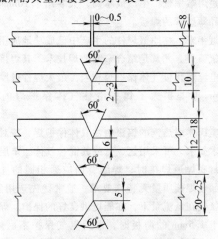

图8-54　奥氏体耐热钢等离子弧焊对接接头坡口形式

表 8-58　奥氏体耐热钢管纵缝等离子弧焊典型焊接参数

壁厚 /mm	接头 形式	焊接参数						备　注
		焊接 电压 /V	焊接 电流 /A	等离子 气体 /(L/min)	保护 气体 /(L/min)	喷嘴 直径 /mm	焊接 速度 /(mm/min)	
0.15		21	13	0.45	4	1.0	2000	
0.2		26	120	0.40	20	2.0	8200	母材钢号（德国钢号）
0.4		25	140	0.40	20	2.8	7600	X5CrNi189
0.63		25	165	0.50	20	2.8	6900	X10CrNiMoTi1810
0.7	I—直边	24	185	0.50	18	2.8	6100	等离子气
0.8	对接	23	200	0.60	18	2.8	5000	DIN 32526-II
1.0		25	220	0.80	15	3.2	4500	保护气
1.5		25	240	1.00	15	3.2	3000	DIN 32526-R2
2.0		25	270	1.50	12	3.2	2100	
3.0		25	300	2.50	12	3.2	1200	

（6）埋弧焊

埋弧焊的特点是热输入量高，熔池尺寸较大，其冷却速度和凝固速度较慢。这些因素对奥氏体耐热钢的焊缝质量产生不利影响。它加剧了焊缝金属中合金元素和杂质的偏析，促使形成粗大的初次结晶，最终导致焊缝金属和近缝区热裂倾向的加剧。奥氏体钢焊缝的裂纹概率主要取决于焊缝金属中杂质的含量和初次结晶的模式，因此应将焊缝金属中的硅、硫、磷含量控制在尽可能低的水平。在合金元素中，锰可显著提高焊缝的抗热裂性，故奥氏体耐热钢的埋弧焊，最好选用锰含量较高的焊丝。为减少奥氏体焊缝金属的硅含量，应选用中性或碱性焊剂，以避免焊剂向焊缝

金属渗硅。目前已研制出各种奥氏体钢埋弧焊碱性烧结焊剂。另外还开发了添加铬、锰、铌、钼等金属粉末的合金烧结焊剂，以补偿焊接过程中铬、钼等合金元素的烧损。国产碱性烧结焊剂 SJ-601 和 SJ-601Cr 即属于这类焊剂。奥氏体耐热钢的埋弧焊可采用交流电和直流反极性，这主要取决于所用焊剂的特性。由于在低电流下直流电弧更加稳定，故在大多数情况下均采用直流电。因奥氏体铬镍钢电阻率较高，熔点较低，在使用相同直径焊丝时，焊接电流应比碳钢焊接时低 20%。同理，应严格控制焊丝伸出长度。伸出长度过大和导电嘴接触不良，都会造成焊丝熔化速度不均匀和焊缝成形不规则。

表 8-59　高铬镍奥氏体钢焊件的锁孔型等离子弧焊典型焊接参数

壁厚 /mm	接头形式	焊接电流 /A	焊接速度 /(mm/min)	等离子气体 /(L/min)	保护气体 /(L/min)	备　注
3.0	I 形直边对接	160	650	5	20	
4.0	I 形直边对接	180	600	6	20	
5.0	I 形直边对接	190	500	7	20	
6.5	I 形直边对接	200	350	7	20	
7.5	I 形直边对接	210	250	7	20	等离子气：Ar
10	Y 形坡口对接	240	220	7	20	保护气体：Ar + 5% H₂
12	Y 形坡口对接	240	220	7	20	
16	Y 形坡口对接	240	220	7	20	
20	X 形坡口对接	240	220	7	20	

控制母材对焊缝的稀释率是奥氏体铬镍钢的另一个重要技术问题。埋弧焊时母材稀释率的变化范围相当宽，从 10% ~ 75%，这对焊缝金属的成分产生重大影响，亦关系到焊缝组织中铁素体含量的控制。为此，在坡口形式和尺寸设计及焊接参数计算时，应以母材稀释率低于 40% 为原则。

各种规格焊丝埋弧焊时适用的焊接电流范围列于

表 8-60。实际上，对于奥氏体钢来说，大多数采用 ϕ4mm 以下的焊丝。最大焊接电流不超过 500A。

（7）焊后热处理

关于奥氏体耐热钢焊件的焊后热处理，各国制造规程一般不作规定。如因焊件结构，厚度及热加工经历等要求作热处理时，可由制造厂与用户之间协商确定。按生产经验，当奥氏体钢厚度超过 20mm 时，应

表 8-60　奥氏体耐热钢埋弧焊焊丝直径与
焊接电流的关系

焊丝直径 /mm	适用电流范围 /A	焊丝直径 /mm	适用电流范围 /A
2.5	140 ~ 300	5.0	400 ~ 800
3.2	220 ~ 600	—	—
4.0	340 ~ 700	—	—

根据结构复杂程度作适当的热处理。

奥氏体耐热钢焊件的焊后热处理的目的可归结为：①消除焊接残余应力，提高结构尺寸的稳定性；②提高接头的高温蠕变强度；③消除不恰当的热加工所形成的 σ 相。奥氏体耐热钢焊件的焊后热处理按其加热温度可分为低温焊后热处理、中温焊后热处理和高温焊后热处理。

低温焊后热处理是指加热温度在 500℃ 以下的热处理。这种热处理对接头的力学性能不会发生重大影响。其作用主要是降低残余应力峰值，提高结构尺寸的稳定性。对奥氏体铬镍钢来说，加热温度 300 ~ 400℃ 的焊后热处理可降低峰值应力 40% 左右，但平均应力只能降低 5% ~ 10%。实际生产中低温焊后处理的温度范围为 400 ~ 500℃ 之间。

加热温度在 550 ~ 800℃ 之间的热处理为中温热处理。这种热处理的目的主要是消除奥氏体耐热钢焊接接头中的焊接应力，从而提高接头耐应力腐蚀的能力。但在这一温度区间可能发生 σ 相和碳化物的析出而降低接头和母材的韧性。因此对于碳含量较高或铁素体含量较多的奥氏体钢焊缝，选用中温热处理要特别谨慎。对于某些超低碳铬镍奥氏体钢，800 ~ 850℃ 的中温热处理可提高接头的蠕变强度和塑性。

焊后高温热处理的加热温度在 900℃ 以上。其目的是溶解在焊接热循环作用下形成的 σ 相和晶界碳化物，以恢复接头由此而损失的力学性能。为获得全奥氏体组织的固溶处理属于高温热处理。由于固溶处理过程中，冷却速度很快，焊件将产生较大的变形，故那些形状较简单的焊件或半成品才能作这种热处理。几种常用奥氏体耐热钢固溶处理推荐温度列于表 8-61。

表 8-61　常用奥氏体耐热钢固溶处理推荐温度

钢　号	固溶处理温度/℃
06Cr19Ni10 07Cr19Ni10	1010 ~ 1120
06Cr23Ni13 06Cr17Ni12Mo2 06Cr19Ni13Mo3	1040 ~ 1120
06Cr18Ni11Ti	954 ~ 1065
06Cr18Ni11Nb	980 ~ 1065

4. 弥散硬化耐热钢的焊接工艺

弥散硬化耐热钢可以采用任何一种能用于奥氏体耐热钢的焊接方法进行焊接。比较适用的焊接方法有：钨极惰性气体保护焊、熔化极惰性气体保护焊和等离子弧焊。埋弧焊接法的热输入较高，弥散硬化耐热钢焊丝供应也有困难，其应用范围较窄。

弥散硬化耐热钢焊接时，如果要求接头达到与母材相等的高强度，则填充材料的合金成分应与母材基本相同。对于奥氏体弥散硬化耐热钢，由于存在焊接裂纹问题，不强求填充金属成分与母材完全一致。在一般情况下，可以采用奥氏体耐热钢或镍基合金填充金属。表 8-62 列出推荐用于弥散硬化耐热钢焊接的焊条和焊丝。

表 8-62　弥散硬化耐热钢用焊接材料选用表

钢　　号	焊接材料标准型号		
	药皮焊条	实心焊丝	异种钢接头焊材
05Cr17Ni4Cu4Nb	E630,E308 （AMS 5827B）	ER630,ER308 （AMS 5826）	E309,ER309 E309Nb,ER309Nb
06Cr17Ni7AlTi	E308,ENiMo-3	AMS 5805C ERNiMo-3	ENiMo-3,ERNiMo-3 E309,ER309
07Cr17Ni7Al	E308,E309 （AMS 5827B）	AMS 5824A	E310,ER310 ENiCrFe-2,ERNiCr-3
07Cr15Ni7Mo2Al	E308,E309	AMS 5812C	E309,ER309,E310,ER310
06Cr15Ni25Ti2MoAlVB	E309,E310	ERNiCrFe-6,ERNiMo-3	E309,ER309,E310,ER310

（1）焊条电弧焊

马氏体和半奥氏体弥散硬化耐热钢可采用焊条电弧焊。如钢中不含铝和钛等元素，则熔敷金属的成分相似于母材。如不要求焊缝达到高强度，焊后不必作弥散硬化热处理，同时可采用 E308 型普通奥氏体钢焊条焊接。

专用于马氏体型弥散硬化耐热钢焊接的 AMS 5827 药皮焊条的熔敷金属具有下列成分：$w(C)_{max} = 0.06\%$，$w(Mn)_{max} = 1.0\%$，$w(Si)_{max} = 0.75\%$，$w(Cr) = 16.25\% ~ 17.50\%$，$w(Ni) = 4.25\% ~ 5.25\%$，

$w(Cu) = 3.0\% \sim 4.0\%$，$w(Nb + Ta) = 0.10\% \sim 0.35\%$。焊前必须将焊条烘干，以使焊缝金属保持低氢含量。焊条电弧焊时尽量使用短弧，以减少合金元素的氧化烧损。如要求焊缝具有等于或接近母材的强度性能，则应将焊件在焊后作相应的时效处理，例如在 520～600℃ 温度范围内作回火处理。对于半奥氏体弥散硬化耐热钢接头，焊后热处理的工艺比较复杂，或者在 −73℃/3h 冰冷 + 454℃/3h 回火，或者在上列处理前，加一道 932℃/1h 的固溶处理。在某些情况下，也要求采用双重时效，即 746℃/3h，空冷 + 454℃/3h，空冷。对于壁厚大于 12mm 的焊件，通常要求焊后作固溶处理。

（2）钨极惰性气体保护焊和等离子弧焊

钨极惰性气体保护焊通常用于厚 5mm 以下的弥散硬化耐热钢接头的焊接。等离子弧焊的适用厚度范围为 10mm 以下。这两种焊接方法所用的保护气体和焊接参数基本上与高铬镍奥氏体耐热钢相同。其主要优点是可采用成分与母材匹配的焊丝，从而可获得等强于母材的接头。表 8-63 列出几种含铝弥散硬化耐热钢焊丝的典型化学成分。采用这些焊丝焊接的钨极惰性气体保护焊和等离子弧焊接头具有良好的综合力学性能。

表 8-63　几种含铝弥散硬化耐热钢焊丝成分

焊丝牌号	化学成分（质量分数，%）							焊后处理
	C	Mn	Si	Cr	Ni	Al	Mo	
WPH 17-7	0.065	0.40	0.25	16.50	7.50	1.00	—	590℃ 时效
WPH 15-7Mo	0.065	0.40	0.25	14.50	7.50	1.00	2.25	590℃ 时效
WPH 14-8Mo	0.040	0.50	0.30	14.50	8.00	1.10	2.25	565～590℃ 时效
WPH 13-8Mo	0.040	—	0.01	13.00	8.00	1.00	2.25	570～590℃ 时效

（3）熔化极惰性气体保护焊

采用熔化极惰性气体保护焊焊接弥散硬化耐热钢的适用范围较广，从 3～30mm 的接头均可达到等强的质量要求。其特点是可以采用与母材成分相近的焊丝，且焊丝中的合金成分不易烧损，以使焊缝金属的成分与母材成分基本一致。

为提高电弧的稳定性，改善焊缝的成形，往往在氩气中加入 1%～2% 氧气，使保护气体具有轻微的氧化性。这样，焊丝中的易氧化元素，铝和钛等会在熔滴通过电弧过渡时产生一定的烧损，结果使焊缝金属弥散硬化的效果减弱而降低了接头的强度。因此在要求接头与母材等强的情况下，应当选用 Ar + He 混合气体，既能提高电弧的稳定性，又不致产生焊丝中合金元素的烧损。

（4）埋弧焊

埋弧焊可用于厚度大于 5mm 的弥散硬化耐热钢的焊接。如不要求焊缝金属与母材等强，可采用标准的铬镍奥氏体钢焊丝（参见表 8-62）。如焊件要求作焊后热处理，以使焊缝金属具有与母材相近的强度，则必须采用合金成分与母材相匹配的焊丝和特种焊剂。在焊接含铝、钛等合金元素的弥散硬化耐热钢时，应选用氧化性最小的焊剂，以保证焊丝中的铝大部分过渡到熔池金属中。最近研制出的高碱度烧结焊剂 SJ641 可满足上述要求。这种焊剂的主要成分为：$w(SiO_2) = 22.84\%$，$w(MnO) = 2.87\%$，$w(CaF_2) = 18.50\%$，$w(MgO) = 12.58\%$，$w(CaO) = 7.63\%$，$w(Al_2O_3) = 17.48\%$，碱度为 2.0。

弥散硬化耐热钢埋弧焊时，必须严格控制焊接能量参数。焊接电流、焊接速度和电弧电压的变化都会影响焊剂的熔化量和熔渣与金属间的反应速度和时间，最终影响到焊缝金属的成分。因此为获得质量稳定、性能均一的埋弧焊接头，用于焊接弥散硬化耐热钢的埋弧焊设备应具有焊接电流、电弧电压和焊接速度的闭环反馈控制系统，使上列能量参数在焊接过程中保持恒定不变。

各类弥散硬化耐热钢埋弧焊接头的焊后热处理工艺与焊条电弧焊类同。在大多数情况下，接头焊后至少应作时效处理，以提高接头的强度和降低焊接应力。

8.4.4　高合金耐热钢接头的性能

高合金耐热钢焊件可在极其不同的温度、负载和介质下工作。因此对焊接接头性能的要求，应按焊接结构的实际用途而定。对于要求长期高温下工作的接头来说，除了满足常温力学性能的最低要求外，更重要的是必须具有足够的高温短时和高温持久强度，抗高温时效及抗高温氧化性等。对于重要的焊接结构，接头的设计基本遵循等热强性原则，即接头的高温短时或高温持久强度不应低于母材标准规定的相应值。在短期和中期服役的高温焊接结构中，接头的短时高温强度是最重要的考核指标。而在长期服役（10 万～20 万小时）的高温高压部件中，接头的高温持久强度或蠕变强度，是必须保证的强度考核指标。

如上所述，影响接头热强性的因素是多方面的，它不仅取决于填充金属的合金成分、焊缝金属的金相组织、焊接工艺和能量参数，而且还与焊后热处理的参数有关。因此焊制热强性符合产品技术条件要求的接头是一项极其复杂的系统工程。不过，迄今已掌握的焊接冶金知识和焊接技术已基本解决了这一问题。

图 8-55 和图 8-56 分别示出 X20CrMoV12-1 高合金铬钼钒马氏体钢手工氩弧焊和焊条电弧焊接头的高

温短时强度和接头的高温蠕变断裂强度实测数据。表 8-64 列出 AM355 弥散硬化耐热钢采用各种焊接方法焊接的接头在不同热处理状态下的室温力学性能数据。表 8-65 列出 AM355 弥散硬化耐热钢接头的高温短时力学性能数据。这些资料说明，即使是对热处理敏感的马氏体耐热钢和弥散硬化耐热钢，亦可获得与母材基本等强的焊接接头。

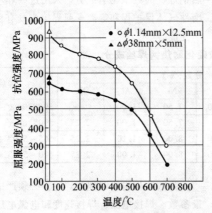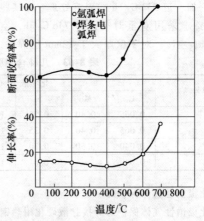

**图 8-55　X20CrMoV12-1（德国钢号）高铬马氏体耐热钢接头
在 20～700℃温度范围内抗拉强度试验结果[2]**

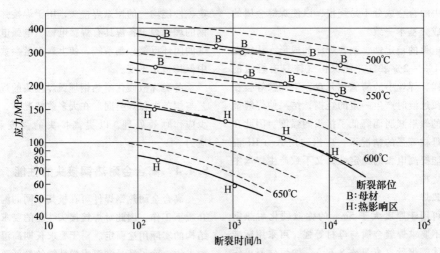

**图 8-56　X20CrMoV12-1（德国钢号）高铬马氏体耐热钢接头的
高温蠕变断裂强度曲线（500～650℃）**

表 8-64　AM355 钢各种焊接接头和焊缝金属的室温力学性能

焊接方法与接头形式	热处理状态	R_{eL} /MPa	R_m /MPa	A (%)	Z (%)	KV /J	断裂位置
TIG 焊，焊丝 AM355	$L + SCT_{454}$	1187	1406	4	—	—	焊缝
对接接头，厚 12mm	$E + L + SCT_{454}$	1207	1427	7	—	—	焊缝
MIG 焊，焊丝 AM355 全焊缝金属	$L + SCT_{454}$	1235	1480	6	18	—	—

（续）

焊接方法与接头形式	热处理状态	R_{eL} /MPa	R_m /MPa	A （%）	Z （%）	KV /J	断裂位置
焊条电弧焊，AM355 焊条	E + L + SCT$_{454}$	1118	1201	12	26	—	—
全焊缝金属	E + L + SCT$_{538}$	1091	1200	13	30	147	—
埋弧焊，AM355 焊丝	E + L + SCT$_{454}$	1166	1338	11	24	—	—
Arcosifes—2 焊剂	E + L + SCT$_{538}$	1159	1283	10	29	111	—
全焊缝金属							

注：L—932℃/1h 水淬；SCT$_{454}$—73℃/3h 冰冷 +454℃/3h 回火；
　　SCT$_{538}$—73℃/3h 冰冷 +538℃/3h 回火；E—746℃/3h 空冷。

表 8-65　AM355 钢焊接接头的高温短时力学性能

试验温度 /℃	R_{eL} /MPa	R_m /MPa	A （50mm）（%）	A （13mm）（%）	热处理状态
室温	1132	1310	4.0	19	
149	1043	1310	6.5	18	
316	919	1255	5.0	17	930℃/1h + –73℃/2h +
370	823	1242	4.5	14	454℃/2h 空冷
427	775	1178	5.0	16	
482	707	1098	6.0	14	

高铬镍奥氏体耐热钢焊接接头的力学性能主要取决于焊缝金属的合金成分而与热处理状态关系不大。这种耐热钢接头在焊后状态下就具有合乎要求的高温力学性能。表 8-66 列出各种 18-8 型铬镍奥氏体钢焊缝金属在 850℃ 以下高温短时力学性能典型数据。

表 8-66　18-8 型铬镍奥氏体钢焊缝金属在 850℃ 以下的高温短时力学性能

钢号	焊丝型号	试验温度 /℃	R_m /MPa	$R_{p0.2}$ /MPa	A （50mm）（%）	KV /J	焊缝金属主要合金成分 （质量分数，%）
06Cr18Ni11Ti	ER308	+20	565	260	60	129	Cr19.2，Ni8.5，Ti0.1
06Cr18Ni11Nb	ER308Si		633	347	52.2	122	Cr18.5，Ni8.6，Si0.8
			676	400	46.2	123	
06Cr18Ni11Ti	ER308	500	402	138	43.3	—	同上
06Cr18Ni11Nb	ER308Si		485	275	36.0	—	
			534	260	33.3	—	
06Cr18Ni11Ti	ER308	650	368	157	33.8	142	同上
06Cr18Ni11Nb	ER308Si		474	208	32.4	125	
			495	242	31.4	146	
06Cr18Ni11Ti	ER308	750	198	122	28.5	—	同上
06Cr18Ni11Nb	ER308Si		312	163	24.1	—	
			339	208	28.5	—	
06Cr18Ni11Ti	ER308	850	127	104	19.7	—	同上
06Cr18Ni11Nb	ER308Si		201	138	11.2	—	
			245	180	11.2	—	

在 18-8 型铬镍奥氏体钢中，铌和钒显著提高了焊缝金属的高温短时强度，并仍具有足够的塑性。加入钨和钼亦能提高焊缝金属的持久强度。通过多元合金化，例如同时加入钒、铌和钼或钼、钨和钒多种元素，可使奥氏体焊缝金属达到最大的强化效果，这种强化不仅是由于铁素体含量的增加，而且也由于奥氏体基体强度的提高。焊件的使用温度愈高，多元合金化的强化效果愈明显。

奥氏体焊缝金属在 350 ~ 875℃ 高温区间长时间加热和运行可能促使焊缝金属冲击韧度急剧下降。这种脆变是高温时效的结果。主要是由于碳化物沿奥氏体晶界或晶界析出以及 σ 相和拉氏相的形成。当焊缝金属中 δ 铁素体含量大于 8%，即 $w(Cr)$ 高于 20%，并以铝、钛、铌、钒和硅强化时，高温脆化现象相当严重。表 8-67 列出双相组织焊缝在 400 ~ 475℃ 温度长时加热后韧性逐渐降低的试验数据。这种焊缝金属的主要合金成分为：$w(C)$ = 0.09%，$w(Si)$ = 2.1%，$w(Mn)$ = 1.5%，$w(Cr)$ = 20.2%，$w(Ni)$ = 8.0%，$w(V)$ = 1.47%，$w(Nb)$ = 0.54%。

表 8-67 数据还说明，焊缝金属的高温脆变，可以通过 900℃ 低温淬火加以消除。当焊缝金属中含有钛时，淬火温度应提高到 950 ~ 1000℃。

对于 25-20Cr-Ni 型纯奥氏体焊缝金属，650 ~ 875℃ 的长时加热可能由于 γ-δ 相的转变而使韧性恶化。含钨和钼的 25-20CrNi 型奥氏体焊缝金属这种变脆现象更为严重。

采用 E309 或 E309Nb 型铬镍钢焊条焊接的焊缝金属由于铁素体含量较高，高温脆变的倾向亦比 E308 型焊缝金属严重得多。因此对于在 450℃ 以上温度长时工作的高铬镍耐热钢焊件，原则上不应选用 E309 型铬镍钢焊条。

影响铬镍奥氏体钢及其焊缝金属韧性的另一重要机制是冷作硬化现象，经不同程度的塑性变形后，强度明显提高，塑性和冲击韧度急剧下降。表 8-68 列出 12Cr18Ni9 钢埋弧焊焊缝金属经 10% ~ 40% 拉伸变形后强度性能和冲击韧度的试验结果。这些数据说明，18-8CrNi 钢焊缝金属经 40% 冷变形后，屈服强度提高了 1 倍多，而断后伸长率下降了 46%，冲击韧度下降了 77%。

表 8-67　加热温度和时间对双相组织焊缝金属韧性的影响

加热温度和时间	焊后状态	400℃ 24h	450℃ 24h	450℃ 48h	450℃ 272h	450℃ 500h	450℃/800h 900℃/1h 水淬	475℃ 18h	475℃ 42h
冲击韧度 120℃ a_K/(J/cm^2)	117	61.7	28.4	24.5	12.7	9.8	98	34.3	49

表 8-68　12Cr18Ni9 焊缝金属冷变形后的力学性能

冷变形度 (%)	R_{eL}/MPa	R_m/MPa	A (%)	Z (%)	a_K/ (J/cm^2)	HBW
焊后状态	318.5	593	60.0	55.6	107	149
10	360	608	54.7	64.0	78.4	207
20	498	685	54.7	66.0	50	241
30	609	747	43.5	55.6	33.3	255
40	692	774	28.0	55.6	24.5	262
焊缝金属主要合金成分 (质量分数)：C = 0.11%，Si = 0.55%，Mn = 0.94%，Cr = 17.1%，Ni = 10.8%						

奥氏体钢的冷作硬化可以通过 1100 ~ 1300℃ 的高温淬火来消除，但淬火的缺点是在焊件表面会形成氧化皮并产生严重的畸变。因此在许多情况下，以 800 ~ 900℃/空冷热处理代替淬火。

在许多工业应用场合，对耐热钢焊接接头也提出了抗氧化性的要求。钢的抗氧化性主要取决于钢中的合金成分，即能在钢表面形成坚固保护膜的元素，如铬、铝和硅等对提高钢的抗氧化性有积极贡献。为保证焊接接头与母材基本相同的抗氧化性，首先应使焊缝金属的合金成分接近于母材。但在焊接硅合金化的奥氏体耐热钢时，由于硅可能加剧高铬镍奥氏体钢焊缝金属的热裂倾向，必须限制焊接填充材料中的硅含量。

在奥氏体耐热钢中常见的合金元素钒和硼会明显降低钢的抗氧化性。钒含量较高的奥氏体钢焊缝不适用于 900℃ 以上的工作温度。

图 8-57 示出 18-15CrNiMn 型和 25-20CrNiMn 型二种焊缝金属抗氧化性试验结果。由图示曲线可见，

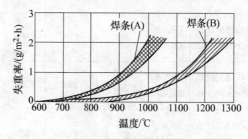

图 8-57　两种 CrNiMn 型全奥氏体焊缝金属的抗氧化性[16]

焊条(A)$w(Mn)$ = 5.5%，$w(Cr)$ = 18.5%，$w(Ni)$ = 14.5%

焊条(B)$w(Mn)$ = 5.5%，$w(Cr)$ = 25.0%，$w(Ni)$ = 20.0%

18-15CrNiMn 型焊缝金属最高的抗氧化温度为 950℃，而 25-20CrNiMn 型全奥氏体焊缝金属在 1200℃高温下仍有较高的抗氧化性，氧化失重率低于 $2.0g/m^2 \cdot h$。

8.4.5 高合金耐热钢焊接实例

1. 高铬马氏体耐热钢焊接实例

某火电站大容量锅炉蒸汽管道采用德国钢种 X20CrMoV12-1 马氏体耐热钢管制造。管子规格 $\phi114mm \times 12.5mm$，其供货状态为 1050℃正火 + 760℃回火。对接接头开 U 形坡口。采用手工氩弧焊封底，焊条电弧焊填充盖面，焊丝和焊条由德国 Boehler 公司提供。具体焊接工艺规程见表 8-69。

2. 弥散硬化耐热钢焊接实例

弥散硬化耐热钢通常用于工作温度在 550 ~ 750℃的高温承载部件，由于其强度相当高，大多数用来制造薄壁构件。表 8-70 以 PH15-7Mo 为例列出 1.0 ~ 1.3mm 薄壁对接接头自动钨极惰性气体保护焊的焊接参数，以资参考。

3. 奥氏体耐热钢焊接实例

在奥氏体耐热钢中，18-8 型铬镍耐热钢的应用最为普遍。表 8-71 列举厚 13mm 18-8 型铬镍耐热钢筒体纵缝埋弧焊工艺规程。

表 8-69　X20CrMoV12-1 高合金耐热钢管对接接头焊条电弧焊工艺规程

母材	钢号	X20CrMoV12-1	焊材	牌号	焊条:Thermanit MTS4 (ECrMoWV12B42H5)$\phi4.0mm$
	规格	$\phi114mm \times 12.5mm$		规格	TIG 焊丝:Thermanit MTS4Si (WCrMoWV12Si)$\phi2.5mm$

坡口形式及尺寸	

预热及层间温度/℃	250 ~ 300℃		冷却参数		焊接结束后缓冷到 100 ~ 120℃	
焊接能量参数	焊接方法及层次	电流/A	电压/V	焊速/(mm/min)	Ar 气流量/(L/min)	
	手工氩弧焊封底层	90	11 ~ 12	100	5 ~ 6	
	焊条电弧焊 2 ~ 8 层	130 ~ 140	24 ~ 26	150		
焊后热处理	750℃/1h，冷却速度 200 ~ 250℃/h　焊后冷却程序结束后立即作焊后热处理					

表 8-70　PH15-7Mo 薄板对接自动钨极惰性气体保护焊典型焊接参数

焊接参数	接头厚度 1.0mm	接头厚度 1.3mm
接头形式	对接	对接
坡口形式	I 形直边对接，无间隙	I 形直边对接，间隙 2.0 ~ 2.5mm
钨极牌号及规格	Ewth-2，$\phi1.0$	Ewth-2，$\phi1.6mm$
填充焊丝	PH13-8Mo 超低碳，$\phi1.6mm$ 用电阻压焊将焊丝预置在接缝上	PH15-7Mo 超低碳可熔衬垫 PH13-8Mo 超低碳焊丝 $\phi0.8mm$
保护气体流量/(m^3/h)	He 3.4 Ar 1.0(焊缝背面)	Ar 0.68 Ar 1.1(焊缝背面)
焊接位置	平焊	平焊
引弧方式	高频	高频
弧长/mm	引弧时 0.5，焊接时 1.0	—
送丝速度/(cm/min)	—	500
焊接电流/A	26 ~ 30，正接	60 ~ 70，(正接)
焊炬摆动幅度/mm	无	4.3

表 8-71　厚 13mm 18-8 型铬镍耐热钢筒体纵缝埋弧焊工艺规程

焊接方法	埋弧焊	母材	钢号:06Cr18Ni11Ti 规格:13mm		
坡口形式 及尺寸		焊缝 层次	1、2、3 为焊道层次		
焊接材料	焊丝牌号:H00Cr22Ni10　规格:φ2.5 焊剂牌号:HJ260	焊前 准备	1. 坡口表面及两侧 20mm 和焊丝表面用丙酮擦除油污 2. 焊剂焊前 300～350℃烘干 2h		
预热及层 间温度	预热温度:— 层间温度:≤120℃	焊后 热处理	900℃±20℃/1h 稳定化处理		
焊接能量 参数	焊道层次　　　焊接电流/A　　电弧电压/V　　　　　　焊接速度/(mm/min) 　　1　　　　　　400　　　　　26　　　　　　　　　　500 　　2　　　　　　420　　　　　28　　　　　　　　　　600 　　3　　　　　　450　　　　　32　　　　　　　　　　460				
操作技术	1. 焊接位置:平焊　　　　　　　　　　2. 单道焊技术 3. 焊丝伸出长度:30～32mm　　　　　4. 焊道两侧边缘用薄片砂轮清渣				
焊后检查	100% 射线检测				

8.5　异种耐热钢接头的焊接

在大型高温工业设备中,各部件的工作温度往往是不同的。例如亚临界和超临界电站锅炉的受热面部件中,从膜式水冷壁、省煤器、过热器到再热器,其壁温差竟达 300～400℃。因此从经济角度考虑,应当选用不同等级的耐热钢。这样,在各部件的连接中,必然会出现异种钢接头的焊接。最常见的异种耐热钢接头有:不同低合金耐热钢种之间的接头,低合金耐热钢与中合金耐热钢之间的接头,不同中合金耐热钢之间的接头;低合金耐热钢、中合金耐热钢与高合金耐热钢之间的接头。两相焊钢种的化学成分和物理性能差别愈大,异种钢接头的焊接问题愈复杂。例如低合金耐热钢与高合金耐热钢接头在高温(450℃以上)长时间工作后,在接头熔合区高合金耐热钢侧会出现增碳层和高硬度区,而低合金耐热钢侧则会产生贫碳带和软化区,并最终导致异种钢接头的提前失效。图 8-58 示出这种异种钢接头经长期高温作用后熔合区金相组织的变化。图 8-59 示出 12Cr2Mo1R 钢与 06Cr18Ni11Nb 铬镍奥氏体钢采用 E309Mo 焊条焊接的异种钢接头,在焊后热处理前后,接头横截面上 C、Cr 含量的显微探针检测的结果。从中可见,热处理后焊缝金属熔合区的最高 w(C) 可达 0.97%。

**图 8-58　06Cr18Ni11Nb + 12Cr1MoV 异种钢接头
熔合区的组织变化(560℃　5000h)**

虽然这一区域很窄,但足以使接头的高温持久性能下降。

为解决异种钢接头的上述问题,曾经进行了大量的试验研究,目前已基本上掌握了各类异种钢接头焊接材料的选用准则和焊接工艺要点,使接头的使用寿命大体上与同种钢接头的寿命相当。

8.5.1　异种耐热钢接头焊接材料的选用原则

在选用异种耐热钢焊接接头的焊接材料时,主要

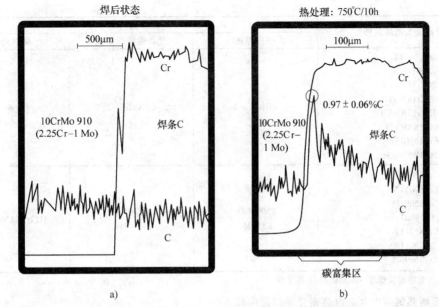

图 8-59 12Cr2Mo1R 与 06Cr18Ni11Nb 铬镍奥氏体钢异种钢接头处理前后熔合区 C、Cr 含量的变化
a）热处理前 b）750℃/10h 热处理后

应考虑下列因素：

1）两相焊钢种的合金成分及其含量的差别等级。

2）所选用的焊接方法接头形式以及可能达到的最大稀释率。

3）两相焊钢种对同种钢接头所规定的焊后热处理温度。

4）异种钢接头的最高工作温度和所要求的最低寿命期限。

5）对异种钢接头常温和高温力学性能的要求。

6）对异种钢接头生产成本的要求。

1. 不同钢种低合金耐热钢异种钢接头焊接材料的选用

这类异种钢接头用焊接材料的选择比较简单，原则上按其中合金成分较低的钢种选择，例如 15CrMoG 钢与 12Cr2MoG 钢之间的异种钢接头可选用 E5503-B2 或 E5515-B2 焊条，以及 H08CrMoA 焊丝。因为在结构设计时，总是将异种钢接头布置在工作温度较低的一侧，接头的力学性能可以满足产品技术条件的要求，且焊接工艺相对比较简单。各种不同低合金钢异种钢接头焊接材料的选用详见表 8-72。

表 8-72 常用耐热钢异种钢接头焊接材料选用表

异种钢接头相焊钢号	焊接材料型号		
	药皮焊条	气体保护焊焊丝	埋弧焊焊丝
15MoG + 12CrMoG,15CrMoG（15CrMoR）	E5003-A1,E5015-A1	ER49-A1	H08MnMoA
15CrMoG（15CrMoR）+ 12Cr1MoVG（12Cr1MoVR）	E5503-B2,E5515-B2	ER55-B2	H13CrMoA
15CrMoR + 12Cr2Mo1R 15CrMoG + 12Cr2MoG	E5503-B2,E5515-B2	ER55-B2	H13CrMoA
12CrMoVG + 12Cr2MoWVTiB	E5503-B2-V,E5515-B2-V	ER55-B2-MnV	H08CrMoVA
12Cr1MoVG + 1Cr5Mo	E5503-B2-V,E5515-B2V	ER55-B2-MnV	H08CrMoVA
12Cr2MoG + 10Cr9Mo1VNb	E6015-B3	ER62-B3	H08Cr3MnMoA
12Cr2MoG + 10Cr9Mo1VNb	E6215-B9	ER62-B9	EB9
12Cr2MoG + 22Cr12NiMoWV	ECrMoWV12B42 （EN1599:1997）	WCrMoWV12Si （EN12070:1999）	SCrMoWV12/SAFB2 （EN12070:1999）
10Cr9Mo1VNb +06Cr18Ni11Ti +06Cr18Ni11Nb +12Cr18Ni9Si3	ENiCrFe-3	ERNiCrFe-3	—

（续）

异种钢接头相焊钢号	焊接材料型号		
	药皮焊条	气体保护焊焊丝	埋弧焊焊丝
15CrMoG ＋06Cr18Ni11Ti 　　　　06Cr18Ni11Nb 12Cr1MoVG ＋06Cr18Ni11Ti 　　　　＋06Cr18Ni11Nb 　　　　＋12Cr18Ni9Si3 12Cr2MoG ＋06Cr18Ni11Ti 　　　　＋06Cr18Ni11Nb 　　　　＋12Cr18Ni9Si3	ENiCrFe-3	ERNiCrFe-3	—
15CrMoG ＋06Cr18Ni11Ti 　　　　＋06Cr18Ni11Nb 　　　　＋12Cr18Ni9Si3 12Cr1MoVG，12Cr2MoG 　　　　＋06Cr18Ni11Ti 　　　　＋06Cr18Ni11Nb 　　　　＋12Cr18Ni9Si3	E309Mo[①] E310Mo	ER309Mo[①] ER310Mo	H12Cr24Ni13Mo2[①]

① 只适用于工作温度低于400℃的异种钢接头。

2. 低合金耐热钢与中合金耐热钢异种钢接头焊接材料的选用

这类异种钢接头适用的焊接材料取决于两相焊钢种的合金成分的含量差。如两钢种合金成分含量比较接近，例如12Cr5Mo钢与10Cr9MoV钢之间的异种钢接头，可以按上述原则，即按合金含量较低的钢种选择相配的焊接材料。如两种钢种合金成分含量相差较大，如图8-60a所示的T91（10Cr9MoVNb）钢与15CrMo钢之间的异种钢接头，焊接材料的选择就比较复杂。这不仅是两种钢的力学性能相差较大，更重要的是两种钢所规定的焊后热处理温度差别悬殊，为保证接头的质量，必须采取折中的办法。如图8-60b所示，在T91钢管坡口面上，采用合金成分介于两者之间的E6015-B3（E8018-B2）焊条堆焊4~5层作过渡层，然后做740~750℃/2h的焊后热处理。接着如图8-60c所示，采用E5515-B2低合金钢焊条焊满整个接头，最终作680℃/1h的焊后热处理。

3. 低合金耐热钢与高合金耐热钢异种钢接头焊接材料的选用

这类异种钢接头基本上可分成两组。一组是低合金耐热钢与高合金马氏体耐热钢之间的异种钢接头；另一组是低合金耐热钢与高合金奥氏体耐热钢之间的异种钢接头。

对于第一组异种钢接头，如选用与其中任何一种母材相配的焊接材料，经过焊后热处理或400℃以上高温长时间作用后，都会在接头熔合线上形成渗碳带，如图8-61所示，而采用E309或E310型高铬镍奥氏体钢焊条，在高温长期工作后仍难以抑制碳向高铬含量的焊缝金属边界扩散（参见图8-59）。以外，

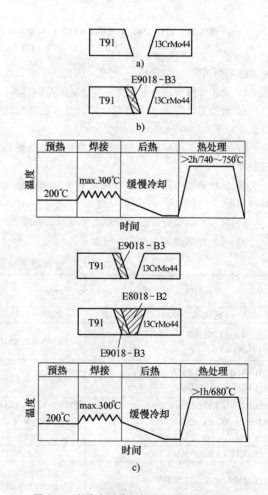

图8-60　低合金耐热钢与中合金钢耐热钢异种钢接头的焊接顺序
a）接头形式　b）过渡层焊接与焊后热处理
c）对接焊及焊后热处理

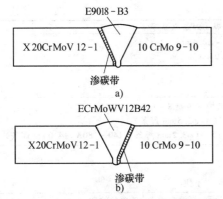

图 8-61 低合金耐热钢与高合金马氏体钢异种钢接头中的渗碳带

a) 采用低合金钢焊条 b) 采用高合金钢焊条

由于奥氏体钢的线胀系数大大高于铁素体钢的，而显著地提高了接头边界的热应力，加速了热疲劳失效。因此为了确保这类异种钢接头的高温持久强度，必须采用镍基合金焊接材料，如 Inconel 82 等。长期运行试验证明，镍基合金焊缝金属可有效地遏制碳的扩散。同时由于镍基合金的线胀系数与高合金马氏体钢相近，大大降低了接头的热应力，延长了接头的使用寿命。

对于第二组异种钢接头，当接头的工作温度低于400℃时，可以选用 E309 或 E310 型高铬镍奥氏体钢焊条。如接头温度高于 400℃，则亦应选用镍基合金焊接材料。其原理与第一组异种钢接头相同。

4. 中合金耐热钢与高合金耐热钢异种焊接接头焊接材料的选用

在大型高温工业设备中，例如超临界锅炉受热面部件中，最典型的这类异种钢接头主要有：P91/T91（10Cr9Mo1V）钢与 X20CrMoV12-1（22Cr12Mo1V）钢之间的异种钢接头，P91/T91，P92/T92（10Cr9Mo1VNb）与 06Cr18Ni11Nb 等奥氏体钢之间的异种钢接头，如图8-62所示。对于上列第 1 种异种钢接头，由于其合金成分和物理性能相近可以采用与这两种相配的任何一种焊接材料焊接，如 10Cr9Mo1V 钢或 E5515-B2V 型焊条和焊丝，但对于第二种异种钢接头，则按前述

的原理，必须采用镍基合金焊接材料，如 ENiCrFe3 型镍基合金焊条（Ni≥67.0，Cr19.0，Nb2.2，Mn5.0，Fe3.0，C0.025）。

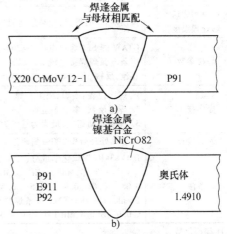

图 8-62 中合金耐热钢与高合金耐热钢之间典型的组合接头

a) P91 + X20CrMoV12-1 b) P91 + 06Cr18Ni11Nb

8.5.2 异种耐热钢焊接接头的焊接工艺

编制异种耐热钢接头的焊接工艺时，应遵循以下原则：

1）焊前的预热温度按合金成分含量较高的钢种选定。

2）焊后热处理的温度范围应控制在两种钢材均适用的温度范围，通常采用折中的办法。如两种钢材的焊后热处理温度相差过大，则应采取堆焊过渡层和分部热处理的办法（参见图 8-60）。

3）为减少母材对焊缝金属的稀释作用，应采用开坡口的接头形式和低热输入的焊接方法。

4）当必须选用镍基合金焊材焊接异种钢接头时，应使用低热输入并采用窄焊道操作技术。

表 8-73 列出 14MoV63 钢与 X10CrMoVNb91（P91）异种钢接头焊接工艺规程，图8-63示出这种异种钢接头焊接时的温度参数。

表 8-73 14MoV63[①] + X10CrMoVNb91[①]（P91）异种钢接头焊接工艺规程

焊接方法	手工氩弧焊 + 焊条电弧焊
接头母材	14MoV63 与 X10CrMoVNb91 相焊 管子直径:100 ~ 999mm 壁厚:30 ~ 70mm
接头形式	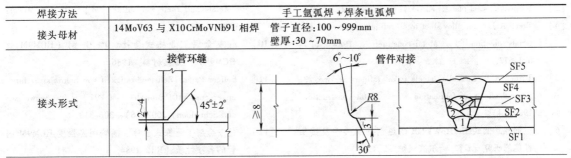

（续）

焊接方法	手工氩弧焊 + 焊条电弧焊
焊接材料	GTAW 焊焊丝：ER80S-G（DMV83IG）　ϕ2.0mm ~ ϕ2.4mm 药皮焊条：E9018-G（DMV83kb）　ϕ2.5mm ~ ϕ4.0mm
预热和焊后 热处理温度	按图 8-63 的规定，最高层间温度 280℃
焊接参数	GTAW 焊 SF1 焊接电流 I = 70 ~ 130A 正接极　保护气流量 8 ~ 12L/min 焊条电弧焊焊接电流　　　SF2　　　I = 70 ~ 100A（ϕ2.5mm 焊条） 直流，反接　　　　　　　SF3/SF5　　I = 110 ~ 140A（ϕ3.2mm 焊条），140 ~ 180A（ϕ4.0mm 焊条）
操作技术	1. 焊接位置：横焊，向上立焊 2. 焊道层数：多层多道焊 3. 焊条摆动宽度：最大为焊条直径的 3 倍，GTAW 焊不摆动
焊后检查	焊后热处理后作 100% 超声波检测 + 100% 射线检测，焊缝表面 100% 磁粉检测
备注	DMV83-IG 焊丝化学成分（质量分数，%） 　C　　Si　　Mn　　Cr　　Mo　　V 　0.08　0.6　0.9　0.45　0.85　0.35 Boehler Fox DMV83kb 焊条焊缝金属化学成分 C 0.05，Si 0.4，Mn 1.1，Cr 0.4，Mo 0.9，V 0.5

① 德国钢号。

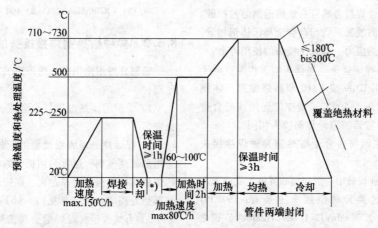

图 8-63　14MoV63 与 X10CrMoVNb91（P91）异种钢接头的焊接温度参数

参考文献

[1] Nippon KOKAN. Speciality Seamless Tubing for Electric Power. Revision 2. Nippon KOKAN, 1986.

[2] Nippon KOKAN. NK CMV-12 Boiler Tubing (X20Cr-MoV12-1). Technical Bulletin Nippon KOKAN, 1987.

[3] Kawasaki. steel plates. Kawasaki steels cooperation, 1985.

[4] Breen A J. Low alloy steel in oil refinery service：1 Materials selection [J]. Metal construetion, 1984 (11)：671-677.

[5] Turneil A J. Low alloy steels in oil refinery service：3a General effects of fabrication [J]. Metal construction, 1985 (4).

[6] 王同芬. 低碳 Cr5MoWVTiB 耐热钢的焊接性及接头性能的研究 [C]. 哈尔滨锅炉厂，1985.

[7] Turneil A J. Low alloy steels in oil refinery service：3b Effects of fabrication-welding [J]. Metal Construetion, 1985 (5).

[8] Thyssen Draht AG. 制造工艺和化学成分的变化对铬钼钢焊件特性的影响. 1987.

[9] American welding society. Welding Handbook：Volume 4 Metals and their weldability [M]. 7th Ed. Miami：AWS, 1982.

[10] 住友金属工业株式会社. 9% Cr 钢（HCM9M 及 HCM9S）用焊接材料. 1986.

[11] Seliger Peter. Zeitstaudfestigkeif von Schweissver bindunger aus X10CrMovNb9-1 (P91) [J]. Schweissen and Schneiden, 2002 (6)：306-313.

[12] 住友金属工业株式会社. 锅炉用高强度 HCM9M 钢管的各项性质 [R]. 1984.

［13］ Anik S. 高合金钢，特别是不锈钢焊接时的金属物
理过程-组织结构［J］. 陈裕川，译. 国外焊接，
1984（1）：16-21.

［14］ Anik S. 高合金钢焊接时的金属物理过程—高合金
钢的焊接［J］. 陈裕川，译. 国外焊接，1984
（2）：17-22.

［15］ Sadowski S. Das verhalten austenitischer Stähle and
Schweiss-verbindungen in Temperaturbreich von 700-
1200℃［J］. Zeitschrift für Schweisstechnik, 1965
（9）：311-324.

［16］ Медовар Б И. Сварка Жаропрочных Аустенитных
Сталей И Сплавов［M］. Москва：Машиностросние,
1966.

［17］ Wayne L, WiLcon. Welding Stainleess steel the 400
Series［J］. Metal progress, 1964（8）：140-148.

［18］ Bendick W. Stand der Entwicklung neuer Rohrwerkstof-
fe für den Kraftwerksbau in Deutschland und Europa
［J］. VGB Kraftwerkstechnik, 1997（5）：407-412.

［19］ Ennis P J. Die Eigenschften des 9%-chrom-stahles vom
Typ 9Cr-0. 5Mo-1. 8W-V-Nb im Hinblick auf seine
verwendung als Rohrleitungs-und Kesselbaustahl［J］.
VGB Kraftwerkstechnik, 1998（1）.

［20］ Hahn B. Einsatz des stahles X10CrMoVNb91 im Rah-
men von Anlagenertüchtigungen［J］. VGB Kraftwerk-
stechnik, 1997（3）.

［21］ Schabereiter H. fberblick über schweiBung warmfester
und hochwarmfester st~hle für den Kraftwerksbau［J］.
Schweiss-prüftechnik, 1997（10）.

［22］ chen Qiurong. New Boiler and Piping Materials［J］.
VGB, 2003（11）：91-98.

［23］ Husemann R U. Development status of Boiler and Pip-
ing Materials for Inereased steam Conditions［J］.
VGB, 2003（9）：124-128.

［24］ Bendiek W. Neue Werkstoffentwicklunger fur moderne
Hochleistungskraffwerke［J］. VGB, 2004（7）：
82-88.

第9章 不锈钢的焊接

作者 杜兵 王昱成 康慧 审者 韩怀月

9.1 不锈钢的概述

不锈钢指耐空气、蒸汽、水等弱腐蚀介质和酸、碱、盐等化学侵蚀性介质腐蚀的钢，又称不锈耐酸钢。不锈钢的耐蚀性随含碳量的增加而降低，因此大多数不锈钢的含碳量均较低，质量分数最大不超过1.2%。不锈钢中的主要合金元素是Cr，只有当Cr含量达到一定值时，钢才有耐蚀性。因此不锈钢中Cr的质量分数至少为12%。此时，钢的表面能迅速形成致密的Cr_2O_3氧化膜，使钢的电极电位和在氧化性介质中的耐蚀性发生突变性提高。在非氧化性介质（HCl、H_2SO_4）中，铬的作用并不明显，除了铬外，不锈钢中还须加入能使钢钝化的Ni、Mo等其他元素。

通常所说的不锈钢实际是不锈钢和耐酸钢的总称，不锈钢一般泛指在大气、水等弱腐蚀介质中耐蚀的钢，耐酸钢则是指在酸、碱、盐等强腐蚀介质中耐蚀的钢。两者在化学成分上的共同特点是铬的质量分数均在12%以上，但由于合金化的差异，不锈钢并不一定耐酸，而耐酸钢一般具有良好的不锈性能。按照习惯叫法，本章将不锈钢和耐酸钢简称为不锈钢。

9.1.1 不锈钢的种类、化学成分及其用途

不锈钢按照组织类型，可分为五类，即铁素体不锈钢、马氏体不锈钢、奥氏体不锈钢、双相不锈钢和沉淀硬化不锈钢。各种类型不锈钢热轧钢板的化学成分见表9-1，各国不锈钢标准牌号对照见表9-2。

不锈钢的重要特性之一是耐蚀性，然而不锈钢的不锈性和耐蚀性都是相对的，有条件的，受到诸多因素的影响，包括介质种类、浓度、纯净度、流动状态、使用环境的温度、压力等，目前还没有对任何腐蚀环境都具有耐蚀性的不锈钢。因此选用不锈钢时应根据具体的使用条件加以合理选择，才能获得良好的使用效果。

奥氏体不锈钢在各种类型不锈钢中应用最为广泛，品种也最多。由于奥氏体不锈钢的铬、镍含量较高，因此在氧化性、中性以及弱还原性介质中均具有良好的耐蚀性。奥氏体不锈钢的塑韧性优良，冷热加工性能俱佳，焊接性优于其他类型不锈钢，因而广泛应用于建筑装饰、食品工业、医疗器械、纺织印染设备以及石油、化工、原子能等工业领域。

铁素体不锈钢的应用比较广泛，其中Cr13和Cr17型铁素体不锈钢主要用于腐蚀环境不十分苛刻的场合，例如室内装饰、厨房设备、家电产品、家用器具等。超低碳高铬含钼铁素体不锈钢因对氯化物应力腐蚀不敏感，同时具有良好的耐点蚀、缝隙腐蚀性能，因而广泛用于热交换设备、耐海水设备、有机酸及制碱设备等。

马氏体不锈钢应用较为普遍的是Cr13型马氏体不锈钢。为获得或改善某些性能，添加镍、钼等合金元素，形成一些新的马氏体不锈钢，例如05Cr13Ni5Mo、09Cr17Ni5Mo3N。马氏体不锈钢主要用于硬度、强度要求较高，耐腐蚀要求不太高的场合，如量具、刃具、餐具、弹簧、轴承、汽轮机叶片、水轮机转轮、泵、阀等。

双相不锈钢是金相组织由奥氏体和铁素体两相组成的不锈钢，而且各相都占有较大的比例。双相不锈钢具有奥氏体不锈钢和铁素体不锈钢的一些特性，韧性良好，强度较高，耐氯化物应力腐蚀。适于制作海水处理设备、冷凝器、热交换器等，在石油、化工领域应用广泛。

沉淀硬化不锈钢是在不锈钢中单独或复合添加硬化元素，通过适当热处理获得高强度、高韧性并具有良好耐蚀性的一类不锈钢。通常作为耐磨、耐蚀、高强度结构件，如轴、齿轮、叶片等转动部件和螺栓、销子、垫圈、弹簧、阀、泵等零部件以及高强度压力容器、化工处理设备等。

9.1.2 不锈钢的组织特点

实际上因化学元素含量的上下限和热处理状态的差异，工业用不锈钢的组织并不像表9-1那样完全符合其类别的名称。从各元素对不锈钢组织的影响和作用程度来看，基本上有两类元素。一类是形成或稳定奥氏体的元素：碳、镍、锰、氮和铜等，其中碳和氮作用程度最大。另一类是缩小甚至封闭γ相区即形成铁素体的元素：铬、硅、钼、钛、铌、钽、钒、钨和铝等，其中铌的作用程度最小。

现在已经把焊接时快速冷却形成的焊缝组织与各元素的铬当量和镍当量值的关系图（图9-1~图9-3）看作实用组织图，镍和铬当量计算公式列表9-3。

表 9-1　不锈钢热轧钢板的化学成分 （GB/T 20878—2007）

奥氏体类不锈钢的标准牌号及其化学成分

序号	新牌号	旧牌号	化学成分（质量分数，%）										
			C	Si	Mn	P	S	Ni	Cr	Mo	Cu	N	其他元素
1	12Cr17Mn6Ni5N	1Cr17Mn6Ni5N	0.15	1.00	5.50~7.50	0.050	0.030	3.50~5.50	16.00~18.00	—	—	0.05~0.25	—
2	10Cr17Mn9Ni4N	1Cr17Mn9Ni4N	0.12	0.80	8.00~10.50	0.035	0.025	3.50~4.50	16.00~18.00	—	—	0.15~0.25	—
3	12Cr18Mn9Ni5N	1Cr18Mn8Ni5N	0.15	1.00	7.50~10.50	0.050	0.030	4.00~6.00	17.00~19.00	—	—	0.05~0.25	—
4	20Cr13Mn9Ni4	2Cr13Mn9Ni4	0.15~0.30	0.80	8.00~10.00	0.045	0.025	3.70~5.00	12.00~14.00	—	—	—	—
5	20Cr15Mn15Ni2N	2Cr15Mn15Ni2N	0.15~0.25	1.00	14.00~16.00	0.045	0.030	1.50~3.00	14.00~16.00	—	—	0.15~0.30	—
6	53Cr21Mn9Ni4N①	5Cr21Mn9Ni4N①	0.48~0.58	0.35	8.00~10.00	0.040	0.030	3.25~4.50	20.00~22.00	—	—	0.35~0.50	—
7	26Cr18Mn12Si2N①	3Cr18Mn12Si2N①	0.22~0.30	1.40~2.20	10.50~12.50	0.045	0.030	—	17.00~19.00	—	—	0.22~0.33	—
8	22Cr20Mn9Ni2Si2N①	2Cr20Mn9Ni2Si2N①	0.17~0.26	1.80~2.70	8.50~11.00	0.045	0.030	2.00~3.00	18.00~21.00	—	—	0.20~0.30	—
9	12Cr17Ni7	1Cr17Ni7	0.15	1.00	2.00	0.045	0.030	6.00~8.00	16.00~18.00	—	—	0.10	—
10	022Cr17Ni7	—	0.030	1.00	2.00	0.045	0.030	6.00~8.00	16.00~18.00	—	—	0.20	—
11	022Cr17Ni7N	—	0.030	1.00	2.00	0.045	0.030	6.00~8.00	16.00~18.00	—	—	0.07~0.20	—
12	17Cr18Ni9	2Cr18Ni9	0.13~0.21	1.00	2.00	0.045	0.025	8.00~10.50	17.00~19.00	—	—	—	—
13	12Cr18Ni9①	1Cr18Ni9①	0.15	1.00	2.00	0.045	0.030	8.00~10.00	17.00~19.00	—	—	0.10	—
14	12Cr18Ni9Si3①	1Cr18Ni9Si3①	0.15	2.00~3.00	2.00	0.045	0.030	8.00~10.00	17.00~19.00	（0.60）	—	0.10	—
15	Y12Cr18Ni9	Y1Cr18Ni9	0.15	1.00	2.00	0.02	≥0.15	8.00~10.00	17.00~19.00	—	—	—	—
16	Y12Cr18Ni9Se	Y1Cr18Ni9Se	0.15	1.00	2.00	0.02	0.06	8.00~10.00	17.00~19.00	—	—	—	Se≥0.15

奥氏体类不锈钢的标准牌号及其化学成分

（续）

序号	新牌号	旧牌号	化学成分（质量分数，%）										
			C	Si	Mn	P	S	Ni	Cr	Mo	Cu	N	其他元素
-17	06Cr19Ni9①	0Cr18Ni9①	0.08	1.00	2.00	0.045	0.030	8.00 ~ 11.00	18.00 ~ 20.00	—	—	—	—
18	022Cr19Ni10	00Cr19Ni10	0.030	1.00	2.00	0.045	0.030	8.00 ~ 12.00	18.00 ~ 20.00	—	—	—	—
19	07Cr19Ni10	—	0.04 ~ 0.10	1.00	2.00	0.045	0.030	8.00 ~ 11.00	18.00 ~ 20.00	—	—	—	—
20	05Cr19Ni10Si2CeN	—	0.04 ~ 0.06	1.00 ~ 2.00	0.80	0.045	0.030	9.00 ~ 10.00	18.00 ~ 19.00	—	—	0.12 ~ 0.18	Ce = 0.03 ~ 0.08
21	06Cr18Ni9Cu2	0Cr18Ni9Cu2	0.08	1.00	2.00	0.045	0.030	8.00 ~ 10.50	17.00 ~ 19.00	—	1.00 ~ 3.00	—	—
22	06Cr18Ni9Cu3	0Cr18Ni9Cu3	0.08	1.00	2.00	0.045	0.030	8.50 ~ 10.50	17.00 ~ 19.00	—	3.00 ~ 4.00	—	—
23	06Cr19Ni10N	0Cr19Ni9N	0.08	1.00	2.00	0.045	0.030	8.00 ~ 11.00	18.00 ~ 20.00	—	—	0.10 ~ 0.16	—
24	06Cr19Ni9NbN	0Cr19Ni10NbN	0.08	1.00	2.50	0.045	0.030	7.50 ~ 10.50	18.00 ~ 20.00	—	—	0.15 ~ 0.30	Nb ≤ 0.15
25	022Cr19Ni10N	00Cr18Ni10N	0.030	1.00	2.00	0.045	0.030	8.00 ~ 12.00	18.00 ~ 20.00	—	—	0.10 ~ 0.16	—
26	10Cr18Ni12	1Cr18Ni12	0.12	1.00	2.00	0.045	0.030	10.50 ~ 13.00	17.00 ~ 19.00	—	—	—	—
27	06Cr18Ni12	0Cr18Ni12	0.08	1.00	2.00	0.045	0.030	11.00 ~ 13.50	16.50 ~ 19.00	—	—	—	—
28	06Cr16Ni18	0Cr16Ni18	0.08	1.00	2.00	0.045	0.030	17.00 ~ 19.00	15.00 ~ 17.00	—	—	—	—
29	06Cr20Ni11	—	0.08	1.00	2.00	0.045	0.030	10.00 ~ 12.00	19.00 ~ 21.00	—	—	—	—
30	22Cr21Ni12N①	2Cr21Ni12N①	0.15 ~ 0.28	0.75 ~ 1.25	1.00 ~ 1.60	0.040	0.030	10.50 ~ 12.50	20.00 ~ 22.00	—	—	0.15 ~ 0.30	—
31	16Cr23Ni13①	2Cr23Ni13①	0.20	1.00	2.00	0.040	0.030	12.00 ~ 15.00	22.00 ~ 24.00	—	—	—	—

(续)

奥氏体类不锈钢的标准牌号及其化学成分

序号	新牌号	旧牌号	化学成分（质量分数，%）										
			C	Si	Mn	P	S	Ni	Cr	Mo	Cu	N	其他元素
32	06Cr23Ni13①	0Cr23Ni13①	0.08	1.00	2.00	0.045	0.030	12.00~15.00	22.00~24.00	—	—	—	—
33	14Cr23Ni18	1Cr23Ni18	0.18	1.00	2.00	0.035	0.025	17.00~20.00	22.00~25.00	—	—	—	—
34	20Cr25Ni20①	2Cr25Ni20①	0.25	1.50	2.00	0.040	0.030	19.00~22.00	24.00~26.00	—	—	—	—
35	06Cr25Ni20①	0Cr25Ni20①	0.08	1.50	2.00	0.045	0.030	19.00~22.00	24.00~26.00	—	—	—	—
36	022Cr25Ni22Mo2N	—	0.030	0.40	2.00	0.030	0.015	21.00~23.00	24.00~26.00	2.00~3.00	—	0.10~0.16	—
37	015Cr20Ni18Mo6CuN	—	0.020	0.80	1.00	0.030	0.010	17.50~18.50	19.50~20.50	6.00~6.50	0.50~1.00	0.18~0.22	—
38	06Cr17Ni12Mo2①	0Cr17Ni12Mo2①	0.08	1.00	2.00	0.045	0.030	10.00~14.00	16.00~18.00	2.00~3.00	—	—	—
39	022Cr17Ni12Mo2	00Cr17Ni14Mo2	0.030	1.00	2.00	0.045	0.030	10.00~14.00	16.00~18.00	2.00~3.00	—	—	—
40	07Cr17Ni12Mo2①	1Cr17Ni12Mo2①	0.04~0.10	1.00	2.00	0.045	0.030	10.00~14.00	16.00~18.00	2.00~3.00	—	—	—
41	06Cr17Ni12Mo2Ti①	0Cr18Ni12Mo2Ti①	0.08	1.00	2.00	0.045	0.030	10.00~14.00	16.00~18.00	2.00~3.00	—	—	Ti≥5C
42	06Cr17Ni12Mo2Nb	—	0.08	1.00	2.00	0.045	0.030	10.00~14.00	16.00~18.00	2.00~3.00	—	0.10	Nb=10C~1.10
43	06Cr17Ni12Mo2N	0Cr17Ni12Mo2N	0.08	1.00	2.00	0.045	0.030	10.00~13.00	16.00~18.00	2.00~3.00	—	0.10~0.16	—
44	022Cr17Ni12Mo2N	00Cr17Ni13Mo2N	0.030	1.00	2.00	0.045	0.030	10.00~13.00	16.00~18.00	2.00~3.00	—	0.10~0.16	—
45	06Cr18Ni12Mo2Cu2	0Cr18Ni12Mo2Cu2	0.08	1.00	2.00	0.045	0.030	10.00~14.50	17.00~19.00	1.20~2.75	1.00~2.50	—	—
46	022Cr18Ni14Mo2Cu2	00Cr18Ni14Mo2Cu2	0.030	1.00	2.00	0.045	0.030	12.00~16.00	17.00~19.00	1.20~2.75	1.00~2.50	—	—
47	022Cr18Ni15Mo3N	00Cr18Ni15Mo3N	0.030	1.00	2.00	0.025	0.010	14.00~16.00	17.00~19.00	2.35~4.20	0.50	0.10~0.20	—
48	015Cr21Ni26Mo5Cu2		0.020	1.00	2.00	0.015	0.035	23.00~28.00	19.00~23.00	4.00~5.00	1.00~2.00	0.10	—
49	06Cr19Ni13Mo3	0Cr19Ni13Mo3	0.08	1.00	2.00	0.045	0.030	11.00~15.00	18.00~20.00	3.00~4.00	—	—	—
50	022Cr19Ni13Mo3①	00Cr19Ni13Mo3①	0.030	1.00	2.00	0.045	0.030	11.00~15.00	18.00~20.00	3.00~4.00	—	—	—

奥氏体类不锈钢的标准牌号及其化学成分

（续）

序号	新牌号	旧牌号	化学成分（质量分数,%）										
			C	Si	Mn	P	S	Ni	Cr	Mo	Cu	N	其他元素
51	022Cr18Ni14Mo3	00Cr18Ni14Mo3	0.030	1.00	2.00	0.025	0.010	13.00~15.00	17.00~19.00	2.25~3.50	0.50	0.10	—
52	03Cr18Ni16Mo5	0Cr18Ni16Mo5	0.040	1.00	2.50	0.045	0.030	15.00~17.00	16.00~19.00	4.00~6.00	—	—	—
53	022Cr19Ni16Mo5N	—	0.030	1.00	2.00	0.045	0.030	13.50~17.50	17.00~20.00	4.00~5.00	—	0.10~0.20	—
54	022Cr19Ni13Mo4N	—	0.030	1.00	2.00	0.045	0.030	11.00~15.00	18.00~20.00	3.00~4.00	—	0.10~0.22	—
55	06Cr18Ni11Ti①	0Cr18Ni10Ti①	0.08	1.00	2.00	0.045	0.030	9.00~12.00	17.00~19.00	—	—	—	Ti=5C~0.70
56	07Cr19Ni11Ti	1Cr18Ni11Ti	0.04~0.10	0.75	2.00	0.030	0.030	9.00~13.00	17.00~20.00	—	—	—	Ti=4C~0.60
57	45Cr14Ni14W2Mo①	4Cr14Ni14W2Mo①	0.40~0.50	0.80	0.70	0.040	0.030	13.00~15.00	13.00~15.00	0.25~0.40	—	—	W=2.00~2.75
58	015Cr24Ni22Mo8Mn3CuN	—	0.020	0.50	2.00~4.00	0.030	0.005	21.00~23.00	24.00~25.00	7.00~8.00	0.30~0.60	0.45~0.55	—
59	24Cr18Ni8W2①	2Cr18Ni8W2①	0.21~0.28	0.30~0.80	0.70	0.030	0.025	7.50~8.50	17.00~19.00	—	—	—	W=2.00~2.50
60	12Cr16Ni35①	1Cr16Ni35①	0.15	1.50	2.00	0.040	0.030	33.00~37.00	14.00~17.00	—	—	—	—
61	022Cr24Ni17Mo5Mn6NbN	—	0.030	1.00	5.00~7.00	0.030	0.010	16.00~18.00	23.00~25.00	4.00~5.00	—	0.40~0.60	Nb≤0.10
62	06Cr18Ni11Nb①	0Cr18Ni11Nb①	0.08	1.00	2.00	0.045	0.030	9.00~12.00	17.00~19.00	—	—	—	Nb=10C~1.10
63	07Cr18Ni11Nb①	1Cr19Ni11Nb①	0.04~0.10	1.00	2.00	0.045	0.030	9.00~12.00	17.00~19.00	—	—	—	Nb=8C~1.10
64	06Cr18Ni13Si4①②	0Cr18Ni13Si4①②	0.08	3.00~5.00	2.00	0.045	0.030	11.50~15.00	15.00~20.00	—	—	—	—
65	16Cr20Ni14Si2①	1Cr20Ni14Si2①	0.20	1.50~2.50	1.50	0.040	0.030	12.00~15.00	19.00~22.00	—	—	—	—
66	16Cr25Ni20Si2①	1Cr25Ni20Si2①	0.20	1.50~2.50	1.50	0.040	0.030	18.00~21.00	24.00~27.00	—	—	—	—

（续）

奥氏体-铁素体类不锈钢的标准牌号及其化学成分

序号	新牌号	旧牌号	化学成分（质量分数，%）										
			C	Si	Mn	P	S	Ni	Cr	Mo	Cu	N	其他元素
67	14Cr18Ni11Si4AlTi	1Cr18Ni11Si4AlTi	0.10~0.18	3.40~4.00	0.80	0.035	0.030	10.00~12.00	17.50~19.50	—	—	—	Ti=0.40~0.70 Al=0.10~0.30
68	022Cr19Ni5Mo3Si2N	00Cr18Ni5Mo3Si2	0.030	1.30~2.00	1.00~2.00	0.035	0.030	4.50~5.50	18.00~19.50	2.50~3.00	—	0.05~0.12	—
69	12Cr21Ni5Ti	1Cr21Ni5Ti	0.09~0.14	0.08	0.80	0.035	0.030	4.80~5.80	20.00~22.00	—	—	—	Ti=5（C~0.02）~0.80
70	022Cr22Ni5Mo3N	—	0.030	1.00	2.00	0.030	0.020	4.50~6.50	21.00~23.00	2.50~3.50	—	0.08~0.20	—
71	022Cr23Ni5Mo3N	—	0.030	1.00	2.00	0.030	0.020	4.50~6.50	22.00~23.00	3.00~3.50	—	0.14~0.20	—
72	022Cr23Ni4MoCuN		0.030	1.00	2.50	0.035	0.030	3.00~5.50	21.50~24.50	0.05~0.60	0.05~0.60	0.05~0.20	
73	022Cr25Ni6Mo2N		0.030	1.00	2.00	0.030	0.030	5.50~6.50	24.00~26.00	1.20~2.50	—	0.10~0.20	
74	022Cr25Ni7Mo3WCuN		0.030	1.00	0.75	0.030	0.030	5.50~7.50	24.00~26.00	2.50~3.50	0.20~0.80	0.10~0.30	W0.10~0.50
75	03Cr25Ni6Mo3Cu2N		0.04	1.00	1.50	0.035	0.030	4.50~6.50	24.00~27.00	2.90~3.90	1.50~2.50	0.10~0.25	
76	022Cr25Ni7Mo4N		0.030	0.80	1.20	0.035	0.020	6.00~8.00	24.00~26.00	3.00~5.00	0.50	0.24~0.32	
77	022Cr25Ni7Mo4WCuN		0.030	1.00	1.00	0.030	0.010	6.00~8.00	24.00~26.00	3.00~4.00	0.50~1.00	0.20~0.30	W 0.50~1.00 Cr+3.3Mo+16N ≥40

（续）

铁素体类不锈钢的标准牌号及其化学成分

序号	新牌号	旧牌号	化学成分（质量分数,%）										
			C	Si	Mn	P	S	Ni	Cr	Mo	Cu	N	其他元素
78	06Cr13Al①	0Cr13Al①	0.08	1.00	1.00	0.040	0.030	(0.60)	11.50～14.50	—	—	—	Al=0.10～0.30
79	06Cr11Ti	0Cr11Ti	0.08	1.00	1.00	0.045	0.030	(0.60)	10.50～11.75	—	—	—	Ti=6C～0.75
80	022Cr11Ti①	—	0.030	1.00	1.00	0.040	0.030	(0.60)	10.50～11.75	—	—	—	Ti≥8(C+N) Ti=0.15～0.50 Nb=0.10
81	022Cr11NbTi①	—	0.030	1.00	1.00	0.040	0.020	(0.60)	10.50～11.70	—	—	0.030	Ti+Nb=8(C+N) +0.08～0.75 Ti≥0.05
82	022Cr12Ni①	—	0.030	1.00	1.50	0.040	0.015	0.30～1.00	10.50～12.50	—	—	0.030	—
83	022Cr12①	00Cr12①	0.030	1.00	1.00	0.040	0.030	(0.60)	11.00～13.50	—	—	—	—
84	10Cr15	1Cr15	0.12	1.00	1.00	0.040	0.030	(0.60)	14.00～16.00	—	—	—	—
85	10Cr17①	1Cr17①	0.12	1.00	1.00	0.040	0.030	(0.60)	16.00～18.00	—	—	—	—
86	Y10Cr17	Y1Cr17	0.12	1.00	1.25	0.060	≥0.15	(0.60)	16.00～18.00	(0.60)	—	—	—

（续）

铁素体类不锈钢的标准牌号及其化学成分

序号	新牌号	旧牌号	化学成分（质量分数，%）										
			C	Si	Mn	P	S	Ni	Cr	Mo	Cu	N	其他元素
87	022Cr18Ti	00Cr17	0.030	0.75	1.00	0.040	0.030	(0.60)	16.00~19.00	—	—	—	Ti 或 Nb = 0.10~1.00
88	10Cr17Mo	1Cr17Mo	0.12	1.00	1.00	0.040	0.030	(0.60)	16.00~18.00	0.75~1.25	—	—	—
89	10Cr17MoNb	—	0.12	1.00	1.00	0.040	0.030	—	16.00~18.00	0.75~1.25	—	—	Nb = 5C~0.80
90	019Cr18MoTi	—	0.025	1.00	1.00	0.040	0.030	(0.60)	16.00~19.00	0.75~1.50	—	0.025	Ti、Nb、Zr 或其组合：8（C% + N%）~0.80
91	022Cr18NbTi	—	0.030	1.00	1.00	0.040	0.015	(0.60)	17.50~18.50	—	—	—	Ti = 0.10~0.60 Nb≥0.30+3C
92	019Cr19Mo2NbTi	00Cr18Mo2	0.025	1.00	1.00	0.040	0.030	1.00	17.50~19.50	1.75~2.50	—	0.035	(Ti + Nb) = [0.20 + 4(C + N)] ~0.80
93	16Cr25N[1]	2Cr25N[1]	0.20	1.00	1.50	0.040	0.030	—	23.00~27.00	—	(0.30)	0.25	—
94	008Cr27Mo[3]	00Cr27Mo[3]	0.010	0.40	0.40	0.030	0.020	—	25.00~27.50	0.75~1.50	—	0.015	—
95	008Cr30Mo2[3]	00Cr30Mo2[3]	0.010	0.40	0.40	0.030	0.020	—	28.50~32.00	1.50~2.50	—	0.015	—

（续）

马氏体类不锈钢的标准牌号及其化学成分

序号	新牌号	旧牌号	化学成分（质量分数，%）										
			C	Si	Mn	P	S	Ni	Cr	Mo	Cu	N	其他元素
96	12Cr12①	1Cr12①	0.15	0.50	1.00	0.040	0.030	(0.60)	11.50~13.00	—	—	—	—
97	06Cr13	0Cr13	0.08	1.00	1.00	0.040	0.030	(0.60)	11.50~13.50	—	—	—	—
98	12Cr13①	1Cr13①	0.15	1.00	1.00	0.040	0.030	(0.60)	11.50~13.50	—	—	—	—
99	04Cr13Ni5Mo	—	0.05	0.60	0.50~1.00	0.030	0.030	3.50~5.50	11.50~14.00	0.50~1.00	—	—	—
100	Y12Cr13	Y1Cr13	0.15	1.00	1.25	0.060	≥0.15	(0.60)	12.00~14.00	(0.60)	—	—	—
101	20Cr13①	2Cr13①	0.16~0.25	1.00	1.00	0.040	0.030	(0.60)	12.00~14.00	—	—	—	—
102	30Cr13	3Cr13	0.26~0.35	1.00	1.00	0.040	0.030	(0.60)	12.00~14.00	(0.60)	—	—	—
103	Y30Cr13	Y3Cr13	0.26~0.35	1.00	1.25	0.045	≥0.15	(0.60)	12.00~14.00	—	—	—	—
104	40Cr13	4Cr13	0.36~0.45	0.60	0.80	0.040	0.030	(0.60)	12.00~14.00	—	—	—	—
105	Y25Cr13Ni2	Y2Cr13Ni2	0.20~0.30	0.50	0.80~1.20	0.08~0.12	0.15~0.25	1.50~2.00	12.00~14.00	(0.60)	—	—	—
106	14Cr17Ni2②①	1Cr17Ni2①	0.11~0.17	0.80	0.80	0.040	0.030	1.50~2.50	16.00~18.00	(0.75)	—	—	—
107	17Cr16Ni2②①	—	0.12~0.20	1.00	1.50	0.040	0.030	1.5~2.50	15.00~17.00	—	—	—	—
108	68Cr17	7Cr17	0.60~0.75	1.00	1.00	0.040	0.030	(0.60)	16.00~18.00	(0.75)	—	—	—
109	85Cr17	8Cr17	0.75~0.95	1.00	1.00	0.040	0.030	(0.60)	16.00~18.00	(0.75)	—	—	—
110	108Cr17	11Cr17	0.95~1.20	1.00	1.00	0.040	0.030	(0.60)	16.00~18.00	(0.75)	—	—	—
111	Y108Cr17	Y11Cr17	0.95~1.20	1.00	1.25	0.060	≥0.15	(0.60)	16.00~18.00	(0.75)	—	—	—
112	95Cr18	9Cr18	0.90~1.00	0.80	0.80	0.040	0.030	(0.60)	17.00~19.00	—	—	—	—

（续）

马氏体类不锈钢的标准牌号及其化学成分

序号	新牌号	旧牌号	化学成分（质量分数，%）										
			C	Si	Mn	P	S	Ni	Cr	Mo	Cu	N	其他元素
113	12Cr5Mo①	1Cr5Mo①	0.15	0.50	0.60	0.040	0.030	(0.60)	4.00~6.00	0.45~0.60	—	—	—
114	12Cr12Mo①	1Cr12Mo①	0.10~0.15	0.50	0.30~0.50	0.040	(0.030)	0.30~0.60	11.50~13.00	0.30~0.60	(0.30)	—	—
115	13Cr13Mo①	1Cr13Mo①	0.08~0.18	0.60	1.00	0.040	0.030	(0.60)	11.50~14.00	0.30~0.60	(0.30)	—	—
116	32Cr13Mo	3Cr13Mo	0.28~0.35	0.80	1.00	0.040	0.030	(0.60)	12.00~14.00	0.50~1.00	—	—	—
117	102Cr17Mo	9Cr18Mo	0.95~1.10	0.80	0.80	0.040	0.030	(0.60)	16.00~18.00	0.40~0.70	—	—	—
118	90Cr18MoV	9Cr18MoV	0.85~0.95	0.80	0.80	0.040	0.030	(0.60)	17.00~19.00	1.00~1.30	—	—	V=0.07~0.12
119	14Cr11MoV①	1Cr11MoV①	0.11~0.18	0.50	0.60	0.035	0.030	0.60	10.00~11.50	0.50~0.70	—	—	V=0.25~0.40
120	158Cr12MoV①	1Cr12MoV①	1.45~1.70	0.40	0.35	0.030	0.025	—	11.00~12.50	0.40~0.60	—	—	V=0.15~0.30
121	21Cr12MoV①	2Cr12MoV①	0.18~0.24	0.10~0.50	0.30~0.80	0.030	0.025	0.30~0.60	11.00~12.50	0.80~1.20	0.30	—	V=0.25~0.35
122	18Cr12MoVNbN①	2Cr12MoVNbN①	0.15~0.20	0.50	0.50~1.00	0.035	0.030	(0.60)	10.00~13.00	0.30~0.90	—	0.05~0.10	V=0.10~0.40 Nb=0.20~0.60
123	15Cr12WMoV①	1Cr12WMoV①	0.12~0.18	0.50	0.50~0.90	0.040	0.030	0.40~0.80	11.00~13.00	0.50~0.70	—	—	W=0.70~1.10 V=0.15~0.30
124	22Cr12NiWMoV①	2Cr12NiWMoV①	0.20~0.25	0.50	0.50~1.00	0.040	0.030	0.50~1.00	11.00~13.00	0.75~1.25	—	—	W=0.75~1.25, V=0.20~0.40
125	13Cr11Ni2W2MoV①	1Cr11Ni2W2MoV①	0.10~0.16	0.60	0.60	0.035	0.030	1.40~1.80	10.50~12.00	0.35~0.50	—	—	W=1.50~2.00 V=0.18~0.30

（续）

马氏体类不锈钢的标准牌号及其化学成分

序号	新牌号	旧牌号	化学成分（质量分数,%)										
			C	Si	Mn	P	S	Ni	Cr	Mo	Cu	N	其他元素
126	14Cr12Ni2WMoVNb①	1Cr12Ni2WMoVNb①	0.11~0.17	0.60	0.60	0.030	0.025	1.80~2.20	11.00~12.00	0.80~1.20	—	—	W=0.70~1.00, V=0.20~0.30, Nb=0.15~0.30
127	10Cr12Ni3Mo2VN	—	0.08~0.13	0.40	0.50~0.90	0.030	0.025	2.00~3.00	11.00~12.50	1.50~2.00	—	0.020~0.04	V=0.25~0.40
128	18Cr11NiMoNbVN①	2Cr11MoNbVN①	0.15~0.20	0.50	0.50~0.80	0.020	0.015	0.30~0.60	10.00~12.00	0.60~0.90	—	0.04~0.09	V=0.20~0.30, Al≤0.30, Nb=0.20~0.60
129	13Cr14Ni3W2VB①	1Cr14Ni3W2VB①	0.10~0.16	0.60	0.60	0.030	0.030	2.80~3.40	13.00~15.00	—	—	—	W=1.60~2.20, Ti≤0.05, B≤0.004, V=0.18~0.28
130	42Cr9Si2①	4Cr9Si2①	0.35~0.50	2.00~3.00	0.70	0.035	0.030	0.60	8.00~10.00	—	—	—	—
131	45Cr9Si3	—	0.40~0.50	3.00~3.50	0.60	0.030	0.030	0.60	7.50~9.50	—	—	—	—
132	40Cr10Si2Mo①	4Cr10Si2Mo①	0.35~0.45	1.90~2.60	0.70	0.035	0.030	0.60	9.00~10.50	0.70~0.90	0.10	—	—
133	80Cr20Si2Ni1①	8Cr20Si2Ni①	0.75~0.85	1.75~2.25	0.20~0.60	0.030	0.030	1.15~1.65	19.00~20.50	—	—	—	—

（续）

沉淀硬化类不锈钢的标准牌号及其化学成分

序号	新牌号	旧牌号	化学成分（质量分数，%）										
			C	Si	Mn	P	S	Ni	Cr	Mo	Cu	N	其他元素
134	04Cr13Ni8Mo2Al	—	0.05	0.10	0.20	0.010	0.008	7.50~8.50	12.25~13.25	2.00~2.50	—	0.01	Al=0.90~1.35
131	022Cr12Ni9Cu2NbTi①	—	0.030	0.50	0.50	0.040	0.030	7.50~9.50	11.00~12.50	0.50	1.50~2.50	—	Ti=0.80~1.40 Nb=0.10~0.50
132	05Cr15Ni5Cu4Nb	—	0.07	1.00	1.00	0.040	0.030	3.50~5.50	14.00~15.50	—	2.50~4.50	—	Nb=0.15~0.45
133	05Cr17Ni4Cu4Nb①	0Cr17Ni4Cu4Nb①	0.07	1.00	1.00	0.040	0.030	3.00~5.00	15.00~17.50	—	3.00~5.00	—	Nb=0.15~0.45
134	07Cr17Ni7Al①	0Cr17Ni7Al①	0.09	1.00	1.00	0.040	0.030	6.50~7.70	16.00~18.00	—	—	—	Al=0.75~1.50
135	07Cr15Ni7Mo2Al①	0Cr15Ni7Mo2Al①	0.09	1.00	1.00	0.040	0.030	6.50~7.70	14.00~16.00	2.00~3.00	—	—	Al=0.75~1.50
136	07Cr12Ni4Mn5Mo3Al	0Cr12Ni4Mn5Mo3Al	0.09	0.80	4.40~5.30	0.030	0.025	4.00~5.00	11.00~12.00	2.70~3.30	—	—	Al=0.50~1.00
137	09Cr17Ni5Mo3N	—	0.07~0.11	0.50	0.50~1.25	0.040	0.030	4.00~5.00	16.00~17.00	2.50~3.20	—	0.07~0.13	—
138	06Cr17Ni7AlTi①	—	0.08	1.00	1.00	0.040	0.030	6.00~7.50	16.00~17.50	—	—	—	Al≤0.40 Ti=0.40~1.20
139	06Cr15Ni25Ti2MoAlVB①	0Cr15Ni25Ti2MoAlVB①	0.08	1.00	2.00	0.040	0.030	24.00~27.00	13.50~16.00	1.00~1.50	—	—	Al≤0.35 Ti=1.90~2.35 B=0.001~0.010 V=0.10~0.50

注：表中所列成分除标明范围或最小值，其余均为最大值。括号内值为允许添加的最大值。
① 耐热钢或可作耐热钢使用。
② 必要时可以添加本表以外的合金元素。
③ 允许含有质量分数小于或等于 0.5% 的 Ni，小于或等于 0.20% 的 Cu，但 Ni + Cu 的质量分数应小于或等于 0.50%；根据需要，可添加本表以外的合金元素。

表 9-2　各国不锈钢及耐热钢牌号对照

序号	中国		美国	日本	国际	欧洲
	GB/T 20878—2007	GB/T 4229—1984	ASTM A959—2004	JIS G4303—1998 JIS G4311—1991	ISO/T S15510—2003 ISO 4955—2005	EN 10088：1—1995 EN 10095—1995
1	15Cr17Mn6Ni5N	1Cr17Mn6Ni5N	S20100, 201	SUS201	X12CrMnNiN17-7-5	X12CrMnNiN17-7-5, 1.4372
2	15Cr18Mn8Ni5N	1Cr18Mn8Ni5N	S20200, 202	SUS202	—	X12CrMnNiN18-9-5, 1.4373
3	20Cr13Mn9Ni4	2Cr13Mn9Ni4	—	—	—	—
4	20Cr15Mn15Ni2N	2Cr15Mn15Ni2N	—	—	—	—
5	53Cr21Mn9Ni4N	5Cr21Mn9Ni4N	—	SUH35	X53CrMnNiN21-9	X53CrMnNiN21-9, 1.4871
6	26Cr18Mn12Si2N	3Cr18Mn12Si2N	—	—	—	—
7	22Cr20Mn9Ni2Si2N	2Cr20Mn9Ni2Si2N	—	—	—	—
8	15Cr17Ni7	1Cr17Ni7	S30100, 301	SUS301	X10CrNi18-8	X10CrNi18-8, 1.4310
9	03Cr17Ni7	03Cr17Ni7	S30103, 301L	SUS301L	—	—
10	03Cr17Ni7N7N	—	S30153, 301LN	—	X2CrNiN18-7	X2CrNiN18-7, 1.4318
11	17Cr18Ni9	2Cr18Ni9	—	—	—	—
12	15Cr18Ni9	1Cr18Ni9	S30200, 302	SUS302	X10CrNi18-8	X10CrNi18-8, 1.4310
13	15Cr18Ni9Si3	1Cr18Ni9Si3	S30215, 302B	SUS302B	X12CrNiSi18-9-3	—
14	Y15Cr18Ni9	Y1Cr18Ni9	S30300, 303	SUS303	X10CrNiS18-9	X8CrNiS18-9, 1.4305
15	Y15Cr18Ni9Se	Y1Cr18Ni9Se	S30323, 303Se	SUS303Se	—	—
16	08Cr19Ni9	0Cr18Ni9	S30400, 304	SUS304	X5CrNi18-10	X5CrNi18-10
17	03Cr19Ni10	00Cr19Ni10	S30403, 304L	SUS304L	X2CrNi19-11	X2CrNi19-11
18	07Cr19Ni9	07Cr19Ni9	S30409, 304H	SUH304H	X7CrNi18-9	X6CrNi18-10, 1.4948
19	05Cr19Ni10Si2NbN	—	S30415	—	X6CrNiSiNCe19-10	X6CrNiSiNCe19-10, 1.4818
20	08Cr18Ni9Cu2	0Cr18Ni9Cu2		SUS304J3	—	—
21	08Cr18Ni9Cu4	0Cr18Ni9Cu3	S30430	SUSXM7	X3CrNiCu18-9-4	X3CrNiCu18-9-4, 1.4567

（续）

序号	中国		美国 ASTM A959—2004	日本 JIS G4303—1998 JIS G4311—1991	国际 ISO/T S15510—2003 ISO 4955—2005	欧洲 EN 10088:1—1995 EN 10095—1995
	GB/T 20878—2007	GB/T 4229—1984				
22	08Cr19Ni10N	0Cr19Ni9N	S30451, 304N	SUS304N1	X5CrNiN19-9	X5CrNiN19-9, 1.4315
23	08Cr19Ni9NbN	0Cr19Ni10NbN	S30452, XM-21	SUS304N2	—	—
24	03Cr19Ni10N	00Cr18Ni10N	S30453, 304LN	SUS304LN	X2CrNiN18-9	X2CrNiN18-10, 1.4311
25	12Cr18Ni12	1Cr18Ni12	S30500, 305	SUS305	X6CrNi18-12	X4CrNi18-12, 1.4303
26	08Cr18Ni12	0Cr18Ni12	—	SUS305J1	—	—
27	08Cr16Ni18	0Cr16Ni18	S38400, 384	SUS384	X3CrNi18-16	—
28	08Cr20Ni11	—	S30800, 308	SUS308	—	—
29	22Cr21Ni12N	2Cr21Ni12N	—	SUH37	—	—
30	20Cr23Ni13	2Cr23Ni13	S30900, 309	SUH309	—	X12CrNi23-13, 1.4833
31	08Cr23Ni13	0Cr23Ni13	S30908, 309S	SUS309S	X12CrNi23-13	—
32	18Cr23Ni18	1Cr23Ni18	—	—	—	—
33	25Cr25Ni20	2Cr25Ni20	S31000, 310	SUH310	X15CrNi25-21	X15CrNi25-21, 1.4821
34	08Cr25Ni20	0Cr25Ni20	S31008, 310S	SUS310S	X8CrNi25-21	X8CrNi25-21, 1.4845
35	03Cr25Ni22Mo3N	—	S31050, 310MoLN	—	X1CrNiMoN25-22-2	X1CrNiMoN25-22-2, 1.4466
36	02Cr20Ni18Mo6CuN	—	S31254	—	X1CrNiMoN20-18-7	X1CrNiMoN20-18-7, 1.4547
37	15Cr16Ni35	1Cr16Ni35	330	SUH330	—	X12CrNiSi35-16, 1.4864
38	08Cr17Ni12Mo2	0Cr17Ni12Mo2	S31600, 316	SUS316	X5CrNiMo17-12-2	X5CrNiMo17-12-2, 1.4401
39	03Cr17Ni12Mo2	00Cr17Ni14Mo2	S31603, 316L	SUS316L	X2CrNiMo17-12-2	X2CrNiMo17-12-2, 1.4404
40	07Cr17Ni12Mo2	1Cr17Ni12Mo2	S31609, 316H	—	—	X3CrNiMo17-13-3, 1.4436
41	08Cr17Ni12Mo2Ti	0Cr18Ni12Mo2Ti	S31635, 316Ti	SUS316Ti	X6CrNiMoTi17-12-2	X6CrNiMoTi17-12-2, 1.4571
42	08Cr17Ni12Mo2Nb	—	S31640, 316Nb	—	X6CrNiMoNb17-12-2	X6CrNiMoNb17-12-2, 1.4580

（续）

序号	中国 GB/T 20878—2007	中国 GB/T 4229—1984	美国 ASTM A959—2004	日本 JIS G4303—1998 JIS G4311—1991	国际 ISO/T S15510—2003 ISO 4955—2005	欧洲 EN 10088:1—1995 EN 10095—1995
43	08Cr17Ni12Mo2N	0Cr17Ni12Mo2N	S31651, 316N	SUS316N	—	—
44	03Cr17Ni12Mo2N	00Cr17Ni13Mo2N	S31653, 316LN	SUS316LN	X2CrNiMoN17-12-3	X2CrNiMoN17-13-3, 1.4429
45	08Cr18Ni12Mo2Cu2	0Cr18Ni12Mo2Cu2	—	SUS316J1	—	—
46	03Cr18Ni14Mo2Cu2	00Cr18Ni14Mo2Cu2	—	SUS316J1L	—	—
47	08Cr19Ni13Mo3	0Cr19Ni13Mo3	S31700, 317	SUS317	—	—
48	03Cr19Ni13Mo3	00Cr19Ni13Mo3	S31703, 317L	SUS317L	X2CrNiMo19-14-4	X2CrNiMo18-15-4, 1.4438
49	04Cr18Ni16Mo5	0Cr18Ni16Mo5	S31725, 317LM	SUS317J1	—	—
50	03Cr19Ni16Mo5N	—	S31726, 317LMN	—	X2CrNiMoN18-15-5	X2CrNiMoN17-13-5, 1.4439
51	03Cr19Ni13Mo4N	—	S31753, 317LN	SUS317LN	X2CrNiMoN18-12-4	X2CrNiMoN18-12-4, 1.4434
52	03Cr18Ni14Mo3	00Cr18Ni14Mo2	—	—	—	—
53	03Cr18Ni15Mo4N	00Cr18Ni15Mo4N	—	—	—	—
54	08Cr18Ni10Ti	0Cr18Ni10Ti	S32100, 321	SUS321	X6CrNiTi18-10	X6CrNiTi18-10, 1.4541
55	07Cr18Ni11Ti	1Cr18Ni11Ti	S32109, 321H	SUS321H	X7CrNiTi18-10	X6CrNiTi18-10, 1.4541
56	02Cr25Ni22Mo8Mn3CuN	—	S32654	—	X1CrNiMoCuN24-22-8	X1CrNiMoCuN24-22-8, 1.4652
57	03Cr24Ni17Mo5Mn6CuN	—	S34565	—	X2CrNiMnMoN25-18-6-5	X2CrNiMnMoN25-18-6-5, 1.4565
58	08Cr18Ni11Nb	0Cr18Ni11Nb	S34700, 347	SUS347	X6CrNiNb18-10	X6CrNiNb18-10, 1.4550
59	07Cr18Ni11Nb	1Cr19Ni11Nb	S34709, 347H	SUS347	X7CrNiNb18-10	X7CrNiNb18-10, 1.4912
60	45Cr14Ni14W2Mo	4Cr14Ni14W2Mo	—	—	—	—
61	25Cr18Ni8W2	2Cr18Ni8W2	—	—	—	—
62	08Cr18Ni13Si4	0Cr18Ni13Si4	S38100, XM-15	SUSXM15J1	—	—
63	02Cr18Ni15Si4Nb	—	—	—	—	—

（续）

序号	中国		美国	日本	国际	欧洲
	GB/T 20878—2007	GB/T 4229—1984	ASTM A959—2000	JIS G4303—1998 JIS G4331—1998	ISO/T R15510—2003 ISO 4955—1994	EN 10088: 1—1995 EN 10095—1995
64	02Cr21Ni26Mo5Cu2	—	—	—	—	—
65	20Cr20Ni14Si2	1Cr20Ni14Si2	—	—	X15CrNiSi20-12	X15CrNiSi20-12, 1.4828
66	20Cr25Ni20Si2	1Cr25Ni20Si2	S31400, 314	—	X15CrNiSi25-21	X15CrNiSi25-21, 1.4841
67	14Cr19Ni11Si4AlTi	1Cr18Ni11Si4AlTi	—	—	—	—
68	03Cr19Ni5Mo3Si2	00Cr18Ni5Mo3Si2	—	—	—	—
69	12Cr21Ni5Ti	1Cr21Ni5Ti	—	—	—	—
70	03Cr22Ni5Mo3N	—	S31803	SUS329J3L	X2CrNiMoN22-5-3	X2CrNiMoN22-5-3, 1.4462
71	03Cr23Ni4N	—	S32304, 3204	—	X2CrNiN23-4	X2CrNiN23-4, 1.4362
72	03Cr25Ni6Mo2N	—	S31200	—	X3CrNiMoN27-5-2	X3CrNiMoN27-5-2, 1.4460
73	03Cr25Ni7Mo3WCuN	—	S31260	SUS329J2L	—	—
74	04Cr26Ni6Mo3Cu2N	—	S32550, 255	SUS329J4L	X2CrNiMoCuN25-6-3	X2CrNiMoCuN25-6-3, 1.4507
75	03Cr25Ni7Mo4N	—	S32750, 2507	—	X2CrNiMoN25-7-4	X2CrNiMoN25-7-4, 1.4410
76	03Cr25Ni7Mo4WCuN	—	S32760	—	X2CrNiMoWN25-7-4	X2CrNiMoWN25-7-4, 1.4501
77	08Cr13Al	0Cr13Al	S40500, 405	SUS405	X6CrAl13	X6CrAl13, 1.4002
78	08Cr11Ti	0Cr11Ti	S40900	SUH409	X6CrTi12	X6CrTi12
79	03Cr11Ti	—	S40920	SUH409L	X2CrTi12	X2CrTi12, 1.4512
80	03Cr11NbTi	—	S40930	—	—	—
81	08Cr13	0Cr13	S41008, 410S	SUS410S	X6Cr13	X6Cr13, 1.4000
82	03Cr12	00Cr12	—	SUS410L	—	—
83	03Cr12Ni	—	S40977	—	X2CrNi12	X2CrNi12, 1.4003
84	12Cr15	1Cr15	S42900, 429	SUS429	—	—

（续）

序号	中国		美国	日本	国际	欧洲
	GB/T 20878—2007	GB/T 4229—1984	ASTM A959—2000	JIS G4303—1998 JIS G4331—1998	ISO/T R15510—2003 ISO 4955—1994	EN 10088: 1—1995 EN 10095—1995
85	12Cr17d	1Cr17	S43000	SUS430	X6Cr17	X6Cr17, 1.4016
86	Y12Cr17	Y1Cr17	S43020, 430F	SUS430F	X7CrS17	X14CrMoS17, 1.4104
87	03Cr18Ti	00Cr17	S43035, 439	SUS430LX	X3CrTi17	X3CrTi17, 1.4510
88	12Cr17Mo	1Cr17Mo	S43400, 434	SUS434	X6CrMo17-1	X6CrMo17-1, 1.4113
89	12Cr17MoNb	—	S43600, 436	—	X6CrMoNb17-1	X6CrMoNb17-1, 1.4526
90	03Cr18Ti	—	—	SUS436L	—	—
91	03Cr18NbTi	—	S43940	—	—	X2CrTiNb18, 1.4509
92	03Cr18Mo2NbTi	00Cr18Mo2NbTi	S44400, 444	SUS444	X2CrMoTi18-2	X2CrMoTi18-2, 1.4521
93	01Cr27Mo	00Cr27Mo	S44627, XM-27	SUSXM27	—	—
94	01Cr30Mo2	00Cr30Mo2	—	SUS447J1	—	—
95	15Cr12	1Cr12	S40300, 403	SUS403	—	—
96	15Cr13	1Cr13	S41000, 410	SUS410	X12Cr13	X12Cr13, 1.4006
97	Y25Cr13Ni2	Y2Cr13Ni2	—	—	—	—
98	05Cr13Ni5Mo	—	S41500	SUSF6NM	X3CrNiMo13-4	X3CrNiMo13-4, 1.4313
99	Y15Cr13	Y1Cr13	S41600, 416	SUS416	X12CrS13	X12CrS13, 1.4005
100	21Cr13	2Cr13	S42000, 420	SUS420J1	X20Cr13	X20Cr13, 1.4021
101	31Cr13	3Cr13	S42000, 420	SUS420J2	X30Cr13	X30Cr13, 1.4028
102	Y31Cr13	Y3Cr13	S42020, 420F	SUS420F	X29CrS13	X29CrS13, 1.4029
103	41Cr13	4Cr13	—	—	X39Cr13	X39Cr13, 1.4031

（续）

序号	中国		美国	日本	国际	欧洲
	GB/T 20878—2007	GB/T 4229—1984	ASTM A959—2000	JIS G4303—1998 JIS G4331—1998	ISO/T R15510—2003 ISO 4955—1994	EN 10088：1—1995 EN 10095—1995
104	14Cr17Ni2	1Cr17Ni2	S43100, 431	SUS431	X17CrNi16-2	X17CrNi16-2, 1.4057
105	16Cr17Ni3	—	S43100, 431	SUS431	X17CrNi16-2	X17CrNi16-2, 1.4057
106	68Cr17	7Cr17	S44002, 440A	SUS440A	—	—
107	85Cr17	8Cr17	S44003, 440B	SUS440B	—	—
108	108Cr17	11Cr17	S44004, 440C	SUS440C	X105CrMo17	X105CrMo17, 1.4125
109	Y108Cr17	Y11Cr17	S44020, 440F	SUS440F	—	—
110	95Cr18	9Cr18	—	—	—	—
111	108Cr17Mo	9Cr18Mo	S44004, 440C	SUS440C	X105CrMo17	X105CrMo17, 1.4125
112	90Cr18MoV	9Cr18MoV	S44003, 440B	SUS440B	—	X90CrMoV18, 1.4112
113	10Cr5Mo	1Cr5Mo	S50200, 502	—	—	12CrMo19-5, 1.7362
114	12Cr12Moa	1Cr12Mo	—	—	—	—
115	13Cr13Mo	1Cr13Mo	—	SUS410J1	—	—
116	32Cr13Mo	3Cr13Mo	—	—	—	—
117	15Cr11MoV	1Cr11MoV	—	—	—	—
118	15Cr12WMoV	1Cr12WMoV	—	—	—	—
119	158Cr12MoV	1Cr12MoV	—	—	—	—
120	21Cr12MoV	2Cr12MoV	—	—	—	—
121	18Cr12MoVNbN	2Cr12MoVNbN	—	SUH600	—	—
122	13Cr11Ni2W2MoV	1Cr11Ni2W2MoV	—	—	—	—

（续）

序号	中国 GB/T 20878—2007	中国 GB/T 4229—1984	美国 ASTM A959—2000	日本 JIS G4303—1998 JIS G4331—1998	国际 ISO/T R15510—2003 ISO 4955—1994	欧洲 EN 10088:1—1995 EN 10095—1995
123	23Cr12NiWMoV	2Cr12NiWMoWV	616	SUH616	—	—
124	13Cr14Ni3W2VB	1Cr14Ni3W2VB	—	—	—	—
125	14Cr12Ni2WMoVNb	1Cr12Ni2WMoVNb	—	—	—	—
126	15Cr11NiMoNbVN	2Cr11NiMoNbVN	—	—	—	—
127	45Cr9Si3	4Cr9Si2	—	SUH1	—	X45CrSi8, 1.4718
128	40Cr10Si2Mo	4Cr10Si2Mo	—	SUH3	—	X40CrSiMo10, 1.4731
129	80Cr20Si2Ni	8Cr20Si2Ni	—	SUH4	—	X80CrSiNi20, 1.4747
130	05Cr13Ni8Mo2Al	—	S13800, XM-13	—	—	—
131	07Cr15Ni5Cu4Nb	—	S15500, XM-12	—	—	—
132	07Cr17Ni4Cu4Nb	0Cr17Ni4Cu4Nb	S17400, 630	SUS630	X5CrNiCuNb16-4	X5CrNiCuNb16-4, 1.4542
133	09Cr17Ni7Al	0Cr17Ni7Al	S17700, 631	SUS631	X7CrNi17-7	X7CrNi17-7, 1.4568
134	09Cr15Ni7Mo3Al	0Cr15Ni7Mo2Al	S15700, 632	—	X8CrNiMoAl15-7-2	X8CrNiMoAl15-7-2, 1.4532
135	09Cr12Mn5Ni4Mo3Al	0Cr12Mn5Ni4Mo3Al	—	—	—	—
136	09Cr17Ni5Mo3N	—	S35000, 633	—	—	—
137	08Cr17Ni7AlTi	—	S17600, 635	—	—	—
138	03Cr12Ni9Cu2NbTi	—	S45500, XM-16	—	—	—
139	08Cr15Ni25MoTi2AlVB	—	S66286, 660	SUH660	—	—

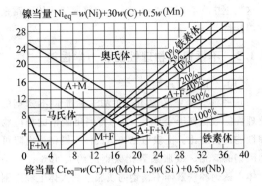

图 9-1 舍夫勒图

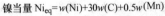

镍当量 Ni$_{eq}$=w(Ni)+30w(C)+0.5w(Mn)

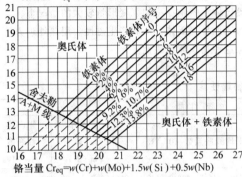

图 9-2 德龙图

镍当量 Ni$_{eq}$=w(Ni)+35w(C)+20w(N)

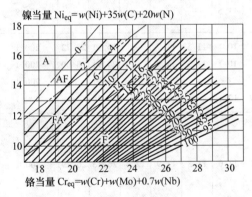

铬当量 Cr$_{eq}$=w(Cr)+w(Mo)+0.7w(Nb)

图 9-3 WRC 图

不锈钢的组织有以下几种组织类型:

(1) 奥氏体不锈钢

奥氏体不锈钢有 Fe-Cr-Ni、Fe-Cr-Ni-Mo、Fe-Cr-Ni-Mn 等系列。为改善某些性能,满足特殊用途要求,在一些钢中单独或复合添加了 N、Nb、Cu、Si 等合金元素。奥氏体不锈钢通常在室温下为纯奥氏体组织,也有一些奥氏体不锈钢室温下的组织为奥氏体加少量铁素体,少量铁素体有助于防止焊接热裂纹的产生。奥氏体不锈钢不能用热处理方法强化,但由于这类钢具有显著的冷加工硬化性,可通过冷变形方法提高强度。经冷变形产生的加工硬化,可采用固溶处

理使之软化。

表 9-3 镍和铬当量计算公式

舍夫勒图	Cr$_{eq}$ = w(Cr) + w(Mo) + 1.5w(Si) + 0.5w(Nb) Ni$_{eq}$ = w(Ni) + 30w(C) + 0.5w(Mn)
德龙图	Cr$_{eq}$ = w(Cr) + w(Mo) + 1.5w(Si) + 0.5w(Nb) Ni$_{eq}$ = w(Ni) + 30w(C) + 30w(N) + 0.5w(Mn)
WRC 图	Cr$_{eq}$ = w(Cr) + w(Mo) + 0.7w(Nb) Ni$_{eq}$ = w(Ni) + 35w(C) + 20w(N)

(2) 铁素体不锈钢

近年来铁素体不锈钢逐渐向低碳高纯度发展,使铁素体不锈钢的脆化倾向和焊接性得到明显改善。该类钢在固溶状态下为铁素体组织。当钢中铬的质量分数超过 16% 时,仍存在加热脆化倾向。在 400 ~ 600℃ 温度区间停留易出现 475℃ 脆化,在 650 ~ 850℃ 温度区间停留易引起 σ 相析出而导致的脆化,加热至 900℃ 以上易造成晶粒粗化,使塑韧性降低。这类钢还有脆性转变特性,其脆性转变温度与钢中碳、氮含量,热处理时的冷却速度以及截面尺寸有关,碳、氮含量越低,截面尺寸越小,脆性转变温度越低。475℃ 脆化和 σ 相析出引起的脆化,可通过热处理方法予以消除。采用 516℃ 以上短时加热后空冷,可消除 475℃ 脆化,加热到 900℃ 以上急冷可消除 σ 相脆化。

(3) 马氏体不锈钢

马氏体不锈钢铬的质量分数为 12% ~18%,碳的质量分数为 0.1% ~1.0%,也有一些碳含量更低的马氏体不锈钢,如 0Cr13Ni5Mo 等。马氏体不锈钢加热时可形成奥氏体,一般在油或空气中冷却即可得到马氏体组织。碳含量较低的马氏体不锈钢淬火状态的组织为板条马氏体加少量铁素体,如 12Cr13、14Cr17Ni2、0Cr16Ni5Mo 等。当碳的质量分数超过 0.3% 时,正常淬火温度加热时碳化物不能完全固溶,淬火后的组织为马氏体加碳化物。

(4) 铁素体-奥氏体双相不锈钢

铁素体-奥氏体双相不锈钢室温下的组织为铁素体加奥氏体,通常铁素体的体积分数不高于 50%。双相不锈钢与奥氏体不锈钢相比,具有较低的热裂倾向,而与铁素体不锈钢相比,则具有较低的加热脆化倾向,其焊接热影响区铁素体的粗化程度也较低。但这类钢仍然存在铁素体不锈钢的各种加热脆性倾向。

（5）沉淀硬化不锈钢

沉淀硬化不锈钢包括马氏体沉淀硬化不锈钢、半奥氏体沉淀硬化不锈钢和奥氏体沉淀硬化不锈钢。马氏体沉淀硬化不锈钢固溶处理后，空冷至室温即可得到马氏体加少量铁素体和残留奥氏体或马氏体加少量残留奥氏体。再通过不同的时效温度，可得到不同的强化效果。半奥氏体沉淀硬化不锈钢固溶处理后，冷却至室温下得到的是不稳定的奥氏体组织。经700~800℃加热调整处理，析出碳化铬，使Ms点升高至室温以上，冷却后即转变为马氏体。再在400~500℃时效，达到进一步强化。这类钢也可在固溶处理后直接冷却至Ms与Mf之间，得到部分马氏体组织。再经时效处理，亦可达到强化效果。奥氏体沉淀硬化不锈钢的铬、镍或锰含量较高，无论采用何种热处理，室温下均为稳定的奥氏体组织。经时效处理，在奥氏体基体上析出沉淀硬化相，从而获得更高的强度。由于这类钢中含有较多硬化元素，比普通奥氏体不锈钢的焊接性差。

9.1.3　不锈钢的物理性能和力学性能

（1）不锈钢物理性能

几种典型牌号（按JIS和AISI标准）不锈钢的物理性能数据列于表9-4。表中特列出碳钢的相应物理性能进行对比。由表可见，奥氏体不锈钢比电阻可达碳钢的5倍，线胀系数比碳钢的约大50%，而马氏体不锈钢和铁素体不锈钢的线胀系数大体上和碳钢的相等。奥氏体不锈钢的热导率为碳钢的1/2左右。奥氏体不锈钢通常是非磁性的。铬当量和镍当量较低的奥氏体不锈钢在冷加工变形量较大的情况下，会产生形变诱导马氏体，从而产生磁性。用热处理方法可消除这种马氏体和磁性。

表9-4　典型不锈钢的物理性能[2]

种类	钢种		物理性能											
	JIS	AISI	密度/(g/cm³)	比电阻/μΩ·cm	磁性	比热容/[10³J/(kg·K)](0~100℃)	平均线胀系数/10⁻⁶℃⁻¹					热导率/[w/(m·K)]		纵向弹性系数/10³MPa
							0~100	0~316	0~538	0~649	0~816	100℃	500℃	
碳素钢			7.86	15	有	0.50	11.4	11.5	—	—	—	46.89		205.9
马氏体类不锈钢	SUS401	410	7.75	57	有	0.46	9.9	10.1	11.5	11.7	—	24.91	28.72	200.1
	SUS403SS	403	7.75	57	有	0.46	9.9	10.1	11.5	11.7	—	24.91	28.00	200.1
	US402J2	420	7.75	55	有	0.46	—	—	—	—	—	24.91		200.1
	SUS431	431	7.75	72	有	0.46	11.7	12.1	—	—	—	20.26		200.1
铁素体类不锈钢	SUS405	405	7.75	60	有	0.46	—	—	—	—	—	27.00	—	200.1
	SUS430	430	7.70	60	有	0.46	10.4	11.0	11.3	11.9	12.4	26.13	26.29	200.1
奥氏体类不锈钢	SUS301	301	7.93	72	无	0.50	16.9	17.1	18.2	18.7	—	16.29	21.48	193.2
	SUS302	302	7.93	72	无	0.50	17.3	17.8	18.4	18.7	—	16.29	21.48	193.2
	SUS304	304	7.93	72	无	0.50	17.3	17.8	18.4	18.7	—	16.29	21.48	193.2
	SUS321	321	7.93	72	无	0.50	16.7	17.1	18.5	19.3	20.2	15.95	22.15	193.2
	SUS347	347	7.98	73	无	0.50	16.7	17.1	18.5	19.1	20.0	15.95	22.15	193.2
	SUS316	316	7.98	74	无	0.50	16.0	16.2	17.5	18.5	20.0	16.29	21.48	193.2
	SUS309S	309S	7.98	78	无	0.50	14.9	16.7	17.3	18.0	—	14.19	18.67	200.1
	SUS310S	310S	7.98	78	无	0.50	14.4	16.2	16.9	17.5	—	14.19	18.67	200.1

（2）不锈钢的力学性能

几类典型不锈钢常温力学性能列表9-5。马氏体不锈钢在退火状态下，硬度最低；可淬火硬化，正常使用时的回火状态的硬度又稍有下降。铁素体不锈钢的特点是冲击韧度低。当在高温长时间加热时，力学性能将进一步恶化，可能导致475℃脆化、σ脆性或晶粒粗大等。奥氏体不锈钢常温具有低的屈强比（40%～50%），断后伸长率、断面收缩率和冲击吸收能量均很高并具有高的冷加工硬化性。某些奥氏体不锈钢经高温加热后，会产生 σ 相和晶界析出碳化铬引起的脆化现象。在低温下，铁素和马氏体不锈钢的夏比冲击吸收能量均很低，而奥氏体不锈钢则有良好的低温韧性。对含有百分之几铁素体的奥氏体不锈钢，则应注意低温下塑性和韧性降低的问题。

表 9-5　几类典型不锈钢的力学性能[2]

经固溶处理的奥氏体不锈钢的力学性能							
牌　号	固溶处理	拉 伸 试 验			硬 度 试 验		
		屈服强度 /MPa	抗拉强度 /MPa	断后伸长率 (%)	HBW	HRB	HV
12Cr17Mn6Ni5N	1010～1120 快冷	≥245	≥635	≥40	≤241	≤100	≤253
12Cr18Mn9Ni5N	1010～1120 快冷	≥245	≥590	≥40	≤207	≤95	≤218
12Cr18Ni9	1010～1150 快冷	≥205	≥520	≥40	≤187	≤90	≤200
12Cr18Ni9Si3	1010～1150 快冷	≥205	≥502	≥40	≤207	≤95	≤218
06Cr19Ni10	1010～1150 快冷	≥205	≥520	≥40	≤187	≤90	≤200
022Cr19Ni10	1010～1150 快冷	≥177	≥480	≥40	≤187	≤90	≤200
06Cr19Ni10N	1010～1150 快冷	≥275	≥550	≥35	≤217	≤95	≤220
06Cr19Ni9NbN	1010～1150 快冷	≥345	≥685	≥35	≤250	≤100	≤260
022Cr19Ni10N	1010～1150 快冷	≥245	≥550	≥40	≤217	≤95	≤220
10Cr18Ni12	1010～1150 快冷	≥177	≥480	≥40	≤187	≤90	≤200
06Cr23Ni13	1030～1180 快冷	≥205	≥520	≥40	≤187	≤90	≤200
06Cr25Ni20	1030～1150 快冷	≥205	≥520	≥40	≤187	≤90	≤200
06Cr17Ni12Mo2	1010～1150 快冷	≥205	≥520	≥40	≤187	≤90	≤200
022Cr17Ni12Mo2	1010～1150 快冷	≥177	≥480	≥40	≤187	≤90	≤200
06Cr17Ni12Mo2N	1010～1150 快冷	≥275	≥550	≥35	≤217	≤95	≤220
022Cr17Ni12Mo2N	1010～1150 快冷	≥245	≥550	≥40	≤217	≤95	≤220
06Cr17Ni12Mo2Ti	1050～1100 快冷	≥205	≥530	≥35	≤187	≤90	≤220
06Cr19Ni13Mo3	1010～1150 快冷	≥205	≥520	≥35	≤187	≤90	≤220
022Cr19Ni13Mo3	1010～1150 快冷	≥177	≥480	≥35	≤187	≤90	≤220
03Cr18Ni16Mo5	1030～1180 快冷	≥177	≥480	≥35	≤187	≤90	≤220
06Cr18Ni11Ti	920～1150 快冷	≥205	≥520	≥40	≤187	≤90	≤220
06Cr18Ni11Nb	980～1150 快冷	≥205	≥520	≥40	≤187	≤90	≤220

经退火处理的铁素体不锈钢的力学性能							
牌　号	退火处理	拉 伸 试 验			硬 度 试 验			弯 曲 试 验
		屈服强度 /MPa	抗拉强度 /MPa	断后伸长率 (%)	HBW	HRC	HV	180° d—弯心直径 a—钢板厚度
06Cr13Al	780～830 快冷或缓冷	≥177	≥410	≥20	≤183	≤88	≤200	a < 8mm, d = a a≥8mm, d = 2a
022Cr12	700～820 快冷或缓冷	≥196	≥370	≥22	≤183	≤88	≤200	d = 2a
10Cr15	780～850 快冷或缓冷	≥205	≥450	≥22	≤183	≤88	≤200	d = 2a
10Cr17	780～850 快冷或缓冷	≥205	≥450	≥22	≤183	≤88	≤200	d = 2a
10Cr17Mo	780～850 快冷或缓冷	≥205	≥450	≥22	≤183	≤88	≤200	d = 2a
019Cr19Mo2NbTi	700～1050 快冷	≥245	≥410	≥20	≤217	≤96	≤230	d = 2a
008Cr30Mo2	900～1050 快冷	≥295	≥450	≥22	≤209	≤95	≤220	d = 2a
008Cr27Mo	900～1050 快冷	≥245	≥410	≥22	≤190	≤90	≤220	d = 2a

（续）

经退火处理的马氏体不锈钢的力学性能

牌　号	退火处理	拉伸试验			硬度试验			弯曲试验
		屈服强度 /MPa	抗拉强度 /MPa	断后伸长率 （%）	HBW	HRB	HV	180° d—弯心直径 a—钢板厚度
12Cr12	约 750 快冷或 800~900 缓冷	≥205	≥440	≥20	≤200	≤93	≤210	d = 2a
06Cr13	约 750 快冷或 800~900 缓冷	≥205	≥410	≥20	≤183	≤88	≤200	d = 2a
12Cr13	约 750 快冷或 800~900 缓冷	≥225	≥440	≥20	≤200	≤93	≤210	d = 2a
20Cr13	约 750 快冷或 800~900 缓冷	≥225	≥520	≥18	≤223	≤97	≤234	
30Cr13	约 750 快冷或 800~900 缓冷	≥225	≥540	≥18	≤235	≤99	≤247	
40Cr13	约 750 快冷或 800~900 缓冷		≥590	≥15				—
68Cr17	约 750 快冷或 800~900 缓冷	≥245	≥590	≥15	≤255	HRC ≤25	≤269	
07Cr17Ni7Al	固溶 1000~1100℃ 快冷	≤380	≤1030	≥20	≤190	—	≤92	≤200
	560℃ 时效	≥960	≥1140	厚度≤3mm ≥3 厚度≤3mm ≥5	—	≥35	—	≥345
	510℃ 时效	≥1030	≥1230	厚度≤3mm 不规定 厚度＞3mm ≥4	—	≥40	—	≥392

9.1.4　不锈钢的耐蚀性

金属受介质的化学及电化学作用而破坏的现象称为腐蚀。不锈钢的主要腐蚀形式有均匀腐蚀（表面腐蚀）和局部腐蚀，局部腐蚀包括晶间腐蚀、点腐蚀、缝隙腐蚀和应力腐蚀等。据统计，在不锈钢腐蚀破坏事故中，由均匀腐蚀引起的仅占约 10%，而由局部腐蚀引起的则高达 90% 以上，由此可见，局部腐蚀是相当严重的。

1. 均匀腐蚀

均匀腐蚀是指接触介质的金属表面全部产生腐蚀的现象。

试验证明：添加或提高铬含量将使铁基合金的电极电位向正的方向变化，即提高电极电位，当铬含量提高，铬与铁原子比达到 1/8、2/8、3/8⋯时，该合金电极电位呈跳跃式提高，腐蚀失重也随之相应陡降式降低。耐酸铬不锈钢的最低含铬为 12.5%，如要求抗高浓度酸的腐蚀则必须使铬含量达到第二个相应突变值，即铬的摩尔分数为 25% 或更高。

铬不锈钢在氧化性介质中容易先在表面形成富铬氧化膜。该膜将阻止金属的离子化而产生钝化作用，提高了金属的耐均匀腐蚀性能。铬不锈钢或铬镍不锈钢因铬的钝化作用而对氧化性酸、大气均有较好的耐均匀腐蚀性能。但单纯依靠铬钝化的铬不锈钢在非氧化性酸，如稀硫酸和醋酸中耐均匀腐蚀的性能相对较低。高铬镍的奥氏体不锈钢，由于高镍或添加钼、铜之类元素，具有较高的耐还原性酸腐蚀的性能。该类钢又有耐酸钢之称。

沉淀硬化型不锈钢由于高铬，亦有较好的耐均匀腐蚀性能。但由于强化处理，按碳化铬析出或时效的情况不同，耐蚀性能也有相应的损失或降低。

2. 局部腐蚀

（1）晶间腐蚀

在腐蚀介质作用下，起源于金属表面沿晶界深入金属内部的腐蚀称为晶间腐蚀。它是一种局部性腐蚀。晶间腐蚀导致晶粒间的结合力丧失，材料强度几乎消失，是一种危险的腐蚀现象。导致奥氏体不锈钢晶间腐蚀的原因很多，概括有以下几种：

1) 碳化铬析出引起的晶间腐蚀。奥氏体不锈钢在 500~800℃ 温度区间进行敏化处理时，过饱和固溶的碳向晶粒边界的扩散比铬的扩散快，在晶界附近和铬结合成 $(Cr、Fe)_{23}C_6$ 的碳化物并在晶界沉淀析出，形成了晶粒边界附近区域的贫铬现象。当该区铬含量降低到钝化所需的极限 $[w(Cr = 12.5\%)]$ 以下时，在腐蚀环境中就会加速该区发生晶间腐蚀。

为了防止这种晶间腐蚀的产生，可采取如下措施：采用超低碳 $[w(C) < 0.03\%$ 以下或更低] 或加 Ti、Nb 等；固溶处理 (1010~1120℃)；调整相比例，使之含有 5%~10% 的 δ 铁素体；采用稳定化处理使晶内铬扩散均匀化以消除局部贫铬现象。

2) σ 相析出引起的晶间腐蚀。试验证明，超低碳已解决了晶界析出 $(Cr、Fe)_{23}C_6$ 引起的晶间腐蚀，但某些超低碳含钼奥氏体不锈钢，如 03Cr17Ni12Mo2 (316L) 在敏化温度区间在晶界析出 σ 相，在沸腾的 65% 硝酸溶液中可发现 σ 相析出引起的晶间腐蚀。

3) 晶界吸附引起的晶间腐蚀。普通的 Cr18-Ni8 奥氏体不锈钢在强氧化性的硝酸溶液中会产生晶间腐蚀，而高纯度的奥氏体不锈钢未发生这种现象。已查明 Cr14-Ni14 不锈钢中杂质 P 在晶界吸附是引起硝酸溶液中产生晶间腐蚀的原因。

4) 稳定化元素高温溶解引起的晶间腐蚀。含钛和含铌奥氏体不锈钢焊后在敏化温度加热处理再放入强氧化性的硝酸溶液中工作，将在熔合线上出现很窄区域的选择性腐蚀。它是一种沿晶界的腐蚀。常称为"刀状腐蚀"。

熔化焊时，熔合线附近由于过热，大部分碳化物被溶解。当第二次加热到敏化温度区 (或多层焊或热处理) 时，主要沿晶界析出了铬的碳化物，由此引起晶间腐蚀。

铁素体不锈钢也会发生晶间腐蚀。将这种钢加热到 925℃ 以上急冷后就有晶间腐蚀倾向，但经 650~815℃ 短时间加热便可消除。在毗邻焊接熔合线处可出现该类腐蚀。只有当碳和氮总含量降低到 0.01% 以下时，才能避免这种晶间腐蚀。和奥氏体不锈钢一样，也有温度-时间-敏化 (TTS) 曲线关系。也可用贫铬理论加以解释。在 925℃ 以上保温时，碳在 α 相中固溶，冷却过程中即使在水淬冷速条件下也不能抑制碳化物沿晶界析出而引起晶间腐蚀。又由于铬在 α

相中的扩散速度高于在 γ 相中的速度，所以在较低的温度下，如 650~815℃ 区间内退火，便可通过铬的扩散，降低近晶界区的贫铬程度而避免晶间腐蚀。

(2) 点蚀及缝隙腐蚀

点蚀和缝隙腐蚀的共同机理是腐蚀区产生"闭塞电池腐蚀" (Occluded Cell Corrosion) 作用所致，但各自的具体原因并不相同。

点蚀是指在金属材料表面产生的尺寸约小于 1.0mm 的穿孔性或蚀坑性的宏观腐蚀。

点蚀的形成主要是由于材料表面钝化膜的局部破坏所引起的。试验表明，材料的 E_a 值越正 (阳极电位越高)，耐点蚀能力越好；介质中，Cl^- 的浓度越低，越不容易引起点蚀；增加材料的均匀性，即减少夹杂物 (特别是硫夹杂物)、晶界析出物 (晶间碳化物或 σ 相等) 以及提高钝化膜的稳定性，如降低碳含量，增加铬和钼以及镍含量等都能提高抗点蚀力。所以现在有超低碳高铬镍含钼奥氏体不锈钢和超高纯度含钼高铬铁素体不锈钢均有较高的耐点蚀性能。

缝隙腐蚀是金属构件缝隙处发生的斑点状或溃疡形宏观蚀坑。它是以腐蚀部位的特征命名的。常发生在垫圈、铆接、螺钉连接缝、搭接的焊接接头、阀座、堆积的金属片间等处。由于连接处的缝隙被腐蚀产物覆盖以及介质扩散受到限制等原因，该处的介质成分和浓度与整体有很大差别，形成了"闭塞电池腐蚀"的作用。和点蚀形成机理有差异之点在于缝隙腐蚀主要是介质的电化学不均匀性引起的。

从现有材料实验结果分析，06Cr19Ni10 及 022Cr17Ni12Mo2 型奥氏体不锈钢、铁素体及马氏体不锈钢在海水中均有缝隙腐蚀的倾向。适当增加铬、钼含量可以改善耐缝隙腐蚀的能力。实际上只有采用钛、高钼镍基合金和铜合金等才能有效地防止缝隙腐蚀的发生。因此改善运行条件、改变介质成分和结构形式是防止缝隙腐蚀的重要措施。

(3) 应力腐蚀断裂 (SCC)

应力腐蚀是指在静拉伸应力与电化学介质共同作用下，因阳极溶解过程引起的断裂。在应力与腐蚀介质共同作用下有三种不同类型的局部腐蚀——应力腐蚀、氢脆和腐蚀疲劳。氢脆也是在静拉伸应力与电化学介质作用下产生的，但它是由于阴极吸氢而引起的断裂。腐蚀疲劳的应力，不仅是静拉伸应力，更主要的是交变的周期性的拉-拉、拉-压的动态应力，和上述两种类型是根本不相同的。

根据不锈钢设备与制件的应力腐蚀断裂事例和试验研究工作，可以认为：在一定静拉伸应力和在一定温度条件下的特定电化学介质的共同作用下，现有不锈钢均有产生应力腐蚀的可能。最重要的特定条件如下：

1) 引起应力腐蚀的介质条件。应力腐蚀的最大特点之一是腐蚀介质与材料的组合上有选择性。在此特定组合以外的条件下不产生应力腐蚀。

作为奥氏体不锈钢应力腐蚀的介质因素，最重要的是溶液中 Cl^- 离子浓度和氧含量的关系。尽管 Cl^- 离子浓度很高，若 O_2 量很少时，也不会产生应力腐蚀裂纹。反之，尽管 O_2 很多，若 Cl^- 离子较少时，也不产生应力腐蚀裂纹，强调了两者共存的条件。对此种现象又常称为氯脆。奥氏体不锈钢制设备经常由冷却水、蒸汽、空气中积水引起应力腐蚀断裂。从统计来看，温度多在50℃以上。结构中缝隙以及流动性不良等引起介质浓缩部位均发生应力腐蚀断裂。

2) 应力条件。应力腐蚀在拉应力作用下才能产生，在压应力下则不会产生。引起应力腐蚀的应力有焊件加工过程中的内力和工作应力。总体来看，主要是加工过程中的残余应力，其中最主要的是焊接残余应力，其次是其他冷加工和热加工的残余内应力。消除残余应力是防止应力腐蚀最有效措施之一。

3) 材料条件。一般情况，纯金属不产生应力腐蚀，应力腐蚀均发生在合金中。在晶界上的合金元素偏析是引起合金的晶间型开裂的应力腐蚀的重要原因。

一般讲，提高晶体堆垛层错能的元素，如 Ni 和 C 就能提高奥氏体不锈钢应力腐蚀能力。反之，降低堆垛层错能的元素，如 Nb、Ti、Mo、N 等，就容易引起应力腐蚀。在奥氏体钢中增加铁素体含量时，也能增加抗应力腐蚀的能力，当铁素体超过60%时，又有所下降。

应力腐蚀断裂在断裂部位和形貌上有如下特征：一般在近介质表面出现，一般没有总体均匀腐蚀。宏观裂纹较平直，常常有分枝、花纹和龟裂。微观裂纹一般有分枝特征，裂纹尖端较锐利，根部较宽，且常起源于点蚀坑底和表面，有沿晶、穿晶与混合型的裂纹。断口形貌一般无显著的塑性变形，宏观断口粗糙，多呈结晶状、层片状、放射状和山口形貌。微观断口穿晶型为准解理断裂，有河流花样、扇形花样、鱼骨状花样、羽毛状花样、流水状花样、泥状花样以及石块状堆积花样等，有撕裂岭。沿晶型呈冰糖块状花样。

9.2　不锈钢的焊接方法与焊接材料

9.2.1　不锈钢的焊接方法

许多焊接方法都可用于不锈钢的焊接，但对于不同类型的不锈钢，由于其组织与性能存在较大的差异，焊接性也各不相同，因此不同的焊接方法对于不同类型的不锈钢具有不同的适用性。在选择焊接方法时，要根据不锈钢母材的焊接性、对焊接接头力学性能、耐腐蚀性能的综合要求来确定。例如埋弧焊是一种高效优质的焊接方法，对于含有少量铁素体的奥氏体不锈钢焊缝来讲，通常不会产生焊接热裂纹，但对于纯奥氏体不锈钢焊缝，由于许多焊剂向焊缝金属中增硅，焊缝金属容易形成粗大的单相奥氏体柱状晶，焊缝金属的热裂敏感性大，因此一般不采用埋弧焊焊接纯奥氏体不锈钢，除非采用特殊的焊剂。当焊接接头的耐蚀性要求高时，钨极氩弧焊等惰性气体保护焊具有明显的优势。对于一些特种焊接方法，如电阻点焊、缝焊、闪光焊及螺柱焊，也可用于不锈钢的焊接，与普通低碳钢相比，由于不锈钢具有较高的电阻和较高的强度，因此需要较低的焊接电流和较大的压力或顶锻力。钎焊也广泛应用于不锈钢的连接，母材类型不同，钎焊温度也不同，与普通碳钢相比，不锈钢用钎剂有较强的腐蚀性，为了防止残留的钎剂对钎焊接头的腐蚀，需对钎焊接头予以仔细的清理。当前，高能束高效精密焊接成形的巨大优势使激光与电子束的焊接得到迅速发展与应用，特别是对于一些薄板结构的焊接越来越广泛，表9-6列出了各种焊接方法焊接不锈钢的适用性。

表 9-6　各种焊接方法焊接不锈钢的适用性[2]

焊接方法	母材			板厚 /mm	说　明
	马氏体型	铁素体型	奥氏体型		
焊条电弧焊	适用	较适用	适用	>1.5	薄板手工电弧焊不易焊透，焊缝余高大
手工钨极氩弧焊	较适用	适用	适用	0.5~3.0	厚度大于3mm时可采用多层焊工艺，但焊接效率较低
自动钨极氩弧焊	较适用	适用	适用	0.5~3.0	厚度大于4mm时采用多层焊，小于0.5mm时操作要求严格
脉冲钨极氩弧焊	应用较少	较适用	适用	0.5~3.0 <0.5	热输入低，焊接参数调节范围广，卷边接头

（续）

焊接方法	母材			板厚/mm	说明
	马氏体型	铁素体型	奥氏体型		
熔化极氩弧焊	较适用	较适用	适用	3.0~8.0 >8.0	开坡口，单面焊双面成形 开坡口，多层多道焊
脉冲熔化极氩弧焊	较适用	适用	适用	>2.0	热输入低，焊接参数调节范围广
等离子弧焊	较适用	较适用	适用	3.0~8.0 ≤3.0	厚度为3.0~8.0mm时，采用"穿透型"焊接工艺，开I形坡口，单面焊双面成形。厚度≤3.0mm时，采用"熔透型"焊接工艺
微束等离子弧焊	应用很少	较适用	适用	<0.5	卷边接头
埋弧焊	应用较少	应用很少	适用	>6.0	效率高，劳动条件好，但焊缝冷却速度缓慢
电子束焊接	应用较少	应用很少	适用		焊接效率高
激光焊接	应用较少	应用较少	适用		焊接效率高
电阻焊	应用很少	应用较少	适用	<3.0	薄板焊接，焊接效率较高
钎焊	适用	应用较少	适用		薄板连接

9.2.2 不锈钢焊接用填充材料

1. 不锈钢焊条

按照熔敷金属的化学成分、药皮类型、焊接位置、焊接电流种类及其用途，不锈钢焊条已列入国家标准GB/T 983—2012。各型号不锈钢焊条的熔敷金属化学成分见表9-7，焊接位置代号见表9-8，药皮类型代号见表9-9。

目前，我国生产的不锈钢焊条商品牌号，仍习惯采用全国焊接材料行业统一的不锈钢焊条牌号，其与国标及AWS的不锈钢焊条型号对照见表9-10。

表 9-7 不锈钢焊条熔敷金属化学成分（GB/T 983—2012）

焊条型号[①]	化学成分(质量分数,%)[②]									
	C	Mn	Si	P	S	Cr	Ni	Mo	Cu	其他
E209-××	0.06	4.0~7.0	1.00	0.04	0.03	20.5~24.0	9.5~12.0	1.5~3.0	0.75	N=0.10~0.30 V=0.10~0.30
E219-××	0.06	8.0~10.0	1.00	0.04	0.03	19.0~21.5	5.5~7.0	0.75	0.75	N=0.10~0.30
E240-××	0.06	10.5~13.5	1.00	0.04	0.03	17.0~19.0	4.0~6.0	0.75	0.75	N=0.10~0.30
E307-××	0.04~0.14	3.30~4.75	1.00	0.04	0.03	18.0~21.5	9.0~10.7	0.5~1.5	0.75	—
E308-××	0.08	0.5~2.5	1.00	0.04	0.03	18.0~21.0	9.0~11.0	0.75	0.75	—
E308H-××	0.04~0.08	0.5~2.5	1.00	0.04	0.03	18.0~21.0	9.0~11.0	0.75	0.75	—
E308L-××	0.04	0.5~2.5	1.00	0.04	0.03	18.0~21.0	9.0~12.0	0.75	0.75	—
E308Mo-××	0.08	0.5~2.5	1.00	0.04	0.03	18.0~21.0	9.0~12.0	2.0~3.0	0.75	—
E308LMo-××	0.04	0.5~2.5	1.00	0.04	0.03	18.0~21.0	9.0~12.0	2.0~3.0	0.75	—
E309L-××	0.04	0.5~2.5	1.00	0.04	0.03	22.0~25.0	12.0~14.0	0.75	0.75	—
E309-××	0.15	0.5~2.5	1.00	0.04	0.03	22.0~25.0	12.0~14.0	0.75	0.75	—
E309H-××	0.04~0.15	0.5~2.5	1.00	0.04	0.03	22.0~25.0	12.0~14.0	0.75	0.75	—

（续）

焊条型号[①]	化学成分（质量分数,%）[②]									
	C	Mn	Si	P	S	Cr	Ni	Mo	Cu	其他
E309LNb-××	0.04	0.5 ~ 2.5	1.00	0.040	0.030	22.0 ~ 25.0	12.0 ~ 14.0	0.75	0.75	Nb + Ta = 0.70 ~ 1.00
E309Nb-××	0.12	0.5 ~ 2.5	1.00	0.04	0.03	22.0 ~ 25.0	12.0 ~ 14.0	0.75	0.75	Nb + Ta = 0.70 ~ 1.00
E309Mo-××	0.12	0.5 ~ 2.5	1.00	0.04	0.03	22.0 ~ 25.0	12.0 ~ 14.0	2.0 ~ 3.0	0.75	—
E309LMo-××	0.04	0.5 ~ 2.5	1.00	0.04	0.03	22.0 ~ 25.0	12.0 ~ 14.0	2.0 ~ 3.0	0.75	—
E310-××	0.08 ~ 0.20	1.0 ~ 2.5	0.75	0.03	0.03	25.0 ~ 28.0	20.0 ~ 22.5	0.75	0.75	—
E310H-××	0.35 ~ 0.45	1.0 ~ 2.5	0.75	0.03	0.03	25.0 ~ 28.0	20.0 ~ 22.5	0.75	0.75	—
E310Nb-××	0.12	1.0 ~ 2.5	0.75	0.03	0.03	25.0 ~ 28.0	20.0 ~ 22.0	0.75	0.75	Nb + Ta = 0.70 ~ 1.00
E310Mo-××	0.12	1.0 ~ 2.5	0.75	0.03	0.03	25.0 ~ 28.0	20.0 ~ 22.0	2.0 ~ 3.0	0.75	—
E312-××	0.15	0.5 ~ 2.5	1.00	0.04	0.03	28.0 ~ 32.0	8.0 ~ 10.5	0.75	0.75	
E316-××	0.08	0.5 ~ 2.5	1.00	0.04	0.03	17.0 ~ 20.0	11.0 ~ 14.0	2.0 ~ 3.0	0.75	
E316H-××	0.04 ~ 0.08	0.5 ~ 2.5	1.00	0.04	0.03	17.0 ~ 20.0	11.0 ~ 14.0	2.0 ~ 3.0	0.75	—
E316L-××	0.04	0.5 ~ 2.5	1.00	0.04	0.03	17.0 ~ 20.0	11.0 ~ 14.0	2.0 ~ 3.0	0.75	
E316LCu-××	0.04	0.5 ~ 2.5	1.00	0.040	0.030	17.0 ~ 20.0	11.0 ~ 16.0	1.20 ~ 2.75	1.00 ~ 2.50	
E316LMn-××	0.04	5.0 ~ 8.0	0.90	0.04	0.03	18.0 ~ 21.0	15.0 ~ 18.0	2.5 ~ 3.5	0.75	N = 0.10 ~ 0.25
E317-××	0.08	0.5 ~ 2.5	1.00	0.04	0.03	18.0 ~ 21.0	12.0 ~ 14.0	3.0 ~ 4.0	0.75	—
E317L-××	0.04	0.5 ~ 2.5	1.00	0.04	0.03	18.0 ~ 21.0	12.0 ~ 14.0	3.0 ~ 4.0	0.75	
E317MoCu-××	0.08	0.5 ~ 2.5	0.09	0.035	0.030	18.0 ~ 21.0	12.0 ~ 14.0	2.0 ~ 2.5	2	—
E317LMoCu-××	0.04	0.5 ~ 2.5	0.90	0.035	0.030	18.0 ~ 21.0	12.0 ~ 14.0	2.0 ~ 2.5	2	—
E318-××	0.08	0.5 ~ 2.5	1.00	0.04	0.03	17.0 ~ 20.0	11.0 ~ 14.0	2.0 ~ 3.0	0.75	Nb + Ta = 6C ~ 1.00
E318V-××	0.08	0.5 ~ 2.5	1.00	0.035	0.03	17.0 ~ 20.0	11.0 ~ 14.0	2.0 ~ 2.5	0.75	V = 0.30 ~ 0.70
E320-××	0.07	0.5 ~ 2.5	0.60	0.04	0.03	19.0 ~ 21.0	32.0 ~ 36.0	2.0 ~ 3.0	3.0 ~ 4.0	Nb + Ta = 8C ~ 1.00
E320LR-××	0.03	1.5 ~ 2.5	0.30	0.020	0.015	19.0 ~ 21.0	32.0 ~ 36.0	2.0 ~ 3.0	3.0 ~ 4.0	Nb + Ta = 8C ~ 0.40
E330-××	0.18 ~ 0.25	1.0 ~ 2.5	1.00	0.04	0.03	14.0 ~ 17.0	33.0 ~ 37.0	0.75	0.75	—
E330H-××	0.35 ~ 0.45	1.0 ~ 2.5	1.00	0.04	0.03	14.0 ~ 17.0	33.0 ~ 37.0	0.75	0.75	—

（续）

焊条型号[①]	化学成分(质量分数,%)[②]									
	C	Mn	Si	P	S	Cr	Ni	Mo	Cu	其他
E330MoMnWNb- × ×	0.20	3.5	0.70	0.035	0.030	15.0 ~ 17.0	33.0 ~ 37.0	2.0 ~ 3.0	0.75	Nb = 1.0 ~ 2.0 W = 2.0 ~ 3.0
E347- × ×	0.08	0.5 ~ 2.5	1.00	0.04	0.03	18.0 ~ 21.0	9.0 ~ 11.0	0.75	0.75	Nb + Ta = 8C ~ 1.00
E347L- × ×	0.04	0.5 ~ 2.5	1.00	0.040	0.030	18.0 ~ 21.0	9.0 ~ 11.0	0.75	0.75	Nb + Ta = 8C ~ 1.00
E349- × ×	0.13	0.5 ~ 2.5	1.00	0.04	0.03	18.0 ~ 21.0	8.0 ~ 10.0	0.35 ~ 0.65	0.75	Nb + Ta = 0.75 ~ 1.20 V = 0.10% ~ 0.30 Ti ≤ 0.15 W = 1.25% ~ 1.75
E383- × ×	0.03	0.5 ~ 2.5	0.90	0.02	0.02	26.5 ~ 29.0	30.0 ~ 33.0	3.2 ~ 4.2	0.6 ~ 1.5	
E385- × ×	0.03	1.0 ~ 2.5	0.90	0.03	0.02	19.5 ~ 21.5	24.0 ~ 26.0	4.2 ~ 5.2	1.2 ~ 2.0	—
E409Nb- × ×	0.12	1.00	1.00	0.040	0.030	11.0 ~ 14.0	0.60	0.75	0.75	Nb + Ta = 0.50 ~ 1.50
E410- × ×	0.12	1.0	0.90	0.04	0.03	11.0 ~ 14.0	0.70	0.75	0.75	
E410NiMo- × ×	0.06	1.0	0.90	0.04	0.03	11.0 ~ 12.5	4.0 ~ 5.0	0.40 ~ 0.70	0.75	
E430- × ×	0.10	1.0	0.90	0.04	0.03	15.0 ~ 18.0	0.6	0.75	0.75	—
E430Nb- × ×	0.10	1.00	1.00	0.040	0.030	15.0 ~ 18.0	0.60	0.75	0.75	Nb + Ta = 0.50 ~ 1.50
E630- × ×	0.05	0.25 ~ 0.75	0.75	0.04	0.03	16.00 ~ 16.75	4.5 ~ 5.0	0.75	3.25 ~ 4.00	Nb + Ta = 0.15 ~ 0.30
E16-8-2- × ×	0.10	0.5 ~ 2.5	0.60	0.03	0.03	14.5 ~ 16.5	7.5 ~ 9.5	1.0 ~ 2.0	0.75	—
E16-25MoN- × ×	0.12	0.5 ~ 2.5	0.90	0.035	0.030	14.0 ~ 18.0	22.0 ~ 27.0	5.0 ~ 7.0	0.75	N ≥ 0.1
E2209- × ×	0.04	0.5 ~ 2.0	1.00	0.04	0.03	21.5 ~ 23.5	7.5 ~ 10.5	2.5 ~ 3.5	0.75	N = 0.08 ~ 0.20
E2553- × ×	0.06	0.5 ~ 1.5	1.0	0.04	0.03	24.0 ~ 27.0	6.5 ~ 8.5	2.9 ~ 3.9	1.5 ~ 2.5	N = 0.10 ~ 0.25
E2593- × ×	0.04	0.5 ~ 1.5	1.0	0.04	0.03	24.0 ~ 27.0	8.5 ~ 10.5	2.9 ~ 3.9	1.5 ~ 3.0	N = 0.08 ~ 0.25
E2594- × ×	0.04	0.5 ~ 2.0	1.00	0.04	0.03	24.0 ~ 27.0	8.0 ~ 10.5	3.5 ~ 4.5	0.75	N = 0.20 ~ 0.30
E2595- × ×	0.04	2.5	1.2	0.03	0.025	24.0 ~ 27.0	8.0 ~ 10.5	2.5 ~ 4.5	0.4 ~ 1.5	N = 0.20 ~ 0.30 W = 0.4 ~ 1.0
E3155- × ×	0.10	1.0 ~ 2.5	1.00	0.04	0.03	20.0 ~ 22.5	19.0 ~ 21.0	2.5 ~ 3.5	0.75	Nb + Ta = 0.75 ~ 1.25 Co = 18.5 ~ 21.0 W = 2.0 ~ 3.0
E33-31- × ×	0.03	2.5 ~ 4.0	0.9	0.02	0.01	31.0 ~ 35.0	30.0 ~ 32.0	1.0 ~ 2.0	0.4 ~ 0.8	N = 0.3 ~ 0.5

注：表中单值均为最大值。
① 焊条型号中- × ×表示焊接位置和药皮类型，见表9-8和表9-9。
② 化学分析应按表中规定的元素进行分析。如果在分析过程中发现其他化学成分，则应进一步分析这些元素的含量，除铁外，不应超过 0.5%（质量分数）。

表 9-8 不锈钢焊条的焊接位置代号

代 号	焊接位置①
-1	PA、PB、PD、PF
-2	PA、PB
-4	PA、PB、PD、PF、PG

① 焊接位置见 GB/T 16672—1996，其中 PA—平焊、PB—平角焊、PD—仰角焊、PF—向上立焊、PG—向下立焊。

表 9-9 不锈钢焊条的药皮类型代号

代 号	药皮类型	电流类型
5	碱性	直流
6	金红石	交流和直流①
7	钛酸型	交流和直流②

① 46 型采用直流焊接。
② 47 型采用直流焊接。

表 9-10 国产不锈钢焊条商品牌号与 GB 及 AWS 标准型号的对照[3]

焊条类型	牌号	GB 型号	AWS 型号	焊条类型	牌号	GB 型号	AWS 型号
铬不锈钢焊条	G202	E410-16	E410-16	铬镍不锈钢焊条	A137	E347-15	E347-15
	G207	E410-15	E410-15		A146		
	G217	E410-15	E410-15		A172	E307-16	E307-16
	G302	E430-16	E430-16		A201	E316-16	E316-16
	G307	E430-15	E430-15		A202	E316-16	E316-16
铬镍不锈钢焊条	A001G15	E308L-15	E308L-15		A202NE	E316-16	E316-16
	A002	E308L-16	E308L-16		A207	E316-15	E316-15
	A002-A	E308L-17	E308L-17		A212	E318-16	E318-16
	A012Si	—	—		A222	E317MoCu-16	—
	A002Nb				A232	E318V-16	
	A002Mo	E308LMo-16			A237	E318V-15	
	A022	E316L-16	E316L-16		A242	E317-16	E317-16
	A022Si	E316L-16			A301	E309-16	E309-16
	A022L	E316L-16	E316L-16		A302	E309-16	E309-16
	A032	E317LMoCu-16	—		A307	E309-15	E309-15
	A042	E309LMo-16	E309MoL-16		A312	E309Mo-16	E309Mo-16
	A042Si				A312SL	E309Mo-16	E309Mo-16
	A042Mn	—			A317	E309Mo-15	E309Mo-15
	A052				A402	E310-16	E310-16
	A062	E309L-16	E309L-16		A407	E310-15	E310-15
	A072				A412	E310Mo-16	E310Mo-16
	A082	—			A422	—	—
	A101	E308L-16	E308L-16		A427	—	—

（续）

焊条类型	牌号	GB 型号	AWS 型号	焊条类型	牌号	GB 型号	AWS 型号
铬镍不锈钢焊条	A432	E310H-16	E310H-16	铬镍不锈钢焊条	A122	—	—
	A462	—	—		A132	E347-16	E347-16
	A502	E16-25MoN-16			A132A	E347-17	E347-17
	A507	E16-25MoN-16			A512	E16-8-2-16	
	A102	E308L-16	E308L-16		A607	E330MoMnWNb-15	
	A102A	E308L-17	E308L-17				
	A102T	E308L-16	E308L-16		A707	—	—
	A107	E308L-15	E308L-15		A717	—	—
	A112	—	—		A802	—	—
	A117	—	—		A902	E320-16	E320-16

2. 不锈钢用焊丝

表 9-11 列出了国家标准中常用的焊接用不锈钢盘条的化学成分，根据母材的成分、对焊接接头综合性能的要求及可采用的焊接工艺，所列焊丝可选做氩弧焊、富氩混合气体保护焊及埋弧焊用填充材料。近年来，不锈钢药芯焊丝的应用越来越广，表 9-12 列出了不锈钢药芯焊丝的化学成分。

3. 不锈钢埋弧焊焊剂

不锈钢埋弧焊主要选用氧化性弱的中性或碱性焊剂。熔炼型焊剂有无锰中硅中氟的 HJ150、HJ151、HJ151Nb 和低锰低硅高氟的 HJ172 以及低锰高硅中氟的 HJ260，其中 HJ151Nb 主要解决含铌不锈钢的脱渣难问题。烧结型焊剂有 SJ601、SJ608 及 SJ701，其中 SJ701 特别适合于含钛不锈钢的焊接，焊接时脱渣容易。表 9-13 列出了几种焊丝与焊剂的相互匹配及其焊接特点。

表 9-11　焊接用不锈钢盘条的牌号及化学成分（熔炼分析）（GB/T 4241—2006）

类型	序号	牌号	化学成分（质量分数，%）[①]										
			C	Si	Mn	P	S	Cr	Ni	Mo	Cu	N	其他
奥氏体	1	H05Cr22Ni11Mn6Mo3VN	≤0.05	≤0.90	4.00 ~ 7.00	≤0.030	≤0.030	20.50 ~ 24.00	9.50 ~ 12.00	1.50 ~ 3.00	≤0.75	0.10 ~ 0.30	V = 0.10 ~ 0.30
	2	H10Cr17Ni8Mn8Si4N	≤0.10	3.40 ~ 4.50	7.00 ~ 9.00	≤0.030	≤0.030	16.00 ~ 18.00	8.00 ~ 9.00	≤0.75	≤0.75	0.08 ~ 0.18	—
	3	H05Cr20Ni6Mn9N	≤0.05	≤1.00	8.00 ~ 10.00	≤0.030	≤0.030	19.00 ~ 21.50	5.50 ~ 7.00	≤0.75	≤0.75	0.10 ~ 0.30	—
	4	H05Cr18Ni5Mn12N	≤0.05	≤1.00	10.50 ~ 13.50	≤0.030	≤0.030	17.00 ~ 19.00	4.00 ~ 6.00	≤0.75	≤0.75	0.10 ~ 0.30	—
	5	H10Cr21Ni10Mn6	≤0.10	0.20 ~ 0.60	5.00 ~ 7.00	≤0.030	≤0.020	20.00 ~ 22.00	9.00 ~ 11.00	≤0.75	≤0.75	—	—
	6	H09Cr21Ni9Mn4Mo	0.04 ~ 0.14	0.30 ~ 0.65	3.30 ~ 4.75	≤0.030	≤0.030	19.50 ~ 22.00	8.00 ~ 10.70	0.50 ~ 1.50	≤0.75	—	—
	7	H08Cr21Ni10Si	≤0.08	0.30 ~ 0.65	1.00 ~ 2.50	≤0.030	≤0.030	19.50 ~ 22.00	9.00 ~ 11.00	≤0.75	≤0.75	—	—
	8	H08Cr21Ni10	≤0.08	≤0.35	1.00 ~ 2.50	≤0.030	≤0.030	19.50 ~ 22.00	9.00 ~ 11.00	≤0.75	≤0.75	—	—
	9	H06Cr21Ni10	0.04 ~ 0.08	0.30 ~ 0.65	1.00 ~ 2.50	≤0.030	≤0.030	19.50 ~ 22.00	9.00 ~ 11.00	≤0.50	≤0.75	—	—
	10	H03Cr21Ni10Si	≤0.030	0.30 ~ 0.65	1.00 ~ 2.50	≤0.030	≤0.030	19.50 ~ 22.00	9.00 ~ 11.00	≤0.75	≤0.75	—	—
	11	H03Cr21Ni10	≤0.030	≤0.35	1.00 ~ 2.50	≤0.030	≤0.030	19.50 ~ 22.00	9.00 ~ 11.00	≤0.75	≤0.75	—	—

（续）

类型	序号	牌号	化学成分（质量分数，%）①										
			C	Si	Mn	P	S	Cr	Ni	Mo	Cu	N	其他
奥氏体	12	H08Cr20Ni11Mo2	≤0.08	0.30~0.65	1.00~2.50	≤0.030	≤0.030	18.00~21.00	9.00~12.00	2.00~3.00	≤0.75	—	—
	13	H04Cr20Ni11Mo2	≤0.04	0.30~0.65	1.00~2.50	≤0.030	≤0.030	18.00~21.00	9.00~12.00	2.00~3.00	≤0.75	—	—
	14	H08Cr21Ni10Si1	≤0.08	0.65~1.00	1.00~2.50	≤0.030	≤0.030	19.50~22.00	9.00~11.00	≤0.75	≤0.75	—	—
	15	H03Cr21Ni10Si1	≤0.030	0.65~1.00	1.00~2.50	≤0.030	≤0.030	19.50~22.00	9.00~11.00	≤0.75	≤0.75	—	—
	16	H12Cr24Ni13Si	≤0.12	0.30~0.65	1.00~2.50	≤0.030	≤0.030	23.00~25.00	12.00~14.00	≤0.75	≤0.75	—	—
	17	H12Cr24Ni13	≤0.12	≤0.35	1.00~2.50	≤0.030	≤0.030	23.00~25.00	12.00~14.00	≤0.75	≤0.75	—	—
	18	H03Cr24Ni13Si	≤0.030	0.30~0.65	1.00~2.50	≤0.030	≤0.030	23.00~25.00	12.00~14.00	≤0.75	≤0.75	—	—
	19	H03Cr24Ni13	≤0.030	≤0.35	1.00~2.50	≤0.030	≤0.030	23.00~25.00	12.00~14.00	≤0.75	≤0.75	—	—
	20	H12Cr24Ni13Mo2	≤0.12	0.30~0.65	1.00~2.50	≤0.030	≤0.030	23.00~25.00	12.00~14.00	2.00~3.00	≤0.75	—	—
	21	H03Cr24Ni13Mo2	≤0.030	0.30~0.65	1.00~2.50	≤0.030	≤0.030	23.00~25.00	12.00~14.00	2.00~3.00	≤0.75	—	—
	22	H12Cr24Ni13Si1	≤0.12	0.65~1.00	1.00~2.50	≤0.030	≤0.030	23.00~25.00	12.00~14.00	≤0.75	≤0.75	—	—
	23	H03Cr24Ni13Si1	≤0.030	0.65~1.00	1.00~2.50	≤0.030	≤0.030	23.00~25.00	12.00~14.00	≤0.75	≤0.75	—	—
	24	H12Cr26Ni21Si	0.08~0.15	0.30~0.65	1.00~2.50	≤0.030	≤0.030	25.00~28.00	20.00~22.50	≤0.75	≤0.75	—	—
	25	H12Cr26Ni21	0.08~0.15	≤0.35	1.00~2.50	≤0.030	≤0.030	25.00~28.00	20.00~22.50	≤0.75	≤0.75	—	—
	26	H08Cr26Ni21	≤0.08	≤0.65	1.00~2.50	≤0.030	≤0.030	25.00~28.00	20.00~22.50	≤0.75	≤0.75	—	—
	27	H08Cr19Ni12Mo2Si	≤0.08	0.30~0.65	1.00~2.50	≤0.030	≤0.030	18.00~20.00	11.00~14.00	2.00~3.00	≤0.75	—	—
	28	H08Cr19Ni12Mo2	≤0.08	≤0.35	1.00~2.50	≤0.030	≤0.030	18.00~20.00	11.00~14.00	2.00~3.00	≤0.75	—	—
	29	H06Cr19Ni12Mo2	0.04~0.08	0.30~0.65	1.00~2.50	≤0.030	≤0.030	18.00~20.00	11.00~14.00	2.00~3.00	≤0.75	—	—
	30	H03Cr19Ni12Mo2Si	≤0.030	0.30~0.65	1.00~2.50	≤0.030	≤0.030	18.00~20.00	11.00~14.00	2.00~3.00	≤0.75	—	—
	31	H03Cr19Ni12Mo2	≤0.030	≤0.35	1.00~2.50	≤0.030	≤0.030	18.00~20.00	11.00~14.00	2.00~3.00	≤0.75	—	—
	32	H08Cr19Ni12Mo2Si1	≤0.08	0.65~1.00	1.00~2.50	≤0.030	≤0.030	18.00~20.00	11.00~14.00	2.00~3.00	≤0.75	—	—
	33	H03Cr19Ni12Mo2Si1	≤0.030	0.65~1.00	1.00~2.50	≤0.030	≤0.030	18.00~20.00	11.00~14.00	2.00~3.00	≤0.75	—	—
	34	H03Cr19Ni12Mo2Cu2	≤0.030	≤0.65	1.00~2.50	≤0.030	≤0.030	18.00~20.00	11.00~14.00	2.00~3.00	1.00~2.50	—	—
	35	H08Cr19Ni14Mo3	≤0.08	0.30~0.65	1.00~2.50	≤0.030	≤0.030	18.50~20.50	13.00~15.00	3.00~4.00	≤0.75	—	—

（续）

类型	序号	牌号	化学成分（质量分数，%）[①]										
			C	Si	Mn	P	S	Cr	Ni	Mo	Cu	N	其他
奥氏体	36	H03Cr19Ni14Mo3	≤0.030	0.30 ~ 0.65	1.00 ~ 2.50	≤0.030	≤0.030	18.50 ~ 20.50	13.00 ~ 15.00	3.00 ~ 4.00	≤0.75	—	—
	37	H08Cr19Ni12Mo2Nb	≤0.08	0.30 ~ 0.65	1.00 ~ 2.50	≤0.030	≤0.030	18.00 ~ 20.00	11.00 ~ 14.00	2.00 ~ 3.00	≤0.75	—	Nb[②] = 8C ~ 1.00
	38	H07Cr20Ni34Mo2Cu3Nb	≤0.07	≤0.60	≤2.50	≤0.030	≤0.030	19.00 ~ 21.00	32.00 ~ 36.00	2.00 ~ 3.00	3.00 ~ 4.00	—	Nb[②] = 8C ~ 1.00
	39	H02Cr20Ni34Mo2Cu3Nb	≤0.025	≤0.15	1.50 ~ 2.00	≤0.015	≤0.020	19.00 ~ 21.00	32.00 ~ 36.00	2.00 ~ 3.00	3.00 ~ 4.00	—	Nb[②] = 8C ~ 0.40
	40	H08Cr19Ni10Ti	≤0.08	0.30 ~ 0.65	1.00 ~ 2.50	≤0.030	≤0.030	18.50 ~ 20.50	9.00 ~ 10.50	≤0.75	≤0.75	—	Ti9 = C ~ 1.00
	41	H21Cr16Ni35	0.18 ~ 0.25	0.30 ~ 0.65	1.00 ~ 2.50	≤0.030	≤0.030	15.00 ~ 17.00	34.00 ~ 37.00	≤0.75	≤0.75	—	—
	42	H08Cr20Ni10Nb	≤0.08	0.30 ~ 0.65	1.00 ~ 2.50	≤0.030	≤0.030	19.00 ~ 21.50	9.00 ~ 11.00	≤0.75	≤0.75	—	Nb[②] = 10C ~ 1.00
	43	H08Cr20Ni10SiNb	≤0.08	0.65 ~ 1.00	1.00 ~ 2.50	≤0.030	≤0.030	19.00 ~ 21.50	9.00 ~ 11.00	≤0.75	≤0.75	—	Nb[②] = 10C ~ 1.00
	44	H02Cr27Ni32Mo3Cu	≤0.025	≤0.50	1.00 ~ 2.50	≤0.020	≤0.030	26.50 ~ 28.50	30.00 ~ 33.00	3.20 ~ 4.20	0.70 ~ 1.50	—	—
	45	H02Cr20Ni25Mo4Cu	≤0.025	≤0.50	1.00 ~ 2.50	≤0.020	≤0.030	19.50 ~ 21.50	24.00 ~ 26.00	4.20 ~ 5.20	1.20 ~ 2.00	—	—
	46	H06Cr19Ni10TiNb	0.04 ~ 0.08	0.30 ~ 0.65	1.00 ~ 2.00	≤0.030	≤0.030	18.50 ~ 20.00	9.00 ~ 11.00	≤0.25	≤0.75	—	Ti≤0.05 Nb[②]≤0.05
	47	H10Cr16Ni8Mo2	≤0.10	0.30 ~ 0.65	1.00 ~ 2.00	≤0.030	≤0.030	14.50 ~ 16.50	7.50 ~ 9.50	1.00 ~ 2.00	≤0.75	—	—
奥氏体加铁素体	48	H03Cr22Ni8Mo3N	≤0.030	≤0.90	0.50 ~ 2.00	≤0.030	≤0.030	21.50 ~ 23.50	7.50 ~ 9.50	2.50 ~ 3.50	≤0.75	0.08 ~ 0.20	—
	49	H04Cr25Ni5Mo3Cu2N	≤0.04	≤1.00	≤1.50	≤0.040	≤0.030	24.00 ~ 27.00	4.50 ~ 6.50	2.90 ~ 3.90	1.50 ~ 2.50	0.10 ~ 0.25	—
	50	H15Cr30Ni9	≤0.15	0.30 ~ 0.65	1.00 ~ 2.50	≤0.030	≤0.030	28.00 ~ 32.00	8.00 ~ 10.50	≤0.75	≤0.75	—	—
马氏体	51	H12Cr13	≤0.12	≤0.50	≤0.60	≤0.030	≤0.030	11.50 ~ 13.50	≤0.60	≤0.75	≤0.75	—	—
	52	H06Cr12Ni4Mo	≤0.06	≤0.50	≤0.60	≤0.030	≤0.030	11.00 ~ 12.50	4.00 ~ 5.00	0.40 ~ 0.70	≤0.75	—	—
	53	H31Cr13	0.25 ~ 0.40	≤0.50	≤0.60	≤0.030	≤0.030	12.00 ~ 14.00	≤0.60	≤0.75	≤0.75	—	—
铁素体	54	H06Cr14	≤0.06	0.30 ~ 0.70	0.30 ~ 0.70	≤0.030	≤0.030	13.00 ~ 15.00	≤0.60	≤0.75	≤0.75	—	—
	55	H10Cr17	≤0.10	≤0.50	≤0.60	≤0.030	≤0.030	15.50 ~ 17.00	≤0.60	≤0.75	≤0.75	—	—
	56	H01Cr26Mo	≤0.015	≤0.40	≤0.40	≤0.030	≤0.020	25.00 ~ 27.50	Ni + Cu ≤0.50	0.75 ~ 1.50	Ni + Cu ≤0.50	≤0.015	—
	57	H08Cr11Ti	≤0.08	≤0.80	0.80	≤0.030	≤0.030	10.50 ~ 13.50	≤0.60	≤0.50	≤0.75	—	Ti = 10C ~ 1.50
	58	H08Cr11Nb	≤0.08	≤1.00	≤0.80	≤0.040	≤0.030	10.50 ~ 13.50	≤0.60	≤0.50	≤0.75	—	Nb[②] = 10C ~ 0.75
沉淀硬化	59	H05Cr17Ni4Cu4Nb	≤0.05	≤0.75	0.25 ~ 0.75	≤0.030	≤0.030	16.00 ~ 16.75	4.50 ~ 5.00	≤0.75	3.25 ~ 4.00	—	Nb[②] = 0.15 ~ 0.30

① 在对表中给出元素进行分析时，如果发现有其他元素存在，其总质量分数（除铁外）不应超过 0.50%。

② Nb 可报告为 Nb + Ta。

表 9-12　不锈钢药芯焊丝熔敷金属化学成分（GB/T 17853—1999）

焊丝型号	化学成分（质量分数，%）						
	C	Cr	Ni	Mo	Mn	Si	其他
气体保护焊药芯焊丝							
E307T × - ×	0.13	18.0 ~ 20.5	9.0 ~ 10.5	0.5 ~ 1.5	3.30 ~ 4.75	1.00	—
E308T × - ×	0.08	18.0 ~ 21.0	9.0 ~ 11.0	0.5	0.5 ~ 2.5	1.00	—
E308LT × - ×	0.04	18.0 ~ 21.0	9.0 ~ 11.0	0.5	0.5 ~ 2.5	1.00	—
E308HT × - ×	0.04 ~ 0.08	18.0 ~ 21.0	9.0 ~ 11.0	0.5	0.5 ~ 2.5	1.00	—
E308MoT × - ×	0.08	18.0 ~ 21.0	9.0 ~ 11.0	2.0 ~ 3.0	0.5 ~ 2.5	1.00	—
E308LMoT × - ×	0.04	18.0 ~ 21.0	9.0 ~ 12.0	2.0 ~ 3.0	0.5 ~ 2.5	1.00	—
E309T × - ×	0.10	22.0 ~ 25.0	12.0 ~ 14.0	0.5	0.5 ~ 2.5	1.00	—
E309LCbT × - ×	0.04	22.0 ~ 25.0	12.0 ~ 14.0	0.5	0.5 ~ 2.5	1.00	Nb = 0.7 ~ 1.0
E309LT × - ×	0.04	22.0 ~ 25.0	12.0 ~ 14.0	0.5	0.5 ~ 2.5	1.00	—
E309MoT × - ×	0.12	21.0 ~ 25.0	12.0 ~ 16.0	2.0 ~ 3.0	0.5 ~ 2.5	1.00	—
E309LMoT × - ×	0.04	22.0 ~ 25.0	12.0 ~ 16.0	2.0 ~ 3.0	0.5 ~ 2.5	1.00	—
E309LNiMoT × - ×	0.04	20.5 ~ 23.5	15.0 ~ 17.0	2.5 ~ 3.5	0.5 ~ 2.5	1.00	—
E310T × - ×	0.20	25.0 ~ 28.0	20.0 ~ 22.5	0.5	1.0 ~ 2.5	1.00	—
E312T × - ×	0.15	28.0 ~ 32.0	8.0 ~ 10.5	0.5	0.5 ~ 2.5	1.00	—
E316T × - ×	0.08	17.0 ~ 20.0	11.0 ~ 14.0	2.0 ~ 3.0	0.5 ~ 2.5	1.00	—
E316LT × - ×	0.04	17.0 ~ 20.0	11.0 ~ 14.0	2.0 ~ 3.0	0.5 ~ 2.5	1.00	—
E317LT × - ×	0.04	18.0 ~ 21.0	12.0 ~ 14.0	3.0 ~ 4.0	0.5 ~ 2.5	1.00	—
E347T × - ×	0.08	18.0 ~ 21.0	9.0 ~ 11.0	0.5	0.5 ~ 2.5	1.00	(Nb + Ta) = 8C ~ 1.00
E409T × - ×	0.10	10.5 ~ 13.5	0.60	0.5	0.80	1.00	—
E410T × - ×	0.12	11.0 ~ 13.5	0.60	0.5	1.2	1.00	—
E410NiMoT × - ×	0.06	11.0 ~ 12.5	4.0 ~ 5.0	0.4 ~ 0.7	1.0	1.00	—
E410NiTiT × - ×	0.04	11.0 ~ 12.0	3.6 ~ 4.5	0.5	0.7	0.50	Ti = 10C ~ 1.5
E430T × - ×	0.10	15.0 ~ 18.0	0.60	0.5	1.2	1.00	—

（续）

焊丝型号	化学成分（质量分数，%）						
	C	Cr	Ni	Mo	Mn	Si	其他
自保护药芯焊丝							
E307T0-3	0.13	19.5 ~ 22.0	9.0 ~ 10.5	0.5 ~ 1.5	3.30 ~ 4.75	1.00	—
E308T0-3	0.08	19.5 ~ 22.0	9.0 ~ 11.0	0.5	0.5 ~ 2.5	1.00	—
E308LT0-3	0.03	19.5 ~ 22.0	9.0 ~ 11.0	0.5	0.5 ~ 2.5	1.00	—
E308HT0-3	0.04 ~ 0.08	19.5 ~ 22.0	9.0 ~ 11.0	0.5	0.5 ~ 2.5	1.00	—
E308MoT0-3	0.08	18.0 ~ 21.0	9.0 ~ 11.0	2.0 ~ 3.0	0.5 ~ 2.5	1.00	—
E308LmoT0-3	0.03	18.0 ~ 21.0	9.0 ~ 12.0	2.0 ~ 3.0	0.5 ~ 2.5	1.00	—
E308HmoT0-3	0.07 ~ 0.12	19.0 ~ 21.5	9.0 ~ 10.7	1.8 ~ 2.4	1.25 ~ 2.25	0.25 ~ 0.80	—
E309T0-3	0.10	23.0 ~ 25.5	12.0 ~ 14.0	0.5	0.5 ~ 2.5	1.00	—
E309LCbT0-3	0.04	23.0 ~ 25.5	12.0 ~ 14.0	0.5	0.5 ~ 2.5	1.00	Nb = 0.7 ~ 1.0
E309LT0-3	0.03	23.0 ~ 25.5	12.0 ~ 14.0	0.5	0.5 ~ 2.5	1.00	—
E309MoT0-3	0.12	21.0 ~ 25.0	12.0 ~ 16.0	2.0 ~ 3.0	0.5 ~ 2.5	1.00	—
E309LmoT0-3	0.04	21.0 ~ 25.0	12.0 ~ 16.0	2.0 ~ 3.0	0.5 ~ 2.5	1.00	—
E309LNiMoT × - ×	0.04	20.5 ~ 23.5	15.0 ~ 17.0	2.5 ~ 3.5	0.5 ~ 2.5	1.00	—
E310T0-3	0.20	25.0 ~ 28.0	20.0 ~ 22.5		1.0 ~ 2.5	1.00	—
E312T0-3	0.15	28.0 ~ 32.0	8.0 ~ 10.5	0.5	0.5 ~ 2.5	1.00	—
E316T0-3	0.08	18.0 ~ 20.5	11.0 ~ 14.0	2.0 ~ 3.0	0.5 ~ 2.5	1.00	—
E316LT0-3	0.03	18.0 ~ 20.5	11.0 ~ 14.0	2.0 ~ 3.0	0.5 ~ 2.5	1.00	—
E316LKT0-3	0.04	17.0 ~ 20.0	11.0 ~ 14.0	2.0 ~ 3.0	0.5 ~ 2.5	1.00	—
E317LT0-3	0.03	18.5 ~ 21.0	13.0 ~ 15.0	3.0 ~ 4.0	0.5 ~ 2.5	1.00	—
E347T0-3	0.08	19.0 ~ 21.5	9.0 ~ 11.0	0.5	0.5 ~ 2.5	1.00	(Nb + Ta) = 8C ~ 1.00
E409T0-3	0.10	10.5 ~ 13.5	0.6	0.5	0.80	1.00	—
E410T0-3	0.12	11.0 ~ 13.5	0.60	0.5	1.0	1.00	—

（续）

焊丝型号	化学成分（质量分数,%）						
	C	Cr	Ni	Mo	Mn	Si	其他
自保护药芯焊丝							
E410NiMoT0-3	0.06	11.0 ~ 12.5	4.0 ~ 5.0	0.4 ~ 0.7	1.0	1.00	Ti = 10C ~ 1.5
E410NiTiT0-3	0.04	11.0 ~ 12.0	3.6 ~ 4.5	0.5	0.7	0.50	—
E430T0-3	0.10	15.0 ~ 18.0	0.60	0.5	1.2	1.00	N = 0.08 ~ 0.20
E2209T0-3	0.04	21.0 ~ 24.0	7.5 ~ 10.0	2.5 ~ 4.0	0.5 ~ 2.0	1.0	N = 0.10 ~ 0.20
E2553T0-3	0.04	24.0 ~ 27.0	8.5 ~ 10.5	2.9 ~ 3.9	0.5 ~ 1.5	0.75	Cu = 1.5 ~ 2.5
钨极氩弧焊用药芯焊丝							
R308LT1-5	0.03	18.0 ~ 21.0	9.0 ~ 11.0	0.5	0.5 ~ 2.5	1.2	—
R309LT1-5	0.03	22.0 ~ 25.0	12.0 ~ 14.0	0.5	0.5 ~ 2.5	1.2	—
R316LT1-5	0.03	17.0 ~ 20.0	11.0 ~ 14.0	2.0 ~ 3.0	0.5 ~ 2.5	1.2	—
R347LT1-1	0.08	18.0 ~ 21.0	9.0 ~ 11.0	0.5	0.5 ~ 2.5	1.2	(Nb + Ta) = 8C ~ 1.00

注：1. 表中单值均为最大值。
2. 当对表中给出的元素进行化学成分分析还存在其他元素时，这些元素的总量不得超过0.5%（铁除外）。
3. "T"后面的"×"表示焊接位置，1代表全位置焊接；0代表平焊或横焊。"-"后面的"×"表示保护介质，-1代表CO_2；-3代表自保护；-4代表75% ~80% Ar +25% ~20% CO_2；-5代表纯氩。
4. 除特别注明外，所有焊丝中的 w（Cu）不大于0.5%，w（P）不大于0.04%，w（S）不大于0.03%。

表9-13　焊丝与焊剂的匹配

焊剂牌号	焊丝牌号	焊接特点
HJ150	H12Cr13、H20Cr13	直流正极、工艺性能良好、脱渣容易
HJ151	H08Cr21Ni10、H0Cr20Ni10Ti、H00Cr21Ni10	直流正极、工艺性能良好、脱渣容易，增碳少、烧损铬少
HJ151Nb	H0Cr20Ni10N、H00Cr24Ni12Nb	直流正极、工艺性能良好、焊接含铌钢时脱渣容易，增碳少、烧损铬少
HJ172	H08Cr21Ni10、H08Cr20Ni10Nb	直流正极、工艺性能良好、焊接含铌或含钛不锈钢时不粘渣
HJ260	H08Cr21Ni10、H0Cr20Ni10Ti	直流正极、脱渣容易，铬烧损较多
SJ601	H08Cr21Ni10、H00Cr20Ni10、H00Cr19Ni12Mo2	直流正极、工艺性能良好、几乎不增碳、烧损铬少，特别适用于低碳与超低碳不锈钢的焊接
SJ608	H08Cr21Ni10、H0Cr20Ni10Ti、H00Cr21Ni10	可交直流两用，直流正极焊接时具有良好的工艺性能，增碳与烧铬都很少
SJ701	H0Cr20Ni10Ti、H08Cr21Ni10	可交直流两用，直流正极焊接时具有良好的工艺性能，焊接时钛的烧损少，特别适用于 H1Cr18Ni9Ti 等含钛不锈钢的焊接

9.3　奥氏体不锈钢的焊接

9.3.1　奥氏体不锈钢的类型与应用

奥氏体不锈钢是实际应用最广泛的不锈钢，以高 Cr-Ni 型不锈钢最为普遍。目前奥氏体不锈钢大致可分为 Cr18-Ni8 型，如 06Cr19Ni10、022Cr19Ni10、06Cr19Ni9NbN、06Cr17Ni12Mo2 等；Cr25-Ni20 型，如 06Cr25Ni20、ZG4Cr25Ni20 等；Cr25-Ni35 型，如

4Cr25Ni35（国外铸造不锈钢）。另外还有目前广泛开发应用的超级奥氏体不锈钢，这类钢的化学成分介于普通奥氏体不锈钢与镍基合金之间，含有较高的 Mo、N、Cu 等合金化元素，以提高奥氏体组织的稳定性、耐腐蚀性，特别是提高耐 Cl^- 应力腐蚀破坏的性能，该类型钢的组织为典型的纯奥氏体。目前国内还未形成此类型钢的标准，但已在造纸机器、化工设备制造中有实际应用，因此表 9-14 列出了国外几种典型的超级奥氏体不锈钢的化学成分。

表 9-14　国外超级奥氏体不锈钢的化学成分[5,6]

牌　号	ASTM 编号	化学成分（质量分数，%）									
		C	Si	Mn	Cr	Ni	Mo	Cu	N	P	S
20Cb3	N08020	0.07	1.0	2.0	19.0～21.0	32.0～38.0	2.0～3.0	3.0～4.0	$8C \leqslant Nb$ $\leqslant 1.0$	0.045	0.035
904L	N08904	0.02	1.0	2.0	19.0～23.0	23.0～28.0	4.0～5.0	1.0～2.0	0.10	0.045	0.035
25-6MO	N08925	0.02	0.5	1.0	19.0～21.0	24.0～26.0	6.0～7.0	0.8～1.5	0.18～0.20	0.045	0.030
20Mo6	N08026	0.03	0.5	1.0	22.0～26.0	33.0～37.0	5.0～6.7	2.0～4.0	—	0.030	0.030
URB28	N08028	0.03	1.0	2.5	26.0～28.0	29.5～32.5	3.0～4.0	0.6～1.4		0.030	0.030
SANICRO28	N08028	0.03	1.0	2.5	26.0～28.0	29.5～32.5	3.0～4.0	0.6～1.4		0.030	0.030
AL-6XN	N08367	0.03	1.0	2.0	20.0～22.0	23.5～25.5	6.0～7.0	0.75	0.18～0.25	0.040	0.030
JS700	N08700	0.04	1.0	2.0	19.0～23.0	24.0～26.0	4.3～5.0	0.5	$8C \leqslant Nb$ $\leqslant 0.5$	0.040	0.030
317LM	S31725	0.03	0.75	2.0	18.0～20.0	13.0～17.0	4.0～5.0			0.045	0.030
17-14-4LN	S32726	0.03	0.75	2.0	17.0～20.0	13.5～17.5	4.0～5.0		0.10～0.20	0.030	0.030
URB25	S31254	0.02	0.8	1.0	19.5～20.5	17.5～18.5	6.0～6.5	0.5～1.0	0.18～0.22	0.030	0.010
254SMO	S31254	0.02	0.8	1.0	19.5～20.5	17.5～18.5	6.0～6.5	0.5～1.0	0.18～0.22	0.040	0.030

注：1. 20Cb3 和 20Mo6 钢为 Carpenter Technology Corporation 公司的注册商标。

　　URB25 和 URB28 钢为 Creusot-Loire Indudtrie 公司的注册商标。

　　AL-6XN 钢为 Allegheny Ludlum Corporation 公司的注册商标。

　　SANICRO 钢为 AB Sandvik 公司的注册商标。

　　254SMO 钢为 Avesta Jernwerke AB 公司的注册商标。

　　25-6MO 钢为 INCO 公司的注册商标。

　　JS700 钢为 Jessop Steel 公司的注册商标。

2. 表中的单值为最大值。

9.3.2　奥氏体不锈钢的焊接特点

与其他不锈钢相比，奥氏体不锈钢的焊接是比较容易的，在焊接过程中，对于不同类型的奥氏体不锈钢，奥氏体从高温冷却到室温时，随着 C、Cr、Ni、Mo 含量的不同、金相组织转变的差异及稳定化元素 Ti、Nb + Ta 的变化，焊接材料与工艺的不同，焊接接头各部位可能出现下述一种或多种问题，在实际焊接工艺方法的选择及焊接材料的匹配方面应予以足够的重视。

1. 焊接接头的热裂纹

（1）热裂纹的一般特征

与其他不锈钢相比，奥氏体不锈钢具有较高的热裂纹敏感性，在焊缝及近缝区都有产生热裂纹的可能。热裂纹通常可分为凝固裂纹、液化裂纹和高温失塑裂纹三大类，由于裂纹均在焊接过程的高温区发生，所以又称高温裂纹。凝固裂纹主要发生在焊缝区，最常见的弧坑裂纹就是凝固裂纹。液化裂纹多出现在靠近熔合线的近缝区。在多层多道焊缝中，层道

间也有可能出现液化裂纹。对于高温失塑裂纹，通常发生在焊缝金属凝固结晶完了的高温区。

（2）产生热裂纹的基本原因

奥氏体不锈钢的物理特性是导热系数小、线胀系数大，因此在焊接局部加热和冷却条件下，焊接接头部位的高温停留时间较长，焊缝金属及近缝区在高温承受较高的拉伸应力与拉伸应变，这是产生热裂纹的基本条件之一。

对于奥氏体不锈钢焊缝，通常联生结晶形成方向性很强的粗大柱状晶组织，在凝固结晶过程中，一些杂质元素及合金元素，如 S、P、Sn、Sb、Si、B、Nb 易于在晶间形成低熔点的液态膜，因此造成焊接凝固裂纹；对于奥氏体不锈钢母材，当上述杂质元素的含量较高时，将易产生近缝区的液化裂纹。

（3）凝固模式和结晶组织对热裂纹敏感性的影响[4]

研究与实践结果表明，当奥氏体的室温组织中含有少量的 δ 铁素体时（3% ~ 12%），其热裂纹敏感性显著降低。但从热裂纹产生在高温凝固结晶的特点来看，热裂纹的行为应该与高温凝固结晶的模式和高温组织有更加直接的关系，对于不同合金成分的奥氏体型焊缝金属，可有三种凝固模式：① 先结晶析出奥氏体，凝固过程结束后的组织为纯奥氏体组织，称为 A 凝固模式；② 先结晶析出奥氏体，随后发生包晶和共晶反应，凝固过程结束后的组织为奥氏体 + 铁素体，称为 AF 凝固模式；③ 先结晶析出铁素体，随后发生包晶和共晶反应，凝固结束后的组织为奥氏体 + 铁素体，称为 FA 凝固模式。凝固结晶模式的不同，其裂纹敏感性也不同。根据晶粒润湿理论，在结晶过程中形成的偏析液态膜能够润湿 γ 界面，而难以润湿 γ-δ 界面，因此 A 凝固模式形成的纯奥氏体组织具有较高的热裂纹敏感性，以 FA 凝固模式形成的奥氏体 + 铁素体组织，先析铁素体打乱了奥氏体柱状晶的方向，而且形成了偏析液态膜难以润湿 γ-δ 界面，因此其具有优良的抗热裂纹性能。与此同时，先析 δ 铁素体还能较高地溶解 S、P、Sn 等杂质，降低了凝固液体中的杂质含量，进而提高了抗热裂纹的性能。以 AF 凝固模式形成的奥氏体 + 铁素体组织，铁素体在凝固结晶的后期产生，可以阻止粗大奥氏体柱状晶的长大，有分隔残液的作用，同时也可较多溶解杂质元素，因此此凝固模式形成的奥氏体 + 铁素体组织也具有低的热裂纹敏感性。

为了将 Cr-Ni 奥氏体不锈钢的化学成分与结晶模式及金相组织密切联系起来，并用于评估焊缝金属的热裂纹敏感性，明确防止焊接热裂纹的材料冶金措施，美国

焊接研究委员会（WRC）提出了 WRC 图，见图 9-3。图中对铬镍当量的计算有自己的公式，对 δ 铁素体的含量采用"铁素体数目" FN 表示，特别是标出了上述三类凝固模式的分界线及纯铁素体区，其中对应 AF/FA 分界线的 Cr_{eq}/Ni_{eq} 比值约为 1.4。从图中可以看出，对于常用的奥氏体不锈钢及其焊缝金属，当室温组织中含有少量的 δ 铁素体时（4% ~ 12%），其凝固模式基本为 FA，说明通过检验室温下焊缝金属的奥氏体组织，对防止焊接热裂纹仍具工程实际意义。

2. 焊接接头的耐蚀性

（1）晶间腐蚀

根据不锈钢及其焊缝金属化学成分、所采用的焊接工艺方法，焊接接头可能在三个部位出现晶间腐蚀，包括焊缝的晶间腐蚀、紧靠熔合线的过热区"刀蚀"及热影响区敏化温度区的晶间腐蚀。

对于焊缝金属，根据贫铬理论，在晶界上析出碳化铬，造成贫铬的晶界是晶间腐蚀的主要原因。因此防止焊缝金属发生晶间腐蚀措施有：① 选择合适的超低碳焊接材料，保证焊缝金属为超低碳的不锈钢；② 选用含有稳定化元素 Nb 或 Ti 的低碳焊接材料，一般要求焊缝金属中 Nb 或 Ti 的质量分数为（8 ~ 10）$w(C)$ ~ 1.0%。③ 选择合适的焊接材料使焊缝金属中含有一定数量的 δ 铁素体（一般控制在 4% ~ 12%），δ 铁素体分散在奥氏体晶间，对控制晶间腐蚀有一定的作用。

过热区的"刀蚀"仅发生在由 Nb 或 Ti 稳定化的奥氏体不锈钢热影响区的过热区，其原因是当过热区的加热温度超过 1200℃ 时，C、Nb、Ti 固溶于奥氏体晶内，峰值温度越高，固溶越充分，冷却时，特别是随后受敏化温度作用，碳原子向奥氏体晶界扩散并聚集，Nb 或 Ti 原子因来不及扩散，易使碳原子在奥氏体晶界处析出碳化铬，造成晶界附近贫铬，在腐蚀介质中形成晶间腐蚀，而且越靠近熔合线，腐蚀越严重，形成像刀痕一样的腐蚀沟，俗称"刀蚀"。要防止"刀蚀"的发生，采用超低碳不锈钢及其配套的超低碳不锈钢焊接材料是最为根本的措施。

热影响区敏化温度区的晶间腐蚀发生在热影响区中加热峰值温度在 600 ~ 1000℃ 范围的区域，产生晶间腐蚀的原因仍是奥氏体晶界析出碳化铬造成晶界贫铬所致，因此防止焊缝金属晶间腐蚀的措施对防止敏化温度区的晶间腐蚀也有相同作用，选用稳定化的低碳奥氏体不锈钢或超低碳奥氏体不锈钢将可防止晶间腐蚀，在焊接工艺上，采用较小的焊接热输入，加快冷却速度，将有利于防止晶间腐蚀的发生。

（2）应力腐蚀开裂

奥氏体不锈钢焊接接头的应力腐蚀开裂是焊接接头比较严重的失效形式，通常表现为无塑性变形的脆性破坏，危害严重，它也是最为复杂和难以解决的问题之一。影响奥氏体应力腐蚀开裂的因素有焊接残余拉应力，焊接接头的组织变化，焊前的各种热加工、冷加工引起的残余应力，酸洗处理不当或在母材上随意打弧，焊接接头设计不合理造成应力集中或腐蚀介质的局部浓度提高等等。

应力腐蚀裂纹的金相特征是裂纹从表面开始向内部扩展，点蚀往往是裂纹的根源，裂纹通常表现为穿晶扩展，裂纹的尖端常出现分枝，裂纹整体为树枝状。裂纹的断口没有明显的塑性变形，微观上具有准解理、山形、扇形、河川及伴有腐蚀产物的泥状龟裂的特征，还可看到二次裂纹或表面点坑。要防止应力腐蚀的发生，需要采取以下几方面的措施：

1）合理设计焊接接头，避免腐蚀介质在焊接接头部位聚集，降低或消除焊接接头的应力集中。

2）尽量降低焊接残余应力，在工艺方法上合理布置焊道顺序，如采用分段退步焊。采取一些消应力措施，如焊后完全退火，在难以实施热处理时，采用焊后锤击或喷丸等，表9-15列出了常用Cr-Ni奥氏体不锈钢加工或焊后消应力热处理工艺规范。

表 9-15 常用 Cr-Ni 奥氏体不锈钢加工或焊后消应力热处理工艺参数

使用条件或进行热处理的目的	热处理规范		
	022Cr19Ni10、022Cr18Ni14Mo3 等超低碳不锈钢	06Cr18Ni11Ti、07Cr18Ni11Nb 等含 Ti、Nb 的不锈钢	Cr18-Ni9、Cr18Ni12Mo2 等普通不锈钢
苛刻的应力腐蚀介质条件	A、B	A、B	①
中等的应力腐蚀介质条件	A、B、C	B、A、C	C①
弱的应力腐蚀介质条件	A、B、C、D	B、A、C、E	C、D
消除局部应力集中	F	F	F
晶间腐蚀条件	A、C②	A、C、B②	C
苛刻加工后消除应力	A、C	A、C	C
加工过程中消除应力	A、B、C	B、A、C	C③
苛刻加工后有残余应力以及使用应力高时和大尺寸部件焊后	A、C、B	A、C、B	C
不容许尺寸和形状改变时	F	F	F

注：A—完全退火，1065～1120℃缓冷。
  B—退火，850～900℃缓冷。
  C—固溶处理，1065～1120℃水冷或急冷。
  D—消除应力热处理，850～900℃空冷或急冷。
  E—稳定化处理，850～900℃空冷。
  F—尺寸稳定热处理，500～600℃缓冷。
① 建议选用最适合于进行焊后或加工后热处理的含 Ti、Nb 的钢种或超低碳不锈钢。
② 多数部件不必进行热处理，但在加工过程中，不锈钢受敏化的条件下，必须进行热处理时，才进行此种处理。
③ 在加工完后，在进行 C 规范处理的前提下，也能够用 A、B 或 D 规范进行处理。

3）合理选择母材与焊接材料，如在高浓度氯化物介质中，超级奥氏体不锈钢就显示出明显的耐应力腐蚀能力。在选择焊接材料时，为了保证焊缝金属的耐应力腐蚀性能，通常采用超合金化的焊接材料，即焊缝金属中的耐蚀合金元素（Cr、Mo、Ni 等）含量高于母材。

4）采用合理工艺方法保证焊接接头部位光滑洁净，焊接飞溅物、电弧擦伤等往往是腐蚀开始的部位，也是导致应力腐蚀发生的根源，因此，焊接接头的外在质量也是至关重要。

3. 焊接接头的脆化

（1）焊缝金属的低温脆化

对于奥氏体不锈钢焊接接头，耐蚀性或抗氧化性并不总是最为关键的性能，在低温使用时，焊缝金属的塑韧性就成为关键性能。为了满足低温韧性的要求，焊缝组织通常希望获得单一的奥氏体组织，避免 δ 铁素体的存在。δ 铁素体的存在，总是恶化低温韧性。

（2）焊接接头的 σ 相脆化

σ 相是一种脆硬的金属间化合物，主要析集于柱状晶的晶界。在奥氏体焊缝中，γ 相与 δ 相均可发生 σ 相转变，如 Cr25-Ni20 型焊缝在 800～900℃加热时，将发生强烈的 γ→σ 的转变；在奥氏体 + 铁素体双相组织的焊缝中，当 δ 铁素体含量较高时，如超过 12% 时，δ→σ 的转变将非常显著，造成焊缝金属的明显脆化。σ 相析出的脆化还与奥氏体不锈钢中合金化程度相关，Cr、Mo 具有明显的 σ 化作用，而 Cr、Mo 等合金元素含量较高的超级奥氏体不锈钢，易析出 σ 相。提高奥氏体化合金元素 Ni 含量，防止 N 在焊接过程中的降低，可有效低抑制它们的 σ 化作用，是防止焊接接头脆化的有效冶金措施。

9.3.3　焊接方法与焊接材料的选择

1. 焊接方法

奥氏体不锈钢具有优良的焊接性，几乎所有的熔焊方法都可用于奥氏体不锈钢的焊接，许多特种焊接方法，如电阻点焊、缝焊、闪光焊、激光与电子束焊接、钎焊都可用于奥氏体不锈钢的焊接。但对于组织性能不同的奥氏体不锈钢，应根据具体的焊接性与接头使用性能的要求，合理选择最佳的焊接方法。其中焊条电弧焊、钨极氩弧焊、熔化极惰性气体保护焊、埋弧焊是较为经济的焊接方法。

焊条电弧焊具有适应各种焊接位置与不同板厚的优点，但焊接效率较低。埋弧焊焊接效率高，适合于中厚板的平焊，由于埋弧焊热输入大、熔深大，应注意防止焊缝中心区热裂纹的产生和热影响区耐蚀性的降低。特别是焊丝与焊剂的组合对焊接性与焊接接头的综合性能有直接的影响。钨极氩弧焊具有热输入小，焊接质量优的特点，特别适合于薄板与薄壁管件的焊接。熔化极富氩气体保护焊是高效优质的焊接方法，对于中厚板采用射流过渡焊接，对于薄板采用短路过渡焊接。对于 10 ~ 12mm 以下的奥氏体不锈钢，等离子弧焊接是一种高效、经济的焊接方法，采用微束等离子弧焊接时，焊接件的厚度可小于 0.5mm。激光焊接是一种焊接速度很高的优质焊接方法。由于奥氏体不锈钢具有很高的能量吸收率，激光焊接的熔化效率也很高，大大减轻了不锈钢焊接时的过热现象和由于线胀系数大引起的较大焊接变形。当采用小功率激光焊接薄板时，接头成型非常美观，焊接变形非常小，达到了精密焊接成型的水平。

1）奥氏体不锈钢一般不需预热及后热，如没有应力腐蚀或结构尺寸稳定性等特别要求时，也不需要焊后热处理，但为了防止焊接热裂纹的发生和热影响区的晶粒长大以及碳化物析出，保证焊接接头的塑韧性与耐蚀性，应控制较低的层间温度。

2）焊接坡口形式与尺寸。奥氏体不锈钢焊条电弧焊、钨极氩弧焊、熔化极气保焊对接焊的坡口形式与尺寸示于表 9-16，角接焊缝的坡口形式与尺寸示于表 9-17。埋弧焊时，坡口角度可适当减小，表 9-18 列出了一种坡口参数及焊接参数实例。

3）焊接参数。普通奥氏体不锈钢焊条电弧焊、钨极氩弧焊、熔化极气保焊对接焊和角接焊缝的典型焊接参数分别列表 9-19、表 9-20、表 9-21、表 9-22、表 9-23。钨极氩弧焊焊接奥氏体不锈钢管子的典型焊接参数列表 9-24 和表 9-25 等离子弧焊接不锈钢的焊接参数列于表 9-26 和表 9-27。对于纯奥氏体与超级奥氏体不锈钢，由于热裂纹敏感性较大，因此应严格控制焊接热输入，防止焊缝晶粒严重长大与焊接热裂纹的发生。

2. 焊接材料

奥氏体不锈钢的焊接，通常采用同材质焊接材料，表 9-7、表 9-11、表 9-12 已分别列出了常用焊接方法所需的焊接材料。为了满足焊缝金属的某些性能（如耐蚀性），也采用超合金化的焊接材料，如采用 00Cr18Ni12Mo2 类型的焊接材料焊接 022Cr19Ni10 钢板；采用 $w(Mo)$ 达 9% 的镍基焊接材料焊接 Mo6 型超级奥氏体不锈钢，以确保焊缝金属的耐蚀性能。

表 9-16　对接焊坡口形式与尺寸示例　　　　　　　　（单位：mm）

板厚/mm	焊条电弧焊　钨极氩弧焊	熔化极气体保护焊
1.2 以下		
1.2 ~ 6		

（续）

板厚/mm	焊条电弧焊　钨极氩弧焊	熔化极气体保护焊
6 ~ 12		
12 ~ 25		
25 以上		

注：厚度不同时的对接接头

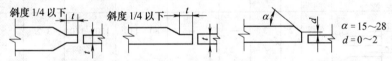

$\alpha = 15 \sim 28$　$d = 0 \sim 2$

表 9-17　角接焊缝的坡口形式与尺寸　　　　　　（单位：mm）

板厚/mm	形　状
12 以下	
12 以上	

表 9-18　埋弧焊的坡口形式、不同的尺寸焊接参数的一个实例

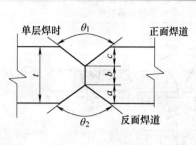

单层焊时　正面焊道　反面焊道

板厚 t/mm	θ_1	θ_2	a/mm	b/mm	c/mm	正面焊道			反面焊道			焊丝直流/mm
						电流/A	电压/V	速度/(cm/min)	电流/A	电压/V	速度/(cm/min)	
6	0	0	0	6	0	400	28	80	450	30	70	4.0
9	0	0	0	9	0	550	29	70	600	30	60	4.0
12	0	0	0	12	0	600	30	60	700	32	50	4.0
16	80°	80°	5	6	5	500	32	50	650	32	40	4.0
20	80°	80°	7	7	6	600	32	50	800	32	40	4.0

表 9-19　电弧焊的对接焊缝焊接参数的实例

板厚/mm	坡口形式	焊接位置	层数	坡口尺寸			焊接电流/A	焊接速度/(mm/min)	焊条直径/mm	备注
				间隙 c/mm	钝边 f/mm	坡口角度 R/(°)				
2		平焊	2	0~1	—	—	40~60	140~160	2.6	反面挑焊根
		平焊	1	2	—	—	80~110	100~140	3.2	垫板
		平焊	1	0~1	—	—	60~80	100~140	2.6	
3		平焊	2	2	—	—	80~110	140~160	3.2	反面挑焊根
		平焊	1	3	—	—	110~150	150~200	4	垫板
		平焊	2	2	—	—	90~110	140~160	3.2	
5		平焊	2	3	—	—	80~110	120~140	3.2	反面挑焊根
		平焊	2	4	—	—	120~150	140~180	4	垫板
		平焊	2	2	2	75°	90~110	140~180	3.2	
6		平焊	4	0	—	80°	90~140	160~180	3.2,4	反面挑焊根
		平焊	2	4	—	60°	140~180	140~150	4,5	垫板
		平焊	3	2	—	75°	90~140	140~160	3.2,4	
9		平焊	4	0	2	80°	130~140	140~160	4	反面挑焊根
		平焊	3	4	—	60°	140~180	140~160	4,5	垫板
		平焊	4	2	2	75°	90~140	140~160	3.2,4	

（续）

板厚/mm	坡口形式	焊接位置	层数	坡口尺寸			焊接电流/A	焊接速度/(mm/min)	焊条直径/mm	备注
				间隙 c/mm	钝边 f/mm	坡口角度 R/(°)				
12		平焊	5	0	2	80°	140 ~ 180	120 ~ 180	4,5	反面挑焊根
		平焊	4	4	—	60°	140 ~ 180	120 ~ 160	4,5	垫板
		平焊	3	2	2	75°	90 ~ 140	130 ~ 160	3.2,4	
16		平焊	7	0	6	80°	140 ~ 180	120 ~ 180	4,5	反面挑焊根
		平焊	6	4	—	60°	140 ~ 180	110 ~ 160	4,5	垫板
		平焊	7	2	2	75°	90 ~ 140	110 ~ 160	3.2,4.5	
22		平焊	7	—	—	—	140 ~ 180	130 ~ 180	4,5	反面挑焊根
		平焊	9	4	—	45°	160 ~ 200	110 ~ 170	5	垫板
		平焊	10	2	2	45°	90 ~ 180	110 ~ 160	3.2,4.5	
32		平焊	4	—	—	—	160 ~ 200	140 ~ 170		反面挑焊根

表 9-20　焊条电弧焊时的角接焊缝焊接参数实例

板厚/mm	坡口形式	焊脚 L/mm	焊接位置	焊接层数	坡口尺寸		焊接电流/A	焊接速度/(mm/min)	焊条直径/mm	备注
					间隙 c/mm	钝边 f/mm				
6		4.5	平焊	1	0 ~ 2	—	160 ~ 190	150 ~ 200	5	
		6	立焊	1	0 ~ 2	—	80 ~ 100	60 ~ 100	3.2	
9		7	平焊	2	0 ~ 2	—	160 ~ 190	150 ~ 200	5	
12		9	平焊	3	0 ~ 2	—	160 ~ 190	150 ~ 200	5	
		10	立焊	2	0 ~ 2	—	80 ~ 110	50 ~ 90	3.2	
16		12	平焊	5	0 ~ 2	—	160 ~ 190	150 ~ 200	5	
22		16	平焊	9	0 ~ 2	—	160 ~ 190	150 ~ 200	5	
6		2	平焊	1 ~ 2	0 ~ 2	0 ~ 3	160 ~ 190	150 ~ 200	5	
		2	立焊	1 ~ 2	0 ~ 2	0 ~ 3	80 ~ 110	40 ~ 80	3.2	
12		3	平焊	8 ~ 10	0 ~ 2	0 ~ 3	160 ~ 190	150 ~ 200	5	
		3	立焊	3 ~ 4	0 ~ 2	0 ~ 3	80 ~ 110	40 ~ 80	3.2	
22		5	平焊	18 ~ 20	0 ~ 2	0 ~ 3	160 ~ 190	150 ~ 200	5	
		5	立焊	5 ~ 7	0 ~ 2	0 ~ 3	80 ~ 110	40 ~ 80	3.2,4	

（续）

板厚/mm	坡口形式	焊脚 L/mm	焊接位置	焊接层数	间隙 c/mm	钝边 f/mm	焊接电流/A	焊接速度/(mm/min)	焊条直径/mm	备注
12		3	平焊	3~4	0~2	2~4	160~190	150~200	5	
		3	立焊	2~3	0~2	2~4	80~110	40~80	3.2,4	
22		5	平焊	7~9	0~2	2~4	160~190	150~200	5	
		5	立焊	3~4	0~2	2~4	80~110	40~80	3.2,4	
6		3	平焊	2~3	2~3	3~6	160~190	150~200	5	
		3	立焊	2~3	2~3	3~6	80~110	40~80	3.2,4	
12		4	平焊	10~12	10~12	3~6	160~190	150~200	5	
		4	立焊	4~6	4~6	3~6	80~110	40~80	3.2,4	
22		6	平焊	22~25	22~25	3~6	160~190	150~200	5	
		6	立焊	10~12	10~12	3~6	80~110	40~80	3.2,4	

表 9-21 钨极惰性气体保护焊的对接焊缝焊接参数实例

板厚/mm	坡口形式	焊接位置	层数	间隙 c/mm	钝边 f/mm	电极直径/mm	焊接电流/A	焊接速度/(mm/min)	填充焊丝直径/mm	氩气 流量/(L/min)	口径/mm	备注
1		平焊	1	0	—	1.6	50~80	100~120	4	4~6	11	单面焊
		立焊	1	0	—	1.6	50~80	80~100	4	4~6	11	
2.4		平焊	1	0~1	—	1.6	80~120	100~120	1~2	6~10	11	单面焊
		立焊	1	0~1	—	1.6	80~120	80~100	1~2	6~10	11	
3.2		平焊	2	0~2	—	2.4	105~150	100~120	2~3.2	6~10	11	双面焊
		立焊	2	0~2	—	2.4	105~150	80~120	2~3.2	6~10	11	
4		平焊	2	0~2	1.6~2	2.4	150~200	100~120	3.2~4	6~10	11	双面焊
		立焊	2	0~2	1.6~2	2.4	150~200	80~120	3.2~4	6~10	11	
		平焊	3(2:1)	0~2	0~2	2.4	150~200	100~150	3.2~4	6~10	11	反面挑焊根
		立焊	2(1:1)	0~2	0~2	2.4	150~200	100~120	3.2~4	6~10	11	
		平焊	2(1:1)	0~2	0~2	2.4	180~230	100~150	3.2~4	6~10	11	垫板
		立焊	2(1:1)	0~2	0~2	2.4	150~200	100~150	3.2~4	6~10	11	
6		平焊	3	0	2	2.4	140~160	120~160	—	6~10	11	气垫
		立焊	3	0	2	2.4	150~200 150~200	120~150 80~120	3.2~4	6~10 6~10	11 11	
		平焊	3	1.6	1.6~2	1.6 2.4	110~150 150~200	60~80 100~150	2.6~3.2	10~16	6~8	可熔镶块焊接
		立焊	3	1.6	1.6~2	1.6 2.4	110~150 150~200	60~80 80~120	2.6~3.2	6~10	11	

（续）

板厚/mm	坡口形式	焊接位置	层数	间隙 c/mm	钝边 f/mm	电极直径/mm	焊接电流/A	焊接速度/(mm/min)	填充焊丝直径/mm	流量/(L/min)	口径/mm	备注
6		平焊	3	3~5	—	2.4	180~220	80~150	3.2~4	6~10	11	垫板
		立焊	3	3~5	—	2.4	150~200	80~150	3.2~4	6~10	11	
12		平焊	6(5:1)	0~2	0~2	2.4	150~200	150~200	3.2~4	6~10	11	反面挑焊根
		立焊	8(7:1)	0~2	0~2	2.4	150~200	150~200	3.2~4	6~10	11	
		平焊	6	0~2	0~2	2.4 3.2	200~250	100~200	3.2~4	6~10	11~13	垫板
		立焊	8	0~2	0~2	2.4 3.2	200~250	100~200	3.2~4	6~10	11~13	
		平焊	6	3~5	—	2.4	180~220	50~200		6~10	11	垫板
		立焊	8	3~5	—	2.4	150~200	50~200	3.2~4	6~10	11	
22		平焊	10(6:4)	0~1	—	2.4 3.2	200~250	100~200	3.2~4	6~10	11~13	反面挑焊根
		立焊	12(8:4)	0~1	—	2.4 3.2	200~250	100~200	3.2~4	6~10	11~13	
38		平焊	18(9:9)	0~2	2~3	2.4 3.2	250~300	100~200	4~5	10~15	11~13	反面挑焊根
		立焊	22(11:11)	0~2	2~3	2.4 3.2	250~300	100~200	4~5	10~15	11~13	

表 9-22　钨极惰性气体保护焊的角接焊缝焊接参数实例

板厚/mm	坡口形式	焊脚 L/mm	焊接位置	层数	间隙 c/mm	钝边 f/mm	电极直径/mm	焊接电流/A	焊接速度/(mm/min)	填充焊丝直径/mm	流量/(L/min)	口径/mm	备注
6		6	平焊	1	0~2	—	2.4	180~220	50~100	3.2	6~10	11	
			立焊	1				180~220	50~100	3.2	6~10	11	
12	T形	10	平焊	2	0~2	—	2.4	180~220	50~100	3.2	6~10	11	
			立焊	2				180~220	50~100	3.2	6~10	11	

（续）

板厚/mm	坡口形式	焊脚 L/mm	焊接位置	层数	间隙 c/mm	钝边 f/mm	电极直径/mm	焊接电流/A	焊接速度/(mm/min)	填充焊丝直径/mm	流量/(L/min)	口径/mm	备注
6		2	平焊	3	0~2	0~3	2.4	180~220	80~200	3.2~4	6~10	11	
			立焊	3			2.4	180~220	80~200	3.2~4	6~10	11	
12		3	平焊	6~7	0~2	0~3	2.4	200~250	80~200	3.2~4	8~12	13	
	半V形		立焊	6~7			3.2	200~250	80~200	3.2~4	8~12	13	
22		5	平焊	18~21	0~2	0~3	2.4	200~250	80~200	3.2~4	8~12	13	
			立焊	18~21			3.2	200~250	80~200	3.2~4	8~12	13	
12		3	平焊	3~4	0~2	2~4	2.4	200~250	80~200	3.2~4	8~12	13	
	双半V形		立焊	3~4			3.2	200~250	80~200	3.2~4	8~12	13	
22		5	平焊	6~7	0~2	2~4	2.4	200~250	80~200	3.2~4	8~12	13	
			立焊	6~7			3.2	200~250	80~200	3.2~4	8~12	13	
6		3	平焊	2~3	3~6	—	2.4	180~220	80~200	3.2	6~10	13	垫板
			立焊	2~3				180~220	80~200	3.2	6~10	13	垫板
12		4	平焊	6~7	3~6	—	2.4	200~250	80~200	3.2~4	8~12	13	垫板
	在反面焊波		立焊	6~7			3.2	200~250	80~200	3.2~4	8~12	13	垫板
22	不能焊时	6	平焊	25~30	3~6	—	2.4	200~250	80~200	3.2~4	8~12	13	垫板
			立焊	25~30			3.2	200~250	80~200	3.2~4	8~12	13	垫板

表9-23　金属极惰性气体保护焊的对接焊缝焊接参数实例

板厚/mm	坡口形式	焊接位置	层数	间隙 c/mm	钝边 f/mm	电流/A	电压/V	速度/(mm/min)	直径/mm	送进速度/(mm/min)	氩气流量/(L/min)	备注
3		平焊	1	0~2	—	200~240	22~25	400~550	1.6	3500~4500	14~18	垫板
		立焊				180~220	22~25	350~500		3000~4000		
4		平焊	1	0~2	—	220~260	23~26	300~500	1.6	4000~5000	14~18	垫板
		立焊				200~240	22~25	250~450		3500~4500		

（续）

板厚/mm	坡口形式	焊接位置	层数	坡口尺寸		焊接			焊丝		氩气流量/(L/min)	备注
				间隙 c/mm	钝边 f/mm	电流/A	电压/V	速度/(mm/min)	直径/mm	送进速度/(mm/min)		
6		平焊	2	0~2	—	220~260	23~26	300~500	1.6	4000~5000	14~18	反面挑焊根
		立焊	(1:1)			200~240	22~25	250~450		3500~4500		
		平焊	2	0~2	—	220~260	23~26	300~500	1.6	4000~5000	14~18	垫板
		立焊				200~240	22~25	250~450		3500~4500		
		平焊	2	0~2	0~2	220~260	23~26	300~500	1.6	4000~5000	14~18	反面挑焊根
		立焊	(1:1)			200~240	22~25	250~450		3500~4500		
		平焊	2	0~2	0~2	220~260	23~26	300~500	1.6	4000~5000	14~18	垫板
		立焊				200~240	22~25	250~450		3500~4500		
		平焊	2		1~2	220~260	23~26	300~500	1.6	4000~5000	14~18	氩气垫可熔镶块钨极惰性气体保护焊
		立焊				200~240	22~25	250~450		3500~4500		
		平焊	2	3~5	—	220~260	23~26	300~500	1.6	4000~5000	14~18	垫板
		立焊				200~240	22~25	250~450		3500~4500		
12		平焊	5(4:1)	0~2	0~2	240~280	24~27	200~350	1.6	4500~6500	14~18	反面挑焊根
		立焊	6(5:1)			220~260	23~26	200~400		4000~5000		
		平焊	4	0~2	0~2	240~280	24~27	200~350	1.6	4500~6500	14~18	垫板
		立焊	6			220~260	23~26	200~400		4000~5000		
		平焊	4	3~5	—	240~280	24~27	200~350	1.6	4500~6500	14~18	垫板
		立焊	6			220~260	23~26	200~400		4000~5000		
22		平焊	11(7:4)	0~1	—	240~280	24~27	200~350	1.6	4500~6500	14~18	反面挑焊根
		立焊	14(10:4)			200~240	22~25	200~400		4000~5000		
38		平焊	18(9:9)	0~2	2~3	280~340	26~30	150~300	1.6	5000~7500	18~22	反面挑焊根
		立焊	22(11:11)			240~300	24~28	150~300		4500~7000		

表 9-24　管子的钨极惰性气体保护焊（V 形坡口）

板厚/mm	横焊移动位置	横焊固定位置	立焊位置
16 ~ 3.2	1~2 焊道 80~100A直流正极性	2 层焊道 75~100A直流正极性	2 层焊道 75~100A直流正极性
6.4 ~ 7.9	2~3 层焊道 130~150A直流正极性	3 层焊道 120~150A直流正极性	3 道焊道 120~150A直流正极性
9.5 ±1.6	4 层焊道 150~200A直流正极性	5 层焊道 150~180A直流正极性	6 道焊道 150~180A直流正极性
12.7 ±1.6	5 层焊道 180~200A直流正极性	6 层焊道 150~180A直流正极性	7 道焊道 150~180A直流正极性
15.9 ±1.6	6 层焊道 180~200A直流正极性	6 ~ 7 层焊道 150~200A直流正极性	8 道焊道 150~200A直流正极性
19.1 ±1.6	7 层焊道 180~200A直流正极性	8 层焊道 150~200A直流正极性	9~13A 道焊道 150~180A直流正极性
25.4 ±1.6	9 层焊道 180~200A直流正极性	11 层焊道 150~200A直流正极性	12~21 道焊道 150~180A直流正极性

表 9-25　管子的钨极惰性气体保护焊（U 形坡口）

板厚/mm	横移动位置	横焊固定位置	立焊位置
4.8 ~ 6.4	30° 4.8R 3 道焊道 1.6～2.4 80～110A直流正极性	3 道焊道 1.6～2.4 80～110A直流正极性	3 道焊道1.6～2.4 80～110A直流正极性
7.9 ~ 9.5	4 层焊道 120～130A直流正极性	5 层焊道 120～130A直流正极性	6 道焊道 120～130A直流正极性
11.1 ~ 12.7	6 层焊道 130～160A直流正极性	6～7 层焊道 130～160A直流正极性	8～10 道焊道 130～160A直流正极性
14.3 ~ 15.9	7 层焊道 130～160A直流正极性	8 层焊道 130～160A直流正极性	11～15 道焊道 130～160A直流正极性
17.5 ~ 19.1	8 层焊道 130～160A直流正极性	9 层焊道 130～160A直流正极性	12～17 道焊道 130～160A直流正极性
20.6 ~ 22.2	10 层焊道 130～160A直流正极性	12 层焊道 130～160A直流正极性	17～23 道焊道 130～160A直流正极性
22.2 ~ 25.4	11 层焊道 130～160A直流正极性	13 层焊道 130～160A直流正极性	20～30 道焊道 130～160A直流正极性

表9-26　自动微束等离子弧焊的焊接参数

厚度 /mm	接头形式	焊接电流 /A	焊接速度 /(mm/min)	电弧电压 /V	离子气流量 /(L/h)	保护气流量及 成分/(L/h)	喷嘴孔径 /mm
0.025	卷边	0.3	127		14.2	566,Ar99% + H$_2$1%	0.8
0.08	卷边	1.6	152		14.2	566,Ar99% + H$_2$1%	0.8
0.13	端面接头	1.6	381		14.2	566,Ar99% + H$_2$1%	0.8
0.25	对接	6.5	270	24	36	360,Ar	0.8
0.50	对接	18	300	24	36	660,Ar	1.0
0.75	对接	10	127		14.2	330,Ar99% + H$_2$1%	0.8
1.0	对接	27	275	25	36	660,Ar	1.2

表9-27　穿透型等离子弧焊的焊接参数

厚度 /mm	电流 /A	电压 /V	焊接速度 /(m/h)	等离子气流量 /(L/min)	保护气流量 /(L/min)	喷嘴直径 /mm
1.20	95	26	58.0	3.77[2]	18.9[3]	2.83
1.587	125	27	56.5	2.73[2]	18.9[3]	2.83
2.381	160	31	58.0	2.35[2]	16.5[3]	3.175
3.175	145	32	36.6	4.72[2]	18.9[3]	2.830
3.175	190	28	50.3	4.25[2]	18.9[3]	2.830
3.175	190[1]	33	50.3	4.25[2]	23.5[2]	2.830
4.762	165	36	24.4	6.14[2]	18.9[3]	2.46
5.556	210	28	30.5	6.60[2]	21.2[2]	3.46
5.955	270	31	21.3	7.10[2]	23.5[3]	3.46
6.35	240	28	21.3	8.10[2]	9.45[3]	3.46
12.9	320	26	10.6	4.72[3]	—	3.175

① 用填充焊丝。

② Ar92% + H$_2$8%（体积分数）。

③ Ar100%，三孔喷嘴。

9.3.4　产品焊接实例

1. 回收分离器(三类压力容器)的焊接[7]

分离器的规格:直径3.4m,板厚32mm;总重量21t。

材质:AISI321,相当于国产0Cr18Ni9Ti不锈钢。

焊接工艺:埋弧焊,以提高焊接效率,保证焊接质量。

焊前不预热,层间温度不大于60℃,为防止第一层焊穿,在背面衬焊剂垫。

坡口形式与尺寸见图9-4。

焊接参数:焊接电流 I = 500 ~ 600A、U = 36 ~ 38V、焊接速度 v = 26 ~ 33m/h。

焊接材料:焊丝为H00Cr19Ni9,直径 ϕ = 4.0mm;焊剂为HJ260。

焊接工艺评定结果:见表9-28。

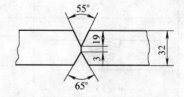

图9-4　回收分离器焊
接坡口形式与尺寸

表9-28　焊接工艺评定结果

外观 质量	X射线 检测	抗拉强度 /MPa	弯曲 (180°)①	晶间腐蚀②
合格	Ⅰ级	611.5	合格	合格

① 包括正弯、背弯、侧弯各两件。

② GB/T 4334—2008《金属和合金的腐蚀　不锈钢晶间腐蚀试验方法》。

产品检验结果:回收分离器共 11 道纵缝、4 道环缝,共拍 311 张 X 片,一次合格率达 99.4% ,有两个局部缺陷采用焊条电弧焊返修。分离器出厂三年多,使用正常。

2. 不锈钢保温杯的微束等离子弧焊接[8]

某厂生产的不锈钢保温杯,由内胆和外壳焊接而成,内胆和外壳上共有两条对接纵缝和三条端接环缝。材质为 1Cr18Ni9Ti,内胆和外壳的壁厚为 0.5mm。焊接工艺为微束等离子自熔焊接,焊接参数列于表 9-29 和表 9-30。

表 9-29　不锈钢保温杯的微束等离子弧焊接参数

接头形式	焊接电流 /A	焊接速度 /(mm/min)	等离子气流量 /(L/h)	保护气流量 /(L/h)	喷嘴孔径 /mm	孔外弧长 /mm
对接纵缝	20 ~ 40	400	60	300	1.0	2
端接环缝	8 ~ 10	400 ~ 500	50	300	1.0	2 ~ 3

表 9-30　不锈钢保温杯的微束等离子弧焊接参数

接头形式	基值电流 /A	峰值电流 /A	基值时间 /ms	峰值时间 /ms	焊接速度 /(mm/min)
对接纵缝	10	30	20	20	400
端接环缝	5	15	20	20	500 ~ 600

表 9-31　纵缝与端接环缝的装夹精度要求

接头形式	板厚 /mm	最大间隙 /mm	最大错边 /mm	压板间距 /mm	夹具外长度 /mm
对接	0.5	0.05	0.05	7 ~ 14	—
端接	0.5	0.2	1	—	0.5 ~ 1

为了保证焊缝质量,在合理选择上述焊接参数的同时,还必须保证纵缝与端接环缝的装夹精度达到表 9-31 的要求。

产品检验结果:保温杯一次焊接成品率达 95% 以上。

9.4　马氏体不锈钢的焊接

9.4.1　马氏体不锈钢的类型与应用

目前普遍采用的马氏体不锈钢可分为 Cr13 型马氏体不锈钢(化学成分见表 9-1)和低碳马氏体不锈钢以及超级马氏体不锈钢。对于 Cr13 型马氏体不锈钢,主要作为具有一般耐腐蚀性能的不锈钢使用,随着碳含量的不断增加,其强度与硬度提高,塑性与韧性降低,作为焊接用钢,$w(C)$ 一般不超过 0.15% 。以 Cr12 为基的马氏体不锈钢,因加入 Ni、Mo、W、V 等合金元素,除具有一定的耐腐蚀性能之外,还具有较高的高温强度及抗高温氧化性能,因此在电站设备中的高温高压管道及航空发动机中广泛应用,另外因其有较好的耐磨性能,也用于液压缸体、柱塞及轴类部件以及刀具类工具。低碳、超低碳马氏体不锈钢是在 Cr13 基础上,在大幅度降低碳含量的同时,将 $w(Ni)$ 控制在 4% ~ 6% 的范围,还加入少量的 Mo、Ti 等合金元素的一类高强马氏体钢,除具有一定的耐腐蚀性能外,还具有良好的耐汽蚀、磨损性能,因此在水轮机及大型水泵中有广泛应用。近年来,国外还研制开发了超级马氏体不锈钢,它的成分特点是超低碳及低氮、$w(Ni)$ 控制在 4% ~ 7% 的范围,还加入少量的 Mo、Ti、Si、Cu 等合金元素。这类钢高强度、高韧性,具有良好的耐腐蚀性能,在油气输送管道中获得较广泛的应用,表 9-32 列出了几种常用的低碳马氏体不锈钢及超级马氏体不锈钢的化学成分。

表 9-32　常用低碳及超级马氏体不锈钢的化学成分

钢　号	标　准	化学成分(质量分数,%)						其他
		C	Mn	Si	Cr	Ni	Mo	
ZG0Cr13Ni4Mo (中国)	JB/T 7349—2002	0.06	1.0	1.0	11.5 ~ 14.0	4.5 ~ 4.5	0.4 ~ 1.0	—

（续）

钢　号	标　准	化学成分（质量分数，%）						
		C	Mn	Si	Cr	Ni	Mo	其他
CA-6NM （美国）	ASTM A734/A734M :2003	0.06	1.0	1.0	11.5 ~ 14.0	3.5 ~ 4.5	0.4 ~ 1.0	—
Z4 CND 13-4-M （法国）	AFNOR NF A32-059:1984	0.06	1.0	0.8	12.0 ~ 14.0	3.5 ~ 4.5	0.7	—
ZG0Cr16Ni5Mo （中国）	企业内部标准	0.04	0.8	0.5	15.0 ~ 16.5	4.8 ~ 6.0	0.5	S = 0.01
Z4 CND 16-4-M （法国）	AFNOR NF A32-059:1984	0.06	1.0	0.8	15.5 ~ 17.5	4.5 ~ 5.5	0.7 ~ 1.50	—
12Cr-4.5Ni-1.5Mo （法国）	CLI 公司标准	0.015	2.0	0.4	11.0 ~ 13.0	4.0 ~ 5.0	1.0 ~ 2.0	N = 0.012 S = 0.002
12Cr-6.5Ni-2.5Mo （法国）	CLI 公司标准	0.015	2.0	0.4	11.0 ~ 13.0	6.0 ~ 7.0	2.0 ~ 3.0	N = 0.012 S = 0.002

注：1. 表中的单值为最大值。
　　2. 其他钢种的 P、S 的质量分数不大于 0.03% 。

9.4.2　马氏体不锈钢的焊接特点

1. 马氏体不锈钢的组织与性能特点

Cr13 型马氏体不锈钢，一般经调质热处理，金相组织为马氏体，随回火温度的不同，马氏体的强度、硬度及塑韧性可在较大范围内调整，以满足不同使用性能的要求。对于低碳、超低碳马氏体不锈钢以及超级马氏体不锈钢，经淬火和一次回火或二次回火热处理后，金相组织为低碳马氏体 + 逆变奥氏体复合相组织。对于 w（Ni）在 4% ~ 7% 的低碳马氏体不锈钢以及超级马氏体不锈钢，在淬火后（通常采取空冷）形成低碳马氏体，在回火加热到 As（低于 Ac_1）以上时，将发生 M→γ 的"逆转变"。这种组织不同于 Ac_1 温度以上转变形成的奥氏体，也不同于从高温冷却时残留的奥氏体，因此称为逆变奥氏体。这种组织富碳富镍，具有良好的组织稳定性，通常弥散分布于低碳马氏体基体，具有明显的强韧化作用。

2. 马氏体不锈钢的焊接特点

对于 Cr13 型和马氏体不锈钢来讲，从图 9-5 可以看出，高温奥氏体冷却到室温时，即使是空冷，也转变为马氏体，表现出明显的淬硬倾向。由于焊接是一个快速加热与快速冷却的不平衡冶金过程，因此这类焊缝及焊接热影响区焊后的组织通常为硬而脆的高碳马氏体，含碳量越高，这种硬脆倾向就越大。当焊接接头的拘束度较大或氢含量较高时，很容易导致冷裂纹的产生。与此同时，由于此类钢的组织位于舍夫勒（Schaeffler）图中 M 与 M + F 相组织的交界处，在冷

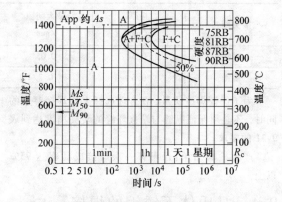

图 9-5　12Cr13 不锈钢的等温转变图[9]
化学成分（质量分数）：0.11% C-0.44% Mn-0.37%
Si-0.16% Ni-12.12% Cr
A—奥氏体　F—铁素体　C—碳化物
Ms—马氏体开始转变温度

却速度较小时，近缝区及焊缝金属会形成粗大铁素体及沿晶析出碳化物，使接头的塑韧性显著降低。因此在采用同材质焊接材料焊接此类马氏体钢，为了细化焊缝金属的晶粒，提高焊缝金属的塑韧性，焊接材料中通常加入少量的 Nb、Ti、Al 等合金化元素，同时应采取一定工艺措施。

对于低碳以及超级马氏体不锈钢，由于其 w（C）已降低到 0.05% 、0.03% 、0.02% 的水平，因此从高温奥氏体状态冷却到室温时，虽然也全部转变为低碳马氏体，但没有明显的淬硬倾向。不同的冷却速度对热影响区的硬度没有显著的影响，具有良好的焊接

性，该类钢经淬火和一次回火或二次回火热处理后，由于韧化相逆变奥氏体均匀弥散分布于回火马氏体基体，因此具有较高的强度和良好的塑韧性，表现出强韧性的良好匹配。与此同时，其耐腐蚀能力明显优于Cr13 型马氏体钢。

9.4.3　焊接方法与焊接材料选择

1. 焊接方法

常用的焊接工艺方法，如焊条电弧焊、钨极氩弧焊、熔化极气体保护焊、等离子弧焊、埋弧焊、电渣焊、电阻焊、闪光焊甚至电子束与激光焊接都可用于马氏体不锈钢的焊接。

焊条电弧焊是最常用的焊接工艺方法，焊条需经过 300~350℃ 高温烘干，以减少扩散氢的含量，降低焊接冷裂纹的敏感性。

钨极氩弧焊主要用于薄壁构件（如薄壁管道）及其他重要部件的封底焊。它的特点是焊接质量高，焊缝成形美观。对于重要部件的焊接接头，为了防止焊缝背面的氧化，封底焊时通常采取氩气背面保护的措施。

$Ar + CO_2$ 或 $Ar + O_2$ 的富氩混合气体保护焊也应用于马氏体钢的焊接，具有焊接效率高，焊缝质量较高的特点，焊缝金属也具有较高的抗氢致裂纹性能。

2. 焊接材料选择

对于 Cr13 型的马氏体不锈钢，总体来看，其焊接性较差，因此除采用与母材化学成分、力学性能相

当的同材质焊接材料外，对于含碳量较高的马氏体钢或在焊前预热、焊后热处理难以实施以及接头拘束度较大的情况下，也常采用奥氏体型的焊接材料，以提高焊接接头的塑韧性、防止焊接裂纹的发生。但值得注意的是，当焊缝金属为奥氏体组织或以奥氏体为主的组织时，焊接接头在强度方面通常为低强匹配，而且由于焊缝金属在化学成分、金相组织与热物理性能及其他力学性能方面与母材有很大的差异，焊接残余应力不可避免，对焊接接头的使用性能产生不利的影响，如焊接残余应力可能引起应力腐蚀破坏或高温蠕变破坏。因此在采用奥氏体型焊接材料时，应根据对焊接接头性能的要求，做较严格的焊接材料选择与焊接接头性能评定。有时还采用镍基焊接材料，使焊缝金属的热膨胀系数与母材相接近，尽量降低焊接残余应力及在高温状态使用时的热应力。

对于低碳以及超级马氏体不锈钢，由于其良好的焊接性，一般采用同材质焊接材料，通常不需要预热或仅需低温预热，但需进行焊后热处理，以保证焊接接头的塑韧性。在接头拘束度较大，焊前预热和后热难以实施的情况下，也采用其他类型的焊接材料，如奥氏体型的 00Cr23Ni12、00Cr18Ni12Mo 焊接材料，国内研制的 0Cr17Ni6MnMo 焊接材料常用于大厚度0Cr13Ni46Mo 马氏体不锈钢的焊接，其特点是焊接预热温度低，焊缝金属的韧性高、抗裂纹性能好。表9-33列出了两种类型马氏体不锈钢的常用焊接材料及对应的焊接工艺方法。

表 9-33　马氏体不锈钢的常用焊接材料及焊接工艺方法

母材类型	焊接材料	焊接工艺方法
Cr13 型	E410-16、E410-15、E410-15 焊条 H12Cr13、H20Cr13 焊丝 E410T 药芯焊丝 其他焊接材料：E410Nb（Cr13-Nb）焊条 E309-15、E316-15 等焊条 H08Cr19Ni2Mo2、H12Cr24Ni13 等焊丝	焊条电弧焊 TIG MIG
低碳及超级马氏体钢	E410NiMo 焊条 ER410NiMo 实心焊丝、E410 NiMoT 和 E410NiTiT 药芯焊丝 其他焊接材料：E309-15、E316-15 焊条 HT16/5、G367M（Cr17-Ni6-Mn-Mo）焊条 H08Cr19Ni12Mo2、H03Cr24Ni13 焊丝 HS13-5（Cr13-Ni5-Mo）、HS367L（Cr16-Ni5-Mo）、HS367M（Cr17-Ni6-Mn-Mo）焊丝 000Cr12Ni2、000Cr12Ni5Mo1.5、000Cr12Ni6.5Mo2.5 焊丝	焊条电弧焊 TIG MIG SAW

9.4.4　马氏体不锈钢的焊接工艺要点

对于 Cr13 型马氏体不锈钢，当采用同材质焊条

进行焊条电弧焊时，为了降低冷裂敏感性，保证焊接接头的力学性能，特别是接头的塑韧性，应选择低氢或超低氢、并经高温烘干的焊条，同时还应采取如下

工艺措施：

1. 预热与后热

预热温度一般在 100 ~ 350℃，预热温度主要随碳含量的增加而提高，当 $w(C) < 0.05\%$ 时，预热温度为 100 ~ 150 ℃；当 $w(C)$ 为 0.05% ~ 0.15% 时，预热温度为 200 ~ 250℃；当 $w(C) > 0.15\%$ 时，预热温度为 300 ~ 350℃。为了进一步防止氢致裂纹，对于含碳量较高或拘束度大的焊接接头，在焊后热处理前，还应采取必要的后热措施，以防止焊接氢致裂纹的发生。

2. 焊后热处理

焊后热处理可以显著降低焊缝与热影响区的硬度，改善其塑韧性，同时可消除或降低焊接残余应力。根据不同的需要，焊后热处理有回火和完全退火，为了得到最低的硬度，如为了焊后的机械加工，采用完全退火，退火温度一般在 830 ~ 880℃，保温 2h 后随炉冷却至 595℃，然后空冷。回火温度的选择主要根据对接头力学性能和耐蚀性的要求确定，回火温度不应超过母材的 Ac_1 温度，以防止发生奥氏体转变，回火温度一般在 650 ~ 750℃ 之间，保温时间按 2.4min/mm 确定，保温时间不低于 1h，然后空冷。高温回火时析出较多的碳化物，对接头的耐蚀性能不利，因此对于耐蚀性能要求较高的焊接件，应采用温度较低的回火温度。表 9-34 为焊后热处理规范对 Cr13 型马氏体不锈钢同材质焊接接头热影响区韧性的影响。图 9-6 为 Cr12 不锈钢回火硬度曲线，在 550℃ 左右回火时，硬度显著降低。对于以 Cr12 为基，复合添加 Ni、Mo、W、V 多元化合金的马氏体耐热不锈钢，只有回火温度达到 650℃ 以上，碳化物才聚集长大，基体迅速软化，硬度大幅度降低。值得注意的是，Cr12 不锈钢不宜在 475 ~ 550℃ 回火，因为此温度区为韧性的低谷，图 9-7 为回火温度对此类钢室温冲击韧度的影响，钢中加入 Mo、V、Nb 和降低碳含量可改善其冲击韧度。

表 9-34　焊后热处理对 Cr13 型马氏体不锈钢同材质焊接接头热影响区冲击吸收能量的影响

热处理规范与母材	距熔合线不同距离的 KU/J			
	0mm	1mm	2mm	3mm
焊态，$w(C) = 0.1\%$ 的 1Cr13	25.8 ~ 29.7	21.2 ~ 28.2	16.5 ~ 19.6	16.5 ~ 18.0
焊态，$w(C) = 0.2\%$ 的 2Cr13	4.7 ~ 6.2	4.7 ~ 5.5	3.1 ~ 4.7	4.7 ~ 5.5
焊后 720℃ 回火，$w(C) = 0.1\%$ 的 1Cr13	44.7 ~ 51.0	38.4 ~ 40	30.5 ~ 36.9	29.7 ~ 35.3
焊后 720℃ 回火，$w(C) = 0.15\%$ 的 2Cr13	46.2 ~ 49.3	35.3 ~ 37.6	25.1 ~ 31.4	25.9 ~ 33
焊后 720℃ 回火，$w(C) = 0.2\%$ 的 2Cr13	43.1 ~ 47.8	32.1 ~ 39.2	24.3 ~ 28.2	22.7 ~ 29
焊后 720℃ 回火，$w(C) = 0.25\%$ 的 2Cr13	36.9 ~ 40	25.1 ~ 29	22.7 ~ 27.4	21.2 ~ 27.4
焊后 1050℃ 正火 +720℃ 回火，$w(C) = 0.2\%$ 的 2Cr13	54.9 ~ 57.2	51.8 ~ 53.3	51.8 ~ 54.1	50.1 ~ 56.5

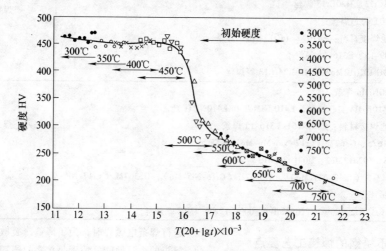

图 9-6　C0.14-Cr12 钢的回火曲线[9]

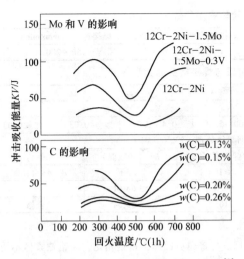

图 9-7 回火温度对 Cr12 钢冲击吸收能量的影响[9]

对于低碳及超级马氏体不锈钢,焊接裂纹敏感性小,在通常的焊接条件下不需采取预热或后热。当在大拘束度或焊缝金属中的氢含量难以严格控制的条件下,为了防止焊接裂纹的发生,应采取预热甚至后热措施,一般预热温度在 100 ~ 150℃。为了保证焊接接头的塑韧性,该类钢焊后需进行回火热处理,热处理温度一般在 590 ~ 620℃。从表 9-35 中可以看出焊后回火热处理对 0C13Ni5Mo 钢同材质焊缝金属力学性能的影响。对于耐蚀性能有特别要求的焊接接头,如用于油气输送的 00Cr13Ni4Mo 管道,为了保证焊接接头的耐应力腐蚀性能,需经过 670℃ + 610℃ 的二次回火热处理,以保证焊接接头的硬度不超过 22HRC。

表 9-35 焊后回火热处理对 0C13Ni5Mo 钢同材质焊缝金属力学性能的影响

焊接方法	焊接材料	热处理工艺	力 学 性 能					
			屈服强度 /MPa	抗拉强度 /MPa	断后伸长率 (%)	KV/J		
焊条电弧焊	0Cr13Ni5Mo 焊条	焊 态	985	1140	3	26.3	29.5	8.0
		590℃ × 12h	705	860	20	58.4	63.3	6.5
富氩气体 保护焊	00Cr13Ni5Mo 焊丝	焊 态	890	1000	12	37.3	37.0	6.1
		590℃ × 12h	660	795	19	81.8	88.2	99.5

9.4.5 产品焊接实例

1. 高温风机部件——Cr13 型不锈钢叶轮的修复

叶轮尺寸: 1570mm × 447.5mm。底盘厚度为 10mm,叶片厚度为 6mm。

叶轮失效形式:叶片断裂,叶片与底盘焊缝完全开裂。

材质:底盘材质为 20Cr13,叶片材质为 12Cr13。

焊接工艺:焊条电弧焊,焊前不预热,焊后不回火。

焊接参数:焊接电流 I = 160 ~ 180A,焊接速度 v = 150 ~ 200mm/min。

焊接材料:E309(A307)焊条,焊条直径 4.0m。

修复效果:焊接接头着色检验无缺陷,运行两年

多没有发现问题。

2. 混流式水轮机转轮的焊接

转轮规格与尺寸:转轮最大直径 10m,重量 470t。转轮由上冠、15 个叶片及下环拼焊成整体。

转轮材质:ZG0Cr13Ni4Mo 低碳马氏体不锈钢,化学成分与力学性能见表 9-36。

焊接工艺:全部采用富氩混合气体 (Ar + 2% ~ 4% CO$_2$) 保护焊,焊前预热 100℃,层间温度 100 ~ 150℃,焊后 350℃ 后热。焊接回火热处理:590℃ × 8h。焊接参数列于表 9-37。

焊接材料:全部采用 HS13—5L (相当于 ER410NiMo) 实心气体保护焊丝。焊丝的化学成分、熔敷金属及焊接接头的力学性能列于表 9-38。

表 9-36 ZG0Cr13Ni4Mo 低碳马氏体不锈钢的化学成分及力学性能

化学成分 (质量分数,%)							
C	Mn	Si	Cr	Ni	Mo	S	P
≤0.06	≤1.0	≤1.0	11.5 ~ 13.5	4.00 ~ 5.00	0.4 ~ 1.0	≤0.030	≤0.035

力学性能			
屈服强度/MPa	抗拉强度/MPa	断后伸长率 (%)	KV/J (室温)
550	750	15	50

表 9-37　混流式水轮机转轮焊接参数

焊丝规格/mm	焊接电流/A	焊接电压/V	焊接速度/(mm/min)
φ1.2	200 ~ 240	26 ~ 28	150 ~ 200

表 9-38　HS13-5L 化学成分及熔敷金属与焊接接头的力学性能

化学成分（质量分数,%）							
C	Mn	Si	Cr	Ni	Mo	S	P
≤0.06	≤0.6	≤0.5	11.0 ~ 12.5	4.00 ~ 5.00	0.4 ~ 0.7	≤0.03	≤0.03

熔敷金属与焊接接头的力学性能（回火热处理：590℃ ×8h）					
	屈服强度/MPa	抗拉强度/MPa	断后伸长率（%）	KV/J（室温）	侧弯
技术要求	≥550	≥750	≥15	≥50	$d = 4a$（180°）
熔敷金属	755	945	18.5	59 64 61	—
焊接接头	—	760（断于母材）	16	52 53 54	合格

注：板厚为 40mm。

产品检验结果：焊接接头经超声波与磁粉无损检验，未发现任何超标缺欠。

9.5　铁素体不锈钢的焊接

9.5.1　铁素体不锈钢的类型与应用

目前铁素体不锈钢可分为普通铁素体不锈钢和超纯铁素体不锈钢两大类，其中普通铁素体不锈钢有 Cr12 ~ Cr14 型，如 022Cr12、06Cr13Al；Cr16 ~ Cr18 型，如 10Cr17Mo、019Cr19Mo2NbTi；Cr25 ~ Cr30 型、如 008Cr27Mo、008Cr30Mo2。这些钢种的化学成分与力学性能已列入表 9-1。对于普通铁素体不锈钢，由于其碳、氮含量较高，因此其成形加工和焊接都比较困难，耐蚀性也难以保证，成为普通铁素体不锈钢发展与应用的主要障碍。由于影响高铬铁素体不锈钢的晶间腐蚀敏感性的元素不仅是碳，氮也起着至关重要的作用，因此在超纯铁素体不锈钢中严格控制了铁素体钢中的 w（C + N）一般控制在 0.035% ~ 0.045%、0.030%、0.010% ~ 0.015% 三个水平，在控制 C + N 含量的同时，还添加必要的合金化元素 Ti、Nb 等进一步提高耐腐蚀性能及其他综合性能。近年来，随着真空精炼（VOD）与气体保护精炼（AOD）等先进冶炼技术的发展与生产应用，铁素体中的碳、氮及氧等间隙元素的含量可以大幅度降低，结合微合金化技术的开发与应用，一些加工性、焊接性及耐各种腐蚀性良好的超纯高铬铁素体不锈钢得到了较大的开发和应用。与普通奥氏体不锈钢相比，高铬铁素体不锈钢具有很好的耐均匀腐蚀、点蚀及应力腐蚀性能，较多地应用于石油化工设备中。

9.5.2　铁素体不锈钢的焊接特点

1. 焊接接头的塑性与韧性

对于普通铁素体不锈钢，一般尽可能在低的温度下进行热加工，再经短时的 780 ~ 850℃ 退火热处理，得到晶粒细化、碳化物均匀分布的组织，并具有良好的力学性能与耐蚀性能。但在焊接高温的作用下，在加热温度达到 1000℃ 以上的热影响区、特别是近缝区的晶粒会急剧长大，进而引起近缝区的塑韧性大幅度降低，引起热影响区的脆化，在焊接拘束度较大时，还容易产生焊接裂纹。热影响区的脆化与铁素体不锈钢中 C + N 含量密切相关，图 9-8 和图 9-9 的结果表明，在较低温度 815℃ 水淬状态下，铁素体不锈钢都具有较低的脆性转变温度。随着 C、N 含量的提高，脆性转变温度有所提高，而且经高温 1150℃ 加热处理后，随着 C、N 含量的提高脆性转变温度的提高更加明显。超纯铁素体不锈钢与普通铁素体不锈钢相比，随着含量 C、N 的降低，其塑性与韧性大幅度提高，焊接热影响区的塑韧性也得到明显改善。从表 9-39中可以看出，对于超纯的 Cr26 型铁素体不锈钢，经 1100℃ 高温加热后，无论采用水淬或空冷都具有良好的塑性。

表 9-39　高温热处理对超纯 Cr26 型铁素体不锈钢塑性的影响

编号	热处理状态	断后伸长率(%)（普通纯度钢）	断后伸长率(%)（超纯度钢）
1	退火	25	30
2	1100℃ ×30min 水淬	2	30
3	1100℃ ×30min 空冷	27	32
4	1100℃ ×30min 水淬	27	30
5	1100℃ ×30min 慢冷(2.5℃/min)至 850℃水淬	33	29

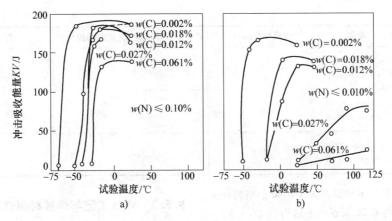

图 9-8　Cr17-C0. 002～0. 061 铁素体不锈钢的夏比 V 形缺口冲击试样转变温度曲线

a) 815℃加热 1h 水淬　b) 815℃+1150℃加热水淬

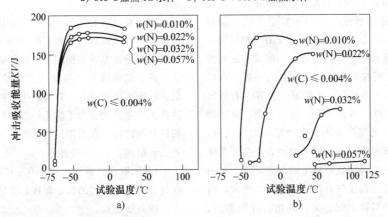

图 9-9　Cr17-N0. 010～0. 057 铁素体不锈钢的夏比 V 形缺口冲击试样转变温度曲线

a) 815℃加热 1h 水淬　b) 815℃+1150℃加热水淬

对超纯 Cr30Mo2 铁素体不锈钢模拟焊接热影响区脆性转变温度的研究表明，当热影响的峰值温度达到 1350℃时，其脆性转变温度比母材提高约 15℃。

除高温加热引起接头脆化、塑韧性降低外，铁素体不锈钢还可能产生 σ 相脆化和 475℃脆化，σ 相脆化过程较缓慢，对焊后的接头韧性影响不大，由焊接引起的 475℃脆化倾向也较小。

2. 焊接接头的晶间腐蚀

高温加热对于不含稳定化元素的普通铁素体不锈钢的晶间腐蚀敏感性的影响与通常的铬镍奥氏体不锈钢不同，将通常的铬镍奥氏体不锈钢在 500～800℃敏化温度区加热保温，将会出现晶间腐蚀现象，在

950℃以上加热固溶处理后，由于富铬碳化物的固溶，晶间敏化消失。与此相反，把普通高铬铁素体不锈钢加热到 950℃以上温度冷却，则产生晶间敏化，而在 700～850℃短时保温退火处理，敏化消失。因此通常检验铁素体不锈钢晶间腐蚀敏感性的温度不像奥氏体不锈钢在 650℃保温 1～2h，而是加热到 950℃以上，然后空冷或水冷。加热温度越高，敏化程度越大。由此可见，普通铁素体不锈钢焊接热影响区的近缝区将由于受到焊接热循环的高温作用而产生晶间敏化，在强氧化性酸中将产生晶间腐蚀，为了防止晶间腐蚀，焊后进行 700～850℃的退火处理，使铬重新均匀化，近而恢复焊接接头的耐蚀性。

表 9-40　热处理对超纯 Cr26 铁素体不锈钢腐蚀性能的影响

试样号	热处理规范	腐蚀率(μm/y)	晶界上富铬碳化物、氮化物的析出	有无晶间腐蚀
1	1100℃×30min 水淬	22	无	无
2	1100℃×30min 空冷	549	大量析出	有

（续）

试样号	热处理规范	腐蚀率(μm/y)	晶界上富铬碳化物、氮化物的析出	有无晶间腐蚀
3	1100℃×30min 水淬 +900℃×15min 水淬	36	聚集长大	无
4	1100℃×30min 水淬 +700℃×15min 水淬	27	有	无
5	1100℃×30min 水淬 +600℃×15min 水淬	282	有	有

对于超纯铁素体不锈钢，从表 9-40 的研究结果可以看出，超纯的 Cr26 铁素体不锈钢[$w(C+N)$ = 0.018%]，由 1100℃ 水淬处理后，与普通铁素体不锈钢相比，腐蚀率很低，晶界上无富铬的碳化物与氮化物析出，不产生晶间腐蚀。由 1100℃ 空冷时，晶界上有碳、氮化物析出，晶间腐蚀严重。在 900℃ 短时保温，析出物集聚长大并变得不连续，但没有晶间腐蚀发生。在 600℃ 短时保温，晶界上有析出物，有晶间腐蚀的倾向。在 600℃ 长时间保温，晶界上有析出物，但没有晶间腐蚀。由此说明，晶界上碳、氮化物的析出与晶间腐蚀的发生并不存在严格的对应关系。根据晶间腐蚀的贫铬理论，晶间腐蚀能否产生，关键是晶界是否贫铬。在高铬铁素体不锈钢中，碳、氮的溶解度都很低，随着温度的升高，溶解度也增大。当加热温度达到 950℃ 以上时，碳、氮化物开始溶解，而且温度越高溶解得越多，1100~1200℃ 正是碳、氮化物大量溶解的温度，在冷却过程中，在 900~500℃ 的温度范围，过饱和的碳和氮将以化合物的形式重新析出，碳、氮化物的析出是否会引起晶界贫铬与碳、氮的过饱和度、冷却速度及其他稳定化元素，如 Mo、Ti、Nb 等元素有关。降低铁素体不锈钢中的碳、氮含量是消除晶间腐蚀的根本措施。目前已研制出 $w(C+N)$≤0.010% 的超高纯铁素体不锈钢，由于 C+N 含量很低，在较高温度时也没有足够能引起晶界贫铬的富铬碳、氮化物析出，因此该类合金在水淬、空冷或在敏化温度区保温都难以引起晶间敏化。

对上述 Cr26 铁素体不锈钢，水淬冷却可有效地抑制碳、氮化物的析出，具有良好的耐蚀性。当慢冷或在敏化区内短时保温时，由于碳、氮为过饱和状态，富铬的碳、氮化物在晶界析出，产生晶间敏化。当在敏化温度区长时间保温，使铬有充分的时间扩散到贫铬区，这时尽管晶界有析出物，仍可消除晶间敏化。值得注意的是，靠长时间保温消除敏化是不可取的工艺措施，因为晶界的大量析出往往造成晶界的脆化。

9.5.3　焊接工艺与焊接材料选择

1. 普通铁素体不锈钢的焊接工艺与焊接材料选择

对于普通铁素体不锈钢，可采用焊条电弧焊、气体保护焊、埋弧焊、等离子弧焊等熔焊工艺方法。该类钢在焊接热循环的作用下，热影响区的晶粒长大严重，碳、氮化物在晶界聚集，焊接接头的塑韧性很低，在拘束度较大时，容易产生焊接裂纹，接头的耐蚀性也严重恶化。为了防止焊接裂纹，改善接头的塑韧性和耐蚀性，在采用同材质熔焊工艺时，可采取下列工艺措施：

1）采取预热措施，在 100~150℃ 左右预热，使母材在富有塑韧性的状态焊接，含铬量越高，预热温度也应有所提高。

2）采用较小的热输入，焊接过程中不摆动，不连续施焊。多层多道焊时控制层间温度在 150℃ 以上，但也不可过高，以减少高温脆化和 475℃ 脆化。

3）焊后进行 750~800℃ 的退火热处理，由于在退火过程中铬重新均匀化，碳、氮化物球化，晶间敏化消除，焊接接头的塑韧性也有一定的改善。退火后应快速冷却，以防止 σ 相产生和 475℃ 脆化。

关于同材质焊接材料，除 Cr16~Cr18 型铁素体不锈钢有标准化的 E430—16，E430—15 焊条与 H10Cr17 实心焊丝外，其他类型的同材质焊接材料还缺乏相应的标准，一些与母材成分相当或相同的自行研制焊条或 TIG 焊丝经常用于同材质的焊接，表 9-41 为列出了两种同材质焊条电弧焊焊接接头的主要化学成分与常规力学性能。

当采用奥氏体型焊接材料焊接时，可以不焊前预热及焊后热处理，有利于提高焊接接头的塑韧性，但对于不含稳定化元素的铁素体不锈钢来讲，热影响区的敏化难以消除。对于 Cr25~Cr30 型的铁素体不锈钢，目前常用的奥氏体不锈钢焊接材料有 Cr25-Ni13 型、Cr25Ni20 型超低碳焊条及气体保护焊丝。对于

表 9-41　同材质焊接接头的化学成分与力学性能

| 钢种 | 焊 缝 化 学 成 分 （质量分数, %） | | | | | | 力 学 性 能 | | | | |
	C	Mn	Si	Cr	Ni	Ti	热处理状态	屈服强度/MPa	抗拉强度/MPa	断后伸长率(%)	KU/J
Cr17	0.08	0.4/0.8	0.3/0.5	15/17	0.25	—	焊后	627	706	脆性	48
							650℃退火	451	637	断裂	64
Cr30	0.07	0.25	0.5	30	0.25	0.25	焊后		554	18	
							800℃退火		564		

Cr16～Cr18 型铁素体不锈钢，常用的奥氏体不锈钢焊接材料有 Cr19-Ni10 型、Cr18-Ni12Mo 型超低碳焊条及气体保护焊丝。另外，采用铬含量基本与母材相当的奥氏体＋铁素体双相钢焊接材料也可以焊接铁素体不锈钢，如采用 Cr25-Ni5-Mo3 型和 Cr25-Ni9-Mo4 型超低碳双相钢焊接材料焊接 Cr25～Cr30 型铁素体不锈钢时，焊接接头不仅具有较高的强度及塑韧性，焊缝金属还具有较高的耐腐蚀性能。有关焊接工艺可参照双相不锈钢的焊接工艺。

2. 超纯高铬铁素体不锈钢的焊接工艺与焊接材料选择

对于碳、氮、氧等间隙元素含量极低的超纯高铬铁素体不锈钢，高温引起的脆化并不显著，焊接接头具有很好的塑韧性，焊前不需预热和焊后热处理。在同种钢焊接时，目前仍没有标准化的超纯高铬铁素体不锈钢的焊接材料，一般采用与母材同成分的焊丝作为填充材料，由于超纯高铬铁素体不锈钢中的间隙元素含量已经极低，因此关键是在焊接过程中防止焊接接头区的污染，这是保证焊接接头的塑韧性和耐蚀性的关键。

在焊接工艺方面应采取以下措施：

1) 增加熔池保护，如采用双层气体保护，增大喷嘴直径，适当增加氩气流量，填充焊丝时，要防止焊丝高温端离开保护区。

2) 附加拖罩，增加尾气保护，这对于多道多层焊尤为重要。

3) 焊缝背面通氩气保护，最好采用通氩的水冷铜垫板，以减少过热增加冷却速度。

4) 尽量减少焊接热输入，多层多道焊时控制层间温度低于 100℃。

5) 采用其他快冷措施。

表 9-42 列出了焊接工艺措施对焊缝金属中间隙元素 C、N、O 含量的影响，以及采用上述工艺措施所取得的良好结果。

在缺乏超纯铁素体不锈钢的同材质焊接材料时，如果耐蚀性不受到影响，也可采用纯度较高的奥氏体型焊接材料或铁素体＋奥氏体双相焊接材料。

9.5.4　产品焊接实例

敞 80B 型煤炭铁路运输货车的焊接制造。

材质：车厢的侧墙、端墙、底板为高纯铁素体不锈钢，板厚为 4～6mm。化学成分和力学性能列表 9-43。车厢的底梁、枕梁为 09CuP 耐候钢。

表 9-42　000Cr30Mo2 焊缝金属中 C、N、O 的含量
及母材与焊接接头的力学性能

类别	$w(C)(\%)$	$w(N)(\%)$	$w(O)(\%)$
母材	0.003	0.007	0.0025
普通 TIG 焊缝	0.0023	0.015	0.0033
双层保护 TIG 焊缝	0.0026	0.011	0.0027

000Cr30Mo2 母材与焊接接头的力学性能				
材料	屈服强度/MPa	抗拉强度/MPa	断后伸长率(%)	断面收缩率(%)	冲击吸收能量 KU/J
母材	498	609	34	74	165
横向接头	511	607	34	70	热影响区:161；焊缝:164(焊态)、166(热处理后)

表 9-43　钢板的化学成分和力学性能

化学成分（质量分数,%）									
C	Si	Mn	S	P	Cr	Ni	Nb	Ti	N
0.008	0.28	1.09	0.004	0.024	11.83	0.75	0.096	0.04	0.014

力学性能					
屈服强度 /MPa	抗拉强度 /MPa	断后伸长率 （%）	冲击吸收能量（半试样）KV/J（室温）	冷弯 $d = 2a$	HBS
345	475	33.0	53，43，40	180°合格	154

焊接材料：铁素体不锈钢同种钢接头采用 E308L-G 气体保护焊实心焊丝，焊丝直径 1.2mm。TCS 铁素体不锈钢与 09CuP 耐候钢异种钢接头采用 E309L-G 气体保护焊实心焊丝，焊丝直径 ϕ1.2mm 或 ϕ1.0mm。焊丝的化学成分见表 9-44。

表 9-44　焊丝牌号及化学成分

牌号	化学成分（质量分数,%）						
	C	Si	Mn	S	P	Cr	Ni
E308L—G	≤0.03	0.60 ~ 0.90	1.0 ~ 2.5	≤0.015	≤0.025	19.5 ~ 22.0	9.0 ~ 11.0
E309L—G	≤0.03	0.50 ~ 0.85	1.0 ~ 2.5	≤0.015	≤0.025	22.5 ~ 24.5	12.0 ~ 14.0

焊接工艺：车体的焊接接头形式主要是角焊缝，部分对接焊缝，全部为单道焊。主要采用熔化极混合气体保护焊。焊接电流：150 ~ 230A，焊接电压：22 ~ 25V，焊接速度：半自动气体保护焊 300 ~ 400 mm/min；自动气体保护焊 450 ~ 650 mm/min。保护气体：Ar + 3% CO_2，气体流量 16 ~ 20 L/min。在保证良好焊缝成形的前提下，尽可能提高焊接速度，以严格控制焊接热输入。

产品检验结果：焊缝成形良好，无超标焊接缺欠。

9.6　铁素体-奥氏体双相不锈钢的焊接

9.6.1　铁素体-奥氏体双相不锈钢的特点与应用

铁素体-奥氏体双相不锈钢是指铁素体与奥氏体各占约 50% 的不锈钢。它的主要特点是屈服强度可达 400 ~ 550MPa，是普通不锈钢的两倍，因此可以节约用材，降低设备制造成本。在耐腐蚀性能方面，特别是在介质环境比较恶劣（如 Cl^- 含量较高）的条件下，双相不锈钢的耐点蚀、缝隙腐蚀、应力腐蚀及腐蚀疲劳性能明显优于通常的 Cr-Ni 及 Cr-Ni-Mo 奥氏体型不锈钢（如 06Cr19Ni10、00Cr18Ni9、304、304L、0Cr18Ni12-Mo2、00Cr18Ni12Mo、316、316L 等），可与高合金奥氏体不锈钢相媲美。与此同时，双相不锈钢具有良好的焊接性，与铁素体不锈钢及奥氏体不锈钢相比，它既不像铁素体不锈钢的焊接热影响区，由于晶粒严重粗化而使塑韧性大幅度降低；也不像奥氏体不锈钢那样，对焊接热裂纹比较敏感。因此铁素体-奥氏体双相不锈钢在石油化工设备、海水与废水处理设备、输油输气管线、造纸机械等工业领域获得越来越广泛的应用。

9.6.2　双相不锈钢的化学成分、力学性能及组织特点

1. 化学成分与力学性能

目前，国际上普遍采用的铁素体-奥氏体双相不锈钢可分为 Cr18 型、Cr23（不含 Mo）型、Cr22 型、Cr25 型四类。对于 Cr25 型双相钢，也有普通双相不锈钢和超级双相不锈钢的之分，当点蚀指数 PREN [PREN = $w(Cr)$ + 3.3$w(Mo)$ + 16$w(N)$] >40 时，称为超级双相不锈钢。我国列入国家标准的铁素体-奥氏体双相不锈钢主要有 Cr18 和 Cr25 两大类型。另外一些与国外典型材料相类似的钢种也有生产和应用。表 9-45 列出了国内外常用双相不锈钢的化学成分。表 9-46 列出了室温下的力学性能。由于点蚀往往是各种腐蚀之源，双相不锈钢的耐点蚀性能是重要的耐腐蚀性能，因此表 9-45 也列出了各种类型双相钢的点蚀指数。

2. 组织特点

由图 9-10 所示的 Fe-Cr-Ni 三元相图可以看出，双相不锈钢以单相 δ 铁素体凝固结晶，当继续冷却时，发生 δ→γ 相变，随着温度的降低，δ→γ 相变不断进行。在平衡条件下或者非快速冷却的情况下，部

表 9-45　国内外常用铁素体-奥氏体双相不锈钢的化学成分

类型	牌号	国家	化学成分（质量分数,%）								标准
			C	Si	Mn	Cr	Ni	Mo	N	其他	
Cr18 型	022Cr19Ni5Mo3Si2N（热轧钢板）	中国	0.030	1.30~2.0	1.0~2.0	18.0~19.50	4.50~5.50	2.50~3.00	0.10	—	GB/T 20878—2007
Cr18 型	3RE60	瑞典	0.030	1.6	1.5	18.5	4.9	2.7	0.07	—	例 值
Cr18 型	S32304	美国	0.030	—	—	21.5~24.5	3.0~5.0	0.05~0.6	0.05~0.20	—	ASTM A790—2005b
Cr23（无 Mo）型	SAF2304	瑞典	0.030	0.5	1.2	23	4.5	—	0.10	—	例 值
Cr23（无 Mo）型	UR 35N	法国	0.030	—	—	23	4	—	0.10	—	例 值
Cr22 型	SAF2205	瑞典	0.030	1.0	2.0	22	5	3.2	0.18	—	例 值
Cr22 型	UR 45N	法国	0.030	—	—	22	5.3	3	0.16	—	例 值
Cr22 型	AF22	德国	0.030	—	—	22	5.5	3	0.14	—	例 值
Cr22 型	S31803	美国	0.030	—	—	21.0~23.0	4.5~6.5	2.5~3.5	0.08~0.20	—	ASTM A790—2005b
Cr25 普通双相不锈钢	0Cr26Ni5Mo2④（热轧钢板）	中国	0.08	1.00	1.5	23.0~28.0	3.0~6.0	1.0~3.0	—	—	GB/T 20878—2007
Cr25 普通双相不锈钢	0Cr26Ni5Mo2④（无缝钢管）	中国	0.08	1.00	1.5	23.0~28.0	3.0~6.0	1.0~3.0	—	—	GB/T 20878—2007
Cr25 普通双相不锈钢	00Cr25Ni5Mo3N④	中国	0.03	1.00	1.0	24.0~26.0	5.0~8.0	2.5~3.0	0.10~0.20	—	企业内部标准
Cr25 普通双相不锈钢	SUS329J1	日本	0.08	1.00	1.5	23.0~28.0	3.0~6.0	1.0~3.0	0.08~0.30	—	JIS G4304—2005
Cr25 普通双相不锈钢	DP3①	日本	0.03	0.75	1.10	24.0~26.0	5.5~7.5	2.5~3.5	0.10~0.20	Cu=0.2~0.8	JIS G4304—2005
Cr25 普通双相不锈钢	S31260①	美国	0.03	—	—	24.0~26.0	5.5~7.5	2.5~3.5	0.10~0.30	Cu=0.2~0.8	ASTM A790—2005b
Cr25 普通双相不锈钢	UR 47N	法国	0.030	0.50	0.80	25.0	6.5	3.0	0.20	—	例 值
C25 超级双相不锈钢	S32750	美国	0.030	—	—	24.0~26.0	6.0~8.0	3.0~5.0	0.24~0.32	Cu=0.5~1.0	ASTM A790—2005b
C25 超级双相不锈钢	S32760②	美国	0.030	—	—	24.0~26.0	6.0~8.0	3.0~4.0	0.25~0.30	Cu=0.5~1.0	ASTM A790—2005b
C25 超级双相不锈钢	SAF2507	瑞典	0.030	0.8	1.2	25	7	4	0.3	—	例 值
C25 超级双相不锈钢	UR 52N⁺	法国	0.030	—	—	25	6.5	3.5	0.25	Cu≥1.5	例 值
C25 超级双相不锈钢	ZERON 100③	比利时	0.030	0.5	1.0	25	7	3.7	0.25	Cu=0.7	例 值

① 还含有 w(W)=0.1%~0.5%。
② 还含有 w(W)=0.5%~1.0%。
③ 还含有 w(W)=0.7%。
④ 为旧牌号，现行标准中没有对应牌号。

表 9-46　国内外常用铁素体-奥氏体双相不锈钢的力学性能

类型	牌号	国家	屈服强度 /MPa	抗拉强度 /MPa	伸长率 (%)	冲击吸收能量 /J	硬度	点蚀指数 PREN	其 他
Cr18 型	022Cr19Ni5Mo3Si2N (热轧钢板)	中国	390	590	18	—	HBW≤277	25~30	GB/T 4237—2007
Cr23 (无 Mo) 型	3RE60	瑞典	450	700	30	100	HV≤260		例值
	S32304	美国	400	600	25	—	HRC≤30.5		ASTM A790—2005b, A789—2005b
	SAF2304	瑞典	400	600~820	25	100	HV≤230	~25	例值
	UR 35N	法国	400	600	25	100	HV≤290		例值
Cr22 型	SAF2205	瑞典	450	680~880	25	100	HV≤260		例值
	S31803	美国	450	620	25	—	HRC≤32	~35	ASTM A790—2005b, A789—2005b
	UR 45N	法国	460	680	25	100	HBW≤240		例值
Cr25 普通 双相不锈钢	0Cr26Ni5Mo2[①] (热轧钢板)	中国	390	590	20	—	HRC≤30		GB/T 4237—2007
	0Cr26Ni5Mo2[①] (无缝钢管)	中国	390	590	18	—		36~39	GB 13296—2007
	S31260	美国	440	630	30	—	HRC≤30.5		ASTM A790—2005b, A789—2005b
	UR 47N	法国	500	700	25	150			例值
Cr25 超级 双相不锈钢	SAF2507	瑞典	550	800~1000	25		HV≤290	40~42	例值
	UN 52N+	法国	550	770	25	100	HV≤280		例值
	ZERON 100	比利时	550	800	25	100	HV≤290		例值

① 为旧牌号，现行标准中没有对应牌号。

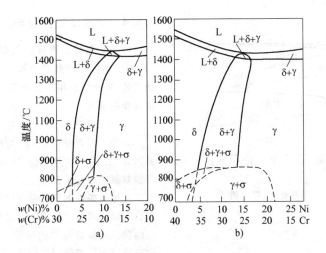

图 9-10　Fe-Cr-Ni 三元相图[10]

a) $w(Fe) = 70\%$　　b) $w(Fe) = 60\%$

分 δ 铁素体将保留到室温，因此室温下的组织为 δ + γ 双相组织，其铁素体含量可通过计算 Cr_{eq}、Ni_{eq} 在 WRC 图（图 9-3）中查得。

9.6.3　双相不锈钢的焊接特点

焊接过程是一个快速加热与快速冷却的热循环过程。在加热过程中，当热影响区的温度超过双相不锈钢的固溶处理温度，在 1150 ~ 1400℃ 的高温状态下，晶粒将会发生长大，而且发生 γ→δ 相变，γ 相明显减少，δ 相增多。一些钢的高温近缝区会出现晶粒较粗大的 δ 铁素体组织。如果焊后的冷却速度较快，将抑制 δ→γ 的二次相变，使热影响区的相比例失调，当 δ 铁素体大于 70% 时，二次转变的 γ 奥氏体也变为针状和羽毛状，具有魏氏组织特征，导致力学性能及耐腐蚀性能的恶化。当焊后冷却速度较慢时，则 δ→γ 的二次相变比较充分，室温下为相比例较为合适的双相组织。因此为了防止热影响区的快速冷却，使 δ→γ 二次相变较为充分，保证较合理的相比例，足够的焊接热输入是必要的。随着母材厚度的增加，焊接热输入应当提高。

对于双相钢焊缝金属，仍以单相 δ 铁素体凝固结晶，并随温度的降低发生 δ→γ 组织转变。但由于其熔化-凝固-冷却相变是一个速度较快的不平衡过程，因此焊缝金属冷却过程中的 δ→γ 组织转变必然是不平衡的。当焊缝金属的化学成分与母材成分相同或者母材自熔时，焊缝金属中的 δ 相将偏高，而 γ 相偏低。为了保证焊缝金属中有足够的 γ 相，应提高焊缝金属化学成分的 Ni 当量，通常的方法是提高奥氏体化元素（Ni、N）的含量，因此就出现了焊缝金属超合金化的特点。

另外，从双相不锈钢的等温转变图（图 9-11）及连续转变图（图 9-12）可以看出，在 600 ~ 1000℃ 温度范围较长时间加热时，有 σ 相、χ 相转变，碳、氮化物（$Cr_{23}C_6$、Cr_2N、CrN）及其他各种金属间化合物析出，而且当 Cr、Mo 含量较高或双相不锈钢中含有 Cu、W 时，上述转变与析出更加敏感。这些脆性相的形成与碳、氮化物的析出使焊接热影响区和焊缝金属的塑韧性及耐腐蚀性能大幅度降低。为了防止碳化物的析出，双相不锈钢及焊缝金属的含碳量通常控制在超低碳 [$w(C) < 0.030\%$] 的水平。研究表明，当双相不锈钢的相比例失调时，如热影响区出现较多的铁素体，由于 N 在铁素体中的溶解度很低（< 0.05%），过饱和的 N 则很容易与 Cr 及其他金属元素形成 Cr_2N、CrN 及 σ 相，进而使这些局部区域的耐腐蚀性能与塑韧性大幅度降低。由于 N 在奥氏体中的溶解度很高（0.2% ~ 0.5%），当奥氏体相适当时，可以溶解较多 N，进而减少了各种氮化物的形成与析出。由此可见，保持相比例的平衡对防止热影响区的腐蚀与脆化是非常重要的。理论与实践表明，尽管各种氮化物可以引起腐蚀与脆化，但作为强力的奥氏体化元素，N 与 Ni 一样是保证奥氏体相比例的重要成分。

对于双相不锈钢，由于铁素体含量约达 50%，因此存在高 Cr 铁素体钢所固有的脆化倾向。由图 9-11 可以看出，在 300 ~ 500℃ 范围内存在时间较长时，将发生 "475℃ 脆性" 及由于 α→α′相变所引起的脆化。因此双相钢的使用温度通常低于 250℃。

双相不锈钢具有良好的焊接性，尽管其凝固结晶

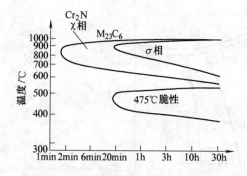

图 9-11　双相不锈钢等温转变（TTT）图[10]

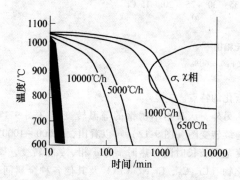

图 9-12　双相不锈钢连续转变（CCT）图[10]

为单相铁素体，但在一般的拘束条件下，焊缝金属的热裂纹敏感性很小，当双相组织的比例适当时，其冷裂纹敏感性也较低。但应注意，双相不锈钢中毕竟具有较高的铁素体，当拘束度较大及焊缝金属含氢量较高时，还存在焊接氢致裂纹的危险。因此，在焊接材料选择与焊接过程中应控制氢的来源。

9.6.4　焊接工艺方法与焊接材料

焊条电弧焊、钨极氩弧焊、熔化极气体保护焊（采用实心焊丝或药芯焊丝）、甚至埋弧焊都可用于铁素体-奥氏体双相不锈钢的焊接，相应的焊接材料也逐步标准化。

1. 焊接工艺方法

焊条电弧焊是最常用的焊接工艺方法，其特点是灵活方便，并可实现全位置焊接，因此焊条电弧焊是焊接修复的常用工艺方法。

钨极氩弧焊的特点是焊接质量优良，自动焊的效率也较高，因此广泛用于管道的封底焊缝及薄壁管道的焊接。钨极氩弧焊的保护气体通常采用纯 Ar，当进行管道封底焊接时，应采用纯 $Ar + 2\% N_2$ 或纯 $Ar + 5\% N_2$ 的保护气体，同时还应采用纯 Ar 或高纯 N_2 进行焊缝背面保护，以防止根部焊道的铁素体化。

熔化极气体保护焊的特点是较高的熔敷效率，既可采用较灵活的半自动熔化极气体保护焊，也可实现自动熔化极气体保护焊。当采用药芯焊丝时，还易于进行全位置焊接。对于熔化极气体保护焊的保护气体，当采用实心焊丝时，可采用 $Ar + 1\% O_2$、$Ar + 30\% He + 1\% O_2$、$Ar + 2\% CO_2$、$Ar + 15\% He + 2\% CO_2$；当采用药芯焊丝时，可采用 $Ar + 1\% O_2$、$Ar + 2\% CO_2$、$Ar + 20\% CO_2$、甚至采用 $100\% CO_2$。

埋弧焊是高效率的焊接工艺方法，适合于中厚板的焊接，采用的焊剂通常为碱性焊剂。

2. 焊接工艺方法选择及坡口形式与尺寸

根据管、板厚度，表9-47 给出了相应的焊接工艺方法选择及坡口尺寸。

表 9-47　焊接工艺方法选择及坡口形式与尺寸

管子	平板	板厚(t) 坡口形式与尺寸	焊接顺序	焊条电弧焊	钨极氩弧焊	气体保护焊（实心）	气体保护焊（药芯）	埋弧焊
√	√	$t=2\sim5mm$	单面焊 1层		√			
			2~3层	√	√	√		
			双面层 1层	√	√	√		
			2~3层	√	√	√	√	

（续）

管子	平板	板厚(t)坡口形式与尺寸	焊接顺序	焊条电弧焊	钨极氩弧焊	气体保护焊 (实心)	气体保护焊 (药芯)	埋弧焊
√	√	$t=3\sim10$mm $a=1\sim1.5$mm $70°\sim80°$ $2\sim3$	单面焊 1 层	√	√			
			2 层	√	√	√	√	
			3 层~盖面	√	√	√	√	√
	√	$t=3\sim10$mm $a=2\sim3$mm $70°\sim80°$ $2\sim3$	双面焊 1 层	√	√	√		
			2 层~盖面	√	√	√	√	
			背面	√	√	√	√	
√		$t>10$mm $a=1.5$mm $20°$ $R4$	单面焊 1 层		√			
			2 层		√	√	√	
			3 层~盖面	√	√	√	√	√
	√	$t>10$mm $a=10$mm $60°\sim70°$ $2\sim3$	双面焊 1~2 层	√	√	√		
			2 层~盖面，正面	√	√	√	√	
			x 层~盖面，背面	√	√	√	√	√

3. 焊接材料选择

对于焊条电弧焊，根据耐腐蚀性、接头韧性的要求及焊接位置，可选用酸性或碱性焊条。采用酸性焊条时，脱渣优良，焊缝光滑，接头成形美观，但焊缝金属的冲击韧度较低，与此同时，为了防止焊接气孔及焊接氢致裂纹需严格控制焊条中的氢含量。当要求焊缝金属具有较高的冲击韧度，并需进行全位置焊接时应采用碱性焊条。另外，在根部封底焊时，通常采用碱性焊条。当对焊缝金属的耐腐蚀性能具有特殊要求时，还应采用超级双相钢成分的碱性焊条。

对于实心气体保护焊焊丝，在保证焊缝金属具有良好耐腐蚀性与力学性能的同时，还应注意其焊接工艺性能。对于药芯焊丝，当要求焊缝光滑，接头成形美观时，可采用金红石型或钛-钙型药芯焊丝；当要求较高的冲击韧度或在较大的拘束条件下焊接时，宜采用碱度较高的药芯焊丝。

对于埋弧焊丝，宜采用直径较小的焊丝，实现中小焊接参数下的多层多道焊，以防止焊接热影响区及焊缝金属的脆化。与此同时，应采用配套的碱性焊剂，以防止焊接氢致裂纹。表 9-48 列出了各类型双相钢的配套焊接材料。表 9-49 为典型焊接材料的化学成分。

表 9-48　双相不锈钢焊接材料

母材(板、管)类型	焊接材料	焊接工艺方法
Cr18 型	Cr22-Ni9-Mo3 型超低碳焊条 Cr22-Ni9-Mo3 型超低碳焊丝(包括药芯气体保护焊丝) 可选用的其他焊接材料:含 Mo 的奥氏体型不锈钢焊接材料,如 A022Si(E316L-16)、A042(E309MoL-16)	焊条电弧焊 钨极氩弧焊 熔化极气体保护焊 埋弧焊(与合适的 碱性焊剂相匹配)
Cr23 无 Mo 型	Cr22-Ni9-Mo3 型超低碳焊条 Cr22-Ni9-Mo3 型超低碳焊丝(包括药芯气保焊焊丝) 可选用的其他焊接材料:奥氏体型不锈钢焊接材料,如 A062 (E309L-16)焊条	焊条电弧焊 钨极氩弧焊 熔化极气体保护焊 埋弧焊(与合适的碱 性焊剂相匹配)
Cr22 型	Cr22-Ni9-Mo3 型超低碳焊条 Cr22-Ni9-Mo3 型超低碳焊丝(包括药芯气保焊焊丝) 可选用的其他焊接材料:含 Mo 的奥氏体型不锈钢焊接材料,如 A042(E309MoL-16)	焊条电弧焊 钨极氩弧焊 熔化极气体保护焊 埋弧焊(与合适的 碱性焊剂相匹配)
Cr25 型	Cr25-Ni5-Mo3 型焊条 Cr25-Ni5-Mo3 型焊丝 Cr25-Ni9-Mo4 型超低碳焊条 Cr25-Ni9-Mo4 型超低碳焊丝 可选用的其他焊接材料:不含 Nb 的高 Mo 镍基焊接材料,如无 Nb 的 NiCrMo-3 型焊接材料	焊条电弧焊 钨极氩弧焊 熔化极气体保护焊 埋弧焊(与合适的 碱性焊剂相匹配)

表 9-49　典型焊接材料熔敷金属的化学成分

焊材类型	牌号	标准	化学成分(质量分数,%)							
			C	Si	Mn	Cr	Ni	Mo	N	Cu
Cr22-Ni9-Mo3 型超低碳焊条与 焊丝	E2209 焊条	GB/T 983—2012	0.04	1.00	0.5 ~ 2.0	21.5 ~ 23.5	8.5 ~ 10.5	2.5 ~ 3.5	0.08 ~ 0.20	0.75
	E2293L 焊条	EN (欧洲标准)	0.04	1.2	2.5	21.0 ~ 24.0	8.0 ~ 10.5	2.5 ~ 4.0	0.08 ~ 0.2	0.75
		产品例值	0.03	0.8	0.8	22	9	3.0	0.13	—
	ER2209 焊丝	ANSI/AWS A5.9:2006	0.03	0.90	0.5 ~ 2.0	21.5 ~ 23.5	7.5 ~ 9.5	2.5 ~ 3.5	0.08 ~ 0.20	0.75
		产品例值	0.02	0.5	1.6	23	9	3.2	0.16	—
Cr25-Ni9-Mo4 型 与 Cr25-Ni5- Mo3 型焊条与 焊丝	E2553 焊条	GB/T 983—2012	0.06	1.0	0.5 ~ 1.5	24.0 ~ 27.0	6.5 ~ 8.5	2.9 ~ 3.9	0.10 ~ 0.25	1.5 ~ 2.5
		产品例值	0.03	0.6	1.2	25.5	7.5	3.5	0.17	2.0
	E2572 焊条	EN (欧洲标准)	0.08	1.2	2.0	24.0 ~ 28.0	6.0 ~ 7.0	1.0 ~ 3.0	0.2	0.75
	E2593 CuL 焊条	EN (欧洲标准)	0.04	1.2	2.5	24.0 ~ 27.0	7.5 ~ 10.5	2.5 ~ 4.0	0.10 ~ 0.25	1.5 ~ 3.5
	E2594L 焊条	EN (欧洲标准)	0.04	1.2	2.5	24.0 ~ 27.0	8.0 ~ 10.5	2.5 ~ 4.0	0.20 ~ 0.30	1.5 W = 1.0
	ER2553 焊丝	ANSI/AWS A5.9:2006	0.04	1.0	1.5	24.0 ~ 27.0	4.5 ~ 6.5	2.9 ~ 3.9	0.10 ~ 0.25	1.5 ~ 2.5

注:表中的单值为最大值。

9.6.5　各类型双相不锈钢的焊接工艺要点

1. Cr18 型双相不锈钢的焊接工艺要点

Cr18 型双相不锈钢是超低碳的双相不锈钢，具有良好的焊接性，其焊接冷裂纹及焊接热裂纹敏感性都比较小，焊接接头的脆化倾向也较铁素体不锈钢低，因此焊前不需要预热，焊后不经热处理。当母材的相比例在约 50% 时，只要合理选择焊接材料，控制焊接热输入（通常不大于 15kJ/cm）和层间温度（通常不高于 150℃），就能防止焊接热影响区出现晶粒粗大的单相铁素体组织及焊缝金属的脆化，保证焊接接头的力学性能、耐晶间腐蚀及耐应力腐蚀性能。对于 Cr18 型双相不锈钢，尽管经长期加热时有 σ 相、碳氮化合物及 475℃脆化倾向，但由于 Cr 含量较低，这种脆化倾向较其他高合金双相不锈钢的脆化倾向小。

Cr18 型双相不锈钢的焊接工艺方法选择列于表 9-47，焊接材料选择见表 9-48。在拘束度较大时，应严格控制氢含量，以防止氢致裂纹。对于薄板、薄壁管及管道的封底焊接，宜采用钨极氩弧焊，并应控制焊接热输入；对于中厚板及管道封底焊以后的焊接，可选用焊条电弧焊、气体保护焊（在需全位置焊接时，最好采用药芯焊丝）以及埋弧焊。对于焊接材料的选择，优先采用组织、力学性能及耐腐蚀性能与母材良好匹配的 Cr22—Ni9—Mo3 型超低碳双相不锈钢焊接材料。表 9-49 列了某些焊接材料的化学成分，可作为焊接材料选择时的参考。另外可选用含 Mo 的奥氏体型不锈钢焊接材料，其不足之处是焊缝的屈服强度偏低。

2. Cr23 无 Mo 型双相不锈钢的焊接工艺要点

Cr23 无 Mo 型双相不锈钢具有良好的焊接性，其焊接冷裂纹及热裂纹敏感性很小，焊接接头的脆化倾向也小，因此焊前不需要预热，焊后不经热处理。焊接工艺方法选择列于表 9-47，焊接材料选择列于表 9-48。为获得合理相比例及防止各种脆化相的析出，焊接热输入应控制在 10 ~ 25kJ/cm 范围，层间温度低于 150℃。优先采用的焊接材料与 Cr18 型双相不锈钢的相同，另外可选用 Cr 含量较高，但不含 Mo 的奥氏体型（如 309L 型）不锈钢焊接材料，其不足之处是焊缝的屈服强度偏低。

3. Cr22 型双相不锈钢的焊接要点

与 Cr18 型双相不锈钢相比，Cr22 型双相不锈钢的 Cr 含量较高，Si 含量较低，而且 N 含量明显提高，因此它的耐均匀腐蚀性能、耐点蚀能力及耐应力腐蚀性能均优于 Cr18 型双相不锈钢，也优于 316L 类型的奥氏体不锈钢。Cr22 型双相不锈钢具有良好的焊接性，焊接冷裂纹及热裂纹的敏感性都较小。通常焊前不预热，焊后不热处理，而且由于较高的 N 含量，热影响区的单相铁素体化倾向较小，当焊接材料选择合理，焊接热输入控制在 10 ~ 25kJ/cm，层间温度控制在 150℃ 以下时，焊接接头具有良好的综合性能。该类钢的焊接材料与工艺分别列入表 9-48 与表 9-47，优先采用的焊接材料与 Cr18 型双相不锈钢的相同，另外可选用 Cr 含量较高，而且含 Mo 的奥氏体型（如 309MoL 型）不锈钢焊接材料，其不足之处是焊缝的屈服强度偏低。与 Cr18 型双相不锈钢一样，对焊接材料及焊接过程中的氢来源应严格控制。

4. Cr25 型双相不锈钢的焊接要点

对于 Cr25 型双相不锈钢，当其耐点蚀指数大于 40 时，称为超级双相不锈钢。现代 Cr25 型双相不锈钢的成分特点是在 Cr25Ni5Mo 合金系统的基础上，进一步提高 Mo、N 含量，以提高该类型钢的耐腐蚀能力与组织稳定性，有些还加入一定量的 Cu 和 W，进一步提高其耐腐蚀能力。当 Mo、N 含量控制在成分范围的上限，而且加入一定量的 Cu 和 W 时，其耐点蚀指数通常大于 40，成为超级双相钢。

Cr25 型双相不锈钢同其他双相不锈钢一样具有良好的焊接性，通常焊前不预热，焊后不需热处理。但由于其合金含量较高，而且还添加有 Cu 和 W 元素，在 600 ~ 1000℃ 范围内加热时，焊接热影响区及多层多道的焊缝金属易析出 σ 相、χ 相、碳化物、氮化物（Cr23C6、Cr2N、CrN）及其他各种金属间化合物，造成接头耐腐蚀性能及塑性的大幅度降低。因此焊接此类钢时要严格控制焊接热输入，另外当冷却速度过快时，将抑制 δ→γ 转变，造成单相铁素体化，因此焊接热输入还不能过小，一般控制在 10 ~ 15 kJ/cm 范围内，层间温度不高于 150℃，基本原则是中薄板采用中小热输入，中厚板采用较大热输入。该类钢的焊接材料与工艺分别列入表 9-47 与表 9-48，优先采用的焊接材料为 Cr25-Ni9-Mo4 型超低碳双相不锈钢焊接材料，当对焊接接头有更高耐腐蚀性能要求时，可选用不含 Nb 的高 Mo 型镍基焊接材料。另外与其他类型的双相钢一样，对焊接材料及焊接过程中的氢来源应严格控制。

9.6.6　产品焊接实例

2205 双相不锈钢管道的焊接[11]

管道尺寸：φ168mm × 13mm

坡口形式与尺寸：60° 单 V 形坡口，钝边 2mm、根部间隙 2mm。

焊接工艺与焊接材料如下：

1）母材与焊接材料的化学成分见表 9-50。

2）采用手工 TIG 焊封底，焊丝直径 $\phi2.0mm$。

3）焊缝填充及盖面采用焊条电弧焊，焊条直径 $\phi3.2mm$。

4）焊接参数及焊接热输入见表 9-51。焊接接头的综合性能列表 9-52。

表 9-50　2205 双相不锈钢管与焊接材料的化学成分

	化学成分（质量分数,%）								
	C	Si	Mn	P	S	Cr	Ni	Mo	N
2205 钢管	0.018	0.38	1.62	0.011	0.006	22.04	5.57	3.01	0.13
TIG 焊丝	0.018	0.49	1.68	0.018	0.003	22.57	8.04	2.99	0.15
焊条	0.025	1.0	0.8	—	—	22.0	9.0	3.0	0.10

表 9-51　2205 双相不锈钢管道焊接参数

焊接参数	封底焊道	第一层道	第二层道	第三层道	盖面
焊接电流/A	190	105	105	105	105
焊接热输入/（kJ/cm）	13	8	12	12	14

表 9-52　焊接接头的综合性能

类别	接头横向抗拉强度/MPa	面弯	冲击吸收能量 KV/J	硬度 HV	晶间腐蚀	点蚀
母材	760、770	合格	—	238 ~ 257	合格	无
焊接接头	804、805	合格	0℃：53　57　63 −20℃：48　51　55	220 ~ 276（面层） 272 ~ 284（根部）	合格	无

9.7　析出硬化不锈钢的焊接

9.7.1　析出硬化不锈钢的类型与应用

析出硬化不锈钢按其组织形态可分为三种类型：析出硬化半奥氏体不锈钢、析出硬化马氏体不锈钢及析出硬化奥氏体不锈钢。析出硬化不锈钢经合理的热处理或机械处理具有超高强度，同时具有较高的塑韧性与耐蚀性。在航天、航空及核工业中获得广泛的应用，是制造高强、耐蚀零件，如各种传动轴、叶轮、泵体的主要用钢。

9.7.2　析出硬化不锈钢的焊接特点

1. 析出硬化马氏体不锈钢的焊接

（1）析出硬化马氏体不锈钢的化学成分与力学性能特点

该类钢在高温下为奥氏体组织，因为其 Ms 点较高，Mf 点也在室温以上，所以经过固溶处理后即可形成马氏体组织。与此同时，由于含有在马氏体中固溶度小的 Cu、Al、Mo、Ti、Nb 等强化元素，再经低温回火后，可达到时效强化。表 9-53 和表 9-54 分别列出了几种典型的析出硬化马氏体不锈钢的化学成分和力学性能。

（2）析出硬化马氏体不锈钢的焊接特点

该类钢具有良好的焊接性，进行同材质等强度焊接时，在拘束度不大的情况下，一般不需要焊前预热或后热，焊后热处理采用同母材相同的低温回火时效将可获得等强的焊接接头。当不要求等强度的焊接接头时，通常采用奥氏体类型的焊接材料焊接，焊前不预热、不后热，焊接接头中不会产生裂纹，在热影响区，虽然形成马氏体组织，但由于碳含量低，没有强烈的淬硬倾向，在拘束度不大的情况下，不会产生焊接冷裂纹。值得注意的是，如果母材中强化元素偏析严重，如铸件的质量较差，将恶化焊接热影响区的焊接性与塑韧性。

2. 析出硬化半奥氏体不锈钢的焊接

（1）析出硬化半奥氏体不锈钢的化学成分与力学性能特点

在固溶或退火状态下，该类钢的组织为奥氏体加 5% ~20%的铁素体，经过系列的热处理或机械变形处理后奥氏体转变为马氏体，再通过时效析出硬化达到超高强度。也就是为了硬化必须进行奥氏体化处理→马氏体转变→析出硬化时效处理过程。表 9-55 和表 9-56 分别列出了典型半奥氏体析出硬化不锈钢的化学成分例值与力学性能。

表 9-53　典型析出硬化马氏体不锈钢的化学成分

钢种	化学成分（质量分数,%）									
	C	Mn	Si	Cr	Ni	Cu	Ti	Al	Nb + Ta	Mo
17-4PH	0.07	1.00	1.00	15.5 ~ 17.5	3.0 ~ 4.0	3.0 ~ 4.0	—	—	0.15 ~ 0.45	—
15-5PH	0.07	1.00	1.00	14.0 ~ 5.5	3.5 ~ 5.5	2.5 ~ 4.5	—	—	0.15 ~ 0.45	—
13-8Mo	0.05	0.10	0.10	12.25 ~ 13.25	7.5 ~ 8.5	—	—	0.90 ~ 1.35	—	2.0 ~ 2.5
AM362	0.05	0.50	0.30	14.0 ~ 15.0	6.0 ~ 7.0	—	—	0.55 ~ 0.90	—	—
AM363	0.05	0.30	0.15	11.0 ~ 12.0	4.0 ~ 5.0	—	—	0.30 ~ 0.60	—	—
Custom455	—	—	—	12	9	2	—	1	—	—

表 9-54　典型析出硬化马氏体不锈钢的力学性能

钢种	处理工艺	形状	屈服强度 /MPa	抗拉强度 /MPa	断后伸长率 (%)	硬度 HRC
17-4PH	H-900	板材或带材	1171	1308	5	40 ~ 48
17-4PH	H-1250	板材或带材	998	1067	5	35 ~ 43
15-5PH	AH-900	板材或带材	1096	1309	10	HB：388 ~ 488
13-8Mo	SRH	棒材或锻件	1372	1548	11 ~ 18	—
AM362	AH-900	薄板	1205	1240	10	—
AM363	AH-900	薄板	812	853	11.5	—

表 9-55　半奥氏体析出硬化不锈钢的化学成分

钢种	化学成分（质量分数,%）							
	C	Mn	Si	Cr	Ni	Mo	Al	N
07Cr17Ni7Al （中国）	0.09 (0.08)	1.00 (0.50)	1.00 (0.5)	16.00 ~ 18.00 (17.0)	6.50 ~ 7.75 (7.0)		0.75 ~ 1.5 (1.1)	
17-7PH （美国）	0.09 (0.07)	1.00 (0.60)	1.00 (0.40)	16.00 ~ 18.00 (17.0)	6.50 ~ 7.75 (7.0)	—	0.75 ~ 1.5 (1.2)	—
PH15-7Mo （美国）	0.09 (0.07)	1.00 (0.60)	1.00 (0.40)	14.00 ~ 16.00 (15.0)	6.50 ~ 7.75 (7.0)	2.0 ~ 3.0 (2.2)	0.75 ~ 1.5 (1.2)	
PH14-8Mo （美国）	0.02 ~ 0.05 (0.04)	1.00 (0.02)	1.00 (0.02)	13.50 ~ 15.50 (15.1)	7.5 ~ 9.5 (8.2)	2.0 ~ 3.0 (2.2)	0.75 ~ 1.5 (1.2)	
AM-350 （美国）	0.10 (0.10)	0.80 (0.80)	0.50 (0.25)	17.0 ~ 18.0 (16.5)	3.5 ~ 4.5 (4.3)	2.5 ~ 3.0 (2.75)	—	(0.10)
AM-355 （美国）	0.10 ~ 0.15 (0.13)	0.50 ~ 1.25 (0.95)	0.50 (0.25)	15.0 ~ 16.0 (15.5)	4.0 ~ 5.0 (4.3)	2.5 ~ 3.25 (2.75)	—	0.07 ~ 0.13 (0.12)
FV520	0.07	2.00	1.00	14.0 ~ 18.0	4.0 ~ 7.0	1.0 ~ 3.0	Ti = 0.5,Cu = 1.0 ~ 3.0	

注：表中的单值为最大值，括号内为名义值。

表 9-56　半奥氏体析出硬化不锈钢的典型常温力学性能

钢种	处理工艺	形状	屈服强度 /MPa	抗拉强度 /MPa	断后伸长率 （%）	硬度 HRC
17-7PH	TH-1050	薄板或带材	1276	1379	9	43
17-7PH	RH-950	薄板或带材	1440	1548	6	47
PH15-7Mo	RH-950	薄板或带材	1551	1655	6	48
PH15-7Mo	CH-900	薄板或带材	1793	1827	2	49
PH14-8Mo	SRH-950	薄板或带材	1482	1586	6	48
AM-350	SCT-850	薄板或带材	1207	1420	12	46
AM-355	SCT-850	薄板或带材	1248	1510	13	48
FV520	ATH-1050	薄板或带材	1078	1264	10	41

注：1. TH-1050 = 相变处理 + 析出硬化处理（566℃）。

2. RH-950 = 冷处理 + 析出硬化处理（510℃）。

3. CH-950 = 冷加工 + 析出处理（482℃）。

4. SRH-950 = 固溶 + 深冷 + 时效硬化（510℃）。

5. SCT-850 = 深冷 + 回火（454℃）。

6. ATH-1050 = 固溶 + 相变处理 + 析出硬化处理（450℃）。

（2）析出硬化半奥氏体不锈钢的焊接特点

该类钢通常具有良好的焊接性，当焊缝与母材成分相同时，即要求同材质焊接时，在焊接热循环的作用下，将可能出现如下问题：

1）由于焊缝及近缝区加热温度远高于固溶温度，和铁素体相比略有所增加，铁素体含量过高将可能引起接头的脆化。

2）在焊接高温区，碳化物（特别是铬的碳化物）大量溶入奥氏体固溶体，提高了固溶体中的有效合金元素含量，进而增加了奥氏体的稳定性，降低了焊缝及近缝区的 Ms 点，使奥氏体在低温下都难以转变为马氏体，造成焊接接头的强度难以与母材相匹配。为此，必须采用适当的焊后热处理，使碳化物析出，降低合金元素的有效含量，促进奥氏体向马氏体的转变，通常的措施是焊接结构的整体复合热处理。其中包括：

焊后调整热处理：746℃加热 3h 空冷，使铬的碳化物析出，提高 Ms 点，促进马氏体转变。

低温退火：930℃加热 1h 水淬，使 $Cr_{23}C_6$ 等碳化物从固溶体中析出，可大大提高 Ms 点。

冰冷处理：在低温退火的基础上，立即进行冰冷处理（-73℃保持 3h），使奥氏体几乎全部转变为马氏体，然后升温到室温。

当不要求同材质等强度焊接时，可采用常用的奥氏体型（Cr18Ni9、Cr18Ni12Mo2）焊接材料，焊缝与热影响区均没有明显的裂纹敏感性。

3. 析出硬化奥氏体不锈钢的焊接

（1）析出硬化奥氏体不锈钢的化学成分与力学性能特点

该类钢的化学成分特点是铬镍含量高，Ms 点在常温以下，固溶后的奥氏体极为稳定，即使经受冷加工后也保持奥氏体组织。其硬化机理是通过加入一些低温下固溶度小的化学元素使奥氏体为过饱和状态，在时效过程中析出强化相，达到硬化的要求。A-286 钢经深度冷变形后，在液氢温度下仍具有良好的塑韧性。表 9-57 和表 9-58 列出了两种典型的析出硬化奥氏体不锈钢 A-286 和 17-10P 的化学成分与力学性能。其中 17-10P 钢中的强化元素为 C 与 P，与其他析出硬化不锈钢的强化元素有较大的差异。

表 9-57　析出硬化奥氏体不锈钢的典型化学成分

钢种	化学成分（质量分数,%）										
	C	Mn	Si	Cr	Ni	P	S	Mo	Al	V	Ti
A-286	0.05	1.45	0.50	14.75	25.25	0.030	0.020	1.30	0.15	0.30	2.15
17-10P	0.10	0.60	0.50	17.0	11.0	0.30	≤0.01	—	—	—	—

表 9-58　A-286 钢的低温拉伸性能（冷变形 53% 后时效）

试验温度/℃	屈服强度/MPa	抗拉强度/MPa	断后伸长率（%）	断面收缩率（%）
24	1333	1435	14.0	42.3
-73	1464	1532	14.0	41.3
-129	1510	1590	18.3	41.8
-196	1582	1781	21.0	41.4
-253	1708	1968	23.3	38.9

（2）析出硬化奥氏体不锈钢的焊接特点

由于 A-286 钢与 17-10P 钢的合金体系与强化元素存在较大的差异，因此两种不锈钢的焊接性也有很大的差别。对于 A-286 钢，虽然含有较多的时效强化合金元素，但其焊接性与半奥氏体析出强化不锈钢的焊接性相当，采用通常的熔焊工艺时，裂纹敏感性小，焊前不需要预热或后热。焊后按照母材时效处理的工艺进行焊后热处理即可获得接近等强的焊接接头。对于 17-10P 钢，尽管严格控制了 S 的含量，但由于 P 的质量分数高达 0.30%，高温时磷化物在晶界的富集不可避免，由此造成近缝区具有很大的热裂纹敏感性与脆性，致使熔化焊工艺难以采用，一些特种焊工艺，如闪光焊及摩擦焊工艺比较适合该钢的焊接。

9.7.3　焊接工艺方法与焊接材料的选择

除高 P 含量的析出硬化奥氏体不锈钢 17-10P 外，焊条电弧焊、熔化极惰性气体保护焊（MIG/MAG）、非熔化极惰性气体保护焊（TIG）等熔化焊工艺方法都可用于析出硬化不锈钢的焊接。其中目前已标准化或商品化的焊接材料见表 9-59。

表 9-59　析出硬化不锈钢的焊接材料

钢　号	焊　接　材　料	焊接工艺方法
17-4PH	E0-Cr16-Ni5-Mo-Cu4-Nb 低碳焊条 ER630：0-Cr16-Ni5-Mo-Cu4-Nb 气保焊丝	焊条电弧焊 气体保护焊
15-5PH	E0-Cr16-Ni5-Mo-Cu4-Nb 低碳焊条 ER630：0-Cr16-Ni5-Mo-Cu4-Nb 气保焊丝	焊条电弧焊 气体保护焊
FV520	FV520-1：Cr14-Ni5-Mo1.5-Cu-1.5-Nb0.3 低碳焊条 MET-CORE FV520：Cr14-Ni5-Mo1.5-Cu-1.5-Nb0.3 焊丝	焊条电弧焊 气体保护焊

对于其他析出硬化的不锈钢的焊接，目前还缺乏标准化及商品化的同材质焊接材料，可采用普通奥氏体不锈钢焊接材料，较常用的有 Cr18Ni9 和 Cr18Ni12Mo2 型的焊接材料，不足之处是接头为低强匹配。

9.7.4　产品焊接实例

离心式二氧化碳压缩机叶轮的焊接[12]

叶轮是压缩机的核心部件，其工作条件复杂，高温、高压、高速旋转叶轮对焊接接头的质量提出了严格的要求。

叶轮材质为 FV520B，其化学成分与力学性能要求分别见表 9-60 和表 9-61。

焊接材料：520B 焊条，焊缝金属的化学成分与力学性能分别见表 9-62 和表 9-63。

表 9-60　FV520B 钢的化学成分

$w(C)$	$w(Mn)$	$w(Si)$	$w(Cr)$	$w(Ni)$	$w(Mo)$	$w(Cu)$	$w(Nb)$	$w(S)$	$w(P)$
0.05	1.0	0.70	13~15	5~6	1~2	1~2	0.15~0.45	0.03	0.035

注：表中的单值为最大值。

表 9-61　FV520B 钢的力学性能

屈服强度/MPa	抗拉强度/MPa	断后伸长率（%）	断面收缩率（%）	KV/J（-4℃）
833~882	980	15	45	32

注：表中的单值为最大值。

表9-62　FV520B 同材质焊条焊缝金属的化学成分　　　　　（%）

$w(C)$	$w(Mn)$	$w(Si)$	$w(Cr)$	$w(Ni)$	$w(Mo)$	$w(Nb)$	$w(S)$	$w(P)$
0.020	0.5	0.30	12 ~ 13	6.0 ~ 6.2	1.0 ~ 1.2	0.2 ~ 0.4	0.007	0.016

表9-63　FV520B 同材质焊条焊缝金属的力学性能

屈服强度/MPa	抗拉强度/MPa	断后伸长率(%)	断面收缩率(%)	$KV/J(-4℃)$
960/970	1000/1020	15/17.3	53.3/53.3	47/50(48)

注：1. 两个拉伸试样。括号中的数值为平均值。

　　2. 焊后热处理工艺：850℃ ×2h +560℃ ×4h。

预热温度为150℃。

焊接电流：110 ~ 130A（焊条直径 ϕ3.2mm）；140 ~ 150A（焊条直径 ϕ4.0mm）。

产品焊接结果：叶轮焊后经表面着色检验，没有气孔或裂纹存在。在工厂试验台上经高速运行试验后出厂。

9.8　不锈钢的钎焊

9.8.1　不锈钢钎焊的应用领域

不锈钢钎焊在航空、航天、喷气发动机、涡轮制造技术、核技术、核反应堆、家用电器以及日常生活用品、装饰业等工业制造行业中得到广泛应用。

9.8.2　不锈钢钎焊特性

由于各种不锈钢基体不同，它们的钎焊特性也不尽相同。

奥氏体和铁素体不锈钢可在宽广的温度范围进行钎焊。钎焊温度一般不应高于 1050 ~ 1200℃，以免引起晶粒长大、损伤母材性能。对于非稳定型不锈钢，应注意钎焊过程可能引起的敏化温度及由此引起的耐蚀性能降低。奥氏体不锈钢敏化温度在 450 ~ 850℃。高铬铁素体不锈钢敏化温度随化学成分不同而有所变化。对于含钛、铌等稳定化元素或超低碳类型的不锈钢，虽然没有这种危险性，但也要避免可能产生的 σ 相和 475℃ 脆化。

马氏体不锈钢只有经过调质处理才能获得良好的性能，因此钎焊热循环与不锈钢热处理结合起来。钎焊温度或者选在固溶温度，待钎料凝固后以较快的速度冷却使之淬火。然后对钎焊件进行回火处理；或者选在低于所要求的回火温度。当对力学性能无所要求时，钎焊工艺的选择主要应防止淬火硬化。

沉淀硬化型不锈钢钎焊热循环也必须与它们各自的热处理相匹配。因为这类不锈钢对热处理规范要求十分严格，每一种不锈钢都要求有自己的钎焊工艺[13]。

铬镍不锈钢与液态黄铜接触时有应力腐蚀倾向。应力是工件本身在加工过程中形成的，或者是在钎焊过程中由于不均匀加热造成的。为避免应力腐蚀，工件在钎焊前应进行退火，以消除其内应力，而在钎焊过程中，尽量使工件均匀加热。

9.8.3　钎料

选择钎料主要依据是钎焊接头受力状态、使用环境、工作温度等具体技术要求。

1. 锡铅钎料

不锈钢软钎焊主要采用锡铅钎料。用锡铅钎料钎焊不锈钢接头强度较低（表9-64）。用于轻受载组件的钎焊。钎料中含锡量越多，在不锈钢上润湿性越好。

表9-64　不锈钢钎焊用软钎料

牌号	型号	主要成分 （质量分数，%）	熔点 /℃	抗剪强度 /MPa
HL601	BSn18PbSb	Sn18Pb80Sb2	183 ~ 277	21.6
HL602	BSn30PbSb	Sn30Pb68Sb2	183 ~ 256	32.6
HL603	BSn40PbSb	Sn40Pb58Sb2	183 ~ 235	31.4
HL604	BSn90Pb	Sn90Sb10	183 ~ 222	32.3

2. 银钎料

银钎料钎焊不锈钢应用比较广泛。常用银钎料成分的质量分数及熔化温度见表9-65（GB/T 10046—2008）。

银铜锌镉钎料，由于熔化温度低，润湿性好，特别适于钎焊含稳定化元素的不锈钢，如 12Cr18Ni9 等。在禁止使用镉时，采用银铜锌钎料。某些银钎料钎焊的不锈钢接头在潮湿空气中会产生缝隙腐蚀。为改善钎焊接头耐腐蚀性能，应采用含镍的钎料。如 BAg40CuZnCdNi（HL312）和 BAg50CuZnSnNi（HL315）、银铜共晶钎料

BAg72Cu（HL308）和 BAg56CuNi（HL317）。由于无镉、无锌，常用于真空钎焊。在保护气体中钎焊不锈钢时，可采用含锂的自钎剂钎料。

表 9-65　不锈钢银钎料[2][13]

牌号	型　号	主要成分（质量分数,%）	熔化温度/℃
HL302	BAg25CuZn	Ag25Cu40Zn35	700 ~ 800
HL304	BAg50CuZn	Ag50Cu34Zn16	690 ~ 775
HL313	BAg50CdZnCu	Ag50Cu16Zn16Cd18	625 ~ 635
HL314	BAg35CuZnCd	Ag35Cu26Zn21Cd18	605 ~ 700
HL312	BAg40CuZnCdNi	Ag40Cu16Zn18Cd26Ni0. 3	595 ~ 605
HL315	BAg50ZnCdCuNi	Ag50Cu15. 5Zn15. 5Cd16Ni3. 5	630 ~ 690
HL308	BAg72Cu	Ag72Cu28	779

表 9-66　银钎料钎焊接头强度[2][13]

牌号	钎料型号	钎焊金属	抗拉强度/MPa	抗剪强度/MPa
HL302	BAg25CuZn	12Cr18Ni9	343	190
HL304	BAg50CuZn	12Cr18Ni9	375	201
HL312	BAg40CuZnCdNi	12Cr18Ni9	375	205
HL315	BAg50CuZnCdNi	12Cr13	413	—

12Cr18Ni9 不锈钢用银铜锌钎料钎焊接头的工作温度一般不超过 300℃。含锂的自钎剂钎料工作温度可达 400℃。几种银基钎料钎焊的 12Cr18Ni9 和 12Cr13 不锈钢钎焊接头强度见表 9-66。

3. 铜基钎料

纯铜钎料主要用于不锈钢保护气氛和真空钎焊。接头工作温度不宜超过 400℃。

对于在较高温度下工作的焊件，可用表 9-67 所示两种铜基钎料。表中给出 12Cr18Ni9 不锈钢对接钎焊接头常温和高温抗剪强度。用 Cu68NiSiB 钎料时的常温抗拉强度可达 650MPa，600℃ 时为 450MPa，与 12Cr18Ni9 母材等强。

Cu68NiSiB 钎料主要用于火焰钎焊和感应钎焊。炉中钎焊时，由于钎焊温度达 1200℃ 左右，不锈钢

会产生明显晶粒长大。Cu71NiMnSiB 钎焊接头性能与 Cu68NiSiB 相当。但钎焊温度低，减少晶粒长大倾向；同时钎料向钎焊金属晶间渗入也小，接头疲劳强度高，可用于代替 Cu68NiSiB 钎料。

钎焊马氏体不锈钢时，可采用 Cu-31.5Mn-10Co 钎料。钎焊温度为 996℃。正好与大多数马氏体不锈钢淬火温度相同。用该钎料以及其他两种贵金属钎料钎焊的 12Cr13 不锈钢接头，其抗剪强度列于表 9-68。抗氧化试验表明，Cu-31.5Mn-10Co 钎料工作温度可达 538℃。由于钎料中含锰较多，用保护气氛钎焊较合适，气体露点要低于 -52℃。

铜锌钎料不适于钎焊不锈钢。因为容易产生自裂现象。

4. 锰基钎料

表 9-67　铜基钎料高温强度

钎料型号	熔化温度/℃	钎焊温度/℃	钎焊接头抗剪强度/MPa			
			20℃	400℃	500℃	600℃
HLCu68NiSiB	1080 ~ 1120	1175 ~ 1200	324 ~ 339	186 ~ 216	—	154 ~ 182
Cu71NiMnCoSiB	1053 ~ 1084	1090 ~ 1110	241 ~ 298	—	139 ~ 153	139 ~ 153

表 9-68　12Cr13 钎焊接头抗剪强度[14]　　　　　　　（单位：MPa）

钎料型号	熔点/℃	试验温度/℃			
		室温	427	538	649
Cu-31.5Mn-10Co	940 ~ 950	415	317	221	104
Au-17.5Ni	950	441	276	217	149
Ag-21Cu-25Pd	901 ~ 950	299	207	141	100

锰基钎料工作温度可达 600 ~ 700℃ 。为降低钎料熔点加入镍和铜。锰基钎料中常加入铬和钴以提高钎料抗氧化和热强性。锰基钎料可制成各种形状，在不锈钢上润湿性和填充性能都很好，没有强烈溶蚀和晶间渗入作用。BMn70Ni25Cr5 钎料适用于不锈钢波纹板夹层结构热交换器的低真空钎焊。其他锰基钎料主要用于气体保护钎焊。表 9-69 和表 9-70 为用锰基钎料钎焊的 1Cr18Ni9Ti 接头力学性能。

5. 镍基钎料

镍基钎料主要用于钎焊耐高温和耐腐蚀的不锈钢组件。如喷气发动机、火箭发动机、化工设备、核反应堆部件等。钎料主要以粉状供应，采用快速凝固也可加工成带材（或称非晶态钎料）。由于钎焊温度高，大多数采用真空或气体保护炉中钎焊。常用镍基钎料化学成分、熔点及钎焊温度列于表 9-71。BNi74CrSiB 钎料具有极好高温性能。工作温度可达 1000℃ ，但对钎焊金属溶蚀较大。BNi82CrSiB 钎料对基体溶蚀轻，可用于钎焊薄件，工作温度可达 900℃ 。含硼钎料对不锈钢有晶间渗入倾向。使晶界变脆，不适于钎焊薄件。BNi89P 和 BNi76CrP 钎料熔点低、流动性好、溶蚀倾向小，适于钎焊蜂窝结构、薄壁管等薄壁件。

表 9-69　1Cr18Ni9Ti 钎焊接头抗剪强度[14]　　　　　　（单位：MPa）

钎料型号	主要成分（质量分数,%）	熔化温度/℃	钎焊温度/℃	试验温度/℃			
				室温	300	500	600
BMn70NiCr	Mn70Ni25Cr5	1035 ~ 1080	1150 ~ 1180	322	—	—	152
BMn40NiCrCoFe	Mn40Ni41Cr12Co3Fe4	1065 ~ 1135	1180 ~ 1200	284	255	216	—
BMn68NiCo	Mn68Ni22Co10	1050 ~ 1070	1120 ~ 1150	325	—	253	160
BMn50NiCuCrCo	Mn50Ni27.5Cu13.5Cr4.5Co4.5	1010 ~ 1035	1060 ~ 1085	353	294	225	137
BMn52NiCuCr	Mn52Ni28.5Cu14.5Cr5	1000 ~ 1010	1060 ~ 1080	366	270		127

表 9-70　7 号锰基钎料和 BCu68NiSiB 钎料钎焊的 1Cr18Ni9Ti 接头的力学性能[14]

钎料型号	钎焊方法	温度/℃	抗拉强度/MPa	断后伸长率 A（%）	晶间渗入深度/mm
7 号钎料（Mn64Ni16Cr16Fe3B1）	炉中钎焊	室温	645	35	0.011 ~ 0.023
		600	404	12.7	
	高频钎焊	室温	657	29.0	无
		600	409	13.7	
Bcu68NiSiB	炉中钎焊	室温	608	41.6	0.11
		600	434	12.9	
	高频钎焊	室温	657	30.0	0.011 ~ 0.057
		600	436	15.7	

表 9-71　镍基钎料

牌号	化学成分（质量分数,%）								熔化温度/℃	钎焊温度/℃
	Cr	B	Si	Fe	C	P	其他	Ni		
BNi74CrSiB	13 ~ 15	2.75 ~ 3.5	4 ~ 5	4 ~ 5	0.6 ~ 0.9	—	—	余量	975 ~ 1038	1065 ~ 1205
BNi75CrSiB	13 ~ 15	2.75 ~ 3.5	4 ~ 5	4 ~ 5	0.06	—	—	余量	975 ~ 1075	1085 ~ 1205
BNi82CrSiB	6 ~ 8	2.75 ~ 3.5	4 ~ 5	2.5 ~ 3.5	0.06	—	—	余量	970 ~ 1000	1001 ~ 1175

（续）

牌号	化学成分（质量分数，%）								熔化温度 /℃	钎焊温度 /℃
	Cr	B	Si	Fe	C	P	其他	Ni		
BNi92SiB	—	2.75 ~ 3.5	4 ~ 5	0.5	0.06	—	—	余量	980 ~ 1010	1010 ~ 1175
BNi93SiB	—	1.5 ~ 2.2	3 ~ 4	1.5	0.06	—	—	余量	980 ~ 1135	1150 ~ 1205
BNi71SiCr	18.5 ~ 19.5	—	9.75 ~ 10.5	—	0.10	—	—	余量	1080 ~ 1135	1150 ~ 1205
BNi89P	—	—	—	—	—	10 ~ 12	—	余量	877	925 ~ 1025
BNi76CrP	13 ~ 15	0.01	0.1	0.2	0.08	9.7 ~ 10.5	—	余量	890	925 ~ 1040

镍基钎料钎焊不锈钢时的主要问题之一是接头脆性。由于钎料含相当多能形成脆性相的元素（如 B、Si、P），为了保证钎焊接头性能。应尽量设法使这些元素在钎缝内通过扩散作用而降到最低程度。因此用镍基钎料钎焊时，控制接头间隙、钎焊加热温度和保温时间以及焊后热处理特别重要。因为这些参数将影响母材与钎料的相互扩散作用的程度，从而影响所形成的脆性相的数量。当间隙小时，这类元素量少，向母材扩散的距离短，可以通过扩散使这些元素在钎缝中的浓度降低，从而避免产生脆性相；当间隙大时，这些元素量多而且扩散距离增大，来不及向母材充分扩散，以致在钎缝中形成脆性相。提高钎焊温度和延长保温时间均有利于脆性相的消除。有时，为了防止在钎焊温度下的保温时间长而使母材晶粒长大，可采用钎焊后进行扩散处理的方法。如将钎焊接头在 1000℃ 下保温 1 ~ 2h。在此温度下母材晶粒不会长大，而 B、Si 的扩散作用仍可进行。

当钎焊缝为"零"间隙时，钎缝为铬在镍中的单相固溶体，接头强度和塑性均很好。当间隙增大到 0.05mm 时，钎缝中开始出现脆性相。增大到 0.1mm 时，脆性相增多并形成明显的连续层，强度和塑性严重降低。硅的原子半径较大，扩散速度也慢，所以含硅高的 BNi71CrSi 钎料接头很易形成连续脆性层。由于磷很难向母材扩散，钎缝中极易形成脆性相，所以必须保持很小的间隙。

9.8.4　钎剂

由于不锈钢表面氧化物比较稳定，应采用活性强的钎剂。表 9-72 是不锈钢钎焊用软钎剂。表 9-73 是不锈钢钎焊用硬钎剂。

表 9-72　不锈钢钎焊用软钎剂[2]

钎剂	成分（质量分数，%）
RJ21	松香 38，正磷酸（比重 1.6）12，酒精 50
RJ5	氯化锌 25，盐酸（比重 1.19）25，H_2O 50
RJ11	正磷酸 60，H_2O 40

表 9-73　不锈钢钎焊用硬钎剂[2]

钎剂	成分（质量分数，%）	钎焊温度/℃	用　途
QJ-103	氟硼酸钾 95，碳酸钾 5	550 ~ 750	用 Ag—Cu—Zn—Cd 钎料钎焊不锈钢
剂 284	氟硼酸钾 40 ± 2，硼酐 25 ± 2，氟化钾 35 ± 2	500 ~ 800	
QJ-104	硼砂 50，硼酸 35，氟化钾 15	650 ~ 850	用 Ag 基钎料炉中钎焊不锈钢
QJ-101	硼酐 30，氟硼酸钾 70	550 ~ 850	用 Ag 基钎料钎焊不锈钢
QJ-102	氟化钾 42，硼酐 35，氟硼酸钾 23	650 ~ 850	
No1	硼砂 37.2，硼酸 56.8，氯化钙 2.4，氯化钠 3.0，氧化二磷 0.6	850 ~ 1150	用 Cu—Zn 钎料钎焊不锈钢
QJ-201	硼酐 77 ± 1，脱水硼砂 12 ± 1，氟化钙 10 ± 0.5（Cu48%、Al48%、Mg4%）	850 ~ 1150	用 Cu 基、Ni 基钎料钎焊不锈钢

9.8.5　大间隙钎焊[5]

钎焊是利用毛细作用使钎料填充接头。因此要求较小的接头间隙，一般为 0 ～ 0.15mm。对于像不锈钢这样难加工材料，要保证均匀、紧密的配合是有困难的。为了解决这个矛盾，可采用大间隙钎焊方法。

大间隙钎焊方法有两种：一种是预填高熔点合金粉末；再将钎料安置在间隙外接口处的钎焊方法。所用高熔点金属粉末牌号、成分列于表9-74。

另一种是利用混合粉末来钎焊大间隙焊缝；混合粉末由熔化温度较低的钎料和熔化温度较高的金属粉末按比例组成。高熔点金属粉末在钎焊时不熔化而形成细小的间隙。混合粉末成分列于表9-75。钎焊前将混合粉末结实地塞满需要钎焊的间隙，并在接头外部安置一定量的粉末，混合物的两种粉末在加热时发生烧结。当达到钎焊温度后，混合物中的钎料发生熔化。而难熔粉末留在间隙中起到毛细作用。钎料就会

填满此间隙并将零件连接起来。

为防止钎料流出，在钎焊接头周围涂上止焊剂。止焊剂成分见表9-76。

表 9-74　高熔点金属粉末和成分及颗粒度

牌　号	成分（质量分数,%）						颗粒度
	Ni	Cr	Fe	Mn	Si	Mo	
316 不锈钢	12	17	余量	1	0.8	2.5	－ 300 目
304 不锈钢	9	18	余量	1	0.8	—	－ 140 目
Ni 粉	99.8	—	—	—	—	—	－ 140 目

表 9-75　大间隙钎焊用混合粉末

序号	成分（质量分数,%）	钎焊温度/℃
1	BNi71CrSi 60 + Ni（粉）40	1160 ～ 1190
2	BNi71CrSi 70 + Cr（粉）30	

表 9-76　止焊剂成分及用途

序号	成　分	用　途
1	Al_2O_2（粉）+ 0.5% ～1% 聚乙烯乙三醇水溶液	铜及铜合金、碳钢
2	TiO_2（粉）+ 0.5% ～1% 羧甲基纤维素钠水溶液	不锈钢、高温合金
3	Y_2O_3（粉）+ 10% 聚乙烯吡咯烷水溶液	钛合金、高温合金、不锈钢

9.8.6　不锈钢钎焊方法及工艺

1. 常用的钎焊方法

不锈钢可以用烙铁、火焰、高频感应、炉中气体保护、真空炉等方法进行钎焊。

不锈钢软钎焊主要用电烙铁配合锡铅钎料钎焊承受载荷不大的工件。其接头抗剪强度列于表9-64。以磷酸水溶液钎剂为最佳（表9-72）。

火焰和高频感应钎焊可用于钎焊对工作温度要求高的工件。如飞机空速管、航空发动机各种导管、燃烧室。各种刀把、医疗器件等对称性零件。

真空钎焊和炉中气体保护钎焊可用于钎焊波纹板夹层结构各种换热器、蜂窝结构各式构件、小型压力容器以及各种膜盒。

2. 不锈钢清洗方法

不锈钢钎焊前要严格清理。清洗方法包括机械方法列于表9-77，化学方法列于表9-78，电化学方法列于表9-79。用烙铁钎焊和火焰钎焊前一般采用机械方法清理。真空钎焊和气体保护钎焊采用化学方法或电化学方法进行清理。

表 9-77　不锈钢钎焊前机械清理方法

母材	方　法	用　途
不锈钢	1. 锉刀 2. 砂纸	适于单件生产
	1. 金属刷 2. 砂纸 3. 喷砂	适于批量生产

表 9-78　不锈钢钎焊前化学清理方法

母材	侵蚀液成分（质量分数,%）	处理温度/℃	时间	用　途
不锈钢	H_2SO_4 16，HNO_3 15，H_2O 64	100	30s	适于批量生产
	HCl 25，HF 30，H_2O 余量	50 ～ 60	1min	
	H_2SO_4 10，HCl 10，H_2O 余量	50 ～ 60	1min	

表 9-79　不锈钢钎焊前电化学清理方法

母　材	侵蚀液成分（质量分数,%）	时　间/min	电流密度/（A/cm²）	电压/V	温度/℃	用途
不锈钢	正磷酸65 硫酸15 铬酐5 甘油12 H₂O 3	15～30	0.06～0.07	4～6	室温	适于大批量生产

不锈钢表面覆盖的难熔氧化膜防止钎料润湿和铺展，必须彻底清除。

钎焊前不锈钢表面要经过汽油、苯类或酮类脱脂、机械清理和化学清理。已清理好的待钎焊零件要防止灰尘、油脂和手印沾污。

3. 不锈钢真空钎焊工艺要点

不锈钢真空钎焊的真空机组应有足够的抽气能力，泄漏率在真空度高于 10^{-2} Pa 时小于 10^{-2} Pa/s，真空炉内温度分布应均匀，可以精确地控制温度时间周期。对不锈钢真空钎焊而言，钎焊参数优化对取得优质钎焊接头很重要。所谓钎焊参数优化指的是对每种钎料/母材系统最合适的钎焊温度、保温时间、钎焊间隙等。图 9-13 是一个典型的不锈钢钎焊周期。图 9-13 所指的钎焊温度应该是直接放在工件上的热电偶所指示的温度。

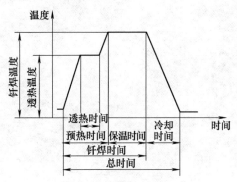

图 9-13　真空炉钎焊时的钎焊周期

为了取得良好的钎焊效果，不锈钢真空钎焊的工艺要点如下：

1）母材：零件几何形状如平面度、圆度和对称性应尽量满足尺寸要求、误差最小。

2）钎焊表面：不平度在 10～25μm 范围内。加工沟槽方向与钎料流动方向一致。

3）零件表面净化：钎焊件在全氯乙烯、三氯乙烯、甲醇或其他溶剂的超声槽或正常槽中净化和脱脂。

4）冲洗钎焊表面。

5）干燥。

6）净化后不得与钎焊表面接触。

7）零件净化与装炉的时间间隔应小于 1h。

8）间隙：钎焊间隙尽可能均匀；钎焊间隙应选择在 0～50μm 范围内；尽量采用自定位的钎焊接头。

9）钎料：钎料量适当；最合适的钎料形状，如粉、丝、环、块、片等；钎料尽可能靠近钎焊间隙。

10）钎焊过程：确定最优化钎焊参数；选定保护气体纯度或真空度；精确控制钎焊温度和保温时间。

9.8.7　产品钎焊实例

1）产品名称：1Cr18Ni9Ti 高压散热器。

2）结构：该散热器为列管式结构。由 60 根 φ2mm×0.2mm 薄壁细管和 3.0mm 厚的端板组成的管间距离为 1mm 的 1020 根密集插接而成的零件。

3）技术条件：该零件在工作时承受 1MPa 压力、100Hz 振动频率、90℃ 热冲击载荷。

4）定位方法：自定位。

5）焊前清洗：10% H_2SO_4、10% HCl、余量 H_2O。清洗温度：50～60℃。时间：1min。

6）钎料：BNi82CrSiB（BNi—2）粘带钎料。

7）钎焊设备：真空钎焊炉。最高温度为 1200℃。真空度为 $3×10^{-3}$ Pa。测控温度用 FP21 可编程温度控制器。精度为 0.1%。

8）工艺路线：零件→去油→清洗→装配→进炉→抽真空→升温→保温→冷却→出炉。

9）钎焊参数：当真空度达到 $2×10^{-3}$ Pa 后开始升温。升温速度为 8～10℃/min。当温度升至 600℃ 时保温 20min，然后再升温到 950℃ 时保温 20min 后快速升至 1070℃。保温 10min，停止加热。钎焊完毕。

此散热器真空钎焊后合格率达 100%。完全满足设计和使用要求。

参 考 文 献

[1] 李智诚，朱中平，薛剑峰．世界常用钢材手册 [M].
北京：中国物资出版社，1995.

[2] 傅积和，孙玉林．焊接数据资料手册 [M]．北京：
机械工业出版社，1994.

[3] 机械工业部．焊接材料产品样本 [M]．北京：机械
工业出版社，1997.

[4] 周振丰．焊接冶金学 [M]．北京：机械工业出版
社，1996.

[5] American Welding Society. Welding Handbook：Vol 4
Materials and Applications-part 2 [M]. 8th. Edition.
Miami：American Welding Society，1998.

[6] Mats Liljas. Development of superaustenitic stainless steels
[J]. Welding in the World，1995，36 (6).

[7] 贺治平，等．不锈钢容器的埋弧自动焊工艺 [J]．焊
接，1992 (11).

[8] 周大中，等．不锈钢保温杯的微束等离子焊接 [J].

[9] 唐纳德，等．不锈钢手册 [M]．顾守仁，等译．北
京：机械工业出版社，1989.

[10] Nassau Van L，etc. Welding duplex and super-duplex
stainless steels [C]. IIW-1165-92.

[11] Martin Crowther. Five enegy-related case stoties where
stainless steel welding consumables are used [C]. Pro-
ceeding Quality and Reliability in Welding，Vol. 2，
Session B，1984.

[12] 孙敦武，等．高强马氏体不锈钢叶轮焊接研究及其
应用 [C] //中国机械工程学会焊接分会．第六届全
国焊接学术会议论集：第 3 集．西安：1990，5.

[13] 印有胜．钎焊手册 [M]．哈尔滨：黑龙江科学技术
出版社，1989.

[14] 邹僖，等．钎焊 [M]．北京：国防工业出版
社，1995.

[15] 庄鸿寿．高温钎焊 [M]．北京：国防工业出版
社，1989.

焊接，1995 (5).

第10章　其他高合金钢的焊接

作者　于启湛　史春元　**审者**　田志凌

本章主要介绍马氏体低温用钢（9%Ni 钢）及其衍生钢超高强度镍-钴钢（HP9Ni-4Co 钢）、奥氏体低温无磁钢（0Cr21Ni6Mn9N 钢、15Mn26Al4 钢、高 Mn 奥氏体低温无磁钢）、马氏体时效钢（以 18%Ni 为代表的马氏体时效钢、无钴马氏体时效钢、马氏体时效不锈钢）和耐磨高锰钢等钢种的用途、化学成分、合金元素的作用、物理性能、金属组织、力学性能、热处理、焊接性、焊接材料及焊接工艺等。对这些高合金钢，就组织而言，不是单相的马氏体就是单相的奥氏体；而就化学成分而言，要么以 Ni 为主，要么以 Mn 为主，它们都是应用于特殊工作环境下的结构用钢。

10.1　马氏体低温用钢的焊接

马氏体低温用钢主要是指制造、运输及储存液化气体的机械设备、超导设备、核聚变反应设备等所用的超高强度、超低温材料。这里只涉及常压下液化温度在 -103℃ 以下的常用气体（乙烯：-103℃、天然气：-165℃、氧：-183℃、空气：-190℃、氮：-196℃、氢：-253℃、氦：-269℃）及一些液化温度在 -80 ~ -180℃ 之间的碳氢化合物（如甲烷、乙烷）等所用的高合金钢。不涉及使用温度在 -103℃ 以上的低合金细晶粒铁素体钢。本章不讲含 Ni 及 Cr—Ni 奥氏体不锈钢，它们将在第 9 章"不锈钢的焊接"一章中论述。本节仅叙述 9%Ni 钢。

作为低温用钢，应具有如下性能：低温下组织稳定，不产生相变，以保持力学性能及物理性能较为稳定；有良好的低温韧性；有良好的焊接性和加工性能；有时还有其他特殊要求，如无磁性等。

9%Ni 钢是低碳马氏体型低温用钢，作为液化天然气（LNG）及液氮用钢，已为世界各国普遍采用，其使用温度可达 -196℃。

10.1.1　化学成分

9%Ni 钢的化学成分见表 10-1。

表 10-1　9%Ni 钢的化学成分

钢号	化学成分（质量分数，%）						
	C	Si	Mn	Ni	Cr	P	S
9%Ni 钢	0.08	0.09	0.45	9.2	0.09	0.010	≤0.008

10.1.2　合金元素的作用

1. Ni

钢中 Ni 含量对韧性有很大影响，如图 10-1 所示。随 Ni 含量的提高，脆性转变温度不断下降，而韧性提高。

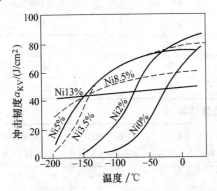

图 10-1　Ni 对低温韧性的影响

Ni 是 9%Ni 钢的主要合金元素，其质量分数为 8.50% ~ 9.50%。Ni 在钢中能改善韧性，其主要作用如下：

1）降低 Ac_3 及 Ac_1。回火后能析出逆转奥氏体。这种逆转奥氏体，一方面能吸收有害杂质；另一方面，由于它是扩大 γ 相的元素，能稳定奥氏体，即使在 -196℃ 时也不发生相变。这都有利于提高韧性。

2）镍的固溶，增大了基体交叉滑移能力，减少了间隙原子与位错的交互作用，因而有利于改善塑性，从而改善韧性。当 w（Ni）大于 8.69% 时，即使在 -196℃ 的低温下，其冲击吸收能量仍大于 100 J。

要保证 9%Ni 钢良好的低温韧性，必须严格控制其他元素及杂质的含量。

2. C

碳含量增大，其韧性降低，转变温度升高，焊接性恶化。因此 9%Ni 钢中 w（C）应控制在 0.13% 以下。

3. Si

硅是重要的脱氧剂，但又容易形成夹杂物而危害韧性。因此在 9% Ni 钢中应将 w（Si）控制在 0.15% ~ 0.30% 之间。

4. Mn

锰可以细化晶粒，又可提高 Mn/C 比，提高韧性，降低转变温度。

5. O

氧是降低韧性，提高转变温度的元素，因此必须控制。

6. P

磷不仅与氧有类似的作用，即降低韧性，提高脆性转变温度，而且还恶化焊接性，所以也必须严加控制。

10.1.3　热处理

图 10-2 为 9% Ni 钢热处理用连续冷却转变曲线。

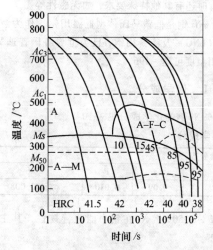

图 10-2　w（C）= 0.12% 时 9% Ni 钢连续冷却转变图

9% Ni 钢淬火后的组织为低碳马氏体，正火后的组织除低碳马氏体外，还会出现贝氏体。

9% Ni 钢的回火温度一般为 550 ~ 580℃。因已超过 Ac_1 的温度，会出现富碳奥氏体，冷却后为低碳马氏体加残留奥氏体的组织，因而使钢具有良好的低温韧性。当回火温度高于 580℃时，奥氏体量将增多，其含碳量将降低，影响组织稳定性，对韧性不利。这时的奥氏体叫逆转奥氏体，在 - 200℃ 也不发生转变。

9% Ni 钢有三种热处理状态：

1. 双正火 + 回火（NNT）

第一次正火为 900℃空冷，第二次正火为 790℃空冷。双正火细化了晶粒。回火温度为 550 ~ 580℃后急冷。经双正火 + 回火后的组织为回火马氏体加奥氏体，若冷速很慢时还会出现贝氏体。

2. 淬火 + 回火（QT）

淬火温度为 800℃，水冷或油冷。回火温度为 550 ~ 580℃。其组织为回火马氏体加奥氏体。

3. 两相区淬火 + 回火（IHT）

800℃空冷，670℃水淬，再 550 ~ 580℃回火。为回火低碳马氏体加奥氏体。

在三种热处理制度中经 NNT 处理的低温韧性最差。而经 IHT 处理低温韧性最好。之所以这样，是由于组织上的不同。

10.1.4　力学性能

表 10-2 为经 NNT 及 QT 处理后 9% Ni 钢的力学性能。

10.1.5　物理性能

9% Ni 钢的物理性能在表 10-3 中给出。

表 10-2　9% Ni 钢的力学性能

钢号	R_m/MPa	R_{eL}/MPa	A/%	KV/J（-196℃）
ASTMA533（QT）	≥690	≥585	≥22	≥35
ASTMA533（NNT）	≥690	≥518	≥20	≥35
JIS SL9N53（NNT）	≥686	≥520	≥21	≥34.3
JIS SL9N60（QT）	≥686	≥588	≥21	≥34.3

表 10-3　9% Ni 钢的物理性能

温度/℃	密度/（kg × m³）	弹性模量/MPa	剪切模量/GPa	泊松比	热导率[W/(m·K)]	线胀系数/[μm/(m·K)]	比热容/[kJ/(kg·K)]
22	7.84	195	73.8	0.286	28	11.9	0.45
-162	—	204	77.5	0.281	18	9.4	0.25
-197	—	205	77.9	0.280	13	8.3	0.15

10.1.6　焊接性

9% Ni 钢以其优良的低温韧性和焊接性被认为是制造低温压力容器的优良材料。焊接 9% Ni 钢时可能遇到的问题主要是焊接接头的低温韧性、热裂纹、冷裂纹、电弧磁偏吹和熔合不良等。这些问题与焊接方法、焊接材料和焊接工艺有很大关系。

1. 焊接接头的低温韧性问题

焊接接头的低温韧性对 9% Ni 钢来说是个非常重要的问题，包括焊缝金属、熔合区及热影响区三个区，都可能发生韧性恶化。

（1）焊缝金属

焊缝金属的低温韧性与焊接材料有关。用与母材成分相同的焊接材料时，焊缝金属的韧性很差，主要是因为焊缝金属的含氧量太高。如果 Si 含量也较高，其韧性降低更大。所以，只有在 TIG 焊接时才采用同质焊接材料。9% Ni 钢的焊接材料主要采用 Ni 基 [如 w（Ni）约 60% 以上的 Inconel 型]、Fe-Ni 基 [w（Ni）约 45%] 和 Ni-Cr [如 Ni13%-Cr16%] 奥氏体不锈钢等三种类型。Ni 基和 Fe-Ni 基焊接材料的低温韧性良好，线胀系数与母材相近，但成本高，强度偏低。Ni13-Cr16 奥氏体不锈钢型焊接材料的强度稍高，但低温韧性较差，线胀系数与母材相差较大，而且易在熔合区出现脆性组织。用同质焊接材料焊接 9% Ni 钢时，其韧性与母材相近。

（2）熔合区

熔合区的低温韧性主要与出现脆性组织有关。当采用 Ni13-Cr16 型奥氏体不锈钢焊接 9% Ni 钢时，熔合区既非奥氏体不锈钢，也非 9% Ni 钢的化学成分。9% Ni 钢和奥氏体不锈钢都具有良好的韧性，但这时熔合区中的 Cr、Mn 等的含量都比 9% Ni 钢高，碳也在熔合区偏聚，其硬度为 363～380HV，明显地高于焊缝金属（207HV）和热影响区（308～332HV）。熔合区的硬度偏高的位置是在焊缝边界上的不完全混合区。该区的硬脆性主要是因为形成了由板条马氏体和孪晶马氏体组成的混合马氏体所致。

（3）热影响区

9% Ni 钢焊接用连续冷却转变图如图 10-3 所示，而一次焊接热影响区的韧性变化如图 10-4 所示。

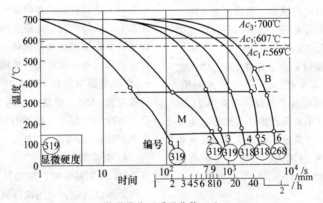

| 化学成分（质量分数，%） | | | | | | | | | |
C	Si	Mn	P	S	Cu	Ni	Cr	Mo	Al
0.05	0.20	0.77	0.003	0.005	0.01	9.49	0.01	0.05	<0.003

图 10-3　9% Ni 钢焊接用连续冷却转变图

在加热到 700～900℃ 以及 1250℃ 以上的区域，其韧性明显恶化。而加热 1050～1250℃ 时韧性有所回升。在 700～900℃ 区间加热时，由于它是处于铁素体-奥氏体两相区，加热时生成部分高碳奥氏体，冷却后转变为岛状马氏体，因此很脆。在 1050～1250℃ 区间加热时，由于奥氏体转变已完成，得到匀质的奥氏体，冷却后转变为低碳马氏体，因此韧性较高。而加热达 1350℃ 时，晶粒粗大，又可能出现上贝氏体，因而韧性较差。而在 550～600℃ 温度加热时，能得到较多的逆转奥氏体，因而韧性较高。此外，冷却速度对低温韧性也有影响。冷却速度越快，韧性越好。钢中 P 含量对韧性也有影响，当 w（S）为 0.005% 时，w（P）应在 0.009% 以下为好。

2. 焊接热裂纹

采用 Ni 基、Fe-Ni 基或 Ni13-Cr16 奥氏体不锈钢焊接材料时，都可能产生热裂纹。而且采用 Cr16-Ni13 焊接材料时，还可能产生弧坑裂纹、高温失塑裂纹、液化裂纹；在熔合区还可能产生显微疏松。

（1）弧坑裂纹

用奥氏体型焊条焊接 9% Ni 钢时，大多有热裂纹

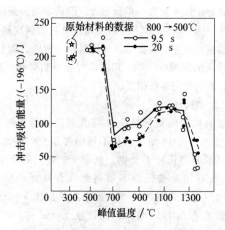

图 10-4　9%Ni 钢一次热循环的冲击吸收能量

倾向，特别是打底焊和定位焊中。若有夹杂，夹杂处也能产生热裂纹，例如，某乙烯球罐，采用日本产经 QT 处理的 9% Ni 钢，用德国 Thyseen 公司生产的 TH17/15TTW 型焊条，在焊缝中有较大的弧坑裂纹倾向。特别是打底焊和最初的几个焊道中，弧坑裂纹的发生率特别高。尤其是背面清根不合理，产生过深过窄的坡口时，裂纹率几乎可达 100%。但随着焊道的增加，坡口将增宽，收缩应力减小，裂纹将也下降。

裂纹倾向还与焊接位置有关，横焊和平焊裂纹倾向较小，而立焊和仰焊裂纹倾向较大。

用 TH17/15TTW 焊接时，由于焊缝中 Cr_{eq}/Ni_{eq} 之比值小于 1.48，初生相为 γ 相，造成 S、P 的偏析，形成较大的脆性温度区间而易于开裂。当采用 25-20 奥氏体型焊条焊接时，就不容易产生热裂纹。这主要是焊缝中有害元素 S、Si 含量低，有益元素 Mn 含量高，故热裂纹倾向小。W 的加入，一般认为也有利于减小热裂纹倾向。

（2）液化裂纹

液化裂纹的产生是由于在 9% Ni 钢焊缝的晶界上有 S、P 等杂质元素的偏析，在后续焊道的作用下，晶界上的低熔点物质液化而形成的。

（3）显微疏松

这种缺欠主要产生在熔合区，一般尺寸很小，要放大 100 倍以上才能看清楚。也有把这种显微疏松叫做折叠中显微裂纹的。所谓折叠，是焊接中由于电弧的搅动，把熔化了的母材带入熔池中，但未能与熔化了的焊条金属混合，使两种金属相间存在于熔池边缘的未完全混合区。卷入的母材其成分基本上还是 9% Ni 钢的成分。因为焊缝金属的合金元素比 9% Ni 钢高得多，所以其熔点也低于 9% Ni 钢。因此陷入不完全混合区的焊缝金属的结晶晚于熔化了的母材金属，为母材金属所包围，似乎形成了折叠。当陷入母材金属所包围的焊缝金

属尚未完全结晶，而且受到焊接接头拘束应力作用，又没有液态金属补充时，就形成了裂纹。

要消除这些热裂纹，根本的办法是减少金属中的有害杂质 S、P 等。采用正确的收弧技术及运条方式，也是可以避免弧坑产生热裂纹的。

3. 焊接冷裂纹

9% Ni 钢与同等强度水平的其他低合金钢相比有较高的抗冷裂纹的能力，在低氢条件下一般不会产生冷裂纹。但是在氢含量较高或者焊接参数选择不当时也会产生冷裂纹。本来，无论是 9% Ni 钢，还是所采用的焊接材料都有良好的抗冷裂纹的能力。而且 9% Ni 钢的焊接冷裂纹不是产生在过热粗晶区，而是产生在熔合区，这是与其他低合金钢的冷裂纹不同之处。公认的焊接冷裂纹的三要素也符合 9% Ni 钢的条件。其断口为 QC_{HE}（氢脆准解理）特征，属典型的冷裂纹断口。分析表明，在熔合区的不完全混合区，其化学成分不同于母材，也不同于焊缝，而是它们的混合。如为 6.1Cr-3.4Mn-10.1Ni，由于 C 的偏聚，使其马氏体相变点 Ms、Mf 降低。9% Ni 钢的 Ms 和 Mf 分别为 400℃ 及 300℃，熔合区则分别为 290℃ 及室温以下。这就造成在冷却过程中热影响区先于熔合区发生马氏体相变，造成氢向熔合区扩散集聚。且热影响区为位错型板条马氏体，而熔合区为板条马氏体和孪晶马氏体混合组织。插销试验证明，焊接参数对 σ_{cr} 有重要影响。用 OK69.45 焊条时，焊接参数为：焊接电流 155A、焊接热输入为 16.1kJ/cm，其 σ_{cr} 最高，抗冷裂性好，比用 TH17/15TTW 要好。前者 σ_{cr} 为 808MPa，后者为 573MPa。

4. 电弧的磁偏吹

9% Ni 钢易带磁，因此焊接 9% Ni 钢时易发生磁偏吹。解决方法：可用脱磁处理；严禁用磁铁；焊件的长度方向不要南北放，以免与地磁同向；要尽量用交流焊接。避免用大电流的碳弧气刨清根。

5. 熔合不良

用高 Ni 焊条（如 Ni70）进行焊接时，由于其与母材熔点相差太大，易造成熔合不良。这要在操作上改善运条方式加以克服。

10.1.7　焊接方法及焊接材料

1. 焊接方法

（1）焊条电弧焊（MMAW）

焊条电弧焊用得较多，因为它简便，但成本高，效率低，质量差。用高 Ni 焊条时，由于电阻大，焊条过热引起药皮脱落而产生缺陷。

（2）埋弧焊（SAW）

　　埋弧焊熔敷效率高，但当采用高 Ni 焊接材料时，由于熔深小，必须增大坡口角度。为了减少焊接缺陷，应采用细焊丝（直径 < 3.2mm），这就降低了效率。

　　（3）钨极氩弧焊（TIG）

　　钨极氩弧焊是焊接 9% Ni 钢较好的方法，能保证焊接的高质量。虽然效率不如熔化极氩弧焊高，但焊接质量较高。若采用窄坡口，效率将提高，是采用低 Ni 焊接材料时较好的焊接方法，特别是热丝 TIG 焊得到广泛的应用。

　　2. 焊接材料

　　焊缝金属的类型及力学性能见表 10-4。各种焊接方法采用的焊接材料或熔敷金属的化学成分见表 10-5。

表 10-4　焊缝金属的力学性能

焊接方法	焊接材料	力学性能		
		R_{eL}/MPa	R_m/MPa	KV/J（ −196℃）
MMAW	Ni60Cr15Mo	370	620	68 ~ 81
	Ni15Cr22Mo3	510	790	64
	Ni36Cr10Mn5Mo3	—	510	84
	25Cr16Ni13Mn8Mo5	483	701.7	47 ~ 70
SAW	Ni67Cr16Mn3Ti	370	668	54
	Ni58Cr22Mo9W	455	765	44
TIG	Ni11	705	774	50 ~ 176
	Ni70Mo18CrW	470	764	147

表 10-5　各种焊接方法采用的焊接材料的化学成分

焊接方法	焊接材料	化学成分（质量分数，%）											
		C	Si	Mn	S	P	Ni	Cr	Mo	Nb + Ta	W	其他	Fe
焊条电弧焊	Ni60Cr15Mo	≤ 0.10	≤ 0.75	1.0 ~ 3.5	≤ 0.02	≤0.03	62	13 ~ 17	0.5 ~ 2.5	0.5 ~ 3.0	—	—	—
	Ni55Cr22Mo9	≤ 0.10	≤ 0.75	1.0	≤ 0.02	≤ 0.03	55	20 ~ 23	8 ~ 10	3.15 ~ 4.15	—	—	—
	Ni36Cr10Mn5Mo3	≤ 0.12	≤ 0.50	4.0 ~ 6.0	≤ 0.02	≤ 0.03	34 ~ 37	10 ~ 12	3.0 ~ 4.0	—	—	—	—
	25Cr16Ni13Mn8W3	≤ 0.25	≤ 0.50	7.0 ~ 9.0	≤ 0.02	≤ 0.03	12 ~ 14	15 ~ 17	—	—	3.0 ~ 4.0	—	—
	Cr15Ni70Mn4Mo4Nb	0.052	—	4.01	0.003	0.006	余	15.10	4.71	3.26	—	—	—
	OK69-45 焊条熔敷金属	≤ 0.028	≤ 0.6	7.5 ~ 10.5			10 ~ 14	15 ~ 17	—	—	3.0 ~ 4.0	—	—
埋弧焊	Ni67Cr16Mn3Ti	≤ 0.10	0.35	2.5 ~ 3.5	≤ 0.015	≤ 0.03	67	14 ~ 17	—	—	—	Ti2.5 ~ 3.5	—
	Ni58Cr22Mo9W	≤ 0.10	0.5	0.5	≤ 0.015	≤ 0.02	58	8.0 ~ 10.0	—	3.15 ~ 4.15	3.15 ~ 4.15	Al0.4 Ti0.4	—
惰气保护焊	Ni11	≤ 0.05	0.10	0.20	≤ 0.01	≤ 0.02	11.0	—	—	—	—	Ti0.05	—
	Ni70Mo18CrW	≤ 0.05	≤ 0.50	≤ 0.50	≤ 0.01	≥ 0.01	≥ 70	1.0 ~ 3.0	17 ~ 21	2.0 ~ 3.5	—	—	4.0 ~ 8.0
	熔敷金属	0.022	0.29	0.27	0.001	0.002	余	14.80	14.37	2.88	—	V = 0.13, C = 0.09	3.84

在 9% Ni 钢的焊接中，常用的焊接材料有如下四种：$w(Ni) > 60\%$ 的 Inconel 型；$w(Ni) = 40\%$ 的 Fe-Ni 基型；Ni13-Cr16 的不锈钢型及铁素体型。

铁素体型有 $w(Ni) = 11\%$ 和与母材同质的焊接材料。铁素体型焊接材料，主要用于氩弧焊。在其他三种焊接材料中，Ni 基和 Fe-Ni 基焊接材料，低温韧性好，线胀系数与 9% Ni 钢相近，但成本高，强度特别是屈服强度偏低。Ni13-Cr16 型焊接材料，成本低，屈服强度高，但低温韧性较低，线胀系数与 Ni9 钢有较大差异。

10.1.8　焊接工艺

1. 焊前准备

可以用气体火焰或等离子弧切割下料或制备坡口，但坡口边缘一定要彻底打磨干净，且表面要平直。坡口形式一般与低合金钢相同，钨极氩弧焊时，可以减小坡口角度，以提高焊接效率，还能减少焊接材料的消耗，降低成本。

表 10-6 为自动冷丝 TIG 的焊接参数。

表 10-6　自动冷丝 TIG 的焊接参数

板厚/mm	6		12		22	
焊接位置	立焊	横焊	立焊	横焊	立焊	横焊
焊接电流/A	120 ~ 140	180 ~ 260	200 ~ 260	300 ~ 350	200 ~ 260	300 ~ 450
电弧电压/V	10	10 ~ 11	10 ~ 12	11 ~ 14	10 ~ 12	11 ~ 14
焊接速度/(mm/min)	50	150 ~ 210	60	150 ~ 200	60	150 ~ 200
焊接热输入/(kJ/cm)	15.6	9.1	25.3	14.5	25.3	14.5
保护气体流量/(L/min)	40(Ar 双面保护)					

9% Ni 钢焊接一般不需要预热，板厚超过 50mm 可预热至 50℃。多层焊时，层间温度要低，一般为 50℃。否则，冷却速度太慢，会降低低温韧性。焊后可进行回火处理，这样还能进一步提高韧性。回火温度仍是 550 ~ 580℃。

焊条必须烘干，且表面必须清理干净，以免危害焊接质量；还可降低焊缝金属扩散氢含量，防止冷裂纹。

2. 焊接工艺

焊接 9% Ni 钢时，焊接参数的选择是很重要的。在采用焊条电弧焊时，若热输入大于 40kJ/cm 时，低温韧性降低；而热输入大于 20kJ/cm 时，强度降低。因此建议：采用焊条的直径不大于 3mm；多层焊时，第一焊道，即打底焊的焊接热输入选在 12 ~ 24kJ/cm 范围内；其余焊道（包括盖面焊道），板厚在 12mm 以下其热输入不大于 15kJ/cm，板厚在 12 ~ 16mm 时，其热输入不大于 20kJ/cm，板厚在 16 ~ 20mm 时，其热输入不大于 25kJ/cm。一般来说，焊接热输入应选在 7 ~ 35kJ/cm 之间。

由于用 Ni 基焊接材料时，焊缝金属的熔点比母材约低 100 ~ 150℃，易造成未熔合及弧坑裂纹等缺欠。这时应采用合适的运条方式，以消除这些缺欠。在打底焊时，用穿透法焊接，尽可能把弧坑留在背面，以便清根时把这些缺欠清除掉。清根时，要留合理的坡口形状，避免出现深而窄的坡口。收弧时尽量减小熔池尺寸，把弧坑引向坡口边缘或焊道外缘，并进行适当的打磨。

埋弧焊时，焊丝直径应在 3.2mm 以下，MIG 焊时焊丝直径应在 2.5mm 以下。

埋弧焊（SAW）时，焊接热输入和熔合比对焊接质量有很大影响。熔合比不能大于 20%，否则，焊缝强度会降低。熔合比在 20% 以内，焊缝强度及韧性均与母材一致。当熔合比大于 20% 时，焊缝强度降低，而韧性不变。但当熔合比大于 32% 之后，尽管韧性提高，但强度明显降低。焊接热输入在 21 ~ 39.5kJ/cm 之间都有良好结果。为保证合理的熔合比，坡口角度大（比如 55°），可用稍大的热输入；坡口角度小（比如 30°），要用较小的焊接热输入。这是用 Cr19Ni15Mn6Mo2（ЧС-39）焊丝及 AHK-60 焊剂进行埋弧焊时得到的[12]。

10.2　超高强度镍-钴钢的焊接[2]

10.2.1　概述

这里介绍的是以 Ni-Co 为主，或者加入 Cr、Mo 等合金元素，屈服强度大于 1240MPa 或抗拉强度大于 1378MPa 并兼有良好断裂韧性的超高强度合金钢。它们通常用于重要的结构，这种结构除要求有良好的可靠性之外，还要有高的强度/重量比。这种超高强度钢之所以既有高强度，又有良好的塑、韧性，是由于加入合金元素的结果。合金元素的加入限制了通过扩散使奥氏体分解，从而淬火时促使高韧性的马氏体形成。之后的回火又产生二次硬化，从而使其强度进一步增加。

这类钢易于进行焊接，除了有些情况需要进行消除应力处理外，一般不用焊后热处理，也不需要焊前预热，但多层焊时要控制层间温度。

这种钢主要有 HP9Ni-4Co 系高合金钢，还有如美国的 HY-180 钢、AF1410 钢等。本节主要介绍 HP9Ni-4Co 钢。

HP9Ni-4Co 钢是马氏体时效钢之后高合金钢最重要的发展。由于它是利用回火得到马氏体及贝氏体组织而得到很高的强度，可与马氏体强化的低合金超高强度钢相媲美。而且在某些方面还具有非常出色的性能。

HP9Ni-4Co 钢是用镍来固溶强化和增大韧性，用钴来防止 Ms 点降低，从而减少残留奥氏体，使热影响区的马氏体在高温形成，这一点与 9% Ni 钢不同。特别是低碳的 HP9Ni-4Co-25C 钢，具有良好的焊接性能，焊接接头强度效率可达 100%，韧性也特别突出，与具有同一屈服强度的钢相比，在超高强度钢中具有最高的 K_{IC}（如图 10-5 所示）。

由于 HP9Ni-4Co 钢具有上述的一些优良性能，所以在 1962 年研制成功之后，立即被推荐为宇航材料，并列入宇航材料手册。目前已经或正在推广用于火箭发动机壳体、飞机结构件、船身与潜水艇壳体、水上机翼部件、炮筒与装甲板等。

HP9Ni-4Co 钢，实际上是在 9% Ni 钢的基础上发展起来的，也可作为低温钢使用，使用温度可达 –196℃。

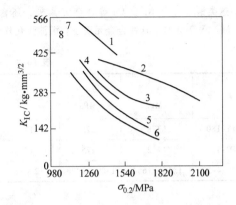

图 10-5　各种高强钢屈服强度和断裂韧性的比较[2]
1—HP9Ni-4Co-25 钢　2—18Ni 马氏体时效钢
3—D6Ac 钢　4—435M 钢　5—4340 钢
6—H11 钢　7—HP150 钢　8—Liss150 钢

10.2.2　化学成分

HP9Ni-4Co 系列钢的化学成分见表 10-7。

表 10-7　超高强度镍钴钢的化学成分

牌　号	化学成分（质量分数，%）									
	C	Mn	Si	S	P	Ni	Co	Cr	Mo	V
AF1410	0.16	0.05	0.1	0.01	0.01	10.0	14.0	2.0	1.0	0.1
HY-180	0.09	0.05	0.15	0.006	0.01	9.5 ~ 10.5	7.5 ~ 8.5	1.8 ~ 2.2	0.09 ~ 1.10	Al = 0.025
HP9-4-20	0.16	0.20	0.10	0.01	0.01	8.5 ~ 9.5	4.25 ~ 4.75	0.65 ~ 0.85	0.9 ~ 1.1	0.06 ~ 0.12
HP9-4-25	0.25 ~ 0.30	0.35 ~ 0.55	0.35	0.01	0.01	7 ~ 9	3.5 ~ 4.5	0.35 ~ 0.55	0.35 ~ 0.55	0.06 ~ 0.12
HP9-4-30	0.29 ~ 0.34	0.10 ~ 0.35	0.10	0.01	0.01	7.5 ~ 8	4.25 ~ 4.75	0.9 ~ 1.1	0.9 ~ 1.1	0.06 ~ 0.12
HP9-4-45	0.42 ~ 0.48	0.1 ~ 0.25	0.35	0.01	0.01	7.5 ~ 9	3.5 ~ 4.5	0.2 ~ 0.35	0.25 ~ 0.35	0.06 ~ 0.12

10.2.3　合金元素的作用

1. Ni

Ni 是低温用钢的主要合金元素，在提高钢的强度的同时，还提高钢的韧性。$w(Ni) = 2.25\%$ 的钢，工作温度可达 –59℃；$w(Ni) = 3.5\%$ 的钢，工作温度可达 –101℃；含 $w(Ni) = 9\%$ 的钢，工作温度可达 –196℃。随 Ni 含量提高，其冷脆转变温度下降，所以，HP9Ni-4Co 钢具有良好的冲击韧度。

可见 Ni 是即能提高强度又能提高低温韧性的合金元素。

2. Co

为保证钢有良好的韧性，必须含有足够的 Ni。但 Ni 含量高了之后，其马氏体相变点 Ms 就降低，会保留有残留奥氏体，降低钢的强度。为此，须加入一定量的 Co。Co 可提高马氏体相变温度 Ms，减少以至消除残留奥氏体。如在 $w(C) = 0.25\%$ 的 9% Ni 钢中加入 $w(Co) = 4\%$ 的 Co，即可使 Ms 提高 42℃，即从 246℃ 提高到 288℃。另外，Co 也有固溶强化作用，用 Co 可获得自回火特性。所以 HP9Ni-4Co-25C 钢可在完全热处理状态下焊接，既不需预热，也无需焊后回火或时效，就能得到完全的马氏体，焊接接头仍有充分的强度及韧性。

　　3. 其他合金元素

　　这类钢除含有 Ni 及 Co 等合金元素外，还含有 Cr、Mo、V 等元素。这些合金元素还有沉淀强化作用，使钢强化，并保有较高的韧性。

10.2.4　力学性能

　　表 10-8 给出了部分 Ni-Co 钢的力学性能。

表 10-8　Ni-Co 钢的力学性能

牌　号	R_m /MPa	R_{eL} /MPa	$A(\%)$	$Z(\%)$	KV /J(-18℃)	KV /J(25℃)	K_{IC} /Pa·m$^{1/2}$
HY-180	1378	1275	17	71	122.4	—	—
HP9-4-20	1412	1275	17	65	—	81.6	—
HP9-4-30	1516~1654	1309~1378	12~16	35~50	—	25.4~34	99~115.5

10.2.5　热处理及其组织

　　HP9-4-25 的恒温转变曲线如图 10-6 所示。HY-180 钢也有类似的恒温转变曲线及相近的 Ms 值（HY-180 钢的 Ms 为 315.6℃，而 HP9-4-25 的钢则为 313℃）。可以看出，采用不同的热处理制度可以得到不同的金属组织。它们可以进行奥氏体固溶处理加正火，再淬火、冷处理、二次回火等，以得到不同组织和性能的金属。且贝氏体的韧性明显高于马氏体，但它们都有较高的韧性，还具有良好的抗疲劳能力和耐应力腐蚀能力。表 10-9 给出了 HP9-4 钢热处理制度和组织及性能的数据，而图 10-7 为 HP9-4-45 钢试验温度与冲击吸收能量的关系。

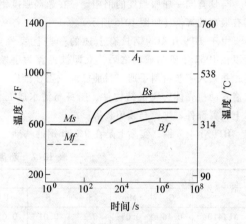

图 10-6　HP9-4-25 钢恒温转变曲线[2]

钢的化学成分（质量分数，%）：
0.26Mn-0.04Si-0.49Cr-0.11V-0.26C-8.42Ni-0.43Mo-4.39Co

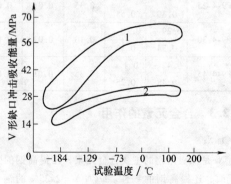

图 10-7　HP9-4-45 钢冷脆转变曲线[2]

1—贝氏体　2—马氏体

表 10-9　HP9-4 钢的热处理制度、组织与性能[2]

牌　号	组织	R_m/MPa	热　处　理
HP9-4-20	马氏体	1235~1437	870~930℃ 正火 829~857℃ 淬火 538℃ 回火两次
HP9-4-30	贝氏体	1502~1646	927℃ 正火 816~927℃ 淬火 232℃ 盐浴 6~8h 538℃ 回火
HP9-4-30	马氏体	1502~1646	927℃ 正火 816~840℃ 油淬 -84℃ 冷处理 538℃ 回火两次
HP9-4-45	贝氏体	1783~1921	900℃ 正火 802~829℃ 淬火 241℃ 盐浴 6~8h
HP9-4-45	马氏体	1921~2058	900℃ 正火 802~829℃ 油淬 -84℃ 冷处理 204℃ 回火两次

10.2.6　焊接性

　　这类钢有良好的焊接性。以 HP9-4 钢来说，含碳量降低，焊接性更好。这是由合金系统的高韧性及其金属的自回火效应造成的。不需要焊前预热，也不需要焊后热处理，只有必要时进行消除应力处理。

10.2.7　焊接方法及工艺

此类钢的焊接必须使焊缝金属的力学性能与母材相等，且化学成分也要基本一致，以保证它与母材有同样高的韧性及自回火效应。焊缝金属要非常纯净，氧、氢、碳、硫、磷含量都要低。HY-180 钢的氧的质量分数要低于 50×10^{-6}。比如对 TIG 用焊丝的杂

质含量必须控制如下（质量分数）：$S < 0.005\%$，$P < 0.001\%$，$H < 1 \times 10^{-6}$，$O < 52 \times 10^{-6}$，$N < 4 \times 10^{-6}$，$Si < 0.01\%$，$Mn < 0.05\%$。这样高纯度的焊丝必须由真空熔炼。焊接热输入应控制在较小的范围。这类钢不能采用 MIG 焊，因为 MIG 法焊接，焊缝金属中的氧含量很难低于 150×10^{-6}。因而应采用冷丝 TIG 焊及等离子弧焊。用小热输入和多层焊，则焊接质量更好。采用同质填充材料，则焊接质量更好。采用同质填充材料 TIG 焊来焊接 HP9-4-20 钢及 AF1410 钢的焊缝金属力学性能及焊接参数见表 10-10 及表 10-11。

表 10-10　超高强度镍-钴钢钨极气体保护焊（TIG）焊缝金属的力学性能[13]①

牌　号	板厚/mm	状态	R_{m}/MPa	R_{eL}/MPa	$A(\%)$	$Z(\%)$	KV/J		
							21℃	-62℃	-18℃
HP9-4-20	25.4	焊后	1426 ~ 1454	1282 ~ 1399	17 ~ 20	59 ~ 65	85.7 ~ 87	68 ~ 74.8	—
HP9-4-20	50.8	焊后	1440	1378	18.5	60	80	77.5	
AF1410	—	母材	1585	1447	—	—			>47.6
AF1410	—	焊后	1537	1392	16	57			55.8
AF1410	—	时效	1537	1454	16	63			59.8

① 482℃保温 2h 时效后水淬。

表 10-11　HP9-4-20 和 AF1410 钢钨极气体保护焊（TIG）的焊接参数

焊丝牌号	焊丝直径/mm	送丝速度/(mm/s)	保护气体	焊接电流/A	电弧电压/V	焊接速度/(mm/s)	热输入/(kJ/cm)	层间温度/℃
HP9-4-20	1.6	30.5 ~ 45.72	Ar	300 ~ 350	10 ~ 12	7.62 ~ 15.24	1.97 ~ 5.51	93
AF1410	1.6	30.5 ~ 33.54	Ar25% He75%	160 ~ 200	13	6.12	13 ~ 13.4	71

10.3　奥氏体低温无磁钢的焊接

这里介绍的钢种都可以在极低温度条件下工作，都是奥氏体钢，无磁性。

10.3.1　奥氏体低温无磁不锈钢的焊接

0Cr21Ni6Mn9N 钢是 Cr-Ni-Mn-N 系超高强度奥氏体低温无磁不锈钢，它在超低温（-269℃）无磁环境中有广泛的应用。

1. 化学成分

0Cr21Ni6Mn9N 钢的化学成分见表 10-12。

表 10-12　0Cr21Ni6Mn9N 钢的化学成分　　　（%）

$w(C)$	$w(Si)$	$w(Mn)$	$w(S)$	$w(P)$	$w(Ni)$	$w(Cr)$	$w(N)$
≤0.08	≤0.1	8 ~ 10	≤0.03	≤0.03	5.5 ~ 8.0	19.5 ~ 21.5	0.15 ~ 0.30

2. 合金元素的作用

奥氏体不锈钢在低温工程中有广泛的用途。但在超低温工程中，一般的奥氏体不锈钢由于组织的不稳定性，在低温下易发生马氏体相变而降低韧性。这种情况下，主要应用超低碳不锈钢，含钼不锈钢，含氮的奥氏体不锈钢以及某些镍基合金。但在无磁场合，马氏体还会增大磁性。作为无磁钢，除要求奥氏体组织稳定，不发生马氏体相变外，还要在低温下不呈顺磁性和铁磁性。因此要求奈耳（Neel）转变温度要尽量高。Neel 转变温度 T_{n} 可用式（10-1）计算：

$$T_{\text{n}} = 90 - 1.25\, w(\text{Cr}) - 2.75\, w(\text{Ni}) - 5.5\, w(\text{Mo}) - 14.0\, w(\text{Si}) + 7.75\, w(\text{Mn}) \quad (10\text{-}1)$$

由 T_{n} 公式看，Mn 是唯一的除稳定奥氏体之外还增高奈尔转变温度（磁状态转变临界温度）T_{n} 的元素。Mn 还增大 N 在奥氏体中的固溶度。

N 除了强烈稳定奥氏体之外，N 还能提高强度，特别是超低温下钢的屈服强度，对磁性无明显影响。

3. 物理性能

0Cr21Ni6Mn9N 钢的物理性能见表 10-13。

表 10-13　0Cr21Ni6Mn9N 钢的物理性能

温度/℃	比热容/ [kJ/(kg·K)]	密度/ (kg/cm³)	弹性模量/ GPa	电阻率/ μΩ·m	线胀系数/[μm/ (K·m)] 27~-260℃	磁导率	热导率/ [W/(m·K)]
27	0.67	7.79	197	—	12.7	1.002~1.0025	12.5
-260	0.0014			0.62		1.0025	0.321

4. 热处理

该钢一般只需要经过 1050℃的固溶处理。

5. 力学性能

0Cr21Ni6Mn9N 钢室温和低温的力学性能见表 10-14。此钢被 N 合金化，因而强度高，塑性好，断裂韧性也好。N 能增加组织稳定性，因此低温性能也较好。

表 10-14　0Cr21Ni6Mn9N 钢的力学性能

温度/℃	R_{eL}/MPa	R_m/MPa	A(%)	Z(%)	KV/J
室温	≥343	≥631	≥40	≥50	—
-190	884	1431	52.8	68.1	134.8
-253	—				89.0
-269	1370	1712	24.6	21.0	

6. 焊接性

应该说，0Cr21Ni6Mn9N 钢的焊接性还是比较好的，但有时也会产生焊接热裂纹、冷裂纹以及碳化物析出等。

为防止热裂纹，奥氏体焊缝中应有一定的 δ 铁素体。但是 δ 铁素体会使低温韧性降低，磁性增高。因此为了防止出现 δ 相，应保证焊缝金属中的镍当量（Ni_{eq}）。焊缝金属中的 Ni_{eq} 可用下式计算：

$$Ni_{eq} = 4.71 + 0.92w(Cr) - 0.088w(Mn) + 0.007w(Mn)^2 + 1.30w(Mo) + 0.51w(Si) + 2.22w(V) + 0.69w(W) + 2.12w(Ti) + 0.17w(Nb) + 0.32w(Ta) - 14.6w(N) -$$

$$16.7w(C) - 0.47w(Co) - 0.42w(Cu) + 2.30w(Al)$$
$$(10-2)$$

在 0Cr21Ni6Mn9N 钢中，不出现 δ 铁素体的最低 Ni_{eq} 值为 9.5%，高于 0Cr21Ni6Mn9N 钢中的 Ni 含量[w(Ni) = 5.50% ~ 8.0%]，因此在熔合区会出现少量的 δ 铁素体。但量极少，对磁性和低温韧性影响不大。现在研制的 0Cr21Ni6Mn9N 钢中的 Ni 含量增加了，因此在熔合区不会出现 δ 铁素体。

钢中的 Mn 对防止热裂纹有益。但为防止热裂纹，还必须控制焊接材料中 S 和 P 的含量。w(S) 应控制在 0.01% 以下，而 w(P) 应控制在 0.015% 以下。

为防止在焊缝中出现气孔，焊缝中的 w(N) 应控制在 0.25% 以下。

0Cr21Ni6Mn9N 钢在 650~750℃回火，或加热到这个温度范围的 HAZ，也会沿晶粒边界析出大量 $Cr_{23}C_6$ 碳化物而导致脆性提高。所以焊接 0Cr21Ni6Mn9N 钢时，要严格控制焊接热输入及层间温度，不能预热和后热。必要时还要采取强迫冷却的措施以防止产生碳化物。

7. 焊接材料和焊接工艺

目前，0Cr21Ni6Mn9N 钢的焊接还仅限于 TIG 焊及真空电子束焊接。焊接参数可参照不锈钢。填充焊丝的化学成分见表 10-15。焊缝金属的力学性能见表 10-16。

表 10-15　0Cr21Ni6Mn9N 钢焊接的填充焊丝的化学成分　　　　　（%）

w(C)	w(Si)	w(Mn)	w(S)	w(P)	w(Cr)	w(Ni)	w(N)
≤0.04	≤0.50	8.0~10.0	≤0.02	≤0.02	19~22.0	13.0~16.0	0.15~0.20

表 10-16　0Cr21Ni6Mn9N 钢焊缝金属的力学性能

温度/℃	R_{eL}/MPa	R_m/MPa	A(%)	Z(%)	KV/J
27	551	684	31.6	65.5	—
-196					59
-269	1236	1435	19.6	21.2	

焊接第一层焊缝时，必须用氩气保护背面。层间温度控制在 100℃以下。背面还要打磨清根，但不能用碳弧气刨清根。

10.3.2　锰-铝系高锰奥氏体低温无磁钢的焊接

这类钢是奥氏体型低温无磁用钢，主要用于超低温（−253℃）及无磁条件下。我国为节约 Ni、Cr 而研制了 Mn-Al 系低温用钢。15Mn26Al4 钢及 20Mn23Al 钢即属于此类低温无磁用钢。

1. 化学成分

15Mn26Al4 钢及 20Mn23Al 钢的化学成分在表 10-17 中给出。

表 10-17　15Mn26Al4 钢及 20Mn23Al 钢化学成分

钢号	化学成分（质量分数，%）						
	C	Mn	Si	Al	V	S	P
15Mn26Al4	0.13 ~ 0.19	24.5 ~ 27.0	≤0.6	2.80 ~ 4.70	—	≤0.035	≤0.035
20Mn23Al	0.14 ~ 0.22	21.0 ~ 25.5	≤0.5	0.5 ~ 2.0	0.04 ~ 0.10	≤0.035	≤0.035

2. 合金元素的作用

可以看出 15Mn26Al4 钢及 20Mn23Al 钢的主要合金元素是 Mn 和 Al。

（1）Mn

锰是奥氏体形成元素，但在冷变形及低温下 Fe-Mn 合金的奥氏体并不稳定。当 $w(Mn) < 10\%$ 时，与一般合金钢一样，会发生铁素体或马氏体相变。当 $w(Mn) = 10\% \sim 15\%$ 之间时，会发生 α 马氏体及 ε 马氏体相变。Mn 含量越高，ε 相的比例越大。当 $w(Mn) = 15\% \sim 28\%$ 之间时，主要发生 ε 马氏体相变。无论是 α 马氏体，还是 ε 马氏体，都会导致钢的冷脆。

提高 Fe-Mn 合金奥氏体组织的稳定性，一般有两条途径，实际上是一条途径，即添加其他元素：一是当锰含量较低时增加碳的含量，如 Mn13 钢；二是锰含量高时，加入合金元素，如 Ni、Cr、Mo、Al、N 等。其中以加入 Al 最有效。在 Fe-Mn25% 中 $w(Al)$ 从 0 增加到 4% 时，Ms 点及 Mf 点将降低到 −253℃ 以下，而且韧性也会随之增大。

（2）Al

铝能稳定 Fe-Mn 合金的奥氏体组织，还降低加工硬化能力，从而改善了切削性能和冷加工性能。同时还改善了其耐蚀性，提高了抗氧化性。

3. 热处理和力学性能

此类钢可以热轧、冷轧或固溶。15Mn26Al4 钢力学性能见表 10-18。

4. 物理性能

该钢的物理性能见表 10-19。

5. 焊接性

影响 15Mn26Al4 钢焊接性的问题主要是铝，因为它易被氧化，过渡系数低；还容易产生气孔及热裂纹问题。但是若焊缝含铝过低，从图 10-8 可以看出，会使韧性下降。

表 10-18　15Mn26Al4 钢的力学性能

温度/℃	供货状态	R_{eL}/MPa	R_m/MPa	A（%）	Z（%）	KV/J
室温	热轧	245	490	30	50	94（−196℃）
	固溶	196	470	30	50	94（−196℃）
−196	热轧纵向	630	1035	65.6	67.1	—
	热轧横向	611	1053	67.7	65.7	—
	固溶	582	967	70.9	66.8	192.8
−253	热轧纵向	849	1157	37.7	70.0	—
	热轧横向	816	902	29.6	70.1	—
	固溶	794	882	33.5	67.9	189.7

表 10-19　15Mn26Al4 钢的主要物理性能

密度/（g/cm³）	弹性模量/MPa	线胀系数（27 ~ −183℃）/[m/(m·K)]	热导率/[W/(M·K)]		磁导率（−269℃）
			127℃	657℃	
7.36	156800	9.2×10^{-6}	15.41	26.63	1.0021

（1）铝向焊缝金属中的过渡

铝的含量决定 15Mn26Al4 钢的奥氏体在低温的稳定性问题。但铝很活泼，易被氧化烧损。即使采用铝酸钠作粘结剂或熔剂，其过渡系数也不到 50%。为保证焊缝组织的稳定性，必须使焊缝金属中的 w（Al）超过 3.5%。同时要尽量降低焊接材料的氧化

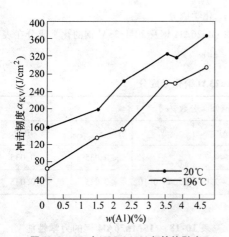

图 10-8　Al 对 15Mn26Al4 韧性的影响

性，药皮中或焊剂中的 SiO₂ 要尽量降低。由于 Al 的过渡系数很低，所以在焊缝中用 Cr 及 Mo 代替部分 Al。

（2）焊缝金属中的气孔

焊缝金属中的气孔属于氢气孔，是因为铝的强烈的还原作用，使电弧气氛中氢的分压升高造成的。所

以在焊接材料中应考虑氢、氧平衡问题，将脱氧强度保持在一个合适的水平上，避免脱氧过度。焊接材料要充分干燥。保护气体中氧和水分的含量都要尽量降低。

（3）焊缝中的热裂纹

由于 15Mn26Al4 钢是奥氏体型低温无磁用钢，因此焊缝金属也要具有无磁性，就必须为单相奥氏体，不应有 δ 相存在。但单相奥氏体又容易产生热裂纹，所以只有严格限制 S、P 含量。

另外 15Mn26Al4 钢对 Cu 的污染很敏感。Cu 沿奥氏体晶界扩散形成 Cu 污染裂纹。因此钎焊时，不能用含 Cu 钎料。与铜及其合金焊接时，在铜侧要焊中间过渡层。

6. 焊接工艺要点

15Mn26Al4 钢可用气体火焰及等离子切割，切口无硬化。

15Mn26Al4 钢可用 MMAW、SAW 及 TIG 方法焊接，其所用焊接材料及力学性能在表 10-20 ～ 表10-23 中给出。

表 10-20　焊接材料的化学成分

焊接方法	焊接材料	化学成分（质量分数，%）							
		C	Si	Mn	S	P	Cr	Mo	Al
TIG	15Mn26-Al4	0.13 ～ 0.19	0.6	24.5 ～ 27.0	≤0.02	≤0.025	—	—	3.8 ～ 4.7
MMAW	15Mn26-Al3Cr	0.13 ～ 0.19	≤2.0	25 ～ 29	≤0.02	≤0.025	1.5 ～ 2.5	—	2.5 ～ 3.5
	15Mn26Al3Mo	0.13 ～ 0.19	≤2.0	25 ～ 29	≤0.02	≤0.025	—	1.0 ～ 2.0	2.5 ～ 3.5
SAW	12Mn27-Al6	≤0.15	≤0.6	26 ～ 28.5	≤0.03	≤0.03	—	—	—

表 10-21　焊条电弧焊（MMAW）焊缝金属的室温力学性能

母　材	焊接材料	R_{eL}/MPa	R_m/MPa	$A(\%)$	$Z(\%)$	KV/J
20Mn23Al	KTD-286A	314	566	34	52	117
15Mn26Al4	15Mn26Al3Cr	582	637	25.1	52.1	166
	15Mn26Al3Mo	—	651	34.7	68.0	194

表 10-22　焊缝金属的低温力学性能

焊接方法	焊接材料	R_m/MPa		R_{eL}/MPa		$A(\%)$		$Z(\%)$		KV/J	
		①	②	①	②	①	②	①	②	①	②
TIG	15Mn26Al4	—	—	—	—	—	—	—	—	146	—
MMAW	15Mn26Al3Cr	1145	1087	882	962	31	17.6	39.6	52.2	111	84.6
	15Mn26Al3Mo	—	—	—	—	36.4	—	59.1	—	100	92.5
SAW	15Mn27Al6	—	—	—	—	—	—	—	—	91.7	97

① －196℃。

② －253℃。

表 10-23　　焊接热影响区和熔合区的低温冲击吸收能量　　　　　　（单位：J）

焊接方法	焊接材料	热影响区		熔合区	
		−196℃	−253℃	−196℃	−253℃
MMAW	15Mn26Al3Cr	—	—	91	97
	15Mn26Al3Mo	151	140	123.8	132
SAW	15Mn26Al4	158	168.5	121.5	134

10.3.3　高锰奥氏体超低温无磁钢的焊接

1. 概述

在研制超导发电机及核聚变装置大型超导磁体等的过程中，发现原先常用的一些铬镍奥氏体钢在技术性能上存在许多不足，如屈服强度太低、奥氏体组织不稳定、在低温下易转变为马氏体，从而导致钢材的低温韧性降低。增加镍含量，可以提高钢的奥氏体的稳定性，但却增加磁性，价格也昂贵等。因此铬镍奥氏体钢已不能满足需要。新型超导材料的开发及应用，将给机械行业带来深远的影响。如超导发电机的容量可提高 10 倍，而其重量和尺寸可减少 1/2 ～ 2/3。在核聚变装置上必须使用大型的超导磁体。在磁流体发电、船舶电力推进、超高速磁浮列车、磁力选矿及高能物理研究等均需超导技术。制造这些设备除要求超导性外，还要有高的超低温下的屈服强度和韧性、无磁性、组织稳定、价格低廉等。自 20 世纪 70 年代末，一些科学技术先进的国家，先后研究开发高锰奥氏体超低温钢。这不仅是因为锰和镍都是奥氏体稳定化元素，可增加奥氏体的低温稳定性，而且锰提高奈尔（Neel）转变温度，而镍则降低奈尔转变温度（见式 10-1）。因此锰不会使钢在低温下呈现铁磁性。同时，锰还增加氮在钢中的固溶度，而氮又是提高奥氏体钢低温屈服强度的主要元素。锰元素价格低廉，资源丰富。因而高锰奥氏体超低温钢是很有发展前途的。

2. 化学成分

高锰奥氏体超低温无磁钢的参考化学成分在表 10-24 中给出。

3. 合金元素的作用

表 10-24　　高锰奥氏体超低温无磁钢的参考化学成分　　　　　　（%）

$w(C)$	$w(Mn)$	$w(Si)$	$w(S)$	$w(P)$	$w(Cr)$	$w(Mo)$	$w(Cu)$	$w(N)$
0.004	28.98	0.20	0.016	0.012	12.3	1.75	0.915	0.20
0.098	31.15	0.039	0.003	0.0194	7.37	0.69		0.30
0.040	35.45	0.27	0.002	0.015				
0.059	38.54	0.061	0.015	0.010				0.002
0.071	41.43	0.43	—	—	6.68			

（1）Mn

Mn 是高锰奥氏体超低温无磁钢最重要的合金元素，也是最基本的合金元素。它奠定了奥氏体组织具有超低温的优良性能及无磁性的基础。但是，高锰奥氏体钢随温度的降低会出现由韧性向脆性的转变，断口则由韧窝状断裂向沿晶状断裂的转变。研究表明，出现这种脆性转变的原因，是由于 Mn 在晶界的偏聚，使得晶界附近的强度、硬化指数及应变硬化率（$d\sigma/d\varepsilon$）都高于晶内，因而造成沿晶脆性断裂。在 $w(Mn)$ 为 4.77% ～ 42.87% 的广阔范围内都会出现这种现象。随 Mn 含量的增加，这种偏聚的宽度及峰值都增加。随固溶处理温度的提高，其偏聚量及偏聚的宽度也都增加。但固溶处理后的冷却速度对 Mn 的偏聚有重要影响。当冷却速度小于 0.1℃/s 或高于 1000℃/s 时，Mn 在奥氏体晶界的偏聚消失。

（2）Cr

Cr 加入高锰奥氏体低温无磁钢中可使其韧性大大提高。但是当 $w(Cr)$ 大到 13% 时，比 7% 时的韧性又大大降低了。这是因为 Cr 是铁素体形成元素，其含量过高，会在钢中出现 δ 铁素体，它阻止了奥氏体的滑移，因而韧性下降。此外，由于 Cr 的加入，也影响了 Mn 的作用。在 $w(Cr)=7\%$ 的条件下，Mn 含量增加，其韧性提高，但其大于 35% 之后韧性又下降了。

（3）N

N 和 C 都是 Fe 的间隙固溶强化元素。对高锰钢来说，在极低温下 N 的强化效果比 C 更有效，且 N 稳定奥氏体的作用也比 C 大。在 35% ～40% Mn-5% Cr 钢中，N 引起基体的畸变应力比 C 大 3.3 倍，因此很多极低温用钢都用 N 来固溶强化和稳定奥氏体。N

对 28Mn-13Cr-1Mo 钢性能的影响：随 N 含量的提高，R_m 及 $R_{p0.2}$ 均近于线性地增大，断后伸长率 A 有些下降。对冲击韧度的影响，则随 N 含量的增大而提高，出现一个最大值后又下降。但试验温度不同，KV 最大值所对应的 N 含量不一样。随试验温度的降低，峰值 KV 值所对应的 N 含量向低 N 方向移动。

N 对高锰钢韧性的作用有二：其一，对有少量铁素体的钢来说，加入 N 之后，它阻止了铁素体的形成而增加了奥氏体组织，因此韧性提高，但当铁素体已经消失，N 的含量增大，使之奥氏体过于强化，所以韧性下降；其二，N 能降低 Mn 在奥氏体晶界的偏聚，Mn 又能促进 N 在晶界的偏聚，因而韧性随 N 含量的提高而提高。前者如 28Mn-13Cr-1Mo 钢的情况；后者如 Fe-38Mn 钢的情况，在 $w(N) = 0.002\%$ 时，有明显韧脆转变温度，这一温度约为 27℃，−196℃ 的冲击吸收能量约为 25J。而 $w(N) = 0.058\%$ 时，就没有明显的韧脆转变现象，其 −196℃ 的冲击吸收能量约为 130J。这就是 N 含量高能消除因 Mn 偏聚而引起脆化的缘故。

4. 力学性能

0.098C-31.15Mn-7.34Cr-0.69Mo-0.30N-0.39Si-0.0194P-0.003S 试验钢的屈服强度可用下式计算：

$$\sigma_{0.2} = 300 + 1392.4\exp(-0.0106T) \qquad (10-3)$$

应该指出，除上述合金元素对力学性能的影响之外，固溶温度及冷却速度也对其力学性能，特别是韧性产生影响。因为它们都对 Mn 的偏聚量 [Δw(Mn) = 晶界上的 Mn 含量 − 平均 Mn 含量] 有影响。图 10-9 为固溶温度对 Mn 的偏聚量及冲击吸收能量的影响。它是从固溶温度下直接淬入 10% 的盐水中得到的；而表 10-25 为冷却速度对 Mn 的偏聚量及冲击吸收能量的影响。

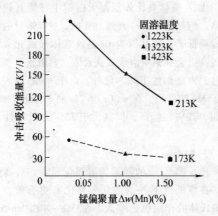

图 10-9　固溶温度对 Mn 偏聚量及低温韧性的影响[13]

表 10-25　冷却速度对 Mn 偏聚量及冲击吸收能量的影响[13]

冷却速度（K/s）	晶界上 Mn 的偏聚 Δw(Mn)(%)	KV/J（−100℃）	KV/J（−80℃）
0.1	0	14	17
0.5	0.67	22	38
5.0	0.72	87	134
40	0.95	144	171
230	1.66	52	88
340	2.51	32	39

从表 10-25 可以看出，随冷却速度的降低，Mn 的偏聚减少，但冲击吸收能量并不是随 Mn 的偏聚减少而单调地增大。也就是说冲击吸收能量的大小，并不完全决定于 Mn 偏聚量的大小。实验表明，冷却速度下降使 C 的偏聚量增大，所以奥氏体钢一直采用快冷以防止 C 的析出。但对于高锰奥氏体钢来说，应采取一个适当的冷却速度，以避免快冷而增大 Mn 在晶界上的偏聚和因慢冷而造成 C 的析出。

5. 焊接性

由于高锰奥氏体低温无磁钢的 C 含量很低，因此焊接性能良好。但是由于其使用条件为低温无磁，因而对焊缝金属的纯度要求就高，所以应严格控制有害杂质，如 S、P、O、H 等的混入。应采用保护良好的焊接方法，如 TIG 法焊接。

另外，由于含 N 量对此类钢的重要性，因此母材都含有一定量的 N，焊缝金属中也要含一定量的 N。一方面，N_2 极易从熔池中逸出而可能产生气孔；另一方面，又必须使焊缝金属中含有合适的 N 量，否则，焊缝金属中含 N 量不足，就使其低温韧性下降。为此，就要从焊接材料及焊接工艺上来满足上述要求：即要严格控制有害杂质侵入，又要保证焊缝金属中含有一定量的 N，这两方面的要求。

6. 焊接材料及焊接工艺

（1）焊接材料

为保证焊缝金属与母材的一致性，应采用与母材化学成分一致的焊丝。

在保护气体中加入一定量的 N_2 气，以保证焊缝金属中的 N 含量。

（2）焊接工艺

采用 TIG 法，保护气体用纯氩或氩加氮气，填充焊丝直径 4mm。母材及焊缝金属的化学成分在表 10-26 中给出。表 10-27 为 −196℃ 时母材的力学性能。表 10-28 为 TIG 的焊接参数。表 10-29 为两种保护气体下焊接接头的拉伸性能。焊接接头的硬度测定表明，焊缝金属的硬度因保护气体不同而不同。保护气体为 Ar + 8% N_2 时，焊缝金属的硬度比用 Ar

+4% N_2 作为保护气体时高；而 Ar + 4% N_2 作为保护气体时，焊缝金属的硬度又高于纯氩的。焊缝金属的组织都是纯奥氏体，这一结果充分说明 N 的强化作用。

表 10-26　母材及焊缝金属的化学成分[17]

材料	保护气	化学成分（质量分数,%）							
		C	Mn	Cr	Mo	Si	S	P	N
母材	—	0.098	31.15	7.34	0.69	0.39	0.019	0.003	0.30
焊缝	Ar100%	—	31.07	7.53	0.42	0.27	—	—	0.27
	Ar + 4% N_2	—	30.02	7.70	0.56	0.30	—	—	0.39
	Ar + 8% N_2		30.64	7.95	0.45	0.34	—	—	0.54

表 10-27　-196℃时母材的力学性能[17]

温度 /℃	R_{eL} /MPa	R_m /MPa	A(%)	KV /J	K_{IC} /MPa·m$^{1/2}$
-196	870	1350	69	128	240

表 10-28　焊接参数[17]

板厚/ mm	焊接 位置	焊接 电流/A	电弧电 压/V	焊接速度/ (cm/min)	气体流量/ (L/min)
5	水 平	230	18	25	5

表 10-29　焊接接头的拉伸性能[17]

试样 形式	纯 Ar				Ar + 4% N_2			
	板厚/mm	温度/℃	R_m/MPa	断裂位置	板厚/mm	温度/℃	R_m/MPa	断裂位置
光滑	4.5	-196	1150	焊缝	4.5	-196	1250	焊缝
①	4.5	-196	1340	缺口	4.5	-196	1340	缺口
②	4.5	-196	1010	缺口	4.5	-196	1010	缺口
③	4.5	-196	1040	缺口	4.5	-196	1040	缺口

① 缺口在母材。

② 缺口在 HAZ。

③ 缺口在焊缝。

10.4　马氏体时效钢的焊接

10.4.1　马氏体时效钢的焊接

上世纪中期，由于航空和宇航事业的迅猛发展，低合金超高强钢已不能满足要求，于是研究出了马氏体时效钢。这种钢具有很高的屈服强度，良好的韧性及优良焊接性能。所谓马氏体时效钢即是由低碳马氏体相变强化和时效强化叠加的高强度钢。

1. 化学成分

马氏体时效钢的化学成分在表 10-30 中给出。从表中可以看出：其含碳量非常低，w(C) 小于 0.03%；有害杂质 S 及 P 的质量分数也非常低，小于 0.01%；Mn 及 Si 也是作为杂质元素存在，其质量分数小于 0.1%；主要的合金元素是 Ni，其次是 Co、

Mo、Ti、Al、Nb 等。根据 Ni 含量的不同，可分为 13% Ni 钢、18% Ni 钢、20% Ni 钢、25% Ni 钢。18% Ni 钢又根据其他合金如 Mo、Ti 含量的不同而引起屈服强度的不同，按屈服强度又可分为 140（1372MPa）级、175（1715MPa）级、210（2058MPa）级等三个级别。

2. 合金元素的作用

马氏体时效钢是通过实现奥氏体→马氏体→时效马氏体这一系列的组织转变得到的。因此，化学元素的作用应当满足这种转变，并保证获得高的力学性能：在加热到高温时，钢应转变为单相奥氏体；冷却时，应得到马氏体，并最好能在室温以上完成马氏体转变；马氏体在时效过程中能析出所要求的时效相，从而得到高强韧性的组织。要满足这些要求须有合适的化学成分配合及合理的热处理工艺。

表10-30　典型马氏体时效钢的额定化学成分及屈服强度[18]

钢　种	化学成分(质量分数,%)					R_{eL}/MPa
	Ni	Co	Mo	Ti	Al	
18%Ni(200)	18	8.5	3.3	0.2	0.11	1400
18%Ni(250)	18	8.5	5.0	0.4	0.10	1700
18%Ni(300)	18	9.0	5.0	0.7	0.10	2000
18%Ni(350)	18	12.5	4.2	1.6	0.10	2400
18%Ni(cast)	17	10.0	4.6	0.3	0.10	1650
400Alloy	13	15.0	10.0	0.2	0.10	2800
500Alloy	8	18.0	14.0	0.2	0.10	3500

合金元素根据其作用,大体可分为两类:一类是保证能得到单相奥氏体,并在冷却后得到马氏体,这就需要足够的 γ 相形成元素,如 Ni、Co;另一类能使马氏体基体有充分的沉淀强化能力,如 Mo、Ti、Nb 等,它们又是 α 相形成元素。两者之间是相互矛盾的,因此合理的配合是最重要的。

(1) Ni

Ni 是马氏体时效钢基本的合金元素。加入 w(Ni)=6% 时,高温奥氏体冷却到室温,将转变为马氏体。再加热时,马氏体转变为奥氏体的温度比冷却时奥氏体转变为马氏体的温度要高出很多,这种加热冷却中的滞后现象是马氏体时效钢的组织基础,因为这种滞后现象使得再加热进行时效成为可能。对于18%Ni 钢而言,冷却到300℃以下奥氏体才能转变为马氏体,而加热时,温度达600℃以上才发生马氏体转变为奥氏体,如图10-10所示。这就为时效留出了相当大的温度空间。此外,Ni 使得奥氏体转变为马氏体时,受冷却速度的影响很小,这就为加工工艺(如焊接及热处理等)创造了良好条件。Ni 还能够与 Mo、Ti 等形成金属间化合物 Ni_3Ti、Ni_3Mo 等引起弥散强化。Ni 还能使螺形位错不易发生分解,保证交互滑移的发生,提高马氏体的塑性和韧性。所以应加入尽量多的 Ni,但加入 Ni 过多,淬火后会保留残留奥氏体。

(2) Co

Co 也是扩大 γ 相的元素,而且能使马氏体相变点升高,使高 Ni 时淬火后也不会存在残留奥氏体。此外,它还可以改善钢的塑性。其实,Co 本身不能产生金属间化合物,不能引起弥散强化,但却可降低 Mo 在固溶体中的溶解度,加强 Mo 的弥散强化作用,间接地产生时效强化效果。因此每增加1%的 Co,强度将提高 58.8MPa。同时,Co 可以抑制马氏体中位错亚结构的回复,为随后的析出相提供更多的形核位置,而使析出相粒子更细小,分布更均匀,并减少析出粒子的间距。但这并不说明 Co、Mo 的相互作用对韧性提高有贡献。因此马氏体时效钢中的 Co 并不是一定必

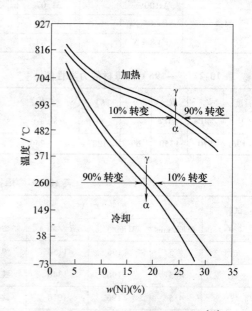

图10-10　Fe-Ni 加热冷却组织转变图[10]

需的,即使不含 Co 也不一定使塑、韧性恶化。这就为研制无钴马氏体时效钢提供了可能性。

(3) Mo

Mo 既可提高马氏体时效钢的强度,又可提高其塑、韧性。时效初期(约497℃)开始析出富 Mo 析出相,它在强化钢的同时对保持韧性有重要作用。另外,Mo 的存在,还可阻止析出相沿奥氏体晶界析出,从而避免了沿晶断裂,提高断裂韧性。但 Mo 含量也不能过高,超过10%也会生成残留奥氏体,这一点与 Ni 相似。

(4) Ti

Ti 能强力地强化马氏体时效钢,它是最有效的强化元素。Ti 的析出相 Ni_3Ti 在467℃就开始析出,一直持续到较高温度。

(5) Al

Al 是作为脱氧剂而加入的,对马氏体时效钢也有强化作用。它的作用是束缚残留的氧和氮。

(6) 杂质元素

1) C。在马氏体时效钢中必须尽量降低钢中的 C

含量，其 $w(C)$ 不得超过 0.03%。

2）Mn、Si。这两种元素在马氏体时效钢中的含量也要严加限制。它们虽然也是强化性元素，但它们在马氏体时效钢中的强化作用有限，可是却能降低其塑性及韧性。所以在马氏体时效钢中 Mn、Si 的质量分数要限制在 0.1% 以下。

3）S、P。

S、P 在一般钢中都是有害的杂质元素，在这种高强度、高韧性的马氏体时效钢中危害更大。在马氏体时效钢中，S、P 的质量分数要限制在 0.01% 以下。

3. 热处理

如上所述，马氏体时效钢是通过奥氏体-马氏体-时效马氏体的组织转变而实现的。即：

1）加热到高温时，要能得到单一的奥氏体组织。

2）奥氏体向马氏体的转变最好在室温以上完成，或者至少在经过不深的 0℃ 以下处理后得到单一的马氏体组织。

3）在随后的加热中，在不太高加热温度的时效过程中能析出弥散分布的强化相，且具有优良的综合力学性能。

可以看出，要满足上述的要求，其热处理有三道工序：

1）加热，使之得到单一的奥氏体组织，并使合金元素全部溶解到奥氏体中，叫固溶处理。18% Ni（350）马氏体时效钢的 $Af = 773℃$，$As = 697℃$。

2）冷却，马氏体时效钢在固溶处理后的冷却过程没有严格的要求，可以水淬，也可以空冷。因为它在宽的冷却速度范围内均可得到单一的马氏体组织。18% Ni（350）马氏体时效钢的 $Ms = 170℃$，$Mf = 50℃$。

3）时效，以弥散析出强化相，并得到最佳的力学性能。对 18Ni（350）钢来说，随时效时间的延长（800℃ 固溶，500℃ 时效）分三阶段析出：时效 30min 先析出 $Ni_3(Mo,Ti)$，再析出 $(Fe,Ni,Co)_2(Mo,Ti)$，最后沿马氏体板条边界析出逆转奥氏体[26]。

18% Ni 钢加热到 800℃ 以上时，就能迅速转变为奥氏体。由于其合金化程度很高，过冷奥氏体很稳定，所以即使冷却速度较慢也能完全转变为马氏体。奥氏体转变为马氏体的温度约为 155～100℃。冷却到室温时，转变已相当充分，残留奥氏体很少。转变后马氏体的硬度为 28～32HRC。马氏体时效温度约为 480℃，时效相认为是 Ni_3Mo 及 Ni_3Ti。在 Ni 含量较低的钢中，还可能有 Fe_2Mo 等。

应该指出，18% Ni 型马氏体时效钢对固溶处理的加热温度及其后的冷却速度都不是很敏感。对 18% Ni（350）马氏体时效钢，其固溶温度在 810～1210℃ 范围内。随温度的提高，奥氏体晶粒由 $5\mu m$ 可以长大到 $450\mu m$，但其冲击吸收能量不降反而提高。这是由于奥氏体晶粒的长大并不使冷却后的马氏体变脆，反而韧性提高了。因为尽管固溶温度提高，奥氏体晶粒长大，但冷却后马氏体板条的形貌、间距、位错均不变，只是板条变长了。并使 Ni_3（Mo-Ti）相严重偏聚于奥氏体晶界或马氏体板条边界而诱发逆转奥氏体，导致马氏体板条内析出物减少并被软化，因此韧性提高[23]。

4. 力学性能

表 10-31 给出了美国市售马氏体时效钢的典型力学性能。可以看出，这些钢的特点是，有着极高的强度和良好的韧性等优良的综合性能。其 KV 和 K_{IC} 比常用的淬火回火高强度钢高出两倍以上。这是因为马氏体时效钢的高纯度，得到的是超低碳的马氏体，具有很高的塑性和韧性。时效又析出金属间化合物而引起的强烈的弥散强化作用。另外，马氏体时效钢的最高工作温度为 499℃。超过这一温度，发生过时效作用，持久强度迅速下降。

表 10-31 马氏体时效钢的典型力学性能[①]

级别	$R_m/$ MPa	$R_{eL}/$ MPa	$A(\%)$	$Z(\%)$	$K_{IC}/$ MPa·mm$^{1/2}$	KV/J
A（200）	1502	1399	10	60	154～242	47.6
B（250）	1791	1702	8	55	121	27.2
C（300）	2046	1998	7	40	80	20.4
18Ni（350）	2446	2399	6	25	35～50	10.9
铸造 18% Ni	1654	1550	8	25	101	68

① 822℃ 固溶处理，486℃ 时效。

马氏体时效钢有较强的抗氢性，加氢达 5.93×10^{-6}，虽可使力学性能稍有降低，但直到 $-196℃$ 仍有较高强塑性。

5. 物理性能

对马氏体时效钢、低碳钢及奥氏体不锈钢，就与焊接有关的物理性能进行对比，如表 10-32 所示。除热导率和电阻率外，马氏体时效钢和低碳钢之间的物理性能并没有显著差别。马氏体时效钢在焊接中由于热传造成的热损失较小，所以焊接过程中选用的焊接热输入应比焊接低碳钢时稍低。

马氏体时效钢与不锈钢之间的线胀系数有较大差别，如果两者需要焊接时，应当注意。

**表 10-32　马氏体时效钢低碳钢及
奥氏体不锈钢的物理性能[10]**

性能	线胀系数 [μm/ (m·K)]	热导率 (20℃)/ [W/(m·K)]	电阻率 /(μΩ·m)	熔点 /℃
马氏体 时效钢	10.1 (24~ 824℃)	19.7	0.36~ 0.7	1430~ 1450
低碳钢	12.8(20~ 300℃)	52	0.17	1520
不锈钢	17.8(0~ 315℃)	15	0.72	1400~ 1450

6. 焊接性

因为它含碳量很低，固溶处理后的冷却速度要求不高，不需要急冷，因此淬火时开裂的危险性小；由于这类钢的塑性很好，能抵抗并缓解应力集中，且在焊接热影响区形成的低碳马氏体对氢脆敏感性不大，因而冷裂倾向小。

马氏体时效钢的焊接主要是焊接热影响区的软化、焊缝金属的强度和韧性、热裂纹等问题。

（1）焊接热影响区的软化

马氏体时效钢的焊接热影响区根据与焊缝边界的距离由近到远，也就是说，根据加热温度由高到低可以分为三个区：A 区为加热到 800℃ 以上的区域；B 区为加热到 800~500℃ 的区域；C 区为加热到 500℃ 以下的区域。

1）A 区

由于 A 区加热温度很高，奥氏体晶粒充分长大，但冷却后马氏体板条的形貌、间距、位错均不变，只是板条变长了。并使 $Ni_3(MoTi)$ 相严重偏聚于奥氏体晶界或马氏体板条边界而诱发逆转奥氏体，导致马氏体板条内析出物减少并被软化，硬度降低，约为 300HV 左右。

2）B 区

B 区很窄，腐蚀后呈黑色。实际上，它是过时效区。其组织为马氏体加逆转奥氏体，是在马氏体基体上分布着弥散的奥氏体。这些奥氏体在随后的冷却中也不会转变为马氏体，因此它比 C 区及未受焊接热影响的区域软，硬度降低。但因该区很窄，对接头强

度影响不大。但若是大热输入焊接，该区较宽，也会降低焊接接头强度。

3）C 区

C 区为加热到 500℃ 以下，亦即加热到时效温度以下的区域，组织不会有明显变化，因此力学性能也不会有明显变化。

应该指出，A 区和 B 区，在焊后状态，尽管强度有所下降，但由于出现了弥散的逆转奥氏体，其韧性不但不会降低，反而会有所提高。可是如果焊后经过固溶和时效处理，其组织和性能就能得到恢复。

（2）焊缝金属的强度和韧性

如果采用与母材同质的填充材料焊接，焊缝金属的组织也是低碳马氏体，也可时效强化。但是由于焊缝金属的合金元素含量较高，在结晶过程中会发生较大偏析，降低奥氏体基体的合金元素含量，提高奥氏体的稳定性，冷却后会保留部分残留奥氏体。还会在后续焊道或时效过程中经过时效温度时产生逆转奥氏体（经腐蚀后为白色），因此其强度要低于母材。这种奥氏体呈块状，还会使焊缝金属的韧性下降。尽管马氏体时效钢的焊缝金属的强度比母材低，但接头强度系数仍都大于 0.9。

（3）焊接热裂纹

焊接马氏体时效钢时，也有一定的热裂倾向。可以是焊缝中的热裂纹，也可能是近缝区的液化裂纹。主要与杂质有关，这种杂质主要是 Ti 的 S 化物，它在焊接时容易形成液态薄膜而产生裂纹。同样，也可以在近缝区晶界产生液化而可能形成液化裂纹。这是因为马氏体时效钢的 Mn 含量很低，因而此类钢对 S 较为敏感，易诱发焊缝热裂纹及近缝区的液化裂纹。强度级别越高的钢，含 Ti 量也越高，裂纹倾向也越大。因此焊接时也应注意。

为防止产生焊接热裂纹及恶化力学性能，应尽量采用小的焊接热输入。

马氏体时效钢对焊接冷裂纹不大敏感。这是因为在焊态下，近缝区的金属较软；焊接时都严格控制杂质（也包括氢）的侵入，因而扩散氢含量低；马氏体相变温度低，使焊缝金属处于纵向压应力之下。所以冷裂倾向较低。

7. 焊接材料

填充材料应与母材成分相同，并严格限制其有害杂质 N、O、H、S、P、Si、Mn 及合金元素 Ti、Mo 含量。为此，应采用真空熔炼来生产马氏体时效钢焊丝。应使 N 和 O 含量小于 50×10^{-6}，H 含量小于 5×10^{-6}。C 含量也应尽量降低，因为它可能形成既危害金属性能又降低有益合金元素效能的碳化物。由于 S

能增大其产生热裂纹的敏感性，故也要尽量降低。过量的 Si 能降低冲击吸收能量，又增大裂纹的敏感性，也应加以控制。Ti 的含量也应控制在一定范围内，Ti 含量过高能导致产生热裂纹，并能使焊缝金属增大重新形成奥氏体的倾向。打底焊时，应选用含 Ti 略低的焊丝，以防焊缝中产生大量的块状奥氏体，降低韧性。表 10-33 为 18Ni 马氏体时效钢所用填充和打底焊丝的化学成分。

表 10-33　18Ni 马氏体时效钢所用填充和打底焊丝的化学成分

焊丝	化学成分（质量分数,%）										
	Ti	Mo	Co	Al	C	Si	Mn	Ni	P	S	N
填充	0.30	4.50	8.06	0.11	0.01	0.05	0.05	17.14	<0.006	<0.006	<0.005
打底	0.08	4.78	8.08	<0.02	0.014	0.005	痕量	18.12	<0.005	<0.006	<0.006

8. 焊前准备

焊前准备对马氏体时效钢焊接来说尤为重要。必须保证焊接材料及环境的无污染，以保证焊缝金属纯度，从而保证焊接接头的性能。具体地说，就是焊丝及焊件表面必须彻底清洗，去除一切油污、铁锈及杂质等。送丝机构及与焊丝接触的导轮、导管、导电嘴等也要去油、去锈，以免污染焊丝。保护气体要经过干燥和提纯，供气管路及设备也必须清理，排除空气及潮气。焊丝的清理尤为重要，建议采用真空退火及超声波清洗。还必须用砂纸打磨焊丝和焊件表面，以清除表面氧化物。焊丝清理后应放入充氩箱或真空箱中保存。焊件清理后应立即进行焊接。

多层焊时，每焊完一道，其表面都要用不锈钢丝刷或电动工具打磨清理。再引弧前必须剪掉焊丝端部，以免曾加热到高温的焊丝端部的氧化物进入熔池。若焊缝表面呈现暗黑色，则表明焊缝保护不良。

9. 焊接工艺

由于奥氏体向马氏体转变的温度在 100～150℃，因此焊接时不需预热，多层焊接时层间温度应低于 100℃。

（1）钨极气体保护电弧焊

马氏体时效钢用得最广泛的焊接方法是惰性气体保护焊，尤其是钨极氩弧焊。这种焊接方法还可以有效的控制焊接热输入，并可防止焊缝氧化。典型的焊接参数见表 10-34。采用直流正接，填充丝直径 1.6mm。可用冷丝，也可以用热丝。热丝电源 5.5～6V，135～170A，交流。

（2）熔化极气体保护焊

熔化极气体保护焊焊接马氏体时效钢，一般不能使用加氧化性气体的混合气体进行焊接。表 10-35 为马氏体时效钢熔化极气体保护焊的典型的焊接工艺。采用直流反接。前两道焊道用钨极氩弧焊，电弧电压 8～10V，焊接电流（直流正接）160～175A，焊接速度 102～152mm/min。

表 10-36 及表 10-37 分别为马氏体时效钢钨极气体保护焊和熔化极气体保护焊焊接接头的典型的力学性能（试样板厚为 10.2～25.4mm，经 482℃＋3～10h 时效，横向拉伸，焊接效率按屈服强度计算）。

（3）真空电子束焊

由于焊接保护特别优越，因此，真空电子束焊特别适于焊接马氏体时效钢。此外，热输入低、热影响区窄及变形小也是电弧焊无可比拟的。但焊缝金属的韧性往往低于母材，有时也低于惰性气体保护焊焊缝金属的韧性。表 10-38 及表 10-39 分别为马氏体时效钢电子束焊接的焊接参数和焊缝金属的典型的力学性能（母材为固溶＋时效状态，试样全部断于焊缝）。

10.4.2　无钴马氏体时效钢的焊接

已如上述，马氏体时效钢是一种特别优良的钢种，它在具有很高的强度和韧性的同时，还具有良好的冷、热加工性能及良好的焊接性，因此广泛用于航空和航天等尖端部门。其强度可达 1400～3500MPa。主要合金元素为 Ni、Co、Mo、Ti 等。合金元素含量越多，强度越高。合金元素总质量分数超过 40%，仅 Ni、Co 就高达 26%～30%，因此价格相当昂贵。战略元素 Co 比较稀缺，使得马氏体时效钢的生产成本大幅度增加，其发展和应用受到限制。上世纪 80 年代以来，继美国之后，许多国家先后研制了一批无钴的马氏体时效钢。

1. 化学成分

表 10-40 为一些典型的无钴马氏体时效钢的化学成分。其化学成分的基本特征是：完全去掉了 Co，降低了 Mo，增加了 Ti 的含量。用调整 Ti 含量来调整无钴马氏体时效钢的强度级别。

表 10-34 马氏体时效钢钨极氩弧焊的典型焊接工艺[10]

板厚/mm	接头形式	焊层数	电弧电压/V	焊接电流/A	焊接速度/(mm/min)	送丝速度/(mm/min)	保护气体
2	对接无坡口	1	10 ~ 12	150	178	254	Ar
	90°:V 形坡口 间隙 1.0mm	1		120	280		
		2		150			
12.7	30°:U 形坡口 间隙 1.5mm 坡口圆角半径 2.3mm	1	9 ~ 10	100	203		80% He + 20% Ar
		2		150			
		3 ~ 5		200		508	
		6 ~ 12		225		762	
15	30°:U 形坡口 间隙 1.5mm 坡口圆角半径 4.0mm	1	11 ~ 11.5	265	229	2692	75% He + 25% Ar
		2 ~ 6		400	356	4140	
19	60°:双 U 形坡口间隙 1.5mm 圆角半径 2.3 mm	1 ~ 10	10	340 ~ 400	305 ~ 381	1524 ~ 1778	Ar
25.4	60°:X 形坡口 间隙 1.5mm	1 ~ 30	10 ~ 12	210 ~ 230	105 ~ 152	508 ~ 610	

注:板厚 15.2mm 为热丝,其余为冷丝;直流正接;焊丝直径 1.6mm。

表 10-35 马氏体时效钢熔化极气体保护焊的典型焊接工艺[10]①

板厚/mm	接头形式	过渡类型	保护气体	焊丝		焊道数	电弧电压/V	焊接电流/A②	焊接速度/(mm/min)
				直径/mm	送丝速度/(m/min)				
12.7	V 形,钝边 1.5mm,根部间隙 1.5mm,坡口角 60 ~ 80	喷射 短路	氩氦	1.6	5.08 ~ 5.59	3 ~ 5	30 ~ 34	290 ~ 310	254
				0.9	8.26	18	25	125	152 ~ 203
19	U 形,钝边 2.3mm,根部间隙 1.8mm,坡口角 45	喷射	氩 + 2% 氧	1.6	6.10	10	28	350 ~ 375	378 ~ 504
25.4	X 形,钝边 1.5mm,根部间隙 2.3mm,坡口角 60 ~ 80	喷射 脉冲喷射	氩氦 +0.3% 氧	1.6	5.08 ~ 5.59	8	30 ~ 34 峰值 70,维弧 20	290 ~ 310	252
				1.14	4.57	24		平均 140	151

① 前两道用 TIG,焊丝相同,氩气保护,电弧电压 8 ~ 10V,焊接电流(直流正接)160 ~ 175A,焊接速度 102 ~ 152mm/min。

② 直流反接。

表 10-36　马氏体时效钢钨极气体保护焊焊接接头的力学性能

① 等级	不同方法	填充金属	R_m/MPa②	R_{eL}/MPa	A(%)(标距25.4mm)	Z(%)	焊接效率③(%)	韧性	
								KV/J④	K_{IC}/MPa·mm$^{\frac{1}{2}}$
A 级(200)	冷丝热丝	18Ni(200) 18Ni(200)	1426~1481 1357~1454	1371~1474 1282~1399	10~13 9~13	53~60 43~58	90~100 90~95	47.6~50.3	99~143 145~162.8
B 级(250)	冷丝高电流	18Ni(250) 18Ni(250)	1564~1674 1681	1516~1633 1674	10~13 12~16	44~60 21~28	90~95 97	47.6~50.3 25.8~31.3	68.2~69.3 77~88
C 级(300)	冷丝	18Ni(300)	1674	1392	8	40	75	—	64.9
A590(12-5-3)	冷丝	12-5-3	1254~1323	1213~1233	14~16	58~65	95	61.2~107.4	—

① 板厚 10. 2~25. 4mm。
② 经 482℃3~10h 时效横向焊缝拉伸试验。
③ 按屈服强度计算。
④ 夏比 V 形缺口冲击韧度。

表 10-37　马氏体时效钢熔化极气体保护焊的力学性能

等级	不同方法	填充金属	R_m/MPa	R_{eL}/MPa	A(%)(标距25.4mm)	Z(%)	焊接效率①	韧性	
								KV/J	K_{IC}/MPa·mm$^{\frac{1}{2}}$
A 级(200)	喷射脉冲喷射	18Ni(200) 18Ni(200)	1412~1516 1433	1357~1495 1399	6~11 5	34~56 —	90~100 100	23.1~29.9 32.6	83.6 —
B 级(250)	喷射短路喷射	18Ni(250) 18Ni(250)	1619~1735 1688	1516~1702 1570	5~7 4	7~38 14	93~95 95	9.5~13.6 16.3	77~88 71.5~82.5
C 级(300)	喷射	18Ni(350)	1688	1598	3	13	85	—	59.4
A590(12-5-3)	喷射脉冲喷射	12-5-3 12-5-3	1254~1316 1295	1213~1288 1240	10~12 9	47~58 32	90~95 95	46.2~68 40.8	— —

① 按屈服强度计算。

表 10-38　马氏体时效钢电子束焊接的焊接参数

等级	板厚/mm	焊道	电弧电压/V	焊接电流/mA	焊接速度/(mm/min)
A 级 (200)	25.4	1	50000	400	1016
		2	150000	13	254
B 级 (250)	2.54	1	30000	65	1016
	7.62	1	150000	20	1524
	12.7	1	150000	17	432
	25.4	1	50000	320	1016
12-5-3	25.4	1	50000	400	1016

表 10-39　马氏体时效钢电子束焊接焊缝金属的力学性能

等级	板厚/mm	工序①	焊道数	R_m/MPa	R_{eL}/MPa	$A(\%)$	$Z(\%)$
A 级 (200)	25.4	S-A-W	1	1040	1013	7	31
		S-A-W-A	1	1364	1350	4	13
		S-A-W	2	1158	1102	10	32
		S-A-W-A	2	1495	1461	7	14
B 级 (250)	2.54	S-A-W	1	1142	1142	2.5	21.2
		S-A-W-A	1	1891	1858	4.1	12.7
	7.62	S-A-W	1	1671	1671	4	—
		S-A-W-A	1	1826	1805	4	—
	12.7	S-A-W	1	1302	1247	8	30
		S-A-W-A	1	1798	1723	14	25
	25.4	S-A-W-A	1	1793	1765	4	27.8
12-5-3	25.4	S-A-W	1	1013	896	13	61
		S-A-W-A	1	1282	1247	9	33

① S—固溶退火，A—时效，W—焊接。

表 10-40　无钴马氏体时效钢的化学成分[22]

钢　种	化学成分（质量分数,%）						产地
	Ni	Mo	Ti	Al	Cr	其他	
T-250	18.50	3.00	1.40	0.10	—	—	美国
T-300	18.50	4.00	1.85	0.10	—	—	美国
W-250	19.00	—	1.20	0.10	—	4.5W	韩国
14Ni3Cr3Mo1.5Ti	14.31	3.24	1.52	—	2.88	—	印度
12Ni3.2Cr5.1Mo1Ti	12.00	5.10	1.0	1.0	3.20	—	日本
Fe15Ni6Mo4Cu1Ti	15.00	6.10	1.0	—	—	4.0Cu	中国
Fe8Ni3Mn5Mo	7.80	4.80	0.50	0.20	—	0.005Ce	中国
Fe18Ni4Mo1.7Ti	18.0	4.0	1.70	—	—	—	中国

2. 合金元素的作用

无钴马氏体时效钢与含钴马氏体时效钢相比，除了完全去除 Co 外，还调整了 Ni、Mo、Ti 的含量，不同钢种还增加了 Cr、W、Mn、Cu 等合金元素。在含 Co 的马氏体时效钢中，Co 的作用有三：Co 虽不能形成金属间化合物而起强化作用，但 Co 在金属中的固溶却减少了 Mo 的固溶，从而促进了 Mo 的金属间化合物的析出，而间接地起到强化作用；Co 可以提高马氏体的相变温度，有抑制残留奥氏体的作用；Co 可以抑制马氏体中位错亚结构的回复，为随后的析出相形成提供更多的形核位置，使析出相颗粒更加细小和分布均匀。这些作用并不是不可取代的，相反，完全可以通过调整合金元素 Ni、Mo、Ti 及添加 Cr、W、Mn、Cu 来保证无钴马氏体时效钢满足使用要求的性能。

（1）Ni

Ni 是马氏体时效钢中最重要的合金元素，它的固溶，提高了钢的塑性及韧性；还能与其他合金元素（如 Mo、Ti、W 等）形成金属间化合物而强化金属。但 Ni 含量也不能太高，否则，会使 Ms 降低太大，易于出现残留奥氏体，使时效后的强度降低。

（2）Mo

Mo 是马氏体时效钢中对强、韧性都有利的合金元素，对时效初期的富 Mo 析出相，在强化的同时还保持良好的韧性起到重要的作用；同时还能阻止析出相沿着奥氏体晶界析出，从而避免沿晶断裂，提高了断裂韧性。但过量加入 Mo 也会形成残留奥氏体。在 18% Ni 系马氏体时效钢中 Mo 的加入量不能超过 8%（质量分数）。对于无钴马氏体时效钢，由于失去了 Co 与 Mo 之间的交互作用，富 Mo 析出相的析出量相对降低，使强化作用减弱。若增加 Mo 含量，在钢中容易形成高温固溶时难以溶解的富 Mo 金属间化合物，也可能导致残留奥氏体的形成，使钢的塑性和韧性下降。因此不能通过增加 Mo 含量来保持钢的强化作用。

（3）Ti

在任何马氏体时效钢中 Ti 都是最有效的强化元素。在无钴马氏体时效钢中，每增加质量分数为 0.1% 的 Ti，强度就增加 54MPa。但在 Fe-Ni 系中强度达到较高水平后，韧性就严重恶化。因此也不能过多的加入 Ti 来提高钢的强韧性，必须另辟蹊径。

（4）Cr

在 Fe-Ni-Cr 三元合金中，Cr 能促进奥氏体的形成，因此在无钴马氏体时效钢中，Cr 可以取代部分 Ni。要想得到良好韧性，至少需要质量分数为 17% 的

Ni + Cr，而要保证得到最大强度，Ni + Cr 的最大质量分数在 17% ~ 21% 范围内。这里，还必须有 Ni 和 Cr 含量的有机的配合，才能有良好效果：其一，加入 Cr 取代部分 Ni 后，高的 Cr/Ni 比对 Fe_2（Mo，Ti）的析出比 Ni_3Ti 更有利，从而使更多的 Ni 留在基体中。但这要求在固溶及时效处理中很好地控制，以保证析出细小的 Fe_2（Mo，Ti）质点。如 14Ni-3Cr-3Mo-1.5Ti 钢就有较好的综合力学性能。其二，在此钢中加入 w（Cr）= 3% 的 Cr 以减少 Ni_3Ti 的析出，避免了基体贫 Ni 而造成韧性降低。其三，Cr 的加入还有另一优点，就是可以避免由于 Ni 含量降低，使 Ms 点升高，固溶处理冷却中可能产生析出相而降低韧性。加入 Cr，可以降低 Ms 点。也就是说，用 Cr 取代部分 Ni 后，先析出 Fe_2（Mo，Ti）相，从而改善了韧性。要达此目的，需 $w(Ni) > 12\%$、$w(Cr) = 3\%$ 方可。

（5）Al

Al 一般是作为脱氧剂加入的。本质上来说，Al 在马氏体时效钢中也可以产生硬化。所以在无钴马氏体时效钢中也有用 Al 作为强化元素的，甚至可以取代 Ti。并已经有无 Ti 含 Al [$w(Al) = 1\%$ ~ 3.5%] 的无钴马氏体时效钢问世。

3. 热处理及力学性能

无钴马氏体时效钢的力学性能在表 10-41 中给出。

日本学者浅山行昭研究了 14Ni3Mo3Cr1.5Ti 无钴马氏体时效钢的力学性能。其相变温度为：$As = 662℃$、$Af = 705℃$、$Ms = 214℃$、$Mf = 46℃$。化学成分（质量分数，%）：0.006C-0.030Si-0.020Mn-0.007P-0.003S-14.34Ni-2.88Cr-3.24Mo-1.153Ti。

图 10-11 为固溶温度对力学性能的影响。760 ~

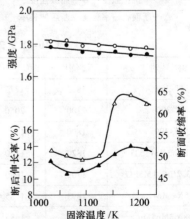

图 10-11　固溶温度对力学性能的影响

○—抗拉强度　●—屈服强度

△—断面收缩率　▲—断后伸长率

940℃ × 1h 范围内固溶处理后在 510℃ × 5h 时效，其抗拉强度及屈服强度随固溶温度的提高，稍有下降，但仍超过 1800MPa。可塑性变化就不是如此简单。在 850℃ 以下固溶，其断后伸长率几乎不变，在 10.5% 以上。但固溶温度高于 850℃ 时，塑性急剧提高，在 910℃ 固溶达最大值：断后伸长率为 13.5%，断面收缩率为 64%。分析表明，在 850℃ 以下温度固溶，将仍有析出物未溶解，在固溶温度提高到 850℃ 以上时，这种析出物完全溶解于奥氏体基体中。

图 10-12 为 910℃ × 1h 固溶，而时效在 440 ~ 580℃ + 5h 范围内变化时力学性能的变化。时效温度在 510℃ 时，力学性能最好。时效温度 460℃ 时塑性最低，高于此温度，时效塑性提高。其抗拉强度与屈服强度是 510℃ 时最好。

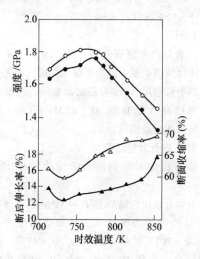

图 10-12　时效温度对力学性能的影响[24]

○—抗拉强度　●—屈服强度

△—断面收缩率　▲—断后伸长率

14Ni3Cr3Mo1.5Ti 钢的 Af = 705℃，固溶处理温度应高于此，所以当热处理制度为 900℃ × 1h 固溶加 510℃ × 5h 时效时，有最佳的综合力学性能。这时 R_m = 1820MPa，R_{eL} = 1750MPa，A = 13.5%，Z = 64%，硬度为 51HRC，K_{IC} = 130MPa · m$^{1/2}$。

而对于 Fe18Ni4Mo1.7Ti 则不同。在 800 ~ 1200℃ 广泛的温度范围内固溶处理，尽管随固溶温度的提高，晶粒尺寸增大，但其硬度基本无变化，为 25 ~ 26HRC。其 Mf 为 50℃，固溶处理后在 440 ~ 500℃ 温度范围内时效，硬度也没有变化。但时效温度提高到 540℃，硬度就下降。在 500℃ + 100min 时效，硬度可超过 55HRC。因此 Fe18Ni4Mo1.7Ti 钢的固溶处理选为 800℃ × 1h，而时效温度选为 480℃。但时效时间也影响其力学性能。时效 3h，R_m 及 R_{eL} 分别为 1960MPa 及 1800MPa；时效 12h，R_m 及 R_{eL} 则分别可达 2135MPa 及 2078MPa。可见，时效时间对力学性能的影响是不能忽视的。固溶处理后组织为高位错密度的板条马氏体，时效后为高位错密度马氏体及弥散均匀分布的析出相。析出相为纳米尺度的 Ni$_3$N。

4. 焊接

由于无钴马氏体时效钢是在一般的有钴马氏体时效钢的基础上改进而成，在化学成分上只是去除了 Co，而增加了 Ti 的含量或其他合金元素，如 Cr 等，在组织等金属学上并无大的变化。因此在焊接性能上也没有太大差异。只是由于 Ti 含量较高，焊接时容易烧损，所以，焊接保护更加重要。宜采用惰性气体保护焊及真空环境下的焊接。选用与母材同质的焊接材料，或含 Ti 量稍高的焊接材料，以弥补可能发生的 Ti 的烧损。焊接参数应选用小热输入，以免焊接热影响区的薄弱区（时效温度约 900℃）过宽，影响接头性能。此类钢由于杂质元素很低，因而焊接性能良好。

表 10-41　无钴马氏体时效钢的力学性能[24]

钢　　种	R_m/MPa	R_{eL}/MPa	A(%)	Z(%)	HRC	K_{IC}/MPa · m$^{1/2}$
T-250	1817	1775	10.5	56.1	50.8	106
T-300	2100	2050	10	54	53.8	76
W-300	1800	1780	9	45	—	—
14Ni3Cr3Mo1.5Ti	1820	1750	13.5	65	51	130
12Ni3.2Cr5.1Mo1Ti	1700	1660	10	—	—	102
Fe15Ni6Mo4CuTi	1893	1785	9.5	46	52.5	—
Fe8Ni3Mn5Mo	1545	1485	14	40.2	—	—
Fe18Ni4Mo1.7Ti	2000		9			70
18% Ni250(含钴钢)	1830	1710	12.6	70.8	51.0	137

10.4.3　马氏体时效不锈钢的焊接

含钴及无钴马氏体时效钢尽管有许多优点，但耐腐蚀性能较差是其最大的缺点，这就不能满足某些领域的要求。于是，20 世纪 60 年代又发展了由低碳马氏体相变强化和时效强化叠加的高强度不锈钢，即马氏体时效不锈钢。它具有马氏体时效钢的全部优点，又具有马氏体时效钢所不具备的不锈性，又对沉淀硬化不锈钢的化学成分及性能进行了改进。这类钢现已广泛用于航空、航天、机械制造、核能技术等重要领域。

1. 化学成分

表 10-42 为国外典型马氏体时效不锈钢的化学成分，表 10-43 为国内典型马氏体时效不锈钢的化学成分。

表 10-42　国外典型马氏体时效不锈钢的化学成分[25]

钢　种	化学成分（质量分数，%）								
	C	Cr	Ni	Co	Mo	Ti	Al	Cu	其他
PyromentX-15	<0.03	15.0	—	20.0	2.90	—	—	—	—
PyromentX-23	<0.03	10.0	7.0	10.0	5.50	—	—	—	—
Ultrofort401	<0.02	12.0	8.20	5.30	2.00	0.8	—	—	B，Zr
Ultrofort402	<0.02	12.5	7.60	5.40	4.20	0.50	0.05	—	—
Ultrofort403	<0.02	11.0	7.70	9.00	4.50	0.40	0.15	—	—
MNBI	<0.03	12.50	5.50	6.80	3.00	—	—	—	—
MA164	0.02	12.50	4.50	12.50	5.00	—	—	—	—
AM367	0.025	14.0	3.50	15.50	2.00	0.40	—	—	—
PHI3-8M	0.03	12.75	8.20	—	2.20	—	1.10	—	N = 0.005
SUS630	0.02	16.0	3.90	—	—	—	—	3.80	Si = 0.8，Mn = 0.8，Nb = 0.2
A steel	0.01	10.20	9.20	—	3.00	0.70	—	—	Si = 1.5
MSSHTI770M	0.04	13.80	7.0	—	0.8	0.30	—	0.70	Si = 1.5
Custom 450	0.035	14.9	6.5	—	0.8	—	—	1.5	Nb = 0.75
Custom 455	0.03	11.75	8.50	—	1.20	—	—	2.25	Nb = 0.30
Almar 362	≤0.03	14.50	6.5	—	0.80	—	—	—	—
AM363	≤0.05	11.50	4.50	—	0.40	—	—	—	—
11Cr9Ni2MoTi	<0.015	11.0	9.00	—	2.00	1.2~1.6	—	—	B<0.005

表 10-43　国内典型马氏体时效不锈钢的化学成分[25]

钢　种	化学成分（质量分数，%）							
	C	Cr	Ni	Nb	Mo	Si	Mn	其他
12Cr8NiBe	<0.03	11.7	8.0	—	—	—	—	Be = 0.18
00Cr14Ni6Mo2AlNb	<0.03	14.0	6.0	0.4~0.7	2.0	≤0.5	≤0.5	N=0.1~0.4
00Cr15Ni6Nb	<0.03	15.0	6.0	0.5~0.8	—	≤0.5	≤0.5	—
10Cr7Ni10Co5.5Mo	0.004	10.0	7.0	—	5.5	—	—	Co = 10
00Cr12Ni9Cu2TiNb	<0.03	12.0	9.0	0.2~0.3	—	—	—	Re2Cu
12Cr5Ni2MnMoCu	<0.03	12.00	5.0	—	—	—	2.00	—
13Cr25Co5Mo	<0.03	13.0	—	—	5.0	—	—	Co = 25
00Cr13Ni6MoNb	0.02	13.89	6.6	0.39	1.10	0.21	0.61	Al = 0.01

1961 年美国 Carpenter Technology Co. 研制了第一个含钴的 Pyroment X-12 马氏体时效不锈钢，以后又先后开发了不含钴的 Custom450、Custom455 及 Pyro-mentX-15、Pyromentx-23 钢。同时，其他公司又先后开发了 AM363、Almar326、In736、PHI3-8Mo、UnimarCR 等，德国于 1967 ~ 1971 年先后研制了 Ultrofort401-403 等三个钢种。我国也在上世纪 70 年代开展了马氏体时效不锈钢的研究，至 20 世纪末已开发了 00Cr13Ni8Mo2NbTi 等 10 余个马氏体时效不锈钢，并得到广泛应用。

2. 合金元素的作用

马氏体时效不锈钢的合金元素应满足如下三项要求：一是提高耐腐蚀性能，这就应有充分的 Cr 含量，$w(Cr)$ 要大于 12%；二是应有析出强化相，如 Mo、Ti、Nb 等；三是应有足够的奥氏体形成元素，如 Ni、Mn、Co 等。以使钢中不出现 δ 铁素体，并使 Mf 点在室温至 100℃，以避免存在太多的残留奥氏体。

（1）Cr

Cr 是提高耐蚀性必需的合金元素，还能降低 Ms 点。为保证钢的耐腐蚀性能，$w(Cr)$ 不得低于 12%，一般控制在 11.5% ~ 12.5% 之上。

（2）Ni

Ni 是马氏体时效不锈钢的主要合金元素，它可以使奥氏体相区向高 Cr 方向移动，使钢中 Cr 元素的含量提高，也不至于形成过多铁素体。但 Ni 含量不能过多，以防 Ms 太低，出现残留奥氏体，降低钢的强度。因此马氏体时效不锈钢的 Ni 含量一般控制在 5.6% ~ 10%，最高不高于 12%。

（3）Mo

Mo 在马氏体时效不锈钢中能提高钢的强韧性及耐腐蚀性。时效初期的富钼析出物，在强化钢的同时，保持其韧性；它能阻止析出物沿奥氏体晶界析出，避免沿晶断裂；在某些还原性介质中 Mo 能促进 Cr 的钝化作用，故它能提高 Cr-Ni 不锈钢在硫酸盐、磷酸及有机酸中的耐腐蚀性，并有效地抑制氯离子的点蚀倾向，提高钢的耐晶间腐蚀能力。但过量加入 Mo，也会生成残留奥氏体。因此马氏体时效不锈钢中的 $w(Mo)$ 不能超过 5%。

（4）Cu

Cu 是较弱的奥氏体形成元素，少量加入对不锈钢的组织不会发生明显影响。但在腐蚀介质中，能在氧化层下形成铜的富集层，阻止氧化铁向金属内部深入。故在马氏体时效不锈钢中加入铜，可提高钢在盐酸及碳酸中的耐腐蚀性，还能提高钢的耐应力腐蚀性能。但过多地加入铜，在热加工时易发生铜脆，是不可取的。

（5）Ti

Ti 在马氏体时效不锈钢中是最有效的时效强化元素，但含 Ti 的焊件在某些介质中易引起刀状腐蚀。

（6）Si

Si 是强铁素体形成元素，能在钢表面形成一层

SiO₂ 膜，提高抗氧化及耐腐蚀能力，还有抑制不锈钢在氯离子介质中的点蚀倾向。但 $w(Si)$ 达 4% 时，钢的脆性明显升高。

（7）Nb

Nb 具有时效强化作用，但韧性下降比 Ti 少。因为加 Nb 引起时效强化作用的 Nb（C，N）在晶界析出，晶内仍可有较大的变形能力；而 Ti 的析出物在晶内弥散分布，变形能力减弱，所以韧性下降。

（8）Re

Re 可以提高马氏体时效不锈钢的耐蚀性。

3. 力学性能

表 10-44 给出了典型马氏体时效不锈钢的力学性能[25]

表 10-44　典型马氏体时效不锈钢的力学性能[25]

钢　种	抗拉强度/MPa	断后伸长率（%）	硬　　度
SUS630	1430	12	450HV
Croloy16-6PH	1310	15	412HV
12-6PHX	1310	13	—
17-4PH	1310	14	42HRC
15-5PH	1310	14	42HRC
PhI3-8Mo	1550	12	47HRC
Custom 450	1350	14	42HRC
Custom 455	1645	10	49HRC
Pytoment X-15	1550	17	484HV
NSSHT1700M	1790	5	530HV
A steel	1980	1	587HV
AM363	840	10	—
Almar 362	1330	13	—
Ultrofort401	1700	11	—
MA-164	1830	14.7	—
00Cr12Ni9Cu2TiNb	2050	2.2	558HV
12Cr5Ni2MnMoCu	1640	4.5	—

4. 焊接性

（1）冷裂纹

由于马氏体时效不锈钢大多在真空环境下冶炼，有害杂质含量很低，抗冷裂纹性能很好。但若扩散氢含量达到 5×10^{-6} 以上，也有可能产生冷裂纹。

（2）热裂纹

因为该钢的有害杂质含量很低,因此抗热裂纹性能也很强。但若焊接过程中保护不良,或焊丝中 $w(Ti) > 0.8\%$ 时,也有可能产生热裂纹。

(3) 热影响区

这类马氏体时效不锈钢的焊接热影响区可分为三个区:

第一个区域为 A 区。它是紧靠焊缝金属的高温区,是完全奥氏体化了的区域,在之后的冷却中可以转变为马氏体。00Cr13Ni6MoNb 钢的 Af 在 720 ~ 750℃之间,以熔合线到这个温度的区域为 A 区。

第二个区域为 B 区,它是加热到 $\alpha + \gamma$ 的两相区。这个区在 560 ~ 730℃之间,其特征是在马氏体基体上分布着细小分散稳定的逆转奥氏体。这种奥氏体在接头时效时也不会发生变化,从而降低金属的性能,只有经过焊后固溶才能消失。采用小热输入焊接,以减少其宽度,能有所改善。

第三个区域为 C 区。它是被加热到 560℃以下的区域,其组织和性能都不会发生明显的变化。

图 10-13 为 00Cr13Ni6MoNb 钢的连续冷却组织转变图。可见,在宽泛的冷却速度范围内,其 Ms 及 Mf 都没有明显变化。也就是说,在多种焊接方法及宽泛

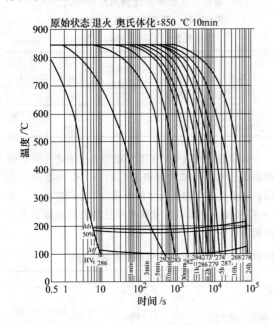

图 10-13 00Cr13Ni6MoNb 马氏体时效不锈钢
的连续冷却组织转变图[26]

元素	C	Si	Mn	S	P	Mo	Cr	Ni	Nb	Al
质量分数,%	0.02	0.21	0.61	0.004	0.01	0.01	13.89	6.6	0.39	0.01

的焊接参数下,即使大厚度焊件都可得到马氏体。

5. 焊接工艺

(1) 焊前准备

由于马氏体时效不锈钢多为真空冶炼,杂质含量很少,焊前准备就是保证焊接质量的重要条件,必须彻底清理焊件及焊丝表面的水分油污等。

(2) 焊接热输入

虽然马氏体时效不锈钢对冷却速度不敏感,但大的焊接热输入,却能造成焊缝金属的偏析而恶化其力学性能。所以应选用尽可能小的热输入。

(3) 焊丝成分

焊丝成分一般应与母材成分基本一致,但也要考虑焊接特点。一是为减少多层焊焊缝金属层间高温热影响区的铁素体带宽度,要控制焊丝的 Cr_{eq},以改善焊缝金属的韧性。二是焊接 00Cr13Ni6MoNb 钢的焊丝以 Ti 取代 Nb,可有好的效果,但其质量分数不应超过 0.6%。三是焊丝的杂质含量要低,如氧要低于 50×10^{-6},氮要低于 120×10^{-6}。

(4) 焊接方法

马氏体时效不锈钢的焊接可以采用电子束焊、惰性气体保护焊及熔渣保护焊(如焊条弧焊等)。曾用钛钙型药皮进行焊接,表现为有一定的焊接裂纹倾向,接头韧性也较低。这是因为渣保护不良,有害杂质进入焊缝金属所致。

10.5　耐磨高锰钢的焊接

10.5.1　国内外耐磨高锰钢的化学成分

耐磨高锰钢在工业上简称“高锰钢”,主要是用于承受冲击载荷和以表面磨耗为主要工况行为的部件的高合金钢。它是指碳的质量分数为 0.9% ~ 1.3%、锰的质量分数为 11% ~ 14% 的铸钢。将钢加热到 1000 ~ 1100℃得到单一奥氏体,然后快速冷却仍能保持奥氏体组织,这种处理叫“水韧处理”。耐磨高锰钢经水韧处理后成为一种有很强的韧性的无磁奥氏体钢,能够承受巨大的冲击载荷,并使受冲击表面迅速硬化而提高其耐磨损能力。它主要用于生产破碎机的锤头、腭板、挖掘机斗齿、球磨机衬板、铁路道岔、拖拉机和坦克的履带板等受冲击载荷及磨粒磨损的机件。

表 10-45 为我国耐磨高锰钢的化学成分。

10.5.2　高锰钢的 Fe-Mn-C 三元合金相图

图 10-14 为 $w(Mn) = 13\%$ Mn 的 Fe-Mn-C 三元合金相图。

表 10-45　耐磨高锰钢的化学成分（GB/T 5680—2010）

牌　号	化学成分(质量分数,%)								
	C	Si	Mn	P	S	Cr	Mo	Ni	W
ZG120Mn7Mo1	1.05~1.35	0.3~0.9	6~8	≤0.060	≤0.040	—	0.9~1.2	—	—
ZG110Mn13Mo1	0.75~1.35	0.3~0.9	11~14	≤0.060	≤0.040	—	0.9~1.2	—	—
ZG100Mn13	0.90~1.05	0.3~0.9	11~14	≤0.060	≤0.040	—	—	—	—
ZG120Mn13	1.05~1.35	0.3~0.9	11~14	≤0.060	≤0.040	—	—	—	—
ZG120Mn13Cr2	1.05~1.35	0.3~0.9	11~14	≤0.060	≤0.040	1.5~2.5	—	—	—
ZG120Mn13W1	1.05~1.35	0.3~0.9	11~14	≤0.060	≤0.040	—	—	—	0.9~1.2
ZG120Mn13Ni3	1.05~1.35	0.3~0.9	11~14	≤0.060	≤0.040	—	—	3~4	—
ZG90Mn14Mo1	0.70~1.00	0.3~0.6	13~15	≤0.070	≤0.040	—	1.0~1.8	—	—
ZG120Mn17	1.05~1.35	0.3~0.9	16~19	≤0.060	≤0.040	—	—	—	—
ZG120Mn17Cr2	1.05~1.35	0.3~0.9	16~19	≤0.060	≤0.040	1.5~2.5	—	—	—

注：允许加入微量 V、Ti、Nb、B 和 RE 等元素。

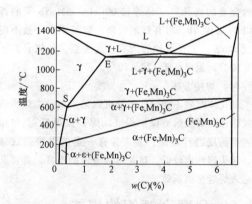

图 10-14　$w(Mn)=13\%$ 的 Fe-Mn-C 三元合金相图

10.5.3　耐磨高锰钢的力学性能

　　由于耐磨高锰钢是奥氏体组织，因此其冲击韧度较高，一般都在 $100J/cm^2$ 以上，有些情况甚至可以达到 $294J/cm^2$。耐磨高锰钢的低温冲击韧度也很高。

　　铸态耐磨高锰钢的组织是由奥氏体基体、晶界连续网状碳化物、界内针片状碳化物、少量珠光体及磷共晶组成，性能很脆，一般不在铸态下使用。耐磨高

锰钢的使用状态为水韧处理之后，组织为单相奥氏体，水韧处理之后的韧性大大提高。表 10-46 给出了我国耐磨高锰钢铸件的室温力学性能。

10.5.4　合金元素对耐磨高锰钢力学性能的影响

　　1. 碳

　　（1）碳含量对耐磨高锰钢力学性能的影响

表 10-46　我国耐磨高锰钢铸件的力学性能（GB/T 5680—2010）

牌号	下屈服强度 R_{eL} /MPa	抗拉强度 R_m /MPa	断后伸长率 A (%)	冲击吸收能量 KU_2 /J
ZG120Mn13	—	≥685	≥25	≥118
ZG120Mn13Cr2	≥390	≥735	≥20	—

　　碳是耐磨高锰钢中最重要的合金元素之一，对钢的组织、性能有非常显著的影响。其作用在两个方面：一是促进单相奥氏体的形成，二是固溶强化。表 10-47 给出了不同碳含量对水韧处理之后高锰钢力学性能的影响。

表 10-47　不同碳含量对水韧处理之后耐磨高锰钢力学性能的影响（1050℃水韧处理）

$w(C)$ (%)	铸态力学性能					热处理后力学性能(1050℃水淬)									
	a_K /(J/cm²)	R_m /MPa	A(%)	Z(%)	HRC	不同温度时的 a_K/(J/cm²)					$\dfrac{a_{K-40℃}}{a_{K+20℃}}\times100\%$	R_m /MPa	A(%)	Z(%)	HRC
						20℃	0℃	-20℃	-40℃	-60℃					
0.63	284	420	32.0	36.2	15	300	300	292	227	189	—	589	42.2	48.0	—
0.74	268	458	30.7	33.0	15	289	280	265	203	150	70.3	593	41.7	46.5	15
0.81	143	484	22.4	26.5	15	242	235	207	162	96	66.8	607	38.5	32.0	15
1.06	23	526	10.0	2.7	15	229	212	180	142	79	62.0	693	27.2	30.1	15
1.18	6	553	2.2	0	19	195	172	112	86	47	44.1	760	23.4	24.0	16
1.32	0	598	0	0	21	115	102	68	43	19	37.4	823	18.5	16.3	18
1.48	0	612	0	0	24	83	68	36	27	6	32.5	855	12.3	7.4	20

（2）碳含量对高锰钢耐磨性的影响

图 10-15 给出了在非强冲击磨料磨损条件下碳含量对高锰钢磨损失重的影响。

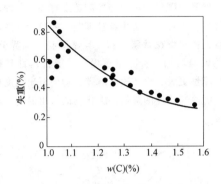

图 10-15　碳含量对高锰钢磨损失重的影响

2. 锰

锰也是稳定奥氏体的元素。在 C 含量一定时，随 Mn 含量的提高，金相组织将逐步发生由珠光体向马氏体进而向奥氏体的转变。随 Mn 含量的提高，其强韧性提高，但 Mn 的质量分数达到 14% 之后，强韧性又降低。表 10-48 给出了 Mn 含量对高锰钢力学性能的影响。

3. Mn/C 比

表 10-49 给出了 Mn/C 比（质量比）对高锰钢冲击韧度的影响。

C 和 Mn 对高锰钢组织的影响如图 10-16 所示。Mn/C 比必须大于 10，才能够经过水韧处理得到单相奥氏体组织。

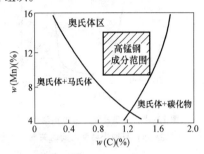

图 10-16　高锰钢中 C 和 Mn 成分范围

表 10-48　Mn 的质量分数对高锰钢力学性能的影响

化学成分（质量分数，%）			力学性能			
C	Mn	Si	$R_{p0.2}$/MPa	R_m/MPa	A（%）	Z（%）
1.30	8.7	0.46	362.85	436.40	6.0	17.0
1.16	12.40	0.44	402.07	465.82	6.0	13.5
1.24	13.90	0.63	405.98	470.72	6.5	15.5
1.20	14.30	0.52	426.59	490.33	5.0	16.0

表 10-49　Mn/C 比对高锰钢冲击韧度的影响

$w(Mn)$（%）		7.2	8.6	9.5	11.0	12.2	13.8
Mn/C		7.5	9.1	10.0	11.5	12.8	14.5
a_{KV}/（J/cm²）	20℃	62.8	95.1	130.4	185.4	225.6	272.6
	-40℃	19.6	37.3	64.7	116.7	142.6	176.5

10.5.5　高锰钢加工硬化

加工硬化是耐磨高锰钢的特点。高锰钢受到拉伸、反复机械冲击以及炸药爆炸冲击波的冲击后会发生硬化；耐磨高锰钢磨损之后，其表面也会发生硬化。

爆炸加工也可以使得高锰钢的表面发生硬化，铁路部门已经采用爆炸加工的方法，预先使得高锰钢辙岔表面发生硬化，以提高高锰钢辙岔的使用寿命。

图 10-17 为磨损之后高锰钢辙岔表面的硬度分布曲线。

10.5.6　高锰钢的加热性能

由于高锰钢的使用状态是水韧处理，为单相奥

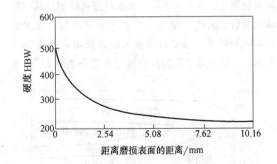

图 10-17　磨损之后高锰钢辙岔表面硬度分布曲线

体状态，C 处于过饱和状态，加热时将引起碳化物的析出，发生重大的组织变化，从而影响高锰钢的性能。当温度超过 125℃时，在奥氏体中就会有碳化物

析出。随着温度的提高，碳化物析出加剧，塑性和韧性下降。图 10-18 为水韧处理之后加热温度与冲击韧度之间的关系。从图 10-18 可以看到，在 350 ~ 900℃时冲击韧度降低，450 ~ 850℃时最低，约 650℃时达到极低值。

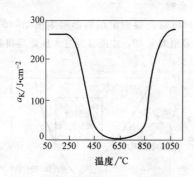

图 10-18　水韧处理之后加热温度
（保温 5h）与冲击韧度之间的关系

10.5.7　高锰钢的焊接性

耐磨高锰钢的焊接性很差，甚至曾被认为是不可焊的材料。铸态耐磨高锰钢存在严重的网状碳化物，没有实用价值，所以一般不进行焊接，也不能焊接。耐磨高锰钢的焊接问题主要是：碳化物的析出引起材质脆化；焊缝金属中的结晶裂纹和气孔；晶粒长大以及焊接热影响区过热区的液化裂纹等。

1. 热影响区的碳化物析出

耐磨高锰钢经水韧处理后具有优异的力学性能，特别是韧性很高；又具有很强的加工硬化性能。因此用来制造承受冲击载荷而又磨损的工作条件的部件，有其独特的优越性。但是这种钢受热极易析出碳化物，只要加热达 250℃就可能沿奥氏体晶界析出碳化物而使钢的韧性大大下降。根据耐磨高锰钢加热时的碳化物析出曲线（图 10-19），水韧处理后，被加热到 250 ~ 800℃，就会析出碳化物而使耐磨高锰钢发生脆化。这一温度范围被称做"脆性温度区间"。在

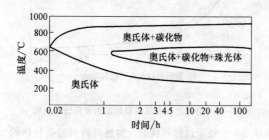

图 10-19　耐磨高锰钢加热时
的碳化物析出等温转变曲线

这一温度区间保温，就能析出碳化物，尤其在 500 ~ 700℃之间最易析出碳化物。

从图 10-20 所示的耐磨高锰钢的连续冷却转变曲线可以看到，碳化物析出与冷却速度有关。若冷却速度足够快，碳化物的析出就被抑制。随冷却速度的降低，首先析出颗粒状碳化物，且呈网状于晶界分布，其脆性大幅增加。若冷速更慢，还能析出针状碳化物，其脆性更大。冷却速度对碳化物的析出温度也有影响，随冷却速度的降低，碳化物的析出温度升高。

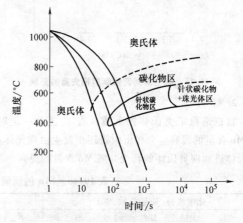

图 10-20　耐磨高锰钢的连续冷却转变曲线

耐磨高锰钢焊接时，减少其在热影响区的碳化物析出是焊接工艺设计及实施的第一要务。加热时应采取尽可能小的脆性温度区范围，在这个温度范围的停留时间应尽可能短。

2. 焊接裂纹

由于高锰钢的组织是奥氏体，因此一般来说，不会产生冷裂纹，但是却有明显的结晶裂纹倾向。此外，很容易在热影响区产生液化裂纹。

（1）结晶裂纹

由于耐磨高锰钢含有一定量的 P 和 S，尽管钢中 Mn 含量多，缓解了 S 的危害，但仍有可能生成低熔点共晶而增大焊缝金属的热裂倾向。另外，耐磨高锰钢的导热系数小，温度梯度大，其线膨胀系数也大，焊后冷却收缩量大，导致产生较大的焊接应力，这就加重了产生结晶裂纹的力学因素。

防止耐磨高锰钢产生结晶裂纹，首要的还是要降低母材及焊接材料中的 S 和 P 含量，以减少液态薄膜的产生。采用小热输入焊接、加速冷却也是防止结晶裂纹的有效措施。

采用奥氏体焊条（A102、A202、A302、A402）施焊后，为了保证焊接接头的耐磨性，可以在不锈钢焊缝之上，采用 D256、D266 等焊条进行盖面焊。表 10-50 给出了几种高锰钢焊条的熔敷金属的化学成分。

表 10-50　几种高锰钢焊条的熔敷金属的化学成分

焊条牌号	化学成分（质量分数，%）				
	C	Cr	Ni	Mo	Mn
A102	≤0.08	18~21	8~11		
A202	≤0.08	17~20	10~13	2~3	
A302	≤0.12	22~26	11~14		
A402	≤0.20	24~28	18~21		
A107	≤0.08	18~21	8~11		
D256	~0.9				~13
D266	~0.8			~2.0	~13

（2）液化裂纹

液化裂纹也是一种热裂纹，其产生的原因是液态薄膜的存在。液态薄膜使得材料处于零塑性状态。在这个状态之下，受到拘束应力的作用，较容易产生裂纹。这种液态薄膜的产生，是晶界液化的结果。而晶界液化是在焊接高温作用之下，晶界低熔点物质或者反应形成的低熔点物质使得晶界发生熔化。耐磨高锰钢是奥氏体钢，容易发生 S、P、Si 等元素的偏析，形成低熔点物质，液态薄膜存在的温度范围较宽，约为 1140~1370℃。

耐磨高锰钢焊接热输入增大，液化裂纹倾向也增大。

除了尽量降低对高锰钢的加热温度之外，还可以采用对焊缝金属合金化的方法来避免液化裂纹。GM-1 焊条 （20Cr-10Ni-6Mn-2Mo） 比 E1-23-13-15 （A307，25-13 合金系）焊条的抗液化裂纹性能好，这是因为前者为 $\gamma + \delta$ 组织，对高锰钢奥氏体晶界有较强的渗透作用，对裂纹的形成有"愈合作用"。

（3）气孔

由于耐磨高锰钢中碳含量很高，焊接过程中可能产生大量 CO 气体，这就有可能形成气孔，实践也证明了这点。

10.5.8　高锰钢的焊接

图 10-21 给出了耐磨高锰钢 CCT 曲线。

1. 高锰钢的焊接接头形式

图 10-22 给出了高锰钢焊接的一般接头形式。

2. 高锰钢的焊接方法

（1）高锰钢的焊条电弧焊

高锰钢的焊条电弧焊应当采取快速冷却的方法，应尽量减少碳化物的析出，以改善接头性能。如快速焊、间断焊、跟踪水焊（喷水焊）、泡水焊等。

（2）脉冲焊条电弧焊

1）焊前准备。在确定需要堆焊的部位之后，首先用砂轮打磨堆焊表面，去除硬化层和龟裂（修补磨损的高锰钢表面）或者清除夹杂物及其他浇铸缺陷，如气孔、缩孔和裂纹等（修补高锰钢钢锭），直至露出金属光泽，没有任何表面缺陷（裂纹、砂眼、疏松、气孔、缩孔等）。

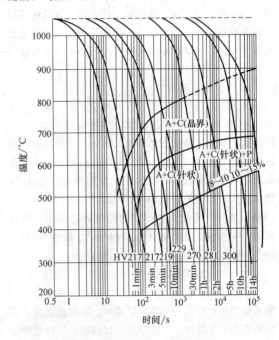

图 10-21　耐磨高锰钢 CCT 曲线

（质量分数%：1.29C-13.3Mn-0.08Cr）

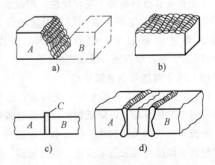

图 10-22　高锰钢焊接接头形式

2）焊接条件。堆焊高锰钢时（比如修复钢轨辙岔），采用直流反接法，即焊条接正极，焊件接负

极。焊条直径为 4mm 时，采用表 10-51 给出的堆焊

条件。

表 10-51　脉冲焊条电弧焊修复辙岔的堆焊条件

脉冲电流/A	维弧电流/A	脉冲宽度(%)	脉冲频率/Hz	焊接速度/(mm/min)	焊缝长度/mm
150	50	25	3	90 ~ 110	150

3）焊接过程。应该在堆焊区引弧，严禁在堆焊区之外引弧。在非堆焊区引弧，一方面会破坏钢轨表面，需要重新断面；另一方面，引弧区由于电弧加热温度很高，会发生碳化物析出而引起脆化。堆焊时如果采用分段法、跳焊法效果更好。同时，还可以采用焊后立即进行锤击，以减轻焊接残余内应力，对于行车密度较大的路段，也可以利用车轮碾压来减轻残余内应力。堆焊过程中注意控制焊件温度，尽量使其减少碳化物析出。堆焊时注意焊道的头尾连接，防止出现脱节现象。相邻焊道的重叠量应当小于焊道宽度的 1/3。

（3）等离子弧堆焊

等离子弧堆焊由于弧温高，热量集中，稀释率很低（小于 5%），熔敷速度快，焊接速度可以加大，因而大大减少了对耐磨高锰钢的加热，使焊接热影响区加热区宽度大幅降低，受热时间大幅缩短，从而使碳化物析出大幅减少，晶粒长大受到抑制。用 Ar 气作保护气，焊丝为直径 3mm 的 12Cr18Ni9，焊接电流 180A。所得焊接接头各部位的冲击韧度如下：熔合区为 $138J/cm^2$，热影响区为 $156J/cm^2$，焊缝为 $187J/cm^2$，母材为 $185J/cm^2$，焊丝为 $180J/cm^2$。

（4）熔化极气体保护焊

采用 Ar + 5% ~ 20% CO_2 作为保护气体可以对耐磨高锰钢进行熔化极气体保护堆焊。在对接之前，两侧坡口都首先各堆焊一定厚度的过渡层。堆焊过渡层通常用焊丝 18-8Mn；坡口堆焊之后的对接，先用 18-8Mn 型焊条打底，再改用焊丝 H08Mn2SiA 进行对接焊。为使接头表面具有加工硬化特性，用焊条电弧堆焊一层（E7-200K 焊条）盖面层。用这种焊接工艺得到的焊缝质量良好，但在 18-8Mn 过渡层与 ZGMn13 钢的熔合线有增、脱碳现象。

（5）水下湿法焊条电弧堆焊

1）水下湿法焊条电弧堆焊工艺特点：由于在水下焊接可以加快冷却，以降低焊接接头晶界碳化物析出，来改善焊接接头的韧性。但是水下焊接与大气中焊接相比，焊接环境发生了变化，焊接过程、焊接条件也必然会发生变化。

① 水深对电弧稳定性的影响。水深小于 40mm 堆焊，电弧不能稳定燃烧。在水深大于 40mm 之后，电弧能够在水下形成一个如同埋弧焊的空腔，电弧在这个空腔中能够稳定燃烧。

② 焊接电弧的稳定性。分析表明，水下电弧气氛与大气中电弧气氛的成分是不同的。水下电弧气氛为 62% ~ 82%（体积分数，后同）的氢气，11% ~ 24% 的 CO 和 4% ~ 6% 的 CO_2。与大气中电弧气氛相比，水下电弧气氛的氢气含量大幅增加。表 10-52 给出了大气中电弧和水下电弧参数的比较。可以看到，与大气中焊接电弧相比，水下电弧的电流降低，电弧电压增大，熄弧电弧长度明显减小，这说明，水下电弧的稳定性明显降低。

2）水下湿法焊条电弧堆焊的组织和性能：

① 焊缝金属的化学成分。表 10-53 给出了采用 D276 焊条堆焊高锰钢时焊缝金属的化学成分，可以看到，与大气中焊接相比，水下焊接焊缝的碳和锰含量较高，而氧含量较低，这说明水下焊接时电弧气氛的氧化性较低。

表 10-52　大气中电弧和水下电弧参数的比较

焊条类型	焊接条件	焊接电压/V	焊接电流/A	熄弧时弧长/mm
J507	水面下	28	190	6.0
	大气中	24	200	12.0
D276	水面下	28	200	5.76
	大气中	25	210	11.87

表 10-53　采用 D276 焊条堆焊高锰钢时焊缝金属的化学成分

焊接条件	化学成分(质量分数,%)					
	C	S	P	Si	Mn	O
水下	0.54	0.0058	0.02	0.27	12.25	0.0251
大气	0.52	0.0049	0.045	0.45	11.53	0.0269

② 碳化物析出。高锰钢焊接中的最大问题是焊接热影响区过热区中碳化物析出引起的接头脆化，这也是高锰钢焊接中需要解决的首要问题。

表 10-54 为不同堆焊条件下高锰钢焊接热影响区过热区的碳化物析出层的厚度。

③ 碳化物析出对高锰钢力学性能的影响。

图 10-23 给出了热处理温度对高锰钢冲击韧度的影响，可以看到，热处理温度在 650℃ 左右，高锰钢冲击韧度最低，与温度对碳化物析出的影响相对应。

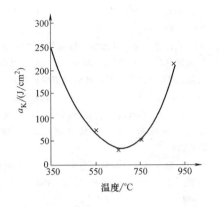

图 10-23　热处理温度对高锰钢冲击韧度的影响

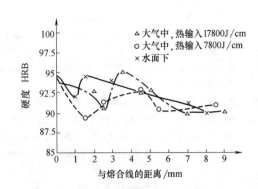

图 10-24　不同焊接方法高锰钢接头区的硬度分布

图 10-24 给出了不同焊接方法高锰钢接头区的硬度分布。从图中可以看出，无论哪一种焊接方法，都有两个硬度峰值，一个是在熔合线附近，另外一个是在碳化物析出敏感区之内。这两个硬度峰值的机理是不同的：前者是由于晶粒粗大引起的；后者则是由于碳化物析出引起的。

热处理温度对高锰钢硬度的影响，也与热处理温度相对应。在 650℃ 左右，处于碳化物析出敏感区高锰钢硬度最高，这一点与高锰钢最大脆性相对应。

高锰钢焊接热模拟件的夏比冲击试验结果，也与其焊接热影响区的硬度分布相对应，也存在两个脆性区，分别对应于焊接热影响区的碳化物析出区与熔合线区。

表 10-54　不同堆焊条件下高锰钢焊接热影响区过热区的碳化物析出层的厚度

焊接方法	焊接热输入 /(J/cm)	碳化物析出区与熔合线距离/mm	碳化物析出区宽度/mm	析出层最大厚度/μm	备　注
大气中	17800	1.36 ~ 5.27	3.91	4.38	
	14600	1.10 ~ 4.05	2.95	4.06	
	10000	0.91 ~ 3.36	2.45	3.68	
	7800	0.83 ~ 3.13	2.30	3.08	
泡水焊	8300	0.76 ~ 2.89	2.13	2.33	
大气 + 跟踪水	11800	0.82 ~ 3.30	2.48	1.67	
泡水 + 跟踪水	10100	0.73 ~ 3.01	2.28	1.33	
水面下	10500	0.40 ~ 1.50	1.10	1.01	
水面下（三层）	一层 13400	0.60 ~ 5.20	4.60	1.35	三层交界处
	二层 10400				
	三层 9600	0.45 ~ 4.00	3.35	1.25	一、二层 HAZ
大气中（三层）	一层 10400	1.25 ~ 7.90	4.45	5.25	三层交界处
	二层 10700				
	三层 11700	0.83 ~ 5.80	4.97	3.75	一、二层 HAZ

参 考 文 献

[1]　尹钟大，李晓东，李海滨，等. 18Ni 马氏体时效钢时效机理研究 [J]. 金属学报，1995，31 (1)：72-75.

[2]　章守华. 合金钢 [M]. 北京：冶金工业出版社，1981.

[3]　姜越，尹钟大，李景川，等. 合金元素对马氏体时效不锈钢 Ms 温度影响的定量分析 [J]. 特殊钢，2003，24 (6)：9-14.

[4]　刘振宝，宋为须，杨志勇，等. 时效对超高强马氏体时效不锈钢组织和性能的影响 [J]. 材料热处理学报，2005，26 (4)：52-55.

[5]　周昭伟，等. 9% Ni 钢焊接熔合区的氢致开裂与马氏体带的关系 [C]. //第六届全国焊接学术会议论文选集：第 2 集. 1990：1-3.

［6］　罗志昌，等. 9% Ni 钢焊接熔合区的冷裂敏感性评定
　　　与研究［C］.//第六届全国焊接学术会议论文选集：
　　　第2集. 1990：96-98.

［7］　后藤智巳，等. LNG 日温贮槽的溶接施工［J］. 溶接
　　　学会誌，1999，68（8）：28.

［8］　姚丽姜. 时效对 00Cr13Ni6Mo 马氏体不锈钢韧性和断
　　　裂的影响［J］. 上海金属，2000，22（1）：42-43.

［9］　浅山行昭. Fe-Ni-Ti 系マルェ-ジンゲ鋼の析出挙动韧
　　　性と及ぼすCrの影響［J］. 日本金属学会誌，1986，
　　　50（10）：879-885.

［10］　American Welding Society. Welding Handbook：Vol 4
　　　Metals and Their Weldability［M］7th ed. Miami：
　　　American Welding Society，1983.

［11］　薛侃时，戎忠良，景小味，等. 合金元素对高锰奥
　　　氏体超低温钢性能的影响［J］. 机械工程材料，
　　　1992，16（1）：18-22，35.

［12］　薛侃时，孙大涌，王滨，等. 提高高锰奥氏体超低温
　　　钢低温韧性的方法［J］. 机械工程学报，1998，34
　　　（6）：11-15，22.

［13］　孙大涌，薛侃时，徐佐仁，等. 锰低温钢中锰及合金
　　　元素的不平衡偏聚［J］. 机械工程学报，1998，34
　　　（4）：1-6，14.

［14］　薛侃时，王滨，李晋，等. 高锰奥氏体超低温钢低
　　　温脆断机制的研究［J］. 机械工程学报，1998. 34
　　　（5）：1-6.

［15］　付瑞东，郑炀曾. 氮对 Fe-38Mn 奥氏体钢低温冲击
　　　韧性的影响［J］. 特殊钢，2000，21（1）：14-15.

［16］　付瑞东，任伊宾，郑炀曾，等. 一种高锰奥氏体低温
　　　钢的力学性能［J］. 机械工程学报，2001，37（3）：
　　　78-80.

［17］　付瑞东，李亮玉，郑炀曾，等. 高锰奥氏体超低温
　　　钢焊接接头的组织和力学性能［J］. 焊接学报，
　　　2001，22（3）：21-24.

［18］　姜越，尹钟大，朱景川，等. 超高强度马氏体时效
　　　钢的发展［J］. 特殊钢. 2004，25（2）：1-5.

［19］　浅山行昭，等. 電气抵抗测定によるFe-18%-Co-Mo-Ti
　　　系マルェ-ジンゲ鋼の析出挙动の研究［J］. 日本金属学
　　　会誌，1984，48（2）：122-128.

［20］　何毅，等. 固溶温度对超纯净 18Ni（350）马氏体时

［21］　效钢断裂韧性及微观组织的影响［J］. 金属学报，
　　　2003，39（4）：381-385.

［21］　刘中豪，等. 含氢马氏体时效钢低温力学行为与断
　　　裂机制［J］. 金属学报，2000，36（8）：284-288.

［22］　姜越，尹钟才. 无钴马氏体时效钢的研究现状［J］.
　　　材料科学与工艺，2004，12（1）：108-112.

［23］　何毅，杨柯，孔凡西. 超高强度 18Ni 无钴马氏体时效
　　　钢的力学性能［J］. 金属学报，2002，38（3）：
　　　278-281.

［24］　浅山行昭. 含クロム無コバルト-ジンゲ鋼の機械
　　　性質［J］. 日本金属学会誌. 1987，51（1）：
　　　76-82.

［25］　姜越，尹钟大，朱景川，等. 马氏体时效不锈钢的发展
　　　现状［J］. 特殊钢，2003，24（3）：1-5.

［26］　刘翠荣，吴志生，郭东城. 奥氏体锰钢与 45# 钢的焊
　　　接［J］. 太原理工大学学报，1998（5）：514-516.

［27］　黄家鸿，郭东城，吴志生，等. 高锰钢薄板　MAG
　　　焊工艺试验研究［J］. 太原重型机械学院学报，
　　　1992（3）：96-101.

［28］　郭面换，邵德春，董占贵，等. 铁路钢轨与辙叉焊
　　　接工艺［J］. 焊接学报，2000，21（1）：17-20.

［29］　于启湛. 高锰钢水面下手弧堆焊热影响区组织和性
　　　能的改善——高锰钢水面下焊接研究之一［J］. 焊
　　　接技术，1986（2）：17-21.

［30］　于启湛. 高锰钢水面下手弧堆焊热影响区组织和性
　　　能的改善——高锰钢水面下焊接研究之二［J］. 焊
　　　接技术，1986（3）：22-25.

［31］　陈字刚. 高锰钢脉冲手工电弧焊补［J］. 焊接，
　　　1983（3）.

［32］　张增志. 耐磨高锰钢［M］. 北京：冶金工业出版
　　　社，2002.

［33］　于启湛，薛继仁，史春元. 高锰钢爆炸加工硬化及
　　　其硬化机理［J］. 大连铁道学院学报，1997（4）：
　　　65-69.

［34］　汤祖尧，谢蓓玲，杨永兴. Fe-Cr-Ni 马氏体时效型
　　　高强不锈钢焊接特征［J］. 上海钢研，1981（3）：19-
　　　28.

［35］　中国机械工程学会焊接学会. 焊接手册：第1卷焊接
　　　方法及设备［M］. 北京：机械工业出版社，2001.

第11章 铸铁的焊接

作者 孙大千 审者 任振安

11.1 概述

铸铁是 $w(C) > 2.14\%$ 的铁碳合金。与钢不同，铸铁的结晶过程要经历共晶转变。工业用铸铁实际上是以铁、碳、硅为主的多元铁合金。

工业中应用最早的铸铁是碳以片状石墨存在于金属基体中的灰铸铁。由于其成本低廉，并具有铸造性、可加工性、耐磨性及减振性均优良的特点，迄今仍是工业应用最广泛的一种铸铁。但由于其石墨以片状存在，其力学性能不高，为提高铸铁的力学性能，改变其石墨形态一直是铸造工作者的努力方向。其第一个进展是开发成功了石墨以团絮状存在的可锻铸铁，使铸铁的力学性能明显提高。但可锻铸铁是由一定成分的白口铸铁经过长期退火使莱氏体分解后而获得的。为此需要消耗大量的能源，这是其不足之处。1947年，发明了以球化剂处理高温铁液使石墨球化的新方法，于是诞生了球墨铸铁，使铸铁的力学性能提高到一个新的高度。20世纪60年代，铸造工作者发现，以比处理球墨铸铁铁液少的球化剂处理铁液后，其石墨呈蠕虫状，于是蠕虫状石墨铸铁（简称蠕墨铸铁）问世了。它具有比灰铸铁强度高，比球墨铸铁铸造性能及耐热疲劳性能好的优点，在工业中迅速获得了一定的应用。以往的铸铁基体组织通常为珠光体、铁素体或者它们二者不同比例的混合组织。以珠光体为基体的球墨铸铁，其最高抗拉强度可达800MPa，但断后伸长率只有2%。以铁素体为基体的球墨铸铁，其断后伸长率可高达18%，但其抗拉强度则下降为400MPa。这说明尚未能使铸铁达到同时具有高强度与高塑性的性能。为达到这一目的，铸造工作者又深入地进行了探索。20世纪70年代，这方面的研究取得了重大进展。这就是以奥氏体加贝氏体为基体的球墨铸铁（简称奥-贝球铁）的发明。当其抗拉强度为860~1035MPa时，其断后伸长率仍可高达7%~10%。此外，为满足某些特殊性能的需要，还发展了耐磨白口铸铁等。这说明铸铁是一个庞大的家族，它包括由不同石墨形态与不同基体组织组成的庞大的铸铁合金系列材料。

11.1.1 铸铁的种类、标准和性能

1. 灰铸铁

灰铸铁中的碳以片状石墨的形态存在于珠光体或铁素体或二者按不同比例混合的基体组织中。其断口呈灰色，因此而得名。石墨的力学性能很低，使金属基体承受负荷的有效截面积减少，而且片状石墨使应力集中严重，因而灰铸铁的力学性能不高。灰铸铁的石墨形态，如图11-1所示。石墨片可以不同的数量、长短及粗细分布于基体中，因而对灰铸铁的力学性能产生很大影响。普通灰铸铁的金属基体是由珠光体与铁素体按不同比例组成。珠光体量越高的灰铸铁，其抗拉强度也越高，其硬度也相应有所提高。灰铸铁单铸试棒的力学性能见表11-1。常用灰铸铁化学成分为 $w(C) = 2.6\% \sim 3.8\%$，$w(Si) = 1.2\% \sim 3.0\%$，$w(Mn) = 0.4\% - 1.2\%$，$w(P) \leqslant 0.4\%$，$w(S) \leqslant 0.15\%$。同一牌号的灰铸铁，薄壁件（<10mm）的碳、硅量高于厚壁件。

图11-1 灰铸铁的片状石墨（400×）

表11-1 灰铸铁单铸试棒的力学性能
（GB/T 9439—2010）

牌号	抗拉强度/ MPa ⩾	牌号	抗拉强度/ MPa ⩾
HT100	100	HT250	250
HT150	150	HT275	275
HT200	200	HT300	300
HT225	250	HT350	350

牌号中 HT 表示灰铸铁，是"灰铁"二字汉语拼音的字头，随后的数字表示以 MPa 为单位的抗拉强度。灰铸铁几乎无塑性。

2. 可锻铸铁

可锻铸铁是由一定成分的白口铸铁经高温退火处理使共晶渗碳体分解而形成团絮状石墨，随后通过不同的热处理可使基体组织为珠光体或铁素体。与灰铸铁相比，由于可锻铸铁石墨形态的改善，使其具有较高的强度性能，并兼有较高的塑性与韧性。可锻铸铁的石墨如图11-2所示。

国内过去生产的可锻铸铁中，90%以上都是以铁素体为基体的墨心可锻铸铁，这种铸铁是在中性炉气氛条件下将白口铸铁中的共晶渗碳体在高温退火过程中分解成团絮状石墨，随后在700~740℃保温一定时间，进行第二阶段石墨化后而获得的。其塑性性能较高，并兼有较高的强度。由于铁素体基体的可锻铸铁中有较多石墨析出，因而断面呈暗灰色，故称为墨心可锻铸铁。而珠光体可锻铸铁则以基体命名。墨心可

锻铸铁（以KTH表示）与珠光体可锻铸铁（以KTZ表示）的力学性能见表11-2。

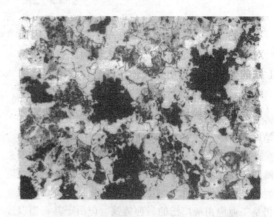

图11-2　可锻铸铁的团絮状石墨（250×）

表11-2　墨心可锻铸铁与珠光体可锻铸铁的力学性能（GB/T 9440—2010）

牌号	试样直径 $d^{①、②}$/mm	抗拉强度 R_m/MPa(min)	规定塑性延伸强度 $R_{p0.2}$/MPa(min)	伸长率 $A(\%)$ (min)($L_0 = 3d$)	布氏硬度 HBW
KTH 275-05[②]	12 或 15	275	—	5	
KTH 300-06[③]	12 或 15	300	—	6	
KTH 330-08	12 或 15	330	—	8	≤150
KTH 350-10	12 或 15	350	200	10	
KTH 370-12	12 或 15	370	—	12	
KTZ 450-06	12 或 15	450	270	6	150~200
KTZ 500-05	12 或 15	500	300	5	165~215
KTZ 550-04	12 或 15	550	340	4	180~230
KTZ 600-03	12 或 15	600	390	3	195~245
KTZ 650-02[④、⑤]	12 或 15	650	430	2	210~260
KTZ 700-02	12 或 15	700	530	2	240~290
KTZ 800-01[④]	12 或 15	800	600	1	270~320

① 如果需方没有明确要求，供方可以任意选取两种试棒直径中的一种。
② 试样直径代表同样壁厚的铸件，如果铸件为薄壁件时，供需双方可以协商选取直径6mm 或者9mm 试样。
③ KTH 275-05 和 KTH 300-06 专门用于保证压力密封性能，而不要求高强度或者高延展性的工作条件。
④ 油淬加回火。
⑤ 空冷加回火。

当将白口铸铁毛坯在氧化性气氛条件下进行高温退火时，铸铁断面从外层到内部会发生强烈的氧化及脱碳。经这样处理的可锻铸铁由于其内部区域有发亮的光泽，故称之为白心可锻铸铁。这种白心可锻铸铁的组织从外层到内部不均匀，韧性较差。此外，其热处理温度较高，时间也较长，能源消耗更大，因此我国基本不生产白心可锻铸铁。

由于可锻铸铁生产时首先要保证铸件毛坯整个断

面上在铸态时能得到全白口，否则会降低可锻铸铁的力学性能，为此要降低其碳、硅含量。常用墨心可锻铸铁的化学成分为：$w(C) = 2.2\% \sim 3.0\%$，$w(Si) = 0.7\% \sim 1.4\%$，$w(Mn) = 0.3\% \sim 0.65\%$，$w(S) \leqslant 0.2\%$，$w(P) \leqslant 0.2\%$。

近年来，由于铸造技术的进步，可在铸态下直接获得铁素体球墨铸铁，其消耗的能量比可锻铸铁大为降低，且其力学性能还优于铁素体可锻铸铁，故许多

可锻铸铁件已被铸态铁素体球墨铸铁所代替。

3. 球墨铸铁

球墨铸铁的正常组织是细小圆整的石墨球加金属基体，如图 11-3 所示。在铸造条件下获得的金属基体通常是铁素体加珠光体的混合组织。为使石墨球化，需向高温铁液加入适量的球化剂。工业上常用的球化剂是以 Mg、Ce 或 Y 三种元素为基本成分而制成的。我国使用最多的球化剂是稀土镁合金。由于经球化剂处理后的球墨铸铁铁液的结晶过冷倾向较灰铸铁大，因此有较大的白口倾向。所以球墨铸铁需经孕育处理，通过孕育处理使铁液能形成异质晶核、促进石墨化过程的进行，从而消除白口组织。

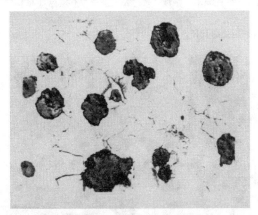

图 11-3　球墨铸铁的球状石墨（200 ×）

由于在铸造条件下获得的金属基体组织通常为铁素体加珠光体的混合组织，要获得铁素体球墨铸铁需经低温石墨化退火，使珠光体分解为铁素体加石墨。如果铸态组织中有共晶渗碳体，则需经高温石墨化退火及低温石墨化退火才能获得铁素体球墨铸铁。退火是一种消耗能源量较多的工艺，使铸件成本增加。只要严格控制铁液中 $w(\mathrm{Mn}) \leqslant 0.4\%$，$w(\mathrm{P}) \leqslant 0.07\%$，

适当限制球化元素含量，并加强孕育处理，就可获得铸态铁素体球墨铸铁。铸态铁素体球墨铸铁现已在工业中获得了很广泛的应用。

对铸态下获得的铁素体加珠光体的球墨铸铁，要改变其组织成为单一的珠光体，需进行正火热处理。这同样需要消耗能源。经铸造工作者的探索，现可直接获得铸态珠光体球墨铸铁，其途径是适当提高其含锰量及含铜量。锰、铜等均为稳定珠光体元素。

奥-贝球墨铸铁（图 11-4）是兼有高强度与高塑性的新型球墨铸铁，目前仍主要通过等温热处理获得，即先将球墨铸铁加热到奥氏体化温度并适当保温一定时间，使其基体组织转变为高温奥氏体，然后快冷到贝氏体化温度，并适当保温一定时间，空冷后组织则为奥氏体 + 贝氏体 + 球状石墨。在铸态下直接获得奥-贝球墨铸铁的力学性能与通过等温热处理获得的奥-贝球墨铸铁相比仍存在一定差距。

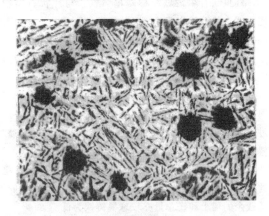

图 11-4　奥-贝球墨铸铁的组织（5000 ×）

球墨铸铁的力学性能见表 11-3。奥-贝球墨铸铁在我国的应用尚处于起步状况，目前尚未制定出标准。

表 11-3　球墨铸铁单铸试样的力学性能（GB/T 1348—2009）

材料牌号	抗拉强度 R_{m} /MPa(min)	屈服强度 $R_{\mathrm{p0.2}}$ /MPa(min)	伸长率 $A(\%)$ (min)	布氏硬度 HBW	主要基体组织
QT350-22L	350	220	22	≤160	铁素体
QT350-22R	350	220	22	≤160	铁素体
QT350-22	350	220	22	≤160	铁素体
QT400-18L	400	240	18	120 ~ 175	铁素体
QT400-18R	400	250	18	120 ~ 175	铁素体
QT400-18	400	250	18	120 ~ 175	铁素体
QT400-15	400	250	15	120 ~ 180	铁素体
QT450-10	450	310	10	160 ~ 210	铁素体

（续）

材料牌号	抗拉强度 R_m /MPa(min)	屈服强度 $R_{p0.2}$ /MPa(min)	伸长率 $A(\%)$ (min)	布氏硬度 HBW	主要基体组织
QT500-7	500	320	7	170~230	铁素体 + 珠光体
QT550-5	550	350	5	180~250	铁素体 + 珠光体
QT600-3	600	370	3	190~270	珠光体 + 铁素体
QT700-2	700	420	2	225~305	珠光体
QT800-2	800	480	2	245~335	珠光体或索氏体
QT900-2	900	600	2	280~360	回火马氏体或屈氏体 + 索氏体

注：1. 字母"L"表示该牌号有低温（-20℃或-40℃）下的冲击性能要求；字母"R"表示该牌号有室温（23℃）下的冲击性能要求。

2. 伸长率是从原始标距 $L_0 = 5d$ 上测得的，d 是试样上原始标距处的直径。

4. 蠕墨铸铁

蠕虫状石墨铸铁简称蠕墨铸铁，与片状石墨相比，蠕虫状石墨头部较圆。其长度与厚度之比一般为 2~10，比片状石墨长度与厚度之比（一般大于50）小得多，也就是说蠕虫状石墨短而厚，如图11-5所示。

这种石墨形态特征使蠕墨铸铁的力学性能介于相同基体组织的灰铸铁与球墨铸铁之间。蠕墨铸铁是通过对高温铁液加入适量的蠕化剂处理后而获得的。蠕墨铸铁的力学性能见表11-4。

在蠕墨铸铁中，由于高的含碳量易促进球状石墨的形成，故蠕墨铸铁的含碳量通常较球墨铸铁为低。其残余的稀土和镁总量亦较球墨铸铁为低。

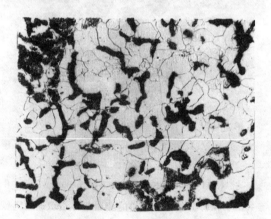

图11-5　蠕墨铸铁的蠕虫状石墨（200×）

表11-4　蠕墨铸铁的力学性能 （JB/T 4403—1999）

牌号	抗拉强度 /MPa	屈服强度 /MPa	断后伸长率 (%)	硬度 (HBW)	蠕化率 VG(%)	主要 基体组织
	≥					
RuT420	420	335	0.75	200~280	50	珠光体
RuT380	380	300	0.75	193~274	50	珠光体
RuT340	340	270	1.0	170~249	50	珠光体 + 铁素体
RuT300	300	240	1.5	140~217	50	铁素体 + 珠光体
RuT260	260	195	3	121~197	50	铁素体

注：蠕化率≥50%是指 $\dfrac{蠕墨数}{蠕墨数 + 球墨数} \times 100\% \geq 50\%$。

为了正确地评定石墨的形状及蠕化程度，通用采用石墨形状系数 K 来表示，其定义为

$$K = 4\pi A / L^2$$

式中　A——单个石墨的实际面积；

L——单个石墨的周长。

当 $K < 0.15$ 时为片状石墨；当 $0.15 < K < 0.8$ 时为蠕虫状石墨；当 $K > 0.8$ 时为球状石墨。

5. 白口铸铁

白口铸铁中不含石墨，主要由共晶渗碳体、二次渗碳体和珠光体组成，其断口具有白亮特点。白口铸

铁组织如图 11-6 所示。白口铸铁硬而脆，主要用来制造各种耐磨件。普通白口铸铁具有高碳低硅的特点。增加含碳量，可提高白口铸铁的硬度。增加含硅量会降低共晶点含碳量，并促进石墨形成，故白口铸铁中硅的质量分数一般为 1.0% 左右。在白口铸铁中常加入一些合金元素以提高其硬度，增强其耐磨性。冷硬铸铁轧辊的辊面是一层较厚的白口铸铁，使用到一定时间后，辊面白口铸铁层发生剥落，其焊接修复实质上是白口铸铁的焊接问题。

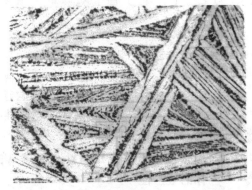

图 11-6　白口铸铁的组织（200 ×）

11.1.2　铸铁焊接的应用及铸铁焊接方法简介

1. 铸铁焊接的应用

铸铁焊接应用于下列三种场合：

1）铸造缺陷的焊接修复。我国各种铸铁的年产量约为 800 万吨，有各种铸造缺陷的铸件约占铸铁年产量的 10% ~ 15%，即通常所说的废品率为 10% ~ 15%，若不用焊接方法修复，每年有 80 ~ 120 万吨铸铁件要报废，以 2004 年铸铁平均价格计算，扣除废铁可回收成本后，其损失每年高达 10 亿元以上。采用焊接方法修复这些有缺陷的铸铁件，由于焊修成本低，不仅可获得巨大的经济效益，而且有利于工厂及时完成生产任务。

2）已损坏的铸铁成品件的焊接修复。由于各种原因，铸铁成品件在使用过程中会损坏，出现裂纹等缺陷，使其报废。若要更换新的，因铸铁成品件都经过各种机械加工，价格往往较贵。特别是一些重型铸铁成品件，如锻造设备的铸铁机座一旦使用不当而出现裂纹，某些锻件即停止生产，以致影响全厂无法生产出产品。若要更换新的锻造设备，不仅价格昂贵，且从订货、运货到安装调试往往需要很长时间，工厂要很长时间处于停产状态，这方面的损失往往是巨大的。在以上情况下，若能用焊接方法及时修复出现的

裂纹，其经济效益是巨大的。

3）零部件的生产。这是指用焊接方法将铸铁（主要是球墨铸铁）件与铸铁件、各种钢件或有色金属件焊接起来而生产出零部件。国外通常用 cast iron welding in fabrication（制造中的铸铁焊接）来表达。我国目前在这方面比较落后，仅处于起步阶段。如我国山东某厂用高效离心浇铸的大直径球墨铸铁管与一般铸造方法生产的变直径球墨铸铁法兰用焊接方法连接而制成产品。参考文献[1]介绍了美国的情况，其作者于 1993 年指出：十年前，铸铁焊接工作中，用于铸铁工厂中新铸铁件出现缺陷的焊接修复约占 55%，使用过程中旧铸铁件出现缺陷的焊接修复约占 40%，其余 5% 用于制造中的铸铁焊接。1993 年的统计表明，情况发生了变化。制造中铸铁焊接已由 5% 上升到 20%，修复新铸铁件缺陷的补焊已由 55% 下降到 40%，这说明铸造工艺水平有很大改进，铸铁件出现铸造缺陷减少了。其余 40% 仍为旧铸铁件出现缺陷的焊接修复。我国尚缺乏这方面的统计分析资料，但制造中的铸铁焊接远远落后则是可以肯定的。制造中铸铁焊接应成为我国下一步发展铸铁焊接技术的方向，它具有巨大的经济效益。

2. 铸铁焊接方法简介

我国铸铁焊接的方法有焊条电弧焊、气体保护实心焊丝和药芯焊丝电弧焊、气焊、气体火焰钎焊、手工电渣焊及气体火焰粉末喷焊等，其中以焊条电弧焊为主。根据被修复件的结构所形成的拘束度情况及对补焊后机械加工要求的不同，在采用焊条电弧焊或气焊补焊铸铁件缺陷时，有时采用焊前将被修复铸件整体预热到 600 ~ 700℃（简称热焊），补焊后再使其缓慢冷却的工艺，以防止焊接裂纹发生并改善补焊区域的机械加工性能。但这种预热焊工艺消耗大量能源，工人劳动条件差、生产效率低，只有在一些特殊需要的情况下才被采用。

由于铸铁种类多，且对焊接接头的要求多种多样，如焊后焊接接头是否要求进行机械加工，对焊缝的颜色是否要求与铸铁颜色一致，焊后焊接接头是否要求承受很大的工作应力，对焊缝金属及焊接接头的力学性能是否要求与铸铁母材相同，以及补焊成本的高低等。为满足不同要求，电弧焊所用铸铁焊接材料按其焊缝金属的类型有铁基、镍基及铜基三大类。而铁基焊接材料中，按其焊缝金属含碳量的不同，又可分为铸铁与钢两类。其分类图如图 11-7 所示。

近期在蠕墨铸铁、铸态铁素体球墨铸铁与奥-贝球墨铸铁的焊接冶金与焊接材料的研究与应用方面取得了很大进展。

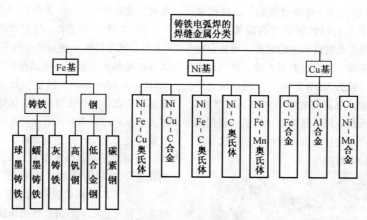

图 11-7　铸铁电弧焊的焊缝金属分类

铸铁焊接在制造零部件中的应用进一步推动了铸铁焊接技术的进展。如采用 Ni-Fe 型药芯焊丝及镍基实心焊丝进行铸铁件的自动电弧焊接，大大提高了焊接生产率。近年来，摩擦焊、扩散焊、电子束焊、激光焊、电阻对焊在铸铁-铸铁、铸铁-钢、铸铁-有色金属的焊接中都有一定发展。

11.2　铸铁的焊接性

灰铸铁应用最为广泛，其焊接性研究工作进行得较多，因此主要以灰铸铁焊接性来进行分析，其他种类铸铁焊接性特点将在有关部分中说明。

灰铸铁化学成分上的特点是碳与硫、磷杂质高，这就增大了其焊接接头对冷却速度变化与冷、热裂纹发生的敏感性。其力学性能的特点是强度低，基本无塑性，使其焊接接头发生裂纹的敏感性增大。这两方面的特点，决定了灰铸铁焊接性不良。其主要问题有两点：一是焊接接头易形成白口铸铁与高碳马氏体组织（即片状马氏体）；二是焊接接头易形成裂纹。

11.2.1　焊接接头形成白口铸铁与高碳马氏体的敏感性[2,3]

以 $w(C)$ 为 3.0%，$w(Si)$ 为 2.5% 的灰铸铁为例，分析电弧冷焊后焊接接头上组织变化的规律。图 11-8 中 L 表示液相，γ 表示奥氏体，G 表示石墨，C 表示渗碳体，α 表示铁素体。图中未加括号时表示介稳定系转变，加括号时表示稳定系转变。整个焊接接头可分为六个区域。

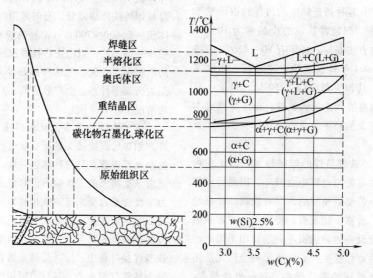

图 11-8　灰铸铁焊接接头各区组织变化图

1. 焊缝区

当焊缝化学成分与灰铸铁母材成分相同时，在一般电弧冷焊情况下，由于焊缝金属冷却速度远大于铸件在砂型中的冷速，焊缝主要为白口铸铁组织，其硬度可高达 600HBW 左右。用最常见的低碳钢焊条焊接铸铁时，即使采用较小的焊接电流，母材在第一层焊缝中所占的百分比也将为 25% ~ 30%，当铸铁 w(C) 为 3.0%，则第一层焊缝的平均 w(C) 将为 0.75% ~ 0.9%，属于高碳钢 [w(C) > 0.6%]。这种高碳钢焊缝在电弧冷焊后将形成高碳马氏体组织，其硬度可达 500HBW 左右。这些高硬度的组织，不仅影响焊接接头的加工性，且由于性脆容易引发裂纹。

防止灰铸铁焊接时焊缝出现白口及淬硬组织的途径，若焊缝仍为铸铁，则应采用适当的工艺措施，减慢焊缝的冷速，并调整焊缝化学成分，增强焊缝的石墨化能力，并使二者适当配合。采用异质材料进行铸铁焊接，使焊缝组织不是铸铁，自然可防止焊缝白口的产生。但正如前面分析过的情况，若采用低碳钢焊条进行铸铁焊接，则由于母材熔化而过渡到焊缝中的碳较多，又产生另一种高硬度组织——高碳马氏体。所以在采用异质金属材料焊接时，必须要能防止或减弱母材过渡到焊缝中的碳产生高硬度马氏体组织的有害作用。其方向是改变碳的存在状态，使焊缝不出现淬硬组织并具有一定的塑性。通过使焊缝分别成为奥氏体、铁素体及有色金属是一些有效的途径。下面以 w(C) = 3.0% 及 w(Si) = 2.5% 的灰铸铁为例分析焊接热影响区组织转变。

2. 半熔化区

此区较窄，处于液相线及共晶转变下限温度之间，其温度范围约为 1150 ~ 1250℃。焊接时，此区处于半熔化状态，即液-固状态，其中一部分铸铁已转变成液体，另一部分铸铁通过石墨片中碳的扩散作用，也已转变为被碳所饱和的奥氏体。由于电弧冷焊过程中，该区加热非常快，故可能有些石墨片中的碳未能向四周扩散完毕而成细小片残留。此区冷速最快，故液态铸铁在共晶转变温度区间转变成莱氏体，即共晶渗碳体加奥氏体，继续冷却，则从奥氏体析出二次渗碳体，在共析转变温度区间，奥氏体转为珠光体，这就是该区形成由共晶渗碳体、二次渗碳体和珠光体组成白口铸铁的过程。由于该区冷速很快，紧靠半熔化区铁液的原固态奥氏体转变成竹叶状高碳马氏体，并产生残留奥氏体及托氏体。该区的金相组织见图 11-9，其左侧为亚共晶白口铸铁，右侧为竹叶状马氏体、白色残留奥氏体及托氏体。采用工艺措施，使该区缓冷，则可减少甚至消除白口铸铁及马氏体。

在采用熔焊时，除冷却速度对该区焊后组织有重要影响外，焊缝区的化学成分对半熔化区的组织及宽度也有重要影响，因这两区都曾处于高温且紧密相连，能进行一定的扩散。提高熔池金属中促进石墨化

图 11-9　灰铸铁焊接半熔化区的
白口铸铁及马氏体组织（500 ×）

元素（C、Si、Ni 等）的含量，对消除或减弱半熔化区白口铸铁的形成是有利的。用低碳钢焊条焊接铸铁时，半熔化区的白口带往往较宽，这与熔池含碳、硅量低，而半熔化区含碳、硅量高于熔池有关，故半熔化区的碳、硅反而向熔池扩散，使半熔化区碳、硅有所下降，进而使该区液相线与固相线温差增大（常用灰铸铁属于亚共晶铸铁），增大了该区形成较宽白口带的倾向。采用钎焊时，母材不熔化，将根本避免半熔化区白口铸铁的形成。如果钎焊温度控制在共析温度以下，则加热时相变过程也不会发生，冷却后连马氏体也不会产生。

3. 奥氏体区

该区处于共晶转变下限温度与共析转变上限温度之间，加热温度范围约为 820 ~ 1150℃，此区无液体出现。该区在共析转变上限温度以上，故其原先基体组织已奥氏体化，其组织为奥氏体加石墨。此时奥氏体含碳量的多少，决定于铸铁原先组织及加热温度的高低。以珠光体为基体的铸铁比以铁素体为基体的铸铁的基体含碳量高，故前者奥氏体含碳量较后者为高。加热温度较高的部分（靠近半熔化区），由于石墨片中的碳较多地向周围奥氏体扩散，奥氏体中含碳量较高；加热较低的部分（离半熔化区稍远），由于石墨片中的碳较少地向周围奥氏体扩散，奥氏体中的含碳量较低。随后冷却时，如果冷速较慢，会从奥氏体中析出一些二次渗碳体，其析出量的多少与奥氏体中含碳量成直线关系。共析转变冷速较慢时，奥氏体转变为托氏体或珠光体。冷却更快时，会产生高碳马氏体组织。由于以上的原因，电弧冷焊后该区硬度比母材有较大提高。奥氏体含碳量越高的区域，其转变后的马氏体硬度越高。

熔焊时，采用适当工艺措施，使该区缓冷，可使奥氏体直接析出石墨，而避免析出二次渗碳体，也可防止马氏体的形成。焊后采用 600℃ 高温回火也可使

淬硬区硬度降至 300HBW 以下。

　　4. 重结晶区

　　其加热温度范围在共析转变上、下限温度之间，约为 780～820℃，故该区很窄。该区的原始组织已部分转变成奥氏体。在随后的冷却过程中，奥氏体转变为珠光体，冷速更快时，可能会出现马氏体。

　　其他加热温度更低的区，焊后组织变化不明显或无变化。

　　铸铁件焊后，很多要再经过机械加工，如车、铣、刨、磨、钻孔等。灰铸铁本身一般为珠光体或珠光体加铁素体基体，其硬度为 160～240HBW，具有良好的加工性。但焊接接头上局部地区出现高硬度的白口铸铁及马氏体组织会给机械加工带来很大的困难。用碳钢或高速钢刀具往往加工不动。用硬质合金刀具虽可勉强加工，但"打刀"的危险性也很大。刀从硬度较低的灰铸铁上切削过来，突然碰上高硬度的白口带，容易"打刀"，就是不"打刀"也会发生"让刀"的地方会出现凸台（局部凸起的现象），这对要求很高的滑动摩擦工件来说是不允许的。现在用的钻头一般用碳钢或高速钢制造，故用钻头对有白口带的灰铸铁焊接接头进行加工是非常困难的。生产实践说明，焊接接头最高硬度在 300HBW 以下，可以较好地进行切削加工。若其最高硬度在 270HBW 以下，则切削加工性能将更为满意。

11.2.2　焊接接头形成冷裂纹与热裂纹的敏感性

　　铸铁焊接裂纹可分为冷裂纹与热裂纹两类。

　　1. 冷裂纹 [4,5,6,7,8]

　　这种裂纹一般发生在 500℃ 以下，故称之为冷裂纹。铸铁焊接时，冷裂纹可发生在焊缝或热影响区。

　　首先讨论焊缝出现冷裂纹的情况。当焊缝为铸铁型时，较易出现这种裂纹。当采用异质焊接材料焊接，使焊缝成为奥氏体、铁素体或铜基焊缝时，由于焊缝金属具有较好的塑性，配合采用合理的冷焊工艺，焊缝金属不会出现冷裂纹。铸铁型焊缝发生裂纹的温度，经测定一般在 500℃ 以下。裂纹发生时常伴随着较响的脆性断裂的声音。焊缝较长时或补焊拘束度较大的铸铁缺陷时，常发生这种裂纹（图 11-10）。这种裂纹很少在 500℃ 以上发生的原因，一方面是铸铁在 500℃ 以上时有一定的塑性，另一方面是焊缝所承受的拉应力，随其温度下降而增大，500℃ 以上时焊缝所承受的拉应力也小。当焊缝为片状石墨的灰铸铁时，经研究裂纹的裂源一般为片状石墨的尖端。焊接过程中由于工件局部不均匀受热，焊缝在冷却过程中会承受很大的拉应力，这种拉应力随焊缝温度的下降而增大。当焊缝为灰铸铁时，由于石墨呈片状存在，不仅减少了焊缝的有效工作截面，而且石墨如刻槽一样，在其两端呈严重的应力集中状态。灰铸铁强度低，500℃ 以下基本无塑性，当应力超过此时铸铁的抗拉强度时，即发生焊缝冷裂纹。也有些研究工作者称这种裂纹为热应力裂纹。由于焊缝强度低且基本无塑性，裂纹很快扩展，具有脆性断裂特征。

图 11-10　铸铁型焊缝冷裂纹

　　当焊缝中存在白口铸铁时，由于白口铸铁的收缩率比灰铸铁收缩率大，前者为 2.3% 左右，后者为 1.26% 左右，加以其中渗碳体性更脆，故焊缝更易出现冷裂纹。焊缝中渗碳体越多，焊缝中出现裂纹数量越多。当焊缝基体全为珠光体与铁素体组成，石墨化过程进行得较充分时，由于石墨化过程伴随着体积膨胀过程，可以松弛部分焊接应力，有利于改进焊缝的抗裂性。焊缝石墨形态对焊缝抗裂性有较大影响，粗而长的片状石墨容易引起应力集中，会降低焊缝的抗裂性。石墨以细片状存在时，可改善焊缝的抗裂性。研究表明，石墨以球状存在时，焊缝具有较好的抗裂性。这是因为球铁焊缝的力学性能远优于灰铸铁焊缝。

　　补焊处拘束度的大小，补焊体积的大小及焊缝的长短对焊缝裂纹的敏感性有明显的影响。补焊处拘束度大，补焊体积大，焊缝长都将增高应力状态，使裂纹容易产生。

　　焊缝为灰铸铁型时，由于灰铸铁焊缝强度低，基本无塑性，当补焊处拘束度较大时，为避免裂纹产生应主要从减弱焊接应力着手。避免裂纹产生最有效的办法是对补焊焊件进行整体预热（600～700℃），使温差降低，大大减轻焊接应力。在某些情况下，采用加热减应区气焊法可以减弱补焊处所受的应力，可较有效地防止裂纹的产生。其他有利于减弱焊接应力的措施，都可降低裂纹发生的敏感性。

研究结果表明，向铸铁型焊缝加入一定量的合金元素（如锰、钼、铜等），使焊缝金属先发生一定量的贝氏体相变，接着又发生一定量的马氏体相变，则利用这两次连续相变产生的焊缝应力松弛效应，可较有效地防止焊缝出现冷裂纹。焊缝二次连续相变产生焊缝应力松弛效应的原因，是贝氏体与马氏体的比容较奥氏体大，相变过程中的体积膨胀有利于松弛焊缝应力。上述铸铁焊缝的贝氏体相变产生焊缝应力松弛现象一般在 500℃ 左右开始，250℃ 左右结束，而上述铸铁焊缝的马氏体相变产生的焊缝应力松弛效应在 200℃ 左右才开始，继续冷却时将继续发生马氏体相变应力松弛效应。故利用上述贝氏体与马氏体二次相变应力松弛效应可较有效地防止铸铁焊缝易于在 500℃ 以下发生的冷裂纹。单利用马氏体相变而产生的焊缝应力松弛效应并不能有效地防止铸铁焊缝发生裂纹，其裂纹发生温度多在 500～200℃ 之间，也就是说马氏体相变前，焊缝已开裂了。单利用贝氏体相变应力松弛效应也不能有效防止铸铁焊缝发生裂纹，因铸铁焊缝贝氏体相变结束温度在 250℃ 左右。当 250℃ 以下在焊接应力作用下，焊缝仍可能发生裂纹。当应用低碳钢焊条焊接铸铁时，第一层焊缝为高碳钢，快速冷却时，奥氏体转变为高碳马氏体，高碳马氏体性脆，很易产生冷裂纹（图 11-11）。

图 11-11　马氏体焊缝的冷裂纹（400×）

热影响区的冷裂纹多数发生在含有较多马氏体的情况下（图 11-12），在某些情况下也可能发生在离熔合线稍远的热影响区。

利用插销法评定焊缝含氢量变化对铸铁焊接热影响区冷裂纹影响的结果表明，焊缝为铸铁时，改变其含氢量，对其热影响区冷裂纹有些影响，但影响不甚显著。这与碳、硅都能显著减少氢在铁碳合金液态金属的溶解度，石墨结构比较疏松有较强的储氢能力及氢在铸铁中扩散系数较小等因素有关。这些因素都降低了氢由熔池向焊接热影响区扩散的能力。当用镍基

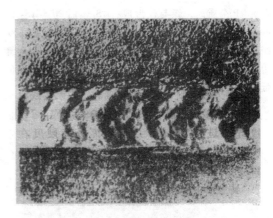

图 11-12　灰铸铁焊接热影响区冷裂纹

材料焊接铸铁时，由于奥氏体焊缝具有较强的溶解氢的能力，其扩散氢量更少，所以可认为焊缝中的氢对热影响区冷裂纹影响更小。上述插销法研究铸铁焊接热影响区的冷裂纹均发生于热影响区的马氏体区。参考文献[7]报道了在未施加应力的插销试件中，在马氏体内可观察到微裂纹，甚至在灰铸铁热模拟试件中（无扩散氢存在），在马氏体内仍观察到微裂纹，这说明这种微裂纹是由于马氏体生长过程中，以极快速度相互碰撞而形成的。少量热影响区的扩散氢对已形成的微裂纹的发展有些促进作用。

在电弧冷焊薄壁（<10mm）铸件时，当补焊处拘束度较大，连续堆焊金属面积较大时，则裂纹可能发生离熔合线稍远，但受热温度超过 600℃ 的热影响区。这是因为金属导热随其厚度减小而变差。故焊接薄壁铸件时，热影响区超过 600℃ 以上的区域显著加宽。在加热过程中，该区受压缩塑性变形，冷却过程中该区承受较大的拉应力。铸件壁薄时，其中微量小缺欠（夹渣、气孔等）就对应力集中有明显影响。在这种情况下，冷裂纹可能在离熔合线稍远的热影响区发生。

采取工艺措施，减弱焊接接头的应力及防止焊接热影响区产生马氏体，如采用预热焊，可防止上述裂纹的发生。在采用电弧冷焊时，采用正确的冷焊工艺，以减弱焊接接头的应力，有利于防止上述冷裂纹的发生。

2. 热裂纹[8,9,10]

当采用镍基焊接材料（如焊芯为纯镍的 EZNi 焊条，焊芯为 Ni55、Fe45 的 EZNiFe 焊条及焊芯为 Ni70、Cu30 的 EZNiCu 焊条等）及一般常用的低碳钢焊条焊接铸铁时，焊缝金属对热裂纹较敏感。

采用镍基焊接材料焊接铸铁时，焊缝对热裂纹敏感（图 11-13）的原因可从两方面说明，其一是铸铁

含 S、P 杂质高，镍与硫形成 Ni_3S_2，而 Ni-Ni_3S_2 的共晶温度很低（644℃）；镍与磷生成 Ni_3P，而 Ni-Ni_3P 的共晶温度也较低（880℃）。其二是镍基焊缝为单相奥氏体，焊缝晶粒粗大，晶界易于富集较多的低熔点共晶。

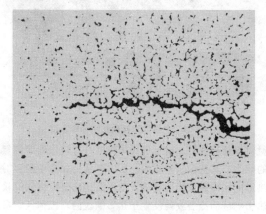

图 11-13　镍基焊缝的热裂纹（250×）

利用普通低碳钢焊条焊接铸铁，第一、二层焊缝会从铸铁融入较多的碳、硫及磷，这会使第一、二层焊缝的热裂纹敏感性增大。

为提高铸铁焊接用镍基焊条的抗热裂性能，可从下列几方面着手：调整焊缝金属的化学成分，使其脆性温度区间缩小；加入稀土元素，增强焊缝的脱硫、脱磷冶金反应；加入适量的细化晶粒元素，使焊缝晶粒细化。

采用正确的冷焊工艺，使焊接应力减低，并使母材的有害杂质较少融入焊缝中，均有利提高焊缝的抗热裂性能。

参考文献［11］作者认为，铸铁焊接时，熔合区剥离性裂纹属热裂纹。熔合区包括母材上的半熔化区及焊缝底部的未完全混合区，未完全混合区也主要是铸铁母材成分。熔合区剥离性裂纹是沿熔合区形成，并使焊缝金属沿熔合区与铸铁母材发生剥离的现象。这种裂纹多发生在焊缝金属为钢或 Ni-Fe 合金的多层焊情况下。该作者认为熔合区剥离性裂纹属热裂纹的根据，是裂纹开裂无冷裂纹发生时可听到金属开裂的声音，另外，从裂纹的微观形貌分析，裂纹属晶间断裂。关于这种裂纹的机制，该作者提出了如下看法：灰铸铁的固相线温度（T_s）约为 1150℃，而灰铸铁单层电弧堆焊时不同焊条所焊焊缝的 T_s 是不同的，低碳钢焊条时其 T_s = 1340℃，高钒焊条时其 T_s = 1345℃，镍铁焊条时 T_s = 1240℃，纯镍焊条时 T_s = 1215℃，铜芯铁粉焊条时 T_s = 1042℃，这说明除铜芯铁粉焊条的焊缝金属的 T_s 低于灰铸铁外，其

他为钢或 Ni-Fe 合金的焊缝金属的 T_s 均高于灰铸铁。这表明钢焊缝和 Ni-Fe 合金焊缝均先于灰铸铁焊接的熔合区铁液而凝固成为固体。这就使很窄的熔合区铁液在某一高温阶段夹在已成为固体的焊缝与原处于固态的母材上焊接热影响区之间，加上熔合区的 S、P 偏析作用，在焊接应力的作用下，熔合区就形成了热裂性性质的剥离性裂纹。铜芯铁粉焊条电弧焊焊接灰铸铁不会形成熔合区剥削性裂纹的原因是，其焊缝金属的 T_s 低于灰铸铁的 T_s，故熔合区是先于焊缝金属发生凝固，消除了发生剥离性裂纹的条件。采用小焊接热输入及短段焊，断续焊工艺，有利于降低焊接应力及发生剥离性裂纹的可能性。采用纯镍焊条电弧冷焊灰铸铁时，其焊缝因母材的稀释也成为 Ni-Fe 合金，但其 T_s 比灰铸铁的 T_s 相差较小，故发生熔合区剥离性裂纹的敏感性较钢焊条及镍铁焊条有所降低。

11.2.3　变质铸铁焊接的难熔合性

长期在高温下工作的铸铁件因变质会出现熔合不良而不易焊上的情况。焊条的高温熔滴与变质铸铁不熔合，甚至在其表面"打滚"。这主要是因为下列两个原因：

1）铸铁件在长期高温下工作后，基体组织由原先的珠光体-铁素体转变为纯铁素体，石墨析出量增多且进一步聚集长大（见图 11-14），而石墨的熔点高且为非金属，故易出现不易熔合的情况。

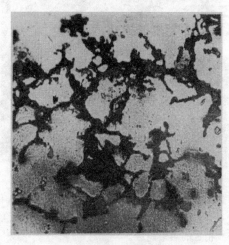

图 11-14　变质铸铁石墨长大的
情况（150×）

2）石墨聚集长大后，特别是灰铸铁的石墨易成长为长而粗大的石墨片，这种石墨片与基体组织的交界面，成为空气进入铸件内部的通道，使金属发生氧化，从而易形成熔点较高的铁、硅、锰的氧化物，进而增大了熔合的难度。焊接前，应将变质铸铁表层适

当地去除掉。生产实践表明，利用镍基铸铁焊条（加工面补焊）或纯铁芯氧化性药皮铸铁焊条（非加工面补焊）补焊这种变质铸铁有利于改善熔合性。

利用镍基铸铁焊条有利于改善焊接变质灰铸铁的熔合性的原因，可作如下解析，镍与铁能无限互溶，形成固溶体，且镍在高温时，可以溶解较多的碳。利用纯铁芯氧化性药皮铸铁焊条有利于改善变质灰铸铁的焊接熔合性的原因，可能是因为该焊条的强氧化性有利于氧化掉变质铸铁的粗大石墨。

11.3　灰铸铁的焊接

11.3.1　同质（铸铁型）焊缝的熔焊工艺与焊接材料

1. 影响灰铸铁焊缝组织的因素

（1）焊缝的冷却速度

当焊缝冷速很快且其石墨化能力不足时，液态铸铁焊缝按介稳定系共晶转变后的组织为共晶渗碳体 + 奥氏体，继续快冷后，从奥氏体析出二次渗碳体，在共析转变后，余下的奥氏体转变为珠光体，故快冷后最后形成的组织为共晶渗碳体 + 二次渗碳体 + 珠光体，这就是通常所说的白口铸铁。这种白口铸铁不仅硬度高，难以进行机械加工，且收缩率大又性脆，在焊接拉应力作用下，很易形成冷裂纹，故必须防止焊缝形成白口铸铁。当焊缝冷却速度很慢时，则液态焊缝按稳定系共晶转变后的组织为共晶石墨 + 奥氏体。随后的慢冷过程中从奥氏体析出二次石墨，在共析转变时析出共析石墨 + 铁素体，故其最后组织为石墨 + 铁素体。当焊缝冷速介于以上两种冷速之间时，其组织可分别为麻口铸铁、珠光体铸铁或珠光体 + 铁素体铸铁。麻口铸铁是一种从白口铸铁到灰铸铁的过渡组织，既有共晶渗碳体，又有石墨，这是由于液态焊缝的共晶石墨化过程进行不充分所致。当焊缝冷速减慢到足以使焊缝共晶转变完全按稳定系进行，则共晶石墨化过程得以充分进行，可消除共晶渗碳体。其随后的共析转变时的冷速，若不能使共析石墨化过程充分进行，得到珠光体 + 铁素体的灰铸铁焊缝。若共析石墨化过程被抑止，则得珠光体灰铸铁焊缝。

（2）焊缝的化学成分

从大量试验研究结果与生产应用经验可知，一些元素是促进液态铸铁共晶转变时石墨化的，而另一些元素则是促进液态铸铁共晶转变时白口化的。W·Oldfield 提出的下述机制[12]已较普遍地为人们所接受：凡是促进液态铸铁共晶转变石墨化的元素，均使铸铁稳定系共晶温度（T_{EG}）与介稳定系共晶温度（T_{EC}）的温差扩大；而使这两者温差缩小的元素，则是促进共晶转变白口化的。Fe-C 相图上稳定系共晶温度只比介稳定系共晶温度高出 6℃，这样小的两种共晶温度差，很容易使铸铁铁液按介稳定系共晶转变进行而形成白口铸铁。

试验结果表明，随铸铁铁液含硅量的增加，稳定系共晶温度呈斜线上升，而介稳定系共晶温度呈斜线下降，而使二者的共晶温度差随硅量增加而逐步扩大，当 $w(Si) = 2.0\%$，二者的温度差已扩大到约 38℃，其结果使液态铸铁能在较高的稳定系共晶温度下与较宽的稳定系共晶温度及介稳定系共晶温度的温差范围内进行稳定系共晶转变，析出石墨 + 奥氏体的共晶，而不会析出共晶渗碳体。如图 11-15 所示（图中↑表示提高，↓表示降低），Si、Ni、Cu、Co 均不同程度地具有扩大铸铁稳定系共晶温度与介稳定系共晶温度的温差范围的作用，故它们均属于石墨化元素。图中 Al 使稳定系共晶温度显著上升，但使介稳定系共晶温度上升很微小，故 Al 是一种很强的石墨化元素。相反，缩小稳定系共晶温度与介稳定系共晶温度的温差范围的元素，使铸铁凝固结晶很易按介稳定系共晶转变进行，而形成白口铸铁。如图 11-15 的 Mn、Mo 等是同时降低稳定系与介稳定系共晶温度的元素，对促进铸铁白口化的作用较弱，不及一方面降低稳定系共晶温度，另一方面又提高介稳定系共晶温度的元素（如图 11-15 中的 Cr、V、Ti）那么强烈地促进铸铁白口化。

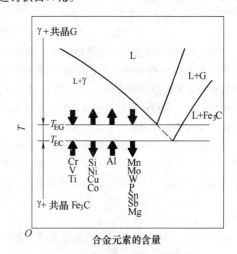

图 11-15　合金元素对铸铁稳定系与介稳定系共晶温度的影响[13]

（3）焊缝的孕育处理

在焊条药皮或药芯焊丝的焊芯中加入少量具有强烈脱氧或脱硫作用的元素（如 Ca、Ba、Al 等），通过焊接冶金反应，使焊接熔池的铸铁铁液中形成较多而细小的高熔点的氧化物或硫化物，它们可作为铸铁铁液的异质石墨晶核，促进焊缝石墨化过程，这就是通常所说的孕育处理。这与上述（2）焊缝的化学成分中所加入的石墨化元素基本是进入固溶体中是不同的。

2. 电弧热焊与半热焊

将焊件整体或有缺陷的局部位置预热到 600～700℃（暗红色），然后进行补焊，焊后进行缓冷的铸铁补焊工艺，人们称之为"热焊"。对结构复杂而补焊处拘束度又很大的焊件，宜采用整体预热。若对这种焊件采用局部预热焊，可能会增大应力，有时会在补焊处再出现裂纹，甚至会在离补焊处有一定距离的位置上出现新裂纹。对于结构简单而补焊处拘束度又较小的焊件，可采用局部预热。灰铸铁焊件预热到 600～700℃时，不仅有效地减少了焊接接头上的温差，而且铸铁由常温完全无塑性改变为有一定塑性，其断后伸长率可达2%～3%，再加以焊后缓慢冷却，故焊接接头应力状态大为改善。此外由于 600～700℃预热及焊后缓冷，可使石墨化过程比较充分，焊接接头可完全防止白口，缓冷又可防止淬硬组织的产生，从而有效地防止了裂纹的产生，并改善了其加工性。在合适成分的焊条配合下，焊接接头的硬度与母材相近，有优良的加工性，有与母材基本相同的力学性能，颜色也与母材一致。焊后焊接接头残余应力很小，故热焊的焊接质量是非常满意的。其缺点是能源消耗大，劳动条件差，生产率低。

预热温度在 300～400℃时，人们称之为"半热焊"。300～400℃的预热可有效地防止热影响区产生马氏体，改善焊接接头的加工性。由于预热温度降低，焊接接头各部分的温差较大，焊接接头易形成较大拉伸应力，对结构复杂，且补焊处拘束度很大的工件来说，焊后发生冷裂纹的可能性增大。

铸铁热焊时虽采取了预热缓冷的措施，但焊缝的冷速一般还是大于铸铁铁液在砂型中的冷速，故为了保证焊缝石墨化，不产生白口组织且硬度合适，焊缝的 C+Si 总量还应稍大于母材。实践证明，电弧热焊时焊缝 $w(C)=3\%～3.8\%$、$w(Si)=3\%～3.8\%$ 为宜，$w(C+Si)$ 为 6%～7.6%；电弧半热焊时，焊缝的 $w(C+Si)$ 应提高到 6.5%～8.3%。

我国目前采用电弧热焊及半热焊焊条有两种：一种采用铸铁芯加石墨型药皮（市售牌号 Z248 或铸248），Z 表示铸铁焊条；另一种采用低碳钢芯加石墨型药皮（市售牌号 Z208）。两种焊条基本均可使焊缝达到上述所需要的成分。前者直径可在 6mm 以上，后者直径在 6mm 以下。新标准 GB/T 10044—2006 中这两种焊条均属 EZC 型灰铸铁焊条（见表 11-6）。其规定焊缝化学成分为 $w(C)=2.0\%～4.0\%$，$w(Si)=2.5\%～6.5\%$，范围很宽，未将热焊及半热焊焊条的化学成分分别提出。用户只好根据焊条厂的焊条使用说明书来判别该焊条适用于热焊或半热焊，在采购时应予注意。

热焊时采用大直径铸铁芯焊条（>6mm），配合采用大电流可加快补焊速度，缩短焊工从事热焊的时间，这是热焊时工人愿意采用大直径铸铁芯焊条的一个原因。这种焊条成批生产时，制造工艺较复杂，价格比低碳钢芯加石墨型药皮焊条稍贵。为了进一步提高大型缺陷热焊的生产率，国外发展了多根药芯焊丝（焊缝为铸铁型）的半自动焊工艺，其焊丝熔化量可达 30kg/h。电弧热焊主要适用于厚度 >10mm 以上工件缺陷的补焊，若对 10mm 以下薄件的补焊（如汽车缸体、缸盖许多部位缺陷的补焊）采用这种方法，则易发生烧穿等问题。

焊前应清除铸件缺陷内的砂子及夹渣，并用风铲开坡口，坡口要有一定的角度，上口稍大，底面应圆滑过渡。对边角处较大缺陷的补焊常需在缺陷周围造型，其目的是防止焊接熔池的铁液流出及保证补焊区焊缝的成形。

3. 气焊

氧乙炔火焰温度（<3400℃）比电弧温度（6000～8000℃）低很多，而且热量不集中，很适于薄壁铸件的补焊。一般气焊（亦称冷气焊）时，需用较长时间才能将补焊处加热到补焊温度，而且其加热面积又较大，实际上相当于补焊处先局部预热再进行焊接的过程。故在采用适当成分的铸铁焊丝对薄壁件缺陷进行气焊补焊时，由于冷速较慢，有利于石墨化过程的进行，焊缝易得到灰铸铁组织，且焊接热影响区也不易产生白口及淬硬组织。但由于一般气焊时加热时间长，工件局部受热面积较大，焊接热应力较大，故补焊拘束度较大的缺陷时，比热焊容易发生冷裂纹，所以一般气焊主要适用于拘束度小的薄壁件的缺陷补焊。对拘束度大的薄壁件缺陷补焊，为了降低焊接应力，防止裂纹出现，宜采用焊件整体预热的气焊热焊法进行补焊。所用焊丝型号为 RZC—1，见表 11-5。我国一些大型拖拉机厂、汽车厂生产的内燃机缸体及缸盖，均为薄壁且结构复杂的灰铸铁件，生产铸件多，补焊量大，补焊质量要求高，常装备有专门进行铸铁热焊的连续式煤气加热炉。铸件补焊前，进入装有传送带的煤气加热炉，依次经过低温（200～350℃）、中温（350～

600℃）及高温（600～700℃）加热，使焊件升温缓慢且均匀，然后出炉用气焊补焊。补焊后再把焊件送入另一传送带，反过来由高温区到低温区出炉，以消除补焊后的残余应力。

一般气焊时焊缝冷速较快，为提高焊缝石墨化能力，保证焊缝有合适的组织及硬度，其焊丝（型号 RZC—2）含碳、硅量应较气焊热焊时稍高（表 11-5）。气焊过程中焊丝中的碳及硅都有一些氧化烧损，故焊缝中实际含碳、硅量较焊丝有一定降低。气焊热焊时焊缝 $w(C+Si)$ 约为 6%，相当于电弧热焊的情况。一般气焊时（实际相当于局部预热），焊缝中 $w(C+Si)$ 约为 7%，相当电弧半热焊的情况。

RZCH 型号焊丝中含有少量 Ni、Mo（表 11-5），适用于高强度灰铸铁及合金铸铁气焊。

表 11-5　灰铸铁气焊焊丝的成分（GB/T 10044—2006）

型号	$w(C)$	$w(Si)$	$w(Mn)$	$w(S)$	$w(P)$	$w(Ni)$	$w(Mo)$	用途
RZC—1	3.20～3.50	2.70～3.00	0.60～0.75	≤0.10	0.50～0.70	—	—	灰铸铁气焊热焊
RZC—2	3.50～4.50	3.00～3.80	0.30～0.80	≤0.10	≤0.50	—	—	灰铸铁一般气焊
RZCH	3.20～3.50	2.00～2.50	0.50～0.70	≤0.10	0.20～0.40	1.20～1.60	0.25～0.45	高强度或合金铸铁气焊

铸铁气焊时，由于硅易氧化而形成酸性氧化物 SiO_2，其熔点（1713℃）较铸铁熔点为高，黏度较大，流动性不好，妨碍焊接过程的正常进行，而且易使焊缝产生夹渣等缺陷，故应设法去除。去除的办法是加入以碱性氧化物（Na_2CO_3、$NaHCO_3$、K_2CO_3）为主要成分的熔剂，使其与 SiO_2 结成中性低熔点的盐类，而容易浮到熔池表面上便于清除。铸铁气焊用熔剂的市售牌号为"CJ201"。

铸铁气焊一般宜用中性焰或弱碳化焰。为减慢焊接接头的冷速，宜采用稍强的火焰能率。

加热减应区气焊是铸铁气焊工艺的一个发展。其实质是通过对选定的减应区用气焊火焰加热，以增大补焊处焊口的张开位移，使焊口及其附近在焊接过程中因加热膨胀而产生的压缩塑性变形得以减小，从而达到降低焊接接头拉伸应力、防止焊接接头发生冷裂纹的目的。故为使加热减应区气焊铸铁获得成功，首先要根据铸铁件的具体结构形式，选定合适的减应区，使该区的主变形方向应与焊口开闭方向一致（图 11-16 及图 11-17），所以并不是所有铸件缺陷均存在合适的减应区。此外，还应考虑两个问题，一是减应区最好选在拘束度较小而强度较大的部位，一般说，构件边缘部位拘束度较小，而有加强肋部位强度较高，不易开裂；二是减应区自身产生变形对其他部位影响较小，以避免因减应区热胀冷缩而拉裂其他部位。其次适当控制加热减应区的温度及加热时间也是保证加热减应区气焊铸铁成功的重要因素。这是因为只有加热减应区达到一定温度，才能使焊口获得较大的张开位移。加热减应区的温度一般控制在 600～700℃ 为宜，不能超过铸铁母材的相变温度，以防止铸铁组织的变化。在对焊口进行焊接的过程中，应注意对减应区适时加热，使该区温度不低于 400℃。因铸铁 400℃ 以上时才有一定塑性变形能力，这样有利于保证焊接区与加热减应区同时具有较好的塑性变形能力，以降低焊接区的拉伸应力，防止焊接接头冷裂纹的产生。现举两个典型实例，说明加热减应区气焊工艺的应用。

[例 11-1]　带轮轮辐发生断裂，如图 11-16 所示。整个带轮由 HT200 灰铸铁铸造而成，其断裂处处于拘束度较大的部位。如果应用一般气焊方法修复断裂处，则因补焊处的拘束度大，焊缝将发生很大的压缩塑性变形，焊后焊缝承受很高的拉伸应力，又会在焊缝发生断裂。宜选图中的阴影区作为加热减应区，在对称的两个阴影区加热，可使焊口获得较大的张开位移。焊口的张开位移增大，则焊缝所受的压缩塑性变形减小，从而可降低焊缝的拉伸应力。先将减应区及焊口加热到 650℃ 左右，接着对断裂处进行补焊，同时注意使减应区的温度保持在 400℃ 以上，焊缝完成后，再将减应区加热到 650℃ 左右，结果补焊成功。

图 11-16　带轮轮辐断裂的加热减应区气焊修复

[例 11-2]　　如图 11-17 所示的东方红拖拉机发动机的铸铁缸盖 C 处出现裂纹,若用一般气焊法只焊修 C 处,因 C 处在较大的拘束情况下,焊后此处仍会裂开,故应采用简便的加热减应区气焊法修复。加热减应区应选择 A、B 两处。因该两处阻碍 C 处焊接时的自由膨胀与收缩,加热 A、B 两处,可使 C 处焊口有较大的张开位移,且该区主变形方向与焊口开闭方向一致。先对 A、B、C 三处同步进行加热,当温度达 600℃ 左右时,对 C 区加热吹气切割坡口。继续提高 A、B 区温度至 650℃,开始对 C 处焊接。焊接过程中维持 A、B 区温度不低于 400℃。焊后对 A、B 两区加热升高至 650℃ 时,停止加热,补焊质量良好,未出现裂纹。

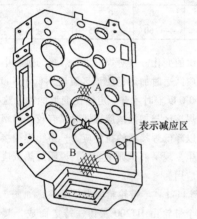

图 11-17　用加热减应区气焊修复缸盖裂纹

4. 手工电渣焊

电渣焊具有加热与冷却缓慢的特点,很适合铸铁补焊的要求。手工电渣焊具有设备简便、灵活的特点,对于重型机器厂、机床厂中灰铸铁厚件较大缺陷的焊接修复是比较合适的。

电渣焊过程中有大量液体金属及熔渣,故必须采用强迫成形。由于铸铁焊接时要求慢冷,而且主要是用于补焊,缺陷的形状及大小经常变化,故不能像钢件电渣焊那样采用水冷式纯铜强迫成形装置。而应根据缺陷的情况,采用造型使焊缝强迫成形。补焊铸铁时,最好采用石墨块(可用炼钢废电极锯成)造型,外堆型砂,如图 11-18 所示。石墨熔点高,不致为高温渣池所熔化,故可保证成形良好。若全采用砂型,高温熔渣会熔化部分砂型,致使熔渣的成分及性能发生变化,且引起焊缝成形不良。石墨外堆型砂既可防漏,又可使焊缝缓慢冷却。

应用焊接碳钢的焊剂 HJ431 焊铸铁,焊缝在刨开的断面上较易出现未熔合缺陷,母材已充分熔化了并

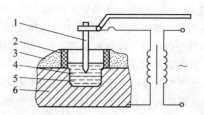

图 11-18　手工电渣焊示意图
1—电极　2—石墨板　3—型砂　4—渣池
5—金属熔池　6—焊件

且有足够熔深,但在焊缝与母材的结合面上往往在一些地方出现一薄层夹渣。分析其原因,主要是母材为铸铁,熔点比钢低很多,是焊剂熔点高于焊缝金属的熔点而引起的。以后作者研究了熔点较低的新焊剂,可消除上述未熔合缺陷。其成分为:萤石 60%(质量分数,下同),镁砂 20%,硅砂 20%,焊剂不需经熔炼过程,将上述三种矿石的粉末各过 100 号筛,机械混合均匀即可。填充材料可用与母材成分相近的铸铁棒或铁屑。

电渣焊过程开始时,要利用电弧过程熔化足够量的焊剂后才能转入正常电渣焊过程。一般电渣焊时自始至终都采用金属电极,故起焊处未转入正常电渣过程前的一段焊缝质量很不好,需用引弧板引到焊件外,焊后割去。利用手工电渣焊补焊铸铁时,要求所补焊的焊缝质量各处都无缺陷,故开始阶段要采用石墨电极进行造渣,先在焊件底部放少量的焊剂,利用石墨电极引起电弧,并将焊剂熔化,接着不断均匀加入焊剂,并继续将其熔化,当熔化焊剂形成的渣池达到一定深度,将石墨电极插入渣池中,如不再发生电弧放电和飞溅时,即已形成稳定的电渣过程。缺陷很大时,可用两个以上的电极同时进行造渣。电渣过程建立后,还可根据需要,继续用电渣过程提高工件预热温度。填充金属材料可以用与母材成分相近的铸铁棒或无油脂污染的铸铁屑。当用前一方案时,应另准备一个把手(缺陷大时用几个把手),上夹铸铁棒,其中一端焊前应同样接在电源输出端接石墨电极那根电线的螺柱上。渣造好后,拿出石墨电极,并立即向渣池放入金属电极一铸铁棒,金属电极在渣池高温作用下立刻熔化,而逐步填满缺陷。焊接过程中,电极应不断沿缺陷四周摆动,以使各部分受热均匀,直至焊完缺陷为止。若采用金属铁屑作填充材料,则焊过程中应一直采用石墨电极,并在施焊过程中不断均匀加入铁屑。铁屑不应含有油脂等杂物。

利用手工电渣焊补焊灰铸铁缺陷时,焊接规范应根据缺陷尺寸来确定。一般采用石墨电极,直径

$\phi30 \sim \phi40mm$，焊接电流 700～1500A，焊接电压25～30V，渣池深度 25～30mm，电极数目根据缺陷面积而定。

焊接接头硬度在 240HBW 以下，无白口铸铁及马氏体组织，机械加工性优良。焊缝颜色与灰铸铁母材一致。焊接接头力学性能可满足灰铸铁要求。

手工电渣焊的缺点是造型、造渣比较麻烦。

5. 电弧冷焊

电弧冷焊是指焊前对被焊铸铁件不预热的电弧焊，所以电弧冷焊可节省能源的消耗，改善劳动条件，降低补焊成本，缩短补焊周期，成为发展的主要方向。但正如前面所分析过的那样，当焊缝为铸铁型时，冷焊焊接接头易产生白口铸铁及淬硬组织，还易发生冷裂纹。

在冷焊条件下，首先要解决的问题是防止焊接接头出现白口铸铁。解决途径可从两方面着手：一是进一步提高焊缝石墨化元素的含量，并加强孕育处理；二是提高焊接热输入量，如采用大直径焊条、大电流连续焊工艺，以减慢焊接接头的冷速。这种工艺也有助于消除或减少热影响区出现马氏体组织。

焊缝的石墨化元素含量可以通过药芯焊丝或焊条药皮成分的变化在较大范围内调整，在提高焊接热输入的配合下，使焊缝较容易避免白口铸铁的出现。而半熔化区原为母材的成分，含碳、硅都不高，而该区的一侧紧靠焊金属工件，冷速最快，故半熔化区形成白口铸铁的敏感性比焊缝更大。

碳、硅都是强石墨化元素，研究结果表明，在冷焊条件下，焊缝 $w(C)$ 为 4.0%～5.5%、$w(Si)$ 为 3.5%～4.5% 较理想。可以看出，冷焊时焊缝的 $w(C+Si)$ 比热焊及半热焊时明显地提高了，达 7.5%～10%。过去一般都趋于提高焊缝中的 $w(Si)$，使其达到 4.5%～7%，而把 $w(C)$ 控制在 3% 左右。通过近来大量实践表明，还是适当提高焊缝含碳量及适当保持焊缝含硅量较为理想。这是因为下列原因：

1）提高焊缝含碳量对减弱、消除半熔化区白口铸铁作用比提高硅有效，因为在液态时碳的扩散能力比硅强十倍左右。提高焊缝含碳量及延长半熔化区存在时间（主要决定于焊接接头冷速），通过扩散可大大提高半熔化区的含碳量，对减弱或消除半熔化区白口铸铁的形成非常有利。

2）在碳、硅总量一定时，提高焊缝含碳量比提高焊缝含硅量更能减少焊缝收缩量，从而对降低焊缝裂纹敏感性有好处。

3）焊缝的 $w(Si)$ 大于 5% 左右以后，由于硅对铁素体固溶强化的结果，反而使焊缝硬度升高，而对

碳来说不存在这个问题。

在电弧冷焊时，仅靠调整焊缝碳、硅含量，来提高焊缝石墨化能力，往往还不足以防止焊缝因快冷而产生白口铸铁。还必须对焊缝进行孕育处理，以加强其石墨化过程，使焊接熔池中生成适量的 Ca、Ba、Al、Ti 等的高熔点硫化物或氧化物，它们能成为异质的石墨晶核，从而促进更多石墨的生长，有助于减弱甚至消除焊缝的白口倾向。

为减慢电弧冷焊时焊缝的冷速，以防止焊接接头产生白口铸铁组织，必须采用大电流、连续焊工艺。焊条直径越粗，越有利于采用大电流。这种工艺有利于增大总的焊接热输入，以减慢焊缝及其热影响区的冷速。除焊接工艺外，板厚及所补焊缺陷的体积都是影响焊接接头冷速的重要因素。被补焊的铸铁件越厚，液体焊缝及焊接热影响区的冷速越快，焊接接头形成白口铸铁及马氏体的倾向越高。缩孔是铸铁件制造中常见的缺陷。对这种缩孔的补焊，即使采用大电流连续焊工艺，若缩孔体积很小，则总的焊接热输入不足，焊缝及热影响区冷速很快，焊缝及半熔化区产生白口铸铁，热影响区易出现马氏体。随着缩孔体积增大，总的焊接热输入量增多，焊缝及热影响区冷速减慢，可使焊缝及热影响区完全消除白口铸铁及马氏体。参考文献[14]指出，在电弧冷焊条件下，即使焊缝中的 $w(C+Si) \geqslant 7.5\%$，且焊缝经适当的孕育处理，要避免焊缝形成白口铸铁，其在共晶转变温度 1200～1000℃ 的平均冷速应小于 25℃/s。虽然可从焊缝向半熔化区扩散一定量的石墨化元素（如碳、硅等），但该区的石墨化元素的总量仍明显低于焊缝，故避免半熔化区出现白口铸铁的冷速应小于 18℃/s。一些工厂补焊缩孔的经验表明，若原铸铁缩孔尺寸较小，补焊后焊缝及半熔化区出现白口铸铁，可铲除之并适当扩大缩孔体积（若允许的话），以增加总的焊接热输入量，减慢焊缝及半熔化区的冷速，则可避免焊缝及半熔化区产生白口铸铁。对体积较小的缺陷的补焊，采用将焊缝堆高 3～5mm，趁焊缝堆高部分尚未凝固时，用钢板将高出部分刮去，接着再堆高 3～5mm，这样反复进行三次以上，可明显改善焊接接头表层的可加工性。

铸铁焊接热影响区是否产生马氏体，主要决定于该区加热温度最高区域（加热温度越高，高温奥氏体含碳量越高），在 800～500℃ 的冷却时间，即 $t_{8/5}$，参考文献[7]报道了珠光体灰铸铁焊接热影响区的热模拟研究结果，认为 $t_{8/5} \geqslant 30s$ 时，即 800～500℃ 的冷速 $\leqslant 10℃/s$ 时，可防止珠光体灰铸铁焊接热影响区产生马氏体。应该指出的是，该值将随灰铸铁的化

学成分及基体组织变化而有些变化。过去焊接灰铸铁时，习惯于仍使焊缝成为片状石墨的灰铸铁，但片状石墨尖端会形成严重的应力集中，使焊缝强度较低，且基本无塑性变形能力，故在焊接拉伸应力作用下，焊缝易出现冷裂纹。这种使焊缝成为灰铸铁的焊条，在电弧冷焊情况下，只适用于缺陷处于拘束度较小的情况下的补焊。若补焊处于拘束度较大的缺陷，则焊缝易出现冷裂纹。参考文献[7]报道了电弧冷焊灰铸铁时，通过焊接冶金处理获得以珠光体加铁素体为基体的球墨铸铁焊缝的研究结果，由于球墨铸铁焊缝的强度与塑性性能远比灰铸铁焊缝高，其焊缝抗冷裂纹性能明显提高[5]。该成果已开始在生产中应用。当缺陷的体积很大，采用大电流、连续焊工艺一次性将其焊满，由于焊缝的收缩应力很大，较易出现冷裂纹。可将大缺陷分两次（或多次）补焊。先在缺陷长度方向上的 1/2 处，用石墨板（电弧炼钢的废电极切割而成）隔开，并使石墨板形状与缺陷内部紧密贴合，以防铁液从间隙流失。在焊完一半后，待焊缝已凝固即取出石墨板，接着去焊另一半。这样可防止焊缝出现冷裂纹。

利用贝氏体与马氏体二次相变应力松弛效应来提高铸铁型焊缝抗冷裂性能的新型焊条，在我国已有一定的应用，抗裂性很高。但这种焊条所焊焊缝在焊态情况下硬度较高，主要用于非加工面补焊，若需加工，须经 600℃回火处理。

GB/T 10044—2006《铸铁焊条及焊丝》新标准将灰铸铁焊接同质焊缝电弧热焊、半热焊及冷焊用的电焊条规定统一用一个 EZC 型号（见表 11-6），我国市售的电弧冷焊用同质焊缝焊条牌号仍用 Z208、Z248，其焊缝石墨化性能与抗裂纹性能差别较大，选用时应注意调查研究。

6. 补焊实例

[例 11-3]　图 11-19 所示为摇臂钻床立柱底部出现疏松缺肉的铸造缺陷。该缺陷体积较大，但拘束度较小，补焊时焊缝铁液有两个自由收缩面。焊前造好型，采用铸铁芯的 EZC 型铸铁电焊条（Z248）进行电弧冷焊补焊。焊条直径 φ8mm，用 600A 焊接电流连续施焊，直到将缺陷焊满，并使焊缝高度高出立

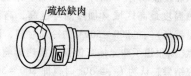

图 11-19　灰铸铁摇臂钻床立柱底部缺陷的同质焊条电弧冷焊补焊

柱底面 5mm。焊后未出现裂纹，焊接接头有优良的可加工性，焊件经机械加工后投入使用。

[例 11-4]　图 11-20 为某剪板机的灰铸铁大齿轮，重 18kg，铸铁牌号为 HT200。因冒口根部收缩，形成了直径为 φ34mm、深为 30mm 的缩孔两处，如图中箭头所示。缩孔处在加工面上，并处于四周封闭状态，其拘束程度较高。但考虑开斜坡口后缩孔两侧上部只余 12mm，在补焊过程中该两侧可达到较高温度，有利于降低拘束程度。决定采用铸铁芯焊条（Z248）进行电弧冷焊。焊条直径 φ8mm，焊接电流 500A，连续施焊直至焊满缺陷。焊后经检查未发现裂纹。补焊处可顺利加工，已装机出厂，使用情况很好。

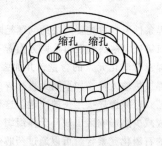

图 11-20　灰铸铁大齿轮缩孔缺陷示意图

[例 11-5]　某厂制造煤气发生炉圆形水封，材质为 HT150 灰铸铁，直径 φ3000mm、壁厚 15mm，一条裂纹垂直贯穿整个高度，长 940mm。焊前双面开 V 形坡口。由于裂纹很长，且无加工要求，因此采用抗冷裂纹性能好的焊缝能连续发生贝氏体与马氏体相变以松弛焊接应力的焊条，其直径为 φ4mm，焊接电流 150～160A。焊前不预热，采用分段法焊接，每段长度 70～80mm。待补焊处冷至 50℃左右再焊下一段。焊完一面后，用电弧气刨清理焊根，再焊另一面，补焊工艺同前述。补焊完用肉眼观察及煤油渗漏检查补焊处，均未发现裂纹。补焊后焊件已装机使用。

11.3.2　异质（非铸铁型）焊缝的电弧焊焊接材料与工艺

非铸铁型焊缝或异质焊缝，按其焊缝金属的性质可分为钢基、铜基及镍基三种。灰铸铁含碳及有害杂质 S、P 高，在与母材周边接触的第一、二层异质焊缝金属中，必然会由铸铁母材过渡进去一定的 C、S、P，从而易使焊缝产生热裂纹、冷裂纹及淬硬组织。另外，通过扩散过程，焊缝金属的成分对母材半熔化区的白口带宽度有很大影响，进而影响焊接接头的可加工性。由于灰铸铁强度低、塑性差，异质焊缝金属

的收缩率、膨胀系数、抗拉强度、屈服强度及塑性的高低，对裂纹的发生都有重要影响。下面分别介绍钢基、铜基、镍基三种焊缝的灰铸铁电弧冷焊焊接材料。

1. 异质焊缝的电弧焊焊接材料

（1）钢基焊缝的电弧焊焊接材料

在 11.2.2 节中，已说明利用普通低碳钢焊条焊接铸铁时，焊缝易出现热裂纹、冷裂纹及淬硬组织，半熔化区的白口宽度较大。基于这种情况，普通低碳钢焊条虽便宜易得，但用于焊接铸铁时，其焊接质量是难以令人满意的。人们有时用于补焊质量要求不高的场合。另外在补焊厚大件裂纹时，先在坡口二侧用镍基铸铁焊条（焊接接头需加工）或高钒铸铁焊条（焊接接头不加工）预堆二层，然后用较便宜的低碳钢焊条分层焊接，在工业上有一定应用，但应注意防止剥离性裂纹的发生。

在焊缝金属为钢的电弧焊方面，目前我国生产三种专用铸铁焊条已纳入 GB/T 10044—2006 新标准中，此外，CO_2 焊补焊铸铁缺陷也有一些应用。

1）EZFe—1 纯铁焊条。该型号焊条（市售牌号 Z100）是纯铁芯 [$w(C) \leq 0.04\%$] 氧化性药皮铸铁焊条，药皮中含有较多赤铁矿、大理石等强氧化性物质。其目的是通过碳的氧化反应来降低焊缝中含碳量。但焊接冶金反应主要是在熔滴过渡过程中进行，在焊接熔池中反应较弱。而碳主要来自铸铁母材，纯铁芯含碳量甚低，且在熔池中进行的碳的氧化反应是放热反应，易使熔深有所增加。故采用此种焊条焊接铸铁时，第一层焊缝含碳虽有所降低，在小热输入焊接时 $w(C)$ 平均为 0.7% 左右，焊缝仍属于高碳钢，第一层焊缝硬度可达 40～50HRC。半熔化白口较宽，一般为 0.2mm，故焊接接头无法加工。焊缝仍易发生热裂纹及冷裂纹。该焊条多层焊时脱渣困难。这种焊条在修复经常在高温工作的灰铸铁钢锭模出现的缺陷上有应用，有时也用于不要求加工、致密性及受力较小的缺陷部位补焊。

2）EZFe—2 碳钢焊条。该型号焊条（市售牌号 Z122Fe）是低碳钢芯铁粉型焊条，药皮为低氢型。药皮中加入了一定量的低碳铁粉。加入铁粉的目的，仍然是为了降低焊缝的含碳量。通过药皮加入一定的低碳铁粉，不仅可使第一层焊缝中焊条融入量相对增加，有利于降低焊缝平均含碳量，而且使电弧热更多地用于熔化焊条，用于熔化铸铁母材的热量相对有所减少，加之焊条药皮含一定铁粉量后，药皮也能导电，并与焊件间产生电弧，使电弧热比较分散，这两点均为减少母材熔深有一定作用。利用此种焊条焊接

灰铸铁，在采用小焊接热输入情况下，可使单层焊缝的 $w(C) = 0.46\%$ ～0.56%，属于中碳钢上限范围。焊缝硬度仍较高，母材半熔化区白口层较宽，难于加工。故该种焊条只能用于铸铁件非加工面补焊。虽焊缝含碳量有所下降，但消除裂纹仍然是困难的。

3）EZV 型高钒焊条。该型号焊条（市售牌号有 Z116、Z117）是低碳钢芯、低氢型药皮的高钒铸铁焊条[15]。焊条的熔敷金属中含 w（V）为 11% 左右（表 11-6），加入钒的目的仍然是为了消除焊缝中碳的有害作用。钒是强烈碳化物形成元素，与碳结合后生成碳化物 V_4C_3。当 V/C 比例合适时，焊缝中的碳几乎完全与钒结合而生成弥散状分布的碳化钒，焊缝基体组织则为铁素体。这种焊条的最大优点是其焊缝具有优越的抗热裂纹及冷裂纹性能。单层焊缝的硬度低（＜230HBW），焊缝金属具有很高的塑性性能，其断后伸长率可达 28%～36%，其焊缝抗拉强度可达 558MPa 左右。其焊缝屈服强度也高，可达 343MPa，比灰铁焊接强度高很多。当补焊面积较大时，往往在焊缝与母材交界处出现裂纹。由于钒是强烈碳化物形成元素，故钒从焊缝一侧而碳从母材一侧各自向熔合线扩散，形成了主要由碳化钒颗粒组成的一条非常窄的带，该带硬度较高，加之利用该种焊条焊接灰铸铁时，半熔化区的白口带仍较宽，故焊接接头加工性不及镍基焊条。多层焊时，接头加工性有一定改善，这种焊条仍主要用于铸铁非加工面补焊。Z117 需用直流焊接电源，Z116 可用交、直流焊接电源，用交流时，空载电压要高一些。

4）CO_2 及 $CO_2 + O_2$ 保护焊。采用 H08Mn2Si 细丝（$\phi0.8 \sim \phi1.0mm$）CO_2 或 $CO_2 + O_2$ 焊补焊灰铸铁在我国汽车、拖拉机修理行业中获得了一定的应用。细丝 CO_2 焊采用小电流，低电压焊接，属于短路过渡过程，故有利于减少母材熔深，降低焊缝含碳量，短路过渡过程时热输入小，有利于降低焊接应力。在焊丝直径为 0.8mm，焊接电压为 18～20V，焊速为 10～12m/h 情况下，焊接电流为 110A 时，焊缝 $w(C) = 0.8\%$，焊缝内有大量针状马氏体，焊缝易出现裂纹；焊接电流为 90～100A 时，焊缝为细小而分散的马氏体，焊缝 $w(C) = 0.72\% \sim 0.8\%$，这种情况仍不能避免裂纹发生；焊接电流为 76～85A 时，焊缝主要为托氏体，外加少量马氏体，焊缝 $w(C) = 0.32\% \sim 0.5\%$，用肉眼观察未发现焊缝裂纹，因此采用 H08Mn2Si 细丝（$\phi0.8mm$）CO_2 焊补焊铸铁，其焊接电流应在 85A 以下。

焊接电压以 18～20V 为宜。小于此限，电弧过程不稳，大于此限，焊缝变宽，焊缝含碳量上升，易

出现裂纹。

焊速以 10 ~ 12m/h 为宜。焊速为 18 ~ 20m/h 时，焊缝冷却速度加快，焊缝中马氏体量增加，易出裂纹。当焊速为 3 ~ 4m/h 时，热影响区白口层显著增加。

利用 CO_2 焊补焊铸铁，单层焊时，焊缝硬度仍偏高，其白口区宽度也比镍基铸铁焊条宽，故加工困难。多层焊加工性有所改善。该法仍主要用于非加工面补焊。

利用 $CO_2 + O_2$ 混合气体保护焊焊接灰铸铁的研究结果[16]表明，随混合气体中的含氧量增加，焊缝中含碳逐步呈微量下降趋势，焊缝抗裂纹性能随之有所改善。当混合气体中含氧量增加到 30% ~ 40% 时，达到较佳结果。进一步提高混合气体中含氧量，则焊缝中的含碳量又逐步呈增加趋势，焊缝抗裂性能逐步下降。其原因可作如下解释。随着混合气体中含氧量增加，保护气氛的氧化性随之增强，熔池中碳的氧化有所加剧，引起焊缝含碳量的微量降低。但当混合气体中含氧量超过 40% 以后，氧化反应过程所产生的热量增加，并起主导作用，使母材在焊缝中所占百分比增加，引起焊缝中碳量增加。该种方法焊接灰铸铁的单层焊缝硬度仍较高，且半熔化区白口宽度仍较宽，不易进行机械加工，该工艺也主要用于非加工面补焊。

钢基焊缝的颜色与灰铸铁的颜色差别很大。当要求焊缝颜色与母材颜色一致时，该焊条难于满足。此外，所有钢基焊缝的 T_s 都比灰铸铁的 T_s 高，故补焊缺陷面积较大时，均易在焊接接头熔合区发生剥离性裂纹，此点已在 11.2.2 节讨论过。

(2) 铜基焊缝的电弧焊焊条

铜与碳不形成碳化物，也不溶解碳，彼此之间不形成高硬度组织，铜的 T_s 及屈服极限较低，且塑性特别好，在铸铁焊接时铜基焊缝对防止焊缝发生冷裂纹及防止焊接接头发生剥离性裂纹会起着有利的作用。

铁在铜中的溶解度如下：1083℃（铜的熔点）时为 4%，650℃ 为 0.2%，室温时溶解度更低，故室温时，铜与铁形成机械混合物。

用纯铜电焊条焊接灰铸铁的结果并不理想，主要存在下列两个问题。一是焊接接头抗拉强度低，一般只达到 78 ~ 98MPa，相当于灰铸铁的一半；二是纯铜焊缝为单相 α 组织，形成粗大柱晶，焊缝对热裂纹较敏感，在铜基焊缝中含有一定量的铁有利于上述两个问题的解决。例如当铜基焊缝中的铜铁比为 80：20 时，灰铸铁焊接接头的抗拉强度可达 147 ~ 196MPa，基本与母材相近。纯铜焊缝的抗热裂性能差，发生热裂纹

的临界变形速度为 10mm/min，而当焊缝金属的铜铁比为 80：20 时，发生热裂纹的临界变形速度可提高到 745mm/min。但若进一步增大焊缝铁含量，焊缝塑性下降，易发生冷裂纹。基于上述的原因，我国目前生产的铜铁铸铁焊条的铜铁比一般均为 80：20。铜基焊缝加入一定量的铁能提高焊缝抗热裂纹性能的原因是铜的熔点低（1083℃），而铁的熔点高（1530℃），故熔池结晶时先析出铁的 γ 相，这样当温度下降铜开始结晶时，焊缝为双相组织，故有利于提高其抗热裂性能。铜基焊缝中机械混合着一定量的高硬度富铁相，增大了焊缝变形抗力，故抗拉强度有所上升，我国目前生产的铜铁铸铁焊条有下列三种。虽国标 GB/T 10044—2006 新标准未将它们列入，但生产上一直在应用，应予以介绍，故只能用市售牌号予以介绍。

1) Z607 焊条。Z607 焊条是以纯铜为焊芯，药皮为低氢型，药皮中含有较多的低碳铁粉，所以有时简称铜芯铁粉焊条。熔敷金属中铜铁比一般为 80：20。该焊条具有较高的抗热裂纹及抗冷裂纹性能。由于铜基焊缝的 T_s 低于灰铸铁的 T_s，故补焊较大缺陷时也不易在焊接接头熔合区出现剥离性裂纹。由于在常温下铁在铜中的溶解度极小，故焊缝中铜与铁是以机械混合物存在。在第一层焊缝中，即使采用小电流，铸铁母材在焊缝中所占比例也在 1/3 左右，母材中的铁及碳较多地融入焊缝中。由于铜不溶解碳，也不与碳形成碳化物，故碳全部与母材及焊条熔化后的铁结合，在焊接快速冷却下，形成了铜基焊缝中机械混合着马氏体、托氏体等高硬度组织。焊缝加工性不良。由于铜是弱石墨化元素，半熔化区白口仍较宽，故整个焊接接头加工性不良，主要用于非加工面补焊。由于其抗裂性能优良，适用于拘束度较大部位的缺陷补焊，例如透孔补焊等。

2) Z612 焊条。Z612 系铜包钢芯，钛钙型药皮铸铁焊条，熔敷金属中含铜大于 70%，余为铁。该焊条特性基本如上述的 Z607 焊条。主要用于非加工面补焊。

基于上述概念，有的工厂简单地自制铜钢焊条，即将一定厚度及宽度的纯铜带螺旋式地紧紧缠在 E5015 或 E5016 低碳钢焊条上，并使该种焊条的铜钢比保证在 70% 以上。

3) T227 焊条。T227 焊条是锡磷青铜为焊芯、药皮为低氢型的铜合金电焊条，该焊条原来主要用于堆焊磷青铜耐磨件。熔敷金属的化学成分为 $w(Sn) = 7.0\% ~ 9.0\%$，$w(P) \leqslant 0.3\%$，余量为铜；熔敷金属的抗拉强度 $\geqslant 270MPa$，断后伸长率 $\geqslant 20\%$。该焊条的特点是熔点低（1027℃），焊接工艺适当时，母材

熔深较浅，焊缝是由锡青铜为基体，其中机械混合少量硬度较高的富铁相组成，白口区较窄，焊接接头可以进行加工，但仍不如镍基焊条，焊缝有较高的抗裂性能。

铜基焊缝的颜色与灰铸铁相差很大，故对补焊区有颜色一致或相近要求时，不宜采用。

(3) 镍基焊缝的电弧焊焊条

镍是奥氏体形成元素，它扩大 γ 相区，镍和铁能以任何比例相互固溶。当铁镍合金中 $w(Ni) > 30\%$ 时，γ 相区可以扩展到室温而不发生相变，从高温到室温一直保持 γ 相（奥氏体）组织，且硬度较低，镍和碳不形成碳化物。在高温时，镍及镍基合金可以溶解一定量的碳，随温度下降，一部分过饱和的碳以石墨析出，碳的析出过程伴随着体积膨胀，有利于降低焊接应力。镍是较强的石墨化元素，而且高温时，扩散系数大，高温时镍的扩散系数随镍基合金中含镍量增加而增大，这对镍基焊缝中的镍向铸铁母材半熔化区扩散，缩小白口区宽度，改善焊接接头加工性会起着非常有利的作用。焊缝含镍量越高，白口宽度越窄，因此对镍基铸铁焊接材料的应用受到人们的重视。

我国新修订的国家标准 GB/T 10044—2006《铸铁焊条及焊丝》，参考美国 ANSI/AWSA5.15—1990《铸铁焊接用焊条和焊丝规程》，增加了铸铁焊接用镍基焊条的品种，请参阅表 11-6。按熔敷金属中主要元素分类，可分为 EZNi、EZNiFe、EZNiFeCu、EZNiCu 及 EZNiFeMn 五种类型，有些类型的焊条最后还用数字表示细分类，如 EZNi—1、EZNi—2 及 EZNi—3 等，其熔敷金属化学成分有一些变化，但上述我国新标准与美国规程均未对熔敷金属化学成分一些变化的目的加以说明，使用户选用带来困难。参考

其他国家资料，作者分析，其目的主要是调整熔敷金属的力学性能。所有镍基铸铁焊条均采用石墨型药皮，也就是说，药皮中含有较多的石墨，镍基铸铁焊条采用石墨型药皮是基于以下几点理由[17]：

① 石墨是强脱氧剂，药皮中含有适量石墨，可防止焊缝产生气孔。

② 分析 Ni-Fe-C 相图可知，在 Ni-Fe-C 三元合金中，适量的碳可以缩小液-固线结晶区间，也就是缩小高温脆性温度区间，从而有利于提高焊缝抗热裂纹能力。

③ 碳的析出，降低了焊缝的收缩应力，有利于降低热影响区熔合线附近产生冷裂纹的倾向。

④ 有利于降低半熔化区中的碳向焊缝扩散程度，进一步减小该区白口宽度。

镍基铸铁焊条的最大特点是焊缝硬度较低，半熔化区白口层薄，且呈断续分布，故适用于加工面补焊，镍基焊缝的颜色与灰铸铁母材相接近，是其另一特点。

镍基铸铁焊条对热裂纹较敏感。当镍基焊缝中含有适量的碳、稀土及细化晶粒元素时，可明显提高其抗热裂纹能力。要使镍基铸铁焊条熔敷金属的石墨不成片状，而成球状才能使熔敷金属的力学性能大为提高，也需要熔敷金属中含有微量稀土作为石墨球化剂。

镍基焊条价格贵，应主要用于加工面补焊。工件厚或缺陷面积较大时，可先用镍基焊条在坡口上堆焊二层作过渡层，中间熔敷金属可采用其他较便宜的焊条，以节约补焊费用。

我国目前生产的镍基铸铁焊条主要有下列几种，其熔敷金属的化学成分见表 11-6。

表 11-6　铸铁焊接用焊条熔敷金属化学成分（GB/T 10044—2006）

型号	化学成分（质量分数,%)											
	C	Si	Mn	S	P	Fe	Ni	Cu	Al	V	球化剂	其他元素总量
EZC	2.0 ~ 4.0	2.5 ~ 6.5	≤0.75	≤0.10	≤0.15	余	—	—	—	—	—	—
EZCQ	3.2 ~ 4.2	3.2 ~ 4.0	≤0.80	≤0.10	≤0.15	余	—	—	—	—	0.04 ~ 0.15	—
EZNi—1	≤2.0	≤2.5	≤1.0	≤0.03	—	—	≥90	—	≤1.0	—	—	≤1.0
EZNi—2	≤2.0	≤4.0	≤2.5	≤0.03	—	≤8.0	≥85	≤1.0	≤1.0	—	—	≤1.0
EZNi—3	≤2.0	≤4.0	≤2.5	≤0.03	—	≤8.0	≥85	1.0 ~ 3.0	≤1.0	—	—	≤1.0
EZNiFe—1	≤2.0	≤4.0	≤2.5	≤0.03	—	余	45 ~ 60	≤2.5	≤1.0	—	—	≤1.0
EZNiFe—2	≤2.0	≤4.0	≤2.5	≤0.03	—	余	45 ~ 60	≤2.5	1.0 ~ 3.0	—	—	≤1.0
EZNiFeMn	≤2.0	≤1.0	10 ~ 14	≤0.03	—	余	35 ~ 45	≤2.5	≤1.0	—	—	≤1.0
EZNiCu—1	0.35 ~ 0.55	≤0.75	≤2.3	≤0.025	—	3.0 ~ 6.0	60 ~ 70	25 ~ 35	—	—	—	≤1.0
EZNiCu—2	0.35 ~ 0.55	≤0.75	≤2.3	≤0.025	—	3.0 ~ 6.0	50 ~ 60	35 ~ 45	—	—	—	≤1.0
EZNiFeCu	≤2.0	≤2.0	≤1.5	≤0.03	—	余	45 ~ 60	4 ~ 10	—	—	—	≤1.0
EZV	≤0.25	≤0.70	≤1.50	≤0.04	≤0.04	余	—	—	—	8 ~ 13	—	≤1.0

1) EZNi 型焊条。该型号焊条（市售牌号为 Z308）是纯镍 [$w(Ni) \geq 85\%$] 焊芯、石墨型药皮的铸铁焊条。这种焊条的最大特点是电弧冷焊焊接接头的可加工性优异，焊接工艺正确时铸铁母材上半熔化区的白口带宽度一般为 0.05mm 左右，比所有其他铸铁焊条都窄，并呈断续分布，热影响区的硬度 ≤250HBW，焊缝硬度一般为 130 ~ 170HBW。焊缝金属抗拉强度 ≥240MPa，并具有一定的塑性，其灰铸铁焊接接头的抗拉强度可达 147 ~ 196MPa，与灰铸铁 HT150 及 HT200 相当，焊缝颜色基本与母材接近，配合适当焊接工艺，焊条抗裂性良好。适当调整焊缝化学成分，可使熔敷金属抗拉强度达 426MPa，断后伸长率可达 12.4%，可以满足铸态铁素体球铁焊接的要求[18]，但这种焊条也是铸铁焊条中最贵的焊条，应该在其他铸铁焊条不能满足要求时才选用。主要用于对补焊后加工性要求高的加工面补焊。

2) EZNiFe 型焊条。该型号焊条市售牌号为 Z408，是镍铁合金[$w(Ni) = 45\% ~ 60\%$]焊芯、石墨型药皮的铸铁焊条。由于铁的固溶强化作用，该焊条的熔敷金属力学性能较高，其抗拉强度可达 390 ~ 540MPa，断后伸长率一般大于 10%。焊接灰铸铁时，焊接接头均断在母材上，焊接球铁时焊接接头抗拉强度可达 400MPa 左右。故该焊条主要用于高强度灰铸铁及铁素体基体或铁素体加珠光体基体球墨铸铁焊接。参考文献[8]233-252 页介绍了 EZNiFe 焊条研究的新进展。通过对焊缝加入微量 Nb、Ti 形成 NbC、TiC 等对焊缝金属的弥散强化及细晶强化，可使焊缝金属的抗拉强度达 632MPa，屈服强度达 415MPa，断后伸长率达 7.35%。可满足以珠光体加铁素体为基体的 QT600—3 球铁力学性能的要求。该焊条焊缝金属抗裂性能优于纯镍及镍铜铸铁焊条。这是由于 Ni55、Fe45 的镍铁合金的膨胀系数与铸铁相近，有利于降低焊接应力，焊缝金属的硬度为 160 ~ 210HBW。由于焊缝金属含镍量不及纯镍焊条高，在合适焊接工艺下，其半熔化区白口宽度一般为 0.1mm 左右，热影响区最高硬度 ≤300HBW，故焊接接头加工性比 EZNi 焊条稍差，但基本是满意的。该种焊条是镍基铸铁焊条中较为便宜的。

应指出的一点是利用该焊条焊接灰铸铁刚度较大部分的缺陷，且补焊面积较大时，有时会在焊接接头的熔合区发生剥离性裂纹。

由于上述镍铁合金电阻大（其电阻比纯镍高约 4 倍）故镍铁铸铁焊条在焊到后半根就开始发红，随后焊条熔化速度加快，影响焊缝成形及熔深，为解决这一问题，发展了 EZNiFeCu 铸铁焊条。

3) EZNiFeCu 型焊条。该型号焊条市售牌号为 Z408A，是镍铁铜合金焊芯、石墨型药皮焊条。焊芯 $w(Cu) = 4\% ~ 10\%$，或镀铜镍铁芯，$w(Ni)$ 仍为 55% 左右，余为铁及铜。镀铜后焊芯的含 $w(Cu)$ 量亦应为 4% ~ 10%。加入铜的目的是为了提高焊芯的导电性，以解决焊条红尾问题。其他性能与 EZNiFe 焊条类似。但铜加入后，焊缝金属抗热裂性能有所下降，其应用范围与 EZNiFe 焊条相同。

4) EZNiCu 型焊条。该型号焊条市售牌号为 Z508，是镍铜合金[$w(Ni)$ 为 50% ~ 70%，余为铜]焊芯、石墨型药皮铸铁焊条，由于镍铜合金又称为 Monel 合金，故人们常称该焊条为蒙乃尔焊条。该焊条含镍量低于纯镍焊条，但高于镍铁焊条。其半熔化区白口较窄，介于纯镍焊条与镍铁焊条之间，在合适的焊接工艺下，半熔化区白口宽度一般为 0.07mm 左右。热影响区的硬度低于 300HBW，焊缝硬度为 150 ~ 190HBW，焊接接头的加工性接近纯镍焊条，而稍优于镍铁焊条。由于该镍铜合金的收缩率较大（约 2%），易形成较大的内应力，故该焊条的抗热裂性能不及镍铁焊条及纯镍焊条，在补焊拘束度较大部位的缺陷时较易发生裂纹。焊缝金属因灰铸铁母材 S、P 的融入，提高了其热裂纹敏感性。其熔敷金属的抗拉强度为 190 ~ 390MPa，可满足 HT200 灰铸铁的力学性能的要求。但向焊缝加入适当稀土等后，可消除焊缝热裂纹。

5) EZNiFeMn 型焊条[19]。该焊条是新列入 (GB/T 10044—2006) 铸铁焊条及焊丝国家标准的，我国以前未生产过，故尚无市售牌号。其熔敷金属化学成分（见表 11-6）为：$w(Ni) = 35\% ~ 45\%$，$w(Mn) = 10\% ~ 14\%$。熔敷金属的抗拉强度可达 650MPa，屈服强度可达 460MPa，断后伸长率可达 13%[19]，可适用我国 QT600—3 及 QT700—2 高强球墨铸铁的焊接。焊缝硬度为 200HBS。

选用每种镍基焊条时，可要求焊条厂提供其熔敷金属的力学性能，以便正确选用。

(4) 镍基气体保护焊焊丝与镍基药芯焊丝

我国新的国家标准《铸铁焊条及焊丝》第一次列入了两种型号的镍基气体保护焊焊丝（ERZNi 及 ERZNiFeMn），ER 表示气体保护焊焊丝，其焊丝成分见表 11-7。新标准说明指出，焊丝不含脱氧剂，使用的保护气体应按焊丝制造厂推荐的使用。同时列入了一种镍基药芯焊丝（ET3ZNiFe），ET 表示药芯焊丝，数字 3 表示其为自保护类型。该药芯焊丝的熔敷金属的化学成分见表 11-8。气体保护焊焊丝及药芯焊丝均可用于自动焊及半自动焊，国外在 1970 年左右，为推动铸铁（主要为球墨铸铁）件与铸铁件、各种钢件或有色金属件焊接起来而生产零部件，已开始开发气体保护焊丝及药芯焊丝。在 11.1.2 节已介绍过美国 1993 时，其铸铁用于零部件焊接生产已占整个铸铁焊接量的 20%。我国铸铁焊接用于零部件生产还处于起步阶段，与国外差距很大。铸铁焊条及焊丝新标准列入镍基气体保护焊焊丝及药芯焊丝，为缩小这方面的差距创造了条件。其特点及适用的铸铁牌号与相应焊条类似。

表 11-7　铸铁焊接用气体保护焊焊丝化学成分（GB/T 10044—2006）

型号	化学成分（质量分数,%）									
	C	Si	Mn	S	P	Fe	Ni	Cu	Al	其他元素总量
ERZNi	≤1.0	≤0.75	≤2.5	≤0.03	—	≤4.0	≥90	≤4.0	—	≤1.0
ERZNiFeMn	≤0.50	≤1.0	10～14	≤0.03		余	35～45	≤2.5	≤1.0	

表 11-8　铸铁焊接用药芯焊丝熔敷金属化学成分（GB/T 10044—2006）

型号	化学成分(质量分数,%)									
	C	Si	Mn	S	P	Fe	Ni	Cu	Al	其他元素总量
ET3ZNiFe	≤2.0	≤1.0	3.0～5.0	≤0.03	—	余	45～60	≤2.5	≤1.0	≤1.0

2. 异质焊缝的手工电弧冷焊工艺

要保证铸铁焊接获得满意的质量，除应对常用的灰铸铁焊接材料的特性有较好了解并根据铸件焊接的要求正确选择焊接材料外，还要采取正确的焊接工艺才能获得满意的效果。

焊前准备很重要。焊前准备工作是指清除工件及缺陷的油污、铁锈及其他杂质，同时应将缺陷予制成适当的坡口，以备焊接。

补焊处油、锈清除不干净，容易使焊缝出现气孔等缺陷。对裂纹缺陷应设法找出裂纹两端的终点。必要时可用煤油作渗透试验。然后在裂纹终点打止裂孔。在保证顺利运条及熔渣上浮的前提下，宜用较窄的坡口，这样可减少焊缝金属，有利于降低发生裂纹的可能性。开坡口可用机械加工方法，也可用焊条的电弧来切割坡口，这种方法效率高。焊前应按焊条说明书规定将焊条进行烘干。

异质焊缝的电弧冷焊工艺要点如下：

1）选择合适的最小电流焊接。

电流过小时，电弧燃烧不稳定，焊缝与母材熔合不良好。异质焊缝电弧冷焊务必选择合适的最小电流焊接是基于下列原因：

① 灰铸铁含 Fe、Si、C 及有害的 S、P 杂质高，焊接电流越大，与母材接触的第一、二层异质焊缝中融入母材量越多，带入焊缝中的 Fe、Si、C、S、P 也随之上升。对镍基焊缝来说，其中 Si 及 S、P 杂质提高，会明显增大发生热裂纹敏感性；焊缝 Fe 提高，则镍相对下降，会增大半熔化区白口宽度。对钢基焊缝来说，其中 C、S、P 含量增高，发生热裂纹的敏

感性增大。此外钢基焊缝含碳越高，淬硬倾向及淬硬区域越大，焊缝硬度越高，冷裂纹敏感性越大。高钒焊条在母材融入多的情况下，也会因焊缝中碳的增高使 V/C 比下降，会出现碳未完全被钒所结合，焊缝中出现部分高硬度马氏体组织，此外灰铸铁含硅量较高 [$w(Si)=2\%$ 左右]，当焊接电流增大，铸铁中的硅会更多进入高钒焊条所焊焊缝，使其塑性性能明显下降，焊缝易出现裂纹。对铜基焊缝来说，其中 Fe、C 含量增加，会增大焊缝中高硬度富铁相的比例，使焊缝塑性下降，焊缝易出现裂纹。从以上分析可以看出，异质焊缝电弧焊时，必须严格控制灰铸铁母材对焊缝的稀释作用，才有利于保证焊接质量。这与同质焊缝电弧焊是不同的。

② 随着焊接电流的增大，焊接热输入增大，使焊接接头拉伸应力增高，发生裂纹的敏感性增大。

③ 随着焊接电流的增大，焊接热输入增大，母材上处于半熔化区的固相线的等温线所包围的范围扩大，即半熔化区加宽。在电弧冷焊快速冷却条件下，冷速极快的半熔化区的白口区加宽。此外，焊接热输入增大，会使更多碳从石墨扩散到奥氏体，促进热影响区马氏体量增多。

随着焊条直径增大，其合适的最小焊接电流增加，故异质焊缝电弧冷焊时，特别是焊缝与母材接触的第一、二层焊缝时，宜选用小直径焊条。焊接电流可参照公式：$I=(29\sim34)d$ 选择，其中 d 为焊条直径（mm）。

2）采用较快焊速及短弧焊接。焊速过快，焊缝成形不良，与母材熔合不好，但在保证焊缝正常成形

及与母材熔合良好的前提下，应采用较快的焊接速度，因随着焊速加快，铸铁母材的熔深、熔宽下降，母材融入焊缝量随之下降，焊接热输入也随之减小，其引起的好效果与上述降低焊接电流所得效果是同样的，焊接电压（弧长）增高，使母材熔化宽度增宽，母材熔化面积增加，故应采用短弧焊接。

3）采用短段焊、断续焊、分散焊及焊后立即锤击焊缝工艺，以降低焊接应力，防止裂纹发生。

随着焊缝的增长，纵向拉伸应力增大，焊缝发生裂纹的倾向增大。故宜采用短段焊。采用异质焊接材料进行铸铁电弧冷焊时，一般每次焊缝长度为 10～40mm，薄壁件散热慢，一次所焊焊缝长度可取 10～20mm；厚壁件散热快，一次所焊焊缝长度可取 30～40mm。当焊缝仍处于较高温度，塑性性能异常优良时，立即用带圆角的小锤快速锤击焊缝，使焊缝金属发生塑性变形，以降低焊缝应力。据有关资料介绍，用这种方法可减少约 50% 的内应力，为了尽量避免补焊处局部温度过高，应力增大，应采用断续焊，即待焊缝附近的热影响区冷却至不烫手时（50～60℃），再焊下一道焊缝。必要时还可采取分散焊，即不连续在一固定部位补焊，而换在补焊区的另一处补焊，这样可以更好地避免补焊处局部温度过高，从而避免裂纹发生。故利用异质焊接材料焊接铸铁时，需要耐心细致地工作。为了消除电弧冷焊灰铸铁时，热影响区出现的马氏体，以改善其加工性，可采用 300℃ 的局部预热。

4）选择合理的焊接方向及顺序。焊接方向及顺序的合理与否对焊接应力的大小及裂纹是否发生有重要影响。举例说明如下：

裂纹的补焊应掌握由拘束度大的部位向拘束度小的部位焊接的原则。如图 11-21 所示的 1 号裂纹应从闭合的裂纹末端向开口的裂纹末端分段焊接，这样焊缝收缩有一定自由度，焊接应力较小。若从裂纹开口端向裂纹闭合端焊接，则焊接应力将大为增加，较易出现裂纹。图 11-21 所示的 2 号裂纹处于拘束度很大的部位，在汽缸体上经常会出现这种裂纹。焊接这种裂纹有三种焊接方法可供选择。一是从裂纹一端向另一端依次分段焊接，二是从裂纹中心向裂纹两端交替分段焊接，三是从裂纹两端交替向裂纹中心分段焊接。由于裂纹两端的拘束度大，其中心部位的拘束度相对较小，故宜采用第三种焊接顺序较为合理，有利于降低焊接应力。

对灰铸铁厚大件的补焊，焊接顺序的合理安排有重要意义。厚大件补焊时，焊接应力大，焊缝金属发生裂纹与焊缝金属及母材交界处发生裂纹的危险性增

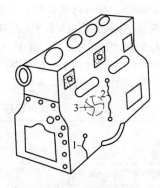

图 11-21　气缸体侧壁裂纹的补焊

大，图 11-22 所示的焊接顺序不同。水平型焊接应力大，易使焊缝及热影响区发生裂纹。凹字形次之，斜坡形焊接应力较小，有利于防止发生热影响区裂纹及焊缝裂纹。

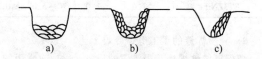

图 11-22　多层焊顺序
a) 水平形　b) 凹字形　c) 斜坡形

5）特殊补焊技术的应用。在某些情况下采用一些特殊补焊技术，有利于保证焊接质量，举例说明如下。

① 镶块补焊法。如果补焊处有多道交叉裂纹，如图 11-21 中 3 号缺陷所示，若采取逐个裂纹补焊工艺，则会由于补焊应力集中而发生裂纹。可将该处挖除，再镶上一块比焊件薄的低碳钢板（其板厚可相当于补焊处灰铸铁焊件厚的 1/3 左右），该板宜做成凹形（图 11-23），以降低局部拘束度来降低焊接应力。若镶块采用平板，则宜在平板中部预割一条缝，以降低局部拘束度，减少应力。其焊接顺序如图 11-23 所示。这样做可使铸铁与低碳钢板焊接时，通过预开的钢板中间缝而松弛应力，最后焊中间缝。

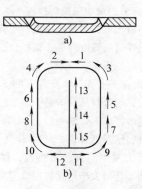

图 11-23　镶块补焊法

② 栽丝焊。厚件开坡口多层焊时，焊接应力大，特别是采用碳钢焊缝时，由于收缩率大，焊缝屈服极限又高于灰铸铁抗拉强度，不易发生塑性变形而松弛应力，而热影响区的半熔化区又是薄弱环节，故往往沿该区发生裂纹。即使焊接后当时不开裂，若焊件受较大冲击负荷，也容易在使用过程中沿该区破坏。栽丝焊就是通过碳钢螺钉将焊缝与未受焊接热影响的铸件母材固定在一起，从而防止裂纹的发生，并提高该区承受冲击负荷的能力。这种补焊方法主要应用于承受冲击负荷的厚大铸铁件（厚度大于 20mm）裂纹的补焊。焊前在坡口内钻孔攻螺纹，孔一般应两排，使其均匀分布，拧入钢质螺钉（如图 11-24 所示），先绕螺钉焊接，再焊螺钉之间。常用螺钉直径为 $\phi 8 \sim \phi 16mm$，厚件采用直径大的螺钉。螺钉拧入深度应等于或大于螺钉直径，螺钉凸出待焊表面高度一般为 $4 \sim 6mm$，拧入螺钉的总截面积应为坡口表面积的 $25\% \sim 35\%$。这样螺钉直径确定后，就可算出所需螺钉数，并使其在上、下二层上均匀分布，栽丝焊费时较多是其不足。

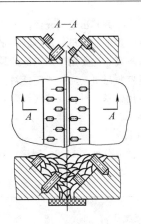

图 11-24　栽丝焊示意图

③ 加垫板焊。在补焊厚件裂纹时，在坡口内放入低碳钢垫板（图 11-25），在垫板两侧，用抗裂性能高且强度性能好的铸铁焊条（如 EZNiFe，EZV 焊条等）将母材与低碳钢垫板焊接在一起，这就是垫板补焊法。垫板补焊法有下列优点：可以大大减少焊缝金属量，降低焊接接头内应力，有利于防止裂纹的发生，也有利于缩短补焊时间并节省焊条。

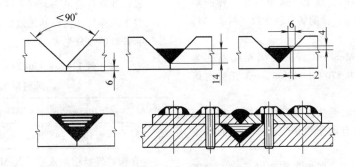

图 11-25　灰铸铁厚件 V 形坡口加垫板补焊法

由于坡口底部成 V 形，需在 V 形坡口底部焊出一定高度，才好放垫板。若采用厚的低碳钢板作垫板，则又要在垫板上开出坡口，这样会使连接垫板与母材的焊缝金属量较多，仍易出现裂纹，若采用多层较薄的低碳钢板（如 4mm 左右）作垫板，焊完后，随坡口横向宽度加大，而增加填板宽度，则焊缝金属量又可减少，有利于防止裂纹的发生，上下垫板之间可焊上一定量的塞焊焊缝，使垫板间紧密贴合。为防止在使用过程中，受冲击负荷后可能在半熔化区破坏，可进一步将焊接处用螺钉及加强板加固，如图 11-25 右下角所示。

加垫板补焊法在补焊有一定深度的大面积的铸造缺陷也可应用，如图 11-26 所示。必要时，垫板可用灰铸铁。

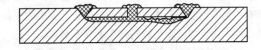

图 11-26　大面积灰铸铁缺陷加垫板补焊法

11.3.3　钎焊

钎焊时母材不熔化，故钎焊接头的热影响区一般不会形成白口铸铁组织，有利于改善接头的加工性，是其明显的优点。但钎焊时若灰铸铁母材的加热温度超过 820℃（常用灰铸铁共析转变的上限温度），则快冷条件下仍可能产生部分马氏体或贝氏体组织。

常用的铸铁钎焊热源为氧乙炔火焰，由于钎焊是靠扩散过程完成的，故对灰铸铁钎焊前的准备工作的要求比电弧焊、气焊高，需将焊件表面的氧化物、油污去除得很干净，并露出金属光泽。由于氧乙炔火焰温度较低，且钎焊前需将母材加热到一定温度，故钎焊的生产效率不高，主要用于加工面的缺陷补焊。

由于银基钎料昂贵，而锡铅基钎料强度低，故铸铁补焊主要应用铜基钎料，灰铸铁钎焊时所用钎料一般为黄铜钎料。

1. 黄铜钎料

钎料的化学成分见表 11-9。铜锌钎料中随锌含量的增加，其熔化温度逐渐下降，当铜锌合金中 $w(Zn) < 39\%$，其组织为单相 α，此时锌全部固溶于 α 相中，合金的强度随锌含量增加而提高，而且具有较高的塑性。当 $w(Zn) = 39\% \sim 46.5\%$ 时，铜锌合金为 $\alpha + \beta$ 双相组织，β 相具有体心立方晶格，是以电子化合物 CuZn 为基的固溶体。强度继续提高但塑性稍差，上述钎料的钎缝组织是以 α 相为基体外加少量 β 相。

表 11-9　铸铁钎焊用钎料化学成分

钎料、焊丝型号	国　标	化学成分（质量分数，%）					
		Cu	Sn	Mn	Si	Ni	Zn
BCu58ZnSn(Ni)(Mn)(Si)	GB/T 6418—2008	56.0 ~ 60.0	0.8 ~ 1.1	0.2 ~ 0.5	0.1 ~ 0.2	0.2 ~ 0.8	余量
SCu6810A	GB/T 9460—2008	58.0 ~ 62.0	≤1.0	≤0.3	0.1 ~ 0.5	—	余量

锌的沸点为 907℃，而且锌的蒸气有毒，用氧乙炔焰进行铜锌黄铜钎料钎焊时，锌易蒸发，为了防止锌的蒸发，在焊料中加入了少量的硅，硅很易氧化，生成酸性的 SiO_2，并和碱性钎剂形成低熔点的硅酸盐，覆盖在液态焊料的表面上，从而防止了锌的蒸发，在上述焊料中加入少量的锡有利于提高液态焊料的铺展性。

上述 BCu62ZnNiMnSi—R 钎料的固相线温度为 853℃，液相线温度为 870℃，HSCuZn—3 钎料的熔点为 890℃。

常用的钎焊钎剂由重量各为 50% 硼酸与 50% 硼砂组成。用弱氧化焰有助于很快生成 SiO_2，而减少锌的蒸发。

上述钎料价格不贵，钎焊灰铸铁时采用正确工艺，其接头加工性比较满意，钎焊接头抗拉强度 R_m 一般为 120 ~ 150MPa，勉强可满足补焊要求，故在我国有一定应用。对长期在高温下工作，已变质的灰铸铁也可采用钎焊。上述钎料存在下列不足：

1）钎缝颜色呈金黄色，与灰铸铁颜色差别大，在要求钎焊颜色与母材接近或一致时，不能满足要求。

2）接头强度与通用灰铸铁 HT200 的强度仍有差距。钎接接头抗拉强度未达到 200MPa。

3）钎缝硬度 ≤100HBS，而 HT200 灰铸铁的硬度为 170 ~ 240HBS，在要求接头硬度比较均匀时，难于满足要求。

4）上述钎料熔点偏高，母材需加热到 900℃ 左右，才能顺利完成钎焊过程，其加热温度超过灰铸铁共析转变上限温度（820℃），故钎焊后热影响区会产生部分马氏体或贝氏体，接头最高硬度可达300HBS 以上，加工性不太理想。

为了克服上述不足，焊接工作者发展了新钎料及钎焊熔剂。

2. Cu-Zn-Mn-Ni 钎料[20]

该新钎料目前虽尚未列入国家有关标准，但在我国一些工厂应用获得较好的效果。

新钎料的成分见表 11-10。

表 11-10　Cu-Zn-Mn-Ni 钎料成分　　　（%）

$w(Cu)$	$w(Mn)$	$w(Ni)$	$w(Al)$	$w(Sn)$	$w(Zn)$
48 ~ 52	8.5 ~ 9.5	3 ~ 4	0.2 ~ 0.6	0.3 ~ 0.8	余量

在铜锌钎料中加入适量的 Mn、Ni 的作用如下：

1）铜、锌与铁的固溶度在常温下均很小，影响接合面扩散过程充分进行，故利用上述铜锌钎料钎焊 HT200 灰铸铁，接头强度偏低，钎接接头常在较低拉伸应力下在接合面破坏，而 Ni、Mn 分别在铜、铁中均有较大的固溶度，钎料中加入适量的 Ni、Mn 有利于接合面扩散过程的进行，从而可以提高接头强度。

2）锰、镍加入后，有利于使利用黄铜钎料所得钎缝由金黄色向灰白色转化，接近灰铸铁颜色。

3）在铜锌合金中加入一定量锰后，可使钎料熔点进一步降低，从而降低钎焊温度，但锰加入后，使 β 相增加。加入镍后可减少 β 相，增加 α 相，改善钎料的塑性性能。

在上述钎料中加入少量锡，可提高钎料的流动性。加入少量铝，与上述钎料加入少量硅的作用是一样的，可防止锌的氧化及蒸发。

上述钎料的熔点为 800℃，其 R_m 为 450MPa，断面收缩率为 4.3% ，断后伸长率为 1.25% 。

采用上述钎料时，应配合采用下列成分的钎剂：w（H_3BO_3）=40% ，w（Li_2CO_3）=16% ，w（Na_2CO_3）= 24% ，w（NaF）= 7.4% ，w（$NaCl$）= 12.6% 。

预热焊件时，可采用弱氧化焰，有利于去除铸件上的石墨，在添加钎剂时焊件温度控制在 600℃ 以下，当钎剂全部熔化后，在铸件温度达到 650 ~ 700℃ 时，改用中性焰熔化钎料，完成钎焊过程。

利用上述钎料及钎剂钎焊 HT200 灰铸铁时，均断在母材上，其抗拉强度均≥196MPa。焊接接头最高硬度小于 230HBS，且各区硬度相差较小，钎缝硬

度 176 ~ 199HBS，热影响区最高硬度 230HBS，母材原先硬度 208HBS。焊接接头加工性优异，钎缝颜色基本接近母材。

11.3.4　喷焊[21]

氧乙炔火焰粉末喷焊主要用于修复铸铁件在机械加工过程中出现的小缺陷，采用带粉斗的特制喷焊枪，常用型号为 SPH—2/h 型，可根据不同硬度要求，采用表 11-11 所列 2 种不同粉末。F103 的熔化温度约为 1050℃，F302 的熔化温度约为 1100℃。

表 11-11　铸铁喷焊用粉末成分　（%）

市售牌号	国标型号	w(C)	w(Cr)	w(Si)	w(B)	w(Fe)	w(Mo)	w(Ni)
F103	FZNCr—25B	<0.15	8.0 ~ 12.0	2.5 ~ 4.5	1.3 ~ 1.7	≤8	—	余量
F302	FZFeCr10—50H	1.0 ~ 1.5	8.0 ~ 12.0	3.0 ~ 5.0	3.5 ~ 4.5	余量	4.0 ~ 6.0	28.0 ~ 32.0

F103 喷焊层硬度 20 ~ 30HRC，热影响区硬度 < 30HRC，喷焊接头有良好加工性。喷焊 HT200 灰铸铁时，接头抗拉强度≥200MPa，喷焊层颜色接近母材。

F302 粉末可用于已淬火机床床身导轨面缺陷的修复，喷焊层硬度与已淬火导轨面硬度相当，精磨后颜色与母材相近。

喷焊工艺要点：

1）母材表面上的氧化物、铁锈及油污等一定要消除干净，待喷表面的边缘尖角处一定要倒角。

2）将待喷处用火焰预热到 300℃ 左右。预喷粉并使其厚度为 0.2mm 左右。起到保护待喷表面目的。

3）喷焊金属填满缺陷后，将喷焊火焰对喷焊处加热几分钟后停止加热。

11.4　球墨铸铁的焊接

球墨铸铁与灰铸铁的不同处，是在于熔炼过程中前者经过加入一定量的球化剂处理，常用球化剂有镁、铈、钇等，故石墨以球状存在，从而使力学性能明显提高。

球墨铸铁焊接性有与灰铸铁相同的一面，但又有其自身的一些特点。这主要表现为二方面：① 球墨铸铁的白口化倾向及淬硬倾向比灰铸铁大，这是因为球化剂（当其加入量已可稳定获得球状石墨时）有阻碍石墨化及提高淬硬临界冷却速度的作用，所以在焊接球墨铸铁时，同质焊缝及半熔化区更易形成白

口，奥氏体区更易出现马氏体组织；② 由于球铁的强度、塑性及韧性比灰铸铁高，故对焊缝及焊接接头的力学性能要求也相应提高，一般要求与各强度等级球墨铸铁母材相匹配。

11.4.1　铁素体球墨铸铁的焊接

该类球墨铸铁是以铁素体为基体的，其力学性能见表 11-3。QT400—18、QT400—15 及 QT450—10 球墨铸铁均属于此类。其抗拉强度为 400 ~ 450MPa，而断后伸长率可高达 10% ~ 18%。过去铸态球墨铸铁的基体常为铁素体加珠光体的混合组织，故要获铁素体球墨铸铁均需经成本较贵的退火处理。后经铸造工艺的改进，现可在铸态下直接获得铁素体球墨铸铁，铸件成本得以降低，促进其推广应用。而且不少工厂过去生产的铁素体可锻铸件现在已为铸态铁素体球墨铸铁件所代替，因后者成本较低且力学性能优于前者。所以铸态铁素体球墨铸铁已在工厂广泛推广应用。

1. 气焊

气焊铸铁的优点已在 11.3 一节中分析过，它主要用于薄壁件的补焊。

我国国家标准（GB/T 10044—2006）中球墨铸铁气焊焊丝型号用 RZCQ 表示，Q 表示熔敷金属含有球化剂，其成分见表 11-12。该焊丝成分与 1988 年制定的标准相同，1988 年以前我国生产铁素体球墨铸铁需经退火处理，但现在可在铸态下直接获得铁素体球墨铸铁。

表 11-12　　球墨铸铁气焊铸铁焊丝型号及化学成分（%）（GB/T 10044—2006）

型号	w（C）	w（Si）	w（Mn）	w（S）	w（P）	w（Fe）	w（Ni）	w（Ce）	球化剂
RZCQ—1	3.20 ~ 4.00	3.20 ~ 3.80	0.10 ~ 0.40	≤0.015	≤0.05	余量	≤0.50	≤0.20	0.04 ~
RZCQ—2	3.50 ~ 4.20	3.50 ~ 4.20	0.50 ~ 0.80	≤0.03	≤0.10	余量	—	—	0.10

由表 11-12 可以看出，RZCQ—1 焊丝的 Mn、S、P 含量约是 RZCQ—2 焊丝的一半，前者的 C、Si 含量较后者为低。过去由于气焊球墨铸铁是在球墨铸铁清砂后发现缺陷情况下进行，补焊后对焊件再进行退火处理，RZCQ—1 焊丝的成分有利于提高焊缝的塑性及韧性。所以 RZCQ—1 焊丝适用于要经退火处理的铁素体球墨铸铁的焊接。球墨铸铁气焊用火焰性质及熔剂与 11.3 一节中灰铸铁气焊相同。在退火处理后，整个焊接接头为铁素体组织，其力学性能可满足要求。但用上述气焊焊丝对现在应用广泛的铸态铁素体球墨铸铁气焊后的焊态焊缝一般只有 50% 左右为铁素体，余为珠光体（依焊接熔池的冷速而异），故焊缝及焊接接头的塑性比铁素体球墨铸铁母材有较大程度的降低，而其强度性能稍有上升。采用 RZCQ—1 焊丝时若一定要使焊缝获得≥90% 铁素体组织以提高其塑性，则需要进行低温石墨化退火，这在经济上是不合算的。作者在参考文献[8] 213 ~ 216 页介绍了铸态铁素体球墨铸铁气焊时可在焊态直接获得铁素体球墨铸铁焊缝的研究结果，其结果表明，当焊缝的化学成分为 w（C）= 3.4%，w（Si）= 3.4%，w（Al）= 0.27%，w（Mn）= 0.4%，w（Ce）= 0.073%，w（Bi）= 0.012%，w（S）= 0.015% 及 w（P）= 0.026% 时，气焊后焊态焊缝石墨球化良好，其基体组织 95% 为铁素体，5% 为珠光体，焊接接头未发现白口铸铁及马氏体组织。应注意的是，以上是焊缝成分，不是焊丝成分，在气焊后，焊丝中一些元素会有少量氧化或烧损。以后再修订标准，对球墨铸铁气焊焊丝（RZCQ—1）化学成分应考虑调整。

2. 同质焊缝电弧焊

球墨铸铁型焊缝的焊接材料价格便宜，采用大电流、连续焊工艺，焊接效率高，且焊缝颜色与母材一致，这些都是其优点。但球化剂的加入，使铁液有较大的结晶过冷度与形成白口的倾向，故对比灰铸铁焊接来说，电弧焊时球墨铸铁的焊接熔池及半熔化区更易形成白口铸铁。

前面已分析过，对灰铸铁焊接熔池来说，当其在共晶转变温度 1200 ~ 1000℃ 的平均冷速≤25℃/s 时，可防止灰铸铁焊缝出现白口铸铁组织。参考文献[22]介绍了乌克兰巴顿焊接所球墨铸铁焊接的研究

结果，其开发的球墨铸铁电弧焊接用药芯焊丝，牌号为ПП—АНЧ—5，采用 Mg-Ca-Ce 三元合金作球化剂，焊缝 w（C）= 4.15%，w（Si）= 3.73%，配合采用大电流连续焊工艺，在焊前将球墨铸铁试板预热到 400℃，使球墨铸铁焊接熔池在 1200 ~ 1100℃ 的冷速为 3.5℃/s，1100 ~ 1000℃ 的冷速为 8.0 ~ 8.3℃/s，即 1200 ~ 1000℃ 的平均冷速降到 5.4℃/s，焊缝仍出现 20% 的莱氏体。这说明球墨铸铁型焊缝及其半熔化区形成白口铸铁的倾向显著增大。解决此问题的出路在哪儿？提高焊缝的石墨化元素碳、硅含量是受到限制的，要提高焊缝的含碳量，通常是通过提高焊条药皮或药芯焊丝中石墨的含量来达到，但石墨的熔点高，焊条药皮中或药芯焊丝中石墨量超过某一限度后，则药皮难熔化而小块脱落或药芯焊丝熔化不良，故通常焊缝中的 w（C）一般为 4.0% 左右。硅含量对铁素体球墨铸铁的塑性及韧性有重要影响，当铁素体球墨铸铁焊缝的 w（Si）> 3.5% 后，其断后伸长率与冲击韧度已开始降低。故解决球墨铸铁电弧冷焊时焊缝形成白口铸铁倾向大的问题，应从选择合适的球化剂与加强孕育处理两方面进行深入研究。镁作为电弧焊球墨铸铁焊缝的球化剂有两个缺点：一是镁的沸点为 1107℃，故在电弧焊时镁很易蒸发，对焊接参数及焊接熔池体积变化很敏感，不易获得稳定的球墨铸铁焊缝；其二是镁处理的铁液有较大的共晶过冷，故其铁液形成白口铸铁的倾向很大。铈、钇也是常用的球化剂，铈的沸点为 2930℃，钇的沸点为 3038℃，故二者抗球化衰退能力基本接近。它们均适宜作为球墨铸铁电弧焊的焊缝球化剂。当铈或钇在焊缝中的含量达到使焊缝石墨充分球化后，用铈处理的球墨铸铁焊缝比用钇处理的球墨铸铁焊缝所含的白口铸铁量减少。所以选择稀土铈作为电弧焊焊条的球化剂有利于减少焊缝中白口铸铁的形成。在 11.3 一节中分析过加强焊接熔池的孕育处理是减少甚至消除焊缝中白口的有效途径。作者在 20 世纪 60 年代初曾研究过 Ca 在铸铁焊缝中的孕育作用，得知铸铁型焊缝中含 Ca 量达到某一合适量时，由于 Ca 的强烈脱 S、脱 O_2 作用，焊缝石墨能部分球化，且由于加入少量 Ca 后，提升了焊缝铁液的稳定系共晶转变温度，即降低了其过冷度，而且 CaS、CaO 又可成为石墨的异质晶核，

故焊缝的石墨化能力明显增强。随后的研究工作证明 Ba 也有 Ca 类似的作用。参考文献[23]的作者研究了微量 Bi 在球墨铸铁焊接接头的行为，证明 Bi 有促进球墨铸铁焊缝石墨化作用。参考文献[8,24]的作者系统研究了 Ca、Ba、Al、Bi 对球墨铸铁焊缝的单独与综合孕育作用。当焊缝化学成分为：$w(C) = 3.7\%$，$w(Si) = 3.4\%$，$w(Mn) = 0.4\%$，$w(Ce) = 0.012\%$，$w(Ca) = 0.004\%$，$w(Ba) = 0.0048\%$，$w(Bi) = 0.0043\%$，$w(Al) = 0.46\%$，$w(S) < 0.015\%$ 及 $w(P) < 0.015\%$ 时，在电弧冷焊条件下，焊接熔池 1120～1020℃ 的平均冷速 ≤5.5℃/s 时，焊态焊缝由 90% 的铁素体及 10% 的珠光体组成，焊缝及半熔化区均消除了白口。焊态焊缝的力学性能为 $R_m = 500MPa$，$A = 6\%$。焊缝塑性比铁素体球墨铸铁稍有降低的原因除含少量珠光体外还因为焊缝石墨球数远高于母材，这使连接石墨球之间的铁素体桥明显缩短，故其塑性有所下降。由于采用大电流连续焊

工艺，焊接热输入明显提高，当被焊缺陷体积较大时，热影响区也消除了马氏体，焊接接头有良好的加工性。应当强调指出的是球墨铸铁焊接熔池对共晶转变时的冷速很敏感，影响其冷速的因素有板厚、焊接热输入量及焊接缺陷的体积等，即使焊缝成分达到参考文献[24]中的要求，当其在 1120～1020℃ 共晶转变的冷速 >5.5℃/s 时，焊缝易形成莱氏体。故焊缝为球墨铸铁的电弧冷焊对缺陷体积很小的缺陷补焊易形成莱氏体，可能的话，适当扩大补焊体积是有利的。

我国铸铁焊条及焊丝标准（GB/T 10044—2006）对焊缝为球墨铸铁的电弧焊焊条只规定了一个 EZCQ 型号。该型号焊条的熔敷金属的化学成分，见表 11-13。在缺陷体积较大且在大电流连续焊条件下，不预热时焊态焊缝可以直接获得主要为铁素体球墨铸铁又符合该型号的市售焊条牌号有 Z238F[23]、Z268[25]。该两种焊条在工业中都有一定的应用。

表 11-13　球墨铸铁电弧焊焊条的熔敷金属化学成分（GB/T 10044—2006）　　　（%）

焊条型号	$w(C)$	$w(Si)$	$w(Mn)$	$w(S)$	$w(P)$	$w(Fe)$	球化剂	其他元素总量
EZCQ	3.20～4.20	3.20～4.00	≤0.80	≤0.10	≤0.15	余量	0.04～0.15	≤1.00

球墨铸铁同质焊缝的电弧焊工艺基本与灰铸铁同质焊缝的电弧焊工艺相同。我国不同焊条厂生产的不同市售牌号的 EZCQ 型号焊条对焊缝形成白口的敏感性与焊态焊缝组织有较大差异，应通过比较，慎重选择。

3. 异质焊缝电弧焊

国标（GB/T 10044—2006）中焊接铁素体球墨铸铁的异质电弧焊焊条有 EZNiFe、EZNiFeCu 及 EZV 三种型号焊条，前二者应用于球墨铸铁加工面焊接，后者应用于其非加工面焊接。这三种型号的焊条的性能在 11.3 一节中已介绍过，不再重复。由于 GB/T 10044—2006 标准中未对焊缝熔敷金属的力学性能作出规定，而铁素体球墨铸铁的力学性能要求较高，特别是塑性要求较高，在选购焊条时，应注意其熔敷金属的力学性能保证值。焊前铸态铁素体球墨铸铁局部预热 400℃ 可完全消除热影响区马氏体，焊接接头的塑性及韧性与加工性有明显改变。由于球墨铸铁比灰铸铁形成马氏体的倾向增大，预热 300℃ 时，热影响区仍有少量马氏体，主要为贝氏体及珠光体，其塑性及韧性不如预热 400℃ 好，但预热 500℃ 时，焊接热影响区出现晶间网状碳化物，其塑性及韧性明显下降[26]。球墨铸铁的异质焊缝电弧焊工艺与灰铸铁相同。

11.4.2　珠光体球墨铸铁的焊接

该类球墨铸铁是以珠光体为基体（QT700-2，QT800-2）或主要以珠光体为基体有少量铁素体（QT600-3）的球墨铸铁均属这一类型（见表 11-3），其抗拉强度为 600～800MPa，断后伸长率为 2.0%～3.0%，强度性能是很高的，但塑性较低。过去铸态球墨铸铁的基体一般为铁素体加珠光体混合组织，故要获得珠光体球墨铸铁需经正火处理。现经铸造工艺的改进，可在铸态下直接获得珠光体球墨铸铁，由于省去了正火热处理费用，成本下降，故工业上已迅速推广应用。

1. 气焊

制定 GB/T 10044—2006《铸铁焊条及焊丝》标准以前很多年，我国珠光体球墨铸铁的生产均采用球墨铸铁铸件经正火处理后而获得，故采用表 11-12 中的 RZCQ-2 球墨铸铁气焊焊丝，用气焊补焊球墨铸铁缺陷后，再经正火处理，焊接接头均可获得珠光体球墨铸铁。但现在球墨铸铁生产已改进，在铸态下即可获得珠光体球墨铸铁，新标准（GB/T 10044—2006）中 R2CQ-2 的化学成分与过去相同，用这一种焊丝气焊铸态珠光体球墨铸铁只能使焊态焊缝达到 65% 左右珠光体，焊缝中有相当量的铁素体。也就是说，焊态焊缝的力学性能无法达到珠光

体球墨铸铁的要求。应在球墨铸铁气焊焊丝中加入一定量的稳定珠光体的元素，如 Cu、Ni 等，以加强球墨铸铁气焊后的焊缝中珠光体的形成，使其焊态焊缝与焊接接头的力学性能能满足珠光体球墨铸铁的要求。

2. 同质焊缝电弧焊

为满足铸态珠光体球墨铸铁焊接的要求，以使铸态球墨铸铁电弧冷焊焊缝的基体组织为珠光体，必须使焊态球墨铸铁焊缝含有一定量的稳定珠光体的元素。参考文献[27]的试验结果表明，在球墨铸铁焊缝中含有 $w(Cu)=0.4\%\sim1.0\%$ 与 $w(Sn)=0.17\%$，电弧焊冷焊焊态焊缝的基体含有 90% 的珠光体，余为铁素体。珠光体球墨铸铁电弧冷焊后的焊接接头抗拉强度为 $635\sim710MPa$，断后伸长率为 $1.4\%\sim3.2\%$，可基本满足 QT600-3 及 QT700-2 球墨铸铁力学性能的要求。表 11-13 中 EZCQ 型焊条未加入珠光体稳定元素，故只有经正火处理后，焊缝组织才由珠光体组成。我国有的焊条已生产含 Cu 及 Sn 的球墨铸铁电弧焊条，如 Z238SnCu。

3. 异质焊缝电弧焊

珠光体球墨铸铁异质焊缝电弧焊焊条有 EZNiFe、EZNiFeCu、EZNiFeMn 及 EZV 四种。前三者主要应用于加工面补焊。但由于 GB/T 10044—2006 标准中未对熔敷金属力学性能作出规定，故选购焊条时，应注意焊条生产厂说明书中对 EZNiFe 或 EZNiFeCu 焊条熔敷金属抗拉强度及塑性的保证值。一般情况下，其熔敷金属的力学性能可满足铁素体球墨铸铁或铁素体 + 珠光体球墨铸铁的要求，EZV 焊条可用于珠光体球墨铸铁非加工面缺陷焊接修复，其焊敷金属的力学性能在灰铸铁焊接一节中作过介绍。EZNiFeMn 焊条是新列入的品种，其熔敷金属力学性能可基本满足 QT600-3 及 QT700-2 的要求，应尽快组织生产。有关异质焊缝电弧冷焊工艺可参阅灰铸铁焊接一节中有关内容。应指出的是珠光体球墨铸铁焊接热影响区更易形成马氏体，为改善其加工性，焊前局部预热 400℃是适宜的。

11.4.3　奥氏体-贝氏体球墨铸铁的焊接

奥氏体-贝氏体球墨铸铁（简称"奥-贝球墨铸铁"）的基体组织由奥氏体与贝氏体组成，其组织如图 11-4 所示。当其抗拉强度为 $860\sim1035MPa$ 时，断后伸长率仍可高达 $7.0\%\sim10.0\%$，具有优异的综合力学性能。目前获得奥-贝球墨铸铁的方法主要是将一般球墨铸铁铸件先加热到 900℃ 左右并保温一定时间（根据焊件厚度来定），使其基体组织完全转变成奥氏体，然后快冷到 350℃ 左右并保温一定时间，使部分奥氏体转变为贝氏体，再空冷至室温，即可获得奥-贝球墨铸铁。如何在铸态下直接获得奥-贝球墨铸铁已作过不少研究工作，但其力学性能与经奥-贝化热处理而获得的奥-贝球墨铸铁相比仍有一定差距。奥-贝球墨铸铁已在我国一些工厂获得应用，但目前尚未制定其国家标准，随其应用日益广泛，我国将很快制定其标准。

奥-贝球墨铸铁分为非合金化与低合金化奥-贝球墨铸铁两类。非合金化奥-贝球墨铸铁是指除 C、Si、Mn、S、P 及 RE 外不含特殊加入的合金元素的奥-贝球墨铸铁，它在壁厚 ≤10mm 时应用。当其壁厚 > 10mm 时，在贝氏体化热处理时，会在铸铁壁厚方向的中心部位，因冷却速度显著减慢而形成珠光体，使其力学性能显著下降。故壁厚 > 10mm 的奥-贝球墨铸铁必须加入一些合金元素，使其连续冷却转变图的珠光体转变部分明显向右移，以增长珠光体转变的孕育期，这样可使壁厚增大时，其中心部位的冷却速度虽有所减慢，亦不会发生珠光体转变，但加入的合金元素又应使贝氏体转变曲线不明显向右移，否则热处理后会产生马氏体，不能获得奥-贝组织。这种加入了少量合金元素的奥-贝球墨铸铁称之为低合金化奥-贝球墨铸铁。

1. 气焊

参考文献[28]在焊缝化学成分为 $w(C)=3.34\%$，$w(Mn)=0.40\%$，$w(RE)=0.073\%$，$w(S)=0.015\%$ 及 $w(P)=0.026\%$ 的基础上较系统地介绍了气焊球墨铸铁时 Si、Al 及 Bi 对焊态球墨铸铁焊缝与经奥-贝化热处理后奥-贝球墨铸铁焊缝的组织与力学性能的影响。当焊态焊缝 $w(Si)=2.86\%$ 时，含有 20% 白口铸铁，其 $w(Si)=3.13\%$ 时，仍含有 2.0% 白口铸铁，当其 $w(Si)=3.40\%$ 时，焊缝已消除了白口铸铁，随其含 Si 量的提高，焊缝中铁素体含量由 45% 增至 52%，余为珠光体。经奥-贝化热处理（奥氏体化温度为 900℃ 并保温 60min，并迅速将试件投入到贝氏体化温度 370℃ 的盐浴炉中并保温 60min）后，焊缝 $w(Si)=3.4\%$ 时，其基体由 64.9% 贝氏体与 35.1% 奥氏体组成，焊缝 $R_m=1060MPa$，$A=8.2\%$，$a_K=103J/cm^2$。焊缝及焊接接头均达到了我国常用奥-贝球墨铸铁母材力学性能的要求（$R_m=1040\sim1060MPa$，$A=7.6\%\sim8.5\%$，$a_K=84\sim100J/cm^2$）。这种奥-贝球墨铸铁符合美国奥-贝球墨铸铁标准牌号 Grade2 的要求，其 $R_m\geqslant1035MPa$，$A\geqslant7.0\%$。如果要求经奥-贝化热处理的焊缝金属的断后伸长率 $\geqslant10\%$，如美国奥-贝球墨铸铁标准中牌号

Grade1 所要求的,则应在焊缝金属 $w(Si) = 3.4\%$ 的基础上再含 $w(Al) = 0.32\%$ 或 $w(Bi) = 0.012\%$。我国新制定的铸铁焊条及焊丝国家标准(GB/T 10044—2006)未列入奥-贝球墨铸铁焊接用焊条及焊丝标准。生产奥-贝球墨铸铁的工厂,可参照上述研究结果,自行浇铸气焊用焊丝,使其气焊后焊缝化学成分满足上述成分要求。气焊主要用于奥-贝球墨铸铁薄壁件小缺陷的补焊,补焊后,经铸件奥-贝化热处理。

2. 同质焊缝电弧焊

参考文献[8]介绍了非合金化奥-贝球墨铸铁电弧焊焊条的研究成果。电弧冷焊时,焊接熔池的冷速远快于气焊,为使焊缝避免产生白口铸铁而引起冷裂纹,必须适当调整焊缝的 C、Si 含量外,还应加强焊缝的孕育处理,加入微量的 Ca、Ba、Bi。其研究结果表明,在焊缝中 $w(C) = 3.70\%$,$w(Re) = 0.012\%$ 及微量 Ca、Ba、Bi 情况下,焊缝含 $w(Si)$ 应等于 3.5%,若过高,焊缝经奥-贝化热处理后,其冲击韧度急剧下降。焊缝 $w(Mn)$ 应小于或等于 0.4%,否则经奥-贝化热处理后,焊缝强度、塑性及冲击韧度均明显下降。焊缝 $w(Al)$ 在 0.15% ~ 0.65% 范围内变化,其各项力学性能均有所提高,但随着焊条药皮中含 Al 粉量增加,焊缝工艺性能变坏。因此奥-贝球墨铸铁焊缝以 $w(Al) = 0.46\%$ 为宜。新研制的非合金化奥-贝球墨铸铁焊条所焊焊缝及焊接接头,经奥-贝化热处理(奥氏体化温度为 900℃,并保温 60min,贝氏体温度为 370℃,并保温 60min)后,焊缝力学性能为 $R_m = 1050MPa$,$A = 8.3\%$,$a_K = 114J/cm^2$,焊接接头的 $R_m = 1040MPa$,$A = 8.1\%$。均满足奥-贝球墨铸铁的要求。

对壁厚 >10mm 的低合金奥-贝球墨铸铁电弧焊,参考文献[29]报道了低合金奥-贝球墨铸铁电焊条的研究结果。其作者在非合金化奥-贝球墨铸铁电弧焊焊条的焊缝化学成分的基础上,研究了 Cu、Ni、Mo 及 Nb 对焊缝奥-贝化能力的影响。其中 Mo 的影响最为强烈,当焊缝中 $w(Mo) = 0.7\%$,可使测试其奥-贝化能力的试棒直径达 $\phi45mm$ 时,试棒断面全部为奥-贝组织。Ni 及 Cu 提高奥-贝化能力低于 Mo,而 Nb 基本无影响。但 Mo 的加入使其焊缝的断后伸长率显著下降,$w(Mo) = 0.7\%$ 时,其断后伸长率降为 3.8%。波谱线扫描的测试结果表明,Mo 主要偏析于共晶团的边界,因此焊缝 Mo 含量较多时,易在共晶团边界处形成碳化物,使塑性显著下降。而 Ni 及 Cu 的偏析方向与 Mo 相反,且它们均为石墨化元素,适量增加焊缝的 Ni 及 Cu 含量,可使焊缝的塑性有所提高,而 Ni 提高塑性的能力比 Cu 强。在此基础上开发的 Ni-Mo 低合金奥-贝球墨铸铁焊条,其焊缝含 $w(Mo) = 0.25\%$,含 $w(Ni) = 0.63\%$,适用于焊接壁厚 <35mm 的低合金奥-贝球墨铸铁。经奥-贝化热处理后,焊缝金属 $R_m = 1148MPa$,$A = 9.0\%$,焊接接头 $R_m = 1140MPa$,$A = 9.2\%$,满足低合金奥-贝球墨铸铁力学性能的要求。

由于奥-贝球墨铸铁的抗拉强度高达 1000MPa 以上,目前应用的任何异质焊缝的电焊条均无法满足其要求。所以不宜采用异质焊缝的电弧焊进行奥-贝球墨铸铁的焊接。我国 GB/T 10044—2006 标准中未提出奥-贝球墨铸铁焊条及焊丝标准。

11.5 蠕墨铸铁、白口铸铁及可锻铸铁的焊接

11.5.1 蠕墨铸铁的焊接

蠕墨铸铁除含有 C、Si、Mn、S、P 外,它还含有少量稀土蠕化剂。但其稀土含量比球墨铸铁低。故其焊接接头形成白口倾向比球铁要小,但比灰铸铁大。在基体组织相同情况下,蠕墨铸铁的力学性能(见表 11-4)高于灰铸铁而低于球墨铸铁。蠕墨铸铁的 $R_m = 260 ~ 420MPa$,$A = 0.75\% ~ 3.0\%$。为了与蠕墨铸铁力学性能相匹配,其焊缝及焊接接头的力学性能应与蠕墨铸铁相等或相近。

现介绍三种蠕墨铸铁焊接工艺及材料。

1. 气焊

参考文献[30]介绍了蠕墨铸铁气焊的研究结果。该文献作者系统地研究了焊缝不同 C、Si、RE、Ti 含量及熔池冷却速度变化对焊缝蠕墨化及基体组织的影响。研究结果表明,焊缝最佳的化学成分为 $w(C) = 3.5\% ~ 3.7\%$,$w(Si) = 2.7\% ~ 3.0\%$,$w(Mn) = 0.4\% ~ 0.8\%$,$w(RE) = 0.04\% ~ 0.059\%$,$w(Ti) = 0.062\%$,$w(S) < 0.01\%$,$w(P) < 0.043\%$,焊缝在 1050 ~ 1150℃ 的冷速不小于 8.33℃/s。利用其研制的焊丝配合氧乙炔中性焰及 CJ201 气焊剂,可获得满意的蠕墨铸铁焊缝,焊缝蠕墨化率可达 70% 以上,基体组织为铁素体加珠光体,焊接接头最高硬度小于 230HBW。焊接接头抗拉强度为 370MPa 左右,断后伸长率为 1.7% 左右。焊接接头的力学性能可与蠕铁母材相匹配。焊接接头有满意的加工性。

2. 同质焊缝电弧焊

参考文献[31]研究结果表明,采用 H08 低碳钢芯,外涂强石墨化药皮,并加入适量的蠕墨化剂及特殊元素的焊条,在缺陷直径大于 $\phi40mm$,缺陷深度

大于 8mm 的情况下，配合大电流连续焊工艺，焊态可使焊缝石墨蠕化率达 50% 以上。焊缝基体组织由铁素体加珠光体组成，无自由渗碳体。焊接接头最高硬度为 270HBW，有良好的加工性。熔敷金属的抗拉强度为 390MPa 左右，断后伸长率为 2.5% 左右，焊接接头的抗拉强度为 320MPa 左右，断后伸长率为 1.5% 左右，可与蠕墨铸铁力学性能相匹配。

3. 异质焊缝电弧焊

常用 EZNi 焊条在电弧冷焊铸铁时，具有最好的加工性，故很受欢迎。但该焊条的熔敷金属的抗拉强度往往不能与蠕墨铸铁相匹配。故补焊加工面缺陷，宜采用 EZNiFe 焊条，而补焊非加工面宜采用 EZV 焊条。

我国 GB/T 10044—2006 标准中尚未制定蠕墨铸铁焊条及焊丝标准。

11.5.2　白口铸铁的焊接

白口铸铁可分为普通白口铸铁和合金白口铸铁。由于其耐磨性好，价格低廉等优点，在冶金、矿山、橡胶、塑料等机械中获得越来越广泛的应用。工业上多采用冷硬铸铁。它在化学成分上，碳硅当量较低，制造工艺上采取激冷措施，使铸件表层形成硬而耐磨的白口铸铁，而内部多为具有一定强度及韧性的球墨铸铁，如轧辊等。

白口铸铁在铸造和使用过程中常常由于局部缺陷造成整件报废，使许多白口铸铁件平均使用寿命仅为正常报废使用寿命 40% ~ 60%。因此白口铸铁的补焊修复，已引起国内外的重视，参考文献 [32] 的研究结果说明：

1. 白口铸铁补焊主要特点

1）极易产生裂纹及剥离。白口铸铁主要是以连续渗碳体为基体，其断后伸长率为"零"，冲击韧度（$10 \times 10mm$ 无缺口冲击试样）仅为 $2 \sim 3J/cm^2$。线收缩率为 1.6% ~ 2.3%，约近灰铸铁的 2 倍。而电弧焊接工艺本身的特点是热源温度高而集中，焊接过程中填充金属迅速熔化与结晶冷却，整个焊接接头受热不均造成极大的温度梯度，而产生很大的焊接内应力，特别对厚大的白口铸铁件，焊缝、熔合区的冷却速度很快，易形成大量的网状渗碳体，塑性变形能力低，加以拘束度很大，极易形成裂纹。对异质焊缝，裂纹易产生于熔合区。在常规的条件下补焊白口铸铁，裂纹是难以避免的。

焊接接头出现裂纹，不仅破坏致密性，承载能力下降，而情况严重时在焊接过程中或焊后使用不久使整个焊缝剥离。这是白口铸铁补焊失败的最主要

表现。

2）要求工作层焊缝硬度及其耐磨性不低于母材白口铸铁件。因此补焊区域的工作层要求具有与被焊母材相接近的硬度及耐磨性。若补焊处耐磨性较差，经上机使用，补焊处过早的急剧磨损下凹。当然焊缝硬度远高于母材也是不适宜的。

2. 白口铸铁补焊的材料及工艺

白口铸铁廉价，因此只有厚大件的修复才有实际经济价值，对厚大的白口铸铁件（例如轧辊），采用电弧热焊或气焊，劳动条件差，且由于高温加热会使母材性能改变，工件变形，加热速度控制不当很易产生裂纹，因此宜采用电弧冷焊。

白口铸铁硬脆，焊接性极差，要求使用的焊条与白口铸铁有良好的熔合性，线胀系数及耐磨性与白口铸铁相匹配。在满足耐磨性的前提下，应有较高的塑性变形能力。特别要有利于解决熔合区网状渗碳体的出现。另外焊条电弧冷焊时，焊后锤击是减少焊接接头内应力的有效措施。但是锤击应在焊缝温度较高时进行，否则会引起裂纹，导致补焊失败。这对硬、脆的白口铸铁补焊时应特别注意。由上分析白口铸铁补焊的特点，采用已有的铸铁焊条、不锈钢焊条及堆焊焊条等都不能全面满足白口铸铁补焊的要求。下面介绍白口铸铁轧辊补焊材料及工艺。

适用于补焊白口铸铁有两种焊条（BT-1，BT-2）。BT-1 的焊缝组织为奥氏体 + 球状石墨，该焊条与白口铸铁熔合良好，焊缝线胀系数与白口铸铁相近，球状石墨的析出伴随着体积膨胀，可减小收缩应力。焊缝塑性高，焊接时可以充分地锤击以消除内应力，用于熔敷焊缝底层。BT-2 的焊缝组织为 M + $B_{下}$ + $A_{残}$ + 碳化物质点，该焊条与白口铸铁熔合良好，冲击韧度和撕裂功较高，硬度 45 ~ 52HRC，用于补焊白口铸铁工作层。

白口铸铁补焊，熔合区仍然是焊接接头最薄弱环节。特别当出现网状渗碳体时，抗裂性更低。BT-1，BT-2 焊条中加入适量的变质剂。通过冶金上的变质处理，使熔合区的网状渗碳体团球化，大大强化了熔合区，奠定了补焊成功的基础。

白口铸铁补焊工艺如下（见图 11-27）。

1）焊前将缺陷进行清理。对原有的裂层要清除干净，周边与底边成 100° 角，用 BT-1 焊条补焊底层，用 BT-2 焊条补焊工作层，整个焊接接头为"硬-软-硬"。

2）焊缝金属分块孤立堆焊。焊前将清理后的缺陷划分为 40mm × 40mm 若干个孤立块，整个补焊过程分别先用 BT-1，后用 BT-2 焊条分块跳跃堆焊，各

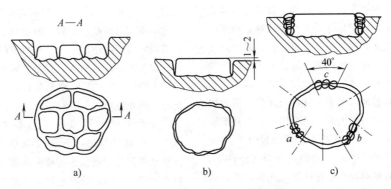

图 11-27　白口铸铁轧辊补焊过程示意图

a）孤立块的划分和孤立堆焊　b）焊缝孤立体　c）周边熔合区的跳跃分散焊

孤立块之间及孤立块与周边白口铸铁之间一直保留 7～9mm 间隙，每块焊到要求尺寸后，再将孤立块之间间隙焊满，最后使整个焊缝与周边母材保持一定间隙而成为"孤立体"。

3）补焊底部。电流可采用正常焊接电流的 1.5 倍，形成大熔深，使焊缝与母材熔合良好，使焊缝底部与母材形成曲折熔合面。对厚大件补焊，大电流熔化的金属多，收缩量大，焊后必须立即进行锤击，锤击力约为传统的铸铁冷焊工艺锤击力的 10～15 倍，焊缝金属凝固后到 250℃ 左右前后重锤击 6～10 次，随堆焊高度的增加，锤击次数与锤击力相应减小。

4）焊缝与周边母材的最后焊合是补焊成功的关键。以前的整个补焊过程中，应注意确保焊缝与周边间隙，以减少焊接过程中热应力作用于周边母材，导致裂纹产生，最后用大电流分段并分散焊满边缘间隙。周边补焊中，电弧始终要指向焊缝一侧，用熔池的过热金属熔化白口铸铁母材，尽量减少边缘熔化量和热影响区的过热。其次是周边间隙的补焊后，锤击要准确地打在焊缝一侧，切忌锤击在熔合区外的白口铸铁一侧，以防锤裂母材。

整个补焊面一般应高于周围母材表面 1～2mm，然后用手动砂轮磨平，再经机加工后使用。利用以上焊接材料及工艺成功地补焊了许多有缺陷的白口铸铁轧辊。

11.5.3　可锻铸铁的焊接

前面已说明过，由于铸态铁素体球墨铸铁比可锻铸铁成本低，且其力学性能优于可锻铸铁，故我国许多工厂的可锻铸铁件已为铸态铁素体球墨铸铁所代替。

我国应用的可锻铸铁基本上都是以铁素体为基体的可锻铸铁，其焊接性与铁素体球墨铸铁近似。

可锻铸铁件的补焊以焊条电弧焊、钎焊及气焊为主要的焊接工艺方法。对于加工面多采用黄铜钎焊，非加工面一般采用电弧冷焊。

黄铜钎焊常采用钎料为 HSCuZn—3，钎剂为 100% 的脱水硼砂。用氧乙炔焰加热补焊表面至 900～930℃（亮红色），钎料丝的端头也加热至发红，然后蘸上少许硼砂开始补焊。为防止锌的蒸发，焊接采用弱氧化焰。焊嘴与熔池表面距离控制在 8～15mm。为防止奥氏体区淬火，焊后用火焰适当地加热焊缝周围。对于补焊区刚度较大的部位，焊后轻轻锤击焊缝，可减小裂纹倾向。

可锻铸铁电弧焊可选用 EZNiFe 焊条（加工面补焊）及 EZV 焊条（非加工面补焊）。

损坏的螺孔可用气焊修复，焊后再钻孔及攻螺纹。为了顺利进行加工，先将螺孔部位的缺陷适当扩大，然后用铸铁气焊丝焊满即可。其攻螺纹时的加工性比黄铜钎焊好。

11.6　铸铁与钢的焊接

由于铸态铁素体球墨铸铁已在生产中广泛应用，且其 $R_m = 400～450MPa$，$A = 10\%～18\%$，接近普通低碳钢的力学性能，并具有成本低，且可用一炉铁液即可同时浇铸出较多的结构较复杂的铸件，故制成球铁与钢的焊接件往往具有优化零部件生产工艺，降低生产成本的优点，引起人们的关注，在生产上获得了一定的应用。

国际上首选铸态铁素体球墨铸铁作为与钢焊接的铸铁，不仅由于它具有较高的抗拉强度，特别是具有优良的塑性及韧性，而且由于它的焊接性比珠光体球墨铸铁好。这是因为铁素体球铁基体的 $w(C) = 0.02\%$，远较珠光体球铁基体的 $w(C) = 0.6\%$ 左右为低。在同样条件下电弧焊时，在焊接热影响区，作为碳库的球状石墨会向周围的基体扩散碳。只有当基体碳含量达到某一定值，才会转变为奥氏体，因此铁素体球墨铸铁的共析转变上、下限温度远较珠光体球墨铸铁为高。其结果使铁素体球墨铸铁焊接热影响区中的奥氏体区远较珠光体球墨铸铁为窄。在电弧冷焊条件下，奥氏体容易转变成马氏体，故铁素体球墨铸铁焊接热影响区中的马氏体区宽度远较珠光体球墨铸铁为窄。同样，在高温的作用下，只有当球状石墨周围的奥氏体的碳浓度进一步上升到某一值时，才开始液化，其结果使铁素球墨铸铁的固相线温度（T_s）高于珠光体球墨铸铁的 T_s。故在同样电弧焊的条件下，铸态铁素体球墨铸铁焊接半熔化区较珠光体球墨铸铁为窄。其结果使前者的白口铸铁层宽度较后者为窄。

现在铸态铁素体球墨铸铁与钢进行电弧焊时采用的焊接材料均为优质的 $w(Ni) \approx 55\%$ 的 EZNiFe 焊条或药芯焊丝。其熔敷金属的 $R_m = 410 \sim 430\,MPa$，$A = 18\% \sim 23\%$，完全可满足铸态铁素体球墨铸铁力学性能要求。当组成铸铁与钢的电弧焊焊接接头时，常用的钢材主要为普通低碳钢或相当于我国 Q345（16Mn）的低合金钢。由于 EZNiFe 焊条含 Ni 高，故就钢一侧来说，其凝固过渡层无形成马氏体的可能性，仍为奥氏体组织。钢一侧的焊接热影响区也不会有什么问题。但在采用直径为 $\phi 3.2\,mm$ 的 EZNiFe 焊条及低焊接热输入的情况下，铸态铁素体球墨铸铁焊接热影响区一侧，仍有约 0.08mm 宽的白口铸铁层与约 0.1mm 宽的马氏体层。离半熔化区稍远的重结晶区，含碳较低的奥氏体会转变为珠光体。焊前 400℃ 预热可完全消除马氏体层，而不能消除白口铸铁层。在预热 400℃ 后，奥氏体区马氏体虽已消除，但转变为珠光体加铁素体的混合组织，二者比例的多少与板厚及焊接热输入量有关。以上提到的组织转变均降低接头的断后伸长率。半熔化区很窄的白口铸铁层对焊接接头的抗拉强度的降低影响不大，这由其插销试件中断在高碳马氏体区可以证明。其原因是白口铸铁薄层中除莱氏体外，含有一定量的珠光体。另外，焊缝中的镍通过扩散会有一些镍进入到半熔化区，使白口铸铁合金化，可能有利于提高其强度。故钢与铁素体球墨铸铁焊态焊接接头的抗拉强度一般可达到 400MPa 或稍高，但其断后伸长率却下降为 1% ~9%。其差值较大与拉伸试件的标定区的宽度及其处于 V 形焊焊接头的上下位置有关。白口铸铁薄层的存在对焊接接头的冲击韧度有重要影响，如铸态铁素体球墨铸铁的 V 形缺口冲击试件的冲击韧度为 $18.7\,J/cm^2$，当冲击试件的 V 形缺口对准其焊接热影响区有白口铸铁薄层的半熔化区时，其冲击韧度下降为 $3.5\,J/cm^2$[33]。以上的试验结果是在铁素体球墨铸铁的石墨球数为 300 球/mm^2 时得出的，当改变铸造工艺，使其石墨球数为 10^2 球/cm^2 时，则

可使上述半熔化区的冲击韧度提高到 $10\,J/cm^2$。这是因为石墨球的球数减少后，即使其直径稍有增大，但石墨球间的距离还是增大，有利于白口铸铁之间仍存一些铁素体，因而提高了其冲击韧度。要完全消除焊接接头的白口铸铁层，则要对其进行球墨铸铁的石墨化退火热处理。

参考文献 [34] 报道了铸态铁素体球墨铸铁（QT400—18）与相当于我国的 Q345（16Mn）低合金钢电弧焊的焊接接头的疲劳性能试验结果，焊接材料为 $w(Ni) = 55\%$ 的药芯焊丝，其直径为 2mm。试板厚度均为 9.5mm，采用焊接机器人焊接。研究结果表明，当焊接接头无缺陷时，它们的焊接接头疲劳强度相当于试验用铁素体球墨铸铁的疲劳强度的 95%。其结果是令人满意的。

由于异种金属摩擦时，因摩擦而形成的热源温度一般不超过固相线温度较低的金属的固相线温度，故当进行低碳钢或低合金钢与铁素体球墨铸铁摩擦焊时，在合适的摩擦焊工艺下，固相线温度较低的铁素体球墨铸铁一侧不会出现液相，这为防止其焊接接头形成白口铸铁层创造了条件。铸铁一侧的加热温度会提高到共析转变上限温度以上而形成奥氏体，但在合适的摩擦焊参数情况下，其接头可避免马氏体的产生。参考文献[35] 报道了铁素体球墨铸铁管与低碳钢管摩擦焊的研究结果。两种管的外径均为 $\phi 114.3\,mm$，壁厚均为 5.6mm。在合适的摩擦焊参数下，焊接接头的抗拉强度、弯曲角、冲击韧度及扭转试验结果均相当满意。

还有一些文献报道了钢与铁素体球墨铸铁扩散焊及电子束焊的研究结果，因本章篇幅有限，故只好从略。

现举几个典型实例，说明钢与铸铁焊接的应用。

[例 11-6]　图 11-28 中筒体为低碳钢板焊接而成。筒体上有三个孔需焊上三个铁素体球墨铸铁铸成的变直径的铸管。这种铸铁件与钢焊件组成的联合结构具有其明显的经济性。采用 EZNiFe 焊条电弧冷焊，完全可满足焊接接头强度性能的要求，故已成批生产。

[例 11-7]　图 11-29 为大量通气或通水的异种金属焊接而成的零件，其中间的零件结构较复杂，由铁素体球墨铸铁铸造而成，两侧为低碳钢管。然后用摩擦焊将二者焊接起来。其焊接接头质量上面已分析过。在安装过程中钢管再与更长的钢管用电弧焊焊接起来是方便而且质量是有可靠保证的。这种有利于优化零件生产工艺的构件已大量成批生产。

图 11-28 球墨铸铁与低碳钢的电弧焊

图 11-29 球墨铸铁与低碳钢管的摩擦焊[35]

参 考 文 献

[1] Kiser S D, Irving B. Unraveling the mysteries of welding cast iron [J]. Welding Journal, 1993, 72 (8): 39-44.

[2] Елистра тов П С. Металлургические основы сварки чугуна [M]. Москва: Машгиз, 1957.

[3] Hucke E E, Udin H. Welding metallurgy of nodular cast iron [J]. Welding Journal, 1953, 32 (8): 378-385.

[4] 周振丰, 陈志莘, 邵明康. 灰铸铁同质焊缝电弧冷焊时冶金及工艺因素对焊缝抗裂性的影响 [J]. 焊接, 1984 (9): 1-5.

[5] 那景新, 任振安, 周振丰. 铸铁拘束试件的拘束度计算及铸铁焊缝冷裂纹倾向定量评定 [J]. 焊接学报, 1995, 16 (4): 196-201.

[6] Zhou Z F, Xin Y H. Development of high crack resistance electrode for cold-welding of gray iron casting with thin walls [C] // Welding Institution CMES. Collection of Papers of the International Welding Coference Haerbin: Welding Institution CMES, 1984.

[7] 任振安. 灰铸铁电弧冷焊同质焊缝及其热影响区的冷裂纹研究 [D]. 长春: 吉林工业大学材料科学与工程学院, 1993.

[8] 周振丰. 铸铁焊接冶金与工艺 [M]. 北京: 机械工业出版社, 2001.

[9] Zhou Z, Ren Z, Wan C. Study of improving the hot-cracking susceptibility of the nickel iron electrode for welding cast iron [J]. Journal of Materials Engineering, 1987, 9 (2): 175-181.

[10] Zhang X Y, Zhou Z F. A newly developed nickel-iron electrode with superior hot cracking resistance and high-strength properties for welding pearlitic nodular iron [J]. Welding Journal, 1995, 74 (1): 16-20.

[11] Грецкий Ю Я. Механизм образования трешин в зоне сплавления при сварке чугуна сталью и железоникелевыми сплавами [J]. Автомати-ческая сварка, 1981 (4): 19-22.

[12] Oldfield W. Chill-reducing mechanism of silicon in cast iron [J]. BCIRA Journal, 1962 12 (1): 17-27

[13] Janowak J F, Gundlach R B. A modern approach to alloying cast iron [C] // AFS. AFS Transactions 1982. Illinois: AFS, 1982.

[14] Стеренбоген Ю А. Влияние скорости охлаждения на структуру чугуна при механизированной сварке его порошковой проволокой [J]. Автоматическая сварка, 1964 (7): 30-35.

[15] 吉林工业大学焊接教研室, 第一汽车厂焊接室. 碳化物型铸铁冷焊焊条 "长铸一号" 的研究 [J], 机械工程学报, 1965, 10 (3): 50-65.

[16] Пацкевич И Р. Влияние состава смеси $CO_2 + O_2$ на формирование шва при сварке чугуна стальной проволокой [J]. Авто Сварка, 1976 (11): 29-31.

[17] 周振丰, 万传庚. 碳在纯镍铸铁焊条中作用的探讨 [J]. 焊接学报, 1986, 7 (3): 107-114.

[18] 江乐新, 李世权, 周振丰. 冶金因素对纯镍铸铁焊条抗热裂性能影响 [J]. 农业机械学报, 1995 26 (3): 110-113.

[19] Kelly T J, Bishel R A, Wilson R K. Welding of ductile iron with Ni-Fe-Mn filler metal [J]. Welding Journal, 1985, 64 (3): 79-85.

[20] 吉林工业大学焊接教研室, 第一汽车厂焊接室. 铸铁钎焊新工艺试验及应用 [J]. 焊接, 1977 (5): 6-15.

[21] 于德洋. 氧-乙炔焰合金粉末喷焊修复灰铸铁件 [C] // 全国焊接学会Ⅸ委员会第三届全国铸铁及有色金属焊接会议论文. 1988.

[22] Грецкий Ю Я. Модифицирование чугуна при сварке порошковой проволокой [J]. Авто Сварка, 1975 (12): 27-30.

[23] 彭高峨, 张宝国, 李凤云. 微量铋在球墨铸铁焊接接头中的行为及铁素体球墨铸铁焊条研究 [J]. 焊接学报, 1987, 8 (2): 65-73.

[24] Sun Daqian, Zhou Zhenfeng. Einfluss von seltenerdmetallen, Ca, Ba, Al und Bi auf mikrostruktur und harte von GGG-schweissgut [J]. Schweissen und Schneiden, 1994, 46 (11): 550-553.

[25] 杨建华. 高球化稳定性低白口倾向的通用铸铁焊条的研究 [J]. 焊接, 1984 (9): 4-8.

[26]　周民，等. 铸态铁素体球铁的模拟焊接热影响区组织与力学性能 [J]. 吉林工业大学学报，1997，27 (1)：54-59.

[27]　Peng Gaoe, Ren Guangshun. Investigation of Zu238SnCu covered electrode containing Sn for nodular cast iron [C] ∥Welding Institation CMES, Collection of papers of the International Welding Conference. Haerbin：Welding Institution, 1984.

[28]　Daqian Sun, Zhenfeng Zhou, Haicheng Cao. Effect of Si, Al and Bi on structure and properties of as-welded and austempered ductile iron weld metals during gas welding [J]. J Mater Sci Technol, 1996, 12 (12)：347-352.

[29]　孙大千，张兆智，周振丰，等. 低合金奥-贝球铁电弧焊焊条的研究 [J]. 焊接学报，1994，15 (2)：131-136.

[30]　Zhou Z F, Sun D Q. Welding consumable research for compacted graphite cast iron [J]. J Mater Eng, 1991, (4)：307-314.

[31]　Zhou Z F, et al. New electrode for arc welding of compacted graphite cast iron [J]. Chin J Met Sci Technol, 1991, 7 (7)：376-382.

[32]　任登义，邹增大. 白口铸铁轧辊的焊补 [J]. 焊接，1989 (10)：13-17.

[33]　Schram A, Seegers F. Einfluss des gefuges auf die schweisseignung von ferritischem gusseisen mit kugelgraphit [J]. Giesserei-Praxis, 1989 (9/10)：154-157.

[34]　Flinn B, et al. Fatigue properties of welds of nodular cast iron to steel [C] ∥ AFS. AFS Transactions1986, Illinois：AFS, 1986.

[35]　Dette M, et al. Reibschweissen von konstructionen aus kugelgraphitguss mit stahltielen [J]. Schweissen und Schneiden, 1990, 42 (11)：578-581.

第3篇 有色金属的焊接

第12章 铝、镁及其合金的焊接

作者 周万盛 王新洪 审者 牛济泰

12.1 铝及铝合金的焊接

12.1.1 概述

铝及铝合金具有优异的物理特性和力学性能，其密度低、比强度高、热导率高、电导率高，耐蚀能力强，已广泛应用于机械、电力、化工、轻工、航空、航天、铁道、舰船、车辆等工业内的焊接结构产品上，例如飞机、飞船、火箭、导弹、高速铁道机车和车辆、双体船、鱼雷和鱼雷快艇、轻型汽车、自行车和赛车、大小化工容器、空调器、热交换器、雷达天线、微波器件等，都采用了铝及铝合金材料、制成了各种熔焊、电阻焊、钎焊结构。图12-1所示为铝合金列车的车体焊接结构，图12-2所示为铝合金概念车（轿车）的车体焊接结构。

铝具有许多与其他金属不同的物理化学特性，见表12-1，由此导致铝及铝合金具有与其他金属不同的焊接工艺特点。

铝在空气中及焊接时极易氧化，生成的氧化铝（Al_2O_3）熔点高、非常稳定、能吸潮、不易去除，妨碍焊接及钎焊过程的进行，会在焊接或钎焊接头内生成气孔、夹杂、未熔合、未焊透等缺欠，需在焊接及钎焊前对其进行严格的表面清理，清除其表面氧化膜，并在焊接及钎焊过程中继续防止其氧化或清除其新生的氧化物。

铝的比热容、电导率、热导率比钢大，焊接时的热输入将向母材迅速流失，因此，熔焊时需采用高度集中的热源，电阻焊时需采用特大功率的电源。

铝的线胀系数比钢大，焊接时焊件的变形趋势较大。因此，需采取预防焊接变形的措施。

铝对光、热的反射能力较强，熔化前无明显色泽变化，人工操作熔焊及钎焊作业时会感到判断困难。

现代焊接技术的发展促进了铝及铝合金焊接技术的进步。可焊接铝合金材料的范围扩大了，现在不仅掌握了热处理不可强化的铝及铝合金的焊接技术，而且已经能解决热处理强化的高强度硬铝合金焊接时的各种难题；适用于铝及铝合金的焊接方法增多了，现在不仅掌握了传统的熔焊、电阻点、缝焊、钎剂钎焊方法，而且开发并推广应用了脉冲氩（氦）弧焊、极性参数不对称的方波交流变极性钨极氩弧焊及等离子弧焊、激光焊、搅拌摩擦焊、真空电子束焊、真空及气保护钎焊和扩散焊等。铝及铝合金焊接结构生产已不限于传统的航空、航天等国防军工行业，现在它已经扩散到多种民用工业及与人民生活密切相关的轻工及日用品生产中。

12.1.2 铝及铝合金的牌号、成分及性能

铝及铝合金按工艺性能特点可分为变形铝及铝合金和铸造铝合金。

按合金化系列，铝及铝合金可分为1×××系（工业纯铝）、2×××系（铝-铜）、3×××系（铝-锰）、4×××系（铝-硅）、5××× （铝-镁）、6×××系（铝-镁-硅）、7×××系（铝-锌-镁-铜）、8×××系（其他）、9××× （备用）等九类合金。按强化方式，可分为热处理不可强化铝及铝合金及热处理强化铝合金。前者仅可变形强化，后者既可热处理强化，亦可变形强化。

国家标准 GB/T 3190—2008 及 GB/T 3880.1—2012、GB/T 1173—1995 分别规定了变形铝合金牌号、化学成分、力学性能和铸造铝合金牌号及化学成分，见表12-2、表12-3、表12-4、表12-5。

表12-1 铝的物理特性

特性参数 金属名称	密度/ （kg/m³）	电导率/ （%I. A. C. S.）	热导率/ [W/(m·K)]	线胀系数/ （1/℃）	比热容/ [J/(kg·K)]	熔点 /℃
铝	2700	62	222	23.6×10^{-6}	940	660

（续）

特性参数 金属名称	密度/ （kg/m³）	电导率/ （% I. A. C. S.）	热导率/ [W/(m·K)]	线胀系数/ （1/℃）	比热容/ [J/(kg·K)]	熔点 /℃
铜	8925	100	394	16.5×10^{-6}	376	1083
65/35 黄铜	8430	27	117	20.3×10^{-6}	368	930
低碳钢	7800	10	46	12.6×10^{-6}	496	1350
304 不锈钢	7880	2	21	16.2×10^{-6}	490	1426
镁	1740	38	159	25.8×10^{-6}	1022	651

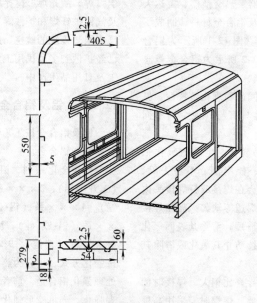

图 12-1　铝合金列车的车体焊接结构[1]

图 12-2　铝合金概念车（轿车）的车体焊接结构[1]

表 12-2　铝及铝合金的牌号及化学成分（GB/T 3190—2008）

序号	牌号	化学成分（质量分数,%）											其他		Al	新旧牌号对照
		Si	Fe	Cu	Mn	Mg	Cr	Ni	Zn		Ti	Zr	单个	合计		
1	1070A	0.20	0.25	0.03	0.03	0.03	—	—	0.07	—	0.03	—	0.03	—	99.70	L1
2	1370	0.10	0.25	0.02	0.01	0.02	0.01	—	0.04	Ca: 0.03; V + Ti0.02 B: 0.02	—	—	0.02	0.10	99.70	
3	1060	0.25	0.35	0.05	0.03	0.03	—	—	0.05	V: 0.05	0.03	—	0.03	—	99.60	L2
4	1050	0.25	0.40	0.05	0.05	0.05	—	—	0.05	V: 0.05	0.03	—	0.03	—	99.50	—
5	1050A	0.25	0.40	0.05	0.05	0.05	—	—	0.07	—	0.05	—	0.03	—	99.50	L3
6	1A50	0.30	0.30	0.01	0.05	0.05	—	—	0.03	Fe + Si: 0.45	—	—	0.03	—	99.50	LB2
7	1035	0.35	0.6	0.10	0.05	0.05	—	—	0.10	V: 0.05	0.03	—	0.03	—	99.35	L4
8	1A30	0.10 ~ 0.20	0.15 ~ 0.30	0.05	0.01	0.01	—	0.01	0.02	①	0.02	—	0.03	—	99.30	L4-1
9	1100	Si + Fe: 0.95		0.05 ~ 0.20	0.05	—	—	—	0.10	—	—	—	0.05	0.15	99.00	L5-1
10	1200	Si + Fe: 1.00		0.05	0.05	—	—	—	0.10	—	0.05	—	0.05	0.15	99.00	L5
11	2A12	0.50	0.50	3.8 ~ 4.9	0.30 ~ 0.9	1.2 ~ 1.8	—	0.10	0.30	Fe + Ni: 0.50	0.15	—	0.05	0.10	余量	LY12
12	2A14	0.6 ~ 1.2	0.7	3.9 ~ 4.8	0.40 ~ 1.0	0.40 ~ 0.8	—	0.10	0.30	—	0.15	—	0.05	0.10	余量	LD10
13	2A16	0.30	0.30	6.0 ~ 7.0	0.40 ~ 0.8	0.05	—	—	0.10	—	0.10 ~ 0.20	0.20	0.05	0.10	余量	LY16
14	2B16	0.25	0.30	5.8 ~ 6.8	0.20 ~ 0.40	0.05	—	—	—	V: 0.05 ~ 0.15	0.08 ~ 0.20	0.10 ~ 0.25	0.05	0.10	余量	LY16-1
15	2A20	0.20	0.30	5.8 ~ 6.8	—	0.02	—	—	0.10	V: 0.05 ~ 0.15 B: 0.001 ~ 0.01	0.07 ~ 0.16	0.10 ~ 0.25	0.05	0.15	余量	LY20
16	2014	0.50 ~ 1.2	0.7	3.9 ~ 5.0	0.40 ~ 1.2	0.20 ~ 0.8	0.10	—	0.25	③	0.15	—	0.05	0.15	余量	—
17	2014A	0.50 ~ 0.9	0.50	3.9 ~ 5.0	0.40 ~ 1.2	0.20 ~ 0.8	0.10	0.10	0.25	Ti + Zr: 0.20	0.15	—	0.05	0.15	余量	—
18	2219	0.20	0.30	5.8 ~ 6.8	0.20 ~ 0.40	0.02	—	—	0.10	V: 0.05 ~ 0.15	0.02 ~ 0.10	0.10 ~ 0.25	0.05	0.15	余量	LY19
19	2024	0.50	0.50	3.8 ~ 4.9	0.30 ~ 0.9	1.2 ~ 1.8	0.10	—	0.25	③	0.15	—	0.05	0.15	余量	—

（续）

序号	牌号	化学成分（质量分数，%）											其他		Al	新旧牌号对照
		Si	Fe	Cu	Mn	Mg	Cr	Ni	Zn		Ti	Zr	单个	合计		
20	2124	0.20	0.30	3.8~4.9	0.30~0.9	1.2~1.8	0.10	—	0.25	③	0.15	—	0.05	0.15	余量	—
21	3A21	0.6	0.7	0.20	1.0~1.6	0.05	—	—	0.10④	—	0.15	—	0.05	0.10	余量	LF21
22	3003	0.6	0.7	0.05~0.20	1.0~1.5	—	—	—	0.10	—	—	—	0.05	0.15	余量	—
23	3103	0.50	0.7	0.10	0.9~1.5	0.30	0.10	—	0.20	①	—	Ti+Zr: 0.10	0.05	0.15	余量	—
24	3004	0.30	0.7	0.25	1.0~1.5	0.8~1.3	—	—	0.25	—	—	—	0.05	0.15	余量	—
25	3005	0.6	0.7	0.30	1.0~1.5	0.20~0.6	0.10	—	0.25	—	0.10	—	0.05	0.15	余量	—
26	3105	0.6	0.7	0.30	0.30~0.8	0.20~0.8	0.20	—	0.40	—	0.10	—	0.05	0.15	余量	—
27	4A01	4.5~6.0	0.6	0.20	—	—	—	—	Zn+Sn: 0.10	—	0.15	—	0.05	0.15	余量	LT1
28	4A11	11.5~13.5	1.0	0.50~1.3	0.20	0.8~1.3	0.10	0.50~1.3	0.25	—	0.15	—	0.05	0.15	余量	LD11
29	4043	4.5~6.0	0.8	0.30	0.05	0.05	—	—	0.10	①	0.20	—	0.05	0.15	余量	—
30	4043A	4.5~6.0	0.6	0.30	0.15	0.20	—	—	0.10	①	0.15	—	0.05	0.15	余量	—
31	4047	11.0~13.0	0.8	0.30	0.15	0.10	—	—	0.20	①	0.15	—	0.05	0.15	余量	—
32	4047A	11.0~13.0	0.6	0.30	0.15	0.10	—	—	0.20	①	0.15	—	0.05	0.15	余量	—
33	5A01	Si+Fe: 0.40		0.10	0.30~0.7 或Cr 0.15~0.40	6.0~7.0	0.10~0.20	—	0.25	—	0.15	0.10~0.20	0.05	0.15	余量	LF15
34	5A02	0.40	0.40	0.10	0.15~0.40	2.0~2.8	—	—	—	Si+Fe: 0.6	0.15	—	0.05	0.15	余量	LF2

（续）

序号	牌号	Si	Fe	Cu	Mn	Mg	Cr	Ni	Zn		Ti	Zr	单个	合计	Al	新旧牌号对照
		化学成分（质量分数，%）											其他			
35	5A03	0.50~0.8	0.50	0.10	0.30~0.6	3.2~3.8	—	—	0.20	—	0.15	—	0.05	0.10	余量	LF3
36	5A05	0.50	0.50	0.10	0.30~0.6	4.8~5.5	—	—	0.20	—	—	—	0.05	0.10	余量	LF5
37	5B05	0.40	0.40	0.20	0.20~0.6	4.7~5.7	—	—	—	Si+Fe: 0.6	0.15	—	0.05	0.10	余量	LF10
38	5A06	0.40	0.40	0.10	0.50~0.8	5.8~6.8	—	—	0.20	Be: 0.0001 ~0.005②	0.02~0.10	—	0.05	0.10	余量	LF6
39	5B06	0.40	0.40	0.10	0.50~0.8	5.8~6.8	—	—	0.20	Be: 0.0001 ~0.005②	0.10~0.30	—	0.05	0.10	余量	LF14
40	5A12	0.30	0.30	0.05	0.40~0.8	8.3~9.6	—	0.10	0.20	Be: 0.005 Sb: 0.004 ~0.05	0.05~0.15	—	0.05	0.10	余量	LF12
41	5A13	0.30	0.30	0.05	0.40~0.8	9.2~10.5	—	0.10	0.20	Be: 0.005 Sb: 0.004~0.005	0.05~0.15	—	0.05	0.10	余量	LF13
42	5A30	Si+Fe: 0.40		0.10	0.50~1.0	4.7~5.5	—	—	0.25	Cr: 0.05 ~0.20	0.03~0.15	—	0.05	0.10	余量	LF16
43	5A33	0.35	0.35	0.10	0.10	6.0~7.5	—	—	0.50 ~1.5	Be: 0.0005 ~0.005②	0.05~0.15	0.10~0.30	0.05	0.10	余量	LF33
44	5A41	0.40	0.40	0.10	0.30~0.6	6.0~7.0	—	—	0.20		0.02~0.10	—	0.05	0.10	余量	LT41
45	5A43	0.40	0.40	0.10	0.15 ~0.40	0.6~1.4	—	—	0.25		0.15	—	0.05	0.15	余量	LF43
46	5A66	0.005	0.01	0.005	—	1.5~2.0	—	—	—	—	—	—	0.005	0.01	余量	LT66
47	5005	0.30	0.7	0.20	0.20	0.50~1.1	0.10	—	0.25	—	—	—	0.05	0.15	余量	—
48	5019	0.40	0.50	0.10	0.10~0.6	4.5~5.6	0.20	—	0.20	Mn+Cr: 0.10~0.6	0.20	—	0.05	0.15	余量	—
49	5050	0.40	0.7	0.20	0.10	1.1~1.8	0.10	—	0.25	—	—	—	0.05	0.15	余量	—

（续）

序号	牌号	化学成分（质量分数，%）											其他		Al	新旧牌号对照
		Si	Fe	Cu	Mn	Mg	Cr	Ni	Zn		Ti	Zr	单个	合计		
50	5251	0.40	0.50	0.15	0.10~0.50	1.7~2.4	0.15	—	0.15	—	0.15	—	0.05	0.15	余量	—
51	5052	0.25	0.40	0.10	0.10	2.2~2.8	0.15~0.35	—	0.10	—	—	—	0.05	0.15	余量	—
52	5154	0.25	0.40	0.10	0.10	3.1~3.9	0.15~0.35	—	0.20	①	0.20	—	0.05	0.15	余量	—
53	5154A	0.50	0.50	0.10	0.50	3.1~3.9	0.25	—	0.20	Mn + Cr: 0.10~0.50	0.20	—	0.05	0.15	余量	—
54	5454	0.25	0.40	0.10	0.50~1.0	2.4~3.0	0.05~0.20	—	0.25	—	0.20	—	0.05	0.15	余量	—
55	5554	0.25	0.40	0.10	0.50~1.0	2.4~3.0	0.05~0.20	—	0.25	①	0.05~0.20	—	0.05	0.15	余量	—
56	5754	0.40	0.40	0.10	0.50	2.6~3.6	0.30	—	0.20	Mn + Cr: 0.10~0.6	0.15	—	0.05	0.15	余量	—
57	5056	0.30	0.40	0.10	0.05~0.20	4.5~5.6	0.05~0.20	—	0.10	—	—	—	0.05	0.15	余量	LF5-1
58	5356	0.25	0.40	0.10	0.05~0.20	4.5~5.5	0.05~0.20	—	0.10	①	0.06~0.20	—	0.05	0.15	余量	—
59	5456	0.25	0.40	0.10	0.50~1.0	4.7~5.5	0.05~0.20	—	0.25	—	0.20	—	0.05	0.15	余量	—
60	5082	0.20	0.35	0.15	0.15	4.0~5.0	0.15	—	0.25	—	0.10	—	0.05	0.15	余量	—
61	5182	0.20	0.35	0.15	0.20~0.50	4.0~5.0	0.10	—	0.25	—	0.10	—	0.05	0.15	余量	—
62	5083	0.40	0.40	0.10	0.40~1.0	4.0~4.9	0.05~0.25	—	0.25	—	0.15	—	0.05	0.15	余量	LT4
63	5183	0.40	0.40	0.10	0.50~1.0	4.3~5.2	0.05~0.25	—	0.25	①	0.15	—	0.05	0.15	余量	—
64	5086	0.40	0.50	0.10	0.20~0.7	3.5~4.5	0.05~0.25	—	0.25	—	0.15	—	0.05	0.15	余量	—
65	6A02	0.50~1.2	0.50	0.20~0.6	0.15~0.35 或 Cr	0.45~0.9	—	—	0.20	—	0.15	—	0.05	0.10	余量	LD2

（续）

序号	牌号	化学成分（质量分数，%）												其他		Al	新旧牌号对照
		Si	Fe	Cu	Mn	Mg	Cr	Ni	Zn		Ti	Zr	单个	合计		
66	6B02	0.7~1.1	0.40	0.10~0.40	0.10~0.30	0.40~0.8	—	—	0.15	—	0.01~0.04	—	0.05	0.10	余量	LD2-1
67	6061	0.40~0.8	0.7	0.15~0.40	0.15	0.8~1.2	0.04~0.35	—	0.25	—	0.15	—	0.05	0.15	余量	LD30
68	6063	0.20~0.6	0.35	0.10	0.10	0.45~0.9	0.10	—	0.10	—	0.10	—	0.05	0.15	余量	LD31
69	6063A	0.30~0.6	0.15~0.35	0.10	0.15	0.6~0.9	0.05	—	0.15	—	0.10	—	0.05	0.15	余量	—
70	6070	1.0~1.7	0.50	0.15~0.40	0.40~1.0	0.50~1.2	0.10	—	0.25	—	0.15	—	0.05	0.15	余量	LD2-2
71	7A04	0.50	0.50	1.4~2.0	0.20~0.6	1.8~2.8	0.10~0.25	—	5.0~7.0	—	0.10	—	0.05	0.10	余量	LC4
72	7A09	0.50	0.50	1.2~2.0	0.15	2.0~3.0	0.16~0.30	—	5.1~6.1	—	0.10	—	0.05	0.10	余量	LC9
73	7005	0.35	0.40	0.10	0.20~0.7	1.0~1.8	0.06~0.20	—	4.0~5.0	—	0.01~0.06	0.08~0.20	0.05	0.15	余量	—
74	7050	0.12	0.15	2.0~2.6	0.10	1.9~2.6	0.04	—	5.7~6.7	—	0.06	0.08~0.15	0.05	0.15	余量	—
75	7075	0.40	0.50	1.2~2.0	0.30	2.1~2.9	0.18~0.28	—	5.1~6.1	⑤	0.20	—	0.05	0.15	余量	—
76	7475	0.10	0.12	1.2~1.9	0.06	1.9~2.6	0.18~0.25	—	5.2~6.2	—	0.06	—	0.05	0.15	余量	—
77	8090	0.20	0.30	1.0~1.6	0.10	0.6~1.3	0.10	—	0.25	Li:2.2~2.7	0.10	0.04~0.16	0.05	0.15	余量	—

① 焊接电极及填料焊丝的 $w(Be)$ ≤0.0003%。

② 铍含量均按规定量加入，可不作分析。

③ 经供需双方协商同意，挤压产品和锻件的 $w(Ti+Zr)$ 最大可达 0.20%。

④ 作铆钉线材的 3A21 合金的 $w(Zn)$ 应不大于 0.03%。

⑤ 经供需双方协商同意，挤压产品和锻件的 $w(Ti+Zr)$ 最大可达 0.25%。

表 12-3　铝及铝合金轧制板材力学性能（GB/T 3880.2—2012）

牌号	包铝分类	供货状态	试样状态	厚度/mm①	抗拉强度 R_m/MPa②	规定塑性延伸强度 $R_{p0.2}$/MPa②	断后伸长率(%)		弯曲半径④	
							$A_{5.65}$③	A_{50mm}	90°	180°
					不小于					
1A90	—	H112	H112	>4.50~12.50	60	—	—	21	—	—
				>12.50~20.00			19	—	—	—
				>20.00~80.00	附实测值				—	—
		F	—	>4.50~150.00					—	—
1070	—	O	O	>0.20~0.30	55~95	15	—	15	0t	
				>0.30~0.50			—	20	0t	
				>0.50~0.80			—	25	0t	
				>0.80~1.50			—	30	0t	
				>1.50~6.00			—	35	0t	
				>6.00~12.50			—	35	—	
				>12.50~50.00			30	—	—	
		H16	H16	>0.20~0.50	100~135	—	—	1	1.0t	—
				>0.50~0.80			—	2	1.0t	—
				>0.80~1.50		75	—	3	1.5t	—
				>1.50~4.00			—	4	1.5t	—
		H18	H18	>0.20~0.50	120	—	—	1	—	—
				>0.50~0.80			—	2	—	—
				>0.80~1.50			—	3	—	—
				>1.50~3.00			—	4	—	—
1060	—	O	O	>0.20~0.30	60~100	15	—	15	—	—
				>0.30~0.50			—	18	—	—
				>0.50~1.50			—	23	—	—
				>1.50~6.00			—	25	—	—
				>6.00~80.00			22	25	—	—
		H16	H16	>0.20~0.30	110~155	75	—	1	—	—
				>0.30~0.50			—	2	—	—
				>0.50~0.80			—	2	—	—
				>0.80~1.50			—	3	—	—
				>1.50~4.00			—	5	—	—
		H18	H18	>0.20~0.30	125	85	—	1	—	—
				>0.30~0.50			—	2	—	—
				>0.50~1.50			—	3	—	—
				>1.50~3.00			—	4	—	—
1050	—	O	O	>0.20~0.50	60~100		—	15	0t	—
				>0.50~0.80			—	20	0t	—

（续）

牌号	包铝分类	供货状态	试样状态	厚度/mm①	抗拉强度 R_m/MPa②	规定塑性延伸强度 $R_{p0.2}$/MPa②	$A_{5.65}$③	A_{50mm}	弯曲半径④ 90°	180°
							不小于			
1050	—	O	O	>0.80~1.50	60~100	20	—	25	0t	
				>1.50~6.00			—	30	0t	
				>6.00~50.00			28	28	—	
		H16	H16	>0.20~0.50	120~150	85	—	1	2.0t	
				>0.50~0.80			—	2	2.0t	
				>0.80~1.50			—	3	2.0t	
				>1.50~4.00			—	4	2.0t	
		H18	H18	>0.20~0.50	130	—	—	1	—	
				>0.50~0.80			—	2	—	
				>0.80~1.50			—	3	—	
				>1.50~3.00			—	4	—	
1050A	—	O H111	O H111	>0.20~0.50	>65~95	20	—	20	0t	
				>0.50~1.50			—	22	0t	
				>1.50~3.00			—	26	0t	
				>3.00~6.00			—	29	0.5t	0.5t
				>6.00~12.50			—	35	1.0t	1.0t
				>12.50~80.00			32	—	—	—
		H16	H16	>0.20~0.50	>120~160	100	—	1	0.5t	
				>0.50~1.50			—	2	1.0t	
				>1.50~4.00			—	3	1.5t	
		H26	H26	>0.20~0.50		90	—	2	0.5t	
				>0.50~1.50			—	3	1.0t	
				>1.50~4.00			—	4	1.5t	
		H18	H18	>0.20~0.50	135		—	1	1.0t	
				>0.50~1.50	140	120	—	2	2.0t	
				>1.50~3.00			—	2	3.0t	
2014	工艺包铝或不包铝	O	O	>0.40~1.50	≤220	≤140	—	12	0t	0.5t
				>1.50~3.00			—	13	1.0t	1.0t
				>3.00~6.00			—	16	1.5t	—
				6.00~9.00			—	16	2.5t	—
				9.00~12.50			—	16	4.0t	—
				>12.50~25.00			10	—	—	—
		T6	T6	>0.40~1.50	440	390	—	6	—	—

（续）

牌号	包铝分类	供货状态	试样状态	厚度/mm①	抗拉强度 R_m/MPa②	规定塑性延伸强度 $R_{p0.2}$/MPa②	断后伸长率(%)		弯曲半径④	
							$A_{5.65}$③	A_{50mm}	90°	180°
					不小于					
2014	工艺包铝或不包铝	T6	T6	>1.50~6.00	445	390	—	7	—	—
				>6.00~12.50	450	395	—	7	—	—
				>12.50~40.00	460	400	6	—	5.0t	—
				>40.00~60.00	450	390	5	—	7.0t	—
				>60.00~80.00	435	380	4	—	10.0t	—
				>80.00~100.00	420	360	4	—	—	—
		F	—	>4.50~150.00	—				—	—
包铝 2014	正常包铝	O	O	>0.50~0.63	≤205	≤95	—	16	—	—
				>0.63~1.00	≤220		—		—	—
				>1.00~2.50	≤205		—		—	—
				>2.50~12.50	≤205		9		—	—
				12.50~25.00	≤220⑤	—	5		—	—
		T6	T6	>0.50~0.63	425	370	—	7	—	—
				>0.63~1.00	435	380	—	7	—	—
				>1.00~6.30	440	395	—	8	—	—
		T4	T4	>0.50~0.63	370	215	—	14	—	—
				>0.63~1.00	380	222	—	14	—	—
				>1.00~6.30	395	235	—	15	—	—
		T3	T3	>0.50~0.63	370	230	—	14	—	—
				>0.63~1.00	385	235	—	14	—	—
				>1.00~6.30	395	240	—	15	—	—
		F	—	>4.50~15.00	—	—	—	—	—	—
2A11 包铝 2A11	正常包铝或工艺包铝	O	O	>0.50~3.00	≤225		—	12	—	—
				>3.00~10.00	≤235		—	12	—	—
			T42⑥	>0.50~3.00	350	185	—	15	—	—
				>3.00~10.00	355	195	—	15	—	—
		T3	T3	>0.50~1.50	375	215	—	15	—	—
				>1.50~3.00			—	17	—	—
				>3.00~10.00			—	15	—	—
		T4	T4	>0.50~3.00	360	185	—	15	—	—
				>3.00~10.00	370	195	—	15	—	—
		F	—	>4.50~150.00	—	—	—	—	—	—

（续）

牌号	包铝分类	供货状态	试样状态	厚度/mm①	抗拉强度 R_m/MPa②	规定塑性延伸强度 $R_{p0.2}$/MPa②	断后伸长率(%) $A_{5.65}$③	A_{50mm}	弯曲半径④ 90°	180°
						不小于			90°	180°
3105		H12	H12	>0.20~0.50	130~180	105	—	3	—	1.5t
				>0.50~1.50			—	4	—	1.5t
				>1.50~3.00			—	4	—	1.5t
		H26	H26	>0.20~0.50	175~225	150	—	3	—	—
				>0.50~1.50			—	3	—	—
				>1.50~3.00			—	3	—	—
2024	工艺包铝或不包铝	O	O	>0.40~1.50	≤220	≤140	—	12	0t	0.5t
				>1.50~3.00			—	13	1.0t	2.0t
				>3.00~6.00			—		1.5t	3.0t
				>6.00~9.00			—		2.5t	—
				>9.00~12.50			—		4.0t	—
				>12.50~25.00			11	—	—	—
		T3	T3	>0.40~1.50	435	290	11	12	4.0t	4.0t
				>1.50~3.00	435	290	—	14	4.0t	4.0t
				>3.00~6.00	440	290	—	14	5.0t	5.0t
				>6.00~12.50	440	290	—	13	8.0t	—
				>12.50~40.00	430	290	11	—	—	—
				>40.00~80.00	420	290	8	—	—	—
				>80.00~100.00	400	285	7	—	—	—
				>100.00~120.00	380	270	5	—	—	—
				>120.00~150.00	360	250	5	—	—	—
		T4	T4	>0.40~1.50	425	275	—	12	4.0t	—
				>1.50~6.00	425	275	—	14	5.0t	—
		F	—	>4.50~80.00	—		—		—	—
包铝2024	正常包铝	O	O	>0.20~0.25	≤205	≤95	—	10	—	—
				>0.25~1.60	≤205	≤95	—	12	—	—
				>1.60~12.50	≤220	≤95	—	12	—	—
				>12.50~45.50	≤220⑤	—	10	—	—	—
		T3	T3	>0.20~0.25	400	270	—	10	—	—
				>0.25~0.50	405	270	—	12	—	—
				>0.50~1.60	405	270	—	15	—	—
				>1.60~3.20	420	275	—	15	—	—
				>3.20~6.00	420	275	—	15	—	—

（续）

牌号	包铝分类	供货状态	试样状态	厚度/mm①	抗拉强度 R_m/MPa②	规定塑性延伸强度 $R_{p0.2}$/MPa②	断后伸长率(%)		弯曲半径④	
							$A_{5.65}$③	A_{50mm}	90°	180°
					不小于					
2024	正常包铝	T4	T4	>0.40~0.50	355	—	—	12	1.5t	—
		F	—	>0.50~1.60		195	—	15	2.5t	—
				>1.60~2.90			—	17	3t	—
				>2.90~6.00			—	15	3.5t	—
				>4.50~150.00		—				
3005	—	O H11	O H11	>0.20~0.50	115~165	45	—	12	0t	0t
				>0.50~1.50			—	14	0t	0t
				>1.50~3.00			—	16	0.5t	1.0t
				>3.00~6.00			—	19	1.0t	—
		H12	H12	>0.20~0.50	145~195	125	—	3	0t	1.5t
				>0.50~1.50			—	4	0.5t	1.5t
				>1.50~3.00			—	4	1.0t	2.0t
				>3.00~6.00			—	5	1.5t	—
		H16	H16	>0.20~0.50	195~240	175	—	1	1.0t	—
				>0.50~1.50			—	2	1.5t	—
				>1.50~4.00			—	2	2.5t	—
5A05	—	O	O	0.50~4.50	275	145	—	16	—	—
		H112	H112	>4.50~10.00	275	125	—	16	—	—
				>10.00~12.50	265	115	—	14	—	—
				>12.50~25.00	265	115	14	—	—	—
				>25.00~50.00	255	105	13	—	—	—
		F	—	>4.50~150.00						
5A03	—	O	O	>0.50~4.50	195	100	—	16	—	—
		H14 H24 H34	H14 H24 H34	>0.50~4.50	225	195	—	8	—	—
		H112	H112	>4.50~10.00	185	80	—	16	—	—
				>10.00~12.50	175	70	—	13	—	—
				>12.50~25.00	175	70	13	—	—	—
				>25.00~50.00	165	60	12	—	—	—
		F	—	>4.50~150.00		—				

（续）

牌号	包铝分类	供货状态	试样状态	厚度/mm①	抗拉强度 R_m/MPa②	规定塑性延伸强度 $R_{p0.2}$/MPa②	断后伸长率(%) $A_{5.65}$③	A_{50mm}	弯曲半径④ 90°	180°
					不小于					
5A06	工艺包铝或不包铝	O	O	0.50~4.50	315	155	—	16	—	—
		H112	H112	>4.50~10.00	315	155	—	16	—	—
				>10.00~12.50	305	145	—	12	—	—
				>12.50~25.00	305	145	12	—	—	—
				>25.00~50.00	295	135	6	—	—	—
		F	—	>4.50~150.00	—	—	—	—	—	—
5005 5005A	—	O H111	O H111	>0.20~0.50	100~145	35	—	15	0t	0t
				>0.50~1.50			—	19	0t	0t
				>1.50~3.00			—	20	0t	0.5t
				>3.00~6.00			—	22	1.0t	1.0t
				>6.00~12.50			—	24	1.5t	—
				>12.50~50.00			20	—	—	—
		H12	H12	>0.20~0.50	125~165	95	—	2	0t	1.0t
				>0.50~1.50			—	2	0.5t	1.0t
				>1.50~3.00			—	4	1.0t	1.5t
				>3.00~6.00			—	5	1.0t	—
		H14	H14	>0.20~0.50	145~185	120	—	2	0.5t	2.0t
				>0.50~1.50			—	2	1.0t	2.0t
				>1.50~3.00			—	3	1.0t	2.5t
				>3.00~6.00			—	4	2.0t	—
		H16	H16	>0.20~0.50	165~205	145	—	1	1.0t	—
				>0.50~1.50			—	2	1.5t	—
				>1.50~3.00			—	3	2.0t	—
				>3.00~4.00			—	3	2.5t	—
		H18	H18	>0.20~0.50	185	165	—	1	1.5t	—
				>0.50~1.50			—	2	2.5t	—
				>1.50~3.00			—	2	3.0t	—
		H28 H38	H28 H38	>0.20~0.50	185	160	—	1	1.5t	—
				>0.50~1.50			—	2	2.5t	—
				>1.50~3.00			—	3	3.0t	—
		H112	H112	>6.00~12.50	115	—	—	8	—	—
				>12.50~40.00	105	—	10	—	—	—
				>40.00~80.00	100	—	16	—	—	—
		F	—	>2.50~150.00	—	—	—	—	—	—

（续）

牌号	包铝分类	供货状态	试样状态	厚度/mm①	抗拉强度 R_m/MPa②	规定塑性延伸强度 $R_{p0.2}$/MPa②	断后伸长率(%) $A_{5.65}$③	A_{50mm}	弯曲半径④ 90°	180°
							不小于			
5083	—	O H111	O H111	>0.20~0.50	275~350	125	—	11	0.5t	—
				>0.50~1.50			—	12	1.0t	—
				>1.50~3.00			—	13	1.0t	—
				>3.00~6.30			—	15	1.5t	—
				>6.30~12.50			—	16	2.5t	—
				>12.50~50.00	270~345	115	15	—	—	—
				>50.00~80.00			14	—	—	—
		H12	H12	>0.20~0.50	315~375	250	—	3	—	—
				>0.50~1.50			—	4	—	—
				>1.50~3.00			—	5	—	—
				>3.00~6.00			—	6	—	—
		H112	H112	>6.00~12.50	275	125	—	12	—	—
				>12.50~40.00	275	125	10	—	—	—
				>40.00~80.00	270	115	10	—	—	—
		F	—	>4.50~150.00	—	—	—	—	—	—
6A02	—	O	O	>0.50~4.50	≤145		—	21	—	—
				>4.50~10.00			—	16	—	—
			T62⑦	>0.50~4.50	295		—	11	—	—
				>4.50~10.00			—	8	—	—
		T4	T4	>0.50~0.80	195		—	19	—	—
				>0.80~2.90			—	21	—	—
				>2.90~4.50			—	19	—	—
				>4.50~10.00	175		—	17	—	—
		T6	T6	>0.50~4.50	295		—	11	—	—
				>4.50~10.00			—	8	—	—
		F	—	>4.50~150.00	—	—	—	—	—	—
包铝 7075	正常 包铝	O	O	>0.39~1.60	≤275	≤145	—	10	—	—
				>1.60~4.00			—	10	—	—
				>4.00~12.50			—	10	—	—
				>12.50~50.00			9	—	—	—
			T62⑦	>0.39~1.00	505	435	—	7	—	—
				>1.00~1.60	515	445	—	8	—	—
				>1.60~3.20	515	445	—	8	—	—
				>3.20~4.00	515	445	—	8	—	—
				>4.00~6.30	525	455	—	8	—	—
				>6.30~12.50	525	455	—	9	—	—
				>12.50~25.00	540	470	6	—	—	—
				>25.00~50.00	530	460	5	—	—	—
				>50.00~60.00	525	440	4	—	—	—
		T6	T6	>0.39~1.00	505	435	—	7	—	—

（续）

牌号	包铝分类	供货状态	试样状态	厚度/mm①	抗拉强度 R_m/MPa②	规定塑性延伸强度 $R_{p0.2}$/MPa②	断后伸长率(%) $A_{5.65}$③	断后伸长率(%) A_{50mm}	弯曲半径④ 90°	弯曲半径④ 180°
					不小于					
包铝7075	正常包铝	T6	T6	>1.00~1.60	515	445	—	8	—	—
				>1.60~3.20	515	445	—	8	—	—
				>3.20~4.00	515	445	—	8	—	—
				>4.00~6.30	525	455	—	8	—	—
		F	—	>6.00~100.00	—	—	—	—	—	—
7075	工艺包铝或不包铝	O	O	0.40~0.80	≤275	≤145	—	10	0.5t	1.0t
				>0.80~1.50			—		1.0t	2.0t
				>1.50~3.00			—		1.0t	3.0t
				>3.00~6.00			—		2.5t	—
				>6.00~12.50			—		4.0t	—
				>12.50~75.00			9	—	—	—
		O	T62⑦	0.40~0.80	525	460	—	6	—	—
				>0.80~1.50	540	460	—	6	—	—
				>1.50~3.00	540	470	—	7	—	—
				>3.00~6.00	545	475	—	8	—	—
				>6.00~12.50	540	460	—	8	—	—
				>12.50~25.00	540	470	6	—	—	—
				>25.00~50.00	530	460	5	—	—	—
				>50.00~60.00	525	440	4	—	—	—
				>60.00~75.00	495	420	4	—	—	—
		T6	T6	0.40~0.80	525	460	—	6	4.5t	—
				>0.80~1.50	540	460	—	6	5.5t	—
				>1.50~3.00	540	470	—	7	6.5t	—
				>3.00~6.00	545	475	—	8	8.0t	—
				>6.00~12.50	540	460	—	8	12.0t	—
				>12.50~25.00	540	470	6	—	—	—
				>25.00~50.00	530	460	5	—	—	—
				>50.00~60.00	525	440	4	—	—	—
		T76	T76	>1.50~3.00	500	425	—	7	—	—
				>3.00~6.00	500	425	—	8	—	—
				>6.00~12.50	490	415	—	7	—	—
		F	—	>6.00~50.00	—	—	—	—	—	—

注：表中供货状态和试样状态中用到的代号含义（详见 GB/T 16475—2008）：

F—自由加工状态，合金力学性能无规定；

O—退火状态；

H—加工硬化状态，其后面的数字表示不同硬化程度，例 "H18" 表示单纯加工硬化到硬状态；

T—不同于 F、O、H 的热处理状态，后面的数字表示固溶时效后有不同强化程度。例 "T62" 表示自 O 或 F 状态固溶处理后再进行人工时效的状态。

① 厚度大于 40mm 的板材，表中数值仅供参考，当需方要求时，供方提供中心层试样的实测结果。

② 1060、1070、1035、1235、1145、1100、8A06 合金的抗拉强度上限值及规定塑性延伸强度对 H22、H23、H26 状态的材料不适用。

③ $A_{5.65}$ 表示原始标距（L_0）为 5.65 $\sqrt{S_0}$ 的断后伸长率。

④ 3105、3102 和 5182 板材（带材）弯曲 180°外，其余弯曲 90°，t 为板材（带材）的厚度。

⑤ 厚度为 >12.5~25.00mm 的 2014、2024 合金 O 状态的板材，其拉伸试样由芯材机加工得到，不得有包铝层。

⑥ 对于 2A11、2A12、2017 合金的 O 状态板材，需要 T42 状态的性能值时，应在订货单（或合同）中注明，未注明时，不检测该性能。

⑦ 对于 6A02、7A04、7A09 和 7075 合金的 O 状态板材，需要 T62 状态的性能值时，应在订货单（或合同）中注明，未注明时，不检测该性能。

表 12-4　铸造铝合金化学成分 （GB/T 1173—1995）

序号	合金牌号	合金代号	主要元素（质量分数,%）							
			Si	Cu	Mg	Zn	Mn	Ti	其他	Al
1	ZAlSi7Mg	ZL101	6.5～7.5	—	0.25～0.45	—	—	—	—	余量
2	ZAlSi7MgA	ZL101A	6.5～7.5	—	0.25～0.45	—	—	0.08～0.20	—	余量
3	ZAlSi12	ZL102	10.0～13.0	—	—	—	—	—	—	余量
4	ZAlSi9Mg	ZL104	8.0～10.5	—	0.17～0.35	—	0.2～0.5	—	—	余量
5	ZAlSi5Cu1Mg	ZL105	4.5～5.5	1.0～1.5	0.4～0.6	—	—	—	—	余量
6	ZAlSi5Cu1MgA	ZL105A	4.5～5.5	1.0～1.5	0.4～0.55	—	—	—	—	余量
7	ZAlCu5Mn	ZL201	—	4.5～5.3	—	—	0.6～1.0	0.15～0.35	—	余量
8	ZAlCu4	ZL203	—	4.0～5.0	—	—	—	—	—	余量
9	ZAlMg10	ZL301	—	—	9.5～11.0	—	—	—	—	余量
10	ZAlMg5Si1	ZL303	0.8～1.3	—	4.5～5.5	—	0.1～0.4	—	—	余量
11	ZAlZn11Si7	ZL401	6.0～8.0	—	0.1～0.3	9.0～13.0	—	—	—	余量

表 12-5　铸造铝合金杂质允许含量 （GB/T 1173—1995）

序号	合金牌号	合金代号	杂质含量（质量分数,%），不大于														
			Fe		Si	Cu	Mg	Zn	Mn	Ti	Zr	Ti+Zr	Be	Ni	Sn	Pb	杂质总和	
			S	J													S	J
1	ZAlSi7Mg	ZL101	0.5	0.9	—	0.2	—	0.3	0.35	—	—	0.25	0.1	—	0.01	0.05	1.1	1.5
2	ZAlSi7MgA	ZL101A	0.2	0.2	—	0.1	—	0.1	0.10	—	0.20	—	—	—	0.01	0.03	0.7	0.7
3	ZAlSi12	ZL102	0.7	1.0	—	0.30	0.10	0.1	0.5	0.20	—	—	—	—	—	—	2.0	2.2
4	ZAlSi9Mg	ZL104	0.6	0.9	—	0.1	—	0.25	—	—	—	0.15	—	—	0.01	0.05	1.1	1.4
5	ZAlSi5Cu1Mg	ZL105	0.6	1.0	—	—	—	0.3	0.5	—	—	0.15	0.1	—	0.01	0.05	1.1	1.4
6	ZAlSi5Cu1MgA	ZL105A	0.2	0.2	—	—	—	0.1	0.1	—	—	—	—	—	0.01	0.05	0.5	0.5
7	ZAlCu5Mn	ZL201	0.25	0.3	0.3	—	0.05	0.2	—	—	0.2	—	0.1	—	—	—	1.0	1.0
8	ZAlCu4	ZL203	0.8	0.8	1.2	—	0.05	0.25	0.1	0.20	0.1	—	—	—	0.01	0.05	2.1	2.1
9	ZAlMg10	ZL301	0.3	0.3	0.3	0.10	—	0.15	0.15	0.15	0.20	—	0.07	0.05	0.01	0.05	1.0	1.0
10	ZAlMg5Si1	ZL303	0.5	0.5	—	0.1	—	0.2	—	0.2	—	—	—	—	—	—	0.7	0.7
11	ZAlZn11Si7	ZL401	0.7	1.2	—	0.6	—	—	0.5	—	—	—	—	—	—	—	1.8	2.0

注：S—砂型铸造；J—金属型铸造。

12.1.3　铝及铝合金焊接材料

1. 焊丝

按我国国家标准 GB/T 3669—2001 及 GB/T 10858—2008，焊丝分为焊条芯及焊丝两个类别。按美国标准 ANSI/AWS A5.10：1992，焊丝分为电极丝（代号 E）及填充丝（代号 R）和电极丝、填充丝两者兼用丝（代号 ER），但实际上分为填充丝（R）和电极丝、填充丝两者兼用丝（ER）两个类别。

焊丝是影响焊缝金属成分、组织、液相线温度、固相线温度、焊缝金属及近缝区母材的抗热裂性、耐腐蚀性及常温或高低温下力学性能的重要因素。当铝材焊接性不良、熔焊时出现裂纹、焊缝及焊接接头力学性能欠佳或焊接结构出现脆性断裂时，改用适当的焊丝而不改变焊件设计和工艺条件常成为必要、可行和有效的技术措施。

我国焊条芯及焊丝牌号和化学成分见表 12-6、表 12-7、表 12-8，国外焊丝见表 12-9、表 12-10。

铝及铝合金焊丝的尺寸及偏差、化学成分和表面质量必须符合我国国家标准、企业标准或订货协议规定的要求。焊丝表面应光滑、无飞边、划伤、裂纹、凹坑、折叠、皱纹、油污及对焊接工艺特性、焊接设备（焊丝输送机构）动作、焊缝金属质量有不利影响的其他外来杂质。

普通铝焊丝表面有油封及自然生长的氧化膜，焊接时易引起焊缝气孔。用户使用前需对其进行表面机械清理或化学清洗，即除油、碱腐蚀、酸中和、冷热水反复冲洗、风干或烘干，但是，在化学清洗后的存放待用时间内，铝焊丝表面又将自然生长新的氧化膜，经放大观察，其表面疏松、不致密，甚至有较多孔洞，易吸收水分，经实测，其表面含氢量较高，存放待用时间越长，表面氧化膜的厚度及水化程度越大，即使按用户要求在 8～24h 内用于焊接，此种焊丝表面状态亦难以保证焊接时不致引发焊缝气孔。

现在，国内外已生产出一种表面抛光的铝及铝合金焊丝。在焊丝制造厂内，铝焊丝经拉伸、定径并经化学清洗后，再用化学方法或电化学方法抛光其表面，从而制成表面光洁、光滑、光亮的焊丝成品，虽然其表面仍留有抛光过程中生成的薄层氧化膜，但其厚度仅为几个微米，且不再生长变化，焊丝表面组织致密，不易吸潮，经抛光后若干小时，1 年、2 年测试，其表面含氢量低，且较稳定。还有一种同心刮削的机械抛光方法，也可制成表面更为光洁、光滑、光亮的铝焊丝成品。这三种表面抛光的铝及铝合金焊丝均无需用户使用前再进行化学清洗，可直接用于焊接生产，开封存放待用时间允许延长，在真空或惰性气体保护下封装在干燥洁净环境条件下的储存有效期可以年计。对抛光焊丝的焊接工艺性能试验鉴定及生产使用实践结果表明，抛光焊丝的工艺特性及其生成焊缝气孔、氧化膜夹杂物的敏感性与经化学清洗的同型号焊丝无异，使用效果甚至更好[2,3]。

由表 12-7、表 12-8、表 12-9 可见，焊丝化学成分中包含合金元素、添加的微量元素及杂质元素。合金元素在焊丝化学成分中占主体地位，它们决定了焊丝的使用性能，如力学性能、焊接性能、耐蚀性能。添加的微量元素，如 Ti、Zr、V、B 等有利于辅助改善上述性能，细化焊缝金属的晶粒、降低焊接时生成焊接裂纹的倾向，提高焊缝金属的延性及韧性。在微量元素中，稀土金属钪（Sc）具有特殊的价值，在母材合金及焊丝成分中加入微量钪，能比上述微量元素更强烈地发挥细化金属晶粒组织的作用，降低焊接时生成焊接裂纹倾向，提高母材合金及焊缝金属强度、延性及韧性。但是微量元素的添加量应有严格限制，以 Ti、Zr 为例，其最大添加量分别不宜超过 0.25%（质量分数），否则将造成成分偏析，在焊丝捲的不同部位，Ti 及 Zr 的含量将出现大起大落的超差现象。杂质元素对焊丝的性能来说是有害的，焊丝制造厂应予严格控制。

表 12-6　我国铝及铝合金焊条芯的化学成分（GB/T 3669—2001）

型　号	化学成分(质量分数,%)										
	Si	Fe	Cu	Mn	Mg	Zn	Ti	Be	其他元素总量		Al
									单个	合计	
E1100	Si + Fe = 0.95		0.05～0.20	0.05		0.10		0.0008			≥99.00
E3003	0.6	0.7		1.0～1.5					0.05	0.15	余量
E4043	4.5～6.0	0.8	0.30	0.05	0.05		0.20				

注：表中单值除规定外，其他均为最大值。

表 12-7　我国铝及铝合金焊丝的化学成分（GB/T 10858—2008）

类别	型号	化学成分代号	Si	Fe	Cu	Mn	Mg	Cr	Zn	Ga,V	Ti	Zr	Al	Be	其他元素 单个	其他元素 合计
纯铝	SAl1200	Al99.0	Si + Fe1.00		0.05	0.05	—		0.10	—	0.05		99.0		0.05	0.15
纯铝	SAl1070	Al99.7	0.20	0.25	0.04	0.03	0.03	—	0.04	V0.05	0.03	—	99.70	0.0003	0.03	—
纯铝	SAl1450	Al99.5Ti	0.25	0.40	0.05	0.05	0.05		0.07	—	0.10 ~ 0.20		99.5		0.03	—
铝镁	SAl5554	AlMg2.7Mn	0.25	0.40	0.10	0.50 ~ 1.00	2.40 ~ 3.00	0.05 ~ 0.20	0.25		0.05 ~ 0.20		余量	0.0003	0.05	0.15
铝镁	SAl5654 SAl5654A	AlMg3.5Ti	Si + Fe0.45		0.05	0.01	3.10 ~ 3.90	0.15 ~ 0.35	0.20	—	0.05 ~ 0.15	—	余量	0.0003 0.0005	0.05	0.15
铝镁	SAl5183 SAl5183A	AlMg4.5Mn0.7(A)	0.40	0.40	0.10	0.50 ~ 1.00	4.3 ~ 5.2	0.05 ~ 0.25	0.25		0.15		余量	0.0003 0.0005	0.05	0.15
铝镁	SAl5556 SAl5556C	AlMg5Mn1Ti	0.25	0.40	0.10	0.50 ~ 1.00	4.7 ~ 5.5	0.05 ~ 0.20	0.25		0.05 ~ 0.20		余量	0.0005	0.05	0.15
铝铜	SAl2319	AlCu6MnZrTi	0.20	0.30	5.8 ~ 6.8	0.20 ~ 0.40	0.02	—	0.10	V0.05 ~ 0.15	0.10 ~ 0.20	0.10 ~ 0.25	余量	0.0003	0.05	0.15
铝锰	SAl3103	AlMn1	0.50	0.70	0.10	0.9 ~ 1.5	0.30	0.10	0.20	—	Ti + Zr0.10		余量			
铝硅	SAl4043	AlSi5	4.5 ~ 6.0	0.8	0.30	0.05	0.05		0.10		0.20		余量	0.0003	0.05	0.15
铝硅	SAl4043A	AlSi5(A)	4.5 ~ 6.0	0.8	0.30	0.05	0.05		0.10		0.15		余量	0.0003	0.05	0.15
铝硅	SAl4047 SAl4047a	AlSi12 AlSi12(A)	11.0 ~ 13.0	0.8 0.6	0.30	0.15	0.10		0.20		— 0.15		余量	0.0003	0.05	0.15

注：除规定外，单个数值表示最大值。

表 12-8　我国企业标准铝合金焊丝的化学成分[4]

类别	牌号及标准	Si	Fe	Cu	Mn	Mg	Zn	Ti、Zr、V、B	Al	其他元素含量
铝镁	LF14	0.40	0.40	0.10	0.5 ~ 0.8	5.8 ~ 6.8	0.20	Bi:0.10 ~ 0.30	余量	0.10
铝硅铜	BJ380A Q/YSR013-92	4.2 ~ 5.7	0.30	1.3 ~ 2.3	≤0.05	≤0.05	≤0.10	Ti:0.05 ~ 0.25 B:0.01 ~ 0.05	余量	0.15

表 12-9　美国铝及铝合金标准焊丝的化学成分（ANSI/AWS A5.10—2012）

化学成分（质量分数,%）①②

焊丝型号	ISO 18273 数字代号	ISO 18273 化学代号	Si	Fe	Cu	Mn	Mg	Cr	Zn	Ga,V	Ti	Zr	Al_{min}	Be	其他元素 单个	其他元素 总量
低合金铝																
ER1070 R1070	Al1070	Al99.7	0.20	0.25	0.04	0.03	0.03	—	0.04	V0.05	0.03	—	99.70①	0.0003	0.03	—
ER1080A R1080A	Al1080A	Al99.8（A）	0.15	0.15	0.03	0.02	0.02	—	0.06	Ga0.03	0.02	—	99.80	0.0003	0.02	—
ER1100 R1100	Al1100	Al99.9Cu	Si+Fe 0.95		0.05~0.20	0.05	—	—	0.10	—	—	—	99.00	0.0003	0.05	0.15
ER1188 R1188	Al1188	Al99.88	0.06	0.06	0.005	0.01	0.01	—	0.03	Ga0.03 V0.05	0.01	—	99.88	0.0003	0.01	—
ER1200 R1200	Al1200	Al99.0	Si+Fe1.00		0.05	0.05	—	—	0.10	—	0.05	—	99.00	0.0003	0.05	0.15
ER1450 R1450	Al1450	Al99.5Ti	0.25	0.40	0.05	0.05	0.05	—	0.07	—	0.10~0.20	—	99.50	0.0003	0.03	—
铝-铜																
R206.0③	—	—	0.10	0.15	4.2~5.0	0.20~0.50	0.15~0.35	—	0.10	—	0.15~0.30	—	余量	—	0.05	0.15
ER2319 R2329	Al2319	AlCu6MnZrTi	0.20	0.30	5.8~6.8	0.20~0.40	0.02	—	0.10	V0.05~0.15	0.10~0.20	0.10~0.25	余量	0.0003	0.05	0.15
铝-锰																
ER3103 R3103	Al3103	AlMnI	0.50	0.7	0.10	0.9~1.5	0.30	0.10	0.20	—	Ti+Zr0.10		余量	0.0003	0.05	0.15
铝-硅																
R-C355.0	—	—	4.5~5.5	0.20	1.0~1.5	0.10	0.40~0.6	—	0.10	—	0.20	—	余量	—	0.05	0.15
R-A356.0	—	—	6.5~7.5	0.20	0.20	0.10	0.25~0.45	—	0.10	—	0.20	—	余量	—	0.05	0.15
R-357.0	—	—	6.5~7.5	0.15	0.05	0.03	0.45~0.6	—	0.05	—	0.20	—	余量	—	0.05	0.15
R-A357.0	—	—	6.5~7.5	0.20	0.20	0.10	0.40~0.7	—	0.10	—	0.04~0.20	—	余量	0.04~0.07	0.05	0.15

（续）

焊丝型号 ISO 18273 数字代号	ISO 18273 化学代号	化学成分（质量分数，%）①②												其他元素	
		Si	Fe	Cu	Mn	Mg	Cr	Zn	Ga,V	Ti	Zr	Al$_{min}$	Be	单个	总量
ER4009 R4009	AlSi5Cu1Mg	4.5~5.5	0.20	1.0~1.5	0.10	0.45~0.6	—	0.10	—	0.20	—	余量	0.0003	0.05	0.15
ER4010 R4010	AlSi7Mg	6.5~7.5	0.20	0.20	0.10	0.30~0.45	—	0.10	—	0.20	—	余量	0.0003	0.05	0.15
R4011	AlSi7Mg0.5Ti	6.5~7.5	0.20	0.20	0.10	0.45~0.7	—	0.10	—	0.04~0.20	—	余量	0.04~0.07	0.05	0.15
ER4018 R4018	AlSi7Mg	6.5~7.5	0.20	0.05	0.10	0.50~0.8	—	0.10	—	0.20	—	余量	0.0003	0.05	0.15
ER4043 R4043	AlSi5	4.5~6.0	0.80	0.30	0.05	0.05	—	0.10	—	0.20	—	余量	0.0003	0.05	0.15
ER4043A R4043A	AlSi5（A）	4.5~6.0	0.60	0.30	0.15	0.20	—	0.10	—	0.15	—	余量	0.0003	0.05	0.15
ER4046 R4046	AlSi10Mg	9.0~11.0	0.50	0.03	0.40	0.20~0.50	—	0.10	—	0.15	—	余量	0.0003	0.05	0.15
ER4047 R4047	AlSi12	11.0~13.0	0.80	0.30	0.15	0.10	—	0.20	—	—	—	余量	0.0003	0.05	0.15
ER4047A R4047A	AlSi12（A）	11.0~13.0	0.6	0.30	0.15	0.10	—	0.20	—	0.15	—	余量	0.0003	0.05	0.15
ER4145 R4145	AlSi10Cu4	9.3~10.7	0.8	3.3~4.7	0.15	0.15	0.15	0.20	—	—	—	余量	0.0003	0.05	0.15
ER4643, R4643	AlSi4Mg	3.6~4.6	0.8	0.10	0.05	0.10~0.30	—	0.10	—	0.15	—	余量	0.0003	0.05	0.15
ER4943④ R4943④	—	5.0~6.0	0.40	0.10	0.05	0.10~0.50	—	0.10	—	0.15	—	余量	0.0003	0.05	0.15
铝-镁															
ER5087 R5087	AlMg4.5MnZr	0.25	0.40	0.05	0.7~1.1	4.5~5.2	0.05~0.25	0.25	—	0.15	0.10~0.20	余量	0.0003	0.05	0.15
ER5183 R5183	AlMg4.5Mn0.7（A）	0.40	0.40	0.10	0.50~1.0	4.3~5.2	0.05~0.25	0.25	—	0.15	—	余量	0.0003	0.05	0.15

（续）

化学成分（质量分数，%）①②

焊丝型号	ISO 18273 数字代号	ISO 18273 化学代号	Si	Fe	Cu	Mn	Mg	Cr	Zn	Ga, V	Ti	Zr	Al$_{min}$	Be	其他元素 单个	其他元素 总量
ER5183A 5183A	Al5183A	AlMg4.5Mn0.7(A)	0.40	0.40	0.10	0.50~1.0	4.3~5.2	0.05~0.25	0.25	—	0.15	—	余量	0.0005	0.05	0.15
ER5187 R5187	Al5187	AlMg4.5MnZr	0.25	0.40	0.05	0.7~1.1	4.5~5.2	0.05~0.25	0.25	—	0.15	0.10~0.20	余量	0.0005	0.05	0.15
ER5249 R5249	Al5249	Al2Mg2Mn0.8Zr	0.25	0.40	0.05	0.50~1.1	1.6~2.5	0.05~0.25	0.20	—	0.15	0.10~0.20	余量	0.0003	0.05	0.15
ER5356 R5356	Al5356	AlMg5Cr(A)	0.25	0.40	0.10	0.05~0.20	4.5~5.5	0.30	0.10	—	0.06~0.20	—	余量	0.0003	0.05	0.15
ER5356A R5356A	Al5356A	AlMg5Cr(A)	0.25	0.40	0.10	0.05~0.20	4.5~5.5	0.05~0.20	0.10	—	0.06~0.20	—	余量	0.0005	0.05	0.15
ER5554 R5554	Al5554	AlMg2.7Mn	0.25	0.40	0.10	0.50~1.0	2.4~3.0	0.05~0.20	0.25	—	0.05~0.20	—	余量	0.0003	0.05	0.15
ER5556 R5556	Al5556	AlMg5Mn1Ti	0.25	0.40	0.10	0.50~1.0	4.7~5.5	0.05~0.20	0.25	—	0.05~0.20	—	余量	0.0003	0.05	0.15
ER5556A R5556A	Al5556A	AlMg5Mn	0.25	0.40	0.10	0.6~1.0	5.0~5.5	0.05~0.20	0.20	—	0.05~0.20	—	余量	0.0003	0.05	0.15
ER5556B R5556B	Al5556B	AlMg5Mn	0.25	0.40	0.10	0.6~1.0	5.0~5.5	0.05~0.20	0.20	—	0.05~0.20	—	余量	0.0005	0.05	0.15
ER5556C R5556C	Al5556C	AlMg5Mn1Ti	0.25	0.40	0.10	0.50~1.0	4.7~5.5	0.05~0.20	0.25	—	0.05~0.20	—	余量	0.0003	0.05	0.15
ER5654 R5654	Al5654	AlMg3.5Ti	Si+Fe 0.45	Si+Fe 0.45	0.05	0.01	3.1~3.9	0.15~0.35	0.20	—	0.05~0.15	—	余量	0.0003	0.05	0.15
ER5654A R5654A	Al5654A	AlMg3.5Ti	Si+Fe 0.45	Si+Fe 0.45	0.05	0.01	3.1~3.9	0.15~0.35	0.20	—	0.05~0.15	—	余量	0.0005	0.05	0.15
ER5754 R5754	Al5754⑤	AlMg3	0.40	0.40	0.10	0.50	2.6~3.6	0.30	0.20	—	0.15	—	余量	0.0003	0.05	0.15

① 表中除 Al 外，单个值表示最大值。
② 表中化学成分值与 ISO 80000-1 或 ASTM E-29 中同化学代号相一致。
③ 对于 R-206，w(Ni) 最大值为 0.05%，w(Sn) 最大值为 0.05%。
④ 这类合金专利在申请中。
⑤ Al5754 合金 w(Mn+Cr) 范围为 0.10%~0.6%。

表 12-10　铝焊丝及焊条的代号与化学成分　(ISO 18273—2004)

合金代号 数字代号	化学代号	类别	化学成分(质量分数,%)[1][2] Si	Fe	Cu	Mn	Mg	Cr	Zn	Ga, V	Ti	Zr	Al_min	Be	单个其他元素	其他元素总量
Al1070	Al99.7	低合金铝	0.20	0.25	0.04	0.03	0.03	—	0.04	V0.05	0.03	—	99.70	0.0003	0.03	—
Al1080A	Al99.8 (A)		0.15	0.15	0.03	0.02	0.02	—	0.06	Ga0.03	0.02	—	99.80	0.0003	0.02	—
Al1188	Al99.88		0.06	0.06	0.005	0.01	0.01	—	0.03	Ga0.03 V0.05	0.01	—	99.88	0.0003	0.01	—
Al1100	Al99.0Cu		Si + Fe0.95		0.05 ~ 0.20	0.05	—		0.10	—	—	—	99.00	0.0003	0.05	0.15
Al1200	Al99.0		Si + Fe1.00		0.05	0.05	—		0.10	—	0.05	—	99.00	0.0003	0.05	0.15
Al1450	Al99.5Ti		0.25	0.40	0.05	0.05	0.05		0.07	—	0.10 ~ 0.20	—	99.50	0.0003	0.03	—
Al2319	AlCu6MnZrTi	铝-铜	0.20	0.30	5.8 ~ 6.8	0.20 ~ 0.40	0.02		0.10	V0.05 ~ 0.15	0.10 ~ 0.20	0.10 ~ 0.25	余	0.0003	0.05	0.15
Al3103	AlMn1	铝-锰	0.50	0.7	0.10	0.9 ~ 1.5	0.30	0.10	0.20	—	Ti + Zr0.10		余	0.0003	0.05	0.15
Al4009	AlSi5Cu1Mg	铝-硅	4.5 ~ 5.5	0.20	1.0 ~ 1.5	0.10	0.45 ~ 0.6		0.10	—	0.20	—	余	0.0003	0.05	0.15
Al4010	AlSi7Mg		6.5 ~ 7.5	0.20	0.20	0.10	0.30 ~ 0.45		0.10	—	0.20	—	余	0.0003	0.05	0.15
Al4011	AlSi7Mg0.5Ti		6.5 ~ 7.5	0.20	0.20	0.10	0.45 ~ 0.7		0.10	—	0.40 ~ 0.20	—	余	0.04 ~ 0.07	0.05	0.15

（续）

| 合金代号 | | 化学成分（质量分数，%）[1][2] | | | | | | | | | | | | | |
数字代号	化学代号	Si	Fe	Cu	Mn	Mg	Cr	Zn	Ga、V	Ti	Zr	Al_{min}	Be	单个其他元素	其他元素总量
Al4018	AlSi7Mg	6.5~7.5	0.20	0.05	0.10	0.50~0.8	—	0.10	—	0.20	—	余	0.0003	0.05	0.15
Al4043	AlSi5	4.5~6.0	0.8	0.30	0.05	0.05	—	0.10	—	0.20	—	余	0.0003	0.05	0.15
Al4043A	AlSi5（A）	4.5~6.0	0.6	0.30	0.15	0.20	—	0.10	—	0.15	—	余	0.0003	0.05	0.15
Al4046	AlSi10Mg	9.0~11.0	0.50	0.03	0.40	0.20~0.50	—	0.10	—	0.15	—	余	0.0003	0.05	0.15
Al4047	AlSi12	11.0~13.0	0.8	0.30	0.15	0.10	—	0.20	—	—	—	余	0.0003	0.05	0.15
Al4047A	AlSi12（A）	11.0~13.0	0.6	0.30	0.15	0.10	—	0.20	—	0.15	—	余	0.0003	0.05	0.15
Al4145	AlSi10Cu4	9.3~10.7	0.8	3.3~4.7	0.15	0.15	0.15	0.20	—	—	—	余	0.0003	0.05	0.15
Al4643	AlSi4Mg	3.6~4.6	0.8	0.10	0.05	0.10~0.30	—	0.10	—	0.15	—	余	0.0003	0.05	0.15
铝-镁															
Al5249	AlMg2Mn0.8Zr	0.25	0.40	0.05	0.50~1.1	1.6~2.5	0.30	0.20	—	0.15	0.10~0.20	余	0.0003	0.05	0.15
Al5554	AlMg2.7Mn	0.25	0.40	0.10	0.50~1.0	2.4~3.0	0.05~0.20	0.25	—	0.05~0.20	—	余	0.0003	0.05	0.15
Al5654	AlMg3.5Ti	Si+Fe0.45		0.05	0.01	3.1~3.9	0.15~0.35	0.20	—	0.05~0.15	—	余	0.0003	0.05	0.15
Al5654A	AlMg3.5Ti	Si+Fe0.45		0.05	0.01	3.1~3.9	0.15~0.35	0.20	—	0.05~0.15	—	余	0.0005	0.05	0.15

（续）

| 合金代号 | | 化学成分（质量分数，%）① ② | | | | | | | | | | | | | |
数字代号	化学代号	Si	Fe	Cu	Mn	Mg	Cr	Zn	Ga, V	Ti	Zr	Al_min	Be	单个其他元素	其他元素总量
Al5754③	AlMg3	0.40	0.40	0.10	0.50	2.6~3.6	0.30	0.20	—	0.15	—	余	0.0003	0.05	0.15
Al5356	AlMg5Cr（A）	0.25	0.40	0.10	0.05~0.20	4.5~5.5	0.05~0.20	0.10	—	0.06~0.20	—	余	0.0003	0.05	0.15
Al5356A	AlMg5Cr（A）	0.25	0.40	0.10	0.05~0.20	4.5~5.5	0.05~0.20	0.10	—	0.06~0.20	—	余	0.0005	0.05	0.15
Al5556	AlMg5Mn1Ti	0.25	0.40	0.10	0.50~1.0	4.7~5.5	0.05~0.20	0.25	—	0.05~0.20	—	余	0.0003	0.05	0.15
Al5556C	AlMg5Mn1Ti	0.25	0.40	0.10	0.50~1.0	4.7~5.5	0.05~0.20	0.25	—	0.05~0.20	—	余	0.0005	0.05	0.15
Al5556A	AlMg5Mn	0.25	0.40	0.10	0.6~1.0	5.0~5.5	0.05~0.20	0.20	—	0.05~0.20	—	余	0.0003	0.05	0.15
Al5556B	AlMg5Mn	0.25	0.40	0.10	0.6~1.0	5.0~5.5	0.05~0.20	0.20	—	0.05~0.20	—	余	0.0005	0.05	0.15
Al5183	AlMg4.5Mn0.7（A）	0.40	0.40	0.10	0.50~1.0	4.3~5.2	0.05~0.25	0.25	—	0.15	—	余	0.0003	0.05	0.15
Al5183A	AlMg4.5Mn0.7（A）	0.40	0.40	0.10	0.50~1.0	4.3~5.2	0.05~0.25	0.25	—	0.15	—	余	0.0005	0.05	0.15
Al5087	AlMg4.5MnZr	0.25	0.40	0.05	0.7~1.1	4.5~5.2	0.05~0.25	0.25	—	0.15	0.10~0.20	余	0.0003	0.05	0.15
Al5187	AlMg4.5MnZr	0.25	0.40	0.05	0.7~1.1	4.5~5.2	0.05~0.25	0.25	—	0.15	0.10~0.20	余	0.0005	0.05	0.15

① 除 Al 外，表中所示单个值为最大值。

② 数值应按照 ISO 31-0—1992 规则 A 中附件 B 的规定四舍五入至有效值。

③ Al5754 合金 Mn + Cr 之和限制为 0.10% 至 0.6%（质量分数）。

注意：本表未列的填充金属可标记代号为 Al Z，由生产者指定的化学代号可加到其括号内。

选用焊丝时，对焊丝性能的要求是多方面的，即：

1）焊接时生成焊接裂纹的倾向低。

2）焊接时生成焊缝气孔的倾向低。

3）焊缝及焊接接头的力学性能（强度、延性）好。

4）焊缝及焊接接头在使用环境条件下的耐蚀性能好。

5）焊缝金属表面颜色与母材表面颜色能相互匹配。

但是，不是每种焊丝均能同时满足上述各项要求，焊丝自身某些方面的性能有时互相矛盾，例如，强度与延性难以兼得，抗裂与颜色匹配难以兼顾。SAl4043、SAl4043A 焊丝的液态流动性好，抗热裂倾向强，但延性不足，特别是当用于焊接 Al-Mg 合金、Al-Zn-Mg 合金时，焊缝脆性较大，此外，由于含 Si 量高，其焊缝表面颜色发乌，如果焊件焊后需施行阳极化，阳极化后其表面将进一步变黑，与母材颜色难以匹配。

焊丝的性能表现及其适用性需与其预定用途联系起来，以便针对不同的材料和主要的（或特殊的）性能要求来选择焊丝，见表 12-11。

表 12-11　针对不同的材料和性能要求推荐的焊丝[5]

材料	按不同性能要求推荐的焊丝				
	要求高强度	要求高延性	要求焊后阳极化后颜色匹配	要求抗海水腐蚀	要求焊接时裂纹倾向低
1100	SAl4043，SAl4043A	SAl1200	SAl1200	SAl1200	SAl4043，SAl4043A
2A16	SAl2319	SAl2319	SAl2319	SAl2319	SAl2319
3A21	SAl3103	SAl1200	SAl1200	SAl1200	SAl4043，SAl4043A
5A02	SAl5556，SAl5556C	SAl5556，SAl5556C	SAl5556，SAl5556C	SAl5556，SAl5556C	SAl5556，SAl5556C
5A05	LF14	LF14	SAl5556，SAl5556C	SAl5556，SAl5556C	LF14
5083	ER5183	ER5356	ER5356	ER5356	ER5183
5086	ER5356	ER5356	ER5356	ER5356	ER5356
6A02	SAl5556，SAl5556C	SAl5556，SAl5556C	SAl5556，SAl5556C	SAl4043，SAl4043A	SAl4043，SAl4043A
6063	ER5356	ER5356	ER5356	SAl4043，SAl4043A	SAl4043，SAl4043A
7005	ER5356	ER5356	ER5356	ER5356	X5180
7093	ER5356	ER5356	ER5356	ER5356	X5180

注：X5180 焊丝的化学成分（质量分数,%）：Mg3.5 ~ 4.5，Mn0.2 ~ 0.7，Cu ≤ 0.1，Zn1.7 ~ 2.8，Ti0.06 ~ 0.20，ZR0.08 ~ 0.25，Al 余量。

在一般情况下，焊丝选用可参考表 12-12。

焊接纯铝时，可采用同型号纯铝焊丝。

焊接铝-锰合金时，可采用同型号铝-锰合金焊丝或纯铝 SAl-1 焊丝。

焊接铝-镁合金时，如果 $w(Mg)$ 在 3% 以上，可采用同系同型号焊丝；如果 $w(Mg)$ 在 3% 以下，如 5A01 及 5A02 合金，由于其热裂倾向强，应采用高 Mg 含量的 SAl5556、SAl5556C 或 ER5356 焊丝。

焊接铝-镁-硅合金时，由于生成焊接裂纹的倾向强，一般应采用 SAl4043、SAl4043A 焊丝；如果要求焊缝与母材颜色匹配，在结构拘束度不大的情况下，可改用铝-镁合金焊丝。焊接铝-铜-镁、铝-铜-镁-硅合金时，如硬铝合金 2A12、2A14，由于焊接时热裂倾向强，易生成焊缝金属结晶裂纹和近缝区母材液化裂纹，一般可考虑采用抗热裂性能好的 SAl4043、SAl4043A、ER4145 或 BJ-380A 焊丝。ER4145（Al-10Si-4Cu）焊丝抗热裂能力很强，但焊丝及焊缝的延性很差，在焊接变形及应力发展过程中焊缝易发生撕裂，一般只用于结构拘束度不大及不太重要的结构生产中。SAl4043、SAl4043A（Al-5Si-Ti）焊丝抗热裂能力强，形成的焊缝金属的延性较好，用于钨极氩弧焊时，能有效防治焊缝金属结晶裂纹，但该焊丝防治近缝区母材液化裂纹能力较差。这是因为 SAl4043、SAl4043A 属铝-硅合金焊丝，其固相线温度为 577℃，而母材晶界上低熔点共晶体液化或凝固时的最低温度为 507℃，当焊丝成分在坡口焊缝成分中占主导地位时，焊接过程中焊缝金属结束冷却而凝固时，近缝区母材晶界可能仍滞留在液化状态，焊接收缩应变即可能集中作用于近缝区母材，将其液化晶界撕裂而形成液化裂纹。

表 12-12　一般用途焊接时焊丝选用指南

母材之二 ＼ 母材之一	7005	6A02 6061 6063	5083 5086	5A05 5A06	5A03	5A02	3A21 3003	2A16 2B16	2A12 2A14	1070 1060 1050
				与母材配用的焊丝①②③						
1070 1060 1050	SAl5556 SAl5556C④	SAl4043 SAl4043A	ER5356	SAl5556 SAl5556C④ LF14	SAl5556 SAl5556C④	SAl5556 SAl5556C④	SAl3103	—	—	SAl1200 SAl1070 SAl1450
2A12 2A14	—	—	—	—	—	—	—	—	SAl4043⑨ SAl4043A BJ-380A	
2A16 2B16	—	—	—	—	—	—	—	SAl2319		
3A21 3003	SAl5556 SAl5556C	SAl4043 SAl4043A	SAl5556⑥ SAl5556C	SAl5556⑥ SAl5556C	SAl5556⑥ SAl5556C	SAl4043⑥ SAl4043A	SAl3103⑤ SAl5183 SAl5183A			
5A02	SAl5556⑥ SAl5556C	SAl5556⑦ SAl5556C	SAl5556⑥ SAl5556C	SAl5556 SAl5556C LF14	SAl5556⑥ SAl5556C	SAl5556⑥ SAl5556C				
5A03	SAl5556⑥ SAl5556C	SAl5556⑥ SAl5556C	SAl5556⑥ SAl5556C	SAl5556 SAl5556C LF14	SAl5556⑥ SAl5556C					
5A05 5A06	SAl5556⑥ SAl5556C LF14	SAl5556⑥ SAl5556C	SAl5556 SAl5556C LF14	SAl5556 SAl5556C LF14						
5083 5086	SAl5556⑥ SAl5556C	SAl5556⑧ SAl5556C	SAl5556⑥ SAl5556C							
6A02 6061 6063	SAl5556 SAl5556C SAl4043⑧ SAl4043A	SAl4043⑧ SAl4043A								
7005	X5180									

① 不推荐 SAl5183、SAl5183A、ER5183、SAl5556、SAl5556C、ER5356、SAl5654、SAl5654A、ER5654 在淡水或盐水中、接触特殊化学物质或持续高温（超过 65℃）的环境下使用。

② 本表中的推荐意见适用于惰性气体保护焊接方法。氧燃气火焰气焊时，通常只采用 SAl1200、SAl1070、SAl1450、ER1188、ER1100、SAl4043、SAl4043A、ER4043 及 ER4047。

③ 本表内未填写焊丝的母材组合不推荐用于焊接设计或需通过试验选用焊丝。

④ 某些场合可用 SAl5183、SAl5183A、ER5183。

⑤ 某些场合可用 SAl1200 或 SAl1070、SAl1450。

⑥ 某些场合可用 SAl5183、SAl5183A。

⑦ 某些场合可用 SAl4043、SAl4043A。

⑧ 某些场合也可用 SAl5554、SAl5654、SAl5654A、SAl5183、SAl5183A，它们或者可在阳极化处理后改善颜色匹配，或者可提供较高的焊缝延性，或者可提供较高的焊缝强度。SAl5554 适于在持续的较高温度下使用。

⑨ 某些场合可用 ER5154。

BJ-380A（Al-5Si-2Cu-Ti-B）焊丝基本上继承了 SAl4043、SAl4043A 焊丝的主要成分，但添加了有利于降低合金固相线温度的 $w(Cu)=2\%$ 及细化晶粒组织作用更强的适量钛及硼（钛与硼的含量比例保持为 5 比 1）。Cu 的加入使 BJ-380A 焊丝的固相线温度降为 540℃，比 SAl4043、SAl4043A 焊丝的固相线温度 577℃ 降低至 37℃，再加上焊接时母材内 Cu 的溶入，BJ-380A 焊丝的焊缝金属固相线温度与母材晶界低熔点共晶相最低固相线温度即相差不大了。焊接试验及应用实践结果表明，BJ-380A 焊丝不仅能有效防治硬铝合金焊缝金属结晶裂纹，而且能有效防治该类合金近缝区母材液化裂纹[7]。

焊接铝-铜-锰合金时，如 2A16、2B16、2219 合金，由于其焊接性较好，可采用化学成分与母材基本相同的 SAl2319、ER2319 焊丝。

焊接铝-锌-镁合金时，由于焊接时有产生焊接裂纹的倾向，可采用与母材成分相同的铝-锌-镁焊丝、高镁的铝-镁合金焊丝、或高镁低锌的 X5180 焊丝。

焊接铝-镁-锂、铝-镁-锂-钪合金时，由于生成焊接裂纹倾向性不大，可采用化学成分与母材成分相近的铝-镁合金、铝-镁-钪合金焊丝。

焊接不同型号的铝及铝合金时，由于每种合金组合时焊接性表现多种多样，有的组合焊接性仍良好，有的组合焊接性较差，因此，除可参考表 12-12 外，有些组合尚需通过焊接性试验或焊接工艺评定，最终选定焊丝。

2. 保护气体

气体保护下焊接铝及铝合金时，只能采用惰性气体，即氩气或氦气。惰性气体的纯度（体积分数）一般应大于 99.8%，其内含氮量应小于 0.04%，含氧量应小于 0.03%，含水量应小于 0.07%。当含氮量超标时，焊缝表面上会产生淡黄色或草绿色的化合物——氮化镁及气孔。当含氧量超标时，在熔池表面上可发现密集的黑点、电弧不稳、飞溅较大。含水量超标时，熔池将沸腾、焊缝内生成气孔。航空航天工业用惰性气体的纯度一般应大于 99.9%。

氩与氦虽同为惰性气体，但其物理特性各异，见表 12-13[5]。

表 12-13　惰性气体的物理特性

性　质	氩气	氦气
相对原子质量	39.944	4.002
沸点/℃	−185.8	−268.9
电离电压/V	15.69	24.26
密度/(g/L)	1.663	0.166
比定压热容/[J/(kg·K)]	0.125×4186.8	1.250×4186.8
热导率/[W/(m·K)]	0.017	0.153
空气中的含量（体积分数,%）	0.9325	0.0005

由表 12-13 可见，氦的密度、电离电位及其他物理参数均比氩高，因此，氦弧发热大、利于熔焊时深熔，但消耗量大，更稀贵。

3. 电极

钨极氩弧焊时用的电极材料有纯钨、钍钨、铈钨、锆钨，其成分和特点见表 12-14。

表 12-14　钨极的成分及特点

钨极牌号		化学成分(质量分数,%)							特　点
		W	ThO₂	CeO	SiO	Fe₂O₃+Al₂O₃	MO	CaO	
纯钨极	W₁	>99.92	—	—	0.03	0.03	0.01	0.01	熔点和沸点高，要求空载电压较高，承载电流能力较小
	W₂	>99.85	—		（总含量不大于 0.15）				
钍钨极	WTh-10	余量	1.0～1.49	—	0.06	0.02	0.01	0.01	加入了氧化钍，可降低空载电压，改善引弧稳弧性能，增大许用电流范围，但有微量放射性，不推荐使用
	WTh-15	余量	1.5～2.0	—	0.06	0.02	0.01	0.01	
铈钨极	WCe-20	余量	—	2.0	0.06	0.02	0.01	0.01	比钍钨极更易引弧，钨极损耗更小，放射性剂量低，推荐使用

纯钨极熔点及沸点高，不易熔化及挥发，电极烧损较小，但易受铝的污染，且电子发射能力较差。钍钨极电子发射能力强，电弧较稳定，但钍元素具有一定的放射性，不推荐广泛使用。铈钨极电子逸出功低，易于引弧，化学稳定性高，允许电流密度大，无放射性，已广泛推广。锆钨极不易污染基体金属，电极端易保持半球形，适于交流氩弧焊。

钨极许用的电流范围见表 12-15。

4. 焊剂

在气焊、碳弧焊过程中熔化金属表面容易氧化，生成一层氧化膜。氧化膜的存在会导致焊缝产生夹杂物，并妨碍基体金属与填充金属的熔合。为保证焊接质量，需用焊剂去除氧化膜及其他杂质。

气焊、碳弧焊用的焊剂是各种钾、钠、锂、钙等元素的氯化物和氟化物粉末混合物。表 12-16 列出了气焊、碳弧焊常用的焊剂配方。

用气焊、碳弧焊方法焊接角接、搭接等接头时，往往不能完全除掉留在焊件上的熔渣。在这种情况下，建议选用表 12-16 中的第 8 号焊剂。铝镁合金用焊剂不宜含有钠的组成物，一般可选用第 9、10 号焊剂。

表 12-15　钨极许用电流范围

电极直径 /mm	直流/A				交流/A	
	正接（电极 −）		反接（电极 +）			
	纯钨	钍钨、铈钨	纯钨	钍钨、铈钨	纯钨	钍钨、铈钨
0.5	2 ~ 20	2 ~ 20	—	—	2 ~ 15	2 ~ 15
1.0	10 ~ 75	10 ~ 75	—	—	15 ~ 55	15 ~ 70
1.6	40 ~ 130	60 ~ 150	10 ~ 20	10 ~ 20	45 ~ 90	60 ~ 125
2.0	75 ~ 180	100 ~ 200	15 ~ 25	15 ~ 25	65 ~ 125	85 ~ 160
2.5	130 ~ 230	170 ~ 250	17 ~ 30	17 ~ 30	80 ~ 140	120 ~ 210
3.2	160 ~ 310	225 ~ 330	20 ~ 35	20 ~ 35	150 ~ 190	150 ~ 250
4.0	275 ~ 450	350 ~ 480	35 ~ 50	35 ~ 50	180 ~ 260	240 ~ 350
5.0	400 ~ 625	500 ~ 675	50 ~ 70	50 ~ 70	240 ~ 350	330 ~ 460
6.3	550 ~ 675	650 ~ 950	65 ~ 100	65 ~ 100	300 ~ 450	430 ~ 575
8.0	—	—	—	—	—	650 ~ 830

表 12-16　气焊用焊剂

序号	组成（质量分数,%）									备注
	铝块晶石	氟化钠	氟化钙	氯化钠	氯化钾	氯化钡	氯化锂	硼砂	其他	
1	—	7.5 ~ 9	—	27 ~ 30	49.5 ~ 52	—	13.5 ~ 15	—	—	
2	—	—	4	19	29	48	—	—	—	
3	30	—	—	30	40	—	—	—	—	
4	20	—	—	—	40	40	—	—	—	
5	—	15	—	45	30	—	10	—	—	
6	—	—	—	27	18	—	—	14	硝酸钾 41	
7	—	20	—	20	40	20	—	—	—	硝酸钾 28
8	—	—	—	25	25	—	—	40	硫酸钠 10	
9	4.8	—	14.8	—	—	33.3	19.5	氧化镁 2.8	氟化镁 24.8	
10	—	氟化锂 15	—	—	—	70	15	—	—	
11	—	—	—	9	3	—	—	40	硫酸钾 20	
12	4.5	—	—	—	40	15	—	—	—	
13	20	—	—	30	50	—	—	—	—	

12.1.4　铝及铝合金的焊接性

为特定的焊接结构选用材料时，既要考虑材料的使用性能（力学性能等），又要考虑材料的工艺性能，特别是它的焊接工艺性能。材料选用是否适当，焊接性是否良好，是影响焊接工艺难易简繁、产品质量优劣、经济效益高低、结构设计成败的重要因素或关键因素。

1. 材料焊接性评估

（1）工业纯铝

工业纯铝强度低，但延性、耐蚀性、焊接性好，适于采用各种熔焊方法。变形强化的工业纯铝加热到 300 ~ 500℃ 温度后空冷可消除变形强化效应，发生软化，焊接接头抗拉强度可达退火状态母材强度的 90% 以上。

（2）铝-锰合金

铝-锰合金仅可变形强化，其强度比纯铝略高，成形工艺性、耐蚀性、焊接性好，适于采用各种熔焊方法，常用合金牌号有 3A21（LF21）、3003。合金可变形强化，但在 300 ~ 500℃ 温度下加热并空冷时即可全部消除变形强化效应，加热至 200 ~ 300℃ 时可部分消除变形强化效应。合金焊接接头强度一般可达退火状态母材强度的 90% 以上。

（3）铝-镁合金

铝-镁合金仅可变形强化，其 $w(Mg)$ 一般为 0.5% ~ 7.0%。与其他铝合金相比较，总的来说，铝-镁合金具有中等强度，其延性、焊接性、耐蚀性良好。在铝-镁系合金内，随着含镁量的增高，合金焊接裂纹的倾向性先是增高，然后降低，$w(Mg)$ 为 2% 左右时，如合金 5A01、5A02，焊接时产生裂纹的倾向性很高。随着含镁量继续增高，合金强度增高，焊接性改善，但延性及耐蚀性有所降低，$w(Mg)$ 超过 5% 后，耐蚀性降低明显，超过 7% 后合金对应力集中、应力腐蚀敏感。5A02、5A03 合金的退火温度为 300 ~ 420℃，5A05、5A06 合金的退火温度为 310 ~ 335℃。铝-镁合金焊接接头的力学性能与母材状态、厚度及熔焊方法有关，母材焊接接头的强度一般可达退火状态母材强度的 80% ~ 90%，视母材原始状态而异。

（4）铝-硅合金

铝-硅合金强度不高，液态流动性好、焊接性好，多呈铸造合金及熔焊填充焊丝合金形式。

（5）铝-硅-镁合金

铝-硅-镁合金可热处理强化，具有中等强度及良好的成形工艺性，在焊接结构上多呈钣金件及复杂形状的型材薄壁件形式。合金耐蚀性良好，但焊接时有产生焊接裂纹的倾向。热处理时，合金在 515 ~ 530℃ 水淬固溶，然后自然时效 10 ~ 12 天，或在 160 ~ 170℃ 下人工时效 10 ~ 12 天。合金在 380 ~ 420℃ 下加热 10 ~ 60min 后空冷即发生退火。常用的铝-镁-硅合金有 6061、6063、6A02（LD2），适于采用各种熔焊方法。合金制件可有两种焊接及热处理方案：一为固溶及人工时效后焊接，此时焊接接头抗拉强度不低于焊前状态母材强度的 70%；二为固溶状态焊接，此时合金强度（R_m、$R_{p0.2}$）较低，延性较好，焊接后再进行整件时效，实现最终强化。此方案可使焊接接头强度不低于固溶时效状态母材强度的 85% ~ 90%。

（6）铝-铜合金

铝-铜合金称为硬铝合金，可热处理强化，具有很高的室温强度（R_m = 400 ~ 500MPa）及良好的高温（200 ~ 300℃）和超低温（至 -253℃）性能。在铝-铜系合金中，多数合金的焊接性不良，如 2A02（LY12）、2A14（LD10）合金，在热处理强化状态下焊接时，易产生焊缝金属凝固裂纹及近缝区母材液化裂纹；焊缝脆性大，对应力集中敏感，母材热影响区软化，焊接接头强度仅达焊前母材强度的 60% ~ 70%，需要实行厚度补偿，承载时焊接结构易发生低应力脆性断裂；存放时潜藏于母材表层以下的焊接裂纹可能发生延时扩展。少数合金焊接性良好，例如 2A16（LY16）、2B16 及 2219 合金，虽然其焊接接头室温强度只有焊前母材强度的 60% ~ 70%，但可实行局部厚度补偿，焊接时热裂倾向低，焊接接头断裂韧度高，超低温性能好，当温度降低至 -253℃ 时，母材及焊接接头的强度和延性有所提高。

（7）铝-锌-镁-铜合金

此类合金称为超硬铝，可热处理强化，强度很高，但对热裂纹应力集中及应力腐蚀敏感，多数 Al-Zn-Mg-Cu 合金焊接性不好，一般不用于焊接结构。少数 $w(Zn + Mg)$ 限制在 5.5% ~ 6.0% 范围内且不含铜的 Al-Zn-Mg 合金焊接性较好，应力腐蚀倾向不明显。Al-Zn-Mg 合金焊接时有生成焊接裂纹的倾向，但其焊接接头力学性能较好。合金淬火时对冷却速度不甚敏感，熔焊过程中的冷却速度即相当于焊接接头的淬火速度，因而熔焊过程即相当于固溶处理过程，焊接后的存放过程即相当于其自然时效过程，存放三个月后焊接接头强度可自动恢复到接近热处理强化状态母材的强度。

铝-锂合金　锂的密度为 0.53g/cm³，仅为铝的密度的 1/5 左右，因此铝-锂合金的密度低，比强度和比刚度高，是理想的航空航天工业用轻质材料。其中，Al-Li-Cu-Mg-Zr 类铝-锂合金（如 8090、2090 等）强度很高，但焊接性差；Al-Mg-Li-Zr、Al-Mg-Li-Zr-Sc、Al-Cu-Li-Ag-Zr 类合金强度适中，焊接性很好，焊接性可与 5A06、2219 铝合金相当。

必须注意，铝及铝合金熔焊时，焊缝内均易生成气孔，对气孔的敏感性除主要与焊接工艺因素有关外，也与铝及铝合金的化学成分及其内含氢量有关。在铝合金中，Al-Mg 合金、Al-Cu-Mn 合金，特别是 Al-Li 合金，均具有在焊接时于焊缝内生成气孔的强烈倾向。

（8）不同牌号铝及铝合金的组合

一个复杂的焊接结构，往往需要由具有不同特性的零件组成，例如，大尺寸的板材、异形型材、锻件、铸件，它们有各自不同的牌号，各自不同的化学成分、物理特性、力学性能及各自不同的焊接性。将这些不同牌号的铝及铝合金组合焊接时，其焊接性表现即较为复杂。有些组合，例如 5A05（LF5）与 5A06（LF6）组合，焊接性尚好；有些组合，例如，2A16（LY16）与 1060（L2）、5A03（LF3）、5A05（LF5）、5A06（LF6）组合，虽然各自的焊接性好，但组合焊接时，焊接性变坏。虽然对于此类铝及铝合金组合焊接性及焊接技术已有不少研究成果，但多数成果报道中存在矛盾和歧见，因此常需在新的实践中，根据结构、材料、工艺情况，具体进行专项研究试验，以便澄清其焊接性，从而确定其相应焊接技术措施。

2. 材料焊接性试验

当备选材料焊接性不明或难以确定时，必须按照焊接性试验方法的相关标准进行必要的焊接性试验。铝合金焊接裂纹倾向性试验时，多采用"鱼骨形"试样，"十字接头"试样，或"T 形接头"试样，如图 12-3、图 12-4、图 12-5 所示。

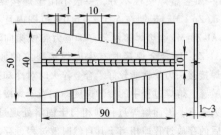

图 12-3　"鱼骨形"试样

焊接这些铝合金试样时，可测量出焊缝裂纹总长度 L_1 及熔合线裂纹总长度 L_2，从而可按下式计算焊缝裂纹倾向性系数 K_1 及熔合线裂纹（即近缝区母材液化裂纹）倾向性系数 K_2：

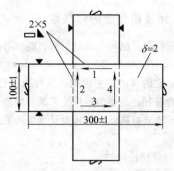

图 12-4　"十字接头"试样

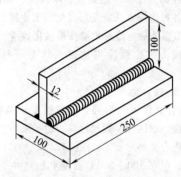

图 12-5　"T 形接头"试样

$$K_1 = \frac{L_1}{L_0} 、 K_2 = \frac{L_2}{L_0}$$

式中　L_0——焊缝总长度。

必须注意，L_1 及 L_2 和 K_1 和 K_2 必须分别测量和计算。因为实践结果表明，材料为热裂倾向较强的热处理强化硬铝合金，试样上的 L_1 在数值上往往比 L_2 大很多，例如 L_1 为几十毫米，L_2 为几毫米，若按 $K = \frac{L_1 + L_2}{L_0}$ 合并计算，则 K 将在数值上接近于 K_1，从而可能忽略 K_2 即近缝区母材产生液化裂纹的倾向性。

作为铝合金热裂倾向的控制指标，推荐 $K_1 \leq 10\%$，$K_2 = 0$，试验结果满足这个要求的合金可被认为其焊接裂纹倾向是不大的，是不难控制的，焊接性是良好的。

在进行材料的焊接接头力学性能试验时，不仅要测评其强度，有时还需测评其延性及断裂韧度。当材料的延性和韧性不足时，仅仅测评材料及焊接接头单向拉伸时的强度特性就显得不够了，此时应创造条件测评材料及焊接接头在双向拉伸条件下的强度特性。

当结构条件复杂（例如拘束度较大）或材料焊接性较差或设计技术要求较高时，有必要进行结构试验件或尺寸缩比的模拟结构试验件焊接试验和使用性能验证试验，以便对材料的焊接性，适用性作出确切结论，然后选定材料。

12.1.5　铝及铝合金焊接缺陷及其预防

铝及铝合金焊接缺陷很多，可分为工艺性缺陷和冶金性缺陷，前者将在以后各节分述，本节拟专述冶金性缺陷如焊接裂纹和焊缝气孔。

1. 铝及铝合金焊接裂纹

铝及铝合金焊接时会产生各种缺陷，一类为工艺性缺陷，如未焊透、咬边等，另一类为冶金性缺陷。如焊接裂纹、焊缝气孔等。

铝及铝合金材料焊接性优劣的重要标志之一是合金对焊接时生成焊接裂纹的倾向性。热处理强化铝合金 Al-Si-Mg、Al-Cu-Mg、Al-Zn-Mg、Al-Zn-Mg-Cu 合金焊接性差，在一定的结构拘束度条件下，在焊接应力作用下，这类合金的焊接接头内会产生焊接裂纹。在结构拘束度很强及由此产生的焊接应力很大时，即使是焊接性良好的热处理不可强化的铝合金，如 Al-Mg 合金，焊接时也会产生焊接裂纹。

产生在焊缝金属内的焊接裂纹称为焊缝金属结晶裂纹或凝固裂纹；产生在近缝区母材晶界上或多层焊时前层焊缝上的焊接裂纹称为近缝区母材液化裂纹或前层焊缝金属液化裂纹，其外观形貌及显微组织如图 12-6、图 12-7 所示，其断口形貌如图 12-8 及图 12-9 所示。

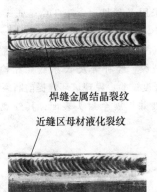

焊缝金属结晶裂纹

近缝区母材液化裂纹

图 12-6　2A12T4 铝合金焊接裂纹外观

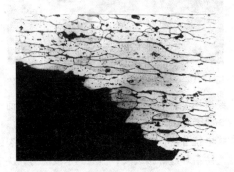

图 12-7　2A12T4 铝合金焊接时近缝区母材晶界熔化及沿晶界开裂

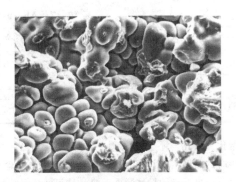

图 12-8　2AlZCZ/SAlSi-1 焊缝金属结晶裂纹断口形貌

图 12-9　2AlZT4/SAlSi-1 焊缝金属结晶裂纹断口形貌

热处理强化铝合金内有很多金属间化合物强化相，它们在液态铝合金内与铝组成一系列低熔点共晶体。以硬铝 Al-Cu-Mg-Si 合金为例，其内的共晶体组成物、共晶体的化学成分、共晶体的熔化温度见表 12-17[8]。

焊接 Al-Cu-Mg-Si 合金时，焊缝金属冷却至固-液态，树枝状结晶的枝晶开始发生连接，将表 12-17 内所列的低熔点共晶体排挤到枝晶之间，形成晶间薄膜，焊缝金属进入高温脆性温度区间，而收缩拉伸应变集中在晶界，当此时晶界塑性变形能力不足以承受此时所形成的应变量时，焊缝金属即发生高温沿晶开裂，此即焊缝金属结晶裂纹。

由表 12-17 可知，在氧化性介质中加热 Al-Cu-Mg-Si 合金时，加热温度不能超过晶界上低熔点共晶体最低熔化温度，因此合金热处理时的固熔加热温度不得超过 500℃，否则晶界将发生熔化和氧化，合金力学性能变坏，重新热处理也无法恢复其性能，此即所谓合金过烧，是合金应予判废的依据。焊接铝合金时，近缝区母材的峰值温度远超过 500℃，晶界低熔点共晶体熔化（液化）不可避免，但由于焊接过程短暂，有氩气保护，晶界虽因焊接热影响而发生熔化，但尚不及氧化。试验证明，母材热影响区晶界轻

表 12-17　Al-Cu-Mg-Si 合金内的低熔点共晶体

共晶体的相组成物	共晶体的化学成分(质量分数,%)(余量为 Al)	共晶体的熔化温度/℃
$Al + CuAl_2 + Mg_2Si$	$Cu = 28, Mg = 6, Si = 3.5$	514~517
$Al + CuAl_2 + CuMgAl_2$	$Cu = (27~31), Mg = (6~7.2)$	500~507
$Al + CuAl_2 + CuMg_5Si_4Al_4 + Si$	$Cu = 25, Mg = 1.7, Si = 8.3$	509

微熔化（液化）不会造成力学性能严重恶化。因此焊接时的晶界熔化不能混同于热处理过烧的概念[9]。但是，如果近缝区母材严重过热，晶间低熔点共晶体熔化已发展到集聚成网状，如图 12-7 所示，当晶界塑性变形能力不足以承受此时所形成的应变量时，近缝区母材即发生沿晶开裂，此即近缝区母材液化裂纹。

焊接裂纹的危险性在于它严重破坏焊接接头的连续性，造成应力集中，成为焊接接头及焊接结构低应力脆性断裂、疲劳断裂及焊接裂纹延时扩展的裂源。因此在焊接结构生产中，焊接裂纹不容存在，必须排除并予补焊。

焊接裂纹常出现在起弧、熄弧（弧坑）、突然断弧、定位焊、补焊、两段焊缝的接头、两条焊缝的交叉、多条焊缝密集及结构刚性大的镶嵌件（如法兰盘）环形焊缝，两零件厚度差大的焊缝，不同合金系的两合金组合焊缝等焊件的特征部位。热处理强化铝合金焊件的焊接裂纹多位于沿熔合线的焊缝边缘，裂纹产生时张口不大，目视检查难以发现，有时潜藏于焊接接头表层以内，但局部露头于表面，与环境大气连通。经过后续工序或一段时间后，在残余焊接内应力作用下，潜藏焊接裂纹从其边缘起始向零件表面扩展，即可能成为目视可见的裂纹。

实际经验表明，防治近缝区母材焊接液化裂纹是掌握热处理强化硬铝合金焊接技术的关键。

根据铝合金焊接结构焊接生产的经验，可简述防治焊接裂纹的措施如下：

（1）适当选用材料

选材时，要着重选用综合性能（强度、延性、断裂韧度、成形性、焊接性、耐蚀性、经济性等）较好的材料，不可片面追求材料的高强度而最终落入材料焊接性差，焊接技术难度过大的境地。应优选焊接性良好的变形强化铝合金或热处理强化铝合金，如 Al-Mg、Al-Cu-Mn、Al-Zn-Mg 系 5A05、5A06、2219、7005 等牌号铝合金。

即使选用焊接性较差的热处理强化铝合金，如 Al-Si-Mg、Al-Cu-Mg、Al-Cu-Mg-Si 系 的 6A02、2A12、2A14 等牌号铝合金，当焊件尺寸不大时，可采用退火状态焊接，焊后再淬火时效的工艺方案，软状态零件可减小焊接时的拘束度，避免产生焊接裂纹。

（2）选用拘束度较小的结构形式

结构的拘束度大小是影响焊接裂纹能否产生的重要因素。如果结构拘束度过大，即使材料焊接性良好，也可能因焊接应力过大而发生焊缝撕裂。因此必须选用或改用拘束度小的结构形式，避免产生焊接裂纹。

［例 12-1］　6A02—T6 铝合金容器法兰环缝焊接裂纹预防措施

在一个铝-硅-镁合金 6A02—T6（LD2CS）容器的封头上需焊接一个法兰，法兰为锻件经机械加工，通孔直径为 $\phi 12mm$，法兰座直径为 $\phi 60mm$，容器直径为 500mm，法兰座与封头对接的厚度为 5mm，法兰座环缝采用 V 形坡口手工 TIG 氩弧焊，填丝材料为 SAlSi—1。

容器试制时，法兰座环缝曾多处发现沿熔合线走向的焊接裂纹，经补焊及 X 射线照相检查合格后，进行液压强度试验，发现该环缝提前断裂，断裂沿环缝内侧发展并扩展至封头表面，其外观如图 12-10 所示。

图 12-10　6A02—T6 小容器法兰座环缝断裂外貌

经取样分析可见，断裂起源于环缝内侧背面一条长约 3mm，距背面表面约 0.2mm 至 0.5mm 的裂纹。经扫描电镜分析，裂纹性质为近缝区母材液化裂纹。

为防治环缝焊接裂纹，提高其承载能力，决定将封头向外翻边，法兰的基座改为管式，内径 $\phi 10mm$，外径 $\phi 20mm$，两者形成管-管对接。由于结构拘束度减小，减小了焊接应力，消除了焊接裂纹，液压试验结果合格。

（3）选用抗热裂能力较强的焊丝

焊接性不良的铝合金材料一旦被选用，其化学成分即无法改变，但选用适当的焊丝及其熔合比，即可获得抗裂能力较强的焊缝金属及其近缝区母材组织。

为了避免产生焊缝金属结晶裂纹及近缝区母材液化裂纹，焊丝宜具备下列特性，一是焊接时能向熔池提供足够数量的流动性良好的低熔点共晶体，以便在焊缝金属固-液态晶间开裂时能填充（即"自愈"）焊缝晶界开裂而避免形成结晶裂纹，并能穿过熔合线、渗入近缝区母材晶间并填充（即"自愈"）其晶间开裂而避免形成液化裂纹；二是焊丝的固相线温度低，能使焊缝金属的固相线温度低于或接近于近缝区母材液化晶界上低熔点共晶体的最低熔化温度，使该区母材晶界"赶在"焊缝金属结束凝固前能结束该区晶界液化过程。否则，焊缝金属将在近缝区母材晶界尚滞留在液化状态前即发生凝固并提高了自身的强度，则此时收缩应变将集中作用于近缝区母材的液化晶界，使其产生沿晶开裂，形成液化裂纹。

焊接热裂倾向严重的 Al-Cu-Mg、Al-Cu-Mg-Si 硬铝合金时，可选用抗热裂能力较强的 SAlSi—1 及 BJ—380A 焊丝。前者为 Al—5Si—Ti 合金，后者为 Al—5Si—2Cu—Ti—B 焊丝，两者都能提供数量较多的低熔点共晶体，但前者固相线温度较高（577℃），后者固相线温度较低（540℃），因此试验及应用结果表明，V 形坡口对接 TIG 填丝氩弧焊时，两者"自愈"焊缝金属结晶裂纹的能力及效果均很好，但前者"自愈"近缝区母材液化裂纹能力较弱，后者，兼有较强的"自愈"近缝区液化裂纹的能力。

［例 12-2］　2A12（LY12）铝合金桁架补焊

有一种 2A12—T4（LY12CZ）铝合金的桁架，由多根铝管与连接板组焊而成，经使用和存放一段时间后，部分管-板焊缝及其母材近缝区出现裂纹，必须补焊。彻底排除这些部位的裂纹后，用抗裂能力强的 BJ—380A 焊丝进行补焊，补焊过程中未出现裂纹，经短期使用及随后每年使用、存放及检查，证明补焊的管-板焊接接头上再无裂纹出现，但在原无裂纹因而未曾用 BJ—380A 焊丝补焊的多处接头上又出现了自动开裂的裂纹。

（4）选用能降低焊接应力的装配-焊接顺序

合理的装配-焊接顺序是一种在零件装配焊接过程中减小拘束度和焊接应力从而预防焊接裂纹产生的有效措施，其要点是为每条焊缝冷却时创造适度收缩的条件。

［例 12-3］　6B16—T81 铝合金容器封头的拼焊

6B16—T81 容器的封头是一种多个瓜瓣状零件（简称瓜瓣）拼焊结构，其壁厚为 6mm，共有 6 块瓜瓣，瓜瓣之间有纵缝，瓜瓣与其他零件之间有环缝。装配焊接瓜瓣纵缝时，应避免焊接应力过大而出现焊接裂纹。

可先定位焊第一块与第二块瓜瓣之间的纵缝，暂不定位焊其余纵缝。焊接第一条纵缝后，再定位焊和焊接第二条纵缝，依此类推。

由于每一条纵缝焊接时均有横向收缩的余地，因此，拘束度小，焊接应力不大，瓜瓣纵缝内即不致出现焊接裂纹。

（5）实施对接接头双面焊，消除焊缝根部焊接裂纹

单面焊热裂倾向强的铝合金时，焊缝根部常易出现焊接裂纹。此时，可改单面焊为双面焊，正面焊后，施行背面清根，经工艺性 X 射线检验证明焊缝根部无裂纹或原有裂纹已被完全除尽后，再从背面进行封底焊，并交付 X 射线检验。清根时，不可向焊缝内面深挖，仅以将根部缺陷除尽为原则，封底焊时，不可深熔，焊缝浅而薄即可。从背面深挖后深熔焊常能引发正面焊缝出现裂纹。

（6）严防焊接缺陷超差，严防补焊时产生焊接裂纹

补焊热裂倾向较强的铝合金时，最易出现补焊裂纹。因此必须严防焊缝内部产生超差的气孔等缺陷；当不得不需要排除缺陷并进行补焊时，需正确进行精心补焊，并力求一次补焊成功，避免重复补焊。

补焊前，应准确检测出缺陷位置，采取逐步"进尺"的办法将缺陷除尽为止，避免过分深挖。为验证原有缺陷确已除尽，可增加一次工艺性 X 射线检测。补焊时要有具体的补焊技术方案，补焊时先不填丝，保证补焊区金属开始发生熔化，填丝后，电弧热应稍偏向焊丝，以防止补焊区金属过热，电弧可在补焊长度方向适度往复移动，以延长熔池存在时间，以利氢气泡从熔池内逸出，熄弧时必须采用堆高熄弧法，避免产生弧坑及弧坑龟裂。补焊后，允许用机械方法（锉、刮）修磨补焊焊缝，使其最终尺寸与邻近但未补焊的原有焊缝尺寸一致。

（7）选用有利于提高焊接质量及预防焊接裂纹的焊接方法

尽量用自动焊取代手工焊，减少频繁起弧、熄弧、接头等裂纹敏感部位，全面控制焊接参数，实行焊接全过程焊接参数自动记录。

采用对母材热影响较小的焊接方法，如钨极直流

正极性氩弧焊，钨极脉冲交流氩弧焊等。实践经验表明，氩弧焊时，晶粒细小，近缝区母材晶界上很少有晶界粗化及网状液化现象，热影响区窄，焊接变形小。

2. 铝及铝合金焊缝气孔

气孔是铝及铝合金焊缝内的常见缺陷。各种铝及铝合金牌号不同，焊接时产生气孔的敏感程度不同，但都具有焊接时产生气孔的敏感性。

按气孔在焊缝长度方向的分布特征，焊缝内的气孔可分为单个气孔、密集气孔、链状气孔。按其在焊缝截面内的分布特征，可分为弥散气孔、根部气孔、熔合区气孔。

分布的气孔，其危害程度不同，允许容限不同，有必要对其明确定义：

单个气孔是指呈单个状，任何两相邻气孔的间距不小于此两气孔直径平均值三倍（或四倍）的气孔。

密集气孔是指呈聚集状，数量众多，任何两相邻气孔的间距小于此两气孔直径平均值三倍（或四倍）的小气孔群。

链状气孔是指大体上分布在一条近似的直线上，数量不少于三个，线上任何两相邻气孔的间距均小于此两气孔直径平均值3倍（或4倍）的气孔。

从气孔中直接抽取气体分析的结果证实，气孔内的气体主要为氢。

铝在焊接时的氢源很多，如零件及焊丝表层的含水氧化膜及油污、汗迹等类碳氢化合物；工业大气及惰性气体内所含的杂质和水分；附着在焊丝输送系统内的水分；母材及焊丝自身所含的气体（氢）等。

焊接时，氢进入焊接熔池。氢在液态金属熔池内的溶解度大，但冷凝时氢在低温液态金属及固态金属内的溶解度小。当熔池凝固时，氢的溶解度突然减小，遂通过气泡成核、长大、上浮三个步骤而逸出熔池表面或残留于凝固的焊缝金属内，视焊缝的冷却速度和氢气泡的上浮速度而定。如焊接速度和焊缝的冷却速度较低，熔池存在时间较长，氢气泡即可能得以上浮并逸出熔池表面，否则氢气泡将滞留在焊缝内部，形成焊缝气孔。

在焊缝截面内弥散分布的气孔和接近焊缝表面的单个气孔，在扫描电镜下放大观察其断口时，可见气孔壁呈树枝状结晶的枝晶端头紧密排列的球状形貌，气孔壁表面光滑、洁净、无氧化痕迹，据此认为，此类气孔是来自氢源的氢在焊接熔池内溶解、冷却时析出上浮但未及逸出熔池表面的产物。为预防此类气孔，必需严格控制氢源并减慢焊接时的熔池冷却速度。

链状气孔一般大体上沿焊缝中心线分布，恰与对接间隙位置相吻合，有时就位于焊缝根部，在扫描电镜下观察其断口，可见气孔壁上有一层极薄的薄膜，看不到树枝状枝晶端头的形貌。此类气孔多与氧化膜夹杂物伴生，气孔壁与氧化膜夹杂物具有相同的形态，有时两者联生在一起。焊接试验证明，此类气孔与铝材对接间隙处表面残存的潮湿、含水氧化膜、碳氢化合物污染有关。为预防此类气孔，必须在焊前彻底清理坡口对接表面，或将对接接头制成反面V形坡口（亦称"倒V形"坡口），使此类链状氧化膜孔移至垫板槽内或焊缝有效厚度以外，以便不影响焊缝强度。

熔合区气孔位于熔合线焊缝一侧，多呈孔洞形态，在扫描电镜下观察断口，其气孔壁形貌与弥散气孔壁形貌相似，亦属氢气孔性质。看来，此处氢来自母材。焊接时，固态母材与液态熔池瞬间共存，由于存在溶解度差异，固态母材所含的氢向熔池扩散和溶解，熔池快速结晶时，氢未及析出，即形成熔合区气孔。为预防此类气孔，需控制母材自身的含氢量，高质量铝材自身含氢量应为每100g铝材内含氢不超过0.4mL。

焊缝气孔是铝及铝合金焊接时常见的、多发性的缺陷，预防气孔是一个复杂的难题。根据一些研究成果及生产实际经验，根据制造技术条件对气孔容限的宽严程度及具体生产条件，可选用下列气孔预防措施。

(1) 生产准备[5]

材料、零件、焊丝、惰性气体、工业大气、送丝机构、焊接操作人员的手套及手迹，都可以提供氢源。主要的氢源是水分、含水氧化膜、油污。

材料及焊丝自身的含氢量宜控制为每100g金属内含氢不超过0.4mL。

零件表面应经机械清理或化学清洗，以去除油污及含水氧化膜。零件清理或清洗后，用干燥、洁净、不起毛的织物或聚乙烯树脂薄膜带（图12-11）将坡口及其邻近区域覆盖好，防止其随后沾污。必要时临焊前再用洁净的刮刀刮削坡口及焊丝表面，继而用焊枪向坡口吹氩，吹除坡口内刮屑，然后施焊。零件表面清洗后，存放待焊时间不能超过4~24h，否则需再行清洗。

普通焊丝表面制备过程与零件相同。抛光焊丝可不经任何清理而直接用于焊接，焊丝拆封后存放待用时间可放宽限制，但不要长期拆封存放，拆封但未用完的焊丝可再封存于干燥环境内。

惰性气体：氩、氦，其内杂质气体含量：$\varphi(H_2)$

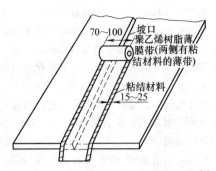

图 12-11　保护坡口用的聚乙烯树脂薄膜带[5]

$< 0.001\%$

$$\varphi(O_2) < 0.02\%$$
$$\varphi(N_2) < 0.1\%$$
$$\varphi(H_2O) < 0.02\%$$

露点　不高于 $-55\ \text{℃}$

惰性气体管路：应采用不锈钢管或铜管的管路，从管路末端至焊枪之间应采用硬质聚四氟乙烯管或聚三氟氯乙烯（Polytrifluorochlo rothylene）塑料管，不宜采用橡胶和乙烯树脂管路，因其吸水性很强。要确保惰性气体管路（包括管接头）不渗漏，否则无内压时夹带潮气的工业大气将渗入管路内。由于焊枪结构内尚需接冷却水管，应确保其管接头不会漏水。当现场环境内湿度大时，可用经加热的氩气通吹气体管路，以去除管壁上可能附着的水分。也可采用试板进行电弧焊接试验，根据焊道的外观和阴极雾化区的宽窄来定性检查惰性气体的纯度、露点和保护效果，同时也借以清除焊枪和气体管路中的冷凝水。

焊丝输送机构：焊丝输送机构内不能有油或油污，送丝套管也应采用聚四氟乙烯管，也应注意清除套管壁上可能附着的冷凝水。

现场环境：铝及铝合金焊接生产厂房内环境温度不宜超过 25℃，相对湿度不宜超过 50%。如果难于控制整体环境，可考虑在大厂房内为焊件创造能空调或去湿的局部小环境。焊接工作地应远离切割、钣金、加工等工作地，焊接工作地禁放杂物，应保持现场整齐清洁。

从事装配及焊接的工人身上的油污及手迹、汗迹含有碳氢化合物，也是氢源。接触、加工、焊接铝件时，必须穿戴白色衣、帽及手套，选择白色穿戴的目的即在于发现和清除脏污。

（2）结构设计

设计时应考虑避免采用横焊、仰焊及可达性不好的接头，以免焊接时易于发生突然断弧，以致断弧处滋生气孔。焊接接头应便于实施自动焊以代替引弧、熄弧、接头频繁的手工焊。凡可实施反面坡口的部位

可设计成反面 V 形坡口。

（3）焊前预热、减缓散热

焊前预热减缓散热有利于减缓熔池冷却速度，延长熔池存在时间，便于氢气泡逸出，免除或减少焊缝气孔，是适用于铝及铝合金结构定位焊、焊接、补焊时预防焊缝气孔的有效措施。预热方法最好是在夹具内设置电阻加热或远红外局部加热。对于退火状态的 Al、Al-Mn 及 $w(Mg) < 5\%$ 的 Al-Mg 合金，预热温度可选用 100 ~ 150℃，对于固溶时效强化的 Al-Mg-Si、Al-Cu-Mg、Al-Cu-Mn、Al-Zn-Mg 合金，预热温度一般不超过 100℃。减缓散热的方法为选用热导率小的材料制造胎夹具（如钢）及焊缝垫板（不锈钢或钛及钛合金）。

（4）优选焊接方法

钨极交流氩弧焊和钨极直流正极性短弧氦弧焊时，电弧过程稳定，环境大气混入弧柱及熔池的概率较小，因而焊缝对气孔的敏感性较低。极性及参数非对称调节的变极性钨极方波交流氩弧焊和等离子弧焊及等离子弧立焊时，阴极雾化充分，焊接过程中可排除气孔和夹杂物，对焊缝气孔的敏感性亦较低，甚至可获得无缺陷焊缝。

与钨极氩弧焊相比，熔化极氩弧焊存在熔滴过渡过程、过程稳定性较差，环境大气难免混入弧柱区，熔池溶氢较多、焊接速度及熔池冷却速度较大，因而生成焊缝气孔的敏感性较强，宜选用亚射流过渡及粗丝焊接。

（5）优选焊接参数

降低电弧电压、增大焊接电流、降低焊接速度，有利于减小焊接熔池溶解的含氢量，延长液态熔池存在时间，减缓熔池冷却速度，便于氢气泡逸出，减少焊缝气孔。

（6）焊接操作技艺

始焊及定位焊接时，零件温度低、散热快，熔池冷却速度大，易产生焊缝气孔，宜采用引弧板。定位焊起弧后稍滞留，然后填丝焊接，以免该部位产生未焊透及气孔。

单面焊时，背面焊根处易产生根部气孔。最好实行反面坡口双面焊，正面焊后，反面清根，去除根部气孔及氧化膜夹杂物，然后施行背面封底焊。

多层焊时，宜采用薄层焊道，每层熔池熔化金属体积较小，便于氢气泡逸出。

补焊时，必须先检测原有缺陷的准确位置，确保缺陷完全排除，最好随即安排一次工艺性 X 射线透视，验证缺陷排除程度。补焊时，焊件温度低，补焊缝短，起弧熄弧间距小，补焊操作不便，熔池冷却

速度大，极易产生气孔，因此补焊难度较大，必要时，可施行局部预热。

焊接及补焊过程中对焊缝气孔的预防在很大程度上取决于焊工的操作技艺。焊工应善于观察焊接熔池状态转化过程和气泡产生及逸出情况、切忌盲目追求高焊接速度，应善于通过操作手法，作前后适当搅动，以利气泡逸出。

自动焊时，可采用适当的机械或物理方法搅拌熔池，如超声搅拌、电磁搅拌、脉冲换气（氩、氦）、脉冲送丝等。

预防铝及铝合金焊缝气孔是一个复杂的难题，实际生产中常需结合生产条件，采取综合防治技术措施。

[例12-4]　铝合金钨极自动氩弧焊的焊接缺陷及其控制[10]

在试制 $\phi600\mathrm{mm} \times 800\mathrm{mm} \times 1.8\mathrm{mm}$ 及 $\phi600\mathrm{mm} \times 1310\mathrm{mm} \times 1.8\mathrm{mm}$ 的铝合金 5A03（LF3）圆筒时，由于多种原因，TIG 自动焊焊缝内曾出现大量气孔。按 X 射线检验结果统计，单个气孔中，约有 3/4 分布在焊缝中部，1/4 分布在焊缝边缘；密集气孔中，约有 2/3 分布在焊缝中间，1/3 分布在焊缝边缘；链状气孔绝大多数分布在焊缝中间，个别位于焊缝根部边缘。

控制焊缝气孔，可从两方面着手：一是尽量减少氢在焊接过程中溶入熔池，另一方面是采取合适的工艺措施，使已经进入熔池中的氢得以逸出。

在尽量减少氢的来源方面，主要是作好焊前清理工作，零件及焊丝需经过表面清理，并在 3 ~ 5 天内进行焊接，临焊前，需利用刮刀将焊件连接面上的氧化膜及脏物仔细刮去，然后用直径 $\phi0.15\mathrm{mm}$ 不锈钢丝刷将连接面刷净。

采用纯度不低于 99.99% 的氩气作为 TIG 焊保护气体。

在上述措施基础上，还采取了下列工艺技术措施。

1）改连续送丝为断续（脉冲）送丝。焊丝熔滴的比表面积比熔池大，熔滴进入熔池前溶入的氢含量较熔池大，因此将连续送丝方式改为断续送丝方式可减少熔池溶入的含氢总量，同时，熔滴间断加入熔池提供了某种熔池搅拌的机会，熔滴间断加入熔池又提供了延长熔池存在时间的机会，因此间断送丝有利于氢的逸出和焊缝气孔的减少。间断送丝机构如图 12-12 所示。

由图 12-12 可见，送丝棘轮与从动轮之间的压紧力靠从动轮压缩弹簧调节，压紧力不可过大，否则易使焊丝出现压痕，增加导向压力，甚至使焊丝失稳。

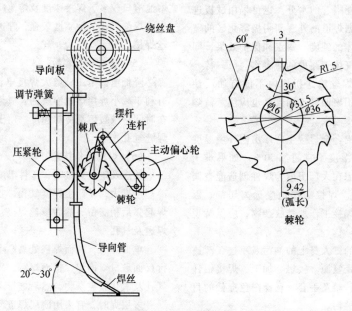

图 12-12　间断送丝机构

原有的连续送丝机构改为断续送丝机构后，可保证在焊接速度为 28 ~ 29m/h 的情况下，在每 100mm 长的焊缝上间歇送丝 26 ~ 28 次，每次送丝长为 7mm。

2）合理选择焊接夹具。为了减小热传导，减小熔池的冷却速度，以利于减少气孔，应尽可能减少夹具结构夹持器与焊件的接触面积，因此，气动的琴键式压板夹具较为理想，其单位面积压力大，容易夹紧，同时接触面小，焊件散热少，熔池冷却速度小。

3）焊缝垫板预热。虽然薄壁结构不宜实施预热，但焊缝体积小，可预热焊缝垫板，使其温度达到 50~60℃，以减小熔池冷却速度。此外，为避免焊缝与垫板槽间的空气受热膨胀，遂沿垫板凹槽中心线钻了若干 $\phi1.5mm$ 的排气孔。

4）合理选择焊接参数，经过试验优选，找出了最佳焊接参数见表 12-18。

多年试验及生产实践结果表明，采取上述各方面措施后，提高了焊接质量，焊缝气孔大幅度减少。

表 12-18　例 12-4 的最佳焊接参数

网络电压 /V	焊接电流 /A	焊接速度 /(m/h)	送丝速度 /(m/h)	氩气流量 /(L/min)	夹具气压 /(kg/cm²)	喷嘴直径 /mm
380~410	140~142	28.2~29.5	49.92	10~12	5~6	12

12.1.6　火焰气焊

火焰气焊时热量不集中，焊接速度低，焊接变形大，接头各区晶粒粗大、母材热影响区宽，一般只限在难以供应惰性气体或缺乏电源的地区焊接纯铝、铝-锰合金等焊接性良好、厚度不大，质量要求不高的焊件。接头形式宜为对接，忌用搭接、T 形接、角接，因难于清除流入零件间隙内的腐蚀性强的残余焊剂及其反应产物。

铝及铝合金气焊时一般以乙炔气作为燃气，但部分已为天然气取代。

焊接接头的坡口形式见表 12-19。

表 12-19　铝及铝合金气焊的坡口形式

零件厚度 /mm	接头形式	坡口简图	坡口尺寸/mm 间隙 a	钝边 p	角度 α	备 注
1~2	卷边		<0.5	4~5	—	不加填充焊丝
2~3			<0.5	5~6	—	
1~5	无坡口留间隙		0.5~3	—	—	
12~20	V 形坡口		4~6	3~5	80°±5°	
	X 形坡口					多层焊

焊接时，焊嘴的规格及火焰的调节对焊接接头的质量、性能、变形量、生产率都有很大的影响，一般应选择中性焰或燃气稍过量的碳化焰，燃气量过大时，火焰中将存在游离的氢，以至引起焊缝气孔、疏松等缺陷。焊嘴的规格一般根据零件厚度、坡口形式、焊接位置及焊工技术水平而定，表12-20列出了气焊不同厚度铝材时建议选用的焊炬、焊嘴、孔径等

规格。如果焊嘴太小，易促成未焊透、夹渣等缺陷。随着焊嘴尺寸增大，接头热影响区即加宽，金相组织粗大，焊后变形量增大。焊接厚度较小的铝材时，为防止烧穿，可选用比焊接同等厚度钢板的焊嘴小1号的焊嘴，而焊接较厚铝材时，可采用比焊接同等厚度钢板的焊嘴大1号的焊嘴。

表12-20　气焊时焊炬、焊嘴及燃气消耗量

铝板厚度/mm	1.2	1.5~2.0	3.0~4.0	5.0~7.0	7.0~10.0	10.0~20.0
焊丝直径/mm	1.5~2.0	2.0~2.5	2.0~2.5	4.0~5.0	5.0~6.0	5.0~6.0
射吸式焊炬型号	H01~6	H01~6	H01~6	H01~12	H01~12	H01~20
焊嘴号码	1	1~2	3~4	1~3	2~4	4~5
焊嘴孔径/mm	0.9	0.9~1.0	1.1~1.3	1.4~1.8	1.6~2.0	3.0~3.2
乙炔气消耗量/(L/h)	75~150	150~300	300~500	500~1400	1400~2000	~2500

气焊厚度大于5mm以上的铝材时，需进行预热，预热温度在100~300℃之间，预热方法可采用氧乙炔焰焊炬，预热温度可用表面测温计、测温笔或凭工人经验进行检查。

气焊铝及铝合金时，常采用左向焊法，它有利于防止金属过热和晶粒长大。焊接厚度大于5mm的铝材时，则可用右向焊法，它有利于加热铝材至较高的温度，使铝材迅速熔化，同时，也便于观察熔池，便于操作。

在气焊过程中，焊炬、焊丝和焊件之间需保持一定的角度。

焊接3mm以下薄壁板材及管材时，焊炬应向焊接方向后方倾斜15°~30°，焊丝向焊接方向前方倾斜40°~50°。随着焊件温度升高，焊炬倾角应相应减小。为预防熔池温度过高而产生烧穿缺陷，焊炬可做周期性的上下摆动（幅度3~4mm）。焊炬焰心距熔池表面约3~6mm。

根据焊件熔化情况及焊接速度，及时向熔池填充焊丝。焊丝的添加要同焊炬的动作密切配合，焊丝应一滴一滴地落入熔池，并随时将焊丝从熔池前拉出一段距离，挑去熔池表面上的氧化膜，促使熔滴更好地与熔池金属熔合。在添加焊丝过程中，应尽量避免焊丝端部与焰心接触，焊接厚度大或装配间隙小的焊件时，应尽可能压低火焰，以利焊透。

气焊厚度大于3mm的铝材时，应先使焊炬向焊接方向后方倾斜90°左右，随着焊件温度不断升高，倾角可逐渐降至45°~70°。结束焊接时，倾角减至最小，同时稍抬高焊炬，使火焰沿熔池表面移动，以避免烧穿。

焊接厚度在8mm上下的焊件时，焊炬可作纵向或横向摆动。

气焊时焊道层次不宜过多，因为多次加热容易产生过热和焊缝气孔等缺陷。

焊接环缝时，焊炬的倾角应比同样条件下平焊时大10°~20°，而焊丝倾角较小10°~20°。

铝及铝合金焊件气焊后，残留在焊缝表面及其两侧的焊剂及熔渣会破坏铝材表面氧化膜保护层，从而引起接头腐蚀。因此应在焊后1~6h内将其清洗去除。清除方法有以下三种：

1）在60°~80°热水中用硬毛刷从焊缝正反面仔细刷洗。

2）重要的焊件，经上述刷洗后，再放入60~80℃、质量分数为2%~3%的稀铬酸水溶液中浸洗5~10min，然后用热水洗并干燥。

3）先用60~80℃热水刷洗，再用含5%（质量分数）硝酸和2%的重铬酸的混合液清洗5~10min，最后用热水冲洗、干燥。

12.1.7　钨极惰性气体保护电弧焊[11]

钨极惰性气体保护电弧焊是以不熔化的钨棒作为一个电极，以焊件作为另一个电极，用惰性气体（氩或氦或两者的混合）保护两极之间的电弧、熔池及母材热影响区而实施电弧焊接作业的焊接方法。

1. 接头设计

铝及铝合金钨极氩弧焊时的接头和坡口的形式及其尺寸见表12-21。

表 12-21　铝及铝合金钨极氩弧焊接头和坡口形式及尺寸

接头及坡口形式		示意图	板厚 δ/mm	间隙 b/mm	钝边 P/mm	坡口角度 α
对接接头	卷边		≤2	<0.5	<2	—
	I 形坡口		1~5	0.5~2	—	—
	V 形坡口		3~5	1.5~2.5	1.5~2	60°~70°
			5~12	2~3	2~3	60°~70°
	X 形坡口		>10	1.5~3	2~4	60°~70°
搭接接头			<1.5	0~0.5	L≥2δ	—
			1.5~3	0.5~1	L≥2δ	—
角接接头	I 形坡口		<12	<1	—	—
	V 形坡口		3~5	0.8~1.5	1~1.5	50°~60°
			>5	1~2	1~2	50°~60°
T 形接头	I 形坡口		3~5	<1	—	—
			6~10	<1.5	—	—
	K 形坡口		10~16	<1.5	1~2	60°

设计焊接结构时，应充分考虑其制造工艺性：焊缝分布应合理，施焊操作时可达性要好，焊接后要便于实施焊接质量检验，重要焊缝要便于实施 X 射线检验。

接头设计时，应尽量采用对接或锁底对接形式。当材料及焊接接头断裂韧度较低，承受拉伸载荷（或动载荷）较大，结构刚性较强或零件厚度差大时，则只应采用对接形式，不宜采用搭接、T 形接、角接、锁底对接形式，因为在这些接头内应力集中或者较严重，承载能力低；或者难以实施 X 射线照相检验，或采用熔剂焊接后难以完全清除残余熔渣。如果遇到如图 12-13a 中的非对接接头形式，宜改为如图 12-13b 中所示的对接接头形式，当确已无法避免非对接接头形式时，可将其安置在承载不大、不太重要，无需 X 射线照相检验的结构部位。

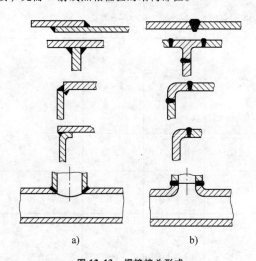

图 12-13　焊接接头形式

a）非对接接头形式　b）对接接头形式

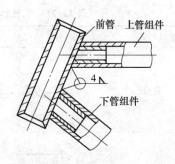

图 12-14　最初设计接头形式

设计焊接接头的形式及其基本尺寸时，可参考国内外相关标准或手册资料内的数据，但尚需征求制造厂工艺人员的意见和建议，必要时需进行工艺评定试验，以验证资料上的信息数据是否适合实际结构和焊接工艺的具体条件。

［例 12-5］　铝合金自行车架焊接接头形式[12]

有一种铝合金的山地车，其车架为管架式焊接结构。最初设计的焊接接头形式如图 12-14 所示，前管 ϕ36mm × 3.5mm，上管 ϕ32mm × 2.3mm，上衬管 ϕ27.4mm × 2mm，下管 ϕ35mm × 2.5mm，下衬管 ϕ30mm × 2mm。此种接头形式机械加工简单，组装牢靠，焊缝成形规则，但组合管壁较厚，上管组件达 2.3mm + 2.0mm = 4.3mm，下管组件达 2.5 + 2.0 = 4.5mm，由于 TIG 焊熔深不大，焊接时极易产生未焊透，形成应力集中，车架振动试验结果不满足验收标准要求。此后改进设计，接头形式如图 12-15a、b 所示。实践证明图 12-15b 接头形式（$x = 2$）最佳，焊透率达 80% ~ 100%，车架管接头不发生疲劳断裂，振动试验结果满足验收标准要求。

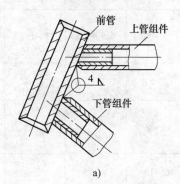
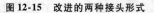
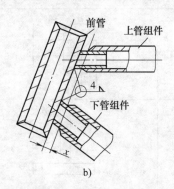

a）　　　　　　　　　　　b）

图 12-15　改进的两种接头形式

2. 零件制备

按照设计图样的规定进行下料和坡口加工时，可采用剪、锯、铣、车（旋转体）等冷加工手段和方法；也可采用热切割方法（氧乙炔火焰切割、等离

子弧切割），但随后需去除其热影响区。零件加工后的尺寸和质量必须有利于满足零件装配焊接时对坡口尺寸、错边、间隙的要求。

装配前，零件及普通焊丝必须进行表面清理、清除表面油脂、污物及氧化膜，以免焊接时产生气孔等焊接缺陷。

表面清理方法有机械清理法和化学清理法。

化学清理法效率高，质量稳定，适用于清理中小型尺寸并成批生产的零件。化学清洗法见表12-22。

表 12-22　铝及铝合金的化学清洗法

工序 焊丝	除油	碱　洗			冲洗	中和光化			冲洗	干燥
		溶液	温度/℃	时间/min		溶液	时间/min	温度/℃		
纯铝	汽油、丙酮、四氯化碳、磷酸三钠	6%～12% NaOH	40～60	≤20	流动清水	30% HNO₃	1～3	室温或 40～60℃	流动清水	风干或低温干燥
铝镁、铝锰合金		6%～10% NaOH	40～60	≤7	流动清水	30% HNO₃	1～3	室温或 40～60℃	流动清水	风干或低温干燥

注：表中溶液的含量为质量分数。

当焊件尺寸较大、生产周期较长、化学清洗后又沾污时，常采用机械清理。先用有机溶剂（丙酮或汽油）擦拭表面以除油，随后直接用直径 $\phi 0.15mm$ 的不锈钢丝刷子刷，要刷到露出金属光泽为止。一般不宜用砂轮或砂布等打磨，因为砂粒留在金属表面，焊接时会产生夹渣等缺陷。另外也可用刮刀清理焊接表面。

零件和焊丝经过清洗后，在存放过程中会重新产生氧化膜。特别是在潮湿环境下，以及在被酸、碱等蒸气污染的环境中，氧化膜成长更快。因此，零件、焊丝清洗后到焊接前的存放时间应尽量缩短，在气候潮湿的情况下，一般应在清理后 4～8h 内施焊，如清理后存放时间过长，则需重新清理。

表面抛光的铝及铝合金焊丝无需焊前清理或清洗。

3. 零件装配

零件焊前装配是重要工序，它影响焊接质量、焊接变形和应力、焊接时的拘束度和焊接裂纹倾向。

零件装配时一般应有夹具，否则需先定位焊，但焊件变形难以控制。采用夹具时，需从零件正反面夹紧铝材零件，夹具的刚性和夹紧力大小要适当，过小则难以控制变形和保证焊件尺寸；过大则焊缝拘束度太强，有时会引起焊缝开裂。因此，一般以每 100mm 长度接缝上能有 350kg 左右的均匀夹紧力为好。装配大尺寸厚壁零件时，一般采用众多的小型柔性夹具（如卡子、弓形夹钳等）。装配焊接大尺寸薄壁结构时，一般采用焊接纵缝的琴键式夹具和焊接环缝的液压胀形夹具，参见 [例 12-6]。装配软状态铝材零件时，夹具材料可选用碳钢或不锈钢，以减小焊接时的散热速度；装配强化状态的铝材零件时，可选用铝、铜或其合金，以增大散热速度，缓解热影响区软化及热裂倾向。为防止铝材焊缝及近缝区塌陷和利于焊缝根部良好成形，在紧贴零件焊接区背面的夹具上应镶嵌垫板，垫板材料可选用铜、不锈钢、碳钢、钛合金、石墨等，视工艺对焊缝冷却速度的要求而定。垫板上应铣出沿焊缝纵向的圆弧形槽，焊接时，槽内即形成向母材圆滑过渡的焊缝反面余高，槽径及槽深视焊缝反面余高形状及尺寸而定。垫板上不开槽是不适宜的，因为铝材焊缝根部往往存在气孔及氧化膜夹杂物，焊接时应让其透漏至垫板槽内，从而减小或免除焊缝反面余高内的缺陷对焊接接头强度的不利影响。当两零件配装不良时，宁可调换零件，不宜强力装配，以免造成大的装配应力。当结构刚性较大时，应采取能减小焊接应力及变形的装配技术措施。例如，焊接纵向焊缝前，装配时可适当增大预留的对接间隙，以便纵缝有横向收缩的余地；焊接环形焊缝前，例如在钣金件上装配法兰盘时，可适当预留工艺性的反向错边，以便焊接环缝后不致出现法兰塌陷变形。

零件清理并装配后，坡口及焊接区表面可能存有碎屑、油迹、手迹、灰尘，此时又需要清理，如用氩气或干燥的压缩空气通吹坡口，再用丙酮擦拭坡口及焊接区表面，然后用不起毛的白色薄软织物或如图 12-11 所示的乙烯树脂带覆盖焊接区，以保护焊接区存放待焊期间免遭污染，焊接时再将覆盖物除去。

[例 12-6]　铝合金开口薄壁筒体 TIG 焊工艺装备

铝合金开口薄壁筒体如图 12-16 所示。

该筒体材料为 5A06 铝合金，结构复杂，对尺寸及尺寸精度要求严格。为此，生产时准备了完善的工艺装备，包括底座、内胎、纵向夹紧机构，纵缝垫板，环向撑紧机构、外卡箍、气路控制系统，传动系统等。

内胎为可分解的框架式结构，如图 12-17 所示，

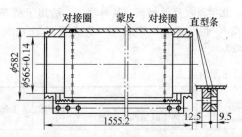

图 12-16　铝合金开口薄壁筒体结构示意图

可适应开口薄壁筒体的形状及尺寸要求，零件组装方
便，对缝简易。

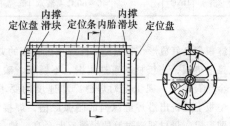

图 12-17　框架式内胎

纵向夹紧机构为气缸-摆动架-琴键式压板结构，
如图 12-18 所示。它代替了传统的气囊式结构，因而
压紧力均匀可调，使用可靠，能有效控制焊缝成形并
防止蒙皮失稳变形。

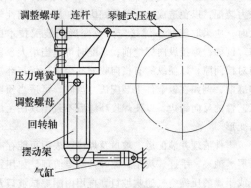

图 12-18　气缸-摆动架-琴键式压板结构

外卡箍采用链节式（4 节）结构，如图 12-19
所示，可防止蒙皮凸起，控制对接圈与蒙皮间的
错边。

环向撑紧结构采用凸轮-挺杆-滑块结构，如图
12-20 所示，其内有向外撑出的 8 个大滑块，每个大
滑块又由 6 个不锈钢小滑块组成，小滑块上有弧形焊
漏槽，以控制焊缝反面余高。通过气缸和弹簧动作，
可撑紧两零件对接部位，使滑块与零件紧密贴合。

保证良好散热，防止熔池金属下坠。

纵向垫板用不锈钢制成，其上有弧形焊漏槽，宽
度为 6～8mm，深度 0.5～0.8mm。

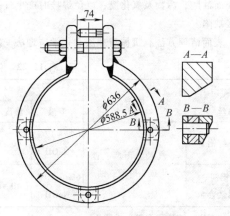

图 12-19　链节式外卡箍

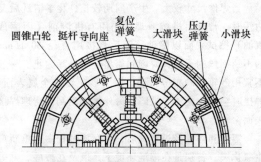

图 12-20　凸轮-挺杆-滑块式结构

内胎由无级调速的蜗轮蜗杆传动机构带动可实现
纵缝换位及环缝转动。

上述工艺装备可实现筒体一次装夹，完成两条纵
缝和两条环缝的 TIG 焊，焊缝成形及质量良好。

4. 焊前预热

由于铝材热导率高，熔焊时散热快，当装配件厚
度大、尺寸大时，有时可考虑实施焊前预热。钨极氩
弧焊铝材厚度超过 10mm，熔化极氩弧焊铝材厚度超
过 15mm、钨极及熔化极氦弧焊铝材厚度超过 25mm
时，熔焊前可对装配件实施预热。

预热温度视具体情况而定。未强化的铝及铝合金
零件的预热温度一般为 100～150℃，经强化的铝合
金件，包括 $w(Mg)$ 达 4%～5% 的铝-镁合金件，预
热温度不应超过 100℃，否则铝材的强化效果或其耐
应力腐蚀开裂的性能会受到不利的影响。

预热区域一般局限于邻近焊缝的母材区。

有时为了减小焊接应力及变形和预防焊缝生成气
孔而对焊接区预热，例如在夹具上安装电加热装置并
对邻近焊缝区域的母材实施预热。大尺寸或复杂的铝
合金铸件可能需要预热以减小热应力，熔焊后再缓慢
冷却以减小产生裂纹的危险。预热高镁含量［例如 w
$(Mg) = 9.5\%～10.6\%$］的铝-镁合金铸件时，熔焊

后需随即进行热处理，因为预热及焊接热对此类合金的耐腐蚀性可能有不利的影响。

5. 焊接设备

铝合金钨极氩弧焊常采用交流电源。焊件为负的负半波内，有阴极清理作用（俗称"阴极雾化"），焊件为正的正半波内，钨极发热较负半波时小，类似冷却，钨极不致过热熔化。

交流钨极氩弧焊设备包括焊接电源、焊枪、氩气瓶，还包括自动焊机或自动焊机头及与其配套的垂直升降及水平运行装置、焊件转动装置、自动控制系统等。

焊接电源有正弦波交流电源及方波交流电源，前者交流电压及电流每秒钟过零点 100 次，电压电流参数过零点前后转换恢复过程较为缓慢，后者过零点快，参数转换恢复过程瞬间完成，且可调节正负半波通电时间比例。

交流焊接电源内应配有消除焊接回路内产生直流分量的装置及引弧、稳弧装置。

钨极交流氩弧焊铝材时，一般不采用短路引弧法，因为钨极与铝材短路时，钨极易烧损，端部形状易被破坏。高频振荡引弧法无需钨极与焊件接触，但有时易击穿电子元器件如晶闸管且易干扰电控系统（如微机等）的正常工作。现在广泛采用高压脉冲引弧及稳弧法，钨极亦无需与铝件接触即可引燃电弧，随后，引弧脉冲消失，稳弧脉冲产生，开始正弦波交流高压脉冲稳弧过程。

铝合金钨极氩弧焊时常采用直流电源正接。此时，钨极为负，焊件为正，无阴极清理作用，但两极热量比例合理，钨极发热近似为 30%，焊件受热近似为 70%，因此可实现短弧深熔，焊缝成形窄而深。氦的电离电位高，引弧较氩困难。因此氦弧焊所需的直流电源最好具有较高的空载电压，电源的其他技术特性则与一般电源类似。

6. 手工钨极交流氩弧焊

TIG_{AC} 手工焊操作灵活，使用方便，适于焊接小尺寸焊件的短焊缝、角焊缝及大尺寸构件的形状不规则焊缝。

钨极可采用纯钨、铈钨、锆钨电极，电极端部应呈半球形。制备电极端部时，可采用下述简单方法：用比焊接电流所要求的规格大一号的钨极，将端部磨成锥形，垂直地夹持电极，用比要求的电流值大 20A 的电流在试片上起弧并维持几秒钟，钨极端头即呈半球形。如果钨极被铝污染，则必须清理或更换钨极。轻微污染时，可增大电流使电弧在铝试片上燃烧，即能烧掉污染物。

定位焊时，定位焊缝必须保持焊透，并具有一定的长度及强度。定位焊圆形嵌入件（如法兰盘）时，应对称定位，并打磨定位焊缝表面。当发现定位焊缝未焊透或开裂时，应磨除该段定位焊缝，并重新定位焊。

在冷态零件上施焊时，电弧应在始焊点稍停，待母材边缘开始熔化时，再及时填丝运行，以保证始焊点焊透。对接焊过程中，焊枪与零件表面的夹角一般为 70°~80°，角焊时，此夹角一般为 30°~45°，填丝方向与零件表面的夹角一般不超过 15°。填丝时，焊丝是依靠焊工手指的动作均匀送入熔池的，焊丝的填入点不应位于电弧正下方，而应位于熔池边部，距电弧中心线约 0.5~1.0mm 处，焊丝填入点不得高于熔池表面或在电弧下横向摆动，以免影响母材熔化，破坏气体保护，招致金属氧化。焊丝回撤时，勿使焊丝末端露出气体保护区外，以免焊丝末端发生氧化后再度送进时随之带入熔池。

手工焊时，铝焊丝标准长度为 1m，因此经常需要熄弧换丝。熄弧处易形成弧坑，而且易过热、弧坑内易生成气孔或裂纹。因此熄弧时必须精心操作，一般有两种熄弧操作方法，决不可突然断弧。一种方法可称为空拉熄弧法，通过起动焊接电流调节器，衰减焊接电流，不填丝，同步运行电弧，直至电弧熄灭，此法适用于热裂倾向较小的铝及铝合金焊接时的熄弧操作。另一种方法可称为堆高熄弧法，此法不一定衰减电流，但可匀速抬高电弧，同时加速填充焊丝，直至电弧熄灭，使熄弧处焊缝局部凸出，必要时磨除过分堆高。堆高熄弧法可确保不生成弧坑，防止过热及裂纹，特别适用于热裂倾向较大的热处理强化高强度铝合金的焊接。如设备上配有衰减熄弧装置，则堆高熄弧法使用效果更好。

铝及铝合金手工钨极交流氩弧焊工艺参数见表12-23。

7. 自动钨极交流氩弧焊

手工焊时，焊接参数由焊工掌握，难以准确控制，起弧、熄弧、接头等部位多，焊缝外观及内部质量也难以控制。自动焊时，电弧运行及焊丝填入均为自动进行，焊接参数及焊缝质量均可严格控制，焊缝平直、美观。

铝及铝合金钨极交流自动氩弧焊时，焊枪一般垂直于焊缝熔池，钨极端部对准焊缝中心，焊接速度高时，焊枪可稍后倾，以便保持对熔池的保护，焊丝与焊件间则保持 10°夹角。

自动焊时热输入允许较手工焊时大，其焊接参数见表12-24。

表 12-23　手工钨极交流氩弧焊参数

板材厚度 /mm	焊丝直径 /mm	钨极直径 /mm	预热温度 /℃	焊接电流 /A	氩气流量 /(L/min)	喷嘴孔径 /mm	焊接层数（正面/反面）	备　注
1	1.6	2	—	45 ~ 60	7 ~ 9	8	正 1	卷边焊
1.5	1.6 ~ 2.0	2	—	50 ~ 80	7 ~ 9	8	正 1	卷边或单面对接焊
2	2 ~ 2.5	2 ~ 3	—	90 ~ 120	8 ~ 12	8 ~ 12	正 1	对接焊
3	2 ~ 3	3	—	150 ~ 180	8 ~ 12	8 ~ 12	正 1	V 形坡口对接
4	3	4	—	180 ~ 200	10 ~ 15	8 ~ 12	1 ~ 2/1	V 形坡口对接
5	3 ~ 4	4	—	180 ~ 240	10 ~ 15	10 ~ 12	1 ~ 2/1	V 形坡口对接
6	4	5	—	240 ~ 280	16 ~ 20	14 ~ 16	1 ~ 2/1	V 形坡口对接
8	4 ~ 5	5	100	260 ~ 320	16 ~ 20	14 ~ 16	2/1	V 形坡口对接
10	4 ~ 5	5	100 ~ 150	280 ~ 340	16 ~ 20	14 ~ 16	3 ~ 4/1 ~ 2	V 形坡口对接
12	4 ~ 5	5 ~ 6	150 ~ 200	300 ~ 360	18 ~ 22	16 ~ 20	3 ~ 4/1 ~ 2	V 形坡口对接
14	5 ~ 6	5 ~ 6	180 ~ 200	340 ~ 380	20 ~ 24	16 ~ 20	3 ~ 4/1 ~ 2	V 形坡口对接
16	5 ~ 6	5 ~ 6	200 ~ 220	340 ~ 380	20 ~ 24	16 ~ 20	4 ~ 5/1 ~ 2	V 形坡口对接
18	5 ~ 6	6	200 ~ 240	360 ~ 400	25 ~ 30	16 ~ 20	4 ~ 5/1 ~ 2	V 形坡口对接
20	5 ~ 6	6	200 ~ 260	360 ~ 400	25 ~ 30	20 ~ 22	4 ~ 5/1 ~ 2	V 形坡口对接
16 ~ 20	5 ~ 6	6	200 ~ 260	300 ~ 380	25 ~ 30	16 ~ 20	2 ~ 3/2 ~ 3	X 形坡口对接
22 ~ 25	5 ~ 6	6 ~ 7	200 ~ 260	360 ~ 400	30 ~ 35	20 ~ 22	3 ~ 4/3 ~ 4	X 形坡口对接

表 12-24　钨极交流自动氩弧焊焊接参数

焊件厚度 /mm	焊接层数	钨极直径 /mm	焊丝直径 /mm	喷嘴孔径 /mm	氩气流量 /(L/min)	焊接电流 /A	送丝速度 /(m/h)
1	1	1.5 ~ 2	1.6	8 ~ 10	5 ~ 6	120 ~ 160	—
2	1	3	1.6 ~ 2	8 ~ 10	12 ~ 14	180 ~ 220	65 ~ 70
3	1 ~ 2	4	2	10 ~ 14	14 ~ 18	220 ~ 240	65 ~ 70
4	1 ~ 2	5	2 ~ 3	10 ~ 14	14 ~ 18	240 ~ 280	70 ~ 75
5	2	5	2 ~ 3	12 ~ 16	16 ~ 20	280 ~ 320	70 ~ 75
6 ~ 8	2 ~ 3	5 ~ 6	3	14 ~ 18	18 ~ 24	280 ~ 320	75 ~ 80
8 ~ 12	2 ~ 3	6	3 ~ 4	14 ~ 18	18 ~ 24	300 ~ 340	80 ~ 85

[例 12-7]　储罐双人及双枪交流钨极氩弧焊

一种铝合金储罐，材料为厚 6mm 的 AlMg4.5Mn 合金。根据具体情况，决定采用双人同步手工交流 TIG 氩弧立焊及双枪交流 TIG 自动焊的两种焊接方法。

双人同步交流 TIG 手工氩弧立焊：两名操作者分别在工件外面和内面同步进行自下而上的手工 TIG 立焊，焊丝为 SAl5183、SAl5183A，直径为 φ4mm，表面经过化学或电化学抛光。焊接时，以焊件外面的焊枪为主导，进行有序的焊枪左右摆动和填丝，内面的

焊枪不填丝，但其电弧始终跟踪外面焊枪的电弧中心，以加强内面保护，使外面焊缝的根部熔透，确保焊缝内面良好成形。此种双人两面同步焊接法无需坡口，间隙较大，背面无需清根和压紧的工装，故具有工艺简化、焊透性好、气孔少、变形小、工装简单的优点。焊接参数见表 12-25。

双枪交流 TIG 自动氩弧焊：焊接机头上装两只氩弧焊枪，其中之一为主枪，另一为副枪，副枪装在主枪前方。副枪电弧超前于主枪电弧，对焊件进行逐点

均匀预热和阴极清理及净化焊件坡口，因此焊缝外形美观，焊透性好、气孔少、焊接变形小。在气动的琴键式夹具上装配焊接，可获得单面焊双面成形的优质焊缝。双枪交流 TIG 自动氩弧焊焊接参数见表 12-26。

表 12-25　双人同步 TIG 手工氩弧立焊焊接参数

接头间隙 /mm	焊接位置	焊丝直径 /mm	焊接电流 /A	焊接速度 /(mm/min)	氩气流量 /(L/min)
4 ~ 8	正面	4	80 ~ 85	60 ~ 100	12 ~ 15
4 ~ 8	背面	4	85 ~ 90	60 ~ 100	12 ~ 15

表 12-26　双枪交流 TIG 自动氩弧焊焊接参数

接头间隙 /mm	焊丝直径 /mm	焊接电流/A		送丝速度 /(m/min)	焊接速度 /(mm/min)	氩气流量(L/h)	
		主枪	副枪			主枪	副枪
0 ~ 0.5	1.6	300	200 ~ 400	2.0 ~ 3.0	200 ~ 300	1400	700

　　[例 12-8]　铝合金储箱封头 TIG 自动氩弧焊系统

　　铝合金储箱为一大型压力容器，是一件重要的航天产品。储箱的封头为一拼焊结构，如图 12-21 所示。

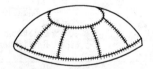

图 12-21　封头结构示意图

　　封头的材料为热处理强化的高强度铝合金 2A14—T6，其力学性能达 $R_m \geq 430\text{MPa}$，$R_{eL} \geq 380$，$A \geq 7\%$，零件厚度为 1.6 ~ 6.0mm。所有的焊接接头除应满足对该材料专门制定的焊接技术条件的要求外，封头制成储箱后尚需满足对结构强度及气密性的要求：单孔漏率不大于 $6.7 \times 10^{-9} \text{Pa} \cdot \text{m}^3/\text{s}$，总漏率不大于 $6.7 \times 10^{-7} \text{Pa} \cdot \text{m}^3/\text{s}$。

　　由于材料的焊接性不良，结构复杂，焊缝众多，封头焊接技术难度很大。为此，焊接方法采用钨极交流脉冲氩弧焊，焊接材料采用抗裂性强的 BJ—380，BJ—380A 焊丝。由于封头型面呈椭球形，有些焊缝的走向呈空间曲线形状，为避免手工焊，保证各焊缝质量的一致性，特在焊接生产中应用了封头 TIG 自动焊接系统，详见参考文献[11]。

　　用焊接自动化系统焊接储箱的封头，取得了满意的结果。焊接 20 个封头，约 403m 焊缝，焊缝返修率仅为 0.3%，封头经液压试验，达到了设计要求，焊缝的单孔漏率和总漏率也满足设计要求，封头型面优良，力学性能试验表明，焊缝力学性能良好。不同厚度封头的焊接参数示于表 12-27。

表 12-27　封头焊接参数

焊缝位置	板厚/mm	焊接电流/A	焊接速度/(m/h)	填丝速度/(m/h)	氩气流量/(L/min)
纵缝	1.6	80 ~ 200	8.4	25	10
环缝	1.6	110 ~ 190	6.3	19	10
纵缝	3.5	140 ~ 260	6.0	18	10
环缝	3.5	150 ~ 250	5.4	16	10

　　实践结果表明：

　　1）数控主机的四坐标三联动方案保证了焊接机头以恒定速度沿理论椭球曲线运动，同时，在任何施焊位置焊枪沿焊接点法线方向。焊接点处于水平位置。

　　2）采用微型计算机实现了焊接主程序控制和焊接多参数的闭环反馈控制，保证了系统稳定、可靠地工作。特殊的电视摄像机，实现了焊接自动化远距离监视。

　　3）焊接自动化系统成功地应用于储箱封头的焊接生产，提高了产品质量，缩短了生产周期，改善了劳动条件。

　　8. 钨极脉冲交流氩弧焊（$\text{TIG}_{\text{AC}}\text{-P}$）

　　钨极脉冲交流氩弧焊接过程中有一个基值电流 i_b 和一个脉冲电流 i_p，前者始终连续工作，借以引弧，后者断续，借以深熔。电流波形如图 12-22 所示。

　　当每次脉冲电流通过时，工件被加热熔化，形成一个点状熔池。随后基值电流持续，该熔池冷却凝固，同时维持电弧稳定，因此焊接是一个断续熔化凝固过程，焊缝由一个一个焊点叠加而成，电弧是脉动的，有明亮和暗淡相互交替的闪烁现象。由于焊接电

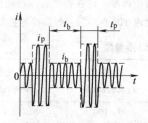

图 12-22　脉冲交流钨极氩弧焊波形

i_p—脉冲电流幅值　i_b—基值电流幅值

t_p—脉冲电流持续时间　t_b—基值电流持续时间

流脉冲化，焊接电流的平均有效值降低，可调参数多，焊接热输入便于合理选择。

当电流波形呈矩形的方波时，如图 12-23 所示，半波过零点转换可瞬间完成，过零点时电流增长迅速，稳弧性能明显提高。

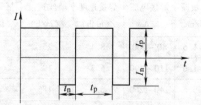

图 12-23　钨极方波交流氩弧焊波形

t_n—负半波持续时间　t_p—正半波持续时间

I_n—负半波脉冲电流　I_p—正半波脉冲电流

铝及铝合金钨极脉冲交流氩弧焊一般采用动特性良好的方形波电源，脉冲频率范围为 1～10Hz，常用脉冲频率可参考表 12-28 选用。

表 12-28　钨极脉冲交流氩弧焊常采用的脉冲频率

焊接方法及焊接速度	手工焊	自动焊时焊接速度/（mm/min）			
		200	283	366	500
脉冲频率/Hz	1～2	3	4	5	6

随着脉冲电流频率的提高，电弧的电磁收缩效应即随之增强。当脉冲电流频率高于 5kHz 时，电弧的挺度和刚度明显增大，即使焊接电流很小，电弧也有很强的稳定性和指向性，因而有利于焊接薄件。此外，随着电流脉冲频率的提高，电弧压力也随之增大，如图 12-24 所示。因而高频电弧的穿透力强，有利于深熔。高频电弧的振荡作用有利于晶粒细化，消除焊缝气孔，获得优质焊缝。

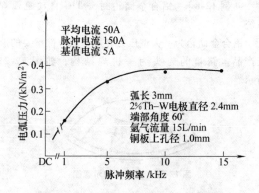

平均电流 50A
脉冲电流 150A
基值电流 5A

弧长 3mm
2%Th-W电极直径 2.4mm
端部角度 60°
氩气流量 15L/min
铜板上孔径 1.0mm

图 12-24　电流脉冲频率对电弧压力的影响

铝合金钨极脉冲交流氩弧焊一般焊接参数见表 12-29。

表 12-29　铝合金钨极脉冲交流氩弧焊焊接参数

材料	厚度/mm	焊丝直径/mm	$I_{脉}$/A	$I_{基}$/A	脉冲频率/Hz	脉宽比（%）	电弧电压/V	气体流量/（L/min）
5A03	2.5	2.5	95	50	2	33	15	5
	1.5	2.5	80	45	1.7	33	14	5
5A06	2.0	2	83	44	2.5	33	10	5
2A12	2.5	2	140	52	2.6	36	13	8

铝及铝合金钨极脉冲交流氩弧焊可调工艺参数多，其中，占空比 β 对焊接的效果具有重要影响。

$$\beta = \frac{t_n}{t_n + t_p} \times 100\%$$

β 增大时，阴极清理作用增强，但母材所获热量减少，熔深减小，钨极烧损多。β 减小时，阴极清理作用减弱，但熔深增大、钨极烧损减轻。在一般情况下，β 可在 10% 至 50% 范围内调节。

为更合理地分配钨极和焊件各自所受的热量，可增大 t_n 半波期间的电流 I_n，减小 t_n 时间，从而既可充分发挥阴极清理作用，为焊件去除表面氧化膜，又可使钨极受热烧损减小到可接受的程度。此时，波形即如图 12-25 所示。此种氩弧焊方法也可称为变极性氩弧焊，即其两半波参数可作非对称式变化和调节。

9. 钨极直流正接氩弧焊（TIG DCSP）

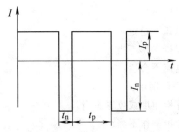

图 12-25　变极性氩弧焊波形

钨极直流氩弧焊时，钨极发热小焊件受热大，可深熔。当钨极直径一定时，钨极直流氩弧焊可使用比钨极交流氩弧焊更大的电流；当焊接电流一定时，可采用较小直径的钨极。由于可获得窄而深的熔透，因此只需较小的坡口和少量的填丝。当零件厚度一定时，可采用较小的焊接电流，实现快速焊接、热影响区较窄、热影响程度较小，焊接应力变形小，焊接接头的力学性能可等于或高于钨极交流氩弧焊的焊接接头。

铝及铝合金钨极直流氩弧焊时没有阴极清理作用，不能去除焊件表面氧化膜，因此氩弧焊前，必须彻底清理铝材及坡口表面，最好是对其进行化学清洗，再对焊接区表面进行刮削，然后迅速实施焊接。焊接后，焊缝表面一般覆有一层暗色氧化物甚至黑灰，但它仅限于表面，易于用钢丝刷或抹布将其擦除。

钨极直流氩弧焊时，要求空载电压较高，施焊时宜采用短弧，其对接接头焊接参数见表 12-30、表 12-31。

手工氩弧焊时要求短弧，操作难度极大，故一般只适于采用自动氩弧焊。

钨极氩氦混合气体保护电弧焊　为了增大钨极交流氩弧焊的熔透能力，可实施氩氦混合气体保护，例如 Ar75% + He25%（体积分数）。为了改善钨极直流氩弧焊时的引弧特性，也可实施氩氦混合气体保护，例如 He75% + Ar25%。

表 12-30　手工钨极直流氩弧焊参数

材料厚度 /mm	坡口形式	钨极直径 /mm	焊丝直径 /mm	氩氦流量 /(L/min)	焊接电流 /A	电弧电压 /V	焊接速度 /(cm/min)	焊接层数
0.8	平口对接	1.0	1.2	9.5	20	21	42	1
1.0	平口对接	1.0	1.6	9.5	26	20	40	1
1.5	平口对接	1.0	1.6	9.5	44	20	50	1
2.4	平口对接	1.6	2.4	14	80	17	28	1
3	平口对接	1.6	3.2	9.5	118	15	40	1
6	平口对接	4.0	4.0	14	250	14	3	1
12	V形,90°钝边 6mm	3.2	4.0	19	310	14	14	2
18	X形,90°钝边 5mm	3.2	4.0	24	300	17	10	2
25	X形,90°	3.2	6.4	24	300	19	3.5	5

表 12-31　自动钨极直流正接氩弧焊参数

材料厚度 /mm	电极直径 ϕ/mm	填充焊丝直径 ϕ/mm	送丝速度 /(cm/min)	氩气流量 (L/min)	焊接电流 /A	电弧电压 /V	焊接速度 /(cm/min)	备注
0.6	1.2	1.2	150	28	100	10	150	
0.8	1.2	1.2	192	28	110	10	150	
1.0	1.2	1.2	173	28	125	10	150	
1.2	1.2	1.2	162	28	150	12	150	
1.6	1.2	1.2	252	28	145	13	150	不开坡口、钍钨极、平焊位置、单层焊道
2.0	1.2	1.2	254	28	290	10	150	
3.0	1.6	1.6	140	14	240	11	110	
6.0	1.6	1.6	102	14	350	11	38	
10	1.6	1.6	76	19	430	11	20	

10. 焊接过程故障及焊接缺陷

（1）过程故障及其成因

1）引弧困难：

① 高频火花间隙调节不当。

② 焊接回路不通。

③ 钨极被污染。

2）电弧阴极清理作用不佳：

① 母材表面氧化物过多过厚。

② 高频装置调节不当。

③ 空载电压太低。

④ 气体保护不充分：

a）气体流量不足。

b）气体喷嘴内侧粘有飞溅物。

c）喷嘴与焊件的距离不正确。

d）焊枪位置不正确。

e）有侧风或穿堂风。

3）焊道不洁净：

① 气体不充分：

a）气体流量不足。

b）喷嘴损坏或不清洁。

c）喷嘴与焊件的距离不正确。

d）焊枪位置不正确。

e）喷嘴规格选错（应选小规格）。

f）钨极与喷嘴不同心。

g）有风。

② 由于漏气或漏水而使保护气体不纯。

③ 电弧清理作用不佳。

④ 电弧不稳定。

⑤ 焊道被电极污染。

⑥ 焊件或焊丝不洁净。

4）电极被铝污染：

① 焊丝填丝的角度或位置不当。

② 焊枪与焊丝操作配合不当。

③ 电极外伸过大。

④ 电极与焊件接触。

5）电极外形不正确：

① 电极与电流选配不当。

② 焊前电极端外形不正确。

③ 电极材料选错（交流 TIG 焊铝时应选用铈钨或锆钨电极）。

6）焊道被电极污染：

① 在所用电流下的电极直径太小。

② 焊枪操作不当。

③ 电极材料不合适。

7）焊道粗糙：

① 焊丝不均匀。

② 电弧不稳定。

③ 焊枪操作不当。

④ 电流不合适。

8）填丝困难：

① 焊枪角度或位置不当。

② 焊枪操作不当。

③ 电弧不稳定。

9）电弧和熔池的可见度差：

① 焊件位置不适当。

② 焊枪位置不正确。

③ 面罩护镜小或不清洁。

④ 喷嘴规格不合适。

10）电源过热：

① 使用功率过大。

② 电源风扇冷却功能差。

③ 高频装置接地不良。

④ 旁路电容器功能不良。

⑤ 电池偏压功能差。

⑥ 整流不洁净（应定期维修）。

11）焊枪、导线或电缆过热：

① 接线松动或不合规格。

② 焊枪、导线或电缆规格太小。

③ 冷却水流量不足。

12）电弧爆炸：

① 焊丝内部质量低劣（含夹杂物）。

② 焊枪与焊件短路。

③ 供气突然中断。

（2）焊接缺陷及其成因

1）焊接裂纹：

① 材料焊接性不良（热裂倾向大）。

② 焊丝抗热裂性差。

③ 焊丝与母材熔合比不合适。

④ 拘束度过大。

⑤ 热输入过大。

2）未焊透：

① 坡口太窄。

② 背面清根不彻底。

③ 电流过小。

④ 弧长过高。

⑤ 焊接速度过高。

3）未熔合：

① 母材表面氧化层过厚。

② 坡口尺寸不合适。

③ 弧长过长或焊枪倾角不合适。

④ 焊件表面不清洁。

⑤ 电流过小。

⑥ 焊接速度过高。

4）咬边：

① 弧长过长。

② 电流过大。

③ 焊接速度过低。

④ 焊枪倾角不合适。

⑤ 电弧横向摆动时在坡口边缘停留时间不当。

5）焊道尺寸不合格：

① 焊接参数不合适（电流、电压、焊接速度）。

② 操作人员操作失当。

6）焊缝气孔：

① 焊件或焊丝焊前表面清理不彻底。

② 供气系统不干燥或漏气漏水。

③ 焊件或焊丝清理后的待焊时间过长或发生新的沾污。

④ 厚大焊件缺预热。

⑤ 焊接速度过高。

⑥ 多层焊层间表面清理不彻底。

⑦ 焊接时气体保护不良。

⑧ 母材或焊丝材质内含氢量过高。

7）焊缝夹氧化膜：

① 焊件或焊丝焊前表面清理不彻底。

② 焊件或焊丝焊前清理后待焊时间过长或发生新的沾污。

8）焊缝夹钨：

① 钨极过热熔化。

② 钨极与熔池接触。

③ 焊接参数选用不合适。

④ 电极材料选用不合适。

9）焊缝向母材急剧过渡：

① 焊缝反面垫板凹槽形状及尺寸不正确（不应采用矩形槽）。

② 操作人员技艺不佳。

12.1.8 熔化极惰性气体保护电弧焊[11]

熔化极惰性气体保护电弧焊是一种以连续送进的焊丝作为一个电极，以焊件作为另一个电极，在惰性气体（氩、氦或其混合气体）保护下，焊丝一面引燃电弧，一面熔化和填充熔池，从而不断引弧和不断填丝，实现电弧焊接过程。由于多采用氩气保护，故常称其为熔化极氩弧焊，或简称 MIG 焊。

MIG 焊可使用比钨极氩弧焊时更大的焊接电流，电弧功率大，可焊接中厚板，焊接生产效率高，已广泛用于铝及铝合金结构的焊接生产中。

熔化极氩弧焊是一个熔滴过渡的过程，熔滴过渡的形式及其过程的稳定性是此种焊接方法是否适用的关键。当焊接电流由小到大增长时，熔滴过渡即由短路过渡、滴状过渡，向喷射过渡（射滴过渡、射流过渡）方向变化。短路过渡只适用于材料厚度为 1~2mm 薄壁零件的 MIG 焊。在短路过渡至射流过渡之间，有一个亚射流过渡区，如图 12-26 所示，此时尽管弧长较短，但并不发生短路，即使弧长变化，电流电压亦可保持不变，即使采用恒流电源（陡降外特性），电弧也能进行自身调节，焊接过程稳定，焊缝成形均匀美观，实践经验表明，采用亚射流过渡形式 MIG 焊铝材时，焊接效率更高，焊接质量更好。

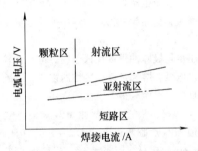

图 12-26 亚射流过渡区

由大滴向小滴转变时的电流称为临界电流。对 $\phi1.2mm$、$\phi1.6mm$、$\phi2.4mm$ 的铝及铝合金焊丝，其相应的临界电流值分别为 130A、170A、220A。只有当使用电流大于临界电流，熔滴过渡过程才能稳定，也才能稳定地进行 MIG 焊。

为了能在低于临界电流的较小焊接电流下也能稳定地进行 MIG 焊，现在又开发出熔化极脉冲焊，它由维弧电流和脉冲电流组成，如图 12-27 所示。

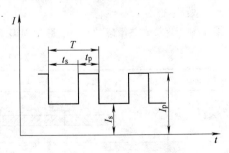

图 12-27 熔化极脉冲焊电流波形

T—脉冲周期　I_p—脉冲电流

t_p—脉冲持续时间　I_s—维弧

电流　t_s—维弧时间

由图 12-27 可见，维弧电流只维持电弧连续而不在焊丝端头生成熔滴，而脉冲电流在数值上均高于射流过渡临界电流值，在脉冲期间可形成和过渡一个熔滴或几个熔滴，还可能在维弧初期过渡一个熔滴。熔化极脉冲焊时，脉冲频率一般为 30 ~ 300Hz。

视脉冲电流和脉冲持续时间的不同，熔化极脉冲焊时可出现三种熔滴方式，其一，I_p 及 t_p 过小，能量不足，只能几个脉冲过渡一个熔滴；其二，I_p 及 t_p 过大，能量过大，一个脉冲可过渡几个熔滴；其三，I_p 及 t_p 配合适当，一个脉冲过渡一个熔滴，这是一种最佳的熔滴过渡形式，前两种由于伴生出少量飞溅和指状熔深，一般不推荐使用。

焊接平均电流是通过送丝速度来确定的。调节送丝速度时，通过设备的控制电路自动调整脉冲频率与其相适应，从而也实现了平均电流的调节。例如，送丝速度高时，脉冲频率也高，焊接平均电流也大，反之亦然。

由于熔化极脉冲焊可在低于临界电流的较小电流下实现对电弧、熔滴过渡和熔池的控制，飞溅小，焊缝成形良好，因而获得了广泛的应用：

① 可焊接薄板。由于脉冲 MIG 焊的下限电流可低于普通 MIG 焊临界电流的 1/2 ~ 1/4，因而可焊厚度为 1.6mm 的铝材，而普通 MIG 焊厚度小于 4.5mm 的铝材时已很困难。

② 可以粗丝取代细丝。对厚度 2mm 的铝材，普通 MIG 焊需采用直径为 0.8mm 的细焊丝，一般推丝机构即难以送丝。脉冲 MIG 焊时，可采用 1.6mm 的焊丝，推丝问题即可缓解。

由于粗丝的比表面积较细丝小，由焊丝带入熔池的表面氧化膜及污染物即较少，因此较粗的焊丝较有利于减少气孔类焊缝缺陷。

③ 较易实现无坡口单面焊双面成形。对于厚度在 3 ~ 6mm 范围内铝板，可在平焊位置不开坡口而实现单面焊双面成形。

④ 有利于焊接对热敏感的铝材。脉冲 MIG 焊能控制热输入及焊缝成形，因而有利于预防对热敏感的铝合金焊接时发生过热、晶界熔化、液化裂纹、焊缝气孔等类缺陷。

⑤ 可实行全位置焊接。脉冲 MIG 焊时可调参数多，通过调节参数可改变电弧的形态，熔滴过渡的形式及熔池的体积，可调节过渡的力度，使可控的小熔池内液体金属不致因重力作用而滴落，因而可实现立焊、仰焊等全位置焊接。

⑥ 可施行厚壁零件的窄间隙高效焊接。普通 MIG 窄间隙焊接时，必须采用粗丝大电流，从而易降低成形系数（宽深比），增大焊缝裂纹倾向，此外，大电流电弧易与零件侧壁打弧，破坏焊接过程的稳定性。脉冲 MIG 焊时，电流可选较低，焊丝可选较细，从而可避免上述缺陷。

1. 焊接设备

手工熔化极氩弧焊设备由焊接电源、送丝系统、焊枪、供气系统、供水系统组成。

自动熔化极氩弧焊设备则由焊接电源、送丝系统、焊接机头、行走小车或操作机（立柱、横臂）和变位机及滚轮架、供气系统、供水系统、控制系统组成。

现在，国内外 MIG 焊设备已相当成熟，有的相当完善和先进，可考查选购，无需自制。但对焊接电源、送丝系统、焊枪形式及结构应予以特别关注。

当需焊接厚大铝及铝合金焊件时，应选用大电流和较大输出功率的电源。当需焊接空间位置焊缝或焊接较薄的焊件时，应选用脉冲或短路过渡焊接电源，此时应特别注意电源的动特性，宜适应性较好的逆变式焊接电源。当采用亚射流过渡形式进行焊接时，宜选用下降或陡降式外特性焊接电源，此时，电源的恒流特性与弧长自调作用有利于稳定电弧及熔深。

2. 接头形式

接头形式及其有关尺寸取决于铝及铝合金焊件厚度、焊接位置、熔滴过渡形式及焊接工艺。

可供参考的接头形式及坡口尺寸见表 12-32。

表 12-32　接头形式及坡口尺寸

板厚/mm	接头和坡口形式	根部间隙 b/mm	钝边 p/mm	坡口角度 α/(°)
≤12		0 ~ 3	—	—
5 ~ 25		0 ~ 3	1 ~ 3	60 ~ 90

（续）

板厚/mm	接头和坡口形式	根部间隙 b/mm	钝边 p/mm	坡口角度 α/(°)
8 ~ 30		3 ~ 6	2 ~ 4	60
20 以上		0 ~ 3	3 ~ 5	15 ~ 20
8 以上		0 ~ 3	3 ~ 6	70
20 以上		0 ~ 3	6 ~ 10	70
≤3		0 ~ 1	—	—
4 ~ 12		1 ~ 2	2 ~ 3	45 ~ 55
>12		1 ~ 3	1 ~ 4	40 ~ 50

3. 零件及焊丝

虽然直流反接 MIG 焊的电弧过程中始终能保持对铝材表面氧化膜的阴极清理作用，但与 TIG 焊相比较，MIG 焊时生成焊缝气孔的敏感性仍较 TIG 大。因为 TIG 焊时使用的焊丝较粗，其直径一般为 $\phi3 \sim \phi6$，而 MIG 焊时使用的铝丝较细，其直径通常为 $\phi1.2 \sim \phi1.6$，细丝的比表面积比粗丝的比表面积大，焊丝与零件坡口表面积也大，例如，零件厚度为 20mm 的坡口对接接头，其焊丝与坡口表面积之比达 10∶1，焊接一条长 1m 的焊缝，需消耗的焊丝长达 65m。因此 MIG 焊时，焊丝表面的氧化膜及污染物随焊丝进入熔池的相对数量较大，加之 MIG 焊是一个焊丝的熔滴过渡过程，电弧只是动态稳定，焊接熔池冷却凝固较快，因而产生焊缝气孔的敏感性较 TIG 更大。

焊件及焊丝表面的氧化膜及污染物可引起 MIG 焊过程中电弧静特性曲线下移，从而使焊接电流突然上升，焊丝熔化速度增大，电弧拉长，此时，电弧的声音也从原来有节奏的嘶嘶声变为刺耳的呼叫声。

因此 MIG 焊前零件及焊丝表面清理的质量对焊接过程及焊接质量（主要是焊缝气孔）影响很大。

零件及焊丝 MIG 焊前表面清理方法与 TIG 焊时基本相同，铝及铝合金焊丝最好采用经特殊表面处理的光滑、光洁、光亮的"三光"焊丝。

4. 工艺装备

MIG 焊所需的工艺装备，如小车及轨道（或操作机、变位机、滚轮架），焊件的胎夹具与 TIG 焊时基本相同，本节拟着重论述焊缝反面的衬垫（或称垫板）。

TIG 及 MIG 焊有时均需要焊缝反面的衬垫。MIG 焊时功率较大，熔透能力较强，反面衬垫有利于缩小接头的有关尺寸，操作条件较为宽松，对操作技能的要求可适当降低。

反面衬垫可分为临时衬垫及永久衬垫，前者可称为可拆卸式衬垫，它一般装在焊件的胎夹具内，与焊缝位置对应，并紧贴在两零件反面，焊接后即与焊件分离；后者的材料与焊件材料相同，并与零件反面焊接起来。

临时衬垫的材料一般为碳钢。为了防锈、防粘及保温，可采用不锈钢。为了加强散热，可采用铜或铝。有时临时垫板制成复合结构，由垫板及垫板条组成。垫板条镶嵌在碳钢的垫板内，垫板条材料为不锈钢、铜或铝。垫板条上还加工出一条凹槽，凹槽截面可呈矩形或弧形。矩形凹槽可保证接纳透露的液体金属，可允许焊缝在横向有所偏移，但可能造成反面成形的余高以 90°角向零件反面急骤过渡，从而形成强烈的应力集中。因此，矩形凹槽可用于强度不高，塑性良好，能适应应力集中的铝及铝合金。弧形凹槽有利于反面余高良好成形，余高可向母材零件圆滑过渡，但对焊缝横向偏移要求较严。中高强度铝合金 MIG 焊时，必须采用凹槽为弧形的垫板，此时，槽深宜为 $0.25 \sim 0.75\,mm$，槽宽要大于焊缝根部的宽度，但不能过宽，否则不足以支托在压板下面的金属。

永久垫板是工艺需要并经设计允许的一个小零件，一般用于多道焊，使用时必须使钝边及焊缝根部与垫板完全熔合，如图 12-28 所示。此时，接头根部对接间隙可稍大，焊接时可手工、机械或利用电磁力实施横向摆动。

当采用铝合金挤压件时，挤压件本身带有便于与其他零件焊接的多种形式的衬垫，有时衬垫还可带有坡口及自定位和方便连接的配合部，如图 12-29 所示。

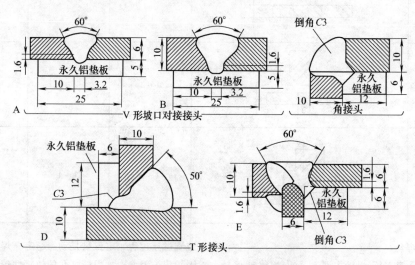

图 12-28　手工熔化极 MIG 多道焊反面垫板

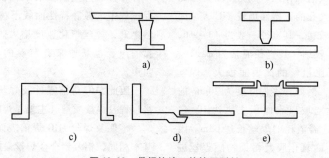

图 12-29　带焊接坡口的挤压型材

5. 焊接参数

（1）焊丝直径

MIG 焊时，焊丝直径与焊接电流及其范围有一定的关系。细丝可采用的焊接电流较小，电流范围也较窄，焊接时主要采用短路过渡方式，主要用于焊接薄件。由于细丝较软，对送丝系统要求较高。细丝比表面积大，随细丝进入熔池的污染物较多，出气孔的几率比粗丝大。粗丝允许采用较大电流，电流范围也比较大，适用于焊接中厚板。

手工半自动 MIG 焊时，一般采用细丝；自动 MIG 焊时，一般采用较粗的焊丝。

（2）焊接电流

MIG 焊时，焊接电流主要取决于零件厚度。当所有其他焊接参数保持恒定时，增大焊接电流，可增大熔深和熔宽，增大焊道尺寸，提高焊丝熔化速度及其熔敷率［即每安培每小时熔化的焊丝量，$g/(A \cdot h)$］。

MIG 焊铝时，焊接电流、送丝速度或熔化速度有一个线性关系，如图 12-30 所示；调节送丝速度即可调节焊接电流。

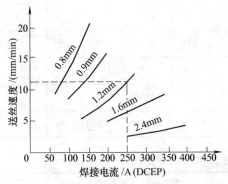

图 12-30　铝焊丝直径、焊接电流、
送丝速度之间的关系

MIG 焊时，应尽量选取较大的焊接电流，但以不致烧穿焊件为度，这样既能提高生产效率，也有助于抑制焊缝气孔。

（3）电弧电压

MIG 电弧的稳定性的主要表现就是弧长是否变化。弧长（电弧长度）和电弧电压是常被相互替代的两个术语。虽然二者互有关联，但两者不同。

弧长是一个独立的参数。MIG 焊时，弧长的选择范围很窄。喷射过渡时，如果弧长太短，极可能发生瞬时短路，飞溅大；如果弧长太长，则电弧易发生飘移，从而影响熔深及焊道的均匀性和气体保护效果。

生产中发现，电弧长度易受外界偶然因素的干扰，如网路电压波动、焊丝及焊件表面局部玷污（油污、氧化膜、水分等）。此时，由于电弧气氛发生变化，电弧静特性曲线下移，引起电流突然升高，焊丝熔化速度增大，电弧拉长，电弧过程发生动荡。

电弧电压与弧长有关，但还与焊丝成分、焊丝直径、保护气体和焊接技术有关。电弧电压是在电源的输出端子上检测的，它还包括焊接电缆和焊丝伸出长度上的电压降。当其他参数保持不变时，电弧电压与电弧长度成正比关系。

焊接铝及铝合金时，在射流过渡范围内的给定焊接电流下，宜配合电流来调节电弧电压，将弧长调节并控制在无短路或间有短路（人称"半短路"）的射流状态，及亚射流状态。此时，电弧稳定，飞溅小，阴极清理区宽，焊缝光亮，表面波纹细致，成形美观。一种合适的电弧电压与焊接电流的配合如图 12-31 所示。

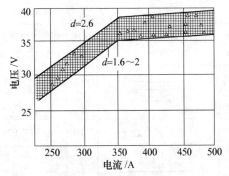

图 12-31　合适的电弧电压
与焊接电流的配合

（4）焊接速度

焊接速度与零件厚度、焊接电流、电弧电压等密切相关。随着电流的增大，焊接速度也应提高。但焊接速度不能过分提高，否则焊接接头可能出现咬边或形成所谓驼峰焊道，有时还可能使气保超前于熔池范围，失去对熔池的全面保护作用。焊接速度宜取适中值，此时熔深最大。焊接速度过低时，电弧将强力冲击熔池，使焊道过宽，或零件烧穿成洞。

（5）焊接接头的位置

焊接接头的不同位置（或称全位置）有平焊、横焊、立焊、仰焊，焊接技术难度按此顺序依次加大。由于重力的作用，熔池液态焊缝金属总是有下落的倾向。因此，最好通过机械化的自动焊，使焊件上的所有焊缝均变成平焊或接近平焊的位置。当不得不按不同位置进行焊接时，则应按不同位置的特点来选择焊接参数。例如仰焊时，宜选用细焊丝、小电流、短弧、实行短路过渡，使熔池较小，熔池凝固较快，焊缝快速成形。如果此时电流较大，熔池较大，熔池内的液态金属即可能向下流失。立焊有两种情况，一是向下立焊，二是向上立焊，前者焊缝成形难于控制、电流应小，后者对焊缝成形的影响不大，电流可大。对不同焊接位置的焊接工艺因素做出不同选择后，焊接操作时尚应有不同的技巧。

（6）焊接道次

焊接道次主要取决于零件厚度、接头形式、坡口尺寸与结构和材料特性。零件厚度较大时，自然需要多道焊。当结构要求气密或材料对热敏感时，也宜优选多道焊，减小每个焊道所需的热输入，增大道次间隔时间，防止金属过热。此外，每个道次的熔池体积较小，也有利于氢气泡在熔池凝固前得以逸出。相邻两焊道内残存的两气孔巧合相连而形成通孔的概率是不大的。因此，多道焊较有利于保证气密性，防止渗漏。

（7）保护气体流量

气体流量与其他诸工艺因素有关。必须选配适当。流量偏小时，虽也能达到保护目的，但经不起外界因素对保护的干扰，特别是在引弧处的保护易遭到破坏。气体流量过大时，会引起熔池铝液翻腾，恶化焊缝成形。此外，气体流量过大过小均易造成紊流。造成保护不良，焊缝表面起皱。

必须指出，这些参数的影响是在其他参数给定的条件下的表现。实际各参数之间是互有关联的，改变某一个参数就要求同时改变另一个或另一些参数，才能获得改变参数所期望获得的结果。选择最佳的相互适配的成套焊接参数需要参考资料、专家经验（如先进焊接设备内所设的专家系统），但仍需用户自行试验和验证。

可供参考的铝及铝合金焊接参数见表12-33～表12-36。

表 12-33　短路过渡 MIG 焊参数

板厚 /mm	接头形式 /mm	焊接次数	焊接位置	焊丝直径 /mm	焊接电流 /A	电弧电压 /V	焊接速度 /(cm/min)	送丝速度 /(cm/min)	气体流量 /(L/min)
2	0～0.5	1	全	0.8	70～85	14～15	40～60	—	15
		1	平	1.2	110～120	17～18	120～140	590～620	15～18
1		1	全	0.8	40	14～15	50	—	14
2	0～2	1	全	0.8	70	14～15	30～40	—	10
					80～90	17～18	80～90	950～1050	14

表 12-34　喷射过渡及亚射流过渡 MIG 焊参数

板厚 /mm	坡口尺寸 /mm	焊道顺序	焊接位置	焊丝直径 /mm	电流 /A	电压① /V	焊接速度 /(cm/min)	送丝速度① /(cm/min)	氩气流量 /(L/min)	备　注
6	c=0～2 α=60°	1	水平	1.6	200～250	24～27 (22～26)	40～50	590～770 (640～79)	20～24	使用垫板
		1	横、立		170～190	23～26 (21～25)	60～70	500～560 (580～620)		
		1～2 (背)	仰							
8	c=0～2 α=60°	1 2	水平	1.6	240～290	25～28 (23～27)	45～60	730～890 (750～1000)	20～24	使用垫板、仰焊时增加焊道数
		1 2	横、立		190～210	24～28 (22～23)	60～70	560～630 (620～650)		
		3～4	仰							

（续）

板厚/mm	坡口尺寸/mm	焊道顺序	焊接位置	焊丝直径/mm	电流/A	电压①/V	焊接速度/(cm/min)	送丝速度①/(cm/min)	氩气流量/(L/min)	备注
12	α₁ 2~3 c=1~3 α₁=60°~90° α₂=60°~90°	1 2 3(背)	水平	1.6或2.4	230~300	25~28 (23~27)	40~70	700~930 (750~1000) 310~410	20~28	仰焊时增加焊道数
		1 2 3	横、立	1.6	190~230	24~28 (22~24)	30~45	560~700 (620~750)	20~24	
		1~8 (背)	仰							
16	c=1~3 α₁=90° α₂=90°	4道	水平	2.4	310~350	26~30	30~40	430~480		焊道数可适当增加或减少正反两面交替焊接,以减少变形
		4道	横、立	1.6	220~250	25~28 (23~25)	15~30	660~770 (700~790)	24~30	
		10~12道	仰	1.6	230~250	25~28 (23~25)	40~50	700~770 (720~790)		
25	c=2~3 (7道时) α₁=90° α₂=90°	6-7道	水平	2.4	310~350	26~30	40~60	430~480		
		6道	横、立	1.6	220~250	25~28 (23~25)	15~30	660~770 (700~790)	24~30	
		约15道	仰	1.6	240~270	25~28 (23~26)	40~50	730~830 (760~860)		

① 括号内所给值适用于亚射流过渡。

表 12-35　半自动 MIG 焊参数

板厚/mm	坡口及坡口形式/mm	焊丝直径/mm	焊接电流/A	电弧电压/V	焊接速度/(m/h)	气体流量/(L/min)	焊道数
<4		0.8~1.2	70~150	12~16	24~36	8~12	1~2
4~6	对接	1.2	140~240	19~22	20~30	10~18	2
8~10	I 形坡口	1.2~2	220~300	22~25	15~25	15~18	2
12		2	280~300	23~25	15~18	15~20	2
5~8	对接、V 形	1.2~2	220~280	21~24	20~25	12~18	2~3
10~12	坡口加垫板	1.6~2	260~280	21~25	15~20	15~20	3~4
12~16		2	280~360	24~28	20~25	18~24	2~4
20~25	对接 X 形坡口	2	330~360	26~28	18~20	20~24	3~8
30~60		2	330~360	26~28	18~20	24~30	10~30
4~6	丁字接头	1.2	200~260	18~22	20~30	14~18	1
8~16	角接接头	1.2~2	270~330	24~26	20~25	15~20	2~6
20~30	搭接接头	2	330~360	26~28	20~25	24~28	10~20

表 12-36　自动 MIG 焊参数

板厚 /mm	坡口及坡口形式 /mm	焊丝直径 /mm	焊接电流 /A	电弧电压 /V	焊接速度 /(m/h)	气体流量 /(L/min)	焊道数
4 ~ 6		1.4 ~ 2	140 ~ 240	19 ~ 22	25 ~ 30	15 ~ 18	2
8 ~ 10	对接 I 形坡口	1.4 ~ 2	220 ~ 300	20 ~ 25	15 ~ 25	18 ~ 22	2
12		1.4 ~ 2	280 ~ 300	20 ~ 25	15 ~ 20	20 ~ 25	2
6 ~ 8	对接、V 形坡口加垫板	1.4 ~ 2	240 ~ 280	22 ~ 25	15 ~ 25	20 ~ 22	1
10		2 ~ 2.5	420 ~ 460	27 ~ 29	15 ~ 20	24 ~ 30	1
12 ~ 16		2 ~ 2.5	280 ~ 300	24 ~ 26	12 ~ 15	20 ~ 25	2 ~ 4
20 ~ 25	对接 X 形坡口	2.5 ~ 4	380 ~ 520	26 ~ 30	10 ~ 15	28 ~ 30	2 ~ 4
30 ~ 40		2.5 ~ 4	420 ~ 540	27 ~ 30	10 ~ 15	28 ~ 30	3 ~ 5
50 ~ 60		2.5 ~ 4	460 ~ 540	28 ~ 30	10 ~ 15	28 ~ 30	5 ~ 8
4 ~ 6	丁字接头	1.4 ~ 2	200 ~ 260	18 ~ 22	20 ~ 30	20 ~ 22	1
8 ~ 16		2	270 ~ 330	24 ~ 26	20 ~ 25	24 ~ 28	1 ~ 12

6. 熔化极半自动氩弧焊

熔化极半自动氩弧焊实即手工 MIG 焊。

（1）引弧

最好在引弧板上引弧，也可在焊件上引弧，但引弧部位最好选在正式的焊接始点前约 20mm 处。

引弧有三种引弧方法，其一为爆断引弧，使焊丝接触焊件，接通电流，使接触点熔化，焊丝爆断，实现引弧；其二为慢送丝引弧，使焊丝缓慢送进，与焊件接触后引燃电弧，再提高送丝速度至正常值；其三为回抽引弧，送焊丝接触焊件，通电后回抽焊丝，引燃电弧。

铝及铝合金引弧时常易引起未焊透或未熔合。为此，最好是热启动，引弧电流应稍大，有些设备甚至在引弧时提供一个 700A 的脉冲电流，或者引燃电弧后停留片刻，然后再过渡到正常焊接速度。

（2）定位焊

定位焊是零件组装的需要，但也是易出缺陷的部位。定位点最好设在坡口反面，定位焊缝长度一般为 40 ~ 60mm。如在坡口正面定位，则定位焊缝宜较薄一点。定位焊缝熔深要大，焊透，否则焊接前应将其去除。

（3）焊接

引弧后，焊枪以正常姿态运行，焊枪与工件及焊接方向应保持一定的角度，但运行过程中允许机动地调整。焊枪指向焊接前方时称为左焊法，焊枪指向反焊接方向时称为右焊法。焊枪倾角见表 12-37。

表 12-37　焊枪倾角

	左焊法	右焊法		左焊法	右焊法
焊枪角度			焊道断面形状		

当其他焊接条件不变时，左焊法时熔深较小，焊道较宽较平，熔池被电弧力推向前方，操作者易观察到焊接接头的位置，易掌握焊接的方向；右焊法可获得较大的熔深，焊道窄而凸起，熔池被电弧力推向后方，电弧能直接作用于母材上。铝及铝合金的焊接多采用左焊法及亚射流过渡方式。

焊接时，喷嘴下端与工件间的距离保持在 8 ~ 22mm 之间。过低时易与熔池接触，过高时，弧长被拉长，保护效果变差。当弧长波动时，喷嘴高度可作为微调弧长的因素。焊丝伸出长度以喷嘴内径的一半左右为宜。

（4）焊枪摆动

在焊接过程中，视具体情况及操作者习惯，焊枪可摆动或不摆动。焊接角焊缝及中厚板（8 ~ 12mm）

盖面焊道时，焊枪可不摆动。焊接过程中有摆动时，可有几种摆动方式，其一为小幅度起伏摆动，有人称之为"小碎步"，在电流较大时，此种摆动方式可使打底焊时不致焊穿，同时熔深可大，焊道饱满；当焊枪起伏向下时，电弧将发出沙沙的节奏；其二为较大幅度的前后摆动，适用于厚板，但焊丝摆动幅度不能超越熔池，其程序是：前进—回拉—停留—再前进—再回拉——……。采用这种方式可避免焊穿，同时能加大熔深；其三为划圈摆动，适用于焊接时温度过高而需避免过热，此法可将焊接热扩散，但熔深将有所降低；其四为"八字步"摆动，适用于立焊和爬坡焊，这种摆动方式可防止熔池铝液下坠，也可避免焊穿。

（5）全位置焊

在平焊、横焊、向上立焊、向下立焊、仰焊的不同位置进行焊接时，不仅需采用不同焊接参数，还需要不同的焊接操作技巧。横焊时易出现"坠肚子"现象，焊缝下淌，在焊缝的上部出现气孔，这时焊枪应稍向上方运行。立焊时，需采用"爬坡焊""溜坡焊"的操作技巧，做"八字步"或"月牙形"摆动，防止铝液下坠。仰焊时，铝液的重力远大于其表面张力，极易"下沉"下淌，为此，应尽量采取低电弧、小电流，减小熔池体积，实施短路过渡，争取快速移动电弧，在铝液来不及下淌前即让电弧前移，使熔池快速冷却凝固。当对环焊缝实行全位置焊时，如先焊外面，后焊里面，则可采用"里爬外溜"的焊接工艺，即外焊道稍带一点溜坡，里焊道稍带一点爬坡，这样外焊道不致焊穿，成形可比较美观，里焊道可保证熔深。

（6）多道焊

对接焊厚达 10mm 或更厚的零件时，一般应尽量从两面进行焊接，正面实施打底焊和盖面焊，然后背面清根，再实施封底焊。正面打底焊应争取焊透，重要焊缝最好插入一次工艺性 X 射线照相检验，然后进行反面清根直至排尽打底焊缝根部缺陷，再施行封底焊。

单面多道焊时，打底焊前应细心刮削坡口表面。每焊完一条焊道，必须清理焊道表面。熔敷焊道宁可宽而浅，以便气孔逐层逸出。为此，可采用焊枪摆动方式，控制焊道成形及气孔逸出，对于热敏感铝合金，焊缝道次之间的间隔时间应适当安排，以便加强散热冷却。

（7）熄弧

熄弧时容易产生弧坑及焊缝过热，甚至由此产生裂纹。熄弧可有多种方法，其一为电流衰减，即平缓降低送丝速度使电流相应衰减，填满弧坑；其二为焊丝反烧，即先停送丝，经过一定时间后切断焊接电源；其三为加快前行，使熔池逐渐变窄，并形成一定坡度。熄弧过程的始点可在距焊缝终点前方约 30mm 处。熄弧处的焊缝应高出焊缝表面，余高过高时再将其修平，但熄弧最好是在引出板上进行。

7. 熔化极自动氩弧焊

铝及铝合金 MIG 焊工艺易于实现自动焊，但零件尺寸精度及装配质量比手工半自动焊要求更高，对装配焊接工艺装备的配套要求更多，如小车-导轨或操作机-变位机。

MIG 自动焊适用于形状规则的长焊缝，起弧、熄弧、接头处少，可采用比手工焊更大的电流，提高焊接生产率，较少人为因素影响焊接质量，焊接参数及焊缝质量较手工焊稳定。

MIG 自动焊时，全部焊接参数可预先设定，操作者只需在焊接过程中调整两个参数，即电弧电压及喷嘴高度，此外，还需严密注意焊接机头的运行对中并及时调整。

在亚射流过渡方式下，如果弧长在焊接过程中发生变化，粗调可借助于电弧电压旋钮，细调可借助于喷嘴高度调整，以便及时恢复原定弧长，使电弧过程保持稳定。

焊接纵缝时，对接坡口两端焊上引弧板及熄弧板。焊接环缝时，熄弧处应超越起弧点 100mm 左右，以弥补原起弧处焊缝成形不良，也使熄弧处与起弧处不致重叠。

如果焊接过程中出现严重异常情况，如出现工件烧穿或喷嘴烧毁，此时应立即停止焊接，进行现场处理，如更换喷嘴，剪掉焊丝端部，彻底清理焊件上与上述故障有关的部位，准备补焊。

对焊穿部位进行补焊前，应在该处加一铝或铜的垫板。补焊时，可提高电弧电压，降低送丝速度，减小电流，减小热输入。补焊后，将补焊的焊缝加工出坡口，然后继续进行正常的焊接。补焊用的铝垫板或予以保留，或予以去除。

8. 熔化极脉冲氩弧焊

普通 MIG 焊时，同一直径的焊丝，其电流范围很窄，焊接电流不超过临界值便不能得到稳定的射流过渡或短路过渡。脉冲 MIG 焊时，只要脉冲电流大于临界电流，即可获得射流过渡，此时的平均电流可比临界电流小或小很多。因此，脉冲 MIG 焊的电流调节范围可包括从短路过渡到射流过渡的所有电流领域，既适于焊接厚板，又适于焊接薄板。当原定焊丝较细时，可以粗丝取代细丝。例如，用 $\phi 2.0mm$ 焊丝

取代 $\phi1.2$、$\phi1.6$mm 焊丝，即可在 50A 电流下实现稳弧，从而可实现以粗丝焊接薄板。脉冲 MIG 焊时，平均电流小，易于减小熔池体积，而脉冲电流可大，熔滴过渡力度大，熔滴过渡时轴向性好，有利于克服重力的作用，以便细滴成形仰焊或立焊，防止铝液下淌，保证焊缝良好成形。

脉冲 MIG 焊时，为获得焊件的同等熔化深度所需的焊接电流（平均电流）比普通 MIG 焊的连续电流小得多，且对焊件既有脉冲加热熔化，又有随之短暂散热凝固，因此对焊接接头的热影响小，有利于预防金属过热、软化及焊接裂纹，特别适用于焊接对热敏感的铝合金。

脉冲 MIG 焊过程的焊接参数多且可调，主要参数是脉冲频率、脉宽比和焊接电流。频率范围一般为 $30 \sim 300$Hz，当要求焊接电流大时，可采用较高频率；当要求焊接电流小时，可采用较低的频率。但频率不宜过低，因电弧形态的瞬时变化和弧光闪动使人感觉难受，电弧过程也变得不够稳定，且会产生一些细小的飞溅。脉宽比的一般范围为 $25\% \sim 50\%$，空间位置焊接时选用 $30\% \sim 40\%$，脉宽比过小将影响电弧的稳定性，脉宽比过大则近似普通 MIG 焊，失去脉冲 MIG 焊特征。焊接热敏感铝合金时，脉宽比宜较小，以控制焊接热输入。可供参考的脉冲 MIG 焊的焊接参数如表 12-38 及表 12-39 所示。

表 12-38　脉冲 MIG 半自动焊参数

板厚 /mm	焊丝直径 /mm	脉冲速率 /Hz	焊接电流 /A	电弧电压 /V	焊接速度 /(m/h)	气体流量 /(L/min)	焊道数
4	$1.1 \sim 1.6$	50	$130 \sim 150$	$17 \sim 19$	$20 \sim 25$	$10 \sim 12$	1
5	$1.4 \sim 1.6$	50	$140 \sim 170$	$17 \sim 19$	$20 \sim 25$	$10 \sim 13$	1
6	$1.4 \sim 1.6$	100	$160 \sim 180$	$18 \sim 21$	$20 \sim 25$	$12 \sim 14$	1
8	2	100	$160 \sim 190$	$22 \sim 24$	$25 \sim 30$	$15 \sim 18$	2
10	2	100	$220 \sim 280$	$24 \sim 26$	$25 \sim 30$	$18 \sim 20$	2

表 12-39　脉冲 MIG 自动焊参数

板厚 /mm	接头形式	焊接位置	焊丝直径 /mm	焊接电流 /A	电弧电压 /V	焊接速度 /(cm/min)	气体流量 /(L/min)	焊道数
3	I 形坡口对接	水平	$1.4 \sim 1.6$	$70 \sim 100$	$18 \sim 20$	$21 \sim 24$	$8 \sim 9$	1
		横向	$1.4 \sim 1.6$	$70 \sim 100$	$18 \sim 20$	$21 \sim 24$	$13 \sim 15$	
		立（下向）	$1.4 \sim 1.6$	$60 \sim 80$	$17 \sim 18$	$21 \sim 24$	$8 \sim 9$	
		仰	$1.2 \sim 1.6$	$60 \sim 80$	$17 \sim 19$	$18 \sim 21$	$8 \sim 10$	
$4 \sim 6$	T 形接头	水平	$1.6 \sim 2.0$	$180 \sim 200$	$22 \sim 23$	$14 \sim 20$	$10 \sim 12$	
		立（向上）	$1.6 \sim 2.0$	$150 \sim 180$	$21 \sim 22$	$12 \sim 18$	$10 \sim 12$	
		仰	$1.6 \sim 2.0$	$120 \sim 180$	$20 \sim 22$	$12 \sim 18$	$8 \sim 12$	
$14 \sim 25$	T 形接头	立（向上）	$2.0 \sim 2.5$	$220 \sim 230$	$21 \sim 24$	$6 \sim 15$	$12 \sim 25$	3
		仰	$2.0 \sim 2.5$	$240 \sim 300$	$23 \sim 24$	$6 \sim 12$	$14 \sim 26$	

9. 熔化极大电流氩弧焊

为了焊接大厚度（$25 \sim 75$mm）铝及铝合金零件并提高焊接效率，可采用大电流 MIG 焊接方法。

大电流 MIG 氩弧焊时，如果采用直径为 $\phi2.4$mm 的细焊丝，当焊接电流达到 500A 以上时，将可能出现"起皱"现象，焊道表面粗糙，还有许多气孔，焊缝成形严重恶化。此时，可改用直径达 $\phi3.2 \sim \phi5.6$mm 的粗焊丝，使用 $500 \sim 1000$A 的大电流，以

减小电弧压力；同时，需改善其保护条件，采用双层喷嘴，实行双层气流保护，如图 12-32 所示。

由图 12-32 可见，覆盖焊接区的保护气体分为内外两层，外层气流负责将外围空气与内层气流隔开，以便防止由于大电流密度而引起的强等离子流将空气卷入内层保护气流中。此时，内层气流对外层气流的流量应有所不同，需合理配置。内层与外层可采用同种气体，如氩，也可采用不同的气体，如内层用氩或

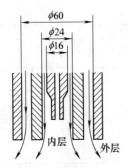

图 12-32 双层气流保护示意

氦-氩混合气体,发挥氦的高能深熔特性,外层用氩,以便节约氦气。

可供参考的对接接头及角接接头大电流 MIG 氩/氦弧焊参数见表 12-40 和表 12-41。

采用粗焊丝大电流进行 MIG 焊时,需配用具有下降或陡降特性的焊接电源;其等速送丝机构需具有足够大的输出转矩,以便能保持精确的送丝速度;需要有特殊的大功率焊枪,以便能承受大的焊接热输入;还需要加强对熔池的气体保护。为增大焊道熔深同时减小焊道余高,对接接头应在正反面设有小坡口;焊接一般只在平焊位置进行,最好略有上坡(焊缝轴线与水平线成 4°~8° 夹角),实行上坡焊;焊接电弧应精确对准接头间隙,以防熔透中心偏位而产生一条接头根部的未熔合线。

表 12-40 对接接头大电流 MIG 氩/氦弧焊参数

板厚 /mm	接头形式	坡口尺寸 θ/(°)	坡口尺寸 a/mm	坡口尺寸 b/mm	层数	焊丝直径 /mm	焊接电流 /A	电弧电压 /V	焊接速度 /(L/min)	气体流量 /(L/min)	保护气体[①]
25		90	—	5	2	3.2	480~530	29~30	30	100	Ar
25		90	—	5	2	4.0	560~610	35~36	30	100	Ar + He
38		90	—	10	2	4.0	630~660	30~31	25	100	Ar
45		60	—	13	2	4.8	780~800	37~38	25	150	Ar + He
50		90	—	15	2	4.0	700~830	32~33	15	150	Ar
60		60	—	19	2	4.8	820~850	38~40	20	180	Ar + He
50		60	30	9	2	4.8	760~780	37~38	20	150	Ar + He
60		80	40	12	2	5.6	940~960	41~42	18	180	Ar + He

① Ar + He (体积分数):内喷嘴 Ar50% + He50%;外喷嘴 Ar100%。

表 12-41 角接接头大电流 MIG 焊参数

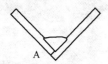 A

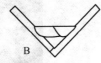 B

 C

角焊缝尺寸 /mm	焊道类型 (见上图)	焊道数	焊丝直径 /mm	电弧电流 (直流反接)/A	电弧电压[①] /V	焊接速度 /(cm/min)
12	A	1	4	525	22	30
12	A	1	4.8	550	25	30
16	A	1	4	525	22	25
20	A	1	4	600	25	25
20	A	1	5	625	27	20
20	A	1	6	625	22	20

（续）

角焊缝尺寸 /mm	焊道类型（见上图）	焊道数	焊丝直径 /mm	电弧电流（直流反接）/A	电弧电压[①] /V	焊接速度 /(cm/min)
25	B	1	4	600	25	30
		2、3	4	555	24	25
25	B	1	5	625	27	20
		2、3	5	550	28	30
25	A	1	6	675	23	15
32	B	1	4	600	25	25
		2、3	4	600	25	25
32	B	1	5	625	27	20
		2、3	5	600	28	25
32	B	1	6	625	22	20
		2、3	6	625	22	25
38	C	1	6	650	23	15
		2～4	6	650	23	25

注：氩气作为保护气体，流量为 47L/min。

① 由导电嘴至试板间测出的电压。

当在平焊位置焊接 25～75mm 厚的工件时，增大电流或（和）电压，可减少所需的氩消耗量。

大电流 MIG 焊所要求的坡口加工量及焊丝消耗量比普通 MIG 焊明显减少，由于以粗丝取代细丝，也有利于减少焊缝气孔。

10. 熔化极双丝氩弧焊

现在出现了一种双丝 MIG 焊接法，其焊枪如图 12-33 所示。

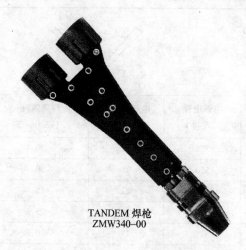

TANDEM 焊枪
ZMW340—00

图 12-33　双丝 MIG 焊枪

双丝 MIG 焊时，采用两台焊接电源和两台送丝机构，但分开动作。两根焊丝的直径可相同也可不同。既可 MIG 焊，也可脉冲 MIG 焊，其电弧影像如图 12-34 所示。

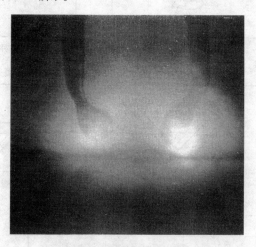

图 12-34　双丝 MIG 焊电弧影像
（TANDEM 双丝焊工艺）
注：两个焊丝在一个熔池中

双丝 MIG 焊时，如暂载率为 100%，连续电流可达 500A，脉冲电流可达 1500A，送丝速度可达 30m/

min。因此，其优点为熔敷速度和焊接速度高，可减小热输入，可延长熔池中气体逸出时间，有利于减少焊缝气孔。

11. 熔化极氩弧焊的应用

（1）低温压力容器特种接头 MIG 焊

大型空气分离装置的空分塔直径一般为 $\phi2.3 \sim \phi3.0m$，高度达 $25 \sim 30m$，全部由铝合金制成。

空分塔包括上塔、下塔、冷凝蒸发器三部分，通过厚度为 $90 \sim 120mm$ 的异形环将其组焊成一体式结构，异形环如图 12-35 所示。

空分塔材料 5A02—M 铝合金，焊丝为表面抛光的 ER5356 铝合金焊丝。异形环与锥形筒连接处有 A、B 两个搭接焊接头。原制造工艺为手工 TIG 焊，焊接前需预热。但 A 接头处空间狭小（70mm），预热时，工作环境恶劣，焊接操作不便；B 接头处零件厚度相差极大（异形环厚度 90mm），预热困难，难以保证焊缝根部焊透。因此手工 TIG 焊效率低，当一人预热另一人焊接时，焊完 A、B 两条焊缝需耗费 $4 \sim 5h$。

为提高效率，改用单人 MIG 半自动焊，此时无需预热，采用 V 形坡口，$\phi1.6mm$ 焊丝，焊接电流 $200 \sim 210A$，电弧电压 25V、氩气流量 30L/min，焊接速度 $350 \sim 400mm/min$，焊接内外 A、B 两条焊缝仅需 1.5h，比 TIG 焊提高工效 5 倍，经 100% X 射线检验，焊接质量合格率达 100%，强度试验及气密性检验时未发现泄露。

（2）$87m^3$ 浓硝酸铝容器 MIG 焊

$87m^3$ 纯铝容器如图 12-36 所示。

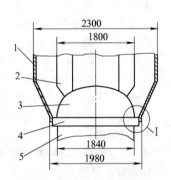
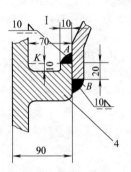

图 12-35 空分塔异形环与锥形筒连接示意图
1—冷凝器蒸发器锥形筒 2—支座 3—封头 4—异形环 5—下塔筒体

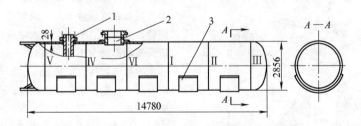

图 12-36 $87m^3$ 纯铝容器的结构
1—人孔 2—拉管 3—支座板

该容器直径 $\phi2856mm$，总长 14780mm，有 5 个圆筒，壁厚 28mm，两端各有一个封头，壁厚 30mm，此外还有接管、加强板、支座板，人孔法兰，全部由纯铝 1060（L2）MIG 组焊而成，20% 的焊缝要求作 X 射线检验。

筒体坡口形式如图 12-37 所示。

在坡口两侧各 100mm 处用氧乙炔焰加热至 100℃ 以上，然后进行局部化学清洗，施焊前再用不锈钢丝旋转刷打磨坡口及其两侧。

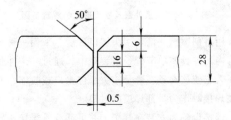

图 12-37 筒体坡口形式

每节圆筒先由两张 1m×3m 铝板拼焊。拼焊时先在坡口处用熔化极半自动焊机进行定位焊，定位焊缝长度 50～60mm，间距 400～500mm。定位焊后置于 3mm 厚度不锈钢垫板上进行拼焊，焊接参数为：焊接电流 560～570A，电弧电压 29～31V，焊接速度 13～15m/h，氩气流量 50～60L/min，焊枪前倾角 15°，焊枪喷嘴端面与焊件间的距离为 10～15mm。

拼焊后的铝板卷成一节圆筒，先焊内面纵缝再焊外面纵缝，从内面和外面焊接纵缝时，将熔化极自动焊机置于容器内外的钢制导轨上，由焊机自动行走完成纵缝的自动焊。

整个容器上共有 6 条环缝，其焊接顺序如图 12-36 所示。在分别从内面和外面完成 Ⅰ、Ⅱ、Ⅲ 环缝及 Ⅳ、Ⅴ 环缝自动焊接后，按技术要求进行 X 射线透照检验，然后焊接第 Ⅵ 条环缝。

其他单个零件与容器壳体的焊接采用熔化极半自动焊方法完成，焊接电流为 320～340A，电弧电压 29～30V，焊丝直径 ϕ2.2mm，焊枪倾角 10°～20°，喷嘴端面与焊件间的距离 10～20mm。

（3）铝合金管道野外自动 MIG 焊

铝合金管道长度为 8km 或更长，需在野外条件下装配焊接，材料为 6351—T4 铝合金，管径为 ϕ150mm，管壁厚为 5mm，管道外貌及接头形式和焊缝剖面如图 12-38 所示。

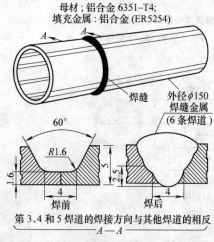

母材：铝合金 6351-T4;
填充金属：铝合金（ER5254）

第 3、4 和 5 焊道的焊接方向与其他焊道的相反

图 12-38　管道外貌及接头形式和焊缝剖面

用溶剂擦拭并清理接头坡口区后，采用一种可出入管内的夹具使单节管子组装对中，通过一个伸长的臂，人工使该夹具在管子接头部位张口或收缩，并使其在焊接时作为根部焊道的衬垫。

焊接设备为安装在管子上并可环绕管子接头转动的全位置焊管机，焊机上备有焊枪及焊丝盘。焊接方法为 MIG 自动氩弧焊，填充焊丝为 ER5254，焊丝直

径为 ϕ0.8mm。每个焊缝有 6 条焊道，按焊道的部位及深度及时调整焊枪。第 1、2、6 条焊道的焊接机头旋转焊接方向与 3、4、5 条焊道的焊接机头旋转方向相反，但机头反转时不熄弧，以确保充分焊透及焊道间互相熔合。

由于野外作业条件，焊接电源为内燃机驱动的弧焊发电机，使用焊接电流为 200A，电弧电压为 22～24V，焊接速度为 254cm/min，氩气保护气体流量为 28L/min，每台焊机的生产率为每小时 12 条焊缝，其中还包括正常的停机时间。如果手工焊，则生产率估计为每人每小时只能焊接 5 条焊缝。

（4）铝合金压力容器 MIG 焊

压力容器的壳体由两节模锻的圆顶筒、一个圆形的中部隔板及一根轴向导管组成，如图 12-39 所示。图中 Ⅰ 部放大为轴向导管与铸造的圆顶筒端部焊接。轴向导管的外径为 ϕ100mm，壁厚为 12mm，锻造的圆顶筒端部壁厚为 35mm，两者的接头形式为 "J" 形坡口，其焊缝由 26 条焊道组成。图 12-39 中 Ⅱ 部放大为两节锻造的圆顶筒对接。锻造的圆顶筒在此处的壁厚为 8mm，中部隔板在此处作为圆顶筒单面焊时的内面永久垫板，其壁厚亦为 8mm，单面焊缝由 4 条焊道组成。

容器的零件材料为 5254 铝合金，全部采用 MIG 自动焊，焊接第 1 及第 2 焊道时采用 ϕ1.6mm，ER5254 铝合金焊丝，为改善焊接接头的强度，焊接随后各焊道时采用 ϕ1.6mm 的 ER5356 焊丝。

各零件及其坡口加工和表面清理后，锻造圆筒和中部隔板在旋转台上对中组装后 MIG 自动焊。此后，使容器处于垂直状态，装入轴向导管，完成导管与锻造圆顶端部的 MIG 自动焊。

容器的焊接全部完成后，对焊缝进行着色检验，对容器进行氦质谱仪渗漏检验，检验结果满足技术及使用要求。

（5）电解槽大断面铝母线 MIG 半自动焊

电解铝厂电解槽的导电母线由数段厚度达 440mm 的大厚度铝板焊接而成。为了避免直接焊厚大断面，焊接接头实际上由两段 440mm 厚的大铝板与其间的 16 层厚度为 25mm 的铝板焊接而成，如图 12-40 所示。

铝母线材料为 1060（L2）工业纯铝，一个连接处共有 100 个焊接接头。设计要求通过母线接头的电流应达 6.6×10^4A，焊缝表面应光滑，不得有明显的凹坑、未熔合、气孔等缺陷。接头形式及坡口尺寸如图 12-41 所示。16 层铝板的层间间隙为 3mm，每层铝板坡口尺寸一致，最终焊缝的表面应高出母线表面 4～6mm。

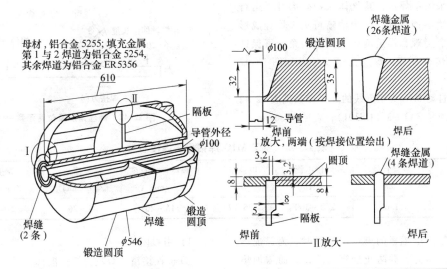

图 12-39 压力容器的结构及接头形式和焊缝剖面

项目	环形接头	导管与壳体凸台接头
接头形式	T形	角接头
焊缝形式	见 II 部放大图	J形坡口
焊接位置	平焊	平焊
焊接电源	500A,平对性弧焊整流器	500A,平特性弧焊整流器
夹具	夹紧式夹具,变位机	夹紧式夹具,变位机
焊枪	水冷式	水冷式
气体喷嘴直径/mm	19,用于全部焊道	1～4 焊道,16;5～26 焊道,19
焊丝	1、2 焊道,$\phi1.6mm$,ER5254; 3、4 焊道,$\phi1.6mm$,ER5356	1、2 焊道,$\phi1.6mm$,ER5254; 3～26 焊道,$\phi1.6mm$,ER5356
保护气体(体积分数)	He75% + Ar25%;14L/min	He75% + Ar25%;14L/min
电流/A	第 1 焊道:180～190,直流反接 第 2～4 焊道:190～220,直流反接	200～210,直流反接(全部焊道)
电压/V	27～27.5(所有焊道)	27～27.5(所有焊道)
焊接速度/(cm/min)	74	74
焊道数	4	约26

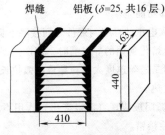

图 12-40 铝母线焊接形式

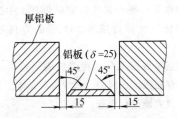

图 12-41 坡口尺寸及组队尺寸

施焊前,将坡口两侧及母线立面和近缝区表面(100mm 范围内)清理干净,先用丙酮将油污和尘垢擦除,再用角向磨光机和不锈钢丝刷去除表面氧化层,使之露出金属光泽。

施焊时采用左焊法,其气体保护效果好,运行时焊枪的喷嘴不挡视线,熔池清晰可见,焊缝成形均匀、平缓、美观,焊道两侧不产生夹角,可保证厚母材一侧熔合良好。焊丝角度及位置如图 12-42 所示。

手工半自动 MIG 焊铝母线的焊接参数见表 12-42 所示,焊丝牌号 SA1—3 (HS301),直径 ϕ1.6mm。

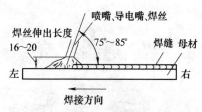

图 12-42　焊丝角度及位置示意图

表 12-42　手工 MIG 焊铝母线焊接参数

焊接材料	焊丝直径 /mm	焊接电流 /A	电弧电压 /V	焊丝伸出长度 /mm	氩气流量 /(L/min)	焊接速度 /(mm/min)
HS301	1.6	280 ~ 300	25 ~ 27	16 ~ 20	24 ~ 26	210 ~ 350

在焊接第一层铝板的第一层焊道时,为保证熔透及背面成形良好,并防止烧穿塌陷,背面需加垫板(材质为纯铜或不锈钢板)。为防止厚板侧熔合不良,应先从厚板侧开始多层多道堆焊,如图12-43所示。

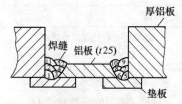

图 12-43　多层多道堆焊示意

在保证厚铝板一侧熔合良好的情况下,焊丝以直线或画小圈向前快速运行,焊道要细,焊层要薄,始终保持熔池清晰可见。

熄弧时,当焊丝运行到坡口边缘,应再回焊20mm 长度以上,以防发生弧坑,并避免坡口边缘或铝板端头未焊满。焊枪也不要马上抬起,以便氩气流继续保护尚未凝固的熔池。

每焊完一层25mm 厚的铝板,应将该层焊缝的余高铲去,再组装下一层板。

每个大接头(指 16 层 25mm 厚铝板与 440mm 厚铝母线的接头)要一次连续完成焊接,中途不得停焊,因焊接温度保持越高,16 层的焊接过程就越顺利。

焊完铝母线接头后,将焊缝表面修磨成圆滑过渡,不得存在弧坑、凹陷、未焊满等缺陷。为此,可采用 5 倍放大镜进行检查。

本焊接方法无需预热,工艺简单,焊接效率高,可满足电解铝厂铝母线安装工程的要求。

12. MIG 焊过程故障及焊接缺陷

(1) MIG 焊过程故障及其成因

1) 引弧困难:

① 极性接错(焊丝应接正极)。

② 焊接回路不闭合。

③ 保护气体流量不足。

④ 送丝速度太高或焊接电流太小。

2) 弧长波动:

① 导电嘴状态不良(内壁粗糙、台肩有尖角、有飞溅物)。

② 送丝不稳定:

a) 焊丝折弯或送丝软管锐弯(软管高吊时)。

b) 在导丝管或焊枪中摩擦过大或不规则(导丝管状态不良,导丝管尺寸不合适)。

c) 导电嘴堵塞。

d) 焊丝盘动作不均匀。

e) 焊丝电动机或焊丝矫直器运转不正常。

f) 接到送丝机构上的网路电压波动。

g) 接地线接触不良或送丝电动机调速器烧坏。

h) 送丝机构中驱动轮打滑或压力不足。

3) 回烧:

① 送丝不稳定。

② 导电嘴状态不良。

③ 电源参数或送丝速度选用不当。

④ 冷却功能差。

⑤ 拾取电压的导线与焊件之间接触不良。

当焊丝熔化到铜的导电嘴时,即产生回烧,送丝停止。原因是送丝速度太低,导致电弧拉长,直至导电嘴端部过热。

4) 电弧阴极清理(阴极雾化)作用不足:

① 极性接错。

② 气体保护不充分:

a) 气体流量不足。

b) 喷嘴内存在有飞溅物。

c）导电嘴相对喷嘴偏心。

d）喷嘴至焊件的距离不恰当。

e）焊枪倾角不合适（应后倾 7°~15°）。

f）现场有风。

5）焊道不清洁：

① 焊件或焊丝不清洁。

② 保护气体中有杂质（焊机系统漏气或漏水）。

③ 焊枪后倾角度不合适。

④ 喷嘴损坏或不清洁。

⑤ 喷嘴规格不合适。

⑥ 保护气体流量不足。

⑦ 现场有风。

⑧ 电弧长度不合适。

⑨ 导电嘴内缩太深（内缩量应不大于 3mm）。

当焊接 Al-Mg 合金时，出现少量黑污不是故障。

6）焊道粗糙：

① 电弧不稳。

② 焊枪操作不正确。

③ 电流不合适。

④ 焊接速度过低。

7）焊道过窄：

① 电弧长度太短。

② 电流或电压不足。

③ 焊接速度过高。

8）焊道过宽：

① 电流过大。

② 焊接速度过低。

③ 电弧过长。

9）电弧和焊接熔池可见度差：

① 作业位置不恰当。

② 工作角或后倾角不合适。

③ 面罩上的镜面小，或镜面不洁净。

④ 喷嘴规格不合适。

10）电源过热：

① 功率消耗过大（如果一台电源和功率不足，可用两台相似电源并联）。

② 冷却风扇功能差。

③ 整流器片不清洁。

11）电缆线过热：

① 电缆接头松动或接错。

② 电缆线太细。

③ 冷却水供应不足。

12）送丝电动机过热：

① 焊丝与导丝管之间摩擦过大。

② 送丝机构内齿轮传动比不恰当。

③ 焊丝盘制动器调节不当。

④ 送丝机构中齿轮及送丝轮未调整好。

⑤ 送丝电动机电刷磨损。

⑥ 送丝电动机的功率不足（高送丝速度和粗焊丝要求电动机有足够的功率）。

⑦ 调速控制器磨损或击穿。

（2）MIG 焊缺陷及其成因

1）焊缝金属裂纹：

① 合金焊接性不良。

② 焊丝与合金选配不当。

③ 焊缝深宽比太大。

④ 熄弧不佳导致产生弧坑。

2）近缝区裂纹：

① 合金焊接性不良。

② 焊丝与合金选配不当（焊缝固相线温度远高于母材固相线温度）。

③ 近缝区过热。

④ 焊接热输入过大。

3）焊缝气孔：

① 焊件清理质量低（表面有氧化膜、油污、水分）。

② 焊丝清理质量低（表面有氧化膜、油污、水分）。

③ 保护气体保护效果不好。

④ 电弧电压太高。

⑤ 喷嘴与焊件距离太大。

4）咬边：

① 焊接速度太高。

② 电弧电压太高。

③ 电流过大。

④ 电弧在熔池边缘停留时间不当。

⑤ 焊枪角度不正确。

5）未熔合：

① 零件边缘或其坡口表面清理不足。

② 热输入不足（电流过小）。

③ 焊接技术不合适。

④ 接头设计不合理。

6）未焊透：

① 接头设计不合适（坡口太窄）。

② 焊接技术不合适（电弧应处于熔池前沿）。

③ 热输入不合适（电流过小、电压过高）。

④ 焊接速度过高。

7）飞溅：

① 电弧电压过低或过高。

② 焊丝与焊件表面清理不良。

③ 送丝不稳定。

④ 导电嘴严重磨损。

⑤ 焊接动特性不合适（对整流式电源应调整直流电感；对逆变式电源应调整控制回路的电子电抗器）。

12.1.9　变极性等离子弧焊[11]

等离子弧是由等离子枪将阴、阳两极间的自由电弧经机械压缩（喷嘴压缩）、水冷喷嘴内壁表面冷气膜的热收缩和弧柱自身的磁收缩作用而形成的高温、高电离度、高能量密度及高焰流速度的压缩电弧。等离子弧焊接具有电弧挺度好、扩散角小、焊接速度快、热影响区窄、焊接变形和应力小等优点。

在等离子弧焊接铝合金方面，经历了直流反接等离子弧焊、正弦波交流等离子弧焊、方波交流等离子弧焊和现在广泛应用的变极性等离子弧焊（variable polarity plasma arc welding，简称 VPPAW）。铝合金直流等离子弧焊主要用于 6mm 以下板厚接头的焊接，采用熔透法焊接方式，与 TIG 焊相比优势不大，应用范围不广，这里不再赘述。本节重点简述用于铝合金中厚板焊接的变极性等离子弧焊方法。

1. 焊接过程特性

等离子弧用于铝合金的焊接必须解决铝合金表面氧化膜的阴极清理和钨极烧损两者的矛盾。直到变极性电源的出现才完美解决了这一矛盾，既满足交流焊铝所需的阴极清理作用，又能将钨极的烧损降低到最低。图 12-44 为变极性等离子弧穿孔立焊及其焊接电流波形的示意图。

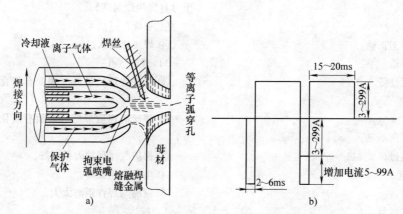

图 12-44　变极性等离子弧穿孔立焊及其焊接电流波形
a）VPPAW 穿孔立焊　b）VPPAW 电流波形

铝合金变极性等离子弧穿孔焊接时，最重要的参数是正、反极性时间及其比值。研究揭示，对于大多数铝合金，VPPAW 的正、反极性时间的最佳比例为：19ms∶4ms，正、反极性时间的最佳取值范围为：正极性时间为 15～20ms，反极性时间为 2～5ms，但比值应以在 19∶4 附近变动为宜，而反极性电流幅值一般比正极性电流幅值大 30～80A。正、反极性的这种比例和幅值可以很好地清理焊缝及根部表面的氧化膜，并且在喷嘴和钨极处产生的热量最小。

从电弧物理可知，阳极区的产热与阴极区的产热之比约为 7∶3，阳极区的产热远高于阴极区的产热。反极性（即 DCEP 期间）时，钨极为正极，工件为负极。由于阳极区的产热量远大于阴极区的热量，所以钨极容易烧损，因而其持续时间不能太长。同时为了获得充分的阴极雾化作用，其电流幅值可以适当增加

30～80A。正极性（即 DCEN 期间）时，钨极为负极，焊件为正极。所以工件端的产热量大，焊缝区可以得到充分的加热。研究表明，在变极性等离子弧焊过程中，80% 的热量施加在焊件上，只有 20% 的热量作用在钨极上。由于阴极具有自动寻找氧化膜、阳极具有寻找纯金属的特点，所以反极性电弧加热不集中，使得熔池较宽、较浅；而阳极斑点具有黏着性，所以正极性电弧加热集中，使得熔池窄而深。图 12-45 为国外几种 6mm 厚铝合金变极性等离子弧焊的参数与波形示意图。

铝合金变极性等离子弧焊是利用小孔效应实现单面焊双面成形的自动焊方法，用于焊接的转移型等离子弧能量集中（能量密度一般在 $10^5～10^6 W/cm^2$ 内，而自由状态钨极氩弧能量密度在 $10^5 W/cm^2$ 以下）、温度高（弧柱中心温度18000～24000K）、焰流速度大（可达 300m/s）。与激光焊和电子束焊相比，在设

备造价、维护费用、设备操作复杂程度以及焊枪运动　　　灵活性等方面，等离子弧焊具有明显的优势。

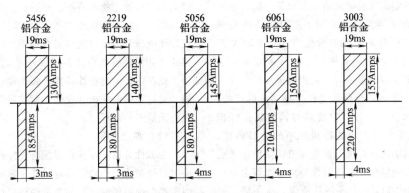

图 12-45　典型铝合金板材 VPPA 焊接参数

变极性等离子弧的电弧力、能量密度及电弧挺度取决于五个参数：①正、反极性电流幅值与持续时间；②喷嘴结构和孔径；③离子气种类；④离子气流量；⑤保护气种类。

与钨极（TIG）或熔化极（MIG）惰性气体保护焊相比，穿孔型变极性等离子弧焊有着显著的优点：①能量集中、电弧挺度大；②3～16mm 对接，不需开坡口，焊前准备工作少，完全穿透焊接，单面焊双面自由成形；③焊缝对称性好，横向变形小；④去除气孔、夹渣能力强，孔隙率低；⑤生产率高，成本低；⑥电极隐蔽在喷嘴内部，电极受污染程度轻，钨极使用寿命长。

图 12-46 示意了典型厚度铝合金对接接头的装配容限。

铝合金变极性等离子弧焊工艺也存在自身的不足：①焊接可变参数多，区间窄；②需采用立向上焊工艺，只能自动焊接；③焊枪结构对焊接质量影响大，喷嘴寿命短。

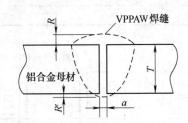

图 12-46　铝合金 VPPAW 接头装配容限
厚度 $T = 5.6 \sim 7.1mm$
错边 = 2.0mm（max）
余高 $R = 1/3T$（max）
根部间隙 $a = 1mm$（max）

2. 焊接工艺

铝及铝合金均可采用 VPPAW 方法焊接，但有特殊使用要求的铝合金焊接构件，应首先根据该构件的特殊使用要求选择焊接方法。当结构材料为 2A14—T6 铝合金时，由于其焊接性不良，VPPAW 接头强度满足使用要求，但接头的塑性指标 A 均小于 3.0%，不能满足低温贮箱所要求接头塑性指标，因此不宜使用变极性等离子弧焊方法。而对于结构材料为 2219、2B16 铝合金，由于其焊接性良好，故可采用 VPPAW 或 Soft-VPPAW 方法进行焊接，其 VPPAW 接头的力学性能指标完全满足航天储箱的使用要求。

铝合金变极性等离子弧焊的冶金过程与氩弧焊相同，只是变极性等离子弧的挺度大、弧柱直径较小，焊接时母材的熔化量少，焊缝深宽比大、热影响区窄。VPPAW 主要采用立向上焊的方式施焊，由于没有背面垫板，所以在接头装配间隙上的要求比 TIG 焊严格，在焊接过程中不能发生接头错边，否则容易形成切割，造成焊接失败。

VPPAW 焊接时，等离子焊枪中有两种气体，其一是从喷嘴流出的离子气，其二是从保护罩流出的保护气。有时为了增强保护效果，还需要使用保护拖罩和通气的背面垫板以扩大保护气的保护范围。

焊接中厚板铝合金时，离子气选用 Ar 或 Ar + He 混合气，保护气选用 Ar 或 Ar + He 混合气；焊接 3～6mm 铝合金接头，离子气选用 Ar 气，保护气选用 Ar 或 Ar + He 混合气。使用 Ar + He 混合气作为离子气可以有效提高电弧的热量，增加电弧的穿透力，在 Ar + He 混合气中，只有当 $\varphi(He) > 40\%$ 时，电弧的热量才能有明显的变化，而当 $\varphi(He) > 75\%$ 时，电弧性能基本与纯 He 气相同。因此在 Ar 气中通常加入 $\varphi(He) = 50\% \sim 75\%$ 的 He 气进行铝及其合金的小孔焊接。

（1）接头形式与装配

变极性等离子弧焊时，穿孔的电弧力和所需的热量主要来自于正极性电流，而反极性电流则为焊接区提供充分的阴极清理作用和预热效果，所以焊接大多数铝合金时，不需采用机械法清除氧化膜。铝合金变极性等离子弧焊主要采用无坡口 I 形对接的接头形式，有时也采用单面 V 形和 U 形坡口或者双面 V 形和 U 形坡口。这些坡口形式适用于从一侧或两侧进行对接接头的单道焊或多道焊，采用熔透焊时，变极性等离子弧可用于铝合金角焊缝和 T 形接头的焊接，具有良好的熔透性。开坡口对接焊与钨极氩弧焊相比，VPPAW 可采用较大的钝边和较小的坡口角度。第一道焊缝采用小孔法焊接，填充焊道则采用熔透法完成。但在大多数情况下，变极性等离子弧焊主要用于中厚板铝合金 I 形对接接头的单道焊，接头最大间隙应≤1mm，引弧处坡口边缘必须紧密接触以利于引弧。接头装配错边应控制在 1.5mm 以内，为防止焊接过程中发生错边，推荐使用气动琴键式夹具或弹簧式琴键夹具进行逐点（逐段）压紧。如果焊接夹具

压紧力不够，可以采用定位焊的方法防止错边，定位焊点必须打磨与接头齐平，然后再进行焊接。

当进行铝合金环焊缝的 VPPAW 焊接时，必须采用焊接电流和离子气流量联合递增、联合递减的控制方式来获得理想的小孔形成和小孔闭合（收孔）效果。现在生产的变极性等离子弧焊设备均具备这项功能。通过精确的起弧和收弧参数控制可以获得成形美观、无缺陷的环焊缝。

（2）焊接参数

变极性等离子弧穿孔焊接时，穿孔的稳定性直接决定焊缝的成形和内部质量。凡是影响穿孔稳定性的因素都会影响焊缝成形和质量的稳定性。影响穿孔稳定性和焊缝成形的因素很多，其中最为明显的参数是焊接电流、离子气流量、送丝速度以及钨极磨削角度和钨极端部直径。6.4mm 板厚铝合金变极性等离子弧焊的典型焊接参数见表 12-43。

表 12-43　铝合金在平焊、横焊及立焊条件下的 VPPAW 焊接参数

焊接状态	平　焊	横　焊	立　焊
板厚/mm	6.4	6.4	6.4
铝合金牌号	2219	3003	1100
填充焊丝直径	1.6	1.6	1.6
填充焊丝牌号	2319	4043	4043
正极性电流/A	140	140	170
正极性电流时间/ms	19	19	19
反极性电流/A	190	200	250
反极性电流时间/ms	3	4	4
起弧离子气流量/(L/min)	Ar0.9	Ar1.2	Ar1.2
焊接离子气流量/(L/min)	Ar2.4	Ar2.1	Ar2.4
保护气流量/(L/min)	Ar14	Ar19	Ar21
钨电极直径/mm	3.2	3.2	3.2
焊接速度/(mm/s)	3.4	3.4	3.2

1）焊接电流的选取：

① 预热电流和穿孔电流的选取。在变极性等离子弧焊接过程中，焊接电流对变极性电弧的稳定和氧化膜的清理有显著影响。变极性焊接电流程序如图 12-47 所示，其中 I_1 为预热电流，t_1 为预热时间，I_2 为正极性电流，t_4 为正极性时间，I_3 为反极性电流，t_3 为反极性时间，t_1-t_2 为穿孔时间，t_5-t_6 为电流下降时间，t_6-t_7 为收弧电流持续时间，I_4 为收弧电流，g_p 为环缝焊接时离子气的流量控制曲线。

预热电流和穿孔电流决定了穿孔起始阶段熔池的形状和初始穿孔的大小，对于焊接过程能否顺利过渡到正常焊接阶段有显著影响。预热电流对不同板厚铝

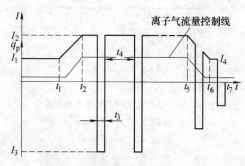

图 12-47　VPPAW 焊接电流程序图

合金焊件的影响是不同的，薄板铝合金焊件的预热电流很小，预热时间很短。穿孔电流的初始值为预热电

流值，终止值为正常焊接阶段的正极性电流值。例如6mm 铝合金焊件焊接时，一般预热电流为 60A，预热时间为 5～10s，与之相对应的穿孔时间为 5～14s。在穿孔时间内，穿孔电流从 60A 缓升至 140A。试验发现，在 6mm 及更小厚度的焊件焊接时，可以不需要预热阶段而直接进入穿孔阶段，此时为了保证焊接起始穿孔有足够的热输入量，起始穿孔电流初值应选择得比较大，穿孔时间也选择得比较长。例如 6mm厚 2A14 铝合金试件焊接时，如果没有预热电流，起始电流为 80A，终止电流为 140A，穿孔时间为 17～19s 才能保证穿孔过程顺利实现。图 12-48 是 6mm 厚2A14 铝合金焊件在没有预热电流情况下焊缝正、反面的成形。

图 12-48　6mm 厚 2A14 铝合金 VPPAW 焊缝照片
（无预热电流）

当铝合金焊件厚度超过 8mm 时，如果没有预热阶段，即使穿孔时间很长，也不能保证焊接起始阶段穿孔过程的顺利实现。这是因为在焊件比较薄时，焊件的热容量相对较小，焊件传热比较慢，电弧周围的金属有足够高的温度来保证穿孔过程中金属的熔化。但是当焊件厚度超过 6mm 时，由于铝合金导热比较快，电弧周围金属的温度相对很低，如果没有经过预热阶段而直接进入穿孔程序，则等离子弧不能够熔化足够的金属来形成穿孔熔池。如果单纯增大穿孔时间，虽然可以提高电弧周围金属的温度，但是，由于穿孔过程的电流比预热电流要大得多，而铝合金的熔点比较低（530～650℃）很容易造成烧穿而形成塌陷。为了保证穿孔起始过程的稳定及起始焊缝成形，在 8mm 以上铝合金焊接时，必须有预热程序。预热电流值一般比较低，8mm 铝合金焊件的预热电流一般为 80～100A 之间，预热时间在 10～17s 之间。在起始穿孔阶段，一般都需要等离子电弧均匀地增大，因此 VPPAW 焊机一般采用直流缓升的方式进行穿

孔。在穿孔时间内，预热电流由初始值上升到正极性电流值，完成初始穿孔转入正常焊接阶段。例如在8mm 的 2A14 铝合金工件焊接时，预热电流为 80A，预热时间 13s，穿孔时间 15s，就可以顺利完成初始穿孔熔池的形成，进入正常焊接阶段。

② 正极性焊接电流和反极性焊接电流的选取。正常焊接阶段的焊接电流参数是指正、反极性电流幅值及正、反极性时间。变极性等离子弧穿孔焊接过程中，如果反极性时间太短，则反极性期间电弧的阴极清理作用不充分，更重要的是，反极性电流可以显著提高热输入，在反极性期间电弧比较扩张，铝合金焊件作为阴极时，其表面的阴极压降很大，电弧对焊件的加热面积比较大，这为正极性期间等离子弧的穿孔提供充分的热量积累。但如果反极性时间大于 5ms，则钨极烧损严重，端部熔化的小球比较大，电弧压缩减弱，严重影响电弧的稳定，造成穿孔力不足，因此反极性时间一般为 2～5ms，正极性时间一般为 15～20ms。研究表明，对于绝大多数铝合金，正反极性持续时间的比例应严格按照 19ms∶4ms 的比值进行匹配，也就是说，在进行铝合金变极性等离子弧焊接时，正、反极性的时间基本确定为 19ms∶4ms，所需调节的主要是正、反极性电流的幅值。在电流幅值的选取上一般遵循的原则为：反极性电流幅值 = 正极性电流幅值 +30～80A。

试验表明，在 8mm 厚 2A14 铝合金焊接工艺中，适当的焊接电流为：正极性电流 180A，反极性电流240A。试验采用正、反极性电流同步衰减或同步增大的方式来验证电流对焊接稳定性的影响。试验表明，当其他焊接参数不变，焊接电流减小 10A，就使得焊缝正面余高不均匀，焊缝背面不能够成形且氧化严重。当焊接电流比正常焊接电流大 10A 时，焊缝正面余高减少，背面余高增大，这是由于电弧的热输入和等离子弧的电弧力比较大所致，但是基本能够保持比较好的焊缝成形和焊接接头质量（图 12-49）。当焊接电流比正常电流大 20A 时，焊缝正面已经出现单侧塌陷，焊缝背面呈蓝黑色，起始穿孔处有较大的焊瘤。这是由于等离子弧的冲击力很大和焊接熔池的温度很高所致。

2）离子气流量对穿孔和焊缝成形的影响。在变极性等离子弧穿孔焊接过程中，当钨极端部形状一定时，离子气流对电弧的压缩起主要作用。如果离子气流量太小，则电弧的压缩程度不足，电弧直径比较粗，起始穿孔不能顺利过渡到正常焊接程序；较大的电弧加热面积使得焊缝周围温度很高，造成焊缝两侧熔化金属过多，形成不连续的切割，焊缝

背面焊瘤十分严重。如果离子气流量太大，电弧压缩强烈，则在焊接过程中容易出现切割现象。采用适当的焊接参数焊接时，起始穿孔很稳定，能够顺利过渡到正常焊接阶段，焊件背面等离子弧尾焰透出较多，尾焰挺度好，焊件正、反面余高均匀，焊缝成形良好。

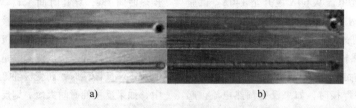

a)　　　　　　　　　　　　b)

图 12-49　焊接电流对穿孔和焊缝成形的影响
a）正极性电流—180A　反极性电流—240A
b）正极性电流—190A　反极性电流—250A

3）钨极端部夹角对电弧和焊缝成形的影响。钨极端部夹角对电弧的收缩和离子气的流动有重要的影响，从而影响到等离子弧的挺度。钨极夹角越小，位于钨极端部的等离子阴极或阳极斑点就越小，所产生的等离子射流就越强烈，电弧的动压力就越大。以端部夹角为 10° 和 20° 两种同样材质的钨极进行焊接试验比较。其他焊接参数相同，当夹角为 20° 时，电弧挺度适中，工件背面透出的等离子尾焰呈尖锐的三角状，尾焰下部吹出的金属随着小孔的上移而均匀的向上移动并凝固成形，得到图 12-49a 所示的优质焊缝成形。当钨极端部夹角为 10° 时，其他焊接参数不变，电弧的挺度明显增强，等离子弧穿孔后的尾焰从焊件背面喷射出来，焊缝切割现象十分严重。当逐步减小离子气流量，电弧挺度也随之减弱，等离子弧穿孔后的尾焰喷射速度也逐渐减小，焊缝成形逐渐改善。当离子气体流量减小到 1.6L/min（标准状态）时，就可以获得同钨极端部夹角为 20°、离子气流量为 1.9L/min（标准状态）时相同的焊接效果。从试验可以得出，钨极的夹角同离子气流一样，对等离子电弧起着强烈的压缩作用，采用较小的钨极端部夹角，可以在同样的焊接电流下减小等离子气体的流量。可以认为在变极性等离子弧焊接工艺中，除了热压缩、磁压缩和喷嘴孔道的机械压缩外，还存在钨极端部的电极压缩。在等离子焊枪喷嘴孔径比较小的情况下，电极的压缩作用并不明显，但是当电极直径小于喷嘴直径时，电极的压缩作用在实际焊接过程中对焊接工艺影响很大。在变极性等离子弧穿孔焊接过程中，虽然选择比较小的钨极端部夹角可以增加电弧的挺度，但是由于较小的钨极端部夹角容易造成钨极的烧损，电极端部熔化成球状，使得电弧的挺度和电弧的穿孔力逐渐减弱，出现焊接过程中的穿孔不均匀现象。在实际焊接过程中，为了避免这种现象的发生，应适量增大钨极端部的夹角同时增大离子气体流量以改善电弧的挺度，使电弧比较稳定，从而获得良好的焊缝成形。

4）送丝速度对焊缝成形的影响。在变极性等离子弧穿孔焊接工艺中，送丝速度只对焊缝的正面和背面成形有影响而与等离子电弧的稳定无关。在铝合金中厚板的变极性等离子弧焊接过程中，如果不填丝，则由于液态铝合金熔池的表面张力作用及金属在凝固时的收缩，在焊缝背面会出现贯穿整个焊缝纵向很深的凹陷（反抽），焊缝正面很平，几乎与母材表面一样。随着填丝量的增加，焊缝正面的余高增加，背面的凹陷（反抽）逐渐减小直至消失，背面开始出现余高，背面焊缝宽度也同时增加。在 8mm 厚 2A14 铝合金焊件焊接时，当其他焊接参数不变的情况下，送丝速度从正常的 2m/min 增大到 2.3m/min，焊缝成形与正常送丝的焊缝相比，正面余高反而略有下降，焊缝背面的宽度和高度都有明显增加。这主要是由于等离子弧的穿孔力比一般的电弧力要大很多，熔化的金属通过熔池的小孔被吹到焊件背面，送丝越多，被吹到焊件背面的金属就越多，焊件背面的焊缝宽度越宽。

5）喷嘴到焊件的距离对焊缝成形的影响。变极性等离子弧穿孔焊接工艺中，喷嘴到焊件的距离对穿孔力有着重要的影响。虽然等离子弧的压缩程度很高，与 TIG 电弧相比电弧扩张很小，但是弧柱长度的变化仍对电弧等离子流的动压力影响很大，随着等离子射流离开喷嘴距离的增加，等离子射流速度迅速减小，因而电弧的穿孔力也急剧下降。在 6mm 以下的薄板焊接时，由于采用比较细的焊丝，可以尽量减小喷嘴到焊件的距离，一般保持在 4mm 左右，当板厚大到 8mm 时，由于焊丝直径的增大，喷嘴到焊件的距离也随之增大，但是喷嘴到焊件的距离太大会造成穿孔力不足而使小孔在焊接过程中有闭合的现象或者在背面焊缝出现凹陷。图 12-50 为 8mm 厚 2A14 铝合金试件在喷嘴到焊件间的距离从正常 5～6mm 距离增加到 7mm 时的焊缝成形照片，从图中可以看到，虽然焊缝正面成形与正常焊接时焊缝正面成形相差不大，

但是焊缝背面余高很小，并在两侧出现咬边现象。因此在进行大厚度铝合金焊接时，应尽量选用直径较小的焊丝，使得喷嘴到焊件的距离尽量减小，一般 6mm 以下的焊件焊接时喷嘴到焊件的距离控制在 4mm 以内，8mm 铝合金焊接时喷嘴到焊件的距离为 4～6mm。

图 12-50　喷嘴到工件距离为 7mm 时的焊缝成形

　　6）变极性等离子弧穿孔焊接工艺稳定成形的参数区间。在穿孔型变极性等离子弧焊接工艺中，当钨极端部夹角、喷嘴孔径及喷嘴到焊件的距离等焊接过程中不可变化的参数确定之后，对焊接工艺和焊缝成形有影响的只有焊接电流、离子气流量、焊接速度这三个在焊接过程中可随时改变的参数。在这三个参数中，获得优质焊缝成形的关键在于焊接电流和离子气流量的合理匹配，这对于实际焊接生产有重要意义，可通过试验来验证焊缝成形的参数区间。

　　① 6mm 厚 2A14 铝合金焊缝成形稳定的参数区间。为确定 6mm 铝合金穿孔等离子弧焊接成形的电流和离子气流的合理匹配，试验采用的焊接速度为 190mm/min，喷嘴与焊件之间的距离为 5mm，钨极直径为 ϕ3.2mm，喷嘴孔径为 ϕ3.2mm。试验中发现，对于每一送丝速度，存在一个电流和离子气流量的匹配区间，在此区间内，可以获得比较稳定的焊缝成形。当焊丝直径为 ϕ1.2mm，送丝速度为 1.2m/min 时，电流与离子气流量的匹配区间如图 12-51 所示。图中的电流值为焊接电流的等效值，焊接电流的正反极性时间比为 19ms∶4ms，反极性电流的幅值比正极性电流的幅值大 60A。电流等效值按下面的公式计算：

$$I_{eq} = \sqrt{\frac{I_+^2 \times 19 + I_-^2 \times 4}{23}}$$

　　图 12-51 中的焊缝成形区间虽然比较大，但是由于送丝速度比较低，只有 1.2m/min，往往造成背面金属填充量不足，背面焊缝的余高低而窄。当喷嘴到焊件的距离在 4mm 以内时，焊缝正面成形和背面成形保持得比较稳定。但是当喷嘴到焊件的距离超过 4mm 以后，在焊接过程中经常出现小孔闭合的现象，焊缝背面成形容易出现凹陷。低而窄的背面焊缝余高是低送丝区间焊缝成形的突出特点。在该区间内，虽然可以获得比较满意的焊缝正反面成形，但是由于电流和离子气流量比较小，电弧的压缩程度和电弧的挺度都不是很高，电弧对焊接过程中喷嘴到焊件的距离要求比较高，喷嘴到焊件的距离在焊接过程中应尽量保持恒定。

　　随着送丝速度的增大，焊缝正、背面获得稳定焊缝成形的电流和气流的匹配区间要向图 12-51 的右上角移动，同时该区间的范围很快缩小。当送丝速度大到 2.0m/min 时，在焊接电流为 156～175A，离子气流量为 1.7～1.9L/min 的很窄小焊接参数区间内，等离子电弧的压缩程度和电弧挺度比较高，焊接电弧的穿孔比较大而均匀，焊缝背面成形饱满。正反面宽度差别减小。在该区间焊接工艺条件下，允许焊接过程中喷嘴到工件的距离有一定的偏差。该区间的工艺特点是：由于送丝速度提高很多，填充金属量很大，焊缝正背面余高在高度上差别不是很大，背面焊缝的宽度增加很多，焊缝成形比较均匀且饱满，是理想的焊接区间。但是，由于焊接电流和离子气体流量的变化范围要求很小，对等离子焊接电源和离子气的流量控制提出了更高的要求。

　　② 8mm 厚 2A14 铝合金焊缝稳定成形区间。当焊件的厚度增加时，焊接电流有较大幅度的增加而离子

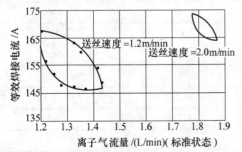

图 12-51　6mm 厚 2A14 铝合金焊接
电流与离子气流量的关系

气的流量变化不大。在焊接速度、送丝速度、喷嘴到焊件的距离等焊接参数都保持不变的情况下，8mm 厚 2A14 铝合金获得稳定焊缝成形的电流和离子气流量参数匹配的区间比 6mm 厚 2A14 铝合金的参数匹配区间小得多，如图 12-52 所示。

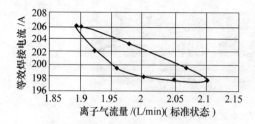

图 12-52　8mm 厚 2A14 铝合金焊接电流与离子气流量的匹配区间

8mm 厚铝合金焊接时，由于焊接电流和离子气流量都比较大，电弧的收缩程度和电弧的挺度都很高，焊接过程比较平稳，此时的送丝速度对焊缝成形的影响便显得非常明显，如果送丝速度比较小，虽然电弧对熔池的动压力很大，但由于铝合金焊件比较厚，液态金属不容易通过小孔流到熔池的背面，在这种情况下，最容易出现的焊接缺陷是背面焊缝凹陷或余高很低且比较窄（图 12-53）。在 8mm 厚 2A14 铝合金焊接参数匹配区间内的工艺特点是：焊接电流和送丝速度都选择得比较大，焊接电流和离子气流量的匹配区间非常窄，但焊接工艺稳定，焊缝成形比较好。

VPPAW 焊接参数的选择主要取决于材料的类型、厚度和焊接位置。6.4mm 厚度以下的板材平焊、横

图 12-53　8mm 厚 2A14 铝合金 VPPAW 焊缝

焊和立焊均可。对于厚度介于 6.5～16mm 之间的板材最佳的焊接工艺是采用立向上焊。表 12-44 给出了航天工业中常用的铝合金采用变极性等离子弧穿孔立向上焊时的优化焊接参数。焊枪与试件表面的距离均为 6.5mm，喷嘴直径 φ3.2mm，钨极内缩距离采用标准内缩值。

表 12-44　航天结构铝合金变极性等离子弧穿孔立焊参数

板厚/mm	6	8	4
材料	2A14	2A14	2B16
接头形式	平头对接	平头对接	平头对接
φ1.6mm 焊丝牌号	BJ—380A	BJ—380A	ER2319
送丝速度/(m/min)	1.6	1.7	1.4
DCEN 电流/A	156	165	100
DCEN 时间/ms	19	19	19
DCEP 电流/A	206	225	160
DCEP 时间/ms	4	4	4
离子气流量/L/min（标准状态）	Ar:2.0	Ar:2.5	Ar:1.86
保护气流量/L/min（标准状态）	Ar:13	Ar:13	Ar:13
钨极直径/mm	3.2	3.2	3.2
焊接速度/mm/min	160	160	160
喷嘴直径/mm	3.2	3.2	3.0

3. 典型铝合金 VPPAW 接头的组织与力学性能

对 VPPAW 焊缝制备纵向和横向剖切金相试样可以考察 VPPAW 焊缝结晶特点。金相组织研究表明，焊缝区无论纵向还是横向均为铸造组织，但无明显的方向性。这说明 VPPAW 熔池金属在各种搅动力的作用下呈无序流动，其结晶无明显的方向性。

图 12-54 为 2A14 铝合金 VPPAW 接头的宏观形貌和微观组织。可以看到，焊缝区由铸造组织构成，热影响区晶粒有所长大，原来的强化状态被软化。

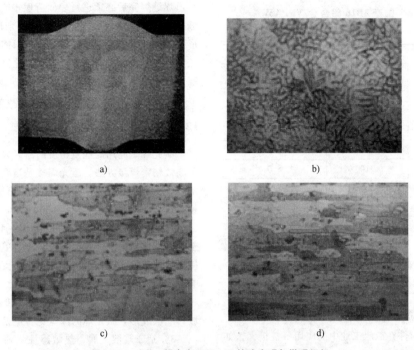

图 12-54　2A14 铝合金 VPPAW 接头宏观与微观组织

a）接头宏观形貌　b）焊缝区组织

c）HAZ 区组织　d）基体组织

2219 铝合金是航天储箱广泛采用的主结构材料。焊接性研究表明，其焊接性良好，热裂倾向不大，但焊缝气孔倾向较大。采用变极性等离子弧焊方法并使用立向上小孔焊接的工艺时，熔融焊缝金属在重力、表面张力和等离子弧吹力等多种力的共同作用下流动成形。由于穿孔的存在，熔化金属被排挤在小孔周围并向下、向后流动而汇聚结晶成形，非常有利于熔池中气体和固态杂质的排出，所以 VPPAW 焊接工艺具有优异的去除焊缝气孔的能力，使得该工艺成为 2219 铝合金构件首先考虑的高效、低成本熔焊工艺。在 2219 铝合金和 2195 铝锂合金航天储箱制造过程中，变极性等离子弧焊是主要的熔焊方法。

2A14-T6 铝合金接头的常温力学性能见表 12-45。表中数据表明，2A14-T6 铝合金变极性等离子弧焊接接头的 R_m 在 280 ~ 300MPa 之间，A 均小于 3.0%，接头断裂发生在薄弱的熔合区。与钨极氩弧焊相比，2A14-T6 铝合金变极性等离子弧焊接接头的强度略高于钨极氩弧焊接接头，但断后伸长率较低，其主要原

因在于变极性等离子弧热量集中，焊接速度高，焊缝热影响区窄，焊缝附近母材软化的程度比钨极氩弧焊低所致。

表 12-45　2A14-0T6 铝合金 VPPAW
接头力学性能

试件号	R_m/MPa	$A(\%)$
1-1	290	<3.0
1-2	285	<3.0
1-3	280	<3.0
2-1	295	<3.0
2-2	295	<3.0
2-3	290	<3.0
3-1	290	<3.0
3-2	300	<3.0
3-3	300	<3.0

2B16 铝合金 VPPAW 接头的常温力学性能见表 12-46，板材的常温抗拉强度约为 440MPa。表中的性

能数据表明，其变极性等离子弧焊接头的 R_m 在 295～310MPa 之间，A 平均在 4.5% 左右。由此可见，2B16 铝合金变极性等离子弧焊时，其接头强度系数接近达到 0.7，焊缝对气孔也不再敏感，这主要得益于变极性等离子弧焊工艺特有的去除气孔的特性。

表 12-46　国产 2B16 铝合金 VPPAW 接头力学性能

试件号	R_m/MPa	A(%)
1-1	295	4.5
1-2	300	4.0
1-3	295	4.5
2-1	310	4.5
2-2	305	4.5
2-3	310	5.0
3-1	300	5.0
3-2	305	5.0
3-3	305	5.0
4-1	310	4.5
4-2	300	4.5
4-3	305	5.0

4. 变极性等离子弧焊的工业应用

铝合金结构件在造船工业中的应用日益扩大，如铝质水翼艇，铝质甲板、铝质船舱结构和铝质船体上层结构等。这些铝合金结构含有许多对接焊缝。由于是大型板结构，因此对挠曲焊接变形的控制要求极为严格，变极性等离子弧焊由于一次穿透焊接、双面自由成形，焊接热输入在正反两面比较均衡，焊缝对称性好，因而成为焊接这类铝合金结构焊缝的理想熔焊方法。

变极性等离子弧焊在宇航工业中获得了广泛的应用。早在 1978 年，马歇尔飞行中心（MSFC）、Hobart 公司就合作进行了 VPPA 焊接工艺的开发，并成功应用于运载火箭储箱和航天飞机外储箱的焊接生产中，其焊接质量比 TIG 多层焊明显提高。

洛·马公司生产新一代 SLWET 航天飞机的 2195 铝-锂合金外储箱时采用柔性变极性等离子弧焊工艺，在平焊位置焊接了箱体的纵缝和环缝。该种工艺原理与常规的 VPPAW 相同，但钨极不是内缩，而是伸出一部分，弧柱压缩效应较弱，等离子弧较常规的变极性等离子弧柔和，因此被称为 Soft-VPPAW。在国际空间站的制造中，VPPAW 也成为首选的熔焊方法（preferred welding approach）。美国最新的 DeltaⅣ火箭，储箱的环缝和封头的焊接生产中均采用了 VPPAW 焊接

方法。

在大型铝合金容器、铝合金压力舱和其他类型的铝合金箱体构件的生产中，变极性等离子弧焊工艺获得了广泛的应用。以往生产厂家大都采用 TIG 或 MIG 方法生产上述铝合金结构件。焊接时采用多道焊，每一道焊缝焊完后必须进行表面清理才能进行下一道焊缝的焊接，由此造成很大的焊缝残余应力和焊后变形。采用变极性等离子弧焊方法，只需一道焊缝即可完成焊接，大大提高了生产效率，显著降低了焊缝的残余应力和焊后变形（尤其是挠曲变形和扭曲变形），从而显著提高焊缝质量和整体可靠性。

12.1.10　激光焊[11]

激光焊是利用高能量密度的激光束作为热源的一种高效精密焊接方法。激光焊接是当今先进的制造技术之一。与传统的焊接方法相比，激光焊具有如下特点：

1）聚焦后的功率密度可达 $10^5 \sim 10^7 W/cm^2$，甚至更高，加热集中，完成单位长度、单位厚度工件焊接所需的热输入低，因而焊件产生的变形极小，热影响区也很窄，特别适于精密焊接和微细焊接。

2）可获得深宽比大的焊缝，焊接厚件时可不开坡口一次成形。激光焊的深宽比目前已达到 12:1。

3）适于难溶金属、热敏感性强的金属以及热物理性能差异悬殊、尺寸和体积差异悬殊焊件间的焊接。

4）可穿过透明介质对密封容器内的焊件进行焊接。

5）可借助反射镜使光束达到一般焊接方法无法施焊的部位，YAG 激光（波长 1.06μm）还可用光纤传输，可达性好。

6）激光束不受电磁干扰，无磁偏吹现象。

7）无需真空室，不产生 X 射线，观察与对中方便。

激光焊的不足之处是设备的一次投资大，对高反射率的金属（如金、银、铜和铝合金等）直接焊接比较困难。

铝及铝合金的热导率高，对激光的反射率极高，在 20 世纪 80 年代初，铝及铝合金的激光加工和焊接被认为是不可能实现的禁区。但经过此后多年的努力，铝及铝合金的激光深熔焊已突破了这个禁区，并已开始投入工业应用。

铝合金 CO_2 激光深熔焊所需的功率密度高达 $3.6 \times 10^6 W/cm^2$ 时才能进入深熔焊接。进入深熔焊接后，铝合金对激光的吸收率显著增大。图 12-55 表

明了铝合金 CO_2 激光焊深度与激光功率的关系。

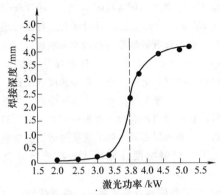

图 12-55　铝合金 CO_2 激光焊熔深与
激光功率之间的关系

　　激光焊接时，被焊材料汽化后在熔池上方形成高温金属蒸气，在激光作用下电离形成等离子体。等离子体会引起光的吸收和散射，改变焦点位置，降低激光功率和热源的集中程度，从而影响焊接过程。极端情况下，等离子体甚至会产生全反射。

　　等离子体通过韧致辐射吸收激光能量，即在激光场中，高频震荡的电子在和离子碰撞时，会将其相应的振动能变成无规则运动能，结果激光能量变成等离子体热运动的能量，激光能量被等离子体吸收。等离子体对激光的吸收率与电子密度和蒸气密度成正比，随激光功率密度和作用时间的增长而增大，并与波长的平方成正比。激光通过等离子体改变了吸收和聚焦条件，有时会出现激光束的自聚焦现象。有时会产生逆着激光入射方向传播的激光维持吸收波，不利于焊接，必须加以抑制。

　　1. 激光深熔焊

　　铝合金激光焊一般采用深熔焊方式。激光深熔焊时，能量转换是通过熔池小孔完成的。小孔周围是熔融的液体金属，由于壁聚焦效应，这个充满蒸汽的小孔犹如"黑体"，几乎全部吸收入射的激光能量。总之，热量是通过激光与物质的直接作用而形成的，而常规的焊接和激光热传导焊接，其热量首先在焊件表面聚积，然后经热传导到达焊件内部，这是激光深熔焊与热传导焊的根本区别。

　　激光深熔焊时，选择激光器的主要考虑因素是：

　　1）较高的额定输出功率。

　　2）宽阔的功率调节范围。

　　3）功率渐升、渐降（衰减）功能，以保证焊缝起始和结束处的质量。

　　激光横模（TEM），横模直接影响聚焦光斑直径和功率密度，基模焦点处的功率密度要比多模光束高

两个数量级。对于厚件的焊接，通常选用 5kW 以上的多模激光器。

　　铝及其合金激光深熔焊的主要困难是它对 $10.6\mu m$ 波长的 CO_2 激光束的反射率高。铝是热和电的良导体，高密度的自由电子使它成为光的良好反射体，其表面反射率超过 90%，也就是说，深熔焊必须依靠小于 10% 的输入能量开始，这就要求很高的输入功率以保证焊接开始时必需的功率密度。而一旦小孔形成，对光束的吸收率即迅速提高，甚至可达 90%，从而能使深熔焊接过程顺利进行。例如，采用 8kW 的激光功率可焊透 12.7mm 厚的铝合金材料，焊透率约为 $1.5mm/kW$。

　　传统焊接方法使用的绝大部分接头形式都适合激光焊，需注意的是，由于聚焦后的光束直径很小，因而对装配的精度要求高。在实际应用中，激光焊最常采用的接头形式是对接和搭接。

　　对接时，装配间隙应小于材料厚度的 15%。零件的错边和平面度不大于 25%，见图 12-56。尽管激光焊接时变形很小，为了确保焊接过程中焊件间的相对位置不变化，最好采用适当的夹持方式。对于导热性好的材料，如铜合金、铝合金等，应将误差控制在更小的范围内。此外，由于激光焊接时一般不加填料，所以对接间隙还直接影响焊缝的凹陷程度。

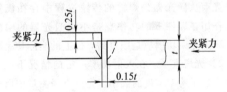

图 12-56　对接装配精度及夹紧方式

　　搭接时，装配间隙应小于板材厚度的 25%，如图 12-57 所示。如果装配间隙过大，会造成上面焊件烧穿。当焊接不同厚度的焊件时，应将薄件置于厚件之上。

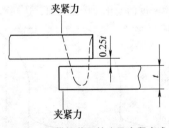

图 12-57　搭接装配精度及夹紧方式

　　图 12-58 给出了板材激光焊接时常用的接头形式，其中的卷边角接接头具有良好的连接刚性。在吻焊形式中，待焊件的夹角很小，因此入射光束的能量

可绝大部分被吸收。激光吻焊时，可不施夹紧力或仅施很小的夹紧力，其前提是待焊件的接触必须良好。

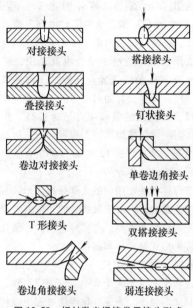

图 12-58　板材激光焊接常用接头形式

（1）焊接参数对熔深的影响

1）入射光束功率。它主要影响熔深，当光斑直径保持不变时，熔深随入射光束功率的增大而变大。由于光束从激光器到焊件的传输过程中存在能量损失，作用在焊件上的功率总是小于激光器的输出功率，入射光束功率应是照射到焊件上的实际功率。

2）光斑直径。在入射功率一定的情况下，光斑尺寸决定了功率密度的大小。光斑直径测量中所采用的最简单的方法是等温轮廓法，通过对炭化纸的烧焦或对聚丙烯板的穿透来进行测量。

3）吸收率。尽管大多数金属在室温时对 $10.6\mu m$ 波长激光束的反射率一般都超过 90%，然而一旦熔化、汽化、形成小孔以后，对激光束的吸收率将急剧增大，图 12-59 表明了金属材料吸收率随表面温度和功率密度的变化。由图可知，达到沸点时的吸收率已超过 90%。不同金属达到其沸点所需的功率密度也不同，钨为 $10^8 W/cm^2$，铝为 $10^7 W/cm^2$，碳钢则为 $10^6 W/cm^2$ 以上。对材料表面进行涂层或生成氧化膜，也可以有效地提高对激光束的吸收率。

4）焊接速度。焊接速度影响焊缝的熔深和熔宽。深熔焊接时，熔深几乎与焊接速度成反比。在给定材料、给定功率条件下对一定厚度范围的焊件进行焊接时，有一适当的焊接速度范围与之对应。如果速度过高，会导致焊不透；如果速度过低，又会使材料过量熔化，焊缝宽度急剧增大，甚至导致烧损和焊穿。

5）保护气体成分及流量。深熔焊接时，保护气体有两个作用，一是保护被焊部位免受氧化，二是为了抑制等离子云的负面效应。He 可显著改善激光的穿透力，这是由于 He 的电离势高，不易产生等离子体，而 Ar 的电离势低，易产生等离子体。

气体流量对熔深的影响在一定的流量范围内，熔深随流量的增大而增大，超过一定值以后，熔深基本维持不变。这是因为流量从小变大时，保护气体去除熔池上方等离子体的作用加强，减小了等离子体对光束的吸收和散射作用，因此熔深增大，一旦流量达到一定值以后，仅靠吹气进一步抑制等离子体负面效应的作用已不明显，因此即使流量再加大，对熔深也就影响不大了。另外，过大的流量不仅会造成浪费，同时还会使焊缝表面凹陷。

高速焊接时，选择保护气体不能仅仅考虑气体的电离势，还应考虑气体的比重。因为电离势较高的气体往往原子序数较低，质量也较小。高速焊接时，这些较轻的气体不能在短时间内把焊接区域的空气排走，而较重的气体则可实现这一点，因而把较重的气体和较轻而电离势又高的气体混合在一起，将会产生最佳的熔透效果。当在 He 中添加 $\varphi(Ar)=10\%$ 的 Ar 时，可显著增大熔深。

6）离焦量。离焦量不仅影响焊件表面光斑直径的大小，而且影响光束的入射方向，因而对焊缝形状、熔深和横截面积有较大影响。

经过多年的努力，高强铝合金的激光焊接研究成果已应用于欧洲空中客车 A340 飞机的制造中，其全部铝合金内隔板均采用激光加工，实现了激光焊接取代传统铆接。它被认为是飞机制造业的一次技术革命。由于激光焊接技术的采用，大大简化了飞机机身的制造工艺，减轻了机身的自重，并降低了制造成本。

（2）铝合金激光深熔焊的阈值

如前所述，铝合金激光焊的前提是利用吸收小于

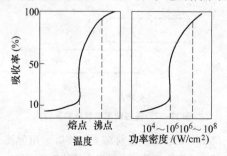

图 12-59　金属材料吸收率随表面温度和功率密度的变化

10%的激光功率密度而形成小孔，进而有效提高入射激光的吸收率，进行稳定的小孔深熔焊接。因此，铝合金激光深熔焊要求较高的激光功率密度。高功率密度的获得可以通过两种方式得到：提高激光功率和减小聚焦光斑直径。

聚焦光斑直径可以通过下式计算：

$$d_f \approx K_f \frac{f}{D} = K_f F = \frac{4\lambda}{\pi K} F$$

式中　d_f——聚焦光斑直径；

　　　K_f——激光束的束腰直径与远场发散全角的乘积；

　　　f——聚焦镜的焦距；

　　　D——聚焦镜处的光束直径；

　　　F——聚焦数 $F = f/D$；

　　　λ——激光的波长；

　　　K——激光的光束质量因子，在 0～1 之间取值。

K 值越大，光束质量越好。激光器的光束质量越好，在相同聚焦条件下就可以获得更小的聚焦光斑和更高的功率密度。所以铝合金的激光焊接要获得稳定的深熔焊接过程，激光器必须具有高功率和高的光束质量，以便得到高的功率密度。图 12-60 所示为不同光束质量（$K = 0.33, 0.18, 0.11$）时铝合金激光焊接深度与速度的关系。由图可知，激光器的光束质量越高，在相同功率和相同速度下获得的焊接深度越大。

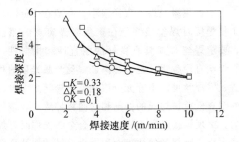

图 12-60　光束质量对焊接深度的影响

当激光器给定时，我们也可以通过减小聚焦数来得到聚焦光斑和高的功率密度。聚焦数的减小可通过缩短聚焦镜的焦距或扩大光束直径来实现。但由于生产和应用技术等方面的原因，焦距的减小是受到限制的。因此扩大光束直径是切实可行的方案。光束直径的扩大最直接的方式就是调整激光器输出窗口到加工工位的距离。因为激光束总存在一定的发散角，随着光束传输距离的增大，光束直径扩大。图 12-61 示意了不同光束直径时焊接深度与激光功率的关系。由图可知，随着光束直径的扩大，深熔焊接所需激光功率减小。

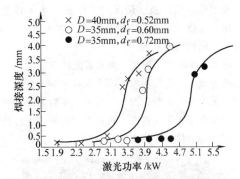

图 12-61　不同光束直径时焊接深度与激光功率的关系

不同的铝合金激光深熔焊的临界功率密度存在较大的差异。一般而言，合金成分越复杂，含量越高，深熔焊接的临界功率密度越低。原因是随着合金含量的增大，材料的导电性降低，对激光的吸收率提高，同时导热性降低。另外，合金元素蒸发的难易也会影响深熔焊接的阈值。

研究表明，铝合金 CO_2 激光焊时，单独使用 Ar 气不能得到稳定的深熔焊接过程；只能并且必须使用 He 气作为控制等离子体的工作气。这是由于铝合金激光深熔焊接的临界功率密度很高，而 Ar 气的低导热性和低电离能使等离子体易于扩展，从而不能实现对等离子体的有效控制。虽然在铝合金 CO_2 激光焊时，不能单独使用 Ar 气，但在 He 气中添加一定量的 Ar 气可以改善焊接过程的稳定性。所以铝合金 CO_2 激光焊往往采用 He 气和 Ar 气的混合气。研究表明，He 气与 Ar 气的混合比为 3:1 时，可将光致等离子体对焦点的影响降低到最小；He 气与 Ar 气的混合比最好不超过 1:1。

2. CO_2 激光填丝焊

图 12-62 所示，在激光填丝焊接过程中，通过一个送丝喷嘴提供填充焊丝。焊丝按所处的位置，一部分由激光照射而熔化，一部分由激光诱导的等离子体

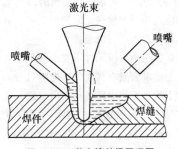

图 12-62　激光填丝焊原理图

加热熔化，一部分通过熔池的对流而熔化。同时，为了保护焊接区及控制光致等离子体，尚需向激光束与焊丝及焊件作用部位吹送保护气体和等离子体控制气。送丝喷嘴可以与气体喷嘴分离装置集成在一起，形成一个同轴组合喷嘴。

图 12-63 示意了焊接机头和彼此独立于激光束两侧的送丝喷嘴和送气喷嘴。两个喷嘴相对于激光束的角度、位置都可以单独调节。图 12-64 为用于激光填丝焊的组合激光焊接机头，送丝喷嘴、等离子体控制气喷嘴和熔池保护喷嘴集成在一起。

图 12-63   激光填丝焊用独立组合喷嘴

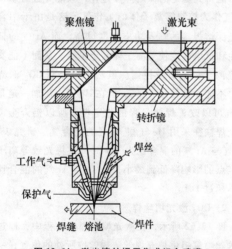

图 12-64   激光填丝焊用集成组合喷嘴

图 12-65 为采用同轴组合喷嘴的激光填丝焊示意图。气体输送和焊丝输送采取同轴安排，其优点是调整方便，焊丝对保护气流干扰小。

为了保护光学系统元件不受焊接烟气的污染，激光加工头上通常布置有横吹气帘喷嘴（cross-jet）。

相对于激光束和焊件运动方向来说，送丝喷嘴可以采取"插入"式放置或"拖动"式放置。以"插入"方式焊接对接接头时，焊丝移动方向与熔池凝固方向相同，其结晶潜热可用于焊丝的熔化。而在 T

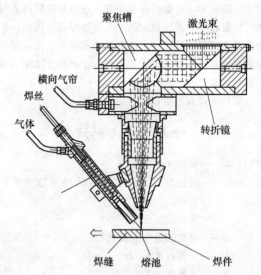

图 12-65   激光焊同轴组合喷嘴

形接头角焊时，由于位置的相对关系，熔池不能用于焊丝的熔化。因为焊缝边缘的快速冷却可能会使焊丝粘在角焊缝上，采用这种送丝方式时，焊丝就会出现弯曲，从而使焊接过程中断。在"拖动"式送丝时，即使焊丝送进受阻，焊丝将继续被激光熔化，焊接过程可继续稳定进行下去。在最严重的情况下，也只会产生局部焊缝缺陷，所以在 T 形接头角焊时总是采用"拖动"式送丝。这时，焊丝一侧没有熔池，焊丝由激光直接熔化或通过激光等离子体熔化。同时，T 形角接头对焊丝的侧向摆动也可以起到限制作用。

由于聚焦激光斑点直径很小，一般在 1mm 以下，为了使焊接时焊丝始终处在聚焦激光斑点的照射之下，要求焊丝必须具有良好的刚直性和指向性。显然，焊丝直径越粗，越容易保证焊丝与激光束的相对位置，但焊丝可能不能充分熔化。当焊丝太细时，焊丝的刚直性差，焊丝的摆动和弯曲将导致焊丝熔化不均匀，出现焊接过程不稳定。铝合金激光焊时，焊丝直径太小，则焊丝的比表面积增大，导致熔池含氢量增大，焊缝中的气孔倾向增大，所以铝合金激光填丝焊时，合适的焊丝直径为 $\phi 0.8 \sim \phi 1.6mm$。为保证焊接过程的稳定和焊接质量，焊丝应尽可能送至激光的焦点正下方。这样，焊丝熔化均匀，焊缝成形良好。

另外，针对不同直径的焊丝和不同的接头形式，送丝速度与焊接速度必须匹配。图 12-66 为对接焊时送丝速度与焊接速度的匹配关系。在阴影区可以获得稳定的焊接过程和良好的焊缝成形。而在阴影区的下方，则由于送丝速度太低，焊丝熔化不连续，导致焊接过程不稳定，焊缝成形不规则。

铝合金激光填丝焊可较好地控制焊接过程中的气孔倾向、避免热裂纹的产生，并且使铝合金的焊接过程更趋稳定，从而极大地改善了接头的质量，最终使铝合金的激光焊接技术走出实验室，进入工业领域，并首先在法国"空中客车"飞机的机翼、机身的隔板结构得到成功的应用。

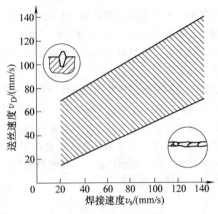

图 12-66 对接焊时送丝速度与焊接速度的匹配

3. 激光粉末焊

采用填充粉末的激光焊系统如图 12-67 所示，该系统由激光器、送粉系统及加工机床等几部分组成。

从铝合金的工业应用发展来看，$2 \times \times \times$ 系（Al-Cu）铝合金和 $7 \times \times \times$ 系（Al-Zn）铝合金主要用于宇航飞行器结构件（如运载火箭燃料储箱、航天飞机外储箱等），$5 \times \times \times$ 系（Al-Mg）铝合金主要用于制造全铝车身部件以提高车体的耐腐蚀能力并减轻重量，$6 \times \times \times$ 系（Al-Mg-Si）铝合金则更多用于车身面板的制造以提高抗碰撞的能力。目前，Audi Ford 和 Honda 的高级轿车、Lotus Elise 和 Renault Spide 赛车均采用了铝合金材料。Audi A8 豪华沙龙轿车采用了全铝的车身结构设计，与钢结构比，车身减重 140kg。所以，铝合金激光焊也主要集中应用在这些国家的宇航和汽车两大工业领域。

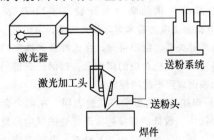

图 12-67 激光粉末焊接系统示意图

（1）铝合金粉末材料

铝合金粉末激光焊时，填充粉末的添加与否及选择要综合考虑不同牌号铝合金的焊接性（主要指产生热裂纹及气孔的倾向），接头的综合性能和激光焊接工艺。

从抗裂角度出发，正确选择填充材料，合理选定焊缝的成分是行之有效的方法。抗裂试验表明，除纯铝、2A16 等少数铝合金外，采用与母材同质的焊丝均具有较大的裂纹倾向，因而不得不采用与母材成分有较大差异的异质焊丝作为填充材料。例如，只有采用高 Mg 含量的 Al-Mg-Zn 焊丝焊接低 Mg 含量的 Al-Mg-Zn 合金板，用 Al-5% Si 焊丝焊接 Al-Cu-Mg 合金板，才能控制裂纹并取得良好的焊接质量；用 Al-5% Si 焊丝可以成功焊接除含 Mg 量较高的合金以外的多数铝合金，尤其是硬铝，而 Al-5% Mg 焊丝一般不适用于硬铝的焊接。

铝合金激光粉末焊时，填充粉末的选择方法与上述焊丝的选择相同。专用的铝合金激光填充粉末规格有限，常用的有 AlSi5、Al-Si12、AlMg5 等牌号。其颗粒直径在 $40 \sim 60 \mu m$ 之间，具有很好的工艺流动性。粉末颗粒直径过小，容易产生结团、黏附在送粉管路内壁上，影响送粉质量，焊接时易造成元素过多烧损。

（2）粉末颗粒对激光的反射与吸收

粉末颗粒对激光的反射和吸收与激光填丝焊相比，具有自身特点：①粉末和母材同时接受激光束照射。②粉末颗粒具有更大的表面积，增强了对激光的吸收。③粉末颗粒对激光产生漫反射，漫反射的激光一部分被相邻的粉末颗粒吸收，一部分损失掉。④焊接过程中，粉末颗粒吸收焊件表面的反射光、光致等离子体的能量、熔池的辐射热，从而大大提高了激光能量的利用率。

（3）铝合金激光粉末焊试验

采用 Rofin-Sinar 公司生产的板条（Slab）CO_2 激光器 DC—0.25，光束直径为 21mm，模式为 TEM_{00}，光束质量参数 $K \geqslant 0.7$，最大输出功率 $P_w = 2.6kW$，采用焦距 $f = 150mm$ 的铜旋转抛物镜聚焦，焦斑直径 $d = 0.25mm$。试验时采用四轴数控工作台、Plasma Twin10—c 型送粉器和自汇聚高效送粉头。

材料为汽车和航空工业常用的 Al-Mg-Si 系铝合金——AA6016 和 AA6060，试件厚度分别为 1.15mm 和 4mm；粉末材料为 M52C-NS（AlSi12），它们的化学成分见表 12-47，粉末颗粒直径 $40 \sim 150 \mu m$。分别采用扫描方式和送粉方式焊接以进行比较。

表 12-47　铝合金材料及焊接用铝合金粉末的化学成分

铝合金材料	成分(质量分数,%)								
	Si	Mg	Cu	Mn	Zn	Fe	Ti	Cr	Al
AA6016	1.0 ~ 1.5	0.25 ~ 0.6	0.2	0.2	0.2	0.5	0.15	0.1	余量
AA6060	0.3 ~ 0.6	0.35	0.1	0.1	0.1	0.1 ~ 0.3	0.1	0.05	余量
M52CNS	12	—	—	—	—	—	—	—	余量

1) 保护气的作用和影响。在激光填丝焊或不加丝的 CO_2 激光焊中，使用 He 气或 He + Ar 混合气可以有效地控制光致等离子体的不利影响。其他气体由于会产生脆性相或电离势较低而不宜使用。保护气的流量要达到 30L/min 以上才能取得良好的保护效果。这种气体流量对于送粉而言太高而无法使用。试验表明，在对接扫描焊和填粉焊试验中使用 10 ~ 30L/min 的保护气流量均不能提供有效的保护以获得高质量的焊缝，容易产生气孔、咬边、焊缝不连续以及焊缝表面不平滑等缺陷。图 12-68 为光致等离子体造成的断续焊缝。通过系列试验表明，使用 (10 ~ 20L) He + (1 ~ 5L) N_2/min 的混合气可以获得表面成形美观、余高适当且没有明显焊接缺陷的激光粉末焊焊缝 (图 12-69)。其中 N_2 气是送粉气流，焊件背面使用 10 ~ 15L/min 的氩气进行保护。

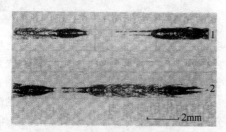

图 12-68　光致等离子体
造成的断续焊缝

图 12-69　使用混合气的
激光粉末焊缝截面

2) 填充粉末对接头冶金行为和成形的影响。AA6016 铝合金具有很强的热裂敏感性。一般认为当 $w(Si) > 5\%$ 时可大大降低铝合金焊缝中的热裂纹倾向。试验中使用的是 $w(Si) = 12\%$ 的铝合金粉末，经

检测焊缝中的 Si 的质量分数高达 6% ~ 8%，随 Al-Si 共晶增多，流动性更好，具有很好的"愈合"裂纹的作用，当配合使用正确的焊接工艺时可以完全避免焊缝中的热裂纹。

试验还表明，不同的激光功率对应存在一个适当的粉末送进速率范围，如图 12-70 所示。仅在对应的粉末送进速率范围内，焊缝表面具有正常的余高。大于该送粉速率范围，焊缝余高过大，造成粉末浪费；送粉速率过低，余高太小或消失。这两种情况均会造成不合格的焊缝成形。

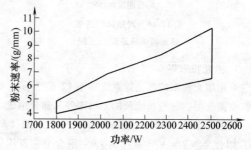

图 12-70　激光功率与送粉速率的关系

3) 离焦量的影响。试验中，将焦平面在焊件表面以上定义为正离焦。在铝合金激光焊中，离焦量的变化对焊缝的表面成形、熔深和焊缝质量影响很大。如 AA6016 铝合金的扫描焊接，当采用 2.5kW 的功率、8m/min 的速度、离焦量为 -2 ~ 3mm 时，焊缝中纵向热裂纹总是存在，只有当离焦量为 -3mm 或 +4mm 时才能消除焊缝的热裂倾向。其原因在于小的离焦量会使焦斑的能量密度相对增大，大的温度梯度和冷却速度造成熔池中柱状晶快速对向生长，在焊接拉应力下沿焊缝中部的柱状晶结合面开裂。图 12-71 表明了 AA6016 铝合金激光粉末焊时激光功率、离焦量与焊缝表面成形的关系。由图可知，在选择激光功率的同时必须要选择与其相对应的离焦量，以保证获得阴影范围内的表面成形平滑的焊缝。

4) 焊接速度的影响。试验表明，在铝合金激光扫描焊接中，较低的焊接速度下焊缝的纵向热裂纹倾向较大。例如，采用 2.0 ~ 2.5kW、焊接速度为 5 ~ 8m/min 进行铝合金的激光扫描焊，结果在焊缝中产

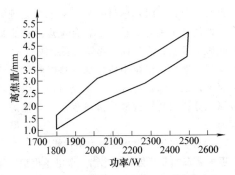

图 12-71　离焦量对焊缝表面成形的影响

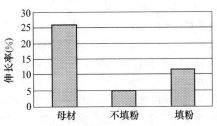

图 12-73　AA6016 铝合金激光焊
对接接头的伸长率

生了纵向热裂纹；而把焊接速度提高到 8～12m/min 时，则避免了纵向热裂纹的产生。此外，较低的焊接速度造成焊缝的冷却速度减慢，为焊缝中靠近熔合线部位的气孔聚集长大提高了条件。这一规律对于铝合金激光粉末焊同样适用。必须通过系统的焊接参数优化试验遴选出一定激光功率下所对应的最佳焊接速度。

5) 铝合金激光粉末焊的接头间隙。试验表明，AA6016 铝合金激光粉末焊，其接头抗拉强度不低于母材强度所对应的可允许间隙为 0.5mm，远大于铝合金薄板激光扫描焊接所要求的间隙——不大于板厚的 10%。这大大提高了激光粉末焊对结构的适应能力。

6) 接头力学性能。在高强铝合金的无间隙对接激光焊中，填充粉末的使用与否对焊接接头的强度和塑性影响很大。图 12-72 为不同工艺的 AA6016 铝合金激光焊对接接头屈服强度和抗拉强度的对比，图 12-73 为伸长率的对比。由图 12-73 可见，母材的抗拉强度最高，平均为 233MPa，采用填充粉末的焊接接头次之，平均为 220MPa。试验中发现，首先产生屈服的部位在母材，而且在屈服的部位最终产生断裂。这主要是因为激光焊接的焊缝晶粒细小，具有很好的综合性能，而且由于填充粉末的加入使得焊缝成形饱满、美观，余高适当，因而接头具有较好的抵抗变形和断裂的能力。

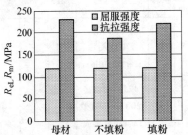

图 12-72　AA6016 铝合金激光焊对接接头
的屈服强度与抗拉强度

为了准确考核焊接接头的性能，试验中用压头的中心正对焊缝背面的中心，以使试样表面承受较大的拉应力。试验结果表明，采用优化的 CO_2 和 YAG 焊接参数的填粉接头试件，例如：CO_2 激光 2500W、焊接速度 4m/min，YAG 激光功率 2100W、焊接速度 5m/min，冷弯角均可达到 180°，经体视显微镜检查，在焊接接头表面均未发现裂纹。

12.1.11　电子束焊[11]

电子束焊简称 EBW，它是指在真空环境中，利用会聚的高速电子流轰击焊件连接部位所产生的热能，使被焊金属熔合的一种焊接方法。

按电子束加速电压的高低可分为高压电子束（120kV 以上）、中压电子束（60～100kV）和低压电子束（40kV 以下）三类。工业领域常用的高压真空电子束焊机的加速电压为 150kV，功率一般都小于 40kW；中压电子束焊机的加速电压为 60kV，功率一般都小于 75kW。

功率大小的选择，主要是考虑使用要求，焊接厚度是其中最主要因素。高功率密度仅是获得深穿透的必要条件，其充分条件是要有足够大的功率。在同样功率条件下，焊接铝合金时的穿透深度比钢要大。以相同功率焊接不同合金系的铝合金，其穿透深度也不相同。焊接 Al-Mg 系 5A06 合金时的穿透深度比焊接 Al-Cu 系的 2A14 合金要大。这表明电子束焊接时的深穿透效应与材料中合金元素的饱和蒸气压也有密切关系。

按被焊工件所处环境的真空度可分为三种：高真空电子束焊、低真空电子束焊和非真空电子束焊。铝及铝合金只适于高真空电子束焊。

高真空电子束焊是在 10^{-4}～10^{-1}Pa 的压强下进行的。良好的真空条件，可以保护熔池，防止金属元素的氧化和烧损，而且对焊缝金属尚有脱气作用，适用于活性金属、难熔金属和质量要求高的工件的焊接。这种方法的不足之处一是抽真空需要辅助时间，影响生产效率；二是焊件尺寸受真空室的限制。

1. 铝合金电子束焊参数

铝及铝合金化学活泼性强，表面易氧化，生成难熔氧化膜（Al_2O_3 的熔点约 2050℃，MgO 的熔点约 2500℃），自然生长的氧化膜不致密，易吸收水分；有些合金元素，如 Mg、Zn、Li 等，焊接时易蒸发；电子束焊时的焊接速度大，熔池的凝固速度大。这些因素均易促成焊接缝金属产生气孔。因此铝合金电子束焊时，必须采用高真空；母材内的含氢量最好控制在 0.4mL/100g；焊接前，零件需经认真化学清洗；焊接时宜采用表面下聚焦和形成较窄的焊缝，以抑制氢气泡的形成，使氢来不及聚集以免形成焊缝气孔；焊接速度不可过大，对厚度小于 40mm 的铝板，焊接速度应在 60～120cm/min，对于 40mm 以上的厚铝板，焊接速度应在 60cm/min 以下；在焊接过程中，可使电子束按一定图形对熔池进行扫描，使熔池发生搅拌，促使氢气泡易于从熔池中逸出；或在焊接后使焊缝再电子束重熔一次，以利于消除焊缝气孔。

铝合金电子束焊时对束流十分敏感，尤其是对厚度大于 3mm 的铝合金构件，如束流偏小，易产生未焊透；如束流偏大，则焊缝金属易下塌，导致焊缝正面凹陷。为此，必须选择合适的焊接参数，控制焊缝成形。必要时，可采用在焊件表面下聚焦，并在接头一侧预留单边凸合，以其作为填充金属，可获得良好的焊缝成形。可供参考的电子束焊接铝合金的焊接参数见表 12-48。

表 12-48　铝合金对接接头电子束焊接参数

厚度/mm	合金牌号	真空度/Pa	加速电压/kV	束流/mA	焊接速度/(mm/s)	热输入/(kJ/m)
1.27	6061		18	33	42	14.18
1.27	2024		27	21	29.8	18.91
3.0	2014		29	54	31.5	51.22
3.2	6061		26	52	33.6	39.4
3.2	7075		25	80	37.8	51.22
12.7	2219	1.33×10^{-3}	30	200	39.9	149.72
16	6061		30	275	31.5	260.04
19	2219		145	38	21	260.04
25.4	5086		35	222	12.6	591
50.8	5086		30	500	15.1	985
60.5	2219		30	1000	18.1	1654.8
125.4	5083		58	525	4.2	7170.8

铝及铝合金有时焊前呈变形强化或热处理强化状态，即使电子束焊热输入小，合金焊接接头仍将发生热影响区软化去强或出现焊接裂纹倾向，此时，可提高焊接速度，以减小软化区及热影响区宽度和软化程度；也可施加特殊合金填充材料，以改变焊缝金属成分；或减轻近缝区过热程度，降低焊接裂纹倾向。

2. 铝合金电子束焊接头的力学性能

退火状态的非热处理强化铝合金电子束焊的接头强度系数一般可达 0.9 以上，但不同程度变形强化状态的非热处理强化铝合金电子束焊的接头强度系数，由于热影响区发生再结晶软化而可能低于 90%，但比其他焊接方法的接头强度系数值仍较高，因其焊接速度高，热影响区软化程度较轻。

热处理强化铝合金电子束焊的接头强度系数由于其热影响区过时效软化而一般低于 90%，例如 Al-Cu-Mn 合金（2A16）和 Al-Zn-Mg-Cu 合金（7A04）。但如焊后对接头进行适当热处理，则其焊接接头强度系数仍可达 90% 以上，见表 12-49。

用于防弹厚板外壳结构的 7039（Al-Zn-Mg）合金是一种焊接时可自动淬火（固溶）和焊接后自然时效的合金。因此，当其焊前为自然时效（T4 状态）时，电子束焊的接头强度系数可达 100%；当其焊前为固溶及人工时效状态时，电子束焊的强度系数可达 75% 至 90%。

热处理强化的 2219（Al-Cu-Mn）铝合金是用于航天产品的轻质高强结构材料。该合金钨极或熔化极气体保护电弧焊时，焊接接头强度系数仅为 50%～65%；该合金电子束焊时，视焊接前与焊接后热处理方案的不同配合，可获得不同的焊接接头强度，见表 12-50。

表 12-49　2A16 和 7A04 铝合金电子束焊对接接头力学性能

合金牌号	材料厚度/mm	焊前状态	焊后热处理	R_m/MPa	A(%)	α/(°)	η[①](%)
2A16	2.5	M	530℃ 固溶，170℃ 人工时效 16h	381	—	47	90
7A04	10.0	M	475℃ 固溶，120℃ 人工时效 3h，150℃ 再人工时效 3h	637	12	—	100

① η 为焊接接头强度系数。

表 12-50　2219 铝合金 EBW 与 TIG 焊焊接接头的力学性能比较

热 处 理	厚度 /mm	环境温度 /℃	抗拉强度 R_m/MPa	屈服强度 R_{eL}/MPa	伸长率 A(%)	断裂韧度 K_{IC} /(MPa/m$^{3/2}$)
母材 526℃固溶,177℃人工时效 12h,未焊接	12.7	20	441.0	313.6	18	46.97
母材焊前固溶人工时效,钨极气体保护电弧焊,焊后不热处理	12.7	20	282.2	145.0	8	26.62 38.72
母材焊前固溶人工时效,真空电子束焊,焊后不热处理	12.7	20	345.0	255.8	13	41.47
		−196	470.4	307.7	14.5	40.81
母材焊前固溶自然时效,真空电子束焊,焊后人工时效	12.7	20	392.0	341.0	10.5	41.58
		−196	502.7	375.3	13.5	—
母材焊前退火,真空电子束焊,焊后固溶人工时效	12.7	20	455.7	336.9	16	44.11
		−196	523.3	371.32	15.5	—

从表 12-50 可见,电子束焊的接头力学性能,无论抗拉强度、屈服强度、伸长率、断裂韧度,均高于钨极气体保护电弧焊的接头力学性能。

与常规熔焊方法相比,电子束焊接 2219 铝合金时能获得不同深宽比的焊缝。当用厚度 6.35mm 和 12.7mm 的 2219 合金进行电子束焊接试验时,发现窄焊缝的力学性能比宽焊缝更好,窄焊缝的焊接接头抗拉强度和断裂韧度更高,见表 12-51。然而在某些情况下,为了使焊缝更光滑,根部余高更均匀,边缘熔合更充分,喷溅减少,有时宜采用宽焊缝。

表 12-51　电子束焊缝宽度对接头性能的影响

焊缝宽度	材料厚度 /mm	环境温度 /℃	焊接接头力学性能				
			R_m/MPa	R_{eL}/MPa	A(%)	K_{IC}/(MPa/m$^{3/2}$)	
						焊缝中心线	熔合线
宽焊缝	6.35	20	274.4	164.6	3.5		
		−196	398.86	221.2	7	40.4	—
窄焊缝	6.35	20	296.94	172.28	5.5		
		−196	407.9	228.7	6.5	44.99	
宽焊缝	12.7	20	321.0	190.8	5.5		
		−196	420.91	233.5	7.5	33.88	34.1
窄焊缝	12.7	20	345.20	255.28	4.5		
		−196	474	307.9	7.5	41.47	40.81

1201 铝合金（Al-6Cu-Mn）的成分和性能与 2219、2A16、2B16 合金相近,是用于俄罗斯"能源号"运载火箭储箱的结构材料。该合金在 530℃水淬（固溶）和 175 ~ 180℃、16h 人工时效后进行电子束焊接试验时,焊接参数为 26kV、190mA、40m/h,不填丝;当钨极氩弧焊试验时,焊接参数为 15 ~ 16V、640A、6m/h,性能试验结果见表 12-52,表中数据为 10 ~ 15 个试样所得的数据。

表 12-52　1201 铝合金焊接方法及接头性能比较

焊接 方法	R_m /MPa	a_K[①] /(J/cm^2)	弯曲角 α/(°)
电子束	297.9	24.5,27.44 25.48	29
氩弧焊	239.1	10.8,13.72 11.76	18
基体金属	426.3	12.74	35

① 横线上方为最小值和最大值,横线下方为平均值。

由表 12-52 可见，电子束焊的接头强度比氩弧焊高 20%，焊缝冲击韧度则高一倍。由于电子束焊时热输入仅为氩弧焊的 1/6，故其软化区宽度仅相当于氩弧焊的 1/4，只有 15～18mm。

从工程应用的角度考虑，电子束焊接时也需对可能的焊接缺陷进行补焊或重复焊。为评估 1201 铝合金重复焊接后的接头性能，曾进行了相应试验。试样厚度为 20mm，试样呈完全热处理强化状态。电子束焊时，加速电压为 60kV，焊接速度为 70m/h，性能试验结果见表 12-53。

表 12-53　1201 铝合金电子束重复焊接的对接接头力学性能

焊接次数	R_m /MPa	$R_{p0.2}$ /MPa	A(%)	Z(%)	$a_K^{①}$ /(J/cm^2)	α/(°)	接头强度系数
1	329.3	295.0	16.8	30.1	$\dfrac{21.56,24.5}{23.52}$	20	0.79
2	324.4	291.0	3.0	24.8	$\dfrac{26.46,29.4}{27.44}$	19	0.78
3	317.5	274.4	2.8	22.5	$\dfrac{22.54,29.4}{25.48}$	17	0.77

① 横线上方为最小值和最大值，横线下方为平均值。

重复焊接的熔化区的尺寸与第一次焊接相比没有变化，软化区尺寸也没有明显增大。

铝-锂合金是新型航空航天飞行器需用的新型轻质高强铝合金。俄罗斯在焊接性良好的 Al-6Mg-Mn 铝合金的基础上添加少量合金元素 Li，已研制成新型 Al-Mg-Li 合金 1420（Al-5Mg-2Li-Zr）。经固溶（空淬）及 120℃人工时效 12h 后，合金抗拉强度可达 441～451MPa，屈服强度可达 274～304MPa。合金经钨极氩弧焊后，其焊态的焊接接头强度系数仅为 70%。如果改用电子束焊，则焊态焊接接头强度系数可达 80% 至 85%，而且热影响区窄，构件变形小。

3. 铝合金电子束焊的应用

对于非热处理强化的铝合金，电子束焊接技术多用于大厚件、薄壁件、精密件。对于热处理强化的高强度铝合金，电子束焊接技术多用于航空航天工业内大型的轻质飞行器结构。

传统的飞机结构（机身，机翼）多采用难焊的 2024—T4 铝合金，因此只能采用铆接技术制造。俄罗斯研制成 1420 等新型可焊高强铝合金后，即出现了全焊接制造的飞机结构。在航天工业内，大型运载火箭的尺寸越来越大，例如美国土星五号运载火箭的一级火箭液体推进剂储箱直径达 10m，俄罗斯能源号运载火箭液体推进剂储箱直径已达 8m，其焊接区壁厚已达 42mm，储箱的壳段由三块弧长为 8.4m 高为 2.1m 的 1201 铝合金通过三条纵缝电子束焊接而成。由于此焊件尺寸大，焊接时即采用了可移动的局部真空室，可对每条纵缝施行局部密封，其中，纵缝的下部空间采用橡胶密封条静密封技术，纵缝的上部空间采用磁液动密封技术（由铁磁氧化物粉末和有机硅油组成），以利电子枪在上部空间内进行电子束焊接作业。此外，储箱的大尺寸箱体上尚需焊接许多不同直径的进口和出口管的法兰座，为避免手工氩弧焊法兰座时引起残余应力和焊接变形，保证方位尺寸精度，也需采用局部真空室，以便只在法兰座环缝焊接区局部形成真空环境，然后灵活方便地实施真空电子束焊接。前苏联为焊接火箭储箱箱体的纵缝、环缝及法兰座环缝共采用了七种局部真空电子束焊机。

我国航天材料及工艺研究所与中国科学院电工研究所也合作研制了法兰座环缝局部真空电子束焊机，如图 12-74 所示。电子枪与上真空室采用动密封结构，焊件与下真空室之间为静密封结构。电子枪径向移动采用步进电动机驱动，光栅尺检查位移；圆周方向转动通过交流伺服电动机驱动，光码盘检测器检测角位移。二次电子焊缝对中系统用于焊缝轨迹示教。采用两级微机控制，可编程序控制器控制焊接参数，可实现 φ100～φ300mm 直径的法兰座环缝的柔性焊接，局部真空室真空度≤5×10^{-3}Pa。焊接 5mm 厚度的 5A06 铝合金法兰座时，不需外加焊丝，仅单边预置平台，接头形式为 I 形对接接头，焊接质量满足国家军用标准 GJB 1718A—2005 中 I 级接头的要求。法兰环缝典型结构样件如图 12-75 所示。

美国格鲁曼宇航公司采用西雅基公司研制的凹面板式滑动密封局部真空电子束焊机焊接直径约为 9m 的铝合金燃料储箱。这种局部真空电子束焊机在电子枪的底部安装了一块凹面板，凹面板的弧度与被焊储箱箱体的弧度相吻合。

图 12-74　法兰座环缝局部真空电子束焊接设备

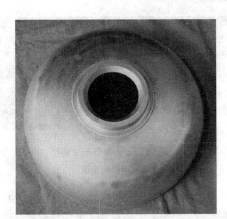

图 12-75　法兰环缝典型结构样件

　　美国的阿波罗飞船一级运载火箭上的直径为 10m
的"Y"形环的焊接，则是在大型铝合金构件上应用
真空电子束焊接的又一个实例。"Y"形环的材料为
2219 铝合金（相当于国产 2B16 合金），横断面为
139.7mm×68.58mm，由三个弧段拼焊而成，用局部
真空电子束焊接代替熔化极氩弧焊，焊缝层数从 100
层减少到 2 层，装配和焊接时间从 80h 减少到 8h，焊
缝强度系数从 50% 提高到 75%，不仅经济效果好，
而且接头质量高。

　　人类在外层空间活动中，为了装配焊接空间站和
维修在轨运行的航天飞行器，开发了用于外层空间的
电子束焊接设备。在外层空间，电子束焊接是一种重
要的焊接方法。因为外层空间的高真空和失重环境，
不仅省略了真空室和复杂的抽真空系统，而且电子束
具有较高的电-热转换效率，高度集中的能量密度，
电子束对熔化金属没有作用力，熔池也很小，对失重
不敏感。应用于外层空间的电子束焊接设备必须具备
很高的可靠性，对操作人员绝不能有任何伤害。要求

体积小、重量轻、能耗低。焊接过程应最大限度地自
动化，技术参数应有相当高的稳定性和精度，以保证
焊接质量的稳定性和可靠性。图 12-76 是巴顿焊接研
究所研制的可在外层空间进行手动电子束焊接试验的
装置，最大输出功率 350W，重 40kg，该装置 1984～
1986 年间曾用在礼炮号空间站上，该技术居当时世
界领先水平。

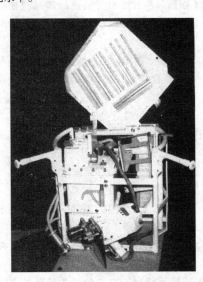

图 12-76　外层空间用手动电子束焊接装置

12.1.12　搅拌摩擦焊[11]

　　摩擦焊是在压力作用下，利用焊件接触面之间的
相对摩擦运动和塑性流动所产生的热量，使接触面及
其附近金属达到粘塑性状态并产生适当的宏观塑性变
形，通过两侧材料间的相互扩散和动态再结晶而实现
连接的固态焊接方法。因而对被焊材料具有广泛的工

艺适应性，非常适于同种及异种材料间的焊接。其焊接过程完全由焊接设备控制，所以焊接质量的可靠性高，人为影响因素很小。

常规的摩擦焊方法可以实现铝-铝、铝-铜、铝-钢等圆截面构件间的连接。搅拌摩擦焊则更适于同质或异质的铝/铝合金板件间的连接。本节重点论述搅拌摩擦焊方法及其在铝及铝合金结构件制造中的应用。

搅拌摩擦焊（Friction Stir Welding，简称 FSW）发明于英国的 TWI，是一项创新的摩擦焊技术。经过十多年的发展，搅拌摩擦焊技术已日趋完善并成功应用于航空、航天、汽车、造船和高速铁路列车等诸多轻合金（主要是铝、镁、铜、锌及其合金）结构制造领域，其可焊厚度可达 2～50mm。搅拌摩擦焊过程中无金属熔化和结晶，因而不存在铝及铝合金熔焊时的气孔和裂纹问题。铝及铝合金搅拌摩擦焊时，在搅拌头的摩擦碾压作用下，连接区的塑性金属发生动态回复与再结晶等冶金过程，细化了焊缝的组织，接头强度系数大幅度提高。

从铝合金焊缝的横断面宏观形貌可以明显看到焊缝中心处的焊核。熔核的外围是热-力影响区，该区经历了剧烈的塑性变形并出现局部晶粒细化的区域。整个焊核的形状取决于待焊材料和实际的工艺状态。

与其他焊接方法比，搅拌摩擦焊具有如下特点：

1）控制参数少，易于实现自动化，焊缝质量一致性高。

2）焊前准备和焊后处理工作很少，劳动强度低，工作效率高。

3）焊接温度相对较低，焊缝区的残余应力和残余变形显著减小。

4）采用立式、卧式工装均可实现焊接。

5）不产生弧光、烟尘、噪声等污染，属于绿色加工方法。

6）焊件接合面的装配间隙小于焊件厚度的 10% 时，不影响接头的质量。

但搅拌摩擦焊也有自身的工艺局限性，主要表现为：

1）需要施加足够大的顶锻压力和向前驱动力，因而需要由一定刚性的装置牢固地夹持待焊零件来实现焊接。

2）由于搅拌探针的回抽，焊缝尾部会存在"匙孔"，焊接时需要增加"引焊板"和"出焊板"。

3）与弧焊方法相比，搅拌摩擦焊缺乏相对的工艺柔性，对工装设备要求较高，难以用于复杂焊缝的

焊接；由于需要施加很大的顶锻压力，也无法在机器人等设备上应用。

4）出现焊接缺陷时，为保证接头的高性能，需要固相焊接方法进行补焊。

搅拌摩擦焊接头由母材、热影响区（HAZ）、热-力影响区（TMAZ）和焊核（welding nugget）构成。其中热影响区、热-力影响区和焊核由搅拌头的搅拌形变作用产生。研究表明，焊核由细小的经动态再结晶的等轴晶构成，其晶粒尺寸比母材的晶粒尺寸更小。

在连接挤压铝板-锻铝板或者锻铝板-铸铝板时，从焊缝的宏观横断面上可以清楚地看到搅拌头的搅拌效果，如图 12-77 所示。洋葱环状的焊核结构是搅拌摩擦焊缝的典型特征。

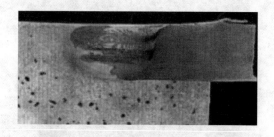

图 12-77　6mm 厚锻铝与铸铝
FSW 接头横断面

搅拌摩擦焊工艺的出现避免了铝及铝合金熔焊所产生的缺陷，消除了铝及铝合金熔焊时元素的挥发，改善了难于熔焊的铝合金的焊接性，如 2×××系、7×××系铝合金等，焊后均能获得无气孔、裂纹、焊接残余应力和变形较小的高质量焊缝。

搅拌摩擦焊可以实现铝、镁、铜、钛等多种合金材料的焊接，特别适于焊接高强铝合金、铝锂合金等轻合金，包括熔焊方法难以焊接的铝合金，如 6×××系、2×××系和 7×××系铝合金。焊接时无需保护气体和填充材料；可避免熔焊时容易产生的气孔、夹杂、裂纹等多种缺陷。

搅拌摩擦焊方法具有良好的工艺重复性和较宽的工艺裕度。在搅拌头转速波动 -20%～40% 和焊接速度波动 -30%～100% 的条件下，还能够得到优良的接头。搅拌摩擦焊的焊后变形很小，长度为 1500mm 的 7×××系铝合金挤压型材对接板件焊后的最大变形量仅仅为 2mm；对其接头进行 X 射线和相控阵超声波扫描无损检查，没有发现气孔和裂纹。

就工业应用前景而言，铝合金、镁合金和铜合金结构件（尤其是板件）的焊接是搅拌摩擦焊的主要应用领域。目前，TWI 已开发出可焊厚度 1.2～75mm

的铝合金搅拌头和相应的搅拌摩擦焊机。纯铝与铝合 金搅拌摩擦焊焊缝的典型形貌如图 12-78 所示。

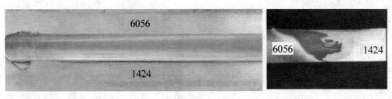

图 12-78　6056 与 1424 铝合金的搅拌摩擦焊缝

1. 铝合金 FSW 接头的力学性能

焊态下，FSW 焊缝焊核的强度要大于热影响区的强度。对于退火状态的铝合金，拉伸试验的破坏通常发生在远离焊缝和热影响区的母材上。对于形变强化和热处理强化的铝合金，搅拌摩擦焊后热-力影响区的硬度和强度低，但可通过控制热循环，尤其是通过降低焊缝热-力影响区的退火或过时效来改善焊缝的性能。焊后热处理是提高热处理强化铝合金焊接接头性能的最好选择，但在许多情况下，焊后无法进行热处理。

表 12-54 为国产 2A14（相当于 2014 铝合金）、2B16 合金（相当于 2219 铝合金）和 2195 铝锂合金搅拌摩擦焊接头的力学性能。由表可知，2A14 和 2B16 铝合金 FSW 接头的常温强度系数均达到 0.8 以上，均高于常规熔焊时的 0.65，2195 铝锂合金的 FSW 接头强度系数也达到了 0.75，远高于熔焊时的 0.55，而断后伸长率均比熔焊接头提高将近一倍。

**表 12-54　三种典型航天储箱结构铝合金
FSW 接头的力学性能**

材　料	R_m/MPa	A(%)	R_m^w/R_m
2A14-T6 母材	422	8	0.83
2A14-T6 接头	350	5	
2B16-T87 母材	425	6	0.8
2B16-T87 接头	340	7.5	
2195-T8 母材	550	13	0.75
2195-T8 接头	410	8~11	

注：表中 R_m^w/R_m 表示焊接接头的抗拉强度与母材抗拉
强度的比值。

表 12-55 为 5×××、6×××、7××× 系铝合金，搅拌摩擦焊接头的力学性能。表中数据表明，对于固溶处理加人工时效的 6082 铝合金，其搅拌摩擦焊并经焊后热处理的接头可与母材等强，而断后伸长率有所降低。T4 状态的 6082 铝合金试件焊后经常规时效可以显著提高接头性能。7108 铝合金焊后室温下自然时效，其抗拉强度可达母材的 95%。采用 6mm 厚的 5083-O 和 2014-T6 铝合金焊件进行，使用

应力比 $R = 0.1$ 的疲劳实验时，5083-O 铝合金搅拌摩擦焊对接试件的疲劳性能与其母材相当。试验结果表明，搅拌摩擦焊对接接头的疲劳强度大都超过相应熔焊接头强度的设计推荐值。疲劳试验数据分析显示，搅拌摩擦焊接头的疲劳性能与相应熔焊接头相当；而在大多数情况下，搅拌摩擦焊的疲劳性能数据要高于熔焊。

**表 12-55　铝合金搅拌摩擦
焊对接接头的力学性能**

材　料	R_{eL} /MPa	R_m /MPa	A /%	R_m^w/R_m
5083-O 母材	148	298	23.5	—
5083-O 焊接接头	141	298	23.0	1.00
5083-H321 母材	249	336	16.5	—
5083-H321 焊接接头	153	305	22.5	0.91
6082-T6 母材	286	301	10.4	—
6082-T6 焊接接头	160	254	4.85	0.83
6082-T6 焊接接头 + 时效	274	300	6.4	1.00
6082-T4 母材	149	260	22.9	—
6082-T4 焊接接头	138	244	18.8	0.93
6082-T4 焊接接头 + 时效	285	310	9.9	1.19
7108-T79 母材	295	370	14	—
7108-T79 焊接接头	210	320	12	0.86
7108-T79 焊接接头 + 自然时效	245	350	11	0.95

注：表中 R_m^w/R_m 表示焊接接头的抗拉强度与母材抗拉
强度的比值。

要获得优异的疲劳性能，对接焊缝的根部必须完全焊透。如果搅拌针的长度相对于焊件的厚度太短，那么在焊件厚度方向上仅是大部分锻造在一起而没有完全焊透，则未焊透部分对接面上的氧化层无法搅拌去除，无损检验方法很难检测到这类缺陷。可以把焊件的底边机加工成倒角或在垫板上磨削一道沟槽以避免出现根部缺陷。为填充接头间的间隙，接头区稍微

加大厚度是非常有益的。

2. 热输入因子与焊接参数的优化

搅拌摩擦焊本质上是以摩擦热作为焊接热源的焊接方法，所以采用热输入评价接头质量的优劣最直接、最有效。根据推导，搅拌摩擦焊的热功率可表示为：

$$Q = k\mu nF \qquad (12\text{-}1)$$

式中　Q——热功率；

　　　k——形状因子，取决于搅拌针的设计尺寸、形状以及搅拌效果；

　　　μ——摩擦系数；

　　　n——搅拌头转速；

　　　F——焊接压力。

搅拌摩擦焊的热输入 q_E 为：

$$q_E = \frac{Q}{v} = k\frac{\mu nF}{v} = k\mu F\frac{n}{v} = k'\frac{n}{v} \qquad (12\text{-}2)$$

式中　v——焊接速度。

由于稳态搅拌摩擦焊焊接时，摩擦系数和焊接压力均为稳定值，所以将其与形状因子合并为新的常量系数 k'。由此可见，参数 n/v 直接表征了焊接热输入的大小，我们称之为热输入因子。

对于给定的焊接过程，系数 k' 为常量，接头的质量只取决于热输入因子 n/v。其值过小，不利于焊缝的固态连接，接头质量下降；反之，n/v 过大，焊缝输入热量过多，易产生组织过热和飞边，也损害接头质量。

由此可见，对于给定的搅拌头和焊接压力，任一FSW过程，接头的质量主要取决于热输入因子 n/v。对于待连接的母材而言，存在一个热输入因子容限，在该容限内均可获得满意的接头质量。图12-79表明了2219铝合金FSW接头强度与热输入因子之间的关系。热输入因子还为搅拌摩擦焊参数的选择和优化提供了科学依据。

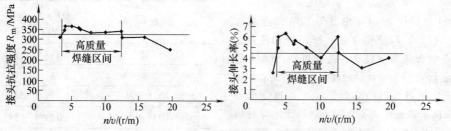

图 12-79　2219 铝合金 FSW 接头性能与热输入因子间的关系

根据热输入不变准则，由式（12-2）可以得到不同焊接压力时的热输入因子为：

$$\left(\frac{n}{v}\right)_2 = \frac{F_1}{F_2}\left(\frac{n}{v}\right)_1 \qquad (12\text{-}3)$$

式中　$\left(\dfrac{n}{v}\right)_1$——焊接压力为 F_1 时对应的热输入因子；

　　　$\left(\dfrac{n}{v}\right)_2$——焊接压力为 F_2 时对应的热输入因子。

由式（12-3）知，随着焊接压力的变化，热输入因子容限会沿着 x 轴左右移动（焊接压力增大，向左移；反之，向右移），但容限区间宽度不变。所以通过一组参数优化出来的热输入因子容限，通过式（12-3）可以直接获得不同焊接压力下的热输入因子容限，进而得到转速和焊接速度的优化匹配。

图12-79表明，当热输入因子 n/v 的取值在3.5～12之间时，可以获得优良的接头抗拉性能；而相应的接头断后伸长率也分布在较高的取值区间4.5～6.5。2219铝合金搅拌摩擦焊时，为防止搅拌头的轴肩过热，其转速一般取 700～1200r/min，由图12-79可知热输入因子应取 5～8，由此可得到与其匹配的焊接速度为：87.5～240mm/min。

由此可见，对于设计定型的搅拌头而言，焊接压力、搅拌头转速和焊接速度是影响接头性能的三个关键因素。通过热输入因子可将三者联系起来。焊接压力给定时，搅拌头转速和焊接速度共同决定了接头性能的优劣，采用热输入因子可以综合而又简单明了地评价两者对接头性能影响规律。焊接压力改变时，通过热输入因子可以优化FSW焊接参数的匹配。

3. 搅拌摩擦焊缺陷的特征、检测及补焊

(1) 孔洞型缺陷

孔洞型缺陷的典型特征是沿搅拌针的前进边形成隧道型沟槽，或者在焊缝中形成断续的孔洞，有时也称为虫孔。主要是由于焊接过程中焊接速度过快、搅拌头压入量太小、搅拌头转速较低或者搅拌头设计不合理等造成焊接热输入不足，焊缝金属塑性流动不充分而形成的。断续分布的小尺寸孔洞常发生于搅拌针前进边的根趾部位。

（2）切削填充

该类缺陷是由于搅拌针形状设计不合理，如存在尖锐几何形面过渡、搅拌针螺纹设计尖锐过渡（螺距过小）等因素造成转移金属被切削成细丝状填充形成焊缝。这种细丝状金属填充形成的焊缝组织疏松、性能极差。

（3）未焊透

未焊透缺陷多指搅拌摩擦焊对接接头背面因没有完全穿透焊接而残留的接合界面。采用单轴肩搅拌头进行单面对接焊时，总存在一定的背部预留量（搅拌针顶端与接头背面间的没有穿透焊接的部分）。当装配状态良好时，搅拌头所产生的金属向下塑性流动可以完全填充未焊透处而形成连接；但当装配状态出现偏差时，焊缝背面极易形成可见的未焊透。

（4）弱连接

又称吻接（kiss bonding），是搅拌摩擦焊所有缺陷中最难于检测的一类缺陷，其典型的特征是被连接材料间紧密接触但并未形成可靠的物理化学连接。

在搅拌摩擦焊过程中，由于摩擦热输入不足或焊接速度过快，造成前一层金属与后一层转移金属之间或者焊缝的转移金属与前进边之间虽然在宏观形成紧密接触，但在微观并未形成可靠的连接。这种缺陷会严重降低结构的可靠性，并且难于检测，必须通过工艺优化予以避免。

（5）摩擦面缺陷（Faying surface defect）

摩擦面缺陷是指焊缝表面因搅拌头轴肩的摩擦作用而造成的表面不均匀、不连续的现象。这类缺陷对接头力学性能的影响较轻，对于表面成形要求较高的焊缝可以进行适当的人工修整。对于大多数铝合金而言，搅拌摩擦焊焊缝的表面成形良好。对于疲劳性能要求较高的焊缝，必须进行适当的表面修磨处理。

（6）根趾部缺陷（Root toe defect）

根趾部缺陷是指搭接或"T"形接头搅拌摩擦焊时，由于无法实现搭接面的等宽度焊接，接头的根部和趾部均因未焊透而存在缺口即所谓的根趾部缺陷。

对接接头搅拌摩擦焊时，如果背面出现未焊透现象，发生于搅拌针头部的未填充缺陷，也属于根部缺陷。此类根部缺陷主要是由于焊接过程中摩擦热输入不足（搅拌头转速较低、焊接速度过快或者焊接厚度较大等造成），搅拌头周围金属没有达到较好的塑性状态，其流动性差，所以易在根趾部位形成未填充。大厚度铝合金搅拌摩擦焊由于在板厚方向上存在明显的温度梯度，产生根趾部缺陷的倾向较大。

研究和应用实践表明，相控阵超声成像技术是检测搅拌摩擦焊接头缺陷最理想的技术，加拿大的 R/D Tech 公司是世界领先的相控阵超声波检测设备生产商，美国波音公司 Delta 系列火箭储箱的 FSW 接头均采用 R/D Tech 公司提供的相控阵超声波设备进行缺陷检测。据 R/D Tech 公司研究，用于 FSW 接头缺陷的相控阵超声波检测技术具有直观、快速、准确和实时可视化等突出的优点。

由于其直观反映缺陷的形态和尺寸，利于工作人员对接头缺陷作出恰当的评价和描述，通过实时可视化的相控阵超声波检测技术再辅以常规的 X 射线检测和渗透检测技术，可以解决搅拌摩擦焊接头缺陷的无损检测问题。

搅拌摩擦焊作为一种固态焊接方法，接头成形属于塑态连接，其接头缺陷与熔焊缺陷在形成机理、类型和分布特征上存在本质的不同。搅拌摩擦焊接头的强度系数远高于普通熔焊接头，常规的熔焊补焊会显著降低 FSW 接头的强度，不仅抵消了 FSW 接头的优势，也为接头的设计带来困难。因此，必须采用高质量的固态补焊工艺才能有效保证高接头强度系数，摩擦塞焊为此提供了相当完美的工艺解决方案。

如图 12-80 所示，摩擦塞焊由耗材摩擦焊衍生而来，是一种高效的固相补焊方法。与熔焊修补工艺相比，摩擦塞焊具有高效、补焊接头性能优异，补焊接头残余应力与变形小等突出的工艺优势，一次补焊即

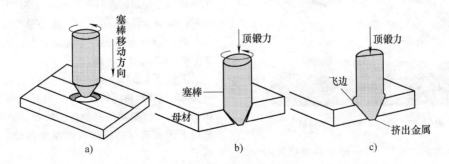

图 12-80　摩擦塞焊工艺原理与过程
a）焊前对中　b）旋转加热顶锻阶段　c）停止旋转锻造阶段

可去除缺陷，补焊合格率高达 100%，而熔焊补焊往往需要反复几次打磨、填充，这样既消除了熔焊修补带来的局部变形和矫形工序，又节省了修补时间，是 FSW 接头理想的缺陷修补工艺。

此外，摩擦塞焊还有效解决了搅拌摩擦焊用于小厚度构件环缝或封闭焊缝的匙孔补焊问题，大大拓宽了搅拌摩擦焊的应用范围。

4. 铝合金搅拌摩擦焊技术的工业应用

搅拌摩擦焊 FSW 问世不久，由于它能以实际上的固态焊取代熔焊来焊接强度高但焊接性差的铝合金钣金结构，因而很快在航空、航天、船舶、客车、兵工等行业内获得了广泛的应用。

美国 South Carolina 大学装备了一台 MTS 系统公司生产的搅拌摩擦焊机，如图 12-81 所示，该机主要用于高强铝合金大厚度焊缝及空间封闭焊缝的搅拌摩擦焊试验及工业应用。该机搅拌头可在 ±15° 范围内倾斜作业，使用可伸缩式搅拌头时，焊接压力达 90kN，使用常规搅拌头时，焊接压力可达 130kN，可焊厚度达 30mm，搅拌头转速 2000r/min 时，输出扭矩达 340N·m。

图 12-81　South Carolina 大学的 FSW 焊机

美国 Eclipse 航空公司装备了一台 MTS 公司制造的 FSW 焊机用于焊接 Eclipse N500 型商务飞机的机翼和机身。如图 12-82～图 12-85 所示。

图 12-82　Eclipse N500 商务客机

Eclipse 航空公司利用 263 条搅拌摩擦焊的焊缝取代了 7000 多个螺栓紧固件，使飞机的生产效率提高而生产成本大幅度降低，推出了新机型 N500 商务

图 12-83　Eclipse 航空公司的 FSW 焊机

图 12-84　采用 FSW 制造的 Eclipse N500 机身

图 12-85　Eclipse N500 内舱

客机，该机已于 2002 年 6 月通过了 FAA 论证，2003 年开始批量生产。

Eclipse 公司总裁 Vern Rabum 称："我们在搅拌摩擦焊应用方面所作的开创性工作极大地改变了传统的飞机制造周期，我们生产 Eclipse N500 飞机所花费的时间和成本比历史上任何一家小型飞机都要低。"

在 2003 年 6 月的一个展示会上，3 天就销售了 200 架 N500 型商务客机。

美国波音公司装备了 5 台 ESAB 公司为它制造的 Superstir 搅拌摩擦焊机，其中一台卧式焊机用于美国 Delta Ⅱ 型火箭储箱环缝的搅拌摩擦焊，两台立式焊机用于该火箭储箱纵缝的搅拌摩擦焊，如图 12-86 所示。

波音公司主要致力于飞机薄板及厚板的对接和薄板 T 形等接头搅拌摩擦焊的应用研究。2001 年 4 月 7

日，Delta II 型火箭成功发射上天，该火箭使用了 3 个用搅拌摩擦焊技术制造的 2219—T81、T87（Al-Cu-Mn）和 2195—T8（Al-Cu-Li）高强度铝合金燃料储箱，如图 12-87 所示。

图 12-86　用于 Delta 火箭储箱焊接的 FSW 焊机
a）卧式　b）立式

图 12-87　FSW 焊接的 Delta II 火箭储箱壳段

波音公司认为，采用搅拌摩擦焊技术后，焊接接头强度提高 30% ~ 50%，制造成本下降 60%，制造周期（助推舱段）由 23 天减少至 6 天。截至此信息发布之日，Delta II 型火箭上搅拌摩擦焊的焊缝总长已达 2100m，Delta IV 型火箭上搅拌摩擦焊的焊缝总长已达 1200m，无任何缺陷。

我国北京航空工艺研究所依据 TWI 授权也生产了多台搅拌摩擦焊机，大大推进了搅拌摩擦焊技术在我国的研究与应用进程。图 12-88 为该所研制的用于 ϕ2250mm 运载火箭储箱壳段纵缝焊接的搅拌摩擦焊设备及壳段焊件。

图 12-88　北京航空工艺研究所研制的 FSW 焊机及焊接的 ϕ2250mm 储箱壳段

NASA 下属马歇尔空间飞行中心通过与洛·马公司的密切合作，系统评定了搅拌摩擦焊工艺在各种铝合金及铝锂合金上的应用情况，购置了三台 GTC 公司提供的搅拌摩擦焊设备并用于航天飞机外储箱（图 12-89）的焊接生产。这些铝合金包括 2195、2014、2219、7075 及 6061，厚度在 2.3 ~ 38mm 之间。所得焊缝的性能优于钨极气体保护焊；抗拉强度提高 15% ~ 20%，塑性提高一倍，断裂韧性提高 30%，焊后变形小，残余应力极低，焊缝组织为锻造的细晶组织，几乎无缺陷。目前，洛·马公司已将搅拌摩擦焊成功应用于航天飞机助推器的制造。该助推器直径为 8m，材料为 2195—T8，搅拌摩擦焊用于焊接筒体 6 条 8mm 厚的纵缝和 2 条厚度为 8 ~ 16.5mm 的变截面纵缝。

Fokker Space 公司采用搅拌摩擦焊制造 Ariane5 助推器的发动机框架，如图 12-90 所示。该框架由 12

图 12-89　FSW 焊接的航天飞机外储箱

块整体加工构件装配而成（图 12-91），材料为 7075—T7351 的铝合金，熔焊时焊接性差，所以原产品采用铆接工艺。该公司决定采用搅拌摩擦焊搭接接头代替原来的铆接结构。研究表明，搅拌摩擦焊搭接接头完全满足性能的使用要求。在装配过程中还发现，采用搅拌摩擦焊方法为装配提供了更大的工艺裕度，使装配更加容易。

铝合金的应用日益扩大成为造船业的新趋势，欧洲、澳大利亚、美国、日本等国的多家造船公司都在积极采用铝合金结构取代原来的钢结构。如挪威的船

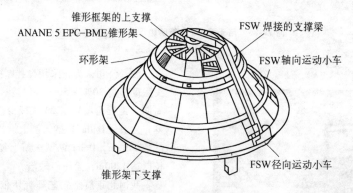

锥形框架的上支撑
ANANE 5 EPC–BME 锥形架
环形架
FSW 焊接的支撑梁
FSW 轴向运动小车
锥形架下支撑
FSW 径向运动小车

图 12-90　Ariane5 助推器框架结构

图 12-91　Ariane5 助推器框架

舶铝业公司（Marine Aluminum），瑞典的 Sapa 公司，

荷兰的 Royal Huisman 造船厂，美国的范库弗峰造船公司、联合造船厂、Point Hope 造船所，澳大利亚的 Incat Tasmania Pty 造船有限公司等。建造的铝合金船舶包括快艇、高速渡轮、双体船、游轮、高速巡逻船、穿波船、海洋观景船、运载液化天然气的铝罐船等。

1996 年，世界上第一台商业化 FSW 设备（图 12-92）安装在挪威的 Marine Aluminum 公司，最初该公司用它来生产渔船用的冷冻中空板和快艇的一些部件，后来又用它来生产大型游轮，双体船的舷梯、侧板、地板等部件，同时也生产直升机降落台。这台 FSW 设备为全钢结构，质量 63t，尺寸 20m × 11m。到现在已焊接出 320km 长的焊缝，而且几乎没发现过任何焊接缺陷，质量非常稳定。

图 12-92　挪威 Hydro Marine 采用搅拌摩擦焊制造船用型材

Marine Aluminium 向各大造船厂提供标准尺寸的采用搅拌摩擦焊连接的铝合金预制成的型材（图 12-92），缩短了造船周期。采用搅拌摩擦焊预制板材使船体装配过程更精确、更简单。造船厂不再考虑全过程的铝合金连接问题，而仅仅是改造流水线来采用标准的预制板材组装船体。

图 12-93 为采用搅拌摩擦焊预制板材制成的船体部件，图 12-94 为采用搅拌摩擦焊预制板材制造船体

的双体船，图 12-95 为采用搅拌摩擦焊预制板材制造游轮的上层建筑。制造图 12-94 所示双体船所采用的铝合金搅拌摩擦焊预制板占船体总用铝量的 25%，通过采用搅拌摩擦焊预制板，并改造相应的流水线，使整船的生产成本降低了 5%。

图 12-95 所示游轮的第二层、第三层均采用了搅拌摩擦焊预制板材，预制板材的宽度超过了上层建筑宽度的 50%，大大节约了船体的制造成本。

图 12-93　挪威 Hydro Marine 采用 FSW 制造船用预制板构件

图 12-94　采用 FSW 预制板的双体船

图 12-95　采用 FSW 预制板的游轮

造船厂对搅拌摩擦焊预制板材的评价可归结为：

1）搅拌摩擦焊预制板材产品成熟并且环保。

2）搅拌摩擦焊过程完全机械化自动化，焊缝质量稳定一致，FSW 预制板材的质量稳定，尺寸公差变化小。

3）搅拌摩擦焊生产效率高，交付周期有保证。

4）搅拌摩擦焊预制板材已通过 DNV、RINA、Germanischer Lloyds 的认证。

5）搅拌摩擦焊预制板材平直度高，免除了后续的地板矫平，去除焊接余高等工序。

6）一般的挤压型材由于挤压机吨位限制，尺寸很小，而大型挤压型材成本又过高，并且大型挤压机制造宽而薄的型材还有难度，采用 FSW 将小尺寸型材拼接制成大型预制板材，成本较低。

除以上所述，FSW 焊接方法在航天、航空及造船领域得到推广外，在客车、汽车制造中也获得广泛应用。

如前所述，铝合金因其密度小、可回收性好等优点在各种列车制造中得到越来越广泛的应用，比如列车车厢、壁板以及底板等均可采用铝合金材料制造。但用熔焊方法焊接铝合金容易产生气孔、裂纹等缺陷。1998 年发生在德国 Eschede 的撞车事故以及 1999 年发生在英国 Ladbroke Grove 的撞车事故，引起了人们对铝合金列车制造技术的再思考。调查结果表明，铝合金挤压成型件沿着熔焊的焊缝断开。这是由于熔焊缝的冲击韧度比较差，塑性变形能力低，结构沿着焊缝失效，而不是以设想的方式发生变形，所以熔焊接头的抗撞击能力比较低。调查报告（HSC Report）建议采用替代性方法焊接铝合金。搅拌摩擦焊技术是铝合金列车制造中最受关注的替代性焊接技术。

日本日立公司在铝合金列车制造领域取得了突破性进展，提出了 A-Train 概念，即采用搅拌摩擦焊技术拼接双面铝合金型材来制造自支撑结构的铝合金车厢（图 12-96）。现在，以 A-Train 概念为蓝本的列车已广泛服务于日本轨道交通业。A-Train 概念列车比

普通列车运行速度更快，但车厢内环境却更安静，并　且抗冲击性更好。

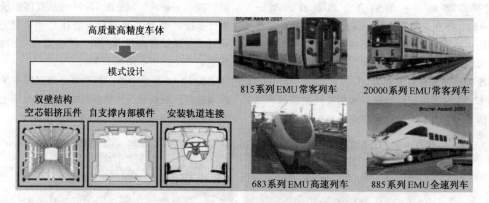

图 12-96　用于日本轨道交通的 A-TRAIN 概念列车设计特性和车型

日立公司对采用的搅拌摩擦焊技术有以下评价：

1）基本无变形、无收缩，焊后金属无变色，是精确的车体制造技术。

2）不需要填丝、不需要保护气，无飞溅、无烟尘、无 UV 射线辐射、无缺陷。

3）搅拌摩擦焊接头强度优于 MIG 焊接头，变形是 MIG 焊的 1/12。

4）铝合金中空挤压型材减少了车体零件，可以实现大尺寸（整体）内壁模板安装。

5）符合流行趋势、低成本、低维修费用、低操作要求、低能源消耗。

如图 12-97 所示，马自达汽车公司是第一个将搅拌摩擦焊应用于汽车车身制造的汽车制造商，采用该技术制造了 2004 款马自达 RX-8 铝合金材质的后门以及引擎罩。

图 12-97　RX-8 的后门以及引擎罩的制造采用了搅拌摩擦焊技术

过去，铝合金车身板材的连接采用电阻点焊技术，焊接过程需要大型专用设备来提供持续的大电流。

而采用搅拌摩擦焊唯一的能量消耗是驱动搅拌头旋转以及施加锻压力所消耗的电能，整个焊接过程不需要传统电阻点焊所必需的大电流以及压缩空气。从而可节约 99% 的能量消耗，降低设备成本 40%，焊接过程绿色环保、无飞溅和烟尘，焊接环境安全。

在瑞典的 Sapa，搅拌摩擦焊已用于铝质汽车零部件的大规模生产。这里安装了一台 Esab 生产的 Superstir 搅拌摩擦焊机。该焊机具有两个搅拌机头，可以从双面同时焊接中空的铝合金型材。这台搅拌摩擦焊机配备了一个转盘式加载和卸载装置，保证了焊接过程中两个机头的对中。

针对铝合金结构的汽车车身的拼接，采用带有斜面轴肩的搅拌头在厚板一侧进行焊接以获得厚度平滑过渡的接头。目前，数家汽车制造商正在对搅拌摩擦焊工艺进行应用评定。

最近，搅拌摩擦焊在铝合金装甲构件的制造中也得到了足够的重视，已成功应用于两栖战车铝合金装甲的焊接。由于抗腐蚀性能是装甲铝合金接头的重要考核指标，所以采用 FSW 工艺可以在不损害母材的耐蚀性的情况下获得高质量的焊缝。

12.1.13　电阻焊

电阻焊是将待焊件夹紧于两电极之间并通以电

流，利用其流经焊件接触面及邻近区域时所产生的电阻热使焊件接触面熔化或达到高温塑性状态，从而获得焊接接头的一种焊接方法。

电阻焊方法包括点焊、缝焊、凸焊、对焊。

对于铝及铝合金来说，凸焊及对焊不适用，但对焊范畴内的闪光对焊尚较为适用。

1）焊接特点。铝具有良好的导电和导热性，电阻系数小，点（缝）焊时必须在焊接回路内通入强大的脉冲电流。

铝的表面易氧化，焊件间的接触电阻大，当焊件通过大的脉冲电流时，往往导致产生飞溅。

断电后焊核开始冷却，由于热导率及线胀系数大，熔核收缩快，易引起缩孔及裂纹等缺陷。

点（缝）焊不同厚度或不同型号铝材时，由于零件界面两侧电阻发热量有差异，熔核相对于连接界面发生偏移，造成熔核直径及焊点（焊缝）强度有所减小。

2）材料的焊接性。根据材料电阻率及高温屈服点的不同，通常将材料分为 A、B 两种类型。A 类材料包括 5A06、2A12-T4、7A04-T6，其电阻率及高温屈服点较高，焊接性较差，焊接时易产生飞溅或裂纹。B 类材料包括 5A03-O、3A21-O、2A12-O、7A04-O，其电阻率及高温屈服点较低，焊接性较好或稍好。

1. 点焊

点焊是一种用于制造不要求气密，焊接变形小的搭接结构的焊接方法，它特别适用于由钣金件或钣金件与挤压型材组成的薄壁加强结构。点焊是一种高效、经济的焊接方法。

但是，铝及铝合金的热物理特性，也给它们的点焊技术带来一定的难度。

铝及铝合金的电导率和热导率高，点焊时必须采用很大的电流才能以足够的电阻热去形成熔核，同时，必须防止过热，以免电极黏附和电极铜离子向焊件包铝层扩散，降低接头的耐腐蚀性。

铝及铝合金线胀系数大，熔核凝固时收缩应力大，易引起裂纹，特别是点焊裂纹倾向大的铝合金（如 2A12、7A04 等）时，更易引起焊接裂纹。

铝及铝合金表面易生成 Al_2O_3 氧化膜，点焊时易引起喷溅，熔核成形不良，焊点强度低，或焊点强度不稳定。

但是，随着铝及铝合金的应用日益广泛，近代的铝及铝合金点焊技术已发展成熟。

（1）接头形式

点焊的接头形式多为搭接接头或折边接头，如图

12-98 所示。设计时，必须考虑好电极的可达性，选用好边距、搭接量、点距、装配间隙和对焊点最小强度的要求，对焊透率的要求等。

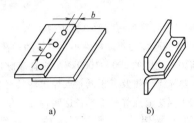

图 12-98　点焊接头形式

a）搭接接头　b）折边接头

作为工艺因素，装配间隙应尽可能小，否则将多余消耗一部分电极压力，使实际的焊接压力降低。间隙不均匀时将使电极压力波动，造成焊点强度不稳定。过大的间隙可能引起严重喷溅。许用的间隙值取决于焊件的厚度和刚度。厚度和刚度越大，许用间隙值越应缩小。

单个焊点的抗剪强度取决于两零件交界面上熔核的直径和截面积。单个焊点的正拉强度是焊点承受垂直于焊件方向的拉伸载荷时的强度。抗拉强度与抗剪强度之比作为点焊接头延性指标。此比值越大，接头延性越好。

为了保证接头强度，工艺上还需保证满足焊透率和压痕深度的要求。焊透率的表达式为 $\eta = \dfrac{h}{\delta - c} \times 100\%$，两板上的焊透率应结合熔核尺寸分别测量，如图 12-99 所示。

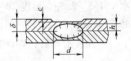

图 12-99　低倍磨片上的熔核尺寸

测算所得的焊透率应介于 20% ~ 80% 之间。焊接不同厚度的两零件时，每一零件上的最小焊透率可为其中薄件厚度的 20%。压痕深度不应超过零件厚度的 15%。如果两零件厚度比大于 2∶1，或在不易接近的部位施焊，以及在接头一侧使用平头电极时，压痕深度可增大到 20% ~ 25%。

多个焊点形成的接头强度还与点距和焊点分布有关。点距小时，接头会因分流而影响其强度，大的点距又会限制可安排的焊点数量。因此多列焊点最好交错排列。

（2）焊接设备选择

点焊铝及铝合金时，点焊机应具有下列特性：

① 能在短的焊接时间内提供大电流。

② 电流波形最好有缓升缓降特性。

③ 能精确控制焊接参数，且不受网路电压波动的影响。

④ 能提供阶形和马鞍形电极压力。

⑤ 机头的摩擦力小、惯性小、电极随动性好。

当前国内使用的 300 ~ 1000kVA 的直流脉冲点焊机、二次整流点焊机及三相低频点焊机均具有上述特性。单相工频交流点焊机不具备这些特性，仅限用于不重要的铝及铝合金薄件，其功率一般不超过 400kVA。

点焊电极应采用 I 类电极合金，球形端面，以利于压实熔核和散热。

由于电流密度大和铝的氧化膜存在，点焊时易粘电极，不仅影响焊件外观，还会因电流减小而降低接头强度，为此需经常修整电极。电极修整一次后可焊的焊点数与焊接参数、材料牌号、表面清理情况、有无电流波形调制、电极材料及其冷却情况等因素有关。通常点焊工业纯铝为 5 ~ 10 点，点焊 5A06、2A12 时为 25 ~ 30 点。

（3）焊件表面清理

铝及铝合金表面主要清理方法为化学方法。先在碱溶液中去油和冲洗，再将焊件浸入正磷酸（H_3PO_4，每升水中 110 ~ 150g）中进行腐蚀。为了减慢新氧化膜的成长速度和填充新膜的孔隙，腐蚀的同时在重铬酸钾或重铬酸钠钝化剂水溶液（$K_2Cr_2O_7$ 或 $Na_2Cr_2O_7$，每升水中 1.5 ~ 0.8g，温度 30 ~ 50℃）中进行钝化处理。腐蚀钝化后进行冲洗，然后在硝酸（HNO_3，每升水中 1.5 ~ 2.5g，温度 20 ~ 25℃）中进行中和亮化，并再次冲洗，在 75℃ 的干燥室中干燥或用热空气吹干。经此种清理后，焊件在焊接前可保持 72h。

对铝合金也可用机械方法进行清理，用 0 ~ 00 号砂布或用电动或风动的不锈钢丝刷等。但为防止损伤焊件表面，钢丝直径不得超过 0.2mm，钢丝长度不得短于 40mm，刷子在焊件上的压紧力不得超过 15 ~ 20N，清理后的待焊时间不超过 2 ~ 3h。

为了确保焊接质量和焊点强度的稳定性，经化学方法清理后，临焊前再用钢丝刷清理焊件搭接的内表面。

为检验焊件清理的质量，清理后应测量两铝合金焊件的两电极间的总电阻 R。测量方法是使用类似于点焊机的专用装置，上面的一个电极对电极夹绝缘，在电极间夹紧两个试件。这样测出的 R 值可客观地反映出表面清理的质量。对于 2A12、7A04、5A06 铝合金，R 值不得超过 120μΩ，刚清理后的 R 值一般为 40 ~ 50μΩ。对于电导率更好的 3A21、5A02 铝合金以及烧结铝类的材料，R 不得超过 28 ~ 40μΩ。

（4）焊接参数选择

首先选定电极的端面形状和尺寸，其次是初步选定电极压力和焊接时间，然后调节焊接电流，以不同的电流焊接试样，检验试样的熔核直径。符合要求后，再在适当的范围内调节电极压力、焊接时间和焊接电流，再进行试样的焊接和检验，直到焊点质量和性能完全符合技术条件所规定的要求为止。

最常用的检验试样的方法是撕开法。优质焊点的标志是：在撕开试样的一片试片上有圆孔，在另一片试片上有圆形凸台。此外，必要时需进行焊点的低倍检查和测量、拉伸试验和 X 射线照相检验，以判定焊透率，抗剪强度和有无缩孔、裂纹等。

以试样选择焊接参数时，要充分考虑试样和焊件在分流，二次回路内铁磁物质的影响以及在装配间隙方面的差异，并适当加以调整。

（5）点焊技术

在单相交流点焊及直流脉冲点焊机上焊接铝及铝合金时，可供参考的点焊参数见表 12-56 ~ 表 12-58。在三相二次整流点焊机上焊接铝及铝合金时，也可参考上述数据，但需适当延长焊接时间，减小焊接电流。

防锈铝 3A21 强度低、延性好、焊接性好，不产生裂纹，通常采用恒定的电极加压曲线。硬铝（如 2A12）、超硬铝（如 7A04）强度高、延性低、焊接性不良，易产生焊接裂纹，必须采用阶梯形加压曲线如图 12-100，以防止产生焊接裂纹。但对于薄件，采用大的恒定压力或利用有缓冷脉冲的双脉冲加热，也可能避免产生裂纹。

表 12-56　铝及铝合金单相交流点焊参数

焊接厚度 /mm	电极直径 /mm	球面电极半径 /mm	电极压力 /N	焊接电流 /kA	通电时间 /s	焊核直径 /mm
0.4 + 0.4	16	75	1470 ~ 1764	15 ~ 17	0.06	2.8
0.5 + 0.5	16	75	1764 ~ 2254	16 ~ 20	0.06 ~ 0.10	3.2
0.7 + 0.7	16	75	1960 ~ 2450	20 ~ 25	0.08 ~ 0.10	3.6
0.8 + 0.8	16	100	2254 ~ 2842	20 ~ 25	0.10 ~ 0.12	4.0

（续）

焊接厚度 /mm	电极直径 /mm	球面电极半径 /mm	电极压力 /N	焊接电流 /kA	通电时间 /s	焊核直径 /mm
0.9 + 0.9	16	100	2646 ~ 2940	22 ~ 25	0.12 ~ 0.14	4.3
1.0 + 1.0	16	100	2646 ~ 3724	22 ~ 26	0.12 ~ 0.16	4.6
1.2 + 1.2	16	100	2744 ~ 3920	24 ~ 30	0.14 ~ 0.16	5.3
1.5 + 1.5	16	150	3920 ~ 4900	27 ~ 32	0.14 ~ 0.16	6.0
1.6 + 1.6	16	150	3920 ~ 5390	32 ~ 40	0.18 ~ 0.20	6.4
1.8 + 1.8	22	200	4018 ~ 6860	36 ~ 42	0.20 ~ 0.22	7.0
2.0 + 2.0	22	200	4900 ~ 6860	38 ~ 46	0.20 ~ 0.22	7.6
2.3 + 2.3	22	200	5390 ~ 7644	42 ~ 50	0.20 ~ 0.22	8.4
2.5 + 2.5	22	200	4900 ~ 7840	56 ~ 60	0.20 ~ 0.24	9.0

表 12-57 铝合金 3A21、5A03、5A05 点焊参数

板厚 /mm	电极球面半径 /mm	电极压力 /kN	焊接时间 /周	焊接电流 /kA	锻压压力 /kN
0.8	75	2.0 ~ 2.5	2	25 ~ 28	—
1.0	100	2.5 ~ 3.6	2	29 ~ 32	—
1.5	150	3.5 ~ 4.0	3	35 ~ 40	—
2.0	200	4.5 ~ 5.0	5	45 ~ 50	—
2.5	200	6.0 ~ 6.5	5 ~ 7	49 ~ 55	—
3.0	200	8	6 ~ 9	57 ~ 60	22

表 12-58 铝合金 2A12-T4、7A04-T6 点焊参数

板厚 /mm	电极球面半径 /mm	电极压力 /kN	焊接时间 /周	焊接电流 /kA	锻压压力 /kN	锻压滞后断 电时刻/周
0.5	75	2.3 ~ 3.1	1	19 ~ 26	3.0 ~ 3.2	0.5
0.8	100	3.1 ~ 3.5	2	26 ~ 36	5.0 ~ 8.0	0.5
1.0	100	3.6 ~ 4.0	2	29 ~ 36	8.0 ~ 9.0	0.5
1.3	100	4.0 ~ 4.2	2	40 ~ 46	10 ~ 10.5	1
1.6	150	5.0 ~ 5.9	3	41 ~ 54	13.5 ~ 14	1
1.8	200	6.8 ~ 7.3	3	45 ~ 50	15 ~ 16	1
2.0	200	7.0 ~ 9.0	5	50 ~ 55	19 ~ 19.5	1
2.3	200	8.0 ~ 10	5	70 ~ 75	23 ~ 24	1
2.5	200	8.0 ~ 11	7	80 ~ 85	25 ~ 26	1
3.0	200	11 ~ 12	8	90 ~ 94	30 ~ 32	2

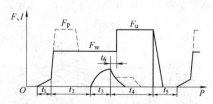

图 12-100 2A12-T4 铝合金的焊接循环

F_p—预压压力 F_w—焊接压力 F_u—锻压压力
I—焊接电流脉冲 t_1—电极下落时间 t_2—预压
时间 t_3—焊接时间 t_4—锻压时间 t_5—休
止时间 t_6—锻压滞后时间

采用阶梯形压力时，施加锻压压力必须滞后于断电的时刻，通常是 0 ~ 2 周，如果施加锻压压力过早，即等于增大了焊接压力，将影响产热，导致焊点强度降低和波动。如果施加锻压压力过迟，则熔核早已冷却结晶和形成裂纹。有时因为电磁气阀动作延迟或因气路不畅通造成锻压增长缓慢，只好提前于断电时刻施加锻压，否则不足以防止裂纹。

点焊不同厚度的零件或不同材料（不同热物理特性）时，熔核将不以交界面对称，而是向厚件或导电和导热性差的一侧偏移，造成薄件或导电和导热

性好的一侧焊透率减小，从而使焊点直径减小，强度降低。

熔核偏移现象是由于两零件产热和散热条件不相同而引起的。矫正熔核偏移的原则是：设法增大薄件或导电导热好的一侧的产热而减小其散热。常用的几种方法如下：

① 改变一侧电极的直径　薄件或导电导热较好的一侧采用直径较小或球面半径较小的电极，使这一侧的接触面积较小，增大这一侧的电流密度，减小从电极散热。

② 改变一侧的电极材料　在薄件或导电导热性较好的一侧采用导热性较差的电极材料，以减少这一侧的散热。

③ 采用工艺垫片　在薄件或导热导电性较好的一侧于电极与焊件之间垫一块由导热性较差的金属制成的垫片（厚度为 0.2 ~ 0.3mm）以减少这一侧的散热。

④ 采用强规范　缩短通电焊接时间，增大焊件间接触电阻产热的影响，减小电极散热的影响。此方法在点焊厚薄差异很大的焊件时收效明显。电容储能点焊能有效点焊厚薄差异大的焊件即符合此原理。但点焊一侧厚度很大的焊件时，由于焊接时间不能缩短，接触电阻对产热及熔核形成几乎没有影响，此时采用软规范反而可使热量有足够时间向焊件界面处传导，从而有利于克服熔核偏移。例如，在点焊 3.5mm 的 5A06 合金（导电性较差）与 5.6mm2A14 合金（导电性较好）的焊件时，熔核严重偏于较薄的 5A06 合金，但将通电时间由 13 周波延长至 20 周波后，熔核偏移即得以矫正。

2. 缝焊

缝焊是用一对滚轮电极与焊件做相对运动，从而形成一个一个的焊点熔核相互搭叠的密封焊缝的焊接方法，相当于连续搭叠点焊。

缝焊技术与点焊相似，但有自己的特点。

（1）电极

缝焊用的电极是圆形的滚轮，其直径一般为 50 ~ 600mm，常用直径为 180 ~ 250mm。滚轮厚度为 10 ~ 20mm，外缘表面的形状有圆柱面、圆弧面及个别的圆锥面。滚轮通常采用外部冷却方式，有时也采用内部冷却，特别是用于缝焊铝合金，但其构造比较复杂。

（2）缝焊方法

有三种缝焊方法，即连续缝焊、断续缝焊和步进缝焊。

连续缝焊时，滚轮转动与电流导通都是连续的，

因此易使焊件表面过热，电极严重磨损，因而很少使用，但可在高速缝焊等特殊情况下应用。

断续缝焊时，滚轮连续转动，电流断续导通，在休止时间内，滚轮和焊件得以冷却，因而滚轮寿命较长，焊件热影响区及变形得以减小。但由于滚轮不断离开焊接区，熔核结晶时电极压力减小，因此仍易产生表面过热，内部产生缩孔或裂纹。如果焊点搭叠量超过熔核长度 50%，则后一个焊点的熔化金属可填充前一焊点内的缩孔，但最后一个焊点的缩孔仍无可填补。但是采用微机控制，在焊缝收尾部分逐点减小焊接电流，可避免最后一个焊点产生缩孔。

步进缝焊时，滚轮断续转动，电流在滚轮不动时导通，此时金属的熔化和结晶均在滚轮不动时进行，从而可改善散热和压实的条件，提高焊缝质量，延长电极寿命。当缝焊硬铝时，必须采用步进缝焊方法。

（3）缝焊技术

缝焊接头的形成本质上与点焊相同，影响焊接质量的诸因素也类似。

铝及铝合金缝焊时，由于分流不可避免，焊接电流应比点焊时提高 15% ~ 50%，电极压力提高 5% ~ 10%。焊接设备一般为三相供电的直流脉冲缝焊机或二次整流的步进缝焊机。为了加强散热，铝合金缝焊时应采用圆弧形端面的滚轮，且必须采用外部水冷。

缝焊时主要通过焊接时间来控制熔核尺寸，通过休止时间来控制熔核的重叠量。在较低的焊接速度下，焊接时间与休止时间之比为 1.25:1 ~ 2:1。当焊接速度较高时，熔核间距增大，为了此时能获得相同重叠量的焊缝，必须增大此比例，例如 3:1 或更高。

为了避免喷溅及提高焊缝致密性，必须采用较低的缝焊速度，有时还采用步进缝焊。

滚轮的直径和焊件的曲率半径均影响滚盘与板件之间的接触面积，从而影响电流场的分布和散热，导致熔核位置的偏移，如图 12-101 所示。当滚轮直径

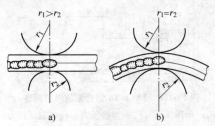

图 12-101　缝焊熔核偏移示意图
a）滚轮直径不同的影响
b）板件弯曲的影响

不同而焊件厚度相同时，熔核偏向小直径滚轮一侧。当滚轮直径与焊件厚度均相同而焊件呈弯曲形状时，熔核将偏向焊件凸向滚轮的一侧。

不同厚度或不同热物理特性的材料组合缝焊时，熔核偏移的方向及纠正偏移的方法与点焊时类似。

在 FJ—400 型直流脉冲缝焊机上进行缝焊时，可供参考的铝合金缝焊参数见表 12-59。采用三相二次整流焊机时，该表内参数亦可供参考。

12.1.14　钎焊

钎焊是一种利用钎料在低于母材固相线但高于钎料液相线的温度下发生熔化，在母材表面（或断面）润湿、铺展、填缝，与母材发生相互溶解或扩散而形成钎焊接头的连接方法。

按钎料不同的熔化温度，一般将钎焊分为软钎焊及硬钎焊：

表 12-59　铝合金缝焊参数

板厚 /mm	滚轮圆弧半径 /mm	步距（点距） /mm	3A21、5A03、5A06				2A12、7A04			
			电极压力 /kN	焊接时间 /周	焊接电流 /kA	每分钟点数	电极压力 /kN	焊接时间 /周	焊接电流 /kA	每分钟点数
1.0	100	2.5	3.5	3	49.6	120 ~ 150	5.5	4	48	120 ~ 150
1.5	100	2.5	4.2	5	49.6	120 ~ 150	8.5	6	48	100 ~ 120
2.0	150	3.8	5.5	6	51.4	100 ~ 120	9.0	6	51.4	80 ~ 100
3.0	150	4.2	7.0	8	60.0	60 ~ 80	10	7	51.4	60 ~ 80
3.5	150	4.2	—				10	8	51.4	60 ~ 80

表 12-60　铝及铝合金材料的钎焊性

	熔化温度范围/℃	主要成分（质量分数,%）	软钎焊性	硬钎焊性
1070A、1060	~660	A >99	优	优
3A21	643 ~ 654	Mn1.3,余量 Al	优	优
5A01	634 ~ 654	Mg1,余量 Al	良	优
5A02	627 ~ 652	Mg2.5,Mn0.3,余量 Al	困难	良
5A03	—	Mg3.5,Mn0.45,余量 Al	困难	差
5A05	568 ~ 638	Mg4.7,Mn0.45,余量 Al	困难	差
2A11	515 ~ 641	Cu4.3,Mg0.6,Mn0.6,余量 Al	差	差
2A12	505 ~ 638	Cu4.3,Mg1.5,Mn0.6,余量 Al	差	差
6A02	593 ~ 651	Cu0.4,Mg0.7,Si0.8,余量 Al	良	良
7A04	477 ~ 638	Cu1.7,Mg2.4,Zn6,Mn0.4,Cr0.2,余量 Al	差	差
ZAlSi12	577 ~ 582	Si12,余量 Al	差	困难
ZAlCu5MnA	549 ~ 582	Cu5,Mn0.8,Ti0.25,余量 Al	良	困难
ZAlMg10	525 ~ 615	Mg10.5,余量 Al	差	差

软钎焊——钎料液相线温度低于450℃。

硬钎焊——钎料液相线温度高于450℃。

1. 铝合金钎焊的特点

不同的铝合金的焊接性不同，见表 12-60。

由表 12-60 可见，总的来说，铝及铝合金的焊接性较差，钎焊难度大，工业应用难免受到限制。

铝及铝合金钎焊的主要困难在于其表面存在薄层的氧化铝，钎焊时它将妨碍液态钎料在母材表面润湿。采用钎焊前零件表面清理技术及钎焊时配用化学钎剂技术后，此难点在多数铝合金上已可克服，但对

$w(Mg)$ 超过 1% 的铝镁合金及 $w(Si)$ 超过 3% 的铝硅合金来说，此难点尚难克服，因为尚无合适的化学钎剂足以在钎焊过程中清除氧化铝膜。

铝及铝合金钎焊的另一难点在于钎焊硬铝类铝合金时母材易发生过热，严重软化甚至过烧。由于母材的熔化温度与钎料的熔化温度相差不大，钎焊时必须严格控制钎焊温度，当加热温度偏差较大，或无合适低熔点钎料可用，钎焊时即存在母材发生过烧的危险。

铝及铝合金钎焊的又一难点在于钎焊接头的耐腐蚀性差。由于钎料的成分与母材的成分差异大，造成电极电位差异，钎焊接头发生电化学腐蚀。通过钎料优选，使从母材到钎料钎缝的电极电位过渡较为平缓，有助于提高钎焊接头的耐腐蚀性。但是，由于某些因素的限制而难以优选合适钎料时，即不得不用镀层钎焊技术。

尽管铝及铝合金钎焊的难度较大，但是现代钎焊技术的发展仍迅速满足了铝及铝合金钎焊结构及制品发展的需求，钎焊技术已广泛应用于各种铝及铝合金热交换器、蜂窝结构、电子器件、电器元件和轻工制品的生产中。

2. 铝合金钎焊材料

（1）钎料

钎料一般应满足下列基本要求：

a. 合适的熔化温度范围，它的液相线温度应比母材的固相线温度低，钎料自身的熔化温度范围应较窄。

b. 在钎焊温度下具有良好的润湿、铺展及填充间隙的能力。

c. 在钎焊过程中与母材的相互作用能保证形成它们之间良好的结合。

d. 不含或少含钎焊加热时易挥发的元素和有害或有毒的元素或杂质，成分稳定。

e. 钎焊接头能满足对其力学性能、耐蚀性及其他性能的要求。

钎料按供货协议的要求可制成粉、条、带、箔、有钎剂的钎料膏、有钎剂芯的钎料丝、钎料覆层板（钎焊板）或钎料成形件。

1）软钎料。铝及铝合金软钎料按其熔化温度可以分为低温（150～260℃）、中温（260～370℃）、高温（370～430℃）三类软钎料，其软钎焊接头的耐腐蚀性按此顺序有所提高。

铝的软钎料特点及国内外已公开的部分钎料如表 12-61 及表 12-62 所示。

2）硬钎料。铝及铝合金的硬钎料多为以 Al 为基的 Al-Si 系合金。国产标准铝基钎料的化学成分及适用范围见表 12-63 及表 12-64。美国标准铝钎料的成分、熔化温度及钎焊温度范围见表 12-65。

表 12-61　铝的软钎料特点

钎料	熔点范围/℃	钎料成分	可操作性	润湿性	强度	耐腐蚀性	对母材的影响
低温软钎料	150～260	Sn-Zn 系 Sn-Pb 系 Sn-Zn-Cd 系	容易	较差	低	差	无影响
中温软钎料	260～370	Zn-Cd 系 Zn-Sn 系	中等	优秀 良好	中	中	热处理合金 有软化现象
高温软钎料	370～430	Zn-Al Zn-Al-Cu	较难	良好	好	好	热处理合金 有软化现象

表 12-62　国内外的部分软钎料

钎料类别	化学成分（质量分数,%）						熔化温度/℃
	Zn	Cd	Sn	Pb	Cu	Al	
锌-锡钎料	58±2	—	40±2	—	2±0.5	—	200～350
	10	—	90	—	—	—	200
锌-镉钎料	60±2	40±2	—	—	—	—	266～335
锌-铝钎料	72.5±2.5	—	—	—	—	27.5±2.5	430～500
	65	—	—	—	15	20	415～425
锡-铅钎料	9±1	9±1	31±2	51±2	—	—	150～210

表 12-63　国产标准铝钎料（GB/T 13815—2008）

型　号	化学成分（质量分数，%）								熔化温度范围 /℃（参考值）	
	Al	Si	Fe	Cu	Mn	Mg	Zn	其他元素	固相线	液相线
Al-Si										
BAl95Si	余量	4.5~6.0	≤0.6	≤0.30	≤0.15	≤0.20	≤0.10	Ti≤0.15	575	630
BAl92Si		6.8~8.2	≤0.8	≤0.25	≤0.10	—	≤0.20	—	575	615
BAl90Si		9.0~11.0	≤0.8	≤0.30	≤0.05	≤0.05	≤0.10	Ti≤0.15	575	590
BAl88Si		11.0~13.0	≤0.8	≤0.30	≤0.05		≤0.10	≤0.20	—	575	585
Al-Si-Cu										
BAl86SiCu	余量	9.3~10.7	≤0.8	3.3~4.7	≤0.15		≤0.10	≤0.20	Cr≤0.15	520	585
Al-Si-Mg										
BAl89SiMg	余量	9.5~10.5	≤0.8	≤0.25	≤0.10	1.0~2.0	≤0.20	—	555	590
BAl89SiMg(Bi)		9.5~10.5				1.0~2.0		Bi0.02~0.20	555	590
BAl89Si(Mg)		9.50~11.0				0.20~1.0		—	559	591
BAl88Si(Mg)		11.0~13.0				0.10~0.50		—	562	582
BAl87SiMg		10.5~13.0				1.0~2.0		—	559	579
Al-Si-Zn										
BAl87SiZn	余量	9.0~11.0	≤0.8	≤0.30	≤0.05	≤0.05	0.50~3.0	—	576	588
BAl85SiZn		10.5~13.0		≤0.25	≤0.10	—	0.50~3.0	—	576	609

注：1. 所有型号钎料中，Cd 元素的最大质量分数为 0.01%，Pb 元素的最大质量分数为 0.025%。

　　2. 其他每个未定义元素的最大质量分数为 0.05%，未定义元素总质量分数不应高于 0.015%。

表 12-64　铝及铝合金硬钎料的适用范围

钎料牌号	钎焊温度/℃	钎焊方法	可钎焊的铝及铝合金
B-A192Si	599~621	浸渍，炉中	1060~8A06，3A21
B-A190Si	588~604	浸渍，炉中	1060~8A06，3A21
B-A188Si	582~604	浸渍，炉中，火焰	1060~8A06，3A21，LF1，LP2，6A02
B-A186SiCu	585~604	浸渍，炉中，火焰	1060~8A06，3A21，LF1，5A02，6A02
B-A176SiZnCu	562~582	火焰，炉中	1060~8A06，3A21，LF1，5A02，6A02
B-A167CuSi	555~576	火焰	1060~8A06，3A21，LF1，5A02，6A02，2A50，ZL102，ZL202
B-A190SiMg	599~621	真空	1060~8A06，3A21
B-A188SiMg	588~604	真空	1060~8A06，3A21，6A02
B-A186SiMg	582~604	真空	1060~8A06，3A21，6A02

　　由表 12-65 可见，Al-Si 系合金硬钎料液相线温度为 582~613℃，而 Al-Cu 合金最低固相线温度为 502℃。显然，Al-Si 系合金液相线温度太高，尽管其接头的耐腐蚀性优良，但应用范围受到限制，一般只用于钎焊工业纯铝及铝-锰合金。

　　Al-Si 系合金还有一个缺点，性能较脆，加工性较差，多数难以成材，仅以铸条状供应。Al-Si 共晶组织中的 Si 相在铸态呈卷曲的片状，在截面上呈线状，晶粒粗大。好在它有一个特性，能接受 Na、Sr、La 等微量元素的变质处理，可使 Si 相变成树枝状直到球状。由此已开发出型号为 6M 的 Al-Si-Sr-La 的新型钎料，其成分为 $w(Si) \approx 13\%$，$w(Sr) \approx 0.03\%$，$w(La) \approx 0.03\%$，$w(Be) = 0.4\% \sim 0.8\%$，$w(Al)$ 余量，

固相线温度为 570℃，液相线温度为 575℃，接头的抗拉强度可超过母材 3003，对接接头冷弯角可达 180℃。

表 12-65　美国标准铝钎料（AWS A5.8/A5.8M：2011）

AWS 型号	UNS 代码[2]	化学成分(质量分数,%)[1]											温度/℃		
		Si	Cu	Mg	Fe	Zn	Mn	Cr	Ti	Al	其他元素		固相线	液相线	钎焊温度范围
											单个	总计			
BAlSi-2	A94343	6.8 ~ 8.2	0.25	—	0.8	0.20	0.10	—					577	617	599 ~ 621
BAlSi-3	A94145	9.3 ~ 10.7	3.3 ~ 4.7	0.15	0.8	0.20	0.15	0.15					521	585	571 ~ 604
BAlSi-4	A94047	11.0 ~ 13.0	0.30	0.10	0.8	0.20	0.15	—					577	582	582 ~ 604
BAlSi-5	A94045	9.0 ~ 11.0	0.30	0.05	0.8	0.10	0.05	—	0.20	余量	0.05	0.15	577	599	588 ~ 604
BAlSi-7	A94004	9.0 ~ 10.5	0.25	1.0 ~ 2.0	0.8	0.20	0.10	—					559	596	588 ~ 604
BAlSi-9	A94147	11.0 ~ 13.0	0.25	0.10 ~ 0.50	0.8	0.20	0.10	—					562	582	582 ~ 604
BAlSi-11	A94104	9.0 ~ 10.5	0.25	1.0 ~ 2.0	0.8	0.20	0.10	—					559	596	588 ~ 604

① 有说明外，单个值表示最大值。
② 统一编号系统金属与合金 SASTM-56。

为了进一步降低 Al-Si 合金的熔化温度，可向 Al-Si 合金中添加 Cu、Zn、Ge。Al-6Si-28Cu 合金液相线温度可降至 535℃，Al-10Si-4Cu-(6-7)Zn 合金（型号 Y-1）熔化温度可降至 525 ~ 560℃，但它们的接头耐蚀性均较 Al-Si 钎料接头低。Al-5Si-35Ge 合金的熔化温度可降至 455 ~ 480℃，此中温钎料正符合铝合金硬钎焊的需要，其钎焊工艺性良好，但 Ge 含量较高，钎料价昂。

为便于复杂结构的钎焊，可采用铝板表面预先包覆有相应钎料的钎焊板。国产钎焊板见表 12-66。钎焊板可有一面或双面钎料包覆层，它特别适于方便地钎焊铝及铝合金换热器类大面积钎焊的结构。

表 12-66　国产铝合金钎焊板

钎焊板牌号	基本金属（芯层）	包覆层	包覆层熔化温度范围/℃
LF63-1	3A21	Al-(11-12.5)Si	577 ~ 582
LT-3	3A21	Al-(6.8-8.2)Si	577 ~ 612

采用钎焊板进行钎焊时，钎焊温度应尽可能低，钎焊过程应尽可能短，因为在 482℃ 以上长时间缓慢加热时，钎料包覆层内的 Si 将向钎焊板芯层母材扩散，从而可能减少预定的包覆层钎料量。

（2）钎剂

铝及铝合金软钎焊及硬钎焊时，大多数需采用钎剂，即溶剂。

对钎剂的作用及特性的需求如下：

a. 能在加热到零件发生轻微氧化的温度时即开始熔化。

b. 能在钎料熔化时呈熔融状态。

c. 能在接头和钎料表面铺展，使它们与氧化性气体隔绝。

d. 能降低固态金属与液态金属之间的表面张力，促进润湿。

e. 能保持液态直至钎缝完全凝固为止。

f. 钎焊过程结束后能被清除。

1）软钎剂。与软钎料配用的软钎剂按其去氧化膜的方式分为有机钎剂和反应钎剂。两者均有腐蚀性，前者较弱，后者较强。有机钎剂的主要组分为三乙醇胺，加入氟硼酸盐可提高其活性。一些有机软钎剂的配方见表 12-67。

钎焊时，钎剂被铝还原，在铝面上将析出氟硼酸盐中的金属离子 Zn^{2+}、Cd^{2+}，它们的共晶温度为 265℃。如果此时它们呈液态，钎剂可表现最大的活性。但此时三乙醇胺已开始焦化（碳化），因此表 12-67 中第一项通用软钎剂（QJ204）可能只具有一般活性，而难以表现最大的活性。表 12-67 中第四项 1060X 在钎焊时将析出 Zn 和 Sn，其共晶温度为 198℃，在三乙醇胺开始焦化前，钎剂将可表现最大的活性。

针对 QJ204 软钎剂特点，钎焊宜在偏高的加热温

度下短时快速完成。

有机软钎剂腐蚀性较弱。但钎剂作用时会产生大量气体，影响钎料的润湿和填缝。

与中温和高温软钎料配用的反应型钎剂含有大量锌、锡等重金属的氯化物，如 $ZnCl_2$、$SnCl_2$，还会有氟化物作为破膜（氧化膜）剂以增强钎剂活性。当采用高温软钎料，如锌基钎料 Zn60Cd、Zn58SnCu、

Zn89AlCu、Zn95Al 等时，必须配用反应型钎剂。使用反应型软钎剂时，应预先将钎料和钎剂合置于待钎焊处，以防钎剂失效。

一些反应型铝软钎剂成分见表 12-68。

反应型钎剂具有强烈的腐蚀性，残余钎剂及其残渣必须在钎焊后清除干净。

表 12-67　一些有机铝软钎剂的配方

序号	代号	成分（质量分数，%）	钎焊温度/℃	特殊应用
1	QJ204 （Φ59A）	三乙醇胺(82.5)，$Cd(BF_4)_2$(10)，$Zn(BF_4)_2$(2.5)，NH_4BF_4(5)	270	—
2	Φ61A	三乙醇胺(82)，$Zn(BF_4)_2$(10)，NH_4BF_4(8)		
3	Φ54A	三乙醇胺(82)，$Cd(BF_4)_2$(10)，NH_4BF_4(8)		
4	1060X	三乙醇胺(62)，乙醇胺(20)，$Zn(BF_4)_2$(8)，$Sn(BF_4)$(5)，NH_4BF_4(5)	250	
5	1160U	三乙醇胺(37)，松香(30)，$Zn(BF_4)_2$(10)，$Sn(BF_4)$(8)，NH_4BF_4(15)	250	水不溶，适用电子线路

表 12-68　一些反应型铝软钎剂的成分

序号	代号	成分（质量分数，%）	熔化温度/℃	特殊应用
1		$ZnCl_2$(55)，$SnCl_2$(28)，NH_4Br(15)，NaF(2)		
2	QJ203	$SnCl_2$(88)，NH_4Cl(10)，NaF(2)		
3		$ZnCl_2$(88)，NH_4Cl(10)，NaF(2)		
4		$ZnBr_2$(50~30)，KBr(50~70)	215	钎铝无烟
5	—	$PbCl_2$(95~97)，KCl(1.5~2.5)，$CoCl_2$(1.5~2.5)	—	铝面涂 Pb
6	Φ134	KCl(35)，$LiCl$(30)，ZnF_2(10)，$CdCl_2$(15)，$ZnCl_2$(10)	390	
7	—	$ZnCl_2$(48.6)，$SnCl_2$(32.4)，KCl(15.0)，KF(2.0)，$AgCl$(2.0)	—	配 Sn-Pb(85) 钎料，高抗蚀

2）硬钎剂。铝的硬钎剂包括传统的氯化物钎剂和新型的氟化物钎剂。

① 氯化物钎剂。氯化物钎剂由基质，去膜剂和界面活性剂三个功能部分组成。

氯化物钎剂的基质由碱金属或碱土金属的氯化物混合熔盐组成。它们化学性质稳定，与铝基本上不发生化学反应，可控制溶剂的熔化温度以便与钎料的熔化温度相匹配，因此选用钎剂时需选择氯化物的成分和比例。此外，基质是钎剂中其他组分的溶剂。

氯化物钎剂中的破膜剂主要是氟离子 F^-。去除氧化膜的效果主要与 F^- 离子浓度有关，而与化合物

的种类关系不大。

氯化物钎剂中的界面活性剂主要是被铝还原的重金属离子。钎剂反应时，铝进入钎剂成为 Al^{3+}，金属离子被还原并沉积在铝母材表面上，经与母材相互作用并合金化后，在钎焊温度下应呈液态，这样才会具有更高的活性。

钎剂配方已公布或已成为商品的钎剂见表 12-69。

在表 12-69 中含 TlCl 的钎剂（序号 17 和 18）可用于含 Mg 量高的 2A12、5A02 合金，其活性强，可去除 Mg 的氧化物。但 Tl（铊）有剧毒，使用钎剂时应特别注意安全防护。

表 12-69　铝的氯化物硬钎剂的配方和使用

序号	钎剂代号	钎剂组成(质量分数,%)	熔化温度/℃	特殊应用
1	QJ201	H701LiCl(32),KCl(50),NaF(10),ZnCl$_2$(8)	≈460	—
2	QJ202	LiCl(42),KCl(28),NaF(6),ZnCl$_2$(24)	≈440	—
3	211	LiCl(14),KCl(47),NaCl(27),AlF$_3$(5),CdCl$_2$(4),ZnCl$_2$(3)	≈550	—
4	YJ17	LiCl(41),KCl(51),KF(3.7),AlF$_3$(4.3)	≈370	浸渍钎焊
5	H701	LiCl(12),KCl(46),NaCl(26),KF-AlF$_3$ 共晶(10),ZnCl$_2$(1.3),C$_2$Cl$_2$(4.7)	≈500	—
6	Φ3	NaCl(38),KCl(47),NaF(10),SnCl$_2$(5)		—
7	Φ5	LiCl(38),KCl(45),NaF(10),CdCl$_2$(4),SnCl$_2$(3)	≈390	—
8	Φ124	LiCl(23),NaCl(22),KCl(41),NaF(6),ZnCl$_2$(8)		—
9	ΦB3X	LiCl(36),KCl(40),NaF(8),ZnCl$_2$(16)	≈380	—
10	—	LiCl(33~50),KCl(40~50),KF(9~13),ZnF$_2$(3),CsCl$_2$(1~6),PbCl$_2$(1~2)	—	—
11	—	LiCl(80),KCl(14),K$_2$ZrF$_2$(6)	≈560	长时加热稳定
12	—	ZnCl$_2$(20~40),CuCl(60~80)	≈300	反应钎剂
13	—	LiCl(30~40),NaCl(8~12),KF(4~6),AlF$_3$(4~6),SiO$_2$(0.5~5)	≈560	表面生成 Al-Si 层
14	129A	LiCl(11.8),NaCl(33.0),KCl(49.5),LiF(1.9),ZnCl$_2$(1.6),CdCl$_2$(2.2)	550	—
15	1291A	LiCl(18.6),NaCl(24.8),KCl(45.1),LiF(4.4),ZnCl$_2$(3.0),CdCl$_2$(4.1)	560	—
16	1291X	LiCl(11.2),NaCl(31.1),KCl(46.2),LiF(4.4),ZnCl$_2$(3.0),CdCl$_2$(4.1)	≈570	—
17	171B	LiCl(24.2),NaCl(22.1),KCl(48.7),LiF(2.0),TlCl(3.0)	490	用于含 Mg 量高的 2A12,5A02,T1 有剧毒
18	1712B	LiCl(23.2),NaCl(21.3),KCl(46.9),LiF(2.8),TlCl(2.2),ZnCl$_2$(1.6),CdCl$_2$(2.0)	482	
19	5522N	CaCl$_2$(33.1),NaCl(16.0),KCl(39.4),LiF(4.4),ZnCl$_2$(3.0),CsCl$_2$(4.1)	≈570	少吸湿
20	5572P	SrCl$_2$(28.3),LiCl(60.2),LiF(4.4),ZnCl$_2$(3.0),CsCl$_2$(4.1)	524	—
21	1310P	LiCl(41.0),KCl(50.0),ZnCl$_2$(3.0),CdCl$_2$(1.5),LiF(1.4),NaF(0.4),KF(2.7)	350	中温铝钎剂
22	1320P	LiCl(50),KCl(40),LiF(4),SnCl$_2$(3),ZnCl$_2$(3)	360	适用 Zn-Al 钎料

检验氯化物钎剂的性能和配制质量的标准是：钎剂的液相线温度能与钎料的液相线温度搭配；在坩埚中熔化后完全透明澄清，无絮状物或不溶的残渣；钎剂粉末干燥，不吸水，不粘玻璃瓶；钎剂水溶液的 pH 值不大于 6.5。

钎剂的各组元中以 LiCl、ZnCl 最易吸水、脱水，不慎将引起水解而产生 Li$_2$OHCl 和 Zn(OH)Cl,从而将提高钎剂的 pH 值并产生絮状物，妨碍钎料的流动。钎剂各组元中最有害的杂质是 Fe^{3+} 和 Mg^{2+},后者的存在是引起钎剂中产生絮状物的另一根源。

钎剂以熔炼法配制然后粉碎的方法较为理想，既能保证均匀又能保证干燥和没有水解。

氯化物钎剂应用广泛，但缺点是易吸湿，保管使用不便，有腐蚀性，钎焊后需烦琐清洗，若清洗不净则将发生腐蚀，此外，对环境污染，废水需治理。

② 氟化物钎剂。氟化物钎剂学名为氟铝酸钾钎剂。此钎剂由 1963 年一项荷兰专利提出，后来为加拿大 Alcan 付诸应用，从此得名 Nocolok 方法，意即无腐蚀性的钎剂钎焊方法。

氟铝酸钾钎剂是 KF-AlF₃ 系中的两个中间化合物 K_3AlF_6 与 $KAlF_4$ 于 558℃ 时生成的共晶成分熔盐，$w(AlF_3)=45\%$ 或 $w(AlF_3)=54.2\%$，如图 12-102 中所示的 E_2 点。

氟铝酸钾钎剂在水中溶解度很小，使用时制成水悬浮液均布于焊件上，烘干后形成一层极薄的钎剂膜，然后入炉钎焊。由于它的熔化温度 558℃ 偏高，只能用于钎焊工业纯铝及 Al-Mn 合金 3003 等少数铝合金。

钎剂的成分必须十分准确才能获得 558℃ 这个最低点。如果 KF 量偏高，熔化温度会陡升而无法使用。如果 AlF₃ 量偏高，但不超过 50.5%（摩尔分数）或 59.6%（质量分数），熔化温度将达 572℃，比 Al-Si 共晶温度（577℃）尚低 5℃，勉强可用。如果组成高于图 12-102 中的 E_3 点，则钎剂熔化会留下不熔的 AlF₃。

氟铝酸钾钎剂可由下列几种方法制成：

a. 用定量的 AlF₃ 和 KF 加水磨成糊，然后在低于 200℃ 下烘干 1h，或将 AlF₃ 和 KF 加入 50℃ 的水中，充分搅拌使其反应完全，产物在 100~550℃ 温度下蒸发至干燥。

b. 用定量的 AlF₃ 和 KF 加热熔化，将冷却物磨细至 150~200 目。

c. 分别合成 K_3AlF_6 和 $KAlF_4$，然后将它们按比例混匀成图 12-102 中 E_2 点的组成。

d. 将无水 AlF₃ 和 KF 脱水后的干粉按比例混匀研细，在 300℃ 下焙烧 1h。

e. 将定量的 Al(OH)₃ 溶于 HF 中，然后用定量的已知浓度 KOH 溶液处理。温度保持 30~100℃，酸度 pH<4。

f. 用无定形的 Al(OH)₃ 加入到 HF 和 KF（或 KOH、K₂CO₃）的混合液中。温度 50~60℃；pH = 5~10。由此可得到粒度细，比表面大，易于在水中悬浮的钎剂。

g. 将定量的 Al(OH)₃ 或金属铝屑溶于定量的 KOH 溶液中，生成 KAlO₂ 和 KOH 的混合液，再用过量的 HF 转化为氟铝酸钾钎剂。

对此种钎剂的基本要求：

a. 成分准确。

b. 熔化温度不得超过 565℃，加热时不得发黑，熔化时透明澄清，无沉渣。

c. 不含游离的 KF。

d. 粒度细，比表面大，易于在水中悬浮。

此种钎剂的成分与熔化温度是一致的，检验钎剂首先要精密测定它的熔化温度，最好用目测变温法或 DTA 方法。检验是否含有游离 KF 可以用去离子水或蒸馏水洗涤钎剂 1~2 次，100℃ 烘干后再测其熔化温度。如果洗涤后熔化温度上升，或者遗留不熔物，则说明该钎剂中含有游离的 KF。钎剂粒度要求 80% 以上的粒径小于 $10\mu m$，大于 $12\mu m$ 的颗粒不应超过 20%，因此应在粒度分析仪上进行粒度分布的分析。此外，还应作钎剂在水中沉降速度的测定，可在一个带刻度的试管中将钎剂与去离子水配成 5% 的混合液，充分摇动后，垂直静置 1min，不应出现固体沉降物分层。

KAlF₄ 和 K₃AlF₆ 都属于弱酸的盐，易被强酸破坏，因此钎焊后的钎剂残渣最好用稀硝酸浸泡去除，硝酸对铝母材伤害最小。

氟铝酸钾钎剂在我国已获广泛推广，商品钎剂可由各种类型厂家供应（有些用户也可自行配制），此种钎剂最适合炉中钎焊。在干燥空气中钎焊已可获得满意效果，但一般宜于采用氮气保护的炉中钎焊，关键是要控制气氛中的含水量，其次是氧含量。

氟铝酸钾钎剂不太适合用于火焰钎焊。因为燃气燃烧以后的废气就是水蒸气和 CO_2，加上高温使 KAlF₄ 水解，Al_2O_3 残渣增多，需多费许多钎剂且接头仍不美观。此时，可使焊件充分预热，尽量缩短钎剂与火焰接触的时间，才可能获得比较满意的结果。

近年来，应用氟铝酸钾的方法得到了发展。

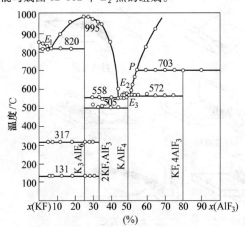

图 12-102　KF-AlF₃ 系相图[13]

由于 Si 的存在可增大氟铝酸钾的钎剂活性，因而可以 K_2SiF_6 的形式加入，但要计算多余的 KF 量。当 $w(Si)$ 超过钎剂的2%时可以自钎，无需钎焊时另加钎料。加入 K_2GeF_6 时活性更高，加入 SnF_2、P_6F_2、ZnF_2、KBF_4 也都能提高钎剂的活性，因为这些添加物的主元素（金属）都将被母材还原，析出液态的金属或合金，起传质作用。但过量的重金属离子和 B 的存在将使接头颜色变暗。

有一些专利报导，钎焊时可将氟铝酸钾钎剂与钎料粉末混合后使用，例如，将锌粉、Al-Zn 合金粉与钎剂调成浆料，喷涂于焊件表面，加热熔化后就使焊件表面形成相应的 Zn 层或 Al-Zn 合金层以利钎焊。

$KAlF_4$ 可作为气相钎剂或涂层钎剂，前者是将 $KAlF_4$ 蒸气直接混入非氧气氛中进行铝合金钎焊，后者是在焊件表面真空沉积一层 $KAlF_4$ 钎剂再组装钎焊。

也可用漂浮法（Flating Method），在 Al-Si 钎料粉的表层沉积一层 $KAlF_4$ 钎剂而形成复合钎料，或用有机溶剂，例如正癸醇，将其调成焊膏使用。钎焊效果主要取决于钎料粉的氧化物含量，争取优良钎缝的关键是去除钎料中粒径小于 $30\mu m$ 的粉粒。

氟铝酸钾钎剂的最大缺点仍是其熔化温度和钎焊温度太高，特别是用其钎焊固相线温度较低的高强度铝合金。例如 $2\times\times\times$ 系的 2024 类铝合金，其固相线温度低达 $500℃$，超过此温度限钎焊时，合金必发生过烧，导致合金及焊件报废。因此钎剂的熔化温度低于 $480\sim490℃$，同时还能水不溶且无腐蚀，已成为人们理所当然的追求，其途径是在氟铝酸钾钎剂基础上加入第三氟化物组元。

3. 钎焊接头设计

钎料及钎缝的强度一般低于母材的强度，因此钎焊接头的强度有赖于钎焊面积的增大。钎焊连接的基本形式为搭接，板材零件等宽度搭接时，搭接的长度一般应不小于较薄零件厚度的 $4\sim5$ 倍（软钎焊），$3\sim4$ 倍（硬钎焊）。一般应避免采用对接形式，必要时可被迫采用斜对接形式，斜对接时的钎焊连接面积至少应比钎焊件正常截面积大 $2\sim4$ 倍，推荐的铝及铝合金钎焊接头形式如图 12-103 所示。

设计钎焊接头时，尚应考虑下列因素：

① 接头应便于待钎焊零件的装配及自紧固，如图 12-104 所示。

② 接头应便于安置钎料，如图 12-105 所示。

③ 在封闭空间内的接头应便于钎焊时排出气体，如图 12-106 所示的工艺性出气通道（可称为工艺孔），否则，钎焊时空间内的空气受热膨胀，将妨碍液态钎料填入，或使已填满间隙的液态钎料被气压挤出，造成钎焊缺陷。

④ 接头上应留有适当的间隙。间隙的大小将影响钎缝的致密性及接头强度。间隙过小时，钎料难以流入接头间隙，造成未钎透；间隙过大时，毛细作用减弱，钎料也难以流入接头间隙，即使流入间隙，接头致密性及接头强度也将较低。当施行大面积搭接钎焊时，宜采用不等间隙，引导液态钎料前沿定向流动。

选择接头间隙时尚需考虑各种具体情况下的各种因素：

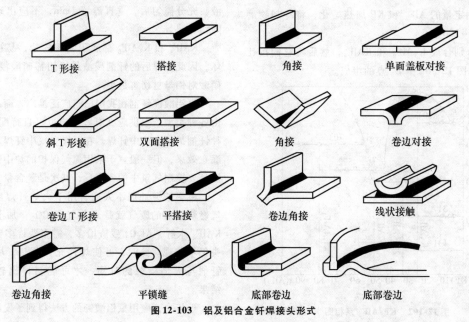

T 形接　　搭接　　角接　　单面盖板对接

斜 T 形接　　双面搭接　　角接　　卷边对接

卷边 T 形接　　平搭接　　卷边角接　　线状接触

卷边角接　　平锁缝　　底部卷边　　底部卷边

图 12-103　铝及铝合金钎焊接头形式

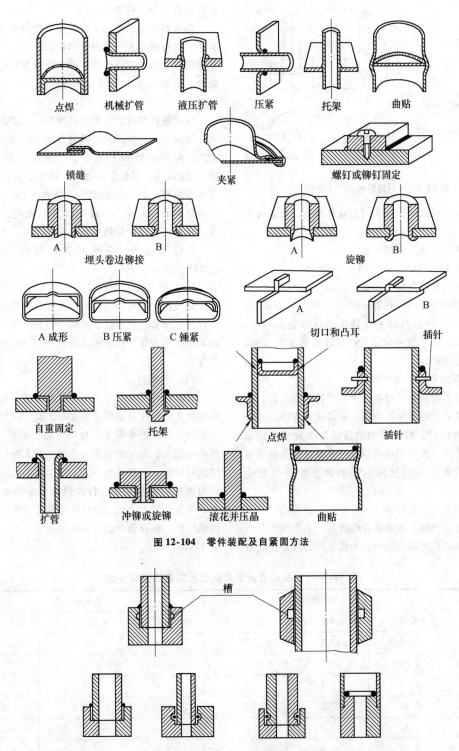

点焊　机械扩管　液压扩管　压紧　托架　曲贴

锁缝　夹紧　螺钉或铆钉固定

A　B
埋头卷边铆接　　A　B　旋铆

A 成形　B 压紧　C 锤紧　　A 切口和凸耳 B　插针

自重固定　托架　点焊　插针

扩管　冲铆或旋铆　滚花并压晶　曲贴

图 12-104　零件装配及自紧固方法

槽

图 12-105　在接头上安置钎料的方法

钎剂钎焊时，熔化的钎剂先流入接头间隙，当接头间隙较小时，后进的熔化钎料可能将钎剂挤出间隙外，因此接头间隙宜取稍大；无钎剂真空或气保护钎焊时，不存在上述过程，接头间隙可取稍大。

垂直位置钎焊时，接头间隙宜取稍小，以免钎料流出；水平位置钎焊时，接头间隙可取稍大。

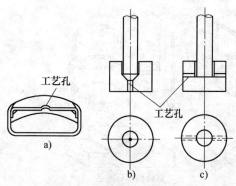

图 12-106　封闭型接头的工艺孔

搭接长度较大时，接头间隙宜选稍大，反之可取稍小。

铝及铝合金接头间隙一般为：

有机钎剂软钎焊时为 0.15 ~ 0.40mm；

反应钎剂软钎焊时为 0.05 ~ 0.25mm。

硬钎焊时为 0.10 ~ 0.25mm。

⑤ 设计异种材料接头（特别是环形套接）时，应考虑其热膨胀系数差异。可经过计算或工艺试验，确定其装配间隙。

4. 钎焊前零件表面清理

钎焊时的物理化学过程完全在零件表面进行，零件表面质量对钎焊结果影响很大。因此钎焊前零件表面必须进行清理，将表面的油污、杂物及氧化膜除净。有时，为了改善铝材的钎焊性或保证接头的耐腐蚀性，钎焊前需在母材的洁净表面上涂覆某种金属层。

铝及铝合金表面除油时，可采用三氯乙烯、三氯乙烷或酒精、汽油、丙酮等有机溶剂。小批生产时将零件沉浸在有机溶剂内除油；大批生产时将零件放置在有机溶剂蒸气内除油。

铝及铝合金表面除氧化膜可采用机械方法或化学方法。机械清理方法只限于钢棉、锉刀、刮刀、不锈钢丝刷等，但禁用砂纸或喷砂。化学方法包括酸洗或碱洗，前者用于氧化膜较薄时，后者用于氧化膜较厚时。

氧化膜较厚时，应先用机械方法局部清除过厚的氧化物或氧化膜，再用质量分数为 5% 的 NaOH 碱液清洗，温度保持 60℃ 左右，碱洗时间最好控制在 10 ~ 15s 以内，以免侵蚀过度。碱洗后应用冷水或热水冲净碱液，然后用稀硝酸或铬酸（CrO_3 水溶液加少量重铬酸钾）中和，使组件表面光化，再用冷水或热水冲洗，最后用热空气将组件干燥。

组件清洗后，应尽早进行钎焊，至迟不超过 24h。

5. 钎焊方法

铝及铝合金钎焊方法可分为钎剂钎焊法及无钎剂钎焊法，前者包括烙铁、火焰、浸沾、空气炉及气保护炉中钎焊法等，后者包括超声、刮擦、真空炉中钎焊等。

（1）火焰钎焊

火焰钎焊多用于手工生产，也常用于修补。电冰箱管接头、挤压型窗框、公交车顶棚等钎焊接头常用火焰钎焊。其设备简单，使用方便，但操作难度大，焊后变形大。由于铝及铝合金加热时无颜色变化，即使铝材熔化，其颜色也不变，手工火焰钎焊时难以精确检测控制加热温度。钎焊热源可采用氧乙炔、氢氧、氧天然气等火焰，也可采用汽油压缩空气或氧其他燃气等火焰。铝及铝合金氧乙炔焰和氢氧焰钎焊参数见表 12-70。

表 12-70　铝及铝合金氧乙炔焰及氢氧焰钎焊参数

材料厚度 /mm	氧乙炔焰钎焊			氢氧焰钎焊		
	喷嘴孔径/mm	氧气压力/kPa	乙炔压力/kPa	喷嘴孔径/mm	氧气压力/kPa	氢气压力/kPa
0.5	0.64	3.5	7	0.90	3.5	7
0.6	0.64	3.5	7	1.14	3.5	7
0.8	0.90	3.5	7	1.40	3.5	7
1.0	0.90	3.5	7	1.65	7.0	14
1.3	1.14	7.0	14	1.90	7.0	14
1.6	1.40	7.0	14	2.20	7.0	14
2.0	1.65	10.5	21	2.40	10.5	21
2.6	1.91	10.5	21	2.70	10.5	21
3.2	2.16	14.0	28	2.92	10.5	21

火焰钎焊时，应避免将火焰直接加热钎剂导致钎剂过热失效。由于含 Zn 钎料软钎焊时 Zn 与 Al 易互溶，火焰钎焊接头形成后应立即停止加热，以免发生母材溶蚀。

由于有时因乙炔含有的某些杂质与钎剂接触后会使钎剂失效，可用汽油压缩空气焰钎焊取代氧乙炔焰钎焊，这时火焰应具有轻微的还原性，以防母材氧化。钎焊时，可预先将钎料钎剂放置于待钎焊处，与焊件同时加热；也可先将焊件加热到钎焊温度，再将蘸有钎剂的钎料送到钎焊部位，待钎剂与钎料熔化，钎料均匀填缝后再慢慢撤去火焰。

（2）浸沾钎焊

铝及铝合金浸沾钎焊也是一种高效、适合大批量生产且钎焊变形小的钎焊方法。钎料一般呈箔状并预置在组件内自固紧，然后将整个组装件沉浸在钎剂槽中熔化的钎剂内进行钎焊。由于钎剂的热容及热导小，为了去除组装件内可能存在的水分以免入槽后使槽液（钎剂）飞溅，以及为了避免组装件入槽后过分降低槽液的温度，组装件必须均匀预热至接近于钎焊温度。钎焊时，应严格控制钎焊温度及钎焊时间，如温度过高，母材将易于熔蚀，钎料易于流失；如温度过低，钎料熔化不均匀或不足，钎着率降低；钎焊时间必须保证钎料能充分熔化和流动，但时间不能过长，否则钎料中的元素 Si 可能过分扩散到母材中去，使近缝区母材变脆。浸沾钎焊方法电能消耗（作业日夜不停）大，环境污染严重，钎焊后清洗工序繁杂，单件生产时经济效益低。浸沾钎焊曾作为结构复杂的铝合金热交换器的传统生产方法，但近代多已为无钎剂真空炉中钎焊或无腐蚀性钎剂气体保护炉中钎焊方法所取代。

除无腐蚀性的氟化物钎剂外，所有的钎剂钎焊的铝及铝合金工件必须在钎焊后接受对钎剂残渣的清除工序。有机软钎剂的残渣可用甲醇、三氯乙烯之类的有机溶剂予以清除。清除反应型软钎剂残渣时可先用盐酸溶液洗涤，再用 NaOH 水溶液中和，最后用热水及冷水洗净。氯化物类硬钎剂的残渣可按下述方法予以清除：先在 60 ~ 80℃ 的热水中浸泡 10min，用毛刷仔细清洗钎缝上的残渣，并用冷水清洗；再在体积分数为 15% 的硝酸水溶液中浸泡 30min，最后用冷水清洗干净。

（3）氯化物钎剂空气炉中钎焊

空气炉中钎焊铝及铝合金前，预先将钎剂溶解在蒸馏水中，配成浓度为 50% ~ 75% 的溶液，再涂覆或喷布在待钎焊表面上；也可将适量的粉末钎剂覆盖于钎料及钎焊面处，然后烘干，将装配好的组件放进炉中再进行加热钎焊。为防止母材过热、过烧、甚至可能熔化，必须严格控制加热温度。一般空气加热炉内温度是不均匀的，但其内必须备有一个均温区，均温区内的温差一般不应超过 ±5℃，如果 Al-Si 钎料钎焊 Al-Si-Mg 系铝合金时，其温差应不超过 ±2℃。空气炉中钎焊是一种技术难度较小，生产效率较高，钎焊变形较小的钎焊方法，例如，在多温区连续加热炉内大批量生产电冰箱蒸发器时，生产效率可达每小时 500 件。由于采用钎剂、炉衬及现场环境易受侵蚀及污染。

（4）氟化物钎剂气保护炉中钎焊

气保护炉中钎焊时也需要采用钎剂，即氟化物钎剂，但无腐蚀性。氮气保护的炉中氟化物钎剂钎焊的方法称为 NoColok 钎焊法，意即无腐蚀性钎剂钎焊法，其钎焊后的焊件无需清洗。

NoColok 钎焊法用于轿车空调机蒸发器和冷凝器生产线已取得良好效果。有一钎焊炉的炉膛长 8m，以高纯氮为保护气体，以 Al-Si 共晶合金为钎料，以 KAlF$_4$ 和 K$_3$AlF$_6$ 共晶为钎剂，以钎料包覆的钎焊板加工主要零件，组装件以 268mm/min 的速度在炉内传送带上移动，经过 600℃、610℃、625℃、620℃ 等 5 段温区加热，当组装件温度达到钎焊温度 595℃ 时保温 1min 以上，即完成钎焊，然后冷却出炉。

NoColok 钎焊法与氯化物钎剂钎焊法相比无钎剂腐蚀之忧，与真空钎焊相比其生产效率高，因此 NoColok 钎焊法已迅速获得推广应用，并具有进一步发展完善的前景。

（5）炉中真空钎焊

真空炉中钎焊时无需钎剂。通过机械泵-扩散泵机组将真空室内空间抽空到 0.065Pa 的真空度，此时绝大部分气体，包括氧气及潮气可被清除，但真空室内仍将存在残余氧及潮气的分压，铝材及钎料仍将发生轻度氧化且氧化膜难以自行分解。此时，必须补充采取如下措施：采用含有 Mg 的 Al-Si-Mg 钎料，w（Mg）= 1% ~ 2%，另往真空室内投放颗粒状或块状金属 Mg，投放位置应为钎焊区，最好是将金属镁与待钎焊的组装件一起放入一个不完全密封的不锈钢盒（现通称工艺盒）内，然后进行加热钎焊。此时，Mg 蒸气可进一步降低残余氧及潮气的分压，防止母材及钎料进一步氧化，改善 Mg 蒸气与液态钎料及固态母材之间的界面特性。这种真空钎焊技术已成功地应用于铝及铝合金换热器及微波器件等重要产品的钎焊生产中。

铝及铝合金真空钎焊时无需钎剂，焊后无需清洗钎焊的焊件，对零件焊前清理的要求不高，钎焊变形也小。但真空钎焊方法对焊件的外形尺寸有所限制，真空炉投资较大，生产效率低。

接触反应钎焊时也无需钎剂。钎焊前，将铝件表面清理，将能与铝形成共晶体的铜（或镍等）置于两铝件之间，施加不大的夹紧力使它们紧密接触，在真空或气保护炉中加热到略高于 Al-Cu（或 Al-Ni）共晶温度的温度下，由于 Al 与 Cu 固态下相互扩散，达到共晶成分，即在共晶温度下出现液态共晶液，它即相当于钎料，从而开始润湿铺展及填缝的钎焊过程。

接触反应钎焊过程可描述如下：

第一阶段：接触扩散。母材与中间层之间起初只有局部点接触。在加热过程中，由于氧化膜与 Al 及 Cu 之间在热膨胀系数上存在很大差异，氧化膜发生龟裂，由于加压，点接触处氧化膜被压碎和被挤开，该处 Cu 与 Al 直接接触，发生固态相互扩散。

第二阶段：共晶反应铺展。接触时固态相互扩散的结果，达到共晶温度，发生共晶反应，生成共晶液相，如同液态钎料，向周围推移，发生共晶液铺展，从氧化膜龟裂的裂隙潜入 Cu、Al 表面并沿其潜流，将氧化膜抬起、推移，使其碎散，液相与固相间发生大面积液-固态扩散和冶金结合，冷却、凝固、形成钎缝，完成扩散反应钎焊过程。

接触反应钎焊时，应注意中间层材料与铝反应扩散后共晶物及钎缝的性质和性能。如生成物为金属间化合物，则钎缝呈脆性，钎焊过程宜采用较高温度及较短时间。如生成物为固溶体，则钎缝塑性较好，但尚应考虑其耐蚀性能。

6. 钎焊技术的应用

（1）计算机铝合金机箱真空炉中钎焊

在恶劣环境下工作的计算机需配备加固的铝合金机箱，如图 12-107 所示。机箱最大外形尺寸为 495mm × 186mm × 260mm，材料为 3A21 铝合金，由 11 个厚度不一（波纹散热片厚度 0.1 ~ 0.2mm，前面板框架厚度 14mm）的零件组装钎焊而成。它的技术要求严格，框架平行度及垂直度不得大于 0.3mm，不得发生虚焊或脱焊，零件的非钎焊部位不得留有钎料或钎剂残留的痕迹。

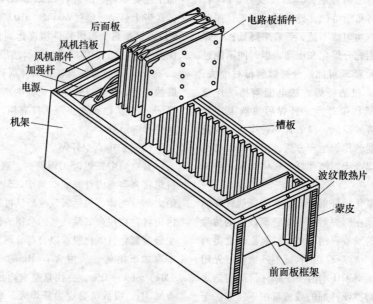

图 12-107　3/4 和 1/2 全加固计算机机箱

根据上述条件，决定采用真空钎焊工艺：

① 钎料为 Al-10Si-1.5Mg，片材，厚度 0.1mm。

② 金属吸气剂为镁（Mg），块状。

③ 组装钎焊夹具为自制的不锈钢变厚度框架式结构。

④ 测温器件为镍铬-镍铝热电偶，在前后面板零件上各插入一个热电偶。

⑤ 钎焊参数视不同机箱的几何尺寸而定。参数选用范围：钎焊温度 595 ~ 605℃，钎焊持续时间 4 ~ 10min，真空度 1.33×10^{-2} ~ 6.65×10^{-3}Pa。

⑥ 钎焊后，机箱各条钎缝均匀饱满，焊角过渡圆滑，表面光洁、平整、几何尺寸满足设计要求，用标准的电路板可自由插入机箱各槽内，无松动感，机箱使用效果良好。

（2）计算机铝合金机箱气体保护炉中钎焊

有一种 3A21(LF21) 铝合金翅片式散热机箱，外形尺寸为 400mm × 200mm × 220mm，如图 12-108 所示，其结构和零件装配如图 12-109 所示。

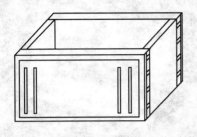

图 12-108　机箱外貌

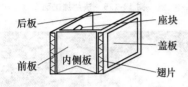

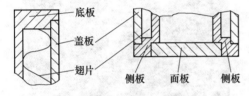

图 12-109　机箱结构及零件

机箱零件厚度：两内侧板厚 5 ~ 8mm，翅片厚 0.2mm，前后面板厚 6 ~ 10mm。机箱共有 380mm 长的钎缝 4 条，360mm 长的钎缝 160 条，钎缝总长为 59120mm。设计要求各面直线度和平面度均小于 0.5mm。

零件装配前，洗净零件及钎料片，用蒸馏水将钎剂调成糊状。装配时，采用不锈钢制 U 形压条及 C 形夹定位及固定两侧面各零件（侧板、翅片、面板），再用长螺杆和 U 形压条将各件组装成一体，如图 12-110 所示。

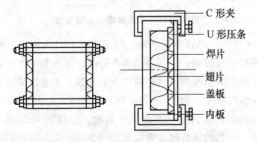

图 12-110　机箱焊前装配示意图及侧板装配图

组装时，按图样检查各部位尺寸，满足要求后，氩弧焊定位（16 个定位点），撤除长 U 形条及双头螺杆，但仍保持两侧零件的夹具。

在组装过程中，将糊状钎剂涂于钎料片上，放入

250℃烘箱中烘干，以除去钎剂中水分，然后将各钎料片分别插入各钎焊部位，装配间隙保持为 0.03 ~ 0.06mm，不可过大或过小，否则会使钎焊处无钎料填充或产生未钎透。

钎焊时，采用 HLAlSi11.7 或 HLAlSi-11.7SrLa 及 QF 型无腐蚀性氟化物钎剂（共晶温度 560℃），以纯氩或氮气作为保护气体。炉中钎焊时钎焊温度为 640℃，钎焊持续时间为 15min。通过观察窗连续监视炉内钎剂和钎料熔化的动态过程，适当调整保护气体流量和钎焊过程持续时间。

采用上述技术，机箱产品钎焊质量及尺寸精度均满足设计要求。

（3）铝波导真空炉中钎焊

有一种高精度铝合金波导滤波器，如图 12-111 所示。它要求极高的几何尺寸精度和极低的粗糙度，其结构复杂，各钎焊接头具有不同的空间位置，钎焊时不允许采用钎剂，不允许未钎透，不允许钎焊后再进行机械加工，因此钎焊技术难度很大。

图 12-111　铝合金波导滤波器

为满足上述苛刻要求，决定采用真空钎焊方法制造此种微波器件。

波导材料为 3A21 铝合金。用于对接接头的钎料为 Al-7Si-1.5Mg，用于其他接头的钎料为 Al-11.5Si-1.5Mg。按不同钎焊部位的需要，将钎料预制成块状、片状、丝状。

钎焊前，零件及钎料均需表面化学清洗，零件待钎焊表面（除隔片槽表面）均需进行机械打磨以使表面粗糙化。

组装法兰、隔片、调谐块及钎料片时，均利用结构条件实施自定位，零件对接部位采用氩弧点焊定位或激光点焊定位。

组装定位焊在夹具上进行，此后，取出组装件，将其平放在钎焊用托板上，其上再放置一个相应尺寸的工艺罩，罩内放入适量镁块，将它们一起置于真空钎焊炉中。钎焊参数为：真空度 1.33 × 10^{-3} Pa，钎

焊温度（610±5）℃，钎焊持续时间5min。

钎焊后，铝波导滤波器产品不需清洗和修整，各空间位置的钎缝及其圆角成形良好，钎焊的接头试件和组装产品如图12-112至图12-116所示，器件表面质量、尺寸精度、电性能参数均满足产品设计要求。

图12-112　滤波器隔片接头

图12-113　对接接头

图12-114　法兰接头

（4）客车铝窗框型材火焰钎焊[14]

铝型材火焰钎焊工艺在客车装配中的应用已得到迅速的发展，因其钎焊时母材不熔化，焊件变形

图12-115　法兰加工面

图12-116　铝波导滤波器

小，接头平整美观，钎缝致密性好，钎焊后无需整形加工，能防雨防蚀，可提高车厢外观质量和使用寿命。

客车窗框铝型材截面形状如图12-117所示。

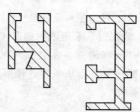

图12-117　客车窗框铝型材截面

1）火焰钎焊用热源。铝型材火焰钎焊时，最好使用三号焊炬，但需将原喷嘴卸除，改换为一个莲蓬头的扩散型喷嘴。这种喷嘴火焰发散、柔和，又具有足够的热量，适用于钎焊多种断面（断面面积为120～800mm^2）的铝型材。调节火焰时，从莲蓬头端部开始，白色的外焰向外伸展到25～50mm长，以外焰的长度约为内焰的两倍较为合适，要用中性焰或弱的碳化焰，这样可避免铝的氧化。汽油喷灯火焰柔散、柔和、温度较低，钎焊温度容易掌握，因其燃烧时要消耗空气中的氧，接头不易氧化，特别适用于含Mg的铝合金型材。液化石油气加压缩空气的火焰也是铝型

材火焰钎焊的热源，其火焰特性与汽油喷灯的火焰类似。

2）施焊原则。铝型材具有异形截面，其施焊操作既不同于火焰气焊，也不同于一般钎焊。加热方法要使整个接头都均匀地达到钎焊温度。火焰要重点对准铝型材较厚的部位，选择有利于熔化钎料的接头，以求从这点开始到型材各棱边钎料熔化及铺展的面积大致相等。当然，如接头的截面较小，也可任选一点。选定合适点后，即可用加热了的钎料棒沾上钎剂并将其施放到这一部位，待钎剂熔化漫流时，使钎料棒紧密接触该部位，继续加热至熔化的钎料充满接头间隙为止。焊炬可与钎料保持一定的距离，但应跟踪钎料的流动而等距离移动，以促进钎料漫流，维持接头部位的温度，便于钎料与母材间发生反应，同时配合钎料将钎剂挤出接头外。必须按照母材—钎剂—钎料顺序加热，直至到达钎焊温度。当铝型材面积超过 800mm² 时，一个焊炬（或一个大汽油喷灯）可能不足，可增加焊炬或喷灯，也可将零件接头焊前预热至 300~350℃。

3）钎料及钎剂。钎料可使用 Al-Si-Cu 合金、Al-Si-Zn-Cu-Mn 合金，钎剂可使用氯化物钎剂。对于截面积为 120mm²，即客车上的内窗框截面，每个接头钎料用量为 ϕ3.5mm，长度 10~12mm。对于截面积为 160mm² 即客车上的外窗框截面，钎料用量为 ϕ3.5mm，长 12~15mm。钎剂用量约为钎料体积的 1/2。按一辆 630 型小面包车铝窗框接头计，全车 21 个窗框共 84 个接头，钎剂约 40g，钎料约 100g 左右，根据接头断面的大小，钎剂以在合适部位一次加足为好，如果钎剂钎料交叉施加，易使钎剂被钎料围因在钎缝内，造成夹渣、气孔等缺陷。

氯化物钎剂有强烈腐蚀性，钎焊后必须予以彻底清除，一种清洗方法是用水激冷钎焊接头，试图利用母材与钎剂在热膨胀系数上的差异使接头处的钎剂残渣崩落，随后再用足量的水将接头冲刷干净。另一种清洗方法是将整个窗框焊完后，再入水中浸泡。前者激冷易使接头产生裂纹，后者往往清洗不净。有效的方法是使钎焊接头冷却至一定温度后浸入热水中，使钎剂崩落。此外，可采用化学清洗，将焊件浸入浓度为 5%~10% 稀硫酸热溶液中 2~5min，或浸入温度为 65℃，浓度为 10% 的硝酸溶液中 10~30min，然后取出并进行大量水冲洗。汽车上的铝窗框钎焊后尚需进行阳极氧化处理，钎焊后接头的清洗工序可与随后的阳极氧化工序结合进行。

北京客车装配公司一厂用钎焊的铝窗框装配的"红叶"牌小面包车已运行多年，其接头没有腐蚀现象。

7. 钎焊接头缺陷及其成因

（1）填缝不良，部分间隙未被填满

1）装配间隙过大或过小。

2）装配时零件歪斜。

3）零件表面局部不洁净。

4）钎剂不合适（活性差、过早失效等）。

5）钎料不合适（润湿性差）。

6）钎料不足或流失、安置不当。

7）钎焊温度过低或温度分布不均匀。

（2）钎缝气孔

1）接头间隙选择不当。

2）零件表面局部不洁净。

3）钎剂去膜能力弱。

4）钎料析气。

5）封闭型接头无排气措施。

（3）钎缝夹渣

1）钎剂量过多。

2）接头间隙选用不当。

3）钎焊时从接头两面填缝（钎料及钎剂在间隙内紊流）。

4）钎料与钎剂熔化温度不匹配。

5）加热不均匀。

（4）钎缝开裂

1）异材组合热膨胀系数差异大，热胀冷缩时对钎缝产生拉伸应力。

2）钎缝脆性大。

3）钎缝冷却时零件相互错动。

4）钎缝结晶温度区间过大。

（5）母材开裂

1）母材过烧。

2）钎料向母材晶间渗入，形成脆性相。

3）夹具夹持刚性过大。

4）焊件本身有内应力。

5）异材热膨胀系数差异大。

6）结构刚性大，加热不均匀。

（6）钎流流失

1）钎焊温度过高或钎焊时间过长。

2）钎料与母材相互作用太强。

3）钎料量过少或过多。

（7）母材熔蚀

1）钎料与母材固溶度大，相互作用强烈。

2）钎焊温度过高或保温时间过长。

3）钎料量过大。

总之，由于铝及铝合金易氧化，铝及铝合金钎焊的技术难度较大，传统的钎焊方法及其应用范围受到限制。但是随着无腐蚀性钎剂，气保护钎焊，真空钎焊等技术的发展，铝及铝合金钎焊已获得广泛的应用。

12.2　镁及镁合金的焊接[1]

镁是比铝还轻的一种有色金属。虽然纯镁的强度较低，但经合金化及热处理后，镁合金的比强度较高，并具有很强的抗振能力，能承受很大的冲击载荷，其切削加工性能、铸造和锻压性能好，散热性能好，电磁屏蔽能力强，因此是一种有利于减重和节能的材料，在航空、航天、汽车、电子、电讯工业内具有重要的应用价值。目前，镁及镁合金材料的应用研究已成为世界性的新热点。

镁的物理特性见表 12-71。

表 12-71　镁的主要物理性能数据

密度 ρ/(g/cm³)	熔化温度 T_M/℃	线胀系数 α(0 ~ 100℃)/(10^{-6}/℃)	热导率 λ/[W/(cm·K)]	比热容 C/[J/(g·K)]
1.74	651	26.1	1.59	0.102

镁的化学性质极其活泼，极易氧化，氧化膜多孔疏松、脆性大。镁及镁合金耐蚀性较差，在潮湿大气、海水、无机酸及盐类，有机酸甲醇等介质中均会发生强烈腐蚀，只在干燥大气、碳酸盐、铬酸盐、氟化物、氢氧化钠、苯、四氯化碳、汽油、煤油及不含水及酸的润滑油中表现稳定，因此镁及镁合金表面需经防护处理，如表面氧化、涂油、涂装等。

镁及镁合金的焊接特点与铝及铝合金类似，表现如下：

1) 氧化和蒸发。在焊接高温下，易形成氧化镁（MgO），MgO 的熔点高（2500℃），密度大（3.2g/cm³），在焊接熔池中易形成细小片状的固态氧化膜夹杂物。镁还可能与空气中的氮化合成镁的氮化物。由于镁的沸点不高（1100℃），因此在电弧高温下镁易蒸发。

2) 热应力。镁及镁合金热膨胀系数大，约为钢的 2 倍，铝的 1.2 倍，因此焊接时产生的应力变形大。

3) 焊接裂纹。镁及镁合金能与许多合金元素固熔并组成低熔点共晶体，其脆性温度区间较宽，焊接时易生成热裂纹。

4) 焊缝气孔。与铝类似，镁及镁合金焊接时易产生焊缝气孔，当氢源失控时，镁合金焊缝气孔倾向较大。

此外，镁合金焊接时散热快，要求采用大功率热源。温度过高时，镁易发生燃烧。

12.2.1　镁及镁合金的牌号、成分与性能[1]

镁合金的牌号由字母—数字—字母三部分组成和表示。第一部分由两种主要合金元素的代码组成，按两元素含量高低顺序排列。元素的代码分别为：铝—A，锌—Z，锰—M，镁—g，混合稀土—E，锆—K，锂—L，硅—S，铁—F，铜—C，镍—N，钍—H，镉—D，铋—B，锡—T，铬—R，银—Q，钇—W，锑—Y，铅—P。第二部分由这两种元素的质量分数组成，按元素代码顺序排列。第三部分由指定的字母组成，如 A、B 和 C 等，表示合金发展的不同阶段。

镁合金牌号表示法示例：

AZ91D，表明该合金为含主要合金元素铝和锌的镁合金，铝的含量 w(Al) 约为 9%，锌的含量 w(Zn) 约为 1%，D 表示该合金是第 4 次登记的具有该成分的镁合金。

变形镁及镁合金和铸造镁合金的化学成分及力学性能分别见表 12-72、表 12-73、表 12-74。

12.2.2　镁及镁合金的焊接材料[1]

几种常用的焊接填充金属（AWS A5.19）的化学成分见表 12-75。实际上，许多镁合金焊接时可采用与母材成分相同的填充金属。有时，为了降低焊缝热裂倾向，也可采用与母材成分不同的合金作为填充金属。

选用填充金属时，必须首先考虑待焊的两种镁合金的焊接特性。可供参考的两种镁合金焊接时填充金属的焊接指南见表 12-76。

12.2.3　镁及镁合金的焊接性[8]

1. Mg-Mn 系镁合金

Mg-Mn 系合金，为 MZM（MB1），具有较好的耐腐蚀性及焊接性，其结晶温度区间窄，产生焊接结晶裂纹倾向低，适合采用多种焊接方法，包括火焰气焊，可采用与母材同成分的填充焊丝。

表 12-72　变形镁合金的牌号及化学成分（按 GB/T 5153—2003）

合金组别	合金牌号	合金代号	化学成分（质量分数,%）														
			Mg	Al	Zn	Mn	Ce	Zr	Si	Fe	Ca	Cu	Ni	Ti	Be	其他元素② 单个	其他元素② 总计
Mg	Mg99.95	—	≥99.95	≤0.01	—	≤0.004	—	—	≤0.005	≤0.003	—	—	≤0.001	≤0.01	—	≤0.005	≤0.05
	Mg99.50①	Mg1	≥99.50	—	—	—	—	—	—	—	—	—	—	—	—	—	≤0.50
	Mg99.00①	Mg2	≥99.00	—	—	—	—	—	—	—	—	—	—	—	—	—	≤1.0
MgAlZn	AZ31B	—	余量	2.5~3.5	0.60~1.4	0.20~1.0	—	—	≤0.08	≤0.003	≤0.04	≤0.01	≤0.001	—	—	≤0.05	≤0.30
	AZ31S	—	余量	2.4~3.6	0.50~1.5	0.15~0.40	—	—	≤0.10	≤0.005	—	≤0.05	≤0.005	—	—	≤0.05	≤0.30
	AZ31T	—	余量	2.4~3.6	0.50~1.5	0.05~0.40	—	—	≤0.10	≤0.05	—	≤0.05	≤0.005	—	—	≤0.05	≤0.30
	AZ40M	MB2	余量	3.0~4.0	0.20~0.80	0.15~0.50	—	—	≤0.10	≤0.05	—	≤0.05	≤0.005	—	≤0.01	≤0.01	≤0.30
	AZ41M	MB3	余量	3.7~4.7	0.80~1.4	0.30~0.60	—	—	≤0.10	≤0.05	—	≤0.05	≤0.005	—	≤0.01	≤0.01	≤0.30
	AZ61A	MB5	余量	5.8~7.2	0.40~1.5	0.15~0.50	—	—	≤0.10	≤0.005	—	≤0.05	≤0.005	—	≤0.01	≤0.01	≤0.30
	AZ61M	—	余量	5.5~7.0	0.50~1.5	0.15~0.50	—	—	≤0.10	≤0.05	—	≤0.05	≤0.005	—	—	≤0.05	≤0.30
	AZ61S	—	余量	5.5~6.5	0.50~1.5	0.15~0.40	—	—	≤0.10	≤0.005	—	≤0.05	≤0.005	—	≤0.01	≤0.05	≤0.30
	AZ62M	MB6	余量	5.0~7.0	2.0~3.0	0.20~0.50	—	—	≤0.10	≤0.05	—	≤0.05	≤0.005	—	≤0.01	≤0.01	≤0.30
	AZ63B	—	余量	5.3~6.7	2.5~3.5	0.15~0.60	—	—	≤0.08	≤0.003	—	≤0.01	≤0.001	—	—	≤0.05	≤0.30
	AZ80A	MB7	余量	7.8~9.2	0.20~0.80	0.12~0.50	—	—	≤0.10	≤0.005	—	≤0.05	≤0.005	—	≤0.01	≤0.01	≤0.30
	AZ80M	—	余量	7.8~9.2	0.20~0.80	0.15~0.50	—	—	≤0.10	≤0.05	—	≤0.05	≤0.05	—	≤0.01	≤0.05	≤0.30
	AZ80S	—	余量	7.8~9.2	0.20~0.80	0.12~0.40	—	—	≤0.10	≤0.005	—	≤0.05	≤0.005	—	≤0.01	≤0.05	≤0.30
	AZ91D	—	余量	8.5~9.5	0.45~0.90	0.17~0.40	—	—	≤0.08	≤0.004	—	≤0.025	≤0.001	—	0.0005~0.003	≤0.01	—
MgMn	M1C	—	余量	≤0.01	—	0.50~1.3	—	—	≤0.05	≤0.01	—	≤0.01	≤0.001	—	—	≤0.05	≤0.30
	M2M	MB1	余量	≤0.20	≤0.30	1.3~2.5	—	—	≤0.10	≤0.05	—	≤0.05	≤0.007	—	≤0.01	≤0.01	≤0.20
	M2S	—	余量	—	—	1.2~2.0	—	—	≤0.10	≤0.05	—	≤0.05	≤0.01	—	≤0.01	≤0.05	≤0.30
MgZnZr	ZK61M	MB15	余量	≤0.05	5.0~6.0	≤0.10	—	0.30~0.90	≤0.05	≤0.05	—	≤0.05	≤0.005	—	—	≤0.01	≤0.30
	ZK61S	—	余量	—	4.8~6.2	—	—	0.45~0.80	—	—	—	—	—	—	≤0.01	≤0.05	≤0.30
MgMnRE	ME20M	MB8	余量	≤0.20	≤0.30	1.3~2.2	0.15~0.35	—	≤0.10	≤0.05	—	≤0.05	≤0.007	—	≤0.01	≤0.01	≤0.30

① Mg99.50、Mg99.00 的镁含量（质量分数）=100%−（Fe＋Si）＝100%−（除 Fe、Si 之外的所有元素符号，Si）＝除 Fe、Si 含量≥0.01%的杂质元素含量之和。

② 其他元素指在本表表头中列出了元素符号，但在本表表头中却未规定极限数值含量的元素。

表 12-73　镁合金板材室温力学性能（按 GB/T 5154—2010）

牌号	供应状态	板材厚度 /mm	抗拉强度 R_m/MPa	规定塑性延伸强度 $R_{p0.2}$/MPa 延伸	规定塑性延伸强度 $R_{p0.2}$/MPa 压缩	断后伸长率(%) $A_{5.65}$	断后伸长率(%) A_{50}
				不小于			
M2M	O	0.80~3.00	190	110	—	—	6.0
		>3.00~5.00	180	100	—	—	5.0
		>5.00~10.00	170	90	—	—	5.0
	H112	8.00~12.50	200	90	—	—	4.0
		>12.50~20.00	190	100	—	4.0	—
		>20.00~70.00	180	110	—	4.0	—
AZ40M	O	0.80~3.00	240	130	—	—	12.0
		>3.00~10.00	230	120	—	—	12.0
	H112	8.00~12.50	230	140	—	—	10.0
		>12.50~20.00	230	140	—	8.0	—
		>20.00~70.00	230	140	70	8.0	—
AZ41M	H18	0.40~0.80	290	—	—	—	2.0
	O	0.40~3.00	250	150	—	—	12.0
		>3.00~5.00	240	140	—	—	12.0
		>5.00~10.00	240	140	—	—	10.0
	H112	8.00~12.50	240	140	—	—	10.0
		>12.50~20.00	250	150	—	6.0	—
		>20.00~70.00	250	140	80	10.0	—
ME20M	H18	0.40~0.80	260	—	—	—	2.0
	H24	0.80~3.00	250	160	—	—	8.0
		>3.00~5.00	240	140	—	—	7.0
		>5.00~10.00	240	140	—	—	6.0
	O	0.40~3.00	230	120	—	—	12.0
		>3.0~5.0	220	110	—	—	10.0
		>5.0~10.0	220	110	—	—	10.0
	H112	8.0~12.5	220	110	—	—	10.0
		>12.5~20.0	210	110	—	10.0	—
		>20.0~32.0	210	110	70	7.0	—
		>32.0~70.0	200	90	50	6.0	—
AZ31B	O	0.40~3.00	225	150	—	—	12.0
		>3.00~12.50	225	140	—	—	12.0
		>12.50~70.00	225	140	—	10.0	—
	H24	0.40~8.00	270	200	—	—	6.0
		>8.00~12.50	255	165	—	—	8.0
		>12.50~20.00	250	150	—	8.0	—
		>20.00~70.00	235	125	—	8.0	—
	H26	6.30~10.00	270	186	—	—	6.0
		>10.00~12.50	265	180	—	—	6.0
		>12.50~25.00	255	160	—	6.0	—
		>25.00~50.00	240	150	—	5.0	—
	H112	8.00~12.50	230	140	—	—	10.0
		>12.50~20.00	230	140	—	8.0	—
		>20.00~32.00	230	140	70	8.0	—
		>32.00~70.00	230	130	60	8.0	—

注：1. 板材厚度 >12.5~14.0mm 时，规定塑性延伸强度圆形试样平行部分的直径取 10.0mm。

2. 板材厚度 >14.5~70.0mm 时，规定塑性延伸强度圆形试样平行部分的直径取 12.5mm。

3. F 状态为自由加工状态，无力学性能指标要求。

表 12-74　中国铸造镁合金锭的化学成分（摘自 GB/T 19078—2003）

化学成分（质量分数，%）

合金级别	牌号	对应EN1753的数字牌号	Mg	Al	Zn	Mn	RE	Zr	Ag	Y	Li	Be	Si	Fe	Cu	Ni	其他元素 单个	其他元素 总计
MgAlZn	AZ81A	—	余量	7.2~8.0	0.50~0.90	0.15~0.35	—	—	—	—	—	0.0005~0.0015	≤0.20	—	≤0.08	≤0.010	—	≤0.30
	AZ81S	MB21110	余量	7.2~8.5	0.45~0.90	0.17~0.40	—	—	—	—	—	—	≤0.05	≤0.004	≤0.025	≤0.001	≤0.01	—
	AZ91D	MB21120	余量	8.5~9.5	0.45~0.90	0.17~0.40	—	—	—	—	—	0.0005~0.003	≤0.05	≤0.004	≤0.025	≤0.001	≤0.01	—
	AZ91S	MB21121	余量	8.0~10.0	0.30~1.00	0.10~0.50	—	—	—	—	—	—	≤0.30	≤0.03	≤0.20	≤0.010	≤0.05	—
	AZ63A	—	余量	5.5~6.5	2.7~3.3	0.15~0.35	—	—	—	—	—	0.0005~0.0015	≤0.05	≤0.005	≤0.015	≤0.001	—	≤0.30
MgAlMn	AM20S	MB21210	余量	1.7~2.5	≤0.20	0.35~0.60	—	—	—	—	—	—	≤0.05	≤0.004	≤0.008	≤0.001	≤0.01	—
	AM50A	MB21220	余量	4.5~5.5	≤0.20	0.28~0.50	—	—	—	—	—	0.0005~0.003	≤0.005	≤0.004	≤0.008	≤0.001	≤0.01	—
	AM60B	MB21230	余量	5.6~6.4	≤0.20	0.26~0.50	—	—	—	—	—	0.0005~0.003	≤0.05	≤0.004	≤0.008	≤0.001	≤0.01	—
	AM100A	—	余量	9.4~10.6	≤0.20	0.13~0.35	—	—	—	—	—	—	≤0.02	≤0.004	≤0.08	≤0.010	—	≤0.30
MgAlSi	AS21S	MB21310	余量	1.9~2.5	≤0.20	0.20~0.60	—	—	—	—	—	—	0.70~1.20	≤0.004	≤0.008	≤0.001	≤0.01	—
	AS41B	—	余量	3.7~4.8	≤0.10	0.35~0.60	—	—	—	—	—	0.0005~0.003	0.60~1.40	≤0.0035	≤0.015	≤0.001	≤0.01	—
	AS41S	MB21320	余量	3.7~4.8	≤0.20	0.20~0.60	—	—	—	—	—	—	0.70~1.20	≤0.004	≤0.008	≤0.010	≤0.01	—
MgZnCu	ZC63A	MB32110	余量	≤0.2	5.5~6.5	0.25~0.60	—	—	—	—	—	—	≤0.20	≤0.05	2.4~3.00	≤0.001	≤0.01	≤0.30
MgZnZr	ZK51A	—	余量	—	3.8~5.3	—	—	0.3~1.0	—	—	—	—	≤0.01	—	≤0.03	≤0.010	—	≤0.30
	ZK61A	—	余量	—	5.7~6.3	—	—	0.3~1.0	—	—	—	—	≤0.01	—	≤0.03	≤0.010	—	≤0.30

（续）

合金级别	牌号	对应EN1753的数字牌号	Mg	Al	Zn	Mn	RE	Zr	Ag	Y	Li	Be	Si	Fe	Cu	Ni	其他元素⑤ 单个	其他元素⑤ 总计
MgZr	KIA	—	余量	—	—	—	—	0.3~1.0	—	—	—	—	≤0.01	—	≤0.03	≤0.010	—	≤0.30
MgZnREZr①	ZE41A	MB35110	余量	—	3.7~4.8	≤0.15	1.00~1.75	0.3~1.0	—	—	—	—	≤0.01	≤0.01	≤0.03	≤0.005	≤0.01	≤0.30
	EZ33A	MB65120	余量	—	2.0~3.0	≤0.15	2.6~3.9	0.3~1.0	—	—	—	—	≤0.01	≤0.01	≤0.03	≤0.005	≤0.01	≤0.30
	QE22A	—	余量	—	≤0.20	≤0.15	1.9~2.4	0.3~1.0	2.0~3.0	—	—	—	≤0.01	≤0.01	≤0.03	≤0.010	—	≤0.30
	QE22S	MB65210	余量	—	≤0.20	≤0.15	2.0~3.0	0.3~1.0	2.0~3.0	—	—	—	≤0.01	≤0.01	≤0.03	≤0.005	≤0.01	—
MgREAgZr②	EQ21A	—	余量	—	—	≤0.15	1.5~3.0	0.3~1.0	1.3~1.7	—	—	—	≤0.01	≤0.01	0.05~0.10	≤0.010	—	≤0.30
	EQ21S	MB65220	余量	—	≤0.20	≤0.15	1.5~3.0	0.1~1.0	1.3~1.7	—	—	—	≤0.01	≤0.01	0.05~0.10	≤0.005	≤0.01	—
MgYREZr③④	WE54A	MB95310	余量	—	≤0.20	≤0.15	1.5~4.0	0.3~1.0	—	4.75~5.50	≤0.20	—	≤0.01	≤0.01	≤0.03	≤0.005	≤0.01	≤0.30
	WE43A	MB95320	余量	—	≤0.20	≤0.15	2.4~4.4	0.3~1.0	—	3.70~4.30	≤0.20	—	≤0.01	≤0.01	≤0.03	≤0.005	≤0.01	≤0.30

注：需方对化学成分有特殊要求时，可与供方协商。

① 稀土中富铈。
② 稀土中富钕。钕含量（质量分数）不小于70%。
③ 稀土中富钕和重稀土，WE54A、WE43A 含稀土元素钕（质量分数）分别为1.5%～2.0%、2.0%～2.5%，余量为重稀土。
④ 如下调整成分（质量分数）可改善合金耐蚀能力：Mn≤0.03%，Fe≤0.01%，Cu≤0.02%，Zn+Ag≤0.2%。
⑤ 其他元素是指在本表表头本表中列出了元素符号，但在本表中却未规定极限数值含量的元素。

表 12-75　镁合金气体保护电弧焊几种常用填充金属的化学成分 （AWS A5. 19—2006）[1]

| 填充金属 | 成　分（质量分数，%） | | | | | | | | | | | Mg |
	Al	Be	Mn	Zn	Zr	RE	Cu	Fe	Ni	Si	其他	
AZ61A	5. 8 ~ 7. 2	0.0002 ~ 0.0008	≥0.15	0. 40 ~ 1. 5	—	—	≤0.05	≤0.005	≤0.005	≤0.05	≤0.30	余量
AZ101A	9. 5 ~ 10. 5	0.0002 ~ 0.0008	≥0.13	0. 75 ~ 1. 25	—	—	≤0.05	≤0.005	≤0.005	≤0.05	≤0.30	
AZ92A	8. 3 ~ 9. 7	0.0002 ~ 0.0008	≥0.15	1. 7 ~ 2. 3	—	—	≤0.05	≤0.005	≤0.005	≤0.05	≤0.30	
EZ33A	—	—	—	2. 0 ~ 3. 1	0. 45 ~ 1. 0	2. 5 ~ 4. 0	—	—	—	—	≤0.30	

MZM（MB1）合金的析出相为纯锰，合金对热处理强化不敏感，仅可变形强化，因此合金强度水平不高，应用受到限制。

Mg-Mn 系合金焊接时，近缝区母材由于受热而长大，直至以柱状晶伸入焊缝内，特别表现在定位焊、补焊、电弧中断等重复加热部位，因此其焊接接头的断裂位置优先表现为近缝区，即与焊缝相邻区。

为改善 Mg-Mn 合金的性能，可在其成分内加入少量铈（Ce），如 ME20M（MB8）合金，其内 w(Ce)为 0. 15% ~ 0. 35%。Ce 有利于改善合金的力学性能，但不利于合金的焊接性。Ce 能与 Mg 生成金属间化合物 Mg9Ce，由它组成的低熔点共晶体将在焊缝的固熔体晶粒边界上形成连续的薄层，从而可引发焊接结晶裂纹。为减轻或消除 Ce 的不利影响，可在合金或焊丝成分中加入适量的铝 w(Al)=1% ~ 5%，此时 Al 将与 Ce 生成化合物 CeAl₂，它也将均匀分布在晶界上，但不呈连续沿晶界低熔共晶薄层形式，从而可降低热裂倾向性。因此焊接 ME20M（MB8）时，焊丝合金不宜与母材同成分，推荐采用 Mg-Al-Zn 合金，如 AZ41M（MB3），作为其焊接填充材料。

2. Mg-Al-Zn 系镁合金

Mg-Al-Zn 系镁合金有多个牌号，如 AZ40M（MB2）、AZ41M（MB3）、AZ61A（MB5）、AZ62M（MB6）、AZ80A（MB7）、ZMgAl8Zn（ZM5）等。

与其他合金系镁合金相比较，由于 Al 及 Zn 在 Mg 中的溶解度较大，Mg-Al-Zn 系镁合金的强度较高，耐腐蚀性较好，且随着 Al 含量增大，合金对加热时晶粒长大的倾向减小。但是 Al 及 Zn 能与 Mg 分别生成熔点极低（436℃和435℃）的低熔点共晶体，合金的结晶温度区间很宽，焊接时生成焊接结晶裂纹的倾向很高。

为控制 Mg-Al-Zn 系镁合金焊接时的热裂倾向，在焊丝成分中，应提高 Al 的含量，限制 Zn 的含量，采用低熔点的焊丝合金，如 Mg-6. 5Al-1Zn-0. 2Mn、Mg-8. 5Al-0. 5Zn-0. 2Mn 或 Mg-9Al-2Zn-0. 1Mn 等合金焊丝。此外，为配合预防焊接裂纹，尚应采用一些有效的工艺技术措施。

3. Mg-Zn-Zr 系镁合金　Mg-Zn 合金结晶温度区间宽约 300℃，因此其结晶裂纹倾向极高，且晶粒粗大。其成分内添加少量 Zr 后，晶粒度可明显减小，但其结晶裂纹倾向仍很大，难以用于焊接结构。

往 Mg-Zn 合金内添加稀土元素可稍微改善其焊接性，降低热裂倾向。

12. 2. 4　镁及镁合金的焊接缺陷及其预防

1. 焊接裂纹

除 Mg-Mn 系合金外，大部分镁合金焊接性较差，焊接时有或大或小的热裂倾向，容易产生焊接裂纹。

预防焊接裂纹的关键在于按不同的镁合金选择适宜的焊接填充金属；对于大厚度或刚性较强的结构件，需对焊件进行焊前预热和焊后热处理，可供参考的相关参数见表 12-77。

有些镁合金及其焊接接头有产生应力腐蚀倾向，但其结构件不适合焊后进行完全热处理（固溶淬火人工时效），则这种结构件焊后需进行消除残余内应力退火，以防止在其服役过程中发生应力腐蚀开裂。可供参考的消除应力退火参数见表 12-78。

表 12-76　两种镁合金焊接时填充金属的选择原则[1]

母材	填充金属																		
	AM100A	AZ10A	AZ31, AZ31C	AZ61A	AZ63A	AZ80A	AZ81A	AZ91C	AZ92A	EK41A	EZ33A 或 HK31A	K1A 或 HZ32A	LA141A	M1A, MG1	QE22A	ZE10A	ZE41A	ZK21A	ZK51A, ZK60A, ZK61A
AM100A	AZ92A, AZ101	—	—	—	—	—	—	—	—	—	—	—	—	—	—	—	—	—	—
AZ10A	AZ92A, AZ32A	AZ61A	—	—	—	—	—	—	—	—	—	—	—	—	—	—	—	—	—
AZ31B, AZ31C	AZ61A, AZ92A	AZ61A, AZ92A	AZ61A, AZ92A	—	—	—	—	—	—	—	—	—	—	—	—	—	—	—	—
AZ61A	AZ92A	AZ61A, AZ92A	AZ61A, AZ92A	AZ61A, AZ92A	—	—	—	—	—	—	—	—	—	—	—	—	—	—	—
AZ63A	①	①	①	①	AZ92A	—	—	—	—	—	—	—	—	—	—	—	—	—	—
AZ80A	AZ92A	AZ61A, AZ92A	AZ61A, AZ92A	AZ61A, AZ92A	①	AZ61A, AZ92A	—	—	—	—	—	—	—	—	—	—	—	—	—
AZ81A	AZ92A	AZ92A	AZ92A	AZ92A	①	AZ92A, AZ101	AZ92A, AZ101	—	—	—	—	—	—	—	—	—	—	—	—
AZ91C	AZ92A	AZ92A	AZ92A	AZ92A	①	AZ92A	AZ92A	AZ92A, AZ101	—	—	—	—	—	—	—	—	—	—	—
AZ92A	AZ92A	AZ92A	AZ92A	AZ92A	①	AZ92A	AZ92A	AZ92A	AZ101	—	—	—	—	—	—	—	—	—	—
EK41A	AZ92A	AZ92A	AZ92A	AZ92A	①	AZ92A	AZ92A	AZ92A	AZ92A	EZ33A	—	—	—	—	—	—	—	—	—

（续）

填充金属

母材	AM100A	AZ10A	AZ31, AZ31C	AZ61A	AZ63A	AZ80A	AZ81A	AZ91C	AZ92A	EK41A	EZ33A 或 HK31A	K1A 或 HZ32A	LA141A	M1A, MG1	QE22A	ZE10A	ZE41A	ZK21A	ZK51A, ZK60A, ZK61A
EZ33A 或 HK31A	AZ92A	AZ92A	AZ92A	AZ92A	①	AZ92A	AZ92A	AZ92A	AZ92A	EZ33A	EZ33A	—	—	—	—	—	—	—	—
K1A 或 HZ32A	AZ92A	AZ92A	AZ92A	AZ92A	①	AZ92A	AZ92A	AZ92A	AZ92A	EZ33A	EZ33A	EZ33A	—	—	—	—	—	—	—
M1A, MG1	AZ92A	AZ61A, AZ92A	AZ61A, AZ92A	AZ61A, AZ92A	①	AZ61A, AZ92A	AZ92A	AZ92A	AZ92A	AZ92A	AZ92A	AZ92A	②	AZ61A, AZ92A	—	—	—	—	—
ZE41A	②	②	②	②	①	②	②	②	②	EZ33A	EZ33A	EZ33A	②	②	EZ33A	②	EZ33A	—	—
ZK21A	AZ92A	AZ61A, AZ92A	AZ61A, AZ92A	AZ61A, AZ92A	①	AZ61A	AZ92A	AZ92A	AZ92A	AZ92A	AZ92A	AZ92A	②	AZ61A, AZ92A	AZ61A, AZ92A, AZ92A	AZ61A, AZ92A	AZ92A	AZ61A	—
ZK51A, ZK60A, ZK61A	①	①	①	①	①	①	①	①	①	①	①	①	①	①	①	①	①	①	EZ33A

① 一般不用于焊接结构。
② 无试验数据。

表 12-77　常见铸造镁合金的焊前预热和焊后热处理制度[1]

合金	合金热处理状态[1]		最大预热温度[2][3] /K	焊后热处理[3]
	焊前	处理后		
AZ63A	T4	T4	448~653	0.5h/663K
	T4 或 T6	T6	448~653	0.5h/663K + 5h/493K
	T5	T5	533[4]	5h/493K
AZ81A	T4	T4	448~673	0.5h/688K
AZ91C	T4	T4	448~673	0.5h/688K
	T4 或 T6	T6	448~673	0.5h/688K + 4h/488K[5]
AZ92A	T4	T4	448~673	0.5h/683K
	T4 或 T6	T6	448~673	0.5h/683K + 4h/533K
AM100A	T6	T6	448~673	0.5h/688K + 5h 493K
EK30A	T6	T6	533[4]	16h/478K
EK41A	T4 或 T6	T6	533[4]	16h/478K
	T5	T5	533[4]	16h/478K
EQ21	T4 或 T6	T6	573	1h/778K[6] + 16h/473K
EZ33A	F 或 T5	T5	533[4]	2h/618K[7] + 5h/488K
HK31A	T4 或 T6	T6	533	16h/478K 或 1h/588K + 16h/478K
HZ32A	F 或 T5	T5	533	16h/588K
K1A	F	F	—	—
QE22A	T4 或 T6	T6	533	8h/803K[6] + 8h/478K
WE43	T4 或 T6	T6	573	1h/783K[6] + 16h/523K
WE54	T4 或 T6	T6	573	1h/783K[6][8] + 16h/523K
ZC63	F 或 T4	T6	523	1h/698K[6] + 16h/453K
ZE41A	F 或 T5	T5	588	2h/603K + 16h/448K[7]
ZH62A	F 或 T5	T5	588	16h/523K 或 2h/603K + 16h/450K
ZK51A	F 或 T5	T5	588	2h/603K + 16h/448K[7]
ZK61A	F 或 T5	T5	588	48h/423K
	T4 或 T6	T6	588	2~5h/773K + 48h/403K

① T4—固溶处理；T6—固溶处理 + 人工时效；T5—人工时效；F—铸态。

② 大型件和不受拘束件通常无需预热（或只局部预热）；薄件和受拘束件有必要预热到表中推荐温度以避免焊缝开裂。当表中所给温度为单值时，预热温度可从 273K 到给出值之间选择。448~653K 仅适用于薄件和受拘束件。

③ 单值温度为最大容许值，必须采用炉中控制以保证温度不超过此值。当温度大于 643K 时推荐采用 SO₂ 或 CO₂ 保护气氛。

④ 时间最长 1.5h。

⑤ 可以采用 443K/16h 代替 488K/4h。

⑥ 二次热处理前在 333~378K 进行水淬。

⑦ 热处理阶段较为理想，可以诱发大量的应力释放。EZ33A 由于在 618K 时发生应力释放，其高温蠕变强度可能有些降低。

⑧ 二次热处理后空冷。

表 12-78 镁合金焊后去应力退火参数（表中应力消除70%）[1]

	合金	温度/K	时间	合金	温度/K	时间
板材	AZ31B-O①	533	15min	AM100A	533	1h
	AZ31B-H24①	423	1h	AZ63A	533	1h
	ZE10A-O	503	30min	AZ81A	533	1h
	ZE10A-H24	408	1h	AZ91C	533	1h
挤压件	AZ10A-F	533	15min	AZ92A	533	1h
	AZ31B-F①	533	15min	EZ33	603	2~4h
				EQ21	778	1h
	AZ61A-F①	533	15min	QE22	778	1h
	AZ80A-F①	533	15min	ZE41	603	2~4h
				ZC63	698	1h
	AZ80A-T5①	478	1h	WE43	783	1h
				WE54	783	1h

① 要求焊后热处理以避免应力腐蚀开裂。
② 要求焊后热处理以获得最大强度，参数见表12-76焊后热处理。

2. 焊缝气孔

焊缝气孔也是镁合金焊接时常见的焊接缺陷，铸造镁合金比变形镁合金更易生成气孔。有些焊缝气孔源自铸件本身，由于不同铸造工艺过程中除气不尽，铸造镁合金含气量过高，焊接时铸件内的气体经固溶或扩散而进入焊接熔池；有些焊缝气孔则应归因于铸件或填充金属焊前表面清理不净，如氧化膜、油污、杂物等。因此焊接时应采取对焊缝气孔的综合预防措施，其中，首要的措施就是加强铸件表面清理，可供参考的化学清理参数见表12-79。

表 12-79 镁合金焊前化学清理参数[1]

类型	成分	工艺	用途
碱性清洗剂	碳酸钠 84.9g 苛性钠 56.6g 水 3.8dm³ 温度 361~373K 溶液 pH 值≥11	浸泡 3~10min，然后用冷水漂洗，晾干	用于去除油及油脂膜、铬酸膜和重铬酸盐涂膜
光亮清洗液	铬酸 0.675kg 硝酸铁 150g 氟化钾 14.2g 水 3.8dm³ 温度 289~311K	浸泡 0.25~3min，然后用冷水和热水漂洗，晾干	用于脱脂处理后清除氧化物，形成光亮清洁的表面，抗锈蚀，为焊接或硬钎焊准备表面
点焊清理剂	1#浴槽 浓硫酸 36.8g 水 3.8dm³ 温度 294~305K 2#浴槽 铬酸 0.675kg 浓硫酸 2.0g 水 3.8dm³ 温度 294~305K 3#浴槽 铬酸 9.3g 水 3.8dm³ 温度 294~305K	在 1#浴槽中浸泡 0.25~1min，经冷水漂洗后放在 2#或 3#浴槽中浸泡。用 2#浴槽时，浸泡 3min后用冷水冲洗，晾干；用 3#浴槽时，浸泡 0.5min后用冷水冲洗，晾干	用于脱脂处理后去除氧化膜

（续）

类 型	成 分	工 艺	用 途
去除硬钎剂或焊剂用清理剂	重铬酸钠 0.23kg 水 3.8dm³ 温度 355~373K	在沸腾浴槽中浸泡2h后，用冷水和热水冲洗，晾干	用于热水清洗及铬酸清洗后去除或防止焊接留下的焊剂
铬酸清洗液	重铬酸钠 0.675kg 浓硝酸 79g 水 3.8dm³ 温度 294~305K	浸泡 0.5~2min，在空气中停留5s后，用冷水和热水冲洗，晾干或强制干燥（最高温度394K）。当用刷子刷时，允许停留1min再漂洗	用作油漆的底层或表面保护。采用刷子清理焊缝及处理大型结构

3. 氧化膜夹杂物或焊剂夹渣

火焰气焊时因使用焊剂和操作不当因而易产生焊剂夹渣。氩弧焊时因表面清理不净和焊接参数选择不当而易产生氧化膜夹杂物。钨极氩弧焊时由于钨极过热和操作不当还可能在焊缝内出现钨极夹杂。因此焊接时应严格按照焊接工艺规程实行焊接前、焊接中、焊接后等全过程焊接质量控制。

4. 其他焊接工艺缺陷

如未焊透、未熔合、咬边等。这些焊接工艺缺陷的产生与各自相关的工艺因素有关，或者由于接头形式及相关尺寸选择不当，或者由于焊接参数（焊接电流、焊接电压、焊接速度）选择不当，或者由于操作不当等。这些工艺因素必须与选用的焊接方法适当匹配。

12.2.5 镁及镁合金的焊接方法

1. 火焰气焊

由于气焊火焰的热量散布范围大，焊件加热区域较宽。所以焊缝的收缩应力大，容易产生裂纹等缺陷，残留在对接、角接接头的焊剂、熔渣容易引起焊件的腐蚀，因此气焊法主要用于不太重要的镁合金薄板结构的焊接及铸件的补焊。

火焰气焊，特别是火焰补焊，必须在补焊前清除原有焊缝缺陷，并形成相应的坡口形式，如图12-118所示。

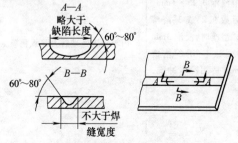

图 12-118　补焊坡口形式

为了防止腐蚀，镁合金通常都需要氧化处理，使其表面有一层铬酸盐填充的氧化层，这层氧化膜是焊接时的重大障碍，所以在焊前必须彻底清除这层氧化膜以及其他油污。机械法清理时可以用刮刀或 $\phi0.15~\phi0.25$mm 直径的不锈钢丝刷从正反面将焊缝区 25~30mm 内杂物及氧化层除掉。板厚小于1mm 时，其背面的氧化膜可不必清除，它可以防止烧穿，避免发生焊缝塌陷。在这以前应先用溶剂将油质或尘污等除掉。

焊前先将焊件、焊丝进行清洗，并在焊件坡口处及焊丝表面涂一层调好的焊剂，涂层厚度一般不大于 0.15mm。

气焊镁合金时，应采用中性焰的外焰进行焊接，不可将焰心接触熔化金属，熔池应距离焰心 3~5mm，应尽量将焊缝置于水平位置。气焊参数见表12-80。

表 12-80　镁合金的气焊参数

焊件厚度 /mm	焊炬型号	焊丝尺寸/mm 圆截面	焊丝尺寸/mm 方截面	乙炔气消耗量 /(L/h)	氧气压力 /MPa
1.5~3.0	H01-6	$\phi3$	3×3	100~200	0.15~0.2
3~5	H01-6	$\phi5$	4×4	200~300	0.2~0.22
5~10	H01-12	$\phi5~\phi6$	6×6	300~600	0.22~0.3
10~20	H01-12	$\phi6~\phi8$	8×8	600~1200	0.3~0.34

补焊镁合金铸件时，始焊时焊炬与铸件间成70°~80°角。以便迅速加热始焊部位，直至其表面熔化后再添加焊丝。熔池形成后，焊炬与焊件表面的倾

角应减小到 30°~45°，焊丝倾角应为 40°~45°，以减小火焰加热金属的热量，加速焊丝的熔化，增大焊接速度。焊丝端部和熔池应全部置于中性焰的保护气氛下。焊接过程中，焊丝应置于熔池中，并不断进行搅拌，以破坏熔池表面的氧化膜，将熔渣引出熔池外。焊接进行到末端或缺陷边缘时，应加大焊接速度，并减小焊炬的倾斜角度。焊接过程中，不要移开焊炬，要不间断地焊完整条焊缝。在非间断不可时，应缓慢地移去火焰，防止焊缝发生强烈冷却。当焊接过程中偶然间断在焊缝末端，并再次焊接时，可将已焊好的焊缝末端金属重熔 6~10mm 长。

若焊件坡口边缘发生过热，则应停止焊接或增大焊接速度和减小气焊炬的倾斜角度。

铸件厚度大于 12mm 时，可采用多层焊。层间必须用金属刷（最好是细黄铜丝刷）清理后，再焊下一层。薄壁件焊接时反面易产生裂纹，为消除裂纹，应保证反面焊透，并在反面形成一定的余高。正面焊缝高度应高于母材表面 2~3mm，如图 12-119 所示。

在壁厚不同的焊接部位，焊接时火焰应指向厚壁零件，使受热尽量均匀。为了消除应力，防止裂纹，补焊后应立即放入炉内进行消除应力处理，消除应力温度为 200~250℃，时间为 2~4h。

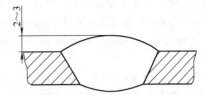

图 12-119　补焊后的焊缝截面示意图

2. 钨极氩弧焊

氩弧焊是目前焊接镁合金最常用的焊接方法。氩弧焊时，热影响区尺寸及变形比气焊时小，焊缝的力学性能和耐腐蚀性能都比气焊高。目前主要采用手工钨极氩弧焊及自动钨极氩弧焊。

（1）焊接参数

镁合金的手工、自动钨极氩弧焊的焊接参数见表 12-81 和表 12-82。

镁合金氩弧焊一般用交流电源，焊接电流的选择主要决定于合金成分、板料厚度及反面有无垫板等。

为了减小过热，防止烧穿，焊接镁合金时，应尽可能实施快速焊接，当板厚 5mm，V 形坡口，反面用不锈钢成型垫板时，焊速可达 35~45cm/min 以上。

钨极直径取决于焊接电流的大小，钨极头部应熔成球形但不应滴落。

表 12-81　变形强化镁合金的手工钨极氩弧焊的焊接参数

板材厚度/mm	接头形式	钨极直径/mm	焊丝直径/mm	焊接电流/A	喷嘴孔径/mm	氩气流量/(L/min)	焊接层数
1~1.5	不开坡口对称	2	2	60~80	10	10~12	1
1.5~3.0	同上	3	2~3	80~120	10	12~14	1
3~5	同上	3~4	3~4	120~160	12	16~18	2
6	V 形坡口对接	4	4	140~180	14	116~18	2
18	同上	5	4	160~250	16	18~20	2
12	同上	5	5	220~260	18	20~22	3
20	X 形坡口对接	5	5	240~280	18	20~22	4

表 12-82　变形强化镁合金的自动钨极氩弧焊的焊接参数

板厚/mm	接头形式	焊丝直径/mm	氩气流量/(L/min)	焊接电流/A	送丝速度/(m/h)	焊接速度/(m/h)	备注
2	不开坡口对接	2	8~10	75~110	50~60	22~24	
3	不开坡口对接	3	12~14	150~180	45~55	19~21	
5	不开坡口对接	3	16~18	220~250	80~90	18~20	
6	不开坡口对接	4	18~20	250~280	70~80	13~15	反面用垫板，单面单层焊接
10	V 形坡口对接	4	20~22	280~320	80~90	11~12	
12	V 形坡口对接	4	22~25	300~340	90~100	9~11	

选择喷嘴直径的主要依据是钨极直径及焊缝宽度。钨极直径和焊枪喷嘴直径不同时，氩气流量也不同。氩气纯度要求较高，一般应采用一级纯氩（99.99% 以上）。

氩气压力一般为 0.3 ~ 0.7 相对大气压，以形成"软气流"，压力大时焊缝表面成型不良，压力小时焊缝保护不好。焊接速度加快时，氩气流量相应增大。

对接焊不同厚度的镁合金时，厚板侧需削边，使接头处两零件保持厚度相同。削边宽度等于 3 ~ 4 倍板厚。焊接参数按板材的平均厚度选择，在操作时钨极端部应略指向厚板一侧。

铸件补焊参数见表 12-83，预热的焊件参数选用表中的下限值，不预热的焊件选用上限值。

（2）焊接操作技术

镁合金钨极氩弧焊时，在板厚 5mm 以下，通常采用左焊法，大于 5mm 通常采用右焊法。平焊时，焊炬轴线与已成形的焊缝成 70° ~ 90° 角。焊枪与焊丝轴线所在的平面应与焊件表面垂直。焊丝应贴近焊

件表面送进，焊丝与焊件间的夹角为 5° ~ 15°。焊丝端部不得浸入熔池，以防止在熔池内残留氧化膜。焊丝应作前后不大的往复运动，但不作横向摆动，这样可借助于焊丝端头对熔池的搅拌作用，破坏熔池表面的氧化膜并便于控制焊缝余高。

焊接时应尽量压低电弧（弧长 2mm 左右），以充分发挥电弧的阴极破碎作用并使熔池受到搅拌便于气体逸出熔池。

几种镁合金钨极氩弧焊（GTAW）接头的力学性能见表 12-84。

（3）应用实例

1）气密舱门挤压件自动氩弧焊。[15]

航天飞行器上的气密舱门由 AZ31B-H24 镁合金面板与 AZ31B 镁合金框架挤压件焊接而成，框架为舱门加强件，其上有气密槽，其内将放置密封件。面板与框的连接采用锁底对接形式，有 A、B 两种任选方案，如图 12-120 所示。锁底对接焊缝采用钨极自动氩弧焊，但锁底边搭接不必施焊。

表 12-83　铸造镁合金补焊参数

材料厚度 /mm	缺陷深度 /mm	焊接电流 /A	钨极直径 /mm	喷嘴直径 /mm	焊丝直径 /mm	氩气流量 /(L/min)	氩气压力 /MPa	焊接层数
<5	≤5	60 ~ 100	2 ~ 3	8 ~ 10	3 ~ 5	7 ~ 9	0.2 ~ 0.3	1
5.1 ~ 10	≤5	90 ~ 130	3 ~ 4	8 ~ 10	3 ~ 5	7 ~ 9	0.2 ~ 0.3	1
	5.1 ~ 10							1 ~ 3
10.1 ~ 20	≤5	100 ~ 150	3 ~ 5	8 ~ 11	3 ~ 5	8 ~ 11	0.2 ~ 0.3	1
	5.1 ~ 10							1 ~ 3
	10.1 ~ 20							2 ~ 5
20.1 ~ 30	≤5	120 ~ 180	4 ~ 6	9 ~ 13	5 ~ 6	10 ~ 13	0.2 ~ 0.3	1
	5.1 ~ 10							1 ~ 3
	10.1 ~ 20							2 ~ 5
	20.1 ~ 30							3 ~ 8
>30.1	≤5	150 ~ 250	5 ~ 6	10 ~ 14	5 ~ 6	10 ~ 15	0.2 ~ 0.3	1
	5.1 ~ 10							1 ~ 3
	10.1 ~ 20							2 ~ 5
	20.1 ~ 30							3 ~ 8
	>30							6 以上

表 12-84　几种常见镁合金 GTAW 焊接接头的室温力学性能[1]

	合金及其热处理状态	填充金属	抗拉强度 /MPa	屈服强度 /MPa	断后伸长率（标距 50mm）（%）	接头效率① （%）
板材	AZ31B-O	AZ61A，AZ92A	241 ~ 248	117 ~ 131	10 ~ 11	95 ~ 97
	AZ31B-H24	AZ61A，AZ92A	248 ~ 255	131 ~ 152	5	86 ~ 88
	ZE41A-T5	ZE41A	207	138	4	100
	ZH62A-T5	ZH62A	262	172	5	95

（续）

合金及其热处理状态		填充金属	抗拉强度 /MPa	屈服强度 /MPa	断后伸长率（标距 50mm）（%）	接头效率[①]（%）
挤压件	AZ10A-F	AZ61A,AZ92A	221～228	103～124	6～9	91～94
	AZ31B-F	AZ61A,AZ92A	248～255	131～152	5～7	95～97
	AZ61A-F	AZ61A,AZ92A	262～276	145～165	6～7	84～89
	AZ80A-F	AZ61A	248～276	152～179	3～5	74～82
	AZ80A-T5	AZ61A	234～276	165～193	2	62～73
	ZK21A-F	AZ61A,AZ92A	221～234	117	4～5	76～81
铸件	AZ63A-T6	AZ92A,AZ101A	214	—	2	77
	AZ81A-T4	AZ101A	234	90	8	85
	AZ91C-T6	AZ101A	241	110	2	87
	AZ92A-T6	AZ92A	241	145	2	87
	EZ33A-T5	EZ33A	145	110	2	100
	K1A-F	EZ33A	159	55	10	100

① 测试温度下焊缝与母材抗拉强度的百分比。

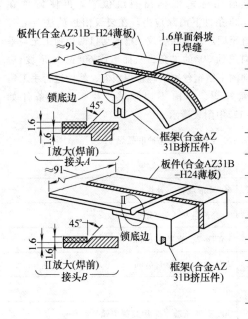

自动钨极气体保护电弧焊	
接头形式	锁底对接
焊缝形式	单边 V 形坡口
焊前清理	酪酸-硫酸溶液清洗
焊接位置	平焊
预热	无
保护气体	Ar，A 接头 8.5L/min B 接头 7.6L/min
电极	EWP 直径 3mm
填充金属	ER AZ61A 直径 1.6mm
焊枪	水冷
电源	300A，交流（高频稳弧）
电流（交流）	A 接头用 175A，B 接头用 135A
送丝速度	145cm/min
焊接速度	A 接头用 51cm/min B 接头用 38cm/min
焊后热处理	177℃ ×1$\frac{1}{2}$h +215℃ ×4h

图 12-120　气密舱门自动钨极氩弧焊

焊接前，用铬酸、硫酸等溶液清理零件表面，再按图 12-120 中附表规定的参数进行焊接。

2) 飞机轮圈铸件补焊。[15]

飞机轮圈材料为 AZ91C-T4 镁合金。轮圈铸件在机加工后发现一处小砂眼，如图 12-121 所示。补焊前，将缺陷部位加工出深 3mm，宽 12mm 的凹槽，用磨削工具将凹槽打磨圆滑，用着色检验法证明缺陷已被完全清除后，按附表内规定的工艺条件进行补焊。补焊时，填充金属可用与母材同成分的 AZ91C，但也可用标准填充金属 ERAZ92A 或 ERAZ101A。

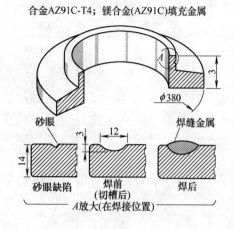

合金AZ91C-T4；镁合金(AZ91C)填充金属
A
3
ϕ380
砂眼
焊缝金属
3
12
14
砂眼缺陷
焊前
(切槽后)
焊后
A放大(在焊接位置)

手工钨极气体保护电弧焊

焊缝形式	修补堆焊
焊接位置	平焊
预热	无
保护气体	He，流量 9.4L/min
电极	EWP 直径 2.4mm
填充金属	AZ91C 直径 3.2mm
焊枪	300A，水冷
电源	400A 变压器，有高频稳弧装置
电流	60A，交流
焊后热处理	415℃ × $\frac{1}{2}$h + 216℃ × 4h

图 12-121　飞机轮圈铸件补焊

补焊时，在凹槽底部引弧，然后电弧沿凹槽壁作圆周方向移动直至完全填满凹槽。补焊后，磨削补焊的焊缝的余高直至仅高出铸件表面 0.8mm。再用着色检验法检验焊缝表面质量。检验通过后，将铸件热处理至 T6 状态，经 X 射线检测证明焊缝内部质量合格后，铸件可交付验收。

3）喷气发动机铸件补焊。[15]

在大修喷气发动机过程中，通过荧光渗透检验，发现在邻近压缩机轴套（AZ92A-T6 镁合金）铸件上的一条加强肋处有一条长 75mm 的裂纹，如图 12-122 所示，裂纹处截面厚度为 5 ~ 8mm，此缺陷可允许补焊。

首先对铸件施行蒸汽除油，再在市售除漆液中浸泡，然后用标志器标出裂纹位置，再使铸件在 204℃/2h 条件下消除应力。在裂纹附近的法兰上开通槽直至周边以清除裂纹，槽的切口两边加工至与垂直方向成约 30°的夹角，从而形成 60°的 X 形坡口。用机动的不锈钢丝刷清理待焊表面，然后进行手工钨极氩弧补焊，焊前不用预热，补焊工艺条件如图 12-122中附表所示。

237
肋板
(16条)
A A
ϕ555
补焊焊缝
长6mm(近似)
60°
2.4
5~8
焊缝金属
焊前
焊后
A—A

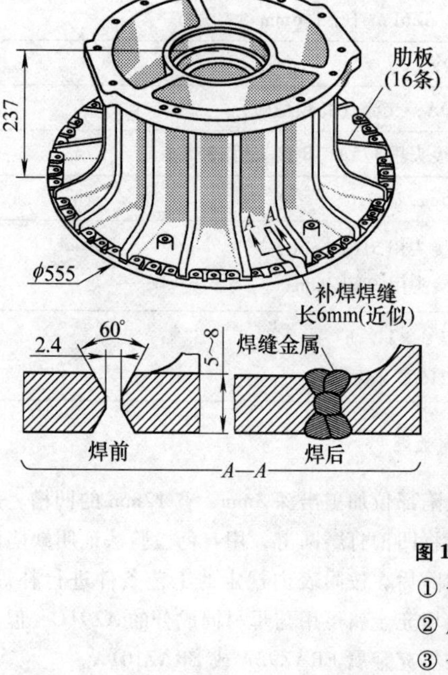

手工钨极气体保护电弧焊

接头形式	对接
焊缝形式	60°X 形坡口，补焊
保护气体	Ar，流量 9.4 升/分①
电极	EWTh-2，直径 1.6mm
填充金属	AZ101A，直径 1.6mm
焊枪	水冷
电源	300 安变压器（采用高频引弧）
电流	70A 以下，交流②
焊后消除应力热处理	204℃ × 2h③
检验	荧光渗透检验

图 12-122　压缩机轴套铸件补焊

① 也用于背面保护。
② 用脚踏开关调节电流。
③ 也用于焊前消除应力热处理。

补焊时，保持小电流（低于 70A），将电弧指向母材，将填充金属熔敷于坡口两侧面。熔敷由里向外进行，对焊缝熔池稍加搅拌。焊完槽的一面后，翻转铸件，磨削槽的另一面，充分清除过分的焊漏和可能存在的未焊透，然后采用同样的工艺补焊槽的另一面。完成两面补焊后，铸件在 204℃/2h 条件下消除应力，最后进行荧光渗透检验。

3. 真空电子束焊[1]

大厚度镁合金铸件适于采用电子束焊。电子束焊接镁合金时的主要问题是焊缝气孔特别是焊缝根部气孔。因为电子束焊时熔深大，焊接速度高，随之焊缝冷却快，熔化金属内的气体（氢）来不及逸出。

电子束焊缝生成气孔的倾向性与许多因素有关。其一是母材的成分，特别是其内的含 Zn 量，锌的蒸气压高，$w(Zn) > 1\%$ 时，焊缝内即易生成气孔；其次是焊件的种类，镁合金铸件比板材和挤压件易产生气孔、镁合金压铸件比镁合金其他铸件易产生气孔。镁合金压铸件自身含气量较高，因为铸造时铸模中存在的气体被熔体湍流卷入铸造金属内，铸造金属凝固过程中体积收缩可能引起缩孔；其三是焊接生产工艺，如焊件焊前表面清理不净，焊接速度过高等。

为减少镁合金电子束焊缝气孔，首先要改进铸造工艺，减小母材含气量；其次要加强铸件表面清理，控制焊前氢源；最后是完善焊接工艺，降低焊接速度，利用电子束对熔化金属熔池按一定图形进行扫描搅拌，以利气体从熔池内逸出。必要时，可实行对焊缝的电子束重熔。

4. 激光焊[1]

与铝及铝合金相似，现在，激光焊特别是激光深熔焊方法已可用来焊接镁合金。

镁合金激光焊时，需要有保护气体，如氩、氦或其混合，其作用是保护焊接部位免受氧化，同时可抑制等离子云的负面影响，控制熔深。

镁合金激光焊时，可采用多种接头形式，但由于聚焦后的光束直径很小，因而焊前对零件装配间隙及其精度要求很高，见表 12-85，装配后，必须用适当的夹持方式，保证装配精度在焊接过程中不致发生变化。

镁合金激光焊时的主要问题也是焊缝气孔的预防，因此应加强零件表面清理，改善零件铸造工艺，如改普通压铸工艺为真空压铸工艺，减小热输入，降低焊接速度等。

5. 电阻点焊

某些镁合金框架、仪表舱、隔板等常采用电阻点焊。

表 12-85　镁合金激光焊接头装配要求

（d 为板厚）[1]

接头形式	最大容许间隙	最大容许上下错边量
对接接头	0.10d	0.25d
角接接头	0.10d	0.25d
T 形接头	0.25d	—
搭接接头	0.25d	—
卷边接头	0.10d	0.25d

镁合金电阻点焊特点：

镁合金具有良好的导电性和导热性，在点焊时，须在较短的时间内通过大电流；

镁的表面易氧化，零件间的接触电阻增大，当通过大的焊接电流时，往往产生飞溅。

断电后熔核开始冷却时，由于导热性好及线胀系数大，熔核收缩快，易引起缩孔及裂纹等缺陷。

基于上述特点，点焊时应能保证瞬时快速加热。直流冲击波点焊机及一般的交流点焊机均可适用于镁合金的点焊。

点焊用的电极应选用高导电性的铜合金，电极端部需打磨光滑，打磨时应注意及时清理落下的铜屑。

在选择点焊参数时，先大概选择电极压力值，然后再调节焊接电流及通电时间。焊接电流及电极压力过大，会导致焊件变形。焊点凝固后电极压力需保持一定时间，若压力维持时间太短，焊点内容易出现气孔、裂纹等缺陷。0.4～3.0mm 厚镁合金电阻点焊参数见表 12-86。

表 12-86　镁合金的电阻点焊参数（选用单相交流电阻焊机）

板厚 /mm	电极直径 /mm	电极端部半径 /mm	电极压力 /N	通电时间 /s	焊接电流 /kA	焊点直径 /mm	最小剪切力 /N
0.4 + 0.4	6.5	50	1372	0.05	16～17	2～2.5	313.6～617.4
0.5 + 0.5	10	75	1372～1568	0.05	18～20	3～3.5	421.4～784
0.65 + 0.65	10	75	1568～1764	0.05～0.07	22～24	3.5～4.0	578.2～960.4
0.8 + 0.8	10	75	1764～1960	0.07～0.09	24～26	4～4.5	784～1195.6

（续）

板厚 /mm	电极直径 /mm	电极端部半径 /mm	电极压力 /N	通电时间 /s	焊接电流 /kA	焊点直径 /mm	最小剪切力 /N
1.0 + 1.0	13	100	1960 ~ 2254	0.09 ~ 0.1	26 ~ 28	4.5 ~ 5.0	980 ~ 1519
1.3 + 1.3	13	100	2254 ~ 2450	0.09 ~ 0.12	29 ~ 30	5.3 ~ 5.8	1323 ~ 1911
1.6 + 1.6	13	100	2450 ~ 2646	0.1 ~ 0.14	31 ~ 32	6.1 ~ 6.9	1695.4 ~ 2401
2 + 2	16	125	2842 ~ 3136	0.14 ~ 0.17	33 ~ 35	7.1 ~ 7.8	2205 ~ 3038
2.6 + 2.6	19	150	3332 ~ 3528	0.17 ~ 0.2	36 ~ 38	8.0 ~ 8.6	2793 ~ 3822
3.0 + 3.0	19	150	4214 ~ 4410	0.2 ~ 0.24	42 ~ 45	8.9 ~ 9.6	3528 ~ 4802

为确认焊接参数是否合适，需焊若干对试样，一般用两块镁合金板点焊成十字形搭接试样，然后作拉断试验，检查焊点气孔、裂纹等缺陷，如果没有任何缺陷，再焊接抗剪试样，检验抗剪强度值。

检查焊点焊透深度的方法可用金相宏观检验法。

不同板厚镁合金点焊时，厚板一侧应采用直径较大的电极。

多层板点焊时焊接电流和电极压力等参数可比两层板点焊时大。

应防止电极上的铜融入镁合金表面发生腐蚀，应采用机械方法去除零件表面铜痕。

AZ31B 镁合金电阻点焊单个焊点的抗剪强度见表 12-87。

**表 12-87　AZ31B 镁合金电阻点焊单个
焊点的抗剪强度[1]**

零件厚度 /mm	平均焊点直径 /mm	焊点抗剪强度 /N
0.5	3.5	980
0.6	4.1	1200
0.8	4.6	146
1.0	5.1	1825
1.3	5.8	2355
1.6	6.9	3335
2.0	7.9	3960
2.5	8.6	5250
3.2	9.7	6805

6. 搅拌摩擦焊[1]

目前，铸造镁合金特别是压铸镁合金应用比较广泛，但其焊缝气孔问题很难解决，限制了它的广泛应用。

镁合金非常适于搅拌摩擦焊，焊接时基体金属不发生熔化，可免除熔焊时焊缝金属凝固过程带来的诸多缺陷，如气孔、裂纹、夹杂等，搅拌摩擦焊时无需添加填充金属，无需惰性气体保护，此种固态焊接方法，焊接效率高，接头力学性能好。

几种镁合金搅拌摩擦焊接头的焊缝形状、显微组织、力学性能分别如图 12-123、图 12-124、图 12-125 及表 12-88、表 12-89 所示。

7. 钎焊[1]

镁及镁合金表面极易氧化，其钎焊性差，硬钎焊时必须采用强力钎剂，软钎焊时，由于钎焊温度低，尚无合适钎剂以去除其氧化膜。由于钎焊难度大，镁合金硬钎焊应用不太广泛，镁合金软钎焊应用更少，只能采用不需钎剂的刮擦软钎焊及超声软钎焊。

镁合金钎焊用的钎料及钎剂见表 12-90 和表 12-91 所示。

火焰钎焊时可使用氧-燃气或空气-燃气。使用天然气则更加适合，因为它的温度低，可避免过热。加热前，钎料应放在接头处，并涂上钎剂，因基体金属固相线温度与钎料流动温度十分接近，难以用手工方式加钎料。

炉中钎焊时，钎料预先放在接头上，接头间隙宜为 0.10 ~ 0.25mm，沿接头喷撒干粉钎剂（因用水或酒精调配的钎剂膏会妨碍钎料流布，不宜使用）。

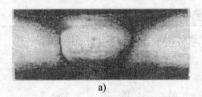
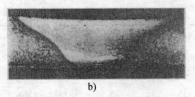

a)　　　　　　　　　　　　b)

图 12-123　在转速为 355r/min、焊速为 160mm/min 条件下不同形状焊缝的横截面[1]

a）AZ91　b）AM60

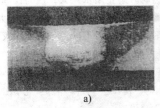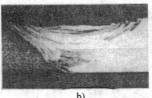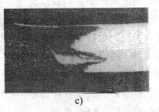

a)　　　　　　　　　　b)　　　　　　　　　　c)

图 12-124　在转速为 355r/min、焊速为 160mm/min 条件下几种合金间异种材质的焊接横截面[1]
a）AZ91（左）– AM50（右）　b）AZ91（左）– AZ31（右）
c）AM60（左）– AZ31（右）

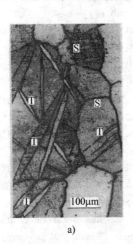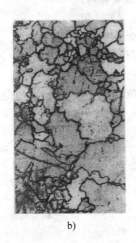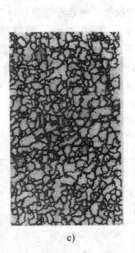

a)　　　　　　　　　　b)　　　　　　　　　　c)

图 12-125　AZ31B 搅拌摩擦焊接头各区域的显微组织[1]
a）含有大量变形孪晶的母材　b）过渡区　c）焊缝中心
S—锯齿形晶界　T—孪晶

表 12-88　AZ31 搅拌摩擦焊力学性能[1]

材料	$R_{p0.2}$/MPa	R_m/MPa	$A(\%)$	焊接系数($R_{m缝}/R_{m母}$)(%)
AZ31-母材	80	225	17.5	—
AZ31-焊缝	60	200	12	89

表 12-89　不同焊接速度条件下 MB8 镁合金搅拌摩擦焊接头的力学性能[1]

焊接速度 v/(mm/min)	30	60	95	118	235	300
$R_{m缝}$/MPa	143	141	146	134	159	172
	130	132	138	135	151	167
焊接系数($R_{m缝}/R_{m母}$)(%)	64	63	65	60	71	76
	58	57	61	60	67	74

表 12-90　镁基钎料（AWS A5.8—1981）

牌号	化学成分（质量分数,%）					熔化温度/℃	
	Al	Mn	Zn	Be	Mg	固相线	液相线
BMg-1	8.3 ~ 9.7	≤0.15	1.7 ~ 2.3	0.0002 ~ 0.0008	余	443	599
BMg-2a	11 ~ 13	—	4.5 ~ 5.5	0.0002 ~ 0.0008	余	410	620

炉中钎焊时应严格控制钎焊温度，以保证基体金属的过烧能减至最低程度，并预防镁燃烧，钎焊时间应是使钎料完全流布所需的最短时间，以防钎料过分扩散和镁燃烧，通常在钎焊温度下保温 1～2min 足够完成钎焊过程。有时随焊件厚度及定位夹具的不同，可适当延长或缩短。钎焊后应将零件在空气中自然冷却，不要强迫通风，以免变形。

浸渍钎焊由于钎剂熔池体积大，加热比较均匀，所以浸渍钎焊质量优于其他钎焊方法，应用较多。

镁合金的浸渍钎剂起着加热和钎剂化双重作用，接头间隙应为 0.10～0.25mm，钎料预先放置好，用不锈钢夹具组装好部件。在炉中预热 450～480℃，以驱除湿气并防止热冲击。在钎剂浴中零件加热很快，1.6mm 厚的基体金属浸渍时间约为 30～45s，重量较大并带有夹具的大型组件，浸渍时间约需 1～3min。

表 12-91 镁合金钎焊用钎剂[16]

钎焊方法	钎剂成分（质量分数,%）	近似熔点/℃
火焰钎焊	KCl = 45 NaCl = 26 LiCl = 23 NaF = 6	538
火焰钎焊 浸沾钎焊 炉中钎焊	KCl = 42.5 NaCl = 10 LiCl = 37 NaF = 10 $AF_3 \cdot 3NaF = 0.5$	388

12.2.6 镁及镁合金焊接技术安全

镁合金在高温时很容易燃烧，镁粉常常有爆炸的危险，镁合金焊接时会产生有害的黄绿色烟雾，因此必须加强工作场地的通风措施。

镁合金焊接时一般选用大电流、高焊速，故弧光特别强烈并易造成灼伤，应加强保护。焊接时飞溅出的小颗粒熔滴在空气中燃烧，往往对焊工的头部、颈部造成烫伤。所以在焊接时除戴好焊工面罩外，最好再戴上防尘帽。

镁合金燃烧时禁止用水灭火，因为镁和水会发生作用，生成爆炸性气体——氢气，并放出大量热量，一般可用烘干过的熔剂、干砂、干铸铁粉灭火。

参 考 文 献

[1] 陈振华，等. 镁合金 [M]. 北京：化学工业出版社，2004：325-370.

[2] Воропай Н М，Рева, А А，Новиков М П. Электрохимическая Очистка Поверхности Сварочной Прволоки Алюминиев Сплавов [J]. АвтомаТическая Сваарка，1980（9）：68-69.

[3] 李延民. 对光亮焊丝的焊接性能鉴定报告 [R]. 北京：首都航天机械公司.

[4] 周万盛. BJ380A 焊丝焊接性能鉴定报告 [R]. 北京：材料工艺研究所，1979：1-2.

[5] 小野正夫，簑田和之. 铝及其合金的焊接 [M]. 许慧芝，译. 北京：冶金工业出版社，1985.

[6] 周振丰，张文钺. 焊接冶金与金属焊接性 [M]. 修订本. 北京：机械工业出版社，1987.

[7] 雅文萃，周万盛. 热处理强化的高强度铝合金焊接技术的发展动态 [C]. 中国机械工程学会焊接学会秘书处. 国内外焊接技术应用情况，1984.

[8] Лашко Н Ф. Лашко-Авакян С В. Свариваемые Лаюминиевые Сплавы [M]. Судпромтиз，1960：257-274

[9] 李宏琪. 铝合金焊接接头中的晶界液化 [J]. 宇航材料工艺，1986（1）：44-49.

[10] 郑宝其，吴柏棋，任克俭，等. 5A03（LF3）铝合金钨极自动氩弧焊的焊接缺陷及其控制 [J]. 焊接，1984（4）.

[11] 周万盛，姚君山. 铝及铝合金的焊接 [M]. 北京：机械工业出版社，2006：150-337.

[12] 赵俊彦. 铝合金自行车架最佳焊接接头形式设计 [J]. 焊接，1993（4）：21～22.

[13] 张九海，舒黎，张杰，周荣林，李卓然. 铝-不锈钢的热压扩散连接 [J]. 焊接，1995（8）.

[14] 刘静安，谢水生编著. 铝合金材料的应用与技术开发 [M]. 北京：冶金工业出版社，2004.

[15] 美国金属学会. 金属手册：第六卷 焊接、硬钎焊、软钎焊 [M]. 包芳涵，等译. 9th ed. 北京：机械工业出版社，1994：595-608.

[16] 顾钰熹. 特种工程材料焊接 [M]. 沈阳：辽宁科学技术出版社，1998：249-279.

第13章 钛及其合金的焊接

作者 王者昌　审者 刘效方

13.1 概述

钛合金的最大优点是比强度大，综合性能优越，虽然有的超高强度钢的比强度超过 TC4 钛合金，但由于韧性低和焊接性差，作为结构材料使用受到限制。正是由于钛合金的比强度大，又具有较好的耐腐蚀性韧性、焊接性和一定的耐热性，钛合金首先在航空工业中得到应用。主要用于制造重量轻、可靠性强的结构，如中央翼盒、机翼转轴、进气道框架、机身隔匣、发动机支架、发动机机匣、压气机盘、叶片、外涵道等。民用飞机中钛结构的重量已占 5%，军用飞机则达 25% 以上。

在航天工程中，比强度更为重要，钛合金主要用来制造压力容器、储箱、发动机壳体、卫星蒙皮、构架、发动机喷管延伸段、航天飞机机身、机翼上表面、尾翼、梁、肋等。Apollo 登月飞船上的压力容器，70% 以上是用钛合金制造的[1]。

钛及钛合金具有良好的耐腐蚀性能。在氧化性、中性及有氯离子的介质中，其耐腐蚀性均优于不锈钢，有时甚至超过 07Cr19Ni11Ti 不锈钢的 10 倍。在还原性介质，如稀盐酸和稀硫酸中，钛的耐腐蚀性较差，但经氧化处理后耐蚀性可提高约 100 倍。在化工、冶金、电镀、造纸、农药、造船、海水淡化、海洋工程、电站冷凝器、医疗器械等领域获得成功应用。

工业纯钛塑性好但强度较低。氧、氮与钛的亲和力强，极限溶解度大。钛中的氧和氮能明显地起到强化作用，同时也使塑性显著降低。氢会使钛及钛合金脆化，并且氢对工业纯钛及 α 钛合金的脆化作用明显大于 α + β 和 β 钛合金。在退火状态下工业纯钛的抗拉强度为 350 ~ 700MPa，断后伸长率为 20% ~ 30%，冷弯角为 80° ~ 130°。纯钛具有良好的低温性能。钛的线胀系数和热导率都不大，这不会给焊接带来困难。

由于工业钛强度偏低，为提高强度和改善其他性能，往往需加入合金元素。根据合金元素稳定 α 相或 β 相的作用，即对 α 相和 β 相区和同素异构转变温度的作用，将其分为 3 类，见表 13-1。

表 13-1　钛合金中合金元素的分类

α 稳定元素	β 稳定元素	中性元素
Al	置换式 V、Cr、Co、Cu、Fe Mn、Ni、W Mo、Pa、Ta	Sn、Zr、Hf
O N C	间隙式 H	

第一类为 α 稳定元素，它提高 α 相的稳定性，扩大 α 相区的范围，提高同素异构转变温度。有实用价值的 α 稳定元素目前只有 Al，它以置换形式固溶于 Ti，起到强化 α 钛的作用，是钛最重要的合金元素。钛合金中 $w(Al)$ 一般不超过 6%，最大不超过 10%，否则会因产生 Ti_3Al 化合物而变脆。氧、氮和碳也属于 α 稳定元素，它们以间隙形式固溶于钛中，它们能提高强度，但却使塑性严重降低，一般不作合金元素使用，并且往往要限制其含量。不同牌号的工业纯钛其化学成分的差别就在于间隙元素，特别是氧含量不同。氧、氮、碳三元素相比，氮的影响最大，氧次之。国家标准规定，钛合金中 $w(O)$ 一般不超过 0.20%，$w(C)$ 不超过 0.10%，$w(N)$ 不超过 0.05%。

第二类为 β 稳定元素，它提高 β 相稳定性，扩大 β 相区的范围，降低同素异构转变温度。大量 β 稳定元素的加入，有可能使 β 相一直稳定到室温甚至室温以下。此外，合金元素的加入还影响钛合金的相变速度。在这些元素中，V、Mo 与 β 钛无限固溶，而与 α 钛有限固溶。Cr、Cu、Fe、Mn 虽与 β 钛能发生共析反应生成化合物，但因过程缓慢难以进行，故与 V、Mo 的作用类似。Cu、Fe、Si 与 β 钛能进行共析反应，生成脆性化合物，故应限制其含量。

除氢外，所有 β 稳定元素皆以置换式固溶于钛中，氢可以在 α 钛和 β 钛中间隙固溶。在共析转变温度（325℃）以上时，氢在 β 钛中的溶解度随温度降低而急剧下降，常温时仅为 0.00009%（质量分数），过剩的氢以片状或针状氢化钛（TiH_2）析出。缓慢冷却时，氢化钛沉淀在 α 相内及晶界上，引起

表 13-2　钛及钛合金牌号和化学成分（GB/T 3620.1—2007）

合金牌号	名义化学成分	化学成分（质量分数，%）															
		主要成分								杂质，不大于						
		Ti	Al	Sn	Mo	Pd	Ni	Si	B	Fe	C	N	H	O	其他元素	
															单一	总和
TA1ELI	工业纯钛	余量	—	—	—	—	—	—	—	0.10	0.03	0.012	0.008	0.10	0.05	0.20
TA1	工业纯钛	余量	—	—	—	—	—	—	—	0.20	0.08	0.03	0.015	0.18	0.10	0.40
TA1-1	工业纯钛	余量	≤0.20	—	—	—	—	≤0.08	—	0.15	0.05	0.03	0.003	0.12	—	0.10
TA2ELI	工业纯钛	余量	—	—	—	—	—	—	—	0.20	0.05	0.03	0.008	0.10	0.05	0.20
TA2	工业纯钛	余量	—	—	—	—	—	—	—	0.30	0.08	0.03	0.015	0.25	0.10	0.40
TA3ELI	工业纯钛	余量	—	—	—	—	—	—	—	0.25	0.05	0.04	0.008	0.18	0.05	0.20
TA3	工业纯钛	余量	—	—	—	—	—	—	—	0.30	0.08	0.05	0.015	0.35	0.10	0.40
TA4ELI	工业纯钛	余量	—	—	—	—	—	—	—	0.30	0.05	0.05	0.008	0.25	0.05	0.20
TA4	工业纯钛	余量	—	—	—	—	—	—	—	0.50	0.08	0.05	0.015	0.40	0.10	0.40
TA5	Ti-4Al-0.005B	余量	3.3~4.7	—	—	—	—	—	0.005	0.30	0.08	0.04	0.015	0.15	0.10	0.40
TA6	Ti-5Al	余量	4.0~5.5	—	—	—	—	—	—	0.30	0.08	0.05	0.015	0.15	0.10	0.40
TA7	Ti-5Al-2.5Sn	余量	4.0~6.0	2.0~3.0	—	—	—	—	—	0.50	0.08	0.05	0.015	0.20	0.10	0.40

（续）

合金牌号	名义化学成分	Ti	Al	Sn	Mo	Pd	Ni	Si	B	Fe	C	N	H	O	单一	总和
					主　要　成　分　化学成分(质量分数,%)							杂质,不大于				其他元素
TA7ELI①	Ti-5Al-2.5SnELI	余量	4.50~5.75	2.0~3.0	—	—	—	—	—	0.25	0.05	0.035	0.0125	0.12	0.05	0.30
TA8	Ti-0.05Pd	余量	—	—	—	0.04~0.08	—	—	—	0.30	0.08	0.03	0.015	0.25	0.10	0.40
TA8-1	Ti-0.05Pd	余量	—	—	—	0.04~0.08	—	—	—	0.20	0.08	0.03	0.015	0.18	0.10	0.40
TA9	Ti-0.2Pd	余量	—	—	—	0.12~0.25	—	—	—	0.30	0.08	0.03	0.015	0.25	0.10	0.40
TA9-1	Ti-0.2Pd	余量	—	—	—	0.12~0.25	—	—	—	0.20	0.08	0.03	0.015	0.18	0.10	0.40
TA10	Ti-0.3Mo-0.8Ni	余量	—	—	0.2~0.4	—	0.6~0.9	—	—	0.30	0.08	0.03	0.015	0.25	0.10	0.40

合金牌号	名义化学成分	Ti	Al	Sn	Mo	V	Zr	Si	Nd	Fe	C	N	H	O	单一	总和
					主　要　成　分　化学成分(质量分数,%)							杂质,不大于				其他元素
TA11	Ti-8Al-1Mo-1V	余量	7.35~8.35	—	0.75~1.25	0.75~1.25	—	—	—	0.30	0.08	0.05	0.015	0.12	0.10	0.30
TA12	Ti-5.5Al-4Sn-2Zr-1Mo-1Nd-0.25Si	余量	4.8~6.0	3.7~4.7	0.75~1.25	—	1.5~2.5	0.2~0.35	0.6~1.2	0.25	0.08	0.05	0.0125	0.15	0.10	0.40
TA12-1	Ti-5.5Al-4Sn-2Zr-1Mo-1Nd-0.25Si	余量	4.5~5.5	3.7~4.7	1.0~2.0	—	1.5~2.5	0.2~0.35	0.6~1.2	0.25	0.08	0.04	0.0125	0.15	0.10	0.30
TA13	Ti-2.5Cu	余量	Cu:2.0~3.0		—	—	—	—	—	0.20	0.08	0.05	0.010	0.20	0.10	0.30
TA14	Ti-2.3Al-11Sn-5Zr-1Mo-0.2Si	余量	2.0~2.5	10.52~11.5	0.8~1.2	—	4.0~6.0	0.10~0.50	—	0.20	0.08	0.05	0.0125	0.20	0.10	0.30
TA15	Ti-6.5Al-1Mo-1V-2Zr	余量	5.5~7.1	—	0.5~2.0	0.8~2.5	1.5~2.5	≤0.15	—	0.25	0.08	0.05	0.015	0.15	0.10	0.30

（续）

化学成分（质量分数，%）

合金牌号	名义化学成分	主要成分								杂质，不大于					其他元素	
		Ti	Al	Sn	Mo	V	Zr	Si	Nd	Fe	C	N	H	O	单一	总和
TA15-1	Ti-2.5Al-1Mo-1V-1.5Zr	余量	2.0~3.0	—	0.5~1.5	0.5~1.5	1.0~2.0	≤0.10	—	0.15	0.05	0.04	0.003	0.12	0.10	0.30
TA15-2	Ti-4Al-1Mo-1V-1.5Zr	余量	3.5~4.5	—	0.5~1.5	0.5~1.5	1.0~2.0	≤0.10	—	0.15	0.05	0.04	0.003	0.12	0.10	0.30
TA16	Ti-2Al-2.5Zr	余量	1.8~2.5	—	—	—	2.0~3.0	≤0.12	—	0.25	0.08	0.04	0.006	0.15	0.10	0.30
TA17	Ti-4Al-2V	余量	3.5~4.5	—	—	1.5~3.0	—	≤0.15	—	0.25	0.08	0.05	0.015	0.15	0.10	0.30
TA18	Ti-3Al-2.5V	余量	2.0~3.5	—	—	1.5~3.0	—	—	—	0.25	0.08	0.05	0.015	0.12	0.10	0.30
TA19	Ti-6Al-2Sn-4Zr-2Mo-0.1Si	余量	5.5~6.5	1.8~2.2	1.8~2.2	—	3.6~4.4	≤0.13	—	0.25	0.05	0.05	0.0125	0.15	0.10	0.30

化学成分（质量分数，%）

合金牌号	名义化学成分	主要成分								杂质，不大于					其他元素	
		Ti	Al	Mo	V	Mn	Zr	Si	Nd	Fe	C	N	H	O	单一	总和
TA20	Ti-4Al-3V-1.5Zr	余量	3.5~4.5	—	2.5~3.5	—	1.0~2.0	≤0.10	—	0.15	0.05	0.04	0.003	0.12	0.10	0.30
TA21	Ti-1Al-1Mn	余量	0.4~1.5	—	—	0.5~1.3	≤0.30	≤0.12	—	0.30	0.10	0.05	0.012	0.15	0.10	0.30
TA22	Ti-3Al-1Mo-1Ni-1Zr	余量	2.5~3.5	0.5~1.5	Ni:0.3~1.0	—	0.8~2.0	≤0.15	—	0.20	0.10	0.05	0.015	0.15	0.10	0.30
TA22-1	Ti-3Al-1Mo-1Ni-1Zr	余量	2.5~3.5	0.2~0.8	Ni:0.3~0.8	—	0.5~1.0	≤0.04	—	0.20	0.10	0.04	0.008	0.10	0.10	0.30
TA23	Ti-2.5Al-2Zr-1Fe	余量	2.2~3.0	—	Fe:0.8~1.2	—	1.7~2.3	≤0.15	—	—	0.10	0.04	0.010	0.15	0.10	0.30
TA23-1	Ti-2.5Al-2Zr-1Fe	余量	2.2~3.0	—	Fe:0.8~1.1	—	1.7~2.3	≤0.10	—	—	0.10	0.04	0.008	0.10	0.10	0.30

（续）

化学成分（质量分数，%）

合金牌号	名义化学成分	主要成分								杂质,不大于					其他元素	
		Ti	Al	Mo	V	Mn	Zr	Si	Nd	Fe	C	N	H	O	单一	总和
TA24	Ti-3Al-2Mo-2Zr	余量	2.5~3.5	1.0~2.5	—	—	1.0~3.0	≤0.15	—	0.30	0.10	0.05	0.015	0.15	0.10	0.30
TA24-1	Ti-3Al-2Mo-2Zr	余量	1.5~2.5	1.0~2.0	—	—	1.0~3.0	≤0.04	—	0.15	0.10	0.04	0.010	0.10	0.10	0.30
TA25	Ti-3Al-2.5V-0.05Pd	余量	2.5~3.5	—	2.0~3.0	—	—	—	Pd:0.04~0.08	0.25	0.08	0.03	0.015	0.15	0.10	0.40
TA26	Ti-3Al-2.5V-0.1Ru	余量	2.5~3.5	—	2.0~3.0	—	—	—	Ru:0.08~0.14	0.25	0.08	0.03	0.015	0.15	0.10	0.40
TA27	Ti-0.10Ru	余量	—	—	Ru:0.08~0.14	Ru:0.08~0.14	—	—	—	0.30	0.08	0.03	0.015	0.25	0.10	0.40
TA27-1	Ti-0.10Ru	余量	—	—	Ru:0.08~0.14	Ru:0.08~0.14	—	—	—	0.20	0.08	0.03	0.015	0.18	0.10	0.40
TA28	Ti-3Al	余量	2.0~3.0	—	—	—	—	—	—	0.30	0.08	0.05	0.015	0.15	0.10	0.40

化学成分（质量分数，%）

合金牌号	名义化学成分	主要成分											杂质,不大于					其他元素	
		Ti	Al	Sn	Mo	V	Cr	Fe	Zr	Pd	Nb	Si	Fe	C	N	H	O	单一	总和
TB2	Ti-5Mo-5V-8Cr-3Al	余量	2.5~3.5	—	4.7~5.7	4.7~5.7	7.5~8.5	—	—	—	—	—	0.30	0.05	0.04	0.015	0.15	0.10	0.40
TB3	Ti-3.5Al-10Mo-8V-1Fe	余量	2.7~3.7	—	9.5~11.0	7.5~8.5	—	0.8~1.2	—	—	—	—	—	0.05	0.04	0.015	0.15	0.10	0.40
TB4	Ti-4Al-7Mo-10V-2Fe-1Zr	余量	3.0~4.5	—	6.0~7.8	9.0~10.5	—	1.5~2.5	0.5~1.5	—	—	—	—	0.05	0.04	0.015	0.20	0.10	0.40

（续）

合金牌号	名义化学成分	主要成分（质量分数，%）											杂质，不大于					其他元素	
		Ti	Al	Sn	Mo	V	Cr	Fe	Zr	Pd	Nb	Si	Fe	C	N	H	O	单一	总和
TB5	Ti-15V-3Al-3Cr-3Sn	余量	2.5~3.5	2.5~3.5	—	14.0~16.0	2.5~3.5	—	—	—	—	—	0.25	0.05	0.05	0.015	0.15	0.10	0.30
TB6	Ti-10V-2Fe-3Al	余量	2.6~3.4	—	—	9.0~11.0	—	1.6~2.2	—	—	—	—	—	0.05	0.05	0.0125	0.13	0.10	0.30
TB7	Ti-32Mo	余量	—	—	30.0~34.0	—	—	—	—	—	—	—	0.30	0.08	0.05	0.015	0.20	0.10	0.40
TB8	Ti-15Mo-3Al-2.7Nb-0.25Si	余量	2.5~3.5	—	14.0~16.0	—	—	—	—	—	2.4~3.2	0.15~0.25	0.40	0.05	0.05	0.015	0.17	0.10	0.40
TB9	Ti-3Al-8V-6Cr-4Mo-4Zr	余量	3.0~4.0	—	3.5~4.5	7.5~8.5	5.5~6.5	—	3.5~4.5	—	—	—	0.30	0.05	0.03	0.030	0.14	0.10	0.40
TB10	Ti-5Mo-5V-2Cr-3Al	余量	2.5~3.5	—	4.5~5.5	4.5~5.5	1.5~2.5	—	—	≤0.10	—	—	0.30	0.05	0.04	0.015	0.15	0.10	0.40
TB11	Ti-15Mo	余量	—	—	14.0~16.0	—	—	—	—	—	—	—	0.10	0.10	0.05	0.015	0.20	0.10	0.40

合金牌号	名义化学成分	主要成分（质量分数，%）										杂质，不大于					其他元素	
		Ti	Al	Sn	Mo	V	Cr	Fe	Mn	Cu	Si	Fe	C	N	H	O	单一	总和
TC1	Ti-2Al-1.5Mn	余量	1.0~2.5	—	—	—	—	—	0.7~2.0	—	—	0.30	0.08	0.05	0.012	0.15	0.10	0.40
TC2	Ti-4Al-1.5Mn	余量	3.5~5.0	—	—	—	—	—	0.8~2.0	—	—	0.30	0.08	0.05	0.012	0.15	0.10	0.40
TC3	Ti-5Al-4V	余量	4.5~6.0	—	—	3.5~4.5	—	—	—	—	—	0.30	0.08	0.05	0.015	0.15	0.10	0.40
TC4	Ti-6Al-4V	余量	5.5~6.75	—	—	3.5~4.5	—	—	—	—	—	0.30	0.08	0.05	0.015	0.20	0.10	0.40
TC4ELI	Ti-6Al-4VELI	余量	5.5~6.5	—	—	3.5~4.5	—	—	—	—	—	0.25	0.08	0.03	0.0125	0.13	0.10	0.30

（续）

合金牌号	名义化学成分	主要成分										杂质,不大于					其他元素	
		Ti	Al	Sn	Mo	V	Cr	Fe	Mn	Cu	Si	Fe	C	N	H	O	单一	总和
TC6	Ti-6Al-1.5Cr-2.5Mo-0.5Fe-0.3Si	余量	5.5~7.0	—	2.0~3.0	—	0.8~2.3	0.2~0.7	—	—	0.15~0.40	—	0.08	0.05	0.015	0.18	0.10	0.40
TC8	Ti-6.5Al-3.5Mo-0.25Si	余量	5.8~6.8	—	2.8~3.8	—	—	—	—	—	0.20~0.35	0.40	0.08	0.05	0.015	0.15	0.10	0.40
TC9	Ti-6.5Al-3.5Mo-2.5Sn-0.3Si	余量	5.8~6.8	1.8~2.8	2.8~3.8	—	—	—	—	—	0.2~0.4	0.40	0.08	0.05	0.015	0.15	0.10	0.40
TC10	Ti-6Al-6V-2Sn-0.5Cu-0.5Fe	余量	5.5~6.5	1.5~2.5	—	5.5~6.5	—	0.35~1.0	—	0.35~1.0	—	—	0.08	0.04	0.015	0.20	0.10	0.40

合金牌号	名义化学成分	主要成分										杂质,不大于					其他元素	
		Ti	Al	Sn	Mo	V	Cr	Fe	Zr	Nb	Si	Fe	C	N	H	O	单一	总和
TC11	Ti-6.5Al-3.5Mo-1.5Zr-0.3Si	余量	5.8~7.0	—	2.8~3.8	—	—	—	0.8~2.0	—	0.2~0.35	0.25	0.08	0.05	0.012	0.15	0.10	0.40
TC12	Ti-5Al-4Mo-4Cr-2Zr-2Sn-1Nb	余量	4.5~5.5	1.5~2.5	3.5~4.5	—	3.5~4.5	—	1.5~3.0	0.5~1.5	—	0.30	0.08	0.05	0.015	0.20	0.10	0.40
TC15	Ti-5Al-2.5Fe	余量	4.5~5.5	1.5~2.5	3.5~4.5	—	3.5~4.5	—	1.5~3.0	0.5~1.5	—	0.30	0.08	0.05	0.015	0.20	0.10	0.40
TC16	Ti-3Al-5Mo-4.5V	余量	2.2~3.8	—	4.5~5.5	4.0~5.0	—	—	—	—	≤0.15	0.25	0.08	0.05	0.012	0.15	0.10	0.30
TC17	Ti-5Al-2Sn-2Zr-4Mo-4Cr	余量	4.5~5.5	1.5~2.5	3.5~4.5	—	—	—	1.5~2.5	—	—	0.25	0.05	0.05	0.0125	0.08~0.13	0.10	0.30

（续）

合金牌号	名义化学成分	化学成分（质量分数，%） 主要成分										杂质，不大于				其他元素	
		Ti	Al	Sn	Mo	V	Cr	Fe	Zr	Nb	Si	Fe	C	N	H	O	单一	总和
TC18	Ti-5Al-4.75Mo-4.75v-1Cr-1Fe	余量	4.4~5.7	—	4.0~5.5	4.0~5.5	0.5~1.5	0.5~1.5	≤0.30	—	≤0.15	—	0.08	0.05	0.015	0.18	0.10	0.30
TC19	Ti-6Al-2Sn-4Zr-6Mo	余量	5.5~6.5	1.75~2.25	5.5~6.5	—	—	—	3.5~4.5	—	—	0.15	0.04	0.04	0.0125	0.15	0.10	0.40
TC20	Ti-6Al-7Nb	余量	5.5~6.5	—	—	—	—	—	—	6.5~7.5	Ta ≤0.5	0.25	0.08	0.05	0.009	0.20	0.10	0.40
TC21	Ti-6Al-2Mo-1.5Cr-2Zr-2Sn-2Nb	余量	5.2~6.8	1.6~2.5	2.2~3.3	—	0.9~2.0	—	1.6~2.5	1.7~2.3	—	0.15	0.08	0.05	0.015	0.15	0.1	0.40
TC22	Ti-6Al-4V-0.05Pd	余量	5.5~6.75	—	—	3.5~4.5	—	—	—	Pd:0.04~0.08	—	0.40	0.08	0.05	0.015	0.20	0.10	0.40
TC23	Ti-6Al-4V-0.1Ru	余量	5.5~6.75	—	—	3.5~4.5	—	—	—	Ru:0.08~0.14	—	0.25	0.08	0.05	0.015	0.13	0.10	0.40
TC24	Ti-4.5Al-3V-2Mo-2Fe	余量	4.0~5.0	—	1.8~2.2	2.5~3.5	—	1.7~2.3	—	—	—	—	0.05	0.05	0.010	0.15	0.10	0.40
TC25	Ti-6.5Al-2Mo-1Zr-1S-1W-0.2Si	余量	6.2~7.2	0.8~2.5	1.5~2.5	—	W:0.5~1.5	—	0.8~2.5	—	0.10~0.25	0.15	0.10	0.04	0.012	0.15	0.10	0.30
TC26	Ti-13Nb-13Zr	余量	—	—	—	—	—	—	12.5~14.0	12.5~14.0	—	0.25	0.08	0.05	0.012	0.15	0.10	0.40

① TA7ELI牌号的杂质"Fe+O"的总和应不大于0.32%（质量分数）。

缺口敏感性增加。特别是在低速变形条件下 α 钛氢脆敏感性更大。β 钛比 α 钛溶解氢的能力大得多，故 α + β 和 β 钛合金氢脆敏感性小得多，国家标准规定钛中 $w(H)$ 不应超过 0.015%。

第三类为中性元素，如 Sn、Zr 和 Hf 等，它们对同素异构转变温度影响不大，它们在 α 钛和 β 钛中都有很大的溶解度，并对钛起强化作用。

我国现行标准按钛合金退火状态的室温平衡组织分为 α 钛合金、β 钛合金和 α + β 钛合金三类，分别用 TA、TB 和 TC 表示。钛及其合金的化学成分见表 13-2。TA2、TA7、TC4、TC10、TB2 分别是 α 型、α + β 型和 β 型钛合金的代表。

工业纯钛由于塑性韧性好、耐腐蚀、焊接性好和易于成型等优点，在化学工业等领域得到广泛应用，$w(Pd) = 0.2\%$ 的 Ti-0.2Pd 合金抗间隙腐蚀性能比工业纯钛好得多。TA7 具有良好的超低温性能，氧、氮、氢等间隙元素含量很低的 TA7 合金（美国称 ELI 级）可用于液氢、液氮储箱和其他超低温构件。另外，它的综合性能和焊接性很好，在航空工业中用于制造机匣、机尾罩等。α 型钛合金不能热处理强化，必要时可进行退火处理，以消除残余应力。

α + β 型钛合金可热处理强化，TC4 钛合金是这类合金的代表。经淬火 - 时效处理能比退火状态抗拉强度提高 180MPa。TC4 合金综合性能良好，焊接性满意，因此得到最广泛地应用，在航空、航天工业中应用的钛合金多是这种牌号的。这种合金的主要缺点是淬透性较差，不超过 25mm。为此发展了高淬透性和强度也略高于 TC4 的 TC10 合金。

TB2 钛合金是近年来我国研制的高强钛合金，它属于亚稳 β 合金，它的强度高，冷成形性好、焊接性尚可。Ti-32Mo 属于稳定 β 型合金，它的耐腐蚀性非常好。

常用钛及钛合金室温力学性能见表 13-3。

表 13-3 钛及钛合金板材横向室温力学性能 （GB/T 3621—2007）

牌 号		状 态	板材厚度 /mm	抗拉强度 R_m/MPa	规定塑性延伸强度 $R_{p0.2}$/MPa	断后伸长率[①] A(%)，不小于
TA1		M	0.3 ~ 25.0	≥240	140 ~ 310	30
TA2		M	0.3 ~ 25.0	≥400	275 ~ 450	25
TA3		M	0.3 ~ 25.0	≥500	380 ~ 550	20
TA4		M	0.3 ~ 25.0	≥580	485 ~ 655	20
TA5		M	0.5 ~ 1.0 >1.0 ~ 2.0 >2.0 ~ 5.0 >5.0 ~ 10.0	≥685	≥585	20 15 12 12
TA6		M	0.8 ~ 1.5 >1.5 ~ 2.0 >2.0 ~ 5.0 >5.0 ~ 10.0	≥685	—	20 15 12 12
TA7		M	0.8 ~ 1.5 >1.6 ~ 2.0 >2.0 ~ 5.0 >5.0 ~ 10.0	735 ~ 930	≥685	20 15 12 12
TA8		M	0.8 ~ 10	≥400	275 ~ 450	20
TA8-1		M	0.8 ~ 10	≥240	140 ~ 310	24
TA9		M	0.8 ~ 10	≥400	275 ~ 450	20
TA9-1		M	0.8 ~ 10	≥240	140 ~ 310	24
TA10[②]	A 类	M	0.8 ~ 10.0	≥485	≥345	18
	B 类	M	0.8 ~ 10.0	≥345	≥275	25
TA11		M	5.0 ~ 12.0	≥895	≥825	10
TA13		M	0.5 ~ 2.0	540 ~ 770	460 ~ 570	18

（续）

牌　号	状　态	板材厚度 /mm	抗拉强度 R_m/MPa	规定塑性延伸强度 $R_{p0.2}$/MPa	断后伸长率[①] A(%),不小于
TA15	M	0.8 ~ 1.8 >1.8 ~ 4.0 >4.0 ~ 10.0	930 ~ 1130	≥855	12 10 8
TA17	M	0.5 ~ 1.0 >1.1 ~ 2.0 >2.1 ~ 4.0 >4.1 ~ 10.0	685 ~ 835		25 15 12 10
TA18	M	0.5 ~ 2.0 >2.0 ~ 4.0 >4.0 ~ 10.0	590 ~ 735	—	25 20 15
TB2	ST STA	1.0 ~ 3.5	≤980 1320		20 8
TB5	ST	0.8 ~ 1.75 >1.75 ~ 3.18	705 ~ 945	690 ~ 835	12 10
TB6	ST	1.0 ~ 5.0	≥1000	—	6
TB8	ST	0.3 ~ 0.6 >0.6 ~ 2.5	825 ~ 1000	795 ~ 965	6 8
TC1	M	0.5 ~ 1.0 >1.0 ~ 2.0 >2.0 ~ 5.0 >5.0 ~ 10.0	590 ~ 735		25 25 20 20
TC2	M	0.5 ~ 1.0 >1.0 ~ 2.0 >2.0 ~ 5.0 >5.0 ~ 10.0	≥685		25 15 12 12
TC3	M	0.8 ~ 2.0 >2.0 ~ 5.0 >5.0 ~ 10.0	≥880		12 10 10
TC4	M	0.8 ~ 2.0 >2.0 ~ 5.0 >5.0 ~ 10.0 10.0 ~ 25.0	≥895	≥830	12 10 10 8
TC4ELI	M	0.8 ~ 25.0	≥860	≥795	10

① 厚度不大于 0.64mm 的板材，延伸率报实测值。

② 正常供货按 A 类，B 类适应于复合板复材，当需方要求并在合同中注明时，按 B 类供货。

13.2　钛及其合金的焊接性

13.2.1　间隙元素沾污引起脆化[2-5]

钛是一种活性金属，常温下能与氧生成致密的氧化膜而保持高的稳定性和耐腐蚀性。540℃ 以上生成的氧化膜则不致密。高温下钛与氧、氮、氢反应速度较快，钛在 300℃ 以上快速吸氢，600℃ 以上快速吸氧，700℃ 以上快速吸氮，在空气中钛的氧化过程很容易进行。

工业纯钛薄板在空气中加热到 650 ~ 1000℃、保存不同时间后，对弯曲塑性的影响如图 13-1 所示。从图 13-1 可看出，温度越高，时间越长，弯曲塑性下降越多。焊接时刚凝固的焊缝金属和高温近缝区，不管是正面还是背面，如果不能受到有效的保护，必将引起塑性下降。液态的熔池和熔滴金属若得不到有效保护，则更容易受空气等杂质的沾污，脆化程度更严重。

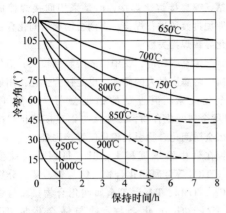

图 13-1　在空气中高温停留对工业纯
钛弯曲塑性的影响

1. 氧和氮的影响

氧在 α 钛中的最大溶解度为 14.5%（原子），在 β 钛中为 1.8%（原子），氮则分别为 7% 和 2%（原子）。氧和氮间隙固溶于钛中，使钛晶格畸变，变形抗力增加，强度和硬度增加，塑性和韧性降低，如图 13-2 所示。图中 R/δ 为板材极限弯曲半径与厚度的比值，是金属薄板塑性的一种表示方法。从图 13-2 可以看出，氮比氧的影响更甚。氩气中杂质含量对工业纯钛焊缝硬度的影响见图 13-3。从图 13-3 可看出，随氩气中氧、氮含量增加，焊缝硬度增加，一般来说，焊缝中氧、氮含量增加是不利的，应设法避免。但有时却可以用这种方法提高焊缝金属的耐磨性，其中以氩气中加氮的效果最明显，氩气中 $w(N)$ 一般控制在 8% ~ 10% 为好。

2. 氢的影响

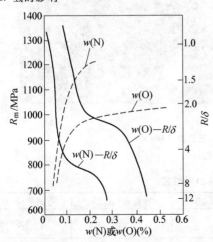

图 13-2　焊缝氧、氮含量对接头强度
和弯曲塑性的影响

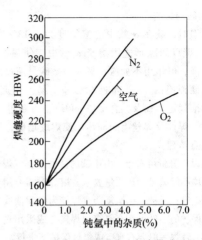

图 13-3　氩气中氧、氮和空气含量对工业
纯钛焊缝硬度的影响

氢对工业纯钛焊缝和焊接接头力学性能的影响，如图 13-4 和图 13-5 所示。从图 13-4 可以看出，$w(H)$ 从 0.010% 增加到 0.058%，焊缝金属的脆性转变温度大约升高 40℃。从图 13-5 可看出，随氢含量增加，焊缝金属冲击韧度急剧降低，而塑性下降较少，说明是氢化物引起的脆性。

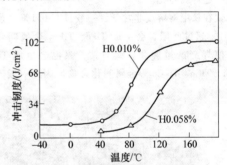

图 13-4　氢含量和温度对工业纯焊缝
金属冲击韧度的影响

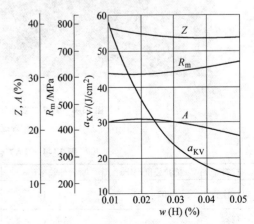

图 13-5　焊缝氢含量对工业纯钛焊缝
金属力学性能的影响

3. 碳的影响

常温时，碳在 α 钛中的溶解度为 0.13%（质量分数），碳以间隙形式固溶于 α 钛中，使强度提高、塑性下降，但作用不如氮、氧显著。碳量超过溶解度时生成硬而脆的 TiC，呈网状分布，易于引起裂纹。国家标准规定，钛及其合金中 $w(C)$ 不得超过 0.1%，焊接时，焊件及焊丝上的油污能使焊缝增碳，因此焊前应注意清理。

从以上分析可看出，由于钛的活性强，气焊和焊条电弧焊均不能满足焊接质量要求。熔焊时需要用惰性气体或真空进行保护。结构复杂或焊缝为空间曲线难以进行有效保护的零件可在充氩箱内焊接，或采用真空电子束焊接，钎焊一般要在真空或氩气保护下进行。

13.2.2   金属间化合物引起脆化[6]

钛只能与很少几种稀有金属如 Zr、Hf、Nb、Ta、V 等无限固溶，易于实现直接焊接。而钛与常用金属都会生成多种金属间化合物，而金属间化合物晶体存在共价键，且晶体结构复杂，对称性差，滑移系少，位错运动困难，因此大多数金属间化合物具有脆性，从而引起焊缝脆化。

铁在钛中溶解度非常低，一般只有 0.1%（质量分数），超过此限，会生成 TiFe、$TiFe_2$ 金属间化合物，使焊缝严重脆化。钛与钴、镍也会生成 TiNi、Ti_2Ni、TiCo、Ti_2Co 等金属间化合物。因此一般不用

Fe、Co、Ni 作为钛的合金化元素，也不能进行钛与铁、钴、镍直接熔化焊接，而是采用间接焊接的方法，即加过渡段进行焊接，否则会因金属间化合物引起脆化导致焊接失败。

钛与铝有限固溶，钛中铝的溶解度较大、铝是常用金属中溶解度最大的元素，也是钛合金化使用最多的合金化元素。但过量的铝也会与钛生成 TiAl、Ti_3Al 等金属间化合物，因此钛与铝直接熔化焊接时也会因金属间化合物引起脆化使焊接困难。

铜在钛中溶解度稍大，但过量铜会与钛生成 Ti_2Cu、TiCu 等金属间化合物。钛与铬、锰会分别生成 $TiCr_2$、TiMn、$TiMn_2$ 等金属间化合物。钛与银会生成 TiAg、Ti_3Ag 化合物。钛与镁会生成 TiMg、$TiMg_2$ 化合物。可以说钛与几乎所有的常用金属都会生成化合物。金属间化合物的脆性使钛与常用金属焊接带来极大困难。

13.2.3   焊接相变引起的性能变化[3,7]

由于钛的熔点高，比热及热导系数小，冷却速度慢，焊接热影响区在高温下停留时间长，使高温 β 晶粒极易过热粗化，接头塑性降低。

1. α 合金

工业纯钛，TA7 和耐蚀合金 Ti-0.2Pd 是典型的 α 合金。这类合金焊缝和热影响区为锯齿状 α 和针状 α′ 组织，如图 13-6 所示。

a)   b)

图 13-6   TA7 工业纯钛焊缝和热影响区组织（100 ×）

a) 焊缝   b) 热影响区

表 13-4   TA7 合金焊接接头力学性能

材料	抗拉强度/MPa	断后伸长率(%)	断面收缩率(%)	冷弯角①/(°)	弯曲半径/板厚
焊接接头	902 ~ 921	11 ~ 14	25	$\dfrac{70,80}{77}$	3.3
母材	960	17 ~ 18	42	$\dfrac{80,85}{83}$	2.9

① 横线上方为最小值和最大值，下方为平均值。

这类合金的焊接性在所有钛合金中为最好。用钨极氩弧焊添加同质焊丝或不添加焊丝，在保护良好的条件下焊接接头强度系数接近 100%，接头塑性稍差。TA7 合金焊接接头力学性能见表 13-4。焊接接头塑性降低的主要原因在于：

1）焊缝为铸造组织，它比轧制状态塑性低。

2）粗晶。

3）焊接时若加快冷却，容易产生针状 α 组织，对接头塑性也不利。冷却速度对工业纯钛焊接接头力学性能的影响，如图 13-7 所示。从该图可知，冷速以 10 ~ 200℃/s 较好。太快时针状 α 太多，太慢时过热太甚，都会使塑性降低。

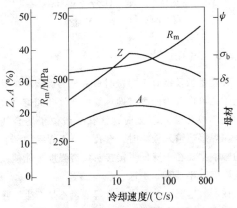

图 13-7　冷却速度对工业纯钛焊接接头力学性能的影响

2. α + β 合金

它的最大特点是可热处理强化。目前我国应用的这类合金主要有 TC1、TC4 和 TC10 三种。这类合金室温平衡组织为 α + β。TC1 合金退火状态下 β 相含量很少，焊接性良好，焊接时冷却速度以 12 ~ 150℃/s 为宜。TC4 合金以 α 相为主，β 相较少。加热到 β 相转变温度（996 ± 14）℃以上温度快冷时 $β_0 → α'$，$α'$ 为钛过饱和针状马氏体，晶粒粗大的原始 β 相晶界清晰可见，图 13-8 为 TC4 合金焊缝和热影响区组织。焊接接头塑性，特别是断面收缩率较低，但断裂韧度较高，一般可提高 20%。TC4 合金多为退火状态下使用，为提高强度，可淬火状态下焊接，焊后时效。TC4 合金退火状态下焊接时接头强度系数可达 100%，接头塑性约为母材的一半。TC4 合金焊接时合适的冷速为 2 ~ 40℃/s，比 TC1（12 ~ 150℃/s）和 TA1、TA7（10 ~ 200℃/s）小得多。这是由于合金化程度高、晶粒长大倾向小，而过大的冷速会使 $α'$ 更细、更多，塑性降低也多的缘故。根据上述分析可知，TC4 合金焊接时可以采用较大的热输入，而不宜采用太小的热输入。

TC10 合金是一种高强度、高淬透性合金，由于合金元素含量较高，焊接性较差，厚 12mm 的 TC10 合金焊接时会出现热影响区裂纹。预热 250℃ 可预防裂纹并能提高接头塑性。

3. β 合金

a)　　　　　　　　　　　　　　　　　b)

图 13-8　TC4 合金焊缝和热影响区组织（50 ×）
a）焊缝　b）热影响区

这类合金又可分为亚稳 β 合金和稳定 β 合金两种，亚稳 β 合金 TB2 平衡组织为 β 加极少量 α 相，容易得到亚稳 β 相，焊后热处理时析出 α 相，容易引起脆性。TB2 合金抗拉强度可达 1320MPa，焊后进行 520 ~ 580℃ × 8h 时效处理，接头强度可达 1180MPa，断后伸长率可达 7%，而经 500℃ × 8h、620℃ × 0.5h 时效处理抗拉强度可达 1080MPa，断后伸长率可达 13%。

Ti-32Mo 合金其组织为稳定 β 相，是一种耐腐蚀钛合金。这类合金焊接时无相变，焊接性良好。

13.2.4　裂纹[3,8,9]

由于钛及钛合金中 S、P、C 等杂质很少，低熔点共晶很难在晶界出现，有效结晶温度区间窄，加之焊缝凝固时收缩量小，因此很少出现焊接热裂纹。但如果母材和焊丝质量不合格，特别是焊丝有裂纹、夹层等缺陷，在裂纹、夹层处存在大量有害杂质时，则有可能出现焊接热裂纹，因此要特别注意焊丝质量。

焊接时，保护不良或 α+β 合金中含 β 稳定元素较多时会出现热应力裂纹和冷裂纹。加强焊接保护，防止有害杂质沾污和焊前预热，焊后缓冷可以减少甚至消除热应力裂纹和冷裂纹。

钛合金焊接时，热影响区可能出现延迟裂纹，这与氢有关。焊接时由于熔池和低温区母材中的氢向热影响区扩散，引起热影响区氢含量增加。焊接接头氢分布，如图 13-9 所示，加上此处不利的应力状态，结果会引起裂纹。

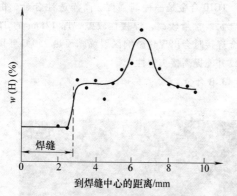

图 13-9　TC4 合金焊接接头氢分布

随焊缝金属氢含量的增加，形成起源于气孔的裂纹时间减少，如图 13-10 所示。从图 13-10 可知，应在力所能及的条件下降低焊接接头氢含量，例如选用氢含量低的材料（包括焊丝、母材、氩气），注意焊前清理，在可能的条件下，焊后进行真空去氢处理。另外残余应力也起较大作用，故应及时进行消除应力处理。

氢化钛会引起裂纹，正常氢含量的钛及其合金焊接时一般不会出现氢化钛。薄壁的 α+β 钛合金用工业纯钛作填充材料时也不会出现氢化钛。厚板 α+β 钛合金多层焊时，若用工业纯钛作填充材料则可能出现氢化钛并引起氢脆，因此后一情况应避免。

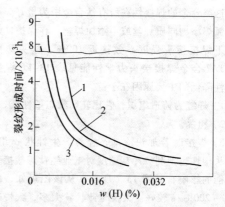

图 13-10　焊缝金属氢含量对裂纹形成时间的影响
1—工业纯钛　2—Ti-6Al-2Zr-1Mo-1V 合金
3—Ti-4.5Al-3Mo-1V 合金

13.2.5　气孔[10-12]

气孔是钛及钛合金焊接时最常见的焊接缺陷。原则上气孔可以分为两类，即焊缝中部气孔和熔合线气孔。在焊接热输入较大时，气孔一般位于熔合线附近；在焊接热输入较小时，气孔则位于焊缝中部。气孔的影响主要在于降低焊接接头疲劳强度，能使疲劳强度降低一半甚至 3/4。

在一般情况下，金属中溶解的氢不是产生气孔的主要原因。焊丝和坡口表面的清洁度则是影响气孔的最主要因素。在拉丝时黏附在焊丝表面的润滑剂是引起气孔的重要原因。打磨时残留在坡口表面的磨粒、清洗时乙醇从橡胶手套溶解的增塑剂以及擦拭坡口时的残留物都会引起气孔。薄板剪切时形成的粗糙的断面容易受到形成气孔物质的沾污，去掉毛刺和减少表面粗糙度可以大大减少这种沾污，从而可减少气孔。

焊接方法不同，气孔敏感性也不同。在氩弧焊、等离子弧焊和电子束焊三种焊接方法中，电子束焊气孔最多，等离子弧焊最少。

焊接参数对气孔的影响有时是矛盾的。降低焊接速度有时会增加气孔，有时则可减少气孔。有时慢冷可减少气孔，但有时快冷也可减少气孔。这主要是由于熔池停留时间增加使气泡浮出和周围气体扩散促使气泡长大这两个过程同时存在并影响气孔的产生所致。

13.2.6　相对焊接性[2]

如果采用焊接接头强度来评价焊接性，那么几乎所有退火状态的钛合金，其接头强度系数都可接近 100%，难分优劣。因此往往采用焊接接头的韧、塑性和获得无缺陷焊缝的难易来评价钛及钛合金的焊接性。一种焊接性的评价结果见表 13-5。

表 13-5　钛及钛合金的相对焊接性

合　　金	相 对 焊 接 性
工业纯钛	A
TA7	B
TA7（杂质含量很低）	A
Ti-0.2Pd	A
TB2	B
TC1	B
TC3	B
TC4	B
TC4（杂质元素很低）	A
TC6	C
TC10	C

注：A—焊接性优良；B—焊接性尚可；C—焊接性较
差，限于特种场合应用。

定为 A 和 B 级的合金，可用于多数焊接结构；
定为 C 级的合金，可采用退火热处理改善接头韧 、
塑性。为提高强度，TC4、TC10 合金焊前要进行淬火
处理。

13.3　焊接材料和工艺

13.3.1　焊接材料

1. 填充金属

一般来说，钛及钛合金焊接时，填充金属与母材
的标称成分相同。为改善接头的韧塑性，有时采用强
度低于母材的填充金属，例如用工业纯钛（TA1、
TA2，不用 TA3）作填充金属焊接 TA7 和厚度不大的
TC4，用 TC3 焊 TC4。为了改善焊缝的韧塑性，填充
金属的间隙元素含量较低，一般只有母材的一半左
右，例如 $w(O) \leqslant 0.12\%$，$w(N) \leqslant 0.03\%$，$w(H) \leqslant$
0.006%，$w(C) \leqslant 0.04\%$。填充丝直径 1～3mm。因
为具有较大的表面积/体积的比值，如果焊丝表面稍
有沾污，焊缝可能被严重污染。焊丝缺陷如裂纹、皱
折等会聚集污染物，又难于清理，故这种焊丝不能应
用。焊前焊丝应认真清理，去除拉丝时附着的润滑
剂，也可用硝酸氢氟酸水溶液清洗，以确保表面清
洁。

2. 保护气体

一般采用氩气，只有在深熔焊和仰焊位置焊接
时，有时才用氦气，前者为增加熔深，后者为改善保

护。为保证保护效果，一般采用一级纯氩[$\varphi(Ar) \geqslant$
99.99%]，其露点低于 -60℃。由于橡皮软管会吸
气，一般不采用，多用环氧基或乙烯基塑料软管输送
保护气体。

13.3.2　焊前清理

在焊接和钎焊前，待焊区及其周围必须仔细清
理，去除污物并干燥。

1. 除油脂

金属表面无氧化皮时，仅需除油脂，有氧化皮时
应先除氧化皮后除油脂。对油污、油脂、油漆、指印
等污染物可采用适当的溶剂清洗，最常用的是 3% 氢
氟酸 + 35% 硝酸水溶液，温度为室温，时间为 10min
左右，酸洗后用清水冲洗、烘干。当存在应力腐蚀危
险时，不能用自来水冲洗，而用不含氯离子的清水冲
洗。钛制品焊前装配时应戴塑胶手套，以防指印污
染，而戴橡胶手套可能残留下增塑剂而引起气孔。剪
切形成的断面也往往采用上述酸洗工艺，这是因为剪
切形成的断面存在金属碎片、小裂纹等，这容易被形
成气孔的物质污染，从而引起焊缝气孔。使用氢氟酸
时应注意有关操作安全。机械磨光、刮削待焊表面并
随后用无水乙醇清洗的方法有时可代替酸洗处理。

2. 除氧化皮

在 600℃ 以上形成的氧化皮很难用酸洗方法清
除，可用不锈钢丝刷或锉刀清理，也可用喷丸或蒸气
喷砂进行清理，也可采用磨削，此时应采用碳化硅砂
轮。用上述方法进行机械清理后，一般接着进行酸
洗，以确保无氧化皮和油脂污染。

若需要延长清理后的零件储存时间，可将这些零
件存放在有干燥剂的容器中或放在可控湿度的储存室
中。如不可能这样做时，可在临焊前轻微酸洗。

13.3.3　钨极氩弧焊[13-19]

分为敞开式焊接和箱内焊接，它们又各自分为手
工焊和自动焊。

敞开式焊接即普通氩弧焊，它靠焊炬喷嘴、拖罩
和背面保护装置通以适当流量的氩或氩氦混合气，将
焊接高温区与空气隔开，以防空气沾污焊接高温区。
氦气也可单独作为保护气，并有熔深大的优点。

喷嘴结构和尺寸对焊接质量影响很大，喷嘴结构
不合理时，会出现涡流或挺度不大的层流，前者会带
入空气，后者则因干扰破坏层流，同样也会混入空
气。空气进入电弧区，沾污熔池，使焊缝金属冶金质
量变坏，焊缝起皱，外观差，这是不允许存在的。由
于钛及其合金导热性差，散热慢，高温停留时间长，

加之钛的活性强，故喷嘴直径要大些，一般取 16 ~ 18mm。喷嘴到焊件的距离应小些。为提高保护效果和保证可见性和焊炬可达性，可以采用双层气流保护的焊炬。

对于厚度大于 1.0mm 的焊件来说，喷嘴已不足以保护焊缝和近缝区高温金属，一般需附加拖罩，拖罩宽 25 ~ 60mm，手工焊拖罩长 40 ~ 100mm，为便于操作，喷嘴和拖罩可做成一体，自动焊拖罩长 60 ~ 200mm，视焊件厚度而定，薄的焊件拖罩短些，厚的焊件则要长些。焊接直缝用平的拖罩，环缝用弧形拖罩，其结构示意图如图 13-11 所示。氩气由进气管进入分布管，分布管靠近进气的一侧钻有直径 0.8 ~ 1.0mm 小孔，孔距 10mm 左右。氩气经不锈钢网或多孔板进入保护区，多孔板厚 0.8 ~ 1.0mm，孔径 1.0mm，孔距 8 ~ 10mm。不锈钢网或多孔板起到类似气筛作用。网或多孔板到焊件的距离 10 ~ 20mm，以保证保护效果。为防拖罩过热，自动焊时可以用流水冷却拖罩。

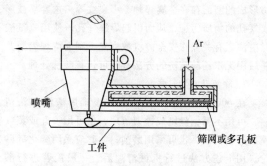

图 13-11   焊接拖罩结构示意图

应注意保护焊缝背面。钛及其合金密度小，熔池表面张力大，焊漏的可能性比钢小，只要保护良好，容易获得良好的背面焊缝成形。在多数情况下，背面保护可以采用类似拖罩的结构。为加强冷却可采用纯铜背面垫板，垫板有凹槽，槽深 2mm 左右，宽 3 ~ 8mm，视板厚而定，槽下有通气孔，孔径 1.0mm，孔距 10mm，通氩气以实现背面保护。

结构复杂的焊件由于难以实现良好的保护，宜在箱内焊接。箱体可以分为刚性和柔性两种。刚性焊接箱多用不锈钢制造，柔性焊接箱可用薄橡胶、透明塑料等制造。刚性焊接箱先抽真空到 1.3 ~ 13Pa，然后充氩气或氩气－氦混合气即可进行焊接。焊炬结构简单，不需要保护罩，也不必另外通保护气，已成功用于飞机机尾罩等重要结构焊接；柔性焊接箱可以采用抽真空的方法，也可以采用多次折叠充氩气的方法排除箱内空气。由于柔性焊接箱内氩气纯度低，焊接时仍用一般焊炬，并通以氩气进行保护。

典型焊接坡口设计见表 13-6。推荐的焊接参数列于表 13-7 和表 13-8。

为减少焊接接头过热产生粗晶，提高接头塑性，减少焊接变形和降低装配精度要求，可以采用脉冲焊。脉冲频率一般为 2 ~ 5Hz。用此工艺，板厚 0.5mm 时，变形可减少 30%，2.0mm 时，可减少 15% 左右。

氩弧焊时引入超声，可加剧熔池的振动和搅拌，促进晶核的形成，有效抑制树枝晶的长大，促进等轴化，从而提高焊接接头的力学性能。TC4 焊接接头力学性能见表 13-9。

表 13-6   钛及钛合金焊接坡口设计

名 称	接头形式	母材厚度 δ/mm	间隙/mm	
			手工焊	自动焊
无坡口对接		$\leqslant 1.5$ 1.6 ~ 2.0	$b = (0\% ~ 30\%)\delta$ $b = 0 ~ 0.5$	$b = (0\% ~ 30\%)\delta$
单面 V 形坡口对接	50°~90°	2.5 ~ 6.0	$b = 0 ~ 0.5$ $P = 0.5 ~ 1.0$	$P = 1 ~ 2$ $b = 0$
X 形坡口	50°~90° 50°~90°	6 ~ 38	$b = 0 ~ 0.5$ $P = 0.5 ~ 1.0$	$b = 0 ~ 0.5$ $P = 1 ~ 2$

（续）

名　称	接头形式	母材厚度 δ/mm	间隙/mm	
			手工焊	自动焊
卷边接		< 1.2	$a = (1.0 \sim 2.5)\delta$ R 按图样	—
T 形焊		≥ 0.5	b：贴合良好 局部允许 1δ	—
无坡口角接		≤ 1.5 1.6 ~ 2.0	$b = (0\% \sim 30\%)\delta$ $b = 0 \sim 0.5$	—
V 形坡口角接		2.0 ~ 3.0	$b = 0 \sim 0.5$ $P = 0.5 \sim 1.0$	—
搭接		0.5 ~ 1.5 1.6 ~ 3.0	$b = 0 \sim 0.3$ $b = 0 \sim 0.5$	—

表 13-7　自动钨极氩弧焊焊接参数

母材厚度 /mm	焊丝直径 /mm	钨极直径 /mm	电流强度 /A	电弧电压 /V	焊接速度 /（m/min）	送丝速度 /（m/min）	氩气流量/（L/min）		
							正面	背面	拖罩
0.5			25 ~ 40						
0.8		1.5	45 ~ 55	8 ~ 10	0.20 ~ 0.50	—	8 ~ 12	2 ~ 4	10 ~ 15
1.0	—		50 ~ 65						
1.5		2.0	90 ~ 120	10 ~ 12	0.15 ~ 0.40		10 ~ 15	3 ~ 6	12 ~ 18
1.0	1.0 ~ 1.6	1.5	70 ~ 80		0.20 ~ 0.45	0.25 ~ 0.50	8 ~ 12	2 ~ 4	10 ~ 15
1.2	1.6	1.5	80 ~ 100						
1.5	1.6	2.0	110 ~ 140	10 ~ 14					
2.0	1.6 ~ 2.0	2.5	150 ~ 190		0.25 ~ 0.60		10 ~ 15	3 ~ 6	12 ~ 18
2.5	1.6 ~ 2.0	3.0	180 ~ 250		0.15 ~ 0.40	0.30 ~ 0.75			

表 13-8　手工钨极氩弧焊焊接参数

母材厚度 /mm	焊丝直径 /mm	钨极直径 /mm	电流强度 /A	电弧电压 /V	氩气流量/（L/min）	
					正面	反面
0.4			14 ~ 20			
0.5		1.0 ~ 1.5	18 ~ 25			
0.6			20 ~ 25	8 ~ 13	11 ~ 15	
0.8			25 ~ 40			
1.0	1.6		35 ~ 45			4 ~ 6
1.5			50 ~ 80			
2.0		1.5	60 ~ 90			
2.5			90 ~ 100	10 ~ 15	10 ~ 15	
3.0			110 ~ 140			

表 13-9　TC4 焊接接头力学性能

焊接方法	R_m/MPa	R_{eL}/MPa	A(%)
常规 TIG 焊	956.6	921.1	3.33
加超声 TIG 焊	985.7	969.3	3.67

13.3.4　活性剂氩弧焊（A-TIG 焊）[20-24]

钛合金氩弧焊时，焊件表面涂碱金属-碱土金属卤化物是消除焊接气孔的有效手段。1965 年前苏联巴顿电焊研究所古列维奇发现不仅气孔明显减少，而且焊缝宽度减半，熔深增加一倍以上。以碱金属-碱土金属卤化物为主要成分的熔剂（AH-T9A）经生产条件考验已用于许多生产企业。还发现不锈钢、铜、铌等金属氩弧焊时加入熔剂时有类似效果。巴顿等把能增加 TIG 焊熔深的盐类和氧化物等叫活性剂。上世纪 80 年代以来，此法受到英、美、日等国的关注，近年来也受到我国许多焊接工作者的关注。与常规 TIG 焊相比，在相同焊接参数条件下，A-TIG 焊可大幅度增加熔深（甚至可达 3 倍），这就明显提高了生产率，降低成本，减少焊接变形，细化晶粒，还可减少焊接气孔，从而提高焊接质量。

一般认为，电弧收缩和改变熔池流动方向是 A-TIG 焊增加熔深的两个主要原因。活性剂不同，焊接材料不同，上述两因素对增加熔深的贡献不同。例如钛合金焊接时，氟化物以电弧收缩为主，氧化物以改变熔池流动方向为主。

不同氟化物对电弧收缩作用以 MgF_2、NaF、CeF_3、CaF_2、BaF_2、LiF 顺序递减，其熔透效果以相同的顺序递减，见表 13-10。

表 13-10　氟化物对厚 2.5mm 钛合金熔透效果的影响

氟化物种类	熔透情况	正面焊缝宽度 /mm	背面焊缝宽度 /mm
—	未熔透	6.67	0
LiF	未熔透	5.85	0
BaF_2	未熔透	4.20	0
CaF_2	熔透	4.42	2.59
CeF_3	熔透	5.30	4.10
NaF	熔透	3.96	5.97
MgF_2	熔透	3.17	6.63

虽然 SiO_2、TiO_2、Cr_2O_3 等氧化物都能大幅度增加钛合金焊接熔深，但会增加焊缝氧含量，故钛合金焊接时一般不单独使用上述氧化物作活性剂。碱金属卤化物由于其熔点和沸点太低，一般也不宜单独作活化剂使用。可采用碱土金属卤化物如 $MgCl_2$、MgF_2、$AlCl_3$ 等或者多种碱金属-碱土金属卤化物的混合物或者上述混合物加少量 TiO_2 等氧化物作为钛合金氩弧焊活性剂。

BT14 钛合金 TIG 和 A-TIG 焊焊缝断面如图 13-12 所示。板厚 10mm，焊接参数：电流 120A，焊接速度 20m/h。从图 13-12 可知，加 $MgCl_2$ 活性剂的 A-TIG 焊熔透约为常规 TIG 的 2.3 倍。

厚度 2.5mm 和 4mm 的 TC4 合金 TIG 和 A-TIG 焊焊接参数见表 13-11，填充丝为 ϕ1.2mm 的 TA2。在获得良好焊透和成形条件下，A-TIG 焊的热输入仅为 TIG 的 34%。这对减少焊接变形和焊接接头粗晶非常有利。焊接气孔 A-TIG 焊比 TIG 焊明显减少，

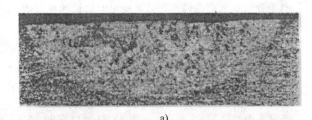

a)

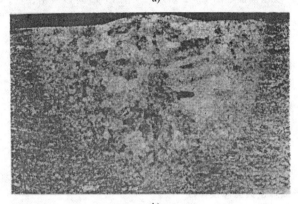

b)

图 13-12　用相同参数焊接的 BT14 熔化区宏观形貌

a）TIG 焊　b）加 MgCl₂ 的 A-TIG 焊

φ0.3mm 以下的气孔分别为 1～2 个和 15～30 个。

表 13-11　2.5mmTC4 合金焊接参数

焊接方法	焊接电流/A	电弧电压/V	焊接速度/(m/h)	热输入/(J/mm)
TIG	175	11.2～11.3	12	593.9
A-TIG	95	8.9～9.0	15	203.6

在 A-TIG 焊缝中没有发现活性剂成分，焊缝化学成分见表 13-12。从表 13-12 可知，与 TIG 焊相比，A-TIG 焊时，Al、V 合金元素及 C 烧损多些，而氧和氮的增量多些。

不同焊接方法焊接的 TC4 接头力学性能见表 13-13。从表 13-13 可知，TC4 合金 A-TIG 焊焊接接头力学性能明显优于 TIG 焊。

表 13-12　焊缝化学成分

材　料	化学成分（质量分数,%）						
	Al	V	C	H	O	N	Ti
TIG 焊缝	5.10	4.02	0.014	0.0043	0.12	0.0060	余量
A-TIG 焊缝	4.74	3.66	0.012	0.0049	0.13	0.0071	余量
母材	5.32	4.83	0.055	0.0010	0.0084	0.0048	余量

A-TIG 焊焊接接头疲劳寿命比 TIG 焊提高 5 倍以上，这与 A-TIG 焊焊接气孔明显少于 TIG 焊和 A-TIG 焊力学性能更好有关。

在焊接熔透过程中由于缺少等离子弧焊时离子气的吹力，在电弧收缩作用不很强条件下，A-TIG 焊一般不会出现电弧穿孔现象，即 A-TIG 焊焊缝成形机制一般为熔透成形，而不是小孔成形。因此焊缝成形、特别是环缝收尾时的焊缝成形比等离子弧焊更容易获得满意结果。

早期用 A-TIG 焊钛合金时曾发现电弧电压波动稍大，这对焊缝成形带来一些不利影响，此问题的解决将推动 A-TIG 焊的应用。

表 13-13　TC4 焊接接头力学性能

焊接方法	R_m/MPa	$R_{p0.2}$/MPa	A（%）	Z（%）	断裂位置	弯曲角/(°)
TIG	1014.0	911.4	7.5	9.8	焊缝	30
A-TIG	1038.9	948.5	10.0	11.5	焊缝、母材	34

13.3.5　熔化极氩弧焊[25]

此法比钨极氩弧焊有较大的热功率，用于中厚度产品焊接，可减少焊接层数、提高焊接速度和生产率、降低成本，另外气孔比钨极氩弧焊也少。此法的主要缺点是飞溅问题，它影响焊缝成形和焊接保护。短路过渡适于较薄件焊接，喷射过渡则适于较厚件焊接。由于熔化极焊接时填丝较多，故焊接坡口角度较大，厚 15～25mm 一般选用 90°单面 V 形坡口或不开

坡口，留 1～2mm 间隙两面各焊一道。钨极氩弧焊的拖罩可用于熔化极焊接，只是由于焊速较高、高温区较长，拖罩要适当加长，并用流水冷却。

13.3.6　等离子弧焊接[26~28]

与钨极氩弧焊相比，等离子弧焊接具有能量集中、单面焊双面成形、弧长变化对熔透程度影响小、无钨夹杂、气孔少和接头性能好等优点，非常适于钛及钛合金的焊接。可用"小孔型"和"熔透型"

两种方法进行焊接。"小孔型"一次焊透的适合厚度为 2.5~15mm 的钛材，"熔透型"适于各种厚度，但一次焊透的厚度较小，3mm 以上一般需开坡口，填丝焊多层。可以使用氩弧焊拖罩，只是随厚度增加和焊速提高，拖罩长度要适当加长。由于高温等离子焰流过小孔，为保证小孔的稳定，不能使用氩弧焊的背面垫板，背面沟槽尺寸要大大增加，一般取宽、深各 20~30mm 即可，背面保护气流量也要增加。15mm 以上钛材焊接时可以开 V 形或 U 形坡口、钝边取 6~8mm，用"小孔型"等离子弧焊封底，然后用埋弧焊、钨极氩弧焊或"熔透型"等离子弧焊填满坡口。由于氩弧焊封底时，钝边仅 1mm 左右，故用等离子弧焊封底可显著减少焊接层数、填丝量和焊接角变形，并能提高生产率和降低成本。"熔透型"多用于 3mm 以下薄件焊接，它比钨极氩弧焊容易保证焊接质量。用钨极氩弧焊焊接熔炼钛材电极时常常出现钨夹杂，直接影响钛锭和钛材质量。采用"熔透型"等离子弧焊接很容易解决这一问题。

在我国，等离子弧焊接已成功用于航天压力容器、30 万吨合成氨成套设备和 24 万吨尿素汽提塔。钨极氩弧焊和等离子弧焊接的钛合金压力容器焊接接头横断面如图 13-13 所示。从图 13-13 可以看出，氩弧焊时，背面用垫板，等离子弧焊时背面不用垫板，这主要是由于等离子弧焊接背面成形容易所致。等离子弧焊接典型参数见表 13-14 所示。

TC4 合金钨极氩弧焊和等离子弧焊接接头性能见表 13-15 所示。氩弧焊用 TC3 作填丝，等离子弧焊不填丝，焊接接头去掉加强高。拉伸试样均断于过热区。从表 13-15 可知，两种焊接方法接头强度系数皆可达到 93%，接头塑性等离子弧焊可达到母材的 70% 左右，比氩弧焊（约 50%）好。

表 13-14　钛材等离子弧焊接典型焊接参数

厚度 /mm	喷嘴孔径 /mm	电流强度 /A	电弧电压 /V	焊接速度 /(m/h)	送丝速度 /(m/h)	焊丝直径 /mm	氩气流量/(L/min)			
							离子气	保护气	拖罩	背面
0.2	0.8	5	—	7.5	—	—	0.25	10	—	2
0.4	0.8	6	—	7.5	—	—	0.25	10	—	2
1	1.5	35	18	12	—	—	0.5	12	15	2
3	3.5	150	24	23	60	1.5	4	15	20	6
6	3.5	160	30	18	68	1.5	7	20	25	15
8	3.5	172	30	18	72	1.5	7	20	25	15
10	3.5	250	25	9	46	1.5	7	20	25	15

注：直流、正接。

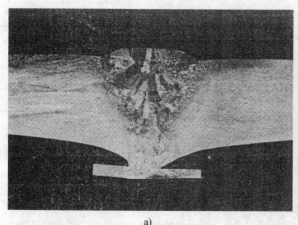
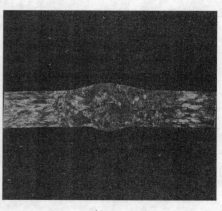

a)　　　　　　　　　　　　　　　　b)

图 13-13　钛合金压力容器焊接接头横断面（3×）
a）氩弧焊接头　b）等离子弧焊接头
（TIG 焊的板材厚，等离子焊的板材薄，TIG 焊时需开坡口、加垫板）

表 13-15 TC4 合金焊接接头力学性能

材料	抗拉强度/MPa	屈服强度/MPa	断后伸长率（%）	断面收缩率（%）	冷弯角/（°）
等离子弧焊接头	1005	954	6.9	21.8	13.2
氩弧焊接头	1006	957	5.9	14.6	6.5
母材①	1072	983	11.2	27.3	16.9

① 母材 $w(O) = 0.11\%$。

13.3.7 真空电子束焊[23,29,30]

真空电子束焊非常适用于钛及其合金的焊接。这主要因为它具有一系列的优点：焊接冶金质量好、焊缝窄、深宽比大、焊缝角变形小、焊缝及热影响区晶粒细、接头性能好，焊缝和热影响区不会被空气沾污、焊接厚件时效率高等。其缺点是焊缝向母材过渡不平滑，容易出现气孔和结构尺寸受真空室限制等。为预防气孔，焊前要认真清理，多用酸洗和机械加工。为改善焊缝向母材的过渡可焊 2 道，第 1 道为高功率密度的深熔焊，第 2 道为低功率密度的修饰焊，这可大幅度提高接头疲劳性能。电子束摆动可改善焊缝成形、细化晶粒和减少气孔，接头性能也随之提高。有时背面加垫板，用以预防未焊透或成形不良带来的不利影响。典型的钛及其合金真空电子束焊参数见表 13-16。该法已成功地用于航空发动机机匣、压气机盘等钛合金构件的焊接。

焊接接头力学性能见表 13-17 所示。

表 13-16 钛材真空电子束焊参数

材料厚度/mm	加速电压/kV	焊接束流/mA	焊接速度/（m/min）	材料厚度/mm	加速电压/kV	焊接束流/mA	焊接速度/（m/min）
1.0	13	50	2.1	16	30	260	1.5
2.0	18.5	90	1.9	25	40	350	1.3
3.2	20	95	0.8	50	45	450	0.7
5	28	170	2.5				

表 13-17 钛合金电子束焊缝力学性能

合金	厚度/mm	试件种类	热处理	抗拉强度/MPa	屈服强度/MPa	断后伸长率（%）	断面收缩率（%）	断裂韧度/（MPa·m$^{1/2}$）
TC4	25.4	母材	轧制退火	1027	971	14	22	110
		焊缝	705℃,5h	1020	951	14	20	62.7
	50.8	母材	轧制退火	937	868	9	10	116.6
		焊缝	705℃,5h	916	868	10	18	91.3
TC10	6.4	母材	轧制退火	1109	1054	13	—	48.4
		焊缝	无	1206	1089	35	—	48.4
		焊缝	760℃,4h	1096	1013	12	—	62.7

13.3.8 激光焊[31-34]

激光焊时的能量密度与电子束焊相当，但激光束通过大气时扩散范围比电子束小得多，故能在大气中进行焊接，其机动性优于电子束焊。当然，为防止空气污染，焊缝正面及背面用惰性气体保护还是必要的。采用高能密度焊接时，熔池上方金属蒸气的电离作用会使激光束扩散并妨碍焊接。用惰性气体（最好是氦）吹散熔池上方的金属离子云可防止这种情况出现。

与电子束焊一样，也可以采用熔透式或小孔技术进行焊接。采用小孔技术时，激光能量吸收率可达90%，采用熔透技术时，能量吸收率大大降低。采用15kW 激光焊，TC4 合金单道焊最大厚度可达 15mm。

TC4 合金激光焊接头组织和力学性能与电子束焊类似。其焊接缺陷及预防措施也与电子束焊类似。

激光焦点位置对焊缝成形和焊缝宽度产生一定的影响。尽管采用长焦距透镜（127mm），但焦点位置仍有影响。图 13-14 为不同离焦量时的焊缝断面形状，当离焦量为 -1mm 时，焊缝最窄，离焦量为 0 时，焊缝咬边最小。钛合金激光焊时容易产生轻微咬边，这对静载强度影响不大，但会降低焊接接头疲劳强度。为此可采用焊后打磨或机械加工方法消除咬边。

钛合金激光焊焊缝具有钉形和 X 形两种典型截面形貌。随焊接热输入和激光功率密度的增加，焊缝形状由钉形向近 X 形转变。在相同参数条件下，YAG 激光比 CO_2 激光更容易获得近 X 形焊缝。

与其他焊接方法相比，激光焊有两个因素促进气孔形成：一是焊接熔池中产生许多金属蒸气，二是熔池凝固速度快，气泡难以逸出。此问题可用酸洗解决，用新配制的 3% 氢氟酸 + 35% 硝酸水溶液酸洗。酸洗后要在 12h 内焊完，否则要重新酸洗。

利用激光焊熔深大的特点进行搭接焊，图 13-15 为两层各厚 1.6mm 的 TC4 板不同激光焊参数情况下的断面形貌。

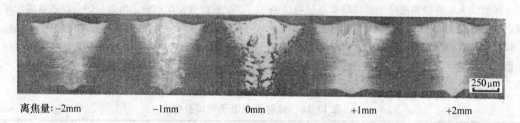

离焦量: -2mm　　　　-1mm　　　　0mm　　　　+1mm　　　　+2mm

图 13-14　不同离焦量焊接时焊缝断面形状

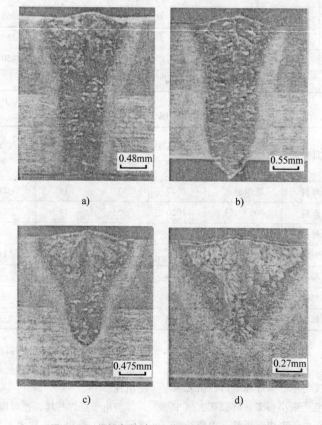

a)　　　　　　　　　　b)

c)　　　　　　　　　　d)

图 13-15　焊接参数对激光搭接焊断面形貌的影响

a) $P = 2.3\text{kW}$, $v = 2.5\text{m/min}$　b) $P = 2.0\text{kW}$, $v = 2.5\text{m/min}$

c) $P = 1.5\text{kW}$, $v = 2.0\text{m/min}$　d) $P = 1\text{kW}$, $v = 1.5\text{m/min}$

13.3.9　电火花堆焊[35]

电火花堆焊是将电火花放电过程中熔化掉的电极材料涂敷并焊合到工件表面的工艺过程。它具有以下显著优点：①能量集中，热输入小，基体材料发生组织、性能的变化及应力变形可以忽略；②堆焊层与基体为冶金结合，克服了非冶金结合时的工作不可靠性；③堆焊层有大量微小孔隙，便于储存润滑油，提高耐磨性；④设备价格低廉，操作简单。电火花堆焊工作示意图如图 13-16 所示。在电极与焊件之间脉冲放电的极短时间（约 $20\mu s$）内，形成的高温使电极和基体微区熔化，电极熔滴高速向基体熔池过渡，形成微区堆焊层。不断重复上述过程，最终形成连续致密的堆焊层。图 13-17 为钛合金基体上电火花堆焊 WC92-Co8 的截面形貌，堆焊层厚约 $50\mu m$。航空发动机叶片榫头电火花堆焊碳化钨代替喷镀碳化钨可以提高产品质量和使用寿命。

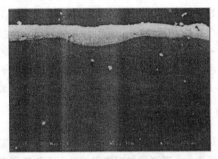

图 13-17　钛合金电火花堆焊层截面形貌

13.3.10　爆炸焊[36,37]

钛的耐腐蚀性好，但成本高，常与钢制成复合板以降低制造成本。爆炸焊是生产钛钢复合板的常用方法。大面积钛钢复合板爆炸焊接时一般采用平行法，很少采用角度法。最好采用中心起爆，以利于间隙中的气体排出，减少结合区的熔化。常常选用粉状炸药，为提高焊着率，一般选用低爆速炸药。爆炸焊时局部不结合是难免的，其结合率一般要求大于98%。钛-钢爆炸焊区多为波状，如图 13-18 所示。钛钢复合板力学性能见表 13-18。

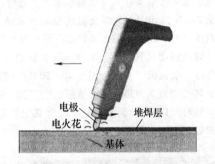

图 13-16　电火花堆焊工作示意图

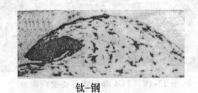

钛-钢

图 13-18　钛-钢爆炸焊结合区形貌（50×）

表 13-18　钛钢复合板力学性能

剪切 /MPa	分离 /MPa	拉伸			弯曲/(°)		A_K /(J/cm²)
		R_m /MPa	R_{eL} /MPa	A (%)	内弯	外弯	
345	386	421	310	18	180	180	117.6

更大面积钛钢复合板一般采用爆炸焊-热轧工艺生产。在热轧加热、轧制和冷却过程中，由于 Ti、Fe 的扩散，在结合面上形成 $TiFe$、$TiFe_2$ 金属间化合物，硬度和脆性增加，结合强度降低。为此应尽量降低热轧加热温度（例如降到 800℃），缩短保温时间，以减少 $TiFe$、$TiFe_2$ 的生成。用钛-镍-钢三层爆炸焊后热轧可消除 $TiFe$、$TiFe_2$ 的生成和脆性的产生。

13.3.11　闪光焊[2]

钛及其合金闪光焊可在普通闪光焊机上进行，接头设计与钢类似。同断面所需功率和顶锻力比焊接钢小些。为减少焊接时空气沾污，应尽量采用快的闪光速度和短的闪光时间。焊接时最好附加氩气保护装置，特别是非实心件焊接时更是如此。建议采用抛物线闪光曲线，这可使金属损失最少。一般采用小到中等的顶锻力。钛及其合金闪光焊接头晶粒细、塑性好、疲劳强度和静载强度高，接头强度系数接近100%。闪光焊已用于 TC4 合金框焊接，断面为角材，50mm×50mm，厚5mm，先热变形成半圆，然后两半圆闪光焊成圆框。

13.3.12　高频焊[38]

用于管材和型材焊接，焊接时内外表面需用氩气保护，以防空气沾污。此法的优点是生产率高，焊质量好,成本比无缝管低20%左右。用此法我国已能生产直径20~62mm、厚2.5mm的钛管,焊接速度为5~6m/min。焊后外飞边机械加工掉。此工艺的缺点是内飞边难以去除。另外设备一次投资较大,需200~500kW、250~450kHz的高频电源和成型装置。

13.3.13　摩擦焊[2,39]

钛及其合金摩擦焊没有特殊困难。为了获得良好的焊接接头,需要通过摩擦将接触表面加热到高塑性的焊接温度,并随即施以顶锻力,使界面紧密接触,并从界面挤出金属。惯性摩擦焊时从界面开始接触到转动停止的时间间隔从不足1s到4s,线速度从250m/min到630m/min,压力从60MPa到100MPa,与合金钢、镍基合金相比,速度要高些,压力要小些。典型的摩擦焊接头组织如图13-19所示。接头力学性能见表13-19。

图13-19　TC4摩擦焊接头宏观形貌

表13-19　钛合金惯性摩擦焊接头力学性能

合金	试件种类	抗拉强度/MPa	屈服强度/MPa	断后伸长率(%)	断面收缩率(%)
TC4	母材	999	923	15	33
	焊接接头	951	848	13	32
TC10	母材	1247	1212	17	51
	焊接接头	1267	1219	10	25

TC4钛合金连续驱动摩擦焊时,虽然其熔点和热强度高,但因其高温塑性大,与其他有色金属相比,摩擦焊参数要小些,焊接参数见表13-20所示。焊接接头力学性能见表13-21所示。拉伸试样断于母材,拉伸和冲击试样断口有明显的韧性断裂特性。

表13-20　TC4摩擦焊参数

摩擦压力/MPa	顶锻压力/MPa	摩擦时间/s	顶锻时间/s
1.0	1.5	1.0	3.0

表13-21　TC4摩擦焊接头力学性能

材料	R_m/MPa	A(%)	Z(%)	KV/(J/cm²)
焊接接头	1051	12.4	28	98.2
退火母材	902	10.0	30	39.2

13.3.14　扩散焊[2,37,40-42]

钛及其合金容易实现扩散焊,同成分的钛及其合金扩散焊接头金相上没有原始界面的痕迹。扩散焊接头性能一般比熔焊接头性能好。与熔焊相比,扩散焊还有如下优点:空气沾污少,焊接变形小甚至无变形,节省材料,耐蚀性与母材相当等。

与熔焊相比,被焊接表面的清理显得更加重要,应去除氧化物、有机物和其他污染物。此外表面要加工平整、光滑,以便使两界面紧密、均匀接触。钛及其合金扩散焊一般要在真空或氩气保护下进行。焊接压力从2MPa到30MPa,焊接温度低时用较大压力;焊接温度高时,用较小的压力。在不损伤母材性能的条件下焊接温度可选高些。对于α+β钛合金而言,焊接温度一般选低于β转变温度40~50℃,例如TC4合金β转变温度为996℃,扩散焊温度可选950℃左右。焊接时间以0.5h为宜。TC4合金真空扩散焊接头组织如图13-20所示。

图13-20　TC4合金真空扩散焊接头组织
(100×)

食品工业中用于过滤杂质的粉末钛材,若采用熔焊则破坏其多孔性,影响过滤效果,采用扩散焊则可保留其多孔性。

超塑性成形与扩散焊两个工艺过程合并到一个工序的新工艺,可以节约加工成本80%左右,材料利用率也大大提高。已用于舱门、空心叶片和框段结构等。图 13-21 为四层板结构件。

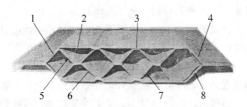

焊点	1	2	3	4	5	6	7	8
厚度 /mm	0.76	0.77	0.78	0.76	0.28	0.28	0.28	0.28

图 13-21　四层板结构件

13.3.15　扩散钎焊[31,43,44]

所采用的时间、温度和焊前清理工艺与扩散焊非常相近，只是压力要小得多，只要能使焊件相互接触即可。

连接面上常常镀铜、镀镍或者加上一层厚 0.005 ~ 0.03mm 的铜或镍箔作为过渡层，当加热到 900 ~ 950℃ 时，铜与钛发生反应，在接头连接面上生成熔融的共晶体，该液相能润湿钛，并像一般钎焊一样填满接头间隙。在 1 ~ 4h 保温过程中，共晶液体与基体金属之间继续扩散，改变成分而固化。此工艺又叫液相界面扩散焊。如果扩散过程足够，残余铜几乎不存在，即可获得良好性能的接头。

面积大，形状复杂和要求变形小的零件，采用扩散钎焊比较合适。扩散钎焊已用于航空、宇航工业中，例如用该法制造飞机蒙皮带肋条的钛合金壁板、喷气发动机的钛合金圆筒壳体和空心叶片等。此工艺具有成本低、外形好、接头性能好等优点。

13.3.16　钎焊[2,45-47]

钎焊是钛及其合金与其他金属最简单可靠的连接方法，亦可用于钛与钛合金的连接，由于钛的高温活性强，钎焊一般在真空或氩气保护下进行。钛容易与钎料合金化，故易于钎焊，但同时也容易形成金属间化合物，引起接头脆性。为此应选择合适的钎料和降低钎焊温度、缩短钎焊时间以便不形成或少形成脆性的金属化合物。

钎料主要有银基、铝基和钛基 3 类，铜基和镍基钎料由于形成脆性的金属间化合物，一般不宜使用。钎料中加入少量的 Li，可以加速钎焊过程。纯银、Ag-5Al、Ag-5Al-5Ti、Ag-5Al-0.5Mn、Ag-5Al-1Mn-0.2Li、Ag-30Al、Ag-10Pd 和 Ag-9Pd-9Ga 都是比较好的钎料，接头强度高、耐盐雾腐蚀性能好，它们还

可以用于钛与钢的钎焊，40m² 醋酸热交换器的钛钢复合板就是用 Ag-5Al-1Mn-0.5Ni-0.2Li 钎料钎焊的，接头抗剪强度大于 150MPa。纯铝和一些铝合金如 Al-1.2Mn 和 Al-4.8Si-3.8Cu-0.2Fe-0.2Ni 可用作钎料，铝基钎料钎焊温度低，仅 580 ~ 670℃，用来钎焊钛蜂窝结构。钛基钎料有 Ti-15Cu-15Ni、Ti-Zr-Cu-Ni、Ti-48Zr-4Be 等，用 Ti-15Cu-15Ni 钎料将蒙皮与波纹夹芯板钎焊成防冰机翼。Ti-48Zr-4Be 等耐蚀性很好、强度高、输肌用的 TC4 合金管路一般用此钎料钎焊。这类钎料还可用于钛与钢、难熔金属等的钎焊。

钛与其他金属钎焊时，有时预先熔敷一薄层钎料于被钎焊的焊件表面上，用此方法甚至可以用火焰钎焊，无氧熔剂和熔敷的钎料起到保护钛不受空气污染的作用。

为了保证钎焊接头质量，在真空钎焊时，真空度不应低于 1.3×10^{-1} Pa，在氩气保护钎焊时，氩气的露点不应高于 $-60℃$。

快速凝固技术制造的非晶金属钎焊带材，可用于不同成分和熔点的钎料，可按钎焊部位把合金带材制成一定形状，置于钎焊处进行钎焊，适于自动化操作，复杂构件可一次钎焊完成，可降低成本，减少钎料浪费。此外钎料润湿性好，可充分填充钎焊缝，提高钎焊强度，保证钎焊质量。

当钎料中 $w(Cu)$ 超过 15% 时，钎缝中有可能形成金属间化合物脆性相，减少接头间隙和提高钎焊加热、冷却速度有利于避免 Ti_2Cu 等脆性相形成。TC4 合金允许钎焊间隙如图 13-22 所示。

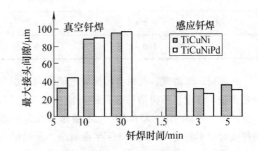

图 13-22　TC4 钎焊接头（Ti-Cu-Ni）

用 Ti-20Zr-25Cu-10Ni 非晶态钎料，1223K、5 ~ 10min 真空钎焊，钎焊接头强度可达 1040MPa，断于基体。增加钎焊时间，接头强度不变，但断后伸长率降低，这可能与晶粒长大和 Ti_2Cu 脆性相形成有关。

13.3.17　电阻点焊和缝焊[2,48]

钛及其合金电阻点焊和缝焊时，焊接处的两板结

合面紧密贴合，焊核金属不暴露在大气中，因此不会产生高温氧化，又因采用水冷电极，冷却效果好，表面也不会严重氧化。因此与氩弧焊相比，钛及其合金实现点焊和缝焊要容易得多。点焊用强规范缝焊都不需要附加保护。用软规范缝焊时，由于高温停留时间较长，需另加保护。保护装置与氩弧焊拖罩类似。由于钛及其合金高温塑性好，焊接时焊核周围的塑性环密封性比钢和铝好，即使采用强规范也不易产生金属飞溅，这对提高钛及其合金点焊和缝焊质量有利。

钛及其合金杂质少，有效结晶温度区间窄，凝固收缩量少，点焊和缝焊时一般不会出现焊核裂纹。

钛及其合金、铝合金和不锈钢的热物理性能见表 13-22。从该表可知，纯钛的热导率和电阻系数与 07Cr19Ni11Ti 相近，因此纯钛点焊和缝焊可用与不锈钢相近的工艺参数，而钛合金导热性差、电阻系数又大，焊接时产生的热量多，又不容易散失，因此焊接电流要比不锈钢小 20% ～30%。焊接参数如表 13-23 所示。

表 13-22　钛、钛合金、铝合金和不锈钢的热物理性能

材料	密度/(10³kg/m³)	线胀系数/(10⁻⁶/K)	热导率/[W/(m·K)]	电阻率/10⁻⁶Ω·cm
07Cr19Ni11Ti	7.9	16.6	16.3	75
工业纯钛	4.5	8.4	16.3	42
TA7	4.42	8.5	8.8	138
TC1	4.55	8.0	10.2	—
TC4	4.44	9.1	6.8	160
LD7	2.8	19.6	142.4	5.5

表 13-23　TA7 和 TC4 合金电阻点焊参数

材料	厚度/mm	焊接电流/kA	焊接时间/s	焊接压力/N	电极端面半径/mm
TA7	1.5 + 1.5	10	0.18	6860	75
TA7	2.5 + 2.5	12	0.30	6860	75
TC4	0.8 + 0.8	5.5	0.12	2650	75
TC4	1.5 + 1.5	10.6	0.18	6860	75
TC4	0.5 + 1.5	6 ~ 8	0.14	1760	100
TC4	1.0 + 1.5	8 ~ 9	0.18	2650	100

焊前应认真清理，否则会因接触电阻不同而引起焊接质量不稳定，不清洁的表面还可能生成脆性相。一般用 3% ～5% HF + 35% HNO₃ 水溶液酸洗，酸洗到焊接时间不超过 48h，并需保存在洁净、干燥的环境中。电极材料虽无特殊要求，但因钛及其合金高温硬度比不锈钢大，采用硬度高、耐磨性好的镉铜、铬锆铜或铍钴铜合金更好些。钛及其合金虽不敏感于电极端部形状，但为保证焊接质量，防止飞溅，还是采用球面电极为好。

TA7 合金点焊接头低倍组织如图 13-23 所示。由于钛的活性强、高温塑性好，点焊和缝焊时，在压力和电阻热的作用下，焊核周围发生塑性变形并实现固相焊接。这增加了焊点的承力面积，对提高承载能力有利。

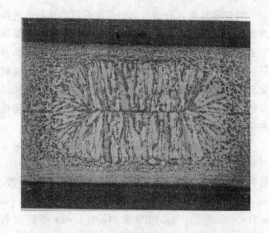

图 13-23　TA7 合金点焊接头组织（10 ×）

13.4　焊缝缺陷及补焊工艺

13.4.1　气孔

焊缝气孔很难完全消除，往往根据焊缝承受的载荷状况对气孔尺寸、数量和分布等加以限制。预防气孔的措施主要从下述方面考虑：

1. 材料及表面处理

1）保护气一般使用一级氩气，纯度为 99.99% 以上。

2）焊丝不允许有裂纹、夹层，临焊前焊丝最好进行真空热处理、酸洗，至少也要进行机械清理。

3）焊件表面，特别是对接端面状态非常重要，对接端面如果不能进行铣削、刮削等机械加工，最好临焊前进行酸洗。酸洗液一般采用 5% HF + 35% HNO_3 水溶液，有时为减少钛材酸洗增氢，可将 HF 的含量减少到 3%，酸洗后用净水冲洗、烘干。酸洗到焊接的时间一般不应超过 2h，否则需要放到洁净、干燥的环境中储存，储存时间不超过 120h。

4）横向刨、锤击和滚压端面，产生横向沟槽，可比不带沟槽的气孔减少 2 倍，其中滚压法生产率最高，刨的端面焊接时需填丝，否则焊缝凹陷。

5）焊前热清理可明显减少气孔，氩弧焊时可用电弧热清理，电子束焊时可用电子束散焦预先加热，也可用感应加热到 700 ~ 1000℃。

2. 焊接方法和工艺

1）氩弧焊时，采用脉冲焊可明显减少气孔，通断比以 1:1 为好。

2）采用等离子弧焊接，特别是脉冲等离子弧焊接比用氩弧焊气孔少。

3）增加熔池停留时间便于气泡逸出，可有效地减少气孔。具体措施有：电子束焊时，采用散焦焊接，低速焊和焊道重熔，氩弧焊时采用一个熔池的多电极焊接及焊道重熔等。无氧熔剂电渣焊能保证更长的熔池停留时间，故一般无气孔。

4）用电磁、超声和冶金方法强化熔池去气可有效地减少气孔，其中最有效的是冶金方法，即用 $AlCl_3$、$MnCl_2$ 或 CaF_2 等涂于焊接坡口上，熔剂数量一般为每平方厘米 1mg。

5）对接坡口留间隙 0.2 ~ 0.5mm 可明显减少气孔。

6）电子束焊接时，用摆动和旋转电子束的方法可显著减少气孔。

7）在钨极氩弧焊填丝焊接时，采用焊丝距熔池一定高度导入，使焊丝熔化后不直接进入熔池，而是

在电弧区下落，起到熔滴净化去气作用，可明显减少气孔。此法和端面涂熔剂法皆影响焊缝成形。

13.4.2　裂纹

虽然多种因素都能引起钛及钛合金焊接裂纹，但实际生产中焊接裂纹并不多见。主要有以下 3 种情况易于产生裂纹：

1）TC4 钛合金压力容器焊缝内存在氢化钛曾引起爆炸事故。事故原因是误用工业纯钛焊丝，后几层焊缝合金元素含量很少，基本上是单相 α 组织，而 α 钛中氢的溶解度很低，使氢过饱和，出现氢化钛并引起脆化。这一事故表明，厚壁 α + β 或 β 钛合金不宜用 α 钛焊丝焊接。薄壁时由于母材的稀释作用，焊缝一般不会出现单相 α 组织，故允许用 α 钛作焊接填充材料。

2）焊接保护不良，焊缝变脆引起的焊接热应力裂纹。

3）当 TC10 这类含 β 稳定元素较多的钛合金焊接时，如果结构刚性较大、焊接工艺不当时，有可能出现延时裂纹。采用预热缓冷和其他适当的工艺措施可避免这类裂纹。

13.4.3　未焊透

未焊透是氩弧焊易出现的焊接缺陷，这与电弧特性有关。电弧张角大（约 45°），弧长少量变化引起工件加热面积较大变化。自动氩弧焊时最好使用弧长自动调节装置，保持弧长变化在 ± 0.15mm 以内，电弧电压波动在 ± 0.1V 范围以内。由于钛的密度小，液态表面张力大，故烧穿的可能性比钢小，可用稍大参数焊接。采用背面加垫板也可预防未焊透。

13.4.4　钨夹杂

手工氩弧焊时，因操作不慎可能产生钨夹杂。自动焊时，为增加熔深，有时采用"潜弧焊"工艺，引弧出现弧坑后，下降机头和焊炬使钨极尖端处在焊件表面以下，此时一旦断弧而又未及时提高钨极，弧坑周围的液态金属填平弧坑、埋住钨极尖，熔池凝固后形成钨夹杂。

13.4.5　焊缝背面回缩

这是由于熔池表面张力大，钛的密度小和坡口尺寸不合适所致。焊缝上表面的表面张力在垂直方向上的分量大于熔池自重和电弧压力时引起背面回缩，背面气压过高也会引起回缩。前者可用阶梯形或浅 U 形坡口来减少表面张力在垂直方向的分量和增加钝边

尺寸以增加熔池自重来解决，后者则用减少背面保护气量以降低压力来避免。

13.4.6　保护不良引起的缺陷

在保护不良时，氧、氮等进入焊缝及近缝区引起冶金质量变坏。焊缝和近缝区颜色是保护效果的标志，银白色表示保护效果最好，淡黄色为轻微氧化，是允许的。表面颜色一般应符合表13-24规定。焊缝的背面保护有时被忽略，实际上背面保护与正面保护同样重要。

表 13-24　焊缝和热影响区的表面颜色

焊缝级别	焊缝				热影响区			
	银白、淡黄	深黄	金紫	深蓝	银白、淡黄	深黄	金紫	深蓝
一级	允许	不允许	不允许	不允许	允许	不允许	不允许	不允许
二级	允许	允许	不允许	不允许	允许	允许	不允许	不允许
三级	允许	允许	允许	不允许	允许	允许	允许	允许

13.4.7　补焊工艺

当保护不良表面颜色超过规定时，虽然重熔可使焊缝变成银白色，焊缝成形也好，但这是绝对不允许的。此时氧、氮不仅不会减少，还会由于表面富氧、氮层融入焊缝内部，使焊缝氧氮含量增加，韧、塑性显著降低。此时应将保护不良的这层焊缝加工掉，重新焊接。近缝区的氧化、氮化层也应用砂纸等清理干净。

钨夹杂、裂纹和超过标准规定的气孔应按照 X 射线检验所确定的位置来除掉，经检查无缺陷后再进行补焊。补焊处仍需探伤检查。

未焊透如果能从焊缝背面进行补焊，最好在背面进行。例如球形容器可用加工成特殊的钨极伸向球内背面焊缝处进行补焊，补焊次数一般不超过两次。

13.5　钛镍、钛铝合金焊接

13.5.1　钛镍合金焊接[49-52]

接近等原子比的钛镍合金除具有比强度高、抗疲劳、耐磨损、耐蚀性和生物相容性好外，还具有神奇的形状记忆效应和超弹性。它已成功用于卫星天线、管接头紧固件以及能源、汽车、医学和电子设备等领域，被称为"21世纪的理想材料"。

钛镍合金熔化焊接时，粗大的铸造组织不仅强度降低、接头变脆，而且会严重降低形状记忆效应，因此一般不采用熔焊方法连接钛镍合金。电阻焊、钎焊、扩散焊和摩擦焊是焊接钛镍合金适用工艺方法。

1. 电阻焊

由于钛镍合金电阻大、导热性差，电阻点焊时加热集中，时间短，对母材热影响小，接头形状记忆效应损失少，是一种简单有效的焊接方法。钛镍合金卫星天线就是采用此法焊接的。钛镍合金张开形天线卷曲收缩后安装在卫星内，卫星发射入轨后，借助于太阳能加热产生马氏体逆变使天线张开。该天线的成功应用大大节约了卫星的有效空间。

焊前钛镍丝需用砂纸打磨，氢氟酸-硝酸水溶液酸洗，流水冲洗，自然晾干或擦干。可用 P105-9A 精密时间控制交流点焊机点焊，焊接时用氩气保护。焊接参数：焊接热量350，压力75N，时间0.01s。可获得98%以上的形状记忆恢复率和满意的力学性能（达到母材的90%）。采用氩气保护可使接头力学性能比不加氩气保护提高30%。储能脉冲点焊接头力学性能尚不如交流点焊。随机后热处理可明显降低位错密度、消除残余应力，提高晶体排列有序性，从而提高焊接接头形状恢复率。焊后 500℃、1h 时效处理，焊缝区组织由柱状树枝晶变为等轴晶，由高温相 + 马氏体组成，与母材一致，因此具有良好的形状记忆效应。

2. 钎焊

可以采用接触电阻加热、电阻加热或红外加热的方法进行钎焊。焊前清洗与电阻焊类似。电阻钎焊时可以采用电阻焊相同的设备，只是需要涂上膏状钎剂和加入薄片状钎料即可。钎料可用铜-镍或银-铜钎料。此法比电阻焊的优点在于焊接温度低、力学性能好，缺点是工艺复杂。

当钛镍合金构件有记忆功能或超弹性使用要求时，选择的钎剂的活性温度、钎料熔化温度和钎焊温度均应低于钛镍合金退火温度，以防母材的形状记忆功能和超弹性丧失。此时 Ti-Ni 等高温钎料不宜采用。钎料可用 Ag59Cu23Zn15Ni2Sn1、Ag72-Cu28 基础上加入 0.5% Li（质量分数）或 0.5%～3.0% Ni

（质量分数），氩气保护，结合强度达到 200MPa 以上，采用 Cu56-Ni42-Mn1.5 钎料、氩气保护电阻钎焊，接头拉剪强度可达 577MPa。

13.5.2　钛铝基合金焊接[53-57]

钛铝基合金具有密度小（3.8g/cm³）、比强度高、刚性大、高温力学性能和抗氧化性好等优点，是一种比较理想的新型高温结构材料，在航空航天发动机和高级汽车发动机上极具应用潜力。

钛铝基合金焊接性较差，主要问题在于焊接裂纹倾向大，TiAl、Ti₃Al 金属间化合物引起脆性使接头力学性能降低，熔化焊接比较困难。适用的焊接方法主要有钎焊、扩散焊和摩擦焊。

钎焊需要在真空或氩气保护下进行。用 Zr65Al7.5Cu27.5 非晶条带在真空度为 1×10^{-3} Pa 的条件下钎焊铸造的 Ti-48Al-2Cr-2Nb，钎焊温度为 1223K、保温时间 20min，随炉冷却，获得了界面结合紧密、组织良好的钎焊接头。

用红外钎焊技术成功连接了钛铝基合金。所用钎料为 Ti-15Cu-15Ni，钎焊温度为 1373 ~ 1473K，保温时间 30 ~ 60s。此法的主要优点为加热冷却速度快、高温停留时间短。

涡轮增压器可改善发动机性能，该构件由镍基合金改用 TiAl 基合金制造可减轻重量和提高燃油热效率。为此需解决 TiAl 与钢轴的连接问题。用 Ag-Cu-Ti 或 Ag-Cu-Zn 钎料，由于 Ag、Cu、Ti 原子扩散，在钎料与 TiAl 界面上有 Ti（Cu、Al）₂ 金属间化合物反应层出现，接头强度高，抗拉强度大于 387MPa，断于 TiAl 基体。

钛铝基合金扩散焊是目前研究最多，也是最有效的连接方法。Ti-38Al 铸造合金在 1473K、3.8ks、15MPa 条件下，得到良好的扩散连接接头，接头室温抗拉强度达 225MPa，断于基体。接头经 1573K 后热处理可提高高温抗拉强度，由 40MPa 提高到 210MPa，断于基体。

铸造 Ti-34Al 加铝箔中间层进行瞬时液相扩散焊，温度为 1173K，铝中间层熔化，与基体扩散反应生成 TiAl₃、TiAl₂，经 1573K 热处理后，接头室温和高温强度与母材相当。

以 Ag-Cu-Ti 作中间层进行瞬时液相扩散焊，规范为 1173K、10min、0.4MPa，接头强度达 387 ~ 425MPa，在 TiAl 与 AgCuTi 界面上有 AlCu₂Ti 和 Ag 生成。

以 Ti、V、Cu 作中间层在 Ti/V、V/Cu 和 Cu/40Cr 钢界面上未形成金属间化合物，结合强度高，抗拉强度可达 350MPa。

近等原子比的 Ti-33.8Al 摩擦接头抗拉强度达 539MPa，断裂于母材。结合断面由微细再结晶区、纤维状组织和塑性流动区构成。

13.6　焊后热处理[58,59]

焊后热处理的目的在于消除应力、稳定组织和获得最佳的物理-力学性能。真空热处理还可以降低氢含量和防止工件表面氧化。根据合金成分、原始状态和结构使用要求可分别进行退火、时效或淬火-时效处理。

由于钛及其合金活性强，在高于 540℃ 大气介质中热处理时，表面生成较厚的氧化层，硬度增加、塑性降低，为此需进行酸洗。为防酸洗时增氢应控制酸洗温度，一般应在 40℃ 以下。

13.6.1　退火

适用于各类钛及其合金，并且是 α 和 β 钛合金唯一的热处理方式。

α 和稳定 β 合金对退火后的冷却速度不敏感，而 α + β 合金，特别是过渡型合金对冷却速度很敏感，后者要以规定速度冷却到一定温度，然后空冷或分阶段退火。为保证其热稳定性，开始空冷的温度不应低于使用温度。钛合金焊接接头推荐的退火温度见表 13-25，退火时间由焊件厚度而定，不超过 1.5mm 取 15min，1.6 ~ 2.0mm 取 20min，2.1 ~ 6.0mm 取 25min，6 ~ 20mm 取 60min，20 ~ 50mm 取 120min。采用上述参数可基本消除内应力并能保证较高的强度，而且空冷时不产生或少产生马氏体，故塑性也好。完全退火由于温度较高，需在真空或在氩气介质中进行，否则表面空气沾污严重。

不完全退火在较低温度下进行，因此可在大气中进行。由于空气沾污轻微，故可用酸洗除去。不完全退火温度范围见表 13-26。退火时间根据焊件厚度不同可在 1 ~ 4h 变化。

表 13-25　钛及其合金退火温度

材　　料	TA1、TA2	TA6、TA7	TC1、TC2	TC3、TC4	TB2
退火温度/℃	550 ~ 680	720 ~ 820	620 ~ 700	720 ~ 800	790 ~ 810

表 13-26　钛及其合金不完全退火温度

材　料	TA1、TA2	TA6、TA7、TC4	TC1、TC2	TC3
退火温度/℃	450 ~ 490	550 ~ 600	570 ~ 610	550 ~ 650

13.6.2　淬火-时效处理

　　这是一种强化热处理，其原理是在高温快冷时保留亚稳定的 β、α′相，在随后时效时析出 α 和 β 相的弥散质点，形成平衡的 α + β 组织。而在低温（<500℃）时效时，某些钛合金可能生成 ω 相。选择热处理工艺参数时应避免生成 ω 相，以防出现脆性。α + β 钛合金随淬火温度提高，接头强度提高而塑性降低。采用这种热处理的困难在于大型结构淬火困难，在固溶温度下大气中保温时氧化严重，淬火变形也难以矫正。除结构简单的压力容器有时采用这种热处理工艺外，一般很少使用。

13.6.3　时效处理

　　许多钛合金焊接热循环起到局部淬火的作用，

因此焊后一般可不再进行淬火处理。为保证基体金属的强度，采用焊前淬火、焊后时效处理。热处理制度对 TC4 合金焊接接头强度和冲击韧度的影响如图 13-24 所示。时效制度对板材和焊接接头力学性能的影响见表 13-27，从图 13-24 可知，940℃淬火比 900℃淬火强度高而韧性低。从表 13-27 可知，经 550℃、4h 及 600℃、2h 时效处理后焊接接头力学性能基本相同，而基体金属的抗拉强度，550℃、4h 时效比 600℃、2h 时效高 34MPa，塑性基本一样。在焊接区可加厚的条件下，从力学性能，特别是从强度考虑，用 550℃、4h 比用 600℃、2h 时效更合适。

13.6.4　消除应力[59-61]

　　钢材的焊接残余应力峰值可接近甚至超过 R_{eL}，

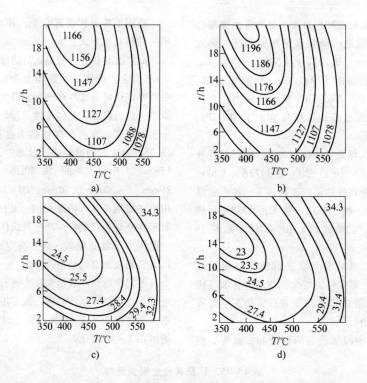

图 13-24　热处理工艺参数对 TC4 合金焊接接头强度和冲击韧度的影响

a）接头强度（MPa），900℃水淬　b）接头强度（MPa），940℃水淬

c）冲击韧度（N·m），900℃水淬　d）冲击韧度（N·m），940℃水淬

表 13-27　时效制度对 TC4 合金板材和焊接接头力学性能的影响

时效制度	材　　料	抗拉强度/MPa	屈服强度/MPa	断后伸长率(%)
550℃、4h	焊接接头	1005	956	7.0
	板材(横向)	1072	983	11.2
	板材(纵向)	1189	1128	12.4
600℃、2h	焊接接头	1009	960	7.1
	板材(纵向)	1155	1103	13.6

而钛合金的焊接残余应力峰值仅为 R_{eL} 的 0.6 倍左右。用工业纯钛制造的大型化工容器一般不要求消除应力处理,而许多航空航天构件则要求焊后热处理,目的在于改善组织和性能,并能部分消除残余应力。应力消除效果与热处理参数之间的关系如图 13-25 所示。从该图可看出,提高温度和增加时间均可减少应力,其中提高温度的效果更显著。应力测定结果表明,厚 4mm 板材焊缝中心纵向残余拉应力峰值,经 550℃、4h 和 600℃、2h 处理后分别降低 55% 和 73%,说明图 13-25 与实际基本相符。

电子束局部热处理可改善焊缝组织,降低焊接接头硬度,提高接头拉伸力学性能,可以认为,合适的处理工艺可以降低焊接残余应力。

钛合金薄板随焊锤击处理可使焊缝峰值应力降低 90%,最大焊接挠曲变形可由 15mm 减少到 5mm。由于锤头宽度不足,近缝区应力有所增加,见表 13-28。增加锤头宽度和提高锤击强度可进一步提高消除应力效果。此法的缺点在于:锤击冷变形降低钛合金本来就不高的韧、塑性,甚至产生裂纹。

表 13-28　焊接纵向残余应力

测点位置	常规 TIG /MPa	TIG 焊加锤击 /MPa
焊缝	536.7	56.1
近缝区	62.0	237.1

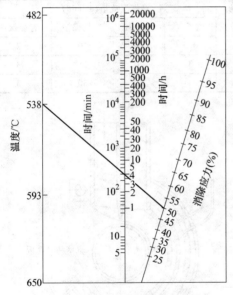

图 13-25　TC4 合金应力消除效果与温度和时间的关系

13.7　钛及钛合金的焊接实例

13.7.1　压力容器的焊接[26-30]

航天压力容器大部分采用钛合金制造,由于经过机械加工,在未沾污条件下焊前不用酸洗。可用石油迷或丙酮去油,用无水乙醇洗净。容器内的空气需用十倍以上体积的氩气赶净,采用下部送气、上部出气的方法。TC4 钛合金焊前进行 950℃ 固溶、水淬处理。焊后进行 540℃、4h 真空时效处理,以提高强度、降低残余应力和降低氢含量。根据容器壁厚和使用的焊接方法选择焊接坡口形式和尺寸,见表 13-29。

表 13-29　压力容器焊接坡口形式和尺寸

壁厚/mm	1.0	3.0 ~ 5.0		
焊接方法	小等离子弧焊接	等离子弧焊接	钨极氩弧焊接	真空电子束焊接
坡口形式及尺寸/mm	0.5　0.5	2.5　2.5	60°	2　2

（续）

壁厚/mm	5.1 ~ 10.0	
焊接方法	等离子弧焊接	真空电子束焊接
坡口形式及尺寸/mm	2.5　　2.5　1.5	40° 　2

壁厚小于 2.5mm 的压力容器的焊接，虽然有真空电子束焊和钨极氩弧焊的报导，考虑到焊接成本和质量，还是采用小等离子弧焊更适宜。

壁厚 2.5 ~ 5.0mm 的压力容器的焊接，钨极氩弧焊和等离子弧焊都已在工程上应用，真空电子束焊也成功地进行了试验。上述方法各有优缺点，钨极氩弧焊操作简单，但容易产生钨夹杂，未焊透等缺陷，等离子弧焊不易产生上述缺陷，焊缝成形好，但操作复杂，电子束焊保护效果最好，焊缝窄、性能好，但焊缝成形较差，背面容易形成喷溅，成本也高。

壁厚 5 ~ 10mm 压力容器，可采用真空电子束焊和等离子弧焊。电子束焊时，为防喷溅和改善背面成形，采用开坡口焊接，第一道封底焊不填丝，第二道填丝焊。采用等离子弧焊接时，因熔池较深，小孔稳定性好，操作难度较小，焊缝成形好。焊接参数见表 13-30。

表 13-30　压力容器焊接参数

壁厚/mm	焊接方法	电流/A	电压/V	极性	焊接速度/(m/h)	氩气流量（L/min）			
						离子气	保护气	后托保护	背面保护
1	小等离子弧焊	35	20	正接	12	0.5	10	10	2
4	等离子弧焊	160	24	正接	20	3	20	25	3
8	等离子弧焊	210	26	正接	20	4	20	30	3

13.7.2　管材对接焊[15,17]

直径 4 ~ 10mm 的细管对接焊，多采用全位置焊接，可采用旋转氩弧焊，也可采用多钨极氩弧焊。前者采用内齿轮带动钨极和电弧旋转，后者用均布于管材周围的多根钨极逐个点燃的方法实现电弧旋转。前者是直流氩弧焊，后者是脉冲氩弧焊。后者由于没有机械转动部分，故焊枪直径小，更适于位置受限工位的焊接。φ10 ~ 50mm 管材对接焊，内部用整体通气保护，外部可用如图 13-26 所示的托罩保护。φ50 ~ 500mm 管材对接焊，外部保护用与管直径相应的弧形托罩保护，内部保护用如图 13-27 所示的局部充氩保护。直径 500mm 以上的管材对接焊，内外保护均用与管材内外表面贴紧的托罩保护。

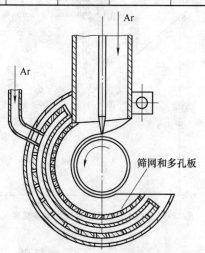

图 13-26　管材焊接托罩结构示意图

13.7.3　钛钢复合板焊接

由于钛与铁之间能形成 TiFe、TiFe$_2$ 脆性化合物，因此钛钢复合板焊接时，要通过结构设计和合理地选择焊接参数才能实现钢基层与钛复层互不熔合，即钛与钛、钢与钢各自进行焊接。接头设计见表 13-31、表 13-32 所示。表 13-31 中 I 形接头用于非受压结构。

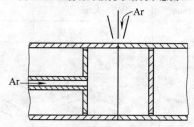

图 13-27　管材焊接内保护结构示意图

表 13-31　钛及钛合金复合钢板对接接头形式及尺寸

类别 Ⅰ（坡口形式：钛复层、钢基层）

尺寸/mm	b	P	P1	α
	0^{+1}	1^{+1}	1 ± 0.5	$60°\pm5°$

类别 Ⅱ（坡口形式：钛填板）

焊接方法	B	b	b_1	P	P_1	α	α_1
焊条电弧焊	20^{+1}	2^{+1}	0^{+1}	1 ± 1	1 ± 0.5	$60°\pm5°$	$45°\pm5°$
埋弧焊	20^{+1}	2^{+1}_{-2}	0^{+1}	2^{+1}_{-2}	1 ± 0.5	$60°\pm5°$	$45°\pm5°$

类别 Ⅲ（坡口形式：钛填板）

焊接方法	B	b_1	P	P_1	α	α_1	f
焊条电弧焊	20^{+1}	0^{+1}	1 ± 1	1 ± 0.5	$60°\pm5°$	$45°\pm5°$	$1^{+0.5}$
埋弧焊	20^{+1}	0^{+1}	2^{+1}_{-2}	1 ± 0.5	$60°\pm5°$	$45°\pm5°$	$1^{+0.5}$

类别 Ⅳ（坡口形式：钛槽型盖板）

焊接方法	B	B_1	b	P	α	K
焊条电弧焊	$30\sim50$	15	2^{+1}	1 ± 1	$60°\pm5°$	$\delta+1$
埋弧焊	$30\sim50$	15	2^{+1}_{-2}	2^{+1}_{-2}	$60°\pm5°$	$\delta+1$

表 13-32　钛及钛合金复合钢板角接接头形式及尺寸

类别	坡口形式	焊缝形式	尺寸/mm
I			P = 2^{+1}；P_1 = 1 ± 0.5；α = $50°\pm5°$；α_1 = $60°\pm5°$；α_2 = $50°\pm5°$；b = 1^{+1}；b_1 = 0^{+1}；B
II			P = 3^{+1}；P_1 = 1 ± 0.5；α = $50°\pm5°$；α_1 = $60°\pm5°$；b = 1 ± 1；b_1 = 0^{+1}
III			$B\geqslant\delta$；b = 0^{+1}；P = 1 ± 0.5；α = $50°\pm5°$
IV			B；δ：无应力槽 0.5~1、1~1.5、2~2.5；有应力槽 0~0.5、0.5~1、1~1.5；b 由设计图样定

钛填板和钛丝焊前需用硝酸氢氟酸水溶液酸洗。焊接坡口不能被沾污，为提高焊接冶金质量，临焊前用刮刀刮削坡口端面，用不锈钢丝刷清理其他表面，钛复层至少 40mm，钢基层手工焊时，至少 15mm，埋弧焊时，至少 30mm。

钢基层可用埋弧焊、焊条电弧焊和熔化极气体保护焊等方法焊接、钛复层可用手工或自动钨极氩弧焊焊接。先焊钢基层，打底焊接用焊条电弧焊，焊接参数要小，防止钛复层熔化。除 I 形接头外，都要求焊透。未焊透应在钛复层一侧补焊。焊缝经检验合格后方可进行钛复层焊接。焊钛复层时，用小的热输入，严防钢层熔化，多道焊时，层间温度要低于 150℃。

13.7.4　管板焊接

接头形式见表 13-32 中的 Ⅲ 和 Ⅳ，这种结构焊接时，管中的空气容易卷入电弧，影响保护效果，可采用气塞（图 13-28）来改善。

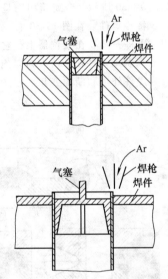

图 13-28　管板焊接用气塞结构示意图

如果整个管板结构焊接完成，在打压试验时发现钛-钢复合板脱层、漏水，切开重焊又受工期限制，在征得设计和使用部门同意后，采用填银钎料的氩弧钎焊可成功地解决密封问题，用钛螺钉将钢基层与钛复层拉紧，解决两层之间的连接强度问题，螺钉头与钛板间隙进行封焊，以防泄漏。

13.7.5　30 万 t 合成氨设备用工业纯钛焊接

10mm 厚工业纯钛若用钨极氩弧焊，需开坡口焊 7 道左右，不仅效率低，而且需要大量填充焊丝和氩气，产生气孔等缺陷的概率也大。采用等离子弧焊

接，可不开坡口，一次焊成，焊缝成形好。热影响区晶粒虽然较粗，但接头力学性能和耐蚀性均完全符合要求，焊接参数如表 13-33 所示。

表 13-33　10mm 厚钛板等离子弧焊接参数

参　　数	数　　值
喷嘴孔径/mm	3.2
钨极直径/mm	5
钨极内缩/mm	1.2
焊接电流/A	250
焊接电压/V	25
焊接速度/(m/h)	9
填充丝速度/(m/h)	96
填充丝直径/mm	1.0
离子气/(L/h)	350
熔池保护气/(L/h)	1200
拖罩保护气/(L/h)	1500
背面保护气/(L/h)	1500

13.7.6　汽提塔钛衬里焊接[63]

年产 24 万 t 尿素设备中的 CO_2 汽提塔在高温、高压和腐蚀条件下工作，衬里材料为 TA1 工业纯钛，厚 5mm 和 10mm。采用自动等离子弧焊进行焊接。采用水冷保护滑块进行后拖保护，滑块示意图见图 13-29。其优点是冷却效果好，可缩短高温停留时间，和提高保护效果，氩气用量还能比一般托罩节省 40%。

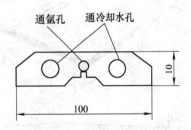

图 13-29　水冷保护滑块示意图

焊前清理采用酸洗或机械清理两种方法，采用后一方法时，先用丙酮去除坡口两侧各 100mm 内的油污，用砂布去除两侧各 50mm 的氧化层，到露出干净金属为止，用棉纱蘸丙酮擦洗 2～3 遍。10mm 钛板焊接参数见表 13-33。5mm 钛板焊接参数见表 13-34。

60°的收敛扩散型单孔喷嘴降低了压缩程度，扩大了获得优质焊缝的参数范围，可以提高焊接速度，缺点是焊接电流较大，消耗能源较多。

表 13-34　5mm 钛板等离子弧焊接参数

参　　数	数　　值
喷嘴形式	60°
喷嘴孔径/mm	3.0
钨极直径/mm	5.0
钨极内缩/mm	2.8
焊接电流/A	250
焊接电压/V	25
焊接速度/(m/h)	20
填充丝直径/mm	1.0
填充丝速度/(m/h)	96
离子气/(L/h)	350

13.7.7　锅炉钛浮筒焊接[64]

由工业纯钛 TA2 制造的浮筒是测量电力锅炉水位高低仪表中的重要元件。其结构为，中间是 $\phi50mm \times 0.8mm$ 筒材，长 400mm，两端是半球形封头，用两条环缝焊接而成。在大气气氛下熔透焊接时，如果不进行背面保护，焊缝背面氧化、氮化严重，不能满足要求。通氩气保护因没有通、排气孔又无法实施。此类结构可以采用真空电子束焊，也可以采用充氩箱内氩弧焊。也有人用有机玻璃制造焊箱，

采用下部通入氩气，利用氩气比重比空气大，从上部排除空气，保护效果与胶囊式相似。某单位钛浮筒就是在有机玻璃箱中实现焊接的。焊接方法采用微束等离子弧自动焊。由于箱内氩气纯度稍低，只用于背面保护，正面保护用喷嘴和拖罩通氩气实现。焊接参数见表 13-35。

表 13-35　钛浮筒焊接参数

焊接电流/A	焊接电压/V	焊接速度/(cm/min)	氩气流量/(L/min)		
			离子气	喷嘴	托罩
25	20	31	0.6	10	10

13.7.8　水翼船中部翼支柱焊接[65]

翼支柱由两块 Ti-6Al-4V 机械加工件组成，长约 2800mm，宽约 300mm。在装有四个焊接窗口的充氩金属箱内，用手工钨极氩弧焊方法焊接了这些装配件，如图 13-30 所示。金属箱用稍呈正压的氩气气流净化。将待焊件装在图 13-30 右下部所示的焊接夹具中，再将夹具装在变位器上，它可使焊件转动 360°，也可移动焊件便于所有窗口施焊。采用手工焊是因为焊件外形和断面变化。因产量小，不采用自动焊。

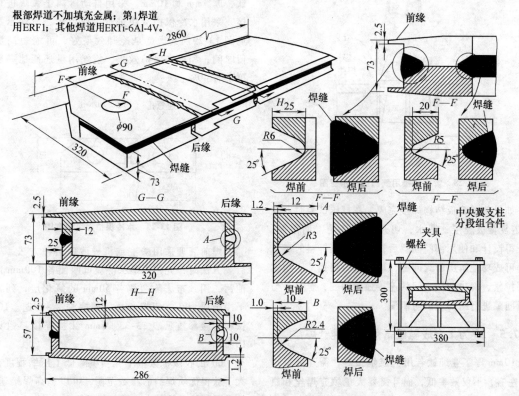

根部焊道不加填充金属；第1焊道用ERF1；其他焊道用ERTi-6Al-4V。

图 13-30　水翼船中部翼支柱分段装配件（在金属箱内用手工钨极气体保护电弧焊焊接）

接头形式	对接
保护气体	Ar, 7L/min
焊枪喷嘴 焊接箱内	Ar, 用稍呈正压的 Ar 流净化
电极（EWT-2）	直径　剖面 F-F 和 G-G, 2.4mm　剖面 H-H, 1.6mm
焊枪	350A, 水冷
填充金属	根部焊道不用 第二焊道采用直径 2.4 或 3mm 的 ERTi-1 其他焊道采用直径 2.4 或 3mm 的 ERTi-6A-4V
喷嘴尺寸	内径 14 ~ 20mm
焊接位置	横焊
焊道数	多种
焊道形式	凸状, 较窄
电流	剖面 F-F, 采用 150 ~ 160A, 直流正接 G-G, 采用 130 ~ 140A, 直流正接 H-H, 采用 110 ~ 120A, 直流正接
引弧	高频
弧长	约 3mm
焊接速度	5 ~ 10cm/min

图 13-30　水翼船中部翼支柱分段装配件（在金属箱内用手工钨极气体保护电弧焊焊接）（续）

焊件机械加工前进行 950℃ 固溶、水淬处理，焊前进行脱脂、碱洗、酸洗，并在酸洗后 4h 内开始焊接。根部焊道焊接时不填丝，以保证完全焊透。为获得需要的接头韧性，第二道采用一级工业纯钛焊丝。这稍微降低强度。其他焊道采用 Ti-6Al-4V 焊丝。焊后，焊件在 510℃ 氩气中进行 8h 时效处理，以提高强度和部分消除焊接残余应力。所有焊缝都要进行目视、着色和射线法检验。典型试样还需经力学性能试验和金相检验，以进一步检查焊接质量。

参 考 文 献

[1] Lawrenec J K, et al. Pressure Vessels for the Apollo Spacecraft [J]. Metal Progress, 1966, 90 (3): 93-99.

[2] American Welding Society. Welding Handbook: Vol 4 Metal and Their Weldability [M]. 7th ed. Miami: American Welding Society, 1984.

[3] 周振丰, 张文钺. 焊接冶金与金属焊接性 [M]. 北京: 机械工业出版社, 1998.

[4] 王者昌, 王剑, 陈怀宁. TC4 钛合金焊接接头氢致软化和硬化脆化 [J]. 空间科学学报, 2002, 22 (增刊Ⅱ): 149-153.

[5] 王者昌, 陈怀宁. 变形速度和温度对高氢钛合金脆性的影响 [J]. 金属学报, 2002, 38 (增刊): 226-229.

[6] 虞觉奇, 陈邦迪, 等. 二元合金状态图集 [M]. 上海: 上海科学技术出版社, 1987.

[7] 斯重遥. 焊接金相图谱 [M]. 北京: 机械工业出版社, 1987.

[8] 卓忠玉. TB2 钛合金焊接接头性能和显微组织的关系 [J]. 焊接学报, 1982, 3 (2).

[9] 王者昌, 等. TC4 合金焊接时氢的行为 [C] //. 中国机械工业学会焊接学会. 第六届全国焊接学术会议文集: 第三集. 西安, 1990: 262-266.

[10] 王者昌, 于尔靖. 钛合金焊接气孔形成机理的研究 [J]. 焊接学报, 1980, 1 (1): 18-26.

[11] 王者昌. 钛合金焊接气孔试验研究新进展 [J]. 焊接通讯, 1983, (1): 20-24.

[12] Mitchell D R. Porosity in Titanium Welds [J]. Welding

Journal, 1965, 44 (4): 157s-167s.

[13] 北京航空材料研究院. HB/Z 120—1987　钛及钛合金钨极氩弧焊工艺 [S]. 北京, 1987.

[14] 北京航空材料研究院. HB 5376—1987　钛及钛合金钨极氩弧焊质量分析 [S]. 北京, 1987.

[15] 王者昌, 等. 过滤器的焊接 [J]. 焊接, 1986 (5): 19-21.

[16] 曹扬伟, 等. 钛薄板 TIG 焊的保护措施 [J]. 焊接, 1984 (1): 22-24.

[17] 国营二三公司. 钛管的钨极氩弧焊 [J]. 焊接, 1976 (6): 8-15.

[18] 郝世海, 等. 钛焊缝表面氧化对其机械性能的影响 [J]. 焊接, 1983 (1): 5-8.

[19] 周荣林, 郭德伦, 李从卿, 等. TC4 钛合金电弧超声 TIC 焊 [J]. 焊接学报, 2004, 25 (6): 97-98.

[20] С М Гуревич, В Н Замков, Н А Кушниренко. Повышение Эффективности проплавления титановых сплавов при аргоно-дуговой сварке [J]. Автоматическая сварка, 1965 (9): 1-4.

[21] В Е Патон, А М Макара, В И Медовар, и др. Свариваемость конструкционных сталей, подвергшихся, рафинируюшему переплаву [J]. Автоматическя сварка, 1974 (6): 1-4.

[22] 刘风尧, 林三宝, 杨春利, 等. 活性化 TIG 焊中活性剂和焊接参数对焊缝深宽比的影响 [J]. 焊接学报, 2002, 23 (2): 5-8.

[23] 李晓红, 张连锋, 杜欲晓. 单组分氟化物对钛合金氩弧焊电弧形态的影响 [J]. 焊接学报, 2006, 27 (1): 26-28.

[24] 李晓红, 张连锋, 杜欲晓. 活性焊剂对钛合金氩弧焊焊接接头性能的影响 [C] //航空航天焊接国际论坛文集. 北京: 2004: 184-191.

[25] 邹一心, 等. α 型钛合金中厚板熔化极氩弧焊工艺研究 [R]. 西安: 西北工业大学, 1982.

[26] 王者昌, 等. 宇航用钛合金气瓶等离子弧焊接质量分析 [J]. 稀有金属材料与工程, 1982 (4): 11-17.

[27] 王者昌, 等. 钛合金薄壁容器小等离子弧焊接 [J]. 机械设计与制造, 1986 (5).

[28] 王者昌, 等. 钛合金高压气瓶小孔法等离子弧焊接 [J]. 稀有金属, 1985 (6): 55-60.

[29] Lutz D. Electron Beam Welding of Titanium in the Germa Aerospace Industry [C] //Electron and Ion Beam Science and Technology. Fouth International Conf. 1970.

[30] 刘春飞, 等. 电子束焊接钛合金高压气瓶 [C] //第四届全国焊接年会论文: H-1Va-001-81 (B). 1981.

[31] 美国焊接学会. 焊接手册: 第四卷　金属及其焊接性 [M]. 黄静文, 等译. 7 版. 北京: 机械工业出版社, 1991.

[32] 邹世坤, 汤昱, 巩水利. 钛合金薄板激光焊技术研究 [J]. 焊接技术, 2003, 32 (5): 16-18.

[33] 姚伟, 巩水利, 陈俐. 钛合金激光穿透焊的焊缝成形 (I) [J]. 焊接学报, 2004, 25 (4): 119-122.

[34] 刘顺法, 彭善德, 项凡. TC4 钛合金激光搭接焊的研究 [J]. 电焊机, 2006, 36 (6): 24-29.

[35] 汪瑞军, 黄小鸥, 刘军, 等. Ti 合金表面 WC92-Co8 电火花强化层形成规律 [J]. 焊接, 2003 (12): 13-16.

[36] 郑远谋. 爆炸焊接和金属复合材料 [J]. 稀有金属, 1999, 23 (1): 57-61.

[37] 王者昌, 梁亚南, 斯重遥. 钛与镍的固态下焊接 [J]. 稀有金属, 1992, 16 (5): 342-346.

[38] 上海钢铁研究所. 高频感应焊接钛管试验 [C] //第一届钛及铁合金会议论文集: 第一分册. 1973.

[39] 刘小文, 史永高, 毛信孚, 等. TC4 钛合金摩擦焊接头的力学性能及显微组织 [J]. 焊接学报, 2001, 22 (6): 77-80.

[40] 纪文海, 等. TC4 钛合金超塑性成形/扩散连接组合工艺研究 [C] //第五届全国焊接学术会议论文: H-1a-033-86. 1986.

[41] 刘世胄, 等. 非真空扩散焊及其在多孔钛材焊接中的应用 [C] //徐博, 等. 钛科学与工程: Vol 1. 北京: 原子能出版社, 1987.

[42] 韩文波, 张凯锋, 王国峰. Ti-6Al-4V 合金多层板结构的超塑性/扩散连接工艺研究 [J]. 航空材料学报. 2005, 25 (6): 29-32.

[43] 张玉祥. 加中间层合金扩散焊 [C] //徐博, 等. 钛科学与工程: Vol 1. 北京: 原子能出版社, 1987.

[44] 刘效方, 等. 箔材钛合金液相界面扩散焊研究 [J]. 材料工程, 1991 (6): 23-26.

[45] 马天军, 康慧, 曲平. TC4 合金真空钎焊的发展 [J]. 焊接技术, 2004, 33 (5): 4-6.

[46] 吴昌忠, 陈静, 陈怀宁, 等. 钛合金高温钎焊接头的组织性能及影响因素评价 [J]. 宇航材料工艺. 2005 (3): 17-20.

[47] 吴铭方, 蒋成禹, 于治水, 等. Ti-6Al-4V 真空钎焊研究 [J]. 机械工程学报. 2002, 38 (4): 71-73.

[48] 李朝光, 等. TA7 钛合金连续点焊工艺研究 [C] //中国机械工程学会焊接分会. 第五届全国焊接学术会议论文选集: 第一集. 1986.

[49] 牛济泰, 张忠典, 王蔚青, 等. NiTi 形状记忆合金丝焊接性研究 [J]. 材料科学与工艺, 1995, 3 (4): 104-107.

[50] 赵熹华, 韩立军, 赵蕾. 随机后热处理对 TiNi 记忆合金精密脉冲电阻焊接头性能的影响 [J]. 焊接学报, 2001, 22 (1): 1-4.

[51] 卓忠玉, 尤力平, 郭锦芳. TiNi 形状记忆合金焊接金相组织观察 [J]. 稀有金属, 1995, 19 (6):

413-415.

[52] 薛松柏，吕晓春，张汇文. TiNi 形状记忆合金电阻钎焊技术 [J]. 焊接学报，2004，25（1）：1-4.

[53] 王彦芳，王存山，高强，等. TiAl 基合金的非晶钎焊 [J]. 焊接学报，2004，25（2）：111-114.

[54] 薛小怀，吴鲁海，茅及放，等. TiAl 合金与 40Cr 钢的真空钎焊研究 [J]. 航空材料学报. 2003，23（增刊）：136-138.

[55] 何鹏，张秉刚，冯吉才，等. 以 Ti/V/Cu、V/Cu 为中间层的 TiAl 合金与 40Cr 钢的扩散连接 [J]. 宇航材料工艺，2000（4）：53-57.

[56] 何鹏，冯吉才，韩杰才，等. TiAl 金属间化合物及其连接技术的研究进展 [J]. 焊接学报，2002，23（5）：91-95.

[57] 张轲，吴鲁海，楼松年，等. TiAl/40Cr 的扩散钎焊 [J]. 焊接，2002（10）：35-37.

[58] 国外航空工艺资料编辑部. 钛和钛合金的热处理与锻造 [M]. 北京：国防工业出版社，1970.

[59] 王者昌，等. 钛合金高压气瓶焊后热处理[J]. 稀有金属，1986（1）：22-26.

[60] 刘雪松，徐文立，方洪渊. 钛合金薄板焊接应力的随焊捶击控制 [J]. 焊接学报. 2004，25（2）：84-86.

[61] 付鹏飞，付刚，毛智勇，等. TC4 钛合金焊接接头中压电子束局部热处理技术 [J]. 焊接. 2005（2）：24-27.

[62] 全国海洋船舶标准化技术委员会. GB/T 13149—1991　钛及钛合金复合钢板焊接技术条件 [S]. 北京：中国标准出版社，1999.

[63] 白文利，索毓惠，赵桂锋. 汽提塔钛板衬里的等离子弧焊接 [J]. 焊接. 2002（2）：26-29.

[64] 徐文晓. 工业纯钛（TA2）磁浮的焊接 [J]. 焊接技术. 2002（5）：25-26.

[65] 美国金属学会. 金属手册：第 6 卷 焊接、硬钎焊、软钎焊 [M]. 包芳涵，等译. 9 版. 北京：机械工业出版社，1994：627-628.

第14章 铜及其合金的焊接

作者 闫久春 审者 彭 云

14.1 铜及铜合金的种类及性能

铜具有面心立方结构,其密度是铝的3倍,导电率和热导率是铝的1.5倍。纯铜以其优良的导电性、导热性、延展性,以及在某些介质中良好的耐蚀性,成为电子、化工、船舶、能源动力、交通等工业领域中高效导热和换热管道、导电、耐腐蚀部件的优选材料。

铜及其合金的种类繁多,目前大多数国家都是根据化学成分来进行分类,常用的铜及铜合金在表面颜色上区别很大。根据表面颜色可以分为纯铜、黄铜、青铜及白铜,但是实质上对应的是纯铜、铜锌、铜铝和铜镍合金等。

在铜中通常可以添加约10多种合金元素,以提高其耐蚀性、强度,并改善其加工性能。加入的元素多数是以形成固溶体为主,并在加热及冷却过程中不发生同素异构转变。锌、锡、镍、铝和硅等与铜固溶形成了不同种类的铜合金,具有完全不同的使用性能;还可少量添加锰、磷、铅、铁、铬和铍等微量元素,起到焊接过程中脱氧、细化晶粒和强化作用[1]。

14.1.1 纯铜

纯铜具有极好的导电性、导热性,良好的常温和低温塑性,以及对大气、海水和某些化学药品的耐蚀性,因而在工业中广泛用于制造电工器件、电线、电缆和热交换器等。纯铜根据含氧量的不同分为工业纯铜、无氧铜和磷脱氧铜。我国纯铜的名称、代号、牌号和主要成分见表14-1。

表14-1 纯铜的化学成分 (GB/T 5231—2012)

名称	代号	牌号	化学成分(质量分数,%)											
			Cu+Ag 最小值	P	Bi	Sb	As	Fe	Ni	Pb	Sn	S	Zn	O
纯铜	T109 00	T1	99.95	0.001	0.001	0.002	0.002	0.005	0.002	0.003	0.002	0.005	0.005	0.02
	T110 50	T2	99.90	—	0.001	0.002	0.002	0.005	—	0.005	—	0.005	—	—
	T110 90	T3	99.70	—	0.002	—	—	—	—	0.01	—	—	—	—
无氧铜	T101 50	TU1	99.97	0.002	0.001	0.002	0.002	0.004	0.002	0.003	0.002	0.004	0.003	0.002
	T101 80	TU2	99.95	0.002	0.001	0.002	0.002	0.004	0.002	0.004	0.002	0.004	0.003	0.003
	C10 200	TU3	99.50	—	—	—	—	—	—	—	—	—	—	0.001 0
磷脱氧铜	C12 000	TP1	99.90	0.004 ~ 0.012	—	—	—	—	—	—	—	—	—	—
	C12 200	TP2	99.9	0.015 ~ 0.040	—	—	—	—	—	—	—	—	—	—

在纯铜中常见的杂质元素有氧、硫、铅、铋、砷、磷等,少量的杂质元素若能完全固溶于铜中,对铜的塑性变形性能影响不大。当杂质元素含量超过其在铜中的溶解度时,将显著降低铜的各种性能,如铋、铅、氧、硫与铜形成的低熔点共晶组织分布在晶界上,增加了材料的脆性和焊接热裂纹的敏感性。用于制造焊接结构的铜材要求其$w(Pb)$小于0.03%,$w(Bi)$小于0.003%,$w(O)$和$w(S)$应分别小于0.03%和0.01%。磷虽然也可能与铜形成脆性化合物,但当其含量不超过它在室温铜中的最大溶解度

（0.4%）时，可作为一种良好的脱氧剂。纯铜的物理性能见表 14-2，力学性能见表 14-3。

普通工业纯铜的牌号以"T"为首，后接数字，如 T1、T2、T3 等，其纯度依次降低，其 $w(O_2)$ 在 0.02% ~ 0.1% 之间；无氧铜的牌号以"TU"为首，后接顺序号，其 $w(O_2)$ 小于 0.001%；磷脱氧铜的牌号以"TP"为首，后接顺序号，其 $w(O_2)$ 小于 0.01%。

纯铜在退火状态（软态）下具有很好的塑性，但强度低。经冷加工变形后（硬态），强度可提高一倍，但塑性降低若干倍。加工硬化的纯铜经 550 ~ 600℃ 退火后，可使塑性完全恢复。焊接结构一般采用软态纯铜。

表 14-2　纯铜的物理性能

密度 /（g/cm³）	熔点 /℃	热导率 /[W/(m·K)]	比热容 /[J/(g·K)]	电阻率 /(10⁻⁸ Ω·m)	线胀系数 /(10⁻⁶/K)	表面张力系数 /(10⁻⁵ N/cm)
8.94	1083	391	0.384	1.68	16.8	1300

表 14-3　纯铜的力学性能

材料状态	抗拉强度 R_m/MPa	屈服强度 R_{eL}/MPa	断后伸长率 A(%)	断面收缩率 Z(%)
软态（轧制 并退火）	196 ~ 235	68.6	50	75
硬态（冷 加工变形）	392 ~ 490	372.4	6	36

14.1.2　黄铜

普通黄铜是铜和锌的二元合金，表面呈淡黄色。黄铜具有比纯铜高得多的强度、硬度和耐蚀性，并具有一定的塑性，能很好地承受热压和冷压加工。黄铜经常被用于制作冷凝器、散热器、蒸气管等船舶零件以及轴承、衬套、垫圈、销钉等机械零件。

为了改善普通黄铜的力学性能、耐蚀性能和工艺性能，在铜锌合金中加入少量的锡、锰、铅、硅、铝、镍、铁等元素就成为特殊的黄铜，如锡黄铜、铅黄铜等。这样，从主添元素的种类又可以将黄铜划分为简单黄铜、硅黄铜、锡黄铜、锰黄铜、铝黄铜等。根据工艺性能、力学性能和用途的不同，黄铜可分为压力加工用的黄铜和铸造用黄铜两大类。$w(Zn) <$ 39% 时，为单相 α 相组织（锌在铜中的固溶体），因而黄铜同时具有较高的强度和塑性，当 $w(Zn) =$ 39% ~ 46% 时，为 α + β′ 组织，β′ 相是以电子化合物为基的脆性固溶体，难以承受冷加工。再提高黄铜中的锌含量，出现纯 β′ 相，室温单相 β′ 合金因性能太脆而不能应用。

常用黄铜的化学成分及应用范围见表 14-4，力学性能及物理性能见表 14-5。

表 14-4　常用黄铜的化学成分

材料 名称	代号	牌号	化学成分（质量分数，%）								
			Cu	Fe	Pb	Sn	Mn	Al	Si	Zn	杂质≤
压力 加工 黄铜	T26300	H68	67.0 ~ 70.0	0.1	0.03					余量	0.3
	T27600	H62	60.5 ~ 63.5	0.15	0.08					余量	0.5
	T28200	H59	57.0 ~ 60.0	0.3	0.5					余量	1.0
	T38100	HPb59-1	57.0 ~ 60.0	0.5	0.8 ~ 1.9					余量	1.0
	T46300	HSn62-1	61.0 ~ 63.0	0.1	0.1	0.7 ~ 1.1				余量	0.3
	T67400	HMn58-2	57.0 ~ 60.0	1.0	0.1		1.0 ~ 2.0			余量	1.2
	T67600	HFe59-1-1	57.0 ~ 60.0	0.6 ~ 1.2	0.2	0.3 ~ 0.7	0.5 ~ 0.8	0.1 ~ 0.5		余量	0.3
	T68310	HSi80-3	79.0 ~ 81.0	0.6	0.1				2.5 ~ 4.0	余量	1.5
铸造 黄铜	—	ZCuZn25Al6Fe3Mn3	66.0 ~ 66.0	2.0 ~ 4.0	—	—	2.0 ~ 4.0	4.5 ~ 7.0		余量	2.0
	—	ZCuZn40Mn3Fe1	53.0 ~ 58.0	0.5 ~ 1.5	—		3.0 ~ 4.0			余量	1.5
	—	ZCuZn16Si4	79.0 ~ 81.0						2.5 ~ 4.5	余量	2.0
	—	ZCuZn38Mn2Pb2	57.0 ~ 60.0		1.5 ~ 2.5		1.5 ~ 2.5			余量	2.0

表14-5　黄铜的力学性能及物理性能

牌号	材料状态	力学性能		物理性能				
		R_m /MPa	A (%)	密度 /(g/cm³)	线胀系数 (20℃) /(10⁻⁶/K)	热导率 /[W/(m·K)]	电阻率 /(10⁻⁸Ω·m)	熔点 /℃
H68	软态	313	55	8.5	19.9	117.0	6.8	932
	硬态	646	3					
H62	软态	323	49	8.43	20.6	108.7	7.1	905
	硬态	588	3					
ZCuZn16Si4	砂型	345	15	8.3	17.0	41.8		900
	金属型	390	20					
ZCuZn25Al6 Fe3Mn3	砂型	725	10	8.5	19.8	49.7		899
	金属型	740	7					

　　加工黄铜的代号以"H"开头，后面是铜的平均含量，如 H68、H62，三元以上的黄铜用"H"加第二主添元素符号及除锌以外的成分数字组，如 HMn58-2 表示为 $w(Cu) = 58\%$，$w(Mn) = 2\%$ 的复杂黄铜。铸造黄铜的牌号以"Z"开头，后面是主要添加化学元素符号及除锌以外的名义百分含量，如 ZHSi80-3 表示的是 $w(Cu) = 80\%$，$w(Si) = 3\%$ 的铸造黄铜。

14.1.3　青铜

　　凡不以锌、镍为主要组成元素，而以锡、铝、硅、铅、铍等元素为主要组成成分的铜合金，称为青铜。常用的青铜有锡青铜、铝青铜、硅青铜、铍青铜。为了获得某些特殊性能，青铜中还加少量的其他元素，如锌、磷、钛等。常用压力加工和铸造青铜的化学成分和应用范围见表 14-6，力学性能及物理性能见表 14-7。

　　青铜所加入的合金元素含量与黄铜一样，均控制在铜的溶解度范围内，所获得的合金基本上是单相组织。青铜具有较高的力学性能、铸造性能和耐蚀性能，并具有一定的塑性。除铍青铜外，其他青铜的导热性能比纯铜和黄铜降低几倍至几十倍，且具有较窄

表14-6　常用青铜的化学成分

材料名称	代号	牌号	化学成分(质量分数,%)										
			Cu	Zn	Sn	Mn	Al	Si	Ni	P	Fe	Pb	杂质≤
压力加工青铜	T50800	QSn4-3	余量	2.7 ~ 3.3	3.5 ~ 4.5	—	0.002	0.002	—	0.03	0.05	0.02	0.2
	T53500	QSn4-4-4	余量	3.0 ~ 5.0	3.0 ~ 5.0	—	0.002	—	—	0.03	0.05	3.5 ~ 4.5	0.2
	T51520	QSn6.5-0.4	余量	0.3	6.0 ~ 7.0	—	0.002	—	0.26 ~ 0.4		0.02	0.02	0.4
	T51530	QSn7-0.2	余量	0.3	6.0 ~ 8.0	—	0.01	0.02		0.10 ~ 0.25	0.05	0.02	0.45
	T60700	QAl5	余量	0.5	0.1	0.5	4.0 ~ 6.0	0.1	—	0.01	0.5	0.03	1.6
	C61000	QAl7	余量	0.2	—	—	6.0 ~ 8.5	0.1	—	—	0.5	0.02	1.3
	T61700	QAl9-2	余量	1.0	0.1	1.5 ~ 2.5	8.0 ~ 10.0	0.1	—	—	0.5	0.03	1.7
	T61780	QAl10-4-4	余量	0.5	0.1	0.3	9.5 ~ 11.0	0.1	3.5 ~ 5.5	0.01	3.5 ~ 5.5	0.02	1.0

（续）

材料名称	代号	牌号	化学成分（质量分数,%）										
			Cu	Zn	Sn	Mn	Al	Si	Ni	P	Fe	Pb	杂质≤
压力加工青铜	T62200	QAl11-6-6	余量	0.6	0.2	0.5	10.0~11.5	0.2	5.0~6.5	0.1	5.0~6.5	0.05	1.5
	T64720	QSi1-3	余量	0.2	0.1	0.1~0.4	0.02	0.6~1.1	2.4~3.4	—	0.1	0.15	0.5
	T64730	QSi3-1	余量	0.5	0.25	1.0~1.5	—	2.7~3.5	0.2		0.3	0.03	1.1
	T56200	QMn2	余量		0.05	1.5~2.5	0.07				0.1	0.01	0.5
	T56300	QMn5	余量	0.4	0.1	4.5~5.5		0.1		0.01	0.35	0.03	0.9
铸造青铜	—	ZCuSn10P1	余量	—	9.0~11.5					0.8~1.0			0.75
	—	ZCuSn10Zn2	余量	1.0~3.0	9.0~11.0								1.5
	—	ZCuAl9Mn2	余量	—		1.5~2.5	8.0~10.0						1.0
	—	ZCuAl10Fe3					8.5~11.0				2.0~4.0		1.0
	—	ZCuPb10Sn10	余量		9.0~11.0							8.0~11.0	1.0

表 14-7　常用青铜的力学性能及物理性能

材料名称	牌号	材料状态	力学性能		物理性能				
			R_m /MPa	A （%）	密度 /（g/cm³）	线胀系数 20℃ /（10^{-6}/K）	热导率 /[W/（m·K）]	电阻率 /（10^{-8} Ω·m）	熔点 /℃
锡青铜	QSn6.5-0.4	软态	343~441	60~70	8.8	19.1	50.16	17.6	995
		硬态	686~784	7.5~12					
铝青铜	QAl9-4	软态	490~588	40	7.5	16.2	58.52	12	1040
		硬态	784~980	5					
	ZCuAl10Fe3	砂型	490	13	7.6	18.1	58.52	12.4	1040
		金属型	540	15					
硅青铜	QSi3-1	软态	343~392	50~60	8.4	15.8	45.98	15	1025
		硬态	637~735	1~5					

的结晶温度区间，大大改善了焊接性。

加工青铜的代号是用"Q"加第一个主添合金元素符号及除铜以外的成分数字组表示。例如，QSn4-3表示含有平均化学成分 $w(Sn)=4\%$ 和 $w(Zn)=3\%$ 的锡青铜；QAl9-2 表示含有平均化学成分 $w(Al)=9\%$ 和 $w(Mn)=2\%$ 的铝青铜。铸造青铜的牌号、代号表示方法和铸造黄铜的表示方法相类似。

14.1.4　白铜

$w(Ni)<50\%$ 的铜镍合金称为白铜，加入锰、铁、锌等元素的白铜分别称为锰白铜、铁白铜、锌白铜。按照白铜的性能与应用范围，白铜又可分为结构铜镍合金与电工铜镍合金。

铜镍合金的力学性能、耐蚀性能较好，在海水、有机酸和各种盐溶液中具有较高的化学稳定性，优良的冷、热加工性，广泛用于化工、精密机械、海洋工程中。电工用白铜具有极高的电阻、非常小的电阻温度系数，是重要的电工材料。在焊接结构中使用的白铜多是 $w(Ni)$ 分别为 10%、20%、30% 的铜镍合金，

其化学成分见表 14-8。由于镍与铜无限固溶，白铜具有单一的 α 相组织，塑性好，冷、热加工性能好。白铜不仅具有较好的综合力学性能（其力学性能和物理性能见表 14-9），而且由于其导热性能接近于碳钢而使得其焊接性较好。

表 14-8　白铜的化学成分（GB/T 5231—2012）

材料名称	代号	牌号	化学成分(质量分数,%)													杂质 ≤
			Cu	Ni + Co	Fe	Al	Mn	Pb	P	S	C	Mg	Si	Zn	Sn	
5 白铜	T70380	B5	余量	4.4 ~ 5.0	0.20			0.01	0.01	0.01	0.03					0.5
9 白铜	T71050	B19	余量	18.0 ~ 20.0	0.50		0.50	0.005		0.01	0.05		0.15	0.3		1.8
10-1-1 铁白铜	T70590	BFe10-1-1	余量	9.0 ~ 11.0	1.0 ~ 1.5		0.5 ~ 1.0	0.02	0.006		0.05		0.15	0.3	0.03	0.7
30-1-1 铁白铜	T71510	BFe30-1-1	余量	29.0 ~ 33.0	0.5 ~ 1.0		0.5 ~ 1.2	0.02	0.006		0.05		0.15	0.3	0.03	0.7
3-12 锰白铜	T71620	BMn3-12	余量	2.0 ~ 3.5	0.20 ~ 0.50	0.2	11.5 ~ 13.5	0.020	0.005	0.020	0.05	0.03	0.1 ~ 0.3			0.5
16-1.5 铝白铜	T72400	BAl16-1.5	余量	5.5 ~ 6.5	0.5	1.2 ~ 1.8	0.20	0.003								1.1
15-20 锌白铜	T74600	BZn15-20	62.0 ~ 65.0	13.5 ~ 16.5	0.5	Sb:0.002 Bi:0.02	0.3	0.02	0.005	0.01	0.03	≤ 0.05	0.15	余量	As ≤ 0.01	0.9

表 14-9　白铜的力学性能和物理性能

代号	材料状态	力学性能		物理性能					
		R_m /MPa	A (%)	密度 /(g/cm³)	线胀系数 (20℃)/(10⁻⁶/K)	热导率 /[W/(m·K)]	电阻率 /(10⁻⁸Ω·m)	熔点 /℃	
BFe10-1-1	软态	300	25	—		30.93		1149	
	硬态	340	8						
BFe10-1-1	软态	372	25	8.9	16	47.20	42	1230	
	硬态	490	6						

白铜的代号用"B"加镍含量表示，三元以上的白铜则用"B"加第二个主添元素符号及除铜元素以外的成分数字表示，例如，B30 为平均为 $w(Ni + Co) = 30\%$ 的普通白铜，BMn3-12 为平均为 $w(Ni + Co) = 3\%$、$w(Mn) = 12\%$ 的锰白铜。

14.2　铜及铜合金的焊接性分析[2-6]

铜及铜合金具有其独特的物理性能，因而它们的焊接性也不同于钢，焊接的主要问题是难于熔化、易产生焊接裂纹、易产生气孔等。

14.2.1　不易熔化

焊接纯铜时，当采用的焊接参数与同厚度低碳钢的一样时，则母材就很难熔化，填充金属也与母材基本不熔合，这与纯铜的热导率、线胀系数和收缩有关。铜与铁的物理性能参数的比较见表 14-10。由表

14-10 可见，铜的热导率比普通碳钢大 7 ~ 11 倍，厚度越大，散热越严重，也越难达到熔化温度。采用能量密度低的焊接热源进行焊接时，如氧乙炔焰、焊条电弧，需要进行高温预热。采用氩弧焊接，必须采用大热输入才可以熔化母材，否则，同样需要进行高温预热后才能进行焊接。铜在达到熔化温度时，其表面张力比铁小 1/3，流动性比铁大 1 ~ 1.5 倍，因此，若采用大电流的强规范焊接时，焊缝成形难以控制。铜的线胀系数及收缩率也比较大，约比铁大一倍以上。焊接时的大功率热源也会使焊接热影响区加宽。研究表明，采用气体保护电弧焊接高导热的纯铜及铝青铜时，在电流相同的情况下，若想实现不预热焊接，必须在保护气体中添加能使电弧产生高能的气体，如氦气或氮气。氩氦混合气体保护电弧所产生的热输入约比氩气产生的热输入高三分之一。采用氩氮混合气体保护焊接时，焊接气孔是一个难以克服的问题。

表 14-10　铜与铁的物理性能参数

金属	热导率/[W/(m·K)]		线胀系数 (20~100℃) /(10⁻⁶/K)	收缩率 (%)
	20℃	1000℃		
Cu	293.6	326.6	16.4	4.7
Fe	54.8	29.3	14.2	2.0

14.2.2　易产生焊接热裂纹

铜及铜合金中存在氧、硫、磷、铅、铋等杂质元素。焊接时，铜能与它们分别生成熔点为 270℃ 的 (Cu + Bi)，熔点为 326℃ 的 (Cu + Pb)，熔点为 1064℃ 的 (Cu + Cu₂O)，熔点为 1067℃ 的 (Cu + Cu₂S) 等多种低熔点共晶，它们在结晶过程中分布在树晶间或晶界处，使铜或铜合金具有明显的热脆性，如图 14-1 所示。在这些杂质中，氧的危害性最大。它不但在冶炼时以杂质的形式存在于铜内，在以后的轧制加工过程和焊接过程中，都会以 Cu₂O 的形式溶入焊缝金属中。从图 14-2 可见，Cu₂O 可溶于液态的铜，但不溶

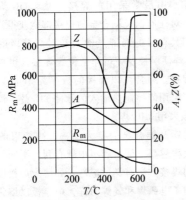

图 14-1　铜的力学性能与温度的关系

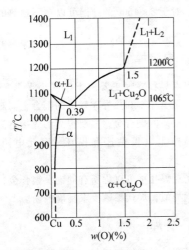

图 14-2　铜-氧的相图

于固态的铜，就会生成熔点略低于铜的低熔点共晶物，导致焊接热裂纹产生。研究结果表明，当焊缝中 $w(CuO_2) > 0.2\%$ [$w(O)$ 约为 0.02%] 或 $w(Pb) > 0.03\%$，$w(Bi) > 0.005\%$ 就会出现热裂纹。此外，铜和很多铜合金在加热过程中无同素异构转变，铜焊缝中也生成大量的柱状晶；同时铜和铜合金的线胀系数及收缩率较大，增加了焊接接头的应力，更增大了接头的热裂倾向。

14.2.3　易产生气孔

用熔焊方法焊接铜及铜合金时，气孔出现的倾向比低碳钢要严重得多。所形成的气孔几乎分布在焊缝的各个部位。铜焊缝中的气孔主要也是由溶解的氢直接引起的扩散性气孔，由于铜的凝固时间短，使得气孔倾向大大加剧。

氢在铜中的溶解度虽也如在钢中一样，当铜处在液-固态转变时有一突变，并随温度升降而增减，如图 14-3 所示，但在电弧作用下的高温熔池中，氢在液态铜中的极限溶解度（铜被加热至 2130℃ 蒸发温度前的最高溶解度）与熔点时的最大溶解度之比是 3.7，而铁仅为 1.4，就是说铜焊缝结晶时，其氢的过饱和程度比钢焊缝大好几倍。这样就会形成扩散性气孔。

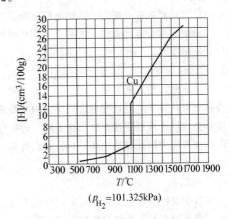

$(p_{H_2} = 101.325kPa)$

图 14-3　氢在铜中的溶解度与温度的关系

为了减少或消除铜焊缝中的气孔，可以采用减少氢和氧的来源，或采用预热来延长熔池存在时间，使气体易于逸出。采用含铝、钛等强脱氧剂的焊丝（它们同时又是强烈脱氮、脱氢的元素），会获得良好的效果。脱氧铜、铝青铜、锡青铜具有较小的气孔敏感性的原因就在于此。

14.2.4　易产生金属蒸发

金属锌的沸点仅为 904℃，在高温时非常容易蒸

发。黄铜中含有大量的锌（质量分数为 11% ~ 40%），焊接时锌的蒸发和烧损是必须要考虑的问题之一。一般地，黄铜气焊时锌的蒸发量达 25%（质量分数，下同），焊条电弧焊时达 40%。如果采用真空电子束熔焊，锌的蒸发会污染真空室。焊缝中锌含量的减少，会引起焊接接头力学性能的下降和耐蚀性降低，还非常容易产生气孔。在焊接黄铜时可加入 Si 防止锌的蒸发、氧化，降低烟雾，提高熔池金属的流动性。

锌蒸发时会被氧化成白色烟雾状的氧化锌，妨碍焊接操作人员对熔池的观察和操作，且对人体有害，焊接时要求有良好的通风条件。

14.2.5　接头性能的下降

铜和铜合金在熔焊过程中，由于晶粒严重长大，杂质和合金元素的掺入，有用合金元素的氧化、蒸发等，使接头性能发生很大的变化。

1. 塑性严重变坏

焊缝与热影响区晶粒变粗、各种脆性的易熔共晶出现于晶界，使接头的塑性和韧性显著下降。例如纯铜焊条电弧焊或埋弧焊时，接头的断后伸长率仅为母材的 20% ~50% 左右。

2. 导电性下降

铜中任何元素的掺入都会使其导电性下降。因此焊接过程中杂质和合金元素的融入都会不同程度地使接头导电性能变坏。

3. 耐蚀性下降

铜合金的耐蚀性是依靠锌、锡、锰、镍、铝等元素的合金化而获得。熔焊过程中这些元素的蒸发和氧化烧损都会不同程度地使接头耐蚀性下降。焊接应力的存在则使对应力腐蚀敏感的高锌黄铜、铝青铜、镍锰青铜的焊接头在腐蚀环境中过早地破坏。

4. 晶粒粗化

大多数铜及铜合金在焊接过程中，一般不发生固态相变，焊缝得到是一次结晶的粗大柱状晶。而铜合金焊缝金属的晶粒长大，也使接头的力学性能降低。

14.3　铜及铜合金的焊接方法[2-6]

可用于铜及其合金熔焊的工艺方法除了气焊、碳弧焊、焊条电弧焊、氩弧焊和埋弧焊外，还有等离子弧焊、电子束焊和激光焊等。固相连接工艺有压焊、钎焊、扩散焊、摩擦焊和搅拌摩擦焊。其中熔焊是最为常用的焊接方法，其次是钎焊。选择焊接方法时，必须考虑被焊材料的成分、物理及力学性能特点，以及焊接件的结构、尺寸和结构复杂程度，不同服役条件对焊接构件的要求，而且还要结合各种焊接方法的工艺特点和现场设备条件进行综合考虑。

14.3.1　熔焊

用氧乙炔焰可焊接各种铜及铜合金。由于火焰热量不够集中，铜散热又非常快，达到焊点时间长，因此焊接速度比较慢。当焊接纯铜厚板时，需要较高的预热温度（600℃ 以上）以补偿热的散失。由于气焊保护效果不好，一般需要采用焊剂（HJ301）进行保护，以免焊接熔池金属过多地被氧化。

焊条电弧焊简便灵活，但是焊缝质量不如 TIG 焊和 MIG 焊效果好，如果焊件厚度大于 3mm，所需预热温度也较高（500℃ 以上）。焊条电弧焊和气焊存在同样的问题：较高的预热温度，劳动条件差，生产效率低，多用于不重要的部件的焊接或补焊。

埋弧焊需要使用焊剂，保护效果好，生产效率高，焊接质量稳定，但只适用于平焊位置、较规则的焊缝和较厚的焊件。

钨极氩弧焊（TIG 焊）、熔化极氩弧焊（MIG 焊）是熔焊中最常采用的焊接方法。TIG 焊和 MIG 焊，几乎对任何铜及铜合金的焊接都能获得满意的结果。它们具有强的局部热输入和对焊接区的良好保护。TIG 焊便于控制，可作全位置焊接，也易于实现自动化焊接。通常可以焊接的板厚为 3mm 以下，再薄的板可采用能控制热输入的脉冲 TIG 焊。厚度大于 3mm 应该采用 MIG 焊。

熔焊铜及铜合金需要大功率、高能束的熔焊热源，热效率越高，能量越集中越有利。不同厚度的材料对不同焊接方法有其适应性。如薄板焊接以钨极氩弧焊、焊条电弧焊和气焊为好，中厚板以熔化极气体保护焊和电子束焊较合理，厚板则建议采用埋弧焊和 MIG 焊。对于 $\delta < 4mm$ 的纯铜可以在不预热的条件下进行焊接。

14.3.2　电阻焊

电阻点焊和缝焊主要用于厚度小于 1.5mm 的板材，而且是电导率和热导率较低的铜合金。对于纯铜或铜含量很高的铜合金，需要很高的焊接电流，而且非常容易产生电极粘连和损坏，因此电阻焊非常困难。

闪光对焊几乎可以焊所有的铜及铜合金，其焊接过程与钢类似，焊接参数要求精确控制。

14.3.3　钎焊

选择合适的钎料和钎剂，采用软、硬钎焊都很容易实现铜及铜合金的钎焊，而且对加热方式也没有什么特殊要求，如火焰、电阻辐射加热、感应加热、电弧加热都可以。

14.3.4　扩散焊

所有的铜及铜合金均可以采用扩散焊进行连接。铜合金扩散焊接头变形小，性能优良。最有效的中间层材料是镍和银，镍可以与铜形成连续固溶体，银在铜中固溶度可以达 8%，它们与大多数其他金属都不会生成脆性的金属间化合物。利用镍和银作中间层几乎可使铜与所有金属实现扩散连接。

14.3.5　摩擦焊和搅拌摩擦焊

摩擦焊是在外力作用下，利用焊件接触面之间的相对摩擦和塑性流动所产生的热量，使接触面及其近缝区金属达到粘塑性状态并产生适当的宏观塑性变形，通过两侧材料间的相互扩散和动态再结晶而完成焊接的。铜与低碳钢的摩擦焊，由于铜的硬度低，在摩擦加热时，钢不发生明显的塑变，而铜会发生很大的塑变，从而使轴向摩擦压力难以提高，摩擦功率低。另外，铜的热导率比钢大，使得摩擦产生的热量易于传给母材，而且铜在压力作用下易从焊接端面挤出形成飞边，也会散失部分热量，导致摩擦表面的温度很难提高，所以实际进行摩擦焊有一定困难。

搅拌摩擦焊接是英国焊接研究所于 20 世纪 90 年代发明的一种用于低熔点合金板材的新型固态连接技术。它利用一种带有探针和轴肩的特殊形式的搅拌头，将探针插入结合面，轴肩紧靠焊件上表面，进行旋转搅拌摩擦，摩擦热使探针周围金属处于热塑性状态，探针前方的塑性状态金属在搅拌头的驱动下向后方流动，在该处塑性融合，从而使焊件在高速的热压状态下成为一个整体。目前搅拌摩擦焊主要是用在熔化温度较低的有色金属，如铝、铜等合金，可避免熔焊时产生裂纹、气孔及收缩等缺陷。

14.4　铜及铜合金的熔焊

14.4.1　气焊[8,9]

氧乙炔气焊比较适合薄铜片、铜件的修补或不重要结构的焊接。对厚度较大的，需要采用较高的预热温度或多层焊。焊接表面质量很差。

气焊用焊接材料可根据被焊材料以及焊丝焊剂匹配选择。焊丝也可以采用相同成分母材上的切条。对没有清理氧化膜的母材、焊丝，气焊时必须使用焊剂，可用蒸馏水把焊剂调成糊状，均匀涂在焊丝和坡口上，用火焰烘干后即可施焊。使用焊剂主要是防止熔池金属氧化和其他气体侵入熔池，并改善液体技术的流动性。

焊接纯铜通用的焊剂主要有硼酸盐、卤化物或它们的混合物组成，见表 14-11。工业用硼砂的熔点为 743℃，焊接时熔化成液体，迅速与熔池中的氧化锌、氧化铜等反应，生成熔点低、密度小的硼酸复合盐（熔渣）浮在熔池表面。卤化物则对熔池中氧化物（Al_2O_3）起物理溶解作用，是一种活性很强的去膜剂，同时还起到调节焊剂的熔点、流动性及脱渣性的作用，有很好的去膜效果。

表 14-11　铜和铜合金焊接用焊剂

焊剂牌号	化学成分（质量分数，%）						熔点/℃	应用范围
	$Na_2B_4O_7$	H_3BO_3	NaF	NaCl	KCl	其他		
CJ301	17.5	77.5	—	—	—	$AlPO_4$:5	650	铜和铜合金气焊、钎焊
CJ401	—	—	7.5~9	27~30	49.5~52	LiAl13.5~15	560	青铜气焊

用气体焊剂气焊黄铜效果好，其主要成分是含硼酸甲酯 66%~75%（质量分数，下同）、甲醇（CH_3OH）25%~34% 的混合液，在 100kPa 压力下，其沸点为 54℃ 左右，焊接时能保证蒸馏分离物成分不变。当乙炔通过盛有这种饱和蒸气的容器时，把此蒸气带入焊炬，与氧混合燃烧后发生反应：

$$2(CH_3)_3BO_3 + 9O_2 \rightarrow B_2O_3 + 6CO_2 + 9H_2O$$

$$(14-1)$$

在火焰内形成的硼酐 B_2O_3 蒸气凝聚到基体金属及焊丝上，与金属氧化物发生反应产生硼酸盐，以薄膜形式浮在熔池表面，有效地防止了锌的蒸发，保护熔池金属不继续发生氧化反应。

铜及铜合金气焊时一般采用焊丝（棒）填充，表 14-12 是铜及铜合金焊丝的化学成分及性能。我国铜及铜合金焊丝的型号的表示方法为 HSCu××-×，字母"HS"表示铜及铜合金焊丝，HS 后面以化学元素符号表示焊丝的主要组成元素，在短线"-"后的数字表示同一化学成分焊丝的不同品种，如 HSCuZn-1、

表 14-12　铜及铜合金焊丝

牌号	型号		名称	主要化学成分（质量分数,%）	熔点/℃	接头抗拉强度/MPa	主要用途
	中国	AWS					
HS201	HSCu	ERCu	纯铜焊丝	Sn1.1, Si0.4, Mn 0.4 余为 Cu	1050	≥196	纯铜气焊、氩弧焊、埋弧焊
HS202			低磷铜焊丝	P 0.3,余为 Cu	1060	≥196	纯铜气焊
HS220	HSCuZn-1	ERCuSn-A	锡黄铜焊丝	Cu 5.9, Sn 1,余为 Zn	886		黄铜的气焊、气体保护焊,铜及铜合金钎焊
HS221	HSCuZn-3	—	锡黄铜焊丝	Cu 60, Sn 1, Si 0.3, 余为 Zn	890	≥333	黄铜气焊、钎焊
HS222	HSCuZn-2	铁黄铜焊丝		Cu 58, Sn 0.9, Si 0.1, Fe 0.8,余为 Zn	860	≥333	黄铜气焊、纯铜、白铜钎焊
HS224	HSCuZn-4	硅黄铜焊丝		Cu 62, Si 0.5,余为 Zn	905	≥330	黄铜气焊、纯铜、白铜钎焊
—	HSCuAl	ERCuAl-A1	铝青铜焊丝	Al7~9, Mn≤2, 余为 Cu	—	—	铝青铜的 TIG、MIG 焊
	HSCuSi	ERCuSi-A	硅青铜焊丝	Si2.75~3.5, Mn 1.0~1.5, 余为 Cu			硅青铜及黄铜的 TIG、MIG 焊
	HSCuSn	ERCuSn-A	锡青铜焊丝	Sn7~9, 0.15~0.35, 余为 Cu			锡青铜的 TIG 焊

HSCuZn-2。按照美国 AWS 标准，铜及铜合金焊丝的型号的表示方法为 ERCu××-×，字母"ER"表示焊丝（也可以只用字母"R"，表示棒状焊丝或焊条芯），ER 后面以化学元素符号表示焊丝的主要组成元素，在短线"-"后的数字表示同一化学成分焊丝的不同品种。我国铜及铜合金焊丝的牌号的表示方法为 HS2××，"2"代表"Cu"，后面的两位数字表示不同化学成分的铜的焊丝，如 HS201 表示的是型号为 HSCu 的纯铜焊丝。

在焊丝中加入 Si、Mn、P、Ti 和 Al 等元素，是为了加强脱氧，降低焊缝中的气孔，其中 Ti 和 Al 除脱氧以外，还能细化焊缝晶粒，提高焊缝金属的塑性、韧性。Si 在焊接黄铜时可防止锌的蒸发、氧化，降低烟雾，提高熔池金属的流动性；Sn 可提高熔池金属的流动性和焊缝金属的耐蚀性。

对于纯铜，材料本身不含脱氧元素，一般选择含有 Si、P 或 Ti 脱氧剂的无氧铜焊丝，如 HS201、ER-Cu、ERCuSi 等，它们具有较高的电导率和母材颜色相同的特点。

对于白铜，为了防止气孔和裂纹的产生，即使焊接刚性较小的薄板，也要求采用加填白铜焊丝来控制熔池的脱氧反应。

对于黄铜，为了抑制锌的蒸发烧损对气氛造成污染和对电弧燃烧稳定性造成的不利影响，填充金属不应含锌。引弧后使电弧偏向填充金属而不是偏向母材，这有利于减少母材中锌的烧损和烟雾。焊接普通黄铜，采用无氧铜加脱氧剂的锡青铜焊丝，如 HSCuSn；焊接高强度黄铜，采用青铜加脱氧剂的硅青铜焊丝或铝青铜焊丝，如 HSCuAl、HSCuSi、ERCuSi 等。

对于青铜，材料本身所含合金元素就具有较强的脱氧能力，焊丝成分只需补充氧化烧损部分，即选用合金元素含量略高于母材的焊丝，如硅青铜焊丝 HSCuSi、铝青铜焊丝 HSCuAl、锡青铜焊丝 HSCuSn。

纯铜气焊参数见表 14-13。为了减少焊接内应力，防止产生缺陷，应采取预热措施，对薄板及小尺寸焊件，预热温度为 400~500℃，对厚板及大尺寸焊件，预热温度为 600~700℃。焊接薄板时应采用左焊法，这有利于抑制晶粒长大。当焊件厚度大于 6mm 时，则采用右焊法，右焊法能以较高的温度加热母材，又便于观察熔池，操作方便。焊接长焊缝时，焊前必须留有适合的收缩余量，并要先定位后焊接，焊接时应采用分段退焊法，以减少变形。对受力或较重要的铜焊件，必须采取焊后锤击和热处理工艺措施。薄铜件焊后要立即对焊缝两侧的热影响区进行锤击。5mm 以上的中厚板，需要加热至 500~600℃后进行对焊缝金属及热影响区进行锤击。锤击后将焊

表 14-13 纯铜气焊参数

板厚/mm	焊丝直径/mm	焊炬及焊嘴号	乙炔流量/(L/h)	焊接方向	火焰性质
<1.5	1.5	H01-2 焊炬，4～5 号焊嘴	150	左焊法	中性焰
1.5～2.5	2	H01-6 焊炬，3～4 号焊嘴	350		
2.5～4	3	H01-12 焊炬，1～2 号焊嘴	500		
4～8	5	H01-12 焊炬，2～3 号焊嘴	750	右焊法	
8～15	6	H01-12 焊炬，3～4 号焊嘴	1000		

件加热至 500～600℃，然后在水中急冷，可提高接头的塑性和韧性。黄铜应在焊后尽快在 500℃左右退火。

14.4.2 焊条电弧焊[10,11]

焊条电弧焊是一种最简单、最灵活的熔焊方法。但是对纯铜和黄铜的焊接不推荐采用此种方法，是因为焊条电弧焊的焊缝氧、氢含量较高，锌蒸发严重，容易出现气孔，焊后接头强度低，导电性，导热性下降严重。如用焊条 T107（ECu）焊接 T2 纯铜，接头抗拉强度约为 180～200MPa，断后伸长率为 32%～40%，弯曲角仅达 90°，接头电导率只有纯铜的 60%～70%。

对部分青铜和白铜，无论是锻件或铸件，均可用焊条电弧焊，而且选择近似低碳钢的焊接参数即能获得较满意的接头。因此此方法在青铜和白铜焊接中应用较多。

1. 焊条的选用

表 14-14 是常用铜及铜合金焊条的牌号、成分、熔敷金属性能和适用范围。

表 14-14 铜及铜合金焊条的牌号、成分、熔敷金属性能和适用范围

牌号	型号（中国）	型号（AWS）	熔敷金属主要化学成分（质量分数，%）	熔敷金属性能	主 要 用 途
T107	ECu	ECu	Cu>99	$\sigma_b \geq 176MPa$	适用于脱氧或无氧铜的焊接
T207	ECuSi-B	ECuSi	Si：3，Mn<1.5，Sn<1.5，Cu 余量	$\sigma_b \geq 340MPa$ $\delta_5 > 20\%$ 110～130HV	适用于纯铜、黄铜和硅青铜的焊接
T227	ECuSn-A ECuSn-B	ECuSn-A ECuSn-C	Sn：8，P≤0.3，Cu 余量	$\sigma_b \geq 270MPa$ $\delta_5 > 20\%$ 80～115HV	适用于纯铜、黄铜和磷青铜的焊接
T237	ECuAl	ECuMnNiAl	Al：8，Mn≤2，Cu 余量	$\sigma_b \geq 410MPa$ $\delta_5 > 15\%$ 120～160HV	适用于铝青铜及其他铜合金的焊接

基本按焊件的成分选择相应焊芯的焊条。铜及铜合金用焊条主要分为纯铜焊条和青铜焊条两类，目前应用较多的是青铜焊条。对于黄铜，由于锌容易蒸发，极少采用焊条电弧焊，一般选择青铜焊芯的焊条，如 T207（ECuSi-B）和 T227（ECuSnB），焊条使用前要严格经 200～250℃、2h 烘干，较彻底地去除药皮中吸附的水分。

为了减少焊缝中的气孔，焊条均采用低氢型药皮。为了向焊接熔池过渡 Si、Mn、Ti、Al 等脱氧元素，获得良好的焊缝金属的力学性能，在焊条的涂料中添加硅铁、锰铁、钛铁、铝铁和铝铜等金属粉。

ECu 为纯铜焊条，对大气及海水等介质有良好的耐蚀性，常用于脱氧铜及无氧铜的焊接。ECuSi 是硅青铜焊条，具有良好的力学性能和耐蚀性，适合于纯铜、硅青铜及黄铜的焊接和堆焊。ECuSnB 是一种通用型焊条，它可用于磷青铜、黄铜的焊接，具有一定的强度、良好的塑性、耐冲击、耐磨和耐蚀性。ECuAl 是焊接铝青铜的焊条，通用性较大，具有比较好的强度、塑性、耐磨性和耐蚀性。

2. 预热温度的确定

焊接铜或黄铜都需要在焊前或多层焊的层间对焊件进行预热。目的是使焊件获得足够的能量，保证焊缝的良好成形及随后的冷却中气体充分地析出。预热温度要根据材料的热导率和焊件的厚度来确定。纯铜材料随厚度从 4～40mm，预热温度可在 300～600℃范围内选择，最高也有预热至 750～800℃的。黄铜导热比纯铜差，但为了抑制锌的蒸发也必须预热至 200～400℃之间，并配合采用小电流焊接。

青铜的预热参数比较复杂，部分青铜具有明显的热脆性，如锡青铜在 400℃ 时强度和塑性极低，硅青铜在 300 ~ 400℃ 有热脆性，它们的导热性又较低，预热温度和层间温度不应该超过 200℃；磷青铜的流动性差，必须预热至不低于 250℃；铝青铜热导率高，厚板的预热温度甚至需高达 600 ~ 650℃。

对于白铜，其热导率已与碳钢接近，焊接时预热的目的，主要是减少应力应力，防止热裂纹，一般温度偏低。

预热的方法根据焊件的结构而定。形状复杂，体积较小的可在炉中整体加热，也可用气体火焰整体加热。而对结构简单，体积或厚度较大的焊件则可用火焰局部加热或根据焊件的形状设计专用的远红外加热器预热，都可获得满意的结果。

3. 焊接参数的制订

为了减少锌的蒸发和合金元素的烧损，尽量缩短焊接熔池及接头高温停留时间，各种铜合金的焊条电弧焊都采用直流反接、较高预热温度、小电流、高焊速、短弧长的焊接参数。为使焊缝窄而薄，操作时焊条一般不需要摆动，对有坡口的焊道，即使摆动，其摆动宽度也不应超过焊条直径的两倍。铜及铜合金条电弧焊参数可参考表 14-15 数据。

表 14-15　铜及铜合金焊条电弧焊参数

材料	板厚/mm	坡口形式	焊条直径/mm	焊接电流/A	备　注
纯铜	2	I	3.2	110 ~ 150	铜及铜合金焊条电弧焊所选用的电流一般可按公式 $I = (35 ~ 45)d$（其中 d 为焊条直径）来确定： 1）随着板厚增加，热量损失大，焊条电流选用高限，甚至可能超过直径 5 倍 2）在一些特殊情况下，焊件的预热受限制，也可适当提高焊接电流予以补充
	3	I	3.2 ~ 4	120 ~ 200	
	4	I	4	150 ~ 220	
	5	V	4 ~ 5	180 ~ 300	
	6	V	4 ~ 5	200 ~ 350	
	8	V	5 ~ 7	250 ~ 380	
	10	V	5 ~ 7	250 ~ 380	
黄铜	2	I	2.5	50 ~ 80	
	3	I	3.2	60 ~ 90	
铝青铜	2	I	3.2	60 ~ 90	
	4	I	3.2 ~ 4	120 ~ 150	
	6	V	5	230 ~ 250	
	8	V	5 ~ 6	230 ~ 280	
	12	V	5 ~ 6	280 ~ 300	
锡青铜	1.5	I	3.2	60 ~ 100	
	3	I	3.2 ~ 4	80 ~ 150	
	4.5	V	3.2 ~ 4	150 ~ 180	
	6	V	4 ~ 5	200 ~ 300	
	12	V	6	300 ~ 350	
白铜	6 ~ 7	I	3.2	110 ~ 120	平焊
	6 ~ 7	V	3.2	100 ~ 115	平焊和仰焊

4. 焊后处理

为了改善焊接接头的性能，同时减小焊接应力，焊后可对焊缝和热影响区进行热态的和冷态的锤击。如冷态锤击纯铜焊缝，强度可从 205MPa 提高到 240MPa，而塑性略有下降。冷弯角从 180° 到降到 150°。磷青铜焊后热态锤击对细化晶粒有明显的效果。对某些带有热脆性的铜合金的多层焊时，甚至可以采取每层焊后都锤击，以减少热应力，防止裂纹出现。对要求较高的接头，则采用焊后高温热处理消除应力和改善接头韧性。如锡青铜焊后加热至 500℃ 快速冷却可获得最大的韧度，$w(Al)$ 高于 7% 的铝青铜厚板，焊后需要经 600℃ 退火处理，并以风冷来消除内应力。

14.4.3　埋弧焊[2,4,12]

埋弧焊的特点是电弧热效率高，焊接溶池的保护效果好。可以采用大的焊接电流，焊丝的熔化系数大，因此它具有溶深大、生产率高、变形小等明显的优点。焊接铜及铜合金时，20mm 的厚度以下的焊件可以在不预热的和不开坡口的情况下获得优质的接头，使焊接工艺简化。此方法特别适合于中厚板的长焊缝焊接。

1. 焊剂的选择

如前所述，焊接铜及铜合金可选用标准的高硅高锰（剂 431）焊剂，但不可避免会发生合金元素向焊缝过渡。因此对于接头性能要求高的焊件宜选用焊剂 260、焊剂 150 或选用近年研制成功的陶质焊剂、氟化物焊剂。这些焊剂的配方见表 14-16。由表可见，用无氧氟化物焊剂可获得导热、导电性与基材相同的焊缝。配合相应的青铜焊丝焊接黄铜、铬青铜，都可获得力学性能满意的接头。如用 HSCuSi 焊丝焊接 H59 和 H62 黄铜，接头强度可达 300 ~ 400MPa，冷弯角可达 100° ~ 180°。

HJ431、HJ260、HJ150、HJ250 是埋弧焊常用的焊剂，其中 HJ260、HJ150 的氧化性小，与普通纯铜焊丝配合使用，焊成的接头塑性高，伸长率可达 38% ~ 45%，接头导电性能也较高。HJ431 氧化性强，容易向焊缝过渡 Si、Mn 等元素，使接头的导电性、耐蚀性下降。

2. 焊接参数的选择

铜的埋弧焊通常是采用单道焊进行。厚度小于 20 ~ 25mm 的铜及铜合金可采用不开坡口的单面焊或双面焊。厚度更大的焊件最好开 U 形坡口（钝边为 5 ~ 7mm）并采用并列双丝焊接，采用比较合理的焊

表 14-16　几种铜及铜合金用的陶质及氟化物焊剂

焊剂牌号	化学成分（质量分数,%）							
	SiO_2	MnO	CaO	MgO	Al_2O_3	CaF_2	Fe_2O_3	其他
焊剂 431	41 ~ 44	34 ~ 38	~6.5	—	~45	4 ~ 5.5	22	—
焊剂 260	19 ~ 24	~0.5	3 ~ 9	—	27 ~ 32	25 ~ 33	≈1	K_2O_2 ~ 3
AH-M1	—	—	—	$MgF_2$55	—	NaF40	—	CaF25
ЖМ-1	长石 57.5	硼渣 3.5	大理石 28	—	—	萤石 8	铝粉 0.8	木炭
K-13MBTY	石英 8 ~ 10	无水硼砂 15 ~ 19	白垩 15	镁砂 15	20	萤石 20	铝粉 3 ~ 5	—

接参数,可避免热裂纹的出现,见表 14-17。焊接纯铜时选用较大的电流和较高的电压可获得合理的焊接参数。焊接黄铜时,则选用较小的电流(约减小 15% ~ 20%)和较低的电压,这是为了减少锌的蒸发烧损而采用的措施。一般可参考表 14-17 中的焊接参数进行选择。纯铜焊丝的伸长度与熔化速度无关,选择范围较大。黄铜和青铜焊丝的熔化速度随焊丝的伸出长度增大而增大,一般伸出长度取 20 ~ 40mm。厚度在 200mm 以下的铜件可以不预热,超过 200mm 可以局部预热至 300 ~ 400℃ 左右进行焊接。

表 14-17　铜及铜合金埋弧焊焊接参数

材料	板厚 /mm	接头,坡口形式	焊丝直径 /mm	焊接电流 /A	电弧电压 /V	焊接速度 /(m/s)	备　注
纯铜	5 ~ 6	对接不开坡口	—	500 ~ 550	38 ~ 42	45 ~ 40	—
	10 ~ 12		—	700 ~ 800	40 ~ 44	20 ~ 15	—
	16 ~ 20		—	850 ~ 1000	45 ~ 50	12 ~ 8	—
	25 ~ 30	对接 U 形坡口	—	1000 ~ 1100	45 ~ 50	8 ~ 6	—
	35 ~ 40		—	1200 ~ 1400	48 ~ 55	6 ~ 4	—
	16 ~ 20	对接单面焊	—	850 ~ 1000	45 ~ 50	12 ~ 8	—
	25 ~ 30		—	1000 ~ 1100	45 ~ 50	8 ~ 6	—
	35 ~ 40	角接 U 形坡口	—	1200 ~ 1400	48 ~ 55	6 ~ 4	—
	45 ~ 60		—	1400 ~ 1600	48 ~ 55	5 ~ 3	—
黄铜	4	—	1.5	180 ~ 200	24 ~ 26	20	单面焊
	4	—	1.5	140 ~ 160	24 ~ 26	25	双面焊
	8	—	1.5	360 ~ 380	26 ~ 28	20	单面焊
	8	—	1.5	260 ~ 300	29 ~ 30	22	封底焊缝
	12	—	2.0	450 ~ 470	30 ~ 32	25	单面焊
	12	—	2.0	360 ~ 375	30 ~ 32	25	封底焊缝
	18	—	3.0	650 ~ 700	32 ~ 34	30	封底焊缝
	18	—	3.0	700 ~ 750	32 ~ 34	30	第二道
铝青铜	10	V 形坡口	焊剂层厚度 25mm	450	35 ~ 36	25	双面焊
	15	V 形坡口	25	550	35 ~ 36	25	第一道
	15	V 形坡口	30	650	36 ~ 38	20	第一道
	15	V 形坡口	30	650	36 ~ 38	25	封底焊缝
	26	X 形坡口	30	750	36 ~ 38	25	第一道
	26	X 形坡口	30	750	36 ~ 38	20	第二道

3. 垫板及引弧的选择

埋弧焊使用的焊接热输入较大，熔化金属多，为防止液体铜的流失和获得理想的反面成形，无论是单面焊还是双面焊，反面均采用各种形式的垫板。常用的有石墨垫板、不锈钢垫板和型槽焊剂垫。前两种是刚性的，其上所开成行槽是根据焊缝尺寸要求而定，带有专用性。垫板与铜板的接触面要吻合很好，需要专门机械加工，比较适合不太厚的焊件和比较短的直线焊缝。由于石墨板的导热慢，保温性好，一般纯铜、黄铜和青铜焊接时都用它。白铜的热导率几乎和碳钢相同，个别牌号的铜镍合金的热导率比碳钢还低，焊接时就需要选用铜垫板，厚大焊件或环缝选用焊剂垫比较适合，特别是柔性焊剂垫，它可随焊缝的宽窄、高低、形状而相应变化。使用时要求通过一定压力使焊剂垫能与铜底面紧密结合，防止空气侵入和铜液流出。为了保持焊剂垫层有一定的透气性，以利焊缝中气体的析出，又不对反面成形造成很大的压力使焊缝底部向下凹，宜选用颗粒大的焊剂（2 ~ 3mm）做垫剂层，而且垫剂层应有一定的厚度，一般不小于30mm。为保证焊缝的始末都具有良好的成形和性能，在焊件两端铜上铜引弧板和收弧板，也可采用石墨板作焊缝的引弧板和收弧板。引弧和收弧板与焊件的接合间隙不得大于1mm，引收弧板的尺寸一般可取 $100mm \times 100mm \times S$（$S$ 为焊件厚度）。

14.4.4　钨极气体保护焊[13-23]

钨极气体保护焊具有电弧稳定、能量集中、保护效果好、热影响区窄、操作灵活的突出优点。它已逐渐取代气焊、焊条电弧焊而成为铜及铜合金熔焊接方法中应用最广泛的一种。特别适合于中、薄板和小件的焊接和补焊。几乎所有牌号的铜合金都可使用此种方法，只是由于钨极使用的电流受到限制，电弧功率不能太大，常用厚度小于3mm 的直边坡口的铜及铜合金对接接头，一般不开坡口，不加填充丝。当厚度大于3mm 时，通常需要加填充焊丝。而厚度在12mm 以上的铜件要改用熔化极气体保护焊。

焊接时应尽可能采用平焊位置，但若采用小直径电极和填充丝及小电流则可以对一些薄件进行立焊和仰焊。也可采用脉冲电流以控制金属的流动，获得满意的焊接接头。

1. 焊丝的选择

钨极气体保护焊主要通过焊丝来调节焊缝的成分及力学、物理性能来满足焊件的要求。焊丝有专用的，也有通用的。不同的铜合金，选择时突出的重点不同。

（1）纯铜和白铜

材料本身不含脱氧元素，一般选择含有 $w(Si)$ = 0.5%、$w(P)$ = 0.15% 或 $w(Ti)$ = 0.3% ~ 0.5% 脱氧剂的无氧铜焊丝和白铜焊丝，如 HSCu1、ERCu、ERCuSi 等。它们还具有较高的电导率和与母材颜色相同的特点。对于无氧铜和电解韧铜来说，多采用钨极气体保护焊的方法，也不加填充丝。对于白铜，为了预防气孔和裂纹的发生，即使焊接刚性较小的薄板，也要求采用加丝来控制熔池的脱氧反应。

（2）黄铜

为了抑制锌的蒸发烧损而造成的气氛污染和对电弧燃烧稳定性的影响，比较理想的是选择不含锌的焊丝。对普通黄铜，采用无氧铜加脱氧剂的锡青铜焊丝，如 HSCuSnA。对高强度黄铜，采用青铜加脱氧剂的硅青铜焊丝或铝青铜焊丝，如 HSCuAl、HSCuSi、ERCuSi 等。

（3）青铜

材料自身所含合金元素就具有较强的脱氧能力。焊丝成分只需补足氧化烧损部分，即选用焊合金元素量略高于基材的相应焊丝。

2. 保护气体的选择[13-16]

不同的保护气体，其电弧特性有明显不同。在相同的焊接电流下，氦气和氢气的功率分别为氩气的3倍和1.5倍，图 14-4 是为室温下采用氩、氦和氢气进行钨极气体保护焊的温度场图形。氢弧的穿透能力比氩弧增加 3 ~ 5 倍。从提高电弧的热效应角度来看，采用氦弧或氢弧焊焊接铜合金是合适的。但研究表明，铜在氢气中进行焊接，熔池金属流动性降低，焊缝金属易产生气孔。氦气密度较小，为获得良好的保护效果要消耗的气体量增加 1 ~ 2 倍，成本高。因此在多数情况下，选用氩气作为焊接各种黄铜、青铜的保护气体。在一些特殊情况下，如焊接纯铜或高热导率铜合金焊件，不允许预热或要求获得较大的熔深时，可采用70%（体积分数）氩与30%（体积分数）氦或氢的混合气。在焊接铝青铜时，为了加强对熔池的保护和脱氧，有时采用氩气与涂焊剂联合保护的办法，能收到较理想的效果。氩弧焊和氢弧焊纯铜时熔深对比如图 14-5 所示。

3. 预热温度的选择[17]

钨极氩弧焊不同板厚的预热温度可参考图 14-6 选择。焊件厚度在 4mm 以下可以不预热。4 ~ 12mm 厚的纯铜需要预热至 200 ~ 450℃，青铜与白铜可降至 150 ~ 200℃，硅青铜，磷青铜可不预热并严格控制层间温度低于 100℃。但补焊大尺寸的黄铜和青铜铸件时，一般需预热 200 ~ 300℃。如采用 Ar + He 混合保护气体焊接铜或铜合金时，则可以不预热。

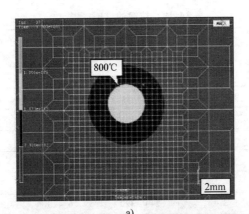

a)

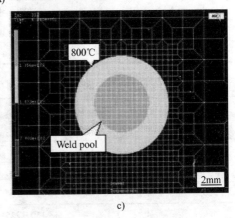

b)　　　　　　　　　c)

图 14-4　采用不同种类的保护气体进行纯铜钨极气体保护焊接温度场模拟结果对比

（室温 20℃，焊接电流 280A）

a）Ar　b）He　c）N₂

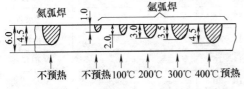

图 14-5　氩弧焊和氦弧焊纯铜时熔深对比示意图

（焊接电流 300A，焊速 12.2m/h）

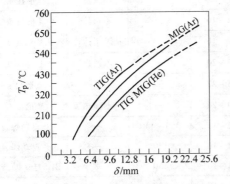

图 14-6　气体保护焊接纯铜时预热温度
与板厚的对应关系曲线

4. 焊接参数的选择

焊接纯铜和青铜的焊接参数列于表 14-18 和表 14-19。对大多数铜及铜合金的钨极氩弧焊均采用直流正极性，此时焊件可获得较高的热量和较大的熔深，但对铍青铜和铝青铜，采用交流电源比直流电源更有利于破除表面氧化膜，使焊接过程稳定。特别是手工氩弧焊焊接铝青铜时，弧长控制不稳定，更需使用交流电源。

纯铜 TIG 焊的接头形式可参考图 14-7 进行选择，应该尽可能地采用平焊位置。硅青铜的流动性较差，是唯一可以采用手工氩弧焊在立焊和仰焊位置焊接的铜合金。

14.4.5　熔化极气体保护焊[4,13-15]

熔化极气体保护焊可用于所有的铜及铜合金。对于厚度大于 3mm 的铝青铜、硅青铜和铜镍合金最好选用此种焊接。对于厚度为 3～12mm 或者大于 12mm 的铜及铜合金几乎总要选用熔化极气体保护焊，主要

表 14-18 纯铜的 TIG 焊参数

板厚 /mm	钨极直径 /mm	焊丝直径 /mm	电流 /A	氩气流量 /(L/min)	预热温度 /℃	备注
0.3 ~ 0.5	1	—	30 ~ 60	8 ~ 10	不预热	卷边接头
1	2	1.6 ~ 2.0	120 ~ 160	10 ~ 12	不预热	—
1.5	2 ~ 3	1.6 ~ 2.0	140 ~ 180	10 ~ 12	不预热	—
2	2 ~ 3	2	160 ~ 200	14 ~ 16	不预热	—
3	3 ~ 4	2	200 ~ 240	14 ~ 16	不预热	单面焊双面成形
4	4	3	220 ~ 260	16 ~ 20	300 ~ 350	双面焊
5	4	3 ~ 4	240 ~ 320	16 ~ 20	350 ~ 400	双面焊
6	4 ~ 5	3 ~ 4	280 ~ 360	20 ~ 22	400 ~ 450	
10	4 ~ 5	4 ~ 5	340 ~ 400	20 ~ 22	450 ~ 500	—
12	5 ~ 6	4 ~ 5	360 ~ 420	20 ~ 24	450 ~ 500	—

表 14-19 青铜和白铜的 TIG 焊参数

材料	板厚 /mm	钨极直径 /mm	焊丝直径 /mm	电流 /A	气流量 /(L/min)	焊速 /(mm/min)	预热温度 /℃	备注
铝青铜	≤1.5	1.5	1.5	25 ~ 80	10 ~ 16	—	不预热	I 形接头
	1.5 ~ 3.0	2.5	3	100 ~ 130	10 ~ 16	—	不预热	I 形接头
	3.0	4	4	130 ~ 160	16	—	不预热	I 形接头
	5.0	4	4	150 ~ 225	16	—	150	V 形接头
	6.0	4 ~ 5	4 ~ 5	150 ~ 300	16	—	150	V 形接头
	9.0	4.5	4 ~ 5	210 ~ 330	16	—	150	V 形接头
	12.0	4 ~ 5	4 ~ 5	250 ~ 325	16	—	150	V 形接头
锡青铜	0.3 ~ 1.5	3.0	—	90 ~ 150	12 ~ 16	—	—	卷边焊
	1.5 ~ 3	3.0	1.5 ~ 2.5	100 ~ 180	12 ~ 16	—	—	I 形接头
	5	4	4	160 ~ 200	14 ~ 16	—	—	V 形接头
	7	4	4	210 ~ 250	16 ~ 20	—	—	V 形接头
	12	5	5	260 ~ 300	20 ~ 24	—	—	V 形接头
硅青铜	1.5	3	2	100 ~ 130	8 ~ 10	—	不预热	I 形接头
	3	3	2 ~ 3	120 ~ 160	12 ~ 16	—	不预热	I 形接头
	4.5	3 ~ 4	2 ~ 3	150 ~ 220	12 ~ 16	—	不预热	V 形接头
	6	4	3	180 ~ 220	16 ~ 20	—	不预热	V 形接头
	9	4	3 ~ 4	250 ~ 300	18 ~ 22	—	不预热	V 形接头
	12	4	4	270 ~ 320	20 ~ 24	—	不预热	V 形接头
白铜	3	4 ~ 5	1.5	310 ~ 320	12 ~ 16	350 ~ 450	—	B10 自动焊, I 形
	<3	4 ~ 5	3	300 ~ 310	12 ~ 16	130	—	B10 自动焊, I 形
	3 ~ 9	4 ~ 5	3 ~ 4	300 ~ 310	12 ~ 16	150	—	B10 自动焊, V 形
	<3	4 ~ 5	3	270 ~ 290	12 ~ 16	130	—	B10 自动焊, I 形
	3 ~ 9	4 ~ 5	5	270 ~ 290	12 ~ 16	150	—	B10 自动焊, V 形

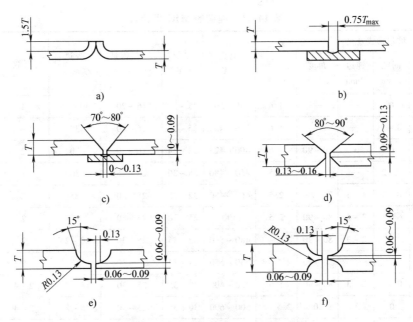

图 14-7　纯铜 TIG 焊接坡口形式及尺寸图

a) 端接坡口 $T \leq 2mm$　b) 对接坡口 $T = 3 \sim 6mm$　c) 单 V 坡口 $T = 6 \sim 15mm$

d) 双 V 坡口 $T \leq 25mm$　e) 单 U 坡口 $T = 10 \sim 15mm$　f) 双 U 坡口 $T \geq 20mm$

由于它的熔化效率高，熔深大，焊速快，是焊接中厚板铜合金的较理想方法。

1. 焊丝的选用

选用焊丝的原则及具体选用焊丝的成分与 TIG 焊几乎一样。我国生产的标准焊丝对 TIG 焊和 MIG 焊是通用的，具体见表 14-20。如 TIG 焊用的 RCuSi-A 中 $w(Zn) = 1.5\%$，而 MIG 焊用的 ECuSi 则不含 Zn。又如 MIG 焊用的 ERCuNi 比 TIG 焊用的多加了 0.5%（质量分数）的 Si。一般不采用高纯度纯铜焊丝，因为它们不含脱氧元素，故焊缝常出现气孔。除 ERCu 以外的任何焊丝均可获得致密而坚固的焊缝，但要注意其在导电率方面的差别。

表 14-20　纯铜和铜合金 MIG 焊时用的焊丝

焊丝	名称	使用范围（母材）
ERCu	铜	铜
ERCuSi-A	硅青铜	硅青铜、黄铜
ERCuSi-A	磷青铜	磷青铜、黄铜
ERCuNi	铜镍合金	铜镍合金
ERCuAl-A2	铝青铜	铝青铜、黄铜、硅青铜、锰青铜
ERCuAl-A3	铝青铜	铝青铜
ERCuNiAl	铝青铜	镍铝青铜
ERCuMnNiAl	铝青铜	锰锌铝青铜
RBCuZn-A	船用黄铜	黄铜、铜
ERCuZn-B	低烟黄铜	黄铜、锰青铜
ERCuZn-C	低烟黄铜	黄铜、锰青铜

2. 预热及焊后热处理

考虑到 MIG 焊具有较大的电弧功率，对焊件预热温度的要求可参考图 14-6 中 MIG 焊数据。厚度大于 6mm 或所用焊丝直径大于 1.6mm 的 V 形坡口均需预热，对于硅青铜和铍青铜，根据其脆性及高强度的特点，焊后应该进行退火消除应力和 500℃保温 3h 的时效硬化处理。

3. 焊接参数

为了提高焊接效率，MIG 焊采用大电流、高焊速的焊接参数。由于熔池增大，保护气体的流量相应的也成倍增加。推荐使用的焊接参数见表 14-21 和表 14-22。与 TIG 焊相比，焊接同样厚度的铜件，焊接电流增加 30% 以上，焊速可提高一倍。大电流有利于电弧的稳定，高速焊接对避免一些铜合金（如硅青铜、磷青铜）的热脆性和近缝区晶粒长大都有好处。

MIG 焊接参数中最重要的是焊接电流的选择，它决定着熔滴的过渡形式。而后者又是电弧稳定和焊缝成形的决定因素。研究表明，在氩气气氛中，当电流增加时，熔滴过渡会由短路过渡转变为喷射过渡。只有达到喷射过渡才会获得稳定的电弧和良好的焊接成形。使用不同成分焊丝，进入喷射过渡的近似条件见表 14-23。喷射过渡适用于平焊、横焊和角焊位置的焊接，而滴状和短路过渡则适合于立焊位置的焊接。熔化极气体保护焊不适合于仰焊位置的焊接，因为焊道成形差，此时最好改用钨极气体保护焊。

表 14-21　纯铜的 MIG 焊参数

| 板厚 /mm | 坡口形式及尺寸 | | | | 焊丝直径 /mm | 电流 /A | 电压 /V | Ar 气流量 /(L/min) | 焊速 /(m/h) | 层数 | 预热温度 /℃ |
	形式	间隙 /mm	钝边 /mm	角度 /(°)							
3	I	0	—	—	1.6	300～500	25～30	16～20	40～45	1	—
5	I	0～1	—	—	1.6	350～400	25～30	16～20	30	1～2	100
6	V	0	3	70～90	1.6	400～425	32～34	16～20	30	2	250
6	I	0～2	—	—	2.5	450～480	25～30	20～25	30	1	100
8	V	0～2	1～3	70～90	2.5	460～480	32～35	25～30	25	2	250～300
9	V	0	2～3	80～90	2.5	500	25～30	25～30	21	2	250
10	V	0	2～3	80～90	2.5～3	480～500	32～35	25～30	20～23	2	400～500
12	V	0	3	80～90	2.5～3	550～650	28～32	25～30	18	2	450～500
12	X	0～2	3	80～90	1.6	350～400	30～35	18～21	2～4	350～400
15	X	0	3	30	2.5～3	500～600	30～35	25～30	15～21	2～4	450
20	V	1～2	2～3	70～80	700	28～30	25～30	23～25	2～3	600
22～30	V	1～2	2～4	80～90	4	700～750	32～36	30～40	20	2～3	600

表 14-22　铜合金的 MIG 焊参数

材料	板厚 /mm	坡口形式	焊丝直径 /mm	电流 /A	电压 /V	送丝速度 /(m/min)	Ar(He) 流量 /(L/min)	备注
黄铜	3	I	1.6	275～285	25～28	—	16	—
	9	V	1.6	275～285	25～28	—	16	—
	12	V	1.6	275～285	25～28	—	16	—
锡青铜	1.5	I	0.8	130～140	25～26	—	—	—
	3	I	1.0	140～160	26～27	—	—	—
	6	V	1.0	165～185	27～28	—	—	—
	9	V	1.6	275～285	28～29		(18)	预热 100～150℃
	12	V	1.6	315～335	29～30		(18)	预热 200～250℃
	18	—	2	365～385	31～32	—	—	—
	25	—	2.5	440～460	33～34	—	—	—
铝青铜	3	I	1.6	260～300	26～28	—	20	—
	6	V	1.6～2.0	280～320	26～28	4.5～5.5	20	—
	9	V	1.6	300～330	26～28	5.5～6.0	20～25	—
	10	X	4.0	450～550	32～34	—	50～55	—
	12	V	1.6	320～380	26～28	6.0～6.5	30～32	—
	16	X	2.5	400～440	26～28	—	30～35	—
	18	V	1.6	320～350	26～28	6.0～6.5	30～35	—
	24	X	2.5	450～500	28～30	6.5～7.0	40～45	—

（续）

材料	板厚/mm	坡口形式	焊丝直径/mm	电流/A	电压/V	送丝速度/(m/min)	Ar(He)流量/(L/min)	备　注
硅青铜	3	I	1.6	260~270	27~30	—	16	—
	6	I	1.6	300~320	26	5.5	16	—
	9	V	1.6	300	27~30	5.5	16	—
	12	V	1.6	310	27	5.5~7.5	16	—
	20	X	2~2.5	350~380	27~30	—	16~20	—
白铜	3	I	1.6	280	22~28		16	
	6	I	1.6	270~330	22~28		16	
	9	V	1.6	300~330	22~28		16	
	10	V	1.6	300~360	22~28		16	
	12	V	1.6	350~400	22~28			
	18	—	—	350~400	24~28			
	≥25	—	—	350~400	26~28			
	>25			370~420	26~28			

表 14-23　各种铜合金焊丝进入喷射过渡的近似条件

焊丝材料	焊丝直径/mm	最小焊接电流/A	电弧电压/V	送丝速度/(m/min)	最小电流密度/(A/mm²)
磷脱氧铜	1.6	310	26	3.94	168
硅锰脱氧铜	0.8	180	26	8.75	292
	1.2	210	25	6.35	203
	1.6	310	26	3.82	168
92-8 锡青铜	1.6	270	27	4.18	134
93-7 铝青铜	0.8	160	25	7.50	260
	1.2	210	25	6.60	203
	1.6	280	26	4.70	139
硅青铜	0.8	165	24	10.70	268
	1.2	205	26~27	7.50	199
	1.6	270	27~28	4.82	134
70-30 铜-镍	1.6	280	26	4.45	139

　　MIG 焊具有较强的穿透力，不开坡口的极限尺寸及钝边比 TIG 焊时要增大，坡口角度可偏小，一般不留间隙。只有在焊接流动性较差的硅青铜时才需要把坡口角度加大到 80°，接近 TIG 焊水平。所以用熔化极气体保护焊来焊接纯铜时，厚度小于 3mm 时应采用 I 形坡口接头，无间隙时可用铜衬垫。I 形坡口根部间隙为 1.5mm 时，可用开凹槽的铜衬垫。I 形坡口也可用于厚度小于 6mm 的铜板双面焊，每面焊一道。焊接厚度为 10~12mm，V 形坡口接头时，在焊接多道焊缝后，在接头反面清根再焊一道。焊接厚度大于 12mm 厚度时应开 X 形坡口或双面 U 形坡口，可交替焊接正、背面焊道，以减小变形。

　　4. 异种铜合金的焊接

　　异种铜合金采用熔化极气体保护焊的情况是很多

的。它属于同基金属的焊接，不存在焊接性问题。关键是焊丝的选择和预热问题，如同焊接其他异种金属一样，焊接电弧通常指向二者中热导率较高的金属。为了减小填充金属对焊件中合金元素的稀释，应尽量减小熔合比。如果异种铜合金的熔点相差较悬殊，可以采用在低熔点焊件一侧形成熔焊过程，而在高熔点一侧形成钎焊过程的特殊工艺。异种铜合金的 TIG 焊和 MIG 焊所采用焊丝推荐见表 14-24、表 14-25。

表 14-24　铜与铜合金异种接头的 TIG 焊用填充金属、预热和焊道层间温度

异种金属接头中的一种金属	填充金属（预热、多道焊层间温度）			
	异种金属接头中的另一种金属			
	纯　铜	磷青铜	铝青铜	硅青铜
低锌黄铜	ECuSn-C 或 ECu（540℃）	—	—	—
磷青铜	ECuSn-C 或 ECu（540℃）	—	—	—
铝青铜	RCuAl-A2（540℃）	RCuAl-A2（540℃）或 CuSn-C（250℃）	—	—
硅青铜	ECuSn-C 或 RCu（540℃）	RCuSi-A（最大 65℃）	RCuAl-A2（最大 65℃）	—
铜镍合金	RCuAl-A2 或 ECuNi（540℃）	ECuSn-C（最大 65℃）	RCuAl-A2（最大 65℃）	RCuAl-A2（最大 65℃）

表 14-25　铜与铜合金接头的 MIG 焊用焊丝、预热温度和道间温度

异种金属接头中的一种金属	填充金属（预热、焊道间温度）				
	异种金属接头中的另一种金属				
	铜	低锌黄铜	高锌黄铜、锡黄铜和特殊黄铜	磷青铜	铝青铜	硅青铜
低锌黄铜	ERCuSn-C 或 ERCu（540℃）	—	—	—	—	—
高锌黄铜、锡黄铜和特殊黄铜	ERSnSi、ERCuSn-C 或 ERCu（540℃）	ERCu-Sn-C（350℃）	—	—	—	—
磷青铜	ERCu-Sn-C 或 ERCu（540℃）	ERCu-Sn-C（260℃）	ERCu-Sn-C（350℃）	—	—	—
铝青铜	ERCuAl-A2（540℃）	ERCuAl-A2（315℃）	ERCuAl-A2（315℃）	RCuAl-A2（540℃）或 ERCuSn-C（250℃）	—	—
硅青铜	ERCuSn-C 或 RCu（540℃）	ERCuAl-A2（540℃）或 ERCuSi-C（最大 65℃）	ERCuAl-A2（540℃）或 ERCuSi-C（最大 65℃）	ERCuSi（最大 65℃）	ERCuAl-A2（最大 65℃）	—
铜镍合金	ERCuAl-A2、ERCuNi 或 ERCu（540℃）	ERCuAl-A2（最大 65℃）	ERCuAl-A2（最大 65℃）	ERCuSn-C（最大 65℃）	ERCuAl-A2（最大 65℃）	ERCuAl-A2（最大 65℃）

14.4.6　等离子弧焊[4]

等离子弧具有比 TIG 和 MIG 电弧更高的能量密度和温度，很适合于焊接高热导率和对过热敏感的铜和铜合金。6~8mm 厚的铜件可以不预热不开坡口一次焊成，接头质量达到母材水平。厚度在 8mm 以上的铜件可以采用留大钝边、开 V 形坡口的等离子弧焊与 MIG 焊或 TIG 焊联合工艺，即先用不填丝的等离子弧焊进行打底，然后用熔化极或加丝钨极气体保护焊满坡口。

等离子弧焊接采用直流正接法转移弧，既有利于增强焊件受热，又可使电弧稳定。铜及铜合金的流动性好，熔融态的表面张力较小，自重大，小孔效应不容易稳定，焊缝易烧穿。所以焊接铜及铜合金时，一般采用熔透法而不用穿透法。

等离子弧焊的焊接参数很多。其中作为调节等离子弧能量和电弧稳定性的主要参数是焊接电流和离子气的成分及流量。电流增大、离子气流量的增加都会增强对等离子弧的压缩效果，因而电弧能量密度提高、穿透力加大，电弧稳定性好，焊接速度可加快。为了获得更高的能量，可采用 Ar + 5% H$_2$ 或 Ar + 30% He 的混合气体作为离子气进行焊接。

必须指出，等离子弧束很细，能量高度集中，焊前对焊件边缘的加工精度、焊件的装配精度、薄件的夹具精度都要求很高，如坡口的平面度、对接间隙的均匀性、错边及与反面垫板的贴紧程度等，其误差值一般不允许超过 1mm。薄板结构不超过 0.3~0.5mm。板越薄，允许的误差值越小。否则焊接过程

不稳定、焊缝成形差，甚至无法正常焊接。因此选用等离子弧焊接工艺必须与相应的加工装配条件综合考虑，才能获得理想的结果。

14.4.7　电子束焊

电子束的能量密度和穿透能力比等离子束还强，焊接铜及铜合金有很大的优越性。电子束焊接时一般不加填充焊丝。其冷速快，晶粒细小，在真空下焊接不但可完全避免接头的氧化，还能对接头除气。铜的真空电子束焊缝的含气量远低于母材，焊缝的力学性能与热物理性能均可达到与母材相等的程度。

电子束焊接含锌、锡、磷等低溶元素的黄铜和青铜时，这些元素的蒸发会造成焊接合金含量的损失而又不可能得到其他办法的补充。此时应该采用避免电子束直接长时间聚焦在焊缝同一处，如可以使用摆动电子束的办法，以避免上述不足。

电子束焊接厚大铜件时会出现因电子束冲击表面发生熔化金属的飞溅问题，导致焊缝成形变坏。此时可采用散射电子束装饰焊缝的办法加以改善。铜的电子束焊接参数可参考表 14-26 和表 14-27 中的数据。

表 14-26　电子束焊接铜的焊接参数

工件厚度 /mm	焊接电流 /mm	电压 /kV	焊速 /(m/h)
1	70	14	20
2	120	16	20
4	200	18	18
6	250	20	18

表 14-27　电子束焦点位置与熔深的关系

金属中杂质总质量分数(%)	电子束功率 /kV	熔深深度/mm			平均熔深/mm
		焦点低于焊件表面	焦点在焊件表面	焦点高于焊件表面	
0.035	6.9	7.0	7.5	8	5.5
	5.7	5.0	5.75	6.25	
	4.0	2.5	3.25	3.5	
0.0048 （无氧铜）	6.9	6.75	7.5	8.5	6.0
	5.7	5.5	6.0	6.5	
	4.0	4.5	4.25	3.75	

由于纯铜的热导率比碳钢大 7~11 倍，焊接时热损失较大，焊缝熔深受到限制，试件越厚，散热越严重。在实际应用中，如结晶器、高炉风口和大功率电触头等产品的焊接，一般采用氩弧焊的方法，为了解决热量不足的问题，对于厚度大于 3mm 的焊件则需要开坡口，多次焊接，生产效率低，变形量大，难以

保证质量。例如氩弧焊熔深不大于 4mm，等离子弧为 5~7mm，电子束则可以达到 12~15mm[24]。

在实际焊接中，由于电子束焊熔深宽比大，为了有利于熔池中气体的排出，可采用横枪电子束焊的方法，如图 14-8b 所示。即横枪的电子束水平射入焊件，得到熔池横宽竖短，由于重力作用，熔池上部有

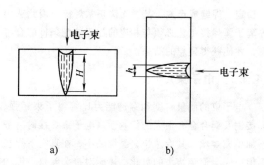

图 14-8　电子束焊接熔池排气情况示意图

a) 竖枪　b) 横枪

空隙，使焊缝根部气体仅经过很小的距离进入空隙而排出。同时水平射入的电子束穿深的阻力减小，使得焊缝的熔深增加、焊缝内部及表面的缺陷减少，焊接质量优于竖枪电子束焊接。横枪电子束焊接纯铜时的焊接速度一般在 1000mm/min 以上，这是因为液态纯铜表面张力小，流动性大，表面成形差，低的焊接速度会引起熔池液态金属的外流，使得横焊时通过降低焊接速度来提高熔深的方法受到限制。

为了进一步提高焊缝的熔深，采用倾斜角度横枪电子束新工艺，将电子束倾斜射入焊件，使熔池与水平方向形成倾斜角 α，使熔池表面略高于熔池底部来抑制焊缝金属的流淌，从而能够降低焊接速度，获得更大的熔深。调整偏转电流的大小，得到不同的偏转角 α。焊件尺寸为 200mm×100mm×25mm。如图14-9 所示，当 $\alpha = 0°$，焊接速度 1000mm/min 时，为了防止熔池的液态金属在焊接过程中向外流淌，采用横枪电子束焊，使得焊接中心区产生小气孔，熔深 22mm。当 $\alpha = 3°$，焊接速度 700mm/min 时，熔池无气孔，熔池金属没有外流，熔深 25mm。当 $\alpha = 7°$，焊接速度 700mm/min 时，焊道明显变宽，熔池液态金属外流，熔深下降。当 $\alpha = 15°$ 时，焊道更宽，熔

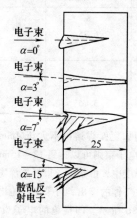

图 14-9　焊件对电子束的反射作用

深进一步降低。

对 T2 纯铜板（$\delta = 34$mm）与 10 钢板（$\delta = 15$mm）进行真空电子束焊接。预热方法是利用散焦电子束沿纯铜侧扫描，以不形成焊缝为宜。真空电子束焊接设备最大功率 30kW，加速电压 60kV（定压），最大束流 500mA，采用三级泵抽真空，焊接时真空度为 $2.67 × 10^{-2}$ Pa。试件保证装配间隙小于等于 0.08mm，装配前试件经丙酮清洗干净。焊接参数见表 14-28。焊前需对焊件预热 150 ~ 180℃。不预热或者是预热温度、预热时间不足时，焊缝易出现裂纹、焊缝表面凹凸不平[25]。

表 14-28　焊接参数

加速电压 /kV	电子束流 /mA	焊接距离 /mm	焊接速度 /(mm/s)	聚焦电流 /mA
60	50 ~ 200	120	2 ~ 4	560 ~ 580

电子束流是电子束焊接参数中最重要的调节参数之一。加速电压不变时，束流的增加，将直接导致焊接功率增加、熔深加大。为避免焊缝下部太尖而造成根部未熔合，宜采用偏大的束流。热输入大小将改变焊缝的成形和深宽比，并影响焊接质量。因此对纯铜这类材料，由于其热导率较大，宜采用较大的焊接热输入，以获得较大的熔深。焊接距离的选择也有一定要求，焊接距离太大，电子束流密度将因发散而降低；焊接距离太小，则焊件容易给电子枪造成运行障碍，同时，纯铜在焊接过程中产生的大量金属蒸气会严重污染电子枪系统。KL111 型电子枪的最佳焊接距离为 50 ~ 200mm，通过试验选择焊接距离 ≥200mm。聚焦电流的调节可以改变焊缝的形状和焊接熔深。对较厚板而言，聚焦电流一般为使电子束焦点处于板厚的 1/2 ~ 2/3 之间较为合适。当聚焦电流过大时，焊接熔深将下降，焊缝的"钉冒"变大，"钉尖"变细，此时容易出现根部焊偏聚焦电流[26]。

对铬青铜和双相不锈钢可以采用偏铜电子束焊接[27-33]。按设备最大加速电压 60kV，大功率 6kW，阴极直径为 2.0mm，真空度为 $5.4 × 10^{-2}$Pa，加速电压 HV = 60kV，束流 $I_b = 45$mA，焊接速度 $v = 1$m/min。对接缝间隙最大不得超过 0.25mm。QCr0.8 与 12Cr21Ni5Ti 两种材料的熔点、热导率等热物理性能存在显著差异。通常纯 Cu 的热导率比纯 Fe 要大 6 ~ 10 倍，因此 Cu 侧的传热比 Fe 要快得多。采用如图 14-10 所示的不等厚电子束偏铜侧的接头形式以使焊缝两侧母材的热输入达到平衡，同时弥补了 Cu 烧损而引起的下塌焊缝形状。

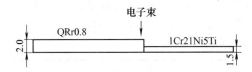

图 14-10　电子束焊对接接头示意图

利用光学金相、能谱分析及电子探针元素分析方法对 QCr0.8/1Cr21Ni5Ti 电子束钎焊接头进行组织结构分析，接头为熔钎形式的接头，组织结构可分为焊缝区和熔钎界面区两部分。焊缝组织为宏观分布均匀的 Fe 在 Cu 中过饱和固溶体相，呈均匀树枝晶分布。熔钎界面靠近试件上表面有一个较粗的条带状区域，称为熔合过渡层，组织为 α 相加少量的 ε 相（α 为 Cu 在 Fe 中的固溶体，ε 为 Fe 在 Cu 中的固溶体）熔钎界面靠近试件下表面为直接钎接状态。QCr0.8/1Cr21Ni5Ti 偏铜电子束钎焊接头形成包括以下四个阶段，物理模型如图 14-11 所示。

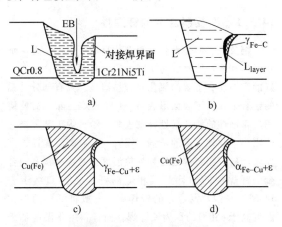

图 14-11　接头形成物理模型
a) 匙孔形熔池　b) 熔合过渡层　c) 钎缝形成　d) 最终组织形成

（1）匙孔形熔池形成阶段

焊缝区金属在电子束深穿加热作用下迅速熔化成匙孔形熔池，此时熔池为铜合金液态金属。

（2）熔合过渡层形成阶段

形成熔池后热量会向熔池两侧快速传递，因为钢侧母材的低热导率将会在对接界面钢侧形成热量堆积。同时由于电子束的加热特性，沿试件厚度方向形成了上高下低的温度分布，即厚度温差。这样，钢侧母材上部得到的热量较多，下部较少。钢侧上部部分区域得到的热量足以使不锈钢温度达到固态相变点以上，此时该区域组织中的 α_{Fe-C} 相转变为单相 γ_{Fe-C}。随着电子束的持续作用，在接头界面钢侧母材上部的热量堆积和厚度温差双重作用下，使其靠近熔池的一狭长的奥氏体化区域的温度处于液相线和固相线之

间，呈临界熔化状态，形成了微溶的熔合过渡层，而其界面中下部的温度仍处于固相线以下。此时，铜合金液态熔池金属在熔池力（即高温）作用下流动性（即活性）增大，在对流及扩散的作用下，少量的液态 Cu 会渗入到微溶的熔合过渡层中。这样，在随后的冷却过程中，熔合过渡层中会有少量 ε 相生成。

（3）钎缝形成阶段

随着电子束前移，匙孔完全被液态金属填充，熔池温度下降。当熔池温度降到结晶温度附近时，液态熔池开始将熔合线附近向钎缝中部结晶，开始时钢侧上部形成的熔合过渡层完全凝固结晶成 γ_{Fe-Cu} 相，并随温度的降低析出 ε 相。熔池中的大量液态 Cu 基合金开始凝固结晶，生成铜的过饱和固溶体组织，形成钎缝最终组织形成阶段。

（4）最终组织形成阶段

熔钎钎缝凝固时形成的一次钎缝组织为熔合过渡层的 γ + ε 相基钎缝区的 Cu(Fe)。但在温度持续下降至室温过程中，熔合过渡层中的 γ 相发生同素异构转变，形成二次钎缝组织相 α。

由图 14-12 可见，随电子束距对接中线铜侧偏移值的增加，QCr0.8/1Cr21Ni5Ti 电子束焊接接头的强度呈近抛物线变化规律。在偏移值为 0mm（即对中焊）时，接头抗拉强度很低，这主要是由于对中焊接头的焊缝组织及成分的宏观极不均匀分布造成的。随偏移值的增加，接头组织及成分逐渐均匀化，直至偏移值达 0.8 ~ 1.0mm 时，接头强度出现峰值，形成焊缝组织成分均匀化的熔钎接头。此时接头连接良好，强度最高可达 330MPa 左右，已接近接头最低母材强度的 90% 以上。偏铜值进一步增加，由于电子束斑的较大偏移及铜侧母材的急剧热散失，从而使接头钢侧对接面的电子束温度场的热作用降低，导致钎接界面处的原子扩散能力及程度下降，接头性能也随之降低。在向铜侧偏移量超过 2.0mm 时，由于电子束只对铜侧母材的加热起作用，已无法形成有效的熔钎接头，接头未焊合。

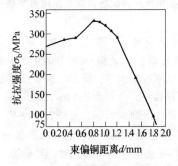

图 14-12　电子束偏聚距离对接头强度的影响

纯铜与 Q235 钢可以直接进行电子束焊接[34]。电子束焊时采用中间过渡层（Ni-Al 或 Ni-Cu）的焊接方法，其中 Ni-Cu 中间过渡层比采用 Ni-Al 中间层焊接质量好。焊接参数见表 14-29。

表 14-29　纯铜与 Q235 电子束焊参数

被焊材料	板厚 /mm	电子束电流 /mA	焊接速度 /(cm/s)	加速电压 /kV	中间层金属
纯铜 + Q235	8 ~ 10	90 ~ 120	1.2 ~ 1.7	30 ~ 50	Ni-Al 或 Ni-Cu
	12 ~ 18	150 ~ 250	0.3 ~ 0.5	50 ~ 60	

14.4.8　激光焊

激光焊是以高能量密度的激光作为能源，使被焊金属熔化形成接头。聚焦后的激光具有很高的功率密度（$10^5 \sim 10^7 \text{W/cm}^2$ 或更高），焊接以深熔方式进行。激光加热范围小（<1mm），焊接速度高。焊后残余应力小。能焊接高熔点金属。与电子束焊相比，最大的特点是不需要真空室，不产生 X 射线。

H62 黄铜的激光焊采用快速轴流二氧化碳激光器和数控加工机床进行，焊接时使用透射镜聚焦焊接系统，ZnSe 透镜的焦距为 127mm。试板为长 250mm、宽 50mm、厚 2 ~ 3mm 的冷轧 H62 黄铜板，两块试板沿长度方向对接激光焊，I 形坡口、不留间隙。焊接时以氩气为保护气体，顶吹氩气（和激光束同轴，吹向坡口正面）流量和拖罩氩气（保护热焊缝）流量皆为 3000L/h，坡口背部盖在槽上，槽内氩气流量为 1000L/h，由于所采用的激光功率不超过 2500 W，可以认为等离子体对焊接过程稳定性影响不明显，故未采用侧吹辅助气体[35]。

由于黄铜中锌沸点低，在一般焊接过程中蒸发损失大，造成焊缝金属强度降低。激光焊接黄铜时热输入不宜过大，过大的热输入将导致飞溅严重、焊缝凹陷加剧、焊缝 α 相增多、晶粒粗大和焊缝硬度（强度）显著下降。采用大功率激光和大焊速焊接黄铜时焊缝热裂纹倾向增大。激光焊接热输入为 1.35 ~ 1.65kJ/cm、焦点位置为 0.5 ~ 1.5 mm 时，可获得 3 mm 厚黄铜板全熔透、无内部缺陷及锌损失小的焊缝。用夹片和盖片方法进行激光焊接可解决焊缝凹陷的问题。

采用激光焊可以实现青铜器的补焊[36]。采用二氧化碳激光器，额定功率为 5000W，从 400W 到 5000W 功率可连续调节，模式为多模连续输出。焦点用不同的镜头，分别为 125mm、200mm、400mm，最小光点可以达到 0.3mm。大量实验结果表明，针对不同厚度的青铜器，激光功率控制在 1500 ~ 3500W，焊接速度在 14m/min 时，被修复试样焊缝深、焊缝宽。青铜试样的焊接性能如表 14-30 所示。

表 14-30　青铜试样的焊接性能

编号	试样抗拉强度 / MPa	焊缝抗拉强度 /MPa
QT-1	264	260
QT-2	240	245
QT-3	260	258
QT-4	268	261

14.5　铜及铜合金的钎焊

14.5.1　铜及铜合金的钎焊性

铜及绝大部分铜合金都有优良的钎焊性。无论是硬钎焊和软钎焊都容易实现。原因是铜及铜合金有较好的润湿性，主要的氧化膜容易清除。只有部分含铝的铜合金，由于表面形成 Al_2O_3 膜较难去除，需要使用带腐蚀性的特殊活性钎剂去膜，给钎焊工艺带来一些困难。此外含铝的黄铜、锡青铜具有高温脆性，需要较严格控制钎焊温度和加热温度。对各类铜及铜合金的钎焊性的估计及其相应的钎焊条件归纳于表 14-31。在铜及铜合金的钎焊中，一般将钎料的熔化温度高于 450℃ 的称为硬钎焊，而钎料熔化温度低于 450℃ 的称为软钎焊。

表 14-31　铜及铜合金的钎焊

材料	牌号	钎焊性	说明
纯铜	全部	极好	可用松香或其他无腐蚀性钎剂钎焊
黄铜	含铝黄铜	困难	用特殊钎剂，钎焊时间要短
	其他黄铜	优良	易于用活性松香或弱腐蚀性钎剂钎焊
锡青铜	含磷	良好	钎焊时间要短，钎焊前要消除应力
	其他	优良	易于用活性松香或弱腐蚀性钎剂钎焊
铝青铜	全部	困难	在腐蚀性很强的特殊钎剂下钎焊或预先在表面镀铜
硅青铜	全部	良好	需配用腐蚀性钎剂，焊前必须清洗
白铜	全部	优良	易于用弱腐蚀性钎剂钎焊，钎焊前要消除应力

采用 BAg40CuZnCdNi 和 BAg45CuZnCd 钎焊锰黄铜时，需配合 FB102 和 FB103 钎剂使用。其他银钎料、铜磷和铜磷银钎料钎焊时采用 FB102 钎剂。炉中钎焊应在保护气氛下进行，并采用 FB104 钎剂。

铍青铜硬钎焊时最好将钎焊和固溶处理同时进行。例如用 BAg72Cu 钎料在 800℃ 下用 FB104 钎剂进行钎焊，钎料凝固后立即在水中淬火，再在 300℃ 进行实效，以保证母材达到最佳性能。另一种方法就是将固溶处理的铍青铜用 BAg40CuZnCdNi 钎料以快速加热的方法（如电阻钎焊和感应钎焊）加热到 650℃ 进行钎焊，迅速冷却后在 300℃ 下进行实效处理。这样，铍青铜经淬火-时效获得的最佳弹性指标虽受影响，但不是很大。

铬青铜的硬钎焊不应在其固溶-时效状态下进行，而应在固溶处理状态下钎焊，然后进行时效。即使如此，母材性能仍有所下降，含 $w(Cr) = 0.8\%$ 的铬青铜经固溶-时效处理后的强度为 528MPa，但经 599 ~ 649℃、649 ~ 699℃、699 ~ 749℃、749 ~ 799℃ 和 799 ~ 859℃ 等温度钎焊再经时效处理的强度已分别降到 456MPa、405MPa、303MPa、300MPa、310MPa，钎焊加热时间均为 1min。由此可见，钎焊温度越高，强度下降越多。因此应采用熔点最低的银钎料，如 BAg40CuZnCdNi 以快速加热法钎焊。

镉青铜和锡青铜的钎焊工艺与纯铜和黄铜相似，只是在保护气氛中钎焊时没有氢脆和锌挥发的问题。但含磷的锡青铜有应力开裂的倾向，磷青铜零件在钎焊前应去除应力。自动钎焊压力传感器件用铅黄铜和锡青铜时，钎料预制方式最好采用薄片状钎料，钎缝间隙应选用 0.2 ~ 0.24mm 范围，加热时间应在 11 ~ 15s 之间[37]。

硅青铜在硬钎焊时有应力开裂和钎料晶间渗入的倾向。钎焊前必须去除其内应力。钎焊温度应低于 760℃。可采用熔化温度较低的银钎料，如 BAg65CuZn、BAg50CuZnCd、BAg45CuZnCd、BAg56CuZnSn、BAg50-CuZnSnNi 和 BAg40CuZnSnNi 等。熔化温度越低越好。钎剂采用 FB103 和 FB102。

铝青铜硬钎焊时应采用银钎料。用 BAg40CuZnSnNi 钎焊 QAl10-4-4 铝青铜时，因钎焊温度（650℃）与母材回火温度相当，母材性能不会因钎焊而下降。用 BAg40CuZnSnNi 钎焊 QAl11-9-2 铝青铜时，钎焊温度超过母材的回火温度（400℃），对处于淬火-回火状态的母材来说，钎焊后强度将明显下降。合理的办法是使合金在淬火状态下钎焊，采用快速加热，短保温时间，然后进行回火。为了去除表面的氧化膜，应在普通钎剂中（如 FB102）加入 10% ~ 20% 硅氟酸钠，或在 FB102 钎剂中加入 10% ~ 20% 的铝钎剂（如 FB201）。炉中钎焊应在保护气氛中进行。并施加钎剂。为了使钎焊容易进行，可在表面电镀 0.013mm 厚的铜层。锌白铜硬钎焊时应使用以下银钎料，如 BAg56CuZnSn、BAg50CuZnSnNi、BAg40CuZnSnNi、BAg50CuZnCd、BAg40CuZnCdNi 等，钎剂使用 FB102 和 FB103，也可以考虑使用铜银磷钎料。

钎焊锌白铜时具有钎料向母材晶间渗入的倾向，故钎焊前应去除内应力，钎焊温度应尽可能低。由于母材导热性差，容易造成局部过热，应缓慢而均匀地加热。钎剂量要充分，以免被焊处氧化。硬钎焊锰白铜时用尽量选用银钎料，避免采用铜银磷钎料，因为磷与镍会形成脆性化合物相，使接头变脆。

14.5.2　硬钎焊

1. 钎焊材料的选择

我国目前生产并得到了广泛应用的铜及铜合金钎焊用钎料的标准牌号列于表 14-32。主要包括以下的系列。

表 14-32　铜及铜合金钎焊用钎料

钎料系列	牌号	化学成分（质量分数,%）	熔化温度		力学性能		推荐间隙	用途
			固相线	液相线	R_m/MPa	A（%）		
银基钎料	HL302	Ag25Cu40Zn	745	775	360	—	0.05 ~ 0.25	
	HL303	Ag 45Cu34 Zn	660	725	390	—	0.05 ~ 0.25	
	HL304	Ag50 Cu34 Zn	690	775	350	—	0.05 ~ 0.25	钎焊铜与各种铜合金，铜与钢,铜与不锈钢
	HL306	Ag65 Cu20 Zn	685	720	390	—	0.05 ~ 0.25	
	HL322	Ag 39 ~ 41Cu 24 ~ 26 Sn2.5 ~ 3.3Ni1.1 ~ 1.7Zn	630	640	400	—	0.05 ~ 0.25	

（续）

钎料系列	牌号	化学成分（质量分数，%）	熔化温度		力学性能		推荐间隙	用　途
			固相线	液相线	R_m /MPa	A (%)		
铜磷钎料	HL201	P7~9Cu	710	800	480	—	0.02~0.15	用于电机仪表工业中钎焊铜及铜合金
	HL202	P5~7Cu	710	890	450	—	0.02~0.15	
	HL204	P4~6Cu	640	815	510	—	0.02~0.15	钎焊铜与铜合金
	HL208	P5~7.5Cu	650	800			0.02~0.15	用于空调器\电机中铜及铜合金
铜锌钎料	HL101	Cu34~38 Zn	800	823	30	0~3	0.07~0.25	钎焊纯铜\黄铜
	HL102	Cu46~50 Zn	860	870	210	3	0.07~0.25	钎焊 H62 黄铜不受力件
	HL103	Cu52~56 Zn	885	888	260	5	0.07~0.25	钎焊铜\青铜不受冲击件
	HL104	Cu60~63Sn0.05~0.3	850	875	400	>20	0.07~0.25	钎焊铜\白铜

（1）铜-锌钎料

这类钎料的熔点较高，耐蚀性较差，且对过热敏感，锌元素的蒸发又容易引起气孔的产生。一般只用于熔点较高的纯铜、铜-钢、铜-镍等一些不重要的钎焊接头上。使用时必须有钎剂配合。近年国内研制成功的 Cu-Zn-Mn 钎料的熔点比铜锌钎料的熔点约低 100℃，各项性能均优于后者，这些钎料一般要求使用钎剂。

（2）铜-磷钎料及铜-磷-银钎料

铜磷钎料由于工艺性能好，价格低，在钎焊铜和铜合金方面得到了广泛的应用。磷在铜中起两个作用，据 Cu-P 相图（图 14-13），磷能显著降低铜的熔点。当含 $w(P)$ 为 8.4% 时，铜与磷形成熔化温度为 714℃ 的低熔共晶，其组织由 Cu + Cu₃P 组成，Cu₃P 为脆性相。随着磷含量的增加，Cu₃P 增多，超过共晶成分的铜磷合金由于太脆而无实用价值。Cu₃P 相给铜磷钎料带来脆性，它的韧性比银钎料差得多，只能在热态下挤压或轧制。磷的另一种功能是空气中钎焊铜时起到自钎剂的作用。

为了进一步降低铜磷合金的熔化温度，改进其韧性，可加银。Cu-Ag-Cu₃P 三元系合金形成低熔点共晶（图 14-14），其成分为 $w(Ag)=17.9\%$、$w(Cu)=30.4\%$、$w(Cu_3P)=51.7\%$、$w(P)=7.2\%$ 的三元共晶点为 646 ℃[38]，该成分为脆性相。图 14-15 表明 85Cu-5P-15Ag 合金具有较好的抗剪强度。铜磷银合金的脆性随着 Cu₃P 相的增加而急剧提高（图 14-16）。根据这些数据，可以优化能兼具熔化温度和力学性能要求的铜银磷钎料。

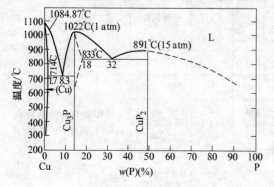

图 14-13　Cu-P 相图

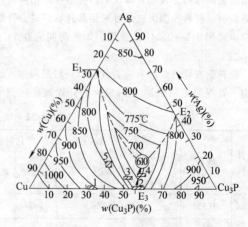

图 14-14　Cu-Ag-Cu₃P 三元系液相线

为了节约银，可以在铜磷钎料中加锡，以达到降低熔化温度的目的。图 14-17 表明[39]，在 Cu-6P 合金中加入 $w(Sn)=1\%$ 的 Sn，其液相线明显下降。锡含量继续提高，液相线基本上可以直线下降，当 $w(Sn)$ 提高到 6% 时，液相线降低到 677℃。Cu-7P 和

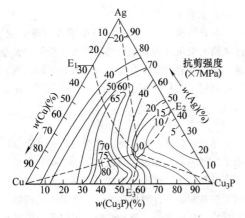

图 14-15　Cu-Ag-Cu₃P 合金抗剪强度与成分的关系

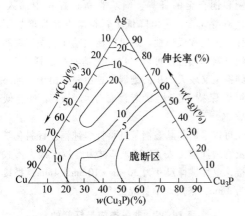

图 14-16　Cu-Ag-Cu₃P 合金韧性与成分的关系

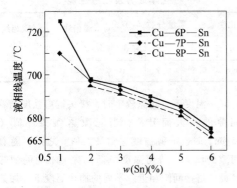

图 14-17　锡对铜磷合金液相线的影响图

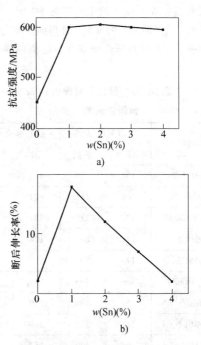

图 14-18　Cu-6P-Sn 钎料的力学性能

a) 抗拉强度　b) 断后伸长率

Cu-8P 合金有相同的特性, 但比 Cu-6P 合金熔化温度更低一些。锡对铜磷合金力学性能的影响如图 14-18 所示, 锡可以提高 Cu-6P 合金的强度, 但当 $w(Sn)$ 量超过 1% 后, 抗拉强度的变化是很小的; 锡可以改善 Cu-6P 合金的延性, 加 1% $w(Sn)$ 的合金断后伸长率最好, 加锡量继续增加, 断后伸长率趋于下降。$w(Sn) = 4\%$ 的 Cu-6P 合金的断后伸长率与 Cu-6P 合金相当, 但 Cu-6P-4Sn 合金的液相线比 Cu-6P 下降了一百多度。

为了进一步降低铜磷钎料的熔化温度, 可以在铜磷合金中加入锡和镍, 此时钎料的液相线可以降低到低于 650℃, 同银铜锌镉钎料的熔化特性很接近。这种钎料由于组织中含有大量脆性相, 无法进行加工, 只能用快速凝固法制成箔状钎料使用。

对具有热脆性或在熔化钎料作用下易发生自裂的铜合金和接头, 必须在钎焊前进行消除应力处理, 并尽量缩短钎焊试件, 不应采用快速加热法。炉中钎焊黄铜和铝青铜时, 为避免 Zn 的烧损及 Al 向银钎料扩散, 焊件表面可预先镀上铜层或镍层。在还原性气氛中钎焊铜及铜合金时, 要注意 "氢" 的不利影响, 只有无氧铜才能在氢气中钎焊。

用铜磷和铜磷银钎料钎焊纯铜时不需要使用钎剂, 因钎料中的磷在钎焊过程中能还原氧化铜。

$$5CuO + 2P = Cu + P_2O_5 \qquad (14-2)$$

还原产物 P_2O_5 与氧化铜形成复合化合物, 在钎焊温度下呈液态覆盖在母材表面, 防止铜氧化。用银铜锌镉钎料钎焊时用 FB103 和 FB102 钎剂, 其他银钎料钎焊时用 FB102 钎剂。银钎料炉中钎焊时用 FB104 钎剂。除松香钎剂外, 用其他钎剂钎焊时钎焊接头应仔细清洗, 以去残渣。除无氧铜外, 纯铜不能在还原性气氛中钎焊, 以免发生氢病。钎焊黄铜时钎料与钎剂的配合与钎焊纯铜时基本相同。但黄铜表面有锌的氧化物, 不能用未活化松香钎剂进行钎焊; 用铜磷银钎料钎焊时也必须使用钎剂 FB102。黄铜炉中钎焊时，为了防止锌的挥发，钎焊前黄铜表面必须镀铜和镍。用银钎料钎焊铜和黄铜接头的强度见表 14-33。

表 14-33　银钎料钎焊的铜和黄铜接头的强度

钎料	抗剪强度/MPa		抗拉强度/MPa	
	铜	黄铜	铜	黄铜
BAg10CuZn	157	166	166	313
BAg25CuZn	166	184	171	315
BAg45CuZn	177	215	181	325
BAg50CuZn	171	208	174	334
BAg65CuZn	171	208	177	334
BAg70CuZn	166	199	185	321
BAg40CuZnCdNi	167	194	179	339
BAg50CuZnCd	167	226	210	375
BAg35CuZnCd	164	190	167	328
BAg40CuZnSnNi	98	245	176	295
BAg50CuZnSn	—	—	220	240

用铜磷和铜磷银钎料钎焊的铜接头的力学性能见表 14-34[40]。用铜磷和铜磷银钎料钎焊的铜接头的强度与银钎料钎焊的相仿，但接头韧性较差。

（3）银-铜钎料

此类钎料的适用性最广。对所有铜及铜合金，以及绝大多数铜与异种金属接头的钎焊都适用。银钎料具有适中的熔点，大大降低钎焊温度，使焊件的变形及接头内应力减小。它的工艺性优良，耐蚀性和综合力学性能好。主要缺点是成本太高，近年国内大力研制和开发低银和无银钎料，已取得了较大进展，如 HL205、BCu-92PAg、HLCuP6-3 等。用这些钎料钎焊铜和黄铜接头的强度与银钎料相当，但塑性则稍差。

表 14-34　铜磷、铜磷银钎料钎焊的铜接头的力学性能

钎料	抗拉强度/MPa	抗剪强度/MPa	弯曲角/(°)	冲击韧度/(J/cm²)
BCu93P	186	132	25	6
BCu92PSb	233	138	90	7
BCu80PAg	255	154	120	23
BCu90PAg	242	140	120	21

（4）金合金钎料

此种钎料价格昂贵，一般只限于极特殊的应用，如连接高真空密封的真空器件。在此类应用中，金的低蒸气压是有利的。金合金钎料的液相线温度高，这进一步限制了它只能用于铜和一些高溶点铜-镍合金的钎焊。

（5）非晶态钎料

非晶态钎料是一种新型的钎焊材料，其合金内部的原子排列基本上保留了液态金属的结构状态即长程无序、近程有序，这种结构特点使其具有许多优异的性能。铜基非晶态钎料成分均匀，箔带柔韧可以制成所需形状，且熔点低、流动性好，可以代替银钎料用于铜和铜合金的钎焊。铜基非晶态钎料中加入 P、Sn、Ni 等元素，不但降低了钎料熔点而且增加了流动性、强度和成形性。通过对比铜基非晶态钎料和传统银钎料的润湿性可以看出，铜基非晶态钎料 750℃在纯铜上又较大面积的铺展。这主要是由于非晶态钎料组织保持了液相状态，成分均匀，界面能低的缘故[41]。

可以采用非晶态铜基钎料钎焊纯铜。钎料化学成分及物理性能见表 14-35，母材为纯铜。接头形式为搭接，单片试样尺寸为 30mm × 10mm × 4mm，搭接长度为 3mm，采用炉中钎焊法[42]。

表 14-35　非晶态箔带钎料的化学成分及物理性能

化学成分（质量分数,%）				液相线/℃	固相线/℃
Cu	Ni	Sn	P		
73.6	9.6	9.7	7.0	640	597

同一温度下，间隙较小时，接头抗剪强度随着搭接间隙的增大而升高，当间隙达到某一值（约 0.15mm）时，抗剪强度达到最大值。之后，随着搭接间隙的增大，剪切强度降低；对于不同的加热温度，最佳搭接间隙相近。不同的加热温度下，加热时间存在一个最佳值。加热时间过长或过短都会降低钎焊接头的抗剪强度。

2. 钎剂的选择

钎焊铜及铜合金用的钎剂列于表 14-36。就其配方的类型，国内外都相近而且定型。但具体配方在国外是不公开的。我国除了表中所列已纳入国标外，各使用单位也有不少自用的配方。这些配方可归纳为两大类，一类是以硼酸盐和氟硼酸盐为主（钎剂 101 ~ 103），它能有效地清除表面氧化膜，并有很好的浸流性，配合银钎料或铜磷钎料使用可获得良好的效

表 14-36　铜及铜合金钎焊用钎剂

牌号	名称	成分(质量分数,%)	用　途
QJ101	银钎剂	KBF$_4$68～71 H$_3$BO$_3$30～31	在550～850℃范围钎焊各种铜及铜合金,铜与钢及铜与不锈钢
QJ102	银钎剂	B$_2$O$_3$33～37 KBF$_4$21～25,KF40～44	在600～850℃范围钎焊各种铜及铜合金,铜与钢及铜与不锈钢
QJ103	特制银钎剂	KBF$_4$＞95	在550～750℃范围钎焊各种铜及铜合金
QJ105	低温银钎剂	ZnCl$_2$13～16,NH$_4$Cl4.5～5.5 CdCl$_2$29～3,1LiCl24～26 KCl24～26	在450～600℃范围钎焊铜及铜合金,尤其适合钎焊含铝铜合金
QJ205	铝黄铜钎剂	ZrCl$_2$48～52, NH$_4$Cl14～16, CdCl$_2$29～31,NaF4～6	在300～400℃范围内钎焊铝黄铜\铝青铜,以及铜与铝等异种接头

果,适用于各种铜合金焊件。另一类是以氯化物-氟化物为主的高活性钎剂(如钎剂 105、钎剂 205),是专门供铝青铜、铝黄铜及其他含铝的铜合金钎焊用的。此类钎剂腐蚀性极强,要求焊后对接头进行严格的刷洗,以防残渣对焊件的腐蚀。钎剂的形式有粉状、膏状和液状。绝大多数钎剂吸湿性很强,给粉状钎剂的制备和保存带来很多麻烦。目前已越来越多地使用膏状和液状钎剂。

3. 硬钎焊的钎焊工艺

铜及铜合金可根据焊件的形状、尺寸及数量选择采用烙铁、浸沾、火焰、感应、电阻和炉中等加热方法进行钎焊。各种方法的加热速度和加热时间不同,必须同时合理地选择相适应的钎料、钎剂和保护气氛。原则上说,主要采用快速加热法,因为:①某些钎料在熔化时有熔析现象,加热熔化速度快,熔析现象不严重;②钎剂的活性作用时间有限,加热速度慢可能使钎剂在钎焊完成前就失效;③缓慢加热使钎焊金属表面氧化严重,妨碍钎料铺展;④缓慢加热将延长熔融钎料与母材的作用时间,形成界面金属间化合物或造成溶蚀等现象,使接头性能恶化。

选用局部加热的火焰钎焊必须考虑预防焊件的变形问题。电阻、感应加热因不同的铜合金的电导率、热导率相差较大而必须考虑功率的调整问题,并尽量选用电导率、热导率低的钎料。这两种方法最合理是用于铜与电导率较低的金属的异种接头钎焊。对具有热脆性或熔化钎料作用下容易发生自裂的铜合金和接头必须在钎焊前进行清除应力处理,并尽量缩短钎焊时间,尽量不采用快速加热法。炉中钎焊黄铜和铝青铜时,为避免锌的烧损及铝向银钎料扩散,最好在焊件表面预先镀上铜层或镍层。在还原性气氛中钎焊铜及铜合金时,要注意"氢病"的危险。只有无氧铜

才能在氢气中钎焊。钢与铜及铜合金钎焊一般采用铜-磷-锡焊膏的硬钎焊[43]和氧乙炔焰钎焊[44]等方法,其特点是无镉、无银,但接头常出现气孔、夹渣、未焊透、侵蚀等焊接缺陷,使接头性能严重下降。为防止制品腐蚀,焊后对钎剂要进行及时清洗。

采用火焰钎焊纯铜件,一般选用铜银磷钎料。该钎料价格低,工艺性能好,钎焊接头具有满意的耐蚀性。钎焊时热源采用中性焰。钎剂选用 QJ-102。焊前应仔细清理焊件表面氧化物、油脂等污物。需预热,根据试件厚度、大小预热温度、时间有所不同。钎缝区温度应控制在 650～800℃之间。焊后间隔一段时间后,当温度降至 200℃以下时,用温水、毛刷清理熔渣以防腐蚀。钎焊接头成形美观,表面无裂纹、气孔未熔合。接头抗拉强度达到母材的 80%[45,46]。

使用火焰钎焊的方法可以实现 H62 黄铜与不锈钢 06Cr19Ni10 的连接[47]。选用对母材润湿性较好的 BAg45CuZn 钎料和 QJ102 钎剂。焊钳必须认真清理焊件和钎料表面的油污和氧化物,减小钎料对母材的表面张力,改善其润湿作用。并采用专用工装夹具进行组装定位焊,确保间隙均匀和同心度,接头形式如图 14-19 所示。氧乙炔焰为热源,接头间隙控制在 0.15～0.3mm 之间,钎焊温度为 750～850℃。焊后试件可用于液氧、液氮、液氩和液态 CO$_2$ 等液体低

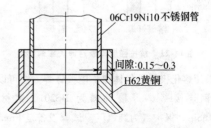

图 14-19　H62 与 06Cr19Ni10 接头形式图

温储槽设备的制造中。

采用溶解钎焊工艺可以实现纯铜厚板的不预热焊接[48]。纯铜的热导率、热胀系数和凝固收缩率等都比较大。焊接时热量迅速从加热区传导出去，使母材与填充金属难以熔合。为了补偿热量散失，降低冷却速度，板厚 $\delta \geqslant 4mm$ 的纯铜板 TIG 焊时一般采取预热措施，同时焊接时需采用大功率热源并采取保温措施，施焊时才易形成熔池。针对纯铜厚板预热困难、耗费人力物力的问题，采用溶解钎焊工艺焊接 10mm 纯铜板，可以实现纯铜厚板的不预热焊接，有效的节约能源和缩短工时。母材选用 10mm 厚 T2 板，焊材选用 HL204 钎料。焊接电流为 210 ~ 230A，而钎焊焊接电流一般为 120 ~ 160A。焊接接头宏观形貌如图 14-20所示，与钎焊相比，焊缝变宽，母材发生大量溶解。

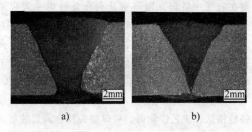

图 14-20　接头宏观形貌
a）溶解钎焊　b）钎焊

溶解钎焊接头及焊缝金属的力学性能要好于普通钎焊接头。虽然溶解钎焊焊缝金属抗拉强度略低于普通钎焊焊缝金属，但溶解钎焊焊缝金属断后伸长率好于普通钎焊焊缝金属，此外，溶解钎焊焊缝金属的硬度低于普通钎焊焊缝金属。溶解钎焊焊接接头的冲击韧度明显高于普通钎焊接头，大约是普通钎焊接头的3 倍（图 14-21、图 14-22、图 14-23）。

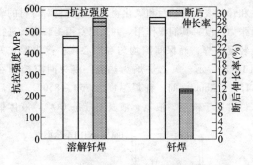

图 14-21　抗拉强度与断后伸长率对比图

采用熔化极惰性气体保护电弧钎焊方法可以实现铜与钢连接[49]。焊接材料为 HS201，钢材料为35CrMnSiA，保护气为纯氩气。试验设备是 Fronius 全数字化焊接电源和四主动送丝机构，该系统具有电弧

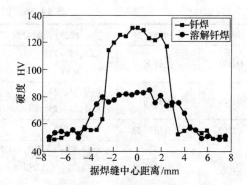

图 14-22　硬度分布图

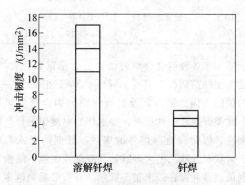

图 14-23　冲击韧度对比图

钎焊功能，可满足摆动 MIG 钎焊工艺要求。焊接时通过控制焊接参数（焊接电流、焊接电压、焊速、摆速、摆幅及两端停留时间等），特别是焊接电流和焊速，可以控制焊缝 $w(Fe)$ 在 1% 以下。堆焊层与钢体接合良好但熔深很浅，钢体热影响区组织为马氏体组织。

钎焊加热温度低，母材金属的不熔化，可以减轻Zn 的蒸发，在满足使用条件的情况下，是一种好的焊接方法。在焊接黄铜与奥氏体不锈钢时，两种材料的热导率、熔点、线胀系数差异很大。这导致了两者进行弧焊时存在预热温度无法统一，施焊时飞溅严重等特点。而应用钎焊就可以避免上述缺点，采用银钎料 HlAgCu40-35，在真空炉内钎焊 H62 黄铜和1Cr18Ni9Ti。焊接工艺过程如下：首先去除表面油污，然后装配成图 14-24 所示焊接接头形式，再用小

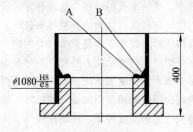

图 14-24　装配示意图

刀将多余钎料刮掉，最后放入炉中加热冷却。焊后检验合格无一渗漏。同时采用 TIG 焊的焊件飞溅严重，变形大且产生了宏观裂纹[50]。

扩散钎焊是在高温下保温一定时间以使焊件产生微量变形，使接触部分产生原子互相扩散的过程。该方法兼有扩散焊与钎焊的特点，其接头是焊件的原子通过固态的（有时可采用熔化的）中间夹层对对接面之间液态物质相互扩散而形成。采用银、铜、镍中间夹层组合，在钎焊温度 950℃，保温时间 10 ~ 20min，预充应力 0.06 ~ 0.12MPa，焊接时压应力 0.16 ~ 0.35MPa，真空度 0.5Pa 的焊接参数下，实现了铜钢的扩散钎焊，其钎焊缝抗剪强度可达到 175.1MPa[51]。

14.5.3　软钎焊

软钎焊可以追溯到青铜时代直到现在的应用就很多了，它是一种把被钎焊材料加热到低于 450℃ 的适当温度，采用钎料与材料产生结合的焊接方法。一般采用的是锡、铅钎料，它与铜及铜合金有极好的润湿性。为了产生润湿，钎料本身的某些原子与钎焊金属原子之间的吸引力必须大于钎料本身原子间的吸引力。软钎焊是一种非常简单的方法，主要是能在几秒钟内钎焊几千个接头来提供电路的连接并同时固定电子元件。

1. 钎料和钎剂

采用锡-铅钎料钎焊时，活性元素锡容易和铜反应而扩散到铜中，在铜表面形成金属间化合物 Cu_6Sn_5。如果在较高温度下长时间加热，会发生金属间化合物的增厚，使得接头的强度降低，脆性增加。

主要的钎料列于表 14-37 中。锡钎料具有极好的工艺性，但其固相线温度较低，使接头的工作温度受限制。对于工作温度超过 150℃ 的铜接头可选用锡-锑钎料 [$w(Sn)95\% + w(Sb)5\%$] 和锡-银钎料（焊料 605）、镉-银钎料（焊料 503）。这些钎料都有较好的工艺性能，接头的强度和耐蚀性都比较高。

表 14-37　软钎焊的锡铅钎料

钎料系列	牌号	化学成分（质量分数,%）	熔化温度/℃		力学性能		推荐间隙/mm	用途
			固相线	液相线	R_m/MPa	$A(\%)$		
锡钎钎料	HL601	Sn17 ~ 18 Si2 ~ 2.5 Pb 余量	183	277	28	—	0.05 ~ 0.20	钎焊铜及铜合金等强度要求不高的零件
	HL602	Sn17 ~ 18 Si2 ~ 2.5 Pb 余量	183	245	38	—	0.05 ~ 0.20	钎焊纯铜\黄铜
	HL603	Sn17 ~ 18 Si2 ~ 2.5 Pb 余量	183	235	38	—	0.05 ~ 0.20	钎焊铜及铜合金
	HL604	Ag3 ~ 5 Sn 余量	221	230	55	—	0.05 ~ 0.20	钎焊各种铜及铜合金

与锡铅钎料配用的软钎焊钎剂配方见表 14-38。在实际生产中常用的有两类。

（1）有机钎剂

采用活性松香酒精溶液。焊后不必清除钎剂残渣。

（2）弱腐蚀性钎剂

使用 $ZnCl_2$-NH_4Cl 水溶液、$ZnCl_2$-HCl 溶液或 $ZnCl_2$-$SnCl_2$-HCl 水溶液均可获得满意的结果。

软钎焊是电子工业中的主要问题，特别是现代印制线路板和微电子组装技术，可靠性是最重要的。各种钎料、钎剂是依靠各国科学、技术和"诀窍"来保证的。

2. 钎焊方法

软钎焊加热的方式很多，如浸入高于钎料熔点的介质中加热、红外加热、电阻加热和激光加热等。流水作业线上常用波峰焊。而激光加热目前还不普遍，这种高能量小直径的光速，会被接头光亮的金属表面反射掉大部分，所以激光与接头的耦合是一个重要问题，钎剂常用做耦合介质。只要组装合适，激光钎焊是一种迅速而干净的钎焊方法。

表 14-38　软钎焊的钎剂

编号	名称	成分(质量分数,%)	用　途
1	活性有机钎剂	松香 30 酒精 60 醋酸 10	与锡钎钎料配合钎焊各种铜及铜合金
2	活性有机钎剂	松香 22 酒精 76 盐酸苯胺 2	与锡钎钎料配合钎焊各种铜及铜合金
3	弱腐蚀性钎剂	氯化锌 40 氯化铵 5 水 55	与锡铅钎料,锡银钎料及锡锑钎料配合各种铜及铜合金,铜与不锈钢
4	弱腐蚀性钎剂	氯化锌 6 氯化铵 4 盐酸 5 水 85	与锡铅钎料,锡银钎料及锡锑钎料配合各种铜及铜合金,铜与不锈钢

14.6　铜及铜合金的摩擦焊

14.6.1　普通摩擦焊

摩擦焊是在外力作用下,利用焊件接触面之间的相对摩擦和塑性流动所产生的热量,使接触面及其近区金属达到粘塑性状态并产生适当的宏观塑性变形,通过两侧材料间的相互扩散和动态再结晶而完成焊接的。

纯铜（T2）与低碳钢（20 钢）棒材可以进行连续驱动摩擦焊和惯性摩擦焊。在主轴转速 760r/min,摩擦压力 144 ~ 162MPa,顶锻压力 215 ~ 250MPa,摩擦时间 0.4 ~ 0.6s,顶锻时间 0.1s,保压时间 5s 的焊接参数下,实现了纯铜与低碳钢的连续驱动摩擦焊;在主轴转速为 770r/min,焊接压力 179 ~ 215MPa,焊接时间 0.6 ~ 0.8s 的焊接参数下完成了纯铜与低碳钢的惯性摩擦焊。接头室温抗拉强度达到母材铜的 85% 以上,热影响区很窄,且是细晶组织[52]。

采用摩擦焊接 H62 黄铜与 DT4A 电磁纯铁,焊接参数见表 14-39。获得了 100% 的焊合且强于纯铁母材的焊接接头（接头力学性能见表 14-40）[53]。DT4A + H62 摩擦焊接头金相组织为焊合的初始摩擦面处组织为细小的 α + ε 相,黄铜一侧焊合的黏滞区为再结晶等轴状的细晶（Zn 在 Cu 中的固溶体）α + （Cu 在 Zn 中的固溶体）β 组成。

表 14-39　DT4A + H62 摩擦焊接参数

主轴转速 /(r/min)	摩擦压力 /MPa	顶锻压力 /s	摩擦时间 /s	保压时间 /s	工进速度 /(mm/s)	顶刹时间 /s
1450	115	220	1.8	4	6	提前 0.8

表 14-40　DT4A + H62 摩擦焊接接头力学性能

试件编号		R_m /MPa	A (%)	Z (%)	备　注
1		386	25	79	拉断部位位于距焊合面 30mm 纯铁母材一侧
2		364	26	76	拉断部位位于距焊合面 28mm 纯铁母材一侧
母材	DT4H	320	26	—	退火状态
	H62	380	15	—	拉制状态

由于 2A12 铝合金与铜摩擦焊接性能较差,通过采用纯铝作中间过渡层对 2A12 铝合金与铜进行摩擦焊,大大改善 2A12 铝合金与铜摩擦焊接性能,获得高质量的焊接接头[54]。主轴电动机功率为 22kW,最大轴向压力 25t,主轴摩擦转速为 1450r/min,移动夹具的轴向移动速度为 1 ~ 2.5mm/s。焊前,2A12 铝合金和 T2 纯铜焊接表面砂布打磨去氧化物,并用丙酮脱脂。然后立即焊接,停放时间不得超过 2h,以免新的表面氧化物形成。焊后,焊件立即水冷,以消除余热对扩散的影响。采用纯铝作中间过渡层的 2A12 铝合金与铜的摩擦焊接头的焊接参数为摩擦压力为 200MPa、顶锻压力为 350MPa、摩擦时间为 6s、顶锻时间为 4s;其接头抗拉强度分别为 93.4 ~ 112.3MPa 和 98.1 ~ 109.7MPa,断裂全部在铝侧。

14.6.2　搅拌摩擦焊

目前搅拌摩擦焊主要是用在熔化温度较低的有色金属,如铝、镁等合金,可避免熔焊时产生裂纹、气孔及收缩等缺陷。对于铜及铜合金来说,也是一种很有潜力的焊接方法。

焊接压力、转速和横向速度是搅拌摩擦焊的主要焊接参数。焊接时压力过大,容易导致金属从焊缝两边溢出,形成较大飞边,导致接头处填充金属不足,焊缝难以填平,焊缝截面积减小;压力过小时,会出现轴肩旋转痕迹不连续的现象,同时减小了轴肩与上表面的摩擦热,而且使内部金属被挤至表面,焊缝中容易出现空洞。从材料的热塑性看,焊接速度过快时,搅拌头的摩擦热不足,不能使焊缝金属达到焊接所需的热塑性状态，无法发挥搅拌头的搅拌作用，成形较差，无法焊合。焊接速度过慢时，由于摩擦热过多，焊缝表面成形凹凸不平，内部出现空洞，焊缝表面金属严重氧化，热影响区晶粒严重粗化。转速过高，焊缝表面颜色逐渐变暗，拉伸结果表明接头强度下降；转速过低会使产热不足，焊接接头出现空洞缺陷。

对 3mm 厚 T2 纯铜板搅拌摩擦焊，搅拌头材料选择镍基高温合金 GH4169，轴肩尺寸为 10mm，圆台形，根部直径 4mm，长度 25mm。3mm 厚铜板搅拌摩擦焊参数范围是旋转速度为 950～1200 r/min，横向速度为 47.5～75mm/min，压强为 13～19MPa。焊后试件拉伸结果如表 14-41 所示，在合理的焊接参数下，接头抗拉强度可以达到母材的 80% 以上[55-59]。

表 14-41 试件抗拉强度及断后伸长率

序号	转速 /(r/min)	横向速度 /(mm/min)	压强 /MPa	抗拉强度 /MPa	断后伸长率 (%)	断裂位置
1	1500	75	39	210.6	5.1	HAZ
2	1500	60	26	260.1	8.03	HAZ
3	1500	47.5	13	264.75	7.53	HAZ
4	1180	75	26	406.75	10.31	HAZ
5	1180	60	13	402.42	14.3	HAZ
6	1180	47.5	39	412.7	18.39	HAZ
7	950	75	13	426.38	24.73	母材
8	950	60	39	389.18	7.8	HAZ
9	950	47.5	26	430.06	30.55	母材

对 4mm 纯铜板进行 FSW 焊，试样是在旋转速度 $n = 600r/min$，焊接速度 $v = 50mm/min$，预热时间 5s，轴肩下压 0.2mm 的焊缝中截取的。接头组织没有明显的热-力影响区（图 14-25），只有焊核区（图 14-25a）（nugget zone，简称 NZ）、热影响区（图 14-25b）（heat affected zone，简 HAZ）及母材区（图 14-25c）（base material，简称 BM）。焊核区是由非常均匀、细小的等轴晶粒组成，比母材、热影响区晶粒细小得多。而热影响区由于受到热的影响，该区大晶粒间产生了新的再结晶晶粒[60]。

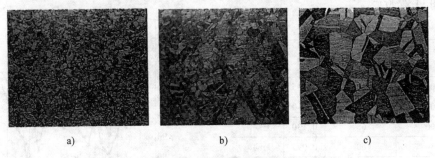

a)　　　　　　　b)　　　　　　　c)

图 14-25 纯铜搅拌摩擦焊焊接接头微观组织（400×）

（$n = 600r/min$，$v = 50mm/min$）

a) NZ　b) HAZ　c) BM

其他工艺参数不变，改变焊接速度（60mm/min，75mm/min），可从图 14-26a 中明显看出在焊核区与热影响区之间有一极窄的热-力影响区，此处晶粒被挤压拉长；由于焊核区同时受到强烈的塑性剪切变形及摩擦生热，晶粒发生了动态回复与动态再结晶，导致焊核区的晶粒细化[61,62]。从图 14-26a、b 可以看出，由于焊接速度不同导致相应焊缝中输入的搅拌摩擦热量不同，最终焊核区的晶粒长大结果也不同。随着搅拌针移动速度的升高，焊核区晶粒更加均匀、细小；热影响区变窄，出现热-力影响区，同时在前进边出现隧道形缺陷。这是因为铜属于面心立方晶格结构材料的堆垛层错能比较低，不易发生动态回复，在较高变形温度和较低的应变速度条件下，易发生动态再结晶[63,64]；当搅拌头旋转速度等工艺一定时，其

 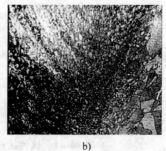

a)　　　　　　　　　　　　　　　b)

图 14-26　不同速度纯铜搅拌摩擦焊焊接接头微观组织（400×）

a）$n=600$r/min，$v=60$mm/min　b）$n=600$r/min，$v=75$mm/min

水平移动速度决定了焊缝区变形温度的高低及应变速率的大小；变形温度高时其应变速率低；相反变形温度低时其相应的应变速率高；焊接速度高时其焊缝变形温度低并且高温停留时间短，晶粒不易长大，这时焊核区晶粒尺寸要小于低速时焊核区晶粒尺寸；同时在焊核区附近由于低的变形温度及高的应变速率，发生了动态回复，少量的晶粒形状随着金属主变形方向而拉长；随着高温停留时间延长，变形区消失而表现为动态再结晶晶粒、再结晶晶粒和原始晶粒混合区，因此铜的搅拌摩擦焊接头组织没有热-力影响区。

采用搅拌摩擦焊接板厚 5mm 的黄铜 H62，焊接参数见表 14-42[65]。搅拌头旋转速度为 400～900r/min，焊接速度为 35～100r/min，焊接速度与搅拌头旋转速度的比值保持在 0.09～0.15 之间，压入深度在 0.1～0.2mm 之间时可以得到组织细密无空洞的搅拌摩擦焊接头。如图 14-27 所示。

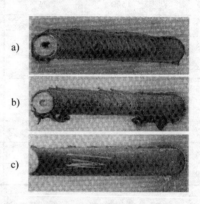

a)

b)

c)

图 14-27　不同工艺条件下黄铜搅拌摩擦焊焊缝外观形貌

a）$n=900$r/min，$v=50$mm/min，预热 10s

b）$n=800$r/min，$v=125$mm/min，预热 3s

c）$n=500$r/min，$v=65$mm/min，预热 4s

表 14-42　焊接参数

编号	旋转速度 /(r/min)	焊接速度 /(mm/min)	v/n	表面形貌
1	400	42	0.105	无缺陷
2	500	55	0.110	无缺陷
3	500	65	0.130	无缺陷
4	630	60	0.095	无缺陷
5	630	70	0.111	无缺陷
6	700	80	0.114	无缺陷
7	800	110	0.138	无缺陷
8	800	115	0.144	无缺陷
9	800	125	0.156	有缺陷
10	900	50	0.056	有缺陷

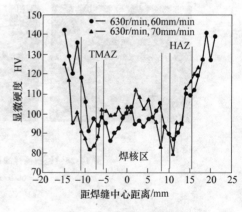

图 14-28　试件硬度分布图

图 14-28 是焊缝横断面显微硬度分布图，从图中可以看出，焊缝中心的显微硬度为母材硬度的 70%～82%，而焊接热影响区的硬度比焊缝中心和母材区都低，只有母材的 60%。这主要是由于黄铜初始状态是硬态，焊接时因加热而使焊缝区发生了软化。此外，焊缝金属在 FSW 过程中发生了动态恢复与再结晶，虽然这一区域晶粒比母材小，但是这一区域在回复与再结晶过程中软化程度超过了硬化程度，使得焊缝硬度比母材低。利用搅拌摩擦焊得到的黄铜接头的

力学性能比母材要低，其接头平均抗拉强度可以达到母材的 88%，最大可以达到 90.5%。

对于 3mm 厚 T2 纯铜和 H62 黄铜搅拌摩擦焊，最优焊接参数为转速 750r/min，横向速度为 37.5mm/min，压力 2.5kN。在此参数条件下，抗拉强度为 236.67MPa，断后伸长率为 5.67%，断裂位置位于 H62 一侧热影响区。弯曲试样如图 14-28 所示，几乎达到 160°的弯曲角仍未断裂。焊合区维氏硬度比纯铜母材的维氏硬度高，比黄铜母材的维氏硬度低，这主要是由于焊合区金属在组织上已经成为两相合金，且在焊接过程中晶粒细化所致。但在热影响区，由于焊接热循环的作用，发生不完全动态结晶，晶粒分布不均匀，使得黄铜一侧热影响区的硬度高于黄铜母材的硬度[66,67]。

搅拌摩擦焊可以实现 T1 纯铜板和 5A06 铝合金板的连接[68-70]，焊接示意图如图 14-29 所示。焊前应对试件进行油污和氧化膜的清理。铝合金与纯铜焊接接头获得良好的焊缝，其成形情况与焊接参数和板材厚度有着密切的关系。对于厚度为 2mm 的板材，获得良好焊缝成形的焊接参数范围：搅拌头旋转速度 n 为 1180r/min，焊接速度 v 为 30.150mm/min。对于厚度为 3mm 的板材，相同工艺很难获得满意的焊缝，且获得良好焊缝成形的参数范围较窄当搅拌头旋转速度 n 为 750r/min，焊接速度为 60mm/min 时，可以获得无宏观裂纹的焊缝。焊接参数不当时，在焊缝中易产生缺陷。缺陷主要表现为焊缝表面成形不好，出现裂纹或沟槽，或在焊缝内部出现空洞或隧道型缺陷。对于铝铜异种材料的搅拌摩擦焊，裂纹的产生与焊缝中 Al/Cu 金属间化合物（$AlCu_2$、Al_2Cu_3、$AlCu$、Al_2Cu）的形成有关。在搅拌头压力一定的情况下，搅拌摩擦焊焊缝的形成与搅拌头旋转速度和焊接速度有关。对于厚度为 2mm 的铝合金 5A06 与纯铜 T1，当搅拌头旋转速度 n = 1180r/min 时，焊接接头抗拉强度最高能达到母材 5A06 的 95% 或母材 T1 的 75%。

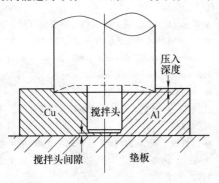

图 14-29　焊接示意图

采用搅拌摩擦焊焊接 4mm 厚的 T2 纯铜板和 Q235 低碳钢板。焊接速度为 75mm/min，搅拌头旋转速度为 750r/min，钢位于焊缝的前进边，探针偏移量为 0.8mm，即探针边缘与钢铜焊接接缝的距离为 0.8mm。焊缝表面比较光滑，由搅拌头轴肩挤压钢、铜材料产生的弧形纹细密，焊缝两侧的飞边表现为由钢、铜混合形成的絮状细丝。焊缝尾端的匙孔处有材料剥落[71]。

由于搅拌头探针偏向铜侧，焊核大部分由铜组成。在焊缝上表面，搅拌头轴肩将近表面的钢搅拌入铜中；在焊核中下部有钢铜条带层叠形成的漩涡状流线。越靠近焊缝中心，钢条带和铜条带的晶粒越细小。轴肩挤压区的钢和铜呈现出较其他区域更细小的晶粒。在铜侧接头各个部位的显微组织均为等轴晶，但晶粒大小不同，其中轴肩挤压区和热-力影响区的晶粒小于母材，热影响区的晶粒比母材大。这是由于热影响区中铜的晶粒由于受到焊接热的影响，发生了明显长大，而热-力影响区和轴肩挤压区，在焊接挤压力和焊接摩擦热的共同作用下，其组织发生动态再结晶，形成了细小的等轴晶。钢侧的组织。在焊缝钢侧，靠近焊核处的热影响区内有较明显的魏氏组织形貌；随距焊核距离的增加，钢发生了再结晶、部分再结晶，组织为等轴的铁素体和少量的珠光体。

如果选用 6mm 厚的 T2 纯铜板，分别用搅拌摩擦焊、钨极氩弧焊和钎焊进行对接焊接。钎焊用银钎料焊。焊接参数为：搅拌头旋转速度 ω = 600 ~ 950r/min，焊接速度 v = 75 ~ 150mm/min。如表 14-43 所示，三种方法焊接的接头电阻值相等，与纯铜母材基本相同，但搅拌摩擦焊焊接的焊缝电阻小于相同尺寸下的熔化焊和钎焊焊缝的电阻。这是由于熔焊接头易产生气孔、热裂纹等缺陷，同时焊接时一些合金元素的融入，使 Cu 晶体中的异类原子、位错、点缺陷和杂质元素增加，使其导电性下降。钎焊接头中，钎料的电阻率高于铜材的电阻率，同样使接头的导电性下降。而在搅拌摩擦焊时，没有气孔、裂纹等缺陷，没有熔焊过程中产生的杂质和合金元素的溶入，焊缝组织是新的无畸变的细小等轴晶粒，晶格类型与母材相同，成分不变，因此电阻变化很小[72]。

表 14-43　T2 纯铜焊接接头的电阻

焊接方法	焊缝金属/μΩ	焊接接头/μΩ
搅拌摩擦焊	7 ~ 8	7
氩弧焊	9 ~ 10	7
钎焊	9	7
母材	7	7

参 考 文 献

[1] 美国焊接学会. 金属手册：第 6 卷 焊接、软钎焊和硬钎焊[M]. 包芳涵，等译. 9 版. 北京：机械工业出版社，1994.

[2] 顾迪增. 有色金属焊接[M]. 北京：机械工业出版社，1995.

[3] 邹增大，李亚江，孙俊生，等. 焊接材料、工艺及设备手册[M]. 北京：化学工业出版社，2001.

[4] 陈祝年. 焊接工程师手册[M]. 北京：机械工业出版社，2002.01.

[5] 季杰，马学智. 铜及铜合金的焊接[J]. 焊接技术，1999，(2)：13-15.

[6] 闫久春，李庆芬，于汉臣，等. 紫铜厚板焊接研究现状及展望[J]. 中国焊接产业，2006 (1)：1-5.

[7] 温可端. 紫铜管的煨弯和焊接探讨. 江苏煤炭，1994 (1)：44-45.

[8] 于霖清. 高压电机转子紫铜短路环的气焊[J]. 焊接技术，1995 (6)：43.

[9] 杨凌川，赵献金. 紫铜玻纤焊接修复工艺[J]. 焊接技术，1997 (6)：17-18.

[10] 杨凌川，杨文柱. 导电紫铜排手工电弧焊[J]. 安装，1997 10：22-23.

[11] Wegrzyn J. Welding with coated electrodes of thick copper and steel-copper parts[J]. Welding International. 1993，7(3)：2-5.

[12] 张日恒. 厚壁铜制容器纵缝裂纹的控制[J]. 焊接. 2003(2)：43,47.

[13] 梅福欣，Le Y P. 混合气体保护电弧焊接紫铜[J]. 华南工学院学报，1987，15(1)：101-105.

[14] Dawson R J. Selection of shielding gases for the gas shielded arc welding of copper and its alloys[J]. Welding in the World，1973，11(3-4)：50-55.

[15] 韩仁通，刘殿宝，李光民，等. Ar、He 和 N2 弧焊接紫铜厚板的热特性[J]. 中国焊接产业，2006 (2)：29-34.

[16] Kazuo Hiraoka, Akira Okada, Michi Inangaki. Effects of helium gas on arc characteristic in gas tungsten arc welding[J]. Transaction of National Research Institute for Metals，1986，28(2)：139-145.

[17] 闫久春，崔西会，李庆芬，等. 预热对紫铜厚板 TIG 焊接工艺性的影响[J]. 焊接，2005(9)：58-61.

[18] 申有才. 大截面紫铜母线钨极氩弧焊接工艺[J]. 化工建设工程，2001，23(4)：25-26，34.

[19] 胡永旺，刘学明. 接插母线铜排的 TIG 焊工艺[J]. 焊接技术，1996 (6)：13-14.

[20] 彭振铎. 紫铜电缆接头 TIG 焊工艺[J]. 焊接技术，1995 (4)：43.

[21] 范金友，刘靖涛，韩廷忠，等. 紫铜板的焊接[J]. 机械工程师，2001 (12)：60-61.

[22] 张文珺，焦馥杰，袁智康. 超薄紫铜带低频脉冲氩弧焊工艺[J]. 焊接技术，1991 (3)：18-21.

[23] 邓子刚. 紫铜管的氩弧焊接工艺[J]. 河北电力技术，1994(1)：51-53.

[24] 刘方军，王世卿. 大厚度紫铜电子束焊接的研究[J]. 中国机械工程，1996，7(3)：101-102.

[25] 王向斌，赵晓红. T2 紫铜与10#钢异种金属电子束焊接工艺研究[J]. 电焊机，2005，15(1)：42-44.

[26] Siefiend Schiller, Ullirich Heisig. Electron beam technology[M]. Berlin：JohnWiley & Sons Inc，1982.

[27] 张秉刚，冯吉才. 铬青铜与双相不锈钢异种材料电子束熔钎焊[J]. 焊接学报，2004，25(4)：43-47.

[28] 王之康，高永华. 真空电子束焊接设备及工艺[M]. 北京：原子能出版社，1990.

[29] 巴申柯 B B，克列巴诺夫 ГН. 电子束焊接[M]. 钟思安，译. 北京：国防工业出版社，1975.

[30] 张秉刚，冯吉才，等. 铬青铜与双相不锈钢电子束溶钎焊接头形成机制[J]. 焊接学报. 2005，26(2)：17-23.

[31] 张秉刚，何景山，等. 铬青铜与双相不锈钢偏钢电子束焊接头组织及相构成[J]. 焊接学报，2005，26(11)：89-94.

[32] 张秉刚，冯吉才. 钢侧束偏量对 QCr0.8/1Cr21Ni5Ti 电子束焊接头组织性能的影响[J]. 焊接，2004(6)：14-17.

[33] Sun Z, Karppi R. The application of electron beam welding for the joining of dissimilar metals：an overview[J]. Journal of Materials Technology，1996，59 (3)：257-267.

[34] 李亚江，王娟，刘强. 有色金属焊接及应用[M]. 北京：化学工业出版社，2006：263.

[35] 王振家，欧向军，等. H62 黄铜激光焊接性的研究[J]. 清华大学学报，1997，37(8)：40-43.

[36] 叶心适，张津生，陈静，等. 可控激光束焊接薄壁青铜器工艺实验[J]. 文物保护与考古科学，2003，15(2)：10-12.

[37] 胡席远，陈祖涛，等. 铅黄铜与锡青铜钎焊工艺的改进[J]. 新技术新工艺，1996(6)：30-31.

[38] Weigert, Karl M. Physical properties of commercial silver-copper-phosphorus brazing alloy[J]. Welding Journal，1955，34(4)：672.

[39] 庄鸿寿，孙德宽. 无银铜磷锡钎料的研究[J]. 焊接. 1989(11)：2.

[40] 中国机械工程学会焊接学会. 焊接手册：第 1 卷焊接方法及设备[M]. 北京：机械工业出版社，1992：385.

[41] 邹家生，许志荣. 非晶态焊接材料的特性及其应用

[J]．材料导报，2004，18(4)：17-20．

[42] 李建国，李权．非晶态铜基钎料钎焊紫铜的工艺研究[J]．内蒙古工业大学学报．2004，23(2)：142-145．

[43] Mottran R D．采用铜-磷-锡焊膏进行铜与低碳钢或不锈钢的硬钎焊[J]．韩采霞，译．国外焊接．1987，12(4)：14．

[44] 江勇．黄铜及黄铜与碳钢、不锈钢受压管道的焊接技术[J]．焊接技术，1996(1)：24．

[45] 陈婵英，方启文．小管径紫铜管钎焊工艺[J]．安装，1997(4)：12-13．

[46] 刘欢龙，崔全合．紫铜管钎焊工艺[J]．山西机械，2000(4)：20-21．

[47] 易小平．H62 黄铜与 0Cr19Ni9 不锈钢的钎焊实验及应用[J]．焊接与切割，2002(2)：5-8．

[48] Yan J C，Li G M．Weld brazing of copper thick plates[J]．Science and Technology of Welding and Joining．2006，11(1)：1-3．

[49] 马王哲，张善保，等．MIG 钎焊堆焊铜带技术[J]．焊接，2006(6)：53-55．

[50] 刘连生，吴少丹．硬钎焊焊接奥氏体不锈钢和黄铜工艺[J]．矿山机械，1998(2)：61-62．

[51] 王长寿．铜-钢推力室身部扩散钎焊工艺研究[J]．宇航材料工艺，1996(3)：54．

[52] 申捷．铜与低碳钢摩擦焊特性研究[J]．焊接技术，1995，24(4)：17．

[53] 刘小文，杜随更，王忠平．电磁铁与黄铜摩擦焊工艺研究[J]．焊接技术．2000，29(3)：14-15．

[54] 杨雄，周思柱．LY12 铝合金与铜摩擦焊接性能的试验研究[J]．湖北工业大学学报，2006，21(3)：201~203．

[55] Arbeqast，William J．Friction stir welding after a decade of development[J]．Welding Journal，2006，85(3)：28-35．

[56] Takeshi Shinoda．Recent development of friction stir welding process[J]．Light Metal Welding and Construction，1999，37(9)：406-412．

[57] 赵家瑞．摩擦搅拌焊新工艺发展与应用[J]．电焊机，2000(12)：9-11．

[58] 柯黎明．搅拌摩擦焊工艺及其应用[J]．焊接技术，2000，29(2)：7-8．

[59] 刘小文，薛朝改，张小剑．铜板搅拌摩擦焊接工艺优化[J]．焊接，2003(12)：9~12．

[60] 王希靖，达朝炳，等．紫铜的搅拌摩擦焊工艺与接头性能的影响[J]．兰州工业大学学报．2006，32(4)：25-28．

[61] FONDA R W，BINGERT J F，COLLIGAN K J．Development of grain structure during friction stir welding[J]．Scripta Materialia，2004(51)：243-248．

[62] JATA K V，SEMIATIN S L．Continuous dynamic recrystallization during friction stir welding of high strength aluminum alloys[J]．Scripta Materialia，2000，(43)：743-749．

[63] 王祖唐，关廷栋，肖景容．金属塑性成形理论[M]．北京：机械工业出版社，1998．

[64] 周纪华，管克智．金属塑性变形阻力[M]．北京：机械工业出版社，1989．

[65] 王希靖，达朝炳，等．黄铜 H62 搅拌摩擦焊接头的微观组织及性能[J]．中国有色金属学报，2006，16(5)：775-779．

[66] 刘小文，杨宁宁，等．紫铜-黄铜搅拌摩擦焊接头的组织与力学性能[J]．中国有色金属学报，2005，5(15)：700-704．

[67] 刘小文，穆耀钊，等．T2—H62 搅拌摩擦焊接技术[J]．焊接学报，2005，26(9)：5-8．

[68] 柯黎明，刘鸽平，等．铝合金 LF6 与工业纯铜 T1 的搅拌摩擦焊工艺[J]．中国有色金属学报，2004，14(9)：1534-1537．

[69] Lee Won-Bae，Yeon Yun-Mo，Jung Seung-Boo．The joint properties of dissimilar formed Al alloys by friction stir weld-ing according to the fixed location of materials[J]．Scripta Materialia，2003，49(5)：423-428．

[70] Murr L E，LI Ying，Flores R D，et al．Intercalation vortices and related microstructural features in the friction-stir welding of dissimilar metals[J]．Mat Res Innovat，1998，2(3)：150-163．

[71] 邢丽，李磊，柯黎明．低碳钢与紫铜搅拌摩擦焊接头显微组织分析[J]．焊接学报，2007，28(2)：17-20．

[72] 邢丽，黄春平，等．紫铜的搅拌摩擦焊接头组织与电学性能测试[J]．南昌航空工业学院学报，2004，18(4)：100-103．

第15章 高温合金的焊接

作者 刘效方 毛唯 审者 成炳煌

15.1 高温合金的一般介绍

15.1.1 高温合金的定义、分类及强化

高温合金至今无统一的定义。高温合金通常是指第Ⅷ主族元素（Fe、Ni 或 Co）为基体，为在承受相当严酷的机械应力和要求具有良好表面稳定性的环境下进行高温服役而研制的一种合金[1]；要求能在 600℃ 以上高温抗氧化和耐腐蚀，并能在一定应力作用下长期工作的金属材料[2]。

高温合金通常按合金成分、生产工艺、强化方式或用途分类。按其成分可分为铁基、镍基和钴基高温合金；按其工艺可分为变形、铸造、粉末冶金和机械合金化高温合金；按其强化方式可分为固溶强化、时效强化和弥散强化的高温合金；按其用途可分为叶片、涡轮盘、燃烧室及其他高温部件用合金。本手册以成分和强化方式分类介绍。

为适应高温工作条件，合金必须采取强化手段，对 Fe、Ni 或 Co 基高温合金主要采用固溶强化、时效（第二相）强化和晶界强化三种手段。

1. 固溶强化

固溶强化是通过提高原子结合力和晶格畸变，使 Fe、Ni 或 Co 基体中固溶体的滑移阻力增加，滑移变形困难而达到强化。由实验得到，镍基合金的屈服强度随合金的晶格常数增大而呈线性增加，其增加的多少还与溶质元素的电子空位数有关。另外不同元素对堆垛层错能的影响不同。由于堆垛层错的晶体结构与母体不同，造成堆垛层错中溶质元素的浓度与母体不同，当位错通过该溶质元素偏聚区时，必须克服更多的能量[3]。

通过晶格畸变来强化高温合金是不够的，还需降低扩散系数以阻碍扩散型形变进行强化。

在 Fe、Ni 基高温合金中，通常加入 Cr、Mo、W、Co、Al 等元素进行固溶强化。Cr 是高温合金中不可缺少的元素。合金的抗氧化性主要是 Cr 的贡献：Cr 在 Ni 和 Fe 中有较大的溶解度。Cr 主要与 Ni 形成固溶体，少量 Cr 与 C 形成 $Cr_{23}C_6$ 型碳化物（Cr 量低时会生成 Cr_7C_3 型碳化物），可提高合金的高温持久性能。W 和 Mo 是强固溶强化元素，加入 W 和 Mo 可以提高原子结合力，产生晶格畸变，提高扩散激活能，使扩散过程缓慢，同时合金的再结晶温度升高，从而提高了合金的高温性能。另外 W 和 Mo 是碳化物形成元素（主要形成 M_6C）。当碳化物沿晶界分布时，对合金强化起更大作用。Co 元素也是很有效的固溶强化元素，主要作用是降低基体层错能，提高合金的持久强度，减小蠕变速率，另外还可以稳定合金的组织，减少有害相的析出。因此固溶强化型高温合金中均含有 Cr、W、Mo、Al、Co 等元素。

2. 时效强化

固溶强化型高温合金的使用温度有限，对工作温度大于 950℃ 或要求高屈服强度的合金则需进行时效强化处理。所谓时效强化是利用细小、均匀分布的稳定质点阻碍位错运动，以达到高温强化的目的。这种稳定质点是在时效处理时固态析出的。

时效强化常采用时效析出的 γ' 和 γ'' 相。在 Fe 和 Ni 基合金中，γ' 相为 Ni_3Al 型，为面心立方晶体结构，与基体结构相同，为共格析出。γ' 相十分稳定，有高的强度和良好的塑性，容易控制其数量、大小和形貌。γ' 相还可以被强化，因此高温合金多数牌号采用 γ' 相沉淀强化。γ'' 相是一种亚稳定的强化相，它是以 Nb 代替 Al 的 Ni_3Nb 相。该相在中温稳定，因此在中温条件下可使合金具有高的屈服强度和良好的塑性。

Al 和 Ti 是形成 γ' 相的基本成分，几乎所有时效强化的 Fe 和 Ni 基高温合金中都含有 Al 和 Ti。Al 和 Ti 同时存在时，部分 Ti 代替 Al，γ' 相变为 $Ni_3(Al, Ti)$。Ti 的加入能促进 γ' 相析出，同时增加 γ' 相的强度。合金中 Al 和 Ti 的总量基本决定了 γ' 的数量。γ' 数量越多，合金的高温性能越高。在高温合金中除 Al、Ti 外，还加入大原子半径的 W、Mo、Nb、Ta 等元素。这些元素不同程度地进入 γ' 相，导致 γ' 相数量增加，热稳定性提高。如 Nb 元素不仅增加 γ' 相数量，而且提高 γ' 相的长程有序度和反畴界能，从而增加位错切割 γ' 粒子的阻力，有效提高合金的屈服强度和蠕变强度[4]。Ta 元素的加入使 γ' 粒子较大，增大晶体错配度，增强共格析出造成的内应力场和切变应力，从而增大强化效果。在 Ni 基合金中 Fe 元素含量一般控制得很低，由于 Fe 含量增

加,会使 γ′ 数量降低,并使 γ′ 呈不规则状,Fe 含量增多,平均电子空位数增大,会出现 σ 相,导致合金的力学性能变坏。

3. 晶界强化

合金在高温下承受应力时,晶界参与变形,而且变形速度越慢时,晶界变形的比例越大,所以对高温合金来说,强化晶界十分重要。合金中很多杂质元素(如 S、P、Pb、Sn、Sb、Bi 等)在液态铁和镍中有一定的溶解度,而在固态时的溶解度很小或无,于是合金凝固时聚集在晶界,造成合金热强性很低。气体元素(O_2、N_2)会使夹杂物数量增多,且呈集团状分布,导致合金疲劳性能变坏,因此高温合金中严格限制杂质元素和气体元素的含量。

在净化晶界的同时,有意加入一些微量元素以强化晶界,这些微量元素有 B、Zr、Hf、Mg、La、Ce 等,其中微量元素 B 对提高合金的热强性有显著效果。B 在晶界偏聚,能减少晶界缺陷,提高晶界强度,并能强烈地改变晶界形状,影响晶界碳化物和金属间化合物的析出和长大,改善其密集不均匀分布的状态,形成球状均匀分布,防止晶界片状、胞状相的析出,提高了合金持久寿命。Zr 与 B 有类似的作用,但不如 B 强烈。微量 Mg 能使合金的塑性明显改进,降低稳态蠕变速率。这是因为 Mg 偏聚于晶界和相界,导致晶界碳化物球化,有效抑制晶界滑动,减少了楔形裂纹的形成,增加了孔洞形裂纹的比例,从而改善合金的塑性和蠕变性能。在铸造高温合金中加入微量 Hf,可以改善晶界和枝晶间状态,同时改变 γ-γ′ 共晶状态,显著改善合金的室温和高温塑性,对改善热裂倾向也有利。

15.1.2　高温合金牌号及化学成分

我国从 1956 年开始研制高温合金,至今已有近 100 个牌号,品种齐全。近十几年,我国研制成功一些高水平的高温合金,并已推广应用到各行业生产中。例如强度高、综合性能好的 GH4169,具有低膨胀特性的 GH907(GH2907),工艺性能好、成本较低的 DZ4(DZ404)定向凝固合金,DD6(DD406)单晶合金,IC6(JG4006)和 IC10 金属间化合物基的铸造高温合金。

有较多牌号的高温合金只有棒材、饼材或锻件,其零部件不进行焊接。将常用于焊接构件的变形高温合金牌号及化学成分,列于表 15-1 中[5]。铸造高温合金的成分和性能,列于表 15-2 中。

DT-NiCr 和氧化物弥散强化高温合金(ODS 合金)目前推广应用较少,且焊接性差,在这里不再介绍。

15.1.3　高温合金的热处理及性能

高温合金的热处理主要有扩散退火、固溶处理和时效处理等工艺。固溶处理对固溶强化型合金主要作用是调整板材的晶粒度,稳定组织;对沉淀型合金主要是使第二相溶解、控制晶界碳化物析出等。时效处理是使 γ′ 或 γ″ 强化相析出,并控制其数量和大小,以获得满意的高温性能。

对高温合金要求较多的性能,如抗氧化性、耐腐蚀性、室温和高温强度与塑性,以及高温持久蠕变性能、低周和高周疲劳、冷热疲劳等。通常作为技术条件的性能要求主要是室温和工作高温下的强度和塑性、工作温度下的持久性能。本手册主要介绍合金的物理性能、室温和高温强度与塑性、持久性能(表 15-3 和表 15-4)[5]。

15.1.4　高温合金的用途

我国已有适用于 600~1100℃ 长期使用的各种牌号高温合金,有棒材、板材、盘材、丝材、环形件和精密铸件等品种,满足了我国国民经济发展的需要。高温合金主要应用在航空、航天、石油化工、冶金、电力、汽车等工业部门。

航空航天工业是使用高温合金最多的部门,主要用于涡轮发动机的高温部件,如燃烧室的火焰筒、点火器和机匣,加力燃烧室的隔热屏、支板、尾喷口调节片、火箭涡轮燃气导管和燃烧室、隔板等,均采用了板材冲压-焊接结构,使用 800℃ 工作的 GH3039、GH1140 合金,900℃ 工作的 GH1015、GH1016、GH1131、GH3044 和时效强化的 GH4099 合金,此外少量采用 980℃ 工作的 GH3170 和 GH5188 合金。为满足高温部件的动密封,可采用低膨胀高温合金 GH2903、GH2907。涡轮部件中涡轮盘主要采用了 GH4169 和 GH4133 等合金。GH4169 用于涡轮轴、紧固螺栓等承力高温部件。涡轮叶片和导向叶片大部分采用铸造高温合金,如 K403、K417、K406C、DZ422、DZ4125 等合金。近年来又采用 Ni_3Al 基高温合金和单晶合金。

在工业燃气轮机、烟汽轮机中,叶片广泛采用 K413、K218、GH867 等合金。在石油化工乙烯裂解高温部件采用了 GH180、GH3600 等合金。冶金工业连轧导板,炉子套管采用了 K412、GH3128、GH3044、GH3039 等高温合金。随着国民经济的发展,高温合金的应用越来越广,对高温合金的焊接工艺提出更高的要求。

表 15-1　常用高温合金的化学成分①

化学成分(质量分数,%)

序号	牌号	C	Cr	Ni	W	Mo	Nb	Al	Ti	Fe	Mn	Si	S	P	其他
1	GH1015	≤0.08	19.0~22.0	34.0~39.0	4.80~5.80	2.50~3.20	1.10~1.60	—	—	余	≤1.50	≤0.60	≤0.015	≤0.020	B≤0.010 Ce≤0.050
2	GH1035	0.06~0.12	20.0~23.0	35.0~40.0	2.50~3.50	—	1.20~1.70	≤0.50	0.70~1.20	余	≤0.70	≤0.80	≤0.020	≤0.030	Ce≤0.050
3	GH1140	0.06~0.12	20.0~23.0	35.0~40.0	1.40~1.80	2.00~2.50	—	0.20~0.60	0.70~1.20	余	≤0.70	≤0.80	≤0.015	≤0.025	Ce≤0.050
4	GH1131	≤0.10	19.0~22.0	25.0~30.0	4.80~6.00	2.80~3.50	0.70~1.30	—	1.75~2.35	余	≤1.20	≤0.80	≤0.020	≤0.020	B≤0.005 N=0.15~0.30
5	GH2132	≤0.08	13.5~16.0	24.0~27.0	—	1.00~1.50	—	≤0.40	1.75~2.35	余	1.00~2.00	≤1.00	≤0.020	≤0.030	B=0.001~0.010 V=0.10~0.50
6	GH2302	≤0.08	12.0~16.0	38.0~42.0	3.50~4.50	1.50~2.50	—	1.80~2.30	2.30~2.80	余	≤0.60	≤0.60	≤0.015	≤0.020	B≤0.01 Zr≤0.05 Ce≤0.02
7	GH2018	≤0.06	18.0~21.0	40.0~44.0	1.80~2.20	3.70~4.30	—	0.35~0.75	1.80~2.20	余	≤0.60	≤0.60	≤0.015	≤0.020	B≤0.015 Zr≤0.05 Ce≤0.02
8	GH2150	≤0.08	14.0~16.0	45.0~50.0	2.50~3.50	4.50~6.00	0.90~1.40	0.80~1.30	1.80~2.40	余	≤0.50	≤0.40	≤0.015	≤0.015	B≤0.01 Zr≤0.05 Ce≤0.02 Cu≤0.07
9	GH2907	≤0.06	≤1.0	35.0~40.0	—	—	4.3~5.2	≤0.20	1.30~1.80	余	≤1.0	0.07~0.35	≤0.015	≤0.015	Co=12.0~16.0 B≤0.012 Cu≤0.50
10	GH2903	≤0.05	—	36.0~39.0	—	—	2.70~3.50	0.70~1.15	1.35~1.75	余	≤0.2	≤0.2	≤0.015	≤0.015	Co=14.0~17.0 B=0.005~0.010
11	GH3030	≤0.12	19.0~22.0	余	—	—	—	≤0.15	0.15~0.35	≤1.50	≤0.70	≤0.80	≤0.020	≤0.030	Cu≤0.2② Pb≤0.001
12	GH3039	≤0.08	19.0~22.0	余	—	1.80~2.30	0.90~1.30	0.35~0.75	0.35~0.75	≤3.0	≤0.40	≤0.80	≤0.012	≤0.020	—
13	GH3044	≤0.10	23.5~26.5	余	13.0~16.0	≤1.50	—	≤0.50	0.30~0.70	≤4.0	≤0.50	≤0.80	≤0.013	≤0.013	Cu≤0.070

（续）

序号	牌号	化学成分（质量分数，%）												
		C	Cr	Ni	W	Mo	Nb	Al	Ti	Fe	Mn	Si	S	P	其他
14	GH3128	≤0.05	19.0~22.0	余	7.5~9.0	7.5~9.0	—	0.40~0.80	0.40~0.80	≤2.0	≤0.50	≤0.80	≤0.013	≤0.013	B≤0.005 Ce≤0.05 Zr≤0.06
15	GH3536	0.05~0.15	20.5~23.0	余	0.20~1.00	8.0~10.0	—	≤0.50	≤0.15	17.0~20.0	≤1.00	≤1.00	≤0.015	≤0.025	B≤0.01 Co=0.50~2.50
16	GH3625	≤0.10	20.0~23.0	余	—	8.0~10.0	3.15~4.15	≤0.40	≤0.40	≤5.0	≤0.50	≤0.50	≤0.015	≤0.015	Co≤1.00
17	GH3170	≤0.06	18.0~22.0	余	17.0~21.0	—	—	≤0.50	—	—	≤0.50	≤0.80	≤0.013	≤0.013	La 0.10 B≤0.005 Zr=0.1~0.2 Co=15.0~22.0
18	GH4163	0.04~0.12	19.0~21.0	余	—	5.60~6.10	19.0~21.0	0.30~0.60	1.90~2.40	≤0.70	≤0.60	≤0.40	≤0.007	—	B≤0.005③ Cu≤0.2 Pb≤0.002
19	GH4169	≤0.08	17.0~21.0	50.0~55.0	—	2.80~3.30	—	0.20~0.60	0.65~1.15	余	≤0.35	≤0.35	≤0.015	≤0.015	Nb=4.75~5.5④ B≤0.006
20	GH4099	≤0.08	17.0~20.0	余	5.00~7.00	3.50~4.50	—	1.70~2.40	1.00~1.50	≤2.0	≤0.40	≤0.50	≤0.015	≤0.015	B≤0.005 Ce≤0.02 Mg≤0.01 Co=5.00~8.00
21	GH4141	0.06~0.12	18.0~20.0	余	—	9.00~10.5	—	1.40~1.80	3.00~3.50	≤5.0	≤0.50	≤0.50	≤0.015	≤0.015	B=0.003~0.01 Co=10.0~12.0
22	GH4033	0.03~0.08	19.0~22.0	余	—	—	—	0.60~1.00	2.40~2.80	≤4.0	≤0.35	≤0.65	≤0.007	≤0.015	B≤0.010
23	GH5188	0.05~0.15	20.0~24.0	20.0~24.0	13.0~16.0	—	Co 余	—	—	≤3.0	≤1.25	0.20~0.50	≤0.015	≤0.020	B≤0.015⑤ La=0.03~0.12
24	GH5605	0.05~0.15	19.0~21.0	9.0~11.0	14.0~18.0	—	Co 余	—	—	≤3.00	1.0~2.0	≤0.14	≤0.03	≤0.04	—

① 列入国家标准的牌号和成分摘自 GB/T 14992—2005，未列入国家标准的牌号和成分摘自参考文献[5]。
② 按板材标准，摘自参考文献[5]。
③ GH4163 合金中 $w(Al+Ti)$=2.4%~2.8%。
④ GH4169 合金的成分有标准成分和高纯成分两种，表中为标准成分的数据。
⑤ GH5188 合金还要求 $w(Ag)$≤0.00010%，优质成分 $w(Ag)$≤0.0000010%，$w(Pb)$≤0.0010%。

表15-2　铸造高温合金主要成分及性能[5,6]

合金牌号	化学成分（质量分数，%）												拉伸性能			持久性能		
	C	Cr	Ni	Co	W	Mo	Al	Ti	Fe	B	Zr	其他	T/℃	σ_b/MPa	δ_5（%）	T/℃	σ/MPa	t/h
K213	<0.1	14~16	34~38	—	4~7	—	1.5~2.0	3.0~4.0	余	0.05~0.10	—	—	—	—	—	850	216	100
K214	≤0.1	11~13	40~45	—	6.5~8.0	—	1.8~2.4	4.2~5.0	余	0.10~0.15	—	—	—	—	—	850	245	≥60
K401	≤0.1	14~17	余	—	7~10	≤0.3	4.5~5.5	1.5~2.0	<0.2	0.03~0.1	—	—	—	—	—	850	245	≥60
K403	0.11~0.18	10~12	余	4.5~6.0	4.8~5.5	3.8~4.5	5.3~5.9	2.3~2.9	≤2.0	0.012~0.022	0.03~0.08	Ce0.01	800	785	2.0	975	195	≥40
K405	0.1~0.18	9.5~11	余	9.5~10.5	4.5~5.2	3.5~4.2	5~5.8	2~2.9	≤0.5	0.015~0.026	0.03~0.1	Ce0.01	900	675	6	900 950	315 215	≥80 ≥80
K406	0.1~0.2	14~17	余	—	—	4.5~6	3.25~4.0	2~3	≤1.0	0.05~0.1	0.03~0.08	—	800	665	4	850	275	≥50
K417	0.13~0.22	8.5~9.5	余	14~16	4.8~5.5	2.5~3.5	4.8~5.7	4.5~5.0	≤1.0	0.012~0.022	0.05~0.09	V=0.6~0.9	900	635	6	900 950	315 235	≥70 ≥40
K418	0.08~0.16	11.5~13.5	余	9~11	11.5~12.5	3.8~4.8	5.5~6.4	0.5~1.0	≤1.0	0.008~0.02	0.06~0.15	Nb=1.8~2.5	20 800	755 755	3 4	800	490	≥45
K419	0.09~0.14	5.5~6.5	余	11~13	9.5~10.5	1.7~2.3	5.2~5.7	1.0~1.5	≤0.5	0.05~0.10	0.03~0.08	V≤0.1 Nb=2.5~3.3	—	—	—	750 950	685 255	≥45 ≥80
DZ404	0.1~0.16	9~10	余	5.5~6.5	5.1~5.8	3.5~4.2	5.6~6.4	1.6~2.2	≤1.0	0.012~0.025	≤0.02	—	900	≥735	4	850	275	≥50
DZ422	0.12~0.16	8~10	余	9~11	11.5~12.5	—	4.75~5.25	1.75~2.25	≤0.2	0.01~0.02	≤0.05	Nb=0.75~1.25 Hf=1.4~1.8	20	≥980	≥5	980	220	≥32
DD403	≤0.01	9~10	余	4.5~5.5	5~6	3.5~4.5	5.5~6.2	1.7~2.4	≤0.5	0.005	0.0075	—	900	≥835	≥6	1000 1040	195 165	≥70 ≥70
JG4006 （IC6）	≤0.02	—	余	—	—	13.5~14.3	7.4~8.0	—	≤1.0	0.02~0.06	—	—	1100	500	32	1100	90	≥302

表 15-3　高温合金的物理性能[5]

合金牌号	熔化温度/℃	热导率/[W/(m·K)]					线胀系数/(×10⁻⁶/℃)					密度/(×10³ kg/m³)	电阻率/×10⁻⁶ Ω·m				弹性模量 E_D/GPa			
		100℃	400℃	600℃	800℃	900℃	20~100℃	20~400℃	20~600℃	20~800℃	20~1000℃		20℃	600℃	800℃	900℃	20℃	600℃	800℃	1000℃
GH3030②	1374~1420	15.1	19.3	22.2	25.1	26.4	12.8	15.0	16.1	17.5	—	8.4	1.10	—	—	—	191	137	93	—
GH3039	—	13.8	18.8	21.8	25.1	26.8	11.5	13.5	14.3	15.3	16.4	8.3	1.18	—	—	—	211	169	155	—
GH3044	1352~1375	11.7	15.9	18.4	21.8	24.7	12.25	13.1	13.5	14.9	16.28	8.89		—	—	—	210	176	161	142
GH3128	1340~1390	11.3	15.5	18.4	21.4	23.0	11.2	12.8	13.7	15.2	16.3	8.81	1.37	—	—	1.39	208	187	162	144
GH3536	1288~1374	8.7	14.0	17.4	21.4	24.1	12.7	15.5	17.4	19.1	—	8.23	—	—	—	—	206	174	1588	—
GH3625	1290~1350	11.4	15.2	18.4	21.5	24.6	12.8	13.6	14.5	15.4	—	8.44	1.28	1.38	1.36	1.36	195	166	158	—
GH3170	1395~1425	13.4	16.3	18.0	20.5	—	11.7	12.9	13.8	15.4	16.5	9.34	1.19	1.273	1.273	1.272	253	214	198	143
GH4163	1320~1375	12.6	19.3	23.4	27.7	30.1	11.6	13.4	14.6	16.2	18.0	8.35	1.21	1.41	1.41	1.38	248	196	150	—
GH4169	1260~1320	14.6	18.8	21.8	24.3	26	13.2	14.0	15.0	17.0	18.7	8.24	—	—	—	—	205	169	—	—
GH4099	1345~1390	10.5	15.9	19.7	23.5	27.2	12.0	13.0	14.2	15.1	17.4	8.47	1.37	1.46	1.42	1.39	223	194	178	146

（续）

合金牌号	熔化温度/℃	热导率/[W/(m·K)]					线胀系数/(×10⁻⁶/℃)					密度/(×10³ kg/m³)	电阻率/×10⁻⁶ Ω·m				弹性模量[①] E_D/GPa			
		100℃	400℃	600℃	800℃	900℃	20~100℃	20~400℃	20~600℃	20~800℃	20~1000℃		20℃	600℃	800℃	900℃	20℃	600℃	800℃	1000℃
GH4141	1316~1371	8.4	15.1	19.5	23.4	26	10.5	12.8	13.5	15.0	—	8.27	—	—	—	—	221	188	175	—
GH1015	—	11.7	17.2	20.8	25.0	26.8	14.4	15.4	16.1	16.7	17.2	8.32	—	—	—	—	200	166	148	129
GH1035	—	12.5	17.6	20.1	24.7	27.2	13.7	16.6	18.3	20.0	17.5	8.18	1.07	—	—	—	199	—	150	—
GH1140	—	15.2	19.3	22.1	25.0	26.3	12.7	14.6	15.4	16.3	17.5	8.09	—	—	—	—	192	159	143	—
GH1131	—	10.46	16.32	19.3	22.6	24.7	14.7	14.8	16.2	17.3	18.1	8.33	—	—	—	—	220	174	176	166
GH2132	1362~1424	14.2	18.8	22.2	25.5	27.6	15.4	16.8	18.1	19.6	—	7.93	0.19	1.16	1.21	1.23	198	157	139	—
GH2302	1375	10.5	14.6	17.6	22.2	24.7	15.8	15.2	15.6	16.3	—	8.09	—	—	—	—	195	162	149	—
GH2018	—	10.5	16.3	19.7	23.0	25.1	14.6	15.0	15.6	16.2	—	8.16	—	—	—	—	186	147	136	—
GH2150	1320~1365	11.3	16.2	18.9	23.6	—	12.5	13.9	14.8	15.8	17.8	8.26	1.21	1.34	1.36	1.37	204	171	157	135
GH2907	1335~1400	15.6	—	—	—	—	—	7.2~8.1	—	—	—	8.28	0.73	1.39	1.38	—	160	138.5	—	—
GH5118	1300~1360	11.7	18.9	23.1	23.2	—	11.4	14.2	17.0	16.8	—	9.13	—	—	—	—	227	187	166	158

① E_D 为动态弹性模量。
② GH3030 合金为静态弹性模量。

表 15-4 高温合金的热处理制度与典型力学性能[5]

牌号	热处理制度	试验温度/℃	拉伸性能			持久性能		备注
			R_m/MPa	$R_{p0.2}$/MPa	A(%)	R_m/MPa	t/h	
GH1015	1150℃ AC	20	636	—	40	—	—	A
		900	176	—	40	68	20	
GH1016	1160℃ AC	20	735	—	35	—	—	A
		900	186	—	40	68	20	
GH1035	1100～1140℃ AC	20	588	—	35	—	—	A
		700	343	—	35	—	—	
GH1140	1080℃ AC	20	637	—	40	—	—	A
		800	225	—	40	—	—	
		20	637	255	46	—	—	B
		700	422	232	47	235	100	
		800	260	175	62	78	100	
GH1131	1130～1170℃ AC	20	735	—	34	—	—	A
		900	177	—	40	—	—	
GH2132	980～1000℃ AC + 700～720℃ AC	20	885	—	20	—	—	A
		650	686	—	15	392	100	
GH2302	1100～1130℃ AC + 800℃ 16h AC	20	686	—	30	—	—	A
		800	539	—	6	215	100	
GH2018	1110～1150℃ AC + 800℃ 16h AC	20	932	—	15	—	—	A
		800	432	—	15	—	—	
GH2150	1120℃ AC	20	707	—	30	—	—	A
		800	633	—	10	246	30	
	1120℃ AC + 800℃ 8h AC	20	1231	—	23	—	—	B
		800	644	—	28	245	97	
GH2907	980℃ 1h AC + 775℃ 12h 以 55℃/h 炉冷至 620℃ 8h AC	20	1000	625	6.0	—	—	A
		540	725	485	15.0	585	≥60	
GH3030	980～1020℃ AC	20	686	—	30	—	—	A
		700	294	—	30	—	—	
		700	266	—	72	103	100	B
GH3039	1200℃ AC	20	735	—	40	—	—	A
		800	245	—	40	—	—	
		800	284	137	76	78	100	B
GH3044	1200℃ AC	20	735	—	40	—	—	A
		900	196	—	30	68	100	
		800	392	206	40	108	100	B
		900	226	118	50	51	100	

（续）

牌号	热处理制度	试验温度 /℃	拉 伸 性 能			持 久 性 能		备注
			R_m/MPa	$R_{p0.2}$/MPa	A(%)	R_m/MPa	t/h	
GH3128	交货状态	20	735	—	40	—	—	A
		950	176	—	40	55	20	
	交货状态 + 1200℃ AC	950	198	—	99	42	100	B
GH3536	交货状态	20	725	304	35	—	—	A
		815	—	—	—	110	24	
	1150℃ AC	815	327	219	89			B
GH3625	1090 ~ 1200℃	20	700	320	35	—	—	A
		815	—	—	—	114	23	
	1100℃ AC	800	400	288	98	—	—	B
		900	223	166	104			
GH3170	1230℃ AC	20	735	—	40	—	—	A
		1000	137	—	40	39	100	
		900	291	213	65	114	100	B
		1000	173	109	94	69	100	
GH4163	1150℃ WC	20	540	—	9	—	—	A
		780	465	—	5	—	—	
	1150℃ AC + 800℃ 8h AC	700	814	451	41	420	100	B
		780	618	441	39			
		800	—	—	—	210	100	
GH4169	960℃ 1h AC + 720℃ 1h→ 620℃ 8h AC(棒材 ϕ20)	20	1280	1030	12	—	—	A
		650	1000	860	12	690	≥25	
		20	1432	—	21	—	—	B
		650	1128	—	25	686	165	
GH4099	1140℃ AC	20	≤1128	—	30	—	—	A
		900	373	—	15	118	30	
		20	1046	604	50	—	—	B
		900	478	361	40	118	110	
	1140℃ AC + 900℃ 8h AC	20	1112	—	29	—	—	B
		900	433	—	47			
GH1141	1065℃ 4h AC + 760℃ 16h AC	20	1176	882	12	—	—	A
		800	735	637	15	—	—	
	1180℃ 0.5h AC + 900℃ 4h AC	20	1014	—	15	—	—	B
		800	779	—	18	300	100	
		900	496	—	217	135	100	

（续）

牌号	热处理制度	试验温度/℃	拉伸性能			持久性能		备注
			R_m/MPa	$R_{p0.2}$/MPa	$A(\%)$	R_m/MPa	t/h	
GH5118	1180℃ WC 或 AC	20	860	380	45	—		A
		815	—	—	—	165	23	
		800	580	—	66	154	100	B
		900	310	—	62	105	100	
GH5605	交货状态	20	890	370	35	—		A
		815	—	—	—	165	23	
	1120℃ WC	20	940		60	—		A
		800	480		30	165	100	

注：1. 除注明 GH4169 棒材外，表中均为薄板的性能。

　　2. 备注中 A 为技术条件规定的数值；B 为试验数据。

　　3. GH4169 合金有 Ⅰ、Ⅱ（标准热处理）和 Ⅲ（DA—直接时效处理）三种热处理制度，以控制晶粒度和 δ 相。其技术指标为标准热处理制度。

　　4. 热处理制度中 AC 代表空冷，WC 代表水冷。

15.2　高温合金的焊接性

高温合金的焊接性是指在某一焊接工艺条件下，对合金产生裂纹的敏感性、接头组织的均匀性、接头力学性能的等强性和采取工艺措施的复杂性的综合评价。焊接性是高温合金的重要特性，是选用合金的科学依据之一，也是焊接件设计和焊接工艺制定的重要依据。

15.2.1　高温合金焊接接头的裂纹敏感性

1. 结晶裂纹

高温合金具有不同程度的结晶裂纹敏感性。结晶裂纹敏感性常采用变拘束十字形裂纹敏感性试验方法进行评定。表 15-5 列出常用高温合金氩弧焊工艺的裂纹敏感性。由表可看出，固溶强化的高温合金具有小的结晶裂纹敏感性。裂纹敏感性系数 K_1 小于 10%，适宜制造复杂形状的焊接构件。铝钛含量较低 $[w(\mathrm{Al} + \mathrm{Ti}) < 4\%]$ 的时效强化高温合金或采用抗裂性好的焊丝时具有中等的结晶裂纹敏感性。结晶裂纹敏感性系数 K_1 在 10%～15% 之间，属可焊合金，适宜制造结构简单的焊接件。铝钛含量高的时效强化高温合金具有大的结晶裂纹敏感性。结晶裂纹敏感系数 K_1 大于 15%，为难焊合金，不适宜制造熔焊的焊接构件，适宜采用真空钎焊、扩散焊、摩擦焊等特殊焊接工艺。

表 15-5　常用高温合金氩弧焊工艺的裂纹敏感性[6,7]

合金牌号	合金中 Al + Ti 总量（质量分数,%）	合金中 B 含量（质量分数,%）	焊丝牌号	裂纹敏感性系数 K_1(%)
GH3030	0.50	—	HGH3030	5.5
GH3044	1.20	—	HGH3044	6.0
GH1140	1.55		HGH1140	7.5
			HGH3113	5.0
GH3128	1.60	0.005	HGH3128	8.0
GH2132	2.70	0.010	HGH2132	8.8
GH4099	3.35	0.005	GH4099	8.3
GH2150	3.1	0.006	GH2150	13.0
			HGH3533	7.8
GH2018	3.0	0.015	GH2018	15.0
GH17	6.8	0.020	GH17	26.7
K406	6.25	0.10	HGH3113	25.2
K214	6.83	0.13	HGH3113	34.2
K403	8.9	0.018	HGH3113	35.2
K417	10.0	0.018	HGH3113	47.3

在固溶强化型合金中，主要加入固溶强化元素 W、Mo、Cr、Co、Al。这些元素在镍中的溶解度很大〔如 1000℃ 下，溶解度分别为 38%、34%、40%、100% 和 7%（质量分数）〕。除部分形成碳化物或氮化物外，几乎全部溶入基体中，形成面心立方的 γ 固溶体。在焊接过程中，合金不会产生相变，对合金形成结晶裂纹无直接影响。抗裂性良好的焊丝，HGH3113、SG—1、HGH3536、HGH3533 均含有较多的 W 和 Mo 元素。利用 W 和 Mo 元素的有益作用，使裂纹敏感性减小（表 15-5）。微量元素的影响主要表现在聚集于晶界，形成低熔点共晶组织，导致裂纹敏感。由于焊接熔池冷却速度很快，先凝固的晶体中溶质元素较液相中少（分配系数小于1），液相中溶质元素富集，引起结晶温度降低。高温合金的镍或铁基与多种微量元素存在共晶反应，这样液态金属会浓缩到共晶成分，存在于枝晶之间，当有较大拘束应力时，则导致结晶裂纹。对 GH3536（Hastelloy X）合金进行微量元素影响的研究证实，微量元素 S、P、C、B 会明显增大合金的裂纹敏感性，尤其多种元素的共同作用，更会显著增大其裂纹敏感性[1]。

时效强化型高温合金和铸造高温合金的化学成分对合金裂纹敏感性的影响，在科学研究与生产实践中证明：随着合金中 B、C 含量的增加，合金的裂纹敏感性增大。当 $w(Al+Ti)$ 达 6% 时，合金的裂纹敏感性显著增加，合金焊接性变差。此外，还应考虑到 Al 和 Ti 含量之比。在 Al 和 Ti 总量相近条件下，Al 和 Ti 之比高的合金具有高的裂纹敏感性，故应控制在小于 2 为宜。图 15-1 示出合金焊接性与 Al、Ti 含量的关系，它与表 15-5 所示规律一致。Al 和 Ti 含量增加，在熔池冷却过程中会生成初生的不规则的 γ′ 相，还会生成 γ-γ′ 共晶体，以微细近连续状存在于晶枝之间。该相的熔点比合金熔点约低 70℃，当应

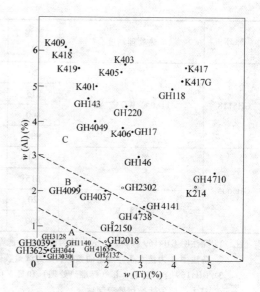

图 15-1　高温合金焊接性与 Al、Ti 含量的关系

A—易焊合金　B—可焊合金　C—难焊合金

力超过一定值时，则形成结晶裂纹。当 B 元素含量偏高时，会与 Ni、Fe、Cr 生成（Ni，Cr）-Ni_3B、Fe-FeB 等低熔点共晶，还会生成网络状碳硼化物共晶，分布于晶界，使合金的裂纹敏感性增大，焊接性变差[1]。

高温合金的状态会影响合金裂纹敏感性。固溶状态的合金比时效状态的合金具有较小的裂纹敏感性（表 15-6）；合金固溶软化状态比平整和冷轧状态具有较小的裂纹敏感性（表 15-7）。该类高温合金对冷作硬化敏感，在平整或冷轧后，合金的硬度和强度增加，塑性下降，时效处理亦然，致使焊接件的拘束度增大，裂纹敏感性也就增大。因此各种高温合金应在固溶处理软化状态下进行焊接，经过深度冷作或冲压成形的焊件更应如此。

表 15-6　GH2018 合金不同热处理状态的裂纹敏感性

焊前热处理状态	母材室温拉伸性能		裂纹敏感性系数 K_1	工 艺 条 件
	R_m/MPa	A(%)	（%）	
1130℃ 固溶	686	48	15.2	用变拘束十字形试验方法，板厚 1.5mm，氩弧焊工艺
1130℃ 固溶 +800℃ 16h 时效	1170	25	27.0	

表 15-7　GH1140 合金不同状态的裂纹敏感性

焊 前 状 态	不同炉号裂纹敏感性系数 K_1（%）			工 艺 条 件
	上限成分	中限成分	下限成分	
固溶处理	15	8	5	用变拘束十字形裂纹试验方法，板厚 1.5mm，钨极氩弧焊工艺
平整（变形量 3%～5%）	—	16.5	17	
冷轧（变形量 30%）	30	31	—	

消除焊接结晶裂纹可以采取如下措施：首先，在制定焊接工艺时，应选用小的焊接电流，减小焊接热输入，改善熔池结晶形态，减小枝晶间偏析，从而减小裂纹形成几率；第二，采用抗裂性优良的焊丝，如HGH3113、SG-1、HGH3536、HGH3533；第三，建议在固溶状态下焊接。在采取上述措施仍不能消除结晶裂纹时，在结构与接头强度允许的条件下，建议采用摩擦焊、扩散焊或真空钎焊工艺代替熔焊工艺。

2. 液化裂纹

大多数高温合金具有液化裂纹的倾向性，合金元素含量多的合金液化裂纹较显著。液化裂纹产生在近缝区中，具有沿晶开裂，从熔合线向母材扩展的特征（图 15-2）。在电阻焊的压力条件下，大多数液化裂纹有自愈的可能，这时被称为"局部液化"。液化裂纹是与高温合金晶界上存在多种相和焊接时非常快的加热有关。合金中含有较多的强化元素，在晶界会形成碳化物相，其中部分为共晶组织，部分相会产生溶解和析出的相变。当焊接时，靠近焊接熔池的某些相，如 NbC 被迅速加热到固—液相区的温度，晶界上的这些相来不及向平衡转变，在原相的界面上形成液膜，于是造成晶界液化[8,9]。对 GH2150 合金研究表明，在高于 1250℃的热影响区中，γ-(Nb, Ti) C 共晶产生液化，冷却过程中，1270～1200℃之间会形成 γ-(Nb, Ti) C 和 γ-Laves 相共晶体。GH2907 合金焊接过程研究表明，在 GH2907 焊接时同样存在 γ-NbC 和 γ-Laves 两类共晶。显然（Nb, Ti）C 组分液化及形成 γ-Laves 共晶是高温合金形成液化裂纹的主要因素之一[10-12]。

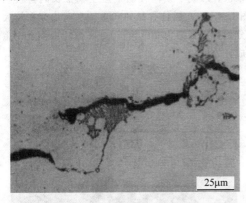

图 15-2　K406C 合金氩弧焊热影响区的液化裂纹

生产实践证明，在氩弧焊、电子束焊、电阻点焊和缝焊高温合金的近缝区往往形成较多的沿晶界的局部熔化，未构成液化裂纹。应严格区分这两种不同性质的冶金现象。

高温合金的状态对形成液化裂纹有较大影响。合金的晶粒粗大，晶界上有较多碳化物、硼化物、γ + γ'共晶，焊接时很易形成液化裂纹。

减小和避免液化裂纹的办法是尽可能降低热输入，减小过热区高温停留时间。

3. 应变时效裂纹

铝钛含量高的时效强化高温合金和铸造高温合金焊接后，在时效处理过程中，熔合线附近会产生一种沿晶扩展的裂纹，被称为应变时效裂纹。

应变时效裂纹的形成机理至今无统一认识，但已证实它的形成与下述两因素相关：一是焊接残余应力和拘束应力引起的应变，二是时效过程中塑性损失，二者共同作用引起应变时效裂纹。研究证明，对 $w(Al)$、$w(Ti)$ 达 6.8% 的 GH17[13]，不同的焊接工艺具有不同的应变时效裂纹敏感性。手工氩弧焊的裂纹敏感性最大，自动氩弧焊的居中，电子束焊的裂纹敏感性最小。经测定垂直于焊缝方向上的焊接残余应力，手工氩弧焊焊缝和近缝区存在较大的拉应力，其最大应力接近合金的屈服应力；电子束焊的残余拉应力最小。焊后采用机械方法消除拉应力，形成压应力，则可消除该裂纹。还证明了应变时效裂纹产生于近缝区的表面应力集中处。国外对 Rene′41（相当于 GH4141）合金的应变时效裂纹进行了较深入的研究，测定了拘束焊的开裂时间-温度关系式[1]；用等温时效 C 曲线来描述合金的应变时效裂纹敏感性；分析了 Rene′41 合金焊接热影响区中 M_6C 碳化物溶解与析出行为，并造成晶界脆性的过程；分析了晶界液化的化学成分变化等；研究表明焊件的几何形状引起的外部拘束和内部焊接残余应力对产生应变时效裂纹起重要作用；时效过程中的收缩及塑性损失也起重要作用。结论为：Rene′41 合金具有应变时效裂纹敏感性，不适宜制造大型复杂的高拘束焊接件。

为了避免应变时效裂纹，在选用合金时，应选择含 Al、Ti 较低，或用 Nb 代替部分 Al、Ti 的合金。也可以对合金进行"过时效"处理（分级、慢冷的时效工艺），使 C 曲线右移，延长开裂时间，从而防止应变时效裂纹。在接头设计时，选用合理的接头形式和焊缝分布，以减少焊件的拘束度。在焊接时，可调节焊接热循环，避免热影响区中碳化物产生相变而引起的脆性。最有效的方法是焊后对焊缝和热影响区进行合理的锤击或喷丸处理，变拉应力状态为压应力状态[13]。

15.2.2　接头组织的不均匀性

固溶强化型高温合金的组织比较简单，基体为 Ni 或 Fe-Ni 基中溶有较多固溶元素的连续分布的面心立方 γ 固溶体。在晶内和晶界有少量 MC、M_6C、$M_{23}C_6$ 碳化物，TiN、Ti（CN）中间相，合金含 B 时，晶界会有 M_3B_2 相。这类合金焊接后，焊缝金属由变形组织变成铸造组织。由于焊接熔池冷却速度快，焊缝金属会因晶内偏析，形成层状组织（图 15-3）。当偏析严重时，会在枝晶间形成共晶组织。焊缝中的 TiN 或 Ti（CN）为不规则的随意分布的独立相。碳化物相多为 MC 相。

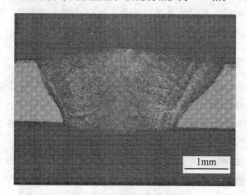

图 15-3　氩弧焊焊缝层状组织[14]

接头热影响区组织产生显著变化，形成沿晶界的局部熔化和晶粒长大（图 15-4）。局部熔化和晶粒长大的程度，依合金成分和焊接工艺不同而异。如 GH3044 合金比 GH3039 合金的晶粒长大明显，在焊缝两侧形成两条粗晶带，直接影响接头的拉伸性能和疲劳性能。

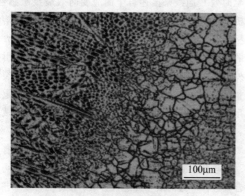

图 15-4　氩弧焊热影响区组织[14]

电阻点焊和缝焊时，熔核内常常形成层状组织和成分偏析造成的"枝晶加粗"组织。在不同牌号高温合金组合焊接时，该种现象更为突出。"枝晶加粗"组织在生产中往往易误判为裂纹。在焊点热影响区会产生"胡须"组织和局部熔化组织（图15-5），也会产生轻微的晶粒长大。胡须组织是从熔核边缘向母材扩展的内部填满铸造组织的形状类似裂纹的一种特殊组织，是高温合金电阻点焊和缝焊时普遍存在的一种现象。"胡须"和局部熔化在侵蚀不当时，也易误判为裂纹，事实上只要胡须中填满铸造组织，则不会影

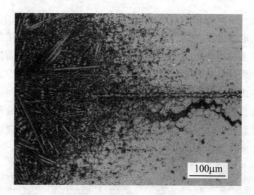

图 15-5　焊缝的胡须组织[14]

响接头的常规力学性能。经高温长期服役后，由于元素扩散，除碳化物聚集长大外，胡须组织已变得模糊，组织均匀化，未发现影响焊件的使用性能。

时效强化型高温合金和铸造高温合金的组织比较复杂。在标准热处理状态下，合金主要由 γ 基体和 γ' 强化相和碳化物相（MC、M_6C、$M_{23}C_6$）组成，不同成分的合金还会有 γ'' 强化相（如 GH4169）、晶界 M_3B_2（如 GH2132、GH2150、K401、K403、K418 等）、δ 相（GH4169）、μ 相（GH2150）、γ-γ' 共晶（如 K401、K403、K417、K418）。某些合金长期时效后会生成 σ 脆性相（如 GH4141）、μ 相、η 相和 Laves 有害相（如 GH2132）。

这类合金的焊接接头组织，不论焊缝还是热影响区都比较复杂。焊缝金属经历了熔化凝固的过程，原来的 γ' 或 γ''、碳化物相、硼化物相等均溶入基体中，形成单一的 γ 固溶体组织。某些合金会生成初生 γ' 相，会从液态金属中析出 MC。由于焊缝金属冷却速度很快，形成了横向枝晶很短主轴很长的树枝状晶（图 15-6），在树枝状晶间和主轴之间均存在较大的成分偏析（后者为晶内偏析），在焊缝中央会产生共晶成分的组织。

图 15-6　电子束焊缝的树枝状组织[14]

焊接接头热影响区是从熔化温度到室温的，有时是周期性加热的温度梯度很大的热循环区域。这种条

件会引起 γ'、γ"强化相溶解，引起碳化物相转变，使热影响区的组织变得十分复杂。如 GH4169 合金焊接热影响区中，在靠近焊缝的高温区（≥1030℃），部分 γ'、γ"和 δ 相会溶入 γ 基体中，失去了 γ'或 γ"的强化效果，在这一区中晶粒明显长大。在中温区（1030～760℃），亚稳 γ"相转变为 δ 相魏氏组织，强度和塑性显著下降。在低温区（760～600℃），晶界会析出小片状（块状）δ 相，对高温性能有益。另外在整个热影响区中 NbC 相不变，仍为块状。

由此可见，焊缝和热影响区的组织是与母材有较大区别的不均匀的组织，特别是热影响区中形成两条"弱化"和"强化"的条带，这将影响接头的力学性能。

15.2.3　焊接接头的等强性

高温合金使用在高温、高应力、有腐蚀介质的恶劣环境中，对焊接接头的要求与合金一样，应抗氧化、耐腐蚀，具有良好的高温强度、塑性和疲劳性能，而且希望接头的强度、塑性与母材一样，即所谓等强性。但事实上，焊接接头在焊态下的强度和塑性不同程度地低于母材。

焊接接头的等强性常用接头强度系数 K_σ 表示。它的定义为 $K_\sigma =$ 接头 R_m/母材 $R_m \times 100\%$。

固溶强化型高温合金手工氩弧焊和自动氩弧焊的接头强度系数可达到 90%～95%；电子束焊的接头强度系数可达到 95%～98%；摩擦焊的接头强度系数可达到 95%～100%。时效强化型高温合金的接头强度系数普遍较低，如氩弧焊的 K_σ 为 82%～90%，只有焊后经固溶和时效处理之后，接头强度才可以接近母材的水平。当采用非同质焊丝时，接头的强度更难以达到母材水平。接头塑性比较复杂。由于存在余高的影响，测试技术上的问题，接头塑性较难与母材相比较，只有采用棒形试样（厚板焊接取样加工而成）才能作比较，高温持久性能同样存在上述问题，但是接头塑性和持久性能均存在低于母材的特征，而且依不同的焊接工艺而不同。其中熔合区的组织和力学性能不均匀最为严重，成为接头的最薄弱部位[15]。

造成焊接接头强度系数低的原因是与接头组织不均匀性密切相关的，尤其是热影响区的组织特征。晶粒长大，γ'强化相和碳化物的溶解形成的弱化区直接影响接头强度，在拉伸过程中，弱化区与硬化区阻碍试样的均匀变形。焊缝的存在，影响了试样的均匀变形，使大部分塑性变形发生在弱化区，最终缩颈和断裂发生在热影响区，因此其接头的强度和塑性都表现得较低。

近十年对高温合金焊接接头的疲劳性能进行了较多的研究。一般焊接接头的疲劳寿命低于母材，电子束焊接头疲劳性能具有疲劳裂纹扩展的不稳定性，且在高匹配焊接区的疲劳裂纹会偏离原裂纹的扩展方向。电阻缝焊接头的疲劳寿命很低，但疲劳寿命分散系数较小。点焊接头的疲劳寿命则与焊点直径及熔核四周塑性环大小有直接关系，同时受接合线伸入和夹杂物的影响[15-17]。

15.3　高温合金的电弧焊

15.3.1　钨极惰性气体保护电弧焊

1. 焊接特点

高温合金焊接件普遍采用钨极惰性气体保护电弧焊（氩弧焊）和熔化极惰性气体保护电弧焊，在航空、航天、能源、化工等工业部门的批生产采用，为成熟工艺；很少采用焊条电弧焊和埋弧焊，不采用氧乙炔焊。

固溶强化型高温合金氩弧焊具有良好的焊接性。在焊接操作时，只要采取较小的热输入和稳定的电弧，则可避免结晶裂纹，获得良好质量的接头，无需采取其他工艺措施。

时效强化型高温合金氩弧焊时，因焊接性差，有一定困难。要求合金在固溶状态下焊接，合理的接头设计和焊接顺序，使结构有小的拘束度；采用抗裂性好的焊丝，用小的焊接电流，改善熔池结晶状态，避免形成热裂纹。

高温合金的特性造成氩弧焊熔池的熔深较小，不足碳钢的一半，为奥氏体不锈钢熔深的 2/3 左右，因此在接头设计时，应加大坡口，减小钝边高度和适当加大根部间隙；或者采用活性剂（A-TIG 焊），以增加熔深，改善焊缝成形，并提高生产效率[18]。

2. 焊接材料

（1）焊丝

焊接固溶强化高温合金和铝钛含量较低的时效强化合金时，可选用与母材化学成分相同或相近的焊丝，以获得与母材性能相近的接头。焊接铝钛含量较高的时效强化合金或拘束度较大的焊件时，为防止产生裂纹，推荐选用抗裂性好的 Ni-Cr-Mo 系合金焊丝，如 HGH3113、SG-1、HGH3536 等。这类焊缝金属不能经热处理进行强化，接头强度低于母材。若选用含铝钛的 Ni-Cr-Mo 系 HGH3533 合金焊丝（Ni-20Cr-8Mo-8W-3Ti-Al），使接头具有一定的抗裂性和较高的力学性能，可通过时效处理提高接头的性能。钴基高温合金可采用与母材成分相同的或 Ni-Cr-Mo 系合金的焊丝。常用的高温合金焊丝的牌号及化学成分，见表 15-8。手工氩弧焊时，可以采用母材合金板材的切条作填充金属丝。

表 15-8　焊接用高温合金焊丝牌号及成分（GB/T 14992—2005）

化学成分（质量分数，%）

合金牌号	C	Cr	Ni	W	Mo	Al	Ti	Fe	Nb	V	B	Ce	Mn	Si	P	S	Cu	其他
HGH1035	0.06~0.12	20.0~23.0	35.0~40.0	2.50~3.50	—	≤0.50	0.70~1.20	余	—	—	—	≤0.05	≤0.70	≤0.80	≤0.02	≤0.02	≤0.20	—
HGH1040	≤0.10	15.0~17.5	24.0~27.0	—	5.50~7.00	—	—	余	—	—	—	—	1.00~2.00	0.50~1.00	≤0.030	≤0.020	≤0.20	N:0.10~0.20
HGH1068	≤0.10	14.0~16.0	21.0~23.0	7.00~8.00	2.00~3.00	—	—	余	—	—	—	≤0.02	5.00~6.00	≤0.20	≤0.010	≤0.010	—	—
HGH1131	≤0.10	19.0~22.0	25.0~30.0	4.80~6.00	2.80~3.50	—	—	余	0.70~1.30	—	≤0.005	—	≤1.20	≤0.80	≤0.020	≤0.020	—	—
HGH1139	≤0.12	23.0~26.0	14.0~18.0	—	—	—	—	余	—	—	≤0.010	—	5.00~7.00	≤1.00	≤0.030	≤0.025	≤0.20	N:0.15~0.30
HGH1140	0.06~0.12	20.0~23.0	35.0~40.0	1.40~1.80	2.00~2.50	0.20~0.60	0.70~1.20	余	—	—	—	—	≤0.70	≤0.80	≤0.020	≤0.015	—	—
HGH2036	0.34~0.40	11.5~13.5	7.0~9.0	—	1.10~1.40	—	≤0.12	余	0.25~0.50	1.25~1.55	—	—	7.50~9.50	0.30~0.80	≤0.035	≤0.030	—	N:0.25~0.45
HGH2038	≤0.10	10.0~12.5	18.0~21.0	—	—	≤0.50	2.30~2.80	余	—	—	≤0.008	—	≤1.00	≤1.00	≤0.030	≤0.020	≤0.20	—
HGH2042	≤0.05	11.5~13.0	34.5~36.5	—	1.00~1.50	0.90~1.20	2.70~3.20	余	—	—	—	—	0.80~1.30	≤0.60	≤0.020	≤0.020	≤0.20	—
HGH2132	≤0.08	13.5~16.0	24.5~27.0	—	1.00~1.50	≤0.35	1.75~2.35	余	—	0.10~0.50	0.001~0.010	≤0.03	1.00~2.00	0.40~1.00	≤0.020	≤0.015	—	—
HGH2135	≤0.06	14.0~16.0	33.0~36.0	1.70~2.20	1.70~2.20	2.40~2.80	2.10~2.50	余	—	—	≤0.015	—	≤0.40	≤0.50	≤0.020	≤0.020	—	—

（续）

化学成分（质量分数，%）

合金牌号	C	Cr	Ni	W	Mo	Al	Ti	Fe	Nb	V	B	Ce	Mn	Si	P	S	Cu	其他
HGH3030	≤0.12	19.0~22.0	余	—	—	≤0.15	0.15~0.35	≤1.0	—	—	—	—	≤0.70	≤0.80	≤0.015	≤0.010	≤0.20	—
HGH3039	≤0.80	19.0~22.0	余	—	1.80~2.30	0.35~0.75	0.35~0.75	≤3.0	0.90~1.30	—	—	—	≤0.40	≤0.80	≤0.020	≤0.012	≤0.20	—
HGH3041	≤0.25	20.0~23.0	72.0~78.0	—	—	≤0.06	—	≤1.7	—	—	—	—	0.20~1.50	≤0.60	≤0.035	≤0.030	≤0.20	—
HGH3044	≤0.10	23.5~26.5	余	13.6~16.0	—	≤0.50	0.30~0.70	≤4.0	—	—	—	—	≤0.50	≤0.80	≤0.013	≤0.013	≤0.20	—
HGH3113	≤0.08	14.5~16.5	余	3.00~4.50	15.0~17.0	—	—	4.0~4.7	—	≤0.35	—	—	≤1.00	≤1.00	≤0.015	≤0.015	≤0.20	—
HGH3128	≤0.05	19.0~22.0	余	7.50~9.00	7.50~9.00	0.40~0.80	0.40~0.80	≤2.0	—	—	≤0.005	≤0.05	≤0.50	≤0.80	≤0.013	≤0.013	—	Zr≤0.06
HGH3536	0.05~0.15	20.5~23.0	余	0.20~1.00	8.00~10.0	—	—	17.0~20.0	—	—	—	—	≤1.00	≤1.00	≤0.025	≤0.025	—	Co:0.50~2.50
HGH3600	≤0.10	14.0~17.0	≥72.0	—	—	≤0.50	—	6.0~10.0	—	—	≤0.010	≤0.01	≤1.00	≤0.50	≤0.020	≤0.015	≤0.50	Co≤1.00
HGH4033	≤0.06	19.0~22.0	余	—	—	0.60~1.00	2.40~2.80	≤1.0	—	—	≤0.010	≤0.01	≤0.35	≤0.65	≤0.015	≤0.007	≤0.07	—
HGH4145	≤0.80	14.0~17.0	余	—	—	0.40~1.00	2.50~2.75	5.0~9.0	0.70~1.20	—	—	—	≤1.00	≤0.50	≤0.020	≤0.010	≤0.20	—
HGH4169	≤0.08	17.0~21.0	50.0~55.0	—	2.80~3.30	0.20~0.60	0.65~1.15	余	4.75~5.50	—	≤0.006	—	≤0.35	≤0.30	≤0.015	≤0.015	≤0.20	—

不同牌号高温合金组合焊时，焊丝的选用原则是：在满足接头性能要求的情况下，首先选用组合焊接合金中焊接性好、成本低的焊丝，抗裂性还不能满足要求时，则可选用 Ni-Cr-Mo 系焊丝（见表 15-8）。

（2）保护气体

高温合金惰性气体保护电弧焊可采用氩、氦或氩氦混合气体作为保护气体。氩气的成本低、密度大，保护效果好，是常用的保护气体。氩气的纯度应符合 GB/T 4842—2006《氩》中规定的一级氩气的要求。氩气中加入 5% 以下的氢气，在焊接过程中有还原作用，但只用于第 1 层焊道或单焊道的焊接，否则会产

生气孔。

（3）钨极

常用的钨极有钍钨极（WTh15）和铈钨极（WCe20）。铈钨极的电子发射能力强、引弧电压低、电弧稳定性好、许用焊接电流大、烧损率低，故推荐使用铈钨极。钨极直径根据焊接电流选定，并加工成锥形电极。

3. 焊接接头设计

高温合金氩弧焊时，熔池的流动性较差，熔深较小，接头设计时，要求坡口角度加大、钝边高度减小，根部间隙加大，其接头形式，参考图 15-7。

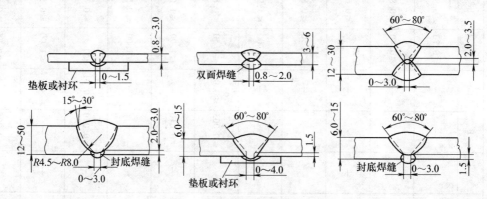

图 15-7　高温合金对接焊的接头形式

4. 焊接工艺

焊件在装配、定位焊和焊接前应仔细清除焊接处和焊丝表面的氧化物、油污等，并保持清洁。定位焊宜在夹具上进行，以保证装配质量。为使焊接区快速冷却，常采用激冷块和垫板。垫板上开有适当尺寸的成形槽。成形槽一般为弧形，槽内有均匀分布的通入保护气体的小孔，以保证焊缝背面成形良好和保护。激冷块和垫板用纯铜制成。焊接钴合金时，应采用表面镀铬的纯铜垫板，因为微量的铜污染可导致焊缝产生热裂纹。焊缝两端可预装能拆除的引弧和收弧板，其材料牌号与母材相同，以避免引弧

和收弧缺陷。

焊接时采用直流电流、正极性和高频引弧，焊接电流可控制递增和衰减。典型的焊接参数，列于表 15-9 和表 15-10。在保证焊透的条件下，应采用较小的焊接热输入。多层焊时，应控制层间温度。焊接时效强化及热裂敏感性大的合金时，应严格控制焊接热输入。应保证电弧稳定燃烧，焊枪保持在接近垂直位置。弧长尽量短，不加焊丝时，弧长小于 1.5mm；加焊丝时，弧长与焊丝直径相近。薄件焊接时，焊枪不作摆动。多层焊时，为使熔敷金属与母材和前焊道充分熔合，焊枪可适当摆动。

表 15-9　高温合金手工钨极惰性气体保护电弧弧焊参数

母材厚度 /mm	焊丝直径 /mm	钨极直径 /mm	保　护　气　体		焊接电流 /A
			气体种类	气体流量/(L/min)	
0.5	0.5 ~ 0.8	1.0 ~ 1.2	Ar	8 ~ 10	15 ~ 25
1.0	1.0 ~ 1.2	1.5 ~ 2.0	Ar	8 ~ 12	35 ~ 60
1.5	1.2 ~ 2.0	1.5 ~ 2.0	Ar	10 ~ 15	50 ~ 85
2.0	2.0 ~ 2.5	2.0 ~ 2.5	Ar	12 ~ 15	75 ~ 110
2.5	2.0 ~ 2.5	2.0 ~ 2.5	Ar 或 He	12 ~ 15	95 ~ 120
3.0	2.5	2.5 ~ 3.0	Ar 或 He	15 ~ 20	100 ~ 130

注：1. 表中所列焊接参数为大致的参数，可作适当调整；焊枪采用陶瓷喷嘴，其内径为 10 ~ 18mm，焊枪内装有气透镜。

　　2. 焊接电压控制在 8 ~ 18V 之间。

　　3. 背面 Ar 流量为焊枪的 30% ~ 45%。

表 15-10　自动钨极惰性气体保护电弧弧焊参数

| 母材厚度 /mm | 焊丝直径 /mm | 钨极直径 /mm | 保护气流量/(L/min) | | 电弧电压 /V | 焊接电流 /A | 焊接速度 /(m/min) | 送丝速度 /(m/min) |
			正	反				
0.8	不加丝	1.0~2.0	10~15	4~6	10~12	40~70	0.45~0.65	—
1.0	0.8~1.0	1.6~2.5	10~15	4~6	10~12	60~100	0.45~0.65	0.4~0.5
1.5	1.2~1.6	2.0~3.0	15~25	5~8	12~15	110~150	0.25~0.45	0.3~0.5
2.0	1.2~1.6	3.0~3.5	15~25	5~8	12~15	130~180	0.25~0.45	0.3~0.5

注：电流衰减时间 8~10s。

薄板高温合金制件焊前不需预热，推荐在固溶或退火状态下焊接。厚板制件（厚度大于 4mm），因拘束度大，焊前可适当预热，焊后应及时进行消除应力处理，以防产生裂纹。

钴基变形合金制件在焊接上无特殊困难，推荐采用钨极惰性气体保护电弧焊。钴基合金钨极惰性气体保护焊的工艺与镍基合金基本相同，但应注意低熔点元素的污染。焊前应对待焊处及焊丝表面进行仔细的清理，焊接时采用表面镀铬的纯铜垫板或不锈钢垫板。

铸造高温合金的焊接性很差，一般不采用电弧焊方法焊接。这类合金如需焊接或与其他合金组合焊接时，除应注意防止焊缝产生热裂纹外，还应注意防止热影响区产生液化裂纹。焊接时应采用很小的焊接热输入，熔敷金属尽量少和焊深尽量小，焊前预热，焊后应立即进行消除应力热处理。或者采用扩散焊和钎焊工艺。

5. 焊接缺陷及防止

氩弧焊接头的缺陷，一般可分为两类。一类为不允许存在的缺陷：裂纹、烧穿、未熔合和焊瘤。另一类是允许适量存在的缺陷：气孔、未焊透、夹杂物、咬边、凹坑（未焊满）和塌陷。其允许存在及允许修补的数量与大小，根据焊缝受力状态、焊缝的重要程度而确定，可参考各行业标准。

最易产生、危害最大的缺陷是裂纹。其防止方法有：合理设计焊接接头和合理安排焊接次序，减小结构的拘束度；选用抗裂性优良的焊丝；采用小的焊接电流，减小热输入，填满收弧弧坑，防止弧坑裂纹。

气孔和夹杂也是氩弧焊高温合金易产生的缺陷。其防止方法：注意焊前清理（包括零件和焊丝），最好采用化学清理方法；注意铜垫板的清洁；焊接时应保持稳定的电弧电压，电弧稳定；注意钨极直径与焊接电流相适应，防止焊接时钨极与熔池接触，造成钨夹杂。在引弧和收弧时易产生气孔、缩孔，必须注意其质量。

6. 接头性能

高温合金钨极氩弧焊接头的力学性能较高，接头强度系数可达 90%。接头的抗氧化和热疲劳性能与母材相近。异种合金组合焊的接头性能亦较高，可满足使用要求。各类板材高温合金钨极氩弧焊接头的力学性能，列于表 15-11。接头的抗氧化性能，见表 15-12。

表 15-11　镍基高温合金钨极惰性气体保护焊接头的力学性能

| 合金牌号[①] | 焊接方法 | 试样状态[②] | 试验温度 /℃ | 拉伸性能 | | 持久性能 | |
				R_m/MPa	接头强度系数(%)[③]	R_m/MPa	t/h
GH3030	手工	焊态	20	725	100	—	—
			800	199	100	—	—
	自动（不加焊丝）		20	654	95	—	—
			700	397	98	—	—
GH3039	手工		20	794	98	—	—
			800	276	97	58.8	>100
	自动		20	818	100	—	—
			800	346	92	58.8	>100
GH3044	手工		20	763	98	—	—
			900	299	97	51.0	83
	自动		20	765	95	—	—
			900	265	95	51.0	50

（续）

合金牌号[①]	焊接方法	试样状态[②]	试验温度/℃	拉伸性能		持久性能	
				R_m/MPa	接头强度系数(%)[③]	R_m/MPa	t/h
GH3128	手工	焊态	20	755	96	—	—
			800	392	95	—	—
			950	186	95	34.0	>100
GH3536	手工		20	800	100	—	—
			650	586	100	294.0	>200
			815	337	100	110.0	46
	自动		20	806	100	294.0	>250
			650	514	98	—	—
GH3625[④]	手工		20	910	—	—	—
	自动			840	—	—	—
GH3170	手工		20	974	100	—	—
			1000	170	94	39.0	150
GH4163	手工	焊后固溶时效	20	1069	—	—	—
			700	863	—	402.0	138
			780	637	—	196.0	>300
			850	412	—	103.0	166
GH4169	手工	焊后固溶时效	20	1260	—	—	—
			800	623	—	—	—
GH4099	手工	焊态	20	970	95	—	—
			900	478	91	117.0	47
		焊后固溶时效	20	1097	96	—	—
			900	499	98	117.0	52
GH4141	手工	焊态	20	980	92	—	—
			900	480	95	117.0	>100
		焊后固溶时效	20	1250	98	—	—
			900	520	97	117.0	98
GH3030 + GH3044	手工	焊态	20	720	—	—	—
GH1140 + GH3039				667	—	—	—
GH1140 + GH3030				659	—	—	—
GH4099 + GH3030				735	—	—	—
GH3030 + GH2150				735	—	—	—
GH1015	手工	焊态	20	785	100	—	—
			900	180	92	51.0	150
	自动		20	735	98	—	—
			700	478	100	—	—
			800	313	98	—	—
			900	211	100	51.0	151
GH1016	手工	焊态	20	852	100	—	—
			900	212	97	61.0	85
	自动	焊后固溶	20	820	—	—	—
			900	208	—	61.0	85

（续）

合金牌号①	焊接方法	试样状态②	试验温度/℃	拉伸性能		持久性能	
				R_m/MPa	接头强度系数(%)③	R_m/MPa	t/h
GH1035	手工	焊态	20	652	—	—	—
			800	299	—	—	—
	自动		20	674	100	—	—
			800	299	98	—	—
GH1140	手工		20	648	98	—	—
			20	681⑥	100	—	—
			20	688⑦	100	—	—
			800	284⑥	100	58.5	>100
			800	237⑦	91	80	84
			800	223	86	80	86
			900	141	99	—	—
	自动		20	696	100	—	—
			800	299	100	—	—
			900	186	100	—	—
GH1131	自动		20	841	—	—	—
			700	519	—	—	—
			800	356	—	51.5	170
			900	205	—	—	—
GH2132	手工	焊后固溶时效	20	602	—	—	—
			20	960	—	—	—
			650	710	—	588	>100
	自动		20	916	—	—	—
			650	663	—	—	—
GH2302	手工		20	1223	—	—	—
			800	669	—	215.0	>100
GH2018			20	1025	—	—	—
			800	456	—	177.0	133~318
GH2150⑤	手工	焊态	20	856	—	—	—
			800	727	—	490.0	>30
		焊后固溶时效	20	1290	—	—	—
			500	1057	—	—	—
			600	1116	—	—	—
			700	970	—	490.0	>30
GH5188	手工	焊态	20	960	—	—	—
GH5605				1200	—	—	—

① 板厚主要为 1.5mm，焊丝牌号与母材相同，不同合金组合焊时，选用性能较低的合金焊丝牌号，力学性能试件焊缝余高未去除。
② 试样焊前状态为供货状态或固溶状态。
③ 强度系数为接头强度与母材强度之比值的百分数。
④ 手工焊时添加 HSG—1 合金焊丝，自动焊时未填丝。
⑤ GH2150 合金采用了 HGH3533 焊丝。
⑥ 用 GGH3113 焊丝的接头数据。
⑦ 用 HGH3536 焊丝的接头数据。

表 15-12　GH1140 合金用不同焊丝
氩弧焊接头的抗氧化性能
（静止空气中）

焊丝牌号	增重/g		腐蚀速度 /[g/(m²·h)]	
	50h	100h	50h	100h
HGH3030 焊丝接头	0.00130	0.00193	0.0363	0.0271
HGH3113 焊丝接头	0.00123	0.00233	0.0347	0.0310
HGH3536 焊丝接头	0.00140	0.00253	0.0380	0.0350
结论	三种焊丝的接头属同类,均为抗氧化级			

7. 接头组织

高温合金钨极惰性气体保护电弧焊接头在固溶和焊态下的组织为单相奥氏体（γ 相）和少量碳、氮化钛质点（TiC、TiN 和 TiC（N））。焊缝金属为铸造组织,其边缘为联生结晶,其后是方向性很强的枝状晶,中心处为等轴晶,见图 15-8。时效强化合金焊后经固溶和时效处理,接头组织为 γ 相和 γ' 相（Ni_3Al（Nb））及少量碳化物相（M_6C、$M_{23}C_6$）,焊缝金属区的枝状晶部分消失,组织易于显示,如图 15-9 所示。

高温合金熔焊的主要问题是易产生热裂纹。焊缝金属组织不均匀,晶内、晶界偏析严重,低熔点共晶易在晶间聚集,在应力-应变作用下产生凝固裂纹。时效强化合金的裂纹敏感性比固溶合金大,除焊缝金

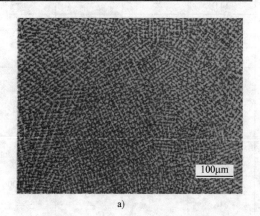

100μm

a)

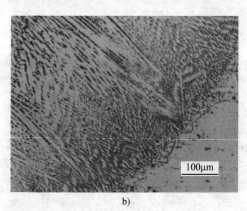

100μm

b)

图 15-8　GH2150 合金氩弧焊接头组织
a）焊缝中心组织　b）熔合区组织

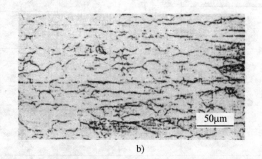

100μm

a)

50μm

b)

图 15-9　GH4099 合金氩弧焊接头在不同热处理状态下的组织
a）焊前固溶时效,焊后未处理　b）焊前固溶,焊后固溶时效处理

属产生凝固裂纹外,还可能产生液化裂纹和应变时效裂纹。用一般的熔焊方法焊接铸造时效强化的高温合金很难避免产生热裂纹。

8. 应用举例

环形燃烧室的焊接。环形燃烧室是典型的薄壁冲压焊接件,结构复杂,焊接质量要求高,焊接难点是防止产生裂纹和变形[19]。

母材：内涡流板 GH5188 + GH3625,厚度 0.8mm + 0.8mm；后安装边 GH3625 + GH3030,厚度 0.8mm + 0.9mm。

焊丝：HGH5188,$d_s = 0.8mm$；HSG-1,$d_s = 0.8mm$。

接头形式：平对接、环形焊缝。

焊接方法：手工氩弧焊定位，自动钨极脉冲氩弧焊接。

焊前处理：机械抛光焊接处，并用丙酮清洗。

焊接参数：见表 15-13。

表 15-13 燃烧室自动脉冲氩弧焊参数

焊件名称	母材	焊丝	钨极直径 /mm	I_w /A	I_m /A	f /Hz	v_h (m/min)	$Q/$(L/min) 正面	背面
内涡流板	GH5188 + GH3625	GH5188	2.5	15	48	1.2	0.12	14	8
后安装边	GH3625 + GH3030	HSG-1	2.5	15	48 ~ 50	1.2	0.12	14	8

注：I_w—基值电流；I_m—脉冲电流；f—脉冲频率；v_h—焊接速度；Q—氩气流量。

焊接要点：在夹具上装配和定位，保证部件尺寸公差要求；焊接时控制焊接电流，保持较小的热输入；在焊缝正、背面均应有良好的保护，注意收弧质量。

焊后处理及检验：焊后 1175℃ ±10℃，30min，AC。进行目视和 X 射线检验。

质量控制：焊件上不允许有裂纹。允许有 1mm 长、间距 >20mm 不连续的未焊透；直径 <0.5mm 的单个气孔和深度 <0.1mm、长度 <10mm、间距 >20mm 不连续的咬边。同一处可返修两次。

15.3.2 熔化极惰性气体保护电弧焊

1. 焊接特点

固溶强化高温合金可用熔化极惰性气体保护电弧焊进行焊接，高 Al、Ti 含量的时效强化型高温合金和铸造高温合金因裂纹敏感性大，不推荐采用该焊接工艺。高温合金厚板（≥6mm）构件宜采用熔化极惰性气体保护焊，焊接时可用粗滴过渡、短路过渡、喷射过渡和脉冲喷射过渡。考虑到高温合金因过热产生晶粒长大和热裂纹敏感性，建议采用脉冲喷射过渡形式。

在焊前应对焊件进行固溶处理或过时效处理，焊后应及时消除焊接应力。

2. 焊接材料

熔化极惰性气体保护焊焊丝应采用与母材相同或相近成分的焊丝，为避免形成结晶裂纹可选用抗裂性良好的镍-铬-钼系合金丝，其成分见表 15-8。焊丝直径取决于焊丝熔滴过渡形式和母材厚度。当采用脉冲喷射过渡形式时，焊丝直径可大一些，选用 1.0 ~ 1.6mm。

保护气体可用纯氩气、氦气或氩氦混合气。气体流量大小取决于接头形式、熔滴过渡形式和焊接位置，一般在 15 ~ 25L/min 范围内。为减少飞溅和提高液态金属的流动性，推荐采用氩气中加入 15% ~ 20% 氦的混合气体。

3. 接头形式

用熔化极气体保护电弧焊焊接高温合金时，接头形式与碳钢、不锈钢的不同，要求坡口角度大，钝边高度小，根部间隙大。如带衬垫（环）的 V 形坡口，坡口角度 80° ~ 90°，根部间隙 4 ~ 5mm。U 形对接坡口，底部 $R = 5 ~ 8$mm，坡口向外扩 15°，根部间隙 3 ~ 3.5mm，钝边高度 2.2 ~ 2.5mm。

4. 焊接工艺

焊前清理同钨极气体保护电弧焊。

装配定位应在夹具上进行，以保证装配质量。

焊接参数，可参考表 15-14。

表 15-14 高温合金熔化极气体保护电弧焊参数

母材厚度 /mm	熔滴过渡形式	焊丝 直径/mm	焊丝 熔化速度/(m/min)	保护气体	焊接位置	焊接电流 /A	电弧电压/V 平均	脉冲
6	喷射	1.6	5.0	氩	平焊	265	28 ~ 30	—
	脉冲喷射	1.1	3.6	氩或氦	立焊	90 ~ 120	20 ~ 22	44
	短路	0.9	6.8 ~ 7.4	氩或氦		120 ~ 130	16 ~ 18	
3	短路	1.6	—	氩或氦	平焊	160	15	
		1.6	4.7			175	15	

在焊接过程中，应保持焊丝与焊缝呈 90°角的位置，以获得良好的保护和焊缝成形。焊接过程中应适当控制电弧长度，以减少飞溅。为防止未熔合和咬边，焊丝摆动于两端时可作短时停留。

5. 接头性能

接头强度较高,强度系数可达90%以上。

15.3.3　等离子弧焊

固溶强化和含 Al、Ti 低的时效强化的高温合金可以用等离子弧焊方法进行焊接。可以焊接薄板也可以焊接厚板,可以填充焊丝也可以不加焊丝,均可以获得良好质量的焊缝。一般厚板采用小孔型等离子弧焊,薄板采用熔透型等离子弧焊,箔材用微束等离子弧焊。焊接电源采用陡降外特性的直流正极性,高频引弧,焊枪的加工和装配要求精度较高,并有很高的同心度。等离子气流和焊接电流均要求能递增和衰减控制。

焊接高温合金时,采用氩或氩中加适量氢气作保护气体和等离子气体,加氢可使电弧功率增大,提高焊接速度。氢气加入量一般在 5% 左右。焊接时是否采用填充焊丝根据需要确定。选用填充焊丝的牌号与钨极惰性气体保护焊的选用原则相同。

高温合金等离子弧焊的焊接参数与焊接奥氏体不锈钢的基本相同,应注意控制焊接热输入。典型镍基高温合金等离子弧焊的焊接参数,列于表 15-15。在焊接过程中,应控制焊接速度,速度过快会产生气孔,还应注意电极与压缩喷嘴的同心度,防止产生双弧,从而破坏焊接过程。等离子弧焊高温合金易形成焊漏、咬边等缺陷,通过调整焊接电流、离子气流和焊接速度克服之。高温合金等离子弧焊接头力学性能较高,接头强度系数一般均大于90%。

表 15-15　典型的等离子弧焊参数

母材牌号	母材厚度/mm	焊接电流/A	弧压/V	焊速/(m/min)	离子流量/(L/min)	保护气流量/(L/min)	孔道比	钨极内缩长/mm	预热
GH3039	8.5	310	30	0.22	5.5	20	4.0	4.0	—
GH2132	7.0	300	30	0.20	4.5	25	3.0/2.8	3.0	—
GH3536	0.25	58		0.20	20	48			预热
GH3536	0.50	10		0.25	20	48			
GH1140	1.0	20		0.28	36	36			

注:1. 均为平对接头。
　　2. 后三个参数为微束等离子弧焊。

15.4　高温合金的电子束焊和激光焊

15.4.1　电子束焊

1. 焊接特点

采用电子束焊可以成功地焊接固溶强化型高温合金,也可以焊接电弧焊难以焊接的时效强化型高温合金。其焊前状态最好是固溶状态或退火状态。对某些液化裂纹敏感的合金应采用小的热输入进行焊接,而且应调整焦距,防止或减少焊缝钉形弯曲部位的过热。

2. 接头形式

电子束焊接接头可以采用对接、角接、端接、卷边接,也可以采用丁字接和搭接形式。推荐采用平对接、锁底对接和带垫板对接形式。接头的对接端面不允许有裂纹、压伤等缺陷。边缘应去毛刺,保持棱角。端面加工的粗糙度为 $R \leqslant 3.2\mu m$。锁底对接的清根形式及尺寸,见图 15-10[20]。

3. 焊前准备

焊接工夹具应采用非磁性材料制造。焊前对有磁

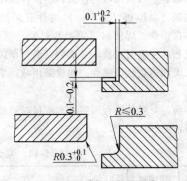

图 15-10　清根形状及尺寸

性的工作台及装配夹具均应去磁,其磁通量密度不大于 2×10^{-4} T。

对焊接零件应仔细清理,表面不应有油污、油漆、氧化物等杂物。经存放或运输的零件,焊前还需用绸布蘸丙酮擦拭待焊处。零件装配应使接头紧密贴合和对齐。局部间隙不超过 0.08mm 或 0.05 倍材料厚度,错位不大于 0.75mm。

当采用压配合的锁底对接时,过盈量一般为 0.02 ~ 0.06mm[20]。

4. 焊接工艺[20,21]

装配好的焊接件首先应进行定位焊。定位焊点应合理布置，保证装配间隙不变。定位焊点应无焊接缺陷，且不影响电子束焊接。对冲压的薄板焊接件，定位焊更为重要，应布置紧密、对称、均匀。

焊接参数根据母材牌号、厚度、接头形式和产品的技术要求确定，推荐采用低热输入和小焊接速度的工艺。表 15-16 列出典型的焊接参数。

表 15-16　GH4169 和 GH5188 合金电子束焊的焊接参数

合金牌号	厚度 /mm	接头形式	焊机功率	电子枪形式	工作距离 /mm	束流 /mA	加速电压 /kV	焊接速度 /(m/min)	焊道数
GH4169	6.25	对接	60kV,300mA	固定枪	100	65	50	1.52	1
	32.00	锁底对接			82.5	350		1.20	
GH5188	0.76	对接	150kV,40mA		152	22	100	1.00	

5. 焊接缺陷及防止

高温合金电子束焊的焊接缺陷主要是热影响区的液化裂纹及焊缝中的气孔、未熔合等。热影响区的裂纹多分布于焊缝钉头转角处，并垂直于熔合线向母材延伸。形成裂纹的几率与母材裂纹敏感性密切相关，与焊接参数及焊件刚度也相关。防止裂纹的措施：采用含杂质低的优质母材，减少晶界的低熔点相；采用较低的焊接热输入，防止热影响区晶粒长大和晶界局部液化；控制焊缝形状，减少应力集中；必要时添加抗裂性良好的焊丝。

焊缝中的气孔（图 15-11），尤其非穿透焊时，焊缝根部形成长气孔（缩孔、冷隔、钉形缺陷）。气孔的形成与母材的纯净度、表面粗糙度、焊前清理等有关。防止气孔的措施：加强铸件和锻件的焊前检验，在焊接端面附近不应有气孔、缩孔、夹杂等缺陷；提高焊接端面的加工精度；适当限制焊接速度；在允许的条件下，采用重复焊接的方法；采用"上焦点"焊接或"偏摆扫描焊"方法。未熔合和咬边缺陷主要是电子束流偏离焊缝造成。防止措施有：保证零件表面与电子束轴线垂直；对工夹具进行退磁，防止残余磁性使电子束产生横向偏移，形成偏焊现象；调整电子束流的聚焦位置。

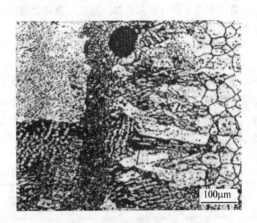

图 15-11　电子束焊焊缝中的气孔

电子束焊固有的焊缝下凹缺陷，可以采用双凸肩接头形式或添加焊丝的方法来弥补，在允许条件下，可用修饰焊方法进行修饰。

6. 接头性能

电子束焊接高温合金的接头力学性能较高，焊态下接头强度系数可达 95% 左右，焊后时效处理或重新固溶时效处理接头强度可达母材的水平。接头的塑性则不理想，仅为母材的 60% ~ 80%，表 15-17 列出几种高温合金电子束焊的接头强度和塑性。

表 15-17　高温合金电子束焊接头力学性能

母材牌号	焊前状态	焊后状态	室温拉伸 R_{eL}/MPa	室温拉伸 R_m/MPa	室温拉伸 A(%)	600℃拉伸 R_{eL}/MPa	600℃拉伸 R_m/MPa	600℃拉伸 A(%)
GH4169	固溶	焊态	525(95%)	845(98%)	38.3(77%)	453(84%)	656(91%)	34.3(69%)
		双时效	1215(96%)	1348(99%)	18.9(84%)	965(95%)	1016(97%)	23.6(81%)
GH4169 + GH2907	固溶	焊态	544	801	29.7	362	593	33.9
		按 GH4169 规范时效	1033	1083	9.98	757	847	9.75
	固溶 + 时效	按 GH4169 规范时效	960	1008	12.88	740	789	13.8
		按 GH2907 规范时效	918	994	13.2	661	782	14.8
GH4033	固溶	焊态	475	800	20.6	—	—	—

注：表中加括号的百分数表示接头（焊缝）的强度系数或塑性系数。

7. 应用举例: 涡轮导向叶片组件的焊接[19]

为了减小单个叶片上的应力和振动, 并防止叶片变形, 往往将 3~5 个叶片组合焊接成扇形组件 (图15-12)。组件安装板焊接难点有: 母材的焊接性差; 焊接部位的厚度不一致, 同样的焊接参数要求将安装板的厚截面焊透, 同时保证安装板的薄截面部位的焊缝成形; 叶片的刚性大和形状复杂, 焊接时的拘束度大; 对焊缝质量要求很高。

母材: HS31 (相当于 K640), C1023 (K423)。

接头形式: 平对接。

焊接方法: 氩弧焊定位, 电子束焊接。

焊前处理: 焊件和夹具焊前应进行退磁处理。用洗涤剂清洗干净, 用丙酮擦洗焊接处。

焊接参数: 表 15-18。

焊接要点: 装配与定位焊在专用夹具上进行, 定位焊选用 HS25, $\phi0.8\text{mm}$ 的焊丝, 应保证全部间隙 ≤0.03mm, 应采用加速电压高、束流小的焊接参数, 每班焊前采用楔形试样检验熔深、焊缝宽和质量。

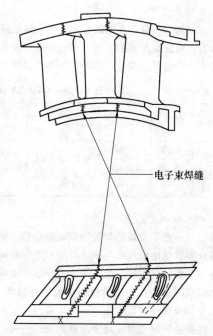

电子束焊缝

图 15-12　导向叶片扇形组件示意图

表 15-18　导向叶片组合件电子束焊参数

母材	焊接区厚度/mm	加速电压/kV	束流/mA	工作距离/mm	焦点到工件距离/mm	焊速/(mm/s)	焊接方向
HS31	2~12	150	29.3	195	5	17.2	从排气边到进气边
C1023	2~14	150	24.3	178	表面	16.6	从排气边到进气边

焊后处理及检验: 焊后按技术文件处理, 并进行目视、荧光或 X 射线检验。

质量控制: 要求无裂纹、无气孔、无未焊透和未熔合。允许有小于板厚 5% 深度的咬边。焊缝应与母材光滑转接。

允许电子束焊修复一次。

15.4.2　激光焊

激光焊可以焊接各类高温合金, 包括电弧焊难以焊接的含高铝、钛的时效强化高温合金。目前已焊接了一些牌号的高温合金, 如 GH4169、GH4141、GH4163、GH3536 等。用于焊接的激光发生器一般为 CO_2 连续或脉冲激光发生器, 功率为 1~50kW。

激光焊的保护气体, 推荐采用氦气或氦气与少量氩的混合气。虽然使用氦气成本增加, 但氦气可以抑制离子云, 增加焊缝的熔深。高温合金激光焊的接头形式一般为对接和搭接接头。母材厚度可达 10mm。接头制备和装配要求很高, 与电子束焊相似。激光焊焊缝形状亦与电子束焊相似。激光焊的主要参数是输出功率和焊接速度等, 是根据母材厚度和物理性能通过试验确定的。

表 15-19 列出几种高温合金激光焊接头的力学性能。从表中可看出, 高温合金激光焊接头的力学性能较高, 接头强度系数为 90%~100%。

表 15-19　高温合金激光焊接头的力学性能[22]

合金牌号	厚度/mm	状态	试验温度/℃	接头拉伸性能			强度系数(%)
				R_m/MPa	$R_{p0.2}$/MPa	A/%	
GH4141	0.13	焊态	室温	859	552	16.0	99.0
			540	668	515	8.5	93.0
			760	685	593	2.5	91.0
			990	292	259	3.3	99.0

（续）

合金牌号	厚度/mm	状　态	试验温度/℃	接头拉伸性能			强度系数（%）
				R_m/MPa	$R_{p0.2}$/MPa	A/%	
GH3030	1.0	焊态	室温	714	—	13.0	88.5
	2.0			729	—	18.0	90.3
GH4169	1.0	固溶 + 时效	室温	1000	—	31.0	100
	2.0			973	—	23.0	98.5
GH4169	6.4			1387	1210	16.4	100

15.5　高温合金的电阻焊和摩擦焊

15.5.1　电阻点焊

1. 焊接特点

固溶强化和时效强化型高温合金具有较好的电阻点焊焊接性，采用控制焊接参数精度较高的、可提供大焊接压力的气压式固定焊机无需采取特殊措施即可以获得良好的接头。铸造高温合金不采用电阻点焊方法实现焊接。

高温合金的物理特性与碳钢相比有较大的差异，与奥氏体不锈钢也不同，其导电性和导热性差、线胀系数大、强度和硬度高、高温变形抗力大，因此在电阻点焊时，需采用小电流、中等长的焊接时间、大的焊接压力的焊接参数，方可获得优质接头。

高温合金表面有稳定的氧化膜，在电阻点焊前需仔细去除，以防止形成结合线裂纹等缺陷。

2. 焊接设备和电极

可采用单相交流点焊机和三相低频点焊机。焊机应能准确控制焊接参数，并可在规定范围内调整。焊接时效强化高温合金和钴基高温合金推荐采用程序控制的高电极压力调幅的焊机。

点焊用电极应采用耐热性好、软化点高、高温硬度大的铜合金，如铍钴铜合金、铬锆铜合金，也可采用铬铝镁铜合金。

点焊电极的工作面一般为平面，也可为球面形。电极工作面直径和球面电极的曲率半径根据零件厚度和对熔核尺寸的要求确定。

3. 焊前准备

高温合金点焊前应彻底清除待焊表面上的氧化物、油污及其他外来杂物。为使接触表面有稳定的接触电阻并防止形成结合线伸入裂纹，推荐采用酸洗方法。钴基合金不宜采用吹砂方法清除氧化物。

4. 焊接工艺

高温合金焊接前状态应为固溶状态或退火状态，若在时效状态下点焊时，会产生喷溅和裂纹。点焊参数应选择较小电流、中等长焊接时间和较大的电极压力。表 15-20 列出各种板材厚度的焊接参数以供参考。当工艺参数选择合理时，应得到直径较大、焊透率偏小（40% ~ 50%）、无内部缺陷的熔核。点焊某些时效强化高温合金（如 GH4141、GH4099）等，建议采用可控电流递升和递减的且可加锻压力的焊机。高温合金点焊接头的组合总厚度一般不大于 5mm，厚度比不大于 1:3。因为组合厚度较大时，一方面接头的疲劳性能下降，另一方面难以获得质量符合要求的焊点。

表 15-20　高温合金点焊的焊接参数[23,24]

合金牌号	厚度/mm	焊前状态	电极直径/mm	焊接电流/kA	焊接时间/s	电极压力/kN	熔　核	
							直径/mm	熔透率/%
GH1140	0.8 + 0.8	固溶	5.0	6.20 ~ 6.40	0.22 ~ 0.24	3.13 ~ 4.12	4.0 ~ 4.5	30 ~ 70
	1.0 + 1.0		5.0	6.20 ~ 6.50	0.26 ~ 0.30	4.12 ~ 4.90	4.2 ~ 4.7	40 ~ 70
	1.5 + 1.5		6.5 ~ 7.0	8.30 ~ 8.80	0.38 ~ 0.44	5.10 ~ 6.37	6.0 ~ 6.5	40 ~ 70
	2.0 + 2.0		8.0	9.20 ~ 9.40	0.44 ~ 0.50	7.05 ~ 8.04	7.0 ~ 8.0	40 ~ 70
GH3030	1.0 + 1.0		4.0	6.00 ~ 6.50	0.24 ~ 0.26	4.60 ~ 5.00	3.5 ~ 4.0	40 ~ 70
	1.5 + 1.5		5.0	6.50 ~ 7.20	0.30 ~ 0.32	5.68 ~ 6.28	4.0 ~ 4.5	40 ~ 70
GH2150	1.5 + 1.5		6.0 ~ 7.0	7.20 ~ 7.60	0.42 ~ 0.45	7.00 ~ 7.50	5.5 ~ 6.5	40 ~ 70
GH4099	1.2 + 1.2	固溶	6.0 ~ 7.0	6.80 ~ 7.20	0.38 ~ 0.42	>7.80	5.5 ~ 6.5	40 ~ 70
	1.5 + 1.5		6.0 ~ 7.0	7.50 ~ 8.50	0.38 ~ 0.42	>8.80	5.4 ~ 6.5	40 ~ 70

异种高温合金组合点焊及与不锈钢等异类材料组合点焊，在工艺上无困难。选择合适的焊接参数可获得质量符合要求的焊点。

5. 焊接缺陷及防止[24-26]

高温合金电阻点焊时，会产生气孔、缩孔、裂纹、结合线伸入、烧穿、未完全熔合、压痕过深和喷溅等缺陷。其中裂纹、烧穿、熔核过小是产品上不允许出现的缺陷。其他缺陷依不同产品的质量要求，允许存在一定大小和数量，允许修补一定大小和数量的缺陷。有关具体规定，请参考各行业标准。

1) 裂纹：高温合金点焊时，只要焊接参数合适，一般不会出现熔核内部裂纹和焊点表面裂纹。有时会产生与缩孔伴生的裂纹和结合线裂纹。某些高温合金凝固时体积收缩较大，会形成缩孔，有时沿缩孔的尖角处形成沿晶裂纹。调整焊接参数，加大电极压力，可以改善该种缺陷。结合线裂纹是由于结合面上存在氧化膜或夹杂物，在熔核凝固时发生聚集引起。该裂纹大多数具有穿晶性质。为消除该裂纹需对待焊表面进行彻底的清理（如先碱洗后酸洗或用金刚砂轮深抛光），去除氧化层和夹杂物。

2) 未熔合和未完全熔合：指焊点未熔化形成塑性结合，或熔核过小（未达到规定的尺寸）。未熔合和未完全熔合直接减小焊点的承载能力，在产品中不允许存在。该缺陷主要是焊接过程不稳定造成的。其消除方法是改善焊件的表面质量，使表面有稳定的接触电阻；检修焊机，使焊机有稳定的电极压力和焊接电流；修复电极头工作面，保持规定的尺寸。

3) 烧穿：是由于焊件或焊件与电极之间存在绝缘物，形成局部导电，电流密度过大，造成焊件烧毁形成孔洞。这种缺陷破坏了焊件的完整性，不允许存在。

4) 气孔和缩孔：这种缺陷是由于合金凝固时有较大的体积收缩，而无足够大的压力条件下形成的。缩孔和气孔对接头的静载强度无影响，一般允许小于 $25\% d$（d 为熔核直径）的缩孔存在。

5) 结合线伸入：是指沿焊件贴合面伸入熔核的连续夹杂物或未熔合缝隙。它与焊前表面清理状态有很大关系。

6) 喷溅：喷溅有内部和外部喷溅之分。内部喷溅是由于焊点熔核发展过快，超过塑性环而将液态金属喷出。外部喷溅是指电极与焊件表面之间熔化金属溢出的现象。喷溅是由于母材表面状态不良，电极不平，焊接参数不合适造成的。只要合理调整各工艺环节，则可以避免。

6. 接头组织及力学性能

点焊熔核为铸造组织，呈方向性强的柱状晶、树枝状晶之间有较大成分偏析，尤其熔核的中心部位为低熔点组织，腐蚀后出现树枝晶界加粗。焊点热影响区常出现"胡须"和"局部熔化"的特殊组织，也会引起晶粒长大现象。"胡须"和"局部熔化"组织对接头静力学性能无影响，因此不做缺陷处理。

接头的力学性能，示于表 15-21 中。接头力学性能与熔核直径和母材性能有关。当焊后进行固熔时效处理后，可在一定程度上提高接头抗剪强度。

表 15-21　高温合金点焊接头的力学性能

| 合金牌号 | 厚度 /mm | 试样状态 | 熔核直径 /mm | 试验温度 /℃ | 破断力/(kN/点) | | P_b/P_τ /(%) |
					抗剪力 P_τ	抗拉力 P_b	
GH3030	1.5	焊态	4.2	20	11.46	—	—
GH3039	1.3		5.0	20	11.76	—	—
				700	6.58		
				800	5.58		
GH3044	1.5		4.5	20	9.50	9.96	100
				900	3.82		
GH3128	1.2		3.7	20	7.84	—	—
GH3536	1.5		4.3 ~ 4.5	20	9.67	—	—
				650	6.59		
				815	5.30		
GH4141	1.6		5.5	20	13.03	—	—
GH4099	1.2		5.3	20	11.15	10.32	92
				900	6.52	—	
		焊后 时效		20	12.87	7.41	57
				900	6.96	—	
		焊后固 溶时效		20	11.42	7.51	65
				900	6.84		

（续）

合金牌号	厚度/mm	试样状态	熔核直径/mm	试验温度/℃	破断力/(kN/点)		Pb/Pτ(%)
					抗剪力 Pτ	抗拉力 Pb	
GH1015			5.1~5.3	20	9.81	8.42	85
				900	4.34	—	—
GH1016			5.6	20	11.86	8.45	71
				900	3.80	—	—
GH1035			4.5	20	10.06		
				700	8.08		
	1.5	焊态		800	5.68		
GH1140			6.0~7.0	20	12.38	11.75	94
				700	8.64		
				800	6.67		
GH2132			5.0~5.5	20	12.25		
GH2150			5.5	20	12.69	10.47	82
				800	10.84		
		焊后固溶时效		20	16.09	7.65	47
				800	12.26		
GH4145	0.8		4.3	20	5.12		
			7.3	20	14.68		
GH1140 + GH3030		焊态		20	11.66		
GH1140 + GH3039	1.5 +		6.0~7.0	20	12.23		
GH1140 + 1Cr18Ni9Ti	1.5			20	11.45		
GH2132 + 1Cr18Ni9Ti				20	9.72		

注：1. 试样焊前为固溶状态。

　　2. Pb/Pτ 表示点焊接头的塑性，为抗拉强度与抗剪强度之比的百分数。

15.5.2　电阻缝焊

1. 设备及电极

电阻缝焊高温合金可以采用单相交流、三相低频或次级整流的焊机。焊机应能精确控制焊接电流、时间和压力。焊机应能提供大的电极压力。该工艺已在航空航天等工业部门大批量生产中应用。

电极滚轮可用铍钴铜合金、铬锆铜合金制成。滚轮工作型面可为平面或曲面。滚轮宽度和曲面的曲率应根据焊件和熔核宽度要求而定。

2. 焊接工艺

缝焊前，焊接表面准备同点焊的要求，见15.5.1之3和4。

缝焊各类高温合金的焊接参数，见表15-22和表15-23。

为防止形成裂纹、缩孔等缺陷，应选用大压力、

表15-22　镍基和铁基高温合金缝焊的焊接参数

合金牌号	厚度/mm	焊前状态	滚轮宽度/mm 上	下	焊接参数 焊接电流/kA	焊接时间/s	休止时间/s	焊接速度/(m/min)	电极压力/kN	熔核尺寸 宽度/mm	焊透率(%)
GH3030	1.0		5.0	6.0	6.2±0.4	0.14~0.18	0.12~0.16	0.50~0.60	6.5~7.0	5.0±0.5	30~60
	1.5		6.0	7.0	7.5±0.5	0.16~0.22	0.14~0.18	0.40~0.50	7.5~8.5	5.5±0.5	35~60
GH1140	0.8	固溶	5.0	6.0	6.8~7.2	0.08~0.12	0.08~0.12	0.50~0.60	5.0~5.8	4.5±0.5	30~60
	1.0		5.0	6.0	6.8~7.5	0.08~0.12	0.08~0.12	0.40~0.50	5.8~7.1	4.5±0.5	30~60
	1.5		5.5	6.0	7.8~8.0	0.16~0.18	0.14~0.16	0.30~0.40	7.1~8.2	5.5±0.5	40~70

（续）

合金牌号	厚度/mm	焊前状态	滚轮宽度/mm		焊　接　参　数					熔　核　尺　寸	
			上	下	焊接电流/kA	焊接时间/s	休止时间/s	焊接速度/(m/min)	电极压力/kN	宽度/mm	焊透率(%)
GH4099	1.2	固溶	6.0	7.0	7.5~8.2	0.16~0.18	0.14~0.18	0.30~0.40	>9.0	6.0±0.5	30~70
	1.5		6.0	7.0	7.5~8.5	0.18~0.22	0.16~0.18	0.30~0.35	>9.0	6.0±0.5	35~70
GH2150	1.5		6.0	7.0	8.0~8.5	0.16~0.22	0.22~0.26	0.25~0.35	>9.0	6.0±0.5	40~70

注：1. 焊机为单相交流焊机，功率为 100~200kVA。
　　2. 滚轮电极材料为 Cr-Al-Mg-Cu 合金，电极型面为平面。
　　3. 镍基固溶合金可参照 GH3030 合金选取缝焊的焊接参数。
　　4. 铁基固溶合金可参照 GH1140 合金选取缝焊的焊接参数。

表 15-23　GH3536 高温合金缝焊参数[5][23]

组合厚度/mm	状态	滚盘宽度/mm	焊接时间/s	休止时间/s	电极压力/kN	焊接电流/kA	焊接速度/(m/min)
1.0+1.0	焊前：1140~1160℃空冷，焊后未处理	上滚盘5.5~6.0	0.14~0.18	0.14~0.22	20~26	18~20	0.34~0.040
1.5+1.5		下滚盘7~8	0.16~0.20	0.14~0.22	24~30	20~23	0.22~0.34

注：采用交流缝焊机（QA—150），滚盘电极为铍钴铜，直径约 30mm。

长休止时间、低焊接速度的焊接参数。为保证焊缝的气密性，要求熔核之间重叠 1/3 以上。过大的重叠量会使接头组织恶化，增加缺陷。可以增大冷却水、采用大直径滚轮，来提高接头的冷却速度，改善接头组织。缝焊的熔宽度一般应为滚轮宽度的 90% 以上。焊透率应为 30%~35%，不等厚度组合焊时，焊透率允许至 15%。

3. 接头力学性能

各类高温合金缝焊接头的力学性能，列于表15-24和表15-25。固溶强化合金缝焊接头强度较高，强度系数均大于 85%，持久性能与母材技术条件要求值相近。时效强化合金的缝焊接头强度也较高，但其持久性能与对接的钨极惰性气体保护焊接头相比均较低。缝焊接头持久性能较低的原因主要是搭接接头熔核边缘在高温持久应力作用下，产生较大的应力集中所致。故高温下工作承受较大应力的时效强化合金焊接构件应考虑采用对接接头钨极惰性气体保护焊或电子束焊。

高温合金制件缝焊后一般不要求进行消除应力处理。时效强化合金焊后进行时效或固溶处理可提高接头的强度。

表 15-24　镍基高温合金缝焊接头的力学性能

合金牌号	试样状态	试验温度/℃	拉伸性能		持久性能	
			R_m/MPa	接头强度系数(%)	应力/MPa	t/h
GH3030	焊态	20	702	100	—	—
GH3039		20	784	97	—	—
		800	303	85		
GH3128		20	730	98		
		800	401	95		
		900	248	95		
		950	191	95	39.0	>146
GH3536		20	763	96	—	—
		815	325	100	110.0	48

（续）

合 金 牌 号	试 样 状 态	试验温度 /℃	拉 伸 性 能		持 久 性 能	
			R_m /MPa	接头强度系数 （%）	应力 /MPa	t/h
GH3625	焊态	20	920	100	—	—
	1090 ± 10℃空冷	815	—	—	114	64
GH3170	焊态	20	828	88	—	—
		1000	156	89	89.0	113
GH4163	焊后固溶时效	20	1010	—	—	—
		700	794	—	—	—
		800	—	—	177.0	200
GH4099	焊态	20	940	85	—	—
		900	433	90	117.0	16
	焊后固溶时效	20	950	85	—	—
		700	724	—	—	—
		800	613	88	—	—
		900	402	91	117.0	28
GH4141		20	1090	86	—	—
		900	482	90	117.0	36
GH3030 + GH3039	焊态	20	759	—	—	—
GH3030 + GH3044			749	—	—	—
GH3044 + GH3039			825	—	—	—

注：1. 试样厚度大部分为 1.5mm。

　　2. 试样焊前为固溶状态。

表 15-25　铁基和钴基高温合金缝焊接头的力学性能[5,23,24]

合 金 牌 号	试 样 状 态	试验温度 /℃	拉 伸 性 能		持 久 性 能	
			R_m /MPa	接头强度系数 （%）	应力 /MPa	t/h
GH1015		20	770	88	—	—
		800	344	100	—	—
		900	191	96	51.0	150
GH1016		20	838	—	—	—
		800	348	—	—	—
		900	214	—	51.0	226
GH1035		20	677	—	—	—
		800	245	—	—	—
GH1140	焊态	20	696	100	—	—
		700	390	80	—	—
		800	345	88	58.5	>100
GH1131		20	317	—	—	—
		800	348	—	—	—
		900	207	—	51.0	67
GH2132		20	940	—	—	—
		650	725	—	588.0	16

（续）

合金牌号	试样状态	试验温度 /℃	拉伸性能		持久性能	
			R_m /MPa	接头强度系数 （%）	应力 /MPa	t/h
GH2132	焊前时效、焊态	20	716	—	—	—
		650	588	—	588.0	16
	焊后固溶时效	650	—	—	588.0	19
GH2150	焊态	20	859	—	—	—
		700	719	—	—	—
	焊后固溶时效	20	950	—	—	—
		700	812	—	490	4
GH5605		20	1130	—	—	—
		815	—	—	165	6
GH1140 + 1Cr18Ni9Ti		20	676	—	—	—
GH1140 + GH3030	焊态	20	696	—	—	—
GH1140 + GH3039		20	660	—	—	—
GH1132 + 1Cr18Ni9Ti		20	617	—	—	—
GH1132 + Cr17Ni2		20	624	—	—	—

注：1. 试样厚度为 1.5mm。
　　2. 试样焊前状态除有说明外，均为固溶状态。
　　3. 强度系数为接头强度与母材强度之比值的百分数。

15.5.3　摩擦焊

1. 焊接特点

摩擦焊是一种优质、高效、再现性好的固态焊接方法。摩擦焊有连续驱动方式、惯性方式和线性方式之分。目前高温合金多用惯性摩擦焊。它几乎可以焊接各种高温合金（包括粉末冶金高温合金、ODS 合金等），也可以焊接高温合金同其他金属的异种材料接头。

高温合金具有导热性差，高温变形抗力大的特点，因此惯性摩擦焊接高温合金时，应采用大惯量、低转速、大压力的工艺，应选用大功率、大轴向顶锻力的焊机。

变形高温合金在摩擦焊过程中承受高温和变形的共同作用，产生再结晶，焊缝为晶粒尺寸细小的组织，接头具有接近母材强度和塑性的特点。

2. 接头设计

惯性摩擦焊的接头形式多为棒-棒、管-管、管-棒的对接。同质合金焊接时对接棒或管接头可设计为同直径的构件。当合金在锻造温度下的强度和热导率相差较大时，有必要调整两焊件结合面的比例，必要时比例通过试验确定。当焊接管子时，如果不允许存在内部飞边，而且产生的飞边不易去除时，应设计飞边槽，如图 15-13 所示。

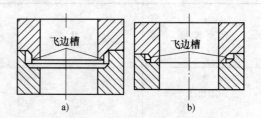

图 15-13　对接管接头的飞边槽
a）焊前　b）焊后（飞边未示出）

3. 焊前准备

由于焊件原始表面层在摩擦焊过程中会被挤出，形成飞边，结合面为纯洁的金属，所以接头表面的制备和清洗要求不严格，一般要求去除氧化物、油污以及外来物即可，但应准确计算和确定毛坯预留变形量；应采取措施保证焊件的同心度和防止变形，如棒件中心凸起的设计（图 15-14）。

4. 焊接工艺

正确选择摩擦焊参数十分重要，它关系到接头成形和焊接质量。应根据母材特性、焊机和生产条件的特点经试验优化选择。连续驱动摩擦焊的焊接参数较

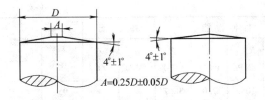

图 15-14　典型棒件中心凸起的设计

$A=0.25D\pm0.05D$

多，主要有主轴转速、摩擦力、顶锻力、摩擦时间、顶锻时间、制动时间等。其中摩擦力和顶锻力对焊接质量影响最大；摩擦力很大程度上决定了烧化速率和烧化量；顶锻力很大程度上决定了变形速率和变形量；摩擦力和转速决定了焊件的加热状态，因此对这几个参数应认真选择。惯性摩擦焊的焊接参数主要有惯量、转速和压力。这三个参数较容易控制，因此只要参数选择正确，接头质量稳定，再现性很好。对高温合金要求采用大惯量、低转速、大压力的焊接参数，焊接面积越大，所需惯量和压力越大，从而焊接设备就变得十分庞大。

5. 接头缺陷及防止

摩擦焊是靠焊接面间的摩擦热使金属达到高塑性状态，并在压力作用下发生塑性变形，将原焊接面金属层挤出，新的纯洁的金属紧密结合，形成焊接接头。由此可见摩擦焊接头中焊接缺陷较少。有时可能出现裂纹、未熔合和夹杂等缺陷。裂纹一般是由于加热程度不够，在大的顶锻压力下产生大的变形而造成。可以通过合理调节参数，使焊接过程中有一个稳定的摩擦加热阶段来防止。未熔合（一般在棒心位置）和夹杂物主要是由于变形量不够，污物未被挤出造成。

6. 接头组织与力学性能

图 15-15 示出 GH4169 合金摩擦焊接头组织。由图可看出焊缝中心为完全再结晶的等轴细晶奥氏体组织，并有随机分布的 NbC 相。焊缝边缘为不完全再结晶组织。热影响区为带有摩擦旋转方向伸长的奥氏体组织，并有较多孪晶。当焊前为固溶时效状态或 DA 状态时，焊缝中心因温度较高，合金的强化相 γ'、γ'' 均溶解，δ 相也会消失。在焊缝边缘和热影响区中可以保留这些强化相。焊缝中有大量位错和多系滑移。由于焊缝中强化相固溶，形成一个大约 0.2mm 厚的弱带，影响接头性能。

高温合金摩擦焊接头的力学性能较高，几乎等于母材的水平。表 15-26 列出几种高温合金摩擦焊接头的力学性能。

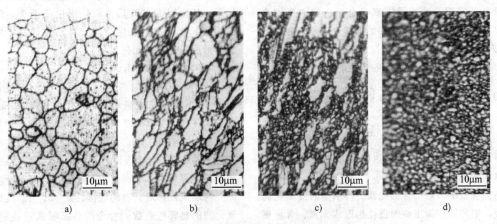

图 15-15　GH4169 合金惯性摩擦焊接头组织

a) 母材组织　b) 热影响区组织　c) 焊缝边缘　d) 焊缝中心

表 15-26　几种高温合金摩擦焊接头的力学性能[27]

合金牌号	焊接方式	试样状态	试验温度 /℃	拉伸性能				持久性能		接头强度系数（%）	断裂位置
				R_m /MPa	$R_{p0.2}$ /MPa	A （%）	Z （%）	σ /MPa	t /h		
GH3536	连续驱动	焊后固溶	20	725	—	46	53	—	—	100	母材
			815	362	—	39	46	103	124	100	
GH4169		焊后固溶时效	20	1330	—	9.4	25	—	—	100	母材
			650	1130	—	11.7	27.8	690	62	100	

（续）

合金牌号	焊接方式	试样状态	试验温度/℃	拉伸性能				持久性能		接头强度系数/（%）	断裂位置
				R_m/MPa	$R_{p0.2}$/MPa	A/（%）	Z/（%）	σ/MPa	t/h		
GH4169	惯性摩擦焊	焊前固溶时效、焊后时效	20	1276	1083	7.0	38.7	—	—	95	—
			650	1103	987	6.8	26.8	690	71	90	
		焊前 DA、焊后未处理	20	1360	1139	8.0	35.7	—	—	95	—
			650	1138	969	10.2	25.2	700	48.475	97	
		焊前锻态、焊后时效	20	1442	1302	18.1	45	—	—	100	—
			650	1224	1075	10.2	20	700	106	100	
GH3170		焊后固溶时效	20	1300	930	13.0	—	—	—	100	母材
			760	990	860	15.0	—	—	—		母材
GH4738			20	1290	940	20.0	—	—	—	100	母材
			430	1130	760	17.0	—	—	—		母材

7. 应用

由于摩擦焊是固态连接，具有优质高效的特点，尽管设备一次性投资较大，仍然受到汽车工业、航空航天工业等部门的关注，应用面越来越广，已成功应用于 GH4169 合金的压气机转子的焊接，排气阀和增压器的焊接。近几年的研究表明，摩擦焊很适合于铝钛含量高的高温合金、粉末高温合金、定向凝固合金、单晶合金及异种合金制件的焊接。它不会破坏合金"细晶"、"定向"、"单晶"的特性，接头力学性能与母材相当[28]，具有很好的应用前景。

15.6　高温合金的钎焊和扩散焊

15.6.1　高温合金的钎焊性

1. 高温合金在真空中加热时的表面反应及钎料对母材的润湿性[29]

高温合金中一般都含铝和钛，特别是时效强化高温合金，铝和钛作为主要的强化相形成元素，含量更高。铝和钛对氧和氮的亲和力很大，并且非常稳定。为了研究在真空加热条件下，高温合金母材表面是否氧化及其对钎料润湿性的影响，将经过抛光的 GH4037 镍基高温合金在真空中加热到不同温度，对合金表面进行了分析。俄歇谱仪分析结果表明，未经加热的原始状态的合金表面的氧化层厚度约为 2.5nm，表面层除铝外，表面尚含镍、铬和钛等元素；经 1000℃ 真空加热后，表面成分几乎全部为氧化铝，氧化层厚度增加到 10nm 左右；经 1150℃ 加热后的试样的氧化层厚度又恢复到 2.5nm 左右，和未经真空加热试样的氧化层相同，这意味着在真空加热过程中形成的氧化铝层已消失。

GH4037 镍基合金真空加热时的热重测量结果表明，试样重量随着加热温度的升高而稍有增加，即表面层发生氧化致使重量增加。约从 1130℃ 开始，重量下降，此意味着表面氧化膜的消失。

上述试验结果说明，含铝、钛的 GH4037 在真空中加热到 1000℃ 时，试样表面发生氧化，生成氧化铝层；加热到 1150℃ 后，氧化铝层又消失。消失的原因是氧化铝通过反式式（15-1）被母材中的碳还原，形成氧化亚铝而挥发掉。

$$2C + Al_2O_3 = Al_2O + 2CO \qquad (15-1)$$

为了确定钎焊时钎料对高温合金的润湿性，用 BAu82Ni、BNi76CrP 钎料在 1000℃，BNi82CrSiB 钎料在 1040℃ 下对 GH4037 进行了润湿性试验，加热时的真空度为 2×10^{-3} Pa，保温 10min。尽管在这种加热条件下 GH4037 合金表面覆盖一层氧化铝，但钎料已很好地润湿母材，润湿角极小。可见，真空钎焊时表面一薄层氧化物对钎料的润湿性影响不大。其原因是氧化物的热膨胀系数同合金的热膨胀系数差别很大，在高温下发生开裂，为钎料润湿母材创造了有利条件。熔化的钎料穿过这些裂缝润湿母材表面，并将非金属膜上抬。这就是高温合金钎焊时钎料对母材的润湿过程。

含铝和钛的高温合金真空加热时，因为铝对氧的亲和力大于钛对氧的亲和力，所以铝对形成表面氧化物起决定作用。表面氧化物主要由氧化铝组成，几乎没有钛的氧化物。当加热温度超过 1150℃，表面不再氧化。因此含铝和钛的高温合金要求较高的钎焊温度。

如前所述，表面层少量的氧化物不影响钎料在母材上的润湿和铺展，但是如果表面层氧化物达到一定的厚度，就会妨碍钎料的润湿。特别是对搭接接头，尤其是钎焊间隙小的情况下，钎料很不容易流入钎焊间隙，或者在钎缝内留下非金属夹杂。所以从保证钎焊质量出发，应尽量减少合金在真空加热过程中的氧化。

2. 钎料与母材的相互作用

目前用于高温合金钎焊的钎料主要为镍基钎料，还有少量钴基钎料。钎料中的降熔元素主要有 B、Si 和 P。加热到钎焊温度钎料熔化后，钎料中的降熔元素会向高温合金母材中扩散，特别是元素 B，由于原子半径小，易于扩散，向高温合金母材中扩散渗入的深度大，对于一些薄壁件，元素 B 向母材的扩散渗入深度可穿透整个壁厚，从而对母材可能产生影响。此外，母材中的一些合金元素也会向液态钎料中扩散渗入。通过钎料与母材元素之间相互扩散，可改善接头组织，提高接头强度。但钎料与母材的作用过强，钎料对母材会产生溶蚀，在制定钎焊参数时必须注意避免钎料对母材产生过度的溶蚀。

3. 钎焊接头力学性能的调整

如前所述，镍基钎料和钴基钎料一般都是以 B、Si、P 作为降熔元素，在钎焊接头中会形成一些脆性化合物相，降低接头的强度和塑性。采用较高的钎焊温度和较长的钎焊保温时间，使钎料与母材的元素之间充分扩散，可减少钎缝中的脆性化合物数量，甚至完全消除钎缝中的脆性化合物，从而提高接头强度。但高温长时的钎焊参数有可能造成钎料对母材的溶蚀，因此制定钎焊参数规范时应综合考虑上述因素的影响。

4. 钎焊间隙对接头强度的影响

钎料中的降熔元素 B、S、P 等会在钎缝中形成脆性化合物相，因此钎焊接头间隙对钎焊接头的强度也有很大影响，钎焊间隙小，使用钎料的总量少，元素扩散路径短，易于减少或消除钎缝中的脆性化合物相，因此接头力学性能高。当钎焊间隙较大时，脆性化合物相在钎缝中连续分布，对接头力学性能产生不利影响。钎焊间隙过大时，则需采用大间隙钎焊技术进行钎焊。

15.6.2　钎焊

1. 钎焊特点

高温合金包括熔焊焊接性差的铸造高温合金、镍-铝基高温合金等、TD-NiCr 合金均可采用钎焊方法进行连接。钎焊不但可以焊接简单结构的焊件，也可以焊接结构复杂的含多条钎缝的焊件。

高温合金中含有较多的 Cr、Al、Ti 等活性元素，

在合金表面形成稳定的氧化膜。氧化膜的存在影响钎料的润湿和填缝能力，因此去除氧化膜和在钎焊高温下防止合金再氧化成为高温合金钎焊时的首要问题；另外钎料中也含有铬等活性元素，呈液态的钎料更要求防止氧化，因此高温合金一般采用真空钎焊或保护气氛炉中钎焊的工艺。

高温合金钎焊时，要求钎焊参数与母材的固溶处理制度相匹配，即钎焊温度尽量与合金固溶处理温度相一致。钎焊温度过高，会造成晶粒长大，影响合金性能；温度过低达不到固溶处理的效果，这是钎焊高温合金确定工艺参数时应考虑的重要因素。

由于高温合金焊件使用于高温条件下，有时要承受大的应力，为适应这种使用条件，提高钎缝组织的稳定性和重熔温度、增强接头强度，往往在钎焊后需要进行扩散处理。

2. 钎料

选择高温合金用的钎料时，首先应考虑钎焊部位的工作条件及要求，如使用温度、工作介质、承受何种应力等；第二应考虑母材的特性和热处理制度的要求；第三应考虑接头形式、焊接部位厚度、装配间隙、焊后加工处理与否等因素。

(1) 镍基和钴基钎料

镍基和钴基钎料具有优良的抗氧化、耐腐蚀和热强性能，并具有较好的钎焊工艺性能，其熔点与较多高温合金的热处理制度相匹配，经钎焊热循环不会产生开裂。因此适用于高温合金部件的镍基钎料，是应用最多最重要的钎料。

常用镍基和钴基钎料的化学成分及和钎焊温度列于表 15-27。

表 15-27 成分表明，镍基钎料是在镍基中加入 Cr、W、Co 形成固溶体，加入 B、Si、P、C 形成共晶元素，控制钎料的熔化温度区间，加入 Cr、W、Co 可以增加钎料的热强性，而不影响润湿性及填充间隙能力，加入硼可以提高钎料在高温合金上的润湿能力。硼和碳增加过多会导致对母材的溶蚀。镍中加入不同量的合金元素其性能不同，应用也不同，表 15-28 列出主要钎料的应用与特性。

BNi73CrFeSiB (C) 钎料含碳量高，钎焊时硼和碳向母材扩散，使接头具有很好的高温性能，可以在 900℃下长期工作，适用于钎焊在高温和大应力下工作的部件，如涡轮叶片、导向器叶片等。BNi74CrFeSiB 钎料含碳量比 BNi73CrFeSiB (C) 钎料低，其流动性较差，钎焊温度略高，但钎料与母材的作用较弱，接头亦具有很好的高温性能，用途和 BNi73CrFeSiB (C) 钎料相似。

表 15-27　镍基和钴基钎料的化学成分和性能①

序号	钎料牌号	类似牌号	化学成分（质量分数，%）												参 考 值		
			Ni	Cr	Si	B	Fe	C	P	W	Mn	Cu	Co	其他	固相线 /℃	液相线 /℃	钎焊温度 /℃
1	BNi73CrFeSiB（C）	BNi-1	余量	13.0~ 15.0	4.0~ 5.0	2.75~ 3.50	4.0~ 5.0	0.60~ 0.90	≤0.02	—	—	—	≤0.1	—	980	1060	1065~ 1205
2	BNi74CrFeSiB	BNi-1a	余量	13.0~ 15.0	4.0~ 5.0	2.75~ 3.50	4.0~ 5.0	≤0.06	≤0.02	—	—	—	≤0.1	—	980	1070	1075~ 1205
3	BNi82CrSiBFe	BNi-2	余量	6.0~ 8.0	4.0~ 5.0	2.75~ 3.50	2.5~ 3.5	≤0.06	≤0.02	—	—	—	≤0.1	—	970	1000	1010~ 1175
4	BNi92SiB	BNi-3	余量		4.0~ 5.0	2.75~ 3.50	≤0.5	≤0.06	≤0.02	—	—	—	≤0.1	—	980	1040	1010~ 1175
5	BN93SiB	BNi-4	余量		3.0~ 4.0	1.50~ 2.20	≤1.5	≤0.06	≤0.02	—	—	—	≤0.1	—	980	1070	1010~ 1175
6	BNi71CrSi	BNi-5	余量	18.5~ 19.5	9.75~ 10.50	≤0.03	—	≤0.06	≤0.02	—	—	—	≤0.1	—	1080	1135	1150~ 1205
7	BNi89P	BNi-6	余量				—	0.06	10.0~ 12.0	—	—	—	≤0.1	—	875	875	925~ 1025
8	BNi76CrP	BNi-7	余量	13.0~ 15.0	≤0.10	≤0.02	≤0.20	≤0.06	9.7~ 10.5	—	—	—	≤0.1	—	890	890	925~ 1040
9	BNi66MnSiCu	BNi-8	余量		6.0~ 8.0		—	≤0.06	≤0.02	—	21.5~ 24.5	4.0~ 5.0	≤0.1	—	980	1010	1010~ 1095

（续）

序号	钎料牌号	类似牌号	化学成分（质量分数，%）												参考值		
			Ni	Cr	Si	B	Fe	C	P	W	Mn	Cu	Co	其他	固相线/℃	液相线/℃	钎焊温度/℃
10	BNi67WCrSiFeB	171	余量	9.0~11.75	3.35~4.25	2.2~3.1	2.5~4.0	0.30~0.50	≤0.02	11.5~12.75	—	—	≤0.1	—	970	1095	1150~1205
11	Ni80CrSiB	160	余量	10.0~12.0	3.0~4.0	2.0~2.5	3.0~4.0	0.5	—	—	—	—	—	—	970	1060	1150~1200
12	Ni70CrSiMoB	HLNi-2	余量	15.0~17.0	4.5~5.0	1.00~1.80	2.0~4.0	<0.10	—	—	—	—	—	—②	960	1110	1080~1200
13	Ni71CrSiMoB	HL701	余量	14.0~18.0	3.5~5.5	3.0~4.5	5	—	—	—	—	—	—	—	970	1070	1120
14	Ni77CrSiB	GHL-6-2	余量	8.0~10.0	5.5~7.0	2.00~2.40	5.0~7.0	<0.10	—	—	—	—	—	—	1000	1080	1100
15	Ni78CrSiB	QNi-8	余量	14.0	4.5	3.25	4.5	<0.10	—	—	—	—	—	Al<0.5	—	—	1110~1150
16	AMDRY915	—	余量	13.0	4.0	2.8	4.0	≤0.06	—	—	—	—	—	0.5	950	1060	1130~1175
17	—	BCo-1	16.0~18.0	18.0~20.0	7.5~8.5	0.7~0.9	—	0.40	—	4.0	—	—	余量	—	1105	1150	1175
18	—	300	17.0	21.0	3.25	3.0	2.0	0.8	—	10.0	—	—	余量	—	1040	1120	1175~1230

① 列入国家标准的摘自 GB/T 10859—2008，未列入国家标准的摘自参考文献 [29，30]。

② 序号 12 钎料中还含有 Mo=2.5%~3.5%，Ce=0.1%~0.15%，Nb≤1.0%（质量分数）。

表 15-28　镍基和钴基钎料的应用范围[29]

应用范围及性能	钎料牌号									
	BNi73CrFeSiB(C)	BNi74CrFeSiB	BNi82CrSiBFe	BNi92SiB	BNi93SiB	BNi71CrSi	BNi89P	BNi76CrP	BNi66MnSiCu	300
高温下受大应力的部件	A	A	B	B	C	A	C	C	C	B
受大静力的部件	A	A	A	B	B	A	C	C	C	A
蜂窝结构及其他薄壁结构	C	C	B	B	B	A	A	A	A	C
原子反应堆构件	X	X	X	X	X	A	C	A	A	X
大的可加工的钎角	B	B	C	C	C	C	C	C	A	C
同液体钠、钾接触	A	A	A	A	A	A	A	A	X	A
用于紧密或深的接头	C	C	B	B	B	B	A	A	A	C
接头强度	1	1	1	2	3	1	4	2	1	2
同钎焊金属的作用(溶解和扩散)	1	1	2	2	3	4	4	5	3	5
流动性	3	3	2	2	3	2	1	1	1	6
抗氧化性	1	1	3	3	5	2	5	5	4	1
推荐的钎焊温度/℃	1175	1175	1040	1040	1120	1190	1065	1065	1065	1200
接头间隙/mm	0.05~0.125	0.05~0.10	0.025~0.125	0~0.05	0.05~0.1	0.025~0.1	0~0.075	0~0.075	0~0.05	0.1~0.4

注：1. A—最好；B—满意；C—不大满意；X—不适用。
2. 从 1 最高到 6 最低。

BNi82CrSiBFe 钎料熔化温度比 BNi73CrFeSiB（C）钎料低，流动性好，可在较低温度下钎焊，钎料与母材的作用程度减弱，适用于钎焊较薄的部件，但因含铬量低，接头的抗氧化性能比 BNi73CrFeSiB（C）钎料差。

BNi89P 和 BNi76CrP 是镍基钎料中熔点最低的两种钎料，具有很好的流动性，与母材作用很小。适用于钎焊薄壁焊件，由于含 P 元素形成 Ni₃P 脆性化合物，接头脆性较大，一般用于非承力焊件。

BNi71CrSi 钎料是不含 B 元素而含 Cr、Si 高的钎料。它具有较好的抗氧化性和钎焊工艺性能，具有小的溶蚀性，因此可以用于钎焊薄壁零件，如蜂窝结构、薄壁管件等。BNi67WCrSiFeB（171）钎料的熔化温度稍高，流动性较差，填充大间隙能力强，而且钎缝高温性能好，常用于钎焊高温工作的部件，如涡轮叶片，还适用于热端部件疲劳裂纹的修补。

Ni70CrSiMoB（HLNi-2）具有良好的抗氧化性和耐腐蚀性，可长期工作在 900～1000℃条件下，对母材溶蚀性也小。用途较广泛。钴基钎料一般为钴-铬-镍-硼系合金，为了降低钎料的熔点和提高其高温性能常加适量的硅和钨。钴基钎料的化学成分及性能，见表 15-27。这类钎料有很好的抗氧化性和高温性能，主要用于钎焊钴基合金。

由于镍基和钴基钎料中含有较多 B、Si 或 P 元素，会形成较多的硼化物、硅化物或磷化物脆性相，使钎料变形能力较差，不能制成丝或箔材，通常以粉状供应，使用时需要用粘结剂调成膏状接涂于焊接处。

高温合金钎料可用聚苯乙烯的二甲苯溶液，聚甲基丙烯酸脂的三氯乙烯或光学树脂溶液等做粘结剂。用粘结方法装置钎料，既不方便又不易控制钎料加入量，目前可采用非晶态工艺制成的箔状钎料或黏带钎料[31]。

非晶态镍基箔状钎料我国已有近 20 种牌号。带材宽度 20～100mm、厚度 0.025～0.05mm，带材具有柔韧性、可冲剪成形、使用量容易控制、装配也方便。

黏带镍基钎料是由粉状镍基钎料和高分子粘结剂混合经轧制而成。黏带钎料宽度为 50～100mm、厚度 0.1～1.0mm。黏带钎料中的粘结剂在钎焊后不留残渣，不影响钎焊质量。它可以控制钎料用量和均匀地加入。很方便用于焊接面积大和结构复杂的焊件[32]。

（2）铜基钎料和银钎料

铜基钎料和银钎料的化学成分和主要性能，列于表 15-29。铜基钎料和银钎料可用于工作温度 200～400℃的铁基和镍基固溶合金构件。铜基钎料不能用于钎焊钴合金，因为铜会污染母材，引起微裂纹。铜磷钎料不适合于钎焊高温合金。铜基钎料和银钎料仅用于工作温度低、受力很小的一般高温合金制件，如导管等。

（3）其他钎料

金基钎料适用于钎焊各类高温合金。这类钎料具有优异的钎焊工艺性、塑性、抗氧化性和耐腐蚀性，高温性能较好，与母材作用弱等优点，在航空、航天和电子工业得到广泛的应用。典型的金基钎料有 BAu80Cu 和 BAu82Ni，其化学成分和性能，列于表 15-29。但这类钎料中含有较多的贵金属，价格昂贵。

1）锰基钎料。锰基钎料可用于在 600℃下工作的高温合金构件。这类钎料的塑性良好，可制成各种形式使用，与母材作用弱，但其抗氧化性较低。锰基钎料主要采用保护气体钎焊，不适用于火焰钎焊和真空钎焊。常用锰基钎料的化学成分及性能，见表 15-29。

2）含钯钎料。含钯钎料主要有银-铜-钯、银-钯-锰和银-锰-钯等系钎料，见表 15-29。这类钎料具有良好的钎焊工艺性。银-铜-钯系钎料的综合性能最好，但钎焊接头的工作温度较低（不高于 427℃）。虽然镍-锰-钯系钎料的熔点较低，但接头高温性能较高，可在 800℃下工作。

近年来发展了多种含金的镍基钎料，其中 w(Ni) = 64%、w(Au) = 20.5%、w(Cr) = 5.3%、w(Si) = 3.4%、w(B) = 2.3%、w(Fe) = 2.3%，是含金的镍-铬-硅-硼系钎料，熔化温度为 943～960℃。钎料合金中含有大量的金镍固溶体，显著减少硅硼的金属间化合物，改善了接头的力学性能。可用于钎焊 800℃下工作的部件，用于航空、航天领域。w(Ni) = 48%、w(Mn) = 31%、w(Pa) = 21% 的钎料是含钯的镍基钎料，熔化温度在 1120℃左右，综合力学性能好，钎焊工艺性能也较佳，对钎焊间隙不敏感，由于不含硼，对母材溶蚀性小，适宜钎焊较薄的部件，广泛地应用于高温合金和难熔金属的钎焊。

3. 接头设计

一般不采用对接形式，因为钎缝的强度低于母材，不能满足使用要求。推荐采用搭接接头，通过调整搭接长度增大接触面积，提高接头强度。此外，搭接接头的装配要求也相对比较简单，便于生产。接头的搭接长度一般为组成接头中薄件厚度的 3 倍，对于在 700℃以下工作的接头，其搭接长度可增大到薄件厚度的 5 倍。

表 15-29 钎焊高温合金用的铜基、锰基、银基、金基等钎料的化学成分及性能[29,30]

钎料牌号	类别	化学成分(质量分数,%)											熔化温度/℃	钎焊温度/℃
		Cu	Ag	Mn	Au	Co	Cr	Fe	B	Si	Ni	其他		
Cu60NiSiB(HL-4)	铜基	余量	—	—	—	—	—	—	≤0.2	1.5~2.0	27.0~30.0	Al+Be≤0.1	1122~1166	1180~1200
Cu58NiMnCo(HLCu-2)	铜基	余量	—	6.0~7.0	—	4.5~5.5	—	0.8~1.2	0.15~0.25	1.6~1.9	17.0~19.0	—	1027~1070	1080~1100
Cu60NiMnCo(HLCu-2a)	铜基	余量	—	4.5~5.5	—	4.5~5.5	—	0.8~1.2	0.15~0.25	1.6~1.9	17.0~19.0	—	1053~1084	1090~1110
Cu75MnCo(Cu-31.5Mn-1.0Co)	铜基	—	—	31.5	—	1.0	—	—	—	—	—	—	—	~1000
Mn50NiCuCo(QMn-4)	锰基	13.5±1.0	—	余量	—	4.5±0.5	4.5±0.5	—	—	—	27.0±1.0	—	1020~1030	1080
Mn64NiCrB(Mn-7)	锰基	—	—	余量	—	—	16.0	3.0	1.0	—	16.0	—	966~1024	1040~1060
Ag71CuNiLi	银基	27.5±1.0	余量	—	—	—	—	—	—	—	1.0±1.0	Li 0.45~0.60	780~800	800~940
Ag56CuMnNi	银基	25.5±1.0	余量	5.0±1.0	—	—	—	—	—	—	31.0±0.4	Li 0.45~0.60	—	870~910
BAu80Cu910[①]	金基	20±0.5	—	—	余量	—	—	—	—	—	—	—	910	—
BAu82.5Ni950[①]	金基	—	—	—	余量	—	—	—	—	—	17.5±0.5	—	950	—
Ag54PdCu	含钯	21.0	54.0	—	—	—	—	—	—	—	—	Pd 25.0	900~950	—
BPd20AgMn1071/1120[①]	含钯	—	余量	4.5~5.5	—	—	—	—	—	—	—	Pd 19.5~20.5	1071~1120	—
BPd21NiMn1120[①]	含钯	—	—	30~32	—	—	—	—	—	—	余量	Pd 20.5~21.5	1120	—
Pd55NiSiBe	含钯	—	—	—	—	—	—	—	—	0.5	余量	Pd 34.0, Be 0.25	—	1125

① 摘自 GB/T 18762—2002。

接头的装配间隙对钎焊质量和接头强度有影响。间隙过大时，会破坏钎料的毛细作用，钎料不能填满接头间隙，钎缝中存在较多硼、硅脆性共晶组织，还可能出现硼对母材晶界渗入和溶蚀等问题。高温合金钎焊接头的间隙一般为 0.02~0.15mm，适宜的间隙可根据母材的物理化学性能、母材同钎料的浸润性和钎焊工艺等因素通过试验确定。大于 0.2mm 的大间隙钎焊将在下面专门介绍。

4. 焊前清理及钎焊工艺

钎焊前应彻底清除焊件和钎料表面的氧化物、油污和其他外来物，并在储运和装配、定位等工序中保持清洁。清理方法可采用化学法清除氧化物，用超声波清洗清除去污物。焊件应精密装配，保持装配间隙，控制钎料加入量，并用适当的定位方法保持焊件和钎料的相对位置。

钎焊前高温合金的状态推荐固溶或退火状态，尤其是对含铝、钛量高的时效强化合金。

保护气体钎焊和真空钎焊的主要参数是钎焊温度和保温时间。钎焊温度和保温时间根据所用的钎料和母材的性能确定。钎焊温度一般应高于钎料液相线 30~50℃。某些流动性差的钎料其钎焊温度需比液相线高出 100℃。

适当提高钎焊温度，可降低钎料的表面张力，改善润湿性和填充能力。但钎焊温度过高，对高温合金钎焊接头的性能有不利影响，会造成钎料流失，还可能导致因钎料与母材作用过分而引起溶蚀，晶间渗入，形成脆性相，以及母材晶粒长大等问题。保温时间取决于母材特性、钎焊温度以及装炉量等因素。保温时间过长，也会出现上述类似的问题。在确定高温合金钎焊参数时，还应考虑母材的热处理制度，尽量与母材的热处理制度相匹配。

5. 接头缺陷及防止

钎焊接头中的缺陷主要有未钎透（钎着率低）、溶蚀和气孔（缩孔）。

未钎透对气密性接头是不允许的缺陷，对承力接头危害也较大，因此应避免。消除未钎透以提高钎着率的方法有：正确设计钎焊接头各参数，当钎焊面积大时，应设计有排气沟槽；加强焊前处理，使钎料能很好地在母材上铺展和填缝；调整钎焊参数，使钎料流满钎缝。

溶蚀是由于钎料过度溶解母材而引起的凹陷。当钎料选择不合适或钎焊参数不当时，易形成这种缺陷，在钎焊薄件时应特别注意。防止方法是：选择含硼、碳元素低的钎料；限制钎焊温度最高值和保温时间。

缩孔（疏松）缺陷在大间隙钎焊时经常出现。当缩孔较小时，对接头静载力学性能影响不大，对连续的较大面积的缺陷则应避免。可通过调整装配间隙、适当提高钎焊温度和控制冷却速度的方法消除缩孔。

采用硅、硼含量较高的镍基钎料时，可能产生因钎料和母材发生作用而引起的溶蚀和钎料元素沿母材晶界渗入的现象。两种现象均随钎焊温度升高和保温时间增长而加剧，其中钎焊温度影响较大。防止溶蚀和晶界渗入的措施是选用硅、硼含量低的钎料和在保证钎焊过程正常进行的情况下，采用较低的钎焊温度和较短的保温时间。

6. 接头组织与力学性能

高温合金钎焊接头组织和母材化学成分、所用钎料、钎缝间隙、钎焊参数和焊后处理等因素有关。图 15-16 示出用 BNi74CrFeSiB 钎料钎焊 GH4037 接头的组织。当接头间隙为 0.1mm 时，钎缝中除了有白色 γ 固溶体外，还有大量的 CrB（含 W、Mo）、Ni_3Si 化合物相，同时有钎料中的硼元素向母材近缝区扩散的现象；当接头间隙减小到 0.05mm 时，化合物数量减少，但相的种类是相同的；当接头间隙进一步减少到 0.02mm 时，大部分化合物相消失，只是在钎缝中央出现断续的 CrB 相。接头间隙更小，化合物相全部消失。钎焊规范也对钎焊接头组织产生影响。图 15-17 是图 15-16 接头经 1050℃/1h 扩散处理后的组织。可

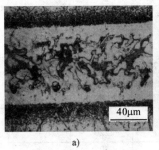
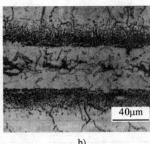
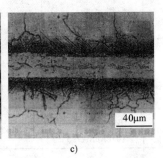

a)　　　　　　　　　　b)　　　　　　　　　　c)

图 15-16　BNi74CrFeSiB 钎料钎焊 GH4037 高温合金的接头组织（1120℃/10min 钎焊）[29]

a）接头间隙 0.1mm　b）接头间隙 0.05mm　c）接头间隙 0.02mm

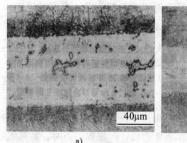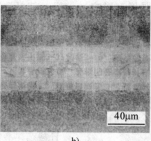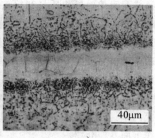

a)　　　　　　　　　　　　b)　　　　　　　　　　　　c)

图 15-17　BNi74CrFeSiB 钎料钎焊 GH4037 高温合金的接头经扩散处理后的组织

（1120℃/10min + 1050℃/1h 钎焊及扩散处理）[29]

a）接头间隙 0.1mm　b）接头间隙 0.05mm　c）接头间隙 0.02mm

见间隙为 0.1mm 和 0.05mm 的接头经 1050℃/1h 扩散处理后，钎缝中只有 γ 固溶体和断续分布的 CrB 化合物相，其他化合物相已消失，而间隙为 0.02mm 的接头，钎缝组织则全部为 γ 固溶体。0.1mm 间隙的接头经 1050℃/2h 扩散处理后，化合物相已全部消失。说明高温合金钎焊接头经扩散处理可有效地改善接头

的组织。

高温合金钎焊接头的性能取决于所选用的钎料性能、钎焊工艺、接头设计及焊后热处理（含扩散处理）等因素。选用适宜的钎料和钎焊工艺，可获得性能较高的钎焊接头。一些高温合金钎焊接头的力学性能，列于表 15-30。

表 15-30　高温合金钎焊接头的力学性能[30,32-38]

母材	钎　料	钎焊条件	试验温度 /℃	接头强度/MPa		接头持久性能	
				R_m	τ_b	应力/MPa	寿命/h
GH1140	Ni70CrSiMoB（HLNi-2）	1200℃ 氩气保护钎焊	20	—	570	—	—
			900		73.5	—	—
GH3030	Ni77CrSiB（GHL-6-2）	1100℃ 氩气保护钎焊	600	—	570 ~ 630	—	—
			700		360 ~ 390	—	—
			800		200 ~ 220	—	—
	Ni70CrSiB（HL-5）	1080 ~ 1180℃ 真空钎焊	600		200	—	—
			700		228	—	—
			800		224	—	—
GH3039	BΠp11-40H[①]	1100℃ 真空钎焊	20	246 ~ 492	—	—	—
			800	—		60	≈100
			900	110 ~ 125		—	—
GH3044	Ni70CrSiMoB（HLNi-2）	1080 ~ 1180℃ 真空钎焊	20		234	—	—
			900		162	—	—
			1100		74	—	—
	Ni77CrSiB（GHL-6-2）	1100℃ 氩气保护钎焊	20		300	—	—
			800		170	—	—
			900		114	—	—
	BΠp11-40H[①]	1100℃ 真空钎焊	20	500 ~ 700	—	—	—
			800	—		60	125
			900	~140		—	—
GH4169	BAu82.5Ni950（HLAuNi17.5）	1030℃ 真空钎焊	20	—	320	—	—
			538	—	220	—	—
GH5188	Ni70CrSiB（HL-5）	1170℃ 真空钎焊	20		308	—	—
			648		260	—	—
			870		90	—	—

（续）

母材	钎　料	钎焊条件	试验温度 /℃	接头强度/MPa		接头持久性能	
				R_m	τ_b	应力/MPa	寿命/h
K403 + GH3044	Ni70CrSiB （HL-5）	1080 ~ 1180℃ 真空钎焊	800	—	—	49.0	≥80
			900			9.8	≥70
	Ni77CrSiB + 40% Ni 粉	1130℃真空钎焊	20	310	—	—	—
			900	220	—	—	—
			1000	150	—	—	—
K403	BNi74CrFeSiB	1130℃真空钎焊	950	270	—	—	—
DZ4125	Co50NiCrWB	1180℃真空钎焊	980			132	251 ~ 349
						154	58
	Co45NiCrWB	1200 ~ 1220℃真空 钎焊	980			132	257 ~ 291
						154	>60
JG4006A （IC6A）	Co45NiCrWB N300E②	1220℃真空钎焊 1180℃真空钎焊	900 900			160 160	50 ~ 136 62 ~ 73
IC10 + GH3039	Co50NiCrWB	1180℃真空钎焊	900	180	—	40	160 ~ 200

① ВПр11-40Н 为俄罗斯牌号镍基混合粉末钎料。
② N300E 为北京航空材料研究院研制的钴基粉末钎料。

7. 应用

用于航空发动机涡轮部件密封的蜂窝封严环，见图 15-18，工作温度达 400 ~ 650℃。封严环选用低膨胀 GH2903 高温合金，蜂窝芯材为 0.05mm 厚的 GH3536，为避免钎料对蜂窝芯材的溶蚀，选用了不含硼的 Ni77CrSi（Ni-15Cr-8Si）非晶态钎料箔，真空钎焊参数：真空度 1.33×10^{-2}Pa，钎焊温度 1165℃ ± 5℃，钎焊保温时间 20min。

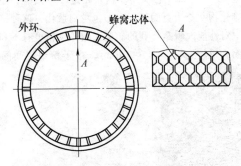

图 15-18　蜂窝封严环结构

15.6.3　大间隙钎焊工艺

大间隙钎焊是由生产实践中提出的，如铸件锻件的钎焊，其间隙不均匀，一般大于 0.3mm，局部可达到 0.6mm 以上。由此产生了大间隙钎焊工艺，并在生产中得到应用。大间隙钎焊的原理是采用金属粉或合金粉作为高熔点组分与钎料（低熔点组分）组成黏度大的黏滞物，填充并停留在间隙中，依靠液态钎料润湿、流布于母材和合金粉之间，并相互作用而形成牢固的钎焊接头，将零件连接起来。大间隙钎焊工艺过程包括接头准备、钎料和合金粉的选用及添加、钎焊和扩散处理等工艺环节。

1. 接头准备

大间隙钎焊的接头设计除产品结构要求外应设计为有利于合金粉和钎料添加的形式，如丁字接头、小搭接长度的搭接接头。钎焊间隙因钎焊工艺不同而不同，一般在 0.3 ~ 0.8mm 范围内。接头的清理与毛细钎焊相同。

2. 合金粉和钎料的选择与添加

合金粉和钎料的成分、粒度、两者的比例及加入方式对大间隙钎焊质量影响很大[39,40]。合金粉和钎料应根据焊件使用要求、母材特性和接头形式等而选择。常用合金粉有镍粉、80Ni—20Cr 粉、K403 合金、K405 合金粉、FGH4095 合金粉等。当焊件工作温度低，承受应力小时，选用纯镍粉。当焊件工作温度高，承受大的应力时，选用 K403、K405 或 FGH4095 合金粉。当然选用与母材相同成分的合金粉最好。钎料的选用除一般原则外应选择固-液温度区间较大的钎料，这种钎料流动性差，易停留在间隙中，如表 15-31 中的 BNi67WCrSiFeB 钎料。合金粉和钎料的粒度不宜过大或过小。粒度过小，表面积加大，合金粉与钎料作用面加大，易使混合料熔点变高，钎缝中形成缩孔；粒度过大，合金粉之间空隙大，钎料填充后形成大块共晶组织。一般合金粉粒度为 0.071 ~ 0.154mm。合金粉与钎料的比例一般为 35∶65 至 45∶55 之间。

合金粉与钎料加入方式有混合法、预置法两种，预置法中又分静压法和预烧结法两种。

混合法是将一定成分、一定粒度的合金粉与钎料按照比例混合均匀，然后放置在钎焊间隙中并捣实。该方法的优点是合金粉与钎料可实现按比例加入，混合料用量也易控制；其缺点是混合料装入间隙中尽管已经捣实，但仍是粉末态，钎焊后钎缝金属收缩，造成钎缝仍未填满和钎缝中有较多的缩孔。预置方法是将一定成分和粒度的合金粉先置于间隙中，然后施加静压使合金密实或者进行烧结，使合金粉形成有空隙的骨架状，造成钎焊所需的毛细管。再在钎缝口处添加钎料，当加热到钎焊温度时，钎料熔化，沿合金粉空隙流满钎缝，形成牢固接头。预置方法的优点是可以消除钎缝中的大部分孔洞，防止大块脆性相；其缺点是合金粉与钎料的比例不能控制和增加一道烧结工序。若从保证钎焊质量出发，最好采用预置烧结方法。

3. 大间隙钎焊参数的选择

主要焊接参数包括钎焊温度和保温时间。钎焊温度不宜过低，一般应高于正常钎焊温度 10℃ 左右。钎焊温度偏低，钎料与合金粉作用较弱，钎料中的硼很少扩散，使钎缝中形成较多的硼化物脆性相。若钎焊温度高一些，钎料与合金粉互相溶解，硼向合金粉的扩散增强，钎缝中镍的固溶体比例增加，大块镍-硼化物共晶消除，钎缝中仅存在不连续分布的复合化合物相，改善了钎缝组织。此外，应控制高温阶段的升温速度，尽快达到钎焊温度，以减少钎料粉末熔化前与合金粉的作用。保温时间也应比正常钎焊的保温时间加长。时间过短，钎缝中的合金粉与钎料作用不充分，易出现大块共晶组织，而且孔洞缺陷也多。只有充分的保温，组织较均匀，缺陷才会减少。

4. 扩散处理工艺

扩散处理是为改善钎缝组织，提高钎缝重熔温度，提高钎焊接头力学性能，尤其高温持久性能而进行的。扩散温度一般选择母材固溶处理温度或钎焊温度。温度较高时，加快硼和硅元素的扩散，促使共晶组织产生转变，形成高熔点的化合物相，呈不连续分布。扩散时间一般较长，从 2h 至 32h，依不同合金粉、钎料和母材而选择不同保温时间，以达组织改善或均匀化目的。

5. 大间隙钎焊接头的组织和力学性能

图 15-19 是在接头间隙中预填 FGH4095 高温合金粉末、采用 BNi67WCrSiFeB 钎料钎焊 K403 + DZ404 高温合金的大间隙钎焊接头组织。可见，预填高温合金粉末的粒度对大间隙钎焊接头组织的影响很明显。在预填 80 ~ 105μm 粒度 FGH4095 粉的钎焊接头中，接头组织主要为：FGH4095 粉颗粒，以粉颗粒和母材表面为晶核结晶出的白色固溶体，以及在固溶体上分布的小白块硼化物，此外在粉颗粒间间隙较大处，有一些黑色的低熔共晶相存在，粉颗粒中有少量小黑点状硼化物析出。预填 FGH4095 粉的粒度减小至 50 ~ 80μm 接头中粉颗粒间黑色低熔共晶相消失，粉颗粒间组织为固溶体基体上分布有少量的小白块硼化物相，同时由于硼向粉颗粒中的扩散更充分，粉颗粒中已析出大量弥散分布的小黑点状硼化物。粉粒度减小至 40 ~ 50μm，接头中小白块相进一步减少，黑点状硼化物相析出更明显，分布也更离散化，这种接头组织对性能改善是有利的。但采用较细粉也有不利的一面，粉较细时（40 ~ 50μm），由于粉颗粒间间隙

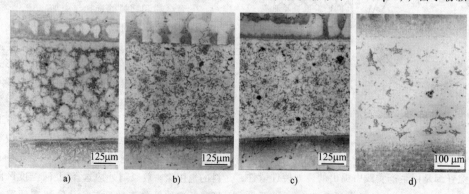

　　　　a)　　　　　　　　　b)　　　　　　　　　c)　　　　　　　　　d)

图 15-19　K403 + DZ404 高温合金大间隙钎焊接头组织

（FGH4095 粉，BNi67WCrSiFeB 钎料，1170℃/30min 钎焊）[40]

a) FGH4095 粒度 80 ~ 105μm　b) FGH4095 粉粒度 50 ~ 80μm

c) FGH4095 粉粒度 40 ~ 50μm　d) 图 a) 接头经 1090℃/24h 扩散处理

很小及粉的整个表面积增加，粉和钎料之间的相互作用加剧，钎料熔化流入粉颗粒间时，钎料中的主要降熔元素硼向粉中扩散加快，钎料对粉的溶解增多，使钎料发生合金化，熔点迅速升高，流动性下降，造成未能将钎缝全部填满。尤其当钎料流动缝长度比较大时，这种情况更严重，即使形成接头，接头中也有较多的空洞缺陷。焊后扩散处理可改善接头组织，提高接头性能。图 15-19d 为图 15-19b 接头经 1090℃/24h 扩散处理后的组织，比较二图可以看到：经扩散处理后，原钎焊接头中存在的小块状和点状硼化物相明显减少，分布也更分散，粉颗粒间固溶体已完全连成一片[40]。

表 15-31 列出了采用在接头间隙中预填 FGH4095 合金粉末，高温合金大间隙钎焊接头的力学性能，可见，选择合适的钎料及高温合金粉末，可获得力学性能优异的高温合金大间隙钎焊接头，例如，采用钴基钎料 300 和 FGH4095 合金粉末填料，对 K403 与 DZ404 进行大间隙钎焊，接头 900℃抗拉强度（约 700MPa）超过铸态 K403 母材水平（677MPa），980℃/100h 持久强度达 126MPa[40]。采用钴基钎料 Co50NiCrWB 和 FGH4095 合金粉末填料钎焊的 IC10 + GH3039 大间隙钎焊接头，其 900℃的抗拉强度和持久强度均超过了 GH3039 母材水平，拉伸时断裂发生在 GH3039 母材上[38]。

表 15-31　高温合金大间隙钎焊接头的力学性能[38,40]

母　　材	钎　　料	试验温度 /℃	接头抗拉强度 /MPa	接头持久性能	
				应力/MPa	寿命/h
K403 + DZ404	300	900	700 ~ 704	—	—
		980	—	126	106 ~ 175
	BNi67WCrSiFeB	980	—	126	29
IC10 + GH3039	Co50NiCrWB	900	169 ~ 178	40	214

15.6.4　固相扩散焊

固相扩散焊几乎可以焊接各类高温合金，如机械合金化型高温合金，含 Al、Ti 的铸造高温合金等。

由于高温合金含有 Cr、Al 等元素，表面氧化膜很稳定，难以去除，焊前必须严格加工和清理，甚至要求表面镀层后才能进行固相扩散焊接。这样一来，焊接成本会增高。

由于高温合金的热强性高，变形困难，同时又对过热敏感，因此必须严格控制焊接参数，才能获得与母材等强的焊接接头。扩散焊的主要焊接参数是焊接温度、焊接压力和保温时间，以及扩散处理时的温度和时间等。高温合金扩散焊时，需要较高的焊接温度和压力，焊接温度约为 $0.8 \sim 0.85 T_m$（合金的熔化温度），焊接压力通常是略低于相应温度下合金的屈服强度。其他参数不变时，焊接压力越高，界面变形越大，有效接触面积增大，接头性能就越好，但焊接压力过高，会使设备结构复杂，造价昂贵。焊接温度高时，接头性能提高，但过高时会引起晶粒长大，塑性降低。参考文献［33］给出了 GH3039 和 GH4099 合金固态扩散焊温度、压力和保温时间对接头力学性能影响的实验结果，并给出了一些高温合金扩散焊的焊接参数，见表 15-32 和图 15-20。

表 15-32　几种高温合金扩散焊接头的焊接参数

合金牌号	焊接温度/℃	焊接压力/MPa	焊接时间/min	真空度/Pa
GH3039	1175	29.4 ~ 19.6	6 ~ 10	
GH3044	1000	19.6	10	
GH4099	1150 ~ 1175	39.2 ~ 29.4	10	
K403	1000	19.6	10	3.3×10^{-2}
TDNi- Cr①	705	205.6	60	
	1190	14.7	120	

① TDNi- Cr 采用两步扩散焊。

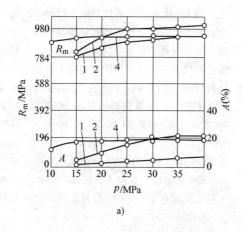
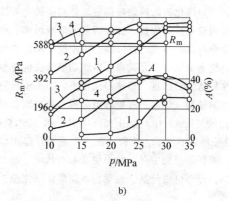

a)　　　　　　　　　　　b)

图 15-20　焊接压力和温度对接头力学性能的影响
1—1000℃　2—1150℃　3—1175℃　4—1200℃
a) GH4099　b) GH3039

固相扩散焊含铝、钛高的时效强化高温合金时，结合面上会形成 Ti（CN）、$NiTiO_3$ 沉淀物，造成接头性能降低。若加很薄的 Ni—35% Co 中间层合金，则可获得组织均匀的接头，同时可以降低焊接参数变化对接头质量的影响。采用桶型阴极渗镀方法，将镍-铍渗镀在高温合金 GH5188 表面，可以获得组织与成分均匀的优质接头（图 15-21），其接头抗剪强度比镀镍接头高 35% 以上[41]。

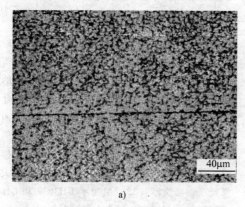
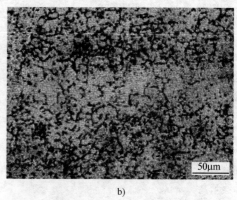

a)　　　　　　　　　　　b)

图 15-21　渗镀 Ni-Be 合金扩散焊接头组织[41]
a) 不加压　b) 加压

高温合金固相扩散焊的接头性能虽然很好，但存在以下缺点：①对焊接面的加工和清理要求很高；②要求采用较大和稳定的压力；③工件发生一定变形，焊后需要加工，而时效强化合金和铸造高温合金的加工很困难；④对于复杂形状的工件，不可能均匀地加压；⑤焊接成本较高。这些缺点限制了固相扩散焊的使用，而瞬态液相扩散焊可克服上述缺点。

15.6.5　瞬态液相扩散焊（TLP）

瞬态液相扩散焊（简称 TLP 扩散焊）是 20 世纪 70 年代初发展的一种主要用于连接高温合金的扩散焊工艺，其原理是将主要成分接近于基体、但含有一定量降熔元素（如硼）的中间层合金置于被焊接面之间，在真空中加热到焊接温度时，中间层合金发生熔化，在焊接面之间形成一液态薄膜。在随后的保温中，中间层合金与基体金属之间的元素相互扩散，使中间层合金成分改变，熔点提高，从而在焊接温度下产生等温凝固。继续保温扩散，接头组织和成分与基体进一步均匀化，最终实现接头的高性能连接。这种方法结合了固相扩散焊和高温钎焊两种方法的优点，而避免了两者的缺点。首先与固相扩散焊相比，加工和处理方法较简单，只需采用简单的工装就可实现复杂形状构件的连接；其次，TLP 扩散焊形成的接头在组织性能上与固态扩散连接类似，而不像钎焊接头那样与基体金属存在较大差异。

TLP 扩散焊的主要参数有压力、中间层合金成分、温度和保温时间。

TLP 扩散焊的压力参数仅仅是以焊接面保持良好接触为目的，因此可以不加压力或加很小的压力，设备就可以大大简化，并且可防止工件在连接时发生塑性变形。

中间层合金成分及性能对 TLP 扩散焊来说是至关重要的。中间层合金的熔化温度应保证在连接温度下不损害母材的性能；中间层合金的成分和厚度应保证焊缝在焊接温度下能达到等温凝固，并经足够时间的保温使其化学成分和显微组织均达到与母材均匀化，不产生有害的第二相。为了使接头与母材在成分和组织上均质化，中间层合金应以被连接母材的成分作为基本成分，再加入降熔元素，以满足对中间层合金熔化温度的要求。降熔元素有硼、硅、铪、锆等，其中硼的效果最好。其原因是硼对镍基合金的降熔作用特别明显，只需少量的硼即能将镍基合金的熔化温

度降到满意的程度；硼的原子半径很小，它的扩散速度高，尤其是晶间扩散的速度很高。由于硼向母材的快速扩散，可使中间层合金与母材迅速达到均质化，并且避免在接头中形成有害的第二相。

加热温度和保温时间取决于中间层合金的熔化温度、接头的工作要求和母材允许加热的温度。如果要求接头与母材等强度，并且加热温度不影响母材的性能，则应采用高温和长时间的焊接参数；如果接头性能要求较低，或者母材不能经受太高的温度，则采用较低温度和较短时间的焊接参数。

目前 TLP 扩散焊主要用于沉淀强化高温合金和铸造高温合金的连接，因为这些合金很难用熔焊方法焊接。TLP 扩散焊特别适用于高性能铸造高温合金，如定向凝固高温合金、单晶合金及铸造镍铝系金属间化合物材料等的连接。表 15-33 列出了一些先进铸造高温合金 TLP 扩散焊接头的高温持久性能，可见，TLP 扩散焊接头的高温持久性能可达母材性能指标的 80% ~ 90%。

表 15-33　铸造高温合金 TLP 扩散焊接头的高温持久性能[42-46]

母材	中间层合金代号及使用形式	焊接参数	接头高温持久性能		
			温度/℃	应力/MPa	寿命/h
DZ4022	Z2P，粉末，接头间隙 0.1mm	1210℃/24h	980	166	51 ~ 77
	Z2F，非晶态箔，0.04mm 厚，2 层	1210℃/24h	980	166	126 ~ 203
				186	80 ~ 166
DD403	D1P，粉末，接头间隙 0.1mm	1250℃/24h	980	181	246.5 ~ 268
				204	90 ~ 113
	D1F，非晶态箔，0.02mm 厚，2 层	1250℃/24h	980	181	198 ~ 379.5
				204	124 ~ 137
DD406	XH3，粉末，接头间隙 0.1mm	1290℃/12 ~ 24h	980	225	>100
			1100	112	>100
JG4006（IC6）	I7P，粉末，接头间隙 0.1mm	1260℃/24h	1100	50	11
		1260℃/36h	1100	36	38 ~ 63
			980	100	62.5 ~ 213
				140	39.5

参 考 文 献

[1] 西姆斯，等. 高温合金[M]. 赵杰，等译. 大连：大连理工大学出版社，1992.

[2] 仲增墉，师昌绪. 中国高温合金四十年发展历程//中国高温合金四十年[M]. 北京：中国科学技术出版社，1996：3.

[3] 陈国良. 高温合金学[M]. 北京：冶金工业出版社，1988：3.

[4] 陈国良，郭建亭. 高温合金应用基础理论研究中的若干问题//中国高温合金四十年[M]. 北京：中国科学技术出版社，1996：27.

[5] 《中国航空材料手册》编辑委员会. 中国航空材料手册：第 2 卷 变形高温合金 铸造高温合金[M]. 2 版. 北京：中国标准出版社，2002.

[6] 北京航空材料研究所. 航空材料学[M]. 上海：上海科学技术出版社，1985.

[7] 柯明，段世驯，张延生. 合金元素对 GH99 高温合金焊缝凝固裂纹敏感性的影响[J]. 航空材料，1985，5(2)：30-35.

[8] Thompson R G, Genculc S. Microstructural evoluation in the HAZ of Inconel 718 and correlation with the hot ductility test [J]. Welding J, 1993, 62(12): 337.

[9] Thompson R G, Cassimis J J, Dobbs J R. The relationship between grain size and microfissuring in alloy 718 [J]. Welding J, 1986, 65(11): 229.

[10] 应慧筠,施成根,郝传勇. GH150合金焊接热影响区的液化与液化裂纹[J]. 金属学报, 1997, 33(9):995.

[11] 李箕福,郝峰. Nb、Al对GH150合金HAZ裂纹敏感性的影响1[J]. 钢铁研究学报, 1999, 11(5).

[12] 郭绍庆,李晓红,袁鸿. 低膨胀合金焊缝金属凝固行为的模拟预测[J]. 航空材料学报, 2002, 24(4):1-6.

[13] 刘效方,王昆. 高温合金的焊接//中国高温合金四十年[M]. 北京:中国科学技术出版社, 1996:140-143.

[14] 中国机械工程学会. 焊接金相图谱[M]. 北京:机械工业出版社, 1987.

[15] 阮米庆,范引鹤. 高温合金GH150氩弧焊接头的组织和力学性能[J]. 特殊钢, 1996, 77(4):19.

[16] 张海泉,张彦华,李刘合. 力学失配对电子束焊接接头疲劳裂纹扩展行为的影响[J]. 焊接学报, 2000, 21(3):40-43.

[17] 范引鹤,丁磊. GH150合金钢缝焊接头的疲劳寿命研究[J]. 南京航空航天大学学报, 1996, 28(5):638.

[18] 陈利,胡伦骥,巩水利. 活性剂焊接技术的研究[J]. 新技术新工艺, 2005(4):39-42.

[19] 《航空制造工程手册》总编委会. 航空制造工程手册:焊接[M]. 北京:航空工业出版社, 1996.

[20] 北京航空材料研究院. HB/Z 315—1998 高温合金、不锈钢真空电子束焊工艺[S]. 北京:中国航空工业总公司第三〇一所, 1998.

[21] 马翔生. 高温合金电子束焊接技术[C]//中国机械工程学会焊接学会. 第八次全国焊接会议论文集:第三册. 北京:机械工业出版社, 1997.

[22] 舍瓦尔兹 M M. 金属焊接手册[M]. 袁文钊,等译. 北京:机械工业出版社, 1988.

[23] 六二一所,红旗机械厂,红安公司,等. 航空材料焊接性能手册[M]. 北京:国防工业出版社, 1978.

[24] 段世驯,沙允慈,史常谨. 沉淀强化高温合金缝焊和点焊接头的冶金特性[J]. 航空材料, 1983, 3(2):34-38.

[25] 中国焊接学会电阻焊(Ⅲ)专业委员会. 电阻焊理论与实践[M]. 北京:机械工业出版社, 1994.

[26] 美国金属学会. 金属手册:第六卷 焊接与钎焊[M]. 梅仲勤,等译. 8版. 北京:机械工业出版社, 1984.

[27] 刘效方,梁海. GH4169合金摩擦焊接接头的高温持久性能[C]//中国机械工程学会焊接学会. 第八次全国焊接会议论文集:第二册. 北京:机械工业出版社, 1997:2-262～2-264.

[28] 杜随更,傅莉,王忠平. 单晶DD3与细晶DA In718高温摩擦焊接性分析[J]. 西北工业大学学报, 2003, 21(2):136-139.

[29] 罗格夏特 E,庄鸿寿. 高温钎焊[M]. 北京:国防工业出版社, 1989.

[30] 张启运,庄鸿寿. 钎焊手册[M]. 2版. 北京:机械工业出版社, 2008.

[31] 孙计生,等. 粘带钎料的结构特点及其应用[J]. 稀有金属, 1996, 20(增刊):281.

[32] Schwartz M M. Interpretive report on the mechanical properties of brazed jionts[J]. WRC Bulletin, 1989(1):1-55.

[33] Аитонов В П и др. Диффузионная сварка латерилов справ очник[M]. Москва:машгиз, 1981.

[34] 程耀永,陈云峰,孙计生,等. 对一种组合式钎料的试验分析[J]. 焊接, 2005(2):27-31.

[35] 毛唯,李晓红,程耀永. DZ125高温合金的真空钎焊[C]//中国机械工程学会焊接学会. 第九次全国焊接会议论文集:第2册. 哈尔滨:黑龙江人民出版社, 1999.

[36] 毛唯,李晓红,程耀永,等. 定向凝固高温合金DZ125的钎焊工艺研究[C]//中国机械工程学会. 2004航空航天焊接国际论坛论文集. 北京:机械工业出版社, 2004.

[37] 毛唯,李晓红,叶雷. 定向凝固Ni₃Al基高温合金IC6A的真空钎焊[J]. 航空材料学报, 2006, 26(3):103-106.

[38] 毛唯,李晓红,程耀永,等. IC10与GH3039高温合金的真空钎焊[J]. 焊接, 2004(7):17-20.

[39] 卢寿平,等. 大间隙钎焊工艺因素对接头成形与组织特性的影响[J]. 材料工程, 1992(2):30-33.

[40] 李晓红,钟群鹏,曹春晓. K403与DZ4高温合金的大间隙钎焊[J]. 航空材料学报, 2003, 23(4):10-15.

[41] 张奕琪,王凯. 高温合金固态扩散焊用Ni-Be中间层合金及其添加方法的开发[C]//中国焊接学会Ia专业委员会. 第九届全国钎焊及扩散焊技术交流会文集. 扬中, 1996:409-420.

[42] Li Xiaohong, Mao Wei, Cheng Yaoyong, et al. Microstructures and Properties of Transient Liquid Phase Diffusion Bonded Joints of DZ22 Superalloy[J]. Welding in the World, 2005, 49(1/2):34-38.

[43] 李晓红,钟群鹏,曹春晓. DD3单晶合金瞬间过渡液相扩散焊接头组织与性能[J]. 航空材料学报, 2003, 23(2):1-5, 24.

[44] 李晓红,钟群鹏,曹春晓,等. DD3单晶合金对开叶片TLP扩散焊工艺探索研究[J]. 材料工程, 2003(6):3-6.

[45] 李晓红,毛唯,郭万林,等. DD6单晶合金过渡液相扩散焊工艺[J]. 焊接学报, 2005, 26(4):51-54.

[46] Li Xiaohong, Mao Wei, Cheng Yaoyong, Microstructures and properties of transient liquid phase diffusion bonded joints of Ni₃Al-base superalloy[J]. Transactions of Nonferrous Metels Society of China, 2001, 11(3):405-408.

第16章 镍基耐蚀合金的焊接

作者 成炳煌 邹勇 **审者** 王新洪

16.1 概述

镍基耐蚀合金具有独特的物理、力学和耐腐蚀性能。镍基耐蚀合金在 200～1090℃ 范围内能耐各种腐蚀介质的腐蚀。同时具有良好的高温和低温力学性能。因此在化学、石油、湿法冶金、航天、航空、海洋开发、原子能等许多领域得到广泛应用。解决一般不锈钢和其他金属、非金属材料无法解决的工程腐蚀问题。

铁镍基耐蚀合金含有质量分数为 30% 以上的 Ni，而 Fe、Ni 的质量分数之和大于 50%，其耐蚀性和焊接性与镍基耐蚀合金相似，固态组织都是奥氏体，而且铁镍基合金的焊接一般使用镍基合金作为填充材料。因此本章将铁镍基耐蚀合金包括在内，供参考选择。

16.1.1 纯镍的性能

Ni 固态具有面心立方结构，无同素异构转变。化学活泼性低。在大气中是耐蚀性最强的金属之一。Ni 的物理性能见表 16-1，Ni 的力学性能见表 16-2。

Ni 在大气中不易生锈，能抵抗苛性酸的腐蚀，对水溶液、熔盐或热沸的苛性钠的耐腐蚀性也很强。几乎所有的有机化合物都不与 Ni 作用。在空气中，Ni 表面形成 NiO 薄层防止 Ni 继续氧化。Ni 在 500℃ 以下与 Cl 无显著作用，但含 S 气体对 Ni 有较大腐蚀，特别在 Ni 与 Ni_3S_2 共晶温度 635℃ 以上时严重蚀。

表 16-1 Ni 的物理性能[1]

原子序数	相对原子质量	原子半径 /nm	晶体结构	晶格常数 (20℃)/nm	熔点 /℃	沸点 /℃	密度(25℃) /(g/cm³)
28	58.69	0.1246	面心立方	0.35167	1453	2915	8.902

熔化潜热 /(kJ/kg)	热导率 (20℃) /[W/(m·K)]	电阻率(0～25℃) /(μΩ·cm)	饱和磁化(20℃) /T	线胀系数(273～373K) /[μm/(m·K)]
243	59.43	6.84	0.616	13.3

表 16-2 Ni 的力学性能[1]

抗拉强度 /MPa	屈服强度 /MPa	断后伸长率 (%)	硬度(退货态) HV	弹性模量 /GPa	切变模量/GPa	泊松比 (25℃)
317	59	30	64	207	76	0.31

16.1.2 镍基耐蚀合金的金属学

1. 合金元素在镍基耐蚀合金中的作用

常用的合金元素有 Cr、Mo、Cu、W、Fe、Nb、Al、Ti、Co 和 N 等。

(1) Cr

Cr 是使 Ni 钢在氧化性介质中具有良好耐蚀性的合金元素。Cr 可强烈地改善 Ni 在强氧化性介质中（例如 HNO_3、H_2CrO_4 和热浓 H_3PO_4、湿法磷酸等）的耐蚀性，其耐蚀性随 Cr 含量的提高而增强；Cr 赋予 Ni 以高温抗氧化性能；Cr 提高 Ni 在高温含 S 气体中的耐蚀性。此外，在 Ni-Mo 二元合金中，Cr 可抑制有害的 Ni_4Mo 相的析出。

(2) Mo

Mo 主要改善 Ni 在还原性酸性介质中的耐蚀性，在盐酸、磷酸、氢氟酸、浓度小于或等于 60% 的 H_2SO_4 中，Mo 是使镍基合金具有良好耐蚀性不可缺少的重要合金元素。在点蚀和缝隙腐蚀环境中，Mo 强烈提高镍基合金的耐点蚀和耐缝隙腐蚀性能。此外，Mo 是固溶强化元素，是提高合金的强度和高温使用性能的重要的合金元素。

(3) W

W 的行为类似于 Mo，主要改善镍基合金耐点蚀和耐缝隙腐蚀等局部耐蚀性。在 $w(Mo)$ 为 13%～16% 的 Ni-Cr-Mo 合金中，加入 3%～4%（质量分数）的 W，使合金具有优异的局部耐蚀性。

（4）Cu

Cu 能显著改善 Ni 在非氧化性酸中耐蚀性，特别是蒙乃尔合金，在不通气的 H_2SO_4 中具有适用的耐蚀性，在不通气的全浓度 HF 酸中，具有优异的耐蚀性。在 Fe-Ni-Cr-Mo 系统的铁镍基耐蚀合金中，加入 2% ~ 3%（质量分数）的 Cu，使之在 HCl、H_2SO_4 和 H_3PO_4 中的耐蚀性得以明显改善。Cu 也改善 Ni-Cr-Mo 合金在 HF 酸中的耐蚀性。

（5）Fe

在镍基合金中，加入 Fe 的主要目的是降低成本。然而，Fe 改善了镍基合金在浓度大于 50% 的 H_2SO_4 中的耐蚀性；在 Ni-Mo 合金中，Fe 抑制有害相 Ni_4Mo 的析出，减少了在 Ni-Mo 合金加工制作中的裂纹敏感性。此外，Fe 可增加 C 在 Ni 中的溶解度，因此可以改善合金对晶间腐蚀的敏感性和提高其抗渗 C 性能。

（6）Nb、Ta

为减少镍基和铁镍基耐蚀合金的晶间腐蚀敏感性，加入 Nb 和 Ta 可以防止有害的碳化物析出。它们的另一重要作用是减少在焊接时的热裂纹倾向。

（7）Ti

Ti 是强烈碳化物形成元素，在镍基和铁镍基耐蚀合金中 C 的溶解度较在铁基合金中低，即使在较低 C 含量的情况下，也难于避免有害的碳化物的析出。加入 Ti 可夺取合金中的 C，减少或抑制有害的 $M_{23}C_6$ 和 M_6C 的析出，减少合金晶间腐蚀敏感性。Ti 亦可作为时效强化元素，通过时效处理提高合金的强度。

（8）Al

在镍基合金中，Al 作为脱氧剂残留于合金中或为了使合金具有时效强化反应达到提高强度目的而有意加入。Al 的另一作用是在高温可形成致密黏附性好的氧化膜，提高了合金耐氧化、耐渗 C 和抗 Cl 化的性能。

（9）N

在铁镍基耐蚀合金中，N 可明显改善合金的耐点蚀和耐缝隙腐蚀性能，甚至可达到相当于高镍耐蚀合金的水平。

2. 镍基耐蚀合金中的杂质

镍基合金中常存在的有害杂质元素有 S、Pb、Bi、As、Sb、Cd、P、H、O 等。

S 几乎不溶于固态 Ni 中，而与 Ni 形成熔点为 635℃ 的（Ni + Ni_3S_2）共晶体，使镍基合金产生脆性，显著降低镍基合金的加工性能。Pb 和 Bi 对镍基合金的物理性能没有明显的影响，但对力学性能和工艺性能有害，Pb 或 Bi 的质量分数超过 0.002% ~ 0.005% 的镍基合金在热加工中容易开裂。As、Sb 严重损害镍基合金的压力加工性能。Cd、P 强烈地降低镍基合金的物理性能、力学性能和工艺性能，P 在镍基合金中以脆性化合物 Ni_3P 的形式存在，并且与镍形成低熔点（880℃）共晶体，使镍基合金产生热脆性。H 和 Ni 可形成氢化物，它们大多分布在晶界上，当氢化物分解时会产生很高的压力，使晶界产生裂纹，降低镍基合金的塑性和强度。O 在镍基合金中常呈脆性化合物 NiO 的形式存在，NiO 往往沿晶界析出，使镍基合金产生冷脆性。另外，含 O 较多的镍基合金在还原性气氛中，特别是在氢气中退火时，往往患"氢病"而被破坏。

3. 镍基耐蚀合金中的碳

C 在镍基耐蚀合金中的溶解度很低，极易形成碳化物。在镍基合金中的碳化物可区分成一次碳化物和二次碳化物。

一次碳化物在凝固过程中形成于枝状晶间区域的一种碳化物。这类碳化物包括 MC 型（M 为 Nb、Ti 和 Ta）和 M_6C 型（M 通常是 W 和 Mo）。一次碳化物在随后加工过程中不易溶解，将以轧制方向串状排列形式存在。少量的一次碳化物存在于商用合金中是允许的。大量的一次碳化物存在于合金中，对随后的加工制作和合金的性能将引起严重的不良后果，应设法避免。

二次碳化物是在加工过程中（焊接、热处理）和服役期间暴露于易析出碳化物的温度下所形成的。此类碳化物通常是晶间形的，在极个别条件下，在晶内沿滑移线和孪晶界出现。二次碳化物的类型和数量受固溶体中 C 浓度、合金的稳定性、冷加工条件、晶粒尺寸所控制。二次碳化物的析出将影响合金的力学性能和耐蚀性能，尤以影响合金耐蚀性最为显著，其主要原因是这些碳化物富集了对耐蚀性有效的合金元素，造成局部区域有效合金的贫化。

（1）Ni_3C

在含 C 的纯 Ni 中，可形成 Ni_3C，它是一种亚稳相。在一定条件下可分解成石墨导致 Ni 石墨化，使晶界弱化并呈现脆性。降低 C 含量和添加 Cu 可减轻石墨化倾向和石墨化程度。

（2）MC

在含 Ti 和 Nb 的合金中，MC 型碳化物是 NbC、TiC、TaC，在含有 Mo 和 W 的合金中，M 常常含有一些 Mo 和 W。N 可取代 MC 中的部分 C 而形成 Nb（CN）和 Ti（CN）。在镍基合金中的 MC 是面心立方结构。MC 是十分稳定的碳化物，它的形成可减少合金中 C 的含量，可减少有害富 Cr 碳化物的析出，从而提高合金的耐晶间腐蚀能力。

（3）Cr_7C_3

Cr_7C_3 是一种富 Cr 碳化物，属六角（菱形）晶型。在低 Cr 不含 Mo、W 的 Ni-Cr-Fe 合金中，Cr_7C_3 是居统治地位的碳化物，$Cr_{23}C_6$ 型碳化物也可能出现，但很少。由于碳化物的析出，使其晶界附近产生贫 Cr 区，贫 Cr 区的形成是导致晶间腐蚀的根本原因。

（4）$M_{23}C_6$

在镍基合金中，当 $w(Cr)/w(Mo+0.4W)$ 超过 3.5 时，将形成 $M_{23}C_6$。在 Ni-Cr-Fe 合金中 $M_{23}C_6$ 是 $Cr_{23}C_6$，在含有 Mo、W 的复杂合金中，碳化物中的 Cr 可被 Mo、W 所置换而形成 $(Cr,Fe,W)_{23}C_6$、$(Cr,Fe,Mo)_{23}C_6$ 和 $(Cr,Mo,W)_{23}C_6$，在镍基合金中常常是 $Cr_{21}(Mo,W)_2C_6$。$M_{23}C_6$ 中的 Cr 含量随敏化温度的提高和时间的加长而增大。

$M_{23}C_6$ 具有复杂的面心立方结构。$M_{23}C_6$ 的析出温度为 400~950℃，含 Mo、W 的复杂合金的 $M_{23}C_6$ 的析出温度高于简单的 Ni-Cr 和 Ni-Cr-Fe 合金。富铬 $M_{23}C_6$ 型碳化物沿晶界析出，以不连续的球状质点、连续膜或单胞沉淀物的形式存在，富铬 $M_{23}C_6$ 型碳化物中的 Cr 的富集量高于 Cr_7C_3，因此所引起的贫 Cr 区的 Cr 贫化程度更为严重。

（5）M_6C

M_6C 是一种 η 型碳化物，具有面心立方结构。M_6C 中至少含有两种金属原子，故亦可记作 A_3B_3C 或 A_4B_2C。M_6C 主要存在于高 Mo 含 W 合金中，合金中 N、Mo、Nb 促进 M_6C 的生成，它是高钼 Ni-Cr-Mo 合金中居统治地位的碳化物。M_6C 中的主要金属元素是 Mo 和 W，Fe、Cr、Ni 等一些置换型元素也常常存在于 M_6C 型碳化物中。其典型化学式为 Mo_6C、$(Ni,Co)_3Mo_3C$、$(Mo,Ni,Cr,W)_6C$ 等。M_6C 是高温沉淀相，900~950℃ 是其最快沉淀温度，在 1 h 内沉淀出来，主要分布于晶内并与一种或几种金属间相同时生成。M_6C 的溶解温度高于 $M_{23}C_6$。温度高于 1050℃，M_6C 将溶解于奥氏体基体中[2]。

M_6C 碳化物富集 Mo 和 W 而不是 Cr，因此可造成其附近区域 Mo 和 W 的贫化，致使增加晶间腐蚀敏感性。

（6）$Mo_{12}C$ 和 Mo_2C

此类碳化物存在于 Ni-Mo 合金中，能否形成取决于 C 和 Mo 的含量，这种富 Mo 碳化物将引起 Mo 的贫化，有害于合金的耐蚀性。

4. 镍基耐蚀合金中的金属间相

金属间相是指合金中两种或两种以上的金属元素构成的金属间化合物，也简称中间相。通常，凡以元素周期表中 B 过渡族元素（Mn、Fe、Ni 和 Co）为基体，并含有 A 副族元素（Ti、V、Cr 等）的合金系都能形成一系列金属间相。这些相中，有些相其 B、A 两族元素原子数的比例保持恒定，而某些相该比值可在相当大的范围内变动。例如，σ 相的 B、A 元素的构成可从 B_4A 变到 BA_4。而 Laves 相只能是固定的 B_2A。在镍基合金中主要的金属间相为 σ 相、Laves 相、μ 相、γ′ 相、有序 Ni_4Mo 等。

（1）σ 相

σ 相是拓扑密排相，具有复杂的体心正方结晶构造。在单纯的低铬 Ni-Cr 合金中不易出现，在含中等浓度 Mo 和 Fe 的镍基合金中可以形成 σ 相。Si、Mo、W 强烈促进合金中 σ 相的形成，Ti 和 Nb 也促进 σ 相形成。σ 相的形成温度区间为 650~1000℃，随合金中合金元素含量的提高，其形成温度向高温方向移动。在高镍合金中，σ 相趋于由 $M_{23}C_6$ 生核。

σ 相的名义成分是 FeCr，但实际上由于 Mo、Ni 等原子参与反应，该相的成分应为 $(Fe,Ni)_x(Cr,Mo)_y$。σ 相硬而脆，σ 相的析出，即使数量很少也将使合金韧性降低，合金变脆。σ 相的另一危害是恶化合金的耐蚀性，在强氧化的高温浓硝酸中尤其严重。沿晶界沉淀的 σ 相将引起合金的晶间腐蚀。

为了消除或减轻 σ 相析出所带来的不利影响，可通过高温固溶处理消除已产生的 σ 相或避免在 σ 相析出温度经受热过程。当不可避免 σ 相析出又不能采用固溶处理手段予以消除时，只能通过调整合金成分，提高合金相的稳定性来减少或防止 σ 相的形成。

（2）Laves 相（η 相）

该相是 B_2A 型固定原子构成的金属间化合物。在合金中 Laves 相是 Fe 与 Mo、W、Nb 或 Ta 构成的金属间化合物。Laves 相具有复杂的六方晶体结构。其形成温度基本上与碳化物和 σ 相重合。它主要在晶内沉淀，并与 σ 相和碳化物伴随而出现，Laves 相形成速度较慢、数量也较少，往往是次要相和后生相。与 σ 相一样，Laves 相的析出将导致合金的耐蚀性下降和塑韧性降低。不过，由于此相伴随 σ 相和碳化物而出现，因此其影响往往被碳化物和 σ 相的作用所掩盖。

（3）μ 相

μ 相是一种拓扑密排相，三角形的 μ 相具有菱形/六方晶体结构。化学式为 $(Fe,Ni,Co)_3(W,Mo,Cr)_2$。在适宜的受热条件下，在 Ni-Cr-Mo-W 合金中出现。由于 μ 相富 W 和富 Mo，将引起 Mo、W 的贫化，使合金耐蚀性下降。为避免有害的 μ 相析出，最好的方法是通过合金元素的调整，提高合金的热稳定性。一旦出现 μ 相，可采用高温固溶处理使 μ 相溶解于基体中，减少和消除 μ 相所带来的不利影响。

（4）γ′相

γ′相具有面心立方结构，其点阵常数与奥氏体基体接近，因此 γ′相开始形成时总是与奥氏体基本保持固定位向的共格关系。它的化学式为 Ni_3Al、Ni_3Ti、Ni_3Nb、Ni_3（Al，Ti）等，Cr、Mo、W 趋向于取代部分 Ni。γ′相非常细小亦弥散分布于合金基体中，对提高合金的强度非常有效。在采用 Al、Ti、Nb 合金化的沉淀硬化的镍基合金中，在恰当的时效温度进行热处理，将会获得这种相。

（5）Ni_4Mo

Ni_4Mo 是一种具有体心正方结晶构造的有序相，在 Ni28Mo 合金中，在 870℃ 通过包晶反应生成。Ni_4Mo 是一种硬而脆的相，它的存在使合金塑韧性遭到严重损失而引起脆化，少量 Fe 和 Cr 的加入可减少或抑制该相的生成。

16.1.3　镍基耐蚀合金的牌号、分类及性能

Ni 能和一些耐蚀性能优良的元素形成固溶体，而且固溶度比较大，其中 Al、Cr、Mo 和 W 能引起较强的固溶强化。Cu 与 Ni 能无限互溶，Cr、Mo、W 在 Ni 中的固溶度分别为 35%、20%、28%。因此向 Ni 中加入这些元素，可得到一系列镍基耐蚀合金，这些合金即保持了 Ni 的优良性能，又兼有合金化元素的良好性能。例如 Cr 在氧化性介质中可形成稳定的钝化膜，从而有优良的耐蚀性，而 Mo 则在还原性介质中有较高的稳定性，当 Cr 和 Mo 同时加入 Ni 中形成的镍合金，则分别具有了 Cr、Mo 的这些特性，而且在一定范围内，随 Cr、Mo 含量的增加，合金的腐蚀速度几乎成直线下降[3]。

镍基耐蚀合金除了具有优良耐蚀性能之外，还具有强度高，塑性好，可冷、热加工变形。Cu、Cr、Mo 等主要合金元素的添加不但增加其耐蚀性，而且对其焊接性并没有不利影响。工业纯 Ni 和 Ni-Cu 合金焊接性相似，多数镍基耐蚀合金的特性像奥氏体不锈钢。

镍基耐蚀合金显微组织是奥氏体，固态没有相变，母材和焊缝金属的晶粒不能通过热处理细化。

添加少量 Mn、Nb、Al、Ti 对镍基合金的焊接

没有害处。而镍基合金的焊接性对 S、P、Pb、Zr、B 和 Bi 等杂质元素敏感，这些元素实际上不溶于 Ni，在焊缝凝固时形成低熔点共晶体，可能产生热裂缝。

耐蚀合金的牌号和成分，各国标准规定的成分没有完全统一，有的成分差别还较大。GB/T 15007—2008《耐蚀合金牌号》中规定了中国变形耐蚀合金牌号及化学成分，见表 16-3；中国与美国耐蚀合金牌号对照见表 16-4；美国镍合金牌号及化学成分见表 16-5；铁镍基合金牌号及化学成分见表 16-6，镍合金的物理性能和力学性能见表 16-7。俄罗斯镍合金牌号及化学成分见表 16-8。

镍基耐蚀合金中除了工业纯 Ni 和 Ni-Cu 合金外，其他镍基耐蚀合金都有良好的耐高温腐蚀性能。

镍基耐蚀合金可按成分、用途、性能特点等分类，按成分分类主要有纯 Ni、Ni-Cu、Ni-Cr、Ni-Cr-Fe、Ni-Mo、Ni-Cr-Mo 和 Ni-Cr-Mo-Cu 合金。

1. 纯 Ni

200 合金和 201 合金都是工业纯的锻造 Ni，力学性能良好，尤其塑、韧性优良。200 合金和 201 合金具有良好的热加工性能，最适宜的热加工温度范围为 870～1230℃。200 合金和 201 合金具有良好的延展性，易于冷加工成形，其行为类似于软钢。200 合金和 201 合金可以在再结晶温度以上很宽的温度范围内进行退火，退火温度通常在 705～925℃。过高的温度，晶粒易长大。

在大气中，200 合金和 201 合金通常保持光亮的金属光泽，在室外大气中，腐蚀是缓慢的。在海洋和乡村大气中，它们的腐蚀速度很低。

200 合金具有良好的耐水介质腐蚀的性能。在流动的海水中，甚至在高速流动的海水中，200 合金具有优异的耐蚀性。200 合金在高温无水 HF 中具有优异的耐蚀性。在不大量通气的所有浓度的有机酸中，200 合金具有优异的耐蚀性。200 合金在非氧化性卤族化合物中具有优秀的耐蚀性。

201 合金具有与 200 合金相同的耐蚀性。与 200 合金不同之处在于 201 合金具有极低的 C 含量，因此在高温未出现因 C 或石墨沉淀而引起的脆性。

200 合金和 201 合金主要应用于处理还原性卤族气体、碱溶液、非氧化性盐类、有机酸等设备和部件，在使用时其服役温度最好低于 315℃。

2. Ni-Cu 合金

Ni-Cu 合金也称蒙乃尔合金（即美国 Monel 型合金）。在 GB/T 5235—2007 标准中规定了我国镍铜合金的牌号和化学成分，见表 16-9。

表 16-3　变形耐蚀合金牌号及化学成分（GB/T 15007—2008）

化学成分（质量分数，%）

牌号	C	N	Cr	Ni	Fe	Mo	W	Cu	Al	Ti	Nb	V	Co	Si	Mn	P	S
NS1101	≤0.10	—	19.0~23.0	30.0~35.0	余量	—	—	≤0.75	0.15~0.60	0.15~0.60	—	—	—	≤1.00	≤1.50	≤0.030	≤0.015
NS1102	0.05~0.10	—	19.0~28.0	30.0~35.0	余量	—	—	≤0.75	0.15~0.60	0.15~0.60	—	—	—	≤1.00	≤1.50	≤0.030	≤0.015
NS1103	≤0.030	—	24.0~26.5	34.0~37.0	余量	—	—	—	0.15~0.45	0.15~0.60	—	—	—	0.30~0.70	0.50~1.50	≤0.030	≤0.030
NS1301	≤0.05	—	19.0~21.0	42.0~44.0	余量	12.5~13.5	—	—	—	—	—	—	—	≤0.70	≤1.00	≤0.030	≤0.030
NS1401	≤0.030	—	25.0~27.0	34.0~37.0	余量	2.0~3.0	—	3.0~4.0	—	0.40~0.90	—	—	—	≤0.70	≤1.00	≤0.030	≤0.030
NS1402	≤0.05	—	19.0~23.5	38.0~46.0	余量	2.5~3.5	—	1.5~3.0	≤0.20	0.60~1.20	—	—	—	≤0.50	≤1.00	≤0.030	≤0.030
NS1403	≤0.07	—	19.0~21.0	32.0~38.0	余量	2.0~3.0	—	3.0~4.0	—	—	8×C~1.00	—	—	≤1.00	≤2.00	≤0.030	≤0.030
NS1501	≤0.030	0.17~0.24	22.0~24.0	34.0~36.0	余量	7.0~8.0	—	—	—	—	—	—	—	≤1.00	≤2.00	≤0.030	≤0.010
NS1601	≤0.015	0.15~0.25	26.0~28.0	30.0~32.0	余量	6.0~7.0	—	0.5~1.5	—	—	—	—	—	≤0.30	≤2.00	≤0.020	≤0.010
NS1602	≤0.015	0.35~0.60	31.0~35.0	余量	30.0~33.0	0.50~2.0	—	0.30~1.20	—	—	—	—	—	≤0.50	≤2.00	≤0.020	≤0.010
NS3101	≤0.06	—	28.0~31.0	余量	≤1.0	—	—	—	≤0.30	—	—	—	—	≤0.50	≤1.20	≤0.020	≤0.020
NS3102	≤0.15	—	14.0~17.0	余量	6.0~10.0	—	—	≤0.50	—	—	—	—	—	≤0.50	≤1.00	≤0.030	≤0.015

（续）

化学成分（质量分数，%）

牌号	C	N	Cr	Ni	Fe	Mo	W	Cu	Al	Tl	Nb	V	Co	Si	Mn	P	S
NS3103	≤0.10	—	21.0~25.0	余量	10.0~15.0	—	—	≤1.00	1.00~1.70	—	—	—	—	≤0.50	≤1.00	≤0.030	≤0.015
NS3104	≤0.030	—	35.0~38.0	余量	≤1.0	—	—	—	0.20~0.50	—	—	—	—	≤0.50	≤1.00	≤0.030	≤0.020
NS3105	≤0.05	—	27.0~31.0	余量	7.0~11.0	—	—	≤0.50	—	—	—	—	—	≤0.50	≤0.50	≤0.030	≤0.015
NS3201	≤0.05	—	≤1.00	余量	4.0~6.0	26.0~30.0	—	—	—	—	—	0.20~0.40	≤2.5	≤1.00	≤1.00	≤0.030	≤0.030
NS3202	≤0.020	—	≤1.00	余量	≤2.0	26.0~30.0	—	—	—	—	—	—	≤1.0	≤0.10	≤1.00	≤0.040	≤0.030
NS3203	≤0.010	—	1.0~3.0	≥65.0	1.0~3.0	27.0~32.0	≤3.0	≤0.20	≤0.50	≤0.20	≤0.20	≤0.20	≤3.00	≤0.10	≤3.00	≤0.040	≤0.010
NS3204	≤0.010	—	0.5~1.5	≥65.0	1.0~6.0	26.0~30.0	—	≤0.5	0.1~0.5	—	—	—	≤2.50	≤0.05	≤1.5	≤0.040	≤0.010
NS3301	≤0.030	—	14.0~17.0	余量	≤8.0	2.0~3.0	—	—	—	0.40~0.90	—	—	—	≤0.70	≤1.00	≤0.030	≤0.020
NS3302	≤0.030	—	17.0~19.0	余量	≤1.0	16.0~18.0	—	—	—	—	—	—	—	≤0.70	≤1.00	≤0.030	≤0.030
NS3303	≤0.08	—	14.5~16.5	余量	4.0~7.0	15.0~17.0	3.0~4.5	—	—	—	—	≤0.35	≤2.5	≤1.00	≤1.00	≤0.040	≤0.030
NS3304	≤0.020	—	14.5~16.5	余量	4.0~7.0	15.0~17.0	3.0~4.5	—	—	—	—	≤0.35	≤2.5	≤0.08	≤1.00	≤0.040	≤0.030
NS3305	≤0.015	—	14.0~18.0	余量	≤3.0	14.0~17.0	—	—	—	≤0.70	—	—	≤2.0	≤0.08	≤1.00	≤0.040	≤0.030

（续）

化学成分（质量分数，%）

牌号	C	N	Cr	Ni	Fe	Mo	W	Cu	Al	TI	Nb	V	Co	Si	Mn	P	S
NS3306	≤0.10	—	20.0~23.0	余量	≤5.0	8.0~10.0	—	—	≤0.40	≤0.40	3.15~4.15	—	≤1.0	≤0.50	≤0.50	≤0.015	≤0.015
NS3307	≤0.030	—	19.0~21.0	余量	≤5.0	15.0~17.0	—	≤0.10	—	—	—	—	≤0.10	≤0.40	0.50~1.50	≤0.020	≤0.020
NS3308	≤0.015	—	20.0~22.5	余量	2.0~6.0	12.5~14.5	2.5~3.5	—	—	—	—	≤0.35	≤2.50	≤0.08	≤0.50	≤0.020	≤0.020
NS3309	≤0.010	—	19.0~23.0	余量	≤5.0	15.0~17.0	3.0~4.4	—	—	0.02~0.025	—	—	—	≤0.08	≤0.75	≤0.020	≤0.020
NS3310	≤0.015	—	19.0~21.0	余量	15.0~20.0	8.0~10.0	≤1.0	≤0.50	≤0.4	—	≤0.5	—	≤2.5	≤1.00	≤1.00	≤0.040	≤0.015
NS3311	≤0.010	—	22.0~24.0	余量	≤1.5	15.0~16.5	—	—	0.1~0.4	—	—	—	≤0.3	≤0.10	≤0.50	≤0.015	≤0.005
NS3401	≤0.030	—	19.0~21.0	余量	≤7.0	2.0~3.0	≤1.0	1.0~2.0	—	0.4~0.9	—	—	—	≤0.70	≤1.00	≤0.030	≤0.030
NS3402	≤0.05	—	21.0~23.0	余量	18.0~21.0	5.5~7.5	≤1.5	1.5~2.5	—	—	1.75~2.50	—	≤2.5	≤1.0	1.0~2.0	≤0.040	≤0.030
NS3403	≤0.015	—	21.0~23.5	余量	18.0~21.0	6.0~8.0	1.5~4.0	1.5~2.5	—	—	≤0.50	—	≤5.0	≤1.0	≤1.0	≤0.040	≤0.030
NS3404	≤0.03	—	28.0~31.5	余量	13.0~17.0	4.0~6.0	—	1.0~2.4	≤0.50	—	0.30~1.50	—	≤5.0	≤0.80	≤1.50	≤0.04	≤0.020
NS3405	≤0.010	—	22.0~24.0	余量	≤3.0	15.0~17.0	—	1.3~1.9	—	—	—	—	≤2.0	≤0.08	≤0.50	≤0.025	≤0.010
NS4101	≤0.05	—	19.0~21.0	余量	5.0~9.0	15.0~17.0	—	—	0.40~1.00	2.25~2.75	0.70~1.20	—	—	≤0.80	≤1.00	≤0.030	≤0.030

表16-4　中国与美国耐蚀合金牌号对照（GB/T 15007—2008）

中国	NS1101	NS1102	NS1402	NS1403	NS3102	NS3105	NS3201	NS3202	NS3303	NS3304	S3305	NS3306
美国	800	800H	825	20cb3	600	690	B	B—2	C	C—276	C—4	625

表16-5　美国镍合金牌号及化学成分[4]

合金①	UNS编号②	化学成分（质量分数，%）														
		Ni③	C	Cr	Mo	Fe	Co	Cu	Al	Ti	Nb④	Mn	Si	W	B	其他
		纯镍														
200	N02200	99.5	0.08	—	—	0.2	—	0.1	—	—	—	0.2	0.2	—	—	—
201	N02201	99.5	0.01	—	—	0.2	—	0.1	—	—	—	0.2	0.2	—	—	—
205	N02205	99.5	0.08	—	—	0.1	—	0.08	—	0.03	—	0.2	0.08	—	—	Mg 0.05
		固溶合金														
400	N04400	66.5	0.2	—	—	1.2	—	31.5	—	—	—	1	0.2	—	—	—
404	N04404	54.5	0.08	—	—	0.2	—	44	0.03	—	—	0.05	0.05	—	—	—
R-405	N04405	66.5	0.2	—	—	1.2	—	31.5	—	—	—	0.1	0.02	—	—	—
X	N06002	47	0.10	22	9	18	1.5	—	—	—	—	1	1	0.6	—	—
NICR 80	N06003	76	0.1	20	—	1	—	—	—	—	—	2	1	—	—	—
NICR 60	N06004	57	0.1	16	—	余量	—	—	—	—	—	1	1	—	—	—
G	N06007	44	0.1	22	6.5	20	2.5	2	—	—	2	1.5	1	1	—	—
IN 102	N06102	68	0.06	15	3	7	—	—	0.4	0.6	3	—	—	3	0.005	Zr 0.03　Mg 0.02
RA 333	N06333	45	0.05	25	3	18	3	—	—	—	—	1	1.5	1.2	3	—
600	N06600	76	0.08	15.5	—	8	—	0.2	—	—	—	0.5	0.2	—	—	—
601	N06601	60.5	0.05	23	—	14	—	—	1.4	—	—	0.5	0.2	—	—	—
617	N06617	52	0.07	22	9	1.5	12.5	—	1.2	0.3	—	0.5	0.5	—	—	—
622	N06622	59	0.005	20.5	14.2	2.3	—	—	—	—	—	—	—	3.2	—	—
625	N06625	61	0.05	21.5	9	2.5	—	—	0.2	0.2	3.6	0.2	0.2	—	—	—
686	N06686	58	0.005	20.5	16.3	1.5	—	—	—	—	—	—	—	3.8	—	—
690	N06690	60	0.02	30	—	9	—	—	—	—	—	0.5⑤	0.5⑤	—	—	—
725	N07725	73	0.02	15.5	—	2.5	—	—	0.7	2.5	1.0	—	—	—	—	—
825	N08825	42	0.03	21.5	3	30	—	2.25	0.1	0.9	—	0.5	0.25	—	—	—
B	N10001	61	0.05	1	28	5	2.5	—	—	—	—	1	1	—	—	—
N	N10003	70	0.06	7	16.5	5	—	—	—	—	—	0.8	0.5	—	—	—
W	N10004	60	0.12	5	24.5	5.5	2.5	—	—	—	—	1	1	—	—	—
C-276	N10276	57	0.01⑤	15.5	16	5	2.5⑤	—	—	0.7⑤	—	1⑤	0.08⑤	4	—	V0.35⑤
C-22	N06022	56	0.010⑤	22	13	3	2.5⑤	—	—	—	—	0.5⑤	0.08⑤	3	—	V0.35⑤
B-2	N10665	69	0.01⑤	1⑤	28	2⑤	1⑤	—	—	—	—	1⑤	0.1⑤	—	—	—
C-4	N06455	65	0.01⑤	16	15.5	3⑤	2⑤	—	—	—	—	1⑤	0.08⑤	—	—	—
G-3	N06985	44	0.015⑤	22	7	19.5	5⑤	2.5	—	—	0.5⑤	1⑤	1⑤	1.5⑤	—	—

（续）

合金①	UNS 编号②	化学成分（质量分数,%）														
		Ni③	C	Cr	Mo	Fe	Co	Cu	Al	Ti	Nb④	Mn	Si	W	B	其他
纯镍																
G-30	N06030	43	0.03⑤	30	5.5	15	5⑤	2	—	—	1.5⑤	0.5⑤	1⑤	2.5	—	—
S	N06635	67	0.02⑤	16	15	3⑤	2⑤	—	0.25	—	—	0.5	0.4	1⑤	0.015⑤	La 0.02
230	N06230	57	0.10	22	2	3⑤	5⑤	—	0.3	—	—	0.5	0.4	14	0.015⑤	La 0.02
沉淀合金																
301	N03301	96.5	0.15	—	—	0.3	—	0.13	4.4	0.6	—	0.25	0.5	—	—	—
K-500	N05500	66.5	0.10	—	—	1	—	29.5	2.7	0.6	—	0.08	0.2	—	—	—
Waspaloy	N07001	58	0.08	19.5	4	—	13.5	—	1.3	3	—	—	—	—	0.006	Zr 0.06
R-41	N07041	55	0.10	19	10	1	10	—	1.5	3	—	0.05	0.1	—	0.005	—
80A	N07080	76	0.06	19.5	—	—	—	—	1.6	2.4	—	0.3	0.3	—	0.006	Zr 0.06
90	N07090	59	0.07	19.5	—	—	16.5	—	1.5	2.5	—	0.3	0.3	—	0.003	Zr 0.06
M252	N07252	55	0.15	20	10	—	10	—	1	2.6	—	0.5	0.5	—	0.005	—
U-500	N07500	54	0.08	18	4	—	18.5	—	2.9	2.9	—	0.5	0.5	—	0.006	Zr 0.05
713C⑥	N07713	74	0.12	12.5	4	—	—	—	6	0.8	2	—	—	—	0.012	Zr 0.10
718	N07718	52.5	0.04	19	3	18.5	—	—	0.5	0.9	5.1	0.2	0.2	—	—	—
X-750	N07750	73	0.04	15.5	—	7	—	—	0.7	2.5	1	0.5	0.2	—	—	—
706	N09706	41.5	0.03	16	—	40	—	—	0.2	1.8	2.9	0.2	0.2	—	—	—
901	N09901	42.5	0.05	12.5	—	36	6	—	0.2	2.8	—	0.1	0.1	—	0.015	—
C 902	N09902	42.2	0.03	5.3	—	48.5	—	—	0.6	2.6	—	0.4	0.5	—	—	—

① 使用名称的一部分或登记注册名。

② UNS 为美国统一数字编码系统的英文缩写。

③ 如果没有规定 Co 含量，则含有少量的 Co。

④ 含有 Ta（Nb + Ta）。

⑤ 最大值。

⑥ 铸造合金。

表 16-6　美国铁镍基合金牌号及化学成分[4]

合金①	UNS 编号	化学成分（质量分数,%）									
		Ni②	Cr	Co	Fe	Mo	Ti	Nb③	Al	C	其　他
固溶类型											
20Cb3	N08020	35	20	—	36	2.5	—	0.5	—	0.04	Cu 3.5, Mn 1, Si 0.5
800	N08800	32.5	21.0	—	45.7	—	0.40	—	0.40	0.05	—
800HT	N08811	33.0	21.0	—	45.8	—	0.50	—	0.50	0.08	—
801	N08801	32.0	20.5	—	46.3	—	1.13	—	—	0.05	—
802	N08802	32.5	21.0	—	44.8	—	0.75	—	0.58	0.35	—
RA330	N08330	36.0	19.0	—	45.1	—	—	—	—	0.05	—
沉淀类型											
903	N19903	38.0	—	15.0	41.0	0.10	1.40	3.0	0.70	0.04	—

① 使用名称的一部分或登记注册名。

② 如果没有规定 Co 含量，则含有少量的 Co。

③ 如果没有规定 Ta 含量，则含有 Ta。

表 16-7　镍合金的物理性能和力学性能[4]

合金	UNS 编号	密度 /(kg/m³)	熔化区间 /℃	线胀系数 (21~93℃) /[(μm/m)/℃]	热导率 (21℃) /[W/(m·K)]	电阻率 (21℃) /μΩ·cm	拉伸弹性模量 (21℃) /GPa	抗拉强度 (室温) /MPa	屈服强度 (室温) /MPa
200	N02200	8885	1435~1446	13.3	70	9.5	204	469	172
201	N02201	8885	1435~1446	13.3	79	7.6	207	379	138
400	N04400	8830	1298~1348	13.9	20	51.0	179	552	276
R-405	N04405	8830	1298~1348	13.9	20	51.0	179	552	241
K-500	N05500	8470	1315~1348	13.7	16	61.5	179	965[1]	621[1]
502	N05502	8442	1315~1348	13.7	16	61.5	179	896	586
600	N06600	8415	1354~1412	13.3	14	103.0	207	621	276
601	N06601	8055	1301~1367	13.7	12	120.5	206	738	338
625	N06625	8442	1287~1348	12.8	9	129.0	207	896	483
713C	N07713	7916	1260~1287	10.6	19[2]	—	206	848[3]	738[3]
706	N09706	8055	1334~1370	14.0	12	98.4	210	1207[1]	1000[1]
718	N07718	8193	1260~1336	13.0	11	124.9	205	1310[1]	1103[1]
X-750	N07750	8248	1393~1426	12.6	11	121.5	214	1172[1]	758[1]
U-500	N07500	8027	1301~1393	12.2	12	120.2	214	1213[1]	758[1]
R-41	N07041	8249	1315~1371	11.9	11[4]	136.3	215	1103[1]	827[1]
Waspaloy	N07001	8193	1402~1413	12.2	12	126.5	211	1276[1]	793[1]
800	N08800	7944	1357~1385	14.2	11	98.9	196	621	276
825	N08825	8138	1371~1398	14.0	10	112.7	193	621	276
20Cb3	N08020	8083	1370~1425	14.9	—	103.9	193	621	276
901	N09901	8221	—	13.0	—	110.0	193	1207	896
B	N10001	9245	1301~1368	10.1	11	134.8	179	834	393
C-276	N10276	8941	1265~1343	11.3	11	129.5	205	834	400
G	N06007	8304	1260~1343	13.5	13	—	192	710	386
N	N10003	8858	1301~1398	11.5	0	138.8	216	793	310
W	N10004	8996	1315	11.3				848	365
X	N06002	8221	1260~1354	13.9	8	118.3	197	786	359

① 热处理状态。

② 93℃。

③ 铸态。

④ 149℃。

表 16-8　俄罗斯镍合金牌号及化学成分[5]

牌号	化学成分(质量分数,%)							
	C	Si	Mn	Cr	Ni	Ti	Al	W
ЭИ435	≤0.12	≤0.8	≤0.70	19.0~22.0	余量	0.15~0.35	≤0.15	—
ЭИ868	≤0.10	≤0.8	≤0.50	23.5~26.5	余量	0.3~0.7	≤0.5	—
ЭИ437Б	≤0.06	≤0.65	≤0.35	19.0~22.0	余量	2.3~2.7	0.55~0.95	—
ЭИ703	0.06~0.12	≤0.80	≤0.70	20.0~23.0	35~40	0.7~1.2	≤0.50	2.5~3.5
ЭИ617	≤0.12	≤0.60	≤0.50	13.0~16.0	余量	1.8~2.3	1.7~2.3	5.0~7.0
ЭИ602	≤0.08	≤0.80	≤0.40	19.0~22.0	余量	0.35~0.75	0.35~0.75	—
ЭИ598	≤0.12	≤0.60	≤0.50	15.0~19.0	余量	1.9~2.8	1.0~1.7	2.0~3.5
ЭИ929	≤0.12	≤0.50	≤0.50	9.0~12.0	余量	1.4~2.0	3.6~4.5	4.5~6.5
ЭИ826	≤0.12	≤0.60	≤0.50	13.0~16.0	余量	1.7~2.2	2.4~2.9	5.0~7.0
ЭИ99	≤0.10	≤0.50	≤0.40	21.0~24.0	余量	1.0~1.5	2.5~3.5	6.0~8.0
ЭИ220	≤0.08	≤0.035	≤0.030	9.0~12.0	余量	2.2~2.9	3.9~4.8	5.0~6.5
ЭИ698	≤0.08	≤0.60	≤0.40	13.0~16.0	余量	2.35~2.75	1.3~1.7	—
АНВ-300	≤0.10	—	—	14.0~17.0	余量	Al+W+Ti = 4.5		
ЖС-6	0.11~0.18	—	—	11.5~13.5	余量	2.2~2.8	4.7~5.2	6.0~8.0
ЖС-6К	0.14	—	—	10.8	余量	2.8	5.3	4.9
ЖС-6КП	0.13	—	—	10.5	余量	3.0	4.6	4.0
ВЛ7-45у	0.1~0.2	≤0.55	≤0.70	19.5~20.5	45~47	—	—	7.5~8.5
ЖС6у	0.17	—	—	17.4	余量	0.7	2.2	10.3
ВЖЛ12у	0.12~0.20	—	—	8.5~10.5	余量	4.2~4.7	5.0~5.7	1.0~1.8

牌号	化学成分(质量分数,%)							
	Mo	Nb	V	Fe	S	P	B	其他
ЭИ435	—	—	—	≤1.0	≤0.01	≤0.015	—	Cu≤0.2
ЭИ868	—	—	—	≤4.0	≤0.013	≤0.013	—	—
ЭИ437Б	—	—	Ce≤0.01	≤1.0	0.007	≤0.015	≤0.01	Cu≤0.07
ЭИ703	—	1.2~1.7	—	余量	≤0.020	≤0.030	—	Ce 0.05
ЭИ617	2.0~4.0	Ce≤0.02	0.1~0.5	≤5.0	≤0.009	≤0.015	≤0.02	Cu≤0.07
ЭИ602	1.8~2.3	0.9~1.3	—	≤3.0	≤0.012	≤0.020	—	Cu≤0.2
ЭИ598	4.0~6.0	0.5~1.3	Ce≤0.02	≤5.0	≤0.010	≤0.015	≤0.01	Cu≤0.07
ЭИ929	4.0~6.0	—	0.2~0.8	≤5.0	≤0.010	≤0.015	≤0.02	Co 12~16
ЭИ826	2.5~4.0	—	0.2~1.0	≤5.0	≤0.009	≤0.015	~0.015	Ce≤0.02
ЭИ99	3.5~5.0	—	Ce 0.02	≤5.0	—	—	0.005	Co 5~8
ЭИ220	5.0~7.0	—	0.2~0.8	≤3.0	0.009	0.015	0.02	Co 14~16
ЭИ698	2.8~3.2	1.8~2.2	—	≤2.0	≤0.007	≤0.015	≤0.005	Ce≤0.005
АНВ-300	5.5	—	—	≤5.0	—	—	—	—
ЖС-6	4.0~5.5	—	—	≤2.0	—	—	≤0.02	—
ЖС-6К	3.8	—	—	—	—	—	≤0.08	Co 4.5

（续）

牌号	化学成分（质量分数，%）							
	Mo	Nb	V	Fe	S	P	B	其他
ЖС-6КП	5.5	—	—	≤2.0	—	Ce 0.105	Be 0.03	Co 6.5
ВЛ7-45y	—	—	—	余量	≤0.035	≤0.035	0.03 ~ 0.08	
ЖС6y	2.4	—	—					
ВЖЛ12y	2.7 ~ 3.4	(0.85)	0.5 ~ 1.0	≤0.2	Ce 0.02	Zr 0.02	0.015	Co 12 ~ 15

表 16-9　镍铜合金的牌号和化学成分（GB/T 5235—2007）

牌号	元素	化学成分（质量分数，%）								
		Ni + Co	Cu	Si	Mn	C	Mg	S	P	Fe
NCu40-2-1	最小值	余量	38.0	—	1.25	—	—	—	—	0.2
	最大值		42.0	0.15	2.25	0.30	—	0.02	0.005	1.0
NCu28-1-1	最小值	余量	28	—	1.0	—				1.0
	最大值		32		1.4					1.4
NCu28-2.5-1.5	最小值	余量	27.0	—	1.2	—				2.0
	最大值		29.0	0.1	1.8	0.20	0.10	0.02	0.005	3.0
NCu30 （NW4400） （N04400）	最小值	63.0	28.0	—	—	—				—
	最大值	—	34.0	0.5	2.0	0.3		0.024	0.005	2.5
NCu30-3-0.5 （NW5500） （N05500）	最小值	63.0	27.0	—	—	—				—
	最大值	—	33.0	0.5	1.5	0.1		0.01		2.0
NCu35-1.5-1.5	最小值	余量	34	0.1	1.0	—				1.0
	最大值		38	0.4	1.5					1.5

Ni-Cu 合金的几个牌号的耐蚀性基本相近。

Ni-Cu 合金在还原性介质中的耐蚀性优于纯 Ni，在氧化性介质中的耐蚀性优于纯 Cu。它们在氢氟酸和氟气中具有优异的耐蚀性，在所有的强碱中也是高度耐蚀的；在非氧化性的无机酸和大多数有机酸中有相当的耐蚀能力；在工业大气、天然水和流动的海水、氯化物溶液、玻璃腐蚀介质中也有良好的耐蚀性。

Ni-Cu 合金具有良好的冷热加工性能。NCu30 合金的热加工温度为 650 ~ 1180℃，其退火温度为 760 ~ 930℃。

Ni-Cu 合金广泛应用于化学、化工、石油、冶金、海洋工程、船舶、环保等多个领域。

3. Ni-Cr 合金和 Ni-Cr-Fe 合金

Ni-Cr 合金和 Ni-Cr-Fe 合金中由于含有较高的 Cr［w(Cr) 一般在 15% 以上，最高可达 50%］，在高温下具有较高的强度和抗氧化能力，同时加入 Al、Ti、Nb 等合金元素后，合金可以时效强化，其主要强化相为 γ′ 和 γ″ 相。除表 16-3 和表 16-5 所列 Ni-Cr 合金和 Ni-Cr-Fe 合金外，美国和俄罗斯的一些 Ni-Cr 合金的牌号和化学成分见表 16-10。

表 16-10　Ni-Cr 合金的牌号和化学成分[2,3]

牌号	化学成分（质量分数，%）							对应商品名称
	Ni	Cr	Fe	Si	Mn	C	其他	
0Ni60Cr35	62	35	≤2.0	≤0.6	≤1.0	≤0.08	—	Corronel 230
0Ni50Cr50	余量	48	—	—	—	≤0.05	Ti 0.35	Inconel 671
00Ni55Cr40Al	余量	39 ~ 41	≤0.6	≤0.1	≤0.1	≤0.03	Al 3.3 ~ 3.8	ЭП795
0Ni70Cr30	余量	28 ~ 31	≤1.0	≤0.5	≤1.2	≤0.05	Al≤0.30	ЗИ442

Ni-Cr 合金和 Ni-Cr-Fe 合金分为固溶强化型和时效强化型两类，如应用广泛的 600 合金为单相固溶体，另有少量的碳化物；另一类如 X—750 合金为时效强化型，除含有少量 TiC 等化合物外，主要强化相为 γ′ 和 γ″ 相，合金经淬火时效处理后，抗拉强度可达 1200MPa 以上。

Ni-Cr 合金和 Ni-Cr-Fe 合金对工业大气、天然水、海水等有良好的耐蚀性，由于合金中含有较多的 Cr，合金对氧化性酸如硝酸、铬酸、含氧化性盐的酸性溶液都耐蚀，对高分子脂肪酸也耐蚀。对草酸、醋酸等低分子有机酸的耐蚀性略差，尤其是在高温下。这类合金在氯化物溶液中易发生点腐蚀和缝隙腐蚀。Ni-Cr 合金和 Ni-Cr-Fe 合金的另一个特性是耐强碱溶液的腐蚀。

NS3102 合金也称 600 合金或 Inconel 600，耐高温氧化性介质腐蚀。NS3105 合金也称 690 合金或 Inconel 690，它是为了改善 NS3102 合金的应力腐蚀性能，在其基础上降 C、增 Cr 而发展起来的。它抗氯化物及高温高压水应力腐蚀，耐氧化性介质及 HNO₃-HF 混合腐蚀。NS3101 合金抗强氧化性介质及含氟离子高温高压硝酸腐蚀，无磁性。NS3103 合金抗强氧化性介质腐蚀，高温强度高。NS3104 合金耐强氧化性介质及高温硝酸、氢氟酸混合介质腐蚀。NS4101 合金抗氧化性介质腐蚀，可沉淀硬化，耐腐蚀冲击。

4. Ni-Mo 合金

盐酸是腐蚀性很强的无机酸之一，Mo 能显著提高镍基合金的耐盐酸腐蚀能力。Ni-Mo 合金存在晶间腐蚀敏感性。这是由于合金在高温下（≥1200℃）将有 M_6C、M_2C 等碳化物以及含 Mo 的 σ 相沿晶界析出，在 580 ~ 900℃ 则有 Ni_4Mo 和 Ni_3Mo 等金属间化合物在晶界析出，这都会造成晶界附近的贫 Mo，从而导致晶间腐蚀。因此尽量降低合金中的 C、Fe、Si 含量，或加入稳定碳化物元素 V，都可以改善晶间腐蚀敏感性。但是这类合金仍然要避免在 550 ~ 850℃ 温度范围内长期使用[3]。

Ni-Mo 合金除表 16-3 介绍的 NS3201（Hastelloy B）、NS3202（Hastelloy B-2）外，其余的牌号与成分见表 16-11。B-2 合金解决了 B 合金的晶间腐蚀和热影响区的腐蚀问题，NS3203、NS3204 合金改善了 B-2 合金的时效态塑性和耐应力腐蚀性能。

由于 Mo 对各种浓度的盐酸、硫酸、氢氟酸等非氧化性溶液都具有良好的耐蚀性，因此镍基合金中添加的 Mo 与 Ni 形成固溶体，就显著提高了镍基合金对这些溶液的耐蚀性，而且随着 Mo 含量的增加，耐蚀性也增加。当 w（Mo）超过 25% 以后，Ni-Mo 合金是能在各种温度下耐各种浓度盐酸腐蚀的少数几种金属材料之一。

表 16-11　镍钼合金的牌号和化学成分[2,3]

牌号	化学成分（质量分数，%）								对应商品名称
	Ni	Mo	Fe	Cr	Mn	C	Si	其他	
00 Ni62Mo29FeCr	余量	27 ~ 32	1.0 ~ 3.0	1.0 ~ 3.0	≤3.0	≤0.01	≤0.10	Nb ≤0.20 Ti ≤0.20 Al≤0.50	Hastelloy B-3
00 Ni65Mo29FeCr	余量	26 ~ 30	1.0 ~ 6.0	0.5 ~ 1.5	≤1.5	≤0.01	≤0.05	Al 0.1 ~ 0.5	Hastelloy B-4
Ni70MoV	余量	25 ~ 27	≤0.5	—	≤0.5	≤0.02	≤0.10	V 1.4 ~ 1.7 W 0.1 ~ 0.45	ЭП814

但是，当酸溶液中含有 O 或氧化剂以及 Cl⁻ 时，合金的耐蚀性显著降低。另外，当酸溶液中含有 Fe^{3+}、Cu^{2+} 等氧化性离子时，合金的耐蚀性也降低。因此 Ni-Mo 合金不宜在含有 O 或氧化剂的酸溶液中使用。如果 Ni-Mo 合金使用时，部件需要和钢铁、Cu 等金属连接，造成 Fe^{3+}、Cu^{2+} 等离子进入酸中，也会降低耐蚀性，不宜选用。

Ni-Mo 合金可以冷、热加工，热加工温度为 1180 ~ 1230℃，热变形率可达 25% ~ 40%。Ni-Mo 合金的加工硬化率大于 Ni-Cr 奥氏体不锈钢，其中间退火温度约为 1150 ~ 1200℃。合金的冷变形程度对其耐蚀性没有太大的影响。

NS3201 合金也称 B 合金或 Hastelloy B，耐强还原性介质腐蚀。NS3202 合金也称 B-2 合金或 Hastelloy B-2，它主要是为了防止 NS3201 合金的晶间腐蚀和刃口腐蚀而发展起来的。其耐蚀性与 NS3201 合金基本相同。

5. Ni-Cr-Mo 合金

Ni-Cr-Mo 合金含有较高的 Cr 和 Mo，因此既耐还原性介质腐蚀又耐氧化性介质腐蚀，同时在氧化-

还原复合介质中也耐蚀。在干和湿的氯气中，在亚硫酸、次氯酸盐、醋酸、甲酸、强氧化性盐溶液中都相当耐蚀，在 650℃ 以上的氟化氢气体中也很耐蚀。

对于耐晶间腐蚀性能，则因合金中 C、Si 含量的不同而有区别。晶间腐蚀的，主要是由于碳化物（M_6C_2、M_2C、$M_{23}C_6$）以及拓扑密排相（σ 相、μ 相）在晶界沉淀析出，导致晶界出现贫 Cr、贫 Mo 区，从而易产生晶间腐蚀。所以降低 C、Si、Fe 的含量，或加入稳定化元素 Ti 等，可以减小晶间腐蚀倾向。NS3304、NS3305 就是在这一原则上由 NS3303 发展而来的。

Ni-Cr-Mo 合金中由于 Cr、Mo 含量都比较高，因此它们都具有良好的耐点腐蚀和耐缝隙腐蚀性能，特别是 $w(Cr)$、$w(Mo)$ 含量都超过 15% 的 NS3303、NS3304、NS3305 合金。合金中含 W（NS3304 合金）对合金耐点腐蚀和耐缝隙腐蚀有利。

Ni-Cr-Mo 合金耐应力腐蚀性良好，在沸腾的 42% $MgCl_2$ 溶液中 1000h 也不产生应力腐蚀。

Ni-Cr-Mo 合金有良好的室温和高温力学性能。合金通常要求经过固溶处理。Ni-Cr-Mo 合金由于合金元素含量高，合金的变形抗力较大，热塑性较低，合金的热加工较为困难。但只要在熔炼过程中充分注意脱氧，或采用电渣重熔工艺，同时采用正确的热加工温度，合金可以进行各种热加工变形。一般热加工温度可以控制在 1200℃ 左右。合金也可以进行冷加工，但每次变形量不易过大，冷加工过程的退火次数要增加。

NS3303 合金也称 C 合金或 Hastelloy C，耐卤族及其氧化物腐蚀。NS3304 合金也称 C-276 合金或 Hastelloy C-276，耐氧化性氯化物水溶液及湿氯、次氯酸盐腐蚀。NS3305 合金也称 C-4 合金或 Hastelloy C-4，耐氯离子氧化-还原复合腐蚀，组织热稳定性好。NS3306 合金也称 625 合金或 Inconel 625，耐氯离子氧化-还原复合腐蚀、耐海水腐蚀，且热强度高。NS3307 合金耐高湿氟化氢、氯化氢气体及氟气腐蚀。NS3302 合金耐含氯离子的氧化-还原介质腐蚀，耐点腐蚀。NS3307 合金耐苛刻环境腐蚀。作为焊接材料，焊接覆盖面大，可用于多种高铬钼镍基合金的焊接及与不锈钢的焊接。

6. Ni-Cr-Mo-Cu 合金

在 Ni-Cr-Mo 合金的基础上添加适量的 Cu，能进一步提高合金在硫酸、磷酸等非氧化性酸中的耐蚀性。

NS3401 合金能耐一些含有 F^-、Cl^- 离子的酸性介质的冲刷冷凝腐蚀，在某些还原性酸、少许氢氟酸加硫酸的混合酸以及氧化-还原复合介质中都具有良好的耐蚀性。

7. 铁镍基耐蚀合金

铁镍基耐蚀合金是介于高 Ni 奥氏体不锈钢和镍基耐蚀合金的中间牌号。与镍基合金相比可以节约大量 Ni，从而使成本降低。与以 Fe 为基的不锈钢相比，由于 Ni 含量的提高，在保证合金具有奥氏体组织的前提下，可容纳更多有利于耐蚀性的 Cr、Mo 等元素，且不必担心有害金属间相的析出。因此在多数介质中，特别是在还原性介质中，其耐蚀性远远优于 Cr、Mo 加入量受限制的奥氏体不锈钢。此类合金的生产工艺性能类似于高 Ni 奥氏体不锈钢，冶金厂和设备制造厂在材料生产和设备制造中不会遇到特殊困难。

铁镍基耐蚀合金中 $w(Ni) > 30\%$，$w(Ni + Cr) > 50\%$。铁镍基耐蚀合金中的 NS1101 合金属标准型合金，其 $w(C) \leq 0.1\%$。NS1102 合金属高 C 型合金，$w(C) = 0.05\% \sim 0.1\%$，它们的高温蠕变强度较高，主要用于 600℃ 以上环境下的化工、石油化工和电力工业的过热器、再沸器、转化炉管、裂解炉管等。NS1301、NS1402、NS1403 合金属中 C 型合金，$w(C) = 0.03\% \sim 0.05\%$，一般用于制作 350 ~ 600℃ 环境下工作的过热器、再沸器等。NS1401 合金属低 C 型合金，$w(C) \leq 0.03\%$，合金耐应力腐蚀性能优良，多用于制作 300 ~ 650℃ 环境下工作的蒸发器、换热器等。

铁镍基耐蚀合金都含有较多的 Ni 和 Cr，所以抗氧化性能都较好，在高温水蒸气中，包括在蒸汽-空气的混合气中都具有优良的耐蚀性。在 400℃ 下，耐 $H_2 + H_2S$ 气体的腐蚀性能优良。此类合金的耐应力腐蚀性能优良，在含 Cl^- 的水中和含 NaOH 的水溶液中低 C 型合金的耐应力腐蚀都优于 Ni-Cr 不锈钢。

此类合金的冷、热加工性能都比较好。其热处理制度则随 C 含量不同而有区别，对于高 C 型合金一般在 1150 ~ 1205℃ 固溶处理后水冷，而低 C 型合金则在 980℃ ± 10℃ 固溶处理后空冷或水冷。

16.2　镍基耐蚀合金的电弧焊

可以用焊接铬镍奥氏体不锈钢的各种方法焊接镍基耐蚀合金。表 16-12 列出适用于某些镍基耐蚀合金的电弧焊方法。对于沉淀硬化型镍基耐蚀合金不适用焊条电弧焊、熔化极气体保护电弧焊及埋弧焊。

表 16-12　适用于某些镍基耐蚀合金的电弧焊方法[4]

合金牌号	UNS 编号	SMAW	GTAW，PAW	GMAW	SAW
纯镍					
200	N02200	△	△	△	△
201	N02201	△	△	△	△
固溶合金（细晶粒）					
400	N04400	△	△	△	△
404	N04404	△	△	△	△
R-405	N04405	△	△	△	—
X	N06002	△	△	△	—
NICR 80	N06003	△	△	—	—
NICR 60	N06004	△	△	—	—
G	N06007	△	△	△	—
RA333	N06333	—	△	—	—
600	N06600	△	△	△	△
601	N06601	△	△	△	△
625	N06625	△	△	△	△
20cb3	N08020	△	△	△	△
800	N08800	△	△	△	△
825	N08825	△	△	△	—
B	N10001	△	△	△	—
C	N10002	△	△	△	—
N	N10003	△	△	—	—
沉淀硬化合金					
K-500	N05500	—	△	—	—
Waspaloy	N07001	—	△	—	—
R-41	N07041	—	△	—	—
80A	N07080	—	△	—	—
90	N07090	—	△	—	—
M 252	N07252	—	△	—	—
U-500	N07500	—	△	—	—
718	N07718	—	△	—	—
X-750	N07750	—	△	—	—
706	N09706	—	△	—	—
901	N09901	—	△	—	—

注：1. UNS 为美国统一数字编码系统的英文缩写。

　　2. △表示推荐使用。

　　3. SMAW—焊条电弧焊；GTAW—钨极气体保护电弧焊；PAW—等离子弧焊；GMAW—熔化极气体保护电弧焊；SAW—埋弧焊。

　　4. 晶粒尺寸不大于 ASTM 标准 5 级为细晶粒。

16.2.1　镍基耐蚀合金的焊接特点

1. 焊接热裂纹

镍基耐蚀合金具有较高的热裂纹敏感性。热裂纹分为结晶裂纹、液化裂纹和高温失延裂纹。

（1）结晶裂纹

凝固过程中，在焊缝金属中随着柱状晶的成长使剩余液态金属中溶质元素含量增加，凝固最后阶段在柱状晶间形成低熔点液态薄膜，由于液态薄膜强度低，且其变形能力很差，容易产生结晶裂纹。

焊缝金属在凝固过程中延性显著下降，容易产生结晶裂纹。焊缝金属的结晶温度区间大小及合金元素和杂质的含量以及凝固过程施加的应变大小和冷却速度快慢及拘束条件都对结晶裂纹敏感性有影响。

例如，在 625、718、706、20cb3 等合金中 Nb 含量较高。镍基耐蚀合金为单一 γ 相，在凝固过程中 γ/NbC 和 γ/Laves 形成低熔点共晶，增加结晶裂纹敏感性。此外，C 和 Si 促进结晶裂纹[6]。

结晶裂纹最容易发生在焊道弧坑，形成弧坑裂纹。

（2）液化裂纹

液化裂纹多出现在紧靠熔合线的热影响区中，有的还出现在多层焊的前层焊缝中。其开裂机理与结晶裂纹相似。

引起晶界液化因素有：在合金中碳化物或金属间化合物与基体的共晶熔化，杂质元素在晶界的偏析以及溶质元素从焊缝金属向热影响区晶界的扩散。

晶界液化主要是由于 MC、$M_{23}C_6$、M_6C、Laves 相与 γ 相的组元液化（constituent liquation）引起的。对于 70Ni-Cr-Fe 三元合金，随着 P、Si、S 含量的增加，液化裂纹敏感性增加；同时，结晶裂纹敏感性也增加[6]。

（3）高温失延裂纹

高温失延裂纹是在固相线以下高温区间形成，是在固态开裂。在厚截面多道焊且焊缝金属晶粒粗大，同时其处在高的拘束条件下可能产生高温失延裂纹。当焊缝金属在高温出现延性下降，则可能出现高温失延裂纹。延性下降温度区间一般为 650 ~ 1200℃。影响高温失延裂纹的因素有：某些合金、杂质和间隙元素的含量，溶质、杂质和间隙元素的偏析，晶粒长大，晶界滑移，晶界沉淀，晶界相对于施加应变的方向以及多道焊的工艺[7-9]。

2. 焊件清理

焊件表面的清洁性是成功地焊接镍基耐蚀合金的一个重要要求。焊件表面的污染物质主要是表面氧化皮和引起脆化的元素。镍基耐蚀合金表面氧化皮的熔点比母材高得多，常常可能形成夹渣或细小的氧化物不连续。这类不连续特别细小，一般用射线检测和着色渗透检测也检查不出来。

S、P、Pb、Sn、Zn、Bi、Sb 和 As 等凡是能和 Ni 形成低熔点共晶的元素都是有害元素。这些有害元素增加镍基耐蚀合金的热裂纹倾向。这些元素经常存在于制造过程中所用的一些材料中，例如脂、油、漆、标记用蜡笔或墨水、成形润滑剂、切削冷却液以及测温笔迹等。在焊接加热或焊接前，必须完全清除这些杂质。如焊件焊后不再加热，焊缝每侧清理区域向外延伸 50mm，包括钝边和坡口。

清理的方法取决于被清理物质的种类。车间污物、油脂可用蒸汽脱脂或用丙酮及其他溶液去除。对不溶于脱脂剂的漆和其他杂物，可用氯甲烷、碱等清洗剂或特殊专用合成剂清洗。标记墨水一般用甲醇清洗。被压入焊件表面的杂质，可用磨削、喷丸或盐酸溶液（体积分数为 10%）清洗并用清水洗净。

3. 限制热输入

采用高热输入焊接镍基耐蚀合金可能产生不利的影响。在热影响区（HAZ）产生一定程度的退火和晶粒长大。

高热输入可能产生过度的偏析、碳化物的沉淀或其他的有害的冶金现象。这就可能引起热裂纹或降低耐蚀性。

在选择焊接方法和焊接工艺时还必须考虑母材的晶粒尺寸。由于粗大晶粒的晶界存在较多的碳化物和促进液化裂纹的金属间化合物，因而就增大了热裂纹倾向。表 16-13 给出了在焊接某些镍基合金时不同晶粒尺寸推荐使用的焊接方法，焊接晶粒粗大的镍基合金必须使用较低的热输入。

当焊接出现问题时应改进焊接工艺，应考虑减少热输入或采用其他低热输入的焊接方法。窄焊道就是改进焊接工艺的一个实例。

4. 耐蚀性能

对于大多数镍基耐蚀合金，焊后对耐蚀性能并没有多大影响。通常选择填充材料的化学成分与母材接近。这样焊缝金属在大多数环境下其耐蚀性与母材相当。

但有些镍基合金焊接加热后对靠近焊缝的热影响区产生有害影响。例如 Ni-Mo 合金通过焊后退火处理来恢复热影响区的耐蚀性。对于大多数镍基合金不需要通过焊后热处理来恢复耐蚀性。但对一些工作在特殊的环境中的材料例外。例如 600 合金工作在熔融状态苛性碱中及 400 合金工作在氢氟酸介质中需要焊后消除应力热处理以防止应力腐蚀裂纹。

表 16-13 不同晶粒尺寸推荐的焊接方法[4]

合金牌号	晶粒尺寸	GMAW	EBW	GTAW	SMAW
600	细晶粒	△	△	△	△
	粗晶粒	—	—	△	△
617	细晶粒	△	△	△	△
	粗晶粒	—	—	△	△
625	细晶粒	△	△	△	△
	粗晶粒	—	—	△	△
706	细晶粒	—	△	△	△
	粗晶粒	—	—	△	△
718	细晶粒	—	△	△	△
	粗晶粒	—	—	△	△
800	细晶粒	△	△	△	△
	粗晶粒	△	△	△	△

注：1. 晶粒尺寸大于或等于 ASTM 5 级为粗晶粒，晶粒尺寸小于等于 ASTM 5 级为细晶粒。

2. EBW—电子束焊，GMAW 采用喷射过渡。

3. △表示推荐使用。

5. 工艺特性

（1）液态焊缝金属流动性差

镍基合金焊缝金属不像钢焊缝金属那样容易润湿展开，即使增大焊接电流也不能改进焊缝金属的流动性，反而起着有害作用。这是镍基耐蚀合金的固有特性。焊接电流超过推荐范围不仅使溶池过热，增大热裂纹敏感性，而且使焊缝金属中的脱氧剂蒸发，出现气孔。焊条电弧焊时，过大的焊接电流也使焊条过热并引起药皮脱落，失去保护。

由于焊缝金属流动性差，不易流到焊缝两边，因此为获得良好的焊缝成形，有时采用摆动工艺。但这种摆动是小摆动，摆动距离不超过焊条或焊丝直径的三倍。

有时焊条电弧焊即使采用摆动工艺也发现有缺陷，这是由于咬边引起的。为了消除这一缺陷，焊工在摆动到每一侧极限位置时，要稍停顿一下，以便有足够的时间使熔化的焊缝金属添满咬边。在焊条电弧焊时要采用的另一个重要的工艺措施是焊接电弧应尽量的短。

由于需要控制接头的焊缝金属，镍基耐蚀合金接头形式与钢不同。接头的坡口角度更大，以便使用摆动工艺。

（2）焊缝金属熔深浅

这也是镍基耐蚀合金的固有特性。同样也不能通过增大焊接电流来增加熔深。如上所述，如果电流过大对焊接有害，引起裂纹和气孔。

比较 600 合金、304 不锈钢和低碳钢的焊缝熔深，使用自动钨极气体保护电弧焊，在相同焊接参数条件下，低碳钢焊缝熔深最深，600 合金焊缝熔深最浅，只有低碳钢的一半[10]。

由于镍基耐蚀合金焊缝金属熔深浅，接头钝边的厚度要薄一些。

（3）预热和焊后热处理

镍基耐蚀合金一般不需要焊前预热。但当母材温度低于15℃时，应对接头两侧250～300mm 宽的区域内加热到 15～20℃，以免湿气冷凝。在大多数情况下，预热温度和焊缝道间温度应较低，以免母材过热。一般不推荐焊后热处理，但有时为保证使用中不发生晶间腐蚀或应力腐蚀需要热处理。

16.2.2 镍基耐蚀合金的焊条电弧焊

焊条电弧焊主要用来焊接纯 Ni 和固溶强化镍基耐蚀合金。

1. 焊条

在大多数情况下，焊条的焊缝熔敷金属化学成分与使用母材类似。调整化学成分以满足焊接性的要求。通过添加合金控制气孔，增加抗热裂纹的能力或改善力学性能。

（1）药皮配方

焊条药皮利用配料的化学和物理性能改善焊接电

弧。碱金属电离电压低，其更容易电离，从而引弧更容易。另一个使焊接电弧稳定的方法是增加电子发射能力，为此目的最好添加难熔氧化物。

药皮通常都添加如 Ti、Mn 和 Nb 作为脱氧剂。药皮还应考虑到液态金属流动性差的特性以及焊芯的合金电离电压高。因此对药皮配料的基本要求如下：

1）保护熔池，防止大气中氧和氮的污染。

2）电弧稳定。

3）渣通过形成共晶或溶解除去固态氧化物。

4）渣有好的润湿性，容易铺展，有高的流动性，以便更好地覆盖在焊缝表面，不会产生咬边。

5）渣冷却后容易除去或自动脱落。

（2）焊条分类

镍基耐蚀合金的焊条分为纯 Ni、Ni-Cu、Ni-Cr、Ni-Cr-Fe、Ni-Mo、Ni-Cr-Mo 等类型。焊缝熔敷金属的化学成分每一类型分为一种或多种型号的焊条。表 16-14 列出国家标准 GB/T 13814—2008《镍及镍合金焊条》中各类型焊条熔敷金属化学成分；表 16-15 列出国际标准 ISO 14172：2003《Welding consumables—Covered electrodes for manual metal arc welding of nickel and nickel alloy—Classification》（《焊接消耗品—镍和镍合金焊条电弧焊用药皮焊条—分类》）中各类型焊条熔敷金属化学成分；表 16-16 列出与 ISO 14172：2003 标准对应的一些国家标准焊条类型；表 16-17 列出 ISO 14172：2003 中各类型焊条焊缝熔敷金属的拉伸性能。

下面列出国际标准 ISO 14172：2003 给出各类型焊条的使用场合，有关焊条的具体使用信息应咨询制造商。

1）纯 Ni。Ni 2061 类型用于焊接商业纯 Ni（200 合金、201 合金）锻件和铸件，带有纯 Ni 的复合钢的覆层侧的焊接和在钢上堆焊，以及异种金属焊接。

2）Ni-Cu 合金。Ni 4060、Ni 4061 类型用于焊接 Ni-Cu 合金（400 合金），带有 Ni-Cu 合金的复合钢的覆层侧的焊接，以及在钢上堆焊。

3）Ni-Cr 合金。

① Ni 6082 类型用于焊接 Ni-Cr 合金（例如 80A 合金、UNS N06075）和 Ni-Cr-Fe 合金（例如 600 合金、601 合金），及堆焊和焊接异种金属接头，以及焊接在低温使用的镍钢。

② Ni 6231 类型用于焊接 Ni-Cr-W-Mo 合金（230 合金）。

4）Ni-Cr-Fe 合金。

① Ni 6025 类型用于焊接与其熔敷金属成分相似的镍基合金，例如 UNS N06025、UNS N06603。使用温度达 1200℃。

② Ni 6062 类型用于焊接 Ni-Cr-Fe 合金（例如 600 合金、601 合金），带有 Ni-Cr-Fe 合金的复合钢接头的覆层侧的焊接，及在钢上堆焊。适合异种金属焊接。使用温度达 980℃，但在 820℃ 以上不具有最佳的抗氧化能力和强度。

③ Ni 6093、Ni 6094、Ni 6095 类型用于焊接 9% Ni 钢。

④ Ni 6133 类型用于焊接 Ni-Fe-Cr 合金（例如 800 合金）和 Ni-Cr-Fe 合金（例如 600 合金），特别适合异种金属焊接。使用温度及高温性能同 Ni 6062 类型。

⑤ Ni 6152 类型熔敷金属含铬量高于其他 Ni-Cr-Fe 类型。用于焊接含 Cr 量高的镍基合金（例如 690 合金），及在低合金钢和不锈钢上堆焊获得耐蚀层，以及异种金属接头焊接。

⑥ Ni 6182 类型用于焊接 Ni-Cr-Fe 合金（例如 600 合金），带有 Ni-Cr-Fe 合金的复合钢接头的覆层侧的焊接，及在钢上堆焊，以及钢与其他镍基合金焊接。使用温度达 480℃。

⑦ Ni 6333 类型用于焊接与其熔敷金属成分相似的镍基合金（特别是 RA 333 合金）。使用温度达 1000℃。

⑧ Ni 6701、Ni 6702 类型用于焊接与其熔敷金属成分类似的镍基合金。使用温度达 1200℃。

⑨ Ni 6704 类型使用同 Ni 6025 类型。

⑩ Ni 8025、Ni 8165 类型用于焊接 Ni-Fe-Cr 合金（例如 825 合金）。还可用于在钢上堆焊。

5）Ni-Mo 合金。

① Ni 1001 类型用于焊接与其熔敷金属成分类似的 Ni-Mo 合金（特别是 B 合金），带有 Ni-Mo 合金的复合钢接头的覆层侧的焊接，及 Ni-Mo 合金与钢或其他镍基合金的焊接。

② Ni 1004 类型用于镍基、钴基和铁基合金异种金属组合的焊接。

③ Ni 1008、Ni 1009 类型用于焊接 9% Ni 钢。

④ Ni 1062 类型用于焊接 Ni-Mo 合金（主要是 UNS N10629），其他使用同 Ni 1001 类型。

⑤ Ni 1066 类型用于焊接 Ni-Mo 合金（主要是 B-2 合金），其他使用同 Ni 1001 类型。

⑥ Ni 1067 类型用于焊接 Ni-Mo 合金（特别是 B-2 合金、UNS N10675），以及 Ni-Mo 合金与钢或其他镍基合金的焊接。

⑦ Ni 1069 类型使用同 Ni 1004 类型。

6）Ni-Cr-Mo 合金

表16-14　镍及镍合金焊条熔敷金属化学成分 (GB/T 13814—2008)

焊条型号	化学成分代号	化学成分(质量分数,%)															
		C	Mn	Fe	Si	Cu	Ni①	Co	Al	Ti	Cr	Nb②	Mo	V	W	S	P	其他③
镍																		
ENi2061	NiTi3	0.10	0.7	0.7	1.2	0.2	≥92.0	—	1.0	1.0~4.0	—	—	—	—	—	0.015	0.020	—
ENi2061A	NiNbTi	0.06	2.5	4.5	1.5	—	≥92.0	—	0.5	1.5	—	2.5	—	—	—	0.015	0.015	—
镍铜																		
ENi4060	NiCu30Mn3Ti	0.15	4.0	2.5	1.5	27.0~34.0	≥62.0	—	—	1.0	—	—	—	—	—	0.015	0.020	—
ENi4061	NiCu27Mn3NbTi	0.10	4.0	2.5	1.3	24.0~31.0	≥62.0	—	1.0	1.5	—	3.0	—	—	—	0.015	0.020	—
镍铬																		
ENi6082	NiCr20Mn3Nb	0.10	2.0~6.0	4.0	0.8	—	≥63.0	—	—	0.5	18.0~22.0	1.5~3.0	2.0	—	—	0.015	0.020	—
ENi6231	NiCr22W14Mo	0.05~0.10	0.3~1.0	3.0	0.3~0.7	0.5	≥45.0	5.0	0.5	0.1	20.0~24.0	—	1.0~3.0	—	13.0~15.0	0.015	0.020	—
镍铬铁																		
ENi6025	NiCr25Fe10AlY	0.10~0.25	0.5	8.0~11.0	0.8	—	≥55.0	—	1.5~2.2	0.3	24.0~26.0	—	—	—	—	0.015	0.020	Y:0.15
ENi6062	NiCr15Fe8Nb	0.08	3.5	11.0	1.0	—	≥62.0	—	—	—	13.0~17.0	0.5~4.0	1.0~3.5	—	—	0.015	0.020	—
ENi6093	NiCr15Fe8NbMo	0.20	1.0~5.0	12.0	1.0	0.5	≥60.0	—	—	—	13.0~17.0	1.0~3.5	2.5~5.5	—	—	0.015	0.020	—
ENi6094	NiCr14Fe4NbMo	0.15	1.0~4.5	12.0	0.8	0.5	≥55.0	—	—	—	12.0~17.0	0.5~3.0	1.0~3.5	—	—	0.015	0.020	—
ENi6095	NiCr15Fe8NbMoW	0.20	1.0~3.5	12.0	0.8	0.5	≥55.0	—	—	—	13.0~17.0	1.0~3.5	0.5~2.5	—	1.5~3.5	0.015	0.020	—
ENi6133	NiCr16Fe12NbMo	0.10	1.0~3.5	12.0	0.8	0.5	≥62.0	—	—	—	13.0~17.0	0.5~3.0	0.5~2.5	—	—	0.015	0.020	—
ENi6152	NiCr30Fe9Nb	0.05	5.0	7.0~12.0	0.5	—	≥50.0	—	0.5	0.5	28.0~31.5	1.0~2.5	0.5	—	—	0.015	0.020	—

（续）

焊条型号	化学成分代号	化学成分（质量分数，%）																
		C	Mn	Fe	Si	Cu	Ni①	Co	Al	Ti	Cr	Nb②	Mo	V	W	S	P	其他③
镍铬铁																		
ENi6182	NiCr15Fe6Mn	0.10	5.0~10.0	10.0	1.0	0.5	≥60.0	—		1.0	13.0~17.0	1.0~3.5			—			Ta:0.3
ENi6333	NiCr25Fe16CoNbW	0.10	1.2~2.0	≥16.0	0.8~1.2		44.0~47.0	2.5~3.5			24.0~26.0		2.5~3.5		2.5~3.5			—
ENi6701	NiCr36Fe7Nb	0.35~0.50	0.5~2.0	7.0	0.5~2.0	—	42.0~48.0		—	—	33.0~39.0	0.8~1.8	—	—				—
ENi6702	NiCr28Fe6W	0.35~0.50	1.5	6.0	0.8		47.0~50.0				27.0~30.0		—		4.0~5.5			
ENi6704	NiCr25Fe10Al3YC	0.15~0.30	0.5	8.0~11.0			≥55.0		1.8~2.8	0.3	24.0~26.0					0.015	0.020	Y:0.15
ENi8025	NiCr29Fe30Mo	0.06	1.0~3.0	30.0	0.7	1.5~3.0	35.0~40.0			1.0	27.0~31.0	1.0	2.5~4.5					
ENi8165	NiCr25Fe30Mo	0.03	3.0	30.0			37.0~42.0		0.1	1.0	23.0~27.0		3.5~7.5					—
镍钼																		
ENi1001	NiMo28Fe5	0.07	1.0	4.0~7.0	1.0		≥55.0	2.5			1.0		26.0~30.0					
ENi1004	NiMo25Cr5Fe5	0.12	1.0			0.5	≥60.0	—			2.5~5.5		23.0~27.0	0.6	1.0			
ENi1008	NiMo19WCr	0.10	1.5	10.0	0.8	0.3~1.3	≥62.0				0.5~3.5		17.0~20.0		2.0~4.0			
ENi1009	NiMo20WCu			4.0~7.0	0.7	—	≥60.0						18.0~22.0					
ENi1062	NiMo24Cr8Fe6		1.0	4.0~7.0							6.0~9.0		22.0~26.0			0.015	0.020	
ENi1066	NiMo28	0.02	2.0	2.2	0.2		≥64.5				1.0		26.0~30.0		1.0			
ENi1067	NiMo30Cr			1.0~3.0		0.5	≥62.0				1.0~3.0		27.0~32.0		3.0			

（续）

焊条型号	化学成分代号	类别	化学成分（质量分数，%）																
			C	Mn	Fe	Si	Cu	Ni①	Co	Al	Ti	Cr	Nb②	Mo	V	W	S	P	其他③
ENi1069	NiMo28Fe4Cr	镍钼	0.02	1.0	2.0~5.0	0.7	—	≥65.0	1.0	0.5	—	0.5~1.5	—	26.0~30.0	—	—	0.015	0.020	
ENi6002	NiCr22Fe18Mo	镍铬钼	0.05~0.15	1.0	17.0~20.0	1.0	—	≥45.0	0.5~2.5	—	—	20.0~23.0	—	8.0~10.0	—	0.2~1.0			
ENi6012	NiCr22Mo9		0.03	1.0	3.5	0.7	0.5	≥58.0	—	0.4	0.4	20.0~23.0	1.5	8.5~10.5	—	—			
ENi6022	NiCr21Mo13W3		0.02	0.5	2.0~6.0	0.2	—	≥49.0	2.5	—	—	20.0~22.5	—	12.5~14.5	0.4	2.5~3.5			
ENi6024	NiCr26Mo14		0.03	1.5	1.5	1.0	—	≥55.0	—	—	—	25.0~27.0	—	13.5~15.0	—	—			
ENi6030	NiCr29Mo5Fe15W2		0.03	1.5	13.0~17.0	1.0	1.0~2.4	≥36.0	5.0	—	—	28.0~31.5	0.3~1.5	4.0~6.0	—	1.5~4.0			
ENi6059	NiCr23Mo16		0.02	1.0	1.5	0.2	—	≥56.0	—	—	—	22.0~24.0	—	15.0~16.5	—	—			
ENi6200	NiCr23Mo16Cu2		0.02	0.5	3.0	0.2	1.3~1.9	≥45.0	2.0	—	—	20.0~24.0	—	15.0~17.0	—	—	0.015	0.020	
ENi6205	NiCr25Mo16		0.02	0.5	5.0	1.0	2.0		—	0.4	—	22.0~27.0	—	13.5~16.5	—	—			
ENi6275	NiCr15Mo16Fe5W3		0.10	1.0	4.0~7.0	1.0	0.5	≥50.0	2.5	—	—	14.5~16.5	—	15.0~18.0	0.4	3.0~4.5			
ENi6276	NiCr15Mo15Fe6W4		0.02	1.0	4.0~7.0	0.2	—		—	—	—	15.0~17.0	—	15.0~17.0	—	3.0~4.5			

（续）

化学成分（质量分数，%）

焊条型号	化学成分代号	C	Mn	Fe	Si	Cu	Ni①	Co	Al	Ti	Cr	Nb②	Mo	V	W	S	P	其他③
镍铬钼组																		
ENi6452	NiCr19Mo15	0.025	2.0	1.5	0.4		≥56.0	—		—	18.0~20.0	0.4	14.0~16.0		—			
ENi6455	NiCr16Mo15Ti	0.02	1.5	3.0	0.2		≥56.0	2.0		0.7	14.0~18.0		14.0~17.0		0.5			
ENi6620	NiCr14Mo7Fe	0.10	2.0~4.0	10.0	1.0		≥55.0	—			12.0~17.0	0.5~2.0	5.0~9.0	—	1.0~2.0	0.015		
ENi6625	NiCr22Mo9Nb	0.10	2.0	7.0	0.8		≥55.0				20.0~23.0	3.0~4.2	8.0~10.0		—			
ENi6627	NiCr21MoFeNb	0.03	2.2	5.0	0.7	0.5	≥57.0				20.5~22.5	1.0~2.8	8.8~10.0		0.5			
ENi6650	NiCr20Fe14Mo11WN	0.03	0.7	12.0~15.0	0.6	1.5~2.5	≥44.0	1.0	0.5		19.0~22.0	0.3	10.0~13.0		1.0~2.0	0.02	0.020	N:0.15
ENi6686	NiCr21Mo16W4	0.02	0.7	5.0	0.3		≥49.0			0.3	19.0~23.0		15.0~17.0		3.0~4.4			
ENi6985	NiCr22Mo7Fe19	0.02	1.0	18.0~21.0	1.0		≥45.0	5.0			21.0~23.5	1.0	6.0~8.0	—	1.5	0.015		
镍铬钴钼组																		
ENi6117	NiCr22Co12Mo	0.05~0.15	3.0	5.0	1.0	0.5	≥45.0	9.0~15.0	1.5	0.6	20.0~26.0	1.0	8.0~10.0	—		0.015	0.020	

注：除 Ni 外另有规定，所有单值元素均为最大值。

① 除非另有规定，Co 含量应低于该含量的 1%。也可供需双方协商，要求较低的 Co 含量。

② Ta 含量应低于该含量的 20%。

③ 未规定数值的元素总量不应超过 0.5%（质量分数）。

表 16-15　焊条代号及熔敷金属化学成分（ISO 14172：2003）

数字符号	化学成分（质量分数,%）											
	C	Mn	Fe	Si	Cu	Ni①	Al	Ti	Cr	Nb②	Mo	其他③,④
纯 Ni												
Ni 2061	≤0.10	≤0.7	≤0.7	≤1.2	≤0.2	≥92.0	≤1.0	1.0~4.0	—	—	—	—
Ni-Cu												
Ni 4060	≤0.15	≤4.0	≤2.5	≤1.5	27.0~34.0	≥62.0	≤1.0	≤1.0	—	—	—	—
Ni 4061	≤0.15	≤4.0	≤2.5	≤1.3	24.0~31.0	≥62.0	≤1.0	≤1.5	—	≤3.0	—	—
Ni-Cr												
Ni 6082	≤0.10	2.0~6.0	≤4.0	≤0.8	≤0.5	≥63.0		≤0.5	18.0~22.0	1.5~3.0	≤2.0	—
Ni 6231	0.05~0.10	0.3~1.0	≤3.0	0.3~0.7	≤0.5	≥45.0	≤0.5	≤0.1	20.0~24.0		1.0~3.0	Co≤5.0 W=13.0~15.0
Ni-Cr-Fe												
Ni 6025	0.10~0.25	≤0.5	8.0~11.0	≤0.8	—	≥55.0	1.5~2.2	≤0.3	24.0~26.0		—	Y≤0.15
Ni 6062	≤0.08	≤3.5	≤11.0	≤0.8	≤0.5	≥62.0	—	—	13.0~17.0	0.5~4.0	—	—
Ni 6093	≤0.20	1.0~5.0	≤12.0	≤1.0	≤0.5	≥60.0	—	—	13.0~17.0	1.0~3.5	1.0~3.5	—
Ni 6094	≤0.15	1.0~4.5	≤12.0	≤0.8	≤0.5	≥55.0	—	—	12.0~17.0	0.5~3.0	2.5~5.5	W≤1.5
Ni 6095	≤0.20	1.0~3.5	≤12.0	≤0.8	≤0.5	≥55.0	—	—	13.0~17.0	1.0~3.5	1.0~3.5	W=1.5~3.5
Ni 6133	≤0.10	1.0~3.5	≤12.0	≤0.8	≤0.5	≥62.0	—	—	13.0~17.0	0.5~3.0	0.5~2.5	—
Ni 6152	≤0.05	≤5.0	7.0~12.0	≤0.8	≤0.5	≥50.0	≤0.5	≤0.5	28.0~31.5	1.0~2.5	≤0.5	—
Ni 6182	≤0.10	5.0~10.0	≤10.0	≤1.0	≤0.5	≥60.0	—	≤1.0	13.0~17.0	1.0~3.5*	—	*有规定时 Ta≤0.3
Ni 6333	≤0.10	1.2~2.0	≥16.0	0.8~1.2	≤0.5	44.0~47.0	—	—	24.0~26.0		2.5~3.5	W=2.5~3.5 Co=2.5~3.5
Ni 6701	0.35~0.50	0.5~2.0	≤7.0	0.5~2.0	—	42.0~48.0	—	—	33.0~39.0	0.8~1.8	—	—
Ni 6702	0.35~0.50	0.5~1.5	≤6.0	0.5~2.0	—	47.0~50.0	—	—	27.0~30.0		—	W=4.0~5.5

（续）

数字符号	化学成分（质量分数，%）										
	C	Mn	Fe	Si	Cu	Ni[①]	Al	Ti	Cr	Nb[②]	Mo	其他[③,④]
Ni-Cr-Fe												
Ni 6704	0.15 ~ 0.30	≤0.5	8.0 ~ 11.0	≤0.8	—	≥55.0	1.8 ~ 2.8	≤0.3	24.0 ~ 26.0	—	—	Y≤0.15
Ni 8025	≤0.06	1.0 ~ 3.0	≤30.0	≤0.7	1.5 ~ 3.0	35.0 ~ 40.0	≤0.1	≤1.0 *	27.0 ~ 31.0	≤1.0	2.5 ~ 4.5	* 或 Nb
Ni 8165	≤0.03	1.0 ~ 3.0	≤30.0	≤0.7	1.5 ~ 3.0	37.0 ~ 42.0	≤0.1	≤1.0	23.0 ~ 27.0		3.5 ~ 7.5	—
Ni-Mo												
Ni 1001	≤0.07	≤1.0	4.0 ~ 7.0	≤1.0	≤0.5	≥55.0	—	—	≤1.0		26.0 ~ 30.0	Co≤2.5 V≤0.6 W≤1.0
Ni 1004	≤0.12	≤1.0	4.0 ~ 7.0	≤1.0	≤0.5	≥60.0	—	—	2.5 ~ 5.5		23.0 ~ 27.0	V≤0.6 W≤1.0
Ni 1008	≤0.10	≤1.5	≤10.0	≤0.8	≤0.5	≥60.0	—	—	0.5 ~ 3.5		17.0 ~ 20.0	W=2.0 ~ 4.0
Ni 1009	≤0.10	≤1.5	≤7.0	≤0.8	0.3 ~ 1.3	≥62.0	—	—			18.0 ~ 22.0	W=2.0 ~ 4.0
Ni 1062	≤0.02	≤1.0	4.0 ~ 7.0	≤0.7	—	≥60.0	—	—	6.0 ~ 9.0		22.0 ~ 26.0	—
Ni 1066	≤0.02	≤2.0	≤2.2	≤0.2	≤0.5	≥64.5	—	—	≤1.0		26.0 ~ 30.0	W≤1.0
Ni 1067	≤0.02	≤2.0	1.0 ~ 3.0	≤0.2	≤0.5	≥62.0	—	—	1.0 ~ 3.0		27.0 ~ 32.0	Co≤3.0 W≤3.0
Ni 1069	≤0.02	≤1.0	2.0 ~ 5.0	≤0.7	—	≥65.0	≤0.5	—	0.5 ~ 1.5		26.0 ~ 30.0	Co≤1.0
Ni-Cr-Mo												
Ni 6002	0.05 ~ 0.15	≤1.0	17.0 ~ 20.0	≤1.0	≤0.5	≥45.0	—	—	20.0 ~ 23.0	—	8.0 ~ 10.0	Co=0.5 ~ 2.5 W=0.2 ~ 1.0
Ni 6012	≤0.03	≤1.0	≤3.5	≤0.7	≤0.5	≥58.0	≤0.4	≤0.4	20.0 ~ 23.0	≤1.5	8.5 ~ 10.5	—
Ni 6022	≤0.02	≤1.0	2.0 ~ 6.0	≤0.2	≤0.5	≥49.0	—	—	20.0 ~ 22.5	—	12.5 ~ 14.5	Co≤2.5 V≤0.4 W=2.5 ~ 3.5
Ni 6024	≤0.02	≤0.5	≤1.5	≤0.2	≤0.5	≥55.0	—	—	25.0 ~ 27.0		13.5 ~ 15.0	—
Ni 6030	≤0.03	≤1.5	13.0 ~ 17.0	≤1.0	1.0 ~ 2.4	≥36.0	—	—	28.0 ~ 31.5	0.3 ~ 1.5	4.0 ~ 6.0	Co≤5.0 W=1.5 ~ 4.0

（续）

数字符号	化学成分（质量分数,%）										
	C	Mn	Fe	Si	Cu	Ni[①]	Al	Ti	Cr	Nb[②]	Mo	其他[③,④]

Ni-Cr-Mo

数字符号	C	Mn	Fe	Si	Cu	Ni[①]	Al	Ti	Cr	Nb[②]	Mo	其他[③,④]
Ni 6059	≤0.02	≤1.0	≤1.5	≤0.2	—	≥56.0	—	—	22.0 ~ 24.0	—	15.0 ~ 16.5	
Ni 6200	≤0.02	≤1.0	≤3.0	≤0.2	1.3 ~ 1.9	≥45.0	—	—	20.0 ~ 24.0	—	15.0 ~ 17.0	Co≤2.0
Ni 6205	≤0.02	≤0.5	≤5.0	≤0.2	≤2.0	≥50.0	≤0.4	—	22.0 ~ 27.0	—	13.5 ~ 16.5	
Ni 6275	≤0.10	≤1.0	4.0 ~ 7.0	≤1.0	≤0.5	≥50.0	—	—	14.5 ~ 16.5	—	15.0 ~ 18.0	Co≤2.5 V≤0.4 W=3.0~4.5
Ni 6276	≤0.02	≤1.0	4.0 ~ 7.0	≤0.2	≤0.5	≥50.0	—	—	14.5 ~ 16.5	—	15.0 ~ 17.0	Co≤2.5 V≤0.4 W=3.0~4.5
Ni 6452	≤0.025	≤2.0	≤1.5	≤0.4	≤0.5	≥56.0	—	—	18.0 ~ 20.0	≤0.4	14.0 ~ 16.0	V≤0.4
Ni 6455	≤0.02	≤1.5	≤3.0	≤0.2	≤0.5	≥56.0	—	≤0.7	14.0 ~ 18.0	—	14.0 ~ 17.0	Co≤2.0 W≤0.5
Ni 6620	≤0.10	2.0 ~ 4.0	≤10.0	≤1.0	≤0.5	≥55.0	—	—	12.0 ~ 17.0	0.5 ~ 2.0	5.0 ~ 9.0	W=1.0~2.0
Ni 6625	≤0.10	≤2.0	≤7.0	≤0.8	≤0.5	≥55.0	—	—	20.0 ~ 23.0	3.0 ~ 4.2	8.0 ~ 10.0	—
Ni 6627	≤0.03	≤2.2	≤5.0	≤0.7	≤0.5	≥57.0	—	—	20.5 ~ 22.5	1.0 ~ 2.8	8.8 ~ 10.0	W≤0.5
Ni 6650	≤0.03	≤0.7	12.0 ~ 15.0	≤0.6	≤0.5	≥44.0	≤0.5	—	19.0 ~ 22.0	≤0.3	10.0 ~ 13.0	Co≤1.0 W=1.0~2.0 N≤0.15 S≤0.02
Ni 6686	≤0.02	≤1.0	≤5.0	≤0.3	≤0.5	≥49.0	—	≤0.3	19.0 ~ 23.0	—	15.0 ~ 17.0	W=3.0~4.4
Ni 6985	≤0.02	≤1.0	18.0 ~ 21.0	≤1.0	1.5 ~ 2.5	≥45.0	—	—	21.0 ~ 23.5	≤1.0	6.0 ~ 8.0	Co≤5.0 W≤1.5

Ni-Cr-Co-Mo

数字符号	C	Mn	Fe	Si	Cu	Ni[①]	Al	Ti	Cr	Nb[②]	Mo	其他[③,④]
Ni 6117	0.05 ~ 0.15	≤3.0	≤5.0	≤1.0	≤0.5	≥45.0	≤1.5	≤0.6	20.0 ~ 26.0	≤1.0	8.0 ~ 10.0	Co=9.0~15.0

① 除非另有规定，可以含有小于 1% Ni 含量的 Co。

② 可以含有小于 20% Nb 含量的 Ta。

③ 没有规定的其他元素的质量分数之和不超过 0.5%。

④ $w(P)$ 不超过 0.020%，$w(S)$ 不超过 0.015%。

表 16-16　与国际标准对应的一些国家标准焊条分类（ISO 14172：2003 ）

数字符号	化学符号名	AWS A5. 11/A5. 11M：1997	JIS Z3224：1999	DIN 1736：1985
纯 Ni				
Ni 2061	NiTi3	ENi—1	DNi—1	2. 4156
Ni-Cu				
Ni 4060	NiCu30Mn3Ti	ENiCu—7	DNiCu—7	2. 4366
Ni 4061	NiCu27Mn3NbTi	—	DNiCu—1	—
Ni-Cr				
Ni 6082	NiCr20Mn3Nb			2. 4648
Ni 6231	NiCr22W14Mo	ENiCrWMo—1		
Ni-Cr-Fe				
Ni 6025	NiCr25Fe10AlY	—		
Ni 6062	NiCr15Fe8Nb	ENiCrFe—1	DNiCrFe—1	
Ni 6093	NiCr15Fe8NbMo	ENiCrFe—4	—	2. 4625
Ni 6094	NiCr14Fe4NbMo	ENiCrFe—9	—	—
Ni 6095	NiCr15Fe8NbMoW	ENiCrFe—10		
Ni 6133	NiCr16Fe12NbMo	ENiCrFe—2	DNiCrFe—2	2. 4805
Ni 6152	NiCr30Fe9Nb	ENiCrFe—7		
Ni 6182	NiCr15Fe6Mn	ENiCrFe—3	DNiCrFe—3	2. 4807
Ni 6333	NiCr25Fe16CoNbW	—		—
Ni 6701	NiCr36Fe7Nb			—
Ni 6702	NiCr28Fe6W			—
Ni 6704	NiCr25Fe10Al3YC			—
Ni 8025	NiFe30Cr29Mo	—	—	2. 4653
Ni 8165	NiFe30Cr25Mo	—	—	2. 4652
Ni-Mo				
Ni 1001	NiMo28Fe5	ENiMo—1	DNiMo—1	—
Ni 1004	NiMo25Cr3Fe5	ENiMo—3		—
Ni 1008	NiMo19WCr	ENiMo—8		—
Ni 1009	NiMo20WCu	ENiMo—9		—
Ni 1062	NiMo24Cr8Fe6	—		—
Ni 1066	NiMo28	ENiMo—7		2. 4616
Ni 1067	NiMo30Cr	ENiMo—10		—
Ni 1069	NiMo28 Fe4Cr			—

（续）

数字符号	化学符号名	AWS A5.11/A5.11M：1997	JIS Z3224：1999	DIN 1736：1985
Ni-Cr-Mo				
Ni 6002	NiCr22 Fe18Mo	ENiCrMo—2	DNiCrMo—2	—
Ni 6012	NiCr22Mo9	—	—	—
Ni 6022	NiCr21Mo13W3	ENiCrMo—10	—	2.4638
Ni 6024	NiCr26Mo14	—	—	—
Ni 6030	NiCr29Mo5Fe15W2	ENiCrMo—11	—	—
Ni 6059	NiCr23Mo16	ENiCrMo—13	—	2.4609
Ni 6200	NiCr23Mo16Cu2	ENiCrMo—17	—	—
Ni 6205	NiCr25Mo16	—	—	—
Ni 6275	NiCr15Mo16Fe5W3	ENiCrMo—5	DNiCrMo—5	—
Ni 6276	NiCr15Mo15Fe6W4	ENiCrMo—4	DNiCrMo—4	2.4887
Ni 6452	NiCr19Mo15	—	—	2.4657
Ni 6455	NiCr16Mo15Ti	ENiCrMo—7	—	2.4612
Ni 6620	NiCr14Mo7Fe	ENiCrMo—6	—	—
Ni 6625	NiCr22Mo9Nb	ENiCrMo—3	DNiCrMo—3	2.4621
Ni 6627	NiCr21MoFeNb	ENiCrMo—12	—	—
Ni 6650	NiCr20Fe14Mo11WN	—	—	—
Ni 6686	NiCr21Mo16W4	ENiCrMo—14	—	—
Ni 6985	NiCr22Mo7Fe19	ENiCrMo—9	—	2.4623
Ni-Cr-Co-Mo				
Ni 6117	NiCr22Co12Mo	ENiCrCoMo—1	—	2.4628

表 16-17　焊缝熔敷金属的拉伸性能（ISO 14172：2003）

数字符号	最小规定塑性延伸强度 /MPa	最小抗拉强度 /MPa	最小断后伸长率 （%）
纯 Ni			
Ni 2061	200	410	18
Ni-Cu			
Ni 4060，Ni 4061	200	480	27
Ni-Cr			
Ni 6082	360	600	22
Ni 6231	350	620	18
Ni-Cr-Fe			
Ni 6025	400	690	12

（续）

数字符号	最小规定塑性延伸强度 /MPa	最小抗拉强度 /MPa	最小断后伸长率 （%）
Ni-Cr-Fe			
Ni 6062	360	550	27
Ni 6093，Ni 6094，Ni 6095	360	650	18
Ni 6133，Ni 6152，Ni 6182	360	550	27
Ni 6333	360	550	18
Ni 6701，Ni 6702	450	650	8
Ni 6704	400	690	12
Ni 8025，Ni 8165	240	550	22
Ni-Mo			
Ni 1001，Ni 1004	400	690	22
Ni 1008，Ni 1009	360	650	22
Ni 1062	360	550	18
Ni 1066	400	690	22
Ni 1067	350	690	22
Ni 1069	360	550	20
Ni-Cr-Mo			
Ni 6002	380	650	18
Ni 6012	410	650	22
Ni 6022，Ni 6024	350	690	22
Ni 6030	350	585	22
Ni 6059	350	690	22
Ni 6200，Ni 6275，Ni 6276	400	690	22
Ni 6205，Ni 6452	350	690	22
Ni 6455	300	690	22
Ni 6620	350	620	32
Ni 6625	420	760	27
Ni 6627	400	650	32
Ni 6650	420	660	30
Ni 6686	350	690	27
Ni 6985	350	620	22
Ni-Cr-Co-Mo			
Ni 6117	400	620	22

① Ni 6002 类型用于焊接 Ni-Cr-Mo 合金（主要是 UNS N06002），带有 Ni-Cr-Mo 合金的复合钢的覆层侧的焊接，以及 Ni-Cr-Mo 合金与钢或其他镍基合金的焊接。

② Ni 6012 类型用于焊接 6-Mo 型奥氏体不锈钢。

③ Ni 6022 类型用于焊接低碳 Ni-Cr-Mo 合金（主要是 C-22 合金），用于带有低碳 Ni-Cr-Mo 合金的复合钢的覆层侧的焊接，以及低碳 Ni-Cr-Mo 合金与钢或其他镍基合金的焊接。

④ Ni 6024 类型用于焊接奥氏体-铁素体双相不

锈钢，例如 UNS S32750。

⑤ Ni 6030 类型用于焊接低碳 Ni-Cr-Mo 合金（主要是 G-30 合金），其他使用同 Ni 6022 类型。

⑥ Ni 6059 类型用于焊接低碳 Ni-Cr-Mo 合金（主要是 UNS N06059）和铬镍钼奥氏体不锈钢，其他使用同 Ni 6022 类型。

⑦ Ni 6200、Ni 6205 类型用于焊接 Ni-Cr-Mo-Cu 合金 UNS N06200。

⑧ Ni 6275 类型用于焊接 Ni-Cr-Mo 合金（主要是 UNS N10002），及其与钢的焊接和在钢上堆焊。

⑨ Ni 6276 类型用于焊接 Ni-Cr-Mo 合金（主要是 C-276 合金），其他使用同 Ni 6022 类型。

⑩ Ni 6452、Ni 6455 类型用于焊接低碳 Ni-Cr-Mo 合金（主要是 C-4 合金），其他使用同 Ni 6022 类型。

⑪ Ni 6620 类型用于焊接 9% Ni 钢。

⑫ Ni 6625 类型用于焊接低碳 Ni-Cr-Mo 合金（主要是 625 合金），及其与钢的焊接和在钢上堆焊以及焊接 9% Ni 钢。使用温度达 540℃。

⑬ Ni 6627 类型用于焊接铬镍钼奥氏体不锈钢，及其与双相不锈钢、Ni-Cr-Mo 合金或其他钢的焊接。

⑭ Ni 6650 类型用于焊接应用在海上和化学工业的低碳 Ni-Cr-Mo 合金和铬镍钼奥氏体不锈钢，及堆焊和异种金属接头焊接（例如低碳 Ni-Cr-Mo 合金与碳钢或镍基合金的焊接），以及 9% Ni 钢的焊接。

⑮ Ni 6686 类型用于焊接低碳 Ni-Cr-Mo 合金（主要是 686 合金），其他使用同 Ni 6022 类型。

⑯ Ni 6985 类型用于焊接低碳 Ni-Cr-Mo 合金（主要是 G-3 合金），其他使用同 Ni 6022 类型。

7) Ni-Cr-Co-Mo 合金。Ni 6117 类型用于焊接 Ni-Cr-Co-Mo 合金（主要是 617 合金），及其与钢的焊接和在钢上堆焊。还可用于焊接异种高温合金，例如 800 合金、800HT 合金和铸造高 Ni 合金，使用温度达 1150℃。

2. 焊接工艺

镍基合金的焊接工艺与获得高质量的不锈钢焊缝的焊接工艺相似。由于镍基合金的熔深更浅及液态焊缝金属流动性差，在焊接过程中必须严格控制焊接参数的变化。镍基合金焊条一般采用直流，焊条接正极。每一种类型和规格的焊条都具有一个最佳电流范围。表 16-18 列出了三类镍基合金平焊时推荐电流值。对于具体接头焊接电流的设置应该考虑母材厚度、焊接位置、接头形式和装卡刚性等因素。焊接电流过大可能引起许多问题，例如电弧不稳、飞溅过大、焊条过热或药皮脱落，并增大热裂纹倾向。

表 16-18 镍基合金焊条焊接电流的大约设置[4]

焊条直径 /mm	Ni-Cu 合金		镍基合金		Ni-Cr-Fe 和 Ni-Fe-Cr 合金	
	母材厚度 /mm	焊接电流 /A	母材厚度 /mm	焊接电流 /A	母材厚度 /mm	焊接电流 /A
2.4	1.57	50	1.57	75	≥1.57	60
	1.98	55	1.98	80	—	—
	2.36	60	≥2.36	85	—	—
	≥2.77	60	—	—	—	—
3.2	2.77	65	2.77	105	2.77	75
	3.18	75	≥3.18	105	3.18	75
	3.56	85	—	—	—	—
	≥3.96	95	—	—	≥3.96	80
4.0	3.18	100	3.18	110	—	—
	3.56	110	3.56	130	—	—
	3.96	115	3.96	135	—	—
	—	—	≥4.75	150	≥4.75	105
	≥6.35	150	—	—	—	—
4.8			6.35	180	—	—
	9.53	170	≥9.53	200	≥9.53	140
	≥12.7	190	—	—	—	—

尽量采用平焊位置，焊接过程应始终保持短弧。当焊接位置必须是立焊和仰焊时，应采用小焊接电流和细的焊条，电弧应更短，以便能很好地控制熔化的焊接金属。

液态镍基合金的流动性较差。为了防止产生未熔合、气孔等缺陷，一般要求在焊接过程中要适当地摆动焊条。摆动的大小取决于接头的形式、焊接位置及焊条的类型。摆动的宽度不能大于焊芯直径的三倍。焊条每次摆动到极限位置结束时要稍稍停顿一下，以便使黏稠的焊缝金属有时间填充咬边。宽焊道金属可能造成夹渣、大的焊接熔池、不希望有的平的或凹的焊道表面以及破坏电弧周围的气体保护气氛。保护不良可能造成焊缝金属的污染。

断弧时要稍微降低电弧高度并增大焊速以减小熔池尺寸。这样可以减小弧坑裂纹。焊接接口再引弧时应采用反向引弧技术，以利于调整接口处焊缝平滑并且能有利于控制气孔的发生。

16.2.3 镍基耐蚀合金的钨极气体保护电弧焊

钨极气体保护电弧焊已广泛用于镍基合金的焊接，特别适用于薄板、小截面、接头不能进行背面焊的封底焊以及焊后不允许有残留熔渣的结构件。

钨极气体保护电弧焊不仅可用于焊接固溶强化镍基合金，而且也可用于焊接沉淀硬化镍基合金。钨极气体保护电弧焊和等离子弧焊是焊接沉淀硬化镍基合金的最常用的方法。

1. 保护气体

推荐使用 Ar、He 或 Ar + He 作为保护气体。Ar气中加入少量的 H_2（体积分数大约为 5%）适用于单道焊接，在纯 Ni 焊接时有助于避免气孔。单道焊时加 H_2 的 Ar 保护气体将增加电弧的热量，而且容易获得表面光滑焊缝。

不填丝焊接薄的镍基合金，与 Ar 相比用 He 保护有如下特点：

1）He 热导率大，向熔池热输入也比较大。

2）有助于清除或减少焊缝中的气孔。

3）焊接速度比用 Ar 时提高 40%。

用长弧焊接，电弧电压高，提高热能，适用于高速焊接。当焊接电流低于 60A 时氩弧不稳定。因此用小电流焊接薄板时应当用 Ar 保护或另附高频电源焊接。

2. 钨极

尖头钨极可保持电弧稳定与足够的熔深。通常使用的圆锥角为 30° ~ 60°，尖端磨平，直径约 0.4mm。当焊接参数一定时，电极的形状影响焊缝的熔深和宽度。

3. 焊丝

镍基合金焊丝成分大多数与母材相当。但焊丝中一般多加入一些合金元素，以补偿某些元素的烧损以及控制焊接气孔和热裂纹。镍基合金焊丝分类与焊条相同。表 16-19 列出国标 GB/T 15620—2008《镍及镍合金焊丝》规定的焊丝化学成分。表 16-20 列出国际标准 ISO 18274：2004《Welding consumables—Wire and strip electrodes, wires and rods for fusion welding of nickel and nickel alloy—Classification》（《焊接材料—镍和镍合金电弧焊用焊丝、焊带及填充丝—分类》）中规定的焊丝和焊带化学成分。表 16-21 列出了与 ISO 18274：2004 对应的一些国家标准焊丝和焊带类型。

国际标准 ISO 18274：2004 给出各种类型焊丝和焊带的使用场合。有关焊丝和焊带的具体使用信息请咨询制造商。ISO 18274：2004 中的 Ni 2061、Ni 4060、Ni 4061、Ni 6025、Ni 6704、Ni 1001、Ni 1004、Ni 1008、Ni 1009、Ni 1062、Ni 1066、Ni 1069、Ni 6002、Ni 6012、Ni 6276、Ni 6452、Ni 6455、Ni 6650、Ni 6617、Ni 6231 类型与 ISO 14172：2003 对应类型焊条基本相同。其余类型焊丝和焊带的使用场合如下。

（1）Ni-Cu

Ni 5504 类型用于焊接时效硬化 Ni-Cu 合金（K-500 合金），使用钨极惰性气体保护焊、熔化极气体保护焊、埋弧焊和等离子弧焊。焊缝金属经热处理时效硬化。

（2）Ni-Cr

1）Ni 6072 类型用于采用熔化极气体保护焊和钨极惰性气体保护焊焊接 50/50 Ni-Cr 合金，及在钢上或 Ni-Fe-Cr 合金管上堆焊，以及铸件修复。

2）Ni 6076 类型用于焊接 Ni-Cr-Fe 合金，例如600 合金，带有 Ni-Cr-Fe 合金的复合钢接头的覆层侧的焊接，及在钢上堆焊，以及钢与其他镍基合金焊接。使用的焊接方法同 Ni 5504 类型。

3）Ni 6082 类型用于焊接 Ni-Cr 合金（例如 80A合金、UNS N06075），Ni-Cr-Fe 合金（例如 600 合金、601 合金），和 Ni-Fe-Cr 合金（例如 800 合金、801 合金），及堆焊和异种金属接头焊接，以及焊接在低温使用的镍钢。

（3）Ni-Cr-Fe

1）Ni 6030 类型用于焊接 Ni-Cr-Mo 合金（例如 G-30 合金），及其与钢或其他镍基合金的焊接，以及在钢上堆焊。使用钨极惰性气体保护焊、熔化极气体保护焊和等离子弧焊。

表16-19 镍及镍合金焊丝化学成分

焊丝型号	化学成分代号	化学成分(质量分数,%)													
		C	Mn	Fe	Si	Cu	Ni①	Co①	Al	Ti	Cr	Nb②	Mo	W	其他①
						镍									
SNi2061	NiTi3	≤0.15	≤1.0	≤1.0	≤0.7	≤0.2	≥92.0	—	≤1.5	2.0~3.5	—	—	—	—	—
						镍-铜									
SNi4060	NiCu30Mn3Ti	≤0.15	2.0~4.0	≤2.5	≤1.2	28.0~32.0	≥62.0	—	≤1.2	1.5~3.0	—	—	—	—	—
SNi4061	NiCu30Mn3Nb	≤0.15	≤4.0	≤2.5	≤1.25	28.0~32.0	≥60.0	—	≤1.0	≤1.0	—	≤3.0	—	—	—
SNi5504	NiCu25Al3Ti	≤0.25	≤1.5	≤2.0	≤1.0	≥20.0	68.0~70.0	—	2.0~4.0	0.3~1.0	—	—	—	—	—
						镍-铬									
SNi6072	NiCr44Ti	0.01~0.10	≤0.20	≤0.50	≤0.20	≤0.50	≥52.0	—	—	0.3~1.0	42.0~46.0	—	—	—	—
SNi6076	NiCr20	0.02~0.25	≤1.0	≤2.00	≤0.30	≤0.60	≥75.0	—	≤0.4	≤0.5	19.0~21.0	—	—	—	—
SNi6082	NiCr20Mn3Nb	≤0.10	2.5~3.5	≤3.0	≤0.5	≤0.5	≥67.0	—	—	≤0.7	18.0~22.0	2.0~3.0	—	—	—
						镍-铬-铁									
SNi6002	NiCr21Fe18Mo9	0.05~0.15	≤2.0	17.0~20.0	≤1.0	≤0.5	≥44.0	0.5~2.5	—	—	20.5~23.0	—	8.0~10.0	0.2~1.0	—
SNi6025	NiCr25Fe10AlY	0.15~0.25	≤0.5	8.0~11.0	≤0.5	≤0.1	≥59.0	—	1.8~2.4	0.1~0.2	24.0~26.0	—	—	—	Y:0.05~0.12; Zr:0.01~0.10
SNi6030	NiCr30Fe15Mo5W	≤0.03	≤1.5	13.0~17.0	≤0.8	1.0~2.4	≥36.0	≤5.0	—	—	28.0~31.5	0.3~1.5	4.0~6.0	1.5~4.0	—

（续）

焊丝型号	化学成分代号	化学成分（质量分数，%）												
		C	Mn	Fe	Si	Cu	Ni①	Co①	Al	Ti	Cr	Nb②	Mo	W	其他①
						镍-铬-铁									
SNi6052	NiCr30Fe9	≤0.04	≤1.0	7.0~11.0	≤0.5	≤0.3	≥54.0	—	≤1.1	1.0	28.0~31.5	0.10	0.5	—	Al+Ti≤1.5
SNi6062	NiCr15Fe8Nb	≤0.08	≤1.0	6.0~10.0	≤0.3	≤0.5	≥70.0	—	—	—	14.0~17.0	1.5~3.0	—	—	—
SNi6176	NiCr16Fe6	≤0.05	≤0.05	5.5~7.5	≤0.5	≤0.1	≥76.0	≤0.05	—	—	15.0~17.0	—	—	—	—
SNi6601	NiCr23Fe15Al	≤0.10	≤1.0	≤20.0	≤0.5	≤1.0	58.0~63.0	—	1.0~1.7	—	21.0~25.0	—	—	—	—
SNi6701	NiCr36Fe7Nb	0.35~0.50	0.5~2.0	≤7.0	0.5~2.0	—	42.0~48.0	—	—	—	33.0~39.0	0.8~1.8	—	—	—
SNi6704	NiCr25FeAl3YC	0.15~0.25	≤0.5	8.0~11.0	≤0.5	≤0.1	≥55.0	—	1.8~2.8	0.1~0.2	24.0~26.0	—	—	—	Y:0.05~0.12; Zr:0.01~0.10
SNi6975	NiCr25Fe13Mo6	≤0.03	≤1.0	10.0~17.0	≤1.0	0.7~1.2	≥47.0	—	—	0.70~1.50	23.0~26.0	≤0.50	5.0~7.0	—	—
SNi6985	NiCr22Fe20Mo7Cu2	≤0.01	≤1.0	18.0~21.0	≤1.0	1.5~2.5	≥40.0	≤5.0	—	—	21.0~23.5	≤0.50	6.0~8.0	≤1.5	—
SNi7069	NiCr15Fe7Nb	≤0.08	≤1.0	5.0~9.0	≤0.50	≤0.50	≥70.0	—	0.4~1.0	2.0~2.7	14.0~17.0	0.70~1.20	—	—	—
SNi7092	NiCr15Ti3Mn	≤0.08	2.0~2.7	≤8.0	≤0.3	≤0.5	≥67.0	—	—	2.5~3.5	14.0~17.0	—	—	—	—
SNi7718	NiFe19Cr19Nb5Mo3	≤0.08	≤0.3	≤24.0	≤0.3	≤0.3	50.0~55.0	—	0.2~0.8	0.7~1.1	17.0~21.0	4.8~5.5	2.8~3.3	—	B:0.006; P:0.015

（续）

焊丝型号	化学成分代号	化学成分（质量分数，%）													
		C	Mn	Fe	Si	Cu	Ni①	Co①	Al	Ti	Cr	Nb②	Mo	W	其他①
							镍-铬-铁								
SNi8025	NiFe30Cr29Mo	≤0.02	1.0~3.0	≤30.0	≤0.5	1.5~3.0	35.0~40.0	—	≤0.2	≤1.0	27.0~31.0	—	2.5~4.5	—	—
SNi8065	NiFe30Cr21Mo3	≤0.05	1.0	≥22.0	≤0.5	1.5~3.0	38.0~46.0	—	≤0.2	0.6~1.2	19.5~23.5	—	2.5~3.5	—	—
SNi8125	NiFe26Cr25Mo	≤0.02	1.0~3.0	≤30.0	≤0.5	1.5~3.0	37.0~42.0	—	≤0.2	≤1.0	23.0~27.0	—	3.5~7.5	—	—
							镍-钼								
SNi1001	NiMo28Fe	≤0.08	≤1.0	4.0~7.0	≤1.0	≤0.5	≥55.0	≤2.5	—	—	≤1.0	—	26.0~30.0	≤1.0	V:0.20~0.40
SNi1003	NiMo17Cr7	0.04~0.08	≤1.0	≤5.0	≤1.0	≤0.50	≥65.0	≤0.20	—	—	6.0~8.0	—	15.0~18.0	≤0.50	V≤0.50
SNi1004	NiMo25Cr5Fe5	≤0.12	≤1.0	4.0~7.0	≤1.0	≤0.5	≥62.0	≤2.5	—	—	4.0~6.0	—	23.0~26.0	≤1.0	V≤0.60
SNi1008	NiMo19WCr	≤0.1	≤1.0	≤10.0	≤0.50	≤0.50	≥60.0	—	—	—	0.5~3.5	—	18.0~21.0	2.0~4.0	—
SNi1009	NiMo20WCu	≤0.1	≤1.0	≤5.0	≤0.5	0.3~1.3	≥65.0	≤1.0	1.0	—	—	—	19.0~22.0	2.0~4.0	—
SNi1062	NiMo24Cr8Fe6	≤0.01	≤0.5	5.0~7.0	≤0.1	≤0.4	≥62.0	≤1.0	0.1~0.4	—	7.0~8.0	—	23.0~25.0	—	—
SNi1066	NiMo28	≤0.02	≤1.0	2.0	≤0.1	≤0.5	≥64.0	≤3.0	≤0.5	—	≤1.0	—	26.0~30.0	≤1.0	—
SNi1067	NiMo30Cr	≤0.01	≤3.0	1.0~3.0	≤0.1	≤0.2	≥52.0	≤3.0	≤0.5	≤0.2	1.0~3.0	≤0.2	27.0~32.0	≤3.0	V≤0.20
SNi1069	NiMo28Fe4Cr	≤0.01	≤1.0	2.0~5.0	0.05	≤0.01	≥65.0	≤1.0	≤0.5	—	0.5~1.5	—	26.0~30.0	—	—

（续）

焊丝型号	化学成分代号	化学成分（质量分数，%）													
		C	Mn	Fe	Si	Cu	Ni[1]	Co[1]	Al	Ti	Cr	Nb[2]	Mo	W	其他[3]
	镍-铬-钼														
SNi6012	NiCr22Mo9	≤0.05	≤1.0	≤3.0	≤0.5	≤0.5	≥58.0	—	≤0.4	≤0.4	20.0~23.0	≤1.5	8.0~10.0	—	—
SNi6022	NiCr21Mo13Fe4W3	≤0.01	≤0.5	2.0~6.0	≤0.1	≤0.5	≥49.0	≤2.5	—	—	20.0~22.5	—	12.5~14.5	2.5~3.5	V≤0.3
SNi6057	NiCr30Mo11	≤0.02	≤1.0	≤2.0	≤1.0	—	≥53.0	—	—	—	29.0~31.0	—	10.0~12.0	—	V≤0.4
SNi6058	NiCr25Mo16	≤0.02	≤0.5	≤2.0	≤0.2	≤2.0	≥50.0	—	≤0.4	—	22.0~27.0	—	13.5~16.5	—	—
SNi6059	NiCr23Mo16	≤0.01	≤0.5	≤1.5	≤0.1	—	≥56.0	≤0.3	0.1~0.4	—	22.0~24.0	—	15.0~16.5	—	—
SNi6200	NiCr23Mo16Cu2	≤0.01	≤0.5	≤3.0	≤0.08	1.3~1.9	≥52.0	≤2.0	—	—	22.0~24.0	—	15.0~17.0	—	—
SNi6276	NiCr15Mo16Fe6W4	≤0.02	≤1.0	4.0~7.0	≤0.08	≤0.5	≥50.0	≤2.5	—	—	14.5~16.5	—	15.0~17.0	3.0~4.5	V≤0.3
SNi6452	NiCr20Mo15	≤0.01	≤1.0	≤1.5	≤0.1	≤0.5	≥56.0	—	—	—	19.0~21.0	≤0.4	14.0~16.0	≤0.5	V≤0.4
SNi6455	NiCr16Mo16Ti	≤0.01	≤0.5	≤3.0	≤0.5	≤0.5	≥56.0	≤2.0	≤0.4	≤0.7	14.0~18.0	—	14.0~18.0	—	—
SNi6625	NiCr22Mo9Nb	≤0.1	≤0.5	≤5.0	≤0.5	≤0.5	≥58.0	—	≤0.4	≤0.4	20.0~23.0	3.0~4.2	8.0~10.0	—	—
SNi6650	NiCr20Fe14Mo11WN	≤0.03	≤0.5	12.0~16.0	≤0.5	≤0.3	≥45.0	—	≤0.5	—	18.0~21.0	≤0.5	9.0~13.0	0.5~2.5	N:0.05~0.25; S≤0.010

（续）

焊丝型号	化学成分代号	化学成分（质量分数，%）												
		C	Mn	Fe	Si	Cu	Ni①	Co①	Al	Ti	Cr	Nb②	Mo	W	其他①
						镍‑钼									
SNi6660	NiCr‑22Mo10W3	≤0.03	≤0.5	≤2.0	≤0.5	≤0.3	≥58.0	≤0.2	≤0.4	≤0.4	21.0~23.0	≤0.2	9.0~11.0	2.0~4.0	—
SNi6686	NiCr‑21Mo16W4	≤0.01	≤1.0	≤5.0	≤0.08	≤0.5	≥49.0	—	≤0.5	≤0.25	19.0~23.0	—	15.0~17.0	3.0~4.4	—
SNi7725	NiCr‑21Mo8Nb3Ti	≤0.03	≤0.4	≥8.0	≤0.20	—	55.0~59.0	—	≤0.35	1.0~1.7	19.0~22.5	2.75~4.00	7.0~9.5	—	—
						镍‑铬‑钴									
SNi6160	NiCr‑28Co30Si3	≤0.15	≤1.5	≤3.5	2.4~3.0	≤1.0	≥30.0	27.0~33.0	—	0.2~0.8	26.0~30.0	≤1.0	≤1.0	≤1.0	—
SNi6617	NiCr‑22Co12Mo9	0.05~0.15	≤1.0	≤3.0	≤1.0	≤0.5	≥44.0	10.0~15.0	0.8~1.5	≤0.6	20.0~24.0	—	8.0~10.0	—	—
SNi7090	NiCr‑20Co18Ti3	≤0.13	≤1.0	≤1.5	≤1.0	≤0.2	≥50.0	15.0~21.0	1.0~2.0	2.0~3.0	18.0~21.0	—	—	—	—
SNi7263	NiCr‑20Co20Mo6Ti2	0.04~0.08	≤0.6	≤0.7	≤0.4	≤0.2	≥47.0	19.0~21.0	0.3~0.6	1.9~2.4	19.0~21.0	—	5.6~6.1	—	Al+Ti：2.4~2.8⑤
						镍‑铬‑钨									
SNi6231	NiCr‑22W14Mo2	0.05~0.15	0.3~1.0	≤3.0	0.25~0.75	≤0.50	≥48.0	≤5.0	0.2~0.5	≤0.6	20.0~24.0	—	1.0~3.0	13.0~15.0	—

注 1："其他"包括未规定数值的元素总和，总量应不超过 0.5%。

注 2：根据供需双方协议，可生产使用其他型号的焊丝。用 SNiZ 表示，化学成分代号由制造商确定。

① 除非另有规定，Co 含量应低于该含量的 1%。也可供需双方协商，要求较低的 Co 含量。

② Ta 含量应低于该含量的 20%。

③ 除非具体说明，P 最高含量 0.020%（质量分数，下同），S 最高含量 0.015%。

④ Ag≤0.0005%，Bi≤0.020%，Bi≤0.0001%，Pb≤0.0020%，Zr≤0.15%。

⑤ S≤0.007%，Ag≤0.0005%，B≤0.005%，Bi≤0.0001%。

表 16-20　焊丝和焊带代号及化学成分（ISO 18274：2004）

数字符号	化学成分（质量分数,%）										
	C	Mn	Fe	Si	Cu	Ni[①]	Al	Ti	Cr	Nb[②]	Mo	其他[③,④]
纯 Ni											
Ni 2061	≤0.15	≤1.0	≤1.0	≤0.7	≤0.2	≥92.0	≤1.5	2.0 ~ 3.5	—	—	—	—
Ni-Cu											
Ni 4060	≤0.15	2.0 ~ 4.0	≤2.5	≤1.2	28.0 ~ 32.0	≥62.0	≤1.2	1.5 ~ 3.0	—	—	—	—
Ni 4061	≤0.15	≤4.0	≤2.5	≤1.25	28.0 ~ 32.0	≥60.0	≤1.0	≤1.0	—	≤3.0	—	—
Ni 5504	≤0.25	≤1.5	≤2.0	≤1.0	≥20.0	63.0 ~ 70.0	2.0 ~ 4.0	0.3 ~ 1.0	—	—	—	—
Ni-Cr											
Ni 6072	0.01 ~ 0.10	≤0.20	≤0.50	≤0.20	≤0.50	≥52.0		0.3 ~ 1.0	42.0 ~ 46.0	—	—	—
Ni 6076	0.08 ~ 0.25	≤1.0	≤2.00	≤0.30	≤0.50	≥75.0	≤0.4	≤0.5	19.0 ~ 21.0	—	—	—
Ni 6082	≤0.10	2.5 ~ 3.5	≤3.0	≤0.5	≤0.5	≥67.0	—	≤0.7	18.0 ~ 22.0	2.0 ~ 3.0	—	—
Ni-Cr-Fe											
Ni 6002	0.05 ~ 0.15	≤2.0	17.0 ~ 20.0	≤1.0	≤0.5	≥44.0	—	—	20.5 ~ 23.0	—	8.0 ~ 10.0	Co = 0.5 ~ 2.5 W = 0.2 ~ 1.0
Ni 6025	0.15 ~ 0.25	≤0.5	8.0 ~ 11.0	≤0.5	≤0.1	≥59.0	1.8 ~ 2.4	0.1 ~ 0.2	24.0 ~ 26.0	—		Y = 0.05 ~ 0.12 Zr = 0.01 ~ 0.10
Ni 6030	≤0.03	≤1.5	13.0 ~ 17.0	≤0.8	1.0 ~ 2.4	≥36.0	—	—	28.0 ~ 31.5	0.3 ~ 1.5	4.0 ~ 6.0	Co ≤ 5.0 W = 1.5 ~ 4.0
Ni 6052	≤0.04	≤1.0	7.0 ~ 11.0	≤0.5	≤0.3	≥54.0	≤1.1	≤1.0	28.0 ~ 31.5	≤0.10	≤0.5	Al + Ti < 1.5
Ni 6062	≤0.08	≤1.0	6.0 ~ 10.0	≤0.3	≤0.5	≥70.0	—	—	14.0 ~ 17.0	1.5 ~ 3.0	—	—
Ni 6176	≤0.05	≤0.5	5.5 ~ 7.5	≤0.5	≤0.1	≥76.0	—	—	15.0 ~ 17.0	—	—	Co ≤ 0.05
Ni 6601	≤0.10	≤1.0	≤20.0	≤0.5	≤1.0	58.0 ~ 63.0	1.0 ~ 1.7	—	21.0 ~ 25.0	—	—	—
Ni 6701	0.35 ~ 0.50	0.5 ~ 2.0	≤7.0	0.5 ~ 2.0	—	42.0 ~ 48.0			33.0 ~ 39.0	0.8 ~ 1.8	—	—
Ni 6704	0.15 ~ 0.25	≤0.5	8.0 ~ 11.0	≤0.5	≤0.1	≥55.0	1.8 ~ 2.8	0.1 ~ 0.2	24.0 ~ 26.0			Y = 0.05 ~ 0.12 Zr = 0.01 ~ 0.10

（续）

数字符号	化学成分（质量分数,%）											
	C	Mn	Fe	Si	Cu	Ni[①]	Al	Ti	Cr	Nb[②]	Mo	其他[③,④]
Ni-Cr-Fe												
Ni 6975	≤0.03	≤1.0	10.0 ~ 17.0	≤1.0	0.7 ~ 1.2	≥47.0	—	0.70 ~ 1.50	23.0 ~ 26.0	—	5.0 ~ 7.0	—
Ni 6985	≤0.01	≤1.0	18.0 ~ 21.0	≤1.0	1.5 ~ 2.5	≥40.0	—	—	21.0 ~ 23.5	≤0.50	6.0 ~ 8.0	Co≤5.0 W≤1.5
Ni 7069	≤0.08	≤1.0	5.0 ~ 9.0	≤0.50	≤0.50	≥70.0	0.4 ~ 1.0	2.0 ~ 2.7	14.0 ~ 17.0	0.70 ~ 1.20		—
Ni 7092	≤0.08	2.0 ~ 2.7	≤8.0	≤0.3	≤0.5	≥67.0	—	2.5 ~ 3.5	14.0 ~ 17.0	—	—	—
Ni 7718	≤0.08	≤0.3	≤24.0	≤0.3	≤0.3	50.0 ~ 55.0	0.2 ~ 0.8	0.7 ~ 1.1	17.0 ~ 21.0	4.8 ~ 5.5	2.8 ~ 3.3	B≤0.006 P≤0.15
Ni 8025	≤0.02	1.0 ~ 3.0	≤30.0	≤0.5	1.5 ~ 3.0	35.0 ~ 40.0	≤0.2	≤1.0	27.0 ~ 31.0	—	2.5 ~ 4.5	—
Ni 8065	≤0.05	≤1.0	≥22.0	≤0.5	1.5 ~ 3.0	38.0 ~ 46.0	≤0.2	0.6 ~ 1.2	19.5 ~ 23.5	—	2.5 ~ 3.5	—
Ni 8125	≤0.02	1.0 ~ 3.0	≤30.0	≤0.5	1.5 ~ 3.0	37.0 ~ 42.0	≤0.2	≤1.0	23.0 ~ 27.0	—	3.5 ~ 7.5	—
Ni-Mo												
Ni 1001	≤0.08	≤1.0	4.0 ~ 7.0	≤1.0	≤0.5	≥55.0	—	—	≤1.0	—	26.0 ~ 30.0	Co≤2.5 W≤1.0 V=0.20 ~ 0.40
Ni 1003	0.04 ~ 0.08	≤1.0	≤5.0	≤1.0	≤0.50	≥65.0	—	—	6.0 ~ 8.0	—	15.0 ~ 18.0	Co≤0.20 W≤0.50 V≤0.50
Ni 1004	≤0.12	≤1.0	4.0 ~ 7.0	≤1.0	≤0.5	≥62.0	—	—	4.0 ~ 6.0	—	23.0 ~ 26.0	Co≤2.5 W≤1.0 V≤0.60
Ni 1008	≤0.1	≤1.0	≤10.0	≤0.50	≤0.50	≥60.0	—	—	0.5 ~ 3.5	—	18.0 ~ 21.0	W=2.0 ~ 4.0
Ni 1009	≤0.1	≤1.0	≤5.0	≤0.5	0.3 ~ 1.3	≥65.0	≤1.0	—	—	—	19.0 ~ 22.0	W=2.0 ~ 4.0
Ni 1062	≤0.01	≤0.5	5.0 ~ 7.0	≤0.1	≤0.4	≥62.0	0.1 ~ 0.4	—	7.0 ~ 8.0	—	23.0 ~ 25.0	—
Ni 1066	≤0.02	≤1.0	≤2.0	≤0.1	≤0.5	≥64.0	—	—	≤1.0	—	26.0 ~ 30.0	Co≤1.0 W≤1.0

（续）

数字符号	化学成分（质量分数,%）											
	C	Mn	Fe	Si	Cu	Ni①	Al	Ti	Cr	Nb②	Mo	其他③·④
Ni-Mo												
Ni 1067	≤0.01	≤3.0	1.0 ~ 3.0	≤0.1	≤0.2	≥52.0	≤0.5	≤0.2	1.0 ~ 3.0	≤0.2	27.0 ~ 32.0	Co≤3.0 W≤3.0 V≤0.20
Ni 1069	≤0.01	≤1.0	2.0 ~ 5.0	≤0.05	≤0.01	≥65.0	≤0.5	—	0.5 ~ 1.5	—	26.0 ~ 30.0	Co≤1.0
Ni-Cr-Mo												
Ni 6012	≤0.05	≤1.0	≤3.0	≤0.5	≤0.5	≥58.0	≤0.4	≤0.4	20.0 ~ 23.0	≤1.5	8.0 ~ 10.0	—
Ni 6022	≤0.01	≤0.5	2.0 ~ 6.0	≤0.1	≤0.5	≥49.0	—	—	20.0 ~ 22.5	—	12.5 ~ 14.5	Co≤2.5 W=2.5 ~ 3.5 V≤0.3
Ni 6057	≤0.02	≤1.0	≤2.0	≤1.0	—	≥53.0	—	—	29.0 ~ 31.0	—	10.0 ~ 12.0	V≤0.4
Ni 6059	≤0.01	≤0.5	≤1.5	≤0.1	—	≥56.0	0.1 ~ 0.4	—	22.0 ~ 24.0	—	15.0 ~ 16.5	Co≤0.3
Ni 6200	≤0.01	≤0.5	≤3.0	≤0.08	1.3 ~ 1.9	≥52.0	—	—	22.0 ~ 24.0	—	15.0 ~ 17.0	Co≤2.0
Ni 6205	≤0.02	≤0.5	≤2.0	≤0.2	≤2.0	≥50.0	≤0.4	—	22.0 ~ 27.0	—	13.5 ~ 16.5	—
Ni 6276	≤0.02	≤1.0	4.0 ~ 7.0	≤0.08	≤0.5	≥50.0	—	—	14.5 ~ 16.5	—	15.0 ~ 17.0	Co≤2.5 W=3.0 ~ 4.5 V≤0.3
Ni 6452	≤0.01	≤1.0	≤1.5	≤0.1	≤0.5	≥56.0	—	—	19.0 ~ 21.0	≤0.4	14.0 ~ 16.0	V≤0.4
Ni 6455	≤0.01	≤1.0	≤3.0	≤0.08	≤0.5	≥56.0	—	≤0.7	14.0 ~ 18.0	—	14.0 ~ 18.0	Co≤2.0 W≤0.5
Ni 6625	≤0.1	≤0.5	≤5.0	≤0.5	≤0.5	≥58.0	≤0.4	≤0.4	20.0 ~ 23.0	3.0 ~ 4.2	8.0 ~ 10.0	—
Ni 6650	≤0.03	≤0.5	12.0 ~ 16.0	≤0.5	≤0.3	≥45.0	≤0.5	—	18.0 ~ 21.0	≤0.5	9.0 ~ 13.0	W=0.5 ~ 2.5 N=0.05 ~ 0.25 S≤0.010
Ni 6660	≤0.03	≤0.5	≤2.0	≤0.5	≤0.3	≥58.0	≤0.4	≤0.4	21.0 ~ 23.0	≤0.2	9.0 ~ 11.0	Co≤0.2 W=2.0 ~ 4.0
Ni 6686	≤0.01	≤1.0	≤5.0	≤0.08	≤0.5	≥49.0	≤0.5	≤0.25	19.0 ~ 23.0	—	15.0 ~ 17.0	W=3.0 ~ 4.4

（续）

数字符号	化学成分（质量分数,%）											
	C	Mn	Fe	Si	Cu	Ni[①]	Al	Ti	Cr	Nb[②]	Mo	其他[③,④]
Ni-Cr-Mo												
Ni 7725	≤0.03	≤0.4	≥8.0	≤0.20	—	55.0 ~ 59.0	≤0.35	1.0 ~ 1.7	19.0 ~ 22.5	2.75 ~ 4.00	7.0 ~ 9.5	—
Ni-Cr-Co												
Ni 6160	≤0.15	≤1.5	≤3.5	2.4 ~ 3.0	—	≥30.0	—	0.2 ~ 0.8	26.0 ~ 30.0	≤1.0	≤1.0	Co=27.0 ~ 33.0 W≤1.0
Ni 6617	0.05 ~ 0.15	≤1.0	≤3.0	≤1.0	≤0.5	≥44.0	0.8 ~ 1.5	≤0.6	20.0 ~ 24.0	—	8.0 ~ 10.0	Co=10.0 ~ 15.0
Ni 7090	≤0.13	≤1.0	≤1.5	≤1.0	≤0.2	≥50.0	1.0 ~ 2.0	2.0 ~ 3.0	18.0 ~ 21.0	—	—	Co=15.0 ~ 21.0[⑤]
Ni 7263	0.04 ~ 0.08	≤0.6	≤0.7	≤0.4	≤0.2	≥47.0	0.3 ~ 0.6	1.9 ~ 2.4	19.0 ~ 21.0	—	5.6 ~ 6.1	Co=19.0 ~ 21.0 Al+Ti=2.4 ~ 2.8[⑥]
Ni-Cr-W												
Ni 6231	0.05 ~ 0.15	0.3 ~ 1.0	≤3.0	0.25 ~ 0.75	≤0.50	≥48.0	0.2 ~ 0.5	—	20.0 ~ 24.0	—	1.0 ~ 3.0	Co≤5.0 W=13.0 ~ 15.0

① 除非另有规定，可以含有 1% Ni 含量的 Co。

② 可以含有 20% Nb 含量的 Ta。

③ 没有规定的其他元素的质量分数之和不超过 0.5%。

④ 除非另有规定，$w(P)$ 不超过 0.020%，$w(S)$ 不超过 0.015%。

⑤ $w(Ag)≤0.0005%$，$w(B)≤0.020%$，$w(Bi)≤0.0001%$，$w(Pb)≤0.0020%$，$w(Zr)≤0.15%$。

⑥ $w(S)≤0.007%$，$w(Ag)≤0.0005%$，$w(B)≤0.005%$，$w(Bi)≤0.0001%$。

表 16-21　与国际标准对应的一些国家标准焊丝分类（ISO 18274：2004）

数字符号	化学符号名	AWS A5.14/A5.14M：1997	BS 2901-5：1990	DIN 1736：1985	JIS Z3334：1999
纯 Ni					
Ni 2061	Ni Ti3	ERNi-1	NA32	2.4155	YNi-1
Ni-Cu					
Ni 4060	NiCu30Mn3Ti	ERNiCu-7	NA33	2.4377	YNiCu-7
Ni 4061	NiCu30Mn3Nb	—	—	—	YNiCu-1
Ni 5504	NiCu25Al3Ti	ERNiCu-8	—	2.4373	—
Ni-Cr					
Ni 6072	NiCr44Ti	ERNiCr-4	—	—	—
Ni 6076	NiCr20	ERNiCr-6	NA34	2.4639	—
Ni 6082	NiCr20Mn3Nb	ERNiCr-3	NA35	2.4806	YNiCr-3

（续）

数字符号	化学符号名	AWS A5.14/A5.14M：1997	BS 2901-5：1990	DIN 1736：1985	JIS Z3334：1999
Ni-Cr-Fe					
Ni 6002	NiCr21Fe18Mo9	ERNiCrMo-2	NA40	2.4613	YNiCrMo-2
Ni 6025	NiCr25Fe10AlY	—	—	2.4649	—
Ni 6030	NiCr30Fe15Mo5W	ERNiCrMo-11	—	2.4659	—
Ni 6052	NiCr30Fe9	ERNiCrFe-7	—	2.4642	—
Ni 6062	NiCr15Fe8Nb	ERNiCrFe-5	—	—	YNiCrFe-5
Ni 6176	NiCr16Fe6	—	—	—	—
Ni 6601	NiCr23Fe15Al	ERNiCrFe-11	NA49	2.4626	—
Ni 6701	NiCr36Fe7Nb	—	—	—	—
Ni 6704	NiCr25FeAl3YC	—	—	2.4647	—
Ni 6975	NiCr25Fe13Mo6	ERNiCrMo-8	—	—	YNiCrMo-8
Ni 6985	NiCr22Fe20Mo7Cu2	ERNiCrMo-9	—	—	—
Ni 7069	NiCr15Fe7Nb	ERNiCrFe-8	—	—	—
Ni 7092	NiCr15Ti3Mn	ERNiCrFe-6	NA39	—	YNiCrFe-6
Ni 7718	NiFe19Cr19Nb5Mo3	ERNiFeCr-2	NA51	2.4667	—
Ni 8025	NiFe30Cr29Mo	—	—	2.4656	—
Ni 8065	NiFe30Cr21Mo3	ERNiFeCr-1	NA41	—	YNiFeCr-1
Ni 8125	NiFe26Cr25Mo	—	—	2.4655	—
Ni-Mo					
Ni 1001	NiMo28Fe	ERNiMo-1	NA44	—	YNiMo-1
Ni 1003	NiMo17Cr7	ERNiMo-2	—	—	—
Ni 1004	NiMo25Cr5Fe5	ERNiMo-3	—	—	—
Ni 1008	NiMo19WCr	ERNiMo-8	—	—	—
Ni 1009	NiMo20WCu	ERNiMo-9	—	—	—
Ni 1062	NiMo24Cr8Fe6	—	—	2.4702	—
Ni 1066	NiMo28	ERNiMo-7	—	2.4615	YNiMo-7
Ni 1067	NiMo30Cr	ERNiMo-10	—	—	—
Ni 1069	NiMo28 Fe4Cr	—	—	2.4701	—
Ni-Cr-Mo					
Ni 6012	NiCr22Mo9	—	—	—	—
Ni 6022	NiCr21Mo13Fe4W3	ERNiCrMo-10	—	2.4635	—
Ni 6057	NiCr30Mo11	ERNiCrMo-16	—	—	—
Ni 6059	NiCr23Mo16	ERNiCrMo-13	—	2.4607	—

（续）

数字符号	化学符号名	AWS A5.14/A5.14M：1997	BS 2901-5：1990	DIN 1736：1985	JIS Z3334：1999
Ni-Cr-Mo					
Ni 6200	NiCr23Mo16Cu2	ERNiCrMo-17	—	—	—
Ni 6276	NiCr15Mo16Fe6W4	ERNiCrMo-4	NA48	2.4886	YNiCrMo-4
Ni 6452	NiCr20Mo15	—	—	2.4839	—
Ni 6455	NiCr16Mo16Ti	ERNiCrMo-7	NA45	2.4611	—
Ni 6625	NiCr22Mo9Nb	ERNiCrMo-3	NA43	2.4831	YNiCrMo-3
Ni 6650	NiCr20Fe14Mo11WN	ERNiCrMo-18	—	—	—
Ni 6686	NiCr21Mo16W4	ERNiCrMo-14	—	2.4606	—
Ni 7725	NiCr21Mo8Nb3Ti	ERNiCrMo-15	—	—	—
Ni-Cr-Co					
Ni 6160	NiCr28Co30Si3	—	—	—	—
Ni 6617	NiCr22Co12Mo9	ERNiCrCoMo-1	NA50	2.4627	—
Ni 7090	NiCr20Co18Ti3	—	NA36	—	—
Ni 7263	NiCr20Co20Mo6Ti2	—	NA38	2.4650	—
Ni-Cr-W					
Ni 6231	NiCr22W14Mo2	ERNiCrWMo-1	—	—	—

2）Ni 6052 类型用于焊接含 Cr 量高的镍基合金，例如 690 合金用于在低合金钢和不锈钢上堆焊以及异种金属接头焊接。

3）Ni 6062 类型用于焊接 Ni-Fe-Cr 合金（例如 800 合金）和 Ni-Cr-Fe 合金（例如 600 合金），特别适合异种金属焊接。使用温度达 980℃，但在 820℃以上不具有最佳的抗氧化能力和强度。

4）Ni 6176 类型用于焊接 Ni-Cr-Fe 合金（例如 600 合金、601 合金），带有 Ni-Cr-Fe 合金的复合钢接头的覆层侧的焊接，及在钢上堆焊，适合异种金属焊接。使用温度同 Ni 6062 类型。

5）Ni 6601 类型用于焊接 Ni-Cr-Fe-Al 合金（例如 601 合金），使用钨极惰性气体保护焊，使用温度达 1150℃。

6）Ni 6701 类型用于焊接与其相匹配的 Ni-Cr-Fe 合金及其与高温合金的焊接，使用温度达 1200℃。

7）Ni 6975 类型用于焊接 Ni-Cr-Mo 合金（UNS N06975），及其与钢或其他镍基合金的焊接，以及在钢上堆焊，使用的焊接方法同 Ni 5504 类型。

8）Ni 6985、Ni 7069 类型用于在钢上堆焊 Ni-Cr-Fe 合金，及钢与镍基合金的焊接，使用的焊接方法同 Ni 5504 类型。焊缝金属经热处理时效硬化。

9）Ni 7092 类型用于焊接 Ni-Cr-Fe 合金（例如 600 合金），使用的焊接方法同 Ni 5504 类型。在焊接应力较高情况下，例如厚截面母材，由于其含 Nb 量较高，降低裂纹敏感性。

10）Ni 7718 类型用于焊接 Ni-Cr-Nb-Mo 合金（例如 718 合金），使用钨极惰性气体保护焊，焊缝金属经热处理时效硬化。

11）Ni 8025 类型的熔敷金属的含 Cr 量高于 Ni 8065、Ni 8125 类型，用于焊接 Ni-Fe-Cr-Mo 合金（例如 825 合金），及在钢上堆焊。

12）Ni 8065、Ni 8125 类型使用同 Ni 8025、Ni 8165 类型。

（4）Ni-Mo

1）Ni 1003 类型用于 Ni-Mo 合金（例如 N 合金）的焊接，及其与钢或其他镍基合金的焊接，以及在钢上堆焊。使用钨极惰性气体保护焊和熔化极气体保护焊。

2）Ni 1067 类型用于焊接 Ni-Mo 合金（例如 UNS N10675），带有 Ni-Mo 合金的复合钢接头的覆层侧的焊接，以及 Ni-Mo 合金与钢或其他镍基合金的焊接。使用钨极惰性气体保护焊、熔化极气体保护焊和等离子弧焊。

（5）Ni-Cr-Mo

1）Ni 6022 类型用于焊接低碳 Ni-Cr-Mo 合金

（主要是 C-22 合金）和铬镍钼奥氏体不锈钢，及带有低碳 Ni-Cr-Mo 合金的复合钢的覆层侧的焊接，以及低碳 Ni-Cr-Mo 合金与钢或其他镍基合金的焊接和在钢上堆焊。

2）Ni 6057 类型用于耐蚀层堆焊（特别耐缝隙腐蚀），使用的焊接方法同 Ni 1067 类型。

3）Ni 6058 或 Ni 6059 类型用于焊接低碳 Ni-Cr-Mo 合金（主要 UNS N06059）和铬镍钼奥氏体不锈钢，及带有低碳 Ni-Cr-Mo 合金的复合钢的覆层侧的焊接，以及低碳 Ni-Cr-Mo 合金与钢或其他镍基合金的焊接。

4）Ni 6200 类型用于焊接 Ni-Cr-Mo 合金 UNS N06200，及其与钢或其他镍基合金的焊接，以及在钢上堆焊。

5）Ni 6625 类型用于焊接 Ni-Cr-Mo 合金（主要是 625 合金），及其与钢的焊接，及在钢上堆焊。

6）Ni 6660 类型用于熔化极气体保护焊和钨极惰性气体保护焊焊接超级双相钢、超级不锈钢和低温 9% Ni 钢，以及在低合金钢上堆焊。与 Ni 6625 类型相比，焊缝金属具有更好的耐蚀性和低温韧性，并没有热裂纹问题。

7）Ni 6686 类型用于焊接低碳 Ni-Cr-Mo 合金（主要是 686 合金），其他同 Ni 6022 类型。

8）Ni 7725 类型用于焊接高强耐蚀镍基合金（主要是 725 合金、UNS N09925），及其与钢的焊接，以及在钢上堆焊。需要焊后沉淀硬化热处理以提高强度。

（6）Ni-Cr-Co

1）Ni 6160 用于焊接 Ni-Co-Cr-Si 合金（UNS N12160），使用钨极惰性气体保护焊、熔化极气体保护焊和等离子弧焊，使用温度达 1200℃。

2）Ni 7090 类型用于焊接 Ni-Cr-Co 合金（例如 90 合金），使用钨极惰性气体保护焊。焊缝金属经热处理时效硬化。

3）Ni 7263 类型用于焊接 Ni-Cr-Co-Mo 合金（例如 UNS N07263），使用钨极惰性气体保护焊。焊缝金属经热处理时效硬化。

镍基合金焊丝不仅用于钨极气体保护电弧焊、还用于熔化极气体保护电弧焊、等离子弧焊和埋弧焊。

为了控制气孔和热裂纹，在焊丝中常常添加 Ti、Mn 和 Nb 等合金元素。焊丝的主要合金成分常常比母材高。这样就降低了在低耐腐蚀材料上堆焊及异种金属焊接时稀释率的影响。

4. 焊接工艺

手工焊和自动焊都是采用直流，电极接负极。焊机通常装有高频引弧装置，以保证引弧；电流衰减装置，以便在断弧时逐渐减小弧坑尺寸。

由于焊丝包含有提高抗裂性和控制气孔的元素，焊缝至少应含有 50% 填充金属，这些元素才能起着有效的作用。焊接过程熔池应保持平静，应避免电弧搅动熔池。

在焊接过程中焊丝加热端必须处于保护气体中，以避免热的末端氧化和由此造成的焊缝金属的污染。焊丝应在熔池的前端进入熔池，以避免接触钨极。

保护气体的流量对于薄板大约为 4L/min，而对于厚板流量增至 14L/min。使用太大的气体流量可能增加紊流及产生不希望的焊缝冷却过快。

单面焊完全焊透时需要在背面用带凹形槽的铜衬垫，并通以保护气体。为了加强焊接区域的保护效果，也可以在喷嘴后侧加一辅助输送保护气体的拖罩。

16.2.4　镍基耐蚀合金的熔化极气体保护电弧焊

熔化极气体保护电弧焊可用来焊接固溶强化镍基合金，很少用来焊接沉淀硬化镍基合金。

金属的主要过渡形式是喷射过渡，但短路过渡和脉冲喷射过渡也广泛使用。由于喷射过渡可以使用较高的焊接电流和较粗直径焊丝，所以更经济。而脉冲喷射过渡使用小焊接电流，更适合全位置焊接。也可以使用粗滴过渡，但粗滴过渡焊接过程中熔深不稳定，焊缝成形不好，甚至容易产生焊接缺陷，因此很少采用。

1. 保护气体

熔化极气体保护电弧焊使用 Ar 和 Ar + He 混合气体作为保护气体。过渡形式不同所需的最适合的保护气体也不同。

当采用喷射过渡时，使用 Ar 保护可以获得很好的效果。加入 He 后，随着 He 含量的增加导致焊缝变宽、变平及熔深变浅。只使用 He 将产生电弧不稳定和过量的飞溅。添加 O_2 和 CO_2，将引起严重的氧化和不规则的焊缝表面。并在纯 Ni 和 Ni-Cu 合金焊缝中产生气孔。

熔化极气体保护电弧焊气体流量范围为 12 ~ 47L/min，具体流量大小取决于接头形式、焊接位置、气体喷嘴大小及是否使用尾气保护。

当采用短路过渡时，在 Ar 中添加一定量的 He 可以获得上佳的效果。纯 Ar 保护由于明显的收缩效应使焊缝外形过分凸起，同时可能导致产生未完全熔化缺陷。随着 He 的增加，使熔池具有良好的润湿性，并使焊缝变平，同时减少了未完全熔化缺陷。对于短路过渡，焊接使用的气体流量范围大约为 12 ~ 21L/min。随着 He 含量的增加，气体流量必须增加，以提供一个合适的焊接保护。

气体喷嘴的大小对焊接过程有着重要的影响。例如，当使用 50% Ar + 50% He（均为体积分数）保护气体，气体流量是 19L/min，气体喷嘴直径为 9.5mm，焊缝不出现氧化的最大电流是 120A。而气体喷嘴直径增加到 16mm，焊缝不出现氧化的最大电流是 170A。

当采用脉冲喷射过渡时，在 Ar 中添加 He 可以获得好的效果。$\varphi(He) = 15\% \sim 20\%$ 时，效果最佳。

焊接使用的气体流量范围大约为 12 ~ 21L/min。气体流量过大将出现紊流而干扰电弧的稳定性。

2. 焊丝

熔化极气体保护电弧焊使用的焊丝大多数与钨极气体保护电弧焊使用的焊丝相同。通常采用直径为 0.9mm、1.1mm 和 1.6mm 的焊丝。具体使用焊丝尺寸取决于过渡形式和母材厚度。

3. 焊接工艺

通常推荐使用直流恒压电源，焊丝接正极。镍基合金的熔化极气体保护电弧焊喷射过渡、脉冲喷射过渡及短路过渡的典型焊接参数列于表 16-22。

表 16-22 镍基合金熔化极气体保护电弧焊的典型焊接参数[4]

母材	焊丝类型	过渡类型	焊丝直径/mm	送丝速度/（mm/s）	保护气体	焊接位置	电弧电压/V 平均值	峰值	焊接电流/A
200	ERNi-1	S	1.6	87	Ar	平	29 ~ 31	—	375
400	ERNiCu-7	S	1.6	85	Ar	平	28 ~ 31	—	290
600	ERNiCr-3	S	1.6	85	Ar	平	28 ~ 30	—	265
200	ERNi-1	PS	1.1	68	Ar 或 Ar + He	垂直	21 ~ 22	46	150
400	ERNiCu-7	PS	1.1	59	Ar 或 Ar + He	垂直	21 ~ 22	40	110
600	ERNiCr-3	PS	1.1	59	Ar 或 Ar + He	垂直	20 ~ 22	44	90 ~ 120
200	ERNi-1	SC	0.9	152	Ar + He	垂直	20 ~ 21	—	160
400	ERNiCu-7	SC	0.9	116 ~ 123	Ar + He	垂直	16 ~ 18	—	130 ~ 135
600	ERNiCr-3	SC	0.9	114 ~ 123	Ar + He	垂直	16 ~ 18	—	120 ~ 130
B-2	ERNiMo-7	SC	1.6	78	Ar + He	平	25	—	175
G	ERNiCrMo-1	SC	1.6	—	Ar + He	平	25	—	160
C-4	ERNiCrMo-7	SC	1.6	—	Ar + He	平	25	—	180

注：1. S—喷射过渡。

2. PS—脉冲喷射过渡。

3. SC—短路过渡。

焊枪垂直于焊缝沿焊缝中心线移动施焊效果最佳。为了便于观察熔化状态，允许焊枪稍作后倾。但过大倾斜可能引起空气混入电弧保护区，导致焊缝产生气孔或严重氧化。

在脉冲电弧焊时，焊枪的操作与焊条电弧焊使用焊条时相似。在摆动到极限位置时稍停顿一下以减少咬边。

焊丝与导电嘴必须保持清洁。

16.2.5 镍基耐蚀合金的等离子弧焊

等离子弧焊 2.5 ~ 8mm 厚镍基合金板材能得到质量满意的接头。如果焊接更厚的板材，其他焊接方法更合适。实际上等离子弧焊最适应的是不填丝、板厚

小于 8mm 的接头，而且利用小孔法的单道焊更为有效。

采用 Ar 和 Ar + H2 混合气体 $[\varphi(H_2) = 5\% \sim 8\%]$ 作为等离子气和保护气体。在 Ar 中添加 H2 增加电弧能量。等离子弧焊使用的电源与钨极气体保护电弧焊使用的电源相同。四种镍基合金采用小孔法的自动等离子弧焊使用的典型焊接参数列于表 16-23。

16.2.6 镍基耐蚀合金的埋弧焊

可以使用埋弧焊焊接某些固溶镍基合金，不推荐使用埋弧焊焊接厚板 Ni-Mo 合金。由于高的焊接热输入和低的冷却速度，使得焊缝延性降低，并且由于焊剂化学反应引起成分的变化，使焊缝耐蚀性能降低。

表 16-23　镍基合金采用小孔法的自动等离子弧焊典型焊接参数[4]

合金牌号	母材厚度 /mm	离子气流量 /（L/min）	保护气流量 /（L/min）	焊接电流 /A	电弧电压 /V	焊接速度 /（mm/s）
200	3.2	5	21	160	31.0	8
	6.0	5	21	245	31.5	6
	7.3	5	21	250	31.5	4
400	6.4	6	21	210	31.0	6
600	5.0	6	21	155	31.0	7
	6.6	6	21	210	31.0	7
800	3.2	5	21	115	31.0	8
	5.8	6	21	185	31.5	7
	8.3	7	21	270	31.5	5

注：喷嘴直径：3.5mm；离子气和保护气：Ar+5% H_2（体积分数）；背面保护气：Ar。

由于熔敷率高，埋弧焊是焊接厚母材金属的有效方法。与其他弧焊方法相比，焊缝表面更平滑。

1. 接头形式

埋弧焊的典型接头形式如图 16-1 所示。V 形坡口或 V 形坡口加垫板的单面焊焊接接头适用于厚度在 25mm 以下的板材焊接。U 形坡口和双 U 形坡口适用于厚度为 20mm 或更厚的板材。在接头设计上尽可能选用双 U 形坡口，以减少焊接时间，减少焊接材料的消耗以及减小焊接变形与残余应力。

2. 焊剂

碳钢和不锈钢埋弧焊用焊剂用于焊接镍基合金是不适宜的。镍基合金埋弧焊使用焊剂的作用除了保护焊缝不受大气污染，使电弧稳定外，同时把重要的合金元素添加到焊缝中。因此焊剂和焊丝的共同作用应与母材相匹配。对于镍基合金埋弧焊除选用合适的焊丝外，还必须正确选用与该合金母材和焊丝相匹配的焊剂。国际标准 ISO 14174：2004《Welding consumables—Flux for submerged arc welding—Classification》（《焊接材料—埋弧焊熔剂—分类》）中推荐镍基合金埋弧焊采用氟化物-碱性类型焊剂。

未熔化的焊剂可以回收。然而，为了保持焊剂颗粒尺寸的均匀性，回收的焊剂与等量的未使用焊剂混合使用。埋弧焊剂有吸潮的性质，应放置在干燥容器内储存。吸潮的焊剂可通过加热重新使用。

3. 焊丝

埋弧焊使用的焊丝与钨极气体保护电弧焊和熔化极气体保护电弧焊用的焊丝相同。由于通过焊剂添加部分合金，因此焊缝化学成分稍有不同，允许用更大的电流和更粗的焊丝。

4. 焊接工艺

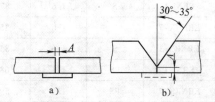

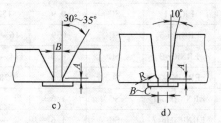

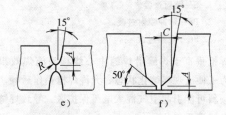

图 16-1　埋弧焊接头形式

a）对接　b）、c）单 V 坡口　d）单 U 坡口
e）双 U 坡口　f）混合角度坡口

$A=3.2mm$　$B=6.4mm$　$C=9.5mm$　$R=7.9mm$

在埋弧焊工艺中，母材、焊丝、焊剂与焊接参数的配合是很重要的，对工艺性、焊缝的化学成分、接头的性能都有很大的影响。表 16-24 列出了三种镍基合金埋弧焊的典型焊接参数。

埋弧焊可以使用直流焊丝接负极和直流焊丝接正

极。对于坡口接头优先选择直流焊丝接正极，以获得较平的焊缝和较深的熔深。直流焊丝接负极常用于表面堆焊，以获得较高的熔敷率及较浅的熔深，这样就降低了母材的稀释率。然而采用直流焊丝接负极埋弧焊，需要更厚的焊剂，这样就增大了焊剂的消耗，也增大了夹渣的可能。

多层焊时应特别注意层间的夹渣问题。一般要求选用合理的接头形式，工艺上合理布置焊道的排列。先焊的焊道要给后一道留有合适坡口角度与根部宽度。

表 16-24　镍基合金埋弧焊的典型焊接参数[4]

母材	焊丝类型	焊剂牌号	焊丝直径 /mm	焊丝伸出 长度/mm	焊接电流 /A	电压 /V	焊接速度 /（mm/min）
200	ERNi-1	Flux 6	1.6	22～25	250	28～30	250～300
400	ERNiCu-7	Flux 5	1.6	22～25	260～280	30～33	200～280
600	ERNiCr-3	Flux 4	1.6 2.4	22～25	250 250～300	30～33	200～280

注：1. 600 合金的工艺参数也适用 800 合金。

　　2. 接头完全拘束。

　　3. 焊剂为 Inco Alloys International, Inc. 生产的专用焊剂。

　　4. 电源类型：直流恒压。

　　5. 焊丝极性：接正极。

焊道的形状是重要的，以稍凸的焊道为好。焊道的形状主要受电弧电压和焊接速度控制的。较高的电压和焊速将产生较平坦的焊道。

16.2.7　接头设计

对于镍基合金焊接对接接头推荐设计形式见图 16-2。在设计中首先考虑是要具有合适的可达性。根部的开角要足以允许焊条、焊丝和焊枪能伸到接头底部。由于熔化金属流动性差，需要在接头内精确地排布焊道，使用较宽的开角。

其次电弧对镍基合金产生的熔深比碳钢及不锈钢浅。较浅的熔深需要使用较薄的钝边。增加电流并不能明显地增加熔深。

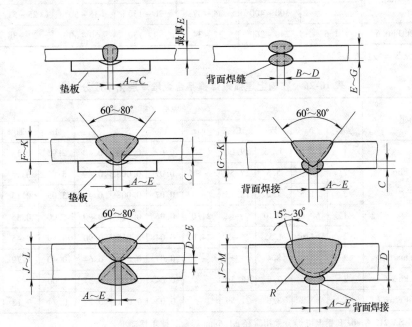

图 16-2　镍基合金对接接头推荐设计形式

$A = 0$mm　$B = 0.8$mm　$C = 1.6$mm　$D = 2.4$mm　$E = 3.2$mm　$F = 4.8$mm　$G = 6.4$mm

$H = 7.9$mm　$J = 12.7$mm　$K = 15.9$mm　$L = 31.8$mm　$M = 50.8$mm　$R = 4.8 \sim 7.9$mm

对接接头。厚度小于等于 2.4mm 的镍基耐蚀合金板对接不需要开坡口。厚度大于 2.4mm 时，对接接头需要采用 V 形坡口、U 形坡口或 J 形坡口。应特别注意防止出现不稳定的熔透，以避免产生未熔合、裂纹和气孔。由于镍基合金是工作在各种温度的腐蚀介质中，因此需要完全熔透的焊缝。

角接和搭接接头不能用于高应力的工况，特别不宜用于高温下或包括有温度循环的工作条件。采用角接接头时焊根应焊透。搭接接头则需采用两面焊缝。

16.2.8　镍基耐蚀合金耐蚀层堆焊

镍基合金很容易在碳钢、低合金钢和其他合金上进行堆焊以提高耐腐蚀性。被堆焊表面必须清除掉所有氧化物和外界污染物质。

1. 镍基合金的埋弧堆焊

镍基合金在钢上埋弧堆焊典型焊接参数列于表 16-25，堆焊层化学成分列于表 16-26。

对于镍基合金埋弧堆焊使用直流电源，焊丝接负极，以减少稀释率。焊丝接正极可以改善电弧的稳定性。

焊丝摆动是埋弧堆焊有效的方法。图 16-3 所示为摆动的两种典型方法。与焊丝不摆动的窄焊道相比，这两种方法的焊道更平滑，稀释率更低。

表 16-25　镍基合金在钢上埋弧堆焊典型焊接参数[4]

焊丝与焊剂组合	焊丝直径 /mm	焊接电流 /A	电压 /V	焊接速度 /(mm/min)	摆动频率 /(周/min)	摆动宽度 /mm	焊丝伸出长度 /mm
ERNiCr-3 和 Flux 4	1.6	240~260	32~34	89~130	45~70	22~38	22~25
	2.4	300~400	34~37	76~130	35~50	25~51	29~51
ERNiCu-7 和 Flux 5	1.4	260~280	32~35	89~150	50~70	22~38	22~25
	2.4	300~400	34~37	76~130	35~50	25~51	29~51
	1.6	260~280	32~35	180~230	没有用	—	22~25
	2.4	300~350	35~37	200~250	没有用	—	32~38
ERNi-1 和 Flux 6	1.6	250~280	30~32	89~130	50~70	22~38	22~25
ERNiCr-3 和 Flux 6	1.6	240~260	32~34	76~130	45~70	22~38	22~25
	2.4	300~400	34~37	76~130	35~50	25~51	29~51
ERNiCrMo-3 和 Flux 6	1.6	240~260	32~34	89~130	50~60	22~38	22~25

注：采用直流焊丝接负极。

表 16-26　在钢上埋弧堆焊镍基合金堆焊层化学成分[4]

焊丝与焊剂组合	化学成分（质量分数,%）										
	层数	Ni	Fe	Cr	Cu	C	S	Si	Mn	Ti	Nb+Ta	Mo
ERNiCr-3 和 Flux 4	1	63.5	12.5	17.00	—	0.07	0.008	0.40	2.95	0.15	3.4	—
	2	70.0	5.3	17.50	—	0.07	0.008	0.40	3.00	0.15	3.5	
	3	71.5	2.6	18.75	—	0.07	0.008	0.40	3.05	0.15	3.5	
ERNiCu-7 和 Flux 5	1	60.6	12.0	—	21.0	0.06	0.014	0.90	5.00	0.45		
	2	64.6	4.55	—	24.0	0.04	0.015	0.90	5.50	0.45		
ERNi-1 和 Flux 6	2	88.8	8.4			0.07	0.004	0.64	0.40	1.70		
ERNiCr-3 和 Flux 6	2	68.6	7.2	18.50		0.04	0.007	0.37	3.00		2.2	
ERNiCrMo-3 和 Flux 7	2	60.2	3.6	21.59		0.02	0.001	0.29	0.74	0.13	3.29	8.6

注：在 ASTM SA 212 Grade B 钢上堆焊，采用直径 ϕ1.6mm 焊丝，使用摆动工艺。

采用摆锤式摆动时，在焊缝的两侧要稍停一下，这样能稍微增大熔深，同时也稍微增大稀释率。

匀速直线式摆动的稀释率最低。电弧的运动速度在整个摆动周期保持不变。由于在两侧没有停顿，故消除了由于停顿引起的熔深增加。

摆动宽度以及焊接电流、焊接电压和焊接速度同样也影响铁的稀释率。

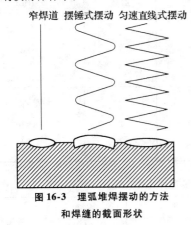

窄焊道　摆锤式摆动　匀速直线式摆动

图 16-3　埋弧堆焊摆动的方法

和焊缝的截面形状

2. 熔化极气体保护电弧堆焊

熔化极气体保护电弧焊采用喷射过渡可以在钢上

成功地堆焊镍基合金。堆焊通常采用自动焊，同时摆动焊丝。

保护气体通常只用 Ar。然而，堆焊纯 Ni 和 Ni-Cr-Fe 合金，添加 15% ~ 25%（体积分数）的 He 是有益的，当 He 增加到 25%，产生宽而平的焊缝且熔深减少。气体流量的变化范围为 15 ~ 45L/min。当使用摆动时，为了获得合适保护，必须有尾气保护。

表 16-27 列出了在钢上使用自动熔化极气体保护电弧焊堆焊镍基合金堆焊参数和堆焊层化学成分，堆焊焊接条件如下：

1）焊枪气体 Ar，流量 24L/min。

2）尾气 Ar，流量 24L/min。

3）焊丝伸出长度为 19mm。

4）电源：直流，焊丝接正极。

5）摆动频率 70 周/min。

6）焊缝搭接量 6 ~ 10mm。

7）焊接速度为 110mm/min。

表 16-27　在钢上自动熔化极气体保护电弧焊参数和堆焊层化学成分[4]

堆焊焊丝	电流/A	电压/V	层数	化学成分（质量分数,%）											
				Ni	Fe	Cr	Cu	C	Mn	S	Si	Mg	Ti	Al	Nb + Ta
ERNi-1	280 ~ 290	27 ~ 28	1	71.6	25.5	—	—	0.12	0.28	0.005	0.32	—	2.08	0.06	
			2	84.7	12.1	—	—	0.09	0.17	0.006	0.35	—	2.46	0.07	
			3	94.9	1.7			0.06	0.09	0.003	0.37	—	2.76	0.08	
ERNiCu-7	280 ~ 300	27 ~ 29	2	66.3	7.8	—	19.9	0.06	2.81	0.003	0.84	0.008	2.19	0.05	
			3	65.5	2.9		24.8	0.04	3.51	0.004	0.94	0.006	2.26	0.04	
ERNiCr-3	280 ~ 300	29 ~ 30	1	51.3	28.5	15.8	0.07	0.17	2.35	0.012	0.20	0.017	0.23		1.74
			2	68.0	8.8	18.9	0.06	0.040	2.67	0.008	0.12	0.015	0.30	0.06	2.27
			3	72.3	2.5	19.7	0.06	0.029	2.78	0.007	0.11	0.020	0.31	0.06	2.38

注：1. ERNiCu—7 堆焊第一层用 ERNi—1 焊丝。

　　2. 在 SA 212 Grade B 钢上堆焊，采用 φ1.6mm 焊丝堆焊。

3. 焊条电弧堆焊

在钢上使用焊条电弧堆焊镍基合金堆焊参数和堆焊层性能列于表 16-28。焊条电弧堆焊应严格控制稀释率。稀释率过大，可能增加堆焊层的热裂纹敏感性或降低耐蚀性。

4. 热丝等离子弧堆焊

热丝等离子弧堆焊具有高的熔敷率，并能精确地控制稀释率，稀释率可降至 2%。然而较合适的稀释率范围推荐为 5% ~ 10%。在钢上热丝等离子弧堆焊镍基合金接条件列于表 16-29，堆焊层化学成分列于表 16-30。

表 16-28　在钢上焊条电弧焊堆焊参数和堆焊层性能[4]

堆焊金属	焊条类型	焊丝直径/mm	焊接电流（直流）/A	25mm 伸长率（%）	堆焊层硬度	
					层数	HRB
镍	ENi-1	2.4	70 ~ 105	45	1	88
		3.2	100 ~ 135		2	87
		4.0	120 ~ 175		3	86
		4.8	170 ~ 225			

（续）

堆焊金属	焊条类型	焊丝直径 /mm	焊接电流（直流） /A	25mm 伸长率 （%）	堆焊层硬度	
					层数	HRB
镍-铜	ENiCu-7	2.4 3.2 4.0 4.8	55~75 75~110 110~150 150~190	43	1 2 3	84 86 83
镍-铬-铁	ENiCrFe-3	2.4 3.2 4.0 4.8	40~65 65~95 95~125 125~165	39	1 2 3	91 93 92

表 16-29　热丝等离子弧堆焊焊接条件[4]

焊丝类型	等离子弧		热丝		焊接速度 / （mm/ min）	摆动		焊缝		熔化速度 / （kg/h）
	电流 /A	电压 /V	电流 /A	电压 /V		频率 / （周/min）	宽度 /mm	宽度 /mm	厚度 /mm	
ERNiCu-7	490	36	200	17	190	44	38	50	5	18
ERNiCr-3	490	36	175	24	190	44	38	56	5	18

注：1. 等离子弧电源为直流，电极接负极。热丝电源为交流。
　　2. 离子气：75% He + 25% Ar（体积分数），流量：26L/min。保护气：Ar，流量：19L/min。跟踪保护气：Ar，流量：21L/min。
　　3. 焊丝直径为 φ1.6mm。
　　4. 预热温度 120℃。

表 16-30　在钢上热丝等离子弧焊堆焊层化学成分[4]

焊丝类型	化学成分 （质量分数,%）									
	层数	Ni	Fe	Cr	Cu	C	Mn	S	Si	Ti	Al	Nb + Ta
ERNiCu-7	1	61.1	5.5	—	27.0	0.07	3.21	0.006	0.86	2.14	0.05	—
	2	63.7	1.5	—	28.2	0.07	3.32	0.006	0.88	2.25	0.04	—
ERNiCr-3	1	68.3	8.3	18.4	0.05	0.02	2.67	0.010	0.16	0.24	—	2.16
	2	73.2	1.7	20.2	0.02	0.01	2.86	0.010	0.17	0.24	—	2.31

注：在 ASTM A387 Grade B 钢上堆焊，焊丝直径为 φ1.6mm。

16.3　镍基耐蚀合金的电阻焊

用点焊、缝焊、凸焊和闪光焊很容易对镍基合金进行焊接。由于镍基合金电阻率高，因此所需的焊接电流较低，但因为镍基合金高温强度高，所以需要增大电极压力。

为了电接触良好，工件的表面必须清洁。全部氧化物、油、油脂和其他异物都必须用合适的方法清除掉。化学清洗是清除氧化物的最好方法。

16.3.1　镍基耐蚀合金的点焊

1. 设备

几乎所有类型的常规点焊设备都可以成功地用于焊接镍基合金。设备必须能对焊接电流、焊接时间和电极压力进行精确的控制。控制上升斜率有利于防止喷溅。

对于大多数用途来说，图 16-4 所示的限定的半球形电极端面设计是最好的。对于厚度是 1.5~3mm 的镍基合金，有时使用锥头电极或端面半径为 125~200mm 的球面电极。用这些形式的电极可以获得较大的熔核及相应较高的剪切强度。

2. 焊接工艺

点焊工艺主要受被焊的镍基合金组合件的总厚度支配，并在相当大程度上受所采用的焊机决定。相似的焊接工艺可适用于焊接层数有很大不同而总厚度相同的焊缝的焊接。然而对于任何给定厚度或总的叠加厚度，焊接电流、焊接时间和电极压力的不同组合可以获得相同质量的接头。

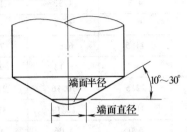

图 16-4　限定的半球形电极端面

其他参数如电极尺寸和形状对控制喷溅、压痕和翘离是重要的。对于某些高强度、高温合金通过上升斜率、下降斜率和锻压力来控制加热速度和熔核的致密性。

镍基合金的硬度和强度一般高于低碳钢，特别在高温下更是这样。因此在点焊过程中就需要用较高的电极压力。通电流的时间应尽可能的短，但是为了逐渐积累焊接热量通电时间不能太短。焊接电流应设定在略高于产生弱焊点的值，但要低于引起焊点金属喷溅的设定值。控制电流上升斜率是有益的。

经退火镍基合金的典型点焊参数列于表 16-31 和表 16-32。为了强化焊点，在焊接时间接近结束时有时施加锻压力。对于某些合金，在后热脉冲过程中可以施加锻压力。

沉淀硬化合金最好在固溶退火状态下点焊，焊接参数的设定与同类型固溶合金焊接参数相似。但是必须使用大的电极压力和小的焊接电流来补偿它们的高温强度和高的电阻。如果这些合金在硬化态焊接，一般会出现裂纹。为了避免应变-时效裂纹，推荐在焊后固溶退火后进行沉淀硬化处理。

表 16-31　用单相焊机点焊经退火的镍基合金典型焊接参数[4]

合金牌号	板厚/mm	电极端面/mm		电极压力/N	焊接时间/周（60Hz）	焊接电流/kA	焊核直径/mm	最小抗剪强度/N
		半径	直径					
200	0.533	76	4.06	1646	4	7.8	3.05	1557
	0.787	76	4.83	4003	4	15.4	4.57	3381
	1.600	76	6.35	7651	6	21.6	6.35	10676
	2.387	76	7.87	10231	12	26.4	7.87	16014
	3.175	76	9.65	14679	20	31.0	9.40	24910
400	0.533	76	4.83	1334	12	6.2	3.30	2002
	0.787	76	4.83	3114	12	10.5	4.32	3759
	1.600	76	7.87	12010	12	15.3	7.87	9163
	2.362	76	9.65	12277	20	22.6	9.40	17259
	3.175	76	12.7	22241	30	30.0	11.94	26022
600	0.533	76	4.06	1334	12	4.0	3.05	2424
	0.787	76	4.83	3114	12	6.7	4.57	4092
	1.600	76	7.87	9207	12	12.0	7.87	12233
	2.362	76	9.65	17214	20	15.0	9.40	19572
	3.175	76	11.18	23441	30	20.1	11.18	28468
X-750	0.254	152	4.06	1334	2	7.3	2.79	—
	0.381	152	4.06	1779	4	7.4	2.79	—
	0.533	152	4.83	3336	6	7.5	3.56	—
	0.787	152	5.59	7784	8	9.9	4.32	—
	1.574	254	7.87	19571	14	16.4	7.37	—

注：1. 两个板厚相等。

　　2. 电极端面为限定的半球形。

表 16-32　用三相变频式焊机点焊经退火的镍基合金典型焊接参数[4]

合金牌号	厚度/mm	电极端面/mm		电极压力/N	时间/周 (60Hz)			焊接电流/kA	焊核直径/mm	最小抗剪强度/MPa
		半径	直径		焊接	脉冲	间脉冲			
400	0.457	76	4.83	1779	13	6	1	4.3	4.32	1779
	0.762	127	6.35	3559	13	6	1	8.5	4.57	4003
	1.092	127	6.35	7117	17	8	1	11.5	6.60	7784
	1.574	178	7.87	9786	21	10	1	14.5	8.13	9119
	2.362	229	11.18	16903	39	9	1	22.5	10.16	24020
	3.175	305	12.7	22241	65	10	1	31.0	12.19	31138
X-750	0.635	76	5.59	8896	9	8	1	6.0	4.06	4003
	0.787	127	6.35	9786	10	8	1	6.8	4.57	5115
	1.092	127	6.35	12010	23	5	1	8.1	5.08	8007
	1.575	203	7.87	15569	35	8	1	11.4	6.35	14679
	2.362	203	11.18	22241	53	8	1	15.0	9.40	25355

注：1. 多层的最大厚度不超过此厚度的 4 倍，不等厚度的最大比为 3:1。

　　2. 电极为限定的半球形。

如果施加的电极压力不足，在点焊某些沉淀硬化镍基合金的过程中可能出现裂纹。如果较高的电极压力并没有消除裂纹，则增加焊接时间或减小焊接电流是有益的。可采用低惯性机头和有电流斜率控制的焊机。

16.3.2　镍基耐蚀合金的缝焊

这种方法一般用于焊接厚度为 0.05 ~ 3.2mm 的薄板。滚轮电极可以连续地旋转或间歇地旋转。在连续缝焊过程中不可以施加锻压力，但是在间歇焊接时却可以施加锻压力。高强度合金，如 X—750 合金、X 合金，通常采用锻压力和间歇运动进行焊接。两种镍基合金典型的缝焊参数列于表 16-33。为了强化焊缝熔核，施加的力必须足够大，以防止裂纹和气孔。

表 16-33　用单相焊机缝焊经退火的镍基合金的典型焊接参数[4]

合金牌号	厚度/mm	电极外形/mm		电极压力/N	时间/周(60Hz)		焊接电流/kA	焊接速度/(mm/s)	焊核宽度/mm
		宽度	半径		加热	冷却			
400	0.254	4.06	76	890	1	3	5.3	31.7	2.29
	0.396	4.06	152	1334	1	3	7.6	31.7	2.54
	0.533	4.83	152	2224	2	6	8.7	16.1	3.81
	0.787	4.83	152	3114	2	12	10.0	8.0	3.81
	1.574	9.65	152	11120	8	12	19.0	8.5	4.32
X-750	0.254	3.30	76	1779	1	3	3.6	19.0	2.79
	0.396	3.30	76	3114	2	4	3.9	15.2	3.05
	0.533	4.06	76	6227	3	6	8.0	12.7	3.56
	0.787	4.83	76	10230	4	8	8.5	12.7	4.32
	1.574	4.83	152	17792	8	16	10.3	5.1	4.57

注：多层的最大厚度不超过此厚度的 4 倍，不等厚度的最大比为 3:1。

16.3.3　镍基耐蚀合金的闪光焊

焊接镍基合金对焊机的要求与焊钢所要求的没有很大不同。镍基合金闪光焊接头所需要的顶锻力比钢所需要的高。

闪光焊的接头设计与其他金属相似。平的端面、剪切或锯切的端面，以及轧切的棒或丝的端面都能满意的进行闪光焊。对于厚截面的端面有时加工成稍微倾斜的锥面。考虑到闪光焊过程中金属损失造成工件缩短，所以工件应有合适的长度。

闪光焊最重要的焊接参数是：闪光电流、闪光速度、闪光时间、顶锻压力和顶锻距离。一般采用高的闪光速度和短的闪光时间，以使焊缝的污染减至最小。抛物线式闪光比线性闪光更为理想。因为这是用最小的金属损失获得最大的接头效率。

闪光焊的焊接参数随焊机规格和用途而变。表16-34 列出了几种直径为 6.3mm 和 9.5mm 的镍基合金棒材闪光对焊的典型焊接参数。由于镍基合金的强度在高温下比钢的强度高，所以顶锻时需要更高的顶锻力，并将全部的熔融金属从接头中挤出。在顶锻过程中通电时间应严格控制。如果通电时间太长，接头可能过热并被氧化。如果通电时间太短，由于金属的塑性，不能得到足够的顶锻来迫使熔融金属从接头中挤出。正确的闪光焊应保证在焊缝中不残留任何铸造金属。

表 16-34　镍基合金棒材闪光焊典型焊接参数[4]

合金牌号	直径/mm	顶锻电流时间/s	顶锻留量/mm	输入能量/J	接头效率(%)
200	6.35	1.5	3.17	7 740	89
	9.52	2.5	3.68	17 530	98
400	6.35	1.5	3.17	6 950	97
	9.52	2.5	3.68	19 980	95
K-500	6.35	1.5	3.17	7 270	94
	9.52	2.5	3.68	17 240	100
600	6.35	1.5	3.17	7 740	92
	9.52	2.5	3.68	18 680	96

注：1. 闪光留量为 11.2mm，闪光时间为 25s。
　　2. 具有 110°夹角的锥形端头。

16.4　镍基耐蚀合金的钎焊

镍基合金具有良好的钎焊性，既可以硬钎焊，也可以软钎焊。

16.4.1　镍基耐蚀合金的硬钎焊

镍基合金可用很多类型的硬钎料进行钎焊。对于高强度钎焊接头有 4 个因素很重要：钎焊接头形式、钎焊间隙的精确控制、钎焊面的清洗以及钎焊面与钎料的有效润湿。

镍基合金钎焊时，要注意使其脆化的 S 和低熔点金属，如 Zn、Pb、Bi 和 Sb，在钎焊前必须彻底清理，以确保表面不存在含有这些元素的物质。也必须从钎焊气氛中清除 S 和硫化物。镍基合金钎焊时，还应注意出现应力裂纹的可能性。

1. 银基钎料钎焊镍基耐蚀合金
镍基合金的致密的银钎焊接头具有母材退火状态的室温强度。但超过 150℃ 时强度急剧下降。银钎料服役温度上限一般不超过 200℃。当镍基合金置于熔融的银基钎料时可能产生应力裂纹。在钎焊操作过程中母材应是无应力状态。

(1) 银基钎料
常用的银基钎料都是 Ag-Cu 或 Ag-Cu-Zn 合金。在腐蚀环境中，最好使用 $w(Ag) > 50\%$ 的钎料。

(2) 钎剂
银基钎料配用的钎剂多数是氟化物与硼酸的混合物，其熔化温度低于银基钎料的熔化温度。标准钎剂多用于不含 Al 的镍基合金的钎焊。

(3) 加热方法与保护气氛
用气体火焰加热进行钎焊还是应用的比较广泛，但多采用还原性火焰。感应加热对于小零件大批量生产是一种比较满意的方法。电阻加热适合于钎焊小零件以及在大零件上固定小零件的钎焊。金属浴钎焊用于细丝与微型零件。电炉、燃油或燃气炉是适用于银基钎料的,但由于钎料流动情况难于观察,炉温控制是极为重要的。

用还原性气氛钎焊,工件适于长时间的加热,这有利于钎剂的充分熔化。使用城市煤气、氮气等只适用于短时间的高温钎焊。无钎剂的炉中钎焊可在用氨分解的干燥氢还原性气氛中进行。含低蒸气压材料(Cd、Zn、Li等)的钎料不适用于真空硬钎焊。

(4)应力裂纹

许多镍基合金在与熔融的银基钎料接触中,当处于高应力状态时,具有裂纹倾向。退火温度高的合金就出现应力裂纹,特别是沉淀硬化合金。这种裂纹几乎是在钎焊操作过程中瞬间出现,通常容易用肉眼看见。熔化的钎料流入这些裂纹中并完全将其填满。

这种作用类似于应力腐蚀裂纹。可以把熔融的钎料看作腐蚀介质。在钎焊前的冷作加工或者因钎焊操作过程中机械的或热的原因产生的应力,可以产生足以引起裂纹的应力。

当遇到应力裂纹时,通过严格的分析钎焊工艺通常可以确定它的成因。通常的补救办法是消除应力源。通过以下的一种或多种的措施可以消除应力裂纹:

1)使用经退火的材料,而不是冷作加工的坯料。

2)对冷作成形零件钎焊前进行退火。

3)除去由外加载荷引起的应力,如零件装卡不正确、夹持力大或零件没有支托好等引起的应力。

4)重新设计零件或修改接头设计,以便使装卡不产生应力。

5)降低加热速度。

6)选择不易引起应力裂纹的钎料。

沉淀硬化镍基合金对应力裂纹特别敏感。应该用熔点较高的钎料,在退火或固溶状态下钎焊这类合金。

2. 镍基钎料钎焊镍基耐蚀合金

镍基钎料通常具有优异的抗氧化和耐腐蚀能力以及较好的高温强度,接头强度接近于母材的强度。其中一些镍基钎料可以在980℃下连续使用以及在1200℃下短期使用。镍基钎料常用于含Cr的镍基合金的钎焊,如600合金、718合金与X-750合金等。

(1)镍基钎料

镍基钎料主要是Ni或Ni-Cr,添加Si、B、Mn或这些元素的组合,使其熔化区间低于镍基合金母材的熔化区间。硬钎焊温度范围通常为1010~1200℃。

不应采用为降低其熔化区间而含有大量P的钎料来钎焊镍基合金,因为在钎料-母材的界面可能形成脆的磷化镍。不应采用含B的钎料钎焊薄截面,因为这种钎料具有腐蚀作用以及与母材的过合金化。

(2)钎剂

含氟钎剂可代替保护气氛直接进行钎焊,但钎焊后应去除残留钎剂,以防其对母材的腐蚀作用。残留钎剂很像坚韧的玻璃粘在钎焊处,可用机械或化学方法除掉。未熔化的钎剂不能再次用于钎焊零件。使用高挥发的钎剂是有益的。

镍基硬钎焊接头钎焊间隙为0.015~0.15mm。

(3)加热与保护气氛

大多数镍基钎料钎焊镍基合金是在较强的还原性气氛的炉中进行的。含有容易形成氧化物元素的母材对于保护气氛的要求是很严格的。多数采用干燥的氢气(露点低于-62℃)。

对于$w(Al)$和(或)$w(Ti)$超过0.5%的镍基合金就是用标准干燥氢气也不能保证完全不产生氧化物,在其硬钎焊时必须要先行镀Ni或镀Cu,还要求使用钎剂。

和还原性气氛相比,可以采用真空度大约为0.1Pa的真空。有时在抽真空后,再充干燥的Ar。罩式炉具有很好的效果,这是因为罩式炉能满足对保护气氛的要求。

在大多数情况下,钎焊件出炉后,须进行除垢处理,但不要求钎焊后热处理。沉淀硬化镍基合金,如允许也可以在炉中热处理。如使用了钎剂,钎焊后必须除掉残留在工件上的钎剂。

3. 铜基钎料钎焊镍基耐蚀合金

铜基钎料能钎焊多数的镍基合金。采用的设备与钎焊钢采用的相同。铜基钎料钎焊镍基合金的钎焊温度范围在860~1150℃之间,最常用的是1120℃。

铜基钎料长期使用的温度约为200℃;短期使用的温度约为480℃。铜基钎料在略微粗糙的或轻微侵蚀的表面的漫流性最好,抛光的表面将阻滞钎料的流动和润湿。

Cr、Al还有Ti等元素在正常的铜基钎料钎焊时将被氧化形成氧化物。为防止生成有碍钎焊的氧化物,钎焊前在零件表面镀Cu或镀Cr,但镀Cu更有利于形成铜基钎料钎焊接头,最佳Cu镀层厚度为0.08mm左右。

(1)铜基钎料

最普通的铜基钎料是商业纯铜,$w(O)=0.04\%$的Cu也应用广泛。无氧Cu则能制成强度与塑性更高些的钎焊接头。

(2)钎剂

氧乙炔焊接镍基合金用熔剂即可作为铜基钎料钎焊镍基合金的钎剂。

(3)工艺要点

用铜基钎料钎焊镍基合金的接头设计与铜基钎料

钎焊钢的接头设计是相类似的。装配精度是从轻微压配合到最大间隙为 0.05mm 的范围。对接钎焊接头的强度接近于母材退火状态的强度。

用铜基钎料钎焊镍基合金通常是采用炉内加热钎焊的方法。加热可用电、气、油炉等。特殊情况下，若钎焊小件，也用电阻加热的方法。

含 S 低的燃烧气氛钎焊 200 合金、400 合金是满意的，但钎焊 600 合金是不满意的。分解氨气氛可用于钎焊镍 200 合金、400 合金。当露点低于 −17℃ 或更低时，也可钎焊 600 合金。含 Al 和（或）Ti 的合金（如 X—750 合金）应当采用钎剂或有 Cu 的或 Ni 的预镀层进行铜基钎料钎焊。

通常，铜基钎料钎焊镍基合金不需要钎焊后处理，沉淀硬化镍基合金铜钎焊接头需要时效处理。在高温服役的铜钎焊接头必须去除接头残存钎剂及熔渣。

16.4.2　镍基耐蚀合金的软钎焊

可以用任何普通的软钎焊方法连接镍基合金。含 Cr、Al 或 Ti 的合金比其他合金更难以进行软钎焊。

如果对沉淀硬化合金进行软钎焊，则应在热处理后进行。因软钎焊时产生的温度不会软化经沉淀硬化处理的零件。

当镍合金与 Pb 和许多其他低熔点金属接触时，在高温下会产生脆化。必须避免脆化。在正常的软钎焊温度下并不产生脆化。应避免过热。如果要对工件进行焊接、硬钎焊或其他的加热，则必须在软钎焊前进行。

任何普通类型的软钎焊钎料可以用于钎焊镍基合金。含 Sn 量较高的软钎料，如成分为 $w(Sn) = 60\%$、$w(Pb) = 40\%$ 或 $w(Sn) = 50\%$、$w(Pb) = 50\%$，有良好的润湿性。

树脂钎剂用于镍基合金，存在的问题一般是活性不足。氯化物钎剂适用于 Ni 和 Ni-Cu 合金的软钎焊。含盐酸的钎剂用于含 Cr 镍基合金的软钎焊。软钎焊不锈钢所采用的许多专用钎剂可满意地用于镍基合金。

在含 S 的情况下加热，镍基合金会变脆。这些合金在加热前应清理干净，并且没有含 S 材料，如油脂、油漆、粉笔痕迹和润滑剂。

因为软钎焊镍基合金需要使用腐蚀性钎剂，所以软钎焊后必须彻底清除钎剂残余物。氯化锌钎剂残余物首先可以在浓度为 2% 的盐酸热水池中刷洗。然后，用含有碳酸钠的热水冲洗，接着再用清水冲洗。

与具有较高强度的镍基合金相比，软钎焊接头的强度是低的。所以接头的强度不应只依赖钎料。对于承载结构，应采用卷边接缝、铆接、点焊、螺栓连接或其他方法。软钎焊只应用于接头的密封。

参 考 文 献

[1]　师昌绪，李恒德，周廉，等．材料科学与工程手册：上卷 [M]．北京：化学工业出版社，2004.

[2]　干勇，田志凌，董瀚，等．中国材料大典：第 2 卷　钢铁材料工程（上）[M]．北京：化学工业出版社，2006.

[3]　黄伯云，李成功，石力开，等．中国材料大典：第 4 卷　有色金属材料工程（上）[M]．北京：化学工业出版社，2006.

[4]　American Welding Society. Welding Handbook：Vol 3 Materials and Applications-Part 1 [M]．8th ed. Miami：American Welding Society，1996.

[5]　安继儒．中外常用金属材料手册 [M]．西安：陕西科学技术出版社，2006.

[6]　Shinozaki K. Welding and joining Fe Ni-base superalloy [J]．Welding International，2001，15（8）：593-610.

[7]　Collins M G，Lippold J C. An investigation of ductility dip cracking in Ni-based filler materisls—Part Ⅰ [J]．Welding Journal，2003，84（10）：288-295.

[8]　Collins M G，Lippold J C. An investigation of ductility dip cracking in Ni-based filler materisls—Part Ⅱ [J]．Welding Journal，2003，84（12）：348-354.

[9]　Collins M G，Lippold J C. An investigation of ductility dip cracking in Ni-based filler materisls—Part Ⅲ [J]．Welding Journal，2004，85（1）：39-49.

[10]　Kaiser S D. Welding High Nickel Alloys：Different but Not Difficult [J]．Welding Journal，1988，67（10）：55-57.

第17章 稀贵金属及其他有色金属的焊接

作者 张友寿 何鹏 **审者** 蒙大桥 王者昌

17.1 铀及铀合金的焊接

17.1.1 概述

1. 铀的核性能

铀是锕系放射性元素，其原子序数为 92，原子量为 238.03。人们在铀中一共发现了 15 种同位素，其中天然铀中存在的同位素只有^{238}U、^{235}U 和^{234}U 三种，其余的同位素是通过人工核反应实现的。铀的各种同位素都具有放射性，其半衰期各不相同。在天然铀中^{234}U 的含量虽然很少，但放射性却特别强，它几乎占全部辐射的 50% 以上。通常把$\omega(^{235}U)$ 低于 0.72% 的铀材料称为贫铀。贫铀是浓缩核燃料的副产品，贫铀中的^{235}U 和^{234}U 降低了，但^{238}U 反而增加至 99.8% 左右。贫铀的辐射能较轻，仅为天然铀的 60% 左右。天然铀中的^{238}U、^{235}U 和^{234}U 三种同位素含量及其与贫铀的比较列于表 17-1。

表 17-1 天然铀和贫铀的比较表

同位素	^{234}U	^{235}U	^{236}U	^{238}U
天然铀	0.0057%	0.72%	0	99.28%
贫铀（美国）	0.001%	0.20%	0.0003%	99.8%

以高昂的代价把^{235}U 从天然铀中提取出来，^{235}U 吸收热中子发生裂变并放出大量的热，其完全裂变的热能当量大约为 $2.202 \times 10^7 kW \cdot h/kg$，因此$^{235}U$ 是一种极其重要的核能源材料[1]。^{238}U 通过核反应堆照射可获得另一种可裂变材料金属钚。^{235}U 和^{238}U 两种同位素的半衰期分别为 $7.1 \times 10^8 a$ 和 $4.51 \times 10^9 a$。

2. 铀的物理力学性能

铀的物理和力学性能列于表 17-2。铀具有三种同素异构体，其相变温度、晶体结构以及晶格参数列于表 17-3。对于焊接而言，所关心的主要是与热、力和热变形有关的性能。

存在于室温的 α-U 的密度最高为 $19.01 g/cm^3$。

α-U 有多项性能是各向异性的，热膨胀性能尤其明显，加热时三个主轴方向的热膨胀系数变化的规律是：a、c 轴方向随温度升高而膨胀，而在 b 轴方向则产生收缩。多晶 α-U 受周期性冷热循环时，由晶粒内产生的膨胀和收缩效应，导致整个晶粒产生不可逆变形。其变形受温度、冷热循环次数等因素的支配，加热时的上限温度越高，温度变化范围越大，加热速度越慢，则形变越明显。另外，织构对热变形也会产生很大影响。除此之外，如电阻率、弹性模量都显各向异性。铀的导电性与铁相仿，其热导率随温度的升高而逐渐增加。铀可以通过合金化与热处理的方法改变铀的各向异性状态。

表 17-2 铀的物理/力学性质

熔点 /℃	沸点 /℃	热导率 /(W/m·K)	电阻率 /($10^{-8}\Omega \cdot m$)	比热 /(J/g·℃)	线胀系数 /$10^{-6}℃^{-1}$	抗拉强度 /MPa	屈服强度 /MPa	断后伸长率 （%）	断面收缩率 （%）
1132.3	3818	27.6	29.0	0.117	6.8 ~ 14.1	>490	>274	12.0	10 ~ 12

β-U 也是各向异性的，β 相在性能上显脆性。体心立方的 γ-U 具有各向同性性质，对称性较好，性能较理想，但密度低于 α-U（表 17-3）。

铀的力学性能与纯度和生产工艺有关。目前使用的铀（包括铀合金）是由真空熔铸和粉末冶金两种方法生产。原子能使用的铀材料主要由真空熔铸法生产，要求的纯度很高。粉末冶金铀（合金）生产的量很少，主要用于科学实验方面。

3. 化学性质

在焊接过程中需要了解和掌握的化学性质有：

1）铀的基本化学特性。在元素周期表中处于锕系元素的铀，其高温性能相当复杂。铀有多种化合价态（如 +2 ~ +6 价等），化学性质非常活泼，能与除惰性气体以外的所有元素发生化学作用。新鲜表面的铀为银白色金属，银白色的铀暴露于空气中就会立即快速地氧化而使之变色。金属铀表面呈淡黄色是由于有氮化物和氧化物存在的缘故。

2）铀与非金属元素的相互作用。表 17-4 列出了铀与非金属气体元素 H_2、C（非气体元素）、N_2、O_2、H_2O、CO、CO_2 的相互作用的反应温度及反应产物。在焊接时，控制这些气体对减轻焊缝金属的污染是至关重要的。

3）铀与酸、碱反应。铀既能溶于 HNO_3 生成硝酸铀酰，也能溶于 HCl 生成 UCl_3 和黑色的羟基化合物。在没有氧化剂存在时，铀不与 H_2SO_4 反应，但有 H_2O_2 或 HNO_3 存在时，反应就会迅速进行。碱通常不与铀作用，在碱中加入 H_2O_2 才能溶解铀，并生成铀酸盐。了解铀与酸、碱的作用，有助于选择适当的焊前表面处理溶液配方和金相组织蚀刻剂。

表 17-3　铀的相变温度与晶体结构

同素异形体	加热 /℃	冷却 /℃	稳定范围 /℃	晶体结构	晶格参数[①] / ×10⁻¹⁰ m			密度 /(g/cm³)
					a	b	c	
α-U	665.6	656.7	<668	斜方	2.8536	5.8698	4.9555	19.05
β-U	771.1	766.5	668~775	四方	10.754	b = a	5.652	18.13
γ-U	1129.8	1129.6	775~1132	体心立方	3.534	b = a	c = a	17.91

① 晶格参数的测量温度：α-U 为 25℃，β-U 为 720℃，γ-U 为 805℃。

表 17-4　铀与非金属元素的化学反应及产物

元素	反应温度/℃	反应产物	反应条件及说明
H_2	250~300	UH_3	UH_3 的存在会使铀块碎裂，如果金属铀中含氢（0.3~5）× 10^{-4}% 时，就会使其变脆
C	1800~2400	UC、UC_2、U_2C_3	—
N_2	700	UN、U_2N_3、UN_2	当氮的压力很高时才能获得 UN_2；400℃ 以下与块状铀不反应，500~600℃ 反应明显，700℃ 反应迅速
O_2	150~350	主要是 UO_2	当温度加的很高时为 U_3O_8
H_2O	100	UO_2、UH_3	450℃ 以上反应产物为 UO_2
CO	750	UO_2、UC	—
CO_2	750	UO_2、UC	—

4. 铀合金

铀能与多种金属用熔炼方法或用粉末冶金方法制成合金。通常将 Ag、Al、Au、Bi、Ca、Co、Cr、Cu、Fe、Hf、Hg、Mo、Nb、Na、Ni、O、Pb、Pt、Re、Si、Sn、Ta、Th、Ti、V、W、Zr 以及某些稀土元素加入到铀中，形成二元、三元或多元的铀基合金。为确保铀合金的核性能基本保持不变，在铀中使用的添加剂应尽可能地少，多数铀合金的添加剂通常为百分之几至百分之十几，在极少数铀合金中，其合金添加量大于这种含量。在这些合金添加剂中，有的控制铀合金的组织结构、晶粒尺寸和取向，有的使铀合金性能发生改变，有的则使力学性能提高，有的同时兼顾几种作用。为了满足铀合金的使用要求，不但在铀中加入相应的合金元素，而且还要通过热处理，以便将铀的高温相部分或全部地稳定到室温，或者形成介稳定的过渡相。用合金化和热处理相结合的方法使铀经受 α-β 相变后而不发生显著的变形。在 γ-U 中，合金元素的作用之一是使 γ 相在室温中能够保持下来，从而使铀的抗辐照肿胀能力得到改善[2,3]。表 17-5 列出了几种常用铀合金的力学性能数据。

目前，国内外主要采用熔铸、冶炼和合金化的方法获得铀合金。此外，国外还用粉末冶金方法生产铀合金。粉末冶金制品有许多优点：

1）不存在宏观偏析，而且还能把显微偏析减至最小。

2）可以生产接近最终产品尺寸（净无余量）和形状的制品，生产过程中的废物量明显减少。

表 17-5　几种常用铀合金的力学性能数据

合金类别	抗拉强度 R_m/MPa	屈服强度 R_{eL}/MPa	断后伸长率 A（%）	断面收缩率 Z（%）
U-2Mo	1101	696	14.1	2.0
U-0.5Nb	1001	354	29.0	26.7
U-0.7Nb	887	335	12.0	12.1
U-1.5Nb	1030	447	18.0	16.0
U-7.5Nb-2.5Zr	899	561	20.3	49.7

（续）

合金类别	抗拉强度 R_m/MPa	屈服强度 R_{eL}/MPa	断后伸长率 A（%）	断面收缩率 Z（%）
U-0.26Th	742	256	21.0	20.4
U-0.26Ti	832	354	9.0	7.9
U-0.5Ti	933	415	7.0	6.1
U-0.75Ti	953	469	9.0	6.4

但是粉末冶金铀合金给焊接增加了新的难度[4,5]。UO_2 由于高温稳定性好，耐腐蚀性能好和辐照下的尺寸变化小，与包覆材料的相容性好等特点，是轻水反应堆广泛使用的陶瓷燃料。国外曾经进行过 UO_2 与 Zr-2 合金的扩散焊。另外，近年来还出现了铀基复合材料，使材料的性能大大改善。

17.1.2　铀及铀合金的用途

几十年来的实践证明，铀及铀合金主要用于原子能工业。由于铀及铀合金具有放射性，限制了它的使用范围。尽管如此，如果在民用工业的某些用途中，在其他材料不能替代的情况下，也还是使用了铀及铀合金，但要采取严格的屏蔽防护措施[6]。

1）作为核能源材料。高浓缩铀用于核武器装料，稀释的铀合金和 UO_2 主要用作反应堆燃料，用裂变燃烧能来供热发电，或者作为驱动船只（如核潜艇、核航空母舰、核巡洋舰、核破冰船、核商用船等）以及宇宙飞船推进器的动力源。^{235}U 为可裂变材料，当其吸收热中子后即发生核裂变，放出大约 2～3 个中子，并放出约 200MeV 的能量。这相当于碳燃烧释放能量的 4.878 万倍。新生中子再去轰击其他 ^{235}U 核，使其再度产生核裂变，如此往复下去，维持着核裂变的自持链式反应。自持链式反应是核能利用的基础。

通过反应堆照射 ^{238}U，并经过短时间的 β^- 衰变，转变为 ^{239}Pu。因此 ^{238}U 又是生产新型超重核材料 ^{239}Pu 的重要原料。

2）作非核效应武器材料。充分利用铀的高密度以及其他物理力学性能和易燃烧等特点，制成穿甲弹、钻地弹、贫铀弹，在性能上主要突出穿透力强、可燃烧性好和可持久伤害等特点。爆炸时凭借产生的高温化学反应，用以摧毁敌方坚固目标，如地下掩体、坚固建筑物等，对人体的杀伤只起辅助作用。用铀及铀合金制成反坦克的炮弹弹头，其杀伤力很强。

3）作储氢材料。铀具有吸氢特性，可以作为储氢材料使用。用铀床存储氚，铀与氚的反应生成 UT_3。UT_3 是一种粉体材料，盛装粉体材料的容器需要封焊，并进行严格的密封检查。

4）作射线屏蔽材料。利用铀及铀合金的高密度特点，作 γ 射线的屏蔽材料，以铀代替铅可减轻屏蔽体的重量。这对移动式反应堆很有价值。

5）其他用途。铀在低温下可转变成超导体；某种 U-Nb 合金具有形状记忆效应；由于铀的原子序数高，可产生波长很短的高能 X 射线，利用铀及铀合金的这些性质，有可能开发出新的用途。另外，铀及铀合金可作为航空器件（如直升机、火箭等）的配重平衡砣材料。铀还可作为玻璃、陶瓷和珐琅的着色剂，化学工业的催化剂和橡胶的防老化剂等。

17.1.3　铀及铀合金的焊接性分析

1）铀及铀合金具有良好的焊接性。根据铀使用的苛刻环境，对铀及铀合金的焊接方法必须进行必要的限制。真空电子束焊、气体保护激光束焊、TIG（氩弧）焊、等离子弧焊是国内外最常采用的熔焊方法。而扩散焊、摩擦焊、钎焊和电化学连接技术等方法可以用于铀的同种金属或异种金属的焊接。

2）铀及铀合金的焊接，通常在非常严格的保护条件下进行熔焊，如要采用熔焊以外的方法焊接铀及铀合金，不能外加对核性能有影响的元素（如吸收中子的材料）以及对焊接接头腐蚀敏感的元素。焊接后要对接头的核性能和耐腐蚀性能进行实验考核，使之满足复杂的工况环境。非金属气体元素 O_2、N_2、H_2 及 H_2O、CO、CO_2 等对铀及铀合金的作用比较敏感，焊接铀材料极易吸收这些气体而形成氧化物、氮化物和氢化物以及气孔等[7,8]，因此对焊接环境的净化处理和保护至关重要。通常在真空中或密封工作箱内用气体保护进行焊接。鉴于铀及铀合金的高温氧化严重，所以很少采用含氧化的焊接方法焊接铀及铀合金，目前还没报道有关氢、氮、氧（或它们与氩或氦混合）作为焊接铀及铀合金的保护气体。

3）铀及铀合金的焊接，通常不加填充材料。如果非加填料不可，则要采用与被焊母材同组分的铀或铀合金作填充，而且要采取措施（如镀层）以防填充材料氧化。

4）熔焊铸造、锻造铀及铀合金时，对被焊母材的杂质含量要加以限制，影响铀焊接质量的杂质元素列于表 17-6。

5）铀及铀合金的焊接质量和性能还与母材的制作背景和方法有关。一般说来，铸锻铀材料可以用 TIG 焊、电子束焊、激光束焊、等离子弧焊等方法进行焊接，可以获得有使用价值的力学性能数据。用熔焊方法焊接的铀合金，有的抗拉强度略高于母材的强度（激光束焊接的未见报道），但接头的断后伸长率却比较低。而像粉末冶金铀合金这类材料，用熔焊方法就难以获得满意的焊接接头[4,5,9]。

表 17-6　影响铀焊接质量的杂质元素及其含量

元素名称	C	Fe	Cr	Ni	Si	N	Al	Cu	W	H
质量分数（%）	≤2×10⁻²	1×10⁻²	3×10⁻³	<2×10⁻³	1.2×10⁻²	3.3×10⁻³	5×10⁻³	<1×10⁻³	<1×10⁻²	<3.5×10⁻⁴

17.1.4　表面处理

纯铀很活泼，是极易氧化的材料，即使是机加工的新鲜表面，在室温下也很快被氧化，在潮湿环境中氧化更快。有的铀合金虽然有抗氧化的作用，但表面也有不同程度的氧化和污迹。因此铀及铀合金在焊接前，必须对焊接件进行严格的表面处理。处理铀及铀合金的方法很多。一般情况下是在除去油污之后，用1:1 的硝酸水溶液侵蚀，侵蚀之后必须用水冲洗干净，冲洗干净时，pH 值处于中性。检验冲洗干净的方法是用精密 pH 试纸测试其溶液是否存在。铀及铀合金表面处理的工艺为：打磨表面→擦洗（金属清洗剂 40℃）→热水洗→硝酸侵蚀→水洗→干燥待用。

若铀表面有局部较厚或厚度不均匀的氧化物以及其他腐蚀产物，还可采用机械清理方法进行处理，如用砂纸打磨或用锉刀锉去这些污染物，再用化学方法清理，以使表面更干净。打磨和锉除都在特定的环境中进行。

表面处理与焊接之间的时间间隔应尽可能地缩短。为防止洁净的铀表面再度氧化，可在铀表面镀银保护层。

处理²³⁵U 材料时，要考虑材料的蚀刻量，并按临界安全规定收集和存放废液（见 17.1.8 节）。

17.1.5　焊接材料

1. 填充材料

铀及铀合金的焊接一般不需要加填充材料，如果非加不可，则应当根据母材的特性考虑加入填充材料的种类和量。根据铀及其合金的使用和焊接的可操作性，可加同种铀金属作填充。如果要加异种材料作填充，不得含有较多的吸收中子截面大的材料（如硼、镉等）。填充材料可以以丝或片状的形式加入，但市场上没有商用铀焊丝出售。作者在用 TIG（氩弧焊）方法焊接 U-Nb 合金时，采用了同种金属作焊接填充材料进行过实验，效果较好。填充材料使用了0.8mm 的切片。另外，要防止填充材料氧化。对填充材料进行表面处理后镀银，就是一种预防氧化的方法之一。

2. 钎料

In50-Sn50 合金是一种可用于铀及铀合金焊接的软钎料，其熔化温度为 117~127℃。

国外在进行铀的钎焊研究中，曾经使用过 Ag-Cu-15% Pd 合金作钎料[6]。这种合金对铀的润湿性良好，可以形成比较高的搭接抗剪接头。但在钎焊过程中，也要严格预防钎料的高温氧化。另外，Ag-Cu-15% Pd 合金与铀焊接后有很少量金属间化合物生成，如 UCu₅ 等。Zr-5Be 钎料能润湿陶瓷材料，可用此钎料钎焊氧化铀[8]。

3. 扩散焊中间层材料

铀与异种材料的焊接通常采用扩散焊。扩散焊的中间层材料用 Ni、Ag 等材料的较多，银对铀的焊接无不良影响。扩散层材料可以用镀层的方法或夹片的形式加入，不能以粉末的形式加入。其厚度一般在μm 至 mm 量级。

在 U-6% Nb 与铝合金的焊接中，采用了金属 Nb 片作为过渡层材料。Nb 片与铝的焊接采用爆炸焊接，U-6% Nb 与 Nb 片的焊接采用真空电子束焊接。

4. 保护气体与钨极

1）保护气体。铀的 TIG 焊、激光焊、等离子弧焊、扩散焊甚至炉中钎焊都要使用保护气体。纯氩、纯氦和不同比例的氩氦混合气体（如 50% Ar + 50% He、80% Ar + 20% He、70% Ar + 30% He 等）是焊接铀最常用的保护气体。由于氦气的价格比氩气贵得多，因此在不影响焊缝质量的情况下应尽量少用氦气甚至不用氦气。表 17-7 列出了氩气和氦气的物理参数，以便在焊接中参考。

表 17-7　氩气和氦气的物理参数

保护气体	相对原子量	密度(273K, 0.1MPa)/(kg/m³)	电离电位/V	比热容(273K)/[J/(g·K)]	热导率(273K)/[W/(m·K)]	5000K 时离解程度
Ar	39.944	1.782	15.7	0.523	0.0158	不离解
He	4.003	0.178	24.5	5.230	0.1390	不离解

2）钨电极。TIG 焊和等离子弧焊使用的电极材料有纯钨、铈-钨和钍-钨三种。国外还有锆-钨、镧-钨电极。钇-钨电极也在发展之中。焊接铀及铀合金使用的电极主要有铈-钨和钍-钨电极两种。通常焊接 2~5mm 厚的板材，使用直径为 2mm 的电极，可承载 100~200A 的焊接电流。钨电极的作用有两个：一是耐高温；二是钨电极有强烈发射电子的能力，能够保持电弧持久稳定燃烧。

5. 电镀连接材料

镍、镍—钴合金、银、铜等材料可以作铀及铀合金的电镀连接的阳极材料。

17.1.6　焊接方法及工艺

1. 真空电子束焊接

真空电子束焊接方法很适合于铀及铀合金的焊接。电子束焊接铀有两个显著特点：

1）铀为高活性金属，在焊接过程中易被环境中的大气污染，焊接时必须将大气与铀隔离，或使焊接环境的气体减少到适合铀焊接的程度。电子束焊接设备的真空室，对铀的高温氧化起到了良好的防护隔离作用，致使焊缝受空气污染小，焊接接头的质量高。

2）电子束焊接属于高能束密度焊接之一种方法，电子束焊接的功率密度可达 $10^6 \sim 10^9 \mathrm{W/cm^2}$，相当于电弧焊的 $10 \sim 10^4$ 倍，焊出的焊缝深而窄，形变小，热影响区亦很小，焊缝的深宽比可达 20:1，一般情况下可以达到 8:1，新生产的电子束焊机的深宽比更大，不加填充材料可以焊接大厚度焊件[7,9,10]。

铀及铀合金焊接多使用高压型电子束焊。电子束焊适合焊接铸锻铀，而粉末冶金铀合金采用电子束熔焊的效果不好，原因是用该方法焊接粉末冶金铀合金，焊缝会产生大量气孔，图 17-1 是电子束焊接 U-Nb-Zr 合金的形貌。图 17-2 是电子束焊接 U-Nb 合金与 Nb

图 17-1　电子束焊接 U-Nb-Zr 合金的形貌图

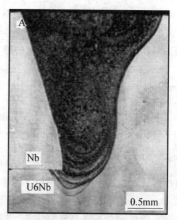

图 17-2　电子束焊接 U-Nb 合金与 Nb 的形貌图

层（Nb/6061 铝合金为爆炸焊组件）的焊接形貌。表 17-8 是 U-Nb 合金的电子束焊接的参数。几种铀合金真空电子束焊接接头的力学性能数据列于表 17-9。

在研究铀及铀合金的焊接中，用电子束焊接方法已经焊接了锻造贫铀、U-Mo、U-Nb、U-Ti、U-Mo-Nb、U-Nb-Mo-Zr-Ti、U-Nb-Zr 等纯铀、二元或多元铀合金。

表 17-8　U-Nb 合金电子束焊参数

焊接速度 /(mm/s)	加速电压 /kV	束流 /mA	工作距离 /mm
12.7	120	10	254

表 17-9　几种铀合金真空电子束焊接接头的力学性能数据

合金牌号	抗拉强度 R_m/MPa	屈服强度 R_{eL}/MPa	断后伸长率 A（%）
U-0.5Nb	1014	263	12
U-2Nb-1Ti	1272	1066	2
U-2Mo-3Nb	864	232	7.5
U-7.5Nb-2.5Zr[①]	930	396	13

① U-7.5Nb-2.5Zr 焊接的断面收缩率为 47%。

下面是一个电子束焊接的例子[11]。在对 U-Nb 合金与铝合金的焊接中，由于两材料在性能上存在着较大差异，加之铝合金中所含的合金元素的影响，直接熔焊、钎焊或者扩散焊等都会存在这样或那样的问题，特别是熔焊时的问题更严重。其主要原因是铀合金与铝合金反应生成了脆性的金属间化合物 δ 相（UAl_2）和 ε 相（UAl_3）。为了寻求两者的可靠的连接，采用了加中间层 Nb 作为过渡。先将中间层 Nb 用爆炸连接的方法，将其和 6061 铝合金连接，然后采用电子束熔焊，把 U-6Nb 合金与过渡层 Nb 焊接在一起。Nb 与铝合金的焊接选择爆炸焊接的目的是将二者形成的金属间化合物减至最小，U-6Nb 合金与 Nb 的焊接选用电子束焊是为了控制铀合金的熔化量，以很少量的熔化金

属润湿 Nb。焊接前，对 6061 铝合金经过 530℃，12.5h
的固溶退火，再水淬的热处理。电子束焊接 U-6Nb 合金

与 Nb 的焊接参数列于表 17-10。U-6Nb 合金与 Nb 中间
层电子束焊接的力学性能见表 17-11。

表 17-10　电子束焊接 U-6Nb 合金与 Nb 层（Nb/6061 铝合金爆炸焊组件）**的焊接参数**

材料及结构	束电压/kV	束电流/mA	焊接速度/(mm/min)	真空度/Pa
U-Nb 合金与 Nb 层 （Nb 层与 6061 铝合金已爆炸连接）	100	10	1016	1.33×10^{-3}

表 17-11　U-6Nb 合金与 Nb 中间层电子束焊接的力学性能

焊接材料	抗拉强度 /MPa	屈服强度 /MPa	弹性模量 /MPa	断后伸长率 （%）	断裂部位
U-Nb 合金与 Nb 中间层	256	214	6.8×10^4	11.5	断在 Nb 层
（6061Al-T6/ Nb 组件）+ （U-Nb）	310	239	9.5×10^4	21.0	断在 Nb 层

2. 激光焊

焊接铀及铀合金使用的激光器有两类：一类是连
续波或脉冲波 YAG 固体激光器；另一类是连续波
CO_2 气体激光器。目前为止，还没有关于其他类型的
激光器用于焊接铀及铀合金的报道。

激光束焊接铀及铀合金有 2 个显著特点：

1）与电子束焊接相比，激光焊接铀及铀合金有
许多相似之处，因为这两种方法都同属高能束密度焊
接。焊接热输入集中，焊接能量可精确控制和调整，
焊缝成形质量好而形变小。

2）在焊接时，可以通过光纤和透镜把激光束引
入到屏蔽小室内，这样以屏蔽放射性使之不污染激
光主体设备，同时还方便密封箱体设计。但是铀及其
合金的激光焊接也存在一些不足，例如：①由于材料
对激光的吸收和反射作用，使激光功率的利用率比较
低，焊接的焊缝熔深浅。②在非真空气体保护下激光
焊接铀及铀合金时，其保护效果不如真空电子束焊的

好，因为纯氩所维持的环境只相当于几 Pa 或 10^{-1} Pa
量级的真空保护程度。

（1）连续波激光焊接铀及铀合金

此类激光束焊接铀及铀合金的成形质量良好，焊
缝表面平整光滑，焊缝的根部气孔似乎比脉冲激光焊
的少了一些。采用激光热导焊时，焊缝形貌与 TIG 焊
接铀及铀合金的有些类似。这里必须指出，激光在焊
接铀及铀合金时，铀的表面一般不进行吸光（黑化）
处理，因此在焊接时采用的激光功率要高一些。图
17-3 和图 17-4 分别是 CO_2 激光水平位置焊接贫铀的
装置和激光束横焊贫铀的装置。表 17-12 给出了 YAG
连续激光焊接参数。表 17-13 是 CO_2 激光器焊接贫铀
的参数。图 17-5 和图 17-6 是 YAG 激光焊接纯铀的
显微组织形貌。整个焊缝组织与铸态铀的结晶类似，
但组织显得细小，在熔合线（图 17-6）呈现外延联
生结晶趋势。这和 TIG 焊的有些相似。

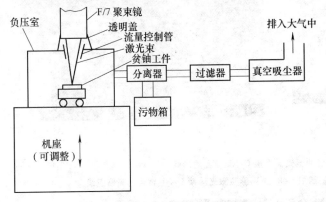

图 17-3　激光水平位置焊接贫铀的装置

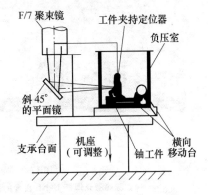

图 17-4　激光束横焊贫铀的装置

表 17-12　YAG 连续激光焊接纯铀的焊接参数

板厚/mm	保护气体及流量 /（L/min）	激光功率 /W	焊接速度 /（mm/min）	最大熔深 /mm
4	（99.995%）纯氩 15~20	1800~2000	300~400	2.0~2.5

表 17-13　CO₂ 激光器焊接贫铀的焊接参数

板厚 /mm	功率 /kW	焊接速度 / (mm/s)	聚焦状态	保护气体	深宽比
6.35	10.2	106	聚焦 +1.6mm	氩气	1.39
12.7	12.9	55	聚焦 +1.6mm	氩气	2.21

图 17-5　纯铀 YAG 激光焊接的焊区组织

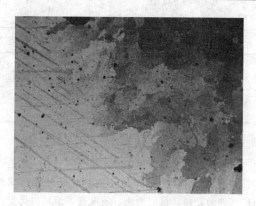

图 17-6　纯铀 YAG 激光焊接熔合线的结晶组织

（2）脉冲激光器焊接铀

国外在 20 世纪 70 年代利用脉冲激光器焊接铀合金[3,11,12]，国内在 20 世纪 90 年代也利用脉冲激光进行了铀合金的焊接。实验研究的结果表明：①屏蔽室内最好处于真空状态或氩气保护环境，因为脉冲激光焊接铀及铀合金时，各脉冲光点大约有 1/3 多一点的面积要进行二次重熔搭接，重叠的边缘会聚集较多的氧化物污染焊缝。②在焊缝根部产生的缺陷较多，主要是焊接裂纹和气孔，密集型的气孔会使焊缝强度降低。③脉冲激光焊接铀的强度数据通常低于母材。脉冲激光焊接铀及铀合金，主要控制脉冲激光的宽度、能量密度、峰值功率和重复频率等参数。当焊接 2mm 以内厚度的板材时，通常采用激光热传导焊接；板厚为 4~6mm 时，采用激光深熔焊接。表 17-14 是 U-Nb 合金脉冲激光焊的焊接参数。图 17-7a 是固体脉冲激光器焊接 U-Nb 合金的形貌。图 17-7b 是固体脉冲激光器焊接 U-Nb 合金的焊接组织。

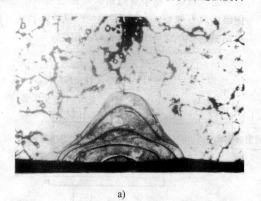

a)

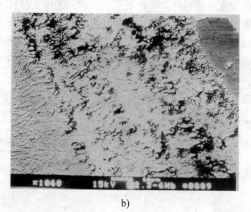

b)

图 17-7　固体脉冲激光器焊接 U-Nb 合金的形貌

a）脉冲激光焊接 U-Nb 合金的低倍组织 ×40　b）脉冲激光焊接 U-Nb 合金的高倍组织

表 17-14　U-Nb 合金脉冲激光焊的焊接参数

板厚 /mm	焊接能量 /J	离焦量 /mm	脉宽 /ms	频率 /(次/s)	焊接速度 /(mm/min)	保护气体	熔深 /mm
3	18	4.5	7	4	90	氩	1.6

（3）纯铀激光表面熔覆堆焊

纯铀在室温条件下为斜方结构的 α-U，极不耐腐蚀。利用激光在其表面堆熔一层 Nb、Zr、Ti 等一类的材料，使铀表面的状态发生改变，它的耐蚀性和抗磨性得到增强或使其他性能发生改变。同时也可以用两种或两种以上的材料在铀表面堆焊，形成二元、三元或多元的复合合金层，其效果更好。

激光焊接铀及铀合金的缺陷主要是气孔，其次是裂纹。脉冲激光焊接产生的气孔比连续激光焊接的更严重，气孔生成的部位主要在焊缝根部附近。产生气孔的原因很简单，不外乎是在焊接时带入了气体和水氛，即被焊材料本身含有气体或被气体所污染。在气体保护下焊接时，要把焊接环境中的气体完全去除，在技术上却十分复杂，弄清焊接气孔形成的机制就显得更困难了。焊接前处理、焊接过程中气体和水氛的控制对减轻焊接气孔有显著的效果。其次，选择合理的焊接参数对减少气孔也起到了一定的作用。

目前为止，已采用激光焊接技术，先后焊接了锻造贫铀、铸态贫铀、U-0.75Ti 合金和 U-Nb 合金。

3. TIG 焊接

TIG 焊接是较早用于铀及铀合金的焊接方法之一，现在在某些应用领域，仍然受到重视[3,5,12,13]。

TIG 方法焊接铀及铀合金的氩弧焊接设备由焊接电源、引弧和稳弧装置、焊枪、供气系统、冷却系统、焊接程序控制装置、密封工作箱等 7 个部分组成。控制箱又包括引弧、稳弧和焊接程序控制装置等几个部分。密封工作箱主要是为了屏蔽铀的放射性和对焊接件起保护作用。焊接铀及铀合金，一般情况下采用直角坡口进行自熔焊接。在密封箱内焊接不宜采用手工操作。焊接铀一般不使用填充金属，如果非加不

可，则应当根据实际使用情况，专门制作填充焊丝，但在焊接和存放过程中要防止焊丝氧化。

交流 TIG 焊和直流 TIG 焊都可用于铀及铀合金的焊接。交流 TIG 焊接有破碎氧化膜的作用，但在自动焊接时，操作不太方便，自动焊通常采用直流 TIG 焊接。直流反接由于钨极熔化会污染焊缝，建议不要使用直流反接的方法焊接铀及铀合金。直流加脉冲 TIG 焊接铀及其合金，可以增大焊缝的深宽比，同时还能把热影响区减至最小。

铀在室温下就会氧化，高温下氧化尤其严重。在 TIG 焊接过程中，要对焊接密封箱进行充氩保护。充氩前，须将密封箱内的空气换成保护气体。在潮湿天气，最好对密封箱的器壁进行干燥处理后再换气，可将箱体内的相对湿度降到 15% 后充氩，焊接时喷嘴还要进行喷气保护。焊接铀及铀合金使用的保护气体有氩气、氦气或者两者以不同比例混合的气体。如在焊接中使用 85% He + 15% Ar，焊接电弧较稳定。焊接时，电极与工件间保持 2mm 左右的距离。采用非接触高频引弧，以减少起收弧缺陷。通常情况下，焊枪固定不动，由工件移动完成焊接操作。TIG 焊接的弧长等于电极直径的 1.5 倍。弧长越长，则热量散失到周围环境中就越多，同时还妨碍焊接过程的稳定性。

很少使用 MIG（熔化极气体保护焊）焊接铀及铀合金，因为 MIG 焊接是靠电极材料熔化进行焊接填充，制作铀材料的焊接填充丝以及预防其氧化，在工艺上都会产生不少的困难。铀及铀合金 TIG 焊接的参数列于表 17-15。纯铀 TIG 焊接的显微组织照片如图 17-8 ~ 图 17-10 所示。TIG 焊接铀及铀合金的力学性能数据列于表 17-16。

表 17-15　铀及其合金直流 TIG 焊接参数

板厚 /mm	保护气体及流量 /(L/min)	焊接电流 /A	焊接电压 /V	焊接速度 /(m/min)	熔深 /mm
3	纯 Ar,15	140	10	0.4	1.62
4	纯 Ar,12 ~ 18	150	12	0.4	2.08

4. 钎焊

钎焊方法用于铀及铀合金的焊接，开展的工作很少。铀及其合金在钎焊时，由于温度升高，使铀及铀合金表面氧化的速率加快。钎焊铀及其合金主要考虑三个方面问题：①钎料必须能有效地润湿铀及铀合金母材。②钎料和母材在界面是否能生成不良的金属间化合物。③钎焊过程中对被焊母材、钎料都要严加保护。从铀的二元合金相图分析可知，铀与银不会形成金属间化合物，因此银可以作为钎焊铀及其合金的

钎料。

In50—Sn50 是一种实用的钎焊铀的软钎料，钎料的熔化温度很低，只有 117 ~ 127℃。但铀与锡相互作用可以生成金属间化合物 USn_3，还可能有 U_3Sn_4、U_5Sn_5 等化合物生成，必须弄清它们对焊缝性能的影响[7,14]。

5. 等离子弧焊接

等离子弧焊接铀及其合金，也能得到较为满意的结果。其原因在于：与 TIG 焊相比，由于等离子弧在

表 17-16　铀及铀合金 TIG 焊接的力学性能数据[3]

性能 合金	抗拉强度 R_m/MPa		屈服强度 R_{eL}/MPa		断后伸长率 A(%)		断面收缩率 Z(%)	
	横向焊缝	纵向焊缝	横向焊缝	纵向焊缝	横向焊缝	纵向焊缝	横向焊缝	纵向焊缝
U-2Mo	913	1140	731	933	2.75	2.5	—	—
U-0.5Nb	837	859	590	505	5.0	3.0	6.9	3.2
U-0.75Nb	815	910	514	538	4.0	2.0	6.7	2.1
U-1.5Nb	994	1169	590	710	1.0	1.0	0.8	1.2
U-7.5Nb-2.5Zr	861	—	482	—	3.6	—	1.2	—
U-0.26Th	559	453	301	254	5.0	5.0	6.0	1.92
U-0.25Ti	701	660	561	386	5.5	4.0	6.1	2.0
U-0.15Ti	773	1023	410	563	2.0	2.0	1.3	2.6
U-0.75Ti	985	1322	764	795	2.0	2.0	3.0	0.7

纯铀 TIG 焊的抗拉强度在 420~443MPa 之间。

图 17-8　氩弧焊接纯铀的低倍组织　（×15）

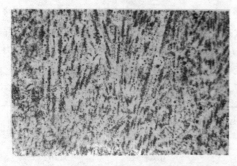

图 17-9　熔化区域的显微组织　（×200）

焊接时，热量靠钨极与工件之间的压缩电弧（转移型电弧），或者靠不熔化的钨极与压缩用的喷嘴之间的压缩电弧（非转移型电弧）产生。等离子弧热源密度大，能量集中的程度较好，温度高，焊缝的深宽比比较大，热影响区窄、形变小。另外，它的热电离充分，电流小于 1A 时电弧也能稳定燃烧，而且对弧长变化的敏感性小，适宜于焊接微型精密件。与 TIG 焊接一样，用等离子弧焊接铀也要在密封箱内进行，由于等离子焊枪的体积较大，要占用密封箱内一定的

图 17-10　熔合线附近的显微组织　（×200）

体积，同时还不太容易观察到焊缝的熔池；等离子弧枪通常通过水循环冷却，冷却系统进入密封箱内，增加了密封的难度，要保证水冷过渡接头的密封可靠，不漏水。因此要设法对等离子弧枪进行改造。焊接时同样不使用填充材料进行自动焊接，等离子焊枪还要后倾一定角度。国外曾经用等离子弧焊接过 U-0.75Ti、U-7.5Nb-2.5Zr 合金。但没有公布焊接参数与力学性能的强度数据。图 17-11 是 U-7.5Nb-2.5Zr 合金等离子弧焊的焊缝宏观形貌。

6. 扩散焊

扩散焊接方法主要用于铀与异种材料的焊接。扩散焊接的产生和发展都与核技术、航空航天技术密切相关。目前，这一技术在核工程技术领域有着广泛的应用。

扩散焊在两基体金属材料处于固态时就能达到原子的结合。扩散焊使两金属结合的前提是：①需要克服表面粗糙所形成的接触间隙；②克服因材料表面产生氧化、污染和吸附层而阻碍接触区金属原子的扩

图 17-11 U-7.5Nb-2.5Zr 合金等
离子弧焊的焊缝宏观形貌[3]

散。扩散焊的三个主要参数（温度、压力和时间）所决定的工艺条件克服了上述障碍。因此扩散焊接铀除了要合理设置温度、压力和时间等参数外，同时还要考虑中间层材料，合理选用中间层材料，有助于在较低的温度和压力下获得优质的焊接接头，并且还能缩短焊接时间。在铀与异种材料焊接中，扩散中间层材料的热膨胀系数要介于两材料之间，如以铀材为主考虑中间层材料的扩散性能与纯度，则用质量分数为99.999%的工业纯银。中间层材料可以是粉状材料或片状材料，夹入或镀于待焊表面。

现已用扩散焊方法焊接过铀与铀、铀与铝、U-Mo-Al 合金与铝、铀与不锈钢、U-7.5Nb-2.5Zr 合金与 U-7.5Nb-2.5Zr 合金等[3,5,13,16,17]。有些被焊材料在焊接前要进行热处理，如铀与 304 不锈钢在扩散焊之前，不锈钢经过清洗除油后，就可以涂镀扩散层材料了。而铀还必须置于真空炉中，加热 600℃，处理

2h，再镀银。进行这一步的目的是使铀中的碳析出表面并挥发，从而减少碳含量。涂镀银层的总厚度为 76.2μm。

铀与铀、铀与不锈钢扩散焊接的参数和强度数据在表 17-17 给出。

7. 摩擦焊

使用摩擦焊接技术焊接了锻造 U-Nb 合金与锻造 U-Nb 合金，U-7.5Nb-2.5Zr 合金与 U-7.5Nb-2.5Zr 合金[3,4,5]。

铀合金已经从锻造材料发展为粉末冶金材料。粉末冶金铀材料的特点是在制作材料时，能够节省费用，能生产出结构更均匀的材料，并且能够显著减少铀废物的量。但粉末冶金铀合金本身含有气体，用熔焊的方法焊接这种材料，会产生大量气孔而使焊缝强度不能满足使用要求，即使用高精密的电子束焊接，无论怎样变换电子束焊接的参数，焊接缺陷也是难以避免的。

用摩擦焊焊接粉末冶金铀合金，由于在焊接时不会形成液态金属，焊接接头密实而且可以消除焊接气孔。此外，摩擦焊还对铀焊缝起到自清理作用。

摩擦焊接粉末冶金铀合金的样品为 φ16mm。当飞轮加速到 2800r/min 时焊接开始，这时试件端负载达到 2169kg，切断飞轮电源，在很短的时间内靠飞轮储存的能量将在两个试样的表面转换成摩擦热使其连接。U-Nb 合金摩擦焊接的力学性能数据列于表 17-18。

表 17-17 铀与铀、铀与不锈钢扩散焊接参数及强度数据

焊接材料	中间层材料		温度/℃	压力/MPa	时间/h	真空度/Pa	焊接强度/MPa
	名称	厚度/μm					
U-7.5Nb-2.5Zr 与 U-7.5Nb-2.5Zr	Ni		1000	5.34	4	1.33×10^{-3} 或 1.33×10^{-4}	413 ~ 620
U 与 304 不锈钢	Ag	76.2	606		2	60	207 ~ 345

表 17-18 U-Nb 合金摩擦焊的力学性能数据

力学性能	摩擦焊接 U-Nb 合金					
	锻造 U-Nb 与锻造 U-Nb		锻造 U-Nb 与粉冶 U-Nb		粉冶 U-Nb 与粉冶 U-Nb	
	AW	HT	AW	HT	AW	HT
抗拉强度 R_m/MPa	874	805	837	823	872	843
规定塑性延伸强度 $R_{p0.2}$/MPa	184	137	186	142	187	134
断后伸长率 A(%)	21.0	26.5	25.5	26.0	21.0	24.0
断面收缩率 Z(%)	32.9	31.5	36.8	33.7	28.5	21.0

注：AW—焊接后；HT—热处理。

8. 爆炸焊接

爆炸焊接方法用于铀及铀合金的焊接，仅开展了两个方面的工作[11,15]：

1）铀与铜的爆炸连接。将尺寸为 0.5mm × 10mm × 15mm 的钍板与同样尺寸铀板固定到不锈钢基板上，然后用爆炸的方法将其与 0.5mm 厚的铜板焊接在一起。当爆速为 1500 ~ 2700m/s 和冲击角为 6.5° ~ 20.8°时可以获得良好结合。铀与铜的结合面在爆速为 1800m/s 时变形小，是平直的，在更高的爆速下由于变形量大而成为起伏状。

2）U-Nb 合金与铝合金直接熔焊会生成金属间化合物，从而导致焊接性能劣化。选择 Nb 作为中间层材料，借助它来调节与 U-Nb 合金的焊接性能。但是，Nb 与铝合金的焊接性能并没有得到改善。采用爆炸焊接方法连接 Nb 与铝合金，实现了两者之间的良好结合。中间层材料 Nb 与铝合金采用爆炸焊接后，可用电子束焊将 U-Nb 合金与其焊接形成完整的接头。表 17-19 是 Nb 与 6061 铝合金爆炸焊的力学性能数据。6061 铝合金与金属 Nb 中间层爆炸焊接形成一个组件后，再用电子束焊接方法把该组件与 U-Nb 合金焊接在一起的力学性能数据见表 17-19。

9. 电化学连接技术

电化学连接技术亦称电镀连接。电镀连接的主要特点是操作温度低（50℃以内）[5,18,39]，低的操作温度能消除伴随高温连接产生的收缩应力和变形，被连接材料不会发生高温连接时形成再结晶和晶粒长大的现象，因此材料的性能不会降低。电镀连接的工艺过程是把镀接部位加工成三角坡口或梯形坡口（相当于焊接坡口），经清洗、蚀刻，然后在坡口处电化学沉积 Cu、Ni 或以它们组成的合金等（相当于焊接填充材料），直至把坡口填平或高出基体材料平面，再经过机械加工成最终尺寸。

电镀连接的性能受镀前表面处理、镀接材料和电解液、电镀工艺、坡口角度等多种因素的制约。坡口角度一般选在 105° ~ 135°之间，电沉积材料要根据使用要求选定[18,19]。

电镀连接可进行同种金属之间连接，也可进行异种金属之间的连接，连接异种金属的优势更明显。

铀表面氧化膜的存在影响电镀层的结合。铀合金又是极易钝化的材料，钝化对电镀会造成不良后果，因此表面处理、电镀工艺和镀接材料三者是镀接能否成功的技术关键，其次是镀接坡口的角度。铀的电化学连接的强度数据列于表 17-20。

表 17-19　6061 铝合金/Nb 爆炸焊接的力学性能

焊接材料	抗拉强度 /MPa	屈服强度 /MPa	弹性模量 /MPa	断后伸长率 （%）	断裂部位
6061 铝合金 + Nb	47.1	39.7	13.1	39.5	断在 Nb 层

表 17-20　铀及铀合金与异种材料的电镀连接强度[19,39]

基　材	沉积材料	镀接强度 /MPa	说　　明
U-Nb 合金与		277	抗剪强度
U-Nb 合金	Ni	129	抗拉强度
U-Nb 合金与铝	Ni	492	
U-0.75Ti 与不锈钢	—	227	轴向压缩引起钢曲皱，镀接材料未损伤
U-2.25Nb 与钢	—	827	在钢区断裂
U-2.25Nb 与钢	Ni、Co	488	在 U—Ni、Co 的界面拉开

10. 粘接

有两类胶粘剂用于铀的粘接：①聚氨酯胶；②环氧混合胶。铀与铍的粘接试验中，多使用后者。铀吸收中子后，为了不让中子溅漏，通常在外层包一层金属铍，起到提高中子利用率的作用。在铀与铍组合起来使用的场合，两者可以用粘接的方式实现连接。粘接的工艺与铍的粘接工艺类似。

17.1.7　焊接缺陷及防止办法

1）铀在焊接时会与空气中的氧、氮、氢反应，生成铀的氧化物、氮化物、氢化物等，与水反应生成 UO_2 和 H_2，这些反应产物的熔点和密度以及其他物理化学性能都与铀本身的性质相差太大。它们进入焊缝，会形成焊接缺陷，导致焊缝金属脆化，例如，铀中存在氢化物就具有脆性。解决的办法主要有：①在密封箱或在真空室内焊接，并严格控制保护气氛的纯度和焊接件干燥。必要时，对密封箱内的器壁进行清洁处理或者干燥处理。②对焊接部位进行严格的焊前表面处理以及对焊接坡口及填充金属进行镀层保护。③优化焊接工艺，减少焊接过程中的复杂工序，如采用不加填充材料自熔焊接，就在减少一道工序的情况下（如制作填充材料的工序）可减少氧或其他污物的带入。④在正式焊接前先进行模拟焊接，并进行取样分析，待焊缝各项指标合格后再焊正式件。⑤按焊接要求控制母材中气体的含量。

2）使用熔焊方法焊接粉末冶金铀合金，无论是氩弧焊还是真空电子束焊，都会在焊缝中产生很多气孔，导致焊件的密封性能不合格，或者焊接强度较冶炼铀合金的焊接强度低很多。其原因是粉末冶金铀合金本身存在一定含量的氧。如果把粉末冶金材料中的氧含量控制到熔焊的允许水平，则在工艺制作上的困难相当大，费用也特别高。所以需要寻找适合焊接粉末冶金铀合金的焊接方法，固态焊接（如摩擦焊接方法）会消除焊接气孔，是焊接粉末冶金铀合金的有效方法。摩擦焊粉末冶金铀合金的力学强度明显提高（表 17-18）。

3）脉冲激光焊接铀及铀合金时，会在焊缝根部易形成密集气孔。这些气孔的存在影响焊接强度。采用连续激光束焊接铀，并选择合适的焊接参数，焊缝根部的气孔有减少的趋势。

17.1.8　安全与防护措施

1）铀及铀合金具有强烈的放射性。在焊接过程中会产生很多气载粒子与粉尘。这些有害物质对人体危害极大。在焊接操作过程中对操作人员有如下要求：①注意防护，焊接人员要佩戴好防护用具。②虽然焊接铀及铀合金在密封箱内进行，但在焊接后，不要即行打开密封箱取出焊件，至少要等工件冷却至接近室温时，方可取出焊件。③工作场所必须保持通风良好，工作密封箱的压力，应当略低于大气环境的压力。

2）焊接 ^{235}U 的操作过程中，需要注意临界安全。^{235}U 是一种可裂变物质，其体积与密度大于某一限量值时便达到临界状态。在工作场所，绝对不允许有临界事故发生。焊接时的用料量要低于临界安全质量的规定用量；在焊接前后，工件都要按几何阵列存放；对焊接作业场所的粉尘，要按临界安全规定定期

清理；对处理 ^{235}U 的废液或化学试剂，也要按临界安全规定存放。

3）用砂布打磨铀焊接件时，应尽量避免用干法打磨。因为在干燥环境打磨，会产生很多粉尘，这些粉尘有时还会自燃。

4）对工作环境的放射性剂量要定时进行检测，对超标的环境和区域，要采取清洗措施或增强排风。待放射性指标降低到许用水平后再工作。

5）铀（也包括钚）既是核裂变放能材料，又是放射性和化学毒性很强大材料。在焊接过程中，最关键的是要遵守核不扩散条约，按照该材料安全管理的有关规定管理好核材料，做好物料平衡工作，明确物料去向，防止核裂变材料被盗、丢失和被他人非法利用，做到"一克不丢，一克不少"。在当前复杂的社会背景形势下，防止核扩散是核材料使用者的一项最重要的工作，必须切实履行好自己的责任和义务。

17.2　铍的焊接

17.2.1　概述

铍为轻稀有贵金属，发现铍到制得金属纯铍，花了将近 100 年的历史。在 20 世纪 40 年代以后，由于核工业的兴起，推进了铍的工业化规模进程。几十年来，为克服铍的不利性质而开展的研究主要有：①寻求纯度高、高性能铍材料的制作工艺，如采用先进的制粉工艺，粉末成型工艺和固结工艺等。②合理控制氧化铍和杂质元素含量，以获得纯度高、晶粒细小、性能优良的铍材料。③开辟新型实用的铍材料［如铍基合金、含铍材料、铍基复合材料和氧（碳）化铍陶瓷等］，使不同材料的性能形成优势互补。目前已经开发出铍基合金和含铍的二元合金有 Be-Cu、Be-Al、Be-Ni、Be-Ti 等，还有铍的三元合金和四元合金以及铍复合材料，有的铍合金、铍基复合材料、氧化铍是最具实际工程使用价值的材料。④寻找适当的热处理工艺，以进一步通过热处理改善和提高铍的性能。⑤开展铍的机加损伤机理及消除方法研究，寻求机加损伤对焊接和力学性能产生的不良影响[20,21]。⑥监测和模拟材料应力和加工制作过程中的应力变化情况。如今，铍已成为一种性能独特的高技术材料，在国防军事工业、核工业、航空航天工业、X 射线仪表以及民用工业都会受到高度重视。

1. 铍的物理力学性能

与焊接有关的性能列于表 17-21。从表中可以看出，铍从室温至熔点有两种同素异晶转变。

铍在室温下为密排六方结构的 α-Be。在 18℃时测

量的晶格常数在表 17-21 中列出。当温度升至 1254℃ 时，铍由密排六方结构转变为体心立方结构 β-Be。由此看来，铍在 β 相的温度范围不宽，只有 20℃ 多。熔点比较高（1283℃）；铍的密度仅为铝的 70%，钛的 40%；比弹性模量是不锈钢的 6 倍；比强度比钢大 4 倍；铍同多数其他金属相比，在 430～460℃ 的范围内，瞬间比强度最大；铍含有高的机械减振能量和具有高效共振性能；良好的热导性，热导率仅次于银、铜、金和铝，踞第 5 位；铍有较高的吸热能力；高温尺寸与性能变化小；铍的溶解热也很大，是铝的 3 倍，镁的 6 倍，铁的 4.3 倍；铍透射 X 射线的能力是铝的 16 倍；铍属于非磁性材料，有的含铍合金在机加工时不冒火星，是其他金属或合金所无法替代的。

表 17-21　铍的物理性能

物理名称	数值	单位	测量条件
熔点	1283	℃	—
沸点	2472	℃	
密度	1.847	g/cm³	25℃
相变温度	1254	℃	—
晶体结构	密排六方	α-相	室温～1254℃
	体心立方	β-相	1254℃～熔点
晶格常数	$a = 2.2854$	×10⁻¹⁰ m	
	$c = 3.5829$	×10⁻¹⁰ m	
	$a = 2.584$	×10⁻¹⁰ m	
熔融潜热	8.9	kJ/mol	1254℃
升华潜热	320.54 ± 1.55	kJ/mol	
蒸发潜热	224.2	kJ/mol	—
热导率	1.675	J/(cm·s·℃)	0～100℃
线胀系数	16.5	×10⁻⁶/℃	25～600℃
	11.6		25～100℃
	11.7		25～300℃
	11.8		25～1000℃
比热容	2.05	J/(g·℃)	0～100℃
摩尔比热容	$cp = 21.219 + 5.698 × 10^{-3} T + 0.96 × 10^{-6} T^2 - 5.878 × 10^5 T^{-2}$	J/(mol·K)	298～1527K
蒸汽压（液压）	$\lg p = 865.65 - 1560.94 T^{-1}$	Pa	
凝固时的收缩率	3.0	%	
电阻系数	4～6	μΩ·cm	20℃
表面张力	1330	N/cm	1292℃

铍的不足之处是室温条件下的塑性差，脆性大，特别是铸态铍的脆性更为突出。但经退火过后的铍可提高塑性。铸态铍至今在工业中基本上没有得到应

用，只是作为粉末冶金铍制粉原料的来源。铍在机加工时，表面易产生机械损伤，导致力学性能下降。

2. 化学性能

铍的化学性质很活泼。与氧有很强的亲和力，在室温下铍就能与氧发生化学反应。铍暴露于大气环境中，表面形成大约 10^{-6} cm 厚的致密的氧化膜（BeO），在室温下具有保护作用，导致接下来的反应逐渐变慢，即使铍再长期暴露于大气中也不致失去金属光泽。当温度升高为 400℃ 时，将铍放置于空气中也不受到明显的氧化与腐蚀，即或是 600℃，铍的氧化速度也不会太大。但当温度继续升高，铍的氧化速度要发生较大变化，当温度高于 800℃ 时，氧化反应的速率显著增加。铍在干燥氧中 650℃ 以下生成的氧化膜为保护性氧化膜，当温度高于 700℃ 时，氧化较明显。当温度超过 850℃ 时，氧化变得更快。

铍氧化物为两性化合物。铍的化学性质介于铝、镁之间，与铝的许多性能有相似之处。可与酸碱发生反应，铍与碱性氢氧化物发生剧烈反应。铍与氢氟酸、盐酸等都能反应，与浓硫酸的反应较慢，与稀硫酸的反应要快一些。在 60℃ 以内，铍与浓硝酸不反应，但与稀硝酸有反应。铍盐具有甜味，含有毒性，不要食入。

铍与氮在 750℃ 时开始反应，在 900℃ 以上反应生成 Be_3N_2。氮化铍在空气中，600℃ 时易氧化，在真空中于 1400℃ 以上开始分解。在温度略高于熔点，铍与碳作用生成 Be_2C，同硅作用生成硅化物。

鉴于铍在电位序中所处的位置，当铍与大多数常用金属（Mg、Zn、Mn 除外）接触时，铍为阳极，形成电偶腐蚀。杂质元素 Al、C 的存在会促使其点腐蚀发生，Fe 离子的存在也会增加腐蚀速度。

3. 核性能

铍仅存在一种天然核素（⁹Be）。铍有几方面的优势适合作反应堆的中子慢化层材料和反射层材料：①铍的密度轻，只有铝的 2/3。②铍的熔点高（1283℃），比热大，弹性模量高。③热中子吸收截面小（只有 $0.009 × 10^{-28} m^2$），散射截面大（为 $7 × 10^{-28} m^2$）。中子的慢化比为 160，反射率为 0.91。④具有良好的高温强度和高温热稳定性。⑤铍受中子或 γ 射线照射后，还会产生（n，2n）和（γ，n）核反应，可产生新的中子。因此铍还可以作中子源材料。但是铍的性脆，抗高温氧化的能力差，抗辐照肿胀的性能也很差。这些又是作为反射、慢化材料使用中的不利的一面。

4. 铍的工业应用

金属铍、铍基合金、铍复合材料或铍陶瓷等，都具备各自不同的性能优势，独特的性能特别突出的是

低密度、优良的高温稳定性以及力学性能，在核工业、粒子束流工程、航天工业、武器系统、射线仪表等方面有着重要的用途，有些作用甚至显示出不可替代性[21-23]。

（1）在核工业领域的应用

铍在核工业中的应用有下列 5 个方面：①金属纯铍、氧化铍主要用作反应堆、核装置的减速剂和反射体材料。②金属铍可作为中子源材料。③热核聚变实验堆屏蔽包层模块面对等离子体材料。④释热元件的包层和结构材料。⑤释热固体燃料元件的稀释剂。

（2）在宇航工业和武器系统的应用

由于铍材的低密度和良好的高温热学稳定性以及弹性模量高等特点，在宇航工业中可用作为航空航天器的各种功能元器件的结构材料，如：导弹、飞船、飞机的惯性导航系统，航天飞行器结构材料，火箭、导弹、宇宙飞船的转接壳体和蒙皮、飞机制动部件、卫星磁力计标、通讯卫星折叠式太阳能的支架结构、航天飞机的铍制挡风窗垫、定位器、脐门、洲际导弹的转接壳体等结构件使用。如 Be-Al 合金，由于质轻、刚性好和热性能优良等特点，已用于"民兵"Ⅲ导弹的支撑架和导弹、火箭的超高速结构件中。在飞机制动器、陀螺仪的制造中也用到了它。除此之外，Be-Ni 合金、含铍的多元合金、铍基复合材料等在宇航工业和武器系统都有类似的用途。

（3）射线窗口材料

铍对 X 射线、γ 射线、高能电子束等的穿透能力很强。铍作为射线、束流的窗口材料使用早有应用，如正负电子对撞机装置使用的铍束流管、X 射线管窗口材料。射线窗口使用了薄壁铍结构、焊接后需要承受高真空压力。

（4）合金添加剂

铍虽然有剧毒和具脆性，但与其他有些金属组合后，会形成性能独特的合金，如以 Be-Al 合金、Be-Ni 合金和 Be-Cu 合金为代表的几种铍基合金和含铍材料，在国民经济建设中发挥着越来越重要的作用。如 Be-Al 合金。此合金为铍基合金，可以铸造获得，铍的成分为 60% ~ 70%，是一种质轻（较铝轻 25%）、刚性好（近似铝的 3 倍）、热性能优良和焊接性能好的合金，在航空航天、核工业、武器系统、汽车工业电子计算机等行业中已经用到它。

（5）铍部分含铍的合金用作钎料

用铍做钎料，可以钎焊核工业用地 Zr-4 合金。将铍涂镀于待焊部位（坡口）处，涂层的厚度控制在 12.0 ~ 13.0μm 之间，真空钎焊的效果很好。另外，有点含铍材料（含铍的钛合金和锆合金）的抗

氧化性、耐蚀行好，对高温合金材料的润湿效果也比较好，常用于焊接钛合金、钨、钼、钽、铌、石墨、陶瓷以及宝石等。

（6）其他用途

铍虽然有剧毒，但在很多应用场合会显示出它的独特的优越性。目前在电子计算机、电子显微镜、家用音响设备、体育器材等方面都已使用了铍及其合金。

铍及其合金在很多领域的应用正在逐步扩大。

17.2.2　焊接性分析

1）铍是所有金属材料中焊接难度较大的一种，薄壁铍件的焊接尤其很难。铍虽然自身存在许多独特性质，但焊接特别困难，这对铍的应用极为不利。铍的脆性受材料中的杂质元素含量、晶粒尺寸、表面机加工损伤和微细缺陷等因素的影响非常敏感。开裂是铍焊接遇到的主要问题，常见的开裂类型有：热裂、在焊接处断裂。铍由于其脆性大不能抵挡焊接时的热和力的冲击，在焊缝、热影响区和远离焊缝的母材都易出现裂纹，甚至使焊接件整体开裂或脆裂。

为抑制铍的焊接开裂，需要通过较为严格的实验，寻找到合适的焊接结构、焊接材料、焊接方法及工艺、预热措施等相互控制和制约的一些因素。铍的焊接不仅仅受焊接方法和焊接工艺的制约，而且对母材的组织结构、杂质含量、晶粒尺寸和材料制作背景、填充材料的种类及在焊缝中的成分配比、接头结构、焊接环境气体控制等都有极严格的要求。

2）铍直接熔焊成功的几率很小，而且焊接工艺相当复杂，除非是延性非常好的挤压铍材。因此铍在焊接时一般需要加异种金属或合金作为焊接填充材料。含有填充材料的焊接相当于异种金属熔焊，焊缝的组织结构和性能与铍本身焊接的组织结构存在明显差异。由于存在与铍材的性能和原子半径及许多性能参数不匹配的问题，致使获得可供焊接使用的填充材料很少，比较成功的只有：Al、Al-Si、Al-Si-Mg、Ag 等几种，形成填充材料可选余地小的局面。填充材料在铍的焊接中主要有两个作用：①充填高温冷却的凝固裂纹和热影响区裂纹。②提高焊缝塑性，改善接头组织，减少焊接应力，延缓接头开裂。填充金属在焊接中能与铍形成低熔点合金或金属间化合物。这些低熔点合金或金属间化合物通常富集于晶界，或偏聚于焊缝的某些区域内。

3）铍在焊接加热至熔化的过程中，极易吸收环境中的氧、氮等气体。氧与铍在室温条件下就能反应生成 BeO，在 500 ~ 900℃ 的温度下与氮反应生成

Be_2N_2。在很高温度下，铍还与氢反应生成 BeH_2。焊接过程中由于气体的存在，对铍的焊接主要构成四大危害[7,31]：①污染焊缝。②妨碍熔合、润湿与漫流。③加剧焊缝气孔的形成。④导致焊缝开裂。另外，当焊接环境的湿度 ≥ 30% 时，焊缝将产生严重的气孔，因此在焊接时，要求焊接环境相对干燥是必要的。以铝为例，铝在室温下就会与氧反应生成 Al_2O_3，其结构主要是 γ-Al_2O_3。在 500℃ 时，氧化速率变快，600℃ 时速率达到最大（在温度为 600℃ 时，3min 氧化膜就由 1nm 迅速增到 20nm），630℃ 以后氧化速度又减缓。填充材料铝的氧化物与铍自身的氧化物都是污染焊缝的根源。

4）铍在机加工过程中，如果进刀量过大，会在其表面产生机加损伤层。机加损伤层的存在不仅会使铍母材的强度数据降低，而且还会给焊接带来某些不确定因素。因此对于铍焊接件，在焊接前为减少机加损伤，须严格控制机械加工时的进刀量和切屑力，或者在机加工之后对焊接件进行必要的蚀刻处理，以减少机加损伤效应对焊接产生的不利影响。

5）真空电子束焊、激光焊、TIG 焊、等离子弧焊等四种方法是铍钎接焊（加填充材料熔焊）的成功焊接方法。钎焊和扩散焊不仅适用于连接铍与铍，而且是连接铍与异种金属的良好方法。由于铍的断后伸长率小于 5%，因此铍不宜采用爆炸焊方法连接，新发展起来的搅拌摩擦焊也不适合铍的焊接，即使是采用预热方式，纯铍的搅拌摩擦焊也不会成功。有的含铍合金有一定延展性，可以用搅拌摩擦焊焊接。另外，埋弧焊和焊条电弧焊等也因铍材的特性和工艺技术方面的特殊原因而难于用在铍的焊接中。

6）铍的焊接工艺和冶金作用因素比一般材料复杂。为了防止焊接开裂和减少焊接气孔，既要加填充材料和预热，又要综合控制很多其他因素，这些过程增加了焊接工序。为防止铍的高温氧化和毒性而设计的焊接铍的密封箱，为减少机加损伤效应和残余应力产生的影响而采取的工艺措施，这些工序在其他材料的焊接中是不多见的。只有在工艺执行的过程中综合考虑每一个细节，方能避免焊接缺陷的产生。

7）用较大的热输入缓慢加热，或焊后缓慢冷却，有时还会导致焊缝热影响区的晶粒长大。长大的晶粒影响焊缝接头的性能，特别是塑性下降。

8）铍母材对其中的杂质含量非常敏感。杂质元素可以与铍形成化合物或低熔点合金，在冷却过程中某些元素会降低焊缝的塑性，有时甚至开裂。

17.2.3　表面状态及表面处理

1. 铍母材表面处理

焊接前对铍母材表面处理有两个作用：①去除表面氧化物。铍是非常活泼的金属，经机加工的表面，在空气中很快就能生成一薄层氧化膜。焊接前经过严格的表面处理对减轻焊接缺陷有好处。铍的表面处理与铝、镁等材料的处理过程类似。②去除铍材表面的机加工损伤层。铍在机加工过程中由于切削力过大或过猛，在铍的表层产生孪晶或者微裂纹，常称作机加工损伤层。损伤层的存在或许会成为铍焊接开裂的起裂源。除了在机加工过程中控制进刀量外，还可以对铍表面进行酸蚀刻处理，以消除机加损伤层。铍的酸蚀刻处理液配方见表 17-22。

除化学侵蚀外，还可对铍焊件进行机械清理，如对焊接坡口进行喷砂或用砂纸打磨。但在很多情况下，先机械清理后，再用化学方法处理。

2. 填充材料表面处理

（1）铝及铝合金表面处理

填充材料铝及铝合金的表面处理，主要目的是去除铝合金表面的氧化物和油污。处理的工艺主要有：

1）砂纸打磨去除较厚的氧化物和毛刺。

2）用 5% ~ 10% NaOH 水溶液，加热 50℃ 左右侵蚀，观察表面氧化物完全脱去为止，取出后用热水冲洗。

表 17-22　铍酸蚀刻处理液配方

序号	成分%		侵蚀条件
1	HNO_3 HF H_2O	40 2 ~ 5 55 ~ 58	室温、侵蚀 约1min
2	H_2PO_3 HCl H_2O	4 2 58	室温、侵蚀 2min
3	H_2PO_3 H_2O	30 70	室温、侵蚀 3min
4	H_2PO_3 H_2SO_4 HNO_3	70 25% 5%	室温、侵蚀 约1min
5	HF 水溶液	5%	室温、侵蚀 2min
6	HF H_2O	①10　②50 90　　50	室温用配方① 浸 7 ~ 8min；用配方②侵 5 ~ 8min

3）用 50% 的 HNO_3 水溶液侵蚀 3 ~ 5min。

4）干燥处理后待用。干燥处理的方法分真空加热法或电热吹风法两种。

5）从处理后至焊接，应采取措施尽快焊接，以减少氧化和表面吸附过程。

（2）银及银合金表面处理

焊接材料银及银合金的表面处理见17.5银及银合金的焊接一节。

3. 扩散焊表面处理

对铍件除油污后，进行电解抛光。抛光液配方列于表17-23。抛光处理后再进行酸蚀刻。酸侵蚀后，用水冲洗干净。必要时，用pH试纸测试其处于中性为止。

4. 粘接表面处理

对铍清洗脱脂处理后，用表17-24列出的酸液蚀刻，用自来水冲洗，再用pH试纸检验，直至残留的酸被去除干净为止。

表 17-23 铍扩散焊电解抛光液配方

电 解 液 配 方			电流密度/(A/dm²)	时间/min
Cr_2O_3	H_3PO_4	H_2O		
240g	900ml	200ml	100	2～3

表 17-24 粘接铍的几种酸洗液配方

序号	成分/g		温度/℃	时间/min
1	HCl	420	室温	3
	磷酸	44		
	48% HF	31.5		
2	HSO	10	室温 或70℃	2
	重铬酸钠	1		
	H_2O	30		
3	HNO_3	45	室温	3s
	HF	1		
	H_2O	30		

用干净的布或绵绸擦干试样，再在真空中将焊接件加热到70～120℃，干燥30min。

5. 电镀连接表面处理

电镀连接对表面处理的要求非常严格，否则接头形成很差的结合而失去使用价值。其处理方法是对工件除油和除去表面氧化物。酸蚀刻处理去除铍表面氧化物的配方列于表17-25。

表 17-25 铍电镀连接酸蚀刻液配方

序号	成分		温度	时间/s
1	10% H_2SO_4 水溶液		24	10
2	HNO_3	20 份	24	1～5
	HF	1 份		
	H_2O	20 份		
3	$(NH_4)_2SO_4$	100g/l	30	1～3
	H_2SO_4	50ml/l		
4	H_2SO_4	15ml	27	电解抛光 直流电流密度 $D_k = 2A/dm^2$
	甘油	15ml		
	乙醇	15ml		
	H_2PO_3	15ml		

经酸蚀刻处理后，直接进行电镀，其结合还是很差。还必须采取浸锌处理。浸锌处理在其表面生成一薄层很均匀的膜，有助于镀层的结合。如果浸锌层不均匀，需退出后再重新进行浸锌处理。浸锌处理的溶液配方列于表17-26。

表 17-26 铍在电镀前浸锌处理液配方

序号	成分/g		温度/℃	时间/min	pH 值
1	NaOH	500	21	30	—
	ZnO	100			
2	$ZnSO_4 \cdot 7H_2O$	760	21	7～15 (s)	3.0
	氧化钾	12			
3	$ZnSO_4 \cdot 7H_2O$	43	82	5	7.5～8.0
	无水焦磷酸钠	200			
4	氧化锌	30	27	10 (s)	—
	氟化钾	15			
	硫酸	25			

17.2.4 焊接材料

1. 钎接焊的填充金属

熔焊（钎焊）的填充金属通常选用与铍母材容易形成共晶合金的金属或者合金。这样能有效地预防铍的开裂，但接头强度通常低于母材的强度。铍在焊接时使用的填充金属有两个系列：①铝及铝合金系列。如 L_1、L_2 纯铝、铝硅合金（Al-12Si）、铝硅镁合金 Al-(10%～12%)Si-1.5Mg 等；②银系列：如99.99% 纯 Ag 等。在实际焊接中，使用 Al-S；合金的较多。这些填充金属为防止铍焊缝开裂作出了重要贡献。

2. 钎焊材料

（1）钎料

钎焊铍可以使用软钎料（熔点＜450℃）、硬钎料（熔点≥450℃）和高温钎料。焊接铍使用的软钎料有锌钎料或锌基钎料，熔点范围在 427 ~ 454℃ 之间的铟钎料。软钎料还有 5% Li-Ag-Pb、Ga-In-Sn、3% Zn-Sn-Pb 等合金和 99.9% Zn 等。软钎料的特点是操作温度低，焊接形变小，接头残余应力小，便于施焊等，但接头强度不高。

焊接铍使用的硬钎料有铝或铝基合金、银或银基合金、铜或铜基合金等，常用的有 99.99% 银（质量分数，下同）、银-0.2% Li，Ag（65% ~ 75%）- Al（35% ~ 25%）、Ag（72%）- Cu（28%）、Ag（63%）- Cu（27%）- In（10%）、Ag（65%）- Cu（2%）- Pb（15%）、Ag-Cu-Pb（5%）、Ag（60%）- Cu（30%）- Sn（10%）、L₁、L₂ 纯铝、BAlSi-4、Al- Si（12%）- Mg（10%）、99.99% Cu、Cu-Ge（12%）- Ni（0.25%）、In-Ag 合金等。为了改善润湿性，可在铍表面镀 Ti、Zr、Ta、Nb、Hf 或 V 等[20,25-30]。

（2）钎剂

钎焊铍使用的钎剂有 LiF（50% ~ 70%）- LiCl（50% ~ 30%）。大多数软钎焊都是使用钎料和钎剂，这样效果更好一些。钎焊铍与蒙乃尔合金等，如果使用银钎料，则可以加 TiH_2 钎剂，焊接效果较好。

3. 扩散层材料

某些钎焊铍的金属钎料可以作为扩散焊的中间层材料。铍在扩散焊或扩散钎焊时使用的中间层材料有 Ag、Ag-0.2Li、Al、AlSi、Cu、Cu-NiAg 复合层、Cu-12Ge-0.25Ni、Ni、Ti 等。在国际热核聚变实验堆铍与铜合金的焊接中，还使用了 Ti/Cu、Cr/Cu、Al/Ti/Cu 等复层中间层材料进行过研究。

4. 保护气体和钨极

气体保护焊接铍使用的保护气主要是氩（Ar）或氦（He）及其任意比例的混合气体。在充保护气体之前，应设法去除或减少器壁上的水氛或氧吸附。氩气的纯度要比焊接铝的高一些。最好使用高纯氩。

氩弧焊使用的钨极与铀的相同，见 17.1.5 节。

5. 电镀连接材料

铍的电镀连接材料主要有：镍或镍钴合金、铜、锌等金属或合金的板材和棒材。

17.2.5　焊接方法及工艺

1. 真空电子束焊

铍的焊接最适合采用真空电子束焊，早在 20 世纪 50 年代末，电子束焊接设备的发展还不太完备的时候，人们就已经用电子束焊接技术开展了铍的焊接研究。在接下来的几十年中，一直充当重要角色，如上世纪 60 ~ 80 年代，用电子束焊接技术开展了大量的铍焊接技术研究，解决了许多工艺技术层面的问题，如在预热条件下直接熔化焊接、加填充材料钎接焊、电子束钎焊、焊接铍的组织结构和力学性能的测试及影响因素分析、焊接结构设计和氧化铍含量对焊缝质量的影响、焊缝变形量的控制等。目前，利用电子束焊接技术，不但可以进行铍的钎接焊和钎焊，而且还能进行铍与少量异种金属的组合焊接，如铍与铝，铍与银的合金。

电子束焊接为高精密的高能束焊接方法，精确输入和调整焊接参数，控制焊接热输入，可以获得深宽比较大的焊缝，窄的熔化区与低热输入可以控制铍焊缝的成分和裂纹，也可形成小的热影响区和小的焊接变形，焊接产生的热应力得到部分抑制。另外，就是焊接保护而言。铍对氧的亲和力很大，在室温条件下就能与氧反应生成很薄的一层氧化物膜。在高温下氧化尤其显著。在高温区铍还与氮、氢等气体反应生成 Be_2N_2 和 BeH_2。电子束焊接处于真空状态，真空可以将铍与氧、氮、氢等气体隔离开来，有利于减少焊缝污染。一般情况下，电子束焊焊接铍的真空压力为 $1.06 × （10^{-1} ~ 10^{-2}）$ Pa。过低的真空压力会导致铍的过量蒸发。使电子束焊接过程不够稳定[7,8,20,27,31,32]。

根据不同的使用要求，电子束焊接接头形式分电子束钎焊、填丝熔焊和自熔焊等三种。对于钎接焊缝，如果熔区的微观组织由韧性铝基体将铍枝晶包围，相当于复合材料的功能，这时的性能最佳。绝大多数铍的焊接都要采用钎接焊形式，即加异种金属（铝、Al-Si 合金、银合金等）作填料熔焊，填充金属可以预先置于坡口处，也可以在焊接过程中通过送丝机构送入。深而窄的焊缝可使母材熔化的量相对地减少，从而易于控制焊缝中铍与填充材料的比例。也曾经开展过电子束自熔焊来焊接铍，即不加填充材料的熔焊，但只是针对个别材料进行的。如果热挤压铍的延展性较好，或许自熔焊能成功，但自熔焊铍的控制因素较多，工艺也很复杂。在接头的设计、装夹都合理的情况下，还要选择适当的预热措施后，再精心控制焊接工艺的每一个环节，才能成功。电子束自熔焊焊接铍在生产实践中几乎不使用。

电子束焊接铍的焊接参数由微机输入和调整，合理调节电子束的焊接参数，能够形成低热输入和窄的熔化区，可以从焊接参数上帮助减弱铍的焊接开裂。表 17-27 给出了铍电子束焊接的参数。焊件为直角坡口，通过夹具约束固定，两端通常要加一点夹紧力。

在焊接的升温过程，要采取预热以减少温度梯度。预热温度一般是在 100～400℃ 的范围内选择[23,24,26]。对电子束散焦进行预热，预热不需要外加预热装置。

表 17-27　铍电子束焊接的参数

板厚 /mm	加速电压 /kV	束电流 /mA	焊接速度 /(mm/min)	真空度 /Pa	预热温度 /℃
0.6～0.8	130	2	1520	1.06×10^{-1}	100～300
2.5～3.0	50	10	400	1.33×10^{-2}	280

电子束焊接铍的显微组织较致密，但要差于激光焊的。电子束焊接铍的缺陷主要是裂纹，其次是在一些焊件中出现疏松、夹杂、热影响区晶粒长大和根部缺陷等[32,33]。产生这些缺陷的原因和条件很多，其机理也很复杂。材料特性、杂质元素、保护效果、表面处理、焊接参数设置不当等都是形成焊接缺陷的原因。焊接的高温停留时间过长，冷却过于缓慢是晶粒长大的原因。焊接形成的疏松可能与当时使用的纯铝填充材料有关，因为从表面现象看，纯铝填料在熔融状态的流动性要差于 Al-Si 合金的，与铸造类似，流动性不好的填料在焊接时不能及时补缩。合理控制电子束焊的焊接参数，可使焊缝及热影响区晶粒变小，细化的组织对改善焊接性能有利。图 17-12 为电子束焊接铍的组织照片。图 17-13 为电子束焊接铍的几种缺陷。表 17-28 给出了铍电子束钎焊、钎接焊、熔焊的强度数据。

表 17-28　电子束焊接铍的强度数据

强度指标	钎焊	钎接焊	熔焊
抗拉强度 /MPa	21～60	140～204	170～210

必须指出，电子束焊接铍的强度受诸多因素的影响，如焊接参数、焊前表面处理状况、母材杂质含量及加工条件，焊缝的几何形状与尺寸等。

2. 激光焊接与切割

（1）激光焊接铍的技术优势与不足

国内经过近二十年的激光焊接铍的工作，结合国外发表的资料[33]，现已认识到激光焊接铍存在一些明显的技术优势和不足：

1）可通过透镜和光纤传输，把激光束引入到焊接密封箱的焊接位置，YAG 激光（1.06μm 波长）可通过光纤传输，使焊接更具灵活性。

2）对屏蔽铍的毒性和防止铍的氧化提供了方便。铍有毒和易氧化，乃至在焊接时往往要想很多办法将其屏蔽。激光束可以不通过任何机械接触与电连接，只需要将激光通过一面透镜引入到工作箱内供作焊接与切割的热源，而对激光器本身又不污染。

3）加填充材料激光焊接铍，激光同时作用于铍母材和填充材料。两材料对激光的吸收和反射的差异很大。在实际焊接中，在激光聚焦后，要调整到使整个光斑的面积约 30% 须照射到铍材上，约 70% 面积的光照射到填充材料上，这样才可能保证焊缝中填充材料的成分达到不开裂的范围（在铍焊缝中填充材料的配比≥22%，焊缝不开裂）。

4）激光焊接含热传导焊和深熔焊之分。激光深熔焊，由于输给焊接件的能量较大，致使铍的焊接在形成小孔效应增加焊接熔深的同时，对小孔各部位及壁的热力作用变化很大，焊缝中的铍和填充材料的熔化量难以恰当控制，因而使铍母材和焊缝开裂的几率增大。激光热导焊由于在低热输入下焊接，输给焊接件的总能量密度为 $10^4 \sim 10^6 W/cm^2$，在这样的功率范围内，要经历数毫秒才把材料表面层加热到熔化甚至气化的温度，这给焊接操作提供了时间保障。激光热导焊的熔深浅，可有效地控制焊接热变形、热应力和铍与填充材料的熔化比例，为接头不开裂提供了条件。

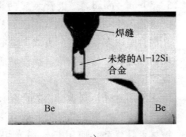

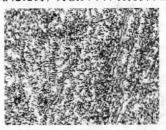

a)　　　　　　　　　　b)

图 17-12　电子束焊接铍的显微组织

a）铍钎接焊的低倍组织　b）钎接焊（使用 AlSi 合金填充）的显微组织

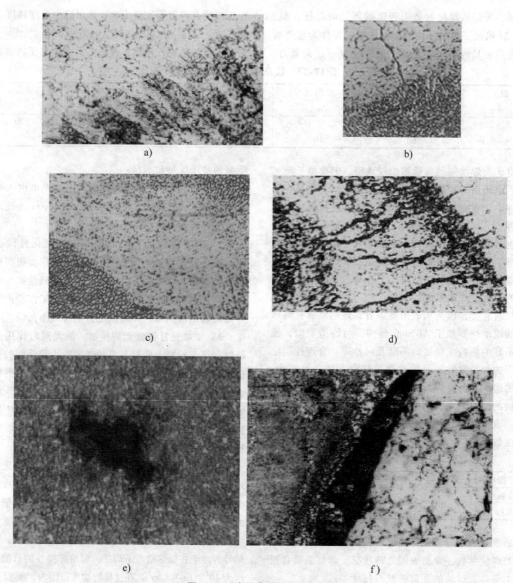

图 17-13　电子束焊接铍的缺陷

a) 热影响区晶粒长大　b) 受热区裂纹　c) 电子束焊接铍生成的夹杂物　d) AlSi 合金
填充量不足形成的裂纹　e) 电子束焊接铍产生的疏松　f) 铍与填充材料润湿效果差形成的缝隙

5) 基模（TEM$_{00}$）和多模激光都可用于铍的焊接，但焊缝的熔化形状有差异。

（2）焊接铍使用的激光器

与铀的焊接一样，焊接铍使用的激光器也只有两种，即 YAG 固体连续/脉冲激光器和 CO_2 气体激光器。发展下去，还可能有新型激光器（如 CO 激光器）用于铍的焊接当中。

国内焊接铍选用了 YAG 固体连续/脉冲激光器。该激光器发射的激光波长为 1.06μm，利用激光的连续输出和脉冲输出进行焊接。脉冲激光的电源系统可输出较高的脉冲功率，但平均功率很低，峰值功率是平均功率的 75 倍。多模输出的光速质量为 5 ~ 50mm·mrad。二极管泵浦的 YAG 激光，使用的二极管为铝-镓-砷酸盐（Al-Ga-As），激光二极管的光耦合是以末端泵浦的方式产生的，在光轴上通过后反射镜进行，结构紧凑，操作灵活，使用寿命长，光束稳定。

使用激光切割铍、铍的合金、铍的复合材料和氧化铍是一种高速、低耗的有效方法，特别是切割薄板铍材更具优势。使用 CO_2 激光切割铍—氧化铍复合材料是成功的。Nd: YAG 脉冲激光切割铍材能够满足公差要求，但要注意铍在切割时的开裂现象。

用 CO_2 气体激光器焊接铍，由于铍对 CO_2 气体激光的反射率较高，以致激光功率达 660W 还不致使铍熔化。对脉冲激光焊接铍，一是应注意焊接的热应力，因为高脆性铍材料对焊接时形成的热应力特别敏感。二是要注意每两次脉冲波及重复熔化区域间金属的洁净度。当然洁净也和工作箱内的气氛有关。一般情况，真空条件好于充氩保护。三是要另加预热装置。图 17-14 是铍的焊接密封装置。预热装置置于密封箱内。

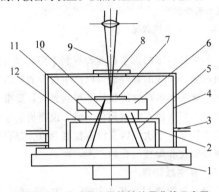

图 17-14　脉冲激光焊接铍的屏蔽箱示意图
1—激光工作台　2—支架　3—氩气入口
4—密封罩　5—电炉引线　6—均热垫块
7—铍试样　8—玻璃　9—激光束　10—热
电偶　11—预热　12—绝缘垫高支架

（3）激光焊接参数
对于连续激光束焊接铍，功率密度是最关键的参数之一。功率密度与速度、保护气体及流量以及一些辅助措施的协调，将形成激光焊接铍的有效参数。对于 2~3mm 厚的铍件，用激光束进行热导焊接，综合控制焊接速度等参数，可获得良好的焊接接头[33,34]。对于脉冲激光热传导焊接铍，通过控制激光脉冲宽度、能量、峰值功率和重复频率等参数，使铍和填充材料熔化，参与混合和冶金反应，以形成牢固的接头。连续激光焊接铍的焊接参数列于表 17-29，脉冲激光焊接的参数列于表 17-30。

表 17-31 给出了固体激光切割铍的焊接参数。

（4）激光焊接铍的组织与性能
由于在非真空气体保护状态下激光焊接铍，温升熔化和凝固结晶的速度都很快，冷却速度可达 10^3℃/s 以上，焊缝的显微组织比 TIG 焊的、电子束焊的都细小、致密。图 17-15 给出了连续激光焊接铍的显微组织。通过分析和计算，填充材料 Al-Si 合金在焊缝中约占 22%~54%，铍、铝、硅三者形成共晶和混合物复合组织，对抑制铍的焊接裂纹，减小接头应力效果最好。焊缝的平均抗拉强度 ≥240MPa，最高者达 387MPa。像铍这类脆性材料，用板状试样测定的力学性能值较低，有时数据还有些分散，代表不了铍激光焊接的真实水平。按 GB/T 2651—2008《焊接接头拉伸试验方法》的规定设计力学性能试样，将铍焊接的力学性能试样由板状改成管状（图 17-16），获得的抗拉强度值较高。

表 17-29　连续 YAG 固体激光焊接铍的焊接参数①

板厚 /mm	填充材料及厚度 /mm	激光功率 /kW	焊接速度 /(mm/min)	保护气体及流量 /(L/min)	焊接熔深 /mm
2.5	铝硅合金，0.4	1.0~1.2	650~700	氩(99.99%)15	0.35

① 为粉末冶金铍材，焊接时预热 100~120℃，焊接效果最佳。

表 17-30　铍的脉冲激光焊接参数

板厚 /mm	填充材料	激光功率 /W	功率密度 /(W/mm²)	焊接速度 /(mm/min)	脉冲 /Hz	熔深 /mm
0.35	无	210	260	200	10	全熔透
2.5	铝或 Al-Si 合金	140		24	2	1.0~1.8

表 17-31　固体激光切割铍的焊接参数

板厚/mm	激光/W	功率密度/(W/mm²)	切割速度/(mm/min)	脉冲/Hz
0.5	390	6400	1270	100
0.5	400	5500	2540	150
2.0	410	6700	250	50

 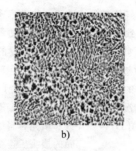 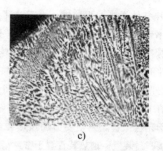

a)　　　　　　　　　　b)　　　　　　　　　　c)

图 17-15　连续激光焊接铍与铍的显微组织

a) 激光焊接的宏观形貌　b) 焊区组织　c) 熔合线状况

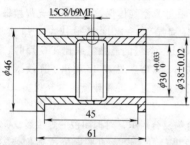

图 17-16　激光焊接铍的力学试样[34]

与电子束焊接铍相同,激光焊接铍也可形成钎接焊、钎焊和自熔焊等形式的接头。熔焊时可以加或不加填料。在氙气中激光焊接铍,氙气的压力为 0.1 ~ 41MPa,熔焊使焊缝产生过量的气孔。采用铝作钎料进行激光钎焊铍,焊缝中产生细小的气孔。当铍母材的纯度较高时,焊接的焊缝和热影响区都没有开裂。图 17-17 是铍与铍加 $Al_{12}Si$ 合金脉冲激光焊的低倍组织。

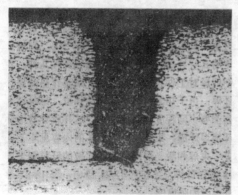

**图 17-17　铍与铍加 $Al_{12}Si$ 合金
脉冲激光焊的低倍组织**

（5）激光焊接铍的影响因素

归纳起来,铍激光焊接的影响因素主要有五个方面:即材料因素（包括母材铍和填充材料）、接头结构及形状、光束特性、焊接参数、保护效果以及表面状态。如果这些影响因素都朝着有利于提高焊接质量的方向发展,焊接的铍焊缝可以产生很少的缺陷甚至无缺陷,接头的各种性能指标都可达到设计要求。如果这些影响因素没有控制到位,或者说哪怕是这些影响因素中的某一个次要因素没有控制到位,都有可能导致焊接裂纹和焊接气孔的产生。

（6）真空激光焊

采用一个能将焊接压力抽至 10^0Pa 量级和 10^{-2} Pa 量级的真空室,用激光焊接铍与铍。其接头形状、材料结构及尺寸、填充材料种类及厚度、焊接参数等都相同的情况下,用与非真空相同的焊接参数（激光波长、模式、焦聚、光斑尺寸都不变）焊接,焊接结果表明:①焊缝熔深大大增加,熔深为非真空气体保护激光焊的 3 倍以上。②焊接气孔明显减少,但如果铍及填充材料中含有蒸气压高的某些元素,空隙也照常存在。③焊接过程的稳定性较差,如果要获得稳定的焊接过程,需要调整激光的参数。

3. 氩气保护电弧焊

（1）TIG 焊

铍的 TIG 焊接起源于 20 世纪 50 年代,是最早用于铍的焊接方法之一。早期对铍的焊接主要是用氩弧焊（TIG 焊）和电子束焊[8,20]。深入系统地开展铍的 TIG 焊接则是在 20 世纪 60 ~ 80 年代。当时由于激光刚诞生不久,电子束还处于发展时期,加之设备价格因素和各种技术上的原因,在科学技术不很发达的情况下,TIG 焊接则充当了主要角色。

在这一时期,利用 TIG 焊接铍的工作,有的与电子束焊结合,完成了铍焊接性能实验、填充材料选择及其加入方法、焊接工艺、焊接预热及预热温度控制、接头结构设计和力学性能数据测量等工作。而且这些研究一直持续了几十年。随着弧焊设备的不断发展,设备质量的稳定性和可靠性提高,在目前虽然有先进的电子束焊、激光焊等加工技术,但 TIG 焊投资省、易于筹建、见效快等,仍然是焊接铍的可选方法之一。

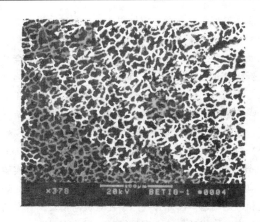

图 17-18　用银填料焊接的显微组织

TIG 焊接铍的常见问题是接头的热裂敏感性和热影响区晶粒长大。降低有效热输入有助于减小焊缝金属的晶粒尺寸和变窄焊缝的热影响区。晶粒尺寸直接影响焊接接头的强度和塑性，为了减少焊缝和热影响区的晶粒尺寸，焊接采用低热输入和快速冷却，但过快的冷却速度往往导致热应力有可能引起焊缝开裂。因此在焊接过程中冷却速度的控制首先要满足焊缝不开裂，而不应当是晶粒尺寸。图 17-18 是用银填料焊接的显微组织，从图片上可以看出焊缝区域形成了网状结构组织，焊缝熔化区银含量较高。TIG 焊的另一种缺陷是焊缝区容易产生气孔。对焊件预热不仅可以减少焊缝裂纹，而且还可明显地减少焊接气孔。有时对产生的严重气孔还可以用机械的方法先去除再修复，补焊修复时要将焊接件预热至 100℃ 以上。

从工艺角度出发，为了防止铍在焊接过程中氧化和屏蔽铍的毒性，焊接在密封箱内实施，并采用自动焊和手工焊相结合的方法完成焊接，淘汰了过去单纯用手工操作的落后工艺。虽然交直流 TIG 焊都可用于

铍的焊接，但为了操作的方便，自动焊时还是采用直流 TIG 焊。跟焊接铝、镁一样，交流有破碎氧化膜的作用，但在施焊过程中，所用的电流值要比直流正接约高 25%。适用于铍的 TIG 焊的电流类型在表 17-32 给出。

表 17-32　适用于铍焊接的电流类型

被焊材料	交流 TIG 焊	直流 TIG 焊	
		正接	反接
铍及其合金	可使用	好	慎重使用

TIG 焊接铍，可用 Ag、Ag-Cu、$w(Si) = 5\% \sim 12\%$ 的铝合金作填充。在这几种填料中，效果最佳的是 Al-12%Si 合金。由于热输入的关系，不加填料的自熔焊接往往难以成功。填充材料可以预置于焊接坡口处，也可以丝状填料在焊接过程中送入。为了使焊缝不产生裂纹，置于坡口处的填充材料的厚度 ≥ 0.4mm，略比激光和电子束焊接使用和填充材料厚一点。但焊缝中填充材料的含量增加，会影响焊接接头的强度。在起弧时，送丝速度约为正常速度的 25%。正常的送丝速度约为 $11 \sim 23$mm/min。

保护气体的种类与焊接铀的相同。氩或氦和两者可以任何比例混合作为铍焊接的保护气体。如采用 5 份氦和 1 份氩的混合气体，则氦气的合适流量为 $23 \sim 46$L/min，氩气的流量为 $4.7 \sim 9.4$L/min。使用保护气体主要是保护熔融的焊缝金属、热影响区、电极和填充金属免遭大气污染。由于焊接时要通过焊枪送入气体，为了便于操作，工作箱内气体的压力应当略低于大气环境的压力。保护气体虽然不给焊缝提供热量，但会影响焊接的热输入。在 TIG 焊接过程中保护气体产生两个作用：① 保护焊接区域免遭空气的侵袭；② 作为产生电弧的气体介质。保护气体不仅影响保护效果，而且也影响电弧的引燃、焊接过程稳定以及焊缝的成形与质量。表 17-33 是铍氩弧焊的焊接参数。

表 17-33　铍氩弧焊的焊接参数

板厚 /mm	保护气体	填充材料	预热温度 /℃	焊接电流 /A	电压 /V	焊接速度 /(mm/min)
2.0	氩	镀银或加银片	200	75	12	450
4.0	25%He-75%Ar	Al-(5% ~ 12%)Si 合金	300	120	12	650

TIG 焊，对坡口的设计必须合理，这样在焊接时能使电弧对母材的热冲击相对减少，焊接较厚的板材和管材时还可以不预热，如熔深为 6mm 厚的铍材可不预热。预热 200℃ 可以焊接铍材，熔深达 9mm 时被焊母材仍不开裂。TIG 焊一般要考虑这样的问题：在坡口的两个边缘壁和根部，被熔掉的铍的深度大约为 1.5mm。

几十年来，在铍的 TIG 焊接工作中已经取得了如下研究成果，有的成果与电子束焊共同获得。

1) 通过铍的 TIG 钎接焊和熔焊，认识和发现了铍的许多焊接冶金反应的特点、焊接困难和相互制约关系，从而认识到铍的焊接难度和所表现出的工艺上复杂性。

2) 以厚度分别为 2.0mm 和 6.35mm 的两种铍板材为基础，系统地研究了铍的焊接参数，包括焊接电流、电压、焊接速度等的调节和优化，焊接参数对显微组织、力学性能和缺陷（焊接裂纹和气孔）敏感性的影响等。

3）利用电子束和 TIG 焊接技术，对铍焊接加入填充材料的种类、加入方法和加入量、填充材料与铍焊接时的物理冶金规律进行了系统的研究并取得了 3 个结果：①与铍在冶金上形成共晶合金的铝及某些铝合金、银及银的合金等是焊接铍仅有的少数几种填充材料。其中，重点研究了 Al-12Si 合金与铍的焊接。②认识到填充材料对防止焊缝开裂的贡献和冶金反应的相容性的复杂作用。③加入填充材料后，对铍焊接产生的新问题进行了分析和总结，如气体保护状态下焊接产生气孔、焊缝的组织结构、成分含量、力学性能与填充材料含量的关系等。

4）根据铍的焊接特点，为减轻和消除焊接裂纹，在 TIG 焊和电子束焊接中都采用了预热方式。研究了预热的方法和几种不同的预热温度（100℃、200℃、300℃和400℃）对焊接质量的改善情况。结果表明，当铍件的预热温度高于 100℃时，焊接质量就有明显的改善。这为其他方法焊接铍提供了参考。

5）焊接对铍表面和焊接环境的洁净要求。经过 TIG 焊接的实验已经认识到，铍焊接的焊接环境、表面状态及其焊前处理对铍焊接缺陷的影响。

（2）熔化极气体保护电弧焊（MIG 焊）

MIG 焊接铍板与铍管时都需要开坡口，通过送丝机构由电极丝受热熔化填满坡口。开坡口时，在容易形成应力集中的位置设法消除应力集中，如将直角倒成圆弧状的接头形式。在熔化极气体保护电弧焊中，已使用了铝合金填充焊丝，特别是接近于共晶成分的 Al-12% Si 合金焊丝的焊接效果更好。

4. 钎焊

钎焊历史很久远。钎焊技术发展到今天，已经形成了多种成功而实用的钎焊方法。钎焊技术与真空技术和保护气氛的密切结合，解决了像铍这一类高活性

金属的钎焊污染问题。用钎焊方法进行铍与铍、铍与异种金属（包括钢或不锈钢、钛合金、Monel 合金、铝及铝合金、铜合金等）的连接，其中铍与钛合金的钎焊工作开展得很早，而用途最广的焊接件要当数铍与不锈钢的钎焊和铍与铝及铝合金的钎焊，采用的钎焊方法有真空炉中钎焊、气体保护炉钎焊、感应钎焊、低温钎焊和束流钎焊（如电子束钎焊、TIG 钎焊）等几种[29,35]。近十几年来，ITER（International Thermonuclear Experimental Reactor 国际热核聚变实验反应堆）项目的开展，又涉及铍与铜及铜合金的焊接和应用问题。国外有些国家在对铍与铜及铜合金的焊接中，使用钎焊技术焊接铍瓦与铜热沉材料。

钎焊铍材的几种方法各有特点：真空炉中钎焊对工件整体均匀加热，并有真空作保护；感应钎焊只对焊接部位加热，通常在表层形成集肤效应；束流作热源钎焊铍，由于热源只集中于焊接部位，铍表面都要不同程度地熔化一点，这就容易形成钎接焊焊缝。束流钎焊是以电子束、激光束或者电弧作为热源。

铍的钎焊难度没有钎焊和熔焊的突出。钎焊铍很少产生裂纹，气孔也基本不会产生。钎焊铍时，钎料的选择比较关键，因为钎焊时铍和异种金属与钎料中的许多组分要进行化学反应而生成金属间化合物，有的金属间化合物具脆性。

钎焊铍最便捷的方法是用钎料对母材做润湿性试验。根据润湿角的大小判断钎料润湿母材的优劣程度，从而确定是否适合铍钎焊的钎料。钎焊铍的各种钎料列于表 17-34。钎焊操作工艺与采用的钎焊方法有关，有的比较简单，有的则非常复杂。表 17-35 汇集了国内外钎焊铍与铍、铍与异种材料钎焊的多种工艺，可在工作中供参考。表 17-36 列出了钎焊铍的强度值。

表 17-34　钎焊铍的钎料[29]

合金系列	钎料名称	成分（质量分数，%）	熔点/℃	钎焊温度范围/℃
铝及铝合金	铝	100Al	659	700 ~ 720
	BAl12Si	88Al，12Si	577 ~ 582	582 ~ 604
	Al-0.5Li	0.5Li，余量 Al	—	—
	BAl12Si1.5Mg	86.5Al，12Si，1.5Mg	570 ~ 584	584 ~ 605
银及银合金	银	100Ag	960	851 ~ 920 扩散焊接
	Ag-Al 合金	35 ~ 25Al，65 ~ 75Ag	566 ~ 580	700 ± 10
	Ag-Al28	28Al，余量 Ag	566	650 ~ 700
	货币银	<8Cu，余量 Ag	799	810 ~ 825
	BAg72Cu	28Cu，余量 Ag		
	Ag-Li 合金	（0.2 ~ 0.5）Li，余量 Ag	960	851 ~ 920 扩散钎焊
	BAg60CuSn	60Ag，30Cu，10Sn	600 ~ 720	800
	Ag-5Pb	5Pb，余量 Ag		
	银铜铟	63Ag，27Cu，10In	685 ~ 710	800

（续）

合金系列	钎料名称	成分（质量分数,%）	熔点/℃	钎焊温度范围/℃
铜及 铜合金	铜	100Cu	1083	853~950 扩散钎焊
	Cu-Ge 合金	12Ge, 0.25Li, 余量 Cu	850~965	800~850 扩散钎焊
钛合金	Ti-Be 合金	6Be, 余量 Ti	约 1300	—
	Ti-Cu-In			
	Ti-Cu-Be	49Cu, 2Be, 余量 Ti		
锌	锌	99.9Zn	419.5	425~435

表 17-35 铍的各种钎焊方法及工艺简介[2]

作 者	出 处	钎焊技术概要	钎 料
Atkinson	美国专刊 3083450	铍先在 5% HF 的酒精溶液中清洗，然后把"铍-钎料-基金属"组件在真空或氢炉中先加热至 830~860℃（5min），再升温至 910℃（1min），随后急冷至 700℃以下进行钎焊	Ag(65%)-Cu(20%)-Pb(15%)
IIanks	美国专刊 3090117	使用 50%~70% LiF-50%~30% LiCl 钎剂，在氩气中加热至 700℃（10~15min），把"铍-钎料-铍"组件在氩、氦等惰性炉或真空炉内进行钎焊	Ag（65%~75%）-Al（35%~25%）
Atkinsin	美国专刊 3105294	铍在 900℃氢气中浸蚀，接着在氰化物溶液中处理，并在钎焊面上局部电镀一层 Cu 或再镀一层 Pb。然后把"铍-钎料-基金属（包括铍）"组件装入真空或高纯度的氢炉中加压钎焊	Ag（72%）-Cu（28%） Ag-Cu-Pb（5%）
Adams	美国专刊 3420978	在铍表面真空镀一层 Zr 或 Ti，然后把"铍-钎料-基金属"组件装入惰性气体炉内进行钎焊	Al
Glenn	英国 Welding J. 1982	对铍进行超声除油和酸洗后，用粒度为 40~150μm 的 TiH₂ 膏剂涂覆在铍钎焊面上，再将"铍-钎料-蒙乃尔"组件装入真空炉内加热至钎料液相线以上进行钎焊	Ag(72%)-Cu(28%)； Ag(60%)-Cu(30%)-Sn(10%)；纯 Ag
ロバート	日本昭和 59-82162	依次在铍表面用阴极溅射上：第一层为 Ti、Ta、Zr、Nb、Hf、V 中选择其中一种金属层，厚度为 100~500nm；第二层为 Mo 或 W 耐温金属层，厚度为 400~1000nm；第三层易焊金属层 Ni 或 Cu，厚度为 400~1000nm，然后把"铍-钎料-基金属"组件在真空或氩中炉中钎焊	Ag-Cu, Ag-Cu-Pb, 低温软钎料 （如 Ga-In-Sn）
市原藤三郎	日本昭和 59-166370	在真空室内，设计一个装置使电子束轰击到良导体的工件上，由于热传导把介于铍和工件之间的钎料熔化后进行钎焊。而该工件通过工作台可以上、下移动和转动	未给出具体钎料
Grant	美国 Beryllium Sei. Technoi. 1979. 2	系统地介绍了铍与铍、铍与其他金属的钎焊工艺，所使用的钎料及其焊件的抗剪强度	In-Ag, BAlSi-4, Ag-Cu-Sn, Ag-0. 2Li
Grant		系统地介绍了含有中间层的扩散焊工艺，所使用的中间层和焊件的抗剪强度	中间层为 Al, AlSi, Ni, Cu-NiAg

（续）

作　者	出　处	钎焊技术概要	钎　料
唐志林	真空技术 1979. No4	铍用氢氟酸、硝酸或铬酸等进行清洗和电解抛光，再在氰化物溶液中电镀 Ni，然后在 6.6×10^{-4} Pa 真空炉内进行高频钎焊	Ag-Cu
童格厚	电子管技术 1984，No4	铍进行酸洗或用水砂纸清除氧化层，不锈钢电镀 Ni，然后进行"铍-不锈钢"钎焊	Ag-Cu-In
刘序芝 田招娣 袁宝玲	中国专刊 85100174.2	铍用常规方法除油，然后把"铍-钎料-基金属"组件进行装配，在真空炉中进行扩散钎焊，温度为 870 ~ 950℃，保温 2 ~ 10min	Cu
张友寿 秦有均	特种材料 1998. No3	系统地介绍了铍与铍、铍与其他金属的束流钎焊（电子束钎焊，激光束钎焊等）和其他钎焊方法，所使用的钎料及铍焊件的强度	Al，BAl2Si，BAl2Si1.5Mg，锌，Al-Li，货币银
Schwartz	美国金属学会 Welding，Brazing Soldering，1983	主要介绍了铍与铍、铍与可伐合金、钛合金、蒙乃尔合金、不锈钢的真空钎焊工艺、强度及应用实例	BAlSi-4，49Ti-49Cu-2Be，银或银基钎料

表 17-36　铍与铍、铍与其他金属钎焊的室温强度值

母　材	接头形式	钎　料	断裂强度/MPa
Be-Be	软钎料，搭接	5% Li-Ag-Pb	20（抗剪）
Be-Be	软钎料，搭接	3% Zn-Sn-Pb	20（抗剪）
Be-Be	软钎料，搭接	99.9% Zn	>60（抗剪）
Be-Be	电子束钎焊，对接	BAl2Si1.5Mg	138 ~ 206（抗拉）
Be-Be	真空钎焊，搭接	Al-12% Si	140 ~ 210（抗剪）
Be-Be	真空钎焊，对接	Al-12% Si	140（抗拉）
Be-Be	真空钎焊，搭接	Ag-0.5Li	140 ~ 210（抗剪）
Be-Be	真空钎焊，搭接	Ag-0.5Li	>206（抗拉）
Be-304L 不锈钢	真空钎焊，搭接	Ag-28% Cu	98 ~ 141（抗剪）
Be-钛合金	真空钎焊，搭接	银	138（抗剪）
Be-镍	真空钎焊，搭接	Ag-Cu	137 ~ 205（抗剪）
Be-蒙乃尔合金	真空钎焊，搭接	Ag-28% Cu	187 ~ 209（抗拉）
Be-蒙乃尔合金	真空钎焊，搭接	60% Ag-30% Cu-10% Sn	184（抗拉）

鉴于铍的高温活性，钎焊须置于 $1.33 \times 10^{-3} \sim 10^{-4}$ Pa 真空炉内或气体保护（Ar 或 He）炉中进行。感应钎焊和束流钎焊也都在特定的保护环境中进行。

（1）铍与铍钎焊

通过气体保护炉中钎焊、真空炉钎焊、感应钎焊或束流钎焊方法焊接铍与铍。铍表面经过机加工或研磨处理后，对表面除油和酸洗去除表面的污染物。酸洗溶液为 10% HF 或 HF-HNO₃ 溶液。钎料采用 Ag + TiH₂，钎焊接头结合质量良好，钎缝未检测出不良缺陷。铍与铍真空钎焊的焊接参数和抗剪强度列于表 17-37。

表 17-37　铍与铍的钎焊参数及抗剪强度

钎料及厚度 /mm	温度 /℃	时间 /min	保护状态	抗剪强度 /MPa
0.07，Ag + TiH₂	960	20	真空	130 ~ 177
0.07，Ag + TiH₂	1010	20	真空	94 ~ 142
0.07，Ag + TiH₂	1070	30	真空	124 ~ 134

（2）铍与蒙乃尔合金钎焊

Monel 合金是一种镍-铜系合金，它兼顾铜和镍的耐蚀性能的许多优点。能够耐多种化学介质的腐蚀，也能抵抗大气、湿空气、水、海水的浸湿。国内外都对铍与蒙乃尔合金进行过钎焊。钎焊使用的方法为真空炉钎焊、电子束钎焊和氩弧钎焊。氩弧钎焊和电子束钎焊由于热量过于集中难控，很容易使两母材熔化，其结果不理想。真空钎焊使用纯银或银基合金（Ag-Cu 合金或 Ag-Cu-Sn 合金）作为钎料，同时使用了 $16 \sim 25 \mu g / mm^2$ 氢化钛（TiH_2）钎剂，增加了钎料与铍的反应，焊缝成形良好，钎焊结果较理想。对铍和蒙乃尔合金分别处理后，采用两种钎焊工艺：① 温度升至 790℃，在长达 30min 保温时间进行钎焊。② 在 900℃ 的温度下，同样用 30min 保温时间。加入氢化钛钎剂之后，增强了钎料在铍表面的流动性，使钎料能够较好地润湿铍材。使用 Ag-Cu 合金钎焊后的界面特征为：从钎缝至铍的界面，存在铜-铍 δ 相，而在焊缝区几乎全是银和铜的成分。靠近蒙乃尔一侧，则是铜、镍和钛的混合区。经显微硬度测量时，δ 相区出现裂纹，表明 δ 相表现为脆性特征。图 17-19 是铍与蒙乃尔合金真空钎焊示意图。图 17-20 是钎焊温度与强度之间的关系。

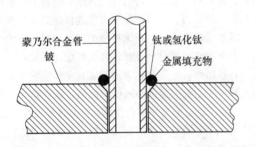

图 17-19　铍与蒙乃尔合金真空钎焊示意图

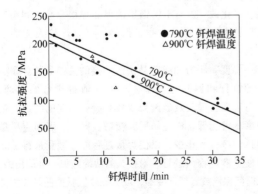

图 17-20　铍与蒙乃尔合金真空钎焊温度与强度之间的关系

钎焊铍与蒙乃尔合金的目的有三条：① 鉴于蒙乃尔合金的耐腐蚀性比较强，连接件可直接在大气、潮湿环境或海水介质中使用。② 铍与很多材料的焊接相容性较差，甚至完全不相溶，在一些应用场合为解决铍与第三种材料的连接，可把铍与蒙乃尔合金焊接的结构作为铍与第三种材料焊接的过渡，以减小或避免铍直接与第三种材料在焊接技术上带来的复杂性和产生新的困难。③ 探索铍与异种材料焊接性能、焊接方法和寻找合适的连接材料。由于铍材与大多数异种材料熔焊的性能相当差，钎焊是连接铍与异种金属的合适方法，其中自然也包括过渡层材料的焊接性能实验及其相关理论分析。

（3）铍与不锈钢钎焊

铍与不锈钢的钎焊主要取决于铍的性能。主要困难在于铍容易氧化，在铍一侧容易生成脆性的金属间化合物。对于真空仪表的密封器件，通常碰到不锈钢与铍板、片、箔的钎焊，如穿透 X 射线的铍窗口与不锈钢钎焊已经在其中应用了几十年。与不锈钢钎焊的铍片的厚度只有 mm 量级甚至 μm 量级，钎焊时必须严格控制其变形。钎焊铍与不锈钢通常采用银、铜作钎料，也可用 49Ti-49Cu-2Be 三元合金钎料。用银钎料时，附加少量 TiH_2，钎焊温度在 960 ~ 1070℃ 的范围内任选。其保温时间应尽量缩短，以避免金属间化合物的形成和防止晶粒粗化。由于 X 射线窗通常作为仪表的一个部件置于设备的外部，作为销售商品，对钎焊接头的质量要求较高，除了要承受高真空的压强外，至少外观应该美观、焊缝光滑、钎料溢出少。铍与铍真空钎焊的参数和抗剪强度列于表 17-38。

（4）铍与钛合金钎焊

焊接用的钛合金为稳定的 β 相钛合金。由四种不同的金属元素组成，其中 $w(Ti) = 73\%$，$w(V) = 13\%$，$w(Cr) = 11\%$，$w(Al) = 3\%$。铍与钛合金的真空钎焊的参数和抗剪强度列于表 17-39。

表 17-38　铍与 304 不锈钢钎焊参数及抗剪强度

钎料及厚度 /mm	温度 /℃	时间 /min	保护状态	抗剪强度 /MPa
Ag + TiH₂，0.07	900	10	真空	93 ~ 115
Ag + TiH₂，0.07	900	15	真空	117 ~ 121
Ag + TiH₂，0.07	900	30	真空	76 ~ 106
Ag，0.07	960	10	真空	101 ~ 120

**表 17-39　铍与钛合金钎焊
参数及抗剪强度**

钎料及厚度 /mm	温度 /℃	时间 /min	保护 状态	抗剪强度 /MPa
Ag,0.07	900	5	真空	130 ~ 177
Ag,0.07	900	10	真空	94 ~ 142
银钎料	898	15	真空	138

铍的钎焊技术已经用于制造复杂的高功能结构件。对钎焊方法和钎料的选择取决于接头的工作温度和强度。一般说来，铍与蒙乃尔合金、钛合金、不锈钢等材料的连接选用真空炉中钎焊较为理想。有多种钎焊方法焊接铍与钛合金，如真空钎焊、感应钎焊、束流钎焊等。图 17-21 是铍与钛合金钎焊的接头照片。

图 17-21　铍与钛合金钎焊的接头照片

从表 17-34、表 17-35 和表 17-36 可以看出，软钎料最大的优点是钎焊温度低，流动性好，但接头强度低（约 60MPa）；铝硅钎料可以提供较高的接头强度，但流动性相对要差一些。用铝-硅钎料钎焊的接头，可在温度高达 420K 范围内工作。银中加入锂 [$w(\text{Li}) < 0.5\%$] 可改善对铍的润湿性。银中加入铜可降低钎料的熔点，但铜与铍能生成金属间化合物，降低接头强度。

（5）铍与镍的钎焊

采用真空炉和惰性气体保护炉钎焊铍与镍。钎焊铍与镍使用的钎料为 Ag-Cu 合金钎料，在真空条件下，钎料温度采用 820℃，钎焊 3min，可获得137MPa 的接头抗剪强度；如果将钎焊温度提高至935℃，钎焊 3min，可获得 205MPa 的抗剪强度。采用氩气保护炉中钎焊，钎焊温度采用 835℃，钎焊时间为 1min，其接头抗剪强度只有数十兆帕。

5. 扩散焊

20 世纪 70 年代以来，国内外在铍的扩散焊接方面展开了大量的研究工作。连接的材料有铍与铍、铍与钛、铍与钢或不锈钢等。1985 年以后，国际热核

聚变实验反应堆建造的远景规划和国际间技术合作项目被确立，这是一项人类设法和平利用聚变能的计划，从设计到建造热核聚变实验反应堆前后要 30 年左右，面临着许多重大技术问题需要解决。其中的任务之一是焊接。工程研究阶段进行了铍瓦与热沉材料铜合金的焊接，同时热沉铜材料还要与不锈钢冷却管连接。国内采用的焊接方法为扩散焊接，国外采用扩散焊接和钎焊两种方法焊接[36]。

铍的扩散焊可以在真空中进行，或者在惰性气体保护下进行，还可以在大气环境中进行。有时候，还可以与高温钎焊的技术与工艺结合。铍与铍在扩散焊接时，可以加中间层材料或者不加。铍与异种材料（铍与银、铍与铝、铍与金、铍与铜等）的扩散焊，也可以不加中间层材料直接扩散焊。而铍与不锈钢、铍与铜合金的扩散焊通常要加中间层材料[20,37]。铍的扩散焊可以避免接头区出现铸态组织、脆性区、裂纹和晶粒过分长大等缺陷。

铍的扩散焊或铍与异种金属的扩散焊，在工程上有着非常广泛的用途，如铍与不锈钢的焊接，铍与钛合金、铜合金的焊接等。扩散焊接铍与异种金属，可实现大面积异形件的焊接，特别是对塑性差、相互不溶解、熔点相差较大或者与金属在熔化时容易生成脆性化合物的材料，扩散焊接是可供选择的焊接技术之一。等静压技术在铍材粉末冶金的制造和焊接中的应用，显著提高了铍材料及焊接件的性能和质量。

在扩散焊接中，虽然表面膜或氧化物能被基体金属溶解，但对铍表面也必须要求清洁，氧化物含量尽可能地少，因此在焊接前对待焊部位要进行表面处理。干净的表面有助于原子的直接扩散。另外两待焊面必须紧密接触，在焊接过程中加一定的压力就是为了这一目的。铍的变形一般不超过 5%，对厚度较大的铍材，变形可以适当大一点。表 17-40 给出了铍与铍、铍与氧化铍、铍与不锈钢扩散焊的焊接参数。利用等静压技术进行金属铍的扩散焊，可以焊接大截面的接头。

温度、压力和时间是扩散连接的关键参数。在参数的执行和调整过程中，有一些值得注意的问题：①对表面粗糙度及装配要求较高，要求表面的加工粗糙度尽可能低，以免妨碍其接触。同时，表面应尽量保持洁净，氧化少，以使焊接过程能够顺利进行。②促使扩散过程的进行，对接头的两端施加一定的压力，长时间保温或者缓慢冷却，可能导致铍材的晶粒长大的现象发生。对于铍与不锈钢的焊接在工艺上还应该考虑如何避免不锈钢的敏化温度区（530 ~ 820℃），以防不锈钢在此区段内产生 σ 相，导致晶间腐蚀。

表 17-40 铍与铍、氧化铍及不锈钢的扩散焊的焊接参数

被焊材料	中间层材料	温度/℃	压力/MPa	时间/h	保护状态	强度/MPa
Be-Be	无	900~1200	屈服强度级的压力	2.5	真空	193
Be-Be	无	816~899	69	4	—	—
含2%BeO的Be	无	200~400	27.6~103	1	真空	51
Be-Be	无	760~815	10	3	—	抗剪强度超过基体金属抗剪强度的9%
Be-(1%~1.7%)BeO	无	750~850	7~100	1~12	真空	427
含1%~25%BeO	Al,Al-Si Ni,Cu-Ni	800	17~32	4~6	真空	207
Be-Be	Ag	100~200	29	0.008~4	氩,真空	275
Be-Be	Ag	200	138	0.167	空气	434
Be-不锈钢	Cu	650	19.6	40(min)	真空	—
Be-不锈钢	Ni	650	19.6	40(min)	真空	—
Be-不锈钢	Ag	750	19.6	35(min)	真空	—
Be-不锈钢	Ag	750	19.6	45(min)	真空	—
Be-不锈钢	Ag	750	19.6	40(min)	真空	—

图 17-22 为 Be 与 CuCrZr 合金等静压扩散连接的两个试件。图 17-22a 为针对 ITER 的参数试验，图 17-22b 为 ITER 铍焊接的送检模块，铍-铜合金-不锈钢管组合焊接，其中，铍-铜合金采用扩散焊。为了保证 Be 与 CuCrZr 合金焊接件的性能达到最好程度，采用了如下的焊接工艺：①不加中间层材料直接扩散焊接。在 580℃/140MPa/2h 的参数下对 Be 与 CuCrZr 直接扩散连接，获得了 95~143MPa 室温抗剪强度。②采用中间层材料 Ti/Cu，在同样的参数下进行扩散连接，可获得 115MPa 的室温剪切强度。实验证明了样品表面处理、中间过渡层材料组合及 HIP 工艺参数、CuCrZr 合金初始状态等对 Be 与 CuCrZr 合金的扩散连接的性能与组织存在着明显的影响。

Be 与 CuCrZr 实现扩散连接的困难有：①由于铍自身容易氧化，甚至在 10^{-3}Pa 的真空条件下也很难避免在其表面形成阻碍元素扩散的 BeO 膜。②Be 与 Cu 直接扩散焊容易形成导致连接性能下降的金属间化合物。③CuCrZr 合金在高温下具有过时效效应，导致其力学性能降低。为达到降低连接温度和缓解残余应力及避免界面脆性化合物的形成，国外多采用间接扩散连接方式，过渡层主要采用物理气相沉积（PVD）方法制备，也采用部分片状金属，扩散焊的主要过渡层形式有：Al、Cu、Ti、Al/Ti/Cu/、Cr/Cu、Ti/Cu 等。采用低于 600℃ HIP 连接，可有效保持 CuCrZr 的使用性能，同时可使铍与铜合金连接界面的残余热应力得到较好控制[36]。

6. 电阻焊

电阻焊一般适用于焊接铍的薄件，从而可以形成点焊接头。焊接前必须仔细清洗铍表面的氧化物。氧化膜清除之后停留时间要很短，最好即速焊接。

电阻焊应当防止晶粒长大。一般情况下采用大电流、短时间的焊接参数可获得较细晶粒的焊点。点焊时也可另加电源对工件预热，预热温度一般不超过 400℃。表 17-41 给出了 0.06~0.1mm 电阻点焊的焊接参数。

另外，对 0.4mm 厚的铍板，选择缝焊滚轮直径

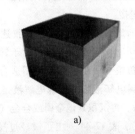

a)

b)

图 17-22 铍与铜合金扩散焊实物[36]

为 12.7mm，电极压力为 882N，缝焊后接头在 686N 的剪切力作用下破坏。

表 17-41　铍板电阻点焊的焊接参数

板厚 /mm	电阻 /Ω	焊接电流 /kA	电压 /V	电极压力 /N	结果
0.06 ~ 0.1	(0.23 ~ 4.9) × 10⁻⁴	4 ~ 4.2	0.8 ~ 1.2	88.2 ~ 98	获得直径为 0.5 ~ 0.6mm 的熔核

7. 超声波焊

超声波焊的一个工艺特点是焊接时界面的温度维持在金属熔点以下，可防止焊件氧化与污染。在异种材料的焊接中，接头区很少形成金属间化合物。因此特别适合于高温易氧化的铍材焊接。

铍与铍、铍与钛、铍与铁、铍与铜、铍与铝等同种的或异种的材料组合，都可用超声波实现成功的焊接组合。如果所用的功率水平难以完成焊接时，可以另加中间层材料。例如，在对 0.03mm 厚的铍片与 0.38mm 厚的 310 型不锈钢超声波焊接时，就使用了 0.03mm 厚的铝箔中间层材料[27]。

使用超声波焊还把一个铍盘焊到了 321 型不锈钢环上，并且用到了低能辐射探测器上。

8. 搅拌摩擦焊

$w(Be) = 62\%$ 的铍和 $w(Al) = 38\%$ 的铝所组成的 Be-Al 合金，具有复合材料的性质和特点。由粉末冶金方法和熔炼铸造两种方法都可以生产。其密度比 Al 轻约 20%，刚度则是铝的 3 倍，具有良好的高温性能。主要在核技术、空间结构、卫星电子设备以及高性能的一级方程式赛车的活塞中使用。一种称为 Beralcast 的熔模铸造的 Be-Al 合金在航空系统（F-22 喷气式战斗机）上就已经得到应用。

国外对厚度 6.4mm，成分为 $w(Be) = 61.5\%$ 和 $w(Al) = 38.5\%$ 的挤压 Be-Al 合金和轧制板材进行了搅拌摩擦焊[38]。以 6.35mm 粗的 20 钢作为搅拌针，焊接转速为 1000rpm（逆向旋转）。焊接获得如下结果：①在靠近母材金属和搅拌摩擦焊的过渡区有明显的变形区。②Be-Al 合金搅拌摩擦焊后，铍晶粒弥散分布于再结晶的铝晶粒中，焊区晶粒细化，尺寸均匀化和硬化都具有复合材料搅拌摩擦焊的特点，焊缝金属的硬度比母材高出 43%。

中国工程物理研究院对金属钝铍进行了搅拌摩擦焊试验，结果表明，所焊试样全部开裂。对试样预热 200 ~ 300℃ 后进行焊接也未成功。

9. 粘接

铍的焊接性差，可以考虑粘接，胶粘接特别适合

铍的复杂形面和大面积的连接。对铍的粘接研究开展的工作比较早，至今某些连接件仍然还使用胶粘技术进行连接。

与焊接相比，铍的粘接在室温下进行，工艺简单，操作方便。粘结剂的种类与性能可根据使用条件选择。焊接可导致铍的缺口敏感效应增加，或导致延展性降低，而粘接可使铍自身不会经受高温热循环的冲击。有时可以考虑胶接与铆接并用，以增强其连接强度。

环氧胶通常用于粘接铍，其成分列于表 17-42。此外，国外在粘接时还使用了牌号为 HT-424 胶、EPon934 胶、AF-31 胶、FM-238 胶、EC-2216 胶等粘接铍，其粘接强度列于表 17-43。

表 17-42　铍粘接的环氧胶配方

配方	环氧树脂	邻苯二甲酸二丁酯	乙二胺
质量分数	78.7	15.8	5.5

表 17-43　铍粘接的抗剪强度

粘结剂	连接形式	试验温度/℃	抗剪强度/MPa
树脂胶粘接	铍与铍搭接	室温	21
树脂胶粘接	铍与铍搭接	150	2
HT-424 胶粘接（环氧树脂-酚醛胶）	铍与铍搭接	室温	32.5
AF-31 胶粘接（腈基-酚醛胶）	铍与铍搭接	室温	23
FM-238A 胶粘接（腈基-酚醛胶）	铍与铝搭接	室温	16
EC-2216 胶粘接（环氧树脂胶）	铍与铝搭接	室温	12
EPon-934 胶粘接（环氧树脂胶）	铍与铍搭接	室温	22

粘接存在的不足之处是：胶层对基体金属会带来慢腐蚀效应；胶层随时间的延长会老化，放出有害物质；耐酸碱腐蚀的能力差；耐高温的能力也差。

10. 电镀连接

电镀连接的原理在 17.1 节已有叙述。铍的镀接部位经浸锌处理后，应立即电镀。由于锌层很薄易于溶解，所以在初始电镀时，必须采用适合于浸锌后的电解液，预镀铜电解液或冲镀镍电解液是最佳的选择。电镀 1 ~ 3min 后，再沉积其他金属或合金（Ni，Cr，Fe，Ag，Co，Cu 等），表 17-44 列出了铍经过浸锌处理后预镀层电解液配方。

由于铍是比较难电镀的金属，因此必须考虑镀层结合力，以检验电镀及前处理工艺的选择是否合理。另外，铍镀接件在相对湿度 98% 和 100% 的环境中腐蚀 1000h，或在液氮和沸水中交替浸泡 50 次，或在 316℃、1h 和 4h 处理后，力学性能基本保持不变。

表 17-44　铍经过浸锌处理后预镀层电解液配方

序号	电解液组成 /(g/L)		电流密度 /(A/m²)	温度 /℃	电解时间/min
1	氰化铜 氰化钾 KOH	40 60 15	540	57	2
2	氰化铜 氰化钠 碳酸钠 酒石酸钾钠	38 45 15 53	270	32	1 ~ 2
3	氰化铜 碳酸钠 酒石酸钾钠	41 30 60	160	38	1 ~ 3

表 17-45 给出的力学性能数据分为两个部分：即电镀连接后不经任何处理测定的数据和镀接后在恶劣环境下考核后获得的数据[18,39]。

表 17-45　电镀连接及其考核后的性能值

铍材	镀层材料	考核环境	断裂强度 /MPa	断裂部位
S-200E	Ni	无	281 (抗剪)	
铸态铍	Ni	无	172 (拉伸)	断在 Be 中
P-1 型铍	Cu	无	321 (拉伸)	断在 Be 中
铸态铍	Ni	316℃,热处理 1h	158 ~ 171 (拉伸)	断在 Be 中
铸态铍	Ni	316℃,热处理 4h	168 (拉伸)	断在 Be 中
P-1 型铍	Ni	在开水与液氮中交替浸泡 50 次	350 (拉伸)	断在 Be 中

铍电镀连接的缺点：①工艺过程较复杂。其工艺为：表面除油除氧化物处理→酸蚀刻→浸锌处理（进行两次）→预镀铜或镍→镀加厚层→机械加工。②增加了废水、废液处理量。主要是前处理过程的每道工序都含有废水、废液。

17.2.6　焊接缺陷及防止办法

1. 铍的焊接缺陷

1) 焊接裂纹。铍在焊接时产生的裂纹（开裂）缺陷比较特殊，不仅在焊缝及热影响区产生，而且在远离焊缝的铍母材也常会发生，甚至导致整个铍件脆裂。这种情况不论是采用真空电子束焊接还是采用激光焊接，在快速焊或高热输入条件下焊接都有可能产生，或者因填充材料的含量不够（焊缝中填充材料的质量分数低于 22%）以及焊接工艺选择不当，也会使焊缝产生裂纹。在焊接方法、焊接环境、填充材料种类及含量不变的情况下，用深熔焊接参数焊接，焊接件产生裂纹的几率要高于热导焊。薄壁部件也易开裂，纯铍的搅拌摩擦焊会产生裂纹。另外，对环形焊缝，在起收弧的搭接处亦可产生裂纹。

2) 焊接气孔和缩孔。真空电子束焊接产生气孔的情况比较少，除非铍母材或者填充材料中含有蒸汽压高的易挥发性元素和低熔点杂质元素。电子束焊铍在焊缝的根部存在缩孔，有时缩孔产生的程度还比较严重。在气体保护状态下或者在非真空条件下焊接铍，气孔是一类常见的冶金缺陷。铍与蒙乃尔合金用 TIG 方法熔焊，在焊缝的熔合线附近会产生非常严重的密集型气孔。

3) 焊缝中的夹杂物和疏松。用铝及铝合金作填充材料，采用电子束焊接铍时，在部分焊接件中曾经出现过夹杂物。夹杂物周围的焊接组织为较细的等轴晶，在同样结构和相同的焊接条件下，有极少的焊缝还出现了疏松组织。这两类缺陷只出现于铍的真空电子束焊接中，而激光焊、TIG 焊在相同的结构和条件下都没有观察到。

4) 焊接热影响区组织长大。铍在焊接冷却的过程中导致热影响区组织粗大的现象时有发生，这类缺陷在电子束和 TIG 焊接中产生，而且和焊接工艺密切相关。总的趋势是高热输入和焊后缓慢冷却，有可能使焊接组织变得粗大。以金属纯银作填充材料时，进行铍的 TIG 焊接和电子束焊接时，已观察到热影响区组织长大。国内在用纯银作填充进行铍的 TIG 焊接时，观察到了显微组织有长大的现象。后来，在铍的电子束焊接中（使用 0.4mm 厚的 Al-12Si 合金作填充），也观察到了热影响区有晶粒长大现象。激光焊接铍，焊缝及热影响区组织几乎不长大，多数情况还获得了细化的焊接组织。晶粒粗大对焊接接头会产生两种不良的后果：①削弱焊缝的综合性能；②使焊缝开裂的几率增大。

2. 焊接缺陷的防止

1) 研究和控制铍母材裂纹敏感的某些因素。铍母材为粉末冶金制品，虽然在目前已经采用了先进的制粉工艺和等静压固结工艺，已能获得性能良好的材料，但对焊接而言，铍易开裂或者产生裂纹与铍的脆性特征有关。而铍的脆性特征又取决于其中的杂质元素含量、晶粒尺寸、表面加工损伤等因素。对铍材自身而言，控制铍焊接裂纹至少要考虑三个方面：①把铍中

BeO 的质量分数限制在 1% 以内。②设法将铍的晶粒尺寸减小，现在的铍材已能把晶粒尺寸减小到 $10\mu m$ 左右。③将铍的断后伸长率稳定控制在 3.5% 以上，采用先进的制粉工艺和真空热等静压固结，已能使粉末冶金铍的断后伸长率达 5%，但有的批次仍不够稳定。

2）工艺控制和焊接工艺优化。铍的焊接参数可选范围较窄，如激光深熔焊开裂的几率增大，焊接时多采用热导焊的焊接参数。其他如填充材料厚度、预热温度、夹持力、保护气体和坡口角度等都需要精确调试和控制。

3）焊接残余应力控制。降低残余应力可以减少铍件开裂，并能提高使用寿命。因此控制焊接应力使其在铍焊接中对于弹性形变范围内，有可能减少焊接裂纹。有几种控制铍的焊接残余应力的方法：①改进和优化焊接接头设计。在止口拐角处将直角坡口改为圆弧过渡的坡口，有利于减少应力集中。②在焊接装置和结构允许的情况下，适当提高预热温度，以减少铍件焊接时的温度梯度。③限制铍焊接件的机加工进刀量，以减少表面机加损伤。④尽量采用形变小和约束力小焊接参数焊接。

4）净化焊接环境。作者曾经提出，铍的焊接气孔与填充材料铝合金的吸放氢有关，而 BeO 的存在对产生气孔只起辅助作用，被后来的试验所证实。焊接环境的净化有利于降低焊接气孔，如将焊接密封箱内的气体和水氛的含量控制在较低的范围，可以减少焊接气孔，特别是相对湿度的降低对气孔减少的程度更明显。减少水氛的具体做法是：①降低焊接环境的相对湿度，将相对湿度降低至 20% 左右焊接或者更低。②对焊件在温度 $100 \sim 300℃$ 的范围预热。③对焊接件和填充材料进行表面清洁处理和除气处理。

5）焊接缺陷修补。铍焊接最容易产生缺陷，而缺陷很难完全消除，尽管采用了上述的技术控制措施，也还是不能完全消除焊接缺陷，只有采用修补措施对焊接缺陷进行修补，才能满足使用要求并节约铍材料。修复补焊的方法有两种：①利用激光束、电子束或氩弧进行重熔补焊修复。②利用低熔点合金堆焊修复。

17.2.7　焊接实例

［例 17-1］　卫星部组件的焊接。①卫星核能供电电源装置中铍件的焊接。为使核能驱动卫星，核能发生器内使用了铍制壳层。需要焊接的有两部分：一是铍壳层与许多铍片的焊接。二是在铍壳层的端部焊一个不锈钢的过渡环以便密封用。两者用钎焊方法焊接都能满足使用要求。钎焊时，使用的钎料为 BAg-19。
②卫星主体支承环的焊接。VISS 卫星支承环的

铍构件焊接，采用炉中钎焊的方法，使用 BAlSi-4 钎料钎焊而成。

［例 17-2］　可伐合金与铍的焊接。电子摄像机的承压外壳，其直径为 102mm，高为 203mm，使用 BAg-19 钎料，把可伐合金套筒与铍钎焊在一起，获得了应用。

［例 17-3］　铍与钢或不锈钢连接。这类焊接件多用于核仪表或真空仪表的器件的制造中，在连接试验时，曾经使用过钎焊、铜焊、电镀连接和粘接。结果表明：铜焊和粘接不成功。原因是胶连接易放气，对要求真空度为 $1.33 \times 10^{-6} \sim 1.33 \times 10^{-8} Pa$ 的仪表室来说，不允许用环氧胶粘接。铜焊铍窗的困难在于接缝处可能存在较高的残余应力，工艺控制难点大，焊接件的使用性能难以预料。焊接成功的两种方法及连接过程是：①钎焊：采用 Ag-28Cu 钎焊，钎焊温度为 821℃，钎料是利用气相沉积法镀于待焊面，钎焊件的室温抗剪强度为 98 ~ 141MPa，满足了使用要求。②电镀连接。在 X 射线衍射/荧光试验中，要求钢制试样室与大气隔离，信号收集必须在室的外面，因此也要求使用厚度为 $0.127 \sim 0.254mm$ 厚的铍窗。在真空系统的两个面上各需要一个 0.229mm 厚的铍窗，以把 X 射线引入真空系统。在铍窗所在的位置用电镀连接方法把铍直接镀接到不锈钢上，铍经活化处理后，镀上大约 0.013mm 厚的 Cu，接着镀 Ni，满足了要求[39]。这里应当指出，随着焊接技术的进步，电镀连接方法在现阶段基本不用了。

［例 17-4］　铍束流管焊接。中国科学院高能所电子正负对撞机的工程改造项目中，需要对高真空系统接收高能电子束的铍管与防锈铝合金 5A06 进行焊接。5A06 铝合金的化学成分见表 17-46。铍管长度 220mm，与铝合金（5A06）焊接后的总长为 350mm，（内铍管的内径为 $66.11 \sim 66.25mm$，外铍管的外径为 69mm），铍管壁厚分别为 0.8mm 和 1.6mm，中心铍管为双管（管套管），两管的中间要保持有一小的均匀间隙以供冷却介质穿过。内外层铍管各焊两条焊缝，焊接的有效熔深 ≥0.25mm。由于焊接件需要在高真空条件下服役，因此要求焊缝具有良好的密封性，焊后还要进行承压试验。由于第一根管子焊接后，要与第二根管子套装焊接，因此焊缝要求热形变小、焊缝余高低、表面平整光滑。采用激光束和电子束进行模拟焊接后，经过罩氦检漏，漏率为 ≤2.66 × $10^{-11} Pa \cdot M^3/s$，其他各项技术指标均达到设计要求。最终选用真空电子束焊焊接了正式件（图 17-23），此件已经正式运行了 5 年，没有出现质量问题。

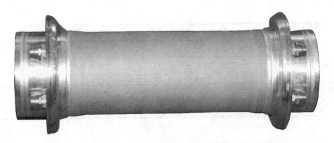

图 17-23　电子正负对撞机铍束流管焊接实物

表 17-46　5A06 铝合金的化学成分　　　　　　　　　　　　（%）

$w(Al)$	$w(Si)$	$w(Fe)$	$w(Cu)$	$w(Mn)$	$w(Mg)$	$w(Zn)$	$w(Ti)$
余量	0.40	0.40	0.10	0.50 ~ 0.80	5.8 ~ 6.8	0.20	0.02 ~ 0.10

[例 17-5]　ITER （International Thermonuclear Experimental Reactor）计划是"国际热核聚变实验反应堆"的国际间的科技大型合作项目。它的目的是实现聚变能源的和平利用，以解决人类面临的能源短缺和减少环境污染等问题。由于此计划十分接近商用，成功以后可望为人类开发出新一代战略核能源，因此其意义十分重大。中国参加了该项目技术合作，承担了其中的部分等离子体屏蔽包层模块、超导线圈、电源、低温冷却装置等部件的研制任务。对焊接而言，屏蔽包层的制作占有重要份额。从等离子体向外，分别由铍（或铍合金）-铜合金-结构材料（316L 不锈钢）连接而成，连接件的尺寸较大，长、宽、厚（高）分别为 400mm、2000mm、10mm 的范围，而且聚变堆使用的材料要承受高低温循环（高温 >700℃，低温甚至为液氮、液氦的温度范围），高压（约 8MPa）、强腐蚀（含锂液态金属）、强辐射场

（$10^{14}/cm^2 \cdot s$ 的高能中子流）的工况条件的冲击考核。在三种材料间的连接中，由于铍的材料特性的制约、大面积、大尺寸结构件焊接、焊后的考核条件相当严酷，成功焊接的困难很大，并且要确保 2015 年前向国际 ITER 组织提供包层模块 10% 的实物（大约 50 多个模块，每个重达 4 ~ 5 吨）。图 17-24 是 ITER 屏蔽包层模块结构示意图。图 17-25 为铍、铜合金及不锈钢之间连接的大概尺寸及结构。由国际合作国分工，共同承担 ITER 计划的研制任务。铍与铜合金在实验过程中的连接方法选用了两种：一是钎焊，国际合作国采用，二是扩散焊。在目前，国内主要采用扩散焊方法进行 80mm×80mm×10mm 铍板与铜合金的连接的实验性的技术可行性研究。主要使用等静压扩散焊技术，已针对大尺寸、复杂结构及接头的组织结构与冶金作用特点开展研究，分析实现焊接结构工程化应用的主要困难以及需要解决的关键技术问题。目

a)

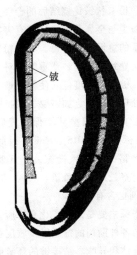

铍

b)

图 17-24　ITER 屏蔽包层模块结构示意图

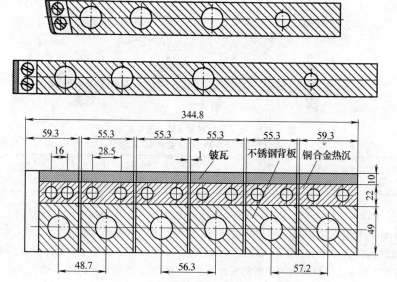

图 17-25　铍、铜合金及不锈钢之间连接概图

前该项工作正以理论分析、结构设计、实验突破等整体有序的推进。铍与铜合金的连接正在朝着工艺优化，寻求最高焊接强度的目标而努力。但还有许多问题需要解决，通过需要汇聚焊接、材料加工、机械工程、核技术方面的主要力量，攻克迄今为止从未遇到的高技术产业化的难题。

17. 2. 8　安全与防护措施

1. 铍为化学毒性材料

其毒性的大小与在化合物中的含量以及状态有关，一般认为，气态比液态毒性大，溶液中的铍比固体铍毒性大，粉末状铍比烧结后的毒性大。焊接时主要产生铍的粉尘与金属蒸气，这些有害物质吸入人体后会导致严重的急慢性铍中毒、在铍粉尘环境中裸露的时间过长会导致铍肺病，严重时会对人体带来类似癌症的危害。铍由于密度低，使粉尘难以防护，在焊接前的表面处理过程中，如需要机械打磨时，通常采取湿法打磨。此外，根据环境保护规则规定，铍的"废气"排放标准为 $0.015\mu m/m^3$，因此要求铍的焊接场所要有严格的通排风设施，并且要保证通风良好。焊接密封室最好略为负压。

2. 粘胶剂也含有毒性

毒性的来源主要是高分子化合物所含游离单体毒性、胶粘剂的各种助剂的毒性以及胶层被破坏时产生的各种气体毒性和异味。粘接铍的环氧胶的毒性主要来自其中的固化剂胺类和邻苯的毒性。操作时间过长，对皮肤、眼睛和上呼吸道等器官均有刺激作用。粘胶操作过程中，要加强对工作环境的通排风，以减少有害物质的浓度。

17.3　锆及锆合金的焊接

17. 3. 1　概述

锆在地壳中的含量为 0.025% ～ 0.028%（质量分数），比常见元素镍、铜、钴、铅、锌的含量还高，与铬相当，但由于提炼和加工的原因，产量不多，锆的价格也较高，因此锆被列为稀有金属类。锆于 1789 年被发现，1925 年制成了可锻性金属纯锆。原子能工业的兴起，反应堆工程技术的实现，有力地推进了锆及其合金的发展。早在 20 世纪 50 年代初，美国就首先决定在核潜艇上使用锆作为核燃料元件的包壳材料。不久便开始研制 Zr—Sn 合金。而今，锆合金已经形成了多种牌号，用途也涉及核能、化工、储氢、光学、医药卫生等诸多领域。锆合金在压水反应堆中主要作为核燃料元件的包壳材料、结构材料使用。在反应堆中使用的锆合金主要有：Zr-2 合金、（低 Sn）Zr-4 合金、Zr-1Nb 合金、Zr-2.5Nb 合金、M5 合金（Zr-1% Nb-0.12% O-0.03% Fe）、E635 合金和 ZIRLO 合金（Zr-1% Nb-12% Sn-0.1% Fe）、Zr-2.5Nb-0.5Cu 合金等几种。

除了晶体锆及锆合金外，一些多组元锆基合金还具有非晶体形态。由于部分锆基合金具有强大的非晶态形成能力，过冷液相区范围很宽，不需复杂设备就能较容易地制造出锆基非晶体合金。1993 年，Johnson 等人制备出厚度为 25.4mm 的块状非晶体锆合金，命名为"Johnson 锆合金"，在短暂的 20 多年里，已经研制出不同组元、不同合金的锆基非晶体合金系列，并对合金的冶金特性、物理力学性能、化学性能、焊接性、耐蚀性以及工程应用进行了综合评价。国内的多家科研院所和大学对锆基非晶合金进行了研究与开发。

1995 年，Johnson 锆基非晶体合金块状材料用在穿甲弹上。除了军事应用外，锆基非晶合金还可作为空间工程、生物医学、电子产品、体育用品的材料，其应用范围很广。

1. 我国锆合金的发展状况

在反应堆内使用的锆合金，对性能的要求极高，需要具备承受高温、高压、水冲击、强中子辐照、耐含硼水腐蚀、耐应力腐蚀和耐反应产物碘蒸气腐蚀的能力。在如此极端的环境条件下，对锆合金的内在的和表观的质量要求都非常高。对锆合金包覆材料，不允许有夹杂、氧化物和油脂存在，有害杂质元素均不得超过允许限量的最大值，确保组织结构均匀和织构因子达标，塑性各向异性指标控制在合理的范围之内，在高温作用下不得腐蚀穿孔和破损。可是锆合金在反应堆内使用，其力学性能总会发生改变、出现延性降低，脆性增加，发生辐照肿胀、扭曲变形、产生蠕变和内应力等情况。不论是新研制的锆合金，还是已使用过多年的锆合金，都必须满足其使用要求[40,41]。

中国在 20 世纪 60 年代初，开始研究 Zr-2 合金，后来用于核潜艇工程。Zr-2 合金的强度和耐蚀性可满足沸水堆的使用要求，其不足之处是合金中含有少量镍，镍的存在可导致吸氢，吸氢严重时会引起性能变化。于 20 世纪 70 年代后期研究 Zr-4 合金，为后来中国核电工程提供了性能合格的 Zr-4 合金产品。1993 年，美国 Johnson 等人研制出直径约十几厘米，重量超过 20kg 的锆基非晶块材，此后日本、中国等也研制出锆基非晶体材料，这类非晶体材料主要有 Zr-Al-Tm 非晶体合金，Zr-Ti（Al）-Tm-B 非晶体合金和 Zr-Ti（Nb）-Al-Tm 四元合金等三大类。锆基非晶体合金在军事工业、电子产品医疗器械、体育用品等方面的应用。20 世纪 90 年代初，我建成秦山核电站，结束了我国无核电的历史。中国核电技术的诞生和发展，新的反应堆堆型的采用，迫使人们去认识和研究新型的反应堆结构材料。原有的 Zr-Sn 系合金（Zr-2 和 Zr-4）逐渐被 Zr-Sn-Nb 系合金（ZIRLO、E635、N18、N36）、M5 合金和 HANA（Zr-Nb-Cu）合金所取代秦山一期工程使用了传统 Zr-4 合金作为燃料元件的包壳材料，秦山二期工程使用了 AFA 2G 燃料组件。AFA 燃料组件采用低锡 Zr-4 合金 $[w(Sn)≤1.2\%～1.5\%]$

作为包壳材料，其格架使用了双金属合金（Inconel-718 合金和 Zr-4 合金），在低锡 Zr-4 合金中控制了硅含量，优化了中间热处理工艺，进一步提高了包壳的耐水腐蚀的能力。AFA2G 燃料组件还对芯块进行了改进，减轻了包壳材料与核燃料的相互作用。大亚湾核电站采用了第 3 代先进燃料组件（AFA3G），包壳材料为 M5 合金。格架材料采用 Zr-1Nb、M5 合金（Zr-1% Nb-0.12% O-0.03% Fe）、E635 合金和 ZIRLO 合金等。

对原有锆合金的性能和工艺技术进行改进和优化。以锆合金在核反应堆的使用性能作为评价依据，调整锆合金中的某些成分，在耐腐蚀性能和抗辐照性能方面是否有所提高和增强，以延长在反应堆内的服役期，增加燃耗，降低经济成本为目的的研究。

新型锆合金研制。如在 Zr-Nb 合金和 Zr-Sn 合金的基础上，分析两种锆合金各自具备的性能优势，采用性能和结构优先合并的手法，研究出 Zr-Sn-Nb 系合金。此类合金显示出比 Zr-4 合金更加优良的性能，二者综合后再加入少量的 Fe 和 Cr，其对疖状腐蚀的敏感性明显降低，尤其能抵抗 LiOH 的加速腐蚀。M5 合金具有很好的耐腐蚀能力，与低锡 Zr-4 合金相比，在高燃耗下其氧化膜厚度仅为 Zr-4 合金的 1/3，吸氢量为 Zr-4 合金的 1/6，辐照生长减少了 2 倍。与 Zr-4 合金相比，ZIRLO 合金耐水腐蚀的能力提高 60%，辐照生长减少 50%。M5 合金和 ZIRLO 合金不但可以作为燃料元件的包壳材料，而且可用作导向管、仪表管、格架等结构材料。

不同类型的反应堆对锆合金有不同的要求，核电的发展大大推进了锆合金及其加工性能的技术进步。根据我国核电技术发展的远景规划，不但要对原有 Zr-2 合金、Zr-4 合金的性能和质量进行提高和制造工艺的改进，包括这些合金的焊接和焊后接头的抗蚀性能考核等，使其焊接性能满足核电苛刻环境的使用要求。同时追踪新的用途，研究具有使用价值的新型锆合金 [Zr-Sn-Nb-(Fe，Cr) 合金、ZIRLO 合金、M5 合金和 HANA 合金] 及其加工性能，特别需要重视的是焊接加工性能。

2. 锆及锆合金的用途

（1）反应堆结构材料

由于金属纯锆的力学性能低，因此锆很少以纯金属的形式使用，通常在锆中加入合金元素形成锆合金，以增强合金在反应堆中的使用性能。

锆合金在反应堆中有 5 方面的用途：①反应堆燃料元件包壳材料。包壳材料主要使用了 Zr-4 合金、

Zr-Sn 合金、Zr-1Nb 合金、M5 合金、ZIRLO 合金等，这些锆合金与铀燃料接触的相容性较好，在高温下工作有良好的耐腐蚀性，辐照性能良好。②反应堆结构材料。由于锆合金有很好的核性能，优异的耐腐蚀性能和良好的力学性能，锆合金在中子辐照作用下，其强度和韧性实际上不发生改变。锆的热中子吸收截面只有 $0.18 \times 10^{-28} m^2$，散射截面为 $8.0 \times 10^{-2} m^2$，因此锆合金是其他任何材料不可替代的原子能高温水冷反应堆重要的结构材料。③组成核燃料合金。锆是铀的良好的合金添加剂，与铀组成的合金如 U-2Zr 合金、U-6.33Zr 合金、U-5Zr-1.5Nb 合金等作为反应堆燃料使用，其抗辐照性能明显增强。很早就研究出的 U-7.5Nb-2.5Zr 合金的耐环境气体腐蚀能力很好，号称"不锈铀"。另外，可以将铀的氧化物、氮化物、碳化物弥散于锆中，用于制造弥散型燃料元件。④减速材料。氢化锆作为中子减速材料使用，可提高功率密度，缩小活性区尺寸。⑤控制棒材料。含硼的锆合金具有良好的力学性能，含硼材料可作为反应堆控制棒材料使用，但含硼的锆合金的抗辐射的能力较差。一种 ZrB_2 一体化的可燃毒物棒(在芯块柱面涂 $25\mu m$ 的 ZrB_2)，在使用寿期内具有毒物残留量少，布置灵活，经济性好等特点。

锆虽然与铪共生，但两者在核工业中的应用存在较大的差别，铪的热中子吸收截面大（105×10^{-28} m^2），如果不是控制元件包壳，要严格控制锆中的铪。

早在 20 世纪 40 年代，锆就被用于核反应堆工程，但由于铪的含量高，甚至对反应堆运行的稳定性产生影响，因此某些用途需要设法将铪去除。1950 年，锆被用作核潜艇反应堆燃料元件的包壳材料。为了核工业的需要，1953 年开始研制 Zr-Sn 合金。

（2）化工类耐蚀材料

锆主要用于化学工业中的强腐蚀环境。锆和钽一样，具有优良的耐酸、碱以及液体金属（如 Na、K）腐蚀的能力。在某些腐蚀介质中，甚至超过了铌和钛等耐腐蚀性能良好的金属，它能在钛合金所不能胜任的腐蚀介质中工作，这样，锆可作为化工设备、农药等的防腐结构材料[8,42]，作为化工类耐腐蚀材料使用，有时候需要锆与其他金属进行大面积的焊接组合。

（3）储氢除气材料

锆在不太高的温度下就有吸收氧、氮和氢的能力，其反应温度分别为 200℃、400℃、300℃，反应速度随着温度的增加而增加。100 克金属锆能吸收 817L 氢，是铁吸收能力的 80 多万倍。固溶的氢可以通过加热的方法去除。当温度超过 900℃时，锆还会猛烈地吸收氮气。因此锆的化合物被用作储氢材料，锆常用作真空系统的除气剂。由锆和镍组成的合金（如 Zr_9Ni_{11} 合金）可作为氪的理想的消气剂，用于贵重气体氪的回收。利用锆镍合金（如 $Zr_{67}Ni_{33}$ 合金）的吸放氢作用，还能消除空气中的氢和氪。Zr75Ni25 非晶体合金的最大储氢能力可达 2.0H/M。

（4）外科手术材料

锆有耐人体体液腐蚀的能力，它不和人体的血液、骨骼及各种组织发生明显的副作用，因此锆合金是良好的医疗手术器械材料和牙科材料。

（5）闪光灯材料

很薄的锆箔具有很高的亮度，用锆箔制作的闪光灯，其体积很小，亮度很高，使用起来特别方便。

（6）燃烧剂材料

锆粉可作为起爆雷管的炸药，这种雷管甚至在水下也能爆炸。锆粉再加上氧化剂，燃烧起来闪光眩目，是制造电光弹和照明弹的好原料。

（7）穿甲弹材料

锆基丝状非晶体合金具有很高的抗拉强度，耐磨和抗疲劳、耐腐蚀，用作穿甲弹材料，替代贫铀弹可以减少环境污染。

3. 锆及锆合金的分类

锆合金的研制和发展与核反应堆工程技术的发展密切相关。最早发现锡、钽、铌是能改善锆腐蚀性能的元素，在锆中加入 2.5% Sn（质量分数，下同）就得到了 Zr-1 合金。在 Zr-1 合金中加入铁、铬、镍等元素就可以得到 Zr-2 合金。Zr-2 合金具有优良的长期耐蚀能力，因此成为水冷反应堆中用量较大的结构材料。如果把锆合金中锡的含量降低，就会改善其成形加工性能，形成 Zr-3 合金。Zr-2 合金中的镍有加速吸氢的作用，因而用增加铁以弥补去镍时的"合金化作用"，就得到 Zr-4 合金。Zr-4 合金是目前还广泛用作压水堆堆芯的结构材料，沸水堆元件盒及其定位格架的材料。Zr-2.5Nb 合金是一种热处理强化型锆合金，可用作重水堆的压力管材料[2,7]。M5 合金为锆中加入了 1% Nb、0.12% O 和 0.03% Fe，形成了具有很好的耐腐蚀能力的四元合金材料，在高燃耗下氧化速率低，在反应堆中使用，其吸氢量和辐照生长都明显减少。ZIRLO 合金是在锆中加如 1% Nb、1.2% Sn、0.1% Fe，组成锆基多元合金，耐水腐蚀的能力显著增强，辐照生长比 Zr-4 合金低很多。E635、M5、NDA、NZ2、NZ8 合金和 ZIRLO 合金属于新一代先进反应堆的燃料包壳材料和堆芯格架结构材料。

按锆合金的用途，可把锆及其合金分为两大类：①核工业用锆合金。如果锆合金不作控制棒材料使用，则要限制铪的含量（小于万分之一），因为铪的热中子吸收截面大。②市售锆及锆合金，即核工业以外使用的工业锆合金。$w(Hf)$ 可达到 4% 左右也不影响其使用性能。核工业用的锆合金的成分列于表 17-47。

表 17-47　核工业用锆及锆合金的成分含量

牌号	成分（质量分数,%）						
	Cr	Fe	O	Nb	Ni	Sn	Zr
Zr-0	0.020	0.150	—	—	0.007		余量
Zr-2 合金	0.050 ~ 0.158	0.070 ~ 0.20	—	—	0.03 ~ 0.08	1.20 ~ 1.70	余量
Zr-4 合金	0.070 ~ 0.130	0.180 ~ 2.40	—	—	—	1.20 ~ 1.70	余量
Zr-2.5Nb	0.020	0.150	—	2.40 ~ 2.80	0.0070		余量
M5 合金	—	0.03	0.12	1.0	—	—	余量
ZIRLO 合金	—	0.1	—	1.0	—	1.0	余量

4. 锆及锆合金的冶金和物理力学特性

锆为银白色金属，有良好的综合性能。室温下，锆属密排六方晶格金属，为 α-Zr 结构。当温度达到 862℃以上时，转变成体心立方晶格金属，为 β-Zr 结构。如果锆中加入锡，对 α-Zr 起固溶强化作用，锡可稳定 α 相并能提高 α-β 的转变温度。铁、镍、铬等是 β-低共析体，它们都可使 α-β 的转变温度降低。在通常含量下，铁、镍、铬可完全溶于 β 相中，溶解温度为 835 ~ 845℃，这个温度区在相图上位于 α + β 相区的上部。铌是锆中稳定 β 相的元素，在高温时，从纯 β-Zr 到纯 β-Nb，为完全的替代式固溶体。法国人在水冷反应堆中使用的 M5 合金，其中除了含 $w(Nb)$ = 1% 左右的 Nb 外，还含有氧。氧在过去曾被看作为锆中的杂质元素，但近年来的研究表明，氧作为合金元素可以提高锆合金的屈服强度。氧为稳定 α 相元素，它在锆中占据八面体间隙，形成间隙固溶体扩展 α 相区。作为合金元素，$w(O)$ 通常为 0.08% ~ 0.16%。由锆氧相图可知当氧含量增加到一定量时，可使 α 相稳定到液相温度。在高温氧化时，发现在 β-相淬火组织和氧化锆之间存在一层稳定的 α-锆。锆合金通常通过 β 淬火、退火或淬火加时效的热处理，以提高锆合金的力学性能、加工性能以及使组织结构得到明显改善[42]。表 17-48 给出了锆的物理性质。纯锆的室温拉伸性能在表 17-49 给出。Zr-2 合金管材和 Zr-4 合金管的标准拉伸性能分别在表 17-50 和表 17-51 给出。热处理或冷加工处理过的 Zr-2.5Nb 合金的力学性能分别见表 17-52、表 17-53。

表 17-48　锆的物理性质

熔点 /℃	密度 /(g/cm³)	比热容 /(J/kg·K)	热导率(25℃) /(W/cm·K)	线胀系数 /(1/℃)	相变点 /℃
1852 ±2	6.51	0.2759	3.70（晶形锆,电弧熔炼）	5.8×10^{-6}	862

表 17-49　纯锆的室温拉伸性能[48]

材料状态		抗拉强度/MPa	屈服强度/MPa	断后伸长率(%)	断面收缩率(%)
晶条锆	电弧熔炼,热轧 700℃退火 0.5h	204 ±3.5	85.4 ±3.4	40.8 ±0.64	42.5 ±1.5
	1100℃ β 淬火	369	268		55
海绵锆	电弧熔炼,1000℃ 锻造冷轧 30%,700℃退火 1h	443	263	30	

表 17-50　退火态 Zr-2 合金管的标准拉伸性能[42]

温度/℃	抗拉强度/MPa	屈服强度/MPa	断后伸长率(%)
室温	≥420	≥250	≥14
350	≥230	≥115	≥20

表 17-51　退火态 Zr-4 合金管的标准拉伸性能[42]

温度/℃	抗拉强度/MPa	屈服强度/MPa	断后伸长率(%)
室温	≥420	≥250	>14
375	250~300	120~160	25~30

表 17-52　热处理 Zr-2.5Nb 合金的拉伸性能[42]

热处理状态	试验温度/℃	抗拉强度/MPa	屈服强度/MPa	断后伸长率(%)	断面收缩率(%)
880℃淬火， 500℃时效 24h	室温	870	780	13	63
	300	580	530	14	75
900~1000℃淬火， 500℃时效 24h	300	580	480	13	70
800℃慢冷	室温	530	410	27	53
	300	310	210	27	67
700℃快冷后 冷加工 20%	室温	730	630	13	51
	300	480	410	15	55

表 17-53　冷加工 Zr-2.5Nb 合金管材轴向拉伸性能[42]

冷加工量(%)	试验温度/℃	抗拉强度/MPa	屈服强度/MPa	平均断后伸长率(%)	总断后伸长率(%)
40	20	721	557	9.5	18.5
	300	436	343	6.2	17.2
20	20	760	564	9.3	22.0
	300	516	375	4.4	10.6

5. 锆及锆合金的化学性能及耐腐蚀性

锆是亲氧元素，在自然界中没有单质的锆存在。锆位于周期表第 IVB 族，是高温活泼的金属之一，锆和所有的锆合金对环境气体中的氧、氮、氢等气体都有很强的亲和力。锆的优异的耐腐蚀性实际上取决于表面氧化膜的完整性、牢固性及其组成结构。在高温下锆容易与上述气体反应，氢在 200℃可生成 ZrH_2，在大约 315℃的氢气氛中，锆会吸收氢而导致氢脆，氢脆会引起力学性能损失。在锆表面存在氧化膜，可以阻挡氢的吸收。氧在 300℃可生成 ZrO_3，在大约 550℃以上，与空气中的氧反应生成多孔的脆性氧化膜。在 700℃以上，锆吸收氧而使材料严重脆化。当加热至 1000℃时，锆与氧作用使其体积有所增大。与氮在 600℃可生成 ZrN。

锆是仅次于钽的耐硫酸腐蚀的金属材料，其耐酸腐蚀的性能优于钛。对盐酸的耐蚀性优于其他金属，大约与钽相当。在 210℃以下和浓度低于 95%的硝酸中的耐蚀性与铂差不多。在磷酸中的耐蚀性比较好，但锆不能抵御氢氟酸的侵袭。锆及锆合金抵御强碱溶液和熔融碱腐蚀的能力比钛好得多。锆在潮湿氯气、王水和高价金属氯化物溶液中的耐腐蚀能力较差。如果硫酸中存在极少量的氟化物离子，就会明显地加快锆的腐蚀速度，这种加快作用在焊缝热影响区和950℃退火的锆上面表现得尤为突出[41]。

17.3.2　锆及锆合金的焊接性

锆及锆合金的焊接性能良好，不同的锆合金有不同的焊接方法，可以用熔焊、钎焊、固态焊等多种方法焊接锆及锆合金。就热物理性能而言，锆及锆合金的焊接性与 Cr-Ni 钢的没有明显的差别[24]。锆的热导性差，由于焊接的高温作用，往往会导致焊接组织粗大，热影响区加宽，焊接接头的塑性降低。

焊接工艺接近钛，但保护效果要高于钛，焊接措施要严于钛。要用高纯的氩、氦或真空条件保护焊缝熔池金属和热影响区。有的锆焊缝不要求焊后热处理，而有些焊件则要在约 675℃下进行 15~20min 退火处理。进行退火处理的作用是：①消除焊接残余应力。②调整焊缝、热影响区和母材的组织。

核燃料棒的包壳焊接是防止放射性材料外逸的第一道屏障，因此焊接的密封性和耐腐蚀性能是焊接技术的关键。核燃料包壳材料由 Zr-4 合金到性能优化的 Zr-4 合金、由 Zr-1%Nb 合金到先进燃料组件使用的 M5 合金以及 ZIRLO 合金。对这些合金的焊接及其性能的考查，满足其在核反应堆中的使用是非常关键的。Zr-4 合金的焊接相对开展得较多，对其焊接性能的了解和认识比较充分。根据反应堆新型锆合金的使用情况，弄清 M5 合金、E635、NDA、NZ2、NZ8、ZIRLO 合金等焊接性能是非常重要的。前苏联用电子束焊接 Zr-Nb 合金，而法国采用 TIG 焊接 M5

合金，Zr-4 合金与导向管的焊接则采用了点焊。燃料棒包壳管使用 M5 合金，采用了两种焊接方法，即上、下端环缝采用 EB 焊；端头密封点焊采用 TIG 焊。对于 M5 合金的焊接，需要特别注意杂质元素及其含量，焊接气氛对焊接质量的影响，要求在焊接时严格控制保护气氛中氮的含量。锆合金格架、导向管与格架的连接，可直接点焊。

纯锆与锆合金的焊接基本上没有形成裂纹的明显趋势，但焊接存在气孔。如果考虑到锆对气体反应的敏感性，必须尽量设法防止焊缝污染。焊缝被污染后的耐腐蚀性能将有所降低，同时还有变脆的危险。为了避免氧、氢、氮的含量高，焊接工作箱体内的气体含量的上限值最好维持在（体积分数）：氧气为 0.13%，氮气为 7.0×10^{-3}%，氢气 2.5×10^{-3}% 的范围[24]。

锆及锆合金的焊接变形不是焊接的主要问题。因为锆的热胀系数很低，焊接热变形量较小，以及相变时产生的体积变化也很小，这对控制焊接形变比较有利。

对非晶体锆基合金采用高能束焊、电子脉冲焊、摩擦焊等方法进行的焊接研究，证明了非晶体锆基合金的焊接性良好，接头没有晶化现象产生，接头的强度与母材接近。

17.3.3　表面处理

用于核反应堆结构材料的锆合金要求其纯度很高，对焊缝的纯度要求亦很高。在焊接前，必须仔细清除锆及锆合金焊接坡口和填充焊丝表面上的氧化物或油污。通常采用机械清理与化学清理相结合的方法进行。另外，也可对坡口实施喷砂处理。化学侵蚀有两个目的：一是去除表面油污；二是去除表面氧化物。表 17-54 列出了锆及锆合金化学侵蚀的配方及工艺。经酸洗后的锆合金，须用冷水冲洗干净，烘干后再焊接。如果需要采用二次焊接，则要对一次焊接形成的污染层进行清除处理，对于停焊后使用过的填充焊丝，要去除热端部分并进行清洗后再用。

在用表 17-54 中的配方处理锆及锆合金时，根据其合金的成分不同，对溶液中的成分和时间适当进行微调，处理的效果会更好。

表 17-54　锆及锆合金焊前化学处理配方及工艺

工序	配方（体积分数）		侵蚀工艺及说明
脱脂处理	10% NaOH		擦洗或浸渍后,焊接时再用丙酮或乙醇清洗
酸洗	HF HNO₃ H₂O	2% ~4% 30% ~40% 余量	温度 60℃ ,1min,再用冷水冲洗,烘干待用。此种酸洗液能有效地防止酸洗过程中的吸氢现象
	HNO₃ HF H₂O	35% ~45% 5% ~7% 余量	温度 20 ~60℃ ,3 ~10min,直至锆板、锆丝表面光亮为止

17.3.4　焊接材料

锆及锆合金的焊接材料主要指填充焊丝、钎焊用的钎料和钎剂、扩散焊使用的中间层材料、TIG 焊接的保护气体及钨极等。

1. 填充金属

锆及锆合金焊接时，以母材成分相匹配或满足焊接接头在反应堆使用要求为依据选择填充焊丝。表 17-55 是三种锆及锆合金焊丝[8]。ERZr-2 型焊丝用于焊接工业纯锆（R60702 等级），ERZr-3 型用于 Zr-1.5Sn 合金（60704 等级），ERZr-4 型用于焊接 Zr-2.5Nb 合金（R60705 和 R60706 等级）。如果用于焊接核包壳材料和结构材料时，焊丝的杂质含量应控制得更加严格，$w(\text{Hf})$ 至少应低于 0.01%。

表 17-55　锆和锆合金焊丝的化学成分
（质量分数,%）

元素	ERZr-2	ERZr-3	ERZr-4
碳	0.05	0.05	0.05
铬 + 铁	0.020	0.020 ~0.040	0.040
铌	—	—	2.00 ~4.00
铪	4.5	4.5	4.5
氢	0.005	0.005	0.005
氮	0.025	0.025	0.025
锡		1.00 ~2.00	
锆 + 铪	余量	余量	余量

2. 钎料

用于钎焊锆的钎料，其多数发展研究工作是针对反应堆用锆合金或锆与异种材料钎焊而开展的，研究中首先要考虑的问题是接头的耐腐蚀性。许多市售钎料在锆基合金上不能良好润湿与漫流，它们在冶金上互不相溶。国外通过对锆合金的钎焊实验后，对接头进行腐蚀考核和金相分析相结合的办法，获得了能满足使用要求的钎料有：Zr-5Be、Cu-20Pd-3In、Ni-20Pd-10Si、Ni-3Ge-13Cr、Ni-6P、Zr-50Ag、Zr-29Mn、Zr-24Sn 等，具有良好的钎焊性能、耐腐蚀性能和钎焊性能[7,8,27,29]。其中后三种钎料的焊接温度较高。

Zr-21Mn、Pt-3Si、Pt-4.2Si、Zr-12.5Cu-2.5Be、Zr-12.5Cu-4Be 等都是钎焊 Zr-2 合金的钎料，其耐腐蚀性能良好，但接头的力学性能值有的较高（如 Zr-21Mn 钎料钎焊的 Zr-2 合金，室温强度高达 221MPa），有的较低，只有几十兆帕（如 Pt-3Si、Pt-4.2Si、Zr-12.5Cu-2.5Be、Zr-12.5Cu-4Be 等钎料焊接的 Zr-2 合金，其强度依次为 77.3MPa、52.7MPa、61.3MPa 和 42.9MPa）。除此之外，银基钎料、Co-5%Be 钎料钎焊锆与不锈钢，具有良好的工艺性能、润湿性能和填隙能力。

上述钎料的钎焊性能也有差别，Zr-5Be、Zr-12.5Cu-2.5Be、Zr-12.5Cu-4Be、Zr-50Ag、Zr-24Sn 等钎料焊接 Zr-2 合金，具有优良的钎焊性能，而 Zr-21Mn、Pt-Si 钎料的钎焊性能要差一些。

3. 扩散焊中间层材料

锆及锆合金的扩散焊，采用银、铜和铁作中间层材料，能获得良好的锆合金扩散焊接头。在锆与钢的扩散焊接中，还选用钽、镍双金属作中间层，因为钽与锆、镍与钢的物理性能要接近一些，对扩散焊有利[30]。

中间层材料可以箔片的形式夹入，或用电化学沉积方法或用物理沉积膜的方法加入。

4. 保护气体与钨极

锆及锆合金的焊接，目前使用的保护气体只有氩、氦或两者的混合气体。氩气中的杂质的总体积分数小于 0.2%，以减少接头及附近部位的污染。

焊接锆及锆合金使用保护气体的场合较多，如在工作箱内充氩、氩激光焊、氩弧焊、钎焊、电阻焊等都必须用氩、氦气体作保护。

用于氩弧焊接的电极主要有钍—钨、铈—钨两种。在锆的手工 TIG 焊接中，要精心操作，尽量避免

钨夹杂。

5. 焊接电极

含锆的铜合金（也加铬）形成的二元或三元合金用作电阻焊的电极。

17.3.5　焊接方法及工艺

1. 电子束焊

电子束焊的真空条件能够保护锆及锆合金，以提高焊缝熔池金属的纯度。因此在要求焊缝纯度极高的反应堆结构材料与燃料包套材料的锆合金，考虑用真空电子束焊接是合适的。某些核反应堆燃料元件棒的长度为 3～4m，如果将其整体屏蔽于真空室内，就需要按棒的长度专门制作一个庞大的真空室，这样代价太大。将燃料棒的焊接部位局部密封于真空中进行焊接，它降低了设备的制造成本并具有较大的灵活性和

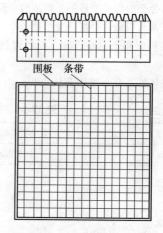

图 17-26　Zr-4 合金定位格架示意图

通用性。图 17-26 为 Zr-4 合金定位格架示意图。图 17-27 为压水堆燃料元件简图。一座反应堆要装几万根这样的燃料元件，批量焊接的量特别大，Zr-4 合金定位格架的焊接，点焊焊缝较多，必须采用自动焊接，并要有严格的定位夹具[43-46]。图 17-28 为定位格架焊接的专用夹具。夹具的所有动作与焊接参数可由计算机控制。表 17-56 是定位格架的接头形式。图 17-29 是 Zr-4 合金定位格架电子束焊的组织形貌。表 17-57 是锆合金真空电子束焊的焊接参数。表 17-58 是锆合金电子束焊接接头的力学性能。

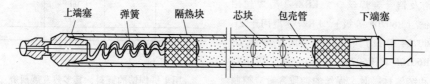

图 17-27　压水堆燃料元件简图

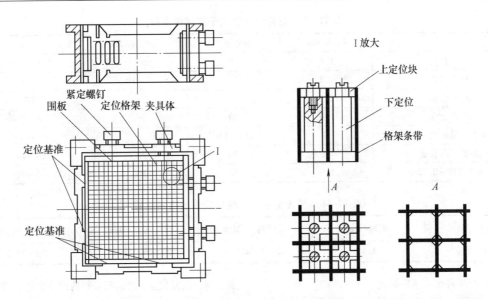

图 17-28　定位格架焊接的专用夹具

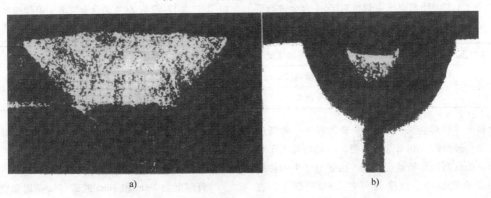

a) b)

图 17-29　Zr-4 合金定位格架电子束焊的组织形貌

a) T 形接头照片（×50）　　b) +字接头照片（×15）

表 17-56　定位格架的接头形式[44]

形式	条带与条带+字连接	条带与围板 T 形连接	条带与围板榫接	围板与围板榫接
名称	+字定位焊	T 形定位焊	榫接定位焊	榫接缝焊
简图				

表 17-57　锆合金真空电子束焊接参数

合金牌号	板厚/mm	焊接电压/kV	焊接电流/mA	焊接速度/(mm/min)
Zr-2 合金	1.0	20	30	200 ~ 210
Zr-2 合金	1.2	15	27 ~ 30	150
Zr-2 合金	3.8	23	250	1397
Zr-4 合金	1.0	20	30	200 ~ 210
Zr-4 定位格架点焊	—	110 ~ 140	1 ~ 1.5	—
Zr-2.5Nb 合金	1.0	20	30	200 ~ 210
Zr-1.5Sn-0.21Fe-0.12Cr 合金	1.0	20	30	200 ~ 210

表 17-58　锆合金电子束焊接接头的力学性能

合金牌号	板厚/mm	抗拉强度/MPa	屈服强度/MPa	断后伸长率/(%)
Zr-2 合金	1.2	406.7 ~ 426.3	294.0 ~ 308.7	32 ~ 34.5

（1）Zr-4 合金电子束焊接

宜宾核燃料元件制造公司利用从俄罗斯引进的 CA-330M 型和 CA-330M1 型电子束焊机对 Zr-4 合金进行焊接，通过反复实验，并进行参数的调整和优化后焊接的焊缝。要求经过腐蚀试验后，不得出现白斑和棕色产物[46]。表 17-59 为 Zr-4 锆合金管电子束焊接参数。

表 17-59　Zr-4 合金管的电子束焊的焊接参数[46]

加速电压/kV	电流/mA	焊接速度/(r/min)	真空/Pa	熔深/mm
75 ± 0.5	5.5	散焦:26.5；聚焦:21.5	9.31×10^{-3}	0.83
	5.8	散焦:21.5；聚焦:21.5		0.89

燃料元件棒焊接采用了散焦-聚焦程序，两者的参数必须合理搭配。如果选择不当，散焦即相当于补焊，焊缝的耐腐蚀性能就会降低。由于电子束的热输入较高，热量集中，温度高可达 2000℃ 以上，在 9.31×10^{-3}Pa 的真空下，Zr-4 合金中的 Sn、Fe、Cr 等合金元素必然产生部分蒸发，致使 Zr-4 合金的耐腐蚀性能变差。在其他焊接参数固定的情况下，将焊接电流调到 5.5 ~ 5.8mA，得到 0.83 ~ 0.89mm 的焊接熔深，这组参数可以用于正式件焊接。采用修饰焊或重复焊，会加重第二次焊接时元素的挥发。

（2）锆与钛的电子束焊接[37]

锆与钛为高温难熔金属，但同属密排六方晶格金属，二者的原子半径相差 0.011nm，熔点相差 175℃，物理性能比较接近，因此锆与钛的焊接可以用熔焊方法来实现。如前已述，电子束是一种良好的熔焊方法，精确控制热输入，以减少金属的变形和熔化量；对锆和钛这类活性金属在真空中焊接，保护效果良好。焊接锆与钛合金，要严格限制环境气体和非金属元素对焊缝金属的侵袭。环境气氛和非金属元素可降低异质金属焊接接头的塑性和韧性，必须严格控制，如将焊接环境中的碳和氮的质量分数分别控制在 0.03% 和 0.003% 以内。另外，还要控制焊接变形。

锆与钛的线胀系数相差 1.6 倍，两金属的焊接变形将产生一定差别，设计相应的夹具进行反变形约束，以防止因变形而产生焊接裂纹。

将厚度为 2mm 和 3mm 的锆与钛，用真空电子束焊接。接头结构为 T 形接头。在电子束对正焊缝之后，有意向锆母材金属一侧偏离 2mm，电子束的焊接参数为：加速电压 50kV，束流 40mA，焊接速度 30 ~ 35m/h，真空度 1.33×10^{-4}Pa。

2. 激光焊

由于激光具有亮度高，方向性强、颜色纯、相干性好等特点而在材料加工中大显身手。激光能够实现高精密焊接，在锆合金的焊接中可以充分利用它能够实现薄件焊接而形变和残余应力都很小且不需将设备的焊接室与激光主机直接机械连接等特点，因此激光焊接将有可能作为反应堆燃料元件包套材料和定位格架制造中最重要的工序[46]。

Zr-4 合金定位格架的激光焊接，是将激光光斑通过玻璃引入到焊接屏蔽室内。根据 Zr-4 合金的高温氧化特性确定保护条件（或真空条件或充氩保护），焊接室内的水氛不得超过 1.5×10^{-2}%。操作人员在焊接时，应避免用手直接触摸焊接部位。Zr-4 合金定位格架分点焊和缝焊两种，可采用 CO_2 气体激光器和 YAG 固体脉冲激光焊。在激光焊接过程中，会形成等离子体烟云而影响焊接熔深，需要选择合适的氩气流量以消除之。表17-60 是 Zr-4 合金脉冲激光焊接的参数。表 17-61 是锆合金激光焊接接头的力学性能。

表 17-60　Zr-4 合金脉冲激光焊接参数

板厚 /mm	焊接能量 /J	脉冲宽度 /ms	脉冲频率 /Hz	焊接速度 /(mm /min)	氩气流量 /(L /min)
0.4 ~ 0.6	13 ~ 15	5	8	230 ~ 250	≥20

表 17-61　锆合金激光焊接接头的力学性能

合金牌号	抗拉强度 /MPa	屈服强度 /MPa	断后伸长率（％）	收缩率（％）
Zr-2 合金	492	364	29	42
Zr-4 合金	484	352	24	41

AFA 2G 燃料棒包壳采用 Zr-4 合金，AFA 3G 燃料包壳采用 M5 合金，M5 合金比 Zr-4 合金更耐腐蚀。20世纪 90 年代国外在核燃料棒密封焊接中使用激光技术。激光焊由于其能量密度和电子束相当，聚焦后的激光束，可以获得 $10^5 \sim 10^7 W/cm^2$ 或更高的功率密度，在焊接功率和焊接厚度不变时，焊接速度较高，焊接残余应力和形变小，激光束可通过一面玻璃将其引入到焊接密封小室内实施焊接，可省去机械连接和电接触的复杂结构。另外，激光器可通过光纤或光镜传输到不同的工位，形成一机多用。由此看来，激光焊在将来有可能是锆及锆合金焊接的关键方法之一。

目前国内提供的 JH—3A 脉冲激光焊机，其额定技术参数为：最大单脉冲能量为 25J，激光平均功率 ≥100W，脉冲宽度 0.5 ~ 10ms，频率 1 ~ 100Hz。激光器具有能量衰减功能，可防止起收弧缺陷。焊接工作台的转速 >3r/min，全程采用微机控制。

用激光焊接了低锡 Zr-4 合金，Zr-1% Nb 合金。锆成品管采用 550℃、3h 的退火处理，其组织结晶充分，晶粒为等轴晶，晶粒相对较粗。表 17-62 是反应堆燃料元件棒包壳材料脉冲激光焊接的焊接参数。

表 17-62　燃料元件棒包壳材料的脉冲激光焊接参数[46,49]

电压 /V	脉宽 /ms	频率 /Hz	转速 /[(°)/s]	离焦量 /mm	最大熔深 /mm
300	8	3	10	6	0.95/0.87
300	6	3	10	6	1.07 ~ 1.15
350	4	3	10	6	0.97
320	6	3	10	6	1.03 ~ 0.95
350	4	3	10	8	0.93 ~ 0.91

焊接后评定焊缝质量的手段有：①对焊缝作气密性检查，漏率 $\leq 1 \times 10^{-9} Pa \cdot m^3/s$。②金相检查焊缝的熔深 ≥0.8mm，无裂纹和直径小于 0.25mm 的非贯穿性气孔。③焊接接头的腐蚀考核。按 ASTM 2G 的规定执行，即在 360℃，18.7MPa，72h 水腐蚀或400℃，10.5MPa，72h 蒸汽中腐蚀后，焊区表面呈黑色氧化膜，不允许有白色和棕色产物存在。

3. 氩弧焊

（1）直流 TIG 焊接

用氩弧焊焊接锆合金，并通过对焊接环境进行先抽真空再充氩气的办法，对焊接熔池及其周围的高温区提供良好的保护，使焊缝污染小；通过合理输入焊接参数，控制输给焊接熔池的热量，进而控制焊接变形和焊接组织。对于核电用的燃料元件，要在满足反应堆的各种工况条件下服役。在包层材料锆合金的焊接中，对焊接质量的要求很高，因此防止焊缝污染，控制焊缝组织结构、缺陷及变形，防止腐蚀性能下降是焊接技术的关键。

氩弧焊的投资费用比较低，简单易行，操作方便，是国内外普遍采用的焊接锆及锆合金的方法之一。

在以前，用氩弧焊焊接锆及锆合金，多用手工操作。现在多采用自动或半自动焊接，这样排除了操作人员人为因素的影响。TIG 焊接时的保护情况有所不同，法国人焊接燃料棒采用的是密封小室氩气保护，德国人采用密封小室抽真空后再返充 Ar/He 保护气体，我国主要采用氩气保护。锆及锆合金的氩弧焊接，单凭喷嘴的气流作保护是不够的。最重要的是对温度高于 400℃的焊接热影响区、焊缝金属及焊接背面等实施较为严格的保护。保护的方法有两种，即整体保护和局部保护。整体保护是将被焊工件整体放入充有氩、氦等保护气体的焊接密封箱内。局部保护是在焊缝后端对 400℃以上的热态金属罩上拖罩进行保护[30]。拖罩与焊件表面间的距离应尽量小（一般要求 ≤6mm）才有利于保护。加拖罩焊接时，焊炬喷嘴的内孔要根据实际情况，适当选择得稍大一些。要求主喷嘴与拖罩的气体流量不能相互干扰，以避免产生紊流导致保护效果变差[46,47]。在氩弧焊的焊接参数选择上，要针对锆合金的热学特性，选择的焊接参数须控制焊缝组织粗大、热影响区加宽的情况。表17-63和表17-64 为纯锆及 Zr-2 合金氩弧焊接的参数。表17-65是纯锆及其合金氩弧焊接接头的力学性能。

TIG 焊可以使用焊丝，焊丝的成分应与母材金属相同。焊丝中不允许含有过量的杂质元素，因为杂质元素会以间隙式或置换式固溶体的形式混入焊缝，污染焊缝金属。

表 17-63　纯锆氩弧焊接参数

板厚 /mm	焊接电流 /A	焊接电压 /V	焊接速度 /(mm/min)	氩气流量/(L/min)		
				喷嘴	拖罩	背面
1.0	52	13	600	16	10	10
1.6	55	13	400	16	10	10
2.0	80	13	600	16	10	10

表 17-64　锆合金箱内氩弧焊接参数

合金牌号	板厚/mm	保护气体	焊接电流/A	焊接电压/V	焊接速度/(mm/min)
Zr-2 合金	1.0	He	40	15	700
Zr-2 合金	1.0	Ar	40	10	500
Zr-2 合金	1.2	Ar	70	8	750
Zr-2 合金	6.4	Ar	240	10	127

表 17-65　锆及锆合金氩弧焊接接头的力学性能

牌号	板厚/mm	屈服极限/MPa	抗拉强度/MPa	断后伸长率/(%)	弯曲角/(°)
纯锆	1.0	—	352.8 ~ 392.0	33.34	180
纯锆	2.0	—	472.4 ~ 562.5	21.6 ~ 28.4	50 ~ 92
Zr-2 合金	1.0	—	505.7	24.5	—
Zr-2 合金	1.2	289.9 ~ 318.5	426.3 ~ 445.9	29.5 ~ 32	—
Zr-2 合金	6.4	385.1	402.6	17.6	—

（2）脉冲 TIG 焊接

脉冲 TIG 焊含直流脉冲 TIG 焊和交流脉冲 TIG 焊两种形式。在公开报道的锆及其合金的焊接中，多采用直流脉冲 TIG 焊接。脉冲 TIG 焊采用可控的脉冲电流加热焊件，为断续的加热过程，在每次脉冲电流通过时，焊接件被加热熔化形成一个点焊熔池，在基值电流通过时，使熔池冷凝结晶并通过基值电流维持电弧稳定燃烧。脉冲 TIG 焊靠电弧电流周期性地从基值电流水平跃增到脉冲电流水平，由每个脉冲形成一个焊点，靠焊点的相互重叠形成脉冲 TIG 焊缝。

脉冲 TIG 焊接锆合金的工艺特点：①能够精确控制热输入和熔池尺寸，易获得均匀的焊接熔深。②加热和冷却由脉冲开关调节，熔池的高温停留时间间隔短，焊接过程中熔池的冷却速度快，能有效地控制焊接变形和减少焊接热影响区。③脉冲电流对熔池有较强的搅拌作用，对消除焊接气孔有利，致使焊接组织的树枝状结晶不明显。国外采用直流 TIG 焊焊接锆及锆合金，焊接前对密封小室抽真空，然后反充 Ar/He 保护气体。

对于脉冲 TIG 焊焊接锆及锆合金，在每个周期内，主要调节 4 个基本参数：

1）脉冲峰值电流 I_P，它是决定焊接尺寸的主要参数，I_P 越大，焊缝的熔深和宽度都会增大。

2）脉冲基值电流 I_b，脉冲焊希望能够选用小的基值电流，以真正获得脉冲焊的特点，脉冲电流值可选在峰值电流的 1/3 左右。

3）脉冲占空比 k，占空比的大小产生两种极端情况：①占空比过小，电弧的稳定性变差。②占空比过大，类似于直流焊，失去了脉冲焊的意义。脉冲焊占空比设置为 50% 时，焊接时的熔化周期与冷却周期相等。③脉冲频率 f 的高低反映焊接点间距的大小，它影响焊缝的外形[46,49]。

国内采用的脉冲 TIG 焊接设备为 WSM-200 型精密焊机。该设备采用高频非接触引弧，可进行脉冲和直流两种方式焊接，电流通过衰减装置可自动衰减，以防止产生起收弧缺陷。弧焊设备与焊接小室、转动装置、夹紧装置、上下料装置以及辐射系统组成锆及锆合金焊接的专用系统。表 17-66 列出了燃料元件棒脉冲 TIG 焊接的焊接参数。

表 17-66　燃料棒脉冲 TIG 焊参数[46,49]

电极材料及规格	焊接电流 /A	焊接转速 /(r/min)	脉冲频率 /Hz	占空比 (%)	保护气体及流量 /(L/min)	冷却时间 /s
铈-钨电极（直径 1.5mm）	峰值：≈60 基值：≈20	13	25	50	25	20

Zr-2 合金压力管组件的 TIG 焊接[50]：此压力管组件的结构如图 17-30 所示。该压力管组件主要用于核反应堆工程，要求焊后的力学性能、耐腐蚀性能、耐水冲刷能力等都必须符合核反应堆用锆材规定的标准。此压力管组件的结构如图 17-30 所示。锆及锆合金采用 TIG 焊接，其主要之点是加强对焊缝的保护，阻止大气侵入焊接区，减低氧、氢、氮等带来的不利影响。但由于 Zr-2 合金压力管组件的管路较长，不能将整体放入焊接密封箱内焊接。只能在专制的全封闭式氩气保护装置中进行焊接（图 17-31）。采用多

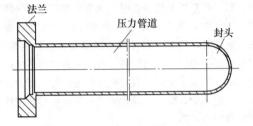

图 17-30　Zr-2 合金压力管组件结构[50]

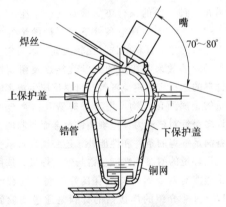

图 17-31　Zr-2 合金压力管组件全
封闭式氩气保护焊接装置[50]

重保护措施，满足了 Zr-2 合金压力管组件的焊接保护要求。另外，在焊接工艺上，也采取了一些特殊措施。该压力管组件的厚度为 3mm，焊接时开了坡口，角度为 65°~70°，加填丝焊接[50]。

为了防止变形，先定位焊固定，每条焊缝分两层焊：第一层为封底焊，不加填充丝，要保证焊透和反面成形良好。第二层是焊覆盖层；要求焊后的余高小于 1mm。为了防止焊接时间过长致使热影响区增大，焊缝增宽和焊缝塑性下降，每条焊缝采用了分段焊三次完成，以控制焊接温度场。每次分段焊完后，用纯氩冷却，待冷却至 ≤60℃ 后再进行下次焊接。每次焊接前都要将上次焊接的焊缝区及热影响区的氧化层清除干净，上次用过的焊丝的热端要去除，并清洗干净，干燥后再用。焊接后经过修整后在温度为 560℃，保温 1h 的退火处理，以消除焊接残余应力和调整焊接热影响区以及母材的组织和性能。

采用氩（氦）弧焊接方法，还可以焊接锆与钛、锆与铌等异种材料[8,30]。锆与钛两材料的点阵类型相同（密排六方晶格），物理性能比较接近，因此两者的焊接性比较好。两母材金属的熔点相差小，只有 175℃。在焊接时要求电弧偏向熔点高的锆一侧，偏离的距离一般在 2~4mm 之间。锆与铌的物理性能、化学性能均有较大差别，锆与铌二者的热导率分别为 21.9W/m·K 和 48.1W/m·K，而且熔点相差约 640℃，焊接时热源必须偏向熔点高的铌母材。锆与钛 TIG 焊的焊接参数列于表 17-67。

4. 扩散焊

锆及锆合金采用扩散焊，主要是为了解决锆及其合金与异种材料的焊接问题，并且要求两材料在焊接组合以后要有一定的强度和良好的耐腐蚀效果，如锆与铝、Zr-2 合金与不锈钢或钢、锆与铀及铀合金、锆

表 17-67　锆与钛 TIG 焊的焊接参数[42]

Zr + Ti 厚度/mm	焊接电流/A	电弧电压/V	焊接速度/(m/h)	钨电极及尺寸/mm	焊丝及直径/mm
0.5 + 0.5	80~90	8	43	铈-钨,2	钛丝,2
0.8 + 0.5	90~100	10	42	铈-钨,2	钛丝,2
1.0 + 1.0	100~120	12	40	铈-钨,2	钛丝,2
1.0 + 1.5	120~140	12	38	铈-钨,2	钛丝,2
1.5 + 1.5	150~160	14	37	铈-钨,2	钛丝,2
2.0 + 2.0	160~170	16	35	铈-钨,3	钛丝,3
2.0 + 3.0	180~200	16	32	铈-钨,3	钛丝,3
3.0 + 3.0	220~230	18	30	铈-钨,3	钛丝,3

注：1. 焊接接头为对接形式。

2. 焊接时弧长为 1~2mm。

3. 焊接使用的保护气体为纯氩，纯度大于 99.98%，焊缝的正面和背面都要进行保护。焊缝正面的流量为：10~12L/min；背面为 12~15L/min。

与铌、锆与钛等异种金属的焊接[8,30,37]。同时，为考察其焊接性，对锆的同种金属（如 Zr-2 合金与 Zr-2 合金、锆与锆、锆与锆合金等）也进行过扩散焊研究，并且可获得成功应用的焊接工艺。等静压技术的发展给扩散焊增添了新的活力，如 Zr-2 合金与铝管的扩散焊就使用了热等静压技术，锆与铝、锆与铀的焊接也包含了热等静压技术与滚轧技术[27]。

绝大多数锆与锆合金或它们的异种材料焊接，都要使用中间层材料，如锆与锆合金的扩散焊使用了铜作中间层。根据两母材特性选取中间层材料，或是容易变形，或是膨胀系数适中，或是能够促进扩散作用的材料。中间层材料有利于降低扩散焊的温度、压力和时间，提高扩散系数。中间层材料的厚度通常为 10μm 左右，采用涂镀层技术将其加入到焊接部位。部分锆与异种材料的扩散焊接可以不用中间层材料，如锆与铝的扩散焊接就可不用。

从工艺角度讲，锆或锆合金扩散焊或者它们与异种材料组合，可用真空固态扩散焊或共晶扩散焊焊接，如锆与不锈钢的焊接。真空扩散焊接要严格控制焊接的温度和时间，以防止扩散层晶粒长大或形成脆性组织。共晶扩散在经过一段时间加热后，在靠近钢母材一侧形成 α 固溶体，在靠近锆（锆合金）一侧形成 β 固溶体。随着温度的增高，生成两相的浓度加大，冷却后形成 α + β 双相组织。由于不锈钢内组分较多（Fe、Ni、Cr 等），与锆及锆合金的反应比较复杂。当温度超过 934℃ 时，就形成锆铁共晶体，使锆与钢两母材连在一起。表 17-68 是锆合金与锆和异种材料扩散焊的参数。为便于比较，国外扩散焊接锆或者锆的异种金属的参数在表 17-69 给出。

表 17-68　锆合金与锆和异种材料扩散焊参数

被焊材料	中间层材料	焊接温度/K	压力/MPa	保温时间/min
Zr-2 合金与锆	铜	1313	0.21	30 ~ 120
锆与锆合金	铜	1038	0.20	30 ~ 120
锆与铝	无	763	15.4 ~ 35	15

表 17-69　国外扩散焊接锆和异种金属的参数

被焊材料	焊接温度/(37.77)℃	压力/MPa	时间/min	气氛
锆与锆	8.6	69	210	惰性气体
Zr-2 与 302 不锈钢	10.4	—	80	真空
Zr-2 与 302 不锈钢	10.4	—	3	氢气
锆与铀	8.6	152	2160	惰性气体
锆与 U-10Mo 合金	6.7	69	360	惰性气体
Zr-2 合金与 UO₂ 陶瓷	8.6	69	240	惰性气

5. 钎焊

钎焊由于基体金属不熔化，靠熔融钎料对母材润湿、铺展和流动填隙而实现材料的连接。钎焊的加热温度远低于母材的熔点，对母材的物理化学性能的影响比较小；有些钎焊方法可对工件整体均匀加热，引起的应力和形变小，容易保证焊接件的尺寸精度；钎焊的热源种类多，加热方式灵活，工艺操作相对简单。利用钎焊的这些特点焊接锆及锆合金或锆与异种金属，已经在工程中获得广泛应用。由于锆及锆合金的活性高，在钎焊加热时，不允许接头表面与空气接触，因此钎焊锆及锆合金时，通常采用真空或气体保护炉中钎焊、感应钎焊或电子束钎焊等几种钎焊方法。火焰钎焊需要采取特殊的技术和安全预防措施，同时在焊接中还要使用钎剂，因此该方法的适应性较差。对保护效果而言，真空钎焊较为理想，因为真空所具有的保护、除气、净化和蒸发等效应对焊接件能够维持表面洁净。

在钎焊前对锆金属表面的氧化物需要精心处理，然后需在一种洁净的条件下完成焊接，如在 $1.33 \times (10^{-3} \sim 10^{-4})$ Pa 的真空条件下或干燥的惰性气氛保护下进行焊接。钎料的选择比较关键，因为它直接决定着钎焊的效果和接头的力学性能以及耐腐蚀性能，钎料的选择应当避免钎料与母材反应生成影响焊接质量的金属间化合物。用于钎焊锆及锆合金的钎料，许多是针对核动力反应堆用锆合金而研制的，除了具备满足钎焊的条件和性能外，还必须具备承受反应堆使用环境的耐腐蚀性能。锆与钢的焊接，选用的钎料希望能对两金属材料都有良好的润湿性和流动性。17.3.4 中介绍的焊接锆的钎料是通过实验验证获得成功的钎料。

钎焊设备具有多样性，通常要根据钎焊类型选择焊接设备。参考文献［29］报道，锆及锆合金的小型对称焊接件使用感应钎焊的加热速度快，可把钎料与母材金属之间的反应减至最小；而对大型精密复杂组件，为了确保加热和冷却过程中的温度均匀性，通常采用炉中钎焊。

在高真空条件下用 48Ti-48Zr-4Be 钎料钎焊锆的接头强度达 21MPa，在温度为 316℃ 的水中也显示出优良的耐腐蚀性能。Zr-2 合金电子束钎焊，以铜作钎料将一不锈钢毛细管钎焊到钼制管接头内。再用 BTi48Zr48Be4 钎料将钼制管接头与 Zr-2 合金钎焊。

Zr-5Be 钎料已广泛用于钎焊锆基合金与锆基合金，锆合金与不锈钢等。钎焊温度为 1004℃，保温 10min，然后冷至 799℃，保持 4 ~ 6h。此种钎料具备润湿陶瓷表面的能力，可以钎焊锆与陶瓷材料。

6. 爆炸焊

由于爆炸焊接不需要专门的焊接设备，只凭炸药、引爆雷管等器材和根据爆炸焊接工艺而需要的一些辅助设施就可以开展焊接。因此爆炸焊接是一种非常经济实惠的焊接方法。但爆炸焊接用的炸药和雷管等器材属于高危物品，必须严加管理，焊接场所要远离人群和建筑物。

爆炸焊接提供了两异种金属或在冶金上完全不相容的金属和合金之间良好结合的一种特殊的高能束焊接方法。它能实现大面积、薄厚相差大、材料性能相近或相差悬殊的管、板、棒的焊接。这在其他焊接方法中，则显得有些无能为力。

1972 年，国内开始用爆炸焊接连接锆与不锈钢或碳钢。几十年以来，爆炸焊接在锆及锆合金及其与异种材料的焊接组合中，开展了大量的实验研究与工程应用工作。现已成为连接锆及锆合金与异种材料的关键方法。目前为止，除了能实现 Zr-2 合金、Zr-4 合金、Zr-2.5Nb 合金和 ZrFeCu 合金等几种核工业最常使用的锆合金的焊接组合外，还成功地焊接了锆与钢（或不锈钢）、锆与铝及铝合金、锆与铜合金、锆与铌、锆与钽、锆与镍、锆与铪等多种金属或合金[15,37]。另外，还利用爆炸焊接技术，制作了不同材料的两层、三层和多层结构（如锆 + 铝、锆 + 铜、

锆 + 钛、锆 + 锆 + 钢、锆 + 锆 + 铜、锆 + 锆 + 铝、铜 + 锆 + 钽 + 铝、铜 + 钽 + 锆 + 铝、铜 + 铌 + 锆 + 钽、钢、铜 + 钽 + 铝 + 锆 + 不锈钢、铜 + 钽 + 锆 + 铌、铝、铜 + 铌 + 钽 + 锆 + 铝等），形成了含锆的多层复合材料，使材料的优势互补，在性能上发生了很大变化，大大拓展了材料的应用空间[15]。

爆炸焊接的能量由高能炸药的爆炸提供。爆炸速度为 4572 ~ 7620m/s 的是高速炸药，爆炸速度为 1524 ~ 4572m/s 的是中低速炸药，硝酸铵、黄色炸药、过氯酸铵等属于低中速炸药。锆的大面积复合、搭接、缝焊等都用低中速炸药。爆炸焊接的工艺主要涉及爆炸接头结构和材料的设计、炸药的选取及其用量和爆炸威力的计算、外加安全感的考虑等。金属表面的氧化膜、氮化膜、油污、吸气等表面沾污可借助爆炸动力产生的一种快速和巨大的压力冲击波清除，因此对锆合金表面污染的去除也没有像熔焊和钎焊那样严格。由于爆炸焊接是靠炸药的冲击波作用来实现两金属的连接，因此接缝具有明显的金属冲击变形、微量熔化和扩散的特征，爆炸焊接锆与碳钢的抗剪强度可达 338MPa。而且不会出现像熔焊那样类似的缺陷，但爆炸焊接肯定存在着相当明显的变形应力，焊后要设法予以消除。表 17-70 是 Zr-2 合金与不锈钢爆炸焊接的参数。

表 17-70　Zr-2 合金与不锈钢爆炸焊接参数

管直径/mm		壁厚/mm		安装间隙 /mm	炸药质量[①]/g
不锈钢	Zr-2 合金	不锈钢	Zr-2 合金		
50	42	1	1	0.5	65 ~ 70
50	42	2	2	0.8 ~ 1.0	80 ~ 85
50	42	3	1.5	1.0 ~ 1.5	80 ~ 85
50	42	3	3	2.0 ~ 2.5	95 ~ 100

① 用黑金炸药焊接。

（1）锆及锆合金与钢或不锈钢的爆炸焊接

1）Zr-2 合金与 12Cr18Ni9 不锈钢爆炸焊接，国内外都做了大量的工作，并对焊接界面做了细致的研究：①界面两侧的金属发生了拉伸式和纤维状塑性变形，离界面越近，其变形越严重。另外，波前的旋涡区汇集了爆炸焊接形成的大部分熔化金属，少量的熔化金属残留在波脊上。在熔化区含有不同成分的 Zr 和 Fe。②直径为 42mm、壁厚为 1.5mm 的 Zr-2 合金管与直径为 50mm、壁厚为 3.4mm 的 12Cr18Ni9 不锈钢的爆炸焊接后，其抗剪强度达到 418MPa；焊接件经过 400℃，1440min 的热处理后，其抗剪强度可达 404MPa；还有的焊接件经过

250℃，3min 处理，经水冷循环 500 次后，也可获得 404MPa 的抗拉强度。③接头的腐蚀性能考核：在 400℃，压力为 9.5MPa 的高压釜中水腐蚀 14 昼夜，Zr-2 合金侧的腐蚀增重不超过 38mg/dm²。将爆炸焊接试样置于 3% NaCl + 42% $MgCl_2$ 水溶液中，在 150℃左右煮沸 14 昼夜，通过金相观察，未发现有腐蚀裂纹产生。而爆炸焊接件的不锈钢一侧，未出现晶间腐蚀现象。

2）Zr-4 合金与 12Cr18Ni9 不锈钢爆炸焊，在结合层上形成了局部的小熔化区，该熔化区与热扩散的共同作用实现冶金结合[51]。表 17-71 列出了 Zr-4 合金与 12Cr18Ni9 不锈钢爆炸焊的力学性能。

表 17-71　Zr-4 合金与 12Cr18Ni9 不锈钢
爆炸焊的力学性能

接头形式	抗拉强度/MPa	弯曲(90°或 U 形)
搭接	509	无裂纹

3）Zr-2.5Nb 合金与不锈钢的爆炸焊接：对于小尺寸的管状试件，采用爆炸焊接工艺比较合适。由于焊接的管材小（Zr-2.5Nb 合金的外径只有 24mm，管壁为 1.5～2.5mm，不锈钢管的外径为 40mm，管壁为 6mm），使用的药量较小。Zr-2.5Nb 合金与 12Cr18Ni9 不锈钢管爆炸焊接后，室温的抗剪强度最高达 360MPa，有的焊接件在 300℃，保温 3min 后，用流动的水冷却，循环 500 次后，其抗拉强度 355MPa。

4）锆与钢爆炸焊：采用爆炸焊实现锆与钢的复合，复合后的界面特征是：锆与钢的作用能形成金属间化合物、Zr-Fe 系的固溶体，以及以它们为基的共晶合金。在结合面上，这些组织的存在，会明显降低结合强度。锆与钢的复合板主要用于农药制造和化工设备上[15]。

大厚度锆板与其他金属的复合，还可以采用二次爆炸焊接的方法来实现。如 7mm 厚的锆板与钢板的焊接，可以在钢板上通过爆炸焊接的方法先覆以 3mm 厚的锆板，然后再在此复合板上再复以 4mm 厚的锆板。但要注意，重复爆炸有时会引起基板开裂，为防止其开裂，处理的方法有两条：①将第一次复合后的基板退火，然后再进行第二次复合焊接。②在第二次复合前，通过加热基板，使被焊基板的温度梯度降低，从而降低基板的残余应力水平。锆与钢的爆炸焊接强度可达 363MPa，退火后的强度为 288MPa。

（2）锆与铜爆炸焊

1）锆板与铜板的爆炸焊。将 1mm 厚的锆板与 5mm 厚的铜板爆炸焊接。

2）锆管与铜管的爆炸焊接。爆炸复合后对界面进行了综合分析和检测，结果表明：①整个界面形成了优质结合。在结合界面有明显的可见熔体，熔体的成分为 35% Zr，65% Cu，相应地有 $ZrCu_2$ 金属间化合物形成。个别区域有缩孔和裂纹界面层。在锆一侧，存在 10～15μm 左右硬化区域。②对爆炸层进行热处理：将试样置于真空中，300℃、500℃和 700℃下保温 30min 以及在 900℃保温 5min；在 300～900℃的范围内，以 10℃/min 的速度加热，由此发现，锆和铜的爆炸焊后的试样，在温度升至 700℃开始形成中间化合物（Zr_2Cu）。

（3）锆与因科镍管爆炸焊

接头设计成搭接管接头，外管为锆合金，其尺寸外径为 91.4mm，内径为 82.3mm。内管为因科镍，外径尺寸为 80.9mm，内径为 77.9mm。为了不让管的间隙存留气体，爆炸前用真空泵抽去气体，使用炸药 40～60g，原始间隙在 0.25～2.03mm 范围内调整。爆炸焊接的结果表明，抗剪强度为 300～486MPa，抗拉强度为 663～730MPa，断后伸长率为 3%～12%。炸药和预真空是获得牢固接头的重要原因。

7. 其他焊接方法

（1）电阻点焊

锆及锆合金的电阻点焊在大气保护下进行。铬锆铜、锆铜常用作锆及锆合金点焊的电极材料。锆及锆合金电阻点焊的工艺接近钛的点焊工艺。若焊接参数选择合理，同样也能获得满意的力学性能与耐腐蚀性能，只不过是在焊接期间，电阻点焊的热影响区会产生氧化。表 17-72 是锆及锆合金电阻点焊的焊接参数。

表 17-72　锆及 Zr-2 合金电阻点焊的焊接参数及剪切力

牌号	板厚/mm	电极压力/kN	焊接电流/kA	焊接时间/s	焊接抗剪力/kN
纯锆	0.7 + 0.7	2.254	8～9	0.10	4.9
纯锆	1.0 + 1.0	2.940	10～11	0.12	6.86
纯锆	2.2 + 2.2	5.488	15～16	0.22～0.24	14.7
Zr-2 合金	0.7 + 0.7	0.254	8～9	0.10	5.88
Zr-2 合金	1.0 + 1.0	2.940	10～11	0.12	7.84
Zr-2 合金	2.2 + 2.2	5.488	15～16	0.22～0.24	29.4

（2）摩擦焊

摩擦焊接锆及锆合金，接头质量较好，但锆与不锈钢焊接后，接头往往呈脆性。锆与铜、锆与锆摩擦焊接可以获得与锆母材等强度的冶金结合的接头，有些情况需要对焊件进行焊后热处理才能实现等强度。

摩擦焊对接头表面形状有一定要求，待组合的两件至少有一件为圆形或近似于圆形，高速旋转要求两件同心度较高。

（3）超声波焊

利用超声波焊接的锆与锆及异种金属有：锆与锆、铝（铝合金）、铜、金、铁（钢）、钼、银、铀等。该方法对异种材料的组合效果较好，在接头区域内很少形成金属间化合物。被焊材料的厚度可以是很薄的薄件，例如，0.10mm 锆与 0.13mm 低碳钢，0.10mm 锆与 0.20mm 不锈钢的焊接等。焊接时没有电弧或电火花污染，焊缝的气密性很好。表 17-73 给出了超声波焊焊点的抗剪强度。

表 17-73　超声波焊焊点的抗剪强度

材料	板厚/mm	平均剪切力/kN
Zr-2 合金	0.51	2.759

（4）储能焊

锆丝、锆合金丝或它们与别种材料往往采用储能焊。焊机是一种低压电容放电设备，电容器组的输出额定值为 20 ~ 400μF，最大电压为 600V，串联电阻器是 0 ~ 7.5Ω 的无级调节电位计，悬臂的有效量为 170g，可根据需要附加重量。锆与某些成分、熔化温度相差很大的材料也能焊接在一起。85Zr-15Nb 合金丝的焊接或与钼丝、Nb-1%Zr 丝以及钽丝之间的焊接，可以在空气中进行，焊接时对连接处用氩保护。表 17-74 是储能焊锆丝与钍丝的焊接参数。

表 17-74　锆合金丝与钍丝储能焊的焊接参数

材料	焊接电压 /V	电阻① /Ω	初始间隙② /mm
Zr-2 合金 丝与钍丝	350	1.0	69.58

① 设置电位计。
② 与悬臂相连的丝材（工件）的垂直距离。

（5）热挤压焊

热挤压焊是介于冷压焊和扩散焊的一种压焊方法。在 Zr-2 合金管与异种材料如与不锈钢管的连接中，曾经使用过这种方法。在挤压焊工艺的执行过程中，需要用包套把 Zr-2 合金和不锈钢封住。包套用碳素钢做成。挤压前，先把包套加热到 870℃，保温 1h，然后对工件加力实施热挤压。挤压完成后，对焊接件进行保温和缓冷，使连接界面形成扩散层。保温和缓冷还会使热应力减少。

17.3.6　焊接缺陷及防止

1）锆及锆合金的焊接，由于环境中氧、氮、氢及水氛等气体进入焊缝，会导致焊缝脆性增加和耐腐蚀性能下降，因此在焊接时必须想尽一切办法以防止这些气体进入焊缝，其具体消除方法是焊接必须在工作箱内进行，在箱内先抽真空再充氩、氩保护气体或实行真空条件保护。在潮湿季节，对工作箱的内壁还要进行除水氛处理。另外，焊前采取严格的表面处理措施。

2）锆及锆合金与异种金属的焊接比较困难，这是由于在接头区形成脆性金属间化合物的缘故。在焊接时，要用相应的合金相图分析在某一成分区域或温度区域可能存在的脆性相，寻找适合于两材料焊接的比较理想的方法，尽量避免金属间化合物的生成或少生成。

3）电子束焊接锆合金形成的第一类缺陷是出现白色斑点或棕色产物。在真空电子束焊接后，分别在 360℃，18.7MPa，72h 的水腐蚀，或者在 400℃，10.5MPa，72h 的蒸气腐蚀，在焊区表面呈黑色氧化膜是正常的，但是通常会出现白色斑点或棕色产物。第二类缺陷是产生焊接飞溅和气孔。根据分析，在真空电子束焊接中，由于真空为 6.65×10^{-3} Pa，在这样的真空范围，锆合金中 Sn、Fe、Cr 等元素会造成挥发，特别是 Sn 的含量只有 0.5%。飞溅与产品的表面污染、材料中的挥发成分、加工和装配中毛刺有关，飞溅形成的空腔在没有熔融金属补填的情况下会产生气孔。另外，由于包壳管与端塞头的配合间隙以及管内气体未排除也可使焊缝产生气孔。气孔和气胀在燃料棒的环焊缝中是常见的缺陷，气孔通常以单个形式分布于焊缝中，也有呈密集状或者沿焊缝呈链状分布的，焊接气孔有时在焊缝的上部，有时分布于焊缝的根部。第三类缺陷是焊缝成形不良。电子束焊接的锆合金，存在焊缝的凹凸度大，焊波粗和焊接咬边等。如果电子束焊机使用时间过长，由电子束焦点畸变和漂移会使电子束产生偏移，也会使焊缝的成形不良[43-46]。

17.3.7　焊接实例

[例 17-6]　轻水增殖反应堆（LWBR）芯燃料元件棒的焊接[8]。燃料元件棒长 3m 左右，由 Zr-4 合金管、燃料芯块、增压弹簧和两个焊接的 Zr-4 合金端帽组成。在充有一个大气压的氩气的焊接箱内采用氩弧焊焊接。首先将底部端帽焊到 Zr-4 合金管上，经质量检查焊缝合格后，将燃料芯块装入组合件，将

组合件送入焊接箱后，将燃料箱内的空气抽走并充入一个大气压的氦气。然后将顶部端帽压入。装夹就位并进行焊接。焊缝是由两条完整的焊道焊成，而不是单焊道。这样可显著减少焊缝气孔和可能需要的补焊。最后用超声波检验和射线检查来验证最终焊缝的完好性。

[例 17-7]　核反应堆控制棒的焊接[8]。反应堆内的控制棒是通过吸收核反应过程中产生的中子来控制反应堆运行的。由于金属铪的价格也很昂贵，因此整个控制棒中只是起吸收中子的那一部分才用铪制作（图 17-32）。上部"连接板"延伸段由铪、Zr-2 合金制成，起连接控制棒与控制棒驱动机构的作用。金属铪的底部有时用 Zr-2 合金延伸段连接，图 17-32 中铪与锆及铪与锆合金都待焊接。焊前用定位焊缝将十字形零件就位固定。6mm 厚的铪板和锆合金板的定位焊参数为 14 ~ 18V，125 ~ 135A。定位焊后，将控制棒组件装入备有合适夹具的焊接箱内。抽去箱内的空气再用氩气和氦气充满。采用引出板以便起弧或收弧。6mm 厚的铪板与锆板或铪板与锆合金板对接的焊接条件大致为 16V，220A，焊接速度为 170mm/min。采用双面焊，以保证完全熔透。由于铪的熔点比锆高出大约 550℃，因此在焊接对接接头时，电极位置要偏向铪一侧，距铪—锆焊缝约 0.8 ~ 1.6mm。为了进一步减轻熔点差异的影响和减少锆合金接头出现咬边的可能性，将一条锆金属薄带平行于焊缝而定位焊在锆合金一边，以作为填充金属。接头的质量用引出板焊缝的金相分析来鉴定。

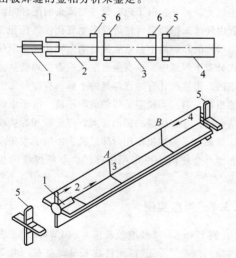

图 17-32　反应堆控制棒
1—Zr-2 合金连接板　2—Zr-2 合金连接板
（6mm 厚）　3—铪　4—Zr-2 合金延伸部分
5—Zr-2 合金焊缝引板　6—铪金属焊缝引板

[例 17-8]　核反应堆用 Zr-2 合金管的钎焊。①核反应堆内 Zr-2 合金管爆试件的电子束钎焊。以铜作钎料，将一不锈钢的毛细管钎焊到钼制管接头内，再用 BTi48ZrBe 钎料，将钼制管接头钎焊到 Zr-2 合金管上。采用低压型电子束焊机进行钎焊，钎焊时对电子束散焦后，将其调整到钼制管接头上进行焊接。用电子束钎焊方法可同时完成上述两处接头的焊接。② Zr-2 合金管核燃料管帽组件的尺寸为：直径 76mm，长 51mm。这种由 19 根 Zr-2 合金管组成的组件用真空钎焊制成了约 500 个。钎焊使用的钎料为 Zr-5.18Be，钎焊温度为 1020℃，焊成的组件具有优良的力学性能和热学性能[29]。

17.4　钒及钒合金的焊接

17.4.1　概述

地壳中钒资源的平均质量分数为 0.0135%，比 Cr、Ni、Zn、Cu 的含量要高，我国的钒资源占世界钒资源的 20% 左右。目前在世界范围内发现的钒矿资源很多，但很分散，并与其他金属共生，分离提取困难，工艺技术复杂。钒被发现后近 70 年，才正式制得金属纯钒。

钒及钒合金有多种用途，其中在近期的应用设想是力图用于核聚变堆的第一壁材料。1985 年后，人类为了寻求新的能源，热核聚变实验堆的概念受到重视。人们开始认识和研究能用于聚变堆第一壁的低活性材料（辐射损伤小、腐蚀速率低、产生的辐射废物量较少），钒及钒合金具有这方面的优异性能而备受关注。

钒的提取（仅以攀枝花钢铁集团公司为例），早在 1972 年攀枝花钢铁集团公司就开始从铁水中提取钒，在 1990 年攀枝花钢铁集团公司的 V_2O_5 生产车间建成投产，1998 年攀枝花钢铁集团公司实行研究与引进技术相结合，开发了 V_2O_3 的生产工艺。V_2O_5 是非常重要的商品形式的化合物，中国生产的 V_2O_5 的纯度不小于 97%（化工原料）和 98%（冶金原料）。从 20 世纪末至今，V_2O_5 的消耗量逐年增加。

近 20 年来，国内外都开展了钒合金的研究。目前，钒合金的研究主要集中于 V-Cr-Ti 合金，并把钒合金的总合金成分的质量分数控制在 10% 以内，如 V-5Cr-5Ti、V-4Cr-4Ti 等，间或也研究了 V-Ta、V-W、V-Ti 等合金。

1. 钒及钒合金的性能

（1）钒及钒合金的物理、力学性能

钒为 V 族较轻的金属，密度为 6.11g/cm³，熔点为 1910℃，属于十个高熔点金属中密度较低的金属。钒的弹性模量很大，为 176.4×10^3 MPa。钒不仅有较高的强度，而且有良好的韧性。钒的力学性能与其纯度密切相关，能与钒形成固溶体的间隙元素，其含量的多少对钒性能的影响相当明显。钒的物理性能列于表 17-75，钒及钒合金的力学性能数据分别列于表 17-76 和表 17-77。

表 17-75　钒的物理性能

物理名称	数值	单位	测量或计算条件
原子序数	23	—	—
原子量	50.942	—	—
原子半径	0.1321	nm	—
熔点	1910	℃	—
沸点	3413	℃	—
密度	6.11	g/cm^3	20℃
晶体结构	b. c. c		
晶格常数	0.3024	nm	—
熔化热	16.7 ± 2.5	kJ/mol	
蒸发热	459.7	kJ/mol	
传热系数	30.7	W/(m·℃)	—
线胀系数	8.3	×10^{-6}/℃	20℃
比热容	0.502	J/(g·℃)	27℃
摩尔比热容 c_p	24.7(固)	J/(℃·mol)	23～100℃
	47.52(液)	J/(℃·mol)	20～100℃
电阻系数	24.8	μΩ·cm	20℃

表 17-76　纯钒的力学性能

加工和热处理条件	抗拉强度/MPa	屈服强度/MPa	断后伸长率(%)	面收缩率(%)
棒，热轧	472	437	27	54.4
φ4mm 线材真空退火	538	460	25	87.5
φ4mm 线材冷拉 8%	911	761	6.8	76.5
2mm 板真空退火	537	452	20.0	53.0
冷轧 84%	829	773	2.0	40.6

表 17-77　钒合金的力学性能

合金	抗拉强度/MPa	屈服强度/MPa	断后伸长率(%)
V-4Cr-4Ti	402	326	19.0
V-3Ti-Al-Si	501	438	19.5
V4Ti-1	338	237	26.9
V-4Ti	341	262	19.0
V-4Ti-Si	335	256	21.8
V4Ti-1	461	404	20.3
V-4Ti-Al	425	382	23.0

（2）钒的化学性能

钒的化学性质与其价电子结构密切相关，钒的价电子结构为 $3d_34s_2$，能生成 +2、+3、+4、+5 价的氧化态化合物。金属钒在常温至 250℃ 在空气中是稳定的，但在高温下能与 O、C、N、S 及卤素元素生成化合物。当钒中的 O、C、N、H 含量较高时，会影响钒的塑性。温度超过 300℃ 时氧化比较明显，400℃ 时吸收氮气，高于 800℃ 时生成氮化钒。温度超过 500℃ 时钒吸氢，氢存在于晶格间隙，使钒变脆，严重时会产生粉化。当把钒置于真空中，加热至 600～700℃，氢可从中逸出。纯钒在淡水、海水以及稀硫酸、稀盐酸和碱性溶液中具有良好的耐蚀性。钒对盐酸和硫酸的耐蚀性远超过不锈钢和钛，在沸腾的 10% 硫酸中的耐蚀性是钛的 74 倍，是不锈钢的 230 倍。而热硫酸、硝酸、氢氟酸以及王水可以溶解钒。钒和某些钒的合金在 500～800℃ 的钠中也有较好的耐蚀性。钒的化合物主要有 VO_2、V_2O_3、V_2O_5 以及钒的碳化物、氮化物等。钒的盐类色彩缤纷，二价钒盐呈紫色，三价钒盐呈绿色，四价钒盐呈浅蓝色。另外，四价钒的碱性衍生物呈棕色或黑色，V_2O_5 氧化物呈红色，因此钒可作为工业中重要的着色剂。

（3）钒及钒合金的核性能

钒的核性能良好，其热中子吸收截面小（4.98×10^{-28} m^2），与快中子进行（n，α）反应的吸收截面更小（只有 0.035×10^{-28} m^2）。在快中子辐照下，其性能变化不很敏感。某些钒的合金可以满足液态金属冷却反应堆的许多技术性能要求，可以作为液态金属冷却的快中子反应堆燃料元件的包覆材料。钒具有优良的热物理性能和耐高温腐蚀的能力，在 650～800℃ 的高温范围使用时，仍然可保持足够高的强度，因此钒及钒合金是一类应用前景特别看好的反应堆结构材料，如聚变反应堆第一壁包层材料的有力竞争者[2]。

钒有 9 种同位素（^{46}V ～ ^{54}V），其中有两种同位素（^{50}V 和 ^{51}V）为天然存在的，^{50}V 丰度为 0.23%，^{51}V 为稳定元素，丰度达 99.75%，其余的都是不稳定同位素。钒同位素的半衰期长短差异相当大，^{50}V 的半衰期很长，达 6×10^{15} a，其余的同位素的半衰期都比较短，见表 17-78。

表 17-78　钒同位素的半衰期

同位素	^{46}V	^{47}V	^{48}V	^{49}V	^{50}V
半衰期	0.426s	33min	16.0d	330d	6×10^{15} a

同位素	^{51}V	^{52}V	^{53}V	^{54}V
半衰期	稳定	3.75min	2.0min	55s

通常情况下，钒合金的核性能与奥氏体不锈钢相当，特别是抗中子辐照损伤的能力要比奥氏体不锈钢的强。在聚变堆中，中子与锂发生核反应将是产生氚或氚增殖的一种技术途径。氚很容易被钒合金（如 V-4Cr-4Ti）吸收，导致氚的回收率降低。氚与氢一样，滞留于材料中会引起脆化。钒合金中存在 Ti，有利于抑制辐照肿胀；合金中存在 Cr，则不利于抑制钒合金的辐照肿胀。

有关钒合金（V-4Cr-4Ti、V-5Cr-5Ti）的中子辐照数据较少，但从少量的中子辐照试验中已看出一些趋势，中子辐照会使合金产生脆化，延性降低。

2. 钒及钒合金制品

钒有两类冶金工业产品：①粉末冶金产品。其制作过程是：首先将钒粉检验合格后，经过等静压成型技术制成钒制品。如果用 -200 目的钒粉，使用冷等静压在 175MPa 的压强下，压坯密度大于 4.0g/cm³，将压强提高到 300MPa 时，压坯的密度可达 4.46 g/cm³。具有此密度的压坯，再经过烧结，其密度可达到 6.0g/cm³ 以上，基本接近理论密度。粉末冶金法制备钒合金，可以获得化学成分精确、晶粒组织细化、性能稳定的各向同性材料，可以生产近净形产品，不仅提高了材料的利用率，还会使成本有所降低。②真空熔炼产品。电解后的

钒含有某些非金属元素，使钒的塑性变差，需进一步精炼才能得到高纯金属钒。精炼提纯钒的方法有：熔盐电解精炼法、真空精炼提纯法、区域熔炼法和碘化钒热分解法等。熔盐电解精炼可以用脆性的或低纯度的钒做原料，用 Ca、Al 还原电解精炼，也可用钒的碳化物直接电解精炼。有的钒及钒合金在熔炼后，还需要进行多道真空锻压过程。纯度为 99.95% 的钒，再经二次精炼后可获得 99.99% 的高纯钒。中国工业规模生产钒的方法主要采用熔盐电解精炼法，国际上新近报道的制造高纯钒的方法是真空精炼提纯法，包括电子束熔炼法和等离子枪熔炼法。不论采用哪种方法制作钒，控制影响钒的组织结构和性能的杂质元素非常关键[42]。真空熔炼法生产的钒合金，其晶粒组织粗大，成分的均匀性控制比较难，控制性能指标和产品质量需要一些复杂的工艺技术，过于繁琐的工艺对控制钒合金中氧、碳、氮的含量有困难，产品和质量有一定的波动性，材料利用率也比粉末冶金的差。

钒可与多种元素形成合金，但焊接在目前碰到的仅局限于 Al、Si、Ti、Cr 和 Mg 等几种。目前，已研制成功的钒基合金体系是 V-Ti、V-Cr-Ti 和 V-Cr-Si 等二元或多元合金。由不同方法制取的纯钒的化学成分在表 17-79 列出。

表 17-79　纯钒的化学成分　　　　　　　　（单位：μg/g）

成分	钙热还原	工业电解精炼	二次电解精炼	镁热还原	真空碳热还原	电子束熔炼	真空电弧熔炼	碘化物热分解	区域熔炼
V	99.8%	99.8%	99.99%	—	98.93%	99.93%	—	—	—
C	400	80	10	193 ~ 240	500	50	355	150	20
H	30	200	6	—	—	5	2	10	1
O	800	600	40	170 ~ 735	100	200	150	40	13
N	250	80	5	35 ~ 85	50	100	26	< 50	5
Fe	250	500	未检	60 ~ 100	—	< 150	500	150	3
Cr	100	200	< 6	30 ~ 80	—	< 20	—	70	未检
Cu	—	200	< 5	5 ~ 10	—	< 40	—	30	未检
Al	< 100	< 100	5	10 ~ 60	—	< 20	100	未检	0.2
Si	250	< 100	15	< 25 ~ 100	—	320	—	< 50	10

3. 钒及钒合金的用途

钒以纯金属使用的情况比较少，大多数场合则是以合金的形式在工业中应用。

（1）用作核结构材料

钒合金作为反应堆燃料元件的包壳材料使用的一个重要原因是钒包层材料与核燃料元件不发生明显地相互作用。在英国早有应用，英国的唐瑞快中子增殖堆就采用了 0.5mm 厚的钒作为燃料元件的包壳材料。

钒合金作为液态金属快中子反应堆元件的包壳材料，有如下的性能要求：①在快中子作用下产生的脆

化程度要小；②与核燃料 U、Pu，转换材料 Th 的相容性好；③能承受液态金属的腐蚀；④在反应堆运行的高温状态，有足够的力学强度。

钒及钒合金作为聚变堆第一壁材料的候选者有着潜在的优势。第一壁材料是指密封等离子体的巨大真空容器的内壁材料，材料工作环境处于高温、高能中子、α 粒子、D 和 T 粒子强烈照射的复杂环境，材料辐照后容易产生辐射肿胀和溅射损伤等多重效应，因此在选择第一壁材料时，针对其复杂的工作环境，进行严格的试验研究和使用考核。钒合金的高温潜力大

（最高运行温度可达 750℃），具有能承受高热通量的能力和低的活化性能，其热应力因子和抗蠕变性能明显优于其他材料，作为聚变堆第一壁材料有着很强的吸引力。

在钒中加入百分之几的 Ti、Cr 或 Nb 形成的钒基合金，其抵抗辐照肿胀的能力显著增强，如 V-5Cr-Ti 合金、V-4Cr-4Ti 合金等。快中子反应堆使用了 $w(Nb) = 10\%$ 的 V-Nb 合金作为包壳材料，燃料的再生系数为 1.31，若使用 96% V-3% Ti-1% Si 合金做核燃料元件包壳，燃料的再生系数可达到 1.52。另外，钒合金中存在 Si，能够抑制材料抗中子辐照肿胀的能力。合金元素 Ti 也能抑制辐照肿胀，加 Si 的效果更好。

（2）合金添加剂

钒作为合金添加剂有很多应用，它可明显地改善金属的组织结构、物理性能和力学性能。钒作为添加剂加入到钢中，可显著改善钢的强度和韧性，同时改善某些钢材的焊接性能，为钢材的使用拓展了良好的空间。世界各国钒产量的 90% 左右都用作钢铁材料的添加剂，其中高强低合金钢为 42%，合金结构钢为 27%，碳素钢为 18%，工具钢为 13%，另有不到 1% 的钒用于其他类型的钢中。

在钒中加入钛或者在钛中加入钒，形成的钒钛合金，其密度小，是航空结构件的理想选料，如燃气蜗轮材料。钒钛合金还具有耐海水腐蚀的特点，可作为海上钻井平台立柱的材料。钒钛合金的强度好，而且富有弹性，可用作汽车发动机部件和弹簧。含 55% ~ 60% 钒的 V-Ti 碳化物金属陶瓷，是一种性能良好的切削工具材料。焊接钛及钛合金时，在焊料中加入质量分数 ≤5% 的钒，可提高焊缝的强度、塑性和冲击韧度。近年来，钒在钛工业的消耗中有所增长，据 3 年前的统计数据表明，钛工业中钒的消耗量是钒总消耗量的 7% 左右。

（3）超导体材料

使用超导材料可大大节约能源。人们根据超导体排斥磁力线的特性以及和临界磁场的关系，把超导体分为两类：即第一类超导体（抗磁体）和第二类超导体（在迈斯纳态和正常态之间存在的一种混合态）。钒元素或者钒合金形成的化合物，均属于第二类超导体，其超导电性对位错、脱溶相等各种晶体缺陷很敏感，缺陷的磁通钉扎作用使其处于混合态时可以使巨大的电流无阻地输出。钒与 Al、Ga、In、Si、As、Sb、Rk、Pd、Os、Ir、Hf、Zr 等元素在一定工艺和成分配比下可形成超导化合物。其中，ZrV_2、H_fV_2 为 Laves 相超导体，CuV_2S_4 为尖晶石超导体。

在现阶段，有些超导体化合物已经发展成为商品，如 V_3Ga。

超导材料在核工业有着非常重要的用途，如在高能加速器，受控核聚变装置中使用超导材料后，可以为其提供强大磁场。

（4）吸氢材料

钒及钒基合金（如 V-Ti、V-Ti-Cr 等）可作储氢材料使用，可应用于氢的存储、运输、氢气分离和净化、（氢化反应）催化剂、镍氢电池、氢能燃料汽车、低温制冷等方面。钒在吸氢时，可生成 VH 及 VH_2 两种类型的氢化物。其中，VH_2 的储氢量高达 3.8%（质量分数），为 $LaNi_5H_6$ 的 3 倍左右。由于钒基储氢合金的吸氢相是钒基固溶体，故具有可逆储氢量大，氢在氢化物中的扩散速度也较快，因此钒及钒的合金较早地被应用于氢的储存、净化、压缩以及氢同位素分离（交换）等。但在应用中发现，钒的有效吸氢量比较低，吸的氢只有大约一半能够释放出来，因此纯钒不适合用作储氢材料，多用钒的固溶体储氢合金。

钒基固溶体在碱性溶液中没有电极活性，不具备充电能力，但在 V_3Ti 合金中添加适量的 Ni，通过热处理，保持适度的相结构，形成一种三维网状分布的第二相结构，具有良好的充放电能力。对 $V_3TiNi_{0.56}$ 储氢合金进行热处理或在其中添加其他合金化元素，吸放氢的效果会更好。当前，已成功地开发出的金属氢化物类的储氢合金有：$Ti_{17}Zr_{16}V_{22}Ni_{39}Cr_7$ 和 $ZrMn_{0.3}Cr_{0.2}V_{0.3}Ni_{1.2}$ 等。

研究 V-Ti-Cr 合金的储氢和吸、放氢的效果，表明 $V_{30}Ti_{32}Cr_{27}Fe_{10}$ 的吸氢特性较好。V-Ti-Cr 合金为 b.c.c 结构，易活化，抗粉化性能好，最大吸氢量为 3.8%。制备这类储氢合金是将 V，Ti，Cr，Fe 等纯金属或者高纯金属在高纯 Ar（>99.999%）的保护下用非自耗电弧炉熔炼成铸锭，再粉碎至 100 目的粉体材料进行储氢试验。

（5）其他用途

钒是化学工业重要的催化剂和制作油漆的添加剂。钒的化合物是玻璃和陶瓷的染色体，在玻璃中添加 V_2O_5 后，具有吸收紫外线和热射线的作用。钒化合物在彩色软片生产、颜料及医用药剂中也有应用。

钒在磁性材料、电热合金、弹性材料等功能材料方面作为合金添加元素也有一定应用。

17.4.2　钒及钒合金的焊接性分析

有报道认为，钒及钒合金的焊接性能良好，其焊接性能类似于 Cr-Ni 不锈钢的焊接性能[53]。但焊接实践证明，如果把材料的焊接性能按优、良、差的顺序进行排序，钒的焊接性能只能处于中间位置，也就是说，钒及钒合金并不是焊接性能特别优良的材料，因为钒的焊接组织结构，焊接缺陷及应力应变的控制要难于 Cr-Ni 不锈钢的。同时，在焊接过程中，使焊缝做到不污染也很困难。因此 Selahaddin-Anik 等人在总结特种金属性能及焊接性时，把钒与钨、钽、铌等高温金属归为一类，它们都属于环境气体活性高的一类材料，对焊接工艺而言，可把钒、钨、钽、铌看作紧密材料组。高活性材料焊接的共同点是：必须采取严格的保护措施和先进优质的焊接方法。

从钒的焊接研究工作得知：O_2、N_2、H_2 和水汽的存在或当它们的含量达到一定量时，对焊接性能会产生不良影响，超量的间隙元素含量可以导致焊缝金属的脆化，进而影响焊接强度和其他力学性能。在温度 ≥400℃ 时，钒及钒合金极易与环境中的 O_2、N_2、H_2 形成脆性的金属间化合物，并使焊缝产生气孔和裂纹等缺陷，有的缺陷还相当严重，难以消除，因此防止焊缝脆化和控制焊接污染，就成为焊接过程中的技术关键。只有在很纯的气体保护下和真空条件下，并将焊接环境的相对湿度严格控制到很低的水平，才能很好地控制接头污染。

对粉末冶金方法生产的材料，其密度通常略低于理论密度（6.0g/cm^3 左右）熔化焊的接头通常会产生过量的气孔，甚至裂纹。母材组织结构、杂质元素及含量、应力大小、热处理工况等对焊接性能和焊接质量都会产生明显的影响。

钒及钒合金的焊接，主要采用三类焊接方法：即熔焊、钎焊和固态焊。熔焊的第一种方法是真空电子束焊，其真空条件有利于避免环境气体对焊缝造成污染，可避免焊接性能的弱化和脆化；第二种是 TIG 焊接方法，探索气体保护状态下环境气氛的存在和量对焊接性能产生的影响；第三种是激光焊接方法。钎焊和固态焊接方法适合焊接粉末冶金钒及钒合金和异种金属，对焊接气孔有减少的趋势。钎焊和固态焊接方法焊接钒及钒基合金活性材料，使母材不熔化，受外界杂质元素干扰和影响的因素比较小[7,42,53]。

粉末冶金钒及钒合金的焊接接头在结晶凝固时，有延晶生长结晶的趋势，即在熔合线上，熔化的金属以为熔化母材晶粒为基础结晶生长，形成焊后的完整晶粒。这似乎与联生结晶有些差别。

17.4.3　钒及钒合金焊接工作进展

有关钒及钒合金的焊接，国内外在 20 世纪 80 ~ 90 年代曾进行过有关焊接研究的报道。鉴于钒及钒合金的应用和发展，对钒及钒合金的焊接研究在稍后的时间又提到议事日程，特别是国际聚变堆的研究把钒及钒合金作为候选材料之一来考虑，很有可能把钒的焊接技术向前推进一大步。钒及钒合金在高温下焊接时极易吸收环境气体而使焊接性能恶化，目前采用的焊接方法只有气体保护焊（TIG 焊）、电子束焊、激光焊、钎焊、扩散焊和爆炸焊等，并采取措施控制焊接污染。20 世纪 90 年代初，Selahaddin Anik 等人归纳总结了钒的焊接性能。

顾钰熹[7] 报道了工业纯钒、V-Zr-C 合金的 TIG 焊、纯钒及 V-W 合金的电子束焊，焊接的板厚分别为 0.5mm、1.0mm、2.0mm 和 4.0mm。对板厚为 1mm 的工业纯钒，采用钨极氩弧焊方法，母材强度为 648MPa，接头强度可达 376MPa，焊接接头的力学性能数据均低于母材。真空电子束焊具有良好的保护效果，很适合钒及钒合金的焊接。在采用合适的焊接参数下，能获得良好的接头。其接头强度可达到母材的 80% 以上，一般情况下焊接强度略低于母材，但比其他焊接方法获得的强度要高一些。

在"十一·五"期间，结合钒及钒合金的制备技术、加工性能、成分控制和使用要求的需要，张友寿等人着重考察了粉末冶金钒材料和真空熔炼钒合金的焊接性，采用激光焊和电子束焊两种方法焊接了当时新研制的钒材料，获得了焊接钒合金的稳定的参数，了解了焊接接头的微观组织和缺陷，探索了缺陷产生的机理。为钒合金材料的工程应用奠定了基础。

17.4.4　钒及钒合金的表面处理

与所有活性金属的焊接一样，通过表面处理去除表面氧化物及油污，最好能采取措施减少表面对气体及水分的吸附。钒及钒合金的表面处理过程是：焊接件机加工完成后，在焊接前先行除油处理，再设法去除表面氧化物。清洗除油的方法很多，如用航空汽油、丙酮浸泡数分钟，或在三氯乙烯溶液中微煮 3 ~ 5min。三者相比，前两种方法具有操作简单，使用方便的特点，而最后一种除油方法的效果更好。这里需要指出的是汽油和丙酮都是易燃品物质，在操作时必须树立"安全第一"的思想，远离火源操作和存放。通常去除钒表面氧化物的酸洗溶液为 32% HNO_3 + 32% HCl + 36% H_2O。酸洗冲洗干净后，对焊接件进行干燥处理是非常必要的。

17.4.5　焊接材料

钒合金的焊接材料包括钎焊用的钎料和扩散焊接使用的中间层材料：①钎料。如工业纯铜，一般要求

$w(Cu) \geqslant 99.95\%$ 以上。②扩散层材料。如 AuNi 合金已用于钒合金与不锈钢的焊接中[55]。除此之外，焊接钒合金要求焊接的保护气体必须很纯，并且其中的水分含量尽可能地少。

17.4.6　钒及钒合金的焊接方法及工艺

1. 熔焊

由钒及钒合金焊接性能可知，钒及钒合金的焊接受焊接过程的污染相当明显，因此焊接钒及钒合金所采用的方法必须是有利于对焊接熔池的良好保护，为了控制焊接热应力引起的焊缝开裂，选择焊接热变形小的方法尤为重要。电子束焊接设备的真空室、激光焊接的气体保护或真空保护条件、TIG 焊接的气体保护条件等都对钒及钒合金的焊接有利。

（1）真空电子束焊接钒及钒合金

真空电子束焊接的能量密度高，焊接的焊缝深宽比大，热影响区窄，变形小，焊接接头的力学性能好，组织结构优良。电子束的良好的真空条件把焊接件与大气隔离，有利于保护焊缝熔池免遭环境气体的污染，因此真空电子束焊是钒及钒合金焊接的首选方法。用电子束焊接方法焊接粉末冶金钒材料，由于钒材料中含有一定量的杂质元素，在真空压力为 1.33×10^{-4} Pa 焊接时，会有飞溅产生。图 17-33 是一个真空电子束焊接的粉末冶金钒试件。电子束焊接可获得良好的焊接接头，焊缝中的杂质元素含量很少，接头的强度可达母材的 80% 以上，例如，V-12W 合金电子束焊接后，接头的抗拉强度大于 545MPa。表 17-80 给出了电子束焊接钒及钒合金的焊接参数。

图 17-33　真空电子束焊接的粉末冶金钒试件

（2）激光焊接钒及钒合金

为了避免环境大气对焊缝造成污染，焊接在一个自制的密封箱内进行。特别是用于核工业中的钒材料的焊件，其在相当苛刻的环境条件下使用，要求焊接接头能承受高温腐蚀、流体冲刷和高能离子辐照，焊接接头的各项性能指标，都要根据其使用条件进行模拟使用环境的实验和考核。激光焊接钒及其合金，

表 17-80　电子束焊接钒及钒合金的焊接参数

合金	板厚/mm	电子束电流/mA	电压/kV	焊接速度/(mm/min)
工业纯钒	0.5	25~30	17~18	334~500
工业纯钒	1.0	60~67	12.5~12.9	1000
工业纯钒	2.0	90~100	12.5~13.5	1000
V-12W 合金	2.0	90~100	12.5~13.5	1000
粉末冶金钒及钒合金	3.0	3	150	300

与焊接其他活性材料一样，通常采用激光窗口材料，将其引入到密封箱内进行焊接，工作起来比较便利。激光焊接属于另一类高能束焊接，焊接时激光与材料的作用相当复杂，激光焊接涉及反射、吸收等一系列复杂的问题。气体保护激光焊接的焊缝，其深宽比远低于真空电子束焊接的深宽比。图 17-34 为激光焊接 V-5Cr-5Ti 合金的焊缝形貌。图 17-35 所示为激光焊接粉末冶金纯钒形成的气孔，气孔多在熔池边沿生成。图 17-36 所示为 V-5Cr-5Ti 合金激光焊焊缝区域的组织。

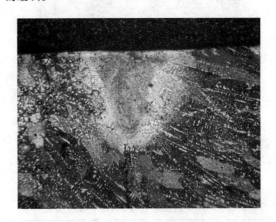

图 17-34　激光焊接 V-5Cr-5Ti 合金的焊缝形貌

（3）TIG 焊接钒及钒合金

TIG 焊钒及钒合金，是利用了良好的气体保护条件，焊接时还可将焊接件置于密封箱内，实行双重保护。焊接钒合金使用的保护气体与焊接其他活性材料一致，主要是氩气，其次是氦气，或者使用不同比例的混合气体。但根据钒的易污染特性，焊接的保护要严于钛或者锆的。焊接较厚的结构件，用氦气保护更有利。表 17-81 是 TIG 焊接钒的焊接参数。

TIG 焊接时输给工件的热输入大，而焊缝深宽比却不会很大。TIG 焊接钒合金的保护条件至关重要，

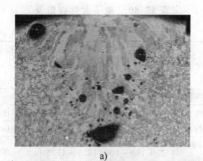

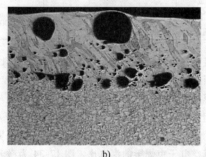

图 17-35　激光焊接粉末冶金纯钒形成的气孔

a）横断面　b）纵断面

图 17-36　V-5Cr-5Ti 合金激光焊焊缝区域的组织

表 17-81　钒及钒合金的 TIG 焊接参数

合金	板厚/mm	焊接电流/A	电弧电压/V	焊接速度（mm/min）
工业纯钒	0.5	85～90	8～9	500～667
V-Zr-C 合金	1.0	140	9～10	830
工业纯钒	2.0	320	16～18	830
工业纯钒	4.0	320	16～18	830

对焊接工作箱内的保护条件要求很高，必要时，要对保护气体作进一步的提纯处理。可用硅胶、铝胶和加热的海绵钛净化焊接密封箱的环境。焊接钒合金时，不但要对焊接熔化区实现严格的保护，同时还要对焊缝背面进行保护。当一条焊缝焊完后，要进行通气冷却，使焊缝的温度降低到 200℃ 以下。冷却过程中，气体的流量为 16L/min。

2. 钎焊

由于钎焊的温度低于母材金属，往往利用钎焊方法来焊接性能不相溶的异种金属，这样做减少了因熔化而产生的化学冶金作用问题。在钎焊过程中，将被连接材料和钎料一起加热到高于钎料的熔化温度至少 20℃ 以上。利用液态钎料对被焊材料的润湿、铺展与母材相互溶解和扩散而实现连接。

钒合金与 304 不锈钢的焊接，利用真空炉的真空保护条件进行钎焊，炉子的温度最高可升至 1700℃。钎焊时为了使钒合金不致氧化，将炉子的真空度设置为 $10^{-3} \sim 10^{-4}$Pa 的范围，这样高的真空才可以使活性金属钒得到良好的保护。钒合金与 304 不锈钢的焊接，使用（99.98%）纯铜作为钎料。在试样加工后，必须对钒合金和 304 不锈钢进行严格的表面处理，表面处理必须是以彻底去除钒表面的氧化层为目的。钒合金和 304 不锈钢钎焊选择温度范围为 1120℃～1160℃，钎焊时间为 5min。结果表明：铜能够很好地润湿钒合金与 304 不锈钢，但也容易生成脆性的 σ 相，致使焊接产生裂纹，或者导致焊缝强度和延展性降低[54]。

真空钎焊的操作过程是：从室温至 500℃，需要短时快速加热。500℃ 至钎焊温度，加热速度要控制在 10℃/min，保温 5min 后，进行降温冷却。降温过程为：钎焊温度至 500℃，降温速率同样要控制在 10℃/min，降到 500℃ 以下，断电冷至室温。

3. 固态压力焊

钒合金作为 ITER 的候选材料，通常钒合金（V-4Cr-4Ti、V-5Cr-5Ti）要与不锈钢连接。试验选择了核工业常用的 HR-2 不锈钢，HR-2 为抗氢系列固溶强化型不锈钢相当于美国的 21-6-9 钢。其成分和力学性能分别列于表 17-82 和表 17-83。采用热等静压扩散连接钒的合金，其中间层材料采用 AuNi 合金，焊接参数在表 17-84 中列出。

当扩散焊接的温度选为 750℃ 时，接头界面处扩散较弱。温度为 850℃ 时，在连接界面上产生了大约 20μm 宽的扩散层，接头的抗剪强度达 39MPa。对于不锈钢一侧，焊接形成的扩散层均匀；在靠钒合金一侧，形成了层状的、间隔分布 Au 的富集层和 NxVy 的富集层。当 HIP 温度过高时，层状分布的 NxVy 合金有明显长大的趋势[55]。经过对焊接参数进一步的调整和优化，控制了界面层的组织结构和晶粒尺寸，使焊接接头的组织明显改善，焊接强度提高数倍。

表 17-82　HR-2 不锈钢的合金成分

合金元素	$w(Fe)$	$w(Ni)$	$w(Cr)$	$w(Mn)$
%	余量	5.5 ~ 8.0	19.5 ~ 21.5	8.0 ~ 10.0

表 17-83　HR-2 不锈钢的力学性能

力学性能指标	抗拉强度/MPa	屈服强度/MPa	断后伸长率(%)	断面收缩率(%)
数据	>685	>390	40	50

表 17-84　V-4Cr-4Ti 与 HR-2 不锈钢连接的焊接参数[55]

材料	中间层材料	温度/℃	压力/MPa	时间/min	冷却方式	结合强度/MPa
V-4Cr-4Ti 与 HR-2 不锈钢	AuNi 合金	750	150	30	随炉冷却	24
		850	150	30	随炉冷却	39
		950	150	30	随炉冷却	29

爆炸焊接方法也已用于钒合金与异种金属的焊接组合。爆炸焊接由炸药瞬间的爆炸能提供焊接能源，在焊接界面不会产生很宽的作用层。

17.4.7　焊接缺陷及防止办法

1. 焊接生成的缺陷

钒合金焊接产生的缺陷主要有：①焊接裂纹。②焊接气孔。③焊缝区域结晶组织粗大等。而且气体保护激光焊和真空电子束焊产生的缺陷基本相似。焊缝晶粒粗大和焊缝结晶取向的一致性也容易在焊区产生裂纹。熔焊产生的焊接缺陷要比其他焊接方法严重得多。

2. 缺陷防止的方法

1) 钒合金本身的性能受杂质元素的影响就相当明显，核能领域使用的焊接件，对焊缝的纯度要求相当高，而且要把焊缝的晶粒尺寸，致密程度和强度都要控制在一定的范围。

2) 严格控制和执行焊接的每一道工序，严防焊接件污染，严格防守大气中氢、氮、氧的浸入。对焊接密封箱，在充氩前，可先抽成真空再充氩气。其次，对焊接箱内进行干燥处理和对焊接件进行洁净处理都是控制焊接缺陷的最关键步骤。

3) 采取控制焊接热输入的办法或对焊接件进行热处理，将焊接组织细化或使结晶紊乱，细化的焊区组织对控制焊缝裂纹有利。

4) 用偏转电子束或脉冲电子束进行焊接，对减轻粉末冶金钒的焊接气孔有利。这相当于对焊接熔池进行搅拌，有助于熔池气体的逸出。

17.5　银及银合金的焊接

17.5.1　概述

银是一种导电性、导热性和塑性极好的金属。银与铜的化学性能相似，常温下当氧的压力低于 13.33Pa 时，银在空气中不发黑，不失去光泽；当温度增至 200℃ 时，银开始氧化，在 400℃ 以下银氧化后生成 Ag_2O。

Ag_2O 在 150 ~ 200℃ 时发生分解，使银的表面吸附自由氧。分解反应按下式进行：

$$Ag_2O \rightleftharpoons 2Ag + 1/2O_2$$

当氧的压力达到足以抑制 Ag_2O 的分解压时，在 507℃ 左右形成 Ag_2O-Ag 共晶。

含有少量 Al、Cu、Si、Cd、Zn、Sn 等元素的银合金，氧化倾向较大，氧化不但发生在表面，并可深入银合金内部。显然，上述元素的氧化物危害性比 Ag_2O 大。

无论液态还是固态银中，氮都不能固溶。银的氮化物在常温下即分解。

氢在银固溶体中溶解度较小。银与氢反应生成的氢化银呈红褐色，在 412℃ 左右发生分解。银在 500℃ 以上的氢气加热炉中退火时，将导致银变脆。

纯银的 $w(Ag)$ 为 99.9% ~ 99.99%，主要杂质有铁、铅、钛、铋、锑等元素。$w(Fe)$ <0.05%，其余杂质的质量分数均 <0.003%。纯银的物理性能及力学性能列于表 17-85、表 17-86。

表 17-85　纯银的物理性能

密度 /(10^3kg/m^3)	熔点 /℃	热导率 /[W/(m·K)]	电阻率 /(10^{-8}Ω·m)
10.55	960.8	422.8	0.147

表 17-86　纯银的力学性能

纯银的原始状态	断后伸长率(%)	抗拉强度 /MPa	屈服强度 /MPa	硬度 (HBS)
硬态	3 ~ 4	196 ~ 392	304	85
软态	50	127 ~ 157	55	26 ~ 28

典型的硬态银是 Ag-0.15Ni-1.5～3Si 合金，其抗拉强度为 235～343MPa、布氏硬度为 55～107HBW。银还能与 Au、Pt、Cu、Sn 等金属形成合金。

银及银合金在电子工业、电接触材料、实验设备、高真空技术等方面有一定的应用，但更多的则用于制造银基合金钎料。

17.5.2　银及银合金焊接性分析

1）银及银合金的焊接性及钎焊性良好，由于银的热导率高，故在焊接时需要高的热输入，应尽量采用能量集中的焊接热源。熔焊时，可在焊前预热至 500～600℃。

2）银的热膨胀系数大，在焊接过程中易引起较大的焊接应力和变形。

3）氧在液态银中有较大的溶解度，当焊后冷却过程中，液态银转变为固态时，氧在银中的溶解度迅速降低，此时析出的氧残留在枝状晶之间，促使形成气孔。

4）纯银在氩弧焊时应注意氩气保护效果，避免银的氧化及烧损。

5）银对激光的反射较大，激光焊银时，应当采取措施，避免银的反射。

17.5.3　焊接方法及工艺

1. 熔焊

（1）气焊

纯银气焊时，应采用氧乙炔中性焰，其功率为 1mm 纯银板每小时消耗 100～150L 可燃气体。甲烷-氧焰也可以使用。

纯银在气焊时可用宽 3～4mm 的银丝或 $w(Al)=0.5\%～1.0\%$（为脱氧用）的银焊丝作填充金属。焊剂由 50% 硼砂及 50% 硼酸组成，使用时可用酒精调制。若配方中再加入适量的 401 铝焊剂，则有利于铝的氧化物去除。

操作时应采用向左焊，并尽量选用强规范焊接，以达到快速加热焊件的目的。

纯银气焊的接头强度不太稳定，一般在 98～127MPa 之间。

（2）钨极氩弧焊

纯银宜采用直流正接钨极氩弧焊。交流钨极氩弧焊焊接纯银时，焊缝成形不良，飞溅较大。

纯银钨极氩弧焊时，焊前要注意去除焊件表面油污及氧化物。焊缝点固时，板厚为 2～3mm、长 1m 以内的焊缝，每隔 100mm 点固 10mm 焊缝；如果板厚为 3～4mm，则点固间距应为 150mm。

纯银钨极氩弧焊时，若选用纯铜喷嘴，使用一段时间后，蒸发附着在喷嘴端部的银粒会与铜形成低熔点共晶，导致喷嘴易熔，因此要避免采用纯铜喷嘴，可选用陶瓷或不锈钢喷嘴。

表 17-87 是不同板厚纯银手工钨极氩弧焊参数。其中氩气流量选择要注意：流量太小易形成气孔或焊件氧化；流量过大会造成电弧不稳，也易发生焊件表面氧化。

表 17-87　纯银手工钨极氩弧焊参数[56,57]

焊接厚度 /mm	坡口形式	钨极直径 /mm	焊丝直径 /mm	焊接电流 /A	氩气流量 /(L/min)	平均焊接速度 /(m/h)
1.0	卷边对接	2.0	—	50～70	3～4	4～5
1.5	对接	2.0	2.0	80	4～5	4～5
2.0	对接不留间隙	2.0	2.0～3.0	120～130	6～8	4～5
3.0	对接不留间隙悬空焊接	3.0	3.0	150～160	8～10	5～7
4.0	对接	3.0	3.0	120	6～8	4～6

银合金的流动性好，在水平位置或略倾斜位置悬空焊接时，要防止烧穿和溢流缺陷，如采用衬垫或反面通氩气保护，则可获得良好的反面成形。

（3）其他熔焊方法

熔化极氩弧焊、真空电子束焊或激光焊等，都能获得良好的焊接质量。

2. 电阻焊

由于纯银的电阻低，采用电阻焊是比较困难的，但可以采用凸焊技术。例如继电器或电器开关上的银接触点与磷青铜、铜镍合金、铍青铜及黄铜等导电元件连接，通常是在银接触点底部压出凸台，在凸焊时，该部位电流密度大，促使熔化，很容易实现可靠连接。

3. 冷压焊

银具有极好的可塑性，在温室条件下可进行冷压焊。退火银棒通过加压顶锻，可使顶锻面积为原面积的 150%～200%，实现连接。银薄板经表面清理后，可用冷压焊连接，当变形量达到 65%～80% 时，连接强度良好。必要时也可以采用低温加热，强化其扩散连接过程。

4. 钎焊

（1）硬钎焊

银及银合金的钎焊性很好，硬钎焊时主要采用银基钎料。真空钎焊时所使用的钎料如表 17-88 所示，一般用于电子产品。氢气或氩气保护下钎焊也能获得良好的钎焊质量。如用普通炉中钎焊、电阻钎焊及火焰钎焊等方法时必须选用钎剂见表 17-89，钎料采用 Ag-Cu-Zn 或 Ag-Cu-Zn-Cd 类型见表 17-90。为了追求钎焊工艺性和经济性，常常优先选用银基含镉钎料。在 Ag-Cu-Zn 三元合金中加入 Cd 可以显著降低合金的熔点、缩小熔化温度区间、改善钎焊工艺性，所以早期的银基钎料中 Ag-Cu-Zn-Cd 自成体系，在黑色金属、有色金属及硬质合金的钎焊中也发挥了重要作用。然而，含镉钎料的大量使用不仅直接危害焊

接操作者的健康，也影响周边环境；因此目前许多轻工业产品、生活用品等已经严格禁止使用含镉钎料。为了适应新形势的需要，无镉钎料迅速崛起并不断扩大其应用领域，有 Ag-Cu-Zn、Ag-Cu-Zn-Sn、Ag-Cu-Zn-Ni、Ag-Cu-Zn-In、Ag-Cu-Zn-Ni-Mn、Ag-Cu-Zn-Ga 等诸多系列。通常的研究思路是在 Ag-Cu 合金的基础上添加其他元素，以改善钎料性能。根据每种元素的性能和相互作用，可添加的元素有 Zn、Sn、In、Ni、Mn、Ga、Si、B、Re 等。Cu、Zn、Sn、In、Mn、Ni、Ga 可以作为主要组成元素，Si、B、Re 作为微量添加元素。目前，国内外工业生产中应用的银基无镉钎料可以分为以下四类，Ag-Cu（-Zn）系、Ag-Cu-Zn-Ni（-Mn）系、Ag-Cu-Zn-Sn 系和 Ag-Cu-Zn-In 系等。

表 17-88　真空钎焊用银基钎料[66]

牌号	主要成分（质量分数%）				熔化温度
	Ag	Cu	Sn	In	/℃
BAg72Cu-V	72 ± 1.0	28 ± 1.0	—	—	779
BAg50Cu-V	50 ± 0.5	50 ± 0.5	—	—	779 ~ 850
Bag61CuIn-V	余量	24 ± 0.8	—	15 ± 1.0	625 ~ 705
Bag63CuIn-V	余量	27 ± 0.8	—	10 ± 1.0	660 ~ 730
Bag60CuIn-V	余量	30 ± 0.8	—	10 ± 1.0	660 ~ 720
Bag59CuIn-V	余量	31 ± 0.8	—	—	600 ~ 720

表 17-89　钎剂组成[29]

牌号	成分（质量分数，%）	钎焊温度/℃
QJ101	$H_3BO_3 30$，$KBF_4 70$	550 ~ 850
QJ102	KF（无水）42，$KBF_4 23$，$B_2O_3 35$	600 ~ 850
QJ103	$KBF_4 95$，$K_2CO_3 5$	550 ~ 750
Салю1（俄罗斯）	$H_3BO_3 30$，$KNO_3 3.5$，$KF·2H_2O 40$，$KBF_4 60$，$KCl 4.5$，$KHF_2 7.0$	550 ~ 750

表 17-90　银基钎料[29]

牌号	主要成分（质量分数，%）				熔化温度/℃
	Ag	Cu	Zn	Cd	
BAg70CuZn	72 ± 1.0	26 ± 1.0	余量	—	730 ~ 755
BAg65CuZn	65 ± 1.0	20 ± 1.0	余量	—	685 ~ 720
BAg50CuZn	50 ± 1.0	34 ± 1.0	余量	—	688 ~ 774
BAg45CuZn	45 ± 1.0	30 ± 1.0	余量	—	677 ~ 743
BAg50CuZnCd	50 ± 1.0	15.5 ± 1.0	16.5 ± 2.0	18 ± 1.0	627 ~ 635
BAg35CuZnCd	35 ± 1.0	26 ± 1.0	18 ± 2.0	21 ± 1.0	605 ~ 702

目前，银铜合金常用作真空钎料。银铜共晶温度为 779℃，Ag-Cu 钎料的最大缺陷是熔化温度偏高，在银铜合金中加入锌可以大大降低合金熔化温度，由银铜锌三元状态图可知，银铜锌三元共晶温度约 680℃。与含镉的 Ag-Cu-Zn-Cd 系四元合金相比 Ag-Cu-Zn 系钎料的熔化温度较高、熔化区间较大，钎焊温度大都在 720 ~ 870℃之间。常见的 Ag-Cu-Zn 系见表 17-91。

在 Ag-Cu-Zn 三元合金中加入少量的 Ni 或 Mn 形

成 Ag-Cu-Zn-Ni（-Mn）系钎料，Mn 在 Ag、Cu 中的固熔度较大，Ni 与 Cu 更是可以互溶，所以 Ag-Cu-Zn-Ni-Mn 钎料的塑性较好。调整 Mn、Ni 比例，可以调整钎料熔化区间和钎焊工艺性能，这些钎料的钎焊温度虽都高于含 Cd 银钎料，但有连接强度高或钎焊工艺性好等特点，尤其是对碳化物的优良润湿性使这类钎料在硬质合金钎焊中得到大量应用。常见的 Ag-Cu-Zn-Mn 见表 17-92。

表 17-91　常见的 Ag-Cu-Zn 钎料[58,59]

化学成分（质量分数,%）			固相线	液相线	熔化区	化学成分（质量分数,%）			固相线	液相线	熔化区
Ag	Cu	Zn	/℃	/℃	间/℃	Ag	Cu	Zn	/℃	/℃	间/℃
72	28	—	779	779	0	30	38	32	680	765	85
50	50	—	780	850	70	25	41	34	680	795	115
60	25	15	685	730	55	20	45	35	700	810	110
50	34	16	690	775	85	15	47	38	787	808	121
45	30	25	665	745	80	12	48	40	790	830	140
40	30.5	29.5	674	727	53	10	52	37	815	850	35

表 17-92　常见的 Ag-Cu-Zn-Mn 钎料[58,59]

化学成分（质量分数,%）					固相线/℃	液相线/℃	熔化区间/℃
Ag	Cu	Zn	Mn	Ni			
60	16	19	—	5	690	730	40
50	18	19	8	5	695	710	15
50	20	28	—	2	660	750	90
49	16	23	7.5	4.5	625	705	80
40	30	28	—	2	670	780	110
35	30	30	5	—	690	730	40
25	38	33	2	—	705	800	95
20	40	35	5	—	740	790	50

锡也可显著降低 Ag-Cu-Zn 三元合金的固、液相线，只是锡的影响较小，但 Sn 能改善熔融合金的流动性。一般认为，当 Sn≤5% 时，Ag-Cu-Zn-Sn 四元合金具有较好的塑性加工性能，据此，国内外在 20 世纪 80 年代研制开发了一系列熔化温度在 635～770℃ 范围的中温无镉 Ag-Cu-Zn-Sn 系钎料，见表 17-93。

表 17-93　常见的 Ag-Cu-Zn-Sn 钎料[58,59]

化学成分（质量分数,%）				固相线	流相线	熔化区
Ag	Cu	Zn	Sn	/℃	/℃	间/℃
60	23	14	3	620	685	65
56	22	17	5	620	650	30
55	21	22	2	630	660	30
45	27	25	3	640	680	40
40	30	28	2	650	710	60
34	30	28	2	630	730	100
30	36	32	2	660	750	90
25	40	33	2	680	760	80
18	47	33	2	770	820	50

铟的熔点比锡更低，添加铟降低钎料的固、液相线的幅度更为显著。但铟在银铜中的固溶度低和价格高限制了铟的大量应用，一般银基钎料中 $w(In)$ 在 5% 以下。常见的 Ag-Cu-Zn-In 钎料见表 17-94。

表 17-94　常见的 Ag-Cu-Zn-In 钎料[58,59]

化学成分（质量分数,%）				固相线	流相线	熔化区
Ag	Cu	Zn	In	/℃	/℃	间/℃
60	30		10	600	720	120
45	25	25	5	650	690	40
45	26	21	5/Ni3	665	685	20
40	30	25	5	635	715	80
40	30	29	1	662	717	55
34	35	30	1	667	750	83
30	38	27	5	640	755	115
29	39	31	1	670	760	90

（2）软钎焊

银及银合金软钎焊一般采用锡铅钎料，如 Sn60Pb40 共晶钎料，熔点为 183℃。也可采用不同锡铅配比的钎料，见表 17-95。烙铁钎焊、火焰钎焊及普通炉中钎焊等各种工艺方法均可采用。当在空气中钎焊时，可采用中性钎剂——松香酒精溶液，也可采用 18% $ZnCl_2$ + 6% NH_4Cl 的水溶液。

表 17-95　Sn-Pb 钎料合金种类[60]

组成（质量分数,%）	熔化温度/℃	比重/（g/cm³）	ISO 牌号	JIS 牌号	GB/T 牌号
95Sn-5Pb	183～224	7.4	—	H95A，E	S-Sn95PbAA，A，B
90Sn-10Pb	183～220	7.6	—	H90A，E	S-Sn90PbAA，A，B
65Sn-35Pb	183～186	8.3	—	H65A，E	S-Sn65PbAA，A，B

（续）

组成（质量分数，%）	熔化温度/℃	比重/（g/cm³）	ISO 牌号	JIS 牌号	GB/T 牌号
63Sn-37Pb	183	8.4	S-Sn63Pb37 S-Sn63Pb37E	H63A、B、E	S-Sn63PbAA、A、B
60Sn-40Pb	183～190	8.5	S-Sn60Pb40 S-Sn60Pb40E	H60A、B、E	S-Sn60PbAA、A、B
55Sn-45Pb	183～203	8.7	S-Sn55Pb45 S-Sn55Pb45E	H55A、B、E	S-Sn55PbAA、A、B
50Sn-50Pb	183～215	8.9	S-Pb50Sn50 S-Pb50Sn50E	H50A、B、E	S-Sn50PbAA、A、B
45Sn-55Pb	183～227	9.1	S-Pb55Sn45	H45A、B、E	S-Sn45PbAA、A、B
40Sn-60Pb	183～238	9.3	S-Pb60Sn40	H40A、B、E	S-Sn40PbAA、A、B
35Sn-65Pb	183～248	9.5	S-Pb65Sn35	H35A、B	S-Sn35PbAA、A、B
30Sn-70Pb	183～258	9.7	S-Pb70Sn30	H30A、B	S-Sn30PbAA、A、B
20Sn-80Pb	183～279	10.2	—	H20A、B	S-Sn20PbAA、A、B
10Sn-90Pb	268～301	10.7	S-Pb90Sn10	H10A、B	S-Sn10PbAA、A、B
8Sn-92Pb	280～305	10.9	S-Pb92Sn8	H8A	—
5Sn-95Pb	300～314	11.0	—	H5A、B	S-Sn5PbAA、A、B
2Sn-98Pb	316～322	11.2	S-Pb98Sn2	H2A	S-Sn2PbAA、A、B

在电子工业中，电子器件镀银层厚度一般为 2～5μm。Sn-Pb 系钎料是性能优良的软钎料，但用它来钎焊镀银器件，存在着薄的镀银层上的银被熔化了的 Sn-Pb 钎料熔蚀问题。在钎焊时，由于镀层上的银向熔化的 Sn-Pb 钎料中溶解，使母材表面上的镀银层减薄，严重时，会出现银层完全消失，致使钎焊接头强度下降，电器性能变坏。产生熔蚀作用主要是钎料中含有较多的锡所致。图 17-37，图 17-38 为 Sn-Pb 钎料和 Sn-Pb-Ag 钎料在相同条件下银的溶解量与浸渍时间的关系，可以看出在添加银后，银的溶蚀受到抑制，而且 Sn-Pb 钎料的抗拉强度也会随着银的加入而增大，如图 17-39 所示。此外，钎焊温度过高也是溶蚀的重要原因。

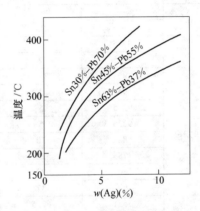

图 17-38　银溶蚀的抑制[70]

时间，并选择熔点尽量低的钎料。表 17-96 为典型的含银软钎料成分和性能。钎剂可采用活性或中性松香钎剂。常用的钎料供给方式有三种：①电镀、蒸镀或溅射；②预成型焊片、焊环；③采用膏状钎料，印刷到接头部位。

同中温含镉银基钎料的使用相似，锡铅钎料中由于 Pb 及含 Pb 化合物是危害人类健康和污染环境的有毒有害物质，长期广泛的使用含铅钎料会给人类环境和安全带来不可忽视的危险。因此现在全面实现无铅软钎料钎焊的需求也越来越迫切。无铅软钎料早期的研发主要集中于确定新型合金成分、多元相图研究和润湿性、强度等基本性能的考察。国内外已有的研究成果表明了最有可能替代 Sn-Pb 钎料主要以 Sn 为主，添加能产生低温共晶的 Ag、Zn、Cu、Sb、Bi、In 等

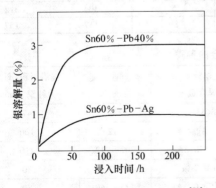

图 17-37　银在 Sn-Pb 合金中的溶解度[70]

综上所述，为了达到镀银器件完善的连接，应采用含银的软钎料，同时还应严格控制钎焊温度和钎焊

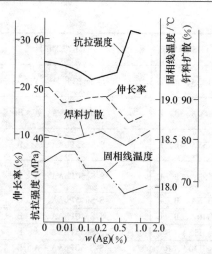

图 17-39　Sn-Pb 钎料 [$w(\text{Sn}) = 65\%$] 加银后性能变化

金属元素，通过钎料合金化来改善合金性能，提高可焊性。最终得到的无铅钎料成分主要集中在 Sn-Ag、Sn-In、Sn-Cu、Sn-Bi、Sn-Zn 等体系。表 17-97 列出无铅钎料合金的种类，表 17-98 列出部分无铅钎料与 Sn-Pb 共晶钎料某些特性对比。

（3）接触反应钎焊

利用 Ag-Cu 共晶反应原理，可实现银及银合金或银及银合金与铜合金之间的连接。例如纯银或银合金的焊件表面镀以 $2\sim8\mu m$ 纯铜，在真空、氢气或钎剂保护下，将焊件加压接触，当加热温度达到 779℃ 以上（即 Ag-Cu 共晶点），由于 Ag、Cu 原子迁移扩散，发生共晶反应并产生共晶液相，实现连接。同样银及银合金与铜也可实现接触反应钎焊连接，银一侧不需再镀铜。

表 17-96　典型的含银软钎料[29]

合金系	钎料成分（质量分数,%）				熔化温度/℃	
	Pb	Sn	Ag	In	固相线	液相线
Pb-Ag	97.5	—	2.5	—	304	304
Sn-Ag	—	96.5	3.5	—	221	221
	—	95	5	—	221	245
Pb-Sn-Ag	97.5	1	1.5	—	302	310
	95.5	2	2.5	—	300	305
	95	3.5	1.5	—	300	309
	95	3	2	—	305	306
	93.5	5	1.5	—	280	296
	92.5	5	2.5	—	280	302
	88	10	2	—	274	286
	78	20	2	—	170	275
	70	27	3	—	180	253
	60	37	3	—	180	233
	36.1	62.5	1.4	—	180	180
	36	62	2	—	179	179
Pb-Ag-In	92.5	2.5	—	5	290	325
	90	5	—	5	304	312
	15	5	—	80	157	157

表 17-97　无铅钎料合金的种类

无铅软钎焊合金	熔点或温度范围/℃	铺展面积（母材为纯铜）/mm²	无铅软钎焊合金	熔点或温度范围/℃	铺展面积（母材为纯铜）/mm²
Sn-3.5Ag	221	77	Bi-43Sn	138	47
Sn-3.5Ag-1Zn	217	77	Sn-3.3Ag-4.8Bi	212	100
Sn-1Ag-1Sb	222~232	97	Sn-7.5Bi-2Ag	207~212	110
In-48Sn	118	73	Sn-0.7Cu	227	80
Sn-Ag-Cu-Sb	210~215	53	Sn-4Cu-0.5Ag	225~349	80
Sn-20In-2.8Ag	178.5~189.1	127	Sn-5Sb	232~240	90
Sn-9Zn	198	77	Sn-4Sb-8In	198~204	70
Sn-9Zn-10In	178	70	Sn-6Sb-19Bi	140~220	160
Sn-9Zn-5In	188	67			

表 17-98　部分无铅钎料与 **Sn-Pb** 共晶钎料某些特性对比[63]

NCMS 合金代码	合金成分	弹性模量 /GPa	屈服强度 /MPa	抗拉强度 /MPa	断后伸长率（%）	强度系数 /MPa	硬化指数
A1	Sn-37Pb	15.7	27.2	30.6	48	33.9	0.033
A2	Sn-2Ag-36Pb	18.0	43.3	47.6	31	49.8	0.011
A3	Sn-97Pb	19.0	7.8	16.4	38	27.1	0.235
A4	Sn-3.5Ag	26.2	22.5	26.7	24	29.1	0.026
A5	Sn-5Sb	44.5	25.7	35.2	22	28.8	0.031
A6	Sn-58Bi	11.9	49.1	60.4	46	67.8	0.029
A7	Sn-3.5Ag-0.5Sb-1Cd	—	52.0	—	15	—	—
A8	Sn-75Pb	—	23.6	—	53	—	—
B1	Sn-50Bi	—	57.0	61.8	53	—	—
B2	Sn-52Bi	—	44.2	60.9	57	—	—
B5	Sn-2Ag-46Bi-4Cu	—	67.6	69.4	3	—	—
B6	Sn-56Bi-2In	—	49.8	58.1	116	—	—
C1	Sn-2Ag-1.5Sb-29Pb	—	44.7	47.3	25	—	—
C2	Sn-3Ag-4Cu	—	43.3	48.3	22	—	—
C3	Sn-2.5Ag-2Bi-1.5Sb	—	48.7	56.0	21	—	—
C4	Sn-3Ag-1Bi-1Cu-1.5Sb	—	57.6	63.8	21	—	—
C5	Sn-2Ag-9.8Bi-9.8In	—	100.4	106.0	7	—	—
D2	Sn-57Bi-2In	—	50.4	58.2	72	—	—
D3	Sn-2Ag-57Bi	—	65.4	71.6	31	—	—
D4	Sn-57Bi-2Sb	—	58.8	66.1	47	—	—
D5	Sn-57Bi-1Sb	—	57.1	61.7	60	—	—
D6	Sn-2Ag-56Bi-1.5Sb	—	62.5	68.6	27	—	—
D7	Sn-3Ag-55.5Bi-1.5Sb	—	59.7	64.7	45	—	—
D8	Sn-3Ag-55Bi-2Sb	—	61.9	67.6	44	—	—
D9	Sn-3Ag-54Bi-2In-2Sb	—	34.9	80.3	13	—	—
D10	Sn-3Ag-54Bi-2Cu-2Sb	—	78.9	84.7	4	—	—
E1	Sn-3Ag-2Sb	—	39.6	42.2	25	—	—
E2	Sn-3Ag-2Cu-2Sb	—	46.1	52.8	32	—	—
E3	Sn-3Ag-2Bi-2Sb	—	47.7	63.5	36	—	—
E4	Sn-3Ag-2Bi	—	37.7	54.7	30	61.7	0.041
E5	Sn-2.5Ag-2Bi	—	45.5	52.2	26	—	—
E6	Sn-2Bi-1.5Cu-3Sb	—	50.6	64.5	28	—	—
E7	Sn-2Bi-8In	—	49.4	55.0	25	—	—
E9	Sn-10Bi-20In	—	—	47.8	4	—	—
E10	Sn-9Zn	—	51.6	53.1	27	—	—
F1	Sn-2Ag-7.5Bi-0.5Cu	—	85.3	92.7	12	—	—
F2	Sn-2.6Ag-0.8Cu-0.5Sb	—	22.8	25.8	9	31.3	0.049
F3	Sn-0.5Ag-4Cu	—	25.7	29.7	27	—	—
F4	Sn-8.8In-7.6Zn	—	41.6	44.4	14	—	—

（续）

NCMS 合金代码	合金成分	弹性模量 /GPa	屈服强度 /MPa	抗拉强度 /MPa	断后伸 长率(%)	强度系数 /MPa	硬化指数
F5	Sn-20In-2.8Zn	—	35.1	37.1	31	—	—
F7	Sn-31.5Bi-3Zn	—	72.4	77.3	53	—	—
F8	Sn-3.5Ag-1.5In	—	31.8	34.4	26	—	—
F9	Sn-2Ag-0.5Bi-7.5Sb	—	56.7	60.5	19	—	—
F10	Sn-0.2Ag-2Cu-0.8Sb	—	25.9	29.8	27	—	—
F11	Sn-2.5Ag-19.5Bi	—	83.2	92.7	17	—	—
F12	Sn-3Ag-41Bi	—	64.0	69.8	39	—	—
F13	Sn-55Bi-2Cu	—	62.0	65.4	41	—	—
F14	Sn-48Bi-2Cu	—	61.4	65.5	19	—	—
F15	Sn-57Bi	—	55.0	58.9	77	—	—
F16	Sn-56.7Bi-0.3Cu-1In	—	57.6	62.0	38	—	—
F17	Sn-3.4Ag-4.8Bi	—	46.3	71.4	16	122.7	0.153

17.6　金及金合金的焊接

17.6.1　概述

金具有美观的黄金色光泽，塑性极好，化学性能稳定，在加热时不变色，有良好的抗氧化性和耐腐蚀性。金也具有良好的导电性、导热性和高的反射率。金的物理性能和力学性能如表 17-99 所示。

表 17-99　金的物理性能及力学性能

密度 /(10^3 kg /m^3)	熔点 /℃	热导率 /[W/ (m·K)]	电阻率 /10^{-8} Ω·m	断后伸长率 （退火态） （%）	抗拉 强度 /MPa
19.32	1063	31	2.065	39 ~ 45	134

使金强化的合金元素中，以 Co、Ni 的强化作用较明显，Ag 较弱。若在金中加入 Ni、Cr、Y 或 Ag、Cu、Mn、Y 组成合金，不仅强度高电阻稳定，抗磨损性也好。工业上应用的金合金有数十种，其中 Au-Ni、Au-Cu、Au-Cr 合金较多。金及金合金除在首饰、奖章、工艺品及牙科上应用外，随着先导工业和科学技术的发展，金及金合金在钎料、精密电阻材料、接触材料、密封器件、弹性元件、应变材料及微电子技术等方面都有广泛的应用。

17.6.2　金及金合金的焊接性分析

金及金合金的焊接性和钎焊性良好。对于纯金，

无论在熔焊或钎焊过程中，氧化不是主要问题，只是某些金合金必须考虑焊接过程中的氧化问题。

17.6.3　焊接方法及工艺

1. 熔焊

1) 气焊。一般推荐微还原性氧乙炔焰进行气焊。煤气-氧、煤气-空气也可采用。通常金的饰品用小型焊炬进行气焊。为使焊缝金属色泽与母材相匹配，常用同质金或金合金作填充金属。气焊时可以不用焊剂，也可用硼砂或硼酸或它们的混合物作针剂。

2) 其他熔焊。钨极氩弧焊、等离子弧焊、激光焊及真空电子束焊都可用来焊接金及金合金，这些方法焊接速度较快，焊接质量好，且可防止焊接高温引起的氧化变色。当用钨极氩弧焊时要注意钨极对焊缝的污染问题。

2. 电阻焊

金及金合金可以进行电阻焊，电极采用 Mo 制作。Au-Cu、Au-Cu-Ni、Au-Cu-Ag 在珠宝、光学装置、电触点等小型构件中有所应用。带状构件焊接时采用脉冲缝焊；眼镜框架采用氩气或氦气保护焊。

3. 冷（热）压焊

金及金合金由于具有良好的可塑性，可采用冷压焊或热压焊，有时还可以采用摩擦焊。

采用冷压焊时，必须注意焊前焊件表面清理，当变形量超过 20%，就能形成稳固的连接。

微电子技术中集成电路内引线的丝球焊，就是将

直径为 20 ~ 50μm 的金丝端头熔烧成球，然后采用热压焊或超声热压焊方法，使金丝球与集成电路芯片（表面经 Au 或 Ag 或 Al 金属化处理的硅片）实现连接。这种金丝球焊接技术已在微电子工业中大量应用。

4. 钎焊

（1）硬钎焊

金及金合金的硬钎焊常用于黄金珠宝及牙科制品中，为了使钎缝颜色与被钎焊构件匹配，以及某些组合件分级钎焊的需要，可采用表 17-100 所列钎料。

含银量高的钎料润湿铺展性、流动性较好，它与金合金相互作用倾向较小；含铜量高的钎料在钎焊温度增高时，这种钎料与母材相互作用加剧，因此必须严格掌握钎焊温度、保温时间，一般宜快速钎焊，防

止产生溶蚀。

钎焊金合金时，可采用 50% 硼砂、43% 硼酸和 7% 硅酸钠混合物作钎剂。

金及金合金硬钎焊工艺方法可以采用火焰钎焊、电阻钎焊、普通炉中钎焊及高频钎焊等。珠宝、牙科行业大多采用中性或还原性的氧乙炔火焰钎焊；有些小件用电阻钎焊时，可将已定位的接头置于两极之间，通电加热到钎焊温度时，送给钎料丝，完成钎焊连接。金饰品中常用的钎料见表 17-101、表 17-102、表 17-103。

牙科用的钎料，为防止钎料对人体的危害，必须禁用含镉钎料，可用 Au-Ag-Pb 类型钎料；K 金中多数含有铜，在加热时会氧化变成黑褐色，钎焊时应采用钎剂保护。

表 17-100　钎焊金合金用典型钎料[70,71]

金合金类型	成分（质量分数，%）					熔点/℃	备注
	Au	Ag	Cu	Zn	其他		
10K（软）	42	24	16	9	Cd9	700	黄色
10K（硬）	42	35	22	1	—	745	黄色
14K（软）	58	18	12	12	—	755	黄色
14K（硬）	58	21	15	6	—	800	黄色
10K（软）	42	30	8	15	Ni5	730	白色
10K（硬）	47	15	35	—	Sn3	775	牙科
—	62	17	15	4	Sn2	810	牙科
—	65	16	15	4	Sn2	800	牙科

表 17-101　金饰品用金合金钎料[61]

$w(Au)$	$w(Ag)$	$w(Cu)$	$w(Zn)$	$w(Cd)$	$w(Sn)$	$w(Ni)$	固相线/℃	液相线/℃
80.0[①]	—	—	8.0	—	—	12.0	782	871
75.0	12.0	8.0	—	5.0			826	887
75.0	9.0	6.0	—	10.0			776	843
75	9.0	6.0	10.0				730	783
75.0	2.8	11.2	9.0	2.0			747	788
75.0	—	15.0	1.8	8.2			793	822
66.6	10.0	6.4	12.0			5.0	718	810
66.6	15.0	15.0	3.4	—			796	826
58.5	25.0	12.5	—	4.0			788	840
58.5	10.3	24.2	—	7.0			792	831
58.5	8.8	22.7	—	10.0			751	780
58.5	11.8	25.7	4.0	—			816	854
58.5	25.7	11.8	4.0	—			786	818

（续）

$w(Au)$	$w(Ag)$	$w(Cu)$	$w(Zn)$	$w(Cd)$	$w(Sn)$	$w(Ni)$	固相线/℃	液相线/℃
58.5	24.2	10.3	7.0	—	—	—	765	808
58.5	4.9	25.6	2.0	9.0	—	—	738	760
58.5	8.0	22.0	2.1	9.4	—	—	744	776
58.3	20.8	19.0	1.9	—	—	—	793	830
58.3	18.0	12.0	11.7	—	—	—	720	754
58.3[1]	15.0	5.7	15.0	—	—	6.0	—	—
50.0[1]	25.0	10.0	9.0	—	—	6.0	—	—
50.0	30.5	17.5	2.0	—	—	—	775	806
41.7[2]	32.0	16.3	10.0	—	—	—	724	749
41.7	24.0	16.3	9.0	9.0	—	—	—	—
41.7	35.0	21.9	1.4	—	—	—	—	—
33.3	30.0	16.7	—	20.0	—	—	635	709
33.3	30.0	16.7	20.0	—	—	—	695	704
33.3	40.5	17.0	6.6	2.6	—	—	722	749
33.3	1.8	49.4	2.3	10.2	3.0	—	689	776
33.3	31.0	28.0	7.7	—	—	—	737	808
33.3[1]	42.0	10.0	9.7	—	—	5.0	738	807
25.0	35.0	20.0	10.0	10.0	—	—	—	—
25.0[1]	58.0	—	17.0	—	—	—	—	—

① 白色金合金用。

② 绿色金合金用。

表 17-102　Ag-Au-Ge-Si 系钎料成分（质量分数）和性能

成分（质量分数,%）Ag/Au/Ge/Si	$w(Ge+Si)$（%）	液相线温度/℃	钎焊温度/℃	计算密度/(g/cm³)	颜色	加工性	
						热加工	冷加工
57.5/33.3/7.5/1.7	9.2	675	670	10.7	白色	可	约50%
55.9/33.3/10.0/0.8	10.8	642	630	10.8	白色	可	约30%
53.7/33.3/12.5/0.5	13.0	620	600	10.6	白色	可	不可
51.1/33.3/15.6/—	15.0	593	580	10.5	白色	可	不可
38.0/58.5/—/3.5	3.5	636	620	12.3	淡黄色	可	约60%
36.3/58.5/2.5/2.7	5.2	608	600	12.3	淡黄色	可	约50%
34.3/58.5/5.0/2.1	7.1	582	570	12.3	淡黄色	可	约50%
32.6/58.5/7.5/1.4	8.9	557	560	12.6	淡黄色	可	约40%
30.6/58.5/10.0/0.9	10.9	540	530	12.6	淡黄色	可	约30%
28.0/58.5/13.5/—	13.5	519	500	12.1	淡黄色	可	不可
21.7/75.0/—/3.3	3.3	520	500	13.6	黄色	可	约60%
20.1/75.0/2.5/2.4	4.9	508	500	13.7	黄色	可	约50%
18.0/75.0/5.0/2.0	7.0	495	470	13.5	黄色	可	约40%

（续）

成分(质量分数,%) Ag/Au/Ge/Si	w(Ge+Si)(%)	液相线温度/℃	钎焊温度/℃	计算密度/(g/cm³)	颜色	加工性	
						热加工	冷加工
16.3/75.0/7.5/1.2	8.7	468	450	13.6	黄色	可	约40%
14.3/75.0/10.0/0.7	10.7	455	450	13.5	黄色	可	约30%
11.8/75.0/13.2/—	13.2	445	—	13.4	黄色	不可	不可

表 17-103　21K 钎料合金及 21K 饰品合金的组成和性能

合金类别	成分(质量分数,%)							固相线温度/℃	液相线温度/℃	熔化间隔/℃	硬度HV/MPa(铸态)
	Au	Ag	Cu	Zn	In	Sn	Ga				
21K钎料合金	余量	0	5.5	5	0	0	2	677	813	136	960
	余量	0	4.5	4	0	4	0	662	813	151	880
	余量	0	5	7.5	0	0	0	793	830	120	1200
	余量	0	8.5	0	0	0	4	644	836	58	850
	余量	2	3	7.5	0	0	0	785	837	52	1210
	余量	0	5.5	4.8	2.2	0	0	751	840	89	1040
	余量	0	6	5	1.5	0	0	771	850	79	900
	余量	1.5	6	5	0	0	0	840	884	44	810
	余量	0	10.5	0	0	0	2	743	885	142	1050
	余量	0	8.5	0	4	0	0	786	894	108	820
	余量	0	8.5	0	2	2	0	691	896	205	810
	余量	4	—	5	0	0	0	834	897	63	680
	余量	2	8.5	0	0	0	2	740	898	158	910
21K饰品合金	余量	0	12.5	0	0	0	0	926	940	14	—
	余量	1.75	10.75	0	0	0	0	928	952	24	—
	余量	4.5	8	0	0	0	0	941	960	19	—

（2）软钎焊

在微电子器件制造中，镀金可以降低接触电阻、防腐蚀，而薄的镀金层还可以改善钎焊性。因此在半导体及微电器件中，金经常被用作在金属、陶瓷、玻璃等材料表面镀层。例如在核工业中，为了保证阀门的密封，在阀门的密封器件表面镀 10～20μm 厚的金。这种金密封的阀门能防止氢（同位素）气体泄漏；又如薄膜电路中金的镀层是用作电导体（电路）。电路的软钎焊按照通常的软钎焊工艺方法，采用 Sn61Pb39、In95-Bi5、Sn53-Pb29-In17-Zn0.5 等钎料和松香酒精中性钎剂。

应该指出，金及金合金在用锡基钎料软钎焊时，必须注意金在锡或锡基钎料中的溶解作用的影响。图

17-40 是不同温度下金在锡和锡铅钎料中的溶解量[16]。可见，当温度到达一定值时，金在锡或锡基钎料中的溶解速度极快。因此必须严格控制钎焊温度和钎焊时间，防止过度溶解造成的溶蚀现象，包括微电子薄膜电路中金层的"脱落"现象。

Sn-Pb 钎料对镀金层会产生强烈的溶蚀作用，例如，即使在 200℃ 的钎焊温度下，镀金层在 Sn-40% w（Pb）钎料内，但对于钎焊有一定帮助并且对钎焊接头的结构及接头强度无不利影响；但厚金镀层（>1.27μm）构件在强度是主要要求的情况下，就应当避免使用 Sn-Pb 基钎料钎焊。在此厚度范围内，在钎焊温度作用下，镀层上的金溶入 Sn-Pb 钎料内所形成的 Au-Sn-Pb 合金比 Sn-Pb 共晶钎料脆弱得多，它

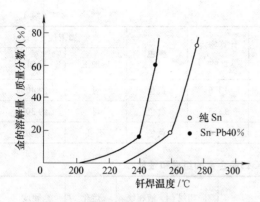

**图 17-40　不同温度下 Au 在 Sn 和 Sn-Pb40%
钎料中的溶解量[16]**

的强度变化与含金量成正比。因此引起 Sn-Pb 钎料金含量增加的因素，诸如增加镀层厚度、提高钎焊温度以及延长钎焊时间，均会导致钎焊接头强度大幅下降，接头强度下降的原因是在钎料中形成了粗大的脆性针状的 $AuSn_4$ 相。使用松香-酒精钎剂、松香-萜烯钎剂和 9 种软钎料（63Sn-37Pb，80In-15Pb-5Ag，96.5In-3.5Bi，68Sn-32Cd，90In10Ag，83Pb-17Cd，80Au-20Sn，97.5Pb-1.5Ag-1.0Sn 和 56.5Bi-43.5Pb）对厚金镀层（7～10μm）钎焊的研究结果指出：从对镀金层润湿性（表 17-104）和接头抗剪强度（表 17-105）均适合厚金镀层应用的三种钎料比较，认为 90In10Ag 和 80Au-20Sn 比 63Sn-37Pb 更适合用于厚金镀层钎焊。

金基软钎料 AuGe12、AuSi3.15 和 AuSn20 对镀金层均无溶蚀现象，是高可靠镀金器件常用的钎料。

表 17-104　软钎料的润湿性[29]

钎料	钎剂	钎焊温度/℃	平均润湿面积/mm²	接触角/(°)
63Sn-37Pb	松香酒精活性钎剂	210	123	16
90In10Ag	松香＋萜烯活性钎剂	260	87	20
80Au-20Sn	松香＋萜烯活性钎剂	308	77	22
63Sn-37Pb	松香＋酒精活性钎剂	210	68	18

表 17-105　软钎料的接头抗剪强度[29]

钎料	平均抗剪强度/MPa	
	高于熔点 10℃钎焊	高于熔点 66℃钎焊
80Au-20Sn	47.5	—
63Sn-37Pb	26.7	12.1
90In10Ag	7.7	7.0

AuSn20 钎料由于对镀金层无溶蚀、对镀金层润湿性优良和良好的热导性、高的接头强度和耐热冲击以及耐多种物质的腐蚀和较低的熔点，广泛被用于高可靠镀金器件的无钎剂钎焊和气密封装。AuSn20 钎料形态一般有 0.01～0.10mm 厚的箔材、0.071～0.025mm 粉末和膏状钎料。呈多层状的 AuSn20 复合钎料箔材（0.01～0.10mm）具有优良的冷冲环工艺性，易于制成所需形状焊环。其在氮气气氛保护炉中，320℃/5min 钎焊可伐镀金件，接头抗剪强度从 42.7MPa（7 层复合）到 46.2MPa（9 层复合），封装的气密性可以达到 ≤5×10⁻⁹Pa·m³/s。

另外，利用金与某些金属的共晶反应而实现的接触反应钎焊，在半导体和微电子器件芯片连接中也有应用，例如 Au-Si 共晶点为 370℃，Au-Si 共晶接合就是一种典型的工艺技术。

17.7　铂及铂合金的焊接

17.7.1　概述

铂为银白色的塑性金属，化学稳定性很好，不被单一酸所腐蚀。在铂族金属中，铂与氧的亲和力最小，在低于铂熔点的所有温度下，铂在大气中具有良好的抗氧化能力。

铂中加入铂族金属 Ir、Pb、Rh、Ru 等元素可使合金强化。铂的物理性能及力学性能如表 17-106 所示。

表 17-106　纯铂的物理性能及力学性能

密度/(10³kg/m³)	熔点/℃	热导率/[W/(m·K)]	电阻率/10⁻⁸ Ω·m	断后伸长率（退火态）/(%)	抗拉强度/MPa
21.37	1769	74.1	9.81	30～40	150

铂及一系列铂铑合金具有稳定而又优良的热电性

能，并有良好的高温抗氧化性能和化学稳定性，是精确测温的优良材料。铂铱、铂镍、铂钨合金具有稳定的电学参数，而且使用可靠，寿命长，是低负荷下良好的接触材料。铂钴合金是至今找到的能在酸、碱、盐等腐蚀介质中使用的，加工性能最好的永磁材料。在制造货币、首饰、医疗器械、电极以及镶牙等方面消耗了大量的铂及铂合金。

17.7.2　铂及铂合金的焊接性分析

铂及铂合金在高温下具有良好的抗氧化性能，焊接性及钎焊性很好。

在高温下碳能溶于铂，低温时，碳又部分析出，使铂变脆，所以铂不能在熔融状态与碳接触，也不能在还原性气氛中加热。因此在焊接过程中必须防止铂与碳的接触。

如在高真空、高温下焊接时，应注意防铂与氧化铝、氧化硅的接触，铂能使氧化物还原，并被铝、硅所污染。

17.7.3　焊接方法及工艺

铂及铂合金可采用气焊、氩弧焊、真空电子束焊、电阻焊等多种方法焊接。气焊时选用氢氧焰，可不加焊剂，用铂作为填充金属，焊接效果较好。如果采用氧乙炔焰，必须调节成富氧的氧化焰，以避免可能使铂产生渗碳和脆化。在空气中，将铂材前表面清理后，当加热到 982～1204℃ 范围内，较易实现锻焊或热压焊连接。热电偶、微细零件、钢笔尖上的铂金焊接，可采用电阻焊。

铂的硬钎焊可采用 Au、Au-Pt、Au-Pd、Ag 等作为钎料，如表 17-107，气体火焰钎焊可不加钎剂。由于铂与金形成无限固溶体，钎焊接头性能良好。有时也可用接触反应钎焊方法实现铂与金的连接。当钎焊 Pt-Au-Ag 或 Pt-Cu 合金时，以硼砂作钎剂，用银基钎料可获得优质钎焊接头。考虑铂与钎缝颜色匹配，可选用 $w(Pt)20\%～30\%$ 的金钎料。Pt-Au 钎料中 Pt 可提高钎料熔点及增加强度和硬度。

铂的软钎焊可采用一般 Pb-Sn 钎料，钎剂可选磷酸和乙醇混合液，也可用 6% $ZnCl_2$ + 4% NH_4Cl + 5% HCl 水溶液。

表 17-107　铂及其合金用钎料[61]

合金系类型	钎料成分 （质量分数，%）	熔化温度 /℃
Au-Pt 系	Au	1063
	Au-Pt20～30	1063～1769
Au-Pd 系	Au80-Pd20	≈1380
	Au60-Pd40	≈1460
Au-Pt-Pd 系	Au48-Pt10-Pd42	≈1510
	Au37.5-Pt20-Pd42.5	≈1570
Au-Pd-Ag 系	Au45-Pd10-Ag45	≈1120
	Au20-Pd30-Ag50	≈1260
Pt-Ag 系	Pt33-Ag67	≈1200
	Pt25-Ag75	≈1160

17.8　铅及铅合金的焊接

17.8.1　概述

作为金属材料铅，地壳含量仅 0.004%，但它确是有史以来与人类关系密切的少数金属材料之一。考古研究发现，很久以前人类就利用焊接的铅制水管。

铅是一种塑性极好、强度低、耐蚀性高的有色金属，它对振动、声波、X 射线和 γ 射线都具有很大的衰减能力，因此核工业高能物理等领域常用其屏蔽高能射线及放射性辐射。在空气中呈灰黑色。表 17-108 是纯铅的物理性能和力学性能，表 17-109 是纯铅的化学成分及用途。

加入 Sb、Cu、Sn、Ag 等元素可提高铅的再结晶温度、细化晶粒、硬度、强度等，并保持合金的良好耐蚀性。

工业用一般是铅锑合金，表 17-110 为铅锑合金的成分、力学性能和用途。

铅锑合金中加入 Cu、Sn 组成硬铅，见表 17-111，硬铅的密度比铅高，可作为结构材料，在化工防腐蚀设备中广泛应用，但硬铅的耐腐蚀性比纯铅略有降低。

表 17-108　纯铅的物理性能和力学性能

密度/(10³ kg/m³)	熔点/℃	热导率/[W /(m·K)]	电阻率 /(10Ω·m)	抗拉强度 /MPa	屈服强度 /MPa	断后伸长率 （%）	硬度 （HB）
11.34	327.3	207	20.6	9.8～29.4	4.9	40～50	4～6

表 17-109　纯铅的化学成分及用途[71]

牌号	Pb≥	化学成分（质量分数）（%）						
		杂质含量≤						
		Ag	Cu	As	Sb	Sn	Zn	Fe
Pb99.994	99.994	0.0008	0.001	0.0005	0.0008	0.0005	0.0004	0.0005
Pb99.990	99.990	0.0015	0.001	0.0005	0.0008	0.0005	0.0004	0.0010
Pb99.985	99.985	0.0025	0.001	0.0005	0.0008	0.0005	0.0004	0.0010
Pb99.970	99.970	0.0050	0.003	0.0010	0.0010	0.0010	0.0004	0.0020
Pb99.940	99.940	0.0080	0.005	0.0010	0.0010	0.0010	0.0005	0.0020

牌号	化学成分（质量分数）（%）				用　途
	杂质含量≤				
	Bi	Cd	Ni	总和	
Pb99.994	0.004	—	—	0.006	用于蓄电池，电缆，油漆，压延器，合金等
Pb99.990	0.010	0.0002	0.0002	0.010	用于蓄电池，电缆，油漆，压延器，合金等
Pb99.985	0.015	0.0002	0.0002	0.015	用于蓄电池，电缆，油漆，压延器，合金等
Pb99.970	0.030	0.0010	0.0010	0.030	用于蓄电池，电缆，油漆，压延器，合金等
Pb99.940	0.060	0.0020	0.0020	0.060	用于蓄电池，电缆，油漆，压延器，合金等

注：1. 铅的含量为 100% 减实测杂质总和的质量。

2. 铅锭分为大锭和小锭。小锭为长方梯形，底部有打捆凹槽，两端有突出耳部。大锭为梯形，底部有低凸块，两侧有抓吊槽。小锭单重可为：40kg ± 3kg、42kg ± 2kg、40kg ± 2kg、24kg ± 1kg；大锭单重可为：950kg ± 50kg、500kg ± 25kg。

表 17-110　铅锑合金的成分、力学性能和用途[81]

代号	成分（质量分数，%）		抗拉强度 /MPa	断后伸长率 （%）	硬度 （HB）	用　途
	Pb	Sb				
Pb-Sb0.5	余量	0.3 ~ 0.8	—	—	—	
Pb-Sb2	余量	1.5 ~ 2.5	—	—	—	
Pb-Sb4	余量	3.5 ~ 4.5	38.6（铸造） 27.5（轧制）	20 50	10 8	
Pb-Sb6	余量	5.0 ~ 7.0	46.8（铸造） 28.9（轧制）	24 50	12 9	化肥，化纤、农药、造船、电气设备中作耐酸、耐蚀和防护材料
Pb-Sb8	余量	7.0 ~ 9.2	51.0（铸造） 31.7（轧制）	19 30	1.3 9	
Pb-Sb12	余量	10.0 ~ 14.0	—	—	—	

表 17-111　硬铅的化学成分和用途

代号	化学成分（质量分数，%）				用　途
	Sb	Cu	Sn	Pb	
PbSb4-0.2-0.5	3.5 ~ 4.5	0.05 ~ 0.2	0.05 ~ 0.5	余量	
PbSb6-0.2-0.5	5.5 ~ 6.5	0.05 ~ 0.2	0.05 ~ 0.5	余量	化纤设备中耐酸、耐蚀材料
PbSb8-0.2-0.5	7.5 ~ 8.5	0.05 ~ 0.2	0.05 ~ 0.5	余量	
PbSb10-0.2-0.5	9.5 ~ 10.5	0.05 ~ 0.2	0.05 ~ 0.5	余量	

铅在大气、淡水、海水中很稳定。如果水中存在氮和二氧化碳气体时，腐蚀程度将明显增加。如果切开纯铅，其表面呈银白色光泽，但铅暴露在空气中，立即被氧化生成灰黑色的氧化铅，氧化铅是一种附着在铅表面的薄膜，它可保护铅免受进一步氧化。

铅对硫酸有较好的耐蚀性能。铅与硫酸作用时，在其表面产生一层不溶解的硫化铅，它保护内部铅不被继续腐蚀。

铅不耐硝酸的腐蚀，在盐酸中也不稳定，对磷酸、亚硫酸、铬酸和氢氟酸等则有良好耐蚀性。

17.8.2　铅及铅合金焊接性分析

铅的焊接性及软钎焊性都较好，铅及铅合金的焊接特点是：

1) 铅对氧的亲和力很强。在焊接过程中铅表面易生成氧化铅薄膜，氧化铅的熔点比铅高得多，为800℃，而密度比铅小，它可以阻碍铅熔滴与熔池金属相熔合，产生夹渣、未焊透等缺陷。

2) 铅焊接时，因其熔点低、热导率低，所需的焊接热量不宜太大，由于铅的塑性变形能力强，焊后应力松弛明显，一般焊后只要用木槌敲打焊缝就能消除焊接应力。

3) 铅的再结晶温度为 15~20℃，在室温条件下可完成再结晶过程，故焊接热影响区不发生硬化倾向。

4) 铅熔化后其流动性好，焊接熔池中铅很易流淌，使横焊和仰焊操作困难，在薄板对接焊时，一般采用搭接或卷边。

5) 焊接铅及铅合金必须注意安全防护，焊工如果吸入过量的铅化物，将引起铅中毒，因此要采取较好的通风措施。

6) 由于熔点较低，铅软钎焊时要注意防止铅熔化，一般铅及铅合金较易实现软钎焊，但要求耐腐蚀的接头不采用软钎焊，而采用熔焊。

17.8.3　焊接方法及工艺

铅的熔焊工艺方法可以选用气焊、电弧焊、钨极氩弧焊；也可以采用电阻焊，但在生产上主要采用气焊。

1. 气焊

(1) 气焊热源的选择

对焊接铅用的热源要求是：温度不能过高、过低；火焰的体积小、焰芯直、热量集中；火焰压力低、冲击力小，以适应熔化的铅液流动性强的特点，从而保持熔池的稳定。焊接铅用的热源（可燃气体）的选择与比较可见表 17-112。

厚度不超过 7mm 的铅板焊接，采用氢氧焰较易掌握，因其火焰温度较氧乙炔焰低，气流缓和、焊接熔池平稳。而厚度大于 7mm 的铅板可选用火焰温度高、焰芯温度集中的氧乙炔火焰。两种火焰在焊接操作技术上的差别不大。焊接参数选择见表 17-113。

(2) 焊前准备

1) 焊接接头形式的选定。铅板焊接的接头形式如图 17-41 所示。

2) 焊件焊接边缘的准备。焊件焊接边缘两侧的油脂、砂泥和污垢等必须除净；焊件对接接头两侧或焊件坡口内及两侧表面的氧化铅薄膜应用刮刀刮削净，露出铅的金属光泽。刮净宽度视焊件厚度而定。

厚度为 5mm 以下，宽度为 20~25mm；

厚度为 5~8mm，宽度为 30~35mm；

厚度为 9~12mm，宽度为 35~40mm。

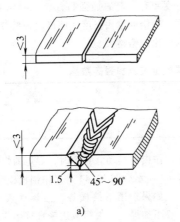

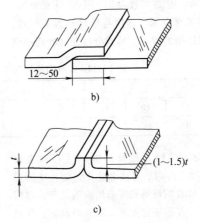

图 17-41　铅板焊接的接头形式

表 17-112　铅板焊接的热源比较

	热值（cal/m³）	焊枪中氧/可燃气体体积比	火焰温度/℃	优缺点
氢	2566 ~ 3048		2500	最适宜于焊接铅,成本相对较高
乙炔	≥12600	1 ~ 1.3	3100	成本较氢低,最适宜于搪铅
液化气	≥21200	3 ~ 3.5	2100(以丙烷为主)	适用于有炼油厂地区,价格便宜
天然气	平均 8500	依组成而定	2000 ~ 2300	适用于天然气产地
煤气	炼焦煤气 3900 炼铁煤气 950 发生炉煤气 1400	依不同组成而异	1800 ~ 2000	适用于气体产地

注：$1cal/m^3 = 4.1868J/m^3$。

表 17-113　铅气焊的焊接参数

板厚/mm	焊缝位置							
	平焊①		横焊②		立焊②		仰焊②	
	焊嘴号	焰心长度/mm	焊嘴号	焰心长度/mm	焊嘴号	焰心长度/mm	焊嘴号	焰心长度/mm
1 ~ 3	1 ~ 2	8	0 ~ 2	6	0 ~ 1	4	0 ~ 1	4
4 ~ 7	3 ~ 4	8	1 ~ 2	8	0 ~ 2	6	0 ~ 2	6
8 ~ 10	4 ~ 5	12	3 ~ 4	10	2 ~ 3	8	2 ~ 3	8
12 ~ 15	6	15	3 ~ 4	10	2 ~ 3	8	2 ~ 3	8

① 平焊为对接缝。
② 立、横、仰焊为搭对接缝。

当长焊缝焊接时,采取边刮、边焊的方法,防止火焰中氧与铅化合,再次产生氧化铅薄膜。

3）点固焊。焊件装配时需用点固焊缝固定,以防焊接变形而引起错位。厚度 5mm 以内的平对接缝,点固焊缝长度 10 ~ 20mm,间距 250 ~ 300mm。管子对接缝的点固焊缝间距,一般相隔 120°,如果管径较大时,间距则为 90°,点固焊缝需完全焊透。

4）填充金属。卷边对接焊时,不需填充金属。其他形式接头的填充金属,选用与母材相近的材料,异种铅材焊接时所用的焊丝,其成分按强度较高一侧

铅材选用。填充金属可以用母材板料剪切或专门浇铸的铅条。

（3）铅的气焊工艺

铅的气焊应根据焊缝位置（如平焊、立焊、横焊、仰焊和角焊）确定不同的焊接操作方法。

应当指出,铅板是轧制的,其强度较高,而焊缝是铸造组织,强度较低,因此铅板的焊缝应适当增加宽度和有一定的加强高,表 17-114 提供具体参考数据。硬铅的接头强度比原母材降低较多,故焊缝加强高应比纯铅略大。

表 17-114　不同厚度铅板的焊缝宽度及加强高数据　　　　（单位：mm）

铅板厚度	1.5	2	3	4	5	6	7	8	9	10	11	12
焊缝宽度	8	10	12	14	16	18	19	20	21	22	23	24
焊缝加强高	1	1	1.5	2	2.5	3	3	3.5	3.5	4	4	4

搭接立焊时,焊丝直径及焊嘴尺寸可参考表 17-115 选择。对接立焊时,要注意防止铅熔池金属流淌,应选用较小号数的焊嘴和较低的火焰功率,以减小熔池尺寸。焊丝直径不宜太大,添加焊丝时,焊丝端部要轻轻触及熔池,当铅板略有熔化时立即加入焊丝,并在焊丝金属熔滴与熔池金属相互熔合时,焊炬

立即作横向摆动。立焊时,焊炬的焊嘴运动方式如图 17-42 所示。图 17-43 是采用挡板模式的示意图。

如果采用搭接横焊,当焊件板厚小于 2mm 时,一般不加焊丝,由铅板边缘直接熔化形成接头;若板厚 4mm 时,第一层焊接方法同前,第二层应添加焊丝。当横焊时,焊缝朝下的可用挡模焊接。

表 17-115 搭接立焊时焊丝直径及焊嘴
尺寸的选择 （单位：mm）

焊件厚度	焊丝直径	氢氧焰的焊嘴直径	氧乙炔焰的焊嘴直径	焊接方法
1.5 ~ 3.0	不加丝或 2 ~ 3	0.5 ~ 1.0	0.50	直接法
3 ~ 6	2 ~ 4	1.0 ~ 1.5	0.60	直接法
6 ~ 12	3 ~ 5	1.5 ~ 2.5	0.75	—
12 ~ 25	4 ~ 6	—	1.25	用挡模法

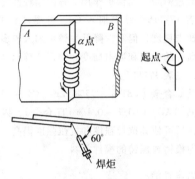

图 17-42 搭接立焊时焊炬的
焊嘴运动方式[82]

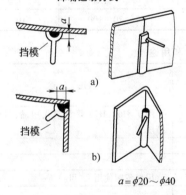

$a = \phi 20 \sim \phi 40$

图 17-43 对接角焊时挡板模式示意图[82]

仰焊只能焊接 6mm 以下的铅板，操作比较困难。角接焊时，可采用船形位置焊、折边角焊或挡模进行立焊（如图 17-43b）。

铅及铅合金焊接中，铅管焊接是工业生产中常见的问题，图 17-44 是铅管对接接头的两种形式。当铅管在焊接过程中不能转动时，可采用图 17-45 接头形式进行横焊，这时铅管直径一般在 20 ~ 100mm 左右。

（4）焊缝缺陷及修补

常见的缺陷有未焊透、咬边、夹渣、夹层、气孔、烧穿及焊瘤等。对上述缺陷，可用气焊火焰将有缺陷的焊缝金属清除掉，并用刮刀修整后补焊。

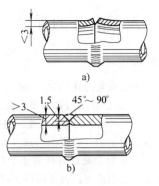

图 17-44 铅管对接接头形式[82]

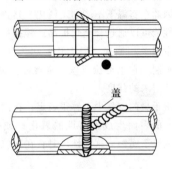

图 17-45 铅管焊接横焊接头形式[82]

（5）焊接时的劳动保护措施

在焊接过程中由于铅蒸气及氧化铅粉扩散到周围空气中，会引起焊工铅中毒。其症状常见为：情绪易激动、口腔内有甜味，当体内粉尘量积累到一定量后，就会出现脸色灰白、头晕、关节酸痛、失眠和腹痛等症状，更严重的还会发展到神经错乱。因此，必须采取严格措施，加强劳动保护。

1）在焊接工作场地设置良好的通风设施。无完整通风设备时，可在焊工操作区采用小型自净式电焊烟尘吸收器除尘、滤毒。

2）焊工在操作时要戴静电防尘口罩，穿好工作服和戴好手套，避免铅与皮肤直接接触。

3）对焊工进行定期体格检查。

2. 软钎焊

铅与铅、铅与铜、黄铜的软钎焊主要是用铅锡钎料，以刮擦钎焊方法进行，一般应选用液-固相区间较大的钎料，如 Sn30 ~ 35-Pb70 ~ 65；铅制电缆接头可用 $w(Sn) = 34.5\%$、$w(Sb) = 1.25\%$、$w(As) = 0.11\%$ 的铅基钎料；铅板软钎焊采用 Sn50-Pb50 钎料。如果需要用钎剂则可用活性松香、硬脂酸或动物脂。

钎焊前必须对焊件刮刷清理，加热方法可用烙铁、喷灯或焊炬等。

铅的软钎焊同样要注意安全防护。

17.9　锌及锌合金的焊接

17.9.1　概述

锌在地壳中的含量为 0.013%，按元素的相对丰度居于第 23 位。然而锌是用得最多的金属之一，全世界的产量和消耗量居第四位，在铁、铝和铜之后。

纯锌是蓝灰色金属，有低的熔点（419.5℃）和沸点（907℃）。未合金化的锌的强度和硬度大于锡或铅，但明显小于铝或铜。因为纯锌抗蠕变性能低，不能在受力情况下使用。纯锌在室温下变形后会迅速再结晶，因此在室温下不能加工硬化。其再结晶温度和抗蠕变性能可以通过合金化提高。锌有粗晶组织特征。它在室温下相当脆，但 100～200℃ 下却是韧性的，可以轧制，它也可拉成丝。常常需要制成合金，才能达到所要求的强度。

在完全干燥的空气中，锌很稳定；在潮湿的大气条件下，它的表面生成不溶性的氧化锌或碳酸锌薄层，大大减轻了腐蚀。这种性质对它在建筑物中的应用，如屋顶材料、防雨板和沟槽，是很有价值的。

从电化学性质看，锌的还原性比铁强，因此它可作为钢铁的耐腐蚀镀层使用，此处它起到阳极作用。锌的电学性质使它在蓄电池中成为有用的电极材料。

锌具有较好的耐腐蚀性和较高的力学性能，可压力加工成板、带等。应用在电池、印刷等工业部门，锌合金还用作日用五金制品，甚至可作黄铜的代用品。

锌在常温下容易形成孪晶，因此常温加工时将迅速产生加工硬化，所以比铜等金属加工困难。锌在干空气中几乎不氧化，但在湿气和碳化气体中，表面易生成碳酸盐薄膜，起保护作用。锌的物理性能和力学性能见表 17-116。锌中加入 Cu，可提高锌的硬度、强度和冲击韧度，但塑性降低。锌中加入较多铝也可明显提高锌的强度和冲击韧度。锌铜和锌铝合金的成分及用途见表 17-117。

锌基钛合金〔（81%～95%）Zn-（3%～12%）Cu-（2%～5%）Al-（0.01%～0.1%）Ti 合金〕，以 ε 相为主，加钛后可使其抗拉强度和抗压强度提高。该合金主要作为模铸或压铸的模件材料。

表 17-116　锌的物理性能和力学性能

密度 /（10^3kg/m^3）	熔点/℃	热导率 /[W/（m·K）]	电阻率 /（10^{-8}Ω·m）	抗拉强度 /MPa	断后伸长率 （%）
7.13	419	0.263	0.062	70～100	10～20

表 17-117　锌合金的化学成分和用途

代号	成分(质量分数,%)				用　途
	Al	Cu	Mg	Zn	
ZnCu1.5	—	1.2～1.7	—	余量	用于 H62、H70 等黄铜代用品，可轧制和挤压
ZnCu1.2	—	1.0～1.5	—	余量	
ZnCu1	—	0.8～1.2	—	余量	
ZnCu0.3	—	0.2～0.4	—	余量	
ZnAl1.5	14.0～16.0	—	0.02～0.4	余量	用作黄铜代用品，可挤压
ZnAl10-5	9.0～11.0	4.5～5.5	—	余量	
ZnAl10-1	9.0～11.0	0.6～1.0	0.02～0.05	余量	
ZnAl14-1	3.7～4.3	0.6～1.0	0.02～0.05	余量	可作 H59 黄铜代用品，能轧制和挤压
ZnAl0.2-4	0.20～0.25	3.5～4.5		余量	可供制造尺寸要求稳定的零件，能轧制和挤压

17.9.2　锌及锌合金的焊接性分析

锌及锌合金的焊接性和钎焊性较好，但在锌及锌合金的熔焊时，要注意防止锌的蒸发。

17.9.3　焊接方法及工艺

锌及锌合金可采用点焊、缝焊等电阻焊方法，但应用较多的还是气焊。

1. 气焊

锌及锌合金的气焊工艺与铅气焊工艺相似。锌气焊时宜用较小的焊炬，例如适合于气焊 0.8mm 铜板的焊炬可用于焊接 3mm 的锌板。焊接时，大多采用中性焰或轻微碳化焰。表 17-118 列出锌板气焊的条件。锌气焊时，必须用焊剂，这不仅是为了防止氧化，而且对防止锌蒸发也有利。含 Al 的锌合金、锌铸件气焊或补焊时，所选的焊剂应与铝气焊焊剂类似。为了防止气焊时锌板烧穿,气焊火焰应与焊件表面成 15°～45°角。为了使焊缝金属晶粒细化,改善力学性能,可以在 95～150℃温度范围内锤击;如果在室温或 150～170℃以上温度锤击,则可能产生裂缝。

2. TIG 焊

TIG 焊的焊接材料与气焊的焊接材料相同,在工艺方面 TIG 焊的焊丝不可过于接近电弧,宜选用交流钨极氩弧焊,其工艺要求与气焊相同。TIG 焊锌铝合金时,母材与焊丝的 Al 含量越高,产生气孔、夹渣的倾向越大,其焊接工艺性越差。该焊接方法可满足一般的锌铝合金铸件缺陷修复的需要,只是焊接接头中化学成分与母材有较大差别,这是因为焊接过程中 Zn 及其他合金元素的蒸发和烧损造成的。在组织方面,气焊与 TIG 焊的组织基本相同,但钨极氩弧焊焊接接头比气焊接头的熔合区和热影响区窄。TIG 焊焊接接头的力学性能与气焊接头基本相同,在硬度方面两者的差别主要取决于焊接方法、工艺条件和焊丝状况,包括成分、变质处理情况等。同质材料焊接以 TIG 焊焊缝区硬度为最高。TIG 焊焊接接头的耐磨损性能也高于气焊接头[69]。

3. 钎焊

锌及锌合金钎焊前必须清洗,盐酸或过盐酸氯化锌可去除锌的表面氧化物 ZnO。含铝的锌合金用浓 NaOH 水溶液清洗。

表 17-118　锌板气焊条件[67]

板厚/mm	焊剂	备注
≤0.8		对接,不需焊丝
1.0～3.2	$ZnCl_2$ 50% + NH_4Cl 50%	I 形坡口或搭接接头
≥3.5		70°～90°V 形坡口

锡基钎料对锌及锌铜合金具有良好的润湿铺展能力。图 17-46 是锌铜合金、铜、黄铜上 Sn-Pb 钎料铺展试验的比较结果。可见,时间短时,Sn-Pb 钎料在锌铜合金上的铺展面积比它在铜、黄铜上的铺展面积小,但到 30～40s 后,铺展面积超过铜和黄铜,这是由于液态钎料中 Sn-Zn 共晶作用,促使钎料继续铺展。

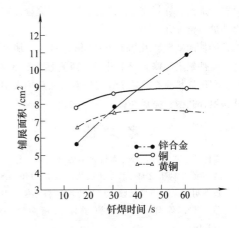

图 17-46　锌铜合金、铜、黄铜的铺展
对比试验钎料 Sn-Pb (60-40)
$ZnCl_2$ **250℃**[67]

锌及锌合金软钎焊用钎料如表 17-119 所示。锡基钎料或镉锌钎料可以钎焊锌及锌合金。镉锌共晶钎料 (Cd82.5-Zn17.5) 钎焊锌铝合金时不用钎剂或用 40% NaOH 水溶液作钎剂,可获得较好的接头强度。钎料中加入 Sn、Pb 降低钎料熔点。一般锌及锌合金钎焊钎剂可用氯化锌、氯化锌-氯化铵或氯化锌盐酸溶液。含铝的锌合金还可用铝反应钎剂 ($ZnCl_2$ 88、NHCl 10、NaF_2),钎焊温度 330～385℃。

表 17-119　锌及锌合金软钎焊用钎料[67]

牌号	成分(质量分数,%)					熔点/℃	用途
	Sn	Zn	Pb	Cd	Sb		
Sn90Pb10	89～91	—	余量		≤0.15	183～222	
SnPb39	59～61	—	余量		≤0.8	183～185	锌及锌铜合金软钎焊
Sn40Pb58Sb2	39～41	—	余量		1.5～2.0	183～235	
Zn17Cd83	—	17±1	—	83±1		266～270	
Sn90Zn10	90	10	—			200	锌、锌铜、锌铝合金软钎焊
Sn70Zn30	70	30	—			183～331	
Sn40Zn58Cu2	40±2	58±2	—		Cu2±0.5	200～350	—

钎焊方法主要有炉中钎焊和火焰钎焊。对于炉中钎焊来说，钎焊前试件要进行清洗和打磨，其次要对加热炉进行预热，并控制钎焊的温度和保温时间，钎焊完成后要空冷，最后要将残留的钎剂用清水清洗掉并吹干。对于火焰钎焊，则要用氧乙炔火焰的碳化焰对焊件进行加热。火焰在加热过程中围绕钎焊区域不停转动，每隔 30～60s 移开火焰，并停止加热 30s，然后重新加热。钎焊完毕后进行空冷，待完全冷却后对焊件进行清洗并吹干[70]。

锌铸件的缺陷可用 Sn61Pb39 作钎料，不加钎剂补钎。铸件缺陷经修光或扩孔后，两侧预热到 330℃以上，利用钎料棒在孔壁上镀覆钎料，然后用火焰熔化钎料填补孔槽，完成补钎。

参 考 文 献

[1] 唐任寰，刘元方，等. 无机化学丛书：第十卷 锕系后元素 [M]. 北京：科学出版社，1998：146-148.

[2] 长谷川正义，三岛良绩. 核反应堆材料手册 [M]. 孙守仁，等译. 北京：原子能出版社，1987：470-486.

[3] 伯克 J J，等. 铀合金物理冶金—美国第三次陆军材料技术会议文集 [C]. 石琪，译. 北京：原子能出版社，1986.

[4] Holbert R K, et al. Welding of a Powder Metallurgy Uranium Alloy [J]. Welding Journal, 1989, 68 (5): 206s-212s.

[5] 张友寿，谢志强，秦祖军，等. 纯铀、二元或多元铀合金的焊接 [J]. 航空制造技术，2004 (增刊)：64-69.

[6] 张友寿，姜云波，谢志强，等. 铀的腐蚀及防腐技术研究 [J]. 材料导报，2005, 19 (8): 43-46.

[7] 顾钰熹. 特种工程材料焊接 [M]. 沈阳：辽宁科技出版社，1998：280-400, 623-629.

[8] 美国金属学会. 金属手册：第六卷 焊接、硬钎焊、软钎焊 [M]. 郭世康，等译. 9 版. 北京：机械工业出版社，1994.

[9] Stanaland V A. The Effect of Electron-Beam Welds on Urauium-6Niobum Alloy. Y/DV-227. 1982.

[10] 刘金合. 高能密度焊 [M]. 西安：西北工业大学出版社，1994：23-79.

[11] Elmer J W, Terrill P, Brasher D, et al. Joining Depleted Uranium to High-Strength Aluminum Using an Explosively Clad Niobium Interlayer [J]. Welding Journal, 2002, 81 (4): 167-S-173-S.

[12] 张友寿，王巍，李盛和，等. 纯铀、铀铌合金的氩弧焊接研究 [C] //中国核学会核材料分会. 中国核学会核材料会议文集. 1993：45-50.

[13] 张友寿，贾昌申. 铀及铀合金的焊接 [J]. 焊管，1995 (4): 13-18.

[14] 美国焊接学会. 焊接手册：第 4 卷. 金属及其焊接性 [M]. 北京：机械工业出版社，1991.

[15] 郑远谋. 爆炸焊接和金属复合材料及其工程应用 [M]. 长沙：中南大学出版社，2002.

[16] Rosen R S. The Properties of Silver-Aided Deffusion Welds between Uranium and Stainless steel [J]. Welding Journal, 1986, (65) 4: 83-S-92-S.

[17] Elmer J W. The Behavior of Silver-Aided Diffusion-Welded Joints Urder Tensile and Torsional Loads [J]. Welding Journal, 1988, (67) 7: 157-S-162-S.

[18] 张友寿. 45 号钢、不锈钢、铝合金的电镀连接 [J]. 材料导报，1999. (1)

[19] Johnson H R, Dini J W, Wood D H. Etching and Plating of Nominal U-6wt%Nb Alloys SAND80-8033. 1980 (8).

[20] 张友寿，秦有均，吴东周，等. 铍的粉末冶金工艺及焊接研究进展 [J]. 焊接学报，2001, 22 (5): 93-96.

[21] 张友寿，秦有钧，吴东周，等. 铍及含铍材料的性能及用途 [J]. 焊接学报，2001, 22 (6): 92-96.

[22] 马晋辰. 加快铍材应用步伐 [J]. 航天工艺，1997 (4): 46-47.

[23] 陈昭晰. 铍惯性器件的制作工艺 [J]. 航天工艺，1994 (3)

[24] Selahaddin, Anik. Welding and Cutting. 1991. 9.

[25] 刘序芝，田招弟，袁保玲. 铍焊接技术及其展望 [J]. 真空电子技术，1986 (6): 45.

[26] 刘序芝，田招弟，袁保玲. 铍与某些金属（包括铍）或合金的铜扩散焊. 中国，CN85100174. A, [P]. 1986-8-20.

[27] 舍瓦尔兹 M M. 金属焊接手册 [M]. 袁文钊，等译. 北京：国防工业出版社，1988.

[28] 蒋元清. 铍钎焊工艺研究 [J]. 宇航材料工艺，1995 (4): 41-43.

[29] 张启运，庄鸿寿. 钎焊手册 [M]. 北京：机械工业出版社，1999.

[30] 顾曾迪. 有色金属的焊接 [M]. 北京：机械工业出版社，1987：258-275.

[31] 张友寿，姜云波，谢志强，等. 铍的焊接缺陷及其控制技术研究 [J]. 焊接，2005 (11): 31-37.

[32] 张友寿，秦有钧，李盛和，等. 电子束焊接铍的显微组织 [J]. 焊接技术，2000, 29 (6): 7-9.

[33] James E, Hanafee, Terry J, Ramos. Laser Fabrication of beryllium Components. UCRL-JC-121436. 1995 (8).

[34] 张友寿，姜云波，李盛和，等. 激光焊接铍的显微组织和力学性能 [J]. 航空制造技术，2004 (增刊)：70-72.

[35] Glenn T G, Grotsky V K, Keler D L. Vacuum brazing beryllium to monel [J]. Welding Journal, 1982, 61 (10)：334s-338s.

[36] 王锡胜，张鹏程，鲜晓斌，等. 铍与铜合金的热等静压扩散连接实验研究 [R]. 绵阳：中国工程物理研究院，2007.

[37] 刘中青，刘凯. 异种金属焊接技术指南[M].北京：机械工业出版社，1997：306-311.

[38] Contreras F, Trillo E A, Murr L E. Friction-stir welding of a beryllium-aluminum powder metallurgy alloy [J]. Journal of Materials Science, 2002 (37)：89-99.

[39] 张友寿，贾昌申. 特种材料的电化学连接技术 [J]. 材料导报，2000，14 (7)：22-24.

[40] 陈春光. 我国核电用锆合金材料产业化的现状和发展 [J]. 上海有色金属，1998，19 (2)：53-57.

[41] 中国腐蚀与防护学会. 金属腐蚀手册 [M]. 上海：上海科学技术出版社，1987：389-392.

[42] 师昌绪，李恒德，周廉. 材料科学与工程手册：上卷. 北京：化学工业出版社，2004.

[43] 郭旭林. AFA 17×17 燃料棒电子束焊接工艺 [C] //中国核学会核材料分会. 中国核材料和聚变材料学术会议论文集. 北京：原子能出版社，1996.

[44] 裴秋生，吴学义，等. Zr-4 合金定位格架电子束焊接工艺研究 [C] //中国核学会核材料分会. 核材料会议文集. 北京：原子能出版社，1988.

[45] 任德芳，等. 核电站燃料棒制造中的电子束焊接 [C] //中国核学会核材料分会. 核材料会议文集. 北京：原子能出版社，1988.

[46] 畅欣，伍志明. 压水堆燃料元件制造文集. 北京：原子能出版社，2005：3-8，16-29，205-268.

[47] 张文水. 锆 4 导管 TIG 焊工艺研究 [C] //中国核学会核材料分会. 中国核材料和聚变材料学术会议论文集. 1996.

[48] 罗先典. AFA-2G 17×17 燃料组件骨架制造工艺研究 [C] //中国核学会核材料分会. 中国核材料和聚变材料学术会议论文集. 1996.

[49] 任德芳，张文水，等. 燃料棒脉冲氩弧焊焊接工艺 [C] //中国核学会核材料分会. 中国核材料和聚变材料学术会议文集，1996.

[50] 丁长安，朱梅生，宫本海. 锆-2 压力管组件的焊接及性能 [J]. 焊接学报，1999，(20) 4：272-277.

[51] 周海蓉，周邦新. Zr-4/1Cr18Ni9Ti 爆炸焊结合层的显微组织研究 [J]. 核动力工程，1997，8 (1).

[52] 刘中青，邸斌编. 异种材料的焊接 [M]. 北京：科学出版社，1990：268-274.

[53] Selahaddin Anik，等. 金属焊接中的金属物理过程—特种金属的性能与焊接性 [J]. 张友寿，译. 特种材料，1996 (1)：52-61.

[54] Steward R V, Grossbeck M L, Chin B A, et al. Furnace brazing type 304 stainless steel to vanadium alloy (V-5Cr-5Ti) [J]. Journal of Nuclear Materials, 2000 (283-287)：1224-1228.

[55] 冷邦义，鲜晓斌，谢东华，等. 热等静压对 V-4Cr-4Ti/HR-2 钢连接界面及性能的影响 [C] //四川省核学会. 四川省核学会核燃料与材料专业委员会学术论文. 2007：120-122.

[56] 溶接便覧編集委員会. 溶接便覧 [M]. 東京：丸善出版社，1994.

[57] 李培铮. 金银生产加工技术手册[M].长沙：中南大学出版社，2003.

[58] 翟宗仁. 无镉钎料的研制进展概述 [C] //中国焊接学会钎焊及扩散焊专业委员会. 第十届全国钎焊与扩散焊技术交流会论文集. 无锡，1998.

[59] 乔培新. 绿色制造中的无镉钎料 [C] //中国焊接学会钎焊及特种连接专业委员会. 第十二届全国钎焊及特种连接技术交流会论文集. 青岛，2002.

[60] 马鑫、何鹏. 电子组装中的无铅软钎焊技术 [M]. 哈尔滨：哈尔滨工业大学出版社，2006.

[61] 田中清一郎. 貴金属の科学：応用編 [M]. 東京：田中貴金属工業株式会社，1985.

[62] 李智诚，等. 电子器件新型有色金属材料的生产与应用 [M]. 南京：江苏科技出版社，1991.

[63] Mulugeta Abtew, Cuna Selvaduray. Lead free solders in microelectronics [J]. Materials Science and Engineering, 2007 (27)：95-141.

[64] 中国电子学会生产技术学分会丛书编委会. 微电子封装技术 [M]. 北京：中国科学技术大学出版社，2003. 23-26.

[65] 大沢直. 电子产品锡焊技术可靠性 [M]. 吴念祖，译. 北京：电子工业出版社，1986.

[66] 邹僖. 钎焊 [M]. 修订本. 北京：机械工业出版社，1989.

[67] 印有胜. 钎焊手册 [M]. 哈尔滨：黑龙江科学技术出版社，1989.

[68] 方鸿渊，等. 微电子器件内引线球焊技术的现状及发展趋势 [J]. 电子工艺技术，1987 (10).

[69] 徐维普，刘秀忠，盖晓东，等. 锌铝合金补焊的研究 [J]. 焊接技术，2004，33 (5)：26-28.

[70] Marshall G J, Bolingbroke R K. Microstructural control in an aluminium core alloy for brazing sheet applications [J]. Metallurgical Transactions, 1993, 24A (9)：1935-1942.

[71] 李春胜，黄德彬. 机械工程材料手册：上册 [M]. 北京：电子工业出版社，2007.

第4篇　难熔金属及异种金属的焊接

第18章　难熔金属的焊接
作者　何景山　张秉刚　审者　冯吉才

18.1　概述

18.1.1　材料性能

本章涉及的难熔金属仅限于钨、钼、钽、铌。它们的熔点都在 2000℃ 以上，均为体心立方结构，处于元素周期表中的 V_B（Nb，Ta）和 VI_B（Mo，W）族。这四种金属都具有高温强度好、密度大、导热性好、线胀系数小、弹性模量高及抗腐蚀性能优异等特点。但是这类材料由于室温延性低、高温抗氧化性差，焊接加工比较困难。

（1）钨及其合金

钨是难熔金属中熔点最高、密度最大、线胀系数最小的金属，其主要物理性能见表18-1。

钨在常温下不与空气、氧等进行化学反应，对各类酸溶液具有优异的耐腐蚀性能。但在高温下除氢气以外可和氮、氧、一氧化碳、水蒸气等发生化学反应。其化学性能见表18-2。

表18-1　钨的物理性能[1,2]

熔点 /℃	密度 /(g/cm³)	比热容 /[J/(g·K)]	热导率 /[W/(cm·K)]
3410±10	19.21	0.138	1.298

线胀系数 /(10⁻⁶/K)	弹性模量 /MPa	相变点 /℃
4.5	345×10³	无

钨及其合金一般采用粉末冶金或熔解冶炼的办法制备，粉末冶金法制备的材料在焊接时容易产生气孔。表18-3是常用钨材及其合金的化学成分，表18-4是钨及其合金的力学性质[5,6]。钨具有优良的高温强度，但同时又存在严重的低温脆性。钨板的塑-脆转变温度在 240～250℃ 之间，在室温下仍呈脆性。钨板的塑-脆转变温度与生产工艺直接有关。轧制温度、冷加工率、杂质含量、表面状态和退火温度等因素均影响其塑-脆转变温度。为提高钨板的塑性，通

表18-2　钨的化学性能[3,4]

介质	试验条件	反应情况
空气或氧气	400℃	开始反应
氮气	1500℃ 以上	形成氮化物
氢气	所有温度	不反应
氢氧化钠	质量分数 10%、20℃	不反应
磷酸	浓或稀、20℃	不腐蚀
氢氟酸	浓、20～100℃	微腐蚀
盐酸	稀或浓、20℃	不腐蚀
	稀或浓、100℃	微腐蚀
硝酸	稀、100℃	微腐蚀
	浓、20℃	微腐蚀
硫酸	稀、100℃	微腐蚀
	浓、100℃	缓慢腐蚀

注：1. 微腐蚀：0.0127～0.127mm/a。
　　2. 缓慢腐蚀：0.127～0.254mm/a。

常采用低于再结晶温度的消除应力退火。再结晶温度与板材的加工率有关，通常是在 1100～1300℃ 之间。为了改善钨的低温塑性，可加铼元素进行合金化，加铼的钨合金可以使塑-脆转变温度下降[7]。

钨及其合金在航空航天、原子能工业、电子工业和民用工业的高温、抗腐蚀环境下得到广泛应用。如作为火箭发动机喷管材料、高温结构材料、各种电极、熔融玻璃腐蚀构件等。由于钨与氢在高温下也不发生反应，是氢气高温炉发热体或反射屏的最佳选用材料。

（2）钼及其合金

钼的物理性能见表18-5，化学性能见表18-6。致密的金属钼在室温下是稳定的，温度在 400～500℃ 时开始氧化。高于此温度时，钼开始迅速氧化并生成 MoO_3，该氧化物具有较低的熔点（795℃）和沸点（1480℃）。

表 18-3　钨及其合金的化学成分[5,6]

材料牌号	主要成分（质量分数,%）		杂质含量≤（质量分数,%）										
	W	Re	O	N	C	Ni	Ca	Mg	Fe	Al	Si	Nb	Ta
W[①]	余量	—	0.005	0.003	0.008	0.003	0.005	0.003	0.005	0.002	0.005	—	—
W1	余量	—	0.005	0.003	0.01	0.0025	0.005	0.003	0.005	0.002	0.006	—	—
W2	余量	—	0.010	0.003	0.02	0.004	0.010	0.003	0.010	0.004	0.012	—	—
W-25Re	余量	24 ~ 26	—	—	0.008	0.008	—	—	0.05	0.005	0.005	0.05	0.05

① GB/T 3875—2006。

表 18-4　钨及其合金的力学性能[5,6]

材料牌号	板厚/mm	试验温度/℃	抗拉强度/MPa	断后伸长率（%）
W	1 ~ 1.6	室温	882.9 ~ 1079.1	—
		1000	458.1	—
		1100	407.1	—
		1200	365.9	—
W-25Re	0.9	室温	1212.5	
		1500	399.3	77
		1650	329.6	64
		1850	239.4	84

表 18-5　钼的物理性能[1,2]

熔点 /℃	密度 /（g/cm³）	比热容 /[J/(g·K)]	热导率 /[W/(cm·K)]	线胀系数 /(10⁻⁶/K)	弹性模量 /MPa	相变点 /℃
2620 ± 10	10.22	0.243	1.424	5.3	276 × 10³	无

表 18-6　钼的化学性能[3,4]

介质	试验条件	反应情况
空气或氧气	400℃以上	开始氧化
	600℃以上	强烈氧化
氮气	1400 ~ 1500℃以上	形成氮化物
氢气	任何温度	不反应
氢氟酸	冷、热状态	不腐蚀
熔融碱	大气下	微腐蚀
磷酸	浓、20℃	微腐蚀
盐酸	稀或浓、20℃	极微腐蚀
	稀或浓、100℃	微腐蚀
硝酸	稀、100℃	急剧腐蚀
	浓、20℃	微腐蚀
硫酸	稀或浓、100℃	缓慢腐蚀

注：1. 极微腐蚀：0.0127mm/a 以下，微腐蚀：
0.0127 ~ 0.127mm/a。
2. 缓慢腐蚀：0.127 ~ 0.254mm/a，急剧腐蚀：
0.254mm/a 以上。

影响工业纯钼塑性的主要因素是杂质的含量，而杂质含量在相当大程度上取决于它的生产方法。钼及其合金的化学成分和力学性能分别列于表 18-7 和表18-8，表中牌号前有"F"的表示粉末冶金材料，其余为电弧或电子束熔炼材料（下同）。钼及其合金的力学性能除了取决于杂质含量外，还取决于所进行的热处理工艺、冷作硬化程度、晶粒尺寸和晶粒方位。因此，钼及其合金的力学性能是随上述各因素的变化而变化的。

同钨类似，钼在 1000℃的高温下仍具有优异的强度特性，是高温炉发热体、反射屏、熔融玻璃腐蚀材料和试验反应管的优选材料。

（3）钽及其合金

钽是一种银灰色的金属，熔点为 2996℃，加工性能好，低温时也具有很好的延性，无塑—脆转变现象，其物理性能见表 18-9。

钽虽然在 300℃以上和各类气体发生反应，但在

表 18-7　钼及其合金的化学成分[5,6]

材料牌号	主要成分（质量分数,%）				杂质含量（质量分数,%）≤									熔炼方法
	Mo	C	Ti	Zr	O	N	C	Fe	Al	Si	Ni	Ca+Mg	W	
FMo1	余量	—	—	—	0.01	0.003	0.01	0.01	0.002	0.006	0.005	0.007	0.3	粉末冶金
FMo2	余量	—	—	—	0.02	0.003	0.02	0.015	0.005	0.006	0.005	0.008	0.3	
Mo1	余量	—	—	—	0.005	0.003	0.10	0.002	0.0015	0.002	0.002	0.002	—	电子束熔炼
Mo2	余量	—	—	—	0.01	0.003	0.02	0.01	0.002	0.005	0.005	0.004	—	
Mo-0.5Ti	余量	0.01~0.04	0.4~0.55	—	0.003	0.001	—	0.002	—	0.01	0.01	—	—	电弧熔炼
TZM	余量	0.01~0.04	0.4~0.55	0.07~0.12	0.03	0.002	—	0.02	—	0.01	0.01	—	—	
TZM	余量	0.12~0.4	0.1~1.5	0.1~0.3	0.03	—	—	0.025	—	0.02	0.02	—	—	

表 18-8　钼及其合金的力学性能[5,6]

材料牌号	板厚/mm	热处理状态	试验温度/℃	抗拉强度/MPa	断后伸长率（%）	熔炼方法
FMo	<1	变形态	室温	706.3	2~10	粉末冶金
		再结晶		588.6~882.9	25~36	
	1.5	热轧板	室温	833.9~912.3	10.5~20.5	
Mo-0.5Ti	0.5	变形态	室温	886.8~902.5	9~13.3	电弧熔炼
		900℃退火		804.4~820.1	13.5~20.0	
		1050℃退火		480.7~519.9	6.67~17.5	
	1.5	变形态		998.7	13~16.5	
		900℃退火		849.6	19~23	
		1300℃退火		603.3	3.2	
TMZ	0.5	变形态	室温	1146.6	10.4	电弧熔炼
		1300℃退火		823.3	19.5	
	1.0	变形态		1030.1	6.5~9	
		1150℃退火		1079.1	14.0~19.5	
FMo	1.0	变形态	1300	588	8.8	粉末冶金
Mo-0.5Ti	0.35	1000℃退火	1300	137.2	14	电弧熔炼
TMZ	1.0	1200℃退火	1316	382.2~445.9	14.5~20.0	电弧熔炼

氧化介质中，表面可以生成厚度小于 $0.5\mu m$ 的 Ta_2O_5 薄膜，使其在 150℃ 以下具有良好的抗化学腐蚀性能和绝缘性能。如表 18-10 所示，钽的抗腐蚀性能非常优异，和各种酸溶液不发生反应。钽主要应用于化学工业、航天工业和电子工业。

粉末冶金、真空电弧熔炼和真空电子束熔炼均可以制备钽及其钽合金，粉末冶金制备的材料因在焊缝金属中容易产生气孔，不宜采用电弧焊方法焊接。加入元素 W、Mo、V、Zr、Nb、Hf 可提高钽的强度和热强性。应用较广的是 Ta-10W 合金。钽及其合金的化学成分和力学性能分别见表 18-11 和表 18-12。

表 18-9　钽的物理性能[1,2]

熔点/℃	密度/(g/cm³)	比热容/[J/(g·K)]	热导率/[W/(cm·K)]
2996	16.6	0.142	0.544

线胀系数/(10⁻⁶/K)	弹性模量/MPa	相变点/℃
6.5	189×10^3	无

（4）铌及其合金

铌在难熔金属中具有很好的综合性能，熔点较高，密度最低，在 1093～1427℃范围内比强度最高，温度低至零下 200℃仍有良好的塑性和加工性，其物理性能见表 18-13。

铌的抗氧化性能很差，在 230℃温度下，铌和氧反应，由于氧化膜厚度的增加使氧化速度减慢。当温度高于 400℃时，氧化膜破坏并脱落，氧化速度加快，表 18-14 列出了铌的化学性能。铌的耐腐蚀性能高于钛、锆而稍低于钽，因此，在某些腐蚀介质中可用铌代替高价格的钽作耐腐蚀结构材料。

表 18-10　钽的化学性能[3,4]

介质	试验条件	反应情况
空气或氧气	300℃	开始反应
氮气	700℃	开始反应
氢气	350℃	开始反应
磷酸	浓度 85%、150℃	不腐蚀
氢氟酸	浓、20～100℃	急剧腐蚀
盐酸	稀或浓、100℃	不腐蚀
硝酸	浓度 75%、200℃	不腐蚀
	稀或浓、25℃	不腐蚀
硫酸	稀或浓、150℃	不腐蚀

注：急剧腐蚀：0.254mm/a 以上。

表 18-11　钽及其合金的化学成分[5,6]

材料牌号	化学成分（质量分数，%）											
	W	Nb	Mo	Ti	Fe	Si	Ni	O	H	N	C	Ta
Ta1	0.01	0.05	0.01	0.002	0.005	0.005	0.002	0.02	0.002	0.005	0.01	余量
Ta2	0.04	0.1	0.03	0.005	0.03	0.02	0.005	0.03	0.005	0.025	0.03	余量
Ta-10W	10	0.098	0.005	—	—	—	—	0.005	—	0.0028	0.003	余量
Ta-3Nb	0.04	<3.5	0.03	0.005	0.03	0.03	0.005	0.03	0.005	0.02	0.02	余量
Ta-20Nb	0.04	17～23	0.03	0.005	0.03	0.03	0.005	0.03	0.005	0.02	0.02	余量
FTa-1	0.02	—	0.02	0.005	0.01	0.03	0.005	0.03	0.002	0.02	0.03	余量
FTa-2	0.04	—	0.03	0.010	0.03	0.03	0.01	0.035	0.005	0.02	0.05	余量

表 18-12　钽及其合金的力学性能[5,6]

材料牌号	板厚/mm	状态	试验温度/℃	抗拉强度/MPa	屈服强度/MPa	断后伸长率（%）	弯曲角/(°)	熔炼方法
FTa	1	加工态	室温	740.7	—	7.1	>140	粉末冶金
		1200℃退火	室温	392.4	363.0	46.5	>140	
Ta	1	加工态	室温	475.8	456.2	9.5	>140	电子束熔炼
		1200℃退火	室温	483.6	468.9	—	>140	
Ta-10W	1.3	1200℃退火	室温	875.1	856.4	12.5	>102	电子束熔炼
			1400	243.3	93.2	37.0	—	
			1600	120.7	73.6	88.6	—	

表 18-13　铌的物理性能[1,2]

熔点 /℃	密度 /(g/cm³)	比热容 /[J/(g·K)]	热导率 /[W/(cm·K)]
2460 ± 10	8.57	0.269	0.523

线胀系数 /(10⁻⁶/K)	弹性模量 /MPa	相变点 /℃
7.39	105 × 10³	无

表 18-14　铌的化学性能[3,4]

介质	试验条件	反应情况
空气或氧气	230℃	明显氧化
	400℃	快速氧化
氮气	600℃	开始反应
磷酸	浓度85%、20℃	极微腐蚀
氢氟酸	浓、20～100℃	急剧腐蚀
盐酸	稀、100℃	不腐蚀
	浓、100℃	微腐蚀
硝酸	稀或浓、100℃	不腐蚀
硫酸	稀、100℃	极微腐蚀
	浓、100℃	急剧腐蚀

注：1. 极微腐蚀：0.0127mm/a 以下。
　　2. 微腐蚀：0.0127～0.127mm/a。
　　3. 急剧腐蚀：0.254mm/a 以上。

　　铌合金一般可分为高强度铌合金、中强度塑性铌合金和低强度高塑性铌合金。目前大量生产和使用的是后两种合金。铌合金的强化方法主要采用固溶强化和沉淀强化，加入 W、Mo、Ti、V 可以提高铌的强度和热强性。常用铌及其铌合金的化学成分见表18-15，其力学性能见表18-16。

表 18-15　铌及其合金的化学成分[5,6]

材料牌号	合金成分	化学成分（质量分数，%）											
		W	Hf	Ti	C	O	H	N	Mo	Nb	Zr/V	Ta/Cr	Fe/Si
Nb1	纯铌	—	—	0.02	0.03	0.04	0.002	0.02	0.01	余量	—	—/0.002	0.005/0.005
Nb2		—	—	0.005	0.05	0.08	0.005	0.05	0.05	余量	—	—/0.01	0.03/0.02
Nb-1Zr	Nb-1Zr	0.5	0.02	0.05	0.01	0.03	0.002	0.03	0.1	余量	0.7～1.3/0.02	0.1/—	—
C103	Nb-10Hf-1Ti	0.5	9～11	0.7～1.3	0.012	0.02	0.002	0.015	—	余量	0.7/—	0.5/—	—
Scb291	Nb-10W-10Ta	9～11	—	—	0.001	0.009	—	0.001	—	余量	—	9～11/—	—
D43	Nb-10W-1Zr-0.1C	9～11	—	—	0.08～0.12	0.04	0.002	<0.01	—	余量	0.75～1.25/—	—	—
Cb752	Nb-10W-2.5Zr	9～11	—	—	<0.02	<0.02	—	<0.01	—	余量	2.0～3.0/—	—	—
C-129Y	Nb-10W-10Hf	9～11	9～11	—	<0.015	<0.03	<0.002	<0.01	—	余量	—	—	—
FNb1	纯铌	—	—	0.005	0.03	0.04	0.002	0.035	0.02	余量	—	—/0.005	0.01/0.01
FNb2		—	—	0.01	0.05	0.08	0.005	0.05	0.05	余量	—	—/0.01	0.04/0.03

表 18-16　铌及其合金的力学性能（板厚 1.0mm）[5,6]

材料牌号	状态	试验温度/℃	抗拉强度/MPa	屈服强度/MPa	断后伸长率（%）	熔炼方法
FNb	加工态	室温	510.1	—	9.0	粉末冶金
	1100℃退火		289.4	—	49.5	
Nb	加工态	室温	552.3	—	9.0	电子束熔炼
	1100℃退火		297.2	—	51.3	
Cb752		室温	569.0	474.8	25.5	电子束熔炼
	1200℃保温1h退火	1200	260.0	171.7	36.0	
		1400	196.2	152.1	72.5	
		1600	142.3	98.1	102.0	
D43	加工态	室温	918.2	—	7.0	电子束熔炼
	1200℃保温1h退火	室温	588.6	—	22.5	
		1200	198.2	—	32.6	
		1400	117.7	—	45.0	
		1600	71.6	—	63.0	
C103	加工态	室温	686.7	618.0	3.5	电子束熔炼
	1180℃退火		466.0	348.0	25.3	
	1200℃保温1h退火	1000	240.4	196.2	28.0	

铌及其合金由于具有优异的室温塑性，是航天工业优先选用的防热材料和结构材料。此外，在核能工业、化学工业、冶金工业及其超导领域的应用也很广泛。

18.1.2　难熔金属的焊接性

1. 钨、钼及其合金的焊接性

钨、钼及其合金焊接性差，容易出现焊缝金属和热影响区脆化，还容易产生裂纹、气孔等焊接缺陷。

（1）焊缝金属和热影响区脆化。

焊缝金属和热影响区脆化的主要原因是气体杂质的污染和焊接热循环造成的晶粒粗大、沉淀硬化、固溶硬化和过时效。

气体杂质的污染与氧、氮、碳元素在金属中的固溶度、反应程度及反应产物有关。气体杂质的来源主要是焊接保护不良和母材或焊接材料表面有氧化物薄膜。当气体保护不充分时，氧和氮可混入焊件。由于碳氢化合物的污染，碳也可能混入焊接接头。碳氢化合物来自保护气体中残余的气态碳氢化合物、待焊工件上的油污、真空室内的真空泵油等。由表 18-17 可知，不同气体杂质在难熔金属中的溶解度有很大差别。对于工业纯钽和铌金属，氮、氢和氧都是处于固溶体状态；而对于工业纯钨、钼金属，间隙杂质氮、氧和碳的含量远远超过溶解度，形成过饱和固溶体和少量的第二相氮化物、氧化物或碳化物。因此，间隙杂质对钨、钼金属脆性的影响要比钽、铌严重。对于钼来讲，氧是最有害的元素，碳和氮的影响次之。如图 18-1 所示，只需百万分之几的碳，就足以提高钼的塑-脆转变温度，从 -100℃ 直线上升到 180℃。间隙杂质对其他几种难熔金属也存在同样的影响趋势。

表 18-17　金属固溶体中间隙原子含量[3]

元素	H(×10⁻⁶)	N(×10⁻⁶)	O(×10⁻⁶)	C(×10⁻⁶)
W	0.1	≪0.1	1	≪0.1
Mo	0.1	1	1	0.1~1
Ta	4000	1000	200	70
Nb	5000	300	1000	100

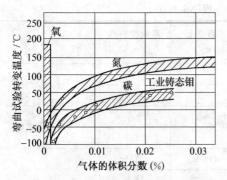

图 18-1　氧、氮和碳对铸态钼的
弯曲试验转变温度的影响
（形变率：0.0385 ⁻¹）[4]

焊接加热时难熔金属极易和氧、氮等气体发生化学反应，生成氧化膜或低熔点氧化物，这也是造成接头脆化的一个重要原因。图 18-2 是难熔金属在高温下的氧化特性。从图中看出，钼的氧化最严重，其次是钨。钼在 400 ~ 450℃ 开始显著氧化，高于此温度时，开始迅速地氧化生成 MoO_3。该氧化物的熔点低，只有 795℃，沸点也只有 1480℃。特别是 MoO_3 和 MoO_2 在 777℃ 或更低的温度下形成低熔点共晶—液相氧化物。这些化合物的形成及液相氧化物的挥发，不仅消耗了金属、产生晶界偏析、使焊缝金属脆化，也给焊接过程和焊接性能带来了非常有害的影响。

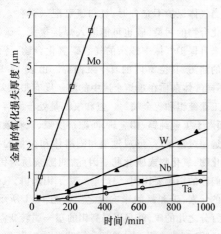

图 18-2　难熔金属的高温氧化特性[3]

晶粒度对难熔金属的脆性有很大影响，对钨、钼的影响特别显著。难熔金属的晶粒尺寸对塑-脆转变温度的影响见图 18-3。

（2）焊接裂纹。

当钨、钼焊缝金属中氧、氮等杂质的含量比较高、接头拘束度大、低熔点共晶化合物（MoO_2-MoO_3、Mo-MoO_2）相对集中时容易产生焊接裂纹。

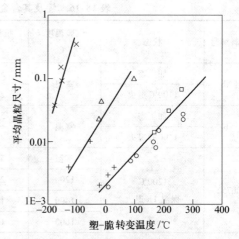

图 18-3　难熔金属的塑-脆转变温度与
平均晶粒尺寸的关系[3]

因此，在焊接钼时，焊前应对接合部位进行 970 ~ 1070℃ 预热，焊后应缓慢冷却，以降低焊接时的热应力，达到减少开裂的目的。裂纹的发生和焊接气氛的纯度有关，空气、氧气、氮气等气体的含量越少，开裂倾向也就越小。不同的焊接方法对裂纹的影响也不同。电子束焊接由于在真空中进行，无污染，焊接热输入少，产生的应力及变形也小，其裂纹倾向比电弧焊要小的多。钨虽然比钼更脆，但产生焊接裂纹的倾向比钼小。

（3）气孔。

产生气孔的主要原因是材料中的氧化物、溶入的气体及低熔点共晶物的挥发。一般情况下，粉末冶金法制造的母材在焊接时容易产生气孔。钨产生气孔的倾向比钼小，其原因是 WO_3 比 MoO_3 的蒸汽压低。对钼来讲，氧含量在 0.0014% ~ 0.0016% 以下基本不产生气孔。气孔产生的影响因素主要是材料纯度、保护气氛及焊接条件。真空电子束焊虽然没有空气混入，但容易产生气孔。而在气密容器内进行的 TIG 焊接，当压力大于 1 个大气压时，产生气孔的倾向反而下降。焊接速度过快，气体来不及逸出，也容易产生气孔。

减少钨、钼焊接缺陷应采取以下措施：①正确地控制焊接时的气氛和焊前对母材及焊接材料的化学清洗，以尽量减少污染。气体保护焊时采用专门提纯、并经过净化及干燥处理的保护气体。在真空下焊接时，真空度应达到 $1.33 \times 10^{-2} Pa$ 以上；②采用合金化的填充金属以改善焊件的力学性能。锆和硼是比较好的晶粒细化元素，焊接时可在待焊处涂上一层锆、硼或锆 + 硼的涂层，焊接后可以改善接头的低温延性；③选用高能密度的加热热源（电子束）和尽可能低的热输入以尽量减少热影响区的晶粒长大，也可以采用脉冲焊打乱焊缝金属的结晶方向性；④采用合理的焊接工艺，如焊前进行预热，焊后立即后热。焊接时应避免产生咬边、未焊透等缺陷，焊后最好将焊缝表面的波纹磨平，并使焊缝与母材平滑过渡，这样有利于防止焊接接头脆断；⑤在焊接接头设计时采用合适的接头形式、减少焊接变形和焊接应力。

2. 钽、铌及其合金的焊接性

钽、铌及其合金可以用惰性气体保护焊、电子束焊、钎焊等方法进行接合，其焊接性比钨、钼好。特别是铌，即使含钨 11% 以上的合金也具有良好的焊接性。

钽、铌在高温下非常活泼，容易和各种气体反应生成脆性化合物，使金属硬度提高而塑性下降。众所周知，钽是难熔金属中塑性最好的一种，通常它不存在塑—脆转变问题。但是，当钽金属中含氢量为 135×10^{-6} 时，在 $-75℃$ 发生塑—脆转变。含氧量为 500×10^{-6} 时，在 $-250℃$ 或稍高温度时，也产生塑—脆转变。铌的塑—脆转变与杂质的关系如图 18-4 所示。从图中看到，随着间隙元素含量的增加，塑—脆转变温度也随着上升，其中以氢的影响最大，其次是氮。铌合金比纯铌具有较高的强度和较低的延性，在焊接和热处理时对来自空气的污染更加敏感。

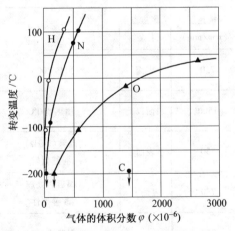

图 18-4　间隙杂质含量对铌的塑—脆转变温度的影响[4,8]

为了防止杂质元素对钽、铌的污染，焊接必须在真空或惰性气体中进行。特别是强度高、延性低的铌合金，在焊接时必须避免空气溶入，而钽合金不应在局部保护的情况下进行焊接。真空容器内焊接钽、铌及其合金时，其方法和工艺与焊接钛、锆相同。应注意，焊接时夹具不应靠近焊接接头，以防夹具熔化与钽、铌形成合金使焊缝脆化。石墨不能用做夹具材料，因为它容易与金属形成碳化物。

纯钽在焊接时一般不产生焊接裂纹，但 Ta-10W 合金焊接时则容易产生，可采用焊前预热的办法进行防止。与此类似，纯铌也不容易产生焊接裂纹，而 Nb-10Ti-10Mo 和 Nb-15W-5Mo 焊接时容易发生横向开裂，解决方法是焊前在 $170 \sim 260℃$ 的温度范围内进行预热。此外，粉末冶金法制备的材料在焊接时还容易产生气孔。

钽、铌及其合金与钨、钼一样，和铁、铜、铝等异种金属的焊接性非常差，接合界面易出现脆性相。

18.2　难熔金属及其合金的焊接工艺

18.2.1　钨、钼及其合金的焊接

钨、钼及其合金在高温下极易氧化和氮化，必须在真空中或高纯度惰性气体保护下进行焊接。为去除母材表面的氧化物及杂质污染，焊前需要进行表面除油和化学清洗处理。为提高接头性能，焊后还要进行真空退火处理。

焊前净化处理通常使用碱-酸清洗法或混合酸清洗法[7]。两种清洗方法的效果是一样的，只是清除碱溶液清洗过程中的沉积残余物（特别是内表面的残余物）比较困难，因此，选用何种清洗方法要根据零件受污染的程度及清除残余物的可达性等因素来确定。母材及焊接材料经表面处理后应尽快进行焊接，否则应在氩气或真空中限期保存。

碱-酸清洗法的清洗步骤如下：

1）用丙酮先去除油污。

2）将待焊工件浸入 $60 \sim 80℃$ 的清洗液（体积分数为 $NaOH : KMnO_4 : H_2O = 10 : 5 : 85$）中 $5 \sim 10min$。

3）自来水流水冲洗，清除残余物。

4）浸入室温的酸洗液中（体积分数为 $H_2SO_4 : HCl : Cr_3O_4 : H_2O = 15 : 15 : 6 : 64$）$5 \sim 10min$。

5）自来水冲洗，蒸馏水漂清，强热风吹干。

混合酸清洗法的清洗步骤是：

1）用丙酮先去除油污。

2）将待焊工件浸入室温的酸溶液中 $2 \sim 3min$，溶液的体积分数为：H_2SO_4（95% ～ 97%）：HCl（90%）：$H_2O = 15 : 15 : 70$。

3）自来水流水冲洗。

4）再浸入室温的硫酸和盐酸的水溶液中 $3 \sim 5min$，酸液成分的体积分数为 H_2SO_4（95% ～ 97%）：HCl（37% ～ 38%）：$H_2O = 15 : 15 : 70$，然后再加入质量分数为 6% ～ 10% 的 Cr_2O_3。

5）自来水冲洗，蒸馏水漂清，强热风吹干。

1. 电子束焊

钨、钼及其合金在高温下极易氧化和晶粒长大，首选的焊接方法是真空电子束焊，该方法可以得到比弧焊更大的熔深、更窄的热影响区、更小的焊缝金属晶粒及氢和氧的含量。焊接时真空度要求在 $10^{-2} \sim 10^{-3}$ Pa。一般选用低热输入的高速焊来控制焊缝金属及过热区的晶粒长大。推荐采用脉冲电子束焊接或摆动电子束焊接。摆动频率为 60Hz，摆幅 $0.12 \sim 0.25$ mm。

真空电子束焊接时，容易出现气孔，特别是粉末冶金材料的焊缝，熔合线处往往产生连续气孔。所以焊接前需要进行真空除气热处理，加热温度为 $870 \sim 900℃$，保温 1h。焊接板厚超过 1mm 或丁字接头时，焊后需在 10^{-2} Pa 的真空中、$870 \sim 980℃$ 的温度下进行消除应力处理。

钨、钼及其合金板材的电子束焊接参数见表 18-18，典型结构焊接参数见表 18-19。图 18-5、图 18-6 分别是烧结钨和 Mo-0.5Ti 的电子束焊接接头的高温强度。

表 18-18　钨、钼及其合金的电子束焊接参数[8,9]

	板材厚度 /mm	加速电压 /kV	电子束流 /mA	焊接速度 /(mm/min)
W	0.5	20	25	220
	1.0	22	80	200
	1.5	23	120	240
Mo	1.0	18 ~ 20	70 ~ 90	1000
	1.5	96	26	600
	1.5	50	45	1000
	2.0	20 ~ 22	100 ~ 120	670
	3.0	20 ~ 22	200 ~ 250	500
Mo-0.5Ti	2.0	90	57	120

表 18-19　钨、钼及其合金典型结构的电子束焊接参数[2,7]

典型结构	接头种类	材料厚度 /mm	加速电压 /kV	电子束流 /mA	焊接速度 /(mm/min)	聚焦点位置	备注
钨热管	凸缘对接，穿透焊	2.5	100	6	750	表面	预热 800℃
钨坩埚	立端接，穿透焊	2.0	100	10	1500	表面以上	预热 800℃
钼热管	阶梯接，局部熔透	1.6	125	25	750	表面	高频(3kHz)椭圆偏转
Mo-TZM 合金热保护屏	平板对接，全穿透	1.6	125	15	750	表面上	焊后热处理改善韧性
Mo-13Re 实验反应管	—	0.8	100	7	750		焊缝成形好
φ9.5 钼管	管和凸缘圆周接头	1.27	120	5	354	—	不预热，焊接时管子回转 1.25 周
φ27.6 钼管	管和凸缘圆周接头	3.05	120	23	354	—	用 11mA 电子束流预热 6 周，焊接时管子回转 1.25 周
钼管	同直径管子对接	2.39	150	25	840		用 12mA 电子束流预热 6 周，焊接时管子回转 1.25 周

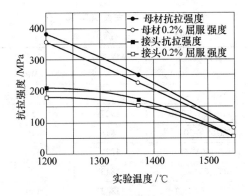

图 18-5　烧结钨电子束焊接接头
的高温抗拉强度[2]

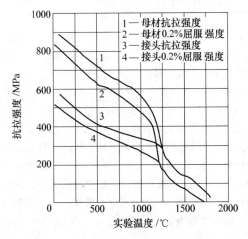

图 18-6　Mo-0.5Ti 电子束焊接接头
的高温抗拉强度[2]

2. 电阻焊

钨、钼及其合金最常用的电阻焊方法是点焊，并已经应用于电子工业。电阻点焊时，由于材料的熔点高，热传导速度快，推荐选用大的焊接电流及压力。表 18-20 是钼及其合金板材的点焊焊接参数，钨及其合金的点焊能量应选的更大一些。

表 18-20　钼合金板材点焊焊接参数[9]

板材厚度 /mm	焊接能量 /kW·s	焊接压力 /MPa	焊点直径 /mm
0.5	1.5	784.8	3.8
1.0	3.5	490.5	5.6
1.5	5.5	392.4	7.4
2.0	8.8	343.4	9.1
2.5	12.0	343.4	11.2

钨、钼及其合金点焊时电极磨损速度快，有时焊缝容易被电极污染，解决办法除了加速电极的冷却和缩短电极的清理周期以外，通常还采用电极和工件之间加中间层。如在母材上电镀或气相沉积金属层的方

法，常用的有钛、镍、铁、铌、钽等金属箔片中间层。焊接时，最好采用短脉冲，防止氧化，避免晶粒急剧长大。钼合金棒的对接可用闪光对焊，有文献报道，在真空或氩气保护介质中进行的钼棒对焊，焊接接头在常温下的弯曲角可达 90°，外层的断后伸长率为 40%。

3. 钎焊

钨、钼及其合金可采用炉中钎焊、火焰钎焊、电阻钎焊及感应钎焊。钨、钼及其合金的炉中钎焊必须在惰性气氛（氦气或氩气）、还原性气氛（氢气）或真空室内进行。真空钎焊时，应使钎料所含元素的蒸气压与钎焊温度及真空度相适应。钎料可用 Ag、Au、Cu、Ni、Pt 及 Pd 等纯金属，也可用各类合金钎料（表 18-21）。低温下使用的焊接构件，可选用银基和铜基钎料，高温下使用的构件应选用金、钯和铂钎料、活性金属及熔点比钼低的难熔金属。应注意，镍基钎料在高温下的可用性不大，因为镍与钼在 1316℃左右可生成低熔点共晶体。在接头设计时，通常将接头间隙控制在 0.05~0.125mm 的范围内。

表 18-21　钨、钼钎焊用钎料[7,8]

钎料组成	液相线温度/℃
Au-6Cu	990
Au-50Cu	971
Au-35Ni	1077
Au-8Pd	1241
Au-13Pd	1304
Au-25Pd	1410
Au-25Pt	1410
Cr-25V	1752
Pd-35Co	1235
Pd-40Ni	1235
Au-15.5Cu-3Ni	910
Au-20Ag-20Cu	835
Mo-20Ru	1900
Ag-Cu-Zn-Cd-Mo	618
Ag-Cu-Mo	779
Ag-Mn	971
Ni-Cr-B	1066
Ni-Cr-Fe-Si-C	1066
Ni-Cr-Mo-Mn-Si	1149
Ni-Ti	1288
Ni-Cr-Mo-Fe-W	1304
Ni-Cu	1349
Ni-Cr-Fe	1427
Ni-Cr-Si	1121
Ti-V-Cr-Al	1649
Ti-Cr	1482
Ti-Si	1427

钎焊钨时，由于材料本身的固有脆性，搬运及夹紧时要小心谨慎，应在无应力状态下组装这些零件。必须避免钨与石墨夹具接触以防止生成脆性的碳化钨。用镍基钎料钎焊钨时，为防止钨发生再结晶，应尽量降低钎焊温度。

用氧乙炔焰钎焊钼时，可采用银基或铜基钎料及适宜的钎剂。为了更充分地进行保护，也可采用组合钎剂。该钎剂由一种工业用硼酸盐为基的钎剂或银钎剂加一种含氟化钙的高温钎剂所组成。这些钎剂在 566 ~ 1427℃ 之间是活性的。首先在钼工件上涂一层工业用银钎剂，再覆一层高温钎剂，银钎剂的活性区间为组合钎剂活性区间的下限，然后高温钎剂在组合钎剂的高温区起反应，且活性可保持到 1427℃。用还原性气氛钎焊纯钼时，允许氢的露点到 27℃，但在 1204℃ 下钎焊含钛的钼合金时，氢的露点需在 -10℃ 以下。

根据国外报道，以 Pt-B 和 Ir-B 系为基的钎料已用于钨的真空钎焊。接头的工作温度为 1927℃，钎料的含硼量最高可达 4.5%，且能使钨的钎焊温度低于其再结晶温度。真空钎焊钨的搭接接头，经 1093℃ 下真空扩散处理 3h，可使接头的再熔化温度提高到 2038℃。当用 Pt-3.6B 钎料加入 11%（质量分数）钨粉进行钎焊时，接头最高再熔化温度可达 2170℃。用于核反应堆在 2300℃ 的氢气氛内工作的钨对接接头，钎焊热源为惰性气体保护钨电弧，钎料为 W-250s、W-50Mo-3Re 和 Mo-50s。

用于 Mo-0.5Ti 钼合金的钎料有 V-35Nb 和 Ti-30V。真空钎焊参数分别为真空度 1.33×10^{-3} Pa、钎焊温度 1650℃、5min 和 1.33×10^{-3} Pa、1870℃、5min。两种钎料均能良好地与钼润湿，钎焊时对钼的熔蚀也极小。已成功地在 1400℃ 用 Ti-8.5Si 合金粉与 Mo 粉的混合粉为钎料进行了 TZM 钼合金的真空钎焊。Ta-V-Nb 和 Ta-V-Ti 系合金钎料也可用于该种钼合金的真空钎焊。这些接头的室温抗剪强度为 138 ~ 207MPa，在 1093℃ 下的高温抗剪强度也均在 130MPa 以上（表 18-22）。以 Ti-25Cr-13Ni 为钎料，真空钎焊温度为 1260℃ 时，TZM 钎焊接头的再熔化温度最高，T 形接头和搭接接头的再熔化温度达到 1704℃。

4. 扩散焊

真空扩散焊可以用于钨、钼及其合金的接合，其优点是能防止钨、钼晶粒的急剧长大。常用的真空扩散焊参数见表 18-23。因所需的接合温度高，接头部位由于再结晶脆化，而使接头强度降低。为了降低接合温度，可采用数微米厚的金属箔片做中间层。常用的中间层材料有 Zr、Ni、Ti、Cu 及 Ag 等，也可在母

表 18-22　TZM 合金钎焊接头在 1093℃ 真空下的抗剪强度[7]

钎料组成 （质量分数，%）	钎焊温度 /℃	抗剪强度 /MPa
25Ta-50V-25Nb	1871	168
30Ta-40V-30Nb	1927	154
5Ta-65V-30Nb	1816	170
30Ta-65V-5Nb	1871	161
30Ta-65V-5Ti	1843	176
25Ta-55V-20Ti	1843	130
20Ta-50V-30Ti	1760	208
10Ta-40V-50Ti	1760	141

材上镀一层 Ni 或 Pd 金属薄层。图 18-7 是镀 Pd（0.25μm 厚）后的钨板搭接接头的抗拉强度与扩散时间的关系曲线，其搭接尺寸为 3.2mm × 6.4mm，板厚 0.13mm，扩散温度为 1100℃。从图中可知，扩散时间太短时，界面扩散不充分，接头强度不高。扩散时间过长时，接头的再结晶严重，也使接头脆化，强度降低。图 18-8 是用不同金属中间层扩散焊接钼时的扩散温度与接头强度的关系。烧结钼板材尺寸为 10mm × 10mm，两块钼板的搭接长度为 3mm，压力为 500N，扩散时间 15min，真空度为 0.04Pa，中间层金属箔的厚度均为 2.5μm。

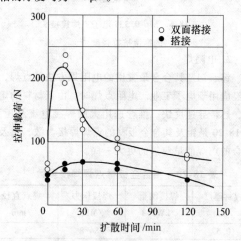

**图 18-7　扩散时间对钨接头
拉伸载荷的影响[2]**

表 18-23　钨、钼真空扩散焊参数[8]

被焊 金属	温度 /℃	时间 /min	压力 /MPa	真空度 /Pa
W	2200	15	19.6	7×10^{-3}
Mo	1700	10	9.8	7×10^{-3}

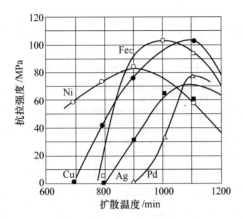

图 18-8　中间层金属与扩散温度对钼接头抗拉强度的影响[2]

5. 惰性气体保护焊

钨、钼及其合金的电弧焊在真空充惰性气体的容器内进行。为了减少氧、氮等有害气体的影响，在充惰性气体前焊接容器应达到 1.33×10^{-2} Pa 的真空度，所充惰性气体必须经过净化及干燥处理。控制母材的含氧及含氮量是防止气孔的有效方法，焊接材料的含氧量应控制在 20×10^{-6} 以下。在烧结时加入质量分数为 0.1% C 或加入质量分数为 0.2% ~ 0.5% Ti，均可减少焊缝金属中气孔的生成。预热能降低焊接时引起的热冲击和残余应力，特别是两个零件的尺寸相差

很大时，预热效果更加明显。预热时应根据焊接结构件的尺寸形状及裂纹敏感性决定具体的预热温度和层间温度。在正式焊接前，可先在钛板上焊接几分钟以净化容器内的惰性气体。焊接时注意焊件不受拘束，并采用引弧板。焊接钨及其合金时最好用氦保护气体。由于钨、钼的熔化温度高和热传导率高，因此焊接夹具必须采用水冷或在其表面复合一种不能熔化和不能与焊件反应结合的材料。为防止熔化，可在夹具与工件相接触的部位，装上钼、铈、钨基合金或陶瓷镶片。

钨极惰性气体保护焊时，采用铈钨电极直流正接。将钨极端部磨成 20° ~ 30°锥形，以利于控制电弧。电极直径应根据焊接电流来确定。表 18-24 及表 18-25 分别是钼及其合金的钨极氩弧焊及熔化极氩弧焊焊接参数。即使采用合适的焊接参数，焊接接头的强度及塑性远比母材低。表 18-26 是钨、钼合金的惰性气体保护焊焊接接头的室温及高温力学性能。为了提高常温下的焊接接头塑性，焊接钨时采用钨-铼（5% ~ 27% 质量分数）填充金属，焊接钼时采用 TZM 钼合金或钼-铼（10% ~ 50% 质量分数）合金。TZM 钼合金含有钛和锆添加元素，具有强化焊缝和控制焊缝金属晶粒大小等优点。钨或钼加入铼后，焊缝金属的弯曲塑-脆转变温度可降低到室温以下。

表 18-24　钼及其合金钨极惰性气体保护焊焊接参数[8,9]

材料牌号	板厚 /mm	保护方式	钨极直径 /mm	焊接电压 /V	焊接电流 /A	焊接速度 /(mm/min)
Mo	1.0	真空室内充氩	—	—	55(65)	270(300)
Mo	1.5	真空室内充氩	2.4	12 ~ 16	180	150 ~ 160
Mo	1.6	真空室内充氩	3.2	20	220 ~ 224	350
Mo	1.6	拖罩及背面通氩	2.4	20	220	350
Mo	2.0(加丝)	真空室内充氩	—	—	270	270
Mo	3.2	真空室内充氩	—	—	160	204
TZM	1	拖罩及背面通氩	2.4	14	60	250

表 18-25　钼熔化极惰性气体保护焊参数[4]

焊丝直径 /mm	焊接电压 /V	焊接电流 /A	焊接速度 /(mm/min)	氩气流量/(L/min)		
				喷嘴	拖罩	背面
1.5	18 ~ 20	38 ~ 40	510	48	40	4

表 18-26　钨、钼合金惰性气体保护焊焊接接头的力学性能[2]

材料牌号	板厚 /mm	试验温度 /℃	压头半径 /mm	弯曲角 /(°)	断后伸长率 /(%)	抗拉强度 /MPa
W-25Re-30Mo	—	1090	—	—	—	460
W-25Re-30Mo	—	1425	—	—	—	180

（续）

材料牌号	板厚 /mm	试验温度 /℃	压头半径 /mm	弯曲角 /(°)	断后伸长率 (%)	抗拉强度 /MPa
W-25Re-30Mo	—	1650	—	—	—	105
Mo	1	室温	3	0 ~ 10	—	—
Mo-0.5Ti	1.6	27	6.4	20 ~ 55	< 8	—
Mo-0.5Ti	1.6	93	3.2	75 ~ 105	16.5 ~ 20.0	—
Mo-0.5Ti	1.6	860	—	—	—	315
Mo-0.5Ti	1.6	980	—	—	8.0	315
Mo-0.5Ti	1.6	1090	—	—	8.9	275 ~ 280
Mo-0.5Ti	1.6	1200	—	—	12.6	169

6. 摩擦焊

与熔化焊相比，钨、钼及其合金的摩擦焊不产生粗大结晶组织，热影响区也非常窄，但焊接构件的尺寸及形状受到限制[10]。摩擦焊接要求的旋转速度高，对于加工态材料，其顶锻压力比退火态金属大30% ~ 40%，摩擦焊接参数见表 18-27。

表 18-27　钨、钼摩擦焊接参数[8]

被焊 金属	材料状态	旋转线速度 /(m/s)	顶锻压力 /MPa
W	加工态	13	385
W	退火态	18	210
Mo	加工态	9	420
Mo	退火态	11	280

18.2.2　钽、铌及其合金的焊接

钽、铌及其合金对杂质侵入比较敏感，从 300℃ 开始就强烈地与空气中的氢、氧、氮发生反应，生成脆性化合物。碳、氮、硼也与钽、铌及其合金反应生成脆性化合物，引起塑性、韧性下降[11]。因此，焊接时防止杂质污染极为重要。钽、铌及其合金常用的焊接方法为电子束焊、惰性气体保护焊、电阻焊、钎焊及扩散焊，焊接工艺装备及焊接参数可以借鉴钛、

锆焊接方面的经验。由于钽、铌及其合金的熔点高、热导率大，焊接时要消耗更多的能量，保护措施要更加严格。焊前必须对焊件坡口及其周围、焊接材料等进行严格清理，坡口清理可先采用机械法进行，然后用酸洗液进行化学清洗。酸洗后用流水冲洗干净，蒸馏水漂清，强热风吹干。表 18-28 是常用酸洗液的组分。

表 18-28　钽、铌及其合金常用酸洗液的组分[7]

名称	HF	HNO₃	H₂SO₄	H₂O
组分 （体积分数,%）	10 ~ 20	40	20	余量

1. 电子束焊

电子束焊是钽、铌的首选焊接方法之一。纯钽在四种难熔金属中最容易进行焊接。用铜质水冷夹具，以防止变形，限制晶粒长大。钽合金的焊接性略低于纯钽。

铌及其合金的焊接性比钨、钼好。纯铌的电子束焊接接头强度相对较低。铌合金的焊接性虽然有所降低，但接头强度可以达到母材的 75%。在 1093 ~ 1650℃ 下具有良好的结构稳定性。钽、铌及其合金的电子束焊接参数见表 18-29，接头力学性能见表 18-30。

表 18-29　钽、铌及其合金的电子束焊接参数[8,9]

材料牌号	板材厚度 /mm	加速电压 /kV	电子束流 /mA	焊接速度 /(mm/min)
Ta	0.4	20	20 ~ 35	240
Ta	0.5	18	60	433
Ta	1.0	19	65	250

（续）

材料牌号	板材厚度 /mm	加速电压 /kV	电子束流 /mA	焊接速度 /(mm/min)
Ta-10W	0.3	15	60	200
Ta-10W	0.5	20	25	240
Ta-10W	0.6	20	35	250
Ta-10W	0.9	150	3.8	381
Ta-10W	1.0	25	60	250
Ta-10W	1.2	22	85 ~ 90	200
Ta-10W	1.8	20	95	130
Nb	0.8	23	40	433
Nb	1.0	17 ~ 17.5	65 ~ 70	500
Nb	1.5	27	85	500
Nb-10Hf-1Ti	1.0	20	45 ~ 50	250
Nb-10W-1Zr	1.0	20	50	250
Nb-10W-1Zr	35	140	110	130
Nb-10W-2.5Zr	1.0	20	45 ~ 60	260
Nb-10W-2.5Zr	2.3	30	64	170
Nb-10W-2.5Zr	2.5	22	120	240
Nb-10W-12.5Zr	0.9	150	3.3	381

表 18-30　钽、铌及其合金电子束焊接接头的力学性能[1,8,9]

材料牌号	板材厚度 /mm	焊后退火 温度/℃	试验温度 /℃	抗拉强度 /MPa	断后伸长率 (%)	弯曲角 /(°)
Ta-10W	1.2	—	室温	723.2	9.0	110 ~ 120
Ta-10W	1.2	1300	室温	673.3	11.5	114
Ta-10W	1.2	—	1200	284.2	12.3	—
Ta-10W	1.2	—	1600	161.7	15.0	—
Nb-10Hf-1Ti	—	—	1200	168.6	42.4	—
Nb-10Hf-1Ti	—	—	1400	68.6	96.2	—
Nb-10Hf-1Ti	—	—	1600	29.4	133.0	—
Nb-10W-1Zr	—	1200	室温	463.5	1.9	—
Nb-10W-1Zr	—	—	1200	366.1	6.8	—
Nb-10W-1Zr	—	—	1400	208.7	13.3	—
Nb-10W-1Zr	—	—	1500	137.3	48.5	—
Nb-10W-1Zr	—	—	1600	98.0	72.0	—
Nb-10W-1Zr	—	—	1800	49.0	114	—
Nb-10W-2.5Zr	—	—	室温	551.7	36.5	> 130
Nb-10W-2.5Zr	—	900	室温	524.3	2.0	20
Nb-10W-2.5Zr	—	1200	室温	541.0	28.8	93
Nb-10W-2.5Zr	—	—	1200	200.9	8.3	—
Nb-10W-2.5Zr	—	—	1400	93.1	46.5	—
Nb-10W-2.5Zr	—	—	1600	82.3	24.5	—

2. 惰性气体保护焊

惰性气体保护焊是焊接钽、铌及其合金的常用方法。钨极氩弧焊焊接钛时所用的工艺方法和设备也同样适合于钽、铌及其合金的焊接。焊接一般在真空充氩容器内进行。厚度大于 1mm 以上的板材，最好采用钨极氩弧焊接。在真空充气容器内焊接的要求及操作注意事项与钨、钼焊接相同。对于无法在真空充氩容器内焊接的焊件，可在空气中采用局部（正、反面）保护方法进行。但必须选用从焊枪到工件的距离内能提供层流状保护气体的焊机，保护气体的供给（滞后停气）必须维持焊件冷却至 200℃ 为止。板厚为 1 ~ 2mm 时，焊接保护区和冷却段的气体流量为 16L/min，用于保护焊缝反面的气体流量为

5L/min。惰性气体保护焊必须采用直流正接，为避免钨极对焊缝的污染，必须采用高频引弧，钨极应是钍钨型。

焊接钽、铌及其合金，焊前需严格清理。焊件坡口及其正、反两表面 25mm 宽度范围内用磨削或机加工方法去除氧化皮，然后用去垢剂或合适的溶剂洗去污垢，再用酸洗液（表 18-28）进行酸洗。酸洗后必须用水冲洗、蒸馏水漂清和强热风吹干。钽、铌及其合金广泛采用的平板对接形式，采用直流正接钨极氩弧焊。纯钽及纯铌，焊前不需要预热及焊后消除应力处理。表 18-31 是钽、铌及其合金的惰性气体保护焊焊接参数，表中的焊接参数，适用于采用铜垫板压块的平板对接。

表 18-31　钽、铌及其合金的惰性气体保护焊焊接参数[4,8,9]

材料牌号	板材厚度 /mm	钨极直径 /mm	焊接电压 /V	焊接电流 /A	焊接速度 /(mm/min)
	0.5	1.0	8 ~ 10	65	420
	1.0	1.0	8 ~ 10	140	385
	1.0	1.6	14	50 ~ 60	250
Ta	1.5	1.0	9 ~ 11	200	342
	2.0	1.5	10 ~ 12	235	275
	2.5	2.0	10	250	242
	0.5	—	8 ~ 10	70 ~ 80	500 ~ 583
	1.0	—	14	50	250
Nb	1.0	—	10	150 ~ 160	672
	2.0	—	10	240	252
Nb-10Hf-1Ti	1.0	—	12 ~ 15	110	540
Nb-10W-2.5Zr	0.9		12	87	762
Nb-10W-1Zr	0.9		12	114	762
Nb-10W-10Ta	0.9		12	83	381

纯钽的焊接接头有良好的力学性能（表 18-32），1mm 厚的钽板焊接接头，经轧机轧至 0.15mm，往复弯曲 180°数次未裂。影响钽合金焊缝金属塑性的主要因素是基体合金的成分和间隙杂质的含量。为保证焊件在室温下具有良好的塑性，钽合金板的氧、氮和氢的总含量应小于 100×10^{-6}，碳含量应小于 50×10^{-6}。

铌、中强度中塑性铌合金及低强度高塑性合金，

采用推荐的焊接参数，可以得到满意的接头力学性能。但对时效硬化的铌合金来说，其焊接接头在某一温度范围短时加热就会出现时效脆化现象，使接头失去延展性。如表 18-30 中 Nb-10W-2.5Zr 的焊接接头经 900℃ 退火处理后其断后伸长率很小。然而这种时效脆化现象可以通过 1055 ~ 1220℃、1 ~ 3h 的真空高温退火处理予以恢复，部分铌合金焊后高温退火处理的规范参数见表 18-33。

表 18-32　钽、铌及其合金惰性气体保护焊焊接接头的力学性能[2,4]

材料牌号	板材厚度 /mm	退火温度 /℃	试验温度 /℃	抗拉强度 /MPa	断后伸长率 （%）	弯曲角 /(°)
Ta	0.5	—	室温	558.6	—	180
Ta	1.0	—	室温	509.6	—	180
Ta-8W-2Hf	—	—	980	410	—	—
Ta-8W-2Hf	—	—	1150	347	—	—
Ta-8W-2Hf	—	—	1315	269	—	—
Ta-9.6W-2.4Hf	—	—	980	420	—	—
Ta-9.6W-2.4Hf	—	—	1150	379	—	—
Ta-9.6W-2.4Hf	—	—	1315	290	—	—
Ta-10W	—	—	980	265	—	—
Ta-10W	—	—	1150	198	—	—
Ta-10W	—	—	1315	165	—	—
Nb-10Hf-1Ti	—	—	室温	421.4	26	144
Nb-10Hf-1Ti	—	1200	室温	413.6	32.8	180
Nb-10Hf-1Ti	—	—	1100	199.9	21.8	—
Nb-10Hf-1Ti	—	—	1200	175.4	13.0	—
Nb-10Hf-1Ti	—	—	1400	104.9	24.3	—
Nb-10Hf-1Ti	—	—	1600	57.8	33.0	—
Nb-10W-2.5Zr	—	—	室温	590.9	17.3	91
Nb-10W-2.5Zr	—	1200	室温	551.7	14	95

表 18-33　铌合金焊后高温退火热处理参数[4]

材料牌号	退火时间 /h	真空退火温度/℃	
		氩弧焊接头	电子束焊接头
Nb-10Hf-1Ti	1	1200	1200
Nb-10W-2.5Zr	1	1220	1330
Nb-10W-1Zr	1	1330	1330
Nb-10W-10Hf	1	1330	1220
Nb-10W-2.8Ta-1Zr	1	1330	1220
Nb-10W-10Ta	1	1220	—

3. 电阻焊

钽、铌及其合金的电阻焊主要采用点焊和缝焊。为防止接头氧化和氮化，点焊和缝焊时必须在惰性气体保护中进行。也可在真空中进行短脉冲点焊和缝焊。由于材料的熔点高、热传导率大，必须用大电流焊接。被焊材料塑性高或压力大时，接触面易产生变形使电流密度降低，故点焊应在小压力下进行，并注意防止电极熔化及产生粘电极现象。因此电极表面需要经常清理或者采用液氮冷却。钽、铌及其合金薄板缝焊时，由于冷却速度快，一般不产生质量问题，但1mm 以上厚板焊接时，由于热量的积累容易产生脆化，应对电极进行冷却或采用脉冲缝焊。表 18-34 是铌及其合金缝焊焊接参数。

表 18-34　铌及其合金缝焊焊接参数[9]

板厚 /mm	电极压力 /N	焊接电流 /A	通电时间/s		电压/V	
			焊接	间歇	空载	电路闭合时
0.125	112.8	1100	3	2	0.8	0.7
0.25	225.6	3300	3	2	1.3	1.05
0.5	225.6	4000	3	2	1.6	1.25

4. 钎焊

钽、铌及其合金的钎焊应在真空中或在惰性气体（氩或氦）的可控气氛保护下进行。钎焊前应严格进行酸洗，必须去除所有的活性气体（氧、一氧化碳、二氧化碳、氨、氢及氮），避免钽、铌与这些气体生成氧化物、碳化物、氢化物和氮化物，使接头延性降低。

钎料及钎焊温度应根据焊接构件的用途及其使用环境选择。Au、Cu、Ag-Cu、Au-Cu 及 Ni-Cr-Si 钎料可用于低温钎焊，其中 Ni-Cr-Si 钎料易出现脆性金属间化合物，含 Au40% 以上的 Au-Cu 钎料也有可能出现脆性相。Ta-V-Ti 及 Ta-V-Nb 等合金钎料可用于高温钎焊，其使用环境可达 1370℃ 以上。用 Hf-Mo、Hf-Ta、Ti-Cr 等合金钎料，钎焊的接头可在更高的环境温度下使用。表 18-35 是钽、铌及其合金用钎料。

5. 扩散焊

采用真空扩散焊可以有效地连接钽、铌及其合金，但焊接面要精加工（研磨）到 $R_a = 0.20\mu m$，焊接室真空度应高于 1.33×10^{-3} Pa。为了降低焊接温度、防止晶粒长大，可采用加中间金属层或在连接面上涂几十纳米厚的金属层进行扩散焊接。表 18-36 给出了钽、铌扩散焊参数。

表 18-35　钽、铌及其合金用钎料[7,8]

材料	钎料成分	钎焊温度/℃	接头使用温度上限/℃
钽及其钽合金	10Ta-40V-50Ti	1760	1370
	20Ta-50V-30Ti	1760	1370
	25Ta-55V-20Ti	1843	1370
	30Ta-65V-5Ti	1843	1370
	5Ta-65V-30Nb	1815	1370
	25Ta-50V-25Nb	1870	1370
	30Ta-65V-5Nb	1870	1370
	30Ta-40V-30Nb	1927	1370
	93Hf-7Mo	2093	1930①
	60Hf-40Ta	2193	1930
	66Ti-34Cr	1482	1930②
	66Ti-30V-4Be	1316	1930③
铌及其铌合金	48Ti-48Zr-4Be	1050	—
	75Zr-19Nb-6Be	1050	—
	66Ti-30V-4Be	1288 ~ 1316	—
	91.5Ti-8.5Si	1371	—
	73Ti-13V-11Cr-3Al	1620	—
	67Ti-33Cr	1455 ~ 1482	—
	90Pt-10Ir	1815	—
	90Pt-10Rh	1900	—

① 保温 1min 后进行 2038℃ 30min 扩散处理。
② 保温 1min 后进行 1427℃ 16h 扩散处理。
③ 保温 1min 后进行 1121℃ 4.5h + 1316℃ 16h 双重扩散处理。

表 18-36 钽、铌及其合金扩散焊参数[8]

材料牌号	温度/℃	压力/MPa	时间/min	中间层金属	真空度/Pa
Ta	1650	11.8	20	—	$> 1.33 \times 10^{-2}$
Nb	1250	14.7	15	—	$> 1.33 \times 10^{-2}$
Nb	1000	19.6	30	Ni	$> 1.33 \times 10^{-2}$
Nb-10W-2.5Zr	1065~1093	15	420~300	Ti(0.025mm)	$> 1.33 \times 10^{-2}$

18.3 难熔金属与其他有色金属的焊接

18.3.1 异种难熔金属的焊接

1. 钨与钼的焊接

钨与钼都是熔点高及化学活性大的材料,其焊接尤为困难。主要焊接方法是真空扩散焊、钎焊及电子束焊接。

钨与钼的扩散焊接要求真空度在 1.33×10^{-2} Pa 以上,一般应使用中间金属夹层,钽箔及钼箔作夹层材料比较理想。其焊接参数见表 18-37。用钽作中间层采用表中规范焊接时,金相分析发现,钽箔与被焊零件之间虽然存在着不连续的地方,但当冷弯到锥角

17°时,未发生分层脱开。在弯折部位由于钨层发生再结晶而脆化,有分层现象,但焊缝仍未发生其他变化。采用钼箔作中间层进行焊接,钨与钼箔之间的分界线完全消失,其分界线只能根据晶粒的大小不同来确定。当扩散时间较短(15min)时,接合质量不稳定,可以清楚地看到钨与钼箔的分界线,但没有不连续的地方,钼的晶粒比较粗大。

钨与钼的钎焊应在保护气氛下进行,保护气体可采用氮气和氢气组成的混合气体,钎料一般使用钼钌共晶钎料。因钎料熔点较低,故接头的工作性能比基体金属差得多。

用真空电子束焊接钨与钼比较理想,其焊接参数可参照本章 18.2 节。

表 18-37 钨与钼真空扩散焊接参数[12]

被焊材料	温度/℃	压力/MPa	时间/min	中间层金属	真空度/Pa
W + Mo	1900	20	20~60	Ta(50μm)	$> 1.33 \times 10^{-2}$
W + Mo	1900	20	60	Mo	$> 1.33 \times 10^{-2}$

2. 钼与铌的焊接

由二元相图可知,钼与铌在高温下互溶,不形成化合物。应采用真空扩散的方法进行接合,接合参数如表 18-38。

表 18-38 钼与铌真空扩散焊接参数[12]

被焊材料	温度/℃	压力/MPa	时间/min	真空度/Pa
Mo + Nb	1400	10	5	$> 1.33 \times 10^{-2}$

18.3.2 钼与其他有色金属的焊接

1. 钼与钛的焊接

由于钼及其合金与钛的物理、化学性能相差很大(熔点相差约 1000℃、钼的线胀系数约是钛的 1.8 倍),焊接时存在很大困难。熔化焊接时如加热温度超过 1300℃,钼或钼合金的晶粒会急剧长大,从而造成热影响区脆化。因此钼与钛应采用固相接合,常

用的焊接方法是扩散连接。此外,爆炸焊也可以连接两种金属,接头中形成了成分不同、波浪形分布的固溶体。金相分析未发现塑性变形的晶粒,也没产生再结晶。

钼与钛的真空扩散连接,可以在很宽的焊接参数范围内获得优质的焊接接头,其参数见表 18-39。如果在氩气保护下进行扩散连接,应选用更高的焊接温度和更长的焊接时间。

表 18-39 钼与钛真空扩散焊接参数[12]

被焊材料	温度/℃	压力/MPa	时间/min	真空度/Pa
Mo + Ti	870~930	6.5~8	10~120	$> 1.33 \times 10^{-2}$

2. 钼与镍的焊接

钼与镍的熔点相差很大,电弧焊接非常困难。由于两种材料可以相互溶解,一般采用扩散焊的方法进行连接,参数见表 18-40。此外,镍是钼与其他异种

金属扩散接合时的良好中间层材料。

表 18-40　钼与镍真空扩散焊接参数[12]

被焊材料	温度 /℃	压力 /MPa	时间 /min	真空度/Pa
Mo + Ni	900	7	20	>1.33 × 10^{-2}

3. 钼与铜的焊接

由二元相图可知，钼与铜相互之间都不能溶解，熔点差别很大。因此，不能用熔焊的方法进行焊接，最常用的接合方法是扩散焊，也可以采用爆炸焊的方法进行接合。

钼与铜可直接进行真空扩散接合，由于两种材料的热膨胀系数相差很大，焊接加热时接头容易产生很大的热应力，使接合质量难以得到保证。只有采用控制铜的宏观变形时，才可得到最高的接头强度。这种接头的真空气密性良好，但热稳定性不高。

在制造钼与铜的重要构件时，为了消除接头的热应力，保证接合质量，可采用与钼、铜都互溶的镍作为中间层金属。加镍的最好方法是在钼的焊接表面电镀一层镍，其焊接参数见表 18-41。

表 18-41　钼与铜真空扩散焊接参数[9]

被焊材料	温度/℃	压力/MPa	时间/min	中间层金属	真空度/Pa
Mo + Cu	950 ~ 1050	15 ~ 16	10 ~ 40	Ni(7 ~ 14μm)	>1.33 × 10^{-2}
Mo + Cu	950	15 ~ 16	15 ~ 30	无	>1.33 × 10^{-2}

18.3.3　铌与其他有色金属的焊接

1. 铌与钛的焊接

铌与钛的物理化学性能比较接近，两种金属在高温下不产生脆性反应相而形成有限固溶体。因此，铌与钛可采用电子束焊、惰性气体保护焊、扩散焊及摩擦焊的方法进行接合。电弧焊时应采用高纯氩气对焊缝正反面进行良好保护，摩擦焊接最好在 1.33 × 10^{-2}Pa 以上的真空中进行。

进行平板对接的电子束焊或电弧焊时，热源必须偏向熔点高的铌，偏离的程度要视板厚而定，例如厚度为 0.8 ~ 2mm，偏离对接中心的距离应为 0.8 ~ 1.5mm，表 18-42 为热交换器产品中铌与钛真空电子束焊的焊接参数。图 18-9 为铌合金与钛合金电子束焊接典型焊缝形貌，接头中存在着高铌区（含铌的质量分数为 80% ~ 90%）和低铌区（含铌的质量分数为 30% ~ 40%）。在金相图中呈灰白色的焊缝组织即为高铌区，呈灰黑色的组织为低铌区，且焊缝组织颜色越浅则铌的相对含量越高。焊缝中铌与钛的含量

取决于热输入和热源偏离对接中心的距离，只有精确地计算热输入才能获得优质的焊接接头。例如板厚为 1mm 时，要把 2/3 的热输入加在铌板上，其余 1/3 的热输入加在钛板上。表 18-43 及表 18-44 列出了铌与钛的氩弧焊参数及接头性能。在熔合区中，焊缝中心部位塑性最好，熔合区与铌之间的塑性与母材铌的塑性有关，而熔合区与钛之间的塑性，同钛和铌的牌号关系不大。

表 18-45 是铌与钛扩散接合时的焊接参数，接头的平均抗拉强度可达 467MPa。

图 18-9　铌合金与钛合金电子束焊接典型焊缝形貌

表 18-42　热交换器产品中铌与钛真空电子束焊的焊接参数[13]

两种母材厚度 /mm	接头形式	焊接参数			电子束偏离[①] /mm	真空度 /MPa
		加速电压 /kV	电子束束流 /mA	焊接速度 /(m/h)		
2 + 2	对接	28	100	55	—	1.3332 × 10^{-8}
3 + 2		30	170	50	—	
3 + 3		40	180	45	1	
4 + 4		45	250	40	2	
5 + 4		50	270	40	2	

① 指电子束偏向铌母材金属一侧的距离。

表 18-43　铌与钛的典型氩弧焊规范及接头力学性能[12]

被焊材料	板厚/mm	焊接电流/A	焊接速度/(mm/min)	抗拉强度/MPa	弯曲角/(°)
Nb + TA3	0.8	110 ~ 120	667	—	—
	1.2	130	667	—	—
	1.5	160 ~ 165	667	—	—
	2.0	200 ~ 218	333	—	—
Nb + TC2	1.0	75 ~ 80	467 ~ 500	51.5	90
	2.0	150 ~ 160	583 ~ 667	—	—
Nb + TB2	1.0	75 ~ 80	450 ~ 500	52.9	180

表 18-44　原子能反应堆产品中铌与钛及钛合金氩弧焊的焊接参数[13]

材料牌号	两种母材厚度/mm	接头形式	焊 接 参 数						氩气流量/(L/min)	
			铈钨极直径/mm	电弧电压/V	焊接电流/A	焊接速度/(m/h)	填丝材料	填丝直径/mm	正面焊缝	焊缝背面
Nb + TA2	1 + 1	搭接	2	8 ~ 10	90 ~ 100	45	Nb	2	10 ~ 12	10 ~ 15
	1.2 + 1.2		2	10 ~ 12	100 ~ 120	45		2		
	1.5 + 1.5	对接	2	12 ~ 13	120 ~ 150	40		2		
	2 + 2		3	13 ~ 15	180 ~ 200	40		3		
Nb + TB2	1 + 1	对接	2	8	80 ~ 90	45		2		
	1.5 + 1.5		2	10	100 ~ 120	45		2		
	2 + 2		3	10 ~ 12	120 ~ 150	40		3		
	3 + 3		3	12 ~ 16	180 ~ 200	30		3		
	4 + 3		3	16 ~ 18	220 ~ 250	30		3		

表 18-45　铌与钛真空扩散焊接参数[12]

被焊材料	温度/℃	压力/MPa	时间/min	真空度/Pa
Nb + Ti	960	3.5	300	> 1.33 × 10^{-2}

2. 铌与锆的焊接

铌与锆的热膨胀系数相近，相互不产生脆性金属间化合物，故常用的焊接方法为惰性气体保护焊和电子束焊。由于两种材料的热物理性能不同，热量在两种金属间分布不均匀，焊接时热源要偏向熔点高的铌一侧。

焊接过程中，如空气进入焊接熔池，气体与锆发生反应形成脆性化合物，且使焊缝中夹杂物增加，焊缝的脆性明显增大，抗腐蚀性和机械加工性变差。因此，焊接时应加强保护，均匀地快速冷却，缩短过热金属与大气的接触时间。在气体保护焊接容器中进行

氩弧焊接，可以避免大气的有害影响，容易保证焊接质量。氩气保护下进行焊接时，应使主喷嘴、附加保护罩及焊缝背面连续不断地供氩气流，使焊后处于高温下的焊缝区全部受到氩气保护。一般情况下，只要附加保护罩设计合理，焊接参数及气体流量选择合适，则能保证焊接接头质量。

不论采用哪种熔焊方法或焊接工艺，铌与锆熔接头的强度和塑性会随时间的推移而出现有规律的降低。脆性破坏通常发生在靠近锆一侧的熔合区上。

铌与锆氩弧焊的优选焊接参数见表 18-46，电子束焊接参数见表 18-47。

表 18-46　铌与锆氩优选弧焊参数[12]

板材厚度 /mm	焊接速度 /(mm/min)	钨极直径 /mm	电弧偏离铌侧 /mm	弧长 /mm	焊接电流 /A	主喷嘴氩气流量 /(L/min)
0.8	667	2	0.8	1.0	100 ~ 120	8.5
1.0	667	3	0.8	1.0	110 ~ 130	10
2.0	667	3	1.5	1.0	260 ~ 270	10

表 18-47　铌与锆合金（含铌 2.2%）电子束焊接参数[12]

板材厚度 /mm	加速电压 /kV	焊接电流 /mA	焊接速度 /(mm/min)	电弧偏离铌侧 /mm	真空度 /Pa
2	60	24	300	1 ~ 1.5	$> 1.33 \times 10^{-2}$

参 考 文 献

[1]　日本溶接学会. 熔接·接合便览 [M]. 东京：丸善出版社，1994.

[2]　井川博，五代友和. 耐热钢·耐热材料の溶接 [M]. 东京：产报出版株式会社，1978.

[3]　新金属材料特点と加工技术 [M]. 东京：日刊工业新闻出版社，1986.

[4]　中国机械工程学会焊接学会. 焊接手册：第 2 卷 [M]. 北京：机械工业出版社，1992.

[5]　李震夏，等. 世界有色金属材料成分与性能手册 [M]. 北京：冶金工业出版社，1992.

[6]　许华忠，等. 实用金属材料手册 [M]. 武汉：湖北科学技术出版社，1989.

[7]　美国金属学会. 金属手册 [M]. 9 版. 北京：机械工业出版社，1994.

[8]　曾乐. 现代焊接技术手册 [M]. 上海：上海科学技术出版社，1993.

[9]　古列维奇 C M. 有色金属焊接手册 [M]. 邸斌，刘中青，译. 北京：中国铁道出版社，1988.

[10]　Wadsworth J, et al. The Microstructure and Mechanical Properties of a Welded Molybdenum Alloy [J]. Mater. Sci. and Eng., 1983 (59): 256.

[11]　American Welding Society. Welding Handbook [M], 7th ed, 1984: 478.

[12]　何康生，曹雄夫. 异种金属焊接 [M]. 北京：机械工业出版社，1986.

[13]　刘中青，等. 异种金属焊接技术指南 [M]. 北京：机械工业出版社，1997.

第19章　异种金属的焊接

作者　冯吉才　李卓然　张丽霞　**审者**　吴爱萍

19.1　概述

随着科学技术的发展，现代工业对焊接构件提出了更高、更苛刻的要求，除常规力学性能之外，还要求有如高温强度、耐磨性、耐蚀性、低温韧性、抗辐照性、磁性、导电性、导热性等多方面的性能，单种金属材料很难同时满足这些使用要求。因此，工程中常根据结构不同部位对材料使用性能的不同要求采用异种材料焊接结构，不仅能满足不同工作条件对材质的不同要求，而且能节约贵重金属，降低结构整体成本，充分发挥不同材料的性能优势。异种材料的焊接结构在航空航天、石油化工、电站锅炉、核动力、机械、电子、造船以及其他一些领域获得了越来越多的应用。本章将阐述异种钢的焊接、异种有色金属的焊接、钢与有色金属的焊接，以及钢和耐高温金属的焊接。

19.1.1　异种金属的焊接性

异种金属的焊接性主要是指不同化学成分、不同组织性能的两种或两种以上金属，在限定的施工条件下焊接成符合设计要求的构件，并满足服役环境的要求。由于不同金属的化学成分、物理特性、化学性能差别较大，异种金属的焊接要比同种金属的焊接复杂得多。异种金属的焊接性除了必须考虑异种金属本身的固有性质和它们之间可能发生的相互作用之外，还必须结合焊接方法进行分析判断，从而为正确选择焊接方法、制定焊接工艺提供依据。

1. 材料性质对焊接性的影响

可以利用合金相图分析异种金属的焊接性和它们之间可能发生的相互作用，在合金相图中，若金属互为无限固溶（如 Ni-Cu 等）或有限固溶（如 Cu-Ag 等），则这些异种金属组合的焊接性通常比较好，容易适应各种焊接方法。受焊金属互不固溶，其结合表面不能形成新的冶金结合，直接施焊时就不能形成牢固的接头，焊接性就差。受焊金属相互间能形成化合物时，它们之间不能产生晶内结合，且脆性化合物呈层状分布，则两种材料不能实现可靠连接。只有当它们所形成的化合物呈微粒状分布于合金晶粒间、且还形成一定量的固溶体或共晶体时，则这种组合具有一定的焊接性。由于受焊异种金属形成机械混合物的种类比较复杂，其焊接性优劣程度有较大差别，若其两组元或两种具有一定溶解度的固溶体形成共晶，或包晶产物是固溶体，那么这种组合的焊接性就好；若其共晶或共析中一相是化合物，或包晶产物是化合物，那么焊接性就差。

金属各自固有的化学和物理性能以及它们在这些性质上的差异对焊接性有很大的影响，当异种材料的熔化温度、线胀系数、热导率和比电阻等存在较大差异时，就会给焊接造成一定的困难；线胀系数相差较大，会造成接头较大的焊接残余应力和变形，易使焊缝及热影响区产生裂纹。异种材料电磁性相差较大，则使焊接电弧不稳定，焊缝成形不好甚至不可焊接。两种材料的晶格类型、晶格参数、原子半径、原子外层电子结构等化学性能差异小，也就是通常所说的"冶金学相容性"好，则在液态和固态时具有互溶性，这两种材料在焊接过程中一般不产生金属间化合物（脆性相），但受焊接时的外界影响较大。例如 Ni-Cu 间能互为无限固溶，从合金相图判断其焊接性应当是优良的，当采用电子束焊接时，由于 Ni 的剩磁性和外部磁效应会引起电子束的波动，导致焊接过程控制和焊缝成形困难。

2. 焊接方法对焊接性的影响

熔焊、压焊、钎焊三大类焊接方法都可以用来焊接异种材料。

（1）异种金属熔焊的焊接性

熔焊的焊接性主要是指：①焊接区是否会形成对力学性能及化学性能等有较大影响的不良组织和金属间化合物；②能否防止产生焊接裂纹及其他缺陷；③是否会由于熔池混合不良形成溶质元素的宏观偏析及熔合区脆性相；④在焊后热处理和服役中熔合区是否发生不利的组织变化等。表 19-1 给出异种金属的熔焊焊接性。一般来讲，可以根据合金相图进行分析，焊接性好的异种金属组合才有可能在合适的熔焊工艺下获得高质量的接头。

电弧焊是应用最多的异种金属熔焊方法，特别在异种钢焊接中应用最多，而对于异种有色金属及异种稀有金属的焊接，优先选择等离子弧焊。电子束焊接异种金属的主要特点是热源密度集中、温度高、焊缝窄而深、热影响区小，可用于制造异种钢真空设备薄壁构件。激光焊接也是一种高能束的焊接方法，许多异种金属接头采用激光焊，能获得令人满意的焊接接头。表 19-2、表 19-3 分别给出它们对一些异种金属组合的焊接性，可在选用时参考。

（2）异种金属压焊的焊接性

异种金属常用的压焊方法有电阻焊、冷压焊、扩散焊、摩擦焊等。压焊的工艺特点有利于防止和控制受焊金属在高温下相互作用形成脆性的金属间化合物，有利于控制和改善焊接接头的金相组织和性能，且焊接应力较小。许多熔焊时极为难焊的异种金属，采用压焊却可以获得满意的焊接接头。以较典型的扩散焊为例，压焊的焊接性主要考虑以下问题：界面反应相的形成；元素扩散速度的差异导致的微孔隙；氧化膜及异种金属的熔点差导致扩散能力下降引起的结合不良；界面塑性变形能力不足引起结合性能的下降；焊后热处理和服役中接合区发生不利的组织变化等。电阻焊是目前在异种钢焊接中应用较多的压焊方法，冷压焊则比较适合于异种有色金属和熔点较低、塑性较好的异种稀有金属的焊接。超声波焊比较适合于箔、丝和薄板状工件的异种有色金属和钢与金属的焊接。爆炸焊和摩擦焊广泛适用于异种钢、异种有色金属和钢与有色金属的焊接。扩散焊在异种金属焊接中适用范围最广泛，而且也是实现金属与非金属焊接的好方法。表 19-4 ~ 表 19-7 分别给出一些异种金属组合的焊接性，可供选用时参考。

表 19-1　异种金属的熔焊焊接性[1]

图例：
- ▽　焊接性好
- ⊕　焊接性较好
- ○　焊接性尚可
- ×　焊接性差
- □　无报道

	Ag	Al	Au	Be	Cd	Co	Cr	Cu	Fe	Mg	Mn	Mo	Nb	Ni	Pb	Pt	Sn	Ta	Ti	V	W
Al	×																				
Au	▽	×																			
Be	×	⊕	×																		
Cd	×	⊕	×																			
Co	⊕	×	⊕	×	○																
Cr	⊕	×	⊕	×	×	⊕															
Cu	⊕	×	▽	×	⊕	⊕																
Fe	○	×	⊕	×	×	▽	▽	⊕													
Mg	×	×	×	×	▽	×	×	×	○												
Mn	⊕	×	⊕	×	×	⊕	×	▽	⊕	⊕											
Mo	○	×	⊕			×	⊕	×	▽												
Nb		×	×			×	×	×	⊕	○	×	▽									
Ni	⊕	×	▽	×	×	▽	⊕	▽	⊕	×	▽	×	×								
Pb	⊕	×	⊕	×	×	×	×	×	⊕	×	○	×	⊕								
Pt	▽	×	⊕	×	×	▽	×	▽	▽	×	▽	▽		×							
Sn	×	⊕	×	○	×	×	×	×	×	×	×	×	×	⊕	×						
Ta	×	×		×		○		○	×		○	×	×	×	×	×					
Ti	×	×	×	×	×	○	▽	×	○	×	×	▽	▽	×	×	×	×	▽			
V	○	×	×	×	×	▽	▽	×	▽	×	▽	▽	▽	▽	×	▽	×	▽	▽		
W	○	×	×	×	×	○	▽	×	▽	×	×	▽	▽	×	×	▽	×	▽	⊕	▽	
Zr	×	×	×	×	○	×	×	⊕	×	×	×	×	×	×	×	×	×	⊕	▽	×	×

表 19-2　异种金属的电子束焊焊接性[2]

Al	Be	Cu	Ge	Au	Fe	Mg	Mo	Ni	Pd	Pt	Si	Ag	Ta	Ir	Ti	W	Zr	V	U	
▽	▽	▽			▽		▽	▽							▽		▽	▽		Al
	▽	▽		▽	▽														▽	Be
		▽		▽	▽		▽	▽				▽			▽	▽				Cu
					▽							▽								Ge
				▽				▽		▽	▽									Au
					▽			▽					▽		▽	▽	▽	▽		Fe
						▽														Mg
							▽			▽										Mo
								▽		▽	▽	▽	▽	▽				▽		Ni
																				Pd
										▽		▽								Pt
												▽								Si
												▽								Ag
													▽							Ta
																				Ir
																▽	▽	▽		Ti
																▽				W
																	▽	▽		Zr
																		▽		V
																				U

▽　焊接性好
□　焊接性差或无报道

表 19-3　异种金属的激光焊焊接性[2]

Al	Mo	Fe	Cu	Ta	Ni	Si	W	Ti	Au	Ag	Ge	Co	
▽					▽		▽		▽				Al
	▽			▽									Mo
		▽	▽	▽									Fe
			▽	▽	▽	▽							Cu
				▽									Ta
					▽			▽	▽	▽			Ni
									▽				Si
								▽					W
									▽				Ti
											▽	▽	Au
											▽		Ag
													Ge
												▽	Co

▽　焊接性好
□　焊接性差或无报道

表 19-4　异种金属的冷压焊焊接性[2]

Ti	Cd	Be	Pd	Pt	Sn	Pb	W	Zn	Fe	Ni	Au	Ag	Cu	Al	
▽									▽				▽	▽	Ti
	▽				▽	▽									Cd
															Be
					▽						▽				Pd
				▽	▽	▽		▽	▽		▽	▽	▽	▽	Pt
					▽	▽									Sn
						▽		▽							Pb
													▽		W
								▽					▽		Zn
									▽	▽			▽		Fe
										▽	▽		▽		Ni
											▽	▽	▽		Au
												▽	▽		Ag
													▽		Cu
														▽	Al

▽　焊接性好

□　焊接性差或无报道

（3）异种金属钎焊的焊接性

钎焊是异种材料连接常用的方法，在此基础上又进一步出现了熔焊-钎焊（也称熔钎焊）技术，即对低熔点母材一侧为熔焊，对高熔点母材一侧为钎焊，而且常以与低熔点母材相同的金属或合适成分的焊丝为钎料，低熔点母材属于熔焊，钎料与高熔点母材之间则是钎焊。由于高熔点母材不发生熔化，要求钎料对高熔点母材的润湿性要好。过渡液相扩散焊也是常用的钎焊方法，可分为在异种金属界面之间加低熔点中间层的扩散焊和界面反应生成液相的两种类型。加低熔点中间层扩散焊时在界面形成低熔点共晶液相，经等温凝固后实现连接。钎焊不仅广泛适用于异种金属的焊接，也适用于金属与陶瓷、弹性模量高的难熔合金等材料的焊接。

19.1.2　异种金属的焊接工艺措施及质量控制

1. 异种金属的焊接工艺措施

异种金属焊接接头除了在设计和结构上必须合理以外，接头本身还应满足多种要求，如强度、真空致密性、热稳定性、耐磨性、耐腐蚀性、导电性和尺寸精度等。为获得优质的异种金属焊接接头，通常可以采取下列一些工艺措施：

1）尽量缩短被焊金属在液态下相互接触的时间，以防止或减少生成金属间化合物。熔焊时，可以利用热源偏向被焊件一方（通常偏向熔点高的工件）的方法来调节被焊材料的加热和接触时间；电阻焊时，可以采用截面和尺寸不同的电极，或者采用快速加热等方法来调节。

2）采用与两种被焊金属都能很好焊接的中间层或堆焊中间过渡层，以防止生成金属间化合物。

3）在焊缝中加入合金元素，阻止金属间化合物相的产生和增长。

2. 异种金属焊接的缺陷及防治措施

异种金属焊接的主要缺陷是指气孔、裂纹及熔合区内的成分和组织不均匀等，其产生原因和防治措施见表 19-8。

由于合金成分上的差别，在异种金属接头的焊缝和母材之间存在一个熔合区，它是由母材金属向焊缝过渡的过渡区，这个区域不但化学成分和金相组织不均匀，而且物理性能也不同，力学性能也有很大差异，可能造成接头缺陷或性能的降低。表 19-9 是扩散焊焊接接头常出现这类问题的例子。对于扩散焊产生的缺陷，仅采用传统的防治措施是不够的，目前较为有效的措施是焊接时针对不同异种金属组合，在其接头端面之间加入中间层，表 19-10 给出异种金属扩散焊时常用的中间层金属。

表 19-5　异种金属的爆炸焊焊接性[2]

	1	2	3	4	5	6	7	8	9	10	11	12	13	14	15	16	17	18	19	20	21	22	23	24	25	26	27	28	29	
	▽						▽				▽	▽		▽		▽									▽	▽				1
		▽					▽	▽			▽	▽		▽	▽	▽		▽				▽	▽		▽	▽		▽	▽	2
			▽				▽				▽	▽		▽		▽												▽	▽	3
				▽										▽	▽			▽					▽							4
					▽																									5
						▽	▽		▽		▽	▽	▽	▽		▽		▽	▽	▽			▽		▽	▽	▽			6
							▽							▽								▽		▽				▽		7
								▽																	▽					8
									▽									▽										▽		9
										▽																				10
											▽							▽	▽						▽					11
												▽				▽						▽	▽		▽	▽				12
													▽																	13
														▽																14
															▽															15
																▽						▽				▽				16
																	▽						▽							17
																		▽					▽		▽	▽				18
																			▽						▽					19
																				▽										20
																					▽									21
																						▽								22
																							▽							23
																								▽						24
																									▽					25
																										▽				26
																											▽	▽		27
																												▽		28
																														29

1 低碳钢
2 中碳钢
3 低合金钢
4 合金钢
5 铸钢　　　　16 Al
6 不锈钢　　　17 Be
7 Ni 及 Ni 合金　18 Nb
8 因康洛依　　19 Nb 合金
9 因康镍　　　20 Au
10 蒙乃尔　　　21 Hf
11 哈斯特洛依　22 Mg
12 Cu　　　　23 Mo
13 BeCu　　　24 Pt　　27 W
14 黄铜　　　　25 Ag　　28 Ti
15 青铜　　　　26 Ta　　29 Zr

▽　　焊接性好
□　　焊接性差或无报道

表 19-6　异种金属的摩擦焊焊接性[2]

	1	2	3	4	5	6	7	8	9	10	11	12	13	14	15	16	17	18	19	20	
	▽	▽		▽		▽		▽		▽			▽	▽	▽		▽			▽	1 Al
		▽		▽		▽		▽					▽		▽						2 杜拉铝
			▽																		3 铅
				▽									▽								4 青铜
													▽	▽							5 铸铁
						▽							▽								6 Cu
							▽						▽		▽						7 电解铜
								▽					▽								8 黄铜
											▽			▽	▽						9 蒙乃尔
													▽								10 Ni
											▽		▽	▽	▽						11 NiCrTi 合金
																					12 Ag
													▽	▽							13 结构钢
														▽	▽						14 合金钢
															▽					▽	15 不锈钢
																	▽				16 Ta
																	▽		▽		17 Ti
																		▽			18 W
																					19 V
																				▽	20 Zr

▽　焊接性好

□　焊接性差或无报道

表 19-7 异种金属的扩散焊焊接性[2]

	1	2	3	4	5	6	7	8	9	10	11	12	13	14	15	16	17	18	19	20	21	
	▽							▽	▽		▽				▽	▽						1 Al
		▽							▽				▽									2 Be
			▽																			3 铅
				▽																		4 灰铸铁
																						5 硬质合金
									▽													6 陶瓷
																						7 康铜
								▽	▽	▽	▽											8 柯伐合金
									▽						▽			▽				9 Cu
										▽					▽	▽						10 Mo
											▽							▽	▽			11 Ni
												▽										12 Nb
																						13 磷青铜
														▽							14 Ag
																						15 碳钢
																▽		▽				16 高合金钢
																	▽					17 Ta
																						18 Ti
																			▽			19 W
																						20 锡青铜
																					▽	21 Zr

▽ 焊接性好

□ 焊接性差或无报道

表 19-8 常见异种金属焊接缺陷的产生原因和防治措施[3]

异种金属组合	焊接方法	焊接缺陷	产生原因	防治措施
06Cr19Ni10 不锈钢 + 2.25 Cr1Mo 钢	电弧焊	熔合区产生裂纹	生成马氏体组织	控制母材金属熔合比，采用过渡层，过渡段
022Cr19Ni10 + 碳素钢	焊条电弧堆焊	熔合区塑性下降，出现淬硬组织	生成马氏体组织	严格控制马氏体组织数量，控制焊后热处理温度
06Cr19Ni10 + 00Cr18Ni10	焊条电弧焊对接	复层侧塑性下降，高温裂纹	生成马氏体组织，焊接应力大，形成低熔点共晶体的液态薄膜	控制铁素体的含量，采用"隔离焊缝"，控制焊后热处理温度
奥氏体不锈钢 + 碳素钢	MIG 焊	焊缝产生气孔，表面硬化	保护气体不纯，母材金属、填充材料受潮，碳迁移	焊前母材金属、填充材料清理干净，保护气体纯度要高，填充材料要烘干，采用过渡层
奥氏体不锈钢 + 碳素钢	焊条电弧堆焊	熔合区塑性下降，出现淬硬组织	在熔合区产生脆性层	采用过渡层，过渡段焊接，选用含镍高的填充材料
Cr-Mo 钢 + 碳素钢	焊条电弧焊	熔合区产生裂纹	回火温度不合适	焊前预热，选塑性好的填充材料，焊后选合适的热处理温度

（续）

异种金属组合	焊接方法	焊接缺陷	产生原因	防治措施
镍合金 + 碳素钢	TIG 焊	焊缝内部气孔、裂纹	焊缝含镍高，晶粒粗大，低熔点共晶物积聚，冷却速度快	通过填充材料向异质焊缝加入变质剂 Mn、Cr，控制冷却速度，把接头清理干净
铜 + 铝	电弧焊	产生氧化、气孔、裂纹	与氧亲和力大，氢的析集产生压力，生成低熔点共晶体，高温吸气能力强	接头及填充材料严格清理并烘干，最好选用低温摩擦焊、冷压焊、扩散焊
铜 + 钢	扩散焊	铜母材金属侧未焊透	加热不足，压力不够，焊接时间短，接头装配不当	提高加热温度、压力及焊接时间，合理进行接头装配
铜 + 钨	电弧焊	不易焊合，产生气孔、裂纹，接头成分不均	极易氧化，生成低熔点共晶，合金元素烧损、蒸发、流失，高温吸气能力强	接头及填充材料严格清理，焊前预热、退火、焊后缓冷，提高操作技术，采用扩散焊
铜 + 钛	焊条电弧焊	产生气孔、裂纹，接头力学性能低	吸氢能力强、生成共晶体及氢化物，线胀系数差别大，形成金属间化合物	选用合适焊接材料，制定正确焊接工艺，预热、缓冷，采用扩散焊、氩弧焊等方法
碳素钢 + 钛	电弧焊	焊缝产生裂纹、氧化	焊缝中形成金属间化合物，氧化性强	合理选用填充材料、焊接方法及焊接工艺
铝与钛	焊条电弧焊	氧化、脆化、气孔，合金元素烧损、蒸发	氧化性强、高温吸气能力强，形成金属间化合物，熔点差别大	控制焊接温度，严格清理接头表面，预热、缓冷，采用氩弧焊、电子束焊、摩擦焊
锆 + 钛	电弧焊	氧化、裂纹、塑性下降	对杂质裂纹敏感性大，生成氧化膜，产生焊接变形	清理接头表面，预热、缓冷，采用夹具，选用惰性气体保护焊、电子束焊、扩散焊
耐热铸钢 + 碳素钢	焊条电弧焊对接	碳素钢侧热影响区强度下降	热影响区出现脱碳层	在铸钢上预先堆焊过渡层，选择塑性好的填充材料
钢 + 铸铁	焊条电弧焊对接	产生白口组织，焊缝出现裂纹、气孔	焊缝含碳量高，冷却速度快，填充材料不干净、潮湿，气体侵入熔池	选择合适的焊接方法，严格控制化学成分、冷却速度；选择镍基或高钒焊条；填充材料要烘干；焊前接头及填充材料要清理干净

表 19-9　异种金属扩散焊接头的界面现象及其缺陷[4]

界面现象		异种金属组合	缺陷概要
与生成物有关	生成金属间化合物	Al/Fe, Al/Cu, Al/Ti, Be/Cu, Be/Fe, Cu/Ti, Cu 合金/Fe, Ti/Fe, Zr/Fe, Mo/Fe, Mo/Ni 合金, U/Fe	产生脆化层，接头强度下降
	生成氧化物	Cu(韧铜)/Ni, Al/Ti	产生 Ni 或 Al 的氧化物，接头强度下降
	生成碳化物（生成脱碳层）	不锈钢/Fe　Ti-15Mo-5Zr/Fe	产生 Cr 碳化物，耐蚀性和接头强度下降，产生 TiC、ZrC，接头强度下降

（续）

界 面 现 象		异种金属组合	缺 陷 概 要
与扩散有关	Kirkendull 效应	黄铜/Cu,Cu/Ni,Nb/Ni	产生微孔洞,接头强度下降
	熔点不同引起扩散不良	Mo/Fe,Al/Fe	扩散不良,接头强度差
	氧化膜引起扩散不良	Al/Fe,Al/Ti,Mo/Fe,Cu 合金/Fe Be 铜/蒙乃尔合金	扩散不良,接头强度差
	固溶度不足	Cu/Fe	接头强度差
	晶界渗透	Cu/不锈钢	疲劳强度下降
与塑性变形有关	界面塑性变形	WC·Co/Fe,司太立合金/Fe,Cu/Fe	界面致密性不良,接头强度差,变形大
与热应力有关	产生热应力	WC·Co/Fe,Mo/不锈钢	接头区产生裂纹,变形大

表 19-10　异种金属扩散焊常用的中间层金属[4]

界面问题	异种金属组合	中间层金属例	界面问题	异种金属组合	中间层金属例
生成金属间化合物	Al/Fe	Ag,Ni,Cu Ni/Ag/Cu	氧化膜引起扩散不良	Al/Fe	Ag,Ni,Cu, Ni/Ag/Cu
	Al/Cu	Ag,Ni		Al/Ti	Ag
	Al/Ti	Ag		Be 铜/蒙乃尔合金	Ni/Au/Cu, Ni/Ag/Au/Cu
	Be/Cu	Au,Ag,Cr		Cu 合金/Fe	Ni
	Cu/Ti	Mo,Nb,Cr		Mo/Fe	Ta/V/Ni/Cu
	Cu 合金/Fe	Cu,Ni	固溶度不足	Cu/Fe	Ni
	Ti/Fe	Ag,V,Cu,Ni,Mo	界面渗透	Cu/Fe	Ni
	Zr/Fe	Ag,V/Cu/Ni	界面塑性变形	WCCo/Fe	Ni,坡莫合金
	Mo/Fe	Ta/V/Ni/Cu		Cu/Fe	Ag
	U/Fe	Ag		石墨铸铁/Fe	Ni
生成碳化物	不锈钢/Fe	Ni	产生热应力	WCCo/Fe	坡莫合金
	Ti 合金/Fe	Ni		Mo/Fe	Ta/V/Ni/Cu
熔点不同引起扩散不良	Mo/Fe	Ta/V/Ni/Cu		Zr/Fe	V/Cu/Ni
	Al/Fe	Ag,Ni,Cu, Ni/Ag/Cu			

3. 异种金属焊接质量检验

异种金属焊接质量检验的基本内容和方法原则上与同种金属焊接相同,但也有一些特殊性,主要有以下几点:

（1）异种金属焊接接头力学性能检验

异种金属焊接接头力学性能试验方法应符合 GB/T 2651—2008 的规定,通常采用图 19-1 所示的试样,其尺寸见表 19-11。如果试样的焊接熔合区内没有扩散层,断裂通常会发生在材料强度较低的一侧（母材或焊缝金属上）,且断裂强度可达到原材料强度同等数量级。如果焊接熔合区内的扩散层达到一定厚度,就会出现脆性断裂,使接头强度降低。

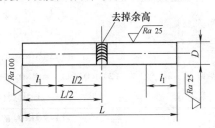

图 19-1　异种金属焊接接头的拉伸试件[2]

（2）异种金属焊接接头耐腐蚀性能的检验

异种金属焊接接头耐腐蚀性能检验一般可参照 GB/T 4334—2008 标准进行，但应注意由于异种材料接头内存在着如脱碳层、贫铬区等化学成分明显变化的区域，这些区域存在着电化学势的差异，当较大的应力作用时，都将影响异种金属焊接接头的耐蚀性。

（3）异种金属焊接接头金相组织检验

异种金属焊接接头金相组织检验方法与同种金属焊接接头相同，由于接头中的成分过渡区尺寸非常小，且不同区域的力学性能可能有很大差别，还需要同时显示不同的金属组织，这些因素给异种金属焊接接头金相组织检验带来很多困难，特别是分析样品的制备难度较大。除了按照表 19-12 正确选用制样方法和金相组织显示剂外，在电镜样品制备中还采用选择屏蔽等手段。

表 19-11 异种金属焊接接头拉伸试件的尺寸[2] （单位：mm）

直径 D	试件受试部分长度 l	试件全长 L	说　明
10 以下 10~25 25~50	60 100 160	$L = l + 2l_1$	（1）试件夹头部分长度 l_1 根据试验机的构造而定 （2）直径大于 50mm 时，试件尺寸由技术条件规定

表 19-12 异种金属焊接接头金相组织显示剂[5]

接头材料	腐蚀剂和显示次序	备　注
铜-钢	（1）8% $CuCl_2$ 的氨水 （2）4% HNO_3 的酒精溶液	—
钛-钢	（1）H_2O(100mL) + HNO_3(3mL) （2）4% HNO_3 的酒精溶液	—
钼-钢	（1）4% HNO_3 的酒精溶液 （2）H_2O(100mL) + 苛性钾 10g + 慕拉克（Mypak）试剂	—
不锈钢-钢	50mL H_2O + 50mLHCl + 5mL HNO_3 （加热到出现蒸汽为止）	碳钢和不锈钢同时腐蚀
钽-钢	（1）4% HNO_3 的酒精溶液 （2）H_2SO_4(1mL) + HNO_3(1mL) + HF(1mL)	浸泡 1~2min
银-钢	（1）4% HNO_3 的酒精溶液 （2）H_2O(100mL) + Cr_2O_3(200g) + H_2SO_4(1.5mL)	—
铝-钢	H_2O(95mL) + HF(1mL) + HNO_3(2.5mL)	铝-钢同时浸泡，用 4% HNO_3 酒精去除黑斑点
镍-钢	电腐蚀：10% HCl 酒精溶液，电压 20V，用酒精洗，再以 4% HNO_3 酒精溶液侵蚀	—
黄铜-钢	（1）4% HNO_3 的酒精溶液 （2）8% $CuCl_2$ 溶于氨水	—
铌-钢	（1）4% HNO_3 的酒精溶液 （2）H_2O(1mL) + HNO_3(2mL) + H_2SO_4(1mL) + HF(1mL)	—
铅-钢	（1）4% HNO_3 的酒精溶液 （2）醋酸(100mL) + H_2O(3.5mL)	—

（续）

接头材料	腐蚀剂和显示次序	备　注
铜-钼	（1）8% $CuCl_2$ 溶于氨水 （2）慕拉克试剂	—
钛-铌	HNO_3（1mL）+ HF（1mL）+ H_2O（1mL）或 HF	同时腐蚀
钛-铝	H_2O（10mL）+ HNO_3（3mL）+ HF（3mL）	同时腐蚀
铌-锆	HF（3mL）+ HNO_3（1mL）+ H_2SO_4（1mL）	同时腐蚀
铜-铝	电腐蚀：电压 18V	侵蚀 1~2 min

19.2　异种钢的焊接

19.2.1　常用异种钢焊接的工艺特点

1. 异种钢焊接常用钢种

由于异种钢的焊接结构既可以满足耐高温、耐腐蚀和耐磨损的要求，同时还可以节省大量的合金钢，因此在异种金属焊接中，异种钢焊接结构应用非常广泛。目前，用于异种钢焊接结构的钢种相当多，根据金相组织，可以分为珠光体钢、铁素体钢及铁素体-马氏体钢、奥氏体钢及奥氏体-铁素体钢三大类，表

19-13 列出了上述一些常用的钢种。按钢种力学性能、使用性能、焊接性及工程应用等，又将上述三类钢种分成若干类别。对于同类组织、不同类别的钢种来说，尽管它们的组织相同，但由于化学成分与性能存在较大差异，因此工程中也把它们之间的组合归属于异种钢的焊接。这样，异种钢的焊接就包括金相组织相同和金相组织不同的两种情况。常见组合为异种珠光体钢的焊接、异种奥氏体钢的焊接、珠光体钢和奥氏体钢的焊接、珠光体钢和马氏体钢的焊接、珠光体钢和铁素体钢的焊接及奥氏体钢与铁素体钢的焊接等。

表 19-13　常用于异种钢焊接结构的钢种[2]

组织类型	类别	钢　号
珠光体钢	I	低碳钢：Q195，Q215，Q235，Q255，08，10，15，20，25 破冰船用低温钢；锅炉钢 20g，22g，20R
	II	中碳钢和低合金钢：Q275，Q345，16Mn，20Mn，25Mn，30Mn，30，09MnV，15MnV，14MnNb，15MnVNR，15MnTi，18MnSi，14MnMoV，18MnMoNbR，18CrMnTi，20MnSi，20MnMo，15Cr，20Cr，30V，10Mn2，10CrV，20CrV
	III	船用特殊低合金钢：AK25（俄），AK27（俄），AK28（俄），AJ15（俄），901 钢，902 钢
	IV	高强度中碳钢和中碳低合金钢：35，40，45，50，55，35Mn，40Mn，45Mn，50Mn，40Cr，45Cr，50Cr，35Mn2，40Mn2，45Mn2，50Mn2，30CrMnTi，40CrMn，35CrMn2，35CrMn，40CrV，25CrMnSi，30CrMnSi，35CrMnSiA
	V	铬钼耐热钢：12CrMo，12Cr2Mo，12Cr2Mo1R，15CrMo，15CrMoR，20CrMo，30CrMo，35CrMo，38CrMoAlA，2.25Cr-1Mo
	VI	铬钼钒、铬钼钨耐热钢：20Cr3MoWVA，12Cr1MoV，25CrMoV，12Cr2MoWVTiB
马氏体-铁素体钢	VII	高铬不锈钢：06Cr13，12Cr13，20Cr13，30Cr13
	VIII	高铬耐酸耐热钢：Cr17，Cr17Ti，Cr25，1Cr28，12Cr17Ni2
	IX	高铬热强钢：Cr5Mo，Cr9Mo1NbV，1Cr12WNiMoV（俄），14Cr11MoV，X20CrMoV121（德）
奥氏体及奥氏体-铁素体钢	X	奥氏体耐酸钢：022Cr19Ni10，06Cr19Ni10，12Cr18Ni9，17Cr18Ni9，12Cr18Ni9，07Cr18Ni11Nb，Cr18Ni12Mo2Ti，10Cr18Ni12Mo3Ti，06Cr17Ni12TiV，Cr18Ni22W2Ti2
	XI	奥氏体耐热钢：06Cr23Ni18，Cr18Ni18，Cr23Ni13，06Cr20Ni14Si2，Cr20Ni14Si2，TP304（美），P347H（美），42Cr14Ni14W2Mo
	XII	无镍或少镍的铬锰氮奥氏体钢和无铬镍奥氏体钢：26Cr18Mn12Si2N，22Cr20Mn10Ni2Si2N，2Mn18Al15SiMoTi
	XIII	奥氏体-铁素体高强度耐酸钢：0Cr21Ni5Ti（俄），0Cr21Ni6MoTi（俄），1Cr22Ni5Ti（俄）

2. 异种钢焊接的难点

异种钢之间的化学成分、金相组织、物理性能、力学性能及工艺性能都有差别，因此焊接异种钢通常要比焊接同种钢难得多。由于有合金元素的稀释溶解和碳迁移等因素的影响，在异种钢接头的焊缝和熔合区存在一个过渡区，这个区域不但化学成分和金相组织不均匀，而且物理性能也不同，力学性能也有很大差异，可能造成接头缺陷或性能的降低。总之，异种钢焊接的主要难点表现为熔合线附近的金属韧性下降。

3. 异种钢焊接的工艺原则

为了获得满意的焊接接头，异种钢焊接时必须采取特殊的工艺措施，合理地处理焊接接头的化学不均匀性及由此引起的组织和力学性能的不均匀性、界面组织的不稳定性及应力变形的复杂性等问题。在异种钢焊接前，一般要考虑以下基本原则：

(1) 焊接方法的选择

大部分焊接方法都可以用于异种钢的焊接，只是在焊接参数及措施方面需要适当考虑异种钢的特点。在一般生产条件下焊条电弧焊使用最为方便，因为焊条的种类很多，便于选择，适应性强，可以根据不同的异种钢组合确定适用的焊条。对于批量较大的可采用机械化的钨极或熔化极气体保护焊、埋弧自动焊等方法，以保证生产效率高、质量稳定可靠。摩擦焊、电阻对焊和闪光对焊等压焊方法，无需填充金属、生产效率高且成本低，更适用于异种钢大批量焊接的流水作业。钎焊和扩散焊等方法也可用于异种钢焊接，其主要用于熔焊方法不能满足要求的场合。

(2) 焊接材料的选择

由于焊接接头的质量和性能与焊接材料关系十分密切，因此异种钢焊接的关键是选用正确的焊接材料。通常，焊条和焊丝的选用，应根据母材的化学成分、力学性能和焊接接头的抗裂性、碳含量、焊前预热、焊后热处理以及使用条件等综合考虑，这是保证焊接接头质量的关键。对于金相组织相近的异种钢焊接，焊接材料选择的最低标准是焊缝金属的力学性能及耐热性能等其他性能不低于母材中性能较低一侧的指标。但在某些特殊情况下，为了更易于避免焊接缺陷的产生，反而按性能要求较高的母材来选用焊接材料。对于金相组织差别较大的异种钢焊接，必须充分考虑填充金属受到稀释后，焊接接头性能仍能得到保障来选择焊接材料。异种钢焊接材料的选择原则可归纳如下：

1) 所选择的焊接材料必须保证焊接接头的使用性能，即保证焊缝金属、过渡区、热影响区等接头区域具有良好的力学性能和综合性能；保证焊接接头具有良好的焊接性能，即在接头区域不能出现热裂纹、冷裂纹及其他超标的焊接缺陷；保证焊缝金属具有所要求的综合性能，如耐腐蚀性、热强性及抗氧化性等。

2) 在焊接接头不产生裂纹等缺陷的前提下，如果不可能兼顾焊缝金属的强度和塑性，则应该选用塑性较好的焊接材料。

3) 异种钢焊接材料的焊缝金属性能只需符合两种母材中的一种即认为满足技术要求。

4) 在焊接工艺（如焊前预热或焊后热处理）受到限制时，要合理选择镍基合金或奥氏体不锈钢焊材，以提高焊缝金属的塑性、韧性以及抗冷裂性能。

5) 异种钢焊接时，焊丝成分的选择应以尽可能获得无缺陷和满足性能要求的接头为主。碳钢、低合金钢与不锈钢焊接时，要选用不锈钢焊丝；铬不锈钢与铬镍不锈钢焊接时，要选用铬镍不锈钢焊丝。

6) 焊接材料应经济、易于批量生产或货源充足，同时具有良好的工艺性能，焊缝成形美观。

异种钢焊接的焊条、焊丝和焊剂等焊接材料，可依据上述原则，选用本手册有关章节介绍的同种钢焊接的焊接材料或参考表 19-14 进行选用。

表 19-14　焊接异种钢推荐用的焊接材料[6]

类别	接头钢号	焊条电弧焊		埋弧焊		
		焊条		牌号		推荐用焊剂与焊丝匹配
		型号	牌号	焊丝	焊剂	牌号
I + II	Q235-A + 16Mn	E4303	J422	H08 H08Mn	HJ431	HJ401 H08A
	20、20R + 16MnR、16MnRC	E4315	J427	H08MnA	HJ431	HJ401-H08A
		E5015	J507			
	20R + 20MnMo	E4315	J427	H08MnA	HJ431	HJ401-H08A
		E5015	J507			
	Q235-A + 18MnMoNbR	E4315	J427	H08A	HJ431	HJ401-H08A
		E5015	J507	H08MnA	HJ350	HJ402-H10Mn2

（续）

类别	接头钢号	焊条电弧焊		埋弧焊		推荐用焊剂与焊丝匹配
		焊条		牌号		
		型号	牌号	焊丝	焊剂	牌号
Ⅱ+Ⅱ	16MnR + 18MnMoNbR	E5015	J507	H10Mn2 H10MnSi	HJ431	HJ401-H08A
	15MnVR + 20MnMo	E6015	J507	H08MnMoA	HJ431	HJ401-H08A
		E5515-G	J557	H10Mn2 H10MnSi	HJ350	HJ402-H10Mn2
	20MnMo + 18MnMoNbR	E5015	J507	H10Mn2 H10MnSi	HJ431	HJ401-H08A
		E5515-G	J557		HJ350	HJ402-H10Mn2
Ⅰ+Ⅴ	Q235-A + 15CrMn	E4315	J427	H08Mn H08MnA	HJ431	HJ401-H08A
Ⅱ+Ⅴ	16MnR + 15CrMo	E5015	J507	—	—	—
	15MnMoV + 12CrMo、15CrMo	E7015-D2	J707	—	—	—
Ⅰ+Ⅵ	20、20R、16MnR + 12Cr1MoV	E5015	J507	—	—	—
Ⅱ+Ⅵ	15MnMoV + 12Cr1MoV	E7015-D2	J707	—	—	—
Ⅰ+Ⅹ	Q235-A + 0Cr18Ni9Ti	E1-23-13-16 E1-23-13 Mo2-16	A302 A312	—	—	—
	20R + 0Cr18Ni9Ti	E1-23-13-16	A302	—	—	—
		E1-23-13 Mo2-16	A312			
Ⅱ+Ⅹ	16MnR + 0Cr18Ni9Ti	E1-23-13-16	A302	—	—	—
		E1-23-13 Mo2-16	A312			
	20MnMo + 0Cr18Ni9Ti	E1-23-13-16	A302	—	—	—
		E1-23-13 Mo2-16	A312			
	18MnMoNbR + 0Cr18Ni9Ti	E2-26-21-16	A402	—	—	—
		E2-26-21-15	A407			

（3）坡口角度

异种钢焊接前，坡口角度的设计应有助于焊缝稀释率的减少，应避免在某些焊缝中产生应力集中。如

较厚的焊件对接焊时宜用 X 形坡口或双 U 形坡口，这样稀释率及焊后产生的内应力较小，但需要特别指出的是，此时坡口的根部必须焊透。总体来说，确定

坡口角度的主要依据除母材厚度外，还要考虑母材在焊缝金属中的熔合比。异种钢多层焊时，就需要考虑多种因素的综合影响来确定坡口角度，但原则上是希望熔合比越小越好，以保证焊缝金属具有稳定的化学成分和性能。

（4）焊接参数

异种钢焊接时，焊接参数的选择应以减少母材金属的熔化和提高焊缝的堆积量为主要原则。焊接参数对熔合比有直接影响。一般来说，焊接热输入越大，母材融入焊缝越多。为了减少焊缝金属的稀释率，一般采用小电流和高焊接速度进行焊接。当然焊接方法不同时，熔合比的范围也不同，如表 19-15 所示。

表 19-15　不同焊接方法的熔合比范围[4]

焊接方法	熔合比（%）
碱性焊条电弧焊	20 ~ 30
酸性焊条电弧焊	15 ~ 25
熔化极气体保护焊	20 ~ 30
埋弧焊	30 ~ 60
带极埋弧焊	10 ~ 20
钨极氩弧焊	10 ~ 100

（5）焊前预热及焊后热处理

1）预热。异种钢焊前的预热主要是降低焊接接头的淬火裂纹倾向。当被焊的异种钢中有淬硬钢时，则必须进行预热，具体的预热温度应根据焊接性差的钢种来选择。例如，Cr12 型热强钢与 12Cr1MoV 低合金耐热钢焊接时，应按照淬硬倾向大的 Cr12 钢来选择预热温度。若选用奥氏体不锈钢焊缝时，预热温度可以降低或不预热。总之，异种钢焊接时的预热温度主要由母材的淬硬裂纹倾向大小和焊缝金属的合金化程度决定。除参考有关预热方法或经验公式外，在实际生产中还需要根据具体条件调整修正，甚至经过试验后才能确定。

2）焊后热处理。对异种钢焊接接头进行焊后处理的目的是提高接头淬硬区的塑性及减小焊接应力。一般来说，当异种钢母材的金相组织相同且焊缝金属的金相组织也基本相同时，可以按合金含量较高的钢种确定热处理规范。但当母材的金相组织不同时，若还按上述原则进行热处理，由于母材间的物理性能不同，有可能使接头局部应力升高而引发裂纹。异种钢焊后接头的热处理是一个比较复杂的问题，焊后是否采用热处理、选择何种热处理规范等，需根据具体构件所用的钢种、焊缝的合金成分和结构类型等实际情况，进行仔细分析，通过试验，才能确定。

（6）过渡层的采用

为了获得优异的异种钢焊接接头，可以在异种钢焊接前，在其中一种钢的坡口上堆焊一层适当的过渡层（由于堆焊时拘束度很小，故拘束应力也很小），然后再将此过渡层与另一种钢焊接。这种工艺方法不仅可以消除扩散层，而且可以减少熔合区产生裂纹的倾向。一般来说，过渡层的厚度依照异种钢的淬硬性能而定，对于无淬硬倾向的钢来说，过渡层厚度约为 5 ~ 6mm；而对于易淬硬钢来说，则为 8 ~ 9mm；对于刚性大的焊接件可适当增加过渡层厚度。

（7）焊接工艺评定

异种钢焊接接头的焊接工艺评定要求，除执行同种钢的有关规定外，还应符合下列要求：

1）拉伸试样的抗拉强度应不低于两种钢号标准规定值下限的较低者。拉伸试验方法按 GB/T 228.1—2010 规定进行。

2）弯曲试样的弯轴直径和弯曲角度应按塑性较差一侧母材标准进行评定。弯曲试验方法按 GB/T 232—2010 规定进行。

3）冲击试样除焊缝中心取三个外，两侧母材应在热影响区取三个试样（奥氏体钢可不作冲击试验）。试验方法按 GB/T 229—1994 规定进行。焊缝区的冲击吸收能量平均值应不低于两种钢号标准规定值的较低者，并且只允许有一个试样的冲击吸收能量低于规定值，但不应低于规定值的 70%。两侧热影响区的冲击吸收能量按各自母材钢种分别评定。

4）要求耐晶间腐蚀的奥氏体钢焊接接头应按 GB/T 4334—2008 有关规定方法进行耐蚀试验。

19.2.2　同类组织不同钢种的焊接

1. 异种珠光体钢的焊接

尽管异种珠光体钢之间的热物理性能没有太大的差异，但由于它们的化学成分、强度级别及耐热性等性能不同，焊接性能也有较大差异。这一类钢，除一部分碳钢外，大部具有较大的淬火倾向，焊接时有明显的裂纹倾向。焊接这类钢首先要采取措施防止近缝区裂纹，其次是注意防止或减轻由于化学成分不同、特别是碳及碳化物形成元素含量不同所引起的界面组织和力学性能的不稳定和劣化。

为了防止淬火钢近缝区产生裂纹，应采取预热或后热的焊接工艺，形成缓冷的条件，使近缝区在温度接近被焊钢材的马氏体转变点时，促使马氏体转变发生，同时尽量消除熔池中溶解的氢。焊接接头在低于马氏体转变点后的缓慢冷却，可以促使马氏体转变。此外，预热及缓慢冷却还可以消除或减小焊接应力。在某些情况下，可采用奥氏体焊条或堆焊隔离层来提高金属的塑性和减少氢向热影响区（HAZ）的富集。

异种珠光体钢焊接时经常采用的方法有两种，其一是采用珠光体类焊条加预热或后热，其二是采用奥氏体焊条或堆焊隔离层而不预热。

（1）焊接材料的选择

不同的珠光体钢焊接时，应选用与合金含量较低一侧的母材相匹配的珠光体焊接材料，并要保证力学性能，使接头的抗拉强度不低于两种母材规定值的较低者，其中Ⅰ～Ⅳ类钢主要保证接头的常温力学性能，而Ⅴ～Ⅵ类钢还要保证接头的耐热性能。通常都选用低氢型焊接材料，以保证焊缝金属的抗裂性能和塑性。

若异种珠光体钢焊接接头在使用工作温度下可能产生扩散层时，最好在坡口面堆焊具有 Cr、V、Ti 等强烈碳化物形成元素的金属隔离层。对于焊接性能差的淬火钢［Ⅳ类、部分 w（C）超过 0.3% 的 Ⅴ 和 Ⅵ类］，应该用塑性好、熔敷金属不会淬火的焊接材料预先堆焊一层厚约 8～10mm 的隔离层，为防止淬火，堆焊后必须立即回火。如果产品不允许或焊接施工现场无法进行焊前预热和焊后热处理时，应选用奥氏体焊接材料，以利用奥氏体焊缝良好的塑性和韧性，而

且排除扩散氢的来源，从而有效防止焊缝和近缝区产生冷裂纹。对于工作在高温环境中的异种珠光体钢焊接接头，在选用奥氏体焊接材料时要考虑因二者线胀系数差异而造成接头界面处的附加热应力，甚至接头的提前失效，故高温结构件最好采用与母材同质的焊接材料。

低碳钢和珠光体耐热钢焊接时，由于这两类钢的热物理性能差异不大，焊接性良好，可采用与它们成分相对应的焊接材料，即低碳钢或珠光体耐热钢的焊接材料。采用低碳钢焊接材料，焊后在相同的热处理条件下焊接接头具有较高的冲击韧度。如采用焊条电弧焊则可选用 E5015 焊条，采用埋弧焊时可选用 H08A 焊丝和 431 焊剂，焊后应立即进行 650℃ 的回火处理。对于普通低合金钢与珠光体耐热钢的焊接，应根据钢材的力学性能选择其中强度等级较低钢材所对应的焊接材料，而不是根据珠光体耐热钢的化学成分来选择焊接材料。表 19-16 给出了异种珠光体钢的组合及其焊接材料、预热及热处理工艺，表 19-17 给出了异种珠光体钢气体保护焊的焊接材料。

表 19-16　异种珠光体钢的组合及其焊接材料、预热和热处理工艺[7]

被焊钢材组合	焊接材料		预热温度 /℃	回火温度 /℃	其 他 要 求
	牌号	型号			
Ⅰ + Ⅰ	J421,J423 J422,J424	E4313,E4301 E4303,E4320	不预热或 100～200	不回火或 500～600	壁厚≥35mm 或要求保持机加工精度时必须回火，w（C）≤0.3% 时可不预热
	J426	E4316			
Ⅰ + Ⅱ	J427,J507	E4315,E5015			
Ⅰ + Ⅲ	J426,J427	E4316,E4315	150～250	640～660	
	A507	E16-25MoN-15	不预热	不回火	
Ⅰ + Ⅳ	J426,J427 J507	E4316,E4315 E5015	300～400	600～650	焊后立即进行热处理
	A407	E310-15	不预热	不回火	焊后无法热处理时采用
Ⅰ + Ⅴ	J426,J427 J507	E4316,E4315 E5015	不预热或 150～250	640～670	工作温度在 450℃ 以下，w（C）≤0.3% 时不预热
Ⅰ + Ⅵ	R107	E5015-A1	250～350	670～690	工作温度≤400℃
Ⅱ + Ⅱ	J506,J507	E5016,E5015	不预热或 100～200	600～650	—
Ⅱ + Ⅲ	J506,J507	E5016,E5015	150～250	640～660	—
	A507	E16-250MoN-15	不预热	不回火	—
Ⅱ + Ⅳ	J506,J507	E5016,E5015	300～400	600～650	焊后立即进行回火处理
	A407	E310-15	不预热	不回火	—

（续）

被焊钢材组合	焊接材料		预热温度 /℃	回火温度 /℃	其他要求
	牌号	型号			
Ⅱ + Ⅴ	J506，J507	E5016，E5015	不预热或 150~250	640~670	工作温度≤400℃，$w(C)$≤0.3%，壁厚≤35mm 时不预热
Ⅱ + Ⅵ	R107	E5015-A1	250~350	670~690	工作温度≤350℃
Ⅲ + Ⅲ	A507	E16-25MoN-15	不预热	不回火	—
Ⅲ + Ⅳ	A507	E16-25MoN-15	不预热	不回火	工作温度≤350℃
Ⅲ + Ⅴ	A507	E16-25MoN-15	不预热	不回火	工作温度≤450℃，$w(C)$≤0.3% 时不预热
Ⅲ + Ⅵ	A507	E1-16-25Mo6N-15 （E16-25MoN-15）	不预热或 200~250	不回火	工作温度≤450℃，$w(C)$≤0.3% 时可不预热
Ⅳ + Ⅳ	J707，J607	E7015-D2，E6015-D1	300~400	600~650	焊后立即进行回火处理
	A407	E310-15	不预热	不回火	无法热处理时采用
Ⅳ + Ⅴ	J707	E7015-D2	300~400	640~670	工作温度≤400℃，焊后立即回火
	A507	E16-25MoN-15	不预热	不回火	工作温度≤350℃
Ⅳ + Ⅵ	R107	E5015-A1	300~400	670~690	工作温度≤400℃
	A507	E16-25MoN-15	不预热	不回火	工作温度≤380℃
Ⅴ + Ⅴ	R107 R407 R207 R307	E5015-A1 E6015-B3 E5515-B1 E5515-B2	不预热或 150~250	660~700	工作温度≤530℃，$w(C)$≤0.3% 时可不预热
Ⅴ + Ⅵ	R107 R207 R307	E5015-A1 E5515-B1 E5515-B2	250~350	700~720	工作温度500~520℃，焊后立即回火
Ⅵ + Ⅵ	R317 R207 R307	E5515-B2-V E5515-B1 E5515-B2	250~350	720~750	工作温度≤550~560℃，焊后立即回火

表 19-17　异种珠光体钢气体保护焊的焊接材料[8]

母材组合	焊接方法	焊接材料的选用		预热及热处理温度 /℃
		保护气体（体积分数）	焊丝	
Ⅰ + Ⅱ Ⅰ + Ⅲ	CO₂ 保护焊	CO_2	ER49-1 （H08Mn2SiA）	预热 100~250 回火 600~650
	TIG 焊 MAG 焊	Ar + (1%~2%) O₂ 或 Ar + 20% CO₂	H08A H08MnA	
Ⅰ + Ⅳ	CO₂ 保护焊	CO_2	ER49-1 （H08Mn2SiA）	预热 200~250 回火 600~650
	TIG 焊 MAG 焊	Ar + (1%~2%) O₂ 或 Ar + 20% CO₂	H08A H08MnA	
			H1Gr21Ni10Mn6	不预热，不回火

（续）

母材组合	焊接方法	焊接材料的选用		预热及热处理温度/℃
		保护气体（体积分数）	焊丝	
Ⅰ + Ⅴ	CO_2 保护焊	CO_2 或 CO_2 + Ar	ER55 - B2 H08CrMnSiMo GHS - CM	预热 200 ~ 250 回火 640 ~ 670
Ⅰ + Ⅵ	CO_2 保护焊	CO_2 或 CO_2 + Ar	H08CrMnSiM ER55 - B2	
Ⅱ + Ⅲ	CO_2	CO_2	ER49 - 1, ER50 - 2 ER50 - 3, GHS - 50	预热 150 ~ 250 回火 640 ~ 660
Ⅱ + Ⅳ	CO_2 保护焊	CO_2	PK - YJ507, YJ507 - 1	预热 200 ~ 250 回火 600 ~ 650
	TIG MAG	Ar + O_2 或 Ar + CO_2	H1Gr21Ni10Mn6	不预热，不回火
Ⅱ + Ⅴ	CO_2 保护焊	CO_2	ER49 - 1, ER50 - 2 ER50 - 3, GHS - 50 PK - YJ507, YJ507 - 1	预热 200 ~ 250 回火 640 ~ 670
Ⅱ + Ⅵ	TIG MAG	Ar + O_2 或 Ar + CO_2	ER55 - B2 - MnV H08CrMoVA	预热 200 ~ 250 回火 640 ~ 670
	CO_2 保护焊	CO_2	YR307 - 1	
Ⅲ + Ⅳ Ⅲ + Ⅴ Ⅲ + Ⅵ	CO_2 保护焊	CO_2	GHS - 50, PK - YJ507 ER49 - 1, ER50 - 2, 3	预热 200 ~ 250 回火 640 ~ 670
Ⅳ + Ⅴ Ⅳ + Ⅵ	TIG MAG	Ar + 20% CO_2	ER69 - 1 GHS - 70	预热 200 ~ 250 回火 640 ~ 670
	CO_2 保护焊	CO_2	YJ707 - 1	
Ⅴ + Ⅵ	TIG MAG	Ar + O_2 或 Ar + CO_2	H08CrMoA ER62 - B3	预热 200 ~ 250 回火 700 ~ 720

（2）预热和层间温度

在低碳钢与普通低合金钢焊接时，要根据普通低合金钢选用预热温度。对于板厚较大以及强度超过500MPa 时，均进行不应低于 100℃ 的预热。为了促进焊缝和热影响区中氢的扩散逸出，并保持预热的作用，层间温度通常应等于或略高于预热温度。应注意预热和层间温度不应过高，否则可能会引起焊接接头组织和性能的变化。对于普通低合金钢和珠光体耐热钢，无论采用定位焊还是正式施焊，焊前均应进行整体或局部预热。具体的预热温度可根据珠光体耐热钢的要求进行选择，对于质量要求高或刚性大的焊接结构，应采用整体预热，且多层焊时层间温度也不能低于此温度，并一直保持到焊接结束。若在特殊场合

下，焊接过程发生间断，则应使焊件保温后缓慢冷却，再施焊时需按原要求重新进行预热。常用异种珠光体钢焊接接头的预热温度可参考表 19-16 和表 19-17。

（3）焊后热处理

为了改善淬火钢焊缝金属与近缝区的组织和力学性能，降低及消除厚大构件焊接接头的残余应力，促使扩散氢逸出，防止产生冷裂纹及焊件变形，保持焊件尺寸精度，同时改善铬钼钒钢工件在高温工作环境下的抗热裂纹性能，需要对珠光体焊接接头进行焊后热处理。异种珠光体钢焊后热处理应注意以下问题：

① 对于强度等级大于 500MPa、具有延迟裂纹倾向的低合金钢，焊后应及时进行局部高温回火。对于

普通低合金钢与珠光体耐热钢的焊接接头必须进行焊后回火热处理，对于焊后不能立即进行回火热处理的，应及时进行后热处理（加热温度 200 ~ 350℃，保温 2 ~ 6h）。

② 为了保持焊件的尺寸精度，焊前需预热的焊件装炉时炉温不能高于 350℃；焊后立即回火的焊件装炉时的炉温不能低于 450℃。

③ 升温速度与被焊钢材的化学成分、焊件类型和壁厚及炉子功率等因素有关。可由 $200 \times 25/\delta$ 进行计算，其中 δ 为焊件厚度，升温速度的单位为℃/h。当焊件厚度大于 25mm 时，回火的升温速度应小于 200℃/h。

④ 在回火的保温阶段中，厚件或大件结构的温差不应超过 ±20℃。

⑤ 为了消除焊接接头的残余应力，冷却速度应小于 200℃/h，而对于焊件厚度大于 25mm 的构件，冷却速度应小于 $200 \times 25/\delta$。有回火脆性的钢，在回火脆性温度区间应快冷；有再热裂纹倾向的钢，回火温度应避开再热裂纹的敏感温度区间。

⑥ 在局部回火的情况下，焊缝两边应有宽度为 W 的均匀加热区。对管道或容器而言：

$$W \geqslant 1.25 (R\delta)^{-1/2}$$

式中　R——平均直径（mm）；

　　　δ——管壁厚度（mm）。

常用异种珠光体钢焊接接头的回火温度可参考表 19-16 和表 19-17。

2. 异种马氏体-铁素体钢的焊接

马氏体-铁素体钢中含有强烈形成碳化物的元素铬，因此在熔化区中不会有明显的扩散层存在。但由于铁素体钢焊接时，存在热影响区晶粒长大导致韧性严重降低的弊端；而马氏体钢焊接时，在热影响区容易出现脆性组织，导致塑性下降，并可能产生焊接裂纹，因此在异种马氏体-铁素体钢的焊接时，要采取必要的措施防止接头近缝区产生裂纹或塑性、韧性的降低。

（1）焊接材料的选择

如表 19-18 所示，对于异种高铬不锈钢（Ⅶ类）的焊接，应选用 E410-15（G207）不锈钢焊条，埋弧焊时选 H1Cr13 焊丝。对于高铬不锈钢和高铬耐酸耐热钢的焊接（Ⅶ + Ⅷ类），焊接材料的选用与焊接高铬不锈钢时相似，在特殊情况下也可选择奥氏体不锈钢焊条和焊丝，如 E309-15（A307）焊条和 H1Cr25Ni13 焊丝。对于高铬不锈钢和高铬热强钢（Ⅶ + Ⅸ）的焊接，焊条可按高铬不锈钢母材一侧成分选用 E410-15（G207）焊条，也可选用 E-11MoVNiW-15（R817）或 E11MoVNi-15（R827）焊条。对于高铬耐酸耐热钢和高铬热强钢焊接（Ⅷ + Ⅸ），可选用 E430-15（G307）不锈钢焊条、E11MoVNiW-15（R817）、E11MoVNi-15（R827）或 E309Mo-16（A312）不锈钢焊条。

（2）预热和焊后热处理

异种低碳铁素体不锈钢焊接时，焊前可以不预热，并应选择较小的焊接热输入和低于 100℃ 的层间温度，以防晶粒长大。对于 $w(C)$ 大于 0.1% 的异种马氏体-铁素体不锈钢的焊接，为了防止焊接时有裂纹出现，焊前应预热到 200 ~ 300℃，焊后要进行 700 ~ 740℃ 的高温回火。对于高铬不锈钢和高铬耐酸耐热钢的焊接，预热和回火温度的选择要与焊接高铬不锈钢时相似。高铬不锈钢和高铬热强钢焊接时，焊前预热温度应在 350 ~ 400℃，焊后保温缓冷后立即进行 700 ~ 740℃ 的高温回火处理。对于高铬耐酸耐热钢和高铬热强钢的焊接，预热与回火温度的选择与高铬不锈钢和高铬热强钢焊接时相近，可参考表 19-18 进行选择。

表 19-18　异种马氏体-铁素体钢的焊接材料及预热、回火温度[7, 8]

母材组合	焊条型号		预热温度 /℃	回火温度 /℃	备　注
	GB/T 983—2012	牌号			
Ⅶ + Ⅶ	E410-15	G207	200 ~ 300	700 ~ 740	
Ⅶ + Ⅷ	E410-15	G207	200 ~ 300	700 ~ 740	接头可在蒸馏水、弱腐蚀性介质、空气、水汽中使用，工作温度 540℃，强度不降低，在 650℃ 时热稳定性良好，焊后必须回火，但 0Cr13 可不回火
	E309-15	A307	不预热或 150 ~ 200	不回火	焊件不能热处理时采用。焊缝不耐晶间腐蚀。用于无硫气相中，在 650℃ 时性能稳定

（续）

母材组合	焊条型号		预热温度 /℃	回火温度 /℃	备　注
	GB/T 983—2012	牌号			
Ⅶ + Ⅸ	E410-15	G207 R817	350 ~ 400	700 ~ 740	焊后保温缓冷后立即回火处理
	E309-15	A307	不预热或 150 ~ 200	不回火	—
Ⅷ + Ⅷ	E309-15	A307	不预热或 150 ~ 200	不回火	焊缝不耐晶间腐蚀,用于干燥侵蚀性介质
Ⅷ + Ⅸ	E430-15	G307 R817	350 ~ 400	700 ~ 740	焊后保温缓冷后立即回火处理
	E309Mo-16	A312	—	—	—

3. 异种奥氏体钢的焊接

异种奥氏体钢焊接时，容易出现的问题是焊缝及热影响区出现焊接热裂纹、焊缝出现晶间腐蚀和相析出脆化等，因此必须考虑奥氏体钢本身的焊接特点而选用合适的焊接材料，并采取相应的工艺措施。

（1）焊接方法及焊接材料的选择

几乎各种焊接方法都可用于奥氏体钢的焊接，如焊条电弧焊、TIG 焊、MIG 焊、埋弧焊、电渣焊、电子束焊、电阻焊和摩擦焊等，但应用最多的还是焊条电弧焊。

异种奥氏体钢的焊接材料选择，必须考虑到奥氏体钢焊缝在合金成分与最佳含量略有出入的情况下容易产生裂纹这一因素。要严格控制焊缝中有害杂质 S、P 的含量和焊缝金属的含碳量，限制焊接热输入及高温停留时间，添加稳定化元素、采用奥氏体和少量铁素体的双相组织焊缝。

（2）预热和焊后热处理

异种奥氏体钢焊接时，一般不需要进行预热。为了防止焊缝出现晶间腐蚀和析出相的脆化等问题，需要根据焊缝金属成分及使用条件进行后热处理，表19-19 为异种奥氏体钢焊接用的焊条及焊后热处理工艺。

表 19-19　异种奥氏体钢焊接用的焊条及焊后热处理工艺[7]

焊　条	焊后热处理	备　注
E316-16（A202）	不回火或 950 ~ 1050℃稳定化处理	用于 350℃ 以下非氧化性介质
E347-15 （A137）		用于氧化性介质,在 610℃ 以下有热强性
E318-16 （A212）		用于无侵蚀性介质,在 600℃ 以下具有热强性
E309-16 E309-15 （A302、A307）	不回火或 870 ~ 920℃回火	在不含硫化物或无侵蚀性介质中,1000℃ 以下具有热稳定性,焊缝不耐晶间腐蚀
E347-15 （A137）		不含硫的气体介质中,在 700 ~ 800℃ 以下具有热稳定性
E16-25Mo6N-15 （A507）		适用于含 $w(N) < 35\%$ 又不含 Nb 的钢材,700℃ 以下具有热强性

19.2.3　珠光体钢与奥氏体钢的焊接

1. 珠光体钢与奥氏体钢的焊接特点

由于珠光体钢在化学成分、金相组织、物理性能及力学性能等方面与奥氏体钢有很大差异，这些差异造成珠光体钢与奥氏体钢的焊接变得困难，为保证焊接质量必须考虑下列问题：

（1）焊缝金属稀释问题

珠光体钢和奥氏体钢焊接时，两种母材都要发生熔化，与填充金属共同形成焊缝。由于珠光体钢中合金元素含量远低于奥氏体钢，因此其熔化后进入焊缝，会对整个焊缝金属的合金成分产生稀释作用。稀释的结果造成焊缝金属的成分和组织与母材金属有很大差异，严重时焊缝中将出现马氏体组织，有产生裂纹的危险。为了避免上述问题的发生，可根据熔合比，计算出焊缝金属的铬当量和镍当量，然后根据舍夫勒组织图（图 19-2），估算出焊缝的组织状态。如

奥氏体不锈钢和低碳钢焊接，当稀释率小于 13% 时，焊缝金属可保持奥氏体-铁素体组织；当融入的低碳钢母材超过 20% 时，焊缝金属为奥氏体-马氏体组织，故焊接时最好采用铬镍含量高的焊条。由舍夫勒组织图可知，在焊接材料和焊接工艺不合适时，焊缝中必将出现马氏体组织，这在焊接时必须设法克服。

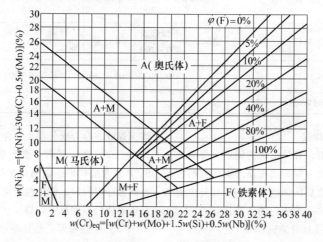

图 19-2　舍夫勒组织图[2]

注：φ（F）是指铁素体的体积分数

（2）熔合区过渡层的形成

在珠光体钢与奥氏体钢焊接时，在焊接熔池边缘，由于液态金属温度较低，流动性较差，在液态停留时间较短，珠光体钢与奥氏体填充金属材料的成分有较大差异，熔化的母材金属在熔池边缘上与填充金属不能很好地熔合，使得靠近珠光体母材的一个狭窄的区域内，形成和焊缝金属内成分不同、宽度为 0.2～0.6mm 的过渡层。对照舍夫勒组织图，可推测出这一区域很可能是高硬度的马氏体或奥氏体加马氏体组织，而这种淬硬组织正是导致焊接裂纹的主要原因之一。图 19-3 是珠光体钢与奥氏体钢焊接时，碳钢一侧奥氏体焊缝中的母材融入比例及合金元素含量变化示意图。图中横坐标表示为焊缝内某点距熔合线的相对距离。一般来说，离熔合线越近，珠光体钢的稀释作用越强，过渡层中含铬和镍的量也越少。

为了减小过渡区中脆性层的宽度，可以提高焊缝金属中奥氏体形成元素镍的含量和控制高温停留时间等。图 19-4 中 x_1、x_2 和 x_3 分别为三种不同含镍量焊缝金属中的脆性层宽度，由图可知，选用奥氏体化能力很强的焊接材料，可以减小脆性层的宽度。由于多数异种钢接头具有奥氏体焊缝，因此目前主要采用含镍量高的焊接材料来改善异种钢的熔合区质量。

（3）熔合区中碳扩散层的形成

当珠光体钢和奥氏体钢焊接时，由于珠光体钢的含碳量较高，而且合金元素较少，而奥氏体钢却相反，因此在珠光体钢一侧熔合区两边形成了碳的活度差。在高温加热过程中，珠光体钢与奥氏体钢界面附近发生反应扩散造成碳的迁移。一部分碳将通过界面由珠光体一侧迁移到奥氏体一侧，在珠光体一侧形成脱碳层，同时在奥氏体一侧形成增碳层。这个结果造成两侧力学性能相差很大，当接头受力时，该处可能会引起应力集中，它对接头的常温和高温瞬时力学性能影响不大，但会降低接头 10%～20% 左右的高温持久强度。为了防止碳迁移，可以在珠光体一侧增加碳化物形成元素（如 Cr、Mo、V、Ti 和 W 等）或在奥氏体焊缝中减少这些元素；在珠光体钢侧预先堆焊含强碳化物形成元素或镍基合金的隔离层；提高奥氏体焊缝中的镍含量，利用镍的石墨化作用阻碍形成碳化物；减少焊缝及热影响区的高温停留时间等。

（4）残余应力

由于珠光体钢和奥氏体钢的线胀系数相差较大（珠光体钢与奥氏体钢的线胀系数之比为 14:17），且奥氏体钢的导热能力差，仅为珠光体钢的 50%，因此焊后在焊缝和熔合线附近产生比较大的焊接残余应力。与同种金属的焊接有很大的不同，这种残余应力无法靠焊后热处理方法消除，如图 19-5 所示。这种

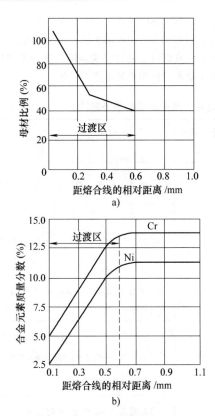

图 19-3　碳钢一侧奥氏体焊缝中
的过渡区示意图[9]

a) 母材比例的变化　b) 合金元素含量的变化

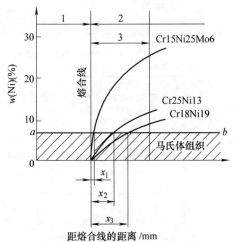

图 19-4　奥氏体焊缝金属中含镍量
对脆性层宽度影响示意图[9]
1—珠光体母材　2—奥氏体焊缝　3—过渡区

接头若在交变温度条件下工作，就可能出现熔合区珠光体钢侧的热疲劳裂纹，使接头过早断裂。为防止这种现象的出现，可采用如下措施：优先选用与珠光体钢线胀系数相近且塑性好的镍基材料作为填充金属，

这会造成焊接应力集中在焊缝与塑性变形能力强的奥氏体钢一侧；严格控制冷却速度，焊后缓冷；尽量避免珠光体钢与奥氏体钢焊接接头在温度剧烈变化的条件下工作。

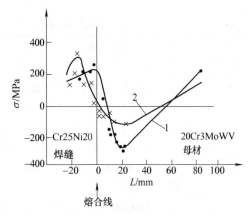

图 19-5　异种钢焊接接头的残余应力[9]
1—焊态　2—700℃、2h 回火后

2. 珠光体钢与奥氏体钢的焊接工艺

（1）焊接方法

珠光体钢和奥氏体钢的焊接方法选择时，除了要考虑生产率和具体焊接条件外，为了降低对焊缝的稀释作用，还应着重考虑熔合比的影响，即焊接时要尽量减少熔合比。各种焊接方法对熔合比的影响见图19-6 所示。由图可知，采用带极埋弧堆焊和钨极惰性气体保护焊进行焊接时，获得的熔合比最小。特别是后种焊接方法的熔合比在一个相当宽的范围内变化，因此很适合这类异种钢的焊接。而焊条电弧焊时熔合比也较小，且方便灵活，不受焊件形状的限制，因此它是这类异种钢焊接时普遍采用的焊接方法。由于埋弧焊时熔合比的变化范围较大，所以采用时要严格控制熔合比。此外，埋弧焊时焊接电流较大，增加了熔池在高温停留的时间和熔池的搅拌作用，从而可以减小过渡层的宽度，但应注意焊接电流越大，熔合

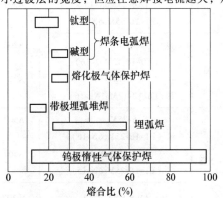

图 19-6　各种焊接方法对熔合比的影响[9]

比也越大。

（2）焊接材料

珠光体钢与奥氏体钢焊接时，焊缝及熔合区的组织和性能主要取决于填充金属材料，因此选择焊接材料时应考虑以下几个方面：克服珠光体钢对焊缝的稀释作用；抑制熔合区中碳的扩散；改变焊接接头的应力分布；提高焊缝金属抗热裂的能力等一系列问题，具体焊接材料的选用可参考表 19-20。

表 19-20　奥氏体钢与珠光体钢焊接的焊条选用、预热及焊后热处理[2]

母材组合	焊　条		焊前预热 /℃	焊后回火 /℃	备　注
	型　号	牌号			
I + X	E310-16（E2-26-21-16） E310-15（E2-26-21-15）	A402 A407	不预热	不回火	不耐晶间腐蚀，工作温度不超过 350℃
	E16-25MoN-16 （E1-16-25Mo6N-16） E16-25MoN-15 （E1-16-25Mo6N-15）	A502 A507			不耐晶间腐蚀，工作温度不超过 450℃
	E316-16 （E0-18-12Mo2Nb-16）	A202			用来覆盖 E1-16-25Mo6N-15 焊缝，可耐晶间腐蚀
I + XI	E16-25MoN-16 （E1-16-25Mo6N-16） E16-25MoN-15 （E1-16-25Mo6N-15）	A502 A507			不耐晶间腐蚀，工作温度不超过 350℃
	E318-16 （E0-18-12Mo2Nb-16）	A212			用来覆盖 A502 焊缝，可耐晶间腐蚀
I + XⅢ	E16-25MoN-16 （E1-16-25Mo6N-16） E16-25MoN-15 （E1-16-25Mo6N-15）	A502 A507			不得在含硫气体中工作，工作温度不超过 450℃
	AWS ENiCrFe-1	Ni307			用来覆盖 A507 焊缝，可耐晶间腐蚀
II + X	E310-16（E2-26-21-16） E310-15（E2-26-21-15）	A402 A407			不耐晶间腐蚀，工作温度不超过 350℃
	E16-25MoN-16 （E1-16-25Mo6N-16） E16-25MoN-15 （E1-16-25Mo6N-15）	A502 A507			不耐晶间腐蚀，工作温度不超过 450℃
II + XI	E316-16 （E0-18-12Mo2-16） E318-16 （E0-18-12Mo2Nb-16）	A202 A212			用 A402，A407，A502，A507 覆盖的焊缝表面可以在腐蚀性介质中工作
II + XⅢ	E16-25MoN-16 （E1-16-25Mo6N-16） E16-25MoN-15 （E1-16-25Mo6N-15）	A502 A507			工作温度不超过 450℃
	AWS ENiCrFe-1	Ni307			在淬火珠光体钢坡口上堆焊过渡层

（续）

母材组合	焊 条		焊前预热 /℃	焊后回火 /℃	备 注
	型 号	牌号			
Ⅲ + Ⅹ	E16-25MoN-16 (E1-16-25Mo6N-16)	A502	不预热	不回火	不耐晶间腐蚀,工作温度不超过 300℃
	E16-25MoN-15 (E1-16-25Mo6N-15)	A507			不耐晶间腐蚀,工作温度不超过 500℃
Ⅲ + Ⅺ	E316-16 (E0-18-12Mo2-16)	A202			覆盖 A502,A507 焊缝,可耐晶间腐蚀
Ⅲ + ⅩⅢ	E16-25MoN-16 (E1-16-25Mo6N-16)	A502			不耐晶间腐蚀,工作温度不超过 300℃
	E16-25MoN-15 (E1-16-25Mo6N-15)	A507			不耐晶间腐蚀,工作温度不超过 500℃
Ⅳ + Ⅹ	E16-25MoN-16 (E1-16-25Mo6N-16)	A502	200 ~ 300		不耐晶间腐蚀,工作温度不超过 450℃
	E16-25MoN-15 (E1-16-25Mo6N-15)	A507			
Ⅳ + Ⅺ	AWS ENiCrFe-1	Ni307			在淬火珠光体钢坡口上堆焊过渡层
Ⅳ + ⅩⅢ	E16-25MoN-16 (E1-16-25Mo6N-16)	A502			不耐晶间腐蚀,工作温度不超过 450℃
	E16-25MoN-15 (E1-16-25Mo6N-15)	A507			
	AWS ENiCrFe-1	Ni307			在淬火珠光体钢坡口上堆焊过渡层
Ⅴ + Ⅹ	E309-16(E1-23-13-16)	A302	不预热或 200 ~ 300		工作温度不超过 400 ℃,$w(C) < 0.3\%$ 时,焊前可不预热
	E309-15(E1-23-13-15)	A307			
	E16-25MoN-16 (E1-16-25Mo6N-16)	A502			工作温度不超过 450℃,$w(C) < 0.3\%$ 时,焊前可不预热
	E16-25MoN-15 (E1-16-25Mo6N-15)	A507			
Ⅴ + Ⅺ	AWS ENiCrFe-1	Ni307			用于与珠光体钢坡口上堆焊过渡层,工作温度不超过 500℃
	E318-16 (E0-18-12Mo2Nb-16)	A212	不预热		如要求 A502、A507、A302、A307 的焊缝耐腐蚀,用 A212 焊一道盖面焊道
Ⅴ + Ⅷ	E309-16(E1-23-13-16)	A302	不预热或 200 ~ 300		不耐硫腐蚀,工作温度不超过 450℃
	E309-15(E1-23-13-15)	A307			
	E16-25MoN-16 (E1-16-25Mo6N-16)	A502			不耐硫腐蚀,工作温度不超过 500℃
	E16-25MoN-15 (E1-16-25Mo6N-15)	A507			
	AWS ENiCrFe-1	Ni307			工作温度不超过 550℃,在珠光体钢坡口上堆焊过渡层

（续）

母材组合	焊条		焊前预热 /℃	焊后回火 /℃	备　注
	型　号	牌号			
Ⅵ + Ⅹ 或 Ⅵ + Ⅺ	E309-16(E1-23-13-16) E309-15(E1-23-13-15)	A302 A307	不预热或 200～300	不回火	不耐硫腐蚀,工作温度不超过520℃,w (C)<0.3%时可不预热
	E16-25MoN-16 (E1-16-25Mo6N-16) E16-25MoN-15 (E1-16-25Mo6N-15)	A502 A507			不耐硫腐蚀,工作温度不超过550℃,w (C)<0.3%时可不预热
	AWS ENiCrFe-1	Ni307			
	E318-16 (E0-18-12Mo2Nb-16)	A212	不预热		用来在 A302、A307、A502、A507 焊缝上 堆焊覆面层,可耐晶间腐蚀
Ⅵ + ⅩⅢ	E309-16(E1-23-13-16) E309-15(E1-23-13-15)	A302 A307	不预热或 200～300		不耐晶间腐蚀,工作温度不超过520℃,w (C)<0.3%时可不预热
	E16-25MoN-16 (E1-16-25Mo6N-16) E16-25MoN-15 (E1-16-25Mo6N-15)	A502 A507			工作温度不超过550℃
	AWS ENiCrFe-1	Ni307			工作温度不超过570℃,用来堆焊珠光体 钢坡口上的过渡层

（3）焊接工艺要点

减小碳元素的扩散层和降低熔合比是焊接珠光体钢与奥氏体钢的主要工艺要求。

由于稳定珠光体钢的扩散层较小,应优先选用。当次稳定珠光体钢和奥氏体钢焊接时,可在次稳定珠光体钢上堆焊一层稳定珠光体钢作为过渡层。过渡层的厚度是,非淬火钢为 5～6mm;易淬火钢为 9mm。焊条电弧焊时,接头的坡口形式对熔合比的影响很大,一般来说,焊接层数越多,熔合比越小;坡口角度越大,熔合比越小;U 形坡口的熔合比较 V 形坡口小;采用镍基焊条焊接时,应增大坡口的角度,以保证能通过焊条的摆动获得良好的熔合。焊接参数选择时,要采用小直径的焊条或焊丝,采用小电流、高电压和快速焊接。如果为了防止珠光体钢可能产生冷裂纹需要预热,预热温度应当按照珠光体钢确定,但一般比同种珠光体钢焊接时的预热温度略低一些,焊后热处理的温度应选两种钢中允许的相对低的温度。

19.2.4　珠光体钢与马氏体钢的焊接

1. 珠光体钢与马氏体钢的焊接特点

由于马氏体钢常温下的组织为脆而硬的马氏体,造成其焊接性能较差,因此珠光体钢与马氏体钢的焊接性主要取决于马氏体钢。

（1）焊接接头裂纹的产生

多数珠光体钢焊后容易产生淬硬组织,因此焊后冷却时出现淬硬组织是产生冷裂纹的根本原因。特别是在焊后冷却时,氢来不及逸出而聚集,同时由于珠光体钢和马氏体钢线胀系数相差较大而引起较大的残余应力,这都会造成冷裂纹的产生。此外,大量实践结果也表明,珠光体钢与马氏体钢结构越厚,接头的拘束度越大,焊后产生冷裂纹的倾向就越大。

（2）焊接接头脆化现象的出现

马氏体钢有较大的晶粒粗化倾向,在珠光体钢与马氏体钢焊接后,在马氏体钢侧的近缝区容易出现使焊缝金属塑性降低、脆性增加的粗大铁素体和碳化物组织。特别是当马氏体中铬含量较高、焊件在 550℃左右进行焊后热处理时,容易出现回火脆性。当马氏体中 w(Cr) 超过 15% 时,若在 350～500℃进行较长时间的加热并缓慢冷却后,也会有脆化现象出现。

2. 珠光体钢与马氏体钢的焊接工艺

在珠光体钢与马氏体钢焊接时,为防止冷裂纹和脆化现象的出现，可采用以下的工艺措施：

（1）焊接方法

珠光体钢与奥氏体钢焊接时可选用焊条电弧焊、埋弧焊、CO_2 气体保护电弧焊和混合气体保护电弧焊等方法。

（2）焊接材料

为保证珠光体钢与马氏体钢焊接结构的使用性能要求，焊缝的化学成分应接近两种母材金属的成分。珠光体钢与马氏体钢的焊接材料、焊前预热和焊后热处理规范见表 19-21。

表 19-21　珠光体钢与铁素体-马氏体钢焊接的焊接材料及预热和回火温度[4]

母材组合	焊　条		预热温度 /℃	回火温度 /℃	备　　注
	牌号	型号（GB）			
Ⅰ + Ⅶ	G207	E410-15	200 ~ 300	650 ~ 680	焊后立即回火
	A302 A307	E309-16 E309-15	不预热	不回火	—
Ⅰ + Ⅷ	G307	E430-15	200 ~ 300	650 ~ 680	焊后立即回火
	A302 A307	E309-16 E309-15	不预热	不回火	—
Ⅱ + Ⅶ	G207	E410-15	200 ~ 300	650 ~ 680	焊后立即回火
	A302 A307	E309-16 E309-15	不预热	不回火	—
Ⅱ + Ⅷ	A302 A307	E309-16 E309-15	不预热	不回火	—
Ⅲ + Ⅶ	A507	E16-25MoN-15	不预热	不回火	—
Ⅲ + Ⅷ	A507 A207	E16-25MoN-15 E316-15	不预热	不回火	工件在侵蚀性介质中工作时，在 A507 焊缝表面堆焊 A202
Ⅳ + Ⅶ	R202 R207	E5503-B1 E5515-B1	200 ~ 300	620 ~ 660	焊后立即回火
Ⅳ + Ⅷ	A302 A307	E309-16 E309-15	不预热	不回火	—
Ⅴ + Ⅶ	R307	E5515-B2	200 ~ 300	680 ~ 700	焊后立即回火
Ⅴ + Ⅷ	A302 A307	E309-16 E309-15	不预热	不回火	—
Ⅴ + Ⅸ	R817 R827	E11MoVNiW-15	350 ~ 400	720 ~ 750	焊后保温缓冷并回火
Ⅵ + Ⅶ	R307 R317	E5515-B2 E5515-B2-V	350 ~ 400	720 ~ 750	焊后立即回火
Ⅵ + Ⅷ	A302 A307	E309-16 E309-15	不预热	不回火	—
Ⅵ + Ⅸ	R817 R827	E11MoVNiW-15	350 ~ 400	720 ~ 750	焊后立即回火

（3）焊前预热和焊后回火处理

焊前预热温度应按马氏体钢选择，对于珠光体钢中淬硬倾向大或焊接结构厚度较厚时，预热温度应高些。但为了防止马氏体钢侧金属的晶粒粗化，预热温度又不能太高，因此预热温度通常选为 150～400℃。由于马氏体钢一般都是在调质状态下进行焊接的，为防止产生冷裂纹，通常进行高温回火，回火温度为 600～700℃。

（4）焊接参数

合适的焊接参数是防止冷裂纹和脆化问题出现的重要措施，应采用短弧、热输入小的焊接工艺。表 19-22 为珠光体钢与马氏体钢采用熔化极混合气体保护焊时推荐的焊接参数，焊接时采用短路过渡形式，混合保护气体为 Ar + 1%～5%（体积分数）的 O_2 或为 Ar + 5%～15%（体积分数）的 CO_2。

表 19-22　珠光体钢与马氏体钢采用熔化极混合气体保护焊的焊接参数[3]

母材厚度 /mm	接头形式	焊丝直径 /mm	焊接电流 /A	电弧电压 /V	送丝速度 /(m/min)	焊接速度 /(mm/min)	气体流量 /(L/min)
1.6 + 1.6	T 形接头	0.8	85	15	4.6	425～475	15
2.0 + 2.0	T 形接头		90	15	4.8	325～375	
1.6 + 1.6	对接接头		85	15	4.6	375～525	
2.0 + 2.0	对接接头		90	15	4.8	285～315	

注：1. 采用短路过渡形式。

　　2. 混合保护气体为 Ar + 1%～3%（体积分数）的 O_2。

19.2.5　珠光体钢与铁素体钢的焊接

1. 珠光体钢与铁素体钢的焊接特点

珠光体钢与铁素体钢焊接时，应注意的主要问题是铁素体钢一侧热影响区的晶粒急剧长大而引起的脆化问题。一般来说，铁素体钢的含铬量越高、高温停留时间越长，焊接接头的脆化倾向越严重，室温下的韧性也降低，如图 19-7 所示。

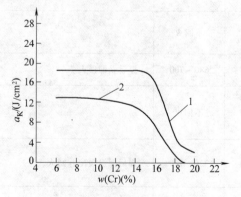

图 19-7　铁素体钢室温下含铬量与冲击韧度的关系[3]

1—$w(C) = 0.08\%$ 的铁素体不锈钢

2—$w(C) = 0.2\%$ 的铁素体不锈钢

2. 珠光体钢与铁素体钢的焊接工艺

在珠光体钢与铁素体钢焊接时，为防止晶粒粗化、脆化和裂纹，可采用如下的工艺措施。

（1）焊接方法

珠光体钢与铁素体钢焊接时可选用焊条电弧焊、埋弧焊、CO_2 气体保护焊和氩弧焊等方法。

（2）焊接材料

选择填充材料时，应结合两种母材焊接方法、预热温度及焊后热处理规范。既可以采用珠光体型焊条（如各种耐热钢焊条），也可以采用铁素体型焊条（如 G207 和 G307 焊条）。珠光体钢与铁素体钢的焊接材料、焊前预热和焊后热处理规范见表 19-21。

（3）焊前预热和焊后热处理

为防止晶粒粗化、裂纹等缺陷出现，需采用焊前预热的工艺，一般预热温度为 150℃。但当铁素体钢中含铬量增高时，预热温度可达 200～300℃。在无法预热的情况下，也可以根据使用条件选用 A307 和 A507 等奥氏体不锈钢焊条进行焊接。为使焊缝组织均匀化，提高焊缝的塑性，如焊接 Q235 钢与 1Cr25Ti 钢时，焊后进行 760～780℃ 的回火处理，可获得性能优异的焊接接头。

（4）焊接技术要求

焊接时采用小电流、短电弧和快速焊。特别是采用焊条电弧焊时，焊条不作横向摆动，尽量用较窄焊道进行焊接，以防晶粒粗大，产生脆化和裂纹。采用多层焊时，应严格控制层间温度，以防止因焊缝高温停留时间过长引起的严重脆化。对于板厚或刚度较大的焊接结构，要合理设计接头的形式和坡口，以减小焊接应力；还可以在每道焊缝或每层焊缝焊完后用小锤轻轻锤击焊缝周围。

19.2.6　奥氏体钢与铁素体钢的焊接

1. 奥氏体钢与铁素体钢的焊接特点

奥氏体钢与铁素体钢焊接时，由于焊接接头中碳的迁移和合金元素的扩散，容易在铁素体钢一侧产生脱碳带，焊缝中心部位碳含量增加，而奥氏体钢侧的合金元素降低。脱碳带不仅是低温冲击韧度的低值区，而且往往是裂纹的起始和延展的区带，容易引起焊缝熔合线低温冲击韧度的降低并产生裂纹。

2. 奥氏体钢与铁素体钢的焊接工艺

（1）焊接材料

在奥氏体钢与铁素体钢焊接时，选用焊接材料应考虑母材的具体成分、性能和焊接接头的使用环境。采用奥氏体型焊接材料时，要考虑到防止奥氏体焊缝中出现焊接热裂纹。而选用 A022 超低碳焊条焊接时，焊接接头经退火处理后，由于焊条中不含碳，阻碍了脱碳带和增碳带的形成，熔合线附近低温冲击韧度下降较小。奥氏体钢与铁素体钢焊接用焊条、预热温度和回火温度见表 19-23。

表 19-23　奥氏体钢与铁素体钢焊接用焊条、预热温度和回火温度[2]

母材组合	焊条		热处理工艺		备注
	型号	牌号	预热温度/℃	回火温度/℃	
Ⅶ + Ⅹ	E309-16 E309-15	A302 A307	不预热或 150 ~ 250	720 ~ 760	在无液态侵蚀介质中工作,焊缝不耐晶间腐蚀,在无硫气氛中工作温度可达 650℃
Ⅶ + Ⅺ	E316-16 E318-15	A202 A217	150 ~ 250	不回火	侵蚀性介质中的工作温度 ≤350℃
	E318V-15	A237		720 ~ 760	在无液态侵蚀介质中工作,焊缝不耐晶间腐蚀,在无硫气氛中工作温度可达 650℃
Ⅶ + Ⅷ	E16-25MoN-15	A507	不预热或 150 ~ 250	720 ~ 760	$w(Ni)$ 为 35% 而不含 Nb 的钢,不能在液态侵蚀性介质中工作,工作温度可达 540℃
	E347-15	A137			$w(Ni) ≤16%$ 的钢,可在液态侵蚀介质中工作,焊后焊缝不耐晶间腐蚀,温度可达 570℃
Ⅷ + Ⅹ	—	A122		720 ~ 750	回火后快速冷却焊缝耐晶间腐蚀,但不耐冲击载荷
Ⅷ + Ⅺ	E316-16	A202			回火后快速冷却焊缝耐晶间腐蚀,但不耐冲击载荷
Ⅷ + Ⅻ	E309-16 E309-15	A302 A307	不预热	不回火	在无液态侵蚀介质中工作,焊缝不耐晶间腐蚀,在无硫气氛中工作温度可达 1000℃
Ⅷ + Ⅷ	E16-25MoN-15	A507		不回火	$w(Ni)$ 为 35% 而不含 Nb 的钢,不能在液态侵蚀性介质中工作,不耐冲击载荷
	E347-15	A137		不回火或 720 ~ 780	$w(Ni) <16%$ 的钢,可在侵蚀性介质中工作,焊后焊缝耐晶间腐蚀,但不耐冲击载荷

（续）

母材组合	焊条		热处理工艺		备注
	型　号	牌号	预热温度/℃	回火温度/℃	
Ⅸ + Ⅹ	E309-16 E309-15	A302 A307		750 ~ 780	不能在液态侵蚀性介质中工作,焊缝不耐晶间腐蚀,工作温度可达 580℃
Ⅸ + Ⅺ	E316-16	A202	150 ~ 250	不回火	在液态侵蚀性介质中的工作温度可达 360℃,焊态的焊缝耐晶间腐蚀
	E318-15	A217			
	E318V-15	A237		720 ~ 760	
Ⅸ + Ⅻ	E309-16 E309-15	A302 A307		720 ~ 760	不能在液态侵蚀性介质中工作,不耐晶间腐蚀,在无硫气氛中工作温度可达 650℃
Ⅸ + ⅩⅢ	E16-25MoN-15	A507	150 ~ 250		$w(Ni) > 35\%$ 而不含 Nb 的钢,不能在液态侵蚀性介质中工作,工作温度可达 580℃
	E347-15	A137		750 ~ 800	$w(Ni) < 16\%$ 的钢,可在侵蚀性介质中工作,焊态的焊缝耐晶间腐蚀

（2）焊接技术要求

与焊接铁素体钢相似,焊接时应尽量采用小的焊接电流、快的焊接速度;焊道要窄,焊条不作横向摆动;多层焊时,要严格控制层间温度,待前一焊道冷却后,再焊下一道焊缝。

（3）焊后热处理

为消除焊接残余应力,焊后应采取高温回火,即加热至 720 ~ 800℃,保温 1.5 ~ 2.5h 后空冷。

19.2.7　奥氏体钢与马氏体钢的焊接

1. 奥氏体钢与马氏体钢的焊接特点

奥氏体钢和马氏体钢的焊接特点与珠光体钢和马氏体钢的焊接特点相似,由于马氏体钢中存在脆而硬的马氏体,因此焊后冷却时在马氏体钢一侧焊接接头有明显的淬硬倾向。当焊缝金属为奥氏体组织或以奥氏体为主的组织时,由于焊缝金属在化学成分、金相组织与热物理性能及其他力学方面与两侧的母材有很大差异,焊接残余应力不可避免,可能在使用过程中引起接头的应力腐蚀破坏或高温蠕变破坏。

2. 奥氏体钢与马氏体钢的焊接技术要求

在奥氏体钢与马氏体钢焊接前,首先要对马氏体钢的待焊处进行焊前预热;在焊接时,宜采用焊接电流较大和焊接速度稍慢的焊接参数,这与奥氏体钢与铁素体钢焊接采用的焊接参数略有不同。在焊接过程中,焊条可作横向摆动,适当加宽焊道。焊接材料可以选用奥氏体不锈钢或马氏体不锈钢,但焊后应进行缓冷,当焊件冷却到 150 ~ 200℃ 时,需要进行适当的高温回火。

19.2.8　复合金属板的焊接

1. 复合钢板的焊接

复合钢板是以不锈钢、镍基合金、铜基合金或钛板为覆层,以低碳钢或低合金钢为基层进行复合轧制或焊接等工艺（如爆炸焊或钎焊）制成的双金属板。复合钢板的基层主要是满足结构强度和刚度的要求,覆层是满足耐蚀、耐磨等特殊性能的要求。通常覆层只占复合钢板厚度的 10% ~ 20%,这样既可节约大量的不锈钢或钛等贵重金属,具有很大的经济价值,又能使复合钢板具有任何单一金属不能达到的性能。我国制造的复合钢板的规格及力学性能见表 19-24。

（1）复合钢板的焊接特点

由于复合钢板是由化学成分不同、物理性能和力学性能相异的两种钢板组合而成,所以复合钢板的焊接属于异种钢的焊接。目前工业应用较多的有奥氏体系复合钢板和铁素体系复合钢板,下面主要介绍这两种复合钢板的焊接特点。

1）奥氏体系复合钢板的焊接特点。奥氏体系复合钢板是指基层是珠光体钢,覆层是奥氏体不锈钢。这种复合钢板的焊接性能主要取决于奥氏体钢的种类（物理性能、化学成分等）、接头形式及填充材料的种类。由于基层与覆层母材、基层与覆层的焊接材料在成分及性能方面有较大的差异,焊接时稀释作用强烈,使焊缝中奥氏体形成元素减少,碳含量增加,增大了结晶裂纹的倾向;焊接熔合区可能出现马氏体组织而导致硬度和脆性增加;此外,由于基层与覆层的含铬量差别较大,促使碳向覆层迁移扩散,而在其交

表 19-24　焊接生产中常用复合钢板的规格及力学性能[3]

复合钢板牌号	R_m/MPa	R_{eL}/MPa	A（%）	τ_b/MPa	总厚度/mm	宽度/mm	长度/mm
Q235 + 12Cr18Ni9 Q235 + 10Cr18Ni12Mo2Ti Q235 + 12Cr13	≥370 ≥370	≥240 ≥240	≥22 ≥22	≥150	6、7、8、9、10、11、12、13、14、15、16、17、18	1000	2000以上
20g + 12Cr18Ni9 20g + 10Cr18Ni12Mo2Ti 20g + 12Cr13	≥410 ≥410	≥250 ≥250	≥25 ≥20				
Q235 + 12Cr18Ni9 Q235 + 10Cr18Ni12Mo2Ti 20g + 10Cr18Ni9 Q345 + 10Cr18Ni9 Q345 + 10Cr18Ni12Mo2Ti	均不低于基层钢板的力学性能				6、7、8、9、10、11、12、13、14、15、16、17、18、19、20、21、22、23、24、25、26、27、28、29、30	1400～1800	4000～8000

界的焊缝金属区域形成增碳层和脱碳层，加剧熔合区的脆化或另一侧热影响区的软化。

2）铁素体系复合钢板的焊接特点。铁素体系复合钢板指基层是珠光体钢，覆层是铁素体钢而复合成的钢板。由于基层与覆层的母材及相应焊接材料同样有较大的差异，焊接时与奥氏体系复合钢板相类似的稀释问题等也同样会引起焊缝及熔合区的脆化。应注意，这类钢的焊接材料选择不当时容易产生延迟裂纹，其主要原因是焊接接头出现脆硬组织、焊缝金属中扩散氢的聚集、焊接接头的刚度和焊接应力大。由于延迟裂纹具有潜伏期，因此焊缝的检验不能焊后立即进行。

（2）复合钢板的焊接工艺

1）焊接方法。对于复合钢板的焊接，国内外常用的焊接方法有，焊条电弧焊、埋弧焊、氩弧焊和等离子弧焊等，其中焊条电弧焊应用得较为普遍。

2）焊接材料。尽管复合钢板的焊接方法较多，但无论采用哪种方法，焊接的关键问题均是合理地选择基层和覆层的填充材料。为更有效地防止稀释和碳迁移等问题，在基层与覆层之间加焊隔离层，因此隔离层用焊接材料也是非常重要的。选择焊接材料时可遵循以下原则：覆层用焊接材料应保证熔敷金属的主要合金元素含量不低于覆层母材标准规定的下线值。对于有防止晶间腐蚀要求的焊接接头，还应保证熔敷金属中有一定含量的 Nb、Ti 等稳定元素或 $w(C)$ 不大于 0.04%。对于基层应按基层钢材的合金含量选用焊接材料，保证焊接接头的抗拉强度不低于基层母材标准规定的抗拉强度下限值。为补充基层对覆层造成的稀释，隔离层焊接材料宜选用 25Cr-13Mo 型或 25Cr-20Ni 型，焊接时要采用短弧、小电流、反极性、直线运条和多层多焊道的焊接工艺。采用焊条电弧焊方法焊接复合钢板时的填充材料见表 19-25；采用埋弧焊时的填充材料见表 19-26。

3）坡口加工尺寸和接头形式。复合钢板焊接前的坡口种类、加工尺寸见表 19-27。

4）焊接顺序。为提高复合钢板焊接接头的力学性能和耐腐蚀性能，焊接顺序如图 19-8 所示，应先焊基层钢板焊缝，然后焊隔离层焊缝，最后焊覆层钢板焊缝。为了防止奥氏体钢混入第一道基层焊缝金属中，可预先将接头附近的覆层钢板加工掉一部分。

5）焊前预热和焊后热处理。复合钢板的预热温度可见表 19-28，焊后热处理温度可见表 19-29。

表 19-25　复合钢板焊条电弧焊时焊条的选用[3]

复合钢板牌号	基层		过渡层		覆层	
	焊条牌号	焊条型号（GB）	焊条牌号	焊条型号（GB）	焊条牌号	焊条型号（GB）
Q235 + Cr13	J422 J427	E4303 E4315	A302 A307	E309-16 E309-15	A102 A107	E308-16 E308-15

（续）

复合钢板牌号	基　层		过　渡　层		覆　层	
	焊条牌号	焊条型号（GB）	焊条牌号	焊条型号（GB）	焊条牌号	焊条型号（GB）
Q345 + 12Cr13 15MnV + 12Cr13	J502 J507 J557	E5003 E5015 E5515-G	A302 — A307	E309-16 — E309-15	A102 — A107	E308-16 E308-15
12CrMo + 12Cr13	R207	E5515-B1	A302 A307	E309-16 E309-15	A102 A107	E308-16 E308-15
Q235 + 12Cr18Ni9	J422 J427	E4303 E4315	A302 A307	E309-16 E309-15	A132 A137	E347-16 E347-15
Q345 + 12Cr18Ni9 15MnV + 12Cr18Ni9	J502 J507 J557	E5003 E5015 E5515-G	A302 A307	E309-16 E309-15	A132 A137	E347-16 E347-15
Q235 + 10Cr18Ni12Mo2Ti	J422 J427	E4303 E4315	A312	E309Mo-16	A212	E318-16
Q345 + 10Cr18Ni12Mo2Ti 15MnV + 10Cr18Ni12Mo2Ti	J502 J507 J557	E5003 E5015 E5515-G	A312	E309Mo-16	A212	E318-16
20g + 12Cr13	J422	E4303	A302	E309-16	A202	E316-16
09Mn2 + 12Cr18Ni9	J502 J507	E5003 E5015	A307 A302	E309-15 E309-16	A107 A212	E308-15 E318-16
15MnTi + 12Cr18Ni9	J607 J557	E6015-D1 E5515-G	A307 A302	E309-15 E309-16	A107 A207	E308-15 E316-15

表 19-26　复合钢板埋弧焊时焊丝和焊剂的选用[3]

复合钢板牌号	基　层		过　渡　层		覆　层	
	焊丝牌号	焊剂	焊丝牌号	焊剂	焊丝牌号	焊剂
Q235 + 12Cr18Ni9	H08、H08A	HJ431	H00Cr29Ni12TiAl	HJ260	H0Cr18Ni12Mo2Ti	HJ260
Q345 + 12Cr18Ni9	H08Mn2SiA	HJ431	H00Cr29Ni12TiAl	HJ260	H0Cr18Ni12Mo3Ti	HJ260
Q345 + 12Cr13	H08Mn2SiA	HJ431	H00Cr29Ni12TiAl	HJ260	H0Cr19Ni9Ti	HJ260
Q235 + 12Cr13	H08A、H08MnA	HJ431	H00Cr29Ni12TiAl	HJ260	H00Cr29Ni12TiAl	HJ260
Q235 + 10Cr18Ni12Mo3Ti	H08A	HJ431	H00Cr29Ni12TiAl	HJ260	H0Cr18Ni12Mo3Ti	HJ260
Q235 + 10Cr18Ni12Mo2Ti	H08A	HJ431	H00Cr29Ni12TiAl	HJ260	H0Cr18Ni12Mo2Ti	HJ260
Q345 + 10Cr18Ni12Mo2Ti	H08Mn2SiA	HJ431	H00Cr29Ni12TiAl	HJ260	H0Cr18Ni12Mo2Ti	HJ260
Q345 + 10Cr18Ni12Mo3Ti	H08Mn2SiA	HJ431	H00Cr29Ni12TiAl	HJ260	H0Cr18Ni12Mo3Ti	HJ260
09Mn2 + 10Cr18Ni12Mo2Ti	H08MnA	HJ431	H00Cr29Ni12TiAl	HJ260	H0Cr18Ni12Mo2Ti	HJ260
09Mn2 + 10Cr18Ni12Mo3Ti	H08MnA	HJ431	H00Cr29Ni12TiAl	HJ260	H0Cr18Ni12Mo3Ti	HJ260

（续）

复合钢板牌号	基层		过渡层		覆层	
	焊丝牌号	焊剂	焊丝牌号	焊剂	焊丝牌号	焊剂
15MnTi + 12Cr18Ni9	H10Mn2	HJ431	H00Cr29Ni12TiAl	HJ260	H0Cr19Ni9Ti	HJ260
15MnTi + 12Cr13	H10Mn2	HJ431	H00Cr29Ni12TiAl	HJ260	H00Cr29Ni12TiAl	HJ260
15MnTi + 12Cr18Ni9	H08Mn2SiA	HJ431	H00Cr29Ni12TiAl	HJ260	H0Cr19Ni9Ti	HJ260
15MnTi + 10Cr18Ni12Mo2Ti	H10Mn2	HJ431	H00Cr29Ni12TiAl	HJ260	H0Cr18Ni12Mo2Ti	HJ260
15MnTi + 10Cr18Ni12Mo3Ti	H10Mn2	HJ431	H00Cr29Ni12TiAl	HJ260	H0Cr18Ni12Mo3Ti	HJ260

表 19-27　复合钢板对接坡口形式及尺寸[10]

<table>
<tr><th>板厚/mm</th><th>外坡口(基层侧)</th><th>内坡口(覆层侧)</th></tr>
<tr><td><15</td><td>
a)</td><td rowspan="2">
g)</td></tr>
<tr><td>16 ~ 22</td><td>
b)</td></tr>
<tr><td>23 ~ 38</td><td>
c)

d)</td><td rowspan="2">
a:b=1:3
h)</td></tr>
<tr><td>>38</td><td>
e)

f)</td></tr>
</table>

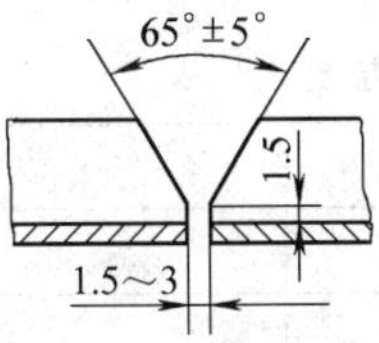

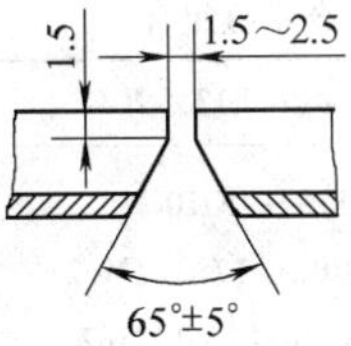

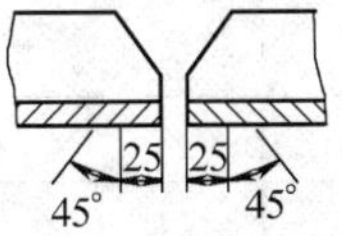

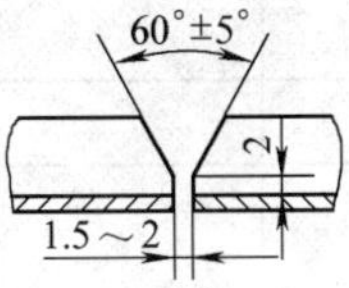

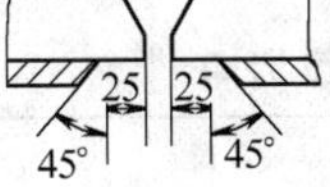

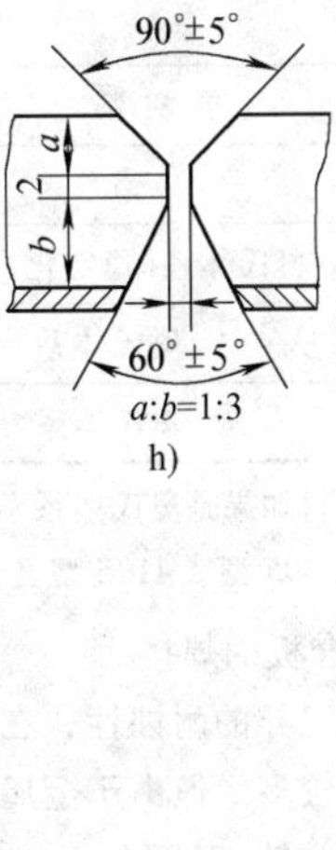

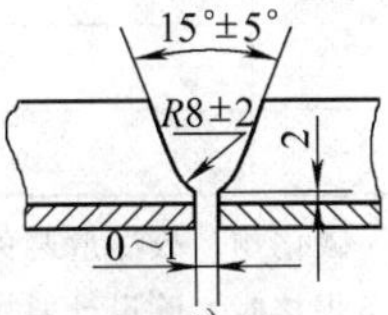

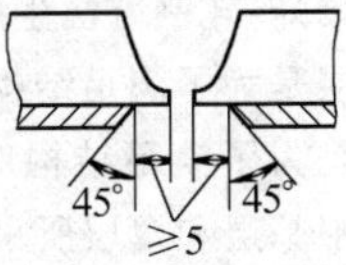

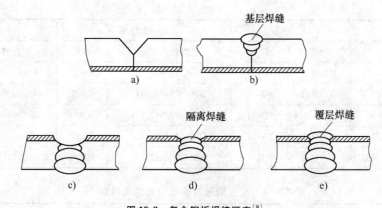

图 19-8　复合钢板焊接顺序[9]

a）装配　b）焊基板　c）修焊根　d）焊隔离层　e）焊覆板

表 19-28　常用复合钢板预热温度[10]

复合钢板组合	基层厚度/mm	预热温度/℃
Q235 + 06Cr13　20R	30	> 50
06Cr19Ni10	30 ~ 50	50 ~ 80
Q235 + 06Cr17Ni12Mo2		
20R 022Cr17Ni12Mo2	50 ~ 100	100 ~ 150
Q345R + 06Cr13	30	> 100
06Cr19Ni10	30 ~ 50	100 ~ 150
Q345R + 06Cr17Ni12Mo2		
022Cr17Ni12Mo2	> 50	> 150
15CrMoR + 06Cr13	> 10	150 ~ 200
06Cr19Ni10		
15CrMoR + 06Cr17Ni12Mo2	> 10	150 ~ 200
022Cr17Ni12Mo2		

注：覆层材质为 06Cr13 时，预热温度应按基层预热温度，焊条应采用铬镍奥氏体焊条。

表 19-29　复合钢板焊后热处理温度选择[10]

覆层材料		基层材料	温度/℃
不锈钢	铬系	低碳钢 低合金钢	600 ~ 650
	奥氏体系(稳定化,低碳)		600 ~ 650
	奥氏体系		< 550
	奥氏体系	Cr-Mo 钢	620 ~ 680

注：1. 覆层材料如果是奥氏体系不锈钢，在这个温度带易析出 σ 相和 Cr 碳化物，故尽量避免作焊后热处理。

　　2. 对于用 405 型或 410S 型复合钢板焊制的容器，当采用奥氏体焊条焊接时，除设计要求外，可免作焊后热处理。

2. 钛-钢复合板的焊接

金属钛具有优异的耐蚀性，在石油化工、航空航天领域应用的比较多。但由于金属钛是稀有金属，且制造成本高，因此钛-钢复合板的焊接结构应用得相对较多。钛-钢复合板是以钢为基层，钛作覆层，采用爆炸或爆炸-轧制方法生成的双金属板材。钛-钢复合板的基层是为了满足结构对强度、刚度、韧性等要求，覆层是为了满足结构对耐腐蚀性能的要求。钛-钢复合板中基层和覆层所采用的材料类型见表19-30，其中覆材和基材可自由组合。

表 19-30　复合板覆材和基材[11]

覆材	基材
GB/T 3621—2007 中 TA1、TA2 Ti-0.3Mo-0.8Ni Ti-0.2Pd	GB/T 709—2006、 GB 711—2008、 GB 712—2011 GB 713—2008、 GB/T 3274—2007、 GB 3531—2008

（1）钛-钢复合板的焊接特点

由于钛和钢在冶金上是不相容的，且钛的活泼性很强，易与氧发生反应，使塑性降低，因此钢基层与钛覆层应单独进行焊接，不能使二者相互熔合。

（2）钛-钢复合板的焊接方法

在焊接钛-钢复合板时，首先要完成基层钢焊缝。由于基层钢与钛不能直接进行熔化焊，可按图19-9b、c、d 的方法切去钛，然后再进行基层钢的焊接，也

可按图 19-9f 方法在基层钢处切去钛材。但采用图 19-9b、c、d 方法焊接压力容器时，要对基层钢焊缝进行 X 射线检查，合格后才能使用。钛覆层利用手工钨极氩弧焊进行焊接，焊接参数见表 19-31。由于反向密封的要求，在钛覆层焊接时，可在钛覆层焊接处搭接，若接头处不能使用搭板，则要对钛焊接处进行 X 射线检查。

3. 铜-钢复合板的焊接

铜-钢复合板是以钢为基层，铜作覆层，采用爆炸复合和轧制复合生产的总厚度为 8～30mm 的铜-钢双金属板。基层既可满足结构对强度、刚度、韧性和焊接性等要求，还节约了大量铜，降低结构制造成本；覆层可满足结构对耐蚀性及其他特殊性能的要求。铜-钢复合板适用于化工、石油、制药等领域。铜-钢复合板的材料牌号及化学成分如表 19-32 所示。

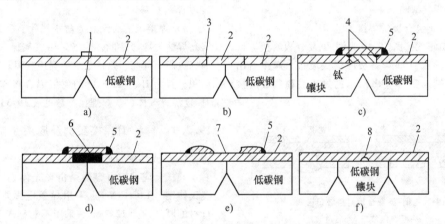

图 19-9　钛-钢复合板的焊接方法[12]

a）对焊法　b）用镶块对焊法　c）用镶块和搭板对焊法　d）用填充容易熔化的材料和搭板对焊法
e）把搭板改变成一定形状镶块的对焊法　f）在低碳钢处镶块的对焊法
1—坡口二层焊　2—钛　3—熔深浅的对焊　4—不用镶块焊接　5—角焊
6—填入容易熔化的材料　7—镶块成形的钛　8—坡口

表 19-31　钛覆层手工钨极氩弧焊参数[13]

覆层厚度/mm	钨极直径/mm	焊丝直径/mm	焊接电流/A	电弧电压/V	焊接速度/(cm/min)	喷嘴直径/mm	氩气流量/(L/min) 喷嘴	氩气流量/(L/min) 拖罩
2	2	2	80～100	12～16	20～25	10～12	10～14	30～50
3	3	3	120～140					
4	3						12～16	
5	3.5		130～160			12～16		
6	3.5							

表 19-32　铜-钢复合板的材料牌号及化学成分[11]

覆层材料		基层材料	
牌　　号	化学成分规定	牌　　号	化学成分规定
Tu1 T2 B30	GB/T 5231—2012	Q235	GB/T 700—2006
		20g Q345g	GB 713—2008
		20R Q345R	GB 713—2008
		Q345	GB/T 1591—2008
		20	GB/T 699—1999

（1）铜-钢复合板的焊接特点

由于覆层与基层金属的热物理性能（如热导率和线胀系数）相差悬殊，因此焊缝处易产生裂纹和未焊透；覆层易氧化形成低熔点共晶体分布在晶界上，使焊缝塑性降低，产生裂纹；基层对过渡层焊缝的稀释，不仅使覆层的导电性降低，还使焊缝产生气孔和裂纹等焊接缺陷。

（2）铜-钢复合板的焊接工艺

1）坡口形式。图 19-10 为铜-钢复合板对接坡口形式，其中图 19-10a 为基板的焊接坡口，焊接后用风铲清根，制成图 19-10b 所示的过渡层和覆板焊接坡口。

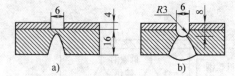

a)　　　　　　　　　　b)

图 19-10　铜-钢复合板对接坡口形式[12]
a）基板焊接坡口　b）过渡层
和覆板焊接坡口

2）焊接材料。覆层焊丝的选择原则是保证焊缝金属具有较好的导电性、力学性能、焊接工艺性、抗裂性、耐蚀性和抗气孔等性能。过渡层焊丝的选择原则是能与铜和钢都有好的冶金相容性。由于镍和铜、镍和铁在固态和液态都能无限固溶，形成连续固溶体，因此镍和镍基合金是较好的过渡层焊丝材料。

3）焊接工艺要点。为防止气孔、裂纹等缺陷和提高焊缝的冷弯性能，除了采用氩气保护焊接以外，最好选用温度高、热量集中的焊接热源，例如，采用体积分数为 He + 25% Ar 的氦氩混合气作为保护气。氦-氩混合气体保护焊焊接参数见表 19-33。

19.2.9　异种钢焊接实例及应用

1. 珠光体钢与奥氏体钢的焊接

某核反应堆压力容器是由珠光体钢（Q345）与奥氏体钢（12Cr18Ni9）采用焊条电弧焊焊接而成，母材的厚度均为 12.7mm。采用不对称 V 形坡口，接头结构如图 19-11 所示。

表 19-33　氦-氩混合气体保护焊焊接参数[12]

焊缝层次	焊接电流/ A	电弧电压/ V	焊接速度/ （mm/min）	送丝速度/ （mm/min）	气体流量/ （m³/h）
过渡层	360 ~ 380	17 ~ 18	100	900	0.25 + 0.25
覆（钢）层	380 ~ 400	18	100	1600	0.3 + 0.3

为防止碳从 Q345 钢侧向奥氏体焊缝迁移，避免增碳和脱碳的出现，需选用 Ni112（GBENi-0，相当于美国 AWS ENi-1）焊条在 Q345 钢母材金属的坡口上堆焊厚度为 3.2mm 的隔离层，如图 19-11b 所示。焊接时选用含铌的 A212（GBE318-16，相当于美国 AWS E316-16）焊条将整个坡口填满。需要注意的是，在正面焊缝焊完后，将焊缝背面彻底清理，然后选用同样焊条进行封底焊接，正反面焊缝形状尺寸见图 19-11c。焊后需进行焊缝外观和内部检查，以防止焊缝有裂纹、气孔、夹渣等缺陷存在。为确保焊接接头具有足够的强度和良好的气密性，需将焊接接头进行水压试验。

2. 碳素钢与铁素体不锈钢的焊接

锅炉、汽车及家用电器工业中经常遇到碳素钢与铁素体不锈钢的焊接结构，如 Q235 钢与 10Cr17Mo 钢的焊接等。在结构无特殊要求的情况下，应尽量避免 T 形接头，可采用对接接头，坡口形式及尺寸如图 19-12 所示。由于铁素体不锈钢液态金属的流动性比

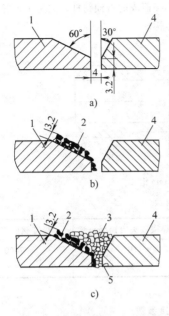

图 19-11　异种钢核反应堆压力
容器的焊接结构[3]

a）对接接头不对称单面 V 形坡口尺寸

b）在 16Mn 钢母材金属坡口上堆焊隔离层

c）核反应堆压力容器的焊接接头

1—Q345 钢　2—隔离层　3—正面焊缝

4—1Cr18Ni9Ti 钢　5—背面焊缝

奥氏体不锈钢差，为保证焊透，坡口间隙要比奥氏体不锈钢与碳素钢焊接时的间隙稍大，通常为 2.0 ~ 2.5mm。填充材料可以选用 G302 或 G307，但后者抗裂性好一些，焊接参数应按照焊接性较差的 10Cr17Mo 钢选择，选用表 19-34 中的参数可以获得优良的焊接接头。焊接时采用多层、短弧、小电流的焊接法，为了保证两种母材均匀加热，电弧可稍倾向碳素钢母材一侧，并控制好层间温度。焊后缓冷，再进行 750 ~ 800℃ 回火处理。

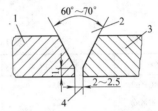

图 19-12　碳素钢与铁素体不锈钢接头的坡口尺寸[4]

1—Q235A 钢　2—V 形坡口

3—10Cr17Mo　4—坡口间隙

3. 双金属锯条

双金属锯条是由刃部（W18Cr4V 或 W6Mo5Cr4V2）和背部（65Mn、60Si2CrA、60Si2Mn 或 60Si2MnA）采用真空电子束焊接而成的。焊接锯条时，可以采用强、弱两种焊接规范，所获得的焊缝形式如图 19-13 所示；推荐的焊接参数可见表 19-35。

表 19-34　Q235 钢与 10Cr17Mo 钢的焊条电弧焊焊接参数[4]

母材厚度/mm	接头形式	坡口形式	焊接层数	焊条直径/mm	焊接电流/A	电弧电压/V	焊接速度/(mm/min)
4 + 4	对接	V 形	1	3	70 ~ 80	23 ~ 25	230 ~ 240
6 + 6			2	4	120 ~ 140	31 ~ 33	300

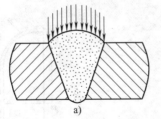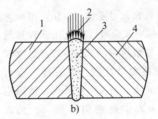

图 19-13　双金属锯条电子束焊的焊缝形式[3]

a）弱规范焊缝　b）强规范焊缝

1—高速钢　2—电子束流　3—焊缝　4—弹簧钢

表 19-35　双金属机用锯条电子束焊的焊接参数[3]

母材金属厚度/mm	加速电压/kV	电子束流/mA	焊接速度/(m/s)	焊缝正面宽度/mm	焊缝背面宽度/mm	热输入/(J/cm)	真空度/MPa
1.8 + 1.8	60	36	3	1.0 ~ 1.2	≥0.3	432	1.3332×10^{-7}
	80	26	4	0.8 ~ 1.0		312	
	100	18	5	0.5 ~ 0.8		216	
	120	8	5	0.3 ~ 0.5		115	

4. 异种珠光体钢的焊接

图 19-14 所示是由 35CrMo 钢与 40Mn2 钢采用摩擦焊方法焊接而成的石油钻杆，它是由带螺纹的工具接头和管体构成。

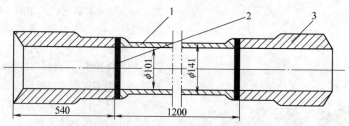

图 19-14　石油钻杆的摩擦焊结构[3]
1—40Mn2 钢　2—摩擦焊缝　3—35CrMo 钢

表 19-36　石油钻杆的截面尺寸[3]

钻杆材料	钻杆直径/mm	焊接接头外径/mm	焊接接头内径/mm	焊接截面积/mm²
35CrMo + 40Mn2	141	141	101	7600
35CrMo + 40Mn2	127	127	97	5300

注：焊接是在专用摩擦焊焊机上进行的。

表 19-37　摩擦焊焊接石油钻杆的焊接参数[3]

钻杆材料	钻杆直径 /mm	摩擦压力 /MPa	顶锻压力 /MPa	摩擦变形量 /mm	顶锻变形量 /mm	摩擦时间 /s	摩擦转速 /(r/min)
35CrMo + 40Mn2	141	50 ~ 60	120 ~ 140	13	8 ~ 10	30 ~ 50	530
35CrMo + 40Mn2	127	40 ~ 50	100 ~ 120	10	6 ~ 8	20 ~ 30	530

表 19-38　摩擦焊焊接石油钻杆的焊接接头力学性能[3]

钻杆材料	钻杆直径/mm	R_m/MPa	$A(\%)$	$Z(\%)$	a_K[①]/(J/cm²)	接头弯曲角度/(°)
35CrMo + 40Mn2	141	697	24	67	45	96
35CrMo + 40Mn2	127	770	19	69	51	113

① 强度值、冲击韧度均为两次试验的平均值。

钻杆用两种材料的截面尺寸见表 19-36。用摩擦焊法焊接 35CrMo 钢与 40Mn2 钢时，应选用弱焊接规范，具体的摩擦焊焊接参数可参考表 19-37。为改善组织、消除内应力和提高力学性能，焊后接头进行 500℃ 回火或进行 850℃ 正火，再 650℃ 回火，然后空冷。经热处理后的接头力学性能明显提高，见表 19-38。

5. 水轮发电机下端盖

水轮发电机下端盖的结构与焊接接头形式如图 19-15 所示。下端盖主要由法兰（ZG270—500 钢）、端盖（Q235 钢）、肋板和底盘等组成。在焊接过程中，选用 CO_2 气体保护焊来焊接法兰与端盖，具体的焊接参数见表 19-39。为获得优质的焊接接头，需选用抗裂性能好的 H08Mn2SiA 焊丝进行焊接。同时，焊前选用气焊中性火焰进行温度为 200℃ 左右的预热，焊后用石棉布或硅酸铝纤维进行保温，并作退火处理。

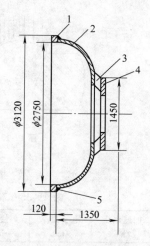

图 19-15　水轮发电机下端盖的焊接接头形式[3]
1—法兰（ZG270—500）
2—端盖（Q235）
3—肋板　4—底盘　5—焊缝

表 19-39　Q235 钢与 ZG270-500 钢的 CO$_2$ 气体保护焊焊接参数[3]

焊接层数	接头形式及坡口	焊丝直径 /mm	焊接电流 /A	电弧电压 /V	焊接速度 /(m/min)	气体流量 /(L/min)
1	对接接头 双面 V 形 坡口	1.2	140~160	24~26	0.3~0.4	16
2		1.2	300~320	36~38	0.3~0.4	20
3,5		1.6	350~370	36~38	0.4~0.5	20
4,6		1.6	350~370	36~38	0.4~0.5	20

19.3　异种有色金属的焊接

19.3.1　铜与铝的焊接

在工业领域中，铝与铜都是良好的导电材料。由于铝比铜的密度小（铝的密度仅为铜的 1/3）、价格便宜、资源丰富，因此在很多情况下可以代替铜使用，这样不仅能降低成本、减轻产品质量，还能合理利用资源。但铝的电阻率比铜大 60%，因此铝的导电性比铜差，且其强度较低，因此以铝代铜又有一定的缺点。为了充分利用铜与铝各自的优异性能，通常需要将铜与铝连接在一起，制成铜与铝的复合结构，以便在海洋、石油、化工、电子等领域得到广泛的应用。在实际生产中广泛采用钎焊、扩散焊、压力焊等实现它们的连接。

1. 铜与铝焊接的困难

由于铜和铝的物理性能和化学性能有很大差别，因此铜与铝在焊接过程中存在以下主要困难：

（1）铝的高温氧化

由于铝和铜的熔点相差 423℃，因此它们很难同时熔化。高温下，与氧具有较强亲和力的铝会发生强烈的氧化反应，形成氧化铝，氧化铝的存在使填充材料与铝不能很好地熔合。因此，在铜与铝的焊接过程中，需要采取有效的措施才能防止氧化和去除熔池中的氧化物。

（2）形成铜-铝金属间化合物

由图 19-16 的铜-铝二元相图可知，铜和铝在高温时无限固溶。随着温度的下降，铝在铜中的溶解度逐渐下降，到固态时为有限固溶，形成 AlCu$_2$、Al$_2$Cu$_3$、AlCu、Al$_2$Cu 等金属间化合物。当 w（Cu）在小于 13% 时，铝铜合金的综合性能最好。因此在铜和铝的焊接过程中，合理控制焊缝金属中铜的含量，尽量缩短铜与液态铝的接触时间，均可提高铜-铝焊接接头的强度和塑性。

（3）焊缝易产生裂纹

由于铜的线胀系数比铝大 0.5 倍，焊后在铜-铝

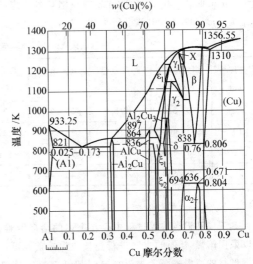

图 19-16　铜-铝二元相图[14]

的焊缝处产生较大的残余应力，当残余应力值较高时，容易产生裂纹。

（4）易形成气孔

由于铜和铝的导热性能均非常好，熔池结晶过程很快，因此高温冶金反应过程中形成的气体或铝和铜在液态时熔解和吸收的气体来不及逸出熔池表面，残留在焊缝中形成气孔。

2. 铜与铝的焊接工艺

铜与铝的焊接可以采用熔焊、压焊和钎焊，目前主要采用的是压焊方法。

（1）铜与铝的熔焊

铜和铝在连接过程中，常用的熔焊方法有氩弧焊和埋弧焊。

1）熔化极氩弧焊。铝和铜进行熔化极氩弧焊时，为达到均匀熔化，要将电弧中心向铜侧偏移 0.5δ（δ 为焊件厚度）的距离。在焊接过程中，为不降低接头强度，须保证金属间化合物的厚度小于 1μm。通常，在焊缝金属中添加 Zn 和 Mg 元素，可以限制焊接过程中 Cu 向 Al 的过渡；添加 Ca 和 Mg 元素，有利于填满树枝晶的间隙；添加 Ti、Zr 和 Mo 等

难熔金属,·有利于细化组织;Si 和 Zn 元素的添加,可以减少金属间化合物的数量。铜-铝对接时,为了降低焊缝金属中铜的含量,可将铜母材加工成 V 形或 K 形坡口,坡口表面镀锌,其厚度约为 60μm。

2) 埋弧焊。铜-铝埋弧焊接头形式见图 19-17。

埋弧焊时所采用的焊接参数见表 19-40。在焊接时,焊丝应偏离铜母材坡口上缘 (0.5 ~ 0.6) δ (δ 为焊件厚度)。铜母材侧开 U 形坡口,铝母材侧为直边。在 U 形坡口中预置 φ3mm 的铝焊丝。当焊件厚度为 10mm 时,采用直径 2.5mm 的纯铝焊丝,焊接电流为 400 ~ 420A,电弧电压为 38 ~ 39V,送丝速度

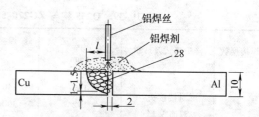

图 19-17　铜-铝埋弧焊接头形式示意图[4]

为 92mm/s,焊接速度为 6mm/s。在这种焊接工艺条件下,焊缝金属中 w (Cu) 只有 8% ~ 10%,可得到满意的接头力学性能。

表 19-40　铜-铝埋弧焊的焊接参数[2]

焊件厚度 /mm	焊接电流 /A	焊丝直径 /mm	电弧电压 /V	焊接速度 /(m/h)	焊丝偏离 /mm	焊道数目	焊剂层	
							宽度/mm	高度/mm
8	360 ~ 380	2.5	35 ~ 38	24.4	4 ~ 5	1	32	12
10	380 ~ 400	2.5	38 ~ 40	21.5	5 ~ 6	1	38	12
12	390 ~ 410	2.6	39 ~ 42	21.5	6 ~ 7	1	40	12
20	520 ~ 550	3.2	40 ~ 44	18.5	8 ~ 12	1	46	14

（2）铜与铝的熔焊-钎焊

鉴于铜和铝在熔焊过程中存在上述的诸多困难,可以采用熔焊-钎焊的方法进行连接。焊接前,可以在铜母材的待焊表面上先焊一层锌基钎料,采用纯铝焊丝进行气焊,焊接时只熔化铝母材侧。同样,在铜母材侧的焊接坡口上用 Ag-15.5Cu-16.5Zn（质量比）钎料预先钎焊上金属层或在铜母材坡口

内预置填充金属丝或棒等金属,也可以使接头获得良好的性能。

（3）铜与铝的压力焊

1) 闪光对焊和电阻对焊。闪光对焊和电阻对焊前,为防止脆性金属间化合物的产生,先在铜母材的表面上镀锌、铝或银钎料。铜与铝闪光对焊的焊接参数见表 19-41。

表 19-41　铜与铝闪光对焊的焊接参数（采用 LQ-200 型对焊机）[8,9]

焊件尺寸 /mm	电源电压 /V	二次级数	伸出长度 /mm		夹具压力 /MPa	顶锻压力 /MPa	烧化时间 /s	有电顶锻时间 /s	凸轮角度 /(°)
			Cu	Al					
6 × 60	380	8	29	17	0.44	0.29	4.1	1/50	270
8 × 80	380	11	30	16	0.39	0.29	4.0	1/50	270
10 × 80	380	12	25	20	0.54	0.39	4.1	1/50	270
10 × 100	380	14	25	20	0.59	0.54	4.1	1/50 ~ 2/50	270
10 × 150	380	15	25	20	0.59	0.54	4.2	1/50 ~ 2/50	270
10 × 120	380 ~ 400	14	31	18	0.64	0.59	4.2	2/50 ~ 3/50	270
6 × 24	380 ~ 400	4	14	16	0.29	0.29	4.2	1/50	—
6 × 50	380 ~ 400	8	25	17	0.44	0.39	4.2	1/50	270

在铜与铝的闪光对焊时,为获得良好性能的焊接接头,需采用大电流（比焊钢时大 1 倍）、高送料速度（比焊钢时高 4 倍）、高压快速顶锻（100 ~ 300mm/s）和极短的通电顶锻时间（0.02 ~ 0.04s）。在这种焊接条件下,脆性金属间化合物和氧化物均被

挤出接头,并使接触面产生较大的塑性变形,可以获得性能良好的接头。

2) 摩擦焊。铜-铝接头的摩擦焊分为高温摩擦焊和低温摩擦焊。在焊接前应事先对焊件退火,认真清理接合表面,特别是焊件的接触端头,形状要规

整，尺寸要符合要求。由于高温摩擦焊时高速旋转（可达 0.58m/s）的接触面温度超过了铜-铝共晶点的温度（548℃），铜和铝原子发生扩散结合，形成铜与铝的脆性层，只适用于接头质量要求不高的结构。因此，在焊接过程中，应采取低温和加顶锻压力挤出脆性物质，提高接头性能。同时，须采用封闭加压方

式，以防止铝接头处变形流失以及铝焊件受压而失稳变形。铜-铝接头高温摩擦焊的焊接参数见表 19-42。低温摩擦焊接头的温度低于铜与铝的共晶温度，一般在 460~480℃ 温度范围内进行。这样既不产生脆性金属层，又能保证足够的塑性变形能力。表 19-43 列出不同直径焊件的铜与铝低温摩擦焊的焊接参数。

表 19-42　铜与铝高温摩擦焊的焊接参数[3]

焊件直径 /mm	转速 /(r/min)	外圆线转速 /(m/s)	摩擦压力 /MPa	摩擦时间 /s	顶锻压力 /MPa	铜件端头锥角/(°)	接头断裂特征
8	1360	0.58	19.6	10~15	147	90	
10	1360	0.71	19.6	5	147	60	
12	1360	0.75	24.5	5	147	70	
14	1500	1.07	24.5	5	156.8	80	
15	1500	1.07	24.5	5	166.6	80	
16	1800	1.47	31.36	5	166.6	90	脆断
18	2000	1.51	34.3	5	176.4	90	
20	2400	1.95	44.1	5	176.4	95	
22	2500	2.52	49	4	205.8	100	
24	2800	2.61	54.2	4	245	100	
26	3000	3.11	60	3	350	120	

表 19-43　铜-铝低温摩擦焊的焊接参数[3]

典型产品直径 /mm	转速 /(r/min)	摩擦压力 /MPa	摩擦时间 /s	顶锻压力 /MPa	出模量[①]/mm 铜件	出模量[①]/mm 铝件
6	1030	140	6	600	10	1
10	540	170	6	450	13	2
6	320	200	6	400	18	2
20	270	240	6	400	20	2
26	208	280	6	400	22	2
30	180	300	5	400	24	2
36	170	330	5	400	26	2
40	160	350	5	400	28	3

① 铜、铝件在模子口处的伸出量。

3）扩散焊。在铜与铝的扩散焊接中，当接头处生成的金属间化合物层厚度小于 1μm 时，焊后的接头具有很好的导热和导电性能。当焊接厚度为 0.2~0.5mm 的铜与铝时，所采用的焊接参数如下：真空度 0.133~0.0133Pa、焊接温度 480~500℃、焊接压力 4.9~9.8MPa、焊接时间 10min，无需添加中间过渡层。

（4）铜与铝的钎焊

由于钎焊方法操作方便、生产效率高、焊接变形小，因此铜与铝可以采用钎焊方法进行连接，获得质量稳定可靠的焊接接头。为防止接头氧化，通常在惰性气体中进行，可采用电阻或火焰加热方式。铜与铝钎焊用钎料和钎剂的成分及熔点分别见表 19-44 和表 19-45。

表 19-44　铜-铝钎焊的钎料成分及熔点[3]

钎料化学成分（质量分数，%）						钎料熔点/℃
Zn	Al	Cu	Sn	Pb	Cd	
94	5	—	—	—	1	325
92	4.5	3.2	—	—	—	380
99	—	—	—	1	—	417
10	—	—	90	—	—	270~290
20	—	—	80	—	—	270~290

表 19-45　铜-铝钎焊的钎剂成分及熔点[3]

钎剂化学成分（质量分数，%）						钎剂熔点/℃
NaCl	SnCl	NaF	ZnCl$_2$	NH$_4$Cl	NH$_4$Br	
—	—	2	88	10	—	200 ~ 220
10	—	—	65	25	—	220 ~ 230

19.3.2　铜与钛的焊接

钛在固态时有两种晶体结构，在882℃以下，具有密排六方晶格，称为α钛；在882℃以上，具有体心立方晶格，称为β钛。由于钛及钛合金具有密度小、强度高、高温性能好，在酸、碱、盐等介质中具有较强的抗腐蚀性等特点，因此在很多场合下需要与铜连接在一起，制成铜-钛复合构件，并得到广泛的应用。

1. 铜与钛焊接的困难

由于铜和钛的物理性能和化学性能有很大差别，因此铜与钛在焊接过程中存在以下主要困难：

（1）焊缝处气孔的形成

由于铜与钛高温时易吸氢，且氢在液态的铜与钛中溶解度较大；高温冶金反应熔池内有气体产生；部分气体在熔池结晶过程中来不及逸出熔池表面，因此最终在焊缝中形成气孔。

（2）焊接接头裂纹的产生

在铜与钛焊接时，由于铜与铋、铅、硫化亚铁反应生成共晶体；钛与氢反应生成脆性的氢化物；铜与钛的线胀系数差异较大，因此其焊接接头容易产生裂纹。

（3）焊接接头力学性能降低

1）上述共晶体和氢化物的产生会降低接头的塑性和韧性。

2）铜、钛与氧的亲和力较强，在焊接过程中生成的氧化膜削弱了铜与钛的晶间结合，造成接头性能降低。

3）铜-钛二元相图（图19-18）中包括有限固溶和共晶转变。尽管铜与钛之间的溶解度不大，却能形成 Ti$_2$Cu、TiCu、Ti$_3$Cu$_4$、Ti$_2$Cu$_3$ 等多种金属间化合物及 βTi + Ti$_2$Cu（熔点1003℃）、Ti$_2$Cu + TiCu（熔点960℃）、TiCu$_2$ + TiCu$_3$（熔点860℃）等多种低熔共晶体。上述脆性相的生成，使得焊缝金属的塑性和抗腐蚀性显著降低。

2. 铜与钛的焊接工艺

（1）铜与钛的熔焊

鉴于铜与钛在焊接过程中存在上述困难，为使α-β相转变温度降低，获得与铜组织相近的单相β相钛合金，在铜与钛的熔焊（常用的是氩弧焊）时，常采用加入含有 Mo、Nb 和 Ta 的钛合金中间隔离层，其成分为 Ti + w(Nb) 30% 或 Ti + w(Al) 3% + w(Mo) 6.5% ~ 7.5% + w(Cr) 9% ~ 11%。此时，获得的钛与纯铜的焊接接头强度可达 R_m = 216 ~ 221MPa，冷弯角为 140° ~ 180°。

QCr0.5铜合金与 TC2 钛合金氩弧焊接时，若选用铈钨电极、铌过渡层和纯度为 99.8%（体积分数）的氩气可以获得优良的焊接接头，其焊接参数见表19-46所示。

厚度为 2 ~ 5mm 的 TA2 和 Ti3Al37Nb 两种钛合金与 T2 铜的熔焊参数和接头性能列于表 19-47。由于这类异种金属的焊后接头被加热到高于 400 ~ 500℃使用时，接头中会形成连续的金属间化合物层，其明显降低接头性能，因此这种接头不宜在高温加热场合下使用。

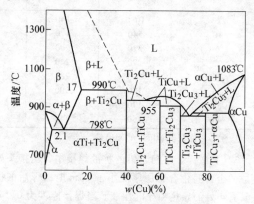

图 19-18　铜-钛二元相图[14]

（2）铜与钛的压焊

铜与钛的冷压焊可以不加中间隔离层直接进行焊接，但扩散焊时为了防止金属间化合物和低熔共晶体的生成，提高接头强度，应加 Mo 或 Nb 中间层。表19-48 为铜与钛的扩散焊焊接参数及接头抗拉强度，当焊接加热时间较长时，获得的接头强度明显高于高频感应加热时间较短的接头强度。为保证接头获得稳定和良好的力学性能，在铜与钛的爆炸焊时，需加 0.3 ~ 1.0mm 厚的铌中间层，中间层厚度的确定应由母材金属的厚度而定。

表 19-46　铜合金（QCr0.5）与钛合金（TC2）的氩弧焊焊接参数[3]

母材金属厚度/mm	焊接电流/A	电弧电压/V	焊丝直径/mm	电极直径/mm	氩气流量/(L/min)
2 + 2	250	10	1.2	3	
3 + 3	260	10	1.2	3	
5 + 5	300	12	2.0	3	15 ~ 20
6 + 6	320	12	2.0	4	
5 + 8	350	13	2.5	4	
8 + 8	400	14	2.5	4	

注：焊丝牌号为 QCr0.5，电极为铈钨极。

表 19-47　钛合金与铜的熔焊焊接参数及接头性能[2]

被焊材料	厚度/mm	焊接电流/A	电弧电压/V	焊丝 牌号	焊丝 直径/mm	电弧偏离/mm	接头平均强度/MPa	弯曲角度/(°)
TA2 + T2	3	250	10	QCr0.8	1.2	2.5	192	—
	5	400	12	QCr0.8	2	4.5	191	—
							191①	90①
Ti3Al37Nb + T2	2	260	10	T4	1.2	3.0	125	90
	5	400	12	T4		4.0	234	120
							220	90①

① 试样经 800℃ 保温 5min。

表 19-48　铜-钛扩散焊焊接参数及接头性能[2]

中间层材料	焊接参数 温度/℃	焊接参数 时间/min	焊接参数 压力/MPa	抗拉强度/MPa	加热方式
不加中间层	800	30	4.9	63	高频感应
	800	300	3.4	144 ~ 157	电炉
钼（喷涂）	950	30	4.9	78.4 ~ 113	高频感应
	980	300	3.4	186 ~ 216	电炉
铌（喷涂）	950	30	4.9	71 ~ 103	高频感应
	980	300	3.4	186 ~ 216	电炉
铌（0.1mm 箔片）	950	30	4.9	91	高频感应
	980	300	3.4	216 ~ 267	电炉

19.3.3　铜与镍的焊接

由于镍及镍合金强度高、韧性好，在高温和低温时能保持良好的塑性，在冷、热状态下具有优良的加工性能，化学活泼性低，在大气中抗腐蚀性能好，因此在焊接结构中经常遇到铜或铜合金与镍或镍合金的焊接。特别是铜与镍的原子半径、晶格类型、密度、比热容等性能接近，由铜-镍二元相图可知，铜与镍在固液态都能形成无限互溶，生成塑性好的固溶体组织。

1. 铜与镍焊接的困难

1）由于铜和镍的化学性能、导热性能、线胀系数及电阻率等差别较大，造成焊接困难。

2）焊接时，当铜、镍与氧发生反应生成的氧化膜严重时，会导致焊接难以进行。

3）镍的熔点比铜高 378℃，焊接中容易发生镍母材的晶粒粗化。

4）焊接时，铜与铅、铋、氧化亚铜均易生成低熔点共晶体；镍与硫、磷、砷、铅易生成低熔点共晶体，最终导致焊缝产生裂纹。

2. 铜与镍的焊接工艺

为了防止焊缝中低熔点共晶体的生成，在铜和镍母材的选择时，要严格控制磷、铅、砷和铋的含量；焊前需要对铜与镍或镍合金的待焊表面进行严格的清理；焊接时要采用纯度高于 99.85%（体积比）的惰性气体保护，同时选用高纯度的填充材料（铝和硅是最佳的脱氧剂），对焊接熔池进行脱氧和脱气。

铜和镍常用的焊接方法有惰性气体保护焊、电子束焊、等离子弧焊、真空扩散焊、钎焊及气焊等。铜与镍氩弧焊的焊接参数及焊缝力学性能如表 19-49 所示；铜与镍或镍合金的焊接结构采用真空扩散焊的焊接参数可参考表 19-50。

表 19-49　铜与镍氩弧焊的焊接参数与焊缝力学性能[3]

金属名称	工件厚度 /mm	焊接电流 /A	电弧电压 /V	焊接速度 /(m/h)	氩气流量 /(L/h)	焊缝抗拉强度 /MPa	焊缝弯曲角 /(°)
铜 + 镍	1 + 1	60 ~ 80	12 ~ 16	35 ~ 38	300 ~ 900	196	180°
	2 + 2	80 ~ 100	16 ~ 18	30 ~ 34		196	
	5 + 5	150 ~ 160	20 ~ 22	25 ~ 26		226	
	6 + 6	160 ~ 170	21 ~ 22	22 ~ 24		228	
	8 + 8	180 ~ 200	23 ~ 24	20 ~ 22		229	
铬青铜 + 镍合金	2 + 2	120 ~ 150	16 ~ 18	30 ~ 32	400 ~ 800	245	—

注：喷嘴直径为 10mm。

表 19-50　铜与镍或镍合金的真空扩散焊接参数[3]

金属名称	接头形式	焊接温度/℃	焊接时间/mm	压力/MPa	真空度/Pa
铜 + 镍	对接接头	400	20	9.80	0.933
铜 + 镍		900	25	13.70	6.66×10^{-2}
铜 + 镍合金		900	20	11.76	1.333×10^{-3}
铜 + 镍合金		900	15	11.76	1.333×10^{-3}

19.3.4　钛与铝的焊接

1. 钛与铝的焊接特点

钛与铝都属于化学活性非常强的金属，焊接时困难很大，主要体现在以下几点：

1) 由于钛和铝非常容易与氧作用，生成致密难熔的 Al_2O_3 和脆性的 TiO_2，氧化膜的形成不仅阻碍了钛与铝的结合，且使焊缝的塑性和韧性降低。

2) 由图 19-19 的钛-铝二元相图可知，钛与铝相互的溶解度非常小（室温时钛在铝中的溶解度为 0.07%，665℃时钛在铝中的溶解度也仅为 0.26% ~ 0.28%），这给钛与铝形成焊缝带来很大的困难。由相图可知，钛与铝在不同温度下产生不同反应，生成两种金属间化合物（TiAl 和 $TiAl_3$）。

3) 钛与铝在高温时吸气性很大，溶解大量的氢在焊缝凝固时来不及逸出，在焊缝处形成气孔，使焊缝塑韧性降低，容易发生脆裂。

4) 钛与铝和其他杂质反应易生成脆性化合物（如铝和氧、钛和氮或碳），使两种母材金属的焊接性显著变差。由于钛与铝的热导率和线胀系数相差很大，因此焊后在拉应力作用下，易产生裂纹。

5) 在钛合金与铝合金的焊接过程中，一些合金元素（如 Mg、Zn 等）易烧损蒸发，使焊缝化学成分不均匀，接头强度降低。

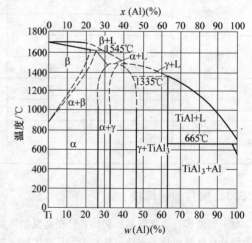

图 19-19　钛-铝二元相图[4]

2. 钛与铝的焊接工艺

由于钛与铝的焊接性很差，为了获得满意的焊接接头，必须选择合适的焊接方法，主要采用的方法有熔焊-钎焊和压焊。

（1）钛与铝的熔焊-钎焊

大量试验证明，钛-铝（含钛合金和铝合金）接头在 700 ~ 800℃ 下保温 15s，液态熔池不会产生 $TiAl_3$ 金属间化合物，而温度超过 900℃ 或保温时间较长时，就会生成脆性的 $TiAl_3$。图 19-20 所示是熔焊-钎焊方法焊接钛与铝的示意图，在钛与铝的熔钎焊过程中，加热后的钛板在惰性气体的保护下不熔透，只进行部分熔化，而热量能将背面的铝板熔化，形成填充金属——即形成钎焊缝。钛与铝焊接的接头形式有角接、对接和搭接，在钛与铝的对接熔焊-钎焊中，铝一侧为熔焊，钛一侧为钎焊。为了使熔池温度保持在 850℃ 以下，要求的焊接工艺非常严格，由于其实现的难度大，焊前需在钛母材的焊接接口上采用堆焊或渗铝处理方法覆盖铝过渡层。

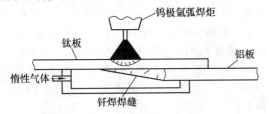

图 19-20　钛与铝的熔焊-钎焊法示意图[4]

（2）钛与铝的压焊

当预热温度不超过 500℃，保温 5h，进行钛-铝的压焊时，界面上不会有金属间化合物生成。因此，与钛-铝的熔焊接头相比，此时接头可获得 298 ~ 304MPa 的高强度。钛管和铝管也可以采用冷压焊，如图 19-21 所示。压焊前，需把铝管加工成凸槽，钛管加工成凹槽，把钛管和铝管的凹凸槽紧贴在一起，通过挤压进行压焊。钛铝管的冷压焊适用于内径为 10 ~ 100mm、壁厚为 1 ~ 4mm 的钛铝管接头。试验结果表明，将冷压焊后的钛-铝管接头在 100℃ 以 200 ~ 450℃/min 的速度在液体中冷却，经 1000 次这样的热循环，仍能保持接头的气密性。

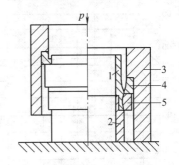

图 19-21　钛合金与铝的冷压焊示意图[4]
1—铝管　2—钛管　3—钢制
压管　4、5—钢环

钛与铝进行扩散焊时可采用下述三种工艺：钛-铝直接扩散焊；先在钛表面渗铝后，再与铝扩散焊；钛和铝之间放置 0.4mm 厚的铝箔中间层。钛-铝直接扩散焊所采用的焊接参数如下：加热温度 600 ~ 620℃、保温时间 60min、压力 7 ~ 12MPa、真空度5× 10^{-3} Pa。钛-铝直接扩散焊后，接头的塑性和强度很低。5A03 防锈铝和 TA7 纯钛扩散焊的焊接参数和接头性能见表 19-51 所示。

表 19-51　铝合金与钛扩散焊的焊接参数及接头性能[2]

镀铝工艺参数		中间层		焊接参数		抗拉强度 /MPa	破断部位
温度/℃	时间/s	厚度/mm	材料	温度/℃	时间/s		
780 ~ 820	35 ~ 70			520 ~ 540	30	202 ~ 224(214)	镀层上 5A03 上
—	—	0.4	1035	520 ~ 550	60	182 ~ 191(185)	1035 中间层上
—	—	0.2	1035	520 ~ 550	60	216 ~ 233(225)	1035 中间层上，5A03 上

注：（ ）为均值。

19.4　钢与有色金属的焊接

19.4.1　钢与铜的焊接

1. 钢与铜的焊接特点

钢的主要成分铁与铜在液态时无限固溶，固态时有限固溶，不形成金属间化合物（见图 19-22 的铁-铜二元相图），但可以形成有限溶解度的 ε 固溶体，650℃ 时铁在铜中的溶解度为 0.2%，1094℃ 时为 4%。由于铁（钢）和铜在高温时的晶格类型、晶格常数和原子半径等都很接近，它们之间的焊接比较有利。但由于两者物理性能方面的差异，给焊接造成许多困难。例如，铜的线胀系数比铁的大 40% 左右，铁-铜合金的结晶温度区间约为 300 ~ 400℃，还容易形成（Cu + Cu₂O）、（Fe + FeS）、（Ni + Ni₃S₂）等多种低熔点共晶，所以铁（钢）与铜焊接时容易产生热裂纹。焊缝中 $w(Fe)$ 为 0.2% ~ 1.1% 时，焊缝组织为粗大的 α 单相组织，抗裂性很差；随含铁量的增加，焊缝为（α + ε）双相组织，特别当 $w(Fe)$ 为 10% ~ 43% 时，抗裂性最好。

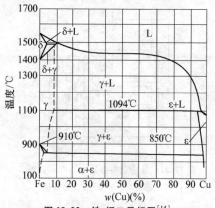

图 19-22　铁-铜二元相图[14]

液态铜或铜合金对近缝区钢的晶界有较强的渗透作用，在拉应力作用下易形成渗透裂纹。含 Ni、Al、Si 的铜合金或焊缝中加入 Mn、Ti、V 等元素，可有效降低渗透裂纹倾向，如 Ni 的含量高于 16%（质量分数）时不产生渗透裂纹，而含锡的青铜却会发生严重的渗透现象。此外，钢的组织状态也有重要影响，如液态铜能浸润奥氏体而不能浸润铁素体，所以单相奥氏体钢容易产生渗透裂纹，而奥氏体-铁素体双相钢就不容易产生渗透裂纹。

2. 钢与铜的焊接工艺

（1）熔焊

大多数熔焊方法，如气焊、焊条电弧焊、埋弧焊、氩弧焊、电子束焊等都可用于钢与铜及铜合金的焊接，母材和焊丝表面都必须进行严格的清理，去除油、锈和氧化膜等。

碳钢与纯铜电弧焊接时，3mm 以下不用开坡口，其焊接参数可参考表 19-52。板厚 3mm 以上就需要开坡口，坡口形式与焊接碳钢时相同，X 形坡口不留钝边可以保证焊透。为了提高焊接效率，板厚 3mm 以上的板材对接时可以采用埋弧焊。

不锈钢与铜焊接时，由于铜比不锈钢的散热快得多，焊接时必须将电弧（或电子束流）适当偏向铜母材一侧。例如，采用电子束焊接 2mm 厚的板材，在加速电压 60kV、电子束流 45mA、焊接速度 1m/min、表面聚焦、偏铜量 0.8 ~ 1.0mm 的焊接规范下，1Cr21Ni5Ti 和 QCr0.8 对接接头最大强度可达 330MPa，已达到母材（QCr0.8）最低强度的 90% 以上[15]。

电弧焊接不锈钢与铜时，采用与铜和铁都能无限固溶的镍或镍基合金作填充金属，能够保证良好的焊缝质量，达到较高的接头强度和塑性。采用不锈钢焊丝电弧焊接不锈钢和铜时，当焊缝含铜量达到一定数量时就会产生热裂纹；若采用铜焊丝，则由于焊缝中溶入了 Ni、Cr、Fe 等元素而使焊缝金属变硬、变脆，或者铜渗入不锈钢一侧近缝区的奥氏体晶界，也会使接头变脆。

表 19-52　低碳钢与纯铜焊条电弧焊的焊接参数[3]

金属牌号	接头形式	母材金属厚度 /mm	焊条牌号	国际型号	焊条直径/mm	焊接电流/A	电弧电压/V
Q235 + T1	对接	3 + 3	T107	TCU	3.2	120 ~ 140	23 ~ 25
Q235 + T1	对接	4 + 4	T107	TCU	4.0	150 ~ 180	25 ~ 27
Q235 + T2	对接	2 + 2	T107	TCU	2.0	80 ~ 90	20 ~ 22
Q235 + T2	对接	3 + 3	T107	TCU	3.0	110 ~ 130	22 ~ 24
Q235 + T3	T 形接头	3 + 8	T107	TCU	3.2	140 ~ 160	25 ~ 26
Q235 + T3	T 形接头	4 + 10	T107	TCU	4.0	180 ~ 210	27 ~ 28

（2）压焊

真空扩散焊可以实现钢与铜及铜合金的可靠连接，这种接头是由铜在铁中的固溶体与铁在铜中的固溶体组成共晶而形成的。扩散焊的温度与时间对接头性能有较大影响，接头强度在某一温度时具有最大值，接头强度一般是随时间的增加而上升，而后逐渐趋于稳定，接头的塑性、断后伸长率和冲击韧度与保温扩散时间的关系也与此相似。图 19-23 所示是铜与钢的接头强度与连接时间的关系（连接温度 900℃），在连接时间为 20min 时得到最大值，当添加镍中间层时，接头强度有所提高，但变化趋势相同。钢与铜真空扩散焊较佳的焊接参数是：焊接温度 900℃，焊接时间 20min，焊接压力 4.9MPa，真空度 0.133 ~ 0.0133Pa。

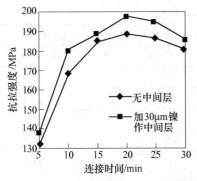

图 19-23　扩散连接时间与铜/
钢接头性能的关系[16]

钢与铜及铜合金的摩擦焊、电阻焊或闪光焊以及
爆炸焊也具有相当好的焊接性，均能获得满意的焊接
接头。钢与铜及铜合金采用火焰钎焊、中频钎焊等也
可以获得优质的焊接接头，并在生产中获得应用。

19.4.2　钢与铝的焊接

1. 钢与铝的焊接特点

铝与铁的二元相图比较复杂（图 19-24），根据
铝的含量和温度，可以形成固溶体和共晶体，以及
$FeAl$、$FeAl_2$、$FeAl_3$、Fe_2Al_7、Fe_3Al 和 Fe_2Al_5 等金
属间化合物。如图 19-25 所示，这些金属间化合物对
接头的力学性能有明显影响。此外，铝还能与钢中的
Mn、Cr、Ni 等元素形成有限固溶体和金属间化合物，

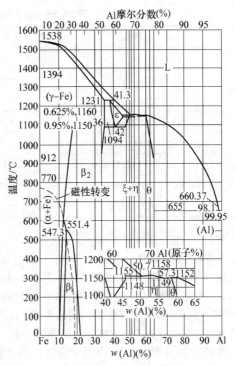

图 19-24　铝-铁二元相图[14]

β_1—Fe_3Al　β_2—$FeAl$　η—Fe_2Al　ξ—$FeAl_2$

θ—$FeAl_3$　　ε—复杂体心立方，化学式不详

与钢中的碳形成化合物等。这些化合物使焊接接头强
度和硬度提高，使接头的塑性和韧性下降。

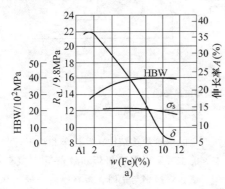
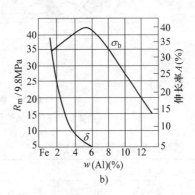

图 19-25　铝、铁含量对合金力学性能的影响[2]

a）Fe 含量对合金力学性能的影响　b）Al 含量对合金力学性能的影响

表 19-53 对比了铝及其合金与钢的物理性能的差
异，如它们的熔点相差 800～1000℃，当铝或铝合金
已完全熔化时，钢还保持着固态，这就很难发生熔合
现象，而且液态铝对固态钢的润湿性很差。其次是热
导率相差 2～13 倍，故很难均匀加热。两者的线胀系
数相差 1.4～2 倍，焊接接头容易产生残余热应力，

并且不能用热处理的方法消除它。另外，铝及其合金
加热时在表面迅速形成稳定氧化膜（Al_2O_3）也会造
成熔合困难。因此，钢与铝很少采用熔焊的办法，多
采用压焊或 MIG 钎焊的方法实现可靠连接。

2. 钢与铝的焊接工艺

（1）钨极氩弧焊

表 19-53　钢、铝及铝合金的物理性能对比[17]

材　　料		熔点/℃	热导率/[W/(m·K)]	线胀系数/(10⁻¹/K)
钢	碳钢	1500	77.5	11.76
	1Cr18Ni9Ti 不锈钢	1450	16.3	16.6
铝及其合金	1060(L2)纯铝	658	217.7	24.0
	5A03(LF2)防锈铝	610	146.5	23.5
	5A05(LF6)防锈铝	580	117.2	24.7
	3A21(LF21)防锈铝	643	163.3	23.2
	2A12(LY12M)硬铝	502	121.4	22.7
	2A14(LD10)硬铝	510	159.1	22.5

　　钢和铝的钨极氩弧焊实际上也是熔焊-钎焊的方法，焊接前待焊表面需彻底清理，碳钢、低合金钢表面采用镀锌的方法增加表面层，奥氏体钢表面则以镀铝为好，当钢一侧开坡口时，坡口表面也应添加表面层。Q235 钢采用镀锌方式与 1060 纯铝焊接，接头的结合良好，强度可达 88～98MPa。如果采用复合镀层，即第一层镀铜或镍后再镀锌的 Cu-Zn（4～6μm＋30～40μm）或 Ni-Zn（5～6μm＋30～40μm）镀层，则可减小金属间化合物层的厚度，降低硬度，

接头强度可达到 150～190MPa。

　　钢和铝的钨极氩弧焊应采用交流电源和铝合金焊丝，焊接电流根据金属厚度按表 19-54 选择，钨极直径选 2～5mm，接头形式为搭接。加热时先将电弧指向铝焊丝，待开始移动进行焊接时再指向焊丝和已形成的焊道表面（图 19-26a）。对接焊时应使电弧沿铝母材一侧表面移动，而铝焊丝沿钢一侧移动，如图 19-26b 所示，使液态铝流至钢的坡口表面，应注意保护坡口上的镀层，勿使其过早烧失而失去作用。

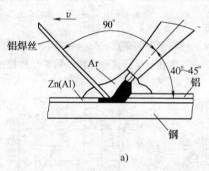
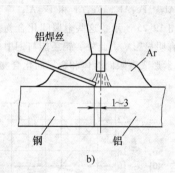

图 19-26　钢与铝焊接示意图[2]

a）氩弧堆焊时电弧的位置　b）对接焊时电弧的位置

表 19-54　钢与铝钨极氩弧焊的焊接电流[4]

金属厚度/mm	3	6～8	9～10
焊接电流/A	110～130	130～160	180～200

　　钢与铝的焊接采用含少量硅的铝焊丝可以较稳定地形成优质焊接接头，其抗拉强度和疲劳强度都可达到与母材铝相当的水平，其密封性和在海水或空气中的耐蚀性也比较好。钢与铝焊接时，不宜使用 Al-Mg 合金焊丝，因为镁不溶于铁，镁与铁的结合力很弱，而且促进金属间化合物的增长，使接头强度降低。

　　（2）MIG 钎焊

　　近年来，由于节能减重的需要，镀锌钢板和铝合金的薄板焊接结构在摩托车和汽车行业开始应用，目前主要采用 MIG 钎焊和激光-电弧复合热源钎焊的方法，焊接钢与铝时，板材厚度一般在 0.6～1.5mm 之间，接头形式为搭接。MIG 钎焊时，选用铝硅合金焊丝（AlSi5、AlSi2）作为填充金属，对于 1mm 厚的纯铝和镀锌钢板，可选 1.2mm 的 AlSi5 焊丝，焊接电流 58～59A，焊接电压 11～12V，送丝速度 3.7mm/s，接头抗拉强度达到 83MPa[21]。

　　（3）压力焊

　　压力焊常用于钢与铝合金管接头的焊接。冷压焊前必须彻底清除钢及铝或铝合金待连接部位的氧化膜，应使接头处变形量在 70% 以上。碳钢与纯铝的

冷压焊接头，其强度可达 80～100MPa；18-8 型奥氏体不锈钢与 Al-Mg 合金的接头强度可达 200～300MPa。

扩散连接时，应避免金属间化合物的生成，试验结果可知，对 5A03 铝合金与不锈钢（12X18H9T）接头在 450℃、保温 48h 后才出现铁-铝金属间化合物；在 500℃、保温 2h 就可以出现铁-铝金属间化合物；550℃、保温 15min 即出现金属间化合物；575℃、保温 180s 出现金属间化合物。只有金属间化合物的厚度达到一定的数值，才对接头性能造成明显的影响。表 19-55 是钢与铝扩散焊的焊接参数。

钢与铝及其合金的扩散焊接时，应在接头中加入银、镍、铜之类的中间层，待焊表面加工至粗糙度为 3.2～6.3μm，焊接时采用氩气保护（或真空度 0.133Pa），焊接温度选择 500℃ 左右，焊接时间 5～20min，焊接压力 7.4～14MPa。

采用摩擦焊接钢与铝及其合金时，应尽量缩短接头的加热时间并施加较大的挤压力，以便将可能形成的金属间化合物挤出接头区。但加热时间也不能过短，以免塑性变形量不足而不能形成完全结合。同时还应保证能将氧化物破坏并去除。低碳钢与纯铝的摩擦焊焊接参数及接头性能可参考表 19-56。

表 19-55　钢与铝的真空扩散焊焊接参数[3]

金属牌号	中间扩散层材料	焊接温度/℃	焊接时间/min	焊接压力/MPa	真空度/Pa	母材表面处理
15 钢 + 3A21	Ni	550	2	13.72		
15 钢 + 1035	Ni	550	2	12.25		
Q235 钢 + 1070A	Ni	350	5	0.19		
Q235 钢 + 1070A	Ni	350	5	2.45		
Q235 钢 + 1070A	Ni	400	10	4.80	1.333×10^{-1}	脱脂
Q235 钢 + 1070A	Ni	450	15	9.80		
Q235 钢 + 1070A	Cu	450	15	19.60		
Q235 钢 + 1070A	Cu	500	20	29.40		
1Cr18Ni10Ti + 1035	Ag	500	30	27.35		
1Cr18Ni9Ti + 5A06	Ag	500	30	28.22	6.666	酸洗
1Cr18Ni9Ti + 1070A	Ag	500	30	38.11		

表 19-56　低碳钢与纯铝摩擦焊的焊接参数及接头性能[2]

焊件直径/mm	钳口处起始伸出长度/mm	转速/(r/min)	压力/MPa		加热时间/s	顶锻量/mm		接头弯曲角/(°)
			加热	顶锻		加热时	总量	
30	15	1000	50	120	4	10	14	180
30	16	750	50	120	4.5	10	15	180
40	20	750	50	50	5	12	13	180
50	26	400	50	120	7	15	15	100～180

此外，还可以利用爆炸焊方法制造钢-铝过渡段接头，图 19-27 所示是 18-8 型奥氏体不锈钢与 Al-Mg 合金管子采用过渡段连接的实例。过渡接头中，若加纯铝和铜作中间层则可以获得最佳的接头强度。

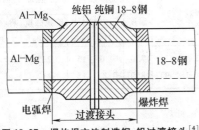

图 19-27　爆炸焊方法制造钢-铝过渡接头[4]

19.4.3　钢与钛的焊接

1. 钢与钛的焊接特点

钛及钛合金在高温下大量吸收氧、氢、氮等气体而脆化，必须在惰性气体保护或真空状态下进行焊接。钛及钛合金的热导率大约只有钢的 1/6，弹性模量只有钢的 1/2，因而焊接时容易产生变形，需要刚性夹具。为了消除焊接应力，焊后在真空或氩气保护下进行退火，其退火工艺参数为 550～650℃，保温 1～4h。

图 19-28 所示是钛-铁相图，铁在钛中的溶解度达到 0.1% 就要形成金属间化合物 TiFe，高温下或含

铁量更高时还会形成 $TiFe_2$，钛还会与不锈钢中的 Fe、Cr、Ni 形成更加复杂的金属间化合物，使焊缝严重脆化，甚至产生裂纹。

2. 钢与钛的焊接工艺

（1）采用过渡接头连接

钢与钛直接熔焊时，接头中不可避免地形成金属间化合物而引起严重脆化，以至无法实现焊接。钛与钢常用间接熔焊的方法实现可靠连接，即加过渡段后进行同种金属的熔焊，如图 19-29 所示。过渡段使用的钛-钢复合件，可使用扩散焊和爆炸焊的方法制成，

它的两端再分别与钛或钢进行同种金属的熔焊。过渡接头也可以用多种中间层金属轧制成两侧分别为钢和钛合金的过渡段（即：钛合金-钒-铜-钢），然后两端采用焊缝宽度很小的电子束焊接方法进行同种金属的熔焊，此外，钛与不锈钢进行氩弧焊时，采用钽＋青铜复合中间层或蒙乃尔合金隔离层，焊接效果也很好。

钛与钢的复合板一般加有铌中间层以防止在加热时产生脆化层而影响钛与钢的结合强度。这种复合板焊接时要避免钛与钢的熔合，必须采取可靠的隔离措施，详见本章第 19.2 节。

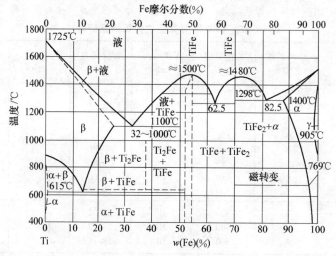

图 19-28　钛-铁相图[14]

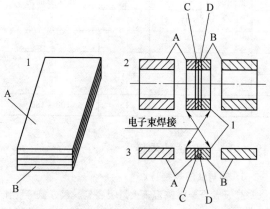

图 19-29　利用过渡段焊接钛-钢管件[2]

1—多层轧制件　2—管材过渡段　3—板材过渡段
A—钛合金　B—钢　C—钒　D—铜

（2）压力焊

热压焊及扩散焊常在真空热压炉内进行，要严格控制金属间化合物层的厚度，使之不超过 $1 \sim 2\mu m$，管类构件可参考钛和铝的接头形式和连接工艺。表

19-57 给出钛与铁及不锈钢进行扩散焊时的焊接参数及接头力学性能，从表中可知，接头强度远低于母材金属本身的强度。提高接头强度的方法是加入中间层，如 TA7 钛合金与 1Cr18Ni9Ti 不锈钢进行扩散焊时，可采用 V＋Cu＋钢＋Ni 或 V＋Cu＋Ni 的中间层，中间层可以在真空中轧制而成或采用金属箔。

冷压焊时因冷作硬化使焊接接头强度提高而塑性降低，爆炸焊常用于钛-钢复合板的制造。

表 19-57　钛与铁、不锈钢扩散焊的焊接
参数及接头力学性能[2]

被焊材料	焊接参数			接头力学性能	
	温度/℃	压力/MPa	时间/min	抗拉强度/MPa	断后伸长率（%）
TA2＋Fe	750	19.6	15	225	15
TC2＋1Cr18Ni9Ti	850	9.8	15	412	25

（3）钎焊

钢与钛及钛合金钎焊时也同样要防止高温时受

氢、氧、氮的侵害，钎焊过程必须在氩气或氦气的保护下进行，采用银铜基钎料可以获得优质的焊接接头。

19.4.4　钢与有色金属焊接实例

（1）啤酒生产用压力容器

啤酒厂的糊化锅是由 12Cr18Ni9 不锈钢、T2 纯铜和 Q235 低碳钢焊接而成的夹套式压力容器，其结构如图 19-30 所示。

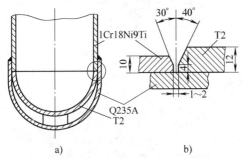

图 19-30　糊化锅不锈钢与纯铜焊接
结构示意图[17]

a）容器底部结构示意图

b）坡口形状、尺寸

不锈钢和纯铜对接部位紧贴在 Q235 低碳钢上，三者共同组成焊接接头，内环缝属异种金属的焊接。焊接方法选择埋弧焊，采用直径 4mm 的 T2 纯铜焊丝，配合 HJ431 或 HJ350 焊剂，焊接电弧电压 40 ～ 42V，焊接电流 600 ～ 680A，焊接速度 0.5 ～ 0.6cm/s，接头抗拉强度可以达到 350MPa 以上。

（2）双水内冷汽轮发电机引水接头

该引水接头由不锈钢与纯铜的钎焊结构制造（图 19-31），采用中频感应加热、氩气保护钎焊。钎料选 HL311，氩气流量 3 ～ 5L/min（罩内预通氩气 1 ～ 2min），加热速度及温度如图 19-32 所示。加热阶

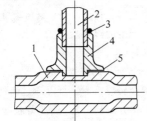

图 19-31　引水接头不锈钢
与纯铜的焊接结构[3]

1—引导线（TI）　2—引水管（12Cr18Ni9）
3—钎料（HL311）　4—过渡接头（12Cr18Ni9）
5—箔片钎料（HL311）

段的功率为 8 ～ 10kW，待钎料熔化后（约 10s），功率可降到 5 ～ 6kW，保温 10s，使接头充分合金化，切断电源后自然冷却 3 ～ 5min。

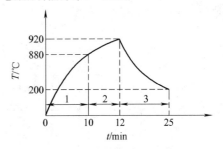

图 19-32　不锈钢与纯铜钎焊
的加热规范[3]

1—加热阶段　2—保温阶段　3—冷却阶段

（3）钢与铝的焊接实例

航天器、制氧机设备中需要铝合金与钢管焊接结构，常采用热压扩散连接的办法进行制造，接头形式如图 19-33 所示。不锈钢的连接部分加工成带有一定角度的楔形，在真空或在空气中加热铝和不锈钢毛坯，在空气中加热铝与不锈钢时，两个毛坯加热的温度范围为 350 ～ 500℃，必须分别加热。如果在空气炉中提高不锈钢的加热温度，则不锈钢表面变色，说明有明显的氧化，从而影响接头的强度，最好在真空中加热。不锈钢件压入速度一般在 45 ～ 50mm/min 范围内，可以得到好的结果。

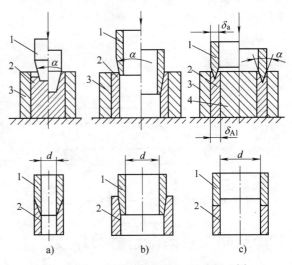

图 19-33　不锈钢与铝管热压扩散接头形式[2]

a）内径 $d < 20mm$　　b）50mm > 内径 $d > 20mm$

c）内径 $d > 50mm$

1—不锈钢　2—铝合金　3—夹具　4—垫块

d—管的内径　δ_a—钢管的壁厚　δ_{Al}—铝合金管的壁厚

（4）不锈钢与镍的焊接

某产品由 12Cr18Ni9 不锈钢与纯镍焊接而成，接头形式为对接，两种母材金属的板厚为 10mm，采用 V 形坡口，接头形式如图 19-34 所示。焊接时，利用

等离子弧穿透力强的特点进行封底焊，然后采用埋弧焊盖面。埋弧焊时选用直径为 4mm 的纯镍丝作填充材料，焊接电流 350～380A，电弧电压 26～30V，选用无氧焊剂。

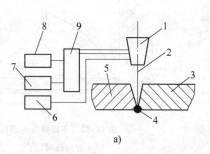
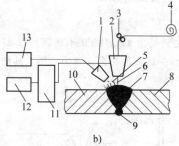

a)　　　　　　　　　　　b)

图 19-34　不锈钢与纯镍厚板焊接的接头形式[3]

a）封底示意图
1—等离子弧发生器　2—等离子弧
3—不锈钢（1Cr18Ni9Ti）
4—封底焊缝　5—镍（Ni）
6—水源　7—气源　8—电源
9—等离子弧监控系统

b）盖面示意图
1—焊剂斗　2—焊机头　3—送丝轮
4—焊丝盘　5—焊剂　6—焊丝　7—盖
面焊缝　8—不锈钢（12Cr18Ni9）　9—封
底焊缝　10—镍（Ni）　11—电控系统
12—电源　13—焊剂箱

（5）铜与不锈钢的激光搭接焊

采用黄铜、不锈钢双层管构造的汽化器，以激光焊替代钎焊可大幅提高生产效率。黄铜（70Cu-30Zn）厚 0.6mm，18-8 不锈钢厚 0.5mm，搭接形式如图 19-35 所示。采用 3kW 的 CO_2 激光器，在焊接速度 66.7mm/s、激光功率 1800～1850W 和焊接速度 100mm/s、激光功率 2600～2700W 的参数下，保证黄铜的熔化体积分数不超过 3%，就能有效防止焊接接头产生裂纹。

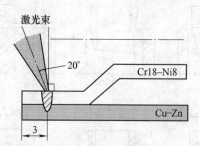

图 19-35　铜与不锈钢的激光搭焊搭接形式[18]

19.5　钢与耐高温金属的焊接

19.5.1　钢与难熔金属的焊接

1. 钢与难熔金属的焊接特点

钢与钨、钼、铌等难熔金属焊接时主要存在的问题是高温容易氧化、接头脆性大和裂纹倾向严重。

难熔金属在高温下与氧发生强烈反应，易氧化和氮化。钨在空气中超过 300℃ 时就开始氧化，超过 500℃ 会形成 WO_2；钼加热到 400℃ 发生轻微氧化，600℃ 以上迅速氧化成 MoO_3；铌从 500℃ 开始与氧产生剧烈反应，600～800℃ 开始形成氮化物。因此，焊接时必须进行保护。

杂质元素在钨、钼、铌中的溶解度极小，对进入焊接区的杂质敏感性很强，这些杂质能降低金属的塑性，增加冷脆性。同时，焊接热循环使 Nb、Mo、W 及其合金的晶界上经加热已经破碎的脆性膜重新固溶，并在随后的冷却过程中沿晶界析出。晶粒长大使晶界总面积减小，晶界上的杂质含量增加，使焊缝金属和热影响区发生脆化，塑性降低，塑-脆转变温度上升。当保护不好时，焊缝金属中的氧、氢量增加，也会引起焊缝金属脆化。此外，钢与难熔金属的弹性模量差异大，产生的焊接应力大，当拘束度较大时，极易产生裂纹。

2. 钢与难熔金属的焊接工艺

钢与难熔金属焊接时，可以通过惰性气体保护、选择合适的焊接方法和工艺、降低焊接接头的拘束度以及焊前预热和焊后热处理来避免氧化和减少裂纹倾向。焊接时应避免咬边、未焊透等缺陷，焊后将焊缝表面的波纹去除，使焊缝与母材的过渡区平滑，也有利于防止焊接接头的脆断。

（1）钢与钨的焊接工艺

1) 钢与钨的熔焊-钎焊。钢与钨可以采用氩弧焊、气体保护焊和电子束焊等焊接方法获得熔焊-钎焊接头。这种焊接工艺是使钢的一侧熔化金属较多，而钨一侧不熔化或熔化较少，钨被钢的液态金属浸润形成钎焊焊缝。采用氩弧焊时，电弧偏离钨母材，指向钢一侧。采用加入中间过渡层金属，可以获得较好的钢与钨的接头，中间过渡层金属通常为 Ni 和 Cu。焊接过程中最好采用氩气保护，小的焊接热输入。此

外，为了防止裂纹产生，焊前可以预热到 500℃，从而提高接头塑性，减少裂纹倾向。

2) 钢与钨的真空扩散焊。钢与钨的真空扩散焊能获得良好的焊接接头，可以直接扩散，也可以采取添加中间层的方法获得较高强度的接头，中间层材料一般常用 Ni 和 Cu 等。焊前对钢与钨件的表面要清理油污和氧化膜，其真空扩散焊的焊接参数如表 19-58 所示。

表 19-58　钢与钨真空扩散焊的焊接参数[19]

被焊材料	中间层材料	焊接温度/℃	保温时间/min	压力/MPa	真空度/Pa
钢 + W	无	1200	30	2.94	1.07×10^{-2}
钢 + W	Ni	1200	30	2.94	1.07×10^{-2}
钢 + W	Cu	1200	30	2.94	1.07×10^{-2}
07Cr19Ni11Ti + W	无	1200	25 ~ 30	2.94 ~ 4.9	1.333×10^{-1}
07Cr19Ni11Ti + W	Ni	1200	25 ~ 30	2.94 ~ 4.9	1.333×10^{-1}
07Cr19Ni11Ti + W	Cu	1200	25 ~ 30	2.94 ~ 4.9	1.333×10^{-1}

3) 钢与钨的真空钎焊。钢与钨的真空钎焊应用广泛，碳钢与钨通常选择无氧铜作钎料。焊前对母材进行认真清理和酸洗，酸洗液成分为：H_2SO_4 54% + HNO_3 45% + HF1.0%，酸洗温度为 60℃，酸洗时间为 60s，酸洗后在水中冲洗后烘干，并用无水乙醇或丙酮去油。钎焊时真空度不低于 5×10^{-2}Pa，钎焊温度 1130℃，保温时间 10 ~ 15min。

4) 钢与钨的自蔓延焊接。自蔓延焊接是指利用自蔓延高温合成反应的放热及其产物来实现焊接的一种连接方法。根据母材或接头的性能要求配制粉末焊料，压制成坯作为中间反应层。选取的中间层组元之间首先要能够发生自蔓延反应。发生自蔓延反应需要有高放热反应的体系组元，这就要求反应体系中含有活泼金属和小原子非金属，同时还应含有某种能够降低反应引燃温度的组元。钢与钨的自蔓延焊接可以采用 C、B、Ti、Mo、Cu 等粉末作为中间反应层组元。Ti86-C14、Mo80-B20、Mo64-B16-Cu20 粉末反应体系均可获得较好的连接质量，焊缝反应产物分别为 TiC_X、Mo_2B_5、Mo_2B_5-Cu，压制的中间反应层相对密度为 0.6 ~ 0.75，连接强度范围为 70 ~ 200MPa。

(2) 钢与铌的焊接工艺

1) 不锈钢与铌的氩弧焊。实际生产中铌常与不锈钢进行连接，为了得到良好的焊接接头，焊缝金属中不产生脆性金属间化合物相，界面间产生良好的冶金结合，可采用氩弧焊、电子束焊，利用熔钎焊的工艺进行焊接。

不锈钢与铌氩弧焊的接头形式如图 19-36 所示。焊前对铌表面采用 HNO_3 60% + HF40% 溶液清洗，除

去油污和氧化膜。施焊时，电弧要偏向不锈钢一侧，当加热不锈钢熔化时，而铌一侧只有表面少许熔化。此时不锈钢液体对铌表面产生润湿而形成钎焊的冶金连接。接头分析结果可知，铌被加热到 1700℃、保温 1 ~ 1.5s，不锈钢液体对铌产生了润湿，形成了良好的接头，在界面没有产生脆性金属间化合物相，接头的热影响区也没有过热组织和晶粒长大的现象。

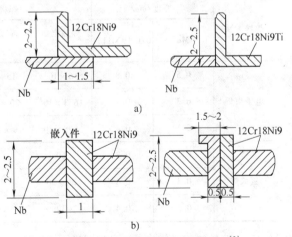

图 19-36　不锈钢与铌氩弧焊的接头形式[2]
a) 接头厚度 0.3 ~ 0.5mm　b) 接头厚度 0.5 ~ 1.0mm

厚度 0.3mm 的铌合金板与厚度 0.4mm 的不锈钢，利用电子束焊或钨极氩弧焊，采用熔焊-钎焊方法进行焊接，焊缝成形均匀美观，具有较高的强度和塑性。不锈钢（07Cr19Ni11Ti）与铌合金（BH2）熔焊-钎焊的焊接参数及力学性能见表 19-59。

表 19-59　07Cr19Ni11Ti 与 BH2 熔钎焊参数及力学性能[2]

焊接方法	焊接参数			板厚/mm		抗拉强度 /MPa	弯曲度 /(°)
	焊接电压 /V	焊接电流 /A	焊接速度 /(cm/s)	铌合金 BH2①	07Cr19Ni11Ti		
电子束焊	16.5×10^3	$13 \sim 14 \times 10^{-3}$	0.8	0.3	0.4	490	180
钨极氩弧焊	9	25	0.8	0.3	0.4	441	180

① BH2 为前苏联牌号。

2）钢与铌的自蔓延焊接。钢与铌的自蔓延焊接可以采用 Nb-Ni-C、Zr-Ni、Ni-Al、Zr-Ni-C 等多种自蔓延反应体系。Nb-Ni-C 系的连接效果较好，其连接强度为 150MPa。钢与铌的自蔓延焊接参数及力学性能如表 19-60 所示。

（3）钢与钼的焊接工艺

1）钢与钼的熔焊-钎焊。由于钢与钼对接接头熔化焊时，焊缝中生成金属间化合物，使焊缝金属脆性增加而易于产生裂纹，降低了接头性能，故焊接性较差。钢与钼通常采用熔焊-钎焊方法实现可靠连接，可利用氩弧焊、电子束焊和气体保护焊等方法加热，该工艺的实质是钼一侧被钢的液态金属浸润形成钎焊焊缝。由于避免了铁与钼形成 Fe_3Mo_2 和 $FeMo$ 化合物，从而解决接头区的脆化问题。为提高接头性能，还可以加入中间层。焊前焊件的表面处理很重要，焊接参数必须严格控制，钼与不锈钢采用电子束焊和氩弧焊的焊接参数及接头力学性能见表 19-61，括号内的数值为平均值。

表 19-60　钢与铌的自蔓延焊接参数及力学性能[2]

材料	自蔓延反应体系	混合物相对密度	抗拉强度 /MPa	产物	断裂位置
07Cr19Ni11Ti + Nb	Nb-80.9,Ni-10,C-9.1	0.8	130 ~ 150	NbC-Ni	焊缝
07Cr19Ni11Ti + Nb	Zr-79.6,Ni-10.4,C-10	0.8	90 ~ 110	ZrC-Ni	焊缝

表 19-61　钼与不锈钢熔焊-钎焊的焊接参数及接头力学性能[2]

焊接方法	厚度/mm		焊接参数			接头力学性能	
	Mo	07Cr19Ni11Ti	焊接电压 /V	焊接电流 /A	焊接速度 /(cm/s)	抗拉强度 /MPa	冷弯角 /(°)
电子束焊	0.5	0.8	16×10^3	15×10^3	0.8	245 ~ 519.4(382.2)	13 ~ 73(43)
	0.3	0.4	16.3×10^3	20×10^{-3}	1.1	450.8 ~ 705.6(568.4)	40 ~ 70(55)
	0.3	0.4	16.5×10^3	9×10^{-3}	1.1	225.4 ~ 539(411.6)	40 ~ 140(93)
氩弧焊	0.5	0.8	60	8	1.1	186.2 ~ 362.6(277.3)	—
	0.3	0.4	25 ~ 30	10	0.55	401.8 ~ 597.8(499.8)	52 ~ 56(54)
	0.3	0.4	30	8	1.1	362.6 ~ 401.8(382.2)	23 ~ 88(50)

2）钢与钼的真空扩散焊。钢与钼真空扩散焊，可以获得良好的焊接接头，加入中间过渡层可以提高接头性能，采用镍或铜作为中间层的接头中不产生脆性金属间化合物，接头变形小、塑性好、强度高，接头质量比较稳定。

07Cr19Ni11Ti 不锈钢或 12Cr13 等钢与钼进行扩散焊时，能得到强度高、质量稳定的接头。

07Cr19Ni11Ti 不锈钢或 12Cr13 等钢中的 Cr 与 Mo 可以形成无限连续固溶体，且铬在钼与铁的固溶体中能形成 Cr-Mo 铁素体，在过渡区可形成由铬合金化的 α 铁固溶体和 $FeMo_2$ 为基的金属间化合物。12Cr13 与钼真空扩散焊接头强度可达 382.2 ~ 450.8 MPa[3]。钢与钼真空扩散焊的焊接参数见表 19-62。

表 19-62　钢与钼真空扩散焊的焊接参数[3]

被焊材料	中间层材料	焊接温度/℃	保温时间/min	压力/MPa	真空度/Pa
12Cr13 + Mo	无	900 ~ 950	5 ~ 10	5 ~ 10	
12Cr13 + Mo	Ni	1000 ~ 1200	15 ~ 25	10 ~ 20	
12Cr13 + Mo	Cu	1200	5	5	1.333×10^{-2}
07Cr19Ni11Ti + Mo	无	900 ~ 950	5	5	
07Cr19Ni11Ti + Mo	Ni	1000 ~ 1200	10 ~ 30	5 ~ 10	
07Cr19Ni11Ti + Mo	Cu	1200	30	20	

19.5.2　钢与高温合金的焊接

高温合金通常是指以第Ⅷ主族元素（Ni、Fe 或 Co）为基体，为在承受相当严酷的机械应力和要求具有良好表面稳定性的环境下进行高温服役而研制的一种合金，要求能在 600℃ 以上高温抗氧化和抗腐蚀，并能在一定应力作用下长期工作。高温合金的性能主要是室温和高温下的强度和塑性以及工作温度下的蠕变性能。目前，在航空航天领域大量应用的是镍基高温合金（以下简称高温合金），主要用于涡轮发动机的高温部件制造。因此，本节主要介绍镍基高温合金与钢的焊接。

1. 钢与高温合金的焊接特点

钢与镍或镍基合金焊接时，其焊缝成分主要是铁和镍。由于铁与镍在化学元素周期表中处于同一周期和同一族内，其物理性能和化学性能、特别是高温时的晶格类型、原子半径、外层电子数等十分相近，二者可以无限固溶，虽然高温下它们有形成金属间化合物的可能，但温度下降时即行分解。这些都有利于它们之间的焊接。

母材的合金元素及 S、P 的含量对焊接性有很大影响，S、P 及 NiO 与镍能形成低熔点共晶物，除了在焊缝形成粗大的树枝状晶外，在焊接应力作用下还容易产生热裂纹。Mn、Cr、Mo、Al、Ti、Nb、Mg 等元素在焊缝中起变质剂作用，能够细化晶粒，有利于降低热裂纹倾向。Al、Ti 能脱氧，Mn、Mg 能脱硫，也对防止热裂纹有利。铁镍焊缝中镍的质量百分比含量应控制在 30% 以上，否则在焊后快速冷却时，将产生马氏体组织，使接头的塑性和韧性急剧下降。

钢与镍或镍基合金的另一焊接缺陷是气孔，在高温下熔池中易形成 NiO，在冷却过程中又与溶于金属的氢、碳发生反应，NiO 被还原生成水蒸气和一氧化碳，这些气体往往来不及逸出而形成气孔。减少焊缝中的含碳量，可以减小气孔形成倾向。焊缝金属中含 Mn、Ti、Al 等元素有脱氧作用，含 Cr、Mn 能提高气孔在固态金属中的溶解度，也可以减少气孔的生成。

钢与高温合金的物理特性有较大差异，高温合金具有不同程度的裂纹敏感性，包括结晶裂纹、液化裂纹和应变时效裂纹。由于焊接熔池的冷却速度快，焊缝金属会因晶内偏析形成层状组织。当偏析严重时，会在枝晶间形成共晶组织，焊缝中的 TiN 或 Ti（CN）为不规则随意分布的独立相，碳化物多为 MC 相，这些都是裂纹形成的原因。接头热影响区出现沿晶的局部熔化和晶粒长大，其程度依合金成分和焊接工艺不同而异，电阻点焊和缝焊时，熔核内常常形成层状组织和成分偏析造成的"枝晶加粗"组织。消除焊接裂纹可选用较小的焊接电流，减小焊接热输入，减小过热区和母材高温停留时间，改善熔池结晶形态，减小枝晶间偏析；其次，采用抗裂性优良的焊丝，如 HGH3113、SG-1 等，并在固溶状态或淬火状态下焊接；焊后采用机械方法消除拉应力，在焊缝部位形成压应力，可消除产生于近缝区的表面应力集中处的应变时效裂纹。

2. 钢与高温合金的焊接工艺

熔焊、电阻焊、钎焊以及扩散焊是钢与高温合金焊接时常用的焊接方法。

（1）熔焊

常用的熔化焊接方法有电子束焊、钨极氩弧焊和熔化极氩弧焊，焊前必须严格清理母材金属坡口和焊接材料表面。钢与高温合金焊接时，由于两者的物理特性有较大差异，常用高温合金焊丝作为填充材料，进行焊前热处理，并选择合适的焊接参数。不锈钢与高温合金进行氩弧焊时，可以采用不锈钢焊丝，手工钨极氩弧焊时，也可采用母材合金板的切条作为填充金属。焊接时，应限制钢件的熔化量以免过多地将有害杂质带入焊缝。为了防止高温合金一侧热影响区的组织粗大和碳钢一侧出现魏氏体组织，应尽量采用低热输入的焊接参数。表 19-63 和表 19-64 分别给出了手工和自动钨极氩弧焊焊接参数。

表 19-63　钢与高温合金手工钨极氩弧焊的焊接参数[2]

材料	厚度 /mm	焊丝		焊前状态	接头形式	焊接参数			
		牌号	直径 /mm			电弧电压 /V	焊接电流 /A	氩气流量 /(L/min)	钨极直径 /mm
07Cr19Ni11Ti + GH3030	2.0 + 1.5	HGH3030 或 H1Cr18Ni9Ti	2.0	07Cr19Ni11Ti 水淬 GH3030 或 GH1035 固溶化、机械抛光	搭接	11 ~ 15	60 ~ 90	5 ~ 8	2.0
	2.5 + 2.0						70 ~ 100		
	2.0 + 1.2						50 ~ 75		
07Cr19Ni11Ti + GH1035	1.5 + 1.5	H1Cr18Ni9Ti	1.6				50 ~ 75		
GH2132 + Cr17Ni2	1.2 + 1.2	HGH3044 或 HGH1113 或 HGH2132	1.6	990℃空冷	对接	11 ~ 12	55 ~ 65	6 ~ 8	1.6
GH2132 + 07Cr19Ni11Ti			1.5			8 ~ 10	65 ~ 85	4 ~ 5	

表 19-64　钢与高温合金熔化极自动氩弧焊的焊接参数[2]

被焊材料	厚度 /mm	焊前状态	焊丝		焊接电流 /A	电弧电压 /V	焊接速度/ (m/ min)	送丝速度/ (m/ min)	保护气体流量 /(L/ min)	附加保护气体流量 /(L/min)	钨极直径 /mm
			牌号	直径 /mm							
07Cr19Ni11Ti + GH1035	1.2 + 1.2	固溶	HGH 1131	1.2	90	9 ~ 10	0.46	0.47	6 ~ 8	2 ~ 3	3.0
	2.0 + 2.0				140		0.32	0.6			
GH2132 + Cr17Ni2	1.5	固溶抛光	HSG-1	1.0	100	8.5	0.23	0.25	—		
GH1140 + 07Cr19Ni11Ti	1.0 + 1.5	固溶	HGH 1140	1.6	100 ~ 110	11	0.5 ~ 0.6	0.5 ~ 0.6	5 ~ 8	2 ~ 4	

（2）电阻焊

钢与高温合金的电阻焊主要是点焊和缝焊，由于加热时间较短，热量比较集中，焊接过程中产生的应力和变形较小。高温合金的物理特性与碳钢相比有较大的差异，与奥氏体不锈钢也不同，其导电性和导热性差、线胀系数大、强度和硬度高、高温变形抗力大。

因此钢与高温合金进行点焊和缝焊时，采用小电流、中等长的焊接时间、大焊接压力可获得优质的接头。钢与高温合金点焊的焊接参数及力学性能见表 19-65，钢与高温合金缝焊的焊接参数及力学性能见表 19-66。

钢与镍及镍基合金进行爆炸焊的焊接参数基本与铜-钢爆炸焊的焊接参数相近。

表 19-65　钢与高温合金点焊的焊接参数及力学性能[2]

被焊材料	厚度 /mm	焊前状态	电极直径 /mm	焊接参数 焊接电流 /A	通电时间 /s	压力 /MPa	熔核直径 /mm	抗剪力 /(kN/点)
07Cr19Ni11Ti + GH3044	1.5 + 1.0	固溶	5.0	5800 ~ 6200	0.34 ~ 0.38	5300 ~ 6500	3.5 ~ 4.0	—
07Cr19Ni11Ti + GH2132	1.5 + 1.5	固溶或时效	5.5 ~ 6.0	8500 ~ 8800	0.30 ~ 0.40	5500 ~ 6500	5.0 ~ 5.5	9.72
Cr18Mn8Ni5 + GH2132	3.0 + 2.5	时效	6.0	10200	0.36	6720	5.0	
Cr17Ni2 + GH2132	2.0 + 2.0	时效	5.5 ~ 6.0	一次 9500 二次 5000	一次 0.36 二次 1.6	7800 ~ 8500	5.0 ~ 5.5	—
07Cr19Ni11Ti + GH1140	1 + 0.8	固溶	5.0	6100 ~ 6500	0.22	4000 ~ 5000	4.5	
	1 + 1		5.0	6100 ~ 6500	0.26	4500 ~ 5500	4.5	
	1 + 1.5		5.0 ~ 6.0	6200 ~ 6500	0.26 ~ 0.3	4500 ~ 5500	4.5	
	1.5 + 1.5		6.0 ~ 7.0	8200 ~ 8400	0.38 ~ 0.44	5200 ~ 6200	6.0 ~ 7.0	11.45
	1 + 2		5.0 ~ 6.0	6500 ~ 6800	0.26 ~ 0.30	5500 ~ 5800	5.5	
	1 + 4		10.0 ~ 12.0	6400 ~ 6800	0.30 ~ 0.34	6000 ~ 6500	5.5	

表 19-66　钢与高温合金缝焊的焊接参数及力学性能[2]

被焊材料	厚度 /mm	焊前状态	滚轮宽度/mm 上	下	焊接参数 焊接电流 /A	通电时间 /s	间断时间 /s	焊接速度 /(cm/s)	压力 /MPa	熔核直径 /mm	焊透率 (%)
07Cr19Ni11Ti + GH2132	2.0 + 2.0	时效	5.5	6.0	10000 ~ 12000	0.20 ~ 0.24	0.20 ~ 0.40	0.4	8300 ~ 9300	5.6	51 ~ 73
Cr18Mn8Ni5 + GH2132	2.0 + 1.5	时效	6.0	7.0	11200	0.18	0.30	0.42 ~ 0.45	7600	5.0	51 ~ 73
Cr17Ni2 + GH2132	1.5 + 1.5	时效	5.5	6.0	8000 ~ 8300	0.28 ~ 0.30	0.20 ~ 0.22	0.36	7400 ~ 7800	5.0	51 ~ 73
07Cr19Ni11Ti + GH1140	1.5 + 1.5	固溶	6.0	7.0	7800 ~ 8200	0.16 ~ 0.18	0.14 ~ 0.16	0.3 ~ 0.4	7200 ~ 7800	5.0 ~ 6.0	40 ~ 70
	1.0 + 1.5				7600 ~ 8000	0.14	0.18	0.5	6900 ~ 7400	5.5	60 ~ 65

（3）钎焊

钢与高温合金常常用真空钎焊或气体保护钎焊进行连接。由于高温合金中的 Cr、Al、Ti 等活性元素容易在合金表面形成稳定的氧化膜，氧化膜的存在影响钎料的润湿和填缝能力，焊接前必须严格清理待焊表面。钢与高温合金钎焊时，要求钎焊温度尽量与高温合金固溶处理温度一致，过高会造成晶粒长大，影响合金性能，过低则达不到固溶处理的效果。钢与高温合金钎焊时常用的钎料是镍基钎料、钴基钎料、银基钎料和锰基钎料。钎焊接头的形式一般采用搭接接头，接头间隙一般为 0.02 ~ 0.20mm。钢与高温合金钎焊时钎料的选用见表 19-67。

表 19-67　钢与高温合金钎焊时钎料的选用[19]

类别	钎料型号	类似牌号	熔化温度/℃	钎焊温度/℃	钎焊方法
镍基钎料	BNi75CrSiB	BNi-1a	975 ~ 1075	1075 ~ 1205	真空钎焊或气体保护钎焊
	BNi82CrSiB	BNi-2	970 ~ 1000	1010 ~ 1175	
	BNi92SiB	BNi-3	980 ~ 1040	1010 ~ 1175	
	BNi71CrSi	BNi-5	1089 ~ 1135	1150 ~ 1205	
	BNi89P	BNi-6	875	925 ~ 1025	
	BNi76CrP	BNi-7	890	925 ~ 1040	
钴基钎料	BCo50CrNiW	BCo-1	1105 ~ 1150	1175 ~ 1250	
	BCo47CrWNi	300	1040 ~ 1120	1175 ~ 1230	
银基钎料	BAg71CuNiLi	—	780 ~ 800	880 ~ 940	
	BAg56CuMnNi	—	—	870 ~ 910	
锰基钎料	BMn50NiCuCo	—	1020 ~ 1030	1080	
	BMn64NiCrB	—	966 ~ 1024	1040 ~ 1060	

（4）真空扩散焊

由于高温合金具有较高的高温强度，钢与高温合金扩散焊接时应选择较高的温度。扩散焊温度对接头的微观塑性变形、蠕变、扩散行为有很大的影响，但温度不能过高，否则钢的接头处将会产生较大的塑性变形，而且高温合金上也极易产生裂纹，造成接头性能的下降。加大焊接压力主要是改变被焊金属的界面接触情况，消除界面孔洞，以形成牢固的接合。为了降低压力和获得较高的接头性能，可以用 Ni 箔做中间层，镍与钢和高温合金两种母材的固熔性均很好，而且 Ni 固溶体具有较高的高温性能。中间层存在一个最佳厚度值，中间层过薄，不能产生适当的塑性变形，结合面达不到紧密接触，也无法缓和由于母材热膨胀系数的差异及焊接过程中的相变产生的热应力和残余应力。中间层过厚，两侧基体扩散不充分，接头区域存在较大的化学成分不均匀性，中间层的性能主要表现为 Ni 的性质，使接头区域形成一个薄弱层，降低了接头的性能。钢与高温合金扩散焊焊接参数及力学性能见表 19-68，Ni 中间层厚度对接头性能的影响如图 19-37 所示。

表 19-68　钢与高温合金真空扩散焊的焊接参数及力学性能

被焊材料	Ni 中间层厚度/μm	焊接参数			真空度/Pa	抗拉强度/MPa
		焊接温度/℃	保温时间/min	压力/MPa		
22Cr12NiWMoV + K5	20	1200	30	20	1.333×10^{-2}	920
12Cr11Ni2WMoV + K24	20	1150	30	10	1.333×10^{-2}	850

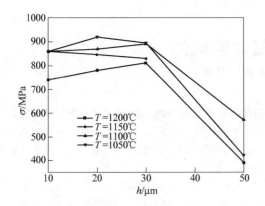

图 19-37　Ni 中间层厚度对接头性能的影响[20]

参 考 文 献

［1］　机械工程手册编辑委员会. 机械工程手册：第 43 篇 ［M］. 北京：机械工业出版社，1982.

［2］　何康生，等. 异种金属的焊接 ［M］. 北京：机械工业出版社，1986.

［3］　刘中青，等. 异种金属焊接技术指南 ［M］. 北京：机械工业出版社，1997.

［4］　中国机械工程学会焊接学会. 焊接手册：第 2 卷. 材料的焊接 ［M］. 2 版. 北京：机械工业出版社，2003.

［5］　Дерибас A A．Физикаупрочне-ния и сваркивз рывом. 1980.

［6］　徐初雄. 焊接工艺 500 问 ［M］. 北京：机械工业出版社，2003.

［7］　中国机械工程学会焊接学会. 焊接手册：第 2 卷材料的焊接 ［M］. 北京：机械工业出版社，1992.

［8］　李亚江. 特殊及难焊材料的焊接 ［M］. 北京：化学工业出版社，2002.

［9］　周振丰. 金属熔焊原理及工艺 ［M］. 北京：机械工业出版社.

［10］　SH3527—1992. 石油化工不锈复合钢焊接规程 ［S］. 北京：中国石油化工总公司，1992.

［11］　马之庚，任陵柏. 现代工程材料手册 ［M］. 北京：国防工业出版社，2005.

［12］　张应立. 新编焊工实用手册 ［M］. 北京：金盾出版社，2004.

［13］　孙景荣. 实用焊工手册 ［M］. 2 版. 北京：化学工业出版社，2002.

［14］　虞觉奇，等. 二元合金相图集 ［M］，上海，上海科学技术出版社，1987.

［15］　张秉刚. QCr0. 8/1Cr21Ni5Ti 异种材料电子束自熔钎焊工艺及其机理研究 ［D］. 哈尔滨：哈尔滨工业大学，2005.

［16］　李卓然，张九海，冯吉才. 锡青铜与钢扩散连接 ［J］. 宇航材料工艺，1999，29 (3)：51-54.

［17］　堵耀庭. 异种金属的焊接 ［M］. 北京：机械工业出版社，1986.

［18］　平石 诚，等. ステンレス铜合金のレーザ重ね溶接 ［C］. 见：溶接学会论文集，1999.

［19］　李亚江. 异种难焊材料的焊接及应用 ［M］. 北京：化学工业出版社，2003.

［20］　张杰，张九海，李卓然，等. Ni 基耐热合金 (K5) 与 2Cr12NiWMoV 耐热钢的扩散连接 ［J］. 材料科学与工艺，1996，4 (2)：111-114.

第20章　金属材料堆焊

作者　王新洪　审者　邹增大

20.1　概述

20.1.1　堆焊及其应用

堆焊是利用焊接热源将具有一定性能的材料熔敷在金属材料或零件的表面上，形成冶金结合的一种工艺过程。堆焊的目的并不是为了连接构件，而是为了增大或恢复焊件尺寸，或利用焊接方法在焊件表面获得具有特殊性能的熔敷层，以延长设备或零件的服役寿命。堆焊是焊接技术领域的一个重要分支，又是表面工程中的一个主要技术手段。已被广泛地用于耐磨损、耐腐蚀或有特殊性能要求零件的制造或修复中。在少数情况下，堆焊也用于单纯以恢复零件尺寸为目的的场合。堆焊具有或兼有以下功能：可提高耐磨性与耐蚀性，从而延长零件寿命；便于在一个韧性好的母材上制取一个很硬的金属表层，从而取得最佳的性能组合；可经济地利用贵重合金元素，从而降低制造成本；可为企业节省维修和更换零件的费用；有时还可提高设备的工作效率并降低动力消耗。

1. 堆焊的主要用途

目前，堆焊技术主要应用在以下两个方面：

（1）制造新零部件

利用堆焊技术制造具有综合性能的双金属零部件。这种零部件的基体和堆焊层，可采用不同性能的材料，所以能分别满足两者的不同技术要求。这样，既能使零部件获得很好的综合技术性能，也能充分发挥材料的工作潜力。例如：水轮机的叶片，用碳素钢制成基体，在可能发生气蚀部位（多在叶片背面下半段）堆焊一层不锈钢，使之成为耐气蚀的双金属叶片。由此，可利用堆焊技术使堆焊零部件具有耐磨、耐热、耐蚀等性能的表面层，从而使零部件的使用寿命可大幅度提高达几倍甚至几十倍，并能大大减少贵重合金的消耗。

（2）修复旧零部件

机械零件经过一段时间运行后总会发生磨损、磨蚀等，使其工作性能和效率降低，甚至失效。如轧辊、轴类、工模具、农机零件、采掘机件等易磨损零部件，利用堆焊技术能很快地修复起来继续使用，起到延长零件使用寿命的作用。有的国家统计，用于修复旧件的堆焊金属占堆焊金属总量的 72.2%。修复旧件的费用很低，而使用寿命并不比新零部件短，有的甚至比新零部件还长。因此广泛采用堆焊工艺修复旧件，对节约钢材、节省资金、弥补配件短缺等意义很大。

近年来，我国冶金、矿山、发电、石化等大型成套装备制造中引人注目地采用了新开发或新引进的堆焊技术，例如大型核容器及石化容器管道的内壁耐腐蚀堆焊采用了高速带极堆焊、带极电渣焊及 MIG 堆焊；大型板坯弧型连铸机拉矫辊及连铸机导辊等采用了带极及药芯带极埋弧堆焊；大型板轧机辊道辊子采用了镍基自熔性耐磨合金氧乙炔焰喷熔；用于矿山设备的大面积耐磨合金复层钢板的制造采用了外添加合金粉丝的丝极摆动埋弧堆焊。此外，煤炭运输机中部槽中板采用了碳极空气等离子弧堆焊，某些农机具采用了耐磨合金感应堆焊，在模具堆焊中采用了脉冲电弧堆焊，在阀门堆焊中采用了真空熔结等新工艺。

由于堆焊技术的优异特性，在矿山、冶金、农机、建筑、电站、铁路、车辆、石油、化工设备、核动力以及工具、模具等的制造、修理与保养工作中获得了广泛应用。如以耐蚀为目的的压力容器和重油脱硫装置内壁的堆焊；以耐热、耐磨为目的的轧钢机轧辊表面堆焊和热锻模堆焊；以提高耐磨性为目的的挖掘机铲齿表面堆焊及各种机械零件的堆焊等。

2. 堆焊的类型

堆焊的分类方法很多。以使用的焊接方法分，堆焊技术有气体火焰堆焊、电弧堆焊、等离子弧堆焊、电阻堆焊、电渣堆焊、激光熔覆等。以堆焊层的性能分，堆焊通常分为四种类型：包覆层堆焊（Clading）、耐磨层堆焊（Hardsurfacing）、堆积层堆焊（Build up）和隔离层堆焊（Buttering）。其中以耐蚀堆焊和耐磨堆焊应用最多也最广。

（1）包覆层堆焊

把填充金属熔敷在低合金钢或碳钢的基体表面，提供抗腐蚀或抗磨的保护层的工艺过程。要求包覆层较厚，表面完整、光滑，并完全包住基体。包覆堆焊层主要是不锈钢、镍基合金和铜基合金。常用焊条电弧堆焊和埋弧堆焊，气体保护电弧堆焊用得较少。填充材料有焊条、焊丝和带极等。包覆层除耐均匀腐蚀外，还要抗局部腐蚀，因而应严格控制堆焊层的稀释率，确保包覆层所需要的合金含量。

（2）耐磨堆焊

把填充金属熔敷在基体表面以提供抗磨损、冲击、腐蚀、擦伤和气蚀等保护层的工艺过程。只在最需要的部位熔敷耐磨层，节省了贵重材料。因所受载荷由韧度较好的基体承受，设计时不考虑耐磨层强度，所以有可能使用很硬的、耐磨性很好的堆焊层。抗磨料磨损是耐磨层堆焊最重要的应用之一。

（3）堆积层堆焊

把填充金属熔敷到基体表面、坡口边缘或以前堆焊过的堆焊层上，以增大或恢复焊件尺寸的工艺过程。堆积层金属的性能和成分一般与基体相似。

（4）隔离层堆焊

焊接异种材料或有特殊要求的材料时，为防止基体成分对焊缝金属的不利影响，以保证接头质量和性能，预先在基体表面或坡口边缘上熔敷一定成分的金属层的工艺过程。隔离层又称过渡层。这主要出于冶金因素的要求。有的是为防止不利成分的扩散，有的是解决不同膨胀系数或不同热处理制度的要求。

3. 堆焊技术应解决的问题

要将堆焊技术应用于生产必须解决两个方面的问题：①正确选用堆焊材料，其中包括堆焊合金的成分和堆焊材料的形状，而堆焊合金的成分又往往取决于对堆焊合金使用性能的要求。为此，必须弄清被焊工件的材质、工作条件及对堆焊材料使用性能的要求，同时又要熟悉现有的堆焊材料的种类、性能及其适用范围；②选择合适的堆焊方法，并制定相应的堆焊工艺。为此，必须掌握所选堆焊方法的工艺特点及其在堆焊时可能出现的技术问题，尤其要解决好堆焊金属与基体金属之间异种金属焊接的问题。

20.1.2 堆焊金属的使用性

堆焊金属的使用性主要是指提高零件对磨损的抗力、耐腐蚀性、耐磨蚀性及在高温下的使用性等。在实际工作中，堆焊件的工况条件复杂多变，因而对堆焊金属的使用性要求也是多样的，常常对几种性能同时有要求，因而使堆焊金属的选择更加复杂。

1. 堆焊材料的耐磨性

堆焊材料的耐磨性是指这种材料在一定的摩擦条件下抵抗磨损的能力，是材料在使用过程中由于表面被固体、液体或气体的机械或化学作用引起的材料脱离或转移而造成的损伤。

（1）磨损破坏形式

在堆焊工作中，常遇到的磨损破坏形式是粘着磨损、磨料磨损、疲劳磨损、冲击磨损和微动磨损等。堆焊则是磨损控制中应用很广、行之有效的一种方法。

1）粘着磨损。两个相对滑动的表面，在载荷的作用下使个别接触点发生焊合，焊合点在滑动时被撕裂，进而发生分离的过程称为粘着磨损。约占工程磨损损失总重的 15%。

根据作用应力的大小，粘着磨损分为 3 种类型。当外加载荷较小时，由于摩擦热的作用，滑动表面产生一层氧化膜，从而阻止滑动表面产生焊合，故磨损速度小，这种磨损称为氧化磨损或轻微磨损，如缸套—活塞环间的正常磨损；当外加载荷较大时，滑动表面之间因焊合引起严重磨损，称为金属磨损，如内燃机的铝活塞壁与缸体表面的磨损。由氧化磨损转变为金属磨损的载荷称为转变载荷。擦伤（包括撕脱和咬死）是粘着磨损的第 3 种类型，它是在金属磨损产生的磨屑尺寸大于滑动面之间的间隙以及运动部件产生咬合时发生的，如高压闸阀的阀座与闸板之间有时就因密封面产生擦伤而报废。

在不可能进行润滑的情况下，可采用耐磨堆焊来尽量降低粘着磨损。常用的抗粘着磨损的堆焊材料有钴基合金、钴基合金和镍基合金。此外，铁基合金在阀门行业中也得到相当广泛地应用。镍基耐磨堆焊材料比钴基堆焊材料具有更高的过渡载荷，但钴基材料的抗咬焊能力比镍基材料或铁基材料高得多。钴基、铜基材料具有良好的耐氧化磨损能力。

另外，大量研究表明，异种材料对磨比同种材料之间进行摩擦有更好的耐粘着磨损性；有一定硬度差的摩擦副比同硬度摩擦副的黏着磨损量小，因此在选择堆焊材料时，摩擦副可用不同材料或硬度差有 5HRC 左右的材料。

硬度与耐黏着磨损之间的关系比较复杂。一般说来，硬度增加，黏着倾向减小，但二者之间并非简单的线性关系，而耐黏着性在更大程度上取决于材料的组织结构。

2）磨料磨损。磨料磨损也称磨粒磨损，是由外来的金属或非金属磨料粒子的切削作用造成的磨损，据估计，工业上半数以上的磨损是由磨料磨损造成的。

根据作用应力的大小，磨料磨损有 3 种类型：低应力擦伤式磨料磨损、高应力碾碎式磨料磨损和凿削式磨损。

低应力磨料磨损是在低于磨料本身的压溃强度的应力作用下，由于磨料的微切削作用而造成的磨损。其一般的磨损形态为表面擦伤，材料的次表面的变形很小，如农机中的犁铧、拖拉机履带板等。磨料的硬度、尺寸、尖锐度对低应力磨料磨损速度影响极大。

由于应力较低，对材料的抗冲击性能和韧性要求不高。较脆的、较硬的耐磨材料都可以用。工件表面的硬度高，磨料压入表面就少，则磨损率低。因此，高硬度的马氏体合金铸铁和高铬合金铸铁是最常用的抗低应力磨料磨损的堆焊材料。

当外加应力大于磨料的压溃强度时，就发生高应力磨料磨损。工件表面受到很高的局部应力，它不仅使磨料粒子压进金属表面，而且会使金属中的脆性相（碳化物、硼化物等）破裂和使基体组织产生塑性变形。通过擦伤、疲劳、塑性变形等过程导致表面材料的损坏，如球磨机的磨球与衬板。耐高应力磨料磨损的堆焊材料，不仅要有高的屈服强度以吸收高的接触压力，而且要有高的硬度，利于抵抗磨料的磨损作用。高铬马氏体铸铁、碳化物堆焊材料都有优异的耐高应力磨料磨损的性能。高锰钢由于具有优异的加工硬化性能，也是一种广泛使用的耐高应力磨料磨损的堆焊材料。

凿削磨损也属于高应力磨料磨损的范畴，由于磨料粗大，高的应力和冲击作用使磨料切入工件表面，从材料表面上凿削下大颗粒的金属，形成肉眼可见的较深的凿槽。如挖掘机的斗齿、破碎机的锤头等。高锰钢具有优异的韧性和加工硬化性能，是常用的耐凿削磨损的材料。为了进一步提高其耐磨性，常常在表面堆焊网格状的高铬合金铸铁或马氏体合金铸铁焊道。

堆焊层的组织结构对耐磨料磨损的性能影响极大。一般说来，堆焊层耐磨料磨损的性能主要决定于堆焊层经磨损一段时间后的硬度 Hu 和磨料硬度 Ha 的比值（Hu/Ha）。如果磨料的硬度比堆焊层的硬度高得多，则发生快速磨损。反之，如磨料的硬度比堆焊层的硬度低，则磨损率很低。在这两种情况下，增大堆焊层的硬度对提高耐磨性影响不大，只有当 Hu/Ha 接近 1 时，提高堆焊层硬度，耐磨性将显著提高。

另外，还有一类也属于磨料磨损范畴的冲击侵蚀。冲击侵蚀是含有硬颗粒的运动流体对固体表面的高速冲击产生的磨损。冲击侵蚀的速度取决于固体质点的动能及其与表面碰撞时的能量耗散方式，韧性表面产生压痕或凿削破坏，而脆性材料则要通过裂纹传播来耗散质点的能量。冲击侵蚀破坏的程度取决于质点的大小、形状、浓度、速度和冲角。而在选择堆焊材料时，冲击角是最关键的因素。在小冲击角（<15°）时，冲击侵蚀是由质点的切削作用产生，因此冲击侵蚀的速度取决于材料表面的硬度。砂浆输送装置、喷砂设备就属于此类磨损。采用含有大量硬质相的过共

晶合金，如合金铸铁堆焊层或者金属陶瓷、镀铬等，均能有效的减缓冲击侵蚀。大冲击角（>15°）时，质点的冲撞使材料表面发生变形，从而导致剥离或凹痕，因此能够吸收较多冲击而不产生变形或开裂的材料（如亚共晶合金），抗磨蚀性能最高。采用基体含有大量的亚共晶耐磨堆焊合金，可有效提高堆焊层的抗冲击侵蚀性能。

3）疲劳磨损。也称接触疲劳磨损，是摩擦副表面相对滑动或滚动时，周期性的载荷使接触区受到很大应力，当该应力超过接触强度时，将在表层或亚表层的薄弱点处引起裂纹，并逐渐扩展，最后金属断裂剥落，造成点蚀或剥落。如轧钢设备中，支撑辊经常由于剥落而失效。

疲劳磨损虽然存在着应力疲劳和应变疲劳之分，但对于大多数的点蚀和剥落而言，均属应力疲劳范畴，即疲劳裂纹主要由接触应力引起，因此在选择堆焊材料时为了提高其疲劳寿命，材料应有足够的强度。

4）冲击磨损。金属表面由于外来物体的连续大速度的冲击而引起的磨损称为冲击磨损。一般表现为表面变形、开裂和凿削剥离。按金属表面所受应力大小及造成损坏情况分为三类：

① 轻度冲击。动能被吸收，金属表面的弹性变形可恢复。

② 中度冲击。金属表面除发生弹性变形外，还发生部分塑性变形。

③ 严重冲击。金属破裂或严重变形。

如果由于冲击产生的表面应力低于堆焊材料的压缩屈服应力，而且堆焊层下部的基材有足够的强度，在冲击作用下不会产生次表面的流变，即使是脆性的堆焊层也能长期工作。因此，马氏体合金铸铁和高铬合金铸铁堆焊材料能在轻度或中度冲击的条件下工作，但必须注意堆焊层应有一定的厚度，而且能够得到较强的基体的有效支撑。

在冲击磨损中，冲击速度起着十分重要的作用。当速度很高时，即使冲击功不大，也能使表面应力大大超过材料的抗压屈服强度。奥氏体锰钢由于具有不稳定的奥氏体组织，当受到严重冲击时，将发生表面硬化，然而次表面仍然是高韧性的奥氏体，从而成为最常用的抗严重冲击或严重冲击和磨料磨损联合作用下的整体材料和堆焊材料。

堆焊金属的耐冲击性能与它的抗压强度、延性和韧性有关。一种材料的耐冲击性和耐磨性有矛盾，往往两者不可兼得。表 20-1 为几种堆焊材料耐磨料磨损和耐冲击能力的比较。

表 20-1　几种堆焊材料耐磨料磨损与耐冲击能力比较

堆焊材料	磨料磨损量*		耐冲击性
	在湿石英砂中	在干石英砂中	
管装粒状碳化钨（气焊）	0.20	0.60	低
高铬合金铸铁（气焊）	—	0.03	
钴钨马氏体合金铸铁（气焊）	0.35 ~ 0.40	0.02	
铬镍或铬钼马氏体合金铸铁（气焊）	0.35 ~ 0.40	0.04	
马氏体低合金钢（弧焊）	0.65 ~ 0.7	—	
铬钼或 5% 铬马氏体钢（弧焊）	—	0.40	
珠光体钢（气焊）	0.8	0.06	高
高锰奥氏体钢（弧焊）	0.75 ~ 0.8	—	

*　以 20 钢磨损量为 1 计算。

5）微动磨损。是两固体接触面上，由于环境的振动或接触组元之一受交变应力作用，出现周期性小振幅振动而造成损伤的一种特殊的磨损方式，也可认为是疲劳磨损、粘着磨损、磨料磨损与磨蚀磨损兼而有之的综合磨损形式。在工程中存在相当广泛，如车轴与轮毂的紧配合处，航空发动机涡轮叶片的榫头处等。

影响微动磨损的因素极多，且各因素相互影响。由于微动磨损常常从粘着磨损开始，因此如前所述的凡能抵抗粘着磨损的材料均对防止微动磨损有利。另外，在钢中加入 Cr、Mo、V、P 和稀土等元素也可改善抗微动磨损的能力。

（2）材料耐磨性的评价方法

耐磨性是指在一定工况条件下，材料耐磨损的程度，它与磨损量成反比。磨损量可以是磨损质量、磨损体积或者磨损率（单位时间或单位滑动长度上的体积、质量损失），由于在现场工况条件下，很难获得准确的磨损数据，故一般均借助于试样磨损试验的结果。磨损试验类型很多，目前对于粘着磨损一般多用销盘式和环块式试验机，磨料磨损多用橡胶轮试验机。评价的方式有两种，用得最普遍的是相对耐磨性 ε，以下式表示：

$$\varepsilon = WA/WB \qquad (20-1)$$

式中　WA——标准试样的磨损量或磨损率；
　　　WB——待测试样的磨损量或磨损率。

另一种是用磨损系数 K 来表征：

$$W = \frac{KLvt}{H} \qquad (20-2)$$

式中　W——磨损体积；
　　　L——法向载荷；
　　　v——滑行速度；
　　　t——滑行时间；
　　　H——被磨材料的硬度；
　　　K——量纲为一的系数。

由此可见，K 的物理含义即为单位滑行距离和单位载荷作用下，材料磨损体积与其硬度的乘积。

2. 堆焊材料的耐腐蚀性

金属受周围介质作用而引起的损坏称为腐蚀。按照腐蚀的机理可分为化学腐蚀、电化学腐蚀和物理腐蚀。

1）化学腐蚀是金属与非电解质溶液发生化学反应而引起的损坏。腐蚀产物在金属表面形成表面膜，表面膜的性质决定化学腐蚀的速度。如果表面膜的完整性、强度、可塑性都较好，线胀系数与金属相近，膜与金属的黏着力强等，则能对金属提供有效的保护而减缓腐蚀。Al、Cr、Zn、Si 等能生成完整、致密、黏着力强的氧化膜，从而能减缓腐蚀。

2）电化学腐蚀是金属与电解质溶液相接触时，由于形成原电池而使其中电位低的部分遭受的腐蚀。地下金属管线的土壤腐蚀、金属在潮湿大气中的大气腐蚀、不同金属接触处的电偶腐蚀等，均属于电化学腐蚀。

3）物理腐蚀是金属在某些液态金属中由于溶解作用而引起的损坏或变质。

常用的抗腐蚀堆焊合金有铜基合金、镍铬奥氏体不锈钢、镍基合金和钴基司太立合金。

3. 堆焊材料耐磨损、腐蚀联合作用性能

（1）腐蚀磨损

腐蚀磨损是材料同时遭受腐蚀和磨损综合作用的复杂磨损过程。在腐蚀磨损过程中，既要注意腐蚀和磨损的单独作用，更要注意它们之间的相互影响和交互作用，由于腐蚀介质的作用，会降低材料的耐磨性；而磨损又会大大加速腐蚀速度，因此在腐蚀磨损条件下，选择堆焊材料所具有的耐磨性和耐腐蚀性均要比单独磨损或单独腐蚀条件下提出更高的要求。

（2）气蚀

气蚀是一种腐蚀和磨损联合作用的损伤过程，它一般发生在零件与液体接触并有相对运动的条件下，如水力机械中的水轮机叶片、船用螺旋桨、泵的叶轮、热交换器管路等。当液流的压力发生急剧变化时，会在其局部压力低于其蒸发压的低压区产生气泡。气泡被液流带到高压区时，会变得不稳定并溃灭，气泡在溃灭瞬间产生极大的冲击力和高温。气泡的形成和溃灭的反复作用使零件表面的材料产生疲劳而逐渐脱落。气蚀破坏的特征是在材料表面产生麻点。麻点会成为液体介质的腐蚀源，特别是在其表面的保护膜遭到破坏后，情况更为严重。最后使表面成为泡沫海绵状。气蚀往往不单纯是机械力所造成的破坏，液体的化学及电化学作用，液体中含有磨料等均可加剧这一破坏过程。

改进过流部件的外形设计和合理选材是提高零件抗气蚀性能的两种基本措施。

一般来说，如果材料具有较好的抗腐蚀性，又有较高的强度和韧性（如铬镍和铬锰奥氏体不锈钢），则具有较好的抗气蚀性能。在严重气蚀的情况下，具有高极限回弹性的材料抗气蚀性能好。因此，可以用极限回弹性来表示材料耗散气泡撞击能量的能力：

$$极限回弹性 = \frac{1}{2} \times \frac{抗拉强度^2}{弹性模量} \qquad (20-3)$$

某些常用材料的相对耐气蚀性见表 20-2。

表 20-2　一些常用材料耐气蚀性比较[1]

材料名称	耐气蚀性
钴基司太立合金	高
尼龙	
镍铝青铜	
奥氏体不锈钢	
铬不锈钢	
蒙乃尔合金	
锰青铜	
铸钢（低碳低合金钢）	
青铜	
灰铸铁	低

4. 堆焊材料在高温下的耐磨损、耐蚀性

堆焊材料在高温下的使用性与它的抗热性有关。高温下使用的工件将受到磨损、腐蚀、应力释放等因素的综合作用，所以对材料的热强度、热硬性、热疲劳、热蠕变性以及抗氧化性、抗高温气体腐蚀等都有要求。高温可能引起堆焊金属硬化组织的回火或稳定组织的暂时软化，或因产生相变使其硬度和脆性发生改变，此外还可能加剧氧化或起鳞。在高温下长期工作的堆焊金属或母材可能产生蠕变破坏。温度的交替变化还会因热应力导致热疲劳或热冲击破坏。这些情况都使在高温环境中工作的工件的磨损问题更复杂化了。因此，必须根据工作条件仔细的选择能在高温下工作的合适的堆焊材料。

堆焊层的含铬量对提高抗氧化性起关键的作用。根据不同的需要可采用高铬马氏体不锈钢、工具钢、模具钢、镍基堆焊合金以及钴基堆焊合金等堆焊材料。马氏体 Cr13 钢堆焊材料适用于堆焊在 450℃ 以下工作的金属与金属磨损的表面，如阀门密封面，高碳的 Cr13 型钢则用于制造热加工模具和冲头。高速钢堆焊层，由于具有较高的红硬性，主要用于刀具和热模具的堆焊。高铬铸铁有优良的抗高温磨损和抗高温氧化性能，在 500℃ 以下可以代替钴基司太立合金。含有大量钼的镍基堆焊合金（Ni-32Mo-15Cr-3Si）具有优异的耐蚀性和耐金属间磨损性能，适用于化工中受高温磨损和腐蚀联合作用的零件和高温阀门的堆焊。钴基司太立堆焊合金兼具优异的抗高温磨损、高温腐蚀和高温氧化的性能，能在 650℃ 温度下保持一定的硬度，从而成为目前最优的抗高温磨损和高温腐蚀的堆焊材料。

20.1.3　堆焊工艺特点

从物理本质看，堆焊的热过程、冶金过程以及堆焊金属层的凝固结晶和相变过程与普通熔焊工艺相同，但由于堆焊是以获得具有特殊性能的表面层为目的，因此，必须注意堆焊过程中可能影响达到目的的一些特点。

1. 堆焊件的母材及对堆焊层的影响

在制造业中，工件采用堆焊结构时，工件的母材通常是由结构设计和材料的成形方式决定的。材料的焊接性和匹配性也必须考虑。然而，有些零件堆焊层的性能是主要的，而对母材没有特殊要求，这时为了简化堆焊操作，一般选用碳钢 [$w(C)$ 0.20% ～ 0.45%]作母材。随着含碳量的增加，堆焊的困难要加大，所以从焊接性和强度综合考虑，中碳钢是理想的母材。合金元素部分取代碳的强化作用将使母材的焊接性得到改善，除非需高强度，一般不选用中碳合金钢作堆焊件的母材。通常被选为堆焊件母材的除中、低碳钢外，还有低合金钢、耐热钢和铬镍奥氏体不锈钢。当要求工件有很高的韧性时，也可选用奥氏体高锰钢，但要考虑锰渗入堆焊层，将稳定奥氏体，使堆焊层不易空淬硬化。

在进行修复堆焊时，磨损件的情况较复杂。可能在母材上堆焊，也可能在已有的堆焊层上堆焊。必须弄清楚被修复零件的原始条件，如材料的成分（特别是含碳量）、性能、热处理状态以及工况条件。据此确定合适的堆焊材料、堆焊方法和堆焊工艺。堆焊修复方案合理的标志大致可概括为修复成本一般不大于新件费用的 30% ~ 50%，而修复后工件寿命应等于或大于新件的寿命。但当缺少更换零件将造成重大停机损失时，作为应急的补救措施，修复堆焊成本的经济性就降为次要了。为了保证堆焊层具有所需的性能，必须注意母材对堆焊层的稀释作用，即稀释率的影响。

当堆焊件母材的碳当量较高时，为了防止开裂，还应考虑预热、保温、缓冷等措施。采用较大热输入的堆焊方法，减慢堆焊速度，适当的摆动电极等在一定程度上能产生和预热、缓冷同样的效果。必要时还可堆焊过渡层，减少母材碳当量过高或母材与堆焊层线胀系数相差过大而产生开裂的危险。过渡层也可用来减小母材对堆焊层性能的不良影响，这类过渡层也叫缓冲层，如在铁基材料上堆焊铜基合金时，常选用高合金材料如镍、因科镍合金或铝青铜做缓冲层。

2. 堆焊的冶金特点

堆焊是一种异质材料的熔化焊，因此需要考虑的冶金问题和异种钢焊接时相类似。由于基体与堆焊层合金成分和物理性能存在差异，焊接过程或焊后使用过程中将会出现类似异种金属焊接所出现的特殊现象。其中最突出的是稀释、熔合区和污染、热循环、热应力和堆焊层外貌等问题。堆焊层被稀释，熔合区变脆，热影响的结果导致堆焊层及热影响区成分、组织、性能变化，是堆焊的明显特点。考虑冶金问题是综合评价堆焊技术选择是否得当，堆焊工艺是否正确，以及堆焊质量是否符合工况要求的重要指标。

（1）稀释率

堆焊时基体和堆焊金属熔化，相互溶解，可用稀释率来表示。稀释率是堆焊金属被稀释的程度，用基体的熔化面积占整个焊缝金属面积的百分比来表示。堆焊金属的稀释率大小对堆焊层的成分和性能影响很大。稀释率增加使堆焊金属的合金元素比例下降，引起堆焊层性能下降，堆焊材料消耗量增加。因此，在选择堆焊金属时，既要考虑与母材之间相容性问题，又要充分估计这种稀释给堆焊层的性能带来的影响。通常，堆焊材料中含有较多的合金元素，而基体往往是碳钢和低合金钢。为了获得所需要的表面堆焊层组织，节约合金元素，必须尽量降低稀释率。稀释率与一系列因素有关，如母材与堆焊层的成分差别、堆焊工艺方法、堆焊参数以及堆焊层数等。但在一定意义上说，主要决定于堆焊工艺方法。常用堆焊方法单层堆焊的稀释率见表 20-3。适当调整熔焊的参数，如尽量小的电流、尽可能快的焊速、增加横向摆动频率等，可在一定程度上降低堆焊层的稀释率。稀释率高的堆焊方法只有在堆焊层较厚时才能用。采用含有较高合金的堆焊材料，可以对单层堆焊层的稀释率进行补偿，但堆焊层的成分和性能的稳定性却比多层堆焊差。多层堆焊能降低稀释率的影响，一般堆焊三层后性能就趋于稳定。因此，在选择堆焊方法和制定堆焊工艺时，应以减小稀释率为主要选择原则。

表 20-3　常用堆焊方法单层堆焊的稀释率[2]

堆焊方法		稀释率①（%）	熔敷速度/（kg/h）	最小堆焊层厚度/mm	熔敷效率（%）
氧乙炔堆焊	手工送丝	1 ~ 10	0.5 ~ 1.8	0.8	100
	自动送丝	1 ~ 10	0.5 ~ 6.8	0.8	100
	粉末堆焊	1 ~ 10	0.5 ~ 1.8	0.2③	85 ~ 95
焊条电弧堆焊		10 ~ 20	0.5 ~ 5.4	3.2	65
钨极氩弧堆焊		10 ~ 20	0.5 ~ 4.5	2.4	98 ~ 100
熔化极气体保护电弧堆焊		10 ~ 40	0.9 ~ 5.4	3.2	90 ~ 95
埋弧堆焊	单丝	30 ~ 60	4.5 ~ 11.3	3.2	95
	多丝	15 ~ 25	11.3 ~ 27.2	4.8	95
	串联电弧	10 ~ 25	11.3 ~ 15.9	4.8	95
	单带极	10 ~ 20	12 ~ 36	3.0	95
	多带极	8 ~ 15	22 ~ 68	4.0	95

（续）

堆焊方法		稀释率①（%）	熔敷速度/（kg/h）	最小堆焊层厚度/mm	熔敷效率（%）
等离子弧堆焊	自动送粉	5～15②	0.5～6.8	0.25③	85～95
	手工送丝	5～15	0.5～3.6	2.4	98～100
	自动送丝	5～15	0.5～3.6	2.4	98～100
	双热丝	5～15②	13－27	2.4	98～100
电渣堆焊		10～14	15～75	15	95～100

① 指单层堆焊结果。
② 钢母材上堆焊铜及铜合金可低到 2%。
③ 较早些的文献记载为 0.8。

（2）熔合区的成分、组织和性能

堆焊金属和基体热影响区之间存在一个熔合区，其化学成分介于基体和堆焊层之间，性能也不同于基体，形成过渡层。堆焊的熔合区和异种金属焊接相似，有时会出现延性下降的脆性交界层，在冲击载荷作用下易出现堆焊层剥离。而且当工件在高温环境下长期工作或堆焊后热处理时，沿熔合线有时出现碳的迁移现象，使高温持久强度和抗腐蚀性能下降。有些对含铁量有严格要求的有色金属堆焊材料，如果堆在钢质基体上，将受到铁的严重污染。如果基体与堆焊层线膨胀系数差别较大时，在堆焊过程、焊后热处理或使用过程中，可能发生裂纹。熔合区的成分和性能通常通过选择堆焊材料和选择正确的堆焊工艺来控制，必要时可在工作层堆焊前先在基体上堆焊隔离层。如在钢基体上堆焊铜合金时，常采用镍、铝青铜等作障碍层。因此，在选择堆焊金属时，尽量选择与母材金属有相近性的，否则，就须考虑预置中间（过渡）层，以减小化学成分和物理性能的差别。

（3）热循环

堆焊层的性能除了受到基体稀释的影响外，还受到热循环的影响。堆焊层常采用多道焊或多层焊，后续焊道使先焊的焊道反复多次加热。另外，为了防止堆焊层开裂或剥离，有时还需要对工件进行预热、层间保温或焊后缓冷等措施。因此，堆焊层经受的热循环比一般焊缝复杂得多，在这种复杂的热循环下，堆焊层和熔合区的成分和组织变得很不均匀。不同的堆焊方法，热循环状况不同，对堆焊层的影响也不同。如氧乙炔焰堆焊钴铬钨合金时，由于加热、冷却速度都较慢，因此堆焊层中碳化物颗粒粗大。使用还原性火焰堆焊有增碳的作用，碳量增加使堆焊层耐磨性提高，但抗裂性下降。不锈钢和镍基合金堆焊层在 490～870℃ 高温退火时，可能析出碳化物和 σ 相沉淀物，这将引起堆焊层变脆，并降低抗腐蚀能力。

（4）热应力

堆焊应用的成功与否有时取决于内应力的大小和外应力的类型（剪切、拉伸或压缩应力）。堆焊件的残余应力将加大或减小服役载荷产生的应力，因而加大或减少堆焊层开裂的倾向。当堆焊层和基体线胀系数差别较大，在堆焊后的冷却、热处理和运行中将产生很大的热应力，甚至出现裂纹。此外，由于热应力的作用而引起热疲劳、应变时效等。这些均影响堆焊层的工作性能。因此，减小残余应力，除对堆焊工艺采取必要的措施外，还可从减小堆焊金属与基体的线膨胀系数差、增设过渡层以及改进堆焊层金属的塑性来控制。

20.1.4　堆焊方法

堆焊是一种材料表面改性的经济而快速的工艺方法，为了有效地发挥堆焊层的作用，希望堆焊方法有较小的稀释率，较高的熔敷速率和优良的堆焊层性能，即优质、高效、低稀释率的堆焊技术。

几乎任何一种焊接方法都可以用于堆焊，从最早、用得最多的氧乙炔焰堆焊、焊条电弧堆焊，到目前已发展了各种半自动、自动化的堆焊方法。每种堆焊方法各有其优缺点。

1. 氧乙炔焰堆焊

（1）特点及适用范围

火焰堆焊是用气体火焰作热源使填充金属熔敷在母材表面的一种堆焊方法。常用的气体火焰是氧乙炔焰。这种方法设备简单，稀释率低，成分较稳定；工件温度梯度小，不易出现裂纹；不受堆焊材料形状限制，甚至边角料也能使用；易于操作，可见度大；复杂小件，空间位置均可施焊。碳化焰有渗碳作用，虽然对堆焊层会降低韧性，但可提高以碳化物为主要抗磨相堆焊层的耐磨性。但生产率低，工件吸热多，变形大，对焊工操作技能要求高。主要用于表面要求光洁、质量高、精密零件堆焊，适于批量不大的中、小件小面积堆焊。在阀门、农业机械中的易损件中得到广泛应用。

（2）堆焊工艺要点

关键在于火焰的运用和能率的控制，在很大程度上取决于焊工的操作技能。除镍基合金外一般应采用碳化焰，乙炔过剩量的大小应根据堆焊金属而定。铁基合金宜用 2 倍的乙炔过剩焰（内焰与焰心长度比为2）；含碳高的低熔点堆焊合金，如高铬合金铸铁或钴基合金堆焊时，由于含碳高熔点较低，可采用 3 倍的乙炔过剩焰；碳化钨堆焊时，采用的火焰由基体的成分决定。镍基合金通常用中性焰。

预热和缓冷能改善热循环，大大减少开裂倾向。预热后可用较小火焰能率的软规范堆焊，有利于降低稀释率。小件用焊炬直接加热，大工件必须在炉中预热，尽量使温度均匀。每层堆焊最大厚度以 1.6mm 为宜，需要厚堆焊层可采用多层堆焊。缓冷可通过保温措施实现，如用石棉灰覆盖焊缝等。为了提高质量和改善表面成形，堆焊后可以用氧乙炔焰重熔。

2．焊条电弧堆焊

（1）特点及应用范围

焊条电弧堆焊是手工操纵焊条，用焊条和母材表面之间产生的电弧热作热源，使填充金属熔敷在基体表面的一种堆焊方法。是目前主要的堆焊方法。这种方法设备简单，操作灵活、适应性强，适于现场堆焊，可以在任何位置堆焊；可达性好，小型或形状不规则零件尤为适合。但生产效率低，工件温度梯度大，易出现裂纹，且稀释率高，不易得到薄而均匀的堆焊层，劳动条件差。适于小批量和不规则工件堆焊及现场修复。

（2）堆焊工艺要点

焊条电弧堆焊所需电源及其极性取决于焊条药皮的类型。焊条电弧堆焊用焊条多以冷拔焊丝做焊芯，也可用铸芯或管芯。药皮主要有钛钙型、低氢型和石墨型三种。钛钙型、钛铁矿型和低氢型药皮的焊条最好采用直流反接进行堆焊，交流次之；石墨型药皮的焊条堆焊时以直流正接为宜，但交流电源也可用。为了减少合金元素烧损和提高堆焊金属抗裂性，多采用低氢型药皮。

堆焊时应尽量减小稀释和保持电弧稳定，使堆焊层质量均匀。常通过调节焊接电流、电弧电压、焊接速度、运条方式和弧长等参数控制熔深以达到降低稀释率。电流不宜大，否则熔深增加，稀释率高；弧长不能太大，否则合金元素易烧损。大面积堆焊时，注意调整堆焊顺序，以控制焊件变形。

为减少稀释率对堆焊层硬度的影响，一般需堆焊 2~3 层。但层数多时，易导致开裂和剥离。为了防止堆焊层和热影响区产生裂纹，减小工件的变形，需在焊前对工件预热和焊后缓冷。预热温度由堆焊金属的成分、基体材质、堆焊面积大小及堆焊部位的刚性等因素来确定。当堆焊材料为碳钢或低合金钢时，工件的预热温度与堆焊材料碳当量的关系见表 20-4。

表 20-4　堆焊材料碳当量与预热温度的关系

碳当量 * （%）	0.4	0.5	0.6	0.7	0.8
预热温度/℃	100	150	200	250	300

$$* \quad 碳当量 = w(C) + \frac{1}{6}w(Mn) + \frac{1}{24}w(Si) + \frac{1}{5}w(Cr) + \frac{1}{4}w(Mo) + \frac{1}{15}w(Ni)。$$

3．钨极氩弧堆焊

钨极氩弧堆焊是在氩气保护下，利用钨电极与母材之间产生的电弧热使填充金属熔敷在母材表面的一种堆焊方法。这种方法可见度好，堆焊层形状容易控制，电弧稳定、飞溅小。由于是惰性气体保护，堆焊层质量优良。有手工和自动两种堆焊方法。

手工钨极氩弧堆焊工件吸热少、熔深浅、变形小、堆焊层形状易控制，可进行全位置堆焊，常用来代替氧乙炔焰堆焊。稀释率比氧乙炔焰堆焊大，但比其他电弧堆焊小。缺点是熔敷效率低，不适于大批量生产。宜堆焊小而质量要求高，且形状较复杂的零件堆焊，如汽轮机叶片上堆焊很薄的钴基合金等。

自动钨极氩弧堆焊因能控制焊接参数，可获得质量更高、性能更稳定的堆焊层。堆焊材料可以是实心丝、药芯丝、铸条或粉末材料，但堆焊效率低，适于堆焊形状规则，面积大的零件。

4．熔化极气体保护电弧堆焊

熔化极气体保护电弧堆焊是利用外加气体作为电弧介质，连续送进的可熔化的堆焊材料与母材之间产生的电弧热，使堆焊金属熔敷在母材表面的一种堆焊方法。这种方法可见度好，可半自动或全自动堆焊。又可分 CO_2 气体保护堆焊、氩气保护堆焊和自保护药芯焊丝堆焊。

CO_2 气体保护电弧堆焊成本低，但堆焊质量较差，只适合于堆焊性能要求不高的工件。而氩气保护堆焊层质量最高。

自保护电弧堆焊需采用专制的药芯焊丝。堆焊时，不外加保护气体。由于设备简单、操作方便，并可以获得多种成分的合金。目前因药芯焊丝品种不多，所以应用还不广，但很有发展前途。

焊接参数直接影响稀释率，短路过渡熔深较浅，稀释率仅10%；喷射过渡时，稀释率则达40%，向熔池送入辅助填充金属（实心丝、药芯丝、金属颗粒）可减少熔深，稀释率可降至3%～5%，且提高熔敷速率。自保护药芯焊丝堆焊，干伸长可加大，焊丝直径可较粗（2.4mm），有利于提高熔敷速率（2.3～11.3kg/h）。

5. 埋弧堆焊

其特点是埋弧、无飞溅及电弧辐射，劳动条件好，堆焊层外观成形光滑，易实现机械化和自动化堆焊，生产效率高，堆焊层成分稳定。但热输入较大，稀释率较其他电弧焊高。堆焊熔池大，并需焊剂覆盖，故只能在水平位置堆焊。适用于形状规则且堆焊面积大的机件，如轧棍、车轮轮缘、曲轴、水轮机转轮叶片、化工容器和核反应压力容器衬里等大、中型零部件上。埋弧堆焊又可分为单丝、多丝、单带极、多带极埋弧堆焊，如图20-1所示。

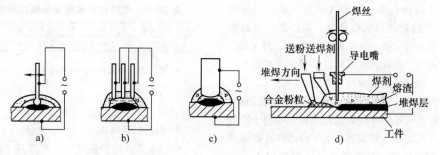

图 20-1　几种埋弧堆焊示意图
a) 单丝埋弧堆焊　b) 多丝埋弧堆焊　c) 带极埋弧堆焊　d) 粉末埋弧堆焊

单丝埋弧堆焊稀释率最高（30%～60%），熔敷速度最低，一般需堆焊2～3层才能满足要求。在应用上受到了限制。为减小稀释率，可采用下坡堆焊，增加电弧电压、降低焊接电流、减小速度、电弧向前吹和增大焊丝直径等，还可以摆动电极使焊道加宽、稀释率下降，并改善与相邻焊道的熔合。此外，为了提高效率和降低稀释率，发展了添加冷丝、撒放合金剂和振动堆焊等方法。撒放合金剂可使稀释率降至10%以下，堆焊效率提高3倍以上。焊丝直径为1.6～4.8mm，焊接电流为160～500A，交直流电源均可，直流时用反接法（焊丝接正极）。

多丝埋弧堆焊采用两根或两根以上的焊丝并列地接在电源上的一个电极上，同时向焊接区送进。电弧将周期地从一根焊丝转移到另一根焊丝。这样每次起弧都有很高的电流密度，可获得较大熔敷率。因此，比单丝效率高、稀释率低。还可以采用双丝双弧堆焊法，即两根焊丝沿堆焊方向前后排列。这两根焊丝可用一个或两个电源分别供电。前一个电弧用小焊丝接电流以减少熔化母材；后一个电弧用大电流，起堆焊作用，以提高生产率。可分为串联双丝双弧、并列多丝加摆动等。

埋弧堆焊在大面积耐蚀堆焊中用得最多的是带极埋弧堆焊，它比丝极埋弧堆焊具有更低的稀释率和更高的熔敷速率，焊道宽而平整。带极埋弧堆焊具有熔敷速度高、熔深浅而均匀、稀释率低等优点。一般带板厚0.4～0.8mm，带宽已从30mm的窄带发展到60mm、75mm甚至120mm的宽带极。随着带宽的增加，必须有磁控装置，以防止由于磁偏吹引起的咬肉等缺陷。若采用外加磁场来控制电弧，则带宽可达180mm。带极材料可以是实心带极，也可以是药芯带极。所用设备可用一般埋弧焊机改装，也可用专用设备，如国产MU1-1000-1型自动带极堆焊机，为小车式，适用于带极厚度0.4～0.6mm、宽度30～80mm、堆焊电流400～1000A、堆焊速度7.5～35m/h。MU2-1000型悬臂式带极自动埋弧堆焊机技术性能也大体相似，主要用于堆焊内径大于1.5mm的大型管道、容器、油罐、锅炉等大型专用设备。

添加合金粉末埋弧堆焊技术是堆焊时电弧摆动，电弧熔化焊丝和合金粉末而形成堆焊层。对于不能加工成丝极或带极的合金材料，宜采用此法堆焊。所添加粉末质量约为熔化焊丝质量的1.5～3倍。绝大多数采用的是低碳钢焊丝（H08A）。这样，在不增加焊接电流下，其熔敷率约为单丝埋弧堆焊的4倍，一般都大于45kg/h，且熔深浅，稀释率低。但须严格控制堆焊过程，尤其是粉末堆放量要均匀和参数要稳定，才能达到预期要求。

6. 电渣堆焊

电渣堆焊是利用导电熔渣的电阻热来熔化堆焊材料和母材的堆焊过程。熔渣覆盖在金属熔池表面，保护金属熔池不被空气污染。目前用得较多的是带极电渣堆焊，它具有比带极埋弧堆焊高约50%的生产效率和更低的稀释率（一般可控制在10%以下）及良好的焊缝成形，不易有夹渣等缺陷。表面不平度小于0.5mm，单层堆焊即可满足要求，且无须机械加工。

适用于压力容器内表面大面积堆焊，堆焊层合金化除通过电极外，还可把合金粉末加入渣池或涂在电极表面。电渣堆焊用于堆焊在含氢介质中工作的工件时，由于焊接速度较低，热输入较大，造成母材和堆焊层之间的边界层晶粒粗大，使堆焊层抗氢致剥离性能下降，故用电渣、电弧联合过程的带极高速堆焊更为适宜。由于其热输入较大，一般只适用于堆焊大于 50mm 的厚壁工件。

电渣堆焊可以采用实心焊丝、管状焊丝、板极或带极等，丝极可以多丝同时送进，板极最宽可达 300mm。因此，堆焊层比埋弧堆焊更宽。熔深均匀，稀释率不高，熔敷率（板极）可高达 150kg/h，而消耗焊剂比埋弧焊少。除电极外，还可把合金粉末涂到电极上或直接加入熔渣池中进行渗合金，因此，易于调整堆焊层的成分。但由于堆焊用渣池比电渣焊池薄得多，为了得到必要的电阻、黏性等性能，焊剂中氟化物的含量比电渣焊高得多。典型的熔炼焊剂的成分

（质量分数）为：CaF_2 49%；CaO 21%；SiO_2 21% 和 Al_2O_3 9%。

垂直位置堆焊需使用水冷滑块成形，堆焊层厚度范围为 15~90mm。不能太薄，否则不能建立稳定的电渣过程。

带极电渣堆焊可以在水平位置上作大面堆焊。其堆焊形式与带状埋弧堆焊相似，但过程有本质区别，见图 20-2。施焊时，要求工件有 0.5 左右的倾斜角度，焊剂厚度依带极宽度、焊接电流和焊剂类型而定，一般在 15~30mm 之间。带极越宽，电流越大，焊剂厚度越厚；烧结焊剂的厚度比熔炼焊剂大 5mm 左右。对于不锈钢带极（厚 0.4mm，宽 150mm），用焊接电流 2400A（直流反接），焊接电压 26V，焊接速度 15cm/min。

与带极埋弧堆焊一样，当带极宽度大时，在电渣堆焊层两边有咬边现象，这是由于熔池涡流电所产生的磁场力作用的结果，如图 20-3a 所示，采用如图 20-3b 所示的磁控法可以消除此现象。

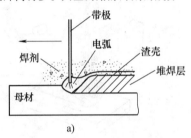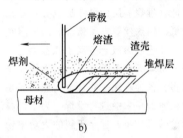

图 20-2　埋弧型与电渣型带极堆焊示意图
a) 埋弧型　b) 电渣型

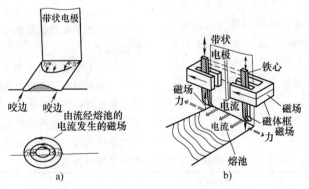

图 20-3　发生咬边的原理和磁控原理
a) 发生咬边原理　b) 磁控原理图

7. 高速带极堆焊

由于焊接速度的提高（一般带宽为 75mm 时，焊接速度可达 25~28cm/min）堆焊过程由电渣过程变成电渣—电弧的联合过程，但以电渣过程为主，因此基本保留了电渣堆焊高效、低稀释率的优点，且因焊

速高，对母材热输入小，边界层晶粒细小，多呈马氏体和奥氏体双相组织，堆焊在氢介质中工作的工件时，大大提高了抗氢致剥离性能，而且工件变形小，可堆焊较薄的工件。由于焊速高，焊接电流大，磁收缩现象更严重，因此对磁控装置的要求也更高。一般

需堆焊 2 层才能满足成分要求。

8. 等离子弧堆焊

特点是明弧、堆焊层形状容易控制、成形平整，不加工或少加工即可使用。等离子弧弧柱稳定、温度高，能量集中，热利用效率高，熔敷速度较快，焊接参数可调性好，可控熔深和熔合比，熔合比可控制在 5% ~ 15%，堆焊焊道宽度为 3 ~ 40mm，堆焊层厚度为 0.5 ~ 6.4mm，易实现自动化。但设备复杂，成本高，噪声大和紫外线强，而且温度梯度较大，为防止开裂，大工件堆焊时需预热。主要适用于质量要求高、批量大的零件表面堆焊。典型的应用如高压阀门密封面、钻具接头、工程机械刃具以及模具等零件的堆焊。

根据填充金属送给方式及堆焊材料种类的不同，大致可分为冷丝（实心焊丝、药芯焊丝、铸棒、焊带）等离子弧堆焊、热丝（实心或药芯）等离子弧堆焊、预制型等离子弧堆焊、粉末等离子弧堆焊。等离子弧堆焊稀释率较低（堆焊一层即可满足成分要求），一般熔敷速率也较低，但热丝等离子弧堆焊用电阻热将焊丝加热至熔点，并连续熔敷于等离子弧前面，可大大提高熔敷速率。粉末等离子弧堆焊的最大优点是堆焊材料品种非常多，各种难轧拔的合金均能制成粉末，且能把 WC 颗粒加入粉末中进行堆焊。为了提高粉末等离子弧堆焊的熔敷速率，近年研制的大功率粉末等离子弧堆焊焊枪可使熔敷速率提高到 15kg/h 以上，而稀释率仍保持在 5% 以下。

（1）冷丝等离子弧堆焊

冷丝等离子弧堆焊是把焊丝作为填充材料，不经预热直接送入等离子弧区进行堆焊。凡能拔制成丝的材料，如合金钢、不锈钢、铜合金等实心焊丝及药芯焊丝，一般通过自动送丝方式单根或数根并排送入，在等离子摆动过程中熔敷成堆焊层。铸造成棒材的合金，如钴基合金、高铬铸铁棒材，通常采用手工送进。此外带状材料也可作为填充金属使用。

一般堆焊层厚度为 0.8 ~ 6.4mm，宽度为 4.8 ~ 38mm。冷丝堆焊在工艺和质量上都较稳定，但生产率较低，主要应用于各种阀门耐磨、耐腐蚀零件的堆焊。

（2）热丝等离子弧堆焊

热丝等离子弧堆焊是利用焊丝自身的电阻进行预热后，再送入等离子弧区进行堆焊。可用单丝或双丝自动送进。图 20-4 所示为双热丝等离子弧堆焊示意图，堆焊时电流值可以独立调节，使两根焊丝在电阻热的作用下加热到熔点，并被连续地熔敷在等离子弧前面的基体上，随后等离子弧将它与基体熔焊在一起，堆焊过程完全机械化。所用的焊丝可以是实心，也可以是管状。由于焊丝预热，使熔敷效率的提高和稀释率的降低都是非常明显，并且可去除焊丝表面的水分，对减少堆焊层气孔有利。

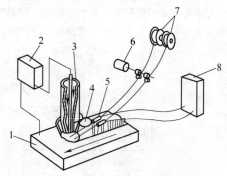

图 20-4　双热丝等离子弧堆焊示意图
1—工件　2—等离子弧直流电源　3—等离子枪
4—气体保护拖罩　5—焊丝预热夹头　6—送丝
电动机　7—填充焊丝　8—预热交流电源

用等离子弧双热丝堆焊不锈钢的典型规范参数，见表 20-5。

（3）预制型等离子弧堆焊

预制型等离子弧堆焊是将堆焊合金预制成一定的形状并放置在待堆焊表面，然后将其用等离子弧熔化而形成堆焊层。这种堆焊工艺适用于形状简单，批量大的零件堆焊，如柴油机排气阀的密封面等。

表 20-5　等离子弧双热丝堆焊不锈钢焊接参数

等离子堆焊参数			焊丝参数			焊接速度	熔敷速度	稀释率
电流/A	电压/V	气体流量/(L/min)	焊丝数	直径/mm	电流/A	/(cm/min)	/(kg/h)	(%)
400	38	23.4	2	1.6	160	20	18 ~ 23	8 ~ 12
480	38	23.4	2	1.6	180	23	23 ~ 27	8 ~ 12
500	39	23.4	2	1.6	200	23	27 ~ 32	8 ~ 15
500	39	23.6	2	2.4	240	25	27 ~ 32	8 ~ 15

（4）粉末等离子弧堆焊

粉末等离子弧堆焊是将合金粉末送入等离子弧区并将其熔化而获得堆焊层的一种堆焊方法。粉末等离子弧堆焊焊枪结构如图20-5所示。其特点是粉末来源广，种类多，铁基、镍基、钴基以及碳化钨等各种成分的合金粉末都能堆焊。堆焊熔敷率高，稀释率低，堆焊层质量好。过程工艺稳定，易于实现机械化和自动化。堆焊层厚度可准确控制，厚度变化范围在$0.25 \sim 6mm$之间，堆焊层平滑整齐。目前粉末等离子弧堆焊广泛地应用于各种阀门密封面、石油钻杆接头、模具刃口、犁铧刃口等的强化和修复。

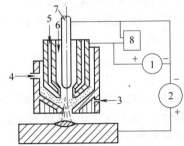

图20-5　粉末等离子弧堆焊示意图

1—非转移弧电源　2—转移弧电源　3—保护气体
4—粉末和送粉气　5—冷却水　6—离子气
7—钨极　8—高频振荡器

9. 摩擦堆焊

摩擦堆焊是利用金属焊接表面摩擦产生热的一种热压堆焊方法。热源是金属摩擦焊接表面上的高速摩擦塑性变形层，这个变形层是摩擦的机械功变成热能的发热层。摩擦堆焊热源的最高温度不超过被焊金属的熔点。在异种金属堆焊时，摩擦焊热源的温度不超过低熔点金属的熔点。其原理如图20-6所示。堆焊金属圆棒1以高速n_1旋转，并向堆焊件2施加摩擦

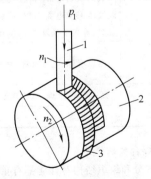

图20-6　摩擦堆焊原理示意图

1—堆焊金属圆棒　2—堆焊件　3—堆焊焊缝
n_1—堆焊金属圆棒转速　n_2—堆
焊件转速　p_1—摩擦力

擦压力。由于基体体积大、导热好、冷却速度快，在摩擦加热过程中摩擦表面从堆焊金属和基体交界面移向堆焊金属一边，同时，堆焊金属凝固过渡到基体表面上。当基体相对于堆焊金属圆棒以n_2速度转动或移动时，在基体上就会形成堆焊焊缝。

这种堆焊方法的特点是热源能量集中，加热效率高，摩擦不仅生热，而且还能清除表面的氧化膜。普通的异种钢可以采用摩擦堆焊方法进行堆焊，常温和高温力学、物理性能差别很大的异种钢和异种合金也适合这种堆焊方法。如碳素结构钢、低合金钢与不锈钢、高速工具钢、镍基合金之间的堆焊。

10. 激光熔覆

将扩束的激光作为热源，在低于$10^5 W/cm^2$的能量密度下实现自熔合金粉末的熔覆。激光熔覆具有能量密度高，熔覆速度快，稀释率低等特点。采用激光熔覆技术，可以获得精密和高质量的熔覆层。国内用于熔覆的激光器一般为CO_2激光器，功率在$3 \sim 5kW$范围。激光熔覆工艺方法可以采用预置粉末激光重熔法和自动送粉熔覆法，根据送粉喷嘴与激光束的相对位置，自动送粉熔覆法又可以分为侧向送粉和同轴送粉两种。

激光熔覆的母材可以是钢材，也可以是铝合金、铜合金、镍基合金及钛合金等。所熔覆的合金材料包括镍基、铁基和钴基自熔合金，以及这些自熔合金与陶瓷颗粒的复合粉末材料。激光熔覆技术具有广阔的应用前景，可用于制备耐磨、耐腐蚀、抗高温熔覆层等，如在刀具和钻探工具上熔覆WC合金，提高耐磨性，在汽轮机和水轮机叶片上熔覆CoCrMo合金提高耐磨和耐气蚀性能，在模具上熔覆Co包WC和镍基合金以提高模具寿命，在轧辊及发动机的凸轮、活塞环等部件上熔覆耐磨、抗疲劳合金等。

11. 聚焦光束熔覆

聚焦光束熔覆是以聚焦了的氙灯辐射光为热源，加热熔覆材料使其熔化并熔敷在母材上形成熔覆层的方法。聚焦光束熔覆可分为粉末预置光束重熔熔覆法和自动送粉光束熔覆法。聚焦光束熔覆材料主要采用各种自熔性合金粉末，为了改善熔覆层的使用性能，还可以采用复合粉末熔覆，常用的复合粉末增强相有WC、TiC、SiC等碳化物和ZrO_2、Al_2O_3等氧化物。具有熔敷效率高，不会对熔池增碳污染熔覆金属，对熔覆熔池无机械力和电磁力的作用，可获得较低的稀释率，熔覆过程不受母材电、磁等性质的限制，可以获得较宽的熔覆层，大面积熔覆时可以减少搭接次数，有利于提高熔覆层质量。目前聚焦光束熔覆法主要用于制备耐磨、耐腐蚀熔覆层。

粉末预置光束重熔法时用粘结剂将合金粉末预置在工件表面，然后用光束重熔形成熔覆层。通过控制光束的能量密度和光束扫描速度，获得不同的熔覆热输入。采用过小的光束扫描速度时，熔覆金属氧化烧损和母材过度熔化，恶化熔覆层质量，而且稀释率增大。扫描速度过快时，由于热输入降低，熔覆材料熔化不充分，熔覆层易出现气孔，同时也导致母材表面熔化不足，降低了熔覆层与母材的结合质量。预置层的宽度大于光斑直径时，焊道边缘由于光束能量密度低，熔化不充分，易出现边缘翘曲；但预置层宽度过小时，将产生母材过度熔化，在焊趾处产生咬肉等缺陷。粉末预置厚度在很大程度上决定了熔覆层的稀释率，进而影响熔覆层的硬度及与母材的结合质量。

自动送粉熔覆过程可调节的参数有光束能量参数、熔覆速度和送粉速率。光束的能量参数和熔覆速度影响熔覆热输入的大小，送粉速率与熔覆速度影响熔覆焊道单位长度的粉末质量（线质量），而熔覆热输入和粉末线质量决定了熔覆层的宽度和厚度以及熔覆层稀释率和粉末利用率，还影响熔覆层与母材的冶金结合质量。图20-7给出了聚焦光束自动送粉熔覆时，热输入和线质量对熔覆层和母材结合质量的影响。可见，存在一个热输入与线质量相匹配的区域，只有在这个区域内才能获得与母材冶金结合良好的熔覆层。

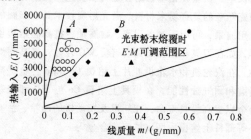

图20-7　熔覆热输入和送粉线质量
对熔覆层结合质量的影响
▲无冶金结合　○冶金结合　◆部分冶金结合
●完全脱落　■泪珠状不连续

20.2　堆焊合金与堆焊工艺

20.2.1　堆焊合金的分类

随着工业技术的日益发展，堆焊的应用越来越广泛。它已从单纯修复磨损零件的工艺发展成为制造具有很高的耐磨、耐热、耐蚀等特殊性能要求的双金属零件的重要手段。为满足各种不同性能要求和追求最佳经济效益，已开发出种类繁多的堆焊合金。为了方便地了解和选择堆焊材料，必须对各种堆焊合金进行合理的分类。

1. 按堆焊材料的形状分类

堆焊方法不同，要求的堆焊材料形状也不同，而堆焊材料形状的不断开发，又促进了堆焊过程的机械化和自动化。

常用的堆焊材料形状可分为条状、丝状、带状、粉粒状、块状等。

条状堆焊材料有焊条、管状焊条、铸条等。管状焊条可以方便地调整堆焊成分，且合金过渡系数较药皮过渡高。

丝状堆焊材料有实心焊丝、药芯焊丝、水平连铸丝。后两者是难以轧拔的高合金材料制成了能实现机械化生产的丝材。

带状堆焊材料有实心焊带、药芯焊带。

粉粒状堆焊材料包括合金粉和焊剂。几乎所有的合金均能制成粉粒状，故其成分范围非常广。合金粉也可加入粘结剂制成糊状使用。焊剂中的烧结焊剂和粘结焊剂可过渡合金。

块状堆焊材料是将粉末加粘结剂压制而成，可用碳弧或其他热源进行熔化堆焊，成分调整也比较方便。

常用的堆焊材料形状及其适用的堆焊方法列于表20-6。

表20-6　常用的堆焊材料的形状
及适用的堆焊方法

堆焊材料形状		适用的堆焊方法
条状	焊条	焊条电弧堆焊
	铸条（丝）	氧乙炔焰堆焊、等离子弧堆焊、钨极氩弧堆焊
丝状		氧乙炔焰堆焊、钨极氩弧堆焊、熔化极气体保护电弧堆焊、埋弧堆焊、振动堆焊、等离子弧堆焊
带状		埋弧堆焊、电渣堆焊、高速带极堆焊
粉状		等离子弧堆焊、氧乙炔焰堆焊
块状		碳弧堆焊等

2. 按堆焊合金系分类

材料的成分和组织结构对性能都有重要的影响，因此堆焊合金的分类必须同时考虑这两种因素。

综合考虑堆焊合金的成分和堆焊层的组织结构，可分为铁基、钴基、镍基、铜基和碳化物堆焊材料几种类型。

铁基堆焊金属性能变化范围广、韧性和抗磨性配合好，能满足许多不同要求，而且价格较低，所以使用最广泛，品种也最多。

铁基堆焊金属由于合金含量、含碳量和冷却速度的不同，堆焊层的基体组织可以有马氏体、奥氏体、珠光体和莱氏体碳化物等几种基本类型。

C 是铁基堆焊金属中最重要的合金元素，Cr、Mo、W、Mn、Si、V、Ni、Ti、B 等也能作为合金化元素。合金元素不但影响堆焊层中碳化相的形成，而且对基体组织的性能也有影响。含碳量较低时，碳对基体组织的硬度有影响。以铁素体为基体的低碳钢，由于硬度太低，堆焊中几乎不用。当 $w(C)$ 增大到 0.8% 时，焊后空冷堆焊层基体组织以珠光体为主，硬度较高，韧性较好。加入少量合金元素后，珠光体转变温度下降，因而形成的珠光体晶粒较小，而硬度较高。当合金元素更多时，奥氏体将在 480℃ 以下转变成马氏体或贝氏体，马氏体强度、硬度都很高，耐磨性也好。低碳马氏体具有较高韧性，而高碳马氏体耐磨性更高些。另外，马氏体有很高的屈服强度，使堆焊层能经受中度的冲击。贝氏体的性能介于珠光体和马氏体之间，但以贝氏体为主的堆焊金属在生产中用得较少。奥氏体较软，强度和韧性也较高，含锰的奥氏体有较显著的加工硬化性能。空淬钢通常都含有少量残留奥氏体。随着合金元素含量的增加，残留奥氏体在堆焊层中的比例上升。当稳定奥氏体的合金元素含量很大时［例如 $w(Mn)13\%$ 或 $w(Cr)18\% + w(Ni)8\%$］，奥氏体完全不发生转变，直到室温时，堆焊层仍为奥氏体组织。这时堆焊金属屈服强度较低，在中度冲击下就会发生变形，韧性高，适合于在重度冲击的条件下工作。当 $w(C)$ 增大到 1% 以上时，堆焊层中出现碳化物。脆性和耐低应力磨料磨损性能同时加大。而当 $w(C)$ 超过 1.7% 时，就成为耐磨料磨损性能很好地合金铸铁型的堆焊层。合金碳化物比 Fe_3C 硬，所以耐磨性更好。碳化钨、碳化铬都比石英硬，所以碳化钨和高铬合金堆焊层都有很高的抗低应力磨料磨损的能力。高铬合金铸铁堆焊层的基体组织是奥氏体或马氏体，而大多数奥氏体和马氏体合金铸铁堆焊层的基体组织是莱氏体碳化物。他们都含有大量的合金碳化物，因而耐磨料磨损性能都很高。

合金元素对铁基合金堆焊层的性能也有很大影响，W、Mo、V 和 Cr 使堆焊层有较好的高温强度，并能在 480 ~ 650℃ 时发生二次硬化效应。Cr 使材料有很好的抗氧化性能，在 1090℃ 时，$w(Cr)25\%$ 就能提供很好的保护作用。

镍基、钴基堆焊合金价格较高，由于高温性能好、耐腐蚀，主要在要求耐高温磨损、高温腐蚀的场合使用。铜基材料由于耐蚀性好，并能减少金属间的磨损，也常被选作抗腐蚀或抗微动磨损的堆焊金属。而耐磨料磨损性能最好的碳化钨焊层，虽然价格较贵，但是在耐严重磨料磨损和工具堆焊中占有重要的地位。钴基、镍基堆焊金属的基体都是奥氏体，他们的硬化相除了碳化物外，还有硼化物、金属间化合物和共晶相等。

20.2.2　铁基堆焊合金成分、工艺与选用

1. 珠光体钢堆焊金属

（1）珠光体钢堆焊金属的成分与牌号

珠光体钢堆焊金属中 $w(C)$ 一般在 0.5% 以下，含合金元素总量在 5% 以下。以 Mn、Cr、Mo、Si 为主要合金元素。

在焊后自然冷却时，堆焊金属的金相组织以珠光体为主，故称珠光体钢堆焊金属（包括索氏体和托氏体），其硬度为 20 ~ 38HRC。当合金元素含量偏高或冷却速度较大时，能产生部分马氏体组织，这时硬度增高。

珠光体钢堆焊材料的成分及硬度，见表 20-7 ~ 表 20-9。

（2）珠光体钢堆焊材料的用途

珠光体钢堆焊金属多在焊态使用，也可以通过热处理改善性能。该堆焊金属的特点是：焊接性能优良，具有中等的硬度和一定的耐磨性，冲击韧度好，易机械加工，价格便宜。主要用于以下几个方面：在堆焊修复中用于堆焊耐磨层之前的恢复母体尺寸堆焊层，当需要堆焊层数大于 2 层或 3 层以上时，全部使用耐磨性高的合金将使成本增高，且某些合金不宜过量多层堆焊；用于过渡层（或称缓冲层）堆焊。当母材为低碳钢时，过渡层可加强工件的强度以避免在使用中母体产生变形而引起耐磨层剥落。当母材为高碳钢时，过渡层是为了改善母材熔合区的韧性以防止工件断裂或耐磨层剥落；在少数情况下，也可用于对堆焊层硬度要求不高的零件的堆焊。但从经济上考虑，用这种耐磨性不高的材料作抗磨堆焊层是不合理的。具体应用见表 20-7 ~ 表 20-9。

（3）珠光体钢堆焊金属的工艺

珠光体钢堆焊金属采用的工艺方法主要是焊条电弧堆焊和熔化极自动堆焊，包括药芯焊丝 MAG 堆焊、药芯焊丝自保护堆焊、药芯焊丝埋弧堆焊和带极埋弧堆焊，个别情况下采用电渣堆焊。由于熔深大小对这种材料的堆焊并不重要，故低稀释率的工艺方法如氧乙炔焰堆焊、TIG 堆焊等，因劳动生产率低，成本

表 20-7　珠光体钢堆焊焊条的成分、硬度与用途[3]

序号	牌号	国标型号（GB）	堆焊金属化学成分（质量分数，%）						堆焊金属硬度 HRC	用途
			C	Si	Mn	Cr	Mo	其他		
1	D102	EDPMn2-03	≤0.20	—	≤3.50	—	—	—	≥22	用于堆焊或修复低碳钢、中碳钢及低合金钢磨损件的表面，车轮、齿轮、轴类等。拖拉机辊子、链轮牙、链轨板、履带板、搅拌机叶片，碳钢道岔等
2	D106 D107	EDPMn2-16 EDPMn2-15	≤0.20	—	≤3.50	—	—	—	≥22	
3	D112	EDPCrMo-A1-03	≤0.25	—	—	≤2.00	≤1.50	≤2.00	≥22	
4	D126 D127	EDPMn3-16 EDPMn3-15	≤0.20	—	≤4.20	—	—	—	≥28	
5	D132	EDPCrMo-A2-03	≤0.50	—	≤3.00	≤1.50	—	—	≥30	
6	D146	EDPMn4-16	≤0.20	—	≤4.50	—	—	≤2.00	≥30	
7	D156		≈0.10	≈0.05	≈0.70	≈3.20	—	—	≈31	适用于轧钢机零件的堆焊，如槽滚轧机、铸钢的大齿轮、拖拉机驱动轮、支重轮和链轨节
8	D202A		≤0.15	0.2~0.4	0.5~0.9	1.8~2.3	—	—	26~30	

注：堆焊金属化学成分余量为 Fe。

表 20-8　珠光体钢堆焊药芯焊丝的成分、硬度及用途[3-5]

序号	焊丝种类	牌号	堆焊金属化学成分（质量分数，%）						堆焊金属硬度 HV	用途
			C	Si	Mn	Cr	Mo	V		
1	MAG 药芯焊丝	FLUXOFIL50	0.17	0.45	1.4	0.70	—	—	225~275HBW	
2		FLUXOFIL51	0.20	0.16	1.5	1.25	—	—	275~325HBW	
3		A-250	0.17	0.42	1.21	1.63	0.50	—	290	
4		A-350	0.23	0.42	1.48	2.70	0.20	—	378	
5		AS-H250	0.06	0.48	1.54	1.17	0.40	—	279	
6		AS-H350	0.10	0.65	1.56	1.66	0.49	—	384	
7	自保护弧焊药芯焊丝	YD176Mn-2	0.12~0.18	0.9~1.2	1.7~2.1	0.55~0.85	0.3~0.5		32~36HRC	用于零件恢复尺寸层堆焊、过渡层堆焊和受金属间磨损的中等硬度零件表面层堆焊。如轴、惰轮、滑轮、链轮、连接杆等
8		GN-250	0.18	0.15	1.4	0.57	0.14		276	
9		GN-300	0.23	0.26	1.42	1.10	0.21		331	
10		GN-350	0.26	0.16	1.42	1.25	0.24		360	
11	埋弧堆焊药芯焊丝、焊带	FLUXOCORD50 （焊剂 OP-122）	0.14	0.70	1.6	0.6			220~270	
12		FLUXOCORD51 （焊剂 OP-122）	0.18	0.70	1.7	1.1			250~350	
13		S-250/50	0.05	0.67	1.72	0.72	0.48	—	248	
14		S-300/50	0.08	0.84	1.55	0.93	0.47	0.12	300	
15		S-350/50	0.10	0.66	2.04	1.96	0.54	0.17	364	
16		HYB117Mn	≥0.1	1.20~1.60		1.5~2.5		其他~2	HRC≈30	

注：堆焊金属化学成分余量为 Fe。

表 20-9　珠光体钢带极埋弧堆焊堆焊层成分、硬度及用途[4]

序号	规格 /mm	焊剂/带 极牌号	堆焊金属化学成分(质量分数,%)					堆焊 层数	堆焊 金属 硬度 HV	用　　途
			C	Si	Mn	Cr	Mn			
1	50 × 0.4	BH-200/SH-10	0.08	0.57	1.61	0.50	0.20	3	190 ~ 220	配合烧结焊剂,堆焊各种辊子及 硬堆焊层打底焊
2	50 × 0.4	BH-260/SH-10	0.08	0.65	1.61	0.80	0.30	3	240 ~ 260	配合烧结焊剂,堆焊各种辊子及 离心铸造模等的堆焊
3	50 × 0.4	BH-360/SH-10	0.12	0.35	0.65	2.22	1.2 (V0.12)	3	310 ~ 360	配合烧结焊剂,堆焊连铸机夹送 辊、送料台辊子

注: 1. 带极 SH-10 的成分（%）为: C 0.05、Si 0.03、Mn 0.35、P 0.018、S 0.005，其余为 Fe。

　　2. 堆焊金属化学成分余量为 Fe。

高而极少采用。但要注意这类合金对稀释率和冷却速度都很敏感，能引起性能较大的变化，想得到所需的性能，焊接参数仍应严格控制。同时为保持堆焊层硬度，层间温度不宜过高。

1）珠光体钢的焊条电弧焊工艺。低氢型焊条焊前应在 350 ~ 400℃烘干 1h；钛钙型焊条可不烘干或在 100℃左右烘干 1h；工件堆焊前应清理油、锈；当母材为低碳钢时，焊前不预热。但母材为中碳或低合金高强钢时，应焊前预热 150 ~ 250℃。低氢型焊条用直流反接（焊条接正极），钛钙型焊条及金红石型焊条多用交流电源或直流正接（焊条接负极）。常用电流值列于表 20-10。

表 20-10　焊条电弧焊常用的电流值[3]

焊条直径/mm		2.5	3.2	4.0	5.0	6.0
焊接电流 /A	平焊	60 ~ 80	90 ~ 130	130 ~ 180	180 ~ 240	240 ~ 300
	横焊 立焊	60 ~ 80	80 ~ 120	110 ~ 150	130 ~ 190	—

2）珠光体钢 MAG 药芯焊丝堆焊工艺。采用的焊丝见表 20-8 中的序号 1 ~ 6。焊丝直径一般为 1.2 ~ 3.2mm，保护气体采用 CO_2，气流量大于 20L/min。焊丝使用前在 200 ~ 300℃之间烘干 1 ~ 2h。焊接参数为：焊丝直径 3.2mm，电流 300 ~ 500A，电弧电压 26 ~ 30V。焊丝直径 1.2mm 时，电流 120 ~ 300A（平焊）及 120 ~ 260A（立焊）。焊丝直径 1.6mm 时，电流 200 ~ 450A（平焊）及 180 ~ 270A（立焊）。堆焊采用直流电源反接。

3）珠光体钢自保护药芯焊丝堆焊工艺。采用的药芯焊丝见表 20-8 中的 7 ~ 10。焊丝直径一般为 3.2mm。属明弧无气保护堆焊，焊丝伸出长 30 ~ 50mm，焊丝焊前在 200 ~ 300℃烘干 1 ~ 2h。焊接参数

为：焊丝直径 3.2mm，电流 300 ~ 500A，电弧电压 26 ~ 30V。

4）珠光体钢药芯焊丝、焊带埋弧堆焊工艺采用的药芯焊丝、焊带见表 20-8 中的 11 ~ 16。配用适当的焊剂。药芯焊丝、焊带及焊剂使用前在 150 ~ 250℃烘干 1h。焊丝直径为 3.2mm 时，电流为 300 ~ 450A，电弧电压选用 28 ~ 34V。焊带尺寸为 25mm × 1mm 时，电流为 450 ~ 500A，电弧电压为 30 ~ 40V，焊速约 500mm/min。

5）珠光体钢带极埋弧堆焊工艺。采用的带极为低碳钢，带极断面尺寸 50 × 0.4mm²，通过焊剂过渡合金元素得到的堆焊层成分见表 20-9。带极堆焊参数见表 20-11。

表 20-11　带极埋弧堆焊参数[4]

带极尺寸 /mm	焊接电流 /A	电弧电压 /V	带极送进速度 /(cm/min)
50 × 0.4	700 ~ 900	22 ~ 27	18 ~ 22

2. 马氏体钢堆焊金属

马氏体钢堆焊金属根据它们的 C 和合金元素的含量以及性能、用途的不同，又可分为普通马氏体钢、高速钢及工具钢、高铬马氏体钢 3 大类。

（1）普通马氏体钢堆焊金属

1）普通马氏体钢堆焊金属的成分及牌号。普通马氏体钢堆焊金属的 $w(C)$ 一般在 0.1% ~ 1.0% 范围内，个别也有的高达 1.5%。另外含有低或中等含量的合金元素，合金元素含量一般小于 12%，个别可达 14%。加入 Mo、Mn、Ni 能提高淬硬性，促使马氏体、贝氏体形成。加入 Cr、Mo、W、V 形成抗磨的碳化物。而 Mn、Si 能改善焊接性能，其组织为马氏体，有时也会出现少量的珠光体、托氏体、贝氏体和残留奥氏体。堆焊层硬度在 25 ~ 65HRC 范围内，主要决定于含碳量和转变成马氏体的数量，冷却速度和

合金含量对马氏体转变程度的影响很大，稀释率对硬度的影响也很大。根据含碳量不同可分为：低碳、中碳和高碳马氏体钢堆焊金属。

低碳马氏体堆焊金属的 $w(C)$ 小于 0.30%，其堆焊层显微组织为低碳马氏体，硬度在 25～50HRC 范围内，低碳马氏体钢堆焊金属有以下特点：抗裂性好，堆焊前一般不用预热；硬度适中，有一定的耐磨性，能用碳化钨刀具加工，但硬度高的只能磨削加工；延性好，能承受中度冲击；线胀系数较小，开裂和变形倾向较小。

此外，由山东大学研制的低碳马氏体的基体上弥散分布 TiC-VC 颗粒的 XM-1 号堆焊焊条，具有高硬度（≥55HRC）、高耐磨性及优异的抗裂性能[6,7]。该焊条药皮采用钛铁、钒铁和石墨等组分，利用高温电弧冶金反应生成 TiC-VC 颗粒弥散分布在低碳马氏体和残留奥氏体的基体上。堆焊过程可焊前不预热和焊后不缓冷，堆焊层不产生裂纹，对于多层多道堆焊，层间可不除渣连续堆焊。特别适用于矿山机械、水泥设备、电力等耐冲击磨损和耐疲劳零部件的堆焊。

中碳马氏体钢堆焊金属的 $w(C)$ 为 0.6%～1.0%，也有的高达 1.5%。堆焊金属显微组织是片状马氏体和残留奥氏体，如果含碳量和含铬量都较高，由于残留奥氏体数量增加，韧性可以提高。堆焊金属硬度高达 60HRC 左右，具有好的抗磨料磨损性能，但耐冲击能力较差。焊接时容易产生裂纹，所以一般应预热 350～400℃ 以上，多数是在焊态使用，如果需要机械加工，则应先行退火处理，将硬度降到 25～30HRC，加工后再淬火把硬度提高到 50～60HRC。

普通马氏体钢堆焊材料的成分及硬度见表20-12～表20-16。

2）普通马氏体钢堆焊材料的用途。当堆焊层的韧性、强度、耐磨性都有要求时，马氏体钢是最好的、最经济的堆焊材料。它也经常在堆焊更脆、更耐磨的材料前，作为高强度的过渡层材料。随着含碳量、含铬量的增加，抗磨性加大，它对金属间磨损和低应力磨料磨损有很好的抵抗力，但耐高应力磨料磨损的性能不很好，而耐冲击能力不如珠光体钢和奥氏体钢。此外，除少品种外，普通马氏体钢堆焊金属耐热和耐腐蚀性都不好。

低碳马氏体钢堆焊金属应用范围比较广泛，可以代替珠光体、贝氏体、莱氏体焊条。还可以部分的代替高锰钢焊条，但由于耐磨料磨损性能较差，不是理想的耐磨材料，除了做过渡层外，主要用于金属间磨损零件的修补堆焊。常用于：车轮、轴类、齿轮、泵、叶片、泥浆泵、石油吊卡、钻井设备、破碎机、推土机、搅拌机、送料机、航道疏浚设备、水电设备、农业机械、矿山机械等。应用对象详见表20-12、表20-15、表20-16。

表 20-12　低碳马氏体钢堆焊焊条的成分、硬度及用途

序号	牌号	堆焊金属化学成分（质量分数，%）						堆焊金属硬度 HRC	用　　途
		C	Si	Mn	Cr	Mo	V		
1	耐磨4#	≈0.1	Si + Mn 1.2 ～2.4		5.5～6.5	—	其他 ≤2	40～45	齿轮轴类等堆焊
2	ZD-16#	0.10～0.20	0.50～2.0	1.0～3.0	Cr + W 5.0～10.0	Ni 1.0～3.0	其他 ≤5	40～45	热轧辊类堆焊

注：1. 非标产品，哈尔滨焊接研究所研制。

　　2. 堆焊金属化学成分余量为 Fe。

表 20-13　中碳马氏体钢堆焊焊条的成分、硬度及用途[3]

序号	牌号	国标型号（GB）	堆焊金属化学成分（质量分数，%）						其他元素总量	堆焊金属硬度 HRC	用　　途
			C	Si	Mn	Cr	Mo	V			
1	D167	EDPMn6-15	≤0.45	≤1.00	≤6.50	—	—	—	—	≥50	大型推土机、动力铲滚轮、汽车环链、农业、建筑磨损件堆焊

（续）

序号	牌号	国标型号（GB）	堆焊金属化学成分(质量分数,%)							堆焊金属硬度 HRC	用　途
			C	Si	Mn	Cr	Mo	V	其他元素总量		
2	D172	EDPCrMo-A3-03	≤0.50	—	—	≤2.50	≤2.50	—	—	≥40	齿轮、挖泥斗、拖拉机刮板、铧犁、矿山机械磨损件堆焊
3	D212	EDPCrMo-A4-03	0.30~0.60	—	—	≤5.00	≤4.00	—	—	≥50	齿轮、挖斗、矿山机械磨损件的堆焊
4	D217A	EDPCrMo-A3-15	≤0.50	—	—	≤2.50	≤2.50	—	—	≥40	冶金轧辊、矿石破碎机部件、挖掘机斗齿的堆焊
5	D237	EDPCrMoV-Al-15	0.30~0.60	—	—	8.00~10.00	≤3.00	0.5~1.00	≤4.00	≥50	水力机械、矿山机械磨损件的堆焊

注：堆焊金属化学成分余量为 Fe。

表 20-14　高碳马氏体钢堆焊焊条的成分、硬度及用途[3]

序号	牌号	国标型号（GB）	堆焊金属化学成分(质量分数,%)						堆焊金属硬度 HRC	用　途
			C	Si	Mn	Cr	Mo	V		
1	D202B		0.50~0.70	0.30~0.50	0.60~1.00	4.40~5.00	—	—	54~58	齿轮、挖斗、矿山机械磨损表面堆焊
2	D207	EDPCrMnSi-15	0.50~1.00	≤1.00	≤2.50	≤3.50	其他≤1.00		≥50	推土机零件、螺旋桨堆焊
3	D227	EDPCrMoV-A2-15	0.45~0.65	—	—	4.00~5.00	2.00~3.00	4.00~5.00	≥55	掘进机滚刀、叶片堆焊
4	D246	EDPCrSi-B	≤1.00	1.50~3.00	≤0.80	6.50~8.50	B 0.50~0.90		≥60	矿山、工程、农业、制砖、水泥、水力等机械的易磨损件堆焊

注：堆焊金属化学成分余量为 Fe。

表 20-15　普通马氏体钢堆焊药芯焊丝、焊带的成分、硬度及用途[3-5,8]

序号	名称	牌号焊丝/焊剂	堆焊金属化学成分(质量分数,%)						堆焊金属硬度 HVC	用　途
			C	Si	Mn	Cr	Mo	V		
1	CO₂ 气体保护堆焊药芯焊丝	A-450	0.19	0.66	1.52	1.83	0.60	—	445	履带辊、链轮、惰轮、轴、销、链带、搅叶堆焊
2		A-600	0.38	0.32	2.76	6.16	3.25	—	628	挖泥船泵壳,输送螺旋推土刀堆焊

（续）

序号	名称	牌号 焊丝/焊剂	C	Si	Mn	Cr	Mo	V	堆焊金属硬度 HVC	用途
3	CO₂气体保护堆焊药芯焊丝	YD212-1	0.30~0.60	—	—	≤5.00	≤4.00	—	≥50HRC	齿轮、挖斗、矿山机械堆焊
4		YD247-1	≤0.70	2.00~3.00	—	7.00~9.00	—	—	55~60HRC	各种受磨损机件表面堆焊
5		FLUXOFIL66	1.2	—	1.0	6.0	1.2	—	57~62	碾辊、螺旋运输机、刮板刀堆焊
6	自保护堆焊药芯焊丝	GN450	0.45	0.14	1.80	2.65	0.49	—	480	驱动链轮、轴、销、搅叶、链带、滚轮、齿轮堆焊
7		GN700	0.65	0.89	1.27	5.92	1.61	—	675	推土机刀、搅叶、割刀、泵壳、搅拌筒堆焊
8		YD386-2	0.06~0.14	0.15~0.45	1.20~1.60	2.00~2.60	≤0.50	—	42~46HRC	拖拉机、挖土机辊子、惰轮、起重机轮、链轮、传送器、吊车轮、离合器凸轮等的堆焊
9	埋弧堆焊药芯焊丝、焊带（焊丝）	S400/50	0.12	0.80	2.04	1.99	0.54	0.19	400	推土机铲土机的引导轮、支重轮、惰轮、链轨节堆焊
10		S450/50	0.20	0.60	1.50	2.80	0.80	0.30	450	
11		YD107-4	0.30~0.55	0.10~0.50	1.30~1.95	—	0.35~0.85	—	≥24HRC	
12		YD137-4	0.25~0.55	≤0.40	0.95~1.45	2.10~2.70	0.25~0.55	—	36HRC	
13		S600/80	0.25	0.90	1.55	7.0	4.2	W0.45	580	辊碾机辊子,高炉料钟堆焊
14	（焊带）	HYD047/HJ107	≤1.7	—	Ni≤3.0	4.0~7.0	1.5~3.0	其他≤10.0	≥55HRC	辊压机挤压辊表面堆焊
15		HYD616Nb/HJ151	1.00~2.00	Si+Nb 5.5~7.0	0.30~0.50	10~15		其他~2%	≥55HRC	水泥碾辊、磨煤机碾辊,铸造式磨辊等表面堆焊
16		FLUXOM AX66/OP70FB	1.2	—	1.0	6.0	1.2	—	57~62HRC	碾辊、螺旋运输机、挖掘铲等堆焊

注：堆焊金属化学成分余量为Fe。

表 20-16　普通马氏体钢实心带极埋弧堆焊的熔覆层成分、硬度及用途[4]

序号	名称	焊剂/带极牌号	层数	C	Si	Mn	Cr	Mo	V	堆焊金属硬度 HV	用途
1	堆焊带极（50×0.4mm²）	BH-400/SH-10	1	0.13	0.31	0.56	3.26	0.77	0.11	345	各种辊子堆焊
			2	0.13	0.34	0.55	4.02	0.96	0.12	377	
			3	0.16	0.35	0.56	4.15	0.99	0.12	392	
2	堆焊带极（50×0.4mm²）	BH-450/SH-10	3	0.16	0.43	0.56	5.45	0.95	0.13	430~480	各种辊子堆焊

注：堆焊金属化学成分余量为Fe。

高碳马氏体堆焊金属适合于堆焊不受冲击或受轻度冲击载荷的中等的低应力磨料磨损机件，如推土机铲刀、混凝土搅拌机叶片、螺旋推料机刀口、挖泥斗牙等。应用对象见表 20-14。

3）普通马氏体钢堆焊金属的堆焊工艺。普通马氏体钢堆焊金属采用的工艺方法主要是手工电弧堆焊和熔化极自动堆焊，包括药芯焊丝 MAG 堆焊、自保护药芯焊丝堆焊、药芯焊丝埋弧堆焊以及带极埋弧堆焊。

普通马氏体钢的手工电弧堆焊工艺：低氢型马氏体焊条焊前应在 350～400℃/1h 烘干；钛钙型焊条在 100℃/1h 烘干。母材焊前应清理油、锈。当母材为低碳钢时，对于堆焊低碳马氏体焊条和中碳马氏体焊条可以不预热；对于堆焊高碳马氏体焊条则应预热 200～300℃以上。对于抗裂性差的低合金钢母材和中、高碳钢母材，则应视焊条与母材的不同，预热 150～350℃。对于高碳马氏体堆焊金属的堆焊件有时采用 250～350℃后热处理。低氢型焊条用直流反接，钛钙型焊条用交流电源或直流正接。常用的电流值参见表 20-10。

普通马氏体钢的药芯焊丝 MAG 堆焊工艺：采用的药芯焊丝，见表 20-15。焊丝直径一般有 1.6mm、2.0mm、3.2mm，保护气体采用 CO_2，焊丝使用前在 200～300℃/1～2h 烘干。堆焊用直流反接，建议采用的焊接参数见表 20-17。焊后冷却速度不宜过快，必要时进行 350℃后热处理。

普通马氏体钢的自保护药芯焊丝堆焊工艺：采用的药芯焊丝见表 20-15。焊丝焊前在 200～300℃/1～2h 烘干。堆焊参数见表 20-18。

表 20-17　药芯焊丝 MAG 堆焊参数值

焊丝直径/mm	焊丝牌号	焊接电流/A	电弧电压/V	CO_2流量/(L/min)	推荐预热温度/℃
1.6	YD212-1	250～320	27～32	15～20	>250
	YD247-1	200～300	25～30	15～20	>300
2.0	YD212-1	300～350	27～32	15～20	>250
	YD247-1	250～320	27～32	15～20	>300
3.2	A-450	300～500	26～30	>20	>200
	A-600	300～500	26～30	>20	>250

表 20-18　自保护药芯焊丝堆焊参数值

焊丝直径/mm	焊丝牌号	焊接电流/A	电弧电压/V	推荐预热温度/℃
2.4	YD386-2	175～275	28～32	—
2.8	YD386-2	275～375	28～32	—
3.2	GN 450 GN 700	300～500	26～30	200～250

普通马氏体钢的药芯焊丝、焊带电弧堆焊及实心带极埋弧堆焊工艺：采用的药芯焊丝、焊带及配用的焊剂见表 20-15。采用的实心带极成分见表 20-9 中的表注 1，并且配用专用焊剂过渡合金元素。药芯焊丝、焊带及焊剂使用前在 150～200℃/1h 烘干。一般情况下，工件焊前预热 200～300℃以上。药芯焊丝埋弧堆焊参数为：焊丝直径 3.2mm，焊接电流 350～450A，电弧电压 29～30V；药芯焊带堆焊参数为：带极尺寸为 25mm×1mm；焊接电流 450～500A，电弧电压 30～40V，焊接速度 500mm/min。实心带极埋弧堆焊参数见表 20-11。

（2）高速钢及工具钢堆焊金属

高速钢和工具钢堆焊金属都属马氏体钢类型，所以焊接性、硬度等方面都相近似。根据用途不同，工具钢又可分为热工具钢和冷工具钢。

1）高速钢及热工具钢、冷工具钢堆焊金属的成分与牌号。高速钢属热加工工具钢中的一个类型。其淬火回火组织为马氏体加碳化物。该合金钢中的 W、Mo 含量较高，因而具有较高的热硬性（即高温硬度）和红硬性（即不使室温硬度发生下降变化的最高加热温度）。高速钢的红硬性达 600℃。高速钢中有的合金含量很高，如最常用的高速钢为 W18Cr4V（18-4-1）型。有些合金含量较低。高速钢中加少量钴能进一步提高热硬性和红硬性，并能显著提高耐用寿命。在堆焊材料中含钴高速钢偶有应用。高速钢堆焊材料的成分及硬度见表 20-19。

热工具钢即热加工工具钢堆焊金属含碳量比高速钢堆焊金属低些。除具有较高的高温硬度外，还有较高的强度和冲击韧度，以抵抗锻造或轧制中的冲击载荷。此外还具有较高的抗冷热疲劳性，即在冷热交变的工作环境下，抵抗产生表面龟裂的能力。有时还要求具有高的高温抗氧化性和耐磨性。其中用得最多的是热作模具钢堆焊材料和热轧辊钢堆焊材料，它们的成分及硬度见表 20-20 及表 20-21。

表 20-19　高速钢堆焊材料的成分、硬度及用途[3,9,10]

序号	名称或牌号	国标型号（GB）	堆焊金属化学成分（质量分数,%）						堆焊金属硬度 HRC	用　途
			C	Cr	W	Mo	V	其他元素总量		
1	D307	EDD-D-15	0.70 ~ 1.00	3.8 ~ 4.50	17.00 ~ 19.50	—	1.00 ~ 1.50	≤1.50	≥55	金属切削刀具、热剪刀刃、冲头、冲裁阴模等的堆焊
2	Mo9 型 GRIDUR36 电焊条	—	1.0	4.5	1.7	9.0	1.1 ~ 1.2	—	≥62	
3	6-5-4-2 型电焊条	—	0.90	4.0	—	—	—	—	61	
4	D417	EDD-B-15	0.50 ~ 0.90	3.0 ~ 5.0	1.0 ~ 2.5	5.0 ~ 9.5	0.8 ~ 1.3	Si≤0.80 Mn≤0.60 其他≤1.00	≥55	齿轮破碎机、叶片、高炉料钟,各种冲压模具的堆焊
5	D427	—	~0.8	~11	Mn ~ 13	Ni ~ 2	~2		≥40	轧钢、炼钢装入机吊牙、双金属热剪刃堆焊
6	D437	—	~0.8	~15		Ni ~ 4	~3		40 ~ 42	轧钢、炼钢装入机吊牙、双金属热剪刃堆焊

注: 1. 表中硬度值为焊后状态, 焊后经 540 ~ 560℃ 回火, 硬度值可提高 2 ~ 4HRC。
　　2. 堆焊金属化学成分余量为 Fe。

冷工具钢要求具有较高的常温硬度和抗金属间磨损的性能。冷工具钢堆焊材料的成分及硬度, 见表 20-22。

2) 高速钢及热工具钢、冷工具钢堆焊金属的用途。高速钢堆焊金属热硬性好。无论常温还是高温 (590℃) 都有很好的耐磨料磨损性能。主要用于制作双金属切削刀具, 例如可在中碳钢制成的刀具毛坯上堆焊刃口制作大直径丝锥、绞刀、埋头钻头和车刀。双金属刀具的特点是这些刀具具有高的韧性, 可比整体工具能承受更大的应力。同时由于堆焊金属也可以用来制造热剪机剪刀刃、冲裁工具和木工工具。

表 20-20　热作模具钢堆焊材料的成分、硬度及用途[3]

序号	名称或牌号	国标型号（GB）	堆焊金属化学成分（质量分数,%）								堆焊金属硬度 HRC	用　途
			C	Cr	Mo	W	V	Mn	Si	其他		
1	D337	EDRCrW-15	0.25 ~ 0.55	2.00 ~ 3.50	—	7.00 ~ 10.00	—	—	—	≤1.0	≥48	热锻模及热轧辊堆焊制造与修复
2	D392, D397	EDRCrMn Mo-03 EDRCrMn Mo-15	≤0.60	≤2.00	≤1.00	—	—	≤2.50	≤1.00	—	≥40	
3	D406	EDRCrMo WCo-A	≤0.50	≤6	≤5	≤10	≤2	≤2.0	≤2.0	Co≤12 其他 ≤2.0	≈50	耐高温的刃具,模具堆焊
4	CO₂ 气保护堆焊药芯焊丝 YD337-1	—	0.25 ~ 0.55	2.0 ~ 3.5	—	7.00 ~ 10.0	—	—	—	—	≥48	锻模堆焊制造及修复

注: 堆焊金属化学成分余量为 Fe。

表 20-21　热轧辊钢堆焊材料的成分、硬度及用途[3, 11-16]

序号	名称或牌号	堆焊金属化学成分(质量分数,%)							堆焊金属硬度 HRC	用　途
		C	Cr	W	Mo	Mn	Si	V		
1	13Cr14Ni3Mo 埋弧堆焊药芯带极	0.13	14.4	Ni3.3	0.6	0.7	0.25	—	40 ~ 45	大型板坯连铸机导辊堆焊
2	4Cr4W8V 埋弧堆焊焊丝(3Cr2W8 + 焊剂过渡部分合金元素)	0.34	3.68	7.17	—	0.32	0.33	0.31	55	轧机卷取机助卷辊、夹送辊堆焊
3	20Cr5MoWV 埋弧堆焊药芯焊丝	0.15 ~ 0.25	5.0 ~ 6.0	1.55 ~ 2.0	0.98 ~ 1.2	0.69 ~ 1.0	0.76 ~ 1.0	0.44 ~ 0.70	45(550℃回火后 49)	热轧辊堆焊
4	25Cr3MoMnVA 埋弧堆焊焊丝	0.20 ~ 0.28	3.10 ~ 3.50	—	1.45 ~ 1.65	1.10 ~ 1.40	0.15 ~ 0.35	0.48 ~ 0.60	320 ~ 350HBW (560℃回火后 430 ~ 450)	热轧开坯辊堆焊
5	SMD55 埋弧堆焊药芯焊丝	0.23 ~ 0.37	2.3 ~ 3.73	4.7 ~ 7.2	0.19 ~ 0.23	其他 0.4 ~ 0.7		0.1 ~ 0.3	48 ~ 56	热轧辊堆焊
6	25Cr5VMoSi 药芯焊丝	~ 0.25	~ 5	—	~ 1	—	~ 1	~ 0.5	42 ~ 46	型材轧辊堆焊
7	HYD057 埋弧无缝药芯焊丝	0.20 ~ 0.50	4.0 ~ 6.0		0.5 ~ 1.5	其他 ≤6.0		≤1.0	44 ~ 46 (550℃回火后 47 ~ 49)	热轧辊、开坯辊、支撑辊的堆焊
8	CrWNiMnSi 埋弧堆焊药芯焊丝	0.10 ~ 0.40	Cr + W 8 ~ 15		Ni1.00 ~ 5.00	1.00 ~ 3.00	0.50 ~ 2.00	其他 ≤5.00	≥48 (550℃回火后 ≥50)	热轧辊、轧机卷取机助卷辊夹送辊、热锻模堆焊
9	YD207A-4 埋弧堆焊药芯焊丝	0.40 ~ 0.70	4.80 ~ 6.20		0.80 ~ 1.40	2.10 ~ 2.90	0.40 ~ 0.95	—	≥40	钢轧辊、支撑辊、校直辊、挖土机辊的堆焊
10	YD327A-4 埋弧堆焊药芯焊丝	0.35 ~ 0.55	4.80 ~ 6.20	0.90 ~ 2.00	0.80 ~ 1.40	1.20 ~ 1.90	0.40 ~ 0.90	0.90 ~ 1.50	≥50	钢轧辊、热轧工作辊、支撑辊、夹送辊、连铸机辊、校直辊的堆焊
11	D650 焊条电弧堆焊焊条	≤1.50	≤7.0	≤6.0	≤5.5	≤2.5	≤1.0	≤6.0	≈57	轧辊、风机叶轮、油田钻机扶正器等堆焊

注：堆焊金属化学成分余量为 Fe。

表 20-22　冷工具钢堆焊材料的成分、硬度及用途[3,8]

序号	名称或牌号	国标型号（GB）	堆焊金属化学成分（质量分数，%）								堆焊金属硬度HRC	用途
			C	Si	Mn	Cr	W	Mo	V	其他元素总量		
1	D322 D327	EDRCrMoWV-A1-03 EDRCrMoWV-A1-15	≤0.50	—	—	≤5.00	7.00~10.00	≤2.50	≤1.00	—	≥55	各种冲模及切削刀具堆焊
2	D327A	EDRCrMoWV-A2-15	0.30~0.50	—	—	5.00~6.50	2.00~3.50	2.00~3.00	1.00~3.00	—	≥50	
3	D027	—	~0.45	~2.80	—	~5.50	—	~0.50	~0.50	—	≥55	冲裁及修边模堆焊制造及修复
4	D036	—	0.50~0.70	0.60~0.80	0.60~0.90	5.00~6.00	—	1.50~2.00	~0.50	—	≥55	冲模堆焊制造及修复
5	D317	EDRCrMoWV-A3-15	0.70~1.00	—	—	3.00~4.00	4.50~6.00	3.00~5.00	1.50~3.00	≤1.50	≥50	冲模及一般切削刀具堆焊
6	D317A	—	0.30~0.80	0.30~0.60	0.50~1.00	3.00~4.00	6.00~8.00	2.00~3.50	1.50~2.50	—	58~62	齿辊、破碎机、风机叶片、高炉料钟堆焊
7	D386	—	≤0.60	—	≤3.00	≤5.00	—	—	≤3.00	—	≥50	冲模、模具轧辊堆焊
8	D600	—	≤0.70	≤1.5	≤1.0	≤9.00	—	≤1.5	—	—	≈55	冲裁修边模堆焊
9	YD397-1 CO₂ 气保护堆焊药芯焊丝	—	≤0.60	—	1.50~2.50	5.00~7.00	—	1.50~2.50	—	—	55~60	冷轧辊、冷锻模的堆焊

注：堆焊金属化学成分余量为 Fe。

热工具钢堆焊金属主要用于热锻模、热轧辊、热连铸机导辊的堆焊制造与堆焊修复。这些堆焊对象按工作条件可分为以冷热疲劳为主要失效原因的工件和以磨损为主要失效原因的工件。对于前者宜选用耐冷热疲劳性能优良的堆焊材料，例如堆焊金属 25Cr5VMoSi 的 600℃ 黏着磨损试验的耐磨寿命仅为堆焊金属的 34%，但其耐冷热疲劳寿命则相当于 3Cr2W8 的 300% 左右。近年来，研究开发的热工具钢堆焊材料，均力图使材料既有良好的耐磨性，又有优良的抗冷热疲劳性。比如 CrWNiMnSi 系堆焊材料，既保持了与 3Cr2W8 具有同等水平的高的耐磨性，而耐冷热疲劳寿命又比 3Cr2W8 提高一倍，具有优良的综合性能，这是热工具钢堆焊材料所希望的。

高速钢及热工具钢、冷工具钢堆焊金属的具体用途，见表 20-19、表 20-20 及表 20-22。

3）高速钢及热工具钢、冷工具钢堆焊工艺。高速钢常用的堆焊工艺是焊条电弧焊。在补焊裂损或磨损的高速钢刀具，且工件较小时，局部预热 200~240℃ 即可。补焊后空冷。冷却后刃磨加工到所需尺寸，然后进行 3 次 540℃ 回火，每次保温 1h，然后即可使用。

补焊大件时，焊前进行软化退火。堆焊前工件预热到 400~600℃ 以上，堆焊过程要连续进行，工件温度在整个堆焊过程中始终保持不低于预热温度，焊后在炉中缓冷。然后再按高速钢的热处理工艺（退火、淬火、回火）进行处理。退火后硬度可降到 30HRC，可进行机械加工。淬火回火后进行最终的磨削。必须指出，高速钢、工具钢焊后不一定都要热处理。当必须经热处理时，选择的堆焊金属必须能和母材经受同样的热处理。

以中碳钢或低合金钢做刀具毛坯基体，采用堆焊刃部的方法制造新的高速钢复合刀具的过程按上述补焊大件的工艺，除不需要堆焊前的软化退火工序外，其余均与大件高速钢刀具补焊的工艺相同。

软化退火及淬火、回火参数因高速钢焊条的合金系统不同而不同，其热处理参数可参考与该堆焊材料成分相近的高速钢的标准热处理参数。Mo9 型和 6-5-4-2 型堆焊材料要求毛坯的热处理参数见表 20-23。

表 20-23　高速钢堆焊件毛坯的热处理参数实例[9]

堆焊材料名称 热处理项目	Mo9 型高速钢焊条	6-5-4-2 型高速钢焊条
软化退火	850℃ ×2h 炉内冷却	770 ~ 840℃ ×2h 炉内冷却
淬火	1220℃ 油冷	1190 ~ 1230℃ 油冷
回火（2 次）	540℃ ×1h 空气中冷却	530 ~ 560℃ ×1h 空气中冷却

焊条电弧堆焊电流值见表 20-24。焊条在使用前经 350℃/1h 烘干。

热钢和冷工具钢常用的堆焊工艺方法与堆焊工艺均与高速钢堆焊相近，可参照高速钢堆焊工艺进行。预热温度也是随工件尺寸大小和母材牌号而定，大致在 300 ~ 500℃ 范围内选用。焊后进行退火软化处理，经机械加工后进行淬火回火处理，最后根据需要进行磨削加工。

表 20-24　焊条电弧堆焊电流值（直流反接）[3,9,10]（单位：A）

焊条牌号	焊条直径/mm			
	2.5	3.2	4.0	5.0
D307	—	100 ~ 130	130 ~ 160	170 ~ 220
GRIDUR36	60 ~ 70	80 ~ 100	110 ~ 130	140 ~ 160
D417	60 ~ 80	90 ~ 120	160 ~ 190	190 ~ 230
D427,D437	—	90 ~ 120	150 ~ 180	180 ~ 210

有相当一部分模具使用一段时间后需进行局部堆焊修复。依模具钢的不同，在 300 ~ 500℃ 预热，并在不低于预热温度下进行堆焊，堆焊后进行回火处理。回火可能使马氏体软化，并使堆焊件韧性提高和部分消除残余应力。对于堆焊厚度较大的裂损部位可

先用 Cr19Ni8Mn7、Cr25Ni13 系或珠光体类堆焊焊条堆焊一层缓冲层，以减少裂纹倾向。

应用相当广的热模具钢 3Cr2W8 堆焊金属的各种热处理参数及硬度见表 20-25。各种工具钢堆焊焊条的常用电流值见表 20-26。其中，低氢型焊条采用直流电源反接，钛钙型焊条采用交流电源。焊条使用前必须烘干，烘干温度及时间分别为：低氢型焊条 350℃ ×1h，钛钙型 250℃ ×1h。

表 20-25　3Cr2W8 堆焊金属的热处理参数及硬度[3]

热处理状态	热处理温度/℃	硬度 HRC
堆焊状态	—	≥48
退火	860 ~ 890	~ 28
淬火（油淬）	1050 ~ 1100	~ 55
回火（淬火后）	300	49
	400	47
	500	45

表 20-26　各种工具钢堆焊焊条的常用电流值[3]

焊条直径/mm	焊接电流/A
3.2	90 ~ 110
4.0	150 ~ 180
5.0	180 ~ 210

部分热锻模和冷工具钢堆焊材料为 CO_2 气体保护堆焊药芯焊丝，其堆焊参数见表 20-27。

近年来，脉冲钨极氩弧焊在模具修复中的应用也较广泛。冷、热作模具钢用钨极氩弧焊补焊时，应注意以下几点：

表 20-27　热锻模及冷工具钢 CO_2 气保护堆焊参数[3]

材料牌号	焊丝直径/mm	焊接电流/A	电弧电压/V	CO_2 流量/（L/min）
YD337-1	1.6	250 ~ 320	25 ~ 32	15 ~ 20
	2.0	300 ~ 350	27 ~ 32	15 ~ 20
YD397-1	1.6	200 ~ 300	25 ~ 30	15 ~ 20
	2.0	250 ~ 350	27 ~ 32	15 ~ 20

① 尽量采用 ϕ1.6 ~ 2.4mm 的细直径焊丝。

② 保持低的热输入，采用小焊接电流，具体数值为：焊丝直径 ϕ = 1.6mm，焊接电流 I = 50 ~ 100A；焊丝直径 ϕ = 2.0mm，焊接电流 I = 60 ~ 110A；焊丝

直径 $\phi = 2.4mm$，焊接电流 $I = 70 \sim 120A$。

在多层焊时，要降低下1层焊道的焊接电流，如平面堆焊时，第1层电流为 $100 \sim 150A$，第2层以上为 $50 \sim 75A$。

③ 采用窄道焊接技术，堆焊时防止过热，避免焊道变宽。

④ 预热温度大致在 $300 \sim 500℃$ 之间。

热轧辊钢堆焊工艺：热轧辊钢堆焊材料主要用于堆焊各种热轧辊，也可用于堆焊其他热加工工具及模具。通常采用埋弧自动焊修复旧的轧辊或制造新的双金属轧辊。堆焊工艺用得最多的是丝极埋弧堆焊。对于堆焊修复或制造各种平板轧机轧辊和卷取机夹送辊、助卷辊以及连铸机导辊、拉矫辊等，药芯带极和实心带极埋弧堆焊也获得了愈来愈多的应用。

依母材含碳量及合金含量的不同，轧辊堆焊的预热温度可在 $200 \sim 400℃$ 之间选择。预热的保温时间依轧辊直径大小而定，大约为直径每100mm取 $60 \sim 70min$。当堆焊含碳量高的母材时，为了改善熔合区的性能，最好先采用硬度为30HRC左右的珠光体堆焊金属堆焊1层或2层缓冲层。然后再堆焊耐磨层。

堆焊修复轧辊加工后耐磨层厚度应满足设计要求。有的轧辊设计者要求对半径超过500mm的轧辊，其耐磨堆焊层厚度应不小于半径的4% ~ 5%。通常要求耐磨层厚度为3 ~ 4层（缓冲层除外），但如需堆焊修复的量过大，在满足对耐磨层厚度要求的前提下，可用珠光体堆焊材料堆焊恢复尺寸层。

经预热后，堆焊过程最好连续进行，直至堆焊完了。中间可根据工作温度变化情况，按应保持的层间温度补充加热，一般以偏离原始预热温度不超过 $\pm 30℃$ 为宜。

热轧辊钢埋弧堆焊参数见表20-28。

表 20-28　热轧辊钢埋弧堆焊参数 [3,11,12,17]

焊接材料	规格 /mm	堆焊电流 /A	电弧电压 /V	伸出长 /mm
焊丝	$\phi3.2$	350 ~ 400	30 ~ 40	30 ~ 40
焊丝	$\phi4.0$	450 ~ 500	30 ~ 40	30 ~ 40
焊丝	$\phi5.0$	500 ~ 600	30 ~ 40	30 ~ 40
药芯带极	12 × 1	400 ~ 650	24 ~ 28	40
药芯带极	16 × 1	450 ~ 750	24 ~ 28	40
药芯带极	20 × 1	500 ~ 800	24 ~ 28	40
药芯带极	25 × 1	450 ~ 500	30 ~ 40	40
药芯焊丝	$\phi3.2$	330 ~ 380	28 ~ 32	焊接速度 500mm/min
药芯焊丝	$\phi4.0$	400 ~ 550	28 ~ 32	

堆焊后应缓慢冷却。可在隔热材料如干沙中或炉中冷却。对于直径大的轧辊最好采用炉中控温分阶冷却。

堆焊后的消除应力处理温度一般为 $550 \sim 580℃$，处理后堆焊层硬度一般会有所下降。也可在 $480℃$ 消除应力处理，处理后硬度基本保持不变，但消除应力的效果稍差。消除应力热处理的保温时间可按直径每100mm为4h计算。

（3）高铬马氏体不锈钢

1）高铬马氏体不锈钢堆焊金属的成分与牌号。高铬马氏体不锈钢当含碳量较低时，可以是马氏体+铁素体的半马氏体高铬钢或称半铁素体高铬钢。它的 $w(Cr)$ 较高，一般均大于12%，具有良好的耐腐蚀性和一定的高温抗氧化性。当Si、C、B含量较高时，还兼有优良的耐磨性，耐中温擦伤性能。高铬马氏体钢堆焊材料的成分及硬度见表20-29。

2）高铬马氏体不锈钢堆焊金属的用途。高铬马氏体不锈钢堆焊金属抗热性好，热强度高，抗腐蚀性也较好，主要用于中温（$300 \sim 600℃$）时耐金属间磨损，如中温中压阀门密封面堆焊。含钼含碳的Cr13型堆焊金属耐磨性较高，有一定的抗冲击能力，还在连铸机导辊、拉矫辊的堆焊、耐气蚀零件的堆焊中得到推广应用。具体应用见表20-29和表20-30。

3）高铬马氏体不锈钢堆焊材料的堆焊工艺。高铬马氏体不锈钢的堆焊工艺方法主要是焊条电弧焊、MIG焊和丝极或带极埋弧焊。除小件堆焊在焊前不预热外，一般需要预热 $150 \sim 300℃$。焊后可以不进行处理，也可在 $750 \sim 800℃$ 退火软化。当加热至 $900 \sim 1000℃$ 空冷或油冷后，可重新硬化。也可焊后通过不同的热处理获得不同的硬度。

高铬马氏体不锈钢焊条电弧堆焊焊条焊前经 $350 \sim 400℃$ 烘 1h（低氢型）或 $150℃$ 烘 1h（钛钙型）。堆焊电流值，列于表20-31。

高铬马氏体不锈钢的丝极MIG堆焊参数和见表20-32。所用气体为 $Ar99\% + O_21\%$。

高铬马氏体不锈钢的带极埋弧堆焊参数见表20-33。焊剂焊前需经 $300℃$ 烘干1h。

高铬马氏体不锈钢的药芯带极埋弧堆焊的参数，见表20-34。所用焊剂焊前经 $300℃$ 烘干1h。

高铬马氏体不锈钢自保护药芯焊丝堆焊参数见表20-35。

3. 奥氏体钢堆焊金属

（1）高锰奥氏体钢与铬锰奥氏体钢堆焊金属

表 20-29　高铬马氏体不锈钢堆焊焊条成分、硬度及用途[3]

序号	名称	牌号	国标型号 (GB)	堆焊金属化学成分（质量分数，%）									硬度 HRC	用　途
				C	Si	Mn	Cr	Ni	Mo	W	其他		
1	Cr13 型	G202 G207	E410-16 E410-15	≤0.12	≤0.90	≤1.0	11.0 ~ 13.5	≤0.7	≤0.75	Cu≤0.75	—	—	耐蚀、耐磨表面堆焊
2	Cr13 型	G217	E410-15	≤0.12	≤0.90	≤1.0	11.0 ~ 13.5	≤0.7	≤0.75	Cu≤0.75	—	—	耐蚀、耐磨表面堆焊
3	12Cr13Ni 型	D287		≤0.15			12.0 ~ 16.0	4.0 ~ 6.0			≤2.00	400HV	水泵、水轮机过流部件堆焊
4	12Cr13 型	D502 D507	EDCr-Al-03 EDCr-Al-15	≤0.15			10.00 ~ 16.00				≤2.50	≥40	工作温度≤450℃阀门、轴等堆焊
5	12Cr13 型	D507Mo	EDCr-A2-15	≤0.20			10.00 ~ 16.00	≤6.00	≤2.50	≤2.00	≤2.50	≥37	≤510℃ 的阀门密封面堆焊，建议与 D577 配成摩擦副使用
6	12Cr13 型	D507MoNb	EDCr-Al-15	≤0.15			10.00 ~ 16.00		≤2.50	Nb≤0.50	≤2.5	≥37	≤450℃ 的中低压阀门密封堆焊
7	20Cr13 型	D512 D517	EDCr-B-03 EDCr-B-15	≤0.25			10.00 ~ 16.00				≤5.0	≥45	螺旋输送叶片、搅拌机桨、过热蒸汽用阀件
8	20Cr13Mn 型	D516M D516MA	EDCrMn-A-16	≤0.25	≤1.00	6.00 ~ 8.00	12.00 ~ 14.00					38 ~ 48	≤450℃ 的 25 号铸钢及高中压阀门密封面堆焊
9	20Cr13Mn 型	D516F	EDCrMn-A-16	≤0.25	≤1.00	8.00 ~ 10.00	12.00 ~ 14.00					35 ~ 45	≤450℃ 的 25 号铸钢及高中压阀门密封面堆焊

注：堆焊金属化学成分余量为 Fe。

表 20-30　高铬马氏体不锈钢堆焊焊丝、带极的成分、硬度及用途[3,4,8,21]

| 序号 | 堆焊材料名称 | 牌号 | 熔敷金属化学成分(质量分数,%) | | | | 堆焊金属硬度 HRC | 用　途 |
			C	Cr	Ni	Mo		
1	022Cr13Ni4Mo 焊丝	THERMANIT13/04	0.03	13	4.5	0.50	≈38	耐蚀耐磨堆焊、蒸汽透平耐气蚀堆焊
2	06Cr14NiMo 药芯带极	—	0.08	14	1.5	1.0	≈30	连铸机辊子堆焊,≤450℃阀门堆焊
3	15Cr14Ni3Mo 药芯带极	—	0.13	14.4	3.3	0.6	36 ~ 42	连铸机辊子堆焊,≤450℃阀门堆焊
4	06Cr17 焊丝、带极	THERMANIT17	0.07	17.5			24	工作在≤450℃的蒸汽、燃气中的部件的堆焊
5	13Cr13Ni4Mo 药芯带极	Fluxomax 21CrNi	0.08	13.5	3.6	Mo 1.2 Mn 1.2	38 ~ 43	活塞杆、液压缸、连铸辊堆焊
6	40Cr17Mo 焊丝及带极	THERMANIT1740	0.38	16.5		1.1	48	热轧辊、压床冲头、心棒堆焊
7	12Cr13 焊丝	H1Cr13	0.12	11.50 ~ 13.50	Si 0.50	Mn 0.60	≈40	≤450℃的碳钢、合金钢或合金钢的轴及阀门堆焊
8	12Cr13 自保护药芯焊丝	YG207-2	≤0.12	11.0 ~ 13.5	≤0.60	Mn≤1.0 Si≤0.90		耐蚀、耐磨件的表面堆焊
9	12Cr13 自保护药芯焊丝	414N	0.031	13.54	4.34	Mo0.89 Mn1.48 SiO.23 NO.06	31	连铸辊堆焊
10	15Cr13 自保护药芯焊丝	YD502-2 YD507-2	≤0.15	10.0 ~ 16.0		—	≥40	≤450℃的碳钢、合金钢或合金钢的轴及阀门堆焊
11	25Cr13 自保护药芯焊丝	YD517-2	≤0.25	10.0 ~ 16.0		—	≥45	碳钢或低合金钢的轴、过热蒸汽用阀件,搅拌机桨、螺旋输送 S 机叶片的堆焊
12	06Cr16Ni6Mo CO_2 气保护药芯焊丝	YG317-1	≤0.08	15.5 ~ 17.5	5.0 ~ 6.5	0.3 ~ 1.5 Mn≤1.5 Si≤0.90		耐蚀,耐磨件表面堆焊

注:焊丝或带极化学成分余量为 Fe。

表 20-31　高铬马氏体不锈钢焊条的堆焊电流值[3]

焊条直径 mm	3.2	4.0	5.0
电流/A	80 ~ 120	120 ~ 160	160 ~ 210

表 20-32　高铬马氏体不锈钢丝极 MIG 堆焊参数[17]

焊丝直径 /mm	0.8	1.0	1.2	1.6
电流/A	80 ~ 180	120 ~ 200	180 ~ 250	250 ~ 330
电弧电压/V	18 ~ 29	18 ~ 32	18 ~ 32	18 ~ 32

表 20-33　高铬马氏体不锈钢的带极埋弧堆焊参数

带极尺寸 /mm	焊接电流 /A	电弧电压 /V	带极伸出长度 /mm
30 × 0.4	400 ~ 500	22 ~ 24	25 ~ 40
50 × 0.4	700 ~ 800	22 ~ 24	25 ~ 40
60 × 0.4	850 ~ 900	22 ~ 24	25 ~ 40

表 20-34　高铬马氏体不锈钢药芯带极埋弧堆焊参数[5]

药芯带极尺寸/mm		焊接电流/A	电弧电压/V
10 ×1	12 ×1	400 ~ 650	22 ~ 25
14 ×1	16 ×1	450 ~ 750	24 ~ 26
18 ×1	20 ×1	500 ~ 1000	25 ~ 27

表 20-35　高铬马氏体不锈钢自保护药芯焊丝堆焊参数[3]

焊丝直径/mm	焊接电流/A	电弧电压/V
1.6	200~250	25~28
2.0	250~300	27~32

1）高锰奥氏体钢和铬锰奥氏体钢堆焊材料的成分与牌号。高锰奥氏体钢简称高锰钢，成分为 $w(C)$ 1%~1.4%、$w(Mn)$ 10%~14%，几乎全部以铸件形式应用。由于具有高的韧性和冷作硬化性能，因此是强烈冲击条件下抗磨料磨损的良好材料。耐磨高锰钢一般都用在承受冲击载荷的易磨损的工作环境，其失效的原因通常是由于尺寸因素而失去使用价值，并非整个部件受损报废。高锰钢零件在其制造、使用和维修过程中如果经受焊接和表面堆焊，则要求在其冶炼过程中严格限制硅和磷的含量，以改善其焊接性。高锰钢堆焊金属与同成分母材具有相同的特性，为改善焊接性，堆焊金属中常增加少量 Cr、Ni、Mo 等元素。铬锰奥氏体钢堆焊金属又可分成低铬和高铬等两类。低铬型铬锰奥氏体钢 $w(Cr)$ 不超过 4%，$w(Mn)$ 12%~15%，还含有少量 Ni 和 Mo。而高铬型铬锰奥氏体钢堆焊金属 $w(Cr)$ 12%~17%、$w(Mn)$ 约 15%。另外，为了防止碳化锰沉淀硬化引起的脆性，最好把高锰钢堆焊金属的 $w(C)$ 降到 0.7% 左右。铬锰奥氏体钢堆焊金属与高锰奥氏体钢堆焊金属具有相同的金相组织和十分相近的焊后硬度和冷作硬化后的硬度，其用途也基本相同，只是焊接性更为优良，常在重要的高锰钢零件修复中采用。

高锰奥氏体钢堆焊金属和铬锰奥氏体钢堆焊金属的成分及硬度见表 20-36。

2）高锰奥氏体钢与铬锰奥氏体钢堆焊材料性能和用途。高锰钢和铬锰奥氏体钢堆焊金属，具有高的韧性和在冲击磨料磨损条件下表面冷变形硬化的特性。堆焊层焊后硬度为 200~250HB，这样的堆焊层对低应力磨料磨损很不耐磨，如在砂性的土壤中挖掘，将很快被磨损。而在重冲击时，经变形加工硬化后，表层硬度可达 450~550HB，耐磨性大大提高。如在破碎岩石的锤头上的堆焊层，表面变形硬化后，以后对冲击就有很大的抗力。在含有巨砾的土壤中从事挖掘工作的堆焊层，表面也产生变形硬化，耐磨性也很好。

表 20-36　高锰奥氏体钢和铬锰奥氏体钢堆焊材料的成分、硬度及用途[3,10]

序号	名称	牌号	国标型号(GB)	C	Si	Mn	Ni	Mo	Cr	其他	堆焊后	加工硬化后	用途
1	高锰钢堆焊焊条	D256	EDMn-A-16	≤1.10	≤1.30	11.00~16.00	—	—	—	≤5.00	≥170	—	破碎机,高锰钢轨、斗齿、推土机等的抗冲击耐磨件堆焊
2	高锰钢堆焊焊条	D266	EDMn-B-16	≤1.10	0.30~1.30	11.00~18.00	—	—	≤2.50	≤1.00	≥170	—	
3	高锰钢堆焊焊条	GRIDUR42A		0.7		15	—	—	3.0		210	450	斗齿、粉碎机的锥体和滑瓦、道岔、筑路及矿山机械耐磨件堆焊
4	铬锰奥氏体钢堆焊焊条	D276 D277	EDCrMn-B-16 EDCrMn-B-15	≤0.80	≤0.80	11.00~16.00	—	—	13.00~17.00	≤4.00	≥20HRC		水轮机叶片导水叶、道岔、螺旋输送机件、推土机刀片、抓斗、破碎刃堆焊
5	铬锰奥氏体钢堆焊焊条	D567	EDCrMn-D-15	0.50~0.80	≤1.30	24.00~27.00	—	9.50~12.50			≥210		≤350℃的中温中压球墨铸铁阀门密封面堆焊
6	铬锰奥氏体钢堆焊焊条	D577	EDCrMn-C-15	≤1.10	≤2.00	12.00~18.00	≤6.00	≤4.00	12.00~18.00	≤3.00	≥28HRC		≤510℃阀门密封面堆焊。建议与D507Mo配成摩擦副使用
7	自保护药芯焊丝	YD256Ni-2		0.5~0.8	0.35~0.65	15.0~17.0	1.5~1.9		2.7~3.3		5~15HRC	44HRC	破碎机辊、挖土机零件、破碎机锤或颚板的堆焊

注：堆焊金属化学成分余量为 Fe。

高铬锰奥氏体堆焊金属，由于高铬阻止了碳化物的脆化作用，而且还具有耐腐蚀性、抗气蚀性、抗氧化性和中温下的抗擦伤性，故适用于水轮机耐气蚀堆焊和中温高压阀门密封面的堆焊。由于含碳量高、耐晶间腐蚀性不好。

由于韧性高，作为大厚度大恢复尺寸堆焊，奥氏体钢堆焊层产生开裂和剥落的概率小。

在使用过程中，高锰钢堆焊层会出现裂纹。但由于高锰钢有很好的抗裂纹扩展的能力，所以这种裂纹不会影响它的使用寿命。

高锰钢在 260～320℃ 时，加热会脆化，因而工作温度不能超过 200℃。高铬锰奥氏体钢堆焊层的工作温度可以比 200℃ 高，有的可高达 600℃。

高锰奥氏体钢和铬锰奥氏体钢堆焊层适于伴有冲击作用的金属间磨损和高应力磨料磨损的工作条件，对低应力磨料磨损的抗力较差，因此在高应力磨料磨损的场合，常用高韧性的奥氏体高锰钢作基本材料，表面堆焊马氏体合金铸铁。高锰奥氏体钢和铬锰奥氏体钢堆焊金属的具体用途见表 20-36。

3）高锰奥氏体钢和铬锰奥氏体钢的堆焊工艺[18]。高锰奥氏体钢和铬锰奥氏体钢堆焊金属的用途之一是对高锰钢铸件的铸造缺陷进行补焊和对磨损件进行修复堆焊。铸件在制造过程中均经过了固溶热处理（水韧处理），固溶状态对高锰钢处于介稳状态，在加热时，由于介稳奥氏体的局部相变而变脆。而碳化锰的析出是焊件热影响区破坏的主要原因，这就要求堆焊时采用母材受热最小的焊接工艺，即采用小热输入的堆焊。另外，高锰钢铸件的奥氏体晶界有液化裂纹倾向，为避免出现这类裂纹，也要求采用小热输入。

高锰奥氏体钢和铬锰奥氏体钢可以采用焊条电弧焊、气体保护焊及等离子弧焊等方法。也可以采用强制冷却的焊接方法，如泡水焊、跟踪水焊、水下焊等。但由于氧乙炔焰堆焊不能提供快速加热和快速冷却的热工艺参数，所以不被采用。

焊前必须仔细清理待焊部位的油污、铁锈及氧化皮等，同时还必须清除起层、微裂纹、夹砂、气孔等缺陷。如果修复堆焊，焊前母材表面的加工硬化层应打磨掉或用碳弧气刨去除，采用碳弧气刨时，要防止过热。一般堆焊前均不预热，并常采用强迫母材加快冷却速度的工艺措施，如采用跳焊法或把母材局部浸入水中旋焊。为减小焊接应力，多层堆焊时可对焊缝金属进行锤击。

当在高锰钢工件上堆焊高硬度的耐磨合金铸铁堆焊层时，为提高堆焊层在冲击作用下与高锰钢结合的

可靠性，可在堆焊表面耐磨层之前，先用具有奥氏体组织的 Cr19Ni9Mn6 型焊条堆焊一过渡层。

如果把高锰钢堆焊在碳钢或低合金钢母材上，因稀释作用会出现马氏体的脆化区，脆化区的裂纹在重冲击作用下发展成大的裂纹，引起堆焊层剥落。因此也必须用奥氏体不锈钢做过渡层。而高铬锰奥氏体堆焊合金，由于合金含量高，不必使用过渡层。

采用高铬合金铸铁或其他脆性耐磨合金在高锰钢件上进行修复堆焊时，堆焊层表面可能出现微小裂纹，这些裂纹通常不会跨越熔合线进入母材。所以，在许多情况下，这种裂纹的存在是允许的。

高锰钢堆焊层一般不必热处理。如果由于过热产生了脆化，为了恢复韧性，可在 1010℃ 加热 2h 后，水淬即可。但必须保证不出现裂纹。否则裂纹的氧化会引起结构破坏，从而抵消了韧化热处理的效果。

高锰钢和铬锰奥氏体钢堆焊焊条多为低氢型。一般采用直流电源反接，堆焊电流值见表 20-37。

表 20-37　高锰钢和铬锰奥氏体钢堆焊电流值[3,10]

（单位：A）

名称	牌号	焊条直径/mm			
		2.5	3.2	4.0	5.0
高锰钢堆焊焊条	D256	—	70～90	100～140	150～180
	GRIDUR42A	—	95～105	130～150	170～190
铬锰奥氏体钢堆焊焊条	D276	60～80	90～130	130～170	170～220

铬锰奥氏体钢自保护药芯焊丝堆焊参数见表 20-38。

表 20-38　自保护药芯焊丝堆焊参数[3]

焊丝直径/mm	焊接电流/A	电弧电压/V
2.4	175～275	28～32
2.8	275～375	28～32

（2）铬镍奥氏体钢堆焊金属

1）铬镍奥氏体钢堆焊材料的成分与牌号。铬镍奥氏体钢的 $w(Cr)$ 一般在 18% 以上，$w(Ni)$ 在 8% 以上，它具有优良的耐腐蚀性，抗高温氧化性。当合金中 Si、C、B 等元素含量较高时，还兼有优良的耐磨性、耐冷热疲劳性、耐气蚀性、耐中高温擦伤性能。$w(Mn)$ 5%～8% 铬镍锰奥氏体钢堆焊金属和含有相当高的铁素体含量的 Cr29Ni9 型堆焊金属，还具有高韧性，较高的冷作硬化性、抗气蚀性和耐磨性。

铬镍奥氏体钢堆焊材料的成分及硬度列于表

20-39 ~ 表 20-41。

2）铬镍奥氏体钢堆焊材料的应用。铬镍奥氏体钢中有一类是单纯的耐腐蚀用钢，也就是一般通称的铬镍奥氏体不锈钢，它们虽然耐磨性不好，但由于优良的耐蚀性，作为耐腐蚀的堆焊层，在化工设备中得到广泛的应用。

有腐蚀性能要求且不便于采用整体不锈钢制造的容器、管道及机器零件，有相当一部分可以采用轧制的不锈钢 - 碳钢双金属合金钢板或类似的双金属材料制造，但在某些要求高的场合则必须采用堆焊方法制造。铬镍奥氏体不锈钢大面积丝极或带极堆焊已相当广泛的在核容器、化工容器、管道制造中应用。

采用耐腐蚀铬镍高合金钢堆焊的容器、管道及机器零件，多要求母材与堆焊金属的熔合区具有较高的韧性，即不允许或限制马氏体组织的出现，以减小脆性和焊接裂纹的敏感性。此外还要求用最少的堆焊层数，得到表层具有符合要求的铬镍合金成分和所要求的有效耐蚀层厚度。与此同时，不允许表层的增碳值（通过母材对堆焊金属的稀释，焊剂、药皮中的碳向熔池过渡）超过某一限定的数值。控制增碳值对采用超低碳铬镍不锈钢堆焊金属的场合有着特殊重要的意义。为适应不同介质的工作条件，可选用不同成分和牌号的铬镍不锈钢堆焊材料，具体应用见表20-40。

另一类是除了具有耐腐蚀性外，还具有其他优良性能，如 C、Si、B 等元素含量较高的铬镍不锈钢堆焊金属，还有优良的耐中、高温金属间磨损性能，主要用于阀门密封面的堆焊，具体应用见表20-39、表20-41。又如 Cr19Ni9Mn6 型铬镍奥氏体堆焊金属和铁素体含量高的 Cr29Ni9 型堆焊金属抗气蚀性好，可用于水轮机过流部件耐气蚀堆焊。同时有好的抗热和抗高冲击的能力，可用于热冲压、热挤压工具堆焊，其中 Cr19Ni9Mn6 型焊条及焊丝是高锰钢焊接、高锰钢与碳钢焊接的常用焊接材料。由于抗冲击性不如高锰钢，而且价格较贵，所以在碳钢或低合金钢母材上堆焊合金铸铁时主要作为耐冲击的缓冲层，在堆焊高锰钢时，作为提高熔合区塑性的过渡层。

3）铬镍奥氏体钢堆焊材料的堆焊工艺。常用的耐蚀铬镍奥氏体不锈钢堆焊材料的堆焊工艺，主要有焊条电弧堆焊和带极 Z 堆焊，其次对于某些如加氢反应器等容器中小直径管及 90°弯管等，由于内部空间的限制，也常采用 TIG 堆焊工艺。

耐蚀不锈钢堆焊时，首先用高铬镍的 25-13 型或 26-12 型不锈钢焊接材料在低碳钢或低合金结构钢母材上堆焊一层过渡层。该过渡层堆焊金属应存在一定数量的铁素体，并在与母材交界的熔合区有满意的韧性，从而确保焊缝金属有较高的抗裂性和较好的耐腐蚀性。对于过渡层化学成分及铁素体含量要求极为严格的某些重要结构，如要求堆焊内壁的核容器及化工容器，则过渡层堆焊用焊接材料（主要是带极）牌号的选择要经过仔细计算和试验才能确定。由于母材的成分参与了上述计算和试验，所以不同成分的母材可能导致过渡层堆焊材料化学成分的不同选择。为了达到上述要求，还应在堆焊工艺上采用小的热输入，堆焊电流宜尽可能小，以减小母材熔深，避免稀释率过高。

当堆焊耐腐蚀层时，仍应采用小热输入。所选用的铬镍奥氏体钢堆焊材料应能保证堆焊层的含碳量、含铁素体量以及其他化学成分符合技术条件要求。常用的有 20-10 型、20-10Nb 型、18-12Mo 型等材料。

在多数情况下，堆焊前不预热并在整个堆焊过程中严格限制层间温度，个别情况下，堆焊前预热 120 ~ 150℃，并在整个过程中限制层间温度不能过高。手工电焊条焊前须经 150℃/1h 烘干（钛钙型）或 350℃/1h 烘干（低氢型），焊剂必须经 300 ~ 350℃/2h 烘干。堆焊后一般不进行热处理，或根据产品技术条件要求进行热处理。堆焊参数见表20-42。

钨极氩弧焊堆焊，推荐的堆焊参数，见表20-43。

带极堆焊是用铬镍奥氏体不锈钢进行内壁大面积堆焊最常用的工艺方法，它又可分为埋弧堆焊方法（简称 SAW 法）、电渣堆焊方法（简称 ESW 法）和高速带极堆焊方法（简称 HSW 法）。按使用带极种类的多少，又可分为单层堆焊和双层、多层堆焊工艺。单层堆焊可只用一种不锈钢带，减少制造中的焊接和热处理工序，缩短制造周期，从而降低制造成本；但是只堆焊一层不锈钢就达到设计规定的化学成分、金相组织和各项力学性能，在技术上有很大难度，对堆焊材料的成分和堆焊参数的控制均非常严格。双层堆焊虽然带极种类增加了，但由于过渡层的存在（高 Cr、Ni 含量）使耐蚀层超低碳，一定的 Cr、Ni 含量就较容易保证，因此对于焊接技术和生产管理水平不是很高的企业，一般均采用双层堆焊工艺。带极尺寸可以有不同厚度和宽度，如 0.4mm × 19mm、25mm、27.5mm、50mm、75mm、150mm 或 0.5mm × 30mm、60mm、90mm、120mm、180mm，带极越宽，生产率越高，但同时会带来磁偏吹现象加重和由于电流加大造成抗氢致剥离能力下降。故目前生产中用得较多的带极尺寸为 0.5mm × 60mm、0.4mm × 50mm、75mm。

表20-39　铬镍奥氏体堆钢堆焊焊条的成分、硬度与用途[3,10]

| 序号 | 焊条名称 | 牌号 | 国标型号(GB) | 堆焊金属化学成分(质量分数,%) | | | | | | | | 硬度HBW | | 用途 |
				C	Si	Mn	Cr	Ni	Mo	Cu	Nb	焊后	冷作硬化	
1	超低碳19-10	A002 A002A	E308L-16 E308L-17	≤0.04	≤0.90	0.5~2.5	18.0~21.0	9.0~11.0	≤0.75	≤0.75	—	—	—	耐腐蚀层堆焊
2	超低碳23-13Mo2型	A042	E309MoL-16	≤0.04	≤0.90	0.5~2.5	22.0~25.0	12.0~14.0	2.0~3.0	≤0.75	—	—	—	耐腐蚀层或过渡层堆焊,如尿素合成塔衬里等
		A042Si	—	≤0.04	0.70~1.1	~1.3	~22.5	~13.5	~2.7	—	—	—	—	
3	超低碳23-13型	A062	E309L-16	≤0.04	≤0.90	0.5~2.5	22.0~25.0	12.0~14.0	≤0.75	≤0.75	—	—	—	耐腐蚀层堆焊
4	低碳19-10型	A102 A102A A102T A107	E308-16 E308-17 E308-16 E308-15	≤0.08	≤0.90	0.5~2.5	18.0~21.0	9.0~11.0	≤0.75	≤0.75	—	—	—	耐腐蚀层堆焊
5	低碳19-10Mn4Mo型	A172	E307-16	0.04~0.14	≤0.90	3.30~4.75	18.0~21.5	9.0~10.7	0.5~1.5	≤0.75	—	—	—	耐冲击腐蚀层堆焊
6	低碳18-12Mo2型	A202 A207	E316-16 E316-15	≤0.08	≤0.90	0.5~2.5	17.0~20.0	11.0~14.0	2.0~3.0	≤0.75	—	—	—	耐腐蚀层堆焊
7	低碳23-13型	A301 A302 A307	E309-16 E309-16 E309-15	≤0.15	≤0.90	0.5~2.5	22.0~25.0	12.0~14.0	≤0.75	≤0.75	—	—	—	耐腐蚀层的过渡层堆焊

（续）

序号	焊条名称	牌号	国标型号（GB）	堆焊金属化学成分（质量分数,%）								硬度 HBW		用途
				C	Si	Mn	Cr	Ni	Mo	Cu	Nb	焊后	冷作硬化	
8	低碳23-13Mo型	A312	E309Mo-16	≤0.12	≤0.90	0.5~2.5	22.0~25.0	12.0~14.0	2.0~3.0	≤0.75	—	—	—	耐腐蚀层堆焊
9	低碳26-21型	A402 A407	E310-16 E310-15	0.08~0.20	≤0.75	1.0~2.5	25.0~28.0	20.0~22.0	≤0.75	≤0.75	—	—	—	
10	低碳26-21Mo2型	A412	E310Mo-16	≤0.12	≤0.75	1.0~2.5	25.0~28.0	20.0~22.0	2.0~3.0	≤0.75	—	—	—	
11	29-9Mo1型	—	—	≤0.12	—	—	28	9.0	1.0	—	—	250	450	耐蚀堆焊、热冲压、挤压模具堆焊
12	18-8Mn6型	GRINOX25	—	0.10	0.5	6.5	18	8.0	—	—	—	200	—	过渡层堆焊,水轮机叶片焊接
13	20-10Mn6型	A146	—	≤0.12	—	4.0~7.0	19.0~22.0	8.0~11.0	—	—	—	—	—	
14	铬镍奥氏体阀门堆焊条	D547	EDCrNi-A-15	≤0.18	4.80~6.40	0.60~5.00	15.00~18.00	7.00~9.00				270~320		570℃以下蒸汽阀门堆焊
15		D547Mo	EDCrNi-B-15	≤0.18	3.80~6.50	0.60~5.00	14.00~21.00	6.50~12.00	3.50~7.00	其他 ≤2.50	0.50~1.20	≥37HRC		600℃以下蒸汽阀门堆焊
16		D557	EDCrNi-C-15	≤0.20	5.00~7.00	2.00~3.00	18.00~20.00	7.00~10.00				≥37HRC		
17		D582	—	≤0.10	≤1.00	≤2.50	≥18.00	≥8.00				≈170		阀门密封角堆焊

注：堆焊金属化学成分余量为 Fe。

表 20-40　铬镍奥氏体不锈钢堆焊焊丝、带极的成分、硬度及用途[3,8]

序号	焊丝、带极名称	牌号	丝极、带极化学成分(质量分数,%)						硬度 HV		用　途
			C	Cr	Ni	Mo	Mn	Si	焊后	冷作后	
1	超低碳20-10 型焊丝、带极	00Cr20Ni10*	≤0.025	20	10	—	—	—	—	—	耐腐蚀层堆焊
		D00Cr20Ni10	≤0.025	19.5~20.5	9.5~10.5	—	1.0~2.5	≤0.6	—	—	堆焊核电压力容器内衬耐蚀层(第2层)
2	超低碳20-10Nb 型焊丝、带极	D00Cr20Ni10Nb	≤0.02	18.5~20.5	9~11	Nb8×C~1.0	1.0~2.5	≤0.6	—	—	
3	超低碳19-10 型自保护药芯焊丝	YA002-2(相当AWSE308LT-3)	≤0.04	18.0~21.0	9.0~11.0	—	1.0~2.5		—	—	耐腐蚀层堆焊
4	超低碳19-12Mo 型焊丝、带极	00Cr19Ni12Mo*	≤0.025	19	12	2.5	—	—	—	—	化肥设备用压力容器耐腐蚀层(第2层)堆焊
		D00Cr18Ni12Mo2	≤0.02	17~19.5	11~14	2~3	1.0~2.5	≤0.5	—	—	
5	超低碳21-10 型焊丝、带极	00Cr21Ni10*	≤0.02	21	10	—	—	—	—	—	耐腐蚀层堆焊
6	超低碳25-11 型焊丝、带极	00Cr25Ni11*	≤0.02	25	11	—	—	—	—	—	耐腐蚀层的过渡层堆焊
7	超低碳25-12 型焊丝、带极	00Cr25Ni12*	≤0.02	25	12	—	—	—	—	—	
8	超低碳24-13 型焊丝、带极	D00Cr24Ni13	≤0.02	23~25	12~14	—	1.0~2.5	≤0.6	—	—	核电压力容器、加氢反应器、尿素塔等容器的内衬过渡层(第1层)堆焊
9	超低碳24-13Nb 型焊丝、带极	D00Cr24Ni13Nb	≤0.02	23~25	12~14	Nb8×C~1.0	1.0~2.5	≤0.6	—	—	堆焊核电压力容器的过渡层及热、壁加氢反应器内壁单层堆焊
10	超低碳26-12 型焊丝、带极	00Cr26Ni12*	≤0.02	26	12	—	—	—	—	—	耐腐蚀层的过渡层堆焊
11	超低碳25-13 型焊丝、带极	00Cr25Ni13*	≤0.02	25	13	—	—	—	—	—	
12	超低碳25-13Mo 型焊丝、带极	00Cr25Ni13Mo*	≤0.02	25	13	2	—	—	—	—	耐腐蚀层的过渡层堆焊
13	超低碳25-22Mo 型焊丝、带极	00Cr25Ni22Mo*	≤0.02	25	22	2	—	—	—	—	耐腐蚀堆焊,尿素装置堆焊
14	超低碳25-22Mn4Mo2N 型焊丝、带极	D00Cr25Ni22Mn4Mo2N	≤0.02	24~26	21~23	2~2.5	4~6	≤0.2 NO.1~0.15	—	—	尿素塔内衬里耐腐蚀层堆焊
15	29-9 型焊丝	0Cr29Ni9*	≤0.15	29	9	—	—	—	250	450	耐腐蚀堆焊,热冲压模具堆焊
16	19-9Mn6 型焊丝	Cr19Ni9Mn6*	≤0.1	19	9	—	6	—	200	—	缓冲层堆焊,水轮机叶片堆焊,异种钢焊接

注：1. 丝极、带极化学成分余量为 Fe。
　　2. 带 * 号数据取自 Thyssen《Handbook for High Alloyed Welding Consumables》，1987。

表 20-41　等离子堆焊用铬镍奥氏体型铁基合金粉末的成分、硬度及用途[3]

序号	名称	牌号	合金粉末化学成分(质量分数,%)										堆焊金属硬度 HRC	用　途
			C	Si	Mn	Cr	Ni	B	Mo	W	V	Nb		
1	铬镍奥氏体型铁基合金粉末	F322	≤0.15	4.0 ~ 5.0	—	21.0 ~ 25.0	12.0 ~ 15.0	1.5 ~ 2.0	2.0 ~ 3.0	2.0 ~ 3.0			36 ~ 45	中温中压阀门的阀座或其他耐磨耐蚀件的堆焊
2		F327A	0.1 ~ 0.18	3.5 ~ 4.0	1.0 ~ 2.0	18 ~ 21	10 ~ 13	1.4 ~ 2.0	4.0 ~ 4.5	1.0 ~ 2.0	0.5 ~ 1.0	0.2 ~ 0.7	36 ~ 42	≤600℃ 高压阀门密封面堆焊
3		F327B	0.1 ~ 0.2	4.0 ~ 4.5	1.0 ~ 2.0	18 ~ 21	10 ~ 13	1.7 ~ 2.5	4.0 ~ 4.5	1.0 ~ 2.0	0.5 ~ 1.0	0.2 ~ 0.7	40 ~ 45	
4		F328	≤0.1	2 ~ 3	—	19 ~ 21	12 ~ 14	1 ~ 2	—	—	—	—	25 ~ 35	中温中压阀门的阀座或其他耐磨耐蚀件的堆焊
5		F329	≤0.1	1.5 ~ 2.5	—	17 ~ 19	8 ~ 10	1.5 ~ 2.5	0.5 ~ 1.5	—	—	—	30 ~ 40	

注：合金粉末化学成分余量为 Fe。

表 20-42　铬镍不锈钢焊条的堆焊电流[3,10]

焊条直径/mm	2.0	2.5	3.2	4.0	5.0
焊接电流/A	25 ~ 50	50 ~ 80	80 ~ 110	110 ~ 160	160 ~ 200

表 20-43　铬镍不锈钢钨极氩弧堆焊参数[19]

焊丝直径/mm	焊接电流/A	电弧电压/V	填丝速度/(mm/min)	堆焊速度/(mm/min)	Ar气流量/(L/min)	喷嘴与工件距离/mm	钨极伸长/mm	钨极尺寸/mm	压道量/mm
1.2	200 ~ 220	11 ~ 14	1200 ~ 1400	100 ~ 110	15 ~ 20	8 ~ 9	3.0 ~ 3.5	φ3.0 50°~ 60°	1/2 焊道熔宽 ~ 1.0

带极埋弧堆焊工艺宜采用陡降外特性的电弧电压反馈电源或平特性及缓降外特性的焊接电流反馈电源,带极电渣堆焊和高速带极堆焊工艺宜采用平特性或缓降特性电源。埋弧堆焊和电渣堆焊均已较成熟的用于生产,电渣堆焊比埋弧堆焊有更高的生产效率和更低的稀释率,如果工艺参数等控制严格,可实现单层堆焊,但对于在含氢介质中工作的工件,电渣堆焊的堆焊层抗氢致剥离的性能较差,故近年来开发的电渣电弧联合过程的高速带极堆焊也逐渐在生产中得到应用。这3种工艺方法推荐的堆焊参数见表 20-44 和表 20-45。

表 20-44　铬镍奥氏体不锈钢带极埋弧堆焊参数

带极尺寸/mm	60×0.4	60×0.5	60×0.6	60×0.7
电流/A	550	600	650	600 ~ 650
电弧电压/V	32	27	32	35 ~ 40
堆焊速度/(cm/min)	11.5	11	9	13 ~ 15
伸出长度/mm	40	40	40	40

注：数据取自 Thyssen《Handbook for High Alloyed Welding Consumables》,1987。

表 20-45 铬镍奥氏体不锈钢带极电渣堆焊和高速带极堆焊参数[22-28]

堆焊方法			带极规格 （宽×厚） /mm	焊接电流 /A	焊接电压 /V	堆焊速度 /(mm/min)	伸出长度 /mm	焊剂厚度 /mm	塔边量 /mm	预热温度 /℃
电渣堆焊 （ESW）	双层堆焊	过渡层	50×0.4	600~650	26~28	140~150	35~40	25	5~8	—
			60×0.5	650~700	26~28	140~150	35~40	25	8~10	—
			60×0.5	630~710	25~27	180	30		6~10	100
			75×0.4	700~750	25~27	156	33~35			150
			90×0.5	1400~1650	24~28	180~260	40~50	25~40	8~10	100~150
		耐蚀层	60×0.5	750~800	26~28	140~150	35~40	25	8~10	—
			60×0.5	790~860	24~26	170	34		10~11	—
			75×0.4	800~850	26~28	140~150	35~40	25	10~12	—
			75×0.4	700~800	25~27	150	33~35			150
			90×0.5	1500~1850	24~28	180~260	40~50	25~40	8~10	—
	单层堆焊		75×0.4	1100~1300	21~25	150~170	30~40			—
			25×0.4	300~350	25~27	—	25~250			—
高速带极堆焊 （HSW）			75×0.4	1300~1500	25~30	280	40			—
			120×0.5	2500~2600	25~30	280	40			—

　　耐蚀耐磨的铬镍奥氏体钢很大部分是用于阀门堆焊，它们的堆焊工艺主要是焊条电弧堆焊和粉末等离子堆焊。焊条电弧堆焊除焊件预热温度要求稍高，即一般为300~450℃左右之外，其余工艺要点与其他铬镍奥氏体钢堆焊材料的堆焊工艺相同。这些电焊条堆焊阀门时的预热温度见表20-46。

表 20-46 铬镍奥氏体阀门堆焊焊条电弧堆焊预热温度[3]

焊条牌号	D547	D547Mo	D557
预热温度 /℃	堆焊碳素钢制中小件不预热，堆焊大件或深孔小口径截止阀体及其他钢材时，需预热150~250℃		300~450

　　铬镍奥氏体型铁基合金粉末等离子弧堆焊时，等离子枪的非熔化电极接负极，利用该电极与焊件之间的转移弧进行堆焊加热，母材和堆焊合金粉末被熔化形成堆焊层。根据焊件尺寸以及堆焊层厚度、宽度的不同要求，送粉量可以在10~100g/min之间变动，故堆焊参数的变化范围也是较宽的。粉末等离子弧堆焊参数常根据不同的堆焊产品及其技术要求，通过一定试验加以拟定。拟定堆焊工艺的原则是：在保证稀释率较低的前提下，尽量提高堆焊熔敷速度。

　　一般是先选定适当的送粉量及堆焊速度，然后再确定其他参数。若干产品的粉末等离子弧堆焊参数见表20-47。

表 20-47 粉末等离子弧堆焊参数

零件名称	酸化压裂泵柱塞	泵阀门阀座	12V135Q 排气阀	6150 排气阀	塑料注射机螺杆
堆焊厚度/mm	1.5	1.5	1~2	1~2	1.5~2
堆焊粉末类型	FeCrBSi	NiCrBSi	CoCrW	CoCrW	—
堆焊层硬度 HRC	45~50	45~50	40~48	40~48	—
母材牌号	35CrMo	35CrMo	4Cr10Si2Mo	4Cr14Ni14W2Mo	40Cr
预热/(℃×min)	450×40	300×20	300	300	300
转移弧电流/A	140~150	120~130	85~90	60~65	50
转移弧电压/V	30~32	30~32	30	28	30.5
非转移弧电流/A	0	60~80	80~85	70~75	60
非转移弧电压/V	0	20~22	24	20	21.5
离子气流量/(L/min)	5~7	5~7	4	4	5
送粉气流量/(L/min)	7~9	7~9	5	5	5
保护气流量/(L/min)	0	0	0	0	5
送粉量/(g/min)	30	35	20.1	18.5	31
摆动频率/(次/min)	60	60	—	—	0
摆宽/mm	8	12	4	4	0
堆焊速度/(cm/min)	21	9~11	—	—	22
焊后保温/(℃×min)	500×20	300×20	700	700	600

　　注：数据分别取自五二所《粉末等离子喷焊×150排气阀的应用研究》，1983；兰州通用机械厂《等离子弧喷焊在酸化压裂车上的应用》，1976；姜焕中等《塑料注射机螺杆的等离子喷焊》，1985。

4. 合金铸铁堆焊金属

一般 $w(C)$ 大于2%的铁基堆焊合金均属于铸铁类型。为了进一步提高铸铁堆焊金属的耐磨性，通常加入一种或几种合金元素（如 Cr、Ni、W、Mo、V、Ti、Nb、B 等），从而获得具有优良的抗磨料磨损性能的合金铸铁堆焊层。不同的合金铸铁堆焊层，在耐热性、耐磨性、耐蚀性、抗氧化性和抗裂性方面有所差别。调节合金元素的种类和含量，既能控制堆焊金属的基体组织，又能控制碳化物、硼化物等抗磨硬质相的种类和数量，以适应不同工作条件下零件的不同要求。

(1) 合金铸铁堆焊金属的成分与牌号

合金铸铁堆焊金属依不同的成分和堆焊层的金相组织分为马氏体合金铸铁、奥氏体合金铸铁和高铬合金铸铁等3大类。

1) 马氏体合金铸铁堆焊金属。以 C-Cr-Mo、C-Cr-W 和 C-Cr-Ni 和 C-W 为主要的合金系统。$w(C)$ 一般控制在 2% ~ 5%，$w(Cr)$ 多在10%以下，常加入的合金元素还有 Nb、B 等，其合金总含量一般不超过 25%。Cr、Ni、W 等元素对堆焊层的组织有很大影响，必须严格控制。这类合金铸铁堆焊金属属于亚共晶合金铸铁，其相结构由马氏体 + 残余奥氏体 + 含有合金碳化物的莱氏体组成。马氏体和残余奥氏体呈块状分布，含有部分合金元素的碳化物硬度在 1200 ~ 1400HV 之间，而马氏体硬度约为 400 ~ 700HV。堆焊

层的宏观硬度为 50 ~ 60HRC。这类合金铸铁具有很高的抗磨料磨损性能，耐热、耐蚀和抗氧化性能也较好。其成分和硬度见表20-48。

2) 奥氏体合金铸铁堆焊金属。$w(C) = 2.5\%$ ~ 4.5%，$w(Cr) = 12\%$ ~ 28%，还含有 Mn、Ni 等元素，组织为奥氏体 + 莱氏体共晶。奥氏体硬度虽比马氏体低，但由于奥氏体合金铸铁中含有较多高硬度的 Cr_7C_3，所以耐低应力磨料磨损性能也很好，但耐高应力磨料磨损性比马氏体合金铸铁堆焊层低。堆焊层宏观硬度 45 ~ 55HRC，耐腐蚀性和抗氧化性较好，有一定韧性，能承受中等冲击，对开裂和剥离的敏感性比马氏体合金铸铁和高铬合金铸铁堆焊层都小。其成分和硬度见表20-49。

3) 高铬合金铸铁堆焊金属。$w(C) = 1.5\%$ ~ 6.0%，$w(Cr) = 15\%$ ~ 35%。为进一步提高耐磨性、耐热性、耐蚀性和抗氧化性，加入 W、Mo、Ni、Si 和 B 等合金元素。这类合金又可分成3种类型，即奥氏体型、马氏体型和多元合金强化型。它们的共同特点是含有大量初生的针状 Cr_7C_3，这种极硬的碳化物（Cr_7C_3 硬度 1750HV）分布在基体中大大提高堆焊层耐低应力磨料磨损的能力。但耐高应力磨料磨损的性能还取决于基体对 Cr_7C_3 的支撑作用。所以耐高应力磨料磨损性能，奥氏体型的最差，多元合金强化型的最好。

表 20-48 马氏体合金铸铁堆焊焊条的成分、硬度与用途[3]

序号	牌号	国标型号（GB）	堆焊金属化学成分（质量分数,%）						堆焊金属硬度 HRC	用 途
			C	Cr	Mo	W	B	其他		
1	D608	EDZ-A1-08	2.50 ~ 4.50	3.00 ~ 5.00	3.00 ~ 5.00	—	—	—	≥55	矿山设备、农业机械等承受沙粒磨损与轻微冲击的零件堆焊
2	D678	EDZ-B1-08	1.50 ~ 2.20	—	—	8.00 ~ 10.00	0.015	≤1.00	≥50	矿山和破碎机零件等受磨粒磨损的部件堆焊
3	D698	EDZ-B2-08	≤3.00	4.00 ~ 6.00	—	8.50 ~ 14.00	—	—	≥60	矿山机械、泥浆泵的堆焊

注：堆焊金属化学成分余量为 Fe。

表 20-49 奥氏体合金铸铁堆焊材料的成分、硬度及用途[1,20]

序号	名称	牌号	堆焊金属化学成分（质量分数,%）							堆焊金属硬度 HRC	用 途
			C	Cr	Si	Mn	Ni	Mo	V		
1	奥氏体合金铸铁堆焊药芯焊丝	GRIDU RF-43	3.0	16.0				1.5	0.3	45 ~ 55	粉碎机辊、挖掘机齿、挖泥机耐磨件、螺旋输送器等堆焊
2	奥氏体合金铸铁堆焊焊条或药芯焊丝		3.2	16.0			6.0	8.0			粉碎机辊、挖掘机齿、挖泥机耐磨件、螺旋输送器等堆焊
3			—	3.0	12.0	1.5	2.5		1.6		
4			—	4.0	16.0			2.0	8.0		

注：堆焊金属化学成分余量为 Fe。

奥氏体型高铬合金铸铁含碳量较高，奥氏体稳定，不能通过热处理强化，性能较脆，容易因焊缝收缩或在交变温度的工作条件下，因热应力作用引起开裂。加入 Mn、Ni 等合金元素可降低开裂倾向。这类合金堆焊层有很高的耐低应力磨料磨损的能力，能经受中度冲击，抗氧化性好，可磨削加工。

马氏体型高铬合金铸铁比奥氏体型的有更高的耐高应力磨料磨损的性能，有很好的热硬度和抗氧化能力。但只能耐轻度冲击，对开裂的敏感性大，需要预热和后热。而其中应用最多的是 $w(C) = 2.5\%$、$w(Cr) = 25\%$ 的可退火型的合金。堆焊后基体硬度 45～55HRC。焊态时的韧性比奥氏体型高铬合金铸铁的韧性还高。经 800～850℃ 退火后可加工。再经 950～1090℃ 空淬后，基体组织变成马氏体，硬度可高达 60HRC。这种合金有很高的耐低应力磨料磨损能力和中等的耐高应力磨料磨损能力、

用 W、Mo 或 V 等强化的高铬合金铸铁，硬度很高，有极好的耐磨料磨损性能。一般高铬合金铸铁加热到 430℃ 时，硬度迅速下降。而用 W、Mo 和 Co 等强化的合金，在 430～650℃ 之间仍能有效的保持热硬度，因而具有良好的耐热磨损性能，但只能耐轻度冲击。为减少堆焊层裂纹，必须焊前预热、焊后缓冷。

在高铬合金铸铁中加入 B 可显著提高耐磨料磨损性，但抗裂性和机加工性能下降。加入 Ni，降低堆焊层含碳量，也可以降低裂纹敏感性。高铬合金铸铁堆焊材料的成分及硬度见表 20-50 和表 20-51。

表 20-50　高铬合金铸铁堆焊焊条的成分、硬度及用途[3,8]

序号	牌号	国标型号（GB）	堆焊金属化学成分（质量分数，%）							堆焊金属硬度 HRC	用　途
			C	Cr	Mn	Si	Mo	V	W	其他		
1	D618		3.00	15.00～20.00	—	—	1.00～2.00	≤1.00	10.00～20.00	—	≥58	承受轻微冲击载荷的磨料磨损的零件，如磨煤机锤头等的堆焊
2	D628		3.00～5.00	20.00～35.00			4.00～6.00	≤1.00			≥60	轻度冲击载荷的磨料磨损零件，如磨煤机、扇式碎煤机冲击板等零件的堆焊
3	D632 A		2.50～5.00	25.00～40.00							≥56	抗磨粒磨损或常温、高温耐磨耐蚀的工作表面，如喷粉机、掘沟机、碾路机堆焊
4	D638		3.00～6.50	25.00～40.00						—	≥60	抗磨粒磨损表面，如料斗、铲刀、泥浆泵、粉碎机、锤头的堆焊
5	D638 Nb		3.00～6.50	20.00～35.00						Nb 4.00～8.50	≥60	受磨粒磨损严重部件及高温磨损部件的堆焊
6	D642 D646	EDZCr-B-03 EDZCr-B-16	1.50～3.50	22.00～32.00	≤1.00				≤7.00		≥45	水轮机叶片、高压泵等耐磨零件、高炉料钟等的堆焊
7	D656	EDZ-A2-16	3.00～4.00	26.00～34.00	≤1.50	≤2.50	2.00～3.00		≤3.00		≥60	受中等冲击及磨粒磨损的耐磨耐蚀件，如混凝土搅拌机、高速混砂机、螺旋送料机及 ≤500℃ 的高炉料钟、矿石破碎机、煤孔挖掘器的堆焊

（续）

序号	牌号	国标型号（GB）	堆焊金属化学成分（质量分数,%）								堆焊金属硬度HRC	用　途
			C	Cr	Mn	Si	Mo	V	W	其他		
8	D658		3.00~6.50	20.00~35.00	—	—	4.00~9.50	0.50~2.50	2.50~7.50	Nb 4.00~8.50	≥60	磨损严重部件及高温磨损部件的堆焊
9	D667	EDZCr-C-15	2.50~5.00	25.00~32.00	≤8.00	1.00~4.80	Ni 3.00~5.00	—	—	≤2.00	≥48	强烈磨损、耐蚀、耐气蚀的零件,如石油工业离心裂化泵轴套、矿山破碎机、气门盖等零件的堆焊
10	D687 D680	EDZCr-D-15	3.00~4.00	22.00~32.00	1.50~3.50	≤3.00	—	—	B 0.50~2.50	≤6.00	≥58	强磨料磨损条件下的零件,如牙轮钻小轴、煤孔挖掘器、碎矿机辊、泵框筒、提升戽斗、混合器叶片等零件堆焊
11	D700		≤4.0	≤35	≤1.5	≤2.0					≈60	耐磨、耐蚀抗气蚀性堆焊,如高炉料钟、制砖机螺旋绞刀、泥叶、水轮机叶片、破碎机辊、泥浆泵等堆焊
12	D800		≤4.0	≤35	≤1.5	≤2.0					≈64	耐磨、耐蚀抗气蚀性堆焊,如高炉料钟、制砖机螺旋绞刀、泥叶、水轮机叶片、破碎机辊、泥浆泵等堆焊

注：堆焊金属化学成分余量为 Fe。

表 20-51　高铬合金铸铁实心及药芯焊丝的成分、硬度及用途[3,8,29]

序号	名称和牌号	焊丝或堆焊金属化学成分（质量分数,%）								堆焊金属硬度HRC	用　途
		C	Cr	Mn	Si	B	Ni	Co	Fe		
1	HS101 焊丝	2.5~3.3	25.0~31.0	0.50~1.5	2.8~4.2	—	3.0~5.0	—	余	48~54	耐磨损、抗氧化、耐气蚀的零件,如铲斗齿、泵套、气门、排气叶片等堆焊
2	HS103 焊丝	3.0~4.0	25.0~32.0	≤3.0	≤3.0	0.5~1.0	—	4.0~6.0	余	58~64	强烈磨损,如牙轮钻轴、煤孔挖掘器、提升戽斗、破碎机辊、混合叶片、泵框筒等零件的堆焊

（续）

序号	名称和牌号	焊丝或堆焊金属化学成分（质量分数，%）								堆焊金属硬度 HRC	用　途
		C	Cr	Mn	Si	B	Ni	Co	Fe		
3	YD616-2 自保护药芯焊丝	3.0 ~ 3.50	13.50 ~ 15.50	0.90 ~ 1.20	0.70 ~ 1.0	—	Mo0.30 ~ 0.60	—	余	46 ~ 53	受中等磨料磨损，中等至严重冲击载荷的部件，如耙路机的齿、破碎机锤头，挖土机齿的堆焊
4	YD646Mo-2 自保护药芯焊丝	2.90 ~ 3.40	23.0 ~ 26.0	0.60 ~ 1.0	0.50 ~ 1.90	—	Mo2.50 ~ 3.10	—	余	54 ~ 60	受轻微到中等冲击，严重磨料磨损部件，如筑路机和采石设备零件，搅拌机叶片等堆焊
5	自保护金属芯堆焊焊丝	3.82	27.26	1.28	0.84	0.68	Ti 0.54	—	余	>60	耐低应力磨料磨损的部件
6	YD656-4 埋弧堆焊药芯焊丝	6.0 ~ 7.0	34.0 ~ 39.0	0.10 ~ 0.70	0.10 ~ 0.70	—	—	—	余	≈57	受严重磨料磨损及轻微冲击载荷的部件，如磨煤机辊子的堆焊
7	YD667Mn-4 埋弧堆焊药芯焊丝	4.80 ~ 5.50	25.0 ~ 30.0	2.0 ~ 3.0	1.0 ~ 1.90	其他 ≤2.0	—	—	余	≥54	磨煤机辊子，催化剂输送管道，受沙土磨损的推进器提升机的堆焊
8	YD687-1 埋弧堆焊药芯焊丝	3.50 ~ 4.50	20.0 ~ 30.0	1.0 ~ 3.0	1.0 ~ 2.0	其他 ≤3.0	—	—	余	≥55	受严重磨料磨损和轻微冲击载荷的部件，如中速磨煤机磨辊等的堆焊

（2）合金铸铁堆焊材料的应用

马氏体合金铸铁堆焊金属具有高的抗磨料磨损性能，能耐轻度冲击。故主要用于有轻度冲击的磨料磨损条件下工作的零件堆焊。也适合于保形接触的黏着磨损零件的堆焊。如成形轧辊、切割刀具、刮板机等均可采用马氏体合金铸铁堆焊，具体应用见表20-48。

奥氏体合金铸铁堆焊金属有很高的抗低应力磨料磨损性能，抗裂性能稍优于马氏体合金铸铁。能研磨加工，适用于中度冲击及低应力磨料磨损和腐蚀的条件下工作的零件堆焊，具体应用见表20-49。

高铬合金铸铁堆焊金属，由于有合金碳化物和硼化物作为抗磨损的硬质相，所以硬度高，耐磨性很好。而且还具有一定的耐热、耐蚀和抗氧化等性能，在生产中应用很广。但除了高铬奥氏体合金铸铁能耐中度冲击外，其他的只能耐轻度冲击，具体应用见表20-50和表20-51。

（3）合金铸铁堆焊材料的堆焊工艺

奥氏体合金铸铁堆焊时，为避免裂纹可用Cr20Ni10Mn6型焊条堆焊过渡层，或把母材预热到400℃，并焊后缓冷。可用焊条电弧堆焊，也能用药芯焊丝进行半自动或全自动的自保护或气体保护电弧堆焊。

马氏体合金铸铁堆焊层裂纹倾向大，不易加工。根据不同堆焊合金成分和零件结构、材质，可采用不同的预热温度（如 D608 堆焊时，把工件预热到400 ~ 500℃），并施行焊后缓冷，可获得良好效果。如果采用氧乙炔焰堆焊，用还原焰时，堆焊层有增碳现象，硬度和耐磨性增大，但脆性同时加大。如用电弧堆焊，合金中碳有部分烧损，稀释率较大，因此堆焊层韧性大，而耐磨性降低。另外，氧乙炔焰堆焊时工件冷却较慢，因而产生的碳化物晶粒较粗大，对抗磨料磨损有利。

高铬合金铸铁堆焊金属抗裂性较差，堆焊时易裂并难以机械加工，为保证堆焊质量，焊前要预热，焊后要缓冷。常用焊条电弧焊和氧乙炔焰堆焊，也可用药芯焊丝进行自动电弧焊。焊条电弧堆焊常用参数和焊条烘焙温度因堆焊层类型不同差异较大，具体参数请查阅焊条说明书。

20.2.3　镍、钴、铜及合金堆焊成分、工艺与选用

1. 镍与镍基合金堆焊金属

(1) 镍与镍基合金堆焊材料的成分与牌号

镍与镍基合金中一类是属于含碳量较低的 [一般 $w(C) \leqslant 0.15\%$]，具有优良抗裂性及耐热耐蚀性的纯镍、镍铜（蒙乃尔）和镍基合金；另一类是使用较多的耐热、耐蚀且耐磨的镍铬硼硅和镍铬钼钨合金。而镍铬钨硅合金（NDG-2）和镍钼铁合金（60Ni-20Mo-20Fe）近年也得到发展。后者耐腐蚀性好，主要用于耐盐酸、耐碱等化工设备中。

镍铬硼硅系列合金中 $w(C)$ 都低于 1%，根据 $w(Cr)$ 的变化（0%～18%），$w(B)$ 在 1%～4.5% 之间变化。该系列合金具有较低的熔点（1040℃），较好的润湿性与流动性，由于有较高的 Si、B 含量，故属于自熔性合金，主要用于粉末等离子堆焊和氧乙炔焰喷熔。堆焊层组织是奥氏体 + 硼化物 + 碳化物。有优良的耐低应力磨粒磨损性能和耐金属间磨损性能，好的耐腐蚀、耐热和高温（最高可达 950℃）抗氧化性能，但耐高应力磨料磨损性和耐冲击性都不好。氧乙炔焰堆焊后堆焊层常温硬度可高达 62HRC，而 540℃ 时的硬度仍可达 48HRC，只能磨削加工。主要用于在腐蚀或高温环境中受到低应力磨粒磨损的场合。但高镍合金易受到硫和硫化氢的腐蚀，因而不适于在含有硫的还原性气氛中工作。通常这类合金以雾化粉的状态供货。

镍铬钼钨合金硬度低，机加工性好，能用碳化钨刀具加工，主要用来抗腐蚀。但它强度高、韧性好、耐冲击、有很好的热抗力，也可用作高温耐磨堆焊材料。它的组织是奥氏体 + 金属间化合物。GRIDUR34 和 HAYNES N-6 均属此类。镍与镍基合金堆焊材料的成分和硬度见表 20-52 和表 20-53。

(2) 镍与镍基合金堆焊材料的应用

含碳量较低的纯镍、镍铜及镍基合金，由于它们良好的抗裂性，可用作铸铁或其他难焊合金的过渡层堆焊材料，由于它们有良好的耐热、耐蚀性，也可用作耐热、耐蚀层堆焊材料。耐热、耐蚀、耐磨类镍基合金常用于对堆焊金属耐热或耐腐蚀与耐低应力磨粒磨损同时有要求的场合，如 F121、F122 等镍铬硼硅合金即属此类。另外镍基合金材料比钴基价廉，所以在许多应用场合可代替钴基。如含有碳化物（M_7C_3 和 M_6C 型）的 Ni-Cr-Mo-Co-Fe-W-C 系列合金，较易用氧乙炔焰堆焊，使用更普遍。如 HAYNES 711 性能接近司太立 No.1，而含有金属间化合物的 HAYNES No N-6 耐磨料磨损性能与司太立 No.6 相当，耐粘着磨损性能优于司太立 No.6。

在核能工程的阀门及各种密封件堆焊中，Co 和 B 元素在辐照中会转化为带有放射性的同位素，从而污染核设备的二次回路，故代替钴的无硼镍基堆焊材料获得了一定的发展和应用。如 NDG-2 镍基堆焊合金，在硬度、耐磨性、耐蚀性、抗裂性等全面性能均达到钴基司太立 No.6 合金水平，特别是在耐高温粘着磨损和抗晶间腐蚀性还优于司太立 No.6 合金。Ni337 也有很好抗粘着磨损性能，他们都是核容器密封面理想的堆焊材料。镍与镍基合金堆焊材料的具体应用见表 20-52 及表 20-53。

(3) 镍基合金堆焊工艺

镍基合金常用的堆焊方法为焊条电弧堆焊和氧乙炔焰或等离子弧堆焊及喷熔，还可用铸造焊丝的 TIG 焊。TIG 焊没有增碳及和渣相互作用而产生的麻烦，所以是镍基合金较好的堆焊方法。对于 NiCrBSi 系自熔性合金粉末，从 20 世纪 80 年代开始，真空熔结技术也逐步得到应用。在低碳钢、低合金钢和不锈钢上堆焊镍基合金，一般不要求预热，且尽量采用较小的热输入，以防止熔池在高温停留时间过长。焊后一般不热处理，零件材质为含碳量高的钢时，应先堆焊过渡层。

焊条电弧堆焊时，尽量避免作横向摆动。多层堆焊时，层间温度不宜超过 100～150℃。以表 20-52 中两种镍基堆焊焊条为例，列出它们的焊接电流值参见表 20-54。

采用镍基堆焊合金铸造焊丝 TIG 焊时，首先根据工件大小选定焊丝直径及所需电流。然后选定所需的钨极直径及相应的焊炬。不同钨极直径的焊接电流范围见表 20-55。

镍基合金粉末等离子堆焊要求焊前严格清理工件表面的氧化物和油污，堆焊参数要控制适当，避免堆焊层稀释率过高。粉末等离子堆焊参数参考值见表 20-47。

表 20-52　堆焊用或兼做堆焊用镍基合金电焊条的成分、硬度及用途[3,10,17]

序号	名称	牌号	国际型号（GB）	堆焊金属化学成分（质量分数，%）												堆焊金属硬度 HBW	用途
				C	Si	Mn	Cr	Nb	W	Mo	Fe	Cu	Ti	Al	Ni		
1	纯镍焊条	Ni112	ENi-0	≈0.04	—	≈1.5	—	≈1.0	—	—	≈3.0	—	≈0.5	—	≥92	—	堆焊过渡层
2	镍铜合金（蒙乃尔合金）焊条	Ni202 Ni207	ENiCu-7	≤0.15	≤1.5	≤4.0	—	≤2.5	—	—	≤2.5	余	≤1.0	≤0.75	62~69	—	堆焊过渡层
3	Ni70Cr15 型耐蚀合金焊条	Ni307	ENiCrMo-0	≈0.05	—	—	≈15	3.0~5.0	—	2.0~6.0	≤7.0	—	—	—	≈70	—	耐热耐蚀堆焊
4	镍铬耐热合金焊条	Ni307A	ENiCrFe-3	≤0.10	≤1.0	5.0~9.5	13.0~17.0	Nb+Ta 1.0~2.5	—	—	≤10.0	≤0.5	≤1.0	其他 ≤0.50	≥59.0	—	耐蚀堆焊
5	镍铬耐热合金焊条	Ni307B	ENiCrFe-3	≤0.10	≤1.0	5.0~9.5	13.0~17.0	Nb+Ta 1.0~2.5	—	—	≤10.0	≤0.5	≤1.0	—	≥59.0	—	耐蚀堆焊
6	Ni70Cr15 型耐热耐蚀合金焊条	Ni327	ENiCrMo-0	≤0.05	≤0.75	1.0~5.0	13.0~17.0	Nb+Ta 1.5~5.5	—	3.0~7.5	4.0~8.0	—	—	—	余	—	耐热、耐蚀堆焊
7	镍铬耐热耐蚀合金焊条	Ni337		0.035	0.28	2.35	15.76	3.72	—	4.80	6.28	Co0.03	—	—	余	248.4	核反应堆压力容器密封面堆焊
8	Ni70Cr15 型镍铬耐热合金焊条	Ni357	ENiCrFe-2	≤1.10	≤0.75	1.0~3.5	13.0~17.0	Nb+Ta 0.5~3.0	—	0.5~2.5	≤12.0	≤0.5	—	—	≥62	—	过渡层堆焊及耐热、耐蚀堆焊
9	镍铬铝型镍基合金焊条[8]			—	—	—	6.0~8.0	—	—	—	—	—	—	6~8	80~86	≥32HRC（焊态）≥54HRC（冷作硬化后）	受泥沙、汽蚀磨损的水轮机叶片等工件的堆焊
10	镍铬钼合金型堆焊合金焊条	GRIDUR34		≤0.05	—	—	16.0~17.0	—	4.0~5.0	16.0~17.0	4.0~5.0	—	—	—	余	220（冷作硬化后 400）	热剪机刀、热冲头、锻模堆焊
11	镍基合金堆焊电焊条	HAYNES No. 711		2.7	1.0	1.0	27	Co 12	3	8	23	—	—	—	余	42HRC	挤压机螺杆、凿岩钻头、泥浆泵、低冲击的冲模堆焊

表 20-53　等离子弧堆焊用镍基合金粉末的成分、硬度及用途 [3,17,30]

序号	名称	牌号	粉末或焊丝化学成分(质量分数,%)										硬度 HRC	用　途
			C	Cr	Si	Mn	B	Fe	Mo	W	Co	Ni		
1	镍铬硼硅堆焊合金粉末	F121	0.30 ~ 0.70	8.0 ~ 12.0	2.5 ~ 4.5	—	1.8 ~ 2.6	≤4	—	—	—	余	40 ~ 50	高温耐蚀阀门、内燃机排气阀、螺杆、凸轮堆焊
2		F122	0.60 ~ 1.0	14.0 ~ 18.0	3.5 ~ 5.5	—	3.0 ~ 4.5	≤5	—	—	—	余	≥55	模具、轴类、高温耐蚀阀门、内燃机排气阀堆焊
3	镍铬钨硅堆焊合金粉末及铸造焊丝	NDG-2	0.30 ~ 1.5	15.0 ~ 35.0	1.0 ~ 6.0	—	—	—	2.0 ~ 8.0	—	余	≥38	高温高压通用阀门密封面、汽轮机叶片、螺旋推进器、热剪刃、热模具堆焊
4		HAYNES No. 711	2.7	27.0	1.0	1.0		23	8.0	3.0	12	余	42	挤压机螺杆、凿岩钻头、泥浆泵、低冲击的冲模的堆焊
5		HAYNES No. N-6	1.1	29.0	1.5	1.0	0.60	3.0	5.5	2.0	3	余	28	液体阀座、螺旋推进器、各种切割用刀堆焊
6	镍铬硼硅铸造焊丝	HS121	0.5 ~ 1.0	12.0 ~ 18.0	3.5 ~ 5.5	≤1.0	2.5 ~ 4.5	3.5 ~ 5.5	≤0.10			余	58 ~ 62	耐蚀泵阀、轴套、高温喷嘴、链轮、内燃机摇臂、螺杆送料器、柱塞堆焊

表 20-54　镍基合金电焊条焊接电流值 [3,10]

(单位：A)

焊条名称	焊条直径/mm			
	2.5	3.2	4.0	5.0
Ni337 (低氢型)	—	95 ~ 100	130 ~ 140	—
GRIDUR34 (高钛型)	70 ~ 90	110 ~ 140	170 ~ 200	220 ~ 260

表 20-55　不同钨极直径的典型电流(直流正接)

钨极直径/mm	1.0	1.6	2.4	3.2	4.0
电流/A	15 ~ 80	70 ~ 150	150 ~ 250	250 ~ 400	400 ~ 500

镍铬钼钨合金氧乙炔焰堆焊时，由于碳化焰的渗碳作用，使耐磨性大大下降。而 HAYNES No. 711 合金比较容易用氧乙炔焰进行堆焊。

镍铬硼硅系自熔性合金粉末的真空熔结技术是在一定真空度条件下，使预先涂敷在基体表面的涂层合金料经加热后，通过熔融、浸润、扩散、互溶以至冷却重结晶后，最终形成基体结合牢固的表面涂层 [31]。

该工艺主要分以下几个过程：

① 基体表面的预处理。预加工、清洗、除油、去污，以改善零件表面与涂层的润湿性。如基体材料

对 NiCrBSi 涂层的润湿性不好，则可在基体表面镀上 3~5μm 的镀铁层。

② 调制料浆、涂敷。用不含灰分的有机物，如汽油橡胶溶液、树脂、糊精或松香油作粘结剂，把 NiCrBSi 合金粉末调制成糊状（如用松香油作粘结剂的料浆成分是 94% 的合金粉与 6% 的松香油调制而成），并涂敷到零件表面，在 80℃ 烘箱中烘干，出炉后整修外形。

③ 熔结。在低真空（10^{-5}~10^{-6}MPa）的炉中熔结。为了减少熔结过程对基体金属性能的影响，在保证涂层合金充分自流的前提下，尽量采用较低的熔结温度和较短的熔结时间。熔结温度在 NiCrBSi 合金的液相线与固相线温度之间，一般在 950~1200℃ 之间。

④ 熔结后加工。真空熔结所用的 NiCrBSi 合金粉末，颗粒直径一般为 6~100μm，粒度范围 0.125~0.038mm。

2. 钴基合金堆焊金属

（1）钴基合金堆焊材料的成分与牌号

钴基合金堆焊金属主要指钴铬钨堆焊合金，即通常所谓的司太立合金。该类堆焊金属 w(Cr) 为 25%~33%，w(W) 为 3%~21%。Cr 主要提高抗氧化性，W 主要提高高温（540~650℃）蠕变强度。在 650℃ 左右仍能保持较高的硬度，是该合金区别于铁基、镍基堆焊合金的重要特点，也是该合金在堆焊中得到较多应用的重要原因。此外，该合金具有一定的耐腐蚀性、优良的抗粘着磨损性能。随着含碳量的增加，强度提高。生成的 Cr_7C_3 使它具有优良的抗磨料磨损性能。钴基合金堆焊材料的成分及硬度见表 20-56~表 20-58。某些钴基合金堆焊金属的高温硬度，见表 20-57。

（2）钴基合金堆焊材料的应用

钴基合金堆焊材料价格昂贵，所以尽量以镍基或铁基堆焊材料代用，由于能加工得很光滑，加上高的抗擦伤能力和低的磨损系数，使钴基合金特别适合于金属间磨损，加上它具有较高的抗氧化性、抗腐蚀性和耐热性能，一般高温腐蚀和磨损工况条件下，宜选用钴基合金。

CoCr-A 类合金硬度较低，可用硬质合金刀具加工，易变形，开裂前可允许一些塑性流动。常用于内燃机排气阀的表面堆焊。含碳量较高的 CoCr-B、CoCr-C 合金很脆，受冲击时易开裂，在

要求较高的硬度和磨料磨损工况条件下采用。具体用途见表 20-56~表 20-58。

（3）钴基合金堆焊材料的堆焊工艺

为节约昂贵的钴基合金堆焊材料的消耗，该合金堆焊应尽量选择低稀释率的氧乙炔焰堆焊或粉末等离子弧堆焊工艺。真空熔结工艺的应用范围也在不断扩大。当工件较大时，也可选用焊条电弧堆焊。

氧乙炔焰堆焊层几乎没有被母材稀释，因而堆焊层质量很好，多用于堆焊含碳量较低的 CoCr-A 合金。其工艺原则是采用 3~4 倍乙炔过剩焰，这不仅可获得还原性气氛，还可使堆焊母材表面的含碳量增加，从而降低工件表面的熔点和浸润温度，使堆焊易于进行。对于较厚的工件，须用中性焰预热到 430℃，为防止开裂焊后应缓冷。

粉末等离子弧堆焊要求在焊前严格清除焊件表面的氧化物和油污；堆焊参数要控制适当，以避免堆焊层稀释率过高；对大焊件应采取焊前预热、焊后缓冷措施。粉末等离子弧堆焊参数参考列于表 20-59。

真空熔结工艺见 NiCrBSi 合金堆焊工艺中的有关内容。

焊条电弧堆焊稀释率较大，除了含碳量下降外，堆焊层还受到母材其他元素的沾污，对性能将产生不利影响，因而适用于笨重的服役条件下，要求高抗磨性的场合，一般适用于较大工件。焊条焊前须经 150℃/1h 烘干。宜采用直流反接，小电流短弧堆焊。焊前应根据工件尺寸预热 300~600℃，焊后应在 600~700℃ 回火 1h 后再缓冷或将工件立即放入干燥和预热的沙箱内或草灰中缓冷，以避免裂纹。堆焊电流值列于表 20-60。

钴基合金堆焊层一般在焊态使用，不能通过热处理强化。为减少开裂倾向，偶尔用去应力退火处理。

3. 铜及铜合金堆焊金属

（1）铜及铜合金堆焊金属的成分与牌号

铜及铜合金堆焊金属分为纯铜、黄铜、青铜和白铜 4 类。铜基合金堆焊材料有焊条、焊丝和堆焊用带极。其成分及硬度分别见表 20-61~表 20-63。

（2）铜及铜合金堆焊材料的用途

铜基合金堆焊金属分别具有较好的耐大气、耐海水和耐各种酸碱溶液的腐蚀，耐汽蚀以及耐粘着磨损等性能，但易受硫化物和铵盐的腐蚀，抗磨料磨损性能不好，所以不适于在高应力磨料磨损的工况条件下工作。铜及铜合金受核辐照不会变成放射性材料，因

表 20-56　气焊及 TIG 堆焊用钴基堆焊焊丝的成分硬度及用途[3]

序号	名称	牌号	相当于 AWS/ASTM	焊丝化学成分（质量分数，%）									堆焊层硬度 HRC	用途
				C	Mn	Si	Cr	W	Fe	Ni	Mo	Co		
1	钴基堆焊焊丝	HS111	RCoCr-A	0.9~1.4	≤1.0	0.4~2.0	26.0~32.0	3.5~6.0	≤2.0	—	—	余	40~45	高温高压阀门、热剪切刀刃、热锻模等堆焊
2		HS112	RCoCr-B	1.2~1.7	≤1.0	0.4~2.0	26.0~32.0	7.0~9.5	≤2.0	—	—	余	45~50	高温高压阀门、内燃机阀、化纤剪刀刃口、高压泵轴和衬套筒、孔型等堆焊
3		HS113	—	2.5~3.3	≤1.0	0.4~2.0	27.0~33.0	15.0~19.5	≤2.0	—	—	余	55~60	牙轮钻头轴承、锅炉的旋转叶片、螺旋送料器、粉碎机刀口的堆焊
4		HS113G	—	3.20~3.55	≤1.0	0.5~1.1	24.0~28.0	12.0~16.0	≤2.5	—	—	余	≥54	泵的套筒和旋转密封环、磨损面板、轴承套筒、螺旋送料机、高温热轧辊、油田钻头堆焊
5		HS113Ni	—	1.5~2.0	—	0.9~1.3	24.0~27.0	11.5~13.0	0.85~1.35	21.0~24.0	—	余	37~40	耐气蚀、耐腐蚀要求较高的内燃机气门、排气阀门的堆焊
6		HS114	RCoCr-C	2.4~3.0	≤1.0	≤2.0	27.0~33.0	11.0~14.0	≤2.0	—	—	余	≥52	牙轮钻头轴承、锅炉的旋转叶片、粉碎机刀口、螺旋送料机等堆焊
7		HS115	—	0.15~0.33	—	—	25.5~29.0	—	—	1.75~3.25	5.0~6.0	余	≥27	液体阀门阀座、水轮机叶片、铸模和挤压模及各种热模具堆焊
8		HS116	—	0.70~1.20	≤0.5	≤1.0	30.0~34.0	12.5~15.5	≤1.0	—	—	余	46~50	铜基合金和铝合金的热压模、热挤压模、化学工业中耐蚀、耐腐蚀部件的堆焊
9		HS117	—	2.30~2.65	≤0.5	≤1.0	31.0~34.0	16.0~18.0	≤3.0	—	—	余	≥53	泵的套筒和旋转密封环、磨损面板、轴承套筒及无心磨床的工作架等的堆焊

表 20-57　钴基合金焊丝堆焊金属的高温硬度[3]

序号	牌号	堆焊方法	高温硬度 HV							
			427℃	500℃	538℃	600℃	649℃	700℃	760℃	800℃
1	HS111	氧乙炔焰堆焊	—	365	—	310	—	274	—	250
2	HS112		—	410	—	390	—	360	—	295
3	HS113		—	623	—	550	—	485	—	320
4	HS113G	钨极氩弧堆焊	475	—	440	—	380	—	260	—
5	HS113Ni		275	—	265	—	250	—	195	—
6	HS114	氧乙炔焰堆焊	—	623	—	530	—	485	—	320
7	HS115	钨极氩弧堆焊	130	—	135	—	140	—	110	—
8	HS116		475	—	430	—	370	—	290	—
9	HS117		528	—	435	—	355	—	248	—

表 20-58　钴基合金堆焊焊条的成分、硬度与用途[3]

序号	名称	牌号	国际型号(GB)	相当于 AWS/JIS	堆焊焊金属化学成分(质量分数,%)								堆焊层硬度 HRC	用途
					C	Cr	W	Mn	Si	Fe	Co	其他元素总量		
1	钴基堆焊焊条	D802	EDCoCr-A-03	ECoCr-A / DF-CoCrA	0.70 ~ 1.40	25.00 ~ 32.00	3.00 ~ 6.00	≤2.00	≤2.00	≤5.00	余	≤4.00	≥40	高温高压阀门、热剪切刀刃堆焊
2		D812	EDCoCr-B-03	ECoCr-B / DF-CoCrB	1.00 ~ 1.70	25.00 ~ 32.00	7.00 ~ 10.00	≤2.00	≤2.00	≤5.00	余	≤4.00	≥44	高温高压阀门、高压泵的轴套筒、内衬套筒、化纤设备的斩刀刀口堆焊
3		D822	EDCoCr-C-03	ECoCr-C / DF-CoCrC	1.75 ~ 3.00	25.00 ~ 33.00	11.00 ~ 19.00	≤2.00	≤2.00	≤5.00	余	≤4.00	≥53	牙轮钻头轴承、锅炉旋转叶轮、粉碎机刀口、螺旋送料机等磨损部件堆焊
4		D842	EDCoCr-D-03	DF-CoCrD	0.20 ~ 0.50	23.00 ~ 32.00	≤9.50	≤2.00	≤2.00	≤5.00	余	≤7.00	28 ~ 35	热锻模、阀门密封面堆焊

表 20-59　等离子弧堆焊用钴基合金粉末的成分硬度与用途[3]

序号	名称	牌号	相当于 JB	堆焊层化学成分（质量分数,%）							粉末熔化温度 /℃	喷焊层硬度 HRC	用　途
				C	Cr	Si	W	B	Fe	Co			
1	钴基合金粉末	F221	F22~45	0.5~1.0	24.0~28.0	1.0~3.0	4.0~6.0	0.5~1.0	≤5.0	余	≈1200	40~45	高温高压阀门的密封面、热剪切刃口等离子喷焊
2		F221A	—	0.6~1.0	26.0~32.0	1.5~3.0	4.0~6.0	—	≤5.0	余	≈1200	40~45	高温高压阀门密封面等离子喷焊
3		F222	—	0.5~1.0	19.0~23.0	1.0~3.0	7.0~9.0	1.5~2.0	≤5.0	余	≈1100	48~54	热剪刀片、内燃机阀头、排气阀密封面等离子喷焊
4		F222A	F21~52	0.3~0.5	19.0~23.0	1.0~3.0	4.0~6.0	1.8~2.5	≤5.0	余	≈1150	48~55	内燃机阀头或凸轮、重压泵封口圈、轧钢机导轨等离子喷焊
5		F223	—	0.7~1.3	18.0~20.0	1.0~3.0	7.0~9.5	1.2~1.7	≤4.0	余 Ni11~15	≈1100	35~45	高温高压阀门密封面的等离子喷焊
6		F224	—	1.3~1.8	19.0~23.0	1.0~3.0	13.0~17.0	2.5~3.5	≤5.0	余	≈1100	≥55	受强烈磨损、冲蚀的高温高压阀门、密封环的等离子喷焊

表 20-60　钴基合金焊条堆焊电流值[3]

焊条直径/mm	4	5	6
电流/A	120~160	140~190	150~210

此在核工业中使用得较多。主要是用来制造要求耐腐蚀、耐汽蚀和耐金属间磨蚀的以铁基材料为母材的双金属零件或修补磨损的焊件。作为轴承材料时，当作为摩擦副的软的一方时，要求比匹配表面硬度低 50~75HBW，可用磷青铜、较软的铝青铜和黄铜。作为硬的一方，可以用硬的铝青铜；铝青铜由于抗粘着磨损性能特别好，所以用

得很广泛。硅青铜不能用作轴承材料。具体应用见表 20-61~表 20-63。

（3）铜及铜合金的堆焊工艺

堆焊工艺对铜合金堆焊金属性能影响极大。从钢或铁母材混入的铁形成硬化剂，为了减小混铁量，往往要取堆焊层厚度 6mm 以上部分作为工作层。氧乙炔焰和 TIG 堆焊比较好。焊条电弧焊和 TIG 堆焊时，电流要尽量小些，MIG 适合大面积修补焊，而 TIG 适合小的修补。

铜基合金堆焊时，一般不预热。但堆焊件厚度较大，熔合不良时，可预热 200℃ 左右。

表 20-61 铜及铜合金电焊条的成分、硬度及用途[3,10]

序号	名称	牌号	国际型号(GB)	堆焊金属化学成分(质量分数,%)									堆焊金属硬度HBW	用途
				Sn	Si	Mn	Al	Fe	Ni	Cu	P	其他		
1	纯铜电焊条	T107	ECu	—	≤0.5	≤3.0	Fe+Al+Zn+Ni≤0.50			>95.0	≤0.30	Pb≤0.02	—	耐海水腐蚀的碳钢零件堆焊
2		GRICu1		0.8	—	2.5	—	—	—	余	—	—	50	
3	硅青铜电焊条	T207	ECuSi-B	—	2.5~4.0	≤3.0	Al+Ni+Zn≤0.50			>92.0	≤0.30	Pb≤0.02	110~130HV	化工机械管道等内衬堆焊
4	磷青铜电焊条	T227	ECuSn-B	7.0~9.0	Si+Mn+Fe+Al+Ni+Zn≤0.50					余	≤0.30	Pb≤0.02	—	磷青铜轴衬、船舶推进器叶片堆焊
5	锡青铜电焊条	CRICu3		6.0	—	—	—	—	3.5	余	—	—	100	钢和灰口铸铁堆焊
6		CRICu12		12.0	—	—	—	—	—	余	—	—	120	
7		T237	ECuAl-C	—	≤1.0	≤2.0	6.5~10.0	≤1.5	≤0.5	余	P+Zn≤0.5	Pb≤0.02	—	水泵、气缸及船舶螺旋桨的堆焊
8	铝青铜电焊条	GRICu6		—	—	—	7.5	3.5	4.5	余	—	—	150	
9		GRICu7		—	—	4.5	7.5	2.3	5.0	余	—	—	150	螺旋桨堆焊
10		GRICu8		—	—	12.0	6.5	2.0	2.0	余	—	—	200	
11	白铜电焊条	CRICu9		—	—	1.5	—	1.0	30	余	—	Ti0.2	350	在钢上堆焊
12	铜镍电焊条	T307	ECuNi-B	—	≤0.5	≤2.5	≤0.5	≤2.5	29.0~33.0	余	≤0.02	Ti0.5	—	12Ni3CrMoV(相当于HY80)钢衬里堆焊

表 20-62 铜及铜合金堆焊焊丝的成分、硬度及用途[3,32]

序号	名称	牌号	国际型号(GB)	堆焊金属化学成分(质量分数,%)									堆焊金属硬度HBW	用途
				Sn	Si	Mn	Ni	Fe	Al	P	Zn	Cu		
1	纯铜焊丝	HS201	HSCu	≤1.0	≤0.5	≤0.5	Pb≤0.02	—	≤0.01	≤0.15	—	≥98.0	—	—
2	黄铜焊丝	HS221	HSCuZn-3	0.8~1.2	0.15~0.35	—	—	—	—	—	余	59.0~61.0	90	低压阀门密封面堆焊

（续）

序号	名称	牌号	国际型号（GB）	Sn	Si	Mn	Ni	Fe	Al	P	Zn	Cu	堆焊金属硬度HBW	用途
3	黄铜焊丝	HS222	HSCuZn-2	0.8~1.1	0.04~0.15	0.01~0.50	—	0.25~1.20	—	—	余	56.0~60.0		轴承和抗腐蚀表面堆焊
4		CuZnB		0.75~1.10	0.04~0.15	—	0.2~0.8	0.25~1.25	—	—	余	56.0~60.0	95	
5		CuZnD		—	0.04~0.15	—	9.0~11.0	—	—	—	余	46.0~50.0	100	
6	硅青铜焊丝	HS211	相当AWS ERCuSi-A	—	2.8~4.0	0.5~1.5	—	—	—	—	—	余		机车车辆，重型机器摩擦面的堆焊
7	锡青铜焊丝	CuSnA		4.0~6.0	—	—	—	—	—	0.10~0.35	—	余	70	轴承及耐腐蚀表面堆焊
8		CuSnC		7.0~9.0	—	—	—	—	—	0.05~0.35	—	余	90	轴承表面堆焊
9		CuSnD		9.0~11.0	—	—	—	—	—	0.10~0.30	—	余	90	
10		CuSnE		5.0~7.0	—	—	Pb14.0~18.0	—	—	0.3~0.5	—	余	50	
11	铝青铜焊丝	CuAlA-1		—	—	—	—	—	6.0~9.0	—	—	余	125	耐腐蚀表面堆焊
12		CuAlA-2		—	—	—	—	<1.5	9.0~11.0	—	—	余	150	轴承及耐腐蚀表面堆焊
13		CuAlB		—	—	—	—	3.0~4.25	10.25~11.75	—	—	余	160	轴承及耐气蚀堆焊
14		CuAlC		—	—	—	—	3.0~5.0	12.0~13.0	—	—	余	200	
15		CuAlD		—	—	—	—	3.0~5.0	13.0~14.0	—	—	余	250	轴承表面堆焊
16		CuAlE		—	—	—	—	3.0~5.0	14.0~15.0	—	—	余	300	
17	铝镍青铜焊丝			—	—	0.6~3.5	4.0~5.5	3.0~5.0	8.5~9.5	—	—	余	187	耐腐蚀及耐腐蚀表面堆焊
18	铝锰青铜焊丝			—	—	11.0~14.0	1.5~3.0	2.0~4.0	7.0~8.0	—	—	余	185	
19	白铜焊丝			—	—	0.8	30.0	0.6	—	—	Ti0.3	余	—	用于在钢上堆焊

表 20-63　铜及铜合金堆焊用带极及粉末的成分及用途[3]

序号	名称	牌号	带极及粉末的化学成分（质量分数，%）								用　　途
			C	Sn	Mn	Si	P	Fe	Ni	Cu	
1	纯铜带极	ST-2	—	1.0	0.40	0.30	0.08	—	—	98.0	推力轴承瓦的过渡层堆焊
2	白铜带极	B-30	<0.05		0.52	<0.15	<0.006	0.49	31.8	余	耐海水腐蚀的船舶冷凝器管板堆焊
3	锡磷青铜粉末	F422	—	9.0~11.0	—	0.10~0.50	—	—	余	轴及轴承的等离子堆焊

纯铜的堆焊尽量采用能量集中的热源，例如丝极或带极埋弧堆焊和 MIG、TIG 填丝堆焊。必要时还要采用 400℃ 左右预热，否则易产生熔合不良的缺陷。

铝青铜堆焊宜采用 TIG 填丝焊、MIG 和焊条电弧堆焊，不能用氧乙炔焰堆焊。采用较小的热输入，以防止熔合区在高温的停留时间过长，引起熔合线附近钢基体的母材上出现渗铜裂纹或液化裂纹。

黄铜堆焊时，为了减少 Zn 的蒸发，宜采用热源温度低的氧乙炔焰堆焊。

B30 白铜堆焊时，如果堆焊金属中含 $w(Fe)$ 超过 5%，则将引起裂纹。通常先堆焊一层纯镍或蒙乃尔合金做过渡层。堆焊工艺方法宜选带极埋弧堆焊。

为获得致密无气孔的堆焊焊道，焊前应仔细清理堆焊表面的油、锈及其他污物。堆焊用焊条应于使用前在 200~300℃ 烘干 1h，堆焊用焊丝表面应干净。

焊条电弧堆焊所用的焊条多为低氢型药皮，宜采用直流电源反接（焊条接正极）。堆焊参数见表 20-64。

纯铜的 MIG 堆焊参数，见表 20-65。

各种青铜合金的 MIG 堆焊常采用直径 1.6mm 的焊丝，此时焊接电流多采用 280A 左右、电弧电压为 25~28V、保护气为 Ar 气、流量 850 L/h 左右。

用带极埋弧焊在钢基体上堆焊铜基合金，焊前不预热。堆焊参数见表 20-66。

表 20-64　铜基合金焊条电弧堆焊参数[3]

焊条直径 ＼ 名称	堆焊电流/A				
	纯铜焊条	锡青铜焊条	硅青铜及铝青铜焊条	铜镍焊条	白铜焊条
3.2	120~140	110~130	90~130	95~120	90~100
4.0	150~170	150~170	110~160	120~150	120~130
5.0	180~200	170~200	150~200	150~180	—

表 20-65　纯铜的 MIG 堆焊参数

纯铜丝直径/mm	堆焊电流/A	电弧电压/V	保护气	保护气流量/(L/h)
1.2	200~300	30~34	Ar	850
1.6	250~350	30~36	Ar	850

表 20-66　带极堆焊参数

带极名称	尺寸/mm	堆焊电流/A	电弧电压/V	堆焊速度/(m/h)	带极伸出长度/mm	配用焊剂
纯铜带极	0.4×60	700~800	40	10~11	45	HJ431
B30 带极	0.5×60	550~600	32~35	10~11	55~60	—

注：数据取自孙敦武等《铜镍合金 B30 带极埋弧自动堆焊研究》，1970。

20.2.4　其他堆焊合金成分、工艺与选用

1. 碳化钨及其他硬质合金堆焊

碳化钨是硬质合金的重要成分，堆焊用的碳化钨有两类，一类是铸造碳化钨，另一类是以钴或镍为粘结金属的烧结碳化钨。两类碳化钨的特点及堆焊后性能见表 20-67。

表 20-67　铸造碳化钨与烧结碳化钨的特点及堆焊后性能[33]

项目	铸造碳化钨		烧结碳化钨	
	不规则粒状	球状	不规则粒状	球状
化学组成	WC + W₂C	WC + W₂C	WC + Co	WC + Co
制造方法	熔炼、浇铸后破碎	熔炼后离心法制球	混合、压块、烧结后破碎	混合、制球、烧结
韧性	很脆	脆	低钴型较脆、高钴型较韧	低钴型较脆、高钴型较韧
耐磨料磨损性	优良	优良	优良	优良
硬度 HRA			89 ~ 91	86.5 ~ 91
高温抗氧化性	差	差	好	好
堆焊时被铁溶解的程度	较轻	较重	较严重	较严重
供货状态	①②③④⑤	①②⑤	①⑤⑥	①②⑤⑥

① 直接用容器散装供货，供胶焊和炉中钎接堆焊使用。
② 装入铁皮管中供货，供气焊用。
③ 装入铁皮管中并压敷一层药皮供货，供焊条电弧焊用。
④ 混入药皮中，与低碳钢芯组成焊条供货，供焊条电弧焊用。
⑤ 与铁基、镍基、钴基堆焊合金粉末混合后装入容器散装供货，供粉末等离子堆焊用和氧乙炔喷熔。
⑥ 与铜基合金一起烧结成条状复合材料堆焊焊条供货，供氧乙炔焰堆焊用，牌号 YD-XX。

铸造碳化钨中 $w(C) = 3.7\% \sim 4.0\%$、$w(W) = 95\% \sim 96\%$，它是 WC-W₂C 的混合物。这类合金硬度高，耐磨性能好，但脆性大，易在工作过程中从堆焊层中碎裂并脱落。如果成分中加入 $w(Co)5\% \sim 15\%$，其熔点可降低，韧性可提高[32]。如果加入一定量的镍基合金粉末，如 F102 等，也可提高堆焊层的韧性和抗冲击性。如对耐磨性要求较高，且为了防止铸造碳化钨的脱落，也可加入 30CrMnSi 等耐磨钢类的合金材料[34]。

烧结碳化钨型硬质合金绝大多数是用 Co 为粘结金属，牌号为 YG-X（YG 后面的数字代表 Co 的百分比含量），随钴的百分比含量的提高，硬质合金的硬度下降，韧性提高。此外，碳化钨晶粒越细其耐磨性就越高。各种碳化钨及其合金的物理力学性能见表 20-68。

表 20-68　各种碳化钨及其合金的物理力学性能[33]

物理力学性能	WC	W₂C	WC + W₂C（共晶）	YG3	YG6	YG8	YG11C
硬度 HRA	93 ~ 93.7	90 ~ 91	—	91	89.5	89	86.5
抗压强度/MPa	1560 ~ 1620	—	—	—	—	—	—
抗弯强度/MPa	—	—	—	1200	1450	1500	2100
显微硬度 HV	1830	3000	2500 ~ 3000	—	1550	1450	1300
熔点/℃	2600	2850	—	—	—	—	—
密度/g·cm⁻³	15.7	17.15	—	15.0 ~ 15.3	14.6 ~ 15.0	14.5 ~ 14.9	14.0 ~ 14.4

近年来发展的烧结碳化物，除了碳化钨以外，还有用 TiC 做硬质点，用镍和钴做粘结剂的烧结 TiC 球粒。它一般含碳化钛 62%，含碳化钨 15% 左右，粘结剂中 $w(Ni)$ 为 12%，$w(Co)$ 为 10%，碳化钛和碳

化钨的性能对比如表 20-69 所示。

表 20-69　碳化钛与碳化钨性能对比

性能 物质	硬度 HV	密度 /(g/cm³)	熔点/K
碳化钛	~3000	4.92	3400
碳化钨	~2000	15.7	2990

由表 20-69 可见，碳化钛的硬度比碳化钨高，而且碳化钛的摩擦因数小，且有自润性能。但碳化钛脆性较大，故需加入一定量的粘结剂以提高抗冲击性能。

另外，也有以镍为粘结剂，以碳化铬为硬质点，用粉末冶金方法制造的烧结碳化物。在国外，为了满足各种性能要求，还有在粉末等离子堆焊的 Stellite No.6 合金中加入 WC、NbC、VC、（W，Ti）C 和 TiC 等不同硬质材料的复合粉末，以提高零件的寿命。但

到目前为止，用得最多的还是碳化钨硬质合金。

（1）碳化钨堆焊材料的成分与牌号

碳化钨堆焊金属实质上是含有碳化物硬质颗粒和较软胎体金属的复合材料堆焊层。胎体金属可以是铁基合金（含碳钢及合金钢）、镍基合金、钴基合金和铜基合金。这种复合材料在磨料磨损的工况条件下，胎体金属优先被割削，从而使硬质颗粒在表面上稍有凸起。如果工作表面允许在磨损过程中存在一定的不平度，则碳化钨的切削作用使这类堆焊金属成为耐磨料磨损性能最佳的材料。如果所选的胎体足够强韧或所选碳化钨为烧结型，则堆焊层同时可抗轻度或中度冲击。抗冲击能力还和碳化钨颗粒大小和分布有关。但重度的冲击必须避免。不同的胎体金属还使得堆焊金属具有不同程度高温抗氧化性和抗腐蚀性能。碳化钨堆焊材料的组分见表 20-70 ~ 表 20-72。

表 20-70　管装粒状铸造碳化钨焊条及药芯焊丝的组分及用途 [3,32]

序号	牌号	粒度/mm	钢管尺寸/mm		装入的铸造碳化钨与钢管的质量比(%)		用途
			直径	长度	铸造碳化钨	钢管	
1	YZ20 ~ 30g① 管装焊条	- 0.900 ~ + 0.595②	7	390 ± 0.5	60 ~ 70	40 ~ 30	铣齿牙轮钻头齿面、钻井用扶正器
2	YZ30 ~ 40g 管装焊条	- 0.595 ~ + 0.450	6	390 ± 0.5	60 ~ 70	40 ~ 30	铣齿牙轮钻头齿面、钻井用扶正器、吸尘风机叶片、饲料粉碎机锤片
3	YZ40 ~ 60g 管装焊条	- 0.450 ~ + 0.280	5	390 ± 0.5	60 ~ 70	40 ~ 30	铣齿牙轮钻头齿面、钻井用扶正器、吸尘风机叶片、饲料粉碎机锤片、糖厂蔗刀、甘蔗压榨辊、辊身、辊齿
4	YZ60 ~ 80g 管装焊条	- 0.280 ~ + 0.180	4	390 ± 0.5	60 ~ 70	40 ~ 30	糖厂蔗刀
5	HSY710 药芯焊丝	—	焊丝直径 4.0mm		≈60	碳钢余量	工具头部、挖泥机叶片、螺旋推进器、输送机螺旋片、刮研机叶片、压榨机等

① g 表示颗粒状。

② - 0.900 ~ + 0.595，表示颗粒能通过 0.900mm 筛孔，不能通过 0.595mm 筛孔。

表 20-71　硬质合金（烧结型）复合材料堆焊焊条牌号、规格及用途 [35,36]

序号	牌号	硬质合金颗粒尺寸/mm	胎体金属材料	硬质合金颗粒硬度 HRA	外涂钎剂颜色	用途
1	YD-9.5	6.5 ~ 9.5	铜基合金	89 ~ 91	深绿	石油工具铣鞋、磨鞋、水力割刀刮刀片等堆焊
2	YD-8	6.5 ~ 8	铜基合金	89 ~ 91	深蓝	铣鞋、磨鞋、水力割刀刮刀片、刨煤机刨刀等堆焊
3	YD-6.5	5 ~ 6.5	铜基合金	89 ~ 91	红	铣鞋、磨鞋、刨煤机刨刀、打桩钻头、螺旋钻头、筑路机刀头等堆焊
4	YD-5	2 ~ 5	铜基合金	89 ~ 91	黄	铣鞋、磨鞋、套铣鞋、取芯钻头、打桩钻头、铲斗斗齿、铣槽扩孔器、高炉送料溜板、筑路机刀头等堆焊
5	YD-3	2 ~ 3	铜基合金	89 ~ 91	粉红	钻井用稳定器、钻杆耐磨带、犁铧、钻杆接头、饲料粉碎机锤片等堆焊
6	YD-10 目	- 2.00 ~ + 1.00	铜基合金	89 ~ 91	浅绿	
7	YD-18 目	- 1.00 ~ + 0.595	铜基合金	89 ~ 91	浅蓝	钻杆耐磨带、塑料橡胶与皮革的锉磨工具、耐磨层堆焊
8	YD-30 目	- 0.595 ~ + 0.355	铜基合金	89 ~ 91	浅黄	橡胶及皮革的锉磨工具、耐磨层堆焊

注：YD 型焊条尚未纳入标准。

表 20-72　碳化钨堆焊用焊条的成分、硬度及用途[3]

序号	名称	牌号	国标型号（GB）	堆焊金属化学成分（质量分数，%）								堆焊金属硬度 HRC	用　途
				C	W	Cr	Mn	Ni	Si	Mo	其他元素		
1	碳钢芯碳化钨焊条	D707	EDW-A-15	1.50 ~ 3.00	40.00 ~ 50.00	—	≤2.00	—	≤4.00	—		≥60	混凝土搅拌叶片、挖泥机叶片、推土机、泵浦叶片、高速混沙箱
2	纯镍芯碳化钨焊条	D707Ni		WC≈55		—	—	余量	—	—	5.00 ~ 10.00	≥45	高炉钟斗、烧结扒齿等
3	管装碳化钨芯焊条	有缝 D717 / 无缝 D717A	EDW-B-15	1.50 ~ 4.00	50.00 ~ 70.00	≤3.00	≤3.00	≤3.00	≤4.00	≤7.00	≤3.00	≥60	三牙轮钻头爪尖、混凝土搅拌叶片、风机叶片、强力采煤滚筒、榨糖机轧辊

注：堆焊金属化学成分余量为 Fe。

管装粒状铸造碳化钨焊条，是把不同粒度（0.154~2.50mm）的 $WC-W_2C$ 颗粒装在钢管中。碳化钨和钢管的质量比为 60:40，多用氧乙炔焰堆焊。氧乙炔焰堆焊时，碳化钨熔解少，而且碳化焰有渗碳作用。碳化钨分布易控制，因而耐磨性好。也可用电弧焊，电弧焊后胎体变成含有碳和钨的工具钢，最高硬度可达 65HRC。它对未熔化的碳化钨颗粒具有很好的支撑作用。它的热硬度也和碳化钨熔解多少有关，胎体中含钨多则抗热性好，但由于碳化钨颗粒易氧化，工作温度不能超过 650℃。碳化钨焊条堆焊后，大多数碳化钨熔解只有少量沉淀在熔池底部。加上母材的熔化和稀释作用，堆焊层成为被钨合金化了的铸铁，因而硬度很高。但抗磨料磨损性能比氧乙炔焰堆焊的碳化钨堆焊层有所下降。由于电弧焊方法生产率高，在挖掘、运土设备的堆焊中常用。硬质合金（烧结型）复合材料堆焊焊条，以铜基合金作胎体材料，宜采用氧乙炔焰堆焊。不论哪种方法堆焊的碳化钨堆焊层都不能机加工，磨削也很困难。

（2）碳化钨复合材料堆焊的应用

碳化钨复合材料堆焊在石油钻井及修井设备工具中应用较普遍，其他许多行业如冶金、矿山及煤炭开采、土建施工、建材、制糖、发电等部门中也得到愈来愈广泛地应用。具体应用见表 20-70~表 20-72。

铸造碳化钨和烧结型碳化钨相比，前者硬度高，但质脆，且以铁基金属作为胎体材料，堆焊层易产生裂纹，合金颗粒在工作中也易崩裂脱落。故在石油钻

井、修井及打捞工具等的堆焊中已开始被烧结型碳化钨颗粒和以铜基合金（或镍基合金）做胎体材料的烧结硬质合金型焊条所取代。

（3）碳化钨及其他硬质合金复合材料堆焊工艺

碳化钨及其他硬质合金复合材料堆焊工艺的要点是最大限度地防止硬质合金颗粒在堆焊过程中发生分解、熔解甚至熔化，以保持碳化物原有的高耐磨性。因此硬质合金复合材料堆焊最大的是采用温度较低的氧乙炔焰堆焊，其具体堆焊工艺如下[37]：

1）管装粒状铸造碳化钨焊条的氧乙炔焰手工堆焊工艺。堆焊件表面应事先清理干净。堆焊火焰一般用中性焰，但在已堆焊过这种合金且碳化钨尚未完全磨掉的工件上重新堆焊时，则采用弱碳化焰。在堆焊过程中，焰心与被焊工件表面的距离，宜保持在 2~3mm。操作中避免堆焊熔池温度过高和停留时间过长，以防止堆焊层产生气孔、过烧或剥落等缺陷。堆焊质量良好的主要标志是熔深很浅和碳化钨颗粒的棱角没有被过多熔化。根据经验，堆焊层表面颜色为暗灰色，则说明质量较好。如果呈蓝紫色，则说明熔池温度过高。焊后宜缓慢冷却，防止产生裂纹。另外堆焊层不宜过厚，以免焊层剥落，一般以 0.75~1.5mm 为宜。

2）铸造碳化钨颗粒胶焊法堆焊工艺。碳化钨颗粒还可以用"胶焊法"堆焊到钢制零件的表面，例如铣齿型牙轮钻头的齿面堆焊。其工艺是先用水玻璃把铸造碳化钨颗粒粘在齿面上，然后用氧乙炔焰加

热，使基体表面熔化，碳化钨颗粒即沉淀于齿面上。

3）烧结型硬质合金堆焊焊条的堆焊工艺[36,37]。该焊条各种规格见表 20-71，采用氧乙炔焰进行堆焊。操作要点如下：

① 清理焊件，使被堆焊表面露出金属光泽。

② 使用适当的胎具（材质可为石墨），在平焊位置进行堆焊。为控制堆焊层厚度，可利用限厚块。

③ 采用中性焰对基体进行预热，焰心勿接触焊件表面，距离以 25mm 为宜。使用的气焊焊嘴应比普通气焊碳钢所用的稍大。

④ 当焊件加热到适当温度时，即可在待堆焊表面上涂一层专用熔剂。如熔剂预热合适，熔剂就会起泡沸腾，此时焊件表面的氧化物将被熔剂清除。继续加热，待熔剂布满堆焊表面并呈透明液体状态时，表明可开始堆焊打底焊层。

⑤ 堆焊打底层。采用中性焰或弱碳化焰加热专用打底焊条（与硬质合金焊条一起配套供货），焊嘴不断运行，其运行速度恰好与打底焊条的堆焊速度相等。要确保熔剂保持在表面上。当打底过程结束时，使基体表面形成一薄层平滑的打底合金，其厚度约 1mm 左右。如预热温度不足时，熔融的打底层金属不能流平，并在焊件表面上形成小球或凸起。

⑥ 堆焊硬质合金复合层。在打底合金层上面堆焊硬质合金焊条。使用中性焰或弱碳化焰对准焊条的端头加热，焊嘴均匀平稳地在焊件表面上移动，注意不可使焰心尖端接触到合金颗粒和焊件表面，保持其间距离 25mm 左右，以防过热。当焊条中胎体金属熔化并滴在焊件表面，随之硬质合金颗粒也一同落下，此时应注意把颗粒排列齐整、紧密。在熔化胎体金属凝固之前，可用左手拿着的合金焊条拨弄，或者第二个人手持一根打底焊条或石墨棒拨弄堆焊层硬质合金颗粒，使之排列均匀整齐。堆焊层厚度按设计要求控制，最厚可堆 30 ~ 40mm。当堆焊面积较大时，可分段进行，一次可堆面积 250mm² 左右。

⑦ 焊件堆焊完后，应放在不通风的地方，或用石棉灰埋上，缓慢冷却。

⑧ 焊件冷却到室温后，如有需要可把堆焊层磨到要求的尺寸和形状。

⑨ 清理焊件，去除所有飞溅、渣壳等。对于石油工具应特别注意螺纹部分要清理干净。焊件需长期保持时，应喷漆或涂防锈剂。

采用该焊条堆焊的焊件可多次修复堆焊，且不必把原来剩余的堆焊层清除掉，只要把表面上的泥污清洗并用钢丝刷或手砂轮把表面刷磨干净，即可按上述工艺方法进行堆焊。

堆焊层质量满意的标志是：待冷却后，堆焊层表面呈发亮的金黄色，堆焊层中胎体合金（铜基合金）与基体金属（通常是中碳低合金钢）结合良好，合金颗粒排列紧密、均匀、牢固地焊嵌在胎体金属里。

过热或过烧的标志是：堆焊层中胎体金属发红、合金颗粒表面焦黑，其后果是堆焊层性能变坏，使用寿命下降。

加热不足的标志是：堆焊层胎体金属呈无光泽的银灰色，胎体金属与基体金属结合不良，使用时堆焊层有成片脱落的危险。

采用氧乙炔焰堆焊，虽然能使硬质合金颗粒在堆焊过程中基本不熔化，但其生产率太低，特别对于大型焊件堆焊，缺点更为突出。因此近年来，为了提高生产率，钨极氩弧堆焊和等离子弧堆焊也在生产中多有应用。

管装粒状铸造碳化钨、烧结碳化钨或烧结碳化钨与碳化钛混合的焊条在进行钨极氩弧堆焊时宜采用右焊法，即焊把在前，焊条在后，焊把中心线与母材基面夹角为 70° ~ 80°，焊条中心线与母材基面夹角为 30° ~ 40°。堆焊时焊枪将母材表面加热到微熔化，焊条方可进入熔池，且不要在熔池内停留，即所谓的脉动送丝。

管装焊条的等离子弧堆焊工艺与钨极氩弧焊相似，但等离子弧温度更高，参数控制更严格，以防硬质合金烧损。

2. 氧乙炔焰喷熔用自熔性合金粉末

喷熔用的自熔性合金粉末具备一系列特点，其中主要是：①较低的熔点。重熔时喷涂在母材表面的合金粉末层熔化，而母材保持不熔；②良好的自熔剂性。由于自熔性合金粉末中的硼、硅与氧亲和力强，因而在重熔过程中优先与合金粉末中的氧、焊件表面的氧化物一起形成低熔点的硼硅酸盐熔渣并覆盖于表面，使液态金属得到保护；③对母材有良好的润湿性。从而与母材形成冶金结合，并在母材表面铺展开，使喷熔层具有平整而光滑的表面成形。

（1）喷熔用自熔性合金粉末的成分与牌号

喷熔用的自熔性合金粉末可分为镍基、钴基、铁基及含碳化钨自熔性合金等 4 种系列。

镍硼硅系列自熔合金，喷熔层硬度不高、韧性好、耐急冷急热，在 600℃ 时仍具有良好的耐磨性和耐腐蚀性。该合金中硼及硅起强化固溶体的作用，硼化镍等硬质相起弥散硬化作用。

镍铬硼硅系列自熔合金中铬溶于镍中，起固溶强化作用，形成了稳定的 Ni-Cr 固溶体，并提高了喷熔层的抗氧化、耐热、耐腐蚀和耐磨性能。这类合金中除了含有硼化镍外，还含有高硬度的硼化铬（如 CrB）和碳化铬（如 $Cr_{23}C_6$、Cr_7C_3）；含碳量高时还可能含有碳化硼。

钴基自熔性合金中的铬与钴形成稳定的固溶体，铬有强化和提高抗氧化性作用。钨提高了喷熔层的热强性和高温硬度，并有时效硬化作用。硼除改善合金自熔性外，还有形成硼化物硬质相作用。此外形成的多种碳化物在固溶体中起沉淀硬化作用。该系列合金比镍基合金有更好的耐热性和抗高温氧化性，800℃时仍保持一定的硬度。有良好的耐磨损、耐蚀性，但价格较贵。

铁基自熔性合金粉末多为奥氏体不锈钢型，为保持良好的自熔性，该类合金的 $w(Ni)$ 必须保持在 28% 以上，价格比镍基合金稍低些。该系列合金喷熔层有较好的耐磨性，有一定的耐热、耐蚀性能。

含碳化钨自熔性合金粉末是由喷熔用的镍基、钴基或铁基自熔性合金粉末与一定比例的铸造碳化钨或烧结碳化钨颗粒组成。含碳化钨自熔性合金粉末的喷熔层具有十分优良的耐磨料磨损性能。

各种喷熔用自熔性合金粉末的成分与喷熔层硬度见表 20-73。

（2）喷熔用的自熔性合金粉末的应用

氧乙炔焰喷熔层的特点是表面光滑平整、厚度薄而且均匀。故常用于要求喷熔层厚度为 0.5 ~ 2mm 的场合。最薄喷熔层厚度可达 0.2mm 左右。个别情况下也可用于要求喷熔层厚度大 5mm 的场合。

镍硼硅系自熔性合金喷熔层主要用于硬度不太高但能耐急冷急热的模具的制造和修复。也可以利用粉末氧乙炔焰喷熔的工艺手段，对铸铁、钢、不锈钢焊件的裂损处进行修复。镍硼硅系自熔性合金喷熔层的具体应用见表 20-73。

镍铬硼硅系自熔性合金喷熔层应用范围很广。除可用于耐高温或者耐磨料磨损和高温抗氧化联合作用的场合外，在海水、中性盐、酸性盐、冷硼酸、10% 热硫酸、冷浓氢氟酸中都有良好的耐蚀性能。因此作为耐蚀的保护层得到广泛应用。镍铬硼硅系自熔合金喷熔层的具体应用见表 20-73。

钴铬钨硼硅自熔性合金喷熔层具有最佳的综合性能。但由于价格昂贵，故适用于要求在 700℃时仍具有良好的耐磨、耐蚀性的场合。具体应用见表 20-73。

铁基氧乙炔焰喷熔用自熔性合金是自熔性合金中价格最低、应用相当广的材料。与镍基自熔性合金相比，除在工艺性及高温性能方面稍差之外，其他使用性能相差不大，在很大范围内可取代镍基自熔性合金。具体应用见表 20-73。

喷熔用含碳化钨自熔性合金喷熔层用于耐严重磨料磨损的场合。由于不同牌号合金有不同的胎体金属，因此这类硬质合金复合材料喷熔金属还兼有各类胎体金属的喷熔工艺性能和使用性能。具体应用见表 20-73。

（3）喷熔用自熔性合金粉末的喷熔工艺

自熔性合金粉末氧乙炔焰喷熔分为一步法和二步法。一步法时，喷粉与重熔几乎是同时进行的。焊件的热输入量较小，焊层表面光滑平整度稍差，也可机械化操作，适于大焊件上的小面积或小尺寸零部件的喷熔，主要用于喷熔铜、镍和不锈钢等耐腐蚀的沉积层。二步法时，在零件待喷熔的整个面积上先均匀喷粉，达到一定厚度后再重熔。适用于要求表面喷熔层厚度均匀、光滑平整的焊件，特别适用于尺寸大的零件和圆柱面的喷熔。主要喷熔钴基、镍基合金。

各种牌号的自熔性合金粉末的喷熔工艺及操作要领基本相同。工艺过程主要包括焊件表面清理、预热、喷熔及喷熔后的冷却等。

1）焊件表面的清理。可用喷砂、打磨或酸洗等机械或化学方法去除氧化皮，用有机溶剂或碱水去油污，用烘烤去除水分。有些旧焊件表面含油，可用火焰烘烤去除。喷砂法使表面粗糙有利于粉层和焊件的结合。

2）预热。预热可除去焊件表面潮气，提高粉层在重熔前与焊件的结合质量，减少粉层与焊件表面的温度差值，避免重熔前粉层与焊件脱离。预热温度一般为 200 ~ 300℃，有时可高达 450℃，预热火焰选用中性焰或轻微碳化焰，火焰喷嘴与焊件距离应为 100 ~ 250mm 左右，预热时火焰应不停地来回移动，避免焊件表面温度不均。当采用一步法喷熔极小件或薄件时可不预热。

3）一步法喷熔操作。焊件经预热并喷薄层预保护粉末涂层后，开始局部加热，当预保护粉层熔化并润湿焊件表面时，以喷粉、停止喷粉、重熔、移动、再喷粉的交替动作进行一步法操作。在喷粉时，焰心尖端与工件表面距离一般保持在 25mm 左右为宜，熔融时则宜为 6 ~ 7mm。可用喷粉的持续时间和移动速度调整喷熔层厚度。可一次喷熔较厚的堆焊层，最厚可达 3 ~ 5mm。

表20-73 氧乙炔焰喷熔用自熔性合金粉末的成分、硬度及用途[3]

序号	名称	牌号	标准型号	自熔合金粉末的化学成分(质量分数,%)										喷熔层硬度HRC	粉末熔化温度/℃	用途
				C	Cr	Si	B	W	Fe	Ni	Co	Cu	Mo			
1	镍基	FNi-01		<0.10	—	3.0~4.0	1.0~2.0	—	<1.5	余	—	—	—	20~30	—	玻璃模具、塑料橡胶胶模具表面喷熔
2		FNi-02		<0.10	—	2.8~3.7	1.9~2.6	—	<2.0	余	—	—	—	30~35	—	
3		F101	相当JBF11-40	0.30~0.70	8.0~12.0	2.5~4.5	1.8~2.6	—	≤4.0	余	—	—	—	40~50	1000	泵转轮、柱塞、耐高温、耐蚀阀门、玻璃刀、搅拌机部件、玻璃模具的梭部分喷熔
4		F102①	符合JBF11-55	0.60~1.0	14.0~18.0	3.5~5.5	3.0~4.5	—	≤5.0	余	—	—	—	≥55	1000	耐蚀耐高温阀门、模具、泵转子、柱塞等喷熔
5		F103	相当GBFZNCr-25B	≤0.15	8.0~12.0	2.5~4.5	1.3~1.7	—	≤8.0	余	—	—	—	20~30	1050	修复和预防性保护在高温或常温条件下的铸软件,如玻璃模具,发动机气缸、机床导轨等喷熔
6		F104	相当GBFZNCr-55A	0.60~1.0	14.0~18.0	3.5~5.5	3.5~4.5	—	≤5.0	余	—	2.0~4.0	2.0~4.0	≥55	1050	对形状不规则和要求喷熔层厚度超过2.5mm的零件较为适宜,如耐蚀泵零件、柱塞、耐蚀阀门等的喷熔
7		F106		≤0.15	8.0~1.20	2.5~4.5	1.7~2.1	—	≤8.0	余	—	—	—	30~40	1050	气门、齿轮、受冲击滑块等的喷熔
8		F109		0.40~0.80	14.0~16.0	3.5~5.0	3.0~4.0	—	≤15.0	余	—	24.0~26.0	—	≥50	1000	需磨擦无火花且耐磨的起重、装载机械,如铲车铲脚、挂钩等,以及防腐耐蚀零件的喷熔
9	钴基	F202①		0.50~1.0	19.0~23.0	1.0~3.0	1.5~2.0	7.0~9.0	≤5.0	余	余	—	—	48~54	1080	要能在700℃以下具有良好耐磨、耐蚀性能的零件,如热剪刀片、内燃机阀头或凸轮、高压泵封口圈等的喷熔
10		F203①		0.70~1.3	18.0~20.0	1.0~3.0	1.2~1.7	7.0~9.5	≤4.0	11.0~15.0	余	—	—	35~45	1080	各种高温高压阀门、热鼓风机的加热交错部位等的喷熔
11		F204		1.3~1.8	19.0~23.0	1.0~3.0	2.5~3.5	13.0~17.0	≤5.0	余	余	—	—	≥55	1080	受强烈磨损的高温高压阀门密封环等的喷熔

（续）

序号	名称	牌号	标准型号	自熔合金粉末的化学成分（质量分数，%）										喷焊层硬度 HRC	粉末熔化温度/℃	用途
				C	Cr	Si	B	W	Fe	Ni	Co	Cu	Mo			
12	铁基	F301	符合 GBFZFeCr05-40H	0.40~0.80	4.0~6.0	3.0~5.0	3.5~4.5	—	余	28.0~32.0	—	—	—	40~50	1100	农机、建筑机械、矿山机械易磨损部位，如齿轮、刮板、铧犁、车轴等的喷焊
13		F302	符合 GBFZFeCr10-50H	1.0~1.5	8.0~12.0	3.0~5.0	3.5~4.5	—	余	28.0~32.0	—	—	4.0~6.0	≥50	1100	农机、建筑、矿山机械易磨损零件，如耙片、锄齿、刮板、车轴等的喷焊
14		F303	符合 GBFZFeCr05-25H	0.40~0.80	4.0~6.0	2.5~3.5	1.0~1.6	—	余	28.0~32.0	—	—	—	26~30	1100	受反复冲击的或硬度要求不高的零件，如铸件修补、齿轮修复等的喷焊
15		F306		0.40~0.60	5.0~7.0	3.0~4.0	1.5~2.0	—	余	38.0~42.0	—	—	2.0~4.0	30~40	1050	小能量多冲击条件下的零件，如枪碳、齿轮、汽门等的喷焊
16		F307	符合 GBFZFeCr05-25H	0.40~0.80	4.0~6.0	2.5~3.5	1.1~1.6	—	余	28.0~32.0	—	—	—	26~30	1100	铁路钢轨擦伤、低洼等缺陷的修复
17	含碳化钨型	F105Fe	符合 JBF1160	F102+35%WC										≥55	1000	抗磨料磨损零件，如导板、刮板、风机叶片等的喷焊
18		F105		F102+50%WC										≥55	1000	强烈抗磨料磨损零件，如导板、刮板、风机叶片等的喷焊
19		F108		F102+80%WC										≥55	1000	抗强烈磨损和无需加工的零件，如挖泥船耙齿、风机叶片、刮板等的喷焊
20		F205		F204+35%WC										≥55	1080	在700℃以下抗强烈磨损的零件的喷焊
21		F305		F302+25%WC										≥50	1100	农机、建筑机械、矿山机械中承受土砂磨损的零件，如犁刀、刮板、铲齿等的喷焊

① F101、F102、F202、F203 成分同于等离子弧喷熔用的 F121、F122（表 20-53）和 F222、F223（表 20-59）。但粒度大小不同，氧乙炔块焰喷熔时，若采用中小型焊枪，可选用 -0.106mm 的粉末；若用大型焊枪时，宜选用 -0.050~+0.106mm 的粉末。

4）二步法喷熔操作。焊件在预热尚未达到但接近预期温度时，例如 150 ~ 200℃ 时，常常在待喷熔表面喷一层厚约 0.1 ~ 0.2mm 的同一自熔性合金粉末做预保护层，然后继续加热到预热温度。该法的第一步为喷涂，一般情况下喷嘴端部与焊件表面距离可选范围为 120 ~ 250mm，喷枪的移动速度可以选 4 ~ 20m/min，喷嘴中心线每一条移动轨迹的横向间距可选范围为 3 ~ 12mm。为提高粉末的沉积率，应控制送粉气流量不得过大，使粉末颗粒在飞逸过程中被加热到塑性状态而沉积于焊件表面，采用多次薄层喷涂的方法，每薄层厚度以 0.2mm 为宜，这样有利于控制喷熔层的厚度及均匀性。

重熔是将合金粉末涂层加热到液固相温度范围的操作过程，一般借助于重熔枪进行，也可用感应加热法完成。用火焰重熔时，采用中性焰或微碳化焰。但对于钴基自熔性合金，宜采用 3 倍碳化焰。重熔可分为加热到 700℃ 左右和继续加热到熔化两个阶段。前者加热喷嘴与焊件表面距离宜选用 100 ~ 125mm，后者为 35mm 左右。对于大焊件加热升温和重熔可分别各用一把枪，或加热用两把枪，重熔用一把枪完成。重熔时，随着温度的上升粉末层逐渐变红，由粗糙变为光滑，接着出现像镜子一样光亮的表面并映照出火焰的倒影，这就是通常所谓的镜面反光，这表明重熔温度已达到，如火焰仍不移开，就会逐渐出现细线条，表明浮在表面的熔渣已开裂，喷熔层已接近过熔，有流淌的危险。重熔后，体积收缩率为 20% ~ 25%。二步法每喷熔一层的厚度最大为 1 ~ 1.5mm。如果厚度不足或局部厚度不足，可刷去表面氧化膜和渣，再一次或几次喷涂并重熔。此时的第一步即喷粉也可以在较高温度（如500 ~ 700℃）下进行。

5）冷却。母材为奥氏体不锈钢、中碳钢或低碳钢时，喷熔后一般可以在空气中自然冷却，如果是形状复杂或受热不均的大件，宜采用保温缓冷措施。

母材为马氏体不锈钢时，喷熔后应入炉并在 700℃ 保温一段时间后炉冷；母材为高速钢时，则在 760℃ 保温后炉冷；母材为高碳钢时，可在石棉灰或干砂中缓冷。

对于喷熔层硬度较低的自熔性合金，即使母材含碳量高也不一定要求保温缓冷，例如钢轨修复用的自熔性合金粉末，火焰喷熔后无需保温和缓冷。

20.3　堆焊合金选择与应用实例

20.3.1　堆焊合金的选择

选择堆焊合金是一项较复杂的工作。只有正确选用堆焊合金才能保证发挥其最好的工作性能，同时又能最大限度地节省合金元素。满足使用条件的要求和经济的合理性是主要原则，而焊件的材料、批量以及拟采用的堆焊方法也必须考虑。

堆焊工件在使用中的工作条件很不一样，如磨损、腐蚀、冲击等。而且经常不止一个因素起作用。所以在满足工作条件的要求和堆焊合金性能之间不可能存在简单的关系。按一些条件试验对堆焊合金进行分等级的做法在工程上是不可取的。最好的方法是仔细的分析工作条件，并对堆焊合金的物理、化学、力学和磨损等试验的数据进行综合分析，无论是现场或者实验室采集到的各种数据都应仔细的检查和核对。试验数据必须重复性好，并且能分出等级，并和工作时的实际行为，包括使用寿命的现场考核结果等应尽可能有相应的关系。

耐磨堆焊是堆焊的主要应用之一。虽然堆焊层的硬度和耐磨性之间有一个粗略的关系，但硬度并不能完全代表堆焊合金的耐磨性。因为不同的磨损类型对材料性能的要求是不一样的。在磨损的同时常伴有冲击、腐蚀、疲劳和温度等的影响，更增加了合金选择的复杂性。堆焊层的合金含量同样也不是一个合适的指标。组织结构与合金成分一样对耐磨性有很大的影响。盲目的提高合金含量只能导致堆焊成本的增加，造成不必要的浪费。堆焊材料价格的高低更不能作为堆焊材料好坏的标准，相反应该在满足工作条件要求的前提下尽量采用价廉的合金，如在纯磨料磨损条件下工作，绝不能选用昂贵的钴基合金。必须指出在过去生产中有些产品使用钴基堆焊材料的经验是不妥当的，是在堆焊材料品种较少的时代的过时做法。实际上，现代许多价廉的堆焊材料同样能满足要求，所以对过去使用钴基堆焊材料的经验必须具体分析，不能照搬。

一般说，随着堆焊金属中碳化物或其他硬质相含量的增加，耐磨料磨损性能加大，耐冲击能力下降。所以在要求最大抗磨料磨损能力时应选用含碳化钨等硬质合金的堆焊金属。合金铸铁耐磨性比碳化钨差些，但由于价格较低，所以在要求抗磨料磨损性能较高时，用得也很普遍。当工作条件是伴有冲击的磨料磨损时，根据冲击载荷递增的顺序分别选用合金铸铁、马氏体钢和奥氏体高锰钢。而价廉的马氏体钢用得最普遍。其品种多，硬度变化范围大，可满足不同的冲击要求。高锰钢虽然能够耐重度的冲击，但在同时存在磨料磨损时，必须有一段时间的冲击变形后，才能建立起冷作硬化层，所以常在高锰钢焊件表面堆焊高铬合金铸铁保护层，提供初期的保护。在腐蚀介质条件下工作，常选用不锈钢和铜基合金，有时也用镍基合金。当同时兼有腐蚀和磨损时，推荐用钴基或镍基堆焊合金。而对于既要耐磨、又需抗氧化，或者在热腐蚀条件下工作时，推荐用钴基堆焊金属或者含金属间化合物、碳化物等硬化相的镍基堆焊合金。在耐磨性和高温强度都有要求的场合，则选用钴基堆焊金属，尤以含 Laves 相的钴基金属最合适。当磨料磨损＋冲击＋热抗力的场合，可用 $w(Cr)5\%$ 的马氏体钢，如果要求更高的热抗力和热强度则选用马氏体不锈钢，也可用 18-8 不锈钢。

　　经济的合理性要综合考虑堆焊焊件的成本和工件投入使用后产生的经济效果。堆焊成本包括人工费用、堆焊材料的成本、设备和运输费用等。材料费取决于原料价格和堆焊材料的供货形式。在钴基、镍基和钨基材料中，原料价格起主导作用。而在铁基材料中，材料的形状是决定价格的主要因素。常见的堆焊材料的形状中，粉粒状和管状价格较低，丝状和带状的较贵。考虑堆焊材料价格时应同时考虑拟采用的堆焊方法的熔敷速度和熔敷效率。当焊件批量大时，合理选择堆焊材料意义更大。当堆焊焊件材质和堆焊合金的相容性不良时，可用堆焊过渡层的方式解决。

　　根据工作条件选择堆焊金属的一般规律，见表20-74。

表 20-74　堆焊金属选用的一般规律

工作条件	可选用的堆焊金属
高应力金属间磨损	亚共晶钴基合金、含金属间化合物的钴基合金、镍基合金或某些铁基合金
低应力金属间磨损	堆焊用低合金钢或铜基合金、铁基合金
金属间磨损＋腐蚀或氧化	大多数钴基或镍基合金
高应力磨料磨损	高铬马氏体铸铁、碳化钨、高锰钢
低应力磨料磨损、冲击侵蚀、磨料侵蚀	高合金铸铁（高硬度的马氏体合金铸铁、高铬合金铸铁）
低应力严重磨料磨损	碳化物
气蚀	不锈钢、钴基合金
严重冲击	高锰钢
严重冲击＋腐蚀＋氧化	亚共晶钴基合金
高温下金属间磨损	亚共晶钴基合金,含金属间化合物钴基合金或镍基合金
凿削磨损	奥氏体锰钢、高铬合金铸铁、马氏体合金铸铁
热稳定性、高温蠕变强度	钴基合金、含碳化物镍基合金

在选择堆焊合金时，一般按下列几个步骤进行：

　　1）分析工作条件，确定可能的失效类型及对堆焊金属的要求。

　　2）按一般规律列出几种可供选择的材料。

　　3）分析待选材料和基体材料的相容性（包括热应力和裂纹），初步选定堆焊工艺。

　　4）堆焊零件的现场试验。

　　5）综合考虑使用寿命和成本，最后选定堆焊合金。

　　6）选择堆焊方法、制订堆焊工艺。

20.3.2　应用实例

　　1. 高炉料钟堆焊

　　高炉料钟发生损坏的原因很多。在不同的场合有不同的主要原因。料钟要经受金属矿石、石灰石、焦炭等的中温磨料磨损，还经常伴有冲击作用。堆焊后冷却时，堆焊层收缩产生的热应力会使硬而脆的堆焊层出现网状裂纹。密封面还要受到带尘高温气流的冲刷等。因而对料钟堆焊材料的选择有不同的做法。有些厂家宁可牺牲耐磨性而采用韧性较好的堆焊材料，有的又很强调耐磨性，因而被采用的堆焊金属品种很多。如有采用很软的铬镍锰奥氏体钢堆焊金属的、有采用热模具钢（3Cr2W8）堆焊金属的、有采用碳化钨堆焊层[38]和碳化钨粉末和铜基耐磨合金加入安装胎具，然后加热料钟 1150℃×72h 制成浸润碳化钨料钟[39]，还有人在高炉料钟和料斗的密封面堆焊中采用对带尘高温气流的冲刷和磨损有非常好抗力的镍铬钨钼型镍基堆焊材料[1]。但多数厂家认为布料面有些裂纹对使用性能影响不大，应以抗磨性为主要指标。可根据受冲击情况，选用高碳铬钢或高铬合金铸铁型堆焊材料（如 D642、D656、D658、D667，D298[40]等），堆焊过程需进行预热，以防止产生裂纹。而密封面必须加工，不允许有裂纹等缺陷，可选用韧性较好、硬度不高的低、中碳马氏体钢[32]。

　　2. 阀门密封面堆焊[41]

　　阀门密封面除了受到不同温度的金属间磨损外，还受到冲蚀、疲劳和热腐蚀。阀门基材多为铁基材料制成，有铸铁、铸钢和锻钢。密封面堆焊材料种类很多，有铁基、铜基、镍基及钴基堆焊合金。根据阀门服役的温度、压力和介质可分别选用不同的密封面堆焊材料。常温低压阀门密封面多堆焊铜基合金（HS221、T227、T237）；对于球磨铸铁阀门可采用铬锰型的 D567 材料堆焊；中温（一般为450℃以下）的中、高压阀门密封面可堆焊高铬不锈钢（D502、

D507Mo、D512、D516M、D516F、D517 等，其中，D507Mo 最高工作温度可达 510℃），其中碳含量高的 2Cr13 型堆焊金属（D512、D517）的抗裂性较差，需制定合理的堆焊工艺和后热处理；对于高温高压阀门密封面，多堆焊钴基合金（D802、D812），其工作温度可达 650℃。如果工作温度在 600℃ 以下，则可用析出硬化型的铬镍奥氏体钢（D547Mo、D557）或铬锰奥氏体钢[42]代替钴基司太立合金进行堆焊。如果对高温和耐腐蚀都有很高的要求，则只能用镍基或钴基堆焊合金。采用 H08A 焊丝配合 2Cr13MnSi、3Cr15Mn9B 粘结焊剂，可用于不预热堆焊 DN600mm 的碳钢阀门密封面；2Cr13Mn8N 粘结焊剂配合 H08A 焊丝，可用于堆焊使用温度低于 450℃，压力低于 16MPa 的碳钢阀门。中压平板闸阀、低压阀门的密封面也可用铜基粉末（F422）进行堆焊，以提高耐擦伤、耐腐蚀性能。

3. 钢厂轧辊堆焊[34]

各类热轧辊都要承受较大的载荷，同时还受到高温磨损、热疲劳等因素的影响，要求有高的耐金属间磨损能力，并能承受一定的冲击，但不同类型的辊子，对性能要求也不完全相同。轧辊基材多为合金结构钢。表面堆焊材料的种类非常多，应根据堆焊材料的性能特点及不同类型轧辊对性能的要求进行选择。

1）低合金钢 如 30CrMnSi、10Mn2SiMo（美，Stoody 104），40CrMn 等。这类材料合金含量低、硬度不高（小于 35HRC）、耐磨性不够理想，但材料塑性、韧性、抗裂性较好，易切削加工，一般用于恢复尺寸或作打底层堆焊材料。

2）热作模具钢。这类材料是目前轧辊堆焊中用得最多的一种。它们的品种很多，大致又可分为两类，一类是高钨型的，最普遍的是 3Cr2W8、3Cr2W8V 系材料，如冶金建筑研究院的 JL-8110 管状焊丝（4Cr2W8V），YD11-81 管丝加陶 34 焊剂（4Cr4W8V）、武钢的 3Cr2W8 焊丝加陶 501 焊剂（3Cr5W8MoV）等，它们的硬度高、热硬性好、耐磨性优良，但耐冷热疲劳性不够理想，而且堆焊时抗裂性较差；另一类是低钨的 Cr5Mo 型，它们的含钨量较低，同时又添加了 Mo、V、Nb、Si、Mn 等强化元素，如 25Cr5VMoSi（俄，ПП25 × 5φMC）、30Cr3W3Mo2VSi（俄，ПП-AH132）、30Cr6Mn3WSiMo（美，Stoody 102）、国内的 HYD057、YD207A-4、YD327A-4 等等，这类材料耐冷热疲劳性比高钨型好，但耐磨性、热硬性不如前者。

这类热作模具钢多用于初轧机，大、中、小型轧机，板带及各种型材轧机的开坯轧辊和部分中间轧机轧辊堆焊。

3）弥散硬化钢。如 15Cr3Mo2MnV（俄）、25Cr5WMoV（美，Stoody 224 管丝）、20Cr2MnMoV（捷，242ES），国内鞍钢钢研所和上钢二厂的 H25Cr3Mo2MnV 及其延伸产品 H27Cr3Mo2W2MnVSi 等。这类材料的焊后硬度较低，便于加工，然后通过 500～560℃ 十几个消失高温回火，可使硬度提高 100～150HV，从而保证较高的耐磨性。比如大型开坯轧辊的型槽就可用此类堆焊材料。

4）马氏体不锈钢。这类材料主要在 Cr13 型基础上加入 Ni、Mo、Mn 等合金元素来提高焊缝淬透性和高温性能，比如 1Cr14Ti（俄，ПП-AH106）、2Cr13NiMoNbV（美，Stoody 423 管丝），国内有 13Cr14Ni3Mo 及北京钢研总院的 H0Cr14Ni2Mn、H1Cr13NiMo 焊带配以 SJ-B2D 和 SJ-11 烧结焊剂及 0Cr17Ni2Ti 管丝。这类材料由于含 Cr 量较高，故抗氧化性较好，焊接性也较好，耐热、耐磨性比 Cr5Mo 型高，多用于需抗高温氧化和耐冷却水冲蚀的连铸机辊的堆焊。

5）奥氏体加工硬化不锈钢。如 Cr18Ni8Mn6、Cr16Ni8Mn6、Cr20Ni10Mn6 等。它们的焊后硬度不高，在使用过程中，由于加工硬化作用，硬度大大增加，从而提高了耐磨性。另外它们的热稳定性、抗氧化性等均较高，也有良好的焊接性，但由于合金含量高，成本较贵，主要用于深孔槽轧辊的孔型堆焊。

4. 高温高压加氢装置内壁耐蚀堆焊[19]

石油炼制加氢反应器在高温（约 340～450℃）、高压（约 7～21MPa）及临氢条件下工作，属于具有高温氢腐蚀破坏危险的高压容器，故在基材一般为 2.25Cr-1Mo 的容器内壁堆焊不锈钢衬里，以防止高温氢的腐蚀。目前一般均采用稀释率低、生产率高的带极堆焊方法。考虑到母材的稀释作用，为了保证耐蚀层的 Cr、Ni 含量，一般采用双层堆焊法。第 1 层，即过渡层采用 Cr、Ni 含量较高的 00Cr25Ni13 超低碳不锈钢（相当于 AWS ER309L），耐蚀层采用 00Cr20Ni10（AWS ER308L）、00Cr18Ni12Mo2（AWS ER316L）和 00Cr20Ni10Nb（AWS ER347L），由于 347L 含有稳定化元素 Nb，故比 308L 具有较高的耐应力腐蚀能力，因此，目前耐蚀层堆焊材料用得最多的是 347L。

另外，为提高材料的耐应力腐蚀、抗晶间腐蚀以及抗氢剥离的能力，不论是耐蚀层堆焊材料，还是过渡层堆焊材料，均希望降低 C、S、P、Si 的含量。

5. 挖掘机铲斗和斗齿堆焊[3]

挖掘机铲斗受到磨料磨损和冲击双重作用。如果在砂性土壤中工作，主要是低应力磨料磨损，只要求堆焊层有中等的耐磨料磨损性，多用马氏体钢堆焊（D172、D207 和 D212 等），如在岩石性土壤中工作，出现凿削磨损，则用合金铸铁（D608、D642、D667 和 D698 等）堆焊材料堆焊。斗齿受到的冲击很大，一般用奥氏体高锰钢制造，采用 D256、D266 堆焊材料堆焊，获得良好的效果。并在磨损最严重区域堆焊高铬合金铸铁，对高锰钢工件在工作硬化前先提供抗磨保护。挖掘机铲斗斗前壁一般采用高锰钢制造，可采用 D276 进行修补[43]。

6. 刮板输送机中部槽中板堆焊[44]

刮板输送机属于井下机械化采煤设备。中部槽中板的磨损主要是低应力磨料磨损，对耐冲击性没有要求，要求堆焊层硬度 ≥58HRC。采用自熔性 Fe-05 耐磨合金粉块 [$w(C)$ 5.0% ~ 6.5%、$w(Cr)$ 48% ~ 52%、$w(B)$ 3.0% ~ 4.0%，其他合金元素 5% ~ 7%] 碳极空气等离子弧堆焊及焊条电弧堆焊均取得很好效果。

7. 水轮机叶片堆焊

水电站水轮机过流部位在运行中，在含泥沙量较多的河流中以磨损破坏为主，而在清水、含泥沙量少的河流或者水库容量很大的电站中，这些部件则以气蚀破坏为主。某些情况下气蚀及磨损两种破坏形式同时存在。气蚀或磨损较深处打底焊可采用 E4315 或 E5015 进行堆焊。耐气蚀表层可采用 E308-16、E347-16、EDCrMn-B-16、EDCrMn-B-15、EDPCrMoV-Al-15 及 D642 堆焊材料堆焊。以 E308-16 为代表的奥氏体不锈钢焊条尽管其抗磨、抗空蚀性能不甚满意，但因工艺性好、价格较低，目前仍是主要的堆焊材料。EDCrMn-B-16、EDCrMn-B-15 堆焊焊条抗空蚀性能好，耐磨性也优于 E308-16，但堆焊过程产生大量的 MnO_2 蒸汽。对于耐泥沙磨损表层以及耐蚀同时要求耐磨损层，可采用 EDPCr-MoV-Al-15 和 EDZCr-B-03 焊条。采用中科院金属所研制的 GB1 系列抗磨蚀堆焊焊条，堆焊层既具有良好的抗空蚀性能，又有良好的抗磨损、磨蚀性能[45]。

8. 发动机气门的堆焊

发动机进、排气门与活塞是发动机的关键部件。发动机进、排气门的盘锥面在高温、强腐蚀及频繁冲击条件下失效，采用堆焊方法修复可有效延长气门的使用寿命。国外内燃机车柴油机气门盘锥面采用铁基奥氏体耐热钢制造，其盘锥面堆焊司太立高温耐磨合金，或者气门盘部采用高温镍基合金。国内东方红系列的 175 型、180 型，东风系列的 240 型、280 型柴油机均采用 4Cr14NiW2Mo 或 21-12N 型奥氏体耐热钢其盘锥面堆焊，需采用司太立 No.6 钴基高温合金。

GH4033 气门盘锥面的高温腐蚀破坏，采用钨极氩弧焊堆焊镍基哈氏合金，合理控制堆焊稀释率，可使气门的抗高温腐蚀性能得到明显改善。

参 考 文 献

[1] Welding Institute. Weld Surfacing and Hardfacing [M]. Cambridge：Welding Institute，1980.

[2] 美国金属学会. 金属手册：第六卷焊接、硬钎焊、软钎焊 [M].9 版. 陈伯蠡，等译. 北京：机械工业出版社，1994.

[3] 机械工业部. 焊接材料产品样本 [M]. 北京：机械工业出版社，1997.

[4] Sumikin Welding Industries Ltd. Guide to Sumitomo's Welding Materials and Equipment [J/OL]. 2006，http：//www. sumitomometals. co. jp/e/steel-plates/product/01f5. html.

[5] Oerlikon Ltd. Handbook Welding consumables [J/OL]. 2006，http：//www. oerlikon-schweisstechnik. ch /english/frameset_ nav02_01. html.

[6] 王新洪，邹增大. TiC-VC 免预热耐磨堆焊焊条 [J]. 焊接学报，2002，23（4）：31-34.

[7] Wang X H，Zou Z D et al. Microstructure and wear properties of Fe-based hardfacing coating reinforced by TiC particles [J]. Journal of Materials Processing Technology，2006，22（2）：193-198.

[8] 尹士科，等. 世界焊接材料手册 [M]. 北京：中国标准出版社，1995.

[9] 郭耕三. 高速钢及其热处理 [M]. 北京：机械工业出版社，1985.

[10] Lincoln Soldaduras de Venezuela，C. A. Electrodos Revestidos para Soldaduras [J/OL]. 2006，http：//www. lincolnelectric. com. ve/productos/electrodos/erevesti. htm.

[11] Drienick H，et al. 药芯焊丝和药芯焊带堆焊 [C]. 第一届中国-联邦德国焊接学术会议论文集，1987.

[12] 陈学成. 大型开坯轧辊弥散硬化钢堆焊工艺研究 [C]. 第五次全国焊接学术会议论文集，1986.

[13] 马铁宏，等. 一米七热轧卷取机夹送辊和助卷辊的堆焊 [C]. 第五次全国焊接学术会议论文选集，1986.

[14] 董祖珏，等. 卷取机助卷辊、夹送辊高韧性耐热耐磨合金堆焊技术研究 [M]. 宝钢 2050 毫米带钢热连轧机装备研制技术，1991，5：116-125.

[15] 冯灵芝，李午申，宋炳章，等. 热轧辊埋弧堆焊药芯焊丝的研究 [C]. 第十次全国焊接会议论文集，2001：1-366-1-369.

[16] 栗卓新，陈邦固，周波，等. 热轧辊堆焊药芯焊丝 SMD55 研制 [C]. 第九次全国焊接会议论文集，

1999：1-320-1-324.

[17]　上海司太立有限公司产品样本.

[18]　美国金属学会. 金属手册：第二卷 [M]. 8 版. 北京：机械工业出版社，1984.

[19]　机械工业部哈尔滨焊接研究所、兰州石油化工机器厂、第一重型机器厂，加氢反应器堆焊材料与工艺的研究报告 [M]. 1994.

[20]　Messer Grieseim. Handbuch Schweiβ zusatzerkstoffe Ausgabe [M]. 1981.

[21]　刘剑威，赵琨，张锐，等. 连铸辊堆焊用药芯焊丝 414N 的研制 [C]. 第十一次全国焊接会议论文集. 2005：1-200 ~ 1-201.

[22]　王家淳，孙敦武. 超低碳 20-10 型不锈钢带极电渣堆焊工艺的优化 [J]. 焊接学报，1997，18（3）：171-176.

[23]　刘航，张士范，姜治中. 核电站二级设备用 A52 钢电渣堆焊的实验研究 [C]. 第八次全国焊接会议论文集. H-Ic-029-91：1-482-1-484.

[24]　韩怀月，李延军，阮国珏. 高温高压临氢装置不锈钢带极堆焊烧结焊剂研制 [C]. 第八次全国焊接会议论文集，H-Ic-030-97：1-485-1-488.

[25]　李晓清，刘志颖，张塑. 90mm 宽带极不锈钢双层电渣堆焊工艺试验研究 [J]. 压力容器，2006，23（5）：17-21.

[26]　魏继昆，李春旭，王希靖，等. 75mm 宽带极高速堆焊工艺研究 [J]. 甘肃工业大学学报，1996，22（2）：1-6.

[27]　魏继昆. 75mm 宽带极电渣堆焊工艺研究 [J]. 甘肃工业大学学报. 1996，22（1）：16-21.

[28]　王希靖，李鹤岐，张瑞华. 带极电渣堆焊技术在水轮机活动导叶修复中的应用 [C]. 第九次全国焊接会议论文集，1999：1-316-1-319.

[29]　蒋旻，栗卓新，蒋建敏，等. 高硬度高耐磨自保护金属芯堆焊焊丝 [C]. 第十次全国焊接会议论文集，2005：1-336 ~ 1-338.

[30]　董祖珏. 新型无钴阀门密封面堆焊材料-NDG-2 镍基硬质合金的研制 [C]. 第六次全国焊接学术会议论文集，1990.

[31]　徐滨士，等. 表面工程与维修 [M]. 北京：机械工业出版社，1996.

[32]　American Welding Society. Welding Handbook [M]，3A，6thed.

[33]　陈献挺. 硬质合金使用手册 [M]. 北京：冶金工业出版社，1986.

[34]　董祖珏，等. 国内外堆焊发展现状 [C]. 第八次全国焊接会议论文集，1997，1-157 ~ 1-164.

[35]　石光浅，等. 硬质合金复合材料堆焊焊条的研制及应用 [J]. 焊接，1984，12：14-17.

[36]　王新洪. 套磨铣工具强化材料及磨损机制研究 [D]. 济南：山东大学，2001.

[37]　中国机械工程学会焊接学会. 焊工手册，手工焊接与切割 [M]. 3 版. 北京：机械工业出版社，2002.

[38]　刘希汉. 碳化钨堆焊高炉钟、斗、阀的研制 [J]. 冶金机修，1989（4）.

[39]　王道博，郑德全. 高炉碳化钨料钟（斗）的应用与实践 [J]. 山东冶金，1999，21（12）（增刊）：64-65.

[40]　陈波，王国栋，李迎春. 生产应用高炉装料设备用 D-298 焊条的研制 [J]. 焊接，2003（7）：21-23.

[41]　程华，印有胜. 我国阀门密封面堆焊合金现状及发展 [J]. 沈阳工业大学学报，2001，23（5）：379-381.

[42]　高清宝，苏志东，黄艰生. 电站阀门密封面堆焊焊条的研制 [C]. 第八次全国焊接会议论文集，H-Ic-030-97：1-489-1-492.

[43]　李卫平. 挖掘机铲斗齿的焊补和堆焊技术应用 [J]. 建筑机械化，2005（1）：52-53.

[44]　黄文哲，等. 碳极空气等离子堆焊 [C]. 第五次全国焊接学术会议论文集，1986.

[45]　王者昌，薛敬平. GB1 系列抗磨蚀堆焊焊条的研制和应用：水机磨蚀研究与时间 50 年 [M]. 北京：中国水利水电出版社，2005.

第5篇　新型材料的焊接

第21章　塑料的焊接

作者　闫久春　王晓林　**审者**　牛济泰

21.1　概述[1]

塑料是一种用化学合成方法制得的有机高分子材料。化学合成的直接产品是固态或液态的树脂，它们通常必须被加工成粉状、粒状或糊状等形成塑料母料，并在其中掺入一定量的添加剂，然后再在较高温度或压力条件下被加工成塑料型材或塑料制品。与金属相比，塑料具有比强度高、成本低、制造周期短等特点，因此在许多应用场合已经取代了金属件。塑料的各种制品，已渗透到人们日常生活的各个领域，被广泛地应用到航空、航天、船舶、汽车、电器、包装、玩具、电子、纺织等行业。

根据温度作用与塑料性态的关系，人们把塑料分为热塑性塑料和热固性塑料两大类。热塑性塑料可以在一定的温度作用下软化直至塑性流动，冷却又重新硬化，在这个可反复多次的可逆变形过程中，大分子的化学性质不变。当温度高于极限温度以后，热塑性塑料会化学分解。热固性塑料在成形过程中产生不可逆的交联化学反应，形成网状大分子结构，这种结构一旦形成就不溶解、不熔化，也不再能黏流态地流动，"热固性"塑料由此得名。在过高的温度下，热固性塑料会碳化。由于热固性塑料一次加工成形后的不熔性质，使热固性塑料无焊接性可言。塑料的焊接仅指热塑性塑料的焊接。

热塑性塑料可以分为结晶型和非结晶型塑料两类。严格地讲，塑料的结晶是不完全的，所以结晶型塑料也常称为半晶态塑料。非结晶塑料也称为无定形塑料。典型的结晶塑料有聚乙烯（PE）、聚丙烯（PP）、聚酰胺（俗称尼龙，PA）和聚甲醛（POM）等，典型的非结晶型塑料有聚氯乙烯（PVC）、聚苯乙烯（PS）、有机玻璃（PMMA）、聚碳酸酯（PC）和丙烯腈-丁二烯-苯乙烯（ABS）等。

根据产量和应用情况，塑料又可分为通用塑料、工程塑料和功能塑料。通用塑料是指产量高、价格低、应用广泛的塑料，例如聚乙烯、聚氯乙烯、聚苯乙烯、聚丙烯等。工程塑料是指强度、刚度和韧性均较好的塑料，并具有耐高温、耐化学腐蚀、耐辐射等优良性能，例如尼龙（PA）、聚砜（PSU）、ABS、聚甲醛（POM）、聚碳酸酯（PC）等，广泛应用于机械设备及工程结构。功能塑料是指具有特殊功能、能满足特殊要求的塑料，例如导电塑料、医用塑料等。

21.2　塑料的焊接性分析

塑料焊接的基本原理是热熔状态的塑料大分子在焊接压力的作用下相互扩散，产生范德华作用力，从而紧密地焊接在一起。根据这个原理，塑料焊接的必要条件为：

1）导致塑料熔融流动的焊接温度。

2）促进大分子相互扩散，并挤去焊缝中残余气隙的焊接压力。

3）在焊接压力及温度的作用时间里，塑料从热熔融直至重新冷却硬化，建立起足够的焊接强度。

一般地，热塑性塑料在加热过程中具有四个特征温度：玻璃化温度 T_g、黏流态流动温度 T_f、熔融温度 T_m 和热分解温度 T_d。结晶型塑料在熔融温度 T_m 以上或者非结晶型塑料在黏流态流动温度 T_f 以上的温度条件下，固体的材料熔融，变为黏流态流体，因此 T_m 或者 T_f 的数值越高，塑料焊接的温度就越高；T_m 或者 T_f 与 T_d 之间的区域越窄，塑料焊接的操作越困难。一些典型热塑性塑料的玻璃化转变温度 T_g、黏流态流动温度 T_f 和晶体熔融温度 T_m 见表21-1。

塑料焊接可以使用塑料条作为填充材料，也可以直接加热焊接而不使用填充材料。由于塑料材质和种类的不同，以及所用焊接方法的不同，具体焊接温度、焊接压力和作用时间各不一样。

塑料的焊接工艺首先应该根据母材的焊接性制定。除母材因素外，塑料的一次加工过程也是影响焊接性的重要因素之一。通常，由于一次成形加工，塑料内的组织结构、分子取向状态、结晶度以及内应力等均已发生变化，这些变化往往影响塑料焊接接头的力学性能。

表 21-1　典型热塑性塑料的 T_g、T_f 和 T_m

塑料名称	T_g/℃	T_f/℃	T_m/℃
结 晶 型 塑 料			
高密度聚乙烯（HDPE）	-120 ~ -125	—	130 ~ 137
低密度聚乙烯（LDPE）	—		105 ~ 110
聚丙烯（PP）	-10 ~ -18		168 ~ 174
尼龙（PA）	45 ~ 50		205 ~ 220
聚甲醛（POM）	-50 ~ -80		165 ~ 175
聚对苯二甲酸丁三醇酯（PBT）	—		230
无 定 形 塑 料			
聚苯乙烯（PS）	80 ~ 100	175 ~ 195	—
聚氯乙烯（PVC）	70 ~ 87	150 ~ 160（软）	—
聚甲基丙烯酸甲酯（PMMA）（俗称有机玻璃）	75 ~ 105	≥160 ~ 182	—
聚碳酸酯（PC）	148 ~ 152	215 ~ 225	—
聚砜（PSU）	189 ~ 196	285 ~ 300	—
丙烯腈-丁二烯-苯乙烯（ABS）	—	180 ~ 190	—

为了保证焊接质量，焊接表面必须清洁，不被污染，所以常在焊接前对焊接表面作脱脂去污处理。处理时，必须注意所选的脱脂清洁剂不能溶解待焊塑料，也不应使之膨胀。在绝大多数情况下，焊接表面还必须做平整与平行的预加工处理。例如，管道端面对接焊时，必须先用平行机动旋刀削平；又如用于超声波焊接的塑料注射件，其注射模具应保证该构件的焊接面平整并能相互平行接触。此外，热气焊或挤塑焊的母材常需加工坡口，坡口也有平整、平行和对称的要求。焊接表面或者坡口的预加工可以使用通用的切削机床，也可手工使用刀片细心加工。

21.3　塑料的连接方法概述[2]

塑料的连接方法按连接的物理本质可分为加热焊、溶剂焊、胶接和机械连接。

加热焊是通过加热两个连接表面，使至少其中的一个表面发生熔化，然后再施加一定的压力，消除焊接区域的气体及空隙，促进大分子的相互扩散；一定时间之后使焊件冷却，塑料重新凝固，形成牢固的接头。如果两个被连接件均为聚合物，则加热时两个连接件表面均熔化，在压力作用下两者相互扩散。如果只有其中一个为聚合物，则要求聚合物熔融体能够很好地润湿另一被连接件，熔化的聚合物事实上起着胶粘剂的作用。

根据加热方式的不同，塑料加热焊又分为直接加热焊、超声波焊、感应加热植入焊和摩擦加热焊等几种，而直接加热焊又有热气焊、热工具焊、电阻植入焊和激光焊等几种；摩擦焊又分为旋转摩擦焊、线性振动摩擦焊和搅拌摩擦焊。

溶剂焊是指将溶剂浇注在两个被连接工件之间，溶剂将连接表面局部溶解，等溶剂即将耗散完时加一定压力，形成致密的接头。

胶接连接方法几乎可适用于所有的塑料，但由于塑料的表面能较小，润湿性较差，因此塑料胶接的操作性较差，所需的时间比其他方法要长，环境污染严重。

机械连接是指利用螺栓、螺钉等连接件或者利用塑料构件上设置的压扣及扣孔进行自身连接。

本章将重点介绍加热焊接和溶剂焊接，其他方法不作详细介绍，表 21-2 和表 21-3 给出了各种常见塑料的连接方法及特点。

表 21-2　各种常见塑料的连接方法[2]

塑料的类型	直接加热焊	超声波焊	感应加热焊	旋转摩擦焊	溶剂焊	机械连接	胶接
ABS	○	○	○	○	○	○	○
乙缩醛（二乙醇）	○	○	○	○	○	○	○
丙烯酸树脂	×	○	○	○	○	○	○
纤维素塑料	×	×	×	○	○	○	○
氯化聚醚	×	×	×	×	○	○	○
乙烯共聚物	○	×	×	×	×	×	×
氟塑料	×	×	×	×	×	○	×
含离子键的聚合物	○	×	×	×	×	○	×

（续）

塑料的类型	直接加热焊	超声波焊	感应加热焊	旋转摩擦焊	溶剂焊	机械连接	胶接
甲基戊烯聚合物	×	○	×	×	×	×	×
尼龙	×	○	○	×	○	○	○
苯醚基塑料	○	○	×	○	○	○	○
聚酰胺亚胺	×	×	×	×	×	○	○
聚芳乙醚	×	○	×	×	×	○	○
聚芳砜	×	○	×	×	×	○	○
聚丁烯	×	○	×	×	×	×	×
聚碳酸酯	○	○	○	○	○	○	○
聚碳酸酯/ABS	○	○	×	○	○	○	○
聚乙烯	○	○	○	○	×	○	○
聚酰亚胺	×	×	×	×	×	○	○
聚苯硫醚	×	○	×	×	×	○	○
聚丙烯	○	○	○	○	×	○	○
聚苯乙烯	○	○	○	○	○	○	○
聚砜	×	○	×	×	×	○	○
聚丙烯共聚物	○	×	○	○	×	○	○
苯乙烯丙烯腈	○	○	×	○	○	○	○
乙烯树脂	○	×	×	×	○	○	○
醇酸树脂	×	×	×	×	×	×	○
碳酸-二乙二醇酯	×	×	×	×	×	×	○
邻苯二甲酸二丙烯	×	×	×	×	×	○	○
环氧树脂	×	×	×	×	×	○	○
三聚氰胺	×	×	×	×	×	×	○
酚醛塑料	×	×	×	×	×	○	○
聚丁二烯	×	×	×	×	×	○	○
聚酯	×	×	×	×	×	○	○
硅酮树脂	×	×	×	×	×	○	○
尿素塑料	×	×	×	×	×	×	○

注：○—适用；×—不推荐。

表 21-3　塑料的各种连接方法及特点[2]

连接方法		原理及实用的材料	优　点	局　限　性	备　注
加热焊	热气焊	填充成分与被连接材料相同的塑料棒,利用焊枪吹出的热空气或氮气对其进行加热,填充到连接部位后加热连接表面,冷却后形成接头	连接强度高,特别适合于大型结构的连接	连接速度较慢	需要焊枪、焊嘴、气源、填充棒
	热板焊或热工具焊	利用一高温表面加热连接面,使之充分软化,施加适当压力并夹紧,冷却后实现致密连接。适用于热塑性材料	连接速度快,一般在 4～10s 之间,接头强度高	接头附近可能产生应力	需要具有一定面积的加热工具,例如电烙铁、接有加热元件及控制的钢板;需要适当的夹具
	电阻植入焊	将导电的电阻材料放入焊接界面中,施加焊接压力并对电阻材料通电,将焊接界面上的树脂熔化,熔化的树脂相互润湿混合扩散,消除原始的宏观界面形成焊缝,同时电阻材料被保存在最终的焊缝中	电阻植入焊的设备简单、易用	焊接接头残留电阻丝等与塑料不相容的材料,影响焊接接头的强度,也降低了焊接接头的耐蚀性	需要一定功率的加热电源和植入电阻材料

（续）

连接方法		原理及实用的材料	优 点	局 限 性	备 注
加热焊	激光焊	激光光子能被塑料中大量的碳原子直接吸收,塑料从表面开始熔化,形成很小的熔深,然后加压冷却形成焊缝。被焊的一对焊件一个是对激光透明的,另一个则具有高的激光辐射吸收率	焊接速度快,焊接装置与塑料不接触,可焊接难以接近的部位	设备昂贵	需要激光焊机及相应的夹具
	超声波焊	超声波通过被连接件,在接触表面发生相互摩擦,产生的热量将焊件表面熔化,实现连接。适于热塑性材料	接头强度高、焊接速度快、自动化程度高、焊件美观	焊件尺寸及形状受限	需要超声波焊接设备和适当的夹具
	感应加热焊	在两个被连接表面插入金属板或网,利用电磁场对金属插入件进行加热,插入件附近的塑料被加热、软化,冷却后形成接头。适用于热塑性塑料	加热速度快,母材受到的影响很小	接头中容易产生内应力	需要使用高频发生器、感应线圈、金属插入件等
	旋转摩擦焊	被连接件以很高的速度旋转,同时在轴向施加一定的压力,两个连接表面相互摩擦,停止旋转时,被连接件冷却并形成连接。适合于连接热塑性塑料	连接速度很快、接头强度高	被连接件应为圆柱形	基本设备为旋转装置
	线性振动摩擦焊	线性振动摩擦焊,又称振动焊。焊接时,采用0.5~5MPa的焊接压力将搭接好的焊件压紧,然后一侧的焊件在夹具的带动下以1mm左右的振幅,100~500Hz左右的频率,在平行于焊接界面的方向振动,焊接界面在摩擦和黏性切应力的作用下温度逐渐升高到塑料的熔点以上,熔融的塑料挤出,振动停止,熔融的焊缝层在压力下凝固	可以焊接超声波焊难以焊接的大型塑料焊件	焊件形状受限	需要专用的振动焊接设备
	搅拌摩擦焊	搅拌摩擦焊是利用轴肩摩擦产生的热量使焊缝树脂进入塑性流动状态,并利用搅拌针搅拌焊缝进入塑性状态的材料,消除原始焊接界面并成形焊缝的一种焊接方法,只能用于热塑性塑料的焊接	适合于焊接大型厚板,接头变形量小,设备原理简单,可靠性相对较高,适合于批量生产的要求	对焊接精度和外观质量要求相对较低的场合	需要专用设备及复杂的工装夹具
胶结	溶剂焊	溶剂软化非晶态的热塑性塑料;当溶剂完全耗尽/蒸发时完成连接。接头中含有一定量的母材成分时强度较高,溶剂应填满连接区域的空隙。这种方法不能用于聚烯烃及乙缩醛均聚物的连接	接头强度可达到母材的强度,设备简单,操作方便	需要较长的蒸发时间;有些溶剂可能有毒性,可能会使树脂发生龟裂	所需的工具有:①注射针、擦拭工具、浸泡用容器等;②夹持工具、干燥装置;③溶剂回收装置。连接所需要的时间可能较长,设备成本较低
	液态胶粘剂、水基胶粘剂、厌氧胶粘剂	溶剂基胶粘剂和水基胶粘剂有多种,可满足多种需求:从层状结构的制造到异种塑料的连接。溶剂胶粘剂具有更大的穿透性,但比同类水基胶粘剂贵得多。厌氧胶粘剂需要在无空气的环境中养护	易于涂敷,可连接几乎所有塑料材料及树脂基复合材料	连接的构件寿命有限。溶剂易于引起污染,水基胶粘剂强度有限,而厌氧胶粘剂有毒	涂敷方法包括用刷子刷、喷涂,大批量生产中使用辊涂。厌氧胶粘剂通常从瓶子中滴到焊件表面上

（续）

连接方法		原理及实用的材料	优　点	局　限　性	备　注
胶结	膏状胶	胶的黏度高，由单一组分或者两种组分组成。同过适当养护可得到硬度大的接头，或柔性良好的接头。这取决于胶的类型	涂敷时不流动	连接的构件寿命有限	用抹子、刀或枪形涂敷器涂敷。单组分可直接利用盛放胶的管来涂敷。也可使用辊式涂敷机
	加热熔化型胶	正常情况下呈固态，加热后具有流动性，通常用于胶接面积很大的平面	涂敷速度快、清洁	—	可加热后喷到连接表面上，速度很快。也可用辊式涂敷装置涂敷到若干点上
	薄膜状胶	一种固体胶。主要用来将塑料膜或塑料板胶接在某种基体上	干净、效率高	价格昂贵	通过适当加热才能实现胶接。生产成本适中
机械连接		典型的连接件有：钉子、螺钉、螺栓、自攻螺钉、铆钉、按扣等。可以用金属制作，也可用塑料制造，这取决于要求的强度。通常用来连接异种塑料或与非塑料之间的连接	可适用于各种材料，成本较低，适合于连接需要经常拆装的部件	抗拉强度有限，模制孔中的插件（螺钉、螺栓等）易引起应力集中	需要利用钻孔机、气枪、电动枪、手动工具等安装

21.4　直接加热焊

21.4.1　热气焊

　　热气焊也称为热风焊，类似于金属的氧乙炔气焊，只不过后者用明火加热，前者用热气流加热。热气焊过程中，利用焊枪中的热气流（典型温度为 200～300℃，流量为 15～60L/min）同时对填充塑料棒（又称焊条）和焊件表面进行加热，当材料表面发生软化（黏稠状态）时，将填充塑料棒连续施加压力送进到焊缝中，从而实现塑料件之间热气焊。在塑料焊接的发展和应用中，热气焊方法历史最长，应用广泛，其分支方法也比较多，主要有热气摆动焊、热气嵌入焊、热气搭接焊和热气挤塑焊等（图 21-1）[3,4]。

　　1）热气摆动焊。摆动热气喷口，分别对被焊基体和焊条加热，焊条在一定的手持顶紧力下熔融，进而进入焊缝（图 21-1a）。

　　2）热气嵌入焊。焊条先被引进焊枪头部并被预热塑化，自然熔嵌进焊缝（图 21-1b）。通过焊枪头的设计或其他专用工具，可以根据焊缝的形式，手动施加一定的焊接压力。

　　3）热气搭接焊或热气挤塑焊。用热气对塑料的搭接缝隙进行加热，并用手压或机械装置对焊接区施加压力，从而实现焊接（图 21-1c）。热气搭接焊一般不需要焊条。

　　可以用热气焊方法进行焊接的塑料品种有聚氯乙烯（PVC）、聚乙烯（PE）、聚丙烯（PP）、聚甲醛（POM）、聚酰胺（PA）以及聚苯乙烯（PS）、ABS、聚碳酸酯（PC）等。

　　热气焊过程中作为焊接热源载体的气体必须去油、去水分，然后在 10～50kPa 的压力下通入焊枪，并加热。热气焊不得使用可燃气体作为热源气体，通常为压缩空气，或由空气压缩机供气。根据被焊塑料品种及其加热要求的不同，热气的温度和风量也不同（表 21-4 和表 21-5）。

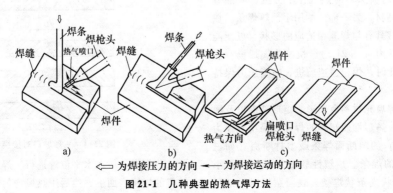

　　　　⟸ 为焊接压力的方向　◀── 为焊接运动的方向

图 21-1　几种典型的热气焊方法

a）热气摆动焊　b）热气嵌入焊　c）热气搭接焊或热气挤塑焊

表 21-4　典型塑料品种热气焊的温度范围[3]

塑料品种	聚氯乙烯	聚丙烯	有机玻璃	聚碳酸酯	聚甲醛
热气温度/℃	210 ±	220 ± 20	250 ± 10	330 ± 10	230 ± 10

表 21-5　硬聚氯乙烯的热气焊温度与焊缝强度系数的关系[3]

热气焊温度/℃	220	210	220	230	250	270
焊缝强度系数	0.55	0.66	0.67	0.65	0.59	0.45

　　热气焊枪包括手工焊枪和快速焊枪。手工焊枪内对焊接气体的加热装置有电加热式和火焰加热式两种。焊接气体在流经电加热的管道（图 21-2a）或穿过火焰加热的蛇形管（图 21-2b）时，被加热到所要求的热气温度，然后由喷口喷出。控制焊枪的进给和位置即可进行焊接。焊接压力一般通过焊条自身的刚度，或是通过压轮等手段，传递至焊接区。

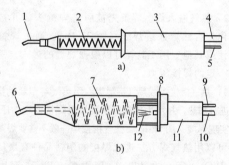

图 21-2　手焊枪的两种形式

a）电加热手焊枪　b）火焰加热手焊枪

1—可换式喷嘴　2—电加热丝

3、11—把手　4—压缩空气进口

5—电引线　6—可换式喷嘴

7—蛇形管　8—隔热板　9—压缩空气进口

10—燃气进口　12—燃气火焰

　　改换喷嘴可以把手工焊枪装配成快速焊枪（图21-3），快速焊枪的喷头内对热气作了分流，一部分热气被用来加热基材，另一部分则用于预热焊条。快速焊枪的喷头通常具有与焊缝相适应的形状，以便能向焊缝施加焊接压力（图 21-3）。快速热气焊枪一般由机械操纵。焊接时，焊枪恒速前进，喷嘴压力保持不变。

　　常见的热气焊填充材料有圆形、矩形断面以及绳状或条状的焊条。热塑性硬塑料的焊接多采用直径为2mm、3mm 或 4mm 的圆断面焊条或型材断面（如三角形和椭圆形）的焊条。热塑性软塑料多使用不小于3mm 直径的绳状或条状焊条。表面贴焊时，常用厚度为 1mm，宽度为 15mm 的条形焊条。

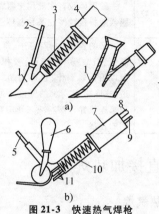

图 21-3　快速热气焊枪

1—快速焊枪头　2、5—焊条

3、10—电加热线　4、7—把手　6—压枪

8—压缩空气进口　9—供电引线

11—多头喷嘴

　　热气焊接头的形式多种多样（图 21-4 ~ 图 21-8）。图 21-4 ~ 图 21-8 中 d_D 为用于盖面焊的焊条直径；d_G 为用于封底焊的焊条直径。

　　图 21-4 ~ 图 21-8 中的焊接坡口由切削加工制成。切削加工后的表面以及焊条必须保持清洁，不被污染。对焊接表面作脱脂去污处理时，不得使用导致塑料溶解或膨胀的处理剂。

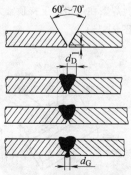

图 21-4　V 形坡口对接接头

　　热气焊一般在水平位置进行。焊条应紧顶在焊道坡口的焊接表面上，然后用热风均匀地对其及母材加热，直至熔融焊合。手工焊枪头一般距焊接点约

5mm 左右，焊接时，一只手控制喷嘴在焊条和母材之间轻微摆动（图 21-9），均匀加热；另一只手执焊条垂直顶向焊接面。在热气快速焊接时，由焊机来控制焊条的进给和焊接压力，并保证对母材和焊条均匀同步加热，从而大幅提高了焊接速度。

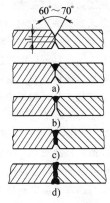

图 21-5　X 形坡口对接接头

a) 侧边底焊　b) 坡口扩口去钝边
c) 另一侧边底焊　d) 双侧交替封焊

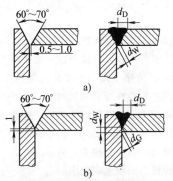

图 21-6　V 形坡口角接接头

a) 无钝边　b) 有钝边

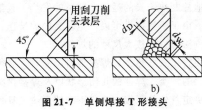

图 21-7　单侧焊接 T 形接头

a) 开坡口　b) 焊接

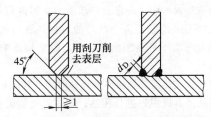

图 21-8　两侧焊接 T 形坡口

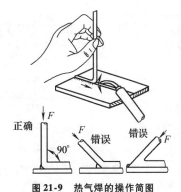

图 21-9　热气焊的操作简图

影响热气焊焊接质量的因素如下：

1）待焊塑料的焊接性。

2）与待焊塑料相适应的填充塑料条（焊条）。

3）焊缝的形成和焊道数。

4）焊接温度、焊接速度、焊接压力。

5）待焊塑料和焊条的表面清洁度。

21.4.2　热工具焊[5-7]

热工具焊是应用最广泛的塑料焊接方法之一。焊接过程中，利用一个或多个发热金属工具对被焊塑料的表面进行加热，直至其表面层塑料充分熔化，然后抽出加热工具，对焊接接头施加压力作用，使熔化表面接触在一起，产生一定的扩散熔合，焊接界面熔化的塑料在压力作用下冷却和凝固而形成焊缝。

热工具是由金属制成的，金属内部安装有管状电阻丝或加热元件，由温度传感器对工具表面的加热温度进行精确控制。为防止熔化塑料黏附在工具表面，工具表面可涂覆上一层聚四氟乙烯。可加热熔化的塑料均可采用热工具焊方法进行焊接。

热工具焊具有直接式和间接式两种，其区别主要在于发热工具与塑料焊接面之间不同的相互位置。热工具焊通常不需要填充材料，依靠手力或机械力产生焊接压力。在个别情况下，也依靠塑料自身的热膨胀产生焊接压力。

1. 直接式热工具焊

发热工具直接位于两个对接焊的面与面之间，通过热传导和热辐射直接对塑料表面加热。直接式热工具焊的工艺通常包括准备阶段（图 21-10a）、加热（预热）（图 21-10b）、切换（图 21-10c）和压焊（图 21-10d）四个阶段。在加热达到塑料的熔融状态后，必须快速撤出位于两个对接面之间的发热工具，这就是切换阶段。在压焊阶段里，焊接压力必须保持到焊接区内的热熔态塑料完全冷却硬化为止，从而保证焊接接头具有足够的强度。

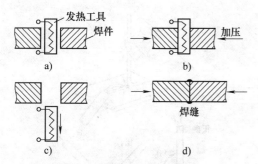

图 21-10　直接式热工具焊的原理

a) 焊接准备　b) 加热（预热）　c) 切换　d) 压焊

直接式热工具焊主要用于焊接管材、型材和模塑件等，其壁厚一般大于 0.8mm。

直接式热工具焊还包括了一些特殊的技术，例如通过热辐射的能量对塑料表面加热，这时，由于不存在热传导，因而也不必施加预热压力。此外，还可以使用电阻丝作为内藏的热源，从而省略了切换阶段等。典型的直接式热工具焊的方法归纳如下：

1）热板对接焊。发热工具为热板，它的两个加热面（也称工作面）相互平行的同时对被焊塑料端面加热，待焊接面上的塑料热熔之后，手控或机械控制切换过程和焊接压力，将两个表面压焊成一体（图 21-11a），从而实现焊接。

2）热板直角焊。用热板分别对两块被焊塑料的端面和平面加热（图 21-11b），然后手控或机械控制切换运动和焊接压力，将它们直角焊接在一起。由于被焊平面上常因热工具的热压形成凹槽，所以热板直角焊又称为热工具槽焊接。

3）热楔弯角焊。借助于手力或机械力将楔形的发热工具压进被焊塑料，扳向缺口方向折弯成角，使呈楔形的缺口焊接在一起（图 21-11c），热楔弯角焊也称为热楔焊。

4）热工具套焊接。用发热工具的内环面和外环面分别对被焊管材相应的外侧面和内侧面加热（图 21-11d），然后拔出发热工具，把被焊管材热压在一起。

5）内藏电热丝焊接。利用在被焊套管内环面上缠绕的电热丝对管材的套接面加热，从而进行焊接。焊接过程中，由于焊管自身的热胀（图 21-11e）或是由于外加的径向收缩力（图 21-11f）而产生压力。焊接完成后，电热丝将留在焊缝中。

6）热楔搭接焊。作为发热工具的热楔位于两个搭接面之间，通过手控或机械控制压轮将搭接面压焊在一起（图 21-11g）。

7）热工具割接焊。先将被焊塑料片材叠放在一起，然后用丝形、带形或刀形的发热工具将其切断，断面上的塑料与发热工具的侧表面加热面接触熔化，从而焊接在一起（图 21-11h）。焊接过程和切割力一般由机械控制。

常见的发热工具的形式有热板、热台、热带、热锲刀、热辐射加热工具和缠绕在被焊塑料内的电热丝等，它们的发热方式主要为电加热（电阻加热）、气加热（蒸汽加热）或其他方式。发热工具既可以直接置于被焊表面上不动，也可以沿焊接方向移动，通过热传导和热辐射加热塑料表面，达到焊接的目的。

发热工具的表面状态是影响焊接质量的最直接的因素。发热工具表面必须清洁、阻燃、不会与被焊塑料起反应，并能防止塑料热熔后粘贴在发热工具表面。发热工具表面通常都涂敷有一层增强聚四氟乙烯膜。发热工具表面还必须有足够的热稳定性，即使在加热和冷却频繁交替或环境温度剧烈变化的情况下也能稳定工作。

热工具在切换阶段里的动作以及对焊接压力的控制可以手动操纵，也可以机械操纵，不论使用哪种操纵方式，都必须保证焊接压力能均匀分布在整个焊接面上。

手动操纵焊接时，除使用上述各种以电加热形式为主的热工具外，也可以使用以火焰或烘箱电炉加热的无内部热源的热工具。在设计这类热工具时（它们的形状往往和特殊焊缝形式相适应），必须注意热工具的体积应能够储存足够的热量。这类热工具的表面温度也应能够定量确定。手动操纵的热工具焊一般只能焊接承力不很大的接头。另外，由于手动的作用力有限，焊接的面积也应较小。

在机械操纵的热工具焊接过程中，焊接温度、焊接压力、焊接时间和加热时间等参数均可以调节，并能精确地控制热工具的运动。这里的发热工具都是电加热的。由于机械操纵可以产生较大的焊接压力，所以这种方法可以焊接大尺寸的焊件。

使用直接式发热工具焊接塑料制品时，必须根据被焊塑料的种类、焊件的几何形状以及焊接接头的受力要求决定具体的焊接方法。不同的发热工具形状决定了不同的焊缝结构。在多数情况下，应预先切削加工焊缝坡口或平面，并在坡口成形后立即进行焊接。切削预加工必须保证两个坡口的对称，坡口面应平整，因为凹凸不平将影响热传导，最终将影响焊接质量。

用直接式热工具焊接厚壁焊件时，最好能对焊件的焊接区及其周围先进行预热，使其温度均匀提高，防止产生内应力和热变形。

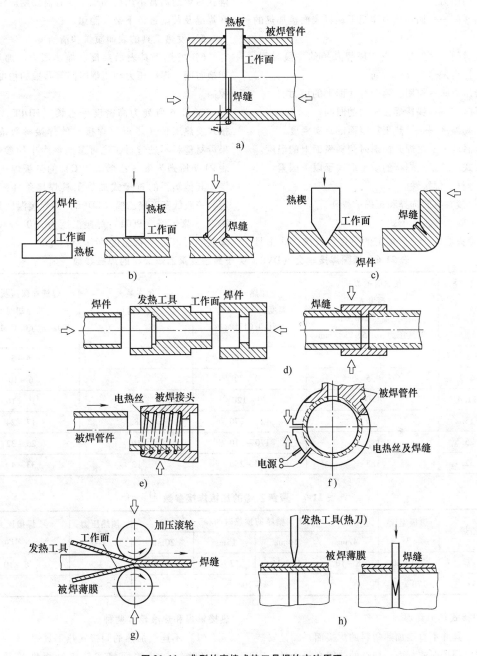

图 21-11　典型的直接式热工具焊的方法原理

a）热板对接焊　b）热板直角焊　c）热楔弯角焊

d）热工具套焊接　e）内藏电热丝焊接（焊管自身的热膨胀）

f）内藏电热丝焊接（外加的径向收缩力）　g）热楔搭接焊

h）热工具割接焊

在预热周期里，直接式发热工具与塑料表面的热接触压力和热作用时间依塑料品种的不同而异。当塑料表面的热熔状态达到焊接的要求之后，必须立即切换发热工具，然后将两个焊接表面压合在一起。在有些情况下，焊接压力在焊接周期内可以变化，但无论如何焊接压力都必须保持至焊缝完全冷却硬化之后才能撤去。

直接式发热工具焊接的重要焊接参数有：

加热压力——在加热周期里发热工具表面对塑料

表面的作用压力。

加热时间——加热压力作用下塑料表面被加热的时间。

切换时间——加热结束至压焊开始的一段时间。这里包括撤出发热工具的时间。

焊接压力——作用在两个焊接面上的压力。

保压时间——保持焊接压力的时间。

热工具温度——发热工具表面的真实温度。

焊接温度——压焊开始瞬时塑料表面上的温度。

直接式发热工具焊接的质量取决于以下因素：

1）母材的焊接性。

2）焊接参数的选择和正确的操作。

3）正确选择接头形式。

4）接头坡口及焊后加工的质量。直接式热工具

焊接后焊缝通常不用后加工，如有需要则应注意避免在焊缝及其附近留下裂纹隐患。

5）发热工具的表面质量和清洁度。

6）发热工具表面温度、加热压力、加热时间、切换时间、焊接压力和压焊时间等参数的精度调节和控制。

表21-6所列为高密度聚乙烯（HDPE）管材直接式发热工具（热板）焊接时的焊接参数范围。如果母材塑料不是管材，也可参照该表中的参数焊接。表21-7所列为聚氯乙烯（PVC）的热板焊接参数范围。其他塑料的直接式加热工具焊接条件需试验确定，一般低密度聚乙烯（LDPE）的焊接温度为150～200℃，聚甲醛（POM）焊接温度为210～230℃，聚碳酸酯（PC）焊接温度约为350℃。

表21-6　德国焊接学会（DVS）关于高密度聚乙烯管材的焊接参数

壁厚	预热时的卷边高度 h ［预热温度：(210±10)℃ 预热压力：0.15MPa］/mm	加热时间 ［温度：(210±10)℃ 压力：0.01MPa］/s	允许最大切换时间 /s	焊缝在保压状态下的冷却时间（焊接压力0.15MPa）/min
2～3.9	0.5	30～40	4	4～5
4.3～6.9	0.5	40～70	5	6～10
7.0～11.4	1.0	70～120	6	10～16
12.2～18.2	1.0	120～170	8	17～24
20.1～25.5	1.5	170～210	10	25～32
28.3～32.3	1.5	210～250	12	33～40

表21-7　聚氯乙烯的热板焊接参数[5]

聚氯乙烯	热板温度 /℃	不同壁厚的预热时间/s				预热压力 /MPa	焊接压力 /MPa
		4mm	10mm	15mm	20mm		
硬PVC	250±20	8～10	15～16	17～30	23～48	3～5	8～10
软PVC	170±10	4～10				0.2～0.8	—

2. 间接式热工具焊

发热工具并不直接加热塑料的焊接面，而是安装在被焊塑料焊接面的背面，加热的热能必须通过一定的距离才能传到焊接面上。换言之，热能是在通过一定厚度的被焊塑料后，间接地作用于焊接面上（图21-12）。间接式热工具焊主要用于焊接厚度小于或等于0.8mm的塑料薄膜。在间接式热工具焊的过程中，被焊材料始终处于焊接压力的作用之下。

根据发热工具周期性的工作特点，间接式热工具焊分不连续加热和连续加热两种，不连续加热的方法目前是热脉冲焊接，而连续加接的焊接方法又可分为

热接触焊和热滚轮焊两种。

（1）不连续加热的间接式热工具焊

不连续加热的间接式热工具焊即热脉冲焊接（图21-12a）。焊接过程中，发热工具中的电加热装置仅在加热周期里接通，而焊接压力则在整个焊接过程中（包括冷却周期）始终作用于焊接面上。加热周期的长短取决于发热工具的温度，焊接压力可以手控或者机械操纵。

热脉冲焊接的发热工具通常由电加热带、热带夹持头和隔离套等组成。电加热带即发热体，热带夹持头和热带之间依靠阻尼隔热层弹性连接。热带表面涂

敷有起保护作用的聚四氟乙烯膜。热带夹持头还具有传力和散热的作用。

（2）连续加热的间接式热工具焊

连续加热的间接式热工具焊分为热接触焊和热滚轮焊两种方式。如图 21-12b 所示，在热接触焊过程中，发热工具持续加热，但热能仅在加热阶段里分别通过两块隔离夹持板接触传递给焊件（薄膜）。在冷却周期里，发热工具脱离夹持板，由隔离夹持板保持夹紧力，保证

焊接面上具有足够的焊接压力及一定的作用时间。

在热滚轮焊过程中，被焊塑料被连续地引入滚轮系统，通过滚轮系统中的持久加热装置和冷却装置进行焊接（图 21-12c）。调节滚轮的引入速度和滚轮在塑料焊件（薄膜）上垂直方向的位置，可以改变焊接速度和焊接压力。滚轮上的传动带既能防止热熔塑料残留在热工具表面，起隔离作用，又能带走一部分热量，起散热作用。

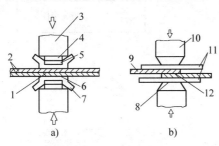
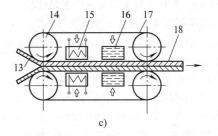

图 21-12　间接式热工具焊接方法的原理
a）热脉冲焊　b）热接触焊　c）热滚轮焊
1、12、18—焊缝　2、13—被焊材料　3—热带夹持头　4—弹性隔热层　5—热带
6、8—工作面　7—隔离套　9—被焊工件　10—压头　11—隔离支撑板
14—滚轮　15—发热元件　16—冷却装置　17—滚轮带

间接式热工具焊的焊接接头形式一律为搭接，不需要任何填充材料。焊接之前，母材无需作任何预加工处理，但应保证焊接表面的清洁，因为表面氧化或污染会影响焊接的质量。通常焊缝也不必作任何焊后加工处理。在通常情况下，影响焊接质量的因素如下：

1）母材塑料的焊接性。

2）焊接参数的确定、调整与控制。

3）焊缝宽与薄膜厚度之比。

4）加热的方式（单侧加热或两侧加热等）。

21.4.3　电阻植入焊[8]

电阻植入焊，简称为电阻焊，其原理如图 21-13 所示。将导电的电阻材料放入两焊件表面之间，对焊件施加一定的焊接压力，并对电阻材料通电流，将焊接界面上的树脂熔化，熔化的树脂在焊接压力的作用下，相互润湿混合扩散消除原始的宏观焊接界面形成焊缝，电阻材料被保存在最终的焊缝中。焊接中电阻材料产生的热量可以由欧姆定律来计算：

$$Q = I^2 Rt \qquad (21-1)$$

式中　Q——电阻材料产生的热量；

　　　I——通过电阻材料的电流；

　　　R——电阻材料的电阻；

　　　t——通电时间。

电阻材料可以直接采用金属丝或网、碳纤维、导电聚合物等材料，也可以将金属丝网或导电纤维与同焊件一样的树脂热压在一起制成加热元件后使用。

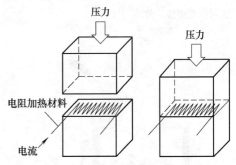

图 21-13　塑料的电阻植入焊原理

电阻植入焊分为恒温焊接和恒功率焊接两种方式，焊接一般的塑料常采用恒温焊接方式，而焊接半晶态或者线胀系数或熔点相差较大的异种塑料，应精确控制加热和冷却速度。影响电阻焊接头强度的因素包括焊接电流、焊接时间、焊接压力、加热元件中电阻丝的直径以及电阻丝和树脂的体积比等。

电阻植入焊的优点是设备简单、操作容易，可焊接复杂形状的焊件。缺点是焊接接头残留电阻丝等与塑料不相容的材料，影响焊接接头的强度，也降低了焊接接头的耐蚀性。

21.4.4　激光焊

　　激光焊是利用材料在原子水平上将激光的光子能转化为热能的原理进行焊接的方法。所用的激光功率密度一般为 $50W/mm^2$。常用的激光光源按照波长的不同分为三种：① CO_2 激光器，其波长最长为 10600nm；②Nd：YAG 激光器和二极管激光器，其波长分别为 1064nm 和 800 ~ 1000nm；③$2\mu$ 激光器，其波长为 2000nm。塑料对激光辐射的吸收是波长、塑料类型、颜料类型以及颜料含量的函数[9]。

　　CO_2 激光光子能被塑料中大量的碳原子直接吸收，塑料从表面开始熔化，形成的熔深很小，最大 $\approx 0.5mm$。Nd：YAG 和二极管激光可以透明地穿过大多数种类的塑料，因此必须在焊接界面上或塑料焊件中添加相应的颜料来吸收光子。2μ 激光与塑料的作用特性介于上述两种激光之间，辐照产生的熔深远远大于 CO_2 激光。

　　塑料激光焊接工艺可以分为两大类。第一类称为激光对接焊，其原理如图 21-14a 所示。待焊表面树脂通过镜面系统被激光辐照加热，达到熔化状态后，对焊件进行对中压合，形成对接接头。第二类称为激光透射焊，其原理如图 21-14b 所示。被焊的一对焊件一个是对激光透明的，另一个则具有高的激光辐射吸收率。焊件首先被压合在一起，然后激光束穿过透光焊件，熔化吸光焊件表面，而透光焊件表面则通过热传导的方式熔化，从而形成焊接接头。Nd：YAG 和二极管激光光源非常适合于透射激光焊接工艺[8-11]。

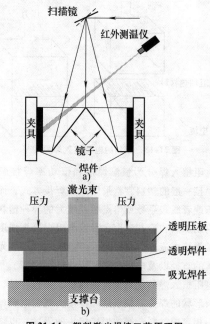

图 21-14　塑料激光焊接工艺原理图

a）激光对接焊　b）激光透射焊

　　透射激光焊可以进一步分为四类：轮廓扫描激光焊、准同步激光焊、同步激光焊和遮罩激光焊，如图 21-15 所示[9]。

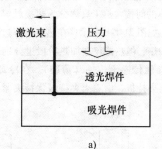

a)

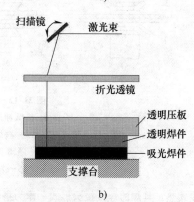

b)

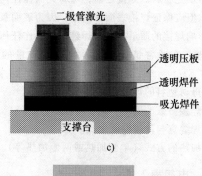

c)

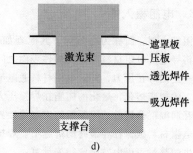

d)

图 21-15　四种透射激光焊原理图

a）轮廓扫描激光焊　b）准同步激光焊

c）同步激光焊　d）遮罩激光焊

　　轮廓扫描焊的特点是光束沿焊缝移动的速度相对较慢（0.1 ~ 500mm/s）。准同步激光焊的特点是通过摆动的镜面系统使得光束沿焊缝以相对较快的速度反复扫描，这样可以使得整个焊缝近似地同时被均匀加热。遮罩焊的特点是通过采用遮光罩来加热希望焊接的部分，这种方法通常用于焊接面积非常小的精密焊接。同步焊的特点是采用二极管激光阵列同时辐照整个焊接界面，使得焊接界面同时被均匀地加热。这些激光焊接方法的共同特点有热影响区相对较小、加热装置同焊件不发生机械接触、焊接精度高、可以进行三维焊接等。

激光热源模型可以用 Lambert-Bouguer 定律描述[9]：

$$I(z) = I(z = 0)g[e^{-Kz} - e^{-K(z+\Delta z)}]$$

$$(21-2)$$

式中　K——材料的吸收常数；

　　　Δz——焊件的厚度；

　　　I——依赖于光束半径的激光强度。

由于激光束的加热速度很快，为了不损伤塑料的性能，应严格控制激光强度及功率密度。焊接热输入是影响焊接接头强度的最重的焊接参数，随着焊接热输入的增加，接头强度增加。增加热输入可以通过增加激光的输出功率，也可以通过降低焊速来实现。炭黑含量越高接头强度越低，因为炭黑含量高，吸光焊件上形成的熔深大，而炭黑含量增加使得热损伤的程度增加。当激光的输出功率恒定时，焊接接头强度同焊速之间存在极值关系[9]。

塑料激光焊的特点是焊接速度快，焊接装置与塑料不接触，可焊接难以接近的部位。激光焊主要用于焊接精密零件，目前已用于汽车、医疗器械行业的塑料产品的焊接[10]。

21.5　超声波焊

超声波焊是指利用超声频（18～120kHz）、低振幅（5～120μm）的机械振动来焊接塑料。超声波焊接时，焊件首先在焊接压力的作用下被压紧，然后超声波垂直或平行地施加到焊件的相互接触区[8]。超声波能集中在焊接界面转换成热量。焊接过程可以在距离焊头小到几分之一毫米、大到几厘米的范围内完成，通常对于小于 6mm 的情况称为近域焊，而大于 6mm 的情况称为远域焊。远域焊时需要更大的振幅、更长的焊接时间和更高的焊接压力才能达到和近域焊一样的焊接效果[12,11]。

塑料超声波焊机的主要组成部分包括电源、换能器、变幅杆、焊头、夹具平台和气缸加压系统等。电源的作用是将工频的交流电转换为超声频的电压信号，由压电陶瓷片构成的换能器则将超声频交变的电压转换为纵向振动的超声波，变幅杆将超声波的振幅进行放大，焊头对超声波振幅进行放大并将超声振动施加到焊件上。目前塑料超声波焊机的最大功率可以达到 5.5kW。日本等学者开发出了双振动系统的超声波焊机可以增加超声波的一次焊接面积。目前超声波焊机已经由简单的时间控制模式演变到了具有多种控制模式（下塌量的控制、功率控制、能量控制），并且可以在焊接过程中实时地改变焊接压力或焊接振幅[14,15]。

超声波焊接的接头形式可以分为两大类：剪切接头和平接接头。平接接头又可以进一步分为简单导能筋接头、阶梯形接头和舌槽形接头和楔形接头，如图 21-16 所示。剪切接头通常用于要求焊缝密封的场合，尤其在焊件为半结晶塑料的情况下。这种通过抹削动作来形成的焊缝不仅消除了孔洞，而且避免了焊接时熔体暴露于空气中。采用剪切接头时必须采用刚性的夹具保护焊件的侧壁，以免在焊接过程中发生过大的变形和断裂。夹具自身必须能够开合，方便取件。简单导能筋接头通常用于非晶型塑料的焊接，以及必须采用平接接头的场合。导能筋是指在待焊表面制作的断面为三角形或其他形状的长条形小凸起。导能筋的主要作用是提供确定体积的熔融树脂，通过提供一个很小的均匀的上下焊件间的接触面，将超声波能向热能的转化集中在焊接界面上，引导界面树脂的熔化铺展过程以形成规则均匀无缺陷的焊缝。阶梯形接头除了带有导能筋之外，增加了一个凸肩设计，因此在聚能、引导熔化的基础上增加了自动校准的作用，由于这种接头的一部分没有参加形成焊缝，其强度略低于简单导能筋接头。由于凸肩和导能筋舌之间的配合缝隙能够容纳焊接时形成的飞溅和挤出的熔体，因此这种接头通常用于焊接对外观质量要求较高的焊件。舌槽形接头同样提供了聚能、引导熔体铺展和自动校准的作用。舌槽形接头能获得更好的外观质量，适合于低压容器的密封焊接。其缺点是接头强度不高。此外，在焊前接头设计中需要注意的是焊缝层必须与焊头表面平行[16]。

超声波焊接的主要影响因素包括：焊接振幅、焊接压力、焊接时间、焊机输出能量、导能筋的大小和形状。

焊接振幅是焊头纵向振动的幅度，焊接界面上的生热率同焊接振幅的平方成正比，因此焊接振幅的大小决定了焊接界面所能达到的最高温度。对于任何一种材料都存在一个最低振幅要求，如果焊接振幅小于要求的最低振幅，焊接界面上的温度不能达到材料的

熔融温度，超声波焊接过程不能成功完成。然而过大

的振幅会导致严重的飞溅现象，造成焊缝成形缺陷。

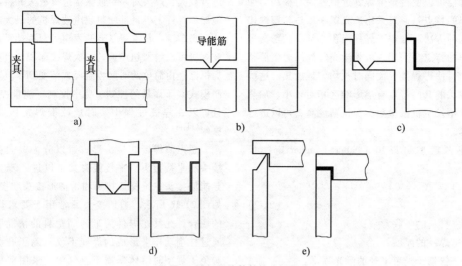

图 21-16　导能筋的接头形式

a）剪切接头　b）简单导能筋接头　c）阶梯形接头

d）舌槽形接头　e）楔形接头

焊接压力通常由气缸提供。焊接压力的主要作用包括：①在超声振动触发前压紧焊件；②在超声波焊接过程中促进熔体的铺展；③在超声波停止后继续压紧焊接接头，保证具有致密凝聚态结构焊缝的形成。

焊接时间是超声波焊接工艺中的一个重要的参数。其大小一般是导能筋完全熔化铺展，并在焊接界面上形成均匀连续的熔体薄膜的时间。在一定的焊接振幅下，随着焊接时间的延长焊接界面上的熔体的数量不断增加，过长的焊接时间会使焊接接头过度熔化，不仅有大量的树脂从焊接界面处挤出，而且焊件本身也会发生热变形。对于普通塑料，焊接时间不超过 1s。

导能筋的形状即导能筋横断面积的形状，可以设计为三角形、半圆形、矩形等。在焊接一些塑料，如尼龙 66 时，采用半圆形导能筋可以获得最高的接头强度。三角形导能筋的顶角也可以采用不同的顶角角度。采用的顶角越尖锐，焊接界面温度升高越快，能够达到的温度越高，但是不带导能筋一侧焊件表面树脂熔化量较少，不利于提高接头强度。通常对于非晶型塑料采用的顶角角度为 90°，而对于半结晶性塑料采用的顶角角度为 60°。半圆形和三角形导能筋的大小对焊接界面的温升速度影响不大，尽管大的导能筋能够提供更多的熔融树脂，但是大的导能筋当尖端熔化以后聚能效果急剧下降，不利于高强度焊缝的形成[17]。

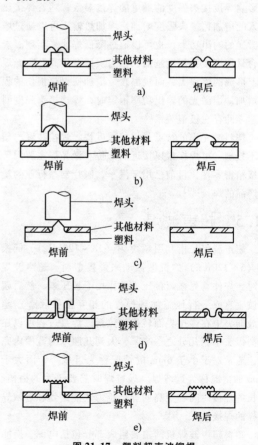

图 21-17　塑料超声波铆焊

a）花瓣形铆焊　b）圆头形铆焊　c）填平铆焊

d）圆筒铆焊　e）滚花形铆焊

除了上述标准超声波焊接工艺外，塑料超声波焊接还存在铆焊、螺栓焊、压边焊、点焊、薄膜焊等多种形式，分别如图 21-17 ~ 图 21-21 所示[18]。

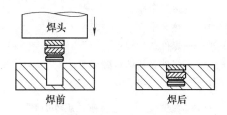

图 21-18　塑料超声波螺栓焊

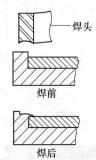

图 21-19　塑料超声波压边焊

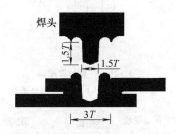

图 21-20　塑料超声波点焊
T—上焊件厚度

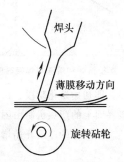

图 21-21　塑料薄膜超声波连续焊

超声波焊接工艺具有焊接速度快、接头强度高、自动化程度高、设备成本低、焊接精度高等优点，目前已广泛地应用在玩具、电池封装、食品包装、汽车零件、传感器封装、手机、电子消费品等领域。超声波焊的缺点是一次焊接面积较小，难以焊接大厚度焊件。另外在采用较大焊接振幅焊接半晶态塑料的平接接头时，会出现孔洞等成形缺陷，必须采用辅助工艺加以克服。

21.6　感应植入焊

感应植入焊是指在焊接时植入焊接界面的铁磁性物质在高频电磁场的作用下产生热量，使焊件表面的塑料熔化、分子链相互扩散形成接头，焊接原理如图 21-22 所示。在早期的焊接工艺中，采用的交变电磁场频率为 200 ~ 500kHz。在这种频率的电磁场中塑料本身不会发热。在当前的工艺中，金属植入物由铁磁性颗粒填充的树脂基体制成的加热层替代，树脂基体通常与焊件的材料相同，如果焊接不同材质的塑料焊件，则基体树脂通常是两种焊件材料的混合物。此时，交变电场的频率必须提高到 3 ~ 10MHz。在这种频率下产热机制同时包括了磁滞和涡流损耗，而对于非导电性的铁磁性材料，如铁素体，则是依靠分子间的摩擦产生热量的[8]。

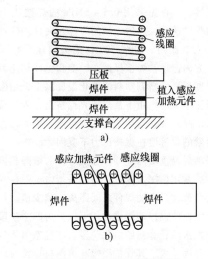

图 21-22　塑料的感应焊接原理图
a）平接接头感应焊　b）对接接头感应焊

感应焊中最重要的影响因素是感应线圈的几何形状。感应线圈的几何形状决定了焊接界面处温度场的均匀程度。对于每一种焊接接头都需要对感应线圈进行定制和优化。在感应焊接过程中，整个焊接界面要始终处于一定的压力之下。同时要保证夹具不能吸收电磁场的能量[8,19]。

感应焊的优点是能够一次焊成几何形状非常复杂的焊接接头，而且焊合后的接头能够通过再加热的方式打开。感应焊的缺点是焊缝中植入的铁磁性的颗粒与塑料焊件不相容，影响接头的使用性能；对于每种新的接头形式都要进行线圈形状的设计和优化，以及植入物的消耗性使用，均增加了生产成本。

21.7　摩擦焊

　　摩擦焊是利用连接表面相互摩擦生成的热量而实现连接的一类方法。摩擦焊包括三类：旋转摩擦焊、线性振动摩擦焊和搅拌摩擦焊。

21.7.1　旋转摩擦焊和线性振动摩擦焊

　　旋转摩擦焊和线性振动摩擦焊是利用摩擦生热的现象进行焊接的一类方法。旋转摩擦焊通常被简称为旋转焊和摩擦焊，线性振动摩擦焊通常被简称为振动焊。旋转摩擦焊时，塑料焊件在一定的焊接压力下作相对旋转运动。线性振动摩擦焊时，塑料焊件在一定的焊接压力下作平行的往复摩擦运动，如图 21-23 所示[20,21]。

　　线性振动摩擦焊是一种广泛使用的塑料焊接方法，通常用来焊接超声波焊难以焊接的大型塑料焊件。焊接时，首先采用 0.5 ~ 5MPa 的焊接压力将搭接好的焊件压紧，然后一侧的焊件在夹具的带动下以 1mm 左右的振幅、100 ~ 500Hz 的振频在平行于焊接界面的方向振动，焊接界面在摩擦和黏性切应力的作用下温度逐渐升高到塑料的熔化温度以上，熔融的塑料在焊接压力的作用下从焊接界面挤出，焊接接头开始进入熔降过程，当熔降值达到焊前设定时，振动停止，熔融的焊缝层在保持压力下凝固[22]。

　　振动焊最重要的控制参数是焊件的熔降程度。熔降程度通常用熔深来度量。熔深是指由于焊接界面处的熔化和流动形成的焊件之间距离的减少值。根据熔深的时变曲线，振动焊接过程可以分为四个阶段：①固态摩擦阶段；②初始熔化阶段；③稳态熔体流动阶段；④凝固阶段。其焊接振幅和熔深与焊接时间的关系如图 21-24 所示。

　　在第一阶段的平均发热率为

$$q_0 = \frac{2p_0 f \overline{\omega} A}{\pi} \tag{21-3}$$

产生熔体薄层的时间为

$$t = \frac{\pi}{k} \left[\frac{\lambda(\theta_{melt} - \theta_0)}{4 f p_0 a n} \right]^2 \tag{21-4}$$

式中　p_0——焊接压力；

　　　f——摩擦因数；

　　　$\overline{\omega}$——平均角频率；

　　　A——焊接界面面积；

　　　k——热扩散率；

　　　λ——热导率；

　　　θ_0——焊件初始温度；

　　　θ_{melt}——焊件材料的熔融温度；

　　　n——振动频率。

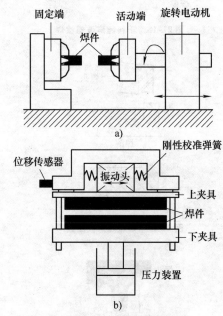

固定端　　活动端　旋转电动机
焊件

a)

位移传感器　　　刚性校准弹簧
　　　　　振动头
　　　　　　　　　上夹具
　　　　　　　　　焊件
　　　　　　　　　下夹具

压力装置

b)

图 21-23　塑料的摩擦焊

a) 旋转摩擦焊　　b) 线性振动摩擦焊

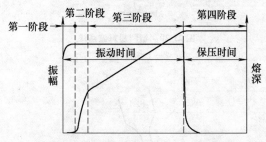

第一阶段　第二阶段　第三阶段　　　第四阶段

振幅　　　　振动时间　　　保压时间　　熔深

图 21-24　焊接振幅和熔深与焊接时间的关系

　　在第二阶段，即初始熔化阶段，由于界面处为一熔体薄层，焊接界面上的产热机制由固态摩擦转变为熔融的黏滞加热，熔体层的厚度开始增加。此阶段的平均发热率为

$$q_0 = \frac{\mu A^2 \overline{\omega}^2}{4h} \tag{21-5}$$

式中　μ——熔体黏度；

　　　　h——熔化层厚度。

振动焊具有温度自动调节能力。当熔体层较薄时，熔体层中的剪切速率较高，从而导致生热率增加，熔体层变厚；而熔体层厚度的增加会导致剪切速率的降低，从而导致生热率下降，因此振动焊不存在过热问题。当这个自调节过程达到平衡时，焊接过程进入第三阶段。

第三阶段是熔深增加的主要阶段，熔深量可由式（21-6）计算：

$$\dot{\eta}^2 = 8(\pi na)^3 \mu \sqrt{p/b} \left[8\rho(\lambda + c_p(\theta_l - \theta_a)) \right]^{1.5}$$

$$(21-6)$$

式中　$\dot{\eta}$——熔降速率；

　　　n——振频；

　　　a——振幅；

　　　μ——焊接界面上熔体的黏度；

　　　ρ——熔体的密度；

　　　λ——熔化潜热；

　　　c_p——熔体的比定压热容；

　　　p——焊接压力；

　　　b——焊件板的厚度；

　　　θ_l——熔融界面的温度；

　　　θ_a——环境温度。

表 21-8 给出一些常用塑料振动焊的焊接性。

表 21-8　常用塑料的振动焊的焊接性[5]

材料	线性振动焊	轨道振动焊
ABS	最容易	最容易
丙烯酸	最容易	最容易
耐冲击性聚苯乙烯	容易	容易
纤维素塑料	中等	中等
尼龙	容易	容易
材料	线性振动焊	轨道振动焊
聚碳酸酯	中等	中等
聚醚酰亚胺	中等	中等
聚乙烯	难	难
聚丙烯	容易	容易
聚苯乙烯	容易	容易

旋转摩擦焊是一种非常成熟的焊接方法。摩擦焊机与车床类似，另外还需要一定的辅助装置，如夹具、焊件送进装置及取卸装置等。这种焊接方法的优点如下：

1）焊接速度快，产量大。

2）接头质量好。

3）接头中无异物，可回收利用。

4）对环境无污染。

两个焊件必须均具有一定的刚度，以防止接头在轴向压力的作用下失稳。两个焊件中应至少有一个具有回转断面。两个连接表面上分别开出一定形状凹槽和凸起，以增大摩擦面、引导焊件并隐藏飞边。

旋转摩擦焊时不可避免地要产生飞边，而塑料产品一般要求外观光滑，因此可在接头上设计飞边槽，使飞边产生在内部。但是飞边槽会降低接头强度，因此如果接头强度要求较高应选择焊后去除飞边的方法。

由于旋转摩擦热的大小取决于两个焊件的相对速度，焊接大直径构件时，焊件边缘与中心处产生的摩擦热量相差很大，会导致残余内应力，接头性能很差，因此这种方法不适合焊接大直径的实心构件。主要用于焊接空心薄壁件或小直径焊件。

影响接头质量的焊接参数主要有转速、摩擦时间、轴向压力、摩擦停止后的压力保持时间等。这些参数的选择为：转速 200~1400r/min、摩擦时间 0.1~2s、轴向压力 1~7MPa。其中最主要的参数为转速，焊接时应根据焊件材料的类型及直径进行选择，所选的转速以摩擦表面恰好达到塑料的发黏温度为宜。

21.7.2　搅拌摩擦焊

搅拌摩擦焊是利用轴肩摩擦产生的热量使焊缝树脂进入塑性流动状态，并利用搅拌针搅拌焊缝进入塑性状态的材料，消除原始焊接界面并成形焊缝的一种焊接方法，如图 21-25 所示。影响搅拌摩擦焊接头质量的主要因素包括：搅拌头的材质和形状、搅拌头的旋转速度、焊接速度、轴肩下压量、主轴倾角和夹紧压力[23-26]。

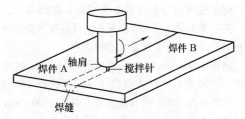

图 21-25　塑料板的搅拌摩擦焊原理图

搅拌头两个主要部分为轴肩和搅拌针。搅拌针的形状决定了加热、塑性流动和塑化材料被顶锻的模式。轴肩和搅拌针的大小决定了焊缝的尺寸、焊接速度和搅拌头的强度。轴肩的直径通常是搅拌针直径的3倍左右。轴肩直径过小摩擦热不足以塑化材料，轴肩直径过大则会烧损焊缝材料以及造成焊缝表面的不平整。对于不同特性的材料，应对搅拌头形状进行具体的形状优化设计。

搅拌头的旋转速度是影响摩擦热量的主要因素之一。搅拌摩擦焊时，摩擦产生的热量可由式（21-7）计算：

$$q = \int_0^R 2\pi\omega\mu p r^2 \mathrm{d}r \qquad (21\text{-}7)$$

式中　q——热源强度；

ω——搅拌头旋转角速度；

p——轴间和焊件之间的压力；

μ——摩擦因数；

R——轴肩直径；

r——搅拌头中心到轴肩的距离。

由此公式可以看出，搅拌头的旋转速度越高，产生的热源强度就越大。

当热源强度一定时，焊接速度决定了焊接的热输入。因此必须合理地选择焊接速度，避免焊缝出现材料烧损或孔洞等缺陷。

轴肩的下压量对焊缝的成形有重要影响。当轴肩的下压量不足时，表面材料会出现上浮现象，溢出焊缝表面，焊缝底部在冷却后会由于材料的上浮而形成填充不足致孔洞。当下压量过大时，轴肩与焊件表面的摩擦力增大，焊缝材料和轴肩会发生黏头现象，使焊缝表面出现飞边缺陷。

主轴的倾角是保证焊缝成形质量的另一个重要因素。倾角过小时，会出现焊缝材料在搅拌头前方出现堆积的现象，最终导致焊缝材料被搅拌头轴肩铲起，焊缝不能成形。倾角过大时，由于轴肩后侧探入焊缝的距离增大，增加了对成形焊缝的刮削深度，导致焊缝的减薄。

塑料搅拌摩擦焊的特点是适合于焊接大型厚板并且对焊接精度和外观质量要求相对不高的场合。此外，搅拌摩擦焊的接头变形量小，设备原理简单可靠性相对较高，适合于批量生产的要求。

采用1660r/min的旋转速度，25mm/min的焊接速度，正圆锥形搅拌头焊接10mm厚的硬PVC板，可以获得≈20.3MPa的接头强度。采用1500r/min的旋转速度和特殊形式的搅拌头，在合适的焊接速度下焊接8mm厚PE板，可以获得≈19.3MPa的接头强度[24,26]。

21.8　溶剂焊

溶剂焊是通过被焊塑料的溶解而实现连接的。在溶剂焊过程中，利用适当的溶剂溶解被焊接塑料表面并扩散到材料表层，增强被焊塑料聚合物分子链的活度，在一定的压力作用下使得被焊塑料接触面之间发生分子链的相互扩散，继续保持适当的压力，待溶剂蒸发后形成牢固的接头。溶剂是焊接非定形塑料的最简单、最经济的方法。

溶剂必须满足如下几个要求：①要求足够的活性，能够使连接表面上的塑料均匀地溶解、软化；②溶剂应具有较快的挥发速度；③溶剂应无毒，或毒性很小。

溶剂与塑料的溶解度参数越接近，溶剂对塑料的溶解性就越好，因此通常根据溶解度参数来选择溶剂。如果没有适当的单质溶剂，则可配制混合溶剂。表21-9给出了常用塑料的溶解度参数。表21-10给出了溶剂焊常用溶剂的溶解度参数。

表 21-9　常用塑料的溶解度参数

塑料	溶解度参数
聚苯乙烯	8.6 ~ 9.1
聚氯乙烯	9.5 ~ 9.7
PMMA	9.3
醋酸纤维素	10.4 ~ 11.3
硝酸纤维素	9.7 ~ 11.5
聚氨酯	10.0
乙基纤维素	10.3
尼龙66	13.6
PET	10.7
PVC-EVA	10.4

大部分热塑性塑料均可用溶剂焊来连接。只有一些表面无极性的热塑性塑料，如聚乙烯、聚丙烯、氟塑料等，不能用溶剂法进行焊接。溶剂焊可采用单一溶剂、混合溶剂与胶粘剂的混合物。溶剂与胶粘剂的混合物通常是在溶剂中加入与被焊材料同质的或相容的聚合物，并加入适当的引发剂、促进剂、增塑剂后形成的，这种混合物不但可促进聚合，而且还可减少收缩程度，增加接头的密封性，防止龟裂。

表 21-10　溶剂焊常用溶剂的溶解度参数

溶剂	溶解度参数
水	23.2
甲醇	14.5
乙醇	12.7
正乙烷	7.3
环乙烷	8.2
全氟正乙烷	5.6
1,1,1-三氯乙烷	8.3
二噁烷	10.0
硝基甲烷	12.6
四氯化碳	8.6
氯仿	9.6
二硫化碳	10.0
醋酸戊酯	8.5
醋酸乙酯	9.1
醋酸甲酯	9.6
乙二醇碳酸酯	14.5
三氯乙烯	9.2
甲酮	9.3
丙酮	10.0
环乙酮	9.9
甲苯	8.9
硝基苯	10.0
二甲替甲酰胺	12.1
苯酚	14.5
四氢呋喃	9.9
二亚甲砜	13.4

21.9　常用塑料的焊接方法[2]

大部分塑料有多种连接方法，包括机械连接、胶接、加热焊、溶剂焊等。选择连接方法时应按照如下原则进行：接头是否满足使用要求；经济性；对环境是否有不利的影响。下面给出一些常用塑料的推荐连接方法。

21.9.1　ABS（丙烯腈-丁二烯-苯乙烯共聚物）

ABS 塑料的最佳胶粘剂为环氧、热固性丙烯酸酯、丁腈-酚醛、腈基丙烯酚酯等胶粘剂。利用这些胶粘剂胶接的接头的强度甚至超过 ABS 塑料基体。

另外，这些胶粘剂还可用于 ABS 塑料与其他材料的连接。胶接前，应对 ABS 塑料工件进行清理，常用的清理方法有打磨涂敷法和重铬酸-硫酸腐蚀法。

ABS 塑料溶剂焊常用的溶剂有丙酮、甲基-乙基酮、甲基异丁基酮、四氢呋喃、二氯甲烷。室温所需的养护时间大约为 12~24h，而在 54~66℃下养护时所需的时间显著缩短。这些溶剂中最好加入 15%~25% 的 ABS 塑料，配制成溶剂-胶粘剂混合物。用这类溶剂-胶粘剂混合物焊接的接头抗剪强度在 5.5MPa 以上，但是需要几天才能将溶剂完全蒸发掉，达到最终固化强度。

ABS 热气焊接头的强度只能达到塑料母材强度的 50% 左右。焊接时，焊条棒应该与焊件之间保持 90° 角，而焊枪与焊件之间保持 45° 角，焊枪喷嘴与焊条棒之间的距离保持在 6.4~12.7mm 之间。两个焊件的连接表面呈 60° 角。热气的加热温度控制在 260~316℃ 之间。焊条棒上应施加适当的压力，以保证熔化焊棒与熔化母材之间黏着。

旋转摩擦焊时，接头形式是影响焊并没有质量的重要因素，采用的主要形式有 90° 角配合、V 形配合或凸缘配合。因焊件接触部分的面积尽量大，但不同部位的线速度之差应尽量小。

ABS 最快的连接方法是感应焊接，所需要的时间只有 1~10s。焊接过程中应施加适当压力，以防止形成气泡，该压力应一直保持到接头完全冷却为止。所用的金属插入件厚度应控制在 0.5~1.0mm 之间。金属插入件一般采用碳素钢件，焊接过程中应尽量靠近电磁线圈，并位于中心位置。

ABS 最常用又最快的连接方法是超声波焊接，所需要的时间只有 0.5~10s。焊接过程中应施加适当压力，该压力应一直保持到接头完全冷却为止。焊缝不需要添加任何材料，仅靠母材本身自熔结合。焊接完成后，焊件表面基本没有任何损坏，焊接效率高，焊接接头强度高。

21.9.2　聚碳酸酯

聚碳酸酯可利用任何机械连接方法进行连接。也可利用加热焊、溶剂焊、胶接等方法连接。

聚碳酸酯自身胶接常用胶粘剂有环氧、聚氨酯、硅酮、氰基丙烯酸酯。胶接时需进行适当的表面清理。利用氰基丙烯酸酯胶接的接头强度可达 7~21MPa。聚碳酸酯与金属、玻璃、陶瓷、氟碳塑料等材料胶接时，一般选用聚氨酯双组分胶粘剂，所得到的接头具有优良的室温剪切强度和搭接强度、高的耐冲击性能和良好的耐低温性能。

用于包装的聚碳酸酯薄膜可利用加热焊来密封，密封温度可先在 218℃ 左右，密封前最好在 121℃ 下对塑料薄膜进行干燥处理，以提高结合强度。厚度较大的聚碳酸酯塑料板的热板焊温度应控制在 343℃ 左右，加热时间为 2～5s 或到熔化为止，然后以适当的压力将两块板压紧。冷却过程中的压力不得过大，否则会导致过大的应变，降低接头强度。

厚度在 1mm 之上的聚碳酸酯塑料板也可利用热气焊进行焊接，接头的强度可达母材强度的 70%，焊接前应对焊件和焊条棒进行干燥处理（121℃），以去除水分；干燥处理之后的几分钟内实施焊接。热气的温度应控制在 316～469℃。

聚碳酸酯塑料的旋转摩擦焊时，焊件的线速度应控制在 9～15m/min 内，摩擦时间控制在 0.5s 左右，而压力控制在 2.1～2.8MPa。为了提高接头强度，焊后可进行消除应力处理（121℃ 下加热几小时）。

聚碳酸酯也可采用溶剂焊进行焊接。最常用的溶剂是二氯甲烷，这种溶剂的挥发速度极快，可对聚碳酸酯塑料进行快速连接。该胶粘剂只能用温热带区域，且只适用于小面积连接。焊件用于高温时，可利用由 60% 的二氯甲烷和 40% 的二氯乙烷组成的混合溶剂进行焊接，这种混合溶剂挥发速度慢，胶接 48h 后即可在高温下使用。其胶接强度可达 62～69MPa。此外还可利用加入 1%～5% 的聚碳酸酯粉末的二氯甲烷进行焊接，不过需要经过 3 个星期后才能达到 62～69MPa 的强度。

21.9.3　聚甲基丙烯酸甲酯塑料（PMMA）

由于聚甲基丙烯酸甲酯为非结晶型塑料，因此其焊接性非常好。加热焊接和溶剂焊接均可，超声波焊是这类材料最常用的焊接方法。一般不推荐采用机械连接。

也可利用胶接法来连接。常用的胶粘剂有环氧树脂、氨基甲酸乙酯、间苯二酚甲醛及热固性丙乙烯。聚甲基丙烯酸甲酯可用苯二酚甲醛胶粘剂进行胶接，其胶接接头的室温强度高于聚甲基丙烯酸甲酯本身强度。也可用氰基丙烯酸酯胶接，其胶接强度可超过 28MPa。而用聚氨酯胶粘剂胶接聚甲基丙烯酸甲酯时，虽然接头性能较好，但使用温度接近 70℃ 时，其强度就下降。

聚甲基丙烯酸甲酯也可利用溶剂焊进行焊接。为去除材料内部的应力，一般焊接之前需进行热处理。如果使用易流动的溶剂，丙烯酸类塑料薄壁部件一般在 60℃ 加热 2h，而使用不易流动的溶剂时则要求 77℃ 的加热温度。厚壁部件则要求更长的时间。接头强度要求不高时可使用的溶剂有氯化乙烯、90% 二氯甲烷 + 10% 双丙酮醇；如果接头强度要求高，则使用混合溶剂（60% 二氯甲烷 + 40% 甲基丙烯酸甲酯 + 0.2% 过氧化苯甲酰）；也使用由甲基丙烯酸甲酯单体、乙酸和氯化乙烯制造的单体型胶粘剂。

21.9.4　聚苯乙烯（PS）

聚苯乙烯可用加热焊、溶剂焊、超声波焊、摩擦焊、胶接等进行连接。常用胶粘剂有环氧树脂、氨基甲酸乙酯、不饱和聚酯、氰基丙烯酸。胶接前需要利用砂纸进行打磨，并利用溶剂进行表面清洗。聚苯乙烯泡沫塑料接触溶剂后将变软，甚至塌陷。因此通常利用 100% 的固体胶或水基胶进行胶接。常用的连接方法为溶剂焊，可用于多种类型的 PS 制品，亦可采用多种溶剂类型。溶剂的选择主要取决于接头固化所需时间，而所需时间又由溶剂的蒸发速度决定。溶剂蒸发速度太快所形成的接头易产生龟裂。往往采用慢速蒸发溶剂中混合快速蒸发溶剂进行胶接可获得最佳胶接效果。表 21-11 给出了聚苯乙烯溶剂焊常用溶剂。

表 21-11　聚苯乙烯溶剂焊常用溶剂

溶　　剂	沸点/℃	龟　裂	接头抗拉强度/MPa
快速干燥型（20s 或更少）			
二氯甲烷	40	有	12.4
乙酸乙酯	77	有	10.3
甲（基）乙（基甲）酮	79	有	11.0
氯化乙烯	83	稍有	12.4
三氯乙烯	86	稍有	12.4
中速干燥型			
甲苯	111	稍有	11.7
全氯乙烯（四氯乙烯）	121	很轻	11.7
二甲苯	133～143	很轻	10.0
二乙苯	185	很轻	9.7
慢速干燥型			
苯酸酯	202	很轻	9.0
乙苯	257	很轻	9.0

21.9.5 聚乙烯和聚丙烯

聚乙烯和聚丙烯的焊接性较好，自身连接一般采用加热焊。由于任何溶剂均不能溶解它们，因此这类塑料不能利用溶剂焊进行连接。

聚乙烯和聚丙烯还可用胶接法进行连接，常用的胶粘剂有环氧树脂、酚醛-丁腈、聚乙烯醇缩丁醛-酚醛等。不同胶粘剂所需的固化时间相差很大，如果选用环氧胶粘剂，应在室温下固化 1~3 天，在 100℃ 下固化 1~24h；而选用酚醛-丁腈胶粘剂时，需在 160℃、0.3MPa 下固化 3h。

聚乙烯与黄铜之间的胶接可利用经过部分氢化的、不饱和度为 3%~30% 的聚丁二烯胶粘剂，固化温度为 120~180℃，固化压力为 7.0MPa。

聚乙烯与铝之间的胶接可利用低密度聚乙烯、无机填料（硫酸钙或硫酸钡）和三氯乙烯制成的胶粘剂，在 200℃、1MPa 下固化 100min，接头的剥离强度达 40N/cm²，抗剪强度为 5MPa。

21.9.6 聚氯乙烯（PVC）

聚氯乙烯一般利用溶剂焊和加热焊进行焊接。硬度较大的聚氯乙烯可利用环氧树脂、聚氨酯、氨基甲酸乙酯和热固性丙烯酸等进行胶接。硬度较小的聚氯乙烯由于存在增塑剂迁移问题，一般采用与增塑剂相溶的丁腈、丁腈-酚醛等胶粘剂进行胶接。

PVC 制品（管材、型材、片材等）和配件常采用溶剂焊。常用溶剂为由四氢呋喃与环乙烷配制的混合溶剂，并加入 10%~15% 的未增塑 PVC，最好再加入适量的二甲基酰胺，采用这种混合溶剂/胶粘剂混合物进行胶接时，贴合后固化 2h，其最小搭接抗剪强度可达到 1.72MPa，经 6h 固化后达到 3.45MPa，固化 72h 后达到 6.2MPa。

21.9.7 PEEK、PES

PEEK、PES 属于高温塑料，具有高的弹性模量、低的蠕变强度及优良的抗疲劳性能，因此特别适合于各种机械连接，也可利用胶接法进行连接。胶接前仅需要稍微打磨并利用溶剂清洗即可，无需进行其他特殊处理。常用的胶粘剂有环氧树脂氨基甲酸乙酯。

另外，这些塑料还可用溶剂焊、振动焊及超声波焊等方法进行焊接，但由于其熔点很高，焊接性不是很好。

参 考 文 献

[1] 史耀武. 焊接技术手册 [M]. 福州：福建科学技术出版社，2005.

[2] 陈茂爱，陈俊华，高进强. 复合材料的焊接 [M]. 北京：化学工业出版社，2004.

[3] 张静政. 塑料焊接技术问答 [M]. 北京：机械工业出版社，1987.

[4] 张胜玉. 汽车工业塑料焊接技术 [J]. 现代塑料加工应用，2005，16（6）：40-43.

[5] 益小苏. 塑料热板焊的热过程分析 [J]. 现代塑料加工应用，1989，(1)：13-20.

[6] 阳代军，霍立兴，张玉凤. 塑料压力管道的焊接方法及其发展动向 [J]. 中国塑料，2001，15（3）：16-20.

[7] 阳代军，霍立兴，张玉凤. 聚乙烯管道热熔对接接头性能的分析 [J]. 中国塑料，2003，17（2）：73-77.

[8] Stokes V K. Joining methods for plastics and plastic composites: an overview [J]. Polymer engineering and science, 1989, 29 (19): 1310-1324.

[9] Potente H, Karger O, Fiegler G. Laser and microwave welding—the applicability of new process principles [J]. Macromolecular Materials and Engineering, 2002, 287 (11): 734-744.

[10] 张胜玉，章少华. 塑料激光焊接 [J]. 工程塑料应用，2000，28（2）：15-17.

[11] 袁晖，赖建军，何云贵. 热塑性塑料的焊接激光焊接实验研究 [J]. 光学与光电技术，2005，3（1）：18-21.

[12] Benatar A, Edwaran R V, Nayar S K. Ultrasonic welding of thermoplastics in the near-field [J]. Polymer Engineering and Science, 1989, 29 (23): 1689-1698.

[13] Benatar A, Cheng Z. Ultrasonic welding of thermoplastics in the far-field [J]. Polymer Engineering and Science, 1989, 29 (23): 1699-1704.

[14] Tsujino J. Recent developments of ultrasonic welding [C]. IEEE Ultrasonic Symposium, Seattle, WA, USA, 1995, 2: 1051-1060.

[15] Nesterenko N P, Senchenkov I K. Current state and prospects of improvement of ultrasound welding of polymers and thermoplastic composite materials [J]. Welding Research Abroad, 2004, 50 (2): 28-34.

[16] Patten D R. Fundamentals of ultrasonic plastic welding [J]. Machine Design, 2005, 77 (3): 59-61.

[17] Wang X L, Yan J C, Li R Q, et al. FEM investigation of the temperature field of energy director during ultrasonic welding of PEEK composites [J]. Journal of Thermoplastic Composite Materials, 2006, 19 (5): 593-607.

[18] 沈惠玲，高留意. 超声波焊接及接口设计指南[J]. 天津轻工业学院学报，1999，(4)：31-34.

[19] AhmedT J, Stavrov D, Bersee H E N, et al. Induction

welding of thermoplastic composites-an overview ［J］. Composites Part A：Applied Science and Manufacturing, 2006，37（10）：1638-1651.

［20］ 张胜玉. 塑料旋转焊［J］. 国外塑料, 2000, 18 （4）：31-33.

［21］ 张胜玉. 塑料振动焊［J］. 汽车工艺与材料, 2001 （3）：4-6.

［22］ Bates P J, Mah J C, Zou X P, et al. Vibration welding of air intake manifolds from reinforced nylon 66, nylon 6 and polypropylene ［J］. Composites Part A：Applied Science and Manufacturing, 2004, 35（9）：1107-1116.

［23］ 胡礼木，胡波，王永善. 搅拌头形状对塑料搅拌摩擦焊接接头质量的影响［J］. 焊接技术, 2006, 35 （3）：20-22.

［24］ 季亚娟, 孙成彬, 李辉, 等. 塑料板的搅拌摩擦焊工艺研究［J］. 焊接, 2005（11）：53-56.

［25］ 胡礼木, 胡波. 塑料板材搅拌摩擦焊工艺［J］.焊接学报, 2004, 25（1）：77-79.

［26］ 胡礼木, 胡波, 王同乐. 搅拌工具尺寸和工艺参数对塑料搅拌摩擦焊焊缝质量的影响 ［J］. 焊接, 2006（5）：30-33。

第 22 章　陶瓷与陶瓷、陶瓷与金属的连接

作者　吴爱萍　审者　冯吉才

22.1　概述

22.1.1　陶瓷简介

陶瓷材料通常是指由各种金属或类金属与氧、氮、碳等组成的无机化合物材料。陶瓷晶体是以离子键和共价键为主要结合键的，一般是两种键的混合形式。离子键和共价键是强键，因而陶瓷具有高熔点、高硬度、耐腐蚀和无塑性等特点。

利用先进的制粉与烧结技术发展的新型陶瓷，其性能与传统陶瓷相比有了极大的提高。新型陶瓷按照组成可分为氧化物陶瓷和非氧化物陶瓷。氧化物陶瓷是用高纯的天然原料经化学方法处理后制取，在集成电路基板和封装等电子领域应用最多的是氧化铝，其次是氧化锆、氧化镁、氧化铍等。非氧化物陶瓷主要有碳化物、氮化物陶瓷。按照材料的功能划分，新型陶瓷又可分为结构陶瓷和功能陶瓷。结构陶瓷是以强度、刚度、韧性、耐磨性、硬度、疲劳强度等力学性能为特征的材料，具有耐高温、耐磨损、耐腐蚀、耐冲刷、抗氧化、耐烧蚀、高温下蠕变小等优异性能，可以承受金属材料和高分子材料难以胜任的严酷工作环境，广泛用于能源、航空航天、机械、冶金、汽车、化工、电子等领域。功能陶瓷是指以电、磁、光、声、热、力、化学和生物等信息的检测、转换、耦合、传输及存储等功能为主要特征的介质材料，主要包括铁电、压电、介电、热释电和磁性等功能各异的新型陶瓷材料。功能陶瓷是电子信息、集成电路、计算机、通信、广播、自动控制、航空航天、海洋探测、激光技术、精密仪器、汽车、能源、核技术和生物医学等近代高技术领域的关键材料。

陶瓷材料一般为多晶体，其显微结构包括相分布、晶粒尺寸和形状、气孔大小和分布、杂质缺陷和晶界等。陶瓷材料由晶相、玻璃相和气相组成。晶相是陶瓷材料的主要组成相，决定陶瓷材料的物理化学性能；玻璃相是非晶态低熔点固体相，起粘结晶相、填充气孔、降低烧结温度等作用；气相和气孔是陶瓷材料在制备过程中不可避免留下的，气孔率增大、陶瓷材料的致密度降低、强度和硬度降低。若玻璃相分布在主晶相界面，陶瓷材料在高温下的强度降低，易发生塑性变形，对陶瓷烧结体进行热处理，使晶界玻

璃相重结晶或进入晶相成为固溶体，可显著提高陶瓷材料的高温强度。

同一般金属相比，陶瓷材料的晶体结构复杂而表面能小，因此其强度、硬度、弹性模量、耐磨性和耐热性比金属优越，但塑性、韧性、可加工性、抗热振性以及使用可靠性不如金属。通过利用复相陶瓷强化与增韧技术（包括纤维、片晶、颗粒、层状等增韧陶瓷技术）、陶瓷自韧化技术、金属间化合物增韧陶瓷技术、离子注入增韧陶瓷表面技术以及纳米增韧技术，可以使结构陶瓷的断裂韧度显著提高；另外，通过降低陶瓷材料中的缺陷尺寸，提高其力学性能和可靠性，使之应用范围得以扩大。

22.1.2　常用结构陶瓷的性能特点

工程结构陶瓷以耐高温、高强度、超硬度、耐磨损、耐蚀等性能为主要特征，在冶金、宇航、能源、机械、光学等领域有重要应用。目前最常用的结构陶瓷主要有氧化铝、氮化硅、碳化硅以及部分稳定氧化锆（PSZ）陶瓷。

（1）氧化铝陶瓷

氧化铝陶瓷一般是指以 $\alpha\text{-}Al_2O_3$ 为主晶相的陶瓷材料，主要成分是 Al_2O_3 和 SiO_2，Al_2O_3 含量越高则性能越好，但工艺更复杂、成本更高。氧化铝陶瓷的主要性能特点是硬度高（760℃时 87HRA，1200℃仍可保持 82HRA），有很好的耐磨性，耐高温，可以在 1600℃高温下长期使用。耐蚀性很强，还具有良好的电绝缘性能，在高频下的电绝缘性能尤为突出，每毫米厚度可耐压 8000V 以上。氧化铝陶瓷化学性质稳定，与大多数熔融金属不发生反应，只有镁、钙、锆和钛在一定温度以上对其有还原作用；热的浓硫酸能溶解氧化铝，热的盐酸、氢氟酸对其也有一定的腐蚀作用。氧化铝陶瓷的蒸汽压和分解压都很小。氧化铝陶瓷的缺点是韧性低，抗热振性能差，不能承受温度的急剧变化。表 22-1 给出了氧化铝陶瓷的主要性能。氧化铝的主要用途是用作真空器件、电路基板；制作刀具、模具、轴承、熔化金属的坩埚、高温热电偶套管等；以及用做化工零件，如化工用泵的密封滑环、机轴套、叶轮等。

为改善氧化铝陶瓷的韧性和抗热振性，可以加入其他化合物或金属元素，形成复合型 Al_2O_3 陶瓷材料。

表 22-1　氧化铝陶瓷的主要性能[1]

主要成分(质量分数,%)		Al_2O_3　92	Al_2O_3　96	Al_2O_3　99
密度/(g/cm^3)		3.6	3.75	3.90
抗压强度/MPa		2354	2452	2630
抗弯强度/MPa		314	343	490
弹性模量/GPa		304	304	382
线胀系数/$(10^{-6}/K)$	25~300℃	6.6	6.7	6.8
	25~700℃	7.5	7.7	8.0
热导率/$[W/(cm \cdot K)]$	25℃	0.168	0.218	0.314
	300℃	0.109	0.126	0.159
熔点/℃				2025
电阻率/$\Omega \cdot cm$	20℃	$>10^{14}$	$>10^{14}$	$>10^{14}$
	300℃	1×10^{11}	3×10^{11}	$<10^{14}$
	500℃	3×10^{8}	4×10^{9}	3×10^{12}
介电强度/(kV/mm)		14	15	15

几种氧化铝复相陶瓷与热压氧化铝陶瓷的主要力学性能见表 22-2。由于分散的第二相既具有阻止 Al_2O_3 晶粒长大的作用,又可以起阻碍微裂纹扩展的作用,所以复相陶瓷的抗弯强度明显提高。含 5%(体积分数)SiC 的 Al_2O_3 复相陶瓷的强度可达 1GPa 以上,断裂韧性提高到 $4.7MPa \cdot m^{1/2}$[2]。

（2）氮化硅陶瓷

表 22-2　热压 Al_2O_3 陶瓷及其复相陶瓷的力学性能[3]

主要性能	热压烧结 Al_2O_3	热压烧结 Al_2O_3 + 金属	热压烧结 Al_2O_3 + TiC	热压烧结 Al_2O_3 + ZrO_2	热压烧结 Al_2O_3 + SiC(w)
密度/(g/cm^3)	3.4~3.99	5.0	4.6	4.5	3.75
熔点/℃	2050				
抗弯强度/MPa	280~420	900	800	850	900
硬度 HRA	91	91	94	93	94.5
平均晶粒尺寸/μm	3.0	3.0	1.5	1.5	3.0

氮化硅陶瓷按制造方法分主要有反应烧结、常压烧结与热压烧结等。氮化硅陶瓷的主要性能特点是强度高,热压氮化硅陶瓷由于组织致密、气孔率可接近为零,室温强度可高达 800~1000MPa,加入某些添加剂后抗弯强度还可达 1500MPa。定向排布的 SiC 晶须增韧的 Si_3N_4 复合材料,断裂韧度可达 12MPa · $m^{1/2}$,抗弯强度可达 1100MPa[4]。

氮化硅陶瓷的硬度很高,仅次于金刚石、立方氮化硼、碳化硼等几种物质,氮化硅陶瓷的摩擦因数仅为 0.1~0.2,相当于加油润滑的金属表面,在无润滑的条件下工作,氮化硅陶瓷是一种极为优良的耐磨材料。

氮化硅陶瓷的抗热振性能好,反应烧结氮化硅陶瓷的线胀系数仅为 $2.7 \times 10^{-6} K^{-1}$,其抗热振性能大大高于其他陶瓷材料。

氮化硅陶瓷的结构稳定,不易与其他物质反应,能耐除熔融的 NaOH 和 HF 外的所有无机酸和某些碱溶液的腐蚀,抗氧化温度可达 1000℃。

表 22-3 是氮化硅陶瓷的主要性能。

反应烧结和热压烧结的氮化硅材料已经批量生产,在刀具、发动机零部件、密封环等领域广泛应用;热压制成的氮化硅基陶瓷刀具在切削冷硬铸铁时切削寿命可以达到硬质合金 YG8 的 30 倍。日本生产的汽车发动机陶瓷挺柱已经投入市场,日本还计划用 5 年时间研究采用新型陶瓷材料制造飞机发动机零部件（包括涡轮叶片、燃烧器壁等各种零部件）,预计这种飞机发动机的能源利用率将比普通飞机发动机高大约 30%[5]。

表 22-3　氮化硅陶瓷的性能[1,3]

制备方法	反应烧结	热压烧结
熔点(分解点)/℃	1900(升华)	1900(升华)
密度/(g/cm³)	2.2~2.6	3.2~3.4
硬度 HRA	80~85	91~93
弹性模量/GPa	160~180	300~320
断裂韧度 K_{IC}/MPa·m$^{1/2}$	2.85	4.5~10
抗弯强度(室温)/MPa	200~1000	650~1000
线胀系数/(10^{-6}/K)	2.7~3.1	3.0~3.2
热导率(25℃)/[W/(cm·K)]	0.126~0.14	0.296~0.30
电阻率(20℃)/Ω·cm	>10^{13}	>10^{13}

（3）碳化硅陶瓷

碳化硅陶瓷的制造方法有反应烧结、热压烧结与常压烧结三种。碳化硅陶瓷的最大特点是高温强度高，在1400℃时抗弯强度仍保持在500~600MPa的较高水平。碳化硅陶瓷有很好的耐磨损、耐腐蚀、抗蠕变性能，热传导能力强，在陶瓷中仅次于氧化铍陶瓷。表22-4给出了碳化硅陶瓷的主要性能。

C_f增强的 SiC 复合材料，室温抗弯强度可达420MPa，断裂韧度高达13MPa·m$^{1/2}$；在 1400~1600℃时抗弯强度和断裂韧度分别为 600MPa 和 20 MPa·m$^{1/2}$[6]。

表 22-4　碳化硅陶瓷的主要性能[1]

制备方法	热压烧结	常压烧结
熔点(分解点)/℃	2600(分解)	2600(分解)
密度/(g/cm³)	3.2	3.0
硬度 HRA	93	90~92
弹性模量/GPa	450	405
断裂韧度 K_{IC}/MP·m$^{1/2}$		4
抗弯强度(室温)/MPa	780~900	450
线胀系数/(10^{-6}/K)	4.6~4.8	4
热导率(25℃)/[W/(cm·K)]	0.81	0.43
电阻率(20℃)/Ω·cm	>10^{14}	>10^{14}

碳化硅基复相陶瓷的高温力学性能优异，可用于制作燃气轮机叶片、涡轮增压器叶片和燃烧器部件。在钢铁工业中用作高速线材轧制的导轮，实际使用温度为1000℃，过钢量为普通导轮的5~20倍[5]。

（4）部分稳定氧化锆陶瓷（PSZ）

ZrO_2 有三种晶型：立方结构（C 相）、四方结构（t 相）和单斜结构（m 相）。加入适量的稳定剂后，t 相可以部分地以亚稳定状态存在于室温，称为部分稳定氧化锆，简称 PSZ。在应力作用下发生的 t→m 马氏体转变称为"应力诱发相变"，这种相变过程将吸收能量，使裂纹尖端的应力场松弛，增加裂纹扩展阻力，从而实现增韧。部分稳定氧化锆的断裂韧性远高于其他结构陶瓷，目前发展起来的几种氧化锆陶瓷中，常用的稳定剂包括 MgO、Y_2O_3、CaO、CeO_2 等，几种氧化锆陶瓷的主要力学性能如表 22-5 所示。

表 22-5　几种氧化锆陶瓷的力学性能[7]

名　称	抗弯强度/MPa	断裂韧度/MPa·m$^{1/2}$
高强型 Mg-PSZ	800	10
抗振型 Mg-PSZ	600	8~15
Y-TZP	800~1200	10
热压烧结 TZP-Al_2O_3 复合陶瓷	2400	17

氧化锆增韧陶瓷在室温下使用可最大限度发挥其优点，氧化锆增韧陶瓷磨球已批量生产，除此之外还用作缸套、活塞头、气门座和凸轮随动件以及球阀与阀座、陶瓷轴承和电器调试工具等[5]。

22.2　陶瓷与陶瓷、陶瓷与金属的连接特性

22.2.1　陶瓷连接的基本特点

由于陶瓷材料与金属的原子键结构的根本不同，加上陶瓷本身特殊的物理化学性能，因此无论是与金属连接还是陶瓷本身的连接都存在不少的特点与难点。

1）陶瓷材料主要有离子键和共价键，表现出非常稳定的电子配位，通过熔焊使金属与陶瓷产生连接通常是不可能的，也很难被熔化的金属所润湿。因此，在进行钎焊时需要对陶瓷进行金属化处理或用活性钎料进行钎焊才能获得可靠的钎焊接头。

2）陶瓷的线胀系数小，与金属的线胀系数相差较大，通过加热连接陶瓷与金属（或用金属中间层

连接陶瓷）时，接头中会产生残余应力，削弱了接头的力学性能，严重时还会导致连接后接头的破坏开裂。因此，在进行陶瓷与金属的连接或用金属中间层连接陶瓷时，还要考虑接头的热应力问题。

3）由于陶瓷的热导率低、耐热冲击能力弱，集中加热时尤其是在用高能密度热源进行熔焊时很容易产生裂纹。因此，在焊接时应尽可能地减小焊接部位及其附近的温度梯度，并控制加热冷却速度。

4）陶瓷的熔点高，硬度与强度高，不容易变形，陶瓷的直接扩散焊比较困难，要求被焊件表面非常平整与清洁，而且直接扩散焊的温度都很高，时间也比较长，如 Si_3N_4 陶瓷直接扩散焊时[8,9]，要求被焊表面加工到光洁度优于 $0.1\mu m$，焊接温度高达 $1500 \sim 1750℃$，因此通常都采用间接扩散焊接方法，使用金属中间层以降低连接温度，而且金属的塑性变形可以降低对陶瓷表面的加工要求。

5）大部分陶瓷的导电性很差或基本上不导电，很难采用电焊方法进行连接，一般要采取特殊的措施。

6）在连接陶瓷基复合材料时，不仅要注意一般陶瓷材料连接时的难点，还应注意连接异种材料时的问题，如选择连接方法与材料时要同时考虑对基体材料与加强材料的适应性。另外在连接陶瓷基复合材料时还应考虑避免加强相与基体之间的不利反应以及不能造成加强相如纤维的氧化与性能的降低等，因此连接时间与温度一般都不能太长或太高，如 $1425℃$ 下用 Si 作连接材料钎焊 SiC_f/SiC 复合材料时[10]，保温时间为 $45min$ 时使 SiC 性能严重降低，而将保温时间降为 $1min$ 后，基体的性能基本上不受影响。除此之外，由于纤维增强的陶瓷基复合材料的耐压性能较差，因而连接时不能施加较大的压力。

22.2.2　陶瓷与金属的冶金不相容性

陶瓷材料主要含有离子键或者共价键，表现出非常稳定的电子配位。而金属中电子是无束缚的自由电子，因此金属难以直接润湿陶瓷材料，通过熔焊使金属与陶瓷产生接触实现连接通常是不可能的。

液态金属对陶瓷的润湿性一般通过在液-固-气三相交界处形成的接触角来表征，如图 22-1 所示[11-13]。当系统达到平衡时，界面与表面张力之间的平衡关系可用 Young's 方程来表达：

$$\gamma_{SV} - \gamma_{SL} = \gamma_{LV}\cos\theta \qquad (22-1)$$

式中 γ_{SV}、γ_{SL}、γ_{LV} 分别表示固-气、固-液、液-气面张力。

一般认为，液态金属在陶瓷上不润湿是由于液体

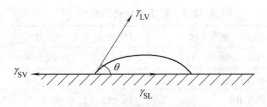

图 22-1　液体润湿固体界面张力关系示意图

与固体之间的界面张力太高引起的。液体在固体表面润湿（$\theta < 90°$）的条件为：$w_a > \gamma_{LV}$，w_a 为界面粘着功，它包括物理粘着功和化学粘着功（来自液固界面反应）两种。研究发现，物理粘着功与金属原子的类型、陶瓷的种类以及温度关系均不大，最大值不超过 $600J/m^2$，而液态金属本身的表面张力一般在 $1000J/m^2$ 以上，所以单纯的物理交互作用不能使液态金属在陶瓷表面润湿。为使液态金属在陶瓷上润湿，只有通过界面反应，产生化学粘着功才能实现。

要在陶瓷/金属界面产生化学反应，就必须在液态金属中添加能与陶瓷反应的活性元素。以氮化硅（Si_3N_4）陶瓷为例，成为活性元素的金属必须满足以下两个条件：第一，这种金属能够形成稳定的氮化物；第二，这种金属能与陶瓷发生置换反应[14-17]。Zr、Ti、Hf、Al、Nb、Ta、V、Cr、Mo、Fe 等元素可以与 Si_3N_4 中的 N 形成稳定的氮化物。这 10 种金属元素与氮化硅陶瓷的反应又可分为两类：第一类包括 Ti、Zr、Nb、V、Hf、Ta、Al 七种，它们与氮化硅反应的 ΔG^0 为负值，满足成为活性元素的两个必要条件，定义为 Si_3N_4 的活性元素；第二类包括 Cr、Fe 和 Mo 三种，它们与 Si_3N_4 陶瓷反应的 ΔG^0 为正值，不满足成为活性元素的必要条件，所以它们不能成为促进钎料润湿的活性元素，可定义为对 Si_3N_4 陶瓷的惰性元素。按照 ΔG^0 的大小排序，七种活性金属置换 Si_3N_4 陶瓷中 Si 能力的顺序为：Zr、Hf、Ti、Al、Ta、Nb、V。文献 [18] 的研究发现，七种活性元素在 Sn 活性钎料中的润湿性排序为：Ti、Hf、Zr、V、Ta、Nb、Al。因此润湿性的排序与发生置换反应的顺序有所不同，表明反应的标准吉布斯自由能 ΔG^0 是活性元素设计时必须考虑的关键因素之一，但还存在其他一些影响因素。

活性元素促进钎料在陶瓷表面的润湿主要是通过它向固-液界面选择性的偏析和随后与陶瓷的界面反应来实现的。钎料中活性元素能否向固-液界面选择性的偏析，不但取决于它能否与陶瓷界面发生界面反应，也取决于它在液体中的存在状态，即与液体中其他惰性原子的结合状态。例如在 Sn 基活性钎料中，

从润湿性和金相组织看，润湿性最好的 Sn-Ti 钎料，金相组织中 Sn-Ti 化合物很少，Ti 几乎完全偏析在固-液界面；而润湿性中等的 Sn-Zr 和 Sn-Hf 钎料，金相组织中都发现有未溶解的 Sn-Zr 和 Sn-Hf 化合物，但在液-固界面也有足够的偏析层；润湿性较差的 Sn-V，Sn-Nb 钎料的共同特点是钎料中的活性元素呈偏聚态，而润湿性很差的 Sn-Ta 钎料，Ta 在 Sn 中的溶解度很低。

总之，活性元素在固-液界面的选择性偏析是活性钎料在陶瓷表面发生化学润湿的必要条件之一，要促使发生这种界面偏析，达到化学润湿，不仅要求活性元素能形成稳定的氮化物（以 Si_3N_4 陶瓷为例），并且与陶瓷中金属离子置换化学反应的 $\Delta G^0 < 0$，而且还要求活性元素与钎料中的溶剂原子之间有一个合适的交互作用力（能够溶解和不形成化合物），以确保活性元素易于由液体内部转移到固-液界面上。

采用活性钎料连接 Si_3N_4 陶瓷时，存在临界润湿温度的现象，只有温度高于某个温度范围时，钎料才会润湿陶瓷，低于该温度范围，钎料不润湿陶瓷。存在这一临界润湿温度的根本原因在于临界反应温度的存在，只有温度高于某个温度范围时，钎料才会与陶瓷反应。

22.2.3　陶瓷与金属的物理力学性能的不匹配

陶瓷金属连接过程中的一个关键问题是陶瓷与金属的线胀系数相差较大，陶瓷材料的线胀系数一般在 $10^{-6}K^{-1}$ 数量级，如 Si_3N_4 陶瓷的线胀系数在 $3 \times 10^{-6}K^{-1}$ 左右，而一般金属结构材料如碳钢或不锈钢的平均线胀系数为 $(14 \sim 18) \times 10^{-6}K^{-1}$，线胀系数相差 $(10 \sim 15) \times 10^{-6}K^{-1}$，两者差别较大，经过高温连接冷却到室温时，接头中不可避免产生残余应力，从而影响接头的性能。

残余应力可以通过式（22-2）估算[19]：

$$\sigma_c = \frac{\Delta a \times \Delta T \times E_m \times E_c \times T_m}{(1 - \mu) \times (T_m \times E_m + T_c \times E_c)}$$

$$(22-2)$$

式中　σ_c——接头冷却后产生的残余应力；

Δa——材料的线胀系数差；

ΔT——接头连接温度和室温之差；

E_m——金属的弹性模量；

E_c——陶瓷的弹性模量；

μ——材料的柏松比；

T_m——连接温度；

T_c——冷却后的温度。

减小由于材料线胀系数差异所引起的残余应力，一般可以采取以下几种方法[18,20-27]：

1）采用软性钎料。软性钎料由于其强度较低，可以较好地缓解陶瓷与金属由于线胀系数差异造成的应力。

2）采用软性中间层。借助于中间层的弹塑性变形来减小应力，如采用 Al、Cu 等作中间层时，残余应力可以明显减小。根据式（22-2）估算，弹性模量减小，残余应力也会有所减小。

3）采用与陶瓷线胀系数相近的硬金属作中间层。采用与陶瓷线胀系数相近的硬金属如 W、Mo、Invar 等作中间层时，能在一定程度上减小残余应力，但由于这些硬质金属本身的屈服强度高，缓和残余应力的效果并不明显。

4）采用复合中间层。采用软金属加硬金属的复合中间层如 Cu/Mo，Cu/Nb 等时，能结合两种金属的优点，起到较好的缓和残余应力的效果。

5）低温连接。在较低温度条件下连接，陶瓷和金属的变形差异将会得到有效缩小，从而可以有效控制残余变形和应力。

6）连接后的热处理。适当的热处理可以使材料的强度等性能产生一定变化，从而可以在一定程度上减缓应力。

7）接头几何形状的优化设计。较为合理的结构设计可以减缓应力集中，并可在一定程度上减小残余应力。

22.3　陶瓷与陶瓷、陶瓷与金属连接的主要方法

实现陶瓷与金属连接的方法有很多，各种方法均有各自的特点以及特定的应用场合。主要连接方法包括以下几种：

1）机械连接法。机械连接法包括螺栓连接、铆接等。机械连接方法简单、成本低，经常用在结构不需要很精确的地方。还有一种热套法，利用金属的线胀系数比陶瓷大的特点形成连接。这种方法形成的接头强度高，也有气密性，但缺点是不能在高温下工作。高温导致结合强度降低，而且接头设计要非常小心，否则会使陶瓷在局部产生应力集中导致接头的破坏。热套法常用来制造 Al_2O_3 的火花塞。我国"八五"期间研制出了机械连接的陶瓷挺柱，结构性能达到要求，但采用热套法制造的陶瓷挺柱在运转过程中可能会由于热膨胀而发生松弛，并不很可靠。

2）静电连接法。该方法要求被连接的两个表面非常平整光洁，接头在两种材料紧密接触时在高压静

电作用下，玻璃态陶瓷内的离子因电场作用而迁移，并且使两界面在电场作用下相互吸引。该方法连接强度低，对工件的要求高。

3）热等静压法。该方法虽能获得较高的连接强度，但生产效率低、成本高，对工件的尺寸、形状要求十分严格。

4）钎焊法。这是目前最为常用，也是研究最为活跃的方法，包括直接钎焊和间接钎焊。直接钎焊是用含有活性元素的金属钎料或用氧化物、氟化物钎料直接连接陶瓷与金属；而间接钎焊则是在陶瓷表面先进行金属化，而后再用常规金属钎料进行钎焊。

5）固态扩散连接法。固态扩散连接一般分为直接和间接两种形式。直接连接要求被连接表面非常平整和清洁，在高温及压力作用下达到原子接触，进而实现原子迁移。间接扩散连接是最常用的方法。通过在被连接件间加入塑性好的金属中间层，在一定的温度和压力下完成连接。间接扩散焊使得连接温度降低，避免组织长大，减少了不同材料连接时热物理性能不匹配所引起的问题，因此是陶瓷与金属连接的有效手段。但其不足在于要求在真空环境中加压和在高温条件下进行，因此设备复杂，价格昂贵，焊件尺寸也受到限制。

另外，陶瓷与金属的连接方法还有胶接法、摩擦焊法、超声波连接法等。由于钎焊连接具有接头可靠、重复性好等优点而成为陶瓷与金属连接最常用的方法，而活性金属直接钎焊法更是由于具有适用性较广、技术简单、连接强度高、重复性好、生产成本相对较低等优点成为各国研究和应用的重点。

22.3.1 烧结金属粉末法间接钎焊

由于陶瓷材料主要含有离子键或共价键，表现出非常稳定的电子配位，因此较难被金属键的金属钎料润湿，因此在钎焊前需要对陶瓷表面进行预金属化而使陶瓷表面的性质发生改变，而后再用一般的钎料进行陶瓷与金属的钎焊连接，这就是陶瓷与金属的间接钎焊法。

20 世纪 30 年代发展起来的用于电子电力工业中氧化铝陶瓷封接的烧结金属粉末法（W 或 Mo-Mn 法），现在仍然在陶瓷连接中有应用，但近年来又发展了一些新的预金属化方法，如 PVD 技术沉积金属层、热喷涂法[28]、CVD 法以及离子注入[29]等方法。

烧结金属粉末法（Mo-Mn 法）间接钎焊的一般工艺过程包括[12]如下步骤：

1）零件的表面清洗和准备。清洗可除去金属零件表面的油污、汗迹、氧化膜等，清洗后的零件不能再用手摸或长期暴露在大气中，应立即进入下一个工序或放入干燥器内保存。陶瓷件用洗净剂超声清洗后，再用流水冲洗，最后用去离子水煮沸两次，每次15min，烘干后备用。

2）涂膏。膏剂多由纯金属粉末加适量的金属氧化物组成，粉末粒度一般在 1 ~ 5μm，用有机粘结剂硝棉溶液调成一定黏度的膏，涂敷时将膏剂用手工或机械方法涂敷在陶瓷件表面上，涂层一般为30 ~ 60μm。国内常用的 Al_2O_3 陶瓷 Mo-Mn 金属化配方见表 22-6。

3）陶瓷件表面金属化。将涂好膏的陶瓷件装入氢炉或真空炉中进行烧结。在氢气炉中烧结时，金属化气氛用 H_2 或 N_2、H_2 混合气，其中需含微量氧化性气体如空气或水汽。用空气时应使其占总气体量的 0.25% ~ 1%，用水气时使气体露点控制在 0 ~ 30℃。为防止在升温过程中 MoO_3 挥发和金属化表层金属被氧化，通常在 1000℃ 以上时通湿氢，在其余时间通干氢。烧结温度一般在 1300 ~ 1500℃，保温时间为30 ~ 60min。在进行陶瓷金属化过程中，为了防止由于热冲击造成陶瓷的炸裂，要适当降低升温与降温速度，实际操作中由陶瓷件大小、厚薄以及装炉量来决定，在卧式炉中金属化温度为 1500℃ 时，需要用0.5h 进行预热或降温，对于厚大陶瓷件，还需要适当延长时间。烧结后的金属化层连续致密，无斑点、裂纹、起泡、氧化、粘砂等缺陷。

4）镀镍。金属化层多为 Mo-Mn 层，较难被钎料润湿，因此一般还必须在金属化层上再电镀 4 ~ 5μm 的镍层或涂覆一层镍粉，若钎焊温度低于 1000℃，镍层要在氢炉中经过 1000℃、15 ~ 20min 的预烧结。

5）装配。金属化后的陶瓷件与表面已清理好的金属件，用不锈钢或石墨、陶瓷模具装配成组件，在钎缝处装上一般钎料。在整个装配操作过程中不得用手直接触摸零件，以免再次污染。

6）钎焊。钎焊通常在氩气或氢气保护炉中进行，也可以在真空炉中进行。钎焊温度视钎料而定，升温和降温速度不得过快，以防止陶瓷件破裂。

7）检验。真空器件用的封接件钎焊后要进行检漏，漏气率 $Q \leqslant 10^{-11}$ Pa·m^3/s。有特殊要求时还需进行热冲击、烘烤和强度检测。

22.3.2 活性金属钎料真空钎焊

陶瓷材料主要靠离子键和共价键结合，表现出非常稳定的电子配位，要使陶瓷表面被金属键的金属钎料润湿，在钎料和陶瓷之间必须要有化学反应发生，通过反应陶瓷表面分解形成新相，产生化学吸附机制，才能形成强的界面结合。

表 22-6　常用 Mo-Mn 法金属化配方及规范[12]

| 序号 | 配方组成（质量分数,%） | | | | | | | | 适用陶瓷 | 涂层厚度 /μm | 金属化温度 /℃ | 保温时间 /min |
	Mo	Mn	MnO	Al₂O₃	SiO₂	CaO	MgO	Fe₂O₃				
1	80	20	—	—	—	—	—	—	75Al₂O₃	30 ~ 40	1350	30 ~ 60
2	45	—	18.2	20.9	12.1	2.2	1.1	0.5	95Al₂O₃	60 ~ 70	1470	60
3	65	17.5	（95% Al₂O₃）　17.5						95Al₂O₃	35 ~ 45	1550	60
4	59.5	—	17.9	12.9	7.9	1.8①	—	—	95Al₂O₃ Mg-Al-Si	60 ~ 80	1510	50
5	50	—	17.5	19.5	11.5	1.5	—	—	透明刚玉	50 ~ 60	1400 ~ 1500	40
6	70	9	—	12	8	1	—	—	99BeO	40 ~ 50	1400	30
									95Al₂O₃		1500	60

① 指 CaCO₃

过渡金属，如 Ti、Zr、Hf、Nb、Ta 等，通过化学反应可以在陶瓷表面形成反应层，反应层主要由金属与陶瓷的反应产物组成，这些产物大部分情况下表现出与金属相同的结构，因此可以被熔化的金属润湿。

活性钎料中常以 Ti 作为活性元素，在国外的商品化钎料中，如 Ag、Cu 或 Ag-Cu 共晶中 w（Ti）在 1% ~ 5% 之间，有些钎料中还含有 In，以改善流动性和提高活性元素的活度。除 Ag、Cu 钎料外，还有一些以 Sn 或 Pb 为基的活性钎料，它们的熔点在 300℃ 以下。Ag、Cu 钎料钎焊的陶瓷与金属接头工作温度一般不超过 400℃，而以 Pt、Pd、Ni、Co、Au 等高温和贵金属为基的活性钎料钎焊的接头则可胜任 800℃ 左右的工作温度。几种常用的活性钎料的成分及其熔点见表 22-7。

表 22-7　几种常用的活性钎料[30-31]

钎料	成分（质量分数,%）	固相线温度/℃	液相线温度/℃
Ag-Cu-Ti	70.5-26.5-3	780	805
Ag-Cu-Ti	72-26-2	780	800
Ag-Cu-Ti	64-34.5-1.5	770	810
Ag-Cu-In-Ti	72.5-19.5-5-3	730	760
Ag-Cu-In-Ti	59.5-24-15-1.5	605	755
Ag-In-Ti	98-1-1	950	960
Ag-Ti	96-4	970	970
Sn-Ag-Ti	86-10-4	221	300
Ag-Cu-Ti-Li	68-28-2-10	640	720
Ag-Cu-Sn-Ti	60-28-10-2	620	750
Pd-Ni-Ti	58.2-38.8-3	1204	1239
Pd-Cu-Pt-Ti	51-43-2-4	1099	1170
Ag-Pd-Ti	56-42-2	—	—
Ag-Pd-Pt-Ti	53-39-5-3	1195	1250
Pt-Cu-Ti	55-43-2	1208	1235
Zr-Cr-Cu	73-12-15		
Ni-Hf	70-30	1200	1225
Co-Ti	90-10	1215	1320
Au-Pd-Ti	90-8-2	1148	1205

活性钎焊时，活性元素的保护是非常重要的一个方面，这些元素极易被氧化，被氧化后就不能再与陶瓷发生反应，因此活性钎焊一般都在真空或纯度很高的保护气体中进行，钎焊温度下真空度一般应保证优于 10^{-2} Pa（10^{-4} mbar）。

最灵活方便的钎料使用方法是用 $50 \sim 200 \mu m$ 的箔状钎料。箔状钎料的优点包括：形状、尺寸容易与接头配合；与粉状钎料相比使用简单；真空中钎焊时活性元素被事先氧化的可能性小，活性元素均匀地分布在基体中，可以很好地被保护。

影响陶瓷与金属钎焊接头强度的因素有很多，陶瓷与金属材料（或中间层金属材料）的种类与性能、钎料合金系统、钎料量以及活性元素的种类与含量、钎焊环境、钎焊面表面状态、钎焊温度以及保温时间、接头的尺寸等均会影响接头的性能。断裂韧性较高的陶瓷，接头的抗拉强度相对较高（图22-2）[32]；

中间层金属材料及其厚度对陶瓷与金属接头的强度影响作用显著，较软的、易屈服的中间层金属材料有利于缓解陶瓷与金属因线胀系数不匹配而在接头中产生的应力，从而有利于提高接头强度（图22-3），而且中间层厚度达到一定尺寸后其效果才能体现；钎料中活性元素的含量通过影响界面反应及钎缝组织与性能而影响陶瓷与金属的接头强度（图22-4）；钎焊温度和保温时间对陶瓷与金属钎焊接头强度的影响均存在一个合适的范围（图22-5）；过高的温度和过长的保温时间，以及过低的温度和过短的保温时间均不利于高强度接头的形成；大尺寸接头的强度一般低于小尺寸接头的强度（图22-6）[33]。

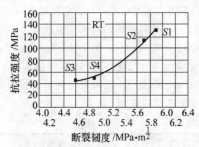

图 22-2　陶瓷材料对陶瓷与金属
抗拉强度的影响[32]

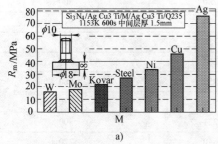

a)

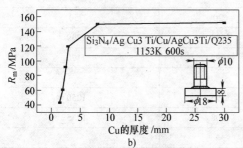

b)

图 22-3　中间层材料及厚度对陶
瓷与钢接头抗拉强度的影响[33]

a）中间层材料的影响　b）中间层厚度的影响

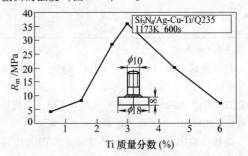

图 22-4　AgCuTi 钎料中的含钛量
对接头强度的影响[33]

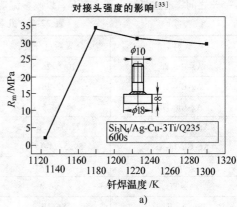

a)

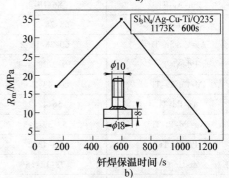

b)

图 22-5　钎焊温度与保温时间对
陶瓷与金属钎焊接头强度的影响[33]

a）钎焊温度的影响　b）钎焊保温时间的影响

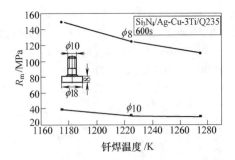

图 22-6　接头尺寸对接头强度的影响[33]

表 22-8　不同钎料钎焊的各种陶瓷接头的平均抗弯强度[7]

接头组合	钎料	平均抗弯强度/MPa
Si_3N_4-Si_3N_4	Ag-Cu-Ti3	225.2
Si_3N_4-Si_3N_4	Ag-Cu-Ti5	184.2
Si_3N_4-Si_3N_4	Ag-Cu-Zr5	108.7
Si_3N_4-Si_3N_4	Ag-Cu-Hf5	130.1
Si_3N_4-Si_3N_4（预金属化）	Pd-Ni-Ti3	163
SiC-SiC	Ag-Cu-Ti3	85.2
SiC-SiC	Ag-Cu-Ti5	107.3
SiC-SiC	Ag-Cu-Zr3	52
SiC-SiC	Cu-Pt-Nb3	65
SiC-SiC	Au-Pd-Ti2	167
AlN-AlN	Cu-Si-Al-Ti2.25	98.5
AlN-AlN	Ag-Cu-Ti3	168.9
Al_2O_3-Al_2O_3	Ag-Cu-Ti3	225
Al_2O_3-FeNiCo	Ag-Cu-Ti3	182
Si_3N_4-AISI304	Ag-Cu-Ti3	84
Si_3N_4-AISI304	Ag-Cu-Hf4	148
AlN-FeNiCo	Ag-Cu-Ti5	36.5
Si_3N_4-FeNiCo	Ag-Cu-Ti5	186
SiC-FeNiCo	Ag-Cu-Ti3	35

　　钎焊温度（一般在钎料的液相线温度以上 50 ~ 100℃）与保温时间都显著影响接头质量。钎焊陶瓷与金属时钎焊温度一般在 800 ~ 1100℃ 之间，即使是低熔点的 Sn 基钎料或 Pb 基钎料，由于需要足够的热力学活性，也要在这么高的温度下钎焊。

　　目前应用较多的陶瓷有 ZrO_2、Al_2O_3、Si_3N_4、SiC 以及 AlN，市售的 Ag 基、Cu 基、Ag-Cu 基活性钎料均可以很好地润湿和连接这些陶瓷。

　　用不同的活性钎料钎焊的各种陶瓷接头的性能见表 22-8，而用 Ag-Cu-Ti 钎料钎焊的几种常见工程陶瓷的接头性能见表 22-9。

表 22-9　Ag-Cu-Ti 钎料钎焊各种陶瓷与陶瓷或陶瓷与金属接头的强度[7,34]

被连接材料	连接强度/MPa	被连接材料	连接强度/MPa
Si_3N_4-1Cr13	弯曲 385 ~ 415	95 瓷-95 瓷	拉伸 >90.8
Si_3N_4-40Cr	弯曲 400	95 瓷-无氧铜	拉伸 84.9 ~ 95.5
PSZ-1Cr13	弯曲 377 ~ 514	95 瓷-可伐合金	拉伸 76.4 ~ 105.7
PSZ-40Cr	弯曲 407	Al_2O_3-Fe41Ni	剪切 265
SiC-SiC	弯曲 350	99Al_2O_3-Ti	剪切 120
AlN-铜	拉伸 50 ~ 110	99Al_2O_3-Nb	剪切 120

22.3.3　真空扩散焊接

　　固相扩散连接最初用于连接异种材料，目前也是连接陶瓷材料的最常用方法之一，可以直接连接或使用金属中间层进行连接。

　　与熔焊相比，固相扩散焊的主要优点是连接强度高，收缩与变形小、尺寸容易控制，适合于连接异种材料。主要不足是扩散焊需要的温度高、时间长而且通常在真空下连接，因此设备昂贵、成本高，而且焊件尺寸和形状受到限制。

　　关于固相扩散连接过程，目前认为与加压烧结类似，主要包括塑性变形与扩散和蠕变，以及再结晶与晶粒长大，扩散包括表面扩散、体扩散、晶粒边界扩散与界面扩散等各种扩散机制。影响扩散连接接头强度的主要因素包括连接温度、连接时间、施加的压力、环境介质、被连接接面的表面状态以及被连接材料之间的化学反应和物理性能（如线胀系数）的匹配程度[35]。

　　（1）连接温度的影响

　　温度是扩散连接的最重要参数，在热激活过程中，温度对过程的动力学影响显著，连接金属与陶瓷时温度一般达到金属熔点的 90% 以上。

　　固相扩散焊时，元素之间的相互扩散引起化学反应，可以形成足够的界面结合，反应层的形成及其厚度对接头强度的影响十分显著，而反应层厚度 x 又可以通过式（22-3）估算：

$$x = K_0 \times t^n \times e^{\left(-\frac{Q}{RT}\right)} \quad (22-3)$$

式中　K_0——常数；

　　　　n——时间指数；

　　　　Q——扩散激活能，取决于扩散机制；

　　　　t——扩散时间；

　　　　R——气体常数。

连接温度对接头强度的影响也有同样的趋势，根据拉伸试验结果得到的温度对接头强度（BS）的影响可以用式（22-4）表示：

$$BS = B_0 e^{\left(\frac{-Q_{app}}{RT}\right)} \qquad (22\text{-}4)$$

式中　B_0——常数（MPa）；

　　　Q_{app}——表观激活能，可以是各种激活能的总和。

可以看出，温度提高使接头强度提高，用 0.5mm 厚的铝作中间层连接钢与氧化铝时，接头强度与连接温度之间的关系如图 22-7 所示。

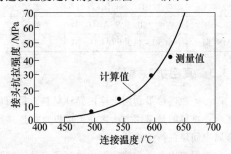

图 22-7　连接温度对接头强度的影响[35]

但温度再提高后强度可能会降低，因为温度提高会引起残余应力提高，削弱了接头强度。因此，当残余应力引起的副作用与温度提高对空洞消失所起的有益作用相抵消时，接头强度将达到最大值。另外，温度提高还可能使陶瓷的性能发生变化[36,37]，或出现脆性相而使接头性能降低[38]。在用铝作中间层连接 Si_3N_4 与 Invar 接头时，就存在最佳温度值。

除此之外，陶瓷与金属接头的强度还与金属的熔点有关，在氧化铝与金属的接头中，金属熔点提高，接头强度线性增大（图 22-8），因此在进行陶瓷与金属的连接时，接头的强度与金属强度的关系更大一些。

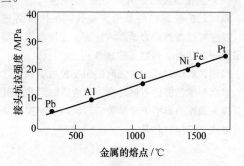

**图 22-8　金属熔点对氧化铝-金属
接头抗拉强度的影响**[35]

（2）时间对固相扩散焊的影响

时间不仅影响反应层的厚度[35]，还影响界面反应产物[39]。时间 t 和对反应层厚度 x 的影响大致可以用 $x = k (Dt)^{1/2}$ 表示（式中 k 为常数，D 为扩散系数）。可以看出，时间延长，反应层厚度增大。SiC-Nb 接头中，反应层厚度与时间的关系如图 22-9 所示。

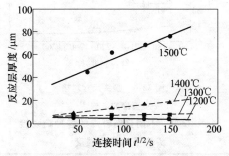

图 22-9　连接时间对反应层厚度的影响[35]

时间对接头强度的影响也有同样的趋势，抗拉强度 BS 与连接时间 t 的关系：$BS = B_0 \times t^{1/2}$，B_0 为常数。但是，在一定试验温度下发现，连接时间存在一个最佳值，Al_2O_3-Al 接头中，连接时间对接头强度的影响如图 22-10 所示。在用铝作中间层连接 Si_3N_4 与 Invar 接头时也发现存在最佳连接时间。用 Nb 作中间层扩散连接 SiC-SUS304 时[39]，时间过长后出现了强度低、线胀系数与 SiC 相差很大的 $NbSi_2$ 相而使接头抗剪强度降低（图 22-11）。用 V 作中间层连接 AlN 时，时间过长后也由于 V_5Al_8 脆性相的出现而使接头抗剪强度降低[40]。

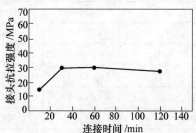

**图 22-10　连接时间对 Al_2O_3/Al 接头
强度的影响**[35]

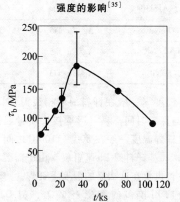

**图 22-11　连接时间对 SiC/Nb/SiC 接
头抗剪强度的影响**[39]

（3）压力的影响

固相扩散焊时施加压力是为了产生塑性变形减小表面不平整和破坏表面氧化膜，增加表面接触，为原子或分子的扩散提供条件。但是，为了防止构件发生大的变形，连接时所加的压力一般较小，约在 0 ~ 100MPa，这一压力范围通常足以减小表面不平整和破坏表面氧化膜，增加表面接触。压力较小时，增大压力一般可以使接头强度提高，如用 Cu 或 Ag 连接 Al_2O_3 陶瓷、用 Al 连接 SiC 时，压力对接头抗剪强度的影响如图 22-12[41] 所示。但与温度和时间的影响一样，压力再提高后一般也存在最佳压力规范以获得最佳强度，如用 Al 连接 Si_3N_4 陶瓷[36]、用 Ni 连接 Al_2O_3 陶瓷[41] 时，最佳压力规范分别在 4MPa 和 15 ~ 20MPa。另外，压力的影响还与材料的类型、厚度以及表面氧化状态有关。在用贵金属（如金与铂）连接氧化铝陶瓷时，金属表面的氧化膜非常薄，随着压力的提高接头强度提高直到一个稳定值，Al_2O_3-Pt 接头压力对强度的影响如图 22-13 所示。

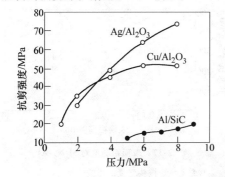

图 22-12　压力对接头抗剪
强度的影响[41]

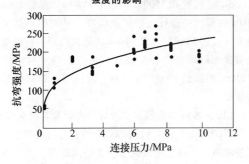

图 22-13　Al_2O_3-Pt 接头扩散
焊时压力对接头强度的影响[35]

（4）固相扩散连接时化学反应的影响

通常在固相连接陶瓷与金属或用金属中间层连接陶瓷时，陶瓷与金属界面会发生反应形成化合物，所形成的化合物种类与连接条件（如温度、表面状态、杂质类型与含量等）有关，具体条件不同，会形成不同的化合物，各种接头中可能出现的化合物见表 22-10。

表 22-10　各种接头中可能出现的化合物[7]

接头组合	界面反应产物
Al_2O_3-Cu	$CuAlO_2$，$CuAl_2O_4$
Al_2O_3-Ni	$NiO \cdot Al_2O_3$，$NiO \cdot SiAl_2O_3$
SiC-Nb	Nb_5Si_3，$NbSi_2$，Nb_2C，$Nb_5Si_3C_x$，NbC
SiC-Ni	Ni_2Si
SiC-Ti	Ti_5Si_3，Ti_3SiC_2，TiC，$TiSi_2$
Si_3N_4-Al	AlN
Si_3N_4-Ni	Ni_3Si，Ni(Si)
Si_3N_4-Fe-Cr 合金	Fe_3Si，Fe_4N，Cr_2N，CrN，Fe_xN
AlN-V	V(Al)，V_2N，V_5Al_8，V_3Al
ZrO_2-Ni	未发现有新相出现
ZrO_2-Cu	未发现有新相出现

连接条件不同，反应产物不同，使接头性能也有所不同。如 1790K 下用 Nb 扩散连接 SiC，连接时间小于 2h 时，接头界面结构为 $SiC/Nb_5Si_3C_x/Nb_2C/Nb$，连接时间在 2 ~ 20h 之间时，界面结构为 $SiC/NbC/Nb_5Si_3C_x/NbC/Nb_2C/Nb$，连接时间超过 20h 后，接头中的 Nb 消失，接头结构为 $SiC/NbC/NbSi_2/NbC/NbSi_2/NbC/SiC$，$NbSi_2$ 出现后接头强度降低[39]。

（5）连接环境气氛的影响

一般情况下，真空连接的接头强度要高于氩气和空气中连接的接头强度。用 Al 作中间层连接 Si_3N_4 时，真空连接接头的强度最高，接头交叉断在 Al 层和陶瓷中，Al 层中的断口为塑性，陶瓷中的断口为脆性；其他环境条件对接头强度的影响如图 22-14 所示，大气中连接时强度低，接头沿 Al/Si_3N_4 界面脆性断裂，可能是由于氧化产生 Al_2O_3 的缘故，虽然加压能够破坏氧化膜，但当氧分压较高时会形成新的金属氧化物层，而使接头强度降低。

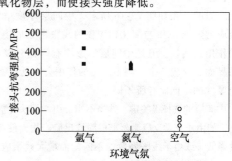

图 22-14　环境气氛对 $Si_3N_4/Al/Si_3N_4$
接头抗弯强度的影响[35]

在高温（1500℃）下直接扩散连接 Si_3N_4 陶瓷时[9]，由于高温下 Si_3N_4 陶瓷容易分解形成孔洞，因此在 N_2 中连接可以限制陶瓷的分解，N_2 压力高时接头强度较高，在 1MPa 氮气中连接的接头抗弯强度（380MPa左右）比在 0.1MPa 氮气中连接的接头抗弯强度（220MPa 左右）高 1/3 左右。

（6）线胀系数不匹配的影响

陶瓷与金属连接时，一般陶瓷的线胀系数比较低，因此通常陶瓷中受压、金属中受拉。塑性中间层的使用会使接头中的应力分布复杂化。用 Al 作中间层连接氧化铝陶瓷与金属时，线胀系数不匹配对接头强度的影响如图 22-15 所示，接头强度随金属线胀系数的增大单调降低。在连接 SiC、Si_3N_4 和 SIALON 陶瓷时也存在同样的现象。因此，用线胀系数较小的金属（如 Invar、Inconel 或 Nimonic 合金）与陶瓷连接可以获得应力较小的接头。但是，Si 基陶瓷在高温下容易与金属发生反应产生硅化物、硅酸盐以及氮化物、碳化物等会使高温性能严重降低。

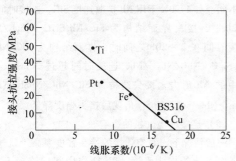

图 22-15　金属线胀系数对 $Al_2O_3/Al/$
金属接头强度的影响[35]

（7）中间层的影响

固相扩散连接时使用中间层是为了降低连接温度、连接时施加的压力和减少连接时间，以促进扩散和去除杂质元素，同时也为了降低界面产生的残余应力。连接铁素体不锈钢与氧化铝陶瓷时，中间层降低残余应力的作用如图 22-16 所示，中间层厚度增大，残余应力降低，Nb 与氧化铝陶瓷的线胀系数最接近，它的作用最明显。但是中间层的影响有时比较复杂，如果界面有反应产生，则中间层的作用会因反应物类型与厚度的不同而有所不同。

中间层的选择很关键，选择不当会引起接头性能的恶化，如由于化学反应激烈形成脆性反应产物而使接头强度降低，或由于线胀系数的不匹配而增大残余应力，或使接头耐腐蚀性能降低。

中间层可以以不同的形式加入，通常以粉状、箔状或通过金属化加入。

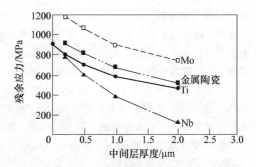

图 22-16　中间层厚度对 Al_2O_3-AISI405
接头残余应力的影响[35]

（8）表面状态的影响

表面粗糙度对接头强度的影响十分显著，表面粗糙会在陶瓷中产生局部应力集中而容易引起脆性破坏。Si_3N_4-Al 接头表面粗糙度对接头强度的影响如图 22-17 所示，表面粗糙度由 $0.1\mu m$ 变为 $0.3\mu m$ 时，接头强度从 470MPa 降低到 270MPa。

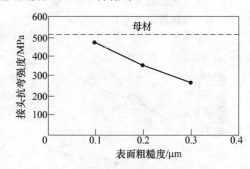

图 22-17　表面粗糙度对 Si_3N_4-Al
接头强度的影响[35]

（9）焊后退火的影响

Si_3N_4 陶瓷在 1500℃、加压 21MPa、保温 60min、1MPa 的氮气中进行直接扩散焊时，界面还不能完全消失，经过 1750℃ 保温 60min 的退火处理后可以显著改善界面组织提高接头强度，使接头的室温强度从 380MPa 提高到 1000MPa 左右，达到与陶瓷母材相同的强度[8]。

（10）各种接头固相扩散焊的参数及其接头性能

Al_2O_3、SiC、Si_3N_4 及 WC 等陶瓷开发较早、发展比较成熟，开展连接研究已有较长的时间，从资料中可以查到大量的焊接参数，而 AlN、ZrO_2 陶瓷发展得相对较晚，它们的连接技术目前正处于研究之中，但也能查到一些数据。表 22-11 所列的各种材料组合固相扩散焊的参数及接头性能主要来自参考文献 [35]，另外也补充了一些 AlN、ZrO_2 陶瓷的数据。有关接头性能试验，以往主要以四点或三点弯曲及剪切或拉伸试验来检验，但陶瓷属于脆性材料，只有强度指标是不够完全的，测量接头的断裂韧性 K_{IC} 也是必要的，　　因此测量断裂韧性成为陶瓷接头性能检验的趋势之一。

表 22-11　各种陶瓷材料组合固相扩散焊参数及其性能

材料组合	温度/℃	时间/min	压力/MPa	中间层及厚度	环境气氛	强度[1]/MPa	K_{IC}/MPa·m$^{1/2}$
Al_2O_3-Ni	1350	20	100	—	H_2	200[2](A)	
Al_2O_3-Pt	1550	1.7~20	0.03~10	—	H_2	200~250(A)	
Al_2O_3-Al	600	1.7~5	7.5~15	—	H_2	95(A)	
Al_2O_3-Cu	1025~1050	155	1.5~5	—	H_2	153[2](A)	
Al_2O_3-Cu_4Ti	800	20	50	—	真空	45[2](T)	
Al_2O_3-Fe	1375	1.7~6	0.7~10	—	H_2	220~231(A)	
Al_2O_3-低碳钢	1450	120	<1	Co	真空	3~4(S)	
Al_2O_3-低碳钢	1450	240	<1	Ni	真空	0(S)	
Al_2O_3-高合金钢	625	30	50	0.5mmAl	真空	41.5[2](T)	
Al_2O_3-Cr	1100	15	120	—	真空	57~90[2](S)	
Al_2O_3-Pt-Al_2O_3	1650	240	0.8	—	空气	220(A)	
Al_2O_3-Cu-Al_2O_3	1025	15	50	—	真空	177(B)	2.24
Al_2O_3-Ni-Al_2O_3	1350	30	50	—	真空	149(B)	3.70
Al_2O_3-FeAl_2O_3	1375	2	50	—	真空	50(B)	0.83
Al_2O_3-Ni-Al_2O_3	1250	300~600	15~20	—	真空	75~80(S)	
Al_2O_3-Ag-Al_2O_3	900	300	6	—	真空	68(S)	
Al_2O_3-Cu-Al_2O_3	1000	120	6	—	真空	50(S)	
Si_3N_4-Invar	727~877	7	0~0.15	0.5mmAl	空气	110~200(A)	
Si_3N_4-Nimonic 80A	1100	6~60	0~50	—	真空	—	
Si_3N_4-Nimonic 80A	1200	—	—	Cu,Ni,Kovar	—	—	
Si_3N_4-Si_3N_4	770~877	10	0~0.15	10~20μmAl	空气	320~490(B)	
Si_3N_4-Si_3N_4	1550	40~60	0~1.5	ZrO_2	真空	175(B)	
Si_3N_4-Si_3N_4	1500	60	21	无	1MPa 氮气	380(A)~室温，230(A)~1000℃	
Si_3N_4-Si_3N_4	1500	60	21	无	0.1MPa 氮气	220(A)~室温，135(A)~1000℃	
Si_3N_4-WC/Co	610	30	5	Al	真空	208[2](A)	
Si_3N_4-WC/Co	610	30	5	Al-Si	真空	50[2](A)	
Si_3N_4-WC/Co	1050~1100	180~360	3~5	Fe-Ni-Cr	真空	>90(A)	
Si_3N_4-Al-Si_3N_4	630	300	4	—	真空	100(S)	
Si_3N_4-Ni-Si_3N_4	1150	0~300	6~10	—	真空	20(S)	
Si_3N_4-Invar-AISI316	1000~1100	90~1440	7~20	—	真空	95(S)	
SiC-Nb	1400	30	1.96	—	真空	87(S)	
SiC-Nb-SiC	1400	600	—	—	真空	187(室温)≥100(800℃)(S)	
SiC-Nb-SUS304	1400	60	—	—	真空	125(S)	

（续）

材料组合	温度/℃	时间/min	压力/MPa	中间层及厚度	环境气氛	强度[①]/MPa	K_{IC}/MPa·m$^{1/2}$
SiC-SUS304	800	30~180	—	—	真空	0~40(S)	—
AlN-AlN	1300	90		25μmV	真空	120(S)	—
ZrO_2-Si_3N_4	1000~1100	90	>14	>0.2mm Ni	真空	57(S)	—
ZrO_2-Cu-ZrO_2	1000	120	6		真空	97(S)	—
ZrO_2-ZrO_2	1100	60	10	0.1mm Ni	真空	150(A)	—
ZrO_2-ZrO_2	900	60	10	0.1mm Cu	真空	240(A)	—

① 强度值后面的括号中的字母代表各种性能试验方法，A代表四点弯曲试验，B代表三点弯曲试验，T代表拉伸试验，S代表剪切试验。

② 代表最大值。

22.3.4　其他连接方法

1. 过渡液相连接方法[42-44]

固相扩散焊与活性钎焊可以成功地用于连接陶瓷与陶瓷或陶瓷与金属，但是它们连接的接头较难适应高温和高应力状况下使用，这与中间层的使用有关。中间层造成材料物理和力学性能的不连续，如线胀系数的不同会使接头产生热应力和残余应力；即使热应力较小，但加载时弹性模量的不同也会引起应力集中，在很多情况下，热应力和应力集中是破坏的主要原因。

要使中间层适合于高温应用，则需要中间层的液、固相线温度提高，而用一般的固相扩散焊和钎焊连接时，连接温度也要提高，温度提高不仅会使应力加大，而且对于一些材料，温度提高使组织和性能发生变化，陶瓷与金属连接时尤其困难，复合材料连接时也很困难，如SiC纤维增强材料，SiC增强纤维高温下被减弱。

过渡液相连接方法就是在希望解决上述矛盾，即：低温连接时使用温度低，而高温连接时应力大而且材料性能受到损害的背景下提出的。

（1）连接机理

用于连接陶瓷的过渡液相连接，严格来说应该称为局部过渡液相连接（partial transient liquid phase bonding，PTLPB），它是从传统的TLPB（过渡液相连接）发展而来的。传统TLPB是在连接温度下形成液相，随着连接时间的延长，通过扩散液相被高熔点的基体材料消耗。在连接温度下，液相逐渐消失，导致等温凝固。一般认为，TLPB过程分为四个阶段：

1）中间层熔化并扩大，此过程速度取决于液相扩散，而且是快速发生的。

2）液相继续扩大，同时成分均匀化并达到液相线，液层宽度可以由平衡相图计算。这一阶段中既有液相扩散又存在固相扩散，而且固相扩散更重要。这一阶段也只有几分钟的时间。

3）液相等温凝固阶段。由固相扩散控制，凝固时间取决于液相宽度和反比于互扩散系数。

4）固相均匀化阶段。

TLPB的优点是在较低温度和较低连接压力下形成接头，可以避免母材组织和性能的不利变化和试件的变形，但在连接陶瓷时由于陶瓷中的扩散困难，因此低熔点物质的消耗很难靠陶瓷来进行，一般都用多层复合中间层来实现，即局部过渡液相连接。

（2）中间层的设计

复合中间层一般是由一薄层低熔点金属或合金（或可以通过反应形成低熔点物质）熔敷在相对较厚的高熔点核心层上组成，高熔点核心层要能够消耗低熔点层形成合适的高熔点合金或反应产物。这种方法具有液相和固相连接的优点：低熔点薄层使之像钎焊，被焊表面加工要求不必太苛刻。通过中间层的合理设计，可以使液膜数量少，而且在需要的部位产生，而后低熔点金属与高熔点材料相互扩散或反应，使液相消失，形成的合金或中间层的性质取决于高熔点核心材料的物理性质，如果需要还可以在高温下不加压进行退火，通过相互扩散而使产物均匀化。

在设计中间层时还要考虑金属元素之间的反应和平衡相，金属元素结合会形成脆而且缺陷较多的反应产物而使性能受到影响。由于用于连接陶瓷的中间层一般至少两层，所以设计中间层时要参考二元相图或更高组元的相图。

除要考虑中间层金属元素之间的反应外，还要考虑金属元素与陶瓷之间的反应，反应产物也可能降低接头力学性能和耐高温性能，金属与陶瓷之间的反应可能带来新的组元进入合金中使性能改变或出现新相，尤其是在连接 Si 基陶瓷时，当氮化物的反应层比氮化硅更稳定或碳化物比碳化硅更稳定时，则分解的硅可能进入核心层中使之合金化，提高强度或者与之反应形成硅化物。

（3）过渡液相与陶瓷的反应

某些情况下可以选择复合中间层使之既可以在合适的条件下形成过渡液相，又可以与基体反应形成更难熔的化合物。如用 Cu/Nb/Cu 复合中间层连接 Al_2O_3 时，过渡液相可以与陶瓷反应在界面产生不连续的 Cu-Al-O 相，反应既消耗了 Cu 又形成了难熔的化合物。用 Ti/Ni/Ti 复合中间层连接 Si_3N_4 陶瓷时，Ti-Ni 系统 942℃ 时存在一个共晶点，当在 1050℃ 连接时，共晶液相与 Si_3N_4 陶瓷接触，Ti 与 Si_3N_4 反应在界面上形成 TiN，同时过渡液相还与核心金属 Ni 反应形成熔点在 1378℃ 的 Ni_3Ti，形成的均是高熔点的产物。

（4）过渡液相与难熔金属的反应

另一种在较低温度下形成高熔点接头的机制是过渡液相通过与难熔金属反应形成一薄层难熔的金属间化合物而被消耗。如用 Sn/Nb/Sn 和 Al/Nb/Al 复合中间层连接陶瓷时，Sn 和 Al 作为低熔点金属形成过渡液相，Sn-Nb 可以形成三种金属间化合物，其中 Nb_3Sn 高温下可以稳定存在，选择合适的连接温度就可以获得稳定的 Nb_3Sn 相。而 Al-Nb 系可以形成三种稳定难熔的金属间化合物。但是，当用 Al/Nb/Al 复合中间层连接陶瓷时，由于反应产物的摩尔体积变化很大，加上相变特点使得反应层较厚时反应产物脆而且会因含有许多缺陷使连接失败。而用 Sn/Nb/Sn 复合中间层可以成功地连接陶瓷，试样经过 1550℃ 退火处理后室温强度可以达到母材的 70%。

（5）润湿与连接

当过渡液相夹在陶瓷与金属之间时，存在两个接触角 θ_1 和 θ_2（图 22-18），θ_1 是液相对金属的润湿角，θ_2 则是对陶瓷的润湿角，当 θ_1 与 θ_2 之和小于 180° 时

就可以产生润湿。因此，与一般陶瓷与陶瓷的钎焊不同，当 θ_1 足够锐角时，液相与陶瓷的接触角即使为钝角也可以润湿，这在某些情况下可以不需活性元素或可以减少活性元素的加入量。虽然如此，但与一般钎焊相同，接触角大小对连接结果有重要影响，虽然形成连接不必要求与陶瓷的接触角 θ_2 很小，但 θ_2 的变化仍会影响界面缺陷或裂纹的形状，改善过渡液相的化学性能，因此降低 θ_2 可以有效地改善接头强度的特性。

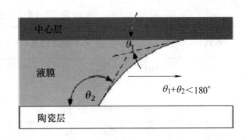

图 22-18　过渡液相连接时润湿与接触角的关系示意图[45]

（6）过渡液相连接的应用

用过渡液相连接方法，在不同条件下连接的各种陶瓷的四点抗弯强度归纳于表 22-12 中。

2. 氧化物钎料直接钎焊[12]

氧化物钎料直接钎焊是利用氧化物钎料熔化后形成玻璃相，向陶瓷渗透并润湿金属表面而完成连接的方法。氧化物钎料分高温（软化温度 1200 ~ 2000℃）、低温（软化温度 300 ~ 400℃ 以下）两大类，陶瓷与金属连接常用高温类钎料，这类钎料的主成分是 Al_2O_3、CaO、BaO，为了改善性能添加 MgO、SrO、B_2O_3、Y_2O_3、ZrO_2 等，改变组成可以得到各种熔点、线胀系数和析晶温度各异的钎料，可用不同温度连接各种陶瓷与金属。典型的氧化物钎料配方如表 22-13 所示。

表 22-12　各种 PTLPB 连接的接头四点抗弯强度[7]

陶瓷	连接材料	温度/℃	时间/h	压力/MPa	抗弯强度/MPa
Al_2O_3	3μm Cu/127μm Pt/3μm Cu	1150	6	5.1	160 ± 60
Al_2O_3	3μm Cu/Nb/3μm Cu	1150	6	5.1	181
Al_2O_3	3μm Cu/100μm Ni/3μm Cu	1150	6	—	160 ± 63
Al_2O_3	Cu/80Ni20Cr/Cu	1150	6	—	230 ± 19
Si_3N_4	4μmAuCuTi/25μm Ni/4μmAuCuTi	950	2		770 ± 200、380(650℃)
Si_3N_4	4μmAuCuTi/25μm Ni/4μmAuCuTi	1000	4		770 ± 200
Si_3N_4	2.5μmAu/25,125μm Ni/2.5μmAu	1000	4	0.5,5	272

（续）

陶瓷	连接材料	温度/℃	时间/h	压力/MPa	抗弯强度/MPa
SiC	CuAuTi/Ni/CuAuTi	950	—	—	260 ± 130
Si₃N₄	2.5μm Au/125μm Ni-22Cr/2.5μmAu	1000	4	—	272
RBSiC	0.4mmAl	1000	0.5	—	270 ± 50
RBSiC	0.4mmAl	800	1.5	—	250 ± 50
RBSiC	0.4mmAl	1000	1.5	—	230 ± 100、220 ± 10(700℃)

表 22-13　典型氧化物钎料配方[12]

系列	典型配方组成(质量分数,%)							熔制温度①/℃	线胀系数/(10⁻⁶/K)
Al-Dy-Si	Al_2O_3	Dy_2O_3	SiO_2					—	7.6 ~ 8.2
	15	65	20						
	20	55	25						
Al-Ca-Mg-Ba	Al_2O_3	CaO	MgO	BaO				1550	8.8
	49	36	11	4				1410	
	45	36.4	4.7	13.9					
Al-Ca-Ba-B	Al_2O_3	CaO	BaO	B_2O_3				(1325)	9.4 ~ 9.8
	46	36	16	2					
Al-Ca-Ba-Sr	Al_2O_3	CaO	BaO	Sr				1500(1310 ~ 1350)	7.7 ~ 9.1
	44 ~ 50	35 ~ 40	12 ~ 16	1.5 ~ 5				1500	9.5
	40	35	15	10					
Al-Ca-Ta-Y	Al_2O_3	CaO	Ta_2O_3	Y_2O_3				(1380)	7.5 ~ 8.5
	45	49	3	3					
Al-Ca-Mg-Ba-Y	Al_2O_3	CaO	MgO	BaO	Y_2O_3			1480 ~ 1560	6.7 ~ 7.6
	40 ~ 50	30 ~ 40	3 ~ 8	10 ~ 20	0.5 ~ 5				
Zn-B-Si-Al-Li	ZnO	B_2O_3	SiO_2	Li_2O	Al_2O_3			(1000)	4.9
	29 ~ 57	19 ~ 56	4 ~ 26	3 ~ 5	0 ~ 6				
Si-Ba-Al-Li-Co-P	SiO_2	BaO	Al_2O_3	Li_2O	CaO	P_2O_5		(959 ~ 1100)	10.4
	55 ~ 65	25 ~ 32	0 ~ 5	6 ~ 11	0.5 ~ 1	1.5 ~ 3.5			
Si-Al-K-Na-Ba-Sr-Ca	SiO_2	Al_2O_3	K_2O	Na_2O	BaO	SrO	CaO	(1000)	8.5 ~ 9.3
	43 ~ 68	3 ~ 6	8 ~ 9	5 ~ 6	2 ~ 4	5 ~ 7	2 ~ 4		
	另含少量 Li_2O、MgO、TiO_2、B_2O_3								

① 括号内数据为钎焊温度。

用 CaO-Al_2O_3-MgO-SiO_2 系晶型高熔点钎料连接的接头,耐热温度可达 1300℃ 以上,钎焊温度高达 1500 ~ 1600℃。用此方法连接高压钠灯的透明氧化铝瓷管与金属铌,在氧化铝和钎料的界面上 Al_2O_3 向熔融钎料中偏析形成过渡层,在铌和钎料的界面上铌表面被气氛中的氧、溶解在钎料中的氧和钎料成分中的氧所氧化,生成氧化铌,在钎料中偏析也形成过渡层,由于这两个过渡层的存在,使线膨胀差异引起的应力得到分散,获得良好的连接效果。

氧化物钎料钎焊法也广泛用于非氧化物陶瓷的连接。在 Si₃N₄ 陶瓷与金属或 Si₃N₄ 陶瓷的相互连接时,主要用 ZrO_2-CaO、Al_2O_3-SiO_2、Al_2O_3-Fe_2O_3、

Al_2O_3-MgO、Al_2O_3-Y_2O_3-MgO 等钎料进行钎焊，均能获得优良的连接效果。

22.4　陶瓷与金属连接的应用实例

22.4.1　汽车发动机增压器转子[46]

为提高汽车性能和节约燃料，陶瓷与金属的复合材料零件受到较为广泛的重视。S_3N_4 陶瓷由于比重低、高温强度好以及不需润滑而耐磨损，成了最具吸引力的陶瓷材料。陶瓷与钢复合而成的汽车增压器转子在欧美及日本都曾经加以开发，但只有日本从 1985 年开始批量生产。这种陶瓷与钢复合的转子比传统的全金属转子质量轻 40% 左右，耐温达到 1000℃，这些特性提高了涡轮的加速性能和燃烧效率，减少了尾气排放。此类转子在重载柴油发动机上也有所应用。图 22-19 所示即为实例，其结构为 S_3N_4 陶瓷涡轮与金属轴，通过加中间层的活性钎料钎焊和套筒连接成整体。这种复合结构的关键有两点，第一是采用 2～4mm 厚的 Ni-W 合金与 Ni 组成多层缓冲层，它能使陶瓷中的最大主应力从直接连接

a)

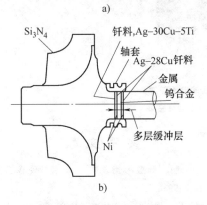

b)

图 22-19　陶瓷/金属复合增压器转子
a）陶瓷增压器转子　b）转子连接部位示意图
（钎焊结构：Si3N4/AgCuTi/Ni/AgCu/
W/AgCu/Ni/AgCu/金属）

时的 1250MPa 降低到 210MPa；第二是选用活性钎料，无需对 S_3N_4 陶瓷进行金属化就能很好地润湿其表面而实现钎焊。钎焊的真空度为 3×10^{-2} Pa，钎焊温度为 900℃。

22.4.2　陶瓷/金属摇杆[46]

NGK 火花塞公司和尼桑汽车公司已于 1987 年推出了陶瓷/金属摇杆（图 22-20）。局部采用了 S_3N_4 陶瓷，可使磨损比全金属件减少 $\frac{4}{5} \sim \frac{9}{10}$，从而延长了维修保养的期限。此摇杆是将 S_3N_4 陶瓷镶片通过中间层与钢制基体连接而成，S_3N_4 镶片表面事先覆以钛层，然后在干氢气氛中 850℃下用 Ag28Cu 钎料钎焊到钢制基体上。由于使用温度不高，中间层采用 0.5mm 厚的 Cu 片就足够了。

图 22-20　陶瓷/金属摇杆

22.4.3　陶瓷/金属挺柱[47]

挺柱和凸轮是发动机配气机构中一对重要的摩擦副，在工作过程中挺柱的接触面受到激烈的摩擦。用氮化硅制成的复合陶瓷挺柱与目前常用的冷激铸铁和硬质致密铸铁挺柱相比，耐磨性能更为优越。在国外复合陶瓷挺柱的研究取得了很大进展，并已形成了一定的市场。我国在"八五"和"九五"期间也研制成功了用于重载柴油发动机的 Si_3N_4 与钢的复合陶瓷挺柱。图22-21 所示为挺柱结构示意图和实际钎焊后的实物图片。

22.4.4　其他电子器件中采用陶瓷与金属封接的一些实例[46]

在电子器件中常常用到高纯度的 Al_2O_3 作为绝缘材料，如火花塞、高压绝缘子材料、真空管外壳、整流器外壳等。图 22-22 所示为两种陶瓷与金属钎焊封接的电子器件的实例。

图 22-23 所示为由可伐筒、无氧铜、氧化铝陶瓷等几种金属与陶瓷材料所组成的套封型过渡针封芯柱的结构示意图。

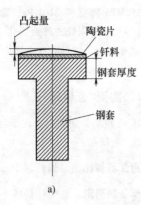

图 22-21　Si$_3$N$_4$ 与钢的复合陶瓷挺柱

a) 结构示意图　b) 实物图片

图 22-22　钎焊封接的陶瓷与金属的电子器件

a) 绝缘导线　b) 带有 Al$_2$O$_3$ 绝缘子的真空管

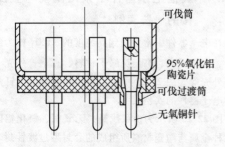

图 22-23　套封型过渡针封芯柱

参 考 文 献

[1]　丘关明. 新型陶瓷 [M]. 北京：兵器工业出版社, 1993.

[2]　颜鲁婷, 司文捷, 苗赫濯. Al$_2$O$_3$/SiC 纳米复相陶瓷材料的研究进展 [J]. 材料科学与工艺, 2005, 13 (4)：337-340.

[3]　金志浩, 高积强, 乔冠军. 工程陶瓷材料 [M]. 西安：西安交通大学出版社, 2000.

[4] 黄勇，张立明，汪长安，等. 先进结构陶瓷研究进展评述. 硅酸盐通报 [J]. 2005 (5)：91-101.

[5] 陈志刚，陈采凤. 结构陶瓷的现状与发展 [J]. 江苏陶瓷，38 (1)：1-7.

[6] 张玉娣，周新贵，张长瑞. C_f/SiC 陶瓷基复合材料的发展与应用现状 [J]. 材料工程，2005 (4)：60-63.

[7] 任家烈，吴爱萍. 先进材料的连接 [M]. 北京：机械工业出版社，2000.

[8] Nakamura M, et al. Microstructure of Joining Interfaces of Si_3N_4 Ceramics Formed by Diffusion Joining [J]. Journal of Materials Science Letters, 1997, 16 (20)：1654-1655.

[9] Nakamura M, et al. Diffusion Joining of Si_3N_4 Ceramics by Hot Pressing under High Nitrogen Gas Pressure [J]. Journal of Materials Science Letters, 1997, 16 (12)：1030-1032.

[10] Salvo M, et al. Joining of CMCs for Thermonuclear Fusion Applications [J]. Journal of Nuclear Materials, 1996, 1 (233 ~ 237)：949-953.

[11] 邹僖. 钎焊 [M]. 北京：机械工业出版社，1989.

[12] 陈沛生. 钎焊手册 [M]，北京：机械工业出版社，1999.

[13] 任耀文. 真空钎焊工艺 [M]. 北京：机械工业出版社，1993.

[14] 付希圣，王夏冰，刘长林. 活性钎料钎接 Si_3N_4 陶瓷的机理研究 [J]. 甘肃工业大学学报，1995, 21 (2)：19-23.

[15] 于文学，安正植，峰岸知弘. 钎焊陶瓷和金属的钎料作用机理 [J]. 吉林大学自然科学学报，1996, 11 (4)：65-67.

[16] Anon. Joining of ceramics using a ceramic-modified braze alloy [J]. Materials Technology. 1999, 14 (2)：53-56.

[17] Passerone A, Muolo M L. Joining technology in metal-ceramic systems [J]. Materials and Manufacturing Processes. 2000, 9：631-648.

[18] 冼爱平. 金属—陶瓷界面的润湿和结合机制 [D]. 沈阳：中科院金属所，1991.

[19] 浩宏奇，金志浩，王笑天. 陶瓷和金属的钎焊 [J]. 稀有金属材料与工程，1993, 22 (6)：1-12.

[20] Xian Aiping, Si Zhongyao. Behaviour of buffer layer in joining of Sialon ceramics to steel 40Cr [J]. Acta Metallurgica Sinica (English Edition), Series B：Process Metallurgy & Miscellaneous, 1992, 5B (3)：201-205.

[21] 冼爱平，斯重遥. Sialon 陶瓷与 40Cr 钢连接中缓冲层的作用 [J]. 金属学报，1991, 27 (6)：B421-B425.

[22] 清华大学焊接教研组. 陶瓷与金属连接技术论文集 [C]. 1990.

[23] Peteves Stathis D, Giacomo Ceccone, et al. Joining silicon nitride to itself and to metals [J]. JOM, 1996, 48 (1)：48-52&74-77.

[24] Morozumi Shotaro, et al. Joining of silicon nitride with metal foils [J]. Nippon Kinzoku Gakkaishi/Journal of the Japan Institute of Metals. 1990, 54 (12)：1392-1400.

[25] Narita Toshio, et al. Measurement of residual thermal stress and its distribution on silicon nitride ceramics joined to metals with scanning acoustic microscopy [J]. Journal of the Japan Institute of Metals, 1990, 54 (10)：1142-1146.

[26] Xu R, et al. Silicon nitride-stainless steel braze joining with an active filler metal [J]. Journal of Materials Science, 1994, 29 (23)：6287-6294.

[27] Nakamura M, et al. Joining of carbon fibre-reinforced silicon nitride composites with 72Ag-26Cu-2Ti filler metal [J]. Journal of Materials Science, 1996, 31 (17)：4629-4634.

[28] Pan W X, et al. Joining of Al-Plasma-Sprayed Si_3N_4 Ceramics [J]. Journal of Materials Science, 1994, 29 (6)：1436-1440.

[29] Samandi M, et al. Application of Ion Implantation to Ceramic/Metal Joining [J]. Nuclear Instruments and Methods in Physics, Research B, 1997, 127/128：669-672.

[30] 陈登权. 陶瓷/金属钎焊用钎料及其钎焊工艺进展 [J]. 贵金属，2001, 22 (1)：53-56.

[31] Elssner G, Petzow G. Metal/Ceramic joining [J]. ISIJ International, 1990, 30 (12)：1011-1032.

[32] Nakahashi M, Yasuda Y, Ito T, et al. Design of Silicon Nitride/Stainless Steel Joint for Airtight Seal Parts for n Core Detectors [C]. International Brazing & Soldering Conference, 2003, San Diego, California.

[33] 闫平. Si_3N_4 陶瓷与金属的真空钎焊 [D]. 北京：清华大学，1988.

[34] 赵文庆，吴爱萍，邹贵生，等. 高纯氧化铝与金属钛的钎焊 [J]. 焊接学报，2006, 27 (5)：85-88.

[35] Akselsen O M, et al. Review：Diffusion Bonding of Ceramics [J]. Journal of Materials Science, 1992, 27：569-579.

[36] Osendi M I, et al. The Joining of Si_3N_4 Using Al and Ni Interlayers：Microstructure and Mechanics [J]. Key Engineering Materials, 1997, 132 ~ 136 (3)：1750-1753.

[37] Vegter R H, et al. Diffusion Bonding of Zirconia to Silicon Nitride Using Nickel Interlayers [J]. Journal of Ma-

terials Science, 1998, 33: 4525-4530.

[38] Stoop T J, et al. Diffusion Bonding of Silicon Nitride to Austenitic Stainless Steel with Metallic Interlayers [J]. Metallurgical and Materials Transactions A, 1995, 26A (1): 203-208.

[39] 冯吉才, 刘玉莉, 张九海. 碳化硅陶瓷和金属铌及不锈钢的扩散接合 [J]. 材料科学与工艺, 1998, 6 (1): 5-7.

[40] EI-Sayed M H, et al. Structure and Strength of AlN/V Bonding Interfaces [J]. Journal of Materials Science, 1998, 33 (11): 2869-2874.

[41] Treheux D, et al. Metal Ceramic Solid State Bonding: Mechanisms and Mechanics [J]. Scripta Metallurgica et Materialia, 1994, 31 (8): 1055-1060.

[42] Locatelli M R, et al. New Strategies for Joining Ceramics for High-Temperature Applications [J]. Key Engineering Materials, 1995, 111～112: 157-190.

[43] Ceccone G, et al. An Evaluation of the Partial Transient Liquid Phase Bonding of Si_3N_4 Using Au Coated Ni-22Cr Foils [J]. Acta Materialia, 1996, 44 (2): 657-667.

[44] Ferro A C, et al. Liquid Phase Bonding of Siliconized Silicon Carbide [J]. Journal of Materials Science, 1995, 30: 6119-6135.

[45] Joshua D Sugar, Joseph T McKeown, Takaya Akashi, et al. Transient-liquid-phase and liquid-film-assisted joining of ceramics [J]. Journal of the European Ceramic Society, 2006, 26: 363-372.

[46] 包方涵. 焊接手册 [M]. 2 版, 北京: 机械工业出版社, 2001.

[47] 李盛, 吴爱萍, 邹贵生, 等. 复合陶瓷挺柱柱钎焊变形的研究及其控制 [J]. 机械工程材料, 2001, 25 (10): 16-18.

第 23 章　复合材料的焊接

作者　牛济泰　闫久春　**审者**　吴爱萍

23.1　概述

复合材料（Composite materials）是由两种或两种以上物理和化学性质不同的异质、异形、异性的材料复合形成的一种多相固体材料。一般由基体单元与增强体单元或功能体单元所组成。复合材料保持各组分材料的优点及其相对独立性，但却不是各组分材料性能的简单相加，而是增加了单一组分材料所不能达到的综合性能。复合材料可经设计，即通过对原材料的选择、各组分分布设计和工艺条件的保证等，使原组分材料优点互补，因而呈现了出色的综合性能[1]。

在复合材料中，通常有一相为连续相，称之为基体，另一相（或多相）为分散相，可增强材料的性能，称为增强材料，也可增加材料的功能，称为功能材料。分散相是以独立的形态分布在整个连续相中，基体与分散相之间存在界面。分散相可以是纤维，也可以是晶须、颗粒等弥散分布的填料。

由于复合材料具有比强度高、比刚度高、耐热性良好及尺寸稳定等优点，早已用于飞机、火箭及宇宙飞船的部件，如碳/碳复合材料、碳纤维或硼纤维增强聚合物复合材料。20 世纪 80 年代后期，陶瓷相增强金属基复合材料也已开始用于内燃机活塞、连杆、发动机气缸等。聚合物基复合材料已广泛用于制作各种汽车外壳、摩托车外壳及高速列车车厢厢体。金属基（如镍基、铁基）复合材料已在汽车发动机中得到应用。用酚醛玻璃钢和纤维增强聚丙烯制成的阀门，SiC_f/Si_3N_4 陶瓷制造的涡轮叶片使用温度可高于 1500℃。在化学工业中的应用，主要利用某些复合材料（如玻璃钢、陶瓷等）的耐蚀性。最近国内已研制出钢丝增强塑料管道，可大大提高管道使用寿命并减轻管道质量，降低安装费用。此外，在建筑领域、船舶制造业、电子封装、卫星结构、生物医学、体育用品等方面，复合材料也已得到日益广泛的应用[2-9]。

23.1.1　复合材料的分类

复合材料的分类方法很多，常见的分类方法有以下几种。

1. 按基体材料类型分类

基体材料可分为金属材料、无机非金属材料和有机材料三大类。金属基复合材料（MMC）包括铝基、钛基、镁基、金属间化合物基复合材料等；无机非金属复合材料包括陶瓷基（CMC）复合材料、碳/碳复合材料；有机复合材料主要包括热塑性树脂基和热固性树脂基复合材料。

2. 按增强相形态分类

主要包括连续纤维增强和非连续增强复合材料。连续纤维增强复合材料的每根纤维的两个端点都位于复合材料的边界，纤维材料排布有明显的方向性，复合材料具有各向异性；非连续增强复合材料是由短纤维、晶须、颗粒、薄片等增强的复合材料，增强相在基体中随机分布，复合材料具有各向同性。

3. 按增强相的材质分类

主要有无机非金属增强复合材料、金属增强复合材料和有机纤维增强复合材料。无机非金属增强复合材料主要包括碳纤维、硼纤维、碳化硅晶须或颗粒、三氧化二铝颗粒或晶须等复合材料；金属增强复合材料主要包括钨丝、不锈钢丝增强铝基或高温合金基复合材料，铁丝增强树脂基复合材料等；有机纤维增强复合材料主要包括芳纶纤维增强环氧树脂复合材料、尼龙丝增强树脂复合材料等。

4. 按材料的用途分类

主要有结构复合材料、功能复合材料和智能复合材料。结构复合材料主要是利用其力学性能制造结构件；功能复合材料是主要利用其力学性能以外的其他功能，如电、磁、光、热、化学、放射屏蔽性等；智能复合材料，即机敏复合材料，能检知环境变化，具有自诊断、自适应、自愈合和自决策的功能。

23.1.2　复合材料的性能特点

人们可以根据使用条件与环境的要求，对复合材料的基体以及增强相的材质、含量、排布等进行设计选择，使其具有各种特殊的性能。复合材料的性能特点概括如下。

1. 比强度和模量度高

比强度和比模量是指材料的强度或弹性模量与密度之比。表 23-1 列出了复合材料与几种金属的性能对比。从中看出，尽管金属的强度和模量高于复合材料，但它们的比强度和比模量却比复合材料低。高的比强度、比模量可使制成的构件质量轻、刚性好、强度高，是航天、航空领域的理想结构材料。

2. 化学稳定性好

纤维增强塑料可在含氯离子的酸性介质中长期使用；陶瓷基复合材料也具有良好的耐蚀性能。

3. 线胀系数小，尺寸稳定性好

金属基复合材料所用的增强相（纤维、颗粒、晶须等）具有很小的线胀系数与高的模量，甚至碳纤维具有负的线胀系数，如碳纤维增强镁基复合材料，当碳纤维的质量分数达 48% 时，复合材料的线胀系数为零，成为人造卫星的重要构件材料。

4. 良好的耐热性

金属基复合材料由于增强相的熔点都很高，因此金属基复合材料具有比金属基体更高的高温性能，特别是在连续纤维增强复合材料。如铝合金在 300℃ 时强度已降到 100MPa 左右，而碳纤维增强铝基复合材料在 500℃ 时仍有 600MPa 的抗拉强度。

SiC 纤维、Al_2O_3 纤维与碳化硅陶瓷复合，在空气中耐 1200 ~ 1400℃ 高温，比所有高温合金耐热性高 100℃ 以上。用于柴油发动机可取消原来的散热器水冷系统，减轻质量约 100kg。用于汽车发动机，使用温度可高达 1370℃。C/C 复合材料在非氧化气氛下可在 2400 ~ 2800℃ 长期工作，是用于火箭的尖端材料。

5. 耐磨性及减振性

陶瓷纤维、晶须、颗粒增强的金属基复合材料具有很好的耐磨性，这是由于这些陶瓷增强物增加了材料的硬度和抗磨损能力。SiC/Al 复合材料的耐磨性高出基体数倍，甚至优于铸铁，已在汽车、机械工业得到应用，如汽车发动机、气缸活塞等。

受力结构的自振频率除与结构本身形状有关外，还与结构材料的比模量的平方根成正比。由于复合材料的比模量高，故具有高的自振频率。同时，复合材

表 23-1　材料的力学性能对比[4]

	材料	密度/ (g/cm^3)	弹性模量 /GPa	强度 /MPa	比模量/ (kJ/g)	比强度/ (J/g)
复 合 材 料	40%CF/尼龙 66	1.34	22	246	16	184
	连续 S-玻璃纤维/环氧 树脂	1.99	60	1750	30.2	879
	25%SiC_w/氧化铝陶瓷	3.7	390	900 抗弯强度	105	—
	50%Al_2O_{3f}/Al 合金	2.9	130	900 抗弯强度	49	310
	20%SiC_w/6061Al	2.8	121	586	43	209
	20%Al_2O_{3p}/6061Al	2.9	97	372	33	128
	35%SiC_f/TC_4 钛合金	4.1	213	1724	52	420

	材料	密度/ (g/cm^3)	弹性模量 /GPa	强度 /MPa	比模量/ [GPa/(g/cm^3)]	比强度/ [MPa/(g/cm^3)]
金 属	Q235	7.86	210	460	27	59
	30CrMnSi 调质	7.75	196	1100	25	142
	1050A、1060A、1070A	2.7	69	100	26	37
	6061Al	2.71	69	310	25	114
	α 钛合金	4.42	123	850	28	195
	12Cr18Ni9	7.75	184	539	23	68
	TC_4（Ti-6Al-4V）	4.43	114	1172	26	265

注：表中所列铝合金为 T6 处理。所列纤维增强复合材料力学性能为纤维纵向力学性能。

料界面具有吸振能力，使材料的振动阻尼很高。试验表明，轻合金梁需 9s 才能停止的振动，而碳纤维复合材料梁只需 2.5s 即可使振幅衰减为零。

6. 良好的耐疲劳性、断裂韧性和过载安全性

复合材料基体与增强相的良好的界面不但可以传

递载荷，还能阻止裂纹的扩展，提高材料的断裂韧性和抗疲劳性能。大多数金属材料的疲劳强度与抗拉强度之比为 0.2 ~ 0.5，而 C/Al 复合材料的疲劳强度与抗拉强度比为 0.7。

由于复合材料中有大量纤维，当材料过载而有少

数纤维断裂时，载荷会重新迅速分配到未破坏的纤维上，使整个构件在短期内不致失效破坏。

7. 其他特殊性能

复合材料还可通过基体与增强相选择设计，使其具有良好的耐烧蚀性、耐辐射性、抗蠕变性、抗热冲击性能以及特殊的光、电、磁性能。

23.2　金属基复合材料的连接

23.2.1　金属基复合材料连接的主要问题

金属基复合材料的基体是一些铝、镁和钛合金等塑性和韧性好的金属，其焊接性一般也较好。但是，增强体往往是一些高强度、高模量、高熔点和低线胀系数的非金属纤维、晶须或颗粒，其焊接性都比较差。复合材料的连接不仅要将基体金属之间形成较好的冶金连接，同时也需要使得增强体与金属之间形成连接，最好能够避免增强体之间的接触，因为它们之间几乎不具备焊接性。焊接时的加热、加压过程以及填充焊接材料、被焊件表面状态都将会对连接接头的性能造成一定的影响。以下讨论复合材料连接中的几个重点问题。

1. 在熔焊条件下的化学反应

金属基复合材料在焊接熔池中发生的增强相与基体间的化学反应比基体材料在熔化与凝固时发生的变化更令人关注，尤其对于采用固态或半固态法制成的复合材料，基体与增强相的结合处于热力学不稳定状态，在焊接条件下的界面反应问题就更加突出。例如，对于 SiC/Al 复合材料，当 SiC 与熔化的铝在一定的温度与时间相接触时，下列反应将会发生[10]：

$$4Al[液] + 3SiC[固] \rightarrow Al_4C_3[固] + 3\ Si[Al_液]$$
$$(23-1)$$

式 23-1 是不可逆反应。这种反应在 730℃ 以上温度时，在低硅含量的铝合金中能很快发生。在此反应中，不仅 SiC 部分地被烧损，而且导致针状的 Al_4C_3 产生，从而降低焊缝强度。而且这种碳-铝化合物在含水的环境，包括潮湿空气中是可溶的，易引起接头腐蚀。因此，熔化焊工艺一般不被推荐用于 SiC/Al 金属基复合材料的焊接，除非保持低的焊接熔池的温度或者加入填料使熔池的化学成分被更改，熔池中达到至少质量分数 7% 的硅含量，来抑制反应的进行。

因此，将 SiC 作为增强相的铝合金复合材料在熔焊时，可采用含硅量高的 4043 或 4045 铝合金焊丝作填充材料，该两种铝合金当然也可作为基体材料。另一种解决方法是采用含活性金属钛的填充材料。因为从反应热力学角度，钛-碳反应比铝-碳反应更加强

烈，被分解的 SiC 能够被等效的 TiC 置换作为增强相在焊缝中起作用，同时，过量的钛将与铝形成金属间化合物溶入铝基体中。其反应见式 (23-2)。

$$5Ti[Al_液] + 3Al[液] + SiC[固] \rightarrow TiC[固] +$$
$$Si[Al_液] + Al[液](+ Ti_3Al + TiAl)$$
$$(23-2)$$

当然，对于钛基碳化硅增强复合材料 SiC/Ti，使用含钛的填充材料将会导致焊缝中 SiC 增强相含量比母材中降低。尽管这种 SiC→TiC 的转换并不像生成 Al_4C_3 那样有害，反应生成物仍然会显著改变界面微观组织和增强相的结晶状态，以及随之带来的载荷传递特性，不过总的来说，钛基复合材料的焊接性将优于铝基，接头强度系数较高。

对于 Al-Mg-Si 合金基体复合材料，在熔化状态下，铝的氧化物将经受自限反应形成尖晶石表面层，即

$$3Mg[Al_液] + 4Al_2O_3[固] \rightarrow 3MgAl_2O_4[固]$$
$$+ 2Al[液]$$
$$(23-3)$$

这种尖晶石并不影响复合材料的性能，然而式 (23-3) 的反应将导致基体中镁的消耗，从而使焊缝的抗拉强度降低。

对于镁基复合材料，如 Al_2O_3/Mg，式 (23-3) 所给出的自限反应同样在焊接时会发生。然而，由于在大多数体系中，镁-碳的反应热力学条件并不充分，因此 B_4C/Mg、SiC/Mg 以及 C/Mg 等镁基复合材料在熔焊时，其接头性能并不会显著降低。

对于粉末冶金铝基复合材料，接头的多孔性仍然是一个值得关注的问题。铝粉表面吸水的 Al_2O_3 熔焊时在熔池中会释放大量的氢而引起氢气孔。因此这种复合材料焊前应进行高温除气处理。

2. 在熔焊条件下焊接熔池的流动与结晶

在焊接熔池中，由于高熔点增强相的存在，热量及物质的传输将受到严重影响。这是因为熔池中有 10%~30% 的固相（增强物），熔池金属的黏度大大增加。另外，熔池中的反应产物也会进一步降低熔池的流动性。这些不但使熔深变浅，还将导致焊缝中产生气孔、未熔合等缺陷。

另外，凝固金属的前沿对增强体质点有排斥作用，质点不能成为凝固结晶的核心，使增强相富集在最后凝固的区域。焊缝中这种增强相富集区及贫化区的存在，导致接头性能与力的传递不均匀，并且过分集中的增强相实质上相当于夹杂物存在于焊缝中，这都使接头强度进一步降低。

3. 复合材料表面与中间层材料的润湿

如果采用熔化焊接方法进行焊接，母材熔化时只

能体现出基体材料是熔化的，而且它们会相互固溶而形成结合；在焊接熔池中的增强体，一般不会熔化，在凝固时被固化在基体合金中，此时增强体与基体合金的润湿条件和状态均未改变。

如果采用母材不熔化或部分熔化的固相连接方法，这里加入的中间层材料与基体合金以及增强体的润湿，就是一个必须重视的问题。

对于以铝合金、镁合金、钛合金为基体的复合材料，其基体遇到的焊接性问题同样也是复合材料的连接问题，如表面氧化膜的去除。一般情况下，焊前必须采用化学方法或机械方法清理被焊件表面氧化膜；连接过程必须在真空的条件下进行，防止氧化膜生成；在连接过程中，焊件表面非常薄的氧化膜同样也需要采用比较大的压力、冲击、超声波、振动或添加能与氧化膜材料相溶解的元素进行去膜。

对于增强体材料，一般应该在制备复合材料时对其进行表面活性化处理，使其容易与其他合金进行润湿，否则，增强体与中间层材料的润湿就是一个很棘手的问题，因为增强体都是陶瓷类、纤维类材料，很难选择合适的钎剂既润湿基体合金，又润湿增强体材料，一般是在高温条件下通过机械咬合、化学反应而形成结合的。

23.2.2　金属基复合材料的熔焊

虽然熔焊是在焊接领域最广泛应用的焊接方法，但对于复合材料的焊接比其他焊接方法面临更大的难度。复合材料在熔焊条件下所发生的化学反应以及焊接熔池恶劣的动力学特性，使得焊接接头缺陷较多，强度较低。因此金属基复合材料的熔焊不如其他焊接方法成熟，许多冶金与工艺问题有待深入研究。同时，只有含低体积分数增强相的复合材料才适于熔焊。

1. 金属基复合材料的电弧焊

如前所述，由于金属基复合材料熔池具有较高的黏度，为了防止未焊透，焊前焊件应开 60° ~ 90° 的坡口，并留根部间隙。有时甚至背面也需开半圆形的坡口，进行双面焊接。除平焊位置外，熔池的高黏度则有利于进行立焊或其他非平焊位置的焊接。

金属基复合材料中基体材料体积分数占 75% ~

90%，因此复合材料焊接所用的设备及参数可参考焊接基体材料所用的设备与参数。焊丝的选择也大体如此。例如，对于 20% SiC_p/101Al 复合材料采用5356Al 作填充材料可以帮助增强相的润湿，使用4043Al 焊丝可以抑制 Al_4C_3 的产生[11]。含更高硅量的 4045 或 4047 铝合金可能更有利于抑制铝-碳反应。然而，这种接近共晶成分的焊缝金属对于焊后热处理不大适宜。

(1) 钨极氩弧焊

钨极氩弧焊是在适应铝及其他活泼金属的焊接需要而发展起来的。它的可控的热输入不但适于焊接薄板或复杂形状的构件，而且对于 SiC_p/Al、SiC_w/Al、B_f/Al 复合材料的焊接尤为重要。为了防止氧、氮等间隙原子对接头的污染，钛基复合材料的焊接最好在手套箱中进行，先把空气排掉，然后再充入氩气。

对于大多数金属基复合材料，对称和穿透型的电弧对焊接复合材料比较有利。这将使电弧变挺，并迫使热量输入到熔池内部而不只是熔化与焊缝因此邻的母材，这种电弧的穿透程度与坡口的几何形状及焊工操作技巧有关。焊接时焊丝应伸入熔池中，促使焊缝迅速形成并增加焊缝的流动性。

对于厚度为 0.64mm 的 50% B_f/6061Al 硼纤维增强铝基复合材料，手工交流 TIG 焊参数：电流为20A，电压为 16.5V，焊接速度为 1.67mm/s，使用直径 1.6mm 的 4043Al 作为焊丝。焊枪装配 1.0mm 直径的钍钨极，并使用纯度为 100% 的氩气保护。上述低热输入的焊接参数使熔池温度达到最低，并形成外表满意的焊缝。但反应产物 AlB_2 仍可在焊缝中被观察到。TIG 焊 B_f/6061Al 复合材料研究表明，严格控制焊接工艺，并采用含 Si 量高的铝合金焊丝，可以减少对纤维的破坏[12]。

18% SiC_w/6061Al 非连续增强铝基复合材料的TIG 焊时面临的问题较多。为了避免氢气孔的产生，对于厚度为 3.18mm 的板料应开 90° 的坡口以及1.6mm 根部钝边，焊接电流为 140 ~ 160A，焊接电压为 12 ~ 14V，焊丝材料为 4043Al，送丝速度为 2.5 ~3.4mm/s，氩气纯度为 100%，氩弧流量为 5.7 ~7.1L/min。焊后接头性能见表 23-2。由于采用低的热输入以防止 Al_4C_3 的形成，所以母材熔化较少，几

表 23-2　铝基复合材料的接头性能 （TIG 焊）[10]

材料	$R_{p0.2}$/MPa	R_m/MPa	$A(\%)$	断裂部位
6061Al	131	207	11	—
18% SiC_w/6061Al	64	179	3.1	焊缝
20% Al_2O_{3p}/6061Al	132	228	6.6	热影响区

乎未显示出母材对焊缝的稀释，因此焊缝中增强相含量很低，拉伸时在焊缝上断裂。同时 1.6mm 根部间隙对于降低焊接熔池的黏度也起到一定作用，改善了焊缝成形[10]。

厚度为 2mm 的 20% SiC_p/2124Al 颗粒增强铝基复合材料，焊接时采用对接接头形式，不开坡口，为了保证焊透，预留间隙为 1.5～2mm。采用方波交直流钨极氩弧焊，焊接参数：焊接电压为 14V，峰值电流为 60A，基值电流为 30A，脉冲频率为 2Hz，脉冲宽度为 45%，焊接速度为 2.3mm/s。使用直径 2mm 的 HS311 作为填充材料，接头抗拉强度的最大值为 270MPa，平均抗拉强度为 247MPa，分别达到母材抗拉强度（360MPa）的 75% 和 68.8%。研究表明，影响接头强度的主要因素是焊接热输入，它影响熔池流动性和界面反应。采用脉冲氩弧焊方法，脉冲的加入，除了改善熔池金属的流动性，还有利于减少电弧对熔池的热输入，可在一定程度上抑制界面反应的发生。但焊接区域存在的微量小气孔、某些杂质颗粒，如 Si 等，以及脆性化合物 Al_4C_3 仍是造成接头发生断裂的主要原因[13]。

在研究 TIG 焊焊接 20% SiC_p/101 铝基复合材料时，对比了添加铝硅和铝镁焊丝对接头组织性能的影响。由于 Al-Mg 焊丝比 Al-Si 焊丝吸潮性强，且熔池流动性不如采用 Al-Si 焊丝，添加 Al-Mg 焊丝比 Al-Si 焊丝的焊缝中有更多的气孔并有少量微裂纹，严重损害了焊缝的强度，故添加 Al-Si 焊丝的接头强度高于添加 Al-Mg 焊丝的接头强度。对于该种材料也可以采用含钛粉的药芯焊丝作为填充材料对铝基复合材料焊缝进行原位增强。钛原位增强 TIG 焊时，焊接电流和焊丝中钛的配比是主要参数，在焊接电流 140A 左右，药芯焊丝钛含量为 40% 时，可获得最佳接头强度，达母材的 64.2%[14]。

对于挤压状态的 6.4mm 厚的 20% Al_2O_3/6061Al 颗粒增强铝基复合材料，可开 60° 的坡口（每侧 30℃），根部钝边为 1.6mm，焊前用丙酮去油脂并用不锈钢丝刷清理，同时在背面安置一个带槽的不锈钢垫板，以衬托 1.6mm 宽的根部间隙。焊接时采用交流电，焊接电流为 325A，焊接电压为 22V。使用直径为 2.38mm 的 5356 焊丝作焊缝填料，送丝速度为 23mm/s。氩气纯度为 100%，流量为 16.5L/min。接头力学性能见表 23-2。从表 23-2 可看出与 SiC_w/6061Al 相比，Al_2O_3/6061Al 复合材料具有较高的接头强度。

（2）熔化极氩气保护焊

由于高的熔敷效率和容易实现自动化，熔化极氩气保护焊更适于复合材料厚板的焊接。基于复合材料焊接熔池流动性较差和熔深较浅，在进行单面焊双面成形时，根部应留 1～2mm 的间隙，且焊缝背面应配置开槽的垫板，焊缝正面坡口角度为 60°，当开双 V 形（即 X 形）坡口时，坡口角度为 90°，中间的钝边高度为母材厚度的 10%～20%。

与 TIG 焊一样，复合材料中的增强相干扰电弧的稳定性。但对于 Al_2O_3/Al 复合材料，这种影响不大。而对于 SiC_w/Al 复合材料，特别是含 Si 量高的材料，则电弧的稳定性较差。在此情况下，成功的焊接依赖于降低焊接电压，驱使电弧伸入熔池。一个短的刚性强的电弧迫使熔池表面凹低同时实现熔滴的喷射过渡。

对于厚度为 6.4mm 的 20% SiC_w/6061Al 复合材料板，焊前开 75° 的坡口，根部间隙为 2.38mm，带槽的铜板作为焊缝背面垫板。采用直流电源，焊接电流为 130～140A，焊接电压为 22～23V，单面两道焊成。采用直径为 1.1mm 的 5356Al 焊丝为填料，焊接速度为 4.2～5.1mm/s，纯氩气保护。采用上述工艺，还可焊接外径为 320mm，壁厚为 19mm 的管子。焊接电流为 230～290A，焊接电压为 25～27V。表 23-3 列出了 6061Al 基复合材料，采用 5356 焊丝时熔化极氩弧焊接接头的力学性能。

表 23-3　6061Al 基复合材料接头的力学性能（MIG 焊，5356 焊丝）[10]

母材	形式	厚度/mm	$R_{p0.2}$/MPa	R_m/MPa	A(%)
6061Al　T6	板、管	—	276	303	5
6061Al　焊态	板、管	—	131	207	11
20% SiC_w/6061Al T6	管	19	130	252	6.6
20% SiC_w/6061Al 焊态	管	19	106	214	6.1
20% SiC_w/6061Al 焊态	板	6.4	150	237	4.5
20% Al_2O_3/6061Al T6	板	19	189	283	3.9
20% Al_2O_3/6061Al 焊态	板	19	132	228	6.6

注：T6—固溶热处理后进行人工时效的状态。

对搅拌铸造法制造的厚度为 4mm 的 10% SiC_p/6A02 复合材料，由于铝基复合材料中氢的含量很高，因此焊前对试验材料进行真空去氢处理以避免接头中生成氢气孔，处理工艺为在 10^{-4} Pa 的真空下加热到 500℃保温 6h。采用 V 形坡口，坡口角度为 60°，保留 0.5mm 的钝边。使用的焊丝为直径 1.6mm 的 Al-4.5Si 及 Al-5.8Mg，采用焊接电流为 180A，焊接电压为 19~20V，氩气流速为 22L/min，焊接速度为 300mm/min，频率为 2Hz，复合材料焊后接头的抗拉强度见表 23-4[15]。

表 23-4　SiC_p/6A02 复合材料 MIG 焊接接头的抗拉强度[15]

	母材 （T6 状态）	Al-Si 焊丝	Al-Mg 焊丝
R_m/MPa	305，303	163，161，157	92，110，106
A(%)	5.4，5.6	2.5，2.3，1.9	1.0，0.8，0.9

对于板厚为 19mm 的 20% Al_2O_{3p}/6061Al 复合材料，可开坡口角度为 60°（每侧 30°），钝边为 3.2mm，根部间隙为 1.6mm，背面用带槽的不锈钢垫板。使用恒流的逆变电源进行焊接，直流反接，焊接电流为 305A，电弧电压为 26V。四层焊道的焊接速度分别为：第一道，6.4mm/s，以保持电弧在熔池的前沿并且确保良好的根部熔透；第二道，4.2mm/s，之所以比第一道焊接速度降低是为了保证坡口两侧熔化；第三及第四道为盖面焊道，焊接速度均为 5.9mm/s。焊丝直径为 1.6mm，材料为 5356 铝，纯氩，流量为 23.6L/min，接头性能见表 23-3。

对于厚度为 9mm 的 50% TiC_p/1010Al 复合材料，采用 1.2mm 直径的 ER4043 作为电极，5mm 厚的 2024Al 合金作为填充金属，焊接原理如图 23-1 所示。焊接前试件分别预热到 50℃、100℃、150℃，并采用焊接电流为 250A，焊接电压为 22V，焊速为 3.6mm/s，氩气流量为 22L/min，热输入为 5.5kJ/s。交流与直流相比，母材的变形很小，可以得到统一的

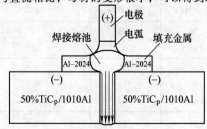

图 23-1　50% TiC_p/1010Al 复合材料
交流 MIG 焊接示意图[16]

焊缝形状，且在任何预热温度下都几乎没有宏观孔洞，接头的抗拉强度见表 23-5[16]。

表 23-5　50% TiC_p/1010Al 复合材料焊后接头的极限抗拉强度[16]

	预热温度/℃	25	50	100	150
抗拉强度/MPa	直流焊缝	214	181.12	183.43	204.56
	交流焊缝	—	183.33	181.79	185.96

2. 金属基复合材料的激光焊

激光焊的优点是热影响区窄，而且激光对杂质的吸附作用可以净化焊缝。但增强相对激光的能量吸收量远高于基体，增强相附近的高温将导致界面反应。为了克服由于激光的局部高温加热，引起熔池中各种的化学反应，可以通过改变热输入以及激光脉宽比的方法来控制反应产物的数量。

（1）SiC_w/Al 的焊接

表 23-6 给出了 SiC_w/Al 复合材料激光焊参数。接头力学性能测试表明，脉宽比在 67%（C）及 74%（D）时，接头强度最高，而其余的脉宽比（A，B，E，F）时强度较低。这是由于在小的脉宽比（A，B）时，虽然加热时间短可防止焊缝中微观组织受损，但却使熔透性变差；而过高的脉宽比（E，F）由于加热过甚能导致粗大 Al_4C_3 形成，从而也使接头力学性能降低[10]。

表 23-6　SiC_w/Al 激光焊参数
（脉冲 CO_2 激光器）[10]

	A	B	C	D	E	F
脉冲时间/ms	20	20	20	20	20	20
间歇时间/ms	20	15	10	7	5	2
脉宽比（%）	50	57	67	74	80	91
平均功率/W	1600	1830	2130	2370	2560	2900

注：焊接速度为 25mm/s；激光模式为 TEM_{10}（横模）；
激光速偏振为环形；聚焦点为焊件表面下 0.5mm；
保护气体为纯氩；流量为 4.0L/min，同轴下吹。

（2）SiC_p/Al 的焊接

对于搅拌铸造法制备的厚为 1.5mm 的 15% SiC_p/6063Al 复合材料，在氩气保护下，采用额定功率为 2kW 的 CO_2 脉冲激光器进行焊接，焊接参数与抗拉强度关系见表 23-7[17]。采用合适的脉冲频率和脉宽比可以减少熔池中 Al_4C_3 形成[17]。SiC_p/Al 复合材料激光焊时，也可以使用钛或含硅的垫片作为填料，以抑制碳-铝反应，原理如图 23-2 所示。采用这种方法可以完全消除 Al_4C_3 有害反应物，接头由 TiC、

Ti_5Si_3、Al_3Ti 相作为增强相，热影响区会有一些大的气孔存在[18]。

表 23-7　脉冲激光焊接 $SiC_p/6063Al$ 复合材料焊接参数与抗拉强度关系[17]

脉冲时间 /ms	间歇时间 /ms	脉冲频率 /Hz	脉宽比 (%)	抗拉强度 /MPa
2	1	333	67	135.2
2	2	250	50	140.7
2	3	200	40	157.6
4	1	200	80	108
4	2	167	67	143
4	3	143	57	170.3
4	4	125	50	155.9
10	1	91	91	151.3
10	2	83	83	156.1
10	3	77	77	162.2
10	4	71	71	164.9
10	5	67	67	166.7
10	6	63	63	160.4
10	7	59	59	153.1
10	8	56	56	140.6
10	9	53	53	138.5
10	10	50	50	134.3

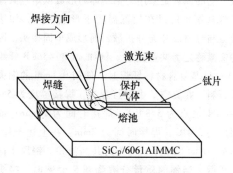

图 23-2　钛作为填充材料原位激光焊接 $SiC_p/6061Al$ 复合材料的原理示意图[18]

（3）Al_2O_{3p}/Al 的焊接

对于 Al_2O_{3p}/Al 复合材料激光焊，所出现的问题与焊 SiC_w/Al 有较大的不同，主要是激光束对 Al_2O_{3p}/Al 复合材料并不能形成稳定的小孔。激光的高能量密度在熔化光束前沿的氧化铝颗粒的同时，氧化物粘层被推移到小孔的尾部并以山脊状被堆积起

来。当这些堆积物失稳并塌陷返回到小孔时，又与等离子云起反应生成新的火口并隔绝光束。所以 Al_2O_{3p}/Al 复合材料的激光焊小孔难以形成。此时，可采用喷嘴对熔池表面吹惰性气体的方法抑制等离子云。

3. 金属基复合材料的电子束焊

尽管电子束焊与激光焊一样都属于高能束焊，都具有焊缝窄、热影响区窄的特点，但在工艺上却大不相同。激光焊的能量来自于光能，而电子束焊能量来源于电子流的动能。激光焊在大气中操作，而电子束焊必须在真空中进行[19]。

对于采用搅拌复合工艺制得的厚度为 4mm 的 20% SiC_p/ZL101A 复合材料，部分焊件在焊前进行固溶处理加不完全人工时效［T5 态：（540±5）℃保温 8h，70℃水冷却；（155±5）℃保温 7h，空冷］处理。焊前试件进行化学清洗（10% NaOH/60℃/60s，水冲洗，15% NaOH/25℃/30s，水冲洗，晾干）。制备了厚度为 0.2mm 两种成分的铝合金箔带作为中间层材料：AlSi12（11.7% Si-Al）和 AlSi7（6.69% Si-Al），进行真空电子束焊接，加速电压为 60kV，焊接工艺如图 23-3 所示，接头室温抗拉强度见表 23-8[20]。

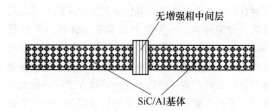

图 23-3　采用非增强中间层焊接 20% SiC_p/ZL101A 复合材料工艺示意图[20]

试验证明，对于 20% SiC_p/A356 铝基复合材料［A356 为美国牌号，$w(Si)=7\%$］，若采用激光焊与电子束焊两次熔化（即在原激光焊缝上用电子束第二次熔化），可显著降低焊缝中 Al_4C_3 的含量。但对于 15% SiC_p/2014 铝基复合材料这种工艺效果不明显，甚至形成电子束切割而不是焊接。而对于 15% Al_2O_{3p}/2014 铝基复合材料，在电子束焊时易出现未熔合或气孔，与激光焊时出现的问题相似。

23.2.3　金属基复合材料的钎焊

钎焊时由于加热温度较低，不易引起增强相与基体间的界面反应，而且钎焊一般母材不熔化，这在很大程度上把复合材料的连接简化为基体材料的连接（如长纤维增强复合材料板的连接）从而使复合材料

表 23-8　采用中间层的 $SiC_p/ZL101A$ 电子束焊的接头室温抗拉强度[20]

试件	焊前状态	中间层厚度 /mm	焊接参数		抗拉强度 /MPa
			$v/$（mm/s）	I/mA	
1	铸态	AlSi12/0.6	8	28 ~ 25	79
2	铸态	AlSi12/0.6	8	28 ~ 25	加载时破碎
3	铸态	AlSi12/0.6	12	42 ~ 38	143
4	铸态	AlSi12/0.8	15	25 ~ 22	113
5	铸态	AlSi12/0.8	18	30 ~ 28	111
6	铸态	AlSi12/0.8	18	30 ~ 28	125
7	T6	AlSi12/0.6	10	32	144
8	T6	AlSi12/0.6	10	32	142
9	T6	AlSi12/0.6	10	32	161
10	T6	AlSi7/0.6	8	22 ~ 21	74

的焊接变得容易，因此钎焊是金属基复合材料的主要焊接方法之一。

钎焊时，首先要用丙酮去除油污等，并用机械方法去除被焊表面的氧化膜。钎料的选择是复合材料钎焊的关键，钎料的形式一般使用很薄的金属箔钎料，预置在待焊件表面。目前，在一般条件下，很难实现填缝钎焊。按照基体表面氧化膜去除方式的不同，其钎焊可分为两类：一类是金属基复合材料的常规钎焊，这种钎焊通常在真空保护、气体保护或有钎剂的条件下进行的；另一类是金属基复合材料在外加能量辅助下的无钎剂特种钎焊，这种钎焊方法可以在大气条件下进行，通过施加外加能量破碎焊件表面的氧化膜，以实现钎料在焊件表面的润湿。

1. 金属基复合材料的常规钎焊

（1）硼纤维增强铝基强度复合材料的钎焊

硼纤维性能好，且为直径较粗（$d_f = 100 ~ 140\mu m$）的单丝，制造工艺简单，因此硼纤维复合材料是在纤维增强复合材料中最早研究成功和应用较广的金属基复合材料。硼纤维增强铝基复合材料通常是用热压法或热等静压法制造成形的。该材料在航天、航空部门已得到广泛应用，如美国航天飞机的主仓框架就是用硼纤维增强铝复合材料制成的。

图 23-4 所示为某飞行器机翼构件硼纤维增强铝复合材料与钛合金加强肋的钎焊实例。将 46% B/Al 复合材料与 Ti6Al4V 焊在一起，钎焊时钎料可使用 Al-12%Si 箔（厚度 0.08mm），钎焊温度为 610℃，机械加压为 172kPa，钎焊时间为 5min。钎焊在真空炉中进行，可达到满意的钎焊效果。

硼纤维增强铝基复合材料还可采用扩散钎焊进行

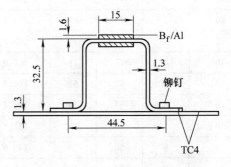

图 23-4　B_f/Al 与 TC4 结构件的钎焊[21]

焊接。它的原理是采用与铝基体易形成低熔点共晶的材料（如铜）使得在较低温度下形成液相，加速钎料成分与母材成分充分扩散，而形成牢固接头，因此有的文献称之为共晶连接。例如 $w(B)$45% B 纤维增强 1100Al 基复合材料钎焊时，使用 0.1mm 的铜夹层作为钎料，在真空炉中进行焊接，焊接温度为 554℃（Al-Cu 共晶点为 548℃），焊接时间为 15min；或焊接温度为 571℃，焊接时间为 7min。在上述条件下，可形成 Al-w(Cu) 为 33.2% 的共晶液相。铜原子向铝基体扩散，当铜的质量分数降到 5.65% 时，接头等温凝固，然后在 504℃ 下保温 2h，铜的含量梯度逐渐减小，钎缝进一步均质化。使用此工艺得到接头的抗拉强度可达 1103MPa，为母材强度的 86%。图 23-5 所示为扩散钎焊时的中间层铜的扩散机制。

（2）碳纤维增强铝基复合材料的钎焊

碳纤维密度小，价格便宜，性能优良，所以碳纤维引起人们广泛注意并与多种金属基体复合，以制成高性能的金属基复合材料，其中最主要的是铝基体。由于碳纤维与液态铝在高温下相互之间易发生化学反

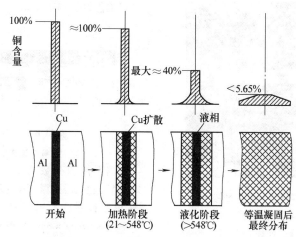

图 23-5　铜箔中间夹层铝基复合材料钎焊扩散机制示意图[10]

应，生成削弱复合材料性能的化合物 Al_4C_3，所以碳纤维必须事先高温石墨化处理，以降低碳纤维的活性。

当将基体为纯铝与 40% 碳纤维增强复合材料钎焊时，钎料分别选用 Al-6% Si-28% Cu 合金、Al-10% Si-4% Cu 合金和 Al-10% Si-4% Cu-10% Zn 合金，钎焊温度 540～590℃，钎焊在高频炉中进行，不使用钎剂并在无压的情况下进行钎接。结果表明，使用 Al-6% Si-28% Cu 和 Al-10% Si-4% Cu 合金为钎料的接头的抗剪强度分别为 65 MPa 和 82MPa，断裂位置为钎料和基体。而使用 Al-10% Si-4% Cu-10% Zn 合金为钎料的接头的抗剪强度仅为 35MPa，断裂位置为钎料。这主要由于接头中 Zn 含量提高致使接头脆化，是导致接头强度下降的主要原因。可见，在钎焊碳纤维增强铝基复合材料时，选择适当，对实现成功的连接起到重要的作用[22]。

（3）颗粒增强铝基复合材料的钎焊

颗粒增强金属基复合材料是一种非连续增强复合材料。由于该种材料价格低廉，容易加工，具有良好的高温性能及尺寸稳定性，所以近年来发展很快。其中以 Al_2O_3 和 SiC 颗粒增强铝基复合材料的开发应用尤显突出。美国已用 SiCp/Al 做飞机前缘加强筋等结构件，代替铍合金制造惯性导航器件。Al_2O_3 及 SiC 颗粒增强铝基复合材料由于其优异的耐磨性能，还可以做汽车内燃机中的耐磨件。

表 23-9 列出了体积分数为 15%，经 T6 处理的 Al_2O_3 颗粒增强 6061Al 基复合材料的钎焊参数及接头力学性能。由于颗粒及晶须增强复合材料在制备时增强相弥散均匀地分布于基体中，因此在可焊性试验时多采用对接而不必采用搭接接头。焊件为圆柱状，直径为 19mm，高为 76mm，用一弹簧夹具夹持两试

件端部进行对接，夹持力为 68kPa。真空度为 0.133Pa（10^{-3}torr），钎料成分为两种。图 23-6 所示为用银钎料时的接头金相组织照片。

表 23-9　Al_2O_{3p}/6061Al 复合材料钎焊参数及接头力学性能[10]

钎料	钎料厚度 /μm	焊接温度 /℃	焊接时间 /min	$R_{p0.2}$ /MPa	R_m /MPa
银	25	580	120	323	341
BAlSi-41	27	585	20	321	336

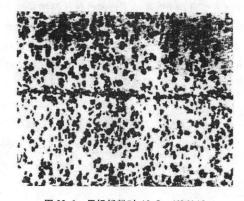

图 23-6　用银钎料时 Al_2O_{3p}/6061Al 复合材料钎焊接头金相照片（×100）[10]

当将体积分数为 10% 的 SiC/Al（纯铝基）颗粒增强的铝基复合材料，采用对接接头，板条试样（30mm×6mm×4mm），使用 0.1mm 厚的 Al-Si-Mg 铝箔作钎料，试样和钎料通过一个特殊卡具固定，焊接温度为 590℃，焊接时间为 10min，真空度为 $5×10^{-3}$ Pa。该试验条件下，钎焊接头抗拉强度达 78MPa。钎焊接头的典型照片，如图 23-7 所示。

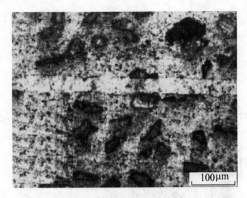

图 23-7　用 Al-Si-Mg 铝箔作钎料时 SiC_p/Al

复合材料钎焊接头照片[23]

2. 金属基复合材料的特种钎焊

（1）铝基复合材料的超声波钎焊

众所周知，超声波钎焊在铝合金的连接中得到广泛的应用。近年来，超声波钎焊凭借其易破除氧化膜和促进液态钎料在增强相表面润湿等优点，成功地应用于铝基复合材料的连接。

将体积分数为 30% 的 Al_2O_3 颗粒增强 6061Al 基复合材料的超声波振动钎焊是一种无钎剂钎焊方法。待焊件板条试样（40mm × 10mm × 3mm）被加热到 420℃，并保温 10s，同时对待焊试件施加超声波振动，振动结束后，移开焊头，使焊件冷却。一般进行超声波钎焊时，超声波频率范围为 20kHz，超声振幅为 15μm，引入超声时间为 5s。

该方法可在大气环境下或惰性气体保护环境下实现焊接，焊接表面无需特殊清洗；利用超声空化效应去除氧化膜，无需钎剂及焊后清洗处理；液态钎料在超声振动能量的作用下成形且填缝效果更理想，钎透率高、缺陷少，接头强度系数一般能达到 80% 以上。

钎焊工艺如图 23-8 所示。

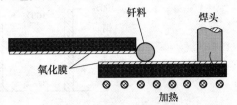

图 23-8　Al_2O_{3p}/6061 超声

波钎焊工艺示意图[24-25]

当将体积分数为 20% 的 $Al_{18}B_4O_{33}$ 晶须增强 2024Al 基复合材料超声波振动钎焊时，钎料采用 Zn-Al 共晶钎料，采用搭接形式，将试件板条试样（40mm × 10mm × 3mm）升温至 400℃，施加超声振动，频率为 20kHz，振幅为 20μm，可实现毛细填缝，获得优质钎缝，抗剪强度可达 140MPa。如果焊后将试件继续升温至 500℃，保温一段时间使靠近焊缝区的母材表面薄层被钎缝中液态合金溶解，此时再施加一次振动，可以使母材中的溶解层搅拌进入钎缝，则钎缝内会含有大量晶须，微观结构相似于母材，接头抗剪强度可达 200MPa，相当于母材强度的 80%。

（2）铝基复合材料的振动扩散钎焊[26-27]

振动扩散钎焊是一种新发展的无钎剂钎焊工艺，具有连接时间短、过程简单、操作方便、不需要保护环境等优点。根据振幅的大小范围，也就是在振动条件下待连接表面是否发生接触，可分为待焊表面接触条件下振动钎焊工艺和非接触条件下振动钎焊工艺。

待焊表面接触条件下振动钎焊，是指连接过程中氧化膜破碎及表面的孔洞闭合是在振动和压力的条件下表面波峰相互磨削的机械运动与液相共晶中间层溶解母材的共同作用下完成的。连接机制如图 23-9 所示。

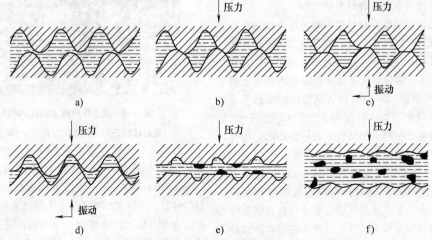

图 23-9　待焊表面接触条件下的振动钎焊连接机制示意图[26]

a）初始状态　b）预压　c）振动初期　d）振动中期　e）振动结束　f）扩散溶解阶段

待焊表面非接触条件下振动钎焊，是指温度加热到钎料的固液相线之间，对其中一个焊件施加一定幅度的低频振动，通过固液共存的钎料中的固相晶粒对待焊件表面进行周期性的冲击、剪切，来完成焊件表面氧化膜的破碎和去除。从而实现了钎料在焊件表面上的润湿，最终完成焊件的连接。

当钎焊体积分数为 20% 的 SiC 颗粒增强 ZL101A 铝基复合材料时，可采用对接接头，圆柱试样直径为 10mm，高为 40mm，使用直径为 10mm、0.2 ~ 1.5mm 厚的 Zn-Al 共晶合金作钎料。具体焊接步骤如下：加热至钎料的固液温度范围之间，接头间隙设定在 200 ~ 1500μm，实施机械振动，时间为 10 ~ 60s，振幅为 300 ~ 1000μm，频率为 30 ~ 200Hz。振动结束后，再次加热焊件至 520℃，对焊件再次实施振动，然后进行冷却。以上两种振动扩散钎焊工艺焊接铝基复合材料，接头抗拉强度都可达母材的 80% 以上[27]。不同的是待焊表面接触条件下振动钎焊对焊表面粗糙度有一定的要求，而待焊表面非接触条件下振动钎焊对温度的控制要求较严格。

（3）铝基复合材料的无钎剂加压钎焊[28-29]

无钎剂加压钎焊是一种结合机械刮擦与加压的火焰钎焊。当钎焊体积分数为 20% 的 SiC 晶须增强 6061 铝基复合材料时，可采用对接接头，圆柱试样直径为 10mm，高为 40mm，使用 Zn-Al 共晶合金作钎料。工艺流程：焊件、焊料等准备→加热待焊表面→机械刮擦→冷却→再次升温→钎料熔化、保温、搅拌、加压→冷却。其中，机械刮擦采用不锈钢或钨丝刮擦涂有钎料的焊件表面，类似钎剂破坏母材表面氧化膜，促使液态钎料与母材相互作用，增强相过渡到钎料层、钎料成分渗入进母材，形成成分适当、增强相均匀的复合钎料层。搅拌通过转动的上试件缓慢下降完成，去除再次升温时熔体表面的氧化膜，防止形成夹渣、气孔等焊接缺陷。试验发现，温度和压力是至关重要的钎焊参数，当温度在 400 ~ 450℃、压力

为 30MPa 时，接头拉伸破坏于钎缝处，抗拉强度达到 263MPa，为母材抗拉强度的 85% ~ 90%，焊接压力对接头强度的影响关系如图 23-10 所示。

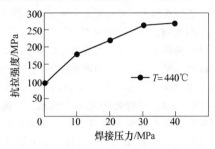

图 23-10　焊接压力对接头强度的影响[29]

23.2.4　金属基复合材料的扩散焊

扩散焊所采用的焊接温度一般比较低，焊接过程中母材不熔化，避免了增强相与基体之间不必要的化学反应，被认为是金属基复合材料比较理想的焊接方法，其中固相扩散焊和液相扩散焊是这种焊接方法中比较典型的两种类型。

1. 连续纤维增强金属基复合材料的扩散焊接

纤维增强金属基复合材料最常见的是 C、B 及 SiC 纤维增强的 Al 基复合材料和 SiC 纤维增强的 Ti 基复合材料。这种材料扩散焊接头形式多为搭接，有时也需要采用对接，图 23-11 所示为几种接头形式[30,31]。采用搭接接头形式时，实际上是基体和基体之间的焊接，接头强度直接与搭接面积有关，随搭接面积的增加而增加。从理论上讲，当搭接面积增加到一定程度时接头的承载能力可达到母材的承载能力。但此时接头增加了焊接结构的质量，接头形式也是非连续的，其应用受到一定限制。采用对接接头形式时，由于连接界面上增强纤维的不连续而导致接头强度和刚度降低。为了提高其承载能力，可采用台阶式和斜坡式的对接接头，如图 23-11e、f 所示，台阶的数量和斜坡的角度可根据受力情况及所用的焊接方

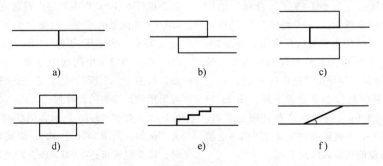

图 23-11　纤维增强金属基复合材料的接头设计形式[30]

a) 对接　b) 单搭接　c) 双搭接　d) 双盖板搭接　e) 台阶式对接　f) 斜坡式对接

法来设计。另外，在对接的接合界面处通常出现三种界面接触情况，即纤维-纤维、纤维-基体和基体-基体。前面两种接触界面普遍被认为是弱连接方式，因而必须在连接界面之间通过填充中间层加以消除。

（1）纤维增强铝基复合材料的扩散焊

纤维增强铝基复合材料的表面容易存在污染物和氧化膜问题，扩散焊前必须用砂布打磨平整，并用有机溶剂（如丙酮）严格清理连接表面。利用扩散焊焊接 C 纤维或 B 纤维增强 Al 基复合材料，扩散焊的长时间保温会使 C 纤维和 B 纤维与基体发生较为严重的界面反应，如 B/Al 复合材料在 540℃ 以上停留时，B 纤维会与 Al 基体发生反应生成脆性的 AlB_2，导致母材性能下降。B 纤维表面采用 SiC 涂层的 BSiC/Al 复合材料，SiC 可阻碍 B-Al 反应，使反应温度推迟到 590 ~ 608℃，因此扩散焊温度可适当提高。BSiC/Al 复合材料自身扩散焊或与 Ti 合金（Ti-6Al-4V）焊接时，推荐采用 Al-Cu-Mg 箔作为中间层，加热过程中由于 Cu 的存在而产生少量液相，增加了复合材料之间或与 Ti 合金之间的扩散，同时 Mg 可进一步清除氧化物，从而形成高质量的焊接接头。焊接参数：焊接温度为 538℃，焊接压力为 10MPa，焊接时间为 15min[30]。

对于 SiC_f/Al 复合材料，在一般的扩散焊温度下不会发生增强纤维与基体的界面反应，可采用中间层进行固相扩散焊或者液相扩散。采用 10μm 的纯 Cu 箔和 50μm 的 Cu-Ag 箔，焊接温度分别为 550℃ 和 510℃，在相同的焊接压力和焊接时间（20MPa，30min）进行液相扩散焊，前者接头的结合率可达到 80%，抗剪强度值为 41MPa；后者的结合率可达 90%，强度值为 55MPa，达到了基体的强度。采用 200μm 的 Al-Cu-Mg（2124）箔在 500℃ 进行固相扩散焊接，接头强度也可达到 55MPa，但需要更大的焊接压力（34MPa）和时间（60min）[32]。

（2）纤维增强钛基复合材料的扩散焊

SiC 纤维增强钛基（Ti-6Al-4V）复合材料的扩散焊过程中长时间的高温加热，SiC 纤维与 Ti 基体之间会发生反应，形成结构不致密的反应层，如图 23-12 所示，而且反应层厚度随加热时间和加热温度的增加而增加[33]。当反应层厚度超过 1.0μm 后，SiC_f/Ti-6Al-4V 复合材料的抗拉强度显著下降，图 23-13 给出了反应层达到 1.0μm 时的温度和时间的关系。在扩散焊接该材料时，连接温度和保温时间都不应超过该图上的曲线对应的温度和时间[34]。

SiC_f/Ti-6Al-4V 复合材料自身的扩散焊必须采用中间层以消除高强度和高刚度的 SiC 纤维相互接触。

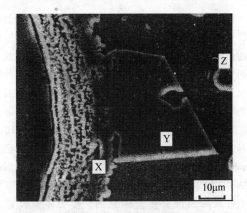

图 23-12　SCS-6/Ti-6Al-4V 复合材料在 1050℃ 加热 24h 后的反应层的微观组织（X 为反应层外层，Y 为 Ti_3AlC，Z 为位于基体内的 TiC）[33]

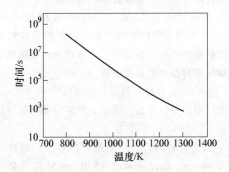

图 23-13　SiC_f/Ti-6Al-4V 复合材料中反应层达到 1.0μm 的温度和时间的关系[34]

为改善界面的接触和结合一般采用过渡液相连接，同时加入适当厚度的基体金属做中间过渡层，如图 23-14 所示，因为只添加产生过渡液相的金属层时，基体金属之间可以获得良好的接触和结合，但是当过渡液相消失之后连接界面上仍会存在纤维-纤维、纤维-基体的弱连接，接头强度不高[34-36]。体积分数 30% 的 SiC_f/Ti-6Al-4V 复合材料用 Ti-Cu-Zr 作过渡液相层、用 Ti-6Al-4V 作中间层进行过渡液相焊时，Ti-6Al-4V 中间层的厚度一般要大于 80μm，在焊接温度为 1173K，焊接压力为 1MPa 时，接头强度可达 850MPa。再增加中间层的厚度，接头强度几乎不增加，如图 23-15 所示[35]。欲进一步增加接头强度，可采用斜口接头的设计形式，随着 θ 角的减小接头强度增大，如图 23-16 所示，但此时的焊接压力需增大。例如，当 θ 角小于 12°，焊接压力小于 10 MPa 时，接头强度可达 1380 MPa，断裂发生在母材[34]。

SiC_f/Ti-6Al-4V 复合材料与 Ti-6Al-4 的扩散焊接时，由于连接界面上不存在纤维的直接接触，界面变

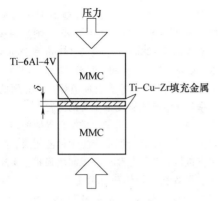

图 23-14　同时利用中间层及瞬间
液相层的焊接方法[35]

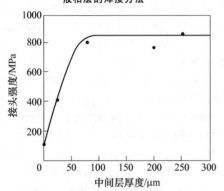

图 23-15　中间层厚度对体积分数为
30% 的 SiCf/Ti-6Al-4V 复合材料
瞬时液相扩散焊接头强度的影响[35]

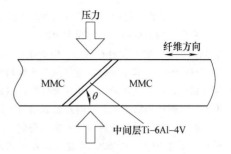

图 23-16　加中间层的体积分数为
30% 的 SiCf/Ti-6Al-4V 复合材

料扩散焊斜口接头示意图[34]

形和扩散结合都比较有利，因此采用固相扩散焊和过渡液相扩散焊均可获得较高强度的接头。例如，固态扩散焊接和用 Ti-Cu-Zr 非晶态箔作中间层过渡液相焊接 SiCf/Ti-6Al-4V 复合材料与 Ti-6Al-4V 时接头强度都可达到 850MPa。但是固相扩散焊所需的焊接压力为 7MPa，焊接时间为 0.5h，接头变形率达到 5%，而过渡液相焊的焊接压力仅需 1MPa，焊接时间为 0.5h，接头变形率下降为 2%[35]。

2. Al_2O_3 短纤维增强 Al 基复合材料的扩散焊

体积分数为 15% Al_2O_{3sf}/6063Al 复合材料扩散焊接头的强度及其焊接参数见表 23-10[37]。焊接时应尽量采用中间层，无中间层时接头强度比较低，而且焊接参数选择范围窄。对于体积分数为 30% Al_2O_{3sf}/Al 复合材料的扩散焊，由于增强纤维含量的增加，接头强度有所下降。采用 0.1mm 厚的 Ag 箔、580℃

表 23-10　体积分数为 15% Al_2O_{3sf}/6063Al 复合材料扩散焊接头的强度及焊接参数[37]

中间层		焊接参数			抗拉强度 /MPa	断裂位置
材　　质	厚度/μm	温度/℃	压力/MPa	时间/s		
无	—	873	2	1800	98	焊接界面
				1800	97	焊接界面
Ag	16	873	2	1800	188	焊接界面
				1800	145	焊接界面
Cu	5	883	1	1800	125	焊接界面
		873	2	1800	179	母材
				1800	181	焊接界面
			1	1800	162	焊接界面
		823	1	1800	119	焊接界面
Al-Cu-Mg （A2017）	75	883	1	1800	161	焊接界面
		873	2	1800	184	母材
				1800	181	母材
				1800	173	焊接界面
Al-Cu-Mg （A2017）	30	883	1	1800	177	焊接界面
		873	2	1800	187	焊接界面

的焊接温度、0.5MPa 的焊接压力和 100s 的焊接时间，接头强度可达到最高值，约为 95MPa[38]。

3. 晶须增强金属基复合材料的扩散焊接

SiC 晶须增强 Al 基复合材料与其他非连续增强铝复合材料相比，具有较高的强度和断裂韧度，因此备受青睐，它已被计划用于航天空间站的微陨石防护屏材料，在航空、航天器的其他部件中也已得到应用。

对于挤压铸造的 SiCw/6061Al 复合材料，增强相体积百分比为 18%，晶须直径为 0.1~1μm，晶须长度为 30~100μm，可采用无夹层液相扩散焊接，但必须通过控制加热温度确保在接合界面处产生少量液相，促进结合。焊件为棒状对接时，其最佳焊接参数：焊接温度为 580~640℃，焊接压力为 5MPa，焊接时间为 30min，在真空状态下焊接（真空度 0.0027Pa），接头强度可达母材的 75%[39]。

体积分数为 12.5% SiCw/2124Al 复合材料可采用 Al-Li 合金（AA8090）、超塑性 Al-Cu 合金和纯 Ag 箔中间层进行固相扩散焊[40]。采用厚度为 50~150μm 的超塑性 Al-Cu 合金箔在焊接温度为 500℃、焊接压力为 6MPa、焊接时间为 1h 条件下，只有通过大变形（>40%）才能获得优质接头。此时结合界面氧化膜的破坏机制完全依靠塑性流变的机械作用。在中等变形（20%~30%）条件下，扩散结合的界面上还存在孔洞等缺陷，接头强度很低。采用厚度为 50~150μm 的 Al-Li 合金箔作为中间层时，Li 可与 Al₂O₃ 膜反应生成较为容易溶解、破坏的氧化物（Li₂O、LiAlO₂、LiAl₅O₈ 等），可在较小的变形（<20%）条件下就可获得结合良好的接头，焊接参数为 500℃×3MPa×1h。采用 Ag 箔作中间层也可通过形成 Al-Ag 金属间化合物来溶解铝的氧化膜，在较小变形条件下获得结合较好的接头。但接头强度对 Ag 箔的厚度比较敏感，Ag 箔厚度一般控制在 2~3μm，接头抗剪强度可达 30MPa。Ag 箔过薄在结合界面会有较高的孔洞率，过厚会出现连续分布的金属间化合物，使接头变脆。其焊接参数：焊接温度为 470~530℃，焊接压力为 1.5~6MPa，焊接时间为 1h。

4. 颗粒增强金属基复合材料的扩散焊接

颗粒（SiC、Al₂O₃、TiC 等）增强铝基复合材料因为具有成本低、性能好等优势，有关它的制备技术和焊接技术的研究都是最广泛的。在它的焊接技术研究方面又以扩散焊技术最为热门，包括无中间层扩散焊、带中间层固相及液相扩散焊。

对于圆棒材料可以实现非真空原位旋转扩散焊接，如体积分数为 20% Al₂O₃p/6061Al 材料，当试件表面粗糙度为 20μm，焊接温度为 450℃，加热炉到

达焊接温度后保持 0.5h，对试件施加 1kN 的预压力并保持 6min 后原位旋转焊件 4 个 90°，增加焊接压力至 2kN 后保温 6~20min。在保温 14min 和 16min 条件下，接头的抗拉强度可分别达 148MPa 和 169MPa[41]。但由于是非真空环境焊接，界面的氧化及结合率是影响接头强度最主要的问题。

当不采用中间层，为了促进结合界面的结合，可加大焊接参数，在结合区内产生少量液相层，在静压力作用下机械破碎氧化膜，并浸润增强相，实现无夹层液相扩散焊。如体积分数为 30% Al₂O₃p/6061Al 复合材料最佳的焊接参数为 597℃×5MPa×1.8ks，接头强度可达 200~210MPa，变形率小于 2%[39,42]。或者当液相薄层生成后采用冲击压力使接头在短时间内形成，如体积分数为 20% SiCp/101A 在焊接温度为 570℃，施加 5MPa 的初始焊接压力，保温 30s 后，施加 80~120MPa 的冲击压力 5~10s，冲击速度为 350~700mm/s，冲击时间间隔为 0.0001~0.01s，接头强度最高可达 130MPa，为母材的 76%[43,44]。

不使用中间层的固相扩散焊在被焊接触面上会出现增强相之间的直接接触，形成 P/P（颗粒/颗粒）界面裂纹源，因而应加入中间层避免 P/P 界面。如体积分数为 20% SiCp/Al-Li 复合材料扩散焊接时如果不使用中间层，接头强度只有 100MPa，而加入 8090 箔作为中间层，当焊接参数为 560℃×4h×（0.75~1.5）MPa，接头强度可达 150MPa[45]。

颗粒增强铝基复合材料多采用加中间层的液相扩散焊，它的优点是焊接压力及接头变形小，氧化膜去除更彻底，接头组织致密且更接近母材的结构，因而强度较高。焊接的关键是选择合适种类及厚度的中间层，通过改变连接时间和压力降低接头中残余中间层以及增强相的偏析程度，使接头强度达到最佳。中间层的选择原则是能与复合材料的基体金属生成低熔点共晶体或者熔点低于基体金属的合金，易于扩散到基体中并均匀化，且不能生成对接头性能不利的产物。可与 Al 产生共晶液相的元素较多，但适合于焊接的较少。目前常用的中间层有 Cu、Ag、Ni 等及 Al-Si、Al-Cu-Mg 及 Zn-Al 等，也可以采用多中间层的组合，如 Cu/Ni/Cu 等。

目前许多研究都采用 Cu 箔作为中间层，因为 Al-Cu 的共晶温度比较低，因而焊接温度也比较低。但 Cu 箔的厚度需严格控制，否则接头中容易出现颗粒偏聚，接头强度不稳定。相对而言，采用 Ag 箔中间层得到的接头强度更为稳定，而 Al-Si 中间层因为其中含有 Al 成分，可减少基体的共晶熔化，降低了 Al₂O₃ 颗粒在接头的偏聚程度，从而获得的接头强度

也较高[46,47]。表 23-11 是体积分数为 15% Al_2O_{3p}/6061Al 采用不同中间层时强度最高接头的焊接工艺，其中接头经过 T6 热处理。

有研究认为采用 Cu 中间层液相扩散焊接颗粒增强铝基复合材料时，Cu 在 Al 母材中的扩散太慢，导致等温凝固时间过长是造成颗粒偏聚的主要原因，而 Ni 在 Al 中的扩散速率近似为 Cu 的 10 倍，Al-Ni 中间液相层的等温凝固速度会加快，即固液界面移动速

表 23-11　体积分数为 15% Al_2O_{3p}/6061Al 采用不同中间层时强度最高接头的焊接工艺[46]

中间层	焊接参数		抗剪强度/MPa	屈服强度/MPa	抗拉强度/MPa
	温度/℃	时间/min			
母材	—	—		317	358
Ag,厚 25μm	580	130	193	323	341
Cu,厚 25μm	565	130	186	85	93
BAlSi-4,厚 125μm	585	20	193	321	336
Sn-5Ag,厚 125μm	575	70	100	—	—

率更快，可避免增强相的偏聚。采用 13μm 厚的 Ni 箔在焊接温度为 655℃，真空度为 10^{-3} Pa，焊接时间为 60min 条件下，体积分数为 17% SiC_p/2124Al 复合材料液相扩散焊接接头中没有发现颗粒偏聚，经过 505℃ 固溶 1h、水淬、96h 自然时效后，接头抗剪强度可达 276MPa，约为母材强度的 98%[48]。但该焊接工艺的加热温度太高，已超过了大部分 Al 合金母材的固-液相线，不仅可能导致接头产生很大的变形，还可能使母材的性能大幅降低。

为了避免大部分液相扩散焊接温度过高可能带来的许多问题，有学者提出了采用分级扩散焊的思路。例如体积分数为 20% SiC_p/359Al 复合材料，首先用 3 ~ 12.5μm 的 Cu 箔将复合材料在真空中进行短时间（20min）、低压力（0.1 ~ 0.2MPa）扩散焊接，焊接温度略高于 Cu 和 Al 的共晶温度 548℃，然后在大气环境下施加较大的等静压力（1 ~ 5MPa）进行长时间（60min）扩散焊，焊接温度不变。焊接效果很理想，接头最高抗剪强度可达 242MPa，为母材强度的 92%[49]。或者采用 Cu/Ni/Cu 组合中间层也可兼顾 Cu 中间层焊接温度低、Ni 中间层扩散快等优点，减少焊接变形。采用 10μm、30μm、10μm 的 Cu/Ni/Cu 组合中间层在焊接温度为 580℃、焊接时间为 90min、真空度为 8×10^{-3} Pa 的条件下，体积分数为 30% Al_2O_{3p}/6061 复合材料液相扩散焊接头抗剪强度可达 102MPa[50]。

23.2.5　金属基复合材料的电阻焊

电阻焊是最早用于金属基复合材料连接的焊接方法之一。早在 20 世纪 70 年代初，美国就用电阻焊生产 B_f/Al 复合材料航空结构件。

电阻焊加热时间短，焊接过程中又施加一定的压力，从而抑制增强相与基体间的界面反应，并防止气孔、裂纹的产生。复合材料电阻焊时还应尽可能使用小的热输入，低的焊接压力，以避免引起飞溅及损伤增强相。

1. 连续增强铝基复合材料的电阻焊

（1）硼纤维增强铝基复合材料电阻焊

对于厚度为 0.5mm，体积分数为 50% 的硼纤维 1100Al 基复合材料进行电阻缝焊时，搭接接头的抗剪强度为 477MPa，相当于复合材料屈服强度的 40%。点焊时，对于直径为 5mm 的焊点，沿径向搭接剪切测试时，具有高于 75% 的接头系数。该材料典型的电阻点焊参数见表 23-12，接头载荷见表 23-13。

表 23-12　使用多路脉冲点焊机（额定功率 150kVA）焊接 B/Al 复合材料焊接参数[51]

参　数	数　值
电极半径/mm	200
电极压力/N	4480
电流维持时间/周波	6
相位	50%
电流衰减时间/周波	4
相位	25%
顶锻时间/周波	2.4
顶锻压力/N	8006

当 B/Al 复合材料与 Al 合金进行点焊时，由于复合材料电阻率比 Al 大，热导率比 Al 差，因此熔核易偏向复合材料一侧。为了保证熔核置于界面上，焊件

两侧应使用不同电极，B/Al 侧采用锥台形高电导率电极，而 Al 侧则采用球面低电导率电极。

表 23-13　B/Al、B/Al-Al、B/Al-Ti 电阻点焊接头载荷[51]

材料种类及板厚	焊点直径 /mm	失效载荷 /N
0.5mm 厚 UD 与 0.5mm 厚 CP	5.08	2835
0.5mm 厚 UD 与 0.61mm 厚 CP	6.60	2226
0.64mm 厚 UD 与 0.64mm 厚 CP	7.62	1932
1.5mm 厚 CP 与 0.5mm 厚 Ti	8.89	4766
1.5mm 厚 CP 与 0.5mm 厚 Ti	8.38	5168

注：UD—单向纤维复合材料，$w(B)$ 为 50% /Al；CP—交叉布层复合材料，$w(B)$ 为 45% /Al。

B 纤维的体积分数对电阻焊焊接性影响很大，随着 B 纤维体积分数的增大，熔核中熔化金属流动性更差，接头强度下降。如纤维体积分数从 30% 上升到 50% 时，接头强度降低 10%。

（2）碳纤维增强铝基复合材料的电阻焊[52]

对于碳纤维增强铝基复合材料电阻点焊，当两板厚度均为 1mm 时，可以加 BAlSi-4（美国牌号，即 Al-12% Si）中间层。合适的焊接参数：电极压力为 1780N，焊接电流为 5000A，焊接时间为 5 周波。此方法在本质上属电阻钎焊。

当将板厚分别为 1.5mm 的 C/Al-12% Zn 复合材料与 2219 铝合金电阻点焊时，电极压力为 1067N，焊接电流为 8900A，焊接时间为 5 周波，仍采用 718 填料，可获得良好接头质量。

2. 非连续增强铝基复合材料的电阻焊

在进行非连续增强复合材料电阻焊时，增强相可能在熔核中发生偏聚。图 23-17 所示为 1mm 厚的质量分数为 20% Al_2O_{3p} 颗粒增强 6061Al 复合材料的点焊时的熔核截面照片。这个 8mm 直径的熔核需要 30000A 的焊接电流 4 周波，以及 4003N 的电极压力。由于复合材料比基体材料电导率、热导率都低，因此与基体材料相比，获得同样尺寸的熔核，则需要较小的焊接功率。

23.2.6　金属基复合材料的摩擦焊及搅拌摩擦焊

摩擦焊及搅拌摩擦焊都属于固体连接的范畴，因此不存在增强相与基体间的界面反应和所谓的凝固结构，并且也消除了脆的枝晶间相和共晶相存在的问题。但是这两种方法在焊接过程中都会产生大量的塑性变形，因此不适合于焊接纤维增强复合材料。

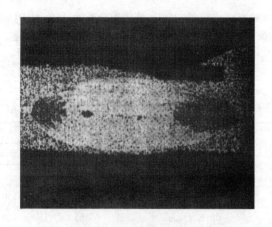

图 23-17　Al_2O_{3p}/6061Al 复合材料电阻点焊焊点截面照片[10]

1. 摩擦焊

摩擦焊是利用两个接触面相对高速旋转并加压摩擦产生的热量及顶锻压力下产生的塑性流变来实现连接的焊接方法。摩擦焊时，在连接表面附近产生较大的塑性变形，将可能导致增强相的严重断裂，因此用这种方法焊接纤维增强复合材料是不合适的；当摩擦焊非连续增强复合材料时，虽然增强相部分被破碎，但对接头强度影响不大。由于整个焊接过程中母材不发生熔化，因此摩擦焊是焊接非连续增强复合材料，特别是 SiC_p/Al、Al_2O_{3p}/Al 等颗粒增强复合材料的理想方法。

金相观察表明，在摩擦焊过程中的塑性流动并未改变增强相粒子的分布特点，焊缝中粒子的体积分数与母材中粒子的体积分数极为相近，塑性变形区基体金属的晶粒尺寸非常小，只有 1μm 左右，部分塑性变形区的晶粒尺寸沿轴向逐渐增大，说明这两个区域具有较快的动态恢复及再结晶速度，但仍小于母材。焊后的热处理可以改善接头性能，对于 SiC_p/6061Al 复合材料焊后 T6 处理，焊缝强度及硬度可达母材的水平，而经 T3 处理，由于晶粒的细化及位错密度的提高，焊缝强度及硬度甚至超过母材[53]。

摩擦焊适于管材及棒材的连接[10]。例如，对于壁厚为 1.78mm、外径为 25mm 的质量分数为 10% Al_2O_{3p}/6061Al-T6 管材惯性摩擦焊，飞轮转速 2625 ~ 3280r/min，转动时轴向压力（摩擦压力）为 3.8MPa；接头强度可达 280 ~ 294MPa，接头强度系数为 79% ~ 83%（母材强度为 355MPa）。所有的失效均断在距结合面 2 ~ 5mm 的热影响区内。

对于直径为 45mm、质量分数为 14% SiCp/2618Al-T_6 复合材料棒材同种材料旋转摩擦焊，转速为 950r/min，摩擦压力为 120MPa，顶锻压力为 180MPa，顶锻变形量为 8mm，顶锻变形速度为

1.7mm/s。在焊态条件下，接头抗拉强度为 382MPa（接头强度系数为 84%），断后伸长率为 2%，在接合面附近断裂。

2. 搅拌摩擦焊

搅拌摩擦焊是利用一种特殊形式的搅拌头对待焊材料进行摩擦、搅拌，并结合搅拌头对焊缝金属的挤压，使加热至热塑性状态的待焊材料在热-机联合作用下形成致密的焊接接头。由于搅拌摩擦焊在高温下伴随有大量的塑性流动，因此，用该方法焊接纤维增强复合材料是不合适的，因为此种材料不具备在保持如此大的塑性流动下而不损伤增强相的能力，但该方法对颗粒增强复合材料是可行的。

通过对焊接接头的金相分析，发现接头焊核区中的增强相颗粒由于受到搅拌头的剧烈搅拌作用而被破碎、球化，基体金属由于发生连续的动态回复再结晶过程而得到细小等轴的晶粒；热-机影响区中颗粒的排列方式与材料的塑性流动方向一致；由于热影响区基体金属发生过时效，在焊态下易引起连接接头的软化和强度部分损失，但通过焊后固溶 + 时效处理能使热影响区性能恢复至接近母材的水平[54]。

搅拌摩擦焊比较适合直缝和环缝的焊接。例如，对于板厚为 7mm 的质量分数为 20% Al_2O_{3p}/6061Al-T6 复合材料板搅拌摩擦焊对接，搅拌头轴肩直径为 20mm、搅拌针直径为 8mm，在转速为 500 ~ 700r/min，焊速为 150 ~ 300mm/min 下，接头平均强度达到 251MPa（接头强度系数为 70%），所有接头的失效均发生在热影响区[55]，其接头的宏观照片如图 23-18 所示。

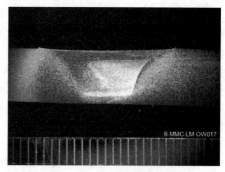

图 23-18　Al_2O_{3p}/6061Al 复合材料搅拌摩擦焊接头宏观照片[6]

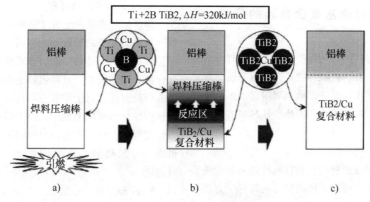

图 23-19　复合材料自蔓延高温合成焊接原理示意图[56]
a）反应前　b）反应时　c）反应后并形成连接

23.2.7　金属基复合材料的自蔓延高温合成焊接

近年来，自蔓延高温合成焊接技术主要应用于原位合成金属基复合材料的焊接，但目前也成功地应用于陶瓷、复合材料等材料的焊接。自蔓延高温合成焊接是以自蔓延高温合成反应放出的热作为高温热源，以反应产物作为焊料，在复合材料之间或复合材料和金属之间形成牢固连接的过程。

例如，对于直径分别为 15mm 的焊料棒（由摩尔比为 Cu:Ti:B = 1.49:1:2 的粉末混合、压缩制得）和 Al 棒进行自蔓延高温合成焊接，采用纯 Cu 作中间

层，在 433K 条件下预热焊接，通过 Cu-Ti-B 系统的自蔓延高温合成反应不仅制得了质量分数为 60% TiB_{2p}/Cu 复合材料，还同时实现了质量分数为 60% TiB_{2p}/Cu 复合材料和 Al 棒之间的连接，其焊接原理如图 23-19 所示。接头强度达到 19MPa，断裂发生在 Al 棒和 Cu 中间层的反应层上[56]。

23.3　有机复合材料的连接

23.3.1　有机复合材料的连接特点

有机复合材料，亦称树脂基复合材料，按基体化学结构不同分为热固性树脂基复合材料和热塑性树脂

基复合材料两种。热固性树脂基复合材料的基体为交联结构的聚合物，没有熔融状态，不能被焊接，但可以采用机械固定或胶接的方法进行连接。热塑性树脂基复合材料中的聚合物键是依据次价键结合在一起，当受热时，聚合物链获得自由进而移动和扩散，聚合物可加热流动，因此对于热塑性聚合物基复合材料，除了用机械固定或胶接连接外，也还可用焊接方法进行连接[57]。

热塑性基体可进一步分为非晶态与半晶态两种。非晶态的高分子链是随机排布的，而半晶态聚合物含有非晶和晶体两种区域：在非晶态区域，分子链是随机排布；在结晶区域，分子链间排列紧密形成晶格。对于非晶态聚合物，焊接时的临界温度是玻璃化转变温度，对于半结晶态聚合物，焊接时的临界温度是熔化温度[58]。

适用于热塑性复合材料的焊接工艺可划分两种类型：一类为外部加热式，如热板、热气、电阻或感应加热，以及红外或激光加热；另一类为内部加热式，包括介电和微波加热、摩擦加热（摩擦焊）、振动焊及超声波焊。

23.3.2　热塑性树脂基复合材料的焊接性分析

热塑性基复合材料的熔化焊接基本工艺过程分为五个阶段：①表面准备，去除污物；②加热并熔化焊接界面的树脂；③加压，促进流动和润湿；④聚合物链发生分子之间的扩散和缠结；⑤热塑性材料的冷却和再凝固。

1. 表面状态

焊前首先需要去除热塑基复合材料待焊表面的脱模剂、油脂等污染物。可以采用机械方法或化学方法进行处理。污物、油脂等可用标准的清理或脱脂技术来去除。转移到部件上的脱膜剂很难清除，因此对于需要焊接的表面最好用非转移型脱模剂脱模。

2. 加热过程

由于热塑基复合材料增强相的体积分数较高，尤其对于连续纤维增强的复合材料来说，为了尽量不破坏复合材料的结构系统，最好选用加热迅速，只加热被连接面上树脂的方法。尤其对于碳纤维增强的复合材料来说，不仅其本身的导热能力大大高于树脂基体，而且热传导是各向异性的，沿材料的纵向（纤维方向）加热与冷却都比较快。而且碳纤维的高导电性，会对一些焊接工艺产生影响，如电阻焊时的电流泄露问题，微波焊时的电磁场屏蔽问题等[59]。为此可在复合材料表面制作几百微米厚的富树脂层，

减小热源对复合材料体的破坏作用[60]。对于一些整体加热的焊接方法，为了减轻失坚和弯曲变形，需要在焊接纤维增强热塑性树脂基复合材料时采取支撑措施。

对于结晶性的基体，由于熔点温度较高以及熔晶吸热，因此需要更高的热输入才能实现熔焊过程。

3. 加压过程

在焊接纤维增强热塑基复合材料时，必须施加一定的压力，防止存储在纤维中的弹性能会因基体树脂的熔化或软化而释放出来，造成复合材料失坚并形成孔洞。

对加热部件加压还可促使消除焊接表面上的粗糙和气隙，使焊接界面达到"紧密接触"状态，这种紧密接触状态是聚合物分子链扩散的前提。

焊接时，表面凹凸不平处增强相能够显著地增加熔体的黏度。试验表明，含纤维体积比60%～70%的复合材料，复合材料的有效黏度为纯树脂基体有效黏度的10～400倍。在焊件表面制作富树脂层可以增加焊接表面熔融树脂的量，从而降低有效黏度，促进挤压流动。

4. 分子间的扩散过程

焊缝的强度取决于分子链跨界面扩散和缠结的程度。与金属原子的扩散方式不同，一个聚合物分子链的扩散过程是以链端蠕动的方式进行的。对于非晶态聚合物，分子链扩散时间依赖于与玻璃态转变温度相关的焊接温度；对于半晶态聚合物，分子间扩散仅仅能够在熔化温度以上发生。由于熔化温度远高于玻璃态转变温度，因此扩散的时间很短，约在 10^{-7} s 的数量级。与加热和加压时间相比，此扩散过程是瞬时的[61]。

5. 冷却过程

冷却是焊接过程的最终阶段。随着焊缝熔融树脂的冷却和再凝固，接头及部件的完整性最终实现。在冷却过程中，直到完全凝固之前，复合材料将在压力下被保持，以遏制焊件的刚度损失和翘曲变形。冷却速率将影响复合材料的组织和性能，这对于半晶态基体复合材料尤为重要，因为冷速将影响结晶度。通常，高的结晶度使基体有更高的强度和抗溶解能力，但却使复合材料的韧性降低。研究表明，对于聚醚醚酮等半复合材料，当冷却速度超过700℃/min，球晶的生长能被抑制，从而降低熔融能力，而对于低于10℃/min 的慢速冷却，将导致影响力学性能特别是断裂韧度不良的组织形态的产生。

另外，结晶性的基体凝固的速度也较快，只要温度低于熔点即会发生凝固，从而对焊接工艺过程提出

了更高的要求[62]。

23.3.3　热塑性树脂基复合材料的外加热式焊接

1. 热板加热焊接

该种方法的特点是被焊部件之间插入一个加热的金属板。金属板同焊件表面接触，为了防止部件与金属板粘连，金属板的表面事先覆盖上聚四氟乙烯涂层；对于高温聚合物基体，可采用特殊的青铜合金作为热板以减小粘连。某些情况下，也可采用非接触式的热板加热方法，此时热板被加热到较高的温度，热板与焊缝位置离得很近，依靠空气对流和本身的辐射加热被焊表面。图 23-20 所示为热板焊接过程示意图。当复合材料部件表面被加热软化后，将金属板抽去，然后部件被压焊在一起。这种技术适用于焊接尺寸较小的部件，对材料性能与焊接条件的变化适应性强。其缺点是对焊件的几何形状变化适应性差。同时由于加热和加压是在不同时间进行的，因此这种技术难于用在含高导热性增强相的复合材料和结晶性基体复合材料的焊接，部件在被对中和加压之前表面已经冷却和再凝固[59]。

热板焊接连续碳纤维增强的聚醚醚酮复合材料时，加热温度为 365℃，加热时间为 2min，可以获得约 38MPa 的接头抗剪强度。如果在焊接界面加入聚醚醚酮膜可以获得约 55MPa 的抗剪强度[58-59]。

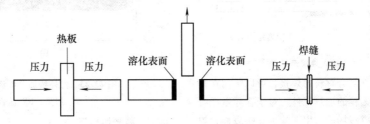

图 23-20　热板焊示意图[59]

2. 电阻植入焊

电阻植入焊是依靠电阻元件通过电流产生电阻热而实现焊接[63,64]，其原理如图 23-21 所示。由于电阻加热元件插入到焊缝层，因而这种元件应与复合材料具有相容性，如石墨聚酯胶条就可用作加热元件。为提高半结晶态基体复合材料的可焊接性，有时也采用"双树脂结合"技术，即使用一种与半晶态基体相容的非晶态聚合物，夹在这个加热元件与复合材料之间。通常采用的电阻材料有不锈钢网和碳纤维。不锈钢网加热元件具有加热效率高，接头强度高的优点，但是会降低接头的耐蚀性，并会破坏接头使用性能的均匀性[63]。碳纤维加热元件和复合材料的基体树脂具有较好的相容性，但是其加热效率较低，而且在焊接准备过程中需要十分小心，避免加热件中碳纤维的断裂。不锈钢网和碳纤维通常不能直接用作加热元件，需要在焊接前其表面预先粘挂上与基体树脂相同或相容的树脂。

在焊接连续碳纤维增强的热塑性复合材料时，由于空气的导热能力较差，容易导致焊接面边缘处的温度高于中心的温度，使得在焊接面中心处的温度还未达基体材料的焊接温度时，边缘树脂发生过度熔化导致加热元件同增强碳纤维发生接触，产生"电流泄露"问题，导致焊接过程难以正常进行。为此可以在加热元件的上下表面增加绝缘的纯树脂或玻璃纤维

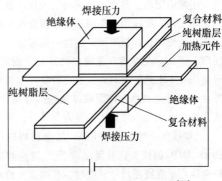

图 23-21　电阻植入焊接示意图[58]

增强的树脂层进行改善。由于受到欧姆定律的限制，电阻焊的一次焊接面积是有限的，使得电阻焊适合于焊接又长又窄的搭接接头。采用顺序焊接的方法，可以焊得长达 1.2m 的接头[59]。

电阻焊采用的电流通常为直流电，也可以采用交流电或脉冲电流[64]。

研究表明，电阻焊的最佳参数为输入功率密度范围在 75～130kW/m²，采用恒位移法时最佳压力范围在 0.15～0.40MPa，采用恒压法时最佳压力范围在 0.4～1.2MPa。焊接碳纤维增强的 PEEK 复合材料可以达到约 44MPa 的抗剪强度[64]。

3. 感应植入焊接

感应植入焊接是基于在交变磁场中导体内部会产生

涡流的原理，依靠材料的内部电阻产生热量将材料加热实现焊接，通常采用的感应焊频率为 200～500Hz[65]，如图 23-22 所示。加热元件通常用与基体材料相同或相容的树脂混合金属粉末、微米级氧化铁粒子、导电陶瓷、石墨、碳纤维或金属网制成。感应焊接时需要注意的问题是焊接面上的温度要分布均匀，这取决于线圈和加热元件形状的设计。在采用金属网时，通过去除部分网结也可以获得均匀分布的温度场[59]。

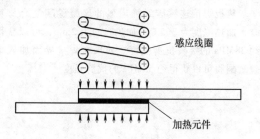

图 23-22　感应植入焊接示意图[59]

对于非导电纤维复合材料的焊接，可以采用在被焊表面置入含导电颗粒的加热元件。对于含导电纤维的复合材料，在感应磁场的作用下除了焊接表面，焊件体内也会生成大量的热量，导致接头复合材料的刚度损失产生翘曲变形。若在连接表面置入比纤维导电性好的加热元件，如使用金属网或弥散金属颗粒的加热元件，优先加热焊接界面，可以一定程度上克服这一问题。例如，在焊接石墨增强热塑复合材料时，有人曾使用一个由热塑材料和镍涂层石墨纤维制成的聚酯胶片作为感应加热元件而取得良好的焊接效果，其接头强度可达到用压模制造的复合材料部件强度的 50%[57]。焊接碳纤维增强的 PEEK 复合材料时可以获得约 48.2MPa 的接头抗剪强度[59,65]。感应焊方法的局限性在于受线圈尺寸的限制，在焊接大面积的接头时难以保证焊接面上温度分布的均匀性，而且在焊缝中植入的导电材料会影响接头的强度和使用性能的均匀性[57,59,65]。

4. 红外线加热焊

红外线以电磁波辐射的方式加热焊件。红外焊接属于非接触式的焊接技术。首先红外线辐照待焊表面至熔化状态，然后撤走光源将熔化表面对中加压形成结合。红外线通常由高强度的石英灯产生。石英灯通常置于往复式机械臂上，对于焊接表面进行扫描式加热，如图 23-23a 所示。红外焊的主要特点是可以焊接复杂曲面形的焊接表面，可以实现高程度的自动化，能够精确地控制焊接参数。局限性在于在加热过程中有可能使复合材料产生刚度损失或翘曲变形。采用红外加热焊接 APC-2/AS4 可以获得约 36.3MPa 的

接头强度[58,59]。

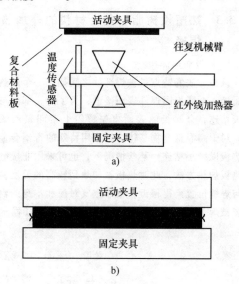

图 23-23　红外线加热焊示意图[59]
a）加热　b）压合

5. 激光加热焊

激光是一种受激辐射放大了的电磁波。焊接热塑性复合材料时通常采用对接接头的形式，如图 23-24a 所示。在热塑性复合材料与透明材料的焊接时，也可以采用透射焊的形式，如图 23-24b 所示。在焊接时激光迅速扫过待连接面，连接面上的一部分树脂被瞬间烧损，但仍然可以剩下一薄层熔化的树脂，在焊接压力的作用下接触在一起冷却后形成焊缝。激光焊接的效果依赖于焊件的辐射吸收性质，通过染色剂或添加剂可以改变激光到热的转化率[59]。

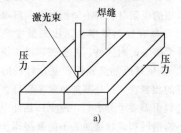

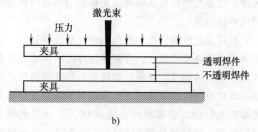

图 23-24　激光加热焊示意图[59]
a）对接焊　b）透射焊

激光焊接的优点是快速、清洁。激光焊接的局限在于其能量密度非常高，即使采用低功率的激光，热塑性材料也可能瞬间被烧损，需要采用散焦或快速移动等技术加以克服。

6. 热气焊

热气焊采用高温空气流熔化填充焊条进行焊接，如图 23-25 所示。高温气流不仅对焊条的端部进行加热，形成熔融填充树脂，而且也对坡口表面进行加热，同时采用手工的方式将熔化的树脂推进焊缝当中。热气焊的特点是灵活，需要的设备简单、便携，并且可以用来装配大型复杂的部件。另一方面热气焊速度较慢，难于控制，同时热气焊由于能量太分散，不能用于焊接连续纤维增强的复合材料，但是可以焊接颗粒或短纤维增强的复合材料[57,59]。

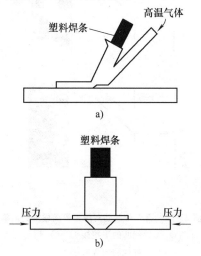

图 23-25　热气焊示意图[59]

23.3.4　热塑性树脂基复合材料的内加热式焊接

1. 介电焊

介电焊，也叫射频焊，是指采用高强度的在 MHz 级频率范围内的交变电磁场直接对树脂进行加热的焊接方法。这个强电磁场是通过一对紧压焊件的电极施加的，如图 23-26 所示。介电损耗系数是决定焊接效果的最重要因素。聚氯乙烯、聚氨酯、聚酰胺具有高的介电损耗系数，而聚乙烯、聚丙烯、ABS 的介电损耗系数则较低。介电焊的主要参数包括电源功率、焊件厚度、焊接面积、焊接时间和焊接压力[59]。

在焊接复合材料时的主要问题是整个焊接接头都会被加热，因此需要复杂的夹具保持焊件在焊接过程中不发生变形。也可以采用在焊接面上放置一薄层具有高介电损耗系数的聚合物中间层，来使得焊接界

面处首先达到熔融温度的方法。随着焊接接头厚度的增加，熔合区的厚度随之增加，因此这种方法只适合于薄板型复合材料的焊接。另外，这种方法不适于焊接碳纤维等导电相增强的复合材料[59]。

图 23-26　电介质加热基本装置示意图[59]

2. 微波焊

微波是频率在 300MHz ~ 300GHz 的电磁波。被加热介质中的极性分子在快速变化的高频电磁场作用下，其极性取向将随着外电场的变化而变化，造成分子的运动和相互摩擦效应，此时微波场的场能转化为介质内的热能。采用微波进行焊接时，在焊接界面上放置一层具有高电磁波吸收率的中间层材料，这层材料在涡旋电流、磁滞损耗和介电损失等多种机制的作用下被加热。

焊接具有中低介电损耗系数的材料时不需要在焊接界面添加额外的电磁波吸收材料层。聚焦微波辐射可以使焊缝的温度达到熔融温度以上。焊接具有高介电损耗系数的材料时，需要在焊接界面上添加电磁波吸收材料。在聚焦微波辐射下，电磁波吸收材料迅速升温、蒸发，剩下了熔化的焊接表面。含有 O—H、C—O、N—O 以及 N—H 键的材料或溶剂都可以用来作为电磁波吸收材料。焊接时，接头上的温度场分布取决于电磁波吸收材料的性质以及微波炉的构造形状[59]。

微波焊接的特点是快速、干净，而且如果在焊缝处残留足够的电磁波吸收材料，焊接结构还可以通过重新微波加热的方式被分解。但是由于微波炉尺寸的限制，难以焊接面积较大的接头。而且对于碳纤维等导电纤维增强的复合材料，微波屏蔽效应会降低焊接效果。例如，Volpe 研究了碳/环氧树脂复合材料对一定频率范围的电磁场的屏蔽性：在微波频率（1 ~ 100GHz）下，复合材料的屏蔽能力超过 60dB，微波不能穿透该种复合材料而达到界面。而在介电频率（1 ~ 100MHz）下，产生大约 20dB 屏蔽效果，因此电介加热可透入此种复合材料加热焊接界面[66]。但是 Varadan 等人通过在焊接界面加入电磁波吸收材料也获得了较好的接头质量[67]。

3. 摩擦焊

热塑基复合材料可以通过摩擦生热的方法进行焊接：一个部件固定，另一部件高速旋转并且施加一定

的压力。这种方法比较适于小圆柱体的大批量焊接。对于纤维增强复合材料,这种旋转会引起纤维排列的偏移。

焊接复合材料时,旋转线速度为 1~20m/s,摩擦压力为 50~150kPa,成形压力为 100~300kPa[58]。

4. 振动焊

振动焊是通过摩擦生热的另一种内部加热方式焊接法。这种摩擦是由一个部件相对于另一个静止部件的直线往复运动而形成的,因此又被称为"线性摩擦焊",如图 23-27 所示[57,59]。这种技术适于焊接最大不超过 1m 长的中、小尺寸的焊件。在合适的定位装置下,振动焊还可灵活地应用于不同几何形状的焊件。采用 210Hz 振动频率,0.17MPa 焊接压力,熔降距离为 2mm 的焊接参数焊接质量分数为 60% 玻璃纤维增强的聚丙烯复合材料时,可以获得约 87MPa 抗拉强度的接头[68]。

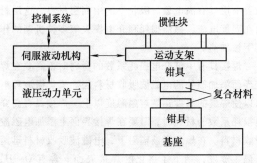

图 23-27　振动焊方法示意图[57,59]

5. 超声波焊

超声波焊是利用聚合物在高频交变载荷作用下生成热量的现象来加热焊接界面。超声波焊接装置原理如图 23-28 所示,实际生产中采用的振动频率有 20kHz 和 40kHz 两种。超声波焊接中通常采用的接头形式有插接接头和平接接头两种[57-59]。在采用平接接头时,需要在焊件表面制作导能筋以集中能量在焊接界面上,并引导焊接界面上的树脂有序熔化铺展[69-72]。图 23-29 给出了采用导能筋和不采用导能筋获得的焊接界面的情况。超声波焊接中重要的焊接参数依次是焊接振幅、焊接时间、焊接功率、焊接压力等[1-3]。焊机的实时输出功率同焊接振幅的平方成正比,因此在焊接半晶态基体复合材料时,以及碳纤维等高导热性增强的复合材料时,需要采用更大的焊接振幅,才能使焊接界面上的温度超过材料的熔点[61]。通常对于特定的材料都存在一个临界振幅,焊接时只有超过此振幅时才能进行焊接[71]。

超声波焊接通常采用平接形式中的搭接接头,此时要求焊机焊头的表面与焊接界面平行。焊头表面与

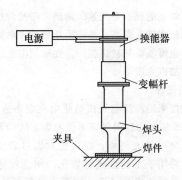

图 23-28　导能筋超声波焊示意图[69]

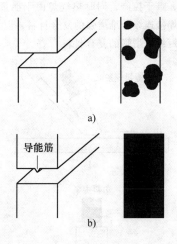

图 23-29　有无导能肋对焊接界面成形的影响

a) 无导能肋的平接接头　b) 预制
导能肋的焊接接头

焊接界面的距离小于 6mm 进行的焊接称为近域焊,大于 6mm 时称为远域焊。远域焊需要更大的焊接振幅、更长的焊接时间和更大的焊接压力才能达到同近域焊相同的焊接效果[57-59]。

导能筋的形状和大小也对接头强度有重要的影响。在焊接玻璃纤维增强的尼龙和 PP 复合材料时,采用半圆形的导能筋能够获得最高的接头强度[70]。研究表明,不同的导能筋形状对焊接时接头温度场的分布有重要的影响。半圆形的导能筋和顶角角度为 90° 导能筋的温度场相似,均能够将超声波能集中在导能筋的尖端;采用 60° 导能筋时能够在一定程度上进一步提高能量的集中程度;但是采用过于尖锐的导能筋(如 30°)时,容易在焊接过程中产生导能筋尖端断裂的情况。矩形导能筋不能起到聚能的作用,在焊接熔点高或导热性强的材料时不宜采用[71,72]。

焊接碳纤维增强的复合材料时,除了适当提高焊接振幅以外,还需要在复合材料表面热模压一层至少

厚 100μm 以上的纯树脂，阻止热量向复合材料中的传导，同时降低焊接界面上树脂的黏度。因此为了降低超声波焊接的成本，推荐在生产复合材料板时即在板上直接制作富树脂层[61]。另外需要注意的是过大的焊接振幅会对径向较脆的增强纤维产生切断作用。

超声波焊接方法振动频率高、振幅小，因此加热速度快、对焊件相对破坏程度小、洁净、自动化程度高，通常不需要表面清理。采用监测复合材料部件的动态力学阻抗的方法可以监测焊接质量，从而可实现复合材料超声波焊接质量的闭环控制[61]。其局限性在于受到超声波焊接功率的限制（目前最大 5kW），一次焊接面积小，只有通过连续焊的方法才能获得更大的焊接面积。

焊接连续碳纤维增强聚醚醚酮复合材料采用焊接振幅为 28μm，焊接压力为 0.21MPa，焊接时间为 9s，导能筋顶角角度为 90°，高 0.5mm，振动频率为 20kHz，可以获得约 40MPa 抗剪强度的接头[58-59]。

对质量分数为 15% 玻璃纤维的尼龙复合材料最佳的焊接参数组合：压力为 0.4MPa，焊接时间为 0.32s，保压时间为 0.5s，保持压力为 0.3MPa，导能筋形状为半圆形，振幅为 40μm；对质量分数为 35% 玻璃纤维的尼龙复合材料最佳的焊接参数组合：压力

为 0.4MPa，焊接时间为 0.4s，保压时间为 0.3s，保持压力为 0.3MPa，导能筋形状为半圆形，振幅为 40μm。这两种情况得到的接头强度约为 24.7MPa 和 26.3MPa[70]。

23.3.5　热固性树脂基复合材料的粘接

由于热固性树脂基复合材料难以通过加热熔化的方法进行焊接，因此这些材料的连接通常需采用粘接或机械连接的方法。

粘接是用胶粘剂将两个或更多的被连接件粘接成不可拆卸的整体。粘接与机械连接相比，其优点是不需钻孔，无应力集中；连接频率高；结构轻；密封、绝缘性好；不同材料连接时无电偶腐蚀等。粘接的缺点是接头性能受客观环境（湿度、温度、腐蚀性）影响大，存在老化问题；接头剥离强度低；被粘接件间配合公差要求严；需加温固化设备；质量控制较困难等。

常用的胶粘剂分环氧树脂、聚酰亚胺、酚醛树脂及有机硅树脂等四种。各类胶粘剂及其应用范围可参考表 23-14 及表 23-15。粘接前，被粘接表面应经过溶剂清洗和机械打磨，并设计合理的接头形式，多数都采用搭接。

表 23-14　各类胶粘剂的比较

种　类	优　点	缺　点
环氧树脂	工艺性能好、固化收缩性小、化学稳定性好、强度高	硬度一般、热强度低、耐磨性差
环氧酚醛	耐热性好、强度高、超低温性能好	需热固化、多孔性、电性能不良
酚醛树脂	热强度高、耐酸性好、价格低、电气性能好	需高温高压固化、造价高、有腐蚀性、收缩率较大
有机硅树脂	耐热、耐寒、耐幅、绝缘性好	强度低
聚酰亚胺	耐热、耐水、耐火、耐腐蚀	需高温固化、造价高、有腐蚀性、多孔性
聚酯树脂	机械和电气特性好、价格低、耐沸水、耐热、耐酸、耐环境	仅用于次要构件

表 23-15　适宜于粘接不同材料的胶粘剂

	金属和合金	聚酰胺	有机硅树脂	陶瓷和玻璃	聚四氟乙烯	聚亚胺脂	酚醛	环氧
金属和合金	E/T	E	S					
聚酰胺	E	P	—	—				
有机硅树脂	S	—	S	—				
陶瓷和玻璃	E	—	—	—				
聚四氟乙烯	E/T	—	—	—	E/T			
聚亚胺脂	E	—	S	—	—	E		
酚　醛	E	—	—	E	—	—	E	
环　氧	E	—	—	—	E/T	—	E/T	E/T

注：E—环氧树脂；P—聚酰胺；S—有机硅树脂；T—聚硫橡胶。

23.4　陶瓷基复合材料的胶接和焊接

陶瓷基复合材料的连接有与连接陶瓷材料时相同的难点：陶瓷具有电绝缘性使之熔焊困难，几乎不能用电弧或电阻焊进行焊接；陶瓷的化学惰性使之因不易润湿而造成钎焊困难；陶瓷的固有脆性对焊接带来的热应力很敏感；陶瓷材料的低塑性使之不宜用施加大压力的方法进行固相连接等。而在连接陶瓷基复合材料时，选择连接方法与材料时还应注意要同时考虑基体与加强相性质差异的问题，以及避免加强相与基体之间的不利反应等。连接陶瓷基复合材料的方法除了胶接之外，主要有无需施加压力的微波连接、无压固相反应连接和研究较多的用金属或玻璃钎料进行的钎焊等。

23.4.1　陶瓷基复合材料的胶接

胶接是连接陶瓷与陶瓷、陶瓷与金属的重要手段，这种方法同样适合于陶瓷基复合材料的连接以及陶瓷基复合材料与金属之间的连接。可用于陶瓷基复合材料粘接的胶粘剂有两大类：有机胶粘剂和无机胶粘剂。

1. 有机胶粘剂

有机胶粘剂具有粘接简便、迅速和成本低等优点，但有机胶粘剂有不能耐高温的缺点。常用的有机胶粘剂有有机硅胶粘剂、酚醛-缩醛胶粘剂、环氧树脂胶粘剂。

1）有机硅胶粘剂。有机硅胶粘剂是以有机硅氧烷及基改性体为主要原料的耐热胶粘剂。可用于陶瓷与金属及陶瓷基复合材料与金属的粘接。其显著特点有较高的耐热温度，但粘接强度较低。

2）酚醛-缩醛胶粘剂。聚乙烯醇甲（丁）醛基对陶瓷有良好的粘接力，也可用酚醛改性。国产酚醛胶有铁猫 201、202、203 等几种，酚醛-缩丁醛胶有 JSF-1、JSF-2、JSF-4、FN301、FN302 等几种。

3）环氧树脂胶粘剂。利用环氧树脂作为胶粘剂，利用乙烯多胺、芳胺、聚酰胺、咪唑、酸酐等作为固化剂配制成的胶粘剂可粘接陶瓷基复合材料。可以室温固化，固化收缩小，尺寸稳定性好。

2. 无机胶粘剂

无机胶粘剂具有使用温度高的优点，但是操作性较差。常用的无机胶粘剂有磷酸-氧化铜胶粘剂、硅酸盐类胶粘剂和玻璃质胶粘剂。

1）磷酸-氧化铜无机胶粘剂。这种胶粘剂是将 $45 \sim 75 \mu m$（$200 \sim 400$ 目）的氧化铜和磷酸（每毫升磷酸中配 $4 \sim 4.5 g$ 氧化铜）混合好后进行化学反应生成的坚硬固化物，反应速度很快，现配现用。室温下 $2 \sim 4 h$ 可完成初步固化，而完全固化需要 $2 \sim 3$ 天。也可 $50 ℃$ 加热 $1h$，再升温到 $80 \sim 100 ℃$ 保温 $2h$ 实现完全固化。这种无机胶粘剂特点是使用方便、可室温固化、高温性能好、粘接强度高。这种粘接接头可耐 $1300 ℃$ 的高温，如果加入高熔点的化合物（如氧化铝等），还可进一步提高至 $1500 ℃$ 左右。

2）玻璃质胶粘剂。玻璃质胶粘剂有低熔点玻璃质胶粘剂、高线胀系数玻璃质胶粘剂。低熔点玻璃质胶粘剂主要组分为 $PbO\text{-}ZnO\text{-}B_2O_3$ 或者 $PbO\text{-}B_2O_3\text{-}SiO_2$，线胀系数为 $(6 \sim 12) \times 10^{-6} K^{-1}$。粘接温度为 $350 \sim 600 ℃$，粘接层呈玻璃态，粘接后对接头进行适当的热处理使玻璃结晶化，以提高其使用温度和粘接强度。高线胀系数的玻璃质胶粘剂主要组分为高碱硅酸盐玻璃或磷酸铝玻璃，线胀系数可达 $29 \times 10^{-6} K^{-1}$。这类玻璃质胶粘剂可用于金属-陶瓷基复合材料的粘接。

3）硅酸盐类无机胶粘剂。硅酸盐类无机胶粘剂通常以碱金属硅酸盐（主要使用硅酸钠，即水玻璃）作为粘接料，它具有很好的耐高温性能，缺点是单独使用时耐水性、气密性均差。因此通常加入适当的固化剂和填料对其进行改性，采用的方法主要是用离子交换法制成硅溶胶，用氟化物和过渡金属氧化物改性，以及用氟硅酸钠、磷酸盐、硼酸盐等作为固化剂。目前国内市场上以硅酸盐为主要成分的硅酸盐胶粘剂有 C-2 无机胶、C-3 无机胶粘剂、WJZ-101 无机胶粘剂等。

23.4.2　陶瓷基复合材料的焊接

连接陶瓷基复合材料方面的研究现在开展得比较少，相关报道不多，主要方法有用金属或玻璃钎料进行的钎焊、微波焊接、无压固相反应连接等。

1. 钎焊

陶瓷基复合材料的钎焊与陶瓷钎焊基本相同，或用活性钎料进行直接钎焊，或分两步先对陶瓷表面进行金属化后再用一般钎料进行钎焊，以及用玻璃钎料进行钎焊等。

（1）活性钎料进行直接钎焊

1）纤维增强的复合材料的钎焊。用 Si-Ti 共晶合金在 $1330 ℃$ 下钎焊 SiC_f/SiC 陶瓷基复合材料。Si-Ti 共晶合金通过多次熔化的方法优化其结构，钎料采用粉或者用有机溶剂混合形成浆状。在叠放好之后，焊件上的放置压力为 1N，保证在热循环过程中焊件能保持相对位置。焊件以 $10 ℃/min$ 加热至共晶点温度，在真空下保持熔化温度 10min，在 Ar 气（含体积分数为 3% 的 H$_2$）中保温 30min，以 20℃/min 冷却到 600℃，再自然冷却至室温。接头形貌如图 23-30 所示。室温的抗剪强度约 71MPa，600℃ 时抗剪强度约 70MPa[73-75]。

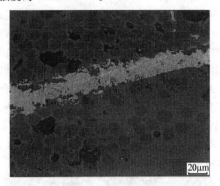

图 23-30　SiC$_f$/SiC 复合材料接头 SEM 照片[74]

用 Ag-Cu-Ti2 钎料钎焊 C$_f$/Si$_3$N$_4$ 复合材料，在真空中 850℃ 下钎焊时保温 10min、加压 44kPa，接头的四点弯曲试验平均抗弯强度约为 107MPa，最高约 159MPa，断裂位置为 CMC 与钎料界面。另外，复合材料接头强度比 Si$_3$N$_4$ 陶瓷接头的强度低，这主要是由于 CMC 中存在裂纹缺陷以及 C$_f$/钎料间的结合强度低所致[76]。

2）颗粒增强的复合材料的钎焊。用 CB6（Ag98.4%、In1%、Ti0.6%）、CuSnTiZr 钎料和 Incusil 15（Cu15%、Ag61.5%、In15.0%）的钎料钎焊 TiN/Si$_3$N$_4$（质量分数为 30% TiN）陶瓷基复合材

料及其与钢的连接。试件被制作成 3mm × 4mm × 25mm 的板条，CB6 和 Incusil 15 分别被制成 100μm 和 50μm 的箔，CuSnTiZr 钎料被制成直径小于 45μm 粉，用高黏度的硝酸纤维素混合涂于试件表面，100℃ 保温 1h 并烘干。钎料箔、钢和陶瓷分别在真空下加热至 550℃、950℃ 和 1100℃ 进行除气处理。采用 CB6、CuSnTiZr 钎料和 Incusil 15 钎料钎焊 TiN/Si$_3$N$_4$ 及其与钢的焊接参数见表 23-16，焊后接头抗弯强度如图 23-31 所示。采用 CB6 钎料对 TiN/Si$_3$N$_4$ 与 TiN/Si$_3$N$_4$ 以及 TiN/Si$_3$N$_4$ 与钢钎焊时，焊接温度 1010℃ 保温 7min，TiN/Si$_3$N$_4$ 与 TiN/Si$_3$N$_4$ 的接头四点抗弯强度平均约 278MPa，TiN/Si$_3$N$_4$ 与钢的接头四点抗弯强度平均约 311MPa，最高约 375MPa。采用 CuSnTiZr 钎料对 TiN/Si$_3$N$_4$ 与 TiN/Si$_3$N$_4$ 以及 TiN/Si$_3$N$_4$ 与钢钎焊时，焊接温度 930℃ 保温 10min，TiN/Si$_3$N$_4$ 与 TiN/Si$_3$N$_4$ 的接头四点抗弯强度平均约 466MPa，而 TiN/Si$_3$N$_4$ 与钢的接头四点抗弯强度平均仅约 73MPa。TiN/Si$_3$N$_4$ 与钢钎焊时，可用 CuSnTiZr 钎料和 Incusil 15 两层钎料钎焊，先在 930℃ 用 CuSnTiZr 钎料将陶瓷表面金属化，再在 740℃ 保温 10min 用 Incusil 15 钎料进行钎焊，Si$_3$N$_4$/TiN 与钢的接头四点抗弯强度平均约为 398MPa，最高约为 474MPa，另外，可在 CuSnTiZr 钎料中添加体积分数为 35% 的 WC 颗粒再涂于复合材料表面，930℃ 表面金属化后，再在 740℃ 保温 10min 用 Incusil 15 钎料进行钎焊，TiN/Si$_3$N$_4$ 与钢的接头四点抗弯强度平均仅约 237MPa[77]。

（2）两步法钎焊

表 23-16　钎焊分组汇总[77]

组	试件 1	钎料	试件 2	钎焊温度/时间/(℃/min)
1	Si$_3$N$_4$/TiN	CB6 箔	Si$_3$N$_4$/TiN	1010/7
2	Si$_3$N$_4$/TiN	CB6 箔	钢	1010/7
3	Si$_3$N$_4$/TiN	CuSnTiZr	Si$_3$N$_4$/TiN	930/10
4	Si$_3$N$_4$/TiN	CuSnTiZr	钢	930/10
5	Si$_3$N$_4$/TiN	CuSnTiZr/Incusil 15	钢	930/10 ~ 740/10
6	Si$_3$N$_4$/TiN	CuSnTiZr + WC/Incusil 15	钢	930/10 ~ 740/10

陶瓷或者陶瓷基复合材料的化学惰性决定了其表面润湿性很差，两步法就是在待焊材料表面先进行金属化再进行钎焊的方法，金属化的目的是改善陶瓷及其复合材料润湿性。

用两步法钎焊 SiC$_f$/菁青石复合材料与 Ti 合金和

不锈钢。先用真空镀在复合材料表面镀一薄层 Ti，再用 50μm 厚的 Ag-Cu 共晶钎料在流动氩气中 800℃ 下钎焊 10min。钎焊时分别加入 Cu、Ni、W 以及 SiC$_f$/Al 金属基复合材料（MMC）作为中间层以减少因复合材料与金属材料之间线胀系数不匹配而产生的应

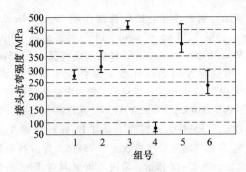

图 23-31　表 23-16 中各组钎焊
接头平均抗弯强度[77]

力。结果，CMC 与 Ti 合金接头中，以 Cu 作为中间层时，接头的抗剪强度最高，约为 91.6MPa。CMC 与不锈钢的接头则以 SiC$_f$/Al 金属基复合材料作为中间层时抗剪强度最高，约为 106.1MPa。以 W 作为中间层时，接头缺陷较多，在 CMC/钎料及中间层/钎料界面均可见裂纹[78]。

用 Ag-Cu-Ti2 钎料钎焊 Si-Ti-C-O 纤维组合增强的氧化物基复合材料也需要两步法，主要因为纤维与钎料之间发生了激烈的反应而在钎焊时出现沸腾现象，影响接头强度。若在 850℃ 保温 10min，加压 44kPa 并在真空条件下连接，会因沸腾使界面出现未结合缺陷，接头四点弯曲试验平均抗弯强度约为 96MPa。若在 950℃ 连接时沸腾现象更严重，接头强度更低只有约 69MPa。两步法可以解决沸腾问题：将 0.1mm 厚的 Ag-Cu-Ti2 钎料放到被焊表面，在真空中加热到 850℃、保温 10min，使钎焊与纤维反应形成的气泡可以逸出，经过预金属化后的复合材料试样再经过真空连接，沸腾现象将不再出现，接头抗弯强度可以得到提高，约为 259MPa，而且接头更致密，强度的分散性减小[79]。

（3）玻璃钎料进行钎焊

用 ZBM（Zincborate）玻璃钎料钎焊 SiC$_f$/SiC 和 C$_f$/SiC 复合材料，钎焊温度在 1000 ~ 1420℃ 之间。ZBM 玻璃钎料可用于连接 SiC$_f$/SiC 材料，接头强度约为 15MPa[80]。

2. 无压固相反应连接

由于大部分陶瓷基复合材料的耐压性能较差，因此出现了一种在不加压力或加很小压力的条件下，通过中间层金属与陶瓷基体之间的化学反应将陶瓷基体复合材料焊接起来的方法——无压固相反应连接。中间层主要使用高熔点活性金属 Ti 和 Zr，这些材料可焊接含 C、SiC 或 Si 的陶瓷基复合材料（例如 SiC$_f$/SiC 复合材料），主要靠 Zr 和 Ti 在固态下与 C 或 SiC 反应，形成 Zr 或 Ti 的碳化物和硅化物，从而将陶瓷

基复合材料焊接起来。值得注意的是，反应虽然可以形成致密的接头，但力学性能很差，基本不能承受载荷。因此，用 Ti 或 Zr 无压固相反应只能焊接不承受载荷但可以耐高温的致密接头[80]。

3. 微波焊接

用微波加热方法对陶瓷基复合材料进行固相焊接时，一般需要施加一定的压力。但是，由于陶瓷基复合材料的耐压性能较差，因此在用微波加热焊接时通过对复合材料表面进行改性，解决不加压就可以实现焊接的问题。在焊接 Al$_2$O$_3$-30% ZrO 陶瓷基复合材料的时候，可以采用微波辐射（2.45GHz，700W）复合加热的形式，添加硅酸钠玻璃粉作为中间层实现连接（图 23-32），其三点弯曲试验抗弯强度约为 28MPa[81]。

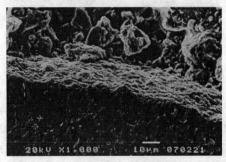

图 23-32　焊接界面玻璃凝
固层微观照片[81]

参 考 文 献

［1］　吴人杰. 复合材料 ［M］. 天津：天津大学出版社，2000.

［2］　张国定，赵昌正. 金属基复合材料 ［M］. 上海：上海交大出版社，1996.

［3］　王荣国. 复合材料概论 ［M］. 哈尔滨：哈尔滨工业大学出版社，1999.

［4］　陈华辉. 现代复合材料 ［M］. 北京：中国物资出版社，1998.

［5］　贾成厂. 陶瓷基复合材料导论 ［M］. 北京：冶金工业出版社，1998.

［6］　克莱因 T W，威瑟斯 P J. 金属基复合材料导论 ［M］. 北京：冶金工业出版社，1996.

［7］　中国航空研究院. 复合材料连接手册 ［M］. 北京：航空工业出版社，1994.

［8］　任家烈，吴爱萍. 先进材料的连接 ［M］. 北京：机械工业出版社，2000.

［9］　陈茂爱，陈俊华，高进强. 复合材料的焊接 ［M］. 北京：化学工业出版社，2004.

［10］　American Welding Society. Welding Handbook，Vol 3 ［M］. 8th Edition. Miami American Welding

Society, 1996.

[11]　冀国娟, 谢建刚, 薛文涛, 等. SiC$_p$/101 铝基复合材料 TIG 焊研究 [J]. 有色金属, 2003, 55 (4): 1-4.

[12]　Kennedy J R. Microstructural observations in are-welded boron aluminum composites [J]. Welding Journal, 1973, 52 (3): 120-124.

[13]　王少刚, 徐九华, 王蕾, 等. SiC$_p$/Al 复合材料脉冲氩弧焊接研究 [J]. 南京航空航天大学学报, 2004, 36 (1): 34-38.

[14]　牛济泰. 非连续增强铝基复合材料钨极氩弧焊焊缝原位增强方法: 中国, 200510010226. 5 [P]. 2006-02-08.

[15]　元效刚, 孙高祚, 陈茂爱, 等. SiC$_p$/LD2 复合材料焊缝组织级性能 [J]. 热加工工艺, 2005, (8): 33-35.

[16]　Garcia R, Lopez V H, Bedolla E. A comparative study of the MIG welding of Al/TiC composites using direct and indirect electric arc process [J]. Journal of Materials Science, 2003 (38): 2771-2779.

[17]　Niu J T, Zhang D K, Ji G J. Effect of pulse parameters on microstructure of joint in laser beam welding for SiC$_p$/6063 composite [J]. Trans. Nonferrous Met. Soc. China, 2003, 13 (2): 289-293.

[18]　Wang H M, Chen Y L, Yu L G. 'In-situ' weld-alloying/laser beam welding of SiC$_p$/6061Al MMC [J]. Materials Science and Engineering, 2000, A293: 1-6.

[19]　Lienert T J, Brandon E D, Lippold J C. Laser and Electron Beam Welding of SiC$_p$ Reinforced Aluminum A-356 Metal Matrix Composite [J]. Scripta Materialia, 1993, 28: 1341-1346.

[20]　郭绍庆, 袁鸿, 谷卫华, 等. 采用非增强中间层电子束焊接 SiC$_p$/Al [J]. 复合材料学报, 2006, 23 (1): 92-98.

[21]　Metzger G E. Joining of metal-matrix fiber-reinforced composite materials [J]. Welding Research Council Bulletin, 1975, 207: 21.

[22]　He P, Liu Y Z, Liu D. Interfacial microstructure and forming mechanism of brazing C$_f$/Al composite with Al-Si filler [J]. Materials Science and Engineering A, 2006, 422: 333-338.

[23]　Zhang X P, Quan G F, Wei W. Preliminary investigation on joining performance of SiCp-reinforced aluminium metal matrix composite (Al/SiC$_p$-MMC) by vacuum brazing [J]. Compos Part A Appl Sci Manuf, 1999, 30 (6): 823-827.

[24]　Xu Zhiwu, YAN Jiuchun, Kong Xiangli, et al. Interface structure and strength of ultrasonic vibration liquid phase bonded joints of Al$_2$O$_{3p}$/6061Al composites [J].

Scripta Materialia, 2005, 53 (7): 835-839.

[25]　闫久春, 吕世雄, 许志武, 等. 高效铝基复合材料液相振动焊接方法: 中国, ZL03111099. 1 [P]. 2003-9-17.

[26]　Yan J C, Xu H B, Xu Z W, et al. Modelling behaviour of oxide film during vibration diffusion bonding of SiCp/A356 composite in air [J]. Materials Science and Technology, 2004, 20 (11): 1489-1492.

[27]　许惠斌, 闫久春, 李大成, 等. 2006 全国钎焊新技术学术会议论文集 [C]. 上海: 2006.

[28]　吕世雄, 吴林, 戴明. 一种无保护低温焊接铝基复合材料的方法: 中国, ZL00117764. 8 [P]. 2001-12-19.

[29]　吕世雄, 于治水, 许志武, 等. SiC$_w$/6061Al 复合材料无钎剂加压钎焊 [J]. 焊接学报, 2001, 22 (4): 75.

[30]　陈茂爱, 陈俊华, 高进强. 复合材料的焊接 [M]. 北京: 化学工业出版社, 2005.

[31]　任家烈, 吴爱萍. 先进材料的连接 [M]. 北京: 机械工业出版社, 2000.

[32]　Bushby R S, Scott V D. Joining aluminium/nicalon composite by diffusion bonding [J]. Composites Engineering, 1995, 5 (8): 1029-1042.

[33]　Blue C A, Sikka V K, Blue R A. Infrared transient-liquid-phase joining of SCS-6/β21s titanium matrix composite [J]. Metallurgical and Materials Transactions A, 1996, 27A: 4011～4018.

[34]　Fukumoto S, Hirose A, Kobayashi K F. An effective joint of continuous SiC-Ti-6Al-4V composites by diffusion bonding [J]. Composites Engineering, 1995, 5 (8): 1081-1089.

[35]　Fukumoto S, Hirose A, Kobayashi K F. Evaluation of the strength of diffusion bonded joints in continuous fiber reinforced metal matrix composites [J]. Journal of Materials Processing Technology, 1997, 68: 184-191.

[36]　Fukumoto S, Karsahara A, Hirose A, et al. Transient liquid phase diffusion bonding of continuous SiC fiber reinforced Ti-6Al-4V composite to Ti-6Al-4V alloy [J]. Materials Science and Technology, 1994 (10): 807-812.

[37]　Suzumura Akio. Diffusion brazing of short Al$_2$O$_3$ fiber-reinforced aluminum composite [J]. Mater Trans, JIM, 1996, 37 (5): 1109-1156.

[38]　Toshio Enjo. Diffusion bonding of Al-Si-Mg series 6063 alloy reinforced with Al$_2$O$_3$ short fiber [J]. Transaction of JWRI, 1987, 16 (2): 57-64.

[39]　牛济泰, 刘黎明, 瞿瑶璠, 等. 铝基复合材料的液相扩散连接新工艺: 中国, 00107203. X [P]. 2000-09-20.

[40]　Urena A. Diffusion bonding of discontinuously rein-

forced SiC/Al matrix composite: the role of interlayers [J]. Key Engineering Materials, 1995, 104-107: 523-540.

[41] Lee C S, Li H, Chandel R S. Vacuum-free diffusion bonding of aluminium metal matrix composite [J]. Journal of Materials Processing Technology, 1999 (89-90): 326-330.

[42] 牛济泰, 刘黎明. Al_2O_{3p}/6061Al 复合材料焊接工艺参数的优化及接头组织 [J]. 焊接学报, 1999, 20 (1): 28-32.

[43] Guo Wei, Meng Qingchang, Niu Jitai, et al. Effect of welding parameter on joint property of aluminum matrix composite in liquid-phase-impacting diffusion welding [J]. Journal of Materials Science and Technology, 2003, 19 (Suppl. 1): 195-198.

[44] 牛济泰, 郭伟, 王慕珍, 等. 铝基复合材料液相冲击扩散焊接新工艺: 中国, 200310118246. 0 [P]. 2004-11-17.

[45] Partridge P G. The role of interlayers in diffusion bonded joints in Al MMC [J]. Journal of Materials Science, 1991, 26: 4953-4960.

[46] Klehn R, Eagar T W. Joining of 6061 aluminum matrix-ceramic particle reinforced composites [J]. WRC Bull, 1993, 385: 1-26.

[47] Zhai Y, North T H. Transient liquid-phase bonding of alumina and metal matrix composite materials [J]. J. Mater. Sci., 1997, 32: 1393-1397.

[48] Askew J R, Wilde J F, Khan T I. TLP bonding of 2124 aluminum metal matrix composite [J]. Mater Sci Tech, 1998, 14: 920-924.

[49] Shirzadi A A, Wallach E R. New approaches for transient liquid phase diffusion bonding of aluminum based metal matrix composites [J]. Materials Science and Technology, 1997, 13: 135-142.

[50] Yan Jiuchun, Xu Zhiwu, Wu Gaohui, et al. Interface structure and mechanical performance of TLP bonded joints of Al_2O_3/6061Al composites using Cu/Ni composite interlayers [J]. Scripta Materialia, 2004, 51 (2): 147-150.

[51] 唐逸民. 金属基复合材料焊接的研究进展问题及对策 [J]. 焊接研究与生产, 1998, 7 (1): 5-12.

[52] Goddard D M. A preliminary investigation of joining methods for aluminum-graphite composites [R]. Aerospace Corporation, Los Angeles, 1971.

[53] Cola M J. Inertia-friction welding of particulate-reinforced aluminum matrix composites [R]. M. S. Thesis: The Ohio State University, 1992.

[54] Cavaliere P. Mechanical properties of friction stir processed 2618/Al_2O_3/20p metal matrix composite [J].

Composites: Part A, 2005, 36: 1657-1665.

[55] Marzoli L M, Strombeck A V, Dos Santos J F, et al. Friction stir welding of an AA6061/ Al_2O_3/20p reinforced alloy [J]. Composites Science and Technology, 2006, 66: 363-371.

[56] Kwon Y J, Kobashi M, Choh T, et al. Fabrication and simultaneous bonding of metal matrix composite by combustion synthesis reaction [J]. Scripta Materialia, 2004, 50: 577-581.

[57] Stokes V K. Joining methods for plastics and plastic composites: an overview [J]. Polymer Engineering and Science, 1989, 29 (19): 1310-1324.

[58] Ageorges C, Lin Y, Hou M. Advances in fusion bonding techniques for joining thermoplastic matrix composites: a review [J]. Composites-Part A: Applied Science and Manufacturing, 2001, 32 (6): 839-857.

[59] Yousefpour A, Hojjati M, Immarigeon T P. Fusion bonding/welding of thermoplastic composites [J]. Journal of Thermoplastic Composite Materials, 2004, 17 (3): 303-341.

[60] Ageorges C, Lin Y, Hou M. Experimental investigation of the resistance welding for thermoplastic-matrix composites. Part I: heating element and heat transfer [J]. Composites Science and Technology, 2000, 60 (8): 1027-1039.

[61] Benatar A, Gutowski T G. Ultrasonic welding of PEEK graphite APC-2 composites [J]. Polymer Engineering and Science, 1989, 29 (23): 1705-1721.

[62] Ageorges C, Lin Y, Mai Y W. Characteristics of resistance welding of lap-shear coupons [J]. Part III. Crystalline. Composites Part A, 1998, 29 (8): 921-932.

[63] Yan J C, Wang X L, Qin M, et al. Resistance welding of carbon fibre reinforced polyetheretherketone composites using metal mesh and PEI film [J]. China Welding, 2004, 13 (1): 71-75.

[64] Stavrov D, Bersee H E N. Resistance welding of thermoplastic composites-an overview [J]. Composites Part A: Applied Science and Manufacturing, 2005, 36 (1): 39-54.

[65] Ahmed T J, Stavrov D, Bersee H E N, et al. Induction Welding of Thermoplastic Composites-an Overview [J]. Composites Part A: Applied Science and Manufacturing, 2006, 37 (10): 1638-1651.

[66] Volpe V. Estimation of electrical conductivity and electromagnetic shielding characteristics of graphite/epoxy laminates [J]. Journal of Composite Materials, 1980, 14 (1): 189-198.

[67] Varadan V K, Varadan V V. Microwave joining and repair of composite materials [J]. Polymer Engineering

and Science, 1991, 31 (7): 470-486.

[68] BatesP, Couzens D, Kendall J. Vibration welding of continuously reinforced thermoplastic composites [J]. Journal of Thermoplastic composite materials, 2001, 14 (4): 344-354.

[69] 姜庆斌, 王晓林, 闫久春, 等. 热塑性树脂基复合材料焊接研究[J]. 材料科学与工艺. 2005, 13 (3): 247-250.

[70] LiuS J, et al. Optimizing the Weld Strength of Ultrasonically Welded Nylon Composites [J]. Journal of Composite Materials, 2002, 36 (5): 611-624.

[71] Wang X L, Li R Q, Yan J C. Transient finite element analysis of ultrasonic welding of PEEK [J]. China Welding, 2006, 15 (2): 55-59.

[72] Wang X L, Yan J C, Li R Q, et al. FEM investigation of the temperature field of energy director during ultrasonic welding of PEEK composites [J]. Journal of Thermoplastic Composite Materials, 2006, 19 (5): 593-607.

[73] 李树杰, 张利. SiC 基材料自身及其与金属的连接[J]. 粉末冶金技术, 2004, 22 (2): 91-97.

[74] Riccardi B, Nannetti C A, Petrisor T, et al. Low activation brazing materials and techniques for SiCf/SiC composites [J]. Journal of Nuclear Materials, 2002, 307-311: 1237-1241.

[75] Riccardi B, Nannetti C A, Woltersdorf J, et al. Brazing of SiC and SiCf/SiC composites performed with 84Si-16Ti eutectic alloy: microstructure and strength [J]. Journal of Materials Science, 2002, 37: 5029-5039.

[76] Nakamura M, Shigematsu I. Joining of carbon fiber-reinforced silicon nitride composites with 72Ag-26Cu-2Ti filler metal [J]. Journal of Materials Science, 1996, 31 (17): 4929-4634.

[77] Blugan G, Janczak-Rusch J, Kuebler J. Properties and fractography of Si3N4/TiN ceramic joined to steel with active single layer and double layer braze filler alloys [J]. Acta Materialia, 2004, 52: 4579-4588.

[78] Dixon D G. Ceramic matrix composite-metal brazed joints [J]. Journal of Materials Science, 1995, 30 (6): 1539-1544.

[79] Nakamura M, Shigematsu I. Joining of Si-Ti-C-O fiber-assembled ceramic composites with 72Ag-26Cu-2Ti filler metal [J]. Journal of Materials Science, 1996, 31 (22): 6099-6104.

[80] Salvo M, Ferraris M, Lemoine P, et al. Joining of CMCs for thermonuclear fusion applications [J]. Journal of Nuclear Materials, 1996, 233-237 (1): 949-953.

[81] Aravindan S, Krishnamurthy R. Joining of ceramic composites by microwave heating [J]. Materials Letters, 1999, 38: 245-249.